Volger/Laasch

Haustechnik

Grundlagen · Planung · Ausführung

Bearbeitet von
Professor Dipl.-Ing. Erhard Laasch
Fachhochschule Frankfurt am Main

9., neubearbeitete und erweiterte Auflage
Mit 889 Bildern, 226 Tafeln und zahlreichen Beispielen

B. G. Teubner Stuttgart 1994

Die Deutsche Bibliothek – CIP-Einheitsaufnahme

Volger, Karl:
Haustechnik : Grundlagen, Planung, Ausführung /
Volger; Laasch. Bearb. von Erhard Laasch. –
9., neubearb. u. erw. Aufl. – Stuttgart : Teubner, 1994
ISBN 3-519-05265-2
NE: Laasch, Erhard [Bearb.]

Printed in Germany

Gesamtherstellung: Spandel-Druck GmbH, Nürnberg
Umschlaggestaltung: nach einem Entwurf des Autors

Vorwort

Die Bezeichnung „Haustechnik“ als Sammelbegriff hat sich seit Jahrzehnten für alle Maßnahmen eingebürgert, die der Ver- und Entsorgung eines Hauses dienen. Das umfaßt unter anderem die Trinkwasserversorgung, alle Energien zum Heizen, Lüften und Kühlen, zur Warmwasserbereitung, zum Betrieb von Starkstrom- und Fernmeldeanlagen, außerdem die Gebäudeentwässerung und die Hausabfallbeseitigung. Dabei stehen Anlagen in den hauswirtschaftlichen Arbeitsräumen und den der Körperpflege dienenden Sanitärräumen im Mittelpunkt. Der Schallschutz haustechnischer Installationen, Blitzschutzmaßnahmen sowie Aufzugsanlagen sind ebenfalls integrierte Teilgebiete der Haustechnik.

Die technische Ausrüstung bestimmt entscheidend den Gebrauchswert eines Gebäudes. Die verzweigten Leitungsnetze, die zahlreichen Geräte und Einrichtungsgegenstände, die zusammen schon im Mehrfamilienhausbau bis zu 20%, im Einfamilienhausbau bis zu 30% und bei Bürogebäuden bis zu 50% der gesamten Gebäudekosten ausmachen, können ihre vielfältigen Aufgaben zum größtmöglichen Nutzen aller im Haus wohnenden oder tätigen Menschen nur dann erfüllen, wenn auf ihre rechtzeitige Planung und auf ihren Einbau größte Sorgfalt verwendet wird. Dabei haben Auftraggeber und Architekt nicht nur den Bedarf zum Zeitpunkt der Planung zu berücksichtigen, sondern vorzusorgen, daß Ergänzungen und Erweiterungen der Anlagen, wie sie während der Benutzungsdauer der Gebäude aus der technischen Entwicklung und den ständig steigenden Ansprüchen zu erwarten sind, auch in Zukunft ohne kostspielige Eingriffe in das Gebäude möglich bleiben. Fehler in den haustechnischen Anlagen sind nachträglich meist nur schwer und unter hohen Kosten zu beseitigen.

Die haustechnischen Planungen des Architekten greifen in besonderer Weise in die Arbeitsgebiete anderer Ingenieure ein und erfordern deshalb eine rechtzeitige, enge und vertrauensvolle Zusammenarbeit mit den Sonderfachleuten, den zuständigen Energieversorgungsunternehmen und Behörden. Eine einwandfreie Lösung aller haustechnischen Aufgaben ist jedoch nur möglich, wenn die Koordinierung, verantwortliche Gesamtplanung und Überwachung der Ausführung alleinige Sache des Architekten bleiben. Hierbei hat er meistens unter verschiedenen konkurrierenden Energieformen und Ausführungsmöglichkeiten die beste Lösung zu finden und durchzusetzen. Auf der Baustelle muß er die Voraussetzung für eine sach- und fachgerechte Arbeit der Handwerker schaffen, die Ausführung aufmerksam überwachen und dabei die Arbeiten der verschiedenen am Bau tätigen Firmen aufeinander abstimmen. Der Architekt muß, ohne Spezialist auf den verschiedenen haustechnischen Einzelgebieten zu sein, ein solides Grundwissen über alle Möglichkeiten, Notwendigkeiten und Ansprüche der haustechnischen Einrichtungen und über die Elemente ihrer Planung und Ausführung besitzen. Ihm dabei behilflich zu sein, sich diese unerläßlichen Grundlagen anzueignen, hat sich dieses nunmehr in der 9. Auflage erscheinende Buch zur Aufgabe gesetzt.

Die „Haustechnik“ will vor allem der Ausbildung des hochbautechnischen Nachwuchses dienen und ist in bezug auf Umfang, Auswahl und Gliederung des behandelten Stoffes in erster Linie auf die Studienpläne der Fachhochschulen und Technischen Universitäten ausgerichtet. Die bisherige Erfahrung hat aber bestätigt, daß das Werk ebenso den Architekten und Bauingenieuren der Praxis im Büro und für die Baustelle ein nützliches Handbuch geworden ist.

Auch in der Neuauflage des Buches mußten Inhalt und Umfang im wesentlichen auf die haustechnischen Maßnahmen im Wohnungsbau begrenzt werden. Darüber hinausgehende, besonders wichtig erscheinende Themen konnten nur knapp behandelt werden. Sondergebiete, wie etwa die Haustechnik in Krankenhäusern oder Industriebauten, bleiben Spezialveröffentlichungen vorbehalten.

Trotz der gebotenen Beschränkungen wurde Wert auf größtmögliche Vollständigkeit sowie auf eine klare anschauliche Darstellung des Stoffes gelegt, gestützt auf zahlreiche, das jeweils Wesentliche betonende Zeichnungen und unter bewußtem Verzicht auf Fotos. Dem Sonderfachmann vorbehaltene schwierige Berechnungen werden dem Architekten durch überschlägliche Ermittlungen anhand von Faustformeln oder Tabellen angeboten.

Die vorliegende 9. Auflage der „Haustechnik" wurde wiederum entsprechend dem fließenden Fortschritt der Technik, den Neuerungen behördlicher Vorschriften, den zahlreichen DIN-Normen und technischen Regeln in allen Abschnitten überarbeitet, teilweise erweitert oder völlig neu verfaßt.

In der vorliegenden Auflage wurden wieder an jeweils geeigneter Stelle verbindliche Hinweise auf nunmehr über sechshundertdreißig gültige Normen, Vorschriften und Richtlinien gegeben, die notwendige Arbeitsgrundlagen einzelner Teilabschnitte darstellen oder auch nur Einzelthemen haustechnischer Randgebiete berühren. Die wichtigsten „Technischen Regeln" sind zusätzlich am Ende jedes Einzelabschnittes aufgeführt. Die bei Abschluß des Buches noch nicht geltenden Entwurfsnormen wurden jedoch grundsätzlich nicht berücksichtigt.

Das Abkürzungsverzeichnis am Schluß des Buches erklärt die im Baugeschehen gängigen und im vorstehenden Text benutzten Kurzbezeichnungen. Schließlich sind hier auch die seit dem 1. 1. 1978 zu verwendenden internationalen Meßeinheiten in Umrechnungstafeln und Beispielen aufgeführt.

Anregungen, Vorschläge oder sachliche Kritik aus dem Leser- und Benutzerkreis, die zur weiteren Verbesserung dieses Werkes beitragen, werden vom Verlag und Verfasser aufmerksam berücksichtigt.

Bad Nauheim, im Frühjahr 1994 — Erhard Laasch

Inhalt

1 Haustechnische Räume

2 Trinkwasserversorgung

3 Entwässerung

4 Schallschutz

5 Gasversorgung

6 Elektrische Anlagen

8 Wärmeversorgung

9 Einzelheizungen

10 Zentralheizungen

11 Lüftungsanlagen

12 Warmwasserbereitung

13 Hausabfallentsorgung

14 Aufzugsanlagen

Hinweise auf DIN-Normen in diesem Werk entsprechen dem Stand der Normung bei Abschluß des Manuskriptes. Maßgebend sind die jeweils neuesten Ausgaben der Normblätter des DIN Deutsches Institut für Normung e. V. im Format A 4, die durch den Beuth-Verlag GmbH, Berlin und Köln, zu beziehen sind. – Sinngemäß gilt das gleiche für alle in diesem Buch angezogenen technischen Regeln, amtlichen Richtlinien, Bestimmungen, Verordnungen usw.

1 Haustechnische Räume

Zu den Haupträumen einer Wohnung oder eines Wohnhauses, wie Wohn-, Eß-, Schlaf- und Kinderzimmer, gehören je nach Größe des Grundrisses Wirtschafts-, Sanitär- und Sonderräume. Nach ihrer Funktion werden unterschieden:

1. **Wirtschaftsräume.** Küche, Speisekammer, Kühlraum, Hausarbeitsraum, auch Gemeinschaftswaschraum und Trockenraum.

2. **Sanitärräume.** WC, Waschraum, Bad, Dusche, Hausschwimmbad, Sauna, auch Solarium und Gymnastikraum.

Eine richtige und sinnvolle Einfügung dieser Räume in den Gesamtgrundriß der Wohnung oder des Hauses bestimmt die Größe, Gestalt und innere Gliederung der Wirtschafts- und Sanitärräume.

Die einzelnen Räume werden durch die Tätigkeiten, die die Bewohner in ihnen verrichten, gegliedert. Dazu gehören die nötigen Einrichtungsgegenstände und eine zweckmäßige Geräteausstattung.

Durch den funktionell folgerichtigen und rationellen Arbeitsablauf in den Wirtschaftsräumen soll der unvermeidliche Arbeitsaufwand zur Bewirtschaftung eines Haushaltes tragbar bleiben.

Die Sanitärräume haben wesentliche Voraussetzungen dafür zu schaffen, daß alle Mitglieder einer Familie in ihrer Wohnung oder ihrem Haus behaglich und gesund leben können.

3. **Sonderräume.** Hausanschlußraum, Heizraum, Brennstofflagerraum, auch Übergabestation und Hausschutzraum.

Diese Räume gehören nach Erfordernis in jedes Einfamilienhaus, Mietwohnhaus oder Wohnheim.

1.1 Haushaltsküche

1.1.1 Planungsgrundlagen

Allgemeines. Die Küche ist ein selbständiger Arbeitsraum, der ausreichend zu belüften und beheizt sein muß.

Bei der Planung und Bemessung von Küchen im Neubau sowie bei Modernisierung, Aus- und Umbau ist DIN 18022 anzuwenden.

Diese Norm enthält Angaben über die notwendigen Einrichtungen, Stellflächen, Abstände und Bewegungsflächen.

Die Größe der Küche hängt von der Anzahl der Personen ab, für die die Wohnung oder das Einfamilienhaus geplant wird.

Die Mindestmaße ergeben sich aus den Stellflächen der Einrichtungen und den erforderlichen Bewegungsflächen zwischen ihnen.

Küchen können auch um einen Eßplatz erweitert werden.

Arbeitsküche. Mit mehreren Großgeräten ausgestattet ist sie eine Küche ohne Eßplatz. Sie erfordert 7 bis 10 qm Mindestgrundfläche. In diesem Raum sind alle Einrichtungen für die Küchenarbeiten zusammengefaßt (3.2).

Die Arbeiten in der Küche umfassen die Arbeitsbereiche Vorratshaltung, Vorbereitung, Nahrungszubereitung sowie Spülen und Aufbewahren des Geschirrs (s. Abschnitt 1.1.2).

Kleinküchen in Wohnungen für 1 oder 2 Personen entsprechen nach DIN 18022 hauswirtschaftlichen Anforderungen nur bedingt (**2**.1).

Eßküche. Sie ist eine erweiterte Arbeitsküche mit Imbiß- oder Eßplatz und 10 bis 14 qm Mindestgrundfläche (**4**.2). Sie ersetzt damit jedoch nicht den nach DIN 18011 geforderten Eßplatz einer Wohnung.

Eine Kochnische ist Teil eines größeren Raumes, der durch Fenster belichtet und belüftet ist. Sie entspricht den hauswirtschaftlichen Anforderungen nicht und kann nur ausnahmsweise angewendet werden (**2**.1).

In der Bundesrepublik gibt es derzeit über 35% Einpersonen-Haushalte.

Raumzuordnung. Die Küche muß von Flur, Diele oder Eßraum zugänglich sein. Küche und Eßplatz sollen dicht beieinanderliegen (**358**.1), wenn möglich in Sichtverbindung. Weiterhin muß die Küche dem Wohnungseingang nahe sein. Von ihrem Fenster sollte man möglichst auch den Hauseingang oder einen vorhandenen Kinderspielplatz überblicken können. Die Lage nach NO ist zum Schutz gegen zu starke Sonneneinstrahlung besonders günstig.

Grundrißtypen. Zur rationellen Erledigung aller Küchenfunktionen bieten sich nach DIN 66354 fünf gebräuchliche Grundformen an:

Einzeilige Küche. Bei ihr sind alle erforderlichen Einrichtungen in einer Zeile aufgestellt. Dies kommt durchweg, auch als Küchenblock bezeichnet, nur für Kochnischen mit ihren bescheidenen Anforderungen an Arbeits- und Abstellflächen in Frage (**2**.1). Die Mindeststellfläche beträgt etwa 280 × 60 cm.

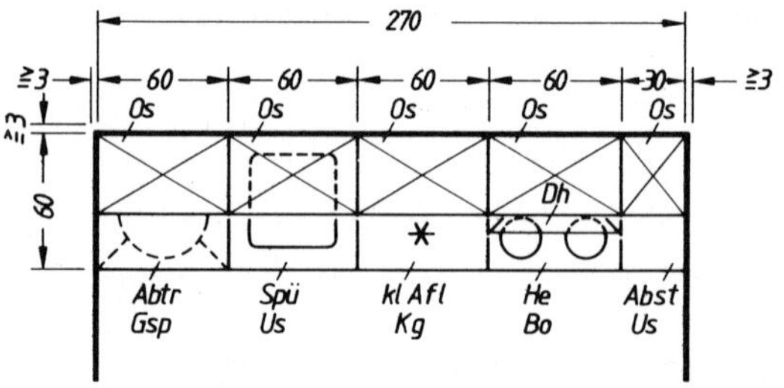

2.1 Einzeilige Kochnische (M 1:50) (Erläuterung s. Bild **3**.1)

Zweizeilige Küche. Sie bietet, als Küche ohne Eßplatz, so viel Wandlänge, daß alle angestrebten Arbeitsbereiche zweckmäßig untergebracht werden können. Nachteilig ist die oft nicht im Fensterbereich liegende große Arbeitsplatte (**3**.1). Diese Küchenform ist für die Mietwohnung mit Küchenbalkon üblich. Die Stellfläche beträgt mindestens 620 × 60 cm.

Die mit dem meisten Gerät ausgestattete Zeile liegt an der Installationswand, während die gegenüberliegende Wand vor allem Schrankraum und zusätzliche Arbeitsflächen aufnimmt (**358**.1).

L-förmige Küche. Sie ist eine Arbeitsküche, deren Großgeräte und Schränke an zwei benachbarten Wänden angeordnet sind. Sie wird wegen ihrer ungünstigen Raumverhältnisse seltener geplant, meist als Kleinküche für Haushalte mit ein bis zwei Personen. Die Stellfläche der Einrichtungen beträgt als Kleinküche mindestens 370 × 60 cm, als Eßküche (**4**.2) etwa 580 × 60 cm.

Der Arbeitsablauf ist nur durch längere Wege zu den einzelnen Arbeitszentren zu bewerkstelligen. Als Folge werden häufig Möbel und Geräte eingespart.

3.1 Zweizeilige Haushaltsküche (M 1:50)

kl Afl	kleine Arbeitsfläche
gr Afl	große Arbeitsfläche
Abst	Abstellfläche
Abtr	Abtropffläche
Hs	Hochschrank
Us	Unterschrank
Os	Oberschrank
He	Herd oder Einbaukochstelle
Bo	Backofen
Dh	Dunstabzugshaube
Spü	Spüle
Gsp	Geschirrspüler
Kg	Kühlgerät
Gs	Gefrierschrank

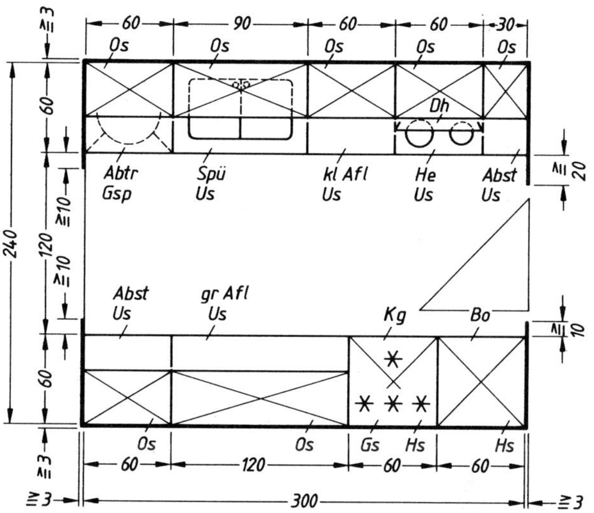

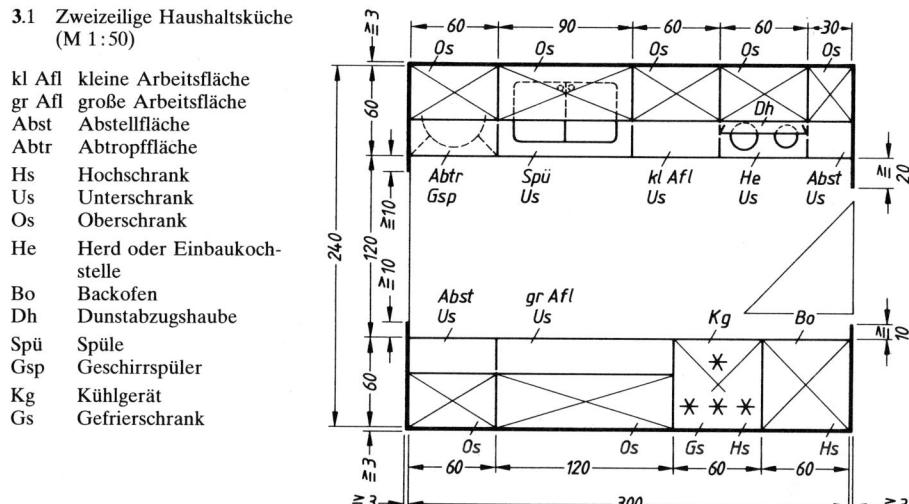

U-förmige Küche. Sie ist eine stirnseitig verbundene zweizeilige Küche, die sich durch ihre günstigen Raumabmessungen zum praktischen Standardtyp entwickelt hat. Sie ist die Arbeitsküche mit der umlaufenden Arbeits- und Abstellfläche (**3**.2). Die Stellfläche der Einrichtungen beträgt etwa 720 × 60 cm.

Einen Sondertyp stellt die U-Küche mit Kücheninsel dar. Sie wird bei ausreichendem Platz in der Küchenmitte als Koch-Spülinsel mit Arbeitsflächen eingeplant (**4**.1).

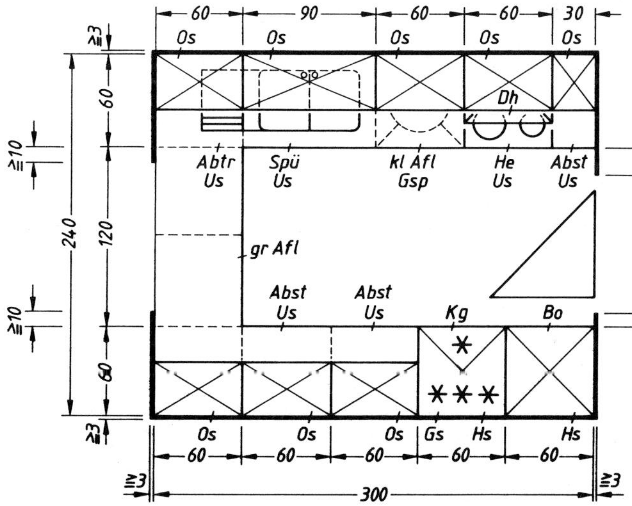

3.2 U-förmige Haushaltsküche (M 1:50) (Erläuterung s. Bild **3**.1)

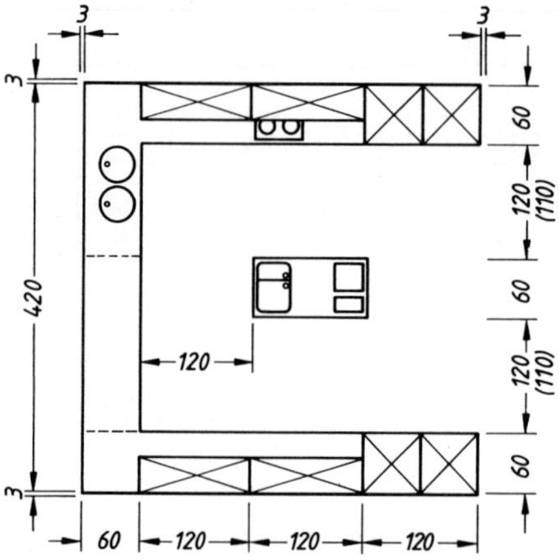

4.1 U-förmige Küche mit Koch-Spülinsel (M 1:100)

Küche mit Eßplatz. Sie ist, auch als Wohnküche bezeichnet, meist eine L-Küche und erfordert je nach Ausstattung erheblich mehr Grundfläche als eine reine Arbeitsküche (**4**.2). Als Faustregel ist ein Raummehrbedarf von ca. 4,0 qm anzunehmen.

Sie wird vom Bauherren heute öfter mit vollwertigem Eßplatz gefordert und dann auch zu jeder Mahlzeit benutzt. Hierzu gehört ein Tisch mit Stühlen oder eine Eckbank.

In DIN 18011 Tabelle 1 sind Mindestmaße für Eßplatz-Stellflächen festgelegt.

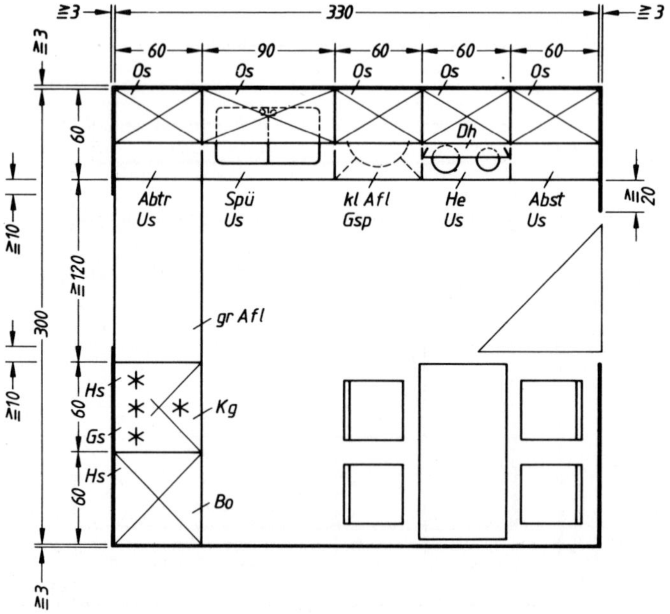

4.2 L-förmige Haushaltsküche mit Eßplatz (M 1:50) (Erläuterung s. Bild **3**.1)

G-förmige Küche. Sie hat sich aus der Kombination von U- und L-Küche entwickelt (**5**.1) und wird gelegentlich mit einem Imbißplatz ausgestattet.

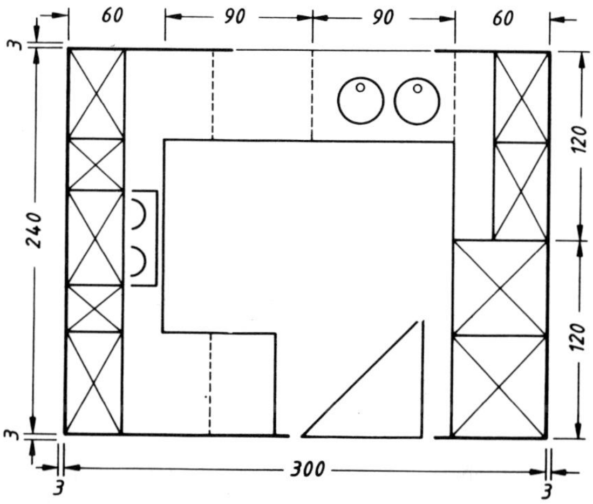

5.1 G-förmige Haushaltsküche (M 1:50)

Imbißplatz. Er wird in der Küche für das Frühstück oder gelegentliches Essen seltener miteingeplant. Es gibt ihn als Auszieh-, Ausschwenk- und Ansatztisch oder als Barplatte.

Auszieh- und Ausschwenktische werden mit einer Höhe von 70 bis 75 cm in einem Unterschrank verstaut. Sie sind 44 bis 54 cm breit und erfordern zusätzliche Bewegungsfläche für die Stühle.

Ansatztische werden mit ca. 40 cm Tiefe an freistehende Unterschränke angebaut und ergeben einen Imbißplatz für mehrere Personen (**5**.2).

Die ebenfalls ca. 40 cm tiefe Eßbar benötigt dagegen weniger Platz, da sie mit ca. 15 cm Überbau über dem Unterschrank angeordnet wird. Der Bartisch ist 110 bis 115 cm hoch, die Sitzhöhe der Barhocker 80 bis 85 cm (**5**.3).

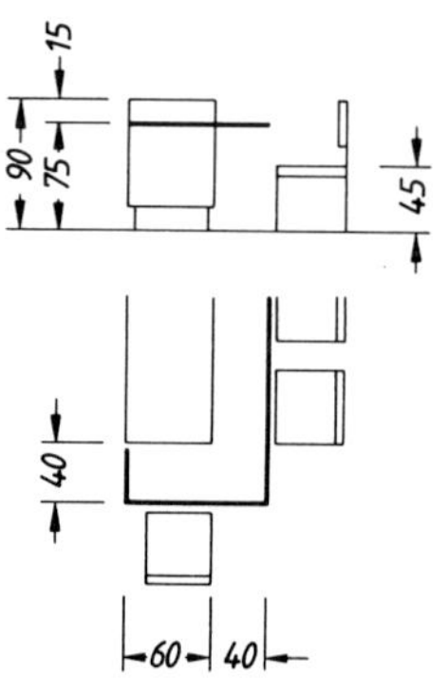

5.2 Imbißplatz als Ansatztisch (M 1:100)

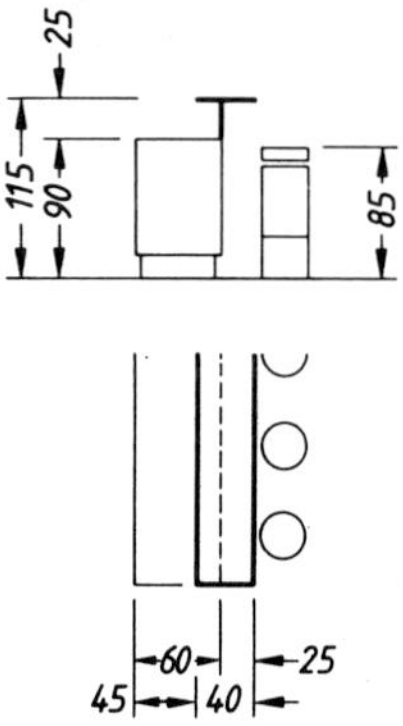

5.3 Imbißplatz als Bartisch (M 1:100)

Speisekammer. Heute wird die Speisekammer direkt neben der Küche wieder häufiger gefordert. Sie bietet dann Platz für Trockenvorräte, Frischvorräte und Einmachgut, oder ersetzt evtl. fehlende Abstellfläche in der Küche.

Speisekammern werden am rationellsten als rechteckige Räume geplant und durch geschoßhohe Regale einzeilig, zweizeilig, U- oder L-förmig eingerichtet (**6**.1).

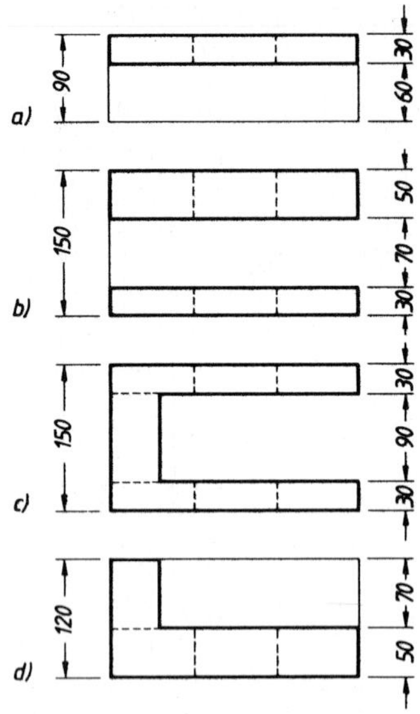

Der Raum sollte kühl und möglichst über ein Fenster zu belüften sein.

Ein Aufstellplatz für ein Gefriergerät oder einen Weinkühlschrank ist anzustreben.

Die Regaltiefen sind mit 30 bis 50 cm, die Verkehrsfläche davor mit 60 bis 90 cm einzuplanen.

Der direkte Zugang in die Speisekammer vom Küchenraum aus ist problematisch, da fast immer die durchlaufende Arbeitsfläche unterbrochen wird.

6.1 Speisekammer-Grundformen (M 1:100)
a) einzeilig
b) zweizeilig
c) U-förmig
d) L-förmig

1.1.2 Arbeitsbereiche

Der rationelle Arbeitsablauf, und damit die Reihung der einzelnen Arbeitsbereiche, ergibt sich im Normalfall für Rechtshänder von rechts nach links (**3**.2), für Linkshänder jedoch von links nach rechts (**14**.1).

Hieraus entsteht, von rechts nach links, folgende Reihung der Stellflächen: Abstellfläche, Herd oder Einbaukochstelle, kleine Arbeitsfläche, Spüle und Abtropffläche (**2**.1, **3**.1, **3**.2 und **4**.2).

In der Haushaltsküche ergeben sich nachfolgende Arbeitsbereiche:

Aufbewahren, auch Bevorraten. Hierzu dienen Schränke zur Unterbringung von Geschirr, Töpfen, Geräten, Hilfsmitteln, Speisen und Trockenvorräten (Schrankraum nach Tafel **9**.1 und vorstehenden Bildern in Unter-, Ober- und Hochschränken).

Bevorraten, auch Aufbewahren. Mit einem großen Platzbedarf ist für Trockenvorrat, Frischvorrat, Kühlvorrat, Tiefkühlvorrat und Einmachgut zu rechnen. Die Unterbringung erfolgt im Kühlschrank, Gefrierschrank, Kühl-Gefrier-Kombination, auch im Speiseschrank als Unter- oder Hochschrank, der möglichst von außen durchlüftet sein sollte.

Als gesonderter Aufbewahrungsraum kommen, neben der Küche angeordnet, Speisekammer (**6**.1), Kühlraum oder ein Raum mit Kühlzelle (s. Abschnitt 1.1.4) in Frage.

Auch kann ein ausreichend bemessener, kühler und frostsicherer Raum z. B. im Keller eingeplant werden, der eine Speisekammer ersetzt. Die Aufstellung eines größeren Gefriergerätes, besser Schrank als Truhe, oder einer Kühlzelle (**19**.1) ist hier sinnvoll.

Vorbereiten, auch Anrichten. Hierzu dienen große und kleine Arbeits- und Abstellflächen (**3**.2, **4**.2, **7**.1 und Taf. **9**.1).

Eine kleine Arbeitsfläche von 60 besser 90 cm Breite zwischen Herd bzw. Einbaukochstelle und Spüle ist zum Anrichten der Mahlzeiten und Abstellen von gebrauchtem Geschirr anzuordnen. Sie ist Hauptvoraussetzung für einen zügigen Arbeitsablauf und bildet den Mittelpunkt der Küche.

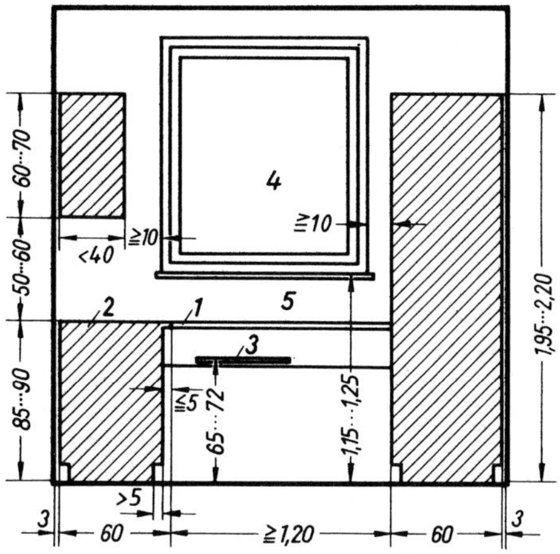

7.1 Einbaumaße von Kücheneinrichtungen (M 1:50)

1 große Arbeitsfläche
2 Abstellfläche
3 ausziehbare Arbeitsplatte
4 Fenster
5 Raum für Gerät, Armaturen oder Geschirr

Die große Arbeitsfläche, mindestens 120 cm breit, ist zur Vorbereitung raumaufwendiger Arbeiten z. B. Backen und Einkochen erforderlich. Sie sollte im Tageslichtbereich liegen.

Darunter ist gelegentlich in 65 bis 72 cm Höhe eine Platte zum Arbeiten im Sitzen (**7**.1), mindestens 60 cm breit, als ausziehbare Arbeitsfläche angeordnet. Jedoch ist hier auf die richtige Hausarbeitsdrehstuhlhöhe nach DIN 68876 zu achten.

In diesem Küchenbereich ist auch die Unterbringung von Kochbüchern, Haushaltsbuch, Radio, Kurzzeitwecker und Uhr zu empfehlen.

Eine Platte zum Aufstellen von Küchenmaschinen und Geräten (s. Abschnitt 1.1.4), mindestens 60 cm breit, meist in den Raumecken der hierfür als Tischfläche ausgebildeten Unterschrankabdeckungen, ist möglichst beiderseits im Anschluß an die große Arbeitsfläche vorzusehen.

Eine weitere Abstellfläche neben Herd bzw. Einbaukochmulde, 60 seltener 30 cm breit, ist rechts anzuordnen.

Ebenso ist eine mindestens 60 cm breite Abstellfläche links evtl. als Abtropffläche neben der Spüle erforderlich.

Der Schrankraum unter den Arbeitsflächen ist für die zum Vorbereiten und Kochen notwendigen Kleingeräte einzuplanen.

Die Aufteilung mit Einlegeböden, Drahtböden, Schubkästen, Einsätzen oder herausziehbaren Elementen ist genau zu überlegen.

Kochen, Backen, auch Braten, Grillen und Warmhalten. Als Koch- und Backeinrichtungen kommen der Herd mit Backofen, die Einbaukochstelle, Einbaubackofen, Heißluftherd und der Mikrowellenherd in Frage. Alle Geräte werden für 60 teilweise auch 50 cm breite Stellflächen gebaut.

Neben dem Herd mit Backofen (**12**.1 und **12**.2) bzw. der Einbaukochstelle (**13**.2 und 3) sind rechts und links der Kochstelle Abstellflächen von mindestens 30 bis 90 cm als Arbeitsflächen vorzusehen (Taf. **9**.1).

Der darunterliegende Schrankraum ist für die Unterbringung von Töpfen und Kochgeräten einzuplanen. Oberschränke sollten links und rechts vom Herd Schüsseln, Gewürze und Kochzutaten griffbereit aufnehmen können.

Ein getrennt von der Einbaukochstelle in einem Hochschrank untergebrachter Einbaubackofen ist am bequemsten zu bedienen.

Einbaubackofen und Mikrowellenherd sind auch als Einbaugeräte übereinander kombinierbar.

Das Mikrowellengerät kann bei genügend Platz auch als Standgerät in Herdhöhe über Tisch untergebracht sein.

Über dem Herd ist eine mechanische Lüftung durch einen Dunstabzug erforderlich. Ihn gibt es als Umluft- oder Abluftgerät (**19**.2) mit Fettfilter und Herdbeleuchtung.

Das Drehkippfenster im Herdbereich, ein Außenwandventilator oder eine Schachtlüftung sind mögliche Ersatzlösungen (s. Abschnitt 1.1.5).

Die Kopfhöhe über dem Kochzentrum sollte mindestens 65 cm über der Arbeitsfläche betragen.

Spülen. Als Spüleinrichtungen sind Einbeckenspüle (**14**.1 und **15**.2) oder Doppelbeckenspüle (**15**.2 und **858**.1) und eine Geschirrspülmaschine erforderlich.

Die Becken dienen der Reinigung von Geschirr, Großbesteck und Töpfen, auch für Gemüseputzzwecke.

Für Kleinküchen ist die Einbeckenspüle vorgesehen. Sie genügt, wenn ein Geschirrspülautomat vorhanden ist.

Die übliche Doppelbeckenspüle mit 90 cm breiter Stellfläche benötigt zusätzlich 60 cm Abtropffläche links (**3**.2) und 60 cm Abstellfläche für schmutziges Spülgut rechts.

Eine Geschirrspülmaschine sollte rechts oder links neben dem Spülbecken untergebracht werden (**3**.1 und **3**.2).

Zum Aufbewahren des sauberen Geschirrs sind niedrige Oberschränke über dem Spülebereich sinnvoll, ein Behälter für Küchenabfälle sowie die Spül- und Putzmittel unter dem Spülbecken angeordnet, selbstverständlich.

Die Kopfhöhe über dem Spülzentrum sollte mindestens 65 cm über der Arbeitsfläche betragen.

Arbeits- und Abstellflächen. Sie sind 60 cm tief und haben nacheinander verschiedene Funktionen zu erfüllen. Dadurch ergibt sich von rechts nach links die grundsätzliche Reihenfolge des Arbeitsablaufes in den verschiedenen Bereichen (**3**.2):

Abstellfläche, Herd oder Einbaukochstelle, kleine Arbeitsfläche, Doppelspüle, Abtropffläche oder Abstellfläche, große Arbeitsfläche, weitere Abstellflächen über Unterschränken in freier Anordnung.

Auch die spiegelbildliche Anordnung, z. B. bei spiegelbildlichen Zweispännerwohnungen, ist möglich. Für Linkshänder ist diese Anordnung der Arbeitsbereiche im Uhrzeigersinn besonders zu empfehlen.

1.1.3 Einrichtungen

Die Einrichtung einer Küche richtet sich nach den vorgesehenen Funktionen (s. Abschnitt 1.1.2) und der Raumsituation.

Von den notwendigen Abmessungen der Sanitär-Ausstattungsgegenstände, den Stellflächen für Möbel und Geräte und den geforderten Abständen zwischen diesen Einbauteilen, Wänden und Wandöffnungen hängen die endgültigen Raumabmessungen wesentlich ab.

Einrichtungen können sowohl bauseits als auch vom Wohnungsnutzer eingebracht werden.

Küchenmöbel bestehen aus Holz, Metall, Kunststoff oder mehreren dieser Werkstoffe gleichzeitig.

Abmessungen und Stellflächen der Einrichtungsteile für Küchen sind aus Tafel **9**.1 ersichtlich.

Stellflächen. Als empfohlene Gesamtstellfläche aller erforderlicher Kücheneinrichtungen sollte eine Länge von ca. 7,20 m angestrebt werden (**3**.2). Die Tiefe der Stellfläche ist grundsätzlich 60 cm, die Arbeitshöhe beträgt 85 cm, durch Anhebung des Sockels heute meist 90 cm, maximal 92 cm.

Stellflächen geben den Platzbedarf der Einrichtungen im Grundriß nach Breite und Tiefe an.

Die individuell richtige Arbeitshöhe ist berechenbar. Sie liegt bei aufrechter Haltung im Stehen ca. 15 cm unterhalb des Ellbogens.

Die benötigten Flächen werden je nach Raumeignung einzeilig, zweizeilig, in U- oder L-Form, evtl. auch in G-Form, angeordnet (s. Abschnitt 1.1.1).

Tafel **9**.1 Kücheneinrichtungen, Stellflächen der Einrichtungsteile (nach DIN 18022 Tab. 1)

Einrichtungsteile	Breiten in cm
Arbeits- und Abstellflächen	
Kleine Arbeitsfläche zwischen Herd oder Einbaukochstelle und Spüle[1])	≧ 60
Große Arbeitsfläche[1])	≧ 120
Fläche zum Aufstellen von Küchenmaschinen und Geräten[1])	≧ 60
Abstellfläche neben Herd, Einbaukochstelle oder Spüle	≧ 30
Abstell- oder Abtropffläche neben Spüle	≧ 60
Schränke für Geschirr, Töpfe, Geräte, Hilfsmittel, Speisen und Vorräte	
Unterschrank	30 bis 150
Hochschrank	60
Oberschrank	30 bis 150
Kühl- und Gefriergeräte	
Kühlgerät, Kühl-Gefrier-Kombination	60
Gefrierschrank	60
Gefriertruhe	≧ 90
Koch- und Backeinrichtungen	
Herd mit Backofen, darüber Dunstabzug	60
Einbaukochstelle mit Unterschrank	60 bis 90
Einbaubackofen mit Schrank[2])	60
Mikrowellenherd mit Schrank[2])	60
Spüleinrichtungen	
Einbeckenspüle mit Abtropffläche	≧ 90
Doppelbeckenspüle mit Abtropffläche	≧ 120
Geschirrspülmaschine	60
Spülzentrum (Einbeckenspüle mit Abtropffläche, Unterschrank und Geschirrspülmaschine)	≧ 90
Die Stellflächentiefe beträgt grundsätzlich 60 cm. Ausnahmen: Oberschränke ≧ 40 cm, Gefrierschränke je nach Fabrikat.	

[1]) Gegebenenfalls mit auszieh- oder ausschwenkbarer Fläche zum Arbeiten im Sitzen.
[2]) Einbaubackofen und Mikrowellenherd sind wahlweise übereinander kombinierbar.

Bei der Ermittlung der Stellflächen werden Türöffnungen, Wandvorsprünge, Schornsteine und Fenster unter 95 cm nicht mitgerechnet.

Die Brüstungshöhen von Küchenfenstern sind entsprechend höher festzulegen (**7**.1).

Abstände. Zur Benutzung und Bedienung der Kücheneinrichtungen sind zwischen ihrer Vorderseite und gegenüberliegenden Einrichtungsteilen oder Wänden mindestens 1,20 m Abstand erforderlich (**3**.1, **3**.2 und **7**.1).

Abstände zwischen Stellflächen und anliegenden Wänden erfordern zusätzlich ≧ 3 cm, zwischen Stellflächen und Türleibungen ≧ 10 cm sowie Türleibungen auf der Schalterseite ≧ 20 cm.

Darüberhinaus ist die Anordnung von Schaltern, Steckdosen, Leuchten und Lüftungseinrichtungen, Warmwasserbereitern, Heizkörpern und Rohrleitungen bei der Planung der Stellflächenabstände besonders zu berücksichtigen.

Aus der zweifachen Tiefe der Geräte und Möbel von 60 cm und ihrem gegenseitigen Abstand von mindestens 1,20 m ergibt sich eine Mindestbreite des Küchenraumes von 2,46 m. Sie sollte möglichst nicht wesentlich überschritten werden.

Möblierung. Küchenmöbel (**10**.1) sind heute ausschließlich Einbaumöbel, die von zahlreichen Firmen in großer Vielfalt hergestellt werden.

Küchenmöbel und Küchengeräte sind so gefertigt, daß sie sich nahtlos aneinanderfügen und so kombinieren lassen, daß ein fließender Arbeitsablauf gewährleistet ist. Dazu müssen ausreichende Bewegungsflächen zur Bedienung der Einbauschränke und Geräte vorhanden sein. Dies wird durch genormte Koordinationsmaße nach DIN 68901 für einheitliche Breiten, Tiefen, Höhen und Abstände sowie genormte Einbauöffnungen für Geräte erreicht.

Die genormten Möbelbreiten sind 30, 60, 90 und 120 cm. Sonderbreiten im 5-cm-Raster sind möglich. Die Schranktiefe beträgt, bis auf Oberschränke, einheitlich 60 cm.

Zu unterscheiden sind nach DIN 68881 T. 1 Unterschränke, Hochschränke, Aufsatzschränke und wandhängende Oberschränke.

Unterschränke sind einschließlich der Abstell- oder Arbeitsfläche 85, besser 90 cm hoch und haben einen 10 bzw. 15 cm hohen Sockel, der um mind. 5 cm eingerückt sein muß (**7**.1 und **10**.1).

DIN 68881 T. 1 unterscheidet Eck-Unterschrank, Raumteiler-Unterschrank, Einbaugeräte-Unterschrank, Spülschrank und auch Ausguß-Unterschrank.

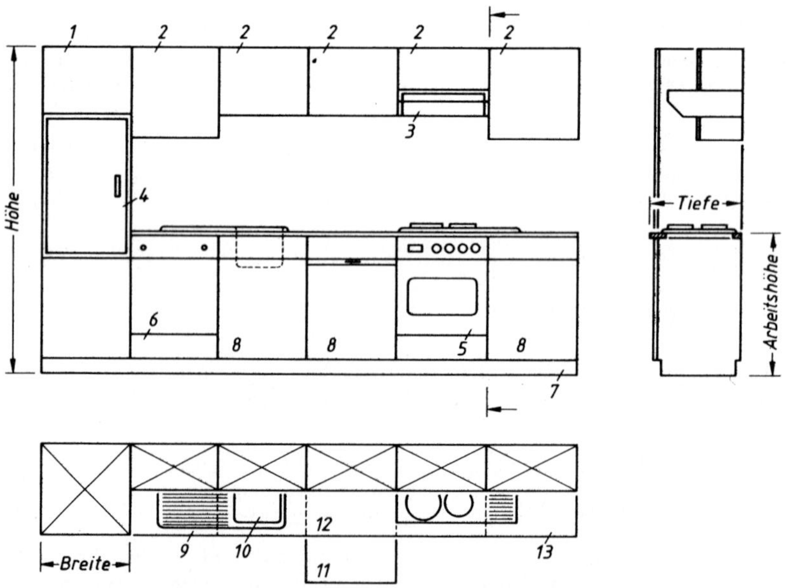

10.1 Kombination von Küchenmöbeln und Küchengeräten (nach DIN 68901) (M 1:50)

1 Hochschrank
2 Oberschrank
3 Dunstabzugshaube
4 Einbaugerät
5 Einbauherd
6 Unterbaugeschirrspülmaschine
7 Sockel
8 Unterschrank
9 Abtropffläche
10 Spültisch
11 Ausziehplatte
12 Arbeitsfläche
13 Abstellfläche

Nebeneinander stehende Unterschränke sind mit durchlaufenden, einheitlichen Arbeits- bzw. Abstellplatten abgedeckt. Sie werden zur Aufnahme von Einbaukochstelle oder Spülbecken nach Schablone passend ausgeschnitten.

Hochschränke werden mit Sockel in Abmessungen nach Wahl des Herstellers zwischen 195 und 220 cm Höhe (**7**.1 und **10**.1) angefertigt. Sie sind besonders geeignet, um Großgeräte aufzunehmen.

DIN 68881 T. 1 unterscheidet Eck-Hochschrank, Raumteiler-Hochschrank und Einbaugeräte-Hochschrank.

Oberschränke haben eine Höhe zwischen 60 und 70 cm. Sie sind im Gegensatz zu allen anderen Möbeln 40 cm, besser nur 35 cm tief (**7**.1 und **10**.1).

DIN 68881 T. 1 unterscheidet Eck-Oberschrank, Raumteiler-Oberschrank und Einbaugeräte-Oberschrank.

Der Abstand zwischen Arbeitsfläche und Oberschrank-Unterkante soll 50 bis 60 cm betragen, über dem Koch- oder Spülzentrum jedoch mindestens 65 cm.

Aufsatzschränke werden in den Abmessungen nach Wahl des Herstellers, auch als Eck-Aufsatzschrank, auf Hoch- oder Oberschränke meist bis UK Decke montiert.

1.1.4 Geräte

Sie können besonders in Altbauten zur bauseitig erstellten Ausstattung gehören oder vom Wohnungsnutzer eingebrachte Einrichtungen sein.

Unterbaugeräte, Einbaugeräte und notwendige Kleingeräte sind zu unterscheiden.

Unterbaugeräte sind bei einer Schrankbreite von 60 cm, gelegentlich auch 50 cm, unter einer durchgehenden Arbeitsfläche integriert, billiger als Einbaugeräte, jedoch unbequemer zu benutzen.

Einbaugeräte mit gleichen Nennbreiten wie Unterbaugeräte haben den wesentlichen Vorteil, in arbeitstechnisch richtiger Höhe eingesetzt zu werden.

In DIN 68901 sind die Koordinationsmaße von Einbauöffnungen in Arbeitsplatten und Schränken zum Einbau von Küchengeräten aller Art festgelegt.

Für die Dekorplatten von Unter- und Einbaugeräten gibt es ebenfalls vorgeplante Maße (**11**.1).

11.1 Dekorplattenbefestigung (nach DIN 68901)
1 Dekorplatte
2 Gerätetür
3 Klemmrahmen

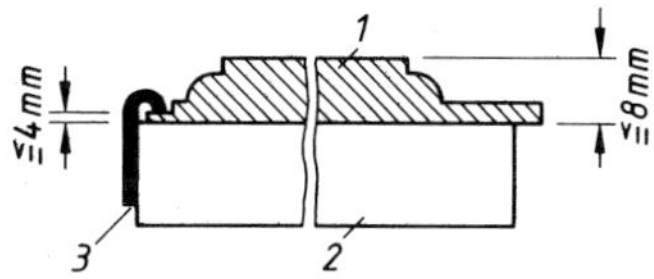

Dekorplatten für Kücheneinrichtungen sind erforderlich, um die Gerätetüren der sie umgebenden Küchenmöbelfront in Werkstoff und Farbe anzupassen.

Kleingeräte benötigen möglichst festgelegte Aufstellplätze im Schrank oder auf der Arbeitsfläche.

Koch- und Backeinrichtungen. Zum Kochen, Backen, Braten, Grillen und Warmhalten sowie Auftauen stehen folgende Geräte zur Auswahl: Herd mit Backofen, Einbaukochstelle, Einbaubackofen und Mikrowellengerät. Sie lassen sich zwanglos mit allen übrigen Kücheneinrichtungen kombinieren.

DIN 68903 und 44546 unterteilen die eingebauten Haushaltsherde außerdem noch in Unterbauherd, Einbauherd, Einbaukochmulde, kombinierter Herd und Tischherd.

Herd mit Backofen. Hierzu zählen Gas-Unterbauherd und Elektro-Unterbauherd. Sie dürfen nur mit ≧ 30 cm Abstand neben Hochschränken und Wänden eingeplant werden.

Gas-Unterbauherde (**12**.1) sind Haushalt-Kochgeräte nach DIN EN 30 für Stadt-, Fern- und Flüssiggas mit Backofen und Grilleinrichtung.

Sie werden unter einer Abdeckung oder Arbeitsplatte eingebaut, haben zwei oder vier, selten drei Kochstellen und gelten als Gasgeräte, die keinen Schornsteinanschluß benötigen.

Die DIN unterscheidet die Kochbrenner je nach Nennwärmebelastung in Normal-, Stark- und Großbrenner (**12**.1).

Wegen des Wasserdampfgehaltes der Abgase ist auf gute Entlüftung der Küche (s. Abschnitt 11.3.2.2) besonders zu achten.

Die Herde können auch mit einem Umluftbackofen nach DIN 3360 T. 6 ausgestattet sein.

Neuere Gasherde haben nach DIN 3360 T. 5 eine Kochfläche aus Glaskeramik (**13**.2b). Das geschlossene Kochfeld wird hier durch Infrarotstrahler beheizt.

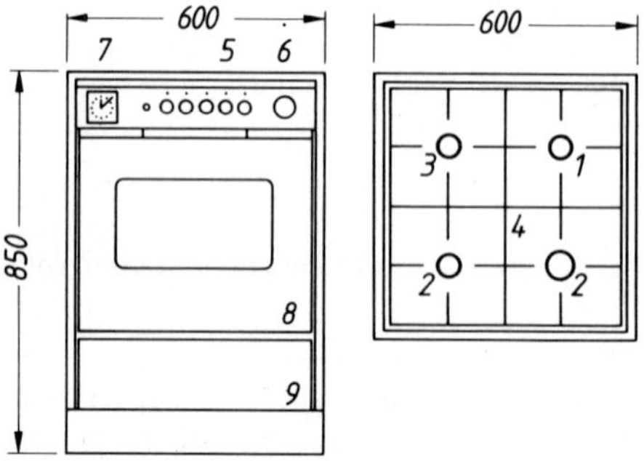

12.1 Allgas-Unterbauherd (M 1 : 25) (Küppersbusch)

1 Starkbrenner
2 Normalbrenner
3 Großbrenner
4 Topfauflage
5 Armaturen
6 Klappdeckelsteckdose
7 Tageszeituhr mit Kurzzeitwecker
8 Backofen-Vollglasfront
9 Geschirrwagen

Elektro-Unterbauherde (**12**.2) müssen als Haushaltsherde mit Backofen und Grilleinrichtung den Anforderungen von DIN 44546, 44548 sowie 44912 T. 1 und 2 genügen.

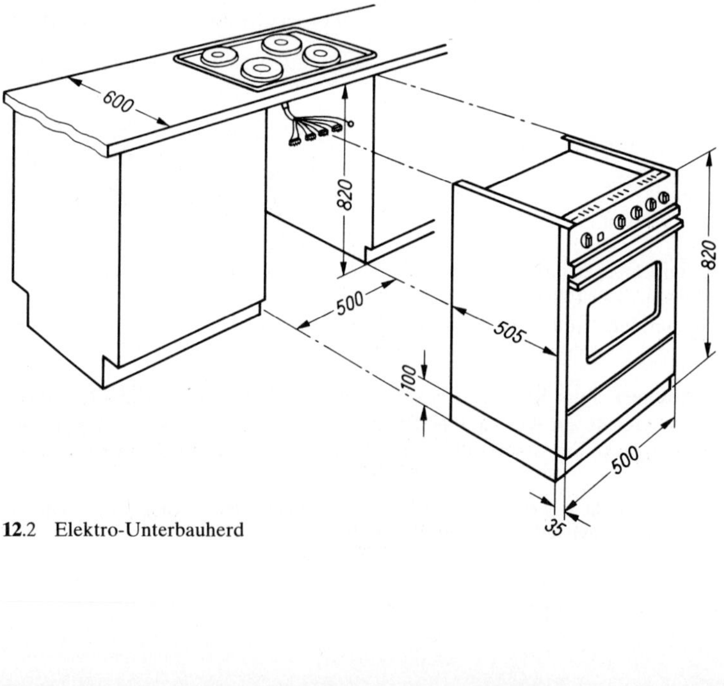

12.2 Elektro-Unterbauherd

Sie werden ebenfalls für Unterschränke gebaut und haben 4 selten 3 nach DIN 44910 T. 1 bis 7 und 44912 in Durchmesser oder Größe genormte Herd-Kochplatten (Tafel **13**.1), auch Glaskeramik-Kochzonen nach DIN 44550.

Energiesparendes elektrisches Kochen setzt Spezialgeschirr mit plangeschliffenen Böden voraus.

Tafel **13**.1 Nennaufnahme in W (bei höchster Schaltstufe) von elektrischen Herdkochplatten

Plattengröße in cm	14,5 ∅	18 ∅	22 ∅	30 ∅	40 ∅	30 □	40 □
Normalkochplatte	1000	1500	2000	2500	5000	2500	5000
Blitzkochplatte	1500	2000	2600	4000	–	4000	–

Einbaukochstelle. Sie gibt es als Gas- und Elektro-Herdmulde und dürfen nicht unmittelbar neben Hochschränken eingeplant werden.

Gas-Herdmulden (**13**.2) und Glaskeramik-Kochfelder nach DIN 3360 T. 5 sind zum direkten Einbau in durchgehende Arbeitsplatten bestimmt.

Der notwendige Backofen wird getrennt als zusätzliches Einbaugerät in einem Hochschrank eingeplant.

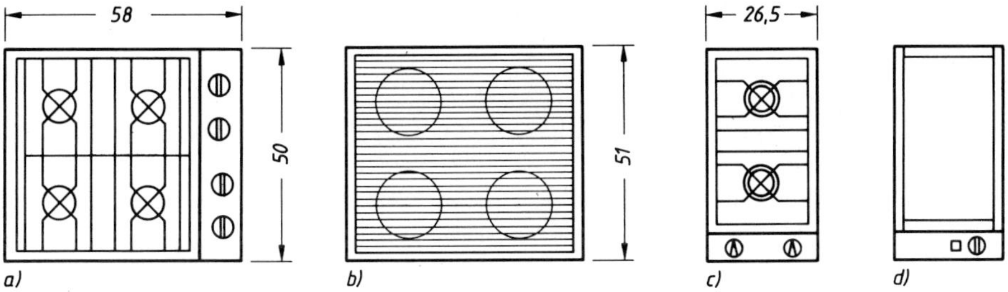

13.2 Allgas-Einbaukochstellen
a) Gaskochmulde, b) mit Glaskeramikkochfeld, c) und d) Gaskochmulden in Elementbauweise

Elektro-Herdmulden (**13**.3) werden wie Gas-Herdmulden in die Arbeitsplatte eingesetzt. Die Kochstelle kann aus Edelstahl oder Emaille und aus Glaskeramik sein.

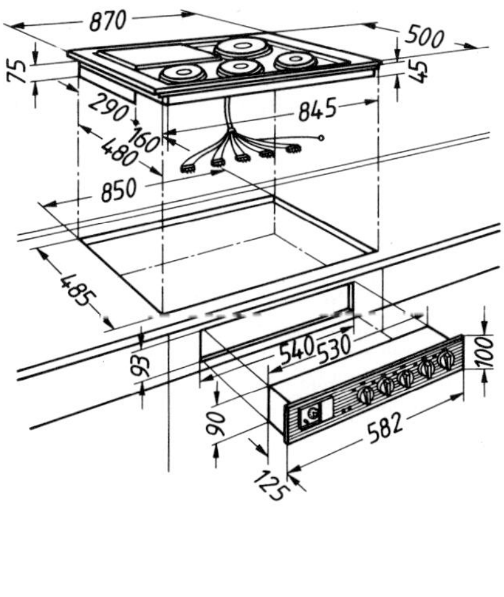

13.3 Elektro-Einbaukochstelle

Die Schalter nach DIN 44546 können von oben bedienbar im Gerät eingebaut oder in einem separat installierten Schaltkasten untergebracht sein (**13**.3). Das gilt ebenfalls für Glaskeramik-Kochfelder.

Gelegentlich werden Elektro-Herdmulden schon werkseitig in durchgehende Stahlabdeckungen integriert (**14**.1).

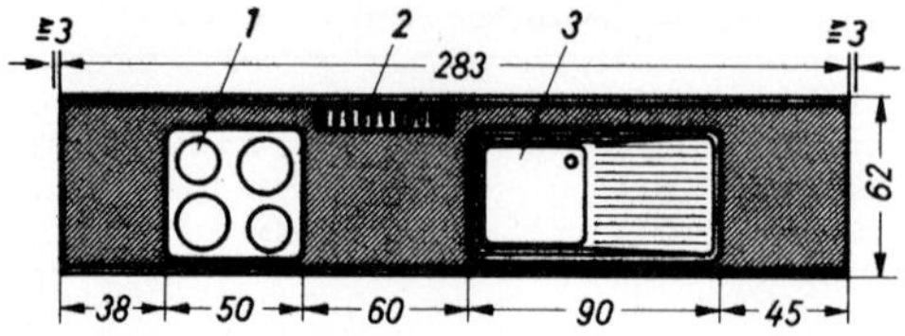

1 Elektro-Kochstelle
2 Entlüftungsschlitz (für untergebaute Heizfläche)
3 Einbeckenspüle mit Abtropffläche

14.1 Herd-Spültisch-Kombination für Linkshänder aus Chrom-Nickel-Stahl 18/8, mustergewalzt (M 1:50)

Einbaubackofen. Hierzu zählen Gas-Backofen, Elektro-Backofen und der Umluftbackofen.

Gas-Einbaubacköfen sind Haushalt-Kochgeräte nach DIN EN 30 für Stadt-, Fern- und Flüssiggas mit Backofen und Grillbrenner.

Sie werden über Tischhöhe in Hochschränke eingebaut und benötigen als Gasgerät keinen Schornsteinanschluß. Sie können auch mit einem Umluftbackofen nach DIN 3360 T. 6 ausgestattet sein.

Elektro-Einbaubacköfen müssen als Haushaltsgeräte den Anforderungen von DIN 44546 und 44548 genügen und werden ebenfalls im Hochschrank eingesetzt. Sie gibt es auch als Doppel-Einbaubackofen.

Umluftbackofen. Er wird auch als Heißluftherd bezeichnet und stellt eine Weiterentwicklung des Backofens dar.

Das Heißluftgerät gibt es, mit Strom oder Gas betrieben, als Unterbau- oder Einbaubackofen.

Die Geräte arbeiten mit erhitzter Luft, die ein Gebläse ständig umwälzt. Dies verhindert ein Anbrennen des Brat- oder Backgutes. Die Backofenwände bleiben sauber, Brat- oder Backgerüche sind kaum wahrnehmbar. Außerdem kann auf 4 bis 5 Ebenen gleichzeitig gegart werden.

Mikrowellen-Kochgerät. Auch als Mikrowellenherd bezeichnet, stellt es eine Sonderbauart des Elektroherdes oder Elektrobackofens dar.

Das meist als Zusatzherd verwendete Gerät gibt es nach DIN 44566 T. 1 als frei aufstellbares Tischgerät, Unterbau- und Einbaugerät oder als Kombinationsgerät.

Schnelles, sparsames und praktisches Garen oder Erwärmen sind die Vorteile dieses Gerätes. Es taut Tiefkühlkost in Minuten auf.

Anschlußwerte für elektrische Koch- und Backgeräte siehe Tafel **14**.2 und für Gasgeräte Tafeln **15**.1, **333**.1 und **344**.1.

Tafel **14**.2 Anschlußwerte für elektrische Koch-, Back-, Brat- und Grillgeräte

Gerät	Watt
Herd oder Einbaukochstelle mit Schaltkasten oder Einbaukochstelle	bis 14500 bis 10000
Einbau-Backofen evtl. mit Wärmefach Doppel-Einbaubackofen	bis 3300 bis 6000
Mikrowellen-Kochgerät	bis 1500
Grillgerät Friteuse	bis 2000 bis 2000

Tafel 15.1 Anschlußwerte für gasbetriebene Koch-, Back-, Brat- und Grillgeräte

Gerät	kW
Allgasherd mit Backofen	bis 12,0
Einbau- oder Unterbauherd mit Backofen	bis 12,0
Einbaukochstelle mit 4 Kochstellen	7,5
Einbaukochstelle mit 2 Kochstellen	3,7
Starkbrenner	bis 2,7
Normalbrenner	bis 1,8
Sparbrenner	bis 1,2
Backofen oder Einbaubackofen	bis 3,7
Infrarotgrill	bis 3,2
Gaskocher mit 1 Kochstelle	bis 2,7
Gaskocher mit 2 Kochstellen	bis 3,8

Spüleinrichtungen. Für Geschirr-, Topf- und Besteckwäsche, auch Gemüseputzzwecke, sind folgende Geräte zu unterscheiden: Spültisch, Einbeckenspüle, Doppelbeckenspüle und Geschirrspülmaschine.

DIN 18022 nennt außerdem das Spülzentrum (**4**.1), das aus Einbecken- oder Doppelbeckenspüle mit oder ohne Abtropffläche und Geschirrspülmaschine bestehen kann.

Spültisch. Die 60 cm tiefen Auflagespültische mit Schrankunterbauten nach DIN 68906 werden als Einzelmöbel nur noch in Altbauten aufgestellt.

Die Auflagespültische werden aus rostfreiem Stahl nach DIN 4465 T. 1 als Einbeckenspüle mit Abtropffläche und als Zweibeckenspüle ohne Abtropffläche 90 oder 100 cm breit und als Zweibeckenspüle mit Abtropffläche 120 oder 150 cm breit hergestellt (**15**.2 a).

Einbeckenspüle. Diese Einbauspüle genügt bei vorhandenem Geschirrspüler oder bei einzeiligen Küchen in Kochnischen (**2**.1).

Die Einbeckenspültische werden aus rostfreiem Stahl nach DIN 4465 T. 2 ohne Abtropffläche mit 46,5 × 43,5 cm quadratisch und mit Abtropffläche 86 × 43,5 cm oder 91,5 × 51 cm groß angeboten (**15**.2 b).

Diese Einbeckenspülen sind auch zum Einbau in Hausarbeitsräume zu empfehlen (s. Abschnitt 1.2).

Daneben gibt es seltener verwendete einteilige Einbaumodelle aus glattem oder oberflächenbearbeitetem Edelstahl, die als Arbeitsfläche (**14**.1) gleichzeitig das Koch- und Spülzentrum großflächig verbinden.

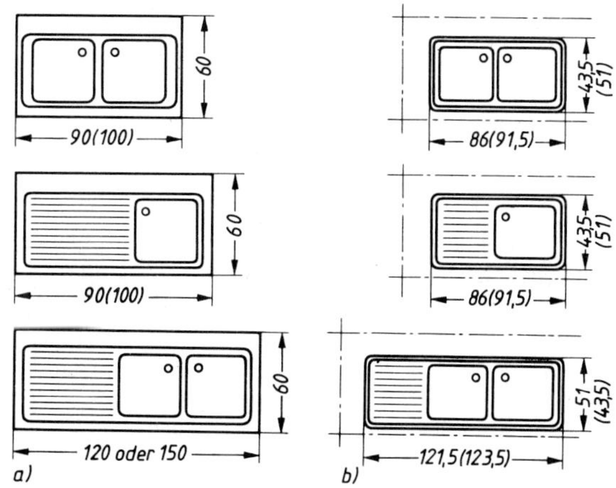

15.2 Spülbecken aus Chrom-Nickel-Stahl, gängige Formen und Größen (M 1:50)
a) zum Auflegen auf Unterschränke
b) zum Einbau in Arbeitsplatten

Zweibeckenspüle. Sie wird fast ausschließlich, mit oder ohne seitlicher Abtropffläche, zum Einbau in Arbeitsplatten verwendet.

Die aus rostfreiem Stahl nach DIN 4465 T. 2 genormten Zweibeckenspültische sind ohne Abtropffläche 86 × 43,5 cm oder 91,5 × 51 cm und mit Abtropffläche 121,5 × 51 cm oder 123,5 × 43,5 cm groß (**15**.2 b).

Andere Spüleinrichtungen werden heute auch mit jeweils zwei getrennten runden oder ovalen, meist farbigen Spülbecken (**16**.1) geplant, wobei die Abtropffläche wegfällt.

Neben Edelstahl werden Keramik, Emaille und Kupfer als Material verwendet.

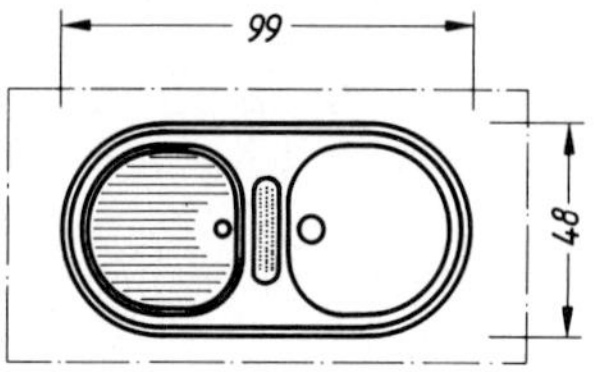

16.1 Einbauspüle mit Abtropffläche (für Schneidbretteinsatz) und Restebecken

Fortschrittlich konstruierte Spülen haben außerdem bereits einen von oben zugänglichen geruchdichten untergebauten großen Sammelbehälter für organischen Abfall (**858**.1).

Heute veraltete Spültische sind detailliert in DIN 4462 aus Feuerton, in DIN 4463 aus emailliertem Gußeisen und in DIN 4464 aus emailliertem Stahl aufgeführt.

Eine Spülearmatur als Einloch-Mischbatterie oder Einhand-Hebelmischer mit ausziehbarer Schlauchbrause sowie ein Untertisch-Absperrventil für die benachbarte Geschirrspülmaschine ist in jedem Fall vorzusehen.

Geschirrspülmaschine. Haushalt-Geschirrspüler sind in ihren Abmessungen standardisiert und werden für Frontbeladung gebaut.

Sie gibt es nach DIN 44990 T. 1 als freistehendes, Unterbau-, Einbau- und Auftischgerät, auch als Spülkombination.

Als Unterbaugerät wird die Maschine, meist rechts oder links neben dem Spülbecken, unter gemeinsamer Arbeitsfläche angeordnet (**2**.1, **3**.1, **3**.2 und **4**.2).

Das Einbaugerät wird in der Mitte eines Hochschrankes arbeitsgünstig untergebracht.

Gängige Haushalt-Geschirrspülmaschinen haben ein Fassungsvermögen von 8 bis 14, Auftischmodelle nur von 4 bis 7 Maßgedecken.

Unter Maßgedeck ist die Zusammenstellung gängiger Porzellan- und Glasteile sowie Besteck zu verstehen. 10 Maßgedecke entsprechen dem täglichen Bedarf eines Vierpersonenhaushaltes.

Moderne Geschirrspüler werden von einem Mikroprozessor gesteuert. Sie arbeiten schonender und sparen Platz im Innenraum der Maschine ein.

Anschlüsse. Geschirrspüler werden bis 3 500 W mit Steckdosen, darüber bis 4 500 W durch Anschlußdosen montiert. Die Wasserzuleitung ist mit DN 15, die Abwasserleitung mit DN 50 einzuplanen (s. auch Abschnitt 1.1.5).

Kühl- und Gefriereinrichtungen. Zur Vorratshaltung und zum Frischhalten von Lebensmitteln, Speisen und Getränken sind folgende Haushaltsgeräte zu unterscheiden: Kühlschrank, Gefrierschrank, Kühl-Gefrier-Kombination, auch Gefriertruhe und Kühlzelle.

Je nach den im Verdampferfach des Kühlgerätes erreichbaren Temperaturen unterscheidet man durch Sterne:

*	≧ – 6 °C („Eisfach"), Lagerung von Tiefkühlkost max. 3 Tage
**	– 12 °C bis – 18 °C („Frosterfach"), Lagerung von Tiefkühlkost max. 1 Woche
***	– 18 °C und tiefer („Tiefkühlfach"), Lagerung von Tiefkühlkost max. 3 Monate

Kühlschrank. Hierzu zählen Stand-, Unterbau- und Einbaukühlschränke, auch die Kühlschranksäule. Die Stellfläche beträgt in der Regel 60 × 60 cm.

In ihnen werden Getränke gekühlt und verderbliche Lebensmittel und Speisen bei Temperaturen zwischen + 5 °C und + 8 °C aufbewahrt.

Kleine Elektro- und Gaskühlschränke bis 140 l Nutzraum arbeiten nach dem Absorberverfahren, die heute meist verwendeten Haushalt-Kühlschränke mit 150 bis 310 l Inhalt (≧ 60 l je Person) nach dem Kompressionsverfahren (s. Abschnitt 11.5.9.1).

Standkühlschränke (**17**.1) von 230 bis 290 l Nutzraum werden frei aufgestellt. Sie eignen sich für separate Speisekammern oder Kühlräume.

Unterbaukühlschränke, auch als Tischkühlschränke bezeichnet, von 130 bis 170 l Inhalt sind zur Aufstellung unter der Arbeitsplatte neben anderen Unterschränken vorgesehen.

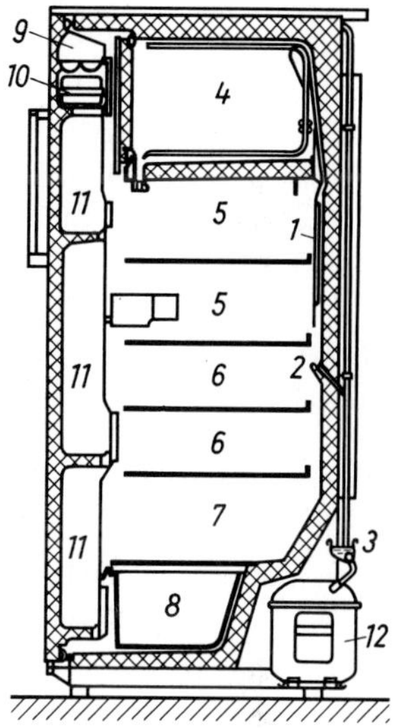

17.1 Stand-Kühlschrank
1 bis 3 Abtau-Vollautomatik
4 Verdampferfach für Eiswürfel, Speiseeis und Tiefkühlkost
5 empfindliche Lebensmittel, wie Fleisch, Wurst, Fisch u. ä.
6 zubereitete Speisen, Inhalt geöffneter Konserven in Schalen oder dergl., Kuchen und anderes Gebäck
7 Getränke, Molkereiprodukte, bestimmte Räucherwaren, Halbkonserven mit Vermerk «kühl lagern»
8 Gemüseschale für Obst und Gemüse
9 Eier
10 Butter und Käse
11 Gegenstände des täglichen Bedarfes, Milch und andere Getränke
12 Kälteaggregat

Einbaukühlschränke (**10**.1), im Hochschrankkorpus in Augenhöhe eingebaut, werden wegen ihrer praktischen Arbeitshöhe gerne verwendet.

Kühl-Gefrier-Kombinationen, auch als Kühlschranksäulen bezeichnet, stellen die zeitgemäße Kombination von oberem Kühl- und unterem Gefrierschrankteil dar. Sie füllen fast den Platz eines Hochschrankes aus (**18**.1).

Es gibt auch nebeneinander angeordnete Kühl-Gefrier-Kombinationen für die doppelte Unterschrankbreite.

Kühlschranktüren sind links oder rechts angeschlagen. Sie gibt es auch mit umsteckbaren Bändern.

Gefrierschrank. Hierzu rechnen Stand-, Unterbau- und Einbaugefrierschrank, auch die Kühlschranksäule (**18**.1). Die Stellfläche ist in der Regel 60 × 60 cm groß.

In diesen ****-Geräten werden frische Lebensmittel bei Temperaturen von − 24 °C bis − 35 °C eingefroren und bei Temperaturen von − 18 °C bis − 24 °C langfristig gelagert.

Gefrierschränke haben bis zu 500 l Fassungsvermögen (≧ 80 bis 100 l je Person).

Gefriergut und Tiefkühlkost lassen sich in von vorne zugänglichen Einzelfächern oder herausnehmbaren Drahtkörben übersichtlich lagern und leicht bedienen.

Standgefrierschränke werden frei aufgestellt. Sie sind zur Unterbringung in der separaten Speisekammer oder in einem Kühlraum, auch im Vorratskeller geeignet.

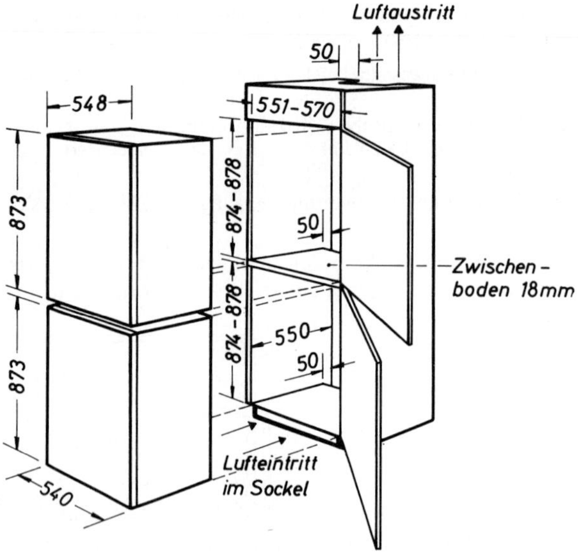

18.1 Kühl-Gefrier-Kombination und Hochschrankkorpus (AEG)

Unterbaugefrierschränke werden wie Unterbaukühlschränke zunehmend in der größeren Haushaltsküche miteingeplant.

Einbaugefrierschränke als Einzelgerät im Hochschrankkorpus sind selten, vom Arbeitsablauf auch meist fehl am Platz.

Kühlschranksäulen oder Kühl-Gefrier-Kombinationen (**18**.1), aus unterem Gefrier- und oberem Kühlschrankteil bestehend, entwickeln sich dagegen, im Hochschrankkorpus untergebracht, zum Standardgerät. Sie haben einen Nutzinhalt von 230 bis 260 l.

Gefriertruhe. Truhen unterscheiden sich von Gefrierschränken ausschließlich durch ihre Form.

Gefriertruhen mit einem Nutzinhalt von 200 bis 500 l sind 85 bis 150 cm breit, 50 bis 60 cm tief und 85 bis 95 cm hoch. Sie eignen sich nicht zur Aufstellung in der Haushaltsküche, eher im Kühlraum oder im Vorratskeller. Gefriertruhen sind mit ihren Einsatzkörben unbequem zu handhaben und unübersichtlicher als Schränke.

Kühlzelle. Kühlzellen, auch als Frischhalte-Zellen bezeichnet, werden in verschiedenen Größen (**19**.1) aus vorgefertigten Elementen mit einem Nutzinhalt von 1 700 bis 3 600 Liter nach dem Baukastensystem im Raum zusammengesetzt.

Bei vorhandenem Platz sind sie als gekühlte Speisekammer für die große Etagenwohnung oder zur Unterbringung im Vorratskeller des Wohnhauses geeignet.

Die Innentemperaturen liegen etwa bei 0 °C bis + 10 °C. Die Kühlzelle gibt es jedoch auch mit getrenntem Kühl- und Gefrierabteil. Das im Zellenraum oder außen angebaute Kühlaggregat arbeitet geräuscharm. Die ca. 6 cm starken rostsicheren Wandungen der Kühlzelle sind hochwertig isoliert, ebenfalls die ca. 60 cm breite Tür.

Anschlußwerte. Die elektrischen Anschlußwerte betragen bei Kühlschränken max. 170 W, bei Kühl-Gefrier-Kombinationen max. 265 W und bei Gefriergeräten max. 270 W. Je nach Größe sind bei Kühlzellen 400 bis 750 W anzunehmen.

Elektrische Kühl- und Gefriergeräte werden immer über Steckdosen angeschlossen, Gefriergeräte möglichst separat abgesichert.

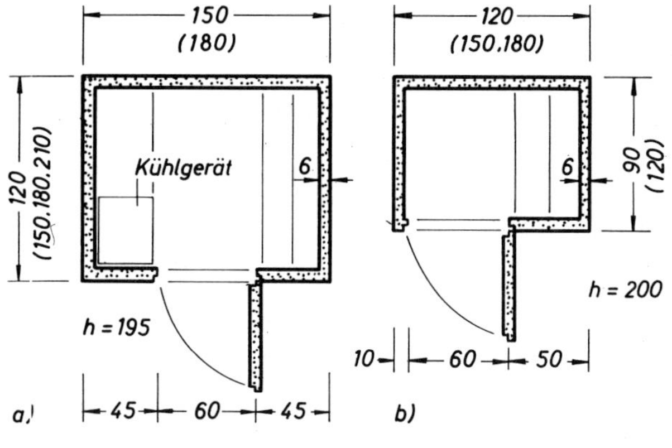

19.1 Kühlzellen-Außenmaße in cm

a) Kühlgerät im Raum (8 Größen)
b) Kühlaggregat außen angebaut (6 Größen)
(Zellenhöhe mit Aggregat auf der Decke 230 cm)

Dunstabzugshauben. Zur Beseitigung von Wasserdampf, Fettpartikeln und Gerüchen in der Haushaltsküche gibt es nach DIN 44971 T. 1 An- oder Unterbau- und Einbaugeräte.

An- und Unterbaugerät (**19**.2). Es wird direkt an der Wand oder unter einem Oberschrank befestigt. Der Absaugbereich wird durch einen nach vorne schwenkbaren oder herausziehbaren Wrasenschirm vergrößert.

Einbaugerät. Es wird in einem Oberschrankkorpus eingebaut und schließt frontbündig ab. Im Betrieb wird die Frontplatte als Wrasenschirm nach vorne geschwenkt.

Beide Gerätetypen können nach DIN 44971 T. 1 als Abluft- oder Umluftgerät (**19**.2) geplant werden. Sie sind immer mit mindestens 65 cm Abstand über dem Kochbereich anzubringen.

Als Abluftgerät verwendet (**19**.2 a bis c), wird die Küchenluft entweder durch das Mauerwerk direkt oder in einen dafür vorgesehenen Luftschacht mit flexiblen oder starren Abluftrohren von 100 bis 120 mm ∅ ins Freie geleitet.

Als Umluftgerät (Dunstfilter) verwendet (**19**.2 d), werden keine baulichen Maßnahmen erforderlich. Das Gerät erhält dann ein zusätzliches Kohle-Geruchsfilter und hat dadurch eine etwas geringere Leistung. Die Filter sind alle 6 Monate zu reinigen oder auszutauschen.

Jedes Gerät ist mit Ventilator, Fett-Filter, Beleuchtung und Schaltern ausgestattet.

Der elektrische Anschlußwert einer über Steckdose zu betreibenden Dunstabzugshaube kann bis 300 W betragen.

Weitere kleine mechanische Lüftungsanlagen sind unter Abschnitt 11.3.2.2 beschrieben.

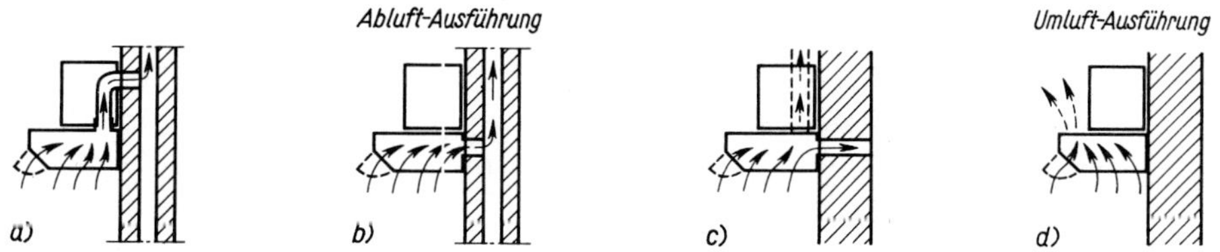

19.2 Unterbau-Dunstabzugshaube für Haushaltsküchen

a) Abzug nach oben mit Umleitungsblech in den Luftschacht
b) Abzug direkt nach hinten in einen Luftschacht
c) Abzug nach hinten direkt nach außen oder nach oben durch Decke und Dach
d) Umluftbetrieb mit auswechselbarem Filter

Kleingeräte. In der Haushaltsküche haben sie entweder einen festen Aufstellplatz, oder sie werden über ausreichend vorhandene Steckdosen (**358**.1) an den Arbeitszentren der Küche beweglich aufgestellt.

Die nachfolgend aufgezählten Küchengeräte sollten bei vorhandenem Platz und Ausstattungswünschen für die einzelnen Arbeitsbereiche weitgehend miteingeplant werden:

Nahrungszubereitung: Grillgerät, Friteuse, auch Elektrobratpfanne
Anrichten: Warmhalteplatte
Spülen: Handtuchtrockner, evtl. auch Abfallzerkleinerer oder Abfallpresse
Vorbereiten: motorische Kleingeräte: Küchenmaschine, Mixer, Handrührgerät, Kaffeemühle, Brotschneidemaschine, Entsafter, Allesschneider, auch Fleischwolf; thermische Kleingeräte: Toaster, Kaffeemaschine, Wasserkocher, Eierkocher und Waffeleisen.

1.1.5 Installationen

Die Planung der Küchen-Installationen für Kalt- und Warmwasser, Gas, Entwässerung, Strom, Heizung und Lüftung sollte möglichst vor Rohbauherstellung erfolgen.

Die Rohrinstallationen sind als Vorwandinstallation oder unter Putz vorzusehen. Mauervorlagen für Schornsteine, Abluft- oder Rohrleitungsschächte sollten nur zu den Nachbarräumen hin verspringen (s. auch Abschnitt 2.5.4) oder in Zwischenwänden und Einbauten untergebracht werden.

Die Art, Anzahl, Anordnung und Lage der Installationen ist weitgehend von der Wahl der Kücheneinrichtung und der Geräte abhängig.

Dabei sind vor allem die Höhenlagen der Installations-Anschlüsse in bezug zur Oberfläche des fertigen Fußbodens (OKFF) entscheidend, zumal sie aufgrund der gewählten Geräte meist festliegt (**20**.1). Die Breitenmaße, als Abstandsmaße zu den umgebenden Wänden, sind dagegen mit der jeweiligen Küchenplanung neu festzulegen.

Kaltwasseranschlüsse (**20**.1). Sie kommen in Frage für Spültisch, Einbecken- oder Doppelbekkenspüle, Geschirrspülmaschine, Untertischspeicher (Taf. **830**.2), auch Kochendwassergerät (**831**.2) und Gas-Klein-Wasserheizer (Taf. **824**.2).

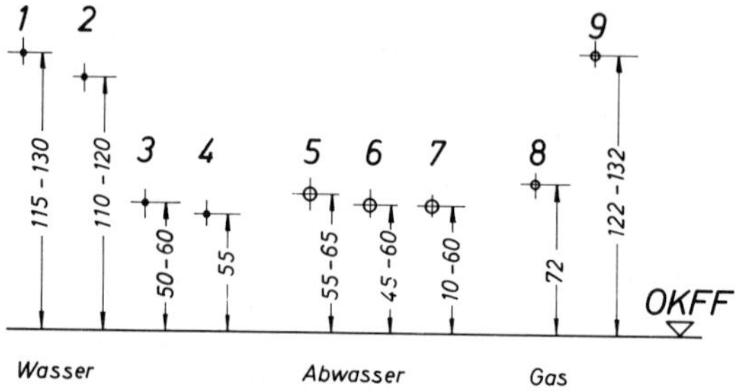

20.1 Montagemaße der Wasser-, Abwasser- und Gasanschlüsse für Haushaltsküchen in cm (M 1:50)
1 Kaltwasser-Zulauf für Elt-Kochendwassergerät oder Gas-Kleinwasserheizer
2 Kaltwasser-(auch WW-)Zulauf für Spülbecken bei Wandarmaturen
3 Kaltwasser-(auch WW-)Zulauf für Spülbecken und Untertischspeicher
4 Kaltwasser-Zulauf für Geschirrspülmaschine
5 Wasser-Ablauf für Einbeckenspüle
6 Wasser-Ablauf für Doppelbeckenspüle
7 Wasser-Ablauf für Geschirrspülmaschine
8 Gas-Anschluß für Allgas-Herd oder Allgas-Einbaukochmulde
9 Gas-Anschluß für Kleinwasserheizer
(weitere Gas-Anschlüsse nach Herstellerangaben)

Alle Spülen erhalten einen Kaltwasseranschluß DN 15, stets auf der rechten Seite, selten noch als hochliegender Wandauslaß. In der Regel wird er über ein Eckabsperrventil (**129**.5) im Unterschrank der Spüle hergestellt.

Der Wasseranschluß für den Geschirrspüler erfolgt immer verdeckt durch eine Armaturenkombination vom Unterschrank der Spüle aus.

Der elektrische Untertischspeicher benötigt unter der Spüle, das elektrische Kochendwassergerät und der gasbetriebene Klein-Wasserheizer über der Spüle einen Kaltwasser-Wandanschluß (**20**.1).

Leitungsquerschnitte und Werkstoffe nach Abschnitten 2.5.2, 2.5.3 und 5.1.2.

Warmwasseranschlüsse (**20**.1). Sie sind erforderlich für Spültisch, Einbecken- oder Doppelbeckenspüle.

Die Warmwasserbereitung kann zentral (Abschnitt 12.3) oder durch örtliche WW-Bereiter (Abschnitt 12.2) erfolgen.

Bei der zentralen WW-Versorgung endet die WW-Leitung als Warmwasseranschluß DN 15, stets auf der linken Seite, entweder noch als hochliegender Wandanschluß über dem Spültisch (**836**.1) oder zeitgemäß verdeckt im Unterschrank der Spüle als Wandauslaß mit Eckabsperrventil.

Bei der örtlichen WW-Versorgung wird der elektrische Untertischspeicher direkt mit dem Spülauslauf über ein Anschlußrohr DN 10 verbunden (**828**.2). Bei Doppelbeckenspülen werden 10-Liter-, bei Einbekkenspülen 5-Liter-Geräte mit 2 kW Anschlußwert verwendet (Taf. **383**.1).

Das elektrische Kochendwassergerät (**831**.2) und der Gas-Klein-Wasserheizer (Taf. **824**.2) hängen über der Spüle, sind mit einem Schwenkauslauf versehen und benötigen daher keinen WW-Wandanschluß.

Der örtlichen WW-Versorgung sollte in Zukunft aus Gründen der Energieersparnis Vorrang eingeräumt werden.

Gasanschlüsse (**20**.1). Sie können erforderlich werden für Unterbauherd, Herdmulde, Einbaubackofen, Umluftherd, auch Gaskühlschrank und Klein-Wasserheizer.

Rohrleitungs-Werkstoffe, sowie feste und lösbare Geräte-Anschlüsse sind in den Abschnitten 5.1.2 und 5.1.5.2 beschrieben. Alle aufgezählten Gasgeräte benötigen keinen Abgasschornstein.

Entwässerungsanschlüsse (**20**.1). Sie sind notwendig für Spültisch, Einbecken- oder Doppelbeckenspüle (**15**.2 und **16**.1) sowie Geschirrspülmaschine.

Einbecken- bzw. Doppelbeckenspüle (**21**.1) werden unterseitig über einen einfachen bzw. doppelten Geruchverschluß DN 40 oder DN 50 (s. auch Abschnitt 3.4.10) an die in der Wand liegende Entwässerungsleitung DN 50 (Taf. **208**.1) im Unterschrankbereich angeschlossen.

Der rechts oder links der Spüle angeordnete Geschirrspüler wird im Unterschrank der Spüle mit einem seitlichen Anschlußstutzen am Geruchverschluß der Spüle mit angeschlossen (**21**.1).

In Altbauten kann das Abwasser der Geschirrspülmaschine auch über einen Schlauch z. B. in einen Küchenausguß gepumpt werden (**43**.2).

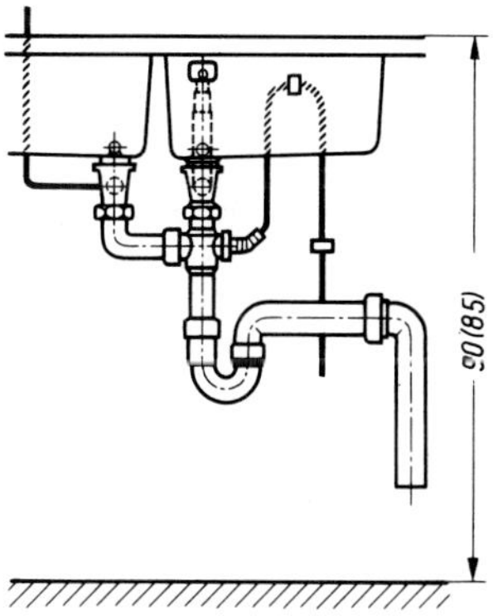

21.1 Fertigablauf aus Polypropylen (PP) weiß, zweiteilig für Doppelspüle, mit Stopfenablaufventilen DN 40 und einem Überlauf, Gummistopfen und Kugelketten, Anschluß DN 25 für Leckwasser und Anschluß DN 25 mit Winkelschlauchtülle für Geschirrspülmaschine oder Waschmaschine; Abgangsrohr DN 50 (M 1:20)

Sanitärarmaturen. Für Haushaltsküchen können nach DIN 68904 verschiedene Sanitärarmaturen zum Regeln des Zulaufes von kaltem oder erwärmtem Trinkwasser an Spülen und Geräten oder zum kontrollierten Abführen des gebrauchten Wassers in Frage kommen.

Auslaufarmaturen als Auslaufventil oder Mischbatterie. Auslaufventile werden als Stand- oder Wandventil, Mischbatterien als Stand- oder Wandbatterie montiert.

Absperrventile. Sie sind zum Absperren des Trinkwasserzulaufes zur Auslaufarmatur oder zu einem Geräteanschluß erforderlich.

Ablaufarmaturen als Ablaufventil mit oder ohne Stopfen dienen dem kontrollierten Ableiten von gebrauchtem Wasser.

Geruchverschlüsse oder Syphons liegen zwischen Ablaufgarnitur und Entwässerungsleitung. Sie verhindern mit ihrer Wasserfüllung das Entweichen von Gasen aus der Entwässerungsleitung.

Elektroanschlüsse (**22**.1). Die Vielzahl der Geräte-Anschlüsse, Steckdosen und Beleuchtungseinrichtungen erfordern einen Installationsplan (**358**.1), meist im Maßstab 1:50, gelegentlich eine Innenperspektive (**364**.1) oder eine komplette Innenwandabwicklung der Küche.

Als elektrische Mindestausstattung nach DIN 18015 T. 2 werden fünf Steckdosen, zwei Auslässe zur Beleuchtung der Arbeitsflächen, ein Auslaß für Dunstabzug oder Einzellüftung, eine Steckdose für Kühl-Gefriergerät sowie je ein Anschluß für Herd, Geschirrspülmaschine und evtl. Warmwassergerät vorgeschrieben.

Die Höhenmaße der Anschlüsse in bezug zur Oberfläche des fertigen Fußbodens (OKFF) zeigt Bild **22**.1.

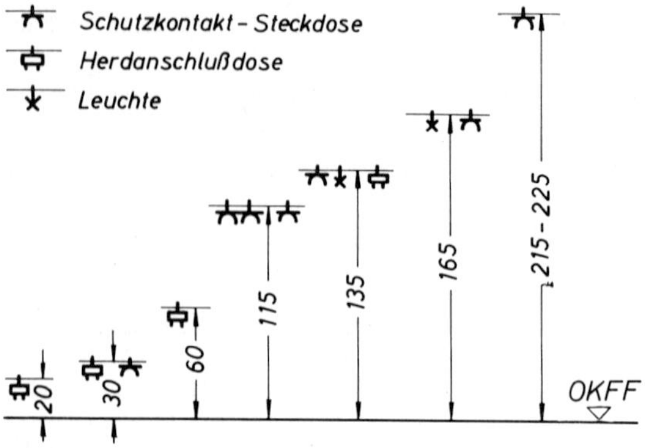

22.1 Höhenmaße von Elektroanschlüssen für Haushaltsküchen in cm (M 1:50)

Es können nachfolgende Elektroanschlüsse notwendig werden:

20 cm über OKFF Anschlußdosen für Unterbauherd und Unterbaubackofen

30 cm über OKFF Anschlußdosen für Unterbau- und Einbau-Geschirrspüler, Steckdosen für Einbau-Gefrierschrank, Kühl-Gefrier-Kombination, Unterbau-Kühlschrank, Müllpresse, Handtuchtrockner, Warmwasserspeicher und eingebauten Allesschneider

60 cm über OKFF Anschlußdosen für Kochmulde oder Kochfeld mit Schaltkasten, Doppel-Einbaubackofen und Mikrowellen-Kochgerät

115 cm über OKFF Steckdosen für Einbau-Kühlschrank, Kühl-Gefrier-Kombination und Mehrfach-Wandsteckdosen über Arbeits- und Abstellflächen

135 cm über OKFF Steckdosen oder Wandauslässe für Arbeitsplatzbeleuchtungen, Kochendwassergerät und Anschlußdosen für unter dem Oberschrank hängenden Schaltkasten von Kochmulde oder Kochfeld

165 cm über OKFF Wandauslässe für Arbeitsplatzleuchten über Spül- und Kochzentrum sowie Steckdosen für Unterbau- und Einbau-Dunstabzugshaube

215 bis 225 cm über OKFF evtl. Steckdosen über den Schränken.

Die über den Hoch- oder Oberschränken verlegten Steckdosen sind für hocheingebaute Geräte von Vorteil, da sie bequem angeschlossen und leicht vom Leitungsnetz getrennt werden können.

Die Breitenmaße sind von der Küchenplanung abhängig und jeweils genau festzulegen.

Geräte mit einem Anschlußwert bis 3500 W werden über Steckdosen trennbar angeschlossen, größere Stromverbraucher grundsätzlich fest über Anschlußdosen.

Beleuchtung. Es ist für eine helle Allgemeinbeleuchtung durch Tageslichteinfall und künstliches Licht unter Vermeidung von Körperschatten zu sorgen.

Einzelheiten über die Elektroinstallation in Küchen in Abschnitt 6.1.3., über die elektrische Beleuchtung in Abschnitt 6.3.4.3.

Heizung. Küchen müssen nach DIN 4701 T. 2 (s. Abschnitt 8.3.1) mit einer Raumtemperatur von + 20 °C (Taf. **532**.2) ausreichend beheizt werden. Dies kann örtlich oder zentral erfolgen.

Als örtliche Heizeinrichtungen kommen mit festen Brennstoffen, Öl, Gas oder Strom betriebene Zusatz- oder Heizungsherde, auch Wandheizgeräte in Frage.

Bei gasversorgten Bauten sind Gasheizgeräte einsetzbar, die als Unterbau-, Einbau- und sogar Oberschrankheizgerät maßgerecht und frontbündig in die Küchenmöblierung mit einbezogen werden können.

Elektrische Speicherheizgeräte als Einbaugeräte (s. auch Abschnitt 9.5.2) unter dem Fenster gibt es ebenfalls in genormten Größen und verschiedenen Bautiefen.

Heizungsherde für Kohleprodukte sind in DIN 18882 T. 1, Ölherde mit Verdampfungsbrennern in DIN 4732 und Heizherde für gasförmige Brennstoffe in DIN 3360 T. 4 beschrieben.

Bei zentral beheizten Küchen wird die Heizfläche meist innenwandbündig in der Fensternische angeordnet (**23**.1).

Als Heizflächen sind Radiatoren oder richtig eingebaute Konvektoren (**717**.1) gut geeignet.

Lüftungsgitter (**14**.1) oder Schlitze in der Arbeitsplatte müssen eine optimale Luftzirkulation ermöglichen, Heizkörperthermostate (**708**.1) gut zugänglich und bequem zu bedienen sein.

Die waagerecht oder senkrecht ankommenden WW-Vor- oder Rücklaufleitungen sind in Verbindung mit notwendigen Wandschlitzen (s. Abschnitt 10.2.7.2) rechtzeitig zu planen.

Alternativ kommen als zentrale Heizungen auch Fußbodenheizungen (s. Abschnitt 9.5.3 oder 10.1.2.5) in Frage.

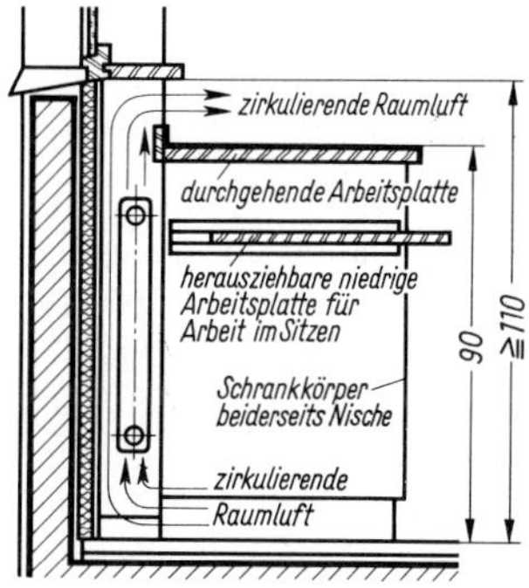

23.1 Heizkörper, in der Fensternische einer Küche eingebaut (M 1:30)

Lüftung. Um ein angenehmes und gesundes Raumklima zu erreichen, ist in der Küche eine ausreichende, zugfreie und regelbare Be- und Entlüftung erforderlich. Ein 6- bis 12facher Luftwechsel pro Stunde bei einer Luftfeuchtigkeit von 40 bis 70% ist wünschenswert.

Als mögliche Anlagen sind die natürliche Lüftung (Abschnitt 11.3.1) und die mechanische Lüftung (Abschnitt 11.3.2) zu unterscheiden.

Zur natürlichen Lüftung zählen Fugenlüftung, Fensterlüftung und Schachtlüftung.

Die Fensterlüftung, über ein Drehkippfenster oder einen im Fenster eingebauten Lüftungsschieber, ist in vielen Fällen noch ausreichend.

Besser sind Luftschächte oder Kamine mit ausreichender Schachthöhe, da die Luft dann auch bei geschlossenem Fenster erneuert werden kann.

Als mechanische Lüftungen nach DIN 68905 sind Außenwandventilator (**781**.1), Schachtventilator (**778**.1), Fensterventilator und die Dunstabzugshaube (**19**.2) geeignet.

Durch die Verwendung von Ventilatoren wird die Lüftung weitgehend regelbar.

Ventilatoren können in Fenstern, Außenwänden, Decken und Schächten eingeplant werden. Sie saugen die Küchenluft aus dem Raum ab, wobei Luft aus den angrenzenden Räumen nachströmt.

Kochnischen erfordern immer einen Ventilator.

Dunstabzugshauben werden für Umluft- oder Abluftbetrieb eingesetzt (s. Abschnitt 1.1.4). Sie sind über dem Kochzentrum anzubringen und im Abluftbetrieb mit der Außenluft zu verbinden.

Die gefilterte Abluft wird über flexible oder starre Abluftrohre von 100 bis 120 mm ∅ direkt ins Freie oder in einen dafür vorgesehenen Schacht geleitet.

1.1.6 Maßnahmen für Behinderte

Die Normen, Richtlinien und Gesetze unterscheiden Schwerbehinderte, das sind Rollstuhlbenutzer, Blinde und wesentlich Sehbehinderte, sowie Behinderte und alte Menschen.

Die Zahl der Körperbehinderten in der Bundesrepublik wurde 1990 auf über 2 Millionen geschätzt, darunter 330 000 Rollstuhlbenutzer.

Behinderung ist ein Teil des Lebenslaufes. Behinderte müssen integrierter Bestandteil unserer Gesellschaft bleiben. Integration bedeutet, den Behinderten nicht zu isolieren, sondern ihn in den eigenen vier Wänden selbständig zu machen.

Dies ist nur möglich, wenn Räume, Möbel, Geräte, Installationen und Hilfsmittel so funktionsrichtig und dauerhaft gestaltet sind, daß der Behinderte weitgehend von fremder Hilfe unabhängig ist.

Die Fähigkeit, die Nahrungszubereitung selbst vornehmen zu können, zählt gerade bei behinderten Menschen zu den wesentlichen Merkmalen für die selbständige Haushaltsführung.

Nachfolgend behandelte Maßnahmen für Behinderten-Küchen gelten im wesentlichen den Rollstuhlbenutzern.

Wohnungen für Blinde und wesentlich Sehbehinderte sind ein seltener Sonderfall für den Planer.

1.1.6.1 Planungsgrundlagen

Küchenarten. Nach der geltenden DIN 18025 T. 1 und 2 müssen Küchen in Wohnungen für Rollstuhlfahrer und Behinderte in Grundrißtypen geplant werden, die sich durch Größe und Ausstattung von Haushaltsküchen wie vor beschrieben unterscheiden. Jedoch dient die DIN 18022 auch hier vorrangig als Planungsgrundlage (s. Abschnitt 1.1.1).

Die Küchengröße wird durch den Platzbedarf des Rollstuhlfahrers bestimmt.

Der Mindestplatzbedarf des Rollstuhles für Wendemanöver nach DIN 13240 T. 3 beträgt 150 × 150 cm. Flächen mit 150 × 160 cm oder 160 × 160 cm sollten jedoch angestrebt werden (**24**.1).

Das Größtmaß für elektrisch betriebene Rollstühle (Elektromobil) liegt bei 78 × 135 cm.

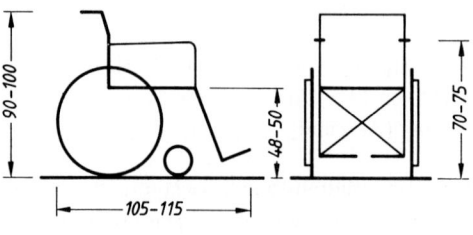

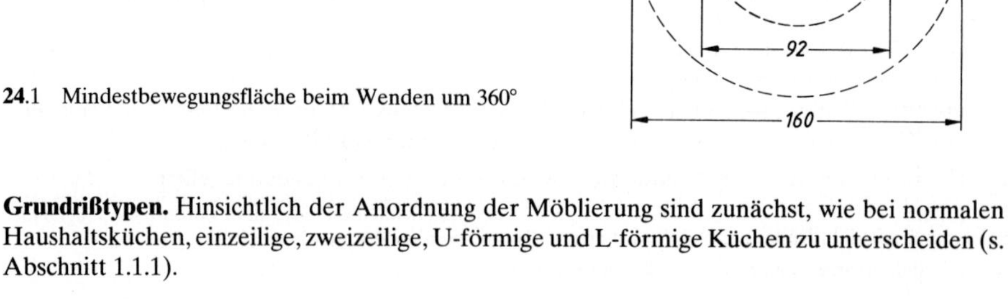

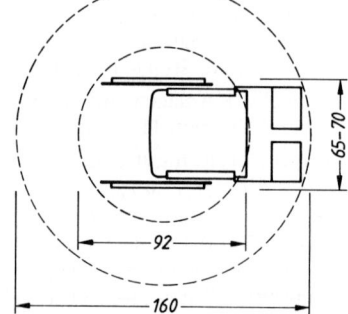

24.1 Mindestbewegungsfläche beim Wenden um 360°

Grundrißtypen. Hinsichtlich der Anordnung der Möblierung sind zunächst, wie bei normalen Haushaltsküchen, einzeilige, zweizeilige, U-förmige und L-förmige Küchen zu unterscheiden (s. Abschnitt 1.1.1).

Bei der Planung der Behinderten-Küche kann jedoch zusätzlich zwischen offener und geschlossener Küche entschieden werden.

Offener Küchentyp. Ein offener Küchenbereich, auch Kochnische oder Kochabteil, bietet in vielen Fällen klare Vorteile gegenüber der abgeschlossenen Küche.

Die Sicht- und Sprechverbindung zum Eßplatz im Wohnraum, die zweiseitige Nutzbarkeit von Schrankteilen sowie die Wegersparnis beim Tischdecken und Abräumen sind günstig zu bewerten. Die auftretende Geruchbelästigung kann jedoch besonders in Einraumwohnungen unangenehm sein. Eine wirksame Dunstableitung ist immer miteinzuplanen.

Geschlossener Küchentyp. Bei der geschlossenen Küche, Kochküche oder Arbeitsküche, sollte die Verbindung zu Eßplatz und Wohnraum mindestens über eine breite Durchreicheöffnung oder eine direkte Schiebetür (**26**.1) eingeplant werden.

Raumzuordnung. Eine abseitige Lage der Behinderten-Küche ist zu vermeiden. Sie sollte möglichst zentral in der Wohnung angeordnet werden.

Die Küche muß außerdem direkt vom Flur oder Eßplatz zugänglich, die Wege zum Eingang und zu den anderen Räumen möglichst kurz bemessen sein.

Eßplatz. Die Zuordnung des Kochbereiches zum Eßplatz ist die naheliegendste und wichtigste Verbindung. Damit ist gleichzeitig der Anschluß an den Wohnbereich hergestellt, dem der Eßplatz zuzurechnen ist.

Eine andere Möglichkeit stellt die Küche mit vorgelagertem Eßplatz und direkter Verbindung zum Wohnraum dar.

In diesem Fall ist eine ausreichende natürliche Belichtung der Küche über den Eßplatz sicherzustellen.

1.1.6.2 Arbeitsbereiche

Der rationelle Arbeitsablauf in der Behinderten-Küche unterscheidet sich zunächst grundsätzlich nicht von dem in der Haushaltsküche (s. Abschnitt 1.1.2).

Die Mindestausstattung nach DIN-Normen und den Wohnungsbau-Förderungsbestimmungen zeigt, daß sich die Grundflächen von Hausarbeitsküchen mit ca. 9 qm gegenüber Rollstuhlfahrerküchen mit ca. 10 qm nur unwesentlich unterscheiden (**25**.1).

Die Wohnungsbau-Förderungsrichtlinien fordern für Küchen in Wohnungen mit höchstens 1½ Zimmern mind. 600 l Schrankvolumen, für Küchen in größeren Wohnungen mind. 1000 l Schrankraum.

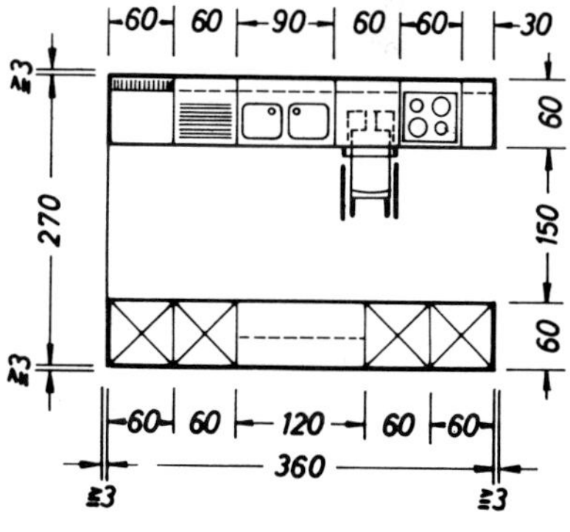

25.1 Rollstuhlfahrerküche (M 1:100)

Bewegungsfläche. Sie ergibt sich in einer zweizeiligen Behinderten-Küche aus dem Platzbedarf für eine 90°-Drehung mit einem Standardrollstuhl (**24**.1). Die Tiefe der Bewegungsflächen darf 150 cm nicht unterschreiten (**25**.1).

Die lichte Türbreite muß mindestens 90 cm betragen, die Bewegungsfläche vor handbetätigten Türen ausreichend bemessen sein (**26**.1 und **26**.2).

Die Türen sollten mit einer lichten Höhe von mindestens 210 cm geplant werden.

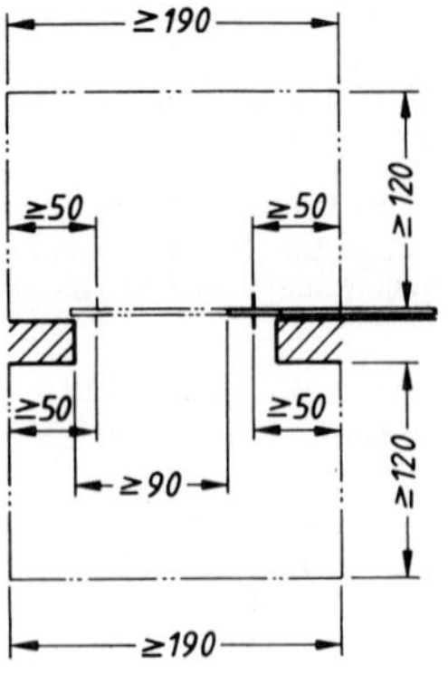

26.1 Bewegungsflächen vor Schiebetür (nach DIN 18025 T. 1)

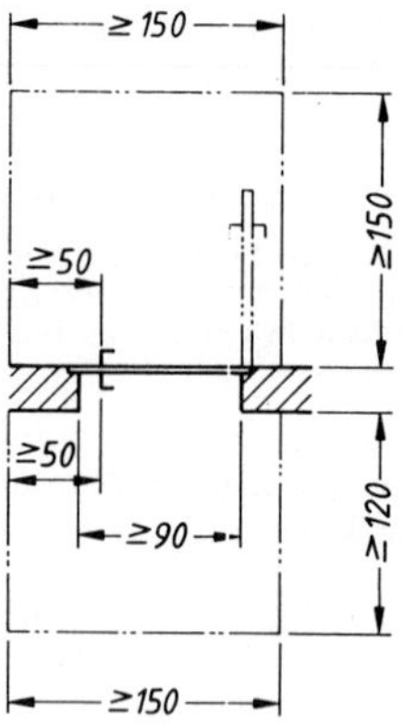

26.2 Bewegungsflächen vor Drehflügeltür (nach DIN 18025 T. 1)

Nach DIN 18025 T. 1 und 2 müssen Herd, Arbeitsplatte und Spüle uneingeschränkt unterfahrbar sein und für die Belange des Benutzers in die ihm entsprechende Arbeitshöhe montiert werden.

Herd, Arbeitsplatte und Spüle sollten außerdem übereck angeordnet werden (26.3).

Durch die Unterfahrbarkeit der Hauptarbeitsbereiche, die sich in der Rollstuhlfahrer-Küche meist gegenüberliegen (25.1), wird die zur Verfügung stehende Mindestbewegungsfläche vergrößert (26.4).

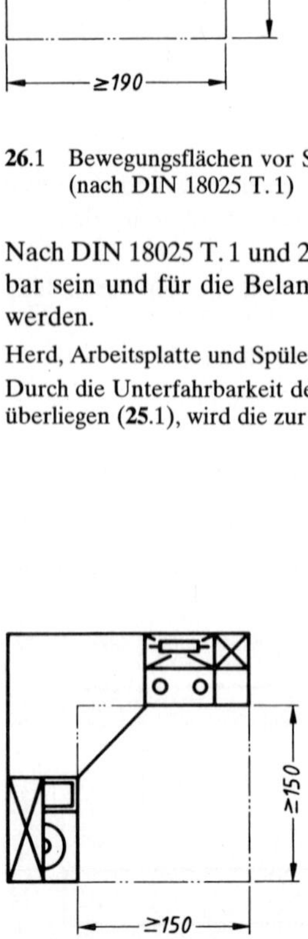

26.3 Bewegungsfläche in einer übereck angeordneten Küche (nach DIN 18025 T. 1)

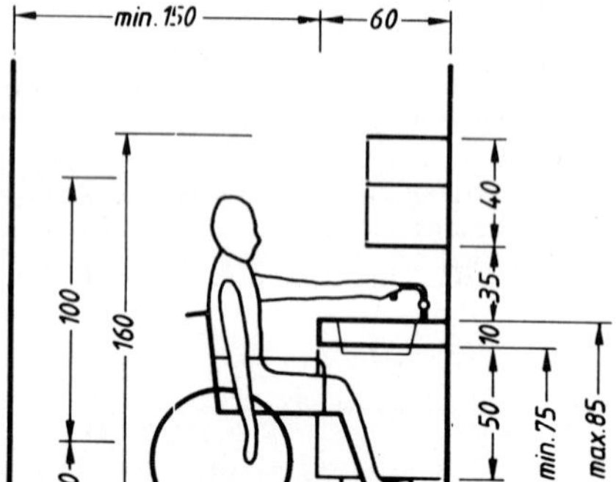

26.4 Unterfahrbarkeit, Greifbereich und Arbeitshöhen (M 1:50) (nach Fuhrmann)

Nutzfläche. Sie ist in der Behinderten-Küche nicht nur die vor dem Küchenmöbel benötigte Bedienungsfläche und die unterfahrbare Möbelstellfläche, sondern auch die beiderseits daneben liegende Fläche (27.1).

Es gibt daher eine Abhängigkeit zwischen der Größe der erforderlichen Bewegungs- und Nutzflächen und der Art der Einrichtung. Sie ist durch die besondere Bauart und Funktionsweise der in der Küche erforderlichen Möbel und Geräte gekennzeichnet.

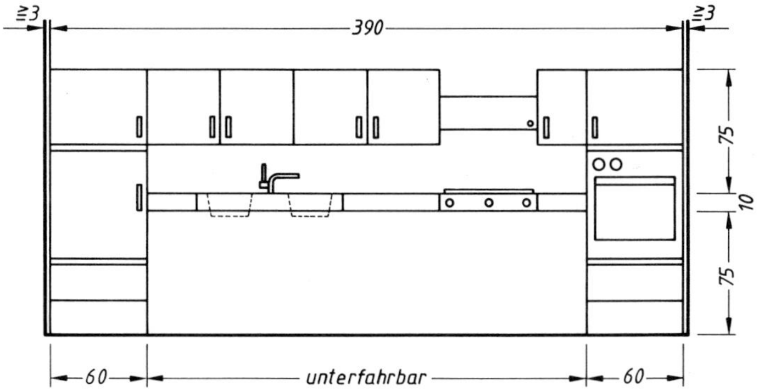

27.1 Rollstuhlgebundener Hauptarbeitsbereich; Doppelspüle, kleine Arbeitsfläche und Herdmulde (für Linkshänder spiegelbildlich) (M 1:50)

1.1.6.3 Einrichtungen

Für die Abmessungen, Stellflächen und Abstände von Einrichtungsteilen gelten hier zunächst auch die Ausführungen für Haushaltsküchen (s. Abschnitt 1.1.3).

Schrank- und Stauraum. Zu empfehlen sind vier schrankhohe Einrichtungsteile, die der Grundfläche eines Hochschrankes von 60 × 60 cm entsprechen (**25**.1).

In Wohnungen für 1 Person genügen zwei schrankhohe Einrichtungsteile dieser Größe.

Speisenaufbewahrung. Verderbliche Lebensmittel werden im Kühl- oder Gefrierschrank untergebracht (s. Abschnitt 1.1.6.4).

Für Blinde und wesentlich Sehbehinderte wird ein zusätzlicher, belüfteter Speiseschrank in einem Unterschrank empfohlen.

Vorräte. Während täglich verwendete Lebensmittel in der Nähe des Koch- und Backbereiches in Kühlgeräten oder einem Speiseschrank aufbewahrt werden, können Vorräte von Grundnahrungsmitteln, Haushaltswaren und Reinigungsmitteln in ungünstigen Raumzonen verstaut werden.

Für Rollstuhlbenutzer sollten dafür herausziehbare Schrankteile in Unterschränken und leicht zu öffnende Schrankteile in Oberschränken vorgesehen werden.

Koch- und Eßgeräte. An die möglichst direkte Zuordnung der Gegenstände, die zur Nahrungszubereitung und zur Mahlzeiteinnahme erforderlich sind, sollte bei der Gestaltung des Koch-Eßbereiches gedacht werden.

Kochgeräte sind in der Nähe der Kochstelle entweder in Rollschränken mit Halterungen für Töpfe, Deckel, Pfannen, Gefäße, Kochbestecke und Küchenkleingeräte in bequemer Reichweite einzuplanen, oder die Unterbringung ist zwischen dem rückwärtigen Bereich der Arbeitsfläche und den Oberschränken anzuordnen (**31**.1).

Außerdem muß die funktionell bedingte Ausstattung an Schütten, Gewürzen und Steckdosen in Kochstellennähe selbstverständlich sein.

Für Eßgeräte ist in der Nähe des Eßplatzes Stauraum für Tischwäsche, Geschirr und Bestecke vorzusehen.

Die teilweise Überschneidung der zwei Tätigkeitsbereiche, etwa der Austausch von sauberem und schmutzigem Geschirr, läßt zweiseitig benutzte Durchgabeschränke ideal erscheinen. Eine größere Durchreicheöffnung zwischen Küche und Eßplatz erspart Wege.

Abfallaufbewahrung. In der Küche ist ein rollbarer Unterschrank mit einem dichtschließenden Abfalleimereinsatz zu empfehlen (**859**.1). Er sollte sich für die Benutzung von PVC-Beuteln eignen.

In mehrgeschossigen Häusern sind Abwurfanlagen (s. Abschnitt 13.4) außerhalb der Wohnung einzuplanen. Die gängigen Mülleinwurfklappen sind für Rollstuhlfahrer leicht zugängig und gut bedienbar.

Arbeits- und Abstellflächen. Die für die Einrichtung der Küche für Rollstuhlfahrer erforderlichen Breiten für Abstell- und Arbeitsplatten stimmen mit denen der normalen Haushaltsküche überein (s. Abschnitt 1.1.2).

Allerdings ist die durchlaufende Plattenhöhe mit ca. 85 cm zu empfehlen.

Die kleine Arbeitsplatte im Koch-Spülbereich und die große Arbeitsplatte müssen unterfahrbar sein, die lichte Höhe muß dazu mind. 69 cm betragen (**27**.1).

Für Blinde und wesentlich Sehbehinderte ist die Breite der kleinen Arbeitsplatte abweichend mit mindestens 90 cm erwünscht.

Möblierung. Die zeitgemäße Möblierung der Behinderten-Küche sollte sicher, funktionsrichtig, unempfindlich und dauerhaft sein.

Die Höhenverstellbarkeit der einzelnen Möbelteile ist unbedingt anzustreben.

Folgende Anforderungen sollten berücksichtigt werden:

Höhenverstellbare Möbel zur Einrichtung individueller Arbeits- und Montagehöhen
durch vertikale Wandschienen mit Konsolen, von Hand oder elektrisch verstellbar,
durch justierbare Traggerüste für wandhängende Montage, Fußgestelle und Ausgleichshänger, oder durch höhenverstellbare, getrennte Sockelausbildung.

Die Möbeloberflächen sollen rutschfest, nicht spiegelnd, leicht zu reinigen, hitze, schnitt- und kratzfest sein.

Die Möbelecken von Arbeitsflächen, Oberschränken, Dunstabzugshauben und Sockeln sollten abgerundete Kanten besitzen.

Die Möbelgriffe sollten allseits rund, die Durchgreiföffnungen nicht zu eng sein. Produkte aus Nylon sind am zweckmäßigsten.

1.1.6.4 Geräte

Den Hauptunterschied zwischen Haushaltsküchen und Küchen für Rollstuhlbenutzer stellt die Ausstattung mit Groß- und Kleingeräten dar, die den sehr unterschiedlichen Bedürfnissen der Benutzer entgegenkommt.

Einbaukochstelle. Für Rollstuhlbenutzer sollte eine Herdmulde mindestens 3 Kochstellen haben (s. Abschnitt 1.1.4).

Dagegen ist für Blinde und wesentlich Sehbehinderte ein Herd mit Backofen, der mindestens 50 cm breit sein soll, zu empfehlen.

Die Entscheidung, ob Gas- oder Elektrokochmulden (**13**.2 und 3) vorzusehen sind, sollte dem Behinderten überlassen bleiben. Zur Standardausstattung gehören immer 4 Kochstellen.

Vorteilhaft ist der Einbau von Kochflächen, bei denen die einzelnen Kochstellen durch eine Glaskeramikplatte abgedeckt sind. Diese ebene Fläche läßt sich ohne Mühe benutzen.

Für rollstuhlgebundene Benutzer ist ein unterfahrbarer Kochbereich mit einer lichten Höhe mindestens 69 cm erforderlich (**25**.1 und **27**.1). Im nicht benutzten Unterfahrbereich können rollfähige Unterschränke für Töpfe und Gerät eingeplant werden.

Die Trennung von Kochen und Backen ist durch die Unterfahrbarkeit unvermeidlich. Auch die übersichtliche Zuordnung der Schalter zu dem jeweiligen Großgerät spricht für eine Trennung.

Backofen. Das Backen, Braten und Grillen sollte, wie bei nichtbehinderten Menschen, in funktional richtiger Greif- und Sichthöhe ausgeführt werden.

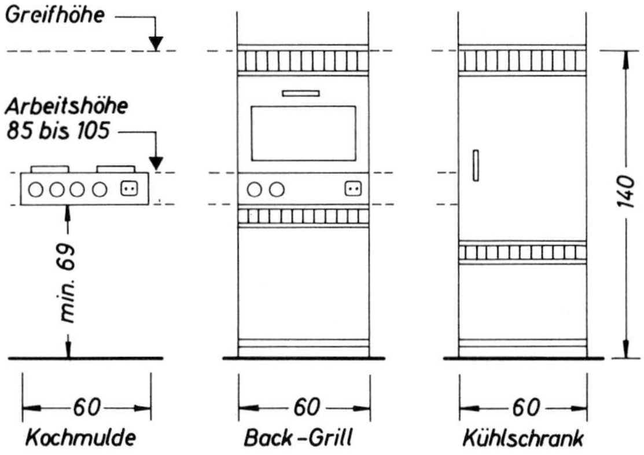

29.1 Einbauhöhen von Küchen-Großgeräten (Vorschlag Krumlinde)

Der Einbaubackofen (s. Abschnitt 1.1.4) bietet dem Behinderten die unbedingt zu nutzende Möglichkeit, den Backofen auf individuell richtiger Höhe einzuplanen.

Einbaubacköfen werden als Einfach- oder Doppelmodelle angeboten und lassen sich mit Grill- und Warmhaltefächern kombinieren. Auch Mikrowellengeräte sind für Behinderte besonders geeignet (s. Abschnitt 1.1.4).

Ob unten oder seitlich angeschlagene Backofentüren vorteilhafter sind, ist individuell zu entscheiden.

Die Erfahrungen über die richtige Einbauhöhe schwanken zwischen 85 und 105 cm über OKFF (**29**.1).

Am sinnvollsten ist es, den Backofen in einen unterfahrbaren wandhängenden Hochschrank einzubauen, wobei die Höhenmontage für Rollstuhlfahrer variabel bleibt. Die zugehörige Schalttafel des Backofens ist auf jeden Fall in Sicht- und Greifhöhe des Behinderten unterzubringen.

Veränderliche Arbeitshöhen lassen sich durch Wandschienenmontage auf Tragkonsolen erreichen (s. Abschnitt 1.1.6.3).

Der Backofen wird bei zweizeiligen Küchen gegenüber dem Kochbereich im Anschluß an die große Arbeitsplatte eingeplant (**25**.1 und **29**.2).

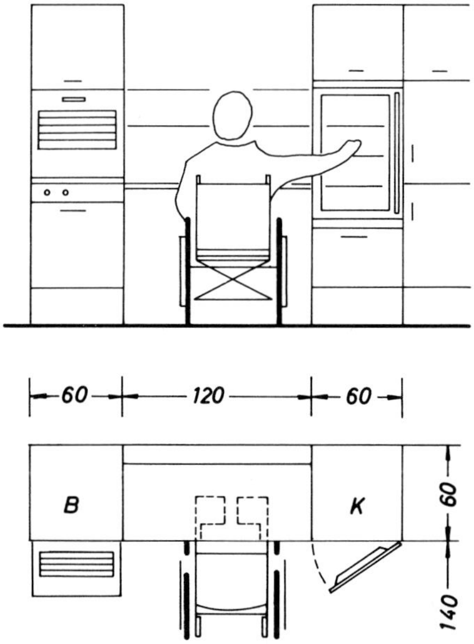

29.2 Große Arbeitsplatte mit seitlicher Anordnung von Backofen und Kühlschrank (M 1:50)

Küchenspüle. DIN 18025 T. 2 fordert für Behinderte, daß Herd, Arbeitsplatte und Spüle nebeneinander mit Beinfreiraum angeordnet werden.

Alle Beckenformen sind möglich, auch Herd-Spüle-Kombinationen (**14**.1). Die Becken sollten jedoch mit max. 4 cm nahe an der Vorderkante eingebaut sein. Die Beckentiefe ist auf ca. 15 cm zu begrenzen. Die Unterseite der Becken sollte wärmeisoliert werden.

Die Spültätigkeit wird im Sitzen ausgeführt, die Spüle ist also unterfahrbar. Der eingeschränkte Greifbereich im Sitzen ist zu berücksichtigen.

Geruchverschluß und Ablaufanschluß sollen möglichst weit seitlich angeordnet werden. Ein Flaschensiphon (**266**.1) oder besser ein Unterputzgeruchverschluß mit Revisionsöffnung ist zu empfehlen.

Unter der Spüle verbleibender Freiraum kann für rollfähige Unterschränke zur Aufnahme von Küchenabfällen oder Reinigungsmitteln eingeplant werden.

Spülearmatur. Sie soll leicht erreichbar und unkompliziert bedienbar sein sowie unfallsicher funktionieren.

Einhand-Mischbatterien mit einem Hebelmischer kommen den Ansprüchen am nächsten (s. Abschnitt 12.3.3). Die Bezeichnung der Kalt- und Warmwasserseite soll deutlich erkennbar und für Blinde und wesentlich Sehbehinderte ertastbar sein.

Die Warmwassertemperatur ist durch einen Thermostat oder eine Sicherheitsmischbatterie auf max. 40 °C zu begrenzen.

Die Spülebrause sollte selbstverständlich sein. Sie ist zum Geschirrklarspülen und Gemüseputzen notwendig, auch um größere Behälter mit Wasser zu füllen.

Geschirrspülmaschine. Für Behinderte bedeutet der Geschirrspüler eine große Erleichterung (s. Abschnitt 1.1.4).

Der Raum unter der Abstell- bzw. Abtropffläche sollte in jedem Fall mit 60 × 60 cm seitlich der Spüle für dieses Gerät vorgeplant sein (**30**.1).

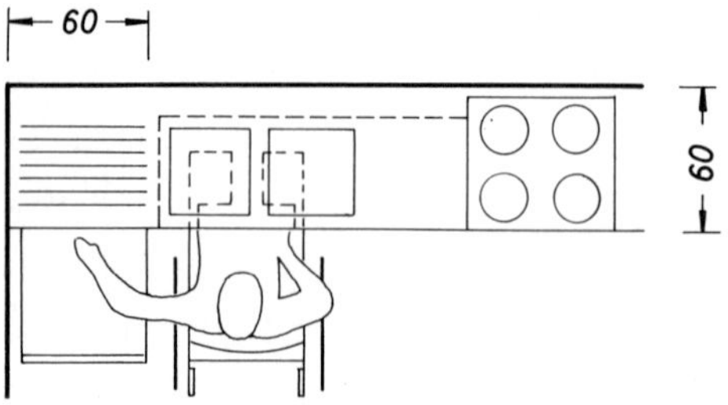

30.1 Anordnung einer Geschirrspülmaschine für Rechtshänder (M 1:50)

Kühlschrank. Er ist ein wesentlicher Bestandteil der Vorratshaltung mit direktem Bezug zur Nahrungszubereitung (s. Abschnitt 1.1.4).

Der Einbau-Kühlschrank wird wie der Einbau-Backofen entweder unterfahrbar oder seitlich neben der großen Arbeitsplatte in einem Hochschrank untergebracht (**29**.2). Die individuell richtige Greif- und Sichthöhe ist beim Einbau zu beachten.

Als Einbauhöhe wird der Bereich zwischen 70 cm (Unterfahrhöhe) und 140 cm (oberste Greifhöhe) empfohlen (**29**.1).

Das vorübergehende seitliche Abstellen von Kühlgut bei Beschickung oder Entnahme auf der großen Arbeitsplatte ist besonders praktisch. Das Kühlgut sollte möglichst in Einschubkörben, wie bei Gefrierschränken üblich, untergebracht werden.

Falls ein separater Gefrierschrank nicht zur Grundausstattung des Behinderten-Haushaltes gehört, sollte der Kühlschrank wenigstens ein Tiefkühlfach (Drei-Sterne-Modell) enthalten (s. Abschnitt 1.1.4).

Die lichten Gefrierfachhöhen von 15 bis 20 cm in Standardkühlschränken erschweren jedoch die leichte Handhabung besonders im hinteren Fachbereich sehr (**17**.1).

Gefrierschrank. Sein Einsatz ist nicht vorgeschrieben, aber bei vorhandenem Platz zu empfehlen (s. Abschnitt 1.1.4).

Das Gerät sollte neben dem Einbau-Kühlschrank in individuell richtiger Greif- und Sichthöhe angeordnet werden.

Die Verwendung von herausziehbaren Drahtkörben ist auch hier vorzusehen. Sie sollten in Schienen laufen und mit einer Sperre versehen sein, um unbeabsichtigtes Herausfallen zu verhindern.

Dunstabzugshaube. Eine wirksame Entlüftung der Küche zusätzlich zur Fensterlüftung durch Dreh-Kippflügel ist besonders bei geringer Küchengrundfläche oder der zum Wohnraum offenen Küche notwendig.

Dunstabzugshauben gibt es als Unterbau- oder Einbaugeräte (s. Abschnitt 1.1.4).

Die Einbauausführung ist für Rollstuhlfahrer wegen der Bedienung der Dunstleittür nicht gut geeignet.

Weitere Möglichkeiten der Lufterneuerung sind unter Haushaltsküchen im Abschnitt 1.1.5 beschrieben.

Kleingeräte. Elektrische Kleingeräte leisten einen wichtigen Beitrag zur Erhaltung einer selbständigen Haushaltsführung durch den Behinderten. Sie erleichtern körperlich anstrengende oder ermöglichen sonst nicht mehr ausführbare Arbeiten.

Die vorhandene Arbeitsflächentiefe von 60 cm der unterfahrbaren kleinen oder großen Arbeitsplatte sollte für Rollstuhlfahrer im hinteren selten ausgenutzten Plattenbereich mit 10 bis 15 cm Tiefe für die Unterbringung von Kleingeräten genutzt werden (**31**.1 und **46**.1).

Dies kann durch Wandhalterungen, Wandschienen mit Konsolen oder Loch-Schlitzplatten mit Einhängern geschehen.

Auch in speziell abgeänderten Oberschränken, deren Böden nach unten herausklappbar und mit Halterungen oder Klemmvorrichtungen versehen sind, ist die greifnahe Unterbringung möglich (**31**.2).

Rührgerät. Hier sind einfache Handrührgeräte mit einer Anzahl von Zubehörteilen am besten geeignet.

Der Platzbedarf steigt mit der Anzahl von Zubehörteilen. Die Küchenhersteller halten hierfür spezielle Geräteschrankteile oder Einsätze sowie Gerätewagen bereit.

Die Benutzung erfolgt in der Küche sowohl auf der Vorrats- und Arbeitsseite als auch auf der gegenüberliegenden Vorbereitungs- und Kochseite.

Daher sind Schutzkontaktsteckdosen auch am Kochbereich notwendig, möglichst im Schaltkasten der Kochmulde.

Die Aufbewahrung von Rührgerät und Zusatzteilen sollte an festen Haltern in der Nähe des Kochbereiches sichtbar zwischen Ober- und Unterschrank erfolgen.

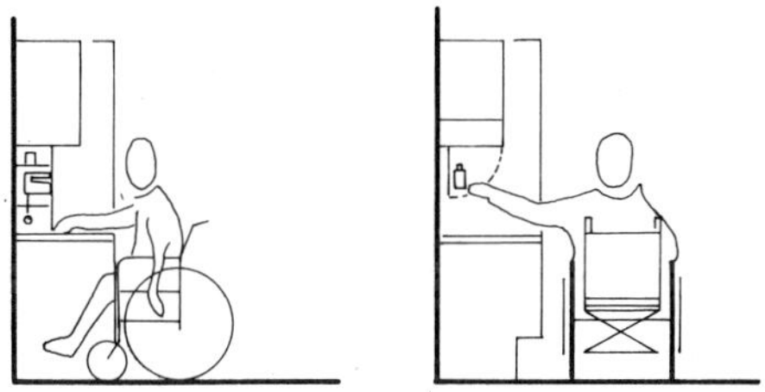

31.1 Unterbringung von Kleingeräten (Entwurf)

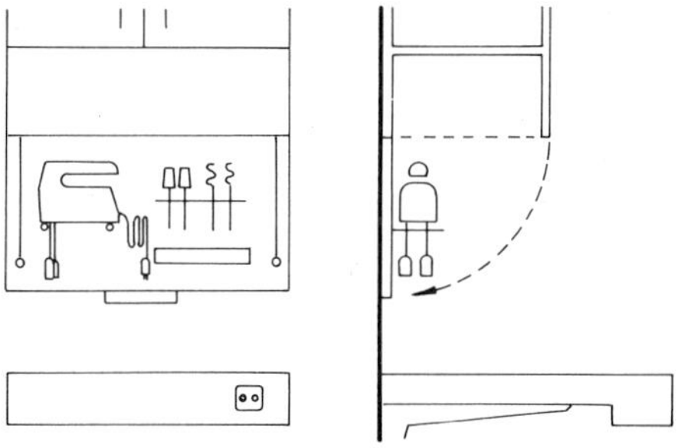

31.2 Oberschrank mit herunterklappbarem Geräteboden (Entwurf)

Kaffeemaschine. Der Kaffeeautomat muß als Standardgerät einer Küche bei der Möblierung berücksichtigt werden. Handelsübliche Geräte gibt es auch für eine Wandmontage.

Der Kaffeeautomat sollte daher platzsparend und sicher im Raum zwischen Unter- und Oberschrank an der Wandfläche hinter der Abtropffläche oder der kleinen Arbeitsplatte untergebracht werden (**31**.1).

Allesschneider. Die Montage von Brot- oder Allesschneidern auf einer herausziehbaren oder herausklappbaren Platte im oberen Bereich eines Unterschrankes wird seit langem von vielen Herstellern angeboten.

Der Einbau und die Aufstellung sollte fest und unverrückbar sein. Für ausreichenden Bewegungsspielraum zur Bedienung muß gesorgt werden.

Außerdem ist die hygienische Aufbewahrung von Backwaren in Form eines neben oder unter der Schneidemaschine angebrachten Schubkastens zu berücksichtigen.

Warmwasserbereiter. Die über der Spüle montierten Wandgeräte sollten mit Hebelarmaturen ausgestattet sein, um Personen mit Greifschwierigkeiten die Bedienung zu erleichtern.

Hilfsmittel und Einrichtungen. Je nach Art und Grad der Behinderung erleichtern oder ermöglichen geeignete ergänzende Hilfsmittel die Ausübung der Küchenarbeiten. Die Auswahl sollte nach den persönlichen Erfordernissen erfolgen.

Es werden auf dem Markt unter anderem folgende spezielle Hilfsmittel und Einrichtungen angeboten:

Greifzange, Griffverlängerungen, Gemüseschäler, Schneidbrett, Spülhilfen, Dosenöffner, Gleitschutz, Topfhalter, Einhängekörbe, Schüttenhalteleisten, Lochplatten mit Einhängern.

1.1.6.5 Installationen

Die notwendigen Installationen für normale Haushaltsküchen sind in Abschnitt 1.1.5 ausführlich behandelt.

Zur Elektro- und Heizungsinstallation in Behinderten-Küchen sind jedoch weitergehende Maßnahmen erforderlich.

Elektroinstallation. Für behinderte Menschen ist eine ausreichende Anzahl und besondere Anordnung von Anschlüssen für elektrische Kleingeräte erforderlich.

Steckdosen, Stecker, Schalter und Beleuchtungskörper müssen funktionell und sicher, ihre Symbole und Wirkungen eindeutig sein. Die gute Erreichbarkeit und mißbrauchsichere Anordnung sollte bedacht werden.

Steckdosen. Verlängerungskabel und Tischsteckdosen stellen für den Behinderten eine besondere Gefährdung dar.

Die waagerecht zu installierenden Mehrfachsteckdosen oder Steckdosenleisten werden als Schutzkontaktsteckdosen entweder an der Küchenrückwand oder im Bereich direkt unterhalb der Arbeitsflächenblende am sichersten untergebracht (**32**.1).

Stecker. Die Schukostecker sollten eine greifgünstige Form aufweisen, besonders für armgeschwächte Behinderte. Sie trägt außerdem zur Sicherheit des Benutzers bei.

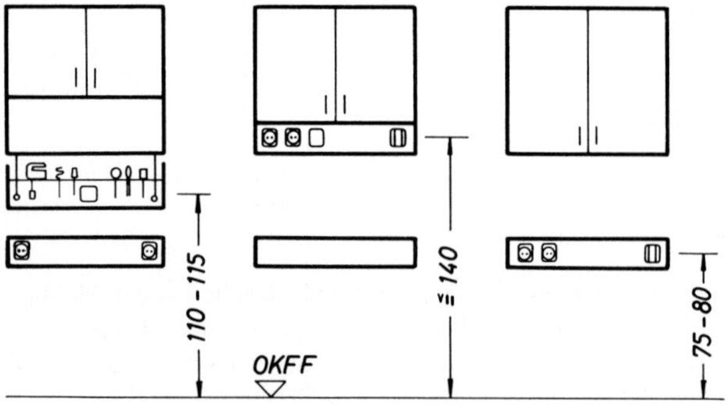

32.1 Anordnung von Steckdosen, Geräteschaltern und Kontrolleuchten (M 1:50)

Schalter. Wichtig ist die Kontrolle über den vollzogenen Schaltvorgang durch eine Kontrollampe, besonders bei den Großgeräten wie Kochmulde, Backofen, auch Kochendwassergerät. Dieses optische Signal ist am Gerät in der Regel bereits vorhanden.

Anstelle von Schaltern werden für Behinderte Tastplatten, Flächen-, Sensor- oder Tastschalter, empfohlen.

Die für Schalter maximale Montagehöhe von 105 cm über OKFF ist für Armbehinderte schlecht erreichbar. Sie sollte nach DIN 18025 T. 2 bei 85 cm über OKFF liegen.

Durch die Verwendung von Zugschaltern mit Schlaufe oder Kugelgriff lassen sich die individuell erforderlichen Greifhöhen am besten einrichten.

Geräteschalter oder -regler sollten nach ähnlichen Gesichtspunkten wie Steckdosen untergebracht werden. Der vordere Arbeitsflächenrand, die Küchenrückwand oder der untere Rand von Oberschränken sind greifgünstige Bereiche (**32**.1)

Geräteschalter sollten deutlich das Erkennen oder Ertasten der gewünschten Einstellung ermöglichen. Große erhabene Symbole oder Zahlen erhöhen die Funktionssicherheit.

Beleuchtung. Auch bei der Behinderten-Küche sind eine gleichmäßige Raumausleuchtung, punktförmige Arbeitsplatzbeleuchtungen und begrenzte Gerätebeleuchtungen nach DIN 5035 T. 1 selbstverständlich (s. Abschnitt 6.3.4).

Nach DIN 18025 T. 2 sollte die Beleuchtung mit künstlichem Licht höherer Beleuchtungsstärke nach dem Bedarf Sehbehinderter möglich sein.

Bei den blendfrei auszuführenden Arbeitsplatzbeleuchtungen ist von der geringeren Augenhöhe des Rollstuhlfahrers auszugehen. Sie liegt zwischen 115 und 125 cm.

Die Blende der Arbeitsplatzleuchte darf nicht scharfkantig und nicht transparent sein.

Das selbständige Auswechseln der L-Lampen oder Glühlampen ist dem Rollstuhlfahrer zu ermöglichen.

Fernmeldeanlage. Ein Fernsprechanschluß muß, möglichst im Wohn- oder Küchenbereich, vorhanden sein.

In der Wohnung selbst ist in Verbindung mit der Haustür eine Gegensprechanlage mit Türöffnerdrücker (**421**.1) zu installieren.

Heizung. Hier kommt für Behinderten-Küchen nur eine Zentralheizung mit Heizkörpern oder eine Fußbodenstrahlungsheizung in Betracht. Die Raumtemperatur ist nach DIN 4701 T. 2 zu bemessen.

Die Beheizung muß je nach individuellem Bedarf des Behinderten, auch durch eine Zusatzheizung, ganzjährig möglich sein.

Heizkörper und Heizrohrleitungen sind so anzuordnen, daß sie außerhalb der erforderlichen Abstände, Stell- und Bewegungsflächen liegen. Heißwasserrohre sind zu verkleiden.

Die bei der U-förmigen Haushaltsküche oft angewendete Lösung unter der großen Arbeitsfläche hinter der Fensterbrüstung (**23**.1) bringt Nachteile für den Behinderten.

Die Bedienung von Fenster und Vorhängen ist mühsam, eine Handregelung des Heizkörpers kaum durchführbar.

Flächenheizungen, als Fußboden- oder Wandheizungen, sind idealer, zumal sie die Probleme der Stellflächenknappheit und Unfallgefahr besser lösen.

1.2 Hausarbeitsraum

1.2.1 Planungsgrundlagen

Allgemeines. Innerhalb einer Wohnung oder eines Eigenheimes ist Platz erforderlich für Einrichtungen zur Wäsche-, Kleider- und Wohnungspflege.

Die Zusammenfassung dieser Tätigkeiten durch alle erforderlichen Möbel und Geräte in einem Raum erleichtert die Hausarbeit sehr.

Die Arbeiten in diesem Raum umfassen unter anderem die Arbeitsbereiche Waschen, Trocknen, Bügeln, Nähen, Aufbewahren, Pflegen und Reinigen.

Der Hausarbeitsraum (**34**.1) ist ein selbständiger Raum, der durch Fenster belichtet und belüftet wird.

Als Mehrzweckraum kann er auch zur Ausübung von Freizeitbeschäftigungen, wie Bastel- und Schreibarbeiten, oder als Fotolabor dienen.

Die Mindestgröße des Hausarbeitsraumes ist mit ca. 6 qm anzunehmen (**34**.1).

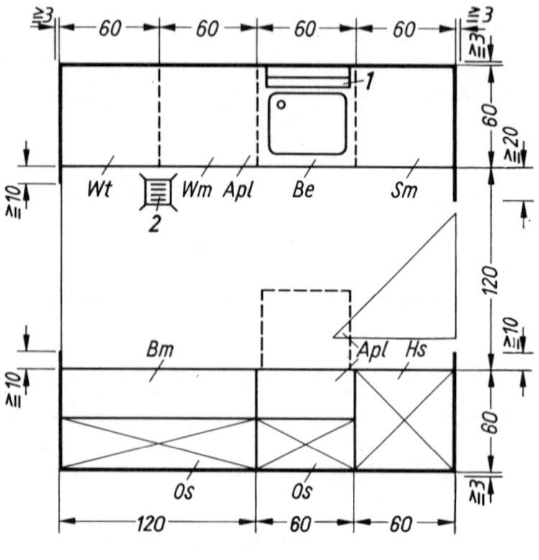

34.1 Zweizeiliger Hausarbeitsraum (M 1:50)
1 Hängevorrichtung für tropfnasse Wäsche
2 Fußbodenentwässerung
Apl Arbeitsplatte
Be Becken
Bm Bügelmaschine
Hs Hochschrank
Os Oberschrank
Sm Behälter für Schmutzwäsche
Wm Waschmaschine
Wt Wäschetrockner

Raumzuordnung. Der Hausarbeitsraum soll von der Küche bequem zu erreichen, oder auch unmittelbar von ihr zugänglich sein. So können Arbeitsabläufe und Überwachungsfunktionen in beiden Bereichen miteinander verbunden und von einer Person ausgeführt werden (**52**.1).

Der Raum kann aber auch dem Bad, also Schlafbereich einer Wohnung, zugeordnet werden.

Im Eigenheim wird der Hausarbeitsraum gelegentlich auch, getrennt vom Wohn- und Schlafbereich, im Untergeschoß mit eingeplant (**35**.1 und **359**.1).

Hier ist dann ein über der Arbeitsplatte endender Wäscheabwurfschacht mit 60 cm ∅ und Einwurfklappen im Dach-, Ober- und Erdgeschoß besonders praktisch (s. Abschnitt 1.2.5).

Bei frei stehenden Familienheimen sollte ein direkter Ausgang zum Trockenplatz im Garten vorgesehen werden (**359**.1).

Die Aufgaben des Hausarbeitsraumes können auch in anderer räumlicher Zusammensetzung wahrgenommen werden: z.B. als Wasch-Trockenraum (Waschraum oder Gemeinschaftswaschraum) mit Wäschepflegeraum (Bügel- und Nähzimmer) oder separatem Trockenraum (Gemeinschaftstrockenraum).

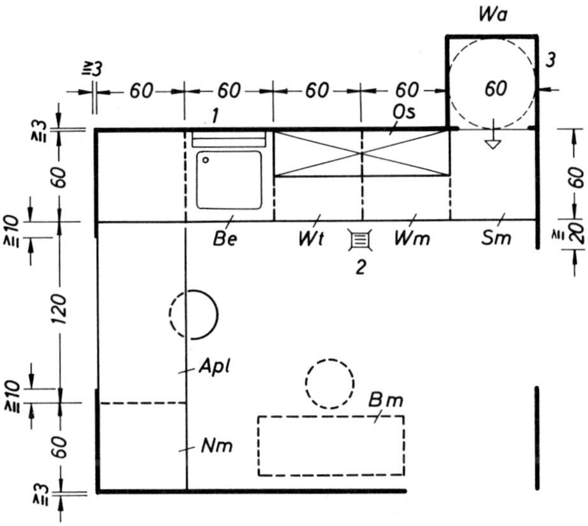

35.1 L-förmiger Hausarbeitsraum mit Wäscheabwurf (M 1:50)

1 Hängevorrichtung für tropfnasse Wäsche
2 Fußbodenentwässerung
3 Wäscheabwurfschacht

Nm Nähmittel
Wa Wäscheabwurf

(s. a. Legende Bild **34**.1)

Bei allen Wohnungsvorhaben sollte geprüft werden, ob sich die Einplanung eines Hausarbeitsraumes, notfalls einer Hausarbeitsnische, in irgendeiner Form verwirklichen läßt.

Ist weder ein Hausarbeitsraum noch eine Hausarbeitsnische eingeplant, müssen im Bad, Abstellraum, Flur oder an anderer Stelle innerhalb der Wohnung Stellflächen für Schmutzwäsche, Reinigungsgeräte und Bügelgeräte untergebracht werden.

Grundrißtypen. Zur rationellen Erledigung aller Arbeiten sollte der Hausarbeitsraum, genau wie die Küche, einzeilig (**37**.1), zweizeilig (**34**.1), L-förmig (**35**.1) oder U-förmig eingeplant werden (s. auch Abschnitt 1.1.1).

Welche Einrichtungsform gewählt wird, ist abhängig von der Größe und dem Zuschnitt des vorhandenen Raumes bzw. von der Anzahl der zum Haushalt gehörenden Personen.

Die richtige Anordnung der Arbeitsbereiche ist auch hier das wesentliche Kriterium für den Standort der Möbel und Geräte.

1.2.2 Arbeitsbereiche

Im Hausarbeitsraum sind nachfolgende vier Arbeitsbereiche vorzusehen.

Waschen. Sortieren der Wäsche, Vorbehandeln, wie Ausbürsten oder Flecke entfernen, Eingabe der Wäsche in die Waschmaschine und anschließendes Schleudern sind die Tätigkeiten in dieser Arbeitszone.

Die zu sortierende Wäsche wird auf der Arbeitsplatte einem Wäschekorb oder einem im Unterschrank angeordneten herausziehbaren Schmutzwäschesammelbehälter entnommen.

Für den Waschvorgang kommen Haushaltswaschmaschinen in Frage, die als Teilautomat, Waschautomat, Waschkombination, Waschvollautomat (**38**.1) oder Vollwaschtrockner eingeplant werden können (s. Abschnitt 1.2.4).

Sie werden heute in der Regel als stirnbeschickte Unterbaugeräte unter eine 85 besser 90 cm hohe Arbeitsplatte eingeschoben.

Bei Waschmaschinen ohne Schleudergang oder mit geringer Schleuderleistung ist ein weiterer Stellplatz für die Wäscheschleuder notwendig, um die Restfeuchte der Wäsche zu beseitigen. Sie wird mit einem Platzbedarf von 40 × 40 cm immer frei aufgestellt.

Eine in die Arbeitsplatte eingelassene Einbeckenspüle, auch ein untergebautes Labor- oder Waschbecken, dient als Putz-, Wasch-, Spül- und Schmutzwasserausgußbecken (**34**.1, **35**.1 und **37**.1).

Hierin kann stark verschmutzte Bekleidung vorgereinigt oder auch Kleinwäsche, neben dem Waschvorgang in der Maschine, von Hand gewaschen werden.

In den Oberschränken über dem Waschzentrum sollten Reinigungsmittel, Waschmittelvorräte, Hilfsmittel und Kleinwerkzeug arbeitsgünstig untergebracht werden.

Trocknen. Die Nachtrocknung ist eine unentbehrliche Ergänzung zum Waschvorgang.

Hierfür kommen Wäschetrockner (**40**.2 und 3), auch Trockenschränke und Trockengeräte, zum Einsatz (s. Abschnitt 1.2.4). Es gibt sie in verschiedenen Gerätekonstruktionen. Als stirnbeschickte Unterbaugeräte werden sie im Anschluß an den Waschautomaten unter der Arbeitsplatte aufgestellt.

Der beim Trocknen der Wäsche anfallende Wasserdampf soll direkt am Aufstellungsort des Wäschetrockners sicher und möglichst nach außen abgeführt werden (**40**.1). Andere Automaten sammeln den Wasserdampf als Kondensat in einem Behälter (**40**.3) im Gerät oder pumpen es anschließend ab.

Tropfnasse pflegeleichte Kleinwäsche sollte über dem Waschbecken aufgehängt werden können. Eine Aufhängevorrichtung ist daher vorzusehen (**34**.1, **35**.1 und **37**.1).

Jahreszeitlich bedingt aber anzustreben ist das Trocknen der Wäsche an einem Platz im Freien. Dies kann im Garten, auf einem Trockenplatz des Grundstückes oder in manchen Fällen auf der Loggia oder im Flachdachbereich vorgesehen sein.

Bügeln, Nähen. Die getrocknete Wäsche wird in den meisten Fällen im Hausarbeitsraum schrankfertig gebügelt. Hier wird auch Wäsche und Kleidung gelegentlich instandgesetzt.

Die erforderlichen Geräte sind Bügelmaschine (**41**.1), Bügeleisen, Bügelbrett, Ärmelbrett, Nähmaschine oder Koffernähmaschine und Nähutensilien.

Die Bügelmaschine kann in 72 cm Arbeitshöhe fest montiert (**34**.1 und **37**.1) oder bei einem Platzbedarf von 100 × 50 cm im Raum beweglich aufgestellt (**35**.1) sein. Der zusammenklappbare, im Schrank zu verstauende Heimbügler bleibt eine Notlösung.

Die Nähmaschine sollte in einem Unterschrank nach oben herausklappbar eingebaut sein. Sie wird aber oft ihren festen Platz auf der Arbeitsplatte haben oder notfalls als Koffernähmaschine bei Gebrauch aufgestellt werden.

Links oder rechts neben dem Nähplatz ist ein mindestens 30 cm breiter Unterschrank mit Schubkästen für Nähzutaten (**35**.1) einzuplanen. Im Bereich des Nähplatzes ist außerdem ein gut zu benutzender Abfallbehälter mit einem Platzbedarf von 40 × 40 cm aufzustellen.

Zum Legen der Wäsche oder Zuschneiden von Stoff wird eine Arbeitsfläche von mindestens 120 cm Breite benötigt.

Die Bügel- und Näharbeiten werden in der Regel im Sitzen erledigt. Die Arbeitshöhe sollte 72 cm betragen. Auf die richtige Stuhlhöhe ist zu achten.

Aufbewahren, Pflegen, Reinigen. Hierfür ist ein Hochschrank erforderlich, der Schrubber, Besen, Staubsauger, Putzmittel und größere Werkzeuge aufnehmen kann.

Reinigungs-, Wasch-, andere Hilfsmittel und Kleinwerkzeuge sind arbeitsgünstiger in Oberschränken über dem Waschzentrum plaziert.

Arbeits- und Abstellplatten. Sie sind, wie die Arbeits- und Abstellflächen in der Küche, 60 cm tief und haben nacheinander die vorbeschriebenen Teilfunktionen zu erfüllen. Dadurch ergibt sich die Reihenfolge des Arbeitsablaufes in zwei verschiedenen Arbeitshöhen.

Die 85 besser 90 cm hohe Arbeitsplatte dient als Abstell- und Sortierfläche, die im Stehen benutzt wird. Sie reicht großflächig über Schmutzwäschebehälter, Waschmaschine, Trockenautomat, Beckenunterschrank und evtl. weitere Unterschränke (**35**.1).

Daneben liegt die nur 72 cm hohe nicht unterbaute Arbeitsplatte für Bügel- und Näharbeiten, die im Sitzen benutzt wird. Sie sollte auch den seitlichen Unterschrank für Nähutensilien mit abdecken (**35**.1).

Für den Arbeitsablauf des Rechtshänders hat sich die L-Form mit dem höheren Arbeitsbereich über den Großgeräten und der niedrigen Arbeitsfläche im Tageslichtbereich bei beweglich aufgestellter Bügelmaschine bewährt (**35**.1).

Auch die spiegelbildliche Anordnung der Arbeitsflächen oder andere Kombinationen der Arbeitsbereiche sind je nach Raumgröße, -lage und -zuschnitt möglich.

1.2.3 Einrichtungen

Die Einrichtung eines Hausarbeitsraumes ergibt sich aus den vorgesehenen Funktionen (s. Abschnitt 1.2.2) und der Raumgröße (**37**.1).

Die endgültigen Raummaße hängen wesentlich von den notwendigen Abmessungen der Stellflächen für Möbel und Geräte, den Bewegungsflächen zwischen den Einbauteilen und den erforderlichen Abständen von Einbauten, Wänden und Wandöffnungen ab.

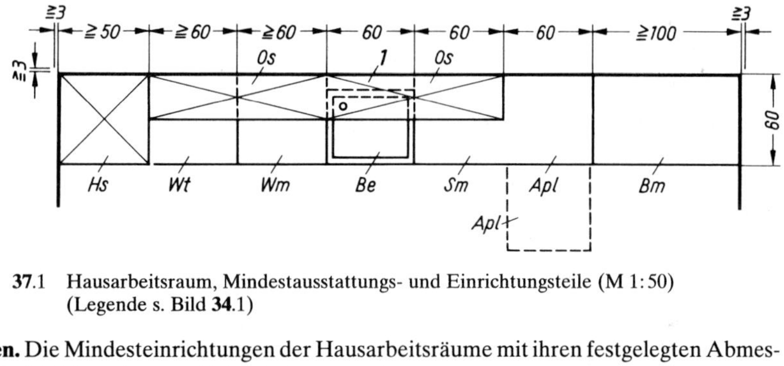

37.1 Hausarbeitsraum, Mindestausstattungs- und Einrichtungsteile (M 1:50) (Legende s. Bild **34**.1)

Abmessungen. Die Mindesteinrichtungen der Hausarbeitsräume mit ihren festgelegten Abmessungen und Stellflächen sind aus Tafel **37**.2 zu entnehmen.

Die Arbeitshöhe der Platten zum Arbeiten im Stehen ist mit 85 besser 90 cm, die der Platten zum Arbeiten im Sitzen mit 72 cm anzunehmen.

Stellflächen. Als empfohlene Gesamtstellfläche aller notwendiger Möbel und Geräte sollte eine Länge von ca. 5,00 m angenommen werden (**34**.1 und **37**.1).

Im übrigen gilt das über Stellflächen für Küchen unter Abschnitt 1.1.3 Erläuterte auch für Hausarbeitsräume.

Tafel **37**.2 Hausarbeitsraum, Stellflächen der Einrichtungsteile

Einrichtungsteile	Breiten in cm
Arbeitsplatte	≧ 120
Hochschrank für Reinigungs-, Wasch-, Pflegemittel und Zubehör	≧ 50
Schmutzwäschebehälter	60
Waschmaschine	60
Wäschetrockner	60
Becken und Abstellplatte	≧ 120
Bügelmaschine	≧ 100

Die Stellflächentiefe beträgt grundsätzlich 60 cm.

Abstände. Zur Benutzung und Bedienung der Möbel und Geräte und deren Einbau sind wie bei Küchen die notwendigen Abstände erforderlich. Für die Bewegungsfläche zwischen den Einbauten ist die Breite mit mindestens 120 cm einzuhalten.

Der Abstand zwischen Arbeits- bzw. Abstellflächen und darüberhängenden Oberschränken soll 50 bis 60 cm, über dem Wasch-Spül-Becken mind. 65 cm betragen.

Möblierung. Wie bei Haushaltsküchen werden die Möbel und Geräte der Hausarbeitsräume nach den Koordinationsmaßen der DIN 68901 für Kücheneinrichtungen als Einbaumöbel vorgefertigt.

Die erforderlichen Einbaumöbel haben als Unter-, Hoch- und Aufsatzschrank oder wandhängender Oberschrank, auch Ausguß-Unterschrank, nach DIN 68881 T. 1. nachfolgende Funktionen zu erfüllen:

Schränke für Schmutzwäsche, für Wäsche und Kleidung, zum Ausbessern, Reinigen und Bügeln, für Wasch-, Reinigungs- und Pflegemittel, sowie für Geräte, Hilfsmittel und Werkzeuge.

Das über Möblierungen für Küchen unter Abschnitt 1.1.3 Gesagte gilt im übrigen auch für Hausarbeitsräume.

1.2.4 Geräte

Unterbaugeräte, Einbaugeräte und notwendige Kleingeräte sind zu unterscheiden (s. auch Abschnitt 1.1.4).

Wascheinrichtungen. Für die Erledigung des Waschvorganges können Haushaltswaschmaschinen, Wäscheschleudern und Wasch-Spül-Becken eingeplant werden.

Haushaltswaschmaschinen. Die am häufigsten verwendete Art ist die elektrisch angetriebene und beheizte Trommelmaschine (**38**.1).

Die rostfreie Innentrommel wird von vorne oder oben gefüllt, d. h. sie wird stirn- oder mantelbeschickt.

Folgende Waschmaschinentypen sind nach DIN 44983 T. 10 zu unterscheiden:

Teilautomat, Waschautomat, Waschkombination, Waschvollautomat und Vollwaschtrockner.

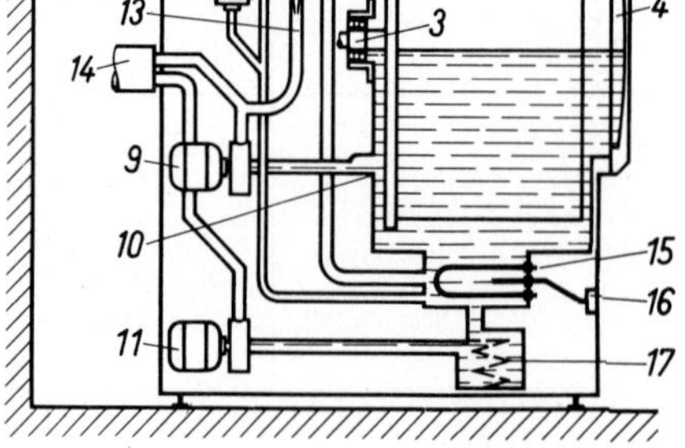

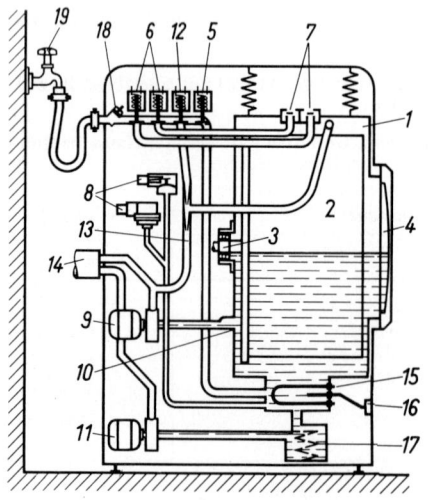

38.1 Waschvollautomat, schematischer Schnitt (M 1:15) (Constructa)

1 Laugenbehälter
2 Waschtrommel
3 Waschtrommel-Lagerung
4 Wäsche-Einfüllfenster
5 Strömungsventil
6 Wassereinlaufventile
7 Einspülschale für Waschmittel
8 Wasserstandsregler
9 Strömungspumpe mit Motor
10 Trommelüberlauf, verstellbar
11 Überlaufpumpe mit Motor
12 Magnetventil für Wasserstrahlpumpe
13 Wasserstrahlpumpe (saugt Dampf und Schaum beim Kochen ab)
14 Ablauf-Anschlußstück
15 Heizstäbe
16 Thermostat
17 Klammernfalle
18 Rücklaufsperre
19 Armaturenkombination nach Bild **42**.2

Teilautomat. Die jeweiligen Arbeitsgänge werden von Hand eingeleitet, aber selbsttätig beendet.

Waschautomat. Dieses Gerät wäscht und spült vollautomatisch. Zum Schleudern der Wäsche wird aber eine zusätzliche Trockenschleuder benötigt.

Waschkombination. Diese Maschine wäscht vollautomatisch. Sie besitzt eine gesondert eingebaute Schleuder. Jedoch muß die Wäsche zum Schleudern von der Waschmaschine in den Schleuderteil umgepackt werden. Dieses Gerät ist ca. 100 cm breit.

Waschvollautomat. Er übernimmt das Waschen und Schleudern vollautomatisch, einschließlich der Wasch- und Spülmittelzuführung. Diese Maschinen sind zum größten Teil mit Spartaste ausgestattet und als Vollautomaten durch elastisch aufgehängte Trommeln befestigungsfrei aufstellbar.

Vollwaschtrockner. Dieses Gerät wäscht und schleudert 4,5 kg Wäsche und trocknet anschließend 2 kg Wäsche. Diese Maschine ist zum Teil mit Spar- und Intensivtaste ausgestattet.

Das Fassungsvermögen der Haushaltswaschmaschinen liegt zwischen 4 und 6 kg Trockenwäsche.

Die heute gebräuchlichen Vollautomaten passen als Unterbau- oder Einbaugerät nahtlos in den Unterschrankbereich, wobei die Wasch- und Spülmittelzugabe von vorne geschieht. Die Geräte sind 60 cm breit, 60 cm tief und ca. 85 cm, auch 60 bis 65 cm, hoch.

Unter- und Einbaugeräte werden auch mit Dekorrahmen (**11**.1) für Frontplattenverkleidungen gefertigt.

Anschlußwerte. Waschmaschinen werden bis 3500 W mit Steckdosen, darüber bis 6200 W durch Anschlußdosen montiert.

Wäscheschleudern. Sie gibt es, auch als Trockenschleuder oder Entwässerungsgerät bezeichnet, mit einem Fassungsvermögen von 2 bis 6 kg Trockenwäsche.

Der Schleudererfolg ist mit bis zu 2800 U/min fast doppelt so hoch als beim Schleudern in einer stirnbeschickten Waschmaschine.

Wäscheschleudern haben eine Stellfläche von ca. 40 × 40 cm, einen frei liegenden Wasserauslaufstutzen, sind nicht zum Einbau geeignet und können mit Anschlußwerten bis 400 W an jede Steckdose angeschlossen werden.

Das Gerät ist in Verbindung mit einem Waschautomaten als Zusatzgerät erforderlich.

Wasch-Spül-Becken. Die in die Arbeitsplatte eingelassene oder untergebaute Wasch- und Spüleinrichtung kann eine Einbeckenspüle (s. Abschn. 1.1.4), ein Labor- oder Waschbecken sein (s. auch Abschnitt 3.4.5 und 3.4.6).

Das Becken dient für viele Zwecke als Schmutzwasserausguß. Im Becken kann Kleinwäsche von Hand gewaschen und gespült, stark verschmutzte Bekleidung oder Gerät gereinigt werden. Über dem Becken kann bei vorhandener Vorrichtung tropfnasse Kleinwäsche aufgehängt werden (**34**.1, **35**.1 und **37**.1).

Trockeneinrichtungen. Wäschetrockengeräte als Ergänzung zur Waschmaschine werden mindestens in größeren Wohnungen immer selbstverständlicher.

Als Trockengeräte kommen Wäschetrockner, Hürdentrockner und Wandtrockengeräte in Frage, auch Trockenschränke und der vorher erwähnte Vollwaschtrockner.

Wäschetrockner. Diese Trommeltrockner nach DIN 44986 T. 1 gleichen in Form, Größe und Einbaumöglichkeit den stirnbeschickten Waschmaschinen und enthalten ebenfalls eine Trommel, in der die Wäsche unter Durchblasen von heißer Luft ca. 60 bis 120 Minuten lang umgewälzt wird.

Ein kleines Problem kann die Abführung der beim Trockenprozeß anfallenden Luftfeuchtigkeit darstellen, die sich auf ca. 2,5 kg Wasser je Betriebsstunde beläuft. Nach Art der Beseitigung von Luftfeuchte werden Abluft- und Kondensationswäschetrockner unterschieden.

Beim Ablufttrockner wird die feuchte Luft über besondere, auch flexible Abluftleitungen ins Freie abgeführt (**40**.1 und 2) oder notfalls in den Aufstellungsraum abgegeben.

Im letzten Fall muß der Raum eine ausreichende Größe haben und eine intensive Entlüftung gewährleistet sein. Dies ergibt den geringsten Stromverbrauch und die kürzeste Trocknungszeit.

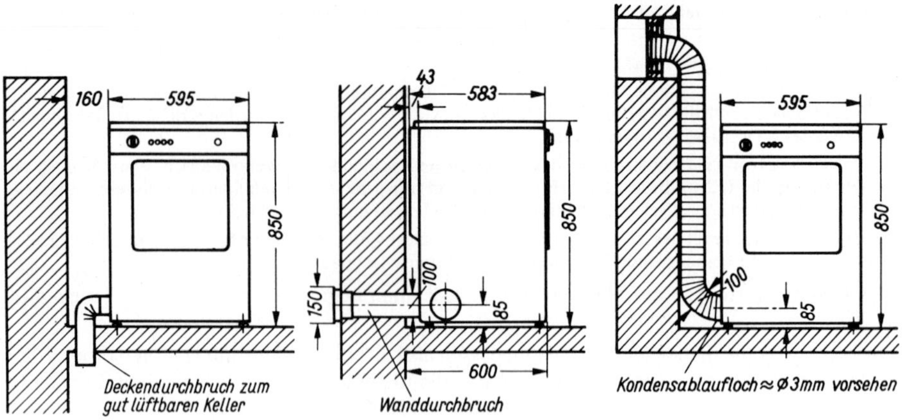

40.1 Aufstellung eines Wäschetrockners mit Abluftabführung (M 1:30).

Moderne Kondenstrockner arbeiten sehr wirtschaftlich mit einem geschlossenen Luftkreislauf (**40**.3). Die beim Trocknen der Wäsche entstehende feuchte Luft wird mit Hilfe angesaugter Raumluft abgekühlt. Das dabei entstehende Kondensat sammelt sich automatisch in einem Behälter, der nach dem Trocknen vom Benutzer entleert werden muß. Neue Geräte können auch direkt an eine Abwasserleitung angeschlossen werden.

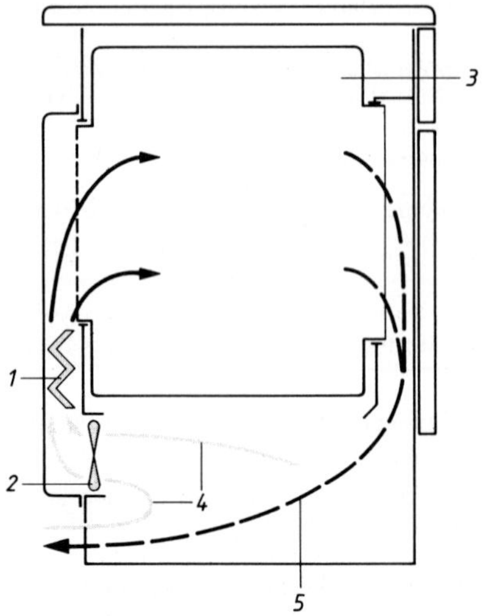

40.2 Abluft-Wäschetrockner Lavatherm (AEG)

1 Heizung
2 Gebläse
3 Trommel
4 Zuströmende Luft
5 Abluft

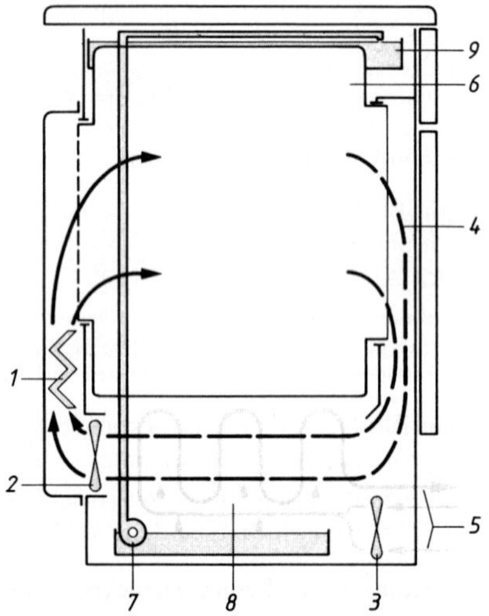

40.3 Kondensations-Wäschetrockner Lavatherm (AEG)

1 Heizung
2 Gebläse (Trocknungsluft)
3 Gebläse (Kühlluft)
4 Trocknungsluft
5 Kühlluft
6 Trommel
7 Kondensatpumpe
8 Wärmetauscher
9 Kondensatgefäß

Abluft- und Kondensationswäschetrockner haben 2 bis 4,5 kg Fassungsvermögen.

Bei Platzmangel können vorstehende Wäschetrockner auch auf einem Waschvollautomaten montiert, als Wasch-Trocken-Säule eingeplant werden.

Wäschetrockner werden mit Anschlußwerten bis 3400 W über Steckdosen-Gerätestromkreise angeschlossen.

Hürdentrockner werden zum Trocknen von Einzelwäsche elektrisch beheizt. Beim Anschluß an die Zentralheizung des Hauses trocknen sie zwar langsamer, aber praktisch kostenlos.

Wandtrockengeräte sind elektrische Warmluftgeräte, die ebenfalls nur als Hilfsgeräte, z. B. im Bad, eingesetzt werden sollten.

Bügeleinrichtungen. Zur Erledigung des Bügelvorganges werden Bügelmaschine, Bügeleisen, Bügelbrett und Ärmelbrett verwendet.

Bügelmaschinen. Auch als Heimbügler bezeichnet, vereinigen sie Heißmangel und Bügeleisen bei Walzenbreiten von 65 oder 86 cm (**41**.1).

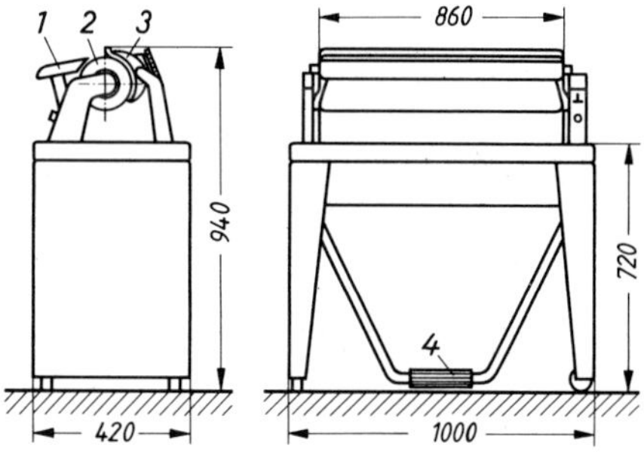

41.1 Heimbügler
1 Anlegebrett
2 Walze
3 Bügelmulde
4 Fußschalter

Mit ihnen lassen sich große Wäschestücke, aber auch Oberhemden und andere schwierig zu behandelnde kleine Wäschestücke bügeln. Man arbeitet im Sitzen und braucht nur ein Drittel bis ein Viertel der Bügelzeit mit dem Bügeleisen.

Das Wäschestück wird von der elastisch bewickelten Walze unter der beheizten, einen Druck ausübenden Bügelmulde hindurchgeführt. Die bewegliche Mulde wird ohne jeden Kraftaufwand motorisch angelegt oder abgehoben. Das geschieht durch einen Fuß- oder Knieschalter.

Als normale Arbeitsbreite der Bügelmaschine hat sich eine Walzenlänge von ca. 65 bis 86 cm durchgesetzt (**41**.1). Daraus ergibt sich eine Gerätebreite von ca. 80 bis 100 cm bei ca. 45 cm Tiefe.

Für beschränkte Raumverhältnisse gibt es auch zusammenklappbare Modelle zum leichten Wegstellen.

Anschlußwerte. Die Nennaufnahme des Motors beträgt 50 bis 200 W, die der Heizung 1100 bis 2800 W. Ein eigener Gerätestromkreis über Steckdose ist erforderlich.

1.2.5 Installationen

Im Hausarbeitsraum sollte die Planung der Installation für Kalt und Warmwasser, Entwässerung, Strom, Heizung und Lüftung vor Rohbauherstellung erfolgen.

Die Höhenlagen der Installationsanschlüsse über OKFF liegen aufgrund möglicher Geräte weitgehend fest (**42**.1).

Die Breitenmaße sind dagegen, als Abstandsmaße zu den umgebenden Wänden, mit der jeweiligen Raumplanung neu festzulegen.

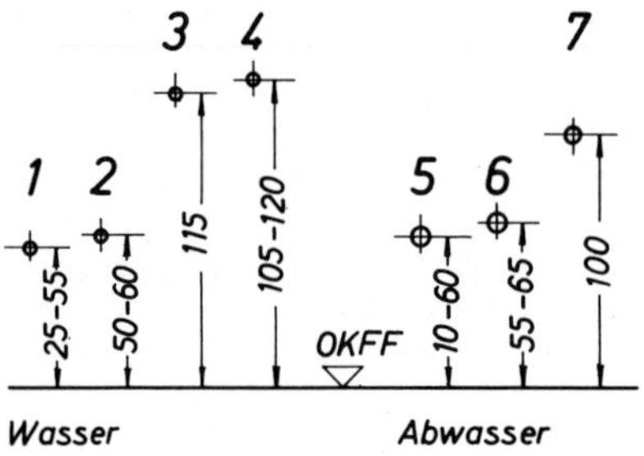

42.1 Montagemaße der Wasser- und Abwasseranschlüsse für Hausarbeitsräume in cm (M 1:50).

1 Kaltwasser-Zulauf für Waschmaschine
2 Kaltwasser- (evtl. auch WW-)Zulauf für Wasch-Spül-Becken und Untertischspeicher
3 Kaltwasser-Zulauf für Waschmaschine
4 Kaltwasser-Zulauf für Elt-Kochendwassergerät
5 Wasser-Ablauf für Waschmaschine und Kondenstrockner
6 Wasser-Ablauf für Wasch-Spül-Becken
7 max. Förderhöhe Waschmaschinen-Laugenpumpe

Kaltwasseranschlüsse (**42**.1). Sie kommen in Frage für Waschmaschine, Wasch-Spül-Becken und Untertischspeicher (**828**.2), evtl. auch Kochendwassergerät (**831**.2).

Für die Waschmaschine ist ein absperrbarer Wasseranschluß DN 15 vorzusehen. Danach können Waschmaschinen an jedes Auslaufventil mit Schlauchverschraubung angeschlossen werden (**42**.2).

Maschinen o h n e Prüfzeichen müssen, um das Rücksaugen von Schmutzwasser in die Trinkwasserleitung zu verhindern, nach Bild **42**.3 installiert werden.

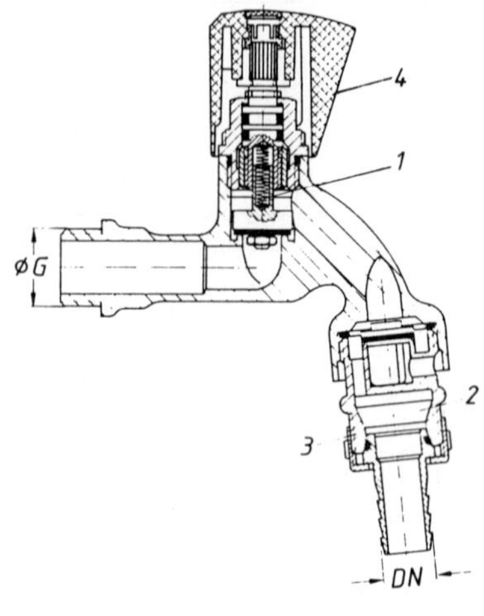

42.2 Armaturenkombination zum Anschluß einer Wasch- oder Geschirrspülmaschine an die Trinkwasserleitung (Metallwerke Gebr. Seppelfricke)

1 Absperrventil, kombiniert mit Rückflußverhinderer
2 Durchfluß-Rohrbelüfter nach DIN 3266 T. 1
3 Anschlußgewinde für Schlauchverschraubung DN 15, 20 oder 25
4 Kronengriff

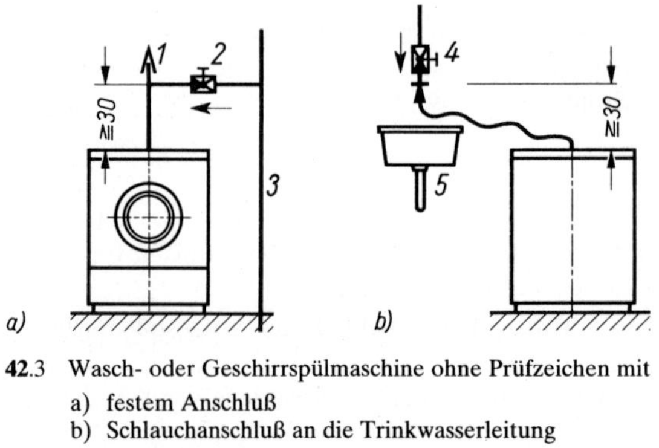

1 Rohrbelüfter (Einzelbelüfter)
2 Absperrventil kombiniert mit Rückflußverhinderer
3 Trinkwasser-Steigleitung
4 Armaturenkombination nach Bild **42**.2
5 Wasch-, Spül- oder Ausgußbecken

42.3 Wasch- oder Geschirrspülmaschine ohne Prüfzeichen mit

a) festem Anschluß
b) Schlauchanschluß an die Trinkwasserleitung

Die Leitungsanschlüsse sind immer seitlich der Waschmaschine, z. B. unter dem Wasch-Spülbecken, anzubringen, damit das Gerät unmittelbar an die Wand geschoben werden kann und bündig mit der Vorderkante der Unterschränke abschließt.

Das Wasch-Spül-Becken erhält einen eigenen Kaltwasseranschluß DN 15, stets auf der rechten Seite, mit einem Eckabsperrventil im Unterschrank.

Ist ein elektrischer Untertischspeicher (**828**.2) oder ein Kochendwassergerät (**831**.2) über dem Spülbecken vorgesehen, erhalten auch diese Geräte einen Kaltwasseranschluß DN 15 (**42**.1). Weitere Leitungsquerschnitte und Werkstoffe nach Abschnitt 2.5.2 und 2.5.3.

Warmwasseranschlüsse (**42**.1). Sie werden erforderlich für die Versorgung des Wasch-Spül-Beckens.

Die Warmwasserbereitung kann zentral (s. Abschnitt 12.3) oder durch örtliche WW-Bereiter (s. Abschnitt 12.2) erfolgen.

Bei der zentralen WW-Versorgung endet die WW-Leitung als Warmwasseranschluß DN 15, stets auf der linken Seite, entweder noch als hochliegender Wandanschluß über dem Spülbecken (**836**.1) oder zeitgemäß verdeckt im Unterschrank des Spülbeckens als Wandauslaß mit Eckabsperrventil.

Bei der örtlichen WW-Versorgung wird der elektrische Untertischspeicher, in der Regel ein 5- bis 10-Liter-Gerät mit 2 kW Anschlußwert, direkt mit dem Spülauslauf über ein Anschlußrohr DN 10 verbunden (**828**.2).

Ist ein über dem Spülbecken montiertes Kochendwassergerät mit Schwenkauslauf (**831**.2) vorgesehen, wird kein WW-Anschluß erforderlich.

Entwässerungsanschlüsse (**42**.1). Sie sind notwendig für Waschmaschine, Wäscheschleuder und Wasch-Spül-Becken, evtl. auch Kondenstrockner.

Die Waschmaschine wird im Unterschrank des Spülbeckens mit einem seitlichen Rohrstutzen DN 20 am Geruchverschluß des Spülbeckens mit angeschlossen (**21**.1).

Steht die Waschmaschine vom Wasch-Spül-Becken getrennt, erhält sie einen eigenen Geruchverschluß (**43**.1). Die Verbindung zwischen Maschine und Geruchverschluß wird mit einem elastischen Schlauch hergestellt.

In Altbauten kann das Abwasser auch über einen Schlauch DN 20 in ein Ausguß- oder Spülbecken gepumpt werden (**43**.2).

Das auslaufende Tropfwasser der Wäscheschleuder muß örtlich aufgefangen werden oder über einen Bodenablauf weglaufen können.

Das Wasch-Spül-Becken wird im Unterschrank über einen Geruchverschluß DN 40 oder DN 50 (s. auch Abschnitt 3.4.10) an die in der Wand liegende Entwässerungsleitung DN 50 (Taf. **208**.1) angeschlossen.

Im Bereich der Waschgeräte ist eine sperrwassersichere Fußbodenentwässerung zweckmäßig (s. Abschnitt 3.3.6.2). Der Fußboden sollte wasserdicht ausgebildet sein (**271**.1).

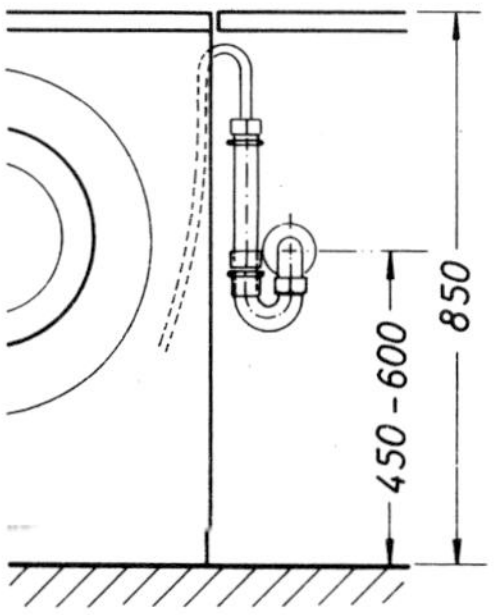

43.1 Ablaufanschluß von Wasch- und Geschirrspülmaschinen an Fertigablauf aus Polypropylen (PP) als Einzel-Geruchverschluß

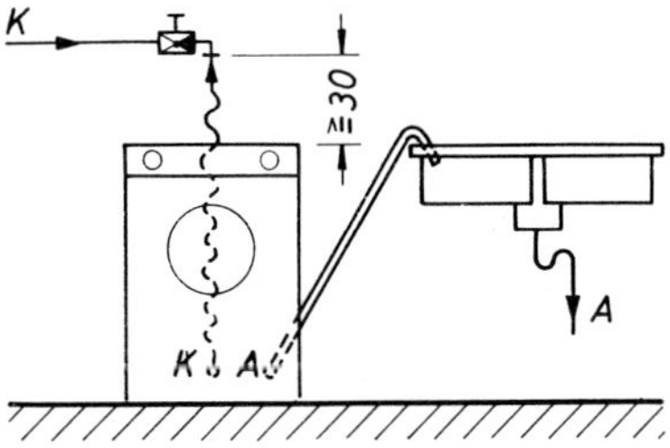

43.2 Zulauf- und Ablaufanschluß bei Wasch- und Geschirrspülmaschinen ohne Prüfzeichen (M 1 : 50)

Elektroanschlüsse. Die elektrischen Geräteanschlüsse, Steckdosen und Beleuchtungseinrichtungen sind rechtzeitig, möglichst in einem Installationsplan M 1:50, festzulegen.

Die Höhenmaße der Anschlüsse in bezug zur Oberfläche des fertigen Fußbodens sind auch im Hausarbeitsraum genau einzuhalten.

Es werden evtl. nachfolgende Elektroanschlüsse erforderlich:

30 cm über OKFF Steckdosen für Waschmaschine, Wäschetrockner, Wäscheschleuder, Bügelautomat und Untertischspeicher, Anschlußdosen für Waschmaschinen über 3500 W;

80 cm über OKFF Steckdosen über der großen Arbeitsplatte des Sitzbereiches für Bügeleisen und Kleingeräte;

115 cm über OKFF Einfach- und Mehrfachsteckdosen über Arbeits- und Abstellflächen des Stehbereiches für Kleingeräte;

135 cm über OKFF Steckdosen oder Wandauslässe für Kochendwassergerät und Arbeitsplatzbeleuchtungen.

Die Breitenmaße sind von der Planung des Hausarbeitsraumes abhängig und jeweils genau festzulegen.

Beleuchtung. Auch dieser Raum sollte möglichst Tageslicht erhalten. Einzelheiten über die Raumausleuchtung von Hausarbeitsräumen (**359**.1) sind in Abschnitt 6.1.3 und 6.3.4.3 behandelt.

Heizung. Hausarbeitsräume sollten wie Haushaltsküchen mit einer Raumtemperatur von + 20 °C ausreichend beheizt werden, besonders wenn der Raum als Mehrzweckraum genutzt wird.

Die Ausführungen in Abschnitt 1.1.5 gelten hier sinngemäß.

Lüftung. Der Hausarbeitsraum muß zu belüften sein, um die feuchtwarme Luft, die beim Waschvorgang entsteht, abzuführen. Das wird, wie bei Haushaltsküchen, mit einer Fensterlüftung oder besser einer Schachtlüftung erreicht (s. auch Abschnitt 1.1.5).

Die Aufstellung eines Abluft-Wäschetrockners (**40**.1 und 2) erfordert besondere zusätzliche Maßnahmen der Abluftführung. Sie sind in Abschnitt 11.3.1 und 11.3.2 ausführlich beschrieben.

Wäscheabwurfschacht (s. auch Abschnitt 13.4.3). Für zweigeschossige Einfamilienhäuser ist der einfache Abwurfschacht dann sinnvoll, wenn der Hausarbeitsraum im Keller- oder Untergeschoß liegt.

Die 60 × 60 cm oder 60 ∅ großen Rohre sollten möglichst glattwandig, fugenlos und mit gleichbleibender lichten Weite senkrecht geplant werden (**35**.1).

Als Material sind Schamotte, Faserbeton, Blech oder Kunststoff geeignet. Die Einwurföffnungen sollten in Flur, Treppenhaus oder Diele der oberen Geschosse liegen. Sie können im Rahmen des Innenausbaues individuell als Klappe oder Drehtür ausgebildet sein.

1.2.6 Maßnahmen für Behinderte

Die für Behinderten-Küchen angegebene Unterscheidung der Personengruppen in Schwerbehinderte und Behinderte (s. Abschnitt 1.1.6) ist auch für Hausarbeitsräume gültig.

Planungsgrundlagen. Die für Hausarbeitsräume ausführlich behandelten allgemeinen Richtlinien und Gesichtspunkte der Raumzuordnung und Grundrißtypen gelten auch für Rollstuhlfahrer (s. Abschnitt 1.2.1).

Die Raumgröße wird jedoch durch den Platzbedarf des Rollstuhlbenutzers bestimmt. Für Wendemanöver werden 150 × 150 cm benötigt. Größere Bewegungsflächen sind für den Benutzer vorteilhafter (**24**.1).

Ist wegen der geringen Gesamtgröße der Behinderten-Wohnung ein Hausarbeitsraum nicht zu verwirklichen, sollte versucht werden, im Wohn-Eßbereich wenigstens eine Hausarbeitsnische mit einzuplanen.

Arbeitsbereiche. Der rationelle Arbeitsablauf im Hausarbeitsraum für Behinderte unterscheidet sich grundsätzlich nicht von dem im normalen Hausarbeitsraum (s. Abschnitt 1.2.2).

Die Bewegungsfläche für Rollstuhlfahrer ergibt sich aus dem Platzbedarf für eine 90°-Drehung mit einem Standardrollstuhl (**24**.1). Die Tiefe der Bewegungsflächen darf nach DIN 18025 T. 1 150 cm nicht unterschreiten.

Die für Behinderten-Küchen vorgeschriebene einheitliche Arbeitshöhe von 85 cm bei einer Tiefe von 60 cm sollte auch beim Hausarbeitsraum für Behinderte bindend sein (**46**.1). Die Abdeckplatte des Waschzentrums liegt dann mit der großen Arbeitsplatte auf einer durchgehenden Höhe (**45**.1).

Für Rollstuhlbenutzer besteht damit die Voraussetzung, das Näh-Bügelzentrum und möglichst auch das Wasch-Spülbecken mit einer lichten Höhe ≧ 69 cm unterfahrbar zu benutzen.

Die Nutzfläche im Hausarbeitsraum für Behinderte umfaßt nicht nur die vor dem Möbel liegende Bewegungsfläche und die unterfahrbare Möbelstellfläche, sondern auch die beiderseits daneben liegenden Flächen (**27**.1 und **45**.1).

Damit wird für den Rollstuhlfahrer bei einer L-förmigen Anordnung des Hausarbeitsraumes die gesamte Arbeitsfläche vom Trockenautomaten bis zum Unterschrank für Nähzutaten voll nutzbar (**45**.2).

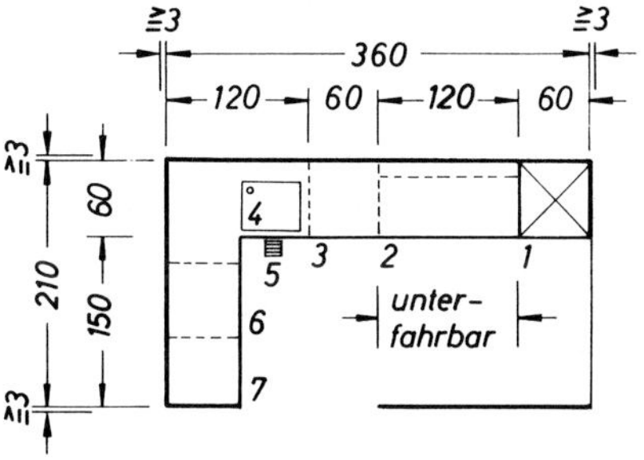

45.1 Hausarbeitsraum für Rollstuhlbenutzer mit Einrichtungsteilen nach DIN 68901 (M 1:100)

1 Hochschrank
2 unterfahrbare Arbeitsplatte
3 Schmutzwäschebehälter
4 Wasch-Spül-Becken
5 Bodenablauf
6 Waschmaschine
7 Wäschetrockner

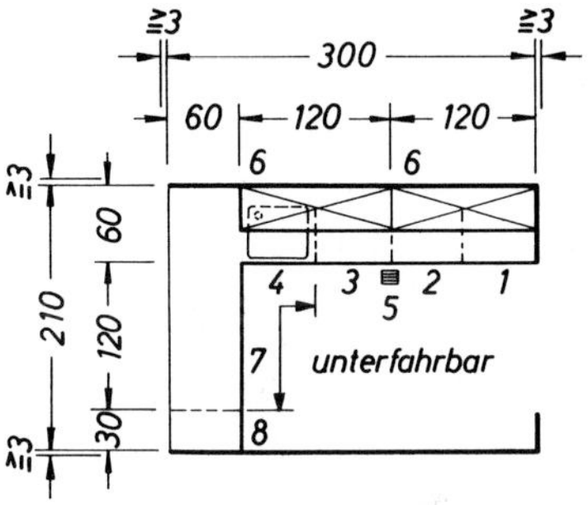

45.2 Hausarbeitsraum für Rollstuhlbenutzer (M 1:100)

1 Schmutzwäschebehälter
2 Waschmaschine
3 Wäschetrockner
4 unterfahrbares Wasch-Spül-Becken
5 Bodenablauf
6 Oberschränke (statt Hochschrank)
7 unterfahrbare Arbeitsplatte
8 Unterschrank

Einrichtungen. Für die Abmessungen, Stellflächen und Abstände von Einrichtungsteilen gelten die Angaben für Hausarbeitsräume sinngemäß auch für Behinderte (s. Abschn. 1.2.3).

Jedoch ist die einheitlich durchlaufende Höhe der Arbeits- und Abstellplatten mit 85 cm anzunehmen.

Das Wasch-Spül-Becken und die große Arbeitsplatte sollten mit einer lichten Höhe von ≧ 69 cm unterfahrbar sein. Als Mindestabstand für die Bewegungsflächen zwischen den Einbauten ist die Breite mit ≧ 150 cm einzuhalten.

Unter Beachtung der festgelegten Mindeststellfläche für einen Hochschrank (Taf. **37**.2) sollte dieser Schrank- und Stauraum für Rollstuhlbenutzer arbeitsgünstiger untergebracht werden.

Der geforderte Hochschrank sollte durch leicht zu öffnende Oberschränke im Greifbereich des Behinderten über dem Waschzentrum eingeplant werden (**45**.2). Hier sind Wasch-, Reinigungs- und Pflegemittel, sowie Kleingeräte und Hilfsmittel besser unterzubringen (s. Abschnitt 1.2.3).

Für die Möblierung des Hausarbeitsraumes kann für den Behinderten die Höhenverstellbarkeit einzelner Möbelteile in begrenztem Umfang notwendig werden (s. auch Abschnitt 1.1.6.3).

Geräte. Die Ausstattung des Hausarbeitsraumes für Behinderte mit Groß- und Kleingeraten stimmt weitgehend mit der des normalen Hausarbeitsraumes überein (s. Abschnitt 1.2.4).

Das Wasch-Spül-Becken sollte mit maximal 4 cm nahe an der Vorderkante eingebaut sein (**26**.4 und **45**.2). Die Beckentiefe ist auf ca. 15 cm zu begrenzen, die Unterseite zu isolieren. Die ausführlichen Empfehlungen im Abschnitt 1.1.6.4 für Küchenspülen gelten auch hier.

Die vorhandene Fläche über der Arbeitsplatte sollte für Rollstuhlfahrer im hinteren Bereich mit 10 bis 15 cm Tiefe für die sichtbare Unterbringung von Kleingeräten oder Hilfsmitteln etwa im Bügel-Nähbereich genutzt werden (**46**.1), soweit die Wandfläche dies zuläßt (s. auch Abschnitt 1.1.6.4).

Im Hausarbeitsraum für Blinde und wesentlich Sehbehinderte muß die Waschmaschine fest installiert und eine Fußbodenentwässerung vorgesehen werden.

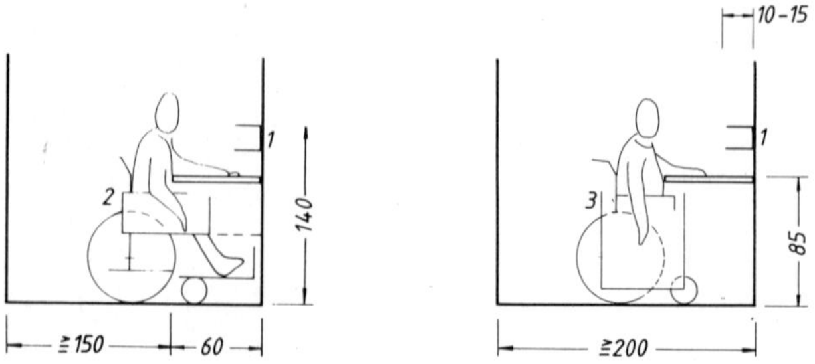

46.1 Geräteunterbringung für Rollstuhlbenutzer
1 Kleingeräte
2 Schubladen
3 Rollwagen

Installationen. Die notwendigen Installationen für normale Hausarbeitsräume sind in Abschnitt 1.2.5 ausführlich behandelt.

Im Hausarbeitsraum für Behinderte sind jedoch einige weitergehende Maßnahmen zur Elektro-, Heizungs- und Warmwasserinstallation zu beachten.

Die Angaben der Elektroinstallation zu Behinderten-Küchen gelten sinngemäß auch für den Hausarbeitsraum (s. Abschnitt 1.1.6.5).

Steckdosen, Stecker und Schalter sind so anzuordnen, daß sie im Greifbereich des Rollstuhlbenutzers liegen.

Die Montagehöhen für Schalter sollten bei ca. 85 cm über OKFF liegen.

Für die Heizungsinstallation von Hausarbeitsräumen sind die gleichen Maßnahmen wie bei Behinderten-Küchen durchzuführen.

Als Raumtemperatur wird nach DIN 4701 T. 2 20 °C empfohlen. Heißwasserrohre sind zu verkleiden.

Bei der Warmwasserinstallation ist am Wasch-Spül-Becken die Warmwasserzapfstelle mit einem Temperaturbegrenzer auszustatten.

1.3 WC und Waschraum

1.3.1 Allgemeines

WC-Raum. Das WC ist ein selbständiger Raum, in dem Einrichtungen zur Körper- und Gesundheitspflege untergebracht sind.

Hierzu dienen Spülklosett, Handwaschbecken oder Waschtisch, auch Duschwanne.

Der Raum muß abschließbar sein und einen eigenen Zugang von Flur oder Diele haben.

DIN 18022 empfiehlt ausdrücklich, das WC vom Bad getrennt zu planen.

In mehrgeschossigen Wohnungen oder Einfamilienhäusern sollte ein WC in der Nähe des Einganges dem Tagesbereich (**547**.1), ein zweites WC neben dem Bad dem Schlafbereich zugeordnet werden.

Waschraum. Wichtiger als ein zweites WC in der Wohnung ist es, den Raum des Tages-WCs so groß zu bemessen, daß ein zusätzlicher Waschplatz für ein weiteres Familienmitglied entsteht.

Hierzu ist in den meisten Fällen nur wenig Mehrfläche erforderlich (**47**.1).

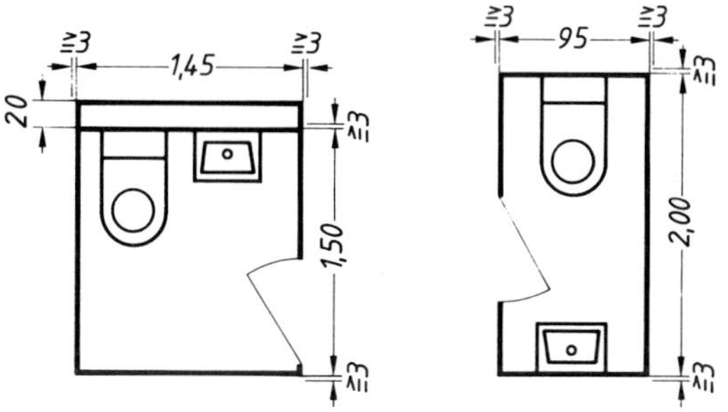

47.1 WC-Räume mit Handwaschbecken; Mindestgrößen nach DIN 18022 (M 1:65)

Darüber hinaus ist die Erweiterung des WC-Raumes durch die Einrichtung mit einer Duschwanne erwünscht (**47**.2). Damit ist der Übergang vom WC- und Waschraum mit Dusche zum Baderaum (s. Abschnitt 1.4) fließend.

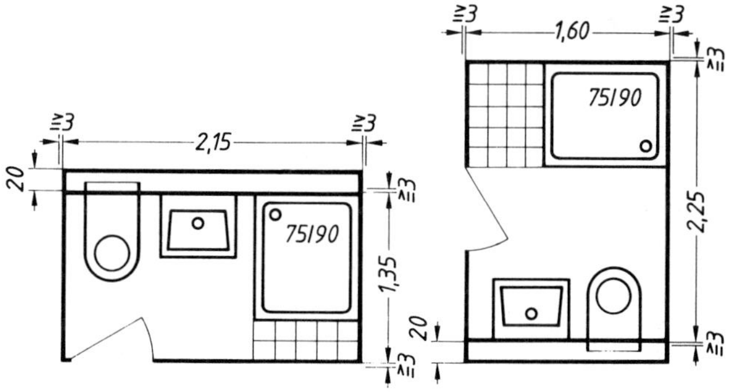

47.2 WC und Waschräume; Mindestgrößen nach DIN 18022 (M 1:65)

Einrichtungen. Für WCs werden als Mindestausstattung Spülklosett und Handwaschbecken erforderlich (Taf. **48**.1).

Spülklosetts haben je nach Fabrikat 60 bis 80 cm Tiefe. Die bekanntesten Beckentypen sind Flachspül-, Tiefspül- und Absaugeklosett, in freistehender oder wandhängender Ausführung (s. Abschnitt 3.4.2). Als Spülsysteme kommen Druckspüler und wandhängende oder eingebaute Spülkästen in Frage (s. Abschnitt 3.4.4).

Tafel **48**.1 WC, Stellflächen der Einrichtungsteile (nach DIN 18022 Tab. 2)

Einrichtungen	Abmessungen in cm	
	b	t
Klosettbecken mit Spülkasten oder Druckspüler vor der Wand	40	75
Klosettbecken mit Spülkasten oder Druckspüler für Wandeinbau	40	60
Handwaschbecken	≧ 45	≧ 35

Aus hygienischen Gründen sollte nur noch das Tiefspül- oder das Absaugeklosett verwendet werden. Tiefhängende oder eingebaute Spülkästen sind wegen der geringen Geräuschentwicklung anderen Spüleinrichtungen vorzuziehen.

Das Handwaschbecken mit Kaltwasseranschluß, als Mindestausstattung, gehört aus hygienischen Gründen in das WC und nicht in einen Vorraum (**47**.1 und 2).

Weitere Stellflächenabmessungen von zusätzlichen Einrichtungen für das zum Waschraum erweiterte WC, wie Waschtisch und Duschwanne, können Tafel **51**.2 entnommen werden.

Einzelheiten über Handwaschbecken, Waschtische und Waschtischzubehör siehe Abschnitt 3.4.6.

Abstände. Die Raumgrößen ergeben sich aus den Stellflächen der Einrichtungen (Taf. **48**.1) und den erforderlichen Abständen (Taf. **54**.1).

Die Abstands-Mindestmaße in WCs sind mit ≧ 75 cm, vor evtl. Waschgeräten jedoch mit ≧ 90 cm einzuhalten. Zwischen Einrichtungen und anliegenden Wänden werden ≧ 3 cm, zwischen Stellflächen und Türen ≧ 10 cm Abstände vorgeschrieben.

Für Vorwandinstallationen ist bei horizontaler Leitungsführung 20 cm, bei vertikaler Leitungsführung 25 cm zusätzlicher Platzbedarf zu berücksichtigen (**47**.1 und 2).

Installationen. Eine Zusammenfassung der Rohrinstallationen wird empfohlen. Eine Trennung ist gerechtfertigt, wenn dadurch Grundrißvorteile erreicht werden.

Einzelheiten über Trinkwasser- und Warmwasserversorgung siehe Abschnitte 2.5, 12.2 und 12.3.

Innenliegende Toilettenräume ohne Außenfenster sind mit einer Lüftung nach DIN 18017 T. 1 und 3 (s. Abschnitte 11.3.1 und 11.3.2) gestattet. Eine Verstärkung der Lüftung durch Motorkraft wird empfohlen.

DIN 4701 T. 2 fordert für das WC eine Innentemperatur von + 20°C (Taf. **532**.2). Auf eine unmittelbare Beheizung kann nur beim innenliegenden WC verzichtet werden.

Eine helle Allgemeinbeleuchtung durch Tageslicht oder künstliches Licht wird gefordert. Blendung und Körperschatten sind zu vermeiden.

Als elektrische Mindestausstattung nach DIN 18015 T. 2 wird eine Steckdose für WC-Räume mit Waschtischen, ein Auslaß für eine Beleuchtung und ein Auslaß für Lüfter mit Nachlauf bei fensterlosem WC vorgeschrieben.

In WC-Räumen mit Dusche sind die Schutzbereiche nach DIN VDE 0100 T. 701 zu beachten.

Das WC oder der Waschraum muß einen wasserunempfindlichen Fußboden (**271**.1) und sollte eine wasserabweisende Wandverkleidung erhalten.

1.3.2 Maßnahmen für Behinderte

Die Normen, Richtlinien und Gesetze unterscheiden Schwerbehinderte, das sind Rollstuhlbenutzer, Blinde und wesentlich Sehbehinderte, sowie Behinderte und alte Menschen.

Der WC-Raum hat für die Behinderten-Wohnung nur eine untergeordnete Bedeutung, da in den meisten Fällen das Bad alle Einrichtungen der Körper- und Gesundheitspflege für den Behinderten aufnehmen muß (s. Abschnitt 1.4.2).

Jeder WC-Raum ist mindestens mit einem Spülklosett und einem Handwaschbecken auszustatten (s. Abschnitt 1.3.1).

Die selbständige Benutzung des WC muß für den Behinderten möglich sein. Größere Raumabmessungen als bei normalen WCs sind hierzu notwendig. Die funktionsgerechte Ausstattung mit geeigneten Objekten und Hilfsmitteln ist außerdem vorzusehen (**49**.1).

Für Blinde und wesentlich Sehbehinderte sind die in der DIN 18022 festgelegten Forderungen für WC-Räume weitgehend ausreichend.

Jedoch wird die zusätzliche Einrichtung mit einem Urinalbecken (**233**.1 und 2) empfohlen.

In Wohnungen, die für mehr als 3 Personen bestimmt sind, ist ein zusätzlicher Waschtisch erforderlich. Er kann anstelle des im WC geforderten Handwaschbeckens installiert werden.

Für Rollstuhlbenutzer sind im WC nach DIN 18025 T. 1 und 2 weitergehende Maßnahmen vorzusehen.

Die Durchgangsbreite der Tür muß mindestens 90 cm betragen. Sie muß nach außen zu öffnen sein. Auf der Bandseite des Türblattes ist ein Griff anzubringen, mit dem der Rollstuhlfahrer die Tür zuziehen kann (**49**.1).

Der flache und unterfahrbare Waschtisch ist mit einem Unterputz- oder Flachaufputzsiphon zu installieren und muß für die Belange des Behinderten in die ihm entsprechende Höhe montiert werden können.

Die Sitzhöhe des Klosettbeckens muß einschließlich Sitz 48 cm betragen (**231**.2). Im Bedarfsfall ist eine Höhenanpassung vorzunehmen.

Das WC muß eine mechanische Lüftung nach DIN 18017 T. 3 erhalten. Außerdem ist die Installation einer Notrufanlage im Raum notwendig.

Die Abstands- und Bewegungsflächen, die besondere Anordung von Spülklosett (**49**.2), Waschtisch oder Handwaschbecken sowie die besonderen Installationen sind nach DIN 18022 und 18025 T. 1 und 2 einzuplanen.

Einzelheiten sind hierzu in Abschnitt 1.4.2 ausführlich beschrieben.

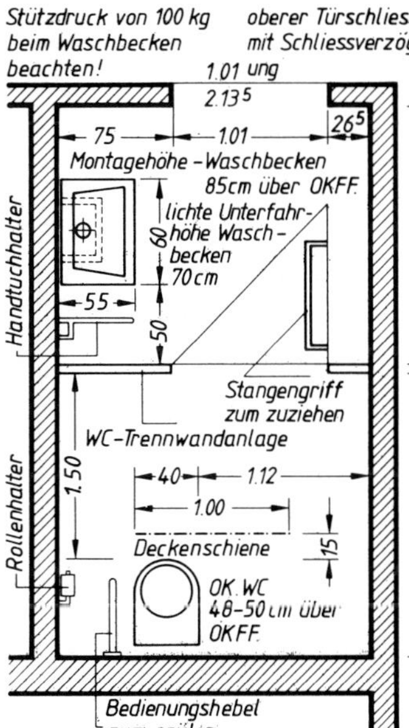

49.1 Behinderten-WC

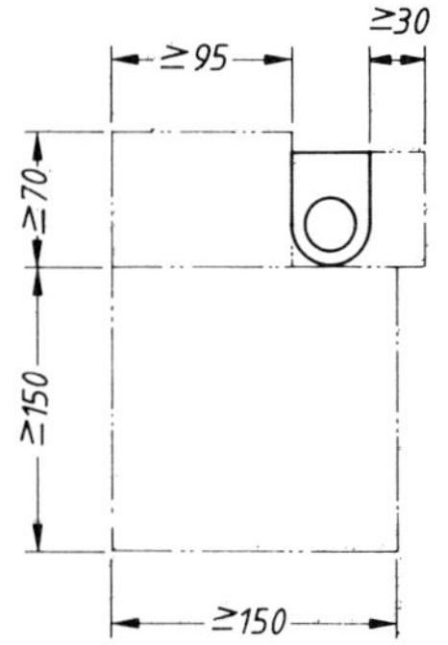

49.2 Bewegungsfläche vor und neben dem Klosettbecken (DIN 18025 T. 1)

1.4 Bad und Duschraum

1.4.1 Allgemeines

Die Größe des Bades hängt von der Anzahl der Personen einer Wohnung oder eines Einfamilienhauses sowie von den dafür vorgesehenen Einrichtungen ab. Die Entwicklung der letzten Jahre geht eindeutig hin zum größeren Familienbad.

Mit durchschnittlich 8 bis 12 qm und mehr Grundfläche liegen die heutigen Baderaumgrößen wesentlich über den früheren Mindestgrößen von 4 bis 5 qm.

In der Bundesrepublik gelten derzeit über zehn Millionen Bäder als renovierungsbedürftig.

Das Badezimmer wird außerdem immer mehr als Raum dem persönlichen Wohnbereich zugeordnet.

Baderaum. Das Bad ist ein selbständiger Raum, in dem Einrichtungen zur Körper- und Gesundheitspflege untergebracht sind.

Heute wird unter Körperpflege nicht nur Reinigung verstanden, sondern auch Wohlbefinden, Entspannung und aktive Gesundheitspflege.

Zur Körper- und Gesundheitspflege dienen Badewanne, Duschwanne und Waschtisch, auch Sitzwaschbekken und Spülklosett.

Der Raum muß abschließbar sein und einen eigenen Zugang vom Flur aus haben.

Das Bad kann jedoch auch vom Schlafzimmer zugänglich sein, wenn ein WC oder ein anderes Bad mit Spülklosett vom Flur aus erreichbar ist.

DIN 18022 empfiehlt für größere Wohnungen ausdrücklich, das Bad vom WC getrennt zu planen (**52**.1).

In größeren Wohnungen und immer in mehrgeschossigen Einfamilienhäusern sollte neben einem Tages-WC in der Nähe des Einganges ein zweites WC neben dem Bad den Schlafräumen zugeordnet werden. Dieses zweite WC kann notfalls auch im Bad untergebracht werden (**549**.1).

Darüber hinaus wird bei fehlendem Hausarbeitsraum eine Erweiterung des Bades durch eine Gesamtstellfläche für Waschgeräte von 120 × 60 cm und eine zusätzliche Stellfläche von 60 × 60 cm für einen Schmutzwäschebehälter empfohlen.

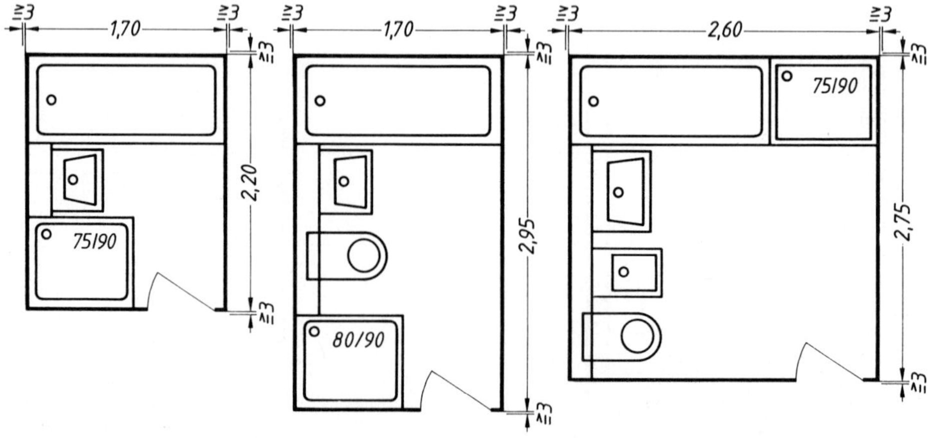

50.1 Baderäume mit Dusche; Mindestgrößen nach DIN 18022 (≈ M 1:65)

Duschraum. Bei größerem Wohnkomfort wird die Aufstellung einer Duschwanne zusätzlich zur Badewanne verlangt. Nach dem Erholungsbad in der Wanne kann anschließend ein Reinigungsbad unter der Dusche genommen werden. Hierfür zeigt Bild **50**.1 einige Beispiele.

Ist die Unterbringung einer Duschwanne im Bad nicht zu verwirklichen, sollte eine Stellfläche im WC- und Waschraum (s. Abschnitt 1.3) möglich sein (**47**.2).

Einrichtungen. Die nach DIN 18022 erforderlichen Einrichtungen mit ihren Abmessungen und Stellflächen sind aus Tafel **51**.2 ersichtlich.

Für Bäder sollten als Mindestausstattung Badewanne, Waschtisch und Spülklosett vorgesehen werden (**51**.1).

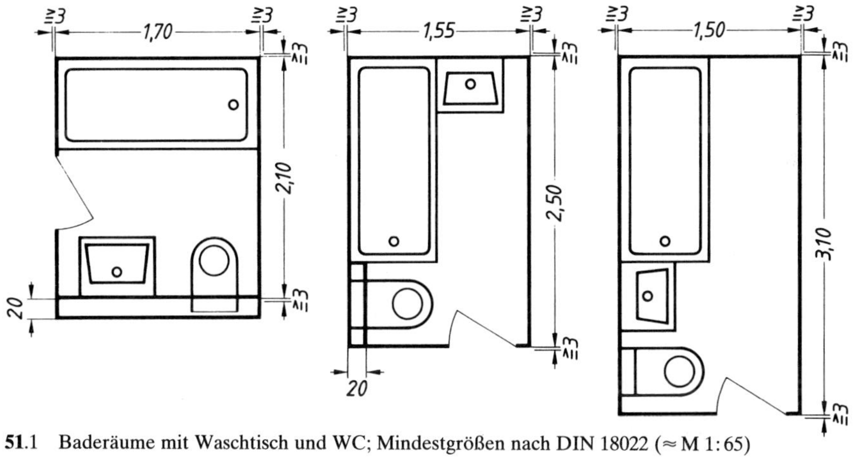

51.1 Baderäume mit Waschtisch und WC; Mindestgrößen nach DIN 18022 (≈ M 1:65)

Tafel **51**.2 Bad, Stellflächen der Einrichtungsteile (nach DIN 18022 Tab. 2)

Einrichtungen	Abmessungen in cm b	Abmessungen in cm t
Badewanne	≧ 170	≧ 75
Duschwanne	≧ 80	≧ 80
Duschwanne (z. B. in Verbindung mit Badewanne)	≧ 90	75
Einzelwaschtisch	≧ 60	≧ 55
Einbauwaschtisch mit Becken und Unterschrank	≧ 70	≧ 60
Sitzwaschbecken	40	60
Klosettbecken mit Spülkasten oder Druckspüler vor der Wand	40	75
Klosettbecken mit Spülkasten oder Druckspüler für Wandeinbau	40	60
Urinalbecken	40	40
Badmöbel, Hochschrank	≧ 30	≧ 40

Badewanne. Sie gehört zur Grundausstattung eines Bades.

Die Aufstellung der Badewanne direkt unter dem Fenster, die zwar oft eine besonders günstige Raumaufteilung ermöglicht, ist nur dann unbedenklich, wenn das Fenster eine entsprechend hohe Brüstung erhält und besonders zugdicht ausgeführt wird. Es ist planerisch oft sinnvoller, auf ein Fenster ganz zu verzichten.

Vorrangig werden zwei- oder dreiseitig gegen das Rohbaumauerwerk anschließende Einbaubadewannen gewählt (**50**.1 und **51**.1 sowie **52**.1 und 2).

Duschwanne. Bei größeren Haushalten oder gehobenen Ansprüchen empfiehlt es sich, neben der Badewanne eine zusätzliche Duschwanne vorzusehen.

Die Unterbringung einer Duschwanne außerhalb des Bades in einem zweiten Sanitärraum ist immer zu überlegen (**47**.2 und **52**.1).

Vorrangig werden zweiseitig gelegentlich auch dreiseitig gegen das Rohbaumauerwerk anschließende Einbauduschwannen gewählt (**47**.2, **50**.1 und **52**.1).

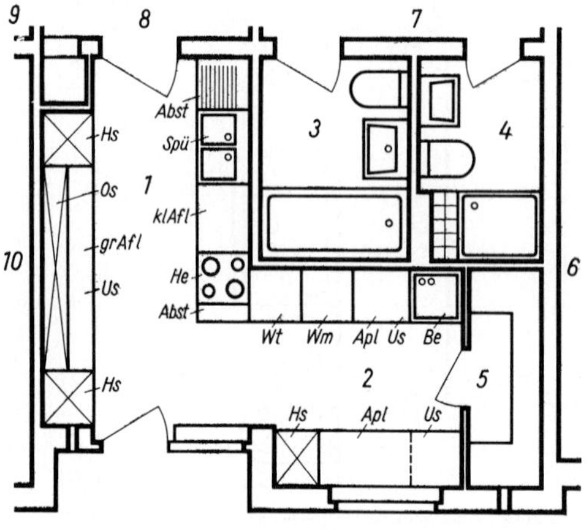

52.1 Zuordnung von Hausarbeits- und Sanitärräumen (M 1:100) (Erläuterungen s. Bilder **3**.1 und **34**.1)
1 Küche
2 Hausarbeitsraum
3 Bad
4 WC und Waschraum
5 Abstellraum
6 Treppenhaus
7 Eingangsflur
8 Eßdiele
9 Wohnzimmer
10 Schlafzimmer

Waschtisch. Er muß nach DIN 18022 ≧ 60 cm breit und ≧ 55 cm tief sein. Die in der Praxis verwendeten Standardmaße für Einzelwaschtische sind größer.

In sehr kleinen Baderäumen darf der Abstand zwischen Waschtisch und Bade- oder Duschwanne bis auf 0 verringert werden (**52**.2).

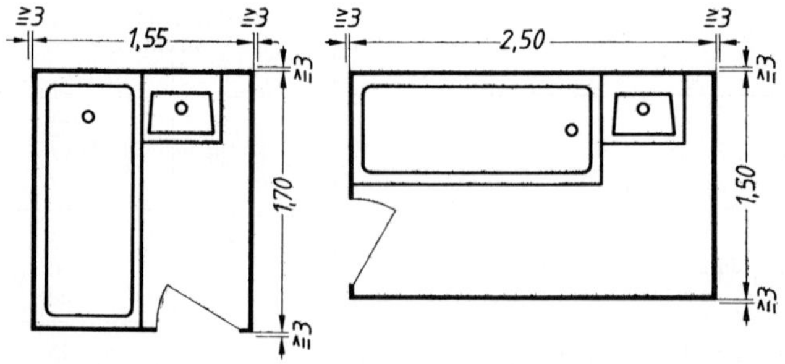

52.2 Baderäume mit Waschtisch; Mindestgrößen nach DIN 18022 (M 1:65)

Die Forderung nach einem Waschtisch mit Mundspülbecken (**246**.1) oder nach Anordnung eines zweiten Waschtisches kann noch dazukommen und erfordert entsprechend vergrößerte Raummaße.

Spülklosett. Im Bad ist in kleineren und mittleren Wohnungen ein Flachspül-WC noch die Regel, aber aus hygienischen Gründen unerwünscht. Es ist nur dort vertretbar, wo außerdem in der Wohnung ein weiteres Tages-WC vorhanden ist (**358**.1).

Es sollte nur ein Tiefspül- oder Absaugeklosettbecken gewählt werden, das einen Sitz mit Deckel aufweist.

Sitzwaschbecken. Das Bidet ist in Deutschland gegenüber anderen Ländern immer noch selten anzutreffen. Bei uns wird es erst in größeren und besser ausgestatteten Baderäumen mit vorgesehen (**50**.1).

Standmodelle und wandhängende Sitzwaschbecken (**249**.1 und 2) benötigen dieselbe Stellflächengröße wie Klosettbecken für Wandeinbau.

Weitere Einzelheiten über Badewannen, Duschwannen, Waschtische, Sitzwaschbecken, Spülklosetts und Ausstattungszubehör siehe Abschnitt 3.4.

Abstände. Die Abstands-Mindestmaße in Bädern sind mit ≧ 75 cm, vor Waschgeräten jedoch mit ≧ 90 cm einzuhalten. Zwischen Einrichtungen und anliegenden Wänden werden ≧ 3 cm, zwischen Stellflächen und Türen ≧ 10 cm Abstände vorgeschrieben.

Die Bewegungsfläche vor der Badewanne muß mit mindestens 90 cm Breite planerisch gesichert sein.

Für Vorwandinstallationen ist bei horizontaler Leitungsführung 20 cm, bei vertikaler Leitungsführung 25 cm zusätzlicher Platzbedarf zu berücksichtigen (**50**.1 und **51**.1).

Im übrigen sind die in Tafel **54**.1 angegebenen Abstände erforderlich.

Installationen. Eine Zusammenfassung der Rohrinstallationen wird empfohlen. Eine Trennung ist gerechtfertigt, wenn dadurch Grundrißvorteile erreicht werden.

Einzelheiten über Trinkwasser- und Warmwasserversorgung siehe Abschnitte 2.5, 12.2 und 12.3.

Innenliegende Bäder ohne Außenfenster sind mit einer Lüftung nach DIN 18017 T. 1 und 3 (siehe Abschnitte 11.3.1 und 11.3.2) gestattet. Eine Verstärkung der Lüftung durch Motorkraft wird empfohlen.

Nach DIN 4701 T. 2 muß die Heizung in Bädern eine Raumtemperatur von + 24 °C erreichen (Taf. **532**.2). Für Duschbäder sollte dieser Wert auf 26 °C erhöht werden.

Als elektrische Beleuchtung genügen in einem kleinen Bad zwei Spiegelleuchten beiderseits des Waschtisches (**358**.1, **365**.1 und **381**.1). Bei größeren Bädern sollte eine zusätzliche Allgemeinbeleuchtung im Fensterbereich des Raumes angeordnet werden.

Die Schutzkontaktsteckdose für elektrische Kleingeräte ist in ca. 130 cm Höhe in der Regel rechts neben dem Waschtisch anzubringen. Hierbei ist der nach DIN VDE 0100 T. 701 geforderte Schutzbereich zu beachten (**365**.1).

Weitere Einzelheiten zur Elektroinstallation im Bad siehe Abschnitte 6.1.3 und 6.1.5.

Der Bade- und Duschraum muß einen wasserunempfindlichen Fußboden (**271**.1) und sollte eine ca. 2 m hohe wasserabweisende Wandverkleidung erhalten.

Möblierung. Badmöbel nach DIN 68935 sind unter Sanitärausstattungen im Abschnitt 3.4.11 behandelt.

1.4.2 Maßnahmen für Behinderte

Die Normen, Richtlinien und Gesetze unterscheiden Schwerbehinderte, das sind Rollstuhlbenutzer, Blinde und wesentlich Sehbehinderte, sowie Behinderte und alte Menschen.

Das Bad hat für die Behinderten-Wohnung eine besondere Bedeutung, da der Raum in den meisten Fällen alle Einrichtungen zur Körper- und Gesundheitspflege aufnehmen muß. Dieser Raum soll geeignet sein, die persönliche Intimsphäre zu wahren und die Selbständigkeit des behinderten Menschen zu erhalten.

Tafel **54**.1 Seitliche Abstände von Stellflächen in Bädern und WCs (nach DIN 18022 Tab. 3)

	Wasch-tische	Einbau-wasch-tische	Hand-wasch-becken	Sitz-wasch-becken	Dusch- und Bade-wannen	Klosett- und Urinal-becken	Wäsche-pflege-geräte	Badmöbel	Wände, Duschab-trennun-gen
Waschtische	20	–	–	25	0–20	20	20	5	20
Einbauwaschtische	–	0	–	25	0–15	20	15	0	0
Handwaschbecken	–	–	–	25	20	20	20	20	20
Sitzwaschbecken	25	25	25	–	25	25	25	25	25
Dusch- und Badewannen	0–20	0–15	20	25	0[1])	20	0	0	0
Klosett- und Urinalbecken	20	20	20	25	20	20[2])	20	20	20[3])
Wäschepflegegeräte	20	15	20	25	0	20	0	0	3
Badmöbel	5	0	20	25	0	20	0	0	3
Wände, Duschabtrennungen	20	0	20	25	0	20[3])	3	3	–

[1]) Bei Anordnung der Versorgungsarmaturen in der Trennwand zwischen den Wannen sind 15 cm erforderlich.
[2]) Abstand zwischen Klosett- und Urinalbecken.
[3]) Bei Wänden auf beiden Seiten sind 25 cm erforderlich.

Zu den Sanitärräumen zählen Bad und WC (s. Abschnitt 1.3.2). Die Funktionen und Objekte beider Räume können aber auch in einem Sanitärraum vereinigt sein.

Nachfolgend behandelte Maßnahmen für Behinderten-Bäder gelten im wesentlichen den Rollstuhlbenutzern.

1.4.2.1 Planungsgrundlagen

Wohnungen für Rollstuhlfahrer. Nachfolgende vier Wohnungstypen können bei der Planung getrennt betrachtet werden.

Sanitärräume in Wohnungen für 1 Person. In dieser Wohnung ist ein Sanitärraum ausreichend. Er muß alle Funktionen von Bade- und WC-Raum aufnehmen.

Als Mindestausstattung ist ein Duschplatz mit Bodeneinlauf, Waschtisch und Spülklosett erforderlich (**55**.1).

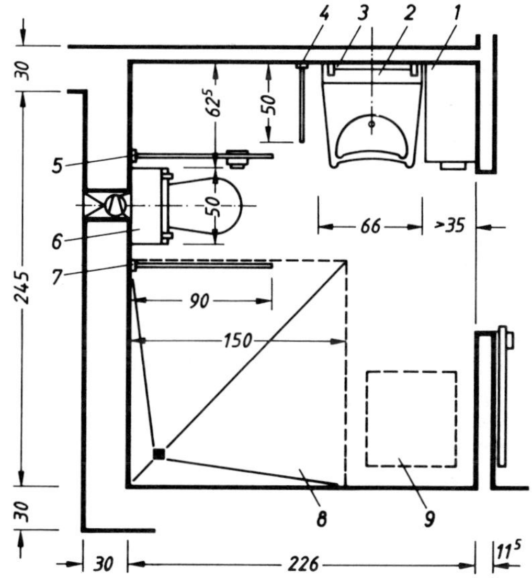

55.1 Bad mit Duschplatz, Waschtisch und WC für Rollstuhlbenutzer; Mindestausstattung (M 1:50)

1 Behinderten-Toilettenschrank
2 Waschtisch, höhenverstellbar
3 Kippspiegel
4 Handtuchhalter
5 Feste Stützhilfe mit eingebautem Toilettenpapierhalter
6 WC, Clos-o-mat
7 Haltegriff, klappbar
8 Duschplatz, mit Duschrollstuhl befahrbar
9 Stellfläche für Waschmaschine

Der Raum muß unmittelbar vom Schlafraum aus zugänglich sein. Ein zweiter Zugang vom Flur wird empfohlen.

Sanitärräume in Wohnungen für 2 Personen. In dieser Wohnung genügt ebenfalls ein Sanitärraum, jedoch ist hier grundsätzlich ein zweiter Zugang vom Flur erwünscht.

Empfohlen wird außerdem die Aufteilung des Sanitärraumes in Bad und WC, wie beim nachfolgend beschriebenen Wohnungstyp.

Sanitärräume in Wohnungen für 3 Personen. Für diese Wohnung wird neben einem für den Rollstuhlbenutzer vorbehaltenen Sanitärraum ein weiteres WC empfohlen.

Der unmittelbar von seinem Schlafraum zugängliche Sanitärraum des Behinderten muß alle Funktionen eines Bade- und WC-Raumes mit der Mindestausstattung des oben beschriebenen Wohnungstyps für 1 Person erhalten (**55**.1). Der getrennte WC-Raum ist nach DIN 18022 als üblicher Sanitärraum anzuordnen (s. Abschnitt 1.3.1).

Sanitärräume in Wohnungen mit mehr als 3 Personen. In dieser Wohnung sind zwei vollständige Bäder anzuordnen.

Das Behinderten-Bad ist mit Duschplatz und Bodeneinlauf, Waschtisch und Spülklosett vorzusehen (**55**.1). Auch dieser Sanitärraum ist dem Schlafraum des Behinderten direkt zuzuordnen.

Das zweite Bad ist nach DIN 18022 normal auszustatten (s. Abschnitt 1.4.1).

Ist in Wohnungen für Rollstuhlbenutzer ein Hausarbeitsraum (s. Abschnitt 1.2.6) nicht vorhanden, muß im Sanitärraum des Behinderten eine Stellfläche von ≧ 60 cm Breite und 60 cm Tiefe für eine Waschmaschine vorgesehen werden.

Wohnungen für Blinde und Sehbehinderte. Für sie werden zwei getrennte Sanitärräume, Bad und WC, empfohlen.

In Wohnungen für mehr als 3 Personen ist diese Trennung immer erforderlich.

Das Bad für diese Behindertengruppe ist mindestens mit Einbaubadewanne, Waschtisch und Spülklosett auszustatten (Taf. **51**.2).

Die Ausstattung mit einem Spülklosett wird auch dann verlangt, wenn ein vom Bad getrenntes WC (s. Abschnitt 1.3.1) vorhanden ist.

Darüber hinaus wird die Ausstattung mit einem Sitzwaschbecken empfohlen.

Eine Fußbodenentwässerung (s. Abschnitt 3.3.6.2) ist im Bad für Blinde und Sehbehinderte immer erforderlich.

Ist in diesen Wohnungen ein Hausarbeitsraum (s. Abschnitt 1.2.6) nicht vorhanden, muß im Bad eine Stellfläche von ≧ 60 cm Breite und 60 cm Tiefe für eine Waschmaschine vorgesehen werden.

Zusätzlich wird empfohlen, eine Stellfläche für einen Wäschetrockner mit einer Vorrichtung für Abluft mit einzuplanen (s. Abschnitt 1.2.4).

Abstände. Bei der Bemessung von Sanitärräumen in Behinderten-Wohnungen sind in allen Fällen zunächst die Abstandsregeln der DIN 18022 (Taf. **54**.1) anzuwenden.

Flächenbedarf. Die Baderaumgröße ergibt sich aus den einzelnen Objekten und den zugeordneten Stell- und Bewegungsflächen. Rollstuhlfahrer haben einen größeren Wohnflächenbedarf für Wende- und Fahrmanöver. Außerdem muß ihnen ein Umsteigen in oder auf ein Sanitärobjekt möglich sein. Durch geschickte Anordnung einzelner Bewegungsflächen lassen sich häufig Flächenersparnisse erzielen (**56**.1).

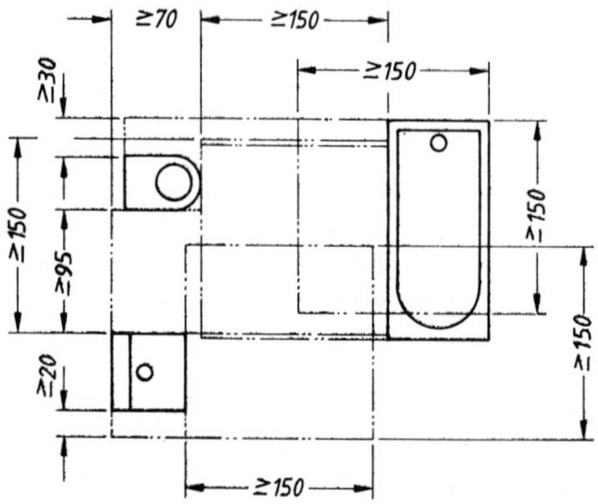

56.1 Beispiel der Überlagerung der Bewegungsflächen im Sanitärraum (nach DIN 18025 T. 1)

Für Rollstuhlbenutzer sind im Bad nachfolgende Bewegungsflächen und Forderungen zu berücksichtigen.

Die Tiefe der Bewegungsfläche darf in Baderäumen aller Wohnungstypen 150 cm nicht unterschreiten.

Vor dem rollstuhlbefahrbaren Duschplatz braucht eine Bewegungsfläche nicht besonders nachgewiesen zu werden, da sie sich in ausreichender Größe durch die erforderlichen Bewegungsflächen vor anderen Ausstattungsteilen ergibt.

Das nachträgliche Aufstellen einer Badewanne im Bereich des Duschplatzes muß möglich sein (**57**.1).

Alle Türen müssen eine Mindestdurchgangsbreite von 90 cm haben (**26**.2). Türschwellen oder unterschiedliche Bodenhöhen sind bis 2 cm zulässig. Die Tür darf nicht in den Sanitärraum schlagen. Sie muß außerdem abschließbar und notfalls von außen zu entriegeln sein.

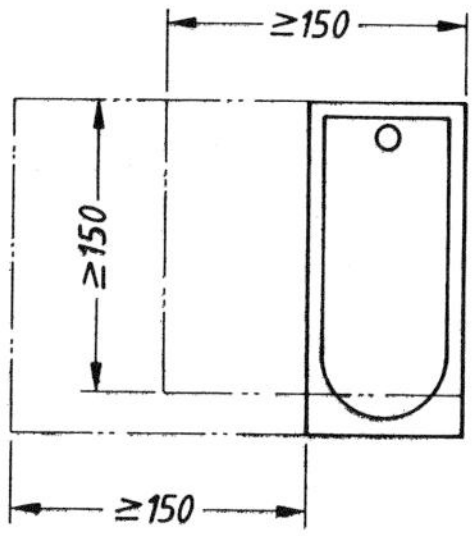

57.1 Bewegungsfläche Duschplatz oder Badewanne (nach DIN 18025 T. 1)

1.4.2.2 Sanitäre Ausstattungen

Die Funktionstüchtigkeit eines Behinderten-Bades wird von der Art und Gestaltung seiner Objekte und Armaturen und deren Anordnung bestimmt. Das in der Regel nur von einer Person benutzte Bad muß in allen Einzelteilen die Bedürfnisse und individuellen Bewegungsabläufe des Behinderten berücksichtigen.

Der Rollstuhlfahrer soll im Bad umsteigen können, vom Zimmerrollstuhl auf einen Duschschemel, evtl. in die Badewanne oder auf das Spülklosett (**61**.1). Oft benötigt er hierzu auch mechanische Hebevorrichtungen.

Dusche. Die selbständige Körperpflege ist für den Rollstuhlbenutzer unter einer für ihn geeigneten Dusche leichter als in einer Badewanne.

In DIN 18025 T. 1 wird für diese Behinderten ein mindestens 150 × 150 cm großer Duschplatz mit Fußbodeneinlauf gefordert. Duschplatz und WC sind möglichst nebeneinander anzuordnen (**57**.2).

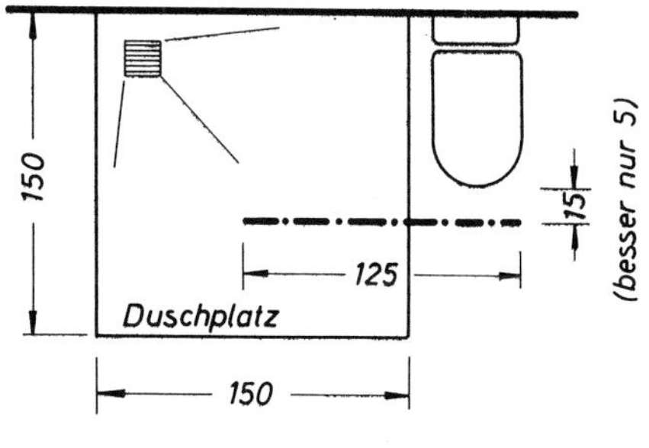

57.2 Lage einer Deckenschiene im Duschbereich (M 1:50)

Die benachbarte Lage zum WC-Becken bietet die Möglichkeit, diese Fläche zum Umsteigen vom Rollstuhl zum WC oder Duschplatz zu nutzen.

Für die Ausführung eines zweckmäßigen Duschplatzes gelten nachfolgend beschriebene Voraussetzungen.

Der Duschplatz muß mit dem Rollstuhl befahrbar und schwellenlos sein (**58**.1). Daher sind Duschwannen ungeeignet. Der Bodenbelag muß auch im nassen Zustand rutschfest sein.

Der Duschplatz sollte zweiseitig offen bleiben. Auf eine Abtrennung durch Vorhänge kann verzichtet werden.

Halte- und Stützvorrichtungen. Individuell angepaßte Halterungen sind vorzusehen. Sie sind stabil zu verankern.

Haltegriffe sind zur Sicherheit und als Umsteigehilfe für Rollstuhlfahrer in horizontaler und vertikaler Anordnung notwendig (**58**.1).

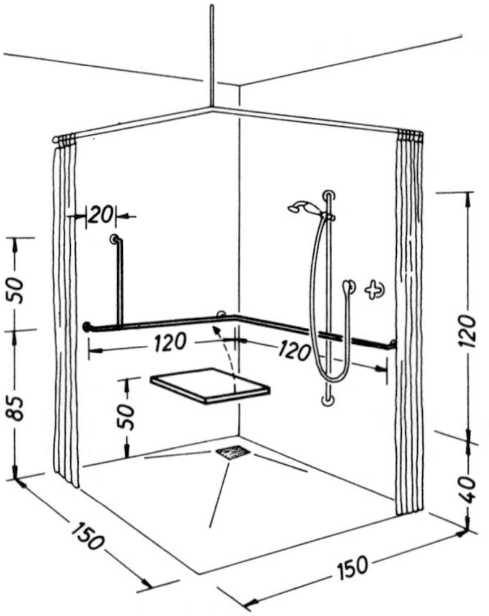

58.1 Befahrbarer Duschplatz mit Haltestangen, Klappsitz und Stangenbrause

Horizontale Haltestangen oder -griffe werden in der Höhe von 70 bis 85 cm über OKFF installiert, vertikale Haltestangen können wandhängend, raumhoch oder freistehend angeordnet werden.

Als Hilfe für das Umsteigen ist eine tragfähige Ankerschiene, zur wahlweisen Befestigung einer Strickleiter oder Halteschlaufe, in der Decke einzubauen (**57**.2 und **61**.1).

Sitzgelegenheit. Ein wegklappbarer Sitz ist wichtiger Bestandteil eines Duschplatzes. Zur Erleichterung des Umsteigens vom Rollstuhl sollte die Sitzhöhe zwischen 50 und 55 cm liegen (**58**.1).

Der fest an der Wand montierte Einzelsitz ist in seiner Sitzform so zu wählen, daß er dem Behinderten den bestmöglichen Halt gibt.

Die Duscharmatur sollte vom Sitz aus bequem erreichbar sein.

Dusch-Armaturen. Ihre Wahl ist abhängig von der Art der Behinderung. Es kommen hauptsächlich Armaturen in Frage, die mit einer Hand zu bedienen sind.

Grundsätzlich sollte nur über Thermostat örtlich oder zentral gemischtes Wasser verwendet werden. Einhebel-Mischbatterien werden in verschiedenen Ausführungen als Duscharmaturen angeboten.

Zum Duschen sollte immer eine Schlauchbrause mit einer höhenverstellbaren Halterung verwendet werden (**58**.1).

Für den Rollstuhlbenutzer liegt die mittlere Höhe der Hebelarmatur bei 105 cm, der Einstellbereich der Brausehalterung zwischen 50 und 180 cm über OKFF (**58**.1).

Auf die Beschreibung von Duschkabinen für Behinderte, die in verschiedenen Ausführungen hergestellt werden, muß hier aus Platzgründen verzichtet werden.

Badewanne. In DIN 18025 T. 1 wird die Badewanne nicht als erforderliche Ausstattung für Rollstuhlbenutzer angeführt. Das nachträgliche Aufstellen einer Badewanne im Bereich des Duschplatzes muß jedoch möglich sein.

Für den Rollstuhlfahrer birgt die Benutzung einer Badewanne erhebliche Gefahren und ist in den meisten Fällen nur mit mechanischen Hebevorrichtungen oder fremder Hilfe möglich.

Für Blinde und wesentlich Sehbehinderte wird anstelle eines Duschplatzes eine Einbaubadewanne empfohlen (**59**.1).

Waschtisch. Das Waschen von Oberkörper, Gesicht und Armen im Sitzen verlangt angepaßte Beckenformen.

Für Rollstuhlfahrer sind Waschtischgrößen von ca. 75 cm Breite und ca. 60 cm Tiefe zweckmäßig.

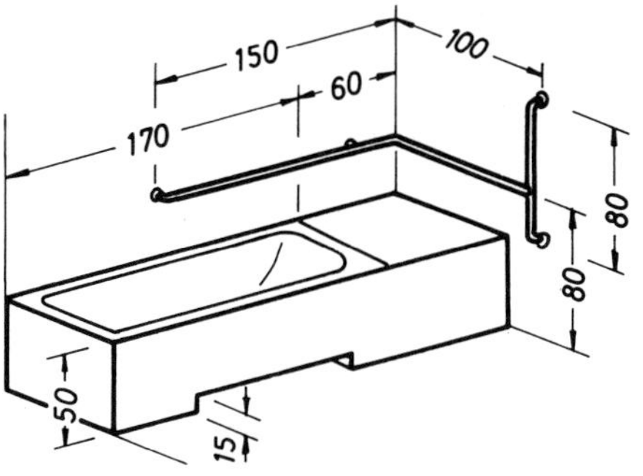

59.1 Badewanne mit Einsteigpodest und Haltestangen

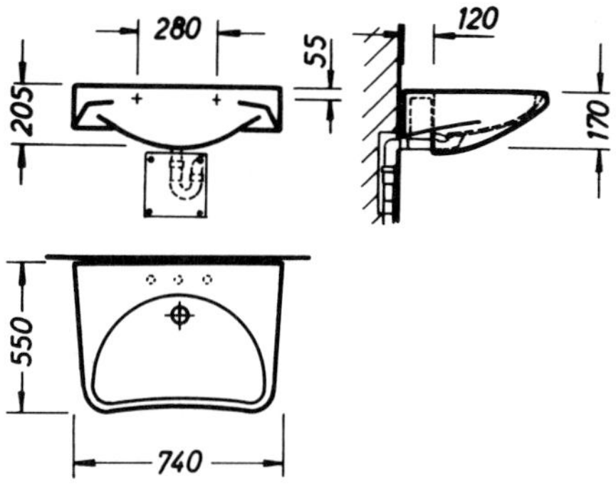

59.2 Waschtisch mit verdecktem Ablauf und Beckenrandeinbuchtung

Eine Überschneidung des Waschtisches mit einer Badewanne sollte unterbleiben.

Die Vorderwand sollte gerade sein oder besser eine leichte Einbuchtung haben (**59**.2). Durch das dichte Heranfahren mit dem Oberkörper wird der Greifbereich des Benutzers verbessert.

Der Waschtisch muß unterfahrbar sein und einen Unterputz- (**59**.2) oder Flachaufputzsiphon erhalten.

Bei einer erforderlichen lichten Abstandshöhe von ca. 70 cm über OKFF sollte die Oberkante des Waschtisches mit 85 bis 90 cm festgelegt werden (**59**.3).

Höhenverstellbare Waschtische sind im Handel.

Stützvorrichtungen. Im Waschtischbereich ist der Behinderte auf Halterungen angewiesen.

Der Waschtisch sollte einen Stützdruck von 100 kg aufnehmen können. Dies wird durch die Bauart und die Art der Wandverankerung erreicht.

Seitlich des Waschtisches muß eine in Wand oder Boden eingelassene, abgewinkelte starke Kunststoff- oder Stahlrohrstütze montiert werden (**59**.3). Oder der seitlich montierte Handtuchhalter sollte besonders massiv ausgeführt und fest installiert sein.

Die seitliche Anordnung der Stützvorrichtung berücksichtigt die jeweilige Behinderung des Benutzers.

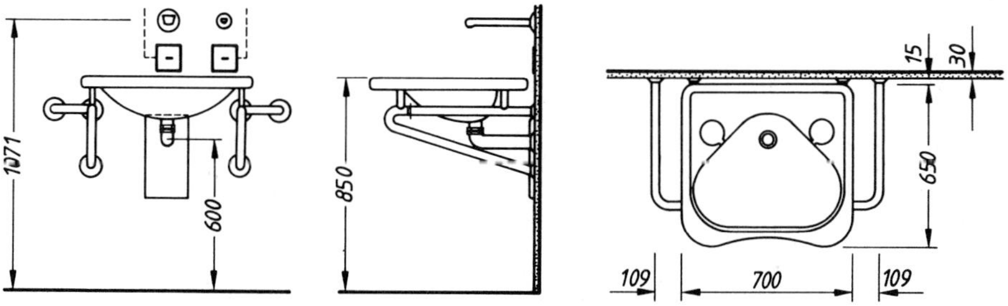

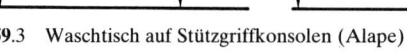

59.3 Waschtisch auf Stützgriffkonsolen (Alape)

Geruchverschluß. Der Siphon des Waschtisches muß Beinfreiheit gestatten und vor Verbrennungen schützen.

Nachfolgende Lösungen bieten sich an:
Zurückgesetzter Flaschensiphon oder Wandeinbau-Geruchverschluß (**59**.2),
am Waschtisch angeformter, zurückliegender Porzellangeruchverschluß,
Geruchverschlußverkleidung durch Ablaufhaube oder Halbsäule (**245**.2) und
Rohrabweiser vor dem Geruchverschluß des Waschtisches.

Waschtisch-Armaturen. Es kommen nur Einhebel-Mischbatterien mit Temperaturbegrenzern und schwenkbarem Auslauf in Frage, die in vielen Betätigungs-Varianten angeboten werden.

Für Behinderte lassen sich diese Armaturen noch durch weitere spezielle Anwendungsmöglichkeiten ausbauen.

Eingriff-Betätigungen durch Hand, Ellbogen, Armstumpf oder Kopf,
Wandarmaturen statt Waschtischarmatur, auch mit schwenkbarem hohen Auslauf,
Ergänzung der Waschtischarmatur durch eine Schlauchbrause mit Umschalthebel für Auslauf oder Brause
und Drucktastenarmaturen (**59**.3) mit automatischem Wassermengenregler für Ohnhänder.

Schließlich können nachfolgend angedeutete berührungslose Armaturen auch den stark Bewegungsbehinderten noch eine Hilfe sein.

Hierzu zählen Kniehebelbetätigung, Fußtastenbetätigung, Magnetfeld-Näherungselektronik, Opto-Elektronik und Ultraschallbetätigung.

Waschplatzzubehör. Die Benutzung des Behinderten-Waschtisches muß durch sinnvolles Zubehör ergänzt werden.

Zur Grundausstattung gehören Seifenschale oder -halter, Ablage, Handtuchhalter oder -haken, Spiegel, Rasiersteckdose und Beleuchtung.

Wandmontierte Seifenschalen oder Seifenmagnethalter sind im Greifbereich anzuordnen.

Ablageflächen sollten als Wandsockel hinter dem Waschtisch oder besser innerhalb der Wand als Nische geplant werden.

Als Handtuchhalter eignen sich für Behinderte auf der Wandfläche montierte haken-, bügel- oder ringförmige Halter.

Großflächige Spiegel, in einer Höhe von 95 bis 185 cm montiert, sollten individuell ausgerichtet werden. Auch sind Kippspiegel oder Spiegelschränke in Unterputzausführung zu verwenden, die mit einem Schwenkmechanismus versehen sind.

Die Waschplatzbeleuchtung muß seitlich angeordnet werden. Spiegelschränke mit oberer Beleuchtungsanordnung sind abzulehnen.

Spülklosett. Die selbständige Benutzung des WCs erfüllt dem behinderten Menschen den Wunsch, bei dieser als intim empfundenen Tätigkeit alleine und ungestört zu sein.

Eine benachbarte Lage von Duschplatz und WC ist wünschenswert. Für die Benutzung des Spülklosetts kommen zwei Möglichkeiten in Frage, die bei der Planung räumlich zu berücksichtigen sind.

Entweder fährt der Rollstuhlbenutzer vor das Becken, oder der Behinderte fährt links bzw. rechts neben das Spülklosett und steigt von dort aus um (**61**.1).

Der im letzten Fall neben dem Becken erforderliche Abstand von 80 cm wird sich in vielen Fällen mit der Fläche des Duschplatzes überschneiden (**56**.1 und **57**.2).

Für den sonstigen Flächenbedarf des WCs sind die Abmessungen der Ausstattungsteile, für die seitlichen Abstände DIN 18022 (Taf. **54**.1) maßgebend. Die Bewegungstiefe vor dem Becken beträgt nach DIN 18025 T. 1 $\geqq$ 150 cm.

Die Stellflächenbreite ist nach DIN mit 40 cm angegeben. Die Tiefe des Beckens richtet sich nach der Bauart und dem Spülsystem. Sie schwankt zwischen 60 und 75 cm (s. Abschnitt 3.4.2).

Das wandhängende Absaugeklosett mit Einbauspülkasten (**230**.1) ist für Behinderte am geeignetsten.

61.1 Umsteigehilfe und Hilfsmittel für Rollstuhlfahrer im WC-Bereich (M 1:50)

1 Stange
2 seitenverschiebbare Strickleiter
3 Kleiderhaken
4 Spülung
5 Papierhalter
6 Wandhänge-WC mit Spülkasten

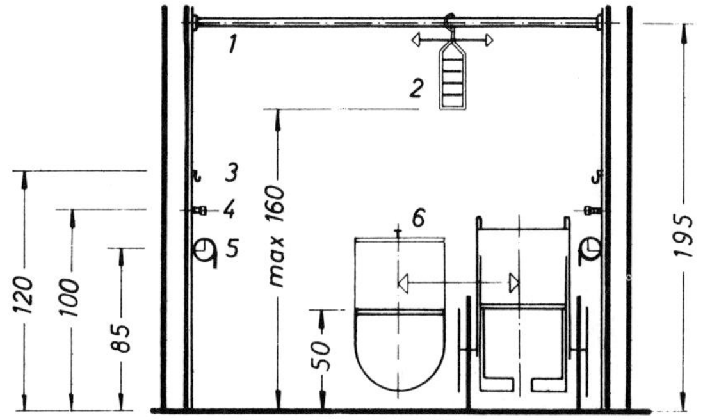

Die S i t z h ö h e des Spülklosetts ist für Rollstuhlfahrer nach DIN 18025 T. 1 mit ca. 48 cm festgelegt (**61**.1). Eine höhenverstellbare Ausführung ist besser.

Wandhängende Becken sind am günstigsten zu montieren. Dagegen erfordern Standklosetts zusätzliche Maßnahmen zur Sitzerhöhung, wie Podest oder einen Sockel.

Eine neue L i f t - T o i l e t t e funktioniert durch ein mit Handhebel stufenlos höhenverstellbares hydraulisches System. Die Sitzhöhe liegt im Verstellbereich von 40 bis 65 cm. Die Einheit arbeitet mit Wasserdruck und wird wie üblich an Wasser- und Abwasserleitung angeschlossen.

Spüleinrichtung. Es wird empfohlen, die Vorrichtung für die Spülung seitlich, also im Greifbereich des Rollstuhlbenutzers, möglichst 85 cm über OKFF anzuordnen (**61**.1).

Es sollten einfache, leicht erreichbare und bedienbare Hebel oder Drucktasten vorgesehen werden. Sie können per Hand, Ellbogen oder Fuß ausgelöst werden.

Für Schwerbehinderte ist das S p e z i a l k l o s e t t Clos-o-mat eine echte Hilfe. Spülvorgang, Unterwäsche und Trocknung werden durch Tastendruck ausgelöst.

Die Stellflächengröße für Clos-o-mat-Spülklosetts beträgt ca. 50 × 80 cm (**231**.2).

Halte- und Stützvorrichtungen. Wie bei Dusche, Waschtisch und Badewanne sind zur selbständigen WC-Benutzung Hilfsmittel notwendig.

Gefordert werden Halte- bzw. Stützvorrichtungen, die stabil verankert sein müssen. WC-Halte- oder Stützgriffe werden in Wand-Boden- oder Wandausführung, fest oder wegklappbar, angeboten.

Einfache festmontierte Haltegriffe an einer Seitenwand sind oft ausreichend (**61**.2), schwenkbare Haltegriffe für den Rollstuhlbenutzer geeigneter.

Die Oberfläche der greifgünstigen Rohre sollte aus Kunststoff oder Edelstahl gefertigt sein.

61.2 Haltegriffe und Druckspülung für Rollstuhlfahrer im WC-Bereich (M 1:50)

1 vertikale Haltestange
2 Spülung
3 Papierhalter
4 horizontale Haltestange

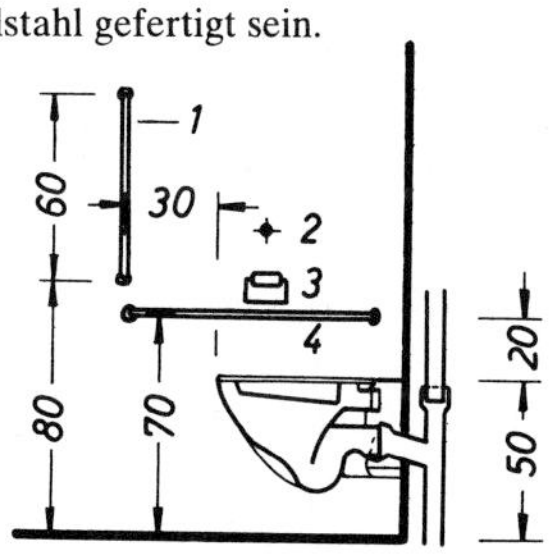

Als Umsteigehilfe ist eine tragfähige A n k e r s c h i e n e in der Decke einzubauen (**49**.1 und **57**.2).

Sie dient zur wahlweisen Befestigung von Deckenstrickleiter (**61**.1), Halteschlaufe oder starrem Deckenhaltebügel.

Individuell montierte Papierrollenhalter im Greifbereich des Behinderten dürften selbstverständlich sein.

1.4.2.3 Installationen

In Sanitärräumen sind, soweit vorher noch nicht erwähnt, für Schwerbehinderte und Behinderte nachfolgende zusätzliche Maßnahmen erforderlich.

Heizungsinstallation. In Sanitärräumen kommt nur eine Zentralheizung mit Heizkörpern oder eine Fußboden-Strahlungsheizung in Betracht. Als Raumtemperatur wird 24 °C empfohlen, nach DIN 4701 T. 2 gefordert (Taf. **532**.2).

Heizkörper und Heizrohrleitungen sind so anzuordnen, daß sie außerhalb der erforderlichen Objekt-, Abstands- und Bewegungsflächen liegen.

Heizkörperventile müssen in einer Höhe zwischen 40 cm und 85 cm bedient werden können.

Die Beheizung des Bades muß je nach individuellem Bedarf des Behinderten, auch durch eine Zusatzheizung, ganzjährig möglich sein.

Lüftung. DIN 18025 T. 1 verlangt eine mechanische Lüftung nach DIN 18017 T. 3 (s. Abschnitt 11.3.2), unabhängig davon, ob der Sanitärraum durch ein Fenster belüftet ist.

Auf dem Markt werden auch belüftete Klosettkörper oder Kleinstgebläse für das WC angeboten.

Allgemein wird für Behinderten-Wohnungen empfohlen, an allen Fenstern Vorrichtungen zur Dauerlüftung, etwa durch Kippflügel (s. Abschnitt 11.3.1.2), anzubringen.

Rufanlage. Da innerhalb des Bades für den Behinderten erhöhte Unfallgefahr besteht, muß eine Rufanlage installiert werden.

Die Anlage muß von der Dusche oder Badewanne und dem Spülklosett aus betätigt werden können. Mit Schnüren bedienbare Zugschalter erfüllen diese Forderung problemlos.

1.5 Hausschwimmbad

Viele Umwelteinflüsse richten sich gegen die Gesundheit des Menschen. Die Folge sind Haltungs- und Organschäden. Vorbeugung und Abhilfe bringen ausgleichende Betätigungen. Das Schwimmen hat sich hierbei als besonders geeignet erwiesen.

Neben der täglichen Schwimmstunde im privaten Schwimmbad wird in Hotelbetrieben das eigene Hausschwimmbad als Beitrag zur Erholung angestrebt.

1.5.1 Planungsgrundlagen

Öffentliche Bäder werden für einen großen Besucherkreis nach strengen allgemeinen Richtlinien gebaut.

Bei privaten Schwimmbädern sind individuelle Vorstellungen des Bauherren, bei Hotelschwimmhallen die Wünsche des Erholungssuchenden zu berücksichtigen. Allgemeine Erfahrungen und Richtlinien sind auch hier zu beachten.

Privatschwimmbäder und Hotelschwimmbäder werden unterschieden.

Raumprogramm. Schwimmhalle, Umkleide- und Ruheraum, Dusche und WC gehören zum kompletten Raumprogramm eines Hausschwimmbades (**63**.1 und **366**.1). Je nach Ansprüchen kann es durch Schwimmgeräteraum mit 4 bis 8 qm Größe, Sauna (s. Abschnitt 1.6) oder Gymnastikraum erweitert werden.

Daneben werden technische Einrichtungen erforderlich, die eventuell in separaten Räumen unterzubringen sind (**366**.1). Wasseraufbereitungs-, Umwälz-, Heizungs-, Lüftungs- und Beckenwassererwärmungsanlage zählen zu diesen Einrichtungen. Hierfür werden bei privaten Hausschwimmbädern etwa 10 bis 15 qm Stell- und Verkehrsfläche benötigt.

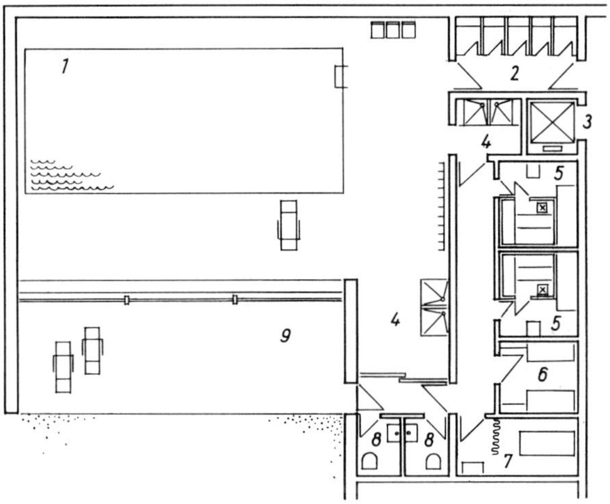

63.1 Hotelschwimmbad
1 Schwimmhalle mit Bademantelablagen, Sitz- und Liegemöglichkeiten
2 Umkleiden
3 Aufzug
4 Duschen
5 Damen- und Herren-Sauna mit Tauchbecken, Fußbad und Dusche
6 Ruheraum
7 Solarium und Massageraum
8 Damen- und Herren-WC
9 Sonnenterrasse

Schwimmhalle. Die Hallenlage ist möglichst in Südost-Nordwest-Orientierung anzuordnen, die Fenster nach Südwest.

Die Hallengröße in Länge und Breite wird durch die Lage des Beckens und dessen Umgangsbreiten sowie durch andere Einbauten, wie Treppen, Liegeplätze, Wärmebänke usw. bestimmt.

Die normale Hallenhöhe, vom Wasserspiegel aus gerechnet, beträgt in Privatschwimmbädern zwischen 3 und 3,5 m, bei Hotelschwimmhallen 3,5 bis 4 m.

Nebenräume. Sie sollten bei Privat- und Hotelschwimmbädern vereinfacht oder eingespart werden.

Allgemein rechnet man auf 4 qm Wasserfläche 1 Garderobenplatz, auf 10 Garderobenplätze 1 Dusche und auf 25 Besucher 1 WC.

Beim privaten Hausschwimmbad sind Duschraum und WC nicht erforderlich, wenn diese Räume und eine Umkleidemöglichkeit in Schwimmhallennähe vorhanden sind. Für häufige Gäste sollte jedoch möglichst ein Vorraum mit WC, Dusche und Umkleide vorgesehen werden (**366**.1).

Beim Hotelschwimmbad erfolgt das Umkleiden im Hotelzimmer. Der Weg zur Schwimmhalle wird im Bademantel zurückgelegt. Bademantelablagen, Dusche und WC sind daher in der Schwimmhalle anzuordnen (**63**.1).

1.5.2 Schwimmbecken

Auf freie Beckenformen sollte man möglichst verzichten. Das Becken des Hausschwimmbades wird fast immer rechteckig gebaut.

Die Größe der Wasserfläche (**64**.1) liegt bei Privatschwimmbecken zwischen 24 und 66 qm. Mindestmaß 8 × 3 m, häufigste Größe 8 × 4 m, Maximalmaß 16,5 × 4 m.

Die Wasserfläche von Hotelschwimmbecken beträgt 40 bis 250 qm. Mindestmaß 10 × 4 m, Maximalmaß 25 × 10 m.

Die Beckenlänge sollte nicht unter 8 m liegen, eine Länge von 10 m ist ausreichend.

Kleinere Beckengrößen als die vorher angegebenen sind nur dann zu vertreten, wenn eine Gegenstromschwimmanlage (s. Abschnitt 1.5.5) eingebaut ist.

Für die Beckentiefe ist grundsätzlich 1,25 m zum Schwimmen ausreichend. Mindesttiefe 1 m, Maximaltiefe 1,5 m.

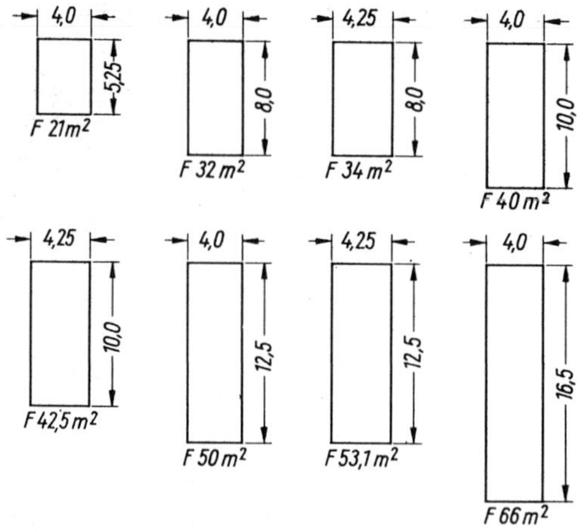

64.1 Zweibahnige Beckengrößen

Schwimmbeckenkonstruktionen. Sie können hier nur angedeutet werden.

Schwimmbecken aus Spritzbeton oder Ortbeton sind von vorgefertigten Becken zu unterscheiden.

Bei letzgenannten handelt es sich fast immer um die mehr oder weniger steife Innenhülle des Beckens, die ein mittragendes oder selbsttragendes Unterbecken erforderlich macht.

Vorgefertigte Schwimmbecken werden aus Stahlblech oder Aluminium, glasfaserverstärktem Polyester, einhängefertigen Folien, aber auch aus Beton-Fertigteilen hergestellt.

Beckenauskleidung. Voraussetzung ist die Wasserundurchlässigkeit der Unterkonstruktion. Die Beckenauskleidung erfüllt diese Forderung grundsätzlich nicht.

Die preisgünstigste Oberfläche ist der Anstrich. Da er jedoch erneuert werden muß, wird er immer seltener ausgeführt.

Chlor-Kautschuk-Anstriche eignen sich für Aluminium- und Stahlbecken, müssen jedoch alle 2 bis 3 Jahre erneuert werden.

Kunstharzanstriche sind teurer und bei glatter Oberfläche haltbarer. Sie müssen alle 4 bis 6 Jahre erneuert werden.

Für offenliegende Dichtungshäute sind Spezialfarben im Handel erhältlich.

Keramisches Material, Spaltplatten und Spaltplatten-Formteile, Fliesen und Glasmosaik sind, als Bekleidung für Betonbecken, bei richtigem Einbau unbegrenzt haltbar.

Die Farbe der Beckenauskleidung und damit das Wasser soll ein hellblaues oder weißes, dadurch frisches Aussehen erhalten. Grüntöne sind zu vermeiden.

Beckenumgänge. Ihre Breiten betragen in Privatbädern allseitig bis 1,25 m, bei Hotelbädern 1,5 bis 2 m, falls Liegeplätze oder Ruheplätze vorgesehen werden (**64**.2).

Notfalls ist mindestens an einer Beckenlängsseite eine Gangfläche anzuordnen. Fenster sind dann nur an dieser Seite zu empfehlen.

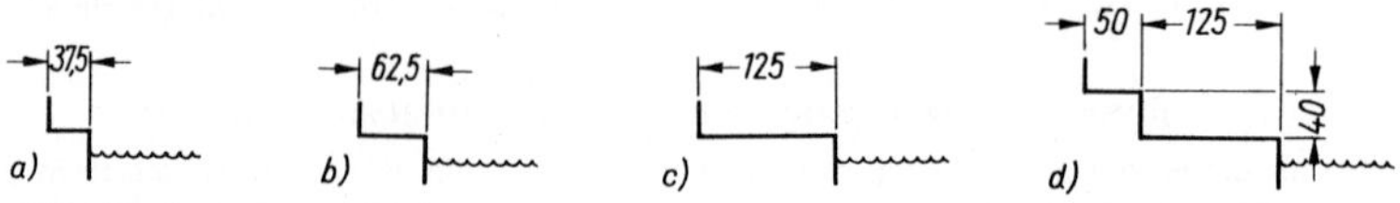

64.2 Beckenumgangsbreiten

a) Fensterputzgang
b) Umgang für eine Person
c) Umgang für zwei Personen
d) Wärmebank und Umgang

Eine Wärmebank benötigt 50 cm Tiefe. Neben Treppen soll 1 m lichte Durchgangsbreite vorhanden sein.

Die genauen Abmessungen der Beckenumgänge werden durch den gewählten Belag bestimmt. Er muß rutschsicher (Kleinmosaik, Nockenfliesen, o. a.) sein, Wandanschlüsse sollten Hohlkehlsockel erhalten.

Das Gefälle wird mit 2 bis 3% angenommen. Die gesamte Bodenfläche sowie die anschließenden Wände sind ca. 30 cm hoch zu isolieren.

Beckenrand. Für die Beckenrandausbildung können drei Konstruktionen gewählt werden (**65**.1):

1. Überlaufrinne in der senkrechten Beckenwand
2. Oberflächenabsauger (Skimmer) ohne Überlaufrinne in der senkrechten Beckenwand
3. Überflutungsrinne auf dem Beckenumgang.

Die Beckenrandausbildung mit Überflutungsrinne ist allen anderen Systemen überlegen.

Es sind für Überflutungsrinnen zwei Ausführungsarten zu unterscheiden:

a. senkrechte Beckenrandausbildung (Züricher Modell) mit Beckenrandwulst als Festhaltemöglichkeit und oberer Abschluß sowie im Beckenumgang liegende tiefe Überflutungsrinne mit Rollrost-Abdeckung (**65**.1).

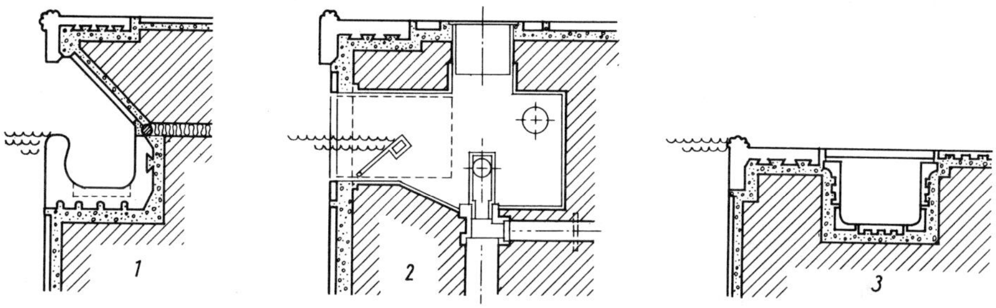

65.1 Beckenrandausbildungen
1 Überlaufrinne mit tiefliegendem Wasserspiegel
2 Oberflächenabsauger (Skimmer) mit tiefliegendem Wasserspiegel ohne Überlaufrinne
3 Überflutungsrinne mit hochliegendem Wasserspiegel („System Zürich“)

b. aus dem Wasser zur Überflutungsrinne ansteigende schräge Beckenrandfläche (Finnisches Modell) mit anschließender flacher oder abgedeckter tiefer Überflutungsrinne (**65**.2).

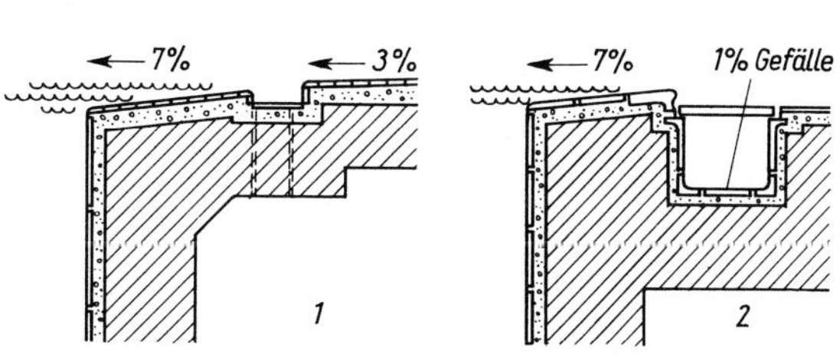

65.2 Überflutungsrinnen mit hochliegendem Wasserspiegel und schiefer Ebene („Finnische Rinne“)
1 Beckenrandüberflutung mit flacher Rinne
2 Beckenrandüberflutung mit Handfasse und tiefer Rinne

Bei der flachen Rinne müssen alle 1 bis 2 m Abflüsse mit DN 60 bis DN 80 installiert werden, wenn man ca. 50% der Wasserumwälzmenge über die Rinne zum Filter leiten will.

Bei der tiefen Rinne ist immer eine Abdeckung mit Schlitzen erforderlich. Hier sind 1 bis 2 Abläufe pro Becken ausreichend.

Der Oberflächenabsauger (Skimmer) ist mit einem Schwimmer, einem Sieb für grobe Schmutzteile, einem Anschluß für den Bodenabsauger und einer Verbindung zum Beckenablauf ausgestattet (**65**.1).

Es werden hierzu Spezialfliesen für die Beckenauskleidung sowie Beckenrandsteine, Überflutungsrandsteine, Überlaufrinnen, Überflutungsrinnen, Steigleiterstufensteine, Griffleisten, Griffmulden, Winkelstükke und andere Formstücke hergestellt.

Überflutungsroste sollten möglichst als Rollrost oder Parallelrost mit gleitsicherem Kunststoff-Vollprofil und glasfaserverstärktem Polyester-Rahmen ausgeführt werden.

Die Lage der Roststäbe wird beim Rollrost quer, sonst parallel zum Beckenrand gewählt.

1.5.3 Filteranlagen

Ein Schwimmer schluckt zwischen 70 und 50 ml Badewasser. Das Schwimmbadwasser muß daher Trinkwasserqualität nach DIN 2000 und 2001 besitzen.

Das aus dem Leitungsnetz mit 8 bis 12 °C entnommene Wasser verliert durch Benutzung und Erwärmung an Qualität. In Privatschwimmbädern sind Wassertemperaturen von 24 bis 28 °C üblich.

Der Beckeninhalt muß daher täglich mehrmals umgewälzt, von allen filtrierbaren Verunreinigungen befreit und mit Desinfektionsmitteln angereichert werden (**66**.1).

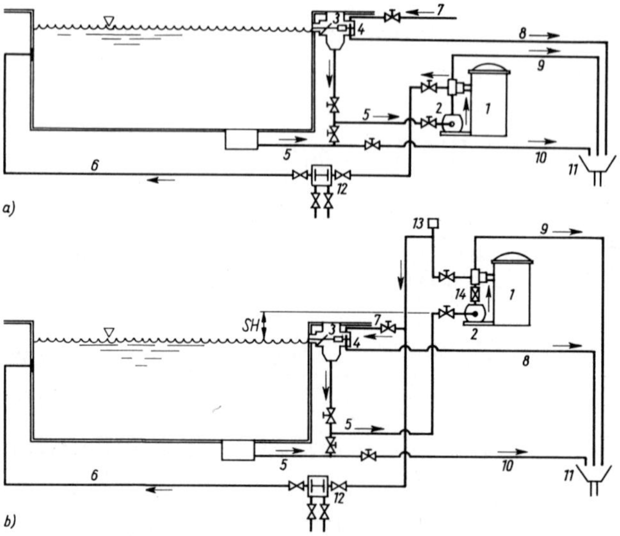

1 Filter
2 Pumpe
3 Skimmer
4 Niveausteuerung
5 Saugleitung
6 Druckleitung
7 Nachspeisung
8 Sicherheitsüberlauf
9 Spülleitung
10 Beckenentleerung
11 Kanal
12 Heizung (Wärmetauscher)
13 Sicherheitsschleife mit Belüftungsventil
14 Kugelrückschlagventil

66.1 Installationsbeispiele für Filterstandort
a) unter Schwimmbeckenwasser-Niveau
b) über Schwimmbeckenwasser-Niveau

Wassereigenschaften. Drei Eigenschaften des Wassers sind zu beachten:

1. der pH-Wert, die Wasserstoffionenkonzentration,
2. der Härtegrad (dH) und
3. der Kohlensäuregehalt.

Der pH-Wert läßt erkennen, ob das Wasser im sauren, neutralen oder alkalischen Bereich liegt. Der pH-Wert des Schwimmbeckenwassers soll etwa bei 6,8 bis 7,8 im alkalischen Bereich gehalten werden. Dies läßt sich durch möglichst konstant erfolgende Zugabe von Chemikalien leicht erreichen. Der Neutralpunkt zum Säurebereich liegt bei 7,0. Durch ständige Messung muß der pH-Wert kontrolliert werden.

Kalzium- und Magnesiumgehalt bestimmen den Härtegrad des Wassers. Zum Schwimmen wird weiches Wasser (s. auch Abschnitt 2.1) bevorzugt.

Die sogenannte „permanente Härte“ ergibt sich aus Härtebildnern, die nicht an Karbonat- und Bikarbonationen gebunden sind.

Der Kohlensäureanteil im Wasser wirkt bei Temperaturanstieg lösungsfördernd auf Kalziumkarbonat. Diese Kohlensäure ist gebunden. Eine weitere Menge Kohlensäure ist für das Halten der in Lösung gegangenen Karbonate sowie zur Bildung des Bikarbonations notwendig. Korrosion wird von der darüber hinaus zusätzlich freien, aggressiven Kohlensäure verursacht.

Zwischen Schwimmbecken und Filteranlage sind daher Kunststoffrohrleitungen zu verlegen.

Neueste Filteranlagen reduzieren den Restchlor im Wasser soweit, daß sie ein geruchs- und geschmacksfreies Badewasser erreichen. Dabei werden die Entkeimungswerte weitgehend konstant gehalten. Außerdem neutralisieren sie kalkaggressive Kohlensäure und verhindern dadurch ein starkes Absinken des pH-Wertes.

Filtersysteme. Im wesentlichen stehen drei Filtersysteme zur Verfügung:

1. die Flockungsfiltration,
2. die Adsorptionsfiltration und
3. Filtersysteme mit Feinstsand oder Filterkartuschen.

Siehe auch VDI-Richtlinie 2089, Blatt 2.

Bei der Flockungsfiltration werden die kolloidalen Belastungsstoffe durch Flockungsmittel (meist Aluminiumsulfat) gebunden und im Filterbett angeschwemmt. Die sich im Laufe der Zeit bildende Filterhaut wird durch Umkehrung der Filterdurchströmungsrichtung in die Kanalisation gespült (**66**.1). Das Filter ist dann wieder aufnahmebereit.

Beim Adsorptionsfiltersystem kommt man ohne Flockungsmittel aus. Neben der mechanischen Wirkung des mineralischen Filtermaterials wirkt ein stark adsorbierendes Mittel, z. B. Aktivkohle. Dieses poröse Material mit seiner Oberfläche von 800 bis 1200 m^2/g hält auch die im Wasser gelösten Belastungsstoffe zurück.

Filtersysteme mit Feinstsand, mit Korngrößen zwischen 0,3 und 0,8 mm haben eine positive und eine negative Eigenschaft. Man kann auf Flockungsmittel verzichten, hat aber höhere Durchflußwiderstände. Ähnlich verhält es sich mit Filterkartuschen aus vliesartig gebundenen Matten.

Filterleistung. Die Filteranlage eines Hausschwimmbades sollte das Wasser täglich zweimal umwälzen. Die theoretische Filterleistung wird durch die sich im Filter ansammelnden Schmutzteilchen ständig vermindert.

Auch eine verwinkelte Rohrinstallation kann die Pumpenleistung bis zu 50% einschränken.

Größere Filterflächen und eine ausreichende Pumpenleistung bei längerer Betriebszeit haben sich als wirtschaftlich erwiesen.

Wasserführung. Der gesamte Schwimmbeckeninhalt muß ständig gefiltert und auf konstanter Temperatur gehalten werden.

Das vom Filter und Wärmetauscher zufließende Wasser ist wärmer und leichter als das Beckenwasser. Es zeigt die Tendenz aufzusteigen.

Die Einlaufdüsen sollten daher an einer Längsseite in 2 m Abstand und in unterschiedlichen Höhen versetzt angeordnet werden (**68**.1 b). Das Wasser strömt dann direkt zu den Ablauföffnungen auf der gegenüberliegenden Längsseite und wird so, ohne tote Beckenzonen, gleichmäßig gefiltert und temperiert.

Für die Zu- und Abläufe sind korrosionsbeständige Materialien zu verwenden.

Für kleinste Schwimmbecken können die Zuflüsse an einer Stirnseite in der Mitte der Wasserhöhe erfolgen, der Rückfluß sowohl über Überlauf- oder Überflutungsrinnen als auch durch einen Bodenablauf (**68**.1 a).

Für den strömungsgünstigsten Ablauf beim System des Oberflächenabsaugers sorgen die Skimmer, die Ablauföffnungen und ein Bodenablauf.

Ein Gefälle zum Bodenablauf ist nicht nötig. Die Reinigung des Beckenbodens erfolgt durch ein Bodenreinigungsgerät (Schlammlift).

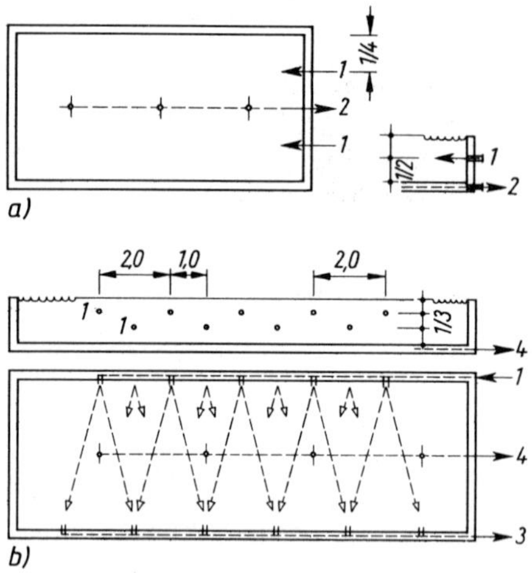

68.1 Wasserführung
a) einfache Wasserführung (bis 10 m Beckenlänge)
b) optimale Wasserführung
1 Zulauf (Druckleitung)
2 Entnahme und Entleerung
3 Entnahme (Saugleitung)
4 Entleerung

Rohrleitungsinstallation (**66**.1 und **68**.1). Für Rohrleitungen sind Kunststoffrohre zu verwenden: Polyvinylchlorid (PVC) hart, Polyethylen (PE) hart oder Polypropylen (PP). Die bei diesen Materialien zu erwartenden Wärmeausdehnungen sind zu berücksichtigen. Übergänge vom Kunststoffrohr zu Metallgewinden sind durch Übergangsverschraubungen (**118**.3) herzustellen.

Die Dimensionierung der Leitungen erfolgt entsprechend der Umwälzleistung der Filteranlage, wobei Fließgeschwindigkeit, Leitungslänge und Saughöhe zu berücksichtigen sind.

Das Beckenwasser wird über die Auslaufstutzen und den Bodenauslauf durch die Rücklaufleitung von der Umwälzpumpe im Filtergerät angesaugt, über Haarfänger und Filtereinrichtung geleitet und dann durch die Vorlaufleitung und die Einlaufstutzen in das Schwimmbecken zurückgedrückt.

Das Filterrückspülwasser wird über eine separate Leitung in die Kanalisation transportiert.

Der Oberflächenschmutz wird in der Überlauf- oder Überflutungsrinne durch eine Überlaufwasserleitung in einen Zwischenbehälter geleitet. Er dient zur Steuerung und Rückführung des Überlaufwassers in das System.

Für das Bodenreinigungsgerät wird eine besondere Saugleitung mit der Umwälzpumpe verbunden.

Schließlich ist von einem Bodenauslaufstutzen eine gesonderte Beckenentleerungsleitung zur Kanalisation zu verlegen.

Entkeimungsanlagen. Im Anschluß an den Filtervorgang wird der zweite Reinigungsvorgang, die Desinfektion des Wassers durch Chemikalien, vorgenommen.

Für die Entkeimung des Beckenwassers eignet sich Chlor am besten. Chlor steht gasförmig, flüssig und auch als feste Chlorverbindung zur Verfügung. Man kann Chlor in Tablettenform dem Filterkessel, dem Anrührbehälter oder dem Oberflächenabsauger zumischen.

Eine Chlordosierungsanlage wird jedoch dringend empfohlen. Durch ständige Messungen muß der Chlorgehalt überwacht werden.

Eine andere Möglichkeit, Chlor an Ort und Stelle herzustellen, ist die Gewinnung aus Kochsalzlösung durch Elektrolyse, die hier nur genannt werden kann.

1.5.4 Heizung und Lüftung

Konvektionswärmeverluste, Stahlungsverluste und Verdunstungsverluste im Hausschwimmbad müssen durch Wärme ersetzt werden. Siehe auch VDI-Richtlinie 2089, Blatt 1.

Wärmebedarf. Der Gesamtwärmebedarf eines Hallenschwimmbades setzt sich zusammen aus dem Wärmebedarf des Gebäudes $\dot{Q}_H$, der Lüftung $\dot{Q}_L$, des Beckenwassers $\dot{Q}_W$ und dem Wärmebedarf des Brauchwassers $\dot{Q}_{BW}$.

Der Gesamtwärmebedarf beträgt damit $\dot{Q} = \dot{Q}_H + \dot{Q}_L + \dot{Q}_W + \dot{Q}_{BW}$ in kW.

Er wird mit einem Gleichzeitigkeitsfaktor G_Z korrigiert, der 0,6 bis 1 betragen kann. Er ist von der Betriebsstruktur und der Betriebsweise des Schwimmbades abhängig.

Der Raumwärmebedarf $\dot{Q}_H$ der Schwimmhalle und deren Funktions- sowie Nebenräume ist nach DIN 4701 T. 2 zu ermitteln (s. Abschnitt 8.3.1).

Zur Berechnung des Wärmebedarfes der Lüftung, des Becken- und Brauchwassers enthält die VDI-Richtlinie genaue Angaben.

Folgende Heizgruppen sind erforderlich:

Raumheizung (s. Abschnitt 10.1),
Fußbodenheizung (s. Abschnitte 9.5.3 und 10.1.2.5),
Becken- sowie Brauchwassererwärmung und
Raumentfeuchtung (s. Abschnitt 11.5.9.3).

DIN 4701 T. 2 fordert für Schwimmbadhallen eine Innentemperatur von + 28 °C, mindestens jedoch 2 K über Beckenwassertemperatur, für sonstige Bade- oder Duschräume 24 °C (Taf. **532**.2).

Nach VDI-Richtlinie soll die Raumlufttemperatur der Schwimmhalle bis 4 K über Beckenwassertemperatur liegen, jedoch nicht über 30 °C.

Die Fußbodentemperatur im Barfußbereich sollte mindestens 22 °C, höchstens 26 °C betragen.

Für die Erwärmung des Schwimmbeckenwassers bieten sich verschiedene Heizsysteme an:

Gegenstromapparat. Dieser Wärmetauscher ist an der vorhandenen Zentralheizungsanlage angeschlossen und dient zur Auf- und Nachheizung des gereinigten Beckenwassers (**66**.1). Das Heizungswasser wird im Gegenstrom durch ein austauschbares Rohrbündel geleitet (**69**.1).

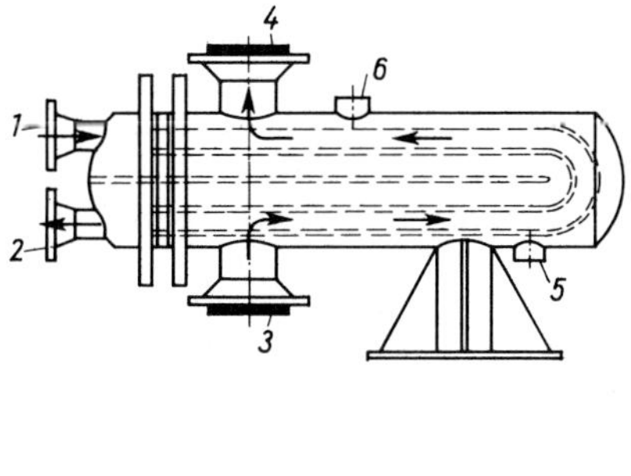

69.1 Gegenstromapparat
1 Heizungswasser-Eintritt
2 Heizungswasser-Austritt
3 Beckenwasser-Eintritt
4 Beckenwasser-Austritt
5 Entleerung
6 Thermometer-Anschluß

Es gibt verschiedenste Ausführungen aus korrosionsbeständigem Material, z. B. Edelstahlplatten-Wärmetauscher.

Spezialheizkessel. Diese Spezialkessel haben drei Heizkreise für die Gebäudeheizung, die Warmwasserbereitung und die Erwärmung des Schwimmbeckenwassers.

Der Heizkessel sollte nicht zu weit vom Becken entfernt installiert werden.

Durchlauferhitzer. Mit Niedertarifstrom automatisch arbeitende Durchlaufgeräte werden vorrangig zur Aufrechterhaltung der gewünschten Beckenwassertemperatur eingesetzt.

Wärmepumpe. Neben den bekannten Raumheizsystemen (s. Abschnitt 10.1) ist für das Hausschwimmbad der Einsatz einer Hauswärmepumpe (s. Abschnitt 10.6.2) besonders wirtschaftlich (**749**.1).

Die Wärmepumpe erfüllt im Hallenbad folgende Funktionen:

Aufheizen und Temperieren des Schwimmbeckenwassers,
Wärmeversorgung für die Warmwasser-Fußbodenheizung,
Luftentfeuchtung im Bereich zwischen 40 und 50% relativer Feuchte und
Klimatisierung der Raumluft durch Wärme.

Entfeuchtungsgrät. Luftentfeuchtungs-Einzelgeräte werden für kleinere Hallenbäder mit einer Größe bis etwa 60 qm eingesetzt.

Es gibt die Geräte für Wandeinbau, für den Einbau in Kanalsysteme, zur Aufstellung im Beckenumgang oder Technikraum (**366**.1) sowie für eine direkte Aufstellung in Truhenform (s. auch Abschnitt 11.5.9).

Die Entfeuchter arbeiten nach dem Prinzip einer Luft-Luft-Wärmepumpe (**788**.1).

Durch Unterschreiten des Taupunktes wird ein Teil der Luftfeuchtigkeit als Kondensat im Gerät ausgeschieden und abgeleitet. Die bei dem Entfeuchtungsprozeß freiwerdende Wärme aus Temperaturabsenkung und Kondensation der feuchtwarmen Luft sowie die bei der Kompressorarbeit entstehenden Wärme wird der Raumluft durch das Gerätegebläse wieder zugeführt.

1.5.5 Gegenstromschwimmanlage

Im kleinen Privatbecken ist die Gegenstromschwimmanlage eine zwingende Notwendigkeit. Sie ermöglicht ein gewisses Dauerschwimmen ohne zu wenden. Für das größere Hausschwimmbad ist diese Einrichtung eine wertvolle Bereicherung.

Es gibt Anlagen für festen oder nachträglichen Einbau.

Die Gegenstromschwimmanlage besteht aus Pumpenaggregat, Druckleitung, Düsenmantelgehäuse mit Schutzkappe und verstellbarer Düse mit Reguliergriff sowie einer Ansaugleitung mit Sieb (**71**.1). Neben der Anlage sind Haltegriffe anzuordnen.

Durch die Ansaugleitung wird dem Schwimmbecken Wasser entnommen und über Pumpe, Druckleitung und Düse wieder ins Becken zurückbefördert.

Die Düse dient zur Punkt- und Flächenmassage bzw. als Gegenstromschwimmanlage und ist gegen einen Massageschlauch auswechselbar.

Bei stationären Anlagen wird des *Pumpenaggregat* mit einer Leistung von 2 bis 3 kW am Düseneinbauort im Untergeschoß, im Beckenumgang oder in einem entwässerten und belüfteten Schacht untergebracht.

Das *Düsenmantelgehäuse* wird an der Beckenschmalseite zwischen 20 und 35 cm unter dem Wasserspiegel angeordnet. Der Mindestabstand zur Seitenwand sollte 1,5 m betragen. Die Wassertiefe an der Einbaustelle des Gegenstromapparates sollte zwischen 1,1 und 1,4 m liegen.

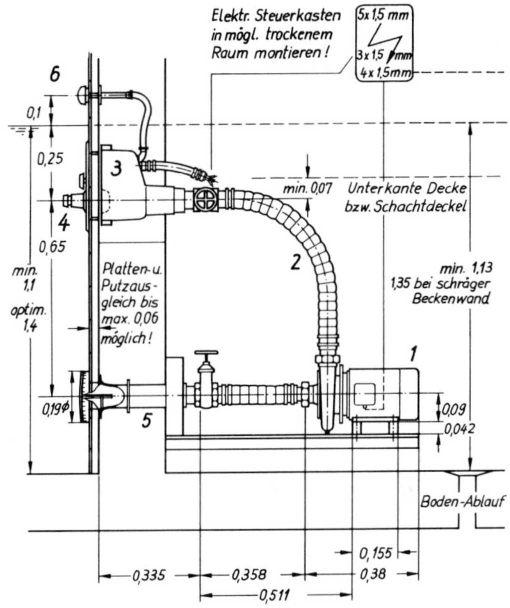

71.1 Gegenstromschwimmanlage und Unterwassermassage (uwe Unterwasser-Elektric)

1 Pumpenaggregat
2 Druckleitung
3 Düsenmantelgehäuse mit Frontplatte
4 Düse mit Reguliergriff
5 Ansaugleitung mit Sieb
6 Luftzufuhr

In Hotelbädern wird häufig ein Münzzeitschalter verwendet. Andernfalls empfiehlt es sich, zur Begrenzung der Laufzeit ein Zeitrelais (s. Abschnitt 6.1.7) mit einzubauen.

Der elektrische Steuerkasten der Gegenstromschwimmanlage ist in einem trockenen Raum zu installieren.

Daneben werden weitere Einrichtungen der Wasserbewegungstechnik, wie Schwalldusche, Wasserpilz, Warmluftsprudler oder Klein-Wellenbadanlage, für das größere Hausschwimmbad angeboten.

1.5.6 Beleuchtung

Das Hausschwimmbad sollte möglichst viel Tageslicht erhalten. Glasflächen und Schiebetüren nach Südwesten, doppelschalige Oberlichtkuppeln oder größere Lichtschächte beim Kellerbad sind empfehlenswert.

Für die künstliche Beleuchtung sind Leuchtstofflampen in Feuchtraumausführung mit der Lichtfarbe weiß blendungsfrei zu empfehlen (Taf. **444**.2). Die Beleuchtungsstärke sollte bei 250 bis 200 Lux liegen. Die zur Wasserfläche abgeschirmten Leuchten sollten über den Beckenumgängen eingeplant werden (s. auch Abschnitt 6.1.3).

Unterwasserscheinwerfer ergeben das schönste Licht im Schwimmbad. Alle Leuchtenteile (**71**.2) müssen korrosionssicher sein und einen glatten Abschluß zum Wasser bilden.

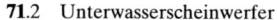

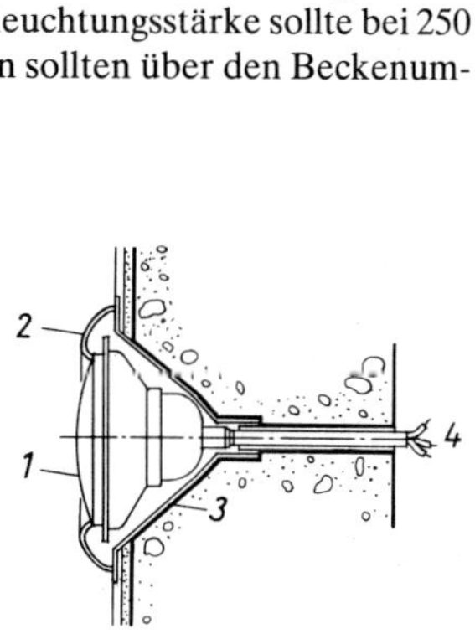

71.2 Unterwasserscheinwerfer

1 Abschlußglas
2 Abdeckring
3 Leuchtengehäuse
4 Kabelzuführung

Als Richtwert für die Anzahl der Scheinwerfer gilt: 24 V Halogen 250 W = 20 bis 25 W pro qm Wasseroberfläche (s. auch Abschnitt 6.3.2).

In Schwimmbecken bis zu 10 m Länge sind zwei Unterwasserscheinwerfer noch ausreichend. Die Montage erfolgt an den beiden Stirnseiten oder versetzt an den Beckenlängsseiten.

Bei längeren Becken werden alle Scheinwerfergehäuse im maximalen Abstand von 2,75 m in die Längsseiten eingebaut. Der Abstand von der Beckenecke soll ca. 1,5 bis 2 m betragen (**366**.1).

Die Mitte der Unterwasserscheinwerfer darf höchstens 100 cm besser nur 60 cm unter dem Wasserspiegel liegen, um ein Auswechseln der Lampen bei gefülltem Becken zu ermöglichen.

Zur Ausstattung gehören Kleinspannungstrafos oder Fehlerstromschutzschaltung (s. Abschnitt 6.1.9.2).

1.6 Familiensauna

Die Sauna mit den erforderlichen Nebenräumen bildet eine selbständige Anlage, die der Körperhygiene und der Gesunderhaltung dient.

Entschlackung, Entspannung, Erholung, Abhärtung und Leistungssteigerung sind die wichtigsten Ziele des Saunabadens.

Öffentliche Saunaanlagen und private Saunabäder sind zu unterscheiden.

1.6.1 Planungsgrundlagen

Die private Saunaanlage kann im Gartenblockhaus (**72**.1) oder im Gebäude selbst untergebracht werden.

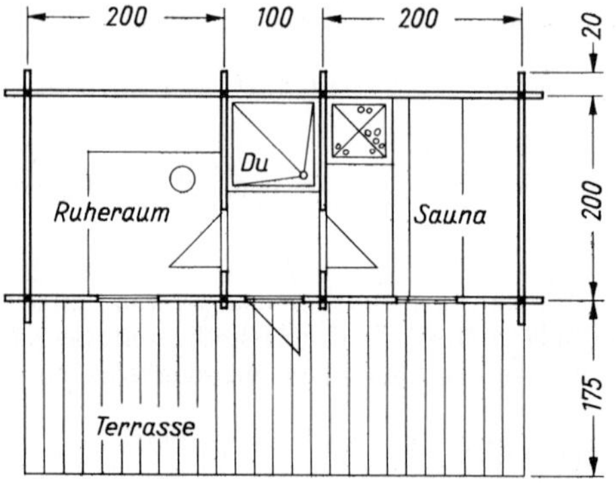

72.1 Gartensauna als Blockhaus

Bei Wohnhäusern bieten sich hierfür meist Keller- oder gelegentlich Dachbodenräume an. Auch in Verbindung zu Hausschwimmbädern wird oft eine Sauna mit eingeplant (**63**.1).

Das R a u m p r o g r a m m der Privatsauna muß alle Vorbereitungs- und Badevorgänge erfüllen können.

Das Kernstück der Sauna ist die ausreichend beheizte und belüftete Saunakabine.

Als Minimum an Grundfläche für Saunakabine und davorliegendem Vorreinigungs- bzw. Abkühlungsraum sind 6 bis 7 qm anzunehmen, um die notwendigsten Anlageteile unterzubringen.

Anzustreben ist eine größere Fläche mit Tauch- und Fußwärmebecken, wofür dann insgesamt 8 bis 11 qm benötigt werden (**73**.1).

Neben dem Raumprogramm der Saunakabine und des Abkühlungsraumes sind weitere Funktionen in Nebenräumen zu erfüllen. Dazu rechnen Umkleideraum, Ruheraum, Massageraum, Solarium, Toiletten (**63**.1) und ein Freiluftraum. Sie sind bei Privatsaunen entweder teilweise vorhanden oder auf kleinster Fläche unterzubringen.

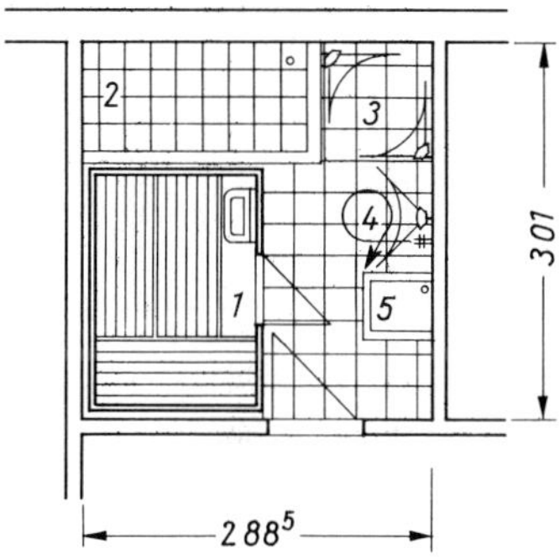

73.1 Saunaanlage
1 Saunakabine (140 × 190 cm)
2 Tauchbecken
3 Körperbrausen (kalt)
4 Kneippschlauch
5 Fußbad (warm)

1.6.2 Einrichtungen

Saunakabine. Sie gibt es vorfabriziert und montagefertig von vielen Firmen angeboten für 1 bis 20 Personen. Pro Benutzer rechnet man mit einer Grundfläche von 1,0 bis 1,2 qm.

Als Mindestmaße des Innenraumes sind 200 cm Höhe, 180 cm Breite und 130 cm Tiefe anzunehmen.

Die Standardgröße hat etwa eine Würfelform mit 200 cm Kantenlängen, also ein Innenraumvolumen von etwa 8 cbm.

Die Innenraumgröße sollte wegen der Heizleistung des Saunaofens klein gehalten werden. Als wirtschaftliche Grenze ist die Höhe mit max. 230 cm, der Rauminhalt mit max. 20 cbm und die Grundfläche mit max. 9 qm anzunehmen.

Der Decken- und Wandabstand beträgt bei der Einbausauna zur Luftumspülung allseitig ca. 5 cm.

Die aus Holz gefertigte Kabine sollte nicht auf Beton gestellt werden. Rutschsichere Klinker-, Fliesen- oder Natursteinböden sind geeigneter.

Die stufenförmig ansteigenden Liegeplätze der Saunakabine sind in zwei, meistens jedoch in drei Ebenen als untere, mittlere und obere Liegen angeordnet (**74**.2). Die Lattenroste sind mindestens 55 cm breit, die Bankhöhen betragen meist 45, 90 und 135 cm.

Weitere Saunautensilien und Einrichtungen wie Ofenschutzgitter, Saunaleuchte, Thermometer, Hygrometer, Aufgußkübel, Aufgußkelle, Sand- oder Zeituhr sowie ein Bodenrost gehören zur Ausstattung.

Saunaofen. Als Wärmequelle hat sich, neben Gas- und Ölöfen, der elektrische Saunaofen (**74**.1) weitgehend durchgesetzt. Er ist einfach über eine Schalttafel zu bedienen und sorgt automatisch für die regulierbare unter dem Saunaofen angeordnete Frischluftzufuhr (**74**.2).

Die Frischluft wird bei Privatsaunen meist dem Kabinen-Vorraum entnommen, der zugleich Abkühlraum ist, und zwangsläufig durch das Saunaheizgerät erhitzt.

Die Frischluftzufuhr kann auch aus einer Schwimmhalle erfolgen, dann mit bereits vorgewärmter Luft (**63**.1).

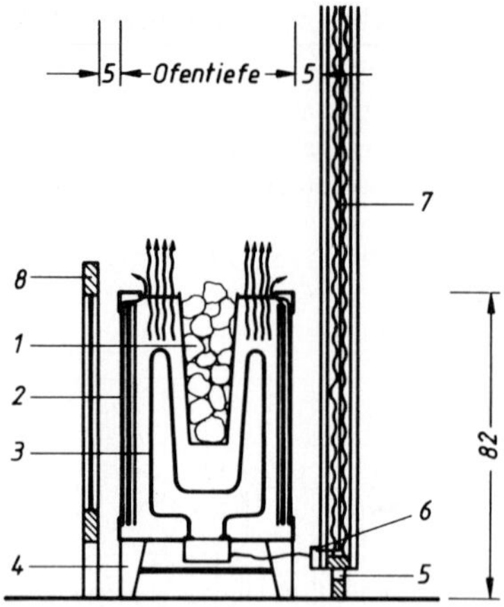

74.1 Elektro-Saunaofen, Modell EXQUISIT (Klafs-Saunabau)

1 Edelstahlkorb für Aufgußsteine
2 belüftete Keramikverkleidung
3 elektrischer Widerstandsheizkörper
4 Edelstahl-Untergestell
5 Zuluftöffnung im Saunasockel
6 Ofenanschlußkasten
7 Sauna-Wand mit Profilbrettern, Wärmedämmung und Dampfsperre
8 Holz-Schutzgeländer

Die Anschlußwerte der Edelstahlöfen, die wegen der unerwünschten Strahlungswärme einen doppelten Mantel haben, liegen zwischen 3,5 und 18 kW. Durch höhere Anschlußleistung erreicht man eine kürzere Aufheizzeit. Diese kann durch eine Zeitschaltuhr vorgewählt werden.

Als Faustformel für die Leistungsbemessung kann etwa 1 kW pro cbm des Kabineninnenraumes angenommen werden.

Der Saunaofen muß den Raum durch Strahlung und Konvektion auf eine Temperatur von 85 bis 100 °C an der Decke und 35 bis 40 °C am Fußboden aufheizen. Ein Überhitzungsschutz begrenzt die zulässige Höchsttemperatur.

Der im oberen Teil mit Steinen gefüllte Saunaofen wird in Abständen von 5 bis 10 Minuten mit kleinen Wassermengen übergossen. Die dabei entstehenden Dampfstöße dienen zur Luftbefeuchtung, die bei 90 °C etwa 5 bis 15% betragen, 20% jedoch nicht überschreiten soll.

Die verbrauchte Luft sammelt sich über dem Fußboden. Die Abluftöffnung wird daher im unteren Drittel der dem Saunaofen gegenüberliegenden Kabinenwand angeordnet (**74**.2). Abluftschächte in den Kabinenecken erhöhen die Saugwirkung ohne Zugerscheinung.

Aus hygienischen Gründen sollte die Abluft auf kürzestem Weg über einen Schacht, Lichtschacht oder als Außenwanddurchbruch ins Freie abgeführt werden.

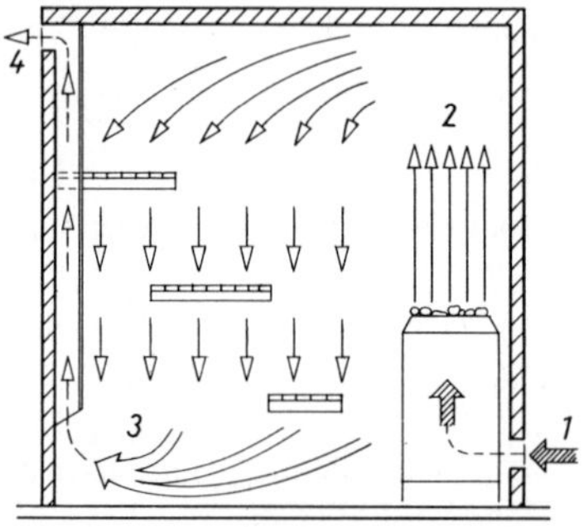

74.2 Schemadarstellung Saunaentlüftung

1 Frischluftzufuhr
2 aufsteigende, sich allmählich abkühlende Heißluft
3 verbrauchte, schweißhaltige Bodenluft
4 Absog durch Entlüftungskamin

Abkühlungsraum. Saunakabine und Abkühlraum bilden in der Regel eine räumliche Einheit. Der auch für die Vorreinigung benutzte Abkühlraum mit Tauchbecken, Fußbad, Körperbrausen und Kneippschlauch ist ein Naßraum (**73**.1).

Das 100 bis 120 cm tiefe mit Leitungswasser gefüllte Kaltwasser-Tauchbecken kann gemauert oder gekachelt, mit Kunststoffeinsätzen versehen, oder ganz aus Kunststoff oder Holz bestehen.

Das für das Saunabaden wichtige ca. 15 cm tiefe Fußwärmebecken erhält einen Warm- und Kaltwasseranschluß, möglichst jedoch auch getrennte Warm- bzw. Kaltwasser-Fußbeckenteile.

Bei der Körperdusche werden meist sechs Brauseköpfe oder Schwallbrausen installiert, die auf Knopfdruck zeitlich begrenzt kaltes Wasser abgeben. Falls die Brause nicht auch zur Vorreinigung verwendet wird, genügen Kaltwasseranschlüsse.

Der mit geringem Druck breitstrahlig arbeitende Kneippschlauch wird sowohl für Kneippgüsse als auch für die Saunaabkühlung nur mit Kaltwasser benutzt.

Gartensaunen erfordern frostsichere Wasserzu- und -abflüsse und im Raum einen elektrischen Frostwächter.

Dampfbad. Die aus der Saunakabine entwickelte vier-, sechs- oder achteckige Kunststoffkabine besteht aus Acryl in wärmegedämmter Elementbauweise mit angeformter ein- bis zweistufiger Sitzbank sowie Sicherheits-Ganzglastür in Alurahmen und wird im Rastermaß von 50 cm hergestellt.

Auch als Warmluftbad, Soft-Dampfbad oder mit Duftstoff-Beimischung betrieben als Kräuter-Dampfbad bezeichnet, wurde hier die jahrtausendealte Tradition des türkischen, griechischen oder römischen Bades wieder aufgenommen.

Die Mikroprozessor-Steuerung und der Hochleistungs-Dampferzeuger garantieren die vollautomatische Regelung von Dampfzufuhr, Entlüftung und Temperatur.

Gegenüber der Sauna hat das Dampfbad völlig andere Klimafaktoren. Die Badetemperaturen betragen lediglich 40 bis 45 °C, die relative Luftfeuchte liegt über 100%.

Solarium. Als ergänzende Einrichtung zum Saunaraumprogramm ist ein Besonnungsgerät in einem Nebenraum (**63**.1) oder im Ruheraum erwünscht.

Bei vernünftiger Anwendung erzeugen die UV-Niederdrucklampen, die wie Leuchtstofflampen auswechselbar sind, einen vorbräunenden Lichtschutz für die Haut und schließlich eine sportlich-frische Urlaubsbräune ohne Sonnenbrand-Risiko.

Außerdem wird die Leistungsfähigkeit, Sauerstoffversorgung und die Widerstandsfähigkeit gegen Infektionen gesteigert, was bei Sonnenmangel besonders auch für ältere Menschen wichtig ist.

Besonnungsgeräte werden einzeln als Sonnenliege oder Sonnenhimmel, aber auch als Kombinationsgerät mit zwei Bräunungsfeldern angeboten.

Die möglichst 186 cm langen körpergerechten muldenförmigen Bräunungsfelder tragen bis zu 10 Stück 100 W-UV-Sonnenlampen. Die mit Zeitschaltuhr ausgestatteten Geräte benötigen in der Regel nur einen Anschlußwert von 2000 W.

1.7 Hausanschlußraum

In allen Wohn-, Geschäfts- und Bürogebäuden, möglichst auch in Eigenheimen, ist ein Hausanschlußraum nach DIN 18012 vorzusehen.

Für Ein- und Zweifamilienhäuser besteht nur die Auflage, die Bestimmungen für die Anschlüsse der Leitungen sinngemäß anzuwenden.

Der meist im Kellergeschoß geplante Raum (**382**.1) soll alle Anschlußleitungen für die Ver- und Entsorgung des Gebäudes, außerdem die erforderlichen Anschlußeinrichtungen und gegebenenfalls die Betriebseinrichtungen aufnehmen.

Anschlußleitungen. Alle Leitungen der einzelnen Versorgungsunternehmen sollen an einer straßenseitigen Gebäudeaußenwand liegen (**76**.1).

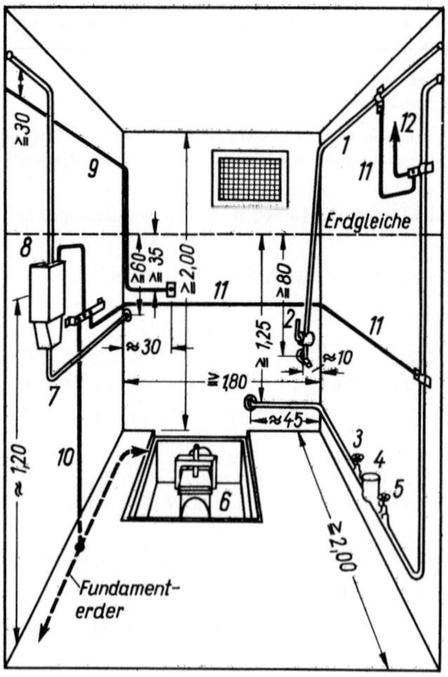

76.1 Hausanschlußraum (nach DIN 18012)
1 Gasleitung
2 Gas-Hauptabsperr-Einrichtung
3 Wasser-Hauptabsperrventil
4 Hauswasserzähler
5 Privat-Absperrventil der Wasserleitung
6 Abwasserleitung mit Reinigungsschacht
7 Starkstromkabel
8 Starkstrom-Hausanschlußkasten
9 Fernsprechkabel
10 Anschlußfahne
11 Potentialausgleichsleitung (**372**.1) mit Anschluß an Gas- und Wasserleitung und an
12 Sammelheizung

Bei der in der Regel unterirdischen Einführung in den Hausanschlußraum müssen die in der Tafel **76**.2 angegebenen Tiefen unter Geländeoberfläche eingehalten werden.

Zur Leitungsführung sind in der Gebäudeaußenwand Schutzrohre (**94**.2 und **95**.1) vorzusehen, die nach Art und Größe vom jeweiligen Versorgungsunternehmen festzulegen sind.

Tafel **76**.2 Hausanschlußraum, Tiefe von Anschlußleitungen unter Geländeoberfläche (nach DIN 18012)

Leitungsart	m
Wasser	1,2 bis 1,5
Starkstrom	0,6 bis 0,8
Fernmelde	0,35 bis 0,6
Gas	0,5 bis 1,0
Fernwärme	0,6 bis 1,0

Anschlußeinrichtungen. Sie liegen jeweils zwischen der ankommenden Anschlußleitung und der weiterführenden Hausleitung (**76**.1).

Anschlußeinrichtungen sind bei der

Wasserversorgung: die Wasserzähleranlage (**96**.1 und **97**.1),
Starkstromversorgung: die Hausanschlußsicherung (**400**.1),
Fernmeldeversorgung: die Abzweigdose der Post-Fernsprechanlage (**417**.1) oder die Anschlußpunkte sonstiger Fernmeldeanlagen,
Gasversorgung: die Hauptabsperreinrichtung (**315**.1 und **316**.1),
Fernwärmeversorgung: die Übergabestation (**735**.1),
Entwässerung: die Reinigungsöffnung des Abwasserkanales (**203**.2).

Die Starkstrom- und Fernmeldeleitungen sollen nicht an der Wand der Wasser-, Gas- oder Fernwärmeversorgung liegen, die Wasserleitung nicht oberhalb der Gasleitung (**76**.1).

Der Abstand zwischen den einzelnen Leitungen soll mindestens 30 cm betragen.

Betriebseinrichtungen. Dies sind an die jeweiligen Anschlußeinrichtungen anschließende technische Einrichtungen. Sie dürfen in der Regel im Hausanschlußraum mit untergebracht werden.

Betriebseinrichtungen sind bei der

Wasserversorgung: Verteilungsleitungen, Wasserbehandlungsanlagen, Druckerhöhungsanlagen (**150**.1 bis **152**.2),

Starkstromversorgung: Hauptverteiler, Plätze für Meßeinrichtungen und Steuergeräte,
Fernmeldeversorgung: Hausverteilung, Zusatzeinrichtungen,
Gasversorgung: Verteilungsleitung, Gaszähler, Druckregelgerät,
Fernwärmeversorgung: Pumpen, Regelanlagen, Wärmetauscher,
Entwässerung: Abwasser-Hebeanlagen (**276**.1 und **277**.1), Abscheider.

Die vorstehenden Betriebseinrichtungen stellen eine Aufzählung dar, werden im Einzelfall fast nur in größeren Gebäuden notwendig und sind nach den jeweiligen örtlichen Verhältnissen miteinzuplanen.

Raumgrößen. Sie richten sich nach der Anzahl der zu versorgenden Verbraucher, der Leitungsanschlüsse und der Art und Größe der evtl. notwendigen Betriebseinrichtungen.

Vor Anschluß- und Betriebseinrichtungen muß mindestens eine Tiefe von 1,20 m als Arbeitsfläche vorhanden sein.

Die freie Durchgangshöhe unter Leitungen muß mindestens 1,80 m betragen.

DIN 18012 unterscheidet Hausanschlußräume ohne und mit Betriebseinrichtungen.

Bis 30 Wohneinheiten muß der Raum für die Hausanschlüsse mindestens 1,80 m breit, 2,00 m lang und 2,00 m hoch sein.

Bei einem Fernwärmeanschluß gilt diese Mindestgröße bis 10 Wohneinheiten.

Bis 60 Wohneinheiten muß der Raum für die Hausanschlüsse mindestens 1,80 m breit, 3,50 m lang und 2,00 m hoch sein.

Bei einem Fernwärmeanschluß gilt diese Mindestgröße bis 30 Wohneinheiten.

Die Größe von Hausanschlußräumen mit Betriebseinrichtungen ist nach Abstimmung mit den einzelnen Versorgungsunternehmen zu ermitteln.

Allgemeine Anforderungen. Hausanschlußräume sind so zu planen, daß die Einrichtungen vorschriftsmäßig installiert und gewartet werden können.

Hierfür sind nach DIN 18012 verschiedene Einzelanforderungen zu berücksichtigen.

Der Raum darf nicht als Durchgangsraum dienen und muß vom Keller oder direkt von außen jederzeit zugänglich sein.

Je nach Raumlage im Gebäude ist der erforderliche Schallschutz nach DIN 4109 zu berücksichtigen.

Die Tür muß mindestens 0,65 m breit und 1,95 m hoch sowie abschließbar sein.

Der Raum muß eine Lüftungsmöglichkeit direkt ins Freie haben und frostfrei sein.

Die nach DIN 18015 T. 1 geforderte Potentialausgleichschiene ist mit der Anschlußfahne für den Fundamenterder (**373**.1) in der Nähe des Starkstromanschlusses vorzusehen (**76**.1 und **372**.1).

Der Raum muß beleuchtet und mindestens mit einer Schutzkontaktsteckdose ausgestattet sein.

Weitere Einzelheiten der Anschlüsse für Entwässerung s. Abschnitt 3.3.2.1, für Gas s. Abschnitt 5.1.1, für Starkstrom s. Abschnitt 6.1.5.1 und für Fernmeldeanlagen s. Abschnitt 6.2.

Der Hausanschlußraum ist bereits in den Entwurfszeichnungen vorzusehen.

Bei größeren Bauvorhaben wird die rechtzeitige schriftliche Zustimmung aller beteiligten Stellen zur Festlegung des Raumes und der Leitungseinführungen empfohlen.

1.8 Hausschutzraum

1.8.1 Planungsgrundlagen

Der von der Bundesregierung seit 1969 finanziell geförderte und steuerbegünstigte Bau von privaten Schutzräumen ist eine der humanitären Maßnahmen des Zivilschutzes.

Der Neubau oder Althausausbau mit einem Hausschutzraum wird besonders für die Bewohner oder Benutzer von Wohngebäuden, Wohnheimen und Schulen bezuschußt.

Hausschutzräume sind in sich geschlossene, luftdicht verschließbare Baukörper.

Der Raum muß gegen herabfallende Trümmer, radioaktive Niederschläge, Brandeinwirkungen und Wetterkatastrophen sowie Chemieunfälle schützen und für einen längeren Aufenthalt geeignet sein.

Schutzräume können außerhalb eines Gebäudes als Außenschutzraum und in Alt- oder Neubauten als Innenschutzraum geplant werden.

Sie bestehen aus Eingangsschleuse, Aufenthaltsraum, Abort, Filterraum und gegebenenfalls einem Notausstieg.

Außerdem enthalten sie Lüftungs-, sanitäre und Versorgungseinrichtungen.

Der meist im Keller liegende Raum kann als Bastel- oder Spielraum, Fahrrad- oder Trockenraum, Lager- oder Abstellraum vielseitig genutzt werden.

Daneben werden seit Jahren besonders als Außenschutzraum geeignete zylindrische oder kugelförmige Fertigschutzräume aus Ganzstahl angeboten.

Raumgrößen. Standardgrundrisse von Hausschutzräumen für den Aufenthalt von 8 (**78**.1), 12, 18, 25 (**79**.1) und 50 Personen sind dem Planer als Beispiele in der Schutzraum-Literatur vorgegeben.

Ein Hausschutzraum soll nur Plätze für höchstens 50 Personen enthalten.

A u f e n t h a l t s r ä u m e mit Schutzplätzen für weniger als 8 Personen müssen mindestens 6 qm Grundfläche und mindestens 14 cbm Rauminhalt haben (**78**.1).

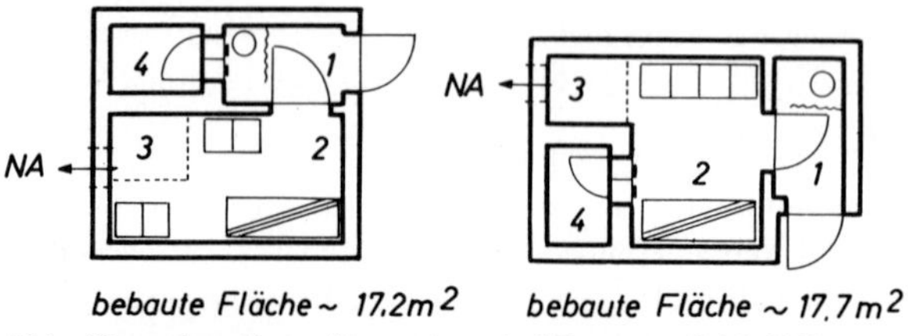

78.1 Hausschutzräume für weniger als 8 Personen (M 1:200)

1 Eingangsschleuse mit Abort $= 2{,}3\ m^2$
2 Aufenthaltsraum $= 6{,}0\ m^2$
3 Lüfter $= 1{,}3\ m^2$
4 Filterraum $= 1{,}5\ m^2$
NA Notausstieg

Für jeden weiteren Platz wird die Grundfläche um 0,5 qm und der Rauminhalt um 1,15 cbm erhöht (**79**.1), ab 26 Schutzplätze um je 0,6 qm und 1,40 cbm.

Die erforderlichen Grundflächen für die Eingangsschleuse und die Einrichtung sowie den Betrieb der Lüftungsgeräte sind zusätzlich vorzusehen. Das gleiche gilt, wenn der Abort im Aufenthaltsraum untergebracht wird.

Für den zweckmäßig in einer Nische angeordneten Luftförderer und dessen Bedienung wird mindestens 1,30 qm Grundfläche gerechnet.

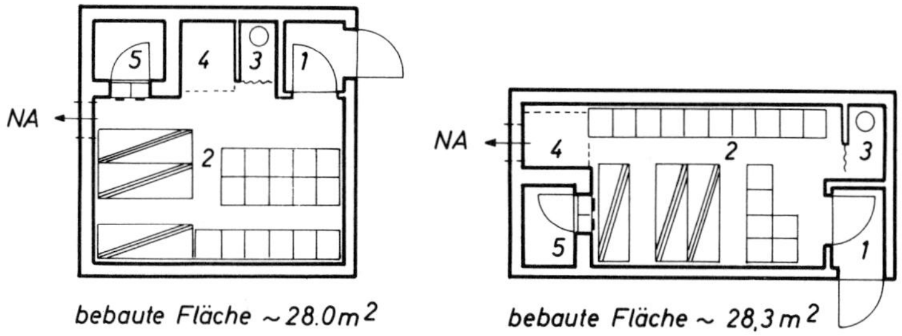

79.1 Hausschutzräume für 25 Personen (M 1:200)

1	Eingangsschleuse	= 1,5 m²
2	Aufenthaltsraum	= 15,0 m²
3	Abort	= 0,8 m²
4	Lüfter	= 1,3 m²
5	Filterraum	= 1,5 m²

Die lichte Höhe im Aufenthaltsraum darf nicht kleiner sein als

2,30 m über Flächen für dreistöckige Liegen,
2,00 m über Bewegungsflächen,
1,70 m über Flächen für zweistöckige Liegen und
1,50 m über Flächen für Sitzplätze.

Die erforderliche lichte Höhe darf durch Rohrleitungen, Beleuchtungskörper oder andere Einrichtungen nicht eingeschränkt werden.

Schutzplätze. Sie werden für ein Drittel der Schutzsuchenden mit meist dreistöckigen Liegen, für die restlichen zwei Drittel durch Sitzmöglichkeiten eingeplant (**79**.2).

Die Bewegungsflächen zwischen den Liegen und Sitzen sollen mindestens 0,50 m betragen.

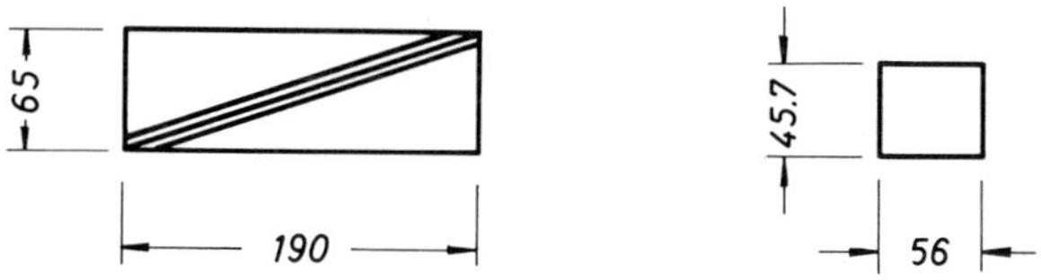

79.2 Hausschutzraum, dreistöckige Liege und Sitzplatz (M 1:75)

Abort. Jeder Hausschutzraum muß einen Trockenabort haben. Bei Räumen bis 12 Plätzen kann er in der Schleuse aufgestellt werden (**78**.1). Bei Schutzräumen mit mehr als 25 Plätzen sind zwei Aborträume vorzusehen.

Die Grundfläche darf nicht kleiner als 0,80 qm sein und soll eine Waschgelegenheit mitaufnehmen können.

Der Raum ist durch eine Tür oder einen Vorhang abzutrennen.

Installationsleitungen. Rohrleitungen, wie Gas-, Heizungs- und andere gefahrdrohende Leitungen, dürfen durch Hausschutzräume nicht hindurchgeführt werden.

Wasserleitungen und Abwasserleitungen sind zulässig, wenn sie am Eintritt und am Austritt im Schutzraum absperrbar sind.

Abwasserleitungen sind mit einer Rückstauvorrichtung (s. Abschnitt 3.5.1) zu versehen.

Elektrische Anlagen dürfen nur mit Leitungen für feuchte Räume installiert werden.

Eingangsschleuse, Aufenthalts- und Nebenräume sind mit mindestens einer Brennstelle auszustatten. Im Aufenthaltsraum ist eine Steckdose und ein Anschluß mit Motorschutzschalter für den Elektromotor des Lüfters vorzusehen.

Antennenleitung (**81**.1). Hausschutzräume sind mit einer Antennen-Wanddurchführung auszustatten.

Antenne und Elektroanschluß werden mit je einer handelsüblichen Kabeldurchführung ca. DN 12 für durchgehende Leitungen luftdicht in der Schutzraum-Außenwand installiert.

1.8.2 Lüftungsanlagen

Hausschutzräume sind so auszuführen, daß das Eindringen verunreinigter Außenluft verhindert werden kann.

Alle planmäßigen Öffnungen, wie Schleusentüren, Abschlußklappen, Filterraum und Überdruckventile sind luftdicht verschließbar.

Schutzräume müssen eine Anlage für Normal- und Schutzlüftung erhalten (**80**.1). Sie werden nachfolgend für Schutzraumgrößen bis 25 Personen beschrieben.

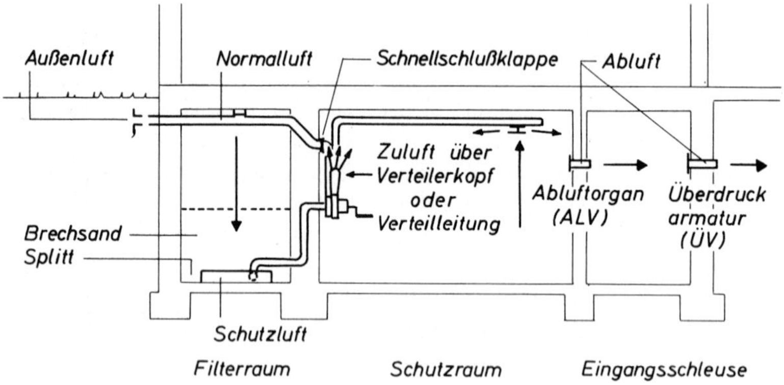

80.1 Hausschutzraum, Belüftung und Luftführung

Die Anlage soll bei Normallüftung eine Außenluftrate von etwa 150 l/min je Schutzplatz und bei Schutzlüftung eine Außenluftrate von mindestens 30 l/min je Schutzplatz fördern. Damit wird im Normalluftfall ein etwa 10facher und im Schutzluftfall ein etwa 2facher Luftwechsel/Stunde erreicht.

Die Lüftungsanlage muß auch von Hand betrieben werden können.

Normallüftung (**81**.1). Die Außenluft fließt als Normalluft durch Abschlußsieb, Ansaugleitung, Filterabzweigstück, Normalluftansaugleitung, Schnellschlußklappe und Lüftungsgerät in den Schutzraum. Die Luft verläßt den Raum aus dem Abortraum als Fortluft durch Siebabdeckung, Überdruckventil, Fortluftleitung und Abschlußsieb direkt ins Freie oder in einen Nebenraum.

Die Abluft wird außerdem durch Siebabdeckung, Abluftventil, Abluftleitung und Abschlußsieb in die Schleuse und von dort als Fortluft durch die Außenwand über ein weiteres Überdruckventil (**82**.1) nach außen geführt.

Die Ansaugöffnung soll außerhalb des Bereichs von Gebäuden liegen. Sie soll von Austrittsöffnungen für Abluft möglichst weit entfernt sein.

Alle Rohre und Armaturen der Normallüftung werden in DN 100 ausgeführt.

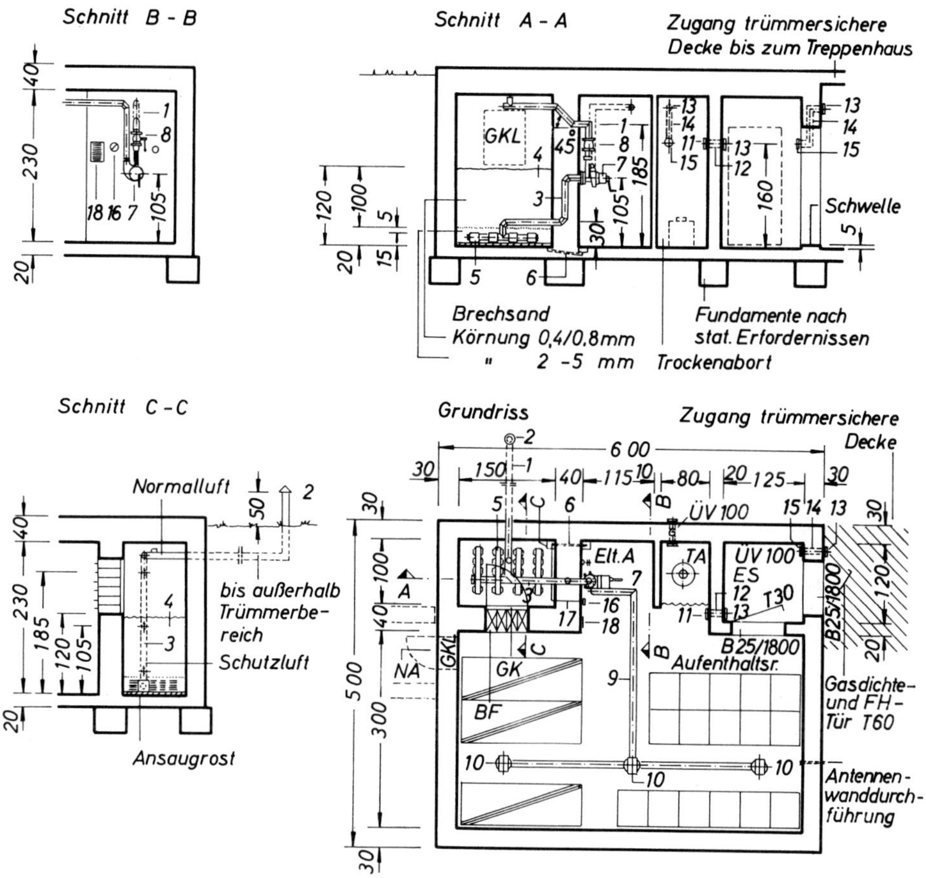

81.1 Hausschutzraum für 25 Personen (M 1:115)

1 Ansaugleitung für die Außenluft DN 100
2 Abschlußsieb ASS 100
3 Ansaugleitung für Schutzluft DN 100
4 Filtersand 1,5 m^3, 0,4/0,8 mm
5 Ansaugrost 750
6 Entwässerung DN 25
7 Kombiniertes Normal- und Schutzlüftungsgerät LW 3,75/0,75
8 Schnellschlußklappe SK 100
9 Zuluftverteilleitung DN 100
10 Zuluftventil ZV 100 bzw. ZVA
11 Fortluft- bzw. Zuluftventil ALV 100
12 Zuluftleitung DN 100
13 Abschlußsieb ASS 100
14 Fortluftleitung DN 100
15 Überdruckventil ÜV 100 mit Siebabdeckung Sr 100
16 Raumüberdruckmesser
17 Meßleitung
18 Bedienungsanleitung

BF Betonformsteine ES Eingangsschleuse GK gasdichte Abschlußklappe GKL Gasklappe
NA Notausstieg TA Trockenabort

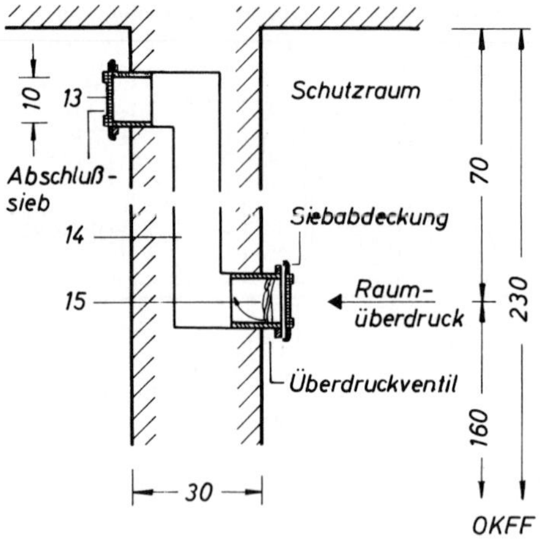

82.1 Hausschutzraum, Einbau eines Überdruckventiles in eine Schutzraumumfassungswand (M 1:20)
13 Abschlußsieb ASS 100
14 Fortluftleitung DN 100
15 Überdruckventil ÜV 100 mit Siebabdeckung Sr 100

Schutzlüftung (**81**.1). Die Außenluft fließt als Normalluft wie vorher beschrieben zum Filterabzweigstück, dann jedoch, wegen der geschlossenen Schnellschlußklappe, durch Brechsand und Ansaugrost unter den Filter. Vom Rost wird die Luft als Schutzluft durch ein Verbindungsstück und Schutzluftansaugleitung zum kombinierten Normal- und Schutzlüftungsgerät geführt.

Ein elastisches Rohrverbindungsstück liegt zwischen Schnellschlußklappe und Lüftungsgerät.

Alle Rohre und Armaturen der Schutzlüftung werden in DN 100 ausgeführt.

Hausschutzräume bis 25 Schutzplätze erhalten eine Lüftungsanlage mit 3,75 m^3/min Leistung im Normalluftfall und 0,75 m^3/min im Schutzluftfall.

Sandhauptfilter (**80**.1 und **81**.1). In Schutzräumen bis zu 25 Schutzplätzen ist ein Sandhauptfilter mit einem Inhalt von 1,5 cbm Brechsand 0,4 bis 0,8 mm anzuordnen.

Die Schütthöhe des Sandes soll 1,00 m betragen und 5 cm über dem Filterrost beginnen.

Das Rost ist bis zu einer Höhe von 5 cm über Oberkante mit handelsüblichem Splitt 2 bis 5 mm abzudecken.

Unter dem Ansaugrost des Filterraumes ist ein Sandfänger für Filterentwässerung mit Anschluß zum Aufstecken DN 25 und Sandfilterentwässerungsrohr DN 25 zu installieren.

Luftverteilung (**81**.1). Wenn im Schutzraum keine gleichmäßige Durchlüftung gewährleistet ist, muß eine nicht immer erforderliche Zuluftverteilungsleitung vorgesehen werden.

Die an der Decke geführten und sich verzweigenden Luftverteilungsleitungen aus Hart-PVC DN 100 beginnen am Lüftungsgerät.

In der Leitung sind mit Abständen von 2 m und bis 1 m vor Wänden zur Luftverteilung Tellerventile anzuordnen.

1.9 Technische Regeln

Deutsche Normen

DIN 18011 Stellflächen, Abstände und Bewegungsflächen im Wohnungsbau (03.67)
DIN 18012 Hausanschlußräume, Planungsgrundlagen (06.82)
DIN 18015 T. 1 Elektrische Anlagen in Wohngebäuden; Planungsgrundlagen (03.92)
DIN 18015 T. 2 Elektrische Anlagen in Wohngebäuden; Art und Umfang der Mindestausstattung (11.84)

DIN 18017	T. 1 Lüftung von Bädern und Toilettenräumen ohne Außenfenster; Einzelschachtanlagen ohne Ventilatoren (02.87)
DIN 18017	T. 3 Lüftung von Bädern und Toilettenräumen ohne Außenfenster, mit Ventilatoren (04.88)
DIN 18022	Küchen, Bäder und WCs im Wohnungsbau; Planungsgrundlagen (11.89)
DIN 18025	T. 1 Barrierefreie Wohnungen; Wohnungen für Rollstuhlbenutzer; Planungsgrundlagen (12.92)
DIN 18025	T. 2 Barrierefreie Wohnungen; Planungsgrundlagen (12.92)
DIN 19643	Aufbereitung und Desinfektion von Schwimm- und Badebeckenwaser (04.84)
DIN 66354	Kücheneinrichtungen; Formen, Planungsgrundsätze (12.86)
DIN 68881	T. 1 Begriffe für Küchenmöbel; Küchenschränke (02.79)
DIN 68901	Kücheneinrichtungen; Koordinationsmaße für Küchenmöbel, Küchengeräte, Spülen und Dekorplatten (01.86)
DIN 68904	Kücheneinrichtungen; Sanitärarmaturen, Begriffe (09.76)
DIN 68905	Kücheneinrichtungen; Lüftungsgeräte, Begriffe (02.77)
DIN 68935	Koordinationsmaße für Badmöbel, Geräte und Sanitärobjekte (11.82)

DIN-VDE-Normen

DIN VDE 0100	T. 701	Errichten von Starkstromanlagen mit Nennspannungen bis 1000 V; Räume mit Badewanne oder Dusche (VDE-Bestimmung) (05.84)
DIN VDE 0100	T. 702	Errichten von Starkstromanlagen mit Nennspannungen bis 1000 V; Überdachte Schwimmbäder (Schwimmhallen) und Schwimmbäder im Freien (06.92)
DIN VDE 0100	T. 703	Errichten von Starkstromanlagen mit Nennspannungen bis 1000 V; Räume mit elektrischen Sauna-Heizgeräten (06.92)

GUV-Regelwerk Unfallverhütung

GUV 16.9	Sicherheitsregeln für Küchen (12.88)

VDI-Richtlinien

VDI 2085	Lüftung von großen Schutzräumen (09.71)
VDI 2089	Blatt 1 Heizung, Raumlufttechnik und Brauchwasserbereitung in Hallenbädern (12.78)
VDI 2089	Blatt 2 Schwimmbäder; Wasseraufbereitung für Schwimmbeckenwasser (01.83)

2 Trinkwasserversorgung

2.1 Allgemeines

Eine Grundvoraussetzung beim Planen von Siedlungen und Einzelanwesen ist, daß Wasser in der notwendigen Güte und Menge auf eine wirtschaftlich tragbare Weise beschafft werden kann.

Größere Siedlungen und Städte benötigen zentrale Wasserwerke.

Einzelne Anwesen auf dem Lande müssen mit einer örtlichen Wasserversorgung auskommen.

Die Anforderungen an eine Trinkwasserversorgung sowie Planung, Bau und Betrieb dieser Anlagen, sind in DIN 2000 und DIN 2001 ausführlich behandelt.

Trinkwasser. Es ist das wichtigste Lebensmittel, das nicht ersetzt werden kann.

Es muß gesund, keimarm, farblos, klar, kühl, geruchlos und wohlschmeckend sein. Der Gehalt an gelösten Stoffen soll sich in Grenzen halten.

Das Wasser soll möglichst keine Korrosionsschäden hervorrufen.

Trinkwasser sollte stets in genügender Menge und mit ausreichendem Druck zur Verfügung stehen.

Die Trinkwasserqualität muß von einem anerkannten chemischen Institut festgestellt und regelmäßig überprüft werden.

Der Kalkgehalt des Trinkwassers sollte zwischen 15 und 25°d, am besten bei 18°d liegen (Taf. **84**.1).

Die Temperatur des Trinkwassers soll 5 bis 15°C betragen.

Tafel **84**.1 Trinkwasser, Härtegrade[1])

Gesamthärte °d	Bezeichnung	Beurteilung	Geschmack
0... 4	sehr weich	geeignet	fade
> 4... 8 > 8...12	weich mittelhart	gut geeignet	angenehm
>12...18 >18...30	ziemlich hart hart	tragbar	angenehm
>30	sehr hart	ungeeignet	bleiig

[1]) 1°d = 1 deutscher Härtegrad

Wasserbedarf. Er kann örtlich sehr verschieden sein und ist auch von der Art der Abwasserbeseitigung abhängig.

Als Durchschnittsverbrauch je Kopf und Tag für alle Trink- und hauswirtschaftlichen Zwecke werden derzeit ca. 140 l angenommen.

Im Einzelfall rechnet man für Wohnungen ohne Bad 60 bis 80 l, mit Duschbad 80 bis 140 l und mit Wannenbad 120 bis 200 l.

Für Einzelzwecke sind etwa anzurechnen:

Trinken, Kochen, Reinigen je Kopf und Tag	30 bis 50 l
Wäsche je Kopf und Tag	20 bis 40 l
einmalige Klosettspülung	6 bis 12 l
1 Wannenbad	100 bis 200 l
1 Duschbad	35 bis 40 l
1 Stück Großvieh je Tag	50 l
1 Stück Kleinvieh je Tag	10 bis 15 l
1 qm Rasen oder Gehweg sprengen	1,5 l
1 PKW-Reinigung	100 bis 200 l

Für den Tageshöchstverbrauch sind das 1,5fache vorstehender Sätze, für den höchsten Stundenverbrauch 10% des mittleren Tagesverbrauchs anzunehmen.

Nichttrinkwasser. Es braucht für technische Zwecke oft nicht alle an Trinkwasser gestellten Anforderungen zu erfüllen, muß aber häufig besonders weich sein (Taf. **84**.1).

Die Zapfstellen sind durch Schilder „Kein Trinkwasser!“ zu kennzeichnen.

2.2 Trinkwassergewinnung

2.2.1 Örtliche Wassergewinnung

Als Folge des natürlichen Wasserkreislaufes (**85**.1) ist bei der örtlichen Trinkwassergewinnung Niederschlagswasser und Grundwasser zu unterscheiden.

Niederschlagswasser. Wo Grund- und Oberflächenwasser nicht zu erreichen oder unbrauchbar ist, wird Niederschlagswasser aufgefangen und in Zisternen gespeichert.

Als Auffangflächen sind Dächer mit harter Deckung oder andere hierzu vorbereitete Flächen geeignet.

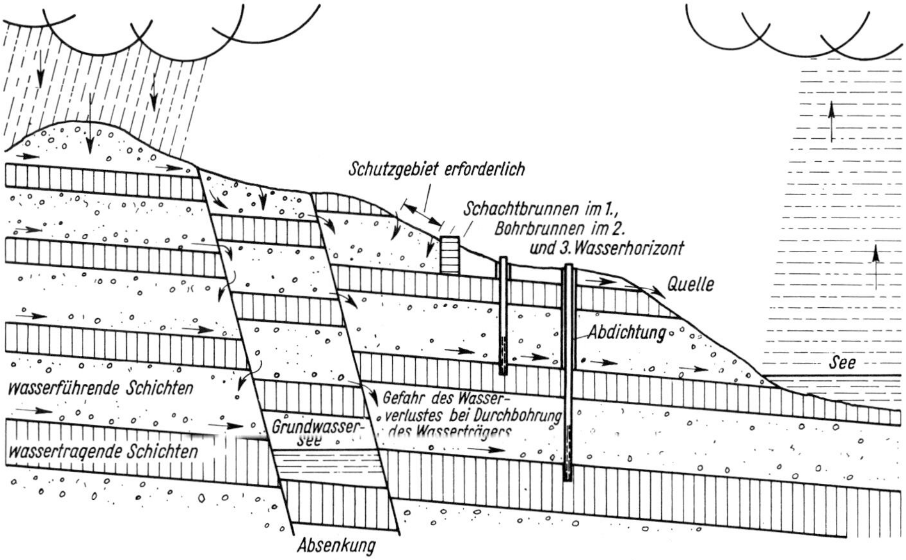

85.1 Wasserkreislauf

Zisternen sind unterirdische, im Freien unter einer Erdüberdeckung von ≧ 80 cm oder im Kellergeschoß untergebrachte Sammel- und Speicherbehälter aus Mauerwerk oder Beton.

Die drei zu unterscheidenden Bauarten sind die Zisterne mit Filterkammer und zweikammerigem Speicherraum, die amerikanische und die venezianische Zisterne.

Niederschlagswasser darf nur in Ausnahmefällen als Trinkwasser verwendet werden.

Das stets verschmutzte Wasser wird durch ein Sandfilter mechanisch gereinigt, ist nicht keimfrei und erst durch Abkochen genießbar.

Auch wegen der Gefahr der Verseuchung durch radioaktive Strahlung ist Zisternenwasser durch Grundwasser zu ersetzen.

Grundwasser. Etwa ein Viertel des auf die Erdoberfläche gelangenden Niederschlagswassers versickert im Erdboden und sammelt sich auf undurchlässigen Bodenschichten als Grundwasser.

Es kann durch Brunnen erschlossen werden oder tritt als Quellwasser, unter Druck auch als artesischer Brunnen, zutage (**85**.1).

Grundwasser liefert zu allen Jahreszeiten das beste Trinkwasser mit einer gleichmäßigen Temperatur von 5 bis 10 °C.

Brunnen sind senkrechte Anlagen zur Gewinnung des Grundwassers.

Sie müssen nach DIN 2001 von Abortgruben, Dungstätten, Schmutzwasserkanälen usw. ≧ 25 m entfernt sein, möglichst in entgegengesetzter Richtung zum Grundwasserstrom.

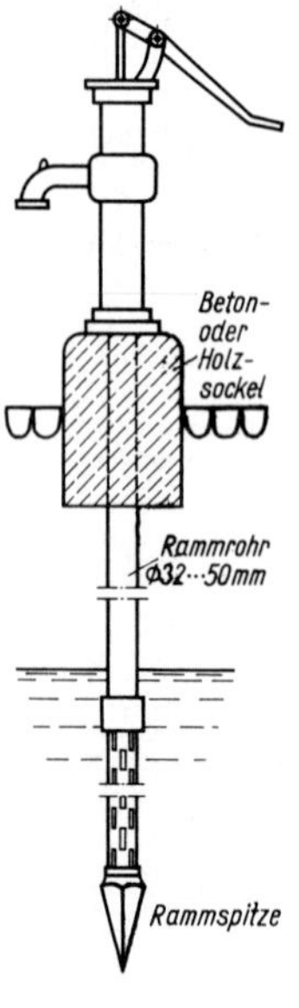

Je nach Verwendungszweck und vorhandener Grundwassertiefe sind Kessel- und Rohrbrunnen zu unterscheiden.

Kessel- oder Schachtbrunnen aus Beton- und Stahlbetonfertigteilen nach DIN 4034 T. 2 werden als Hausbrunnen bis zu 10 m Tiefe hergestellt. Sie sind bei geringem Wasserzufluß zu empfehlen (**85**.1).

Rohrbrunnen **90**.1 werden bei Grundwassertiefen von 5 bis 6 m billiger als Kesselbrunnen. Diese haben sie weitgehend verdrängt.

Es sind zwei Arten von Rohrbrunnen zu unterscheiden, der Rammbrunnen und der Bohrbrunnen.

Der Ramm- oder Abessinierbrunnen ist bei geringem Wasserbedarf für Einzelgehöfte, Wochenendhäuser und Gärten durchaus geeignet. Das mit Schlitzen und Rammspitze versehene Stahlfilterrohr nach DIN 4920 von DN 32 bis DN 50 wird bis zu 6 m tief in weichen Böden abgesenkt und dient gleichzeitig als Saugrohr der unmittelbar aufschraubbaren Kolbenpumpe (**86**.1).

Bohrbrunnen aus Stahlfilterrohren nach DIN 4920 von DN 32 bis DN 100 mit geschlossenem Filterboden sind bei größeren Tiefen, stärkerem Wasserbedarf und ungünstigen Böden vorzusehen (**85**.1).

Abarten des Bohrbrunnens sind wegen ihrer Filteranordnung der Gewebefilter-Rohrbrunnen und der Kiesschüttungsbrunnen.

86.1 Ramm- oder Abessinierbrunnen

Quellwasser. Als Quellwasser zutage tretendes Grundwasser wird für die Versorgung von Gehöften oder Einzelanwesen in einer Brunnenstube erfaßt (**87**.1).

Die Brunnenstube besteht aus Sammelbehälter, Einsteigschacht, Überlauf und Entleerung.

Die Quellfassung soll das Wasser gegen jede Verunreinigung schützen und gegen Einwirken der Außentemperaturen im Erdreich des Hanges liegen. Das unmittelbar oberhalb befindliche Gelände darf mit Gras eingesät und umpflanzt oder gepflastert, aber nicht landwirtschaftlich genutzt werden.

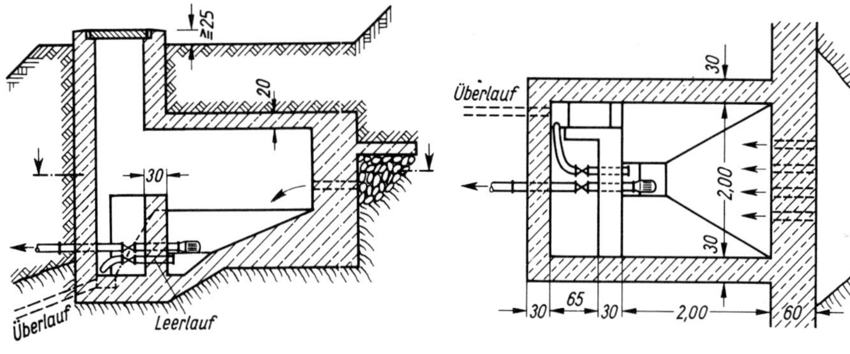

87.1 Quellfassung (M 1:100)

2.2.2 Zentrale Wassergewinnung

Als Folge des natürlichen Wasserkreislaufes (**85**.1) ist bei der zentralen Trinkwassergewinnung Oberflächenwasser und Grundwasser zu unterscheiden.

Oberflächenwasser. Das ist besonders Wasser aus Fließgewässern, aber auch Seen- und Talsperrenwasser.

Das Wasser ist stets mechanisch und bakteriologisch, oft chemisch verunreinigt und auch aus Gründen des Strahlenschutzes bedenklich.

Flußwasserwerke entnehmen das Rohwasser stets oberhalb des Versorgungsgebietes und der Einleitung unreiner Zuflüsse.

Seewasserwerke entnehmen das Rohwasser aus größerer Tiefe in einiger Entfernung vom Ufer an einer Stelle, wo Wellen und Schiffe den Seeboden nicht mehr aufwühlen.

Grundwasser. Für zentrale Wasserversorgungen ist es das beste Trinkwasser.

Grundwasser muß von seinem Gehalt an wasserlöslichen Eisenverbindungen befreit werden.

Grundwasserwerke (**87**.2) bestehen aus einer Reihe senkrecht zur Fließrichtung des Grundwasserstromes angeordneter Gewebefilter-Rohrbrunnen.

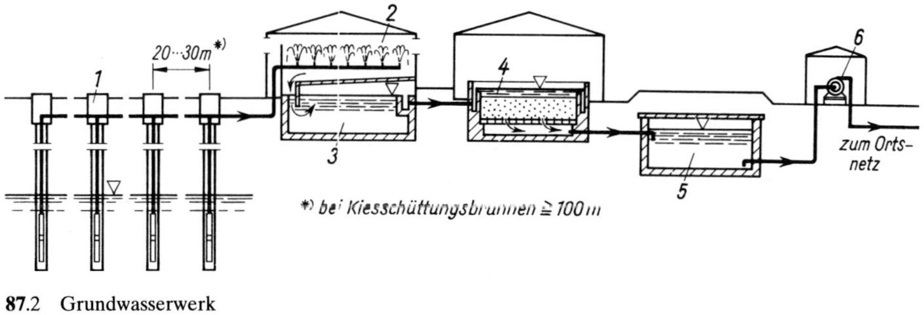

87.2 Grundwasserwerk

1 Rohrbrunnen mit Unterwasserpumpe, 2 Enteisenungsanlage, offen, mit 3 Absetzbecken, 4 Schnellfilter, 5 Reinwasserbehälter, 6 Reinwasserpumpe

Bei tief anstehendem Grundwasser erhält jeder Brunnen eine eigene Unterwasserpumpe, die eine gemeinsame Sammelleitung fördert. Der Eisenanteil des Wassers wird in Enteisenungsanlage und Absetzbecken ausgefällt, der Rest im Schnellfilter entfernt. Das im Reinwasserbehälter gespeicherte Trinkwasser wird schließlich ins Stadtnetz gepumpt. Ein zusätzlicher Hochbehälter kann sinnvoll werden.

Trinkwasser-Schutzgebiete. Zum Schutz des für die Trinkwasserversorgung beanspruchten Grundwassers wird das Einzugsgebiet jedes zentralen Grundwasserwerkes in drei verschiedene Schutzzonen eingeteilt.

Für sie gelten die im DVGW-Arbeitsblatt W 101 enthaltenen Richtlinien und Auflagen.

Zu unterscheiden sind:

Fassungsbereich (Zone I). Es ist die unmittelbare Umgebung der Fassungsanlage mit besonders strengen Vorschriften.

Engere Schutzzone (Zone II). Sie schließt sich an den Fassungsbereich an. Sie muß vor solchen Verunreinigungen geschützt werden, die nicht mit Sicherheit durch das Reinigungsvermögen des Untergrundes bis zum Eintritt in die Wasserfassung beseitigt werden.

Weitere Schutzzone (Zone III). Sie schließt sich an die engere Schutzzone an und reicht bis zur Grenze des Grundwasser-Einzugsgebietes. Sie ist vor allen Verunreinigungen zu schützen, die durch das Reinigungsvermögen des Untergrundes überhaupt nicht beseitigt werden.

2.2.3 Wasserförderung

Zur Förderung des Trinkwassers sind Pumpen erforderlich, die nach Antriebskraft, Bauart, Betriebssicherheit und Anlagengröße auszuwählen sind.

Bei kleinen und mittleren Anlagen muß die Pumpe gewöhnlich dem größten Wasserbedarf dienen.

Große Anlagen haben meist mehrere Pumpen.

Kolbenpumpen. Sie werden als Saug-, Druck- oder Saug- und Druckpumpen hergestellt.

Saugpumpen arbeiten nach dem Heberprinzip. Sie haben eine größte Saughöhe von 6 bis 7 m.

Druckpumpen werden, wenn die Saughöhe zu groß wird, als Tiefenbrunnenpumpen verwendet.

Saug- und Druckpumpen sind dann angebracht, wenn das Wasser eine bestimmte Förderhöhe erreichen soll und die Saughöhe zur Aufstellung der Pumpe genügt.

Die Pumpen werden für Handbetrieb (**86**.1), aber auch für den Antrieb durch Elektro- oder Verbrennungsmotor verwendet.

Kolbenpumpen dienen zum Heben kleiner Wassermengen bei großer Förderhöhe, die, in m gerechnet, das 30- bis 50fache der Fördermenge in l/s betragen kann.

Kreiselpumpen. Sie werden mit waagerechter und senkrechter Achse in zahlreichen Ausführungsarten und allen Größen für jede Leistung, für Kalt- und Heißwasser, schnell- und langsamlaufend, gebaut.

Ein schnell rotierendes Schaufelrad saugt das Wasser aus dem Saugrohr an und schleudert es durch die Zentrifugalkraft in die Druckleitung.

Trotz des gegenüber der Kolbenpumpe schlechteren Wirkungsgrades mit einer Saughöhe nicht über 5 bis 6 m werden Kreiselpumpen vor allem für größere Wassermengen und kleinere Förderhöhen angewendet, weil sie billiger sind, weniger Platz beanspruchen und einfacher gebaut sind.

Anders als bei Kolbenpumpen steigt bei Kreiselpumpen der Förderstrom mit sinkender Förderhöhe und umgekehrt.

Unterwasserpumpe. Sie ist eine Abart der Kreiselpumpe, die aus tief anstehendem Grundwasser fördert (**87**.2).

Die mit einem Unterwasser-Elektromotor zusammengebaute Pumpe wird bis in das Grundwasser abgesenkt und drückt das angesaugte Wasser durch ein Steigrohr nach oben.

Wasserstrahlpumpen. Mit diesen Pumpen entwässert man gelegentlich Keller, deren Sohle tiefer als die Abwasserkanalisation liegt (s. Abschnitt 2.5.6).

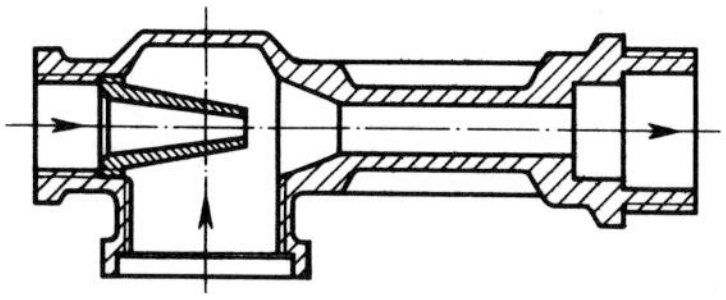

89.1 Wasserstrahlpumpe

Der Wasserstrahl einer Druckwasserleitung erzeugt in einer Düse (**89**.1) einen kräftigen Unterdruck, saugt das zu fördernde Wasser an und reißt es mit in die Steigleitung.

Weitere Hinweise hierzu in DIN 1988 T. 4.

2.3 Örtliche Trinkwasserversorgung

Fehlt eine öffentliche Wasserversorgung, muß das Trinkwasser einem auf dem Grundstück zu errichtenden Brunnen entnommen werden.

Die Eigenwasserversorgung kommt nur für einzelstehende Gebäude, wie Landhäuser, Aussiedlerhöfe und Ausflugsgaststätten in Frage, oder wenn in Gewerbebetrieben, z. B. Gärtnereien, mit eigenem Brunnen Kosten gespart werden sollen.

Am besten ist ein Rohrbrunnen so anzuordnen, daß sein Rohr notfalls gezogen werden kann (**90**.1).

Alle Leitungen im Freien sind frostsicher zu verlegen.

Druckluft-Hauswasserversorgungsanlagen. Sie arbeiten vollautomatisch und sind mit einem Druckkessel nach DIN 4810 oder einem Membrandruckbehälter ausgestattet.

Eine elektrische Kreiselpumpe pumpt das Wasser aus einem Brunnen in einen meist stehend angeordneten, geschlossenen Druckwasserbehälter. Dabei wird die im Behälter befindliche Luft zusammengepreßt, wodurch das Wasser zu den einzelnen Entnahmestellen weiterbefördert wird.

Ein automatischer Druckschalter schaltet die Pumpe bei Erreichen der gewählten Ein- und Ausschaltdrücke selbsttätig ein und aus.

Der Einschaltdruck muß das Wasser 2 bis 5 m über die höchste Zapfstelle drücken, der Ausschaltdruck soll 1 bis 1,5 bar, bei größeren Anlagen 2 bis 3 bar über dem Einschaltdruck liegen.

Der erforderliche Gesamtinhalt des Druckkessels kann Tafel **90**.2 entnommen werden.

Hauswasserversorgungsanlagen werden frostsicher, kühl und trocken am zweckmäßigsten in einem Kellerraum aufgestellt (**90**.1).

Pumpenleistung und Strombedarf sind nach den örtlichen Verhältnissen durch den Fachmann zu bestimmen. Bei Anlagen mit Saugleitungen von $\leqq 15$ m und Druckleitungen $\leqq 30$ m Länge kann der Rohrquerschnitt gleich der Weite des Pumpenanschlusses gewählt, bei längeren Rohrleitungen muß er berechnet werden.

Für kleinste Leistungen gibt es Anlagen aus zusammengebauten Pumpenaggregaten und Druckkesseln mit besonders kleinem Platzbedarf. Große Anlagen (s. auch Abschnitt 2.7) erhalten teilweise 2 durch Rohrleitungen verbundene Kessel.

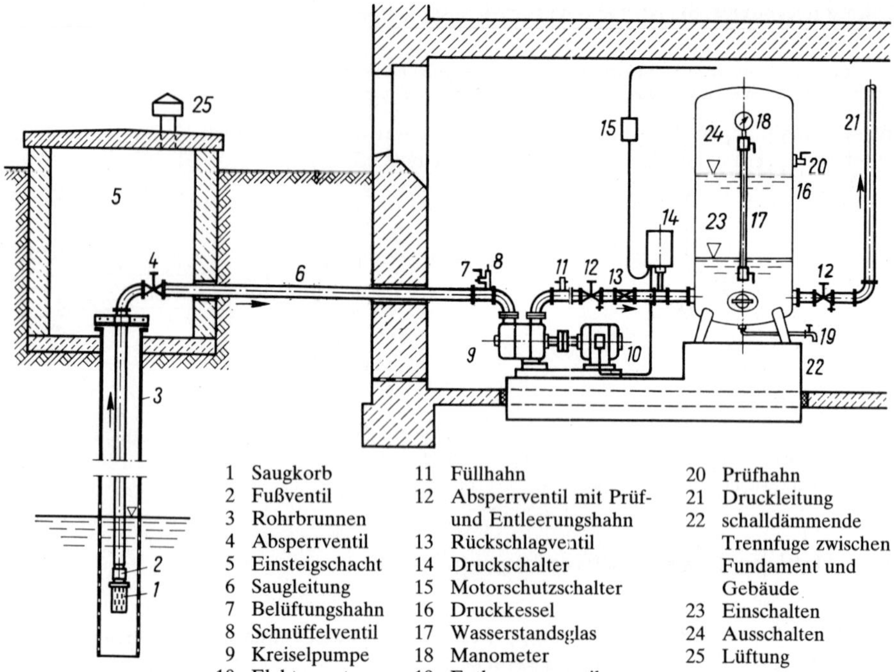

1 Saugkorb
2 Fußventil
3 Rohrbrunnen
4 Absperrventil
5 Einsteigschacht
6 Saugleitung
7 Belüftungshahn
8 Schnüffelventil
9 Kreiselpumpe
10 Elektromotor
11 Füllhahn
12 Absperrventil mit Prüf- und Entleerungshahn
13 Rückschlagventil
14 Druckschalter
15 Motorschutzschalter
16 Druckkessel
17 Wasserstandsglas
18 Manometer
19 Entleerungsventil
20 Prüfhahn
21 Druckleitung
22 schalldämmende Trennfuge zwischen Fundament und Gebäude
23 Einschalten
24 Ausschalten
25 Lüftung

90.1 Druckluft-Hauswasserversorgung, Schemadarstellung (M 1:50)

Tafel **90**.2 Hauswasserwerke

<table>
<tr><th rowspan="2">Verbrauchergruppe</th><th rowspan="2">Bedarf (mittlere Fördermenge)
l/h</th><th colspan="3">Druckbehälter nach DIN 4810</th></tr>
<tr><th>Inhalt
l</th><th>Durchmesser
cm</th><th>Höhe mit Füßen
cm</th></tr>
<tr><td>Wochenendhäuser</td><td>1 300</td><td>150</td><td>45</td><td>128</td></tr>
<tr><td>Einfamilienhäuser</td><td>1 800</td><td rowspan="2">300</td><td rowspan="2">55</td><td rowspan="2">163</td></tr>
<tr><td>kleinere Mehrfamilienhäuser</td><td rowspan="2">2 500</td></tr>
<tr><td>kleine bis mittlere landwirtschaftliche Anwesen
kleinere Gärtnereien</td><td rowspan="2">500</td><td rowspan="2">65</td><td rowspan="2">188</td></tr>
<tr><td>größere Mehrfamilienhäuser</td><td rowspan="2">5 000</td></tr>
<tr><td>Gemeinschaftsversorgung mehrerer Siedlungshäuser
größere landwirtschaftliche Anwesen
mittlere bis größere Gärtnereien</td><td>750</td><td>80</td><td>189</td></tr>
</table>

Zum Schutz gegen Pumpengeräusche sollen die großen Anlagen auf schwere, vom Gebäude durch federnde Dämmschichten getrennte Fundamente gesetzt werden. Es sollten nur langsam laufende Pumpen (≦ 1000 U/min) verwendet und diese mit elastischen Schläuchen oder Kompensatoren an die Rohrleitungen angeschlossen werden (**307**.1).

2.4 Öffentliche Trinkwasserversorgung

Jede an eine Sammelwasserversorgung angeschlossene Leitungsanlage muß DIN 1988 T. 1 bis 8, „Technische Regeln für Trinkwasser-Installationen (TRWI), entsprechen. Sie umfaßt die Anschlußleitung von der Versorgungsleitung bis zum Wasserzähler (Übergabestelle), Wasserzähleranlage mit Absperr- und Prüfvorrichtungen, und Verbrauchsleitungen, die aus Verteilungs-, Steig- und Stockwerksleitungen sowie Einzelzuleitungen bestehen.

Verbrauchsleitungen sind alle der Wasserzähleranlage bzw. Hauptabsperrarmatur nachgeschalteten Leitungen (**97**.1).

Das Herstellen oder Abändern einer Trink- oder Nichttrinkwasser-Versorgungsanlage ist durch das Wasserversorgungsunternehmen (WVU) zu genehmigen.

Soweit dies nach Rücksprache gefordert wird, sind an Plänen und Unterlagen vor Baubeginn vorzulegen:
Lageplan des Grundstückes mit Anschlußleitung,
Kellergeschoßgrundriß sowie Geschoßgrundrisse mit Leitungsführung,
Leitungsschema mit Angabe der Art, Zahl und Nennweite der Entnahmestellen sowie der Nennweite der Rohre sowie
Rohrnetzberechnung mit Angabe der Streckenlängen, Nennweiten, Bauhöhe und berechneten Druckverluste der Rohre.

Für die zeichnerische Darstellung der Leitungspläne sind die graphischen Symbole der DIN 1988 T. 1 zu verwenden (Taf. **92**.1).

Die technischen Begriffe zur Wasserversorgung sind in DIN 4046 ausführlich beschrieben.

2.4.1 Anschlußleitung

Alle Wasserversorgungsanlagen, denen ständig hygienisch einwandfreies Trink- oder Nichttrinkwasser entnommen werden soll, müssen DIN 1988 entsprechen.

Dies gilt auch für vorübergehend angeschlossene Anlagen, wie Bauwasserversorgungen, reine Sprengleitungen auf Sportplätzen und ähnlichen Einrichtungen.

Jedes Grundstück erhält stets eine eigene Anschlußleitung, die von der Straßenhauptleitung über ein Formstück abzweigt.

Ein späterer Anschluß kann mit einer Anbohrschelle (**91**.1 und **97**.1), einer Anbohrarmatur nach DIN 3543 T. 1, 2 und 4, mit oder ohne Betriebsunterbrechung hergestellt werden.

91.1 Hausanschluß für Stahlrohr-Anschlußleitung DN 25 bis DN 40 (M 1:50)
Versorgungsleitung unter Gehweg
Wasserzähleranlage im Hausanschlußraum

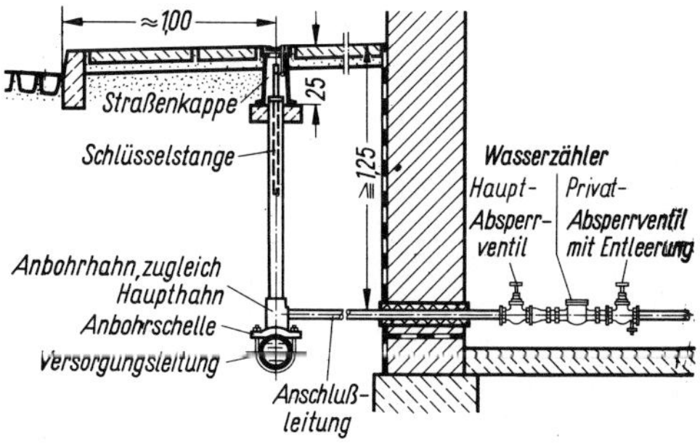

In jede Anschlußleitung ist auf der Straße, möglichst nahe der Versorgungsleitung, eine Absperrvorrichtung mit Gestänge und Straßenkappe (**91**.1) einzubauen und durch ein Hinweisschild nach DIN 4067 (**94**.1) zu kennzeichnen.

Tafel **92**.1 Benennungen und graphische Symbole für Trinkwasser-Leitungsanlagen nach DIN 1988 T.1 (Auszug)

Benennung	Symbol
Trinkwasserleitung kalt, z. B. DN 80	TW 80
Trinkwasserleitung warm (W), z. B. DN 50	TWW 50
Trinkwasserleitung, Zirkulation (Z), z. B. DN 40	TWZ 40
elektrische Trennung, Isolierstück	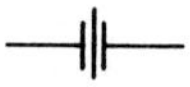
Potentialausgleich, Erdung	
Wand- oder Deckendurchführung, mit Schutzrohr	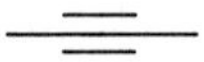
Wand- oder Deckendurchführung, mit Schutzrohr und Abdichtung (Mantelrohr)	
Absperrarmatur, allgemein	
Absperrschieber	
Absperrventil, Durchgangsventil	
Eckventil	
Dreiwegeventil	
Durchgangshahn	
Anbohrschelle (z. B. seitlich)	
Ventilanbohrschelle (z. B. oben)	
Druckminderer, Druckminderdurchgangsventil	
Auslaufventil, Entleerungsventil	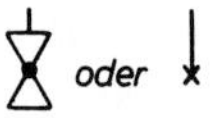
Wandbatterie	
Standbatterie	
Spülkasten	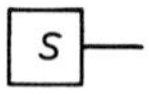
Brause	
Schlauchbrause	
Druckspüler	
Rohrbe- und -entlüfter	
Rohrbe- und -entlüfter mit Tropfwasserleitung	
Rohrbelüfter	
Rückflußverhinderer	
Durchgangsventil mit Rückflußverhinderer	
Auslaufventil mit Belüfter und Schlauchverschraubung	
Auslaufventil mit Rückflußverhinderer, Belüfter und Schlauchverschraubung	

Tafel **92**.1 (Fortsetzung)

freier Auslauf, Systemtrennung	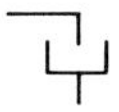
Rohrtrenner	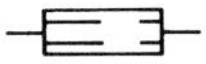
Sicherheitseckventil, federbelastet	
Enthärtungsanlage, Entsalzungsanlage	
Filter	
Pumpe	
Druckerhöhungsanlage, z. B. 30 m³/h Förderleistung, Ein- und Ausgangsdrücke in bar	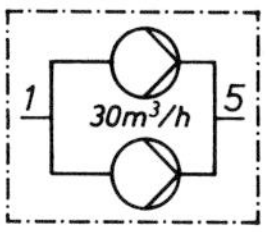
Waschmaschine	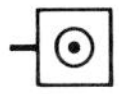
Geschirrspülmaschine	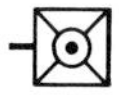
Volumenzähler, Wasserzähler	
Anschluß für Meßgerät	
Druckmeßgerät	
Behälter, drucklos, offen, mit Überlauf	
Behälter, drucklos, geschlossen, mit Überlauf und Be- und Entlüftung	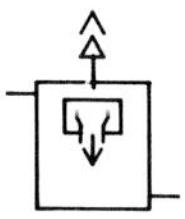
Druckbehälter	

Wassererwärmer allgemein	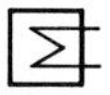
Druckbehälter mit Luftpolster	
Trinkwassererwärmer, unmittelbar beheizt (zusätzlich z. B.: G = Gas, K = Kohle, E = elektrisch, Oe = Öl beheizt)	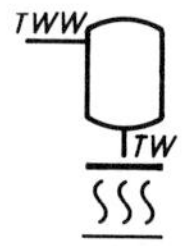
Trinkwassererwärmer, mittelbar beheizt, Trinkwasser im Behälter	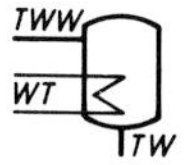
Löschwasserleitung, naß	F
Löschwasserleitung, naß-trocken	FNT
Löschwasserleitung, trocken	FT
Sprinklerleitung	F SPR
Sprinkleranlage	
Sprühflutanlage	
Feuerlösch-Schlauchanschlußeinrichtung (Wandhydrant) (WH)	
Unterflurhydrant (UH)	
Überflurhydrant (ÜH)	
Trichter	
Wasserstrahlpumpe	
Platzbedarf für Apparat oder Anlage	

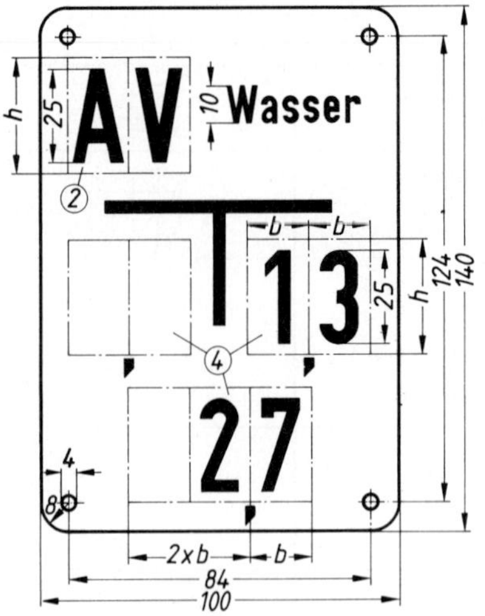

94.1 Hinweisschild für Anschlußleitung nach DIN 4067 (M 1 : 2,5)

AV Absperrventil der Anschlußleitung (weiße Schrift auf blauem Grund)
2 Kurzzeichen des Leitungsbauteiles
4 Entfernungsangabe in Meter nach links oder rechts und/oder nach vorne

Die Anschlußleitung wird im allgemeinen auf dem kürzesten Weg geradlinig mit Steigung zum Gebäude und rechtwinklig zur Grundstücksgrenze mit 1,2 bis 1,50 m Erddeckung frostfrei verlegt (**76**.1, Tafel **76**.2 und **91**.1).

Von Grundstücks-Entwässerungsleitungen oder -Anlagen muß die Anschlußleitung mindestens 1,0 m entfernt bleiben.

Die Leitung darf nicht überbaut werden und muß jederzeit freizulegen sein.

Die Anschlußleitung darf weder über ein Nachbargrundstück führen noch es mitversorgen.

Als Werkstoffe kommen für die im Erdreich zu verlegenden Anschlußleitungen bis DN 40 verzinktes oder korrosionsschutzbeschichtetes Stahlrohr, bejutet und asphaltiert, und über DN 40 gußeisernes Druckrohr zur Ausführung. Heutige Anschlußleitungen bestehen vorrangig aus dem schmiegsamen Polyethylenrohr (s. auch Abschnitt 2.5.3).

Die Anschlußleitung muß in einem frostfreien zugänglichen Raum nach DIN 18012, Wasserzählerschacht nach DVGW-Arbeitsblatt W 355 oder Wasserzählerschrank münden.

Hauseinführung. Für die Anschlußleitung ist in der Außenwand des Gebäudes eine Öffnung vorzusehen, die später unter Verwendung eines Futterrohres aus Stahl oder Grauguß mit Dichtungsstrick und einem elastischen Dichtungsmaterial verschlossen werden muß (**94**.2).

94.2 Durchführung einer Wasserleitung durch eine Außenwand

1 Wasserleitung
2 Korrosionsschutzbinde
3 elastische Dichtungsmasse
4 Schutzrohr
5 Dichtungsstrick
6 Mauerdurchbruch, mit Beton geschlossen

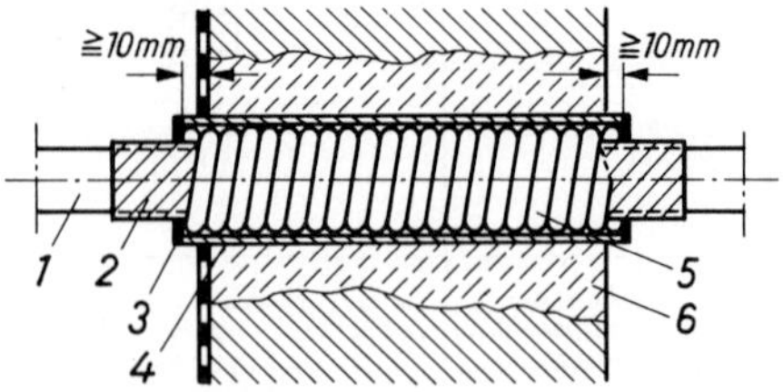

Die Hauseinführung einer Polyethylen-Hausanschlußleitung veranschaulicht Bild **95**.1

Die Lichtweite des Futterrohres muß mindestens 20 mm größer sein als der äußere Durchmesser des Leitungsrohres.

Innerhalb des Schutzrohres darf keine Rohrverbindung liegen.

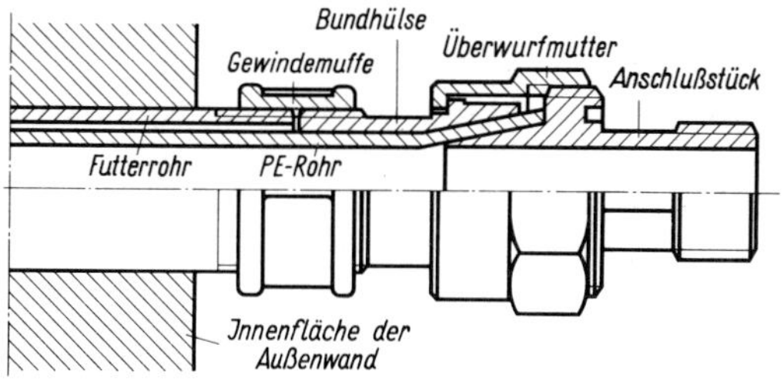

95.1 Hauseinführung einer Polyethylen-(PE-)Anschlußleitung (M 1:2,5)

Die Abdichtung muß wasser- und gasdicht, elastisch und korrosionsfest ausgeführt werden.

Eine wasser- und gasdichte Rohrführung mit zweiseitig elastischer Verlegung der Rohrleitung durch Wand oder Decke für hohe Beanspruchung und Abmessungen in DN 50 bis DN 200 zeigt Bild **95**.2.

Die Nennweite der Anschlußleitung sowie den Ort ihrer Einführung in Grundstück und Gebäude bestimmt das WVU, das diese Leitung in der Regel selbst verlegt.

Die Mindestnennweite für Anschlußleitungen beträgt DN 25.

Für das Einführen von Trinkwasser-Anschlußleitungen in Gebäude ist ein Hausanschlußraum (**76**.1) nach DIN 18012 vorzusehen (s. Abschnitt 1.7).

Die Anschlußleitung endet vor der Hauptabsperrarmatur (**91**.1 und **97**.1).

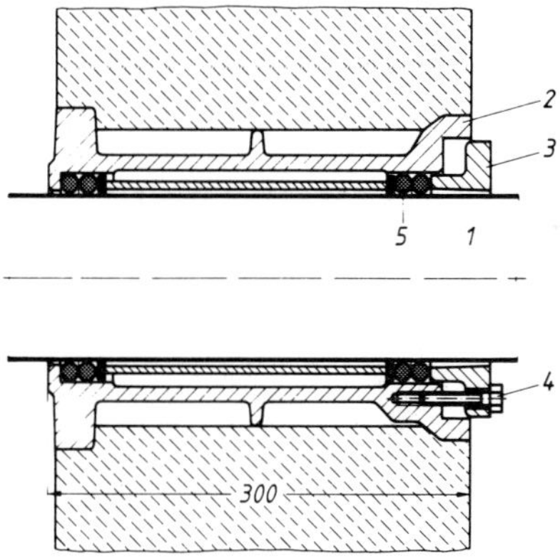

95.2 Elastische Rohrführung DUPLEX (Guß- und Armaturwerk Kaiserslautern)
1 Rohrleitung
2 Rohrführung
3 Spannbuchse auf der zugänglichen Mauerwerksinnenseite
4 Spannschraube
5 Gummidichtring, Dicke entsprechend der Rohrart

2.4.2 Wasserzähleranlage

Eine Wasserzähleranlage besteht, in Fließrichtung gesehen, aus Absperrarmatur (Hauptabsperreinrichtung), Wasserzähler, längenveränderliches Ein- und Ausbaustück, Absperrarmatur und Rückflußverhinderer.

Kaltwasserzähler werden vom WVU möglichst im Hausanschlußraum (**76**.1) des Gebäudes unmittelbar hinter der Gebäudeeinführung waagerecht und frostgeschützt so eingebaut, daß sie leicht abgelesen, überprüft und ausgewechselt werden können.

Hauswasserzähler für kaltes Wasser werden meistens als Flügelradzähler mit 3 bis 20 m^3/h Nenngröße hergestellt. Die Größe bestimmt das WVU. Sie sind für den Einsatz in waagerechten Leitungen gebaut.

Steigrohrwasserzähler nach DIN 19648 T. 3 mit 2,5 bis 10 m^3/h Nenndurchfluß werden nur in Sonderfällen verwendet.

Ein neu entwickelter Hauswasserzähler mit vollelektronischer Meßkapsel ist den herkömmlichen Wasserzählern an Genauigkeit überlegen. Er ist für Auf- oder Unterputzmontage im Handel und kann waagerecht oder senkrecht installiert werden.

Zum Auswechseln benötigt man vor dem Zähler ein Absperrventil und nach dem Zähler ein Absperrventil mit Entleerung (**76**.1 und **91**.1).

Nach dem Privat-Absperrventil ist ein Rückflußverhinderer (**131**.1) einzubauen. Ist der Rückflußverhinderer mit Absperrventil und Entleerung kombiniert, gehört er zur Wasserzählanlage (**97**.1).

Die Leitungen sollen zum Einbau des Zählers 3 bis 4 mm nachgeben (**96**.1), oder es müssen Wasserzähleranschlußplatten oder -bügel eingebaut werden.

Wird die Wasserleitung innerhalb von Gebäuden zum elektrischen Potentialausgleich herangezogen, muß sie unmittelbar hinter dem Wasserzähler durch ein NYY-Kabel von 16 mm^2 Cu-Querschnitt mit dem Nulleiter der Hauptleitung oder dem Schutzleiter verbunden werden (**372**.1).

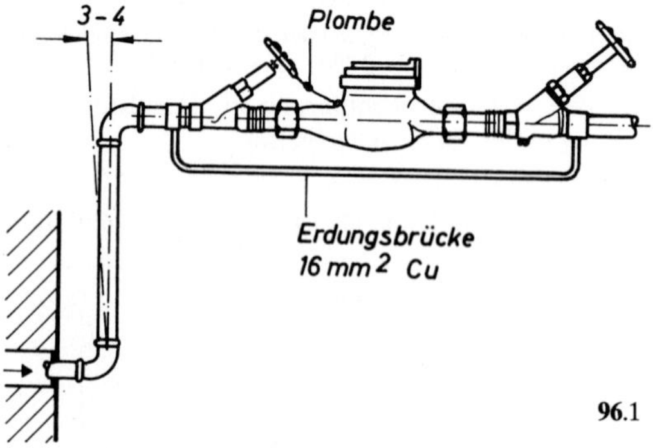

96.1 Wasserzählereinbau

Wasserzählerschächte. Wasserzähler außerhalb des Hauses oder unterhalb der Kellersohle, bei nicht unterkellerten Gebäuden unterhalb der Bodenplatte, erfordern in Ausnahmefällen nach DIN 1988 T. 2 einen besonderen Wasserzählerschacht nach DVGW-Arbeitsblatt W 355 (**96**.2).

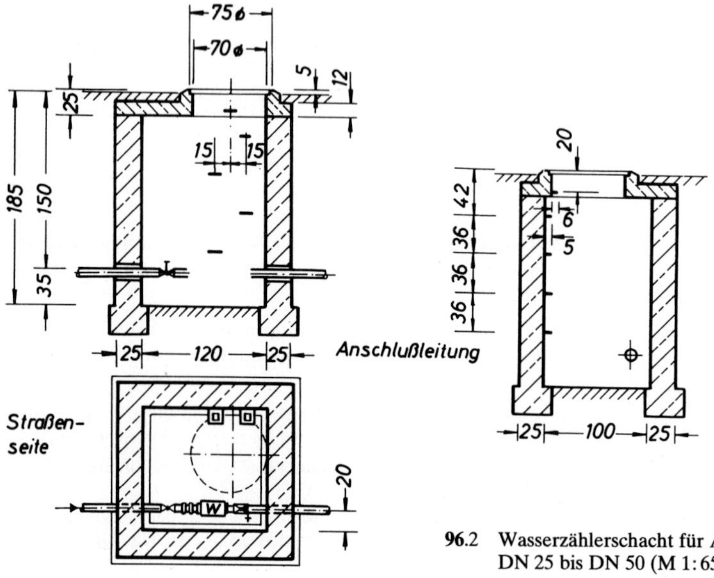

96.2 Wasserzählerschacht für Anschlußleitungen DN 25 bis DN 50 (M 1:65).

Für Anschlußleitungen bis DN 40 sind die Mindestlichtmaße mit 1,2 × 1,0 m bei 1,8 m Höhe, Einsteigöffnungen mit 0,7 × 0,7 m oder ∅ 0,7 m, zu berücksichtigen.

Die Schächte sollen außerhalb von Verkehrsflächen angeordnet werden und müssen über Steigeisen, Treppen oder Leitern leicht zugänglich sein. Sie sind gegen das Eindringen von Wasser und Schmutz zu schützen, zu entwässern, und mit verkehrssicheren Deckeln abzudecken.

Die Wasserzähleranlage muß vom Schachtboden einen Abstand von mindestens 35 cm haben.

Durch Wasserzählerschächte dürfen Abwasserleitungen nicht, Gasleitungen und Stromkabel nur in Schutzrohren geführt werden.

2.5 Verbrauchsleitungen

2.5.1 Anordnung

Mit der Hauptabsperrarmatur und der Wasserzähleranlage beginnen die hauseigenen Innenleitungen, die Verbrauchsleitungen. Sie bestehen aus den Verteilungsleitungen im Kellergeschoß, den Steigleitungen und Stockwerksleitungen sowie Einzelzuleitungen und Zirkulationsleitungen (**97**.1).

Die erste Abzweigung soll mindestens 1 m hinter der Wasserzähleranlage liegen.

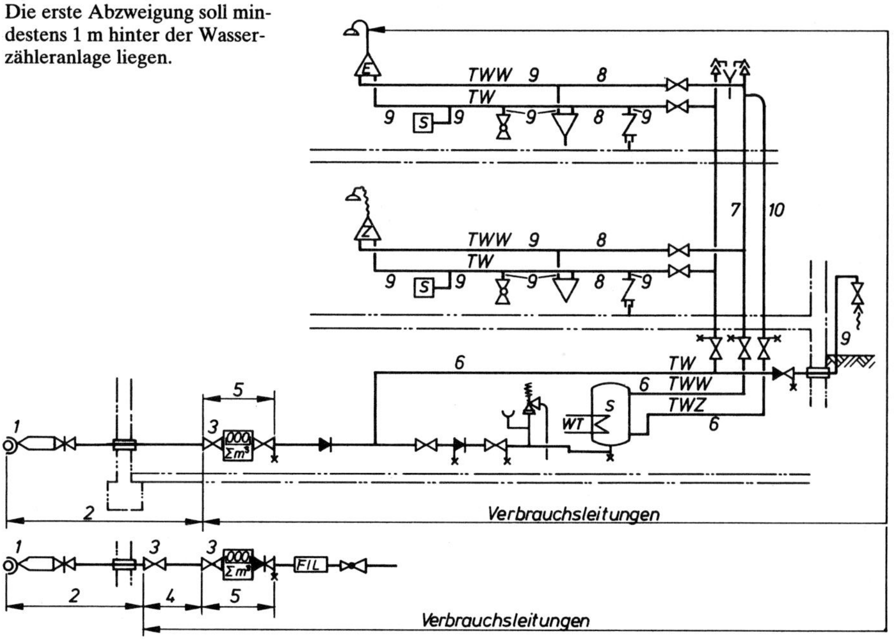

97.1 Darstellungsbeispiel für die Anwendung der graphischen Symbole und die Abgrenzung der Trinkwasser-Leitungsabschnitte (nach DIN 1988 T. 1)

1	Anschlußvorrichtung	6	Verteilungsleitung	E	Eingriffbatterie
2	Anschlußleitung	7	Steigleitung	S	Speicher
3	Hauptabsperrarmatur	8	Stockwerksleitung	TW	Trinkwasser, kalt
4	Zählerzuleitung	9	Einzelzuleitung	TWW	Trinkwasser, warm
5	Wasserzähleranlage	10	Zikulationsleitung	TWZ	Trinkwasser, Zirkulation
				WT	Wärmeträger
				Z	Zweigriffbatterie

Alle Verbrauchsleitungen sind möglichst übersichtlich, geradlinig und mit Steigung zu den Zapfstellen zu verlegen. An den tiefsten Punkten sind erforderlichenfalls Entleerungsvorrichtungen einzubauen.

Alle wasserführenden Anlagen sind gegen Frost zu schützen. Die Kaltwasserleitungen sind in solchem Abstand von Schornsteinen, Warmwasser- oder Heizungsanlagen zu verlegen, daß sie nicht erwärmt werden.

Verteilungsleitungen. Sie ordnet man möglichst nur im Keller an. Die von der Verteilungsleitung in der Regel unter der Kellerdecke abgehenden einzelnen Steigleitungen sollten in nächster Nähe der jeweils im Gebäude übereinanderliegenden Entnahmestellen verlegt werden. Dadurch vermeidet man störende längere waagerechte Zuleitungen zu den Zapfstellen in den Geschossen.

Mit Rücksicht auf herabtropfendes Schwitzwasser muß bei übereinanderliegenden Leitungen (z. B. Gas- oder Warmwasserleitungen) die Kaltwasserleitung immer unten liegen (**76**.1).

Steigleitungen. Sie sollen so geführt werden, daß die nachfolgend abzweigenden Stockwerksleitungen möglichst kurz bemessen sind. Jede Steigleitung erhält am Fußpunkt ein Absperr- und Entleerungsventil (**97**.1).

Bei großen Gebäuden faßt man die von der Verteilungsleitung abzweigenden Steigleitungen gerne an einer Stelle zu einer Verteilerbatterie zusammen. Für die Entleerung wird eine Wasserauffangrinne mit Ableitung vorgesehen. Die einzelnen Steigleitungen sind in diesem Fall durch Schilder zu kennzeichnen.

Stockwerksleitungen. Auch die Leitungen eines jeden Geschosses oder abgeschlossener Wohnungen müssen für sich einzeln absperrbar sein, ebenso die Leitungen für Warmwasserbereiter jeder Art.

An den höchsten Punkten der Steigleitungen sind Rohrbelüfter oder Rohrbe- und -entlüfter nach DIN 3266 einzubauen (**97**.1 und **132**.2).

Unter Kellerfluren und unter Fußböden nicht unterkellerter Räume sind nur in besonderen Ausnahmefällen Wasserleitungen zu verlegen und dann in frostfreien Räumen nicht tiefer als 30 cm unter dem Fußboden. In nicht frostfreien Räumen ist für einen zuverlässigen Frostschutz nach DIN 1988 T. 7 zu sorgen.

Zeitweilig nicht benutzte und frostgefährdete Leitungen müssen abgesperrt und entleert werden können.

Hierzu gehören Leitungen zu Gärten, Höfen, Nebengebäuden oder Springbrunnen.

Unter jeder Zapfstelle muß, abgesehen von wenigen Ausnahmen (z. B. Geschirrspüler, Waschmaschinen oder Feuerlöscheinrichtungen), eine Ablaufstelle angeordnet sein.

2.5.2 Bemessung

Berechnungsgrundlagen. Die Ermittlung der Rohrdurchmesser nach DIN 1988 T. 3 und Beiblatt 1 beruht auf der Berechnung des in den Leitungen entstehenden Druckverlustes.

Die Nennweiten der Rohrleitungen sind nach dem örtlichen Betriebsdruck so zu wählen, daß alle Teile des Gebäudes oder Grundstückes ausreichend mit Trinkwasser versorgt werden.

Nennweite (DN) ist die durch Normung festgelegte Kennzeichnung zueinander passender Teile, wie Rohre, Rohrverbindungen, Formstücke und Armaturen. Sie entspricht nur angenähert ihrem lichten Durchmesser in mm.

Der Druckverlust in den Leitungen ist außer vom Durchmesser, der Leitungslänge und dem Rohrwerkstoff auch vom Durchfluß, der Anzahl und Größe der angeschlossenen Entnahmestellen, abhängig.

Der an jeder Entnahmestelle geforderte Berechnungsdurchfluß ist für die Ermittlung des Spitzendurchflusses die Ausgangsgröße.

Die Gleichzeitigkeit der Benutzung und der sich daraus ergebende Spitzendurchfluß eines Leitungsabschnittes ist mit den Rechnungswerten der DIN zu bestimmen.

Berechnungsgang. Um die unterschiedlichen Anforderungen praxisgerecht zu erfüllen, können die Druckverluste, nach den in den technischen Regeln mitgeteilten Verfahren und umfangreichen Tabellen, entweder differenziert oder pauschal ermittelt werden.

Mit dem differenzierten Berechnungsgang wird durch die Erfassung der Einzelwiderstände in den Rohrleitungen eine gute Annäherung an die tatsächlichen Betriebsverhältnisse erreicht. Damit werden alle Verbrauchsanlagen berechenbar.

Der pauschale oder vereinfachte Berechnungsgang bietet sich unter anderem für Wohngebäude an.

Berechnungsdurchfluß. Zunächst ist der Berechnungsdurchfluß $\dot{V}_R$, ein für den Berechnungsgang angenommener Entnahmearmaturendurchfluß, zu ermitteln.

Er kann ein Mindestdurchflußwert oder auch ein Mittelwert aufgrund unterer und oberer Fließdruckbedingungen sein.

Richtwerte der Berechnungsdurchflüsse gebräuchlicher Trinkwasserentnahmestellen, Armaturen und Apparate, sind der Tafel **100**.1 zu entnehmen und in das Formblatt der Tafel **107**.1 einzusetzen.

Summendurchflüsse. Die Berechnungsdurchflüsse sind dann entgegen der Fließrichtung, jeweils an der entferntesten Entnahmestelle und an der Versorgungsleitung endend, zu addieren.

Die so erhaltenen Summendurchflüsse sind danach den entsprechenden Leitungsteilstrecken zuzuordnen (**99**.1, auch **106**.1 und Taf. **107**.1).

Die jeweilige Teilstrecke beginnt mit dem Formstück, an dem sich der Summendurchfluß oder der Durchmesser ändert.

An der Abzweigstelle der Kaltwasserleitung zum Trinkwassererwärmer addieren sich die Summendurchflüsse der Kalt- und Warmwasserseite.

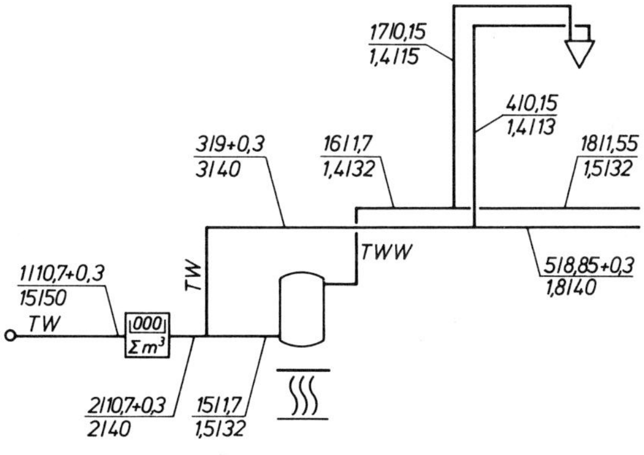

$$\frac{1/10{,}7 + 0{,}3}{15/50}$$ bedeutet:

Nr. der Teilstrecke[2]) / Summendurchfluß $\Sigma\, \dot{V}_R$ in l/s + Dauerdurchfluß in l/s

Länge der Teilstrecke in m / Nennweite DN oder Rohrinnendurchmesser in mm

[2]) Die Numerierung der Teilstrecken ist freigestellt

99.1 Ablesebeispiel zu den Angaben im Berechnungsplan (nach DIN 1988 T. 3)

Tafel **100**.1 Mindestfließdrücke und Berechnungsdurchflüsse gebräuchlicher Trinkwasserentnahmestellen (Richtwerte nach DIN 1988 T.3)

Mindestfließdruck $p_{\text{min Fl}}$ bar	Art der Trinkwasser-Entnahmestelle		Berechnungsdurchfluß bei der Entnahme von Mischwasser*) $\dot{V}_R$ kalt l/s	Mischwasser*) $\dot{V}_R$ warm l/s	nur kaltem oder erwärmtem Trinkwasser $\dot{V}_R$ l/s
	Auslaufventile				
0,5	ohne Luftsprudler**)	DN 15	–	–	0,30
0,5	....	DN 20	–	–	0,50
0,5	....	DN 25	–	–	1,00
1,0	mit Luftsprudler	DN 10	–	–	0,15
1,0	....	DN 15	–	–	0,15
1,0	Brauseköpfe für Reinigungsbrausen ...	DN 15	0,10	0,10	0,20
1,2	Druckspüler nach DIN 3265 Teil 1	DN 15	–	–	0,70
1,2	Druckspüler nach DIN 3265 Teil 1	DN 20	–	–	1,00
0,4	Druckspüler nach DIN 3265 Teil 1	DN 25	–	–	1,00
1,0	Druckspüler für Urinalbecken	DN 15	–	–	0,30
1,0	Haushaltsgeschirrspülmaschine	DN 15	–	–	0,15
1,0	Haushaltswaschmaschine	DN 15	–	–	0,25
	Mischbatterie für				
1,0	Brausewannen	DN 15	0,15	0,15	–
1,0	Badewannen	DN 15	0,15	0,15	–
1,0	Küchenspülen	DN 15	0,07	0,07	–
1,0	Waschtische	DN 15	0,07	0,07	–
1,0	Sitzwaschbecken	DN 15	0,07	0,07	–
1,0	Mischbatterie	DN 20	0,30	0,30	–
0,5	Spülkasten nach DIN 19542	DN 15	–	–	0,13
1,0	Elektro-Kochendwassergerät	DN 15	–	–	0,10***)

*) Den Berechnungsdurchflüssen für Mischwasserentnahme liegen für kaltes Trinkwasser 15°C und für erwärmtes Trinkwasser 60°C zugrunde.

**) Bei Auslaufventilen ohne Luftsprudler und mit Schlauchverschraubung wird der Druckverlust in der Schlauchleitung (bis 10 m Länge) und im angeschlossenen Apparat (z. B. Rasensprenger) pauschal über den Mindestfließdruck berücksichtigt. In diesem Fall erhöht sich der Mindestfließdruck um 1,0 bar auf 1,5 bar.

***) Bei voll geöffneter Drosselschraube.

Anmerkung: in der Tabelle nicht erfaßte Entnahmestellen und Apparate gleicher Art mit größeren Armaturendurchflüssen oder Mindestfließdrücken als angegeben sind nach Angaben der Hersteller bei der Ermittlung der Rohrdurchmesser zu berücksichtigen.

Spitzendurchfluß. Der Spitzendurchfluß $\dot{V}_S$ ist aus dem Summendurchfluß durch Anwendung einer Umrechnungskurve (**101**.1) oder nach Tafel **102**.1 zu ermitteln.

Grundsätzlich sind bei der Berechnung von Trinkwasserleitungsanlagen alle Entnahmestellen mit dem ihnen zuzuordnenden Berechnungsdurchfluß einzusetzen.

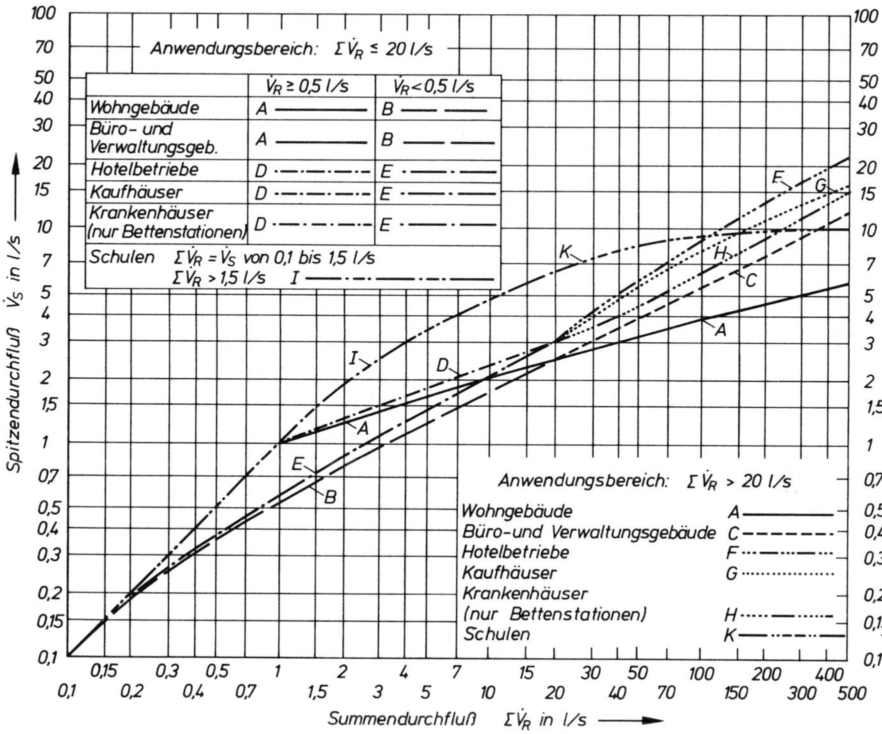

101.1 Spitzendurchfluß $\dot{V}_S$ in Abhängigkeit von Summendurchfluß $\Sigma\dot{V}_R$ (nach DIN 1988 T. 3)

Der Durchfluß bei Dauerverbrauch wird zum Spitzendurchfluß der anderen Entnahmestellen addiert (Taf. **107**.1). Als Dauerverbrauch werden Wasserentnahmen von mehr als 15 Minuten Dauer angenommen.

Jedoch ist in der Regel nicht damit zu rechnen, daß sämtliche angeschlossenen Entnahmestellen gleichzeitig voll geöffnet sind.

Gebäudegruppen. Für die Ermittlung des Spitzendurchflusses werden in DIN 1988 T. 3 drei Gebäudegruppen (**101**.1) unterschieden:

Wohngebäude,
Gewerbeanlagen und Sonderbauten, zu denen Büro- und Verwaltungsgebäude, Hotelbetriebe, Kaufhäuser, Krankenhäuser (Bettenstationen) und Schulen zählen, sowie andere Sonderbauten, wie Gewerbe- und Industrieanlagen.

Für die letzte Gebäudegruppe sind besondere Überlegungen über die Gleichzeitigkeit der Trinkwasserentnahme erforderlich.

Rohrreibungsdruckgefälle. Die Berechnung des verfügbaren Rohrreibungsdruckgefälles erfolgt nach Tafel **108**.1.

Hierfür ist zunächst der beim WVU zu erfragende Mindest-Versorgungsdruck maßgebend.

Für Druckerhöhungsanlagen (DEA) gilt DIN 1988 T. 5 (s. Abschnitt 2.7).

Der Druckverlust ergibt sich aus dem geodätischen Höhenunterschied des Strangschemas (**106**.1).

Tafel **102**.1 Wohngebäude, Summendurchfluß $\Sigma \dot{V}_R$ und Spitzendurchfluß $\dot{V}_S$ (Auszug nach DIN 1988 T. 3)

$\Sigma \dot{V}_R$ bei Einzelentnahme < 0,5 l/s l/s	$\Sigma \dot{V}_R$ bei Einzelentnahme ≥ 0,5 l/s l/s	$\dot{V}_S$ l/s	$\Sigma \dot{V}_R$ bei Einzelentnahme < 0,5 l/s l/s	$\Sigma \dot{V}_R$ bei Einzelentnahme ≥ 0,5 l/s l/s	$\dot{V}_S$ l/s	$\Sigma \dot{V}_R$ bei Einzelentnahme < 0,5 l/s l/s	$\Sigma \dot{V}_R$ bei Einzelentnahme ≥ 0,5 l/s l/s	$\dot{V}_S$ l/s
0,06		0,05	3,45	1,15	1,05	13,36	9,88	2,05
0,10		0,10	3,78	1,31	1,10	14,05	10,76	2,10
0,15		0,15	4,12	1,50	1,15	14,76	11,71	2,15
0,21		0,20	4,49	1,70	1,20	15,48	12,72	2,20
0,29		0,25	4,87	1,92	1,25	16,23	13,80	2,25
0,38		0,30	5,26	2,17	1,30	16,99	14,95	2,30
0,48		0,35	5,68	2,44	1,35	17,78	16,17	2,35
0,60		0,40	6,11	2,74	1,40	18,58	17,48	2,40
0,72		0,45	6,56	3,06	1,45	19,40	18,86	2,45
0,87	0,50	0,50	7,03	3,41	1,50	20,24	20,33	2,50
1,03	0,55	0,55	7,51	3,80	1,55			
1,20	0,60	0,60	8,02	4,22	1,60			
1,39	0,65	0,65	8,54	4,67	1,65			
1,59	0,70	0,70	9,08	5,17	1,70			
1,81	0,75	0,75	9,63	5,70	1,75			
2,04	0,80	0,80	10,21	6,27	1,80			
2,29	0,85	0,85	10,80	6,89	1,85			
2,55	0,90	0,90	11,41	7,56	1,90			
2,83	0,95	0,95	12,04	8,28	1,95			
3,13	1,00	1,00	12,69	9,05	2,00			

Für die in der Regel vom WVU bestimmte Wasserzählergröße ist der vom WVU angegebene Druckverlust des Wasserzählers oder der Wasserzähleranlage einzusetzen.

Als maximal zulässige Druckverluste gelten die Normwerte der DIN ISO 4064 T. 1 (Taf. **102**.2).

Tafel **102**.2 Normwerte für Druckverluste in Wasserzählern (nach DIN ISO 4064 T. 1)

Zählerart	Nenndurchfluß $\dot{V}_n$ (Q_n) m³/h	Druckverlust Δp bei $\dot{V}_{max}$ (Q_{max}) mbar max.
Flügelradzähler	< 15	1000
Woltman-Zähler senkrecht (WS)	≥ 15	600
Woltman-Zähler parallel (WP)	≥ 15	300

Für Filter mit $\dot{V}_{max} = \dot{V}_S$ kann ein Druckverlust-Richtwert von 200 mbar verwendet werden.

Als Mindestfließruck gilt meist der an der höchstgelegenen, hydraulisch ungünstigsten Entnahmestelle vorhandene Druck (**106**.1 sowie Taf. **107**.1 und **108**.1).

Die Druckverluste in den Stockwerks- und Einzelleitungen werden durch die Richtwerte aus Tafel **103**.1 ermittelt.

Diese Richtwerte gelten für Stockwerkseinheiten, die einzelne Einrichtungsgegenstände bis zu einem Summendurchfluß von 2,0 l/s umfassen.

Tafel **103**.1 Druckverluste in Stockwerksleitungen und Einzelzuleitungen aus Stahl, nichtrostendem Stahl, Kupfer und PVC (Richtwerte nach DIN 1988 T. 3)

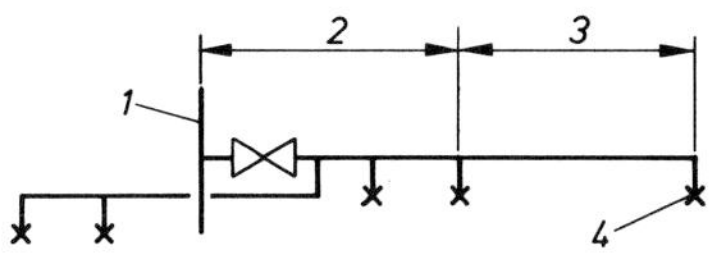

Erläuterung des längsten Fließweges

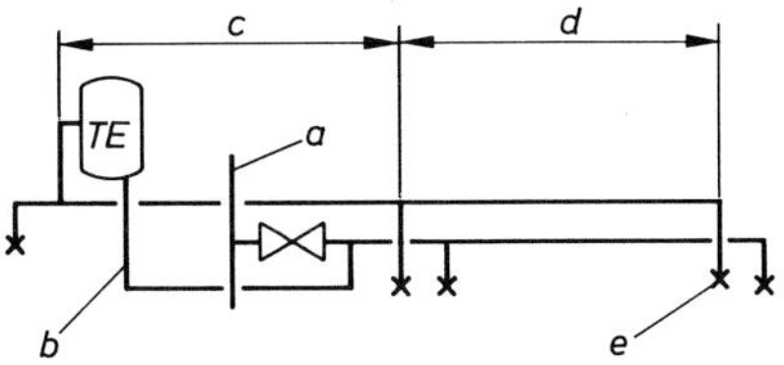

Bei zentraler Trinkwassererwärmung

1 Steigleitung TW oder TWW
2 Stockwerksleitung
3 Einzelzuleitung
4 von der Steigleitung entfernteste Entnahmearmatur

Bei Gruppen-Trinkwassererwärmung

a Steigleitung TW
b, c Stockwerksleitung TW und TWW
d Einzelzuleitung
e von der Steigleitung entfernteste Entnahmearmatur

Stockwerksleitung, längster Fließweg $l_{St} = 7$ m			Einzelzuleitung, längster Fließweg $l_{EZ} = 3$ m				Druckverlust Δp_{St}*) bei 10 m hydraulisch ungünstigster Leitungslänge. In Klammern: Abzugsfähige Druckdifferenz je m Leitungslänge $l_{St} + l_{EZ} < 10$ m								
							Bei zentraler Trinkwassererwärmung						Bei Gruppen-Trinkwassererwärmung TW und TWW		
							TW			TWW					
Berechnungsdurchfluß der größten Entnahmearmatur $\dot{V}_R$ l/s	DN	d_i mm	Entnahmearmatur mit $\dot{V}_R < 0{,}5$ l/s DN	d_i mm	Entnahmearmatur mit $\dot{V}_R \geq 0{,}5$ l/s DN	d_i mm	Kolbenschieber mbar (mbar/m)	Schrägsitzventil mbar (mbar/m)	Geradsitzventil mbar (mbar/m)	Kolbenschieber mbar (mbar/m)	Schrägsitzventil mbar (mbar/m)	Geradsitzventil mbar (mbar/m)	Kolbenschieber mbar (mbar/m)	Schrägsitzventil mbar (mbar/m)	Geradsitzventil mbar (mbar/m)
1	2	3	4	5	6	7	8	9	10	11	12	13	14	15	16
< 0,5	12	13	15	13	–	–	1100 (90)	–	–	400 (30)	450 (30)	550 (30)	1200 (80)	–	–
			10	10	–	–	1500 (90)	–	–	500 (30)	550 (30)	650 (30)	1600 (80)	–	–
	15	16	15	13	–	–	600 (40)	700 (40)	850 (40)	200 (15)	250 (15)	300 (15)	700 (30)	–	–
			10	10	–	–	950 (40)	1000 (40)	1200 (40)	350 (15)	400 (15)	450 (15)	1000 (30)	–	–
	20	20	15	13	–	–	300 (20)	350 (20)	400 (20)	100 (5)	150 (5)	200 (5)	350 (15)	400 (15)	450 (15)
			10	10	–	–	600 (20)	650 (20)	700 (20)	200 (5)	250 (5)	300 (5)	700 (15)	750 (15)	850 (15)

Tafel **103**.1 (Fortsetzung)

Stockwerksleitung längster Fließweg $l_{St} = 7$ m			Einzelzuleitung längster Fließweg $l_{EZ} = 3$ m				Druckverlust Δp_{St}*) bei 10 m hydraulisch ungünstigster Leitungslänge In Klammern: Abzugsfähige Druckdifferenz je m Leitungslänge $l_{St} + l_{EZ} < 10$ m								
							Bei zentraler Trinkwassererwärmung						Bei Gruppen-Trinkwassererwärmung TW und TWW		
							TW			TWW					
Berechnungsdurchfluß der größten Entnahmearmatur			Entnahmearmatur mit $\dot{V}_R < 0{,}5$ l/s		Entnahmearmatur mit $\dot{V}_R \geq 0{,}5$ l/s		Kolbenschieber	Schrägsitzventil	Geradsitzventil	Kolbenschieber	Schrägsitzventil	Geradsitzventil	Kolbenschieber	Schrägsitzventil	Geradsitzventil
$\dot{V}_R$ l/s	DN	d_i mm	DN	d_i mm	DN	d_i mm	mbar (mbar/m)	mbar (mbar/m)	mbar (mbar/m)	mbar (mbar/m)	mbar (mbar/m)	mbar (mbar/m)	mbar (mbar/m)	mbar (mbar/m)	mbar (mbar/m)
1	2	3	4	5	6	7	8	9	10	11	12	13	14	15	16
≥ 0,5	20	20	15	13	20	20	1100 (80)	1200 (80)	–	–	–	–	1200 (80)	1300 (80)	–
			10	10	20	20	1300 (80)	1400 (80)	–	–	–	–	1400 (80)	1500 (80)	–
	25**)	25**)	15	13	25	25	400 (20)	450 (20)	600 (20)	–	–	–	450 (20)	500 (20)	650 (20)
			10	10	25	25	750 (20)	800 (20)	950 (20)	–	–	–	800 (20)	850 (20)	950 (20)

*) Der Mindestfließdruck, Druckverluste in Trinkwassererwärmern und Wohnungswasserzählern sind in den Werten nicht enthalten.

**) Teilstrecken bis zum Anschluß von Entnahmearmaturen mit $\dot{V}_R \geq 0{,}5$ l/s. Daran anschließende Teilstrecke DN 20 oder $d_i = 20$ mm.

Für den geschätzten Anteil der Einzelwiderstände wird bei Wohngebäuden ein Erfahrungswert mit 40 bis 60% von der für die Rohrreibung und Einzelwiderstände verfügbaren Druckdifferenz angenommen.

Rohrdurchmesser. Mit dem letztlich errechneten verfügbaren Rohrreibungsdruckgefälle (Taf. **108**.1) können durch umfangreiche Zahlentabellen der DIN 1988 T. 3 die funktionsgerechten Rohrdurchmesser für die verschiedenen Rohrmaterialien ermittelt werden (zum Beispiel Taf. **109**.1 und **110**.1).

Die gewählten Rohrnennweiten sollen dabei dem vorher ermittelten Wert möglichst nahekommen.

Hierbei ist zu überprüfen, ob maximale rechnerische Fließgeschwindigkeiten bei den zugeordneten Spitzendurchflüssen nach Tafel **105**.1 nicht überschritten werden.

Die Mindestnennweite für Anschlußleitungen beträgt DN 25, wenn nicht vom WVU anders festgelegt.

Tafel **105**.1 Maximale rechnerische Fließgeschwindigkeit bei zugeordnetem Spitzendurchfluß (nach DIN 1988 T. 3)

Leitungsabschnitt	max. rechnerische Fließgeschwindigkeit bei Fließdauer ≤ 15 min m/s	> 15 min m/s
Anschlußleitungen	2	2
Verbrauchsleitungen:		
Teilstrecken mit druckverlustarmen Durchgangsarmaturen ($\zeta < 2{,}5$)*)	5	2
Teilstrecken mit Durchgangsarmaturen mit höherem Verlustbeiwert**)	2,5	2

*) Z. B. Kolbenschieber nach DIN 3500, Kugelhahn, Schrägsitzventile nach DIN 3502 (ab DN 20)
**) Z. B. Geradsitzventil nach DIN 3512

Berechnungsbeispiel. Die Rohrweiten des in den Bildern **105**.2 bis **106**.1 dargestellten Eigenheimes mit Einliegerwohnung und zentraler Trinkwassererwärmung sind zu bemessen.

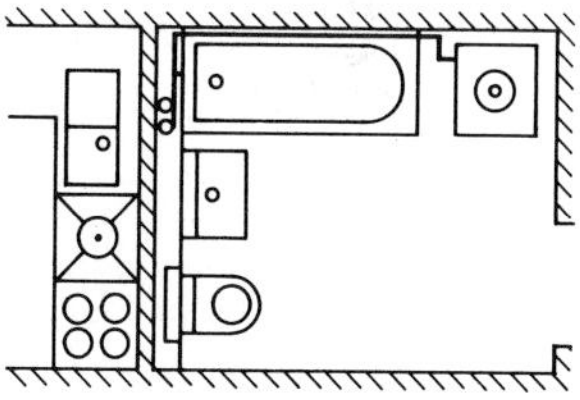

105.2
Grundriß OG zum Beispiel, Bad und Küche (nach DIN 1988 T. 3)
TW (bis Waschmaschine): $l_{St} + l_{EZ} = 1{,}5 + 2{,}5 = 4{,}0$ m
TWW (bis Badewanne – Mischbatterie):
$l_{St} + l_{EZ} = 1{,}5 + 0{,}5 = 2{,}0$ m

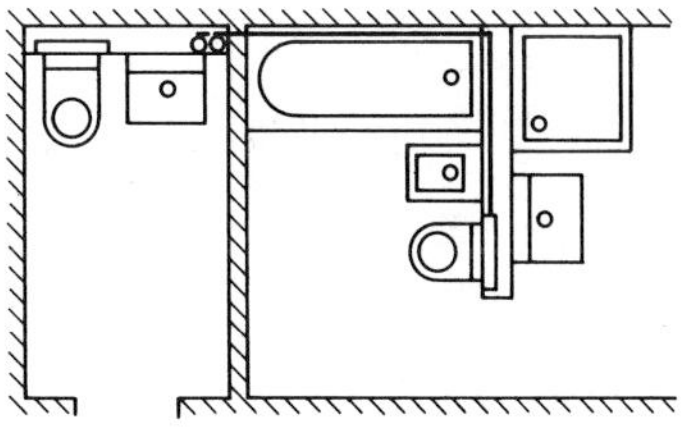

105.3
Grundriß EG zum Beispiel, Bad und WC (nach DIN 1988 T. 3)
TW (bis Spülkasten): $l_{St} + l_{EZ} = 4{,}0 + 0{,}5 = 4{,}5$ m
TWW (bis Waschtisch – Mischbatterie):
$l_{St} + l_{EZ} = 4{,}0 + 0{,}5 = 4{,}5$ m

Berechnungsgrundlagen. Für den vereinfachten Berechnungsgang gelten folgende Unterlagen:

Grundrisse: Bilder **105**.2 und 3

Strangschema und Berechnungsplan: Bild **106**.1

Rohrart: Kupferrohr nach DIN 1786: Tafel **109**.1

Zusammenstellung der Spitzendurchflüsse: Tafeln **100**.1 und **107**.1

Wasserzähler: Bestimmung aus dem Spitzendurchfluß

Berechnung des Rohrreibungsdruckgefälles: Tafel **108**.1

Ermittlung der Rohrdurchmesser: Tafeln **110**.1 bis **112**.1

Berechnungsgang. Zunächst ist nach DIN 1988 T. 3 im Formular der Tafel **107**.1 der Spitzendurchfluß über die Summendurchflüsse der Steigleitungen mit Hilfe der Berechnungsdurchflüsse aus Tafel **100**.1 und Bild **101**.1 oder Tafel **102**.1 zu ermitteln.

Die Summendurchflüsse sind den entsprechenden Leitungsteilstrecken des Berechnungsplanes zuzuordnen (**99**.1 und **106**.1).

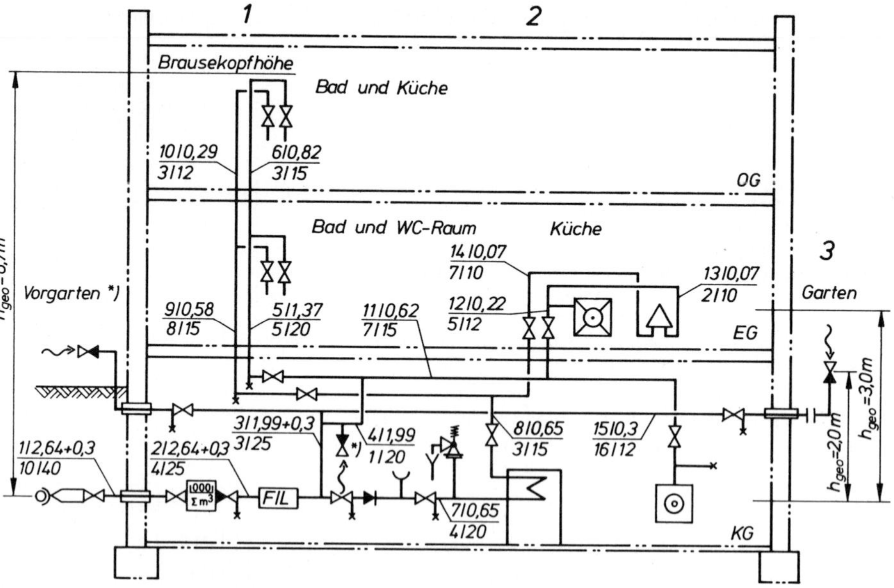

106.1 Strangschema und Berechnungsplan zum Beispiel (nach DIN 1988 T. 3)
Nur die im Beispiel ermittelten Nennweiten sind eingetragen.
*) Die Entnahmearmaturen im KG und im Vorgarten sind hier nicht berücksichtigt.

Rohrreibungsdruckgefälle. Anschließend sind die Berechnungswerte des verfügbaren Rohrreibungsdruckgefälles nach DIN 1988 T. 3 im Formular der Tafel **108**.1 zusammenzustellen.

Dabei ergeben sich nachfolgende Werte:

1. Mindest-Versorgungsdruck nach Angabe des WVU: 4000 mbar.

2. Druckverluste aus geodätischen Höhenunterschieden: nach Bild **106**.1.

3a. Druckverlust im Wasserzähler: Spitzendurchfluß nach Tafel **107**.1 = 1,2 l/s. Gewählter Wasserzähler nach DIN ISO 4064 T. 1 mit maximalem Durchfluß von 5 m^3/h = 1,4 l/s und einem Druckverlust als Richtwert nach Tafel **102**.2 von 1000 mbar. Druckverlust im Wasserzähler bei vorhandenem Spitzendurchfluß:

$$1000 \cdot \frac{1,2^2}{1,4^2} = 735 \text{ mbar.}$$

3b. Druckverlust im Filter: Gewählter Filter mit 1,4 l/s Nenndurchfluß und 200 mbar Druckverlust. Druckverlust im Filter bei vorhandenem Spitzendurchfluß:

$$200 \cdot \frac{1,2^2}{1,4^2} = 150 \text{ mbar.}$$

4. Mindestfließdruck: aus Tafel **107**.1 ist für jeden Strang der jeweilige höchste Mindestfließdruck in Tafel **108**.1 zu übertragen.

5. Druckverlust der Stockwerksleitungen: hydraulisch ungünstigste Leitung: im OG.

Strang 1 (TW). Längster Fließweg zur Waschmaschine: 4,0 m (**105**.2). Abzugsfähige Leitungslänge nach Tafel **103**.1: 10,0 m − 4,0 m = 6,0 m. Nach Spalte 8, Zeile 1: 1100 − 6 · 90 = 560 mbar.

Strang 1 (TWW). Längster Fließweg zur Badewannen-Mischbatterie: 2,0 m (**105**.2). Abzugsfähige Leitungslänge nach Tafel **103**.1: 10,0 m − 2,0 m = 8,0 m. Nach Spalte 11, Zeile 2: 500 − 8 · 30 = 260 mbar.

6. bis 9.: Weitere Berechnung der Druckverluste in Tafel **108**.1.

10. Ermittlung der Leitungslängen aus dem Leitungsverlauf (**105**.2 bis **106**.1) und Eintragung der Teilstrecken in den Berechnungsplan (**106**.1).

Tafel **107**.1 Formular zur Ermittlung des Spitzendurchflusses über den Summendurchfluß für Berechnungsbeispiel (nach DIN 1988 T. 3, Anhang A. 1)

Bauvorhaben:

Firma: Bearbeiter: Datum: Blatt-Nr.:

Steigleitung (Strang) Nr.	Geschoß	Anzahl	Entnahmearmatur, Entnahmearmaturenkombination	Mindestfließdruck, Druckverlust $p_{\min\,Fl}$ mbar	Berechnungsdurchfluß Anteil TW $\dot{V}_R$ l/s	Berechnungsdurchfluß Anteil TWW $\dot{V}_R$ l/s	Mischwasser $\Sigma \dot{V}_R$ l/s	Summendurchfluß Stockwerksleitung TW $\Sigma \dot{V}_R$ l/s	Summendurchfluß Stockwerksleitung TWW $\Sigma \dot{V}_R$ l/s	Summendurchfluß Steigleitung (Strang) TW $\Sigma \dot{V}_R$ l/s	Summendurchfluß Steigleitung (Strang) TWW $\Sigma \dot{V}_R$ l/s
1	2	3	4	5	6	7	8	9	10	11	12
1	EG		Bad								
		1	MB Badewanne	1000	0,15	0,15					
		1	MB Waschtisch	1000	0,07	0,07					
		1	Spülkasten	500	0,13						
			WC-Raum								
		1	Spülkasten	500	0,13						
		1	MB Waschtisch	1000	0,07	0,07					
								0,55	0,29		
	OG		Einliegerwohnung								
		1	MB Badewanne	1000	0,15	0,15					
		1	MB Waschtisch	1000	0,07	0,07					
		1	Spülkasten	500	0,13						
		1	Waschmaschine	1000	0,25						
			Küche								
		1	Geschirrspülmaschine	1000	0,15						
		1	MB Spültisch	1000	0,07	0,07					
								0,82	0,29	1,37	0,58
2	EG		Küche								
		1	Geschirrspülmaschine	1000	0,15						
		1	MB Spültisch	1000	0,07	0,07					
								0,22	0,07		
	KG		Hausarbeitsraum								
		1	Waschmaschine	1000	0,25						
			Auslaufarmatur DN 15 mit Luftsprudler	1000	0,15			0,4	–	0,62	0,07
3			Garten								
		1	Auslaufarmatur mit Schlauchverschraubung DN 15, Rasensprenger mit Druckschlauch	1500	0,3*)		*) Dauerdurchfluß			0,3*)	

Auswertung:

Summendurchfluß $\Sigma \dot{V}_R$

Trinkwasserleitung kalt (TW)	(Summe Spalte Nr. 11): 1,99 l/s
Trinkwasserleitung warm (TWW)	(Summe Spalte Nr. 12): 0,65 l/s
	$\Sigma \dot{V}_R$ = 2,64 l/s
Spitzendurchfluß aus $\Sigma \dot{V}_R$ (nach Tafel **102**.1):	0,9 l/s
Dauerdurchfluß:	0,3 l/s
Gesamtspitzendurchfluß	$\dot{V}_S$ = 1,20 l/s

Tafel **108**.1 Formular zur Berechnung des verfügbaren Rohrreibungsdruckgefälles für Berechnungsbeispiel (nach DIN 1988 T. 3, Anhang A. 3)

Bauvorhaben:
Firma: Bearbeiter: Datum: Blatt-Nr:

Trinkwasser kalt ☒ Trinkwasser warm ☒

Angaben zur Anlage: a) Anschluß an die Versorgungsleitung unmittelbar ☒ mittelbar ☐ b) zentraler Trinkwassererwärmer ☒ Gruppen-Trinkwassererwärmer ☐

Nr.	Benennung	Zeichen	Einheit	Strang TW 1	Strang TW 2	Strang TW 3	Strang TWW 1	Strang TWW 2
1	Mindest-Versorgungsdruck oder ausgangsseitiger Druck nach Druckminderer oder Druckerhöhungsanlage (DEA)	$p_{\min V}$	mbar	4000	4000	4000	4000	4000
2	Druckverlust aus geodätischem Höhenunterschied	Δp_{geo}	mbar	670	300	200	670	300
3	Druckverlust in Apparaten, z. B.							
	a) Wasserzähler	Δp_{WZ}	mbar	735	735	735	735	735
	b) Filter	Δp_{FIL}	mbar	150	150	150	150	150
	c) Enthärtungsanlage	Δp_{EH}	mbar					
	d) Dosieranlage	Δp_{DOS}	mbar					
	e) Gruppen-Trinkwassererwärmer	Δp_{TE}	mbar					
	f) weitere Apparate	Δp_{Ap}	mbar					
4	Mindestfließdruck	$p_{\min Fl}$	mbar	1000	1000	1500	1000	1000
5	Druckverlust der Stockwerks- und Einzelzuleitungen	Δp_{St}	mbar	560			260	
6	Summe der Druckverluste aus Nr. 2 bis Nr. 5	$\Sigma \Delta p$	mbar	3115	2185	2585	2815	2185
7	Verfügbar für Druckverlust aus Rohrreibung und Einzelwiderständen, Wert aus Nr. 1 minus Wert aus Nr. 6	Δp_{verf}	mbar	885	1815	1415	1185	1815
8	Geschätzter Anteil für Einzelwiderstände bei 40%	–	mbar	354	726	566	474	726
9	Verfügbar für Druckverluste aus Rohrreibung, Wert aus Nr. 7 minus Wert aus Nr. 8	–	mbar	531	1089	849	711	1089
10	Leitungslänge	l_{ges}	m	26	32	33	32	28
11	Verfügbares Rohrreibungsdruckgefälle, Wert aus Nr. 9 geteilt durch Wert aus Nr. 10	R_{verf}	mbar/m	20	34	26	22	39

11. Verfügbares Rohrreibungsdruckgefälle in Tafel **108**.1 errechnen.

Mit dem erhaltenen kleinsten Wert von 20 mbar/m im Strang 1 (TW) ist die Ermittlung der Rohrnennweiten zu beginnen.

Rohrdurchmesser. Schließlich werden die Rohrnennweiten für den vereinfachten Berechnungsgang auf einem weiteren Formular nach DIN 1988 T. 3 ermittelt (Tafeln **110**.1 bis **112**.1).

Für die im Beispiel gewählten Kupferrohre nach DIN 1786 erfolgt die erforderliche Auswahl der Rohrdurchmesser nach Tafel **109**.1.

Tafel **109**.1 Kupferrohre nach DIN 1786, Rohrreibungsdruckgefälle R und rechnerische Fließgeschwindigkeit v in Abhängigkeit vom Spitzendurchfluß $\dot{V}_S$ (Auszug nach DIN 1988 T. 3)

Spitzendurchfluß	DN 10		DN 12		DN 15		DN 20		DN 25	
	$d_i = 10$ mm		$d_i = 13$ mm		$d_i = 16$ mm		$d_i = 20$ mm		$d_i = 25$ mm	
$\dot{V}_S$	$V/l = 0{,}08$ l/m		$V/l = 0{,}13$ l/m		$V/l = 0{,}20$ l/m		$V/l = 0{,}31$ l/m		$V/l = 0{,}49$ l/m	
	R	v	R	v	R	v	R	v	R	v
l/s	mbar/m	m/s	mbar/m	m/s	mbar/m	m/s	mbar/m	m/s	mbar/m	m/s
0,01	0,5	0,13	0,2	0,08	0,1	0,05	0,0	0,03	0,0	0,02
0,02	1,6	0,25	0,5	0,15	0,2	0,10	0,1	0,06	0,0	0,04
0,03	3,2	0,38	0,9	0,23	0,4	0,15	0,1	0,10	0,0	0,06
0,04	5,2	0,51	1,5	0,30	0,6	0,20	0,2	0,13	0,1	0,08
0,05	7,7	0,64	2,2	0,38	0,8	0,25	0,3	0,16	0,1	0,10
0,06	10,5	0,76	3,0	0,45	1,1	0,30	0,4	0,19	0,1	0,12
0,07	13,7	0,89	4,0	0,53	1,5	0,35	0,5	0,22	0,2	0,14
0,08	17,2	1,02	5,0	0,60	1,9	0,40	0,7	0,25	0,2	0,16
0,09	21,1	1,15	6,1	0,68	2,3	0,45	0,8	0,29	0,3	0,18
0,10	25,4	1,3	7,3	0,8	2,7	0,5	1,0	0,3	0,3	0,2
0,15	51,5	1,9	14,8	1,1	5,5	0,7	1,9	0,5	0,7	0,3
0,20	85,5	2,5	24,5	1,5	9,1	1,0	3,2	0,6	1,1	0,4
0,25	126,8	3,2	36,2	1,9	13,5	1,2	4,7	0,8	1,6	0,5
0,30	175,2	3,8	49,9	2,3	18,5	1,5	6,4	1,0	2,2	0,6
0,35	230,5	4,5	65,6	2,6	24,3	1,7	8,4	1,1	2,9	0,7
0,40	292,5	5,1	83,1	3,0	30,8	2,0	10,6	1,3	3,7	0,8
0,45			102,4	3,4	37,9	2,2	13,1	1,4	4,5	0,9
0,50			123,6	3,8	45,7	2,5	15,7	1,6	5,4	1,0
0,55			146,5	4,1	54,1	2,7	18,6	1,8	6,4	1,1
0,60			171,1	4,5	63,2	3,0	21,7	1,9	7,5	1,2
0,65			197,5	4,9	72,9	3,2	25,0	2,1	8,6	1,3
0,70			225,5	5,3	83,2	3,5	28,5	2,2	9,8	1,4
0,75					94,1	3,7	32,3	2,4	11,1	1,5
0,80					105,6	4,0	36,2	2,5	12,4	1,6
0,85					117,6	4,2	40,3	2,7	13,9	1,7
0,90					130,3	4,5	44,6	2,9	15,3	1,8
0,95					143,6	4,7	49,2	3,0	16,9	1,9
1,00					157,4	5,0	53,9	3,2	18,5	2,0
1,05							58,8	3,3	20,2	2,1
1,10							63,9	3,5	21,9	2,2
1,15							69,2	3,7	23,7	2,3
1,20							74,7	3,8	25,6	2,4
1,25							80,3	4,0	27,5	2,5
1,30							86,2	4,1	29,5	2,6
1,35							92,2	4,3	31,6	2,8
1,40							98,4	4,5	33,7	2,9
1,45							104,8	4,6	35,9	3,0
1,50							111,4	4,8	38,1	3,1

Weitere Tabellen der DIN berücksichtigen unter anderen noch folgende Rohrleitungsmaterialien (s. auch Abschnitt 2.5.3):

Mittelschwere Gewinderohre nach DIN 2440,

Rohre aus nichtrostenden Stählen nach DVGW-Arbeitsblatt W 541,

Rohre aus PVC-U nach DIN 19532,

Rohre aus PE-LD nach DIN 19533,

Rohre aus PE-HD nach DIN 19533 sowie

Rohre aus PE-X nach DIN 16892 und 16893.

Bei der Ermittlung der Rohrdurchmesser ergeben sich in den Tafeln **110**.1 bis **112**.1 nachfolgend beschriebene Werte.

Tafel **110**.1 Formular zur Ermittlung der Rohrdurchmesser, vereinfachter Berechnungsgang für Berechnungsbeispiel, Teilstrecken 1 bis 6 (nach DIN 1988 T. 3, Anhang A. 4)

Bauvorhaben:

Firma: Bearbeiter: Datum: Blatt-Nr:

Strang Nr: 1 TW ☒ TWW ☐ Rohrart: Kupferrohre nach DIN 1786

a) Verfügbar für Druckverluste aus Rohrreibung: ______ 531 mbar

b) Verbraucht in Teilstrecke (TS): ___ bis ___ ______ mbar

c) Verfügbar für Druckverluste aus Rohrreibung in den TS: 1 bis 6 ______ 531 mbar

d) Leitungslänge TS 1 bis 6 = 26 m

e) Verfügbares Rohrreibungsdruckgefälle für die TS 1 bis 6 [c) geteilt durch d)] = 531 : 26 20 mbar/m

Aus dem Rohrplan				mit vorläufigem Rohrdurchmesser				mit geändertem Rohrdurchmesser				Differenz
Teilstrecke TS	Rohrleitungslänge l m	Summendurchfluß $\sum \dot{V}_R$ l/s	Spitzendurchfluß $\dot{V}_S$ l/s	Nennweite DN	Rechnerische Fließgeschwindigkeit v m/s	Rohrreibungsdruckgefälle R mbar/m	Druckverlust aus Rohrreibung $l \cdot R$ mbar	Nennweite DN	Rechnerische Fließgeschwindigkeit v m/s	Rohrreibungsdruckgefälle R mbar/m	Druckverlust aus Rohrreibung $l \cdot R$ mbar	Druckverlust aus Rohrreibung $\Delta(l \cdot R)$ mbar
1	2	3	4	5	6	7	8	9	10	11	12	13
1	10	2,64	1,2*)	40**)	0,9	2,5	25					
2	4	2,64	1,2*)	25	2,4	25,6	102					
3	3	1,99	1,1*)	25	2,2	21,9	66					
4	1	1,99	0,8	20	2,5	36,2	36					
5	5	1,37	0,6	20	1,9	21,7	109					
6	3	0,82	0,5	15	2,5	45,7	137					
$\sum l =$	26	m				$\sum l \cdot R =$	475	mbar				
						+ Differenz	–	mbar			$\sum =$	mbar
						$\sum l \cdot R =$	475 < 531 mbar					

*) Einschließlich 0,3 l/s Dauerdurchfluß

**) PE-HD-Rohr nach DIN 19533

Hydraulisch ungünstiger Fließweg (Tafel **110**.1).

1. Berechnungsgang: Strang 1 (TW).

Auswahl der Rohrnennweiten nach Tafel **109**.1. Summe der Druckverluste in Spalte 8 aus Rohrreibung mit der für die Rohrreibung verfügbaren Druckdifferenz Zeile c) vergleichen.

Ergebnis: Teilstrecken 1 bis 6: der Drucküberschuß von 531 − 475 = 56 mbar ist nicht nutzbar, da kleinere Rohrdurchmesser zu große Druckdifferenzen verursachen würden.

Rohrnennweiten für weitere Fließwege (Tafel **111**.1 und **112**.1).

2. Berechnungsgang: Strang 1 (TWW).

Rohrnennweiten mit den Teilstrecken 7 bis 10 in Tafel **111**.1 ermitteln. Die Teilstrecken 1 und 2 hat dieser Fließweg mit den Teilstrecken der Tafel **110**.1 gemeinsam.

Rohrreibungsverluste für die Teilstrecken 1 und 2 aus Tafel **110**.1 entnehmen, in Zeile b) einsetzen und von der für die Rohrreibungsverluste verfügbaren Druckdifferenz Zeile a) abziehen.

Als Richtwert für die Teilstrecken 7 bis 10 ergibt dies ein neues Rohrreibungsdruckgefälle von 32 mbar/m für die Auswahl der Rohrnennweiten.

3. Berechnungsgang: Strang 2 (TW).

Die Rohrnennweiten sind analog zum 2. Berechnungsgang in Tafel **112**.1 zu ermitteln.

Tafel **111**.1 Formular zur Ermittlung der Rohrdurchmesser, vereinfachter Berechnungsgang für Berechnungsbeispiel, Teilstrecken 7 bis 10 (nach DIN 1988 T. 3, Anhang A. 4)

Bauvorhaben:

Firma: Bearbeiter: Datum: Blatt-Nr:

Strang Nr: 1 TW ☐ TWW ☒ Rohrart: Kupferrohre nach DIN 1786

a) Verfügbar für Druckverluste aus Rohrreibung: 711 mbar

b) Verbraucht in Teilstrecke (TS): 1 bis 2 127 mbar

c) Verfügbar für Druckverluste aus Rohrreibung in den TS: 7 bis 10 **584 mbar**

d) Leitungslänge TS 7 bis 10 = 18 m

e) Verfügbares Rohrreibungsdruckgefälle für die TS 7 bis 10 [c) geteilt durch d)] = 584 : 18 **32 mbar/m**

Aus dem Rohrplan				mit vorläufigem Rohrdurchmesser				mit geändertem Rohrdurchmesser				Differenz
Teilstrecke TS	Rohrleitungslänge l m	Summendurchfluß $\sum \dot{V}_R$ l/s	Spitzendurchfluß $\dot{V}_S$ l/s	Nennweite DN	Rechnerische Fließgeschwindigkeit v m/s	Rohrreibungsdruckgefälle R mbar/m	Druckverlust aus Rohrreibung $l \cdot R$ mbar	Nennweite DN	Rechnerische Fließgeschwindigkeit v m/s	Rohrreibungsdruckgefälle R mbar/m	Druckverlust aus Rohrreibung $l \cdot R$ mbar	Druckverlust aus Rohrreibung $\Delta(l \cdot R)$ mbar
1	2	3	4	5	6	7	8	9	10	11	12	13
7	4	0,65	0,45	20	1,4	13,1	52					
8	3	0,65	0,45	20	1,4	13,1	39	15	2,2	37,9	114	75
9	8	0,58	0,40	20	1,3	10,6	85	15	2,0	30,8	246	161
10	3	0,29	0,25	12	1,9	36,2	109					
$\sum l =$	18	m				$\sum l \cdot R =$	285	mbar				
						+ Differenz	236	mbar			$\sum =$	236 mbar
						$\sum l \cdot R =$	521 < 584 mbar					

Tafel **112**.1 Formular zur Ermittlung der Rohrdurchmesser, vereinfachter Berechnungsgang für Berechnungsbeispiel, Teilstrecken 11 bis 13 (nach DIN 1988 T. 3, Anhang A. 4)

Bauvorhaben:

Firma: Bearbeiter: Datum: Blatt-Nr:

Strang Nr: 2 TW ☒ TWW ☐ Rohrart: Kupferrohre nach DIN 1786

a) Verfügbar für Druckverluste aus Rohrreibung: 1089 mbar

b) Verbraucht in Teilstrecke (TS): 1 bis 4 229 mbar

c) Verfügbar für Druckverluste aus Rohrreibung in den TS: 11 bis 13 860 mbar

d) Leitungslänge TS 11 bis 13 = 14 m

e) Verfügbares Rohrreibungsdruckgefälle für die TS 11 bis 13 [c) geteilt durch d)] = 860 : 14 61 mbar/m

Aus dem Rohrplan				mit vorläufigem Rohrdurchmesser				mit geändertem Rohrdurchmesser				Differenz
Teilstrecke TS	Rohrleitungslänge l m	Summendurchfluß $\sum \dot{V}_R$ l/s	Spitzendurchfluß $\dot{V}_S$ l/s	Nennweite DN	Rechnerische Fließgeschwindigkeit v m/s	Rohrreibungsdruckgefälle R mbar/m	Druckverlust aus Rohrreibung $l \cdot R$ mbar	Nennweite DN	Rechnerische Fließgeschwindigkeit v m/s	Rohrreibungsdruckgefälle R mbar/m	Druckverlust aus Rohrreibung $l \cdot R$ mbar	Druckverlust aus Rohrreibung $\Delta(l \cdot R)$ mbar
1	2	3	4	5	6	7	8	9	10	11	12	13
11	7	0,62	0,40	15	2,0	30,8	216	12	3,0	83,1	582	366
12	5	0,22	0,20	12	1,5	24,5	123					
13	2	0,07	0,07	10	0,9	13,7	27					
$\sum l=$	14	m				$\sum l \cdot R=$	366	mbar				
						+ Differenz	366	mbar			$\sum=$	366 mbar
						$\sum l \cdot R=$	732 < 860 mbar					

Rohrnennweiten der Stockwerksleitungen und Einzelzuleitungen im EG.

Am Anschluß der Stockwerksleitung des Stranges 1 im EG stehen nachfolgende Werte zur Verfügung.

Trinkwasserleitungen (TW):

Druckverlust im OG nach Tafel **108**.1, Zeile 5 = 560 mbar.

Druckgewinn aus geodätischem Höhenunterschied von 3 m zwischen OG und EG = 300 mbar.

Druckverlust in Teilstrecke 6 Tafel **110**.1 = 137 mbar.

Verfügbarer Druckverlust = 560 + 300 + 137 = 997 mbar.

Längster Fließweg bis zum Spülkasten nach Bild **105**.3 = 4,5 m.

Abzugsfähige Leitungslänge nach Tafel **103**.1: 10,0 m − 4,5 m = 5,5 m.

Druckverlust nach Tafel **103**.1, Spalte 8, Zeile 2: 1500 − 5,5 · 90 = 1005 mbar. Die Überschreitung gegenüber 997 mbar ist vertretbar.

Ergebnis: Nennweiten für die Stockwerksleitungen DN 12, für die Einzelzuleitungen DN 10.

Trinkwasserleitungen (TWW):

Druckverlust im OG nach Tafel **108**.1, Zeile 5 = 260 mbar.

Druckgewinn aus geodätischem Höhenunterschied von 3 m zwischen OG und EG = 300 mbar.

Druckverlust in Teilstrecke 10 Tafel **111**.1 = 109 mbar.

Verfügbarer Druckverlust = 260 + 300 + 109 = 669 mbar.
Längster Fließweg bis zum Waschtisch im Bad nach Bild **105**.3 = 4,5 m.
Abzugsfähige Leitungslänge nach Tafel **103**.1: 10,0 m − 4,5 m = 5,5 m.
Druckverlust nach Tafel **103**.1, Spalte 11, Zeile 2: 500 − 5,5 · 30 = 335 mbar < 669 mbar.

Ergebnis: Nennweiten für die Stockwerksleitungen DN 12, für die Einzelzuleitungen DN 10.

2.5.3 Werkstoffe

Nach der Verordnung über Allgemeine Bedingungen für die Versorgung mit Wasser (AVB-WasserV) dürfen nur Bauteile, Werkstoffe und Apparate verwendet werden, die den anerkannten Regeln der Technik entsprechen.

Die mit dem Trinkwasser in Berührung kommenden Anlagenteile sind Bedarfsgegenstände im Sinne des Lebensmittelgesetzes.

Alle Rohre, Form- und Verbindungsstücke müssen einem Dauerdruck von 10 bar (PN 10) standhalten, soweit nicht höhere Betriebsdrücke eine höhere Druckstufe erfordern.

Gebrauchte oder schadhafte Rohre und Zubehörteile dürfen nicht eingebaut werden.

Duktile Gußrohre. Sie werden außerhalb von Gebäuden im Erdreich, aber auch oberirdisch verlegt.

Druckrohre aus Gußeisen sind in den Nennweiten 80 bis 2000 gemäß DIN 28610 T. 1 und 28614 genormt.

Die Ausführung erfolgt nach DIN 28603 mit Steckmuffen- oder nach DIN 28604 mit Flansch-Verbindungen.

Tafel **113**.1 Rohrwerkstoffe für Trinkwasserleitungen (Stahl, Kupfer und Kunststoff)

Art	DIN	Ausführung	DN
Mittelschwere Gewinderohre St 33-2	2440	nahtlos oder geschweißt	6 bis 150
Schwere Gewinderohre St 33-2	2441	nahtlos oder geschweißt	6 bis 150
Kupferrohre	1786	nahtlos gezogen	12 × 1 bis 267 × 3
Kupferrohre	1754	nahtlos gezogen	3 × 0,5 bis 210 × 5
Polyvinylchlorid hart (PVC-U)	19532	Druckstufen PN 10 und 16	10 bis 150
Polyethylen hoher Dichte (PE-HD)	19533	sowie DVGW-Arbeitsblatt W 320 Druckstufe PN 10	15 bis 150
Polyethylen niedriger Dichte (PE-LD)	19533	sowie DVGW-Arbeitsblatt W 320 Druckstufe PN 10	15 bis 80
Polyethylen vernetzt (PE-X)	16892 und 16893	sowie DVGW-Arbeitsblatt W 531 Druckstufe PN 20	10 bis 160

Stahlrohre. Sie sind immer noch ein verbreiteter Werkstoff für Trinkwasserleitungen.

Unterschieden werden nahtlose oder geschweißte mittelschwere Gewinderohre nach DIN 2440 und schwere Gewinderohre nach DIN 2441. Sie werden in den Nennweiten 6 bis 150 innen und außen verzinkt oder mit anderer Korrosionsschutzbeschichtung hergestellt (Taf. **113**.1).

Je nach Verwendung ist außer einer Verzinkung nach DIN 2444 auch ein nichtmetallischer Schutzüberzug, z. B. aus Bituminierung oder Kunststoffüberzug, innen oder außen lieferbar.

Die Rohre sind sehr widerstandsfähig, jedoch rosten sie an den Schnittstellen leicht.

Ist der Rostschutz beschädigt, muß er erneuert werden.

Andere Rohre bestehen aus nichtrostenden Stählen nach DVGW-Arbeitsblatt W 541. Sie werden in Nennweiten DN 10 bis 50 geliefert.

Stahlrohr-Verbindungen werden durch verzinkte Muffen aus Tempergußfittings (**114**.1) mit Innengewinde und verstärktem Rand nach DIN 2950 oder mit Stahlfittings nach DIN 2980 und 2993 hergestellt.

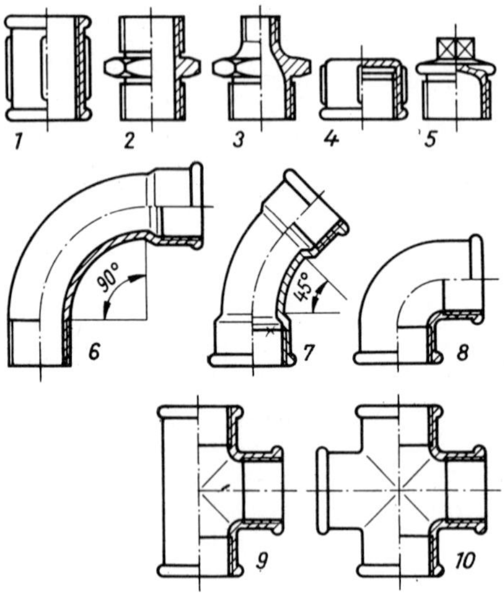

114.1 Beispiele für Tempergußfittings (nach DIN 2950)
1 Muffe
2 Doppelnippel
3 Reduziernippel
4 Kappe mit Rand
5 Stopfen mit Rand
6 langer Bogen 90°
7 langer Bogen 45°
8 Winkel 90°
9 T-Stück 90°
10 Kreuz

Zahlreiche Formstücke, wie Bögen, Winkel, T-Stücke, Kreuzstücke, Reduziermuffen u. a., ermöglichen jede Weiten- und Richtungsänderung.

Lang- und Doppelnippel verbinden die Formstücke miteinander.

Lösbare Verbindungen werden durch Muffen mit Langgewinde, Dichtungsscheibe und Gegenmutter (**114**.2) oder durch Verschraubungen mit Flach- oder Kegeldichtung (**115**.1) hergestellt.

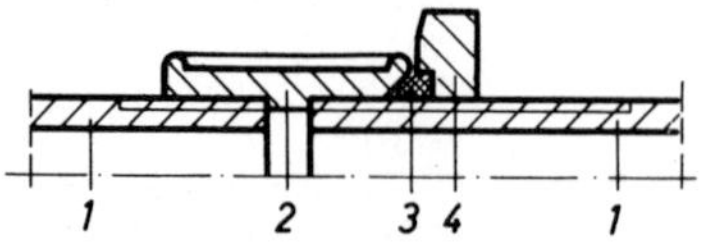

114.2 Langgewinde (nach DIN 2950)
1 Stahlrohr
2 Muffe
3 Dichtring
4 Gegenmutter

Statt Rohrwinkel sollten in Verteilungs- und Steigleitungen möglichst Rohrbögen verwendet werden, da sonst der Fließdruck gemindert und die Geräuschbildung gefördert werden.

Verzinkte Stahlrohre dürfen weder gebogen noch geschweißt werden.

115.1 Rohrverschraubungen, Stahlfittings mit Gewinde (nach DIN 2993)
a) mit Flachdichtung
b) mit Kegeldichtung
1 Überwurfmutter
2 Dichtung
3 Innenkonus

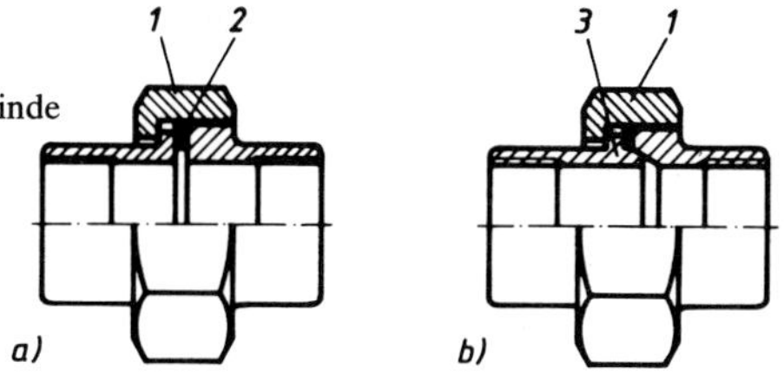

Die Abdichtung von Gewinderohren, Fittings und Armaturen erfolgt mit Dichtmaterial.

Dichtungsmittel sind Dichtungs-Hanf und Dichtungs-Flachs in Zöpfen, die in Verbindung mit Dichtungspaste verwendet werden. Außerdem können Kunststoff-Dichtungsbänder benutzt werden.

Bleirohre. Druckrohre aus Hart- und Weichblei nach DIN 1262 werden bis DN 40 hergestellt. Sie dürfen nur für Nichttrinkwasser-Leitungen verwendet werden.

Kupferrohre. Rohre aus Kupfer, nahtlos gezogen, nach DIN 1754 T. 1 und 2 und Installationsrohre aus Kupfer, nahtlos gezogen, nach DIN 1786 und DVGW-Arbeitsblatt GW 392 sind für Trink- und Warmwasserleitungen gut geeignet (Taf. **113**.1).

Sie sind äußerst korrosionsbeständig. Wegen ihrer glatten Innenwandungen sind sie für Warmwasserleitungen besonders geeignet. Sie können daher gegenüber Stahlrohren meist in der nächstniederen Nennweite verwendet werden.

Die Rohre werden in den Abmessungen 12 × 1 bis 267 × 3 mm hart in Stangen bis 5 m Länge, besonders aber die Abmessungen 12 × 1 bis 22 × 1 mm weich in Ringen bis 50 m Länge geliefert.

Ringrohre lassen sich von Hand gut biegen und auch in geraden Längen leicht verlegen.

Da bei Ringen weniger Verbindungen anfallen, verringern sich Zeitaufwand und Verlegekosten sehr.

Nichtlösbare Verbindungen der Rohre entstehen durch Schweißen, Hartlötung, vor allem aber durch Weichlötung mit kapillaren Lötfittings (**115**.2).

Werden Kupferrohre geschweißt, wird eine Nennwanddicke von mindestens 1,5 mm empfohlen.

Lösbare Verbindungen können durch Rohrverschraubungen mit Klemm- oder Schneidringen (**115**.3) aus Kupferlegierungen hergestellt werden.

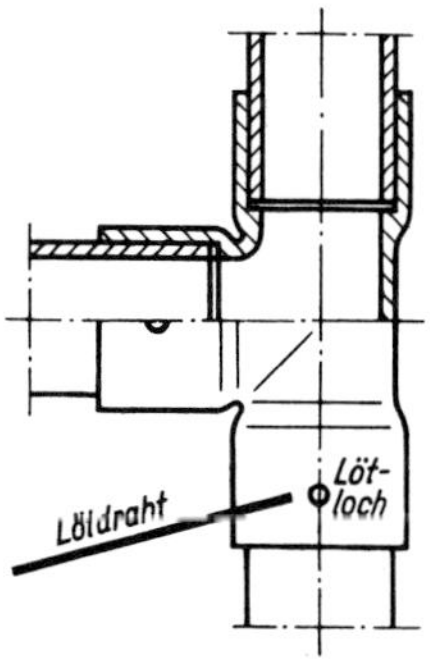

115.2 Kupferrohrverbindungen mit Lötfitting

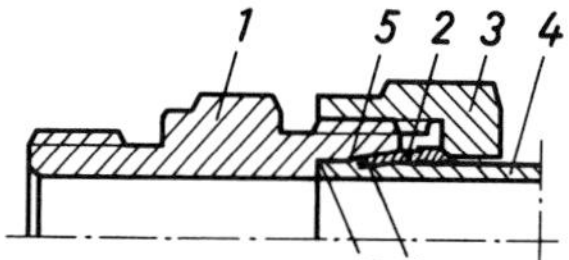

115.3 Schneidring-Kupferrohrverschraubung zum Anschluß an Stahlrohr
1 Anschlußstück mit Außengewinde
2 Schneidring (nach Anziehen der Überwurfmutter)
3 Überwurfmutter
4 Kupferrohr
5 sichtbarer Bund
6 Innenkonus
7 Anschlag

Bei Lötring- oder Lötstutzenverschraubungen wird ein konischer Ring- oder Lötstutzen auf das Rohrende hart aufgelötet und durch eine Überwurfmutter mit dem Gegenstück verbunden (**116**.1).

Für die Ausführung der Kupferrohrverbindungen und der verwendeten Verbindungselemente ist das DVGW-Arbeitsblatt GW 2 zu berücksichtigen.

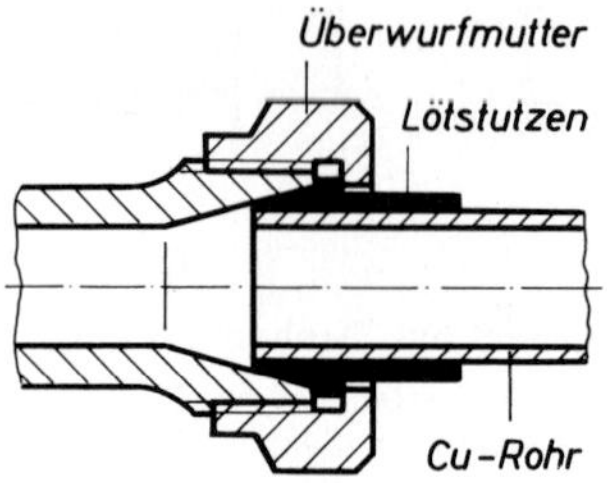

116.1 Lötstutzenverschraubung

Kunststoffisolierte Kupferrohre. Werkseitig ummantelte Kupferrohre gibt es in zwei Ausführungen (**116**.2).

Das WICU-Rohr mit PVC-Stegmantel zum Schutz gegen Schwitzwasser und äußere Einflüsse wird in Ringen bis 22 × 1 mm und in Stangen bis 54 × 2 mm geliefert.

Das wärmegedämmte WICU-extra-Rohr wird in Ringen bis 18 × 1 mm und in Stangen ebenfalls bis 54 × 2 mm hergestellt.

Durch einen Dämmantel aus Polyisocyanurat sind diese Rohre wegen der besonders kleinen Manteldurchmesser sehr platzsparend.

Die besonderen Vorteile werkseitig ummantelter Kupferrohre sind der Wegfall zeitraubender nachträglicher Isolierung, Wärmedämmung nach der HeizAnlV (s. Abschnitt 10.7.2), verringerte Schwitzwasserbildung, gedämpfte Strömungsgeräusche, Außenkorrosionsschutz, gutes Aussehen und leichte Reinigung.

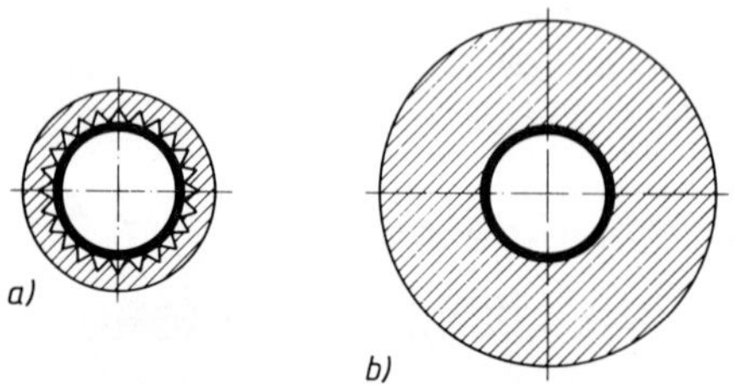

116.2 Werkseitig ummantelte Kupferrohre
a) WICU-Rohr
b) WICU-extra-Rohr

Kunststoffrohre. Für Trinkwasserleitungen verwendet man zunehmend Rohre aus thermoplastischen Kunststoffen.

Sie sind korrosionssicher, witterungsfest, alterungsbeständig, gasundurchlässig, ungiftig und als Nichtleiter unempfindlich gegen elektrische Streuströme. Sie verleihen dem durchfließenden Wasser keinen Geschmack oder Geruch, haben glatte druckverlustarme Innenwandungen und neigen nicht zu Inkrustationen. Sie können daher gelegentlich in der nächstniederen Nennweite verwendet werden. Im Vergleich zu Stahlrohren sind sie wesentlich leichter.

Kunststoffrohre sind jedoch empfindlich gegen mechanische Beanspruchungen und werden bei niedrigen Temperaturen spröde. Die Wärmedehnung ist wesentlich größer als bei Stahl- oder Kupferrohren, was bei der Verlegung berücksichtigt werden muß.

Zu unterscheiden sind Kunststoffrohre aus PVC hart sowie Rohre aus PE (Taf. **113**.1).

Kunststoffrohre aus PVC-U. Rohre aus Polyvinylchlorid hart nach DIN 8061, 8062 und 19532 werden vor allem in der Trinkwasserversorgung verwendet.

Sie werden mit DN 10 bis DN 150 in geraden Längen von 5, 6 und 12 m dunkelgrau eingefärbt geliefert.

Für die Anwendung in Gebäuden sind die Bestimmungen des DVGW-Arbeitsblattes W 320 und DIN 1988 T. 2 zu beachten.

Die Rohre dürfen als Wasserleitungen für eine Temperatur bis zu 20 °C eingesetzt werden und sind so zu verlegen, daß die Rohrwandung keinesfalls auf Temperaturen über 30 °C erwärmt wird.

PVC hart-Rohre werden für Kaltwasser-Innenleitungen mit DN 10 bis DN 50 verlegt.

Feste Verbindungen werden überwiegend geklebt. Zum Verbinden glatter Rohrenden stehen Klebmuffen (**117**.1) und Klebfittings aller Art (**117**.2) zur Verfügung.

Die Rohre werden auch für Leitungen ab DN 50 mit Steckmuffenverbindungen geliefert.

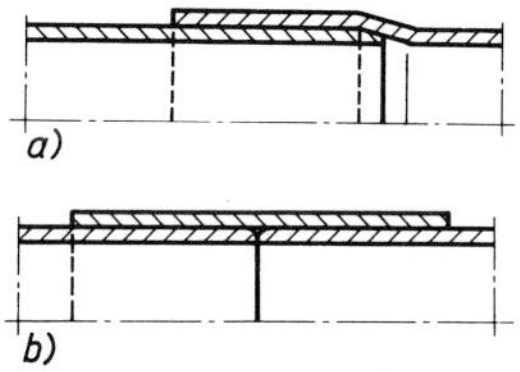

117.1 Kunststoff-Druckrohr aus PVC hart nach DIN 19532 mit Klebmuffe
a) am Rohr angeformt
b) auf das Rohr aufgeklebt

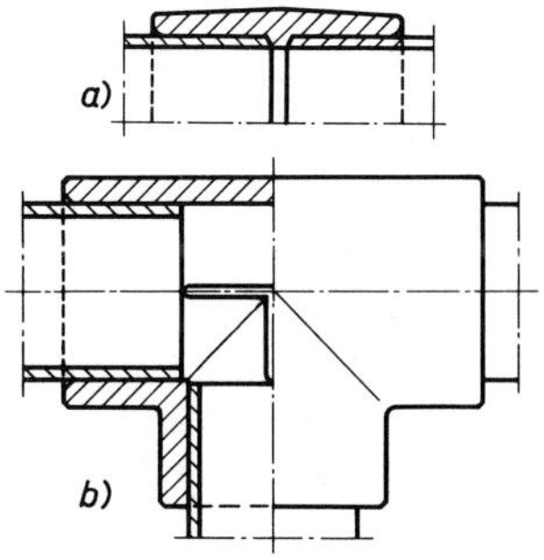

117.2 Klebfittings aus PVC hart
a) Muffe
b) T-Stück

Lösbare Verbindungen und Anschlüsse an Metallrohre werden mit Schraubverbindungen (**117**.3 und 4) und ab DN 50 auch mit Flanschverbindungen hergestellt.

Die Formstücke, wie Muffenbogen und Überschiebmuffen bis DN 150, bestehen aus PVC hart (**117**.3) oder aus Guß (**117**.4).

Die Dichtung bei lösbaren Verbindungen erfolgt mit Weich-PVC-Ringen.

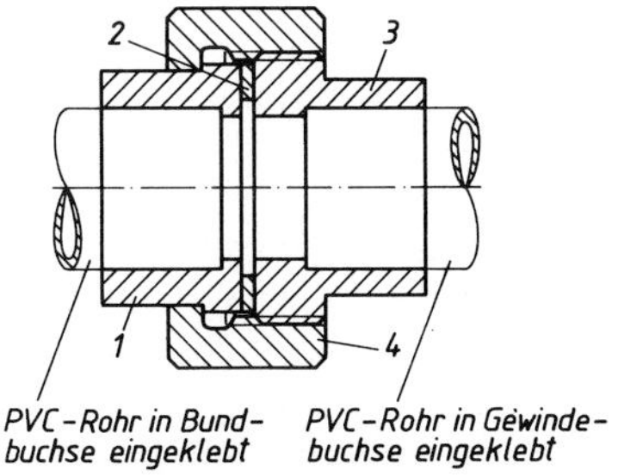

117.3 Rohrverschraubung für Klebung mit Flachdichtring aus PVC hart nach DIN 8063 T. 3
1 Bundbuchse (PVC-Rohr eingeklebt)
2 Flachdichtring
3 Gewindebuchse (PVC-Rohr eingeklebt)
4 Überwurfmutter

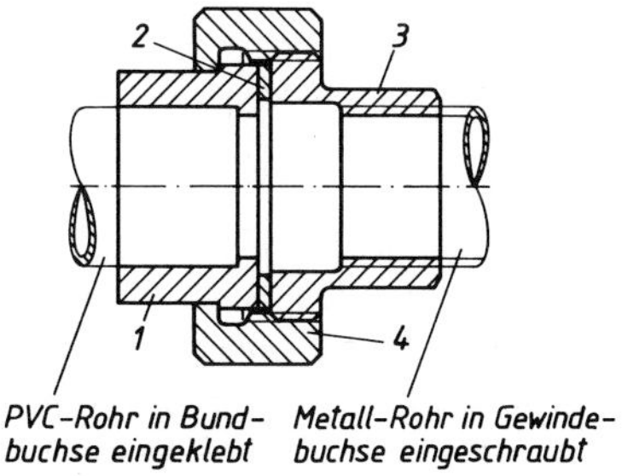

117.4 Rohrverschraubung mit Innengewinde und Flachdichtring aus PVC hart nach DIN 8063 T. 3
1 Bundbuchse (PVC-Rohr eingeklebt)
2 Flachdichtring
3 Gewindebuchse (Metall-Rohr eingeschraubt)
4 Überwurfmutter

Kunststoffrohre aus PE-HD und PE-LD. Rohre aus Polyethylen hoher Dichte nach DIN 8074 und Polyethylen niedriger Dichte nach DIN 8072 und 8073 werden für Wasserleitungen verwendet. Für Trinkwasserleitungen PN 10 gilt besonders DIN 19533.

Sie werden mit DN 15 bis DN 150 in geraden Längen von 5, 6 und 12 m und in Ringen bis zu 300 m schwarz eingefärbt geliefert.

Die biegsamen Rohre werden vor allem als erdverlegte Leitungen und Hausanschlußleitungen verwendet. Dabei sind die Bestimmungen des DVGW-Arbeitsblattes W 320 zu beachten.

Die Rohre dürfen als Wasserleitungen für eine Temperatur bis 20 °C eingesetzt werden.

Zur Verbindung der PE-Rohre werden nach DIN 8076 Klemmverbinder (**118**.1) aus Metall oder Kunststoff (**118**.2), aber auch Steckfittings verwendet. Eine Hauseinführung zeigt Bild **95**.1.

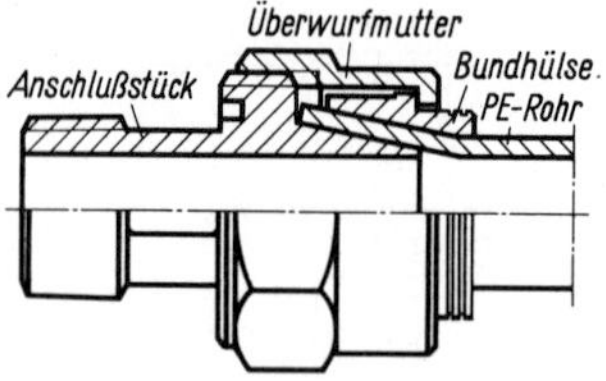

118.1 Klemmschraubverbindung aus Metall zum Anschluß eines PE-Rohres an ein Metallrohr oder eine Armatur nach DIN 19533

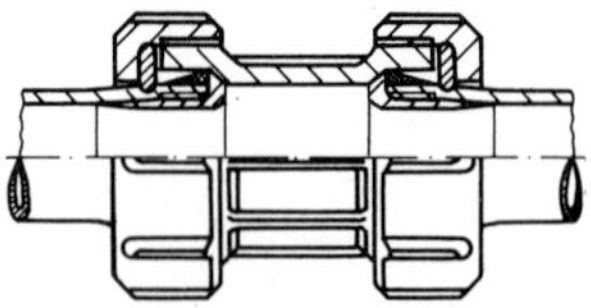

118.2 Klemmschraubverbindung aus PVC hart nach DIN 19533

Außerdem können bei Rohren bis DN 125 Klemmflanschverbindungen (**118**.3) verwendet werden. Die Verbindung von PE-Rohren untereinander durch Schweißen mit Elektroschweißfittings (**118**.4) im Bereich der Nennweiten 15 bis 125 ist üblich.

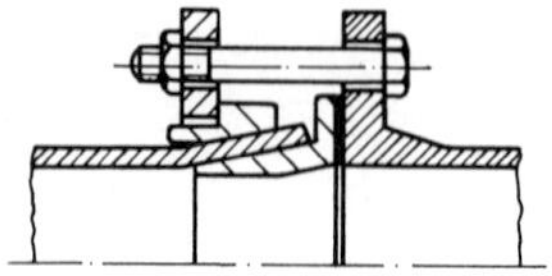

118.3 Klemmflanschverbindung nach DIN 19533

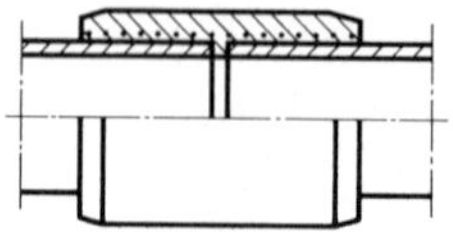

118.4 Elektroschweißmuffenverbindung für PE-Rohre

Kunststoffrohre aus PE-X. Diese Rohre aus vernetztem Polyethylen nach DIN 16892 und 16893 sowie DVGW-Arbeitsblatt W 531 werden laut DIN 1988 T. 2 und 3 für Trinkwasserleitungen der Druckstufe DN 20 verwendet.

Sie werden mit DN 10 bis 160 in geraden Festlängen bis 12 m sowie in Ringbunden geliefert.

Die vorgeschriebenen Rohrverbinder bestehen aus Metall nach DVGW-Arbeitsblatt W 532 oder aus Kunststoff.

Rohr-in-Rohr-System. Um zukünftige Schäden an metallischen Rohrwerkstoffen durch Innenkorrosion vorzubeugen, ist speziell für die Hausinstallation von verschiedenen Herstellern mit flexiblen vernetzten Polyethylenrohren ein zeitgemäßes Doppelrohr-Leitungssystem entwickelt worden.

Das wasserführende Kunststoffrohr nach DIN 16892 ist korrosionsfrei, hygienisch, geräuscharm sowie gleichermaßen für Kalt- und Warmwasserleitungen geeignet.

Die für Unterputz- oder Vorwandmontage verwendbare Leitung ist von einem biegsamen Schutz- und Dämmrohr aus PE-HD umgeben (**119**.1), das für warmgehende Leitungen mit einem zusätzlichen Vollwärmeschutz nach HeizAnlV (s. Abschnitt 10.7.2) in 50-m-Rollen verlegefertig hergestellt wird.

Die Innenrohre werden in DN 16 und DN 20 geliefert, die jeweiligen Schutz- und Dämmrohre haben 24 und 28 mm Außendurchmesser.

Das im Schutzrohr liegende Innenrohr ist beweglich und auswechselbar.

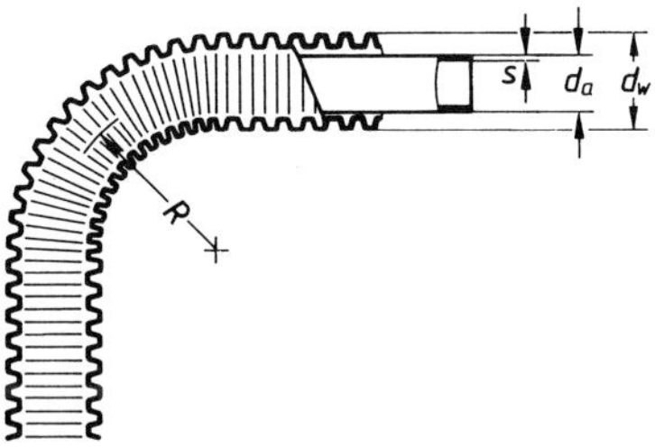

Maße			Biegeradien empfohlen
da	s	dw	≧ 9 × da
16	2,2	24	150
20	2,8	28	180

119.1 VPE-Innenrohr in HDPE-Schutz- und Dämmrohr, AKOCERT (ako-Abflußrohrkontor)

Die Verlegung erfolgt durch bei Montage angewärmte, dann unlösbare Kunststoff-Steckverbindungen (**119**.2) oder Klemmverbinder.

Zahlreiche Formstücke, wie Wandscheiben, Einzel- oder Doppel-Anschluß-, Winkel-, Verbindungs- und T-Stücke aus glasfaserverstärktem Polyamid sowie Stockwerks-Verteilereinheiten aus Messing mit zwei, drei oder vier Abgängen, auch mit passenden Einbaukästen, vervollständigen das Rohr-in-Rohr-Leitungssystem.

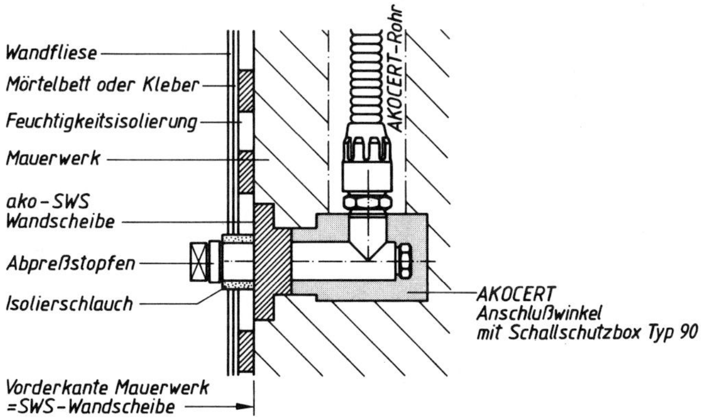

119.2 Wasserdichter Armatur-Anschluß in Massivwand mit Feuchtigkeitsisolierung, Wandscheibe und Schallschutzbox (ako-Abflußrohrkontor)

Metallverbundrohr. Beim neuen dreischichtigen Mepla Metallverbundrohr besteht das wasserführende Innenrohr aus vernetztem Polyethylen VPE-xb, einem stabilisierenden verschweißten Aluminiumrohr und einer äußeren Schutzschicht aus PE-HD, welche das Aluminiumrohr ummantelt.

Das Rohr wird bis zum Anschlag auf den Rotguß-Fitting aufgeschoben und mit einem hydraulischen Preßwerkzeug dauerhaft und fest auf den Fitting gepreßt (**120**.1).

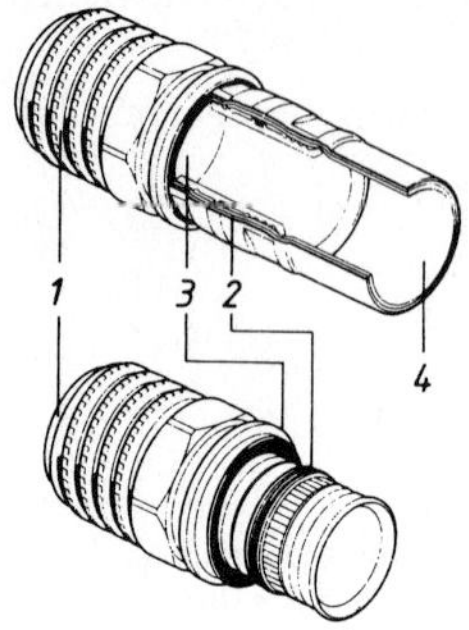

120.1 Mepla Metallverbundrohr, Preßverbindung (Geberit)
1 Rotguß-Fitting
2 O-Ring (EPDM)
3 PE-Scheibe (PE-LD)
4 Mepla-Rohr (VPE-xb/AL/PE-HD)

2.5.4 Verlegung

Für das Erstellen der Trinkwasserleitungsanlagen sind die Bestimmungen der DIN 1988 T. 2 maßgebend.

Beim Einbau von Wasserleitungen ist auf bestehende Leitungen, wie Gas-, Heizungsrohre usw. Rücksicht zu nehmen.

Im Erdreich. Für die Bauausführung erdverlegter Wasserrohrleitungen ist DIN 19630 anzuwenden.

Als Korrosionsschutz sollen Stahlrohrleitungen grundsätzlich einen Außenschutz nach DIN 30670, 30671, 30672 T. 1, 30673 oder 30675 T. 1 erhalten. So werden die Rohre mit Bitumenbinden, selbstklebenden plastischen Kunststoffbandagen, Polyethylen-Umhüllungen, Fettbinden oder dergleichen gegen Korrosion geschützt.

Wurde der Rostschutz beschädigt, ist er zu erneuern.

Für im Erdreich neu zu verlegende Leitungen werden fast ausschließlich PE-Kunststoffleitungen verwendet (s. Abschnitt 2.5.3).

Zum Verfüllen der Rohrgräben dürfen Humusboden, Bauschutt, Schlacke, Abfall und Steine nicht verwendet werden.

Im Gebäude. Die Verbrauchsleitungen werden geradlinig und rechtwinklig zu den Wänden und Decken sowie mit Steigung zu den Entnahmestellen verlegt. Die Leitungen dürfen nicht durchhängen und müssen entleert werden können. Bei übereinanderliegenden Leitungen ist die Kaltwasserleitung wegen der Schwitzwasserbildung als unterste anzuordnen. Steigleitungen sollten einzeln abzusperren und zu entleeren sein. Die Stockwerksleitungen sind so anzuordnen, daß sie für sich abgesperrt werden können (**97**.1).

Trinkwasserleitungen dürfen nicht in Müllabwurf- oder Aufzugsschächten verlegt und nicht durch tragende Gebäudeteile belastet werden.

An Schornsteinwangen dürfen Rohre nicht befestigt werden.

Die Befestigungsabstände der Rohrhalterungen sind nach den Richtwerten Tafel **121**.1 abhängig von der Nennweite auszuführen.

Die Rohrabstände frei verlegter Leitungen müssen so angeordnet sein, daß Armaturen gut zugänglich sind.

Tafel **121**.1 Richtwerte für die Befestigungsabstände von Trinkwasserrohrleitungen (Auszug nach DIN 1988 T. 2)

Stahlrohre		Kupferrohre und Rohre aus nichtrostendem Stahl		PVC-U-Rohre			PE-HD-Rohre		
Nennweite	Befestigungsabstand	Außendurchmesser d_a	Befestigungsabstand	Außendurchmesser d_a	Befestigungsabstand bei 20°C	Befestigungsabstand bei 40°C	Außendurchmesser d_a	Befestigungsabstand bei 20°C	Befestigungsabstand bei 40°C
DN	m	mm	m	mm	m	m	mm	m	m
10	2,25	12	1,25	–	–	–	–	–	–
–	–	15	1,25	16	0,80	0,50	16	0,70	0,60
15	2,75	18	1,50	20	0,90	0,60	20	0,75	0,65
20	3,00	22	2,00	25	0,95	0,65	25	0,80	0,75
25	3,50	28	2,25	32	1,05	0,70	32	0,90	0,85
32	3,75	35	2,75	40	1,20	0,90	40	1,00	0,95
40	4,25	42	3,00	50	1,40	1,10	50	1,15	1,05
50	4,75	54	3,50	63	1,50	1,20	63	1,30	1,20

Für Leitungen aus PE-X sind die Angaben der Hersteller zu beachten.

Bei mehreren Leitungen, die neben oder übereinander liegen, sind die Abstände der Aufhängungen für alle Nennweiten gleich zu wählen. Die Rohrleitungen werden dann an bestimmten Stellen gemeinsam aufgehängt (**121**.2).

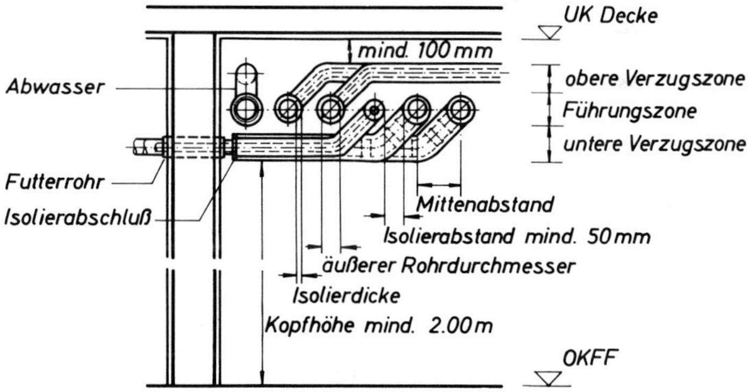

121.2 Gemeinsame Rohraufhängung ungleicher Nennweiten

Die Abstände zwischen den Aufhängungen richten sich bei Nennweiten über 50 mm nach dem jeweils kleinsten erforderlichen Abstand. Für kleinere Nennweiten und für Kunststoffleitungen sind Zwischenaufhängungen vorzusehen.

Die Befestigung freiliegender Rohrleitungen und Leitungen in Mauerschlitzen werden durch zweiteilige Abstandschellen (**122**.1) mit Filz-, Gummi- oder Spezialunterlagen hergestellt (**307**.2).

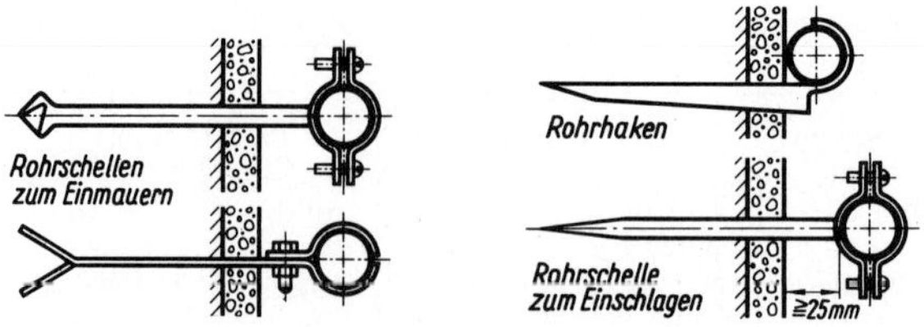

122.1 Befestigung von Stahlrohren und anderen Leitungen am Mauerwerk

Liegen mehrere gleichlaufende Leitungen in einem Mauerschlitz, erfolgt die Befestigung auf einer Sammelschiene (**307**.3) ebenfalls mit geräuschdämmenden Unterlagen.

Unter Putz verlegte kürzere Stichleitungen können mit Rohrhaken (**122**.1) befestigt werden, sofern das Rohr einen Isoliermantel besitzt (**116**.2).

Für das Befestigen der Rohrhalterungen dürfen nur schnellbindende Materialien (z. B. Racofix) verwendet werden, die die Rohrleitungen nicht angreifen. Das Eingipsen von Leitungen ist nicht zulässig.

Rohrleitungen dehnen sich bei Temperaturschwankungen je nach Material mehr oder weniger aus. Die Verlegung muß je nach Rohrmaterial Ausdehnungsmöglichkeiten berücksichtigen.

Bei PVC-hart-Rohren, aber auch bei warmgehenden Kupferrohrleitungen, muß wegen der Wärmeausdehnung zwischen zwei Leitungsfestpunkten stets eine Ausdehnungsmöglichkeit bestehen. Dies geschieht durch Richtungsänderung, bewegliche Rohrkupplungen oder durch sogenannte Lyrabögen (**122**.2).

Längenänderungen dürfen bei Wand- und Deckendurchführungen nicht behindert werden.

In Rohrschellen aus Metall oder Kunststoff müssen die Rohre gleiten können. Schellenabstände siehe Tafel **121**.1.

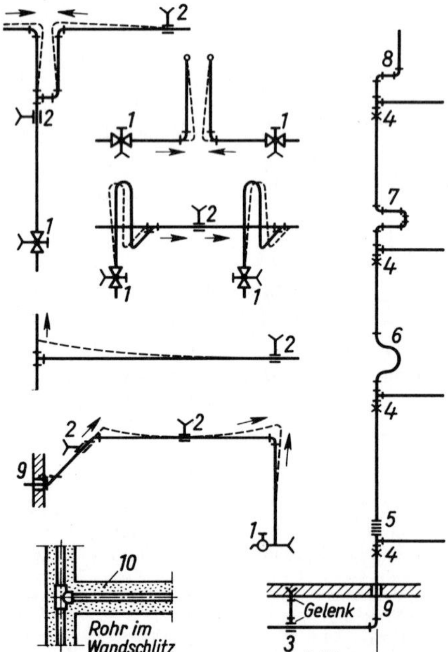

122.2 Verlegung von PVC-Rohrleitungen unter Berücksichtigung ihrer Wärmeausdehnung

1 Ventil-Fixpunkt
2 Gleitschelle mit elastischer Einlage aus Gummi, Kork, PE weich o. ä.
3 Gleitschelle mit Aufhängung
4 Fixpunkt der Steigleitung
5 Ausdehnungsmöglichkeit durch Kompensator (Wellrohr)
6 Ausdehnungsmöglichkeit durch vorgefertigten Dehnungsbogen
7 Ausdehnungsmöglichkeit durch Dehnungsbogen, hergestellt mit Fittings
8 Ausdehnungsmöglichkeit durch Richtungsänderung
9 Wand- und Deckendurchführung mit elastischer Auspolsterung
10 elastische Ausfütterung eines Wandschlitzes mit Glaswolle, Mineralwolle, Schaumstoff o. ä.

Ausbiegungen von Abzweigleitungen müssen durch eine andere Leitungsführung oder den Einbau von Federschenkeln aufgenommen werden.

Durch Festpunkte (**123**.1) ist eine Aufteilung der Längenänderung in geraden Leitungssträngen zu ermöglichen.

Armaturen und Wandscheiben sind als Festpunkte auszubilden (**119**.2). Schwere Armaturen sind besonders zu befestigen.

An T-Stücken, Bogen und Winkeln unter Putz verlegter Leitungen muß durch Auspolstern eine ausreichende Ausbiegungsmöglichkeit vorhanden sein.

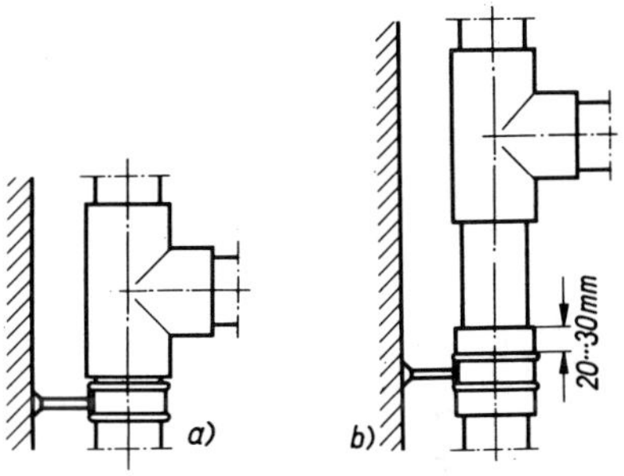

123.1 Festpunkte bei PVC-hart-Druckrohren
a) einseitige Begrenzung
b) zweiseitige Begrenzung mit beidseitig einer Schelle aufgeklebten Begrenzungsmanschetten

Wand- und Deckendurchführungen. Sie müssen stets winkelrecht zur Wand bzw. lotrecht verlaufen.

Rohre in Wand- oder Deckendurchführungen dürfen nicht fest einbetoniert, sondern müssen mit einer Dämmschicht umgeben werden. Besser sind fertige Glaswollehalbschalen, Rohrhülsen mit Deckrosetten (**702**.3) oder elastische Stricke (**94**.2).

Durch Decken feuchter Räume sind freiliegende Rohrleitungen wasserdicht im Schutzrohr zu führen, an das die waagerechte Sperrschicht sorgfältig anzuschließen ist (**123**.2).

Im Wand- oder Deckenbereich, aber auch in Schutzrohren, sind keine Rohrverbindungen gestattet.

In Massivdecken einbetonierte Schutzrohre müssen aus Feuerschutzgründen mindestens 20 cm lang sein. Nach Einziehen der Leitungen ist der Zwischenraum in ganzer Höhe mit nichtbrennbaren mineralischen Dämmstoffen auszustopfen. In Naßräumen erhält das Schutzrohr zusätzlich an den Endigungen eine Dichtung aus dauerelastischem Material.

Weitere Einzelheiten zur Verlegung warmgehender Leitungen siehe Abschnitt 10.2.7.2.

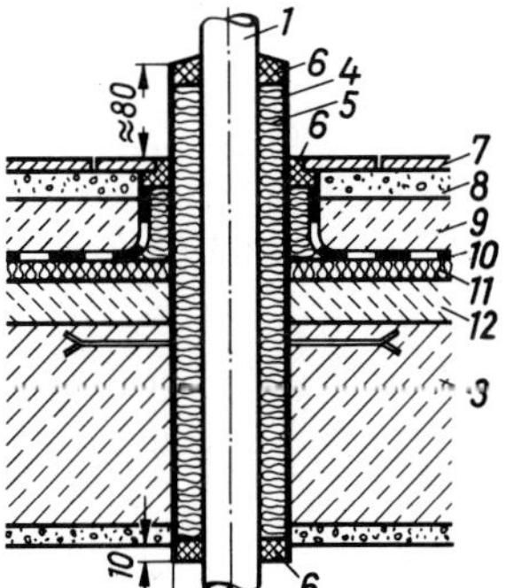

123.2 Körper- und trittschallgedämmte Deckendurchführung eines Rohres (M 1 : 10)
1 Rohr
3 Massivdecke
4 Schutzrohr
5 Dämmstoff
6 dauerplastischer Kitt
7 Bodenfliesen
8 Mörtelbett
9 schwimmender Estrich
10 Sperrschicht
11 Dämmschicht
12 Gefälleestrich

Tafel **124**.1 Ohne Nachweis zulässige Schlitze und Aussparungen in tragenden Wänden (nach DIN 1053 T. 1)

1	Wanddicke			≥ 115	≥ 175	≥ 240	≥ 300	≥ 365
2	Horizontale und schräge Schlitze[1]) nachträglich hergestellt	Schlitzlänge unbeschränkt	Tiefe[3])	–	0	≤ 15	≤ 20	≤ 20
3		Schlitzlänge ≤ 1,25 m lang[2])	Tiefe	–	≤ 25	≤ 25	≤ 30	≤ 30
4	Vertikale Schlitze und Aussparungen nachträglich hergestellt		Tiefe[4])	≤ 10	≤ 30	≤ 30	≤ 30	≤ 30
5		Einzelschlitzbreite[5])		≤ 100	≤ 100	≤ 150	≤ 200	≤ 200
6		Abstand der Schlitze und Aussparungen von Öffnungen		≥ 115				
7	Vertikale Schlitze und Aussparungen in gemauertem Verband		Breite[5])	–	≤ 260	≤ 385	≤ 385	≤ 385
8		Restwanddicke		–	≤ 115	≤ 115	≤ 175	≤ 240
9		Mindestabstand der Schlitze und Aussparungen	von Öffnungen	≥ 2fache Schlitzbreite bzw. ≤ 365				
10			untereinander	≥ Schlitzbreite				

[1]) Horizontale und schräge Schlitze sind nur zulässig in einem Bereich ≤ 0,4 m ober- oder unterhalb der Rohdecke sowie jeweils an einer Wandseite. Sie sind nicht zulässig bei Langlochziegeln.

[2]) Mindestabstand in Längsrichtung von Öffnungen ≥ 490 mm, vom nächsten Horizontalschlitz zweifache Schlitzlänge.

[3]) Die Tiefe darf um 10 mm erhöht werden, wenn Werkzeuge verwendet werden, mit denen die Tiefe genau eingehalten werden kann. Bei Verwendung solcher Werkzeuge dürfen auch in Wänden ≥ 240 mm gegenüberliegende Schlitze mit jeweils 10 mm Tiefe ausgeführt werden.

[4]) Schlitze, die bis maximal 1 m über den Fußboden reichen, dürfen bei Wanddicken ≥ 240 mm bis 80 mm Tiefe und 120 mm Breite ausgeführt werden.

[5]) Die Gesamtbreite von Schlitzen nach Zeile 5 und Zeile 7 darf je 2 m Wandlänge die Maße in Zeile 7 nicht überschreiten. Bei geringeren Wandlängen als 2 m sind die Werte in Zeile 7 proportional zur Wandlänge zu verringern.

Vor der Wand. Frei vor der Wand verlegte unverkleidete Rohrleitungen, die vor allem im Keller in Betracht kommen, sollen zur leichten Reinigung und zur Wandanstricherneuerung einen Abstand von mindestens 25 mm besser 40 mm vor der Wand einhalten.

Sie werden mit Abstandschellen, die in die Wand eingeschlagen, einzementiert oder eingeschraubt werden, befestigt (**122**.1).

Die Leitungen sind nach DIN 4109 Beiblatt 2 durch eingelegte Dämmstreifen oder Spezialhalterungen (**307**.2 bis **308**.1) schalldämmend zu montieren.

Vorwandinstallationen sind im Abschnitt 2.6.2 ausführlich beschrieben.

Im Wandschlitz. Wandschlitze mit verdeckt liegenden Rohrleitungen sind in allen Räumen einer Wohnung oder anderen Aufenthaltsräumen aus optischen Gründen notwendig.

Sie müssen nach DIN 1053 sorgfältig geplant und die Schlitzführungen in Aussparungsplänen (s. Abschnitt 2.5.8) i. M. 1:50 oder 1:20 frühzeitig festgelegt werden (**125**.1).

Schlitze und Aussparungen in tragenden Wänden müssen DIN 1053 T. 1 entsprechen (Taf. **124**.1).

Vertikale Schlitze und Aussparungen sind auch dann zulässig, wenn die Querschnittsschwächung, auf 1 m Wandlänge bezogen, nicht mehr als 6% beträgt. Hierbei muß eine Restwanddicke nach Zeile 8 und ein Mindestabstand nach Zeile 9 eingehalten werden.

In Schornsteinwangen sind Schlitze und Aussparungen unzulässig.

Wasserführende Leitungen können in Außenwänden und zu unbeheizten Räumen in Schlitzen verlegt werden, wenn sie eine ausreichende Wärmedämmung erhalten.

In der Regel wird der Schlitz abschnittsweise mit einem Putzträger aus Steckmetall, Ziegeldrahtgewebe oder Maschendraht überspannt und der Hohlraum mit Dämmstoffen, z. B. Glas- oder Mineralwolle, ausgestopft oder mit Kunststoffschaum ausgespritzt. Das Dämmvermögen des Dämmstoffes und der Restwanddicke des Schlitzes muß DIN 4108 genügen.

Die Leitungen werden im Schlitz mit Rohrhaken oder -schellen (**122**.1 und **307**.2) so festgelegt, daß ebene Wandflächen hergestellt werden können. Dabei bleiben nur die Rohrauslässe und Wandeinbauarmaturen sichtbar.

Die isolierten Rohrleitungen müssen eine Überdeckung von ≧ 25 mm bei Wandputz, ≧ 30 mm bei Wandfliesen, gemessen ab Rohraußenwandung, erhalten. Die sich daraus ergebenen Einbautiefen der möglichst zusammengefaßten Rohrleitungen sind aus Bild **125**.1 ersichtlich.

Größere lotrechte Mauerschlitze oder -kanäle können auch mit Leichtbauplatten geschlossen und dann verputzt werden.

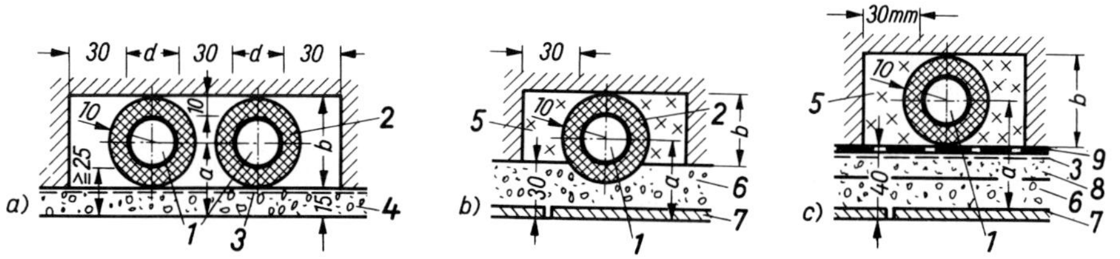

125.1 Mauerschlitze für Stahlrohr und andere Leitungen (M 1:5)

a) Wand verputzt
b) Wand mit Fliesenbelag
c) Wand, abgesperrt, mit Fliesenbelag

1 Stahlrohr DN 20
2 Dämmstoffumhüllung
3 Putzträger
4 Wandputz
5 Steinwolle, Kunststoffschaum o. ä.
6 Mörtelbett
7 Wandfliesen
8 Zementmörtelbewurf
9 Sperrschicht

In Wandvorlagen. Die Rohrleitungen werden auf der vorher erstellten Wand verlegt und danach durch eine Rabitzbespannung, Streckmetall o. ä. verkleidet.

Wandvorlagen sind für bewohnte Räume selten zumutbar.

Verkleidete Wandvorlagen zur Aufnahme von Rohrleitungen werden bei Neubauten nach DIN 1053 dann notwendig, wenn die Lage der Rohrstränge nicht mehr rechtzeitig in Schlitzplänen festgelegt wurde. Außerdem bei Änderungen in der Planung und nachträglichen Zusatzinstallationen, oder weil die zulässige Schlitztiefe nicht mehr ausreicht, um alle Rohrleitungen aufzunehmen.

In der Wand. Rohrleitungen dürfen innerhalb nichttragender Wände ohne aussteifende Funktion auch eingemauert werden.

Horizontal oder sogar schräg eingebaute Leitungen schwächen die Wandkonstruktion.

Weiterhin reicht die Wanddicke oft für Rohrkreuzungen nicht aus.

Besonders schwierig gestaltet sich eine ausreichende Schalldämmung der einzumauernden Rohrleitungen.

Rohrleitungswand. Auch als Installationswände bezeichnet, werden sie vorwiegend im Mietwohnungsbau zwischen Küche und Bad angeordnet.

Alle Rohrleitungen an einer gemeinsamen Trennwand mehrerer unmittelbar nebeneinanderliegender haustechnischer Einrichtungen werden als Rohrleitungswand vereinigt und alle sanitären Einrichtungsgegenstände an ihr befestigt (**52**.1).

Hierfür kommen als haustechnische Räume neben Küche und Bad auch Tages-WC, Hausarbeitsraum und Waschraum in Frage.

Aus Gründen des Schallschutzes wird im Mietwohnungsbau das Zusammenfassen von Installationsräumen im Grundriß angestrebt.

Einschalige Rohrleitungswände werden in ihrer ganzen Länge und Höhe zur Aufnahme von vertikalen und horizontalen Rohrleitungen vorgesehen (**126**.1).

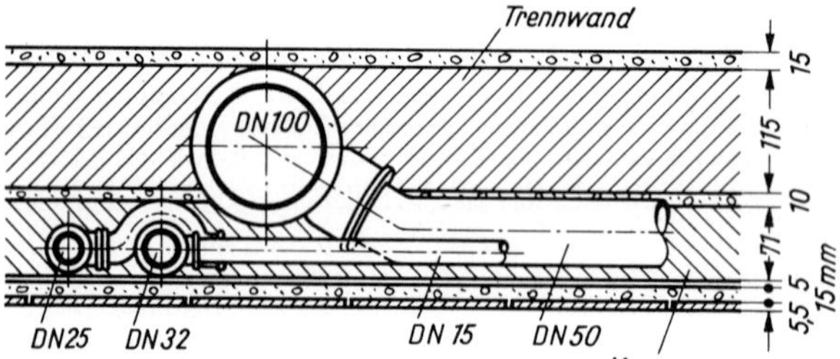

126.1 Abwasserfalleitung in der Trennwand. Steig- und Stockwerksleitungen für Gas und Wasser vor der Wand montiert und nachträglich eingemauert (M 1:10)

Die auf der Wand verlegten Rohrleitungen werden durch eine nachträgliche Einmauerung unsichtbar gemacht.

Der Schallschutz ist bei dieser Ausführung nicht befriedigend auszuführen.

Eine aufwendige, aber schalltechnisch bessere Rohrleitungswand zeigt Bild **127**.1.

Auf eine raumhohe Wand, die ab 11,5 cm Stärke auch eine aussteifende oder deckentragende Aufgabe haben kann, wird eine 2,5 cm dicke Dämmatte aufgebracht. Davor wird eine mindestens 17,5 cm dicke Vorsatzwand mit den erforderlichen Schlitzen gestellt.

Zweischalige Rohrleitungswände mit einem Hohlraum zwischen den Wänden zur Unterbringung der Rohrleitungen erfordern mehr Platz.

Der notwendige Wandzwischenraum kann mit 13,5 bis 17,5 cm angenommen werden.

Auftretende Leckstellen an den in den Wänden liegenden Rohrleitungen sind schwer zu lokalisieren und meist nur kostenaufwendig zu reparieren.

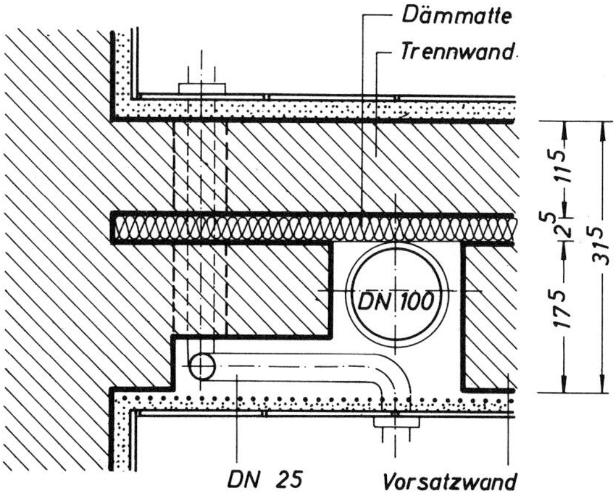

127.1 Einschalige Rohrleitungswand mit Vorsatzwand (M 1:10)

Bei feuerbeständig ausgebildeten Geschoßdecken müssen die Hohlräume in Deckenhöhe feuerbeständig geschlossen und die beiden Wandschalen in feuerbeständiger Bauweise erstellt werden.

Gerippebauten. Im Nichtwohnungsbau sind die Rohrleitungen in der Regel umfangreicher als im Wohnungsbau. Skelett- und Montagebauweisen, die im Innenausbau fast nur leichte Trennwände aufweisen, schränken die Freizügigkeit der Rohrleitungsanordnung erheblich ein.

Nach Möglichkeit werden die Rohrleitungen in senkrechten Installationsschächten, die häufig in Verbindung mit Lüftungskanälen, Müllabwurf- und Aufzugsschächten stehen (**862**.1), durch die Geschosse geführt.

Dabei werden wasserführende Rohrleitungen in einem Sanitär- und Heizungsschacht möglichst getrennt von einem Kabelschacht für Elektroinstallationen untergebracht.

Die Schächte können auch begehbar geplant werden.

Die einheitlich vorgeschriebenen und bei der Ausführung zu beachtenden Feuerwiderstandsklassen für Installationsschächte und Lüftungsleitungen sind einzuhalten (Taf. **127**.2).

Tafel **127**.2 Feuerwiderstandsklassen für Installationsschächte und Lüftungsleitungen (nach DIN 4102 T. 4)

In Gebäuden	Widerstandsklasse[1])
ab 3 Vollgeschossen	L 30
ab 6 Vollgeschossen	L 60
ab Hochhausgrenze	L 90
Bei besonderer Art oder Nutzung der Gebäude	L 120

[1]) Die Zahlen hinter dem Buchstaben L geben die Zeitdauer an, während der die Schächte bei einem Brandversuch die gestellten Anforderungen erfüllen.

Andernfalls sind vertikale Rohrleitungen als Rohrleitungskanäle an Innen- und Außenstützen einzuplanen (**128**.1).

Die jeweilige Lage der häufig querlaufenden Unterzüge ist dabei zu berücksichtigen.

Wegen der Bewehrung im Stützenbereich können neben den Stützen meist nur kleine Deckenaussparungen bis etwa 25 × 25 cm vorgesehen werden.

Notfalls sind Rohrleitungsbündel in Blindstützen unterzubringen.

Die horizontale Verteilung der Rohrleitungen erfolgt in der Regel unter der Decke zwischen Rohdecke und Deckenabhängung.

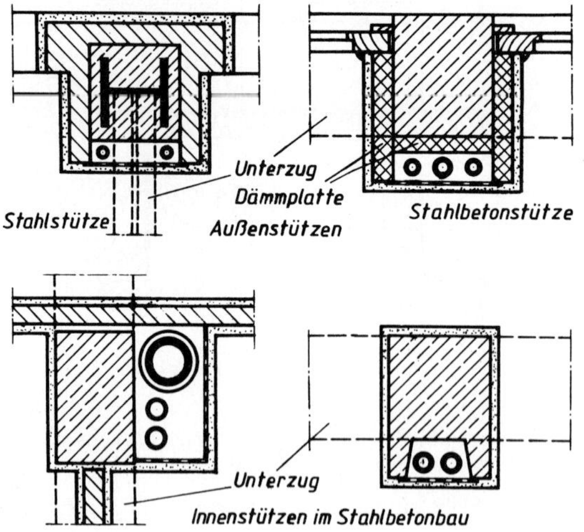

128.1 Rohrleitungskanäle im Gerippebau (M 1:20)

2.5.5 Armaturen

Armaturen sind nach DIN 3211 T. 1 Ausrüstungsteile von Rohrleitungen. Mit ihnen wird der Wasserdurchfluß geregelt. Ihr Einbau ist für die Benutzung und Funktion der Rohrleitungsanlage notwendig.

Die Armaturen-Grundbauarten werden in Schieber, Ventile, Hähne und Klappen eingeteilt.

Nach DIN 1988 T. 2 dürfen in Wasserleitungen nur Armaturen eingebaut werden, die den Normen und technischen Regeln entsprechen.

Sie müssen korrosionsbeständig und wenig reparaturanfällig sein.

Beim Durchfluß dürfen nur geringe Geräusche entstehen (s. Abschnitt 4.1.2).

Absperr- und Auslaufarmaturen dürfen beim Öffnen keinen wesentlichen Druckabfall verursachen.

Zu unterscheiden sind Leitungs-, Entnahme-, Sicherungs- und Sicherheitsarmaturen, aber auch Meß-, Prüf- und Anzeigearmaturen.

Ventile. Als Werkstoff wird Messing oder Rotguß, vernickelt oder verchromt, verwendet.

In Ventilen für Kaltwasserleitungen besteht die Dichtungsscheibe aus Gummi oder Leder, für Warmwasser aus Vulkanfiber.

Durchgangsventile. Diese Drosselarmaturen dienen als Haupt- oder Privatabsperrventil (**91**.1), ohne oder mit Entleerungsventil, zum Absperren der ganzen Versorgungsanlage sowie überall dort, wo einzelne Leitungsstränge wie Steigleitungen (**97**.1), Räume, Einrichtungsgegenstände und Geräte absperrbar sein sollen.

Zu unterscheiden sind Geradsitz-, Schrägsitz- und Freiflußventile.

Geradsitzventile nach DIN 3512 (**129**.1 und 2) sind strömungstechnisch ungünstig.

Schrägsitz- (**129**.3) oder Freiflußventile nach DIN 3502 zeichnen sich durch wesentlich geringeren Druckverlust aus. Sie sind daher mindestens für die Hauptleitungen vorzusehen.

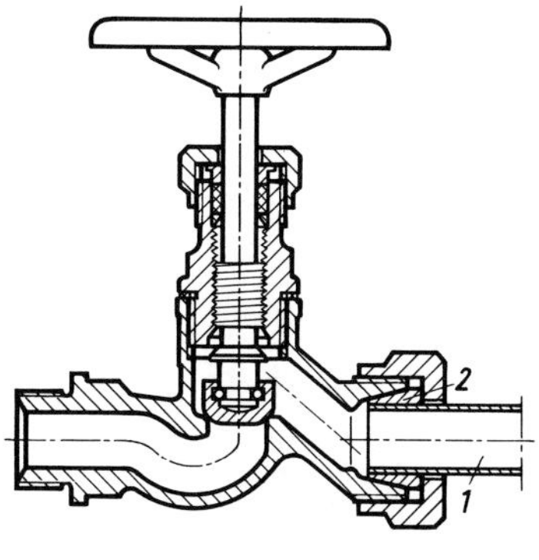

129.1 Durchgangs-Absperrventil aus Rotguß mit Lötstutzenverschraubung und Kupferkegeldichtung
1 Kupferrohr
2 Kupferkegel, hart aufgelötet

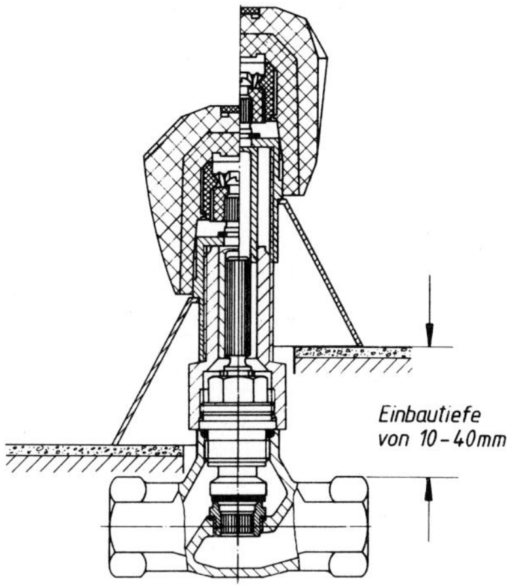

129.2 Unterputz-Geradsitzventil für Einbautiefen von 10 bis 40 mm (Friedrich Grohe)

Zu den Schrägsitzventilen zählen auch Magnetventile, die als Absperrventile elektrisch betätigt werden (s. auch **240**.2).

Der für die Betätigung erforderliche elektrische Strom kann durch Taster, Oszillator, Schaltuhr oder durch Lichtstrahl gesteuert werden.

Die Öffnungszeiten von WC-, Urinal- oder Wascheinrichtungen können mit dieser Armatur automatisch zeitlich begrenzt oder durch Unterbrechung des Stromes beendet werden.

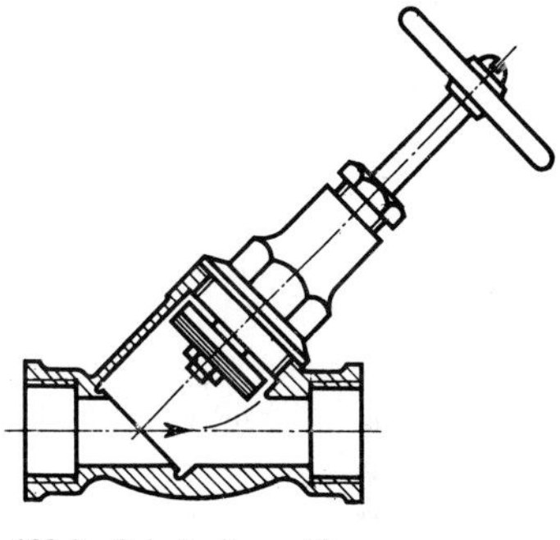

129.3 Schrägsitzventil

Zu den Freiflußventilen sind auch der Kolbenschieber nach DIN 3500 und das Eckventil zu rechnen.

Der Kolbenschieber (**129**.4) oder Ringkolbenschieber als Durchgangsabsperrventil ist geräuscharm, hat einen freien Durchfluß und einen selbstdichtenden Kunststoffkolben.

Das Eckventil mit Griffkappe (**129**.5) oder Kunststoffhandrad wird als Durchgangsventil zur Absperrung einzelner Sanitärobjekte vielseitig verwendet.

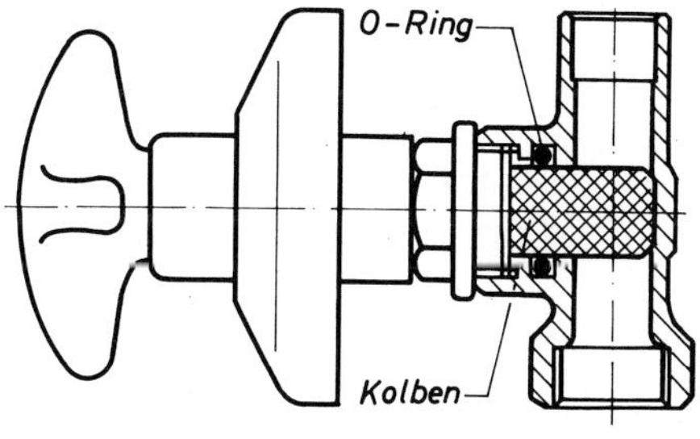

129.4 Kolbenschieber mit Kunststoffabsperrkolben, Wandeinbaumodell in Unterputzausführung

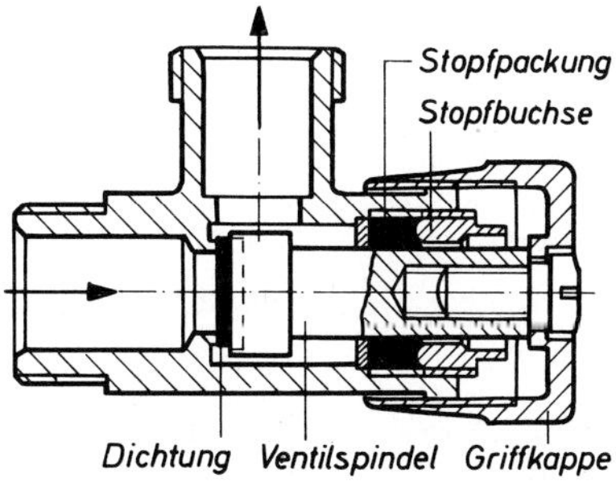

129.5 Eckventil mit Schubspindel und Griffkappe

Auslaufventile. Diese Zapfventile sind Entnahmearmaturen für Kalt- und Warmwasser aus Zulaufleitungen. Sie werden als Einzelarmaturen in verschiedensten Ausführungen hergestellt und verwendet.

Zunächst sind Auslaufventile an der Wand (**130**.1) und Standventile (**130**.2) nach DIN 7572 auf dem Rand eines Waschtisches zu unterscheiden.

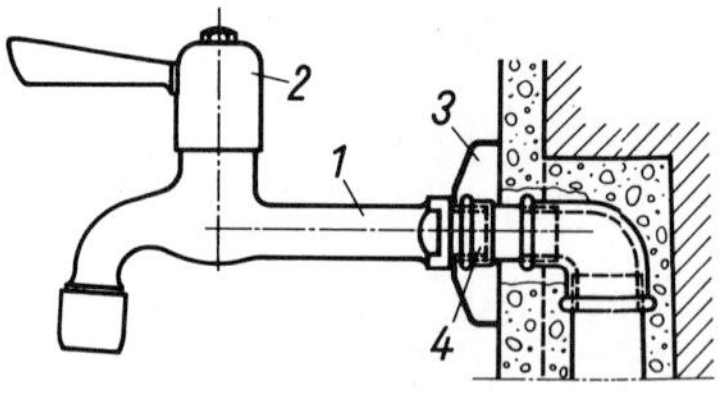

130.1 Wandauslaufventil DN 15 mit Hebelgriff (M 1:5) (Hubert Schell KG)
1 Gehäuse
2 Oberteil mit Hebelgriff
3 Wandrosette
4 Hahnverlängerung

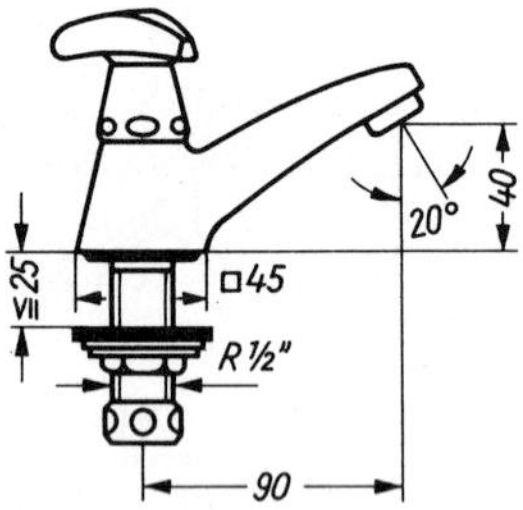

130.2 Auslauf-Standventil (M 1:5) (Friedrich Grohe)

Beide Auslaufarmaturen können auch als Schwenkventil zum Versorgen nebeneinanderliegender Becken installiert werden.

Bei der Warmwasserversorgung ermöglichen Mischbatterien (**847**.2) mit oder ohne Schwenkauslauf die Entnahme von heißem, warmem oder kaltem Wasser (s. Abschnitt 12.3.3).

Werden getrennte, besondere Auslaufventile für Kalt- und Warmwasser vorgesehen, ist das Kaltwasserventil stets auf der rechten Seite anzuordnen.

Die Auslaufventile werden mit verschiedenartigen Auslaufenden, Strahlzerteilern, Strahlreglern, Strahlsprudlern, Schlauchverschraubungen, Schlauchkupplungen oder Brausen installiert.

Durch die häufig verwendeten Strahlzerteiler- oder Strahlsprudlereinsätze (**306**.1) wird der Wasserstrahl so mit Luft angereichert, daß er geschlossen und weich schäumend, ohne zu spritzen, ausfließt.

Auslaufventile mit Schlauchverschraubungen bzw. Schlauchkupplungen werden z. B. für Zentralheizungen und Gartenzapfstellen erforderlich.

Für den Anschluß von Waschmaschinen und Geschirrspülautomaten werden Auslaufventile mit Schlauchverschraubungen eingebaut. Eine Anschlußkombination mit Belüfter und Rückflußverhinderer für den Anschluß zeigt Bild **42**.2.

Ventilgriffe. Die Auslaufventile werden mit verschiedensten Griffausführungen hergestellt.

Oberteile für Sanitärarmaturen gibt es als Knebel-, Kreuz- oder Seesterngriff, Dreispitz-, Kronen- oder Hebelgriff, mit aufsteckbarem Schlüssel oder mit Handrad aus Porzellan, Metall- oder Kunststoffen.

Auslaufventile mit Hebelgriff (**130**.1), auch als Schnellschlußventil bezeichnet, sind mit einer einzigen Schwenkbewegung leicht zu öffnen und zu schließen. Ihre Verwendung ist für Behinderte gut geeignet.

Druckspüler. Sie sind als Selbstschlußarmaturen nach DIN 3265 T. 1 und 3 unmittelbar an die Trinkwasser-Leitung angeschlossen.

Druckspüler lassen bei einmaliger Betätigung eine bestimmte Wassermenge unter Druck ausfließen und schließen nach einer regelbaren Zeitdauer selbsttätig und langsam.

Ihr Einbau erfolgt vornehmlich zur Wasserspülung von Klosett- und Urinalbecken sowie Fäkalienausgußanlagen.

Druckspüler sind im Abschnitt 3.4.4 ausführlich beschrieben.

Rückflußverhinderer. Das Zurückfließen von Wasser entgegen der gewollten Strömungsrichtung muß nach DIN 3269 T. 1 durch Rückflußverhinderer in Durchgangsarmaturen, Auslaufarmaturen oder Geräten verhindert werden.

Rückflußverhinderer sind selbsttätig schließende Bauteile. Sie gehören zu den Sicherungsarmaturen in Trinkwasseranlagen.

DIN 1988 T. 2 und 4 schreibt daher den Einbau eines Rückflußverhinderers ohne Absperrung hinter der Wasserzähleranlage zwingend vor.

Sie verhindern auch das Rückströmen des erwärmten Wassers aus Warmwasserbereitern in den Kaltwasseranschluß.

Jedoch bieten sie nur im Zusammenwirken mit Rohrbelüftern (**132**.1) oder Rohrtrennern einen wirksamen Schutz gegen das Rückfließen von Schmutzwasser aus Spülautomaten, Waschmaschinen und Wasseraufbereitungsanlagen.

Für Trinkwasserleitungen in Gebäuden werden in der Regel Rückschlagventile mit einem federbelasteten Ventilkegel verwendet (**131**.1).

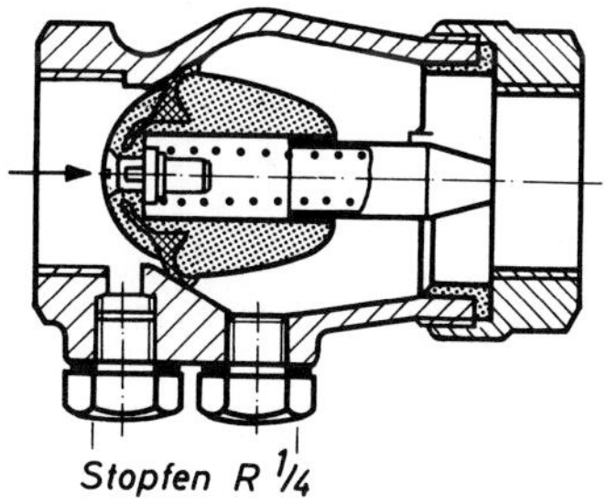

131.1 Rückflußverhinderer für Wasser mit Kegelführung aus Kunststoff und Abschlußkegel aus temperaturbeständigem Kunststoff

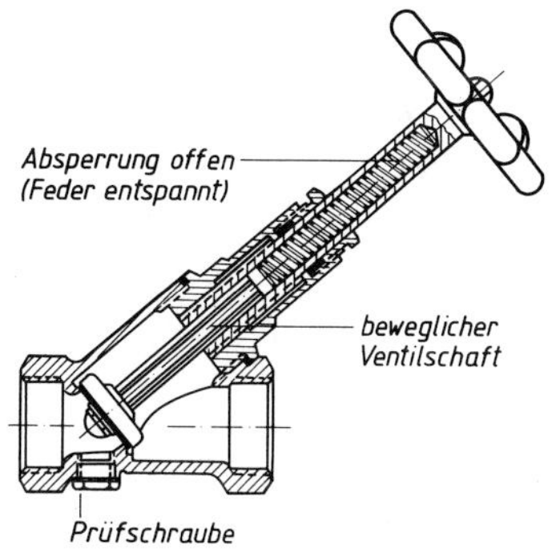

131.2 Freiflußventil mit Rückflußverhinderer, Ventil in Ruhestellung

Rückflußverhinderer gibt es auch in Verbindung mit Schrägsitz- oder Freiflußventilen (**131**.2) oder als separate Abschlußeinrichtung mit Klappe oder Ringmembrane.

Besonders zur Sicherung von Zapfstellen mit Schlauchanschluß werden Auslaufventile verwendet, die sowohl einen Rückflußverhinderer als auch einen Rohrbelüfter besitzen (**42**.2).

Rohrtrenner. Er hat nach DIN 1988 T. 2 die gleiche Aufgabe wie der Rückflußverhinderer gegen ein Rücksaugen, Rückfließen oder Rückdrücken, jedoch mit einem höheren Sicherungsgrad.

Der Rohrtrenner kann als Sammelsicherung nach einer Wasserzähleranlage anstelle des Rückflußverhinderers (**131**.3), als Gruppensicherung z. B. für mehrere nachgeschaltete Waschmaschinen oder z. B. als Einzelsicherung vor einer Geschirrspülmaschine eingesetzt werden.

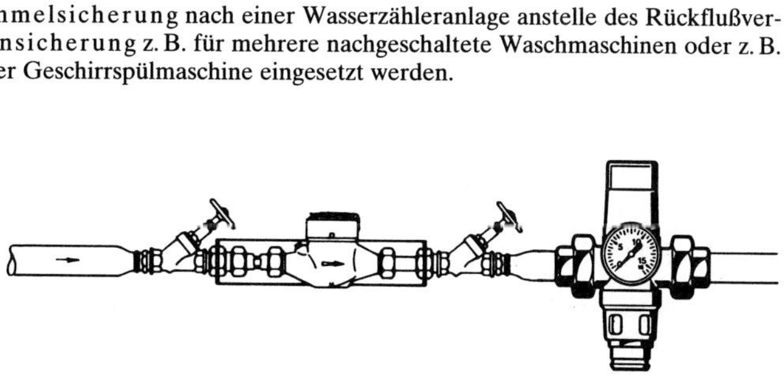

131.3 Rohrtrenner unmittelbar hinter der Wasserzähleranlage (Honeywell Braukmann)

Rohrunterbrecher oder Rohrtrenner sind nach DIN 3266 T. 1 in drei Bauformen ohne und mit beweglichen Einrichtungen in DN 10 bis DN 32 genormt, werden aber auch für größere Durchmesser hergestellt.

Rohrbelüfter. Sie verhindern, im Zusammenwirken mit Rückflußverhinderern oder Rohrtrennern, bei Unterdruck in Trinkwasserleitungen das Rücksaugen von Schmutzwasser durch Einführen von Luft.

Rohrbelüfter sind nach DIN 3266 T. 1 für drei Bauformen als Durchfluß-Rohrbelüfter in DN 15 bis DN 25, Rohrbelüfter ohne Tropfwasserleitung in DN 15 und mit Tropfwasserleitung in DN 15 und DN 20 (**132**.2) genormt.

Durchfluß-Rohrbelüfter (**132**.1) werden in Geräten, die unmittelbar mit der Trinkwasserleitung und der Entwässerungsleitung verbunden sein müssen, z. B. Geschirrspül- und Waschmaschinen, sowie an Auslaufventilen mit Schlauchverschraubung eingebaut (**42**.2).

Selbsttätig arbeitende Rohrbelüfter sind nach DIN 1988 T. 2 auf den höchsten Punkten aller Steigleitungen nach Tafel **133**.1 vorzusehen (**97**.1 und **132**.2).

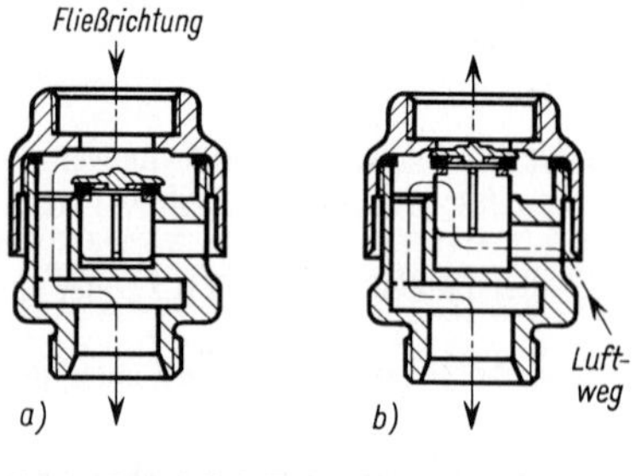

132.1 Durchfluß-Rohrbelüfter (Metallwerke Gebr. Seppelfricke)
a) Normaler Betriebszustand bei Überdruck
b) Betriebszustand bei Unterdruck

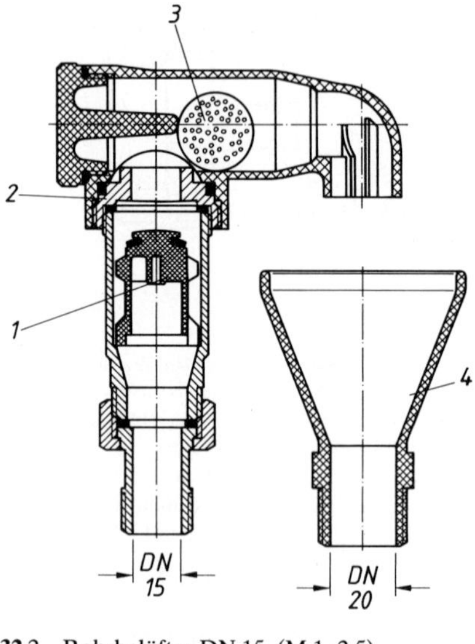

132.2 Rohrbelüfter DN 15 (M 1:2,5) (Metallwerke Gebr. Seppelfricke)
1 Schwimmer
2 Ventilsitz
3 Kugel
4 Tropfwasser-Trichter DN 20

Bei ebenerdigen Steigleitungen sind die Rohrbelüfter auf eine Sicherheitsschleife zu setzen. Dabei muß der Belüfter mindestens 30 cm über dem höchsten Flüssigkeitsspiegel liegen.

Bei Rohrbelüftern mit einer Tropfwasserleitung DN 20 kann das gelegentlich austretende Leckwasser in einen Ausguß, Waschtisch (**135**.2) oder eine andere Ablaufstelle geleitet werden.

Beispiele für den Anschluß von Tropfwasserleitungen sind in DIN 1988 T. 2 dargestellt. Danach ist auch der verdeckte Einbau der Rohrbelüftung in vielen Fällen möglich.

Bei einer Störung des Rohrbelüfters läßt die Kugel im Überlaufbogen nur eine geringe Menge Wasser austreten, mit der die Störung angezeigt wird (**132**.2).

Tafel **133**.1 Anzahl der Rohrbelüfter mit Tropfwasserleitung (nach DIN 1988 T. 2)

Nennweite der Steigleitung DN	Anzahl der Rohrbelüfter DN 15	DN 20	Mindestnennweite der Anschlußleitung des Belüfters DN	Mindestnennweite der Tropfwasserleitung DN
bis 25	1	–	15	20
32 bis 50	2 oder	1	20	25
über 50	3 oder	2	32	25

Druckminderer. Druckregler oder Druckminderer dürfen in die von einer öffentlichen Sammelwasserversorgung gespeisten Leitungen in der Regel nur mit Genehmigung des WVU eingebaut werden.

Druckminderer (**133**.2) werden unmittelbar nach dem Hauptabsperrventil eingebaut, wenn der Leitungsdruck im Versorgungsnetz gelegentlich 6 bar überschreiten kann.

Besonders bei Hochhäusern muß vor einzelnen Entnahmestellen eine Einteilung in Druckstufen erfolgen. Eine Möglichkeit zur Realisierung von Druckstufen ist die Vorschaltung von Druckminderern.

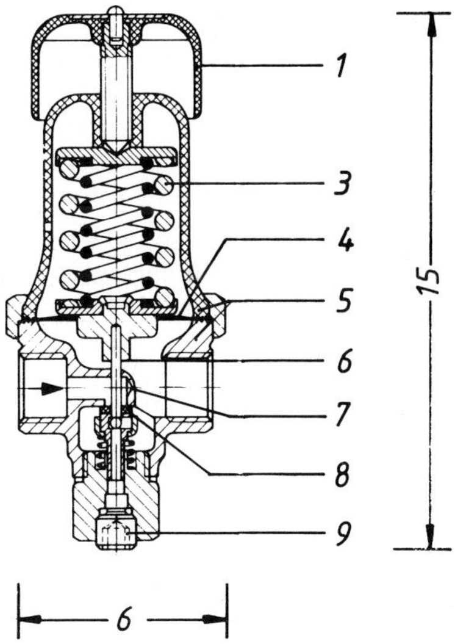

133.2 Druckminderventil 50 EM 1/2″ (SAMSON)
1 Sollwertsteller
3 Druckfeder
4 Arbeitsmembran
5 Gehäuse
6 Kegelbügel
7 Sitz
8 Ventilkegel mit Weichdichtung
9 Verschlußstopfen bzw. Anschluß für Manometer

Trinkwasser-Schutzfilter. Diese Schmutzfänger oder Feinfilter nach DIN 19632 sind grundsätzlich zum Schutz empfindlicher Armaturen oder Apparate vor Schäden durch Fremdpartikel, wie Sandkörnchen, sonstigen Verunreinigungen oder korrosionsgefährdenden Teilchen, besonders bei Kupferrohrinstallationen, dringend zu empfehlen.

Der Einbau erfolgt in der Regel im Anschluß an die Wasserzähleranlage.

Je nach Bedienungskomfort sind drei Filtertypen zu unterscheiden; vollautomatische, solche mit etwa zweimonatiger manueller Filterspülung (**134**.1) oder mit manuellem Filterwechsel etwa alle 6 Monate.

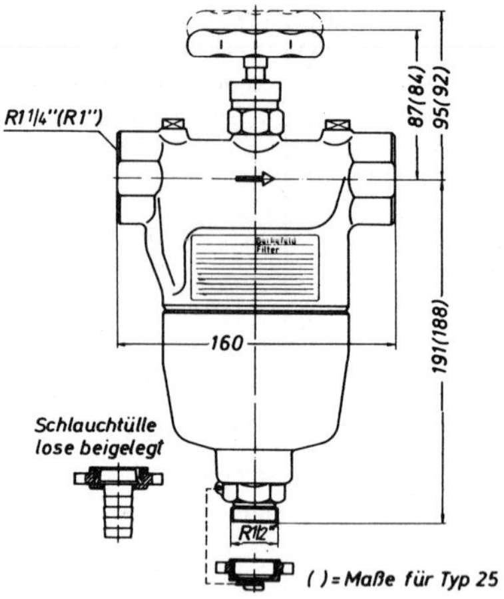

Neuzeitliche Automatikfilter werden durch eine Elektronik, die durch vier 1,5 V Batterien also ohne Stromanschluß angetrieben wird, nach vorgegebenem Zeitintervall rückgespült.

Andere vollautomatische Filter reinigen sich ohne Bedienungsaufwand selbst, benötigen jedoch einen Stromanschluß.

134.1 Berkofin-Schutzfilter 25/32, Rückspülfilter mit Spülwasserauslauf 1/2'' (Berkefeld-Filter Anlagenbau)

2.5.6 Trinkwasserschutz

Gegen Frost. Leitungen in der Erde sind in frostfreier Tiefe zu verlegen. Leitungen und Wasserzähler in Wasserzählerschächten sind ausreichend gegen Kälte zu schützen. Alle frostgefährdeten Leitungen müssen absperrbar und entleerbar sein, z. B. Gartenleitungen.

In Mauerschlitzen von Außenwänden verlegte Wasserleitungen sind ausreichend zu isolieren (s. Abschnitt 2.5.4).

Gegen Erwärmen. Kaltwasserleitungen sind in ausreichendem Abstand von Schornsteinen, Warmwasser- und Heizungsanlagen zu verlegen. Dies gilt besonders für in Mauerschlitzen installierte Warmwasserzirkulationsleitungen.

Zur Begrenzung des Wärmeverlustes warmgehener Rohrleitungen einschließlich Zirkulationsleitungen gelten die Mindestanforderungen der Heizungs-Anlagenverordnung zum Energieeinsparungsgesetz (s. auch Abschnitt 10.7.2).

Trinkwasserleitungen dürfen auch nicht der Sonnenbestrahlung ausgesetzt werden.

Gegen Kondenswasser. Bei mehreren waagerecht übereinander und freiliegenden Leitungen sind Kaltwasserleitungen immer unten anzuordnen.

Freiliegende Kaltwasserleitungen in Räumen, die zeitweilig oder dauernd hoher Luftfeuchte ausgesetzt werden, z. B. Gemeinschaftswaschräume, sind grundsätzlich gegen Schwitzwasser zu isolieren.

Dämmung von Trinkwasserleitungen. Bei üblichen Betriebsbedingungen im Wohnungsbau sind nach DIN 1988 T. 2 kalte Trinkwasseranlagen vor Erwärmung oder Tauwasserbildung durch Dämmschichtdicken nach Tafel **135**.1 zu schützen.

Gegen Verunreinigungen. Unter keinen Umständen darf in die Trinkwasserleitungen Wasser zurückfließen oder dürfen andere flüssige oder feste Stoffe in sie hineingesaugt werden.

So dürfen Anlagen für Trinkwasser nicht mit solchen für Nichttrinkwasser oder mit Entwässerungsleitungen, auch nicht mit Trinkwasserleitungen eines anderen Versorgungssystems, z. B. einer Eigenversorgungsanlage (s. Abschnitt 2.3), unmittelbar verbunden sein.

Keinesfalls dürfen Trinkwasserleitungen durch Fäkalien- und Sickergruben, Prüfschächte der Grundstücksentwässerung, Abflußkanäle und dergleichen geführt werden.

Tafel **135**.1 Mindestdämmschichtdicken zur Dämmung von kalten Trinkwasserleitungen (nach DIN 1988 T. 2)

Einbausituation	Dicke bei λ = 0,040 W/(mK)[1]) mm
Rohrleitung frei verlegt, in nicht beheiztem Raum (z. B. Keller)	4
Rohrleitung frei verlegt, in beheiztem Raum	9
Rohrleitung im Kanal, ohne warmgehende Rohrleitungen	4
Rohrleitung im Kanal, neben warmgehenden Rohrleitungen	13
Rohrleitung im Mauerschlitz, Steigleitung	4
Rohrleitung in Wandaussparung, neben warmgehenden Rohrleitungen	13
Rohrleitung auf Betondecke	4

[1]) Für andere Wärmeleitfähigkeiten sind die Dämmschichtdicken, bezogen auf einen Durchmesser von d = 20 mm, entsprechend umzurechnen.

Hinter dem Wasserzähler ist ein druckverlustarmer Rückflußverhinderer oder Rohrtrenner einzubauen (**131**.1 und **131**.3).

Alle Steigleitungen (**97**.1) bis DN 40 erhalten nach DIN 1988 T. 2 einen selbsttätig arbeitenden Rohrbe- und -entlüfter (**132**.2) von DN 15, alle Steigleitungen > DN 40 zwei derartige Rohrbe- und -entlüfter unmittelbar auf ihren oberen Enden, ≧ 2,00 m oberhalb des Fußbodens, oder einen Rohrbelüfter mit Anschluß an eine Tropfwasser-Abflußleitung nach Tafel **133**.1, die frei über einem Waschtisch oder einer anderen Sanitäreinrichtung mündet (**135**.2).

In ebenerdigen Gebäuden ohne Steigleitungen ist der Rohrbe- und -entlüfter auf eine Sicherheitsschleife zu setzen.

Die Rohrbelüfter müssen jederzeit zugänglich sein.

Die Nennweite der evtl. vorgesehenen Tropfwasserabflußleitung muß > 20 mm betragen (Taf. **133**.1).

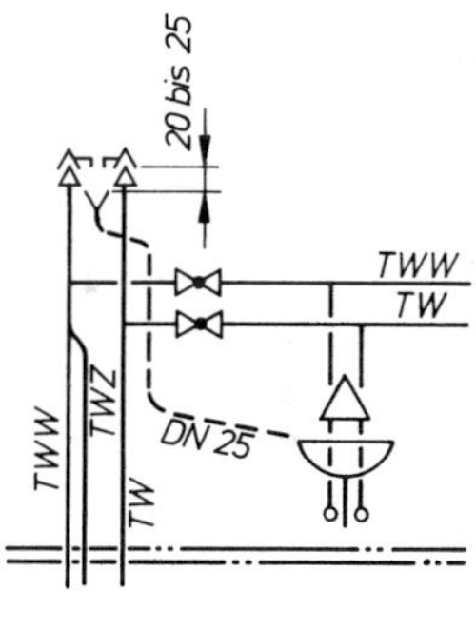

135.2 Anschluß einer Tropfwasserleitung an einen Waschtisch (nach DIN 1988 T. 2)

Die Unterkante der Auslaufventile muß nach DIN 1988 T. 4 ≧ 2 cm über dem Rand der Wasch- und Spültische, Laborbecken usw., in Kellergeschossen ≧ 30 cm über der Kellersohle liegen.

Abzweige der waagerechten Stockwerksleitungen von den Steigleitungen müssen ≧ 1,10 m über dem Fußboden des betreffenden Geschosses, jedoch ≧ 30 cm über dem höchsten Abwasserspiegel der Entnahmestelle dieses Geschosses liegen.

Wasch- und Geschirrspülmaschinen sowie andere Einrichtungen, bei denen Schmutzwasser zurückgesaugt werden kann, dürfen nur über einen offenen Auslauf oder das Zwischenschalten von Rohrbelüftern (**132**.1) mit der Trinkwasserleitung verbunden werden (**42**.2 und **42**.3).

Abortbecken (s. Abschnitt 3.4.2) dürfen nur über Spülkästen oder Abortdruckspüler mit der Trinkwasserleitung verbunden werden.

Sind lediglich Abortdruckspüler (**237**.2 und **238**.1) an einer Steigleitung angeschlossen, kann der Rohrbe- und -entlüfter entfallen.

Wasserstrahlpumpen (**89**.1) (s. Abschnitt 2.2.3) dürfen nur mit besonderer Genehmigung unmittelbar angeschlossen werden, jedoch nie im Pumpensumpf liegen. In die Druckwasserleitung müssen ein Rückflußverhinderer und ein Rohrbelüfter eingebaut werden, der ≧ 30 cm über dem Schmutzwasserauslauf liegen muß.

Entleerungsventile an unterirdischen Trinkwasserleitungen, z. B. in Gärten, Höfen und Kellern, sind gegen von außen eindringendes Wasser zu schützen.

Gegen erwärmtes Wasser. Zwischen Warm- und Kaltwasserleitungen dürfen keine Verbindungen bestehen. Ausgenommen sind Warmwasserbereiter, bei denen jedoch bestimmte Sicherheitsvorkehrungen, wie der Einbau von Rückflußverhinderern (**97**.1), getroffen werden müssen.

Zapfstellen für Warm- und Kaltwasser dürfen nur dann einen gemeinsamen Auslauf haben, wenn dieser unverschließbar oder der Übertritt warmen Wassers in die Kaltwasserleitung durch Rückflußverhinderer ausgeschlossen ist. Dies gilt sinngemäß auch für Thermo-Mischventile.

Das Füllventil eines Heizkessels darf mit der Kaltwasserleitung nur durch eine lösbare Schlauchverbindung zusammenhängen, die nur während des Füllvorganges angeschlossen sein darf. Feste Verbindungen sind unzulässig.

Gegen Leitungsgeräusche. Die Wasserleitungen und Armaturen sind so zu bemessen und auszuführen, daß in ihnen keine Druckstöße und nur möglichst geringe Strömungsgeräusche entstehen können.

Die Leitungsquerschnitte dürfen nicht zu eng sein, die Fließgeschwindigkeit soll 1 bis 2 m/s betragen. Der Ruhedruck der Anlage darf nicht höher als 6 bar sein.

Es sollten nur Armaturen der Geräuschklasse I eingebaut werden (s. Abschnitt 4.2.2).

Alle Leitungen sind so zu verlegen, daß die Geräusche über die Befestigungen (**307**.2) als Körperschall nicht weitergeleitet werden. In Schlitzen oder Schächten verlegte Leitungen (s. Abschnitt 2.5.4) sind gegen auftretenden Luftschall raumfüllend zu isolieren (**125**.1).

Die Ausführungen in DIN 4109 Beiblatt 2 über den Schallschutz bei Wasserleitungen und haustechnischen Gemeinschaftsanlagen müssen beachtet werden (s. auch Abschnitt 4.2).

Weitere Sicherungseinrichtungen zum Schutz des Trinkwassers und zur Erhaltung der Trinkwassergüte sind in den technischen Regeln der DIN 1988 T. 4 durch Beispiele ausführlich behandelt.

2.5.7 Inbetriebnahme

Füllen. Beim Füllen der Anlage ist das Absperrventil der Anschlußleitung zunächst nur wenig zu öffnen. Die Leitungen sind dann durch die entferntesten und höchstgelegenen Auslaufventile vorsichtig und sorgfältig zu entlüften.

Prüfen. Die freiliegenden, noch ungestrichenen und nicht verdeckten Leitungen werden durch eine Vorprüfung vor dem Schließen der Mauerschlitze zweimal 10 Minuten lang mit einem Wasserdruck in Höhe des 1,5fachen höchsten Betriebsdruckes in der Versorgungsleitung, jedoch von mindestens 12 bar, gemessen an der Verteilungsleitung, geprüft. Danach erfolgt eine zweistündige Hauptprüfung.

Dabei dürfen weder Undichtigkeiten noch Druckabfall auftreten.

An offene Behälter angeschlossene Rohrleitungen brauchen nur mit 2 bar über dem höchsten Behälterdruck geprüft werden.

Es empfiehlt sich, danach das gesamte Rohrnetz 24 Stunden lang unter normalem Betriebsdruck zu belassen.

Betrieb. Bevor die Leitungsanlagen in Betrieb genommen werden, sind sie mit filtriertem Wasser gründlich durchzuspülen.

Rohrbe- und -entlüfter sowie Einzelbelüfter sind erst nach dem Durchspülen anzubringen.

Nicht gleich benutzte oder vorübergehend stillgelegte Anschlußleitungen sind sorgfältig zu verschließen und von der Versorgungsleitung abzusperren und zu entleeren.

Sie sind spätestens nach einem Jahr völlig abzutrennen.

Vorübergehend nicht benutzte Verbrauchsleitungen sind abzusperren und bei Frostgefahr zu entleeren.

Sie sind vor Wiederinbetriebnahme gründlich durchzuspülen.

Bei Unterbrechung der Wasserzufuhr müssen alle Zapfstellen geschlossen bleiben. Dadurch werden bei Wiederinbetriebnahme der Leitungen Wasserschäden vermieden.

Bei einer Abwesenheit von mehr als 3 Tagen empfiehlt DIN 1988 T. 8 die Trinkwasseranlage bei Einfamilienhäusern nach der Wasserzähleranlage und bei Mehrfamilienhäusern an der Stockwerksabsperrarmatur zu schließen, um Wasserschäden und -verluste zu vermeiden.

Die Absperrvorrichtungen vor und hinter dem Wasserzähler dürfen den Wasserdurchfluß nicht drosseln und müssen daher voll geöffnet sein.

Die Anpassung alter Anlagen an neue Vorschriften ist nur erforderlich, wenn das Leben oder die Gesundheit von Personen gefährdet würden.

Änderungen der Altanlagen sind dann, soweit die Verhältnisse es gestatten, den neuesten Bestimmungen der DIN 1988 entsprechend auszuführen.

2.5.8 Aussparungszeichnungen

Die Installationsleitungen haustechnischer Anlagen in einem Bauwerk erfordern Wand- und Deckendurchbrüche, Schlitze und Kanäle. Der spätere Einbau der Leitungen macht daher rechtzeitig festzulegende Aussparungen für die Rohbauausführung notwendig.

Die sorgfältige Vorplanung der Leitungsführung und die nachfolgende zeichnerische Festlegung der Aussparungen mit genauen Maßangaben ist für eine rationelle Baudurchführung und zur Berücksichtigung beim statischen Nachweis zwingend erforderlich.

Eine nachträgliche Änderung der Leitungsführung ist zu vermeiden. Sie bringt in der Regel Nachteile bei der Montage und statische Mängel.

Aussparungen. Sie werden in Aussparungszeichnungen vor Rohbauherstellung festgelegt.

Dies sind vorzugsweise Grundrißzeichnungen, bei Bedarf auch Schnittdarstellungen und Wandabwicklungen, die bei größeren Bauvorhaben der Installationsfachmann anfertigt.

Der Architekt kann dann ohne Schwierigkeiten alle notwendigen Maßangaben sämtlicher Aussparungen von diesen Zeichnungen in seine Ausführungszeichnungen i. M. 1:50 übernehmen.

Bei kleineren Bauvorhaben werden die Aussparungen nach Überlegung der Leitungsführung vom Architekten selbst festgelegt.

Die Festlegung und Herstellung der Aussparungen richtet sich nach den jeweiligen Anforderungen. Zu unterscheiden sind Durchbrüche, Schlitze und Kanäle, aber auch Nischen und Schächte.

Kennzeichnung. Einzelheiten zur Darstellung von Aussparungen sind den Tafeln **138**.1 und **138**.2 zu entnehmen.

Beispiele. WD 50 × 30 uD = Wanddurchbruch 50 cm breit, 30 cm hoch unter Decke oder

WS 20 × 10 × 120 UK 30 üFB = Wandschlitz 20 cm breit, 10 cm tief, 120 cm hoch, Unterkante 30 cm über Rohfußboden

Tafel **138**.1 Kennzeichnung von Aussparungen

Bauteil	Aussparung	Maße	Lage	Bezug
D Decke W Wand B Boden F Fundament	D Durchbruch S Schlitz K Kanal	Breite × Tiefe × Höhe	u unter ü über	OK Oberkante UK Unterkante FB Rohfußboden (Rohdecke) FFB Fertigfußboden

Tafel **138**.2 Darstellung von Aussparungen

	Bezeichnung	Kennzeichen	Maßangaben Breite	Tiefe	Höhe	Darstellung im Grundriß	Aufriß (Schnitt, Ansicht)
Decken	Deckendurchbruch	DD	*A* ×	*B*		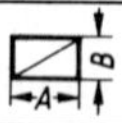	
Decken	Deckenschlitz (oberhalb Decke)	DS	*A* ×	*B* ×	*C*		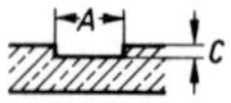
Decken	Deckenschlitz (unterhalb Decke)	DS	*A* ×	*B* ×	*C*		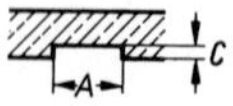
unterstes Geschoß: Böden, Fundamente	Bodendurchbruch (Fundament = FD)	BD	*A* ×	*B*		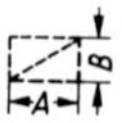	
unterstes Geschoß: Böden, Fundamente	Bodenkanal Bodenschlitz	BK BS	*A* ×	*B* ×	*C*		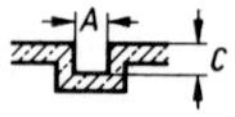
Wände	Wanddurchbruch (Fundament = FD im UG-Plan gestrichelt)	WD	*A*	×	*C*		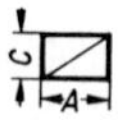
Wände	Wandschlitz (waagerecht) Fundament = FS (s. oben)	WS	*A* ×	*B* ×	*C*	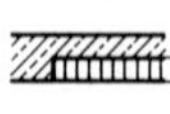	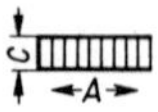
Wände	Wandschlitz (senkrecht) Fundament = FS (s. oben)	WS	*A* ×	*B* ×	*C*	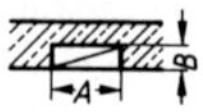	

Als Aussparungsangaben werden die Rohbaumaße meist in cm angegeben. Die farbige Kennzeichnung ist in der Regel gelb, aber auch gelb für den Deckenbereich und braun für den Wandbereich.

Aussparungsgrößen von Deckendurchbrüchen und Wandschlitzen für Rohrleitungen verschiedener Abmessungen können Bild **139**.1 entnommen werden.

Aussparungen dürfen die Standfestigkeit nicht beeinträchtigen und müssen bei der Bemessung durch den Statiker berücksichtigt werden.

Sie sollen bei Erstellung des Rohbaues im gemauerten Verband oder beim Beton- und Stahlbetonbau in der Schalung vorgesehen werden.

Nachträgliches Stemmen bei Beton- und Stahlbeton oder Fräsen bei Mauerwerk unterliegt Einschränkungen.

Rohr-DN	Tiefe	Breite	Breite	Breite
15 20	5	8	18	28
25 32	6	10	21	32
40 50	10	15	28	41
65 80	13	20	36	52
100	15	20	39	58

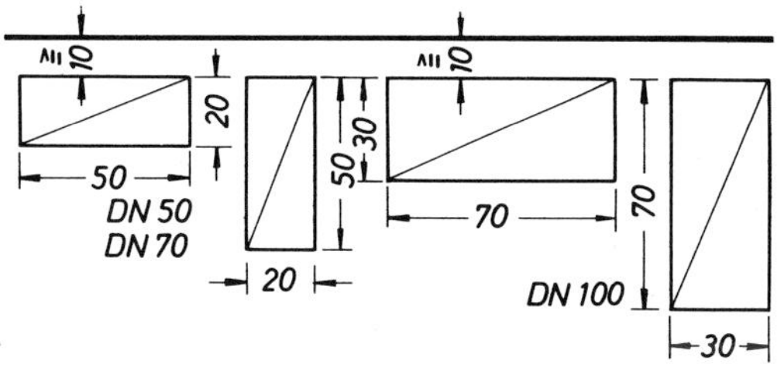

139.1 Aussparungsgrößen für Rohrleitungen ohne Isolierung in cm (Wandschlitze und Deckendurchbrüche)

Für die Ausführung in Beton- und Stahlbeton gilt laut DIN 1045:

„Das nachträgliche Einstemmen ist nur bei lotrechten Schlitzen bis zu 3 cm Tiefe zulässig, wenn ihre Tiefe höchstens ⅙ der Wanddicke, ihre Breite höchstens gleich der Wanddicke, ihr gegenseitiger Abstand mindestens 2,0 m und die Wand mindestens 12 cm dick ist."

Die Bedingungen für Aussparungen oder Schlitze in tragendem Mauerwerk sind den Angaben aus Tafel **124**.1 zu entnehmen und im Abschnitt 2.5.4 ausführlich erklärt.

2.6 Vorfertigung

Vorgefertigte Installationsteile sind Bauteile aus Rohren, Formstücken und Armaturen sowie deren Dichtungen und Halterungen, die zusammengebaut an den Einbauort geliefert werden.

Die Rohrleitungsführung zur Sanitärinstallation eines Gebäudes ist in verschiedene Abschnitte unterteilt: Anschlußleitung, Verteilungs-, Steig- und Stockwerksleitungen sowie Einzelzuleitungen.

Gleiche zur Vorfertigung geeignete Installationsabschnitte können sich fast nur im Zusammenhang mit Sanitärräumen ergeben.

Für die Rohrinstallation kommt die handwerkliche Fertigung auf der Baustelle bzw. die handwerkliche Vorfertigung auf der Baustelle oder in der Werkstatt in Frage.

Werkstattvorfertigung. Die industrielle Vorfertigung in der Werkstatt wird stets durch eine handwerkliche Fertigung auf der Baustelle zu ergänzen sein.

Das gilt für das Verbinden vorgefertigter Installationsteile mit anderen Anlageteilen und außerdem für örtliche Abweichungen von der Bauplanung.

Die Vorfertigung kommt für einzelne und mehrere Installationsteile gleicher Art in Frage.

Die Voraussetzungen für den Erfolg einer Vorfertigung sind:
Normalgeschosse mit gleichen Grundrissen,
Zusammenfassung möglichst aller haustechnischer Räume,
genügend große Stückzahl gleicher Installationsteile,
Vereinheitlichung der Grundelemente,
möglichst geringes Gewicht der Installationselemente sowie
gleichwertige gewissenhafte Einbeziehung der Installationsplanung in die Bauplanung.

Die Planung muß bei Baubeginn ausführungsreif abgeschlossen, koordiniert und in allen Einzelheiten endgültig festgelegt sein.

Die Vorteile der Vorfertigung sind bessere Qualität, Verkürzung der Bauzeit, größere Termingenauigkeit und Fortfall von Nach- und Stemmarbeiten.

Der Einsatz von Installationsfertigteilen ist grundsätzlich bei allen Gebäudearten im Bereich des Wohnungsbaues und des Nichtwohnungsbaues möglich. Dabei ist es unbedeutend, ob es sich um vorgefertigte, konventionell hergestellte Gebäude oder Altbauten handelt.

Die Rationalisierung des handwerklichen Arbeitsablaufes erfordert einfache Montagemethoden, die Verwendung geeigneter Materialien und Befestigungssysteme.

In der Praxis kommt es auf eine Material- und Systembeschränkung an, so daß vom Installationsbetrieb höchstens zwei Rohrarten für Zu- und Abflußleitungen und ein möglichst universelles Befestigungssystem verwendet werden.

Vorgefertigte Installationsteile, die nach dem Einbau keine Nachprüfungen ermöglichen, unterliegen den Bestimmungen des DVGW-Arbeitsblattes GW 3 über Bau und Prüfung vorgefertigter Gas- und Wasserinstallationen.

Hierzu gehören Wandteile mit festeingegossenen Rohren und deren Zubehör, Installationsblocks oder Raumzellen mit fester, am Einbauort nicht mehr abnehmbarer Verkleidung der Rohrinstallation.

2.6.1 Rohrleitungsvorfertigung

Rohrleitungsteile. Dies sind nach Plan gefertigte Rohrleitungen mit entsprechenden Verbindungselementen und Anschlußmöglichkeiten für Sanitärgegenstände und Armaturen. Sie eignen sich besonders für Anbinde- und Steigleitungen.

Rohrleitungsteile weisen den niedrigsten Vorfertigungsgrad auf, verringern jedoch die Abhängigkeit von den Gegebenheiten auf der Baustelle.

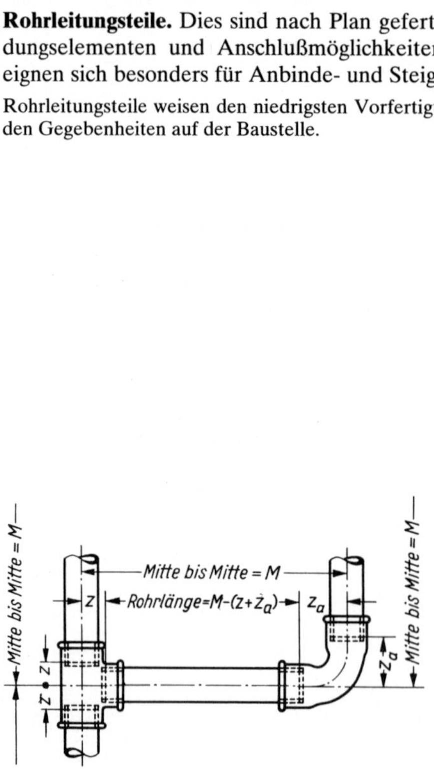

140.1 z-Maß-Methode (TVSG)

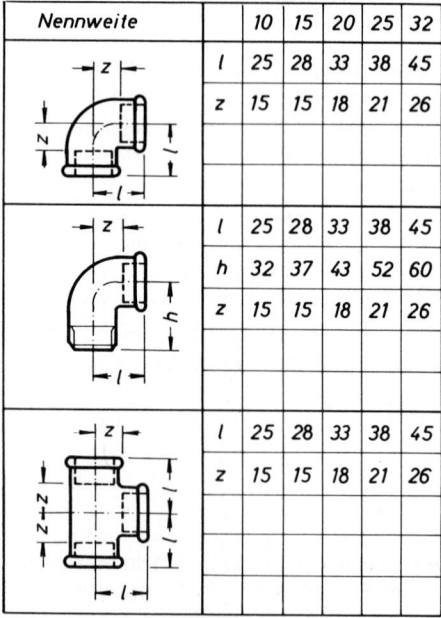

Nennweite		10	15	20	25	32
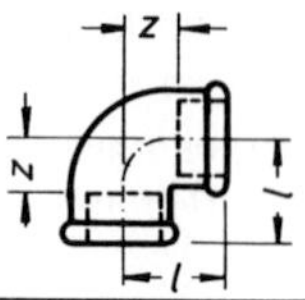	l	25	28	33	38	45
	z	15	15	18	21	26
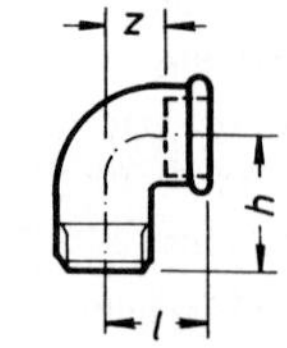	l	25	28	33	38	45
	h	32	37	43	52	60
	z	15	15	18	21	26
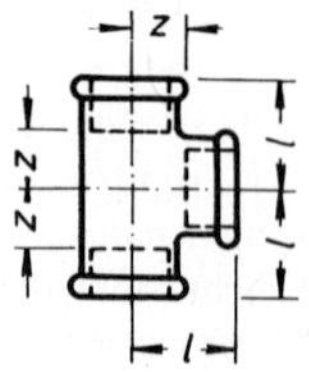	l	25	28	33	38	45
	z	15	15	18	21	26

140.2 z-Maße für Fittings, Beispiele

z-Maßmethode. Dies ist ein zweckmäßiges Meßverfahren zur rechnerischen Bestimmung der zu fertigenden Rohrlängen bei Wasser- und Gasleitungen aller Werkstoffe.

Die z-Maße der Fittings und Armaturen sind Konstruktionsmaße. Sie geben den Abstand von der Mitte eines Fittings oder einer Armatur zum Ende des eingeschraubten oder eingelöteten Rohres an (**140**.1). Die z-Maße sind den Fittings- und Armaturenmaßtabellen zu entnehmen (**140**.2).

Grundlage des Messens ist dabei der Abstand Mitte bis Mitte = M. Die Rohrlänge L ergibt sich durch Reduzierung des Mittenabstandes um die z-Maße der Fittings oder Armaturen.

$$L = M - (z_1 + z_2)$$

Beispiel. Waagerechtes Rohrstück der Kaltwasserleitung Bild **141**.1.

M = Fugenrastermaß der Wandfliesen = 3 × 153 mm = 459 mm

z_1 = Winkel mit Innengewinde DN 15 = 15 mm

z_2 = T-Stück mit Innengewinde DN 15 = 15 mm

$L = M - (z_1 + z_2)$

Rohrlänge = 459 − (15 + 15) mm = 429 mm

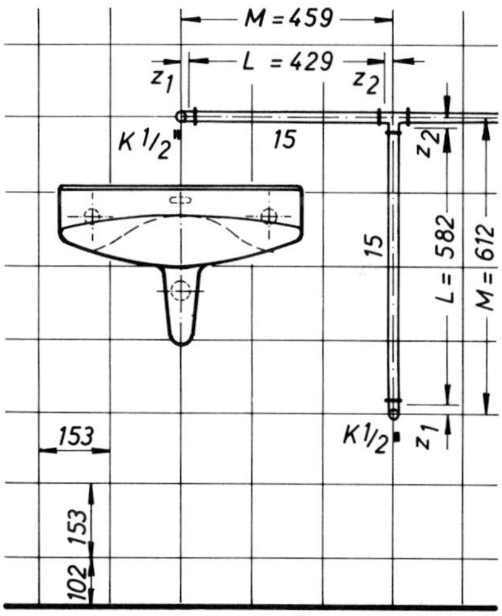

141.1 z-Maß-Methode, Anwendung

Hilfsmittel der Maßermittlung sind die TVSG-Unterteilungsblätter, die gleichzeitig zum Materialauszug verwendet werden. Die Leitungsteile werden als Raumschema in das Blatt gezeichnet.

Montagearten. Die Montage von Rohrleitungen, Armaturen und Sanitärteilen kann freiliegend oder eingebaut ausgeführt werden.

Die freiliegende Installation wird vorwiegend in Keller- oder Untergeschossen und technischen Räumen mit dem Vorteil der guten Zugänglichkeit ausgeführt.

Die verdeckt liegende Installation wird in Sanitärräumen aus ästhetischen Gründen notwendig.

Zu unterscheiden sind folgende Montagearten:

Installation in Aussparungen bzw. Schlitzen, die beim Herstellen der Montagewände ausgespart oder nachträglich gefräst werden (s. Abschnitt 2.5.4).

Installation auf einer Montagewand und nachträgliches Vormauern oder Abspannen.

Installation mit Montagerahmen oder Montagegerüst freistehend im Raum und nachträgliches Einmauern, Eingießen, Verkleiden oder Abspannen.

Montagehilfsmittel. Sie dienen im Rahmen der Rohrinstallation als Hilfen zur Festlegung der Armaturenanschlüsse und der Befestigungen.

Hierzu werden Montageschablonen, Montageeinheiten, Montageplatten, Montageprofile, Montagerahmen und Montagegerüste verwendet.

2.6.2 Vorwandinstallation

Die herkömmliche Wandeinbauinstallation unter Putz in Aussparungen und Schlitzen ist aufgrund von DIN-Vorschriften und anderen technischen Richtlinien kaum noch durchführbar.

Bei der Vorwandinstallation handelt es sich um die Leitungsverlegung vor einer Rohbauwand mit anschließender Ausmauerung, Vormauerung, Verkleidung oder Restausmauerung.

Sie ist immer eine Unterputzinstallation im Gegensatz zur freiliegenden Aufwandinstallation.

Die konventionelle Vorwandinstallation erfolgt durch die handwerkliche Montage der Rohrleitungen, Halterungen und Armaturen an den vorhandenen Rohbauwänden bei einer für den Installationsraum benötigten Bautiefe bis ca. 15 cm, der durch Ausmauerung oder Verkleidung geschlossen wird.

Die Vorwandinstallation mit Montagerahmen als Montagehilfe wird hauptsächlich für die Wandbefestigung einzelner Sanitärobjekte angewendet (**142**.1). Rohrleitungen, Armaturanschlüsse und Sanitärobjekte können damit maßgenauer installiert und befestigt werden.

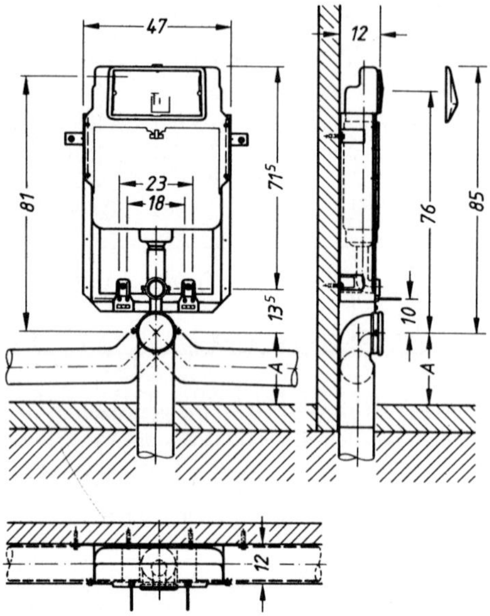

142.1 WC-Vorwandinstallation mit KOMBIFIX-Montagerahmen zur nachträglichen Ausmauerung oder Vormauerung (Geberit)

Die Höhe A ist abhängig vom jeweiligen WC-Modell

Die Leitungsverlegung kann hierfür herkömmlich auf der Baustelle oder werkstattmäßig vorgefertigt ausgeführt werden.

Die Vorwandinstallation mit Installationsbausteinen und Restausmauerung verwendet Bauelemente mit allen Be- und Entwässerungsleitungen sowie Befestigungen für Sanitärgegenstände (**143**.1).

Montagerahmen. In nichtselbsttragender Konstruktion müssen sie an der Baukonstruktion, Wand oder Fußboden, befestigt werden.

Die Verankerung kann auf der Rohbauwand oder dem Rohfußboden und der Rohbauwand durch Dübelbefestigung erfolgen.

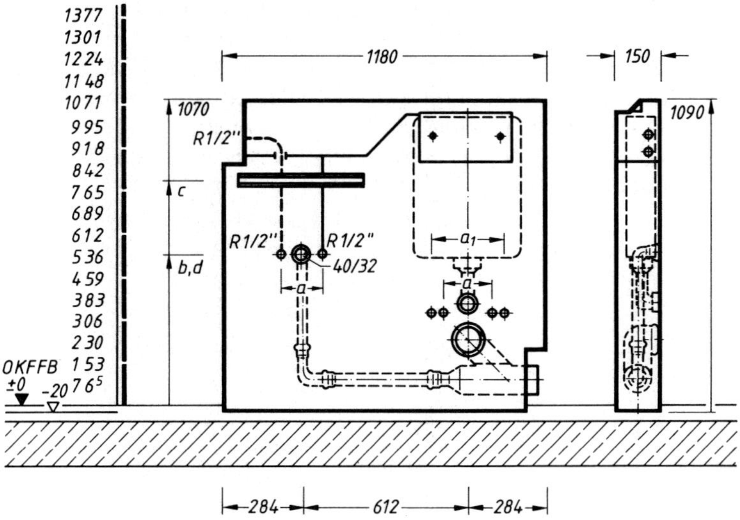

143.1 Wandklosett-Waschtisch-Baustein mit Wandeinbauspülkasten 91 und Anschluß für Waschtisch mit 2 Eckventilen (Lorowerk)

Einige Systeme sind ausschließlich für ein Einmauern oder Vormauern konstruiert (**143**.2), andere für eine nachträgliche Verkleidung etwa mit Leichtbauplatten vorgesehen.

Montagerahmen in selbsttragender Konstruktion können ohne weitere Befestigung, jedoch mit einer Sicherung gegen Verschieben während des Rohbaues, ausgeführt werden.

Die Fixierung des Montagerahmens erfolgt meist durch am oberen Rahmen befestigte Montageanker.

Bei zweischaligen Montagewänden sind Montagerahmen für wandhängende Sanitärgegenstände mit Verankerungen im Fußboden auszuführen (**231**.1).

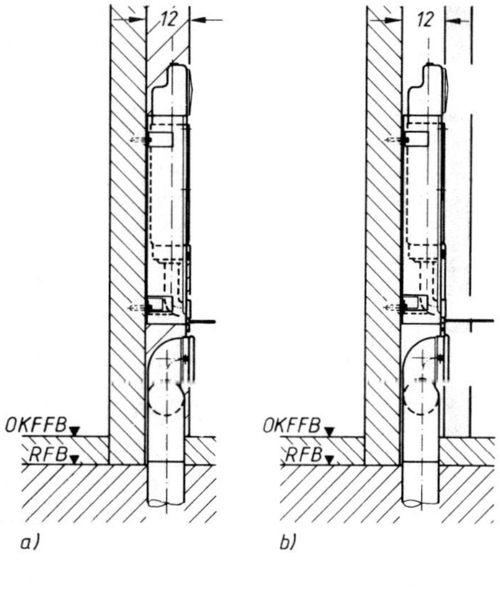

143.2 Vorwandinstallation mit Montagerahmen (Geberit)

a) zur nachträglichen Ausmauerung
b) zur nachträglichen Vormauerung

Installationsregister. Sie werden als Wand- oder Deckenelemente in Ganzstahlschweißkonstruktion feuerverzinkt hergestellt (**144**.1). Angeschweißte Befestigungslaschen übernehmen die Tragfunktion und machen eine Rahmenkonstruktion überflüssig.

Kern und tragendes Element sind die Stahlabflußrohre mit angeschweißten Halterungen für Kalt- und Warmwasserleitungen, Sanitärgegenstände und Armaturen.

Die Befestigung erfolgt mit angeschweißten Laschen und schalldämmenden Einlagen an Wand, Boden oder Decke.

Für bauseitige Verkleidungen mit Leichtbauplatten können außerdem Befestigungsmöglichkeiten vorgesehen werden.

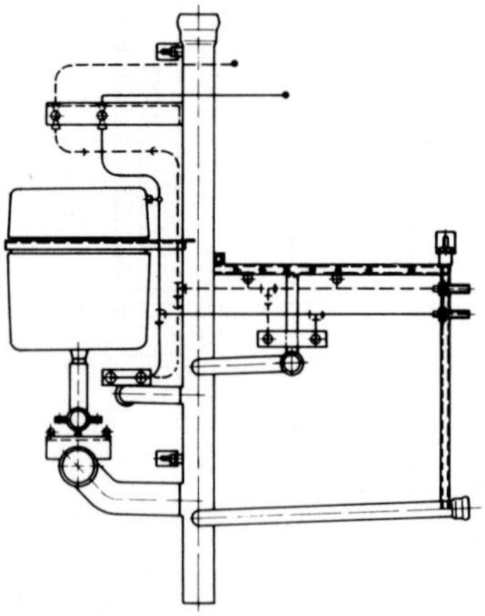

144.1 LORO-Installationsregister, komplett verrohrt, mit Halterungen für Sanitärobjekte (LOROWERK K. H. Vahlbrauk)

Installationsbausteine. Sie werden als selbsttragende Elemente aus Polyester-Schaumbeton, mit einem verputz- und mörtelfähigem Putzträger oder mit zementgebundener Holzspanplatte und anstrichvorbereiteter oder für Fliesenkleber geeigneter Oberfläche hergestellt.

Diese Bauelemente werden zur Aufnahme einzelner Sanitärgegenstände, wie Waschtisch, Wandbidet, Wandklosett, Duschwanne und Badewanne, mit eingebauten Zu- und Abflußinstallationen einschließlich Armaturen und Befestigungen für die Sanitärgegenstände geliefert (**143**.1).

Der Einbau erfolgt vor der Rohbauwand, in Wandaussparungen oder freistehend.

Die Zuflußleitungen werden in der Regel von oben seitlich angeschlossen, die Ablaufanschlüsse sind teilweise schwenkbar und damit beliebig an die Lage des Fallrohres anzupassen.

Nach dem Ausmauern der Zwischenräume kann der Fliesenbelag im Dünn- oder Dickbettverfahren aufgebracht werden.

Installations-Einzelbausteine können miteinander beliebig kombiniert werden.

Paneelinstallation. Sie eignet sich für die Modernisierung von Bädern und Waschräumen.

Der geschoßhohe Montagerahmen, an dessen Verkleidung die Sanitärobjekte oder Heizflächen angebracht werden, ist mit einem horizontalen Verteilerkastensystem mit Abzweigen ausgestattet, die z. B. den Anschluß zu einer Badebatterie ermöglichen.

Die Zufluß- und Abflußleitungen werden über dem vorhandenen Altbau-Wandbelag innerhalb des offenen Montagesystems angeschlossen.

Installationsblöcke. Sie fassen geschoßweise sämtliche Steig-, Abzweig- und Falleitungen einer Sanitäreinheit in einem vorgefertigten Bauteil zusammen.

Der Sanitärblock erspart Montagezeit bei erhöhtem Materialanteil.

Der Einfluß des Installationsblockes auf die räumliche Anordnung erfordert eine frühzeitige Bauplanung.

Für Räume mit und ohne Fenster bestehen jedoch keine Einschränkungen.

Die als Rahmenkonstruktion selbsttragenden, als Wand- oder Vorstellelement oder freistehend ausgeführten, halbhohen oder geschoßhohen Installationseinheiten enthalten sämtliche Anschlüsse für Sanitärgegenstände und Armaturen (**145**.1).

Die Sanitäreinrichtungen sind weitgehend wähl- und austauschbar, aus rationellen Gründen jedoch systemabhängig.

Aufgrund der konstruktiven Möglichkeiten lassen sich offene, bauseits verfüllte oder verkleidete Installationsblöcke sowie werkseits verfüllte oder verkleidete Wand- oder Vorstellelemente unterscheiden.

Hohl bleibende Innenräume der Rahmenkonstruktion sind schalltechnisch ungünstig und abzulehnen.

Anschlüsse durch Decken sollten vermieden werden. Klosettbecken, Bidets und dergleichen sind für Wandmontage zu planen.

Der frei in den Raum gestellte Installationsblock stellt eine Sonderform dar, die weitgehende Unabhängigkeit zum Baukörper ermöglicht.

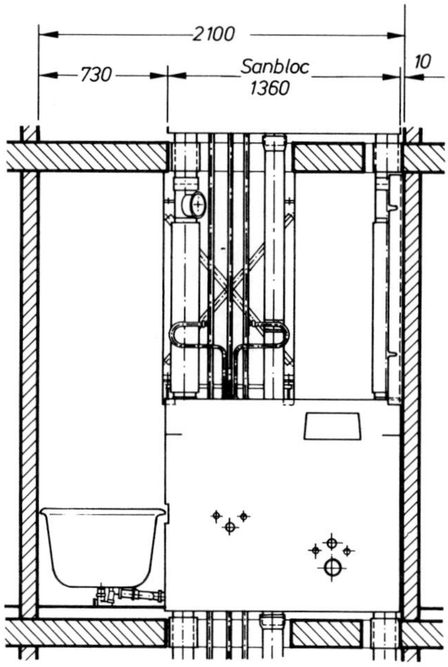

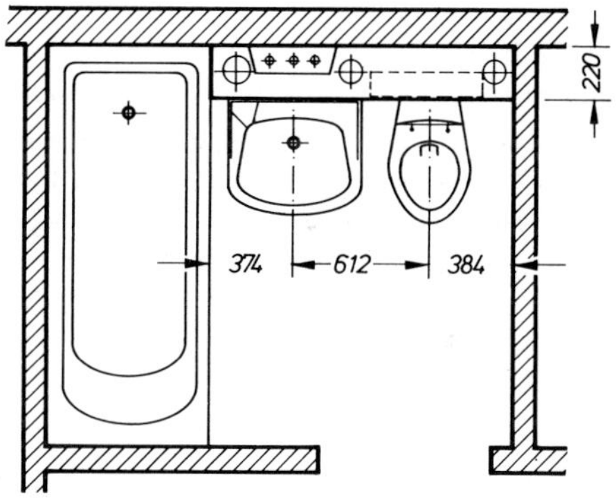

145.1 Installations-Vorstellblock für Badewanne, Waschtisch und Wandklosett (Sanbloc)

2.6.3 Sanitärzellen

Ein über die Vorfertigung von Installationsrohren, Rohrbündeln, Rohrelementen und Installationsblöcken oder -wänden hinausgehender Schritt stellt die Zusammenfassung der gesamten Rohrinstallation mit allen sanitären Gegenständen sowie Raumwänden, -decken und Fußbodenelementen zu geschlossenen Installationszellen dar.

Sie eignen sich für typisierte Bade-, Dusch-, Wasch- und WC-Räume, die nach dem Baukastensystem zusammengestellt werden.

Als industriell hergestellte Sanitärzellen sind sie nach der Montage sofort gebrauchsfertig.

Der Installateur stellt auf der Baustelle lediglich die Anschlüsse zwischen den Geschossen her.

Zellensysteme. Je nach Konstruktionsprinzip und Fertigungsart sind d r e i Grundtypen zu unterscheiden:

monolithische Installationszellen, zusammengesetzte Installationszellen und elementierte Installationszellen.

Monolithische Sanitärzellen sind schlüsselfertige Raumzellen, die in einem Arbeitsgang hergestellt und als fertige Einheiten in den Rohbau transportiert werden (**146**.1 und 2).

Zusammengesetzte Sanitärzellen werden als schlüsselfertige Raumzellen aus einzelnen Elementen hergestellt, im Werk zu einer Einheit zusammengestellt und dann als Ganzes im Rohbau zusammengebaut (**147**.1).

Elementierte Sanitärzellen werden im Werk oder auf der Baustelle aus Einzelelementen zu Einheiten zusammengestellt.

Einsatzgrenzen. Die durchweg nur in Räumen ohne Außenfenster einsetzbaren vorgefertigten Installationszellen engen die Gestaltungsmöglichkeiten der Grundrisse in der Regel stark ein und sind nur bei Verwendung großer Stückzahlen wirtschaftlich.

Die Grundrißmöglichkeiten sind bei Einzelelementen nach Typenkatalogen an ein Rastermaß von 750, 770, 920 mm o. a. gebunden.

Die übliche lichte Raumhöhe liegt bei 2,25 m, teilweise bei nur 2,05 m.

Der geringe Rauminhalt bedingt hohe stündliche Luftwechselraten mit schwer erreichbarer Zugfreiheit.

Monolithische Sanitärzellen sind ganze Raumzellen oder Installations-Kabinen mit kompletter Sanitäreinrichtung.

Transport- und Montageaufwand vergrößern sich mit dem Gewicht. Stahlbeton-Raumzellen (**146**.1) sind daher nur bei erdgeschossigen Bauten oder mehrgeschossigen Anbau-Sanitärzellen wirtschaftlich.

Kunststoffvollzellen oder -halbzellen (mit ca. 150 bis 70 kg Gewicht) werden allgemein Stahlbetonvollzellen (mit ca. 10 000 bis 3 000 kg Gewicht) vorgezogen.

Bei Kunststoff-Raumzellen werden in die Wandungen eingeformte Sanitärgegenstände geliefert (**146**.2). Wahl- oder Austauschmöglichkeiten bei Beschädigung, Brandschäden oder Verschmutzung sind nicht möglich.

Kunststoffhalbzellen sind für den Einbau in Altbauten entwickelt worden.

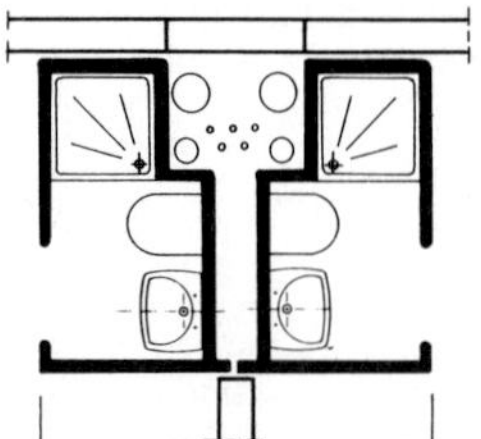

146.1 Beton-Sanitärzelle für Hotelbau (M 1:100), System Rasselstein (Baustoffwerke Rasselstein)

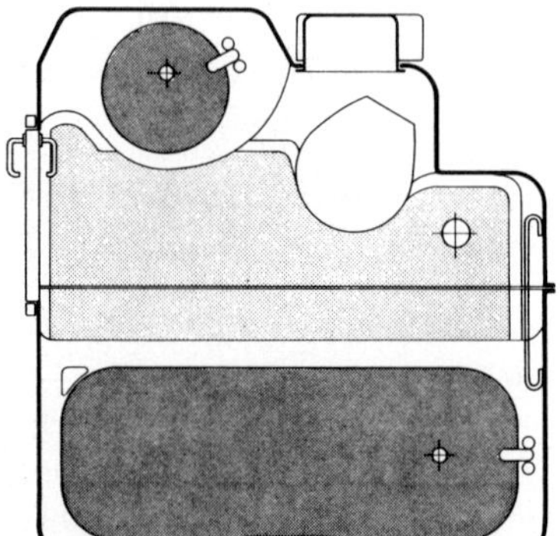

146.2 Kunststoff-Sanitärzelle für Wohnungsbau, Modell Tahiti (193 × 198 cm) (MOELLER Sanitär- und Kunststoff-Fabrik)

Zusammengesetzte Sanitärzellen, aus mehreren Elementen vorgefertigt, werden als platzsparende, komfortable Bäder für Alt- und Neubauten, besonders aber für den Modernisierungsbedarf zugeschnitten, verstärkt eingesetzt.

Beim neuen aus zehn Elementen bestehenden Badinet-S sind Fußboden und Wände bereits gefliest (**147**.1). Dusche, Waschbecken und WC sowie alles notwendige Zubehör, wie Spiegel, Konsole, Papierrollenhalter und Beleuchtung, gehören zur Ausstattung. Die Zu- und Ablaufinstallation und die Elektroinstallation sind integriert.

Bei einem Gewicht von weniger als 200 kg/qm und einer Stellfläche von ca. 2,8 qm ist diese Komplettinstallation zum Einbau in kleine Wohnungen, Pensionen, Hotels, Altenheimen sowie Studentenwohnanlagen besonders geeignet.

Die Ausstattungs- und Maßanforderungen der DIN 18022 werden von den für Altbauten einsetzbaren Modellen nicht erfüllt.

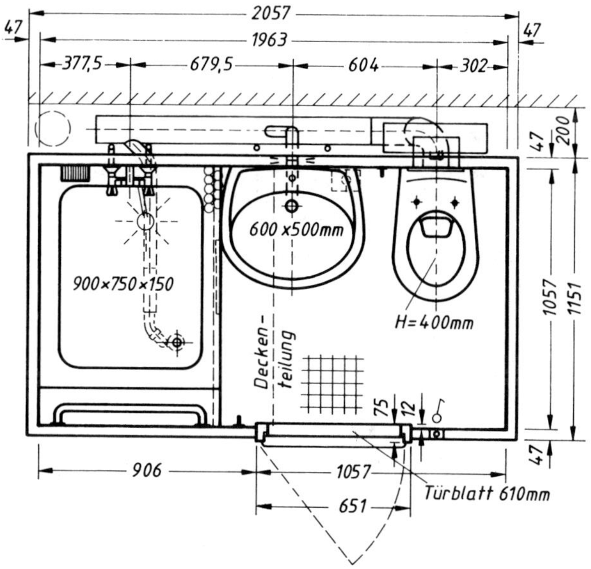

147.1 Zusammengesetzte Sanitärzelle Badinet-S (Ahlmann Systemtechnik)

2.7 Druckerhöhungsanlagen

2.7.1 Allgemeines

Druckerhöhungsanlagen (DEA) in Grundstücken im Anschluß an öffentliche Trinkwasserleitungen sind Anlagen mit Pumpen zur Wasserversorgung von

Gebäuden, die mit dem vorhandenen Wasserdruck nicht ausreichend versorgt werden können, z. B. Hochhäuser,
Gebäuden oder Stockwerken, die mit dem vorhandenen Wasserdruck nicht ständig ausreichend versorgt werden können,
Anlagen, für deren Anschluß eine unmittelbare Verbindung mit Trinkwasserleitungen nicht zulässig ist (s. auch DIN 1988 T. 4), sowie
Feuerlösch- und Brandschutzanlagen (s. Abschnitt 2.8).

Druckerhöhungsanlagen sind nach DIN 1988 T. 5 und DIN 2000 so auszulegen, auszuführen, zu betreiben und zu unterhalten, daß die ständige Betriebssicherheit der Wasserversorgung gegeben ist und weder die öffentliche Wasserversorgung noch andere Verbrauchsanlagen störend beeinflußt werden.

Eine nachteilige Veränderung der Trinkwassergüte muß ausgeschlossen sein.

Vor der Projektierung ist beim Wasserversorgungsunternehmen (WVU) zu klären:

vorgeschriebene Anschlußart: mittelbarer (indirekter) oder unmittelbarer (direkter) Anschluß
Querschnitt der Anschlußleitung
vorhandener Mindestdruck in der Anschlußleitung
maximale Druckschwankungen in der Anschlußleitung
weitere Vorschriften des WVU
notwendige Förderhöhe der Anlage
Größe des Wasserbedarfes
Notwendigkeit einer Feuerlöschanlage: z. B. Anzahl der Anschlüsse je Stockwerk und Höhe des geforderten Mindestspritzdruckes am ungünstigst gelegenen Hydranten (s. Abschnitt 2.8). Hierzu Anfrage auch bei der Brandbehörde.

Sehr hohe Gebäude werden in mehrere übereinanderliegende Druckzonen von je 8 bis 10 Geschosse unterteilt, wobei dann Druckminderventile (**133**.2 und **148**.1) für möglichst gleichmäßige Druckverhältnisse in den Leitungen sorgen.

Aus wirtschaftlichen und technischen Gründen sollte die DEA möglichst hoch aufgestellt werden. Aus baulichen Gründen (Deckenbelastung, Raummangel, Betriebsüberwachung und Geräuschminderung) wird sie jedoch möglichst im Kellergeschoß angeordnet.

Bei der Aufstellung mehrerer Pumpen wählt man meistens eine Stufenverbrauchs-Druckschaltung, bei der sich die einzelnen Schaltbereiche überschneiden.

Da Druckerhöhungsanlagen in erheblichem Maß Störungen oder Rückwirkungen auf das öffentliche Wasserversorgungsnetz hervorrufen können, muß ihre Ausführung grundsätzlich durch das WVU genehmigt werden.

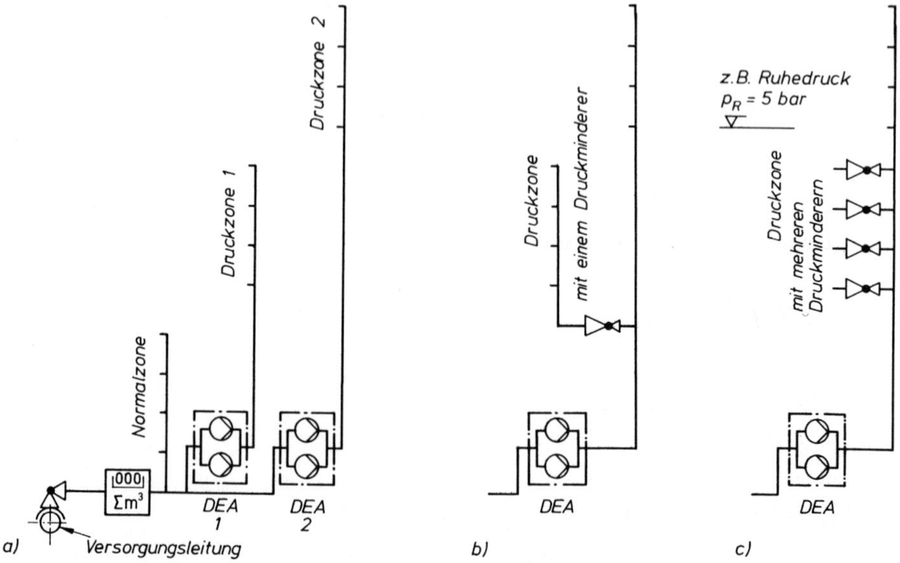

148.1 Ausführungsarten von DEA, Druckzonen nach DIN 1988 T. 5

2.7.2 Druckzonen

Zur Festlegung der Druckzonen ist zu untersuchen, ob die DEA für ein ganzes Gebäude oder nur für einzelne Stockwerke erforderlich wird, die mit dem Mindest-Versorgungsdruck nicht ständig betrieben werden können.

Im Grenzfall ist die Notwendigkeit einer DEA durch einen differenzierten Berechnungsgang nachzuweisen (s. DIN 1988 T. 3).

Sind verschiedene Druckzonen einzurichten, sind nachfolgende Ausführungsarten möglich:

durch mehrere Druckerhöhungsanlagen, wobei jeder Druckzone eine eigene DEA zugeordnet wird (**148**.1a),

durch eine Druckerhöhungsanlage mit einem zentralen Druckminderer für jeweils eine Druckzone (**148**.1b) oder

durch eine Druckerhöhungsanlage mit Druckminderern an den Abzweigen der unteren Geschosse (**148**.1c).

2.7.3 Anschlußarten

Je nach Anschlußart und Leistung fordern die WVU örtlich verschiedene Anschlußsysteme der DEA. Dadurch ergeben sich von seiten des Zulaufes nachfolgend unterteilte Variationsmöglichkeiten (Taf. **149**.1).

Anlagen mit Druckbehälter entsprechen in Bau und Betrieb grundsätzlich der in Abschnitt 2.3 beschriebenen Druckluft-Hauswasserversorgung (**90**.1).

Tafel **149**.1 Anschlußarten der DEA (Übersichtsplan nach DIN 1988 T. 5)

<table>
<tr><td rowspan="4">Unmittelbarer Anschluß</td><td rowspan="2">ohne Druckbehälter auf der Enddruckseite</td><td>ohne Druckbehälter auf der Vordruckseite</td></tr>
<tr><td>mit Druckbehälter auf der Vordruckseite</td></tr>
<tr><td rowspan="2">mit Druckbehälter auf der Enddruckseite</td><td>ohne Druckbehälter auf der Vordruckseite</td></tr>
<tr><td>mit Druckbehälter auf der Vordruckseite</td></tr>
<tr><td rowspan="2">Mittelbarer Anschluß</td><td>ohne Druckbehälter auf der Enddruckseite</td><td rowspan="2"></td></tr>
<tr><td>mit Druckbehälter auf der Enddruckseite</td></tr>
</table>

Unmittelbarer Anschluß. Der unmittelbare Anschluß ist die direkte Verbindung der DEA mit der von der Versorgungsleitung abzweigenden Anschlußleitung.

Diese Anschlußart ist aus hygienischen Gründen dem mittelbaren Anschluß vorzuziehen.

Der unmittelbare Anschluß kann erfolgen:

1. Ohne Druckbehälter auf der Enddruckseite der Pumpen. Diese Anlagen sind zulässig, wenn die Pumpen druck- oder durchflußabhängig gesteuert werden, ohne störende Druckstöße zu erzeugen.

Dabei darf die Endtemperatur des Wassers unmittelbar nach der Pumpe 25°C nicht überschreiten.

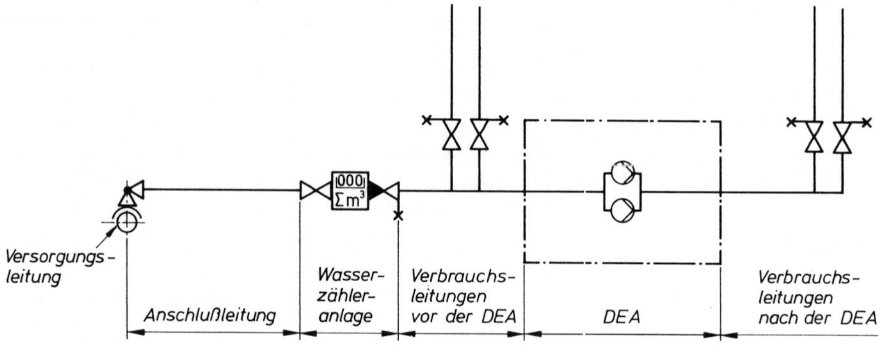

150.1 Unmittelbarer Anschluß einer DEA (nach DIN 1988 T. 5)
ohne Druckbehälter auf der Enddruckseite der Pumpen
ohne Druckbehälter auf der Vordruckseite der Pumpen

Diese Anlage kann ohne oder mit einem Druckbehälter auf der Vordruckseite der Pumpen betrieben werden.

a) Ohne Druckbehälter auf der Vordruckseite der Pumpen (**150**.1) ist diese Anschlußart zulässig, wenn der durch das Ein- und Ausschalten einer Pumpe oder Armatur der DEA erzeugte maximale Unterschied der Fließgeschwindigkeit in der Anschlußleitung unter 0,15 m/s liegt oder der in den Richtlinien geforderte Versorgungsdruck sichergestellt ist.

b) Mit Druckbehälter auf der Vordruckseite der Pumpen (**150**.2) ist diese Anschlußart zu wählen, wenn die Voraussetzungen wie vor beschrieben nicht erfüllt sind.

Die Ermittlung des Druckbehälterinhaltes erfolgt nach DIN 1988 T. 5.

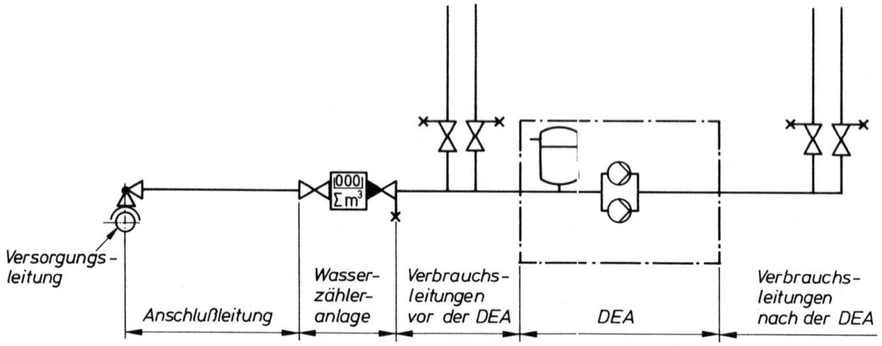

150.2 Unmittelbarer Anschluß einer DEA (nach DIN 1988 T. 5)
ohne Druckbehälter auf der Enddruckseite der Pumpen
mit Druckbehälter auf der Vordruckseite der Pumpen

2. Mit Druckbehälter auf der Enddruckseite der Pumpen. Auch hier erfolgt die Ermittlung des Druckbehälter-Inhaltes nach der DIN.

Diese Anlage kann ebenfalls ohne oder mit einem Druckbehälter auf der Vordruckseite der Pumpen betrieben werden.

a) Ohne Druckbehälter auf der Vordruckseite der Pumpen (**151**.1) ist diese Anschlußart nur unter den Bedingungen wie unter 1a) beschrieben zulässig.

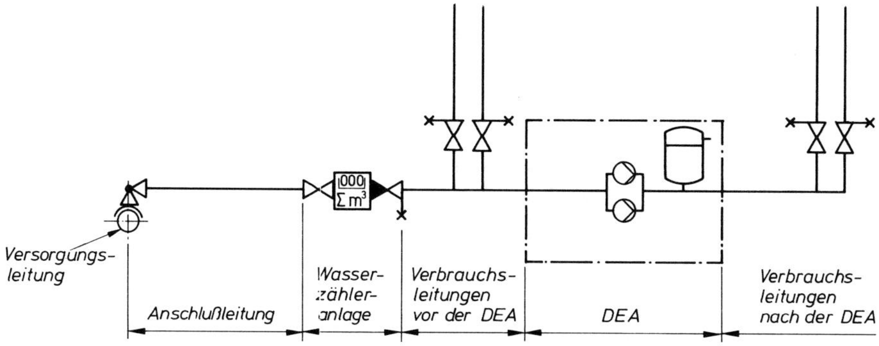

151.1 Unmittelbarer Anschluß einer DEA (nach DIN 1988 T. 5)
mit Druckbehälter auf der Enddruckseite der Pumpen
ohne Druckbehälter auf der Vordruckseite der Pumpen

b) Mit Druckbehälter auf der Vordruckseite der Pumpen (**151**.2) ist diese Anschlußart zu wählen, wenn die Voraussetzungen wie unter a) beschrieben nicht erfüllt sind.

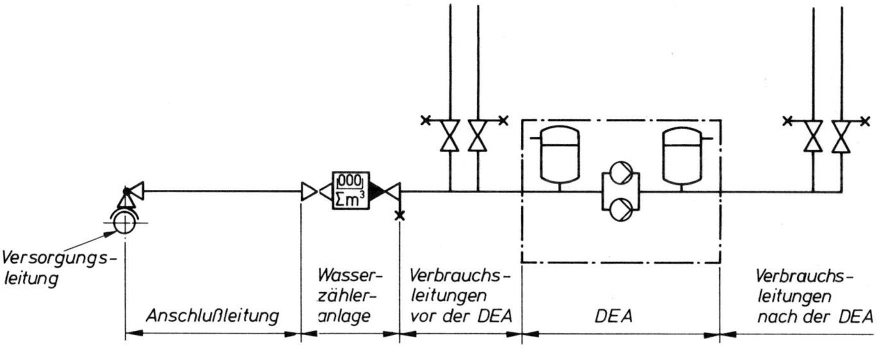

151.2 Unmittelbarer Anschluß einer DEA (nach DIN 1988 T. 5)
mit Druckbehälter auf der Enddruckseite der Pumpen
mit Druckbehälter auf der Vordruckseite der Pumpen

Mittelbarer Anschluß. Der mittelbare Anschluß ist die indirekte Verbindung der DEA mit der von der Versorgungsleitung abzweigenden Anschlußleitung über einen Vorbehälter.

Dieser steht mit der Atmosphäre ständig in Verbindung. Ihm fließt das Wasser über eine oder mehrere wasserstandsabhängig gesteuerte Armaturen zu.

Der mittelbare Anschluß ist nur erforderlich, wenn infolge der maximalen Entnahme durch die DEA der erforderliche Mindestfließdruck an der ungünstigsten Entnahmestelle benachbarter Anlagen unterschritten wird,
Trinkwasserleitungen der öffentlichen Wasserversorgung und Leitungen einer Eigen-Wasserversorgungsanlage zu gemeinsamen Leitungen zusammengeführt werden sollen oder
Kontakte des Trinkwassers mit anderen Stoffen auftreten können.

Der mittelbare Anschluß kann ohne Druckbehälter auf der Enddruckseite der Pumpen (**152**.1) oder mit Druckbehälter auf der Enddruckseite der Pumpen (**152**.2) erfolgen.

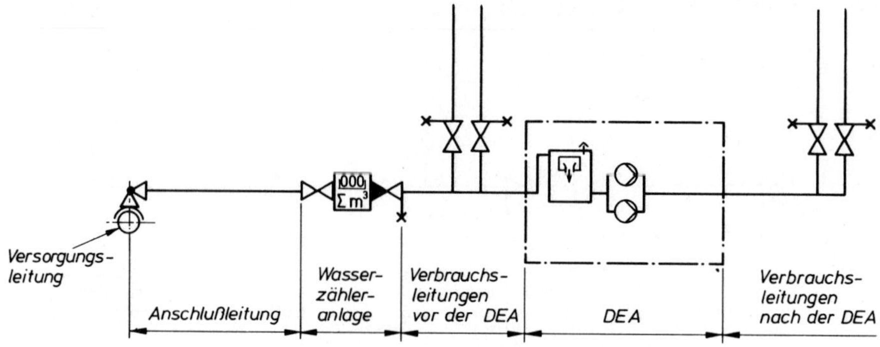

152.1 Mittelbarer Anschluß einer DEA (nach DIN 1988 T. 5)
ohne Druckbehälter auf der Enddruckseite der Pumpen, mit Vorbehälter

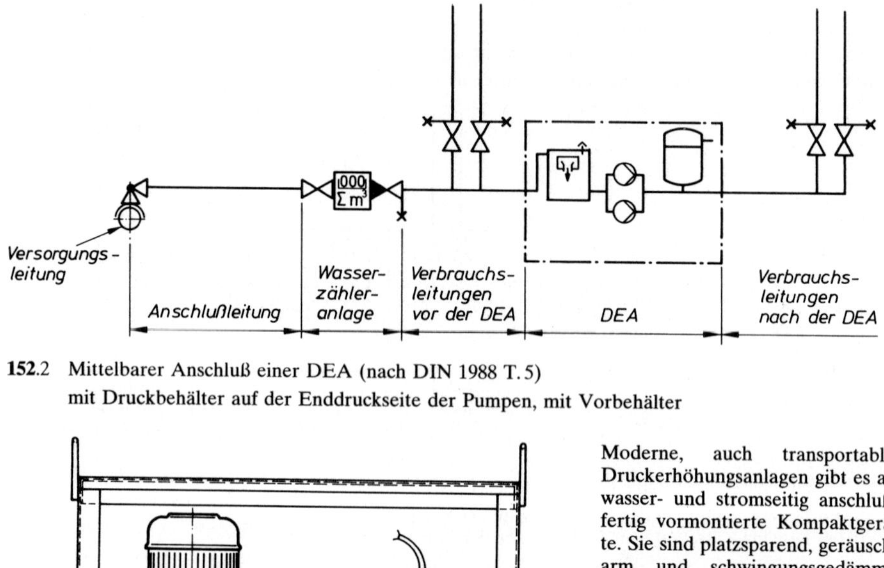

152.2 Mittelbarer Anschluß einer DEA (nach DIN 1988 T. 5)
mit Druckbehälter auf der Enddruckseite der Pumpen, mit Vorbehälter

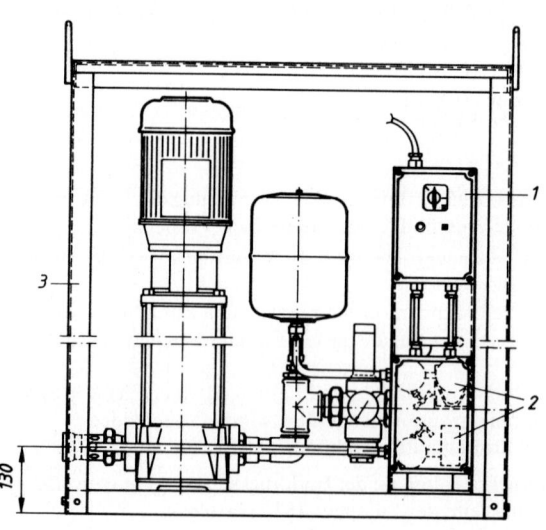

Moderne, auch transportable, Druckerhöhungsanlagen gibt es als wasser- und stromseitig anschlußfertig vormontierte Kompaktgeräte. Sie sind platzsparend, geräuscharm und schwingungsgedämmt. Durch die vollelektronische Steuerung in Verbindung mit Druckreglern arbeiten die Pumpen betriebssicher und wirtschaftlich (**152**.3).

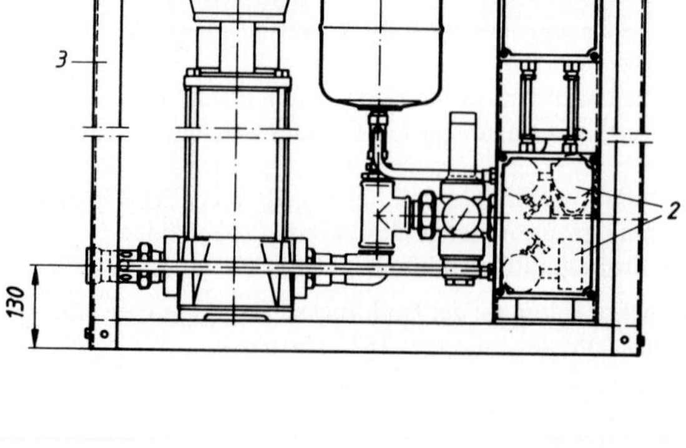

152.3
Transportable Druckerhöhungsanlage, Aufbau-Schema (Hartmann GmbH)
1 Schaltkasten
2 Druckschalter
3 Transport- und Aufstellrahmen

2.7.4 Förderhöhe und Wasserbedarf

Förderhöhe. Die Förderhöhe der Pumpen beim Einschaltdruck kann aus folgenden Werten ermittelt werden:

$$H_E = H_{geo} + H_{Fl} + H_{vor\,max} - H_{vor\,min}$$

Darin sind im einzelnen

$H_{vor\,min}$ (m) = Minimaler Vordruck in der Anschlußleitung
H_{geo} (m) = Höhe der höchstgelegenen Verbrauchsstelle über dem Aufstellungsort der Druckerhöhungsanlage
H_{Fl} (m) = erforderlicher Fließdruck an der ungünstigst gelegenen Verbrauchsstelle
$H_{vor\,max}$ (m) = maximaler Druckverlust in den der Druckerhöhungsanlage nachgeschalteten Leitungen bis zur ungünstigst gelegenen Verbrauchsstelle
H_E (m) = Förderhöhe der Pumpen beim Einschaltpunkt

Der minimale Vordruck in der Anschlußleitung muß beim zuständigen WVU erfragt werden, ebenfalls eventuelle Vordruckschwankungen.

Sind diese Vordruckschwankungen größer als 1,5 bar, so empfiehlt sich bei Anlagen für unmittelbaren Anschluß an das Versorgungsnetz der Einbau eines baumustergeprüften Druckminderers, der den Vordruck auf $H_{vor\,min}$ begrenzt und konstant hält.

Bei Anlagen für mittelbaren (indirekten) Anschluß beträgt der in die Formel für die Ermittlung der Förderhöhe der Pumpen einzusetzende Wert $H_{vor\,min} = 0$, da diese Anlagen mit einem drucklosen Vorbehälter ausgerüstet sind, in dem das aus dem Versorgungsnetz zulaufende Wasser drucklos gemacht wird.

Wasserbedarf. Der erforderliche Wasserbedarf läßt sich gemäß Kurven grob ermitteln (**153**.1 und 2).

Anhand dieser Kurven läßt sich pro Wohnungseinheit oder pro Angestelltem im Bürohaus oder pro Hotelbett bzw. Krankenhausbett oder pro Beschäftigtem im Kaufhaus der Wasserbedarf ermitteln.

Diese Werte sind Richtwerte und entsprechen dem Wasserbedarf von Gebäuden mit normaler Ausstattung.

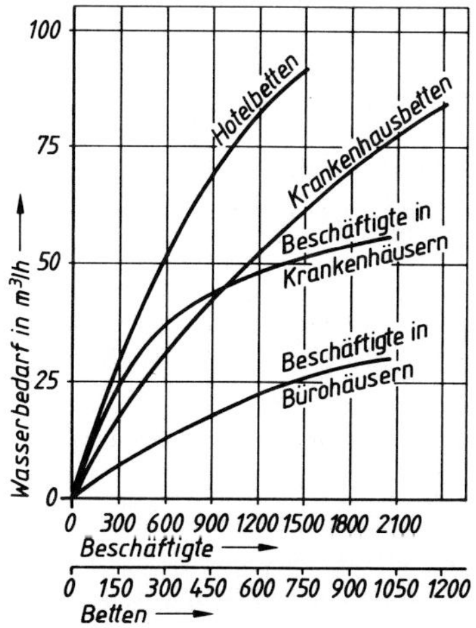

153.1 Maximaler Wasserbedarf für Büro-, Kauf- und Krankenhäuser sowie für Hotels; Richtwerte

Bei kleineren Gebäuden, Komfortausstattung und anderen Sonderfällen ist eine Wasserbedarfsberechnung nach Abschnitt 2.5.2 erforderlich.

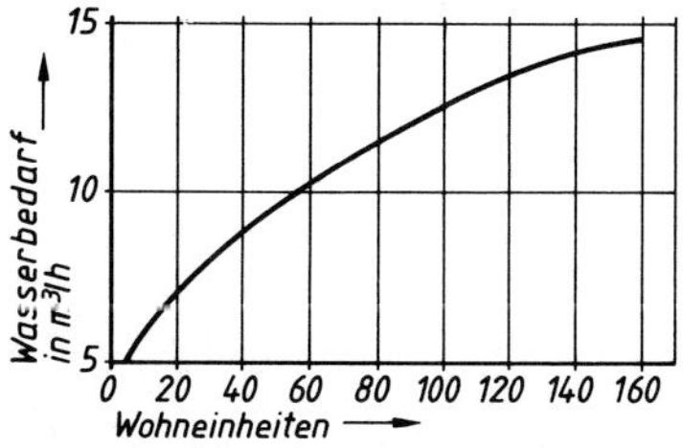

153.2 Maximaler Wasserbedarf für Wohnhäuser; Richtwerte

Beispiel. Ein Hochhaus mit zehn Stockwerken und sieben Wohnungen je Stockwerk soll durch eine Druckerhöhungsanlage mit Wasser versorgt werden. Das sind im ganzen $7 \times 10 = 70$ Wohnungen. Der Wasserbedarf ergibt sich aus dem Kurvenblatt Wohneinheiten (**153**.2) mit 11 m^3/h.

An der obersten Entnahmestelle soll ein Mindest-Fließdruck von $H_{Fl} = 15$ m vorliegen. Das zuständige WVU gibt den minimalen Vordruck an der Anschlußleitung mit min $H_{vor} = 20$ m an.

Die Stockwerkhöhe beträgt 3 m.

Die Zahl der zu versorgenden Stockwerke: 10 + Keller = 11

Daraus ergibt sich

$$H_{geo} = 11 \times 3 = 33 \text{ m}$$

Die maximalen Druckverluste in den der DEA nachgeschalteten Leitungen bis zur ungünstigst gelegenen Verbrauchsstelle werden mit 0,2 m je m Höhenunterschied festgelegt.

Dann ergibt sich

$$\max H_{vor} = 0{,}2 \times H_{geo} = 0{,}2 \times 33 = 6{,}6 \text{ m}$$

Bei unmittelbarem Anschluß der DEA an das Versorgungsnetz ermittelt man die Förderhöhe der Pumpen im Einschaltpunkt

$$H_E = H_{geo} + H_{Fl} + \max H_{vor} - \min H_{vor} = 33 + 15 + 6{,}6 - 20 = 34{,}6 \text{ m} \approx 35 \text{ m}$$

Ist vom zuständigen WVU der mittelbare (indirekte) Anschluß vorgeschrieben, so wird min $H_{vor} = 0$ und damit die Förderhöhe im Einschaltpunkt der Pumpe

$$H_E = 33 + 15 + 6{,}6 - 0 = 54{,}6 \text{ m} \approx 55 \text{ m}$$

Mit den ermittelten Werten, Wasserbedarf 11 m^3/h, Pumpenförderhöhe 35 bzw. 55 m, ist aus den Auswahltabellen der Hersteller die entsprechende Anlage festzulegen.

2.8 Feuerlösch- und Brandschutzanlagen

Diese Anlagen dienen nach DIN 1988 T. 6 der Brandbekämpfung, der Verhinderung der Brandausbreitung und als Einrichtung des vorbeugenden Brandschutzes.

Außerdem sind sie teilweise zur Bauwasserversorgung, Straßenreinigung und zur Spülung des Wasserrohrnetzes durch das WVU erforderlich.

In ihren Leitungssystemen führen sie Trink- oder Nichttrinkwasser.

Vor Errichtung von Feuerlösch- und Brandschutzanlagen ist die Genehmigung des zuständigen WVU einzuholen. Zur Beurteilung der beabsichtigten Anlage sind Zeichnungen und Berechnungen vorzulegen.

Außerdem müssen die den Brandschutz betreffenden baurechtlichen Vorschriften und Auflagen beachtet werden.

Anschlußleitung. In der Regel sollen die Löschwasser- und Verbrauchsleitungen eines Grundstückes durch eine gemeinsame Trinkwasser-Anschlußleitung versorgt werden.

Ein wesentlicher Teil des Trinkwassers wird dann im Regelfall vor der Feuerlösch- und Brandschutzanlage entnommen (**155**.1 und **156**.2).

Zu unterscheiden sind Hydrantenanlagen, Anlagen mit offenen Düsen und Anlagen mit geschlossenen Düsen (Sprinkleranlagen).

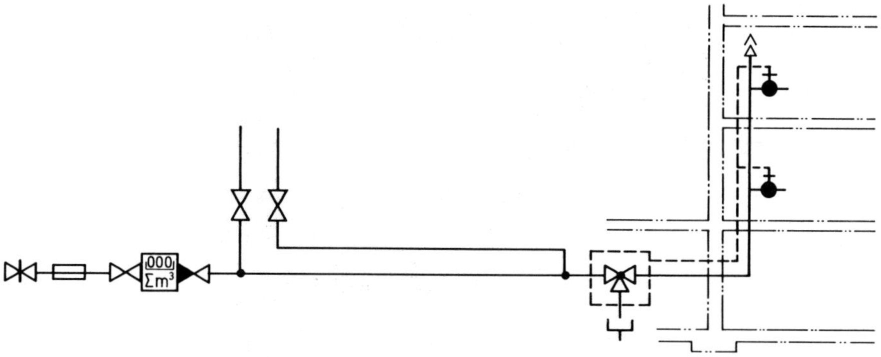

155.1 Trinkwasser-Verbrauchsleitungen vor der Feuerlösch- und Brandschutzanlage, naß/trocken Löschwasserleitung (nach DIN 1988 T. 6)

2.8.1 Hydrantenanlagen

Dies sind nach DIN 1988 T. 6 und DVGW-Arbeitsblatt W 331 Anlagen in Grundstücken oder Gebäuden, die aus Rohrleitungen mit daran angeschlossenen Unterflur- (s. DIN 3221), Überflur- (s. DIN 3222) oder Wandhydranten bestehen.

Unter- und Überflurhydranten sind für die Installation im Straßen- und Grundstücksbereich konstruiert.

Wandhydranten kommen vor allem für Wohn- und Bürogebäude in Frage (**159**.1).

Erdverlegte Leitungsanlagen für Hydranten im Anschluß an Trinkwasserleitungen sind möglichst unmittelbar auf der Trinkwasserleitung anzuordnen (**155**.2). Stichleitungen zu Hydranten sind dabei zu vermeiden.

Die Einbaustellen der Absperreinrichtungen, Unterflurhydranten, Entleerungen und Entlüftungen müssen durch Hinweisschilder nach DIN 4067 (**94**.1) und 4066 gekennzeichnet sein.

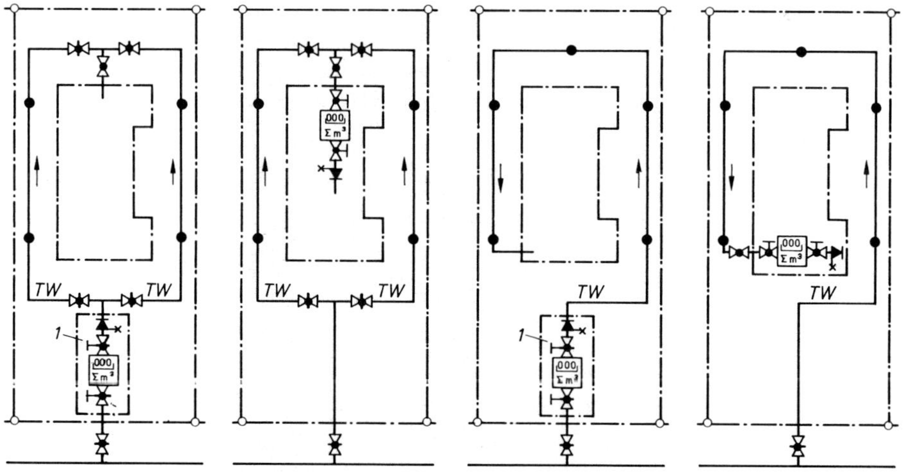

155.2 Erdverlegte Leitungsanlagen für Hydranten (nach DIN 1988 T. 6)
1 Schacht für Meßanlage

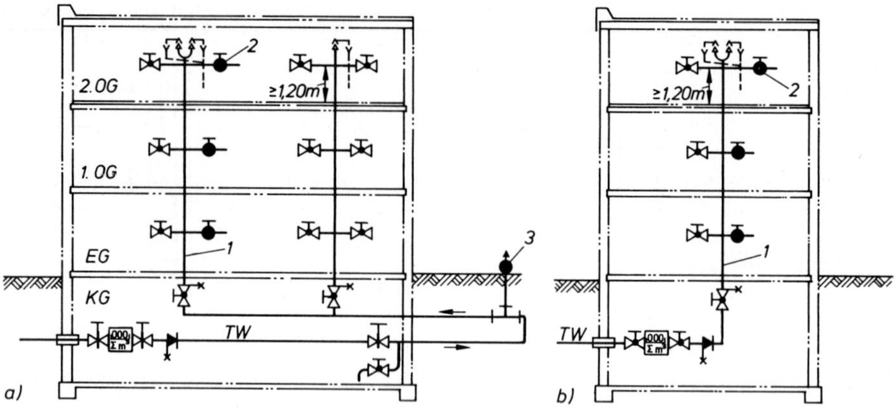

156.1 Leitungsanlagen für Hydranten und Trinkwasser-Entnahmestellen (nach DIN 1988 T. 6)
a) Leitungsführung mit Trinkwasser-Entnahmestellen, Wandhydranten und Überflurhydrant
b) Leitungsführung mit Trinkwasser-Entnahmestellen und Wandhydranten
1 Steigleitung
2 Wandhydrant
3 Überflurhydrant

Leitungsanlagen für Hydranten und Trinkwasser-Entnahmestellen. Dies sind Hydrantenanlagen mit Verbrauchsleitungen, an denen Unter- oder Überflur- und Wandhydranten sowie auch Trinkwasser-Entnahmestellen angeschlossen sind (**156**.1).

Leitungsanlagen für Wandhydranten in Gebäuden sind so zu planen, daß möglichst alle Wandhydranten und Geschoßleitungen über eine gemeinsame Steigleitung versorgt werden (**156**.1b).

Andernfalls ist eine obere Verteilung nach DIN 1988 T. 6 auszuführen.

2.8.2 Anlagen mit offenen Düsen

Diese Anlagen können Sprühwasser-Löschanlagen (**156**.2) nach DIN 14494 oder auch Behälter-Berieselungsanlagen nach DIN 14495 sein.

Sie dienen zur schnellen Überflutung besonders brandgefährdeter Räume oder Objekte, außerdem zur Berieselung von Tanks oder ähnlichen Einrichtungen zur Verhinderung unzulässig hoher Temperaturen.

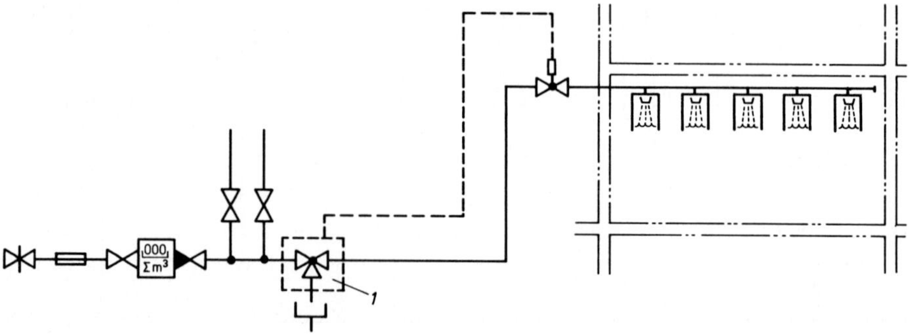

156.2 Sprühwasser-Löschanlage (nach DIN 1988 T. 6)
1 Füll- und Entleerungsstation

Sprühwasser-Löschanlagen sind Wasserverteilungsanlagen mit festverlegten Rohrleitungen, in die in regelmäßigen Abständen offene Löschdüsen eingebaut sind. Ventilstationen und Auslöseeinrichtungen vervollständigen die Einrichtung.

Das Rohrnetz ist im Betriebsbereitschaftszustand nicht mit Wasser gefüllt.

Beim Auslösen der Anlage oder Anlagengruppe, selbsttätig oder von Hand, strömt sofort der Spitzendurchfluß der Wasserversorgung in das Düsenrohrnetz.

Vom WVU ist zu prüfen, ob der erforderliche Spitzendurchfluß bereitgestellt werden kann.

Ist die Bereitstellung des Trinkwassers möglich, kann die Anlage unmittelbar an das Trinkwasser-Rohrnetz angeschlossen werden. Für diese Anlage werden jedoch nach DIN 1988 T. 6 besondere Anforderungen gestellt.

Andernfalls ist nur ein mittelbarer Anschluß möglich. Die für die Betriebszeit fehlende Wassermenge ist dann von anderer Seite oder durch Bevorratung sicherzustellen.

2.8.3 Sprinkleranlagen

Sprinkleranlagen nach DIN 14489, auch als Anlagen mit geschlossenen Düsen bezeichnet, sind selbsttätige, ständig betriebsbereite Feuerlöschanlagen mit ortsfest verlegten Rohrleitungen, an die in regelmäßigen Abständen geschlossene Düsen, die Sprinkler, angebracht sind. Diese Brandschutzeinrichtung erkennt, meldet und bekämpft Brände.

Beim Auslösen der Anlage tritt Wasser aus den Sprinklern aus, deren Verschlüsse durch die eingestellte Auslösetemperatur freigeworden sind.

Sprinkler. Ein Sprinkler ist eine durch thermische Auslöseelemente verschlossene Düse.

Beim Glasfaßsprinkler (**157**.1) besteht das temperaturempfindliche Element aus einem kleinen, ampullenähnlichen Glasbehälter, während sich beim Schmelzlot-Sprinkler gelötete Bestandteile durch Wärmeeinwirkung lösen.

Sprinklerelemente werden nach der Ansprechtemperatur, der Art des Sprühbildes der Wasserverteilung, der Einbaulage und der Wasserleistung unterschieden.

Die Auslösetemperatur liegt in der Regel mindestens 30 °C über der Umgebungstemperatur.

Für eine Bodenfläche von ca. 8 bis 12 qm wird ein Sprinkler benötigt.

Der guten Zugänglichkeit wegen werden die Rohrleitungen der Sprinkleranlagen entweder frei oder zwischen Massivdecken und untergehängten Zwischendecken verlegt (**157**.1).

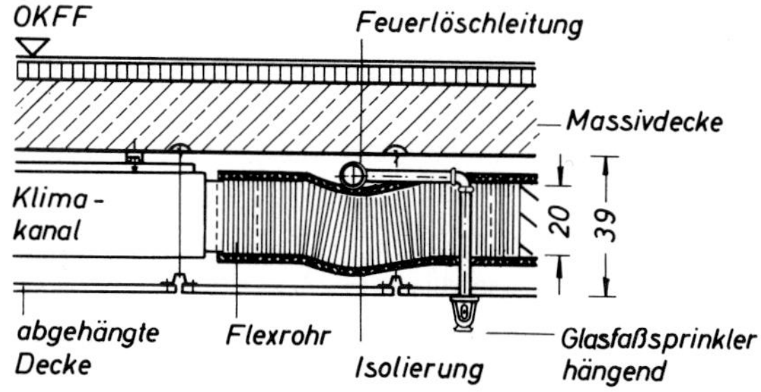

157.1 Sprinkleranlage in Kaufhauszwischendecke

Anlagearten. Im wesentlichen sind Naß- und Trocken-Sprinkleranlagen zu unterscheiden.

Daneben werden nach DIN 14489 auch Trockenschnellanlagen (TS), Tandemanlagen (TD) und vorgesteuerte Anlagen (V) ausgeführt.

Naßanlagen (N). Bei ihnen ist das Rohrnetz hinter einer Naßalarmventilstation ständig mit Wasser gefüllt. Sie sollen deshalb in frostgefährdeten Bereichen nicht installiert werden.

Bei Ansprechen eines Sprinklers tritt aus diesem verzögerungsfrei Wasser aus.

Trockenanlagen (T). Hier ist das Rohrnetz hinter einer Trockenalarmventilstation mit Druckluft gefüllt, die das Einströmen von Wasser in das Sprinklerrohrnetz verriegelt. Trockenanlagen werden vorwiegend in frostgefährdeten Bereichen installiert.

Bei Öffnen eines Sprinklers wird der Halte-Luftdruck freigegeben. Das Löschwasser tritt erst nach Verdrängen der Luft verzögert aus.

Sprinkleranlagen sind in der Regel mittelbar über Behälter mit freiem Auslauf nach DIN 1988 T. 4 an das Trinkwasser-Rohrnetz anzuschließen (**158**.1).

Die Nachspeisung in den drucklosen Zwischenbehälter darf nur über Nachspeisearmaturen mit Prüfzeichen erfolgen.

Eine unmittelbare Verbindung zwischen Trinkwasserversorgungsanlage und Sprinkleranlage wird nur im Ausnahmefall vom WVU genehmigt.

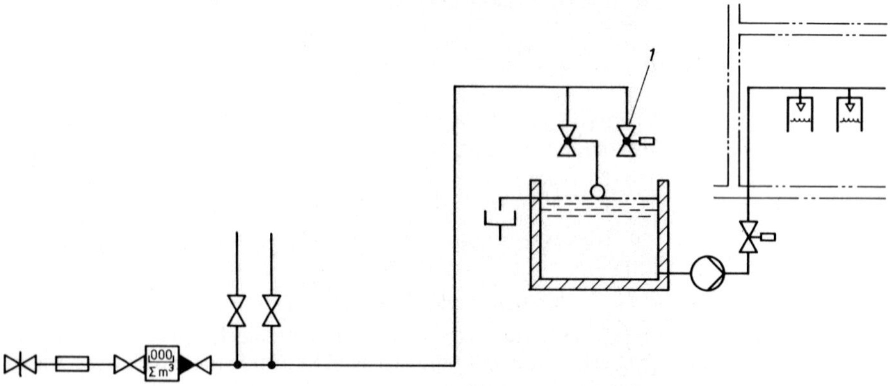

158.1 Sprinkleranlage, mittelbarer Anschluß mit Spüleinrichtung (nach DIN 1988 T. 6)
1 automatische Spüleinrichtung (z. B. durch Zeitschaltung gesteuert)

2.8.4 Löschwasserleitungen

Löschwasserleitungen sind nach DIN 14462 T. 1 und 2 in baulichen Anlagen festverlegte Rohrleitungen mit absperrbaren Feuerlösch-Schlauchanschlußeinrichtungen nach DIN 14461 T. 1 bis 5 für Löschwasser-Entnahmestellen.

Sie dienen dazu, ausschließlich oder teilweise Wasser zu Feuerlöschzwecken fortzuleiten.

Ständig mit Wasser gefüllte Löschwasserleitungen sind gegen Einfrieren zu schützen.

Aufbau. Von Löschwasserleitungen abzweigende Verteilungs-, Steig- und Stockwerksleitungen müssen für sich absperrbar sein.

Nach den DIN-Normen werden nasse und trockene Verbrauchsleitungen sowie Anlagen für Naß/Trocken-Betrieb unterschieden.

Nasse Steigleitungen nach DIN 14462 T. 1 stehen ständig unter Wasserdruck. Sie sind als Verbrauchsleitungen immer betriebsbereit.

Nasse Löschwasserleitungen sind mit Wandhydranten nach DIN 14461 T. 1 auszustatten (**159**.1).

Sie sind mit einer betriebsbereit angekuppelten Schlauchleitung mit Strahlrohr und Anschlußstück versehen.

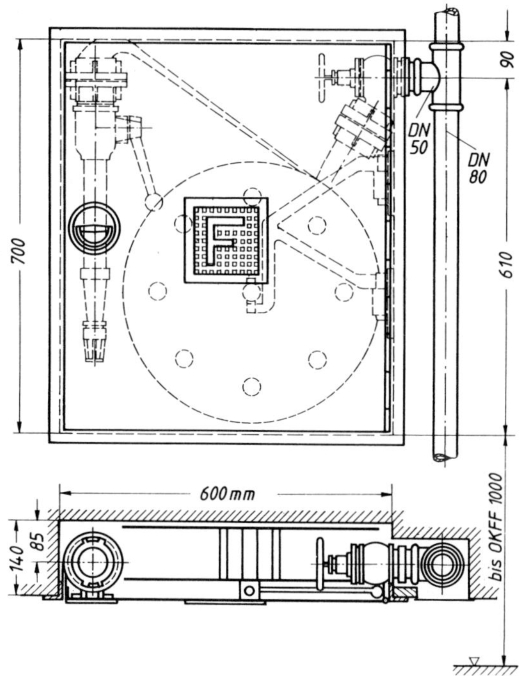

159.1 Trägertür als Nischentür für 15 m bis 30 m Feuerlöschschlauch zum Anschluß an Wandhydranten DN 50 (M 1 : 13)

Trockene Steigleitungen. Hier wird nach DIN 14462 T. 1 das Löschwasser erst im Bedarfsfall von der Feuerwehr in die Entnahmeeinrichtung nach DIN 14461 T. 2 eingespeist. Sie dürfen nicht unmittelbar mit den Trinkwasserleitungen in Verbindung stehen.

Im Brandfall wird das Löschwasser hier durch Zwischenschalten einer Feuerlöschpumpe herangeführt. Sie entnimmt das Wasser über Hydranten aus dem Trinkwasserstraßenrohrnetz oder aus Tankfahrzeugen, Bächen, Löschwasserteichen oder Brunnen.

Naß/trockene Steigleitungen sind nach DIN 14462 T. 1 Löschwasserleitungen, die erst im Bedarfsfall durch Fernbetätigung von Armaturen mit Wasser aus dem Trinkwasser-Rohrnetz gespeist werden (**160**.1).

Durch naß/trockene Löschwasserleitungen soll erreicht werden, daß Löschwasser aus dem Trinkwasser-Rohrnetz mit nur geringer Verzögerung zur Verfügung steht, kein abgestandenes, nicht mehr als Trinkwasser geeignetes Wasser in den Leitungen verbleibt und kein Wasser in den Leitungen einfrieren kann.

Alle Leitungen sind auf ganzer Länge mit einem Gefälle von mindestens 0,5% zur Entleerungsstelle zu verlegen.

Entnahmestellen und Leitungsführungen unter dem Niveau der Entleerungs- und Füllarmatur sind nicht zulässig.

Nennweiten. Folgende Rohrdurchmesser für Löschwasserleitungen und Wandhydranten sind mindestens einzuhalten:

DN 50 bei zwei nachgeschalteten Entnahmestellen,
DN 65 bei drei nachgeschalteten Entnahmestellen und
DN 80 bei vier und mehr nachgeschalteten Entnahmestellen.

Bei nassen Löschwasserleitungen kann die für die ständige Wassererneuerung notwendige Entnahme unberücksichtigt bleiben, soweit der Trinkwasserbedarf alleine nicht größere Nennweiten erfordert.

Die Abzweige in den Geschossen müssen die Nennweite der angeschlossenen Wandhydranten haben. Das ist in der Regel DN 50 (**159**.1).

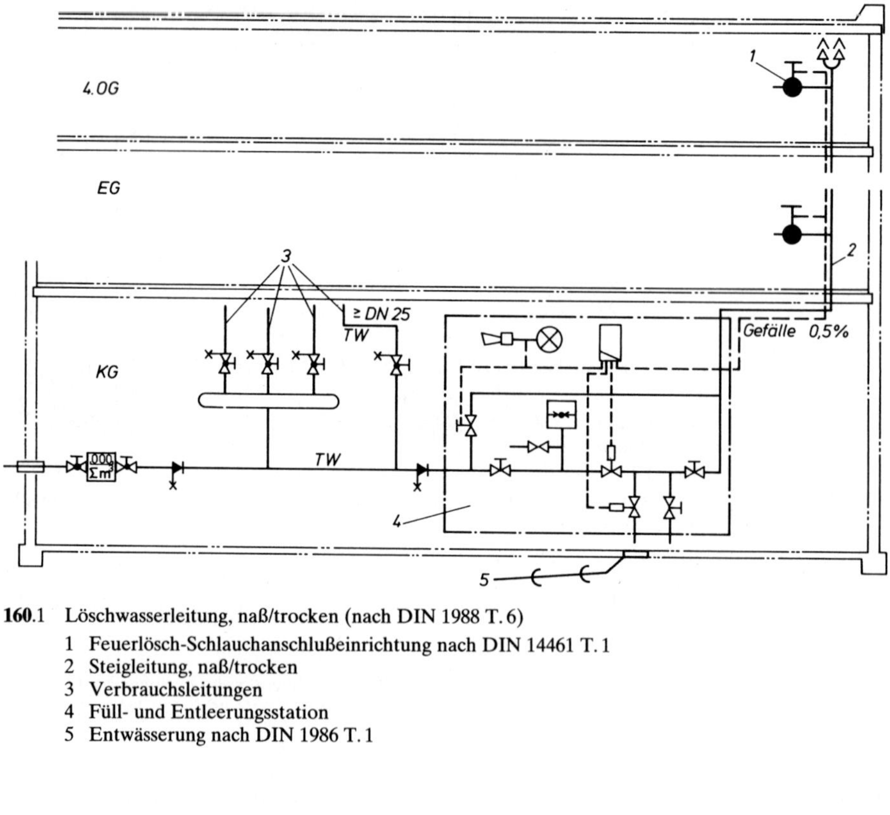

160.1 Löschwasserleitung, naß/trocken (nach DIN 1988 T. 6)
1 Feuerlösch-Schlauchanschlußeinrichtung nach DIN 14461 T. 1
2 Steigleitung, naß/trocken
3 Verbrauchsleitungen
4 Füll- und Entleerungsstation
5 Entwässerung nach DIN 1986 T. 1

2.9 Technische Regeln

Deutsche Normen

DIN 1053 T. 1 Mauerwerk; Rezeptmauerwerk; Berechnung und Ausführung (02.90)

DIN 1988 T. 1 Technische Regeln für Trinkwasser-Installationen (TRWI); Allgemeines; Technische Regel des DVGW (12.88)

DIN 1988 T. 2 Technische Regeln für Trinkwasser-Installationen (TRWI); Planung und Ausführung; Bauteile, Apparate, Werkstoffe; Technische Regel des DVGW (12.88)

DIN 1988 T. 3 Technische Regeln für Trinkwasser-Installationen (TRWI); Ermittlung der Rohrdurchmesser; Technische Regel des DVGW (12.88)

DIN 1988 T. 3 Beiblatt 1 Technische Regeln für Trinkwasser-Installationen (TRWI); Berechnungsbeispiele; Technische Regel des DVGW (12.88)

DIN 1988	T. 4 Technische Regeln für Trinkwasser-Installationen (TRWI); Schutz des Trinkwassers, Erhaltung der Trinkwassergüte; Technische Regel des DVGW (12.88)
DIN 1988	T. 5 Technische Regeln für Trinkwasser-Installationen (TRWI); Druckerhöhung und Druckminderung; Technische Regel des DVGW (12.88)
DIN 1988	T. 6 Technische Regeln für Trinkwasser-Installationen (TRWI); Feuerlösch- und Brandschutzanlagen; Technische Regel des DVGW (12.88)
DIN 1988	T. 8 Technische Regeln für Trinkwasser-Installationen (TRWI); Betrieb der Anlagen; Technische Regel des DVGW (12.88)
DIN 2000	Zentrale Trinkwasserversorgung; Leitsätze für Anforderungen an Trinkwasser; Planung, Bau und Betrieb der Anlagen (11.73)
DIN 2001	Eigen- und Einzeltrinkwasserversorgung; Leitsätze für Anforderungen an Trinkwasser; Planung, Bau und Betrieb der Anlagen; Technische Regel des DVGW (02.83)
DIN 3266	T. 1 Armaturen für Trinkwasserinstallationen in Grundstücken und Gebäuden; Rohrunterbrecher, Rohrtrenner, Rohrbelüfter, PN 10 (07.86)
DIN 4046	Wasserversorgung; Begriffe; Technische Regel des DVGW (09.83)
DIN 4109	Schallschutz im Hochbau; Anforderungen und Nachweise (11.89)
DIN 4810	Druckbehälter aus Stahl für Wasserversorgungsanlagen (09.91)
DIN 14461	T. 1 Feuerlösch-Schlauchanschlußeinrichtungen; Anschluß an Steigleitungen „naß" und „naß/trocken" (Wandhydrant) (01.86)
DIN 14461	T. 2 Feuerlösch-Schlauchanschlußeinrichtungen; Einspeiseeinrichtung und Entnahmeeinrichtung für Steigleitung „trocken" (01.89)
DIN 14462	T. 1 Löschwasserleitungen; Begriffe, Schematische Darstellungen (01.88)
DIN 14462	T. 2 Löschwasserleitungen, festverlegte Steigleitungen „trocken" PN 16 in baulichen Anlagen (01.88)
DIN 14489	Sprinkleranlagen; Allgemeine Grundlagen (05.85)
DIN 14494	Sprühwasser-Löschanlagen, ortsfest, mit offenen Düsen (03.79)
DIN 18307	VOB Verdingungsordnung für Bauleistungen; Teil C: Allgemeine Technische Vertragsbedingungen für Bauleistungen (ATV); Druckrohrleitungsarbeiten im Erdreich (12.92)
DIN 18381	VOB Verdingungsordnung für Bauleistungen; Teil C: Allgemeine Technische Vertragsbedingungen für Bauleistungen (ATV); Gas-, Wasser- und Abwasser-Installationsanlagen innerhalb von Gebäuden (07.90)

DVGW-Regelwerk

W 101	Richtlinien für Trinkwasserschutzgebiete; 1. Teil, Schutzgebiete für Grundwasser (02.75)
W 331	Hydranten (02.83)

3 Entwässerung

Für die Standortwahl einzelner Gebäude und ganzer Siedlungen ist die Beseitigung des anfallenden Abwassers in hygienisch und technisch einwandfreier und wirtschaftlich tragbarer Weise ebenso von entscheidender Bedeutung wie die Versorgung mit Trinkwasser. Sie ist unbedingt von vornherein sorgfältig zu treffen, da Mängel nachträglich meist nur unter erheblichen Schwierigkeiten und mit hohen Kosten zu beseitigen sind. Rechtzeitige Rücksprache mit den zuständigen Genehmigungsbehörden ist daher unerläßlich.

Abwasser ist durch Gebrauch verändertes abfließendes Wasser und jedes in die Kanalisation gelangende Wasser.

Abwasserarten. Es sind nach DIN 4045 zu unterscheiden

1. Regenwasser
2. Schmutzwasser

a) häusliches Schmutzwasser; Abwasser aus Küchen, Waschküchen, Waschräumen, Baderäumen und ähnlich genutzten Räumen.

b) gewerbliches Schmutzwasser; Abwasser aus Gewerbebetrieben.

Schmutzwässer sind durchweg mechanisch, bakteriologisch, zum Teil auch chemisch stark verunreinigt und daher stets aufzubereiten, bevor sie wieder in den natürlichen Wasserkreislauf eingeleitet werden.

Die DIN unterscheidet außerdem Fremdwasser, Mischwasser und Kühlwasser.

Am zuverlässigsten wird das Abwasser in öffentlichen Sammelanlagen aufbereitet und geklärt. Eine öffentliche Kanalisation, durch die zudem die Schmutzstoffe sogleich vom Grundstück abgeschwemmt werden, ist daher die beste Vorflut. Nur wo sie nicht möglich ist, kommt als Notlösung eine örtliche Abwasserbeseitigung in Frage.

Vorflut nennt man die Möglichkeit des Wassers oder Abwassers mit natürlichem Gefälle oder durch künstliche Hebung abzufließen (s. auch DIN 4049 T. 1).

3.1 Örtliche Abwasserbeseitigung

3.1.1 Regenwasserbeseitigung

Bemessung. Für die Berechnung von Regenwasserableitungen ist zunächst die maximale Regenspende max *r* maßgebend, d. h. diejenige Regenmenge in l/(s · ha), die bei einer Regendauer von 5, 10 oder 15 min im Jahr einmal überschritten wird (Taf. **211**.2). Die maximale Abflußmenge max Q_r ermittelt man dann durch Ansatz eines Abflußbeiwertes Ψ nach Tafel **212**.1, der die Versickerung, Verdunstung und zeitweise Zurückhaltung eines Teils der Niederschläge auf der Niederschlagsfläche berücksichtigt. Es gilt also die Formel

$$\max Q_r = \Psi \cdot A \cdot \frac{\max r}{10\,000} \text{ in l/s}$$

mit Ψ Abflußbeiwert
A Niederschlagsfläche in m^2
max *r* in l/s · ha

Verwendung. Zum Verbrauch des Regenwassers für die Wäsche oder das Gießen der Gärten werden bei Einfamilienhäusern oft Sammelbehälter aus Holz, Kunststoff oder Stahlblech als Regentonne direkt unter dem Regenfallrohr aufgestellt. Ein Überlauf mit Versickerung ist für starken Regenfall vorzusehen. Regentonnen erhalten zweckmäßig einen Entleerungshahn ca. 40 cm über Gelände. Regenwasser-Zisternen mit Filter siehe Abschnitt 2.2.1.

Die Nutzung von Regenwasser in Regenwassersammelanlagen ist unter Sondereinrichtungen im Abschnitt 3.5.4 ausführlich behandelt.

Ableitung. Abgeleitet wird das Regenwasser unter Ausnutzung natürlichen Gefälles in offenen, flachen Rinnen, in einfachen Gräben oder in unterirdischen Leitungen.

Bei Fehlen einer geeigneten Vorflut läßt sich das Regenwasser bei durchlässigem Boden am billigsten durch eine einfache, leicht zu erneuernde Sickergrube, besser durch einen Sickerschacht nach Abschnitt 3.1.3.3, in Fließrichtung des Grundwasserstromes hinter dem Gebäude angeordnet, beseitigen.

Ist auf dem Grundstück eine Kleinkläranlage nach Abschnitt 3.1.3 vorhanden, wird meistens das Regenwasser der Dachfläche in den Ablauf dieser Anlage eingeleitet. Hierbei müssen Laub und Sperrstoffe durch geeignete Einrichtungen zurückgehalten werden.

3.1.2 Schmutzwasserbeseitigung

Bei Grundstücksentwässerungsanlagen ohne Spülabort ist die Menge des Hausabwassers von Art und Umfang der Trinkwasserversorgung abhängig und mit 75 bis 100 l je Person und Tag anzunehmen.

An festen und flüssigen Fäkalien rechnet man mit 1,5 l je Person und Tag oder 45 l je Kopf und Monat, an festen Kotstoffen mit 40 l je Kopf und Jahr.

Trockenaborte. Aborte ohne Wasserspülung dürfen nur ausnahmsweise dort vorgesehen werden, wo kein Anschluß eines Spülabortes an eine Kläranlage oder an ein zentrales Entwässerungsnetz möglich ist. Sie sollen möglichst eine selbsttätige Torfmull-Streuvorrichtung erhalten und sind mit dichtschließenden Deckeln auszustatten. Aborträume dieser Art dürfen nur von einem gut lüftbaren Vorraum oder vom Freien aus zugänglich sein.

Räume mit Aborten ohne Wasserspülung sind an eine außerhalb des Gebäudes anzulegende, wasserdicht gemauerte oder betonierte Abortgrube mit Betonfußboden und Gefälle zu einem Pumpensumpf sowie mit Stahlbetondecke und Einsteigöffnung anzuschließen.

Abortanlagen dieser Art sind hygienisch unzulänglich und daher als überholt anzusehen.

Hausabwässer. Häusliches Schmutzwasser darf nicht in die vorgenannte Abortgrube eingeleitet werden. Es muß mindestens in einem Schlammfang grob vorgereinigt werden, bevor es wie Regenwasser auf dem Grundstück versickert, da sich sonst wegen des Fett- und Seifengehaltes der Boden schnell zusetzen würde.

3.1.3 Kleinkläranlagen

3.1.3.1 Allgemeines

Eine zeitgemäße Hauswasser-Versorgungsanlage nach Abschnitt 2.3 und in Verbindung mit ihr Aborte mit Wasserspülung sind heute auch auf dem Land selbstverständlich geworden. Bei diesen Anlagen fällt indessen durch Fäkalien verschmutztes Abwasser in solchen Mengen an, daß die gesamten häuslichen Abwässer vor der Einleitung in einen Vorfluter oder eine Versickerungsanlage gemeinsam in Kleinkläranlagen behandelt werden müssen.

Kleinkläranlagen sind in der Regel nur eine Notlösung.

Die nachfolgenden Ausführungen gelten lediglich gemäß DIN 4261 T. 1 für Kleinkläranlagen ohne Abwasserbelüftung zur Behandlung des im Trennverfahren erfaßten häuslichen Schmutzwassers aus einzelnen oder mehreren Gebäuden mit etwa 50 Einwohnern.

Kleinkläranlagen ohne Abwasserbelüftung mit begrenztem Zufluß haben keine technische Einrichtung zur biologischen Abwassernachbehandlung.

Als häusliches Schmutzwasser gilt Abwasser aus Küchen, Hausarbeitsräumen, Wasch- und Baderäumen, Aborträumen und ähnlich genutzten Räumen.

Anderes Wasser, wie Niederschlagswasser, Dränwasser, Ablaufwasser von Schwimmbecken und Kühlwasser, darf nicht in Kleinkläranlagen, sondern bei sichergestellter Vorflut lediglich in den Ablauf einer Kleinkläranlage eingeleitet werden, wenn dabei kein Rückstau in die Anlage eintreten kann.

Für die Behandlung gewerblichen und landwirtschaftlichen Schmutzwassers, für Kläranlagen für mehr als etwa 50 Einwohner oder für Krankenanstalten und Autobahnraststätten gelten besondere Festlegungen, auf die hier nicht eingegangen werden kann.

Über die Zulässigkeit des Einbaues und des Betriebes einer Kleinkläranlage, das erforderliche Ausmaß der Behandlung und die Art der Einleitung des Abwassers entscheidet die auch für die Abnahme zuständige Behörde (z. B. das Wasserwirtschaftsamt oder Tiefbauamt) im Rahmen der baurechtlichen und der wasserrechtlichen Vorschriften nach den örtlichen Gegebenheiten und den Erfordernissen des Gewässerschutzes.

Der Entwurf der Kleinkläranlage ist von einem Fachmann aufzustellen. Werkmäßig hergestellte Kleinkläranlagen müssen ein Prüfzeichen aufweisen.

Einbaustelle. Der Abstand der Kleinkläranlage von vorhandenen oder geplanten Wassergewinnungsanlagen und von Gebäuden muß entsprechend den Vorschriften ausreichend sein. Der anfallende Schlamm muß entnommen und beseitigt werden können.

3.1.3.2 Abwasserbehandlung

Bei allen Maßnahmen zur örtlichen Abwasserbehandlung nach DIN 4261 T. 1 sind Mehrkammergruben erforderlich.

Die Schmutzwasserklärung und -beseitigung erfolgt in der Regel abschnittsweise in drei aufeinanderfolgenden Verfahren:

Mechanische Behandlung des Schmutzwassers,
biologische Behandlung des entschlammten Schmutzwassers und
biologische Nachbehandlung des vorgeklärten Schmutzwassers.

Mechanische Behandlung. Für die mechanische Reinigung des Schmutzwassers sind Mehrkammer-Absetzgruben als Entschlammungsanlagen geeignet.

Schlamm im Sinne der Norm ist die Mischung des gesamten Grubeninhaltes (Bodenschlamm, Schwimmschlamm und Abwasser).

Je nach erforderlichem Nutzraum werden in der Regel Zwei-, Drei- oder Vierkammergruben (Taf. **165**.2) für eine Wassertiefe von 1,20 bis 3,00 m ausgeführt (**165**.1 und 3).

Bei mehrstöckigen Klärgruben sind die Kammern übereinander angeordnet, so daß sich ungünstige Gesamtbautiefen von 6 bis 7 m ergeben.

Mehrkammer-Absetzgruben reinigen das Abwasser im wesentlichen mechanisch von den schwebend mitgeführten Verunreinigungen durch Verringern der Fließgeschwindigkeit. Sie werden im allgemeinen biologischen Reinigungsanlagen vorgeschaltet.

Für sich allein kommen sie in Ausnahmefällen als Übergangslösung dort in Frage, wo der spätere Anschluß an ein zentrales Entwässerungsnetz mit ausreichend bemessener Kläranlage sichergestellt ist.

Biologische Behandlung. Sie erfolgt durch Mehrkammer-Ausfaulgruben, die sich von Mehrkammer-Absetzgruben nur durch größere Abmessungen unterscheiden.

Sie erhalten jedoch mindestens drei Kammern, wobei die letzte stark belüftet wird.

In ihrer Wirkung ist die Ausfaulgrube wegen der längeren Durchlaufzeiten bei größerem Rauminhalt wesentlich wartungsfreier.

Die Belüftung der letzten Kammer bewirkt eine biologische Teilreinigung. Eine Erddeckung von 30 cm sichert den für die Faulung verantwortlichen Bakterien die zum Gedeihen nötige Wärme.

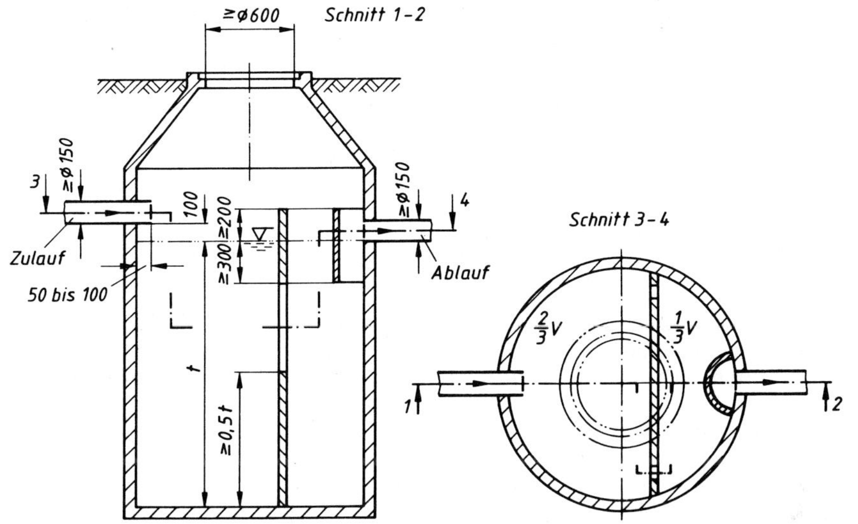

165.1 Mehrkammer-Absetzgrube mit 2 Kammern nach DIN 4261 T. 1 (M 1:50)

Tafel **165**.2 Wassertiefe t von Mehrkammergruben (nach DIN 4261 T. 1)

Nutzvolumen der Grube	l	3000···4000	> 4000···10 000	> 10 000···50 000	> 50 000
größte zul. Wassertiefe t max	m	1,9	2,2	2,5	3,0

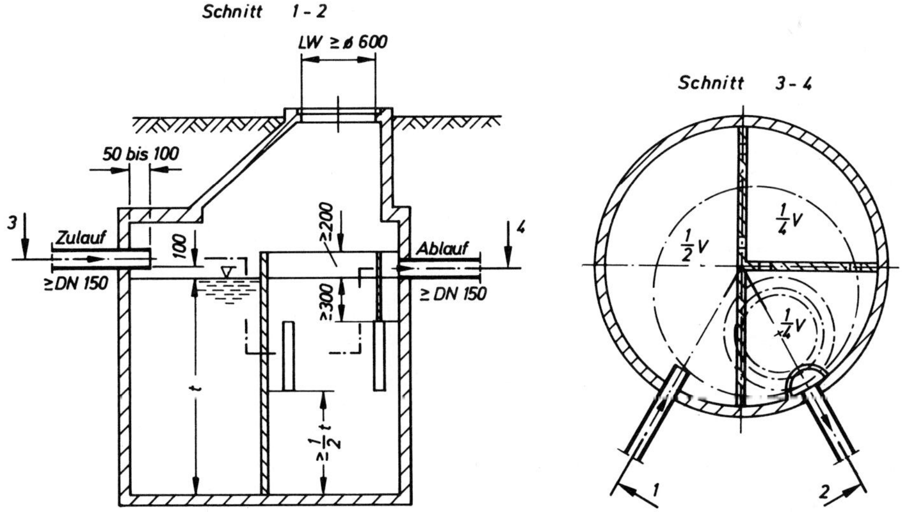

165.3 Mehrkammer-Absetzgrube mit 3 Kammern und konischem Aufsatz nach DIN 4261 T. 1 (M 1:50)

Werkstoffe und Ausführung. Mehrkammer-Absetzgruben und -Ausfaulgruben können aus Beton oder Stahlbeton, in Ortbeton oder vorgefertigten Beton- oder Stahlbetonteilen hergestellt werden.

Gemauerte Anlagen sind vollfugig aus Vollziegeln oder -steinen in Mörtelgruppe III auszuführen.

Auch aus anderen Werkstoffen nach den einschlägigen Normen sind diese Anlagen möglich.

Die Außenwände und Sohlen der Anlagenteile sowie Rohranschlüsse müssen wasserdicht sein.

Die Zulaufleitungen und rückstaufrei zu verlegenden Ablaufleitungen sind mindestens mit DN 150 einzuplanen.

Biologische Nachbehandlung. Da die biologische Selbstreinigungskraft der Vorflut, wie Bäche, Flüsse, Teiche und Seen, in der Regel nicht ausreicht, um mechanisch und teilbiologisch vorgeklärtes Abwasser zu reinigen, werden nachgeschaltete biologische Reinigungsanlagen erforderlich.

Für eine biologische Reinigung vorgereinigten Abwassers bis zur Fäulnisunfähigkeit kommen folgende Anlagen in Frage:
Untergrundverrieselung, Filtergraben, Tropfkörper, Tauchkörper und Sickerschacht.

Untergrundverrieselung. Bei dieser Anlage nach DIN 4261 T. 1 wird vorgereinigtes Abwasser unter der Geländeoberfläche über ein Netz von Dränrohren verteilt und dabei biologisch gereinigt (**166**.1).

Diese Anlage setzt günstige Boden- und Grundwasserverhältnisse sowie eine ausreichend große Fläche ohne Baumbestand voraus.

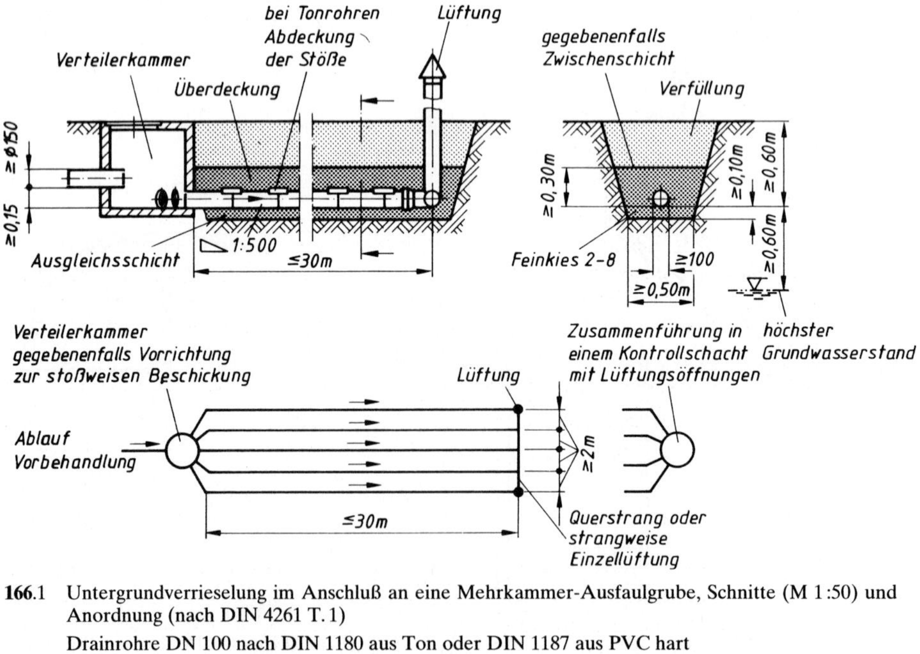

166.1 Untergrundverrieselung im Anschluß an eine Mehrkammer-Ausfaulgrube, Schnitte (M 1:50) und Anordnung (nach DIN 4261 T. 1)

Drainrohre DN 100 nach DIN 1180 aus Ton oder DIN 1187 aus PVC hart

Die Längen der Rohrleitungen sind je nach Aufnahmefähigkeit des Untergrundes zu bemessen. Die Einzellänge eines Stranges soll 30 m nicht überschreiten.

Bei fehlenden Erfahrungswerten sind je Einwohner bei Kies und Sand mindestens 10 m, bei lehmigem Sand 15 m und bei sandigem Lehm 20 m als Rohrleitungslänge anzusetzen.

Die am Ende zu entlüftenden Leitungen werden im Abstand von mindestens 2 m und einem Gefälle von ca. 1:500 in einer Tiefe von 50 bis 60 cm und mindestens 60 cm über dem höchsten Grundwasserstand verlegt.

Filtergräben. In ihnen wird nach DIN 4261 T. 1 das vorbehandelte Schmutzwasser in eine oberflächennah verlegte Rohrleitung eingeleitet, in eine darunterliegende Filterschicht flächenhaft versickert und dabei biologisch gereinigt. Das Wasser wird danach in einer unten liegenden gleichartigen Rohrleitung gesammelt und in ein Gewässer abgeleitet (**167**.1).

Die Einzellänge eines Sickerstranges soll 30 m nicht überschreiten.

Filtergräben müssen je Einwohner eine Länge von mindestens 6 m haben.

Der Graben muß mindestens 50 cm Sohlenbreite aufweisen und mindestens 1,25 m tief sein.

Die getrennt zu lüftenden Leitungen werden mit einem Gefälle von ca. 1:500 im Abstand von mindestens 1 m verlegt.

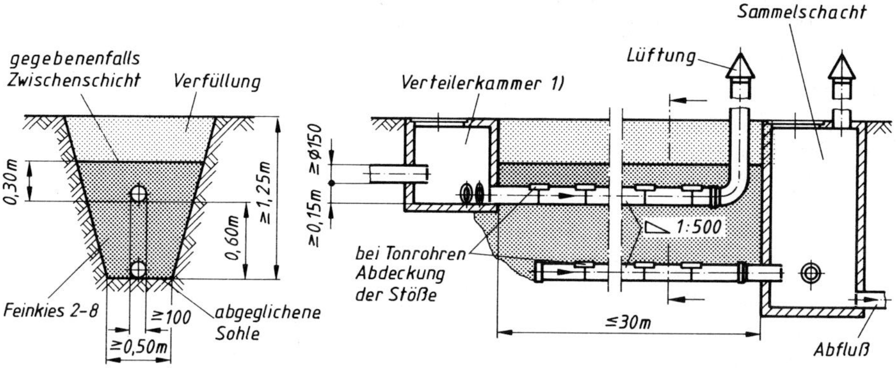

167.1 Filtergraben, Schnitte (nach DIN 4261 T. 1) (M 1:50)
1) Gegebenenfalls zusätzliche bauartabhängige stoßweise Beschickung

Tropfkörper. Er ermöglicht als Anlage mit Abwasserbelüftung nach DIN 4261 T. 2 ebenfalls eine biologische Nachbehandlung vorgereinigten Schmutzwassers bis zur Fäulnisunfähigkeit.

Beim Tropfkörper wird das entschlammte Abwasser über Füllstoffe nach DIN 19557 T. 1 und 2 mit großer Oberfläche, auf denen Mikroorganismen angesiedelt sind, durch ein Rinnen- oder Rohrsystem verrieselt.

Das durch das Filtergut tropfende Wasser wird dabei intensiv mit Sauerstoff angereichert und gereinigt.

Tauchkörper. Bei ihm werden dagegen die auf einem Trägermaterial festsitzenden Mikroorganismen abwechselnd mit Wasser und Luft in Berührung gebracht (s. auch DIN 4261 T. 2).

3.1.3.3 Abwassereinleitung

In den Untergrund. Das Einbringen des Abwassers in den Untergrund setzt voraus, daß eine schädliche Verunreinigung oder Veränderung des Grundwassers nicht zu befürchten ist.

Bei der Untergrundverrieselung (**166**.1) nach Abschnitt 3.1.3.2 wird das Wasser flächenhaft durch ein Rieselrohrnetz unter der Geländeoberfläche versickert.

Bei einem Sickerschacht (**168**.1) wird das Abwasser dagegen punktförmig abgeleitet.

Ein Versickern ohne ausreichende Filterzwischenschicht unmittelbar in das Grundwasser oder in klüftigen Untergrund ist unzulässig.

Sickerschächte werden meist aus Stahlbetonfertigteilen nach DIN 4034 T. 2 hergestellt.

Die lichte Weite des mit Feinkies und Sand aufgefüllten Schachtes muß 1 m betragen, die Schachtsohle muß nicht befestigt sein.

Die nutzbare Sickerfläche, die auch auf die Fläche außerhalb des eigentlichen Schachtes durch eine größere Grube erweitert werden kann (**168**.1), ist je Einwohner mindestens mit 1 m² Fläche anzusetzen.

Zwischen Oberkante Filterschicht und höchstem Grundwasserstand ist ein Abstand von mindestens 1,5 m einzuhalten.

In oberirdische Gewässer. Das Einleiten des vorgereinigten und nachbehandelten Abwassers in oberirdische Gewässer setzt voraus, daß die Vorflut aufnahmefähig ist.

Bei Einleitung in Teiche oder Seen müssen mindestens 10 qm Wasseroberfläche je Einwohner vorhanden sein.

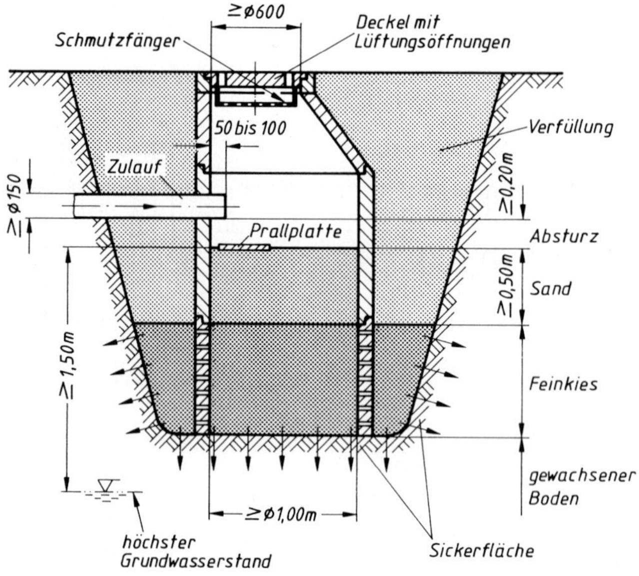

168.1 Sickerschacht nach DIN 4261 T. 1 (M 1:50)

3.1.3.4 Bemessungsgrundlagen

Kleinkläranlagen werden nach dem Einwohnerwert (EW), der Summe aus Einwohnerzahl (EZ) und Einwohnergleichwert (EGW) bemessen:

$$EW = EZ + EGW$$

Einwohnerzahl EZ ist die Anzahl der Einwohner (E) z. B. eines Siedlungsgebietes.

Einwohnergleichwert EGW ist ein Umrechnungswert aus dem Vergleich von gewerblichem oder industriellem Schmutzwasser mit häuslichem Schmutzwasser.

Einwohnerwert EW ist die Summe aus Einwohnerzahl und Einwohnergleichwert.

Der tägliche Schmutzwasseranfall ist nach DIN 4261 T. 1 mit 150 l je Einwohnerwert (EW) festgelegt.

Kleinkläranlagen für Wohngebäude sind nach der Einwohnerzahl (EZ) zu bemessen.

Je Wohneinheit mit einer Wohnfläche über 50 qm ist mit mindestens 4 E und unter 50 qm mit mindestens 2 E zu rechnen.

Die Bemessungswerte bei anderen baulichen Anlagen sind wie nachfolgend angegeben gleichzusetzen.

Beherbergungsstätten, Internate je nach Ausstattung	1 Bett = 1 bis 3 EGW
Bürohäuser ohne Küchenbetrieb	3 Betriebsangehörige = 1 EGW
Camping- und Zeltplätze	2 Personen = 1 EGW
Fabriken, Werkstätten ohne Küchenbetrieb	2 Betriebsangehörige = 1 EGW
Gartenlokale ohne Küchenbetrieb	10 Plätze = 1 EGW
Gaststätten ohne Küchenbetrieb	3 Plätze = 1 EGW
Gaststätten mit Küchenbetrieb und höchstens dreimaliger Ausnutzung eines Sitzplatzes in 24 Stunden	1 Platz = 1 EGW
Sportplätze ohne Gaststätte und Vereinshaus	30 Besucherplätze = 1 EGW
Vereinshäuser ohne Küchenbetrieb	5 Benutzer = 1 EGW

Einen Zusammenhang zwischen Anlageteil, Abwasserbehandlung und Bemessung zeigt Tafel **169**.1.

Tafel **169**.1 Kleinkläranlagen, Abwasserbehandlung, Anlagenbemessung (nach DIN 4261 T. 1)

Anlageteil	Art der Abwasserbehandlung	Bemessung	
		Inhalt bzw. Länge je E	Gesamtnutzinhalt mind.
Mehrkammer-Absetzgruben	mechanische Behandlung	300 l	3000 l[1])
Mehrkammer-Ausfaulgruben	biologische Behandlung	1500 l	6000 l[2])
Untergrundverrieselung	biologische Reinigung bis zur Fäulnisunfähigkeit	10 bis 20 m	–
Filtergraben		≧ 6 m	–
Sickerschacht	Versickern in den Untergrund	–	–

[1]) bis 4000 l als Zweikammergruben
[2]) immer als Dreikammergruben

3.1.3.5 Betrieb und Wartung

Kleinkläranlagen müssen nach DIN 1986 T. 3 und DIN 4261 T. 3 sachgemäß betrieben und regelmäßig gewartet werden, da sonst ein einwandfreier Betrieb nicht möglich ist. Dabei darf weder eine Gefährdung des Menschen noch der Umwelt auftreten können.

Dem Betreiber der Anlage hat der Planverfasser oder der Hersteller eine Betriebs- und Wartungsanleitung auszuhändigen. Geeignetes Gerät zur Wartung muß vorhanden sein. Festgestellte Beschädigungen müssen sofort behoben werden.

Vorteilhaft ist stets die Wartung mehrerer Kleinkläranlagen durch einen sachkundigen Beauftragten.

Mehrkammer-Absetzgruben sind mindestens jährlich einmal zu entleeren, Mehrkammer-Ausfaulgruben in 2jährigem Abstand zu entschlammen. Etwa 30 cm Höhe des Schlammes soll zum Impfen in den Anlagen verbleiben.

Zulauf, Übertrittstellen, Ablauf und Lüftungen sind stets von Schwimmschlamm freizuhalten.

Anlagenteile für Untergrundverrieselung und Filtergräben sind mindestens zweimal jährlich auf Funktionsfähigkeit und Wirkung zu überprüfen.

Sickerschächte sind ebenfalls mindestens zweimal im Jahr auf ihre Betriebsfähigkeit zu überprüfen.

Ein Sickerschacht, dessen Durchlässigkeit durch Austausch der Feinsandschicht und Säubern der darunterliegenden Füllstoffe nicht wiederhergestellt werden kann, ist durch einen neuen zu ersetzen.

3.1.4 Abwasserteiche

Neben den vorstehenden herkömmlichen Lösungen zur örtlichen Abwasserbeseitigung gibt es bei Kleinkläranlagen auch die Verbindung von Mehrkammer-Absetzgruben mit nachgeschalteten großflächigen biologischen Verfahren wie unbelüfteten Teichen, Pflanzenanlagen oder Hangverrieselungen.

Besonders im ländlichen Raum sollten diese naturnahen Reinigungsverfahren häufiger angewendet werden.

Unbelüftete Abwasserteiche. Die biologische Nachbehandlung des mechanisch vorgeklärten Schmutzwassers in unbelüfteten Teichen ist fast problemlos.

Die Bemessung der Teichgröße erfolgt nach den örtlichen Richtlinien mit ca. 20 m²/E bei einer Mindestteichfläche von 100 m² und einer Wassertiefe von ca. 1,20 m. Eine Mehrkammer-Absetzgrube (s. Abschnitt 3.1.3.2) ist immer vorzuschalten.

Das Regenwasser vorhandener Dach- und Hofflächen sollte zur Sauerstoff-Anreicherung ebenfalls in den Abwasserteich eingeleitet werden, Drainagewasser jedoch nicht.

Pflanzenanlagen. Bei einer der Mehrkammer-Absetzgrube nachgeschalteten Pflanzenanlage, auch als Pflanzenbeet oder Sumpfbeet bezeichnet, muß zwischen einem bindigen oder nichtbindigen Bodenfiltermaterial gewählt werden.

Für die Bemessung gibt es derzeit noch keine festen Regeln. Da die Leistung von der hydraulischen Belastbarkeit des Teiches abhängt, liegt die Schwierigkeit in der Beurteilung der Bodendurchlässigkeit. Pflanzenbeete mit überwiegend kiesigsandigem Bodenmaterial und ca. 3,5 bis 5 m²/E Flächengröße sind in der Regel betriebssicherer als solche mit bindigem Material (**170**.1).

Die höchste Reinigungsleistung erreicht eine Pflanzenanlage meist erst in der dritten Vegetationsperiode.

Auch die Hangverrieselung als Verfahren zur biologischen Nachreinigung des Abwassers ist eine mögliche Lösung. Hier wird der Flächenbedarf mit ca. 5 m²/E angenommen.

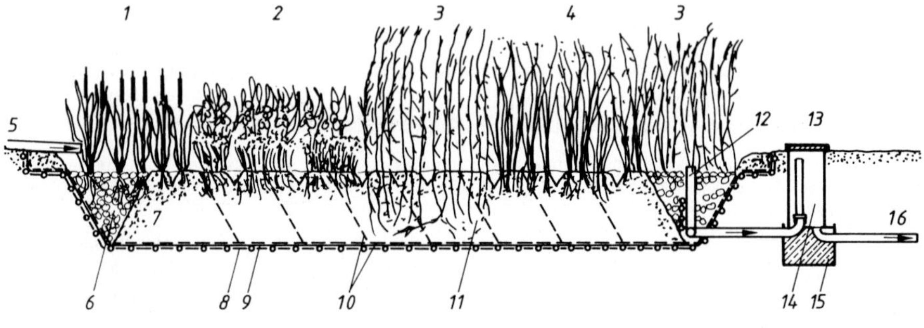

170.1 Sumpfbeet-Abwasserreinigung (Plastoplan re-natur)

1 Rohrkolben
2 Flatterbinsen, Schwertlilien im Randbereich
3 Schilf, 7 Setzlinge pro m²
4 Flechtbinsen
5 Zulauf ∅ 150
6 Kies 32 bis 64 mm
7 Bindiger Boden
8 Glasvlies bei steinigem Untergrund
9 Teichbodenfolie, ca. 2% Gefälle
10 Dränmatte
11 Aushubeintrag, ca. 80 cm hoch
12 Notüberlauf und Meßschacht
13 Schachtabdeckung
14 Stau- und Kontrollschacht
15 Beton
16 zum Vorfluter oder Teich

Ableitung. Sind in der Nähe der örtlich zu entwässernden Grundstücke keine geeigneten Vorfluter vorhanden, ist das gereinigte Abwasser entweder über eine Untergrundverrieselung (**166.**1) oder über Sickerschächte (**168.**1) in das Grundwasser einzuleiten.

Sind die Bodenverhältnisse für eine Versickerung nicht geeignet, können auch Sandfiltergräben (**167.**1) zur Anwendung kommen.

Im Regelfall wird jedoch die Untergrundverrieselung ausgeführt.

3.2 Öffentliche Abwasserbeseitigung

In größeren menschlichen Ansiedlungen ist die gemeinsame Abführung von Regen- und Schmutzwasser aus Haushalt, Gewerbe und Industrie sowie ihre Reinigung in Sammelkläranlagen zur Verhütung von Seuchen eine zwingende Notwendigkeit.

Wo öffentliche Entwässerungsanlagen vorhanden sind, müssen daher alle bebauten, in besonderen Fällen auch unbebaute Grundstücke an sie angeschlossen werden.

Ableitung. Die Abwässer werden durch ein unterirdisches Rohrleitungssystem, die Kanalisationsanlage, geleitet und Sammelkläranlagen zugeführt.

Die kleineren Stränge dieses Rohrleitungsnetzes in den Straßen bestehen aus Steinzeug-, Beton-, Stahlbeton-, Faserzement- oder Kunststoffrohren. Die größeren Rohrquerschnitte ebenso wie die besonderen Bauwerke werden aus Mauerwerk mit Kanalklinkern hergestellt.

Sammelkläranlagen. Sie dienen zur Aufnahme und Reinigung der Abwässer und entsprechen grundsätzlich den in Abschnitt 3.1.3 beschriebenen Einrichtungen.

Sie reinigen das Abwasser mechanisch und biologisch und beseitigen den Schlamm teilweise maschinell, bevor das Wasser dem Vorfluter zugeführt wird.

In der notwendigen Wartung der Sammelkläranlagen durch ein ausgebildetes Fachpersonal liegt, im Gegensatz zu Kleinkläranlagen, ein besonderer Vorteil, der ein einwandfreies Funktionieren der Anlagen gewährleistet.

Schädliche Stoffe. In die Leitungen der öffentlichen Kanalisation dürfen nach DIN 1986 T.3 keine schädlichen Stoffe eingeleitet oder eingebracht werden.

Hierzu zählen Abfallstoffe, auch in zerkleinertem Zustand, Abfälle aus gewerblichen oder landwirtschaftlichen Betrieben, erhärtende Stoffe, feuergefährliche, explosionsfähige Gemische bildende Stoffe, Öle und Fette, aggressive oder giftige Stoffe, Reinigungs-, Desinfektions-, Spül- und Waschmittel in überdosierten Mengen bzw. solche mit unverhältnismäßig großer Schaumbildung, Rohrreinigungsmittel, die Sanitär-Ausstattungsgegenstände, Entwässerungsgegenstände und Rohrwerkstoffe beschädigen, Tierfäkalien, bakteriell belastete oder infektiöse Stoffe, Dämpfe und Gase sowie radioaktive Stoffe.

Außerdem muß jedes an die öffentliche Abwasserbeseitigung anzuschließende Haus mit der zentralen Wasserversorgung verbunden sein.

Teilweise Kanalisation. In kleineren und mittleren Städten und Gemeinden ist sie gelegentlich noch anzutreffen. Sie nimmt im allgemeinen die Regen-, Haus- und Gewerbeabwässer auf, während die Fäkalien in Kleinkläranlagen (s. Abschnitt 3.1.2) gesammelt werden.

Vollständige Kanalisation. Sie erfaßt sämtliche Abwässer und wird bei Neuanlagen stets angewendet.

Je nachdem, ob das Regenwasser und Schmutzwasser durch ein getrenntes oder ein gemeinsames Kanalsystem abgeführt wird, sind Trennsystem und Mischsystem zu unterscheiden.

Trennverfahren. Das Regenwasser wird getrennt vom übrigen Abwasser unmittelbar in den nächsten Vorfluter geleitet und gelangt nicht mehr in die Kläranlage (**178.**1 und 2).

In Anschluß-, Fall- und Sammelleitungen für Schmutzwasser darf kein Regenwasser, in Regenfall- und Regensammelleitungen kein Schmutzwasser eingeleitet werden.

Keller können bei Sturzregen infolge Rückstaues nicht mehr überschwemmt werden. Ablagerungen in den Rohrleitungen sind seltener als beim Mischverfahren. Das Schmutzwassernetz ist leichter zu erweitern. Die Rohrquerschnitte des Schmutzwasserkanales und die Kläranlage sind kleiner zu bemessen.

Da auch auf dem Grundstück zwei getrennte Systeme von Grundleitungen notwendig werden, entstehen durch die zusätzlichen Regenleitungen jedoch erhöhte Kosten.

Mischverfahren. Ein gemeinsames Kanalrohrsystem ist für Regen- und Schmutzwasser bestimmt (**177**.1 und 2).

Beim Mischsystem dürfen Regen- und Schmutzwasser nur in Grundleitungen oder Sammelleitungen zusammengeführt werden, Sammelleitungen möglichst in Nähe des Anschlußkanales.

Das Leitungsnetz ist einfacher, übersichtlicher und fast immer billiger als beim Trennverfahren, obwohl die Rohrquerschnitte und Kläranlagen größer zu bemessen sind.

Regenauslässe lassen bei Sturzregen einen Teil des Wassers direkt in den Vorfluter überlaufen. Trotzdem sind Kellerüberschwemmungen infolge Rückstaues nicht ausgeschlossen und erfordern besondere Schutzmaßnahmen (s. Abschnitt 3.5.1).

3.3 Entwässerungsanlagen

3.3.1 Allgemeine Bestimmungen

Für alle Entwässerungsanlagen (EA) in Gebäuden und auf Grundstücken gilt DIN 1986 Teil 1 bis Teil 4 (s. Abschnitt 3.8). Daneben sind ergänzende Vorschriften der örtlichen Tiefbaubehörde zu beachten. Sie hat die geplante Anlage zu genehmigen und nach ihrer Fertigstellung abzunehmen.

Alle EA müssen für die in ihnen auftretenden Drücke wasserdicht und dicht gegenüber Gasen und Dämpfen sein.

Grundsätzlich sind nur normengerechte Bauteile zu verwenden. Für zahlreiche Gegenstände besteht Prüfzeichenpflicht. Abläufe, Aufsätze und Abdeckungen von Schächten und Gruben oder Roste müssen den Belastungen entsprechen.

Bauteile von EA dürfen keine den Werkstoff angreifende Stoffe berühren und sind vor allem beim Einbau in Decken, Wänden und Fußbodenauffüllungen sicher und dauerhaft gegen Korrosion zu schützen. Unvermeidliche Temperaturschwankungen sind sachgemäß zu berücksichtigen.

Frostschutz. Frost darf die EA und Spüleinrichtungen weder zerstören noch ihren Betrieb gefährden. In nicht frostfreien Klosett- und Urinalräumen sind die Spüleinrichtungen und Geruchverschlüsse frostfrei anzulegen.

Außerhalb von Gebäuden sind Leitungen und Geruchverschlüsse in frostfreier Tiefe einzubauen, oder es ist ein Ablauf ohne Geruchverschluß zu verwenden und der Geruchverschluß frostfrei anzulegen.

Unter frostfreier Tiefe ist das Maß von Geländeoberkante bis zum Wasserspiegel im Geruchverschluß bzw. bis zum Scheitel der Grundleitung zu verstehen.

Schallschutz. Sanitäre Anlagen und Einrichtungen sollen so wenig Geräusche wie möglich verursachen und übertragen. DIN 4109 und die Beiblätter 1 und 2 sind zu beachten (s. Abschnitt 4).

Zerkleinerungsgeräte für Küchenabfälle, Müll und Papier dürfen nicht an Abwasserleitungen angeschlossen werden.

Die Mitbenutzung von Abwasserentlüftungsleitungen für die Lüftung von Räumen ist unzulässig.

Die Ausführungen dieses Abschnittes 3.3 gelten auch sinngemäß für EA mit Abführung der Abwässer über eine Kleinkläranlage nach Abschnitt 3.1.3.

3.3.2 Rohrleitungen

3.3.2.1 Begriffe

Durch bauaufsichtliche Vorschriften ist jeweils geregelt, ob ein Gebäude oder Grundstück nach dem Misch- oder dem Trennverfahren zu entwässern ist (s. auch Abschnitt 3.2).

Beim Mischverfahren dürfen Schmutz- und Niederschlagswasser nur in Grundleitungen und möglichst nahe am Anschlußkanal zusammengeführt werden.

Beim Trennverfahren sind für Schmutz- und Niederschlagswasser gesonderte Entwässerungsleitungen vorzusehen.

Abwasserkanäle und -leitungen. Zu unterscheiden sind:

Anschlußkanal, Grundleitung, Sammelleitung, Falleitung, Anschlußleitung, Verbindungsleitung, Umgehungsleitung und Lüftungsleitung (**173**.1).

Anschlußkanal. Er führt vom öffentlichen Abwasserkanal bis zur Grundstücksgrenze oder bis zur ersten Reinigungsöffnung (Übergabeschacht) auf dem Grundstück. Die zuständige Behörde bestimmt die LW des Anschlußkanals und führt ihn auf Kosten des Grundstückeigentümers aus. Wenn mit dem zulässigen maximalen Gefälle von ≦1:20 der Straßenkanal nicht erreicht werden kann, ist ein Absturzschacht vorzusehen (**205**.2).

Grundleitungen sind auf einem Grundstück im Erdreich oder im Fundamentbereich unzugänglich verlegte Leitungen, die das ihnen aus den Sammel-, Fall- oder Anschlußleitungen zufließende Abwasser in der Regel dem Anschlußkanal zuführen.

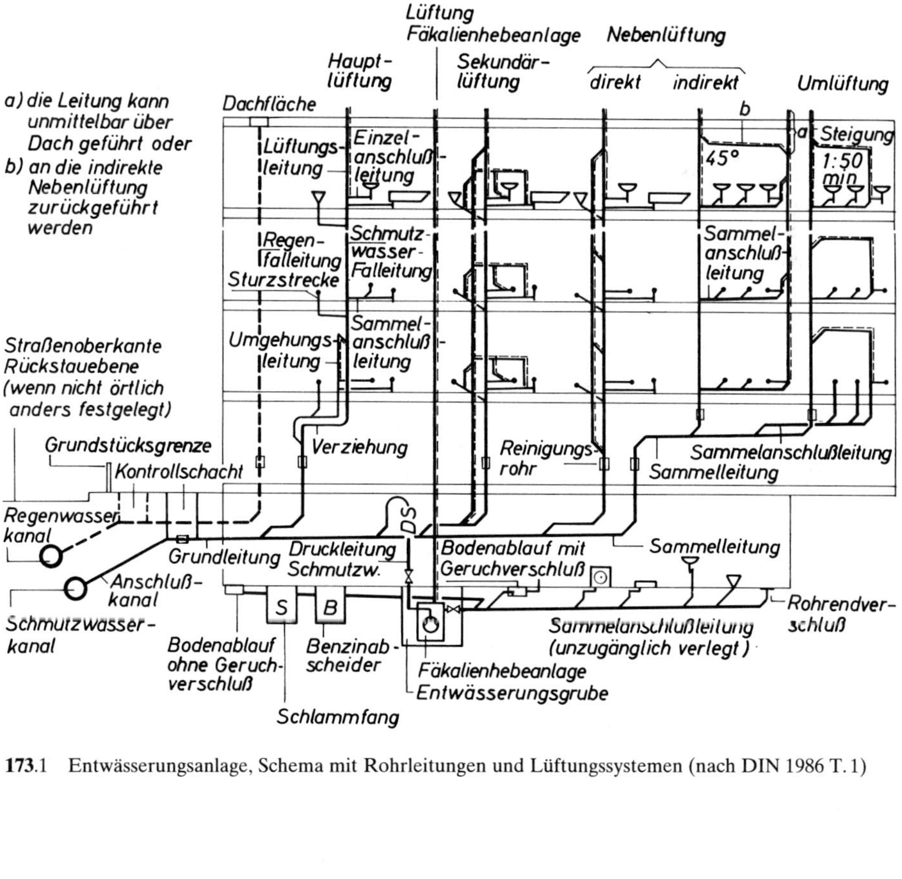

173.1 Entwässerungsanlage, Schema mit Rohrleitungen und Lüftungssystemen (nach DIN 1986 T. 1)

Sammelleitungen nehmen als liegende Leitung das Abwasser von Fall- und Anschlußleitungen auf, die nicht im Erdreich oder in der Grundplatte verlegt sind.

Falleitungen. Schmutzwasserfalleitungen sind lotrechte Leitungen mit oder ohne Verziehungen, die durch ein oder mehrere Geschosse führen, über Dach gelüftet werden und das Abwasser einer Grund- oder Sammelleitung zuführen. Regenfalleitungen sind innen- oder außenliegende lotrechte Leitungen, gegebenenfalls mit Verziehungen, zum Ableiten des Regenwassers von Dachflächen, Balkonen oder Loggien.

Anschlußleitungen. Eine Einzelanschlußleitung führt vom Geruchverschluß eines Entwässerungsgegenstandes bis zu einer weiterführenden Leitung oder bis zu einer Abwasserhebeanlage. Eine Sammelanschlußleitung führt das Abwasser mehrerer Einzelanschlußleitungen bis zur Fall-, Sammel- oder Grundleitung.

Verbindungsleitungen verbinden eine Ablaufstelle mit dem zugehörigen Geruchverschluß.

Umgehungsleitungen umgehen Verziehungen von Falleitungen (**174**.1).

Lüftungsleitungen haben die Be- und Entlüftung der EA zu gewährleisten. Sie dürfen kein Abwasser aufnehmen.

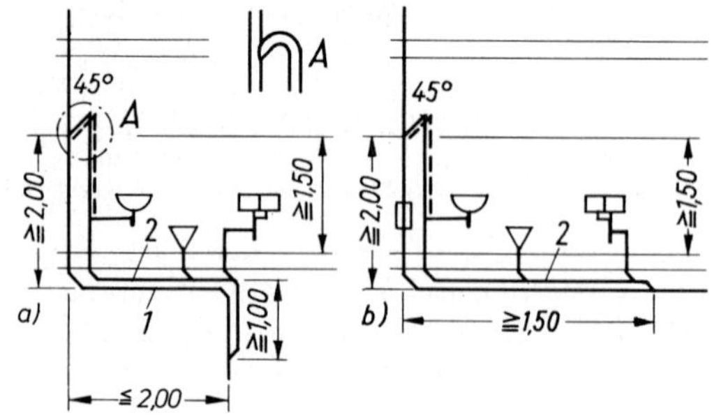

174.1 Umgehungsleitungen
a) für Falleitungsverziehung (Leitungsschleifung)
b) für Übergang der Falleitung in eine Sammel- oder Grundleitung
1 Falleitungsverziehung
2 Umgehungsleitung

Lüftungssysteme. Zu unterscheiden sind:

Hauptlüftung, Nebenlüftung, Umlüftung und Sekundär-Lüftung (**173**.1).

Hauptlüftung. Das ist die Lüftung von einzelnen oder mehreren zusammengefaßten Falleitungen durch Leitungen von der Anschlußstelle des höchstgelegenen Entwässerungsgegenstandes bis über Dach (**174**.2).

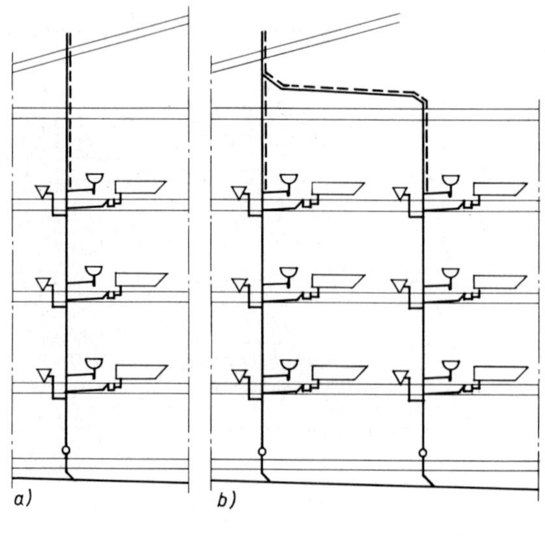

174.2 Hauptlüftungen
a) Lüftung einer einzelnen Falleitung
b) Lüftung von zusammengefaßten Falleitungen

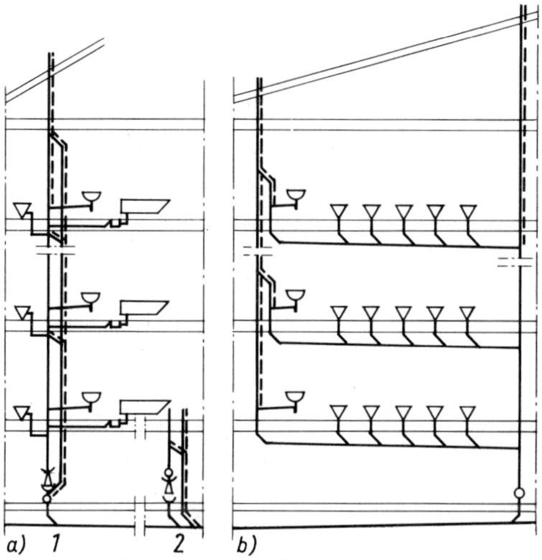

175.1 Nebenlüftungen
a) direkte Nebenlüftung
1 normale Ausführung
2 direkter Anschluß an Grundleitung, bei höheren Belastungen empfehlenswert
b) indirekte Nebenlüftung

Nebenlüftung. Eine direkte Nebenlüftung lüftet eine Falleitung zusätzlich durch eine parallel geführte und in jedem Geschoß mit der Falleitung verbundene Lüftungsleitung. Eine indirekte Nebenlüftung lüftet zusätzlich einzelne oder mehrere Anschlußleitungen durch eine Lüftungsleitung über Dach oder Rückführung an die Hauptlüftung (**175**.1).

Umlüftung ist die Lüftung einer Anschlußleitung oder Umgehungsleitung durch Rückführung an die zugehörige Falleitung (**175**.2) oder an eine belüftete Grundleitung.

Sekundär-Lüftung ist die Belüftung aller Geruchverschlüsse und Anschlußleitungen durch ein zusätzliches zweites Belüftungssystem (**175**.3). Sekundäre Lüftungen sind wegen ihres zu hohen Aufwandes in Deutschland nicht mehr üblich.

Sovent-Lüftung. Sie ist ein in der Schweiz entwickeltes, technisch hochwertiges Lüftungssystem. Es arbeitet mit besonderen Formstücken zum Anschluß von langen, stark belasteten Sammelanschlußleitungen an die Falleitung sowie mit besonderen Fußentlüftern für die Falleitung.

Für Wohngebäude ist diese Lüftung ohne Bedeutung. Sie hat sich auch für Bürohäuser und ähnliche Bauten in Deutschland bisher noch nicht durchgesetzt.

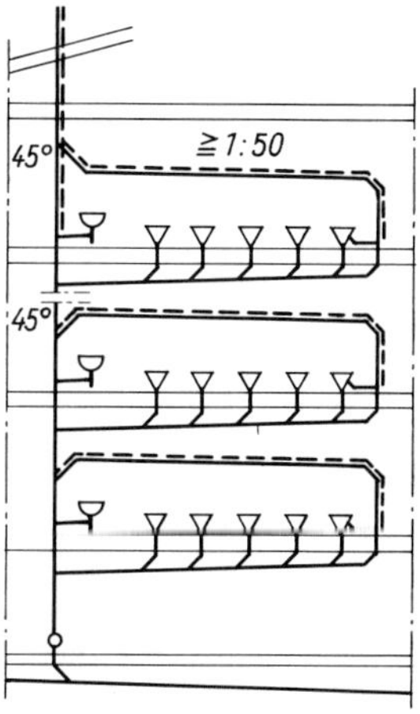

175.2 Umlüftung

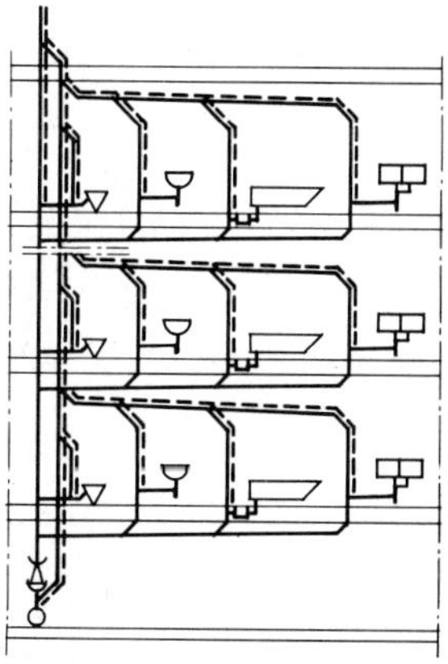

175.3 Sekundär-Lüftung

3.3.2.2 Entwässerungszeichnungen

Alle Grundstücksentwässerungsanlagen, wie Neuanlagen, Veränderungen und Erweiterungen, sind genehmigungspflichtig. Die Genehmigung wird in der Regel mit dem Baugesuch bei der zuständigen Bauaufsichtsbehörde schriftlich beantragt.

Vor Herstellung der erforderlichen Entwässerungszeichnungen muß der Planverfasser bei der zuständigen örtlichen Behörde, Bauaufsicht, Tiefbauamt oder Gemeinde, die genauen Einzelheiten zur örtlichen Lage des Entwässerungsanschlusses erfragen.

Zum Inhalt der Vorfrage gehören: Misch- oder Trennsystem, Kanallage in der Straße oder Anschlußleitung auf dem Grundstück, Höhe der Straßenmitte über NN, Kanalsohlenhöhe, Kanaleinlaufhöhe, Kanalfließrichtung, Kanalgefälle, Rohrleitungsmaterialien, Prüfschachtanordnung, Rückstauhöhe und sonstige Auflagen.

Zur Vorlage bei der für die Genehmigung und Abnahme der EA zuständigen Behörde sind folgende Zeichnungen anzufertigen:

Lageplan des Grundstückes M 1:250, 1:500 oder 1:1000 mit Darstellung der Gebäude, Gärten und Höfe, Brunnen, Dungstätten, Straßen usw. Ferner sind die Grundstücksbezeichnung, Baufluchtlinie, Himmelsrichtung, Straßenkanäle, Schmutz- und Regenwasserkanäle und etwaige Dränstränge des Grundstückes mit Höhenlage, lichter Weite und Fließrichtung, ferner die Höhen der Grundstücksoberfläche anzugeben.

Bäume in der Nähe der Leitungen sind ebenfalls einzutragen.

Grundrisse der Geschosse und Geschoßteile M 1:100 mit Entwässerungsanlagen, bei übereinanderliegenden gleichen Anlagen nur der Grundriß eines Geschosses (**176**.1), mit Angabe aller Objekte, Zapfstellen und Abläufe.

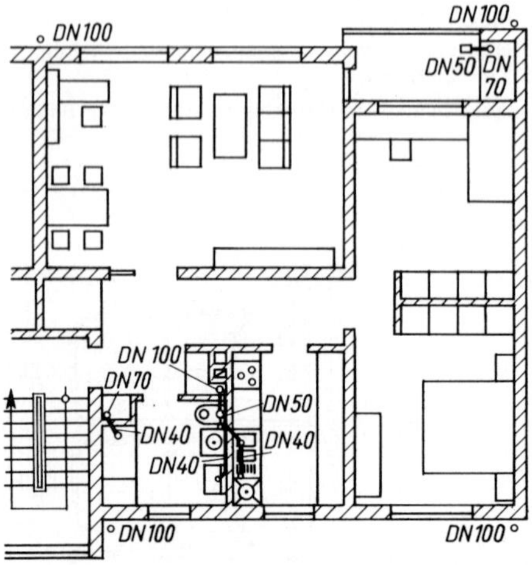

176.1 Obergeschoßgrundriß eines Mehrfamilien-Wohnhauses mit sanitärer Einrichtung und Abwasser- und Regenwasserleitungen (M 1:200)

Der Grundriß des Kellergeschosses muß daneben alle Fallrohre und Grundleitungen mit Angabe der lichten Weiten, Werkstoffe, Reinigungsöffnungen mit eventuellen Schächten, Absperrschieber, Rückstauverschlüsse, ferner Abort- und Düngergruben enthalten (**177**.1 und 2 als Beispiel für Mischsystem, **178**.1 und 2 für Trennsystem).

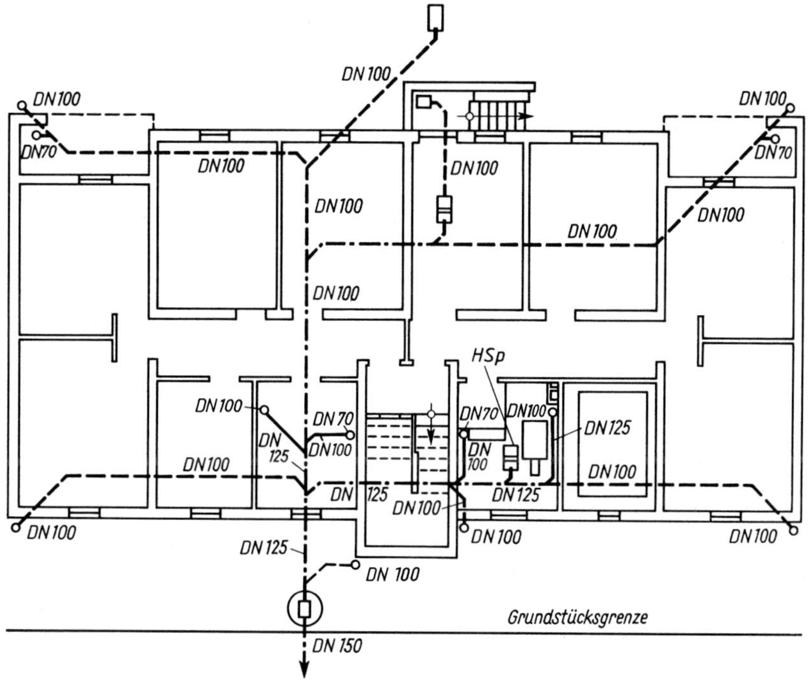

177.1 Kellergeschoßgrundriß zu Bild **176**.1 mit Grundleitungen für Mischsystem (M 1:200)

In den Ausführungszeichnungen sind bei weiterer Planung noch Wand- und Deckenaussparungen einzutragen, sofern keine besonderen Aussparungspläne i. M. 1:50 angefertigt werden (in Bildern **177**.1 und **178**.1 weggelassen).

Bild **177**.1 stellt zur Verdeutlichung des Mischsystems eine evtl. zulässige Ausnahme dar (s. auch DIN 1986 T. 1). Beim Mischverfahren dürfen Regen- und Schmutzwasserleitungen in der Regel nur außerhalb des Gebäudes mit Grundleitungen verbunden werden.

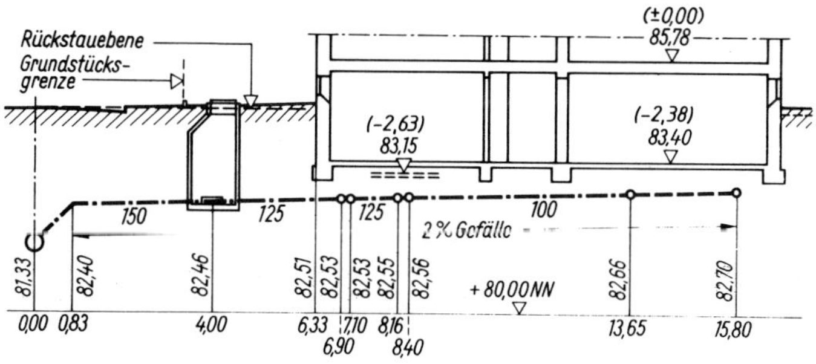

177.2 Senkrechter Schnitt zu Bild **177**.1, Mischsystem (M 1:200)

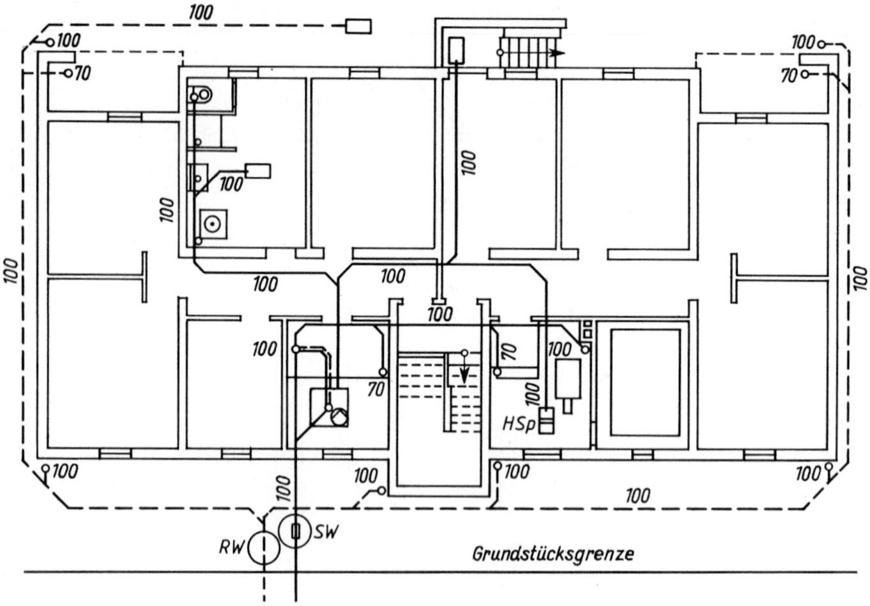

178.1 Kellergeschoßgrundriß zu Bild **176**.1 mit Grundleitungen für Trennsystem (M 1:200)

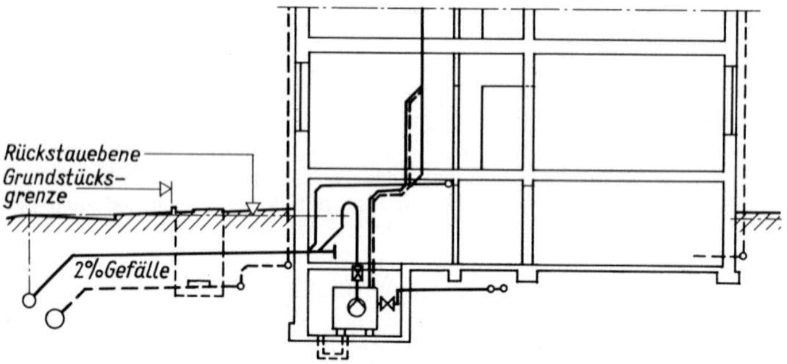

178.2 Senkrechter Schnitt zu Bild **178**.1,Trennsystem (M 1:200)

Schnitte der zu entwässernden Gebäude und Höfe M 1:100 mit Darstellung der Anschlußleitung, der Hauptgrundleitung und wichtiger Nebengrundleitungen als Abwicklung in wahrer Länge, ferner der Fall- und Entlüftungsleitungen sowie mit Angabe der Abzweigstellen der Nebengrundleitungen, der auf NN bezogenen Höhe aller Leitungen einschließlich deren lichter Weite und deren Gefälle sowie der Kellersohle und des Geländes (**177**.2 für Mischsystem, **178**.2 für Trennsystem.)

Die Darstellung der Gebäude ist möglichst auf solche Bauteile zu beschränken, die von den Rohren durchfahren werden oder zu ihrer Befestigung dienen.

Sinnbilder und Zeichen. Sie sind zur Darstellung von Entwässerungsanlagen in nachfolgenden Linienbreiten auszuführen:

Entwässerungs- und Sanitär-Ausstattungsgegenstände	Rohrleitungen
0,25 mm für den Maßstab 1:100	0,5 mm für den Maßstab 1:100
0,5 mm für den Maßstab 1:50	1,0 mm für den Maßstab 1:50

Auf den Zeichnungen können auch in Farbe dargestellt werden:

vorhandene Anlagen	schwarz
wegfallende Leitungen und Bauteile	gelb durchstreichen
Mauerwerk im Schnitt	rot
Steinzeugrohre	hellbraun
Graugußrohre	blau
Kunststoffrohre	gelb
Zinkrohre	zinnoberrot
Beton- und Zementrohre	grau
Objekte und Wasserablaufstellen	hellblau

Die für die Prüfvermerke vorbehaltene grüne Farbe darf nicht verwendet werden.

Die in DIN 1986 T. 1 vorgegebenen Sinnbilder und Zeichen (Taf. **179**.1) sind zu verwenden.

Tafel **179**.1 Sinnbilder und Zeichen für Entwässerungsanlagen (nach DIN 1986 T.1)

Benennung	Grundriß	Aufriß	Benennung	Grundriß	Aufriß
Abwasser- und Lüftungsleitungen					
Schmutzwasserleitung Druckleitung wird mit DS gekennzeichnet:	—DS—	—DS—	Falleitung	○	je nach Leitungsart
Regenwasserleitung Druckleitung wird mit DR gekennzeichnet:	--DR--	--DR--	Nennweitenänderung	100 125	100 125
			Werkstoffwechsel		
Mischwasserleitung			Reinigungsrohr mit runder oder rechteckiger Öffnung		
Lüftungsleitung			Reinigungsverschluß		
z. B. beginnend und aufwärtsverlaufend					
Richtungshinweise: a) hindurchgehend b) beginnend und abwärts verlaufend c) von oben kommend und endend d) beginnend und aufwärtsverlaufend		je nach Leitungsart	Rohrendverschluß		
			Geruchverschluß		

(Fortsetzung siehe nächste Seite)

Tafel **179**.1 (Fortsetzung)

Benennung	Grundriß	Aufriß
Sanitär-Ausstattungsgegenstände		
Badewanne	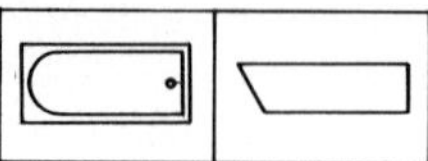	
Duschwanne	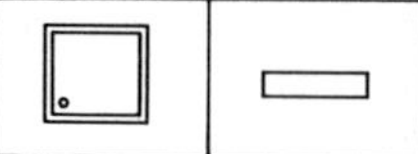	
Waschtisch, Handwaschbecken		
Sitzwaschbecken		
Urinalbecken		
Urinalbecken mit automatischer Spülung		
Klosettbecken	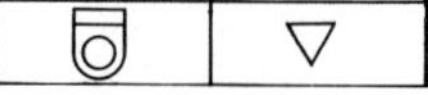	
Ausgußbecken	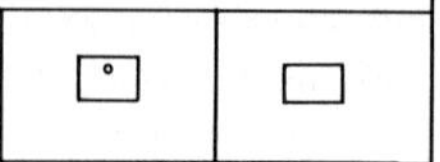	
Spülbecken, einfach	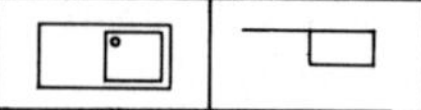	
Spülbecken, doppelt		
Geschirrspülmaschine	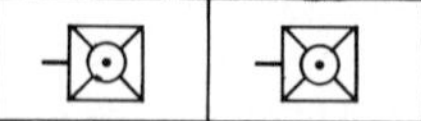	
Waschmaschine		
Wäschetrockner		
Klimagerät	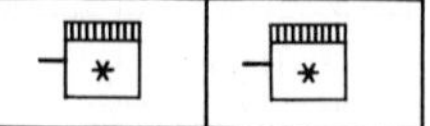	
Abläufe, Abscheider, Abwasserhebeanlagen, Schächte		
Ablauf oder Entwässerungsrinne ohne Geruchverschluß	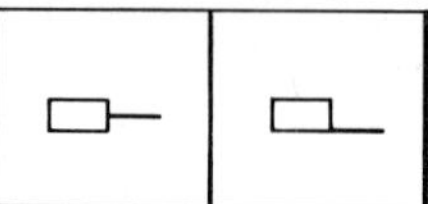	
Ablauf oder Entwässerungsrinne mit Geruchverschluß		
Ablauf mit Rückstauverschluß für fäkalienfreies Abwasser	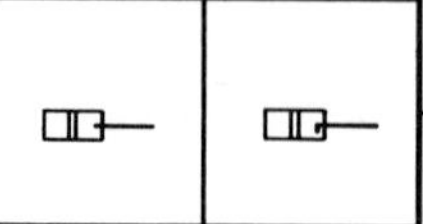	
Schlammfang	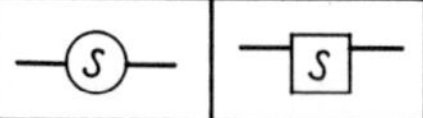	
Fettabscheider	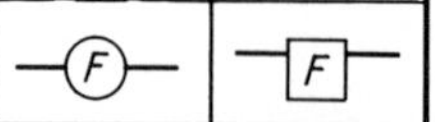	
Stärkeabscheider	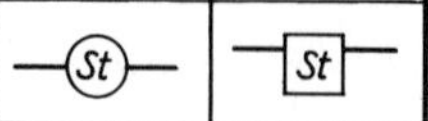	
Benzinabscheider (Abscheider für Leichtflüssigkeiten)	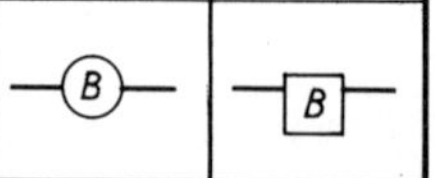	
Heizölabscheider (Abscheider für Leichtflüssigkeiten)	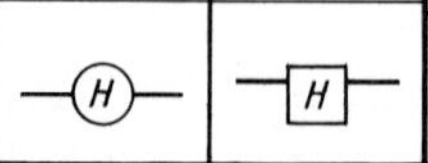	
Heizölsperre	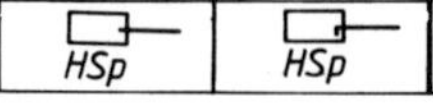	
Heizölsperre mit Rückstauverschluß	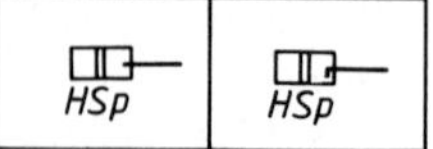	
Rückstauverschluß für fäkalienfreies Abwasser	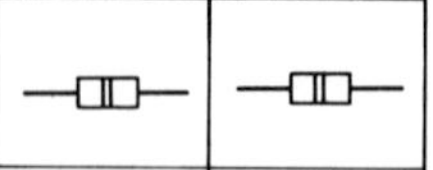	
Rückstauverschluß für fäkalienhaltiges Abwasser	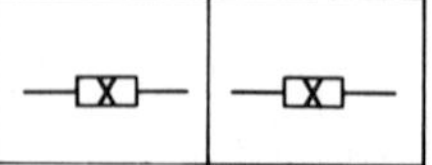	
Kellerentwässerungspumpe	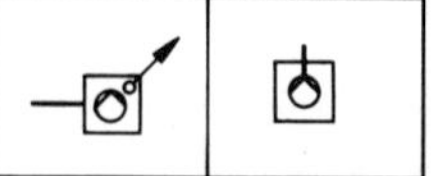	
Fäkalienhebeanlage	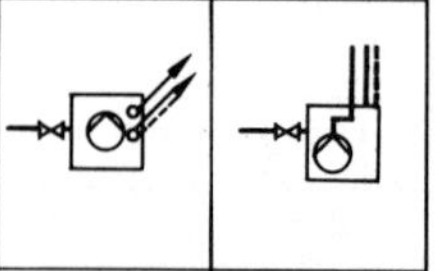	
Schacht mit offenem Durchfluß (dargestellt mit Schmutzwasserleitung)	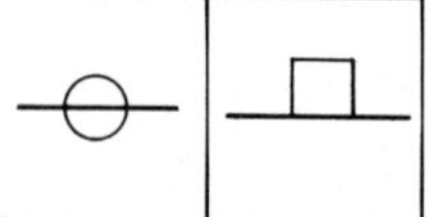	
Schacht mit geschlossenem Durchfluß	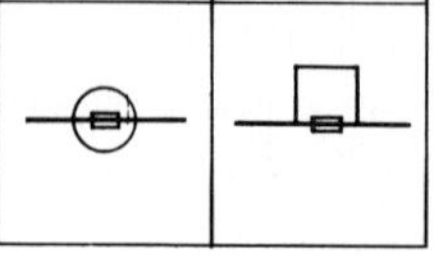	

3.3.3 Rohrleitungswerkstoffe

3.3.3.1 Allgemeines

Rohre und Formstücke. Sie müssen für Abwasser- und Lüftungsleitungen genormt und amtlich zugelassen sein. Ihre Ausbildung und innere Beschaffenheit dürfen Inkrustationen, Ablagerungen und Verstopfungen nicht begünstigen.

Die Abwasserrohre müssen gegen entsprechende Erzeugnisse aus gleichen Werkstoffen von anderen Herstellern austauschbar sein. Zum Anschluß an andere genormte oder amtlich zugelassene Abflußrohrprogramme sind geeignete und mit Prüfzeichen versehene Formstücke zu verwenden (Tafel. **181**.1).

Die Rohre und Formstücke für Anschluß-, Fall- und Sammelleitungen müssen für eine maximale Abwassertemperatur von 95°C, solche für Grundleitungen für 45°C brauchbar sein.

Die verschiedenartigen Werkstoffe müssen im eingebauten Zustand untereinander dauernd verträglich sein.

DIN 1986 T. 4 enthält genaue Angaben über die Verwendung von Abwasserrohren und -formstücken in Gebäuden und auf Grundstücken (Taf. **181**.1) sowie deren Brandverhalten.

Die in der Tafel angegebenen Verwendungsbereiche gelten für die Ableitung von häuslichem Schmutzwasser und Niederschlagswasser. Die einzelnen Rohrarten dürfen nur für die jeweils mit einem Kreuz bezeichneten Leitungsarten verwendet werden.

Rohre und Formstücke sind mit den Nennweiten DN 32, 40, 50, (65), 70, (80) sowie DN 100 und darüber hinaus mit den Nennweiten nach DIN 4263 zu verwenden.

Für Nennweiten von Regenfalleitungen außerhalb von Gebäuden gilt DIN 18460.

Tafel **181**.1 Verwendungsbereiche von Abwasserrohren und Formstücken verschiedener Werkstoffe (nach DIN 1986 T. 4).

Rohrart	DIN-Norm oder Prüfbescheid	Anschluß-, Verbindungsleitung	Falleitung	Sammelleitung	Grundleitung		Lüftungsleitung	Regenwasser-Leitung im	
					unzugänglich im Baukörper	im Erdreich		Gebäude	Freien
Steinzeugrohr mit Steckmuffe	DIN 1230 Teil 1	–	–	+	+	+	–	+	–
Steinzeugrohr mit glatten Enden	DIN 1230 Teil 6	–	+	+	+	+	–	+	–
Steinzeugrohr mit glatten Enden, dünnwandig	Prüfbescheid	+	+	+	+	+	+	+	–
Betonrohr mit Falz	DIN 4032	–	–	–	–	+	–	–	–
Betonrohr mit Muffe	DIN 4032	–	–	+	+	+	–	–	–
Stahlbetonrohr	DIN 4035	–	–	+	+	+	–	–	–
Blechrohre (Zink, Kupfer, Aluminium, Stahl)	DIN 18461	–	–	–	–	–	–	–	+

(Fortsetzung siehe nächste Seite)

Tafel **181**.1 (Fortsetzung)

Rohrart	DIN-Norm oder Prüfbescheid	Anschluß-, Verbindungsleitung	Falleitung	Sammelleitung	Grundleitung		Lüftungsleitung	Regenwasser-Leitung im	
					unzugänglich im Baukörper	im Erdreich		Gebäude	Freien
Gußeisernes Rohr ohne Muffe (SML)	DIN 19522 Teil 1 und 2	+	+	+	+	+	+	+	+
Stahlrohr	DIN 19530 Teil 1 und 2	+	+	+	+	+	+	+	+
Rohr aus nichtrostendem Stahl	Prüfbescheid	+	+	+	+	–	+	+	+
PVC-hart-Rohr mit normaler Wanddicke (N)	DIN 19531	+	–	–	–	–	+	+	+
PVC-hart-Rohr mit verstärkter Wanddicke (V)	DIN 19531	–	+	+	+	–	+	+	+
PVC-hart-Rohr	DIN 19534 Teil 1 und 2	–	–	–	+	+	–	–	–
PVC-hart-Rohr mit gewelltem Außenrohr	Prüfbescheid	–	–	–	–	+	–	–	–
PE-hart-Rohr	DIN 19535	+	+	+	+	–	+	+	+
Polyethylenrohr hoher Dichte (HDPE-Rohr)	DIN 19537 Teil 1 und 2	–	–	–	+	+	–	–	–
PE-hart-Rohr mit profilierter Wandung	Prüfbescheid	–	–	–	–	+	–	–	–
Glasrohr	Prüfbescheid	+	+	+	–	–	+	+	–
PVCC-Rohr	DIN 19538	+	+	+	+	–	+	+	+
PP-Rohr	DIN V 19560	+	+	+	+	–	+	+	–
ABS/ASA-Rohr	DIN V 19561	+	+	+	+	–	+	+	–
Faserzementrohr	Prüfbescheid	+	+	+	+	+	+	+	+

Bedeutung der Zeichen: + darf verwendet werden, – nicht zu verwenden

Verbindungen. Sie müssen wie alle Dichtungen DIN 19543 entsprechen. Diese Norm gilt für bewegliche und starre Rohrverbindungen der meist drucklos betriebenen Abwasserkanäle und Lüftungsleitungen.

Dichtheit. Die Rohre, Formstücke und Verbindungen müssen bei einem Innen- oder Außendruck von 0 bis 0,5 bar unter den zwischen ihnen und ihrer Umgebung möglichen Wechselwirkungen dauernd dicht bleiben.

Für Leitungen, bei denen ein höherer Über- oder Unterdruck auftreten kann, so bei Regenwasserleitungen innerhalb von Gebäuden, sind besondere Anforderungen an Verbindungen und Halterungen zu berücksichtigen. Erforderlichenfalls sind druckfeste Rohre und Formstücke zu verwenden.

Die bei Muffen-, Falz- oder Flanschrohren sowie Rohren ohne besondere konstruktive Ausbildung der Rohrenden vorgeschriebenen Rohrverbindungen und Dichtmittel sind bei den einzelnen Rohrleitungsmaterialien zu beachten.

DIN 19543 unterscheidet Steck-, Spann-, Schraub-, Stopfbuchsen-, Kleb-, Stemm-, Schweiß- und Flanschverbindungen.

Als Dichtmittel werden elastische und plastische Werkstoffe vorgeschrieben.

Vorfertigung. Zur Vorfertigung von Abflußelementen zum Einbetonieren in Decken bzw. zum Einmauern in Wände oder zum Eingießen in Installationsblöcke eignen sich vor allem Stahlrohre sowie Kunststoff-Abflußrohre wegen ihres geringen Gewichtes (s. auch Abschnitt 2.6).

Vorgefertigte Entwässerungsbauteile (**183**.1), wie Anschlußleitungen, Fallrohre, Decken- und Wandelemente, müssen den bei Transport, Lagerung, Einbau und Betrieb üblicherweise auftretenden Beanspruchungen standhalten können.

Beim Einbau sollen sie ohne Schwierigkeit nachträglich mit den bereits eingebauten Leitungsteilen verbunden werden können. Achsverschiebungen $\leqq 30$ mm müssen spannungsfrei, wasser- und gasdicht ohne Verminderung des Leitungsquerschnittes möglich sein.

Die Einhaltung des freien Durchganges ist nach Fertigstellung zu prüfen.

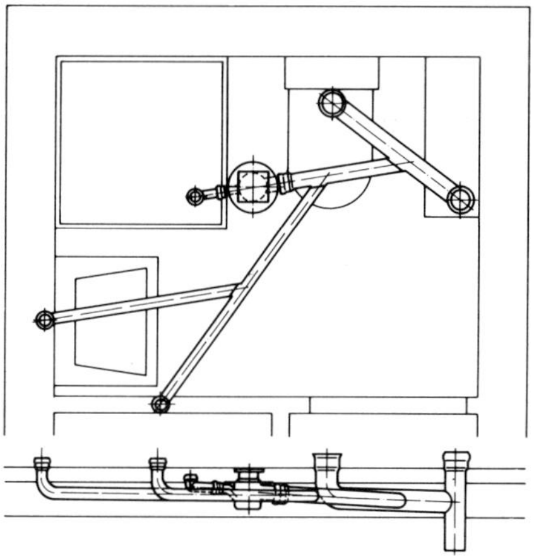

183.1 Vorgefertigtes geschweißtes Abflußelement aus feuerverzinktem Stahlabflußrohr (LOROWERK K. H. Vahlbrauk)

Deckenelement mit LORO-Badablauf, mit Anschlüssen für WC, Waschtisch, Dusche und Küchenspüle

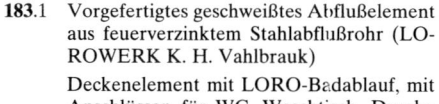

Für Bauteile von Abwasserleitungen, die in geschlossenen Installationseinheiten (s. Abschnitt 2.6) eingebaut werden, müssen die Werkstoffe sowohl bei der Herstellung als auch im eingebauten Zustand die auftretenden Beanspruchungen wie Wärme, Druck oder Stoß, aufnehmen können.

Für Abläufe und wandhängende Becken müssen die erforderlichen Halterungen bereits eingebaut sein.

3.3.3.2 Steinzeug

Steinzeugrohre. Die Rohre und Formstücke sind aus Steinzeugtonen maschinell geformt und bis zur Sinterung dichtgebrannt. Gegen chemische Angriffe sind sie besonders widerstandsfähig.

Für die Kanalisation werden Steinzeugrohre mit Steckmuffe, mit glatten Enden oder dünnwandige Steinzeugrohre mit glatten Enden unterschieden (Taf. **181**.1).

Steinzeugrohre mit Steckmuffe. Bei den durch DIN 1230 T. 1 genormten, innen glasierten Rohren wird die Regelausführung (N) mit einer Regeltragfähigkeit für Rohre und Formstücke sowie eine verstärkte Ausführung (V) mit erhöhter Tragfähigkeit unterschieden.

Steckmuffen sind zusammensteckbare Rohrverbindungen, die aus Muffe, Spitzende und Dichtelementen bestehen und werkmäßig mit der Muffe oder dem Spitzende der Rohre und Formstücke fest verbunden werden.

Steinzeugrohre mit Steckmuffen werden in DN 100, 125, 150, 200 (Taf. **184**.1) und größer als gerade Rohre in Regelbaulängen nach DIN EN 295 T. 1, Rohrlänge abzüglich Muffenlänge, von 100, 125 bzw. 150, 175, 200, 250 und 300 cm geliefert.

Tafel **184**.1 Abwasserrohre aus Steinzeug mit Steckmuffe, Regelausführung (N), Konstruktionsmaße in mm (nach DIN 1230 T. 1)

DN	Rohr		Muffe		Wand-
	Ø innen	Ø außen	Ø außen	Länge	dicke
100	100	131	200	70	15
125	126	159	230	70	16
150	151	186	260	75	17
200	202	242	330	85	20

Außerdem gibt es zahlreiche Formstücke wie Bögen, Abzweige (**184**.2), Gelenkstücke, Übergangsrohre, Anschlußstutzen, Sattelstücke und Verschlußteller.

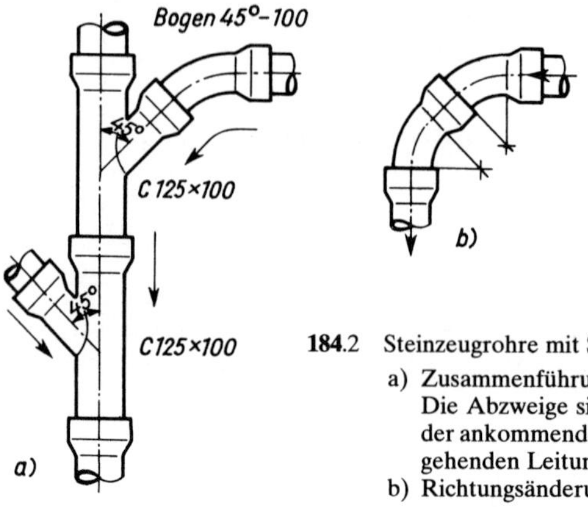

184.2 Steinzeugrohre mit Steckmuffe in der Grundleitung (M 1:30)
a) Zusammenführungen
Die Abzweige sind schräg nach oben zu verlegen, da die Sohle der ankommenden Leitung immer höher als diejenige der durchgehenden Leitung liegen muß.
b) Richtungsänderung von 90° mit zwei 45°-Bogen

Die Dichtung der Steinzeugrohre und Formstücke wird durch die zweiteilige Steckmuffenverbindung K nach DIN 1230 T. 1 hergestellt.

Eine Steckverbindung ist eine bewegliche Rohrverbindung, deren Abdichtung durch Zusammenstecken der Rohrteile in Verbindung mit einem elastischen Dichtmittel erzielt wird.

Elastische Dichtmittel sind Dichtungsmittel aus Elastomeren, die durch elastische Verformung in die zu dichtenden Fugen eingebracht werden.

Daneben gibt es für den Übergang von Guß- auf Steinzeugrohr und umgekehrt sowie andere Sonderfälle weitere elastomere Dichtungen, wie Verbindungsringe, Bohrringe, Paßringe, Anschlußringe und Übergangsringe.

Steinzeugrohre mit glatten Enden. Die durch DIN 1230 T. 6 genormten Rohre werden mit unglasierter innerer Oberfläche (Ausführung U) und glasierter innerer Oberfläche (Ausführung G) hergestellt.

Steinzeugrohre mit glatten Enden werden in DN 100, 125, 150 und 200, mit den gleichen Innen- und Außendurchmessern sowie Wanddicken wie Rohre mit Muffen (Taf. **184**.1), als gerade Rohre in Regelbaulängen von 100, 150 bzw. 200 cm geliefert.

Weiterhin gibt es zahlreiche Formstücke wie Bögen, Abzweige, Sattelstücke, Übergangsstücke und Verschlußteller.

Die Rohre und Formstücke sind mit den Rohren und Formstücken mit Muffe in Regelausführung (N) austauschbar.

Die Verbindungen von Rohren und Formstücken werden durch Steckkupplungen (ST) oder Spannkupplungen (SP) hergestellt.

Steckkupplungen sind Bauteile, die aus Kupplungskörper und Dichtprofilen bestehen. Die durch Zusammenstecken der Bauteile hergestellte Verbindung bewirkt durch die hierbei entstehende Verformung der Dichtprofile die Dichtung.

Spannkupplungen sind Bauteile, die aus Kupplungskörper, Dichtprofilen und Spannelementen bestehen. Die Verbindung der Bauteile wird durch Zusammenstecken und anschließendem Spannen und Anpressen der Dichtprofile hergestellt.

Die Kupplungen für Rohrverbindungen der glatten Steinzeugrohre sind vom Hersteller der Rohre und Formstücke mitzuliefern.

Steinzeugrohre mit glatten Enden, dünnwandig. Dies sind Steinzeugrohre mit geringerer Wanddicke. Sie sind mit Prüfbescheid für einen erweiterten Verwendungsbereich (Taf. **181**.1) neben vorstehende zwei Steinzeugrohrarten zugelassen und mit diesen kombinier- und austauschbar.

3.3.3.3 Beton

Betonrohre. Die durch DIN 4032 genormten Rohre und Formstücke aus Beton sind weniger abriebfest als Steinzeugrohre und dürfen für Abwasserleitungen nur begrenzt verwendet werden (Taf. **181**.1).

Für die Kanalisation haben Betonrohre in der Regel Kreis- oder Eiquerschnitte. Sie werden mit oder ohne Fuß, mit Muffe oder Falz hergestellt.

Betonrohre mit Muffe. Sie werden mit einem Kreisquerschnitt in DN 100, 150 und 200 (Taf. **185**.1) und größer ohne oder mit Fuß als gerade Rohre in verschiedenen Längen gefertigt.

Tafel **185**.1 Abwasserrohre in Beton mit Kreisquerschnitt und Muffe, Konstruktionsmaße in mm (nach DIN 4032)

DN	Rohr		Muffe		Wand-
	∅ innen	∅ außen	∅ innen	Länge	dicke
100	100	146	162	60	23
150	150	206	222	60	28
200	200	260	276	60	30

Als Formstücke gibt es für Betonmuffenrohre Zuläufe (Abzweige), Bögen, Anschlußstücke, Paßstücke, Gelenkstücke und Übergangsstücke.

Formstücke werden auch zum Bau von Schächten verwendet.

Rohr und Rohrverbindung bilden einschließlich Dichtmittel eine technische Einheit. Muffenrohre werden mit Gummirollringen gedichtet (**186**.1).

Die Dichtmittel sind bereits im Werk in die Muffe eingebaut oder vom Rohrhersteller mitzuliefern.

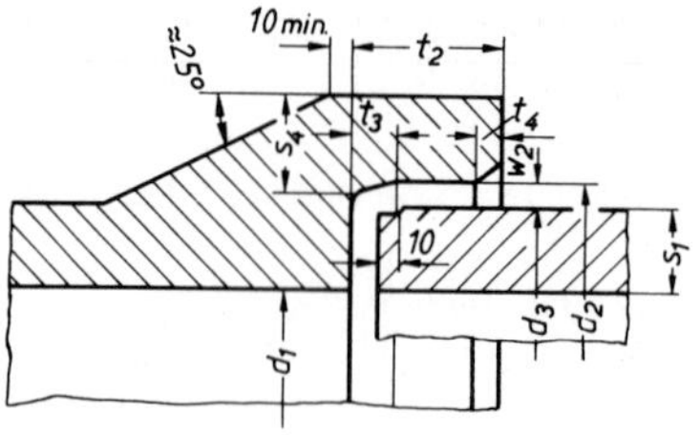

186.1 Muffenverbindung für Betonrohre DN 100 bis 200 für Rollringdichtung (nach DIN 4032)

Betonrohre mit Falz. Diese sind nach DIN 4032 nur zur Ableitung von Niederschlagswasser als Grundleitung im Erdreich und nur ab DN 250 zugelassen (Taf. **181**.1).

Stahlbetonrohre. Die Rohre und zugehörigen Formstücke werden nach DIN 4035 in Stahlbeton- und Stahlbetondruckrohre unterteilt und als kreisförmige Rohre in Nennweiten DN 250 bis 4000 und größer hergestellt.

Sie werden zum Bau von größeren Kanälen, Wasserleitungen und als Schutzrohre verwendet.

3.3.3.4 Gußeisen

Gußeiserne Abflußrohre sind gegenüber häuslichen Abwässern korrosionsbeständig, kochwasserbeständig, stoß-, schlag- und abriebfest, formstabil und nicht brennbar.

Gußeiserne Rohre ohne Muffe. Muffenlose Abflußrohre und Formstücke aus Guß nach DIN 19522 T. 1 und 2, kurz als SML-Rohre bezeichnet, sind für sämtliche Bereiche der Gebäude- und Grundstücksentwässerung zugelassen (Taf. **181**.1).

SML-Rohre werden mit DN 50 bis 200 (Taf. **186**.2) und größer als gerade Rohre in Baulängen bis 300 cm geliefert. Sie sind innen durch eine Teerbeschichtung und außen durch eine korrosionshemmende Schutzfarbe behandelt.

Formstücke erhalten innen einen zusätzlichen Schutzanstrich.

Tafel **186**.2 SML-Rohre, gußeiserne Rohre ohne Muffe, Konstruktionsmaße in mm (nach DIN 19522 T. 1)

DN	Rohr Ø außen	Wanddicke
50	58	3,5
70	78	3,5
100	110	3,5
125	135	4
150	160	4
200	210	5

Zum SML-Rohr gibt es zahlreiche genormte Formstücke, wie Bögen von 15°, 30°, 45°, 70° und 88,5°, diese mit Beruhigungsstrecke sowie 135° für Umlüftung, Abzweige von 45°, 70° und 88,5°, Doppelabzweige mit 70° und 88,5°, Eckabzweige mit 88,5°, Kombinationsabzweige mit 90°, Sprungrohre für Mauerabsätze, Übergangsrohre für Querschnittserweiterungen und Enddeckel.

Weiterhin werden als Sonderformstücke Fallrohrstützen (**189**.1), Reinigungsrohre mit runder oder rechteckiger Öffnung und Gummidichtung der Deckel (**203**.2), Geruchverschlüsse sowie Anschlußstücke für den Anschluß an Steinzeugrohre hergestellt.

Zur Verbindung der SML-Rohre und Formstücke sind Bauteile zu verwenden, die den Anforderungen der DIN 19543 entsprechen.

Die zugelassenen Rohrverbindungen werden vom Lieferanten der Rohre und Formstücke mitgeliefert.

Die Dichtung der SML-Rohrenden wird in der Regel durch eine elastische Dichtmanschette und eine darübergelegte Spannhülse aus Chromstahl (**187**.1 und 2) hergestellt oder als Schubverbindung im Rollring-System (**187**.3).

Eine Spannverbindung ist eine bewegliche Rohrverbindung, deren Dichtwirkung durch Spannen einer über die zu verbindenden Rohrenden greifenden Manschette erzielt wird.

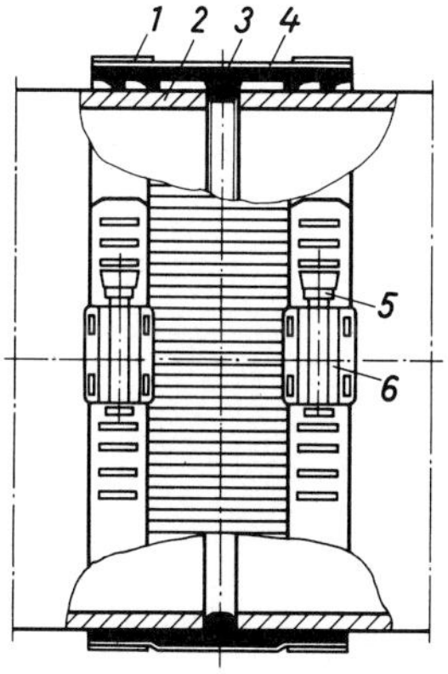

187.1 Verbindung für SML-Rohre (M 1:2,5)
1 Klemmband
2 SML-Rohr DN 100
3 Dichtungsschelle
4 Riffelblech
5 Schneckenschraube
6 Schneckengehäuse

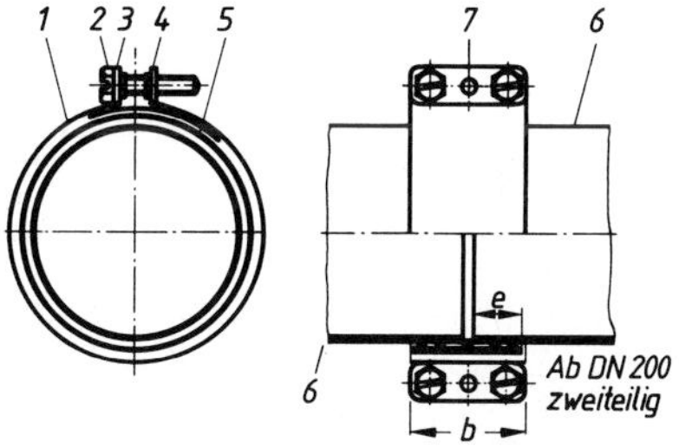

187.2 CV-Verbindung für SML-Rohre (ako-Abflußrohrkontor)
1 Spannhülse
2 Sechskantschraube
3 Führungsplatte
4 Gewindeplatte
5 Dichtmanschette
6 Rohrenden
7 Bohrung für Befestigungselemente

Die Dichtmanschetten der CV-Verbindung sind bis zu 120 °C, die der Mengering-ML-Verbindung bis zu 95 °C dauerhaft temperaturbeständig.

Zugfeste SML-Verbindungen für Innendrücke bis 3 bar werden mit der ako Tempo-Kralle ausgeführt. Sie sind bei innenliegenden Druckleitungen von Abwasserhebeanlagen oder Leitungen im Rückstaubereich einzusetzen.

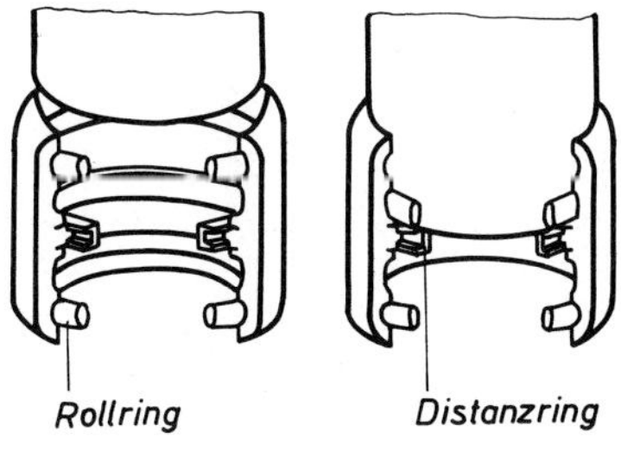

187.3 Mengering-ML-Dichtung mit Rollring-System für SML-Rohre (Mero-Werke)

3.3.3.5 Stahl

Stahlrohre. Stahl-Abflußrohre mit Steckmuffe und Formstücke nach DIN 19530 T. 1 und 2 werden feuerverzinkt und kunststoffbeschichtet in zwei Muffenformen hergestellt. Sie sind für alle Schmutz- und Regenwasserableitungen zugelassen (Taf. **181**.1).

Im Erdreich verlegte Rohre und Formstücke sind außen mit einem zusätzlichen Korrosionsschutz zu versehen.

Muffen mit zylindrischer Führung werden als Form A, ohne zylindrische Führung als Form B bezeichnet.

Stahlrohre mit Steckmuffenverbindungen werden in DN 40 bis 300 als gerade Rohre in Längen bis 300 cm geliefert (Taf. **188**.1). Sie sind leichter als Gußrohre und infolge ihrer geringen Rohr- und Muffendurchmesser besser in engen Schlitzen unterzubringen.

Daneben werden Rohre mit zwei beiderseitigen Steckmuffen in Baulängen von 40 bis 300 cm hergestellt.

Tafel **188**.1 Stahl-Abflußrohre, Muffenform A, Konstruktionsmaße in mm (nach DIN 19530 T. 1)

DN	Rohr ∅ außen	Muffe ∅ innen	Wanddicke
40	42	45	1,4
50	53	56	1,4
70	73	76	1,5
100	102	106	1,75
125	133	138	2,0
150	159	164	2,5
200	219	224	2,9

Zum Stahlrohr gibt es eine große Anzahl genormter Formstücke, wie Bögen, Sprungrohre, Zwischenstücke, verschiedenartige Abzweige, zahlreiche Anschluß- und Übergangsstücke. Außerdem werden Geruchverschlüsse für Regenfallrohre, Reinigungsrohre mit runder oder viereckiger Reinigungsöffnung und Montagestopfen hergestellt.

Die Verbindung und Dichtung der Stahlrohre und Formstücke wird bei Muffen der Form A mit einer Lippendichtung (**188**.2) bei Muffen der Form B durch Rollringdichtungen hergestellt.

Die Rohrenden werden aus schalltechnischen Gründen und zur Dehnungsaufnahme nicht ganz zum Muffengrund eingeschoben.

Stahlrohre mit Steckmuffen der Form B sind nur noch bei der Verbindung vorgefertigter Bauteile gebräuchlich.

Werkseitig lieferbar sind ganze Bauelemente, wie Rohrleitungsbündel und Rohrelemente für Vorwandinstallationen und Installationsblöcke (**144**.1, **145**.1 und **183**.1).

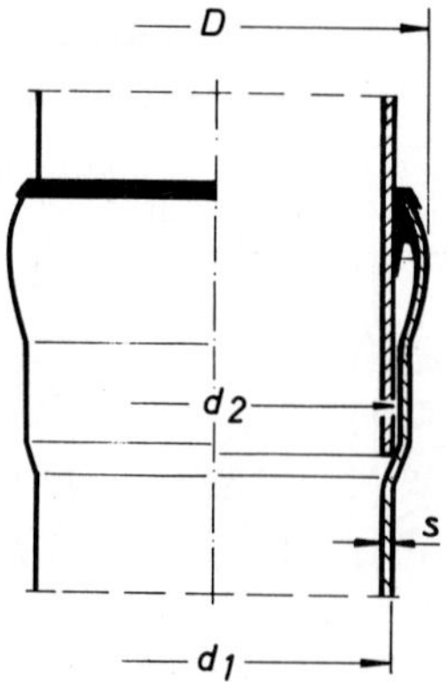

188.2 Stahl-Abflußrohrmuffe Form A mit Gummi-Steckmuffe (Lippenmanschette)

Edelstahlrohre. Entwässerungsrohre aus nicht rostendem Stahl sind mit Prüfbescheid für einen Verwendungsbereich wie Stahlrohre, jedoch nicht für Grundleitungen im Erdreich (Taf. **181**.1), zugelassen.

Die Abmessungen dieser Rohre werden in Anlehnung an DIN 19530 T. 1 in DN 50 bis 150 hergestellt.

3.3.3.6 Bleche

Blechrohre. Zu ihnen gehören nach DIN 18461 Rohre und Bauteile aus Zink, verzinktem oder nichtrostendem Stahl, Kupfer und Aluminium.

Diese Materialien für Hängerinnen, Regenfallrohre und Zubehörteile dürfen nur außerhalb von Gebäuden und nicht als Standrohr verarbeitet werden.

Einzelbegriffe für Bauteile der Regenwasserfalleitungen und Bemessungsgrundlagen sind in DIN 18460 angegeben.

Halbrunde und kastenförmige Dachrinnen in den Nenngrößen von 200 bis 500 mm sowie die zugehörigen Rohrschellen sind genormt.

Kreisförmige Regenfallrohre sowie die zugehörigen Rohrschellen sind nach DIN 18461 in DN 60, 80, 100, 120 und 150, quadratische Fallrohre in DN 60 bis 120 lieferbar.

Außerhalb von bewohnten Räumen sind sie auch für Entlüftungsleitungen verwendbar, wenn keine mechanische Beschädigung zu erwarten ist.

Die Verbindung von Blechfallrohren mit SML-Rohren zeigt Bild **189**.1.

Siehe auch DIN 18339 (VOB Teil C, Klempnerarbeiten).

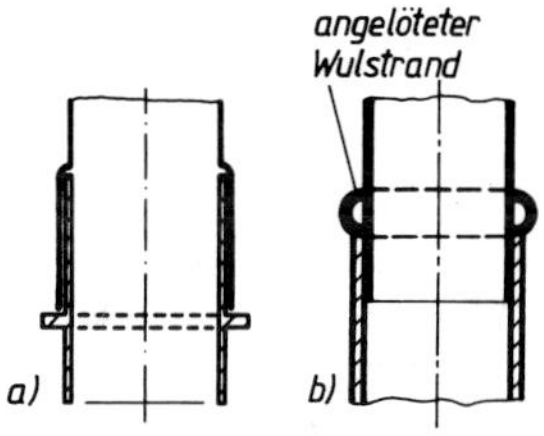

189.1 Verbindung von Guß- mit Blechrohren
a) Zinkrohr/SML-Fallrohrstütze als Standrohr
b) Kupferrohr/SML-Rohr als Standrohr

3.3.3.7 Faserzement

Faserzement-Abflußrohre und -Formstücke sind nach DIN 1986 T. 4 für alle Bereiche der Gebäude- und Grundstücksentwässerung zugelassen (Taf. **181**.1).

Wesentlich geringeres Gewicht, dadurch mögliche größere Baulängen und erleichterte Verlegung machen ihre besonderen Vorteile aus.

Faserzementrohre. Faserzement-Abflußrohre und -Formstücke mit glatten Enden sind nach DIN 19840 T. 1 und 2 innen mit einem Schutzüberzug und können außen mit einer Imprägnierung versehen sein.

Für Faserzement wird die Abkürzung FZ verwendet.

Die Rohre werden in den Klassen A und B hergestellt.

FZ-Rohre der Klasse A dürfen für alle Einsatzbereiche, nicht jedoch für Grundleitungen verwendet werden.

FZ-Rohre der Klasse B sind für Grund- und Sammelleitungen geeignet.

Die FZ-Abflußrohre mit glatten Enden werden in den Nennweiten DN 50 bis 300 in Längen bis 5,00 m hergestellt (Taf. **190**.1).

Tafel **190**.1 Faserzement-Abflußrohre, Klasse A und B, Konstruktionsmaße in mm

DN	Klasse A		Klasse B	
	Rohr ∅ außen	Wanddicke	Rohr ∅ außen	Wanddicke
50	64	7	–	–
70	84	7	–	–
100	116	8	118	9
125	141	8	143	9
150	168	9	170	10
200	220	10	222	11
250	–	–	274	12
300	–	–	328	14

Als Formstücke und Sonderformstücke für FZ-Rohre gibt es Bögen mit 15°, 30°, 45° und 87°, Abzweige mit 45°, 87° und 90°, Doppel- und Eckabzweige, Übergangsrohre sowie Reinigungsrohre mit runden und rechteckigen Öffnungen.

Weiterhin werden Fallrohrstützen, Bogen und Abzweige für Umgehungsleitungen, zahllose Anschlußstücke zum Übergang auf andere Rohrleitungsmaterialien sowie Geruch- und Endverschlüsse hergestellt.

Die Rohrverbindungen sind je nach Klasse unterschiedlich. Für Klasse A werden Spannmuffen (**190**.2), für Klasse B RKG-Kupplungen (**190**.3) verwendet.

Außerdem sind Klebeverbindungen an Rohren und Formstücken zulässig.

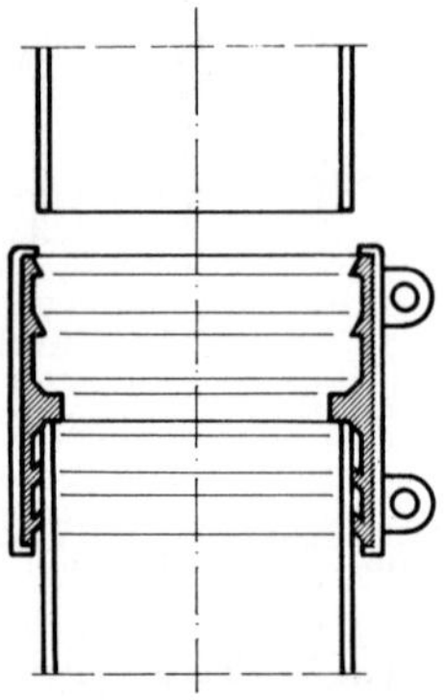

190.2 Faserzement-Abflußrohr, Spannmuffe mit Gummi-Lippendichtung

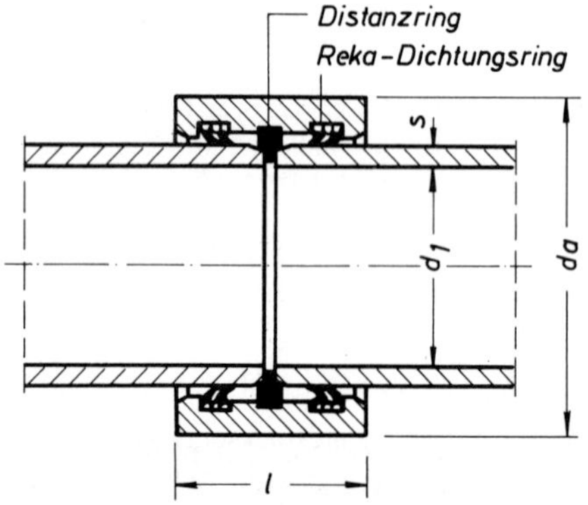

190.3 Faserzement-Kanalrohr, Reka-Kupplung RKG (Eternit-AG)

Faserzement-Kanalrohre. Die Rohre und Formstücke nach DIN 19850 T. 1 und 2 sind nur für die Verlegung von Abwasserkanälen im Erdreich als Grund- und Sammelleitungen zugelassen.

In diesem eingeschränkten Einsatzbereich kommen FZ-Kanalrohre mit DN 150 bis 1500 und größer zur Ausführung.

Aufgrund ihrer Tragfähigkeit werden diese Rohre nach der Rohrklasse A (Standardklasse) und Rohrklasse B (schwere Klasse) unterschieden.

Die wenigen Formstücke, Abzweige und Bögen, werden nur nach Rohrklasse B hergestellt.

Die FZ-Rohrverbindung und Dichtung der Rohre wird nach DIN 19850 T. 2 für unbearbeitete Rohrenden mit der RKG-Kupplung hergestellt (**190**.3).

Das Kurzzeichen für Rohrverbindungen mit bearbeiteten Rohrenden ist RKK.

Die werkstoffgleichen und doppelgelenkigen Steckmuffen sichern auch bei hohen Anforderungen beständige Dichtheit.

Die Dichtung erfolgt durch Dichtringe (Lippendichtringe) und Distanzringe, die in der Regel in den Dichtungskammern eingelegt vom Rohrhersteller mitgeliefert werden.

3.3.3.8 Kunststoff

Kunststoff-Abflußrohre werden in zunehmendem Maß für Abwasserleitungen aller Art eingesetzt.

Dank der glatten Innenflächen neigen sie nicht zu Inkrustierungen, haben günstige Abflußbeiwerte und sind weitgehend chemikalienbeständig.

Die Rohre sind sehr leicht. Die geraden Rohre haben große Baulängen, die Formstücke sind mit wenig Zeitaufwand bequem zu verarbeiten. Durch ihre knappen Außenmaße sind Kunststoffrohre gut in Mauerschlitzen unterzubringen. Die Rohre dehnen sich jedoch bei Erwärmung stark aus, was beim Verbinden und Verlegen Dehnungsspielraum erfordert.

Die vorwiegend für Abwasser verwendeten Kunststoffrohrarten sind in Tafel **181**.1 zusammengestellt.

Tafel **191**.1 PE-hart-Abwasserrohre mit Elektroschweißmuffe, Konstruktionsmaße in mm (Auszug nach DIN 19535 T. 1)

DN	Rohr		Schweißmuffe	Wanddicke
	∅ innen	∅ außen	∅ außen	
40	44	50	65	3
50	50	56	70	3
50	57	63	78	3
70	69	75	90	3
100	101,4	110	125	4,3
125	115,2	125	142	4,9
150	147,6	160	180	6,2

PE-hart-Abwasserrohre. Die Rohre und Formstücke aus Polyethylen hoher Dichte (PE-HD) werden nach DIN 19535 T. 1 und 2 für heißwasserbeständige Abwasserleitungen (HT) innerhalb von Gebäuden verwendet (Taf. **181**.1) und mit DN 40 bis 300 in Längen bis zu 6.00 m hergestellt (Taf. **191**.1). Die schwarzen Rohre sind mit einem ununterbrochenen gelben Schriftzug versehen.

Als Grundleitung im Erdreich sind diese Abwasserrohre nicht zugelassen.

Zu den zahlreichen Formstücken gehören Bögen, Einfachabzweige mit 45°, 60° und 88,5°, Doppelabzweige mit 45° und 60°, Eckdoppelabzweig und Mehrfachabzweig mit 88,5°, Hosen-T-Stück, Übergangsrohr und Reinigungsrohr.

Daneben gibt es Anschlußteile für Klosettanschlüsse und Apparategeruchverschlüsse.

Die Rohrverbindungen der PE-hart-Abwasserrohre und ihrer Formstücke erfolgen durch Schweißmuffe, Steckmuffe, oder Schraubmuffe (**192**.1). Die Rohre können nicht geklebt werden.

In der Regel werden diese Rohre mit einer Elektroschweißmuffe (Heizwendelschweißmuffe) verbunden.

Eine Schweißverbindung ist eine starre Rohrverbindung, deren Dichtwirkung durch Verschweißen der Rohrenden erzielt wird.

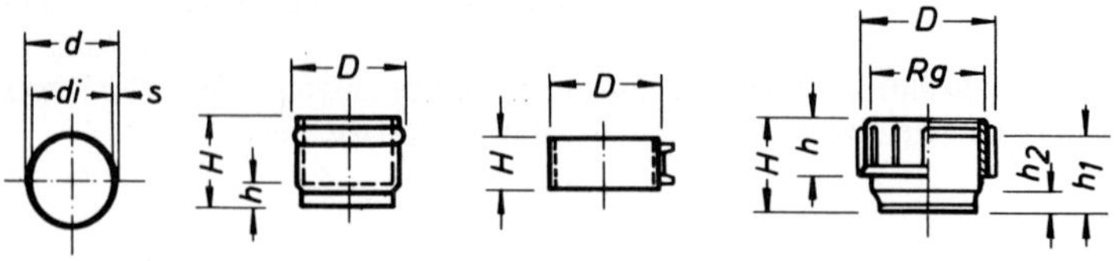

192.1 PE-hart-Abwasserrohre, Steckmuffe, Schweißmuffe und Schraubmuffe

PE-hart-Kanalrohre. Die Rohre und Formstücke aus Polyethylen hoher Dichte (PE-HD) werden nach DIN 19537 T. 1 und 2 für Abwasserkanäle und -leitungen als erdverlegte Leitungen verwendet (Taf. **181**.1) und mit DN 100 bis 300 und größer in Längen von 5, 6 und 12 m hergestellt. Die Rohre und Formstücke müssen schweißbar sein und werden gleichmäßig schwarz eingefärbt.

Zu den wenigen Formstücken gehören verschiedene Bögen, Einfachabzweig mit 45°, Übergangsrohre, Anschlußstücke und Reinigungsrohre.

Die Rohrverbindungen der PE-hart-Kanalrohre und Formstücke erfolgen durch Schweiß-, Steckmuffen- (**192**.1) oder Flanschverbindungen.

In der Regel werden die Rohre durch Heizelement-Stumpfschweißverbindung oder Elektroschweißmuffe verbunden.

Eine Flanschverbindung ist eine starre Rohrverbindung, deren Dichtwirkung durch Verpressen eines Dichtmittels zwischen den Flanschen erzielt wird.

PP-Abwasserrohre. Sie bestehen aus schwerentflammbarem Polypropylen und werden auch als Rotstrichrohr oder HT-Abflußrohr bezeichnet. Sie dürfen für heißwasserbeständige Abwasserleitungen innerhalb von Gebäuden, jedoch nicht im Erdreich und nicht im Freien, verwendet werden (Taf. **181**.1).

Die Rohre sind chemisch beständig gegen normales Abwasser, unter 0 °C werden sie schlagempfindlich.

Die PP-Rohre werden in DN 40 bis 150 mit einer oder zwei Steckmuffen oder mit glatten Enden in Längen von 0,15 bis 2,00 m geliefert (Taf. **192**.2). Die mittelgrauen Rohre sind mit einem ununterbrochenen roten Schriftzug versehen.

Tafel **192**.2 PP-Abwasserrohre, Konstruktionsmaße in mm

DN	Rohr ∅ außen	Muffe ∅ außen	 Länge	Wand- dicke
40	40	52	55	1,8
50	50	62	56	1,8
70	75	87	61	1,9
100	110	126	76	2,7
125	125	142	82	3,1
150	160	180	100	3,9

Zu den zahlreichen Formstücken gehören Bögen, Einfach-, Doppel- und Eckdoppelabzweige, Übergangsrohre, Parallelabzweige, Sprungrohre, Anschlußstücke für Metallrohre, Anschluß- und Doppelanschlußbögen, Muffenstopfen, Reinigungsrohre, Überschieb-, Doppel- und Langmuffen sowie Anschlußstükke für Gußrohr/PP-Rohr und PP-Rohr/Steinzeugrohr.

Die Dichtung und Verbindung wird mit Steckmuffe und Kautschuk-Rollring als Dichtungselement hergestellt.

Die Verlegung in der Muffe erfolgt mit 10 mm Ausdehnungsspielraum, so daß Dehnungsstücke entfallen (**193**.1).

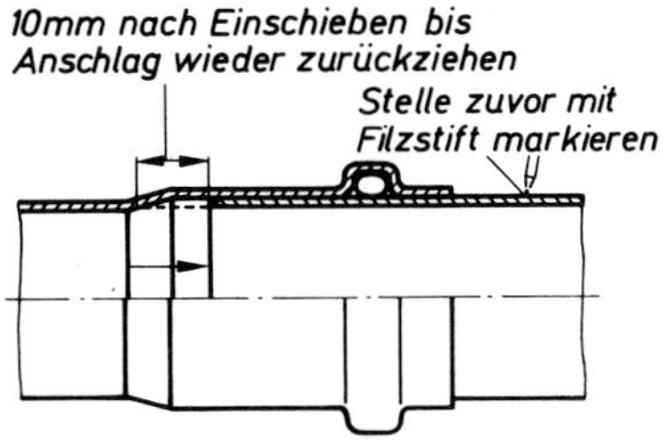
10mm nach Einschieben bis
Anschlag wieder zurückziehen
Stelle zuvor mit
Filzstift markieren

193.2 PP-Abwasserrohr, Steckmuffe mit Dehnungsspielraum

ABS/ASA-Abwasserrohre. Diese Rohre und Formstücke sind als heißwasserbeständige Abwasserleitungen (HT-Abflußrohre) zur Gruppe der vorstehenden PP-Abwasserrohre zu rechnen (Taf. **181**.1).

Die ebenfalls mittelgrau eingefärbten Rohre sind jedoch nur als normal entflammbar eingestuft und zur Unterscheidung mit einem ununterbrochenen gelben Schriftzug gekennzeichnet.

ABS- und ASA-Rohre können im Ausnahmefall auch geklebt werden.

PVCC-Abwasserrohre. Die aus chloriertem PVC gefertigten Steckmuffenrohre sind wie die zugehörigen Formstücke nach DIN 19538 ebenfalls HT-Abflußrohre, als schwer entflammbar eingestuft und werden wie PP-Abwasserrohre verarbeitet. Die mittelgrauen Rohre tragen einen ununterbrochenen roten Schriftzug.

Sie dürfen auch als Regenwasserleitungen im Freien verwendet werden, jedoch nicht als Standrohr (Taf. **181**.1).

Die Regelverbindung der PVCC-Rohre und Formstücke ist die Steckverbindung. In Ausnahmefällen darf auch geklebt werden.

PVC-U-Abwasserrohre. Die kieselgrauen Steckmuffenrohre und Formstücke aus weichmacherfreiem PVC nach DIN 19531 gibt es mit normaler Wanddicke (N) und verstärkter Wanddicke (V).

Die frühere Bezeichnung dieser Rohre war PVC-hart-Abwasserrohr.

PVC-U-Rohre der Reihe N dürfen nur für Lüftungsleitungen, Regenfalleitungen und Anschlußleitungen für Balkonentwässerungen, Klosett- und Urinalanschlußleitungen sowie Anschlußleitungen für Decken- und Bodenabläufe ohne seitlichen Zulauf im Wohnungsbau, aber nicht als Standrohr verarbeitet werden (Taf. **181**.1).

Die Rohre der Reihe N, mit normaler Wanddicke, werden in DN 40 bis 150 geliefert (Taf. **193**.2). Sie sind mit einem ununterbrochenen blauen Schriftzug versehen.

Tafel **193**.2 PVC-U-Abwasserrohre, Reihe N, Konstruktionsmaße in mm (nach DIN 19531 T. 1)

DN	Rohr ∅ außen	Muffe ∅ außen	Muffe Länge	Wanddicke
40	40	52	47	1,8
50	50	62	48	1,8
70	75	87	55	1,8
100	110	124	76	2,2
125	125	142	82	2,5
150	160	180	100	3,2

PVC-U-Rohre der Reihe V sind für Fall-, Sammel-, Lüftungs-, Regenwasser- und Grundleitungen, jedoch nicht im Erdreich und nicht als Standrohr zugelassen (Taf. **181**.1).

Die Rohre der Reihe V, mit verstärkter Wanddicke, werden in DN 100 bis 150 hergestellt (Taf. **194**.1). Sie sind mit einem ununterbrochenen grünen Schriftzug gekennzeichnet.

Die Dichtung und Regelverbindung der PVC-U-Rohre geschieht mit Steckmuffe und Dichtung (**194**.2) mit einem Dehnungsspielraum von 10 mm.

Die Universalmuffe kann im Ausnahmefall auch durch Klebung fest verbunden werden.

Tafel **194**.1 PVC-U-Abwasserrohre, Reihe V, Konstruktionsmaße in mm (nach DIN 19531 T. 1)

DN	Rohr ∅ außen	Muffe ∅ außen	Muffe Länge	Wanddicke
100	110	127	76	3,0
125	125	144	82	3,0
150	160	182	100	3,6

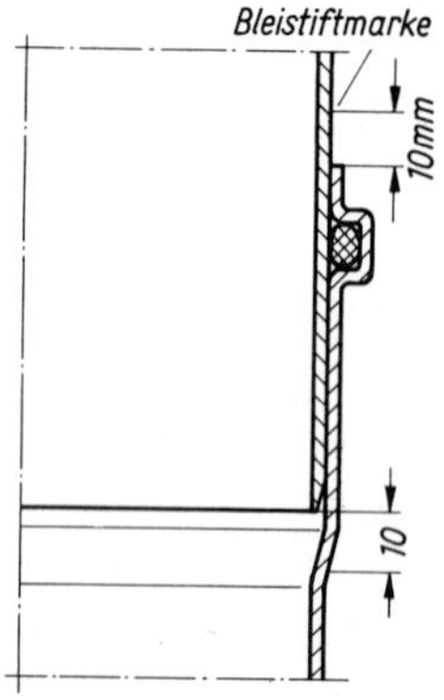

194.2 PVC-U-Abwasserrohr DN 100 mit Steckmuffe und Gummidichtring (M 1:2,5)

Eine Klebverbindung ist eine Rohrverbindung, deren Dichtwirkung durch Verkleben der zu verbindenden Rohrenden erzielt wird.

Je nach Art des verwendeten Klebstoffes oder Dichtmittels werden starre kraftschlüssige oder bewegliche, nicht kraftschlüssige Klebverbindungen hergestellt.

PVC-U-Kanalrohre. Nach DIN 19534 T. 1 und 2 werden diese weichmacherfreien Polyvinylchlorid-Rohre mit Steckmuffe nur für Grundleitungen im Erdreich verwendet (Taf. **181**.1).

Die frühere Bezeichnung dieser Rohre war PVC-hart-Kanalrohr.

PVC-U-Rohre als Kanalrohre werden in DN 100 bis 200 nach Tafel **194**.3 und größer in Baulängen bis zu 500 cm geliefert. Die Kennfarbe der Rohre ist orangebraun.

Die Dichtung und Verbindung der PVC-U-Kanalrohre erfolgt durch Steckmuffen mit Rundschnur- (DN 100 bis 200) und Hohlschnurringen (DN 250 bis 600) (**194**.4).

Tafel **194**.3 PVC-U-Kanalrohre, Konstruktionsmaße in mm (nach DIN 19534 T. 1)

DN	Rohr ∅ außen	Muffe ∅ außen	Muffe Länge	Wanddicke
100	110	126	76	3,0
125	125	142	82	3,0
150	160	180	100	3,6
200	200	223	120	4,5

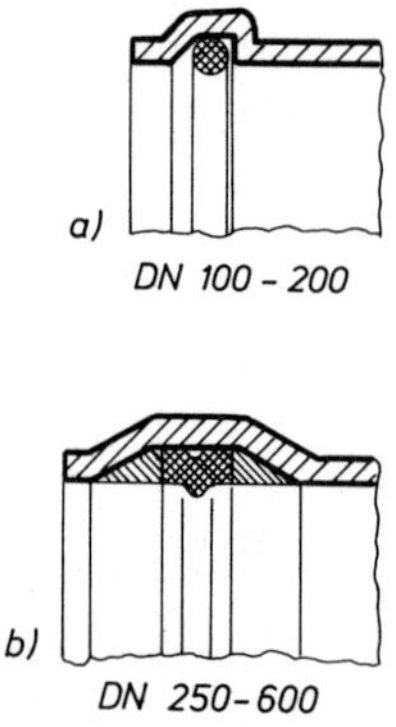

194.4 PVC-U-Kanalrohr, Steckmuffenverbindungen
a) DN 100 bis 200 mit Rundschnurring
b) DN 250 bis 600 mit Hohlschnurring

3.3.4 Rohrleitungsverlegung

Innenleitungen werden auf der Wand aufliegend durch Rohrhaken unter der Muffe, besser aber durch Rohrschellen mit abnehmbarem Vorderteil oder Bügel befestigt (**122**.1, **195**.2 und **307**.2). Sie sind einmal lösbar und gestatten zum anderen einen Abstand von der Wand einzuhalten, der mit Rücksicht auf die freie Lage der Muffen und auf das bequeme Reinigen der Wandflächen hinter den Rohren ca. 6 cm betragen soll (**195**.1).

Rohrhaken und -schellen dürfen bei Ziegelmauerwerk nur in waagerechte Fugen eingeschlagen werden.

Am einfachsten und billigsten wird ein Verlegen der Rohrleitungen frei vor der Wand. Es ist daher die übliche Ausführung der Leitungen in Keller- und Nebenräumen.

Die unsichtbare Anordnung der Rohrleitungen innerhalb der Wände von Wohn- und Aufenthaltsräumen macht vor allem bei den Entwässerungsleitungen oft Schwierigkeiten. Siehe auch die ebenfalls für Entwässerungsleitungen gültigen Ausführungen der Abschnitte 2.5.4 und 4.

Bei der Verlegung von Kunststoff-Abwasserleitungen ist auf nachfolgende Sonderheiten zu achten.

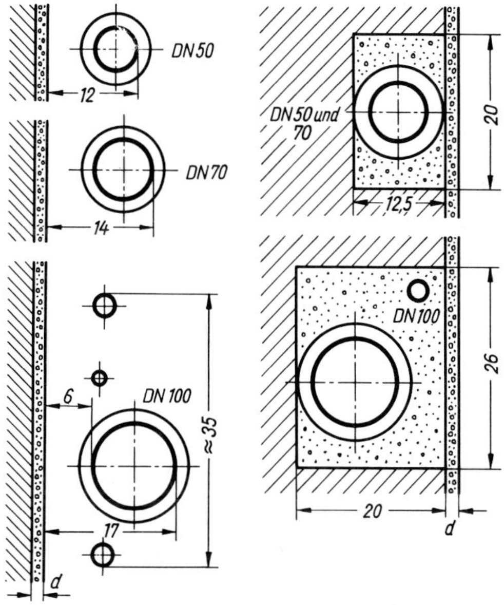

195.1 Raumbedarf von Abflußrohren (M 1:10)
d = 1,5 cm für Putz
= 2,5 bis 3 cm für Fliesen
= 5,5 bis 6 cm für Fliesen mit Sperrschicht

Die Rohrstränge werden mit handelsüblichen Metallrohrschellen und einer Kunststoffeinlage verlegt. Rohrhaken sind unzulässig. Festschellen umfassen das Rohr und arretieren es, so daß Festpunkte geschaffen werden. Sie werden hinter die Muffen jeder Formstückgruppe gesetzt. Losschellen, die nicht zu fest angezogen werden dürfen, lassen dazwischen Längenänderungen des Rohres zu (**195**.2).

Unter Putz verlegte PVC-U-Rohre sind grundsätzlich auf ihrer ganzen Länge mit Glas- oder Steinwolle zu umhüllen.

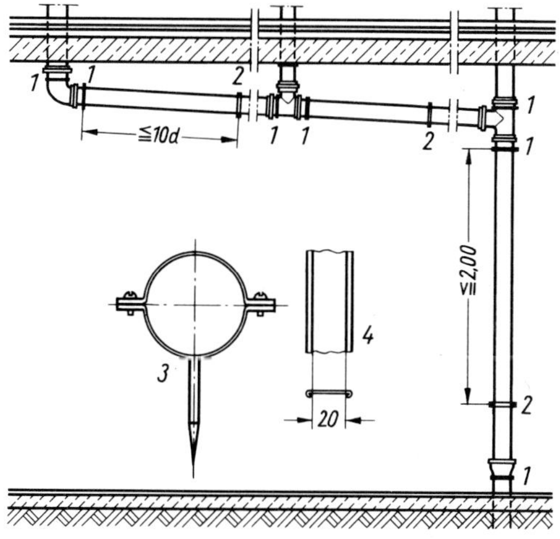

195.2 Befestigung von PVC U Abwasserrohren, Schema (M 1:50)
1 Festschelle
2 Losschelle (Steckmuffe)
3 Rohrschelle (Schlagschelle), schwarz, verzinkt oder kunststoffüberzogen
4 PE-Einlegeband

3.3.4.1 Abwasserleitungen

Liegende Leitungen. Sie müssen, um leerlaufen zu können, in einem gleichmäßigen Gefälle von ≦ 1:20 verlegt werden. Für größere Höhenunterschiede sind Abstürze mit Reinigungsmöglichkeit vorzusehen (**205**.2).

Innerhalb von Gebäuden beträgt das Mindestgefälle der Schmutz- und Mischwasserleitungen für

DN 40 bis 100	1:50	oder 2 cm/m
DN 125 und 150	1:66,7	oder 1,5 cm/m
ab DN 200	1:0,5 DN	

Außerhalb von Gebäuden ist das Mindestgefälle mit 1:DN einzuhalten.

In liegenden Leitungen sind Doppelabzweige unzulässig. In Grund- und Sammelleitungen dürfen nur Abzweige und Bögen mit höchstens 45° eingebaut werden (**184**.2).

Parallel zu Grundmauern laufende Grundleitungen müssen von ihnen genügend Abstand behalten, um deren Tragfähigkeit nicht zu beeinträchtigen. Die Erdüberdeckung der Muffen von Grundleitungen muß nach DIN 4033 unterhalb von Gebäuden ≧ 30 cm betragen.

Grundleitungen werden am besten in der offenen Baugrube vor den Gründungsarbeiten nach DIN 18300 in Rohrgräben verlegt, deren Sohle nach DIN 4124 60 cm breiter als der Rohraußendurchmesser zu sein hat. Rohrgräben sind in dem vorgesehenen Gefälle so auszuheben, daß die Rohre in ganzer Länge auf gewachsenem Boden fest aufliegen.

Über 80 cm tiefe Gräben, die betreten werden müssen, sollen beiderseits mindestens 60 cm breite Schutzstreifen erhalten.

Offene Rohrenden sind mit Holzstopfen zu verschließen.

Bevor die Rohrgräben möglichst mit Sand und Kies in ca. 25 cm dicken Lagen verfüllt und gleichmäßig verdichtet werden, wird die Bauaufsichtsbehörde oder Gemeinde die Grundleitungen in der Regel abnehmen.

Unter der Kellerdecke aufgehängte oder an Kellerwänden angeordnete Grundleitungen sind sorgfältig zu befestigen, an Wänden erforderlichenfalls durch Wandvorlagen zu untermauern.

Der Leitungsquerschnitt aller Rohrverbindungen darf sich in Fließrichtung gesehen nicht verengen. Erweitert werden darf er nur mit Hilfe von Übergangsformstücken. Der Scheitel einer waagerechten Rohrleitung muß dabei in gleicher Höhe weiterlaufen.

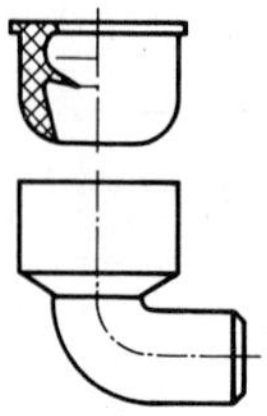

196.1 PVC-U-Anschlußbogen für Metallrohr (z. B. von Geruchverschluß) mit Gumminippel

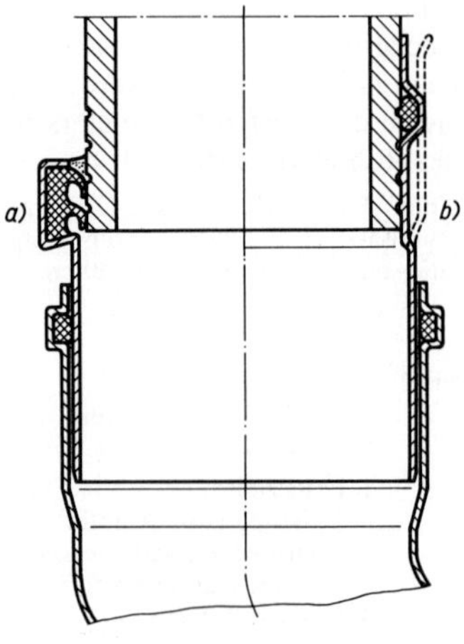

196.2 Anschluß eines Klosettbeckens an PVC-U-Abwasserrohr durch Klosettstutzen aus PVC mit

a) Lippendichtung
b) Schrumpfmuffe

Anbohrstutzen und Sattelstücke sind nur zum Anschluß von EA an vorhandene Entwässerungsleitungen und nicht zur Verbindung von Rohren gleicher Nennweite zulässig. Eine dauernd dichte Rohrverbindung muß dabei gesichert sein.

Ein Rohrwerkstoffwechsel darf nur bei gleicher Nennweite und nur mit Hilfe der hierfür eigens geschaffenen Anschlußformstücke, Nippel oder Dichtringe vorgenommen werden, die die verschiedenen Außendurchmesser und Muffeninnenmaße der Werkstoffe einander anpassen (**196**.1 bis **197**.2).

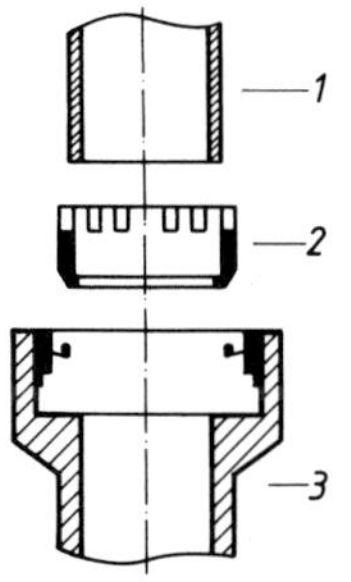

197.1 SML-Rohr an Steinzeugrohr DN 100 bis 200
1 SML-Rohr
2 Steinzeug-Verbindungsring
3 Steinzeugrohr mit Steckmuffe

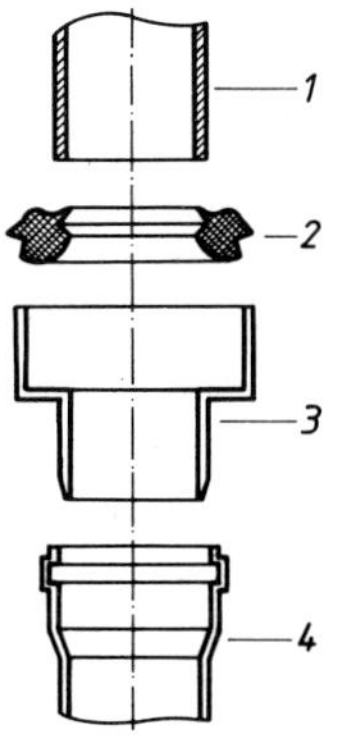

197.2 SML-Rohr an PVC-U-Kanalrohr DN 100 bis 300
1 SML-Rohr
2 Tecotect-se-Ü-Dichtung
3 KGUE-PU-Anschluß mit Muffe
4 PVC-U-Kanalrohr mit Steckmuffe

Falleitungen. Sie sind ohne Änderung der Nennweiten möglichst geradlinig durch die Geschosse zu führen.

Nebeneinanderliegende Wohnungen dürfen nicht an eine gemeinsame Schmutzwasserfalleitung angeschlossen werden.

Bei Falleitungen, die mehr als 3 Geschosse normaler Höhe durchlaufen, sind die Übergänge in eine liegende Leitung sowie die zu- und ablaufseitigen Bögen einer Verziehung (Sprungbogen) nach Bild **197**.3 b mit einem ≧ 250 mm langen Zwischenstück oder mit Umgehungsleitungen nach Bild **174**.1 b unter Verwendung von Bogen 87° zu versehen.

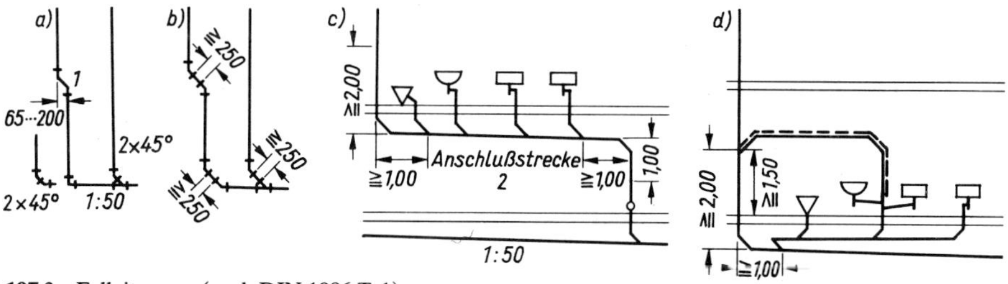

197.3 Falleitungen (nach DIN 1986 T. 1)
a) Fußbogen 87° oder 2 × 45° bei 1 bis 3 Geschossen 1 Sprungbogen
b) Fußbogen 2 × 45° mit Zwischenstück ≧ 250 mm lang für Falleitungen bis zu 8 Geschossen
c) anschlußfreie Leitungsteile am Fußbogen bis zu 8 Geschosse
2 wenn Anschlußstrecke = 0, Ausbildung nach Bild **174**.1 oder d) = anschlußfreie Zone
d) Umlüftung von Sammelanschlußleitung auf Falleitung

Bei Falleitungen bis zu 3 Geschossen einschließlich genügt an dieser Stelle ein Fußbogen 87° oder 2 × 45° (**197**.3 a).

Bei Falleitungen, die mehr als 8 Geschosse durchlaufen, sind nur Umgehungsleitungen nach Bild **174**.1 zulässig.

Oberhalb des zulaufseitigen Bogens darf die Falleitung auf einer Höhe von ≦ 2 m keinerlei Anschlüsse erhalten, vielmehr sind Anschlüsse aus diesem Bereich an die liegende Leitung mit einem Abstand von ≧ 1 m nach dem zulauf- und ≧ 1 m vor- oder hinter dem ablaufseitigen Bogen vorzunehmen (**197**.3 c) oder eine Umlüftung nach Bild **197**.3 d zu wählen.

Ist die Falleitungsverziehung kürzer als 2 m, ist eine Umgehungsleitung nach Bild **174**.1 vorzusehen. Dabei sind die Anschlüsse in diese einzuführen.

Anschlüsse oberhalb von Sprungbogen und Verziehungen mit einer Neigung ≧ 45° zur Waagerechten unterliegen keiner Beschränkung.

Bei mehrfach verzogenen Falleitungen, z. B. in Terrassenhäusern, sind die Verziehungen durch eine direkte oder indirekte Nebenlüftung zu überbrücken (**198**.1) und die Entwässerungsgegenstände möglichst an die liegenden Teile der Leitung anzuschließen.

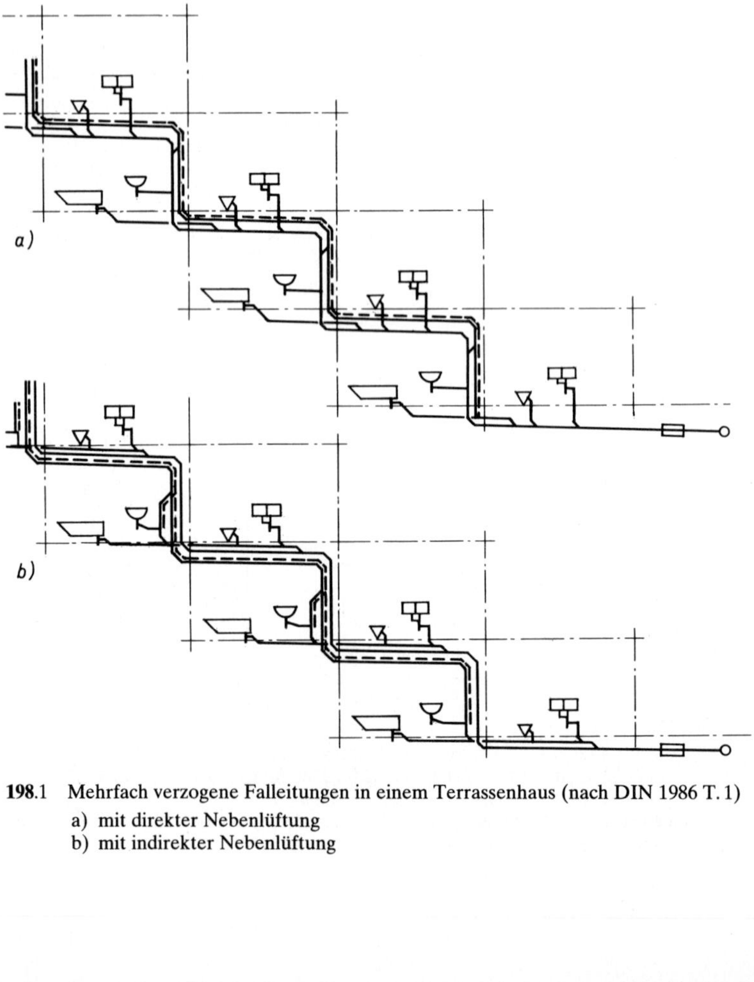

198.1 Mehrfach verzogene Falleitungen in einem Terrassenhaus (nach DIN 1986 T. 1)
a) mit direkter Nebenlüftung
b) mit indirekter Nebenlüftung

Anschlußleitungen. Der Höhenunterschied zwischen der Sohle von Anschlußleitungen für Flach- und Tiefspülklosetts mit waagerechtem Abgang, gemessen am Einlaufabzweig in die Falleitung oder in die Sammelanschlußleitung, und dem Wasserspiegel im Geruchverschluß muß ≧ der Nennweite der Anschlußleitung sein. Anschlußleitungen von Klosetts können über Doppelabzweige in die Falleitung führen (**199**.1).

Bei liegenden Einzelanschlüssen an Falleitungen ist der WC-Anschluß gesondert von den übrigen Anschlüssen des Geschosses in die Falleitung einzuführen.

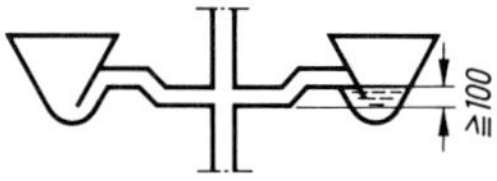

199.1 Anschluß von zwei gegenüberliegenden Klosetts mit Doppelabzweig an einer Falleitung

Anschlußleitungen sonstiger Entwässerungsgegenstände unterhalb von Klosettanschlüssen müssen entweder ≧250 mm tiefer als der Klosettanschluß liegen (**199**.2), oder beide Anschlüsse müssen im Grundriß um ≦ 90° gegeneinander verdreht sein (**199**.3).

Hierfür gibt es Sonderformstücke. Am günstigsten wählt man jedoch stets den Klosettanschluß als untersten von mehreren Anschlüssen an eine Falleitung innerhalb eines Geschosses.

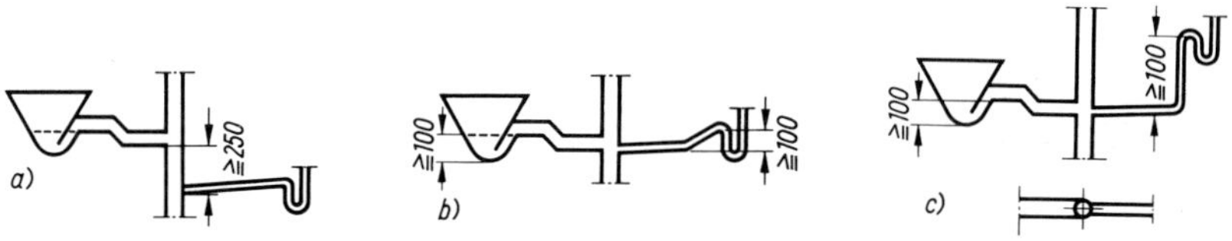

199.2 Anordnung der Anschlußleitungen gegenüberliegender Entwässerungsgegenstände
a) Anschluß eines Entwässerungsgegenstandes ohne Sturzstrecke unterhalb eines Klosettanschlusses. Mindestabstand der Einmündungen 250 mm
b) und c) für Einmündungen von Anschlußleitungen mit Sturzstrecke von ≧ 100 mm bestehen keine Einschränkungen

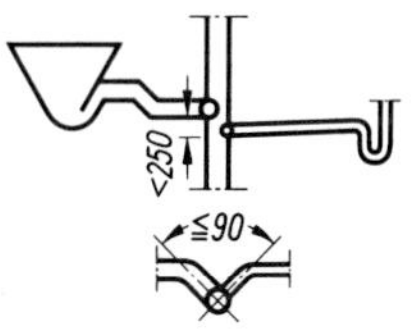

199.3 Zwei Anschlüsse von Entwässerungsgegenständen mit Verdrehung der Abzweige bei Höhenunterschied < 250 mm

Wand- und Deckendurchführungen. Oberhalb des Fußbodens gelegene Wanddurchführungen von Leitungen durch im Erdreich liegende Außenwände müssen sorgfältig gegen Wasser und Gase abgedichtet werden. Hierzu erforderliche Schutzrohre (**94**.2 und **95**.2) müssen eine zur ordnungsgemäßen Ausführung der Dichtung ausreichende Weite haben.

Die Rohrleitungen dürfen durch Bauteile nicht belastet werden. Erforderlichenfalls sind an gefährdeten Stellen neben den druckfesten Schutzrohren aus Guß oder Stahl beidseitig gelenkige Rohrverbindungen (**200**.1) anzuordnen.

Deckendurchführungen (**200**.2) sind mit einem nichtbrennbaren Dichtmittel gegen Wassereintritt zu sichern. Sie erfordern besondere Sorgfalt, vor allem in solchen Räumen, die im Anschluß an einen Decken- oder Badablauf auf der Rohdecke eine Sperrschicht erhalten, da diese durch Rohrleitungen nicht unterbrochen werden sollte.

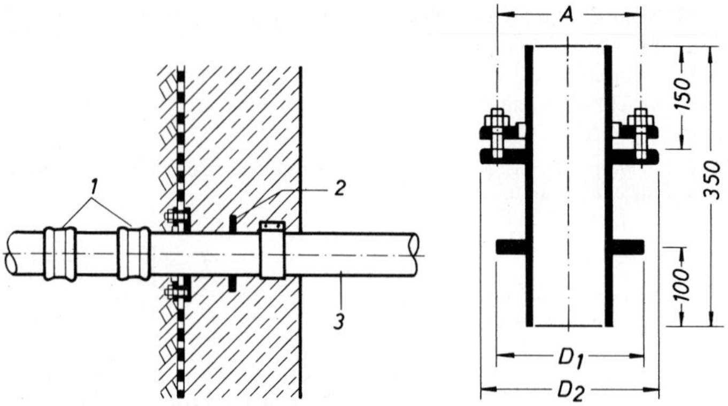

200.1 Mauerdurchführung, SML-Paßrohr mit Dichtflansch
1 Gelenke mit 2 SVE-Verbindungen
2 SML-Paßrohr mit Dichtflansch
3 SML-Rohr

Waagerechte Leitungen in einer solchen Naßraumdecke können an die Sperrschicht nicht einwandfrei angeschlossen werden. Sie müssen entweder oberhalb oder unterhalb der Sperrschicht liegen (**220**.1 und **229**.1).

Bei Durchführung durch feuerbeständige oder -hemmende Decken müssen Abwasserrohre aus normalentflammbaren Baustoffen (Klasse B 2), z. B. HT-Rohre ABS/ASA, (mit Ausnahme der Abzweige) durchgehend, Rohre aus schwerentflammbaren Baustoffen (Klasse B 1), z. B. PP-Rohre, mindestens in jedem 2. Geschoß mit Putz oder einer gleichartigen Verkleidung ummantelt sein oder entsprechend in Wänden aus nichtbrennbaren Baustoffen (Klasse A) verlegt werden (s. auch DIN 4102 T. 11).

Über den Raumbedarf von Abflußleitungen siehe Bild **195**.1.

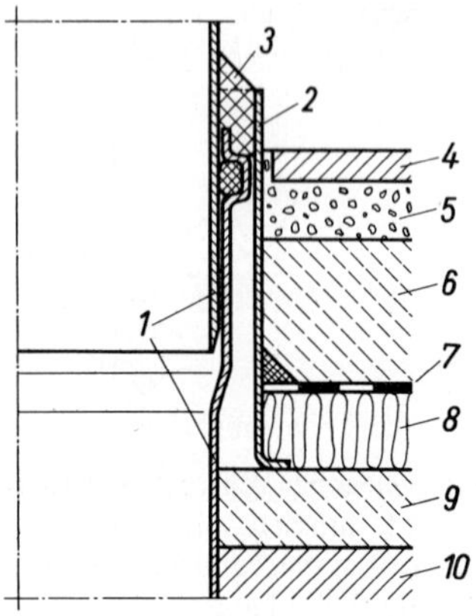

200.2 Deckendurchführung einer Falleitung aus PVC-U-Rohren
1 Falleitung
2 Deckenfutter aus Polyester
3 dauerplastischer Kitt
4 Bodenfliesenbelag
5 Mörtelbett
6 schwimmender Estrich
7 Bitumenpappe
8 Dämmschicht
9 evtl. Ausgleichsbeton
10 Rohdecke

3.3.4.2 Regenfalleitungen

Regenfalleitungen haben das auf Dächern, Balkonen und Loggien anfallende Niederschlagswasser getrennt abzuführen und in der Regel über die Grundleitungen für Regenwasser im Trennverfahren oder als Mischwasser im Mischverfahren und den betreffenden Anschlußkanal dem öffentlichen Entwässerungsnetz zuzuleiten.

In besonderen Fällen können statt dessen Regenwassergrundleitungen mit behördlicher Zustimmung auch an offene Vorfluter angeschlossen oder in Sickerschächte (**168**.1) eingeleitet werden, wenn das Regenwasser ungehindert abfließen und keine Gebäudeteile durchfeuchten kann.

Abläufe von Balkonen und Loggien werden, soweit örtliche Vorschriften dem nicht entgegenstehen, über besondere Balkonabläufe (**201**.1) und Anschlußleitungen angeschlossen.

Diese sind jedoch entbehrlich, wenn das Regenwasser ohne Beeinträchtigung der Verkehrswege über Wasserspeier oder Tropfleisten auf das Baugrundstück abgeleitet werden kann.

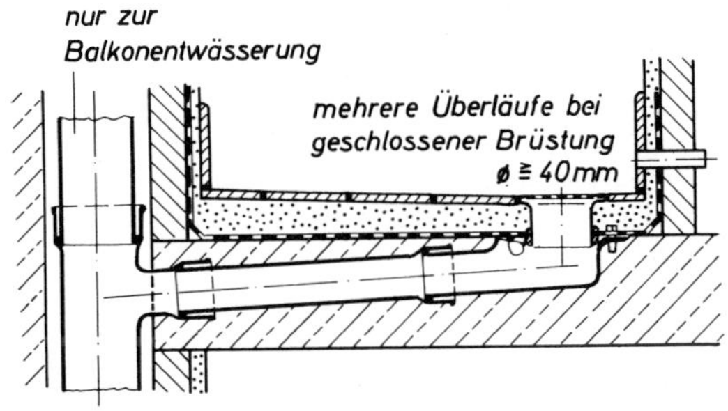

201.1 Loggien- oder Balkonentwässerung
1 gesondertes Regenfallrohr
2 mehrere Überläufe bei geschlossener Brüstung
(∅ ≧ 40 mm)

Innenliegende Regenfalleitungen der Gebäude sind aus den in Abschnitt 3.3.3 aufgeführten Werkstoffen für Abwasserleitungen herzustellen und im obersten Geschoß in ganzer Höhe gegen Schwitzwasser zu sichern.

Für außenliegende Dachrinnen und Regenfallrohre (**201**.2) werden vor allem Zink- und Kupferblech nach DIN 18461 oder PVC-U-Rohre nach DIN 18469 verwendet. Regenfalleitungen sind überall dort, wo eine mechanische Beschädigung möglich ist, durch Rohre, Standrohre (**189**.1 und **478**.1) oder Überrohre aus geeigneten Werkstoffen, wie Grauguß, Stahl oder PE, zu sichern.

Regenwasserbehälter sind unfallsicher abzudecken.

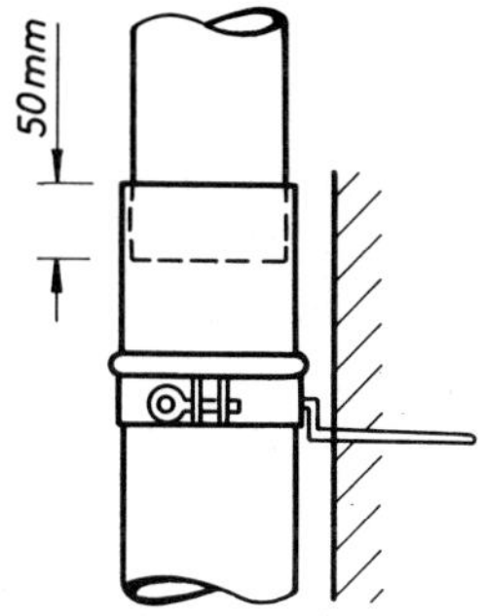

201.2 Regenfallrohr, Verbindung und Befestigung (M 1:10)
Stoßüberdeckung 50 mm
Rohrschellenbreite 30 mm
Dornlänge ≧ 120 mm

Flachdächer mit Innenentwässerung müssen mindestens 2 Abläufe (**222**.2) oder einen Ablauf und einen Sicherheitsüberlauf von mindestens DN 40 erhalten.

Sie sollen ringsum mit einem wasserdichten Rand, einer Brüstung oder Attika, eingefaßt werden. Dachaustritte und -aufbauten sind in gleicher Höhe wasserdicht auszubilden.

3.3.4.3 Lüftungsleitungen

Eine ordnungsgemäße Lüftung ist eine unumgängliche Voraussetzung für das störungsfreie Arbeiten einer Entwässerungsanlage. Sie hat einmal die von einem Wasserstoß verdrängte Luft über gerade nicht benutzte Falleitungen über Dach ins Freie abzuleiten und zum anderen Luft aus dem Freien in die Falleitung oder die Sammel- oder Einzelanschlußleitung mit augenblicklichem Wasserablauf zu führen.

Erst in zweiter Linie soll die Lüftung Kanalgase abziehen.

Die Lüftung muß über Leitungen erfolgen, mechanische Belüftungsventile sind unzulässig.

Nach DIN 1986 T. 1 sind die Lüftungssysteme der Entwässerung in Hauptlüftung, direkte und indirekte Nebenlüftung, Umlüftung und Sekundärlüftung unterschieden (s. auch Abschnitt 3.3.2.1).

Nebenlüftungen. Direkte oder indirekte Nebenlüftungen werden vor allem bei überlasteten Falleitungen oder bei Abtreppungen, z. B. Terrassenhäusern (**198**.1), zur Verbesserung der Luftzufuhr verwendet, die indirekte Nebenlüftung bei außergewöhnlich lang verzogenen Einzelanschlußleitungen und stark belasteten Sammelanschlußleitungen.

Sammelanschlußleitungen sind stets über den obersten Einzelanschluß zu lüften.

An die Stelle einer Nebenlüftung kann auch eine Umlüftung (**175**.2) treten.

Hauptlüftungen. Alle Falleitungen sind als Hauptlüftungsleitung bis über Dach zu führen (**174**.2). Grund- und Sammelleitungen ohne Anschluß an eine Falleitung sind mit einer Hauptlüftung auszustatten.

In Grund-, Sammel- und Falleitungen für Schmutz- und Mischwasser dürfen weder Geruchverschlüsse noch Schlammfänge eingebaut werden.

In Regenfalleitungen im Mischverfahren sind jedoch Geruchverschlüsse an frostfreier Stelle (**202**.1) vorzusehen, wenn aufsteigende Gase in bewohnte Räume, Balkone und Loggien dringen oder sonst die Gesundheit der Bewohner gefährden können.

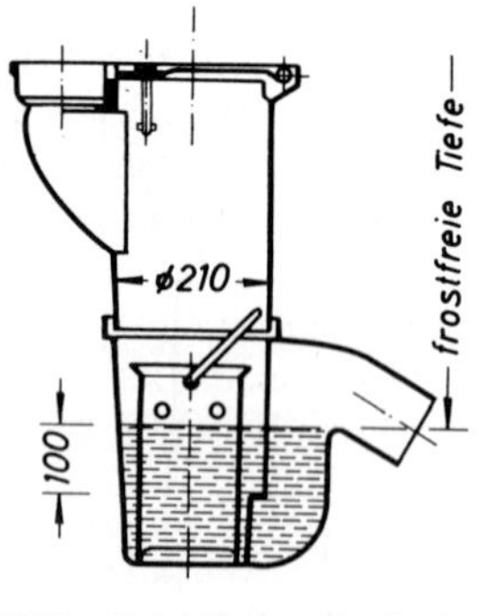

202.1 Regenwasserablauf mit Geruchverschluß, frostfrei (M 1:20)

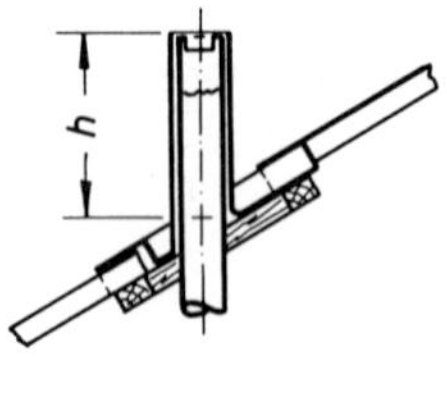

202.2 Ausmündung von Lüftungsleitung über Dachhaut (Dunsthüte sind verboten)

Die Dachausmündung von Lüftungsleitungen darf nicht durch Dunsthüte usw. abgedeckt und muß wie folgt über die Dachhaut hochgeführt werden (**202**.2):

Bei einer Dachneigung über 15° = 30 cm, unter 15° = 15 cm.

Lüftungsleitungen dürfen nur an lotrechte Teile von Abwasserleitungen, das sind Falleitungen oder der lotrechte Teil einer Einzel- oder Sammelanschlußleitung, angeschlossen werden und sind möglichst geradlinig und lotrecht zur Mündung zu führen.

Notwendige Verziehungen müssen ein Mindestgefälle von 1:50 haben und sind bei mehr als 5 Geschossen mit 45°-Bogen auszuführen.

Hauptlüftungen (**174**.2) erhalten den Querschnitt der Fall- oder Grundleitungen, andere Lüftungen ⅔ bis ⅓ des Querschnitts der Abwasser führenden Leitung. Der Querschnitt der sekundären Lüftung von Klosettanschlußleitungen (**175**.3) beträgt DN 50.

Mehrere Falleitungen können über der höchsten Ablaufstelle in eine gemeinsame Lüftungsleitung zusammengeführt werden (**174**.2 b). Diese muß dann aber auf die Hälfte der Summe der Falleitungsquerschnitte, mindestens aber auf den nächst größeren Querschnitt der größten der betreffenden Falleitungen, erweitert werden. Alle Einmündungen sind in einem spitzen Winkel auszuführen.

In der Nähe von Aufenthaltsräumen muß die Ausmündung einer Lüftungsleitung ≧ 1 m über dem Fenstersturz oder ≧ 2 m seitlich der gefährdeten Öffnung liegen (**203**.1).

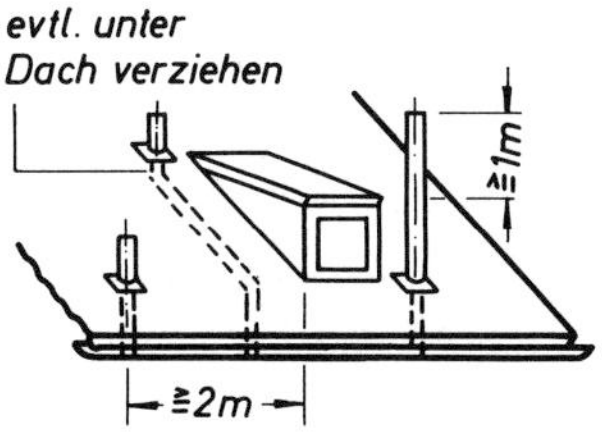

203.1 Ausmündungen von Lüftungsleitungen bei bewohnten Dachräumen

Im Sogbereich der Ansaugstellen von Lüftungs- und Klimaanlagen sind diese Schutzabstände im Einvernehmen mit der Herstellerfirma zu bestimmen.

Lüftungsschächte und Schornsteine dürfen zur Lüftung von Abwasserleitungen nicht benutzt werden.

Innerhalb von Gebäuden liegende Schlammfänge, Abscheider, Behälter für Hebeanlagen und andere zur Aufnahme von Wasser dienende Behälter und Schächte sind geruchsicher abzudecken und notfalls besonders zu lüften (**277**.1).

3.3.4.4 Reinigungsöffnungen

Reinigungsöffnungen können als Rohrendverschlüsse, Reinigungsverschlüsse und Reinigungsrohre mit runder oder rechteckiger Öffnung ausgebildet sein.

Beim Anschluß von Fall- und Sammelleitungen an Grundleitungen, weiter in Grundleitungen ≦ DN 150 alle 20 m und außerdem vor Richtungsänderungen 45°, in geradlinigen Grundleitungen > DN 150 alle 40 m, sind ständig zugängliche Reinigungsöffnungen (**203**.2 und **204**.1) einzubauen und abwassergasdicht zu verschließen.

Ferner ist eine Reinigungsöffnung nahe der Grundstücksgrenze, jedoch in der Regel nicht weiter als 15 m vom öffentlichen Abwasserkanal entfernt, einzubauen (**177**.1 und **178**.1).

Nicht unmittelbar zugängliche Reinigungsrohre sind in einem Schacht unterzubringen (**203**.2).

Reinigungsöffnungen sind außerdem am oberen Ende der Sammelanschlußleitungen von Reihenanlagen vorzusehen.

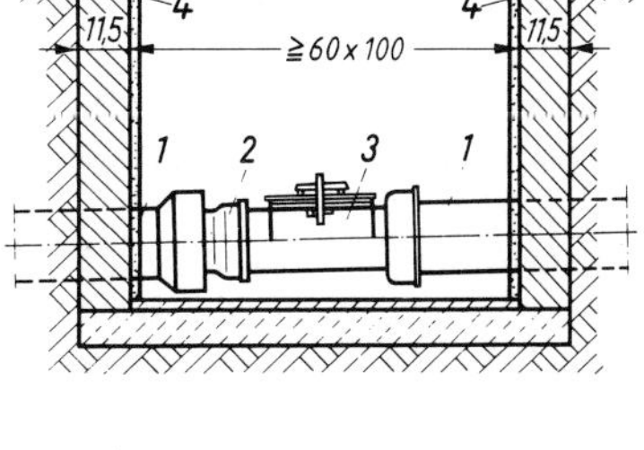

203.2 Prüfschacht mit Reinigungsöffnung im Kellergeschoß (M 1:20)

1 Steinzeugrohr DN 125
2 Anschlußstück
3 Reinigungsrohr mit Muffe zum Anschluß von Steinzeugrohren und rechteckiger Prüföffnung mit Keilverschluß
4 wasserdichter Putz
5 Riffelblech-Abdeckung

Reinigungsrohre mit rechteckiger Öffnung (**203**.2) können in allen Leitungen, solche mit runder Öffnung nur für Sammel-, Fall- und Anschlußleitungen verwendet werden. Reinigungsverschlüsse oder Rohrendverschlüsse können ebenfalls als Reinigungsmöglichkeit dienen (**204**.1).

In Arbeitsräumen der Nahrungsmittelherstellung und in Lagerräumen für Lebensmittel dürfen keine Reinigungsrohre eingebaut werden.

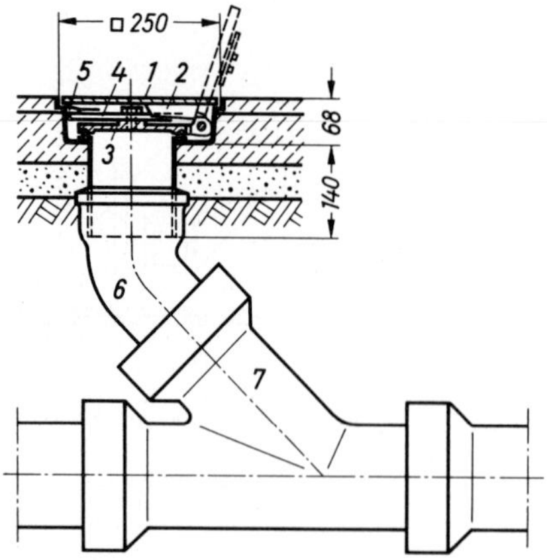

204.1 Reinigungsverschluß DN 125 (auch DN 100 und 150) für Grund- und Sammelleitungen unter Decken- oder Bodenplatten (M 1:15) (WAL-FINOR II, Essener Eisenwerke, Passavant)

1 oberer Deckel in Fußbodenebene mit
2 Steg zum Verhindern der Deckelauflage 1 bei nicht geschlossener Verschlußklappe 3
3 Verschlußklappe, am Grundkörper drehbar befestigt
4 Vorreiber aus Nirosta-Stahl
5 Nocken zur Abstützung von 4
6 Bogen 45° DN 125
7 Steinzeug-Abzweig DN 125/125

3.3.4.5 Schächte

Schächte für erdverlegte Abwasserkanäle und -leitungen (**203**.2, **205**.1 und **205**.2) müssen DIN 19549 entsprechen, Fertigschächte DIN 19537 T. 3 und DIN 19565 T. 5, standsicher und wasserdicht sein.

Sie dienen der Be- und Entlüftung, Kontrolle, Wartung sowie Reinigung und können gemauert, betoniert oder aus Fertigteilen zusammengesetzt sein.

Schächte sind gegen Wassereinlauf von oben zu schützen und mit Aufsätzen und Abdeckungen für Verkehrsflächen gemäß DIN EN 124, DIN 1229 oder DIN 19599 zu verschließen. Schächte und Abdeckungen müssen die auftretende Verkehrslast sicher tragen. Bei Verwendung von Betonschachtringen ist DIN 4034 T. 1 zu beachten.

Leitungen für Trinkwasser, Gas und Öl sowie Kabel dürfen nicht durch Schächte oder deren Mauerwerk geführt werden.

Abdeckungen bestehen aus Rahmen und Deckel und können nach DIN wasserdicht, gasdicht oder rückstausicher ausgebildet sein.

Besteigbare Schächte (**205**.1, **205**.2 und **206**.3) müssen einen runden Querschnitt von ≧ 1,0 m lichter Weite, einen Rechteckquerschnitt von ≧ 0,8 × 1,0 m oder einen quadratischen Querschnitt von ≧ 0,9 × 0,9 m haben.

Schächte von < 1,6 m Tiefe sind in diesen Abmessungen bis unter die Schachtdecke hochzuführen (**203**.2), tiefere Schächte können oberhalb von einer Höhe von 2 m oben eingezogen werden, doch muß die Einstiegsöffnung ≧ 60 cm Durchmesser haben.

205.1 Standardprüfschacht aus Faserzement-Fertigteilen nach DIN 19850 T. 3 (M 1:50) (Eternit AG)

1 Schachtabdeckung nach DIN 1229 oder DIN 4271 T. 1 und 3
2 Auflagering DIN 4034
3 Schachthals nach DIN 4034
4 Dichtungsband
5 Übergangsring aus Eternit
6 Eternit-Schachtringe
7 Zwischenring aus Eternit
8 Steigeisen
9 Einbindestutzen
10 Reka-Kupplung
11 Einbindekupplung mit Reka-Dichtung
12 Eternit-Halbschale als Sohlrinne
13 Ortbeton
14 Bodenplatte
15 Betonsohle

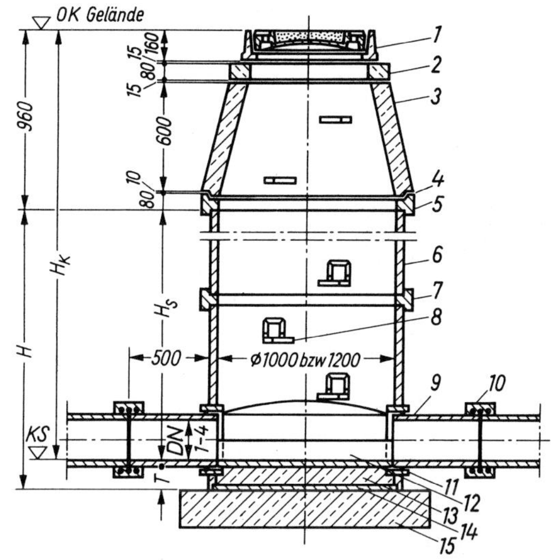

≦ 80 cm tiefe Schächte müssen ≧ 0,6 × 0,8 m Querschnitt aufweisen. > 80 cm tiefe Schächte sind mit in regelmäßigem Abstand versetzt angeordneten Steigeisen (**205**.1 und **205**.2) oder anderen Steigvorrichtungen auszurüsten.

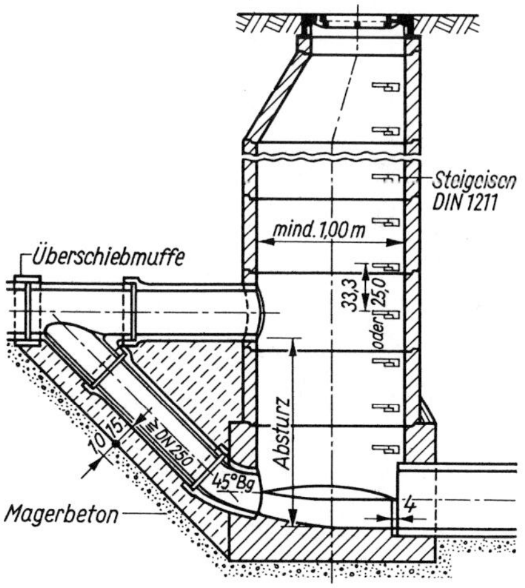

205.2 Schacht mit äußerem Absturz

Der Anschluß der Leitungen an einen Schacht muß gelenkig sein, so daß alle auftretenden Bodenbewegungen und Verlagerungen ohne Nachteile für Rohrleitung und Schacht aufgenommen werden (**206**.1 und 2).

In Gebäuden sind Leitungen mit Reinigungsrohren geschlossen durch die Schächte zu führen (**203**.2).

Einen Schacht mit Absturz zur Überwindung größerer Höhenunterschiede bei liegenden Leitungen zeigt Bild **205**.2.

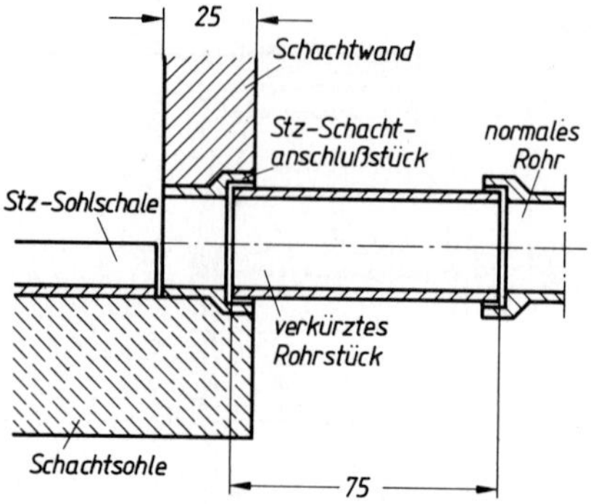

206.1 Bewegungsfuge am Schacht durch besondere Anschlußformstücke

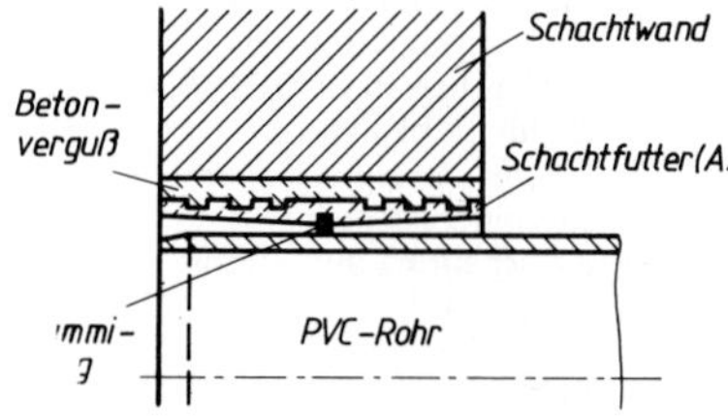

206.2 Schachtanschluß für ein PVC-Rohr (Gebr. Anger)

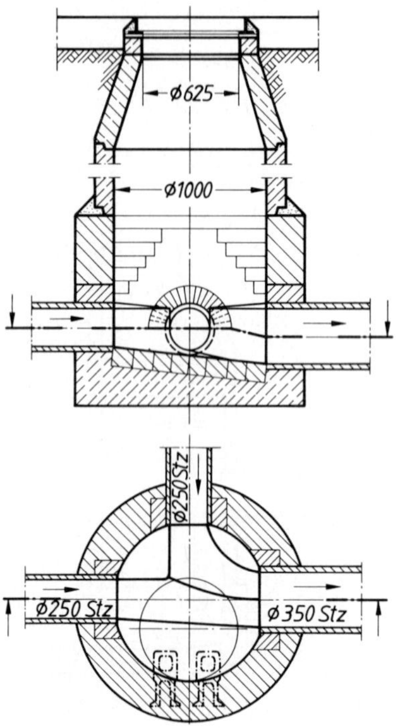

206.3 Normalschacht mit rundem Schachtunterteil und offenem Durchfluß

Die Sohle der Schächte mit offenem Durchfluß (**206**.3) ist als Rinne so auszubilden, daß das Wasser, ohne sich ausbreiten zu können, in geschlossenem Faden weiterfließt.

Das Zusammenführen mehrerer Leitungen in einem Schacht mit offenem Durchfluß soll nach DIN allerdings vermieden werden.

Beim Trennverfahren sind stets getrennte Schächte für Schmutz- und Regenwasser vorzusehen (**178**.1).

3.3.5 Rohrleitungsbemessung

Eine ordnungsgemäße Abführung des Abwassers gilt als gewährleistet, wenn die Rohrleitungen nach dem in diesem Abschnitt mitgeteilten Verfahren bemessen und keine größeren als die sich danach ergebenden Nennweiten verwendet werden.

Die Ermittlung der lichten Weiten von Entwässerungsrohrleitungen in Gebäuden und auf Grundstücken erfolgt nach DIN 1986 T. 2.

Die Bemessung muß außerdem berücksichtigen, daß das Abwasser im Sinne der DIN 4901 geräuscharm abfließt.

3.3.5.1 Anlagen mit Hauptlüftung

Die folgenden Ausführungen gelten für Entwässerungssysteme, die über eine Hauptlüftung (s. Abschnitt 3.3.2.1) gelüftet werden.

A Leitungen für Schmutzwasser

Maßgebend für die Bestimmung der Nennweiten ist der Schmutzwasserabfluß Q_s in l/s, der unter Berücksichtigung der Gleichzeitigkeit aus der Summe der einzelnen Anschlußwerte AW_s aus Tafel **208**.1 nach folgenden Formeln ermittelt wird:

Wohnungsbau, Gaststätten, Hotels, Bürogebäude	$Q_s = 0{,}5\sqrt{\Sigma AW_s}$	in l/s	(s. Tafel **209**.1)
Schulen, Krankenhäuser, Großgaststätten, Großhotels	$Q_s = 0{,}7\sqrt{\Sigma AW_s}$	in l/s	
Reihenwaschanlagen, Reihenduschanlagen	$Q_s = 1{,}0\sqrt{\Sigma AW_s}$	in l/s	
Laboranlagen in Industriebetrieben	$Q_s = 1{,}2\sqrt{\Sigma AW_s}$	in l/s	

Die weiteren Ausführungen dieses Abschnittes beziehen sich nur auf den Wohnungsbau. Die Bemessung der Rohrleitungen von Entwässerungsanlagen z. B. in Großgaststätten und Großhotels sowie in Laboranlagen erfolgt in der gleichen Weise und unterscheidet sich von derjenigen für den Wohnungsbau lediglich durch die nach vorstehenden Formeln zugrundezulegenden größeren Werte für den Schmutzwasserabfluß Q_s.

Ist der nach Tafel **208**.1 und **209**.1 ermittelte Wert für Q_s kleiner als der größte Anschlußwert eines einzelnen Entwässerungsgegenstandes, so ist der größte Anschlußwert maßgebend.

Einzelanschlußleitungen. Die erforderlichen Nennweiten und zugehörigen Anschlußwerte sind in Tafel **208**.1 aufgeführt. Dabei gelten die DN 40 und 50 für abgewickelte Längen $\leqq 3$ m, die DN 70 für solche $\leqq 5$ m. Bei größerer Länge oder bei Höhenunterschieden von 1 bis 3 m ist entweder die nächst größere Nennweite zu wählen oder eine Lüftung nach Abschnitt 3.3.2.1 anzuschließen.

Bei unbelüfteten Klosett-Einzelanschlußleitungen DN 100 ist ein Höhenunterschied bis 3 m zulässig. Der Entwässerungsgegenstand darf dabei horizontal gemessen nicht mehr als 1 m von der Fallstrecke entfernt sein.

Einzelanschlußleitungen mit größeren Höhenunterschieden als 3 m sind auf jeden Fall zu lüften.

Wird die Sanitärraumeinheit einer Wohnung oder eines Hotelbadezimmers usw. betrachtet, können hierfür r e d u z i e r t e A n s c h l u ß w e r t e nach Tafel **208**.1 verwendet werden.

Dies gilt jedoch nicht für Sammelanschlußleitungen.

Sammelanschlußleitungen. Sie werden nach Tafel **209**.2 bemessen. Sturzstrecken in ihnen mit DN 50 und 70 sind um eine Nennweite größer zu wählen oder durch eine Lüftungsleitung zu lüften.

Sammelanschlußleitungen von > 10 m Länge oder für > 16 AW_s sind ebenso zu lüften.

Sammelanschlußleitungen dürfen nicht enger als die größte Einzelanschlußleitung, Lüftungsleitungen nicht enger als die kleinste Einzelanschlußleitung sein.

Sammelanschlußleitungen für Urinale siehe Tafel **208**.1.

Tafel **208**.1 Anschlußwerte der Entwässerungsgegenstände und Nennweiten von Einzelanschlußleitungen (nach DIN 1986 T. 2)

Entwässerungsgegenstand oder Art der Leitung	Nennweite der Einzelanschlußleitung DN	Anschlußwert AW_s
Handwaschbecken, Waschtisch, Sitzwaschbecken	40	0,5
Küchenablaufstellen, Spülbecken, Spültisch einfach und doppelt, einschl. Geschirrspülmaschine bis zu 12 Maßgedecken, Ausguß, Haushalts-Waschmaschine für ≦6 kg Trockenwäsche mit eigenem Geruchsverschluß	50	1
Waschmaschine 6 bis 12 kg Trockenwäsche	70	1,5[1])
gewerbliche Geschirrspülmaschine, Kühlmaschine	100	2[1])
Urinalbecken als Einzelbecken	50	0,5
Urinalrinne und Reihenurinal, bis 2 Stände	70[2])	0,5
bis 4 Stände	70[2])	1
bis 6 Stände	70[2])	1,5
über 6 Stände	100[2])	2
Deckenablauf, Bodenablauf, DN 50	50	1
DN 70	70	1,5
DN 100	100	2
Klosett, Steckbeckenspülapparat	100	2,5
Brausewanne, Fußwaschbecken	50	1
Badewanne mit direktem Anschluß	50	1
Badewanne mit direktem Anschluß, Anschlußleitung oberhalb des Fußbodens mit ≦1 m Länge, Einführung in eine Leitung ≧ DN 70	40	1
Badewanne oder Brausewanne mit indirektem Anschluß (Badablauf), Anschlußleitung mit ≦2 m Länge	50	1
Badewanne oder Brausewanne mit indirektem Anschluß (Badablauf), Anschlußleitung ≧2 m Länge	70	1
Verbindungsleitung zwischen Wannenablaufventil und Badablauf	≧32	–
3 Sanitärräume einer Wohnung, an eine Falleitung angeschlossen Küche, Bad und WC-Raum		5,5
2 Sanitärräume einer Wohnung, ohne Küchenablaufstelle an eine Falleitung angeschlossen, Bad und WC-Raum		5
1 Sanitärraum, Hotelbadezimmer mit Klosett, Dusche oder Wanne, Waschtisch und Sitzwaschbecken		4
Entwässerungsgegenstände ohne Ablaufverschluß, Reihenwasch- und Duschanlagen Abscheideanlagen nach DIN 1999 T. 1, DIN 4040 und DIN 4043		nach der zufließenden Wassermenge in l/s entsprechend ihrer Leistung
Entwässerungspumpen oder Fäkalienhebeanlagen und große Wasch- bzw. Geschirrspülautomaten, die über eine Druckleitung an das Entwässerungsnetz angeschlossen sind		entsprechend dem maximalen Förderstrom der Pumpen Q_p in l/s

[1]) Bei vorliegenden Werksangaben müssen die tatsächlichen Werte verwendet werden.
[2]) Nennweite der Sammelanschlußleitung

Tafel **209**.1 Ermittlung des zu erwartenden Schmutzwasserabflusses im Wohnungsbau Q_s aus der Summe der Anschlußwerte AW_s nach der Gleichung $Q_s = 0{,}5 \cdot \sqrt{\Sigma AW_s}$ (nach DIN 1986 T. 2)

ΣAW_s	Q_s l/s	ΣAW_s	Q_s l/s	ΣAW_s	Q_s l/s	ΣAW_s	Q_s l/s	ΣAW_s	Q_s l/s	ΣAW_s	Q_s l/s	ΣAW_s	Q_s l/s	ΣAW_s	Q_s l/s
26	2,55	50	3,54	70	4,18	94	4,85	135	5,81	240	7,75	380	9,75	800	14,14
28	2,65	52	3,61	72	4,24	96	4,9	140	5,92	250	7,91	400	10	850	14,58
30	2,74	54	3,67	74	4,3	98	4,95	145	6,02	260	8,06	420	10,25	900	15
32	2,83	56	3,74	76	4,36	100	5	150	6,12	270	8,22	440	10,49	950	15,41
		58	3,81			105	5,12			280	8,37			1000	15,8
34	2,92			78	4,42			160	6,33			460	10,72		
36	3	60	3,87	80	4,47	110	5,24	170	6,52	290	8,51	480	10,95	1500	19,5
38	3,08	62	3,94	82	4,5	115	5,36	180	6,71	300	8,66	500	11,18	2000	22,5
40	3,16	64	4	84	4,58	120	5,48	190	6,89	320	8,94	550	11,73	3000	27,5
		66	4,06			125	5,59			340	9,22			4000	31,5
42	3,24	68	4,12	86	4,64	130	5,7	200	7,07	360	9,49	600	12,25	5000	35,5
44	3,32			88	4,69			210	7,25			650	12,75		
46	3,39			90	4,74			220	7,42			700	13,23		
48	3,46			92	4,8			230	7,58			750	13,69		

Tafel **209**.2 Sammelanschlußleitungen, zulässige Summe der Anschlußwerte AW_s und zulässige Längen L unbelüfteter Leitungen (nach DIN 1986 T. 2)

Nennweite der Sammelanschlußleitung DN		50	70	100
zul. ΣAW_s	unbelüftet	1	3	16
	belüftet[1])	1,5	4,5	25
zul. L unbelüftet m		6	10	10

[1]) indirekt, umlüftet, sekundär

Schmutzwasser-Falleitungen. Die Nennweite dieser Abwasserleitungen muß mindestens DN 70 betragen.

Die Falleitungen mit Hauptlüftung werden nach Tafel **209**.3, mit Nebenlüftung nach Tafel **210**.1 und mit Sekundärlüftung nach Tafel **210**.2 bemessen.

Tafel **209**.3 Schmutzwasser-Falleitungen mit Hauptlüftung (nach DIN 1986 T. 2)

DN	LW mm zul. Abw. –5%[1])	zulässige Anschlüsse		zul. Q_s in l/s	
		ΣAW_s	Anzahl der Klosetts	Wohnungsbau	Labors und Industrie
70	70	9	–	1,5	1,5
100	100	64	13	4	3,2
125	118	112	22	5,3	4,2
	125	154	31	6,2	5,0
150	150	408	82	10,1	8,1

[1]) bezogen auf die Querschnittsfläche, ohne Berücksichtigung der Auswirkung auf die hydraulische Bemessung

Es dürfen nicht mehr als 4 Küchenablaufstellen (Taf. **208**.1) an eine gesonderte Küchenfalleitung angeschlossen werden.

Schmutzwasser-Falleitungen mit direkter oder indirekter Nebenlüftung können um 40% höher belastet werden als solche mit Hauptlüftung (Taf. **210**.1).

Schmutzwasser-Falleitungen mit Sekundär-Lüftung können um 70% höher belastet werden als solche mit Hauptlüftung (Taf. **210**.2).

Tafel **210**.1 Schmutzwasser-Falleitungen mit direkter oder indirekter Nebenlüftung (nach DIN 1986 T. 2)

DN	LW mm zul. Abw. –5%[1])	zulässige Anschlüsse ΣAW_s	zulässige Anschlüsse Anzahl der Klosetts	Q_s in l/s zul.
70	70	18	–	2,1
100	100	125	25	5,6
125	118	219	44	7,4
	125	300	60	8,7
150	150	795	159	14,1

[1]) siehe Tafel **209**.3

Tafel **210**.2 Schmutzwasser-Falleitungen mit Sekundärlüftung (nach DIN 1986 T. 2)

DN	LW mm zul. Abw. –5%[1])	zulässige Anschlüsse ΣAW_s	zulässige Anschlüsse Anzahl der Klosetts	Q_s in l/s zul.
70	70	27	–	2,6
100	100	185	37	6,8
125	118	324	64	9,0
	125	441	88	10,5
150	150	1183	236	17,2

[1]) siehe Tafel **209**.3

Liegende Schmutzwasserleitungen. Die Nennweite dieser im Erdreich verlegten Abwasserleitungen, Grund- und Sammelleitungen, muß mindestens DN 100 betragen. Sie werden nach Tafel **211**.1 ermittelt.

Die Nennweite von Grundleitungen außerhalb von Gebäuden und Anschlußkanälen im Anschluß an einen Schacht mit offenem Durchfluß kann ab DN 150 mit Tafel **214**.1 berechnet werden.

Ab DN 200 können größere Abweichungen zugelassen werden. Es ist dann jedoch ein rechnerischer Nachweis der hydraulischen Leistungsfähigkeit (z. B. nach ATV-Arbeitsblatt A 110) zu führen.

Die Mindestnennweiten der Rohrleitungen für Schmutzwasser betragen demnach
für Falleitungen allgemein DN 70,
für Falleitungen mit Klosettanschluß DN 100 und
für Leitungen im Erdreich DN 100.

B Leitungen für Regenwasser

Liegende Leitungen. Die lichte Weite von liegenden Anschluß-, Sammel- und Grundleitungen ist abhängig von der angeschlossenen Niederschlagsfläche, Grundrißfläche in m², der maximalen Regenspende in l/s · ha, dem gewählten Gefälle und dem Abflußbeiwert.

Die Nennweite für alle im Erdreich verlegten Leitungen muß mindestens DN 100 betragen.

Niederschlagsfläche. Es ist jede durch Wasserscheiden, Mauern, Abtreppungen u. ä. von anderen Niederschlagsflächen getrennte oder einem bestimmten Ablauf zugeordnete Niederschlagsfläche gesondert zu betrachten.

Regenspende *r* ist diejenige Regenmenge in l/s · ha, die bei einer bestimmten Regendauer von z. B. 5, 10 oder 15 Min. niedergeht. Für einen bestimmten Ort gemessen gibt es verschieden hohe Regenspenden.

Tafel **211**.1 Liegende Leitungen für Schmutzwasser, Grundleitungen und Sammelleitungen (nach DIN 1986 T. 2)

DN	LW mm zul. -5%[1])	$J = 1:50$ (2 cm/m)		$J = 1:66,7$ (1,5 cm/m)		$J = 1:100$ (1 cm/m)		$J = 1:\text{DN}/2$	$J = 1:\text{DN}$
		Q_s l/s zul.	AW_s zul.	Q_s l/s zul.	AW_s zul.	Q_s l/s zul.	AW_s zul.	Q_s l/s zul.	Q_s l/s zul.
70	70	1,5	9	–	–	–	–	–	–
100	100	4	64	3,4	46	2,8	31	–	2,8
125	118	6,2	154	5,3	112	4,3	74	–	3,9
	125	7,2	207	6,2	154	5,1	104	–	4,5
150	150	11,7	548	10,1	408	8,2	269	9,5	6,7
200	200	25,1	2520	21,7	1884	17,7	1253	17,7	12,5
250	250	45,4	–	39,2	–	32	–	28,6	20,2
300	300	73,5	–	63,6	–	51,9	–	42,3	29,8
(350)	350	111	–	95,6	–	78	–	58,8	41,5
400	400	157	–	136	–	111	–	78,3	55,2
500	500	283	–	245	–	200	–	126	89,9

Die Werte oberhalb der Abtreppung gelten nicht für Leitungen innerhalb von Gebäuden (s. Abschnitt 3.3.4).

[1]) bezogen auf die Querschnittsfläche, ohne Berücksichtigung der Auswirkung auf die hydraulische Bemessung.

Bei der Rohrbemessung ist daher die durch statistische Aufzeichnungen für ihn ermittelte und von der zuständigen Behörde bekanntgegebene größte Regenspende max r zugrunde zu legen (Taf. **211**.2). Werte für max $r < 200$ l/s · ha sollten indessen möglichst nicht verwendet werden, da sie in der Praxis zu häufig überschritten werden, so daß zu oft mit Überstauungen gerechnet werden müßte.

Tafel **211**.2 Gemessene Regenspenden max r in Großstädten (Abwassertechnische Vereinigung)

	max r l/s · ha	T min		max r l/s · ha	T min
Braunschweig	100	15	Kassel	200	–
Dortmund	100	–	Kiel	150	–
Düsseldorf	100	20	Köln	400	–
Duisburg	150	–	Ludwigshafen	150	15
Frankfurt	150	–	Lübeck	150	7
Gelsenkirchen	200	15	Mannheim	125	15
Hamburg	150	–	München	300	5
Hannover	150	15	Nürnberg	–	5
Karlsruhe	150	15	Stuttgart	315	10

Niederschlagsflächen. In Tafel **213**.1 sind die Niederschlagsflächen, die örtlich maßgebenden maximalen Regenspenden und die Gefälle den lichten Weiten zugeordnet. Für den Abflußbeiwert gilt Tafel **212**.1. Die lichten Weiten mit den zugeordneten Nennweiten werden nach den Tafeln **213**.1 und **214**.1 ermittelt.

Tafel **212**.1 Abflußbeiwerte ψ zur Ermittlung des Regenwasserabflusses Q_r.
Q_r in l/s = (Fläche in ha) × (Regenspende in l/s · ha) × Abflußbeiwert (nach DIN 1986 T. 2)

Art der angeschlossenen Fläche	Abflußbeiwert ψ	Art der angeschlossenen Fläche	Abflußbeiwert ψ
Steildächer ($\geqq$ 15°)	1	ungepflasterte Straßen, Höfe und Promenaden	0,5
Flachdächer (< 15°)	0,8	Spiel- und Sportplätze	0,25
Kiesschüttdächer	0,5	Vorgärten	0,15
Dachgärten	0,3	größere Gärten	0,1
Kfz.-Waschplätze, Rampen	1	Parks, Schreber- und Siedlungsgärten	0,05
Pflaster mit Fugenverguß, Schwarzdecken oder Betonflächen	0,9	Parks und Anlageflächen an Gewässern	0
Fußwege mit Platten oder Schlacke	0,6		

Abflußbeiwert. Der Abflußbeiwert ψ (Taf. **212**.1) berücksichtigt zeitliche und mengenmäßige Verzögerungen zwischen der maximalen Regenspende max r und der maximalen Abflußmenge max Q_r, die durch die Intensität des Regens sowie die Neigung, die Größe (Abstand vom Ende bis zum Ablauf) und die Oberflächenstruktur der Niederschlagsfläche, ferner durch die Sickerfähigkeit durchlässiger Beläge wie Kiespackungen hervorgerufen werden.

Bei Flachdächern, vor allem von Großbauten, ohne oder mit nur ganz geringer Dachneigung kann nach bisheriger Erfahrung neben anderen bautechnischen oder wirtschaftlichen Vorteilen die Ausnützung ihres natürlichen Rückhaltevermögens zu erheblichen Einsparungen in der Anzahl der Abläufe und der Länge der Rohrleitungen sowie zu bedeutenden Querschnittsverkleinerungen bei den liegenden Leitungen führen.

Die Abhängigkeit der lichten Weiten der Leitung von der anzuschließenden Niederschlagsfläche in m² bei maximaler Regenspende r von 150, 200, 300 bzw. 400 l/(s · ha) und der Gefälle $J = 1:50$; 1:66,7 bzw. 1:100 unter Berücksichtigung von $\psi = 1$ mit Angabe des zulässigen Regenwasserabflusses zul. Q_r nach Tafel **213**.1 ist zu berücksichtigen.

Regenwasser-Falleitungen. Sie sind aus den für Schmutzwasser zugelassenen Werkstoffen wie Leitungen im Gefälle 1:100 zu bemessen. Für ihre Bemessung schreibt DIN 1986 T. 2 und DIN 18460 außerdem eine Regenspende r von mindestens 300 l/s · ha einheitlich vor.

Die lichten Weiten von Falleitungen aus Blechen von 0,6 bis 1,0 mm Dicke, Kupfer, Zink, Stahl und Aluminium, werden daher wegen der geringeren Festigkeit dieser Werkstoffe nach Tafel **213**.1 wie liegende Leitungen im Gefälle 1:100 ermittelt. DIN 18460 ist zu beachten.

Für Regen-Falleitungen aus Blech liegen den Werten der Tafel **213**.1 trichterförmige Einläufe (Stutzen) zugrunde. Bei zylindrischen Einläufen sind die Falleitungen nur mit der Hälfte der Tafelwerte zu berechnen.

C Leitungen für Mischwasser

Der für die Bemessung von Mischwasserleitungen maßgebende Mischwasserabfluß Q_m setzt sich zusammen aus dem anteiligen Schmutzwasserabfluß Q_s nach Tafel **209**.1 und dem Regenwasserabfluß Q_r nach Tafel **213**.1:

$$Q_m = Q_s + Q_r \quad \text{in l/s}$$

Tafel **213**.1 Niederschlagsflächen und Regenwasserleitungen (nach DIN 1986 T. 2)

anschließbare Niederschlagsfläche in m² bei maximaler Regenspende *r* in l/(s · ha)				Abfluß	$J = 1:50$ (2 cm/m)		$J = 1:66{,}7$ (1,5 cm/m)		J = 1:100 (1 cm/m)[1]	
150	200	300	400	Q_r l/s	LW	Q_r l/s zul.	LW	Q_r l/s zul.	LW	Q_r l/s zul.
47	35	23	17	0,7	50	1,0	50	0,9	50	0,7
73	55	37	28	1,1					60*)	1,1
107	80	53	40	1,6	60*)	1,6	60*)	1,4	70	1,7
113	85	57	43	1,7						
160	120	80	60	2,4	70	2,4	70	2,1	80*)	2,5
167	125	83	63	2,5						
233	175	117	88	3,5	80*)	3,5	80*)	3,0	100*)	4,5
300	225	150	113	4,5						
367	275	183	138	5,5			100*)	5,5		
427	320	213	160	6,4	100*)	6,4				
467	350	233	175	7,0					118	7,0
540	405	270	203	8,1					125	8,1
573	430	287	215	8,6			118	8,6		
660	495	330	248	9,9	118	9,9				
667	500	333	250	10,0			125	10		
773	580	387	290	11,6	125	11,6				
887	665	443	333	13,3					150*)	13,3
1087	815	543	408	16,3			150*)	16,3		
1253	940	627	470	18,8	150*)	18,8				
1900	1425	950	713	28,5					200	28,5
2327	1745	1163	873	34,9			200	34,9		
2693	2020	1347	1010	40,4	200	40,4				
3433	2575	1707	1288	51,5					250	51,5
4213	3160	2107	1580	63,2			250	63,2		
4867	3650	2433	1825	73	250	73				
5567	4175	2783	2088	83,5					300	83,5
6800	5100	3400	2550	102			300	102		
7867	5900	3933	2950	118	300	118				

*) Nennmaß nach DIN 18461; [1]) gilt für die Bemessung von Regenfalleitungen

Mit der Summe der Abflüsse Q_m wird nach Tafel **214**.1 die lichte Weite bestimmt.

Ab DN 200 können größere Abweichungen zugelassen werden. Es ist dann jedoch ein rechnerischer Nachweis der hydraulischen Leistungsfähigkeit (z. B. nach ATV-Arbeitsblatt 110) zu führen.

Tafel **214**.1 Mischwasserleitungen (nach DIN 1986 T. 2)

DN	*LW* mm	$J = 1:50$ (2 cm/m)	$J = 1:66,7$ (1,5 cm/m)	$J = 1:100$ (1 cm/m)	$J = 1:\text{DN}/2$	$J = 1:\text{DN}$
	zul. Abw. −5%[1])	zul. Q_m l/s	zul. Q_m l/s	zul. Q_m l/s	zul. Q_m l/s	zul. Q_m l/s
70	70	2,4	2,1	1,7	–	–
100	100	6,4	5,5	4,5	–	4,5
125	118	9,9	8,6	7	–	6,2
	125	11,6	10	8,1	–	7,3
150	150	18,8	16,3	13,3	15,3	10,8
200	200	40,4	34,9	28,5	28,5	20,1
250	250	73	63,2	51,5	46	32,4
300	300	118	102	83,5	68	48
(350)	350	178	154	126	94,7	66,7
400	400	253	219	179	126	88,8
500	500	456	394	322	203	143

Die Werte oberhalb der Abtreppung gelten nicht für Mischwasserleitungen innerhalb von Gebäuden.

[1]) Bezogen auf die Querschnittsfläche ohne Berücksichtigung der Auswirkung auf die hydraulische Bemessung.

Die Nennweite von Grundleitungen für Regen- und Mischwasser, vollgefüllte Abwasserleitungen außerhalb von Gebäuden und Anschlußkanälen im Anschluß an einen Schacht mit offenem Durchfluß kann ab DN 150 nach Tafel **215**.1 ermittelt werden.

Ab DN 200 können größere Abweichungen zugelassen werden. Es ist dann jedoch ein rechnerischer Nachweis der hydraulischen Leistungsfähigkeit (z. B nach ATV-Arbeitsblatt A 110) zu führen.

Grundleitungen außerhalb von Gebäuden. Grundsätzlich gelten die Regeln für Leitungen im Gebäudebereich auch hier, doch sind für Grundleitungen und Anschlußkanäle mit Nennweiten $\geqq 150$ außerhalb von Gebäuden im Anschluß an Schächte mit offenem Durchfluß höhere Füllungsgrade zulässig. Danach können bemessen werden:

Grundleitungen und Anschlußkanäle für Schmutzwasser ab DN 150 nach Tafel **214**.1
Grundleitungen und Anschlußkanäle für Regen- und Mischwasser ab DN 150 nach Tafel **215**.1

D Leitungen im Anschluß von Druckleitungen

Gefälleleitungen hinter der Anschlußstelle einer Abwasserdruckleitung, z. B. einer Abwasser-Hebeanlage (s. auch Abschnitt 3.5.2), sind wie folgt zu bemessen:

Bei Regenwasserleitungen ist der Förderstrom der Pumpen Q_p dem Regenwasserabfluß Q_r hinzuzuzählen.

Bei Schmutzwasser- und Mischwasserleitungen ist der jeweils größere Wert, Pumpenleistung oder übriger Abwasseranfall, maßgebend.

Tafel **215**.1 Vollgefüllte Leitungen (nach DIN 1986 T. 2)

DN	*LW* mm zul. Abw. -5%[1])	$J = 1:50$ (2 cm/m) zul. Q l/s	$J = 1:66{,}7$ (1,5 cm/m) zul. Q l/s	$J = 1:100$ (1 cm/m) zul. Q l/s	$J = 1:\mathrm{DN}/2$ zul. Q l/s	$J = 1:\mathrm{DN}$ zul. Q l/s
70	70	3,0	2,6	2,1	–	–
100	100	7,9	6,8	5,6	–	5,6
125	118	12,3	10,7	8,7	–	7,8
	125	14,4	12,4	10,1	–	9,0
150	150	23,4	20,2	16,5	19,0	13,4
200	200	50,2	43,4	35,4	35,4	24,9
250	250	90,7	78,5	64,0	57,2	40,3
300	300	147	127	104	84,6	59,6
(350)	350	221	191	156	118	82,9
400	400	314	272	222	157	110
500	500	566	490	400	252	178

[1]) Bezogen auf die Querschnittsfläche ohne Berücksichtigung der Auswirkung auf die hydraulische Bemessung.

E Lüftungsleitungen

Hauptlüftungen. Einzel-Hauptlüftungen sind im Querschnitt mit der Nennweite der zugehörigen Fall-, Sammel- oder Grundleitung auszuführen.

Der Querschnitt von Sammel-Hauptlüftungen ergibt sich aus der halben Summe aller Querschnitte der Einzel-Hauptlüftungen. Er muß jedoch, ausgenommen bei Einfamilienhäusern, mindestens eine Nennweite größer als der größte Einzelquerschnitt sein.

Anlagen mit anderen Lüftungssystemen. Wenn ein anderes als das im Abschnitt 3.3.5.1 behandelte Lüftungssystem angewendet werden soll, kann hierfür ein anderes Bemessungsverfahren zugelassen werden. Die in diesem Abschnitt unter Leitungen für Schmutzwasser genannten Mindestwerte dürfen jedoch nicht unterschritten werden.

3.3.5.2 Sonderanlagen

Schulen, Krankenhäuser, Großgaststätten, Großhotels. Die Belastbarkeit der Schmutzwasser-Falleitung im System mit Hauptlüftung entspricht derjenigen im Wohnungsbau.

Jedoch werden mehr Entwässerungsgegenstände gleichzeitig benutzt. Daher $Q_s = 1{,}7\sqrt{\Sigma\,\mathrm{AW}_s}$ nach Tafel **216**.1.

Reihenwaschanlagen, Reihenduschanlagen. Die Belastbarkeit der Schmutzwasser-Falleitung im System mit Hauptlüftung entspricht, z. B. bei Waschräumen in Industriebetrieben, derjenigen im Wohnungsbau.

Maßgebend für die Bemessung der Abflußleitungen ist jedoch der in der Regel größere Abwasseranfall. Daher $Q_s = 1{,}0\sqrt{\Sigma\,\mathrm{AW}_s}$ nach Tafel **216**.2.

Tafel **216**.1 Schmutzwasser-Falleitungen mit Hauptlüftungen (nach DIN 1986 T. 2)

DN	LW mm zul. Abw. -5%[1])	zulässige Anschlüsse ΣAW_s	zulässige Anschlüsse max. Anzahl Klosetts	Q_s in l/s zul.
70	70	5	–	1,5
100	100	32	8	4,0
125	118	57	14	5,3
125	125	79	20	6,2
150	150	208	52	10,1

[1]) bezogen auf die Querschnittsfläche

Tafel **216**.2 Schmutzwasser-Falleitungen mit Hauptlüftungen (nach DIN 1986 T. 2)

DN	LW mm zul. Abw. -5%[1])	ΣAW_s zul.	Q_s in l/s zul.
70	70	2	1,5
100	100	16	4,0
125	118	28	5,3
125	125	38	6,2
150	150	102	10,1

[1]) bezogen auf die Querschnittsfläche

Laboranlagen in Industriebetrieben. Bei den hier typischen, langdauernden, weitgehend gleichbleibenden Abflußvorgängen darf die Schmutzwasser-Falleitung im System mit Hauptlüftung nicht so hoch belastet werden wie im Wohnungsbau. Die zulässige Schmutzwassermenge (Tafel **216**.3 Spalte 6) ist gegenüber dem Wohnungsbau um 20% reduziert.

Aufgrund der spezifischen Nutzung ist Q_s mit 0,7, 1,0 oder 1,2 $\sqrt{\Sigma AW_s}$ in jedem Einzelfall zu bestimmen (Tafel **216**.3, Spalten 3 bis 5). $Q_s = 1{,}2\sqrt{\Sigma AW_s}$ ist oberer Richtwert.

Einige Einzelanschlußwerte von Geräten und Armaturen für Laboranlagen sind nachfolgend in Tafel **217**.1 aufgeführt.

Tafel **216**.3 Schmutzwasser-Falleitungen mit Hauptlüftungen (nach DIN 1986 T. 2)

1	2	3	4	5	6
DN	LW mm zul. Abw. -5%[1])	zulässige Anschlüsse ΣAW_s (0,7)	zulässige Anschlüsse ΣAW_s (1,0)	zulässige Anschlüsse ΣAW_s (1,2)	Q_s in l/s zul.
70	70	5	2,5	1,5	1,5
100	100	21	10,5	7	3,2
125	118	36	18	12	4,2
125	125	51	25	17	5
150	150	134	66	46	8,1

[1]) bezogen auf die Querschnittsfläche

Tafel **217**.1 Einzelanschlußwerte (Richtwerte) von Laborgeräten und -armaturen

Laborgerät oder Laborarmatur	Anschlußwert AW_s in l/s
Wasserstrahlpumpe	0,13
Kühlwasserauslauf	0,03
Kaltwasserzapfstelle	0,03
Warmwasserzapfstelle	0,08
Auslaufventil für demineralisiertes Wasser	0,08
Kleine Gläserspülmaschine	0,3
Säureausguß	0,3 bis 0,4
Staubares Spülbecken	1,0

3.3.5.3 Beispiele

Die Nennweiten der Abwasserleitungen eines nach dem Trennverfahren (**217**.2) oder nach dem Mischverfahren (**217**.3) zu entwässernden Grundstückes sind zu ermitteln. Dabei gelten folgende Annahmen:

maximale Regenspende $r = 200$ l/s · ha
Gefälle 1:50
Abflußbeiwert ψ nach Tafel **212**.1:
Betonfläche $\psi = 0,9$
Steildach $\psi = 1,0$
A = Niederschlagsfläche in m^2
Kellerentwässerungspumpe mit
$Q_p = 6,0$ l/s

Trennverfahren

Regenfalleitungen

R_2, R_3, R_4, R_5 = je 75 m^2 Dachfläche

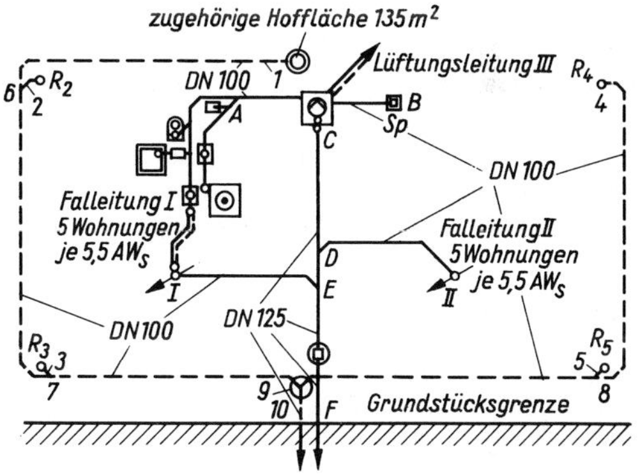

217.2 Abwasserleitungen für ein im Trennverfahren zu entwässerndes Mehrfamilienhaus-Grundstück

Mischverfahren

Regenfalleitungen

R_2, R_3, R_4, R_5 = je 75 m^2 Dachfläche

Anmerkung: Die Regenwasserleitungen werden im Regelfall auch beim Mischsystem außen geführt.

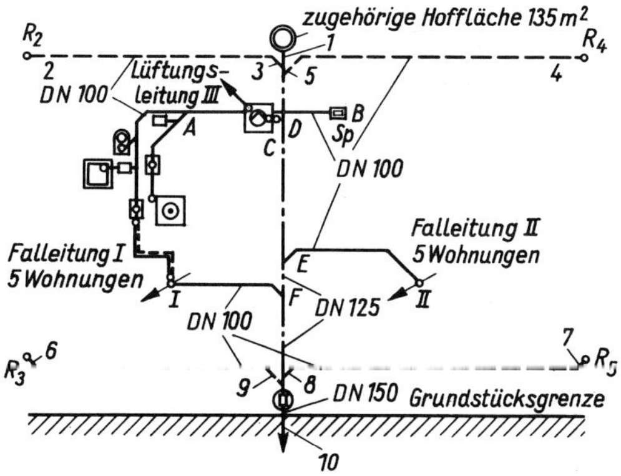

217.3 Abwasserleitungen für ein im Mischverfahren zu entwässerndes Mehrfamilienhaus-Grundstück

Falleitungen für Schmutzwasser nach Tafel **208**.1, **209**.1 und **209**.3

Fall-leitung	Zahl der Woh-nungen	Σ AW_s	Q_s l/s	DN mm
I	5	27,5	2,65	100
II	5	27,5	2,65	100

Grundleitungen für Schmutzwasser nach Tafel **208**.1, **209**.1 und **211**.1

Strecke	Σ AW_s	Q_s l/s	Q_p l/s	DN mm
A–C	8,0			100
B–C	2,0			100
C–D			6	125
II–D	27,5	2,65		100
D–E	27,5	2,65	6[1])	125
I–E	27,5	2,65		100
E–F	55	3,7	6	125

[1]) Unterstrichen ist der maßgebende Wert

Grundleitungen für Regenwasser nach Tafel **213**.1

Strecke	A m²	ψ	Q_r l/s	DN mm
1–6	135	0,9	2,45	100
2–6	75	1,0	1,5	100
3–7	75	1,0	1,5	100
4–8	75	1,0	1,5	100
5–8	75	1,0	1,5	100
6–7	210		4,20	100
7–9	285		5,70	100
8–9	150		3,00	100
9–10	285 + 150 = 435		5,70 + 3,00 = 8,70	125

Grundleitungen für Regenwasser nach Tafel **213**.1, für Schmutzwasser nach Tafel **211**.1, für Mischwasser nach Tafel **214**.1

Strecke	A m²	Q_r l/s	AW_s	Q_s	Q_m l/s	Q_p	DN mm	verwendete Tafel
1–3	135	2,45					100	
2–3	75	1,50					100	
4–5	75	1,50					100	**214**.1
3–5	210	3,95					100	und
5–D	285	5,45					100	**213**.1
6–9	75	1,50					100	
7–8	75	1,50					100	
A–C			8				100	
B–C			2				100	**211**.1
II–E			27,5	2,65			100	
I–F			27,5	2,65			100	
C–D			–	–		6,0	125	
D–E	285	5,45	–	–	5,45	6,0[1])	125	
E–F	285	5,45	27,5	2,65	7,10[1])		125	**211**.1
F–8	285	5,45	55	3,7 + 5,45	9,15		125	und
8–9	360	6,95	55	3,7 + 6,95	10,65		125	**214**.1
10	435	8,45	55	3,7 + 8,45	12,15		150	

[1]) Unterstrichen ist der jeweils maßgebende Wert.

3.3.6 Wasserablaufstellen

3.3.6.1 Gasabschlüsse

Die Durchbildung der Entwässerungsanlagen muß nach DIN 1986 T. 1 in allen Teilen sicherstellen, daß Abwassergas aus den Abwasserleitungen nicht in die Aufenthaltsräume austreten kann.

Geruchverschluß. Jede Ablaufstelle, die nicht schon aus einem mit einem Geruchverschluß versehenen Entwässerungsgegenstand besteht, ist mit einem Geruchverschluß nach DIN 19541 auszurüsten (s. Abschnitt 3.4.10).

Hiervon ausgenommen sind:

Ablaufstellen für Regenwasserleitungen im Trennverfahren,
Ablaufstellen für Regenwasserleitungen im Mischverfahren, wenn die Ablaufstellen von Fenstern und Türen von Aufenthaltsräumen mindestens 2 m entfernt sind oder die Leitungen frostfreie Geruchverschlüsse erhalten,
Bodenabläufe in Garagen, die an Regenwasserleitungen im Trennverfahren angeschlossen sind,
Bodenabläufe in Garagen, die an Regenwasserleitungen im Mischverfahren angeschlossen sind, wenn die Leitungen frostfreie Geruchverschlüsse erhalten und
Bodenabläufe, die über Abscheider für Leichtflüssigkeiten nach DIN 1999 T. 1 entwässern sowie
Überläufe in andere Ablaufstellen.

Mehrere Ablaufstellen gleicher Art können einen gemeinsamen Geruchverschluß haben. Dies gilt für Doppelspülen (**21**.1) oder Reihenwaschanlagen und ähnliche Einrichtungen, wenn die Verbindungsleitung nicht länger als 4 m ist und an der höchsten Leitungsstelle eine Reinigungsöffnung vorgesehen wird.

In Gebäuden sind Überläufe aus Wasser- und Regenwasserbehältern, Springbrunnen und dergleichen und alle Ab- und Überläufe, bei denen die Erneuerung des Sperrwassers im Geruchverschluß nicht gesichert ist, nicht unmittelbar an die Entwässerungsleitung anzuschließen, sondern durch ein sichtbar über einem Ablauf ausmündendes Rohr zu entwässern (**219**.1).

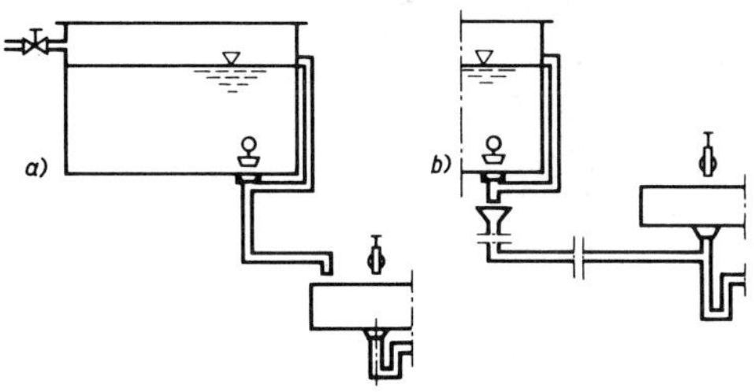

219.1 Anschluß eines aus einer Trinkwasserleitung gespeisten Behälters an die Entwässerungsanlage
a) über einen Entwässerungsgegenstand
b) mit einem Trichter und einer Rohrleitung über einen Geruchverschluß

Abläufe und Überläufe von aus einer Trinkwasserleitung gespeisten Behältern dürfen ebenfalls nicht unmittelbar mit der Entwässerungsleitung verbunden werden. Das Abwasser muß entweder durch ein frei über einem Entwässerungsgegenstand mündendes Rohr oder unter Zwischenschalten eines offenen Trichters über einen Geruchverschluß abgeführt werden (**219**.1).

Kühlschränke, Kühlanlagen, Speiseschränke und ähnliche Behälter für Nahrungsmittel dürfen nicht unmittelbar mit der Abflußleitung verbunden werden.

3.3.6.2 Gebäudeschutz

Der Schutz des Gebäudes gegen Wasserschäden, wie Abtropfwasser, Überlaufwasser und Regenwasser ist nach DIN 1986 T. 1 durch geeignete Maßnahmen in Verbindung mit der Hausentwässerung sicherzustellen.

Zapfstellen. Unter jeder Zapfstelle in Gebäuden, außer denen für Feuerlöschzwecke, muß eine Ablaufstelle vorhanden sein, wenn nicht der Ablauf über wasserdichtem Fußboden ohne Pfützenbildung nach einem Bodenablauf möglich ist.

Bodenabläufe sind nach DIN 18336 wasserdicht in die Decke einzubauen.

Überläufe. Ablaufstellen mit verschließbaren Ablauföffnungen, wie Waschbecken, Waschtische, Spülbecken, Badewannen und dergleichen, müssen einen freien Überlauf mit ausreichendem Abflußvermögen haben.

Das Wasser aus Überläufen ist unschädlich abzuleiten, jedoch nicht auf Dächer.

Deckenabläufe. Baderäume in Wohnungen sollten einen Badablauf erhalten, in dem die ständige Erneuerung des Sperrwassers durch Anschluß eines anderen Entwässerungsgegenstandes gesichert ist.

In anderen Gebäuden, wie Altenheimen, Hotels, Schulen und dergleichen, dürfen Bade- und Brausewannen nur über einen Badablauf entleert werden, der zugleich den Fußboden entwässert (**220**.1).

Decken- oder Badabläufe sind sorgfältig mit der Fußbodensperrschicht der Decke zu verkleben und müssen hierzu einen möglichst breiten Kleberand aufweisen (**221**.1).

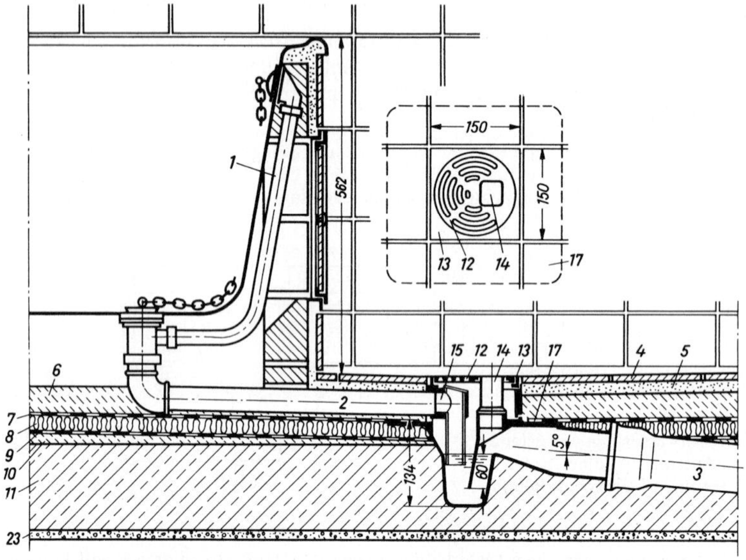

220.1 Badablauf mit seitlichem unmittelbarem Anschluß einer Einbau-Badewanne oberhalb der Deckenabdichtung, seitlicher Abgang 5°, auch 20°, 45° und senkrecht (WAL, Essener Eisenwerke)

1 Ab- und Überlaufgarnitur
2 Abflußleitung DN 32
3 Entwässerungsleitung DN 70
4 Bodenfliesen
5 Mörtelbett
6 schwimmender Zementestrich
7 Sperrschicht, zweilagig
8 Wärmedämmplatten
9 Papplage
10 Gefälleestrich
11 Rohdecke
12 Rundrost
13 Rostrahmen, drehbar
14 Reinigungsstopfen aus Kunststoff
15 Zwischenring mit Zulaufanschluß für 2 und Richtungskrümmer, um 90° drehbar
17 Kleberand mit Gefälle zum Ablauf
23 Deckenputz

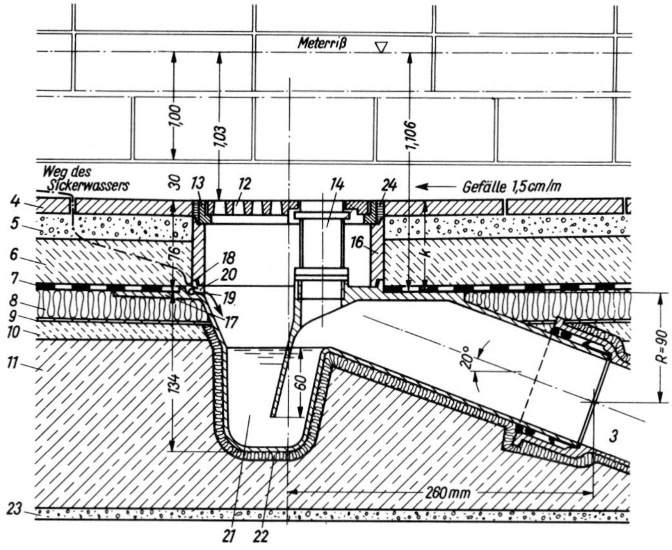

221.1 Bodenablauf (M 1:6) (WAL, Essener Eisenwerke) (Legende s. auch Bild **220**.1)
k = Kragenhöhe zwischen Oberkante Kleberand und Oberkante Rostrahmen, ohne Zwischenring k = 24 mm
R = Rohrdeckung = Abstand der Rohrachse zu Oberkante Kleberand
16 Zwischenring, 52 mm hoch, zum Angleich der Kragenhöhe k an die Dicke des Fußbodenbelages (auch 8, 16, 32 oder 60 mm hoch)
18 Anstoßleiste zur Begrenzung der Dichtungshaut
19 Nullpunkt = Ansatz des Dichtungsrandes an den Kragen
20 Sickeröffnung
21 Grundkörper mit seitlichem Abgang, hier 20°, auch 5° und 45° sowie mit senkrechtem Abgang
22 Dämmattenumhüllung gegen Schallübertragung
24 dauerelastische Dichtung

Wasch- und Geschirrspülmaschinen. Diese Großgeräte, die fest mit der Abwasserleitung verbunden sind oder das Wasser selbsttätig über einen Abwasserschlauch abpumpen, benötigen keinen Ablauf unter der Zapfstelle. Fest angeschlossene Maschinen müssen über einen Geruchverschluß entwässert werden (**42**.3).

Einhängbare Abwasserschläuche sind gegen Herausfallen zu sichern.

Balkon- und Loggienabläufe. Haben diese eine geschlossene Brüstung, müssen außer den Balkon- oder Loggienabläufen (**222**.1) noch Durchlaßöffnungen von $\geqq 40$ mm $\varnothing$ als Sicherheitsüberläufe in der Brüstung vorhanden sein.

Bei Verstopfung des Bodenablaufes muß das Wasser über Sicherheitsabläufe ins Freie ablaufen können (**201**.1).

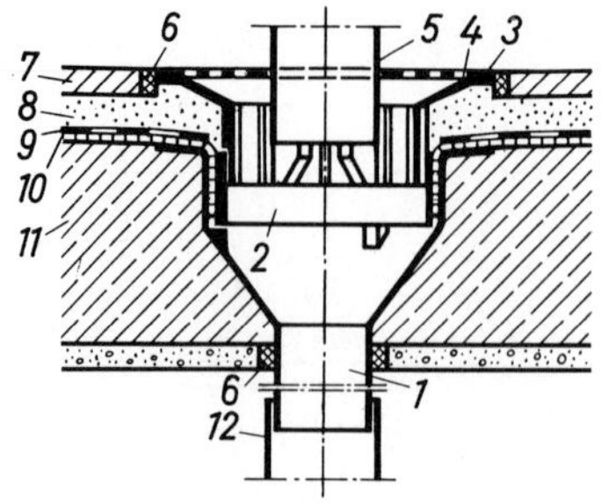

222.1 Balkonentwässerung (M 1:10)

1 höhenverstellbarer Balkonablauf
2 Klemmzylinder mit Führungsnocken
3 Höheneinstellplatte mit Sickerwasseröffnungen
4 Siebrost mit Rohrdurchbruchsöffnung
5 eingestecktes Fallrohr
6 dauerplastischer Fugenkitt
7 Bodenplattenbelag
8 Mörtelbett oder Estrich
9 Sperrschicht
10 Kunststoff-Folie, Zuschnitt 1,00 × 1,00 m
11 Balkonplatte
12 aufgeschobenes Fallrohr

Flachdach- und Terrassenabläufe. Sie entwässern die innerhalb der Gebäude angeordneten Regenfalleitungen und müssen daher einen absolut zuverlässig dichtenden Anschluß an die Sperrwasserschicht der Decke erhalten (**222**.2).

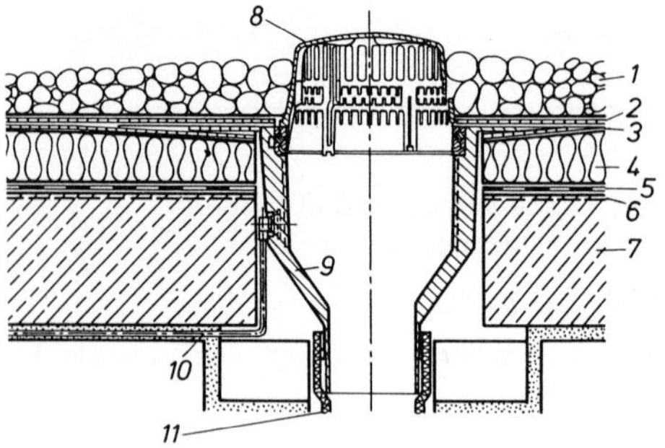

222.2 Flachdachablauf mit senkrechtem Einlauf

1 Kiesschüttung
2 Dachabdichtung
3 Anschlußfolie
4 Wärmedämmung
5 Dampfsperre
6 Dampfdruckausgleichsschicht
7 Stahlbetondecke
8 Kiesfangkorb
9 wärmegedämmter und beheizbarer Einlauftrichter
10 Heizkabel 24 V
11 wärmegedämmtes Abflußrohr

Flachdachabläufe werden aus Grauguß, Stahl oder Kunststoff mehrteilig, mit senkrechtem oder seitlichem Abgang in DN 70 bis 150, mit oder ohne Laubfang, höhenverstellbar, auch mit Heizeinsatz, in den verschiedensten Ausführungen angeboten.

Entwässerungsrinnen. Diese Rinnen für Niederschlagswasser, Oberflächen- und Tauwasser, zum Einbau in Verkehrsflächen sind nach DIN 19850 genormt. Die Richtlinie gilt für Entwässerungsrinnen, die ständig oder gelegentlich den Beanspruchungen des Personen- oder Fahrverkehrs und vergleichbaren Belastungen unterworfen sind.

Das Niederschlagswasser wird in den Rinnen linienförmig aufgenommen und weitergeleitet, wobei die Rinnenelemente einzeln aneinandergereiht werden.

Hieraus entstand in der Praxis die Bezeichnung Linienentwässerung.

Die DIN unterscheidet die Kastenrinne (**223**.1a), deren U-förmiger Querschnitt mit Rosten oder Deckeln abgedeckt ist, und die Schlitzrinne (**223**.1b), die ein geschlossenes Profil mit einem oberen oder seitlichen, ununterbrochenen Einlaufschlitz besitzt.

Die Entwässerungsrinnen sind in sechs Klassen von A 15 bis F 900 eingeteilt.

Im Rahmen der Hausentwässerung ist die Entwässerungsrinne der Klasse A 15 für Einbaustellen in Verkehrsflächen, die ausschließlich von Fußgängern und Radfahrern benutzt werden sowie vergleichbaren Flächen, wie Grünflächen, in den Nenngrößen 100 (Normalrinne), 150 oder 200 geeignet.

Als Werkstoffe für Linienentwässerungen werden Gußeisen, Stahl, Beton, Stahlbeton, Kunstharzbeton und Faserbeton verwendet.

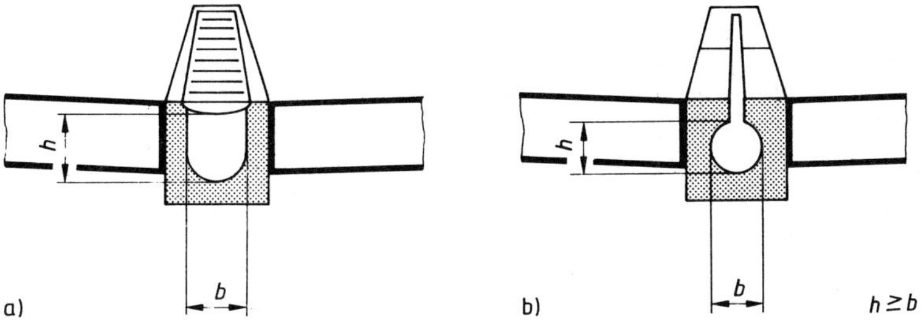

223.1 Entwässerungsrinnen (nach DIN 19580)
a) Kastenrinne
b) Schlitzrinne

3.3.6.3 Leitungsverschmutzung

Ablaufstellen. Ablaufstellen von Trinkbrunnen, Spül- und Ausgußbecken, Wannen, Balkonen und Loggien müssen Roste, Kreuzstäbe oder Siebe erhalten. Mit Ausgüssen müssen diese fest, mit Balkonabläufen (**222**.1) lösbar verbunden sein.

Ausgenommen sind Steckbeckenspülapparate, Krankenhausausgüsse und Fäkalienausgüsse (**242**.1).

Bodenabläufe. Sie müssen so ausgebildet sein, daß in ihnen Ablagerungen möglichst vermieden werden (**223**.2).

Bei großem Sinkstoffanfall, etwa in Molkereien oder anderen gewerblichen Anlagen, müssen die Bodenabläufe genügend große Schlammfänge besitzen (**282**.1).

Bei dem Einbau im Freien muß der Wasserspiegel frostfrei unter Geländeoberkante liegen.

Können grobe Stoffe, Laub oder Tiere in die Regenfalleitungen gelangen, sind die Rinnenabläufe mit Rinnensieben zu versehen.

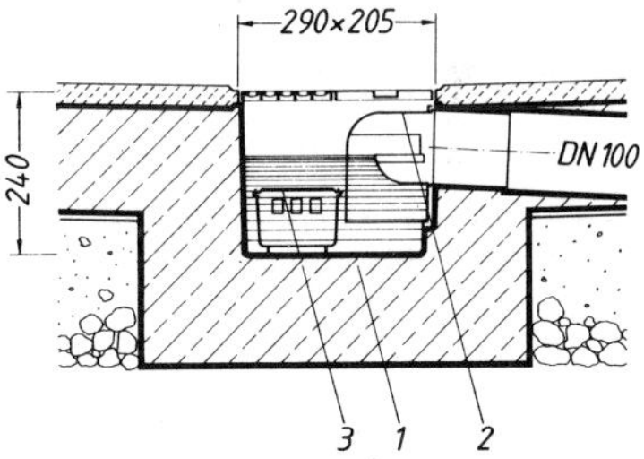

223.2 Kellerablauf aus Kunststoff, auch mit Zulaufstutzen DN 50 oder DN 70 (M 1:20) (KESSEL GmbH Entwässerungstechnik)
1 UNIVA-Kellerablauf DN 100
2 Geruchsverschluß-Einsatz
3 Schlammeimer

Hofabläufe. Beim Trennverfahren müssen in befestigten Flächen wie Höfen, Stellplätzen und dergleichen Wasserscheiden den Eintritt von Schmutzwasser in die Regenwasserhofabläufe (**224**.1) verhindern.

Autowaschplätze müssen im Trennverfahren an die Schmutzwasserleitung angeschlossen werden.

Bei unbefestigten Höfen, Gärten und Verkehrsflächen ist die Umgebung der Hofabläufe im Umkreis von ≧ 1 m zu befestigen.

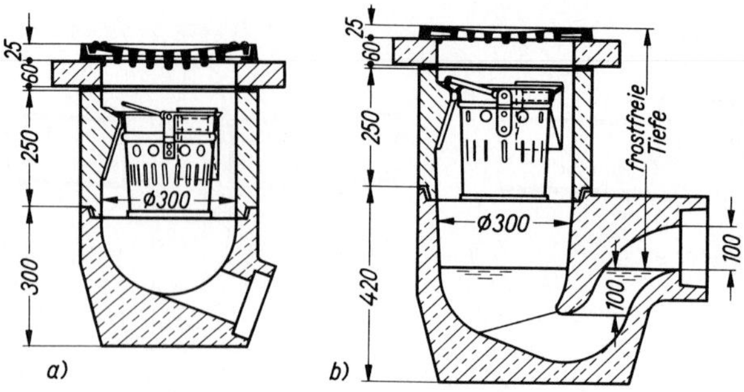

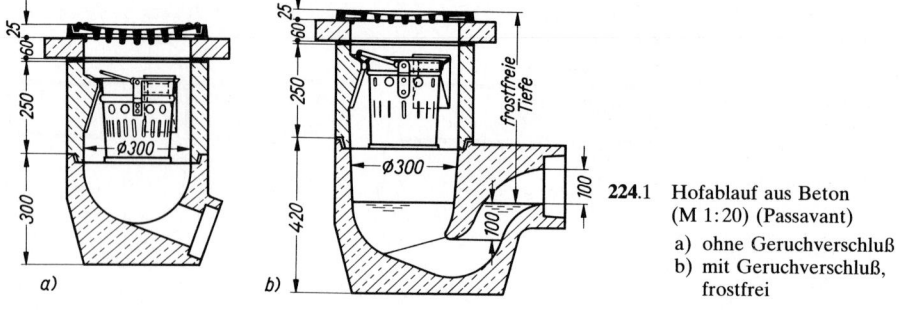

224.1 Hofablauf aus Beton (M 1:20) (Passavant)
a) ohne Geruchverschluß
b) mit Geruchverschluß, frostfrei

3.4 Sanitärausstattung

Sanitärgegenstände in den Wirtschafts- und Sanitärräumen haben vorrangig funktionelle und hygienische Aufgaben zu erfüllen.

Sie sind aber auch wesentliche Gestaltungselemente, die durch Werkstoff, Form und Farbe von Mode- und Geschmacksrichtungen bestimmt werden.

Schließlich müssen die Abmessungen und Montagemaße der Sanitärgegenstände und des Ausstattungszubehörs auf die Körpermaße der Benutzer abgestimmt sein.

3.4.1 Werkstoffe

Die Werkstoffe für Sanitärausstattungen lassen sich grob in metallische und keramische Stoffe sowie Kunststoffe einteilen.

Kupferblech. Es ist von ausgezeichneter Korrosionsbeständigkeit und wird daher, mit einem Zinnüberzug versehen, vor allem für Heißwasserbereiter verwendet, daneben auch für Badewannen zu medizinischen Zwecken.

Messing. Diese Kupferlegierung (mit ≧35 bis 40% Zink) wird für sichtbar verlegte Rohrteile, Geruchverschlüsse und Armaturen verarbeitet.

Rotguß. Dies ist eine hochwertige Kupferlegierung (mit ≧70% Kupfer und z. B. 5% Zinn) für schwere Armaturen.

Die Oberflächen von Messing- und Rotgußarmaturen können galvanisch vernickelt und dann verchromt werden.

Stahlblech. Das Blech wird zum Schutz gegen Rost meistens innen und außen emailliert. Die Außenoberfläche von Sanitärgegenständen erhält eine Grundemaillierung, die Innenfläche wird durch eine Porzellanemaillierung stoß-, kratz-, säurefest und laugenbeständig.

Einrichtungsgegenstände aus federndem Stahlblech sind billiger und leichter als gußeiserne.

Edelstahl. Nichtrostendes Stahlblech, Nirosta, auch V2A oder V4A, ist ein hochlegierter Chromnickelstahl mit korrosionsbeständiger, nicht alternder Oberfläche. Er ist schlagfest, sehr hart, äußerst widerstandsfähig, mit glänzender oder matter, glatter oder strukturierter Oberfläche. Edelstahl ist beständig gegen übliche Reinigungs- und Desinfektionsmittel sowie mechanische Belastungen.

Die Rückseiten aller Stahlblech-Einrichtungsgegenstände sollten einen Antidröhnbelag aufweisen.

Gußeisen. Grauguß hat sich als korrosionsbeständiger Werkstoff hoher Festigkeit für Sanitärgegenstände bewährt. Die Innenoberfläche von Sanitärobjekten ist weiß oder farbig emailliert, die Außenoberfläche meist gestrichen, selten emailliert.

Guß hat ein hohes Gewicht, federt nicht, ist wegen seiner geringen Neigung zum Rosten und der etwa 5 mm dicken Wandungen erheblich widerstandsfähiger als emailliertes Stahlblech. Die größere Wandstärke kann aufgenommene Wärme länger speichern und ist schalltechnisch günstiger.

In Rotsiegel-Qualität werden Sanitärgegenstände für übliche Reinigungsbäder, in Gelbsiegel-Qualität für medizinische Bäder eingeplant.

Bei medizinischen Sanitäreinrichtungen ist die höhere Widerstandsfähigkeit des säurebeständigen Emails wesentlich.

Email. Dies ist ein durch Metalloxide gefärbter, glasartiger Schmelzüberzug. Zwei Überzüge mit nachfolgendem Brand sind erforderlich. Alle Emaillen werden von scharfen, Sand enthaltenen Reinigungsmitteln angegriffen und stumpf. Die glatte, stoß- und kratzfeste sowie glänzende Oberfläche soll daher genauso wie die Glasur der keramischen Werkstoffe gepflegt werden.

Steinzeug. Aus feuerfesten, sinternen Tonen gebrannt ist er der festeste keramische Werkstoff von meist bräunlicher Farbe. Die glasierte Oberfläche ist völlig säure- und temperaturbeständig.

Steinzeug eignet sich besonders für rauh beanspruchte Sanitärgegenstände und dort, wo weniger auf schönes Aussehen als auf Preiswürdigkeit Wert gelegt wird.

Feuerton. Das steinzeugähnliche Material besteht aus Schamotte und feuerfestem Ton. Die poröse Oberfläche macht einen Überzug aus weißbrennendem hochwertigem Porzellan erforderlich.

Dieser robuste und widerstandsfähige Werkstoff wird für dickwandige, großformatige Sanitärerzeugnisse verwendet.

Steingut. Der aus Ton, Kaolin, Quarz und Feldspat gefertigte Scherben ist weiß. Die Oberfläche wird mit einer glatten Glasur abgedichtet.

Das von der Sanitär-Keramik hergestellte Hartsteingut hat eine geringere Festigkeit als Porzellan und ist gegen mechanische Beschädigungen empfindlicher.

Sanitärporzellan. Das Porzellan besteht aus ähnlichen Grundstoffen wie Steingut. Es stellt durch höhere Festigkeit und Qualität eine erheblich verbesserte Weiterentwicklung des Steingutes dar. Porzellan wird mit einer weißen oder farbigen, nicht zu Rißbildung neigenden Glasur überzogen.

Sanitärporzellan erfüllt alle Ansprüche in bezug auf Oberflächenfestigkeit, Hygiene und gefälliges Aussehen.

Acrylglas. Dieser korrosionsbeständige, thermoplastische Kunststoff ist mit einer Dicke von 4 bis 8 mm weitgehend schlag- und stoßunempfindlich, allerdings nicht kratzfest.

Die dennoch guten Eigenschaften dieses Werkstoffes haben das Herstellerangebot erheblich vergrößert.

Bei richtiger Pflege sind die Vorteile dieses Kunststoffes: zahlreiche Farben bei voll durchgefärbtem, lichtechtem Material, fast jede gewünschte Form, bruchfest und leichtes Montagegewicht, porenlose und sehr rutschfeste Oberfläche, geringe Wärmeleitfähigkeit, chemikalienbeständig und leicht mit flüssigem Reinigungsmittel zu pflegen.

Kratzer können mit Autopolitur ausgebessert werden.

3.4.2 Klosettanlagen

Der Platzbedarf für Klosettbecken ist in den Abschnitten 1.3 und 1.4 ausführlich behandelt. Die zwischen 60 und 80 cm liegenden sehr unterschiedlichen Tiefenmaße der WC-Anlagen sind möglichst den Sanitärkatalogen zu entnehmen.

Räume mit Klosettanlagen, die für einen größeren Personenkreis bestimmt oder allgemein zugänglich sind, müssen nach DIN 1986 T. 1 Bodenabläufe mit Geruchverschluß erhalten (**221**.1).

Klosett- und Urinalanlagen sind durch besondere, an eine Wasserleitung angeschlossene Spüleinrichtungen, Spülkästen oder Abortdruckspüler, zu spülen. Die ständige Erneuerung des Sperrwassers ist sicherzustellen.

Daneben werden nur für Sonderfälle Klappen-, Trocken-, Chemikalien-, Verbrennungs- und Gefrierklosetts hergestellt.

Spülaborte. Klosettbecken sollen DIN 1379, 1381, 1382, 1385, 1387, 1388 sowie DIN EN 33, 34, 37 und 38 entsprechen. Für die Verbindung zwischen dem Ablaufstutzen des Klosetts und der Anschlußleitung dürfen nur gerade oder bogenförmige Anschlußstücke nach DIN 1389 (**226**.1, **227**.1, **228**.1 und 2) und vorgeschriebene Dichtmittel verwendet werden.

Der Innendurchmesser der Spülrohre für Spülkästen aus Kunststoff muß nach DIN 3268 für hochhängende Spülkästen ≧ 30 mm, für tiefhängende oder halbhoch hängende Spülkästen sowie Wandeinbau-Spülkästen ≧ 50 mm betragen.

Die Spülrohre für Druckspüler aus Metall oder Kunststoff werden nach DIN 3267 in DN 15 bis 25 verwendet.

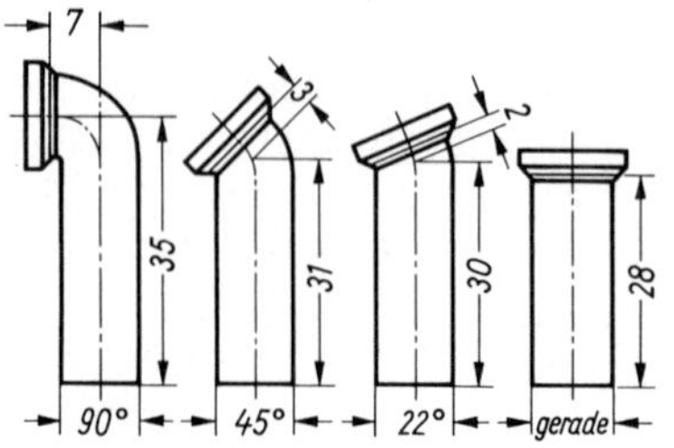

226.1 Klosett-Fertigabläufe aus Polypropylen für Flach- und Tiefspülklosetts mit waagerechtem Abgang (GEBERIT)

Abortbecken. Sie müssen frei stehen oder hängen, ihre Innenflächen mit den dazu gehörenden Geruchverschlüssen müssen glatt und hell sein.

Bodenstehende Klosettbecken werden im Fußbereich mit Schrauben D 8 am Boden befestigt.

Die Abortbecken sind ohne Sitz 39 oder 40 cm, für Kinderaborte 30 oder 35 cm hoch. Sie werden aus Porzellan, für Massenanlagen auch aus Steinzeug und Feuerton hergestellt, seltener aus Grauguß. Der Abgangsstutzen ist außen 102 mm, der Zuflußstutzen 55 mm i. L. weit.

Klosettsitz. Der aufklappbare Sitz, für Badaborte stets mit Deckel, wird aus lackiertem oder poliertem Hartholz, aus vergütetem Schichtholz oder Kunststoff hergestellt und erhält einen kräftigen Beschlag und Befestigungsschrauben aus nichtrostendem Metall oder Kunststoff.

Beim Aufklappen dürfen Sitzring und Deckel das Spülrohr nicht beschädigen können (**227**.1).

Ein im Handel angebotener ergonomisch gestalteter, durch Antippen selbsttätig schließender WC-Sitz ist so geformt, daß er dem Becken als Stütze dient.

Je nach Funktion oder Anordnung sind nachfolgende Spülaborte zu unterscheiden:

Flachspülklosetts, Tiefspülklosetts, Absaugeklosetts, Clos-o-mat und Hockklosetts.

Flachspülklosetts. Diese bodenstehenden (**227**.1) oder wandhängenden Spülklosetts nach DIN 1381 und 1382 werden in Deutschland für Wohnbauten, aber auch Hotels und Büros noch viel verwendet, während sie im Ausland teilweise nicht mehr zugelassen sind.

Ihrem Vorteil, daß sie die Fäkalien zur frühzeitigen Erkennung oder Behandlung von Krankheiten zu beobachten gestatten, stehen verschiedene Nachteile gegenüber.

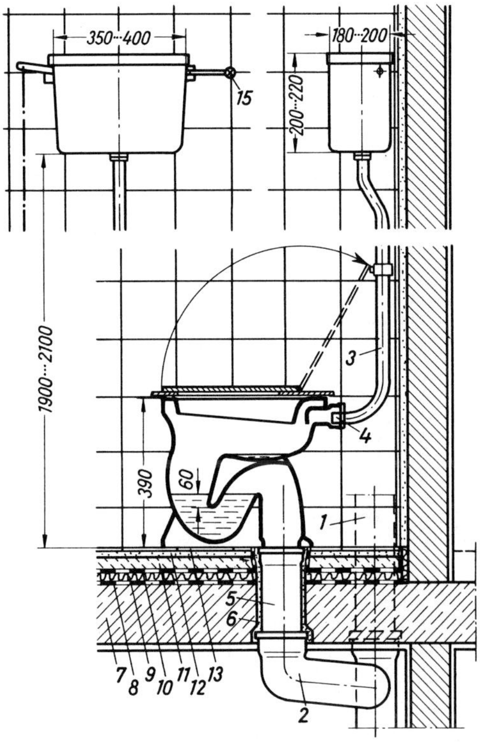

227.1 Flachspülklosett mit Abgang innen senkrecht und mit hochhängendem Spülkasten (M 1:20)

1 PP-Rohr DN 100
2 PP-Parallelabzweig DN 100
3 Spülrohr d ≧ 32 mm
4 Spülrohranschluß mit Gumminippel
5 PVC-Klosettstutzen
6 Dämmatte
7 Rohdecke
8 1 Lage Dachpappe
9 Dämmschicht ≧ 25mm
10 Sperrschicht, 2lagig
11 schwimmender Estrich, 35 mm dick
12 Mörtelbett, 15 bis 20 mm
13 Bodenfliesen
15 Eckventil DN 10 oder 15

Die Fäkalien sind in der flachen Schale des Beckens nur teilweise vom Wasser bedeckt, so daß Gerüche nicht zu verhindern sind. Nicht alle Flächen des Beckens werden gründlich bespült, vor allem reicht die Wasserkraft nicht mehr zum ausreichenden Durchspülen des Geruchverschlusses aus, in dem schwer zu beseitigende Ablagerungen und Verkrustungen unvermeidlich sind.

Als Spüleinrichtung dienen Spülkästen oder Abortdruckspüler (s. auch Abschnitt 3.4.4).

Bodenstehende Universal-Flachspülklosetts nach DIN 1387 aus Sanitär-Porzellan werden mit zwei verschiedenen Ablaufstutzen hergestellt.

Form A, Ablaufstutzen waagerecht. Klosetts der Form A werden mit besonderen Kunststoff-Fertig-Ablaufbogen (**226**.1) mit der Anschlußleitung verbunden, wobei praktisch jeder gewünschte Anschluß leicht und einwandfrei herzustellen ist.

Form B, Ablaufstutzen innen senkrecht (**227**.1). Die Anschlußleitung liegt bei diesen Modellen innerhalb oder unterhalb der Decke (**227**.1).

Daneben werden in DIN 1381 unter Form A und B Flachspülklosetts mit und ohne aufgesetztem Spülkasten und waagerechtem Abflußstutzen sowie unter Form C und D mit senkrechtem Abflußstutzen unterschieden.

Tiefspülklosetts. Diese bodenstehenden (**228**.1 und 2) oder wandhängenden Aborte nach DIN 1381 und 1382 haben einen wassergefüllten Trichter und vermeiden die Nachteile des Flachspülbeckens. Sie sind daher hygienisch einwandfrei. Tiefspülbecken werden bei uns vor allem in öffentlichen Anlagen und Betrieben verwendet, setzen sich aber auch im Wohnungsbau zunehmend durch. Im Ausland sind sie weithin vorgeschrieben. Als Spüleinrichtung werden Spülkästen mit 6 bis 9 l Spülmenge oder Druckspüler verwendet (s. auch Abschnitt 3.4.4).

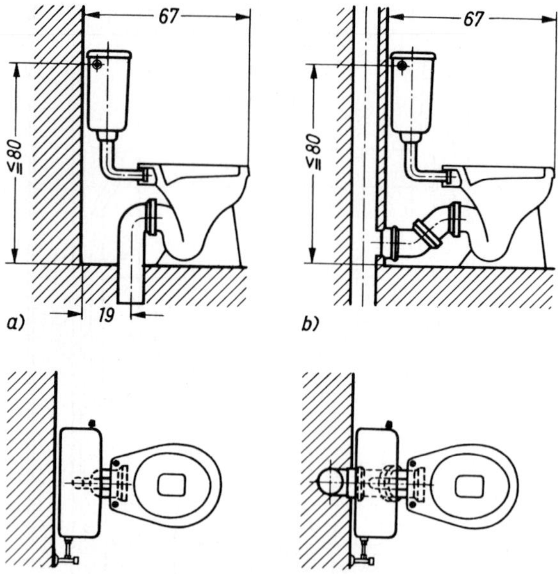

228.1 Universal-Tiefspülklosett mit waagerechtem Abgang. Anschlußmöglichkeiten an die Falleitung unter Verwendung von Fertigabläufen (**226**.1) (GEBERIT)

a) mit Fertigablauf 90°
b) mit 2 Fertigabläufen 45°

Bodenstehende Universal-Tiefspülklosetts nach DIN 1388 werden ebenfalls in der Form A mit waagerechtem und Form B mit innerem senkrechten Ablaufstutzen (**226**.1) hergestellt und in gleicher Weise wie Flachspülklosetts eingebaut (**228**.1 und 2).

Daneben werden in DIN 1381 unter Form E und F Tiefspülklosetts mit und ohne aufgesetztem Spülkasten und waagerechtem Abflußstutzen sowie unter Form G und H mit senkrechtem Abflußstutzen unterschieden.

Bodenstehende Klosettbecken werden nach DIN EN 33 auch mit aufgesetztem Spülkasten und nach DIN EN 37 auch mit einem freien Zulauf hergestellt.

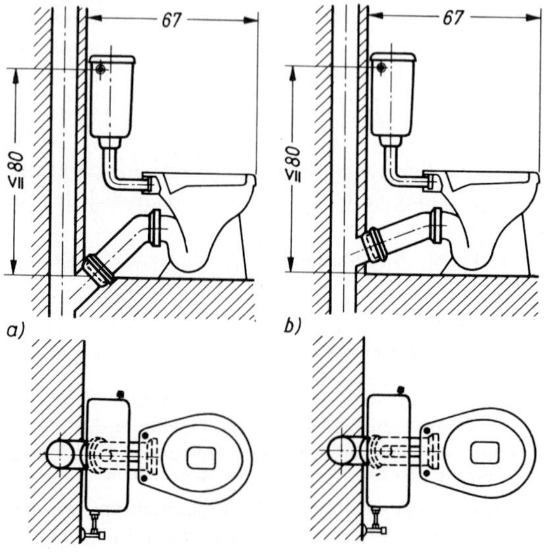

228.2 Universal-Tiefspülklosett mit waagerechtem Abgang. Anschlußmöglichkeiten an die Falleitung unter Verwendung von Fertigabläufen (**226**.1) (GEBERIT)

a) mit Fertigablauf 45°
b) mit Fertigablauf 22°

Absaugeklosetts. Sie stellen eine Weiterentwicklung der Tiefspülklosetts mit den festgelegten Maßen nach DIN 1379 dar (**229**.1). Bei der Einleitung der Spülung wird ein Teil des Spülwassers direkt in den Geruchverschluß eingeführt und füllt den verengten Querschnitt dahinter voll aus, so daß durch die dadurch entstehende Heberwirkung der ganze Inhalt des Beckens abgesaugt wird. Alle Teile des Beckens werden dabei kräftig gereinigt. Das letzte Spülwasser füllt dann den Geruchverschluß wieder.

Die tiefhängenden angeformten Spülkästen mit einer Spülmenge von 9 bis 14 l sind besonders geräuscharm.

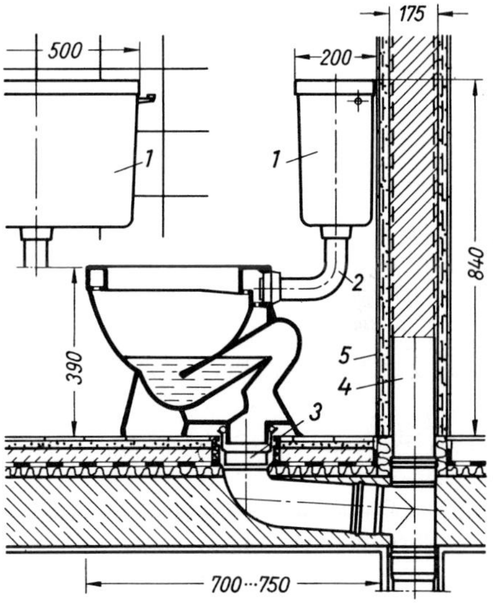

229.1 Absaugeklosett mit Abgang innen senkrecht und mit tiefhängendem Spülkasten (M 1:20)

1 tiefhängender Spülkasten aus Kunststoff (GEBERIT)
2 Spülrohr, d = 50 mm
3 PVC-Manschette zum Einkleben in PVC-Rohr (GEBERIT)
4 Kunststoff-Abflußrohr DN 100
5 Putzträger über 4

Wandklosetts. Wandhängende Spülklosetts (**230**.1 bis 3) aus Sanitärporzellan werden nach DIN 1382 sowie DIN EN 34 und 38 als Tiefspül- und Flachspülklosetts hergestellt.

In der DIN 1382 wird das Wandhängeklosett mit freiem Zulauf unter Form E als Flachspülklosett und Form F als Tiefspülklosett unterschieden.

Wandhängeklosetts mit aufgesetztem Spülkasten sind unter Form G als Flachspülklosett und Form H als Tiefspülklosett genormt.

Sie werden an ≧ 17,5 cm dicken Wänden, in denen auch die Abflußleitung unterzubringen ist, durch ausreichend lange Steinschrauben befestigt. Dünnere Wände erfordern eine zusätzliche Verankerung durch ein in oder vor Wand und Decke eingebautes verstellbares Traggerüst (**231**.1) oder vorfabriziertes Installationselement (s. auch Abschnitt 2.6.2).

Die Abstandsmaße der beiden Befestigungsschrauben M 16 am Traggerüst betragen nach DIN EN 34 und 38 entweder 230 (**230**.3 und **231**.1) oder 180 mm.

Beim Einbau sind die Auflagen der DIN 1986, 4109 und 18195 T. 1,3 und 5 zu beachten.

Der besondere Vorteil der Wandklosetts liegt in der Fußbodenfreiheit der Modelle und einer schalldämmenden Montage.

Als Spüleinrichtung wird ein tief- oder halbhochhängender Spülkasten, der auch auf die Rückseite des Beckens aufgesetzt oder heute oft als besonders schmales Einbaumodell (**230**.1) in einer Tragwand unsichtbar untergebracht wird, angeboten.

Die Spülwassermenge beträgt bei Wandklosetts in der Regel 6 oder 9 l.

Die Verwendung von Druck- oder Fußspülern ist ebenso möglich.

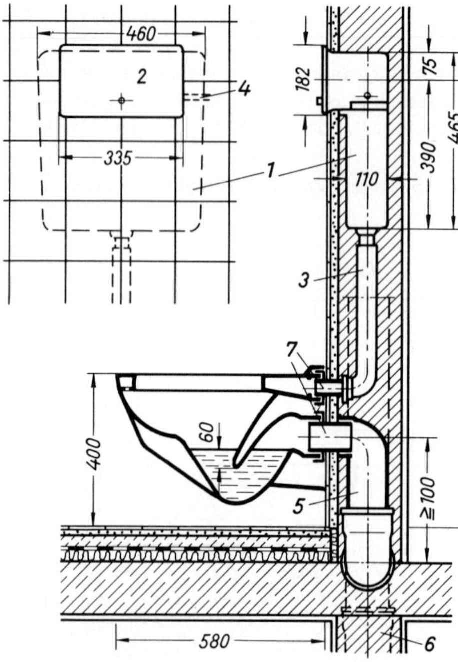

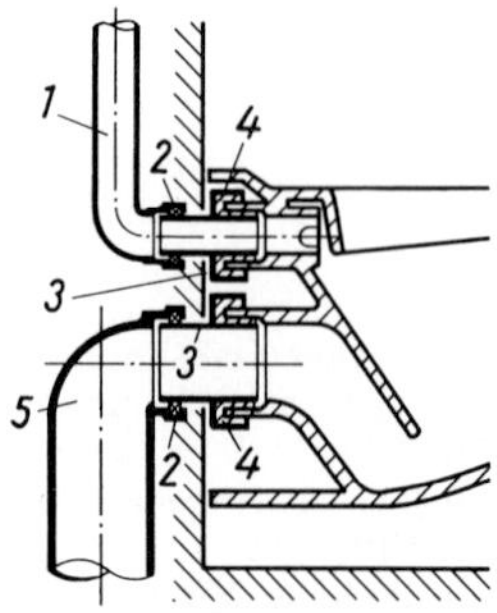

230.1 Wandhängendes Tiefspülklosett mit Wandeinbau-Spülkasten (M 1:20)

1 Wandeinbauspülkasten 9 l aus PVC (GEBERIT)
2 äußere Kontrollplatte, PVC weiß
3 Spülrohr, d = 50 mm
4 Wasseranschluß DN 10 oder 15
5 PVC-Anschluß für Wandklosett mit Spezialmuffe DN 100
6 PVC-Falleitung
7 GEBERIT-Dichtungsmanschette für Wandklosett

230.2 Anschluß eines Wandklosetts (Einzelheit zu **230**.1)

1 Spülrohr
2 O-Ring
3 Manschette
4 Kittring
5 Spezial-Ablaufformstück

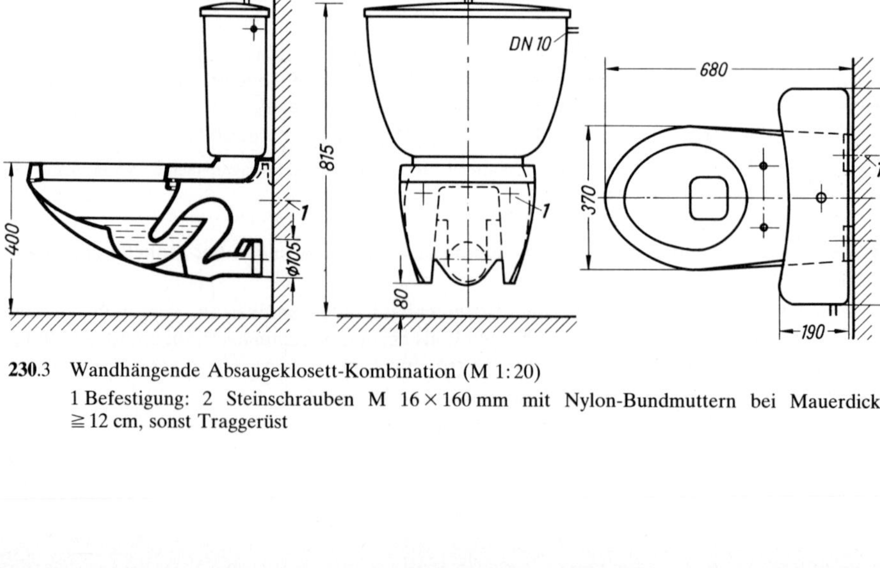

230.3 Wandhängende Absaugeklosett-Kombination (M 1:20)

1 Befestigung: 2 Steinschrauben M 16 × 160 mm mit Nylon-Bundmuttern bei Mauerdicken ≧ 12 cm, sonst Traggerüst

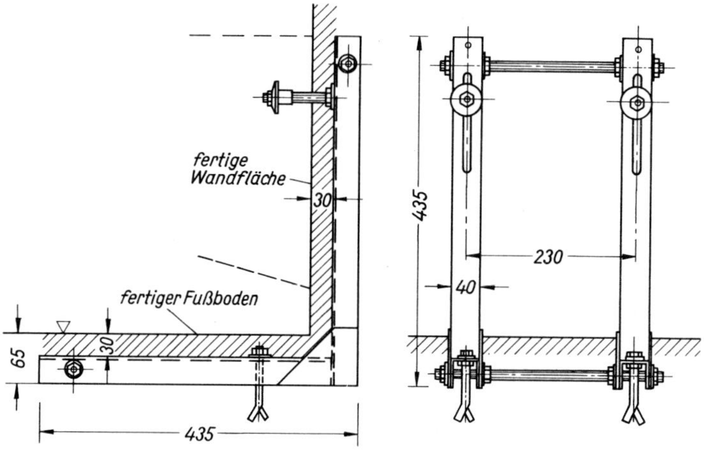

231.1 Traggerüst für Wandklosett bei Wanddicke ≧ 12 cm (M 1:10)

Clos-o-mat. Dieses WC ist eine Tiefspülklosettanlage mit aufgesetztem Spülkasten, die auf Knopfdruck mit Fuß- oder Handbetätigung ohne Papier und ohne Berührung auf angenehme Weise mit Warmwasser reinigt, worauf automatisch eine Warmlufttrocknung folgt und damit höchste hygienische Ansprüche erfüllt (**231**.2).

Die Dusche und Klosettspülung treten in Tätigkeit, wenn man sitzt und mit dem Fuß den Bedienungsknopf betätigt. Aus der Dusche fließt etwa 15 s lang 2 l thermostatisch geregeltes, körperwarmes Wasser. Nach beendetem Duschen tritt automatisch die körperwarme Luft in Funktion, die angenehm trocknet. Die Anlage ist alle 2,5 Minuten wieder betriebsbereit.

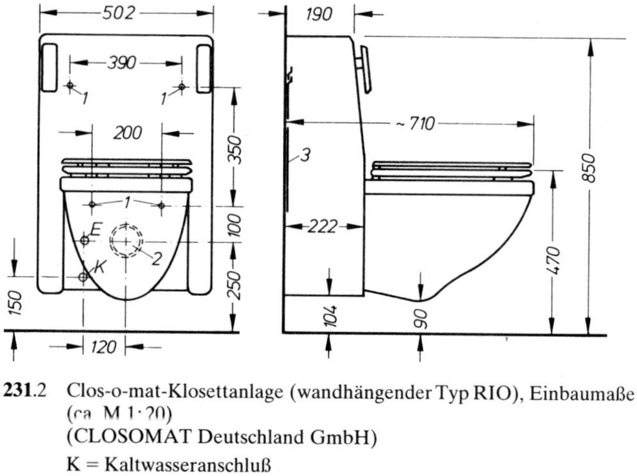

231.2 Clos-o-mat-Klosettanlage (wandhängender Typ RIO), Einbaumaße (ca. M 1:20)
(CLOSOMAT Deutschland GmbH)

K = Kaltwasseranschluß
E = Schukosteckdose

1 Wanddübel (Loch ∅ 12 mm)
2 Ablaufrohr
3 Wand-Montageplatte

Außer für behinderte oder kranke Menschen läßt sich diese Anlage mit Vorteil für viele Personengruppen und Gebäudearten verwenden.

Dazu gehören Hotels, moderne Betriebe, vorwiegend der Getränke- und Genußmittelherstellung, Personen ohne Hände oder Körperbehinderte, Heime und Schulen für körperbehinderte Kinder, Krankenhäuser, Unfallstationen, Kliniken, Entbindungsstationen oder -heime, Arztpraxen, Alters- und Pflegeheime.

Hockklosett. Dieses einfache im Mittelmeergebiet verbreitete Klosett (**232**.1) ist hygienisch bedenkenlos benutzbar.

Es eignet sich zum Einbau in öffentliche Abortanlagen, Raststätten und auf Campingplätzen.

Es besteht keine Berührung mit dem Klosettkörper. Die Hockstellung verstärkt vorteilhaft den Druck auf die Bauchmuskulatur. Nachteilig ist die Benutzung durch ältere Menschen und Kinder.

Der Abflußstutzen in DN 100 des Hockklosetts ist mit einem Geruchverschluß zu verbinden.

Der Klosettkörper wird mit OK Fußboden abschließend eingebaut. Hockklosetts werden mit und ohne (**232**.1) Spülwasserverteiler hergestellt.

Die Spülung kann entweder durch Druckspüler oder durch hochhängende Spülkästen erfolgen.

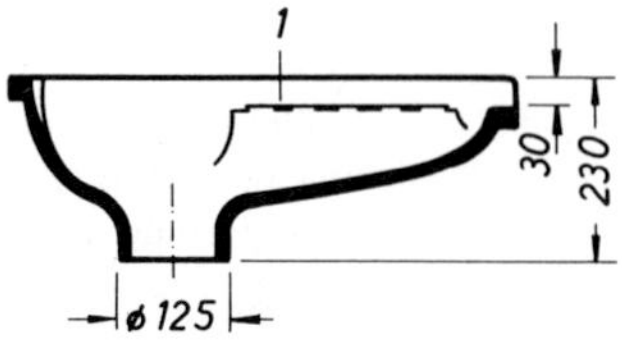

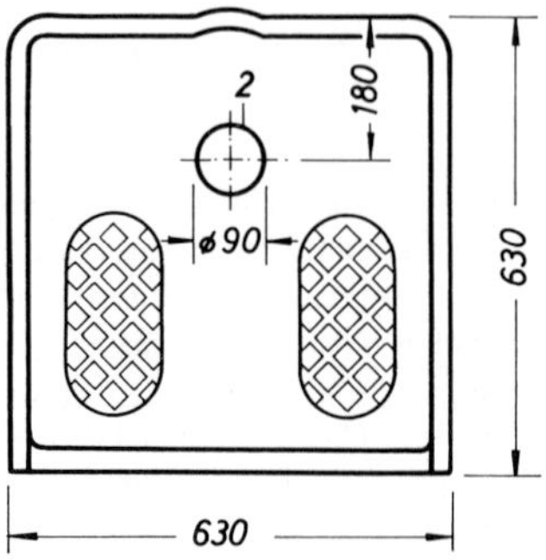

232.1 Hockklosett ohne Spülwasserverteiler
1 Trittflächen
2 Abflußstutzen

Trichterklosetts. Sie werden für unbeheizte Aborträume verwendet und ohne Geruchverschluß mit 100, 110 und 140 mm Abgangsdurchmesser hergestellt.

Ausstattungszubehör. Erforderliches Zubehör zu Klosettanlagen und die körpergerechten Montagehöhen über Fußbodenoberkante:

Klosettpapierhalter (70 bis 75 cm, in Kindergärten 60 bis 70 cm), seitlich vom Becken in Höhe der Beckenvorderkante. Reserve-Papierrollenhalter (30 bis 45 cm).

Klosettbürstenhalter mit Klosettbürste (10 bis 15 cm).

Kleiderhaken (150 bis 170 cm), meist im Bereich der Eingangstür.

Zigarren- oder Zigarettenablage (85 bis 90 cm), nicht direkt über dem Papierhalter, seitlich vor dem Becken.

Im Klosettraum oder davor darf ein Waschbecken oder Waschtisch nicht fehlen.

3.4.3 Urinalanlagen

Sie werden in öffentlichen Toiletten, Bahnhöfen, Industriebetrieben, Hotels, Geschäfts- und Bürogebäuden, Gaststätten, Sportstätten, Schulen, Theatern und dergleichen zur Entlastung der WC-Anlagen für männliche Benutzer nach den Arbeitsstätten-, Gaststätten- und Schulbaurichtlinien geplant.

Im Vergleich zu einer Klosettanlage wird für einen Urinalstand weniger Platz benötigt. Der Wasserverbrauch ist außerdem mit 1,5 bis 3 l wesentlich geringer.

In der Regel rechnet man 1 Urinal für 10 bis 15 Personen bei ganztägiger Gebäudebenutzung, für 20 bis 40 Besucher in kurzzeitig benutzten Gebäuden.

Urinalanlagen mit Wasserspülung werden in Urinalbecken (Wandurinale) und Urinalstände (Standurinale) unterschieden.

Daneben kommen bei Reihenanlagen auch Urinalwände und Rinnen zur Ausführung, die nach DIN 1986 T. 1 jedoch vermieden werden sollten.

Urinalbecken. Sie werden als Wandurinale auf der ebenen Wandfläche oder als Eckurinale für Raumecken geplant.

Die wandhängenden Urinale aus Sanitär-Porzellan werden nach DIN 1390 T. 1 und 2 sowie DIN EN 80 mit und ohne Geruchverschluß, mit senkrechtem oder waagerechtem Abgang hergestellt und mit einem geraden oder gebogenen Urinalanschlußstück DN 50 oder 65 nach DIN 1380 T. 1 und 2 an die Abwasserleitung angeschlossen.

DIN 1390 unterscheidet die Form A ohne und Form B, C und D mit Geruchverschluß. Bei den Formen A, B und D liegt der Ablauf außen senkrecht (**233**.1), während die Form C einen verdeckten waagerechten Ablauf (**233**.2) zeigt.

Der Spülwassereinlauf in DN 32 wird von oben freiliegend (**233**.1) oder verdeckt liegend (**233**.2) hergestellt.

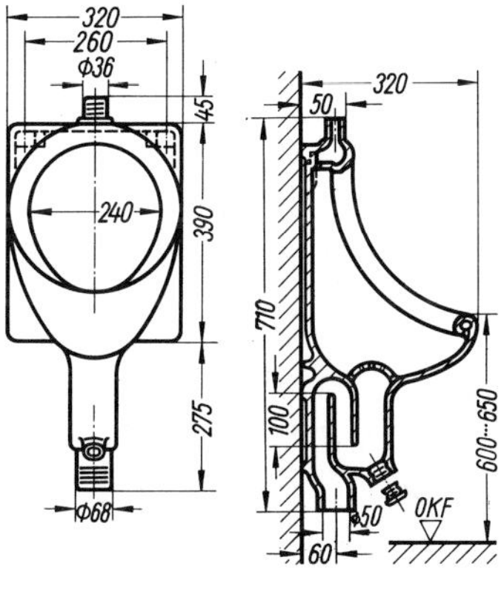

233.1 Beckenurinal aus Porzellan mit angeformtem Geruchverschluß (M 1:20)

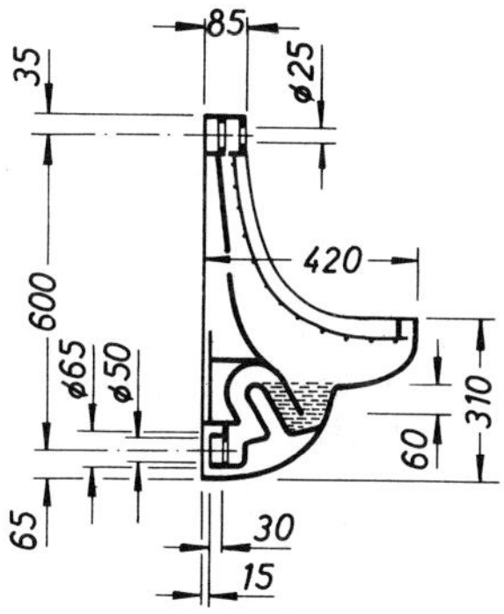

233.2 Absauge-Urinalbecken mit innenliegendem, verdecktem Geruchverschluß

Urinalbecken der Form A und B sind mit einem Ablaufsieb ausgestattet (**233**.1), was die Beckenreinigung erschwert. A b s a u g e u r i n a l e der Form C und D haben dagegen einen freiliegenden Ablauf (**233**.2). Beim Spülvorgang wird hier der verunreinigte Beckeninhalt restlos abgesaugt und der Geruchverschluß anschließend neu mit Wasser gefüllt.

Nach DIN 1986 T. 1 dürfen Wandurinale kein frei ausmündendes Ablaufrohr haben.

Die M o n t a g e h ö h e des Urinalbeckenrandes über OKFF liegt für Erwachsene bei 60 bis 65 cm und für Kinder bei 50 bis 60 cm. Der Mittenabstand mehrerer Einzelurinale sollte ≧ 65 cm betragen.

Die Befestigung erfolgt an der Wand mit 2 Steckschrauben M 12 oder mit Aufhängelaschen. Die Wandflächen hinter den Becken sind zu verfliesen.

Unter den Urinalbecken sollte möglichst eine Bodenrinne mit Ablauf angeordnet werden. Oberhalb des Ablaufes ist zweckmäßig ein Zapfventil DN 15 zur Bodenreinigung mit vorzusehen.

Räume mit Urinalanlagen, die für einen größeren Personenkreis bestimmt oder allgemein zugänglich sind, müssen nach DIN 1986 T. 1 Bodenabläufe mit Geruchverschluß erhalten (**221**.1).

Urinalstände. Hygienisch weitgehend einwandfreie Anlagen werden aus weiß glasierten etwa 1,00 bis 1,25 m hohen *Einzelständen* aus Feuerton oder Faserzement zusammengesetzt (**234**.1). Sie bestehen aus Rinne, Rückwand, Abdeckleisten und nach Wunsch auch Schamwänden.

Die vorgefertigten, bis zu 620 mm breiten Wandelemente werden zu *Reihenanlagen* beliebiger Länge aneinandergereiht und nach vorheriger gründlicher Isolierung der Rohbauwände mit Mörtel angesetzt.

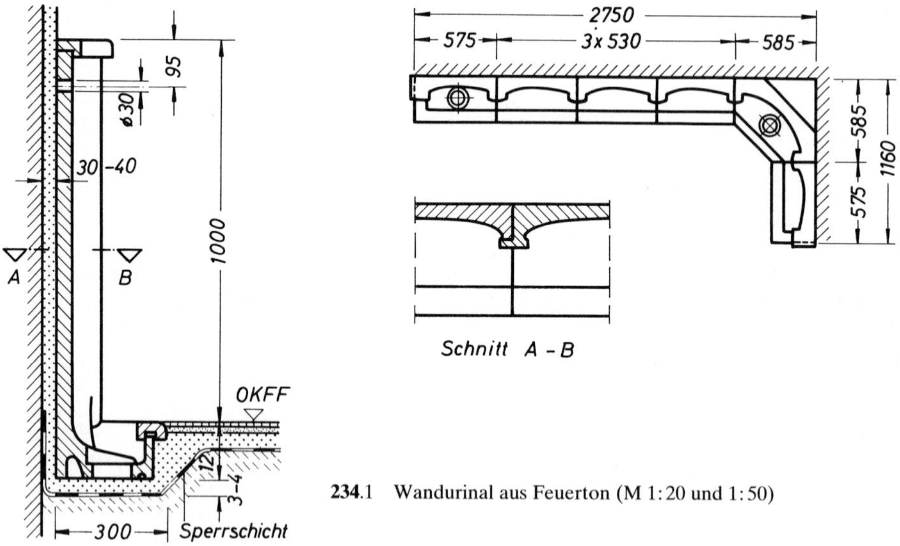

234.1 Wandurinal aus Feuerton (M 1:20 und 1:50)

Man unterscheidet Urinalstände ohne oder mit Trennwänden, mit Sammelrinne und gemeinsamem Ablauf oder eigenem Ablauf je Stand.

Sofern nicht Einzelurinalabläufe vorgesehen sind, sollen höchstens 4 bis 6 Urinalstände in einen gemeinsamen Ablauf entwässert werden.

Jeder Stand erhält einen verchromten *Spritzkopf* (**234**.2).

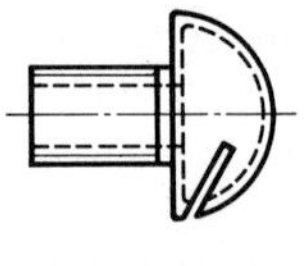

234.2 Spritzkopf für Urinalanlagen

Ausstattungszubehör. Im Urinalraum sind an geeigneten Stellen *Aschenbecher* anzubringen.

Zwischen den Urinalbecken können auf einfache Art auch nachträglich bodenfreie 75 × 45 cm große *Trennschürzen* aus weißem Kunststoff als Sichtschutz angebracht werden.

3.4.4 Spüleinrichtungen

Spülklosetts und Urinalanlagen müssen nach DIN 1986 T. 1 durch an eine Wasserleitung angeschlossene Spülvorrichtungen entleert werden. Das sind im Regelfall Spülkästen (Taf. **235**.1) oder Druckspüler.

Tafel **235**.1 Einbauhöhen und Spülwassermengen für Spülkästen (nach DIN 1986 T. 1)

Spülkästen für	Einbauhöhe	Abstand des Spülkastenbodens von Oberkante Becken (in mm)	Abstand des Spülkastenbodens von Oberkante Fußboden (in mm)	Spülwasservolumen l
Flachspül- oder Tiefspülklosetts	aufgesetzt tiefhängend hochhängend	0 120 bis 250 ≧ 1500	–	6 oder 9
Absaugeklosetts	aufgesetzt tiefhängend	0 ≦ 250	–	6, 9 oder 14
Fäkalausgüsse	hochhängend	–	2000	6 bis 9
Urinalbecken	hochhängend	–	1400	2 bis 4

Daneben werden in DIN 19542 noch Wandeinbau- und halbhochhängende Spülkästen sowie Zweistückanlagen mit aufgesetztem und Einstückanlagen mit angeformtem Spülkasten unterschieden.

Im Wohnungsbau, in Hotels und Heimen hat der Spülkasten für Klosettbecken aufgrund seiner geringen Anschlußquerschnitte gegenüber Druckspülern erhebliche Vorteile.

Nach der Montagehöhe und Ausführungsart unterscheidet man angeformte, aufgesetzte, tiefhängende, halbhochhängende und hochhängende Spülkästen sowie Wandeinbau-Spülkästen.

Nach ihrer Funktionsweise werden Normalspülkästen (**235**.2), Injektorspülkästen und Freiflußspülkästen (**236**.2) als tiefhängende Spülkästen unterschieden.

Injektorspülkästen werden durch Hand- oder Fußdrücker (**238**.2), Freiflußspülkästen durch einen Hebel-Drücker betätigt.

Hochhängende Spülkästen. Diese Spülkästen mit Schwimmerventil (**227**.1 und **235**.2) werden für Flach- und Tiefspülaborte wegen des verhältnismäßig starken Geräusches der Spülung und des unbefriedigenden Aussehens nur noch selten verwendet.

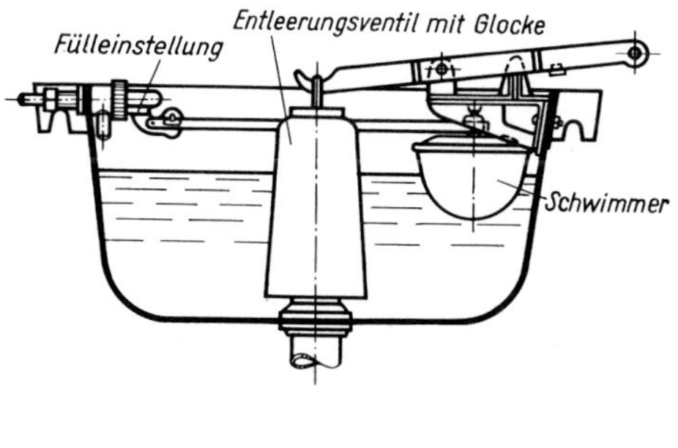

235.2 Hochhängender Spülkasten

Der hochhängende Spülkasten ist jedoch für öffentliche Anlagen geeignet, in denen mit mutwilligen Beschädigungen gerechnet werden muß.

Der ≧ 6 l liefernde Spülkasten muß mit seiner Unterkante ≧ 1,50 m über Beckenoberkante hängen.

Er besteht heute meistens aus Kunststoff, aber auch noch aus emailliertem Grauguß oder Porzellan. Er füllt sich selbsttätig über ein Zulaufventil, das über einen Schwimmer gesteuert wird (s. auch **239**.2).

In das links- oder rechtsseitig angeordnete Zuflußrohr von DN 15 wird ein Durchlauf-Eckventil zum Absperren und Regulieren des Wasserzulaufes eingebaut. An der Wand wird der Spülkasten durch Aufhängeösen befestigt. Schwere Spülkästen werden auf gußeiserne Konsolen gesetzt.

Das Spülrohr mit 30 mm ∅ besteht aus verchromtem Messing oder aus Kunststoff und wird an das Abortbecken durch eine Steckverbindung unter Verwendung spezieller Gummi-Manschetten oder -ringe (**236**.1) angeschlossen.

Für den Klosettdeckelanschlag an das Spülrohr gibt es Rohrschellen mit Gummipuffer (**227**.1).

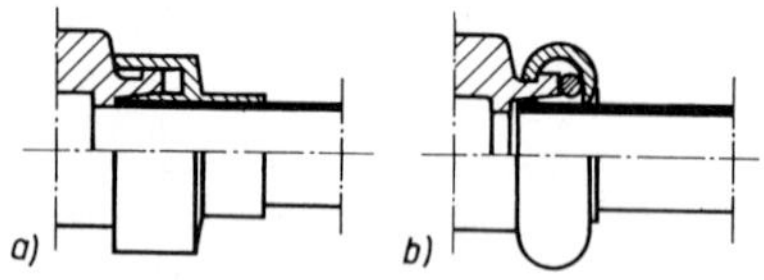

236.1 Verbindung des Spülrohres mit dem Klosettkörper
a) mit Spezial-Gummimanschette
b) mit elastischem Spülrohrinnenverbinder und Dichtring

Halbhochhängende Spülkästen. Sie unterscheiden sich grundsätzlich von hochhängenden Spülkästen nur durch ihre meist nachteilige geringere Höhenanordnung.

Tiefhängende Spülkästen. Für Tiefspül- und Absaugeaborte werden diese Spülkästen (**228**.1 bis **229**.1 sowie Tafel **235**.1) hinter dem Abortbecken in geringer Höhe über dem Sitz eingebaut. Sie bestehen aus Porzellan oder Kunststoff.

Das Spülwasser fließt durch ein weites Spülrohr DN 50 ohne Saugwirkung aus und erzielt die kräftige, dabei geräuscharme Spülung.

Das Füllgeräusch ist sehr leise und wird bei Kunststoffkästen meist noch durch eine schalldämmende Auskleidung weiter verringert.

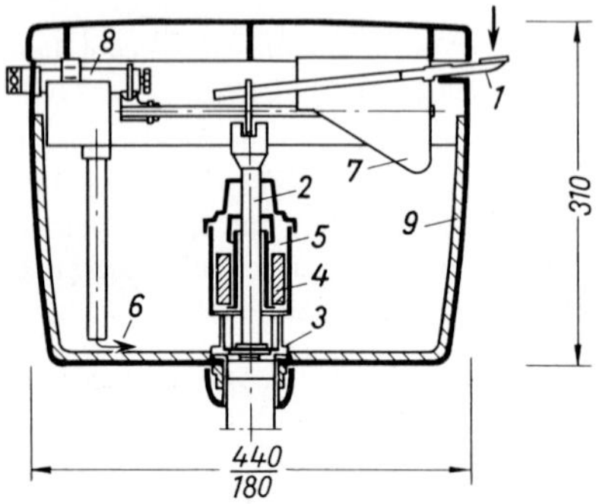

236.2 Tiefhängender Spülkasten aus Kunststoff (M 1:10)
1 Handdrücker
2 Standrohr
3 Ventil
4 Schwimmer
5 Bremsbehälter
6 Wasserzulauf
7 Schwimmer
8 Wasserventil
9 Styropor-Auskleidung

Wandeinbau-Spülkästen. Bei einer Mindestwanddicke von 12 cm und mehr werden Wandeinbaumodelle heute gerne verwendet (**230**.1).

Aufgesetzte Spülkästen. Sie sind als Zweistückanlage unmittelbar auf das Abortbecken gesetzt oder als angeformter Spülkasten mit ihm zusammen aus einem Stück gefertigt. Sie fügen sich unauffällig in den Raum ein (**230**.3) und haben die auf die Konstruktion mit 6 l Spülmenge abgestimmte beste Spülwirkung.

Injektorspülkästen. In WC-Anlagen, die von einem größeren Personenkreis benutzt werden, sind aus hygienischen Gründen Spülkästen zu empfehlen, die statt durch einen Handgriff- oder -drücker mit einem Drücker an der Wand oder besser im Fußboden betätigt werden.

Wassersparende Spülkästen. Die für eine Montage auf der Wand oder für den Wandeinbau vorgesehenen Spülkästen haben eine Spül- und Stopp-Taste, die durch manuelle Betätigung den Spülwasserverbrauch nach Wunsch des Benutzers einschränken kann.

Der Spülvorgang darf bei Klosettbecken nach DIN 1986 T. 1 unterbrochen oder abgekürzt werden, wenn die Spülwassermenge dafür mindestens 3 l beträgt und die unverzügliche Wiederauffüllung des Spülkastens sichergestellt ist.

Klosettdruckspüler. Druckspüler für Klosettbecken sind Selbstschlußarmaturen, die DIN 3265 T. 1 entsprechen müssen.

Sie dürfen nach DIN 1988 nur eingebaut werden, wenn der Wasserdruck ausreichend ist, in vorhandenen Anlagen der Betrieb das Netz nicht überlastet und angeschlossene, druckabhängige Geräte nicht gefährdet werden. Die Genehmigung durch das WVU ist erforderlich.

Druckspüler nutzen zur Spülung den Wasserdruck aus und verbrauchen 6, 9 oder 14 l Wasser (Taf. **237**.1). Nach etwa 10 s Spüldauer schließen sie ohne Nachlauf dicht ab.

Tafel **237**.1 Durchschnittlicher Spülstrom von Druckspülern (nach DIN 3265 T. 1)

Druckspüler	Spülstrom in l/s
DN 15	0,7 bis 1,0
DN 20	1,0 bis 1,3
DN 25	1,0 bis 1,8

Durch eine kürzere Betätigung des Druckspülers ist eine Verringerung der Spülwassermenge etwa auf die Hälfte erreichbar.

Die Spülzeit und der gewünschte Durchfluß werden außerdem durch eine Regulierschraube bestimmt.

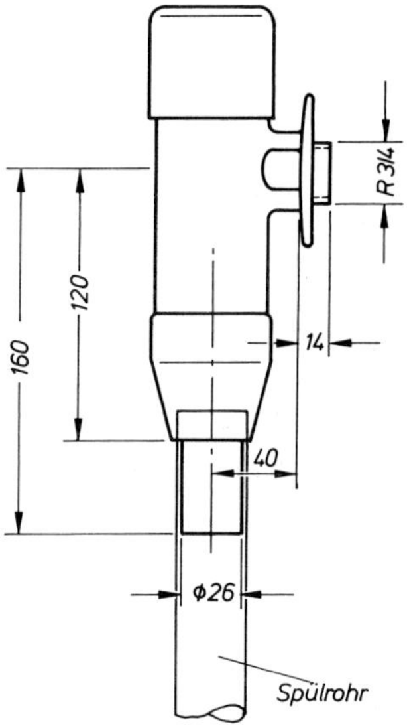

237.2 Abortdruckspüler AQUAREX DN 20, Geräuschgruppe I und wassersparend (AQUA-Butzke-Werke)

Spartaste. Neue Druckspüler haben für eine Kurzspülung mit nur 3 l Spülmenge eine leicht zu bedienende Spartaste, die oben in der Normaltaste integriert und für den Benutzer sofort erkennbar ist. Der Spülvorgang wird automatisch gestoppt.

Klosettdruckspüler sehen meist gefällig aus und brauchen wenig Platz (**237**.2). Sie sind heute geräuscharm, rückschlag- und störungssicher. Neuzeitliche Ausführungen geben auch bei stark schwankendem Wasserdruck gleichbleibende Spülmengen ab.

Im Wohnungs-, Hotel- und Heimbau bleibt der Spülkasten aufgrund seiner geringen Anschlußquerschnitte im Vorteil.

In der Nennweite DN 20 werden Druckspüler für Flach- und Tiefspülklosetts und in DN 25 für Absaugeklosetts verwendet. Die erforderliche aufwendige Zuleitung zum Druckspüler soll um eine Nennweite größer sein und muß stets eine Vorabsperrung erhalten.

Zu empfehlen ist eine besondere Steigleitung für die Abortdruckspüler, an die außerdem nicht mehr als ein Handwaschbecken oder Waschtisch je Abortraum angeschlossen werden sollte.

Klosettdruckspüler für Montage auf der Wand oder für Wandeinbau sollen hinter dem Abortbecken und nicht seitlich auf oder in der Wand angebracht werden. Ein Spülrohr DN 20, 26 oder 30 für Druckspüler aus Metall oder Kunststoff nach DIN 3267 verbindet den Druckspüler mit dem Becken.

Wandeinbauspüler. Mit einer Hebel- (**238**.1) oder Druckknopfbetätigung und einem schalldämmenden Einbaukasten zum Wandeinbau werden sie bevorzugt eingeplant.

Auch Spüler mit elektromagnetischer oder pneumatischer Fußbetätigung sind vorteilhaft.

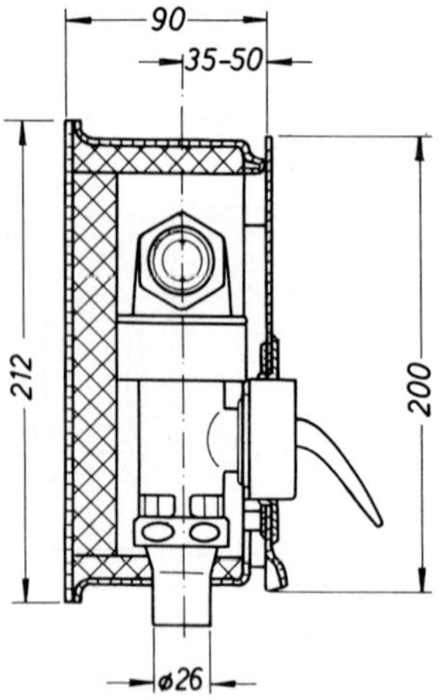

238.1 Wandeinbau-Abortspüler (M 1:5)

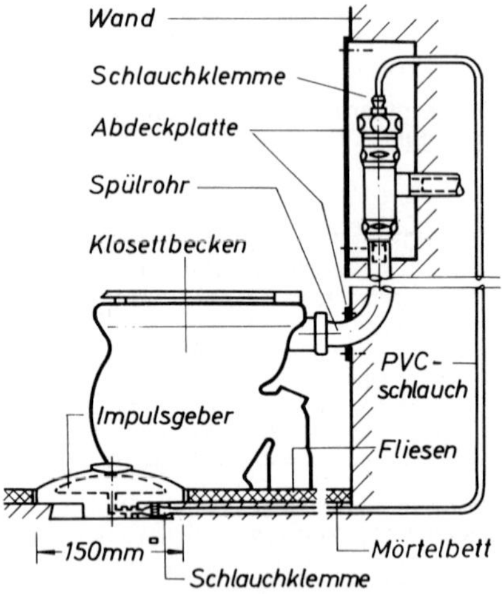

238.2 Abortspüler mit Fußbetätigung (System-Darstellung)

Fußspüler. Sie sind hygienischer und auch in öffentlichen Anlagen zweckmäßig. Sie werden durch Druck auf die Bodenplatte (**238**.2) betätigt. Die Spülstärke ist durch eine Schraube einstellbar, die Spülzeit und der gewünschte Durchfluß werden durch eine Regulierschraube bestimmt.

Der Betätigungsknopf der Bodenplatte sollte ca. 45 cm vor der Wand und ca. 30 cm außer Beckenmitte montiert werden.

Hebel- oder Druckknopfspüler müssen mit 90 bis 110 cm über OKFF montiert werden, damit der geöffnete Klosettdeckel nicht gegen den Hebel oder Knopf schlägt.

Urinalspülungen. Spüleinrichtungen für Urinalanlagen sollten hygienisch, wassersparend und robust sein.

Nach der Art der Betätigung des Wasserzuflusses sind hand- oder fußbetätigte Spüleinrichtungen und selbsttätige Anlagen zu unterscheiden. Außerdem müssen Spüleinrichtungen für Einzelurinale und mehrere Urinalstände getrennt gesehen werden.

Besonders hygienisch sind nach LBO und ASR vorgeschriebene selbsttätige Spüleinrichtungen. Sehr wassersparend sind Spülabläufe, die nur während der Benutzung des Urinals spülen.

Urinaldruckspüler. Druckspüler für Urinalbecken nach DIN 3265 T. 3 sind den Abortdruckspülern sehr ähnlich. Druckspüler für Einzelurinale werden für Hand- oder Fußbetätigung hergestellt.

Sie erfordern einen Rohranschluß DN 15 und werden mit Druckknopf (**239**.1) oder Hebel betätigt. Der Spülvorgang wird durch die Armatur selbsttätig beendet.

Urinaldruckspüler mit Fußbetätigung sind besonders hygienisch.

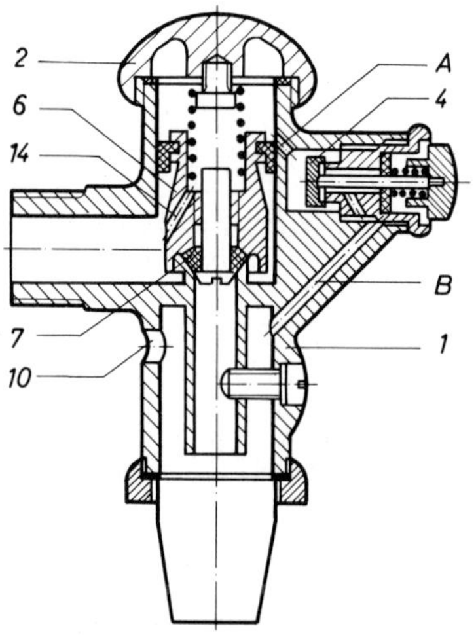

239.1 Urinaldruckspüler
1 Gehäuse
2 Haube
4 Entlastungskolben
6 Hauptkolben
7 Kolbendichtung
10 Rohrbelüftung
14 Druckausgleichsbohrung
A + B Abflußkanäle

Urinalventile. Neben Urinaldruckspülern gibt es Urinalventile für Einzelurinale, bei denen die Handhabung und Regulierung des geringstmöglichen Wasserverbrauches durch Handbedienung selbst bestimmt wird.

Zeitspülkästen. Bei diesen Spüleinrichtungen wird die zentrale Spülung automatisch ausgelöst.

Völlig befriedigend wäre nur eine Dauerspülung während der Benutzungszeit der Urinalanlage, doch verbraucht sie sehr viel Wasser.

Zeitspülkästen werden als hochhängende Spülkästen von ausreichender Größe zur Montage auf der Wand (**239**.2) oder als Wandeinbauspülkästen für häufig benutzte Urinal-Reihenanlagen oder mehrere Urinalstände verwendet. Sie eignen sich für feste Zeitabstände, in denen die gespeicherte Wassermenge abgegeben wird.

Die Größe der Spülkästen wird nach der Zahl der Urinalplätze bestimmt. Ein Zeitspülkasten kann bis zu 8 Spülstellen versorgen. Je Spritz- oder Sprühkopf (**234**.2) werden 3 bis 4 l Spülwassermenge angenommen.

Der Wasserdruck ergibt sich aus der Aufhängehöhe der Spülkastenunterkante über den Spritzköpfen, die bei 1,20 bis 1,60 m liegen soll.

Zeittaktregulierung. Sie wird am einfachsten durch eine verstellbare Einlaufdüse oder einen Hahn geregelt (**239**.2).

In gleichmäßigen, durch den Tropfhahn einzustellenden Zeiträumen wird der Spülkasten nach jedem Füllen selbsttätig entleert. In diesem Fall werden die Sprühköpfe von oben mit den Leitungen verbunden.

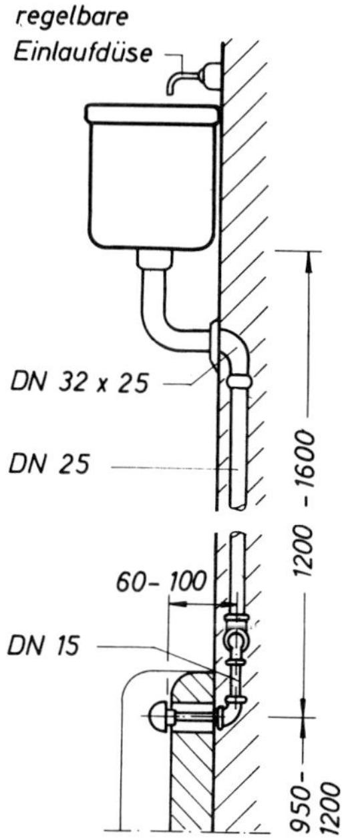

239.2 Zeitspülkasten für Reihenurinalanlage, Montagehöhe

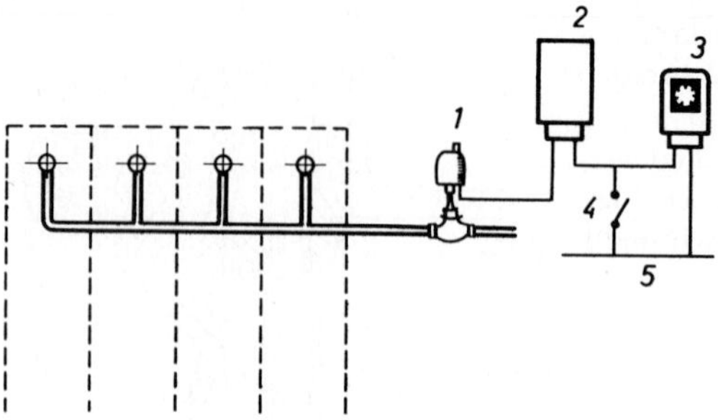

240.1 Elektromagnetisch gesteuerte Zeitspüleinrichtung
1 Magnet-Selbstschlußventil
2 Kontaktgeber
3 Zeituhr
4 Wahlschalter
5 Netzleitung

Zeitspülsteuerung. Eine elektromagnetisch gesteuerte zentrale Zeitspüleinrichtung (**240**.1) besteht aus Kontaktgeber, Zeitschaltuhr und Magnetventil (**240**.2). Die Spülwassermenge fließt mit dem Leitungsdruck zu, so daß die Anschlußleitungen von unten an die Sprühköpfe montiert werden können.

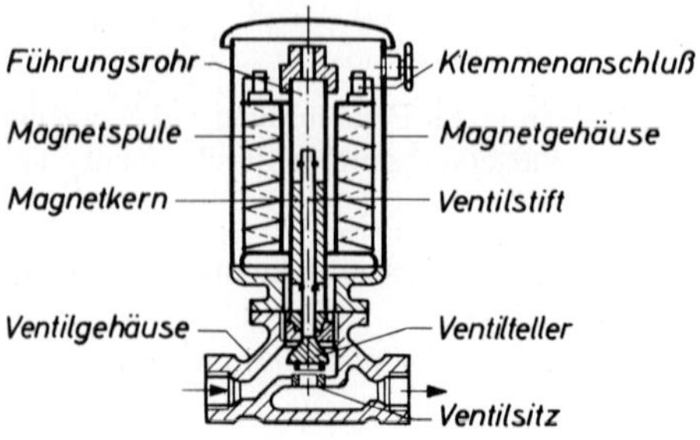

240.2 Magnetventil

Lichtschrankensteuerung. Eine lichtstrahlgesteuerte zentrale Spülanlage (**240**.3) erfordert zur Betätigung des Magnetventiles (**240**.2) ein Verstärker-Schaltgerät mit Lichtstrahlsender und -empfänger. Auch hier werden die Zubringerleitungen von unten an die Spritzköpfe angeschlossen.

Die Länge der Lichtschranke liegt maximal bei 5 m.

Andere Urinal-Spüleinrichtungen werden durch Annäherungselektronik oder Urinsonden betätigt.

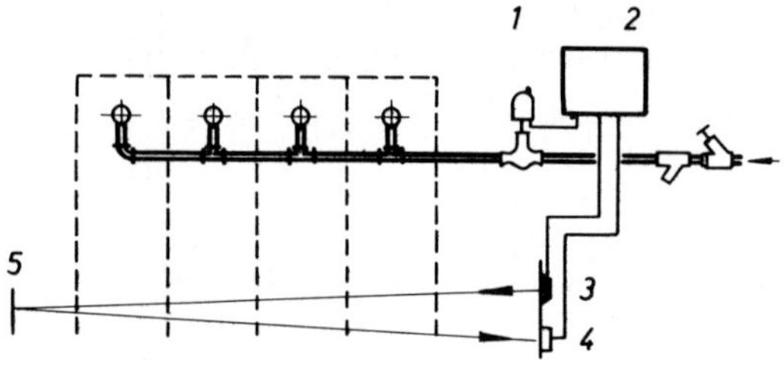

240.3 Lichtstrahlgesteuerte zentrale Spülanlage
1 Magnet-Selbstschlußventil
2 Verstärker-Schaltgerät
3 Lichtstrahl-Sender
4 Lichtstrahl-Empfänger
5 Reflektor

3.4.5 Ausgußbecken

Zu diesen Sanitärobjekten zählen Spülbecken, Ausgußbecken nach DIN 68906, Laborausgußbecken, Krankenhausausguß, Fäkalienausguß und Steckbeckenspülapparat.

Über Spültisch, Einbecken- und Zweibeckenspüle s. Abschnitt 1.1.4. Sonderausführungen von Spülbecken werden als Instrumentenspüle oder Gipsfangbecken in Krankenhäusern installiert.

Daneben werden aus keramischem Material für Sonderzwecke Spülsteine, Spülbecken, Doppelspülbecken, Waschbütten und Universalbecken angeboten.

Ausgußbecken. Zur Entnahme von Wasser und zur Beseitigung von Schmutzwasser werden sie in Hausarbeitsräumen, Heiz- und Waschräumen, Fluren, Putz- und Nebenräumen oder Gewerbebetrieben verwendet.

Die Becken bestehen aus innen porzellanemailliertem Grauguß, Feuerton, Porzellan, Steinzeug, Edelstahl oder Kunststoff. Zweckmäßiger als halbrunde sind rechteckige Modelle. Bei nicht gekachelter Wandfläche sind Ausgüsse mit halbhoher (**241**.1) oder hoher Rückwand mit Hahnloch vorzusehen.

Der Beckenrand soll zwischen 60 und 65 cm über dem Fußboden, die Unterkante des Wandauslaufventiles zum Aufstellen eines Eimers 35 bis 40 cm über dem Beckenrand liegen.

Die Becken haben meist eingegossene oder fest eingebaute Abläufe aus Löchern, Lochrosten, Sieben oder Kreuzstäben mit Durchgangsweiten nach DIN 1986 T. 1. Für die Ablaufventile genügt DN 40, der Geruchverschlußabgang soll DN 50 haben. Für Ausgüsse werden Geruchverschlüsse aus Kunststoff, aber auch Guß verwendet.

An der Wand sind die Becken mit kräftigen nichtrostenden Steinschrauben, bei keramischen Becken mit Unterlagsscheiben, in Spezialdübeln zu befestigen. Becken ohne hochgezogene Rückwand werden auf Konsolen aus Grauguß, Stahl oder Mauerwerk gesetzt.

An der Wand oder frei im Raum aufgestellte Standausgüsse aus emailliertem Guß mit und ohne Rückwand werden in größeren oder gewerblichen Küchen verwendet.

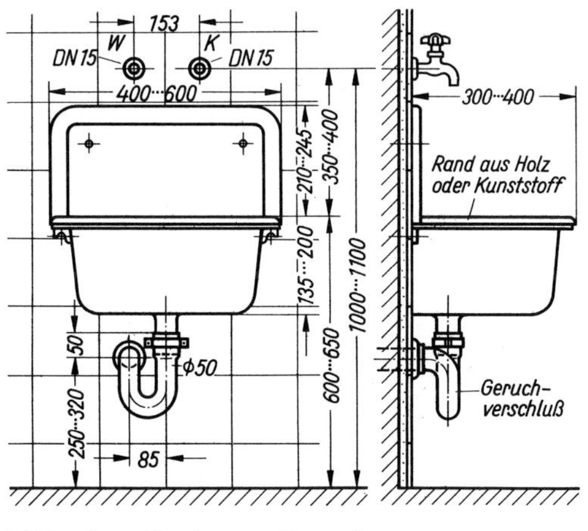

241.1 Ausgußbecken aus Grauguß (M 1:20)

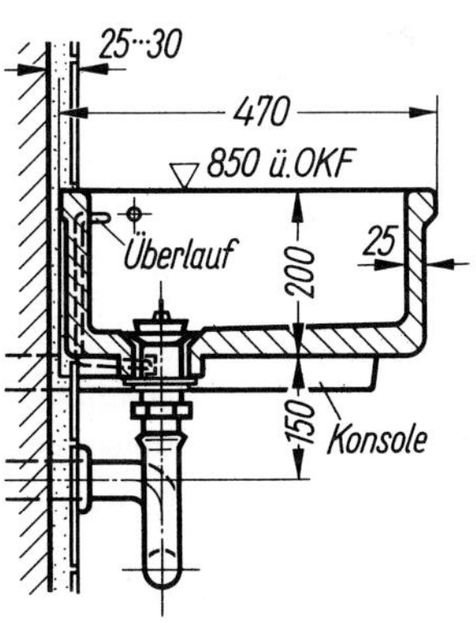

241.2 Laborbecken aus Feuerton, in die Wand eingefliest (M 1:15)

Laborbecken. Sie sind meist als rechteckige Modelle hauptsächlich aus Feuerton oder säurefestem Steinzeug gefertigt und mit einem eingeformten Überlauf (**241**.2) ausgestattet.

Krankenhausausgüsse. Auch Fäkalienausgüsse und Steckbeckenspülapparate werden für Altenheime und Pflegestationen wandhängend oder bodenstehend aus Feuerton mit Abläufen in DN 100 hergestellt. Diese Ausgüsse haben immer angeformte Geruchverschlüsse (**242**.1). Außer der Mischbatterie über dem Becken wird meist noch eine Spüleinrichtung für Urinflaschen oder Steckbecken installiert.

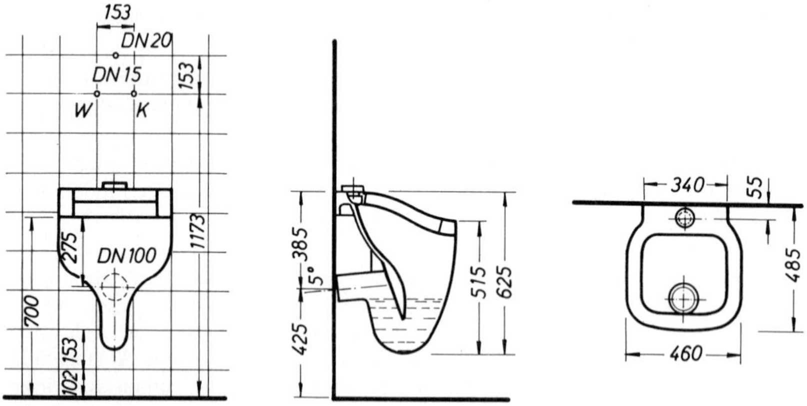

242.1 Krar kenhausausguß aus Feuerton für Wandmontage (M 1:30)

Ausstattungszubehör. Für Ausgüsse gibt es Einlegeroste aus Kunststoff, verschiedene Klapprostausführungen aus Leichtmetall oder verzinktem Stahl zum Aufstellen von Eimern und unterschiedlichste Drahteinsatzkörbe.

Elektrische Abfallzerkleinerer dürfen unter Ausgußbecken nach DIN 1986 T. 1 nicht mehr montiert werden.

3.4.6 Waschbecken

Der Sammelbegriff Waschbecken erfaßt Handwaschbecken und Waschtische.

Handwaschbecken werden in verschiedenen Formen, aber auch als Eck-Handwaschbecken hergestellt.

Waschtische gibt es in zahllosen Bauformen als freihängende oder eingebaute Einzel- oder Doppelwaschtische, mit Unterschränken, Ablaufhaube oder Säule, als Eck-Waschtisch oder mit einem Mundspülbecken.

Daneben werden Sonderwaschtische als Ärzte-Waschtische, Inhalationstische und Friseur-Waschtische angefertigt.

Die Montage von Handwaschbecken und Waschtischen geschieht meist auf der Wandfliesenoberfläche, seltener im Wandfliesenbelag und neuerdings öfter mit Schrankunterbauten oder zwischen umgebenden Schrankteilen (s. Abschnitt 3.4.11).

Handwaschbecken. Diese Becken dienen nur zum Händewaschen und sind in ihren Größen von 35 × 25 bis 53 × 40 cm knapp bemessen. Sie werden ohne rückwärtige Ablagefläche und ohne oder mit nur einer eingeformten Seifenablage hergestellt (**243**.1). Die Beckenmulde besitzt nur eine geringe Tiefe.

Nach DIN EN 111 werden Handwaschbecken mit einem (**243**.1) oder zwei seitlichen Armaturenlöchern und Handwaschbecken für mittig angeordnete Einlochbatterie (**248**.1) unterschieden.

Das Händewaschen erfordert eine Mindest-Bewegungsbreite von 70 cm und eine Mindest-Bewegungstiefe von 50 cm vor dem Becken.

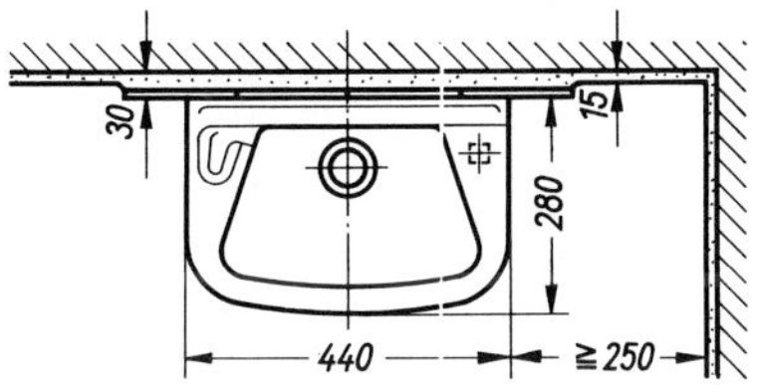

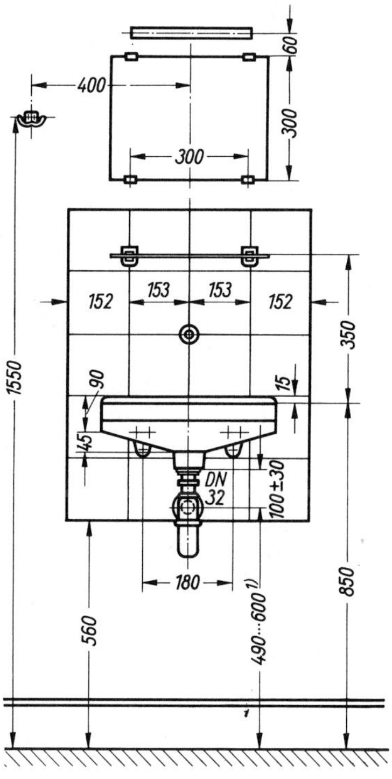

243.1 Handwaschbecken aus Porzellan (M 1:20)

1) auch bei Rohrgeruchverschluß;
bei Exzenter-Ab- und Überlaufventil +50 mm

Waschtische. Sie dienen dem Händewaschen, der Gesichts-, Kopf- und Oberkörperwäsche sowie der Mund-, Haar- und Bartpflege.

Einbauwaschtische mit Waschtisch-Unterchränken sowie Badmöbel sind im Abschnitt 3.4.11 behandelt.

Einzelwaschtische. Meist freihängend sind sie, auch mit Ablaufhaube oder Säule (**245**.2), in den Größen zwischen 53 × 40 bis 100 × 60 cm, Einzelwaschtische mit Unterschrank (**245**.1) in den Größen zwischen 60 × 55 bis 120 × 60 cm im Handel.

Nach DIN 1386 T. 1 werden Waschtische aus Sanitär-Porzellan in der Form A ohne und Form B mit Rückwand unterschieden. Die geringste Waschtischbreite ist mit 53 cm festgelegt.

Bei diesen Waschtischen ist eine breite rückwärtige oder seitliche Fläche mit oder ohne eingeformter Seifenablage und bis zu fünf durchschlagbaren Hahnlöchern zur Anbringung von Standarmaturen (**244**.1), Einloch- (**248**.1) oder Untertisch-Mischbatterien (**247**.1) erforderlich.

Nach DIN EN 31 und 32 werden Waschtische für Dreiloch-Batterien (**244**.1 und **247**.1) und solche für Einlochbatterien (**248**.1) unterschieden.

Die hintere Ablagefläche gibt der Beckenmulde einen Wandabstand, der in ähnlicher Tiefe das Anbringen von Ablagen oder Spiegelschränken über dem Waschtisch ermöglicht, ohne daß eine Behinderung beim Waschvorgang eintritt.

Der Werkstoff für Waschtische ist durchweg Sanitärporzellan. Die meisten angebotenen Modelle werden außer in Weiß auch in zahlreichen Farben geliefert.

Daneben wird emaillierter Grauguß, Feuerton oder Steinzeug nur für Waschtischeinrichtungen in Betrieben verwendet.

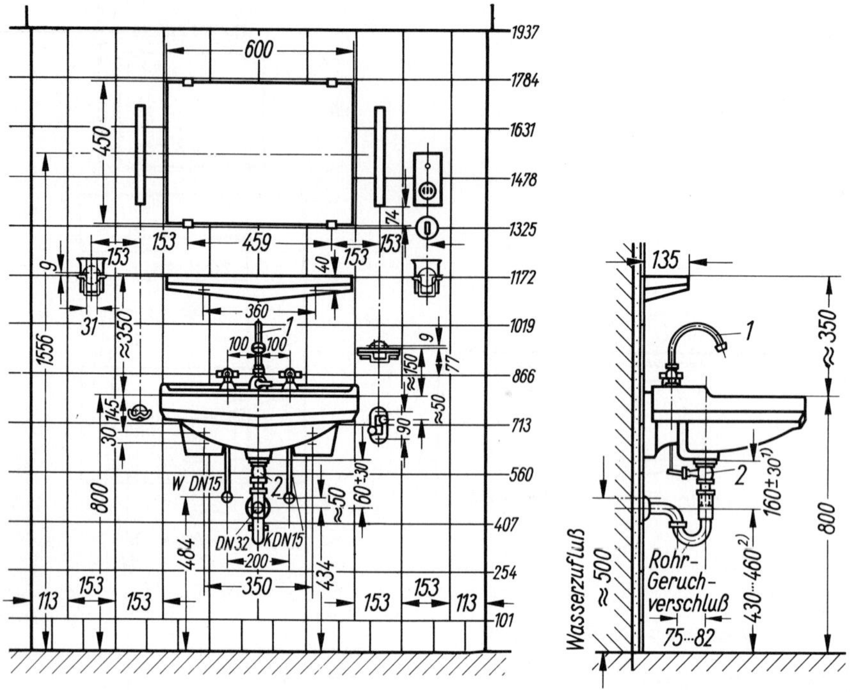

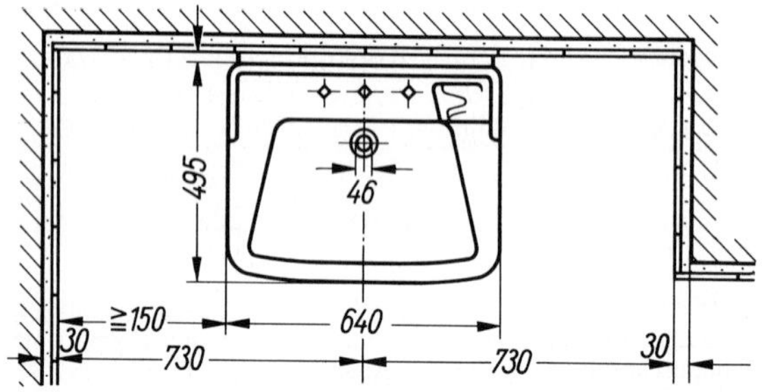

1 Waschtischgarnitur mit Schwenkauslauf und Umlegehebel
2 Exzenter-Ablaufgarnitur

[1]) bei Stopfen-Ablaufventil 100 ± 30 mm
[2]) ohne Exzenter-Ablaufgarnitur bei Flaschen- oder Rohrgeruchverschluß 400 bis 520 mm

244.1 Waschtisch aus Porzellan mit Zubehör auf Fliesenwand

Waschtische werden im Handel in zahlreichen Arten und Formen geführt, so mit trapezförmigen, runden und ovalen Becken, mit eingebuchteter oder ausladender Vorderfront, mit und ohne Überlauf, mit und ohne Spritzrand, mit und ohne angeformten Seifenschalen oder als Modelle mit größeren seitlichen Ablegeflächen, auch höhenverstellbare Einzelwaschtische.

Vor dem Waschtisch sollte in jedem Fall eine Bewegungsbreite von 90 cm und eine Bewegungstiefe von 60 cm vorhanden sein.

Die Montagehöhe der Beckenoberkante über dem fertigen Fußboden soll im Normalfall 80 bis 86 cm betragen.

In Hotels wird die Höhe mit 90 cm, bei Waschtischen vor denen man sitzt, mit 76 cm, für Kinder von 6 bis 14 Jahren mit 60 bis 75 cm und für Kinder bis 6 Jahre mit 50 bis 55 cm angenommen.

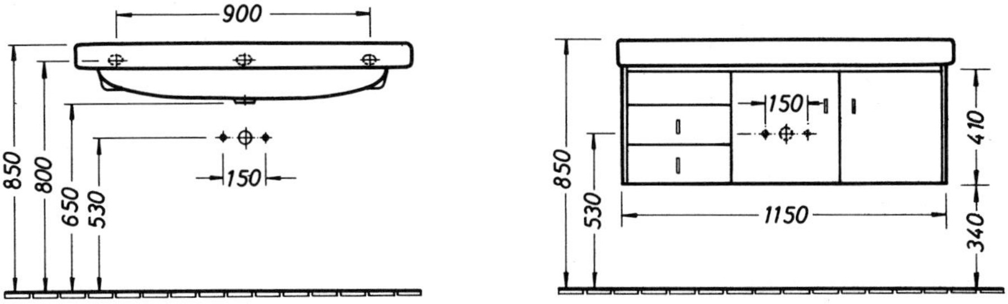

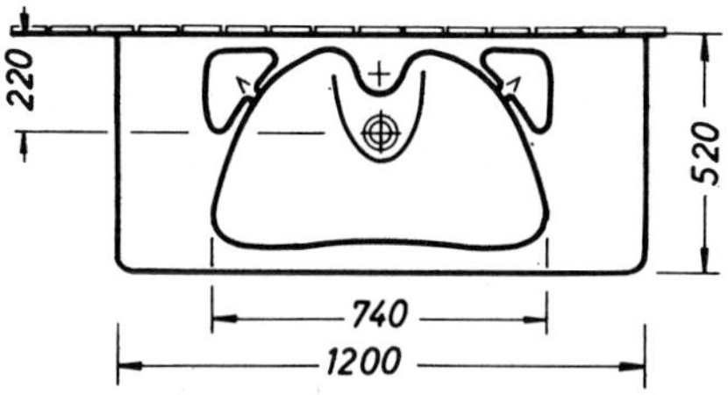

245.1 Waschtisch ohne oder mit wandhängendem Unterschrank (M 1:30)

Doppelwaschtische. Die in der Regel freihängenden Waschtische, auch mit Ablaufhaube oder Säule (**245**.2), sind in den Größen von ca. 115 × 60 cm, Doppelwaschtische mit Unterschrank in den Größen zwischen 110 × 55 bis 155 × 55 cm im Handel.

Zwei Einzelwaschtische sind einem Doppelwaschtisch vorzuziehen.

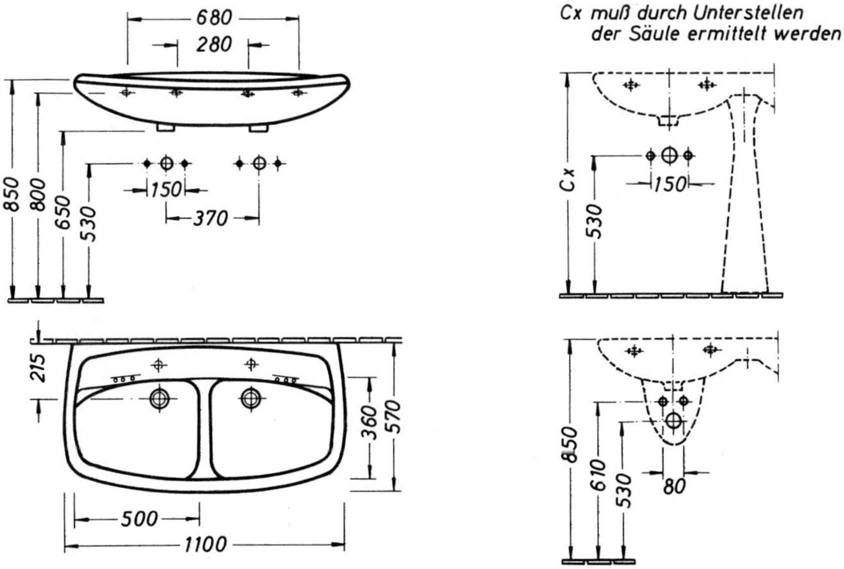

245.2 Doppelwaschtisch mit Ablaufhauben oder Säule (M 1:30)

Waschtische mit Mundspülbecken (**246**.1) sind ca. 80 × 55 cm groß und in Gäste-, Hotel- und Krankenzimmern anzutreffen.

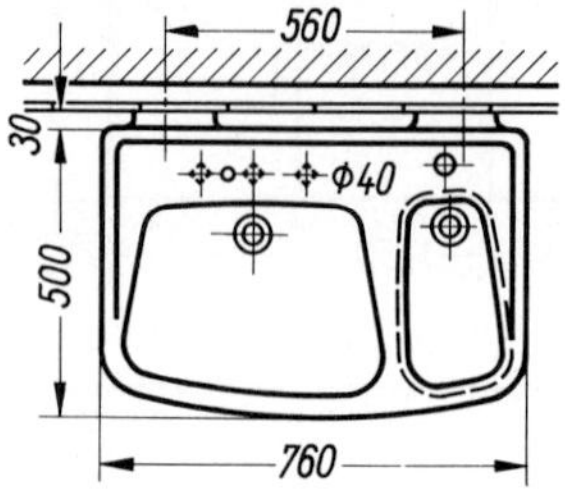

246.1 Waschtisch mit Mundspülbecken aus Sanitär-Porzellan (M 1:25)

Krankenhauswaschtische. Sie gibt es in rechteckigen oder geschwungenen Formen in Größen von 58 × 49 bis 68 × 55 cm, jedoch immer ohne Überlauf. Sie haben meist einen angeformten Geruchverschluß.

Befestigungen. Die Waschtische werden im allgemeinen unmittelbar gegen die verflieste Wand gesetzt. Die zuverlässigste Befestigung erreicht man hierbei mit Stockschrauben und Nylon-Bundmuttern (**246**.2 c). Je nach Art des Waschtisches kann er aber auch auf unsichtbare Innenkonsolen aufgelagert (**246**.2 a) oder auf Wandhängern eingehängt werden (**246**.2 b), die auf Spreizdübeln oder mit Steinschrauben zu befestigen sind.

Das horizontale Anschlußmaß für die Steinschraubenbefestigung von wandhängenden Waschtischen ist in DIN EN 32 mit 280 mm festgelegt.

Gelegentlich werden Waschtische zur Vermeidung der Anschlußfuge ca. 4 cm frei vor der Wand (**246**.2d) auf Innenkonsolen oder Aufhängekästen gelegt.

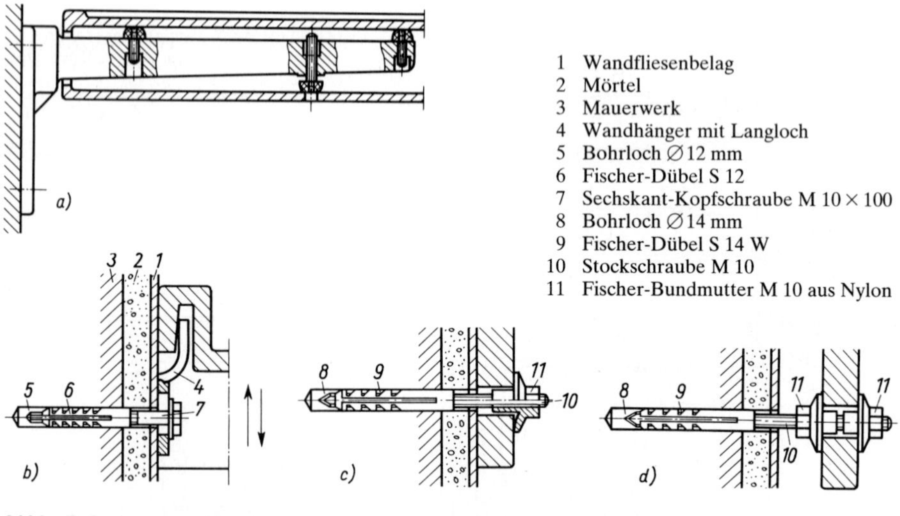

1 Wandfliesenbelag
2 Mörtel
3 Mauerwerk
4 Wandhänger mit Langloch
5 Bohrloch ∅ 12 mm
6 Fischer-Dübel S 12
7 Sechskant-Kopfschraube M 10 × 100
8 Bohrloch ∅ 14 mm
9 Fischer-Dübel S 14 W
10 Stockschraube M 10
11 Fischer-Bundmutter M 10 aus Nylon

246.2 Befestigung von Waschtischen an der Wand (M 1:5)
a) Waschtisch ohne Rückwand auf Innenträgern
b) Aufhängung an Wandhängern, in der Höhe einstellbar
c) elastische, rüttelsichere Direktbefestigung an der Wand
d) elastische, rüttelsichere Befestigung mit Abstand vor der Wand

Armaturen. Für die Regelung des Wasserzu- und -ablaufes stehen eine Vielzahl von Sanitärarmaturen nach DIN EN 200 zur Verfügung.

Der Wasserstrahl soll bei voller Ventilöffnung etwa in die Mitte des Beckens treffen. Um ein Spritzen zu vermeiden, sollte jeder Auslauf mit einem Strahlzerteiler oder Perlator (**306**.1) ausgestattet sein. Manche Waschtische haben aus gleichem Grund einen nach innen gewölbten eingeformten Spritzrand.

Zuflußarmaturen. Ältere Handwaschbecken zeigen 15 bis 20 cm über der Beckenoberkante frei an der Wand befestigte Wandauslaufventile. Außer bei Waschbecken dieser Größe werden sie nur noch bei Ärztewaschtischen verwendet (**130**.1).

Auch Standarmaturen werden auf dem Beckenrand von Handwaschbecken meist nur als Kaltwasser-Einzelventile montiert (**130**.2).

Standarmaturen werden von unten über verchromte Kupferrohre und Eckabsperrventile an die Zuflußleitung angeschlossen.

Waschtische erhalten bei Warmwasserversorgung Mischbatterien, selten noch als Stand- oder Übertischbatterie oberhalb des Waschtisches, in der Regel als Untertischbatterie (**244**.1 und **247**.1) unter dem Waschtisch angeordnet. Dabei sind zusätzlich Mehrloch- (**247**.1), Einloch- (**248**.1), Einhand- (**848**.2) oder Eingriff- und Zweigriff-Mischbatterien zu unterscheiden.

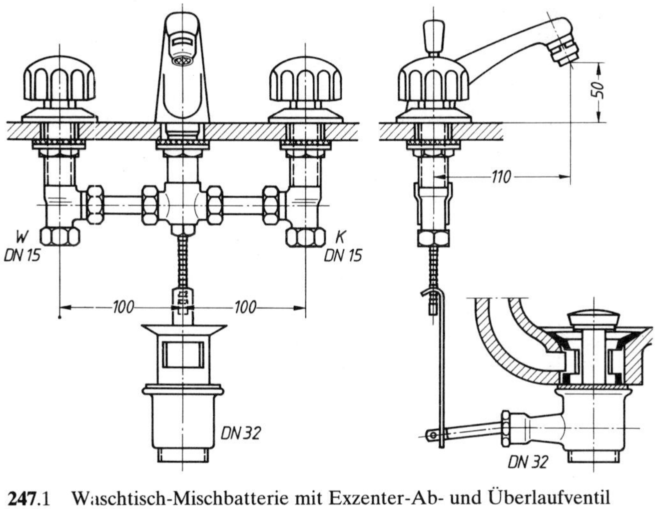

247.1 Waschtisch-Mischbatterie mit Exzenter-Ab- und Überlaufventil

Die Montagehöhe der KW- und WW-Eckventile liegt bei 45 bis 55 cm über fertigem Fußboden bei einem Abstand untereinander zwischen 15 und 30 cm (**244**.1).

In der Zuflußleitung eingebaute Eckabsperrventile unter den Waschbecken dienen zum Absperren für das Auswechseln von Dichtungen in Auslaufventilen.

Für Ärzte- und Behindertenwaschtische gibt es besondere Drucktasten-, Arm-, Knie- und Fußhebelarmaturen.

Berührungslos gesteuerte Armaturen können für Sonderfälle mit Näherungselektronik, elektrischer Lichtstrahl- oder Ultraschallsteuerung installiert werden.

Ablaufarmaturen. Sie bestehen aus Ablaufventil und Geruchverschluß (s. auch Abschnitt 3.4.10).

Die einfachen und zuverlässigen Ablaufventile DN 32 mit oder ohne Überlauf schließen bei Handwaschbecken mit Hartgummistopfen an Glieder- oder Kugelkette (**265**.1).

Bei Waschtischen werden Exzenter-Ablaufgarnituren mit Zugknopf- oder Umlegehebel betätigt, die meist mit dem Auslaufventil oder der Mischbatterie vereinigt sind (**247**.1 und **248**.1).

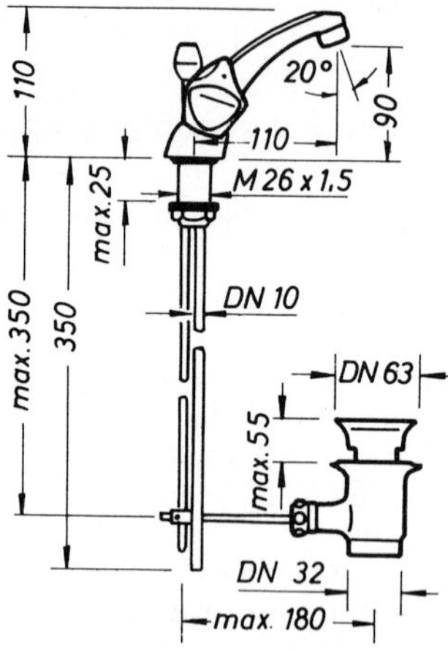

In die Waschtische eingeformte Überläufe sind unhygienisch, schlecht zu reinigen und nicht kontrollierbar. Sie sind Brutstätten gefährlicher Bakterien. Bei Krankenhauswaschtischen und einigen neueren Waschbeckenmodellen verzichtet man daher auf den Überlauf.

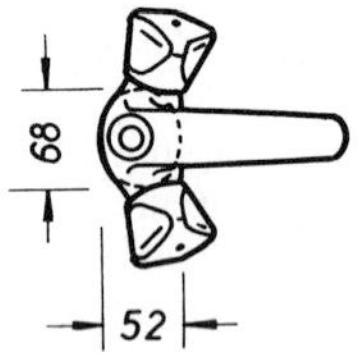

248.1 Einloch-Mischbatterie mit Exzenterventil

Geruchverschluß. In DN 32 werden die massiveren Flaschengeruchverschlüsse aus verchromtem Messing oder Kunststoff verwendet. Strömungsgünstiger sind Rohr- oder Tauchwandgeruchverschlüsse aus verchromtem Messing oder Kunststoff, die durch eine Quetschverschraubung mit dem Ablaufventil verbunden werden (s. Abschnitt 3.4.10).

Flaschengeruchverschlüsse sind nicht selbstreinigend.

Modelle mit verstellbarem Einschubrohr (**265**.1 und **266**.1) erleichtern den Anschluß an die Abflußleitung ≧ DN 40.

Für besondere hygienische Ansprüche gibt es Waschtische mit angeformtem keramischem Geruchverschluß.

Ausstattungszubehör. Die körpergerechte Anbringung des Zubehörs und die sonstigen Montagemaße, auch unter Berücksichtigung der Fliesenteilung (s. Abschnitt 3.4.12), sind zum Teil aus Bild **243**.1 und **244**.1 zu entnehmen.

Spiegel werden meist nicht breiter als das Becken mit Spiegelklammern **243**.1 und **244**.1 oder auch Kippspiegelgarnituren installiert. Viele Größen und Formen, auch beschlagfreie, heizbare Spiegel sind im Handel.

Die Montagemaße über OKFF sind: Spiegelmitte für Erwachsene 152 bis 155 cm, für Kinder von 7 bis 14 Jahren 120 bis 130 cm.

Spiegelschränke ersetzen den Spiegel über dem Waschtisch. Sie sind ein- oder mehrteilig aus Kunststoff, auch in die Wand einbaubar, mit verstellbaren Innenfächern und Rasiersteckdose.

Die meist integrierte waagerechte Beleuchtungseinrichtung im oberen Schrankbereich ist für die Gesichtspflege nicht ausreichend.

Ablageplatten aus Glas, 12 oder 15 cm breit und 40, 50, 60 oder 70 cm lang, werden von verchromten Trägern (Federzugkonsolen) (**243**.1) gehalten, während Platten aus Porzellan (**244**.1 und **269**.1) oder Kunststoff direkt auf der Wand befestigt werden.

Die Montage erfolgt mit der Oberkante 30 bis 40 cm über der Oberkante des Waschbeckens.

Handtuchablagen gibt es als Handtuchhalter, Handtuchringe, Handtuchhaken und Handtuchablagen mit Handtuchkorb, aber auch Papierhandtuchspender mit Sammelkorb.

Handtuchhalter sind ein- oder zweiarmig, beweglich oder feststehend, auch in Ringform, neben dem Waschbecken zu montieren.

Seifenhalter oder Magnetseifenhalter werden bei fehlender Seifenablage des Waschbeckens erforderlich.

Daneben gibt es Seifenmühlen oder Seifenspender für Trocken-, Flüssigseifen und Seifencremespender, die ebenfalls links oder rechts möglichst über dem Becken montiert werden sollten.

Mundglashalter mit Bechern aus Glas oder Kunststoff werden meist seitlich in Höhe der Ablageplatten montiert (**244**.1).

Kleiderhaken werden mit einer Aufhängehöhe von 150 bis 170 cm über OKFF befestigt.

Außerdem ist die Installation einer Rasiersteckdose im Waschtischbereich (**365**.1) die Regel geworden und ein Abfallbehälter erwünscht, während elektrische Händetrockner oder Haartrockner seltener als Zubehör miteingeplant werden.

3.4.7 Sitzwaschbecken

Sitzwaschbecken oder Bidets sind für Unterkörperwaschungen bestimmt und auch für die Fußpflege oder als Kleinkinderbad vielseitig zu verwenden. Bidets sind daher unentbehrlich für gut ausgestattete Baderäume in Wohnungen und Hotels.

Die Sanitärporzellanbecken werden, ähnlich wie Klosettbecken, mit 2 oder 4 verchromten Messingschrauben am Fußboden oder mit Steinschrauben M 12 an der ≧ 17,5 cm dicken Wand hängend befestigt bzw. mit Spezialkonsolen montiert (s. auch Abschnitt 3.4.2). Sie haben denselben Raumbedarf wie Abortbecken (s. Tafeln **51**.2 und **54**.1).

Standbidets nach DIN EN 35 sind 38 bis 40 cm hoch und werden mit maximal 7 cm oder ohne Wandabstand aufgestellt (**249**.1).

Wandhängende Sitzwaschbecken nach DIN EN 36 werden wahlweise mit ihrer Oberkante auf 38 bis 42 cm über dem Fertigfußboden angebracht (**249**.2).

Für Rollstuhlbenutzer soll die Montagehöhe zwischen 50 und 55 cm liegen.

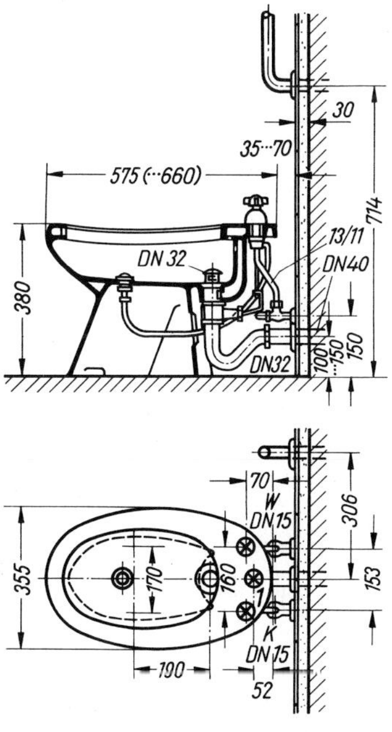

249.1 Bodenstehendes Sitzwaschbecken mit Unterdusche (M 1:20)

1 Knopf-Ablauf- und Umschaltbetätigung

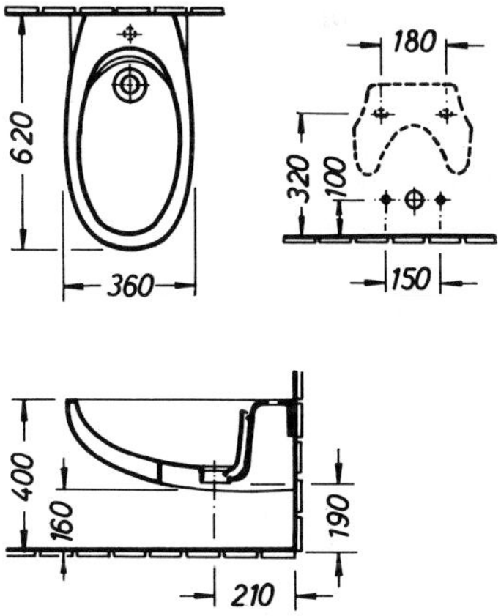

249.2 Wandhängendes Bidet für Einlocharmatur

Armaturen. Die Becken werden immer an Kalt- und Warmwasserleitungen angeschlossen. Als Einlaufarmaturen verwendet man Stand- oder Wandbatterien am günstigsten mit Einhebelmischern (**250**.1), während die erforderlichen Thermostatbatterien, die durch Temperaturbegrenzung Verbrühungen verhindern, nur als Wandeinbaubatterien montiert werden.

Der Auslauf mit Kugelgelenk und Perlator soll den Wasserstrahl etwa in Nabelhöhe des Benutzers erreichen können.

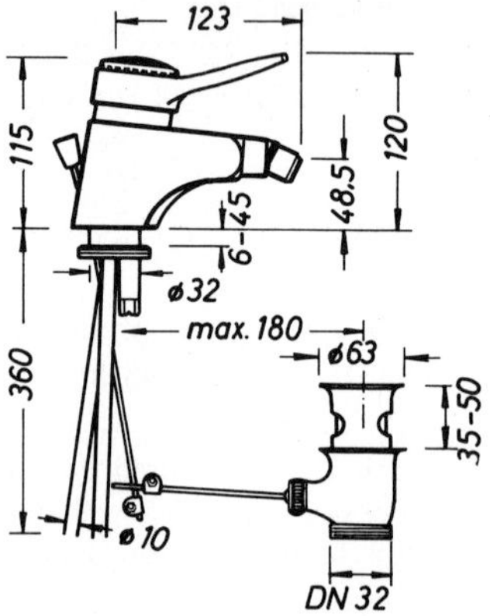

Die Montage der Standbatterien geschieht wie bei Waschbekken.

Die Wassereinlauftemperatur soll bei Bidets auf 33 bis 38 °C begrenzt sein. Ein Wasserzulauf durch den anwärmbaren Bidetrand, als Spülrandzulauf praktiziert, ist ungünstig.

Die Unterkörperwäsche unter fließendem Wasser erfolgt je nach Bedarf mit dem Gesicht oder Rücken zur Wand.

250.1 Einlaufarmatur für Sitzwaschbecken, Einhand-Einlochbatterie Hansamix (Hansa)

Die im Becken häufig vorhandene Unterdusche (**249**.1) ist sogar abzulehnen.

Die Unterdusche widerspricht den medizinischen Erkenntnissen sowie den Forderungen der DIN 1988 T. 2 und 4.

Die Höhe der Eckabsperrventile liegt bei 10 bis 25 cm über dem Fußboden. Außerdem gibt es flexible, druckfeste Metallschläuche zum Anschluß der Batterien an die Eckventile.

Sitzwaschbecken erhalten am besten ein besonderes, nicht verschließbares Ablaufventil DN 32 (**250**.2), wodurch im Bidet eingeformte Überläufe überflüssig werden.

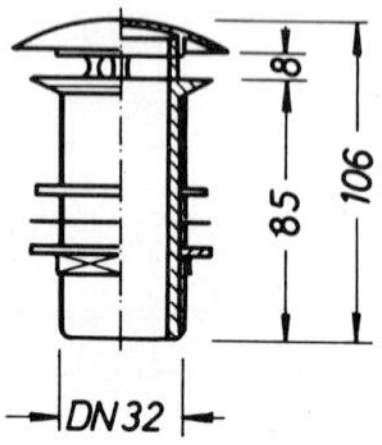

250.2 Ablaufventil für Sitzwaschbecken, nicht verschließbar

Oder die Ablaufgarnitur besteht aus einem Ablauf mit Exzenter- oder Zugknopfbetätigung wie bei Waschbecken, wodurch das Füllen der Bidetmulde mit Wasser möglich ist (**250**.1).

Das Sitzwaschbecken wird mit einem Bidetgeruchverschluß, am besten als Röhrengeruchverschluß DN 32, an die Abwasserleitung DN 40 angeschlossen.

Der Ablaufanschluß liegt 10 bis 14 cm über OKFF in Bidetmitte.

Ausstattungszubehör. Kleiderhaken (150 bis 155 cm über OKFF), Ablageplatte oder geflieste Wandnische, Seifenschale (70 bis 95 cm über OKFF), Schwammhalter (75 bis 95 cm über OKFF) und Handtuchhalter (80 bis 105 cm über OKFF) sowie ein Haltegriff (Griffmitte 80 bis 100 cm über OKFF) sind in bequemer Reichweite des Benutzers vorzusehen.

Günstig ist auch ein Papierhandtuchspender mit Sammelkorb in Greifnähe des Bidets.

3.4.8 Badewannen

Die Badewanne gehört als Einrichtung für Vollbäder in jede neuzeitliche Wohnung und ist durch eine Duscheinrichtung zu ergänzen.

Nach DIN 18022 sollen die Mindestabmessungen der Badewanne 170 × 75 cm betragen. In Wohnungen für mehr als 5 Personen wird die Ausstattung des Bades durch eine zusätzliche Brausewanne von mindestens 80 × 80 cm oder 80 × 75 cm empfohlen (Tafel **51**.2).

Bei sehr engen Raumverhältnissen werden notgedrungen Stufenwannen als Sitzbadewannen oder Kurzwannen eingeplant.

Die Wahl der Wannengröße und -form hängt damit von den Platzverhältnissen, den immer höheren Ansprüchen und den Badegewohnheiten der Benutzer ab.

Aufgrund ihrer Größe, Form und Funktion werden Kleinraum-, Kurz-, Sitz-, Stufen-, Einbau-, Normal-, Diagonal-, Schürzen-, Eck-, Groß- und Whirlpool-Badewannen hergestellt (Tafel **251**.1).

Tafel **251**.1 Badewannen, Abmessungen in cm (Höhen mit Füßen) und Wasserverbrauch nach Abzug von 70 l Wasserverdrängung durch einen Erwachsenen

Wannenart	Länge	Breite	Höhe	l
Einbauwannen	170	75	60	160
	180	72	64	150
	180	80	64	200
	185	83	65	210
	188	78	65	220
Schürzenwannen	171	76	49	135
	180	80	58	180
	183	78	49	150
	187	78	49	160
Stufenwannen	104	70	75	110
	114	77	74	145

Der Wasserinhalt einer Kurzwanne beträgt ca. 90 l, einer Stufenwanne ca. 120 l.

Badewannen sind in zahlreichen Modellen auf dem Markt. Sie bestehen entweder aus Grauguß, innen porzellanemailliert und außen gestrichen, aus starkwandigem beiderseitig emailliertem Stahlblech oder aus Acrylglas.

Nach ihrer Aufstellart sind freistehende und eingebaute Badewannen zu unterscheiden.

Freistehende Badewannen. Sie werden fast nur noch als Sonderausführungen in Kranken- oder Badehäusern verwendet und sind in Wohnungen durch die Einbauwanne völlig verdrängt worden.

Die freistehenden ca. 175 × 75 cm großen Graugußwannen und Stahlbadewannen mit angeformten Füßen, auch gemeinsam mit einem 100 l Kohlebadeofen installiert (**823**.1), werden mit 4 cm großem Wandabstand vor der geputzten oder gefliesten Wand angeordnet. Die Wannenhöhen liegen zwischen 55 und 63 cm.

Einbau-Badewannen. Sie werden aus Gußeisen (**252**.1), Stahl oder Acrylglas angeboten und meistens in der normalen Rechteckform mit stark geneigter Wandung am Kopfende eingebaut.

Daneben sind die wassersparenden Diagonalwannen durch ihre der Körperform angepaßten Innenfläche und den dadurch vorhandenen Sitz- und Eckablageflächen recht beliebt (**252**.2).

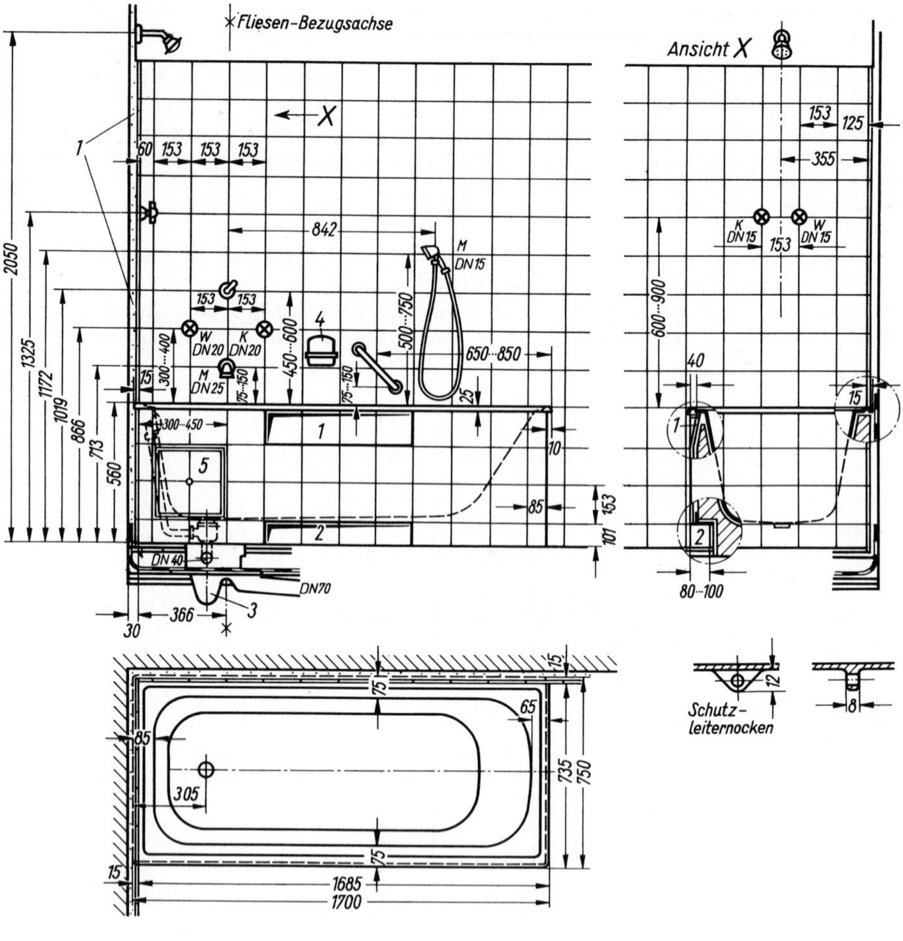

252.1 Einbau-Badewanne aus Grauguß (M 1:30 und 1:5)
1 Zementmörtelputz mit Dichtungsmittelzusatz
2 Untertritt
3 Bodenablauf
4 Seifenschale
5 Revisionsrahmen

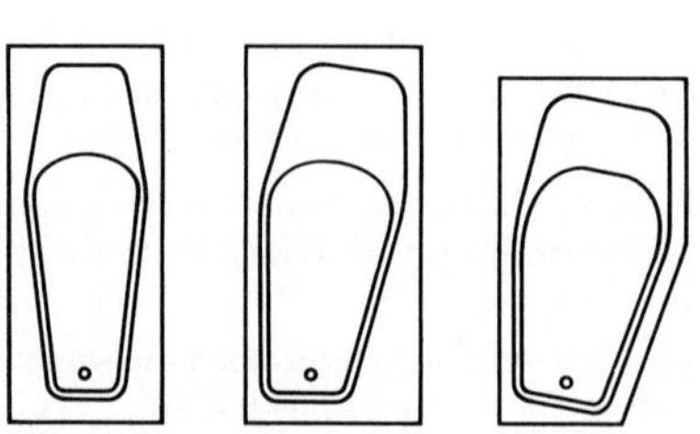

252.2 Einbau-Badewannen in körpergerechter Form

Alle Einbau-Badewannen haben einen flachen Rand mit an einer oder mehreren Seiten 15 bis 20 mm unter die Wandkachelung greifenden Wasserleiste (**253**.1 c).

Einbau. Der ein-, zwei- oder dreiseitige Einbau erfordert besondere Sorgfalt. Der Fußboden sollte immer eine Dichtungsbahn erhalten, die an der Aufstellungswand mindestens 10 cm über OKFF, möglichst sogar über Wannenoberkante, hochgezogen werden sollte (**252**.1 und **253**.1 c). Der schallgedämmte Einbau wird durch die Dämmung des schwimmenden Estrichs (**255**.2) im Fußboden und den Stellstreifen an der Wand erreicht.

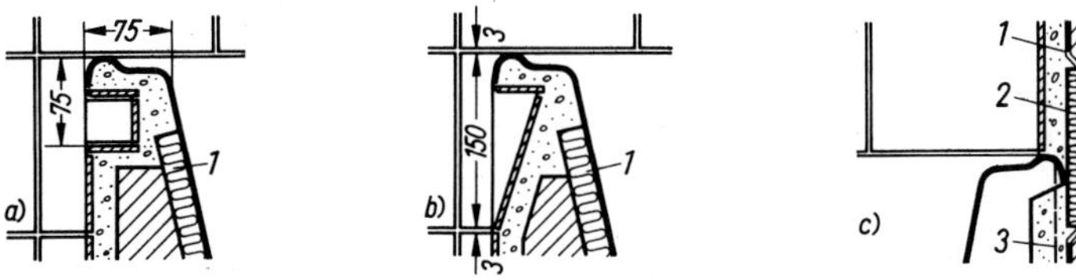

253.1 Wulst der Einbau-Badewannen (M 1:10) (s. auch **252**.1 und **254**.1)
a) und b) aus Fliesen gebildeter Wannengriff
c) Wandanschluß
1 Sperrschicht
2 Korkstreifen
3 Maschendrahtbewehrung des Schutzmörtels

Montagehöhen. Die Einbauhöhe der Wanne sollte auf eine waagerechte Fuge des Plattenbelages und der Wannenoberkante abgestimmt werden.

Je nach Verwendung der Wannen werden als Montagehöhe in Wohnungs-, Hotel- und Reinigungsbädern 49 bis 64 cm, für Schürzenbadewannen 52,5 bis 59,5 cm, in Kinderheimen, Behindertenwohnungen und Altenheimen 38 bis 45 cm angenommen.

Einbau-Badewannen aus Gußeisen werden mit und ohne Füße, aus Stahl mit Füßen, Fußgestell oder Wannenträger, aus Acrylglas mit Füßen oder Untergestell eingebaut. Höhenverstellbare Füße erleichtern das Ausrichten der Wanne (**253**.2).

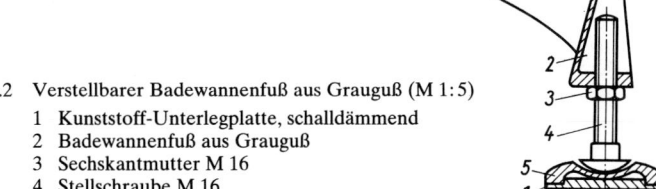

253.2 Verstellbarer Badewannenfuß aus Grauguß (M 1:5)
1 Kunststoff-Unterlegplatte, schalldämmend
2 Badewannenfuß aus Grauguß
3 Sechskantmutter M 16
4 Stellschraube M 16
5 Grundplatte aus Grauguß

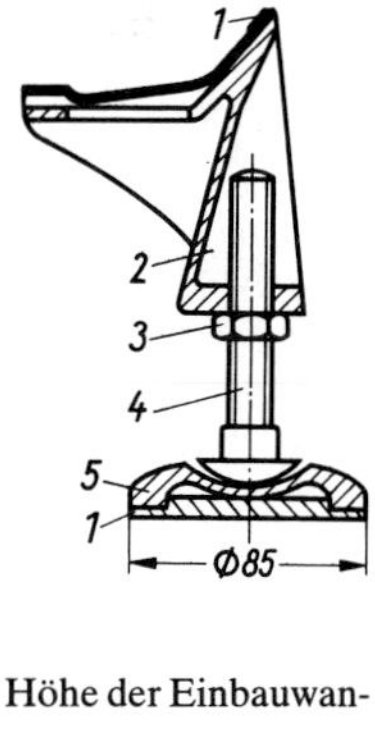

Durch Weglassen der Füße (**254**.1) oder durch verstellbare Füße kann man die äußere Höhe der Einbauwanne verringern und ihre Benutzung erleichtern.

Bei der Aufstellung im Erdgeschoß läßt sich die Wanne sogar teilweise in die Kellerdecke einbauen. Eine ganz versenkte Wanne ist jedoch abzulehnen, da sie sehr unbequem zu benutzen und zu reinigen ist.

Schalldämmung. Kork oder Kunststoffzwischenlagen unter Wannen oder Füßen gewährleisten eine gute Körperschalldämmung (**254**.1). Speziell für Stahl-Einbaubadewannen werden zur Schall- und Wärmedämmung Wannenträger aus Styropor angeboten (**254**.2).

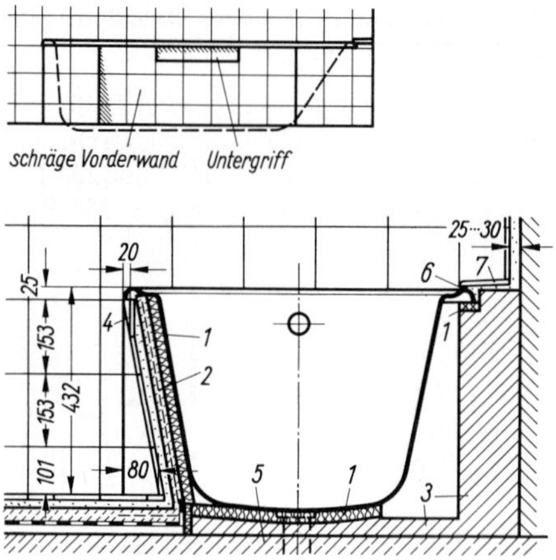

254.1 Einbau-Badewanne, vertieft eingebaut, mit schräger Vorderwand, schalldämmender Korklage und Randverbreiterung (M 1:20)

1 Korkstreifen 20 mm
2 Rippenstreckmetall
3 Untermauerung
4 Untergriff
5 Rohdecke
6 Silikon-Dichtung
7 Fliesenabdeckung

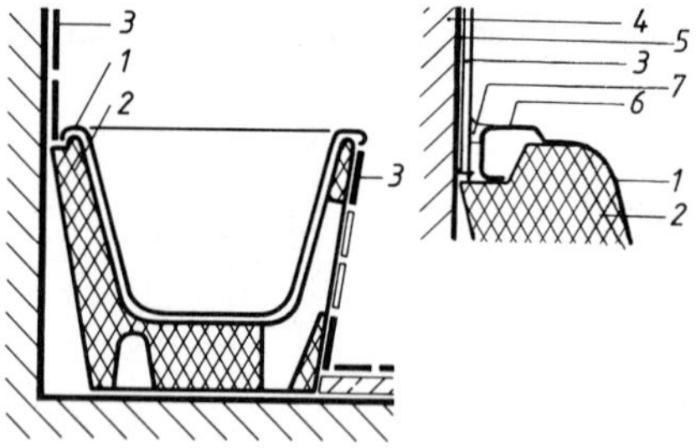

254.2 Poresta-Wannenträger, Schnitt und Wandanschluß

1 Wannenrand
2 Wannenträger
3 Wandfliesen
4 Mauerwerk
5 Fliesenkleber
6 Markierung
7 Silikon-Dichtung

Verfliesung. Einbau-Badewannen erhalten in der Regel eine verkachelte Ummantelung. Die Verfliesung kann in verschiedenster Weise ausgeführt werden. Sie soll an einer Längsseite einen zurückgesetzten Untertritt (**252**.1) oder eine zurückspringende Wandschräge (**254**.1) von 8 bis 10 cm Tiefe zum bequemen Herantreten an die Wanne erhalten. Ebenso kann man als Griffaussparung einige Fliesen am Wannenrand zurücksetzen (**253**.1 b).

Auf der Wandseite muß der Fliesenbelag den Wannenwulst um 20 bis 25 mm so überdecken, daß keine Wasserfuge entsteht. Die Fuge muß gewissenhaft mit einem dauerelastischen Kitt ausgespritzt werden.

Bei dünnwandigen Wannen aus Stahl oder Acrylglas muß der Wannenrand auf der Wand mit 2 bis 4 Klammern befestigt werden (**254**.3).

Der möglichst unauffällige Einbau von 1 × 2, 2 × 2 oder 2 × 3 Kacheln großen Revisionsrahmen in der Ummauerung (**252**.1) der eingebauten Wanne muß die Zugänglichkeit von Geruchverschluß und Wannenablauf gewährleisten.

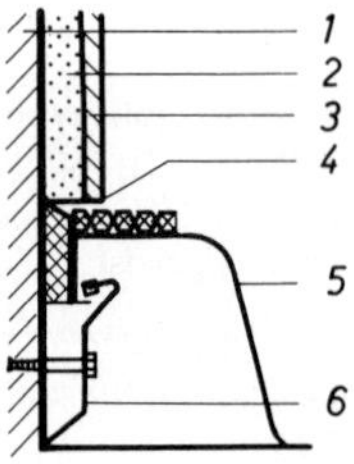

254.3 Wandklammer für Stahl- und Acrylwannen

1 Wand
2 Mörtelbett
3 Fliese
4 Nut für Fugenkitt (nach teilweisem Entfernen des Gummiabdichtprofiles)
5 Wanne
6 Wandklammer

Schürzenwannen. Auch als Kabinettwannen (**255**.1) bezeichnet, ermöglichen sie einen schnelleren und kompletteren Einbau. Sie haben jedoch als Gußwanne ein großes Eigengewicht.

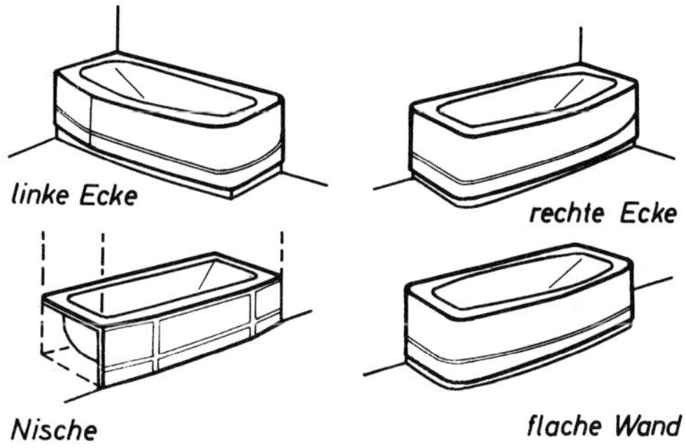

255.1 Schürzenwannen

An die Stelle der Fliesenverkleidung treten angeformte oder lose eingehängte Schürzen, die die Wände nicht berühren. Die Schürze kann bei Gußwannen angeformt sein und einen einhängbaren, zurückgesetzten Sockel erhalten oder als vorgefertigte emaillierte oder verflieste Schürze zur Verkleidung an Ort und Stelle eingehängt werden (**255**.2).

1 Wandanschlußprofil mit hochgestelltem Rand
2 wie 1, Einschubprofil für eine Stirnseite der Nischenwanne
3 Variante zu 1 als Vorsatzprofil, für Wanne mit nach unten gestelltem Rand
4 wasserfester, geschlossenporiger Weichschaum-Kunststoff
5 Abdichtung aus dauerelastischem Tubenkitt
6 Wandfliesen in Zementmörtel
7 desgleichen im Dünnbettverfahren verlegt
8 wassersperrender Putz
9 Sockelprofil aus PVC
10 PVC-Fußbodenbelag
11 schwimmender Estrich
12 Wannenschürze, aushängbar, mit Antidröhnbelag, Wandabstand 5 bis 10 mm
13 Wanne mit Antidröhnbelag
14 Hubfuß, in der Höhe um ± 25 mm verstellbar, an 15 befestigt
15 Traverse
16 Tellerschraube mit Vierkant
17 Spannklaue mit Klebteller zur Bodenbefestigung
18 Befestigungslasche
19 Wanne mit nach unten gestelltem Rand
20 Bade-Mischbatterie mit Kugelgelenk-Luftsprudler zur Verringerung der Füllgeräusche
21 Bitumenpapier oder -pappe

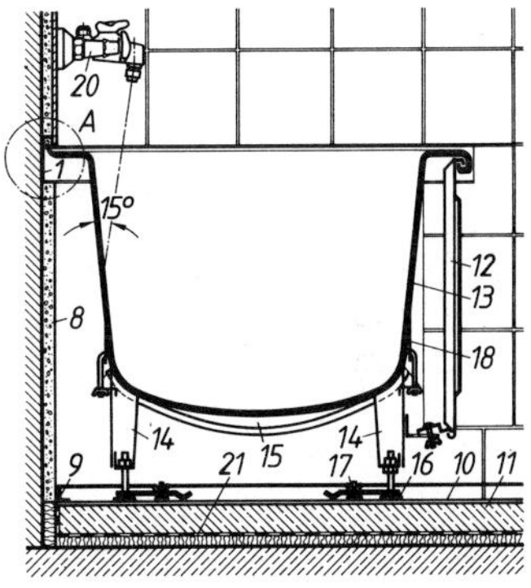

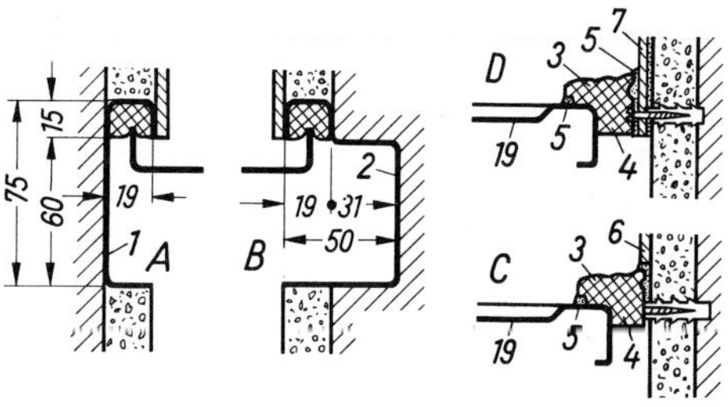

255.2 Einbau-Badewanne aus Stahl mit hochgestelltem Rand, Hubfüßen und ein- und aushängbaren Stahlschürzen zum ein- bis dreiseitigen Einbau mit Spezial-Wandanschlußprofilen (M 1:20 und 1:5)

Schürzen-Spezialwannen gibt es auch mit einhängbaren Schürzen und Konvektor-Heizkörpern, die zum Anschluß an eine Warmwasser-Zentralheizung vorbereitet sind (**256**.1).

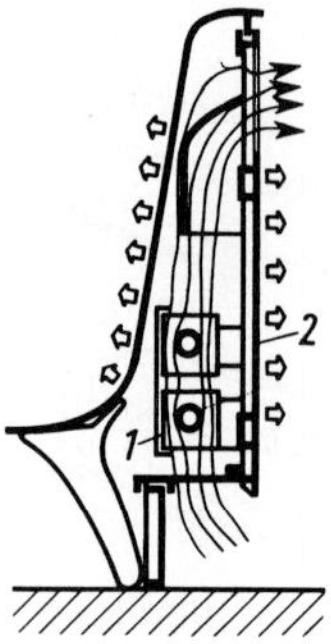

256.1 Einbau-Badewanne mit eingehängter Verkleidung und eingebautem Konvektor-Heizkörper

1 Konvektor, beheizt Baderaum und erwärmt Wandung der Badewanne

2 Wannenverkleidung aus Graugußplatten, im Farbton der Wanne emailliert

Einbauwannen aus Gußeisen, Stahl oder Acrylglas können auch in Leichtbauweise nach dem Verfliesen des Raumes mit einem Untergestell montiert werden.

Ein Wannenträger aus Vierkantstahlrohren (**256**.2) dient zum Aufstellen der Wanne und zur Befestigung der Wannenschürzen. Diese Schürzen bleiben abnehmbar. Die Außenmaße dieser Wannen sind 170 × 75 cm, 170 × 80 cm und 180 × 75 cm.

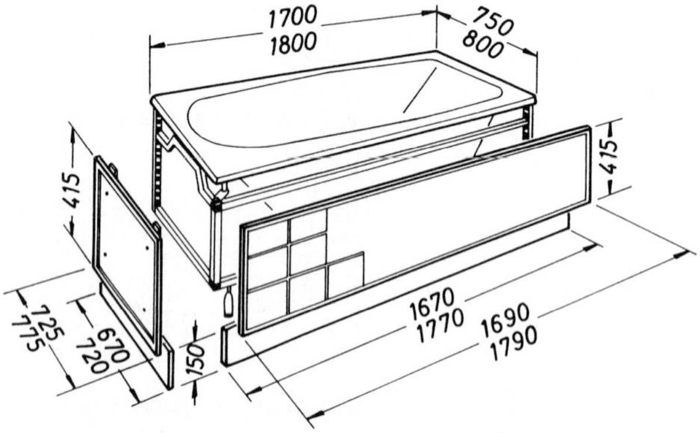

256.2 Einbau-Badewanne mit Wannenträger und Wannenschürzen

Sonderformen. Zahlreiche neue Sonderformen und -größen, besonders bei Einbaubadewannen aus Acrylglas nach DIN EN 198, werden in vielen Farben angeboten:

Familienwannen mit anspruchsvollen Abmessungen, etwa 200 × 90 cm, 180 × 120 cm oder 180 × 100 cm und größer, mit ovalem Innenraum oder in großen und kleinen kreisrunden Formen (**258**.1),
Eckbadewannen mit ovalem Innenraum und bis zu 165 cm Schenkellängen (**257**.1) sowie Wannen mit als Kopfstütze hochgezogener Rückwand, auch mit teilweise rutschfestem Boden oder als Whirlpool-Wannen (**258**.1).

Daneben finden für ältere Menschen und Behinderte gefertigte Einbauwannen aus Grauguß, Stahl oder Acrylglas mit innen montierten Haltegriffen (**257**.2) im Wohnungsbau immer mehr Verwendung.

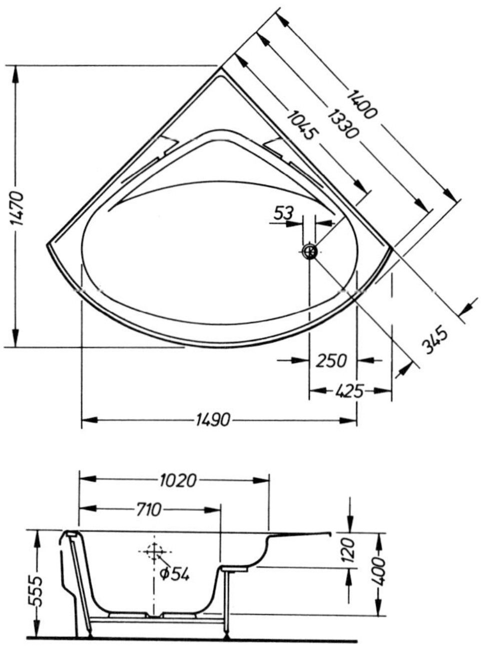

257.1 Acryl-Eckwanne Corina (KERAMAG)

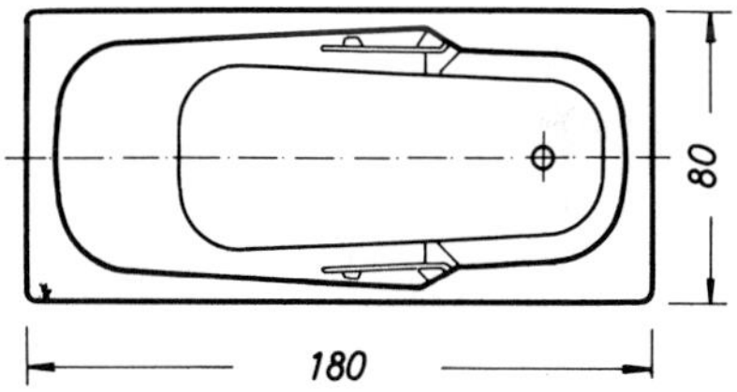

257.2 Stahlbadewanne mit Griffen, 3,5 mm stark (170 × 80 cm und 180 × 80 cm)

Whirlpool-Wannen. Diese Sprudelbadewannen mit 170 × 75 cm, 180 × 120 cm oder 200 × 90 cm verschieden großen Einbau- oder auch Eck-Einbauwannen (**257**.1) entsprechen meist den vorstehend erwähnten Sonderformen, sind jedoch mit einer zusätzlichen Luftsprudeleinrichtung ausgestattet (**258**.1).

Diese Wannen werden komplett mit Traggestell, höhenverstellbaren Wannenfüßen, Rohrleitungen und Pumpe, Pneumatik-Schalter, Luftregler, drei bis sechs Massagedüsen und Ansaugdüse geliefert und eingebaut.

Die Wasser- und Abwasseranschlüsse werden wie bei einer normalen Badewanne installiert, der Elektroanschluß der Pumpe wird mit 10 A abgesichert.

Stufenwannen. Auch als Sitzbadewanne oder Kleinraum-Einbauwanne bezeichnet (Tafel **251**.1), mit oder ohne Bidetmulde (**258**.2) aus Grauguß oder Acrylglas, wird sie bei Raummangel oder bei nachträglicher Einrichtung von Bädern in Altbauwohnungen, auch in Altenwohnungen und -heimen sowie in Schwesternheimen eingebaut.

Durch die Verwendung verkürzter Füße, das Aufsetzen der fußlosen Wanne auf die Rohdecke oder durch das Einlassen in die Decke läßt sich die Höhe der Stufenwanne derjenigen üblicher Einbauwannen angleichen und ihre Benutzung vor allem für ältere Menschen erleichtern.

Armaturen. Die Armaturen der Wanne haben nicht nur die Wanne zu füllen, sondern auch nach dem Vollbad ein Duschbad zu ermöglichen.

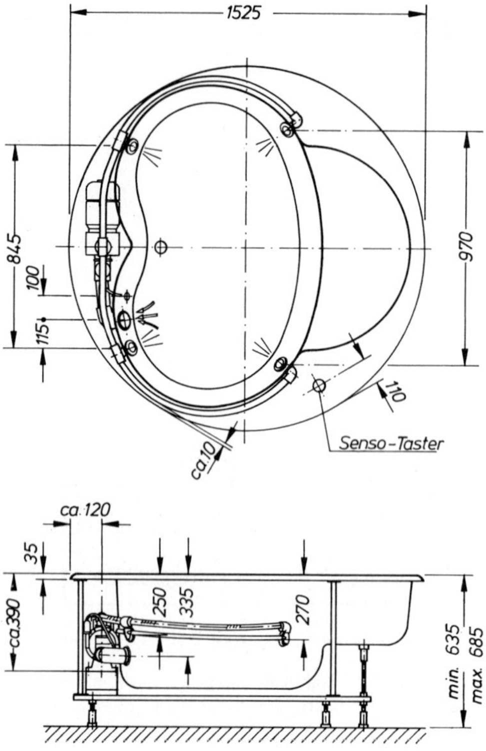

258.1 Acrylwanne Bali als Whirlpool (Düker)

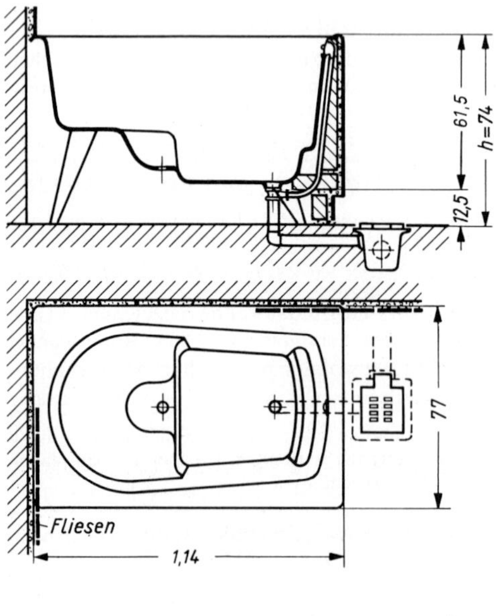

258.2 Stufenwanne mit Bidetmulde (M 1:30)

Zuflußarmaturen. Unterschieden werden Wannenbatterien auf oder unter Putz und Standbatterien auf breitem Wannenrand oder Fliesenabsatz.

Bei freistehenden Wannen mit Badeofen (**823**.1) ist die Wannenbatterie mit direktem Auslauf am Fußende der Wanne frei montiert.

Auf Putz montierte Mischbatterien, auch mit Brause und Auflegegabel, engen den Bewegungsraum in vielen Fällen unangenehm ein (**259**.1).

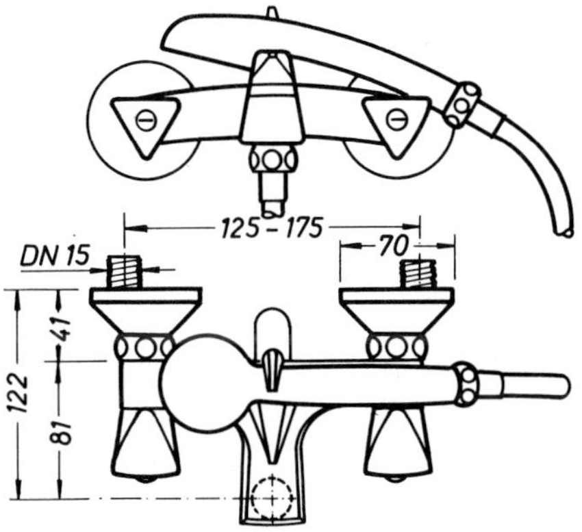

259.1 Wannenfüll- und Brausebatterie

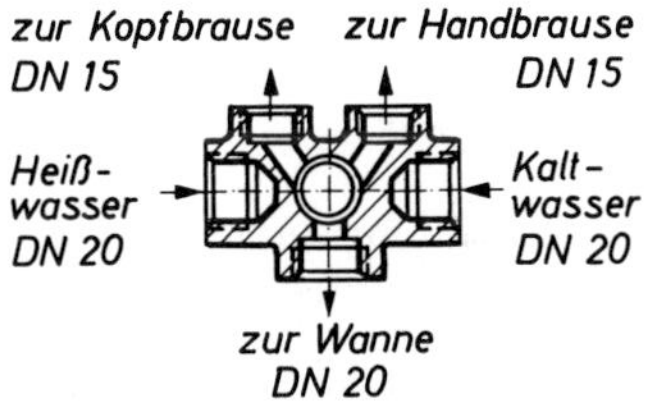

259.2 Fünfwegeumstellung für Unterputzbatterie

Unterputzbatterien (**252**.1) mit Anschlußweiten im Wohnungsbau von DN 15 seltener DN 20 können Vier- oder Fünfwegeumstellungen (**259**.2) für Handbrause oder Hand- und festinstallierte Brause erhalten.

Die Anschlüsse für Wandbatterien werden in der Regel 15 bis 23 cm über dem Wannenrand installiert.

Eingriff- oder Einhand-Unterputzbatterien (**847**.2) lassen sich einfach montieren und schnell auf die gewünschte Mischtemperatur einstellen. Außerdem gibt es für die Badewanne seltener verwendete Thermostatbatterien (**850**.1).

Der Wanneneinlauf DN 20 oder 25 soll im unteren Drittel der Wanne zum Fußende nahe dem Ablaufventil oder mittig über dem Fußende der Wannenschmalseite liegen, die Unterkante des Einlaufes $\geqq 2$ cm über dem Wannenrand.

Der Wanneneinlauf wird bei gleichzeitiger Installation von Unterputzbatterien meist in gleicher Höhe montiert. Bei Acrylwannen ist er meist im Wannenkörper integriert.

Es sollten nur Wanneneinläufe verwendet werden, die den Wasserstrahl mit einem Winkel von $\leqq 15°$ gegen die Wannenwand auftreffen lassen (**255**.2) (s. auch Abschnitt 4.3).

Anstelle der separaten Installation einer Handbrause (**252**.1) ist die Montage einer Brausegarnitur mit bis zu 130 cm langer Wandstange (**260**.1) zu überlegen.

Der verschiebbare Brausehalter mit Aufsteckzapfen ermöglicht die wechselweise Benutzung als aufgesteckte Kopf- oder Handbrause.

Ablaufarmaturen. Diese Armaturen können die Wannen direkt oder indirekt entwässern.

Meist wird am Fußende eine Ab- und Überlaufgarnitur mit einem Verbindungsrohr aus Kunststoff (**266**.2), verzinktem Stahl oder Messing mit Quetschverschraubungen an den Ventilen eingebaut und direkt an die Abflußleitung angeschlossen.

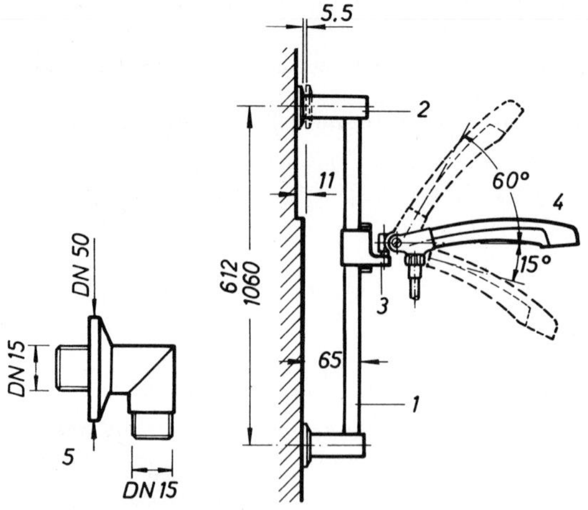

260.1 Stangen-Brausegarnitur
1 Brausestange, eckig, verchromt, 110 oder 60 cm
2 Wandhalter
3 Gleiter mit Klemmautomatik und Gelenkstück
4 Handbrause mit Metall- oder Kunststoffschlauch 1/2″, 150 oder 125 cm lang
5 Wandanschlußbogen 1/2″ für Brauseschlauch

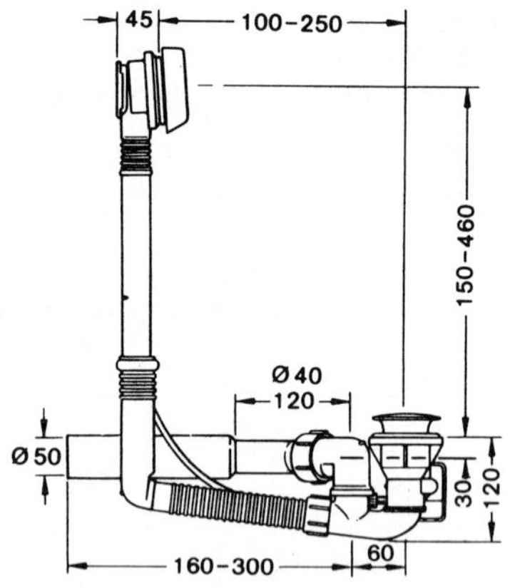

260.2 Wannen-Exzenter Ab- und Überlaufgarnitur 1½″/50 mit Überlaufrohr, Abgangsrohr DN 50 drehbar, Wasserstand 50 mm (HANSA)

Beim direkten Anschluß wird entweder das einfache Ablaufventil DN 40 mit Stopfen und Kette (**266**.2) gewählt oder eine Exzenter-Ab- und Überlaufgarnitur mit Überlaufrohr DN 25 (**260**.2).

Der Übergang vom Geruchverschluß DN 32 oder DN 40 wird in DN 50, jedoch über 2 m Leitungslänge in DN 70 an die Anschlußleitung erweitert.

Bei Einbau- und Schürzenwannen ist der indirekte Anschluß über einen Bodenablauf mit Zulauf von oben oder von der Seite zu empfehlen (**220**.1).

Die Verbindungsleitung zum Bodenablauf ist in DN 32 oder DN 40 anzunehmen, während der Bodenablauf selbst mit DN 50 oder DN 70 an die Falleitung angeschlossen wird.

Badewannen-Geruchverschlüsse müssen den Normen entsprechen und ≧ 50 mm Sperrwasserstand haben. Geringere Wasserstände verdunsten schnell oder werden leicht abgesaugt.

Jede Badewanne aus Metall besitzt an der Unterseite mindestens einen Schutzleiteranschluß (**252**.1), der vom Elektriker durch eine Potentialausgleichsleitung ≧ 4 mm^2 Cu mit der nächstmöglichen Erdleitung verbunden wird (**372**.2).

Ausstattungszubehör. Eine in den Fliesenverband eingelassene, aus sitzender Haltung gut zu erreichende Seifenschale (**252**.1) als Wandplatte oder als Einzelseifenschale montiert und ein Wannenhaltegriff zum sicheren Aufstehen und Setzen gehören zum ersten Zubehör. Daneben werden meist verchromte 60 bis 100 cm lange Badetuchhalter, auch Handtuchhalter oder -ringe und Wäschewärmer gewünscht.

Diese Zubehörteile werden in Messing verchromt, neuerdings auch gerne in Acrylglas oder in Edelholz mit Messingbeschlägen kombiniert eingebaut.

Senkrecht angebrachte 60 oder 50 cm lange Haltegriffe genügen den Anforderungen am besten, wenn sie nicht bereits in der Wanne als waagerechte Griffe integriert sind (**257**.2).

3.4.9 Duschwannen

Duschbäder dienen der schnellen Körperreinigung, zur Erfrischung und Heilbehandlung unter fließendem Wasser. Sie sind bei Raummangel und dort am Platz, wo die Betriebskosten für Wannenbäder zu hoch erscheinen, so in Kleinstwohnungen oder Hotelzimmern (**146**.1).

Der Warmwasserbedarf für eine Brausezeit von 5 Minuten liegt nur zwischen 35 und 40 l.

Wegen der massageähnlichen Wirkung und des sofortigen Schmutzwasserablaufes werden Brausebäder oft Wannenbädern vorgezogen und zusätzlich neben der Wanne installiert, ohne diese vollwertig ersetzen zu können.

Brausewannen werden aus emailliertem Gußeisen nach DIN 4488, porzellanemailliertem Stahlblech, Feuerton nach DIN 4486, Kunststein oder Acrylglas mit und ohne Gleitschutz hergestellt.

Der Wannenboden ist meist glatt oder gelegentlich auch geriffelt und gleitsicher ausgebildet.

Die Grundrißform wird in der Regel quadratisch, auch mit abgerundeter Ecke oder rechteckig, mit der Schmalseite zur Badewannenbreite passend gewählt. Die Tiefen liegen zwischen 6 und 33 cm (Taf. **261**.1).

Acrylduschwannen werden in zahllosen Formen und Farben hergestellt.

Tafel **261**.1 Duschwannen, Auswahl, Abmessungen in cm

	Länge	Breite	Höhen						
Einbauduschwannen	70	70				16			
	80	75			15	16,5	22	26	28
	80	80	6	6,5	15	16,5	22	27,5	29,5
	90	75	6	6,5	15	17	22	27	31
	90	80						26,5	
	90	90	6	6,5	15	16,5	22	26	29,5
	120	80		6,5	15	16			28
	120	100			15				
Eckduschwannen	90[1])	90[1])		6,5	15				28
	133	133				16			
Sitzduschwannen	80	80							31[2])
	90	90							33
	95	95			14		20		
	100	80							28
	100	100							28
	110	90						27,5	
	120	90			14,5				

1) Schenkellänge
2) Höhe ohne Füße

Einbau. Grauguß- und Stahlblech-Brausewannen werden, wenn sie keine Schürze besitzen, durchweg eingemauert und verfliest oder in den Boden eingelassen. Auf mindestens zwei Seiten erhalten sie einen festen Anschluß zur Wand.

Die mit einem glatten Rand (Form A) ausgebildete Graugußwanne nach DIN 4488 ist zum waagerechten Gegensetzen der Fliesen bestimmt, während die mit einem profilierten Rand (Form B) für das senkrechte Untersetzen der Plattenverkleidung vorgesehen ist. Der Wandabschluß durch Aufsetzen der Fliesen von oben ist bei beiden Ausbildungen möglich (**262**.1).

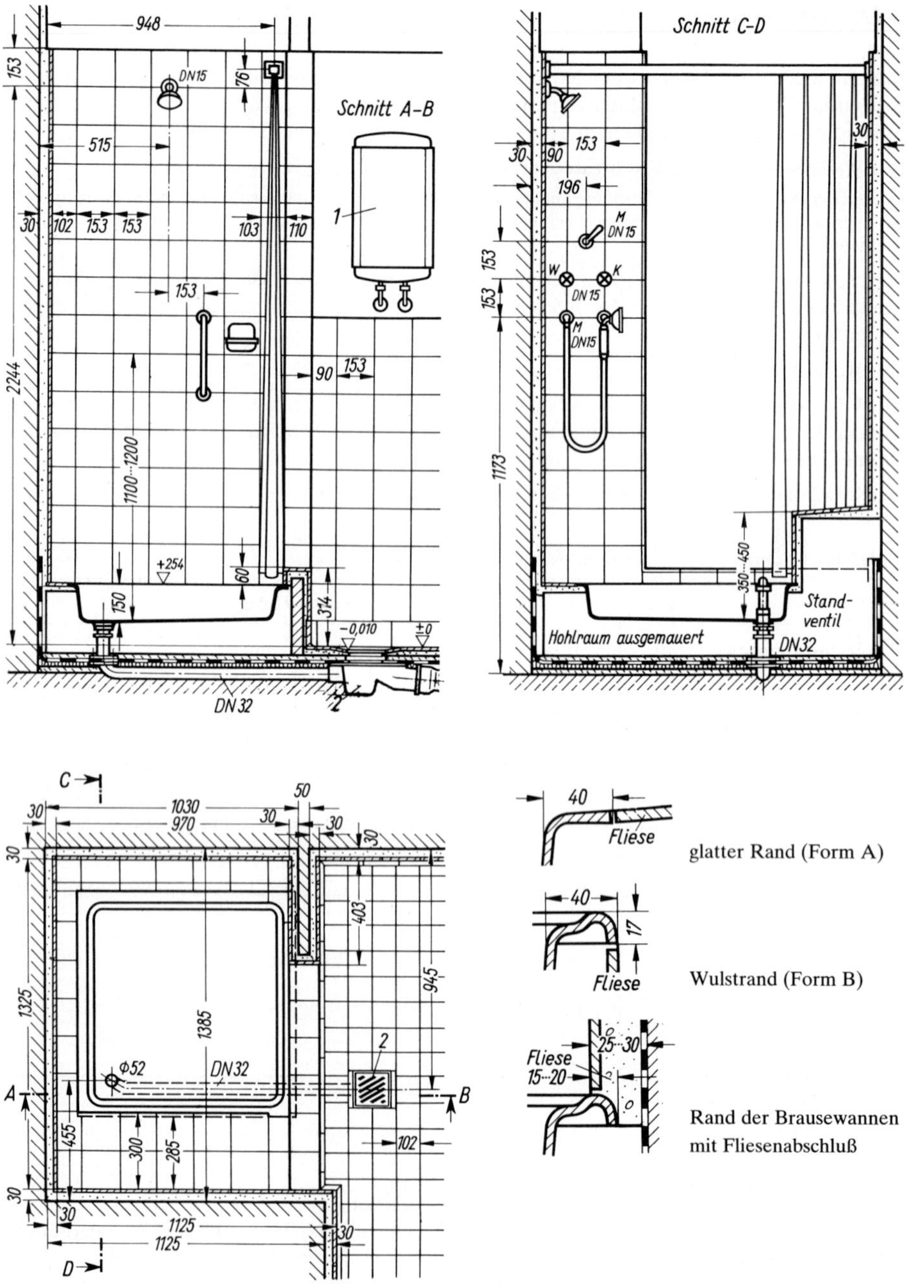

262.1 Brausenische mit Brausewanne 90 × 90 cm nach DIN 4488 (M 1:30 und 1:5)

1 Elektro-Duschboiler 15 l

2 Badablauf (Variant-Selekta) (Passavant)

Weitere Ausführungsmöglichkeiten und Anschlußmaße für Duschwannen mit und ohne Überlaufloch, für bauseitige Verkleidung, mit Schürze oder zum Bodeneinbau sind in DIN EN 251 ausführlich dargestellt.

Acrylglaswannen werden durch einen Dreieckfuß unterstützt und mit 2 bis 4 Wandklammern (ähnlich **254**.3) in der Wand befestigt.

An den Wandseiten muß die Fußbodenisolierung in Feuchträumen mindestens 15 cm (**271**.1), bei Duschräumen mindestens 30 cm über die Duschanlage trogartig hochgeführt werden (**271**.2).

Jede Duschwanne aus Metall ist auf der Unterseite mit einem Schutzleiteranschluß ausgestattet und muß geerdet werden (**252**.1 und **372**.2).

Armaturen. Die Duschtemperatur des Wassers soll bei 37 °C und nicht über 40°C liegen. Zum Schutz gegen Verbrühungen sind Sicherheitsmischbatterien in DN 15 auch DN 20 oder thermostatisch gesteuerte Brausebatterien unentbehrlich (s. Abschnitt 12.3.3).

Auch bei Brauseanlagen werden Auf- und Unterputzbatterien für Hand- oder Fußbetätigung und berührungslos gesteuerte Armaturen verwendet.

Der Benutzer muß die auf einer Höhe von 120 bis 130 cm angeordnete Bedienungsarmatur stets erreichen können, ohne durch den Wasserstrahl hindurchzugreifen (**262**.1).

Für Brausenischen oder -kabinen stehen eine Anzahl verschiedenartiger meist durch Kugelgelenk verstellbarer Brauseköpfe zur Verfügung. Je nach ihrer Anordnung werden Kopf- (**849**.2), Körper-, Schulter-, Rücken-, Unter- und Fußbrausen unterschieden.

Die Montagehöhen über der Standfläche betragen bei Kopfbrausen 200 bis 240 cm (**262**.1), Körperbrausen 170 bis 200 cm, Schulterbrausen 135 bis 160 cm, Rückenbrausen 100 bis 130 cm, Unterbrausen 50 bis 60 cm und Fußbrausen 55 bis 75 cm.

Kopfbrausen sind aus verschiedenen Gründen weniger beliebt. Der hohe Wasserverbrauch mehrerer Brauseköpfe ist bei der Wahl der Geräte für die Warmwasserbereitung zu beachten.

Auch wassersparende Schlauchbrausen mit einer in der Höhe verstellbaren Haltevorrichtung (**260**.1) sind als Einzelbrause im Duschbereich möglich.

Durch ein herausnehmbares Ablaufstandventil mit Gummikonus (**262**.1) läßt sich für Fußwäschen das Wasser 10 bis 20 cm hoch anstauen.

Das Ablaufventil kann auch mit einem Stopfen oder einer Gummikugel vorübergehend verschlossen werden.

Brausewannen werden in der Regel über einen Bad- oder Bodenablauf mit seitlichem Zulauf DN 32 oder DN 40 entwässert (**262**.1).

Die Duschwanne muß sonst nach dem Ablaufventil einen Brausewannengeruchverschluß erhalten, wenn ein Bodenablauf im Raum nicht vorgesehen ist.

Mehrzweckbrausewannen. Dies sind für Hotels und Wohnungen hergestellte Wannen als zweckmäßige weiterentwickelte Sonderausführung der einfachen Duschwannen.

Mit ihrer breiten, vorne angeordneten Sitzfläche und häufig mit geriffelten Fußrasten versehen, sind sie für Fuß-, Sitz-, Wechsel- und Kindervollbäder zu verwenden.

Mehrzweckwannen können mit oder ohne Füße geliefert werden (Taf. **261**.1).

Manche Modelle haben eine besondere Bidetmulde (**264**.1) zum festen Einbau einer Unterdusche.

Einzelbrausestände ordnet man am besten in einer Raumecke oder -nische mit $\geqq 90 \times 90$ cm Grundfläche und einem 60 bis 75 cm tiefen zusätzlichen Bewegungsraum an.

Eine Sitzfläche für Fußbäder sollte immer vorhanden sein.

Gemeinschafts-Duschräume in Schulen, Schwimmbädern, Sporthallen oder Betrieben erhalten statt Einzelbrausen häufig eine aus Fliesen gefertigte Wanne oder Rinne im Bodenbereich.

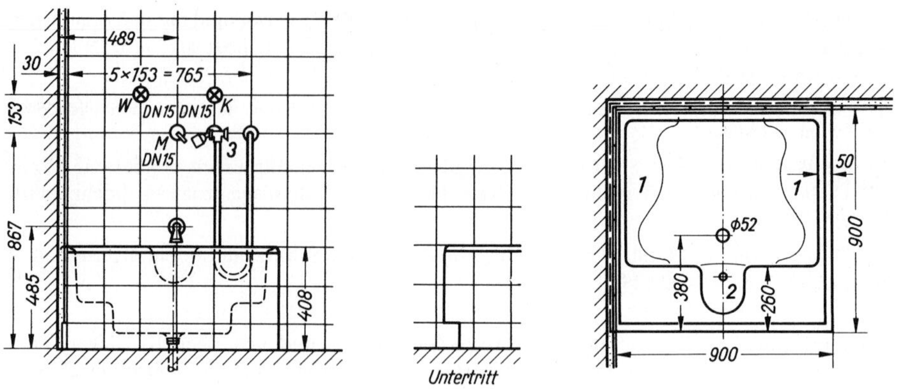

264.1 Mehrzweck-Brausewanne aus Grauguß 90 × 90 cm (M 1:30)

1 Fußrasten
2 Bidetmulde
3 Schlauchbrause mit Haftbrausekopf

Ausstattungszubehör. In den Bereich der Brausewanne gehören eine eingeflieste Seifenablage und eine möglichst senkrecht angeordnete Haltestange, die Griffmitte ca. 115 cm über der Standfläche (**262**.1).

Ein mit Bleischnur beschwerter, in die Wanne abtropfender Spritzvorhang aus Kunststoff gehört zur Mindestausstattung.

Bessere Abschlüsse bilden Duschtrennwände aus Aluminiumrahmen mit Kunst- oder Sicherheitsglasfüllungen oder am umlaufenden Rand abgedichtete Ganzglastüren, die in zahllosen Ausführungen angeboten werden.

Im Raum vor der Brausewanne sollten außerdem Kleiderhaken, Sitzgelegenheiten und ein Spiegel nicht fehlen.

3.4.10 Geruchverschlüsse

Geruchverschlüsse sind Bauteile, die mit ihrer Sperrwasserfüllung das Entweichen von Gasen aus den Entwässerungsleitungen verhindern. Sie werden entweder als einzelne Teile in die Abflußleitungen eingebaut oder an Entwässerungsgegenstände angeformt oder mit ihnen installiert.

Grundsätzlich soll jede Ablaufstelle einen eigenen Geruchverschluß nach DIN 19541 erhalten. Bei mehreren unmittelbar nebeneinanderliegenden Ablaufstellen können diese an einen gemeinsamen Geruchverschluß angeschlossen werden. Die Nennweite der Anschlußleitung angebauter Rohr- und Flaschengeruchverschlüsse ist mindestens um eine Nennweite größer als die Nennweite der Geruchverschlüsse zu wählen.

Verschlußhöhen. Die Wasserstandshöhen der Geruchverschlüsse betragen nach DIN 1986 T. 1 mindestens

bei Klosetts, Urinalen und Abläufen von Brause- und Badewannen	50 mm
bei allen übrigen Abläufen für Schmutzwasser	60 mm
bei Abläufen für Regenwasser	100 mm

Bei Klimaanlagen sind je nach Unter- oder Überdruck in den Räumen sichere Verschlußhöhen zu wählen. Notfalls sind Entwässerungen über Ferneinläufe mit absperrbarer Verbindungsleitung und freiem Ablauf zu einer nicht gefährdeten Ablaufstelle vorzusehen.

Rohrgeruchverschlüsse müssen mindestens folgende Innendurchmesser haben:

bei Wasch- und Sitzwaschbecken, Brause- und Badewannen	30 mm
bei Ausgüssen, Spülbecken, Doppelspülbecken, Haushalts-Wasch- und Geschirrspülmaschinen	35 mm
bei Urinalbecken (ohne solche mit selbsttätiger Absaugung)	45 mm

In Absaugeklosetts und -urinalen muß sich der Geruchverschluß nach jeder Spülung automatisch wieder auffüllen.

Die Nennweite der zum Geruchverschluß verwendeten Ablaufventile muß mindestens betragen

für Waschtische und Sitzwaschbecken	DN 32
für Brause- und Badewannen, Ausgüsse, Spülbecken, Doppelspülbecken	DN 40

Verschlußarten. Die einfachste und günstigste Form eines Geruchverschlusses ist der Rohrgeruchverschluß, das ist ein s-förmiges gebogenes Rohr, in dem ständig Wasser bis zur oberen Biegung steht und so den Verschluß bildet (**265**.1). Flaschengeruchverschlüsse (**266**.1) sehen oft ansprechender aus, verstopfen aber leichter.

Geruchverschlüsse müssen leicht zu reinigen sein. Rohrgeruchverschlüsse müssen eine leicht zugängliche und leicht zu lösende, dicht verschließbare Reinigungsöffnung aufweisen.

Die Wirksamkeit der Geruchverschlüsse darf nicht durch Entfernen einzelner Teile aufgehoben werden können, daher sind Glockengeruchverschlüsse mit loser Glocke in Boden- oder Deckenabläufen nicht vorschriftsmäßig.

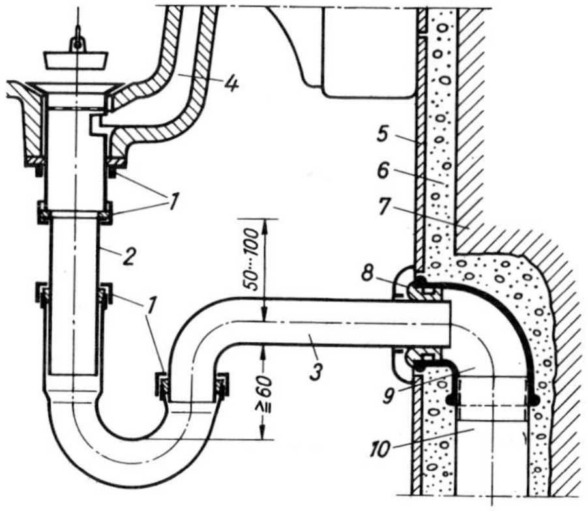

265.1 Anschluß eines Waschtisches an die Entwässerungsleitung mit Gummistopfen-Ablaufventil und Rohrgeruchverschluß (M 1:5)

1 Quetschverschraubung
2 verstellbares Schubrohr 32/30 mm, messing-verchromt
3 Rohr 32/30 mm, messing-verchromt
4 Überlauf des Waschtisches
5 Wandfliesen 150 × 150 mm
6 Mörtel
7 Mauerwerk
8 elastische Rohrverbindung mit H-Gumminippel
9 Fitting, Kniestück, DN 40
10 Stahlrohr DN 40, verzinkt

Badewannen werden vielfach oberhalb des Fußbodens unmittelbar an die Ableitung mit Badewannen-Ablaufarmaturen (**266**.2) aus Messing oder Kunststoff angeschlossen.

Angeformte oder eingearbeitete Geruchverschlüsse verschiedenster Bauart sind bei zahllosen Beton-, Guß- oder Sanitärobjekten vorgesehen. So bei Boden-, Keller-, Bad-, Decken- und Hofabläufen, Spülaborten, Wandurinalen, Krankenhausausgüssen und Waschbecken, um nur einige zu nennen (s. auch vorstehende Abschnitte 3.3.6 und 3.4.2 bis 3.4.6).

Werkstoffe. Für Geruchverschlüsse wird Grauguß, asphaltiert oder emailliert, Blei, Messing, vernickelt und verchromt, Kupfer, Steinzeug, Kunststoff und Porzellan verwendet.

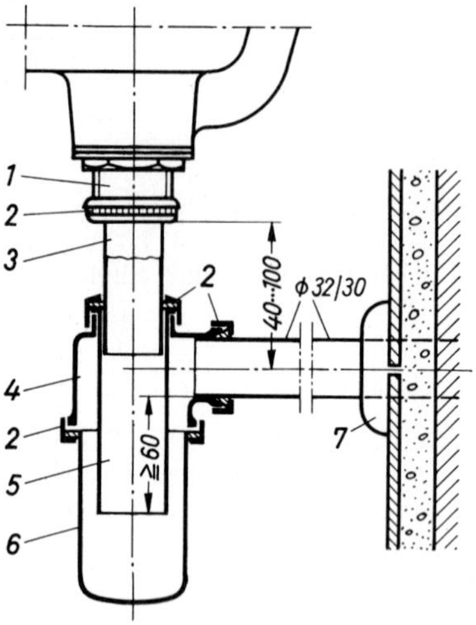

266.1 Flaschengeruchverschluß, messingverchromt,
an einem Waschtisch (M 1:5)

1 Gewindestutzen des Ablaufventiles
2 Quetschverschraubung
3 Schubrohr, verstellbar
4 Oberteil
5 Tauchrohr
6 Unterteil, abnehmbar
7 Wandrosette

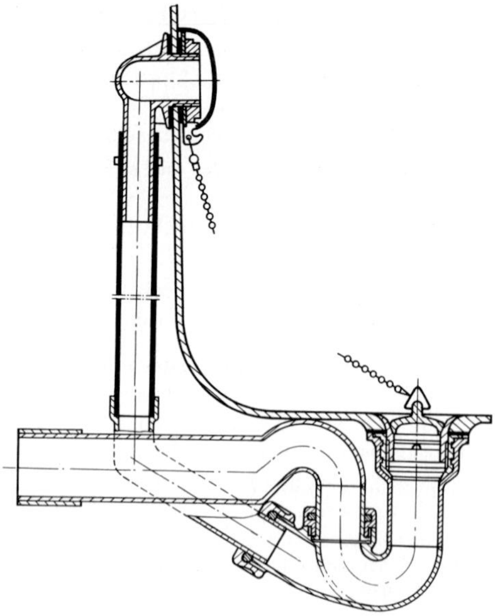

266.2 Wannenablaufarmatur aus PE hart mit strömungstechnisch günstigem, verstopfungsfreiem Geruchverschluß und unmittelbarem Anschluß (M 1:5)
(GEBERIT)

3.4.11 Badmöbel

Mit der Entwicklung des Bades zum großräumigen Familienbad hat das Badmöbelangebot erheblich zugenommen.

Durch die Möbelherstellung in empfohlenen Größen wird das maßliche Zueinanderpassen von Badmöbeln, Sanitärobjekten und Geräten erst möglich.

Dies wird durch genormte Koordinationsmaße nach DIN 68935 für einheitliche Breiten, Tiefen und Höhen sowie festgelegte Einbaumaße erreicht (**267**.1).

Möbelteile. Zu unterscheiden sind Unterschränke, Oberschränke, Hochschränke, Abdeckplatten und Sockelteile.

Alle Schränke dienen zur Aufbewahrung von Geräten, Wäsche, Reinigungs- und Pflegemitteln.

Unterschrank. Er ist unter einem Einbauwaschtisch oder einer Abdeckplatte, mit Sockel oder Füßen auf dem Badboden stehend oder hängend an der Wand befestigt (**245**.1).

Die lichte Höhe für den Unterbau von Geräten soll zwischen Unterkante Abdeckplatte und OKFF mindestens 82 cm betragen.

Oberschrank. Er wird oberhalb eines Waschtisches oder einer Abdeckplatte an der Wand oder auf einem Gestell befestigt.

Die Oberschrankhöhe ist der Wahl des Herstellers überlassen.

Die lichte Höhe zwischen Einbauwaschtisch und Oberschrank muß mindestens 25 cm betragen.

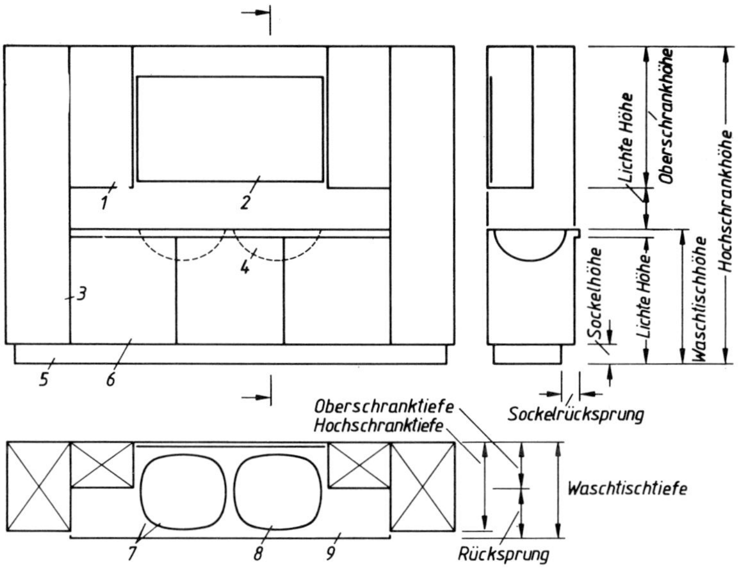

267.1 Badmöbel, Begriffe nach DIN 68935 (M 1:50)

1 Oberschrank
2 Spiegel
3 Hochschrank
4 Waschtisch
5 Sockel
6 Unterschrank
7 Waschtischkombination
8 Einbauwaschtisch
9 Abdeckplatte

Hochschrank. Der raumhohe Schrank steht mit Sockel oder Füßen auf dem Badboden oder er ist hängend an der Wand befestigt.

Die Hochschrankhöhe ist der Wahl des Herstellers überlassen.

Sockel. Die Sockelhöhe soll bei Unter- und Hochschränken oder Geräten mindestens 10 cm betragen, der durchgehend freie Raum unter hängenden Unter- oder Hochschränken mindestens 15 cm.

Der Sockel muß im Benutzungsbereich mindestens 5 cm zurückspringen.

Einbaumaße. Die DIN legt Breiten- und Tiefenmaße für die Möbel sowie Maße für den Waschtischeinbau fest.

Möbelbreiten. Sie sollen 30, 35, 40, 45, 50, 60 cm oder das ganzzahlige Vielfache betragen. Die Vorzugsbreite für Geräte ist 60 cm.

Der Platz für Einbauwaschtische mit einem Becken muß mindestens 70 cm und für zwei Becken mindestens 130 cm breit sein.

Möbeltiefen. Für Unter-, Ober- oder Hochschränke sollen die Tiefen vorzugsweise 40 cm, maximal 60 cm betragen.

Für den Unterbau von Geräten darf die Tiefe von Waschtischen oder Waschtischkombinationen ebenfalls höchstens 60 cm sein.

Einrichtungsteile über dem Waschtisch, wie Vorderseiten oder Griffe, müssen bis in 180 cm Höhe über OKFF mindestens 35 cm von der Waschtischvorderkante zurückspringen.

Die Spiegelunterkante soll höchstens 130 cm, die Spiegeloberkante mindestens 170 cm über OKFF liegen.

Waschtisch. Eingebaut werden Waschtische als Sanitärobjekt mit einem oder zwei Becken, auch Doppelwaschtische.

Es sind Auflagewaschtische, bei denen die Becken eine durchgehende Abdeckung bilden, und Einbauwaschtische (**268**.1), die in einen Ausschnitt der Abdeckplatte eingepaßt werden, zu unterscheiden.

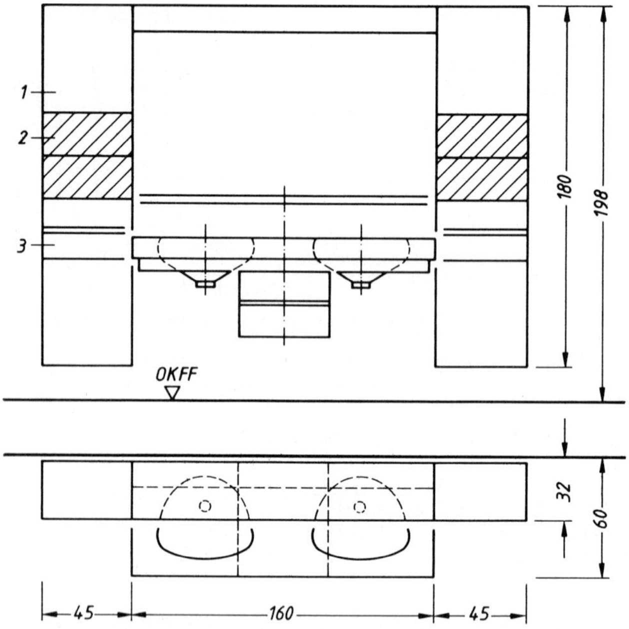

268.1 Badmöbel mit zwei Einbauwaschtischen und Leuchtenblende
1 Schranktür
2 offenes Fach
3 Schublade

Daneben besteht eine Waschtischkombination aus einer Abdeckplatte und dem eingebauten Waschtisch.

Der Abstand zwischen Waschtischoberfläche und OKFF soll 85 cm betragen.

Die Breiten von Einbauwaschtischen liegen zwischen 62 und 54 cm, die Tiefen zwischen 52 und 48 cm. Sie eignen sich für Einloch- und Dreiloch-Armaturen.

Einbaubecken in der Größe von etwa 50 × 40 cm und größer haben geschliffene Kanten, die zum Einkleben vorbereitet sind.

Das Trägermaterial der Ablageflächen kann aus Holz, Kunststoff, Fliesen oder Marmorplatten bestehen.

3.4.12 Fliesenraster

Für alle hauswirtschaftlichen und sanitären Räume empfiehlt sich ein keramischer Wand- und Bodenbelag.

Fliesenbeläge sind besonders widerstandsfähig gegen mechanische Beschädigung, Feuchtigkeit und Beschmutzung.

Fliesen sind aber auch ein Mittel zur Raumgestaltung. Auf die harmonische Anordnung der Sanitäreinrichtungen und der zugehörigen Armaturenanschlüsse in das Fliesenrasterfeld der Wandfliesen ist daher besonderer Wert zu legen.

Alle sichtbaren Sanitärgegenstände sind mit ihrer Mittelachse symmetrisch auf eine Fuge oder Plattenmitte auszurichten (**269**.1).

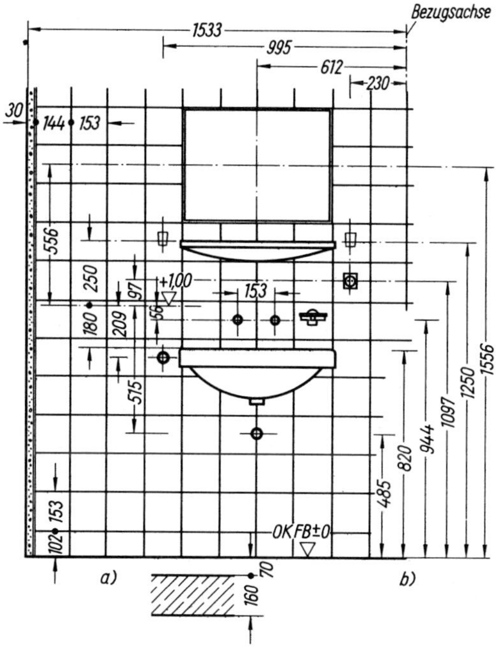

269.1 Verlegeplan für Wandfliesen 150 × 150 mm (M 1:30)

1. waagerechte Maße von der Bezugsachse aus
2. senkrechte Maße bezogen auf
   a) Meterstrich
   b) Oberkante fertiger Fußboden

Rohranschlüsse. Die zugehörigen Anschlüsse der Armaturen sollen im Fugenkreuz, mittig zwischen den Fugenschnittpunkten oder in der Plattenmitte liegen (**269**.2). Wenn der Mittenabstand der Anschlußstutzen vom Fliesenraster abweicht, sind die Rohranschlüsse symmetrisch zur Fuge oder zur Plattenmitte anzuordnen.

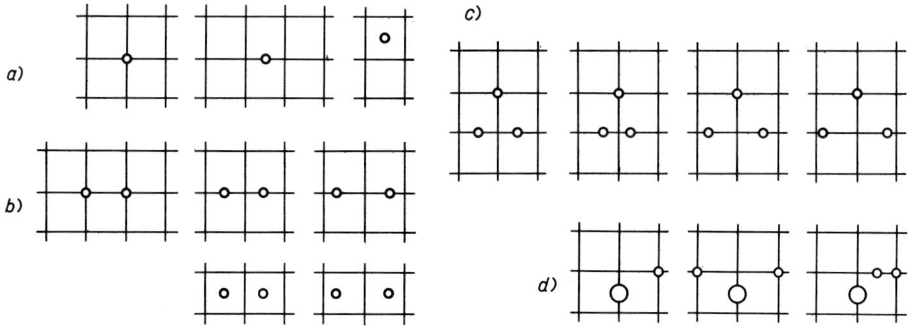

269.2 Armaturenanschlüsse im Wandfliesenbelag. Fliesen 150 × 150 mm (nach Feurich)

a) für Auslaufarmaturen mit einem Zuflußanschluß
b) für Mischbatterien mit 2 Zuflußanschlüssen
c) für Mischbatterien mit 3 Zuflußanschlüssen
d) für Waschtische, Sitzwaschbecken mit 1 oder 2 Eckventilen und Geruchverschluß

Fliesengrößen. Am häufigsten werden Wandfliesen in der Größe 150 × 150 mm mit einer Fugenbreite von 2 bis 3 mm und 100 × 100 mm Fliesen mit 2 mm Fugen verlegt (Taf. **270**.1). Dazu passende Sockelfliesen sind 50, 70, 75 und 100 mm hoch.

Tafel **270**.1 Feinkeramische Fliesen, Maße in mm

Form	Größe	Fugenbreite	Fugenraster
Quadrat	100 × 100	2	102 × 102
	108 × 108	2	110 × 110
	150 × 150	3	153 × 153
Rechteck	75 × 150	2	77 × 152
	98 × 198	2	100 × 200
	108 × 218	2	110 × 220
	150 × 300	3	153 × 303

Keramisches 5 mm dickes Kleinmosaik ist 20 × 20 mm oder 24 × 24 mm groß und 5 mm starkes Mittelmosaik 42 × 42 mm oder 50 × 50 mm groß. Es wird mit 2 mm Fugenbreite verlegt.

13 mm dicke Riemchen sind 200 × 50 mm, 242 × 52 mm oder 250 × 60 mm groß und werden mit 3 mm Fugenbreite verarbeitet.

Neben ungeraden Formaten gibt es außerdem zahllose weitere rechteckige und quadratische Wandfliesengrößen.

Verlegung. Vor Beginn der sanitären Installationsarbeiten ist eine eindeutige Festlegung des Fugenrasters zwischen Architekt, Installateur und Fliesenleger unerläßlich.

Bei größeren Bauvorhaben erfordert die Projektierung und Ausführung der aufeinander bezogenen Installations- und Fliesenarbeiten einen genauen Verlegeplan im Maßstab 1:20 oder besser 1:10.

Vor Anfertigung eines Verlegeplanes sind Plattengröße, Fugenbreite, Sockelausführung, Gefälle, Bezugspunkte oder Bezugsachsen (**269**.1) für die Verlegung festzulegen.

Aus den notwendigen Achsabständen der Sanitärobjekte und dem Fliesenraster ergeben sich Achsmaße, die die Grundlage für die Einteilung (**269**.1 und **270**.2) werden.

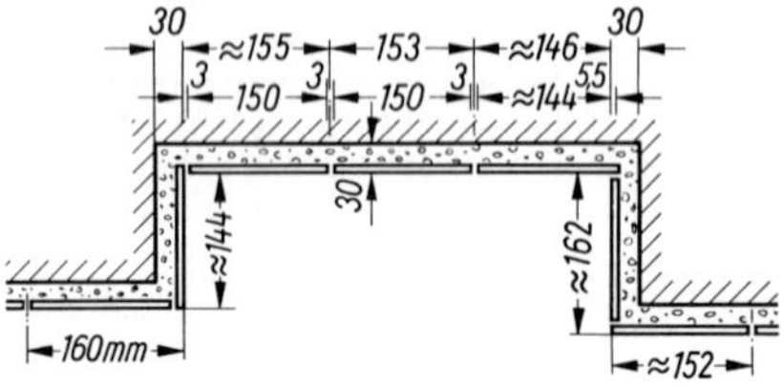

270.2 Wandbelag aus Fliesen 150 × 150 mm, Eckausbildungen (M 1:15)

Folgende Wandbelagsdicken in mm sind der Planung zugrunde zu legen:

Fliesen im Dünnbett im Fertigbau	10
Fliesen im Dünnbett, einschließlich Wandputz auf Mauerwerk	20
Fliesen im Mörtelbett	30
Fliesen im Dünnbett auf 2 cm dickem Sperrputz aus Zementmörtel mit Dichtungszusatz	30
Fliesen im Dünnbett, darunter 2 cm dicker Zementmörtelputz mit Metallgeflechteinlage auf zweilagiger Sperrschicht aus Dichtungsbahnen auf Unterputz aus Kalkzementmörtel	40
Fliesen im Mörtelbett, Unterkonstruktion wie vor	50

Wandfliesen sollten nicht wesentlich über 2 m hochgezogen werden, damit an Decke und Wänden genügend Putzflächen zur vorübergehenden Aufnahme überschüssiger Luftfeuchte übrigbleiben.

Beispiele für Installationen auf Wandfliesen zeigen die Bilder **241**.1, **244**.1, **252**.1, **254**.1, **262**.1, **264**.1 und **269**.1.

Abdichtung. In feuchten und nassen Räumen müssen die Zwischenschichten der Bodenbeläge gegen Feuchtigkeit von oben geschützt werden. Daher ist der Belag bereits möglichst dicht auszuführen.

Bei Bodenbelägen aus keramischen Fliesen geschieht dies durch die Beigabe von Traßzement, auch Kunststoffzusätzen in den Fugenmörtel oder durch Verwendung neuartiger Dichtkleber.

Zusätzlich ist oberhalb der Dämmschicht eine Abdichtung gegen Sickerwasser vorzusehen. Diese Abdichtung muß in Feucht- und Naßräumen trogartig ausgebildet und in der Regel 15 cm über die Oberkante des Fußbodenbelages geführt werden (**271**.1).

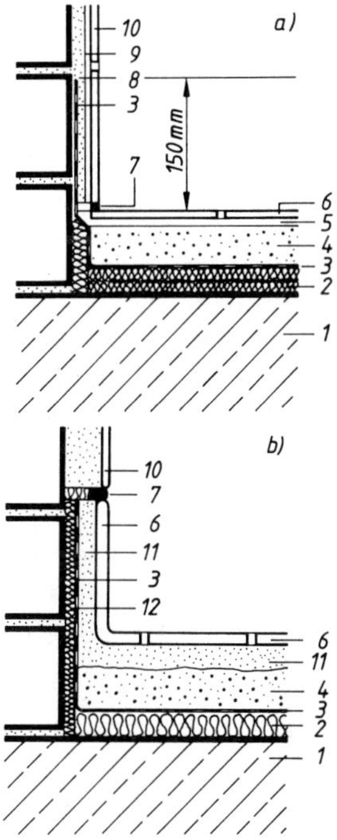

271.1 Boden-Wandanschlüsse in Naßräumen
a) Fliesenbodenbelag an Wandplatten
b) Bodenplattenbelag an Kehlsockel
1 Massivdecke
2 Trittschalldämmplatten, ein- oder zweilagig, je 12,5/10 mm
3 Feuchtigkeitsabdichtung
4 schwimmender Estrich
5 Dünnbettmörtel oder Kleber
6 Bodenbelag aus keramischen Platten
7 Dehnungsfuge mit dauerelastischer Dichtmasse, zugleich Abdichtung gegen Nutzwasser und zur Vermeidung von Schallbrücken
8 Unterputz
9 Dünnbettmörtel oder Kleber
10 Wandbelag aus keramischen Platten
11 Mörtelbett
12 Randdämmstreifen (z. B. aus Styropor)

Bei Duschräumen ist es sogar erforderlich, die Abdichtung an den Wänden bis mindestens 30 cm über die Duschanlage zu führen (**271**.2).

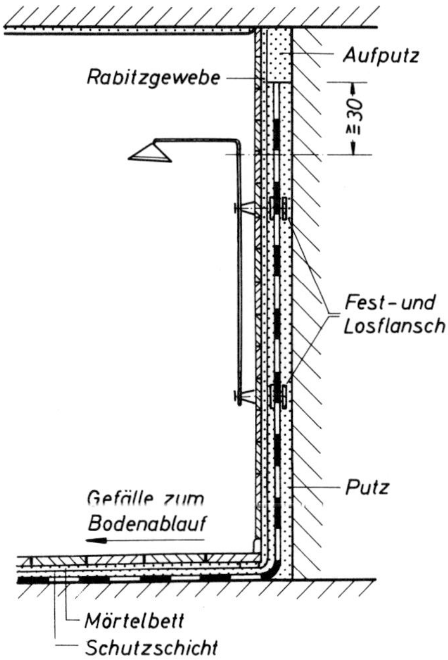

271.2 An der Wand hochgeführte Abdichtung in Duschräumen, Schema

3.5 Sondereinrichtungen

Zu den Sondereinrichtungen für Entwässerungsanlagen gehören Rückstauverschlüsse, Abwasserhebeanlagen und Abscheideanlagen, auch Regenwassersammelanlagen.

3.5.1 Rückstauverschlüsse

Ein Rückstau ist eine im Augenblick nicht zu beeinflussende Drosselung des Abflußvermögens. Er kann sich aus dem Einfluß eines oberirdischen Vorfluters, eines öffentlichen Kanalnetzes oder auch aus der Grundstücksentwässerungsanlage selbst, etwa durch eine Leitungsverstopfung, einstellen und den Wasserspiegel in der Entwässerungsanlage bis zu einer bestimmten Höhe, der Rückstauebene, ansteigen lassen.

Die Rückstauebene wird im allgemeinen von der zuständigen Behörde auf Oberkante Straße oder Straßenbordstein festgelegt, da hier durch die Straßenabläufe die zusätzlich anfallende Wassermenge abgeleitet werden kann.

Alle über der Rückstauebene liegenden Räume und Flächen müssen grundsätzlich mit natürlichem Gefälle entwässert werden.

In Abwasserschächten, deren Deckel unterhalb der Rückstauebene liegen, sind die Rohrleitungen geschlossen durchzuführen (**203**.2 und **204**.1).

Niederschlagswasser muß, wenn immer möglich, direkt der öffentlichen Kanalisation oder Regenwassersammelanlagen zugeleitet werden.

Regenwasser von kleinen Flächen wie Kellerabgängen oder Garageneinfahrten darf, falls eine Versickerung nicht möglich ist, über einen Bodenablauf mit Rückstauverschluß abgeleitet werden (**272**.1).

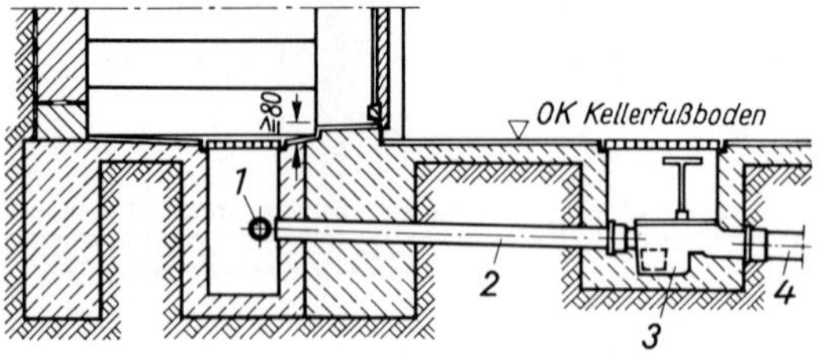

1 Dränleitung DN 50 oder 70
2 Stahl- oder Gußrohr DN 50 oder 70
3 Kellerablauf mit Rückstaudoppelverschluß
4 SML-Rohr DN 100

272.1 Entwässerung eines Kellerabganges über einen Kellerablauf mit Rückstaudoppelverschluß sowie mit Anschluß einer Dränleitung (M 1:50)

Schmutzwasser, das keine Anteile von Abwasser aus Klosett- oder Urinalanlagen hat, darf über eine Absperrvorrichtung abgeleitet werden.

Rückstauverschlüsse bieten jedoch nie eine absolute Sicherheit. Daher sollten Anschlüsse an Abwasserleitungen unterhalb der Rückstauebene möglichst nur in Ausnahmefällen vorgesehen werden.

Ein Rückstauverschluß ist ein Entwässerungsgegenstand, der das Zurückfließen von Abwasser bei Rückstau verhindert und selbsttätig schließt. Nach Rückstauende muß er bei Wasserabfluß wieder öffnen.

Rückstaudoppelverschlüsse. Zum Schutz gegen Rückstau müssen unterhalb der Rückstauebene alle Schmutzwasserabläufe durch dicht schließende Absperrvorrichtungen nach DIN 1986 T. 1, DIN 1997 T. 1 und DIN 19578 T. 1 gesichert werden. Diese Einrichtungen haben einen doppelten Rückstauverschluß (**273**.1).

Die Anforderungen zu Rückstauverschlüssen für fäkalienfreies Abwasser sind in DIN 1997 T. 1, für fäkalienhaltiges Abwasser in DIN 19578 T. 1 festgelegt.

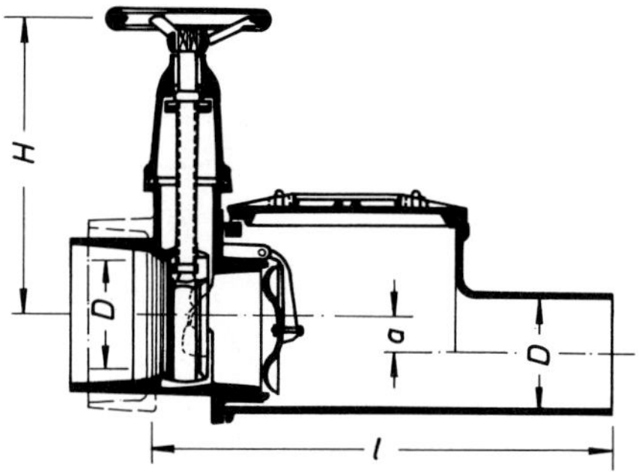

273.1 Rückstaudoppelverschluß Triplex für durchgehende Rohrleitung (Passavant)
H 345 mm
D 150 mm
a 36 mm
l 520 mm

Der erste Verschlußteil ist ein automatischer Betriebsverschluß, der als Klappe oder Schwimmer ausgebildet ist und die Leitung bei Rückstau selbsttätig schließt.

Der zweite Teil ist ein Notverschluß, mit dem die Leitung durch einen handbetriebenen Schieber oder ein Ventil geschlossen werden kann.

Einbau. Der Einbau der Rückstaudoppelverschlüsse erfolgt für Entwässerungsgegenstände, deren Wasserstand im Geruchverschluß unterhalb der Rückstauebene liegt. Oberhalb der Rückstaudoppelverschlüsse darf nur der zu schützende Entwässerungsgegenstand angeschlossen sein.

Ein gemeinsamer Rückstaudoppelverschluß kann für mehrere Entwässerungsgegenstände vorgesehen werden, wenn ihre Einlaufhöhen auf gleicher Ebene liegen oder die Bedienung beim Betrieb für jeden der angeschlossenen Abläufe gesichert ist.

Sind jedoch Entwässerungsgegenstände, die nicht in demselben Raum und auf verschiedenen Höhen liegen, gegen Rückstau zu sichern, so muß jeder von ihnen einen besonderen Rückstaudoppelverschluß erhalten.

Je nach ihrer Einbaustelle werden Geruchverschlüsse mit Rückstaudoppelverschluß, Kellerabläufe mit Rückstaudoppelverschluß und Rückstaudoppelverschlüsse für durchgehende Rohrleitungen unterschieden.

Geruchverschlüsse. Siphons mit Rückstaudoppelverschluß in DN 50 aus Gußeisen (**273**.2) oder Kunststoff werden nur selten für Ausguß-, Labor- und Spülbecken oder Waschtische in Kellergeschossen verwendet. Sie können in der Wand verdeckt eingebaut werden.

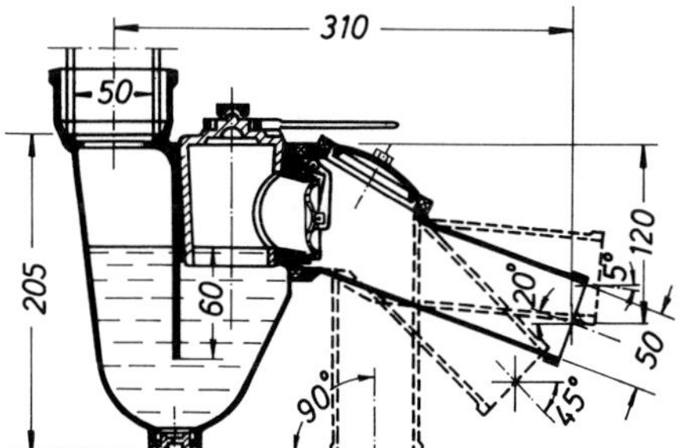

273.2 Geruchverschluß mit Rückstaudoppelverschluß DN 50 (Passavant)

Kellerabläufe. Bodenabläufe mit Rückstaudoppelverschluß (**274**.1), auch mit dreifachem Rückstauverschluß, können seitliche Zulaufstutzen zum Anschluß weiterer Schmutzwasserabläufe haben.

Neuere Kellerabläufe mit Geruchverschluß und doppeltem Rückstauverschluß sind im Ablaufkasten mit einer zusätzlichen Pumpe ausgestattet, die mit bis zu 7 m Förderleistung gegen den Rückstau arbeitet (**274**.2).

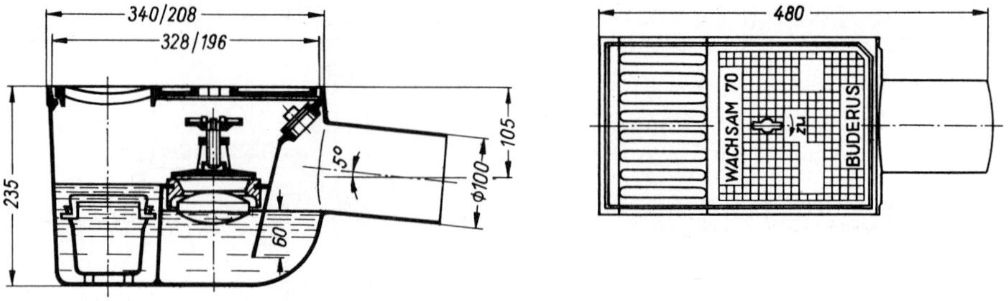

274.1 Gußeiserner Kellerablauf mit doppeltem Rückstauverschluß nach DIN 1997, auch mit Zulaufstutzen DN 70 vorn, rechts und links (M 1:10)

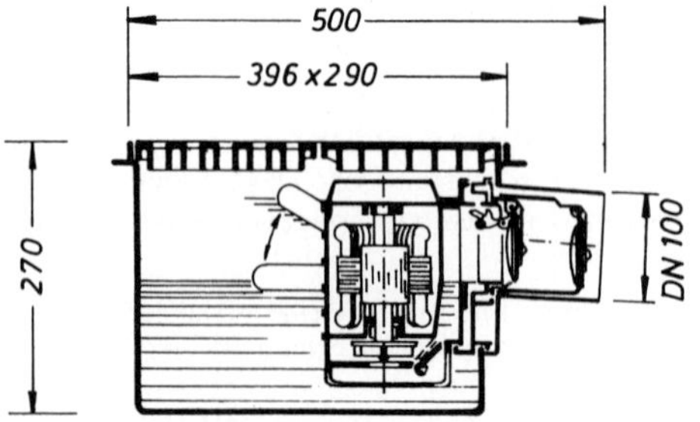

274.2 Kellerablauf mit Pumpe, UNIVA-Pumpfix, mit Geruchverschluß, doppeltem Rückstauverschluß und handbedientem Notverschluß (KESSEL)

Rückstaudoppelverschlüsse für durchgehende Rohrleitungen mit DN 100, 125 und 150 werden zum Einbau in SML, Kunststoff- und Steinzeugleitungen in verschiedenen Ausführungen hergestellt (**273**.1)

Sie können auch mit einer Warneinrichtung ausgestattet werden, die bei Rückstau ein akustisches oder optisches Signal auslöst.

Absperrvorrichtungen aus schlagfestem Kunststoff mit Hand-Absperrschieber und einer patentierten, automatisch wirkenden „Klenk'schen Klappe" sind ebenfalls als Rückstaudoppelverschluß zugelassen (**274**.3).

Alle Rückstauverschlüsse müssen gut zugänglich und leicht zu bedienen sein.

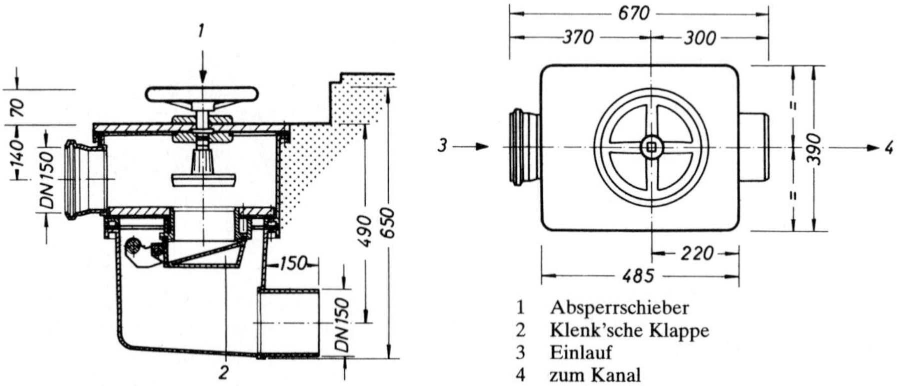

1 Absperrschieber
2 Klenk'sche Klappe
3 Einlauf
4 zum Kanal

274.3 Selbstreinigender Rückstaudoppelverschluß DN 150 aus hochschlagfestem Kunststoff mit „Klenk'scher Klappe" (KGS-Abwasser-Technik)

Inspektion und Wartung. Rückstaudoppelverschlüsse sind nach DIN 1986 T. 3, DIN 32 und 33 sowie DIN 1997 T. 1 mindestens zweimal jährlich zu kontrollieren und zu warten.

Der Notverschluß soll monatlich einmal vom Betreiber betätigt werden.

In der Nähe des Verschlusses ist ein dauerhaftes Schild mit Bedienungs-, Wartungs- und Prüfanleitung deutlich sichtbar anzubringen.

3.5.2 Abwasserhebeanlagen

Abwasserhebeanlagen werden notwendig in tiefliegenden Kellerräumen und Grundstücksflächen, die nicht mehr unmittelbar in den Straßenkanal entwässert werden können.

Ferner werden sie überall dort erforderlich, wo ein ständiger Verschluß der Rückstausicherungen wegen häufiger Benutzung oder aus anderen betrieblichen Gründen nicht möglich ist oder wo angrenzende Räume, wie Wohn- Gewerbe- oder Lagerräume mit wertvollen Gütern unbedingt gegen Rückstau zu schützen sind.

Schließlich muß bei Abort- und Urinalbecken, deren Oberkante $\leqq$ 25 cm über der Rückstauebene liegt, das Abwasser in einem gesonderten System von Anschluß-, Sammel- und Grundleitungen gesammelt und mit einer automatisch wirkenden Abwasserhebeanlage bis über die Rückstauebene gehoben und dann über die Grund- oder Sammelleitung dem Abwasserkanal zugeleitet werden (**277**.1).

Alle über der Rückstauebene liegenden Abläufe sind mit natürlichem Gefälle zu entwässern (s. auch Abschnitt 3.5.1).

Regenabwasserabläufe von Flächen unterhalb der Rückstauebene dürfen in eine öffentliche Kanalisation nur rückstaufrei über eine Abwasserhebeanlage entwässert werden.

Schmutzwasserhebeanlagen. Leicht verschmutztes Abwasser und Regenwasser kann in wasserdichten Behältern, Gruben oder Schächten gesammelt werden, soweit dies keine Geruchsbelästigungen verursacht. Eine automatische Abwasserhebeanlage, auch als Kellerentwässerungspumpe bezeichnet, für reines oder leicht verschmutztes Wasser zeigt Bild **275**.1.

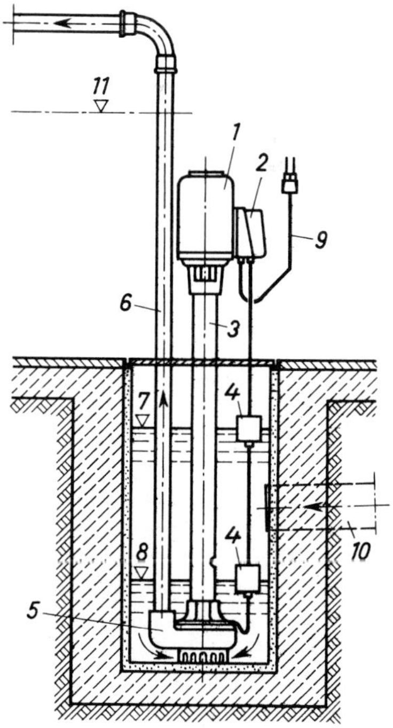

275.1 Automatische Abwasserhebeanlage für reines oder leicht verschmutztes Wasser (M 1:20) (Klein, Schanzlin und Becker)

1 Motor
2 Schaltgehäuse
3 Tragrohr mit Welle
4 Verdrängergewichte mit Perlonschnur
5 Druckgehäuse mit Kreiselpumpe
6 Druckrohr DN 32
7 Einschalten
8 Ausschalten
9 Elektro-Anschluß
10 Zulauf
11 Rückstauebene

Fäkalienhebeanlagen. *Abwasser aus Spülaborten* und Urinalen, das Geruchbelästigung hervorruft, muß in geschlossenen, wasser- und geruchdichten Behältern gesammelt werden. Die Behälteranlagen müssen von allen Seiten zugänglich sein und über Dach gesondert entlüftet werden (**276**.1 und **277**.1).

Der Aufstellraum für größere Abwasserhebeanlagen (**276**.1) muß so groß sein, daß neben und über allen zu bedienenden und zu wartenden Teilen ein ≧ 60 cm breiter Arbeitsraum verfügbar ist.

Der Raum der Hebeanlage muß ausreichend beleuchtet sein.

Die Anlage muß am Boden durch Verschraubung gegen Auftrieb gesichert sein.

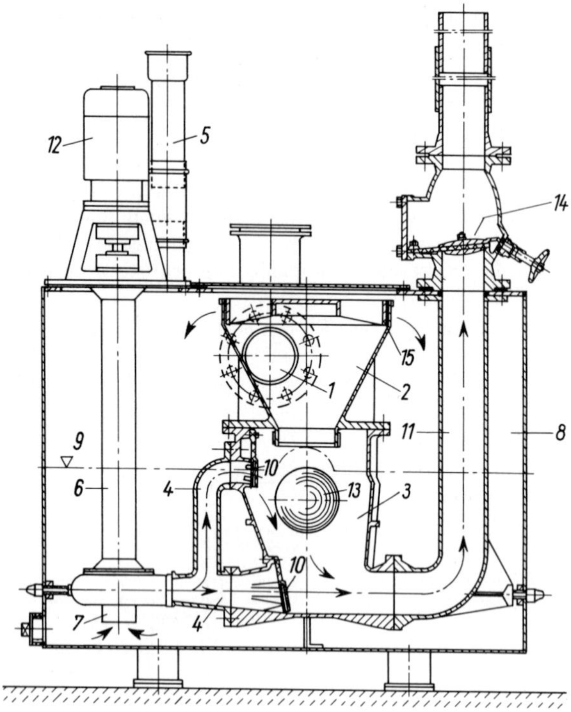

1 Zulauf
2 Fülltrichter
3 Spülraum
4 Abzweigstück
5 Entlüftung
6 Kreiselpumpe
7 Ansaugstutzen
8 Sammelbehälter
9 Einschalthöhe des Wasserspiegels
10 Trennklappe
11 Druckleitung
12 Pumpenmotor
13 Schwimmerkugel
14 Rückflußverhinderer
15 Rost
→ Fördervorgang

276.1 Abwasser- und Fäkalienhebeanlage „Trennsystem" FÄKAMAT (Guß- und Armaturwerk Kaiserslautern)

Eine größere automatische *Abwasser- und Fäkalienhebeanlage* ist im Bild **276**.1 veranschaulicht, der Füll- und Fördervorgang anhand der Legende verständlich.

Im gleichen Raum ist ein Pumpensumpf und eine zusätzliche Kellerentwässerungspumpe vorzusehen (**277**.1).

Die in diesen Anlagen verwendeten, unter Wasser oder oberhalb des Wasserspiegels angeordneten *Kreiselpumpen* werden durch Schwimmer automatisch gesteuert. Zur erhöhten Betriebssicherheit oder wenn die Abwasserleitung nicht unterbrochen werden darf, können die Anlagen auch mit 2 Pumpen installiert werden.

Wird zur Raumentwässerung eine *Handmembranpumpe* verwendet, kann mit ihr bei Stromausfall über einen Dreiwegehahn der Behälterinhalt von Hand abgepumpt werden.

Bei Überschreiten eines Wasserhöchststandes oder bei Ausfall der Anlage tritt häufig eine optische oder akustische *Alarmschaltung* in Tätigkeit.

Die Einlaufseite erhält in der Regel einen Absperrschieber. Die Druckleitung der Hebeanlage wird mit einer Schleife über die Rückstauebene geführt (**277**.1).

Die Druckleitung darf weder an eine Schmutzwasserfalleitung angeschlossen, noch dürfen in sie Entwässerungsgegenstände entwässert werden.

Ein Rückflußverhinderer in der Druckleitung oberhalb der Pumpe verhindert, daß bei Stromausfall oder während eines Kanalrückstaues die voll gefüllte Druckleitung durch Hebewirkung das Schmutzwasser aus den Grundleitungen in den Keller saugt.

Nach dem Rückflußverhinderer ist in der Regel ebenfalls ein Absperrschieber eingebaut.

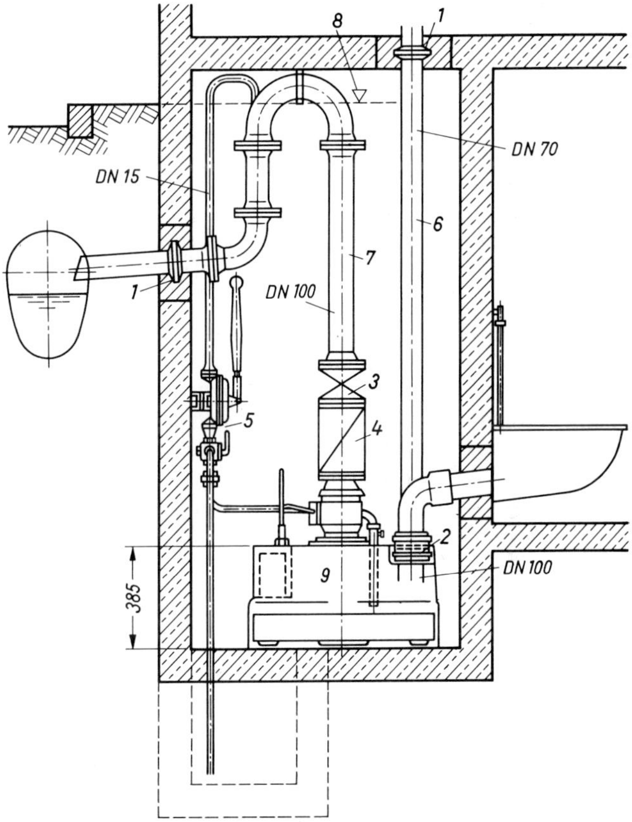

277.1 Fäkalienhebeanlage (Klein, Schanzlin und Becker)

1 elastische Rohrdurchführung
2 elastische Rohrverbindung
3 Absperrventil
4 Rückflußverhinderer
5 Entwässerung der Aufstellgrube, hand- und motorbetrieben
6 Entlüftungsleitung DN 70
7 Druckleitung DN 100
8 Rückstauebene
9 Sammelbehälter 100 l

Alle Leitungsanschlüsse der Hebeanlagen müssen schallgedämmt und beweglich ausgeführt werden.

Je nach Art und Größe der im Abwasser anfallenden Stoffe können zusätzlich Vorrichtungen zu deren Zerkleinerung notwendig werden.

Eine auf engstem Raum untergebrachte Kleinanlage, als Fäkalienhebeanlage für Einfamilienhäuser, aus deren Kellerräumen öfter die Abwässer von Aborten, Waschtischen, Wascheinrichtungen und Duschanlagen abgeleitet werden müssen, zeigt Bild **277**.1.

Diese kleinvolumige Fäkalienhebeanlage kann Abwässer von WC-Anlagen fördern, deren Beckenoberkante < 25 cm über der Rückstauebene liegt. Durch geringe Abmessungen (Grundfläche 72 × 59 cm, Einlaufhöhe < 40 cm) ist die Anlage zur nachträglichen Installation gut geeignet. Bei 2,00 bis 8,00 m Förderhöhe liegt der Leistungsbereich zwischen 2,5 und 45 m^3/h. Der gas-, geruch- und wasserdichte korrosionsbeständige Sammelbehälter faßt 100 l. Die mit verstopfungssicherem Freistromrad und automatischem Wasserstandswächter ausgerüstete Anlage wird steckerfertig verdrahtet geliefert.

Inspektion und Wartung. Abwasserhebeanlagen sollen nach DIN 1986 T. 31 monatlich einmal durch die Beobachtung eines Schaltspieles auf Betriebsfähigkeit überprüft werden.

Die durch einen Fachkundigen erforderliche Wartung der Anlage hat bei gewerblichen Betrieben vierteljährlich, bei Mehrfamilienhäusern halbjährlich und bei Einfamilienhäusern jedes Jahr zu erfolgen.

3.5.3 Abscheideanlagen

Das Einleiten von Stoffen und Flüssigkeiten, die schädliche oder belästigende Gerüche verbreiten, Baustoffe der Entwässerungsanlagen angreifen oder den Betrieb einer Kläranlage stören, muß nach DIN 1986 T. 1 durch geeignete Einrichtungen verhindert werden.

Hierzu zählen Abscheider für Leichtflüssigkeiten, das sind Benzin- und Heizölabscheider, sowie Fettabscheider, Stärkeabscheider und Schlammfänge.

Diesen Anlagen darf nur das Abwasser zugeführt werden, dessen schädliche Stoffe und Flüssigkeiten zurückzuhalten sind. Häusliches Schmutzwasser darf nicht in Abscheider eingeleitet werden.

Andere Abwässer gewerblicher oder industrieller Herkunft müssen durch Sonderanlagen, wie Neutralisations-, Spalt-, Entgiftungs- und Desinfektionsanlagen, behandelt und bis zur Unschädlichkeit aufbereitet werden.

Benzinabscheider. Sie sollen im Abwasser enthaltene Leichtflüssigkeiten wie Benzin, Benzol, Schmierstoffe oder Öle zurückhalten und abtrennen.

Leichtflüssigkeiten fallen insbesondere in am Kraftfahrzeugverkehr beteiligten Betrieben an, wie Tankstellen, Waschanlagen, Garagen, PKW-Abstellplätzen und Fuhrparks.

Abwasser von Garagen, Stellplätzen und Flächen, auf denen Kraftfahrzeuge gewaschen, gewartet oder betankt werden, müssen mit allen Abläufen über Benzinabscheider an das Entwässerungsnetz angeschlossen werden.

Dies gilt nicht für Bodenabläufe von Flächen und Räumen, auf oder in denen Kraftfahrzeuge lediglich abgestellt werden.

Abscheider für Leichtflüssigkeiten nach DIN 1999 T. 1 und 4 sind, als Benzinabscheider bezeichnet, mit zwei Geruchverschlüssen und einem selbsttätigen Abschluß im frostfreien Bereich ausgestattet (**279**.1). Alle Bauteile müssen aus dauerhaftem und nicht brennbarem Werkstoff bestehen.

Zum Höhenausgleich für den frostfreien Einbau wird in der Regel ein Aufsatzstück erforderlich.

Für werkmäßig hergestellte Benzinabscheider nach DIN 1999 T. 1 sind die Nenngrößen mit 1, 1,5, 2, 3, 4, 5, 6, 8, 10 und weitere Größen bis 100 l/s für das zufließende Abwasser festgelegt (Tafel **279**.2).

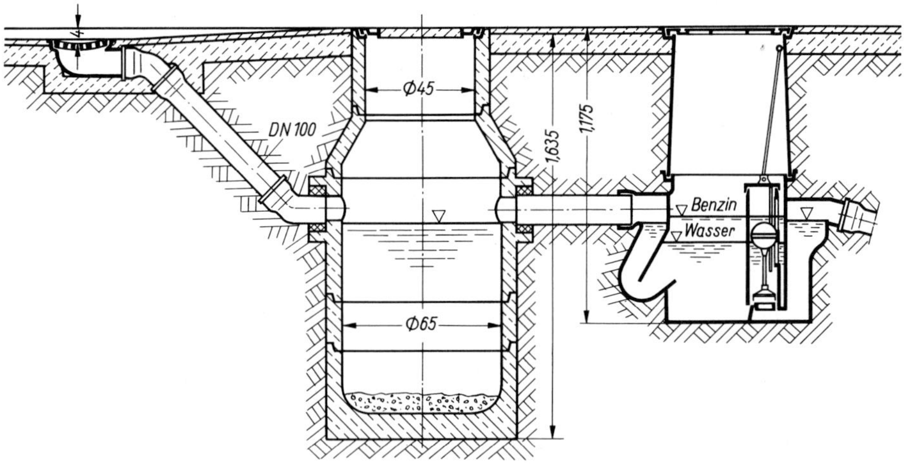

279.1 Benzinabscheider, Nenngröße 1,5 l/s, mit vorgeschaltetem Bodenablauf und Schlammfang, frostfrei im Freien eingebaut (M 1:30) (Buderus)

Tafel **279**.2 Größe der Benzinabscheider (nach DIN 1999 T. 2)

Nenngröße des Benzinabscheiders (Regenabfluß Qr)	l/s	1,0	1,5	2,0	3,0	4,0	5,0	6,0
Niederschlagsfläche bei einer Regenspende r von								
150 l/s · ha	m^2	70	100	140	200	270	340	400
200 l/s · ha	m^2	50	75	100	150	200	250	300
300 l/s · ha	m^2	35	50	70	100	135	170	200
geringster ∅ für Zu- und Ablauf des Abscheiders	mm	100	100	100	100	100	125	125

Koaleszenzabscheider nach DIN 1999 T. 4 sind Abscheideanlagen, die Leichtflüssigkeiten mit einer größeren Dichte automatisch vom Abwasser trennen.

Diese Leichtflüssigkeiten können Benzin, Diesel- oder Heizöl, Schmieröle oder andere Öle sein.

Durch eine selbsttätige Verschlußeinrichtung wird bei Erreichen der Speichermenge der Abscheiderablauf geschlossen.

Für Koaleszenzabscheider werden die Nenngrößen 1,5, 3, 6, 10 und weitere Größen bis 250 l/s empfohlen.

Bemessung. Die Größe der Benzinabscheider ist nach Art und Menge der abzuleitenden Flüssigkeiten zu bemessen.

Hierbei werden die anfallende Regenwassermenge (Tafel **279**.2), der Schmutzwasserabfluß nach der Anzahl und Nennweite der vorhandenen Zapfstellen sowie die Dichte und Menge der abzuscheidenden Leichtflüssigkeit berücksichtigt.

Die örtlich maßgebende Regenspende wird von der zuständigen Behörde festgelegt, darf jedoch 150 l/(s · ha) nicht unterschreiten.

Bei sehr großen Niederschlagsflächen kann der Regenwasserabfluß durch Wasserscheiden geteilt und mehreren Abscheidern zugeführt werden.

Werden Regen- und Schmutzwasser von Freiflächen in einen gemeinsamen Abscheider geleitet, kann die Bemessung getrennt für Regen- und Schmutzwasser durchgeführt werden. Die größte sich daraus ergebende Nenngröße ist dann für die Wahl des Abscheiders maßgebend.

Für Regenspenden über 300 l/(s · ha) oder größere Niederschlagsflächen muß der entsprechende Regenabflußwert Q_r berechnet werden.

Der jedem Benzinabscheider vorgeschaltete Schlammfang (**279**.1) muß größenmäßig mindestens der Tafel **280**.1 entsprechen.

Tafel **280**.1 Größe der Schlammfänge (nach DIN 1999 T. 2)

Nenngröße des Abscheiders	bis 3	über 3 bis 10
Schlammfanginhalt l[1])	650	2500

[1]) bezogen auf die Unterkante des Ablaufrohres

Die genaue Größenermittlung für Schmutzwasseranteile ist nach DIN 1999 T. 2 durchzuführen.

Die Schmutzwassermengen aus zeitweise anfallendem Putz- und Waschwasser oder Behälterentleerungen werden durch den anteiligen Schmutzwasserabfluß von Auslaufventilen, Pkw-Waschanlagen, Fahrzeugwaschständen oder Hochdruckreinigungsgeräten ermittelt.

Einbau und Wartung. Benzinabscheider sind möglichst nahe der Ablaufstelle, die keinen Geruchverschluß erhält, anzuordnen.

Die Oberkante des Abscheiders muß mindestens 4 cm über dem höchsten Einlauf liegen.

Wo das Abwasser durch eine Hebeanlage über die Rückstauebene gehoben werden muß, ist der Benzinabscheider vor der Abwasserhebeanlage einzubauen.

Die Abscheider sind dicht und verkehrssicher mit unbefestigten Abdeckungen nach DIN 1229 und DIN EN 124 aus Guß, Stahl oder Stahlbeton zu verschließen.

Die angesammelte Leichtflüssigkeit ist in regelmäßigen Zeitabständen zu entfernen. Die Anlage muß außerdem jährlich einmal kontrolliert und gereinigt werden.

Jedem Benzinabscheider ist ein Schlammfang, der absetzbare Stoffe in frostfreier Tiefe zurückzuhalten hat, vorzuschalten (**279**.1).

Abscheider und Schlammfänge sind in freien und möglichst nicht in befahrbaren Flächen anzulegen.

Ölabscheider. Sie sind in Räumen für Ölheizungsanlagen einzubauen, wo im Störungsfall das Abfließen von Öl über einen Bodenablauf durch einen selbsttätigen Abschluß verhindert wird.

In Abwasserkanäle abfließendes Heizöl gefährdet die Reinhaltung von Oberflächen- und Grundwasser erheblich, besonders aber die Funktion von biologischen Kläranlagen.

Heizölsperren nach DIN 4043 und Heizölabscheider nach DIN 1999 T. 1 sind zu unterscheiden.

Heizölsperren. Sie genügen, wenn nur gelegentlich geringe Mengen Wasser, so beim Entleeren und Füllen der Heizung, abfließen.

Heizölsperren verhindern durch einen selbsttätigen Abschluß, daß Leichtflüssigkeiten in die Abwasserleitung gelangen. Sie werden mit und ohne doppeltem Rückstauverschluß hergestellt (**281**.1).

Die Heizölsperre nimmt bis zu 5 l Heizöl auf. Sie muß ständig mit Wasser gefüllt sein und ist zweimal jährlich zu kontrollieren.

Ein Schlammfang ist in der Regel nicht erforderlich.

Bei Einbau unter der örtlich festgesetzten Rückstauebene ist eine Heizölsperre mit Rückstaudoppelverschluß nach DIN 1997 T. 1 erforderlich.

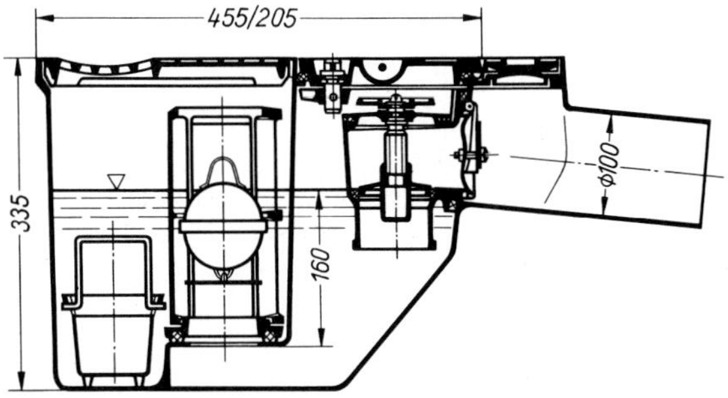

281.1 Gußeiserne Heizölsperre mit Rückstaudoppelverschluß nach DIN 4043

Heizölabscheider. Sie sind bei größerem oder regelmäßigem Wasseranfall im Heizkeller einzubauen (**281**.2).

Bei Erreichen des maximalen Speichervermögens schließt das Schwimmerventil den Abfluß zum Kanal.

Das abgeschiedene Öl muß von Zeit zu Zeit abgeschöpft werden.

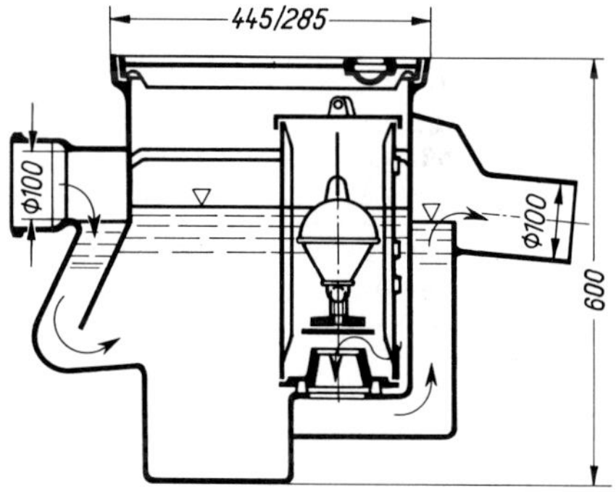

281.2 Heizölabscheider Curator MS (Passavant)

Dem Heizölabscheider nach DIN 1999 T. 1 ist ein Bodenablauf ohne Geruchverschluß vorzuschalten.

Ein Schlammfang ist nur erforderlich, wenn beispielsweise die Abwässer aus einer begehbaren Betonwanne zur Leichtstofflagerung dem Abscheider zugeführt werden.

Wie bei einem Benzinabscheider (**279**.1) muß die Oberkante des Heizölabscheiders ≧ 4 cm über der Ablaufstelle liegen.

Bei Einbau unter der örtlich festgesetzten Rückstauebene muß der Abfluß eines Heizölabscheiders über eine Abwasserhebeanlage geleitet werden.

Fettabscheider. Sie sollen nach DIN 4040 T. 1 und 2 aus fetthaltigen Abwässern das Fett und Öl organischen Ursprungs ausscheiden, das sich beim Erkalten an den Wänden der Abwasserleitungen absetzen und nur schwer zu entfernen sein würde.

Sie sind daher in Betrieben gewerblicher oder industrieller Art, in Fleischereien und Fleischwarenfabriken, Schlachtanlagen, Fischverwertungsbetrieben, Großküchen, Gastwirtschaften und Verpflegungsstätten sowie zahllosen Lebensmittel herstellenden Betrieben einzubauen (**282**.1).

Für die vorstehenden häufig vorkommenden Bedarfsfälle ist in DIN 4040 T. 2 eine auf Erfahrung basierende, vereinfachte Ermittlung der Nenngrößen nach Tabellen ohne Bemessungsverfahren möglich.

Die Temperatur des aus Fettabscheidern abfließenden Wassers soll 35 °C nicht übersteigen.

Einbaupflicht besteht auch in Gastwirtschaften und Verpflegungsstätten, in denen täglich weniger als 200 Portionen warmes Essen ausgegeben werden.

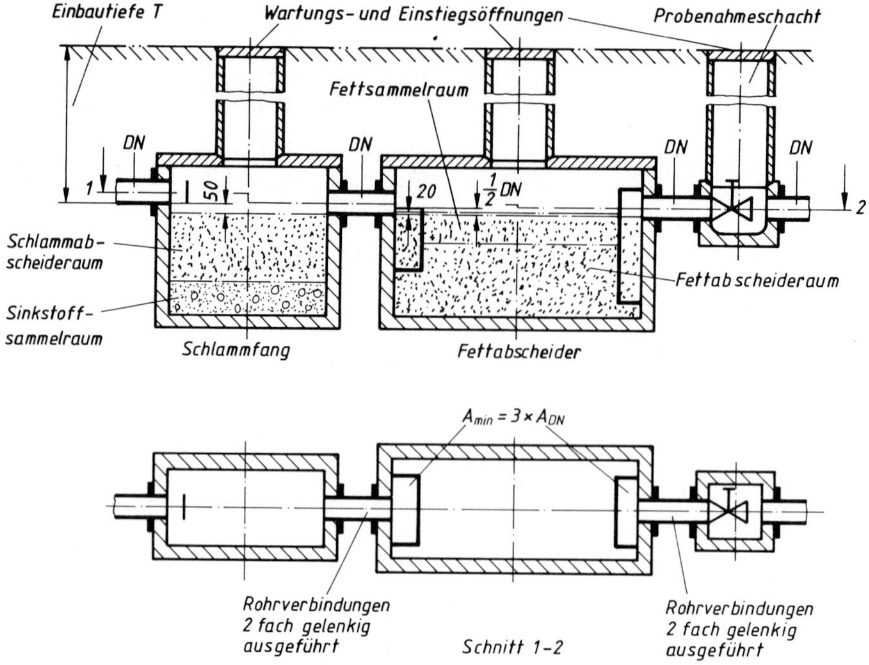

282.1 Abscheideranlage für Fette mit Schlammfang, Fettabscheider und Probenahmeschacht (nach DIN 4040 T. 1)

Größen. Die Größenbezeichnung des Fettabscheiders entspricht der zulässigen Beanspruchung in l/s. Sie werden in Größen von 2 l/s bis 25 l/s Zufluß hergestellt.

So sind zur Ermittlung der Größe eines Fettabscheiders nach DIN 4040 T. 2 bei Gaststätten mit einer täglichen Abgabe bis zu 200 Portionen warmen Essens als Abwassermenge in Rechnung zu setzen 2,0 l/s
für je weitere 100 Portionen 1,0 l/s

Die Zu- und Abflußleitungen des Fettabscheiders sollen mindestens die in der Tafel **282**.2 festgelegten lichten Rohrweiten haben.

Tafel **282**.2 Fettabscheider, Zu- und Abflußleitungen, lichte Rohrweiten (nach DIN 4040 T. 1)

l/s	mm
bis 4	100
über 4 bis 7	125
über 7 bis 10	150
über 10 bis 25	200

Einbau. Fettabscheider sind möglichst nahe an den Ablaufstellen hinter einem vorgeschalteten Schlammfang frostfrei im Freien anzuordnen, jedoch nicht in Hauptgrundleitungen.

Falls der Einbau außerhalb eines Gebäudes nicht möglich ist, muß der Einbauraum be- und entlüftbar sein. Die Ablaufstellen, so Bodenabläufe der Zuflußleitung, sind mit Geruchverschlüssen zu versehen.

Der Abscheider darf nur die zu behandelnden Abwässer aufnehmen. Mindestens eine Zuleitung zum Fettabscheider ist zu entlüften. Alle Zuleitungen müssen ein Mindestgefälle von 1:50 haben.

Fettabscheider, die unter der örtlich festgelegten Rückstauebene liegen, sind über eine Hebeanlage zu entwässern.

Die Abscheider können aus Grauguß-, Stahlblech- oder Betonfertigteilen, größere Anlagen auch an Ort und Stelle aus Ziegelmauerwerk oder Beton ausgeführt werden.

Sie müssen leicht zugänglich sein und sind regelmäßig zu entleeren und zu reinigen.

Stärkeabscheider. Nach DIN 1986 T. 1 wird von Betrieben, in denen stärkehaltiges Wasser anfällt, der Einbau von Stärkeabscheidern verlangt.

Die zementharten Ablagerungen von Kartoffelstärke in Rohrleitungen sind erfahrungsgemäß nicht mehr zu beseitigen.

Die Größe des Abscheiders richtet sich nach der anfallenden Kartoffelschälmenge/h.

Kartoffelstärkeabscheider. In der Vorkammer des Stärkeabscheiders (**283**.1) wird erst der Schaum des zufließenden Abwassers durch das Spritzwasser aus einer Ringbrause niedergeschlagen. Dieser Niederschlag setzt sich dann im Schlammeimer der Vorkammer und im anschließenden Abscheideraum ab. Das gereinigte Abwasser fließt in den Ablauf.

Der Anschluß der Ringbrause an die Trinkwasserleitung ist nach den Vorschriften der DIN 1988 T. 4 herzustellen.

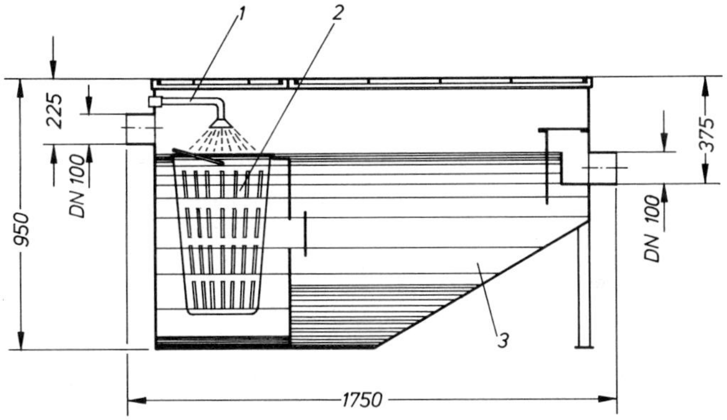

283.1 Kartoffel-Stärkeabscheider UNIVA aus beschichtetem Stahl, Nenngröße 1 l/s (KESSEL)
1 Stabdusche
2 Schlammeimer
3 Absetzkammer

Sand- und Schlammfänge. Sie sind laut DIN 1986 T. 1 dort vorzusehen, wo sinkstoffhaltiges Abwasser abgeführt wird. Schlammfänge sind daher in der Regel auch vor Abscheidern einzubauen (**279**.1 und **282**.1).

Schlammfänge vor Heizöl- und Benzinabscheidern sind nach DIN 1999 T. 2, vor Fettabscheidern nach DIN 4040 T. 2 zu bemessen.

Der Sand- oder Schlammfang besteht aus einem Behälter, bei dem sich der Zulauf, der auch aus einem Rost bestehen kann, und der Ablauf im oberen Teil befinden, so daß sich am Behältergrund der Sinkschlamm absetzt.

Der Schlammfang soll bei halber Füllung oder halbjährlich entleert werden.

Bemessung. Bei Schlammfängen vor Benzin- oder Heizölabscheidern bis zu einer Leistungsfähigkeit von 10 l/s gelten die Werte der Tafel **280**.1.

Die Zu- und Ablaufquerschnitte zu diesen Schlammfängen sind in Tafel **279**.2 angegeben.

Für Schlammfänge von Fettabscheidern ist die gleiche Abwassermenge zugrunde zu legen wie für den zugehörigen Abscheider (Tafel **282**.1).

In der Regel sind je 1 l/s Abwassermenge des Fettabscheiders 40 l Fassungsvermögen des Schlammfanges vorzusehen.

3.5.4 Regenwassernutzungsanlagen

Im Durchschnitts-Haushalt werden pro Tag und Person ca. 140 l wertvolles Trinkwasser verbraucht. Während davon lediglich etwa 10% für die Essenzubereitung benötigt werden, fließen bis zu 45 l über die Toilettenspülung in die Abwasserleitung.

Trinkwassereinsparung. Um den Trinkwasserverbrauch zu reduzieren bietet sich die Nutzung von Regenwasser für die Toilettenspülung, zum Wäschewaschen und zur Gartenbewässerung an.

Da Regenwasser weich ist, benötigt ein Waschmaschinengang nur etwa die halbe Waschmittelmenge gegenüber dem meist harten Leitungswasser.

Leicht verschmutztes Abwasser, auch als Grauwasser bezeichnet, ist für Wäsche und Garten jedoch ungeeignet.

Regenwassernutzung. Sie schränkt nicht nur den häuslichen Trinkwasserverbrauch ein, sondern entlastet damit auch den öffentlichen Wasserhaushalt durch Verringerung der Trinkwassergewinnung und damit eine geringere Grundwasserabsenkung.

Daneben wird die kommunale Entwässerung und Kläranlage durch einen reduzierten Waschmitteleinsatz entlastet. Bei vorhandener Mischwasserkanalisation verringert sich bei starken Regenfällen die Gefahr, daß das Klärwerk durch Stoßbelastung überfordert wird oder ungeklärtes Schmutzwasser in eine Vorflut gelangt.

Jeder häusliche Regenwasserspeicher vermindert dies als Puffer bei starken Niederschlägen durch Auffangen der Regenwasser-Abflußmenge.

Da in Mitteleuropa die jährliche Niederschlagsmenge genügend groß ist, kann bei einem Haus mit 100 m^2 Grundfläche mit einem Regenwasser-Sammelvolumen von etwa 60 m^3 im Jahr gerechnet werden.

Je nach Region liegen die jährlichen Niederschlagshöhen zwischen 500 und 1600 mm, meistens bei ca. 800 mm.

Die Trinkwasserverordnung läßt die Regenwassernutzung, die in einigen Bundesländern und vielen Gemeinden bezuschußt wird, seit 1991 zu.

Nach Auffassung des Bundesgesundheitsamtes bestehen gegen die Regenwassernutzung jedoch grundsätzlich hygienische Bedenken.

Regenwasseranlage. Die wesentlichen Bauteile einer kompletten Anlage zur Nutzung des Regenwassers bestehen aus Auffangfläche, Filter mit Sammler, Speicher, Hauswasserwerk, Innenleitungen mit Zapfstellen und Überlaufleitung (**285**.1).

Auffangflächen. Das Regenwasser wird vom Hausdach aufgefangen und über Dachrinnen und Fallrohre abgeleitet.

Die Dachrinnen sollten jährlich mehrmals gereinigt werden.

285.1
Aufbau einer Regenwasseranlage, Schema (nach IUD, Darmstadt)
1 Dachrinne, Blattfangsieb, Fallrohr
2 Filtersammler oder Filtertopf
3 Zuleitung
4 Speicher
5 Überlauf mit Geruchverschluß
6 Saugleitung
7 Hauswasserwerk
8 Trockenlaufschutz
9 Regenwasserleitungsnetz
10 Trinkwasserleitung
11 Magnetventil
12 Schwimmerschalter
13 Freier Auslauf, Trinkwasser-nachspeisung

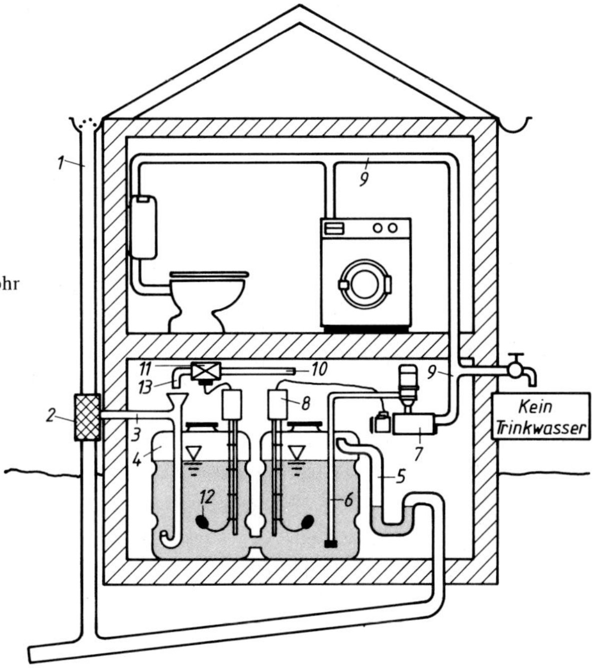

Als Auffangflächen sind geneigte Dächer mit Tondachziegeln oder Betondachpfannen sowie Flachdächer mit Kiesschüttungen oder Metalleindeckungen in der Regel gut geeignet.

Wasser von bitumenhaltigen Dachflächen sollte für Waschgeräte nicht verwendet werden.

Filter. Mit dem Regenwasser anfallende Schmutzteile und Schwebstoffe müssen durch Grob- und Feinfilter zurückgehalten werden.

Eine erste grobe Reinigung geschieht durch ein Blattfangsieb am Einlauf des Fallrohres und durch einen weitgehend wartungsfreien Filter-Sammler zum Auffangen und Vorfiltern des Regenwassers, der im unteren Bereich des Fallrohres eingesetzt wird.

Während durch einen herausnehmbaren Edelstahl-Siebeinsatz mit ca. 0,2 mm Filterfeinheit die Schmutzreste ausgeschwemmt werden, wird ca. 90% gefiltertes Regenwasser in den nachgeschalteten Speicher geleitet (**285**.1).

Filter-Sammler sind in gängige Zink-, Stahl, Kupfer- und auch Kunststoff-Fallrohre einbaubar.

Daneben besteht die Möglichkeit, das vom Regenfallrohr in einen handelsüblichen Betonschacht eingeleitete Regenwasser über einen Filtertopf in den anschließenden Speicher zu leiten.

Die im Filtertopf für maximal 200 m^2 Dachfläche im Siebeinsatz gelagerte Filtereinlage ist zur Reinigung mit einem Haltebügel leicht herausnehmbar.

Der Schachtboden sollte möglichst einen Notüberlauf zur Abwasserleitung erhalten.

Schließlich kann ein außenliegendes Kiesfilter in einem niedrigen Außenschacht als Grobfilter verwendet werden.

Für die WC-Anlagen und die Gartenbewässerung sind die vorstehenden Filterungen ausreichend. Bei starkem Staubanfall oder bei Erdspeichern aus Betonfertigteilen sollte jedoch in die Druckleitung zur Zapfstelle der Waschmaschine ein Feinfilter eingebaut werden.

Speicher. Vom Filter wird das Regenwasser dem Speicher zugeführt. Er kann außerhalb des Hauses im Erdreich oder in einem Kellerraum untergebracht sein.

Die Mauerdurchführungen durch die Außenwand für die Regenwasserzuleitung in DN 50 und die Überlaufleitung in DN 100 sind einwandfrei abzudichten (s. auch Abschnitt 2.4.2).

Erdspeicher werden aus Betonfertigteilen zusammengesetzt oder als Lagertank aus starkwandigem Polyethylen eingegraben.

Vorteilhaft sind beim Erdspeicher die Platzeinsparung im Gebäude und die kühle und dunkle Lagerung des Regenwassers.

Regenwasserbehälter aus Beton bestehen aus Bodenteil, Aufsatzringen und Konus sowie begehbarem oder befahrbarem Deckel. Die Schächte müssen abgedichtet sein (s. auch Abschnitt 3.3.4.5).

Regenwasserlagertanks aus PE in den Größen 1000 bis 5000 l sind mit Verstärkungsrippen versehen, haben einen Einstiegdom sowie Ein- und Überlaufanschlüsse. Die Speicher sind für eine Erddeckung bis zu 100 cm geeignet.

Innenspeicher. Ein oder in der Regel mehrere Kunststofftanks, als Tankbatterie aus Basistank und Erweiterungstanks zusammengestellt, werden meist in einem möglichst kühlen und dunklen Kellerraum hinter der Außenwand montiert (**285**.1).

Mehrere Behälter werden durch eine Ausgleichs- und Entnahmeleitung miteinander verbunden.

Die stabilen 1100 bis 2000 l fassenden Tanks aus PE passen mit 72 cm Breite auch nachträglich gut durch Kellertüren, sind mit Metallbandagen eingefaßt und haben zur Reinigung eine Einstiegsöffnung mit verschließbarem Deckel.

Die Zulauf- und Entnahmeleitungen DN 50 sind im Tankinnern so angeordnet, daß das Wasser langsam und beruhigt aus- und einströmt und das Behältervolumen optimal genutzt wird.

Die Innenspeicher sind durch HT-Stutzen einfach an die Hausinnenleitungen anzuschließen, ein Zufluß zur Trinkwassernachspeisung gemäß DIN 1988 ist problemlos über einen offenen Trichter möglich.

Der einbaufertige Basistank hat außerdem einen Überlaufanschluß DN 100 zur Ableitung von überschüssigem Wasser in die Kanalisation oder in einen Sickerschacht.

Falls örtlich erforderlich, sind auch Tankinhaltsanzeiger für Innenspeicher zum Einschrauben in den Behälterdeckel im Handel.

Gegebenenfalls ist das Speicherwasser gegen Algenaufkommen zu desinfizieren.

Hauswasserwerk. Dieses Bauteil ist nach DIN 1988 T. 5 eine Druckerhöhungsanlage, die aus Pumpe, Steuerungseinrichtung, einer Druckregelautomatik und den Leitungsanschlußgewinden besteht.

Je nach dem Druck von 3 bis 5 bar und einer Fördermenge zwischen 8 und 80 l/min liegt die Leistungsaufnahme der Hauswasserwerke zwischen 200 und 800 W.

Der Einbau der selbstansaugenden korrosionsfreien Kreiselpumpeneinheit wird durch flexible Panzerschläuche zur schwingungsfreien Übertragung auf das Leitungssystem und ein Rückschlagventil ergänzt.

Die Pumpeneinheit soll über der Tankoberkante, z. B. mit Tragkonsolen an der Kelleraußenwand, montiert werden.

Bei Unterschreitung des Mindestwasserstandes im Speicher wird das Hauswasserwerk durch einen elektrischen Trockenlaufschutz abgeschaltet. Der im Speicher montierte Schwimmerschalter wird über Kabel und Zwischenstecker angeschlossen.

Trinkwassereinspeisung. Falls nach längerer Trockenperiode der Regenwasserspeicher leer ist, muß die Wasserversorgung durch Trinkwasser gesichert sein.

Nach DIN 1988 T.4 ist eine direkte Verbindung zwischen Trinkwassernetz und Regenwasserleitung untersagt. Lediglich der freie Auslauf über einen Mindestabstand von 4 cm ins Regenwassersystem ist zulässig.

Für diesen Fall kommen zwei Systeme zur Ausführung, die Trinkwassereinspeisung direkt in den Speicher oder ein doppeltes Rohrleitungssystem.

1. Der im Speicher eingebaute Schwimmerschalter schaltet bei Niedrigwasserstand automatisch über ein Magnetventil (**240**.2), das den offenen Zufluß des Trinkwassers über einen offenen Trichter in den Speicher so lange frei gibt bis der Schwimmerschalter wieder aufschwimmt. Der Niveauunterschied beträgt ca. 20 cm (**287**.1).

Das Magnetventil ist stromlos geschlossen und mit Schmutzfänger und Steckeranschlußkabel ausgerüstet.

Die Trinkwassereinspeisung ist auch bei Außenspeichern möglich.

2. Beim doppelten Rohrsystem wird neben der Regenwasserleitung eine eigene Trinkwasserleitung verlegt, die keine sonstigen Verbraucher versorgt.

Die Unterputz- oder Aufputzspülkästen (s. auch Abschnitt 3.4.4) werden mit einem zweiten Schwimmerventil ausgerüstet. Die Umschaltung auf die Trinkwasserversorgung kann entweder manuell oder automatisch durch ein Magnetventil erfolgen (**287**.2).

Druckspüler für Toiletten oder Urinale sowie Waschmaschinen können an ein doppeltes Rohrsystem nicht angeschlossen werden.

Alle Regenwasserleitungen sollten in PE- oder VPE-Rohren ausgeführt werden.

Sicherheitseinrichtungen. Zur Vermeidung von Verwechslungen sind alle Regenwasserleitungen im Haus durch ausreichende Beschriftungen zu kennzeichnen.

Nach DIN 1988 müssen die Auslaufventile durch Schilder „Kein Trinkwasser“ (**285**.1) gekennzeichnet werden. Das gleiche gilt für Außenzapfstellen.

Für Aufputzleitungen gibt es Klebe- und Trassenbänder mit der gleichen Aufschrift.

Außerdem sind Auslaufventile 1/2″ und 3/4″ mit abnehmbarem Steckschlüssel gegen unbefugte Benutzung zu empfehlen.

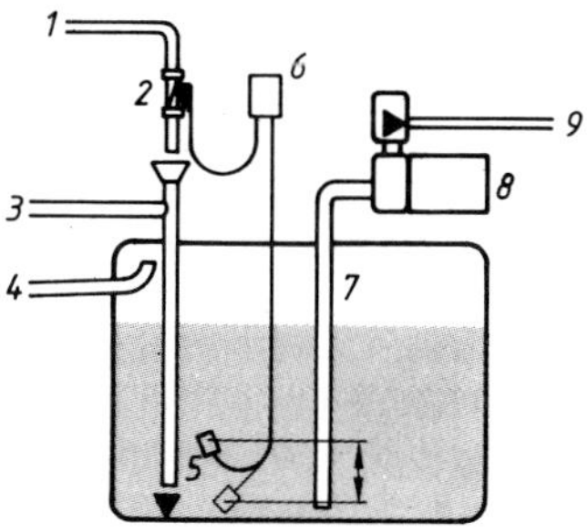

287.1 Trinkwassereinspeisung direkt in den Speicher (Wagner Solartechnik)

1 Trinkwasserleitung
2 Magnetventil
3 Regenwasserzuleitung
4 Überlaufleitung
5 Schwimmerschalter
6 Trockenlaufschutz
7 Saugleitung
8 Hauswasserstation
9 Regenwasserleitungsnetz

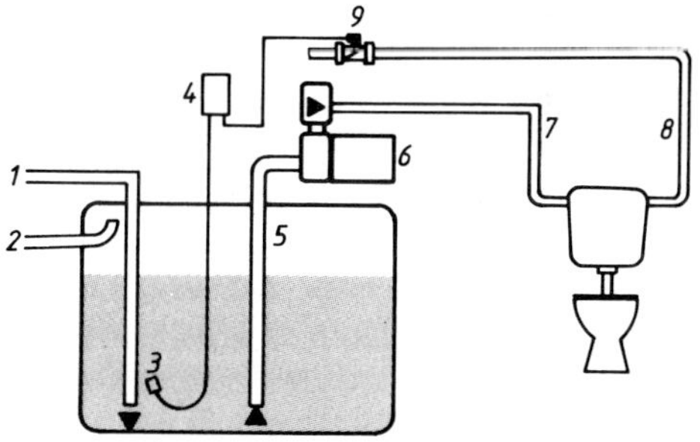

287.2 Doppeltes Rohrsystem, Regenwasser- und Trinkwasserleitung (Wagner Solartechnik)

1 Regenwasserzuleitung
2 Überlaufleitung
3 Schwimmerschalter
4 Trockenlaufschutz
5 Saugleitung
6 Hauswasserstation
7 Regenwasserleitung
8 Trinkwasserleitung
9 Magnetventil

Speichergrößenberechnung. Die Größe des erforderlichen Regenwasserspeichers richtet sich nach dem Regenwasserbedarf, also dem erwarteten Wasserverbrauch, und dem Regenwasserertrag, der sich aus der vorhandenen Auffangfläche und der örtlichen Niederschlagsmenge ergibt.

Überschläglich kann zunächst mit einem Speichervolumen von 2000 l für einen Zweipersonenhaushalt gerechnet werden.

Die Speichergröße muß aus Kostengründen in einem ausgewogenen Verhältnis zum Regenwasserbedarf stehen, der abgedeckt werden soll. Bei größerer Differenz sinkt die Wirtschaftlichkeit der Anlage. Daher bleibt eine genaue Größenbestimmung dem Vertreiber von Regenwassernutzungsanlagen oder einem Fachingenieur vorbehalten.

3.6 Gebäudedränung

3.6.1 Allgemeines

Die übliche Abdichtung der Kellerwände durch äußere Sperranstriche und waagerechte Sperrschichten oberhalb der Kellersohle kann das Gebäude lediglich gegen nichtdrückende Bodenfeuchtigkeit schützen.

Sie versagt aber bei Stauwasser im Verfüllungsbereich der Baugrube bei schwer durchlässigem bindigem Boden, bei wasserführenden Schichten oder bei einer Hangbebauung mit Wasserandrang von der Bergseite. Hiergegen schützt eine Gebäudedränung, die nach DIN 4095 ausgeführt werden sollte.

Die Norm gilt für die Dränung auf, an und unter erdberührten baulichen Anlagen.

Der Drän, das ist der Sammelbegriff für Dränleitung und Dränschicht, muß filterfest sein. Die anfallende Abflußspende muß in der Dränschicht drucklos abgeführt und dann vom Dränrohr aufgenommen werden.

3.6.2 Bauteile

Dränanlage. Sie entwässert den Boden durch künstliche Hohlräume um das Ansammeln von drückendem Wasser zu verhindern.

Die Dränanlage besteht aus einer wasseraufnehmenden und ableitenden Dränrohrleitung und einer wasserdurchlässigen Dränschicht (**289**.1), die sich aus Sickerschicht und Filterschicht oder aus einem Mischfilter zusammensetzen kann, sowie aus Spül- und Kontrolleinrichtungen (**289**.2).

Die Sickerschicht leitet das Wasser aus dem Bereich des erdberührten Bauteiles ab.

Die Filterschicht soll das Ausschlämmen von Bodenteilchen durch fließendes Wasser verhindern.

Ein Mischfilter besteht aus einer gleichmäßig aufgebauten Schicht mit abgestufter Körnung, die auch die Funktion der Sickerschicht übernehmen kann.

Dränrohre. Die gewellten oder glatten Dränrohre können aus Ton mit Muffen, Steinzeug, Kunststoff, Faserzement oder Beton bestehen.

Daneben sind allseitig gelochte oder geschlitzte Vollsickerrohre sowie seitlich und oben gelochte oder geschlitzte Teilsickerrohre zu unterscheiden.

Rohre mit Filtereigenschaften können Kunststoffrohre mit Ummantelung oder Rohre aus porigem Beton (Betonfilterrohre) sein.

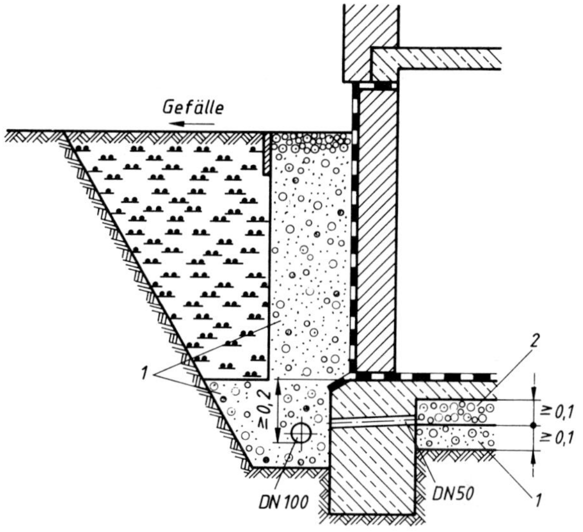

289.1 Dränanlage mit mineralischer Dränschicht (nach DIN 4095)
1 Kiessand 0/8 mm oder 0/32 mm nach DIN 1045
2 Kies 4/16 mm nach DIN 4226 T. 1

Tonrohre, Dränrohre nach DIN 1180, sind 33 cm lang, werden stumpf gestoßen verlegt, so daß anfallendes Wasser über die Stöße in das Rohrinnere gelangt.

Betonfilterrohre aus Einkornbeton nehmen das Wasser durch ihre porösen Wandungen allseitig auf. Die Rohrverbindungen mit Falz und Muffe schließen an den Stößen ein Eindringen von Bodenmaterial aus.

Kunststoffrohre, Dränrohre aus PVC hart nach DIN 1187, sind glatt mit Wassereintrittsöffnungen oder spiralförmig gewellt mit Wassereinlaßöffnungen in den Wellentälern. Die gewellten Rohre werden in Ringbunden, die glatten Filterrohre in Längen von 5 m geliefert.

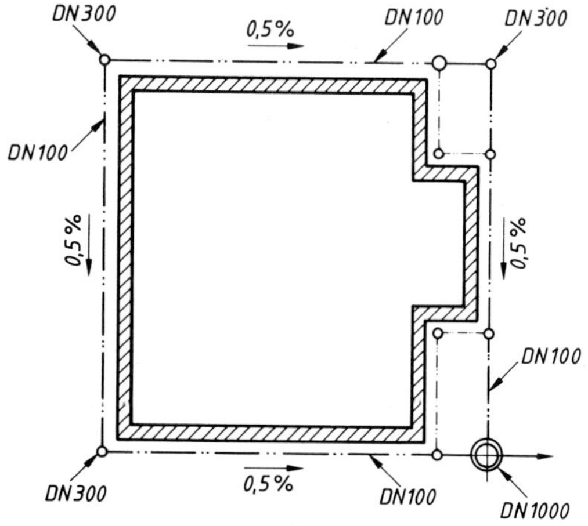

289.2 Gebäudedränung, Anordnung von Dränleitungen, Kontroll- und Reinigungseinrichtungen bei einer Ringdränung, Mindestabmessungen (nach DIN 4095)

Dränschicht. Sie kann aus Schüttungen, Einzelelementen oder Verbundelementen bestehen.

Schüttungen werden aus kornabgestuften Mineralstoffen oder Mineralstoffgemischen, hauptsächlich Kiessand mit 0/8 mm oder 0/32 mm Körnung, hergestellt.

Einzelelemente können Dränsteine aus Beton mit und ohne Filtervlies oder Dränplatten aus Schaumkunststoff mit und ohne Filtervlies sein.

Verbundelemente sind Dränmatten aus Kunststoff, z. B. aus Höckerprofilen mit Spinnvlies, Wirrgelege mit Nadelvlies oder Gitterstrukturen aus Spinnvlies.

Sickerschicht. Sie besteht aus Schüttungen oder Einzelelementen.

Die Schüttung wird aus Mineralstoffen, Kiessand und Kies, hergestellt.

Einzelelemente können Dränsteine aus Beton, Dränplatten aus Schaumkunststoff oder Geotextilien, z. B. Spinnvlies, sein.

Filterschicht. Sie kann als Schüttung aus Sand und Kiessand oder aus Geovlies, Filtervlies, z. B. Spinnvlies, bestehen.

Spülrohr. Spülrohre werden bei Richtungsänderungen der Dränleitung in DN 300 oder größer angeordnet (**289**.2). Der Spülrohrabstand untereinander soll höchstens 50 m betragen.

Für Kontrollzwecke dürfen anstelle der Spülrohre Kontrollrohre mit mindestens DN 100 angeordnet werden.

Kontrollschacht. Auch als Spülschacht oder Übergabeschacht bezeichnet soll er mindestens in DN 1000 hergestellt werden (**289**.2).

3.6.3 Planung

Die Dränanlage ist im Entwässerungsplan einzuzeichnen, wobei die Standsicherheit des Bauwerkes durch die Dränage nicht beeinträchtigt werden darf.

In den Bauplänen sind die Bauteile der Dränanlage mit den Sinnbildern nach Tafel **290**.1 darzustellen (s. auch **289**.1 und 2 sowie **291**.1).

Hierzu müssen nach DIN 4095 auch Angaben über Lage, Art der Baustoffe, Dicke, Flächengewicht, Maße und Sohlenhöhen gemacht werden.

Die direkte Einleitung von Oberflächenwasser aus Regenfalleitungen, Hofsenkkästen, Wasserspeiern oder aus angrenzenden steilen Hängen abfließendes Wasser, ist unzulässig.

Nach der DIN werden Dränanlagen vor Wänden, auf Decken und unter Bodenplatten unterschieden.

Tafel **290**.1 Dränung, Angaben über Bauteile und Zeichen (nach DIN 4095)

Bauteil	Art	Zeichen	Bauteil	Art	Zeichen
Filterschicht	Sand	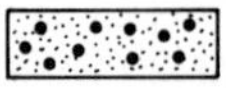	Trennschicht	z. B. Folie	————
	Geotextil	– – – – – –	Abdichtung	z. B. Anstrich, Bahn	
Sickerschicht	Kies	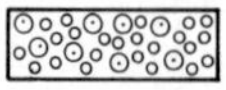	Dränleitung	Rohr	—··——··—
	Einzelelement (z. B. Dränstein, -platte)	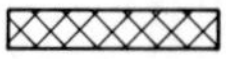	Spülrohr, Kontrollrohr	Rohr	
Dränschicht	Kiessand		Spülschacht, Kontrollschacht, Übergabeschacht	Fertigteil	
	Verbundelement (z. B. Dränmatte)				

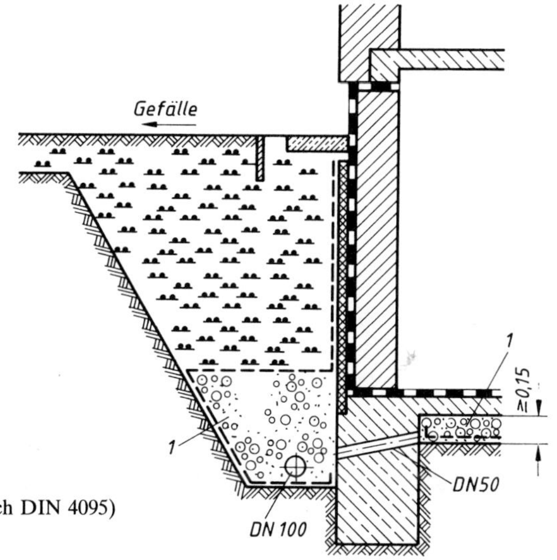

291.1 Dränanlage mit Dränelementen (nach DIN 4095)
1 Kies 8/16 mm nach DIN 4226 T. 1

Dränanlagen vor Wänden. Sie bestehen aus Dränschicht und Dränleitungen (**291**.1), auch Spülrohren und Übergabeschacht (**289**.2).

Dränschicht. Sie muß alle erdberührten Flächen bedecken und etwa 15 cm unter Geländeoberfläche abgedeckt werden. Am untersten Punkt der Schicht ist das Dränrohr bei mineralischer Ummantelung allseitig 15 cm einzubetten. Die Dränschicht muß an Lichtschächten und vorspringenden Bauteilen dicht anschließen.

Dränleitung. Sie muß alle erdberührten Wände erfassen und sollte bei Gebäuden möglichst als Ringdränage geplant werden (**289**.2).

Eine Ringdränage bildet ein ringförmig die Gebäudefundamente umschließendes Rohrsystem. Die Ringleitung ist immer anzustreben.

Die Dränleitung ist entlang der Außenfundamente zu planen, wobei die Auflagerung auf Fundamentvorsprünge in der Regel unzulässig ist.

Die Rohrsohle ist am höchsten Punkt mindestens 20 cm unter OK Rohbodenplatte anzuordnen, der Rohrgraben darf dagegen nicht tiefer als die Fundamentsohle ausgeführt werden. Die Leitungen sollen mit einem Mindestgefälle von 0,5% verlegt werden.

Spülrohre. Sie werden mit ≧ DN 300 bei jedem Richtungswechsel der Dränleitung eingeplant. Der Spülrohrabstand soll höchstens 50 m betragen.

Übergabeschacht. Er muß mindestens in DN 1000 geplant und ausgeführt werden (**289**.2).

Dränanlagen auf Decken. Sie bestehen aus Dränschicht, Deckeneinläufen und Dränleitungen (**292**.1).

Dränschicht. Sie soll alle Deckenflächen und angrenzenden erdberührten Flächen, wie aufgehende Wände und Brüstungen, vollflächig bedecken und ist durch ihre Filterschicht gegen Einschlämmen von Bodenteilchen zu sichern.

Bei Geotextilien muß die Stoßüberdeckung des Filters mindestens 10 cm betragen.

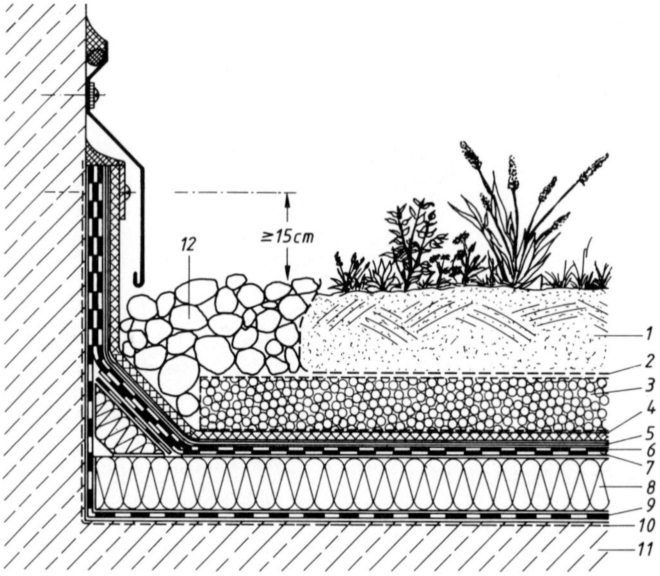

292.1 Gründachaufbau, Wandanschluß (Bauder Gründach-Systeme)

1 Vegetationsschicht
2 Filterschicht
3 Drän- und Wasserspeicherschicht
4 Schutzschicht
5 Trenn- und Gleitschicht
6 Abdichtung und Durchwurzelungsschutz
7 Abdichtung und Dampfdruckausgleichsschicht
8 Wärmedämmung
9 Dampfsperr- und Ausgleichsschicht
10 Haftgrund
11 Tragkonstruktion
12 Kiesstreifen

Deckeneinläufe. Sie müssen das aus der Dränschicht anfallende Wasser rückstaufrei ableiten. Die Anzahl und der Durchmesser der Deckeneinläufe sind nach DIN 1986 T. 2 und DIN 18460 festzulegen.

Deckeneinläufe sollen zur Überprüfung und Wartung von oben zugänglich sein.

Dränleitungen. Sie sind nur erforderlich, wenn bei eingebauten Dacheinläufen ein kurzzeitiger Anstau des Wassers über die Dränschicht hinaus zu erwarten ist.

Der Dränscheitel soll dann nicht über die Oberfläche der Sickerschicht ragen.

Bei dünnen Sickerschichten sind die Dränleitungen in vertieften Rinnen zu verlegen. Die Deckenflächen müssen dann mindestens 3% Gefälle zu den Leitungen erhalten.

Dränanlagen unter Bodenplatten. Die Ausführung ist abhängig von der Größe der überbauten Fläche. Bei Flächen bis 200 qm darf eine Flächendränage ohne Dränleitungen ausgeführt werden.

Eine Flächendränage besteht aus einer Kiesfilterschüttung mit oder ohne Rohrdränage unter der Bauwerkssohle.

Die Entwässerung muß dann in der Regel mit Durchbrüchen in den Streifenfundamenten sichergestellt sein. Die Öffnungen sollen eine Mindestgröße von DN 50 erhalten und mit Gefälle zur äußeren Dränleitung verlegt werden (**289**.1 und **291**.1).

Bei bebauten Flächen über 200 qm ist eine Flächendränage zu planen und diese über Dränleitungen zu entwässern.

Der Abstand der Leitungen untereinander ist nach DIN 4095 zu berechnen und außerdem sind falls erforderlich Kontrolleinrichtungen mit einzuplanen.

Die Dränwirkung kann dabei durch ein fischgrätenartig angeordnetes Rohrsystem verstärkt werden.

Wasserableitung. Eine wirksame Dränung erfordert eine ausreichende Vorflut. Es ist daher zunächst anzustreben, einen Anschluß der Dränage in freiem Gefälle an einen offenen Vorfluter, wie Graben, Bach oder Fluß, oder einen Regenwasserkanal zu schaffen, also möglichst ohne Pumpen auszukommen.

Dies ist in baurechtlicher und wasserrechtlicher Hinsicht zu überprüfen.

Gegebenenfalls ist die Ableitung durch eine zugängliche Rückstauklappe gegen Stau aus dem Vorfluter zu sichern.

Da ein Anschluß an die öffentliche Regenwasserkanalisation nicht in jedem Fall zugelassen wird, ist es auch örtlich oft möglich das Dränwasser über einen Sickerschacht (**168**.1) in einen wasseraufnahmefähigen Untergrund abzuleiten. Der Schacht muß dann vom Gebäude ausreichend entfernt und groß genug bemessen sein.

Wird ein Rückstau erwartet, ist das Dränwasser in einer Grube zu sammeln und mit einer Pumpe (**275**.1) über die festgelegte Rückstauebene zu heben und einer Vorflut zuzuführen. Die Pumpe muß zugänglich sein und regelmäßig gewartet werden.

3.6.4 Bemessung und Ausführung

Im Regelfall ist die Dränage ohne besondere Nachweise nach DIN 4095 zu planen und auszuführen.

Nur wenn die örtlichen Bedingungen als Sonderfall von den nachfolgenden Regelbedingungen abweichen, werden für Entwurf, Bemessung und Ausführung besondere Voruntersuchungen notwendig.

Bemessung. Der Regelfall liegt vor, wenn für den Wasserabfluß vor Wänden, auf Decken oder unter Bodenplatten mit den Richtwerten nach Tafel **293**.1 geplant werden kann.

Tafel **293**.1 Richtwerte vor Wänden, auf Decken und unter Bodenplatten (nach DIN 4095)

Lage	Einflußgröße	Richtwert
Vor Wänden	Gelände	eben bis leicht geneigt
	Durchlässigkeit des Bodens	schwach durchlässig
	Einbautiefe	bis 3 m
	Gebäudehöhe	bis 15 m
	Länge der Dränleitung zwischen Hochpunkt und Tiefpunkt	bis 60 m
Auf Decken	Gesamtauflast	bis 10 kN/m²
	Deckenteilfläche	bis 150 m²
	Deckengefälle	ab 3%
	Länge der Dränleitung zwischen Hochpunkt und Dacheinlauf oder Traufkante	bis 15 m
	Angrenzende Gebäudehöhe	bis 15 m
Unter Bodenplatten	Durchlässigkeit des Bodens	schwach durchlässig
	Bebaute Fläche	bis 200 m²

Für die Ausführung und Dicke der Dränschicht aus mineralischen Baustoffen für den Regelfall ergeben sich die in Tafel **294**.1 aufgelisteten Schichtungen.

Tafel **294**.1 Ausführung und Mindestdicke der Dränschicht mineralischer Baustoffe für den Regelfall (nach DIN 4095)

Lage	Baustoff	Dicke in cm
Vor Wänden	Kiessand, Körnung 0/8 mm oder 0/32 mm	50
	Filterschicht, Körnung 0/4 mm und Sickerschicht, Körnung 4/16 mm	10 20
	Kies, Körnung 8/16 mm und Geotextil	20
Auf Decken	Kies, Körnung 8/16 mm und Geotextil	15
Unter Bodelplatten	Filterschicht, Körnung 0/4 mm und Sickerschicht, Körnung 4/16 mm	10 10
	Kies, Körnung 8/16 mm und Geotextil	15
Um Dränrohre	Kiessand, Körnung 0/8 m oder 0/32 mm	15
	Sickerschicht, Körnung 4/16 mm und Filterschicht, Körnung 0/4 mm	15 10
	Kies, Körnung 8/16 mm und Geotextil	10

Für Dränleitungen und Kontrolleinrichtungen im Regelfall sind für die einzelnen Bauteile nachfolgende Mindestrichtwerte einzuhalten:

Dränleitung Nennweite DN 100, Gefälle 0,5%,
Kontrollrohr Nennweite DN 100,
Spülrohr Nennweite DN 300 und
Übergabeschacht Nennweite DN 1000.

Ausführung. Zunächst ist ein festes Rohrleitungsplanum im vorgesehenen Gefälle herzustellen. Für Rinnensteine ist ein Betonauflager erforderlich.

Dränleitungen werden im allgemeinen gegen die Fließrichtung, am Tiefpunkt beginnend, geradlinig zwischen den Kontrolleinrichtungen verlegt.

Auf Decken beginnt die Verlegung direkt auf der Abdichtung oder deren Schutzschicht (**292**.1).

Die Dränleitungen sind gegen Lageveränderungen zu sichern. Nach Einbau der Dränanlage ist die Verfüllung der Baugrube oder des Daches umgehend vorzunehmen.

Sickerschichten sind vollflächig mit staufreiem Anschluß an die Dränleitung einzubringen. Die Gebäudeabdichtung darf dabei nicht beschädigt werden.

Sickerschichten vor Wänden können aus Mineralstoffgemischen, Dränsteinen, Dränplatten oder Dämmatten bestehen.

Mineralstoffgemische werden entweder im gesamten Arbeitsraum oder nur in Teilbereichen eingebaut (**289**.1 und **291**.1).

Dränsteine sind so im lotrechten Verband zu verlegen, daß die Kammern ineinander übergehen (**296**.1).

Dränplatten werden mit versetzten Fugen lückenlos vor Wände gestellt und mit einem Spezialkleber punktweise befestigt (**291**.1).

Dämmatten sind stumpf zu stoßen oder mit Überdeckung zu verlegen und bis zum Abschluß der Baugrubenverfüllung zu befestigen.

Geotextilien sind zu überlappen, müssen an der Wand fest anliegen und sind gegen Abheben zu sichern.

Sickerschichten auf Decken bestehen aus Mineralstoffen erforderlicher Dicke, Dränsteinen, Dränplatten oder Dränmatten.

Dränsteine und Dränplatten werden mit versetzten Stoßfugen, Dränmatten dicht gestoßen mit verklammerten Vliesüberlappungen verlegt.

Randaufkantungen sind wie aufgehende Wände auszuführen.

Sickerschichten unter Bodenplatten erfordern ein ebenes Planum, das vor Aufweichen zu schützen ist. Geotextilien sind vollflächig und überlappt zu verlegen, Mineralstoffe leicht zu verdichten.

Filterschicht. Sie wird vollflächig und lückenlos auf und um die Sickerschicht oder das Dränelement verlegt. Filtervliese sind an den Stößen mindestens 10 cm zu überlappen und durch Verklammern oder Verkleben zu verbinden.

Kontrollrohre und Kontrollschächte müssen für Beobachtungen und Spülungen verschlämmter Dränstränge zugänglich bleiben.

3.6.5 Schrammschutz

Wenn nur nichtdrückende Bodenfeuchtigkeit in stark durchlässigen Böden auftritt ist eine Abdichtung mit Dränung vor der Außenwand nach DIN nicht erforderlich.

Da beim lagenweisen Verfüllen und Verdichten des Arbeitsraumes der äußere Sperranstrich der erdberührenden Außenwände meist gefährdet ist, wird von vornherein das Einbauen eines Schrammschutzes empfohlen.

Ein Schrammschutz ist eine Schutzschicht, welche die Abdichtung vor Wänden oder auf Decken vor Beschädigungen schützt.

Am zuverlässigsten wird er durch eine vorherige Belegung der Bauwerksaußenflächen mit wasserdurchlässigen Filterkörpern oder -platten erreicht (**295**.1).

Diese Dränwände wirken außerdem wasserabweisend, in manchen Fällen auch belüftend.

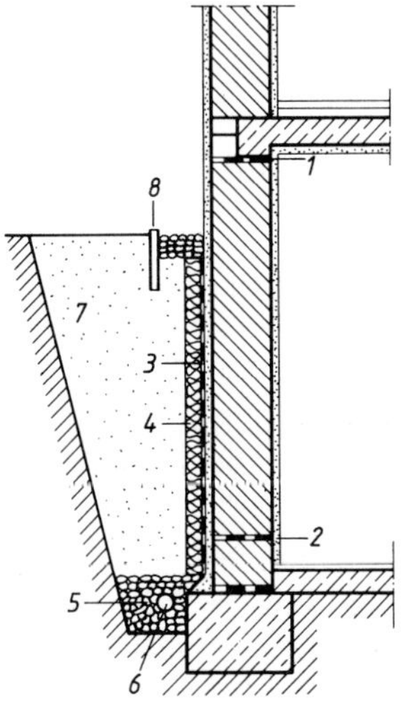

295.1 Schrammschutz und Filterschicht aus Kunststoffplatten (G + H, Exporit-Unidrän)

1 horizontale Abdichtungen
2 Zementputz
3 senkrechte Abdichtung, zweimaliger Anstrich mit heißflüssig aufgebrachtem Abdichtungsmittel
4 Exporit-Unidrän
5 Sickerpackung aus Grobkies oder Schotter
6 Dränagerohr
7 Auffüllmaterial
8 Kantenstein oder Traufstreifen aus Grobkies

Als Schrammschutz- und Dränwandmaterialien kommen auch bituminierte Wellplatten, Dränplatten aus Styroporkügelchen, Betonfilterplatten und Betonfiltersteine in Frage.

Großflächige Wellplatten bestehen aus bituminiertem Guttapercha.

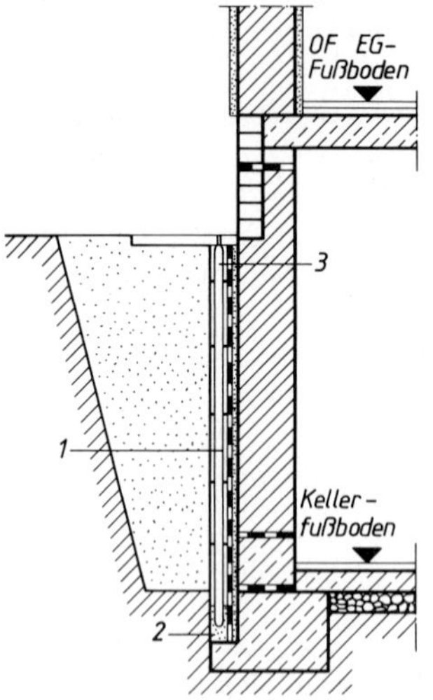

Dränplatten aus Styroporkügelchen sind in der Regel 6,5 cm stark und wärmedämmend, solange sie trocken bleiben.

Als trocken im Verband versetzte Schrammschutzschicht kommen auch Hochlochziegel, Bimsbetondielen oder Betonfilterplatten zur Anwendung (**296**.1).

Hohlkörperbildende Betonformsteine oder -platten bilden ebenfalls Dränwände, die durch Abdecksteine, Fußsteine und Fertigteilrinnen vervollständigt werden können.

296.1 Schrammschutz und Filterschicht aus Bims-Hohlkörpern (Porwand) (NH-Beton Niederdreisbacherhütte)

1 Filterkörper $50 \times 25 \times 10$ cm, vollporös
2 Abflußrinne $25 \times 12{,}5 \times 10$ cm, Dichtbeton
3 Abdeckhaube $25 \times 12{,}5 \times 10$ cm, vollporös

Die oben offenen Schutzschichten sind sorgfältig mit Platten, Steinen, Fertigteilen, auch Bitumenpappe oder Kunststoffolie abzudecken.

Es besteht bei wasserableitenden Schrammschutzschichten jedoch die Gefahr, daß sich Wasser hinter der Schutzschicht aufstaut und auf die Kelleraußenwand einwirkt. Besonders gefährdet sind dabei auf den Fundamentabsatz gestellte Schutzwandendigungen.

3.7 Wartung und Instandhaltung

Entwässerungsanlagen für Gebäude und Grundstücke sind nach DIN 1986 T. 3 und 30 sowie den Bestimmungen der jeweiligen Abwassersatzungen ordnungsgemäß zu betreiben und in betriebssicherem Zustand zu halten.

Sie sind durch regelmäßige Inspektionen auf einwandfreie Funktion und Mängelfreiheit zu überprüfen.

Gesonderte Inspektions- und Wartungsanleitungen sind für Rückstauverschlüsse in DIN 1986 T. 32 und 33 sowie für Abwasserhebeanlagen in DIN 1986 T. 31 angegeben.

Die erforderlichen Zeiträume und Maßnahmen zur Inspektion, Wartung und Instandsetzung der Entwässerungsanlagen sind in Tafel **297**.1 aufgelistet.

Die empfohlenen Zeitabstände und Arbeiten sind Mindestwerte.

Inspektion. Die in der Tafel unter 1 bis 4 aufgeführten Inspektionsmaßnahmen dürfen vom Betreiber selbst durchgeführt werden. Die weiteren zwei Inspektionen sind von einem Fachbetrieb vorzunehmen.

Instandsetzung. Festgestellte Mängel sind unverzüglich zu beheben oder durch einen Fachkundigen beheben zu lassen.

Für die regelmäßig durchzuführenden Wartungs- und Instandsetzungsarbeiten wird den Anlagenbesitzern der Abschluß eines Wartungsvertrages empfohlen.

Tafel **297**.1 Inspektions-, Wartungs- und Instandsetzungsmaßnahmen nach DIN 1986 T. 30

	Mindestzeitabstand	Auszuführende Arbeiten
1	¼jährlich	Wasserstand wenig benutzter Geruchsverschlüsse kontrollieren und gegebenenfalls nachfüllen
2	½jährlich	Einläufe auf Verschmutzung und Zustand kontrollieren
3	jährlich	Kontrolle der sichtbaren Rohrleitungen und Verbindungsstellen sowie der Reinigungsrohre, Reinigungsverschlüsse und Rohrendverschlüsse
4	bei Bedarf	Kontrolle der Entwässerungsgegenstände auf ausreichenden Ab- und Überlauf
5	bei Bedarf, besonders bei wesentlichen baulichen Veränderungen	Optische Kontrolle der Grundleitungen für Schmutzwasser und Mischwasser
6		Prüfung der Wasserdichtheit der Grundleitungen für Schmutzwasser und Mischwasser

Anlagenbeseitigung. Nicht mehr benutzte Entwässerungsanlagen sind so zu sichern, daß keine Gefahren oder unzumutbaren Belästigungen entstehen, falls die Anlagen nicht völlig entfernt werden können.

Nicht mehr benutzte Abort-, Klär- oder Sammelgruben sind nach Räumung sofort zu beseitigen oder mit Erdreich zu verfüllen.

3.8 Technische Regeln

Deutsche Normen

DIN 1180 Dränrohre aus Ton; Maße, Anforderungen, Prüfung (11.71)

DIN 1187 Dränrohre aus weichmacherfreiem Polyvinylchlorid (PVC hart); Maße, Anforderungen, Prüfungen (11.82)

DIN 1986 T. 1 Entwässerungsanlagen für Gebäude und Grundstücke; Technische Bestimmungen für den Bau (06.88)

DIN 1986 T. 2 Entwässerungsanlagen für Gebäude und Grundstücke; Bestimmungen für die Ermittlung der lichten Weiten und Nennweiten für Rohrleitungen (09.78)

DIN 1986 T. 3 Entwässerungsanlagen für Gebäude und Grundstücke; Regeln für Betrieb und Wartung (07.82)

DIN 1986 T. 4 Entwässerungsanlagen für Gebäude und Grundstücke; Verwendungsbereiche von Abwasserrohren und -formstücken verschiedener Werkstoffe (05.84)

DIN 1986 T. 30 Entwässerungsanlagen für Gebäude und Grundstücke; Instandhaltung (06.87)

DIN 1986 T. 31 Entwässerungsanlagen für Gebäude und Grundstücke; Abwasserhebeanlagen; Inbetriebnahme, Inspektion und Wartung (06.86)

DIN 1986 T. 32 Entwässerungsanlagen für Gebäude und Grundstücke; Rückstauverschlüsse für fäkalienfreies Abwasser; Inspektion und Wartung (06.86)

DIN 1986 T. 33 Entwässerungsanlagen für Gebäude und Grundstücke; Rückstauverschlüsse für fäkalienhaltiges Abwasser; Inspektion und Wartung (10.87)

DIN 1997	T. 1 Absperrarmaturen für Grundstücksentwässerungsanlagen; Rückstauverschlüsse für fäkalienfreies Abwasser; Anforderungen, Baugrundsätze, Werkstoffe (05.84)
DIN 1999	T. 2 Abscheideranlagen für Leichtflüssigkeiten; Benzinabscheider, Heizölabscheider; Bemessung, Einbau und Betrieb (03.89)
DIN 4040	T. 1 Abscheideranlagen für Fette; Begriffe, Nenngrößen, Anforderungen, Prüfungen (03.89)
DIN 4040	T. 2 Abscheideranlagen für Fette; Bemessung, Einbau und Betrieb (03.89)
DIN 4043	Sperren für Leichtflüssigkeiten (Heizölsperren); Baugrundsätze, Einbau und Betrieb, Prüfungen (10.82)
DIN 4045	Abwassertechnik; Begriffe (12.85)
DIN 4095	Baugrund; Dränung zum Schutz baulicher Anlagen; Planung, Bemessung und Ausführung (06.90)
DIN 4261	T. 1 Kleinkläranlagen; Anlagen ohne Abwasserbelüftung; Anwendung, Bemessung und Ausführung (02.91)
DIN 4261	T. 2 Kleinkläranlagen; Anlagen mit Abwasserbelüftung; Anwendung, Bemessung, Ausführung und Prüfung (06.84)
DIN 18306	VOB Verdingungsordnung für Bauleistungen, Teil C: Allgemeine Technische Vertragsbedingungen für Bauleistungen (ATV); Entwässerungskanalarbeiten (12.92)
DIN 18308	VOB Verdingungsordnung für Bauleistungen, Teil C: Allgemeine Technische Vertragsbedingungen für Bauleistungen (ATV); Dränarbeiten (12.92)
DIN 18339	VOB Verdingungsordnung für Bauleistungen, Teil C: Allgemeine Technische Vertragsbedingungen für Bauleistungen (ATV); Klempnerarbeiten (12.92)
DIN 18352	VOB Verdingungsordnung für Bauleistungen, Teil C: Allgemeine Technische Vertragsbedingungen für Bauleistungen (ATV); Fliesen- und Plattenarbeiten (12.92)
DIN 18381	VOB Verdingungsordnung für Bauleistungen, Teil C: Allgemeine Technische Vertragsbedingungen für Bauleistungen (ATV); Gas- Wasser- und Abwasser-Installationsanlagen innerhalb von Gebäuden (06.90)
DIN 18460	Regenfalleitungen außerhalb von Gebäuden und Dachrinnen; Begriffe, Bemessungsgrundlagen (05.89)
DIN 18461	Hängedachrinnen, Regenfallrohre außerhalb von Gebäuden und Zubehörteile aus Metall; Maße, Werkstoffe (02.89)
DIN 19541	Geruchverschlüsse für Entwässerungsanlagen; Funktionsgrundsätze (01.82)
DIN 19543	Allgemeine Anforderungen an Rohrverbindungen für Abwasserkanäle und -leitungen (08.82)
DIN 19550	Allgemeine Anforderungen an Rohre und Formstücke für erdverlegte Abwasserkanäle und -leitungen (10.87)
DIN 19550	T. 2 Allgemeine Anforderungen an Rohre und Formstücke für Abwasserleitungen innerhalb von Gebäuden (05.90).
DIN 19578	T. 1 Absperrarmaturen von Grundstücksentwässerungsanlagen; Rückstauverschlüsse für fäkalienhaltiges Abwasser; Baugrundsätze (02.88)
DIN 19580	Entwässerungsrinnen für Niederschlagswasser zum Einbau in Verkehrsflächen; Klassifizierung, Baugrundsätze, Kennzeichnung, Prüfung und Überwachung (12.88)
DIN 68935	Koordinationsmaße für Badmöbel, Geräte und Sanitärobjekte (11.82)

4 Schallschutz

4.1 Allgemeines

In der DIN 4109 sind die Anforderungen an den Schallschutz bei haustechnischen Anlagen, gewerblichen Betrieben und gegenüber Außenlärm neu geregelt.

Der Schallschutz in Gebäuden hat für die Gesundheit und das Wohlbefinden des Menschen besondere Bedeutung.

Im Wohnungsbau muß die eigene Wohnung dem Menschen zur Entspannung dienen und den eigenen häuslichen Bereich gegenüber den Nachbarn schallmäßig abschirmen.

Diese Norm gilt daher unter anderem zum Schutz von Aufenthaltsräumen gegen Geräusche aus fremden Räumen, gegen Geräusche aus haustechnischen Anlagen sowie aus Betrieben im selben Gebäude oder in baulich damit verbundenen Gebäuden.

Die Norm gilt nicht zum Schutz von Aufenthaltsräumen gegen Geräusche aus haustechnischen Anlagen im eigenen Wohnbereich.

Der bautechnische Schallschutz stellt sowohl an das Fachwissen als auch an die Gewissenhaftigkeit der Planer und Ausführenden hohe Anforderungen.

Planung. Jede schalltechnische Überlegung beginnt mit der städtebaulichen Forderung nach dem richtigen Standort des Wohngebäudes in ausreichender Entfernung oder unter Abschirmung zu lärmerzeugender Umgebung, wie Gewerbebetrieben und Verkehrsflächen.

Andernfalls kann eine Schalleinwirkung von außen in den Ruheräumen der Wohnungen einen zu großen Störpegel hervorrufen und damit von vorneherein alle Aufwendungen für einen optimalen Schallschutz bei den haustechnischen Anlagen wirkungslos machen.

Entwurf. Beim Entwurf selbst sollte der Architekt Räume mit haustechnischen Einrichtungen möglichst zusammenfassen (**52**.1, **105**.2 und 3 sowie **176**.1) oder so den Aufenthalts- und Schlafräumen zuordnen, daß sich für den Schall möglichst lange Übertragungswege zu ihnen ergeben.

Dadurch ergibt sich oft zwangsläufig die Zusammenfassung von Rohrleitungen und Installationsobjekten von Küche und Bad, Hausarbeitsraum und WC oder Dusche und WC an einer gemeinsamen Installationswand.

Vor allem ist zu vermeiden, Küchen, Hausarbeits-, Bade- und WC-Räume neben die Schlafräume benachbarter Wohnungen zu planen (**301**.1).

4.1.1 Schalldruckpegel

Für die Anforderungen an den Schallschutz werden in DIN 4109, neben kennzeichnende Größen für die Luft- und Trittschalldämmung von Bauteilen, für den Schalldruckpegel haustechnischer Anlagen und aus Betrieben kennzeichnende Größen nach Tafel **300**.1 angegeben.

Haustechnische Anlagen sind nach der Norm dem Gebäude dienende Ver- und Entsorgungsanlagen, Transportanlagen sowie fest eingebaute betriebstechnische Anlagen.

Außerdem rechnen hierzu auch Gemeinschaftswaschanlagen, Schwimmanlagen, Saunen, Sportanlagen, zentrale Staubsaug-, Müllabwurf- und Garagenanlagen.

Geräusche von ortsveränderlichen Maschinen und Geräten, wie Staubsauger, Waschmaschinen, Küchen- und Sportgeräte, bleiben im eigenen Wohnbereich außer Betracht.

Betriebe sind nach der Norm Handwerksbetriebe und Gewerbebetriebe aller Art, auch Gaststätten und Theater.

Tafel **300**.1 Kennzeichnende Größen für die Anforderungen der Tafel **303**.1 (nach DIN 4109)

Geräuschquelle	Kennzeichnende Größe
Wasserinstallation (Wasserversorgungs- und Abwasseranlagen gemeinsam)	Installations-Schallpegel L_{In} nach DIN 52219
Sonstige haustechnische Anlagen	maximaler Schalldruckpegel $L_{AF, max}$ in Anlehnung an DIN 52219
Betriebe	Beurteilungspegel L_r nach DIN 45645 Teil 1 bzw. VDI 2058 Blatt 1

4.1.2 Geräuschentstehung

Grundsätzlich ist es besser und oft auch leichter, Geräusche gar nicht erst entstehen zu lassen, als sie hinterher mit viel Mühe und Aufwand an ihrer Ausbreitung zu hindern. Maßnahmen zur Verhinderung der Geräuschentstehung sind daher besonders wichtig und häufig ausschlaggebend für den Gesamterfolg aller Schutzmaßnahmen.

Geräusche entstehen durch rotierende oder sich bewegende Teile von Maschinen, Geräten oder Anlagen, so von Pumpen, Aufzügen, Motoren und Verbrennungsvorgänge, außerdem durch Strömungen in Armaturen und Abwasserleitungen.

Durch Maschinen, Geräte und Leitungen werden angrenzende Bauteile eines Aufstellraumes in Schwingungen versetzt.

Wie Decken und Wände eines Hauses zu Schwingungen angeregt werden können zeigt Bild **300**.2, wobei zwischen im Aufstellraum erzeugtem Luftschall und durch Wechselkräfte erzeugtem Körperschall zu unterscheiden ist.

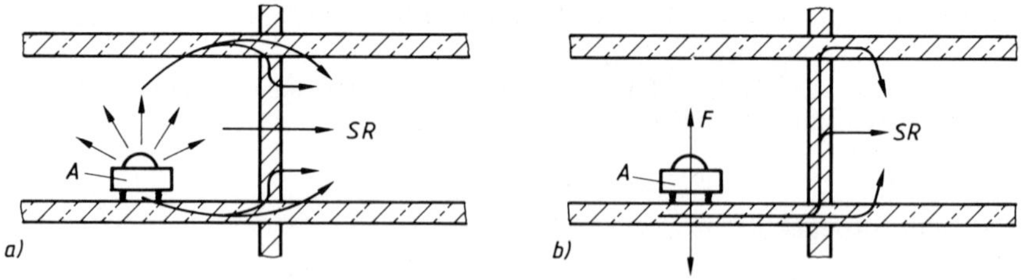

300.2 Schematische Darstellung der Geräuschübertragung von Schallquelle *A* durch Luftschall- und Körperschallanregung (nach DIN 4109 Beiblatt 2)

a) Luftschallanregung

b) Körperschallanregung durch Wechselkraft *F* — *SR* = schutzbedürftiger Raum

Ob die Luftschall- oder die Körperschallanregung im speziellen Fall vorherrscht, ist für die vorzusehende Maßnahme zur Verminderung der Geräuschausbreitung von entscheidender Bedeutung.

Wenn die Schallübertragung durch Körperschallanregung erfolgt, hilft im Regelfall eine verbesserte Luftschalldämmung der Wände nicht.

4.1.3 Geräuschausbreitung

Die Entstehung störender Installationsgeräusche wird nie völlig zu verhindern sein. Neben der weitgehenden Verhinderung der Geräuschentstehung müssen also Planer und Ausführende dafür sorgen, auch die Ausbreitung solcher Geräusche so weit zu verhindern, daß in den in Betracht kommenden Ruheräumen der höchstzulässige Störschallpegel nicht überschritten wird.

Grundrißausbildung. Die Geräuschübertragung wird reduziert, wenn zwischen dem Raum mit der Schallquelle und dem schutzbedürftigen Raum ein weiterer, nicht besonders schutzbedürftiger Raum vorgesehen wird. Dies gilt sowohl bei vorliegendem Luft- als auch Körperschall gleichermaßen.

Im Regelfall beträgt dann die Abnahme des Schalldruckpegels etwa 10 dB(A). Sie kann aber im Einzelfall auch größer sein.

dB = Dezibel. Der Zusatz „(A)" gibt an, daß zum Messen des Geräuschpegels ein Lautstärkemesser nach IEC-Empfehlung 123 unter Benutzung einer Kurve A zu verwenden ist oder verwendet wurde.

Daher sollten Bäder, Aborte, Küchen, Hausarbeitsräume oder ähnliche Räume in Mehrfamilienhäusern möglichst übereinander oder nebeneinander angeordnet werden (**301**.1).

Das Wechseln des Wohnungsgrundrisses von Geschoß zu Geschoß sollte möglichst vermieden werden.

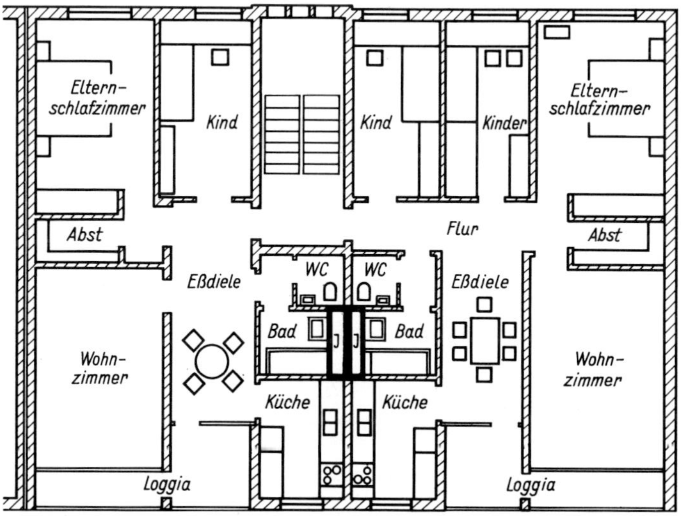

301.1 Installationsakustisch günstiger Grundriß eines Mehrfamilienhauses mit klarer Trennung der haustechnischen von den Ruheräumen (M 1:200) (Nothelfer-Schwingen)

Minderung des Luftschallpegels. Der Schalldruckpegel kann durch schallabsorbierende Bekleidungen oder Kapselungen vermindert werden. Diese Maßnahmen sind allerdings nur wirksam, wenn der Körperschall nicht überwiegt.

Durch schallabsorbierende Bekleidungen, etwa aus Mineralfaserplatten, kann man an Decken und Wänden den Luftschallpegel und dadurch die Geräuschübertragung senken.

Die erreichbare Minderung liegt meist unter 5 dB(A).

Diese Maßnahme ist bei haustechnischen Anlagen meistens nicht anwendbar, weil Körperschallanregung vorherrscht.

Durch Kapselung kann die Abstrahlung des Luftschalles von Maschinen, Geräten und Rohrleitungen wesentlich herabgesetzt werden.

Die erreichbare Minderung liegt je nach Ausführung der Kapselung zwischen 15 dB(A) und 30 dB(A).

Zur Planung und Ausführung von Kapselungen siehe VDI 2711.

Zur Verbesserung der Luftschalldämmung können, wenn die Luftschallanregung überwiegt, folgende Maßnahmen angewendet werden:

Schwere Ausbildung der Bauteile,
Vorsatzschalen, auch schwimmende Estriche und
über die ganze Haustiefe verlaufende Trennfugen.

Ausführungsbeispiele sind im Beiblatt 1 zu DIN 4109 enthalten.

Verbesserung der Körperschalldämmung. Wenn der Körperschall bei Geräuschen von Wasserversorgungs- oder Abwasseranlagen, bei Benutzergeräuschen in Bad oder WC oder von Pumpengeräuschen überwiegt, sind nachfolgend beschriebene Einzelmaßnahmen zur Verringerung der Körperschallübertragung möglich:

Schwere Ausführung des unmittelbar angrenzenden Bauteiles,
Vorsatzschale im schutzbedürftigen Raum, wenn die unmittelbar vom Körperschall angeregte massive Wand leicht ist,
Zwischenschalten einer federnden Dämmschicht an der Befestigungsstelle zwischen Maschine, Gerät, Rohrleitung oder Einrichtungsgegenstand und Decke oder Wand (**254**.1 und **309**.3),
Ummantelung von Rohrleitungen mit weichfederndem Dämmstoff, sofern sie in Wänden oder Massivdecken verlegt werden (**123**.2, **307**.2 und **308**.1),
Zwischenschalten von Kompensatoren aus Gummi bei wasserführenden Rohrleitungen (**307**.3) und
Aufstellen ganzer Anlagen auf einer schwimmend gelagerten Betonplatte oder unter Verwendung von weichfedernd gelagerten Fundamenten (**307**.1).

4.2 Geräuschschutz

In DIN 4109 sind zum Schutz gegen Geräusche aus haustechnischen Anlagen und Betrieben zulässige Schalldruckpegel festgelegt.

4.2.1 Schutzbedürftige Räume

Der in schutzbedürftigen Räumen auftretende Schalldruckpegel läßt sich quantitativ häufig nicht voraussagen. Praktisch sind die meist vorliegenden Körperschallanregungen der Bauteile rechnerisch noch schwer erfaßbar.

Eine Ausnahme bilden die Armaturengeräusche der Wasserinstallation.

Schutzbedürftige Räume sind nach der Norm Aufenthaltsräume, soweit sie gegen Geräusche zu schützen sind, wie

Wohnräume, einschließlich Wohndielen,
Schlafräume, einschließlich Übernachtungsräume in Beherbergungsstätten und Bettenräume in Krankenhäusern und Sanatorien,
Unterrichtsräume in Schulen, Hochschulen und ähnlichen Einrichtungen sowie
Büroräume, Praxisräume, Sitzungsräume und ähnliche Arbeitsräume.

Werte für die zulässigen Schalldruckpegel in schutzbedürftigen Räumen sind Tafel **303**.1 zu entnehmen.

Tafel **303**.1 Werte für die zulässigen Schalldruckpegel in schutzbedürftigen Räumen von Geräuschen aus haustechnischen Anlagen und Gewerbebetrieben (nach DIN 4109)

Geräuschquelle	Art der schutzbedürftigen Räume	
	Wohn- und Schlafräume	Unterrichts- und Arbeitsräume
	Kennzeichnender Schalldruckpegel dB(A)	
Wasserinstallationen (Wasserversorgungs- und Abwasseranlagen gemeinsam)	≤ 35[1])	≤ 35[1])
Sonstige haustechnische Anlagen	≤ 30[2])	≤ 35[2])
Betriebe tags 6 bis 22 Uhr	≤ 35	≤ 35[2])
Betriebe nachts 22 bis 6 Uhr	≤ 25	≤ 35[2])

[1]) Einzelne, kurzzeitige Spitzen, die beim Betätigen der Armaturen und Geräte nach Tafel **304**.1 entstehen, sind nicht zu berücksichtigen.

[2]) Bei lüftungstechnischen Anlagen sind um 5 dB(A) höhere Werte zulässig, sofern es sich um Dauergeräusche ohne auffällige Einzeltöne handelt.

4.2.2 Armaturen und Geräte

Anforderungen. Für Armaturen und Geräte der Wasserinstallation sind, aufgrund des nach DIN 52218 T. 1 bis 4 gemessenen Armaturengeräuschpegels, die Armaturengruppe I oder II nach Tafel **304**.1 festgelegt.

Für Auslaufarmaturen und daran anzuschließende Auslaufvorrichtungen, wie Strahlregler, Rohrbelüfter in Durchflußform, Rückflußverhinderer, Kugelgelenke und Brausen sowie für Eckventile, sind in Tafel **304**.2 Durchflußklassen mit maximalen Durchflüssen festgelegt.

Die Einstufung nach DIN 52218 in die jeweilige Durchflußklasse erfolgt bei einer geeigneten Prüfstelle aufgrund des festgestellten Durchflusses.

Kennzeichnung. Geprüfte Armaturen sind mit einem Prüfzeichen der Armaturengruppe, gegebenenfalls der Durchflußklasse oder dem Herstellerkennzeichen zu versehen.

Die Kennzeichnung darf nur erfolgen, wenn der Prüfbericht nicht älter als 5 Jahre ist.

4.2.3 Gütenachweis

Nachweis ohne Messungen. Im Regelfall kann der Nachweis zur Erfüllung der Anforderungen ohne bauakustische Messungen durchgeführt werden.

Der Nachweis, daß die Höchstwerte für die zulässigen Schalldruckpegel von Armaturen nach Tafel **303**.1 nicht überschritten werden, gilt als erbracht, wenn die nachfolgend beschriebenen Bedingungen eingehalten werden.

Tafel **304**.1 Armaturengruppen (nach DIN 4109)

	Armaturen-geräuschpegel[1]) L_{ap}	Armaturen-gruppe
Auslaufarmaturen Geräteanschluß-Armaturen Druckspüler Spülkästen Durchflußwassererwärmer Durchgangsarmaturen, wie Absperrventile, Eckventile, Rückflußverhinderer	≤ 20 dB(A)[2])	I
Drosselarmaturen, wie Vordrosseln, Eckventile Druckminderer Brausen	≤ 30 dB(A)[2])	II
Auslaufvorrichtungen, die direkt an die Auslaufarmatur angeschlossen werden, wie Strahlregler, Durchflußbegrenzer, Kugelgelenke, Rohrbelüfter, Rückflußverhinderer	≤ 15 dB(A)	I
	≤ 25 dB(A)	II

[1]) Dieser Wert darf bei den in DIN 52218 Teil 1 bis 4 für die einzelnen Armaturen genannten oberen Grenzen der Fließdrücke oder Durchflüsse um bis zu 5 dB(A) überschritten werden.

[2]) Bei Geräuschen, die beim Betätigen der Armaturen entstehen wird der A-bewertete Schallpegel dieser Geräusche erst dann zur Bewertung herangezogen, wenn es die Meßverfahren nach DIN 52218 Teil 1 bis 4 zulassen.

Tafel **304**.2 Durchflußklassen (nach DIN 4109)

Durchflußklasse	Z	A	B	C	D
maximaler Durchfluß Q in l/s (bei 0,3 MPa Fließdruck)	0,15	0,25	0,42	0,5	0,63

Es dürfen nur geprüfte Armaturen und Geräte der Wasserinstallation verwendet werden, die mit der Armaturengruppe I oder II und dem Zeichen der Durchflußklasse gekennzeichnet sind (Tafel **304**.1 und 2).

Der Ruhedruck in der Wasserversorgungsanlage, nach Verteilung in den Stockwerken, darf vor den Armaturen nicht mehr als 5 bar (0,5 MPa) betragen. Andernfalls ist er durch den Einbau von Druckminderern zu verringern.

Durchgangsarmaturen dürfen nicht zum Drosseln verwendet werden, sondern müssen im Betrieb immer voll geöffnet sein.

Beim Betrieb darf der für ihre Eingruppierung zugrunde gelegte Durchfluß der Armatur, die Durchflußklasse, nicht überschritten werden.

Einschalige Wände, an oder in denen Armaturen oder Wasserinstallationen, einschließlich Abwasserleitungen, befestigt sind, müssen eine flächenbezogene Masse von mindestens 220 kg/m^2 haben.

Armaturen der Armaturengruppe I und deren Wasserleitung dürfen an vorstehend beschriebenen Wänden angebracht werden.

Armaturen der Armaturengruppe II und deren Wasserleitung dürfen nicht an Wänden angebracht werden, die im selben Geschoß, in den Geschossen darüber oder darunter an schutzbedürftige Räume grenzen.

Die Verlegung von Abwasserleitungen an Wänden in schutzbedürftigen Räumen darf nicht freiliegend erfolgen.

Nachweis mit Messungen. Für bestimmte Bauausführungen, die nicht den vorstehenden Anforderungen entsprechen, müssen nach DIN 4109 bauakustische Messungen in ausgeführten Bauten als Nachweis für die Einhaltung der Anforderungen nach Tafel **304**.2 durchgeführt werden.

Das Ergebnis einer solchen Ergänzungsprüfung am Bau kann auch für die Beurteilung anderer Bauvorhaben mit vergleichbaren Bauausführungen verwendet werden.

4.3 Einzelmaßnahmen

Einzelmaßnahmen bei haustechnischen Anlagen und Einrichtungen zur Verhinderung der Geräuschentstehung oder Minderung der Geräuschausbreitung betreffen im wesentlichen Wasserversorgungsanlagen, Abwasserleitungen, Sanitärgegenstände, Heizungsanlagen, Anlagen zur Lüftung und Klimatisierung, Aufzugsanlagen sowie Müllabwurfanlagen.

Gurgelgeräusche. Sie entstehen, wenn abfließendes Wasser am Schluß des Entleerungsvorganges Luftblasen mitreißt. Neben der Wahl des richtigen Geruchverschlusses sind Führung und Bemessung der Apparateanschlußleitung für die Verhinderung von Gurgelgeräuschen ausschlaggebend.

Daher sind die Leitungen so zu führen und zu bemessen, daß selbst bei großer Belastung den Luftmengen eine freie Zirkulation im Abwassersystem ermöglicht wird. Dann kann der Unterdruck, eine der Ursachen von Gurgelgeräuschen, nicht entstehen.

Folgende Maßnahmen kommen nach Bild **305**.1 in Betracht:

a) Waagerechter Anschluß 1 an die Falleitung. Die Apparateanschlußleitung 2 wird um eine Nennweite größer bemessen als der Geruchverschluß. In 1 bildet sich ein Luftpolster, in 2 strömt von oben Luft zu und fließt nach unten als Wasser-Luft-Gemisch ab.

b) Apparateanschluß mit Fallstrecke. Waagerechte Anschlußstrecke 1 wie bei a). Die Fallstrecke 3 wird um zwei Nennweiten größer bemessen als der Geruchverschluß.

c) Sekundäre Lüftung (**175**.3) verhindert auf sichere Weise Gurgelgeräusche. Diese besondere, in der Nähe des Geruchverschlusses abzunehmende Leitung 4 führt die notwendige Luft zu. Die Anschlußleitungen brauchen keine größeren Nennweiten zu erhalten als der Geruchverschluß.

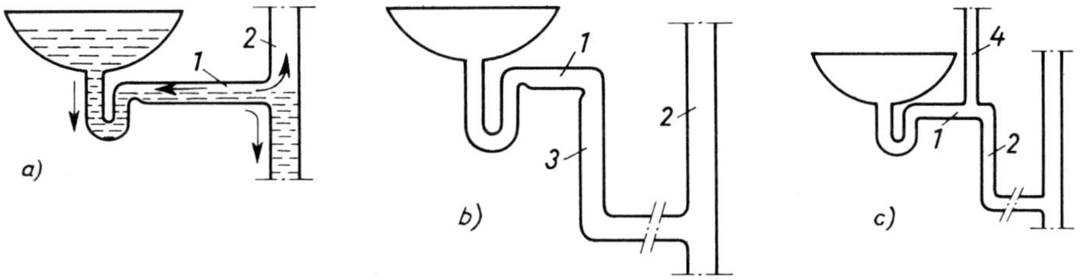

305.1 Unterbinden von Gurgelgeräuschen beim Anschluß von sanitären Gegenständen an die Falleitung (Geberit)

Aufprallgeräusche. Sie lassen sich in Abwasser-Falleitungen beim Übergang in die Waagerechte durch schlanke Bögen und Abzweige weitgehend vermeiden.

Nicht zumutbar jedoch sind Störgeräusche, die in den Armaturen durch Stöße beim plötzlichen Öffnen und Schließen der Ventile, an starken Querschnittveränderungen oder bei sonst strömungstechnisch unzulänglicher Ausbildung der Wasserwege, durch lose Ventilkegel als Sog- und Wirbelgeräusche auftreten.

Ebenso unerträglich sind Störgeräusche, die in Klosettkörpern, Geruchverschlüssen, Fußbodeneinläufen mit schlecht gestalteter Wasserführung, ferner als Fallgeräusche beim ungünstigen Auftreffen des Wasserstrahles auf die Wandungen von leeren Badewannen, Spülbecken und Waschmaschinen entstehen.

Hinzu kommen Geräusche von Pumpen und Motoren, die durch Resonanz der Blechmäntel der Geräte sehr verstärkt werden können.

Strömungsgeräusche. Störende Strömungsgeräusche in Trinkwasserleitungen lassen sich im allgemeinen ohne Schwierigkeit durch Begrenzen der Fließgeschwindigkeit des Wassers in den Leitungen auf $\leqq 2$ m/s vermeiden. Dies ist in der Berechnungsanleitung für Trinkwasserleitungen des DVGW bereits berücksichtigt (s. Abschnitt 2.5.2).

Ferner werden Strömungsgeräusche durch Verwendung schlanker Rohrbogen anstelle von T-Stücken bei Richtungsänderungen verringert.

Zu hohen Leitungsdruck begrenzt man durch Druckminderer (**133**.2) auf den betriebstechnisch ausreichenden maximalen Ruhedruck von höchstens 5 bar an der ungünstigsten Zapfstelle.

Geräuscharme Armaturen. Von besonderer Wichtigkeit ist die Verwendung einwandfreier geräuscharmer Armaturen, wie Auslaufventile und Mischbatterien. Sie sind möglichst mit wirkungsvollen Strahlreglern mit Luftbeimischung nach DIN EN 246 auszurüsten (**306**.1). Bei der Badewanne soll das Auslaufventil den Wasserstrahl günstig, mit einem Auftreffwinkel von etwa 15° gegen die Wandung lenken (**255**.2).

In ihren technischen Baubestimmungen haben die Bundesländer durch Ergänzungserlasse zur DIN 4109 die Prüfzeichenpflicht für Armaturen und Geräte der Wasserinstallation eingeführt (s. Abschnitt 4.2.2).

Architekten und Sanitärplaner haben in den Bauvorlagen möglichst anzugeben, welchen Räumen die jeweiligen Armaturengruppen I und II zugeordnet sind.

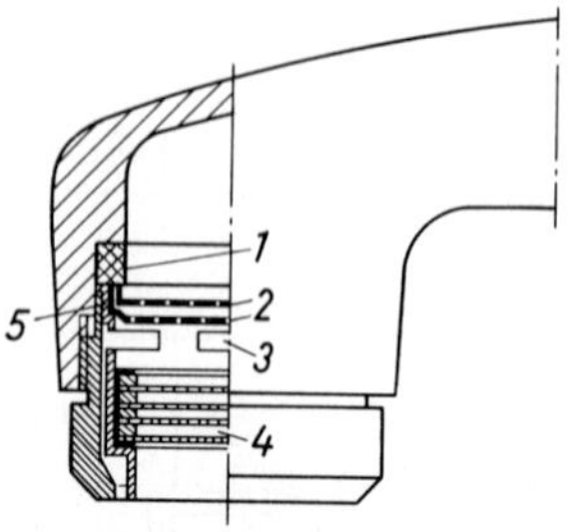

306.1 Strahlregler für Innengewinde
1 Dichtscheibe
2 zwei Lochscheiben
3 Luftschlitz
4 vier Drahtsiebe
5 Einsatz des Strahlreglers

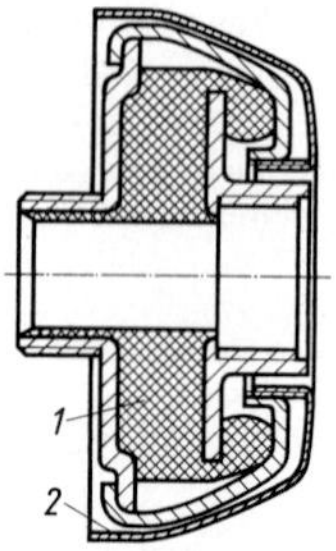

306.2 Wasserschalldämpfer (M 1:2,5) zur Montage zusammen mit Auslaufarmaturen mit Auslaufgewinde DN 15.
Geräuschdämpfung 12 bis 18 dB (A)
1 Synthese-Gummi, alterungsbeständig
2 Zierkappe

Wasserschalldämpfer. Gegen die ungehinderte Ausbreitung des Schalles in den Rohren und der Wassersäule gibt es Wasserschalldämpfer und Rohrschalldämpfer, letztere in Verbindung mit den Abdeckrosetten der Armaturen (**306**.2).

Die Installationsgeräusche werden in den Metallwandungen des Rohrleitungsnetzes und in den eingeschlossenen Wassersäulen als Körperschall weitergeleitet.

Bei harter Verbindung der Rohre mit den Wänden und Decken geht der Körperschall auch in diese hinein und wird von hier aus als Luftschall abgestrahlt, was durch geeignete Dämmaßnahmen auf das geringstmögliche Maß reduziert werden muß.

Körperschalldämmungen. Zur Verringerung der Körperschallübertragung aus den Rohren an die Wände und Decken, aber auch umgekehrt einer Aufnahme von Schall aus ihnen, müssen alle unvermeidlichen Verbindungen der Rohrleitungen mit ihnen nicht starr, sondern schwimmend ausgebildet werden, das heißt unter Einschaltung von schalldämmenden weichen Zwischenschichten.

So sind die Fundamente von Heizkesseln, Motoren und Pumpen durch eine Dämmschicht oder durch Gummimetallelemente von Fußboden und Wänden zu trennen (**307**.1).

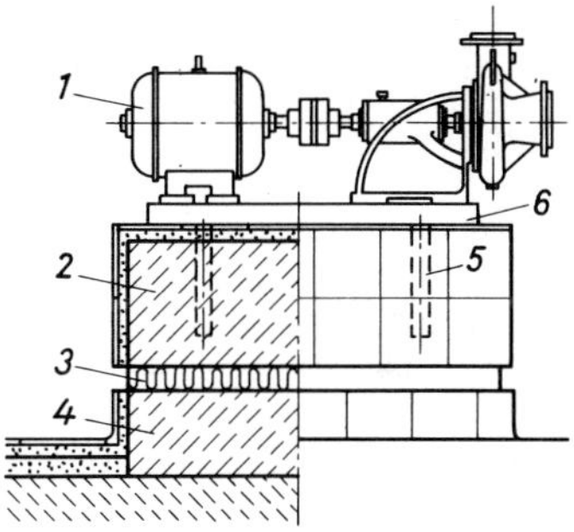

307.1 Körperschallgedämmtes Pumpenfundament
1 Pumpe und Motor auf gemeinsamer Grundplatte
2 freier Sockel
3 Preßkorkplatte
4 fester Sockel
5 Verankerung (darf Dämmplatte nicht durchstoßen)
6 Grundplatte (voll auszugießen)

Rohrschellen sind nur mit einer alterungsbeständigen Einlage aus Gummi, Filz, Mineralfaser oder mit einer elastischen Halterung zu verwenden (**307**.2), Befestigungsschienen für eine größere Anzahl von Rohren in einem Schacht mit einem Schwingelement (**307**.3) zu befestigen.

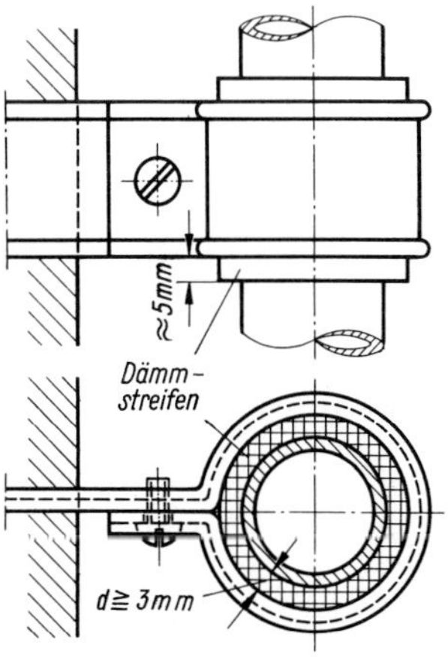

307.2 Rohrschelle mit Dämmstreifeneinlage (M 1:2,5)

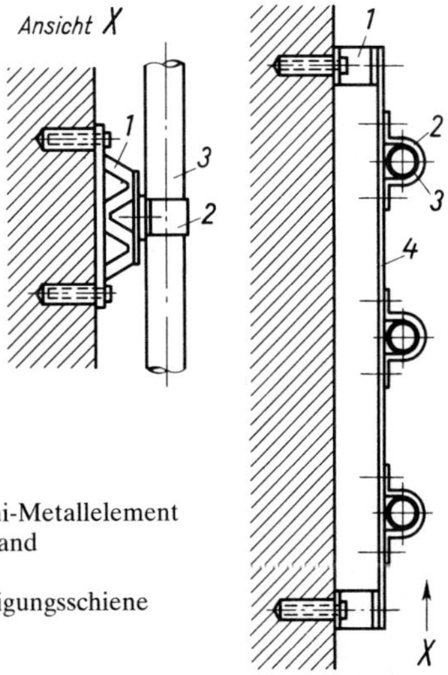

1 Gummi-Metallelement
2 Rohrband
3 Rohr
4 Befestigungsschiene

307.3 Befestigung mehrerer Rohre auf Befestigungsschiene und Gummi-Metallelementen

Rohrleitungsdämmungen. Rohrdurchführungen durch Wände und Decken sind mit besonderer Sorgfalt vor allem in Naßräumen auszuführen (**123**.2). Hier, wie bei der Rohrverlegung in der Wand, sind die Rohre durch wärme- und feuchtigkeitsunempfindliche Dämmstoffe fugenlos zu ummanteln (**308**.1), wozu es auch gepreßte Dämmstofformteile, auch mit einer Aluminium- oder Ölpapierumhüllung, gibt.

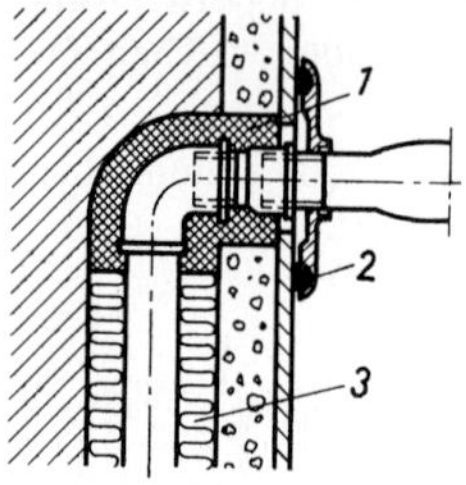

308.1 Schallgedämmter Anschluß einer Wandarmatur bei wandbündigem Rohrauslaß
1 Kork- oder Kunststoff-Formstück
2 Gummi-Rollring
3 Dämmstoff

Die Verlegung der Rohrleitungen im Mauerschlitz mit ihrer völligen Umhüllung schützt zugleich gegen Luftschallabstrahlung (**125**.1).

Leitungsgeräusche in Abwasserleitungen werden besonders von den sonst so vorteilhaften dünnwandigen PVC-Abflußleitungen als Luftschall abgestrahlt, wogegen die Schallabstrahlung bei den schweren Abflußleitungen aus Grauguß und Faserzement unerheblich ist.

Die Wasser- und Abflußleitungen sollen möglichst an Bauteilen mit hohem Flächengewicht befestigt werden.

Aus diesem Grund sind auch Mittelzonen von Wänden, da sie leichter in Schwingungen gebracht werden können als Randzonen, als Installationszonen zu meiden (**308**.2).

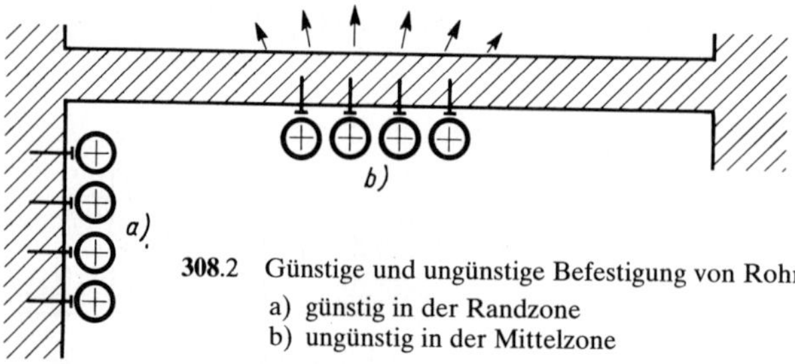

308.2 Günstige und ungünstige Befestigung von Rohrleitungen an Wänden (Geberit)
a) günstig in der Randzone
b) ungünstig in der Mittelzone

Rohrleitungsschächte. In Großbauten werden die Rohrleitungen meistens in Schächten zusammengezogen, die bei kleineren Querschnitten ebenfalls wie die Schlitze mit Kunststoffschaum ausgespritzt, mit Beton geschlossen oder auch mit Sand verfüllt werden (**128**.1).

Für größere, auch begehbare Schächte empfiehlt sich eine Auskleidung der inneren Wandflächen mit Faserdämmstoffplatten von mindestens 30 mm Dicke.

Da durch offene Fugen der Luftschall ungehindert austreten kann (**308**.3), ist bei den Schachtabdeckungen das Ausfugen besonders sorgsam auszuführen.

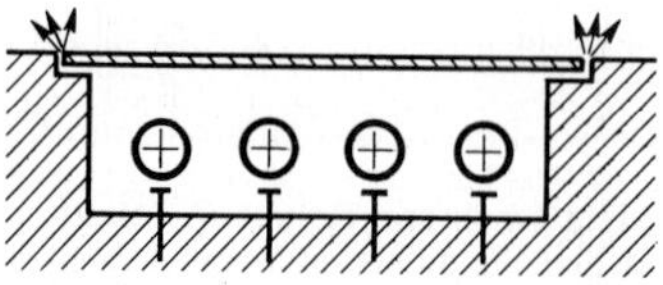

308.3 Austritt von Luftschall aus nicht abgedichteten Fugen einer Schachtabdeckung

Vielfach machen offene Fugen die guten Schalldämmeigenschaften des Materials der Schachtabdeckung zunichte.

Beiderseitige Abdeckplatten von Installationssteigzonen oder Sanitärblöcken sollen verschieden dick und ungleich schwer sein, damit nicht beide in gleicher Wellenlänge schwingen und so verstärkt Schall abstrahlen.

Bei besonderen Ansprüchen an den Schallschutz empfiehlt sich auch eine mehrschalige Ausführung der Schachtabdeckungen (**309**.1) oder Deckenabhängungen unter Rohrleitungen (**309**.2).

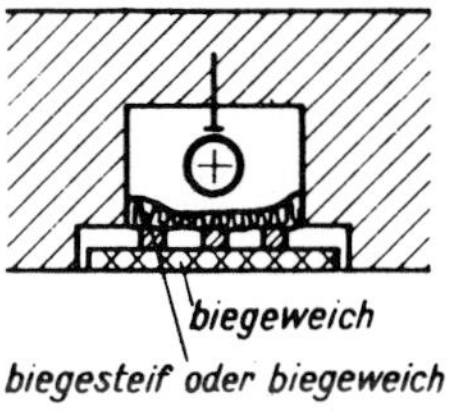

309.1 Mehrschalige Schachtabdeckung

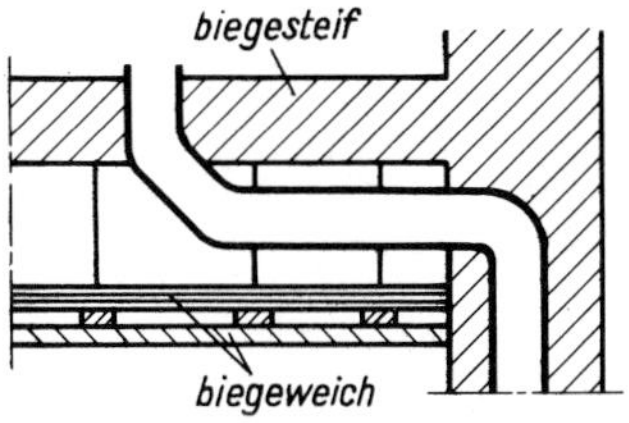

309.2 Mehrschalige, biegeweiche, abgehängte Decke unter einer Rohrleitung

Einbauwannen. Die schwimmende Aufstellung einer Einbaubadewanne (**254**.1) oder einer Duschwanne ist nur schwer zuverlässig durchführbar.

Bewährt hat sich der schwimmende Einbau von Spezialwannen aus Grauguß oder Stahlblech mit hochgestelltem Rand unter Verwendung von besonderen Wandanschlußprofilen aus weichem, porigem und wasserdichtem PVC (**255**.2).

Für alle Bade- und Brausewannen gibt es geräuscharme, strömungstechnisch günstige Ab- und Überlaufarmaturen und Geruchverschlüsse, für die ein unmittelbarer Anschluß an die Abflußleitung unbedenklich ist (**266**.2).

Auf die Wandmischbatterie der Badewanne mit flach gegen die Wandung gerichtetem Wasserstrahl ist bereits hingewiesen worden.

Küchenspülen. In gleicher Weise bewährt hat sich ein schwimmender Wandanschluß einer auf dem Unterschrank montierten Küchenspüle aus nichtrostendem Stahl nach Bild **309**.3.

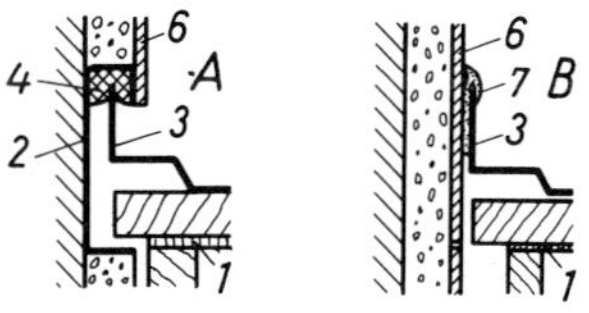

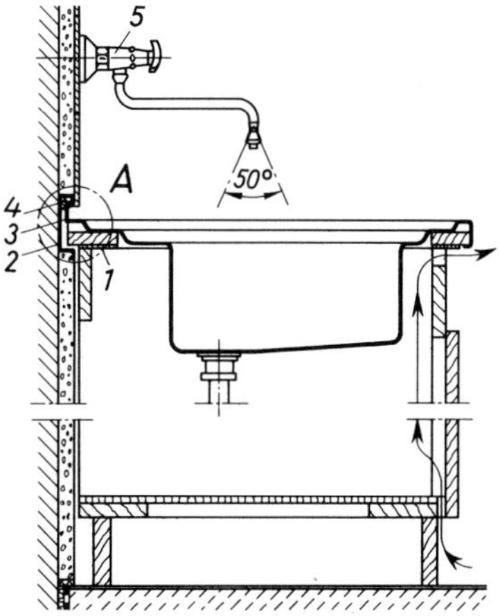

309.3 Schalldämmender Wandanschluß einer Küchenspüle (M 1:15 und 1:5)

1 Schaumkunststoff
2 Wandanschlußprofil
3 Stehbord der mit Antidröhnbelag versehenen Küchenspüle
4 geschlossenporiger Weichschaum-Kunststoff
5 Wandmischbatterie mit schwenkbarem Luftsprudler
6 Wandfliesenbelag
7 aufsteckbares Kunststoff-Anschlußprofil

Die heute meist verwendeten Ein- oder Zweibeckenspülen zum direkten Einbau in die Arbeitsplatten werden grundsätzlich mit einer schalldämmenden Randabdichtung eingebaut.

Klosettkörper. Die Schalldämmung stehender Klosettkörper zum Fußboden hin ist im praktischen Baubetrieb kaum zu gewährleisten, solange es hierfür keine besonderen Formstücke gibt (**227**.1 und **229**.1).

Wesentlich einfacher sind wandhängende Klosettkörper durch wenige Spezialgummimanschetten mit den Rohrleitungen schalldämmend zu verbinden und durch entsprechende Unterlagen auch gegen die Wand abzusichern (**230**.1 und 2).

Zusammen mit geräuscharmen Druckspülern, als Wandeinbau-Spüler (**238**.1) oder Vorwandmodelle, oder mit geräuscharmen Tiefspülkästen (**236**.2), wobei es sich wiederum um Wandeinbaumodelle, Kästen für Vorwandmontage oder um auf das Becken unmittelbar aufgesetzte Spülkästen handeln kann, lassen sich einwandfreie Minderungen der Geräuschübertragungen erreichen.

Das gleiche gilt sinngemäß für Sitzwaschbecken mit Wandmischbatterien.

Heizungsanlagen. Von Heizungsanlagen in Kellerräumen mit einer Nennleistung bis etwa 100 kW werden Brennergeräusche in der Regel nur durch Luftschall übertragen.

Nach DIN 4109 sollte die Kellerdecke daher möglichst schwer ausgeführt und im Erdgeschoß ein schwimmender Estrich verlegt werden.

Bei größeren Heizungsanlagen können zusätzliche körperschalldämmende Maßnahmen unter den Kesseln nach VDI 2715 erforderlich werden.

Lüftungsanlagen. Für die Planung und Ausführung von Anlagen zur Lüftung und Klimatisierung sind Maßnahmen zur Geräuschminderung in VDI 2081 beschrieben, auf die an dieser Stelle nur hingewiesen werden kann (s. Abschnitt 11.1.4).

Aufzugsanlagen. Hier kommen die Störgeräusche von den Maschinenanlagen, in der Regel von den Getrieben und Bremsen aber auch von Relaisgeräuschen.

Die Grundrißausbildung ist hier für die Geräuschminderung von ausschlaggebender Bedeutung.

Für die Planung und Ausführung von Schallschutzmaßnahmen enthält VDI 2566 hierzu detaillierte Angaben.

Müllabwurfanlagen. Für die Geräuschminderung dieser Anlagen kommen nachfolgende Maßnahmen in Frage (s. auch Abschnitt 13.4).

Der Schacht darf im unteren Bereich nicht abgeknickt sein, da der Müll senkrecht in den Auffangbehälter fallen soll (**865**.1).

Der innere Schacht soll gegenüber dem Gebäude körperschalldämmend ausgebildet sein und eine möglichst hohe innere Dämpfung haben.

Hohe Dämpfungswerte lassen sich durch Schüttungen aus geglühtem Sand zwischen äußerem und innerem Schacht erreichen.

Der Auffangbehälter muß Gummiräder haben und sollte auf schwimmendem Estrich stehen.

Die den Müllraum umschließenden Bauteile sollten mindestens ein überprüftes Schalldämm-Maß von 55 dB haben.

4.4 Technische Regeln

Deutsche Normen

DIN 4109	Schallschutz im Hochbau; Anforderungen und Nachweise (11.89)
DIN 4109	Beiblatt 1 Schallschutz im Hochbau; Ausführungsbeispiele und Rechenverfahren (11.89)
DIN 4109	Beiblatt 2 Schallschutz im Hochbau; Hinweise für Planung und Ausführung; Vorschläge für einen erhöhten Schallschutz; Empfehlungen für den Schallschutz im eigenen Wohn- oder Arbeitsbereich (11.89)
DIN 52221	Bauakustische Prüfungen; Körperschallmessungen bei haustechnischen Anlagen (05.80)

VDI-Richtlinien

VDI 2081	Geräuscherzeugung und Lärmminderung in Raumlufttechnischen Anlagen (03.83)
VDI 2566	Lärmminderung an Aufzugsanlagen (08.88)
VDI 2711	Schallschutz durch Kapselung (06.78)
VDI 2715	Lärmminderung an Warm- und Heißwasser-Heizungsanlagen (09.77)

5 Gasversorgung

Gas und Elektrizität haben dadurch, daß sie in konzentrierter, gebrauchsfertiger Form ohne Ballaststoffe kontinuierlich zur Verfügung gestellt werden, für die Deckung des Energiebedarfes aller Bauten besondere Vorzüge.

Gas verbrennt ohne Geruch, Rauch, Ruß und Verbrennungsrückstände. Die Verbrennung ist leicht kontrollierbar durch die sichtbare Flamme. Es erfüllt so besonders auch die Forderung nach Reinerhaltung der Luft.

Die Wärmelieferung setzt mit dem Entzünden der Flamme schlagartig ein und ist weiterhin bequem und verzögerungsfrei in weitem Umfang, vor allem auch vollautomatisch, zu regeln. Dadurch, wie auch durch den hohen Wirkungsgrad der Geräte, ist Gas sehr wirtschaftlich. Gasbeheizte Anlagen sind einfach zu warten und erfordern daher in der Regel kein besonderes Bedienungspersonal.

Vergiftungsgefahr nur bei Stadtgas und Explosionsgefahr durch unverbrannt austretendes Gas kann bei dem heutigen Stand der Ausrüstung der Gasgeräte und Feuerstätten mit Sicherheitseinrichtungen praktisch nur bei Undichtheiten an Gasleitungen in nichtbelüfteten Räumen auftreten.

5.1 Anlagen für Stadtgas und Erdgas

Städtische Gemeinden werden durch ein Straßenrohrnetz mit Gas versorgt, das in örtlichen Gas- oder Industriewerken erzeugt oder zunehmend durch Fernleitungen aus den großen Industriezentren oder Erdgasfeldern herangeführt wird.

Antransport und Einbringen des Brennstoffes sowie eigene Vorratshaltung entfallen somit. Ohne Schwierigkeit können große Wärmemengen geliefert und hohe Anschlußwerte zugelassen werden.

Die Kosten für die Energielieferung sind laufend entsprechend dem Verbrauch und nicht auf einmal zu entrichten.

Gasfamilien. Für die Gasbeschaffenheit in der öffentlichen Gasversorgung ist das DVGW-Arbeitsblatt G 260 T. 1 maßgebend. Hiernach sind folgende Brenngase zu unterscheiden:

1. Gasfamilie: Stadt- und Ferngase (Kurzzeichen S)
2. Gasfamilie: Erdgas und synthetische Erdgase (Kurzzeichen N)
3. Gasfamilie: Flüssiggase (Kurzzeichen F)
4. Gasfamilie: Gemische aus Kohlenwasserstoffgasen der 2. und 3. Gasfamilie

Näheres hierzu siehe auch im Abschnitt 8.4.1.

Anlagengenehmigung. Für die Einrichtung, Änderung und Unterhaltung von Gasanlagen in Gebäuden und Grundstücken, die mit Gasen nach dem DVGW-Arbeitsblatt G 260 T. 1 und mit Niederdruck, Betriebsdruck $\leqq$ 100 mbar, betrieben werden, gelten die „Technischen Regeln für Gas-Installationen“ (DVGW–TRGI 1986).

Rechtsvorschriften, Gesetze und Verordnungen in den Landesbauordnungen und Unfallverhütungsvorschriften, die von den DVGW-TRGI 1986 abweichen, gelten vorrangig.

Diese Gasanlagen müssen vom zuständigen Gasversorgungsunternehmen (GVU) genehmigt sein und dürfen nur von zugelassenen Gaseinrichtern ausgeführt werden.

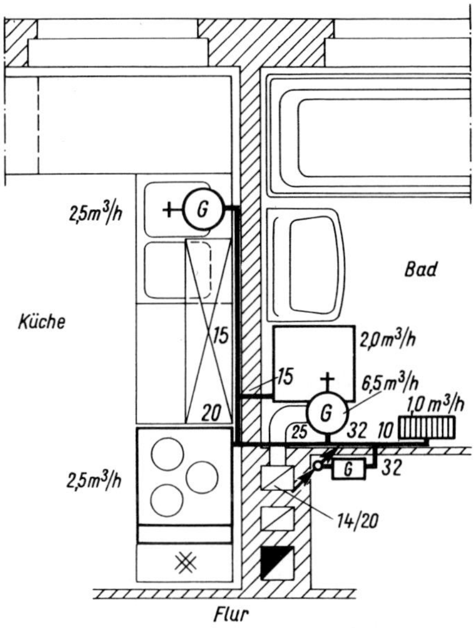

313.1 Ausschnitt aus einem Wohnungsgrundriß mit Angabe der Gasfeuerstätten und -geräte sowie der Gas-Verbrauchsleitungen und ihrer Nennweiten (M 1:50)

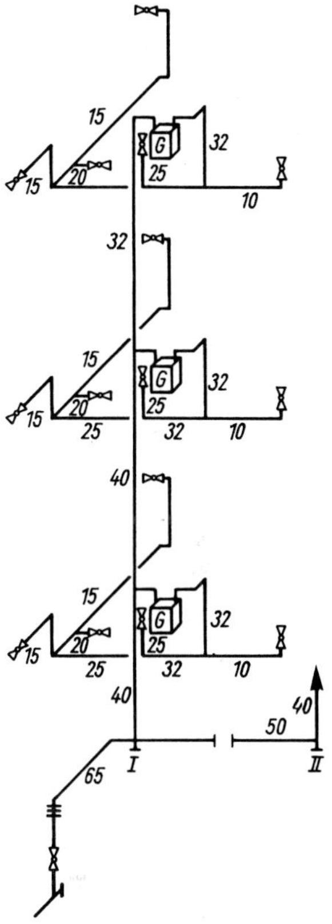

313.2 Isometrie der Gasleitungen zu Bild **313**.1

Nachdem der Architekt im Einvernehmen mit dem Gaseinrichter Zahl, Art, Größe und Aufstellungsort der Gasgeräte und -feuerstätten mit den zugehörigen Abgasschornsteinen festgelegt hat und mit dem GVU Weg und Einführung der Zuleitung bestimmt sind, fertigt der Gaseinrichter die Rohrleitungspläne mit der Rohrweitenberechnung an und legt sie nach Zustimmung des Architekten dem GVU zur Genehmigung vor (**313**.1).

Parallelperspektivische Leitungspläne (**313**.2) sind besonders anschaulich und für die Ausschreibung hilfreich.

In den Plänen sind Sinnbilder für Gaseinrichtungen (Taf. **314**.1) zu verwenden und bei farbiger Darstellung der Rohrleitungen für Gas die Kennfarbe Gelb zu wählen.

Alle notwendigen Mauerschlitze sowie Wand- und Deckendurchbrüche sind in die Bauausführungszeichnung zu übertragen.

5.1.1 Hausanschluß

Er besteht aus Hausanschlußleitung, Isolierstück, Reinigungs-T- oder Kreuzstück und der Hauptabsperreinrichtung.

Die Gasanlage eines Hauses beginnt bei der Hauptabsperreinrichtung (HAE) und endet mit der Ausmündung der Abgasanlage.

Eine Absperreinrichtung außerhalb des Gebäudes oder ein Haus-Druckregelgerät können gelegentlich zusätzlich notwendig werden.

Liegt die Absperreinrichtung im Erdreich, muß sie durch ein dauerhaftes Hinweisschild nach DIN 4069 erkennbar sein.

Tafel **314**.1 Sinnbilder für Gasanlagen

Sinnbild	Bedeutung
	Hauseinführung
	Isolierstück
25	Leitung offen liegend (mit Angabe der Nennweite)
25	Leitung verdeckt liegend (mit Angabe der Nennweite)
25 20	Querschnittsänderung (mit Angabe der Nennweiten)
	Leitung, steigend
	Leitung, durchgehend steigend
	Leitung, fallend
	Kreuzung zweier Leitungen ohne Verbindung
	Kreuzverbindung
	Abzweigstelle einer Leitung
RT	Reinigungs-T-Stück
RK	Reinigungs-K-Stück
	Langgewinde-Verbindung
	Schraub-Verbindung
	Flansch-Verbindung
	Schweiß-Verbindung
	Absperrhahn
	Absperrschieber
	Absperrventil
	Druckregelgerät
G	Gaszähler
× × ×	Gasherd (dreiflammig)
G m³/h	Durchlauf-Wasserheizer (mit Angabe des Anschlußwertes)
G m³/h	Umlauf-Wasserheizer (mit Angabe des Anschlußwertes)
G' m³/h	Vorrats-Wasserheizer (mit Angabe des Anschlußwertes)
m³/h	Gasraumheizer (mit Angabe des Anschlußwertes)
G m³/h	Gas-Kessel (mit Angabe des Anschlußwertes)
G	Gas-Kühlschrank
⌀80	Abgasrohr (mit Angabe des Durchmessers)
cm	Abgasschornstein (mit Angabe der Abmessung)

Einheitliche Farben für Leitungspläne:

Gasleitungen	gelb
Kaltwasserleitungen	blau
Warmwasserleitungen	rot

Hausanschlußleitung. Jedes Grundstück wird an die Versorgungsleitung im Straßenkörper mit einer vom GVU bemessenen und verlegten Hausanschlußleitung angeschlossen, die in der Regel geradlinig und auf kürzestem Weg zum Gebäude führt.

Werden mehrere Gebäude von einer gemeinsamen Hausanschlußleitung versorgt, muß die Gasanlage jedes Gebäudes in diesem absperrbar sein.

Für erdverlegte Außenleitungen sind zu verwenden:

Stahlrohre nach DIN 2440, 2441, 2448, 2458, auch Druckrohre aus duktilem Gußeisen nach DIN 28610 T. 1 und 2 sowie DIN 28600 und andere Rohre, etwa aus Kunststoff PE-HD nach DIN 8074 oder PVC-U, nur soweit sie vom DVGW anerkannt sind.

Die Verlegung von Außengasleitungen aus Stahl- und Kupferrohren ist im DVGW-Arbeitsblatt G 462 T. 1, für Kunststoffleitungen im DVGW-Arbeitsblatt G 472 geregelt.

Hausanschlußleitungen sind durch Korrosionsschutzmaßnahmen nach DVGW-Arbeitsblatt G 600 zu schützen.

Die im Sandbett verlegten Erdleitungen erhalten in der Regel 60 bis 100 cm Deckung.

Hausanschlußleitungen und erdverlegte Grundstücksleitungen dürfen nicht überbaut werden.

Hauseinführung (315.1). Die Hausanschlußleitung ist nach DVGW-Arbeitsblatt G 459 in einen möglichst als Hausanschlußraum (**76**.1) nach DIN 18012 ausgebildeten trockenen und lüftbaren Kellerraum seitlich versetzt von anderen Anschlußleitungen einzuführen (s. Abschnitt 1.7).

Durch unzugängliche Räume, Schächte oder Kanäle ist sie durch ein Mantelrohr zu führen.

Bei elektrisch leitenden Hausanschlußleitungen ist ein Isolierstück nach DIN 3389, eine elektrisch nichtleitende Verbindung, in der Nähe der Hauseinführung vor oder unmittelbar hinter der Hauptabsperreinrichtung einzubauen.

Zwischen mehreren Gebäuden müssen erdverlegte Verbindungsleitungen sowohl vor dem Austritt aus einem Gebäude als auch nach der Einführung in ein Gebäude mit Isolierstücken installiert werden.

Durchführungen durch Außenwände sind in einem Schutzrohr (**315**.1) wie Wasser-Anschlußleitungen (s. auch Abschnitt 2.4.1) auszuführen.

Gas- und elektrische Leitung müssen ≧ 30 cm Abstand voneinander haben.

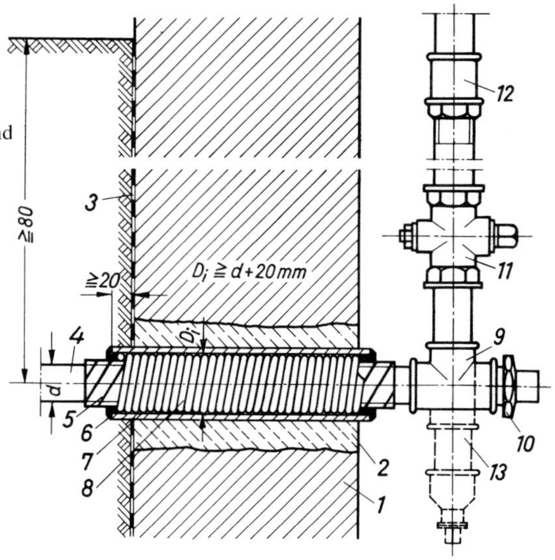

315.1 Durchführung der Gas-Hausanschlußleitung durch die Außenwand
1 Außenwand
2 Mauerdurchbruch, mit Beton geschlossen
3 Sperrschicht
4 Gasrohr, Stahlrohr nach DIN 2440
5 Korrosionsschutzbinde
6 plastische Dichtungsmasse
7 Schutzrohr aus Stahl oder Kunststoff
8 Dichtungsstrick
9 Reinigungs-T-Stück
10 Verschlußstopfen
11 Hauptabsperreinrichtung
12 lösbare Verbindung (Langgewinde)
13 Variante mit Wassersack

Hauptabsperreinrichtung. Unmittelbar hinter der Hauseinführung ist in die Zuleitung eine stets zugängliche Hauptabsperreinrichtung (HAE), auch als Haupthahn oder Feuerhahn bezeichnet, mit lösbarer Verbindung und Reinigungs-T- oder Kreuz-Stück (**315**.1), auf Verlangen des GVU auch ein Haus-Druckregler, einzubauen.

Das Haus-Druckregelgerät und auch das Zähler-Druckregelgerät nach DIN 33822 sind Einrichtungen zum Regeln des Gasdruckes in Innenleitungen (**316**.1).

5.1.2 Innenleitungen

Eine Innenleitung ist die im oder am Gebäude verlegte Gasleitung. Sie besteht aus Verteilungsleitung, Zähleranschlußleitung, Steigleitung, Verbrauchsleitung, Abzweigleitung und Geräteanschlußleitung.

Die Verteilungsleitung, ein Leitungsteil für ungemessenes Gas, liegt zwischen HAE und Zähleranschluß.

Die Verbrauchsleitung, ein Leitungsteil für gemessenes Gas, liegt zwischen Zählerausgang und Abzweigleitung.

Leitungsführung. Das Grundsätzliche der Leitungsführung und die Bezeichnungen der Einzelteile der Innenleitung zeigt der schematische Leitungsplan **316**.1.

Zwischen Hauptabsperreinrichtung und Gaszähler auf dem Stockwerk ist die kürzeste winkelrechte Verbindung, aber nur durch Nebenräume ohne große Temperaturschwankungen, anzustreben und die Steigleitung in der Nähe der Gasgeräte mit dem größten Anschlußwert hochzuführen.

Für den späteren Anschluß weiterer Geräte werden zweckmäßig T-Stücke in die Verteilleitungen eingebaut.

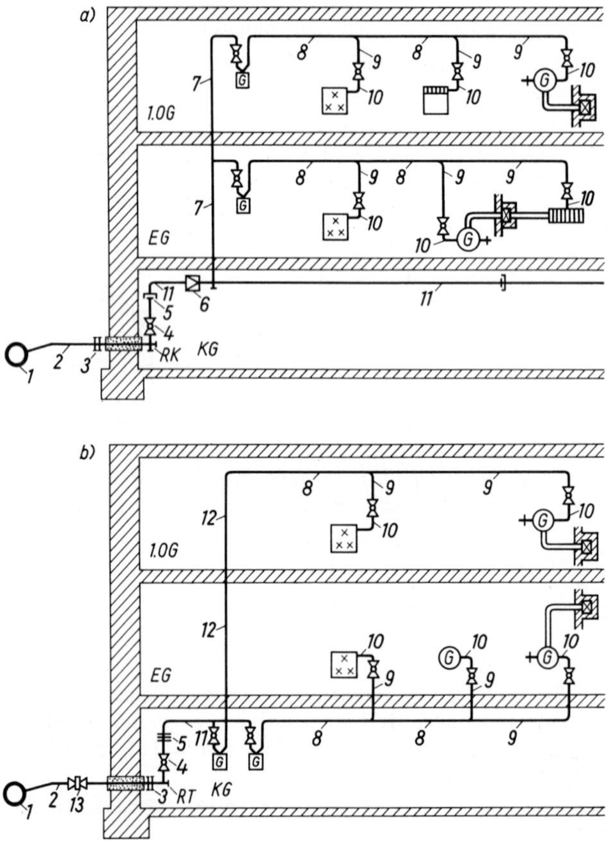

316.1 Leitungsschema für Gasleitungen
a) Gaszähler in den Geschossen
b) Gaszähler im Kellergeschoß

1 Versorgungsleitung
2 Hausanschlußleitung
3 Isolierstück (elektrisch nicht leitende Verbindung in der Hausanschlußleitung. Nicht erforderlich, wenn 2 elektrisch nicht leitend)
4 Hauptabsperreinrichtung
5 lösbare Verbindung
6 Hausdruckregelgerät, falls erforderlich
7 Steigleitung (Verteilungsleitung)
8 Verbrauchsleitung
9 Abzweigleitung
10 Geräteanschlußleitung
11 Verteilungsleitung
12 Steigleitung (Verbrauchsleitung)
13 Absperreinrichtung (ab DN 80)

Rohrweitenbestimmung. Die Rohrweiten von Gasleitungen sind nach dem in DVGW-TRGI 1986 mitgeteilten Verfahren anhand von Diagrammen zu ermitteln. Diese Berechnung ist ihrer Schwierigkeit und Umständlichkeit wegen ausschließlich Sache des Gasfachmannes. Von ihrer Darstellung muß daher im Rahmen dieses Buches abgesehen werden.

Werkstoffe, Verbindungen und Befestigungen. Innenleitungen sind aus Stahlrohren nach DIN 2440, 2441, 2448 und 2458 auszuführen. Rohre nach DIN 2448 und 2458 sind jedoch nur ab 2,6 mm Wanddicke anwendbar.

Präzisionsstahlrohre nach DIN 2391, 2393 und 2394, auf Dichtheit geprüft und mit Korrosionsschutz versehen, können bis DN 20 mit $\geqq 1{,}5$ mm Wanddicke, darüber hinaus mit $\geqq 2$ mm Wanddicke ebenfalls verwendet werden.

Auch Kupferrohre nach DIN 1754 und 1786 sowie DVGW-Arbeitsblatt GW 392 sind zulässig, wenn die Wanddicke mindestens bei $\leqq 22$ mm Außendurchmesser 1,0 mm, $> 22 \leqq 42$ mm Außendurchmesser 1,5 mm und bei > 42 mm Außendurchmesser 2,0 mm beträgt.

Andere vom DVGW anerkannte Rohre dürfen ebenfalls verwendet werden.

Verbunden und befestigt werden die Gasleitungen wie die Wasserleitungen (s. Abschnitt 2.5.3).

Über Geräteanschlußleitungen s. Abschnitt 5.1.5.2.

Rohrverlegung. Für die Verlegung von Gasleitungen gelten die in Abschnitt 2.5.4 für Wasserleitungen gegebenen Regeln. Darüber hinaus ist Nachfolgendes zu beachten.

Tropf- und Schwitzwasser von anderen Leitungen darf nicht auf Gasleitungen einwirken können. Unter Putz und im Mauerwerk liegende Stahlrohre müssen vor dem Einbau, Rohrverbindungen nach der Vorprüfung einen bewährten Korrosionsschutz erhalten. Gasleitungen in feuchten Räumen müssen frei vor der Wand liegen und einen Schutzanstrich erhalten. Werden Leitungen in Schächten und Kanälen verlegt, so sind diese durch Öffnungen von 10 cm^2 zu be- und entlüften.

Kupferrohre müssen stets frei vor der Wand verlegt werden.

Durch Decken oder Wände geführte Leitungen in aggressiven Baustoffen, wie Steinholz, Schlacke, Gips, mit Frostschutzmitteln aufbereiteter Beton, sind allseitig in Bitumen einzubetten oder durch Binden, Folien oder Schutzrohre, die $\geqq 5$ cm aus den aggressiven Baustoffen herausragen müssen, gegen Korrosion zu schützen.

Ebenso ist für Gasleitungen in Hohlsteindecken als Korrosionsschutz mehrfacher Schutzanstrich, Binde oder Folie erforderlich.

Fertiggestellte, noch nicht angeschlossene oder außer Betrieb genommene Innenleitungen sind an allen Ein- und Auslässen gasdicht mit Gewindestopfen oder -kappen zu verschließen.

An geeigneten Stellen sind RT-Stücke (**315**.1 und **316**.1) zum Beseitigen von Fremdkörpern, an den tiefsten Punkten Wasserablässe oder Wassersäcke vorzusehen.

Ausgedehnte Seitenstränge sollen durch ein gut zugängliches Langgewinde leicht abgetrennt werden können.

Gaszähler, -geräte und -feuerstätten werden mit Rohrverschraubungen angeschlossen.

Durch unbelüftete Hohlräume dürfen Gasleitungen nur in Schutzrohren geführt werden, aus denen sie nach Lösen der Verbindungen herausgenommen werden können.

Leitungen dürfen nicht in Aufzugsschächten, Lüftungsschächten, Kohlenschütten oder Müllabwurfanlagen verlegt werden, durch Schornsteine geführt oder in Schornsteinwangen eingelassen werden.

Verputzen oder verdecken darf man Gasleitungen erst nach der Vorprüfung. Verschraubungen und Flansche müssen zugänglich bleiben.

Prüfung und Reinigung. Die Dichtheit neuer Leitungen ist durch eine Vorprüfung, einer Druckprobe mit 1 bar 10 Minuten lang, und eine Hauptprüfung, 1,1facher Betriebsdruck mit mindestens 110 mbar Überdruck 10 Minuten lang, nachzuweisen.

Später darf man durch Überpinseln mit Seifenwasser oder schaumbildendem Spray oder durch besondere Gasspürgeräte prüfen, ob die Leitungen dicht sind.

Gereinigt werden die Gasleitungen durch Ausblasen mit Preßluft oder Kohlensäure von den engsten Leitungsteilen aus oder durch Absaugen von den weitesten aus. Vorher ist der Gaszähler auszubauen, die Absperrhähne aller angeschlossenen Geräte und Feuerstätten sind zu schließen, und dann ist die Zuleitung von den Innenleitungen zu trennen.

5.1.3 Gaszähler

Gaszähler müssen vom DVGW anerkannt sein. Es werden heute durchweg trockene Balgengaszähler nach DIN 3374 mit 2 Lederbälgen verwendet, die sich abwechselnd füllen und leeren und jede Entleerung auf ein Zählwerk übertragen. Sie können nicht einfrieren. Das Gas tritt, von vorn gesehen, stets links in den Zweistutzen-Gaszähler ein und rechts aus (**318**.1).

Zweistutzen- und Einstutzen-Gaszähler sind zu unterscheiden.

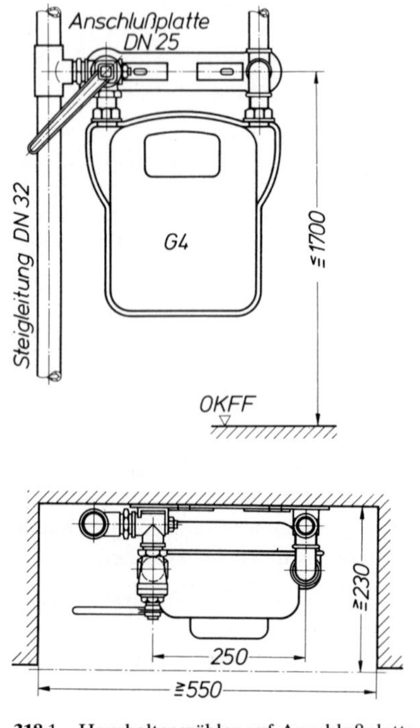

318.1 Haushaltgaszähler auf Anschlußplatte (M 1:12,5) (nach DIN 3374)
G4 = Gaszählergröße
Volumendurchfluß = 6 m^3/h

Größe und Art des Gaszählers sowie sein Aufstellungsort, der nicht zu warm, leicht erreichbar, trocken und frostfrei sein muß, bestimmt das GVU.

Meist nicht zugelassen ist die Zähleraufstellung in allgemein zugänglichen Fluren und in Bereichen, in denen nicht nur gelegentlich mit brandfördernden oder explosionsgefährlichen Stoffen umgegangen wird.

Dagegen ist in Treppenhäusern für Wohngebäude geringer Höhe mit bis zu zwei Wohnungen die Aufstellung von Gaszählern genehmigungsfähig.

Gaszähler sind so anzubringen, daß sie leicht abgelesen und ausgewechselt werden können und gegen mechanische Beschädigung geschützt sind. Sie sind spannungsfrei und ohne Berührung mit umgebenden Bauteilen anzuschließen.

Zählernischen und -schränke mit Türen müssen oben und unten Lüftungsöffnungen von jeweils mindestens 5 cm^2 haben.

Vor dem Ein- und Ausbau von Gaszählern ist als Schutz gegen elektrische Berührungsspannungen und Funkenbildung eine metallische Überbrückung zwischen dem Rohrein- und -ausgang der Gaszählerverbindung herzustellen, sofern eine solche nicht bereits besteht.

Münzgaszähler. Bei Verwendung von Münzgaszählern durch mehrere Abnehmer oder verschiedene Benutzer, so bei Gemeinschaftswaschräumen, ist hinter jedem Münzgaszähler eine Gasmangelsicherung einzubauen, es sei denn, daß das Zündflammengas bereits vor dem Münzgaszähler abgezweigt wird.

Vor jedem Gaszähler ist eine leicht zugängliche Absperreinrichtung einzubauen, außer wenn der einzige vorhandene Gaszähler sich mit der Hauptabsperreinrichtung im selben Raum befindet.

5.1.4 Absperr-, Regel- und Sicherheitseinrichtungen

Bis DN 50 werden als Absperreinrichtungen Absperr- und Anschluß-Kegelhähne verwendet, darüber hinaus Schieber oder Ventile mit nichtrostenden Spindeln.

Diese vom DVGW anerkannten Absperreinrichtungen nach DIN 3529 und DIN 3534 sind vorzusehen

1. als Hauptabsperreinrichtung in der Zuleitung unmittelbar nach der Einführung ins Gebäude,
2. bei mehreren Steigleitungen am Fuß einer jeden,
3. als Gaszähler-Anschlußhahn vor jedem Zähler (Ausnahme s. Abschnitt 5.1.3) und
4. vor jedem angeschlossenen Gerät oder Feuerstätte.

Kegelhähne. Gashähne müssen normgerecht aus korrosionsfesten Baustoffen hergestellt sein. Das Küken muß leicht herausnehmbar sein und soll eine dem DN entsprechende runde Durchgangsöffnung haben (**319**.1). Die Hahnstellung muß am Hahngriff oder bei Aufsteckschlüsseln an einer Kerbe im Vierkant des Kükens stets erkennbar sein, der Hahn durch Rechtsdrehen geschlossen werden.

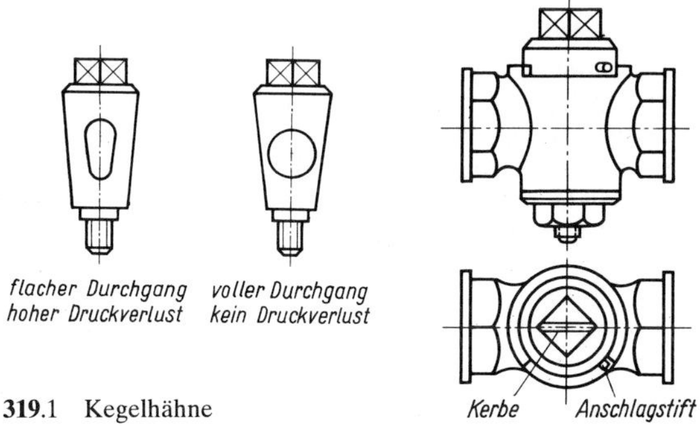

319.1 Kegelhähne

Vom DVGW anerkannte Haus-Druckregelgeräte nach DIN 3380 sind einzubauen, wenn der Versorgungsdruck größer ist als der zum Erreichen des Anschlußdrucks erforderliche Druck.

Gasmangelsicherungen nach DIN 3399 sperren die Gaszufuhr ab, wenn das Gas aus irgend einem Grunde ausbleibt oder sein Druck unter eine bestimmte Höhe sinkt.

In der Regel sind sie bereits in den Geräten oder Feuerstätten eingebaut.

Es gibt auch Kombinationen dieser Einrichtungen.

5.1.5 Anschluß und Aufstellung von Gasverbrauchseinrichtungen

5.1.5.1 Gasverbrauchseinrichtungen

Nach der Verbrennungsluftversorgung und der Abgasabführung werden Gasgeräte und Gasfeuerstätten unterschieden.

Gasgeräte erfordern keine besondere Abgasanlage. Ihre Abgase können in den Aufstellungsraum austreten, der in der Regel groß genug ist und häufig gelüftet werden soll.

Gasgeräte werden je nach Einsetzbarkeit der Gasfamilien in Eingas-, Mehrgas- oder Allgasgerät unterschieden.

Zu Gasgeräten gehören Gaskocher, Gasherd, Gas-Backofen, Gas-Kühlschrank, Laborbrenner, Gas-Heizstrahler und Gas-Wärmepumpe.

Gasfeuerstätten müssen an eine Abgasanlage, meistens ist dies ein Abgasschornstein, angeschlossen werden.

Zu ihnen gehören Gas-Heizherd, Gas-Raumheizer, Gas-Heizkessel und Gas-Umlaufwasserheizer, Gas-Warmlufterzeuger, Gas-Brennwertgerät sowie Gas-Durchlauf-, -Vorrats- und -Kombiwasserheizer.

Gasgeräte werden entweder mit einem atmosphärischen Brenner oder mit einem Gebläsebrennner hergestellt.

Nach DVGW-TRGI 1986 werden Gasgeräte und Gasfeuerstätten nach der Verbrennungsluftversorgung und der Abgasabführung wie folgt unterschieden.

Art A. Gasgeräte ohne Abgasanlage. Hierzu gehören Gasgeräte ohne oder mit offener Verbrennungskammer gegenüber dem Aufstellraum.

Art B. Raumluftabhängige Gasfeuerstätten. Sie haben eine offene Verbrennungskammer gegenüber dem Aufstellraum und sind zum Anschluß an einen Schornstein bestimmt.

Art C. Raumluftunabhängige Gasfeuerstätten. Sie besitzen eine geschlossene Verbrennungskammer gegenüber dem Aufstellraum und müssen mit einer Abgasanlage betrieben werden.

Hierzu zählt die Technische Regel fünf Möglichkeiten der Abgasableitung auf.

Art. C_1. Außenwandgasfeuerstätten ohne Ventilator. Die Verbrennungsluft wird dem Freien entnommen und das Abgas über die Außenwand der Außenluft wieder zugeführt.

Art C_2. Gasfeuerstätte, die die Verbrennungsluft einem Luft-Abgas-Schornstein (LAS) entnimmt und diesem das Abgas wieder zuführt. Sie werden in der BRD nicht mehr verwendet.

Art $C_{3.1}$. Gasfeuerstätte mit Ventilator und LAS-Anschluß, welche die Verbrennungsluft einem Luft-Abgas-Schornstein entnimmt und das Abgas diesem wieder zuführt.

Art $C_{3.2}$. Gasfeuerstätte mit Ventilator und Anschluß über Dach. Die Verbrennungsluft wird dem Freien entnommen und das Abgas auf gleichem Wege über Dach der Außenluft zugeführt.

Art $C_{3.3}$. Außenwandgasfeuerstätte mit Ventilator, welche die Verbrennungsluft dem Freien entnimmt und das Abgas über die Außenwand der Außenluft wieder zuführt.

5.1.5.2 Anschluß

Gasverbrauchseinrichtungen sind fest oder lösbar an die Gasleitung anzuschließen.

Feuerstätten, die nicht verankert oder nicht durch andere Leitungen bereits starr angeschlossen sind, müssen gasseitig starr angeschlossen werden.

Alle Anschlußarmaturen und Verbindungen müssen vom DVGW anerkannt sein. Geräteanschlußleitungen können als starre Leitung aus den gleichen Werkstoffen wie die übrigen Gas-Innenleitungen oder als biegsame Leitung nach DIN 3383 T. 1, 2 und 4 sowie DIN 3384 ausgeführt werden.

Für den Anschluß von Feuerstätten müssen biegsame Anschlußleitungen nach DIN 3383 T. 1 und 2 aus nichtrostendem Stahl bestehen. Die biegsame Geräteanschlußleitung ist so anzuordnen, daß sie nicht übermäßig erwärmt und nicht von Flammen oder heißen Abgasen berührt werden kann.

Beschädigte Geräteanschlußleitungen sind sofort durch neue zu ersetzen.

Fester Anschluß. Der feste Anschluß muß aus der Geräteanschlußarmatur, einer nur mit Werkzeug zu lösenden Verschraubung und der Geräteanschlußleitung zwischen Anschlußarmatur und Gasverbrauchseinrichtung bestehen. Die Geräteanschlußleitung kann biegsam nach DIN 3383 T. 2 und 4 sowie DIN 3384 oder starr ausgeführt sein.

Lösbarer Anschluß. Er muß aus der Sicherheitsanschlußarmatur, der Geräteanschlußleitung, dem Sicherheitsgasschlauch nach DIN 3383 T. 1, einschließlich der von Hand lösbaren Stecker-Verbindung zur Sicherheitsanschlußarmatur und der erforderlichen Gewindemuffe für den Anschluß der Gasverbrauchseinrichtung bestehen (**321**.1).

Der Gasdurchgang kann nur geöffnet werden, wenn der Sicherheitsgasschlauch gasdicht angeschlossen ist, andererseits kann der Schlauch nur bei geschlossenem Gasdurchgang gelöst werden.

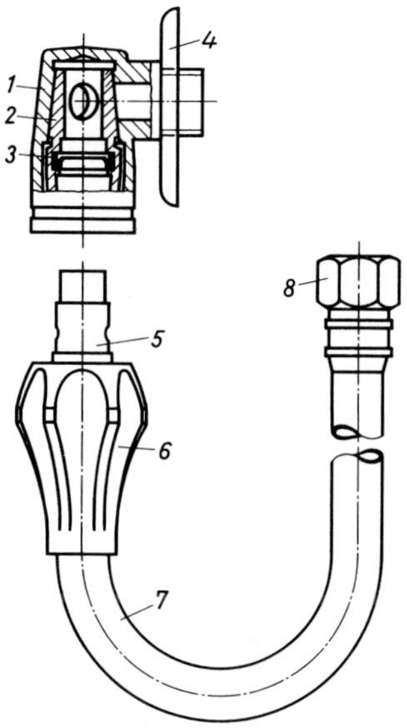

321.1 Sicherheitsgasschlauch mit Gassteckdose und -stecker (Tuboflex KG)
1 Gehäuse
2 Hahnküken
3 Dichtring
4 Wandrosette
5 Normstecker nach DIN 3383
6 Handgriff
7 Sicherheitsgasschlauch
8 Sechskantmuffe zum Gerät

5.1.5.3 Aufstellung

Gasverbrauchseinrichtungen müssen vom DVGW anerkannt sein und auf dem Geräteschild das DIN-DVGW- oder das DVGW-Prüfzeichen mit Registernummer tragen. Elektrische Einrichtungen müssen den VDE-Bestimmungen entsprechen.

Alle Gasgeräte und Gasfeuerstätten sind ausreichend mit Verbrennungsluft zu versorgen.

Aufstellräume. Gasgeräte und Feuerstätten dürfen nur in Räumen aufgestellt werden, wenn aus deren Lage, Größe, baulicher Beschaffenheit und Benutzungsart Gefahren nicht entstehen.

Die Räume müssen außerdem so bemessen sein, daß die Geräte ordnungsgemäß aufgestellt, betrieben und instandgehalten werden können.

Unzulässig ist die Aufstellung

in Treppenräumen, mit Ausnahme von Wohngebäuden geringer Höhe und nicht mehr als zwei Wohnungen,
in allgemein zugängliche Flure,
in Räumen, die über Einzelschachtanlagen entlüftet werden, keine Geräte der Art B,
in Bädern und WC's ohne Außenfenster, die über Sammelschächte entlüftet werden, keine Geräte der Art B,
in Räumen oder Raumteilen mit leicht entzündlichen Stoffen in größerer Menge,
in Räumen mit explosionsfähigen Stoffen und schließlich
in Räumen mit offenen Kaminen ohne eigene Verbrennungsluftversorgung.

Räume für gasbefeuerte Heizkessel über 50 kW Gesamtwärmeleistung erfordern einen besonderen Heizraum (s. Abschnitt 10.2.5).

Abstände. Die Abstände und Schutzmaßnahmen zwischen Oberflächen brennbarer Baustoffe und Einbaumöbeln müssen sicherstellen, daß bei vorhandener Nennwärmeleistung des Gerätes Temperaturen mit höchstens 85°C auftreten können.

Die Mindestabstände sind den Einbauanleitungen der Hersteller zu entnehmen.

Eine Erwärmung der Oberfläche von tragenden Wänden, Stützen und Decken oder anderen tragenden Bauteilen auf mehr als 50°C ist durch geeignete konstruktive Maßnahmen zu verhindern.

5.1.5.4 Zusätzliche Anforderungen

Gasgeräte der Art A im Küchenbereich. Die Aufstellung von Gasgeräten ohne Abgasanlage ist zulässig, wenn die Abgase durch einen gesicherten Luftwechsel ohne Gefährdung und unzumutbare Belästigung ins Freie abgeführt werden.

Für Gas-Kochgeräte mit einer Nennwärmebelastung bis 11 kW, wie Kocher, Herde und Backöfen, genügt es, wenn der Aufstellraum mindestens 20 m^3 Rauminhalt aufweist und mindestens eine Außentür oder ein Fenster geöffnet werden kann (s. auch Tafel **15**.1).

Die Nennwärmebelastung ist die auf dem Geräteschild angegebene maximale Wärmebelastung bezogen auf den Heizwert des Gases.

Raumluftabhängige Gasfeuerstätten der Art B bis zu 50 kW außerhalb von Heizräumen. Eine ausreichende Verbrennungsluftversorgung liegt hier vor, wenn dem Aufstellraum auf natürliche Weise oder durch technische Maßnahmen eine ausreichende stündliche Verbrennungsluftmenge zuströmt.

Die ausreichende Verbrennungsluftversorgung kann durch nachfolgend beschriebene sechs Maßnahmen erfolgen.

1. Luftversorgung über Außenfugen. Gasgeräte der Art B dürfen installiert werden, wenn der Rauminhalt des Aufstellraumes mindestens 4 m^3 je 1 kW Gesamtwärmeleistung aufweist und mindestens eine Außentür oder ein Fenster geöffnet werden kann.

2. Luftversorgung über Öffnungen ins Freie. Gasgeräte der Art B dürfen in Räumen aufgestellt werden, wenn sie eine ins Freie führende Verbrennungsluftöffnung von mindestens 150 cm^2 oder zwei Öffnungen von mindestens je 75 cm^2 freien Querschnitt haben (**322**.1a).

Wenn der freie Querschnitt erhalten bleibt, darf ein Drahtnetz oder Gitter, nicht unter 10 mm Maschenweite und 0,5 mm Drahtdicke, angebracht werden.

Die Verbrennungsluftöffnung darf verschließbar sein, wenn sichergestellt ist, daß der Brenner nur bei geöffnetem Verschluß in Betrieb geht.

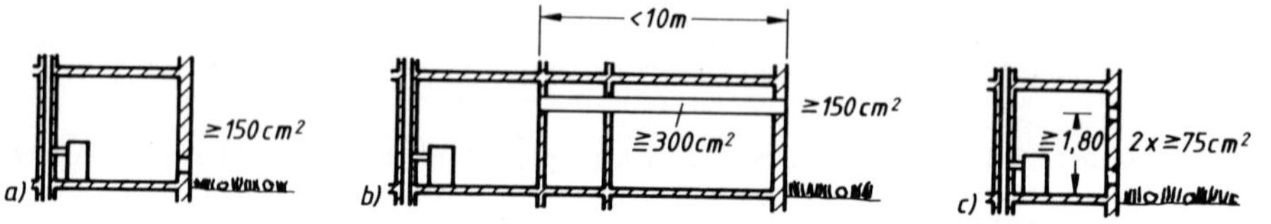

322.1 Verbrennungsluftversorgung für raumluftabhängige Gasfeuerstätten der Art B bis 50 kW außerhalb von Heizräumen
a) Luftversorgung über eine Öffnung ins Freie
b) Verbrennungsluftleitung ins Freie
c) Luftversorgung über zwei Öffnungen ins Freie

Die Verbrennungsluftleitungen ins Freie erhalten bis 10 m gerader Länge einen Querschnitt von 300 cm^2. Richtungsänderungen sind mit gleichwertigen Längen von 3 m bei 90° und 1,5 m bei 45° zu berücksichtigen (**322**.1b).

Die Verbrennungsluftleitung kann vom Aufstellraum aber auch durch weitere Räume geführt werden.

Wird die Verbrennungsluftöffnung als Schachtmündung über Dach angeordnet, ist die Schachthöhe bei einem Mindestquerschnitt von 230 cm^2 auf 4 m begrenzt.

Gasgeräte der Art B mit Gebläse dürfen in Räumen mit oder ohne Außentür oder öffenbarem Fenster unabhängig vom Rauminhalt aufgestellt werden, wenn eine ausreichende Verbrennungsluftversorgung über Öffnungen ins Freie, wie vor beschrieben, sichergestellt ist.

Gasgeräte der Art B ohne Gebläse dürfen unter vorstehenden Bedingungen nur aufgestellt werden, wenn der Rauminhalt von mindestens 1 m^3 je 1 kW der Gesamtwärmeleistung des Gasgerätes vorhanden ist.

Hiervon abweichend darf der Aufstellraum einen kleineren Rauminhalt haben,
wenn er zwei ins Freie führende Öffnungen von je mindestens 75 cm^2 hat, wobei die unverschließbaren Öffnungen in derselben Wand liegen müssen, die obere mindestens 1,80 m über dem Fußboden, die untere in Fußbodennähe (**322**.1c)
oder wenn er mit einem Nebenraum über zwei unverschließbare Öffnungen von je mindestens 150 cm^2 Querschnitt verbunden ist. Aufstellraum und Nebenraum müssen dann zusammen einen Mindestrauminhalt von 1 m^3 je 1 kW aufweisen.

Bei der Aufstellung in einer Abtrennung des Aufstellraumes, etwa in einem Speiseschrank oder in besonderer Ummantelung, ist eine Öffnung von mindestens 150 cm^2 ins Freie ausreichend, wenn die Abtrennung gegenüber dem Aufstellraum dicht ist und mit der Abtrennung einen Mindestrauminhalt von 1 m^3 je 1 kW erhält.

Die Verbrennungsluftversorgung in besonderer Ummantelung kann durch eine unmittelbare Wandöffnung, durch eine Luftleitung oder einen Schacht über Dach ins Freie sichergestellt werden (**323**.1).

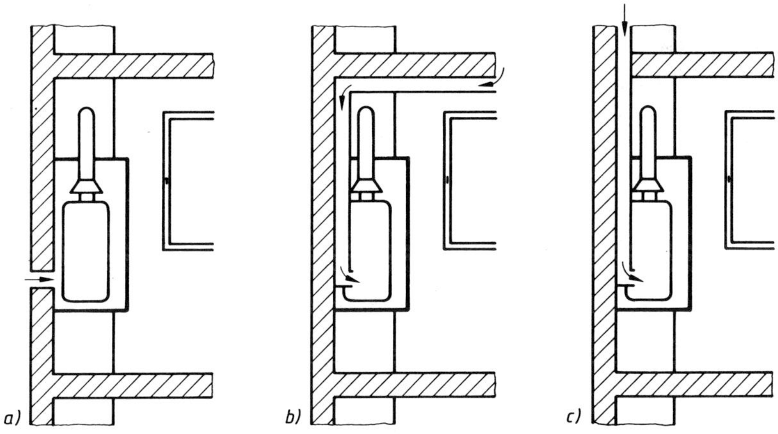

323.1 Beispiele für die Aufstellung von Gasfeuerstätten mit Strömungssicherung (Gasgeräte der Art B) in besonderer Ummantelung (nach DVGW-TRGI 86)
a) Öffnung unmittelbar ins Freie
b) Luftleitung ins Freie
c) Schacht über Dach ins Freie

3. Luftversorgung über Außenfugen und Außenluftdurchlaßelemente. Gasgeräte der Art B dürfen in Räumen, die eine Außentür oder ein öffenbares Fenster haben, aufgestellt werden, wenn der Aufstellraum einen Rauminhalt von mindestens 2 m^3 je 1 kW Gesamtwärmeleistung hat und für einen restlichen stündlichen Luftvolumenstrom von 0,8 m^3 je 1 kW Außenluftdurchlaßelemente mit entsprechender Luftleistung haben.

4. Luftversorgung über Lüftung wie für Heizräume. Gasgeräte der Art B dürfen in Räumen die eine Außentür oder ein öffenbares Fenster haben aufgestellt werden, wenn der Aufstellraum die lüftungstechnischen Festlegungen für Heizräume, bezogen auf eine Gesamtwärmeleistung von 50 kW, erfüllt (s. Abschnitt 10.2.5).

5. Luftversorgung über Außenfugen im Verbrennungsluftverbund. Hier ist zwischen unmittelbarem und mittelbarem Lüftungsverbund zu unterscheiden.

Ein unmittelbarer Lüftungsverbund liegt vor, wenn der Aufstellraum mit einem benachbarten Raum lufttechnisch direkt verbunden ist.

Zwischen dem Aufstellraum und dem benachbarten Verbrennungsluftraum sind in der Innentür Durchlaßöffnungen von mindestens 150 cm^2 für die Verbrennungsluft vorzusehen.

Bei gekürztem Türblatt sind nach TRGI unter Beachtung der jeweiligen Türdichtung größere Räume pro kW Gesamtwärmeleistung mit Hilfe eines Diagrammes zu ermitteln.

Ein mittelbarer Lüftungsverbund besteht, wenn der Aufstellraum über benachbarte Räume mit weiteren Verbrennungslufträumen lufttechnisch verbunden ist und damit das geforderte Gesamtvolumen von 4 m^3 je 1 kW erreicht wird.

Zwischen dem Aufstellraum und den benachbarten Verbundräumen sind Durchlaßöffnungen von mindestens 300 cm^2, zwischen den Verbundräumen und den Verbrennungslufträumen von mindestens 150 cm^2 Größe vorzusehen.

6. Luftversorgung über besondere technische Anlagen. Gasgeräte der Art B mit Brennern ohne Gebläse dürfen unabhängig vom Rauminhalt aufgestellt werden, wenn die Räume an Zentralentlüftungsanlagen nach DIN 18017 T. 3 angeschlossen sind und ihr Abgas gemeinsam mit der Abluft abführen. Näheres ist im DVGW-Arbeitsblatt G 626 erläutert.

Die Gasgeräte dürfen aber auch in Räumen mit Einzelschachtanlage nach DIN 18017 T. 1 und eigener Zuluftöffnung aufgestellt werden (**324**.1).

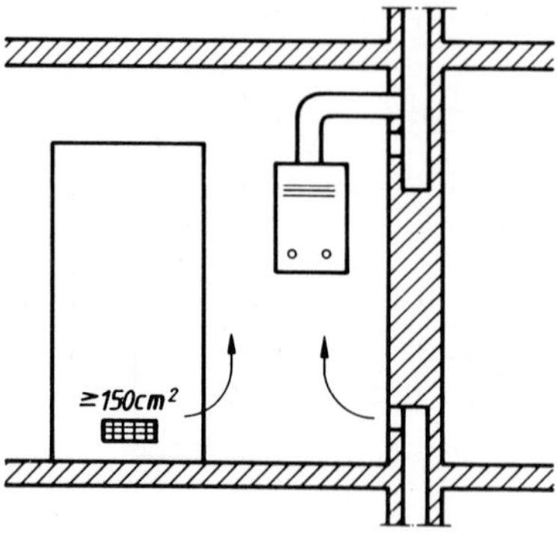

324.1 Gasgeräteaufstellung in Verbindung mit Einzelschachtlüftungsanlage nach DIN 18017 T. 1 und eigener Zuluftöffnung

Schrankartige Umkleidungen. Gasgeräte der Art B mit Brennern ohne Gebläse dürfen schrankartig umkleidet werden. Die Verkleidung des Gerätes muß durch obere und untere Öffnungen von mindestens je 600 cm^2 mit dem Aufstellraum in offener Verbindung stehen. Die Umkleidung ist allseitig mit einem Mindestabstand von 10 cm zur Feuerstättenummantelung vorzusehen (**324**.2 und **660**.1).

Besteht die Geräterückwand aus brennbaren Baustoffen ist ein allseitig luftumspülter Strahlenschutz anzubringen.

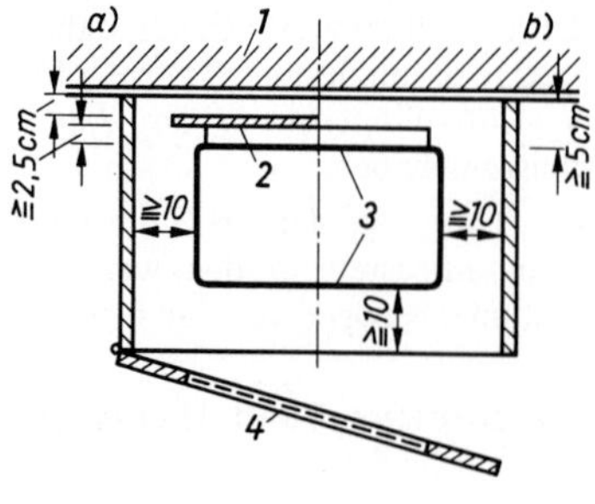

324.2 Mindestabstände von Gasfeuerstätten zu schrankartigen Umkleidungen
a) mit Strahlenschutz
b) ohne Strahlenschutz

1 normal oder schwer entflammbare Rückwand
2 Strahlenschutz (z. B. Blech- oder 1 cm dicke Faserzementplatte)
3 äußere erhitzte Teile der Gasverbrauchseinrichtung
4 obere und untere Lüftungsöffnung von je ≧ 600 cm^2 freiem Querschnitt

Raumluftunabhängige Gasfeuerstätten der Art C. Grundsätzlich dürfen Gasgeräte der Art C unabhängig von der Größe und Lüftung der Räume aufgestellt werden.

Gasfeuerstätten der Art C_1 und $C_{3.3}$ dürfen nur aufgestellt werden, wenn eine Ableitung der Abgase über Dach nicht möglich ist. Hier sind die Ländervorschriften zu beachten.

Gasfeuerstätten der Art C_1 ohne Ventilator dürfen nur unmittelbar an der Außenwand aufgestellt werden und nur zur Beheizung einzelner Räume oder der Warmwasserzubereitung dienen (**325**.1a).

Diese Außenwand-Gasfeuerstätten dürfen als Außenwand-Raumheizer höchstens 7 kW und als Außenwand-Wasserheizer höchstens 25 kW Nennwärmeleistung liefern.

Gasfeuerstätten der Art $C_{3.1}$ mit Ventilator dürfen nur unmittelbar oder so nahe wie möglich an dem Luft-Abgas-Schornstein aufgestellt werden (**325**.1b).

Gasfeuerstätten der Art $C_{3.2}$ mit Ventilator dürfen nur im Dachgeschoß oder in Räumen, bei denen die Decke gleichzeitig das Dach bildet oder sich über der Decke nur die Dachkonstruktion befindet, aufgestellt werden (**325**.1c).

Gasfeuerstätten der Art $C_{3.3}$ mit Ventilator dürfen entweder unmittelbar an der Außen- oder der Innenwand aufgestellt werden.

Diese Außenwand-Gasfeuerstätten für die Beheizung dürfen höchstens 11 kW und für die Warmwasserbereitung höchstens 25 kW Nennwärmeleistung haben.

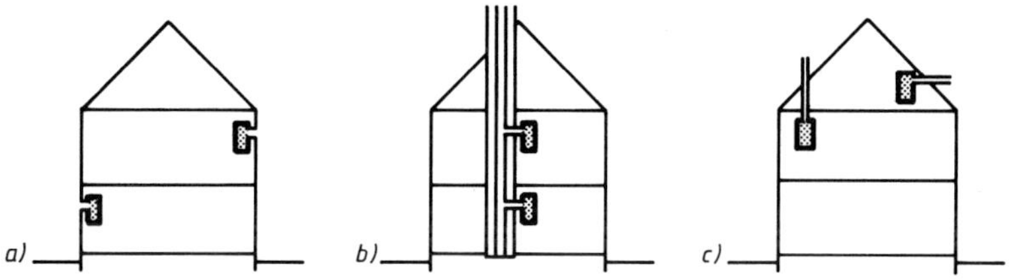

325.1 Aufstellung raumluftunabhängiger Gasfeuerstätten der Art C (nach DVGW-TRGI 86)
a) unmittelbar an der Außenwand
b) unmittelbar am Luft-Abgas-Schornstein
c) im Dach- oder Dachdeckenbereich

Aufstellung von gewerblichen Gasgeräten. Für diese Gasgeräte gelten die Aufstellbedingungen verschiedener DVGW-Arbeitsblätter als Grundlage, unter anderem für

Gasanlagen in Laboratorien und naturwissenschaftlich-technischen Unterrichtsräumen,

Installationen von gasbeheizten Körnertrocknern,

Installationen von gewerblichen Gasverbrauchseinrichtungen,

CO_2-Anreicherung in Gewächshäusern,

Installationen von Großküchen-Gasverbrauchseinrichtungen und

Heizstrahleranlagen.

Für andere gewerbliche Gasgeräte müssen die Aufstellbedingungen ingenieurmäßig in Absprache mit dem GVU festgelegt werden.

5.1.6 Abgasabführung von Gasfeuerstätten

Die Abgase von Gasfeuerstätten, Gasgeräten der Art B, sind über eine betriebs- und brandsichere Abgasanlage, die auch durch Ventilatoren zur Raumlüftung nicht nachteilig beeinflußt werden darf, einwandfrei ins Freie abzuführen.

Dies kann über einen Schornstein oder Luft-Abgas-Schornstein (LAS), geeignete Schachtlüftungsanlagen, eine Außenwand oder über Dach direkt ins Freie geplant werden.

Vor dem Anschluß einer Gasfeuerstätte an eine Abgasanlage ist diese auf ihre Eignung durch den örtlichen Bezirksschornsteinfegermeister zu überprüfen.

Die Abgasanlage besteht aus einem Verbindungsstück, dem Abgasrohr, und dem Schornstein oder bei Gasgeräten der Art C auch aus der Leitung für Verbrennungsluftzuführung und Abgasabführung.

Bei besonderen Gasfeuerstätten, wie Gas-Brennwertgerät oder Gas-Wärmepumpe, kann sie auch aus einer Abgasleitung bestehen.

5.1.6.1 Abgasschornsteine

Gasfeuerstätten müssen im selben Geschoß in dem sie aufgestellt sind, an Hausschornsteine angeschlossen werden.

Ein Hausschornstein ist ein Schacht in oder am Gebäude, der alleine dazu bestimmt ist, Abgase von Feuerstätten über Dach an die Außenluft abzuführen.

Außerdem können sie an freistehende Schornsteine, Abluftschächte nach DIN 18017 T. 1, Lüftungsanlagen nach DIN 18017 T. 3, besondere Abgasanlagen nach bauaufsichtlichen Richtlinien oder an mechanische Abgasanlagen nach DVGW-Arbeitsblatt 660 angeschlossen werden.

Eigener Schornstein. Nach TRGI sind mit einem eigenen Schornstein, der jeweils nur mit einer Gasfeuerstätte belegt wird, anzuschließen:

jede Gasfeuerstätte mit Gebläsebrenner,

jede Gasfeuerstätte mit atmosphärischem Brenner über 30 kW Nennwärmeleistung,

jede Gasfeuerstätte mit atmosphärischem Brenner bis 30 kW Nennwärmeleistung im Aufstellraum mit ständig offener Verbrennungsluftöffnung ins Freie sowie

jede Gasfeuerstätte in Gebäuden über fünf Vollgeschossen.

Hiervon abweichend dürfen mehrere Gasfeuerstätten an einen gemeinsamen Schornstein angeschlossen werden, wenn durch Sicherheitseinrichtungen garantiert ist, daß jeweils nur eine Gasfeuerstätte betrieben werden kann und der Abgasschornstein für jedes der Gasgeräte geeignet ist.

Gemeinsamer Schornstein. An einen gemeinsamen Schornstein dürfen bis zu drei Gasfeuerstätten mit atmosphärischem Brenner und einer Nennwärmeleistung von je höchstens 30 kW angeschlossen werden.

Ein gemeinsamer Schornstein ist mit mehreren Feuerstätten belegt, die unabhängig voneinander benutzt werden können.

Jede Gasfeuerstätte ist mit einem eigenen Verbindungsstück, dem Abgasrohr, anzuschließen (**327**.1a). Diese Verbindungsstücke dürfen nicht in gleicher Höhe in den Schornstein eingebaut werden. Der Abstand zwischen dem untersten und dem obersten Abgasrohr darf nicht mehr als 6,5 m betragen.

Gemischt belegter Schornstein. Dies ist ein gemeinsamer Schornstein, der nach den Regelanforderungen der DIN 18160 T. 1 gemischt belegt werden kann. Im selben Schornstein dürfen die Abgase von Gasfeuerstätten mit atmosphärischen Brennern bis 30 kW Nennwärmeleistung und Feuerungseinrichtungen für feste oder flüssige Brennstoffe bis 20 kW Nennwärmeleistung angeschlossen werden (**327**.1b). Der Bezirksschornsteinfegermeister ist in jedem Fall vor der Planung zu befragen.

Die gemischte Belegung bis zu drei Feuerstätten ohne Gebläse ist unter bestimmten Regeln der TRGI möglich.

Die Abgasrohre der Feuerstätten für feste oder flüssige Brennstoffe müssen eine senkrechte Anlaufstrecke von mindestens 1 m direkt hinter dem Abgangsstutzen haben.

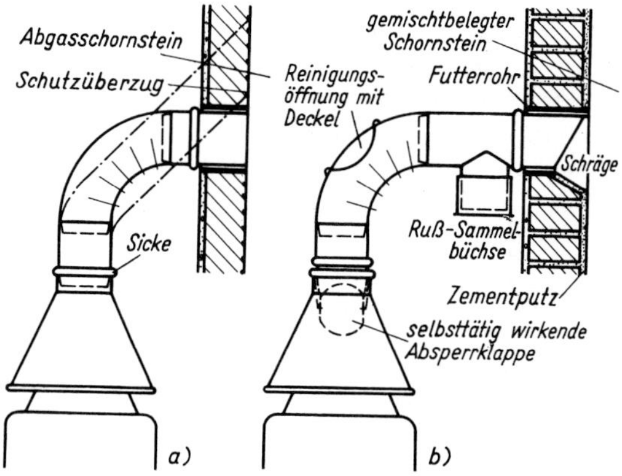

327.1 Schornsteinanschlüsse der Gasfeuerstätten
a) waagerechte oder ansteigende Einführung des Abgasrohres in den Abgasschornstein
b) waagerechte Einführung des Abgasrohres in einen gemischtbelegten gemauerten Schornstein

Luft-Abgas-Schornstein. Der Luft-Abgas-Schornstein (LAS) ist ein Schornstein mit zwei nebeneinander oder ineinander angeordneten Schächten, die raumluftunabhängige Gasfeuerstätten mit Ventilator der Art $C_{3.1}$ Verbrennungsluft zuführen und deren Abgase über Dach an die Außenluft abführen.

Der Zuluftschachtteil befindet sich je nach Hersteller entweder neben dem Abgasschacht oder umschließt diesen ringförmig (**327**.2).

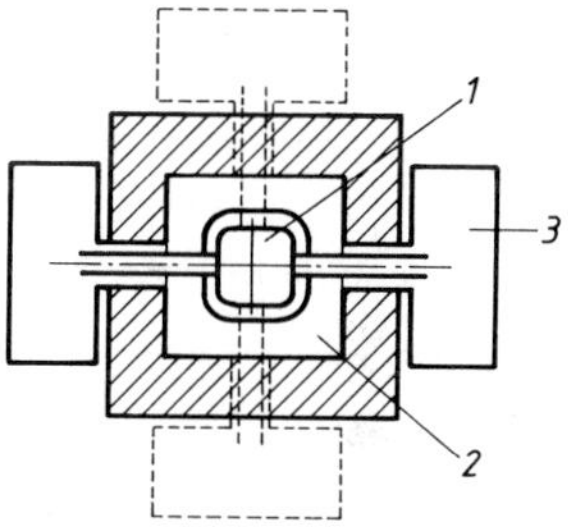

327.2 Luft-Abgas-Schornstein, LAS 2000 M (Plewa)
1 Abgasschornstein, glasiert
2 Luftschacht
3 Gasfeuerstätte

An einen LAS können 6 bis 10 Gasfeuerstätten angeschlossen werden, je Geschoß höchstens zwei.

Das in den wasserdichten Abgasrohren nach unten ablaufende Kondensat muß am Schachtfuß in einer Wassersammelschale aufgefangen und von dort abgeführt werden (**328**.1).

Gas-Brennwertgerät am Schornstein. Gas-Brennwertgeräte müssen an feuchtigkeitssichere Schornsteine angeschlossen werden, soweit sie nicht zum Anschluß an eine besondere Abgasanlage geplant sind.

Ein Gas-Brennwertgerät, auch Kondensationsheizgerät, ist eine Gasfeuerstätte zur Beheizung oder Wassererwärmung, in der fühlbare Wärme des Verbrennungsgases und zusätzliche Kondensationswärme des im Gas enthaltenen Wasserdampfes genutzt werden (**328**.2).

Die Konstruktion von Brennwertgeräten unterscheidet sich von herkömmlichen Wärmeerzeugern durch zusätzliche Wärmetauscher, eine mechanische Abgasführung und einen Kondensatsammler.

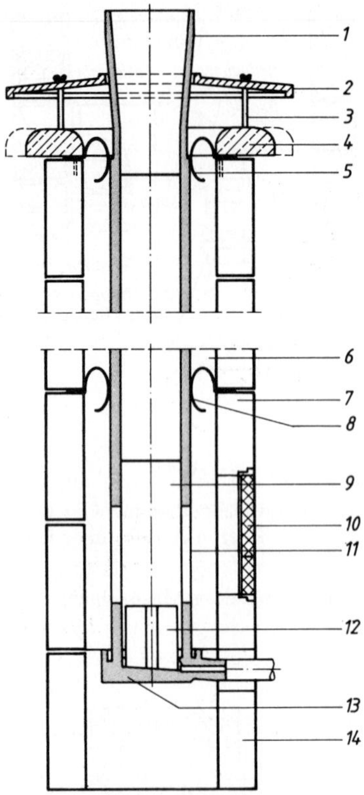

328.1 Luft-Abgas-Schornstein, LAS 2000 M, Schornsteinkopf und Sockel (Plewa)

1 Venturi-Aufsatz
2 Abdeckplatte
3 Stehbolzen
4 Einströmplatte
5 Abstandhalter
6 Luftschacht
7 Plewa-Mantelstein
8 Abstandhalter
9 Plewa-Innenschale, glasiert
10 Luftschacht-Kontrolltür
11 Überströmöffnungen
12 Prallklotz
13 Kondensatablaufschale
14 LAS-Sockel

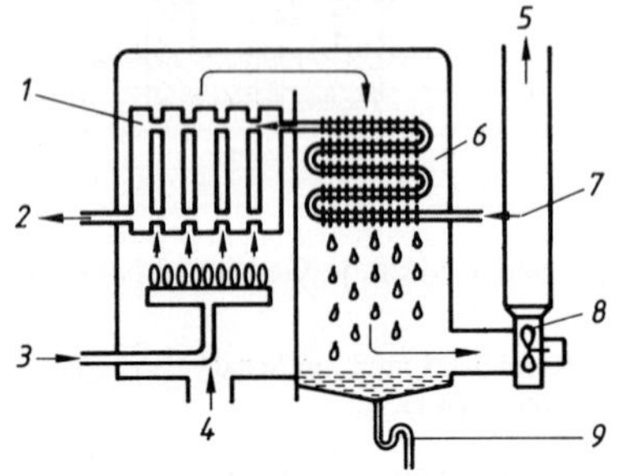

328.2 Funktionsschema eines Gas-Brennwertgerätes

1 erster Wärmetauscher
2 Heizungsvorlauf
3 Gas
4 Luft
5 Abgas
6 zweiter Wärmetauscher
7 Heizungsrücklauf
8 Abgasventilator
9 Kondensatablauf

5.1.6.2 Abgasabführung über Lüftungsanlagen

Die Abgasabführung über Lüftungsanlagen kann über den Anschluß an einen Abluftschacht einer Lüftungsanlage nach DIN 18017 T. 1 oder im Anschluß an eine Zentralentlüftungsanlage nach DIN 18017 T. 3 erfolgen.

Einzelschachtanlage. An einen Abluftschacht nach DIN 18017 T. 1 dürfen Gasfeuerstätten angeschlossen werden, wenn der Schacht den Anforderungen an Schornsteine mit begrenzter Temperaturbeständigkeit nach DIN 18160 T. 1 entspricht (s. auch Abschnitt 11.3.1.3).

Es dürfen ein Gas-Durchlauf-, ein Gas-Vorrats-, ein Gas-Umlauf- oder ein Gas-Kombiwasserheizer sowie ein Gas-Raumheizer angeschlossen werden.

Die Gasfeuerstätten müssen in dem belüfteten Raum aufgestellt sein. Die Einführungen der Abgasrohre in den Abluftschacht müssen oberhalb der Abluftöffnung liegen (**329**.1).

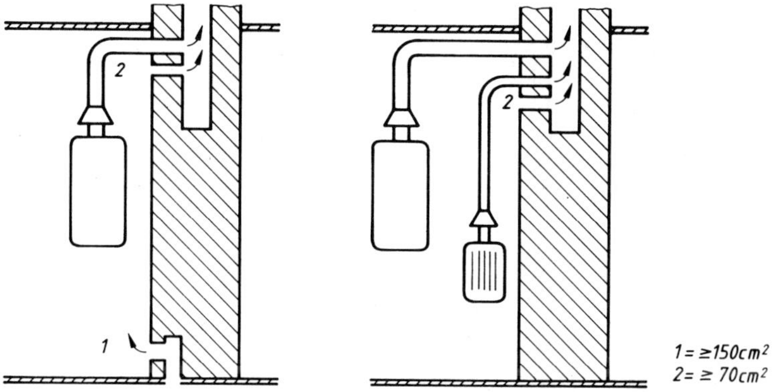

329.1 Beispiele für die Abgasabführung von Gasgeräten mit Strömungssicherung über Ablufteinzelschacht (nach DVGW-TRGI 86)

Wird die Gasfeuerstätte mit einem Verbindungsstück an den Schacht angeschlossen, muß der Anschluß des Gas-Raumheizers unterhalb der Gasfeuerstätte angeordnet werden (**329**.1).

Außerdem muß die Austrittsöffnung der Strömungssicherung der Gasfeuerstätte unterhalb der Unterkante der Abluftöffnung liegen.

Die nach DIN 18017 T. 1 für die Zuluftöffnung der Schachtlüftung erforderliche Drosselklappe muß entfallen. Oder sie muß parallel mit dem Betrieb der Gasfeuerstätte geschaltet werden.

Die Verbrennungsluftversorgung ist nach Abschnitt 5.1.5.4 sicherzustellen.

Zentralentlüftungsanlagen. An eine zentrale Entlüftungsanlage nach DIN 18017 T. 3 dürfen Gas-Durchlauf-, Gas-Vorrats- und Gas-Umlaufwasserheizer einschließlich Gas-Kombiwasserheizer nach den Auflagen des DVGW-Arbeitsblattes G 626 angeschlossen werden (s. auch Abschnitt 11.3.2.1).

Die Gasfeuerstätten müssen mit einer Abgasüberwachungseinrichtung ausgestattet sein, die bei Gaszufuhr abgeschaltet, sowie Abgas aus der Strömungssicherung austritt.

5.1.6.3 Ausführung

Hausschornsteine. Abgasschornsteine sind wie Hausschornsteine nach DIN 18160 T. 1 oder entsprechend den allgemeinen bauaufsichtlichen Zulassungen auszuführen (s. auch Abschnitt 8.5.3).

Für Abgasschornsteine dürfen Formstücke aus Ton, Schamotteton, Faserzement und Beton mit dichtem Gefüge verwendet werden, wenn die Formstücke zugelassen sind und ihre Eignung im Einzelfall nachgewiesen ist.

Abgasschornsteine müssen fugendicht sein. Sie dürfen in dem Geschoß beginnen, in dem die unterste Feuerstätte angeschlossen ist.

Die Außenflächen von Abgasschornsteinen müssen von Bauteilen aus normal oder schwer entflammbaren Baustoffen ≥ 5 cm Abstand haben.

Dünnwandige Formstücke. Bei der Errichtung von Abgasschornsteinen aus dünnwandigen Formstücken sind die im Bild **330**.1 angegebenen Einzelheiten zu beachten.

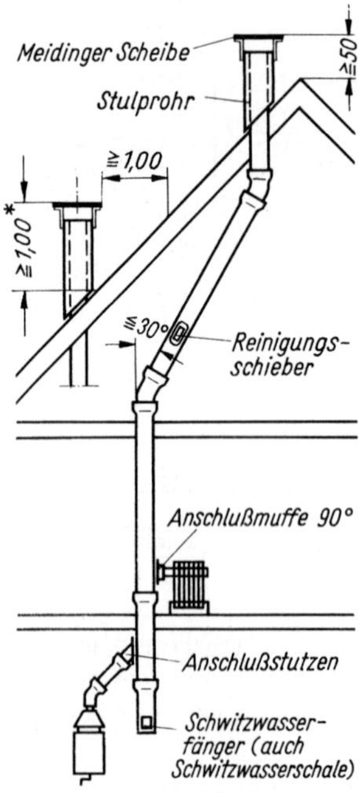

Durch Dächer mit weicher Bedachung geführte Abgasschornsteine müssen mit Schutzrohren aus nicht brennbaren Baustoffen umgeben, die Schutzrohrenden vom Dach ≥ 50 cm entfernt sein. Der Abstand zwischen Schutzrohr und Abgasschornstein muß ≥ 10 cm betragen und mit nichtbrennbaren formbeständigen Wärmedämmstoffen ausgefüllt sein.

330.1 Abgasschornstein aus Faserzementrohren
* bei Dachneigung < 30°

Querschnittsverkleinerung. Nachträgliche Querschnittsverkleinerungen, wie sie bei der Umstellung von bisher mit festen oder flüssigen Brennstoffen betriebenen Feuerstätten auf Gasfeuerung notwendig werden können, werden durch Ausspritzen des Schornsteines mit einem geeigneten Mörtel, Einziehen eines flexiblen Metallrohres (**331**.1) oder Einbauen eines Faserzement- oder Schamottetonrohres vorgenommen.

Hierbei sind die von den einzelnen Ländern eingeführten Bauaufsichtsrichtlinien zu beachten. Die Ausführung solcher Arbeiten sollte nur erfahrenen Spezialfirmen übertragen werden.

Der so veränderte Schornstein muß nach Fertigstellung vom Bezirksschornsteinfegermeister abgenommen werden.

Schrägführung. Abgasschornsteine dürfen nur einmal gezogen werden und nur unter einem Winkel von ≥ 60° gegen die Waagerechte (**330**.1 und **572**.1).

In Ausnahmefällen dürfen, nach Maßgabe der bauaufsichtlichen Zulassungen, bei Abgasschornsteinen aus glattwandigen Formstücken Winkel bis 45° ausgeführt werden, wenn sich dadurch strömungstechnisch günstigere Bedingungen ergeben. In diesem Fall muß unterhalb der Knickstelle eine Prüföffnung vorhanden sein.

Die Schrägführung muß in einem zugänglichen Raum, meist einem Dachbodenraum, liegen und bei Schornsteinen aus Mauersteinen oder Formstücken aus Leichtbeton nach DIN 18150 T. 1 von feuerbeständigen Bauteilen standsicher unterstützt sein.

Freistehende Schornsteine mit einer Wangendicke ≥ 24 cm sind unter Dach durch feuerbeständige Konstruktionen in Abständen von 5 m auszusteifen.

Schornsteinquerschnitt. Die lichten Querschnitte der Abgasschornsteine sind entsprechend ihrer Belastung, der Zahl der Anschlüsse, der Benutzungsdauer und der wirksamen Schornsteinhöhe zu ermitteln (s. auch Abschnitt 8.5.3.1.).

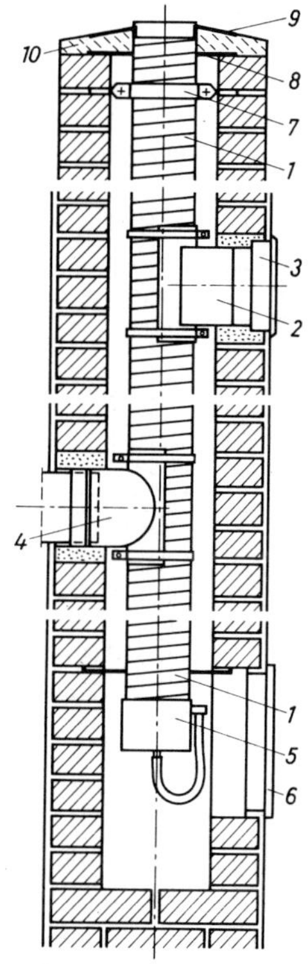

331.1 Nachträgliche Querschnittsverkleinerung eines gemauerten Abgasschornsteines mit einem flexiblen Einsatzrohr aus Chromnickelstahl

1 flexibles metallisches Einsatzrohr ∅100 bis 200 mm, Blechdicke 0,13 mm aus Chromnickelstahl, aus 27 mm breiten, 5fach gewellten Blechsteifen gewickelt
2 Stutzen für Reinigungsöffnung aus 1 mm dickem Chromnickelstahlblech mit Halbschale und Spannschellen
3 Schornstein-Reinigungsöffnung mit Halbschale, Spannschellen und Verschluß
4 Abgasrohr-Anschlußstutzen aus 0,8 mm dickem Chromnickelstahlblech
5 Kondenswasserschale
6 Verschlußtür
7 Rohrhalterungsschelle
8 Abdeckplatte aus Stahlblech
9 Kopfabdeckung aus Stahlblech
10 Betonabdeckung des Schornsteinkopfes

Als wirksame Schornsteinhöhe gilt die Entfernung in Metern der obersten angeschlossenen Feuerstätte bis zur Schornsteinmündung.

Die Schornsteinhöhe muß bei Anschluß von Feuerstätten in mehreren Geschossen ≥ 4 m betragen. Sie kann bei Anschluß von Feuerstätten nur innerhalb eines Geschosses bei strömungstechnisch günstigen Bedingungen auch geringer sein.

Der lichte Mindestquerschnitt von kreisförmigen oder rechteckigen Abgasschornsteinen aus Formstücken muß 100 cm^2, von solchen aus Mauersteinen 13,5 × 13,5 cm betragen. Bei rechteckigem Querschnitt soll die kleinste Seite mindestens ⅔ der Länge der längeren haben.

Zur Ausführung und Bemessung von Abgasanlagen muß hier auf DIN 4705 T. 1 bis 3 und 10 sowie DIN 18160 T. 1 hingewiesen werden.

DIN 4705 T. 1 behandelt in einem sehr umfangreichen Verfahren die „Berechnung von Schornsteinabmessungen" für mit Koks, Heizöl, Erdgas, Flüssiggas oder Holz betriebene Feuerstätten sowie DIN 4705 T. 2 ein Näherungsverfahren für einfach belegte Schornsteine.

Die als Bemessungshilfen notwendigen zahllosen Diagramme können aus Platzmangel auch auszugsweise hier nicht abgebildet werden.

Für die praktische Vorplanung genügt jedoch eine Querschnittsermittlung nach Bild **332**.1.

Die Querschnittsminderung von 5% durch etwaige Ausrundungen der Ecken bleibt unberücksichtigt.

Es ist zu empfehlen, den Querschnitt nicht größer als das 1,5fache des erforderlichen Mindestquerschnittes zu wählen, da ein unterbelegter Abluftschornstein sich immer ungünstig auswirkt.

Bei Anschluß von mehr als 3 Feuerstätten an einen Schornstein empfiehlt sich zur Vermeidung von Zugstörungen der Einbau von Abgasklappen oberhalb der Strömungssicherungen.

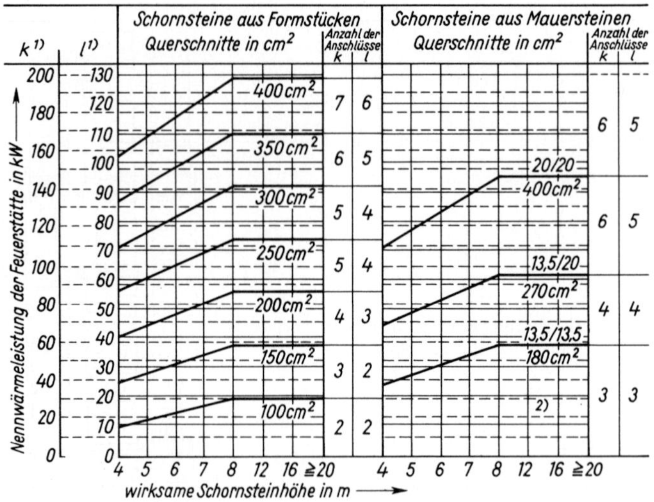

332.1 Querschnitte und Belastung von Abgasschornsteinen

1) k = für kurzzeitige, l = für langzeitige Benutzung

2) Querschnitte < 180 cm² nur als Zuschläge bei Gemischtbelegung

Gemischtbelegte Schornsteine. Die Einleitung von Abgasen in Rauchschornsteine ist zulässig, wenn die Nennwärmeleistung je Feuerstätte für feste oder flüssige Brennstoffe 20 kW und für Gasfeuerstätten mit atmosphärischen Brennern 30 kW nicht überschreitet.

Die wirksame Schornsteinhöhe muß mindestens 4,5 m betragen.

Sie darf auf 4 m verringert werden, wenn die oberste Feuerstätte nur mit Gas betrieben wird.

Die Funktion aller angeschlossenen Feuerstätten muß sichergestellt und die Anschlüsse in ihrer Höhe gegeneinander versetzt angeordnet sein.

Auf den Einbau von Abgasklappen (**327**.1b) kann verzichtet werden, wenn die Funktion aller am Schornstein angeschlossenen Feuerstätten mit Sicherheit nicht beeinträchtigt wird.

Bemessung. Der lichte Querschnitt gemischtbelegter Schornsteine kann wie folgt überschläglich ermittelt werden.

Für die ersten 2 Feuerstätten gleich welcher Brennstoffart mit einer Gesamt-Nennwärmeleistung bis 17,5 kW sind bei Schornsteinen aus Formstücken 140 cm² und bei Schornsteinen aus Mauersteinen 180 cm² anzusetzen.

Für weitere Feuerstätten sind für jede weitere 8,7 kW Nennwärmeleistung bei Schornsteinen aus Formstücken 50 cm² und bei Schornsteinen aus Mauersteinen 60 cm² anzusetzen.

Die Nennwärmeleistungen von Gasverbrauchseinrichtungen können aus Tafel **333**.1 entnommen werden. Für Ölöfen gilt Tafel **606**.1, während Anschlußwerte von Kohleöfen im Abschnitt 9.2.2.2 erläutert sind.

Beispiel. Vorhandener Rauchgasschornstein aus Formstücken 400 cm², wirksame Schornsteinhöhe 5 m.

Es sollen angeschlossen werden:

1 Kohleofen mit 4,65 kW und 1 Ölofen mit 8,7 kW = 13,35 kW, dafür 140 cm²

1 Kohleofen mit 6,0 kW, 1 Gas-Raumheizer mit 4,7 kW, 1 Gas-Durchlaufwasserheizer mit 8,7 kW und 1 Gas-Vorratswasserheizer mit 10,5 kW = 29,9 kW, dafür 200 cm²

Zusammen: 140 cm² + 200 cm² + 340 cm²

Der vorhandene Rauchgasquerschnitt von 400 cm² ist damit ausreichend.

Tafel **333**.1 Anschlußwerte von Gasverbrauchseinrichtungen (Auswahl nach DVGW-TRGI 1986)

Gasverbrauchseinrichtung		Nennwärmeleistung kW	Anschlußwert m^3/h 1. Gasfamilie	Anschlußwert m^3/h 2. Gasfamilie
Gasherd		4flammig	3,0	1,5
Gas-Raumheizer		3,5	1,0	0,5
		4,7	1,3	0,6
		7,0	2,0	1,0
		9,3	2,7	1,3
		11,6	3,3	1,6
Gas-Umlaufwasserheizer		6,0	1,7	0,8
Gas-Kombiwasserheizer		8,0	2,3	1,1
		9,3	2,7	1,3
Gas-Heizkessel		11,0	3,1	1,5
		17,5	5,0	2,4
		20,9	6,0	2,9
		30,0	8,6	4,2
Gas-Durchlaufwasserheizer		8,7	2,5	1,2
		17,5	5,0	2,4
		22,7	6,5	3,2
		27,9	8,0	3,9
Gas-Vorratswasserheizer	80 l	6,9	1,9	0,9
(Wasserinhalt)	120 l	7,6	2,1	1,0
	150 l	8,3	2,3	1,1
	190 l	8,7	2,4	1,2
	200 l	10,5	2,9	1,4

Betriebsheizwert in kWh/m^3: 1. Gasfamilie 4,2, 2. Gasfamilie 8,6

Prüföffnungen. Abgasschornsteine müssen an der Sohle und, falls sie nicht von der Mündung aus geprüft werden können, auch im Dachboden eine Prüföffnung erhalten. Erforderlichenfalls sind bei schräggeführten Schornsteinen Prüföffnungen unterhalb der Knickstellen herzustellen (**330**.1 und **572**.1).

Dies gilt auch für Abluftschächte nach DIN 18017 T. 1, in die Abgase eingeleitet werden.

Daneben können Entlüftungsöffnungen auch als Prüföffnungen benutzt werden, wenn der Einsatz in der Entlüftungsöffnung ohne Werkzeug leicht herausgenommen werden kann.

5.1.6.4 Mündungen

Allgemeines. Raumluftunabhängige Gasfeuerstätten mit geschlossener Verbrennungskammer, Gasgeräte der Art C, dürfen unabhängig von der Größe und Lüftung des Raumes aufgestellt werden.

Gasfeuerstätten ohne Ventilator der Art C_1, wie Außenwand-Gasfeuerstätten, welche die Verbrennungsluft dem Freien entnehmen und Abgas dem Freien an der Außenwand wieder zuführen, müssen unmittelbar an der Außenwand aufgestellt werden und dürfen nur zur Beheizung einzelner Räume oder zur Warmwasserbereitung dienen (**610**.1 und **826**.1).

Außenwandraumheizer dürfen maximal 7 kW, Außenwand-Wasserheizer höchstens 25 kW Nennwärmeleistung haben.

Gasfeuerstätten mit Ventilator der Art $C_{3.1}$, welche die Verbrennungsluft einem Luft-Abgas-Schornstein entnehmen und das Abgas diesem wieder zuführen, müssen so nahe wie möglich am Schornstein aufgestellt werden.

Gasfeuerstätten mit Ventilator der Art $C_{3.2}$, welche die Verbrennungsluft dem Freien entnehmen und das Abgas dem Freien über Dach wieder zuführen, dürfen nur im Dachgeschoß aufgestellt werden (**334**.1).

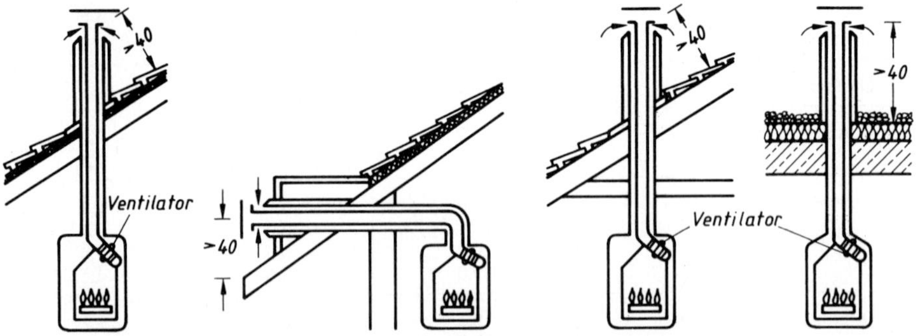

334.1 Ausführungsbeispiele für die waagerechte und senkrechte Leitungsführung von raumluftunabhängigen Gasfeuerstätten mit Verbrennungsluftzuführung und ventilatorgestützter Abgasabführung über Dach (nach DVGW-TRGI 86)

Gasfeuerstätten mit Ventilator der Art $C_{3.3}$, welche die Verbrennungsluft dem Freien entnehmen und das Abgas dem Freien an der Außenwand wieder zuführen, müssen entweder unmittelbar an der Außenwand oder an einer Innenwand aufgestellt werden.

Außenwand-Gasfeuerstätten für die Beheizung dürfen maximal 11 kW, für die Warmwasserbereitung höchstens 25 kW Nennwärmeleistung haben.

Gasgeräte der Art C_1 oder $C_{3.3}$ dürfen nur aufgestellt werden, wenn eine Ableitung über Dach nicht oder nur mit großem Aufwand möglich ist.

Die Leitungen für die Verbrennungsluftzuführung und Abgasabführung, Windschutzeinrichtungen und die Schutzvorrichtungen für Mündungen sind Bestandteile der Feuerstätten (**610**.1).

Unzulässige Mündungen. Die Leitungen für die Verbrennungsluftzuführung und Abgasabführung dürfen in folgenden Baubereichen nicht münden:

in Durchgänge und Durchfahrten,
in enge Traufgassen,
in Ecklagen von Innenhöfen (ausgenommen Gasgeräte der Art $C_{3.3}$),
in Innenhöfen insgesamt, wenn die Breite oder Länge des Hofes kleiner als die Höhe des höchsten angrenzenden Gebäudes ist,
in Luftschächte und Lichtschächte,
in Loggien und Laubengänge,
auf Balkone,
unter auskragende Bauteile, die ein Abströmen der Abgase wesentlich behindern können und
in Schutzzonen nach der Verordnung über brennbare Flüssigkeiten und vergleichbare Bereiche, in denen leicht entzündliche Stoffe oder explosionsfähige Stoffe verarbeitet, gelagert, hergestellt werden oder entstehen können.

Abstände zu brennbaren Bauteilen. Abgasführende Teile der Feuerstätten müssen zu brennbaren Baustoffen mindestens 10 cm entfernt sein.

Bei Durchbrüchen durch solche Bauteile muß dieser Abstand durch Schutzrohre mit Abstandhaltern eingehalten und der Zwischenraum mit einem nicht brennbaren, formbeständigen Dämmstoff ausgefüllt sein.

Mündungen von Leitungen an Gebäudevorsprüngen aus brennbaren Baustoffen müssen nach den Seiten und nach unten 50 cm, nach oben 1,50 m und von gegenüberliegenden Gebäudeteilen 1 m Mindestabstände einhalten.

Nach oben genügen 50 cm, wenn die vortretenden Gebäudeteile durch hinterlüftete Bauteile aus nicht brennbaren Baustoffen gegen Entflammen geschützt sind.

Außenwandmündungen. Nahe der Geländeoberfläche liegende Leitungsmündungen müssen mindestens 30 cm, ab Rohrunterkante gemessen, über dem Gelände liegen.

Bei Mündungen an begehbaren Flächen bis zu einer Höhe von 2 m über Geländeoberfläche oder für den Fahrzeugverkehr freigegebene Flächen ist die Abgasabführung mit einer nicht brennbaren stoßfesten Schutzvorrichtung zu sichern.

Abgasführungen von Gasfeuerstätten der Art $C_{3.3}$ dürfen an begehbaren Flächen nicht unter 2 m über Geländeoberfläche münden.

Mündungen an Fassaden. Mündungen von Gasfeuerstätten der Art C_1 an Fassaden müssen untereinander sowie nach den Seiten und nach oben einen Mindestabstand von 2,50 m einhalten, von Lüftungsöffnungen nach den Seiten einen Abstand von 2,50 m und nach oben von 5 m.

Trotz dieser Abstandsregelung ist die Konzentrierung von Abgasmündungen an derselben Fassade unzulässig.

Abgasmündungen von Gasfeuerstätten der Art $C_{3.3}$ zu Fenstern, die geöffnet werden können, und Fassadentüren sind, aufgrund der Änderung des Arbeitsblattes DVGW-TRGI 1986 vom April 92, nach der Fassadenform und nach dem Abstand der Abgasmündungen untereinander zu unterscheiden.

Bei den Fassadenformen wird die glatte Fassade, die Fassade mit Vorsprung, die Fassade in Ecklage und die Fassade mit Balkon unterschieden.

Eine Mündung wird hier als einzelne Abgasmündung betrachtet, wenn der Abstand zur nächsten Mündung allseitig mindestens 5 m beträgt.

Beträgt der Abstand zwischen zwei Abgasmündungen waagerecht und senkrecht weniger als 5 m, wird die Anordnung als Zweier-Gruppe angesehen. Weitere Abgasmündungen müssen an jeder Abgasmündung dieser Zweier-Gruppe mindestens 5 m waagerecht und senkrecht entfernt sein.

Erforderliche Mindestabstände der Abgasmündungen von Gasfeuerstätten der Art $C_{3.3}$ zu Fenstern, Fassadentüren und Balkonen sind der umfangreichen Tabelle 1 und einem Diagramm der Arbeitsblattänderung zur DVGW-TRGI 1986 und ihren zahlreichen bebilderten Ausführungsbeispielen zu entnehmen.

Erforderliche Mindestabstände der Abgasmündungen zu Lüftungsöffnungen, die zur Raumlüftung dienen, müssen allseitig 5 m haben.

Mündungen im Tankstellenbereich von Verbrennungsluftzuführung und Abgasabführung müssen von Tanksäulen und Behältern für Kraftstoffe einen waagerechten Mindestabstand von 5 m haben. Geringere Abstände sind möglich, wenn die Mündungen mindestens 3 m über dem Gelände liegen.

In Garagen dürfen nur als „Garagenfeuerstätten“ vom DVGW anerkannte Gasfeuerstätten der Art C mit geschlossener Verbrennungskammer, die durch Bügel oder Abweiser ausreichend gegen Beschädigungen zu schützen sind, unter Einhaltung eines Abstandes zwischen Fußboden und Brenner von mindestens 50 cm aufgestellt werden.

Dachmündungen. Bei Gasfeuerstätten der Art $C_{3.2}$ genügt zwischen der Leitung für die Verbrennungsluftzuführung und Abgasabführung und der Dachfläche ein Abstand von 40 cm (**334**.1), wenn

die Nennwärmeleistung nicht mehr als 30 kW beträgt,
die Strömungsgeschwindigkeit der Abgase an der Mündung größer als 5 m/s ist und
die Mündungen der Leitungen nahe beieinander im gleichen Druckbereich liegen.

Zu seitlich oder darüber angeordneten Fenstern gelten die Abstandsmaße wie vor beschrieben für glatte Fassaden.

Für die Leitungsführung durch Dächer mit brennbaren Baustoffen gelten die vorher beschriebenen Abstände von 10 cm zu brennbaren Bauteilen.

Für Mündungen von Abgasschornsteinen über Dach gelten die gleichen Bedingungen wie in Abschnitt 8.5.3.1 unter Schornsteinmündung beschrieben und abgebildet (**574**.1).

Das Aufsetzen einer Meidinger Scheibe oder eines anderen geeigneten Schornsteinaufsatzes ist bei Abgasschornsteinen aus Faserzementrohren bisher üblich (**336**.1).

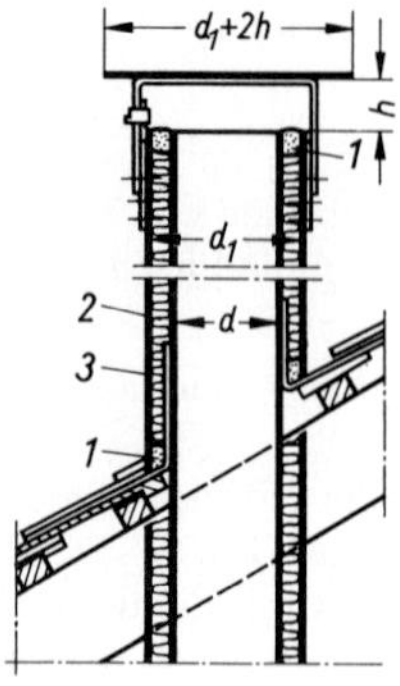

336.1 Mündung eines Abgasschornsteines aus Faserzementrohren mit Meidinger Scheibe

1 Zementmörtel
2 Wärmedämmstoff
3 Stulprohr

$h = d/2$ bei rundem oder quadratischem Rohr
$h = (a + b)/4$ bei rechteckigem Rohr
d = lichte Weite des Schornsteinrohres bei rundem oder quadratischem Rohr
a bzw. b = lichte Weite des Schornsteinrohres bei rechteckigem Rohr
d_1 = lichte Weite des Stulprohres bei rundem oder quadratischem Rohr

Schornsteinaufsätze und Befestigungen müssen mindestens dem lichten Querschnitt des Abgasschornsteines entsprechen und in allen Teilen korrosionsbeständig sein.

Drehbare Ausführungen als Windhauben sind dagegen unzulässig.

5.1.6.5 Abgasrohre

Ausführung. Abgasrohre oder Verbindungsstücke müssen aus nicht brennbaren Baustoffen bestehen, hitze- und formbeständig sowie dicht, korrosionsfest oder gegen Korrosion geschützt sein.

Zulässig sind Faserzement ≥ 7 mm dick, Aluminium-, Messing-, Kupfer- oder Stahlblech mit einer Wanddicke ≥ 0,75 mm bei ∅ ≤ 10 cm und ≥ 1 mm bei ∅ ≥ 10 cm.

Ab 2 mm starken Stahlblechrohren darf auf einen Korrosionsschutz verzichtet werden.

Querschnitt. Die Querschnitte der Abgasrohre müssen den Weiten der Anschlußstutzen der Gasfeuerstätten sowie den Mindestwerten der Tafel **337**.1 entsprechen.

Bei der Umstellung von anderen Feuerstätten auf Gas muß der Querschnitt des Abgasrohres nach der Tafel neu bemessen werden.

Bei rechteckigen Querschnitten darf die längere Seite höchstens die 1,5fache Länge der kürzeren Seite haben.

Werden nach Genehmigung ausnahmsweise in ein Abgasrohr die Abgase weiterer Gasfeuerstätten eingeführt, deren Wärmebelastung die der bereits angeschlossenen Feuerstätten um

Tafel **337**.1 Mindestquerschnitte für Abgasrohre

Nennwärmeleistung bis	Querschnitt für Abgasrohre rund (d)		quadratisch (a)		rechteckig (b, c; b ≦ 1,5c)		
kW	*F* cm²	*d* cm	*F* cm²	*a* cm	*F* cm²	*b* cm	*c* cm
2,8	20	5	25	5	24	6	4
4,2	28	6	36	6	35	7	5
5,9	38	7	49	7	48	8	6
9,1	50	8	64	8	70	10	7
13,3	62	9	81	9	77	11	7
17,4	80	10	100	10	104	13	8
21,6	95	11	121	11	126	14	9
27,2	115	12	144	12	150	15	10
35,0	135	13	169	13	176	16	11
44,0	150	14	196	14	204	17	12
52,3	180	15	225	15	247	19	13

mehr als 25% übersteigt, muß das Abgassammelrohr bereits vor der Einführung in den Abgasschornstein einen entsprechend größeren Querschnitt erhalten, der 80% der Summe der einzelnen Querschnitte betragen muß (**337**.2).

Es empfiehlt sich in diesem Fall der Einbau einer geeigneten Abgasklappe in jeder Feuerstätte.

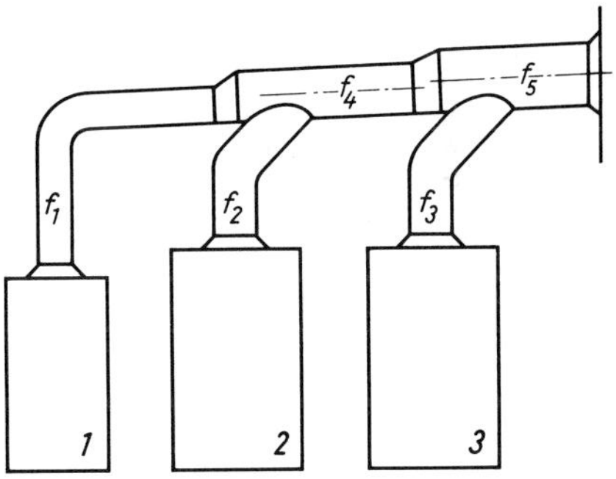

337.2 Zusammenführung von Abgasrohren
f_1, f_2, f_3 Querschnitt der Abgasrohre in cm²
$f_4 = 0{,}8\,(f_1 + f_2)$
$f_5 = 0{,}8\,(f_3 + f_4)$
1, 2, 3, Feuerstätten

Zusammenbau. Abgasrohre sind ansteigend auf dem kürzesten Weg zum Schornstein zu führen. In gemischtbelegte Schornsteine sind sie waagerecht einzubauen (**327**.1).

Für je 2 m wirksame Schornsteinhöhe sollten nicht mehr als 1 m, insgesamt jedoch nicht mehr als 2 m waagerechtes oder ansteigendes Abgasrohr installiert werden.

Mehrere zusammengeführte Abgasrohre müssen zum Schornstein strömungsgünstig verlaufen. Das gemeinsame Rohrstück soll möglichst kurz sein (**337**.2).

Abgasrohre müssen nach der Muster-Feuerungsverordnung (MFeuVO) von Bauteilen nachfolgend aufgeführte Mindestabstände haben.

Von Türbekleidungen und ähnlichen untergeordneten Bauteilen aus brennbaren Baustoffen 20 cm, von anderen Bauteilen aus oder mit brennbaren Baustoffen 40 cm.

Wenn die Abgasrohre mindestens 2 cm dick mit nichtbrennbaren Dämmstoffen ummantelt sind, dürfen die vorstehenden Abstände bis auf ein Viertel verringert werden.

Bei Abgasrohren für Gasfeuerstätten ohne Gebläse und einer Nennwärmeleistung bis 30 kW genügt abweichend ein Abstand von 5 cm.

Führen Abgasrohre durch brennbare Baustoffe oder Bauteile, sind diese im Umkreis von mindestens 20 cm aus nichtbrennbaren Baustoffen herzustellen oder ein Abstand von mindestens 20 cm durch ein nichtbrennbares Schutzrohr sicherzustellen (**568**.1).

Bei Abgasrohren für Gasfeuerstätten ohne Gebläse und einer Nennwärmeleistung bis 30 kW genügt abweichend ein Umkreis von 10 cm.

Dicht verschließbare Prüföffnungen genügender Größe sind in Abgasrohren, die zum Prüfen oder Reinigen nicht herausgenommen werden können, in ausreichender Anzahl anzuordnen.

Durch unbeheizte Nebenräume führende Abgasrohre sind aus wärmedämmenden Baustoffen oder mit einer wärmedämmenden Ummantelung auszuführen.

Abgasrohre dürfen nicht durch Räume führen, in denen die Aufstellung von Gasfeuerstätten unzulässig ist.

Strömungssicherung. Gasfeuerstätten mit Brennern ohne Gebläse für Schornsteinanschluß, deren Abgase durch natürlichen Auftrieb abgeführt werden, müssen vom Hersteller mit einer Strömungssicherung ausgerüstet sein, die als Bestandteil der Feuerstätte gilt und sich im Aufstellraum befinden muß (**825**.1).

Gasfeuerstätten mit Gebläsebrenner müssen ohne Strömungssicherung betrieben werden.

Feuerstätten mit Saugzugventilator dürfen, Wechselbrandkessel müssen ohne Strömungssicherung betrieben werden.

Abgasklappe. Mechanisch betätigte Abgas-Absperrvorrichtungen müssen DIN 3388 T. 2, thermisch gesteuerte DIN 3388 T. 4 entsprechen, vom DVGW anerkannt sein, der Betriebsweise der betreffenden Feuerstätte angepaßt und nach Anleitung der Hersteller eingebaut werden.

Eine mechanisch betätigte oder thermisch gesteuerte Abgas-Absperrvorrichtung ist eine Abgasklappe im Abgangsrohr, die bei Betrieb der Gasfeuerstätte geöffnet, sonst aber geschlossen ist (**327**.1b). Die geschlossene Klappe schützt den Aufstellraum vor Wärmeverlusten.

Thermisch gesteuerte Abgas-Absperrvorrichtungen, die zur Verbesserung der Wirksamkeit gemeinsamer Schornsteine oder zur Energieeinsparung eingesetzt werden, sind bei Gasfeuerstätten mit Brennern ohne Gebläse hinter der Strömungssicherung anzuordnen (**327**.1b).

Gas-Raumheizer mit Handschaltung und Gas-Durchlaufwasserheizer erfordern keine besonders schnell öffnende Abgasklappe, Gas-Umlaufwasserheizer sowie Gas-Raumheizer mit automatischer, gleitender Regelung verlangen eine besonders empfindliche und schnell reagierende Abgasklappe, während wärmespeichernde Feuerstätten wie Heizkessel auf mechanisch gesteuerte Abgasklappen angewiesen sind (s. auch Abschnitt 10.7.2).

Schornsteinanschluß. Abgasrohre müssen in demselben Geschoß, in dem sich die Gasfeuerstätte befindet, mit einem Doppelwandfutter (**327**.1), einer Rohrhülse oder einem anderen dichten Anschlußstück (**331**.1) an einen Schornstein angeschlossen werden, wobei der freie Schornsteinquerschnitt durch das Abgasrohr nicht eingeengt werden darf (**568**.2).

Feuerstätten mit und Feuerstätten ohne Strömungssicherung dürfen nicht an demselben Schornstein angeschlossen werden.

Feuerstätten mit einer Nennwärmeleistung ab 30 kW und alle Gasfeuerstätten ohne Strömungssicherung mit Gebläsebrennern sind an einen eigenen Abgasschornstein anzuschließen.

Ausnahmen sind zulässig für mehrere Feuerstätten ohne Gebläsebrennern in demselben Raum, wenn die Feuerungsanlage, also Gasfeuerstätte, Verbindungsstück und Schornstein, dafür geeignet ist.

Abgas-Drosselvorrichtung. In Abgasanlagen von Gasfeuerstätten an Schornsteinen dürfen Abgas-Drosselvorrichtungen oder Rußabsperrer nicht angeordnet werden.

Eine Abgas-Drosselvorrichtung ist eine im Verbindungsstück oder Abgasstutzen angeordnete Einrichtung, die den Strömungswiderstand des Abgasweges erhöhen soll.

5.2 Anlagen für Flüssiggas

5.2.1 Allgemeines

Flüssiggas gestattet, auch solche ländliche Bezirke oder Stadtrandgebiete mit Gas zu versorgen, die wirtschaftlich nicht an ein Gasversorgungsnetz angeschlossen werden können.

Als Flüssiggas bezeichnet man die Gase Propan, Propen, Butan, Buten und deren Gemische nach DIN 51622 sowie DVGW-Arbeitsblatt G 260 T. 1 (s. auch Abschnitt 8.4.1).

Flüssiggasgeräte sind für den Betrieb dieser drei Gasarten gebaut.

Flüssiggas ist bei normalem Druck und normaler Temperatur gasförmig, läßt sich aber durch geringen Druck verflüssigen und in Stahlbehältern speichern oder transportieren. Der Nenndruck in den nachfolgend beschriebenen Anlagen beträgt 50 mbar.

Neubau und Unterhaltung. Für die Planung, Erstellung, Instandhaltung und Änderung sowie Prüfung von Flüssiggasanlagen sind die „Technischen Regeln Flüssiggas“ (TRF 1988) maßgebend. Nachstehend werden daraus die wichtigsten Vorschriften erläutert, soweit sie von denen der DVGW-TRGI 1986 abweichen.

Die Richtlinie gilt für Behälteranlagen mit einem Rauminhalt bis zu 15000 l in Gebäuden und Grundstükken.

Die Installationsarbeiten für Flüssiggasanlagen dürfen nur von solchen Firmen ausgeführt, geändert, instandgehalten und überprüft werden, die dafür die erforderliche Erfahrung und Sachkunde besitzen.

Spezielle Sachkundige werden eventuell für die Überprüfung ortsfester oder erdgedeckter, mit kathodischem oder passivem Korrosionsschutz ausgestatteter Behälter erforderlich.

In den Installationsplänen können die Sinnbilder der Tafel **340**.1 verwendet werden.

Eine Flüssiggasanlage besteht aus der Versorgungsanlage und der Verbrauchsanlage (**341**.1).

5.2.2 Versorgungsanlagen

Eine Versorgungsanlage umfaßt alle zum Betreiben der Verbrauchseinrichtungen mit Flüssiggas dienenden Anlageteile bis zur Hauptabsperreinrichtung.

Sie kann aus Flüssiggasbehälter, Behälter-Anschlußleitungen, Hochdruck-Sammelleitungen, Umschaltarmaturen, Verdampfer, Druckregelgeräte, Hausanschlußleitungen, Hauptabsperreinrichtungen, Isolierstück, Sicherheitsabsperreinrichtungen und Sicherheitsabblaseeinrichtungen bestehen.

Es werden Einzelversorgungsanlagen, durch die ein Verbraucher versorgt wird, und Sammelversorgungsanlagen, durch die mehrere Verbraucher gemeinsam versorgt werden, unterschieden.

Tafel **340**.1 Sinnbilder für Flüssiggasanlagen

Sinnbild	Benennung	Sinnbild	Benennung
	Längenausgleich	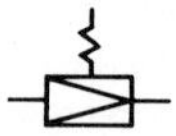	Druckregler mit Sicherheitsventil
	bewegliche Leitung		
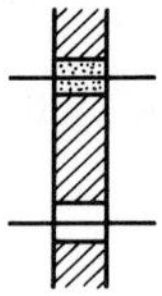	Mauerdurchbruch mit Schutzrohr und Abdichtung mit Spiel	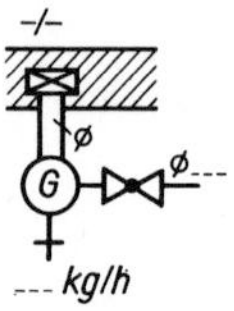	bei Gasfeuerstätten sind Gasleitung, Abgasleitung und Schornstein anzugeben
	Umschaltventil		Druckmesser
	Eckventil		Gasmangelsicherung
	Magnetventil		Sicherheits-Gasanschlußarmatur
	Rohrbruchventil		Abscheider
	Rückschlagventil nicht absperrbar	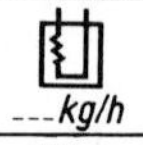	Verdampfer
	Fußventil		
	Druckregler ohne Sicherheitsventil		

Weitere Sinnbilder für Gasanlagen s. Tafel **314**.1.
Einheitliche Farben für Leitungspläne:

Gasleitungen	gelb
Kaltwasserleitungen	blau
Warmwasserleitungen	rot

Flüssiggasbehälter. Die in den Versorgungsanlagen verwendeten ortsbeweglichen (**341**.1) und ortsfesten (**345**.1) Behälter sind

Druckflaschen nach DIN 4661 T. 1 bis 7 (Rauminhalt 7,4 bis 79 l),
Fässer (Behälter mit Rollreifen, Rauminhalt 100 bis 1000 l),
Lagerbehälter, ortsfeste Druckbehälter für oberirdische Aufstellung nach DIN 4680 T. 1 (Nennvolumen 1 775 bis 6 700 l) sowie für halboberirdische Aufstellung nach DIN 4680 T. 2 (Nennvolumen 2 700 bis 6 700 l) und
Lagerbehälter, ortsfeste Druckbehälter für erdgedeckte Aufstellung nach DIN 4681 T. 1 (Nennvolumen 2 700 bis 100 000 l), mit Außenmantel nach DIN 4681 T. 2 (Nennvolumen 2 700 bis 12 000 l) sowie mit Außenbeschichtung nach DIN 4681 T. 3.

Ortsbewegliche Behälter wechseln zwischen Füllen und Entleeren ihren Standort, ortsfeste werden am Aufstellungsort gefüllt.

Vorratsbehälter werden vorrätig gehalten, sind jedoch nicht an die Versorgungsanlage angeschlossen. Gebrauchsbehälter sind zum Betrieb der Verbrauchseinrichtungen an die Versorgungsanlage angeschlossen.

Gebrauchsbehälter können Betriebsbehälter sein, aus denen bei Betrieb der angeschlossenen Geräte Gas entnommen wird, oder Reservebehälter, die nach Leerwerden der Betriebsbehälter die Gasversorgung übernehmen.

Behälterabmessungen. Genaue Zwischenmaße sind den einzelnen DIN-Normen zu entnehmen.

Druckflaschen sind zwischen 33 und 112 cm hoch bei Durchmessern zwischen 21 und 32 cm.

Oberirdische Druckbehälter sind zwischen 2,54 und 5,84 m lang bei Durchmessern zwischen 1,00 und 1,25 m.

Halboberirdische Druckbehälter sind zwischen 2,52 und 5,84 m lang bei einem Durchmesser von 1,25 m.

Erdgedeckte Druckbehälter sind zwischen 2,46 und 15,89 m lang bei Durchmessern zwischen 1,25 und 2,90 m.

Für den Jahresbedarf eines Einfamilienhauses liegen die Behältergrößen erfahrungsgemäß zwischen 5 000 und 12 000 l.

5.2.2.1 Ortsbewegliche Behälter

Anforderungen. Versorgungsanlagen mit Flüssiggasflaschen (**341**.1) müssen der Druckbehälterverordnung mit den dazugehörigen Technischen Regeln Druckgase (TRG), die Anschlußgewinde der Absperrventile für Flaschen und Fässer DIN 477 T. 1 entsprechen.

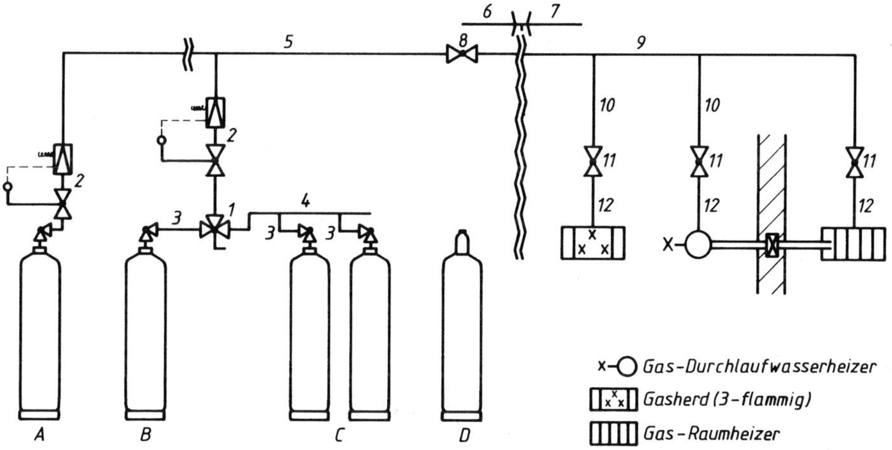

341.1 Beispiele von Flüssiggas-Flaschenanlagen mit Entnahme aus der gasförmigen Phase (nach TRF 1988)

1 Umschaltarmatur
2 Druckregelgerät mit Sicherheitsabsperrventil (SAV)
3 Hochdruckleitung
4 Hochdruck-Sammelleitung
5 Hausanschlußleitung
6 Versorgungsanlage
7 Verbrauchsanlage
8 Hauptabsperreinrichtung
9 Verbrauchsleitung
10 Abzweigleitung
11 Geräteanschlußarmatur
12 Geräteanschlußleitung

A Einflaschenanlage, Regleranschluß direkt am Flaschenventil
B Zweiflaschenlage (2. Flasche nicht abgebildet)
C Mehrflaschenanlage (2. Flaschengruppe nicht abgebildet)
D Vorratsbehälter

B+C können entweder als Betriebs- oder als Reservebehälter geschaltet sein

Aufstellung. Flüssiggasflaschen, außer solchen mit einem Füllgewicht unter 14 kg, bedürfen einer Schutzzone, die dem Schutz der Behälter vor Gefahren von außen und zugleich dem Schutz der Umgebung vor Gefahr durch die Behälter dient.

Schutzbereich. Er stellt einen kegelförmigen Raum dar, dessen Grundfläche und Höhe die Maße nach Tafel **342**.1 haben muß.

Tafel **342**.1 Schutzbereiche für Flüssiggasflaschen, Abmessungen (nach TRF 1988)

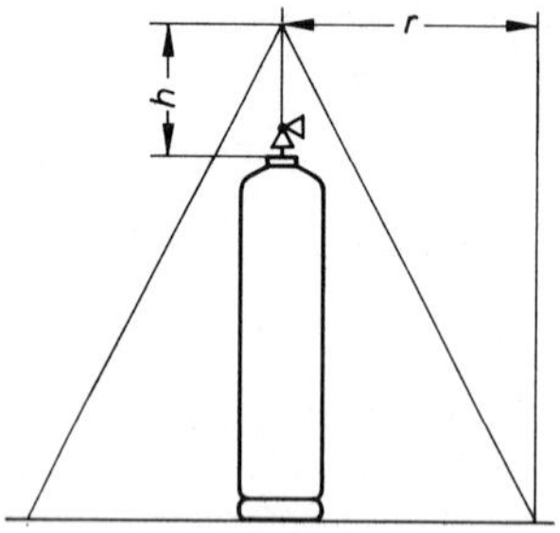

Bei Entnahme aus der Gasphase	Höhe über dem Flaschenventil h (m) Radius r (m)	im Freien	in Räumen
Einzelflasche und Batterie mit 2 bis 6 Flaschen	h	0,5	1
	r	1	2
Batterie mit mehr als 6 Flaschen	h	0,5	1
	r	2	3

Die Lage der Kegelspitze ist senkrecht über dem Behälterventil anzunehmen.

Der Schutzbereich darf sich nicht auf Nachbargrundstücken oder öffentlichen Verkehrsflächen befinden.

Die Schutzzone darf an höchstens zwei Seiten durch mindestens 2 m hohe öffnungslose Wände aus nicht brennbaren Baustoffen eingeengt sein.

In der Schutzzone dürfen sich keine gegen Gaseintritt ungeschützte Kelleröffnungen, Luft- und Lichtschächte, Bodenabläufe, Kanaleinläufe sowie keine Zündquellen befinden. Brennbare oder explosionsfähige Stoffe dürfen darin nicht gelagert werden.

Elektrische Anlagen müssen den Sonderbestimmungen der DIN VDE 0165 entsprechen.

Im Freien aufgestellte ortsbewegliche Behälter müssen durch abschließbare Flaschenschränke oder -hauben aus nicht brennbaren Werkstoffen gegen Zugriff Unbefugter gesichert sein.

Flaschenschränke müssen oben und unmittelbar über dem Boden je eine Lüftungsöffnung von 1/100 der Bodenfläche haben, mindestens jedoch 100 cm^2.

Nicht zulässig ist die Aufstellung von Flaschen in Räumen unter Erdgleiche, in Treppenhäusern, Fluren, Durchgängen und Durchfahrten von Gebäuden, auch nicht in ihrer unmittelbaren Nähe.

Am Aufstellungsort von Flüssiggasflaschen darf weder mit offenem Feuer umgegangen noch geraucht werden, worauf durch ein dauerhaftes Schild mit dem Wortlaut „Flüssiggas-Anlage, Feuer und Rauchen verboten!" hinzuweisen ist.

Das Schild kann bei Aufstellung von Flaschen mit einem Füllgewicht ≦ 14 kg in Gebäuden mit Aufenthaltsräumen entfallen.

Alle Flaschen, auch leere Flüssiggasflaschen, sind stehend aufzubewahren.

Flaschenaufstellung mit einem Füllgewicht über 14 kg in Gebäuden. Innerhalb von Gebäuden dürfen diese Flaschen, Großflaschen nach DIN 4661 T. 1, nur in besonderen Räumen aufgestellt werden, die nur vom Freien aus durch nach außen aufschlagende Türen zugänglich sein müssen.

Von anderen Räumen müssen die Aufstellräume durch feuerbeständige Wände und Decken ohne Öffnungen getrennt sein und die Fußböden mindestens aus schwer entflammbaren Baustoffen bestehen.

Über dem Fußboden und unter der Decke muß je eine ins Freie führende Öffnung von mindestens 1/200 der Bodenfläche vorhanden sein. Unmittelbar neben oder unter den Lüftungsöffnungen dürfen sich weder Schächte noch Gebäudeöffnungen befinden.

Brennbare und explosionsfähige Stoffe dürfen in Aufstellräumen nicht gelagert und abgestellt werden. Der Umgang mit offenem Feuer und Rauchen ist nicht zulässig und ein Hinweisschild an der Türaußenseite erforderlich. Elektrische Anlagen müssen DIN VDE 0165 entsprechen.

Die Oberflächentemperaturen von Heizungen dürfen 300°C nicht überschreiten. Sind Temperaturen über 110°C möglich, werden Verkleidungen aus nicht brennbaren Stoffen mit schräger Abdeckung erforderlich.

Flaschenaufstellung mit einem Füllgewicht bis 14 kg in Gebäuden. Innerhalb von Gebäuden mit Aufenthaltsräumen, jedoch nicht Schlafräumen, dürfen nur Flaschen mit bis zu 14 kg Füllgewicht, das sind Kleinflaschen, aufgestellt werden. Innerhalb einer Wohnung dürfen höchstens 2 dieser Flaschen, einschließlich entleerter, je Raum jedoch nur 1 Flasche vorhanden sein.

Damit das Flüssiggas in der Flasche nicht höher als bis auf 40 °C erwärmt wird, sind von Wärmestrahlungsquellen die Mindestabstände der Tafel **343**.1 einzuhalten.

Tafel **343**.1 Mindestabstände der Flaschen mit bis zu 14 kg Füllgewicht zu Wärmestrahlungsquellen (nach TRF 1988)

Wärmestrahlungsquelle	ohne Strahlungsschutz in cm	mit Strahlungsschutz in cm
von Heizgeräten, Feuerstätten und ähnlichen Wärmequellen	70	30
von Heizkörpern	50	10
von Gasherden und ähnlichen Wärmequellen	30	10

Bei kombinierten Gas/Kohleherden gilt für den Kohleteil der größere, für den Gasteil der kleinere Abstand.
Der Strahlungsschutz ist aus nichtbrennbaren Baustoffen zwischen Wärmequelle und Flasche fest anzubringen.

Innerhalb und unterhalb von Verbrauchseinrichtungen, wie Gaskochern und Gaswasserheizern, dürfen Flaschen nur aufgestellt werden, wenn sie nicht im unmittelbaren Strahlungsbereich der Brennerflamme liegen.

Ein Flaschenschrank oder Schrankraum zur Aufstellung einer Gebrauchs- oder Vorratsflasche muß oben und unten je eine Lüftungsöffnung von 1/100 der Bodenfläche haben.

Aufstellung in gewerblichen Anlagen. Für Anlagen, die gewerblichen oder wirtschaftlichen Zwecken dienen, sind die Technischen Regeln für Flüssiggas nur dann anzuwenden, wenn keine anderen gewerbespezifischen Regeln einzuhalten sind.

Für größere Anlagen sind die Installationsvorschriften der TRF 1988 sinngemäß anzuwenden.

Anschluß. Für die Entnahme des Flüssiggases aus der gasförmigen Phase sind die Flaschen aufrecht stehend anzuschließen.

Bei Fässern muß das Tauchrohr des Entnahmeventiles nach oben zeigen.

Die Anzahl der für den Betrieb erforderlichen Gebrauchsbehälter ist nach dem Anschlußwert aller angeschlossenen Verbrauchseinrichtungen unter Berücksichtigung der Dauer und Gleichzeitigkeit der Benutzung zu bemessen.

An eine Flasche mit einem Füllgewicht bis 14 kg dürfen Verbrauchseinrichtungen bis zu einem Gesamtanschlußwert von 1,5 kg/h angeschlossen werden (Taf. **344**.1).

Tafel **344**.1 Geräteanschlußwerte für einfache Anlagen (nach TRF 1988)

Geräteart	Anschlußwert kg/h	Nennweite mm	Anschlußmaß nach DIN mm
Gaskühlschrank	0,03	6	8/1
Gasleuchte	0,03*)	6	8/1
Gaskocher	0,15*)	6	8/1
Gas-Backofen	0,3	6	8/1
Gasherd	0,7	6	8/1
Gas-Raumheizer	0,8	9	12/1,5
Gas-Heizkessel	2,0	12	15/1,5
Gas-Vorratswasserheizer	1,5	9	12/1,5
Gas-Durchlaufwasserheizer	2,0	12	15/1,5
Gas-Kombiwasserheizer	2,5	12	15/1,5

*) je Brenner

Für Flaschen-Anschlußleitungen sind Schläuche der Druckklasse 30 für Flüssiggas nach DIN 4815 T. 1 und 2 oder Rohrspiralen aus nahtlos gezogenen Kupfer- oder Stahlrohren zu verwenden.

Bei direktem Anschluß der Regler an die Flaschen ist die Verwendung von Schlauchleitungen der Druckklassen 0,1 oder 6 zulässig.

Die Schläuche sind möglichst senkrecht von unten an die feste Rohrleitung so anzuschließen, daß die Schlauchverbindung nicht unzulässig mechanisch belastet wird.

Die Schlauchlänge für Flaschen darf höchstens 40 cm betragen. Sie sind für Fässer so kurz wie möglich zu halten.

5.2.2.2 Ortsfeste Behälter

Ortsfeste Druckbehälter für Flüssiggas, die am Aufstellort befüllt werden, sind in der Regel Lagerbehälter nach DIN 4680 T. 1 und 2 und DIN 4681 T. 1 bis 3.

Sie sind für eine oberirdische Aufstellung im Freien oder in Räumen und für die erdgedeckte Aufstellung genormt.

Anlagen dieser Art haben besonders in ländlichen Gegenden für Wohn- und ähnliche Gebäude eine steigende Bedeutung.

Schematische Beispiele von Flüssiggas-Versorgungsanlagen mit ortsfesten Behältern zeigt Bild **345**.1.

Aufstellung. Ortsfeste Behälter dürfen oberirdisch im Freien oder in Räumen aufgestellt oder erdgedeckt außerhalb von Räumen eingelagert werden.

Als erdgedeckt eingelagert gelten Behälter, die allseitig mit mindestens 50 cm überdeckt sind.

Alle Behälter müssen für die Befüllung gut zugänglich sein.

Oberirdische Aufstellung im Freien. Im Freien aufgestellte Behälter müssen standsicher, gegen mechanische Einwirkungen von außen und unzulässige Erwärmung durch Sonneneinstrahlung geschützt sein. Alle Armaturen müssen leicht und sicher bedient werden können.

Die Behälter werden im allgemeinen auf eine armierte, ebene Betonbodenplatte in Abmessungen nach TRF 1988 mit etwa 2% Neigung zur Armaturenseite hin aufgestellt (**346**.1).

Bei nicht eingefriedetem Grundstück dürfen Unbefugte keinen Zutritt erhalten.

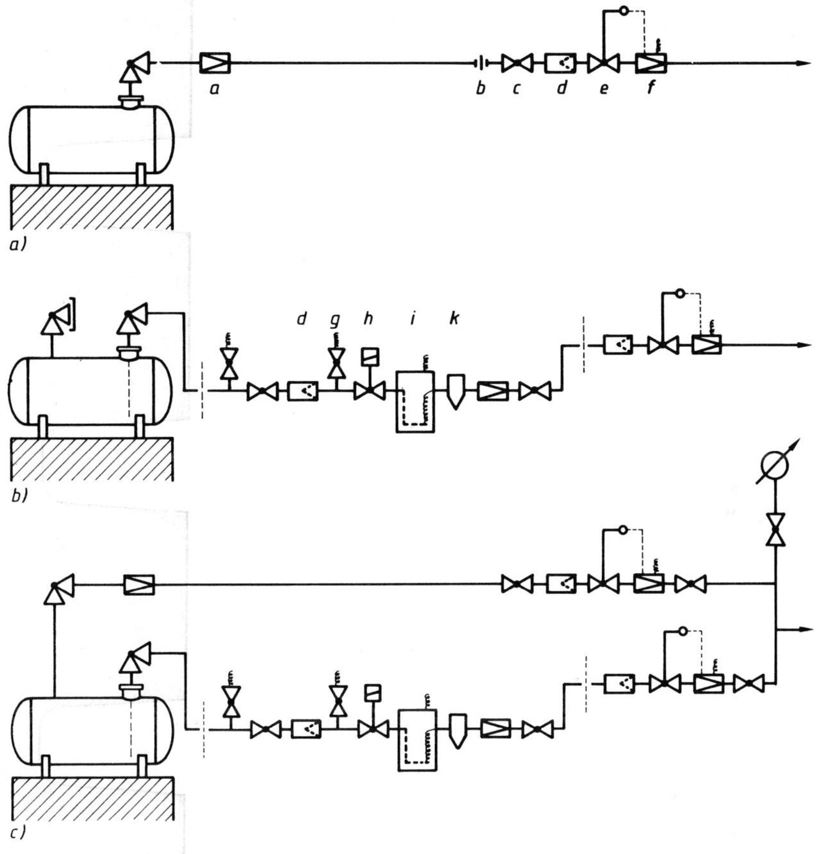

345.1 Beispiele von Flüssiggas-Versorgungsanlagen mit ortsfesten Behältern (nach TRF 1988)
a) Entnahme aus der gasförmigen Phase
b) Entnahme aus der flüssigen Phase
c) Entnahme aus der gasförmigen und flüssigen Phase
zweistufige Regelung:
a = Druckregelgerät 1. Stufe
b = Isolierstück
c = Absperrventil
d = Filter (vorgebaut oder eingebaut)
e = Sicherheitsabsperrventil
f = Druckregelgerät 2. Stufe mit SBV
g = Sicherheitsventil
h = Magnetventil
i = Verdampfer
k = Abscheider

Die oberirdischen Behälter müssen zu Lägern mit brennbaren Stoffen einen Sicherheitsabstand von mindestens 5 m haben.

Diese Anlagen sind preiswert und gut kontrollierbar. Der Aufstellort im Garten bringt jedoch optische Probleme, die meist nur durch geschickte Bepflanzung ausgeglichen werden können.

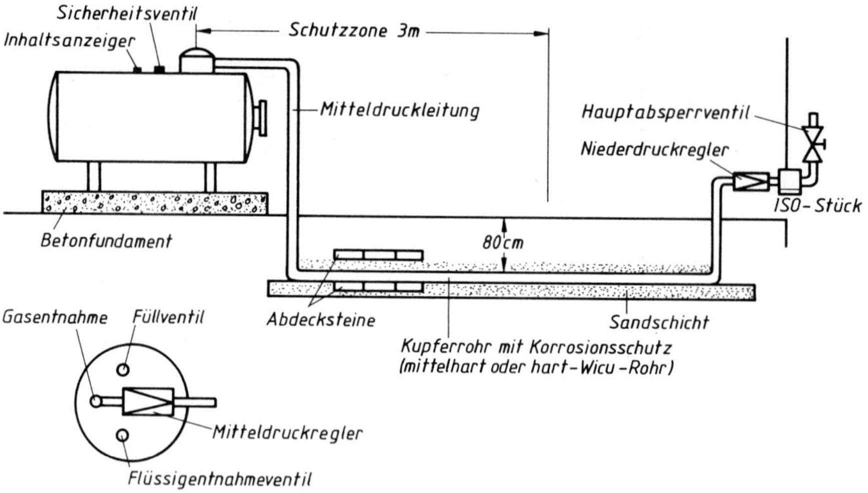

346.1 Ortsfester Behälter, oberirdische Aufstellung im Freien, Schnitt und Domdraufsicht (unter Abdeckung)

Oberirdische Aufstellung in Räumen. Hier dürfen ortsfeste Flüssiggasbehälter nur in besonderen Räumen, die mindestens in feuerhemmender Bauweise ausgeführt sind, aufgestellt werden. Sie müssen von anderen Räumen feuerbeständig abgetrennt sein. Öffnungen zu Nachbarräumen sind nicht zulässig.

Der Aufstellraum muß vom Freien aus durch nach außen aufschlagende Türen zugänglich sein. Der Fußboden darf allseitig nicht unter Erdgleiche liegen.

Der Raum muß be- und entlüftet werden. Dies ist durch je eine ins Freie führende Öffnung von mindestens 1/100 der Bodenfläche unmittelbar über dem Fußboden und unter der Decke vorzusehen.

Kanaleinläufe, offene Schächte oder Kelleröffnungen müssen Flüssigkeitsverschlüsse erhalten.

Im Raum dürfen keine brennbaren Flüssigkeiten, Holz, Holzspäne, Papier, Heu, Stroh oder Gummi gelagert werden.

Die Abblaseleitungen der Sicherheitsventile und Druckregelgeräte sind getrennt und von Zündquellen weit genug entfernt ins Freie zu führen.

Der Aufstellraum ist mit dem Sicherheitskennzeichen „Feuer, offenes Licht und Rauchen verboten“ zu kennzeichnen.

Die Behälteraufstellung im Gebäude erfolgt bei guten Wartungsmöglichkeiten und ohne Korrosionsgefahr, jedoch mit zusätzlichen Baukosten.

Erdgedeckte Aufstellung. Die Erdbehälter sind durch eine einwandfreie Isolierung gegen Korrosion geschützt, die wasserundurchlässig ist, Stahl nicht angreift und gegen Einflüsse des Erdreiches widerstandsfähig bleibt.

Unmittelbar vor dem Absenken in die Grube wird die Behälterisolation geprüft und dies von einem Sachkundigen bescheinigt. Weist die Umhüllung Schäden auf, müssen sie ausgebessert und erneut überprüft werden.

Der Behälter muß auf einer mindestens 20 cm dicken verdichteten Sandschicht mit einer Korngröße bis 3 mm verlegt werden. Zusätzlich muß eine mindestens 20 cm dicke steinfreie Sandschicht den gesamten Behälter umgeben (**347**.1).

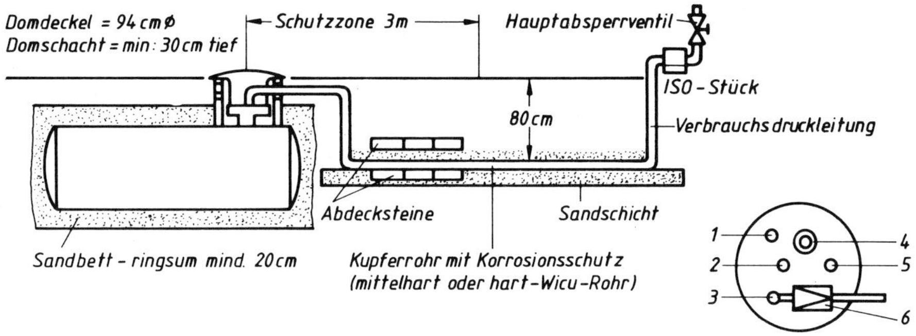

347.1 Ortsfester Behälter, erdgedeckte Aufstellung, Schnitt und Domschachtdraufsicht (unter Abdekkung)

1 Füllventil
2 Flüssigentnahmeventil
3 Gasentnahme
4 Inhaltsanzeiger
5 Sicherheitsventil
6 Regler

Der Lagerbehälter soll mindestens 80 cm von Kabeln, Leitungen und Gebäudefundamenten entfernt bleiben. Nebeneinander liegende Behälter müssen einen Mindestabstand von 40 cm einhalten.

Die Armaturen von erdgedeckten Behältern müssen ohne Einsteigen in den Domschacht betätigt werden können.

Die Behälter müssen erforderlichenfalls nach DVGW-Regel G 603 kathodisch geschützt werden (s. auch Abschnitt 10.2.6.5).

Auf den Korrosionsschutz kann verzichtet werden, wenn aus besonderen Gründen eine Außenkorrosion ausgeschlossen werden kann.

Dies kann unter anderem durch den Nachweis geschehen, daß durch die örtlichen Gegebenheiten keine Korrosionsgefährdung besteht oder daß durch einen passiven Korrosionsschutz mit besonderer Wirksamkeit, wie Expoxidharz-Isolierung oder Doppelwand, die Korrosion ausgeschlossen wurde.

Der unterirdische Lagerbehälter ist, außer dem Armaturenschachtdeckel, nicht sichtbar, es geht keine Gartenfläche verloren und die Schutzzonenfläche ist kleiner. Nachteilig sind die höheren Anschaffungs- und Einbaukosten sowie Mehrkosten bei evtl. notwendigem zusätzlichen Korrosionsschutz.

Schutzbereich. Oberirdisch oder erdgedeckt im Freien aufgestellte Behälter müssen von einem Schutzbereich umgeben sein, damit bei Undichtheiten eine Explosionsgefahr vermieden wird.

Der Schutzbereich darf sich nicht auf Nachbargrundstücke oder öffentliche Verkehrsflächen erstrecken.

Die Schutzbereiche sind bei oberirdisch im Freien aufgestellten Behältern um die Anschlüsse und die Behälterwandungen (**348**.1a) und bei erdgedeckten Behältern um die Anschlüsse (**348**.1b) einzuhalten.

Die Abmessungen der Schutzzonenbereiche ortsfester Flüssiggasbehälter können dazu Tafel **348**.2 entnommen werden.

Auf die Wiedergabe einzelner Anforderungen an die Schutzbereiche, die Bemessung des Schutzbereiches im Freien aufgestellter Behälter, sonstiger Sicherheitsvorkehrungen für Versorgungsanlagen mit ortsfesten Flüssiggasbehältern für jeden lokalen Einzelfall muß hier aus Platzgründen verzichtet und auf den Abschnitt 3.2.5 der TRF 1988 verwiesen werden.

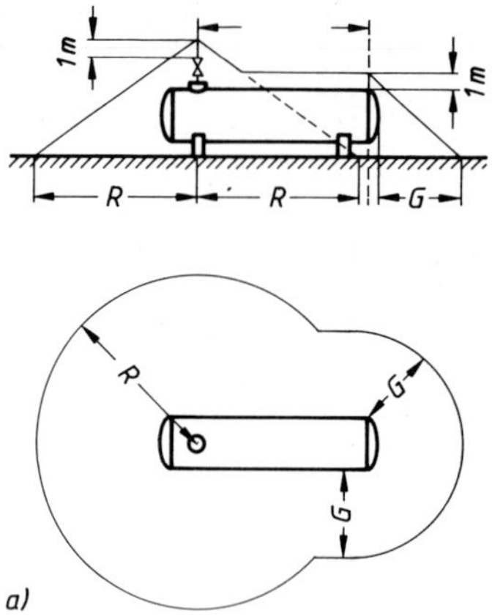

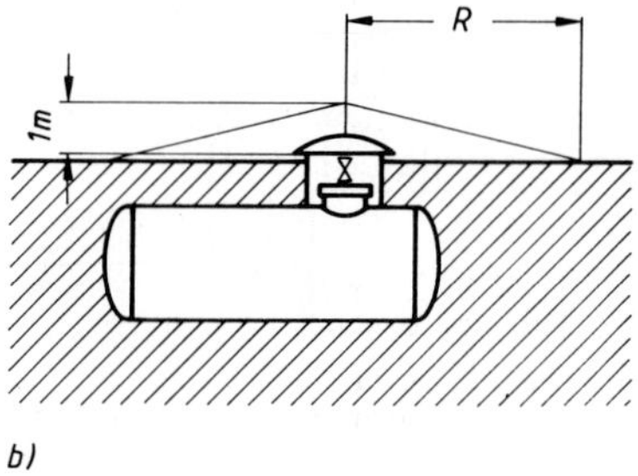

348.1 Beispiele der Schutzbereiche für ortsfeste Flüssiggasbehälter (nach TRF 1988)
a) oberirdische Aufstellung
b) erdgedeckte Aufstellung

Tafel **348**.2 Schutzbereiche ortsfester Flüssiggasbehälter

Aufstellungsart	oberirdisch				erdgedeckt	
Gasentnahme	aus der flüssigen Phase		ausschl. aus der Gasphase		beliebig	
Rauminhalt des Behälters	bis 5000 l	über 5000 l	bis 5000 l	über 5000 l	bis 10000 l	über 10000 l
R nach Abschnitt 3.2.5.3	5 m	10 m	3 m	5 m	3 m	5 m
G nach Abschnitt 3.2.5.3	2,5 m	5 m	1,5 m	2,5 m	–	–

Ausrüstung. Die ortsfesten Flüssiggasbehälter sind mit Druckmeßeinrichtung, Sicherheitseinrichtung gegen Drucküberschreitung, Höchststandpeileinrichtung und Inhaltsanzeiger sowie Absperreinrichtungen ausgerüstet (s. auch Abschnitt 5.2.3).

Jeder Behälter muß mit einer Druckmeßeinrichtung, einem Manometer, das den jeweils herrschenden Betriebsüberdruck anzeigt, ausgerüstet sein.

Das gut sichtbare Manometer muß direkt am Behälter oder in unmittelbarer Nähe angebracht sein.

Als Sicherheitseinrichtung gegen Drucküberschreitung muß jeder Behälter mit einem Sicherheitsventil ausgerüstet sein.

Sicherheitsventile mit einem Anschluß von weniger als DN 25 sind nicht zulässig.

Behälter mit mehr als 5000 l Inhalt müssen mit zwei Sicherheitsventilen ausgestattet sein.

Beim Ansprechen des Ventiles muß das Gas gefahrlos ausströmen können, wobei Austrittsöffnungen erdgedeckter Behälter im Domschacht münden dürfen.

Jeder Behälter muß außerdem eine Höchststandpeileinrichtung und einen Inhaltsanzeiger haben.

Die zulässige Füllgrenze beträgt bei oberirdischen Behältern im Freien und in Räumen sowie erdgedeckten Behältern mit weniger als 1 m Erdüberdeckung 85% des Behälterinhaltes, bei erdgedeckten Behältern mit mehr als 1 m Erdüberdeckung 90% des Behälterinhaltes.

In allen Leitungsanschlüssen müssen nahe am Behälter leicht zugängliche Absperreinrichtungen vorhanden sein.

In die Entnahmeleitung der flüssigen Phase (**345**.1) muß bei oberirdisch aufgestellten ortsfesten Behältern über 5000 l vor und hinter der handbedienbaren Absperrarmatur eine fernbedienbare Schnellschlußarmatur eingebaut werden.

Bei erdgedeckten Anlagen mit kathodischem Korrosionsschutz müssen elektrisch betriebene Ausrüstungsteile eine elektrische Trennung zum Potentialausgleich oder zum Schutzschalter haben.

Inbetriebnahme. Vor Inbetriebnahme dieser Anlagen ist eine Behälterakte über die erstmalige Prüfung und die Abnahmeprüfung anzufertigen.

Die Flüssiggasbehälter dürfen nur von sachkundigen Personen gewartet werden (s. auch TRB 700).

5.2.3 Leitungsanlagen

Allgemeine Gesichtspunkte zur Leitungsverlegung und die Abgasführung sind im Abschnitt 5.1 ausführlich beschrieben.

Die Leitungsanlagen für Flüssiggas umfassen die Anlagenbauteile Druckregler mit Sicherheitseinrichtungen, Rohrleitungen, Rohrverbindungen, Absperreinrichtungen und Gaszähler.

Rohrleitungen für Flüssiggas werden für einen Nenndruck PN 25 bemessen.

Druckregelgeräte. Sie vermindern und regeln den Gasdruck. Zu unterscheiden sind Behälterdruckregelgerät, Druckregelgerät, Hausdruckregelgerät, Großflaschendruckregelgerät und Kleinflaschendruckregelgerät.

Behälterdruckregelgeräte der 1. Stufe befinden sich unmittelbar am Behälter,
Druckregelgeräte der 2. Stufe sind in der Hausanschlußleitung vor der Hauseinführung installiert,
Hausdruckregelgeräte der 2. Stufe liegen in der Hausanschlußleitung nach der Hauseinführung,
Großflaschendruckregelgeräte sind für Flaschen über 14 kg Füllgewicht und
Kleinflaschendruckregelgeräte werden auch als Hausdruckregelgeräte für Flaschen bis 14 kg Füllgewicht bezeichnet.

Bei Flüssiggasflaschen werden Kleinflaschendruckregelgeräte oder Großflaschendruckregelgeräte nach DIN 4811 T. 1 und 4 unmittelbar mit dem Flaschenventil verbunden.

Großflaschendruckregelgeräte können auch mit einem Halter fest montiert und durch die Behälteranschlußleitung oder über die Hochdrucksammelleitung mit dem Behälter verbunden sein (**341**.1).

Der Verbindungsschlauch zwischen Druckregler und Leitung darf während des Flaschenwechsels durch das Gewicht des Reglers nicht geknickt werden.

Bei Verwendung von Flaschen mit einem Füllgewicht bis 14 kg in Gebäuden mit Aufenthaltsräumen dürfen nur Haushaltsdruckregelgeräte mit einem Manometer verwendet werden, die unmittelbar an das Flaschenventil anzuschließen sind.

Das Manometer dient zu Kontrollprüfungen.

Bei ortsfesten Behältern wird der Behälterdruck zweistufig auf den Anschlußdruck, dem Fließdruck am Gasanschluß eines Gerätes, herabgesetzt (**345**.1).

Das Druckgerät der 1. Regelstufe am Behälter muß den Gasdruck auf < 1 bar vermindern.

Mit dem 2. Druckregelgerät, der 2. Regelstufe, ist der Gasdruck auf den Nenndruck der Geräte von 50 mbar zu reduzieren.

Sicherheitsabsperreinrichtungen. Sie sind im normalen Betrieb geöffnet. Sie sperren den Gasstrom selbsttätig ab, sobald die Anlage einen oberen oder unteren Ansprechdruck erreicht. Sie öffnen sich nach dem Sperren nicht selbsttätig.

Sicherheitsabsperreinrichtungen nach DIN 3381 bestehen aus Kontrollgerät, Schaltgerät, Stellantrieb und Stellglied.

Druckregelgeräte für Durchflußmengen über 1,5 kg/h und für den Nenndruck der Geräte von 50 mbar müssen ein Sicherheits-Absperrventil (SAV) erhalten, das den Gasdurchfluß unterbricht, um einen unzulässig hohen Druckanstieg zu verhindern.

Vor dem SAV ist ein Schmutzfänger anzuordnen, sofern er nicht im Druckregelgerät integriert ist (**345**.1).

Sicherheitsabblaseeinrichtungen. Sie sind im üblichen Betrieb geschlossen. Sie geben einen Gasstrom aus der druckführenden Leitung selbsttätig frei, sobald die abzusichernde Anlage den Ansprechdruck steigend erreicht. Sie schließen selbsttätig, wenn der Ansprechdruck wieder fällt.

Sicherheitsabblaseeinrichtungen nach DIN 3381 bestehen ebenfalls aus Kontrollgerät, gegebenenfalls Schaltgerät, Stellantrieb und Stellglied.

Druckregelgeräte für Durchflußmengen über 1,5 kg/h und für den Nenndruck der Geräte von 50 mbar müssen mit einem Sicherheits-Abblaseventil (SBV) ausgestattet sein.

Sind diese Geräte in Räumen installiert, muß das ausströmende Gas durch eine Abblaseleitung gefahrlos ins Freie abgeführt werden.

Rohre, Maße und Werkstoffe. Rohrleitungen, Armaturen und Formstücke müssen dicht und so beschaffen und eingebaut sein, daß sie den auftretenden Beanspruchungen standhalten.

Rohrleitungen in Gebäuden dürfen einschließlich ihrer Ummantelungen weder die Brandsicherheit gefährden noch bei äußerer Brandeinwirkung zu einer Explosionsgefahr werden.

Für die Erstellung der Leitungsanlagen gelten die Abschnitte 5.1.1 und 5.1.2 sinngemäß mit der Einschränkung, daß Leitungen aus nahtlosen oder geschweißten Stahlrohren nach DIN 2448 oder 2458, eine Mindestwanddicke von 2 mm, bei erdverlegten Leitungen von 2,5 mm, Leitungen aus nahtlosem Präzisionsstahlrohr nach DIN 2391 T. 1 und 2 mit einem Außendurchmesser bis 22 mm eine Mindestwanddicke von 1,5 mm haben müssen.

Freiliegende Innenleitungen aus Präzisionsstahlrohr mit einem Außendurchmesser bis 10 mm dürfen eine Mindestwanddicke von 1 mm haben.

Präzisionsstahlrohre dürfen nicht in der Erde verlegt werden.

Kupferrohre nach DIN 1786 und DVGW-Arbeitsblatt GW 392, Leitungsrohre für Kapillarlötverbindungen, können ebenfalls verwendet werden. Bis 22 mm Außendurchmesser beträgt die Mindestwanddicke 1 mm, darüber 1,5 mm.

Kunststoffrohre nach DIN 8074 und DVGW-Arbeitsblatt G 477 dürfen nur für erdverlegte Leitungen verarbeitet werden.

Die Verlegung ist nur statthaft, wenn ein Sicherheitsabsperrventil (SAV) vorgeschaltet ist.

Rohrweiten. Die Rohrweite muß so ausgelegt sein, daß die in den Rohrleitungen auftretenden Druckverluste nicht mehr als 5% des Betriebsdruckes betragen.

Die Rohrweiten sind nach dem in der Anlage 5 zu TRF 1988 aufgeführten Verfahren zu ermitteln.

Einen Anhaltspunkt für die zu erwartenden Werte bei einfachen Anlagen gibt Tafel **351**.1. Die hierin angegebenen lichten Rohrweiten sind für einen Gesamtdruckverlust von 2,5 mbar bei einem Nenndruck am Regler von 50 mbar errechnet.

In den Werten für die Rohrweiten sind die Druckverluste für Durchgangsventile, T- und Winkelstücke enthalten.

Tafel **351**.1 Nennweiten der Verbrauchsleitungen für Flüssiggasanlagen in mm (nach TRF 1988)

Leitungs- länge	Flüssiggasdurchsatz in kg/h (Anschlußwert)								
m	0,3	0,5	0,8	1,0	1,5	2,0	3,0	4,0	5,0
1	5	5	6	6	7	8	9	10	12
2	5	5	6	7	8	9	12	12	15
3	5	6	7	8	9	10	12	15	15
4	5	6	7	8	9	10	12	15	15
5	5	6	8	8	10	12	15	15	18
6	6	7	8	9	10	12	15	15	18
8	6	7	8	9	12	12	15	18	18
10	6	7	9	10	12	12	15	18	18
12	6	8	9	10	12	15	15	18	20
14	6	8	9	10	12	15	18	18	20
16	7	8	10	10	12	15	18	18	20
18	7	8	10	12	15	15	18	18	20
20	7	8	10	12	15	15	18	20	20
25	7	9	10	12	15	15	18	20	25
30	7	9	12	12	15	15	18	20	25

Geräteanschlußwerte und Mindestnennweiten für die Geräteanschlußleitungen können Tafel **344**.1 entnommen werden.

Auf die Rohrweitenberechnung kann verzichtet werden, wenn aus dem Gebrauchsbehälter nur Geräte mit DIN-Anschlußmaßen von 8 mm Außendurchmesser, etwa Gasherde oder Gas-Backöfen, versorgt werden und kein Gerät mehr als 2 m von dem Gebrauchsbehälter entfernt ist. In diesem Fall kann ein Rohr von 8 mm Außendurchmesser gewählt werden.

Für alle Geräte ist der Anschlußwert anhand der Herstellerangaben festzustellen.

Leitungsverlegung. Die Installation der Rohrleitungen erfolgt nach TRF 1988 sowie den allgemeinen Regeln, die für den Zusammenbau und die Verlegung von Kaltwasserleitungen und von Leitungen für die öffentliche Gasversorgung in den Abschnitten 2.5.4 und 5.1.2 mitgeteilt worden sind.

Gaszähler. Es sind nur vom DVGW/DVFG für Flüssiggas anerkannte Balgengaszähler nach DIN 3374 zu verwenden. Weitere Einzelheiten sind in Abschnitt 5.1.3 ausführlich erläutert.

5.2.4 Anschluß von Gasverbrauchseinrichtungen

Gasverbrauchseinrichtungen sind fest an die Geräteleitung anzuschließen. Gasgeräte ohne Abgasabführung dürfen auch lösbar angeschlossen werden.

Die Geräteanschlüsse sind so anzuordnen, daß sie durch den Betrieb des Gasgerätes nicht schädlich erwärmt und Gasschlauchleitungen von heißen Abgasen nicht berührt werden.

Gasfeuerstätten, Gasgeräte der Art B und C, müssen befestigt oder durch Anschlußleitungen starr angeschlossen werden.

Dünnwandige Präzisionsstahlrohre oder Kupferrohre bilden hierzu keinen ausreichend starren Anschluß.

Fester Anschluß. Er muß aus einer nur mit Werkzeug lösbaren Geräteanschlußarmatur (**352**.1) und der Geräteanschlußleitung bestehen. Die Anschlußleitung kann aus einer Schlauchleitung aus nichtrostendem Stahl nach DIN 3384 bestehen oder starr ausgeführt werden.

Die Gasgeräte dürfen auch mit einer Gasschlauchleitung nach DIN 3383 T. 2 mit einem gasführenden Innenschlauch aus Metall angeschlossen werden.

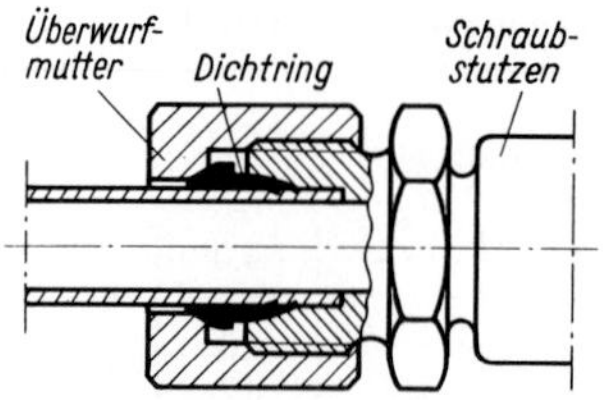

352.1 Lötlose Verschraubung für nahtloses Präzisionsstahlrohr

Lösbarer Anschluß. Er muß aus der Sicherheits-Gasanschlußarmatur und der Sicherheits-Gasschlauchleitung mit Anschlußstecker nach DIN 3383 T. 1 bestehen (**321**.1).

Geräteabsperreinrichtungen. Alle Gasgeräte müssen einzeln absperrbar, die Absperreinrichtungen in der Nähe der Gasgeräte leicht zugänglich angeordnet sein.

Ist ein lösbarer Gasanschluß zulässig, kann auf eine zusätzliche Geräteabsperreinrichtung verzichtet werden.

Bei Anlagen mit nur einem Gasgerät ist ebenfalls keine Absperreinrichtung erforderlich, wenn sich die Flasche oder die Hauptabsperreinrichtung mit dem Gasgerät im selben Raum befindet.

Im übrigen gelten die Ausführungen von Abschnitt 5.1.5 vollinhaltlich auch für den Anschluß und die Aufstellung von Verbrauchseinrichtungen in Flüssiggasanlagen.

5.2.5 Abgasabführung

Die Regeln und Vorschriften für die Abgasabführung häuslicher Feuerstätten der öffentlichen Gasversorgungsanlagen gelten auch für die Anlagen der Flüssiggasversorgung. Sie sind in Abschnitt 5.1.6 ausführlich beschrieben.

5.3 Technische Regeln

Deutsche Normen

DIN 3374	Gaszähler; Gaszähler mit verformbaren Trennwänden; Balgengaszähler (07.85)
DIN 3383	T. 1 Gasschlauchleitungen und Gasanschlußarmaturen; Sicherheits-Gasschlauchleitungen, Sicherheits-Gasanschlußarmaturen (06.90)
DIN 3383	T. 2 Gasschlauchleitungen und Gasanschlußarmaturen; Gasschlauchleitungen für festen Anschluß (06.90)
DIN 3384	Edelstahlschläuche für Gas (05.77)
DIN 3388	T. 2 Abgas-Absperrvorrichtung für Feuerstätten für flüssige oder gasförmige Brennstoffe, mechanisch betätigte Abgasklappen; Sicherheitstechnische Anforderungen und Prüfung (09.79)
DIN 3388	T. 4 Abgasklappen für Gasfeuerstätten, thermisch gesteuert, gerätegebunden; Anforderungen, Prüfung, Kennzeichnung (12.84)
DIN 4661	T. 1 Druckgasflaschen; geschweißte Stahlflaschen, Flaschen, Prüfdruck 30 atü (09.68)
DIN 4680	T. 1 Ortsfeste Druckbehälter aus Stahl für Flüssiggas für oberirdische Aufstellung; Maße, Ausrüstung (05.92)
DIN 4680	T. 2 Ortsfeste Druckbehälter aus Stahl für Flüssiggas für halboberirdische Aufstellung; Maße, Ausrüstung (05.92)

DIN 4681	T. 1	Ortsfeste Druckbehälter aus Stahl für Flüssiggas für erdgedeckte Aufstellung; Maße, Ausrüstung (01.88)
DIN 4681	T. 2	Ortsfeste Druckbehälter aus Stahl für Flüssiggas, mit Außenmantel, für erdgedeckte Aufstellung; Maße, Ausrüstung (06.84)
DIN 4811	T. 4	Druckregelgeräte für Flüssiggas; Druckregelgeräte und Sicherheitseinrichtungen mit ungeregeltem Eingangsdruck für Anlagen mit Flüssiggasflaschen (08.90)
DIN 4815	T. 1	Schläuche für Flüssiggas; Schläuche mit und ohne Einlagen (11.79)
DIN 18017	T. 1	Lüftung von Bädern und Toilettenräumen ohne Außenfenster; Einzelschachtanlagen ohne Ventilatoren (02.87)
DIN 18017	T. 3	Lüftung von Bädern und Toilettenräumen ohne Außenfenster, mit Ventilatoren (08.90)
DIN 18150	T. 1	Baustoffe und Bauteile für Hausschornsteine; Formstücke aus Leichtbeton; Einschalige Schornsteine, Anforderungen (09.79)
DIN 18160	T. 1	Hausschornsteine; Anforderungen, Planung und Ausführung (02.87)
DIN 18307		VOB Verdingungsordnung für Bauleistungen; Teil C: Allgemeine Technische Vertragsbedingungen für Bauleistungen (ATV); Druckrohrleitungsarbeiten im Erdreich (12.92)
DIN 18381		VOB Verdingungsordnung für Bauleistungen; Teil C: Allgemeine Technische Vertragsbedingungen für Bauleistungen (ATV); Gas-, Wasser- und Abwasser-Installationsanlagen innerhalb von Gebäuden (07.90)
DIN 51622		Flüssiggase; Propan, Propen, Butan, Buten und deren Gemische; Anforderungen (12.85)

DIN-VDE-Normen

DIN VDE 0165	Errichten elektrischer Anlagen in explosionsgefährdeten Bereichen (02.91)

DVGW-Regelwerk

G 260	T. 1	Gasbeschaffenheit (04.83)
G 600		Technische Regeln für Gas-Installationen; DVGW-TRGI 1986 (11.86)
G 600		Technische Regeln für Gas-Installationen; DVGW-TRGI 1986; Änderung (04.92)
G 637	T. 1	Anschluß von Gasgeräten der Art D an Hausschornsteine (03.93)
TRF 1988		Technische Regeln Flüssiggas (03.88)

6 Elektrische Anlagen

Starkstromanlagen. Dies sind elektrische Anlagen mit Betriebsmitteln zum Erzeugen, Umwandeln, Speichern, Fortleiten, Verteilen und Verbrauchen elektrischer Energie mit dem Zweck des Verrichtens von Arbeit, etwa in Form von mechanischer Arbeit, zur Wärme- und Lichterzeugung oder bei elektrochemischen Vorgängen (DIN VDE 0100).

Sie werden in Starkstromanlagen mit Betriebsspannungen unter 1000 Volt und in solche über 1000 V eingeteilt.

Eine andere Kennzeichnung in bezug auf die zu verwendenden Elektrogeräte unterscheidet Kleinspannungsanlagen mit einer Spannung gegen Erde bis 42 V, Niederspannungsanlagen mit 42 bis 250 V gegen Erde und Hochspannungsanlagen mit mehr als 250 V gegen Erde.

Schwachstromanlagen. Auch als Fernmeldeanlage bezeichnet sind dies das Netz der Deutschen Bundespost-Telekom sowie andere Fernmelde- und Informationsverarbeitungsanlagen einschließlich Gefahrenmeldeanlagen, Empfangsantennenanlagen für Ton- und Fernsehrundfunk und Blitzschutzanlagen.

6.1 Starkstromanlagen

6.1.1 Stromversorgung des Grundstückes

Gleichstrom. Er wird hauptsächlich für elektrische Bahnen mit Spannungen von 500 bis 3000 V und für bestimmte industrielle Zwecke verwendet und ist als Haushaltstrom nur noch in alten, noch nicht auf Wechselstrom umgestellten Versorgungsanlagen mit Netzspannungen von 110 und 220 V anzutreffen.

Wechselstrom. Er wird entweder einphasig, so in Glühlampen, Heizgeräten und kleinen Geräten oder Maschinen, oder als dreiphasiger Drehstrom angewendet.

Die Drehstrom-Vierleiteranlage mit 3 Phasen, Außen- oder Hauptleitern, und dem Mittelleiter (**355**.1) hält 2 verschiedene Spannungen bereit, nämlich 380 V zwischen zwei Phasen und 220 V zwischen einer der drei Phasen und dem Mittelleiter, oder auch der Erde in Netzen, in denen mit Hilfe des unmittelbar geerdeten Mittelleiters, hier auch Nulleiter genannt, die Schutzmaßnahme Nullung nach Abschnitt 6.1.9 angewandt wird.

Erzeugung. Elektrischer Strom wird heute fast durchweg in Großkraftwerken in Generatoren, die entweder in einem Wasserkraftwerk durch Wasserturbinen oder in einem Wärmekraftwerk durch Dampfturbinen angetrieben werden, als Dreiphasen-Drehstrom von $\leqq$ 10 000 V Spannung erzeugt, auf die zur wirtschaftlichen Verteilung erforderliche Hoch- oder Höchstspannung von 100 000 bis 380 000 V hochgespannt und über die Freiluft-Schaltanlage eines Umspannwerkes, die zugleich das Kraftwerk an das westeuropäische Verbundnetz anschließt, durch Freileitungen zu den Verwendungsgebieten geleitet.

Verteilung. Im Schalt- und Umspannhaus einer größeren Stadt wird die Hochspannung in Mittelspannung von meistens 10 000 V transformiert.

In den Netzstationen des Mittelspannungsnetzes spannt man die Mittelspannung auf Niederspannung 380/220 V herab und versorgt von hier aus mit einem in der Art von Maschen ausgebildeten Niederspannungsnetz alle übrigen Verbraucher, vor allem die Haushaltungen, mit Strom.

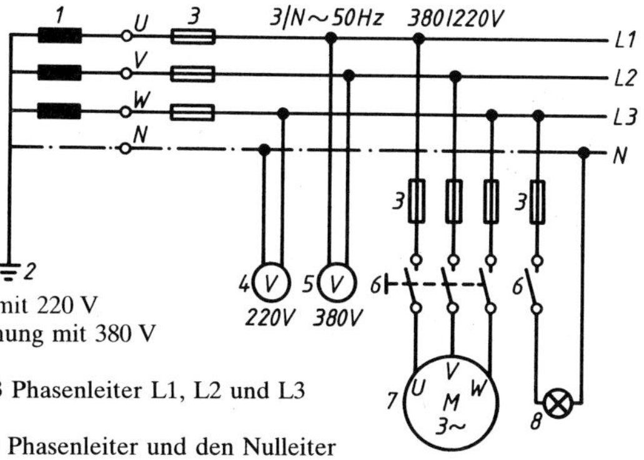

355.1 Schema des Drehstrom-Vierleiter-Versorgungsnetzes
1 Sekundärseite des Versorgungstransformators, in Stern geschaltet mit den Klemmen U, V, W und N
2 Betriebserde = Erdung von Sternpunkt und Mittelleiter
3 Sicherungen
4 Voltmeter, mißt Phasenspannung mit 220 V
5 desgleichen, mißt verkettete Spannung mit 380 V
6 Schalter
7 dreiphasiger Verbraucher, an die 3 Phasenleiter L1, L2 und L3 angeschlossen
8 einphasiger Verbraucher, an einen Phasenleiter und den Nulleiter angeschlossen

Hierbei übernehmen Kabelverteilerschränke, mit Hochleistungssicherungen zum Schutz der abgehenden Leitungen gegen Überlastung und Kurzschluß ausgerüstet, die Verteilung der elektrischen Energie in den einzelnen Straßenzügen.

Das Mittel- und das Niederspannungsverteilernetz in den Städten besteht durchweg aus etwa 70 cm unter den Gehbahnen der Straßen verlegten Erdkabeln (**355**.2).

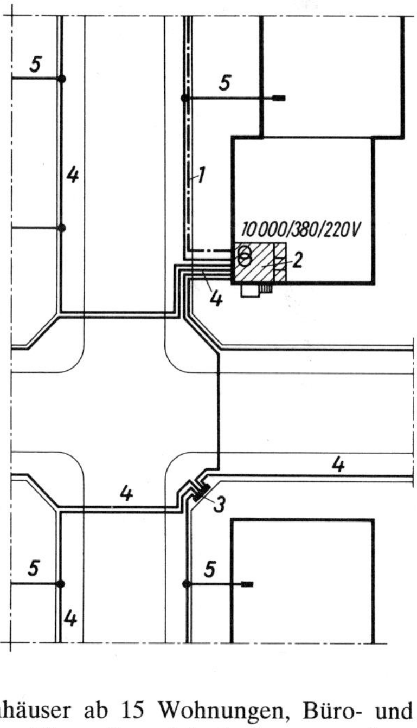

355.2 Von der Netzstation zum Hausanschluß (HEA)
1 Mittelspannungs-Straßenkabel 10 000 V
2 Netzstation, hier im Keller eines Wohnhauses untergebracht
3 Niederspannungs-Verteilerschrank
4 Niederspannungs-Versorgungsleitungen
5 Hausanschluß

Netzstationen. Größere Verbraucher, so Wohnhäuser ab 15 Wohnungen, Büro- und Verwaltungsgebäude oder Kaufhäuser, erhalten ihres größeren Energiebedarfes wegen einen Anschluß an das Mittelspannungsnetz über besondere Transformatorenstationen (**356**.1), in denen die Mittelspannung in Niederspannung umgewandelt wird.

Lage, Größe, bauliche Einzelheiten und Ausrüstung dieser Netzstationen sind in Abhängigkeit von der Größe der benötigten elektrischen Leistung, die im wesentlichen durch den Energiebedarf für Licht, Kraft und Wärme bestimmt wird und anhand von Erfahrungswerten näherungsweise zu ermitteln ist, vom EVU festzulegen (s. Abschnitt 6.1.4).

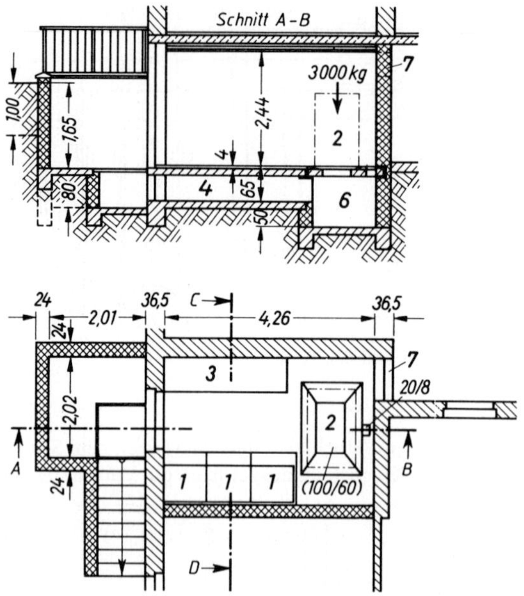

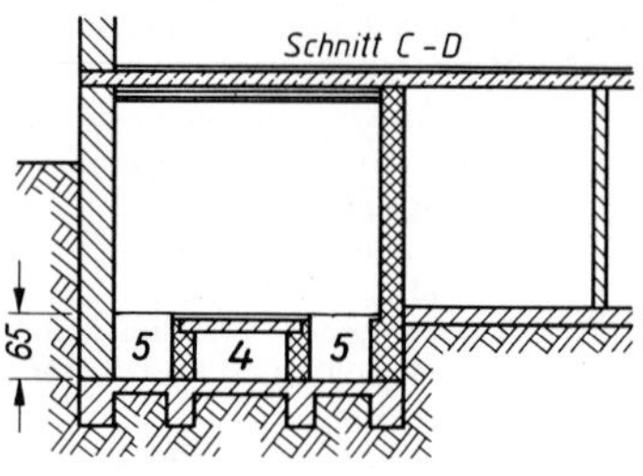

356.1 10 kV-Netzstation, einräumig, in einem Wohngebäude (M 1:150)

1 Schaltzellen (Mittelspannung)
2 Trafo (max. 125 kVA)
3 Niederspannungsverteilung
4 Zuluftkanal
5 Kabelkanal
6 Ölgrube unter dem Trafo
7 Abluftöffnung mit Jalousie

In ländlichen Gebieten versorgen 10 kV-Umspannwerke über 20 kV-Mittelspannungsfreileitungen unmittelbar die Ortsnetzstationen der einzelnen Gemeinden.

Aus wirtschaftlichen Gründen werden für ländliche Mittel- und Niederspannungsnetze Freileitungen vorgezogen.

Mit wachsender Energiedichte führen sich jedoch auch in ländlichen Gemeinden zunehmend verkabelte Ortsnetze ein, die das Ortsbild nicht stören.

Sonnenstrom. Die direkte Stromerzeugung aus der Energie des Sonnenlichtes wird unter Verwendung von photovoltaischen Solarzellen im Rahmen großflächiger Fassadenelemente bereits angewendet.

Photovoltaik (PV) ist die direkte Umwandlung von Licht in elektrischen Strom.

In Zukunft sollten insbesondere Brüstungen, Treppenhäuser, Fahrstuhlschächte und fensterlose Wände auf die Einsetzbarkeit von PV-Elementen untersucht werden.

Die PV-Fassadenelemente bestehen im Isolierglasaufbau aus einer Verbundglasscheibe aus zweimal Einscheibensicherheitsglas (ESG). Zwischen den Gläsern sind Solarzellen in einem Kunstoffmaterial eingebettet (**357**.1). Die Verkabelung geschieht über Anschlußdosen an der Rückseite der Module. Die Verbindungskabel werden in der Wand verdeckt angeordnet oder an der Modul-Tragekonstruktion befestigt.

Eine auf der Verwendung kristalliner Silizium-Solarzellen beruhende Photovoltaik-Anlage erreicht eine Spitzenleistung von etwa 100 Watt pro qm. Damit kann unter deutschen Einstrahlungsverhältnissen ein Energiegewinn von bis zu 100 kWh pro Jahr und qm, bei Montage der Module mit etwa 30° Neigungswinkel gegenüber der Horizontalen, erreicht werden. Bei vertikaler Montage ergibt sich ein zwischen 30 und 35% reduzierter Wert.

Die PV-Elemente erzeugen Gleichstrom, der über einen Wechselrichter in die übliche 230-Volt-Wechselspannung umgewandelt wird. Auf der Wechselstromseite wird die PV-Anlage unter Zwischenschaltung eines Wechselstromzählers mit dem Starkstromnetz gekoppelt.

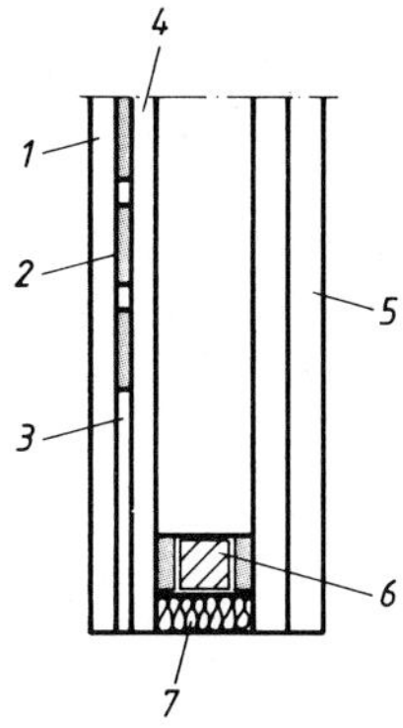

357.1 Solarmodul im Isolierglasaufbau (Schüco International)
1 Weißglas, hochtransparent, chemisch gehärtet
2 Solarzellen-Verbund
3 Folie, hochtransparent
4 Einscheibensicherheitsglas
5 VSG, ESG oder Floatglas
6 Abstandshalter
7 Abdichtung

Die EVUs sind verpflichtet, fachgerecht ausgeführte PV-Anlagen anzuschließen und aufgrund des Stromeinspeisegesetzes eventuelle Überschüsse zu vergüten. Das Starkstromnetz fungiert somit als Speicher für die PV-Anlage.

Eine gebäudeintegrierte Photovoltaikanlage ist noch teuer. Sie kostet etwa 2500 bis 4000 DM pro qm Modulfläche, wobei die Solarelemente rund die Hälfte dieser Beträge ausmachen. Die Solarzellenflächen verursachen fast keine Unterhaltungskosten. Die Lebensdauer wird derzeit auf 40 bis 50 Jahre geschätzt.

6.1.2 Elektrische Hausinstallation

Hausinstallationen sind nach DIN VDE 0100 elektrische Starkstromanlagen mit Nennspannung bis 250 V gegen Erde für Wohnungen sowie andere Starkstromanlagen mit Nennspannung bis 250 V gegen Erde, die in Umfang und Art der Ausführung der Starkstromanlagen für Wohnungen entsprechen.

Nennspannung, -stromstärke und -belastung sind die Größen, für die die Stromverbraucher und Leitungen gebaut und nach denen sie gekennzeichnet sind.

Planung. Die elektrische Installation eines Hauses muß so zukunftssicher ausgelegt sein, daß sie nicht nur den Betrieb ausreichender Beleuchtungsanlagen und aller heute unentbehrlichen Geräte gestattet, sondern darüber hinaus mit der wachsenden Anwendung des elektrischen Stromes auf absehbare Zeit Schritt hält und auf den Einsatz aller mit Sicherheit zu erwartenden neuen, der häuslichen Arbeitserleichterung und Behaglichkeit dienenden Geräte gerüstet ist.

Hierzu müssen Haupt- und Verteilungsleitungen ausreichende Querschnitte erhalten, Stromkreise und vor allem Steckdosen in genügender Anzahl vorgesehen werden.

Planungshinweise. Für die Planung von elektrischen Anlagen in Wohngebäuden gilt DIN 18015 T. 1 als Grundlage.

Sie ist auch für Gebäude mit vergleichbaren Anforderungen an die elektrische Ausrüstung sinngemäß anzuwenden.

Alle elektrischen Starkstrom-Einrichtungen des Hauses sind im Zusammenwirken von Architekt, Elektrofachmann und EVU rechtzeitig und sorgsam zu planen.

Während der Vorplanung sind außerdem die Anschlußvoraussetzungen für Fernmelde-, Breitband-Kommunikations- und Gemeinschaftsantennenanlagen mit dem zuständigen Fernmeldeamt abzuklären.

Die Notwendigkeit einer Ersatzstromversorgung ist dagegen bei der Bauaufsichtsbehörde zu erfragen.

Die bauordnungsrechtlichen Anforderungen des jeweiligen Bundeslandes sind mit einzuplanen.

Bei der Gebäudeplanung und -ausführung ist die Einbringung von Fundamenterdern (**373**.1) rechtzeitig zu berücksichtigen.

Der Architekt trägt in einen Satz Grundrißzeichnungen alle gewünschten Lichtauslässe, Schalter, Steckdosen und Geräte ein (**358**.1 und **359**.1).

Der Elektrofachmann ergänzt diese Eintragungen, soweit dies vom EVU gefordert wird, durch Einzeichnen der Leitungen zum Installations-Leitungsplan (**381**.1 und **382**.1).

Dieser Plan dient als Unterlage für die teilweise erforderliche Genehmigung durch das EVU, für das Leistungsverzeichnis und die Installationsarbeiten.

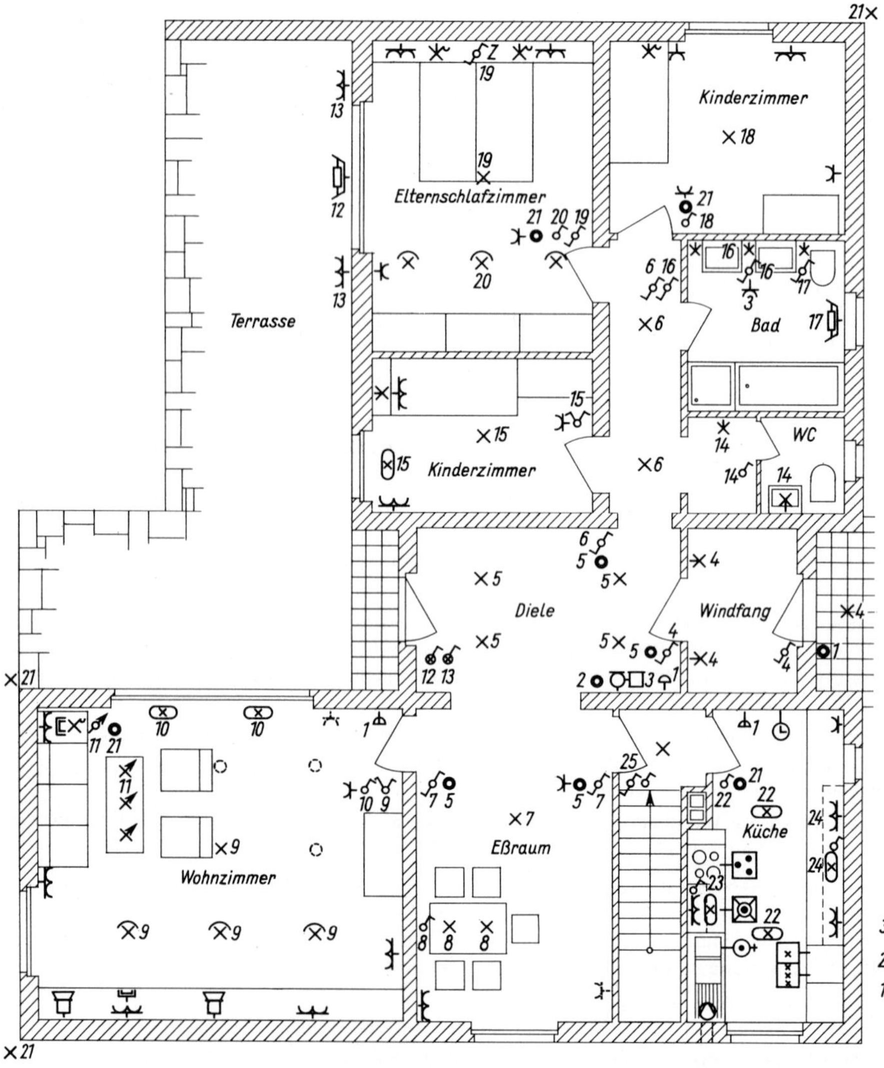

358.1 Architektenplan für die Elektroinstallation im Erdgeschoß eines Einfamilienhauses. Die angegebenen Zahlen bezeichnen Zuordnungen von Schaltern und zugehörigen Stromauslässen (M ca. 1:125)

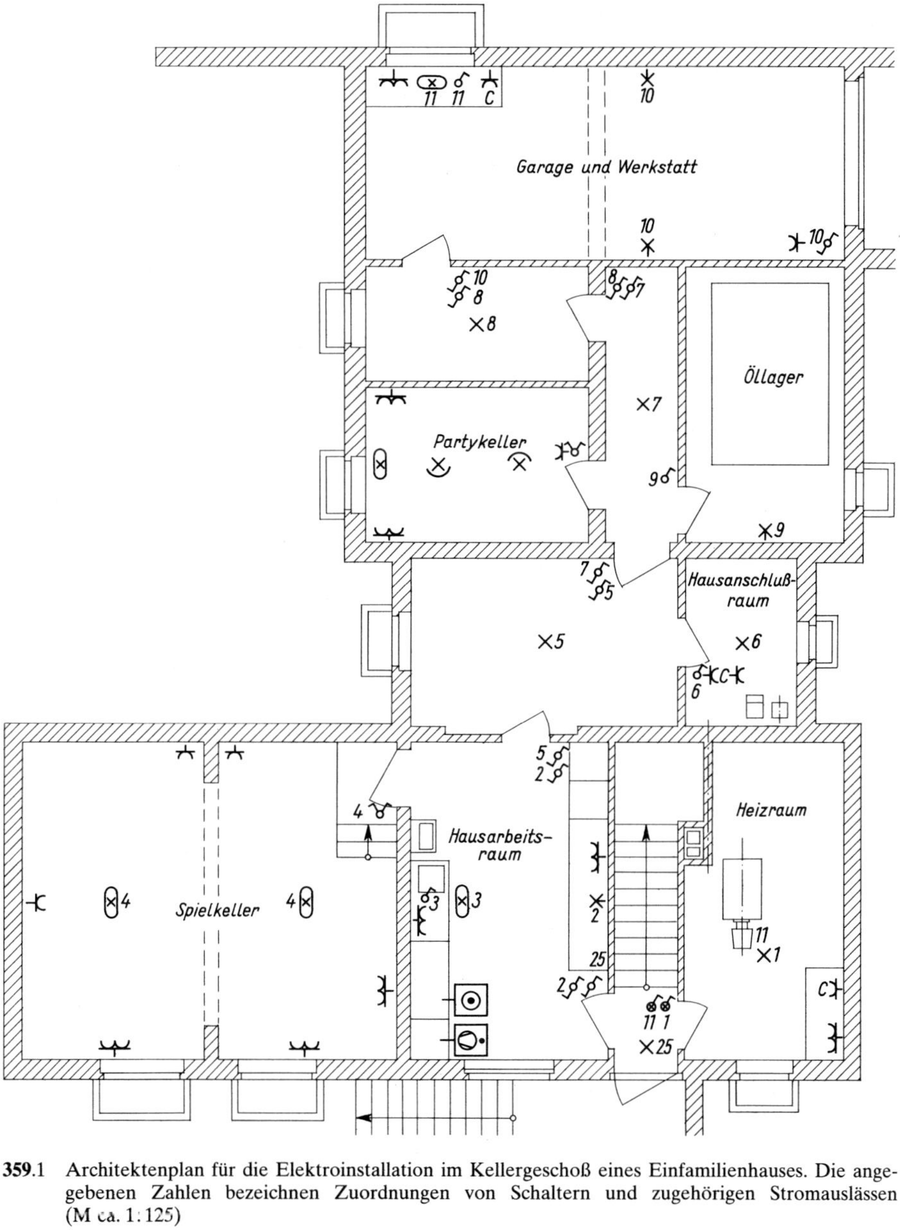

359.1 Architektenplan für die Elektroinstallation im Kellergeschoß eines Einfamilienhauses. Die angegebenen Zahlen bezeichnen Zuordnungen von Schaltern und zugehörigen Stromauslässen (M ca. 1:125)

Allen Plänen sind die Schaltzeichen der DIN 40900 zugrunde zu legen (Taf. **360**.1).

Tafel **360**.1 Schaltzeichen der Elektroinstallation (Auswahl)

Schaltzeichen	Bedeutung
	Leiter, allgemein
	Leiter, bewegbar
	Leiter im Erdreich, z. B. Erdkabel
	Leiter oberirdisch, z. B. Freileitung
	Leiter auf Isolatoren
	Leiter auf Putz
	Leiter im Putz
	Leiter unter Putz
	Leiter in Elektroinstallationsrohr
NYM-J 3×1,5	Leitung, z. B. Mantelleitung
NYY-J 1×10 0,6/1kV	Kabel, z. B. Kunststoffkabel
Cu 20×4	Stromschiene
	Leitung mit Kennzeichnung der Leiteranzahl, z. B. 3 Leiter
3	desgl. vereinfachte Darstellung
	Schutzleiter (PE), Nulleiter (PEN), Potentialausgleichsleiter (PL)
	Neutralleiter (N), Mittelleiter (M)
	Signalleitung
	Fernmeldeleitung
	Rundfunkleitung
	nach oben führende Leitung
	nach unten führende Leitung
	nach unten und oben durchführende Leitung
	Leiterverbindung
	Abzweigdose
	Dose
	Hausanschlußkasten
	Verteiler, Schaltanlage
	Umrahmungslinie
	Anschlußstelle für Schutzleiter
	Element, Akkumulator (Zelle) oder Batterie
220/8V	Transformator, z. B. Klingeltransformator 220/8 V
	Sicherung, allgemein
DII 10A	Schraubsicherung, z. B. 10 A Typ D II, dreipolig
10A	Schalter, z. B. 10 A, dreipolig
4	Fehlerstrom-Schutzschalter, vierpolig
	Leitungsschutzschalter
3	Motorschutzschalter, dreipolig
	Schalter mit Kontrollampe
	Ausschalter, einpolig
	Ausschalter, dreipolig
	Serienschalter, einpolig
	Wechselschalter, einpolig
	Kreuzschalter, einpolig
t	Zeitschalter
	Taster
	Leuchttaster
	Stromstoßschalter
	Näherungsschalter, Ausschalter
	Berührungsschalter, Wechselschalter
	Dimmer, Ausschalter
	Schutzkontaktsteckdose
3/N/PE	Schutzkontaktsteckdose für Drehstrom, z. B. fünfpolig
	Schutzkontaktsteckdose, abschaltbar
	Schutzkontaktsteckdose, abschaltbar und verriegelt, z. B. Garagensteckdose
3	Schutzkontaktsteckdose, z. B. dreifach
	Steckdose mit Trenntrafo, z. B. für Rasierer
	Fernmeldesteckdose
	Antennensteckdose
Wh	Zähler, Wattstundenzähler
	Schaltuhr, z. B. für Stromtarifumschaltung
t	Zeitrelais, z. B. für Treppenhausbeleuchtung
≈	Tonfrequenz-Rundsteuerrelais

Fortsetzung Tafel **360**.1

×	Leuchte, allgemein
× 5×60 W	Leuchte mit Angabe der Lampenzahl und Leistung, z. B. 5 Lampen je 60 Watt
	Leuchte mit Schalter
	Leuchte mit veränderbarer Helligkeit
	Sicherheitsleuchte in Dauerschaltung
	Sicherheitsleuchte in Bereitschaftsschaltung
	Scheinwerfer
	Leuchte für Entladungslampe, allgemein
3	Leuchte für Entladungslampen mit Angabe der Lampenzahl, z. B. 3 Lampen
	Leuchte für Leuchtstofflampe, allgemein
40W	Leuchtenband, z. B. mit 3 Leuchtstofflampen je 40 W
65W	Leuchtenband, z. B. mit 2 × 2 Leuchtstofflampen je 65 W
E	Elektrogerät, allgemein
	Küchenmaschine
	Elektroherd, allgemein
≈	Mikrowellenherd
	Backofen
	Wärmeplatte
	Friteuse
	Heißwasserspeicher
	Durchlauferhitzer
	Heißwassergerät, allgemein
	Infrarotgrill
	Waschmaschine
	Wäschetrockner
	Geschirrspülmaschine
	Händetrockner, Haartrockner
	Raumbeheizung, allgemein
	Speicherheizgerät
	Infrarotstrahler
	Lüfter
*	Klimagerät
***	Kühlgerät, Tiefkühlgerät (Anzahl der Sterne siehe Abschn. 1.1.4)
* ***	Gefriergerät (Anzahl der Sterne siehe Abschn. 1.1.4)
M	Motor, allgemein
HVt	Hauptverteiler
Vz ///	Verzweiger auf Putz
/// Vz	Verzweiger unter Putz
	Fernsprechgerät allgemein
	Fernsprechgerät, halbamtsberechtigt
	Fernsprechgerät, amtsberechtigt
	Fernsprechgerät, fernberechtigt
	Mehrfachfernsprecher, z. B. Haustelefon
	Wechselsprechstelle, z. B. Haus- oder Torsprechstelle
	Gegensprechstelle, z. B. Haus- oder Torsprechstelle
+	Fernmeldezentrale, allgemein
	Wecker
	Summer
	Gong
	Hupe
	Sirene
⊗	Meldeleuchte, Signallampe oder Lichtsignal
	Türöffner
	Elektrische Uhr, z. B. Nebenuhr
ϑ	Temperaturmelder
	Lichtstrahlmelder, Lichtschranke
Lx<	Dämmerungsschalter
	Antenne, allgemein
	Verstärker
	Lautsprecher
	Rundfunkgerät
	Fernsehgerät

Nur geschulte Elektrofachleute, denen die Berufsausübung durch gesetzliche Bestimmung sowie ergänzende Vorschriften des zuständigen EVU gestattet ist, dürfen elektrische Installationen herstellen.

Maßgebend sind die einschlägigen VDE-Vorschriften, insbesondere DIN VDE 0100, die zusätzlichen Technischen Anschlußbedingungen des zuständigen EVU, ferner die unter Abschnitt 6.4 aufgezählten Technischen Regeln.

Elektrische Armaturen und Geräte müssen den VDE-Vorschriften entsprechen. Dies ist unbedingt gewährleistet, wenn sie das VDE-Zeichen tragen.

In den nachfolgenden Ausführungen über die Starkstrominstallationen in Gebäuden und in den zugehörigen Bildern ist durchweg, soweit Abweichungen nicht ausdrücklich vermerkt sind, vorausgesetzt worden, daß als besondere Schutzmaßnahme gegen zu hohe Berührungsspannung die Nullung angewendet ist (s. Abschnitt 6.1.9.2).

6.1.3 Elektrische Rauminstallation

Das Leben des heutigen Menschen ist längst undenkbar geworden ohne die Ausnutzung der vielfältigen Dienste, die ihm der elektrische Strom in seiner Wohnung für die Gestaltung seines persönlichen Lebens, für seine Körper- und Gesundheitspflege ebenso wie zur Erleichterung aller in der Küche wie für die Wäsche- und Hauspflege anfallenden Arbeiten anbietet.

Diese Möglichkeiten sind jedoch nur auszuschöpfen, wenn Strom auch überall dort wirklich verfügbar ist, wo er gebraucht wird, wenn überall am richtigen Platz die zahlreichen Installationsgeräte, wie Schalter, Steckdosen, Lichtauslässe und Anschlüsse für Großgeräte, in der erforderlichen Art und Anzahl richtig angeordnet, vorhanden sind.

Daher wird die rechtzeitige, ausreichende und sinnvoll in die bauliche Gesamtplanung einbezogene grundsätzliche Planung der Stromversorgungsanlagen unabdingbarer Bestandteil der Entwurfsarbeit des Architekten.

Es lassen sich für eine solche Planungsarbeit keine starren Regeln aufstellen. So sind die in den nachstehenden Ausführungen gegebenen Hinweise nur als eine Planungshilfe zu verstehen.

Mindestausstattung. Für die Art und den Umfang der Mindestausstattung elektrischer Anlagen in Wohngebäuden gilt DIN 18015 T. 2 als Grundlage.

Ausgenommen hiervon sind die Ausstattung von technischen Betriebsräumen und betriebstechnischen Anlagen.

Die in der Norm festgelegte Anzahl der Stromkreise (Tafel **377**.1), Steckdosen, Auslässe und Anschlüsse für Verbrauchsmittel von 2 kW und mehr stellen eine Mindestausstattung für Wohnungen und Einzelräume dar. Sie sind nachfolgend für die einzelnen Räume angegeben.

Erhöht sich darüber hinaus die Anzahl der Mindestausstattungen, muß auch die Anzahl der Stromkreise angemessen erhöht werden.

Bei schaltbaren Wandauslässen muß auch die Lage der Schalter festgelegt werden.

Bei Räumen mit mehr als einer Tür und internen Geschoßtreppen sollen Schaltmöglichkeiten von mindestens zwei Stellen aus vorgesehen werden.

Im Freien zugängliche Steckdosen sind gegen unbefugte Benutzung zu sichern.

Hauseingang (**358**.1 und **461**.1). Neben mindestens einem Lichtauslaß an der Haustür, von innen und außen schaltbar, und einer Hausnummernleuchte sind hier Klingel, Türöffner (**420**.1) und eine Sprechstelle der Haussprechanlage (**420**.2 und **421**.1) vorzusehen.

Auch das Namensschild muß mittelbar oder unmittelbar einwandfrei beleuchtet sein.

Windfang, Flur, Diele (**358**.1 und **461**.1). Je nach Raumgröße sollten 2 bis 3 Deckenleuchten oder punktförmige Strahler, auch als Lichtband, am besten von jeder Flurtür aus über Fernschalter durch Taster schaltbar sein. Am Garderobenspiegel sind 2 seitliche Wandleuchten und außerdem möglichst 2 Steckdosen, etwa für Staubsauger und ein weiteres Gerät, anzuordnen.

Mindestausstattung: eine Steckdose und eine Beleuchtung von einer Schaltstelle schaltbar bei einer Flurlänge bis 2,50 m, über 2,50 m Flurlänge eine Beleuchtung von zwei Stellen aus schaltbar.

Wohnräume (**358**.1). Die Beleuchtung soll behaglich sein und Stimmung bringen können, ihre Helligkeit sollte daher über Dimmer (**404**.1) zu regeln sein.

Für die Allgemeinbeleuchtung können ein oder mehrere Deckenauslässe für Strahler in Serienschaltung, im Einklang mit Raumnutzung und -ausstattung angeordnet, gewählt und durch Wandauslässe ergänzt werden. Vor allem für größere Räume empfiehlt sich statt dessen oder zusätzlich eine indirekte Beleuchtung durch Lichtbänder mit Leuchtstofflampen über der Fenster- und auch über der Türzone.

Außerdem kann über einer Sitzgruppe eine Gruppe von Hängeleuchten angeordnet sein oder Strahler für ein effektvolles Punktlicht sorgen. Eine Sicherheits-Außenbeleuchtung, die Antriebe für Wand- und Fensterventilatoren oder für Rolläden können Bauherrenwunsch sein.

Ein Eßplatz erfordert einen besonderen Deckenauslaß für eine Hängeleuchte und Steckdosen für Toaster oder Warmhalteplatte.

Unmittelbar an jeder Zimmertür muß sich, mit dem Lichtschalter kombiniert, eine Steckdose zum bequemen Anschluß des Staubsaugers befinden.

Für eine gute Stereowiedergabe müssen die Lautsprecher räumlich voneinander getrennt gegenüber der Sitzzone angeordnet werden. Dort ist auch Platz für die Antennensteckdose und für 2 bis 3 Steckdosen zum Anschluß des Fernsehers, während innerhalb der Sitzzone für die zweckmäßig von hier aus zu bedienenden Geräte, wie Plattenspieler, Tonband- und Stereogerät, eine Antennensteckdose und mehrere Starkstrom-Steckdosen vorzusehen sind.

In der Fensterzone können sich die Anschlüsse für eine elektrische Heizung, für Klimageräte oder Lüfter befinden. Ein Raumtemperaturregler sitzt dagegen stets an einer Innenwand.

Mindestausstattung: bei einer Wohnfläche bis 8 qm zwei Steckdosen und eine Beleuchtung, zwischen 8 und 12 qm drei Steckdosen und eine Beleuchtung, zwischen 12 und 20 qm vier Steckdosen und eine Beleuchtung, über 20 qm Wohnfläche fünf Steckdosen und zwei Beleuchtungen.

Schlafzimmer (**358**.1 und **461**.1). Auch hier soll durch geschickte Wahl der Beleuchtung eine angemessene Stimmung erreicht werden, zu der ein Helligkeitsregler beitragen kann.

Für die allgemeine Beleuchtung dient ein Deckenauslaß oder besser eine indirekte Vorhang- oder Deckenleistenleuchte mit Wechselschaltern an der Tür und Gegenschalter über den Betten. Über dem Kopfende jedes Bettes ist eine abgeschirmte Lesebeleuchtung mit Schalter vorzusehen.

Angenehm ist die Ausleuchtung der Schrankachsen durch Deckenstrahler. Steckdosen für Heizkissen und andere medizinische Geräte sind an den Bettkopfenden vorzusehen, Spiegelbeleuchtungen stets beiderseits des Spiegels.

Bei einem vorhandenen Arbeitsplatz der Hausfrau im Schlafzimmer ist an eine Wandleuchte und an Steckdosen für einen Heimbügler und andere Geräte zu denken.

Mindestausstattung: wie unter Wohnräume, jedoch die den Betten zugeordneten Steckdosen als Doppelsteckdosen, die hier jeweils nur als eine Steckdose zählen.

Kinderzimmer (**358**.1 und **461**.1). Sie dienen nicht nur dem Schlafen, sondern auch dem Spielen und Arbeiten der Kinder und verlangen daher helle und vielseitige Beleuchtung.

Günstig ist eine Allgemeinbeleuchtung durch ein Band aus Leuchtstofflampen über dem Fenster, von der Sitzzone und der Tür aus zu schalten und durch Dimmer in der Helligkeit zu regeln sowie zusätzliche Wandleuchten oder Punktstrahler. Eine Lesebeleuchtung an den Betten sollte vorhanden sein.

Schwachstromanlagen sind wie im Wohnzimmer vorzusehen.

Küche (**358**.1 und **364**.1). Die Allgemeinbeleuchtung ist durch Deckenleuchten mit Leuchtstofflampen über der Vorderkante der Hauptarbeitsfläche oder besser im Vorhangkofferbereich, von der Tür aus schaltbar, anzuordnen. Weitere Lichtauslässe sind mit Schaltern in den verschiedenen Arbeitszonen zu installieren.

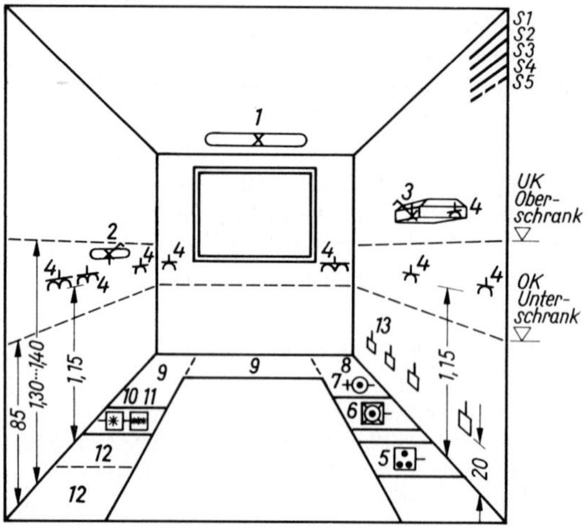

S 1 Stromkreis 1, Beleuchtung und Steckdosen
S 2 Stromkreis 2, Elektroherd
S 3 Stromkreis 3, Geschirrspüler
S 4 Stromkreis 4, Heißwasserbereiter
S 5 Stromkreis 5, Reserve (evtl. Leerrohr)

1 Deckenleuchte in Fensternähe
2 Arbeitsleuchte
3 desgleichen, in Dunstabzugshaube
4 Steckdosen über den Arbeitsflächen
5 Elektroherd mit Backofen
6 Geschirrspüler
7 Heißwasserbereiter unter der Spüle
8 Spüle
9 Arbeitsfläche mit Unterschrank
10 Kühlschrank (oben)
11 Gefrierschrank (unten)
12 Hochschränke für Vorräte usw.
13 Auslaß zu Stromkreis 5

364.1 Elektrische Installation einer Küche (nach HEA)

Empfehlenswert ist ein umlaufendes Lichtband unter den Hängeschränken und außerdem Anschlüsse für Ventilator und Dunsthaube. An jedem Arbeitsplatz sind für die zahlreichen Küchengeräte mehrere Steckdosen einzuplanen, dazu die Anschlüsse für die Großgeräte E-Herd, Backofen, Mikrowellenherd, Geschirrspüler sowie Kühl- und Gefrierschrank (s. auch Abschnitt 1.1.5 und 1.1.6.5).

Mindestausstattung: für Kochnischen drei Steckdosen und zwei Beleuchtungen; für Küchen sechs Steckdosen, davon eine für Kühl-/Gefriergerät, und zwei Beleuchtungen, ein Auslaß für die Lüfter oder Dunstabzug sowie drei Großgeräteanschlüsse für Herd, Geschirrspülmaschine und erforderlichenfalls Warmwassergerät.

Hausarbeitsraum (**359**.1). Die Hauptbeleuchtung sollte am besten durch ein Lichtband aus Leuchtstofflampen in der Fensterzone mit einem Ausschalter an der Tür vorgesehen werden. Weitere Lichtauslässe sind mit zugehörigen Schaltern an den Arbeitsplätzen anzuordnen.

Steckdosen oder Anschlußdosen für Waschmaschine, Wäscheschleuder, besser Trockner, Heimbügler, Nähmaschine und kleine Geräte und am Wasch- oder Ausgußbecken für einen Heißwasserbereiter gehören zur Standardinstallation (s. auch Abschnitt 1.2.5).

Mindestausstattung: drei Steckdosen und eine Beleuchtung, ein Auslaß für Lüfter, drei Großgeräteanschlüsse für Waschmaschine, Wäschetrockner und Bügelmaschine.

WC-Raum (**358**.1). Der vom Bad möglichst getrennte oder als Tages-WC geplante Toilettenraum sollte mit einem vollnutzbaren Waschplatz groß genug bemessen sein.

Mindestausstattung: eine Steckdose in Kombination mit Waschtisch, zwei Auslässe, eine für Beleuchtung und eine für Lüfter bei fensterlosem WC.

Bad (**365**.1 und **372**.2). Für das nur der Körperreinigung dienende Badezimmer genügt eine Hauptbeleuchtung im Fensterbereich mit Schalter außerhalb des Raumes neben der Tür, dazu je eine Wandleuchte beiderseits des Spiegels mit gemeinsamem Schalter und eine Steckdose für Rasierer, elektrische Zahnbürste und Mundduschе am Waschtisch.

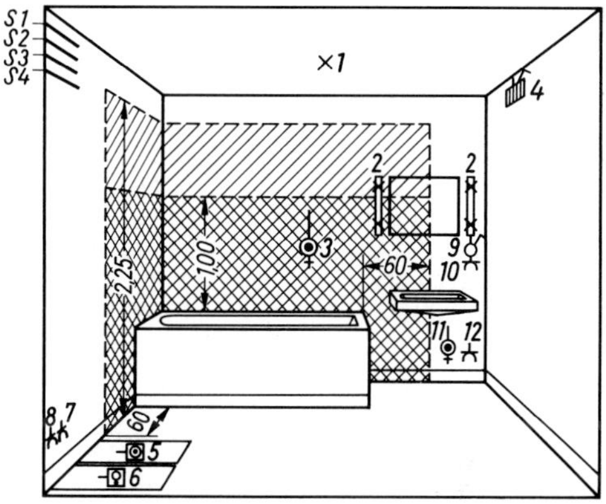

365.1 Elektrische Installation im Badezimmer
1 Fensterleuchte oder Deckenleuchte (Schalter neben der Tür)
2 Spiegelleuchten
3 Heißwasserbereiter für Badewanne
4 Infrarotstrahler
5 Waschmaschine
6 Wäschetrockner
7 Steckdose zu 5
8 Steckdose zu 6
9 Schalter zu Spiegelleuchten 2
10 Steckdose für Kleingeräte, wie Rasierer oder Zahnbürste
11 Heißwasserbereiter 2000 W für Waschtisch
12 Steckdose zu 11

nur senkrecht und waagerecht verlegte Zuführungsleitungen zu fest angebrachtem Gerät zulässig

keine Schalter und Steckdosen, außer Geräteeinbauschaltern

Der Auslaß für Infrarot-Wärmestrahler sollte etwa 2,25 m über dem Fußboden liegen. Eine elektrische Fußbodenheizung im Bad ist idealer.

Bei dezentraler Warmwasserbereitung sind die Anschlüsse für einen oder mehrere Heißwasserbereiter für Wanne und Waschtisch zu planen.

Bäder und Duschecken in Wohnungen und Hotels gelten nach DIN VDE 0100 T. 701 zwar nicht als Feuchträume, doch sind die in dieser Bestimmung enthaltenen Vorschriften über Schutzbereiche nach Bild **365**.1 sorgfältig zu beachten.

Kann auf einen Anschluß für den Rasierer innerhalb des Schutzbereiches nicht verzichtet werden, so ist eine Rasiersteckdose mit Trenntransformator einzubauen.

Diese Vorschriften über Schutzbereiche gelten auch für bewegliche Bade- und Duscheinrichtungen, wie Schrankbäder und Duschkabinen.

Innerhalb des Bades verlegte Leitungen dürfen nur die Einrichtungen des Bades selbst mit Strom versorgen. Sie dürfen keinen Metallmantel haben. Stegleitungen sind zulässig, die Leitungen im oder unter Putz nur senkrecht oder waagerecht zu verlegen. Besser verlegt man diese Leitungen aber auf der dem Baderaum abgewandten Seite der Trennwände.

Bewegliche Bade- und Duscheinrichtungen müssen mit einer beweglichen Leitung über eine ortsfeste Geräteanschlußdose angeschlossen werden.

Über den in Baderäumen erforderlichen Potentialausgleich s. Abschnitt 6.1.5.1.

Mindestausstattung: drei Steckdosen, davon eine in Kombination mit Waschtisch und eine für Heizgerät, drei Auslässe, davon zwei für Beleuchtung und einer für Lüfter bei fensterlosem Bad sowie zwei Großgeräteanschlüsse für Waschmaschine, sofern kein Hausarbeitsraum vorhanden ist, und erforderlichenfalls Warmwassergerät

Hausschwimmbad (**366**.1 und 2). Zur Vermeidung störender Reflexe auf dem Wasser sind ein Lichtband mit Leuchtstofflampen über der Fensterzone und ein zweites an der gegenüberliegenden Wand zu empfehlen.

Diese Allgemeinbeleuchtung kann durch eine getrennt schaltbare Unterwasserbeleuchtung (**71**.2) im Schwimmbecken ergänzt werden (**366**.1).

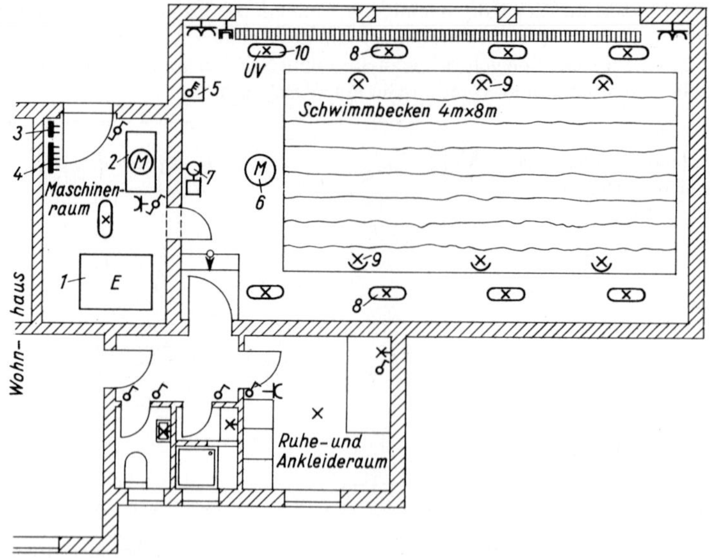

366.1 Architektenplan für die Elektroinstallation in einem Hausschwimmbad (M 1:150)

1 Schwimmbad-Kompaktanlage für Heizung, Klimatisierung und Beckenwassererwärmung
2 Filter- und Umwälzanlage
3 Unterverteilung UV-Leuchte
4 Unterverteilung Hausschwimmbad
5 Schalter UV-Leuchte
6 Gegenstromschwimmanlage
7 Haussprechanlage
8 indirekte Deckenbeleuchtung
9 Unterwasserscheinwerfer 24 V
10 UV-Leuchte

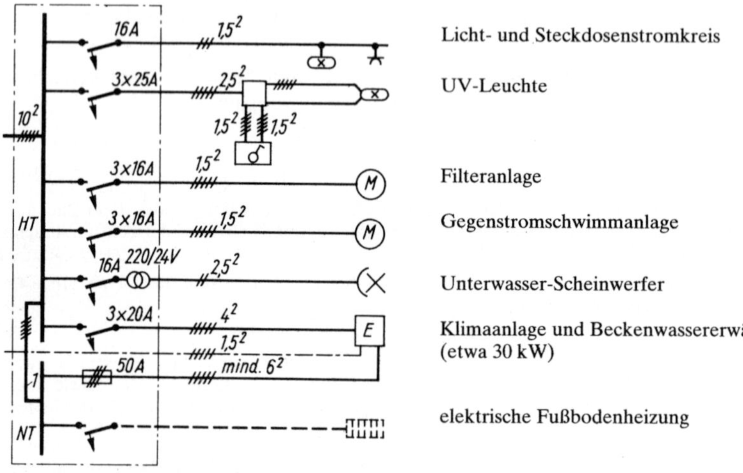

366.2 Stromkreise für ein Hausschwimmbad (zu Bild **366.1**)

1 Schaltorgane nicht dargestellt
HT Stromkreise stehen dauernd unter Spannung
NT Stromkreise nur während der Schwachlastzeiten des EVU unter Spannung

Bei elektrischer Heizung sind für Speicher- oder Direkt-Heizgeräte Anschlüsse in der Fensterzone und an einer Innenwand für die Beheizung einer Sitz-Liege-Zone zu schaffen.

Daneben empfiehlt sich eine Fußbodenheizung.

Anschlüsse für Durchlauferhitzer und Filteranlage gehören an die Stirnseite des Schwimmbekkens (s. auch Abschnitt 1.5.3).

Ein Anschluß für einen Zuluftventilator ist am Fußboden, ein anderer für einen Abluftventilator in Deckenhöhe vorzusehen.

Außerdem sind in ausreichendem Abstand vom Schwimmbecken genügend Steckdosen für Massagegeräte, Kosmetik- und Reinigungsgeräte zu installieren.

Für die gesamte Elektroinstallation gelten die Vorschriften für überdachte Schwimmhallen nach DIN VDE 0100 T. 702.

Saunaraum (**73**.1 und **74**.1). Alle Starkstromanlagen sind im Sauna-Heißluftraum oder dem umgebenden Bereich durch Schutzmaßnahmen nach DIN VDE 0100 T. 703 ausreichend gegen gefährliche Körperströme zu schützen.

Im Abstand von 50 cm um den Elektrosaunaofen und in einer Raumhöhe bis 30 cm unter der Decke dürfen nur elektrische Betriebsmittel angebracht werden, die zum Heizgerät gehören.

Die verlegten Kabel und Leitungen müssen schutzisoliert sein, dürfen keine Metallmäntel besitzen und nicht in Metallrohren verlegt werden.

Nicht in das Sauna-Heizgerät eingebaute Schaltgeräte müssen außerhalb des Saunaraumes angebracht werden.

Steckdosen sind in Saunaräumen verboten.

Nebenräume. Alle Räume im Keller und Dachgeschoß sind stets gut zu beleuchten, besonders Boden- und Kellertreppen.

In Mehrfamilienhäusern wird die Installation am besten an die Wohnungszähler der zugehörigen Wohnung angeschlossen, während die Beleuchtung der Kellerflure wie die des Gemeinschaftswaschraumes und des Trockenraumes Teil der Gemeinschaftsanlagen ist.

Bei mehreren Kellerausgängen erfolgt der Anschluß in Kreuz- oder Wechselschaltung.

Mindestausstattung: In Keller- oder Bodengängen muß bis 6 m Ganglänge eine Beleuchtung, je 6 m angefangene Ganglänge ein weiterer Auslaß für eine Beleuchtung vorhanden sein.

In gemeinschaftlich benutzten Keller- oder Bodenräumen muß je Raum mindestens eine Steckdose, bei Nutzflächen bis 20 qm eine Beleuchtung, ab 20 qm müssen zwei Beleuchtungen vorgesehen werden.

Im Hobbyraum werden mindestens drei Steckdosen und eine Beleuchtung verlangt.

Im Abstellraum ab 3 qm Grundfläche muß eine Beleuchtung vorhanden sein.

Gemeinschaftswaschraum. Die Installation muß in Feuchtraumleitung erfolgen und mindestens einen Deckenauslaß und einen Anschluß für Wandleuchte und Steckdosen für Waschmaschine und Wäschetrockner sowie für Kleingeräte aufweisen.

Ein vollelektrifizierter Gemeinschaftswaschraum (**368**.1) erfordert einen besonderen Licht- und Steckdosenstromkreis 16 A, dazu für jedes Großgerät einen besonderen Stromkreis.

Gemeinschaftsanlagen in Gebäuden mit mehr als zwei Wohnungen sind nach DIN 18015 T. 1 so zu planen, daß der Stromverbrauch gesondert gemessen werden kann.

Der Stromverbrauch wird entweder mit einem Münzzähler oder mit einem Haushalts-Umschalter (**368**.2) über den Wohnungszähler des jeweiligen Benutzers gemessen.

Treppenhaus. Im Mehrfamilienhaus ist die Steuerung der Treppenhausbeleuchtung durch einen Treppenhausautomaten mit Tastschaltern (**406**.2 und **420**.1) heute selbstverständlich.

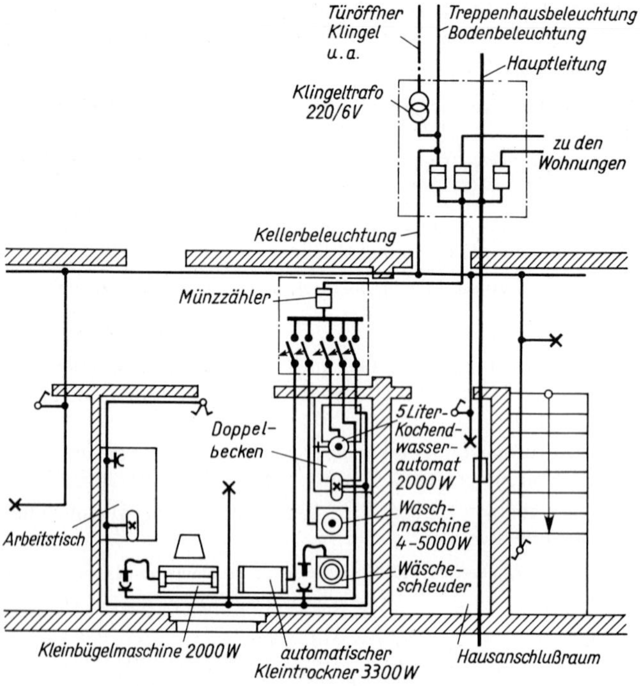

368.1 Installationsplan eines Gemeinschaftswaschraumes für 10 bis 12 Familien (Gesamtanschlußwert ca. 15 kW) (M 1:100)

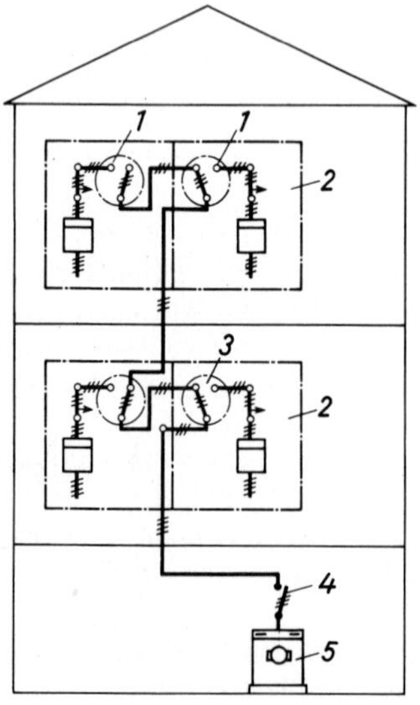

368.2 Schaltung für Gemeinschaftswaschraum im Mietshaus mit HU-Schalter

1 anstehende Spannung
2 Zählerschrank im Treppenhaus
3 Haushalts-Umschalter (HU-Schalter) mit Wanderschaltknebel, 4polig, 25 A, 220/380 V
4 Ausschalter
5 Waschmaschine

Außenanlagen (**358**.1 und **381**.1). Neben der Beleuchtung unmittelbar am Hauseingang können für eine unfallsichere Beleuchtung aller in der Dunkelheit zu begehenden Wege und Freitreppen weitere Außenleuchten notwendig werden.

Eine Terrassen- und Gartenbeleuchtung, auch durch Scheinwerfer zum Anstrahlen von Pflanzengruppen, sowie Infrarot-Wärmestrahler an der Terrasse können hinzukommen.

Als elektrische Mindestausstattung nach DIN 18015 T. 2 wird für den Freisitz eine Steckdose und ab 8 qm Nutzfläche eine Beleuchtung gefordert.

Bei freistehenden Einfamilienhäusern sollte eine Sicherheitsbeleuchtung, schaltbar über Fernschalter mit Tastschaltern im Wohnraum, im Schlafzimmer oder von der Diele aus, mit mindestens je einer Außenleuchte, möglichst an zwei einander diagonal gegenüberliegenden Hausfronten, besser an drei oder vier Außenwandseiten, nicht fehlen (**358**.1 und **381**.1).

Gegen Schnee und Glatteis können Zugangsweg und Zufahrtszone durch eine sporadisch schaltbare Bodenheizung geschützt werden.

Weitere Steckdosen sind bei größeren Anlagen in ausreichender Zahl für Rasenmäher, Hekkenschere, Rundfunkgerät, Toaster und Grillgerät sowie für Tisch- und Stehleuchten vorzusehen.

Sie sollten stets zum Schutz gegen mißbräuchliche Benutzung vom Hausinnern aus abgeschaltet werden können.

6.1.4 Anschlußwert und Leistungsbedarf

Anschlußwerte. Die Auslegung der Stromversorgungsanlage des Hauses, ihre Aufteilung in die verschiedenen Stromkreise und schließlich die Querschnitte der einzelnen Leitungen werden in erster Linie durch die erforderliche elektrische Leistung der Anlage bestimmt, die aus den Anschlußwerten der einzelnen Wohnungen und des ganzen Hauses zu ermitteln ist.

Der Anschlußwert einer Wohnung wiederum ist gleich der Summe der Anschlußwerte der in ihr vorzusehenden elektrischen Geräte (Taf. **383**.1) und Beleuchtungsanlagen.

Für eine durchschnittliche vollelektrische Wohnungseinheit mit zukunftssicherer Energieversorgung ist der Gesamtanschlußwert mit 70 kW anzunehmen.

Je Wohnungseinheit ergeben sich folgende zusammengefaßte, maximalen Anschlußwerte: Nahrungszubereitung 18 kW, Geschirrspülen 3,5 kW, Wäschepflege 11 kW, Körper- und Gesundheitspflege 28 kW, Gemeinschaftsbereiche 3 kW und Individualbereiche 3 kW, insgesamt etwa 70 kW.

Der Anschlußwert für eine zusätzliche Elektroheizung mit Nachtstrom-Speicherheizgeräten beträgt durchschnittlich im Mehrfamilienhaus 17 kW und im Einfamilienhaus 25 kW je Wohnung.

Leistungsbedarf. Der Anschlußwert von 70 kW einer Wohnung ohne Elektroheizung ist für die Bemessung ihrer Stromzuführungsleitung nicht voll einzusetzen. Zur Ermittlung des Leistungsbedarfes der Wohnung ist er mit einem Gleichzeitigkeitsfaktor zu multiplizieren, der die Tatsache berücksichtigt, daß nie alle Geräte eines Haushaltes gleichzeitig und mit voller Leistung eingeschaltet sind. Dieser Faktor kann für die vollelektrische Wohnung ohne E-Heizung mit 0,5 angesetzt werden.

Somit beträgt der Leistungsbedarf je Wohneinheit ohne E-Heizung $0{,}5 \times 70 = 35$ kW (Tafel **370**.1).

Für eine Wohnungseinheit mit Elektro-Nachtstromspeicherheizung ist zusätzlich der Anschlußwert der E-Heizung mit 17 oder 25 kW zu berücksichtigen. Wegen der gleichzeitigen Aufladung aller Speicherheizgeräte entfällt hier der Ansatz eines Gleichzeitigkeitsfaktors.

Da jedoch die Speicherheizgeräte während der Nachtstromzeiten aufgeladen werden, wo nur eine geringe Stromentnahme für andere Zwecke erfolgt, kann auch bei Wohnungen mit E-Heizung von einem Leistungsbedarf von 35 kW für Geräte und Beleuchtung ausgegangen werden.

Tafel **370**.1 Gleichzeitigkeitsfaktoren und Leistungsbedarf für Stromversorgungsanlagen in Wohngebäuden (ohne Elektroheizung)

Anzahl der Wohnungen	Gleichzeitigkeitsfaktor	Leistungsbedarfsanteil je Wohnung kW	Gesamtleistungsbedarf aller Wohneinheiten kW
1	1	35	35
2	0,52	18,2	36
3	0,37	13	39
4	0,32	11,2	45
5	0,3	10,5	53
8	0,25	8,8	70
10	0,22	7,7	77
12	0,2	7	84

Um aber den Gesamtleistungsbedarf der Wohnung möglichst niedrig zu halten, unterbricht man üblicherweise mit einer Vorrangschaltung (**406**.3) die Aufladung der Heizung immer während einer gleichzeitigen stets nur kurzfristigen Benutzung des Durchlauferhitzers selbsttätig. Der so weggeschaltete Anschlußwert des Durchlauferhitzers entspricht in der Größenordnung dem hinzukommenden maximalen Leistungsbedarf der E-Heizung von 25 kW so genau, daß auch durch den Betrieb einer Elektro-Speicherheizung der durchschnittliche Leistungsbedarf sich nicht erhöht und ebenfalls 35 kW beträgt.

Für das Mehrfamilienhaus kann der Gesamtleistungsbedarf des Hauses aus dem Leistungsbedarf der einzelnen Wohnungen von je 35 kW unter Ansatz eines Gleichzeitigkeitsfaktors nach Tafel **370**.1 ermittelt werden.

6.1.5 Elektrische Leitungen

6.1.5.1 Hausanschluß

Kabelanschluß. Der werkseigene und vom Elektrizitätswerk selbst bemessene und unterirdisch angelegte Hausanschluß wird bei Kabelzuleitung (**370**.2) in einem Schutzrohr durch die Außenwand geführt und endet im Keller in einem Hausanschlußraum nach DIN 18012 (**76**.1) im Hausanschlußkasten.

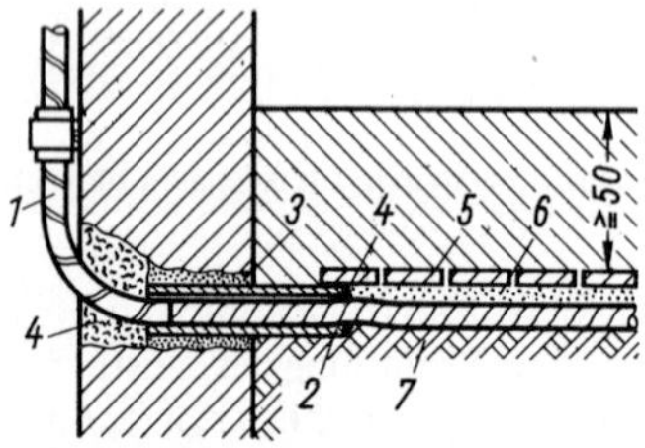

370.2 Hauseinführung eines Kabels
1 Stahlbewehrung nach Entfernen der getränkten Umhüllung
2 Schutzrohr ≧ 7 cm
3 Zementmörtel
4 Abdichtmasse
5 Abdecksteine
6 Sandschüttung
7 festgestampfter Boden

Der Hausanschlußkasten nimmt die Hausanschlußsicherungen auf und ist gleichzeitig die Übergabestelle vom öffentlichen Verteilungsnetz zur Verbraucheranlage.

Hierbei sind einzuhalten: der Abstand der elektrischen Leitungen von den Gas- und Wasserleitungen ≧ 1,00 m, die Tiefe der Einführung unter dem Bürgersteig 60 bis 80 cm (Taf. **76**.2), ein Mauerdurchbruch 12,5/12,5 cm oder ein Schutzrohr ≧ 7 cm. i. L. weit und nach außen schräg geneigt.

Ist ein Hausanschlußraum nicht verfügbar, so kann der Kabel-Hausanschlußkasten untergebracht werden in

unterkellerten Wohnbauten unter der Kellertreppe oder im Kellergang
nicht unterkellerten Wohnbauten in der Nische des Hauseinganges oder im Treppenhausflur oder
in einer verschließbaren Außenwandnische des Hauses.

Freileitungsanschluß. Vom Freileitungsnetz wird das Kabel zum Hausanschluß durch Dachständer- oder Wandeinführung oder von einem Mast aus in einen oberirdischen Raum geführt, der nicht zur Aufnahme leicht entzündlicher Stoffe bestimmt ist.

Der Platz für einen Dachständer nach DIN 48175 T. 1 und 2 wird in Absprache mit dem EVU festgelegt. Die Einführungsleitung wird durch das Dachständerrohr geführt, der Freileitung-Hausanschlußkasten nach DIN 43636 unmittelbar an dem Dachständerrohr oder nach DIN 43637 T. 4 an der Wand befestigt.

Dabei sind auch die Abstände bei Aufstellung eines Antennenstandrohres (**434**.1) oder ein Fernsprech-Freileitungsanschluß zu berücksichtigen.

Wandeinführungen erfordern bestimmte Mindestabstände von Fenstern, Dachrinnen sowie Balkonen und damit eine bestimmte Außenwandfläche.

Bei Freileitungsanschlüssen ist je Hauptleitung ein Leerrohr von mindestens 36 mm bis in den Keller so durchzuführen, daß eine spätere unterirdische Verkabelung möglich ist.

Hausanschlußkasten. Grundsätzlich erhält jedes Gebäude einen Vierleiter-Drehstromanschluß, der unmittelbar hinter der Hauseinführung in dem plombierten Hausanschlußkasten mit Hausanschlußsicherungen und einem Übergang auf die Gebäudeleitungen endet.

Den Querschnitt der Hausanschlußleitung und die Stärke der Hausanschlußsicherungen bestimmt das EVU.

Kabel-Hausanschlußkästen nach DIN 43627 sind in zwei Größen für Sicherungen bis 100 A und bis 250 A genormt.

Die kleineren Anschlußkästen können mit Sicherungen 3 × 63 A, 3 × 80 A oder 3 × 100 A, die größeren mit Sicherungen 3 × 125 A bis 3 × 250 A bestückt sein.

Werden vom Hausanschlußkasten mehrere Hauptleitungen abgezweigt, so erhält entweder der Hausanschlußkasten mehrere Sicherungsgruppen, oder aber es wird im Hausanschlußraum eine besondere Verteilungstafel mit den Sicherungen für die einzelnen Hauptleitungen angebracht.

Eine solche Verteilungstafel ist auch dann erforderlich, wenn von einem Hausanschlußraum ein Wohnkomplex mit mehreren Treppenhäusern versorgt werden soll.

Potentialausgleich. Damit zwischen den metallenen Rohrsystemen, wie den Gas-, Wasser- und Heizungsrohrleitungen des Gebäudes, keine elektrischen Spannungsunterschiede auftreten können, sind diese nach DIN VDE 0100 T. 410 und T. 540 unabhängig von den angewendeten Schutzmaßnahmen durch Potentialausgleichsleitungen (HA-PL) miteinander zu verbinden.

Hauptpotentialausgleich. Nulleiter oder die Schutzleiter für Nullung oder Fehlerstrom-Schutzschaltung (s. Abschnitt 6.1.9.2) sind am Anfang der Verbraucheranlage in den Potentialausgleich einzubeziehen (**372**.1 und **482**.1).

Nach DIN 18015 T. 1 ist in jedem Gebäude eine Potentialausgleichsschiene im Hausanschlußraum oder in der Nähe der Hausanschlüsse vorzusehen.

Die HA-PL ist an der Trinkwasserleitung in Wasserflußrichtung hinter dem Wasserzähler anzuschließen (**96**.1).

HA-Potentialausgleichsleitungen müssen mindestens die Leitfähigkeit des Schutzleiters der stärksten vom Hausanschlußkasten oder dem Hauptverteiler abgehenden Hauptleitung haben, jedoch mindestens die eines Cu-Querschnittes von 6 mm². Der Maximalquerschnitt beträgt 25 mm² Cu.

Nebenpotentialausgleich. In Baderäumen und Duschecken, auch Hausschwimmbecken, von Wohnungen und Hotels ist nach DIN VDE 0100 T. 410, 540 und 703 zur Überbrückung gefahrbringender Spannungen für den Badenden ein besonderer Potentialausgleich (**372**.2), wie in der Legende beschrieben, herzustellen.

Es ist eine Potentialausgleichsleitung von mindestens 4 mm² Cu oder aus feuerverzinktem Bandstahl mindestens 2,5 mm Dicke bei 50 mm² Querschnitt zu verlegen, die nicht dazu bestimmt ist, Schutzleiter oder Erder zu ersetzen.

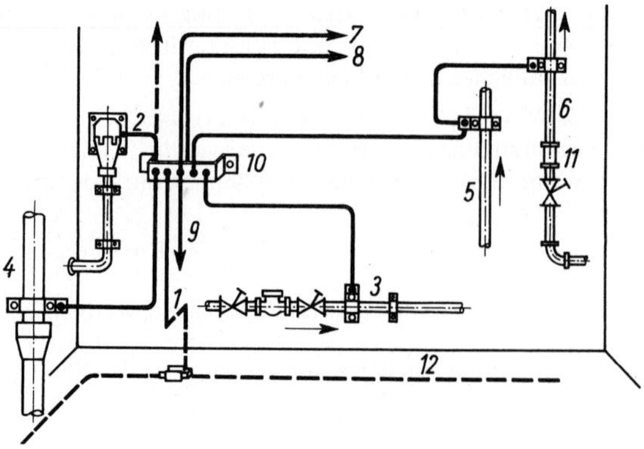

372.1 Potentialausgleichsleitungen im Hausanschlußraum

1 Anschlußfahne für Fundamenterder
2 Verbindung mit Nulleiter bei Kabelanschluß (Strichlinie bei Kabelanschluß ohne Nullung oder Freileitungsanschluß: Verbindung zum nächsten Zählerplatz oder Hauptleitungsabzweig)
3 Kaltwasserleitung
4 Abwasserleitung
5 Warmwasser-Zentralheizung
6 Gasinnenleitung
7 Verbindung mit Antennenanlage
8 Verbindung mit Fernmeldeanlage
9 Verbindung mit Blitzschutzerder
10 Potentialausgleichsschiene mit 5 Klemmstellen für vorder- und rückseitigen Anschluß
11 Isoliermuffe
12 Fundamenterder

Bei Metallwannen, Kunststoffablaufrohren und Metallablaufventilen wird nur der Anschluß der Wanne an den Potentialausgleich gefordert.

Bei Kunststoffwannen, Kunststoffablaufrohren und Metallablaufventilen erübrigt sich ein Nebenpotentialausgleich.

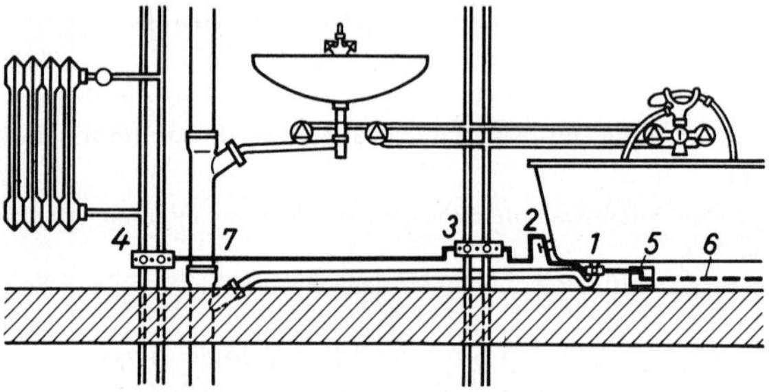

372.2 Potentialausgleich im Badezimmer

1 Anschluß an Abflußstutzen der Bade- oder Duschwanne
2 Anschlußnocken an der Bade- oder Duschwanne
3 Anschluß an Kalt- und Warmwasserleitung
4 Anschluß an Heizungsvor- und Rücklaufleitung
5 Anschluß an Anschlußkasten für Schutzleiter des elektrischen Leitungsnetzes
6 Schutzleiter
7 kein Anschluß an Abwasserleitung

Die Ausgleichsleitung ist auch dann erforderlich, wenn in den Baderäumen keine elektrischen Einrichtungen vorhanden sind, da Spannungen aus anderen Räumen nach dort verschleppt werden könnten.

Anschlußstellen und Abzweigungen müssen dauerhaft korrosionssichere, elektrisch gut leitende Verbindungen gewährleisten.

Bewegliche Bade- und Duscheinrichtungen mit eingebauten elektrischen Betriebsmitteln, wie Schrankbäder oder Duschkabinen, müssen mit diesen Betriebsmitteln über eine Potentialausgleichsleitung verbunden werden.

Bei Freileitungsanschluß ist die Verbindungsleitung in das bis zum Keller zu legende Leerrohr von 36 mm einzuziehen.

Fundamenterder. Zur wirksameren Gestaltung des Potentialausgleiches ist nach DIN 18015 T. 1 und DIN VDE 0100 T. 540 in jedem Neubau ein Fundamenterder nach den „Richtlinien für das Einbetten von Fundamenterdern in Gebäudefundamente" der VDEW zu verlegen und an die Potentialausgleichsschiene anzuschließen (**373**.1).

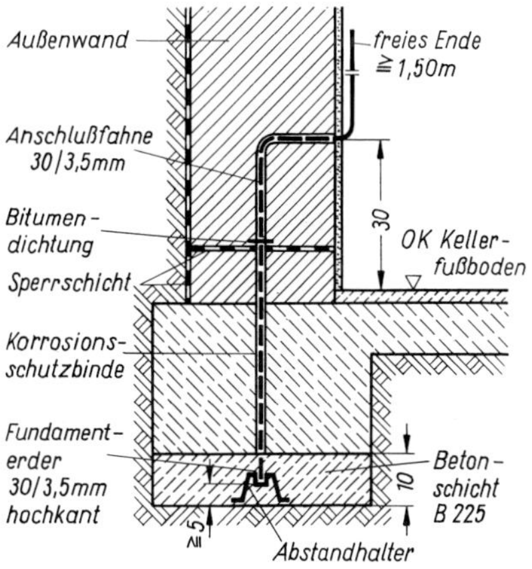

373.1 Fundamenterder im Betonfundament (M 1:20) (nach VDEW-Richtlinie)

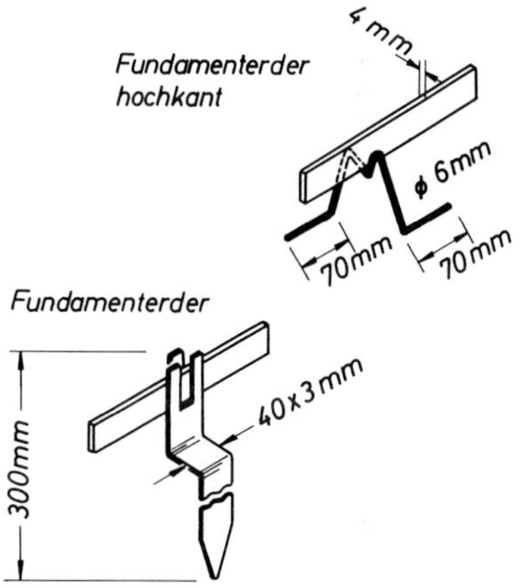

373.2 Abstandhalter für Fundamenterder aus Bandstahl (nach VDEW-Empfehlung)

Der Fundamenterder (**373**.2) ist als geschlossener Ring aus Bandstahl 30/3,5 oder 25/4 mm oder Rundstahl mit mindestens 10 mm ∅, auch aus verzinntem oder verbleitem Kupferband 25/2 mm, hochkant in die Fundamente der Außenmauern der Gebäude zu legen und gegen Umkippen und Absacken zu schützen.

Verbindungsstellen und Abzweige werden durch Keilverbinder, Federverbinder und Schrauben oder durch Schweißen hergestellt, während Würgeverbindungen verboten sind.

Mit einer Anschlußfahne, die im Fundament und Mauerwerk durch eine Schutzbandisolierung gegen Rost zu schützen ist und etwa 30 cm über Kellersohle austritt, wird der Fundamenterder mit einem freien Ende von ca. 1,50 m unmittelbar an die Potentialausgleichsleitung oder -schiene angeschlossen (**76**.1 und **372**.1).

Bei größeren Gebäuden sind weitere Anschlußfahnen, zum Anschluß für Aufzugsführungsschienen, Klimaanlagen oder Stahlkonstruktionen erforderlich.

Der Einbau von Fundamenterdern und Anschlußfahnen ist bei der Gebäudeplanung rechtzeitig zu berücksichtigen.

Für die Blitzschutzerdung sind die Anschlußfahnen an den vorgesehenen Stellen der Außenableiter nicht in das Gebäude, sondern nach außen zu führen (**480**.1 und **482**.1).

6.1.5.2 Haupt-, Abzweig- und Steuerleitungen

Hauptleitungen. Eine Hauptleitung ist die Verbindungsleitung zwischen der Übergabestelle des EVU, dem Hausanschlußkasten, und der Zähleranlage. Diese Leitung führt nicht gemessene Energie.

Von hier führen die Hauptleitungen im Mehrfamilienhaus vom Hausanschlußkasten zu den einzelnen Wohnungszählern (**400**.1).

Sie müssen bis zum letzten Stockwerk sämtliche 5 Leiter des Drehstromsystems, einschließlich Null- und Schutzleiter nach Abschnitt 6.1.9.2, enthalten und sind durch Niederspannungs-Hochleistungs-Sicherungen (NH-Sicherungen) vor Überlastung zu schützen.

An keinem elektrischen Anlageteil vor den Zählern darf man unbefugt Strom entnehmen können.

Die Verbraucher sind ihrem Leistungsbedarf entsprechend gleichmäßig auf die Außenleiter verteilt anzuschließen.

Bei einer Anordnung der Zähler unmittelbar über dem Hausanschlußkasten oder neben einem Speisetransformator (**376**.1, **401**.1 und **402**.1) entfallen die Hauptleitungen.

Hauptleitungen in Ein- und Mehrfamilienhäusern. Bei Kabelhausanschluß und dezentraler Zähleranordnung nach Abschnitt 6.1.6 können die Hauptleitungen vom Hausanschlußkasten bis zum Hauptleitungsschlitz, der 20 cm unter der Kellerdecke beginnt, auf Putz verlegt werden. Notwendige Wanddurchführungen sind 10 × 10 cm groß unmittelbar unter der Decke anzulegen.

Die Hauptleitungen sind in stets zugänglichen Räumen, möglichst im Treppenhaus, zu verlegen (**375**.1). Der ab Kellerdecke auszuführende Schlitz wird für eine Hauptleitung 6 × 6 cm groß, für mehrere Hauptleitungen entsprechend breiter.

Über der Kellerdecke können die Hauptleitungen auch in Schächten, Rohren, Kanälen oder direkt unter Putz verlegt werden.

Als Leiterwerkstoff sind für die als Drehstromleitungen auszuführenden Hauptleitungen Feuchtraumleitungen NYM (Kunststoffmantelleitung) oder NYY (Kunststoffkabel) zulässig.

Der Querschnitt ist entsprechend dem zulässigen Spannungsabfall (s. Abschnitt 6.1.5.5) bei der zu erwartenden Höchstbelastung und dem Nennstrom des vorgeschalteten Hausanschlußkastens zu bemessen. Zur Erfüllung dieser Bedingungen schreiben die EVU und DIN 18015 T. 1 für Wohnbauten in der Regel vor, daß

in Einfamilienhäusern der Mindestquerschnitt einer Hauptleitung, hier gleichzeitig Zählerzuleitung, $5 \times 16\,\text{mm}^2$ Cu NYM oder NYY beträgt (s. auch Abschnitt 6.1.6 und Bild **402**.1),
in Mehrfamilienhäusern mit Zähleranordnung in den Treppenhäusern für je 3 Wohnungen eine Hauptleitung von $5 \times 25\,\text{mm}^2$ Cu NYM oder NYY vorzusehen ist.

Bei einer größeren Wohnungsanzahl ergeben sich dementsprechend mehrere nebeneinander hochzuführende Hauptleitungen $5 \times 25\,\text{mm}^2$ Cu (**400**.1).

Hauptleitungen in Hochhäusern. Hochhausbauten werden nicht mehr direkt aus dem Niederspannungs-Versorgungsnetz, sondern aus gesonderten Transformatorenstationen mit elektrischer Energie versorgt. Dabei genügt für kleinere Anlagen oft eine Netzstation im Keller, während für Gebäude mit einem Leistungsbedarf von > 1 MVA zweckmäßig außer einer Transformatorenstation im Keller in den oberen Geschossen eine zweite als Schwerpunktstation einzurichten ist.

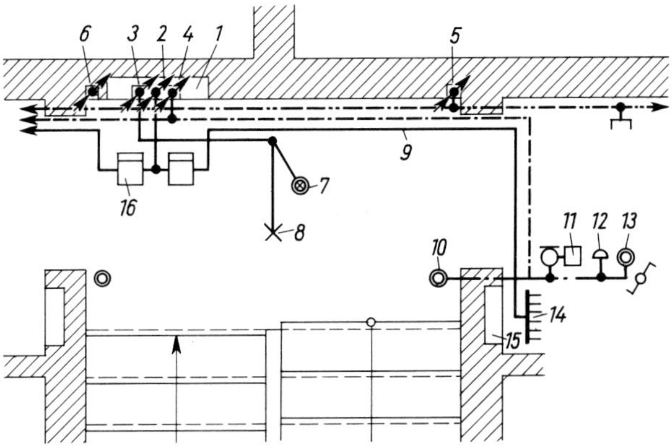

375.1 Hauptleitungen im Treppenhaus eines Mehrfamilienhauses (M 1:50)

1 Zählernische
2 Hauptleitung(en) der Starkstromversorgung der Wohnungen, NYM 5 ×25 mm² Cu
3 Hauptleitung der Treppenhausbeleuchtung
4 Hauptleitung der Fernmeldeanlagen
5 Hauptleitung der Post-Fernsprechanlage
6 wie vor (alternativ)
7 Tastschalter für Treppenhausbeleuchtung
8 Leuchte der Treppenhausbeleuchtung
9 Abzweigleitung zur Stromkreisverteilung 14
10 Tastschalter zum Wecker 12
11 Türsprechanlage
12 Wecker zu 10
13 Tastschalter der Türöffneranlage
14 Stromkreisverteilung der Wohnung
15 Mauernische für 14
16 Wohnungszähler

Folgende Grundprinzipien der Energiezuführung zu den Wohnungen sind zu unterscheiden:

a) Anordnung der Zähler in einem dem Speisetransformator zugeordneten Zählerraum (**376**.1, Abschnitt 6.1.6 und **401**.1) im Untergeschoß. Zählerableitungen NYM oder NYY mit einem Querschnitt $\geqq 5 \times 16$ mm² Cu führen in die einzelnen Wohnungen. Dabei kann zu großer Spannungsabfall für die höher gelegenen Stockwerke größere Querschnitte notwendig machen.

b) Anordnung der Zähler in den einzelnen Stockwerken in gesonderten Zählerräumen oder entsprechenden Mauernischen. Diese Stockwerkzähler werden über eine, in der Regel in einem besonderen Leitungsschacht untergebrachte (**862**.1), starke Hauptleitung, von der mit bestimmten Abzweigkästen oder -klemmen abgezweigt wird, gespeist (**376**.2).

Neben den vorgenannten Grundprinzipien der Verteilungssysteme werden auch gemischte Systeme verwendet, z. B.:

c) in Anlehnung an a): Zusammenfassung mehrerer Stockwerke jeweils zu einer Zentralisation, wobei jede dieser Anlagen durch eine besondere Hauptleitung gespeist wird.

d) in Anlehnung an b): Zusammenfassung mehrerer Stockwerke zu einer Zentralisation, wobei jede dieser Anlagen im Abzweig an die Hauptleitung angeschlossen wird.

e) Mischsystem nach a) und b): Die unteren Stockwerke mit meist leistungsstarken Verbrauchern, wie Läden, Gaststätten, Arztpraxen und Büros, werden von einer zentralisierten Anlage nach a) gespeist, die oberen Stockwerke über eine starke Hauptleitung nach b).

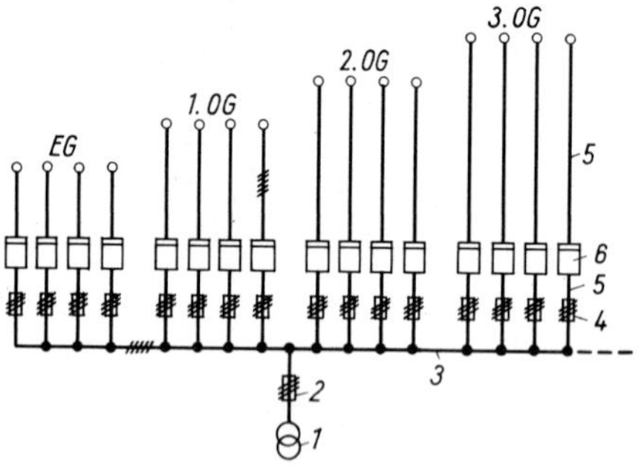

376.1 Hauptleitung im Hochhaus
1 Speisetransformator
2 Sicherung, 3polig
3 Sammelschiene
4 Vorsicherung, 3 × E 33
5 Zählerzu- und -ableitung, NYM 5 × 16 mm² Cu
6 Wohnungszähler

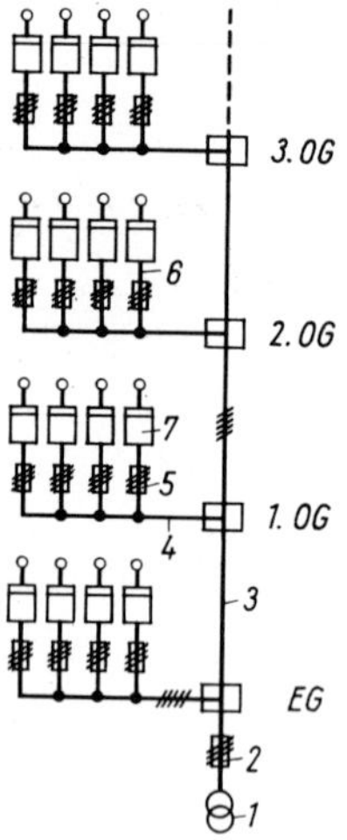

376.2 Hauptleitung im Hochhaus
1 Speisetransformator
2 Sicherung, 3polig
3 starke Hauptleitung
4 Hauptleitung, NYM oder NYY 5 × 25 mm² Cu
5 Vorsicherung, 3 × E 33
6 Zählerzuleitung, NYM 5 × 16 mm² Cu
7 Wohnungszähler

Neben der Stromversorgung der einzelnen Wohnungen ist nach den gleichen Grundsätzen die Versorgung der Gemeinschaftseinrichtungen, wie Beleuchtungsanlagen der Gemeinschaftsräume, Motorenstromkreise für Aufzüge, Heizungspumpen, Druckerhöhungsanlagen der Wasserversorgung und anderen Stromverbrauchern, mit elektrischer Energie zu berücksichtigen.

Den Hauptleitungen können Abzweigleitungen und Steuerleitungen zugeordnet werden.

Abzweigleitungen. Sie zweigen in etwa 20 × 20 cm großen Hauptleitungs-Abzweigkästen von den Hauptleitungen ab und führen bis zu den Zählern als Zählerzuleitung und darüber hinaus bis zu den Stromkreisverteilungen als Zählerabteilung.

Sie sind stets als Drehstromleitungen NYM 5 × 16 mm² Cu zu verlegen. Beim Einbau von Wechselstromzählern sind nicht benutzte Adern zu isolieren.

Im Einfamilienhaus beginnt die Zählerleitung bereits am Hausanschlußkasten.

Der Einbau von Gewindesockeln E 33 für Überstromschutzorgane als Vorsicherungen im Zuge der Zähler-Zu- oder -Ableitungen in besonderen Vorsicherungskästen kann auf Grund besonderer Bestimmungen des örtlichen EVU notwendig sein.

Steuerleitungen. Um durch zentrale Steuerungen den Betrieb leistungsstarker Geräte, wie elektrischer Speicherheizgeräte oder großer Heißwasserbereiter, auf Schwachlastzeiten beschränken zu können, verlangt das EVU heute die Verlegung einer Steuerleitung, etwa NYY Iz 7 × 1,5 mm² Cu oder gleichwertige Leiter, oder die vorsorgliche Installation eines Leerrohres von 29 mm l. W. bis zu den Zählerplätzen und den Stromkreisverteilungen (**400**.1).

Eine Steuereinrichtung in Wohngebäuden ist ein Rundsteuerempfänger oder eine Schaltuhr zur Tarifschaltung.

6.1.5.3 Stromkreise und Verteilungen

Ein Stromkreis im Sinne der nachstehenden Ausführungen ist die Strombahn zwischen der Sicherung und den angeschlossenen Stromverbrauchern.

Je nach Art des Anschlusses der Stromverbraucher kann ein Stromkreis aus einem Außenleiter und dem Mittelleiter oder aus mehreren oder sämtlichen Außenleitern mit oder ohne Mittelleiter bestehen.

Sind jedoch in einem Drehstromnetz drei zweipolige Stromverbraucher, und zwar einer zwischen L 1 und N, der andere zwischen L 2 und N und der dritte zwischen L 3 und N angeschlossen, und ist jeder dieser Anschlüsse für sich abgesichert, so handelt es sich um drei verschiedene Stromkreise (**355**.1).

Zu den genannten Leitern tritt bei dem allgemein angewendeten Schutzsystem der Nullung in jedem Fall hinter dem Hausanschlußkasten noch ein Schutzleiter hinzu (**414**.1).

Mindestausstattung. Für elektrische Anlagen in Wohngebäuden wird in DIN 18015 T. 2 eine Mindestanzahl von Stromkreisen für Steckdosen und Beleuchtungen nach qm Wohnfläche gefordert (Taf. **377**.1).

Tafel **377**.1 Stromkreise, Mindestausstattung (nach DIN 18015 T.2)

Wohnfläche der Wohnung in m^2	bis 50	über 50 bis 75	über 75 bis 100	über 100 bis 125	über 125
Anzahl der Stromkreise für Steckdosen und Beleuchtung	2	3	4	5	6

Für Gemeinschaftsanlagen sind zusätzliche Stromkreise vorzusehen, ebenso für Keller- und Bodenräume, die den Wohnungen zugeordnet sind.

Für alle Verbrauchsmittel mit Anschlußwerten von 2 kW und mehr ist ein eigener Stromkreis anzuordnen, auch wenn sie über Steckdosen angeschlossen werden.

In allen Stromkreisverteilern sind Reserveplätze einzuplanen, bei Mehrraumwohnungen mindestens zweireihige Verteilungen vorzusehen.

Die Mindestausstattung einzelner Räume mit Steckdosen, Auslässen und Anschlüssen ist im Abschnitt 6.1.3 ausführlich beschrieben.

Licht- und Steckdosen-Stromkreise. Lichtstromkreise dürfen nur bis 25 A gesichert werden. Leuchtstofflampen- und Leuchtstoffröhrenkreise sowie Lichtstromkreise mit Fassungen E 40 können mit höheren Überstromschutzorganen gesichert werden.

In Hausinstallationen dürfen Lichtstromkreise, auch solche mit zweipoligen Steckdosen bis 16 A Nennstrom, sowie reine Steckdosen-Stromkreise mit zweipoligen Steckdosen bis 16 A Nennstrom nur mit Sicherungen oder Leitungsschutzschaltern des Typs L bis 16 A gesichert werden.

Eine zukunftssichere Stromversorgungsanlage einer Wohnung wie für Gewerbe- und Verwaltungsbauten erfordert stets eine Aufteilung des elektrischen Leitungsnetzes innerhalb der Verbraucheranlage in zahlreiche Stromkreise, deren Sicherungen man zweckmäßigerweise möglichst kurz vor dem Belastungsschwerpunkt, in der Wohnung also in der unmittelbaren Nähe von Küche und Bad, zusammenfaßt.

Soweit der Belastungsschwerpunkt dicht am Treppenhaus liegt, kann dies für wenige Stromkreise in einem Zählerverteilungsschrank (**399**.1) im Treppenhaus geschehen.

Stromkreisverteilungen. Günstiger aber vereinigt man die Stromkreissicherungen innerhalb der Wohnung auf einer vom Zähler getrennten besonderen Verteilung (**400**.1 und **402**.1), die etwa 1,10 bis 1,85 m über Fußboden, in der Nähe des Belastungsschwerpunktes im Flur (**375**.1), in der Diele oder in einem Nebenraum untergebracht wird.

Der Wohnungsinhaber kann auf diese Weise auch einen Automaten ein- und ausschalten oder eine Sicherung auswechseln, ohne die Wohnung zu verlassen. Ferner werden bei einer Nachinstallation weiterer Stromkreise Beschädigungen im Treppenhaus vermieden.

Installationskleinverteiler mit Stahlblechgehäuse oder schutzisoliert mit Isolierstoffgehäuse für Auf- oder Unterputzmontage nach DIN 43871, jeweils für 1-, 2-, 3- oder 4reihige Gerätebestükkung, werden im Wohnungsbau am meisten verwendet, sind aber ebenso für Gewerbe- und Verwaltungsbauten geeignet. Besonders die Rahmenverteilungen für putzbündigen Einbau in Mauernischen ordnen sich unauffällig jeder Raumgestaltung unter (**378**.1). Die Schränke und damit Nischengrößen sind nicht genormt.

Die DIN unterscheidet die Ausführungen Wandaufbau (A) und Wandeinbau (U), außerdem Kleinverteiler ohne Deckel und ohne Tür, mit Tür (T) oder mit Deckel (D).

Nur die Einbautiefen bei Verteilungen für Wandeinbau sind mit 56, 71 und 94 mm genormt.

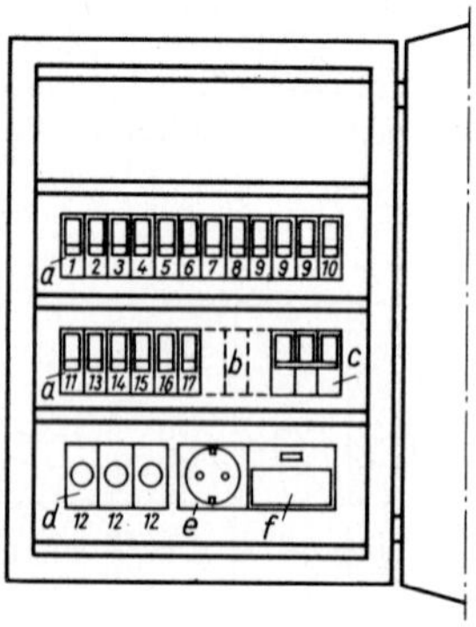

Alle Ausführungen der Verteilungen haben gleichartige Geräteabdekkungen aus Isolierstoff mit Ausschnitten für den Durchtritt der Einbaugeräte, die sämtlich eine genormte Kappenhöhe von 45 mm aufweisen. Der Gerätetrageinsatz mit Blendrahmen und Tür enthält 35 mm breite Tragschienen für die Schnappbefestigung der Einbaugeräte.

378.1 Dreireihige Stromkreisverteilung zu Bild **379**.1 (M 1:10)
a Leitungsschutzschalter, 1polig, L-Automaten
b 3 Reserveplätze für *a*
c Kippschalter, 3polig, 63 A als Hauptschalter
d 3 Sicherungssockel NEOZED 63 A
e Schukosteckdose
f Klingeltransformator

Zur Bestimmung der Größe einer Verteilung muß der Platzbedarf sämtlicher einzubauenden Stromverbraucher ermittelt werden.

Als Maß für die Breite einer Stromkreisverteilung hat man in DIN 43880 den Platzbedarf von 18 mm für einen einpoligen Sicherungsautomaten als Teilungseinheit festgelegt.

Die Breiten der übrigen in den Verteilungen unterzubringenden Geräte, wie Sicherungssockel für Schmelzsicherungen, Fehlerstrom-Schutzschalter, Kippschalter, Taster, Schuko-Steckdosen, Klingeltransformatoren, Treppenhausautomaten, Fernschalter, Schaltuhren und Vorrangschalter, sind auf diese Teilungseinheit abgestimmt (Taf. **378**.2).

Tafel **378**.2 Platzbedarf der Einbaugeräte für Verteilungstafeln

Einbaugerät		Teilungseinheiten
Leitungsschutzschalter	1polig L-Automaten 16 bis 32 A	1
Leitungsschutzschalter	3polig L-Automaten 16 bis 32 A	3
Sicherungssockel NEOZED	16 und 63 A	1,5
Sicherungssockel NEOZED	100 A	2,5
Sicherungssockel DIAZED	25 A	2,33
Sicherungssockel DIAZED	63 A	2,7
Fehlerstrom-Schutzschalter	25, 50, 63 A	4
Kippschalter 1polig	16 A	1
Kippschalter 3polig	25, 63 A	3
Taster, Lichtsignal		1
Schuko-Steckdose		3
Klingeltransformator		4
Treppenhausautomat		2
Installationsfernschalter		1,5
Vorrangschalter	20 A	1
Heizungsfernschalter	50 A	6
Synchron-Kleinschaltuhr		3

Aus der Summe der Teilungseinheiten aller vorgesehenen Geräte sowie einiger Reserveplätze für Automaten im Hinblick auf eine spätere Erweiterung der Anlage ergibt sich die Größe der zweireihigen Verteilung, die für eine Wohnung in jedem Fall mindestens 24 Teilungseinheiten Platz bieten sollte.

Stromkreisaufteilung. Es sind im einzelnen Stromkreise für Licht, Steckdosen und Geräte zu unterscheiden.

1. Stromkreise für Licht und Steckdosen. Sie erhalten grundsätzlich einen Leiterquerschnitt von 1,5 mm^2 Cu und werden mit Haushalt-Leitungsschutzschaltern 16 A abgesichert, können also mit 3,5 kW belastet werden.

a) Gemeinsame Stromkreise für Licht und Steckdosen (**379**.1, **381**.1 und **382**.1). Je ein Stromkreis mit Anschluß aller festen Lichtauslässe an Wand und Decke sowie aller Steckdosen ist vorzusehen für jeden Wohn- und Schlafraum, Küche, Hausarbeitsraum, Flur, Bad, WC und andere Nebenräume gemeinsam.

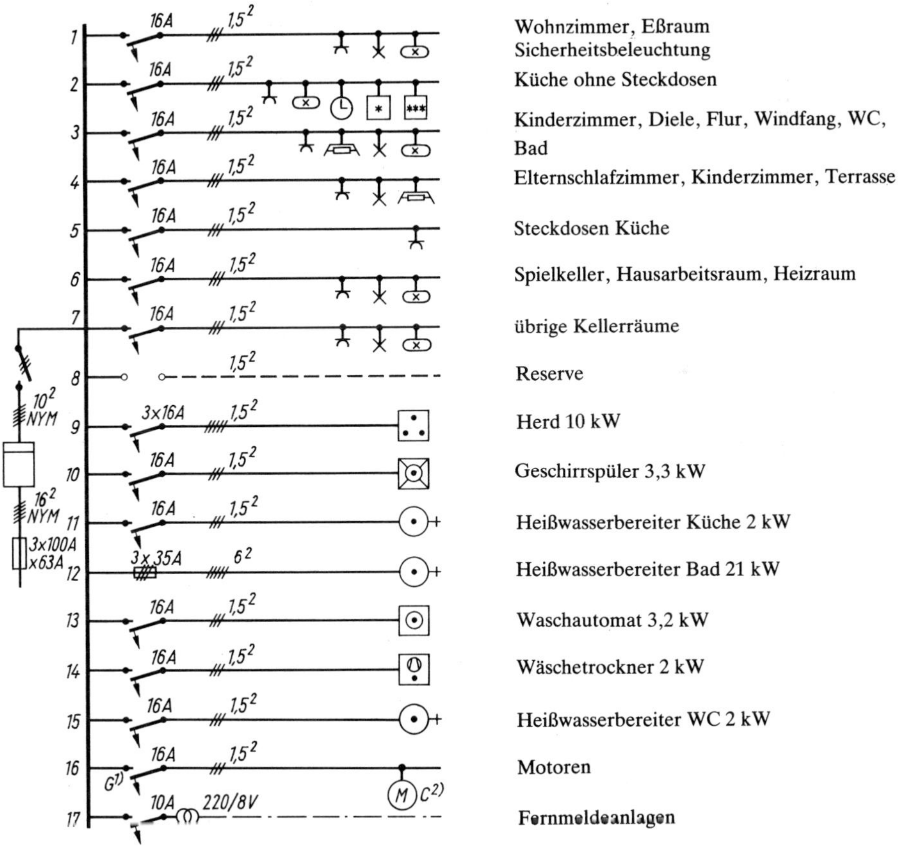

379.1 Stromkreise in einem Einfamilienhaus (zu den Bildern **381**.1 und **382**.1)

1) LS-Schalter mit Geräteschutzcharakteristik, kann Anlaufströme von Motoren ohne Auslösung des Automaten auffangen
2) Steckdose, 3polig

Diese Anordnung ist billiger als die unter b) beschriebene, doch kann man den Steckdosen nicht die volle Gerätelast von 3,5 kW entnehmen. Ferner erlischt bei einer Abschaltstörung durch Fehler an Geräten oder deren Zuleitung auch das Licht in diesem Raum.

b) Getrennte Stromkreise für Licht und Steckdosen (**380**.1). Ein Lichtstromkreis versorgt die gesamte Beleuchtung, Wandstrahler für Küche und Bad und auch Steckdosen, die für Staubsauger in Kombination mit Schaltern an den Türen sitzen, für die ganze Wohnung oder für jedes Geschoß eines mehrgeschossigen Einfamilienhauses.

Daneben erhält jeder Wohn- und Schlafraum sowie Küche und Bad gemeinsam einen eigenen Steckdosenstromkreis.

Die Steckdosenleitungen können für Gerätebetrieb mit 3,5 kW voll ausgenutzt werden. Bei Abschaltung dieser Leitungen erlischt die feste Raumbeleuchtung nicht.

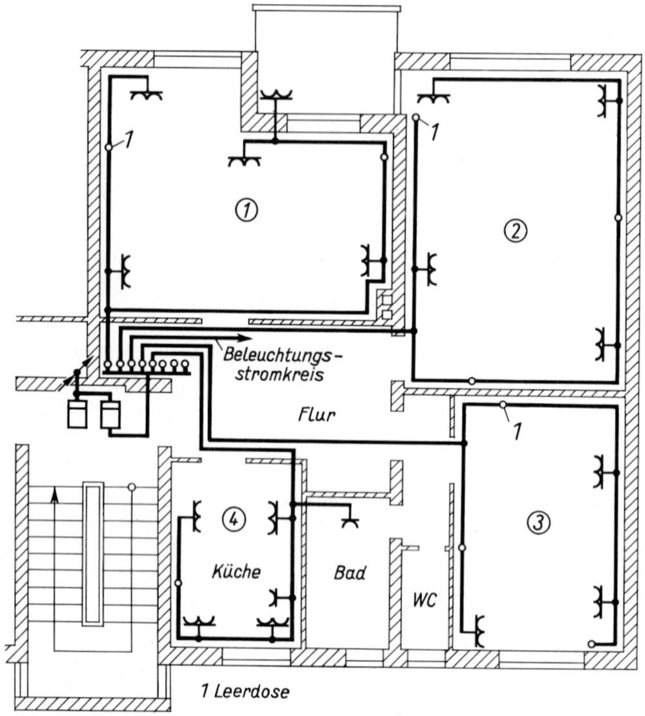

380.1 Installationsplan einer Geschoßwohnung. Selbständige Steckdosenstromkreise (ohne Lichtinstallation und Großgeräte)

Zu a) und b): Zusätzliche Stromkreise können in Betracht kommen für Keller und Dachgeschoß, Gemeinschaftsanlagen, Wasch- und Trockenräume, Kellerflure, Abstellräume, Treppenhaus- und Außenbeleuchtung, Heizungsanlage, Garagenbeleuchtung und -beheizung, Außenanlagen, Schwimmbad, Hauswasserwerk oder Druckerhöhungsanlage.

Leerdosen. Ausreichend viele Steckdosen sind für die immer zahlreicher werdenden Elektrogeräte zu berücksichtigen. Nachinstallationen erfordern meist bauliche Eingriffe und erhebliche Kosten. Doch kann man mit geringen zusätzlichen Kosten in die Steckdosen-Ringleitungen in Abständen von 1,25 bis 1,50 m vorsorglich vorerst abzudeckelnde und überzutapezierende Leerdosen vorsehen, die bei Bedarf einfache oder mehrfache Steckdoseneinsätze erhalten (**380**.1, **381**.1 und **388**.1).

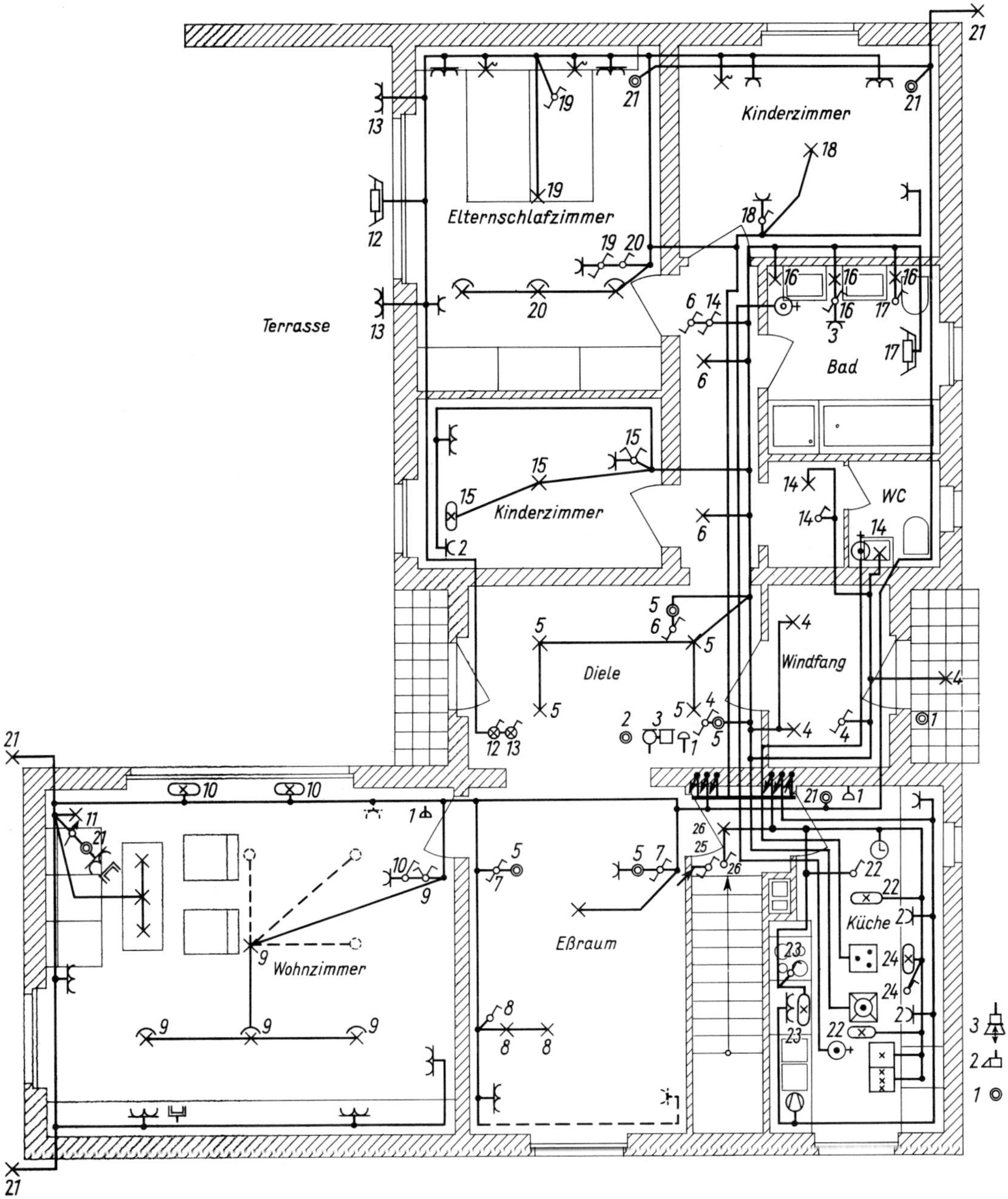

381.1 Installationsplan für das Erdgeschoß eines Einfamilienhauses, ohne Fernmeldeleitungen (s. auch Bild **358**.1) (M 1:100)

Erläuterung zu Bild **381**.1 und **382**.1; die Zahlen bedeuten Zuordnungen von Schaltern und zugehörigen Stromauslässen.

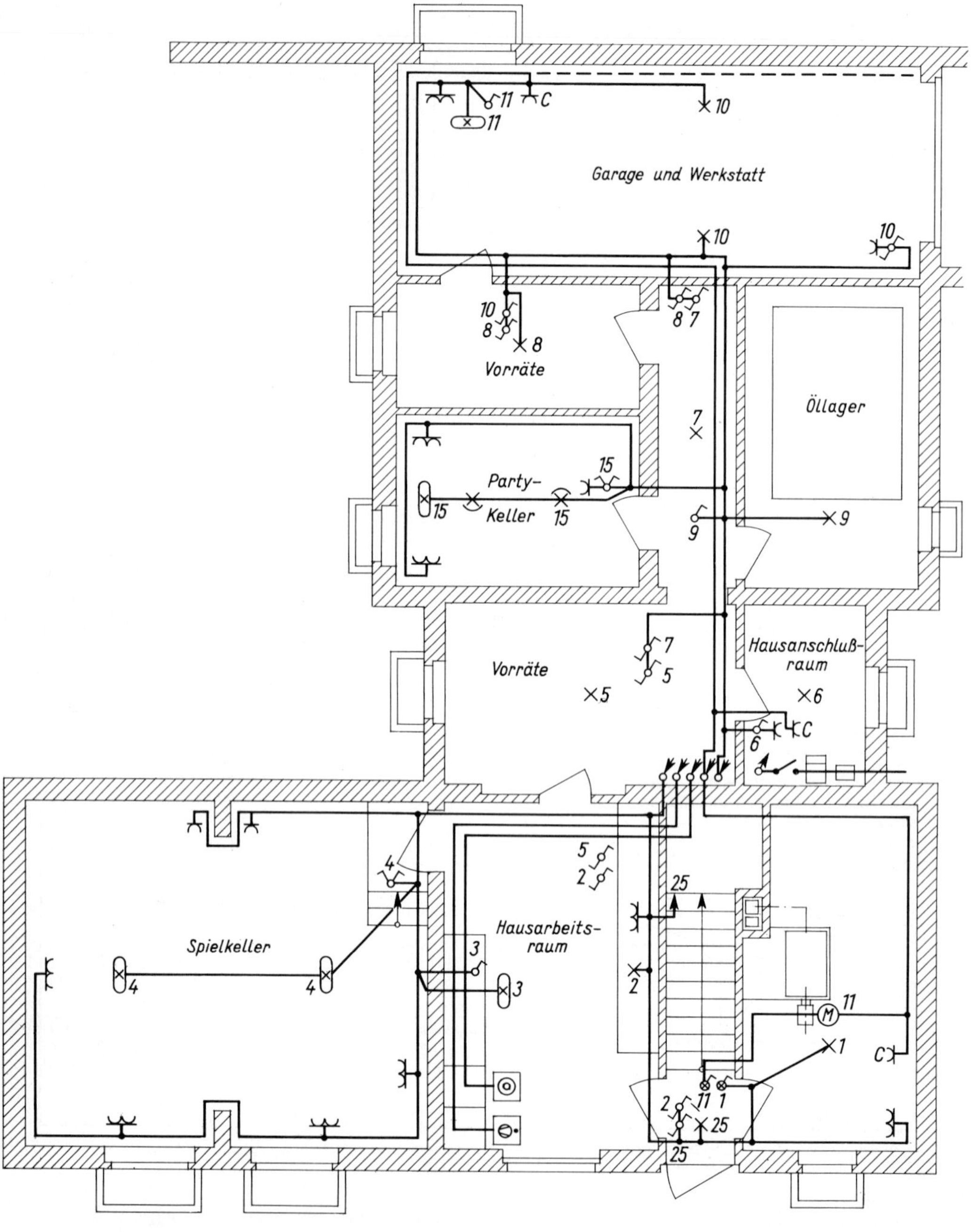

382.1 Installationsplan für das Kellergeschoß eines Einfamilienhauses, ohne Fernmeldeleitungen (s. auch Bild **359**.1) (M 1:100)

C Steckdose, 3polig

2. Stromkreise für Großgeräte (**379**.1, **381**.1 und **382**.1). Für den Anschluß von Geräten ab 2,0 kW, Großgeräten und Elektrowärmegeräten größerer Leistung an die Stromversorgungsanlage sind die Anschlußwerte der Tafel **383**.1, die Zuleitungsquerschnitte und Sicherungen der Tafel **385**.1 sowie Bild **617**.1 zu entnehmen.

Leerrohre. Sie sollten stets als Reserve für Drehstromanschlüsse später hinzukommender Großgeräte in ausreichender Anzahl zu den für die Aufstellung in Betracht kommenden Räumen verlegt werden.

Tafel **383**.1 Anschlußwerte von Elektrogeräten

Gerät	Anschlußwert kW Wechselstrom	Anschlußwert kW Drehstrom
Elektroherd		8,0 bis 14,0
Einbaukochmulde		6,0 bis 8,5
Einbaubackofen		2,5 bis 5,0
Mikrowellen-Kochgerät	1,0 bis 2,0	
Grillgerät	0,8 bis 3,3	
Expreßkocher	1,0 bis 2,0	
Waffeleisen	1,0 bis 2,0	
Friteuse	1,6 bis 2,0	
Geschirrspüler	3,5	4,5
Spülzentrum	3,5	5,0
Kochendwassergerät 3 oder 5 l	2,0	
Warmwasserspeicher 5, 10 oder 15 l	2,0	
Warmwasserspeicher 15 oder 30 l		4,0
Warmwasserspeicher 50 bis 150 l		6,0
Durchlaufspeicher 30 bis 120 l		21,0
Durchlauferhitzer		18,0, 21,0 oder 24,0
Elektro-Standspeicher 200 bis 1000 l		2,0 bis 18,0
Bügelmaschine	2,1 bis 3,3	
Waschkombination	3,2	
Waschmaschine	3,3	7,5
Wäschetrockner	3,3	
Händetrockner	2,1	
Rotlicht-Strahler	0,2 bis 2,2	
Solarium	2,8	4,0
Sauna	3,5	4,5 bis 18,0
Badestrahler	1,0 bis 2,0	

6.1.5.4 Werkstoffe

Der Leiterwerkstoff der im Wohnungsbau zur Fortleitung der elektrischen Energie benutzten Leitungen ist ausschließlich Kupfer. Ein solcher Kupferleiter, mit einer meist aus Kunststoff bestehenden Isolierung umhüllt, heißt Ader.

Im engeren Sinne bezeichnet man als Leitungen mehrere in einer gemeinsamen Umhüllung zusammengefaßte Adern, als Kabel zum Schutz gegen erhöhte mechanische Beanspruchung mit einem zusätzlichen, oft metallischen Mantel ausgestattete Leitungen.

Die einzelnen Adern der Leitungen und Kabel sind nach DIN 40705 farbig gekennzeichnet, so die

dreiadrige Leitung: grün/gelb, hellblau und schwarz

fünfadrige Leitung: grün/gelb, schwarz, hellblau, braun und schwarz.

Die grün/gelbe Ader darf nur als Schutzleiter (PE) verwendet werden. Die hellblaue Ader dient vorzugsweise als Mittelleiter oder Neutralleiter (N), die schwarzen Adern und die braune Ader als Phasenleiter.

Die sehr zahlreichen Arten der Leitungen und Kabel werden durch Kurzzeichen in Form von Buchstabenkombinationen gekennzeichnet (Taf. **384**.1). Von den wenigen in der Hausinstallation verwendeten Leitungen sind die wichtigsten nachfolgend aufgeführt.

Tafel **384**.1 Auslaufende Kennzeichen für Leitungen und Kabel

Kennzeichen	Bedeutung	Verwendungsbeispiel
N	normgemäß	genormte Leitung und Kabel
A	Ader	NYA, NYAF
F	flach	NYIF
I	Im-Putz-Verlegung	NYIF, NYIFY
M	Mantel	NYM
Y	Kunststoffisolierung	NYA, NYAF, NYY
	Kunststoffmantel	NYY

Leitungen und Kabel für feste Verlegung. Zu den Leitungen für feste Verlegung zählen hauptsächlich:

1. Kunststoffaderleitung H07V-U (früher NYA) (**389**.1), einadrig in Kunststoffisolierhülle zur Verlegung in Rohren.

Nach DIN VDE 0281 T. 103 tragen weitere PVC-Aderleitungen das Bauartkurzzeichen H07V-R (mit mehrdrähtigem Leiter) und H07V-K (mit feindrähtigem Leiter).

2. Stegleitung NYIF und NYIFY (**391**.1) in Leiterquerschnitten bis 4 mm². Die 2 bis 5 Adern sind durch einen Gummisteg zu einem flachen Band vereinigt und nur für feste Verlegung in trockenen Räumen im und unter Putz geeignet.

3. Mantelleitung NYM (**392**.2). Sie hat einen Kunststoffmantel, der die in eine plastische Füllmischung eingebetteten Adern umhüllt, als mechanischen Schutz und ist für feste Verlegung in allen Räumen auf, in und unter Putz sowie im Freien, hier aber nicht im Erdreich, zulässig.

4. Kunststoffkabel NYY unterscheidet sich von der Mantelleitung durch einen stärkeren Mantel und ist für die gleiche Verwendung wie diese, aber auch für eine Verlegung im Erdreich außerhalb der Gebäude zugelassen, wenn sie gegen nachträgliche mechanische Beschädigung geschützt ist. Dementsprechend wird sie vorzugsweise für Außenanlagen, daneben für Haupt- und Abzweigleitungen verwendet.

Für die Auswahl von Kabeln und Leitungen in bezug auf äußere Einflüsse gilt DIN VDE 0100 T. 520, für die Installation in feuchten und nassen Räumen oder Bereichen sowie im Freien DIN VDE 0100 T. 737.

6.1.5.5 Querschnitte

Der Querschnitt einer Leitung ist in erster Linie von der Größe der zu übertragenden Leistung, dem Leistungsbedarf nach Abschnitt 6.1.4, abhängig.

Die Leistungsaufnahme der Leitungen ist zur Verhütung einer unzulässigen Erwärmung infolge des Fließens des Stromes durch den vorgeschriebenen Einbau eines Überstrom-Schutzorganes nach Abschnitt 6.1.9.1 mit einer für jeden Querschnitt festgelegten Nennstromstärke begrenzt.

DIN VDE 0100 unterscheidet dabei 3 Gruppen von Leitungen nach ihrer Belastbarkeit.

Für die in der Hausinstallation wichtigste Gruppe 2, Mehraderleitungen, wie Mantelleitungen, Stegleitungen und bewegliche Leitungen, können die für eine Bemessung erforderlichen Daten der Tafel **385**.1 entnommen werden.

Tafel **385**.1 Überstrom-Schutzorgane und zulässige Dauerbelastung für isolierte Leitungen der Gruppe 2 bei Umgebungstemperaturen bis 25°C (Auszug nach DIN VDE 0100)

Nennquerschnitt der Leitung mm² Cu	Maximale Absicherung A	maximale Leistung bei Wechselstrom kW	 Drehstrom kW
1,5	16	3,5	–
2,5	20	4,4	–
4	25	5,5	16,4
6	35	–	23,0
10	50	–	32,9
16	63	–	41,4
25	80	–	52,6
35	100	–	66,7

Bei langdauernder Belastung der Leitungen über die Werte der Tafel **385**.1, etwa bei der Aufladeleitung einer Speicherheizung, ist eine niedrigere Sicherungsstufe zu wählen.

In Hausinstallationen dürfen reine und gemischte Licht- und Steckdosenstromkreise nur mit Sicherungen bis 10 A oder HLS-Schalter bis 16 A abgesichert werden, die Leiterquerschnitte mithin nur 1,5 mm² Cu betragen.

Hierüber und zu weiteren Einzelheiten s. Abschnitt 6.1.5.3, über die Anschlußwerte zu einzelnen Elektrogeräten s. Tafel **383**.1.

Die gefundenen Querschnitte sind durch den Elektrofachmann auf ausreichende mechanische Festigkeit und auf Spannungsverlust zu überprüfen.

6.1.5.6 Leitungsverlegung

Auf, im oder unter Putz. Kabel und Leitungen werden grundsätzlich im oder unter Putz verlegt, eine Verlegung auf der Wand bleibt auf unverputzte Wände von Nebenräumen im Keller oder Dachgeschoß beschränkt (**385**.2).

Bei Nachinstallationen dürfen Kabel und Leitungen auch auf der Wandoberfläche verlegt werden.

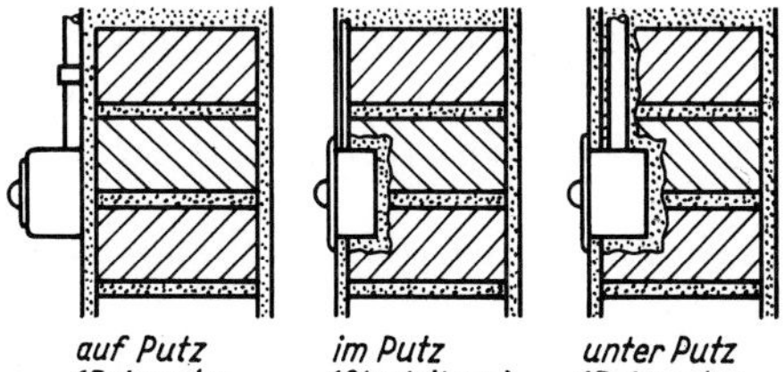

385.2 Installation in trockenen Räumen (M 1:10)

Alle Leitungen in Wänden oder hinter Wandbekleidungen, auch im oder unter Putz, sind zum Schutz vor Beschädigung durch Nägel nach DIN 18015 T. 3 nur senkrecht und waagerecht anzuordnen. An den Decken sowie in Fußböden können sie auf kürzestem Wege geführt werden.

Bei Verlegung unter Putz müssen die Leitungen oder ihre Rohre in Mauerschlitzen oder -kanälen, die möglichst schon bei der Errichtung der Wände und Decken auszusparen sind, mit der rohen Mauer bündig, besser vertieft, liegen (**386**.1), doch ist diese Anordnung in belasteten Wänden von 17,5 cm und geringerer Dicke sowie in Schornsteinwangen nicht zulässig. Ebenso können in Leichtwänden bis 10 cm Dicke Leitungen nur im Putz verlegt werden.

386.1 Rohrverlegung unter Putz

Bei Schlitzen und Aussparungen in tragenden Wänden aus Mauerwerk ist DIN 18053 T. 1 einzuhalten (s. auch Abschnitt 2.5.4).

Von parallel geführten Fernmeldeleitungen ist ein Abstand von mindestens 30 cm einzuhalten.

Von warmen Rohrleitungen für Dampf, Heizungen und Warmwasser haben die Leitungen ebenfalls genügend Abstand zu halten, da zu große Erwärmung die Lebensdauer ihrer Isolierstoffe und die zulässige Belastbarkeit der Leitungsquerschnitte beeinträchtigt.

In Versorgungsschächten und Hohlräumen. In ihnen sollen Starkstromleitungen mit anderen Rohrleitungen gemeinsam so verlegt werden, daß sie keinen schädigenden Einflüssen ausgesetzt sind (**862**.1). In Aufzugsschächten sind betriebsfremde elektrische Leitungen nur in seltenen Ausnahmen gestattet.

In Wänden, Decken oder Fußböden aus Beton oder Stahlbeton sowie unmittelbar auf oder unter Drahtgeweben oder Streckmetall dürfen nur NYM- oder ähnliche Leitungen oder NYA-Leitungen in Stahl- oder Kunststoffrohren, keinesfalls jedoch Stegleitungen, verlegt werden.

Senkrechte Leitungen. Sie sind nach DIN 18015 T. 3 in einer 20 cm breiten Installationszone zwischen 10 bis 30 cm von den Wandecken und 10 bis 30 cm von Tür- und Fensterleibungen entfernt, nicht aber auf den freien Wandflächen, anzuordnen.

Die senkrechten Installationszonen reichen grundsätzlich von Fußbodenoberkante bis Deckenunterkante. Für Fenster, zweiflügelige Türen und Wandecken sind sie beidseitig, für einflügelige Türen nur an der Schloßseite festgelegt.

Waagerechte Leitungen. Sie sind an Wänden in einer 30 cm breiten Installationszone zwischen 15 und 45 cm unterhalb der Decke und in gleicher Zonenbreite oberhalb des fertigen Fußbodens zu verlegen.

Beim Hinwegführen über Fenster ist die Anbringung von Gardinenhaken, Rolladenkästen und ähnlichen Bauteilen zu berücksichtigen.

Nach der DIN wurde außerdem eine mittlere waagerechte Installationszone von 90 bis 120 cm über OKFF für Räume festgelegt, in denen wie in Küchen Arbeitsflächen an den Wänden vorgesehen sind.

Wandauslässe. Über die Höhe der Wandauslässe, Schalter und Steckdosen über dem Fußboden informieren die Bilder **22**.1, **387**.1 und **388**.1.

Wand- und Deckendurchführungen. Sie sollen für ein Rohr oder eine im Putz verlegte Leitung 3/3 cm, für 2 Rohre 3/6 cm groß und für weitere Rohre sinngemäß vergrößert eingeplant werden.

Bei Öffnungen in Wänden oder Decken zu Räumen, die eine Übertragung von Rauch oder Feuer erwarten lassen, ist dies durch geeignete Maßnahmen zu verhindern.

Leitungsverbindungen. Verbindungen der Leitungen miteinander, auch Abzweigungen, dürfen nur in besonderen Abzweigdosen (**387**.2 und 3), meist aus Kunstharz-Preßstoff, mit Verbindungsklemmen erfolgen, die lose eingelegt oder auf Klemmenträgern aus Isoliermaterial befestigt sind.

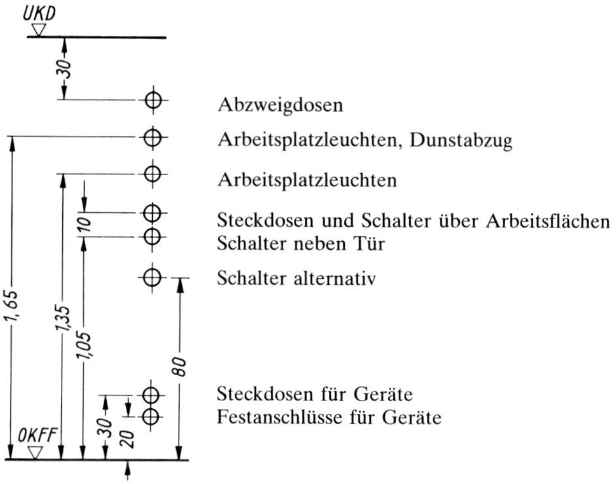

387.1 Höhen der Elektroinstallationsauslässe über dem Fußboden (nach DIN 18015 T. 3)

Längere Leitungen erhalten alle 6 bis 8 m und nach jedem dritten Bogen Zwischendosen.

In Abzweigdosen dürfen, von bestimmten Ausnahmen abgesehen, nur Leitungen eines Stromkreises vereinigt sein.

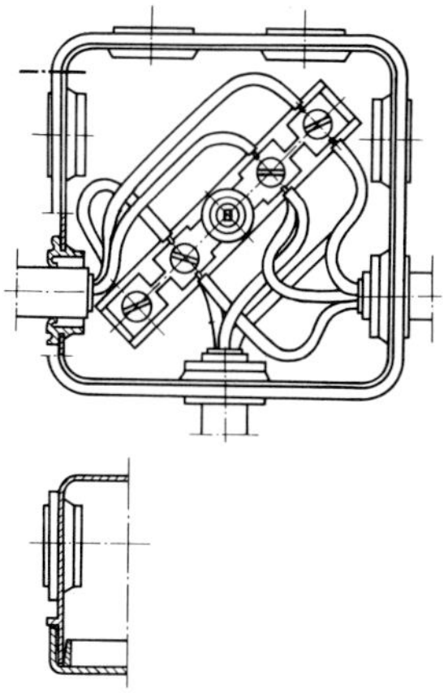

387.2 Feuchtraum-Abzweigdose aus Kunststoff mit elastischen Würgenippeln in Steckbefestigung sowie mit Deckel mit Quetschabdichtung (M 1:2,5)

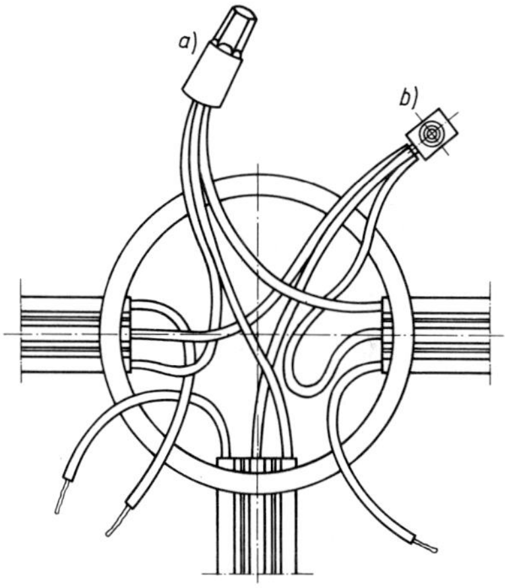

387.3 Abzweigdose mit lose eingelegten Verbindungsklemmen (M 1:2,5)
a) schraublose Klemme
b) Schraubklemme

Installationszonen. Für die Leitungsführung sind wie vorher beschrieben nach DIN 18015 T. 3 zwei Arten von Installationszonen für die senkrechte und waagerechte Anordnung festgelegt und eine mittlere möglich.

Bei der Anordnung der Leitungen innerhalb der festgelegten Installationszonen ergeben sich nachfolgende Vorzugsmaße:

in waagerechten Installationszonen 30 cm unter der fertigen Deckenfläche und 30 oder 100 cm über der fertigen Fußbodenfläche,
in senkrechten Installationszonen 15 cm neben den Rohbaukanten oder -ecken (**388**.1).

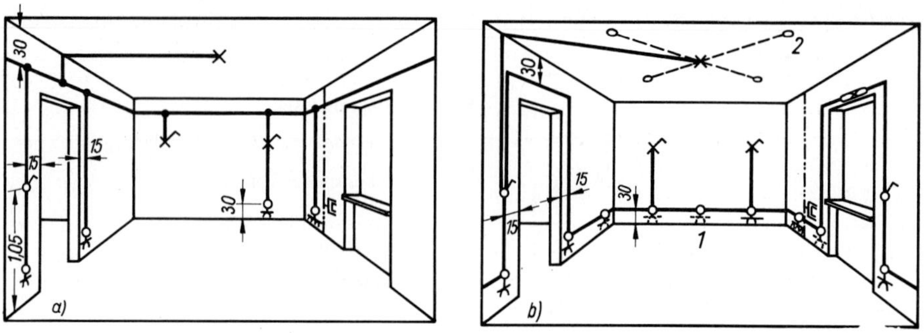

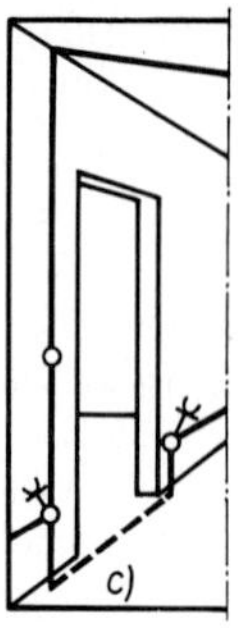

388.1 Führung der elektrischen Leitungen

a) Normalausführung, getrennte Abzweig- (●) und Gerätedosen (○)
b) mit kombinierten Geräteabzweigdosen
c) Variante zu b): Türunterfahrung mit Stahlpanzerrohr

—— Starkstromleitung –••– Antennenleitung mit Steckdose

1 leere Wanddose für nachträglich einzusetzende Steckdose
2 zusätzlicher Deckenauslaß für Umrüstung der Deckenbeleuchtung

Für die Anordnung der Leitungen im Fußboden und an Deckenflächen gilt DIN 18015 T. 1.

Geräteabzweigdosen. Für Schalter, Steckdosen und Auslässe werden vielseitig einsetzbare Gerätedosen aus Metall oder Isolierstoff nach DIN 49073 T. 1 verwendet (**388**.2).

Schalter sind neben den Türen 105 cm über OKFF anzuordnen (**388**.1). Sie werden oft, von der DIN abweichend, auch 80 cm über OKFF installiert (**387**.1).

Steckdosen und Schalter über Arbeitsflächen an Wänden sollen 115 cm über OKFF liegen (**387**.1).

Der Anschluß von Auslässen, Steckdosen und Schaltern, die nicht in der vorbestimmten Installationszone angeordnet werden können, ist mit senkrecht geführten Stichleitungen aus der nächstgelegenen waagerechten Installationszone vorzunehmen (**388**.1).

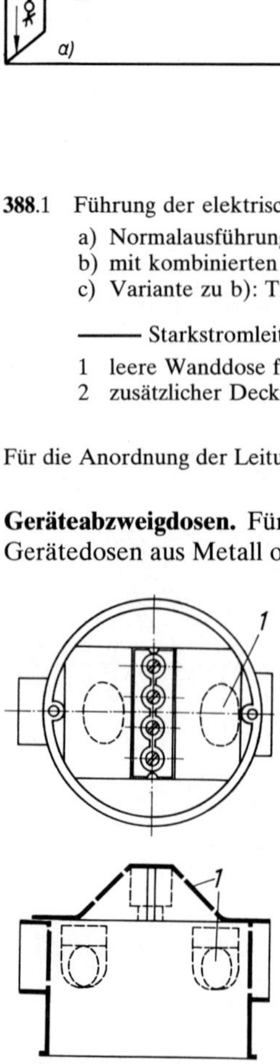

388.2 Geräteabzweigdose aus Kunststoff (M ca. 1:2,5)
1 Ausbruchöffnung für Leitung

Verlegearten. Drei Verlegemethoden kommen für eine feste Leitungsverlegung in Betracht:

1. isolierte Leitungen in Installationsrohr auf und unter Putz,
2. isolierte Leitungen als Stegleitungen in und unter Putz und
3. Feuchtraumleitungen über, auf, in und unter Putz.

Raumarten. Nach der Art der Räume sind die nachfolgenden Leitungsarten zu verwenden:

Trockene Räume, wie Wohnräume, Hotelzimmer, Büros, Geschäfts- und Verkaufsräume, trockene Betriebsstätten, Dachböden, Treppenhäuser, beheizbare und belüftbare Keller, auch Küchen und Baderäume in Wohnungen und Hotels:

Kunststoffaderleitung H07V-U (NYA) in Installationsrohr oder Installationskanälen auf oder unter Putz, in Massivdecken sowie in Werkstätten mit rauhem Betrieb in Stahlrohr,

Stegleitung NYIF und NYIFY in und unter Putz und

Mantelleitung NYM in und auf Holzwänden und -decken, in Altbauten auch auf Putz.

Feuchte und nasse Räume, wie Spülküchen, Kornspeicher, Düngerschuppen, Milchkammern, Futterküchen, Großküchen, Waschanstalten, Backstuben, Kühlräume, Pumpenräume, unbeheizte und unbelüftete Keller, Orte im Freien:

Feuchtraumleitungen. Abzweigdosen, Schalter und Steckdosen in Feuchtraumausführung, Leuchten in regengeschützter Ausführung, Handleuchten schutzisoliert. Die betriebsmäßig unter Spannung gegen Erde stehenden Leiter zu den Stromverbrauchsgeräten müssen durch Schalter mit erkennbarer Schaltstellung oder Steckvorrichtungen schaltbar sein, ausgenommen festangebrachte Leuchten.

Nasse und durchtränkte Räume, wie Bier- und Weinkeller, Naßwerkstätten, Wagenwaschräume, Gewächshäuser, ferner Räume in Bade- und Waschanstalten, Molkereien, Brauereien und Schlachtereien:

Das Installationsmaterial muß abgedichtet sein. Besonderer Schutz für Leuchten und übrige Betriebsmittel.

Heiße Räume, wie feuer- und explosionsgefährdete Betriebsstätten sowie landwirtschaftliche Betriebsstätten. Hierzu sind zahlreiche weitere VDE-Vorschriften zu beachten, auf die nachfolgend nur hingewiesen werden kann.

Installationsrohre. Die Verlegung von Kunststoffaderleitungen H07V-U (NYA) (**389**.1) in Rohren hat den Vorteil, daß die Leitungen erst nach Fertigstellung und Austrocknung des Baues eingezogen und so der Baufeuchte nicht ausgesetzt werden. Ferner können sie bei einer Beschädigung oder Erweiterung der Anlage leicht ausgewechselt werden.

389.1 Kunststoffaderleitung H07V-U (früher NYA)
1 Cu-Leiter
2 Kunststoffisolierhülle

Diese Verlegungsart dauert länger und kostet dadurch mehr als die neueren Verfahren. Sie wird aber bei Montagebauten aus Fertigteilen angewendet (**397**.1).

Auf Putz dürfen nur Rohre mit der Kennzeichnung „A“ angewendet werden, unter Putz Rohre der Bauart „B“ (für leichte Beanspruchung) und „C“ (leicht entzündliche Kunststoffrohre).

Die Anzahl der Leiter ist den Lichtweiten der Rohre nach Tafel **389**.2 zuzuordnen.

Tafel **389**.2 Zuordnung der H07V-U-Leitungen zu den Rohrweiten von Installationsrohren, Normrohrtypen A und B

Nenngröße	maximale Leitungsaufnahme in mm^2 3 Adern	4 Adern	5 Adern	Steuerung
13,5	4	1,5	1,5	–
16	4	2,5	2,5	7 × 1,5
23	–	10	6	12 × 1,5
29	–	25	16	–
36	–	35	25	–

Die Rohre sind in Dosen, Muffen sowie in Geräte so einzuführen, daß die Isolierung der Leitungen durch vorstehende Teile oder scharfe Kanten nicht verletzt werden kann.

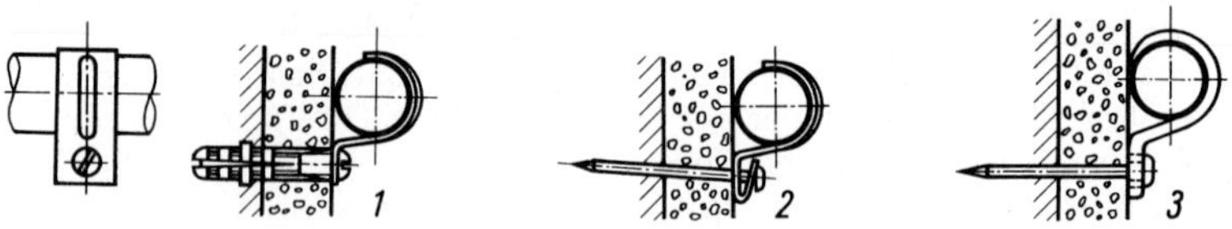

390.1 Befestigung der Rohre bei Verlegung auf Putz (M 1:2,5). Nägel oder Dübel sitzen unter dem Rohr bzw. auf der dem Fenster abgewandten Seite

1 Stahl-Rohrschelle mit Schraube auf Spreizdübel
2 Stahl-Rohrschelle mit Stahlnadel
3 elastische Kunststoff-Rohrschelle, für mehrere Rohrweiten geeignet, mit Stahlnadel

Auf Putz werden die Rohre durch Einzel- oder Mehrfachschellen befestigt, die durch Stahlstifte oder mit Holzschrauben auf Kunststoff-Spreizdübeln (**390**.1) gehalten werden.

Unter Putz werden die Rohre in Mauerschlitzen durch schräg eingeschlagene Stahlstifte oder Stahlhaken befestigt, wobei Rohrschlitze für eine größere Anzahl von Installationsrohren gleich beim Aufmauern der Wände auszusparen sind (**390**.2). Wasser, so Baufeuchtigkeit und Kondenswasser, muß aus den Rohren ablaufen könnnen.

Die Leitungen selbst dürfen erst nach dem Austrocknen des Mauerwerkes und des Rohrnetzes mit einem Stahlband mit Kugel und Öse in die bis dahin offen zu haltenden Rohre eingezogen werden.

In einem und demselben Rohr dürfen nur Leitungen des gleichen Stromkreises liegen.

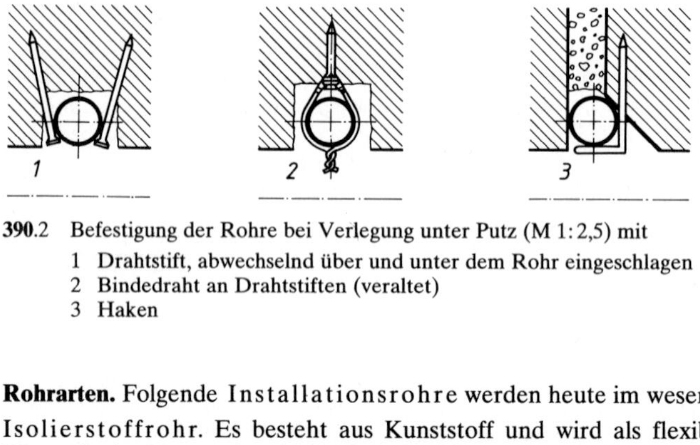

390.2 Befestigung der Rohre bei Verlegung unter Putz (M 1:2,5) mit

1 Drahtstift, abwechselnd über und unter dem Rohr eingeschlagen
2 Bindedraht an Drahtstiften (veraltet)
3 Haken

Rohrarten. Folgende Installationsrohre werden heute im wesentlichen verwendet:

Isolierstoffrohr. Es besteht aus Kunststoff und wird als flexibles Isolierrohr, gerillt, in Ringen in den Nennweiten 13,5, 16, 23, 29, 36 und 48 mm und in neun verschiedenen Normrohrtypen nach DIN 49016 bis 49019 geliefert (Tafel **389**.2).

Rohrverbindungen erfolgen mit Steckmuffen, Richtungsänderungen sehr einfach durch ein in engsten Radien mögliches Biegen von Hand. Durch seine glatte Innenfläche, die das Einziehen der Drähte sehr erleichtert, sein geringes Gewicht, seine leichte Verarbeitung und seine geringen Außendurchmesser, die nur wenig Schlitzarbeit erfordern, hat das Kunststoffrohr alle früher noch bekannten Arten von Isolierrohren verdrängt.

Stahlpanzerrohr und Stahlsteckrohr nach DIN 49020, wird dort eingesetzt wo mit stärkerer mechanischer Beanspruchung zu rechnen ist, vor allem auch in und auf Massivdecken. Die 3 m langen Rohre, in den Nennweiten von 15,2 bis 59,3 mm werden miteinander und mit den zugehörigen Geräten durch Schraubmuffen verbunden.

Für Richtungsänderungen gibt es Normalbogen und verschiedene Formstücke, sowie flexible Metall-Schlauch-Bogen. Es gibt auch flexibles Stahlrohr in Ringen. Stahlpanzerrohr ist nagelsicher.

Besondere Ausführungsarten mit ihrem speziellen Zubehör sind für die Fertigbau-Installation bestimmt.

Stegleitungen. Stegleitungen NYIF und NYIFY nach DIN VDE 0250 T. 201 und DIN 47715 werden mit den Leiterquerschnitten von 1,5 bis 4 mm^2 Cu zwei bis vieradrig, von 1,5 und 2,5 mm^2 Cu auch fünfadrig zur Verlegung in und unter Putz und nur in trockenen Räumen hergestellt (**391**.1).

Die äußere Umhüllung der Stegleitung mit dem Kurzzeichen NYIF ist aus Gummi, die mit dem Kurzzeichen NYIFY aus PVC.

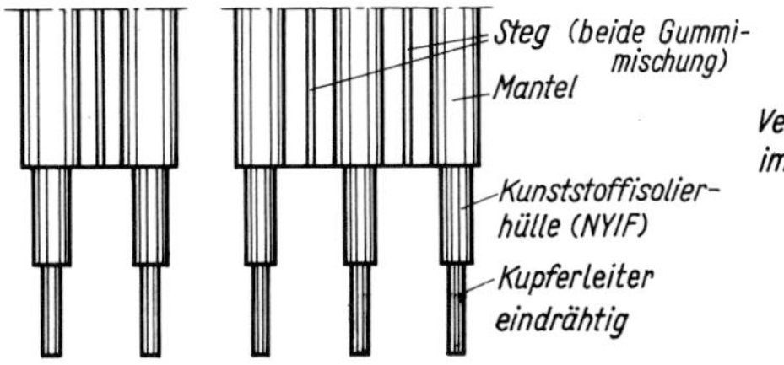

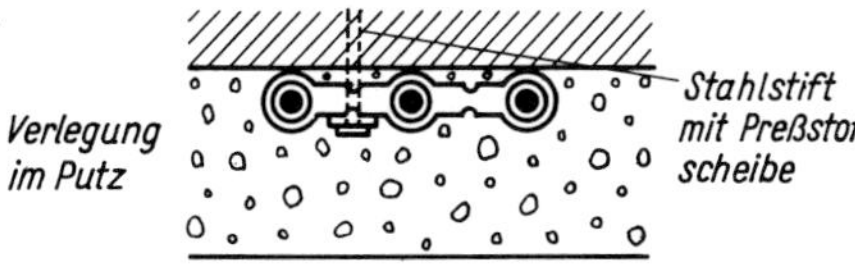

391.1 Stegleitungen, 2- und 3adrig (M 1:1)

Verlegung. Die Kupferleiter sind durch eine Umpressung aus Gummimischung zu einem flachen Band vereinigt, das auf den unverputzten Wänden verlegt und durch Stahlstifte mit Isolierscheiben, Bandschellen aus Isolierstoff oder aus Metall mit isolierender Zwischenlage oder mit Gipspflastern etwa alle 25 cm befestigt wird. Auch Kleben ist möglich.

An Decken oder Wandauslässen legen Endschellen (**391**.2) die Leitung fest.

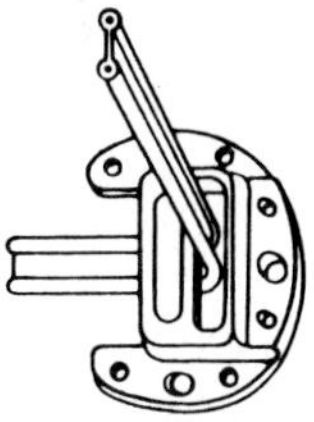

391.2 Endschelle aus Isolierstoff für 2- oder 3adrige Stegleitung

Stegleitungen müssen im ganzen Verlauf von Putz bedeckt sein. Sie dürfen auch in Wand- und Deckenhohlräumen nichtbrennbarer Konstruktionen verlegt werden, nicht aber auf brennbaren Baustoffen oder unter Gipskartonplatten und in landwirtschaftlich genutzten Bauten.

In Gipsplattenwänden mit nur dünnem Putzüberzug oder bei nachträglichem Einbau können 6 bis 8 mm tiefe Rillen eingefräst werden.

Die Leitungen dürfen nicht auf oder unter Streckmetall oder Drahtgewebe verlegt werden. Auch das Einbetonieren ist unzulässig.

Zwischen mehreren nebeneinanderliegenden Stegleitungen soll der besseren Putzhaftung wegen ein Zwischenraum von etwa 2 cm eingehalten werden. Eine Anhäufung von Stegleitungen, die zu unzulässiger Erwärmung führen könnte, ist zu vermeiden. Rechtwinklige Biegungen erfolgen durch Umklappen, besser aber durch Aufschlitzen der Stege (**391**.3).

Stegleitungen sind nicht auswechselbar. Man sollte daher im Hinblick auf eine spätere Erweiterung der Stromversorgung eine überzählige Ader mitverlegen lassen, zumal die Mehrkosten hierfür nur sehr geringfügig sind.

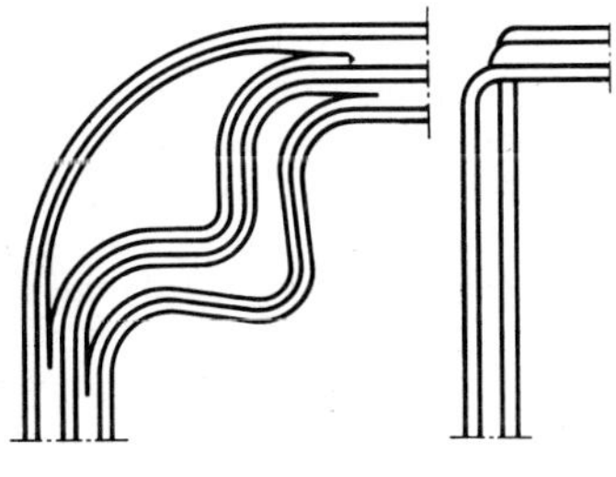

391.3 Rechtwinkliges Aufschlitzen oder Biegen der Stegleitung

Verbindungen von Stegleitungen dürfen nur in Installationsdosen aus Isolierstoff nach DIN VDE 0606 T. 1 vorgenommen werden.

Die gesamte Leitungsanlage ist stets vor dem Verputzen der Wände und Decken auf Stromdurchgang zu prüfen.

Feuchtraumleitungen. Folgende Feuchtraumleitungen werden aus der großen Gruppe zugelassener Leitungen noch verwendet:

Umhüllter Rohrdraht NYRUZY. Er hat über einem Mantel aus Zink noch eine gegen Feuchtigkeit und chemische Angriffe schützende Kunststoffhülle (**392**.1).

Er wird nur noch selten und dann meist für über oder auf Putz liegende Leitungen verwendet, weil er starrer als die Mantelleitung ist und daher weniger Schellen zur Befestigung erfordert.

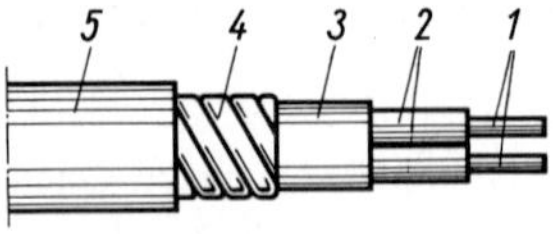

392.1 Umhüllter Rohrdraht NYRUZY
1 Cu-Leiter
2 Kunststoff-Isolierhülle
3 plastische Füllmischung
4 Zinkbandmantel, glatt oder gerillt
5 Kunststoffmantel

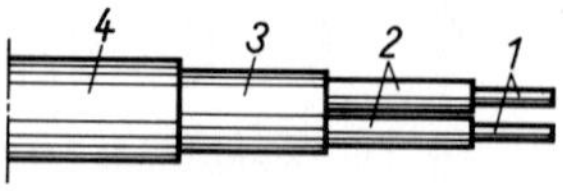

392.2 Mantelleitung NYM
1 Cu-Leiter
2 Kunststoff-Isolierhülle
3 plastische Füllmischung
4 Kunststoffmantel

Mantelleitung NYM. Sie hat nur einen Kunststoffmantel (**392**.2) und ist schmiegsamer als die oben genannte Leitungsart und daher besonders leicht zu verlegen.

Da sie außerdem besonders preisgünstig ist, wird sie als Feuchtraumleitung fast ausschließlich und vielfach, auch auf Holzkonstruktionen, verwendet.

Kunststoffkabel NYY. Es gehört im engeren Sinn nicht zu den Feuchtraumleitungen, ähnelt im Aufbau der Mantelleitung NYM und wird wie diese für Leiterquerschnitte ab 1,5 mm^2 Cu angewendet.

Verlegung. Feuchtraumleitungen werden hauptsächlich in feuchten und durchtränkten sowie in feuergefährdeten Räumen und Betriebsstätten, ferner in explosionsgefährdeten Betriebsstätten über, auf, in oder unter Putz verlegt.

Sie dürfen auch im Freien, nicht aber im Erdreich verlegt werden, wo an ihre Stelle das Kunststoffkabel NYY tritt. Dies soll im Boden mindestens 0,6 m, unterhalb befahrbarer Höfe oder Wege mindestens 0,8 m tief liegen und zum Schutz gegen mechanische Beschädigung mit Ziegel- oder Formsteinen abgedeckt werden.

Außerdem ist die Verlegung der NYY-Leitung direkt in Beton zulässig.

Damit Feuchtigkeit und Dämpfe nicht in das Innere der Leitungen dringen können, dürfen nur besondere Feuchtraumdosen und Feuchtraumschalter eingebaut werden. In diese sind Leitungen, ebenso wie in Leuchten, wasserdicht mit elastisch dichtenden Würgenippeln (**387**.2) oder anderen selbst dichtenden Einlässen einzuführen und mit zuverlässig dichtenden Deckeln sorgfältig zu verschließen.

Feuchtraumleitungen werden von Hand gebogen und, soweit sie nicht in der gleichen Weise wie Installationsrohre unter Putz verlegt werden, am besten unmittelbar auf der Wand mit Schellen (**393**.1) aus Isolierstoff oder Stahl befestigt, mehrere Leitungen nebeneinander auch auf Reihenschellen (**393**.2).

Der Abstand der Schellen soll in der Waagerechten bei Mantelleitungen ca. 25 cm, bei umhüllten Rohrdrähten auch mehr, in der Senkrechten ca. 50 cm betragen.

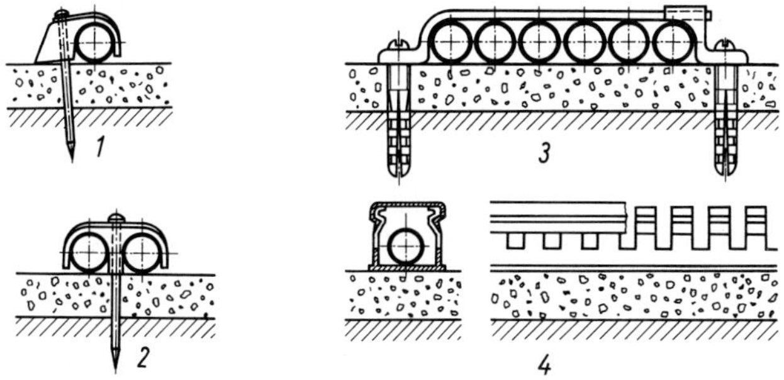

393.1 Befestigung von Feuchtraumleitungen bei Verlegung auf Putz (M 1:2,5)
1 Einfachschelle aus thermoplastischem Kunststoff mit Stahlnadel
2 Doppelschelle aus thermoplastischem Kunststoff mit Stahlnadel
3 Mehrfachschelle, verstellbar, aus thermoplastischem Kunststoff mit Dübeln und Schrauben
4 in „Dahl"-Kanal mit aufschneppbarer Abdeckung, aus thermoplastischem Kunststoff, lose eingelegt, Kanal auf Spreizdübeln aufgeschraubt oder geklebt

Die Leitungen dürfen durch Wände und Decken nach vorherigem Schutzanstrich hindurchgeführt werden, wonach die Maueröffnungen mit Zementmörtel zu schließen sind. Besser sind aber Schutzrohre.

In eine andere isolierte Leitung darf die Feuchtraumleitung nur außerhalb des feuchten Raumes an einer trockenen Stelle in einer Feuchtraumdose übergehen, auf eine Freileitung nur im Freien.

An besonders gefährdeten Stellen ist die Feuchtraumleitung gegen mechanische Beschädigung zusätzlich, etwa durch ein übergeschobenes Metallrohr, zu schützen.

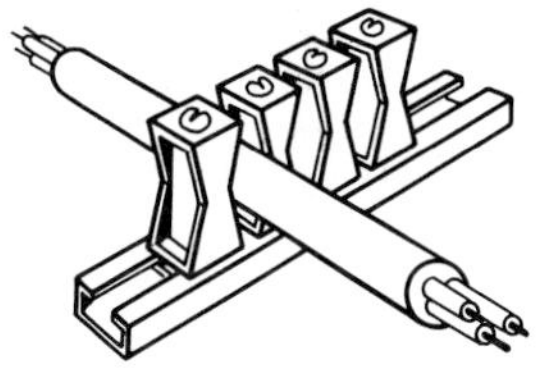

393.2 Reihenschelle zur Aufnahme mehrerer auf Putz verlegter Feuchtraumleitungen

6.1.5.7 Besondere Verlegesysteme

1. Stromschienensysteme. Diese Schienensysteme für die bewegliche Montage von Strahlerleuchten geben einer Beleuchtungsanlage jenes Höchstmaß an Flexibilität, wie es für Ausstellungsräume mit wechselndem Ausstellungsgut, für Arbeitsräume ohne feste Arbeitsplätze, für Läden und Schaufenster und zur variablen Betonung besonderer Schwerpunkte im Raum oder zur Hervorhebung einzelner Ausstattungsstücke für größere Wohnräume häufig gefordert wird.

Die Schienen bestehen aus einseitig offenen Aluminiumprofilen mit innenliegenden, in Kunststoffprofilen berührungssicher eingebetteten Kupferleitern. Die Alu-Profile werden in metrischen Längen von 1 bis 4 m oder für Installationen im Rastermaß von 62,5 cm auch in Sonderlängen von 1,25, 2,50 und 3,75 m abgepaßt geliefert, mit bestimmten Verbindungsstükken in beliebiger Weise zu dem jeweils gewünschten System zusammengefügt und an der Decke oder Wand angeschraubt.

Besondere Einspeisungen verbinden die Zuleitungen in Decke oder Wand mit den Kupferleitern der Schiene. Die Strahlerleuchten sind mit einem Spezialfuß, einem Adapter, an beliebiger Stelle der Schiene anzuschließen.

Für Stromschienensysteme gelten grundsätzlich die Festlegungen für Betriebsmittel nach DIN VDE 0100 T. 510.

Zwei Arten von Stromschienensystemen sind zu unterscheiden:

3-Phasen-Stromschienensystem mit 5 Leitern für 3 Stromkreise (**394**.1) und der hohen Belastbarkeit von $3 \times 3520 = 10\,560$ W im Drehstromanschluß (**394**.2).

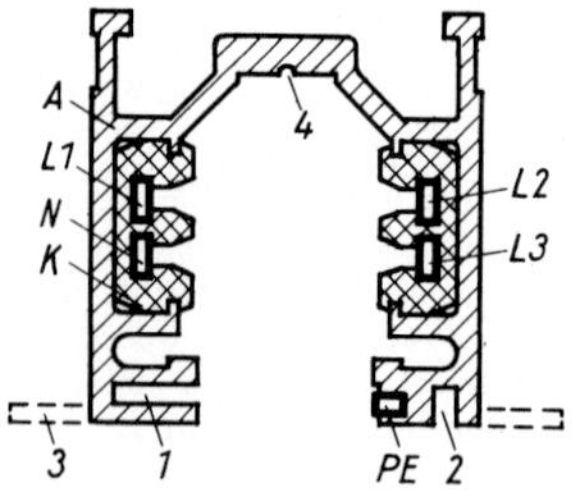

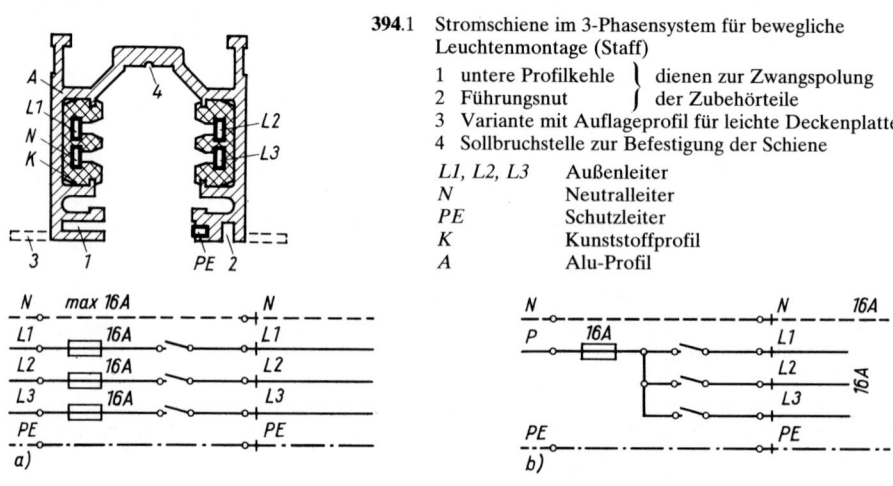

394.1 Stromschiene im 3-Phasensystem für bewegliche Leuchtenmontage (Staff)

1 untere Profilkehle } dienen zur Zwangspolung
2 Führungsnut } der Zubehörteile
3 Variante mit Auflageprofil für leichte Deckenplatte
4 Sollbruchstelle zur Befestigung der Schiene

L1, L2, L3	Außenleiter
N	Neutralleiter
PE	Schutzleiter
K	Kunststoffprofil
A	Alu-Profil

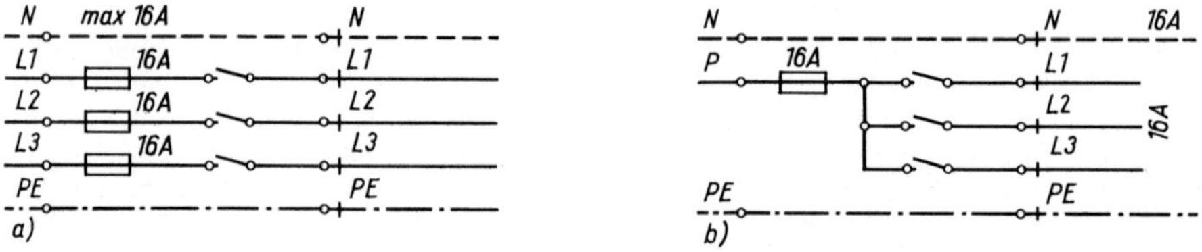

394.2 Schaltschemen für Stromschienen im 3-Phasensystem

a) bei Anschluß an Drehstromnetz 220/380 V mit Neutralleiter, Höchstbelastung $3 \times 3\,520$ W $= 10\,560$ W

b) bei Anschluß an einphasiges Wechselstromnetz 220 V, Höchstbelastung 3 520 W

Die Zuordnung eines Strahlers zu einem bestimmten Stromkreis erfolgt am Adapter vor dessen Einsetzen in die Schiene.

Das Schema eines Stromschienennetzes zeigt Bild **394**.3.

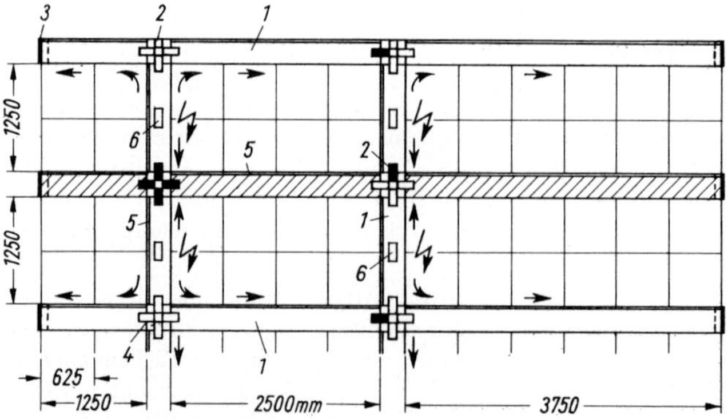

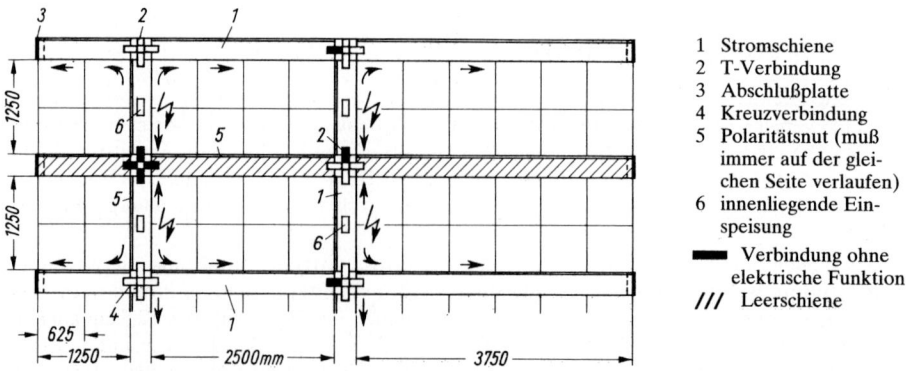

1 Stromschiene
2 T-Verbindung
3 Abschlußplatte
4 Kreuzverbindung
5 Polaritätsnut (muß immer auf der gleichen Seite verlaufen)
6 innenliegende Einspeisung

▬ Verbindung ohne elektrische Funktion

/// Leerschiene

394.3 3-Phasen-Stromschienensystem im 62,5er Raster. Installationsbeispiel (Staff)

1-Phasen-Stromschienensystem mit 2 stromführenden Leitern und 1 Schutzleiter (**395**.1). Es wird dort verwendet, wo auf eine hohe Belastbarkeit und auf mehrere Stromkreise zugunsten einer besonderen Preiswürdigkeit verzichtet werden kann. Im übrigen entspricht es grundsätzlich dem 3-Phasensystem.

Für beide Systeme gibt es Sonderprofile mit seitlichen Ansätzen zur Auflagerung von leichten Deckenplatten (**394**.1 und **395**.1).

395.1 Stromschiene im 1-Phasensystem für bewegliche Leuchtenmontage (Staff)

1 stromführender Leiter
2 Variante mit Auflageprofil für leichte Deckenplatte
A Alu-Profil
K Kunststoffprofil
PE Schutzleiter

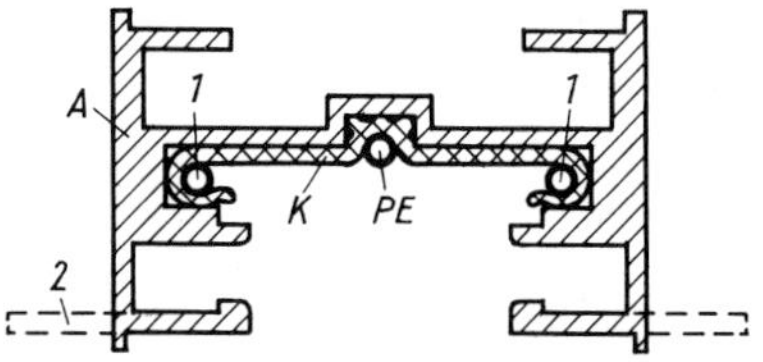

2. Unterflurinstallation. In größeren Bauten wird oft eine großzügige Wandelbarkeit der Räume und darum leichtes Versetzen der Trennwände verlangt, in denen daher die elektrischen Leitungen nicht mehr untergebracht werden können. Für sie bleiben nur noch die Decken und Fußböden sowie nicht versetzbare Wände verfügbar.

Beleuchtung. Der Hohlraum zwischen Rohdecken und abgehängten Decken, mit denen oft die Unterzüge verkleidet werden, bietet die Möglichkeit, neben allen anderen Installationen, etwa für die Klimaanlage und die Fernmeldeanlagen, auch die elektrische Installation für die Beleuchtung unterzubringen.

Zweckmäßig ist dabei eine Dezentralisierung der Verteilung etwa nach Bild **395**.2. In den Fluren werden im Hohlraum zwischen der tragenden und der abgehängten Decke Unterverteilungen vorgesehen, die in einem Teil die allgemeinen und in einem anderen Teil diejenigen Verbraucher versorgen, die bei Notbetrieb weiterarbeiten müssen.

1 Steigleitung, allgemein
2 desgleichen für Notstromversorgung
3 Flurverteilung
4 Zuleitung zu den Deckenverteilern, allgemein
5 Zuleitung zu den Deckenverteilern der Notstromversorgung
6 Deckenverteiler
7 Verbraucherstromkreise

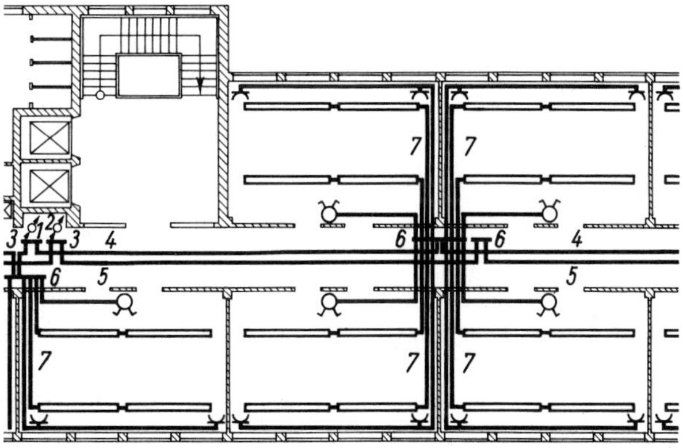

395.2 Dezentralisierte waagerechte Leitungsverlegung in einem Bürogebäude (ohne Darstellung der Notstromverbraucher) (M 1:200) (nach Siemens)

Hierzu gibt es auch Hängesteckdosen für Großraumbüros.

Steckdosen. Für die horizontale Installation der Leitungen für Steckdosen und Fernmeldesteckdosen ist die Unterflurinstallation, als Versorgungsnetz im Estrich des Fußbodens auf der Decke verlegt, besonders zweckmäßig und wirtschaftlich.

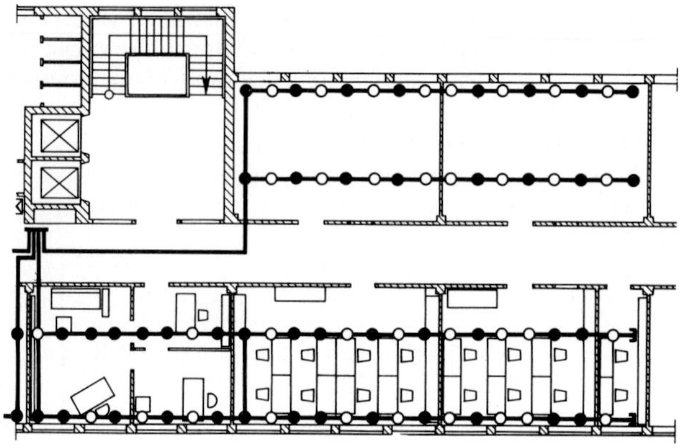

396.1 Unterflurinstallation in Büroräumen (M 1:200) (nach Siemens)

Durch ein System von flachen Fußbodenkanälen zur Aufnahme der Leitungen, getrennt nach Stark- und Schwachstrom, mit entsprechenden Bodendosen oder Leitungsausführungsstutzen für Stark- und Schwachstromanschluß, lassen sich zahlreiche Varianten der Versorgung ermöglichen. In den Bodendosen können die Abzweigungen vorgenommen werden. Ferner werden hier die Zapfsäulen für den Anschluß der elektrischen Geräte wie Starkstrom- und Telefonsteckdosen untergebracht (**396**.1). Nicht für Zapfstellen benutzte Bodendosen werden mit einem Deckel verschlossen (**396**.2).

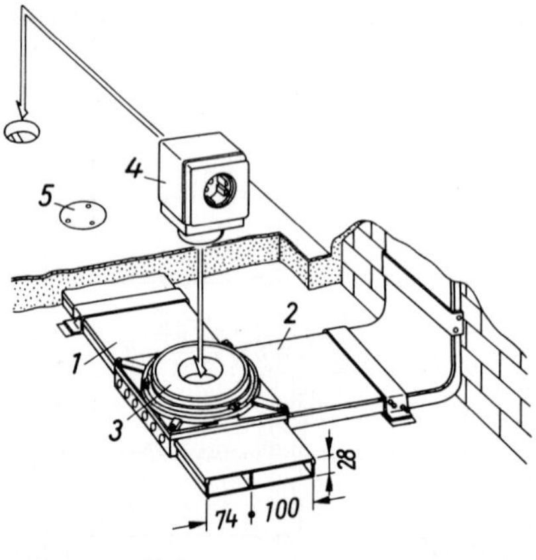

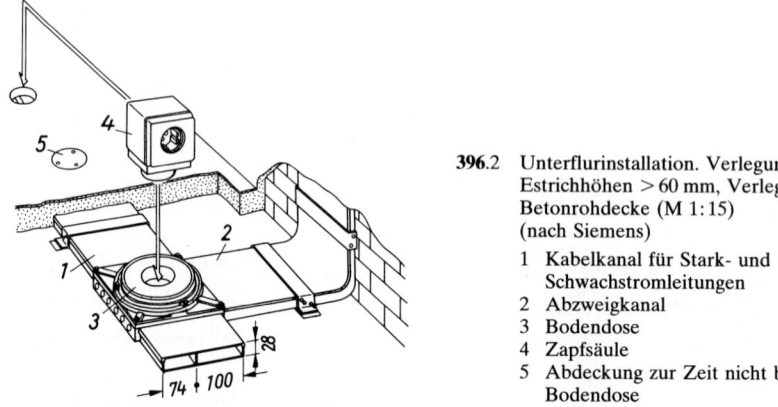

396.2 Unterflurinstallation. Verlegungssystem für Estrichhöhen > 60 mm, Verlegung auf der Betonrohdecke (M 1:15) (nach Siemens)

1 Kabelkanal für Stark- und Schwachstromleitungen
2 Abzweigkanal
3 Bodendose
4 Zapfsäule
5 Abdeckung zur Zeit nicht benutzter Bodendose

Alle Systeme erfordern eine sorgfältige Projektierung der Elektro-Installation vor Beginn der Rohbauarbeiten.

Fensterbanksystem. Eine andere Art von waagerechter Leitungsführung stellt das Fensterbanksystem dar, das dort angewendet werden kann, wo die Unterflurinstallation nicht möglich ist oder seine Zapfstellen zu sehr stören.

Hier werden Kabelkanäle unterhalb der Fensterbänke, entlang der Außenstützeninnenseite des Gebäudes angeordnet und nehmen die Stark- und Schwachstromleitungen auf. Die Steckdosen befinden sich in den Kanalwandungen, die dem Raum zugewandt sind. Da sich unter den Fensterbänken durchweg auch die Heizeinrichtungen befinden, muß dafür gesorgt werden, daß die elektrischen Leitungen keiner Erwärmung ausgesetzt werden.

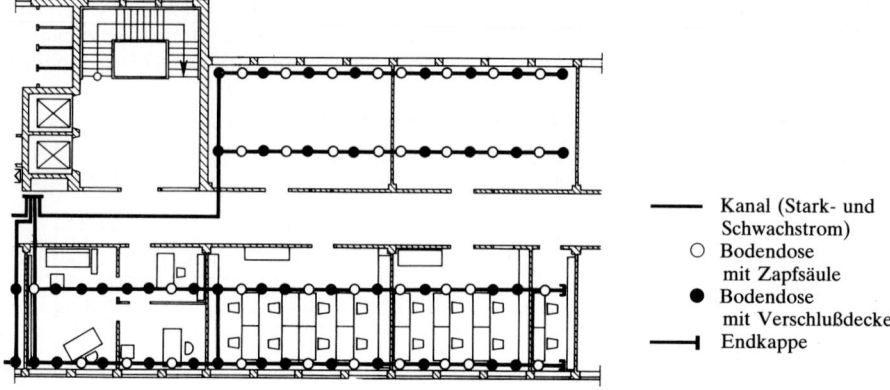

3. Montage- und Fertighausbau. Sowohl die schweren Großtafelelemente des Montagebaues als auch die Leichtbauelemente des Fertighausbaues werden mit so glatten Oberflächen eingebaut, daß sie keine Putzüberzüge mehr zu erhalten brauchen, die die Elektroinstallation verdecken könnten. Alle Leitungen, Abzweig- und Gerätedosen müssen daher innerhalb der vorgefertigten Bauteile untergebracht werden.

Die Installationsplanung nach Schaltbild muß sehr frühzeitig einsetzen und durch eine äußerst sorgfältige Detailplanung für die Installation in den einzelnen Bauelementen für die Wände und Decken ergänzt werden (**397**.1).

Zweckmäßig ist hier stets die Zuordnung eines Stromkreises zu jedem Raum.

Durch Verwendung von Geräteabzweigdosen (**388**.2) läßt sich die Zahl der einzubauenden Dosen erheblich verringern.

Eine genügende Anzahl von Leerdosen und -rohren, auch für die Schwachstrominstallation, ist stets vorzusehen.

Montagebau. Die auf der Baustelle, in Feldfabriken oder in stationären Betrieben vorgefertigten und bei der Montage nur aufzustellenden Wandplatten aus Schwerbeton bilden ein tragendes Schottensystem. Die Decken bestehen meistens ebenfalls aus vorgefertigten Schwerbetonplatten.

Für die im Innern der Platten unterzubringenden elektrischen Leitungen wird die Mantelleitung NYM mindestens in jeweils 5adriger Ausführung, vor allem für die Verbindungen innerhalb der Platten, gewählt und die H07V-U-Leitung in flexiblem Spezialkunststoffrohr für solche Leitungen vorgezogen, die aus der Platte herausgeführt werden sollen und daher besser erst nachträglich eingezogen werden (**397**.1).

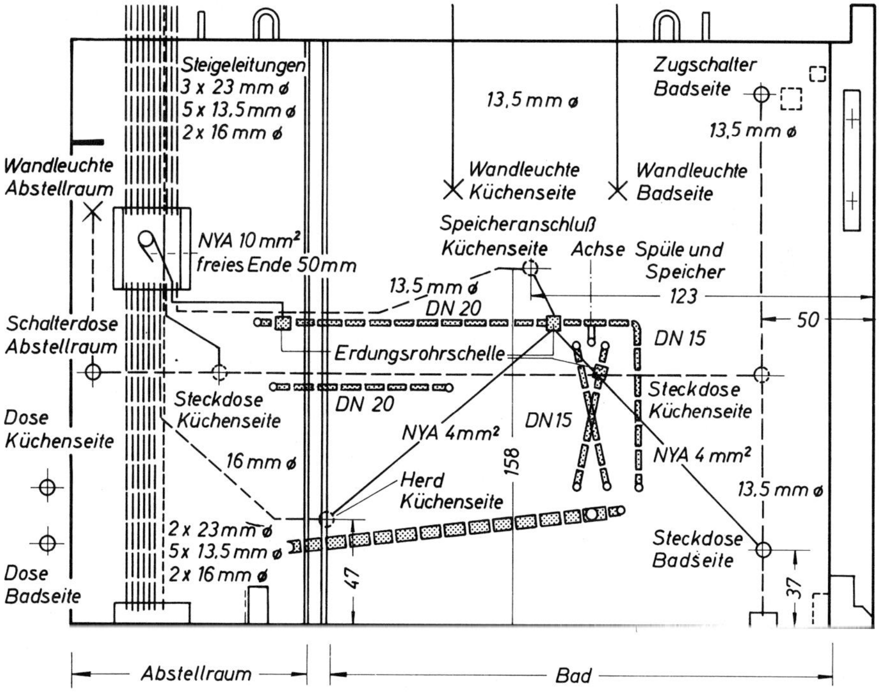

397.1 Plattenplan für Elektroinstallation im Montagebau. Trennwand zwischen Küche und Abstellraum/Bad (M 1:33)
NYA = H07V-U

Für Zähler und Wohnungsverteilungen werden Kästen eingegossen, Potentialausgleichsleitungen und Leerrohre für die Fernmeldeanlagen vorgesehen, ebenso ausreichende Leerrohre für die Hauptleitungen, soweit für diese nicht ein besonderer durchgehender Schacht geschaffen wird. Die Leitungsüberbrükkungen von Tafel zu Tafel werden durch vorbereitete flexible Rohrstücke vorgenommen.

Horizontale Leitungen können auch in einem besonders ausgebildeten Fußleistenkanal (**398**.1) über dem Fußboden oder in der Rohdecke in einer Aussparung am unteren Plattenrand verlegt werden.

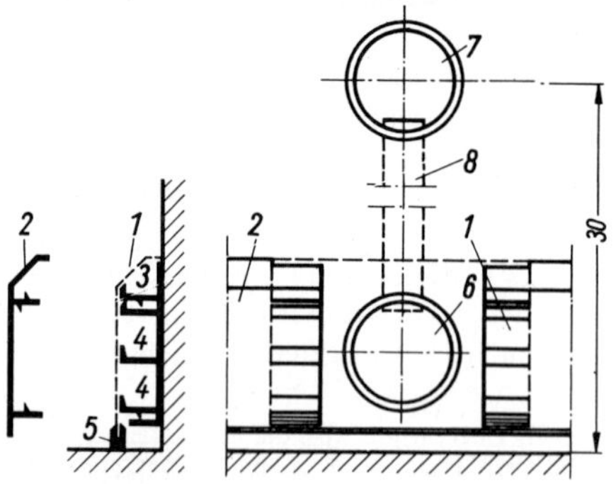

398.1 Waagerechte Leitungsführung im Fußleistenkanal (M 1:5)
1 Grundplatte mit Trägerleisten
2 Abdeckplatte
3 Schwachstromkanal
4 Starkstromkanal
5 Dichtleiste
6 Abzweigdose
7 Gerätedose
8 Installationsrohr

Fertighausbau. Im Fertighausbau von Ein- und Zweifamilienhäusern werden überwiegend Leichtbauelemente, meist Mehrschichtenplatten, raumgroß oder im Rastermaß, verwendet.

Die Forderung, daß Hausanschluß und Zählerplatz feuerhemmende Rückwände haben, gilt auch bei brennbarem Material als erfüllt, wenn es mit einer mindestens 10 mm dicken Faserzementplatte, die seitlich umlaufend 150 mm über das Grundmaß hinausreicht, versehen ist.

Als Leitungsmaterial ist nur die Mantelleitung NYM zulässig, die stets, also auch bei Licht- und Steckdosenstromkreisen, in 5adriger Ausführung zu verwenden ist. Geräteabzweigdosen müssen aus schwer entflammbarem Material bestehen.

Die Bauweisen zwingen meistens zur senkrechten Leitungsverlegung in den Raster- oder Trennfugen zwischen den Wandelementen, bei Röhrenplatten auch in deren Innern. Dabei werden die Verbindungen der senkrechten Leitungen zwischen den Wandplatten oberhalb der Decke oder, bei mehrgeschossigen Bauten, in den Zwischendecken hergestellt. Die waagerechten Leitungen können, vor allem bei flexibler Grundrißgestaltung, aber auch in Fußbodenkanälen untergebracht werden.

6.1.6 Zähleranlagen

Zähler sind kleine Elektromotoren, deren Drehzahl durch Spannung und Stromstärke beeinflußt und auf ein die verbrauchte elektrische Arbeit anzeigendes Zählwerk übertragen wird. Es ist eine Meßeinrichtung zum Erfassen der elektrischen Energie.

Zähler nach DIN 43857 T. 1 und 2 werden vom EVU zur Verfügung gestellt und an der von ihm bestimmten Stelle eines hellen, trockenen, belüftbaren, staubfreien und stets zugänglichen Raumes so angebracht, daß sie gegen Feuchtigkeit, Verschmutzung, Erschütterung und mechanische Beschädigung geschützt sind und ihr Lauf nicht schädlich beeinflußt werden kann.

Elektrizitätszähler und Steuergeräte müssen bei ausreichender Beleuchtung gut abgelesen werden können. Die Bedienungsfläche vor dem Zähler muß mindestens 1,20 m betragen.

Der Abstand vom Fußboden bis zur Mitte des Zählers soll nicht weniger als 1,10 m und nicht mehr als 1,85 m betragen.

Die Montage der Zähler kann auf Zählertafeln nach DIN 43853 oder innerhalb von Zählernischen auf Zählerplätzen erfolgen.

Zählertafeln bestehen aus Mittelteil, unterer Abdeckung, oberer Abdeckung oder Abschlußkappe.

Zählerplätze. Sie müssen DIN 43870 T. 1 bis 4 und den Richtlinien für Zählerschränke der VDEW entsprechen.

Aus dem Grundraster von 50 mm ergeben sich Zählerplatzflächen mit Breiten von 250 bis 1250 mm und Höhen mit 900, 1050, 1200 und 1350 mm.

Die möglichen Funktionsflächen nach DIN 43870 T. 2 zeigt Bild **399**.1 für einen oder zwei Zählerplätze anhand der vorgegebenen Höhen- und Breitenaufteilungen.

Die einzelnen Funktionsflächen sind 250 mm breit bei Höhen von 150, 300, 450 und 750 mm.

Ein Zählerplatz nach DIN 43870 T. 1 umfaßt das mittig liegende Zählerfeld, den Raum für Betriebsmittel vor dem Zähler (unterer Anschlußraum) und den Raum für Betriebsmittel nach dem Zähler (oberer Anschlußraum).

Das Zählerfeld hat eine Breite von 250 mm und eine Höhe von 450 mm. Zwei Zähler übereinander haben ein 750 mm hohes Zählerfeld.

Der untere Anschlußraum ist 300 mm, der obere Anschlußraum 150 oder 300 mm hoch.

Die passende Mauernische ist jeweils um 50 mm größer auszuführen.

Zählerplätze werden nach DIN 43870 T. 1 in den Ausführungen A für Wandaufbau ohne oder mit Zählerplatzumhüllung und U für Wandeinbau mit Zählerplatzumhüllung hergestellt.

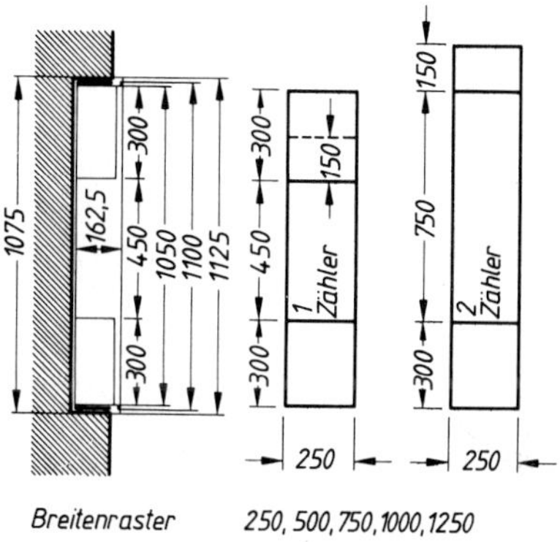

399.1 Zählerplätze, lichte Mindestmaße der Funktionsflächen auf der Basis eines Rastersystems (nach DIN 43870)

Zählernischen. Die Unterbringung von Zählerplätzen der Ausführung U für Wandeinbau erfolgt in Zählernischen.

Die den Zählerumhüllungen angepaßten Abmessungen sind nach DIN 18013 in der Tafel **399**.2 angegeben, die Anordnung in der Rohbauwand in Bild **399**.3 dargestellt.

Die maximale Tiefe umhüllter Zählerplätze beträgt nach DIN 225 mm.

Tafel **399**.2 Zählernischen, lichte Mindestmaße im fertigen Zustand (nach DIN 18013 unter Berücksichtigung von DIN 43870 T. 1)

Anzahl der Zählerplätze	Breite b	Tiefe t	Höhe h
1	300	140	950, 1100, 1250 oder 1400
2	550	140	
3	800	140	
4	1050	140	
5	1300	140	

Die Höhe ist abhängig von der Bestückung der Zählerplätze

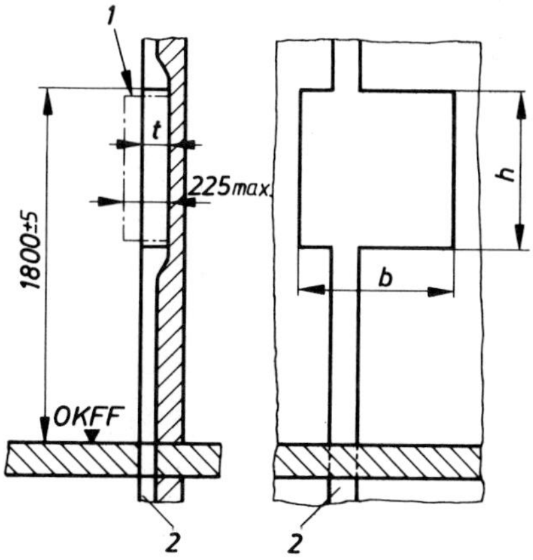

399.3 Nischen für Zählerplätze (nach DIN 18013) (s. auch Tafel **399**.2)

1 Zählerplatzumhüllung
2 Leitungsschlitz

b Breite, h Höhe, t Tiefe

Die Leitungen werden senkrecht von oben oder von unten in die Zählernische eingeführt. Im Einführungsbereich muß der Leitungsschlitz die gleiche Tiefe wie die Zählernische haben.

Nach DIN 18015 T. 1 ist in Treppenräumen der Einbau von Zählerplätzen in Nischen zu bevorzugen, jedoch unter Einhaltung der erforderlichen Rettungswegbreite.

Eine Zählernische darf den für die Wand geforderten Mindest-Brandschutz nach DIN 4102 T. 2, den Mindest-Wärmeschutz nach DIN 4108 und den Mindest-Schallschutz nach DIN 4109 sowie die Standfestigkeit der Wand nicht beeinträchtigen.

Für Fertighäuser sind zusätzliche Bestimmungen zu beachten.

Zähleranzahl. Über die Anzahl der Zähler oder Rastereinheiten kann keine allgemeinverbindliche Angabe gemacht werden.

In der Regel sind je Wohnung ein Platz für eine Zählereinheit und für das Wohnhaus insgesamt eine zusätzliche Fläche nach DIN 43870 für das Tarifgerät vorzusehen. In Mehrfamilienhäusern kommt außerdem noch eine Rastereinheit für den Allgemeinzähler hinzu (**400**.1).

Zähler im Mehrfamilienhaus. Durch die örtlichen Gegebenheiten bedingt unterscheidet man im wesentlichen zwei Anbringungsmöglichkeiten der Zähler, die dezentrale und die zentrale Anordnung.

Dezentrale Anordnung (**400**.1). Der Hausanschluß bleibt an der Einführungsstelle der Leitung des EVU, in der Regel im Hausanschlußraum (**76**.1). Die Hauptleitungen führen die Energie senkrecht durch das Treppenhaus. Die Zähler für die Wohnungen jedes Geschosses werden vor der Wohnungseingangstür auf dem zugehörigen Hauptpodest des Treppenhauses in Zählerschränken untergebracht (**375**.1). Kurze Leitungsverbindungen führen zur Wohnungs-Stromkreisverteilung.

Der Allgemeinzähler und das Tarifsteuergerät werden üblicherweise im Erdgeschoß untergebracht.

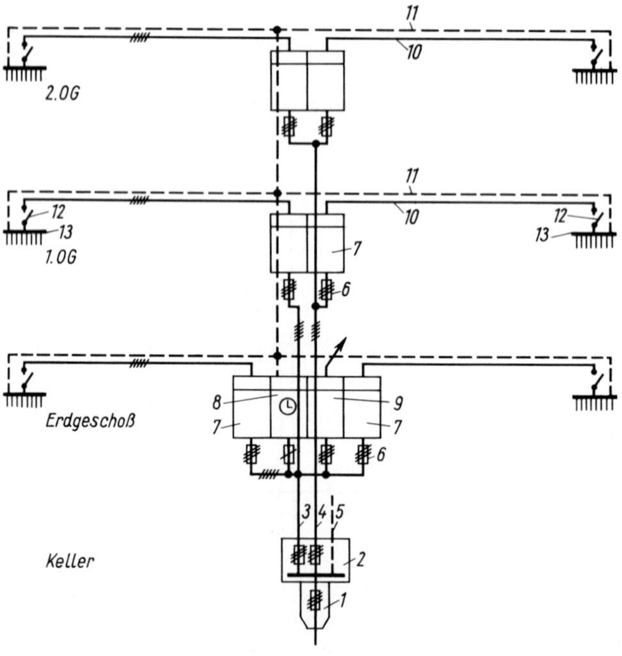

1 Hausanschlußsicherungen, plombiert (Größen durch EVU bestimmt)
2 Gruppenverteilung für Hauptleitungen
3 Hauptleitung I, NYM 5 × 25 mm² Cu
4 Hauptleitung II, wie 3
5 Leerrohr 29 mm l. W.
6 Vorsicherungen, 3polig, E 33
7 Wohnungszähler
8 EVU-Tarifsteuergerät
9 Gemeinschaftszähler
10 Abzweigleitung, NYM 5 × 10 mm² Cu
11 Leerrohr 29 mm l. W. für Steuerleitung
12 Wohnungshauptschalter 63 A, 3polig, plombierbar
13 Stromkreisverteilung

400.1 Dezentrale Zähleranordnung im Treppenhaus eines Mehrfamilienhauses (Stromkreisverteilungen in den Wohnungen)

Zentrale Anordnung (**401**.1 und **376**.1). Sowohl Bauplaner und Bauträger wie auch die EVU fordern immer häufiger, daß die Zähler nicht mehr im Treppenhaus auf den Hauptpodesten der einzelnen Geschosse, sondern zentral in der Nähe des Hausanschlusses untergebracht werden, also entweder im Hausanschlußraum, im Kellerflur oder im Erdgeschoß.

Diese Anordnung ergibt kurze Hauptleitungen, aber längere Verbindungsleitungen zu den Wohnungs-Stromkreisverteilern.

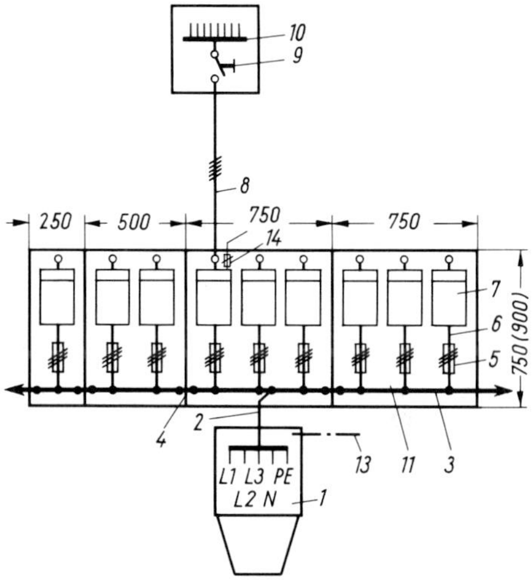

401.1 Zentrale Zähleranordnung in einreihigen Zählerplätzen im Kellergeschoß eines Mehrfamilienhauses, Stromkreisverteilungen in den Wohnungen

1 Hausanschlußkasten (Größe vom EVU bestimmt)
2 Verbindungsleitung zwischen 1 und 3 (Querschnitt vom EVU bestimmt)
3 Sammelschiene, 5polig
4 Verbindungsteil der Sammelschiene
5 Zählervorsicherung
6 Zählerzuleitung, NYM 5 × 16 mm² Cu
7 Eintarifzähler
8 Zählerableitung wie 6
9 Hauptschalter 63 A
10 Stromkreisverteilung in der Wohnung
11 Kellerzählerschrank für Aufputzmontage, einreihig
13 Potentialausgleichsleitung
14 zusätzlicher Abgang für Wohnungskeller

Anmerkung: In dem Bild fehlen zwei weitere seitliche Plätze zum Anbau des hier nicht dargestellten Gemeinschaftszählers und des Tarifsteuergerätes. Das vom Hausanschlußkasten ausgehende Leerrohr mit 29 mm l. W. für die Steuerleitung ist hier ebenfalls vernachlässigt (s. auch **400**.1).

Die dadurch eventuelle Überschreitung des zulässigen Spannungsabfalles macht einen Leiterquerschnitt von 16 mm² Cu zwischen Zähler und Unterverteilung erforderlich (**401**.1).

Die Zähler können den TAB entsprechend auf Tafeln oder in Schränken installiert sein. Die Zählerschränke müssen schutzisoliert sein und fertig verdrahtet angebracht werden.

Für die zentrale Anordnung der Zähler im Keller verwendet man plombierbare, schutzisolierte Zählerschränke für Aufputzmontage aus schlagfestem Formstoff mit Sichtscheiben für jeden Zählerplatz.

Sie werden für 1, 2 und 3 Zähler in einreihiger, für 4, 6 und 8 Zähler in zweireihiger Ausführung hergestellt, können gruppenweise zusammengeflanscht über die Hausanschlußsicherung gesetzt werden und enthalten ein 5poliges Sammelschienensystem, eine 3polige Vorsicherung für jeden Zähler, einen oder mehrere Zählerplätze, Abgangsklemmen 16 mm² und eine vollständige drehstrommäßige Verdrahtung.

Vorbereitete Verbindungsteile ermöglichen die Sammelschienenverbindung von Schrank zu Schrank, Eckkästen eine Sammelschienenumlenkung in einer Raumecke.

Verbindungsleitungen. Nach DIN 18015 T. 1 ist die Verbindungsleitung zwischen Zählerplatz und Stromkreisverteiler in der Wohnung als Drehstromleitung mit mindestens 10 mm² Cu auszuführen.

Je nach Spannungsabfall und Leitungslänge können aber auch größere Querschnitte erforderlich werden (**376**.1).

Steuerleitungen. Nach TAB ist vom zugeordneten Steuerelement, das kann ein EVU-Tarifgerät, eine Schaltuhr oder ein Tonfrequenz-Rundsteuerempfänger sein, bis zu den Zählerplätzen eine Steuerleitung mindestens 7 × 1,5 mm² Cu oder ein Kunststoffrohr von 29 mm l. W. zu verlegen (**400**.1), um Mehrtarifzähler oder Verbrauchsgeräte zentral steuern zu können.

Die Steuerleitungen für die Wohnungen läßt man in der Regel von einer durch das Treppenhaus führenden Stammleitung als Leerrohr mit 29 mm l. W. abzweigen.

Gemeinschaftszähler. Für die Gemeinschaftsanlagen, das sind alle den Wohngemeinschaften gemeinsam zugute kommenden Einrichtungen, wie allgemeine Beleuchtung von Treppenhaus, Dachboden und Keller, Klingel-, Sprech- und andere Anlagen, sind besondere Zähler und Verteilungen im Keller oder Erdgeschoß vorzusehen (**400**.1).

Nach DIN 18015 T. 1 muß in Gebäuden mit mehr als zwei Wohnungen der Stromverbrauch von Gemeinschaftsanlagen gesondert gemessen werden können.

Zähler im Einfamilienhaus (**402**.1). Im Einfamilienwohnhaus wird man den Zähler im Keller, möglichst im Hausanschlußraum, unterbringen (**382**.1).

Ist kein Kellerraum vorhanden, kommt ein geeigneter Nebenraum im Erdgeschoß in Frage.

Häufig ist die günstigste Zählerlage im Eingangsbereich zu sehen, der als Energieschwerpunkt die Zusammenfassung von Zähler und Stromkreisverteiler ermöglicht.

Verschiedene Hersteller bieten hierfür fertig verdrahtete Installationseinheiten an.

In mehrgeschossigen Einfamilienhäusern kann die Installation des Zählers im Keller oder Erdgeschoß und jeweils eine Verteilungstafel in den einzelnen Wohngeschossen vorteilhaft sein.

Zweckmäßig ist es immer, für die spätere Vermietung eines Raumes oder einer Einliegerwohnung gleich einen zweiten Zählerplatz vorzusehen.

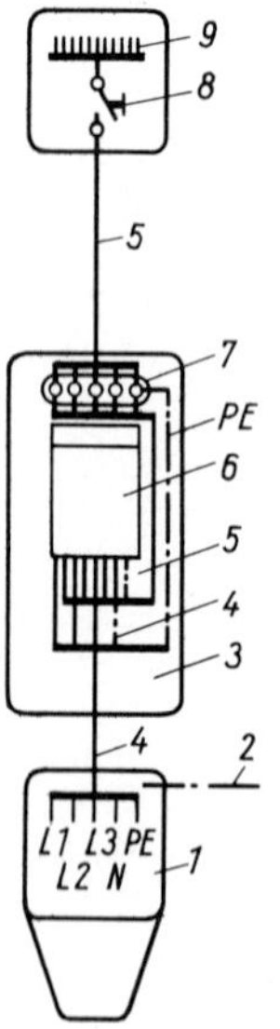

402.1 Zähleranordnung im Einfamilienhaus

1 Hausanschlußkasten (Größe vom EVU bestimmt)
2 Potentialausgleichsleitung
3 Raum für Anlagenerweiterung, unterer Anschlußraum
4 Zählerzuleitung, NYM 5×16 mm^2 Cu
5 Zählerableitung wie 4
6 Eintarifzähler
7 5polige Abgangsklemme
8 3poliger plombierbarer Hauptschalter 63 A
9 Stromkreisverteilung
PE Schutzleiter

6.1.7 Installationsschalter und -schaltungen

Schalter haben die Aufgabe, Teile der Stromkreise und einzelne Stromverbraucher mit der Stromquelle zu verbinden oder von ihr zu trennen.

Dosenschalter. In der Hausinstallation werden ausschließlich Dosenschalter verwendet, die sich durch geringe Größe, unauffällige Form, leichte Bedienung und zuverlässige Abdeckung der spannungführenden Kontakte auszeichnen.

Als Installationsschalter nach DIN 49200 für festverlegte Leitungen werden sie mit Spreizkrallen in die Unterputz-Gerätedosen von 55 mm l. W. eingesetzt, vielfach mit schraublosen Leiteranschlußklemmen, die Abdeckplatten zum Aufstecken.

Die Dosen werden zusammen mit den Leitungen verlegt und eingegipst.

Die Gerätedosen können mit Lichtsignaleinsätzen in verschiedenen Farben, daneben mit Steckdosen sowie mit Geräten für die Fernmeldeanlagen bestückt werden (**403**.1).

Wippenschalter. Als Installationsschalter werden heute fast nur noch die besonders geräuscharmen Wippenschalter verwendet, bei denen über großflächige Wippen der Kontakt hergestellt wird (**403**.1).

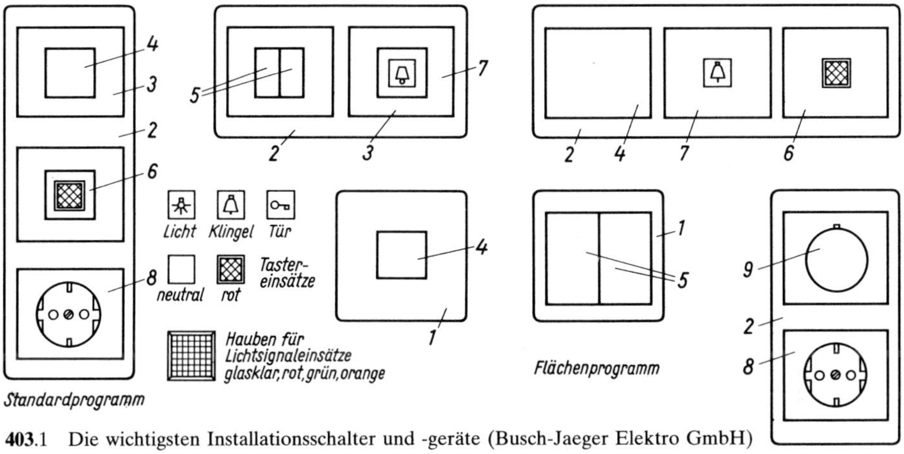

403.1 Die wichtigsten Installationsschalter und -geräte (Busch-Jaeger Elektro GmbH)

1 Abdeckplatte
2 Abdeckrahmen
3 Zentralscheibe
4 Wippe für Aus- oder Wechselschalter
5 Wippe für Serienschalter
6 Wippe für Kontroll-Aus- oder Wechselschalter
7 Taster für Klingelanlage
8 Steckdoseneinsatz mit Zentralscheibe
9 Helligkeitsreglereinsatz mit Zentralscheibe

Zugschalter. Schalter außerhalb des Handbereiches werden als Zugschalter mit einem Schnurzug betätigt, etwa in Schlafzimmern und Baderäumen.

Zeitschalter. Sie sind für die zeitlich bis auf 15 oder auch 120 Minuten zu begrenzende Stromzufuhr und mit einer Feststellvorrichtung für Dauerstrom für den Betrieb von Heizöfen und -decken, Tauchsiedern, Infrarotstrahlern, Außen- und Garagenbeleuchtung zweckmäßig.

Feuchtraumschalter. Zur Feuchtrauminstallation und im Freien gibt es wasserdicht gekapselte Schalter für Auf- und Unterputzmontage.

Tastschalter. Taster und Lichtdrücker bewirken durch eine Kontaktrückholfeder einen kurzzeitigen Stromschluß und werden, auch mit Kennzeichnung durch Sinnbilder für Licht, Klingel oder Tür, für die Schaltung mit Fernschaltern, wie bei der Treppenhausbeleuchtung (**406**.1), besonders auch in Fernmeldeanlagen angewendet.

Einbaukippschalter. Sie werden als Aus- und Wechselschalter, 1- bis 3polig für 16 A und 3polig für 25, 63 und 100 A, vorwiegend in größeren Verteilerschränken als Hauptschalter für mehrere Stromkreise und als Vorschaltgerät für mehrere gleichzeitig zu schaltende Automaten eingebaut (**400**.1, **401**.1 und **402**.1).

Glimmlampe. Alle Unterputzschalter können, auch nachträglich, mit einer Glimmlampe als Orientierungslampe, die im Dunkeln das Auffinden des Schalters erleichtert, versehen werden (**405**.1).

Bei einer zusätzlichen Leitungsader können Kontrollschalter für Aus- oder Wechselschaltung mit einer Glimmlampe als Kontrollampe bestückt werden, die den jeweiligen Betriebszustand des hinter ihnen liegenden Anlageteiles anzeigen (**403**.1 und **405**.2).

Dimmer. Elektronische Helligkeitsregler sind Lichtschalter für Glühlampen, in Sonderausführung auch für Leuchtstofflampen, mit denen sich eine Beleuchtung nicht nur ein- und ausschalten, sondern gleichzeitig auch in ihrer Helligkeit stufenlos regeln läßt, etwa beim Fernsehen, als Nachtbeleuchtung in Schlaf-, Kinder- oder Krankenzimmern (**404**.1).

Dimmer gibt es auch zum nachträglichen Einbau in die normale Wandeinbaudose und als Tischgerät zur Einstellung der Helligkeit von Tisch- oder Stehleuchten. Diese Tischgeräte werden mit einem besonderen Schuko-Zwischenstecker an das Netz angeschlossen (**404**.1d).

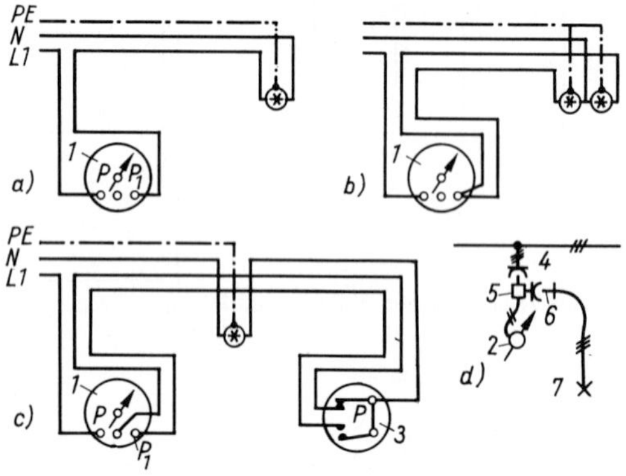

404.1 Helligkeitsregler (Dimmer)
a) Ausschaltung
b) Ausschaltung durch Umrüstung einer Serienschaltung
c) Wechselschaltung
d) Tischdimmer
1 Dimmer für Wandeinbau
2 Dimmer als Tischgerät
3 Wechselschalter
4 Wandsteckdose
5 Spezial-Schukostecker mit Schukosteckdose
6 Schukostecker
7 Tisch-, Steh- oder Hockerleuchte

Sensorschalter. Zu den herkömmlichen elektromechanischen Lichtschaltern sind elektronische Schalter mit eloxierter Metallabdeckung im Handel, zu deren Betätigung über Sensoren bereits ein leichtes Berühren genügt. Sie passen in alle üblichen Schalterdosen und können daher auch leicht gegen vorhandene Wippenschalter ausgewechselt werden.

Geräteschalter. Sie werden in oder an Gerätesteckdosen verwendet. Als Sonderschalter werden unter anderem auch Jalousieschalter und fernbedienbare Schalter oder Dimmer, die mit Infrarot oder Ultraschall arbeiten, angeboten.

Schalterprogramme. Nach der Größe der Installationsschalterwippen werden zwei Fertigungsprogramme unterschieden, das preiswerte Standard-Programm mit etwa 30 × 30 mm großen Wippen und das elegantere Flächen-Programm, deren besonders bequem zu betätigende Flächenwippen den Schalter ganz oder fast ganz bedecken.

Abdeckungen. Die Installationsschalter und -geräte können einzeln mit quadratischer Abdeckplatte 80 × 80 mm gesetzt werden. Besonders häufig ist die vielfältig mögliche Kombination von bis zu 5 Stark- und Schwachstromgeräten unter gemeinsamen Abdeckrahmen über- oder nebeneinander (**403**.1).

Beide Programme verwenden die gleichen Schalter und -einsätze sowie Abdeckungen als Grundbausteine und unterscheiden sich nur durch die untereinander auch austauschbaren Wippen und Taster.

Farbe. Die Farbe der Installationsschalter ist meist weiß, aber auch beige, braun, silber, schwarz und bronze. Wassergeschützte Aufputzausführungen sind auch in Grau erhältlich.

Montagehöhen. Nach DIN 18015 T. 3 sind alle Schalter einheitlich 1,05 m hoch über dem fertigen Fußboden anzubringen. Sie müssen leicht aufzufinden sein und sind daher an der Schloßseite der Türen 15 cm von der Rohbauöffnung der Türleibung entfernt anzuordnen (**388**.1).

In der Praxis werden Installationsschalter, auch bei größeren Wohnungsbauvorhaben, 80 cm über OKFF in der Höhe der hängenden Hand installiert. Schalter des Flächenprogrammes lassen sich dann auch leicht mit dem Knie bedienen.

Für Behinderte und Rollstuhlfahrer ist die Schalterhöhe von 1,05 m häufig nicht zu erreichen. Als Höhe ist hier grundsätzlich 70 cm über OKFF angebracht.

Schaltungen. Die wichtigsten Schaltungen für Installationsschalter sind (**405**.1 und 2 sowie Taf. **360**.1):

Ausschaltung (einpolige): abwechselndes Ein- und Ausschalten einer oder mehrerer Brennstellen von einer Stelle aus.

Serienschaltung: 2 Gruppen von Brennstellen (z. B. Lampen einer mehrflammigen Leuchte) werden von einer Stelle aus gleichzeitig oder getrennt in Betrieb genommen.

Wechselschaltung: wechselseitiges Ein- oder Ausschalten einer oder mehrerer Brennstellen von 2 Stellen aus.

Schaltung Wechsel/Wechsel: die Verbindung von 2 Wechselschaltungen durch Kombination von jeweils 2 Wechselschaltern in einem Schaltereinsatz.

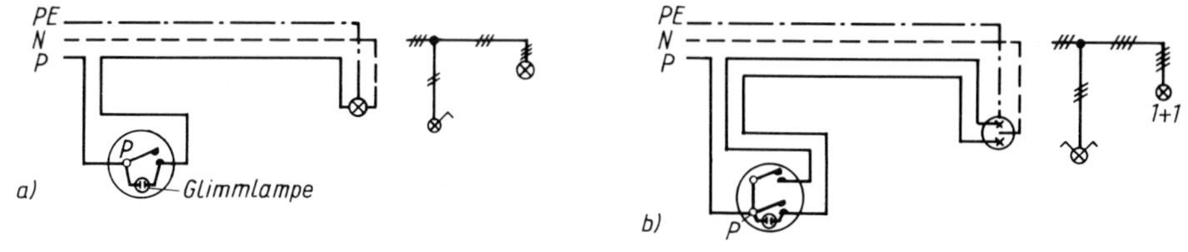

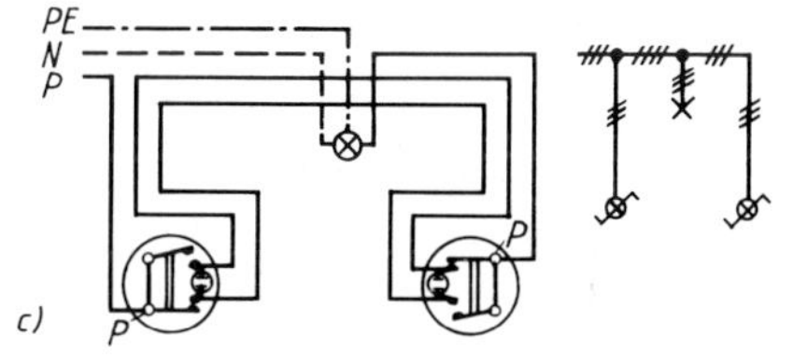

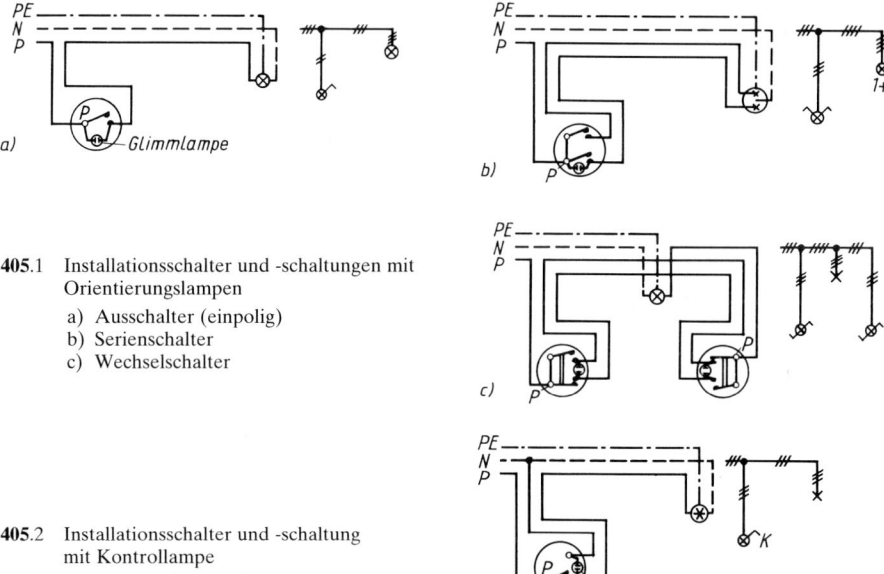

405.1 Installationsschalter und -schaltungen mit Orientierungslampen
a) Ausschalter (einpolig)
b) Serienschalter
c) Wechselschalter

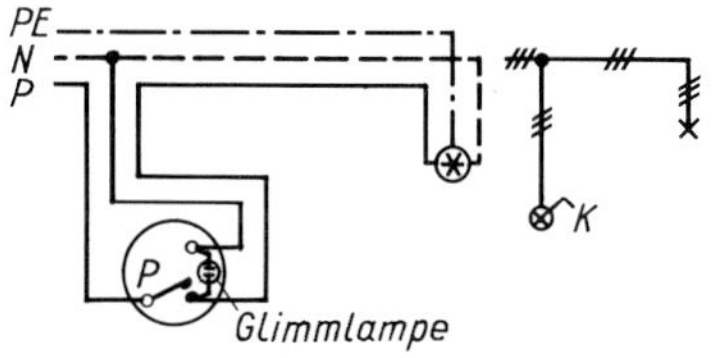

405.2 Installationsschalter und -schaltung mit Kontrollampe
Ausschalter (einpolig)

Haushalts-Umschalter. Sie gestatten in Mehrfamilienhäusern, etwa eine elektrische Waschmaschine im Gemeinschaftswaschraum oder jedes beliebige andere Gemeinschaftsgerät auf den Zähler des jeweiligen Benutzers zu schalten.

Der Wanderschaltknebel des HU-Schalters ist bei Schaltstellung auf einen Zähler verriegelt. Er läßt sich nur entfernen und an den nächsten Waschraumbenutzer weitergeben, wenn der HU-Schalter auf den fortlaufenden Leitungszug zurückgeschaltet ist (**368**.2).

Fernschaltung. Durch Installations-Fernschaltungen mit Stromstoßrelais lassen sich einzelne oder Gruppen von Stromverbrauchern von beliebig vielen Stellen aus schalten (**406**.1).

Sie können ferner dazu dienen, bestimmte Stromkreise von einer Zentralstelle aus ein- und auszuschalten.

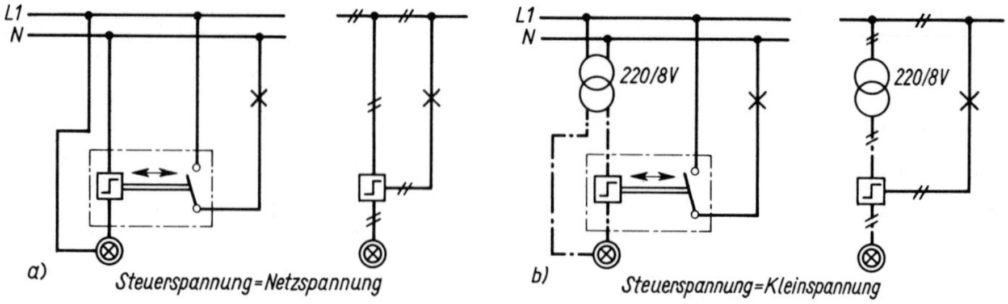

406.1 Stromstoßrelais, Prinzip der Stromstoßschaltung
a) mit Netzspannung
b) mit Kleinspannung

Die Fernschalter werden mit einfachen Tastern je nach Schalterbauart durch Stark- oder Schwachstrom betätigt. Die konventionellen Serien- und Wechselschaltungen entfallen.

Der Fernschalter, dessen Schaltglied mit jedem Steuerimpuls seine Stellung wechselt, kann sowohl in Verteilungstafeln als auch in die übliche Unterputzdose eingesetzt werden.

Die Schwachstromsteuerung ist mit ihrem geringen Leistungsbedarf bei hohem Schaltvermögen auf der Starkstromseite, der einfachen Leitungsführung und der Ersparnis an Leitungsmaterial sowie mit ihrer völligen Ungefährlichkeit besonders vorteilhaft.

Treppenlicht-Zeitschalter. Der sogenannte Treppenhausautomat ist die Kombination eines Fernschalters mit einer Schaltuhr mit elektrischem Aufzug und einem Umschalter (**406**.2). Die verstellbare Gangzeit liegt zwischen 15 s und 15 min.

Mit dem Umschalter sind die Schaltstellungen „Tag“ Anlage ausgeschaltet, „Abend“ dauernd eingeschaltet und „Nacht“ auf Fernschalter geschaltet möglich.

Sie werden ausschließlich für die Treppenhausbeleuchtung in Mehrfamilienhäusern verwendet. Mit Vierleiteranschluß sind sie nachschaltbar, das bedeutet, sie können vor Ablauf der eingestellten Gangzeit und somit vor dem Erlöschen des Treppenlichtes wieder eingeschaltet werden.

Vorrangschalter (Lastabwurfschalter). Sie sind für Installationsanlagen bestimmt, in denen von 2 Verbrauchern oder Verbrauchergruppen dem einen im Betrieb der Vorrang gegeben werden soll.

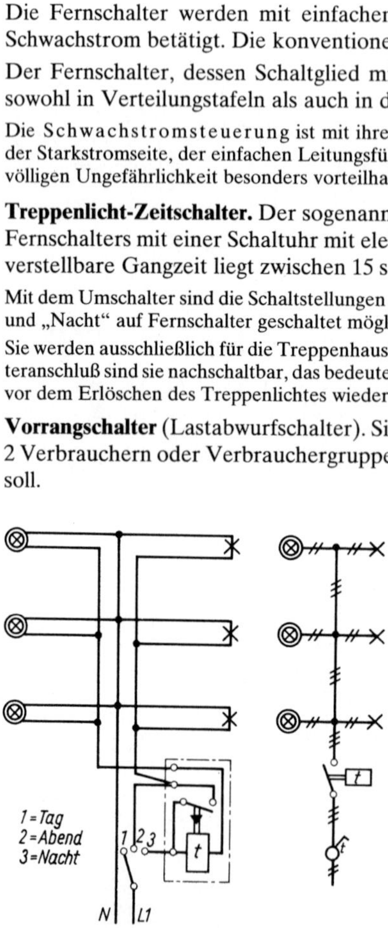

406.2 Stromstoßrelais, Treppenhausbeleuchtung mit Zeitschaltuhr

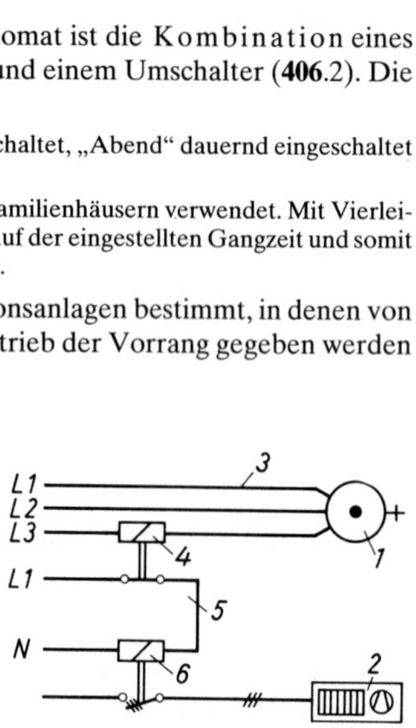

406.3 Vorrangschalter (Lastabwurfschalter)
1 Durchlauferhitzer
2 Elektro-Speicherheizgerät
3 Stromkreis Durchlauferhitzer
4 Vorrangschalter (Stromrelais) in der Stromkreisverteilung
5 Steuerstromkreis
6 Heizungsschütz in der Stromkreisverteilung

So kann in einem Wohnhaus ein in den Leitungszug eines Durchlauferhitzers gelegter Vorrangschalter während der Einschaltdauer dieses Gerätes die Aufladung der Elektro-Speicherheizgeräte der Wohnungsheizung durch Schalten des Heizungsschützes vorübergehend unterbrechen. Diese kurzzeitige Stromunterbrechung ist für den Heizungsbetrieb praktisch bedeutungslos (**406**.3).

Der elektrische Anschluß braucht dann nicht für den gleichzeitigen Betrieb dieser beiden Großverbraucher bemessen zu werden, woraus sich ein geringerer Montage- und Werkstoffaufwand ergibt und die vorgesehene Installation häufig überhaupt erst möglich wird.

Heizungsnotschalter. Automatische Heizungsnotschalter 16 A mit Kontrollampe werden als Gefahrenschalter nach DIN VDE 0116 für Ölfeuerungsanlagen außerhalb des Heizraumes installiert.

Der im Heizraum angeordnete Temperaturfühler schaltet über den Gefahrenschalter den elektrischen Teil der Heizungsanlage ab, wenn an seiner Einbaustelle die Temperatur 60 °C überschreitet. Eine Abschaltung von Hand ist ebenfalls möglich. Durch eine Schalterbauart mit Hilfskontakt kann die Abschaltung der Heizungsanlage optisch oder akustisch gemeldet werden.

6.1.8 Steckvorrichtungen

Zweiteilige Steckverbindungen dienen zur Versorgung beweglicher elektrischer Verbraucher mit Strom (**407**.1 und **408**.1).

Sie sind wegen der wachsenden Verbreitung zahlloser Geräte in jedem Raum in ausreichender Anzahl vorzusehen (**358**.1, **359**.1, **380**.1, **381**.1 und **382**.1). Nach DIN 18015 T. 2 ist die Mindestanzahl der Steckdosen für jeden Raum festgelegt (s. a. Abschnitte 6.1.3 und 6.1.5).

Steckdosen. Zweipolige Steckdosen sind mit dem Leitungsnetz fest verbunden, der Stecker befindet sich an der Anschlußleitung des anzuschließenden Gerätes.

Stecker und Steckdosen müssen im Leitungszug so angebracht werden, daß die Steckerstifte im nicht gesteckten Zustand nicht unter Spannung stehen.

An einen Stecker darf nur eine bewegliche Leitung angeschlossen werden.

Schuko-Steckdosen. In Hausinstallationen werden heute nur noch zweipolige Steckdosen mit Schutzkontakt 16 A 250 V, Schukosteckvorrichtungen als Wandsteckdosen, nach DIN 49440 T. 1 (**407**.1) eingebaut.

Sie weisen in allen Teilen außer den zwei spannungsführenden Polen, auch 3 oder 4 Polen zum Anschluß von Motoren, Elektroherden und anderen größeren Geräten, besondere Schutzkontakte auf, über die ein zusätzlicher, an das Metallgehäuse des Gerätes angeschlossener, gelbgrün gekennzeichneter Schutzleiter

407.1
Zweipolige Schutzkontakt-Steckvorrichtung (M 1:2,5)

I Wandsteckdose unter Putz mit Krallenbefestigung
II Wandstecker

1 Gerätedose, l. W. 58 mm, aus Isolierstoff
2 Abdeckplatte zum Aufschrauben
3 Steckdoseneinsatz (ohne Darstellung der Leitungsführung)
4 Dosen-Kontakthülse, federnd
5 Steckerstifte
6 Dosen-Schutzkontaktbügel
7 Stecker-Schutzkontakt
8 Kragen-Schutzkontakt
9 Geräteanschlußschnur, dreiadrig
10 Klemmschraube für Schutzleiter
11 desgleichen für Außenleiter
12 Gummitülle

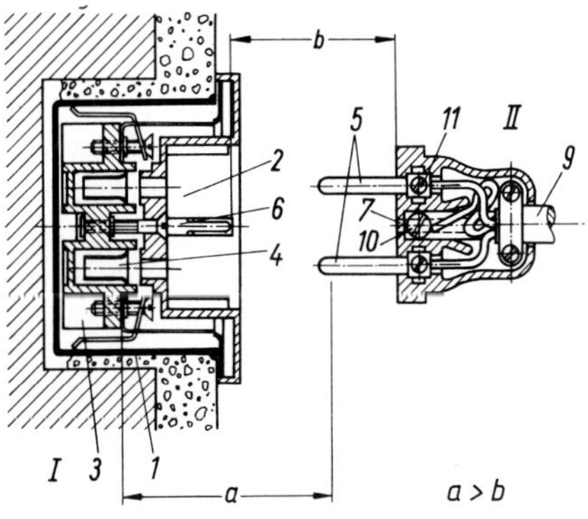

der beweglichen Anschlußleitung das Metallgehäuse oder den Schutzkontakt des Gerätesteckers leitend mit dem Nulleiter oder Schutzleiter des Netzes verbindet und so gegen eine zu hohe Berührungsspannung schützt (s. Abschnitt 6.1.9.2).

Dabei wird beim Einstecken des Steckers in die Steckdose die Schutzverbindung zwischen den Schutzkontakten bereits hergestellt, bevor die Steckerstifte die Kontakthülsen der Steckdose berühren (**407**.1).

Gerätesteckdosen. Viele Geräte ohne eigene Anschlußleitung haben Gerätestecker und Gerätesteckdosen an den Anschlußschnüren (**408**.1).

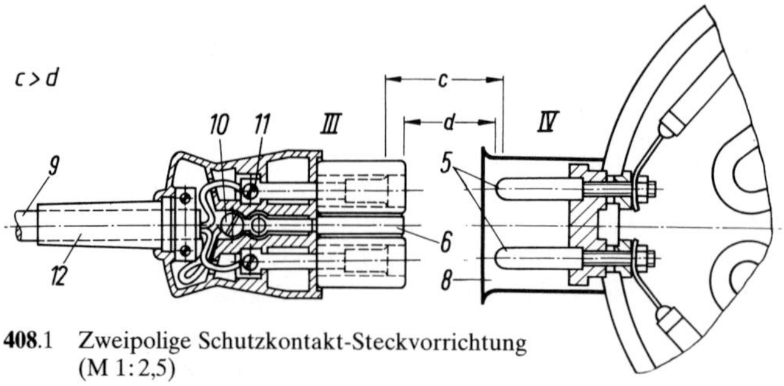

408.1 Zweipolige Schutzkontakt-Steckvorrichtung (M 1:2,5)
III Gerätesteckdose
IV Gerätestecker am Gerät
(Legende s. **407**.1)

Kupplungssteckdosen. Mit diesen zweipoligen spritzwassergeschützten Steckdosen mit Schutzkontakt nach DIN 49440 T. 3 und 6 werden mit spritzwassergeschützten Steckern nach DIN 49441 T. 2 Anschlußschnüre verlängert.

Alle Geräteanschluß- und Verlängerungsschnüre müssen mindestens dreiadrig und auch dort, wo die Steckdosen des Leitungsnetzes selbst noch keine Schutzkontakte aufweisen, mit Schutzkontaktsteckern, -kupplungs- und -gerätesteckdosen ausgerüstet sein.

Anwendungsbereiche. Schukosteckdosen nach DIN werden für den versenkten Einbau in Wänden aller Art, Geräte, Möbel und andere Einrichtungsgegenstände, auf Montageflächen aller Art, auf Tragschienen, für Kopplungsdosen und für ortsveränderliche Steckdosen verwendet.

Steckdosen werden vorteilhaft stets als Mehrfachsteckdosen angeordnet, auch kombiniert mit Schaltern sowie mit Tastschaltern und Steckdosen der Fernmeldeanlagen unter gemeinsamer Abdeckplatte (**403**.1).

Unmittelbar unter den Schaltern an den Zimmertüren verlegte Steckdosen sind nur zum Anschluß des Staubsaugers günstig zu verwenden und nur zusätzlich zu den sonstigen Steckdosen des Raumes zu empfehlen (**403**.1).

Fußboden-Steckdosen. Sie sind immer mit einem begehbaren und abdichtenden Deckel versehen und werden nicht nur in Bürogebäuden, sondern auch in privaten Arbeitsräumen als praktisch empfunden, wenn sie an der richtigen Stelle eingeplant wurden (**396**.2).

Kinderschutz-Steckdosen. In Kinderzimmern sollten stets Kinderschutz-Steckdosen eingebaut werden, die es Kindern durch eine Verriegelung unmöglich machen sollen, mit spitzen Metallgegenständen an spannungsführende Teile zu gelangen.

Geräteanschlußdosen. Begrenzt bewegliche Geräte mit einem Anschlußwert $\geqq 16$ A, wie Elektroherde oder große Waschmaschinen, sind durch eine bewegliche Anschlußleitung über eine Geräteanschlußdose nach DIN 49440 T. 5 und 49073 T. 1 an die fest verlegte Leitung anzuschließen (**409**.1 und **22**.1).

Außensteckdosen. Schutzkontakt-Steckvorrichtungen im Außenbereich sind nach DIN 18015 T. 1 zusätzlich gegen gefährliche Körperströme zu schützen.

In geschützten Anlagen im Freien müssen sie nach DIN VDE 0100 T. 737 mindestens tropfwassergeschützt, in ungeschützten Anlagen im Freien mindestens sprühwassergeschützt sein.

Tropfwassergeschützte Steckdosen werden in der Regel mit einem beweglichen und wasserdichten Deckel installiert.

Steckdosenanbringung. Steckdosen sind wie Schalter (s. Abschnitt 6.1.7) auf, unter und im Putz anzubringen und nicht auf den freien Stellflächen der Wände, sondern in deren Eckbereichen, an den Türen und Fenstern anzuordnen.

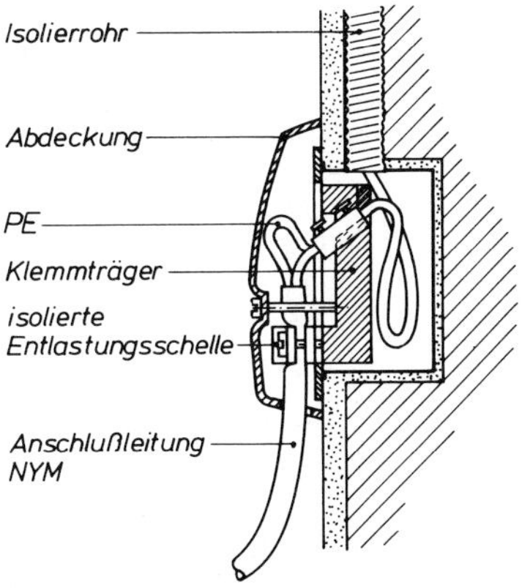

409.1 Geräteanschlußdose

Nach DIN 18015 T. 3 sollen sie grundsätzlich 30 cm, an den Arbeitsplätzen der Küchen möglichst 115 cm über dem fertigen Fußboden liegen (**22**.1 und **387**.1).

Steckdosen für Einbaukühlschränke verlegt man 115 cm, für Tischkühlschränke 30 cm, für mehr als 1,20 m hohe Kühlschränke 215 bis 225 cm, für Untertisch-Heißwasserbereiter 30 cm über dem Fußboden. Geräteanschlußdosen für bewegliche Anschlußleitungen von Elektroherden, Waschmaschinen oder Wäschetrockner 20 bis 30 cm über OKFF (**364**.1).

Ringleitungs-Stromkreise für Steckdosen sind im Bild **380**.1 dargestellt.

Neben jeder Rundfunkantennen-Steckdose ist mindestens eine Starkstrom-Steckdose, neben jeder Fernsehantennen-Steckdose sind mindestens drei vorzusehen.

Installationshöhen von Steckdosen in Haushaltsküchen und Hausarbeitsräumen sind in den Abschnitten 1.1.5 und 1.2.5 nachzulesen, für Behinderte in den Abschnitten 1.1.6.5 und 1.2.6.

Drehstrom-Steckvorrichtungen spielen in der Hausinstallation kaum eine Rolle.

6.1.9 Sicherheitseinrichtungen

6.1.9.1 Überstrom-Schutzeinrichtungen

Überstrom-Schutzorgane, dazu zählen Leitungsschutzsicherungen und Leitungsschutzschalter, gegen zu hohe Erwärmung sowohl durch betriebsmäßige Überlastung als auch durch Kurzschluß sind an allen Stellen anzubringen, wo sich der Leitungsquerschnitt zur Verbraucherstelle hin verjüngt. Sie sind nach Tafel **385**.1 zu bemessen.

Die Überstrom-Schutzorgane der einzelnen Stromkreise müssen leicht zugänglich am Anfang der zu schützenden Leitung liegen und werden daher auf den Zähler- oder den Stromkreisverteilungen angeordnet.

Null und Schutzleiter dürfen nicht abgesichert werden (**414**.1 und **415**.1).

Über die zulässigen Größen der Überstrom-Schutzorgane in Licht- und Steckdosenstromkreisen s. Abschnitt 6.1.5.3.

Leitungsschutzsicherungen. Für Stromstärken von 6 bis 200 A verwendet man vierteilige Schmelzsicherungen, bestehend aus dem Sicherungssockel zum Anschluß der abzusichernden Leitung, dem Paßeinsatz, dem Schmelzeinsatz und der Schraubkappe zum

Festschrauben des Einsatzes nach dem DIAZED-System mit seinen diametral abgestuften zweiteiligen Edison-Schraubstöpseln.

Die Patronen müssen unverwechselbar sein und haben deshalb Fußkontakte, deren Durchmesser mit steigender Stromstärke zunehmen und den in die Sicherungssockel eingeschraubten zugehörigen Paßschrauben, -ringen oder -hülsen entsprechen (**410**.1).

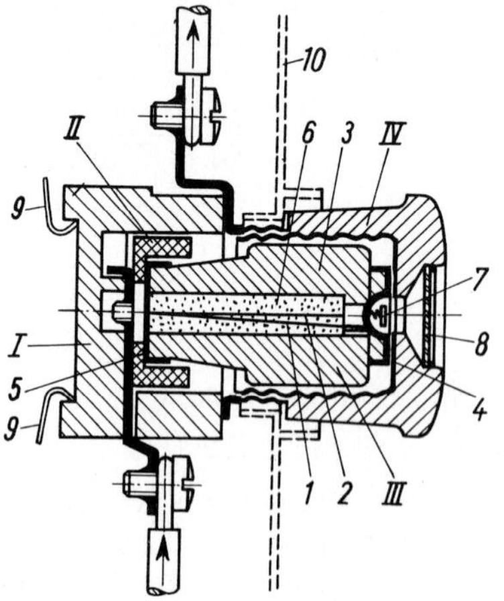

410.1 Leitungsschutzsicherung (M 1:2,5)
I Einbau-Sicherungssockel
II Paßschraube/Paßring
III Schmelzeinsatz/Sicherungspatrone
IV Schraubkappe
1 Schmelzleiter
2 Spanndraht für Unterbrechungsmelder
3 Hohlkörper aus Porzellan
4 Kopfkontakt
5 Fußkontakt
6 Sand
7 Anzeige- oder Kennplättchen
8 Fenster
9 Feder zum Aufklemmen auf Tragschiene
10 Isolierstoff-Abdeckstreifen der Verteilungstafel

Am Kopf der Patrone befindet sich ein farbiges Anzeigenplättchen (Taf. **410**.2), das beim Durchschmelzen des Schmelzdrahtes abgeschleudert wird und so anzeigt, ob die Sicherung intakt oder durchgebrannt ist.

Tafel **410**.2 Schmelzsicherungen

Nennstrom in A	6	10	16	20	25	35	50	63
Kennfarbe der Schmelz- und Paßeinsätze	Grün	Rot	Grau	Blau	Gelb	Schwarz	Weiß	Kupfer

Das neuere NEOZED-Sicherungssystem entspricht in Aufbau und Funktion dem DIAZED-System, zeichnet sich aber durch kleinere Abmessungen aus.

Andere Bezeichnungen sind D-Sicherungen (DIAZED) und DO-Sicherungen (NEOZED).

Über die Teilungsmaße der Einbau-Sicherungssockel siehe Tafel **378**.2.

Niederspannungs-Hochleistungs-Sicherungen in den Größen NH 00 bis NH 1 werden in der Wohnungsinstallation nur als Zählervorsicherungen (NH-Sicherungen) in den Bereichen von 100 bis 250 A zum Schutz gegen hohe Kurzschlußströme eingebaut.

Leitungsschutzschalter. An Stelle von Schmelzsicherungen werden heute in Haushalten weitgehend Leitungsschutzschalter, kurz LS-Schalter oder Automaten Typ L vorgesehen. Dies sind kleine Überstromschalter mit zweifacher Abschaltvorrichtung.

Der LS-Schalter hat außer dem Einschalt- einen besonderen Ausschaltknopf oder einen Schaltgriff und kann daher auch zum Ausschalten des Stromkreises benutzt werden.

Die sogenannte Freiauslösung verhindert ein Wiedereinschalten eines Selbstschalters, solange die Ursache der automatischen Abschaltung nicht beseitigt ist.

Einmalige Anschaffung, stete Betriebsbereitschaft und höhere Belastbarkeit der abgesicherten Leiterquerschnitte sind die besonderen Vorteile der LS-Schalter.

LS-Schalter werden als Schraubautomaten mit Gewinde E 27 nach DIN 49500 zum Einschrauben in die Sockel von Sicherungselementen für 6 bis 25 A (**411**.1) hergestellt. Als Sockel- oder Einbauautomaten (**411**.2) zur festen Montage in Schalt- und Verteilungstafeln werden diese für 10, 16, 20, 25 und 32 A Nennstrom eingebaut.

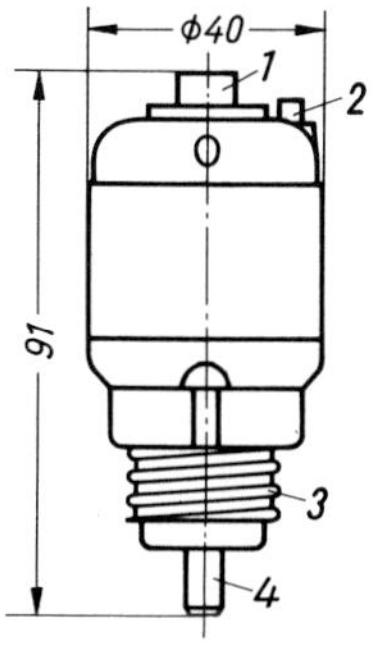

411.1 Leitungsschutzschalter als Schraubautomat (M 1:2,5)
1 Einschaltdruckknopf
2 Ausschaltdruckknopf
3 Schraubgewinde E 27
4 Fußkontakt

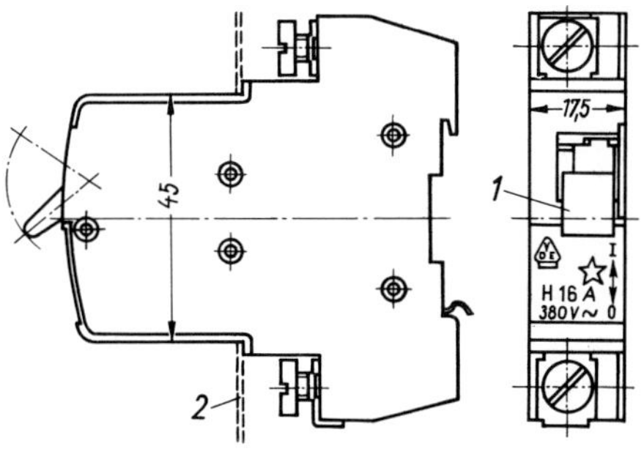

411.2 Einpoliger Einbau-Leitungsschutzschalter L (Sockelautomat) (M 1:2)
1 Schaltgriff
2 Isolierstoff-Abdeckstreifen der Verteilungstafel

Die heute meistens verwendeten Modelle der Einbauautomaten haben ein Breitenmaß oder Teilungsmaß von nur 18 mm bei einer Kappenhöhe von 45 mm und werden durch eine Schnappbefestigung auf Tragschienen aufgeklemmt (**411**.2), so daß auch auf kleineren Verteilungstafeln eine größere Anzahl Automaten unterzubringen ist (s. Abschnitt 6.1.5.3, Bild **378**.1 und Tafel **378**.2).

Einbauautomaten 32 A sind zur Absicherung von Durchlauferhitzern bis 21 kW bei Drehstrom 380 V und Heißwasserspeichern bis 7 kW bei Wechselstrom 220 V geeignet.

Allen LS-Schaltern ist nach DIN VDE 0100 zur Vermeidung einer Beschädigung des Schalters beim Überschreiten der zulässigen Kurzschlußstromstärke eine Schmelzsicherung von mindestens 100 A vorzuschalten.

In Hausinstallationen übernimmt in der Regel die Hausanschlußsicherung (**379**.1 und **400**.1) oder die Wohnungsvorsicherung diese Funktion.

6.1.9.2 Schutzmaßnahmen

Jährlich verunglücken in Bereich Haushalt etwa 11 000 Menschen tödlich. Der elektrische Strom ist daran mit etwa 70 Toten beteiligt, das sind 0,64%.

Elektrischer Unfall. Er entsteht, wenn ein Fehlerstrom, und zwar ein Gleich- oder Wechselstrom im Schwingungsbereich von 50 Hz, mit einer bestimmten Stromstärke über den Körper eines Menschen oder Tieres fließt. Im Strombereich von 0,02 bis etwa 3 A entsteht bei Stromfluß über das Herz des Menschen Herzkammerflimmern, bei höheren Stromstärken Herzstillstand.

Großtiere sind gegen Strom erheblich empfindlicher als der Mensch.

Drei Isolationsfehler sind zu unterscheiden: Kurzschluß, Körperschluß und Erdschluß.

Kurzschluß entsteht, wenn sich zwei Leiter oder ein Leiter und der Neutralleiter berühren.

Ein Strom fließt über den Körper eines Menschen oder Tieres, wenn der Körper eine Spannung zwischen Außenleiter und Erde (**412**.1) oder Außenleiter und Außenleiter überbrückt.

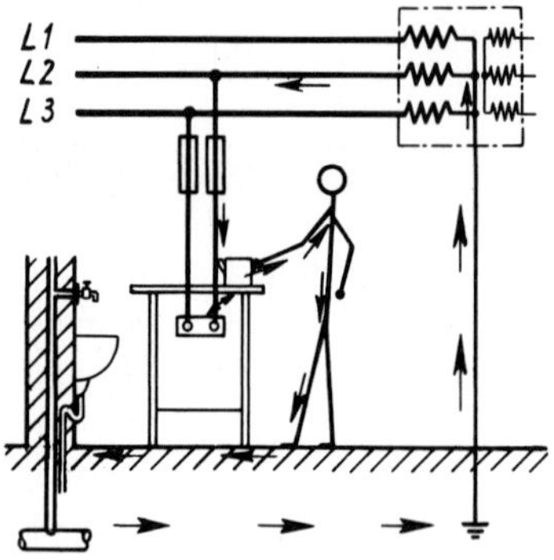

Die Berührungsspannung kann an den Körper durch die Verletzung der Isolation eines metallischen Leiters entweder direkt oder über eine leitende Verbindung zwischen Leiter und metallischem Gerätekörper, durch Körperschluß, herangetragen werden. Sogar an leitende Teile in Nachbarräumen kann über eine leitende Verbindung eine Berührungsspannung verschleppt werden.

Ein Erdschluß kann auftreten, wenn die durchgescheuerte Geräteleitung etwa einer Handbohrmaschine in einer Wasserpfütze liegt.

Erst Spannungen unter 65 V sind für Menschen und unter 24 V für Tiere nicht tödlich.

412.1 Gefährdung durch ungeschützten Herd

Elektrische Brandschäden. Sie und auch Verbrennungen entstehen durch Funken bei Stromdurchgang über unvollständige Kontakte.

Sie werden verursacht durch Leitungsbrüche, mangelhafte Leitungsverbindungen und an den Stromübergangsstellen bei Körperschlüssen.

1. Schutzmaßnahmen ohne Schutzleiter. Der Schutz gegen elektrische Unfälle und Brandschäden, den einwandfrei ausgeführte elektrische Anlagen bieten, ist gegenüber anderen Unfall- und Schadensmöglichkeiten außerordentlich hoch.

Er setzt indessen die Planung und Errichtung der Anlagen durch einen verantwortlichen Fachmann gemäß den VDE- und EVU-Vorschriften und die Verwendung einwandfreier Anlageteile mit dem VDE-Prüfzeichen (**412**.2 a) voraus.

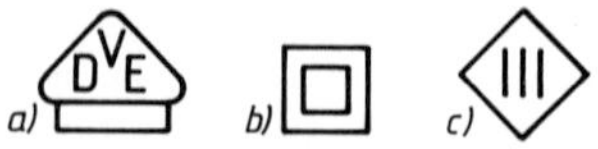

412.2 Kennzeichnung
a) VDE-Prüfzeichen
b) Schutzisolierung
c) Schutzkleinspannung

Ferner ist eine der nachstehend aufgeführten zusätzlichen Schutzmaßnahmen vorzusehen.

Hiervon sind lediglich ausgenommen Hausanlagen unter 50 V und solche in Räumen mit isolierendem Fußboden, etwa aus Holz oder mit Linoleum- oder Kunststoffbelag, in denen sich keine zufällig berührbaren, mit Erde leitend verbundenen Einrichtungen wie Wasser-, Gas- und Zentralheizungsanlagen befinden.

Schutzisolierung. Alle der Berührung zugänglichen Teile eines Gerätes, die Spannung annehmen können, werden fest und dauerhaft mit Isolierstoffen abgedeckt. Schutzisolierte Betriebsmittel müssen nach DIN 40011 gekennzeichnet sein (**412**.2 b).

Ein schutzisoliertes Gerät darf keine Anschlußstelle für den Schutzleiter haben, eine fest angeschlossene bewegliche Anschlußleitung keinen Schutzleiter enthalten, muß bei Steckeranschluß aber mit einem Schutzkontaktstecker versehen sein.

Die Schutzisolierung ist mit Rücksicht auf Zuverlässigkeit und Aufwand eine äußerst günstige Schutzmaßnahme, die daher oft angewendet wird.

Standortisolierung. Der Fußboden sowie alle im Handbereich befindlichen, mit Erde verbundenen Teile werden mit einer isolierenden Abdeckung versehen.

Sie ist nur bei ortsfesten Geräten anwendbar.

Schutzkleinspannung. Statt der üblichen Betriebsspannungen wird eine im Fehlerfall völlig ungefährliche bis 50 V Wechselspannung, in der Regel bis 42 V, gewählt, für kleine Geräte wie Handleuchten, Werkzeug bei Verwendung in Kesseln oder Geräten in Frisiersalons.

Für Spielzeug oder in Stallungen verwendet man 24 V. Die Kleinspannung (**412**.2 c) wird meist durch einen Kleintransformator erzeugt.

Mit der sicheren Abtrennung des sekundären Niederspannungskreises von der Netzspannung ist die Kleinspannung eine Schutzmaßnahme, die auch bei extremem Betrieb höchste Sicherheit gewährt. Sie ist allerdings nur bei kleineren elektrischen Leistungen wirtschaftlich.

Schutztrennung. Sie wirkt ähnlich wie die Schutzkleinspannung. Der Stromkreis nur eines Verbrauchers, etwa einer Rasiersteckdose, wird durch einen Transformator, jedoch unter Beibehaltung der üblichen Gebrauchsspannung, vom speisenden Netz abgetrennt (**413**.1). Der Sekundärteil des Transformators und der Sekundärstromkreis haben keine Verbindung mit der Erde. Es kann daher bei einem Körperschluß kein Strom in Richtung Erde fließen.

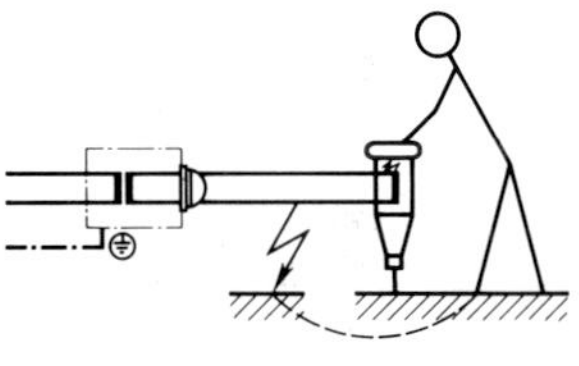

413.1 Trenntransformator mit Erdschluß im Sekundärkreis und Körperschluß im Gerät (nach DIN VDE 0100)

An einen Trenntransformator darf nur ein einziges Gerät mit höchstens 16 A Nennstrom und mit einer Zuleitung nicht zu großer Länge angeschlossen werden.

Er muß zu dessen Anschluß eine fest eingebaute Steckdose ohne Schutzkontakt haben.

Da die Schutztrennung nur bei fehlerfreier Isolierung der Sekundärseite wirksam ist, ist diese regelmäßig zu überprüfen.

2. Schutzmaßnahmen mit Schutzleiter. Sie werden auch als netzabhängige Schutzmaßnahmen bezeichnet.

Man unterscheidet heute international folgende Netzformen nach DIN VDE 0100 T. 300:

TN-Netz, früher Nullung,
TT-Netz, früher Schutzerdung, und
IT-Netz, frührer Schutzleitersystem.

Der erste Buchstabe kennzeichnet die Erdverbindung der Stromquelle:
- T für direkte Erdung der Stromquelle und
- I für Isolierung aller aktiven Teile gegenüber Erde.

Der zweite Buchstabe bezeichnet die Erdverbindung der Körper in der elektrischen Verbraucheranlage:
- T für direkt geerdete Körper unabhängig von einer bestehenden Erdung der Stromquelle und
- N für direkt mit dem Erder der Stromquelle verbundene Körper.

Beim TN-Netz gibt es wegen der unterschiedlichen Anordnung der Neutralleiter N und Schutzleiter PE drei Ausführungsformen, die durch weitere Buchstaben ausgedrückt werden:
- S wenn N und PE als zwei separate Leiter geführt werden (**414**.1 a),
- C wenn N und PE in einem Leiter, dem PEN-Leiter kombiniert sind (**414**.1 b) und
- C-S wenn N und PE sowohl separat als auch kombiniert in der Anlage verlegt sind (**414**.1 c)

Schutz im TN-Netz. Der Überstromschutz erfolgt bei Körperschluß nur dann, wenn der Schutzleiter oder PEN-Leiter unmittelbar an der Stromquelle geerdet wird. Dadurch wird der Körperschluß zu einem Kurzschluß.

Vorgeschriebene Schutzmaßnahme im TN-Netz ist der Überstromschutz durch Schmelzsicherungen oder Leitungsschutzschalter.

In den meisten Verbraucheranlagen, besonders in Wohngebäuden, wird heute das TN-C-S-Netz angewendet (**414**.1 c).

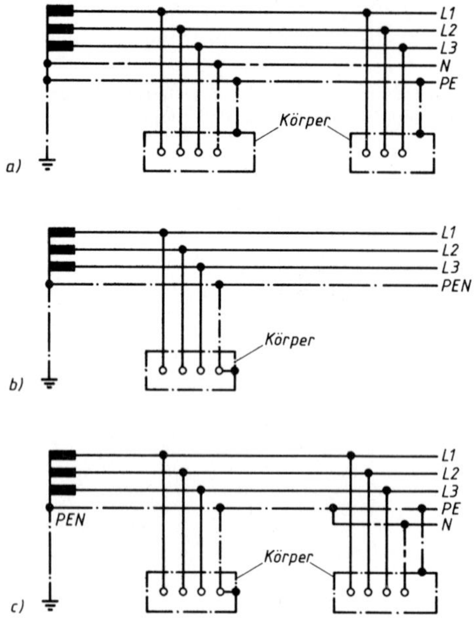

414.1 Schutz bei indirektem Berühren im TN-Netz, drei Ausführungen
a) TN-S-Netz
b) TN-C-Netz
c) TN-C-S-Netz

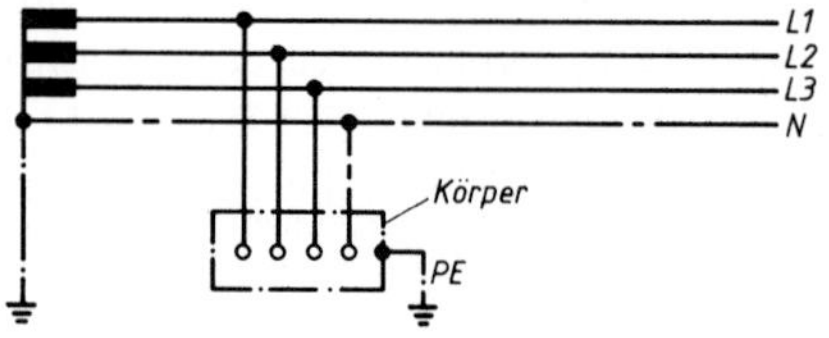

414.2 Schutz bei indirektem Berühren im TT-Netz

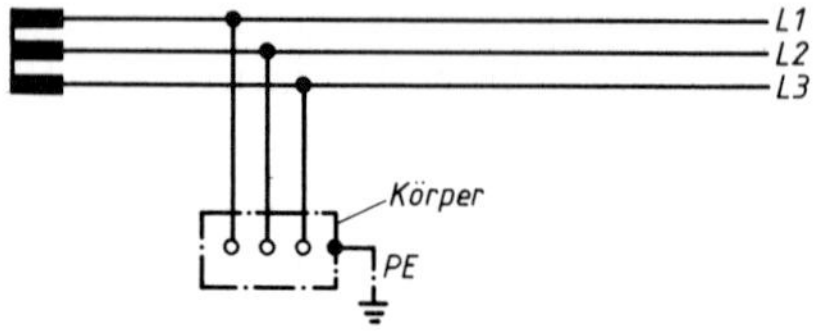

414.3 Schutz bei indirektem Berühren im IT-Netz

Schutz im TT-Netz. Die leitenden Gehäuse der Geräte werden über einen Erdungsleiter nicht mit dem Neutralleiter des Netzes verbunden, sondern mit einem getrennten Erder (**414**.2).

Das TT-Netz wird heute nur noch in Sonderfällen, etwa bei Baustromversorgungen oder in landwirtschaftlichen Betrieben, und dann fast ausschließlich mit Fehlerstrom-Schutzeinrichtungen verwendet.

Schutz im IT-Netz. Alle Gerätegehäuse sind hier mit einem separaten Schutzleiter untereinander und mit einer Hilfserde verbunden (**414**.3).

Diese Schutzmaßnahme ist auf Spezialanwendungen, etwa für Operationssäle oder auch im Baubetrieb, beschränkt. In der Wohnungsinstallation wird das IT-Netz nicht angewendet.

Fehlerstrom-Schutzeinrichtung. Der Fehlerstrom-Schutzschalter nach DIN VDE 0664 T. 1, er wird auch als FI-Schutzschalter bezeichnet, ist nach der Schutzkleinspannung die wirkungsvollste Schutzmaßnahme gegen indirektes Berühren von spannungsführenden Teilen (**415**.1).

Die FI-Schutzschaltung kann in allen Netzen, wie TN-, TT- oder IT-Netz, angewendet werden.

In der Baustromversorgung, in landwirtschaftlichen Betrieben und teilweise auch in Badezimmern und Waschräumen wird sie vorgeschrieben.

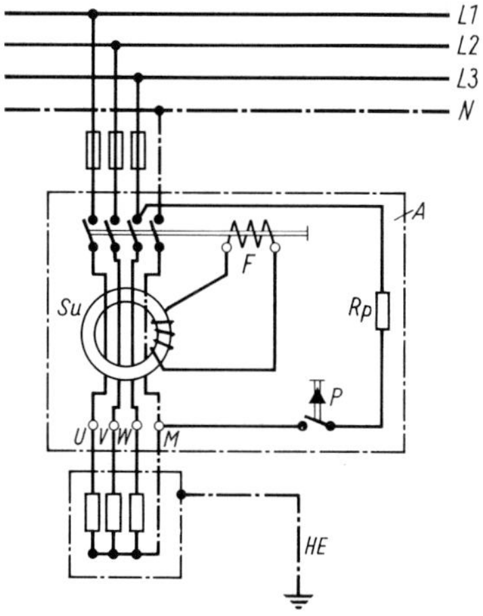

415.1 FI-Schutzschaltung
A Schutzschalter
F Fehlerstromspule
Su Summen-Stromwandler
HE Hilfserde
P Prüftaste
Rp Prüfwiderstand

Der Fehlerstrom-Schutzschalter reagiert so schnell, daß ein Mensch im Normalfall nicht gefährdet wird. Er hat Freiauslösung, wodurch das Wiedereinschalten bei bestehendem Fehler ausgeschlossen wird, sowie eine Prüftaste zur jederzeitigen Prüfung seiner Wirksamkeit.

Die FI-Schutzschaltung ist zum Schutz sowohl einzelner Geräte wie auch ganzer Anlagen zu verwenden.

6.2 Fernmeldeanlagen

6.2.1 Allgemeines

Fernmeldeanlagen sind Schwachstromanlagen. Sie dienen dazu, Nachrichten und Informationen durch Meldesignale, Sprache oder Bilder zu übermitteln und zu verarbeiten.

Hierzu gehören Klingel-, Türöffner- und Türsprechanlagen, Gefahrenmeldeanlagen, Hausleittechnik, elektronische Nachrichten- und Informationstechnik über das Leitungsnetz, die Fernmeldeanlagen der Deutschen Bundespost-Telekom sowie Empfangsantennenanlagen.

Die Installation von Fernmeldeanlagen ist in DIN VDE 0800 T. 1 und 2 und DIN 18015 T. 1 geregelt.

Man unterscheidet je nach der erforderlichen Sicherheit drei Klassen:

Klasse A: Anlagen mit geringen Sicherheitsansprüchen: z. B. Klingelanlage.
Klasse B: Anlagen mit erhöhten Sicherheitsansprüchen: z. B. Fernsprechanlage.
Klasse C: Anlagen, bei denen ein Versagen weitgehend ausgeschlossen wird: z. B. Brandmelde- oder Alarmanlagen.

Klingel-, Türöffner-, Türsprech- und Türsehanlagen in Wohngebäuden werden mit Schwachstrom von 6 bis 12 V über einen Kleintransformator, dem Klingeltransformator, betrieben, der an den Netzstromkreis für die Gemeinschaftsanlagen angeschlossen wird.

Für die verschiedenen Fernmeldeanlagen sind allgemein Leerrohrnetze erforderlich. Die Installationsrohre können in flexibler oder starrer Ausführung aus Kunststoff oder Metall sein.

Die Fernmeldeanlagen, die sich häufig im Gebäude weit verzweigen, sind rechtzeitig sorgfältig und unter Berücksichtigung möglicher künftiger Erweiterungen zu planen. Schwachstrom-Schaltzeichen der Installationspläne nach DIN 40900 T. 2 bis 11 siehe Tafel **360**.1.

Im Innern der Gebäude sind Fernmelde- und Starkstromanlagen möglichst räumlich zu trennen. Sie dürfen nicht in einem gemeinsamen Rohr geführt werden.

Bei Kreuzungen und Näherungen ist ein Schutzabstand von mindestens 10 mm einzuhalten, oder es ist ein Trennsteg erforderlich.

Kombinierte Abschluß- und Verteilungseinrichtungen, etwa für eine Kombination von Starkstrom-Steckdose und Fernsprech-Anschlußdose, müssen getrennt abgedeckt werden.

Der Abstand der Dosenmitten beträgt mindestens 8 cm. Zwischen beiden Dosen darf keine leitende Verbindung bestehen.

6.2.2 Post-Fernmeldeanlagen

Für das Herstellen von Fernmeldeanlagen zum Anschluß an das Netz der DBP-TELEKOM gelten die Technischen Vorschriften der Deutschen Bundespost, vor allem die FTZ 731 TR 1 „Rohrnetze und andere verdeckte Führungen für Fernmeldeleitungen in Gebäuden".

Danach sind die Leitungen auswechselbar in Rohren oder Kanälen zu führen, sofern sie nicht auf der Wand verlegt werden.

Wenn aus konstruktiven Gründen der Einbau von Rohrnetzen nicht möglich ist, dürfen nach DIN 18015 T. 1 in Ausnahmefällen sowohl bei Gebäuden bis zu zwei Wohnungen als auch in Wohnungen von größeren Gebäuden Installationsleitungen in oder unter Putz verlegt werden.

Rohre oder Kanäle dürfen in Wänden nur waagerecht oder senkrecht in den Installationszonen nach DIN 18015 T. 3 verlegt werden (s. auch Abschnitt 6.1.5.6).

Rohre oder Kanäle für die Verlegung in Fußböden sind nach den zu erwartenden thermischen und mechanischen Beanspruchungen auszuwählen (**396**.2).

In Gebäuden von drei und mehr Wohnungen sind auch dann Leerrohrsysteme bis in die Wohnungen zu verlegen, wenn zunächst noch keine Kommunikationsanschlüsse vorgesehen sind.

Hausanschluß. Der Hausanschluß kann durch Kabel im Hausanschlußraum oder Freileitung in einen allgemein zugänglichen Raum erfolgen und wird vom Fernmeldeamt hergestellt.

Das unterirdisch verlegte Anschlußkabel wird in den Hausanschlußraum eingeführt und ungeteilt auf Putz oder in einem Leerrohr unter Putz bis zur Endeinrichtung, dem Abschlußpunkt der Kabeleinführung, verlegt (**76**.1).

Die Anlagen des Fernmeldenetzes müssen nach DIN 18015 T. 1 in den Potentialausgleich des Hausanschlußraumes miteinbezogen werden (**372**.1).

Bei oberirdischer Kabelführung darf die Endeinrichtung sowohl außen an der Fassade als auch in einem geeigneten Raum installiert werden. Dabei sind die entsprechenden Bestimmungen der DIN VDE 0800 T. 1 zu beachten.

Kabel müssen von anderen leitfähigen Anlagen einen Mindestabstand von 1,0 m einhalten.

Bei der oberirdischen Kabeleinführung muß ein Leerrohr bis ins Kellergeschoß geführt werden, damit eine spätere Umstellung auf Erdkabelanschluß ohne größere Änderung innerhalb des Gebäudes möglich ist.

Die Endeinrichtung, die Telekommunikations-Anschluß-Einheit (TAE), wird im Gebäude etwa 1,60 m über dem Fußboden angebracht (**417**.1).

Rohrnetze. Bei unterirdischer Kabeleinführung sind die Leerrohre vom Kellergeschoß bis zum letzten zu versorgenden Geschoß zu führen.

Die Hoch- oder Niederführung der Rohre ist in allgemein zugänglichen Räumen, etwa im Treppenhaus, jedoch nicht in Sicherheitstreppenräumen, vorzusehen. Für je zwölf Wohneinheiten wird im Treppenhaus in der Regel ein Leerrohr mit 29 mm Innendurchmesser verlegt.

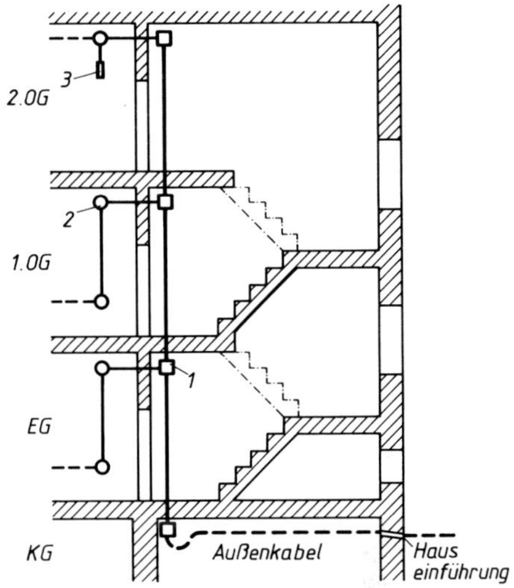

417.1 Unterputz-Installation bei unterirdischer Einführung, Schema (Nach FTZ 731 TR 1)

1 Unterputz-Verteilerkasten
2 Unterputzdose
3 Wecker

▬▬ Installationsrohr ∅ 29 mm
—— Installationsrohr ∅ 16 mm

Im Verlauf der Rohre sind bei mehrgeschossigen Gebäuden in jedem Geschoß Aussparungen für Durchzug- oder Verteilerkästen unter Putz einzuplanen (**417**.1).

In Gebäuden mit bis zu acht Wohnungen dürfen die Leerrohre zu den Wohnungen ohne Verteilerkästen vorgesehen werden. Die Rohrlänge darf dann höchstens 15 m betragen und nicht mehr als zwei Bögen aufweisen (**417**.2).

In jedem Geschoß ist vom 20 × 20 cm großen Verteilerkasten bis in jede Wohnung ein Rohr mit 16 mm Innendurchmesser zu verlegen, das in einer Abzweig- oder Einbaudose für die Anschlußarmatur des Telefons endet (**417**.1).

Die erforderlichen Schlitze für Rohre mit 16 mm Innendurchmesser müssen mindestens 3 cm tief, für Rohre mit 29 oder 23 mm Innendurchmesser mindestens 5 cm tief sein.

Bei kleineren Anlagen ist auch eine Einzelrohrführung zu jeder Wohnung gebräuchlich (**417**.2).

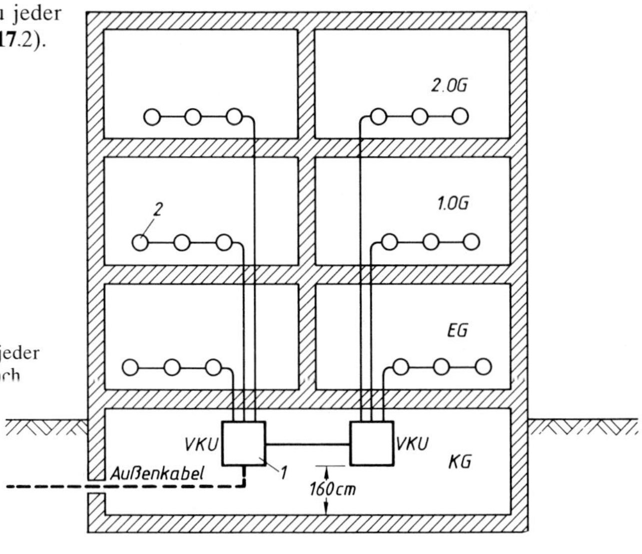

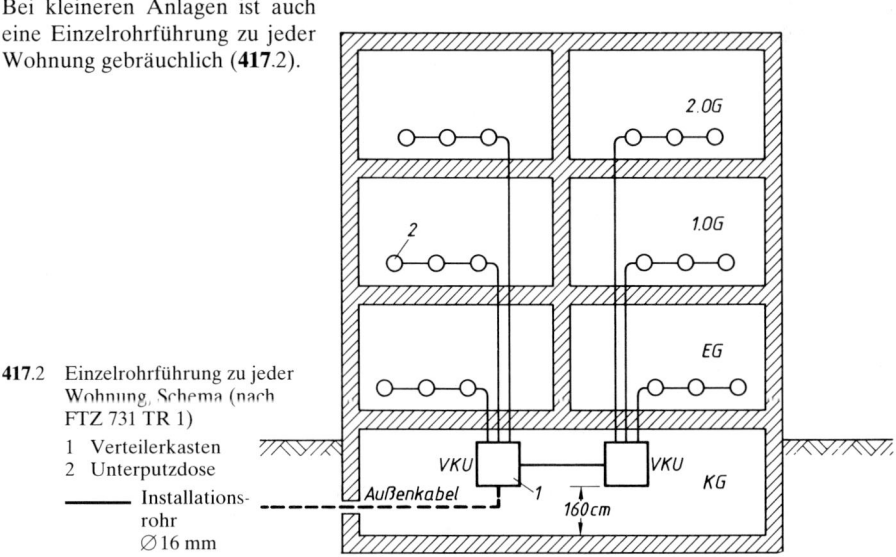

417.2 Einzelrohrführung zu jeder Wohnung, Schema (nach FTZ 731 TR 1)

1 Verteilerkasten
2 Unterputzdose

—— Installationsrohr ∅ 16 mm

In Büro- und Geschäftsräumen mit mehr als drei Fernmeldeanschlüssen werden sternförmig angelegte Rohr- oder Installationssysteme verwendet, deren Ausdehnungen und Abmessungen in Abhängigkeit vom Leitungsbedarf in Absprache mit der DBP festzulegen sind.

Ist eine größere Anzahl von parallel geführten Leitungen unterzubringen, sind Kabelführungsschächte zweckmäßig,

Der Kabelschacht soll dann vom Keller bis zu den Verteilern in den einzelnen Geschossen führen. Sein Querschnitt darf zu den oberen Geschossen hin abschnittsweise verringert werden.

Oder die Steigrohre werden zusammen mit den Hauptleitungen anderer Versorgungssysteme in besonderen Rohrschächten hochgeführt (**862**.1).

In großen Gewerbebauten, etwa in Büro- und Verwaltungsgebäuden oder Kaufhäusern, auch in Wohnhochhäusern, besonders dort, wo häufig eine veränderliche Raumeinteilung oder -nutzung gefordert wird, werden anstelle der Wandinstallation auch für Fernmeldeanlagen Unterflur-, Decken- oder Fensterbankinstallation, wie sie in Abschnitt 6.1.5.6 bereits für Starkstromanlagen beschrieben wurden, bevorzugt.

Ausstattungsumfang. Nach DIN 18015 T. 2 ist in jeder Wohnung ein Auslaß für einen Fernmeldeanschluß der DBP vorzusehen.

Werden mehr Auslässe angeordnet, sind die Bestimmungen der DBP-Telekom zu beachten.

In Ein- und Zweifamilienhäusern sowie in Wohnungen mit mehr als 80 qm Wohnfläche ist es zweckmäßig, innerhalb der Wohnungen sternförmige Netze aufzubauen, mindestens in jedem Wohn- und Schlafraum einen Anschluß vorzusehen, und die Anzahl weiterer Unterputzdosen großzügig zu bemessen (**418**.1).

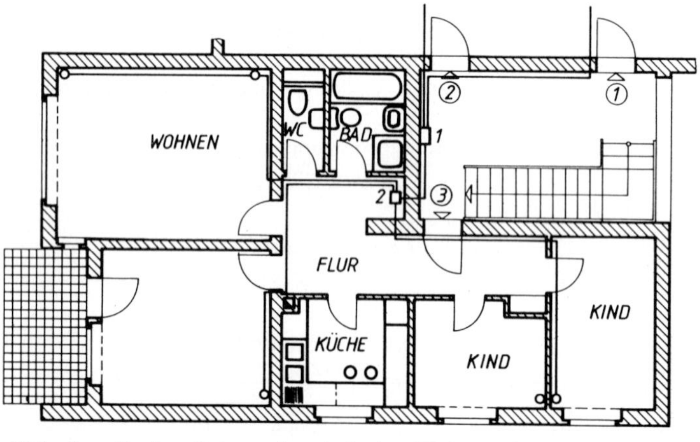

418.1 Sternförmiges Rohrnetz innerhalb einer Wohnung, Schema (nach FTZ 731 TR 1)
1 Steigrohr mit Unterputzgehäuse
2 Unterputz-Verteilerkasten oder Unterputzdose ∅ 80 mm

Für den Empfang aus dem Breitbandverteilnetz, Rundfunk und Fernsehen, sind bei Wohnungen bis zu 4 Räumen mindestens eine, bei größeren Wohnungen mindestens zwei Anschlußdosen vorzusehen.

Anschlußdosenanlage. Die Fernsprechanschlußleitung wird über zwei oder mehr Anschluß-Steckdosen ∅ 8 cm geführt. Ein mit Stecker ausgerüsteter Telefonapparat kann wahlweise in jede Dose eingesteckt werden (**417**.2).

Damit die Anrufe auch bei gezogenem Stecker gehört werden, ist dann ein zusätzlicher Wecker vorgeschrieben.

Für die meist im Flur angeordneten Wecker müssen Unterputzgehäuse miteingeplant werden.

Die Steckvorrichtung kann einteilig nur für ein Telefon oder dreiteilig mit einem mittigen Telefonanschluß und zwei weiteren Anschlüssen für Nebengeräte wie Anrufbeantworter oder Telefax, dem Fernkopiersystem der DBP-Telekom, ausgestattet sein.

Wechselschalteranlage. Dem Benutzer stehen wechselweise zwei Telefonapparate zur Verfügung. Der am Ende der Fernsprechanschlußleitung liegende Wechselschalter führt aufgeteilt weiter zu den zwei Telefonen.

Der automatische Wechselschalter schaltet den jeweils benutzten Apparat selbsttätig an. Es gibt die Anlage auch mit manuell bedienbarem Wechselschalter.

Familientelefon. Diese Anlage ist ideal für den größeren Privathaushalt. Neben dem Hauptapparat lassen sich vier weitere Telefone anschließen (**418**.1).

In unmittelbarer Nähe der ersten Telefonanschlußdose ist für die in dieser Dose aufgesteckte Vermittlungseinrichtung eine 220 V-Steckdose erforderlich.

Eine der fünf Sprechstellen kann auch als Türstation vor dem Eingang installiert werden. Das Familientelefon wird dann zur Kombination zwischen Telefon- und Haussprechanlage.

Schnurloses Telefon. Diese Telefone bestehen aus einem Grundgerät, dem Empfänger mit Netzanschluß und einem aufliegenden Handapparat mit Wähltasten. Das Grundgerät enthält neben dem Empfangsteil ein Ladeteil für die Akkus des Senders im mobilen Handapparat.

Neben der Telefonsteckdose muß sich eine Starkstromsteckdose befinden.

Das schnurlose Telefon hat ab Grundgerät im Gebäude eine Reichweite von etwa 50 m und etwa 200 m im Freien.

Bildschirmtext. Der Bildschirmtext, kurz Btx genannt, verbindet die am weitesten verbreiteten Medien, Telefon und Fernsehen, zu einem modernen Kommunikationsmittel.

Für die Bildschirmtextteilnahme muß in unmittelbarer Nähe zum Fernsehgerät ein Telefonanschluß vorhanden sein.

Nebenstellenanlagen. Diese Anlagen werden mit bis zu acht Nebenstellen für ein bis zwei Amtsleitungen installiert. Sie können, bei abgehenden Gesprächen über eine Vermittlung, halbamtsberechtigt oder vollamtsberechtigt vorgesehen werden.

Zusatzeinrichtungen wie Anrufbeantworter, Telefax oder Btx, auch Türsprechstelle und Türöffner können mit diesen Anlagen bedient werden.

Nebenstellenanlagen sind für kleinere Betriebe oder Büros, Geschäfte und Praxen sowie größere Privathäuser besonders geeignet.

6.2.3 Sonstige Fernmeldeanlagen

Zu den sonstigen Fernmeldeanlagen in Wohngebäuden gehören nach DIN 18015 T. 1 Klingel-, Türöffner- und Türsprechanlagen sowie Gefahrenmeldeanlagen.

Nach DIN 18015 T. 2 ist für jede Wohnung eine Klingelanlage und für Gebäude mit mehr als zwei Wohnungen eine Türöffneranlage in Verbindung mit einer Türsprechanlage vorzusehen (**420**.1). Ein Klingeltransformator für 6, 8 oder 12 V übernimmt die Stromversorgung.

Die für diese Anlagen erforderlichen Leitungen oder Kabel können im Treppenraum parallel mit der Starkstromhauptleitung in einem gemeinsamen Mauerschlitz 6/6 cm hochgeführt werden (**375**.1).

In jedem Geschoß ist oberhalb der Zählernische für die abgehenden Schwachstromleitungen eine Unterputzdose anzuordnen.

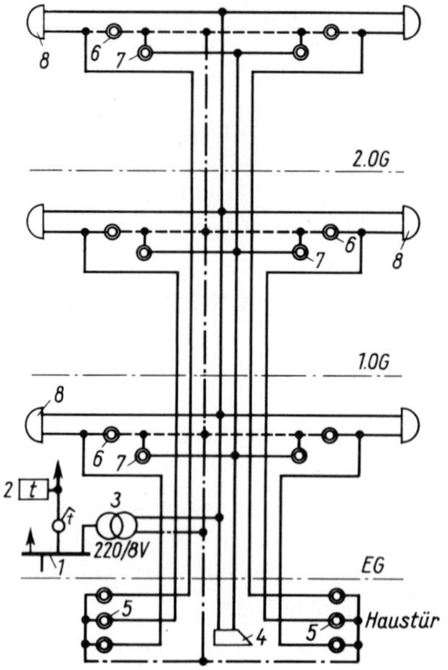

420.1 Klingel- und Türöffneranlage in einem Mehrfamilienhaus

1 Verteilungstafel für Gemeinschaftsanlagen
2 Schaltanlage zur Treppenhausbeleuchtung (s. auch Bild **406**.2)
3 Klingeltransformator
4 Türöffner der Haustür
5 Tastschalter der Klingelanlage an der Haustür (s. auch Bild **420**.2)
6 Tastschalter der Klingelanlage an der Wohnungstür
7 Tastschalter zum Türöffner im Wohnungsflur
8 Wecker der Klingelanlage

Klingelanlagen. Am Hauseingang werden die Klingeltaster und Namensschilder für jede Wohnung sowie auch der Lichttaster zum Einschalten der Treppenhausbeleuchtung auf einer Etagenplatte zusammengefaßt. Die Namensschilder sollten beleuchtet sein (**420**.2 und **421**.1).

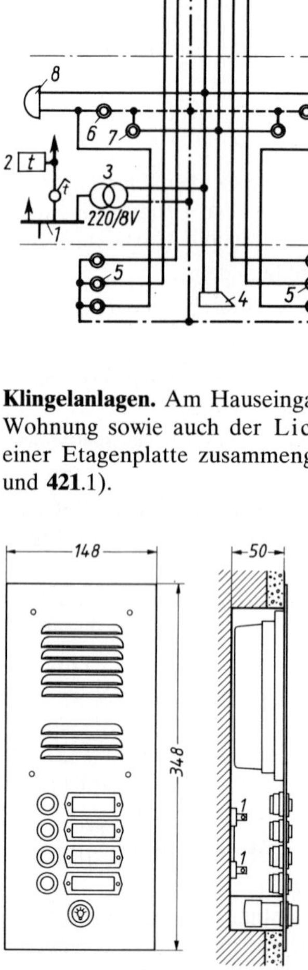

Nach DIN 18015 T. 1 muß bei Gebäuden mit mehr als zwei Wohnungen das Klingeltableau ausreichend beleuchtet sein.

An der Wohnungstür werden Klingeltaster und Namensschild ebenfalls auf einer Abdeckplatte vereinigt.

Der bisher übliche Wecker wird heute gern durch einen melodischen elektrischen Gong ersetzt.

Bei Wohnungen mit Wohnflächen über 100 qm sind zwei Läutewerke zu empfehlen.

420.2 Türsprechstelle mit Kontaktplatte und Leuchttastschalter für Treppenhausbeleuchtung, Klingeltasten mit beleuchteten Namensschildern

1 Soffitte 12 V, 0,1 A

Türöffneranlagen. Die Taster zur Betätigung des elektrischen Türschloßes in der Haustür werden in Geschoßwohnungen in der Nähe der Wohnungstür, in Einfamilienhäusern auch in der Küche oder anderen geeigneten Stellen angeordnet.

Die Verbindung mit einer Torsprechanlage ist stets zu empfehlen (**358**.1, **381**.1 und **420**.1).

Haussprechanlagen. Sie dienen ausschließlich dem Fernsprechverkehr innerhalb eines Gebäudes oder verschiedener Gebäude eines und desselben Grundstückes (**421**.1). Sie sind unabhängig vom Post-Fernsprechnetz, die Gespräche sind gebührenfrei.

I Haussprechanlage, von Türsprechanlage völlig getrennt.
II Von jeder Sprechstelle kann jeder einzelne Teilnehmer durch Drükken des entsprechenden Ruftasters gerufen werden. Verbindung mit der Türsprechstelle durch besonderen Umschalter oder Ruftaster an jedem Fernsprecher, durch die die betreffende Haussprechstelle zugleich von der allgemeinen Sprechleitung abgeschaltet wird.
III Gespräche von den Nebensprechstellen miteinander oder mit der Türsprechstelle sind nur über die Hauptsprechstelle möglich.
IV Die einzelnen Mieter werden über eine Klingeltasterplatte neben der Haustür gerufen. Ihr Gespräch mit der Türsprechstelle können die anderen Teilnehmer nicht mithören. Ein Sprechverkehr zwischen den Haussprechstellen ist nicht möglich.
1 Klingeltaster-Platte mit 5 Tastern
2 Türsprechstelle
3 Haussprechstelle mit Türöffnertaster
4 Hausfernsprecher mit 5 Ruftastern, 1 Umschalter für Türsprechstelle und 1 Türöffnertaster
5 Hausfernsprecher mit 1 Ruftaster
6 Haussprechstelle wie 4

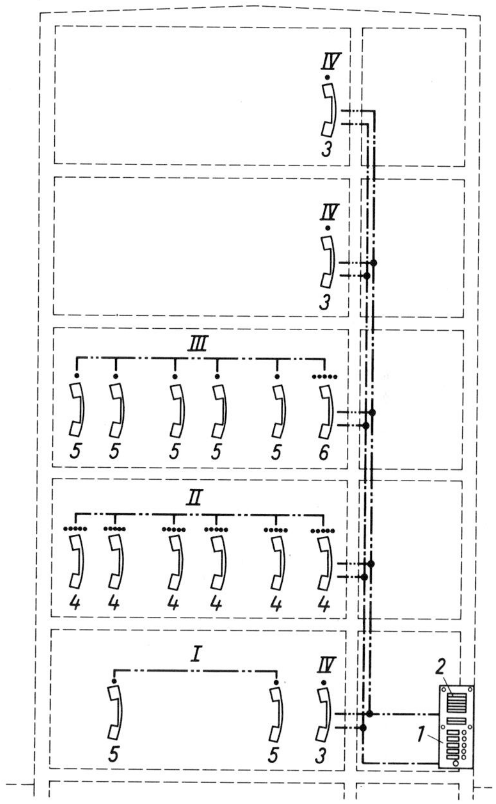

421.1 Haussprechanlagen mit Türsprechanlage (nach Siemens)

Zu unterscheiden sind Gegensprechanlagen, bei denen beide Gesprächspartner gleichzeitig hören und sprechen können, und Wechselsprechanlagen, bei denen der einzelne Partner im Wechsel nur sprechen oder nur hören kann. Die Betriebsspannung beträgt 6 V.

Die Fernsprecher gibt es in Wandausführung und als Tischfernsprecher mit bis zu 10 Tastern.

Türsprechanlagen. Türsprechanlagen (**358**.1, **375**.1, **381**.1 und **421**.1) verbinden die Wohnung mit dem Hauseingang oder dem Garagentor.

Sie bestehen jeweils aus der Türsprechstelle und den Haussprechstellen.

Die Fernsprecher im Haus haben ebenfalls eine Türöffnertaste.

Türsprechstellen. Die Türsprechstelle besteht aus einer wetterfesten Mikrofon-Lautsprecher-Kombination und wird mit einer Frontplatte direkt in das Mauerwerk oder in eine Klingeltaster-Platte (**420**.2) eingebaut.

Sie ist häufig mit der Briefkastenanlage kombiniert und entweder neben der Hauseingangstür in die Hauswand oder in einen Pfeiler des Gartentores einzulassen. Dabei soll die Einsprechöffnung etwa 1,50 m über dem Erdboden liegen.

Auch in belebten Straßen reicht ein Abstand von 30 bis 50 cm von der Einsprechöffnung für eine gute Verständigung aus. Nur in besonders lärmerfüllter Umgebung sollte man die Türsprechstelle in lärmgeschützter Lage einbauen.

Hausfernsehanlagen. Die Kombination von Haussprech- und Haussehanlage stellt, besonders für Hochhäuser, eine Ideallösung der Eingangsinstallation dar.

Erst mit der Videoanlage ist es möglich, den einlaßbegehrenden Besucher auch visuell zu identifizieren.

Die Fernsehanlage erhält an der Türsprechstelle eine Video-Kamera und in der Wohnung einen Monitor.

Neben der Wohnungssprechstelle muß daher zusätzlich eine Anschlußdose für eine 220 V-Videoanlage installiert werden.

Die Verbindung vom Hauseingang zur Wohnungssprechstelle wird bis zu 12 Wohneinheiten mit einem Leerrohr 16 mm für ein Koaxialkabel hergestellt.

Die Frontplatte mit Klingeltastern, Briefkästen, Namensschildern, beleuchtetem Licht-Taster, Haussprechstelle und Hausfernsehanlage stellt damit am Mehrfamilienhaus-Eingang eine zusammenfassende Einheit dar.

Rufunterschiede können durch Anbringung eines zweiten Signalgerätes, wie Klingel, Summer oder Gong, in der Wohnung ermöglicht werden.

Im Einfamilienhaus wird diese Station überwiegend als Torstation in einem massiven Einfriedungsteil miteingeplant werden.

Andere Signal- oder Fernmeldeanlagen, wie elektrische Uhren-, Feuermelde-, Raumschutz-, Wächterkontroll-, Panikbeleuchtungsanlagen, Behinderten-Notrufanlagen, Ruftafeln usw., können hier aus Platzgründen nur genannt werden.

Fernmelde-Leitungsmaterial. Leiteraufbau, Materialzusammensetzung und Kennzeichnung von Installationskabeln und -leitungen für Fernmelde- und Informationsverarbeitungsanlagen sind in DIN VDE 0833 T. 1 und Änderung A1 ausführlich beschrieben und Aufbau sowie Verwendung in über 20 Tabellen aufgeschlüsselt.

Die zahlreichen Leitungsarten und Kabel werden durch Kurzzeichen in Form von Buchstabenkombinationen gekennzeichnet. Sie sind nicht identisch mit den Tabellen für Starkstromleitungen.

6.2.4 Gefahrenmeldeanlagen

Für diese Fernmeldeanlagen, zum zuverlässigen Anzeigen von Gefahren für Personen und Sachen, werden in DIN 18015 T. 1 besondere Maßnahmen gefordert, die jederzeit betriebsbereit sein müssen und eine sofortige Feststellung und Lokalisierung von Gefahrenzuständen ermöglichen.

Sie können zum Beispiel Stromkreise überwachen, eine ständig besetzte Kontrollstelle haben, ein unbefugtes Außerbetriebsetzen ausschließen oder über zwei unabhängige Stromquellen verfügen.

Gefahrenmeldeanlagen (GMA) müssen nach den allgemeinen Festlegungen der DIN VDE 0833 T. 1 installiert werden. Zusätzlich gelten für Brandmeldeanlagen DIN VDE 0833 T. 2 und für Einbruch- und Überfallmeldeanlagen DIN VDE 0833 T. 3.

Zu einer GMA gehören Einrichtungen für Eingabe, leitungsgeführte oder nicht leitungsgeführte Übertragung, Verarbeitung und Ausgabe von Meldungen sowie eine zugehörige Energieversorgung.

6.2.4.1 Brandmeldeanlagen

Dies sind Gefahrenmeldeanlagen nach DIN 14675 und DIN VDE 0833 T. 2, die einen direkten Hilferuf von Personen bei Brandgefahr ermöglichen oder Schadenfeuer zu einem frühen Zeitpunkt erkennen und melden.

Eine Brandmeldung kann von Hand oder automatisch erfolgen.

Da die Zahl der Brände zunimmt und die verursachten Schäden Milliardenwerte erreicht haben, muß die Brandausbreitung durch den Einsatz von automatischen Brandmeldeanlagen (BMA) möglichst frühzeitig verhindert werden.

Grundsätzlich ist zwischen privater und öffentlicher Brandmeldeanlage zu unterscheiden. Sie können in Bauordnungen, vom Brandversicherer oder von der Feuerwehr gefordert werden.

Private Brandmeldeanlagen sind interne Anlagen, deren Brandmelder auf Grundstücken und in Gebäuden zum Schutz begrenzter Objekte installiert werden.

Der Alarm wird beim Pförtner oder Hausmeister ausgelöst. Oder die Brandmeldung wird über eine Brandmeldezentrale an eine öffentliche Brandmeldeanlage und damit an die zuständige Feuerwache weitergegeben.

Gleichzeitig können von der Brandmeldezentrale bereits in der Entstehungsphase elektrisch gesteuerte Löschanlagen, wie Sprühwasser-, Pulver- oder Wasserlöschanlagen ausgelöst oder auch programmierte Steuerfunktionen eingeleitet werden.

So können automatische Klimaanlagen abgeschaltet, Rauchgasklappen geöffnet, Fluchtleitsysteme aktiviert oder Fluchtwege abgeschottet werden.

Öffentliche Brandmeldeanlagen liegen im ausschließlichen Wirkungsbereich der jeweiligen Feuerwehr.

Brandmelder. Ein Brandmelder ist ein Teil einer Brandmeldeanlage. Handbetätigte Brandmelder und selbsttätige Brandmelder sind zu unterscheiden.

Handbetätigte Brandmelder. Bei ihnen wird die Brandmeldung von Hand ausgelöst. Die hierfür verwendeten Druckknopfmelder dienen meist zur Ergänzung einer automatischen Brandmeldeanlage.

Sie sollen möglichst in jedem Geschoß, vorwiegend an gut sichtbaren und erreichbaren Stellen, in Fluren, Treppenhäusern oder Ausgängen, im Fluchtwegbereich installiert werden. Sie dürfen jedoch nicht durch Lagergut, aufgeschlagene Türen oder Vorhänge verdeckt werden.

Druckknopfmelder sind in einer Höhe von etwa 150 cm über OKF einzuplanen.

Selbsttätige Brandmelder. Dies sind automatische Melder, die ohne menschliches Zutun auf sichtbaren oder unsichtbaren Rauch, auf sichtbare Flammen oder auf den feuerbedingten Wärmeanstieg ansprechen.

Auch der Druckabfall beim Ansprechen der Sprinklerdüsen (**157**.1) in der Sprinkleranlage kann zur Meldung genutzt werden.

Die Auswahl, Anzahl und Anordnung der Brandmelder ist mit der örtlichen Brandschutzbehörde, der zuständigen Feuerwehr oder mit dem Brandversicherer zu klären.

Zusätzlich sollte man die Richtlinien für automatische Brandmeldeanlagen vom Verband der Sachversicherer (VdS) beachten.

In der Reihenfolge ihrer Ansprechempfindlichkeit werden als selbsttätige Brandmelder Ionisationsrauchmelder, optische Rauchmelder, Flammenmelder und Wärmemelder verwendet.

Die sich äußerlich wenig unterscheidenden Kunststoffgehäuse der Brandmelder werden meist unter der Decke installiert. Von dort ist die Überwachung am günstigsten.

Ionisationsrauchmelder. Auch als I-Melder bezeichnet ermöglichen sie ein frühzeitiges Erkennen von unsichtbarem und sichtbarem Rauch bei Brandausbrüchen, bevor die Temperatur stark ansteigt, oder bei Schwelbränden, bevor sich Flammen bilden.

Schon beim Vorhandensein nur leichter Rauchgasspuren erfolgt eine Meldung.

Ionisationsrauchmelder werden häufig in Büroräumen, Lagern und Fertigungsbetrieben installiert.

Die Überwachungsfläche je Melder beträgt 60 bis 120 m^2.

Optische Rauchmelder. Auch als Streulichtmelder bezeichnet reagieren diese Melder auf wirklichen Rauch, besonders gut auf hellen sichtbaren Rauch. Sie arbeiten nach dem Streulichtprinzip.

Dringt Rauch in die Meßkammer reflektiert das Licht, verstreute Lichtstrahlen treffen die Fotozelle und aktivieren den Melder (**424**.1).

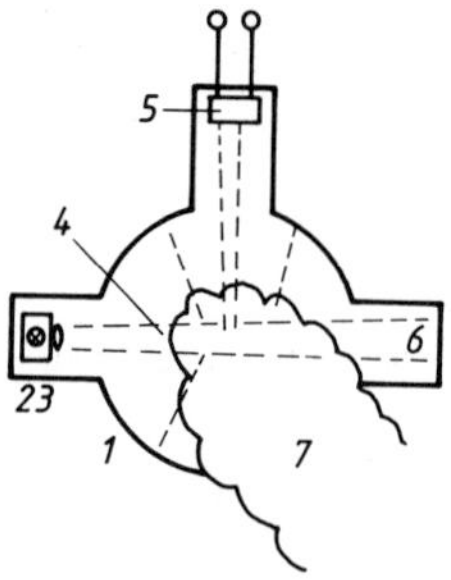

424.1 Streulichtrauchmelder, Schema
1 Meßkammer
2 Lichtquelle
3 Linse
4 Lichtstrahl
5 Fotozelle
6 Lichtsumpf
7 Rauchpartikel

Die Melder werden zur Überwachung von Räumen mit elektrischen Brandrisiken eingesetzt, so in Luft- oder Kabelkanälen, Doppelböden und Zwischendecken oder Räumen mit EDV-Anlagen, aber auch im Zusammenhang mit Ionisationsrauchmeldern.

Rauchmelder in Luft- oder Kabelkanälen müssen durch Revisionsöffnungen zugänglich sein.

Die Überwachungsfläche je Melder liegt ebenfalls zwischen 60 und 120 m^2.

Optische Rauchmelder werden auch als mit Batteriestrom gespeiste Einzelgeräte, das sind Haushaltsrauchmelder, eingeplant. Sie geben mit einem eingebauten Signalhorn Alarm und können wenigstens verhindern, daß Menschen im Schlaf vom Feuer überrascht werden.

Die maximale Installationshöhe für die vorbeschriebenen Rauchmelder soll 12 m nicht überschreiten.

Flammenmelder. Sie ermöglichen das Erkennen von Brandausbrüchen durch das Flackern der sichtbaren Flammenbildung, etwa bei Flüssigkeitsbränden.

Die Melder sprechen auf die infraroten oder ultravioletten Lichtstrahlen des Feuers an. Zu beachten ist dabei der meist mit 90 bis 100° begrenzte Sichtwinkel der Flammenmelder.

Die Melder werden, oft in Kombination mit Ionisationsmeldern, in Räumen mit leicht entflammbaren Stoffen dort eingesetzt, wo eine schnelle Flammenausbreitung zu erwarten ist.

Die Überwachungsfläche je Melder liegt, je nach Sichtbehinderung, zwischen 10 und 1000 m^2.

Wärmemelder. Sie messen den Anstieg der Umgebungstemperatur, wobei unterschiedliche Meßwerte für die Alarmgebung genutzt werden.

Wärmemaximalmelder und Wärmedifferenzialmelder sind daher zu unterscheiden.

Wärmemaximalmelder lösen Alarm aus, wenn eine vorgegebene Maximaltemperatur von 60 °C oder 80 °C überschritten wird und sich ein Bimetallkontakt schließt.

Wärmedifferentialmelder reagieren bei Überschreitung einer Temperaturanstiegsgeschwindigkeit von 5, 10 oder 15 K pro Minute.

Wärmemelder werden in niedrigen Räumen bis 7 m Höhe da eingesetzt, wo betriebsbedingt Rauch, Dampf oder Flammen entstehen, Rauch- oder Flammenmelder deshalb nicht einsetzbar sind, oder wo im Brandfall schneller Temperaturanstieg zu erwarten ist, etwa in Werkstätten oder in Schweißereien.

Diese Meldeanlagenart ist jedoch nur sinnvoll, wenn gleichzeitig eine automatische Löschanlage (s. auch Abschnitt 2.8.3) in Betrieb geht und bei Gasbränden die Brennstoffzufuhr abgesperrt wird.

Die Überwachungsfläche je Wärmemelder liegt zwischen 20 und 40 m^2.

Brandmelderzentrale. Alle Brandmelder, auch als Sensoren bezeichnet, werden in Meldelinien zur Brandmeldezentrale zusammengefaßt.

Die Meldelinien werden über einen Ruhestrom auf einwandfreien Zustand überwacht.

Eine Brandmeldezentrale dient dazu Meldungen der angeschalteten Brandmelder oder Meldegruppen aufzunehmen, auszuwerten, sie optisch oder akustisch anzuzeigen, den Meldebereich zu kennzeichnen und gegebenenfalls zu registrieren (**425**.1).

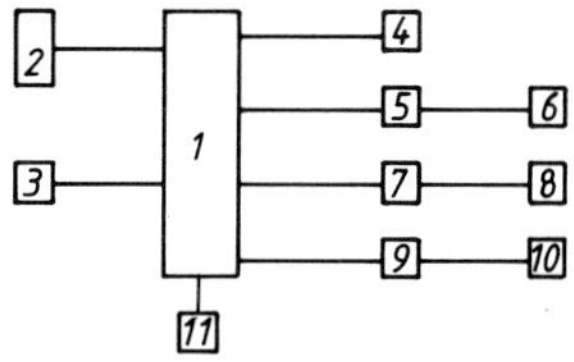

425.1 Automatische Brandmeldeanlage, Funktionsschema (nach DIN EN 54 T. 1)
1 Brandmelderzentrale
2 automatische Brandmelder
3 Handmelder
4 Alarmeinrichtung
5 Übertragungseinrichtung und
6 Empfangszentrale für Brandmeldung
7 Übertragungseinrichtung und
8 Empfangszentrale für Störungsmeldungen
9 Steuereinrichtung für
10 Brandschutzeinrichtungen
11 Energieversorgung

Sie kann auch, wenn erforderlich, die Brandmeldung an die Feuerwehr weiterleiten oder die Meldung über Steuereinrichtung für automatische Brandschutzeinrichtungen, etwa zu einer Sprühwasser-, Pulver- oder Wasserlöschanlage oder einer Notstrom- oder Druckerhöhungsanlage, auslösen. Auch kann die Brandmelderzentrale gegebenenfalls die Brandmelder mit Energie versorgen.

Ist die Meldezentrale nicht in einem mit eingewiesenen Personen ständig besetzten Raum untergebracht, muß zu einer anderen ständig besetzten Stelle mindestens eine Leitung zur Sammelanzeige installiert werden.

Um bei Stromausfall die Energieversorgung zu gewährleisten, muß, wie bei Einbruchmeldeanlagen, eine Notstromversorgung, eine Batterie mit Erhaltungsladung, vorgesehen werden.

Die Batteriekapazität muß in der Regel für einen 72stündigen Weiterbetrieb ausgelegt sein. Nach DIN VDE 0833 T. 1 und 2 sind kürzere Zeiten nur in dort beschriebenen Ausnahmefällen zulässig.

Wenn die Stromversorgung dauernd überwacht wird und der Netzausfall sofort bemerkt wird, kann die Batteriekapazität laut DIN auf 30 Stunden Weiterbetrieb verringert werden.

Leitungsnetz. Die als Meldelinien bezeichneten Fernmeldeleitungen arbeiten mit 24 V Gleichspannung. Das verwendete Leitermaterial muß nach DIN VDE 0815 0,6 oder 0,8 mm Durchmesser aufweisen.

Die Leitungen müssen in der Regel durch rote Farbbänder oder durch Beschriftung in bestimmten Abständen als Brandkabel markiert werden.

Werden Brandleitungen zusammen mit anderen Leitungen verlegt, müssen sie an den Klemmen, Abzweig- und Verteilerdosen innen und außen rot gekennzeichnet sein.

Im Handel befindliche Meldeleitungen J-YY oder J-Y(St)Y tragen teilweise bereits die Kennzeichnung: Brandmeldekabel. Außerdem wird die NYM-Leitung, die einen besonders guten mechanischen Schutz aufweist, gerne als Meldeleitung verwendet.

Leitungsverlängerungen oder -verteilungen dürfen nur in Durchgangs- oder Verteilerdosen ausgeführt werden.

Überprüfung. Zur Erhaltung der Betriebsbereitschaft sind Brandmeldeanlagen regelmäßig zu überprüfen.

Die Funktion sämtlicher Brandmelder muß jährlich mindestens einmal geprüft werden, während die Betriebsbereitschaft der Meldezentrale und deren Energieversorgung jährlich viermal zu kontrollieren ist.

6.2.4.2 Einbruch- und Überfallmeldeanlagen

Einbruchmeldeanlagen (EMA) sind Gefahrenmeldeanlagen nach DIN VDE 0833 T. 1 und 3, die Gegenstände auf unbefugte Wegnahme und Flächen oder Räume auf unbefugtes Eindringen automatisch überwachen.

Überfallmeldeanlagen (ÜMA) sind Gefahrenmeldeanlagen, die Personen zum direkten Hilferuf bei Überfällen dienen.

Der Wunsch nach Einbruch- und Überfallmeldeanlagen gewinnt heute immer mehr an Bedeutung.

Im Fachhandel gibt es ein reiches Angebot von Systemen, die der Laie kaum auf ihre Zweckmäßigkeit überprüfen kann.

Die örtlichen Beratungsstellen der Kriminalpolizei geben Auskunft über geeignete Anlagen. Auch der Verband der Sachversicherer (VdS) hat Richtlinien für Einbruchmeldeanlagen herausgegeben.

Der VdS stellt für das Errichten von Einbruchmeldeanlagen nachfolgende Anforderungen. Zur Projektierung und Montage sind nur geschulte Fachfirmen heranzuziehen. Alle Teile einer Meldeanlage sind ortsfest zu montieren. Neben dem Starkstromanschluß ist eine netzunabhängige Stromquelle vorzusehen. Für den Alarm sind zwei unabhängige akustische und optische Signalgeber zu planen.

Sicherungsanlagen erfüllen ihren Zweck nur, wenn sie auf das betreffende Schutzobjekt speziell zugeschnitten sind.

Um einen später vorgesehenen Einbau von Gefahrenmeldeanlagen zu erleichtern, sollten bei Neubauten vorsorglich die notwendigen Leitungen oder Leerrohre mitverlegt werden.

Aus der Sicht der Anwendung und Montage unterscheidet man bei automatischen Einbruch- und Überfallmeldeanlagen zwischen Freigeländeüberwachung, Außenhautüberwachung und Innenraumüberwachung (**427**.1).

Bei der Freigeländeüberwachung oder Vorfeldüberwachung kontrollieren elektronische Zaunmelder, Vorfeld-Objektmelder, Infrarot-Lichtschrankensysteme oder Mikrowellen-Richtstrecken sowie Video-Überwachungssysteme die zu schützende Anlage, teilweise bereits an der Grundstücksgrenze. Diese Sicherungseinrichtungen kommen im Wohnbereich seltener zur Anwendung.

Die Außenhautüberwachung beschränkt sich auf die Öffnungen der äußeren Gebäudehülle.

Die Innenraumüberwachung wird bei Abwesenheit der Raumnutzer innerhalb geschlossener Räume eingesetzt.

Außenhautüberwachung. Bei der Außenhautsicherung werden alle Türen, Fenster, Oberlichte, Dachflächenfenster und sonstige Glasflächen sowie Leichtwände gegen unbefugtes Öffnen und Durchbruch überwacht.

Der Alarm erfolgt bereits, bevor der Einbrecher das Haus betritt.

Allerdings können elektronische Einbruchmeldeanlagen mechanische Sicherungsmaßnahmen an Türen und Fenstern nicht ersetzen.

Durch nachfolgend aufgeführte Systeme kann die Außenhautüberwachung durchgeführt werden: Magnetkontakte, Riegelkontakte, Glasbruchmelder, Vibrationskontakte und Durchbruchmelder (**427**.1).

Magnetkontakte. Als Kontaktmelder verwendet man Magnetreedschalter. Dies sind die gebräuchlichsten Abhebe- und Öffnungsmelder mit einfachem Geräteaufbau. Der betriebssichere Reedkontakt wird dabei durch einen Permanentmagneten betätigt.

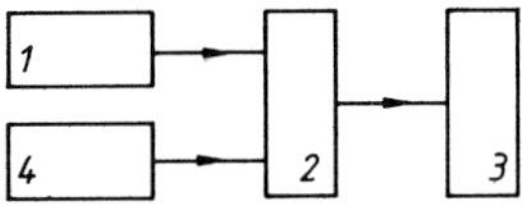

427.1 Einbruch- und Überfallmeldeanlagen, Systeme

1 Außenhaut- und Innenraummelder
Magnetkontakte
Riegelkontakte
Glasbruchmelder
Vibrationskontakte
Trittmattenmelder
Bewegungsmelder
Lichtschranken
Überfallmelder

2 Meldezentrale mit Netz- und Notstromversorgung

3 Alarmgeber
Umfeldbeleuchtung
Rundumblitzleuchte
Sirene
Druckkammerlautsprecher
stiller Alarm
Telefonwählgerät
Polizei-Notruf

4 Scharfschalteinrichtungen
Blockschloß
Schlüsselschalter
Fernschalter
Codierschalter
Verzögerungsschalter

Solange der Magnet parallel zum Kontaktteil liegt, hält das Magnetfeld den Kontakt geschlossen. Durch Öffnen der Tür oder des Fensters entfernt sich der Magnet vom Kontakt und löst Alarm aus (**427**.2a und b).

Die elektromechanischen Kontaktmelder überwachen durch einen Ruhestrom Fenster, Eingangs-, Keller- und Terrassentüren in geschlossenem Zustand auf Öffnungsvorgänge.

Die zwei etwa 10 cm langen stabförmigen Schalterteile lassen sich einfach und für Außenstehende unsichtbar montieren.

Durch Reihenschaltung mehrerer Magnetreedschalter können auf problemlose Weise Alarm-Meldelinien geschaffen werden.

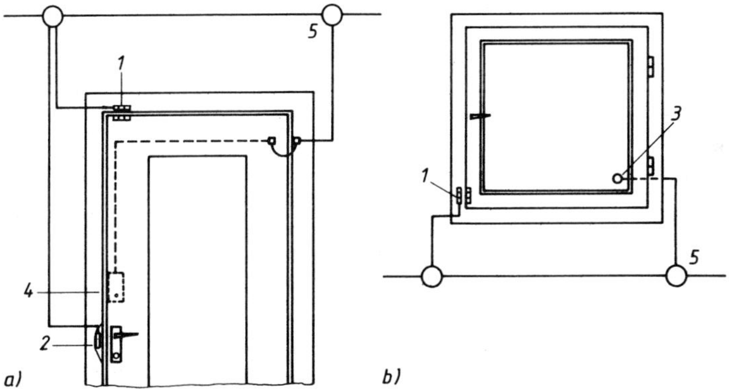

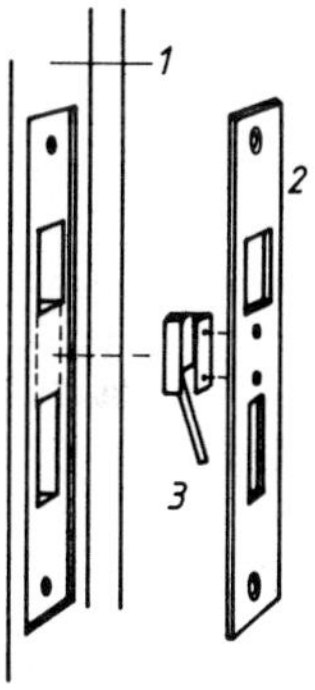

427.2 Außenhautsicherung (HEA)
a) Türsicherung
b) Fenstersicherung
1 Magnetreedschalter
2 Schließblechkontakt
3 Glasbruchmelder
4 Scharfschalteinrichtung
5 Abzweigdosen

427.3 Schließblechkontakt (Göres)
1 Türrahmen
2 Schließblech
3 Schließblechkontakt

Riegelkontakte. Schließblech- oder Rundriegelkontakte überwachen, im Gegensatz zu Magnetkontakten, den geschlossenen Zustand eines Tür- oder Fensterflügels.

Bei Schließblechkontakten ist ein Mikroschalter am Schließblech des Rahmens unzugänglich eingebaut (**427**.2 und 3).

Rundriegelkontakte werden verdeckt im Falz von Holz- oder Leichtmetallrahmen angeordnet. Für Ganzglastüren gibt es nach unten schließende Bodenriegelkontakte.

Glasbruchmelder. Zur Überwachung von Fenster- und Türscheiben oder größere Glasflächen verwendet man zuverlässig arbeitende Glasbruchsensoren, die elektronisch auf Bruch ansprechen, oder Vibrationskontakte, die elektromechanisch bei Erschütterungen reagieren.

Glasbruchmelder werden bandseitig mit einem Spezialkleber und etwa 10 cm Rahmenabstand auf die Scheibeninnenseite geklebt (**427**.2b).

Bei Mehrscheibenfenstern muß jede Scheibe einzeln überwacht werden.

Glasbruchsensoren können nur auf glatten Doppelverglasungen, wie Isolierglas oder Mehrfachverglasungen, angebracht werden. Unabhängig von der Glasdicke ist der Überwachungsbereich etwa auf 10 m^2 oder ca. 1,50 m Überwachungsradius begrenzt.

Gläser mit rauhen Glasoberflächen, wie Struktur-, Ornament- oder Verbundsicherheitsglas sowie Drahtglas, sind für die Befestigung von Glasbruchsensoren ungeeignet.

Vibrationskontakte oder Erschütterungsmelder setzen die Scheiben ständig in feinste Schwingungen und überprüfen damit die mögliche Glasveränderung gegenüber der ungestörten Scheibe. Der verhältnismäßig große Überwachungsradius beträgt bei Erschütterungsmeldern ca. 4,00 m.

Diese Melder sind für alle Glasarten geeignet.

Die vorbeschriebenen Glasbruchmelder haben die früher besonders bei Schaufensterscheiben viel verwendeten Drahtbruch- oder Folienmelder weitgehend verdrängt, bei denen dünne Drähte oder Folien auf die zu schützenden Scheiben geklebt wurden. Das gleiche gilt für Verbundsicherheitsglas mit Alarmdrahteinlagen.

Durchbruchmelder. Die Überwachung von Wänden und Decken aus Mauerwerk oder Beton gegen Durchbruchversuche geschieht durch Körperschallmelder, die mit dem betreffenden Bauteil fest verbunden sind.

Auch der Körperschallmelder ist ein Sensor, der im Prinzip wie ein Glasbruchmelder arbeitet.

Durchbruchmelder werden hauptsächlich bei Juwelierläden oder Geldinstituten eingebaut.

Innenraumüberwachung. Sie ergänzt oder ersetzt die Außenhautüberwachung bei Abwesenheit der Bewohner und wird innerhalb geschlossener Räume angeordnet.

Praktisch ist sie nur in Betrieb zu setzen, wenn der überwachte Bereich nicht mehr betreten werden soll. Der Alarm erfolgt erst, wenn ein Einbrecher im Raum ist.

Zur Überwachung können Trittmattenmelder, Bewegungsmelder oder Lichtschranken als Fallensicherung eingesetzt werden (**427**.1).

Die Geräte können auf besonders gefährdete Schwachstellen ausgerichtet sein oder einen ganzen Raum möglichst flächendeckend überwachen.

Trittmattenmelder. Bei der Druckmelder-Trittmatte oder Kontaktmatte, die als Türöffner für Läden oder Sparkassen bekannt ist, sind eine Vielzahl von Kontakten oder Folien im Ober- und Unterteil der Matte so eingearbeitet, daß sie sich dicht gegenüber liegen.

Beim Begehen der Trittmatte berühren sich die Kontakte durch das Körpergewicht und lösen während des Überwachungszeitraumes Alarm aus.

Als zusätzliche Fallensicherung können sie unter Fußmatten, Teppichen, vor Treppenaufgängen oder Türöffnungen installiert werden.

Als Gefahrenmelder werden Kontaktmatten gegen jede Erwartung seltener eingeplant.

Bewegungsmelder. Man unterscheidet elektrooptische, elektroakustische und elektromagnetische Bewegungsmelder. Die Melder arbeiten mit Infrarot-, Ultraschall- oder Mikrowellentechnik (**429**.1a und b).

Der Überwachungsbereich dieser Melder darf durch Einrichtungen nicht eingeschränkt werden. Erforderlichenfalls sind mehrere Melder mit sich überlappenden Überwachungszonen anzuordnen.

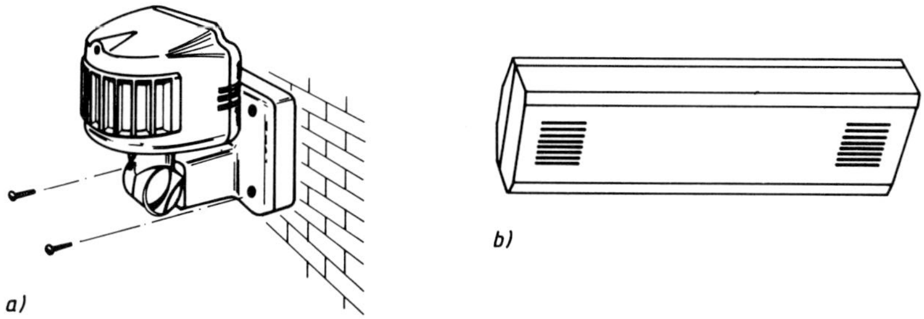

429.1 Bewegungsmelder (Synapse)
a) Infrarot-Bewegungsmelder (Meßfühler)
b) Ultraschall-Bewegungsmelder (Sender und Empfänger)

Infrarot-Bewegungsmelder. Der auf Wärmestrahlung ansprechende sehr verläßliche passive Sensor oder Meßfühler soll bewegliche wärmeabstrahlende Täter feststellen. Der einfache Melder arbeitet ohne Sender (**429**.1a).

Das Infrarotbild des Überwachungsbereiches wird durch eine Rasterlinse fächerförmig in unempfindliche und empfindliche unsichtbare Streifen aufgeteilt. Sowie sich ein wärmeabstrahlendes Lebewesen durch die Infrarotzone bewegt, verändern sich die Temperaturen von Streifen zu Streifen sprunghaft, der Melder löst über vorgegebene Grenzwerte Alarm aus.

Infrarotmelder werden in den oberen Außenwandecken mit Neigung zum Fußboden und in Richtung auf die Innenraumwände installiert.

Haustiere, direkte Sonneneinstrahlung, reflektierende Gegenstände und wärmebedingte Luftbewegungen können Fehlalarm auslösen.

Infrarot-Lichtschranken. Die schon lange bekannten Lichtschranken bestehen aus Sender und Empfänger. Eine Unterbrechung löst Alarm aus. Infrarotstrahlen lassen sich auch durch Spiegel mehrfach umlenken.

Als Bewegungs- oder Fallenmelder werden in Verkehrsflächen, Fluren oder Gängen einzelne Lichtschranken etwa 60 cm über dem Fußboden oder mehrere Infrarotstrahlen auch über- oder nebeneinander angeordnet.

Da die Strahlen bis zu 120 m reichen, können mit ihnen auch lange Glasfronten, Schaufensteranlagen und Korridore wirtschaftlich überwacht werden.

Ultraschall-Bewegungsmelder. Sie senden und empfangen akustische Signale im unhörbaren Bereich. Sender und Empfänger befinden sich in der Regel in einem Gerät (**429**.1b).

Die Melder haben nur eine begrenzte Reichweite und überwachen einen ovalen Flächenbereich von etwa 20 m^2. Ultraschallmelder reagieren auch auf andere Ultraschallquellen, wie Telefon- und Eingangsklingeln, Fernsehgeräte oder Windgeräusche.

Wegen ihrer Störanfälligkeit sind diese Bewegungsmelder nur im Innenraumbereich verwendbar und werden dann meist in Verbindung mit Infrarot-Bewegungsmeldern eingesetzt.

Mikrowellen-Bewegungsmelder. Sie arbeiten im Prinzip wie Ultraschall-Bewegungsmelder, nur mit elektromagnetischen Wellen, die auch nicht metallisches Material, wie Holz, Glas oder Leichtwände, durchdringen.

Geräusche, Temperaturschwankungen oder Luftbewegungen haben keinen Einfluß auf die Melder.

Mikrowellenmelder werden im Innenraumbereich selten eingeplant.

Überfallmelder. Überfall-Druckknopfmelder müssen bei akuter Gefahr von Hand betätigt werden um Alarm auszulösen. Im Wohnbereich werden sie neben der Haustür, im Flur und meist im Schlafraum vorgesehen.

Die möglichst unauffällig zu installierenden Melder müssen vor unbeabsichtigtes Auslösen geschützt sein.

Fußbetätigte Alarmschalter werden besonders im Tresenbereich von Sparkassen und Banken verdeckt eingebaut.

Überfallmelder werden zu einer eigenen Meldelinie zusammengefaßt.

Meldelinien. Bei Gefahrenmeldeanlagen verbinden sie die Melder mit der Zentrale (**427**.1).

Die Meldeleitungen werden ständig durch einen Ruhestrom überwacht. Ein unbeabsichtigtes oder unbefugtes Außerbetriebsetzen muß durch eine sichere Leitungsinstallation verhindert werden. Bei Stromunterbrechung führt dies zum Alarm.

Die Leitungen von Einbruch- und Überfallmeldeanlagen werden in der Regel in einem eigenen Leerrohrnetz verlegt, wobei auf ausreichende Leiteranzahl zu achten ist, so mindestens vier Doppeladern J-Y (St) Y $4 \times 2 \times 0{,}6\ mm^2$ Cu.

Zu Starkstromleitungen sollen Meldeleitungen einen Abstand von mindestens 30 cm einhalten.

Die rechtzeitige Einplanung eines abgeschirmten Leitungsnetzes für Gefahrenmeldeanlagen bei Neubauten wird in jedem Fall empfohlen.

Meldezentrale. Während alle vorgenannten Geräte dem Erkennen des Eindringlings dienen, erfolgt in der Zentrale die Erfassung und Auswertung aller eingehenden Alarmmeldungen. Sie enthält für jede schaltbare Meldelinie der einzelnen Anlagenteile getrennte Informationsanzeigen und lokalisiert bei Alarmauslösung den Entstehungsort.

Weiterhin sind an der Zentrale, außer der Zustandserkennung, das bedeutet unscharf oder scharfgeschaltete Meldelinie, Alarmzeitbegrenzung, Alarmquittung, die Notstromversorgung und die Ansteuerung der Signalgeber angeschlossen (**427**.1).

Die Meldezentrale wird in einem geschützten Raum so untergebracht, daß eine Hausüberwachung durch den Benutzer gut möglich ist.

Die doppelte Stromversorgung geschieht durch einen eigenen Stromkreis über Netz und durch eine dauergeladene Batterie, die mit einer Überbrückungszeit von 60 Stunden arbeitet.

Bei kleineren Anlagen bis etwa 20 Meldelinien sind wartungsfreie Akkumulatoren bereits im Gerät eingebaut.

Für den Wohnbereich genügt in der Regel ein Zentralgerät mit 4 bis 6 Meldelinien, wobei auf jede Meldelinie nicht mehr als sechs Melder aufgeschaltet werden sollten.

Alarmgeber. Entweder erfolgt die Warnung als örtlicher Alarm oder als sogenannter stiller Alarm (**427**.1).

Der örtliche Alarm geschieht mit optischen oder akustischen Signalgeräten, die schwer zugänglich montiert sein sollten.

Optische Signale sind tagsüber wenig wirksam, während nachts das Einschalten einer häuslichen Umfeldbeleuchtung effektvoll ist.

Akustische Signale werden, häufig durch eine Rundumblitzleuchte ergänzt, meist über zwei Sirenen, Alarmhörner, elektronische Druckkammerlautsprecher oder Klingeln ausgelöst.

Ein örtlicher Alarm soll abschreckend wirken und die Nachbarn oder Polizei auf einen Einbruch aufmerksam machen.

Durch die bekannt sehr häufigen Fehlalarme ist die Bereitschaft der Bevölkerung zum Eingreifen jedoch sehr gering.

Ein stiller Alarm wird vom Einbrecher unbemerkt als Meldung an die häusliche Überwachungszentrale, selten an die Polizei, an einen Nachbarn oder Wach- und Sicherheitsdienst weitergegeben, ohne daß ein Alarmsignal ertönt. Als Übertragungsleitung wird vorwiegend mit Hilfe eines automatischen Telefonwählgerätes das öffentliche Postnetz, seltener eine Privatleitung verwendet.

Scharfschalteinrichtung. Die Scharfschaltung der Alarmanlage kann für Internalarm an der Zentrale, auch einem separaten Bedientableau, oder für Externalarm von außen über eine elektrische Schalteinrichtung, die in die zuletzt begehbare Tür eingebaut ist und gleichzeitig eine zusätzliche mechanische Verriegelung bildet, erfolgen (**427**.1).

Als elektronische Scharfschalteinrichtung verwendet man vorrangig ein Blockschloß mit einer Kontrolleinrichtung. Beim Verlassen des Hauses wird die Alarmanlage mit dem Schloß scharfgeschaltet. Damit wird der Alarm auch außerhalb des Hauses gemeldet. Das Blockschloß wird zusätzlich zum Türschloß eingebaut (**427**.2a).

Es besteht aus Riegel, einem nur von außen bedienbarem Schließriegelantrieb, Steuerleitung mit Blockiermagnet und der Steuerleitung für die Scharfstellung.

In eine stets scharfgeschaltete Meldelinie können ein oder mehrere Überfalltaster montiert werden.

Schlüsselschalter, Fernschalter, Codierschalter oder Verzögerungsschalter sind zusätzliche Sicherungen der Scharfschalteinrichtung.

Überprüfung. Zur Erhaltung der Betriebsbereitschaft sind Einbruch- und Überfallmeldeanlagen je nach Auflage des Versicherungsunternehmers jährlich oder vierteljährlich in etwa gleichen Zeitabständen zu überprüfen.

6.2.5 Empfangsantennenanlagen

Empfangsanlagen für Ton- und Fernsehrundfunk sind laut DIN 18015 T. 1 und 2 als Bestandteil der elektrischen Anlagen von Wohngebäuden nach DIN VDE 0855 T. 1 und den Bestimmungen der DBP-Telekom zu planen.

Mindestausstattung: bei Wohnungen bis zu 4 Räumen, gemeint sind Wohn- und Schlafräume sowie Küche, ist eine, bei größeren Wohnungen sind nach DIN zwei Antennensteckdosen vorzusehen.

Technisch einwandfreie Empfangsmöglichkeiten über terristische Antennen, Breitband-Kommunikationsanschluß, dem Kabel-Fernsehen, und Satellitenantennen sind heute ein selbstverständlicher Bestandteil aller Wohnbauten.

Nur bei besonders günstigen Empfangsbedingungen können für den Fernsehempfang Zimmerantennen und für den Rundfunkempfang die in den Geräten eingebauten Antennen ausreichen.

Die Ausführung aller Antennen-Empfangsanlagen erfordert umfangreiche Sachkenntnis und soll daher nur an bewährte Spezialfirmen vergeben werden.

Der Standort ist nach optimaler Nutzfeldstärke, geringsten Störeinflüssen, möglichst großem Abstand von Störquellen, etwa Aufzugsmaschinen, sicherer Montagemöglichkeit und leichtem Zugang zu wählen.

Ton- und Fernsehrundfunkanlagen bestehen aus Empfangsantenne, Verstärker sowie ein Verteilungs- und Anschlußsystem.

Zu unterscheiden sind Einzelantennenanlagen (EA) und Gemeinschaftsantennenanlagen (GA).

Einzelantennenanlagen (**432**.1). Sie werden für Einfamilienhäuser errichtet und können eine oder mehrere Antennensteckdosen erhalten.

Einzelantennenanlagen für eine Wohneinheit sowie Gemeinschafts-Antennenanlagen ohne Verstärker und Umsetzer gelten von der DBP allgemein ohne Antrag als genehmigt, wenn sie den Vorschriften entsprechen.

Zur weitgehenden Ausschaltung der Einwirkung äußerer Störfelder werden sie mit abgeschirmten Antennenkabeln aufgebaut.

Nur für den Fernsehempfang bestimmte Einzel-Antennenanlagen lassen sich auch mit nicht abgeschirmten Antennenleitungen ausführen.

Bei besonders schlechten Empfangsverhältnissen erfordern Einzel-Antennenanlagen einen Verstärker.

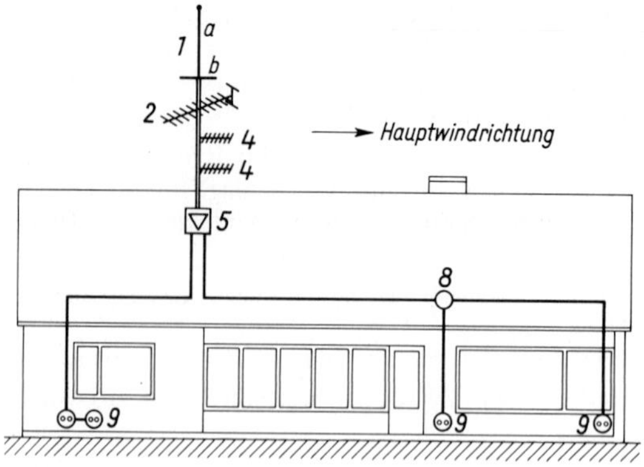

432.1 Einzelantenne für Einfamilienhaus als Hochantenne für Tonrundfunk- und Fernsehempfang mit 4 Teilnehmeranschlüssen

Legende s. Bild **434.1**

Gemeinschafts-Antennenanlagen (**432.2**). Mehrfamilienhäuser und größere Wohngebäude werden durchweg mit Gemeinschafts-Antennenanlagen ausgerüstet, da diese sowohl die technisch beste als auch die wirtschaftlichste Lösung darstellen und außerdem die Verunstaltung der Bauten durch die Anhäufung zahlreicher und sich gegenseitig in ihrer Wirkung störenden Einzelantennen fortfällt.

Für diese Antennenanlagen mit Verstärker oder Umsetzer sowie ihren Anschluß an ein Breitband-Kommunikationsnetz (Kabelfernsehnetz) ist die Genehmigung vor dem Errichten und Betreiben beim zuständigen Fernmeldeamt der DBP-Telekom einzuholen.

Gemeinschafts-Antennenanlagen können bis etwa 100 Teilnehmer versorgen. Sie werden stets mit abgeschirmten Antennenkabeln aufgebaut.

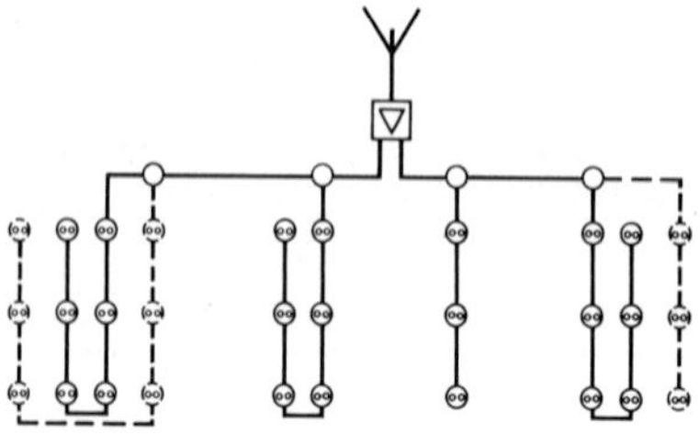

432.2 Gemeinschafts-Antennenanlage, Teilnehmernetz nach dem Abzweigsystem für ein Mehrfamilienhaus im Zeilenbau

Antennen-Stammleitung

—— in der vorderen,

\- - - - in der rückwärtigen Gebäudehälfte

Benachbarte Gebäude (**433**.1) können durch ein abgeschirmtes Erdkabel zusammengeschaltet werden.

Anlagen für 2 bis etwa 8 Teilnehmer kommen bei günstigen Empfangsverhältnissen auch ohne Verstärker aus.

Groß-Gemeinschafts-Antennenanlagen (GGA). Sie können 1 000 und mehr Teilnehmer versorgen. Sie kommen in besonderen Fällen für die gemeinsame Versorgung von ganzen Gemeinden in Frage, in denen der unmittelbare Empfang der Fernsehprogramme wegen ungünstiger Geländeverhältnisse stark beeinträchtigt oder ganz unmöglich ist oder wo jede Beeinträchtigung des Ortsbildes durch Antennenanlagen vermieden werden soll.

Die Hochantenne selbst wird hier an günstiger Stelle auf einem Hochhaus, einem hohen Mast oder einer Geländeerhebung, die auch außerhalb der Bebauung liegen kann, errichtet.

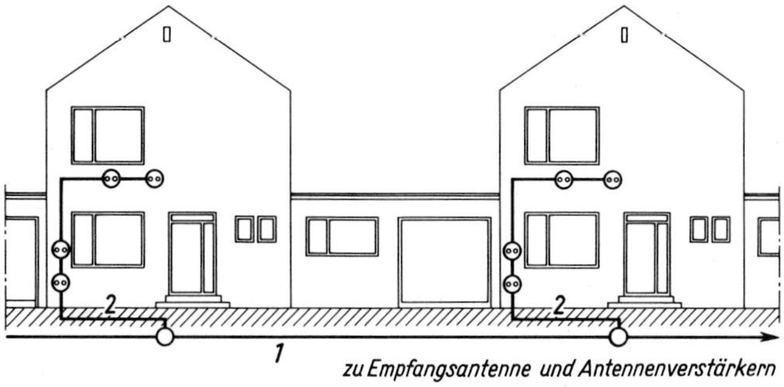

433.1 Anschluß von Reihenhäusern an eine Gemeinschafts-Antennenanlage mit Abzweigsystem (nach Siemens)
1 Hauptstammleitung mit Abzweigen
2 Abzweigleitung im Durchschleifsystem

Aufbau der Gemeinschafts-Antennenanlage (**434.**1). Die Wellenbereiche Lang (L), Mittel (M), Kurz (K) und Ultrakurz (UKW oder auch nur U) werden durch eine kombinierte Antennenanlage empfangen.

Standrohr. Damit die Antenne möglichst weit aus dem Störnebel herausragt, wird der Antennenkopf mit der für den LKM-Empfang bestimmten Antennenrute und mit der Ultrakurzwellen-Antenne auf ein mindestens 2,50 m über das Dach hinausragendes Standrohr aufgesetzt.

Am Standrohr werden in ca. 0,8 m Abstand die einzelnen Fernsehantennen für die verschiedenen Fernsehkanäle angebracht und auf die jeweils zugehörigen Sender ausgerichtet.

Von den Dachständern und Leitungen des Niederspannungsnetzes müssen die Antennen mindestens 1 m Sicherheitsabstand halten, mehrere Antennenmaste voneinander zur Vermeidung gegenseitiger Störung mindestens 5 m.

Das Standrohr ist gegen Verdrehung zu sichern und regendicht durch die Dachhaut zu führen sowie unter Dach an der Dachkonstruktion oder am Mauerwerk mit Schellen standsicher zu befestigen.

Bei Flachdächern müssen die Befestigungspunkte für die Standrohre und Einführungen von Antennenleitungen rechtzeitig miteingeplant werden.

Die Befestigung an Schornsteinen unter den Bedingungen der DIN VDE 0855 T. 1 ist möglich, wenn die örtliche Bauordnung dies zuläßt. Vielmehr sollen die Hochantennen entgegen der Hauptwindrichtung in einigen Metern Abstand von Schornsteinen stehen, damit sie vor Verschmutzung und Korrosion durch deren Abgase geschützt bleiben (**432.**1).

Der Zugang zu Schornsteinen oder Abluftgebläsen darf durch Antennen nicht behindert werden.

Verstärkeranlage. Die einzelnen Niederführungen der verschiedenen über Dach angeordneten Antennen werden innerhalb oder außerhalb des Standrohres ins Dach eingeführt und bei größeren Anlagen auf die Eingänge der zugehörigen, möglichst dicht am Standrohr zu montierenden Antennenverstärker geschaltet.

Der Verstärker soll trocken und erschütterungsfrei an einem Platz, meist unter dem Dach, in der Nähe der Antenne liegen und wegen der elektronischen Bauteile nicht zu warm sein.

Für die Stromversorgung der Verstärkeranlage ist eine Steckdose vorzusehen, für die ein eigener Stromkreis einzuplanen ist.

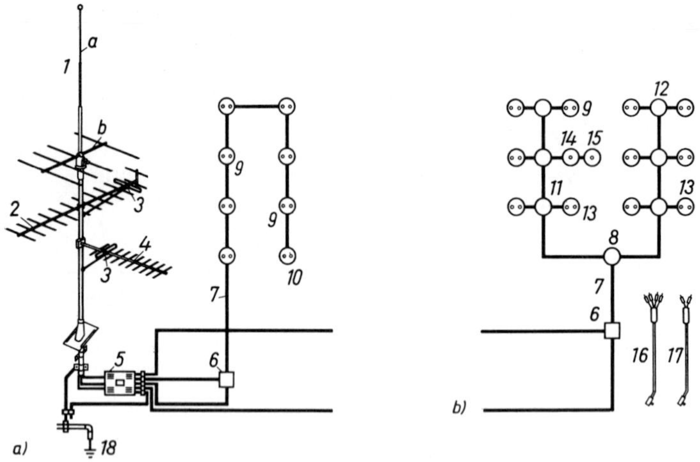

434.1 Gemeinschafts-Antennenanlage mit Verstärker (nach Siemens)
a) Durchschleifsystem
b) Stichleitungssystem

1 LMKU-Antenne
a LMK-Stabantenne
b UKW-Antenne
2 Fernseh-Antenne (Band III)
3 Antennenübertrager
4 Fernseh-Antenne (Band IV/V)
5 Antennenverstärker
6 Weiche LMKU F III/F IV/V
7 Antennenleitung
8 Antennenverteilerdose
9 Doppel-Antennensteckdose
10 End-Doppelsteckdose
11 Abzweigdose für Stichleitungen
12 End-Abzweigdose für Stichleitungen
13 Doppel-Antennensteckdose für Stichleitungen
14 Einfach-Antennensteckdose Rundfunk (R) für Stichleitungen
15 Einfach-Antennensteckdose Fernsehen (F) für Stichleitungen
16 Empfängeranschlußschnur Rundfunk (R)
17 Empfängeranschlußschnur Fernsehen (F) I–V
18 Blitzschutzerdung

Verteilungsnetz. Hinter dem Verstärker werden die Antennenkabel durch Antennenweichen mit der gemeinsamen Antennenleitung, der Empfängerzuleitung, verbunden.

Auch die Verteiler- und Abzweigdosen des Teilnehmernetzes werden der einfacheren Montage wegen möglichst im Dach untergebracht. Sie sind in jederzeit zugänglichen Räumen anzuordnen.

Als Antennenleitung wird ein Spezial-Koaxialkabel in abgeschirmter Ausführung verwendet.

Antennenkabel sollen auswechselbar und gegen mechanische Beschädigungen geschützt in Rohren oder Kanälen verlegt werden. Eine direkte Verlegung in Putz ist nicht zulässig.

Die Umgebungstemperatur der Kabel darf 55 °C nicht überschreiten.

Ist der Anschluß an ein Breitband-Kommunikationsnetz oder eine Satellitenantenne vorgesehen, ist ein zusätzliches Leerrohrnetz mit 16 mm Nennweite zwischen Dach- und Kellergeschoß vorzusehen.

Die Antennenleitungen dürfen mit Starkstromleitungen zusammen im selben Kabelschacht untergebracht werden.

Für über Dach angeordnete Antennen ist nach DIN VDE 0855 T. 1 der Potentialausgleich herzustellen und in den Hauptpotentialausgleich des Gebäudes einzubeziehen (**372**.1 und **434**.1).

Dies kann durch den Anschluß an die vorhandene Potentialausgleichsschiene mit einem Mindestleitungsquerschnitt von 4 mm^2 Cu erfolgen oder notfalls über einen eigenen Erder von 16 mm^2 Cu.

Jeder Teilnehmer erhält eine oder mehrere Antennensteckdosen, die als Doppelsteckdosen für Rundfunk und Fernsehen mit einer roten Buchse für Rundfunk und einer blauen Buchse für Fernsehen erhältlich sind.

Nach DIN 18015 T. 2 ist bei Wohnungen bis zu vier Räumen eine, bei größeren Wohnungen sind mindestens zwei Antennensteckdosen für Ton- und Fernsehrundfunk vorzusehen.

Jede Antennensteckdose soll mit mehreren Starkstromsteckdosen, auch zum Anschluß besonderer Leuchten, kombiniert sein.

Netzsysteme. Das Teilnehmernetz verlegt man mit möglichst kurzen Leitungen in der Regel nach dem Durchschleifsystem (**434**.1 a), bei dem die Antennen-Steckdosen, in sämtlichen übereinanderliegenden Wohnungen im gleichen Zimmer an der gleichen Stelle liegend, mit einer einzigen durchgeschleiften Stammleitung für bis etwa 12 Dosen versorgt werden.

Mehrere Stammleitungen größerer Gebäude können nach dem Abzweig- (**432**.2 und **433**.1) oder nach dem Verteilersystem zu Hauptstammleitungen (**433**.1) zusammengefaßt werden.

Besonders bei nachträglichem Einbau in Altbauten wählt man auch das Stichleitungssystem (**434**.1 b), bei dem die senkrechten Leitungen im Treppenhaus angeordnet werden und in jedem Stockwerk eine Abzweigdose für soviel waagerechte Stichleitungen eingesetzt wird, wie das betreffende Geschoß Wohnungen aufweist.

Kabelfernsehen. In zunehmendem Maß entstehen durch die DBP-Telekom Breitbandkommunikationsnetze, kurz BK-Netze, wodurch das Kabelfernsehen möglich wird.

Die Einspeisung erfolgt durch ein Erdkabel im Hausanschlußraum des Kellergeschosses. Damit entfallen im Wohngebiet die zahlreichen Einzel- und Gemeinschaftsantennen.

Falls erforderlich, findet die Verstärkeranlage dann im Hausanschlußraum ihren Platz. Verstärker und Verteilungssystem sind beim Anschluß an das BK-Netz anders als bei den beschriebenen Antennenanlagen.

Mit dem modernen Leitungsmaterial des Kabelfernsehens sind außerdem zukunftssichere Empfangsmöglichkeiten eröffnet.

Satellitenantennen. Die von Satelliten ausgestrahlten Fernsehprogramme werden über Parabolantennen, die auf Dächern, Hauswänden oder Balkonen montiert werden, empfangen.

Die erforderliche sichtfreie Verbindung zu den wichtigsten im Südosten stationierten Satelliten liegt in Norddeutschland bei ca. 13 Grad und in Süddeutschland bei ca. 40 Grad Höhe über dem Horizont.

Der derzeitige Mindestdurchmesser der Antenne liegt bei 55 bis 80 cm, während größere Schüsseln auch mit über 1,2 m Durchmesser im Handel sind.

Die Anlage erfordert ein dem Fernsehgerät vorgeschaltetes zusätzliches Satelliten-Empfangsgerät.

Gemeinschaftsanlagen können mit mehreren Parabolantennen ausgestattet sein, um sämtliche Satellitenprogramme zu empfangen.

Die Errichtung größerer Parabolantennen ist baurechtlich genehmigungspflichtig, während eine bundeseinheitliche Regelung bisher nicht besteht.

6.3 Elektrische Beleuchtung

6.3.1 Lichttechnische Grundbegriffe

Licht. Elektromagnetische Schwingungen, Strahlungen im Wellenlängenbereich von ca. 400...750 nm (Nanometer), werden vom Auge als Licht wahrgenommen (**436**.1), wobei es eine Strahlung an den Grenzen des sichtbaren Bereiches weniger stark bewertet als eine energiemäßig gleiche Strahlung in der Mitte.

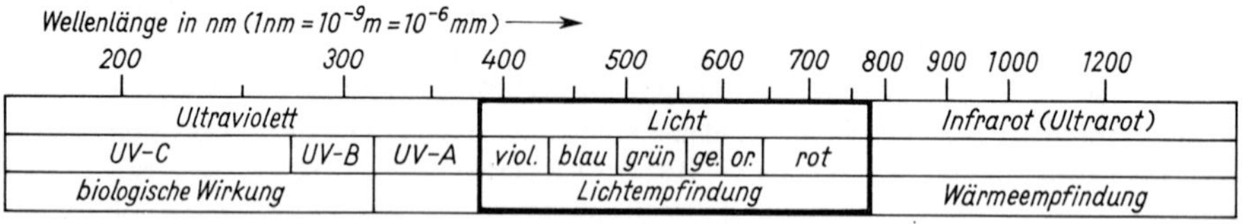

436.1 Ausschnitt aus dem System der elektrischen Wellen
viol. = violett, ge. = gelb, or. = orange

Lichtstärke *I*. Dies ist die in einer bestimmten Richtung gemessene Stärke der Strahlung einer Lichtquelle mit der internationalen Einheit 1 Candela (cd).

Auf dieser Maßeinheit beruhen alle übrigen lichttechnischen Maßgrößen.

Die in ein Polardiagramm eingetragenen, für alle Richtungen gemessenen Lichtstärken von Lichtquellen ergeben deren Lichtverteilungskurve (LVK) (**436**.2), dargestellt meist als Einheits-Lichtverteilungskurve für einen Lichtstrom der nackten Lampe von 1000 lm.

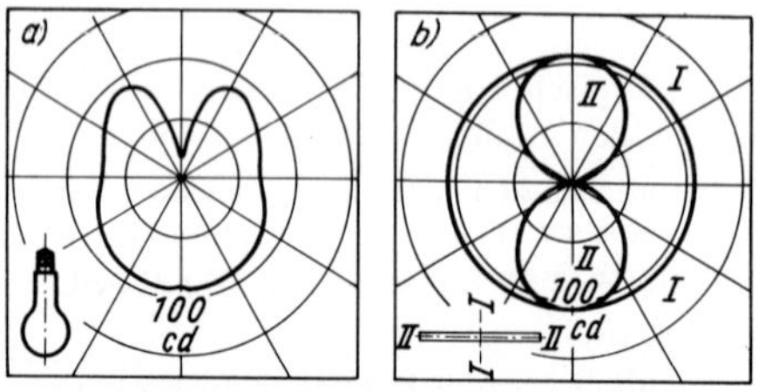

436.2 Lichtverteilungskurven elektrischer Lampen
a) axialsymmetrische Lichtverteilung einer Glühlampe (für 1000 lm)
b) nicht-axialsymmetrische Lichtverteilung einer Leuchtstofflampe (für 1000 lm)
Ebene I senkrecht zur Lampe
Ebene II parallel zur Lampe

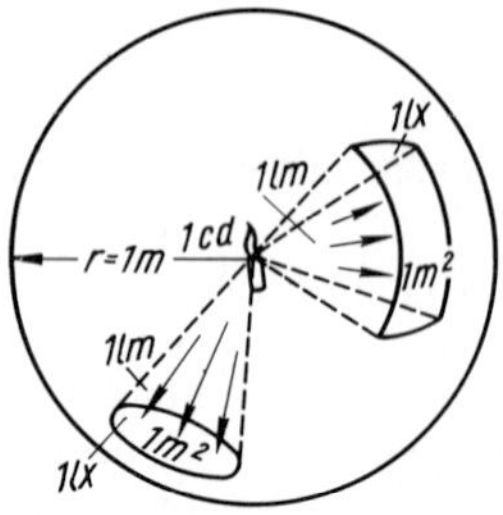

436.3 Lichttechnische Grundbegriffe

Lichtstrom *Φ*. Das ist die von einer Lichtquelle nach allen Richtungen ausstrahlende Lichtleistung. Einheit ist das Lumen (lm).

Das ist der Lichtstrom, den 1 m² Oberfläche einer Kugel mit dem Radius 1 m von einer im Kugelmittelpunkt befindlichen Lichtquelle mit der Lichtstärke 1 cd empfängt (**436**.3).

Beleuchtungsstärke *E*. In Lux (lx) gemessen ist dies die Lichtstromdichte einer beleuchteten Fläche A, d. h. der Quotient aus dem diese Fläche treffenden Lichtstrom Φ (lm) und der Fläche A in m².

$$E = \Phi / A \qquad 1\,\text{lx} = 1\,\text{lm/m}^2$$

Die Beleuchtungsstärke bildet die Grundlage jeder Beleuchtungsberechnung, da je nach den Reflexionsverhältnissen und der Zweckbestimmung des Raumes eine bestimmte Beleuchtungsstärke zu fordern ist (s. Abschnitt 6.3.4.2).

Einige natürliche Beleuchtungsstärken gibt Tafel **437**.1 an.

Tafel **437**.1 Natürliche Beleuchtungsstärken in lx

Sommersonne (um 12 Uhr)	100 000
bedeckter Himmel im Sommer (um 12 Uhr)	18 000
im Zimmer am Fenster	2 500
im Zimmer in Raummitte	300
Vollmondnacht	0,25
klare Neumondnacht	0,01

Leuchtdichte *L*. In cd/m² gemessen ist dies die Lichtstärkedichte einer leuchtenden Fläche als Quotient aus der Lichtstärke I (cd) in einer bestimmten Richtung und der sichtbar leuchtenden Fläche A (m²).

$$L = I / A$$

Mittlere Leuchtdichten für gebräuchliche Lichtquellen enthält Tafel **437**.2.

Tafel **437**.2 Mittlere Leuchtdichten (cd/m²)

Mittagssonne	bis 150 000
klarer Himmel	0,3···0,5
bedeckter Himmel	0,03···0,1
Mond	0,25
Kerzenflamme	0,7
Glühlampe, klar	200···2000
„ mattiert	5···50
„ siliziert	1···5
Glimmlampe	0,02···0,05
Leuchtstofflampe	0,3···0,75
Leuchtstoffröhre	0,1···0,8

Die Leuchtdichte ist das lichttechnische Maß, das dem subjektiven Empfinden der Helligkeit einer Lichtquelle oder eines Gegenstandes entspricht, während Lichtstrom, Lichtstärke und Beleuchtungsstärke nicht sichtbar sind, also vom Auge nicht unmittelbar wahrgenommen werden können. Erst wenn das Licht auf einen Körper trifft und von ihm reflektiert oder streuend durchgelassen wird, wird es sichtbar.

Zu hohe Leuchtdichten rufen Blendung hervor (s. Abschnitt 6.3.4.2).

Reflexion, Absorption und Transmission des Lichtes. Von dem auf eine Fläche auftreffenden Lichtstrom wird stets ein Teil absorbiert (verschluckt, in Wärme verwandelt), der Rest wird ganz oder teilweise reflektiert (zurückgeworfen) oder transmittiert (durchgelassen) (**438**.1).

Der Reflexionsgrad (Absorptionsgrad, Transmissionsgrad) ist das Verhältnis des zurückgeworfenen (verschluckten, durchgelassenen) Lichtstromanteiles zum einfallenden Lichtstrom (Taf. **438**.2 und 3).

Diese Größen sind wichtig für die Wahl und Berechnung einer Raumbeleuchtung.

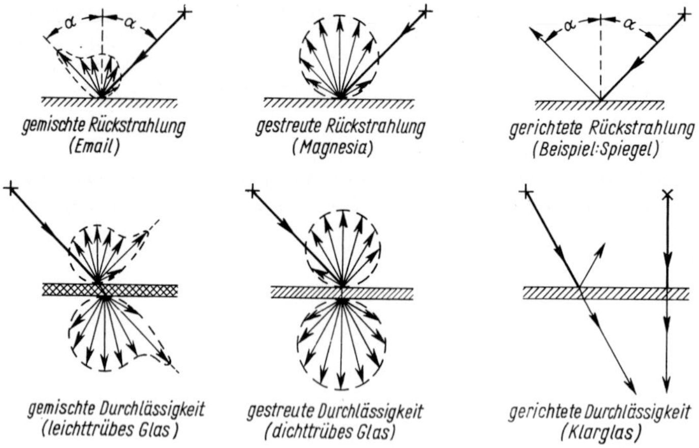

438.1 Rückstrahlung, Durchlässigkeit

Tafel **438**.2 Mittlere Reflexionsgrade von Farbanstrichen in %

weiß, lichtcreme	70···80	beige, ockergelb	25···35	dunkelgrün, dunkelblau	10···15
hellgelb	55···65	hellbraun, olivgrün		dunkelrot, dunkelgrau	
rosa, hellgrün	45···50	orange, zinnoberrot	20···25	marineblau	5···10
hellgrau, himmelblau	40···45	mittelgrau		schwarz	4

Diese Reflexionsgrade gelten angenähert auch für Tapeten von entsprechendem Farbeindruck.

Tafel **438**.3 Reflexions-, Absorptions- und Transmissionsgrad sowie Streuvermögen verschiedener Baustoffe bei senkrechtem Lichteinfall (in %) (Studiengem. Licht e. V.)

Baustoffe	Reflexionsgrad	Absorptionsgrad	Transmissionsgrad	Streuvermögen
Ahorn und Birke	50···60	50···40	–	–
Aluminiumfolie	80···85	20···15	–	–
Asphalt-Straßendecke trocken/naß	10···20/5···10	90···80/95···90	–	–
Backstein rot neu/alt	25/5···15	75/95···85	–	–
Beton neu/alt	40···50/5···15	60···50/95···85	–	–
Drahtglas	10···30	20···15	53···70	–
Eiche hell lackiert/dunkel gebeizt	40/15···20	60/85···80	–	–
Email weiß	65···75	35···25	–	85···90
Glas klar	6···8	4···2	90···92	–
„ mattiert	6···20	20···3	65···90	3···6
„ trüb (überfangen)	30···75	20···5	15···60	70···90
Holzfaserplatten creme neu	50···60	50···40	–	–
Kacheln, weiß	60···75	40···25	–	80···90
Marmor natur	45···65	45···20	5···15	75···90
Nußbaum	15···20	85···80	–	–
Porzellan weiß	60···80	40···20	–	80···90
Ölfarbanstrich weiß neu/alt	85/75	15/25	–	–
Stuck weiß neu/alt	80/60	20/40	–	–
Webstoffe hell	30···40	50···30	15···30	20···60

6.3.2 Elektrische Lichtquellen

Typen der elektrischen Lampen werden im Nachstehenden nach den Unterlagen der Firma Osram behandelt. Andere Firmen, wie Philips oder Radium und andere, stellen gleichartige Lampen unter ihren eigenen Bezeichnungen her.

6.3.2.1 Glühlampen

Sie sind Temperaturstrahler. In ihrem mit Stickstoff oder einem Edelgas gefüllten Glaskolben wird ein ca. 0,01 mm dicker, einfach oder doppelt gewendelter Wolframdraht durch den Stromdurchgang auf hohe Temperatur erhitzt.

Mit ihren vielfältigen Vorteilen werden die Glühlampen in der Innenraumbeleuchtung, vor allem für Wohnungen, Gaststätten und ähnlichen Räumen am häufigsten verwendet und in einer außerordentlichen Vielzahl der Größen und Ausführungsformen für alle erdenklichen Verwendungszwecke hergestellt.

Sie sind für alle üblichen Spannungen, vorzugsweise für 220 bis 230 V, aber auch für Kleinspannung 24 bis 42 V, erhältlich und weisen eine mittlere Lebensdauer von 1000 Stunden auf.

Allgebrauchs-Standardglühlampen. Dies sind die für allgemeine Beleuchtungsaufgaben wichtigsten Glühlampenarten.

Zu ihnen zählen Standardlampen, Kryptonlampen, Superlux-Lampen, Bellalux-Lampen, Opalina-Großkolbenlampen, Dekolux-Kuppenspiegellampen, Concentra-Reflektorlampen und Linestra-Röhren.

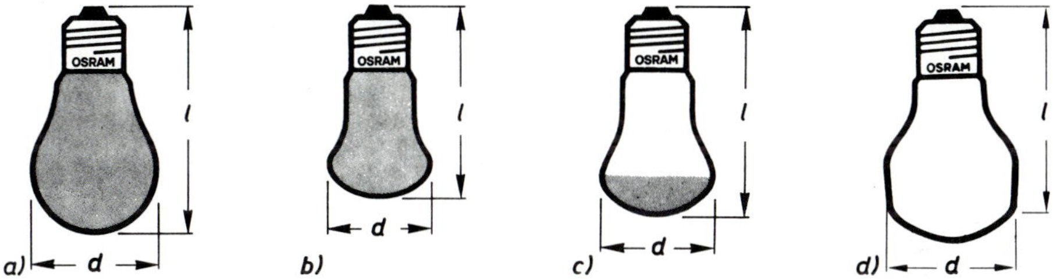

439.1 Allgebrauchs-Glühlampen, Auswahl (Osram)
a) Standardlampe, innenmattiert, 15 bis 200 W
b) Kryptonlampe, innenmattiert, 25 bis 100 W
c) Superlux-Lampe, 40, 60 und 100 W
d) Bellalux-Lampe, 40 bis 100 W

Standardlampen. Diese Universalglühlampen mit 15 bis 1000 W haben innenmattiert 15 bis 200 W, klar 15 bis 1000 W (**439**.1 a und Tafel **439**.2).

Im privaten wie im gewerblichen Bereich sind sie wirtschaftlich und vielseitig verwendbar.

Tafel **439**.2 Allgebrauchs-Glühlampen, Standardlampen (Osram)

Watt	Lichtstrom lm	Abmessungen mm Ø	Abmessungen mm l	Sockel	Watt	Lichtstrom lm	Abmessungen mm Ø	Abmessungen mm l	Sockel
15	90	60	105	E 27	150	2220	65	120	E 27
25	230	60	105		200	3150	80	156	E 27
40	430	60	105		300	5000	90	189	E 40
60	730	60	105		500	8400	110	240	E 40
75	960	60	105		1000	18800	130	274	E 40
100	1380	60	105						

Tafel **440**.1 Weitere Allgebrauchs-Glühlampen, Abmessungen in mm, Sockel E 27 (Osram)

Watt	Krypton-Lampen		Superlux-Lampen		Bellalux-Lampen		Dekolux-Lampen kuppenverspiegelt			
							klar		innenmattiert	
	∅	l	∅	l	∅	l	∅	l	∅	l
25	45	88	–	–	–	–	–	–	–	–
40	45	88	50	92	60	105	60	104	–	–
60	45	88	50	92	60	105	60	104	60	104
75	50	96	–	–	60	105	–	–	–	–
100	50	96	60	105	60	105	65	123	65	123

Kryptonlampen. Mit 25 bis 100 W sind sie innenmattiert, haben bis zu 10% höhere Lichtausbeute und kleinere Abmessungen gegenüber Standardlampen (**439**.1 b und Tafel **440**.1).

Sie sorgen für eine bessere Allgemeinbeleuchtung im Wohnbereich, etwa in Wandleuchten.

Superlux-Lampen. Das sind mit 40, 60 und 100 W Lampen in Pilzform, innensiliziert, Kolbenkuppe innenmattiert (**439**.1 c und Tafel **440**.1).

Durch einen Lichtgewinn von 35% in der Lampenachse sind diese Lampen für Tisch-, Hocker- und Stehleuchten bestimmt.

Bellalux-Lampen. Mit 40 bis 100 W, innen elektrostatisch weiß beschichtet, haben sie eine weiß leuchtende moderne Kolbenform (**439**.1 d und Tafel **440**.1).

Diese Lampen geben ein blendfreies, mildes weißes Licht ab.

Opalina-Großkolbenlampen. Diese kugelförmigen dekorativen Glühlampen mit 40 bis 100 W sind innensiliziert, weiß, klar oder mit kristallartiger bis bernsteinfarbiger Oberfläche und haben verschiedene Kolbengrößen (**440**.2 a und Tafel **441**.1).

Dekolux-Kuppenspiegellampen. Die Standardformen mit 40, 60 und 100 W sind silber- oder goldkuppenverspiegelt, klar oder mit 60 und 100 W innenmattiert silberkuppenverspiegelt (**440**.2 b und Tafel **440**.1).

Diese Lampen kommen dem Wunsch nach dekorativem und gerichtetem Licht im privaten wie im gewerblichen Bereich entgegen. Sie werden in Wohnungen, Schaufenstern und Verkaufsräumen verwendet.

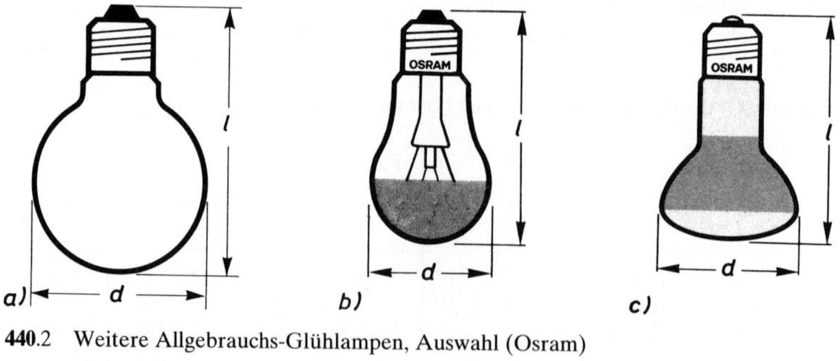

440.2 Weitere Allgebrauchs-Glühlampen, Auswahl (Osram)
a) Opalina-Großkolbenlampe, weiß, 60 W
b) Dekolux-Lampe, kuppenversiegelt, klar, 40, 60 und 100 W
c) Concentra-Reflektorlampe 35°, 40 und 60 W

Tafel **441**.1 Opalina-Großkolbenlampen, Abmessungen in mm, Sockel E 27 (Osram)

Watt	Abmessungen		Lichtstrom lm	
	∅	l	weiß	klar
40	95	142	290	330
60	95	142	490	630
100	95	142	890	1100
40	120	185	290	330
60	120	185	490	630
100	120	185	890	1100

Concentra-Reflektorlampen. Hierzu zählen die verschiedenen Concentra-Lampen 25 bis 300 W, teilweise mit Preßglaskolben (**440**.2c und Tafel **441**.2).

Als Eng- oder Breitstrahler werden sie ihres gebündelten Lichtes wegen nicht nur zur Schaufensterbeleuchtung, für Verkaufsräume, Empfangshallen und Passagen verwendet, sondern ermöglichen auch als direkte Beleuchtung, in Zwischendecken eingebaut, oder bei der Anstrahlung von Bildern, Plastiken oder Wandflächen, allein oder in Verbindung mit anderen Lichtquellen, abwechslungsreiche und ansprechende Beleuchtungseffekte in repräsentativen Räumen.

Tafel **441**.2 Concentra-Reflektorlampen, Sockel E 27 (Auswahl) (Osram)

Watt	Ausstrahlungswinkel	Abmessungen			Lichtstrom lm
		∅	Länge mm	Einbaulänge	
Concentra-Lampen					
40	80°	80	114	90	320
60	80°	80	114	90	530
75	35°	95	134	110	690
100	35°	95	134	110	1030
150	35°	95	134	110	1520
Engstrahler Concentra „Spot“					
120	12°	122	136	123	1200
Breitstrahler Concentra „Flood“					
120	30°	122	136	123	1200

Linestra-Röhren. Sie werden mit 35, 60 und 120 W in drei verschiedenen Längen mit einem oder zwei Lampensockeln hergestellt (**441**.3 und Tafel **442**.1).

Die erforderlichen Sockelfassungen werden weiß, hellgrau oder aluminiumfarben angeboten.

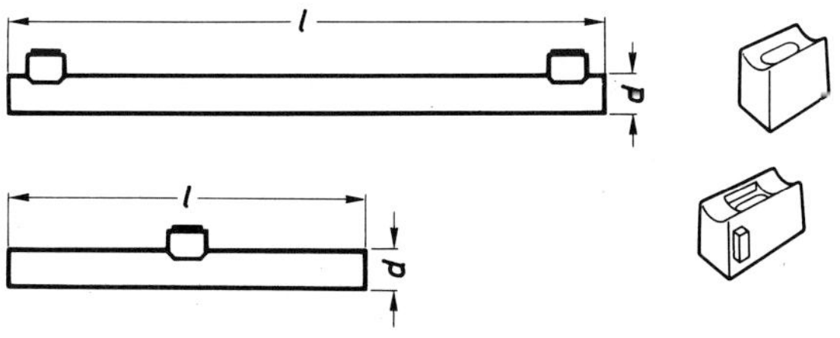

441.3 Linestra-Röhren und Fassungen (Osram)

Tafel **442**.1 Linestra-Röhren, 30 mm Durchmesser (Osram)

Watt	Lichtstrom lm	Länge l mm	Sockel-anzahl
35	220	300	2
60	420	500	2
120	840	1000	2
35	240	300	1
60	420	500	1

Diese Glühlampen in moderner Stabform ermöglichen, auch bei einer Anordnung mehrerer Lampen nebeneinander, eine attraktive Lichtführung in Linienform, so in Schrankwänden, Küchen, Hausarbeitsräumen, Wohnräumen und als seitliche Spiegelbeleuchtung in Bädern, wo sie sich seit längerem bewährt haben.

Speziallampen. Als weitere Allgebrauchslampen werden unter anderem farbige Lampen für Illumination und Dekoration, Kerzen-, Tropfen-, Birnen-, Röhren- und Niedervolt-Glühlampen verwendet.

Halogen-Glühlampen. Sie haben kleinere Abmessungen, eine höhere Lebensdauer gegenüber normalen Glühlampen und einen großen konstanten Lichtstrom.

Die 220 V-Lampen mit Schraubsockel gibt es mit Leistungen von 75 bis 250 W, mit zweiseitigem Spezialsockel bis 2000 W. Sie werden gerne für die Anstrahlung von Gebäuden und Denkmälern, für Außenbeleuchtungen, Sportplätze und Fabrikhallen verwendet.

Niedervolt-Halogen-Glühlampen sind für Spannungen von 6, 12 und 24 V im Handel. Sie haben eine Leistung von 5 bis 150 W und finden in kleineren Leuchten Verwendung. Der für den Niedervoltbetrieb erforderliche Transformator ist der dazugehörigen Leuchte vorzuschalten.

Lampensockel. Sie verbinden die Glühlampen in der Lampenfassung mit dem Leitungsnetz.

In Deutschland verwendet man fast ausschließlich Edison-Sockel in den Größen

E 10, Zwergsockel für Taschenlampen, E 14, Mignonsockel für Kleinleuchten, E 27, Normalsockel für Allgebrauchslampen und E 40, Goliathsockel ab 300 Watt-Lampen.

Daneben gibt es zahllose Sockelarten für spezielle Lampen.

6.3.2.2 Entladungslampen

In den aus Glas oder Quarz bestehenden Entladungsgefäßen dieser Lampen werden Metalldämpfe, besonders Quecksilber, oder Gase durch elektrische Entladung zur Aussendung sichtbarer Strahlung und unsichtbarer UV-Strahlung veranlaßt.

Hohe Lichtausbeute bei sehr langer Lebensdauer machen die Entladungslampen besonders wirtschaftlich.

Niederdrucklampen haben ein großes Entladungsgefäß mit einer geringen Leuchtdichte, Hochdrucklampen ein kleines mit entsprechend hoher Leuchtdichte.

Zur Einleitung des Zündvorganges und danach zur Strombegrenzung des Entladungsvorganges ist stets ein Vorschaltgerät erforderlich, das indessen leicht in den Leuchten unterzubringen ist (**442**.2).

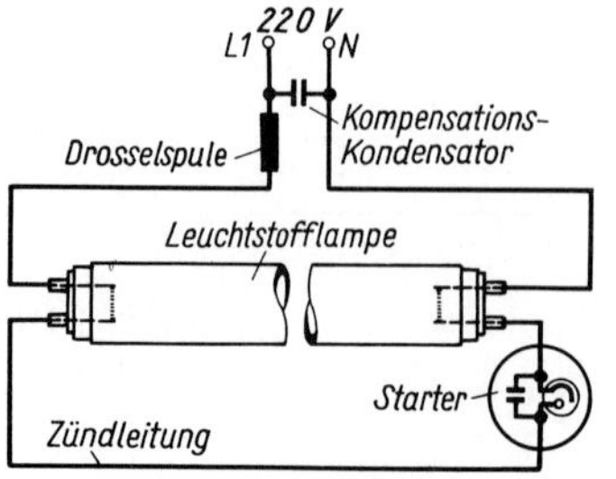

442.2 Schaltung der Leuchtstofflampe

d = Innen - ø
r = Außen - ø

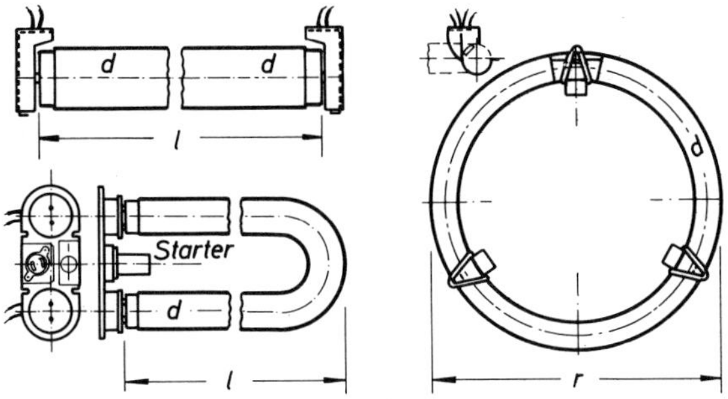

443.1 Leuchtstofflampen, gerade, U- und ringförmig

Leuchtstofflampen. Sie sind Niederdruck-Entladungslampen, die mit Netzspannung, meist 220 V Wechselspannung, betrieben werden. Sie bestehen aus einem geraden, U- oder ringförmig (**443**.1) gebogenen Glasrohr, das mit Quecksilberdampf und Argon gefüllt ist und auf der Innenfläche eine Leuchtstoffschicht enthält, mit einer Wolfram-Doppelwendelelektrode und einem 2-Stift-Sockel an jedem Ende (**443**.2 und **442**.2).

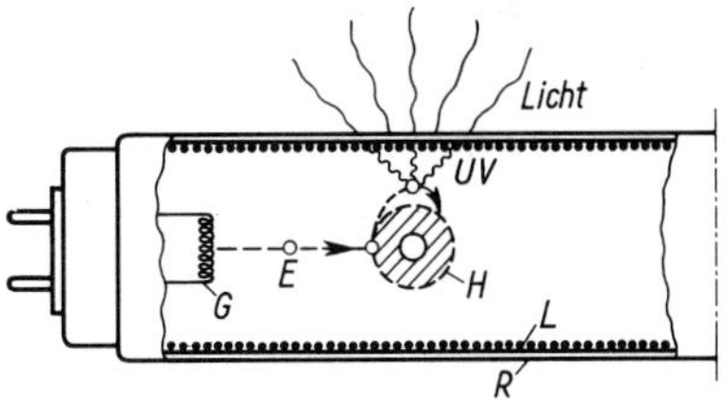

443.2 Lichterzeugung in einer Leuchtstofflampe, Schema (Trilux)

G Glühelektrode
E abgeschleudertes Elektron
H Quecksilberatomkern
UV unsichtbare UV-Strahlung
L Leuchtstoff
R Glasrohr der Lampe

Je nach der Zusammensetzung des Leuchtstoffes gibt es L-Lampen mit verschiedenen Lichtfarben von tageslichtähnlichen, über mehrere Weißtöne bis zu glühlampenähnlichen Tönen, außerdem in mehreren farbigen Tönen und Sonderausführungen (Tafel **444**.1 und 2 sowie **446**.1).

Die Lichtausbeute der L-Lampen ist mit 30 bis 80 lm/W 3 bis 6mal so hoch wie bei Glühlampen gleicher Wattzahl, der Stromverbrauch beträgt etwa 1/3 desjenigen einer lichtstromgleichen Glühlampe.

Für Leuchten an Arbeitsplätzen und in Vitrinen, oder für Handleuchten gibt es kleine L-Lampen im ∅ 16 mm mit 4 bis 13 W.

Der Lichtstrom der normalen L-Lampen erreicht bei einer Zimmertemperatur von + 20 bis 25 °C seinen Höchstwert und fällt bei Temperaturen unter + 15 und über + 30 °C merklich ab, daher sind bei tieferen Temperaturen geschlossene Leuchten zu verwenden.

Lichtstrom und Lebensdauer, 7 500 Stunden bei 2 500 Schaltungen, werden von Spannungsschwankungen kaum beeinflußt.

L-Lampen werden im Betrieb nur handwarm. Ihre Erschütterungs- und Stoßfestigkeit entspricht der stoßfesten Glühlampe. Die Leuchtdichte von 0,3 bis 0,75 sb und damit die Blendung ist geringer als bei einer Kerzenflamme (Taf. **437**.2).

Lichtfarben. Im Rahmen der Innenbeleuchtung mit künstlichem Licht sind in DIN 5035 T. 1 die Lampen nach ihrer Lichtfarbe in drei Stufen (Taf. **444**.2) eingeteilt:

Lichtfarbe tw, tageslichtweiß, Farbtemperatur über 5000 K,
Lichtfarbe nw, neutralweiß, Farbtemperatur 5000 bis 3300 K und
Lichtfarbe ww, warmweiß, Farbtemperatur unter 3300 K.

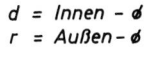

Tafel **444**.1 Die wichtigsten Leuchtstofflampen für Innenbeleuchtung (Auswahl) (Osram)

Watt	Abmessungen Ø mm	Länge mm	Lichtstrom in lm bei Lichtfarbe 25	20	32	41
L-Lampen in Stabform						
18	26	590	1050	1150	1150	–
36	26	1200	2500	3000	3000	–
58	26	1500	4000	4800	4800	–
20	38	590	1050	1150	1150	–
40	38	1200	2500	3000	3000	–
65	38	1500	4000	4800	4800	–
L-Lampen in U-Form						
20	38	310	950	–	–	–
40	38	607	2400	–	2700	2900
65	38	765	3900	–	4500	4800
L-Lampen in Ringform						
		Außen-Ø				
22	29	216	1000	–	–	–
32	32	311	1700	–	2000	2050
40	32	413	2300	–	2800	2900

Lichtfarbe siehe Tafel **444**.2

Tafel **444**.2 Lichtfarben und Farbwiedergabe-Eigenschaften von L-Lampen (Osram)

Farbwiedergabe-Eigenschaften (Ra)		Lichtfarbe tw Kurzzeichen	Lichtfarbe tw Bezeichnung	Lichtfarbe nw Kurzzeichen	Lichtfarbe nw Bezeichnung	Lichtfarbe ww Kurzzeichen	Lichtfarbe ww Bezeichnung
Stufe 1 sehr gut	1 a Ra 90–100	12 19	LUMILUX DE LUXE Daylight Daylight 5000 de Luxe	22	LUMILUX DE LUXE Weiß	32	LUMILUX DE LUXE Warmton
	1 b Ra 80–89	11	LUMILUX Tageslicht	21	LUMILUX Weiß	31 41	LUMILUX Warmton LUMILUX INTERNA
Stufe 2 gut	2 a Ra 70–79	10	Tageslicht	25	Universal-Weiß		
	2 b Ra 60–69			20	Hellweiß		
Stufe 3 weniger gut	Ra 40–59					30	Warmton

Die für bestimmte Tätigkeiten in Arbeitsstätten von Innenräumen empfohlenen Lichtfarben sind in Tafel **446**.1 und sehr ausführlich in DIN 5035 T. 2 aufgelistet.

Kompakt-Leuchtstofflampen. Die sogenannten Energiesparlampen werden als stabförmige, ringförmige und zylindrische Leuchtstofflampen angeboten. Sie sind mit dem üblichen Schraubsockel E 27 gegen Glühlampen austauschbar (**445**.1).

Vorschalt- und Zündgerät sind in der Lampe integriert, die Lichtfarbe ist glühlampengleich, die mittlere Lebensdauer beträgt etwa 5000 Stunden.

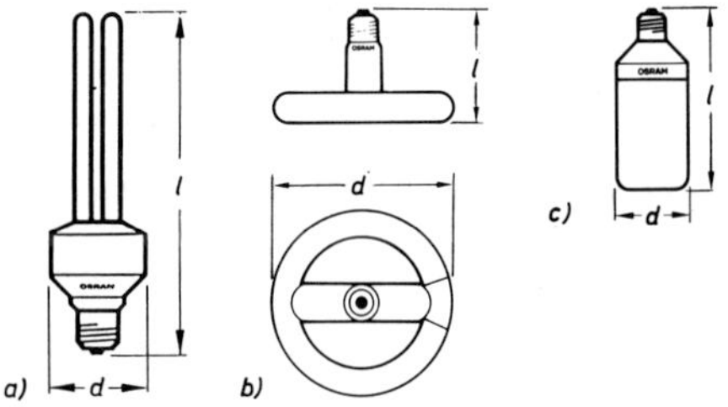

445.1 Kompakt-Leuchtstofflampen, Sockel E 27 (Osram)
a) stabförmig
b) ringförmig
c) zylindrisch

Der relativ hohe Preis macht diese Lampe wegen des Einflusses der Schalthäufigkeit auf die Lebensdauer erst wirtschaftlich, wenn sie länger als eine Stunde in Betrieb ist.

Die stabförmige Kompakt-Leuchtstofflampe (**445**.1a) gibt es in vier Leistungsstufen mit 7, 11, 15 und 20 W, was einem Glühlampenlicht von 40 bis 100 W entspricht.

Die ringförmige Kompaktlampe (**445**.1b) gibt es in drei Leistungsstufen mit 18, 24 und 32 W, was dem Glühlampenbereich von 75 bis 150 W entspricht.

Die zylindrische Kompakt-Leuchtstofflampe (**445**.1c) gibt es in vier Leistungsstufen mit 9, 13, 18 und 25 W, was einem Glühlampenbereich von 40 bis 100 W entspricht.

Anwendungsgebiete. Leuchtstofflampen haben sich ihrer zahlreichen Vorzüge wegen für alle Verwendungsgebiete im Bauwesen eingeführt (Taf. **446**.1).

Bei ihrer geringen Leuchtdichte sind sie vor allem in Nutzräumen mit hellen Wänden und Decken ohne weiteres nackt zu verwenden. Sie werden aber bei höheren Ansprüchen häufig auch in besonderen, zugleich alle Vorschaltgeräte aufnehmenden Langfeldleuchten, Reflektorleuchten oder Leuchten mit lichtstreuendem Abschluß, wie Raster aus Kunststoff oder Glas, installiert und eignen sich besonders zur Bildung durchlaufender Lichtbänder und großflächiger Beleuchtungsanlagen.

Sie sind vor allem dort wirtschaftlich, wo bei langen Betriebszeiten und geringer Einschalthäufigkeit hohe Lichtleistungen verlangt werden (**445**.2).

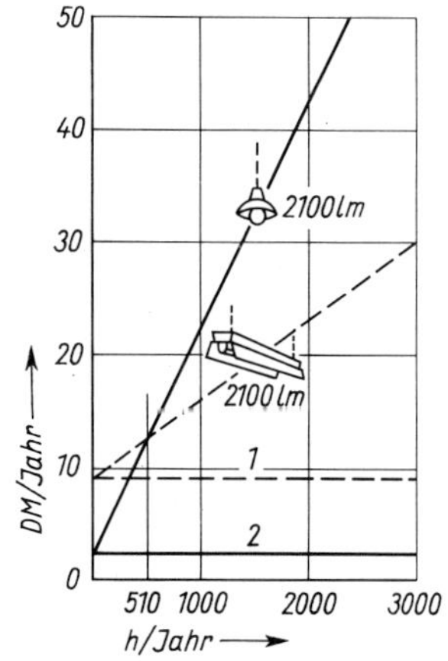

445.2 Jährliche Betriebskosten einer Langfeldleuchte und einer Glühlampenleuchte etwa gleichen Lichtstromes
1 feste Kosten Leuchtstofflampe
2 feste Kosten Glühlampe

Tafel **446**.1 Anwendung der wichtigsten Leuchtstofflampen in der Innenbeleuchtung (Osram)

Anwendungsgebiet		Lichtfarbe									
		11	12	19	21	22	25	31	32	41	76
Büro und Verwaltung	Büros, Flure				×		×	×			
	Sitzungsräume							×		×	
Industrie, Handwerk und Gewerbe	Elektrotechnik				×		×				
	Textilfabrikation	×	×	×	×	×					
	Holzbearbeitung	×	×	×	×						
	Graphisches Gewerbe, Labor	×	×	×	×						
	Farbprüfung		×	×		×					
	Lager, Versand				×		×				
Schul- und Unterrichtsräume	Hörsäle, Klassenräume, Kindergärten				×			×		×	
	Bücherei, Lesesaal				×			×		×	
Verkaufsräume	Lebensmittel allgemein	×			×			×		×	
	Backwaren									×	
	Kühltheken und -Truhen	×									
	Käse, Obst, Gemüse, Fisch									×	
	Fleisch, Wurstwaren										×
	Textilien, Lederwaren	×	×	×		×		×	×	×	
	Möbel, Teppiche							×	×	×	
	Sport, Spielwaren, Papierwaren				×	×		×	×		
	Photo, Uhren, Schmuck	×	×					×	×		
	Kosmetik, Frisör								×	×	
	Blumen		×	×					×	×	×
	Kaufhäuser, Supermärkte				×	×		×	×	×	
Gesellschaftsräume	Restaurants, Gaststätten, Hotels, Theater, Foyers, Konzertsaal, Museen									×	
Veranstaltungsräume	Ausstellungs- und Messehallen				×			×			
	Sport- und Mehrzweckhallen				×		×				
	Galerien	×	×	×					×	×	
Klinik und Praxis	Diagnose und Behandlung	×	×	×							
	Krankenzimmer, Warteräume								×	×	
Wohnung	Wohnzimmer								×	×	
	Küche, Bad, Hobby, Keller				×	×	×		×	×	
Außenbeleuchtung	Straßen, Wege, Fußgängerzonen						×				

Siehe auch Tafel **444**.2 (Spezialfarbe 76 = NATURA DE LUXE)

Leuchtröhren. Dies sind Gasentladungslampen mit oder ohne Leuchtstoff. Leuchtröhrenanlagen bestehen aus einem oder mehreren Niederspannungsstromkreisen, einem oder mehreren Vorschaltgeräten und einem oder mehreren Leuchtröhrenstromkreisen.

Sie lassen sich durch Verwendung verschiedener Edelgase, verschiedenfarbiger Gläser, wie Klarglas-, Opalglas- und farbige Filterglasröhren, und unterschiedlicher Leuchtstoffe mit den mannigfaltigsten Farben und bei Durchmessern von 10 bis 35 mm in Längen herstellen, die praktisch nur durch die für diese Anlagen nach DIN VDE 0128 zulässige Höchstspannung begrenzt sind.

Die Lichtausbeute beträgt 19 bis 40 lm/W. Leuchtdichte, Wärmeentwicklung und Stromverbrauch sind sehr gering, die Lebensdauer liegt zwischen 8 000 und 20 000 Stunden.

Die farbigen Leuchtröhren können in jeder beliebigen Linienführung geliefert werden (**447**.1). Sie werden fast ausschließlich für Reklamebeleuchtung verwendet, die roten Neonröhren auch in der Flugverkehrsbeleuchtung.

Die Vorschaltgeräte von Leuchtröhrenanlagen müssen außerhalb von feuergefährdeten Räumen angebracht werden.

Leuchtstoffröhren. Sie unterscheiden sich von den Leuchtröhren nur durch den Leuchtstoffbelag auf der Innenfläche der Glasröhre, der wie bei den Leuchtstofflampen ein zusätzliches tageslicht-, creme- oder blütenweißes Licht hervorruft.

Sie werden außer für Außenreklame in repräsentativen Innenräumen angewendet, wo beliebig geführte Leuchtlinien als architektonische Gestaltungsmittel benutzt werden sollen.

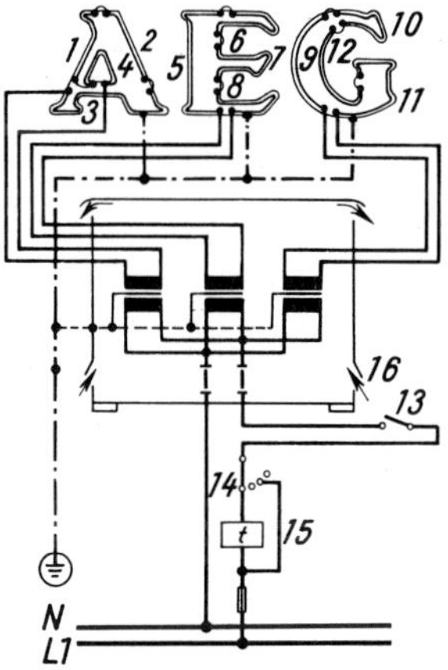

447.1 Schaltung einer Leuchtröhrenanlage
1 bis 12 Leuchtröhrensysteme
13 Feuerschutzschalter
14 Hauptschalter
15 Zeitschalter
16 Lüftung

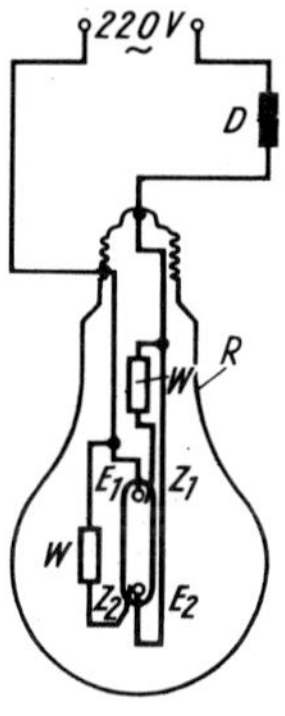

447.2 Quecksilberdampf-Hochdrucklampe (M 1:5)

D	Drosselspule
E_1, E_2	Hauptelektroden
W	Widerstand
Z_1, Z_2	Zündelektroden

Quecksilberdampf-Hochdrucklampen (HQL). Sie weisen einen von einem kugel-, ellipsoid- oder pilzförmigen Außenkolben mit Schraubsockel umgebenen Brenner aus Quarz- oder Hartglasrohr auf, in dem die Entladung im Quecksilberdampf stattfindet (**447**.2). Ihre Lebensdauer beträgt etwa 10 000 Stunden.

Durch Yttrium-Vanadat-Leuchtstoff hat sie eine neutralweiße Lichtfarbe, eine gute Lichtausbeute von 30 bis 60 lm/W und wird mit Nennleistungen von 50 bis 1 000 W hergestellt.

Nach dem Einschalten setzt die volle Lichtleistung erst nach etwa 3 Minuten ein, nach dem Ausschalten sind die Lampen erst nach etwa 10 Minuten wieder einschaltbar.

Bei geringen Ansprüchen an die Farbwiedergabe kann diese Lampe zum Beispiel in Verkehrs- und Werkhallen bei Aufhängehöhen über 6 m gegenüber der L-Lampe wirtschaftlicher sein.

Halogen-Metalldampflampen (HQI). Mit Dysprosium- und Natriumjodid-Zusätzen erzeugen diese Quecksilberdampf-Hochdrucklampen mit und ohne Leuchtstoff eine warmweiße, neutralweiße oder tageslichtweiße Lichtfarbe.

Sie hat eine hohe Lichtausbeute von 60 bis 90 lm/W, bei etwa 6000 Betriebsstunden und wird mit Nennleistungen zwischen 40 und 3500 W hergestellt.

Diese Lampen gibt es teilweise mit Schraubsockel in Röhren-, Ellipsoid-, Pilz- und Soffittenform.

In der Innenraumbeleuchtung werden sie in Industriehallen, Verkaufsräumen, Schaufenstern, Foyers, Hotels, Gaststätten, Messe- und Ausstellungshallen, Büros, Schulen, Sportstätten und zur Pflanzenaufzucht eingesetzt.

Als Außenbeleuchtung werden sie in Flutlichtanlagen, in repräsentativen Straßen und Parkanlagen sowie zur Anstrahlung von Bauwerken und Denkmälern verwendet.

Mischlichtlampen (HWL). Mit 160 bis 1000 W Nennleistung und 20 bis 32 lm/W Lichtausbeute vereinigen sie in einem Glaskolben einen Quecksilberbrenner und eine Glühwendel, die gleichzeitig als Vorschaltgerät dient (**448**.1).

Die ellipsoid- oder pilzförmigen Lampen können daher statt Allgebrauchsglühlampen eingesetzt werden. Sie liefern sofort ein tageslichtähnliches Licht mit guter Farbwiedergabe.

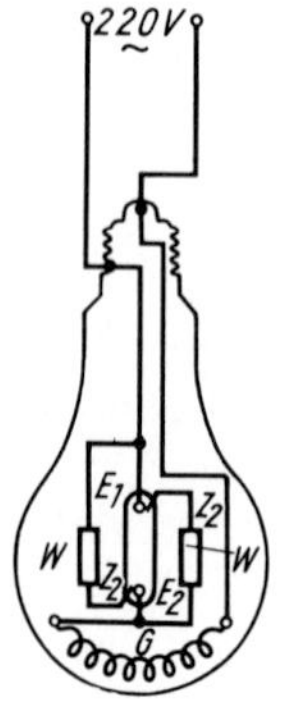

448.1 Quecksilberdampf-Mischlichtlampe (M 1:5)
W Widerstand
E_1, E_2 Hauptelektroden
Z_1, Z_2 Zündelektroden
G Glühwendel

Natriumdampf-Niederdrucklampen (NA). Mit einer Lichtausbeute von 70 bis 180 lm/W und einer Lebensdauer von etwa 5000 Stunden erzeugen sie ein monochromatisch gelb-oranges Licht, das die Einzelheiten der Körper besonders gut, Farbunterschiede gar nicht erkennen läßt.

Verwendet werden sie an Ausfall- und Schnell-Straßen, Wasserstraßen und Schleusen, für Gleisanlagen, ferner zum Erkennen feinster Einzelheiten, wie Risse in Oberflächen.

Natriumdampf-Hochdrucklampen (NAV). Mit 50 bis 1000 W Nennleistung und 55 bis 120 lm/W Lichtausbeute strahlen sie ein warmweißes Licht aus, das farbiges Sehen gestattet. Ihre Lebensdauer beträgt etwa 8000 Stunden.

Die NAV-Lampe gibt es in Ellipsoid- oder Röhrenform mit Schraubsockel oder zweiseitigem Anschluß.

Hauptanwendungsgebiete sind Außenanlagen von Verkehr, Industrie und Baustellen sowie anspruchsvolle Straßenbeleuchtungen.

Glimmlampen. Dies sind Gasentladungslampen mit einem Edelgasgemisch (meistens Neon und Helium).

Sie haben zwei in einem Glaskolben mit geringem Abstand voneinander angeordnete Elektroden, zwischen denen eine Glimmentladung bei niedrigem Druck stattfindet. Bei Wechselspannung überziehen sich dabei beide Elektroden mit einem intensiven rötlichgelb leuchtenden Glimmlicht.

Sie dienen hauptsächlich zur optischen Anzeige des Betriebszustandes in Lichtschaltern, Drucktastern, Signalleuchten, Schalt- und Befehlsgeräten, Fernmeldeanlagen sowie in Elektro-Haushaltsgeräten aller Art (**405**.1 und 2).

6.3.3 Leuchten

Die meisten Lichtquellen eignen sich nicht ohne weiteres zur Erfüllung der verschiedenen Beleuchtungsaufgaben und können daher nur in Verbindung mit Leuchten verwendet werden (s. Abschnitt 6.3.4).

Diese haben den Lichtstrom der nackten Lampen so zu lenken und umzuformen, daß er dem Zweck der Beleuchtung entsprechend im Raum verteilt wird, sowie das Auge gegen Blendung durch unerträglich hohe Leuchtdichten von Lampen dadurch zu schützen, daß sie die blendende Lichtquelle gegen das Auge abschirmen oder deren Leuchtdichte auf ein erträgliches Maß herabsetzen.

Dabei sollen die Leuchten einen guten Wirkungsgrad besitzen und eine ästhetisch gefällige Form aufweisen.

Einteilung. Nach DIN 5040 T. 1 können Leuchten für Beleuchtungszwecke nach den in der Leuchte verwendeten Lampen, dem Anwendungsbereich, der Lichtstromverteilung, der Lichtstärkeverteilung und der Bauart eingeteilt werden.

Nach den verwendeten Lampen unterscheidet man Leuchten für Verbrennungslampen und Leuchten für elektrische Lampen.

Die gebräuchlichsten elektrischen Lampen sind Glühlampen, Niederdruck- und Hochdruckentladungslampen (s. auch Abschnitt 6.3.2).

Nach dem Anwendungsbereich werden Innen- und Außenleuchten unterschieden (s. DIN 5040 T. 2 und 3).

Die räumliche Lichtstromverteilung wird in folgende fünf Hauptgruppen unterteilt: direkte, vorwiegend direkte, direkt-indirekte, vorwiegend indirekte und indirekte Beleuchtung (Taf. **450**.1).

Nach der Form ihrer Lichtstärkeverteilung werden die Leuchten in symmetrisch oder asymmetrisch strahlende Leuchten und, je nach Bündelung des Lichtstromes, in Eng- oder Breitstrahler eingeteilt.

Schließlich unterscheidet man nach ihrer Bauart offene und geschlossene Leuchten.

Bei offenen Leuchten sind die Lampen nicht oder nur teilweise von lichtundurchlässigen oder lichtdurchlässigen Baustoffen umhüllt, wie Freistrahler-, Reflektor- oder Rasterleuchten.

Bei geschlossenen Leuchten sind die Lampen vollständig von lichtdurchlässigen oder -undurchlässigen Baustoffen eingeschlossen, wie bei Wannenleuchten.

Innenleuchten. In DIN 5040 T. 2 werden Innenleuchten nach der Art ihrer Verwendung, der Lichtstromverteilung, der Lichtstärkeverteilung, der Leuchtdichteverteilung, nach Ort und Anbringung der Leuchten, der Montageart, der Art der Abdeckung und der Befestigungsmittel unterschieden.

Nach Art ihrer Verwendung werden Innenleuchten in Zweck-, Wohnraum, und Repräsentativleuchten eingeteilt.

Zweckleuchten dienen zur Beleuchtung bei der Arbeit und sind nach den dabei auftretenden Anforderungen gebaut (**450**.2).

Wohnraumleuchten werden zur Beleuchtung von Wohn- und Aufenthaltsräumen gewählt und sind nach ästhetischen Gesichtspunkten gestaltet.

Repräsentativleuchten dienen als repräsentative und festliche Beleuchtung und sind in der Regel nach besonderen Entwürfen in handwerklicher Fertigung meist künstlerisch gestaltet.

Für die Lichtstromverteilung von Innenleuchten gilt Tafel **450**.1.

Die Einteilung der Innenleuchten nach der Lichtstärkeverteilung ermöglicht nur eine grobe Unterscheidung. Die Leuchten können nach der Lichtstromverteilung feinstufiger unterschieden werden.

Tafel **450**.1 Wichtigste Lichtverteilungsarten, ihre Ausstrahlungseigenschaften und erzielte Beleuchtungswirkung (nach DIN 5040)

Art der Lichtverteilung	direkt	vorwiegend direkt	direkt-indirekt	vorwiegend indirekt	indirekt
charakteristische Lichtverteilungskurve in einer durch die Leuchtenachse gelegten Ebene	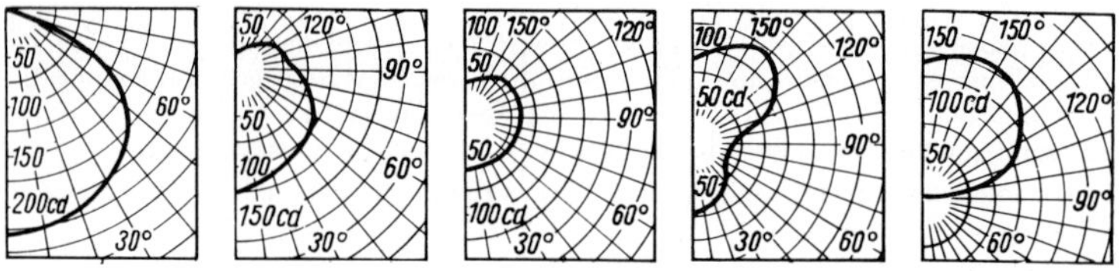				
Grundform der Leuchten ▬ lichtundurchlässig ☒☒☒☒ Trübglas	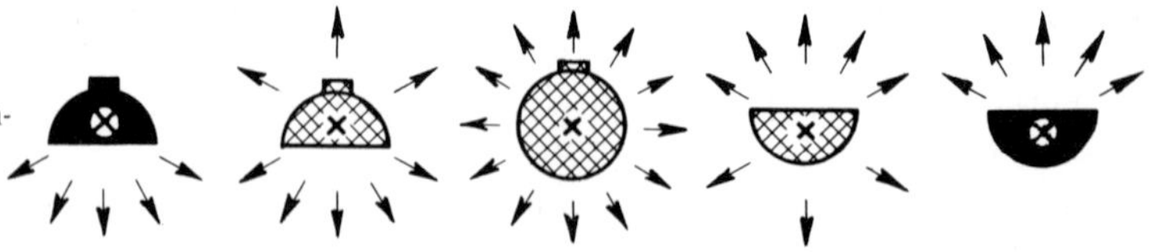				
Anteil des in den unteren Halbraum gestrahlten Lichtstromes	90···100%	60···90%	40···60%	10···40%	0···10%
Beleuchtungswirkung	Starke Horizontalbeleuchtung. Decke und obere Wände dunkel. Nur bedingt blendungsfrei. Gleichmäßigkeit nur bei größerer Aufhängehöhe		Aufhellung der Decken u. oberen Wände bei geringerer Horizontalbeleuchtung. Blendungsfrei. Mittlere bis weiche Schatten. Genügende Gleichmäßigkeit der Beleuchtung bei normaler Aufhängehöhe	Praktisch schattenfrei. Blendungsfrei. Größte Gleichmäßigkeit der Beleuchtung bei weiter verringerter Horizontalbeleuchtung	

Zur Kennzeichnung der Innenleuchten nach der Leuchtdichteverteilung dient die Verteilung der mittleren Leuchtdichte unter verschiedenen Ausstrahlungswinkeln im Ausstrahlungsbereich zwischen 45° und 85° zur Vertikalen.

Nach der Art und dem Ort der Anbringung der Leuchten werden ortsfeste, ortsveränderliche und verstellbare Leuchten unterschieden.

Ortsfeste Leuchten sind an ihren Aufstellort gebunden. Hierzu gehören Einbau-, Anbau-, Hänge- und Standleuchten.

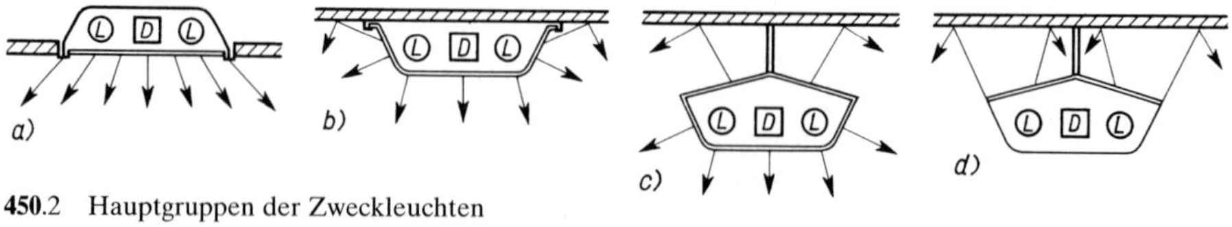

450.2 Hauptgruppen der Zweckleuchten

a) Direkt wirkende Leuchte, in die abgehängte Decke eingebaut
b) Vorwiegend direkt wirkende Leuchte, an der Deckenunterseite montiert
c) Direkt-indirekt wirkende Leuchte, freihängend im Raum
d) Vorwiegend indirekt wirkende Leuchte

Einbauleuchten sind zum festen Einbau in Hohlräume, wie Wand-, Decken- und Gehäuseaussparungen, Gesimse und Möbel vorbereitet.

Anbauleuchten werden zum festen Anbau an Decken oder Wänden hergestellt.

Hängeleuchten haben eine Aufhängevorrichtung, durch die sie unmittelbar oder mit einem Zwischenglied an Decke, Haken, Mast oder Ausleger befestigt werden.

Ortsveränderliche Leuchten können auch während des Betriebes bewegt werden. Hierzu gehören Leuchten mit und ohne besondere Befestigungsmittel und Leuchten für Stromschienen.

Leuchten mit besonderen Befestigungsmitteln sind zur Befestigung mit Schraubzwinge, Klammer, Flansch oder Wandschild ausgerüstet.

Leuchten ohne besondere Befestigungsmittel sind mit Fuß, Sockel, Platte oder Griff versehen.

Stromschienenleuchten besitzen einen Stromabnehmer, der an beliebiger Stelle entlang der Stromschiene mit einer mechanischen Befestigung eingesetzt werden kann, und damit den elektrischen Anschluß bewirkt (**394**.1 und **395**.1).

Verstellbare Leuchten können durch Gelenke, Zugvorrichtungen, Scherenarme oder Teleskopröhren bewegt werden ohne daß die Befestigungsvorrichtung oder der Leuchtensockel verändert wird.

Nach der Montageart werden Einzelleuchten, Einzelleuchten für Lichtbandanordnung und anschlußfertige Lichtbandleuchten unterschieden.

Einzelleuchten sind getrennt von anderen Leuchten von einem Decken- oder Wandauslaß her elektrisch einzeln angeschlossen.

Einzelleuchten für Lichtbandanordnung werden einzeln elektrisch angeschlossen. Sie sind jedoch mit Vorrichtungen für Klemmstellen und Kabeldurchführungen versehen, die einen Lichtbandanschluß mit nur einer Einspeisung ermöglichen.

Anschlußfertige Lichtbandleuchten haben nur einen elektrischen Anschluß an den mehrere Leuchten hintereinander angeschlossen sind.

Die Art der Abdeckung der Leuchte kann sowohl optischen, mechanischen oder Schutzart-Zwecken dienen.

Hierzu unterscheidet man freistrahlende Leuchten, Reflektorleuchten, Rasterleuchten, Wannenleuchten und Leuchten mit ebenen Abdeckungen.

Befestigungsmittel für Leuchten können Tragschienen oder Stromschienen sein.

Tragschienen dienen zur unmittelbaren Befestigung der Leuchten, wobei eine Lichtbandverdrahtung innerhalb der Schiene in der Regel möglich ist.

Stromschienen nehmen die Leuchten an jeder beliebigen Stelle auf, wobei die mechanische Befestigung mit dem elektrischen Anschluß gekoppelt ist.

Außenleuchten. In DIN 5040 T. 3 werden Außenleuchten nach der Art ihrer Verwendung, der Lichtstromverteilung, der Lichtstärkeverteilung, der Abschirmung, der Leuchtenbauart und der Anbringungsart unterschieden.

Die Art ihrer Verwendung umfaßt die Beleuchtung von Verkehrsanlagen, Flutlichtbeleuchtung und Anstrahlung, Baustellenbeleuchtung und Repräsentativleuchten.

Die Abschirmung ist besonders zur Begrenzung der Lichtstärken bei Straßenleuchten in drei Grade, abgeschirmt, teilabgeschirmt und nicht abgeschirmt, eingeteilt.

Die Bauart der Außenleuchten ist in offene und geschlossene Leuchten, Reflektor-, Spiegelreflektor-, Wannen- und Prismenleuchten eingeteilt.

Je nach Art der Anbringung werden Außenleuchten in ortsfeste oder ortsveränderliche unterschieden.

Ortsfeste Leuchten sind Ansatz-, Aufsatz-, Hänge-, Einbau- und Anbauleuchten.

Ortsveränderliche Leuchten können auch während des Betriebes bewegt werden. Hierzu gehören Baustellenleuchten.

6.3.4 Innenraumbeleuchtung

Die Innenbeleuchtung soll gute Sehbedingungen schaffen, dem Menschen im Rahmen der gesamten Baugestaltung eine zu seinem Wohlbefinden beitragende Umwelt vermitteln und Unfälle verhüten.

Insbesondere soll sie in Arbeitsräumen zu aktiver Tätigkeit anregen, vorzeitiger Ermüdung entgegenwirken und Fehler verringern, während sie in Wohn- und anderen der Entspannung und Erholung dienenden Räumen vor allem eine behagliche Stimmung hervorrufen soll.

In Läden und Ausstellungsräumen soll die Innenbeleuchtung die ausgestellten Waren oder Gegenstände werbewirksam hervorheben.

In Eingängen, Fluren, Treppen und anderen Verkehrsräumen soll sie vor allen Dingen die Sicherheit des Verkehrs gewährleisten.

Beleuchtungsanlagen müssen rechtzeitig und unter Berücksichtigung des Zweckes und der baulichen Gegebenheiten des Raumes geplant werden. Die zu erreichende Beleuchtungsgüte wird von der Gestaltung des Raumes wesentlich bestimmt.

6.3.4.1 Beleuchtungsarten

Allgemeinbeleuchtung. Die gleichmäßige Ausleuchtung von Räumen ist in der Regel vorzuziehen, da sie den Raum in seiner Gesamtheit wirken läßt. Allgemeinbeleuchtung ist in Arbeitsräumen mit nicht festgelegten Arbeitsplätzen notwendig, wenn an allen Arbeitsstellen gleich gute Sehverhältnisse geschaffen werden sollen.

Arbeitsplatzorientierte Allgemeinbeleuchtung. Dienen einzelne Raumzonen verschiedenen Aufgaben oder Arbeiten, so kann es zweckmäßig sein, die Allgemeinbeleuchtung in bestimmten Zonen unterschiedlich zu gestalten, wobei in jeder Zone die diesen Arbeiten entsprechenden Sehbedingungen zu schaffen sind.

Für Arbeitsräume mit festgelegten Arbeitsplätzen empfiehlt es sich, die Leuchten für die Allgemeinbeleuchtung nach den Arbeitsplätzen zu orientieren.

Einzelplatzbeleuchtung. Sie ist zusätzlich zur Allgemeinbeleuchtung erforderlich, wenn nicht ständig an allen Plätzen des Raumes gearbeitet wird.

Das gilt wenn für besondere Aufgaben außergewöhnliche Ansprüche an die Beleuchtung gestellt werden, vor allem, wenn erhöhte Beleuchtungsstärken nur an einzelnen Plätzen erforderlich sind, ein aus bestimmter oder veränderter Richtung einfallendes Licht zum Erkennen von Umrissen, Formen oder Strukturen erforderlich ist, die Allgemeinbeleuchtung nicht in genügender Stärke an die Arbeitsstellen gelangen kann, dunkelfarbiges Arbeitsgut auf einer helleren Arbeitsfläche zu bearbeiten ist, für ältere Personen oder Personen mit verminderter Sehleistung höhere Beleuchtungsstärken erforderlich sind und in Wohn- und ähnlichen Räumen eine behagliche Stimmung erzeugt werden soll.

6.3.4.2 Gütemerkmale

Die Anforderungen an die Beleuchtung beziehen sich auf die lichttechnischen Gütemerkmale Beleuchtungsniveau, Leuchtdichteverteilung, Blendungsbegrenzung, Lichtrichtung und Schattigkeit, Lichtfarbe und Farbwiedergabe.

Nur bei Beachtung aller Gütemerkmale kann eine Beleuchtungsanlage den gestellten Anforderungen genügen.

Nennbeleuchtungsstärke. Dies ist die empfohlene Beleuchtungsstärke, die im Mittel im Raum vorhanden sein soll (Taf. **453**.1).

Für das Sehen ist zwar die Leuchtdichte der Gegenstände maßgebend, diese ist jedoch von der vorhandenen Beleuchtungsstärke abhängig, von der daher alle Beleuchtungsberechnungen auszugehen haben.

Tafel **453**.1 Stufen der Nennbeleuchtungsstärken für Innenräume

Stufe	Nennbeleuchtungsstärke lx	Zuordnung von Sehaufgaben
1 2	20 50	Orientierung; nur vorübergehender Aufenthalt
3 4	100 200	leichte Sehaufgaben; große Details mit hohen Kontrasten
5 6	300 500	normale Sehaufgaben; mittelgroße Details mit mittleren Kontrasten
7 8	750 1000	schwierige Sehaufgaben; kleine Details mit geringeren Kontrasten
9 10	1500 2000	sehr schwierige Sehaufgaben; sehr kleine Details mit sehr geringen Kontrasten

Eine Auswahl der empfohlenen Werte für die Beleuchtungsstärke, bezogen auf eine Meßebene in 0,85 m Höhe über dem Fußboden, enthalten die Tafeln **453**.1 und **454**.1. Die angegebenen Werte gelten für den mittleren Alterungszustand der Beleuchtungsanlagen.

Wegen der unvermeidlichen Alterung der Beleuchtungseinrichtung muß bei der Planung die Anfangsbeleuchtungsstärke das 1,25fache dieser Werte aufweisen.

Die Nennbeleuchtungsstärken sollten um eine Stufe erhöht werden, wenn besonders schwierige Bedingungen hinsichtlich Reflexionsgrad, Farbe und Kontrast des Arbeitsgutes sowie des Arbeitstempos vorliegen, es sich um Arbeitsräume ohne Fenster oder um nicht ausreichend mit Tageslicht versorgte Arbeitsräume handelt oder Arbeitsräume vorwiegend mit älteren Menschen besetzt sind.

Fällt der Mittelwert der Nennbeleuchtungsstärke an den Arbeitsplätzen auf 80% des Nennwertes ab oder ergeben sich am ungünstigsten Arbeitsplatz nur noch 60% der Beleuchtungsstärke, muß die Anlage instandgesetzt oder erneuert werden (Taf. **454**.2).

Leuchtdichteverteilung. Die Unterschiede in der Leuchtdichte zwischen dem Sehobjekt und größeren Umgebungsflächen sollen möglichst gering sein, doch müssen gewisse Kontraste im Sehfeld erhalten bleiben. Das Arbeitsfeld sollte ebenso hell oder heller als seine Umgebung sein.

Zwischen Arbeitsfeld und näherer Umgebung sollten sich keine größeren Leuchtdichteverhältnisse als etwa 3 : 1 ergeben. In bezug auf weiter entfernte ausgedehnte Flächen im Gesichtsfeld sollten diese Leuchtdichteverhältnisse etwa zwischen 10 : 1 liegen.

Die Raumoberflächen werden ausreichend aufgehellt und ein guter Beleuchtungswirkungsgrad erreicht, wenn der mittlere Reflexionsgrad (Taf. **438**.3) der Decke 0,7, der Wände 0,5, und der des Bodens 0,2 beträgt.

Verschiedene Zonen eines Raumes sowie benachbarte Räume, die abwechselnd betreten werden, sollen keine zu großen Leuchtdichteunterschiede aufweisen, da ein Wechsel heller und dunkler Zonen im Gesichtsfeld das Sehvermögen beeinträchtigt und ermüdet.

Beim Übergang aus dem Rauminnern ins Freie sollte eine abgestufte Beleuchtung dem Auge eine allmähliche Anpassung erlauben.

Tafel **454**.1 Nennbeleuchtungsstärken für verschiedene Beleuchtungsaufgaben (Auswahl)

Art des Raumes bzw. der Tätigkeit		empfohlene Beleuchtungsstärke lx
Wohnungen	Treppenräume Wohnzimmer, Schlafzimmer Kinderzimmer, Bäder Küchen, Hausarbeitsräume Lesen, Schreiben, Schularbeiten, Körperpflege, Küchenarbeiten Nähen, Flicken, feine Handarbeiten	100 nach Bedarf 200 300 500 750
Gaststätten	Hotelzimmer, Restaurants, Speiseräume Eingangshallen, Gaststätten mit Selbstbedienung Hotelküchen	200 300 500
Versammlungsräume	Zuschauerräume in Lichtspieltheatern, Kirchenschiffe Foyers, Theater- und Konzertsäle Sitzungs- und Festsäle Konzertpodien	100 200 300 500
Büro- und Verwaltungsräume	Büroarbeiten mit leichten Sehaufgaben, Schalter- und Kassenhallen, Sitzungszimmer Büroarbeiten mit normalen Sehaufgaben (Buchführung, Stenogrammaufnahme, Datenverarbeitung) technisches Zeichnen, Großraumbüro	300 500 1000
Schulen und Unterrichtsräume	Umkleide-, Dusch-, Wasch- und Toilettenräume, Neben- und Abstellräume, Treppen, Flure und Eingangshallen mit schwachem Verkehr stark benutzte Umkleide-, Dusch-, Wasch- und Toilettenräume, Treppenflure und Eingangshallen mit starkem Verkehr Unterrichtsräume, Büros, Sitzungsräume, Büchereien, Musiksäle, Aulen, Küchen, Sammlungsräume, kleine Lehrsäle Zeichensäle, Übungsräume für Chemie und Physik, Sonderschulen für Sehbehinderte, Schwerhörige, Gehörlose und Sprechbehinderte, Räume für Erste Hilfe, große Lehrsäle	100 200 300 500
Verkaufsräume	Vorratslager Versandräume, Verkaufsräume Kaufhäuser Supermärkte Schaufenster	200 300 500 750 bis mehrere 1000 lx

Tafel **454**.2 Nennbeleuchtungsstärke, Planungs- und Mindestwerte

% Anteil	Anlagenzustand
125%	Planungswert, Anfangsbeleuchtungsstärke
100%	Empfohlener Mittelwert (s. Tafel **454**.1)
80%	Mindest-Mittelwert nach Alterung, Wartung erforderlich
60%	Mindestwert am Arbeitsplatz, Wartung erforderlich

Leuchtenabstände. Die Gleichmäßigkeit der Raumbeleuchtung ist bei punktförmigen und bei linienförmigen Leuchten von der Art der Lichtverteilung und von dem Reflexionsgrad der Auskleidung und Ausstattung des Raumes, besonders aber von dem Verhältnis der Aufhängehöhe *h* über der Meßebene zum Leuchtenabstand *d* zwischen 2 benachbarten Leuchten abhängig (**455**.1 und Taf. **455**.2).

Natürlich kann eine Unterteilung der Decke durch Kassetten, Unterzüge oder Säulen die Leuchtenanordnung ebenso beeinflussen wie die gewünschte stärkere Ausleuchtung einzelner Raumteile.

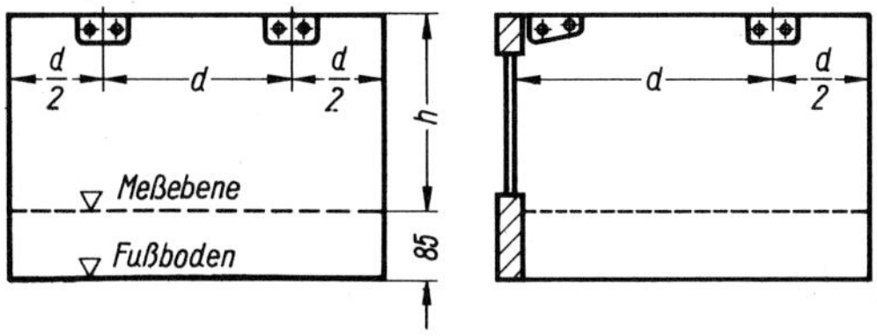

455.1 Vorteilhafte Anordnung von Decken- und Eckleuchten in Einzel- oder Bandmontage in kleineren Räumen

Tafel **455**.2 Leuchtenanordnung bei verschiedener Lichtverteilung

Art der Leuchte	Deckenabstand *r*	gegenseitiger Abstand *d*
direkt	*h*/5	1,2···1,5 *h*
vorwiegend direkt (auch Reflektor-Leuchten)	*h*/4	1,5···2 *h*
direkt-indirekt	*h*/3	2 ···2,5 *h*
vorwiegend indirekt (auch freistrahlende Lichtleiste oder Glasleuchte)	*h*/2	2,5···3 *h*
indirekt	*h*	3 ···4 *h*

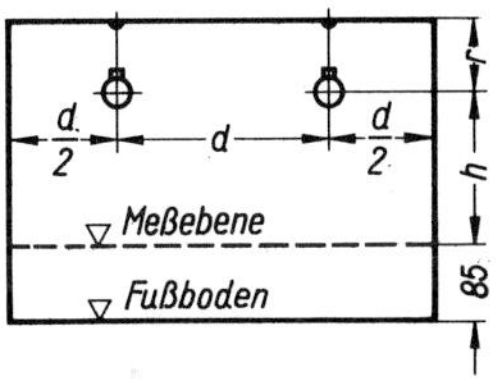

Leuchtdecken. Sie werden durch Kassetten mit eingebauten Lampen (**455**.3) und Abdeckung durch lichtstreuende Glas- oder transparente Kunststofftafeln oder Raster, die meist aus glasklarem oder weißem Kunststoff bestehen, gebildet.

Die Einordnung dieser größeren durchleuchteten, aber selbstleuchtend erscheinenden Flächen in die Raumdecke erlaubt eine vielfältige Einbeziehung des Lichtes in die Raumgestaltung.

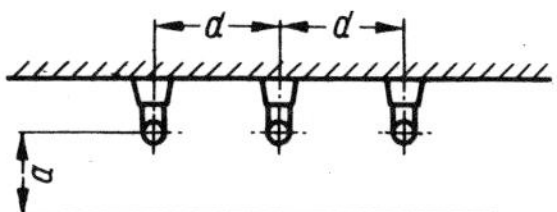

455.3 Lampenabstand bei Leuchtdecken
a = ½ *d* bei Glas- oder Kunststofftafel, ⅔ *d* bei Raster

Raster. Sie lassen das Licht ungehindert nach unten austreten, entziehen die Lampen aber von einem bestimmten Winkel zur Senkrechten (30, 40 oder 45 °) an der direkten Einsicht.

Besonders mit Rastern wird häufig auch die gesamte Raumdecke zum Leuchten gebracht.

Zur gleichmäßigen Ausleuchtung der lichtstreuenden Fläche sind die Abstände nach Bild **455**.3 einzuhalten. Der Hohlraum über der Leuchtdecke muß mit höchstem Wirkungsgrad reflektieren, bei größeren Bauhöhen sind Reflektorleuchten anzuwenden.

Lichtbänder. Lichtbänder und Bandleuchten verlegt man gleichlaufend mit der Hauptblickrichtung (**456**.1). Für die notwendige Ermittlung des ausschlaggebenden direkten Beleuchtungsanteiles einer Bandleuchte werden in DIN 5035 T. 1 ausführliche Angaben gemacht.

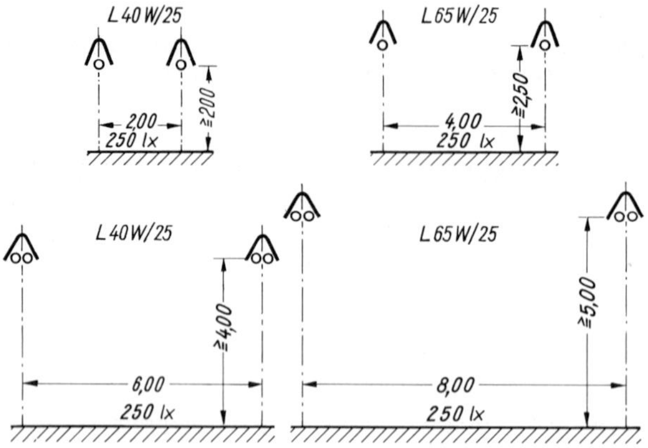

456.1 Aufhängung von Reflektorbandleuchten für eine mittlere Beleuchtungsstärke von 250 lx

Hohlkehlen. Zum Erzielen einer gleichmäßigen Deckenausleuchtung durch indirektes Licht soll der Abstand der Hohlkehle von der Decke bei Spiegelreflektoren ⅛ der Raumbreite, bei diffusen Reflektoren ⅓ der Raumbreite betragen (**456**.2). Außerdem darf man von keiner Stelle des Raumes direkt in die Lichtquellen blicken können. Leuchtstofflampen sind besonders vorteilhaft (**464**.1).

Reines indirektes Licht ermüdet und ist stets durch einige direkt wirkende Leuchten zu ergänzen.

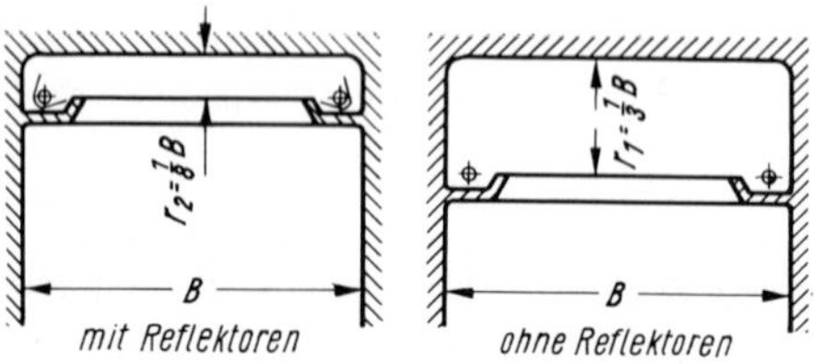

456.2 Beleuchtung eines Raumes durch Hohlkehlen

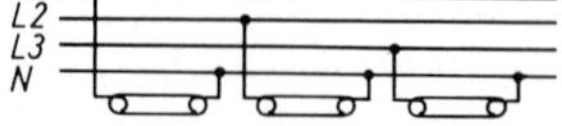

456.3 Flimmerfreie Dreiphasenschaltung von Leuchtstofflampen

Stroboskopischer Effekt. Lichtstromschwankungen bei Leuchtstofflampen als Folge des Wechselstromes können bei der Beobachtung bewegter Teile Sehirrtümer hervorrufen. Dies ist durch geeignete Maßnahmen, wie Duo- oder Dreiphasenschaltung (**456**.3), oder elektronische Vorschaltgeräte zu vermeiden.

Blendung. Blendung vermindert die Sehleistung und ruft vor allem bei längerer Einwirkung ein unangenehmes Gefühl hervor, das sich leistungsmindernd auswirkt. Blendung darf weder durch Lampen, Leuchten oder leuchtende Decken unmittelbar (Direktblendung) noch durch Reflexe auf glänzenden Oberflächen (Reflexblendung) entstehen können.

Man unterscheidet physiologische Blendung, die zur Herabsetzung des Sehvermögens führt, und psychologische Blendung, die allein unter dem Gesichtspunkt der Störempfindung bewertet wird.

Direktblendung. Sie wird unmittelbar durch Leuchten oder leuchtende Decken hervorgerufen. Sie nimmt zu mit der Leuchtdichte und der Größe der gesehenen leuchtenden Fläche, mit dem Verhältnis dieser Leuchtdichte zu derjenigen der Umgebung oder des Hintergrundes.

Die meisten Lichtquellen, insbesondere Glühlampen, haben eine so hohe Leuchtdichte, daß man sie nur abgeschirmt verwenden kann.

Leuchtstofflampen sind ohne lichtstreuende Umhüllung nur in heller Umgebung und parallel zur Blickrichtung montiert als blendfrei anzusehen.

Bei der Beleuchtung festlicher Räume, wo die Lichtquellen vornehmlich als belebendes Element dienen sollen, können höhere Leuchtdichten und stärkere Kontraste zur Umgebung als gestalterisches Element eingesetzt werden.

In untergeordneten und selten benutzten Nebenräumen, etwa in Abstellräumen, kann man ebenfalls höhere Leuchtdichten zulassen.

Die Direktblendung gilt als ausreichend begrenzt, wenn die mittlere Leuchtdichte der Leuchten im für die Blendung kritischen Winkelbereich von $45° \leq \gamma \leq 85°$ (**457**.1) die Werte der Leuchtdichtegrenzkurven nicht überschreitet.

Näheres über exakte Verfahren und Leuchtdichtegrenzkurven zur Blendungsbegrenzung enthält DIN 5035 Teil 1.

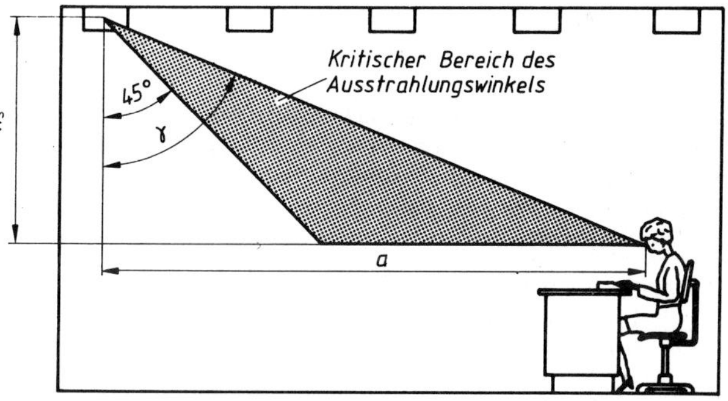

457.1 Ausstrahlungsbereich einer Leuchte, in dem die Leuchtdichtebegrenzung eingehalten werden muß (nach DIN 5035 T. 1)

Reflexblendung. Reflexblendung und Kontrastminderung durch störende Reflexe auf blanken Oberflächen wie Schreibtisch- und Zeichentischplatten, Maschinenteilen, glänzenden Materialien läßt sich durch eine geeignete Lichteinfallsrichtung (**457**.2) oder durch Erhöhen des seitlich einfallenden Anteiles der Beleuchtung oder durch große Leuchtflächen mit entsprechend verringerter Leuchtdichte vermindern.

Ferner sollen Arbeitsflächen, Papier oder Schreibmaschinentasten möglichst matte Oberflächen aufweisen.

457.2 Beleuchtung einzelner Schreibtische durch Leuchtstofflampen

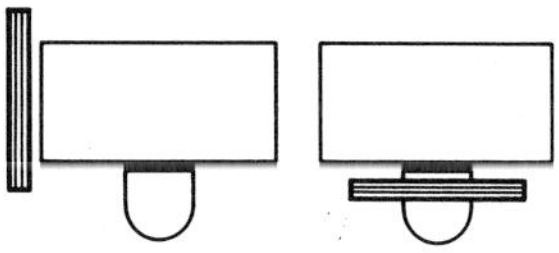

Schattenwirkung. Die Gegenstände unserer Umgebung können wir räumlich nur gut erkennen, wenn Licht und Schatten auf ihrer Oberfläche richtig verteilt sind. Daher soll die Beleuchtung nicht schattenarm sein.

Die Schatten sollen allerdings auch nicht tief sein und an ihren Rändern weich verlaufen. Weiche großflächige Schatten, wie sie auch durch das natürliche Licht erzeugt werden und uns daher vertraut sind, entstehen bei regelmäßiger Anordnung von Leuchten für Leuchtstofflampen mit großer Leuchtfläche, deren Lichtstrom zum Teil von den hellen Decken- und Wandflächen reflektiert wird.

Die Bearbeitung kleinster Gegenstände erfordert bei bestimmten Sehaufgaben zur Erhöhung der Kontraste tiefe Schatten, die man durch geeignet angebrachte Glühlampenleuchten erhält.

Schreib-, Zeichen- und Arbeitstische sollen ihr Licht im wesentlichen von links oben, dem Tageslichteinfall entsprechend, erhalten (**457**.1).

Lichtfarbe. Das künstliche Licht soll so zusammengesetzt sein, daß die Körperfarben natürlich erscheinen, also ähnlich wie bei Tageslicht wirken.

Dies ist ausreichend bei allen Lichtquellen mit kontinuierlichem Spektrum der Fall, so beim Glühlampenlicht, an dessen hohen Gelbrotanteil verbunden mit nicht sehr hoher Beleuchtungsstärke das Auge von jeher durch das rötlichgelbe Licht des Feuers oder der Kerzenflamme gewöhnt ist.

Zwei Leuchtstofflampen gleicher Lichtfarbe, jedoch mit verschiedener spektraler Zusammensetzung ihres Lichtes, können indessen eine sehr unterschiedliche Farbwiedergabe aufweisen, was bei der Auswahl der Leuchtstofflampen für die verschiedenen Zwecke sehr zu beachten ist.

So schaffen bei der Beleuchtung von Büro- und Werkräumen Leuchtstofflampen mit den Lichtfarben 21, 22 und 25 (Weiß, Osram) wegen der höheren Lichtausbeute und der besseren Angleichung an das Tageslicht die besten Sehbedingungen für die Arbeit (Tafel **444**.2 und **446**.1).

Zur Erholung und Entspannung in Wohn- und Festräumen, Gaststätten und überall dort, wo auf vorteilhaftes Aussehen der menschlichen Haut oder von Lebensmitteln besonderer Wert gelegt wird, ist jedoch eine wärmere Lichtfarbe mit größerem Rotanteil, den Lichtfarben 31, 32 und 41 (Warmton, Osram) vorteilhafter (Tafel **444**.2 und **446**.1).

Oft wird dabei eine stärkere farbliche Gestaltung des Raumes erfordern, die günstigste Lichtfarbe durch eine Probebeleuchtung zu ermitteln.

Angaben zur Lichtfarbe von Lampen sind in den Listen der Lampenhersteller und DIN 5035 T. 1 und 2 enthalten. Demnach wird die Lichtfarbe in drei nicht scharf voneinander trennbare Gruppen eingeteilt:

ww = warmweiß (Farbtemperatur unter 3300 K), nw = neutralweiß (Farbtemperatur 3300 K bis 5000 K) und tw = tageslichtweiß (Farbtemperatur über 5000 K).

Notbeleuchtung. Sie soll bei Ausfall der Stromversorgung der allgemeinen Beleuchtung mit künstlichem Licht rechtszeitig wirksam werden.

Für die Notbeleuchtung von Innenräumen unterscheidet DIN 5035 T. 5 die Sicherheitsbeleuchtung und die Ersatzbeleuchtung (Taf. **458**.1).

Durch die unterschiedliche Aufgabenstellung sind die lichttechnischen Anforderungen verschieden.

Tafel **458**.1 Verschiedene Arten der Notbeleuchtung

Sicherheitsbeleuchtung	für Rettungswege	Arbeitsstättenverordnung Arbeitsstättenrichtlinien DIN 5035 T. 5 DIN VDE 0108 T. 1 bis 8
	für Arbeitsplätze mit besonderer Gefährdung	
Ersatzbeleuchtung		DIN 5035 T. 5

Sicherheitsbeleuchtung. Dies ist eine Notbeleuchtung für Rettungswege oder Arbeitsplätze mit besonderer Gefährdung, die zur allgemeinen Sicherheit oder zum Schutz vor Unfällen notwendig wird.

Die lichttechnischen Anforderungen für Rettungswege müssen das gefahrlose Verlassen von Räumen oder Anlagen durch ausreichende Beleuchtung der festgelegten Wege und Rettungszeichen sicherstellen.

Die Beleuchtungsstärke der Sicherheitsbeleuchtung darf 1 lx nicht unterschreiten.

Um Blendung zu vermeiden, müssen für die Lichtstärke der Rettungszeichen-Leuchte die in nachfolgender Tabelle angegebenen Werte eingehalten werden (Taf. **459**.1).

Tafel **459**.1 Zulässige maximale Lichtstärken von Sicherheitsleuchten (nach DIN 5035 T. 5)

Lichtpunkthöhe in m über Fußboden	über bis	 2,0	2,0 2,5	2,5 3,0	3,0 3,5	3,5 4,0	4,0 4,5	4,5
Maximale Lichtstärke $I_{max/cd}$ für Rettungswege		100	400	900	1600	2500	3500	5000
Maximale Lichtstärke $I_{max/cd}$ für Arbeitsplätze mit besonderer Gefährdung		200	800	1800	3200	5000	7000	10000

Die lichttechnischen Anforderungen für Arbeitsplätze mit besonderer Gefährdung werden von der Art der Tätigkeit oder der Raumart bestimmt.

Die Werte für die Beleuchtungsstärke sind für diese Art der Sicherheitsbeleuchtung auf die in DIN 5035 T. 2 bis 4 festgelegten Nennbeleuchtungsstärken zu beziehen.

Die wegen der Blendungsbegrenzung jeweils erforderliche maximale Lichtstärke ist ebenfalls in Tafel **459**.1 angegeben.

Sicherheitsbeleuchtungen werden aus dem Stromnetz in Dauerschaltung gespeist, bei Notausfall durch Zentral-, Gruppen- oder Einzelbatterie.

Ersatzbeleuchtung. Sie übernimmt für die Weiterführung eines Betriebes über einen begrenzten Zeitraum ersatzweise die Aufgabe der Beleuchtung mit künstlichem Licht.

Hier handelt es sich um eine nach freiem Ermessen zu installierende Beleuchtung, die nicht durch Gesetze oder Verordnungen geregelt ist.

Als Ersatzstromquellen werden Diesel-Notstromaggregate verwendet.

Notleuchten. Sicherheitsleuchte, Rettungszeichen-Leuchte und Leuchte für Ersatzbeleuchtung sind zu unterscheiden.

Eine Sicherheitsleuchte ist allgemein eine Leuchte mit eigener oder ohne eigene Energiequelle.

Die Rettungszeichen-Leuchte ist eine Formleuchte, auf der ein grün-weißes Bildzeichen angebracht ist und das zur Kennzeichnung von Rettungswegen dient (**459**.2).

Leuchten für die Ersatzbeleuchtung, die keine oder eine eigene Stromquelle haben können, werden als Reservebeleuchtung gesondert installiert.

459.2 Rettungszeichen-Leuchte mit graphischem Symbol (Piktogramm grün, Pfeil und Leuchte weiß)

6.3.4.3 Einzelanforderungen

Allgemeines. Decken und Wände der Räume sollen so hell gehalten sein, daß das Licht von ihnen gut reflektiert wird. Auch die Fußböden sollen möglichst hell sein. Bei der Beleuchtung von indirektem Lichtstromanteil verwendet man nur helle, nicht glänzende Vorhänge.

Mindestens eine Lampe oder Leuchte des Raumes soll durch einen Schalter neben der Tür zu schalten sein. Durchgangsräume, Flure, Dielen und Schlafräume erhalten eine Wechselschaltung.

Besonders vorteilhaft ist die Schaltung mit Stromstoßrelais, die auf einfache Weise ein Schalten von beliebig vielen Schaltstellen aus gestattet.

Glühlampen, wegen ihrer hohen Leuchtdichte nur in Leuchten zu verwenden, sowie auch ihre Leuchten sind billiger als Leuchtstofflampen und deren Zubehör und kommen daher vor allem für Beleuchtungsanlagen mit niedrigerer Beleuchtungsstärke und kürzeren Benutzungszeiten in Frage.

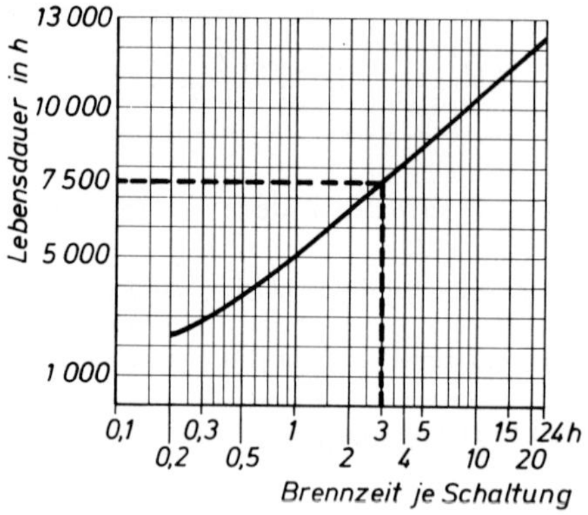

460.1 Lebensdauer von Leuchtstofflampen in Abhängigkeit von der Schalthäufigkeit

Leuchtstofflampen sind dort wirtschaftlich, wo bei großen Beleuchtungsstärken, langer Benutzungsdauer und geringer Einschalthäufigkeit (**460**.1) die gegenüber den Glühlampen sehr viel niedrigeren Stromkosten die höheren Anschaffungskosten vor allem auch der Leuchten ausgleichen (s. Bild **445**.2, auch Abschnitt 6.3.2 und 6.3.4.5).

Hauseingänge. Sie erhalten eine blendungsfreie Nurglasleuchte oder Zierleuchte über den Eingangsstufen, seitlich am Mauerwerk oder im Vordach eingelassen, die die Hausnummern und Klingelplatten ausreichend mitbeleuchtet.

Zweckmäßig sind auch besondere Hausnummernleuchten.

Treppenhäuser. Die im Mietshaus möglichst hoch angebrachten Leuchten vermeiden, ebenso wie die hier gewählte Fensteranordnung am Tage eine Blendung und leuchten die Antrittsstufen unfallsicher aus. Außerdem beleuchten sie vor der Wohnungstür stehende Personen so, daß man sie vom Innern der Wohnung aus gut erkennen kann.

Wohnungsflure und -vorplätze. Sie erhalten Deckenleuchten oder Wandleuchten für Soffitten- oder Leuchtstofflampen über dem Spiegel oder besser je eine solche zu beiden Seiten (**461**.1). Es darf jedoch eine Leuchte an einem Spiegel weder unmittelbar im Blickfeld eines vor dem Spiegel Stehenden angebracht sein noch eine Reflexblendung hervorrufen.

Lange, schmale Flure wirken kürzer und breiter bei quer angeordneten Stableuchten. Deckenleuchten oder Deckenstrahler sind vorteilhafter als Wandleuchten.

Bei mehreren hintereinanderliegenden Vorräumen ist es stets günstig, die Helligkeit der künstlichen Beleuchtung der einzelnen Räume in das Innere des Gebäudes hinein zu steigern.

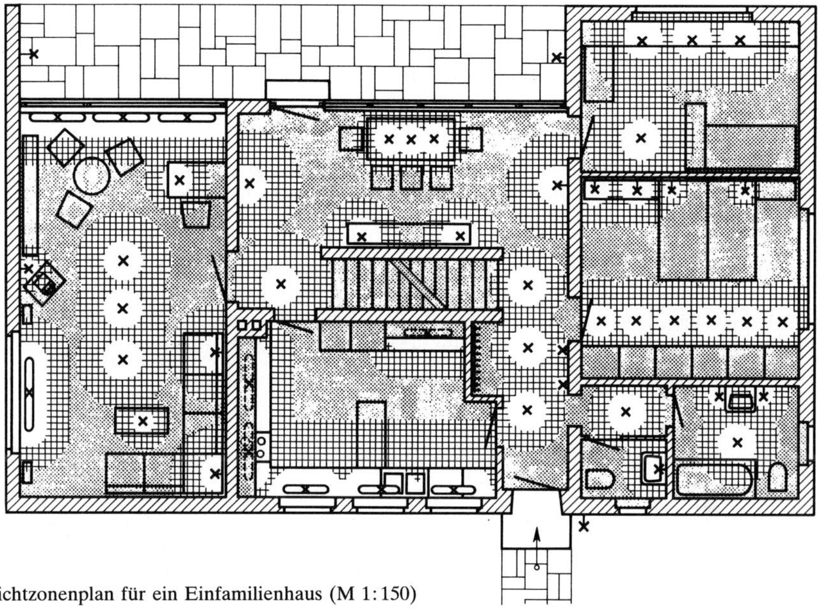

461.1 Lichtzonenplan für ein Einfamilienhaus (M 1:150)

Wohnräume. Anstelle von Zweckleuchten erhalten sie meistens Zierleuchten, deren Durchbildung mehr durch gestalterische als durch genormte lichttechnische Überlegungen bestimmt wird.

Anzustreben ist eine behaglich wirkende, nicht allzu intensive Allgemeinbeleuchtung mit weichen Schatten.

Neben den bisher am meisten üblichen Glühlampen werden in immer größerem Maße Leuchtstofflampen vor allem der Lichtfarbe 32 und 41 (Tafel **444**.2 und **446**.1) mit glühlampenähnlicher Lichtfarbe und günstiger Farbwiedergabe verwendet, besonders reizvoll und mit verhältnismäßig geringem Aufwand als Vorhangbeleuchtung (**461**.1).

Die Allgemeinbeleuchtung, besonders aber eine indirekte Beleuchtung repräsentativer Räume, ist stets durch zusätzliche Wand-, Hocker- oder Stehleuchten zu beleben, für die besondere Auslässe oder Steckdosen in einer Ringleitung vorzusehen sind.

Für besondere Effektbeleuchtungen werden gern Strahlerleuchten benutzt, die um 2 Achsen schwenkbar sind und mit Glühlampen für mehr oder weniger stark gerichtete Lichtausstrahlung bestückt werden. Sie können fest an der Decke eingebaut sein oder zur Erzielung einer noch flexibleren Raumbeleuchtung mit besonderen Adaptern beweglich in einem Stromschienensystem (**394**.1 und **395**.1) eingesetzt werden.

Alle Leuchten müssen beliebig zu- und abgeschaltet werden können.

Im Bildschirmbereich des Fernsehers ist eine völlig dunkle Umgebung zu vermeiden. Am wirkungsvollsten ist eine hinter dem Gerät angebrachte Glühlampe von 15 bis 40 W oder eine L-Lampe (**461**.1).

In größeren Wohnräumen, besonders von Einfamilienhäusern, bringt man Deckenleuchten nie schematisch in der Raummitte an, sondern ordnet sie stets der vorgesehenen Möblierung zu, etwa über dem Eßplatz, der stets ausreichend hell zu beleuchten ist, oder unter Betonung anderer Schwerpunkte des Raumes (**461**.1).

Die auf den Eßplatz konzentrierte Pendelleuchte als Zugleuchte wird wieder gerne miteingeplant (**358**.1).

Die Leuchtenunterkante einer zuglosen Hängeleuchte ist etwa 60 cm über Tischoberkante anzuordnen.

Bad und WC. Seitlich des Spiegels sind mit geringem Abstand senkrechte stabförmige Lichtquellen zu installieren (**365**.1 und **441**.3).

Der möglichst mit hellen Wänden ausgestattete größere Bade-, Dusch- oder Waschraum sollte eine zusätzliche Fenster- oder abgeschirmte Vorhangkofferbeleuchtung als Allgemeinbeleuchtung erhalten.

Schlafräume. Sie sollten neben der Orientierungsbeleuchtung im Fensterbereich und einer mittigen Ausleuchtung der Schränke durch Deckenstrahler außer der Doppelsteckdose an jedem Nachttisch über dem Kopfende eines jeden Bettes an der Wand eine Leselampe, der Frisierspiegel seitlich je eine senkrechte Stableuchte etwas über Augenhöhe aufweisen.

Deckenstrahler zur Schrankausleuchtung sind mit etwa 90 cm Abstand zum Schrank zu montieren (**358**.1).

Küchen und Hausarbeitsräume. Neben einer Fensterleuchte im Vorhangkoffer sind über den wichtigsten Arbeitsplätzen abgeblendete Leuchten unter Oberschränken vorzusehen (**364**.1). Bei der erwünschten hohen Beleuchtungsstärke von mindestens 300 lx und der meist langen täglichen Benutzungszeit sind Leuchtstofflampen, Lichtfarbe 22 oder 32 (Tafel **446**.1), in Trübglasleuchten besonders vorteilhaft.

Büro- und ähnliche Arbeitsräume (**462**.1). Da in Büroräumen aller Größen die Arbeitsplätze durchweg nach der Tageslichtbeleuchtung orientiert werden, läßt man auch das künstliche Licht aus Leuchten in Fensternähe in ähnlicher Richtung wie das Tageslicht einfallen. Damit vermeidet man am zuverlässigsten die sehr störende Reflexblendung.

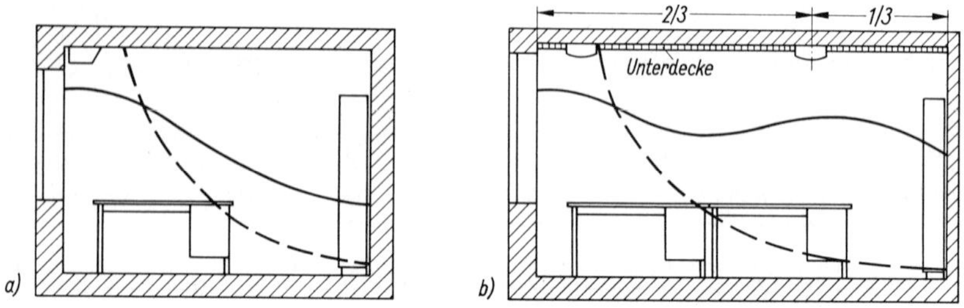

462.1 Bürobeleuchtung
a) hoher Fenstersturz, Raumtiefe ≦ 4 m, 1 Lichtband, Glaswannen-Leuchten
b) niedriger Fenstersturz, Raumtiefe ≧ 4 m, Lichtbänder, Decken-Einbauleuchten
Beleuchtungsstärke: --- bei Tageslicht, —— bei Kunstlicht

Leuchten für Leuchtstofflampen sind als durchgehendes oder unterbrochenes Lichtband parallel zur Blickrichtung und damit zur Fensterwand anzuordnen. Bei ausreichend hohen Fensterstürzen wählt man Eckleuchten mit Glas- oder Kunstglaswannen oder -raster, bei geringen Geschoß- und Sturzhöhen vielfach Decken-Einbauleuchten (**463**.1), die jedoch zur Aufhellung der Deckenfläche 4 bis 10 cm aus ihr herausragen sollten.

Pendelleuchten (**463**.2) eignen sich nur für besonders hohe Räume. In Räumen über 5 m Tiefe ist parallel zu diesem Lichtband ein weiteres, schwächer bestücktes, in etwa ⅔ Raumtiefe, von der Fensterwand aus gemessen, vorzusehen. Dieses ergibt dann eine wesentlich gleichmäßigere und somit günstigere Beleuchtung als bei Tageslicht.

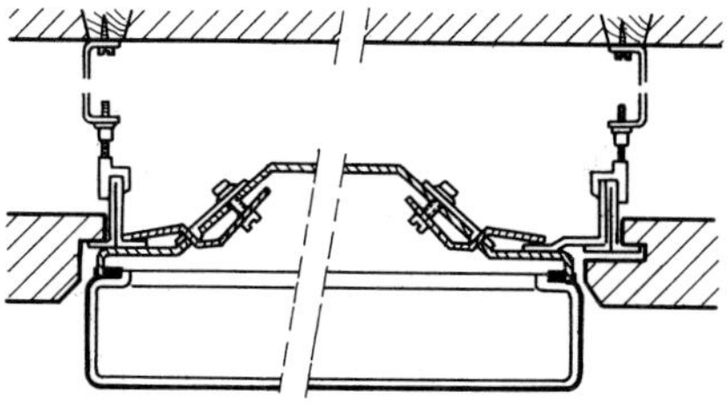

463.1 Decken-Einbauleuchte, lichttechnisch richtige Anordnung

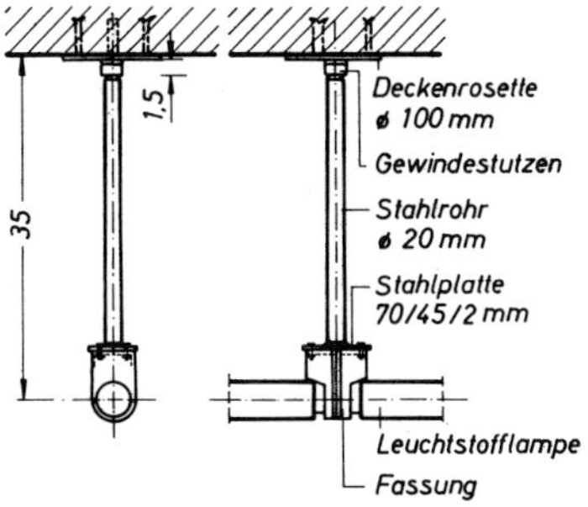

463.2 Pendelleuchten, Lampenbefestigung bei Lichtbändern

Untergehängte Decken können auch ganz oder teilweise als Leuchtdecke ausgebildet werden.

Auch einzelne Schreibtische sollen grundsätzlich das Tageslicht von links erhalten. Man ordnet daher ihre künstliche Beleuchtung am besten auf derselben Seite an. Möglich ist auch eine Leuchte unmittelbar über dem Arbeitsplatz, wenn dadurch andere Plätze nicht benachteiligt werden (**457**.2).

Zu vermeiden ist die Aufstellung von Schreibtischen in Gruppen, wobei dann einzelne Plätze das Tageslicht von rechts oder gar von vorn erhalten, auch wenn eine brauchbare künstliche Beleuchtung möglich sein sollte.

Unterrichtsräume. Sie erhalten bei einer Aufstellung der Schülertische mit Blickrichtung zur Tafel eine Anordnung der Leuchten wie in Büros. Bei Aufstellung von Vierertischen sind auch gut abgeschirmte, großflächige Leuchten oder Lichtbänder angebracht.

Verkaufsräume. Sie sollen eine Beleuchtungsanlage haben, die nicht nur ausreichend hell und gleichmäßig ist und eine richtige Schattigkeit zum Betrachten der Waren aufweist, sondern auch eine behagliche Raumstimmung hervorruft.

Pendelleuchten mit ihrer meistens zu hohen Leuchtdichte sind hier weniger am Platz. Eine lediglich indirekte Beleuchtung, auch eine leuchtende Plexiglas- oder Rasterdecke, läßt die Gegenstände nicht plastisch genug erscheinen.

Günstig sind Beleuchtungen mit stärkerer Lichtkonzentration etwa in Form von Lichtbändern, Langfeld- oder quadratischen Deckenleuchten, bei denen ein Teil des Lichtes die oberen Raumteile aufhellt, der größte Anteil des Lichtes jedoch nach unten abgestrahlt wird (**464**.1).

Besonders vorteilhaft ist es, die Verkaufstische durch stärkere blendungsfreie Beleuchtung mit Langfeldleuchten oder anderen Lichtbändern zu betonen.

Zusatzbeleuchtungen, etwa in Vitrinen, durch verdeckte Lichtquellen wirken besonders intim.

Schaufenster. Dem Einfall des Tageslichtes entsprechend soll auch das künstliche Licht von vorn oben einfallen und so eine natürliche Plastik ergeben. Dabei darf keine Lichtquelle von außen sichtbar sein (**464**.2).

Die erforderliche Beleuchtungsstärke ist einmal von der Ausstattung des Schaufensters, zum anderen von der Helligkeit seiner Umgebung abhängig. Sie soll mindestens das Doppelte der in den zugehörigen Verkaufsräumen herrschenden Beleuchtungsstärke betragen und kann dann auch störende Spiegelungen in der Schaufensterscheibe bei Tage verringern (Taf. **454**.1).

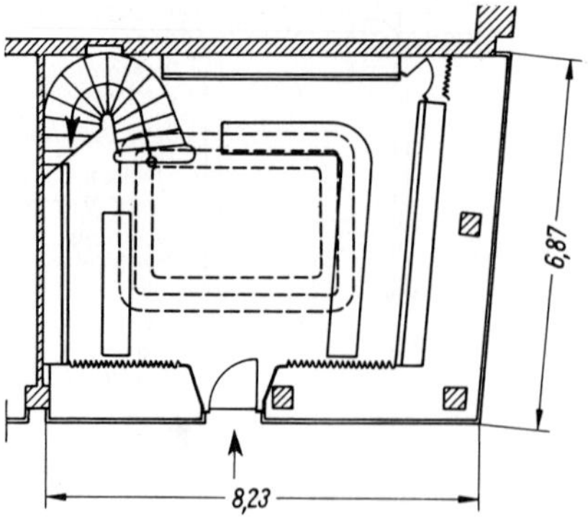

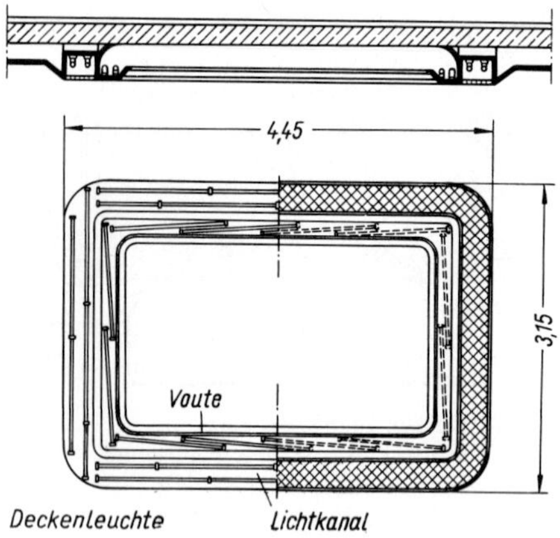

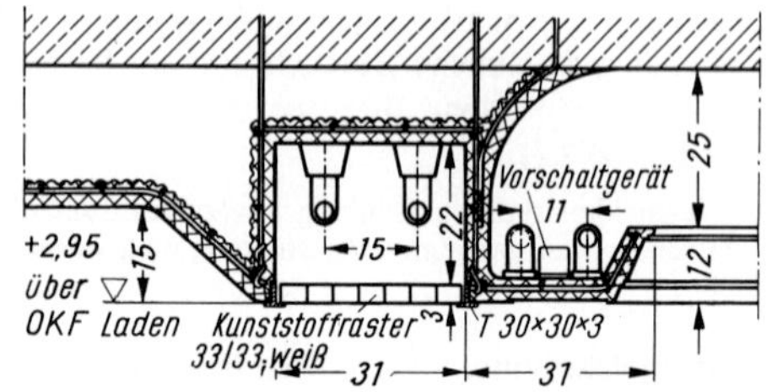

464.1 Beleuchtung eines Verkaufsraumes durch Verbindung von direkter (Lichtkanal mit Kunststoffraster) und indirekter Beleuchtung (Hohlkehle) (M 1:200, 1:100 und 1:20) (Osram)

Neben der Allgemeinbeleuchtung durch Lichtbänder aus Reihen von Glühlampen, aus Leuchtstofflampen oder durch leuchtende Plexiglas- oder Rasterdeckenstreifen heben schwenkbar angebrachte Reflektor-Glühlampen als Breit- oder Engstrahler Teile der Schaufensteranlage oder einzelne Ausstellungsstücke plastisch oder durch Glanzeffekte hervor (**464**.2 bis **465**.2).

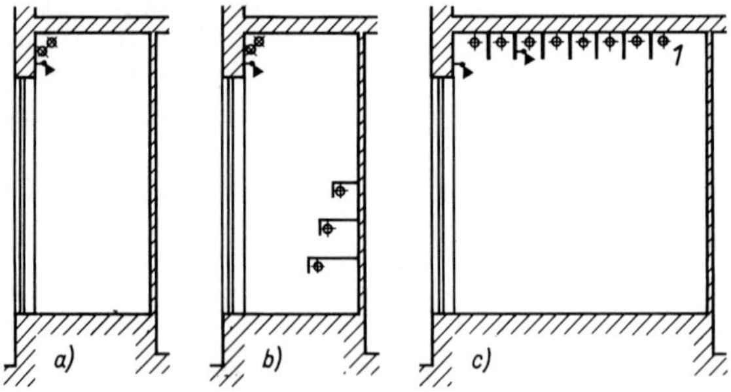

464.2 Schaufensterbeleuchtung, Frontschaufenster mit Fenstersturz (Studiengemeinschaft Licht e. V.)

a) bei geringerer Tiefe
b) desgleichen mit Regalbeleuchtung, verdeckt hinter Blenden (auch für Vitrinen geeignet)
c) bei großer Tiefe, Grundbeleuchtung über die ganze Decke verteilt und durch Lamellen dem Einblick entzogen; bei halbhoher oder fehlender Rückwand entfällt L-Lampe bei 1

Fehlt ein genügend hoher Fenstersturz für das unsichtbare Anbringen der Beleuchtungsanlage, so ist diese hinter den oberen Teil der Schaufensterscheibe zu setzen und entsprechend nach außen hin abzuschirmen (**465**.1).

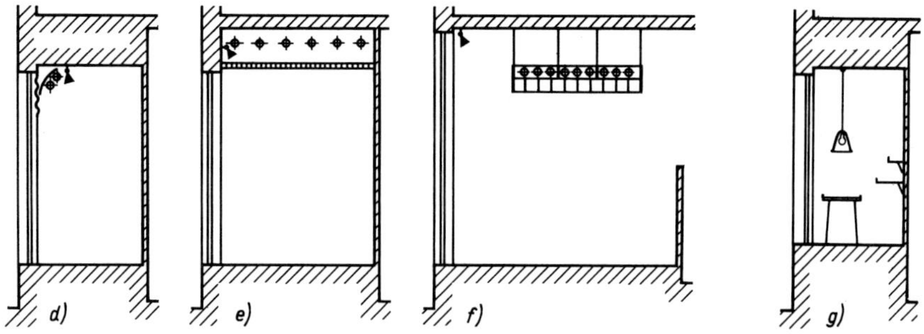

465.1 Schaufensterbeleuchtung, Schaufenster ohne Fenstersturz (Studiengemeinschaft Licht e. V.)

d) Frontschaufenster, Beleuchtungsanlage durch Blende, Vorhang, Farbanstrich oder Mattierung (Beschriftung) abgeschirmt
e) Front- oder Eckschaufenster mit Leuchtdecke
f) hohes Front- oder Eckschaufenster mit großflächiger freihängender oben offener Rasterleuchte, die auch die Schaufensterdecke beleuchtet
g) kleines Frontschaufenster mit abgehängten Glühlampenleuchten oder Strahlern für kleinformatige Waren (Juwelierläden o. a.), stark gerichtetes Licht, Brillanz, intime Wirkung

Der Blendungsschutz von Eckschaufenstern und freistehenden Vitrinenschaufenstern erfordert meistens besondere Maßnahmen, wie Einfügen von Lichtschürzen aus Trübglas oder Kunststoff zwischen die übereck sichtbaren Lichtquellen oder deren verdeckten Einbau (**465**.1 g und **465**.2 h).

Die Schaufensterbeleuchtung erhält am besten einen eigenen Stromkreis und kann dann durch eine Schaltuhr oder Dämmerungsschalter auch selbsttätig ganz oder teilweise ausgeschaltet werden.

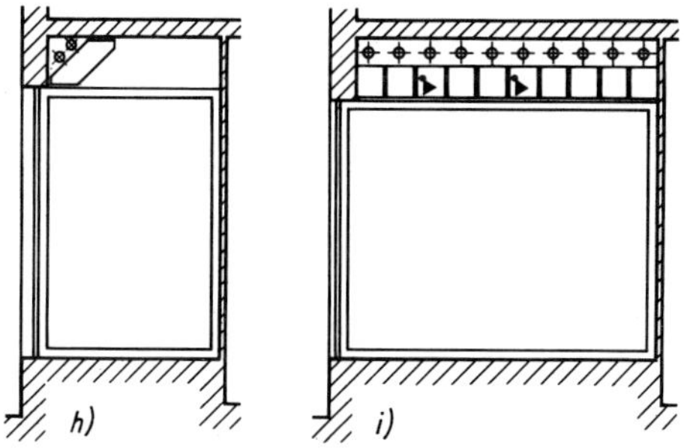

465.2 Schaufensterbeleuchtung, Eckschaufenster (Studiengemeinschaft Licht e. V.)

h) bei geringer Tiefe, L-Lampen hinter Fenstersturz, gegen seitlichen Einblick durch Lamellenblenden abgeschirmt
i) bei großer Tiefe, Einblick in Beleuchtungsanlage wird durch Großraster von allen Seiten verhindert

6.3.4.4 Beleuchtung und Belüftung

Wie bereits erwähnt, erfordern Großraumbüros und andere Großräume auch tagsüber neben einer lüftungstechnischen Anlage eine sehr intensive künstliche Beleuchtung mit einer erheblichen Wärmeentwicklung, die die Kühllast der Lüftungsanlage beträchtlich erhöhen würde, wenn man sie ungehindert in den Raum gelangen ließe.

Um dies zu verhindern und gleichzeitig die Möglichkeit einer Belästigung der Menschen durch Wärmestrahlung zu vermindern, kann man die Abluft des Raumes durch die Leuchten abführen (s. Abschnitt 11.5.5). Mit der durch eine derartige Raumentlüftung verbundenen Kühlung der L-Lampen kann gleichzeitig deren Lichtausbeute spürbar erhöht werden (**798**.1).

6.3.4.5 Berechnung

Überschlägliche Leistungsberechnung. Als Faustformel für schnelle Vorkalkulationen dient die Wattregel, nach der für eine mittlere Beleuchtungsstärke von 100 lx bei Glühlampen 20 bis 30 W, bei Leuchtstofflampen 6 bis 8 W Leistungsaufwand je m^2 Bodenfläche erforderlich sind, bei höheren Beleuchtungsstärken das entsprechende Vielfache davon.

Wegen der hohen Stromkosten und der starken Wärmestrahlung der Glühlampen kommen für höhere Beleuchtungsstärken indessen nur noch Leuchtstofflampen in Betracht.

Für Lichtbänder aus Reflektorleuchten mit Leuchtstofflampen kann bei einer Anordnung nach Bild **456**.1 überschläglich mit einer mittleren Beleuchtungsstärke von 250 lx gerechnet werden.

In Bürogebäuden lassen sich mit einem Leistungsaufwand von 60 W/m^2 Nutzfläche Beleuchtungsstärken bis 1000 lx mit Leuchtstofflampen erreichen, wenn in Betracht gezogen wird, daß Flure und Nebenräume mit geringeren Beleuchtungsstärken auskommen.

In Verkaufsräumen kann man mit einem spezifischen Anschlußwert von 100 W/m^2 Raumgrundfläche mit Glühlampenbeleuchtung 500 lx, Leuchtstofflampen-Beleuchtung 1000 lx Allgemeinbeleuchtung erzielen, wobei gleichzeitig der zusätzliche Strombedarf für alle möglichen Innenraum- und Effektbeleuchtungen gedeckt wird.

Für Schaufenster werden für die Gesamtbeleuchtung nachfolgende Anschlußwerte (Taf. **466**.1) in W/m^2 Grundfläche empfohlen. Dabei werden diese Anschlußwerte etwa je zur Hälfte durch die Grundbeleuchtung mit Leuchtstofflampen und durch die Ergänzungsbeleuchtung durch gerichtet strahlende Glühlampen oder Punktstrahler beansprucht.

Tafel **466**.1 Schaufenster-Gesamtbeleuchtung, empfohlene Anschlußwerte in W/m^2

	große Städte	kleine Städte
Hauptgeschäftsstraße	300	200
belebte Straße	200	100
Nebenstraße	100	50

Für Lichtwerbung an Geschäftshäusern wird als zukunftssichere elektrische Leistung je 1 10-Amperestromkreis (2,2 kW) empfohlen für jeden Laden im Erdgeschoß, je 25 m Frontlänge jedes Obergeschosses und je 20 m Dachlänge.

Tafel **466**.2 Verminderung der Beleuchtungsstärke und übliche Planungsfaktoren (nach DIN 5035 T. 1)

Verminderung der Beleuchtungsstärke durch Verschmutzung und Alterung von Lampen, Leuchten und Räumen	Verminderungsfaktor v	Planungsfaktor p
normal	0,8	1,25
erhöht	0,7	1,43
stark	0,6	1,67

Wirkungsgradverfahren für Allgemeinbeleuchtung. Der zur Erzeugung einer mittleren Beleuchtungsstärke $\bar{E}$ in lx auf der Meßebene in 0,85 m Höhe über dem Fußboden erforderliche Lichtstrom Φ in lm errechnet sich nach der Formel

$$\Phi = \frac{\bar{E} \cdot A}{\eta_B \cdot v}$$

mit

A = beleuchtete Meßebene in m^2

η_B = Beleuchtungswirkungsgrad = Produkt aus Betriebswirkungsgrad η_t (Wirkungsgrad der Leuchte bei einer bestimmten Umgebungstemperatur) und Raumwirkungsgrad η_R (Abhängigkeit von den geometrischen Verhältnissen des Raumes und seinen Reflexionseigenschaften, von der Art der Lichtverteilung der Leuchten und deren Anordnung im Raum)

v = Verminderungsfaktor (Taf. **466**.2) zur Berücksichtigung der Alterung der Lampen und der Verschmutzung der Leuchten im Raum = 0,8 unter der normalen Voraussetzung, daß die Beleuchtungsanlage nach einem Rückgang der Beleuchtung auf 80% des mittleren Betriebswertes überholt wird (Taf. **454**.2).

Berechnungsgang

1. Festlegen der Beleuchtungsstärke.
2. Auswahl der Leuchtenart.
3. Festlegen ihrer Aufhängehöhe h in m über der in 0,85 m Höhe gedachten Meßebene.
4. Festlegen der Raumart, hell oder dunkel.
5. Berechnung des Raumindex k nach der Formel

$$k = \frac{a \cdot b}{h \cdot (a + b)}$$

mit a und b = Seitenlängen des Raumes in m.

6. Bestimmen des Beleuchtungswirkungsgrades η_B der Leuchten aus Leuchtenart, dem Raumindex k und der Raumart nach Tafel **468**.1.
7. Berechnung des Lichtstromes Φ nach vorstehender Formel.

Beispiel

Für einen durch direkt strahlende weiße Glasrasterleuchten (A 40 nach DIN 5040) in Deckenmontage zu beleuchtenden hellen Büroraum von 6 m × 10 m = 60 m^2 Grundfläche und 3,50 m lichter Höhe wird eine mittlere Beleuchtungsstärke von 300 lx gefordert. Die Aufhängungshöhe h beträgt 3,50−0,85 = 2,65 m. Der Raumindex k errechnet sich zu

$$k = \frac{6 \cdot 10}{2{,}65 \cdot (6 + 10)} = 1{,}42$$

Für $k = 1{,}42$ liest man aus Tafel **468**.1 einen Beleuchtungswirkungsgrad $\eta_B = 0{,}52$ ab. Damit ergibt sich der zu installierende Lampenlichtstrom zu

$$\Phi = \frac{300 \cdot 60}{0{,}52 \cdot 0{,}8} = 43\,300 \text{ lm}$$

Bei einer Wahl von 6 weißen Glasrasterleuchten mit je 2 Leuchtstofflampen 58 W/25, einschließlich Vorschaltgerät 70 W, zu je 4 000 lm errechnet sich der gesamte Lichtstrom zu 12 · 4 000 lm = 48 000 lm. Der Leistungsaufwand beträgt dabei 12 · 70 W = 840 W.

Tafel **468**.1 Beleuchtungswirkungsgrade (η_B) in % (nach AMEV, Beleuchtung 92)

Leuchtenart	Lichtleiste offen		Reflektor-Leuchte offen		Wannen-Leuchte opal		Wannen-Leuchte prismat.		Eck-Leuchte		Paneel-Leuchte opal		Raster-Leuchte weiß		Spiegel-Raster-Leuchte		BAP Leuchte		Pendel-Raster-Leuchte		Vorwieg. Indirekt-Leuchte		Down-light	
Klassifizierung nach DIN 5040	B 32		A 40		B 31		B 41		–		A 40		A 40		A 50		A 60		C 43		E 02		A 60	
Raumart / k	hell/dunkel		hell/dunkel		hell/dunkel		hell/dunkel		hell/dunkel		hell/dunkel		hell/dunkel		hell/dunkel		hell/dunkel		hell/dunkel		hell/dunkel		hell/dunkel	
0,6	30	21	34	26	21	16	28	21	26	21	16	13	31	25	32	26	32	29	23	16	17	9	50	46
0,8	37	27	40	33	27	20	34	27	32	26	20	16	38	32	39	34	38	34	29	22	21	12	56	50
1,0	43	32	47	39	31	23	38	31	37	31	23	19	43	37	44	38	42	37	35	26	26	15	60	55
1,25	49	37	54	45	35	27	43	35	42	36	26	22	49	42	49	43	46	41	40	30	31	18	65	58
1,5	54	41	58	49	38	30	47	38	47	39	28	24	53	46	52	47	49	42	44	34	36	21	68	61
2,0	60	46	63	55	42	34	51	43	50	43	30	26	58	51	56	50	52	45	50	38	43	25	70	63
2,5	65	50	67	59	46	37	55	46	54	47	32	28	60	54	59	53	54	47	55	42	49	29	72	65
3,0	69	54	70	62	48	39	57	48	56	49	34	30	63	56	61	55	57	49	57	45	52	32	74	67
4,0	73	57	73	66	51	42	60	51	58	51	36	31	65	58	63	57	59	51	60	49	58	36	76	68
5,0	76	60	76	68	53	44	62	53	61	53	37	32	67	60	64	58	60	52	65	51	63	39	77	69

Die angegebenen Mittelwerte für η_B gelten für eine Leuchtenbestückung mit 2 L-Lampen 58 W (BAP-Leuchte 1 × 58 W, Downlight mit Glühlampe 150 W). Bei Leuchten mit 2 × 36 W oder bei 1-lampigen Leuchten gleicher Bauform sind i.a. höhere Beleuchtungswirkungsgrade zu erwarten (i.M. +3 Prozentpunkte).

6.3.4.6 Instandhaltung

Die Beleuchtungsstärke einer Beleuchtungsanlage verringert sich durch Alterung und Verstauben der Lampen und Leuchten ständig und ist daher bei größeren Anlagen regelmäßig zu überprüfen.

An dem am ungünstigsten gelegenen Arbeitsplatz darf die Beleuchtungsstärke zu keinem Zeitpunkt 60% der Nennbeleuchtungsstärke unterschreiten. Spätestens dann ist die Anlage zu reinigen und zu überprüfen (Taf. **454**.2 und **466**.2).

Zur Erleichterung dieser Arbeiten sollten Lampen und Leuchten stets gut und gefahrlos zugänglich sein.

In großen Anlagen ist es häufig am wirtschaftlichsten, nach einer gewissen Betriebsdauer sämtliche L-Lampen gleichzeitig auszubauen und durch neue zu ersetzen.

6.3.4.7 Jahreskosten

Die Jahreskosten einer Beleuchtungsanlage setzen sich aus den festen Kosten, der jährlichen Amortisation der Anlagekosten für Leuchten und Installation sowie aus den von der Betriebszeit abhängigen beweglichen Kosten für Stromverbrauch, Lampenersatz, Instandhaltung und Reinigung zusammen.

Der Stromverbrauch wird durch Lampen mit hoher Lichtausbeute eingeschränkt. Die Lampenersatzkosten sinken mit steigender Lebensdauer der verwendeten Lampen.

Aus diesen Gründen haben für leistungsstarke Innenbeleuchtungen für Arbeits-, Unterrichts- und Verkehrsräume mit langer Benutzungsdauer die Leuchtstofflampen die Glühlampen völlig verdrängt.

Betriebsdauer. Die durchschnittliche jährliche Betriebsdauer derartiger Beleuchtungsanlagen beträgt etwa für

Fabriken (Montag bis Freitag, 6.30 bis 20.00 Uhr)	1100 Std.
Büros (Montag bis Freitag, 7.30 bis 19.30 Uhr)	1000 Std.
Tagesschulen (7.30 bis 14.00 Uhr)	200 Std.
Abendschulen (7.30 bis 22 Uhr)	1200 Std.
Schaufenster (bis 24 Uhr täglich)	3200 Std.
Ladengeschäfte (bis 19 Uhr)	700 Std.

Gesamtkosten. Zur genauen Ermittlung der jährlichen Gesamtkosten K einer Beleuchtungsanlage wird nach DIN 5035 T. 1 nachfolgende Formel verwendet. Sie setzt sich aus Anlagekosten, Energiekosten, Lampenkosten und Instandhaltungskosten zusammen.

$$K = n_1 \cdot \left[\frac{\frac{k_1}{100} \cdot K_1 + \frac{k_2}{100} \cdot K_2}{n_2} + t_B \cdot a \cdot P + t_B \cdot \frac{K_3}{t_L} + \left(t_B \cdot \frac{K_4}{t_L} + \frac{R}{n_2} \right) \right]$$

Darin bedeuten:

K_1 Kosten einer Leuchte
k_1 Kapitaldienst für K_1 (Verzinsung und Abschreibung) in %
K_2 Kosten für Installationsmaterial und Montage je Leuchte
k_2 Kapitaldienst für K_2 (Verzinsung und Abschreibung) in %
R Reinigungskosten je Leuchte und Jahr
n_1 Anzahl aller Lampen, n_2 Anzahl der Lampen je Leuchte
K_3 Preis einer Lampe, K_4 Kosten für das Auswechseln einer Lampe
P Leistungsaufnahme einer Lampe einschließlich Vorschaltgerät in kW
a Kosten der elektr. Energie je kWh, einschl. der anteiligen Bereitstellungskosten (Grundpreis)
t_L Nutzlebensdauer der Lampe in h
t_B jährliche Benutzungsdauer in h

Beleuchtungsanlagen verschiedener Ausführungsformen, Arten und Systeme dürfen nur verglichen werden, wenn sie die Güteanforderungen gleichermaßen erfüllen.

6.4 Technische Regeln

Deutsche Normen

DIN 5034	T. 1 Tageslicht in Innenräumen; Allgemeine Anforderungen (02.83)
DIN 5034	T. 2 Tageslicht in Innenräumen; Grundlagen (02.85)
DIN 5035	T. 1 Beleuchtung mit künstlichem Licht; Begriffe und allgemeine Anforderungen (06.90)
DIN 5035	T. 2 Beleuchtung mit künstlichem Licht; Richtwerte für Arbeitsstätten in Innenräumen und im Freien (09.90)
DIN 5035	T. 4 Innenraumbeleuchtung mit künstlichem Licht; Spezielle Empfehlungen für die Beleuchtung von Unterrichtsstätten (02.83)
DIN 5035	T. 5 Innenraumbeleuchtung mit künstlichem Licht; Notbeleuchtung (12.87)
DIN 5040	T. 1 Leuchten für Beleuchtungszwecke; Lichttechnische Merkmale und Einteilung (02.76)
DIN 5040	T. 2 Leuchten für Beleuchtungszwecke; Innenleuchten, Begriffe, Einteilung (02.76)
DIN 5040	T. 3 Leuchten für Beleuchtungszwecke; Außenleuchten, Begriffe, Einteilung (05.77)
DIN 14675	Brandmeldeanlagen; Aufbau (01.84)
DIN 18012	Hausanschlußräume; Planungsgrundlagen (06.82)
DIN 18013	Nischen für Zählerplätze (Elektrizitätszähler) (04.81)
DIN 18015	T. 1 Elektrische Anlagen in Wohngebäuden; Planungsgrundlagen (03.92)
DIN 18015	T. 2 Elektrische Anlagen in Wohngebäuden; Art und Umfang der Mindestausstattung (11.84)
DIN 18015	T. 3 Elektrische Anlagen in Wohngebäuden; Leitungsführung und Anordnung der Betriebsmittel (07.90)
DIN 18382	VOB Verdingungsordnung für Bauleistungen, Teil C: Allgemeine Technische Vertragsbedingungen für Bauleistungen (ATV); Elektrische Kabel- und Leitungsanlagen in Gebäuden (12.92)
DIN 40009	Elektrotechnik; Leiterkennzeichnung; Schilder (11.82)
DIN 40705	Kennzeichnung isolierter und blanker Leiter durch Farben (02.80)
DIN 40900	T. 2 Graphische Symbole für Schaltungsunterlagen; Symbolelemente und Kennzeichen für Schaltzeichen (03.88)
DIN 40900	T. 3 Graphische Symbole für Schaltungsunterlagen; Schaltzeichen für Leiter und Verbinder (03.88)
DIN 40900	T. 7 Graphische Symbole für Schaltungsunterlagen; Schaltzeichen für Schalt- und Schutzeinrichtungen (03.88)
DIN 40900	T. 8 Graphische Symbole für Schaltungsunterlagen; Schaltzeichen für Meß-, Melde- und Signaleinrichtungen (03.88)
DIN 40900	T. 9 Graphische Symbole für Schaltungsunterlagen; Schaltzeichen für die Nachrichtentechnik; Vermittlungs- und Endeinrichtungen (03.88)
DIN 40900	T. 11 Graphische Symbole für Schaltungsunterlagen; Schaltzeichen für Netze und Elektroinstallation (03.88)
DIN 43853	Zählertafeln; Hauptmaße, Anschlußmaße (04.88)
DIN 43870	T. 1 Zählerplätze; Maße auf Basis eines Rastersystems (02.91)
DIN 43870	T. 2 Zählerplätze; Funktionsflächen (03.91)

DIN-VDE-Normen

DIN VDE 0100	Bestimmungen für das Errichten von Starkstromanlagen mit Nennspannungen bis 1 000 V (05.73)
DIN VDE 0100	T. 300 Errichten von Starkstromanlagen mit Nennspannungen bis 1000 V; Allgemeine Angaben zur Planung elektrischer Anlagen (11.85)
DIN VDE 0100	T. 410 Errichten von Starkstromanlagen mit Nennspannungen bis 1000 V; Schutzmaßnahmen; Schutz gegen gefährliche Körperströme [VDE-Bestimmung] (11.83)
DIN VDE 0100	T. 520 Errichten von Starkstromanlagen mit Nennspannungen bis 1000 V; Auswahl und Errichtung elektrischer Betriebsmittel; Kabel, Leitungen und Stromschienen (11.85)
DIN VDE 0100	T. 540 Errichten von Starkstromanlagen mit Nennspannungen bis 1000 V; Auswahl und Errichtung elektrischer Betriebsmittel; Erdung, Schutzleiter, Potentialausgleichsleiter (11.91)
DIN VDE 0100	T. 701 Errichten von Starkstromanlagen mit Nennspannungen bis 1000 V; Räume mit Badewanne oder Dusche [VDE-Bestimmung] (05.84)
DIN VDE 0100	T. 702 Errichten von Starkstromanlagen mit Nennspannungen bis 1000 V; Überdachte Schwimmbäder (Schwimmhallen) und Schwimmbäder im Freien (06.92)
DIN VDE 0100	T. 703 Errichten von Starkstromanlagen mit Nennspannungen bis 1000 V; Räume mit elektrischen Sauna-Heizgeräten (06.92)
DIN VDE 0116	Elektrische Ausrüstung von Feuerungsanlagen (10.89)
DIN VDE 0800	T. 1 Fernmeldetechnik; Allgemeine Begriffe, Anforderungen und Prüfungen für die Sicherheit der Anlagen und Geräte (05.89)
DIN VDE 0800	T. 2 Fernmeldetechnik; Erdung und Potentialausgleich (07.85)
DIN VDE 0833	T. 1 Gefahrenmeldeanlagen für Brand, Einbruch und Überfall; Allgemeine Festlegungen (01.89)
DIN VDE 0833	T. 2 Gefahrenmeldeanlagen für Brand, Einbruch und Überfall; Festlegungen für Brandmeldeanlagen (BMA) (07.92)
DIN VDE 0833	T. 3 Gefahrenmeldeanlagen für Brand, Einbruch und Überfall; Festlegungen für Einbruch- und Überfallmeldeanlagen [VDE-Bestimmung] (08.82)
DIN VDE 0855	T. 1 Antennenanlagen; Errichtung und Betrieb [VDE-Bestimmung] (05.84)

FTZ-Spezifikationen

FTZ 731 TR 1	Rohrnetze und andere verdeckte Führungen für Fernmeldeleitungen in Gebäuden; Technische Beschreibung (01.93)

VDEW-Schriften

VDEW Fundamenterder 1987 Richtlinien für das Einbetten von Fundamenterdern in Gebäudefundamente

7 Blitzschutz

Bisher bestand die wesentliche Aufgabe des Blitzschutzes darin, Brände und mechanische Zerstörungen an und in Gebäuden durch Blitzschlag zu verhindern.

Blitzschutzanlagen sind daher erforderlich für feuergefährdete Bauten, wie Läger, Anlagen für leichtentzündliche oder explosible Stoffe, für weichgedeckte Gebäude, ferner für besonders hohe Bauten und Bauwerke von hohem Wert sowie für bauliche Anlagen, in denen infolge Ansammlung von Menschen bei einem Blitzschlag mit einer Panik zu rechnen ist.

Als zuverlässiger Blitzschutz kommt nur eine metallisch-leitende ununterbrochene Bahn für den Blitzstrom in Frage.

Die Elektroinstallationen in den Gebäuden sind jedoch im Laufe der Zeit immer umfangreicher geworden, und elektronische Geräte, die besonders überspannungsempfindlich sind, werden in immer stärkerem Maße eingesetzt.

Daher wird als Neuerung in der geltenden VDE-Richtlinie zwischen äußerem und innerem Blitzschutz unterschieden.

7.1 Allgemeine Anforderungen

Blitzschutzanlagen sind so zu planen und mit solchen Bauteilen und Werkstoffen zu errichten, daß Personen, bauliche Anlagen und Sachwerte gegen Blitzeinwirkungen dauerhaft geschützt werden.

Eine Blitzschutzanlage ist die Gesamtheit aller Einrichtungen für den äußeren und inneren Blitzschutz der zu schützenden Anlage.

Diese Forderung gilt als erfüllt, wenn die Blitzschutzanlage allen Anforderungen der DIN VDE 0185 T. 1 und 2 entspricht.

Die Norm gilt für das Planen, Errichten und Ändern von Blitzschutzanlagen.

Welche baulichen Anlagen einen Blitzschutz erhalten sollen, richtet sich nach den Verordnungen und Verfügungen der Aufsichtsbehörden, nach den Unfallverhütungsvorschriften, den Empfehlungen der Sachversicherer oder nach dem Auftrag des Bauherren.

Für die Blitzschutzanlage müssen Planungsunterlagen (s. Abschnitt 7.5) angefertigt werden, aus denen alle wesentlichen Einzelheiten der zu schützenden Anlage und der Blitzschutzanlage entnommen werden können.

Für einfache Anlagen genügt eine Zeichnung mit Erläuterungen (**473**.1)

Blitzschutzanlagen müssen durch Fachkräfte errichtet werden.

Als Fachkraft oder Fachmann gilt, wer auf Grund seiner fachlichen Ausbildung, Kenntnisse und Erfahrungen die ihm übertragenen Arbeiten beurteilen und mögliche Gefahren erkennen kann.

Werden beim Errichten der Blitzschutzanlage auch Arbeiten an oder in der Nähe von elektrischen Anlagen durchgeführt, sind die VDE-Bestimmungen zu beachten.

7.2 Äußerer Blitzschutz

Der äußere Blitzschutz ist die Gesamtheit aller außerhalb, an und in der zu schützenden Anlage bestehenden und verlegten Einrichtungen zum Auffangen und Ableiten des Blitzstromes in die Erdungsanlage (**473**.1).

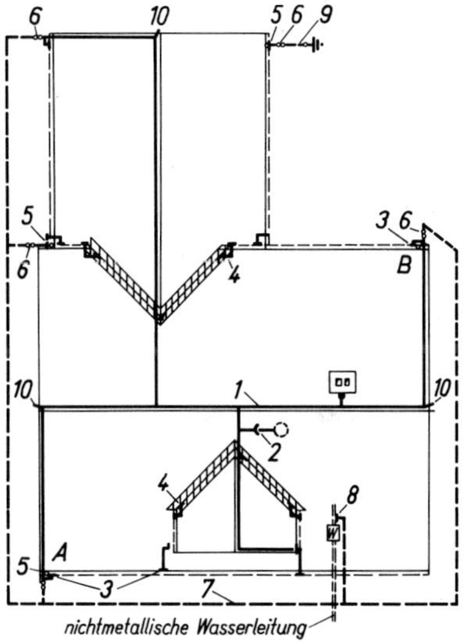

473.1 Blitzschutzanlage für ein hartgedecktes Wohnhaus mit Anbau (M 1:300)

1 Dachleitungen vom Trennstück A bis Trennstück B möglichst in einem Stück verlegen
2 Näherung zwischen Blitzschutzanlage und Ausdehnungsgefäß im Dachraum überbrücken. Heizungsanlage an ihrem Fußpunkt mit Blitzschutzanlage verbinden (entfällt, wenn leitende Verbindung mit Wasserleitung vorhanden)
3 Dachrinnen mit Rinnenklemmen an Blitzschutzanlage anschließen
4 Kehlbleche anschließen
5 Regenfallrohre vor dem Trennstück mit Regenrohrschelle anschließen
6 Trennstück
7 Erdungsleitung (Teilring)
8 Anschluß an Hausinnenleitung
9 Ableitung mit Staberder
10 Auffangendigungen

Fangeinrichtungen bestehen aus allen metallischen Bauteilen auf, oberhalb, seitlich oder neben der baulichen Anlage, die als Einschlagpunkte für den Blitz dienen.

Als Ableitung wird eine elektrisch leitende Verbindung zwischen einer Fangeinrichtung und einem Erder bezeichnet.

Die Erdungsanlage ist eine örtlich begrenzte Anlage leitend miteinander verbundener Erder oder Erdungsleitungen.

7.2.1 Fangeinrichtungen

Beim äußeren Blitzschutz werden Fangeinrichtungen am Gebäude und isolierte Fangeinrichtungen unterschieden.

7.2.1.1 Fangeinrichtungen am Gebäude

Einschlagstellen. Vom Blitz bevorzugte Einschlagstellen auf Gebäuden sind erfahrungsgemäß Turm- und Giebelspitzen, Schornsteine, Firste und Grate, Giebel- und Traufkanten, Brüstungen und Attiken, Antennen und andere herausragende Dachaufbauten.

Bevorzugte Einschlagstellen müssen, falls sie nicht schon im Schutzbereich von Fangeinrichtungen liegen, mit Fangeinrichtungen versehen werden. Bei metallener Ausführung und ausreichendem Querschnitt der Einschlagstelle kann diese als Fangeinrichtung benutzt werden.

Der Schutzbereich ist der durch eine Fangeinrichtung gegen Blitzeinschläge als geschützt geltende Raum (**474**.1).

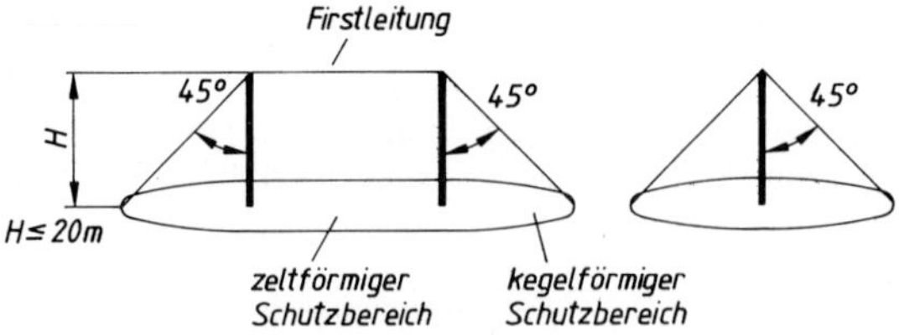

474.1 Schutzbereich einer horizontalen Fangleitung (Firstleitung) (nach DIN VDE 0185 T. 1)

Fangleitungen. Als Fangeinrichtung zu verlegende Leitungen sind in der Regel in Form von Maschen anzuordnen.

Auf Dächern maschenförmig verlegte Fangleitungen sind so anzuordnen, daß kein Punkt des Daches einen größeren Abstand als 5 m von einer Fangeinrichtung hat.

Vorhandene metallene als Fangeinrichtung dienende Bauteile sind mit einzubeziehen.

Die Größe der einzelnen Masche darf nicht mehr als 10 m × 20 m betragen (**474**.2).

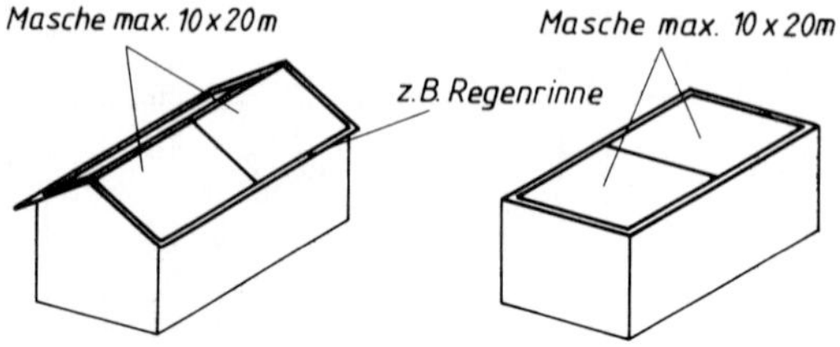

474.2 Maschenförmige Fangeinrichtungen (nach Hasse)

Die Lage der Leitungen ist unter Bevorzugung des Firstes, der Trauf- und Giebelkanten sowie vorhandener als Fangeinrichtung dienender metallener Bauteile frei wählbar.

Bei Gebäuden bis 20 m Gesamthöhe, gemessen bis zum höchsten Punkt der Fangeinrichtung, darf diese aus einer Fangleitung oder einer Fangstange auf dem Gebäude bestehen, wenn deren Schutzbereich ausreicht.

Als Schutzbereich gilt hier der Raum, der durch den Schutzwinkel von 45° nach allen Seiten gebildet wird (**474**.3).

Der Schutzwinkel ist der Winkel zwischen der Vertikalen und der äußeren Begrenzungslinie des Schutzbereiches durch einen beliebigen Punkt der Fangeinrichtung.

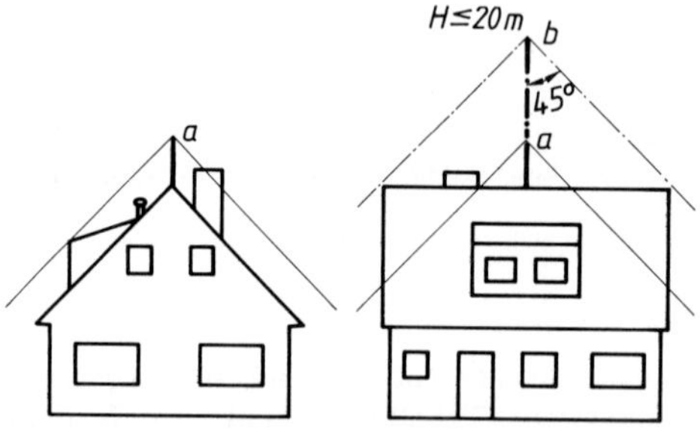

474.3 Schutzbereich einer Fangstange auf einem Gebäude (nach DIN VDE 0185 T. 1)
a) Höhe der Fangstange nicht ausreichend
b) Höhe der Fangstange ausreichend

Dachaufbauten. Aus elektrisch nicht leitendem Material bestehende Dachaufbauten gelten als geschützt, wenn sie nicht mehr als 30 cm aus der Maschenebene oder dem Schutzbereich herausragen.

Dachaufbauten aus Metall brauchen nicht an Fangeinrichtungen angeschlossen werden, wenn nachfolgende drei Voraussetzungen erfüllt sind.

Die Dachaufbauten dürfen höchstens 30 cm aus der Maschenebene oder dem Schutzbereich herausragen, höchstens eine eingeschlossene Fläche von 1 qm haben oder höchstens 2 m lang sein und nicht weniger als 50 cm von einer Fangeinrichtung entfernt sein.

Andere Dachaufbauten und Schornsteine, die nicht den vorstehenden Bedingungen entsprechen, sind mit Fangeinrichtungen zu versehen oder an Fangeinrichtungen anzuschließen.

Für diese Fangeinrichtungen gilt unabhängig von der Gebäudehöhe ein Schutzwinkel von 45°.

Verlegung. Für die Verlegung der Fangeinrichtungen gelten die Werkstoffe und Mindestmaße der Tafel **476**.1.

Fangleitungen müssen blank verlegt werden. Mit einer Beschichtung oder einem Anstrich versehene Fangeinrichtungen gelten als blank.

An den Außenkanten von Gebäudeteilen müssen die Fangleitungen möglichst dicht an den Kanten verlegt werden.

An Brüstungen, Attiken, Schornsteinen, Türmen und Oberlichtern dürfen die Fangleitungen durch Blechabdeckungen, Winkelrahmen, Winkelringe und Spannringe ersetzt werden (Taf. **476**.1).

Für unterhalb der Gebäudekanten liegende Fangleitungen müssen zusätzlich Fangeinrichtungen oberhalb der Gebäudekanten angeordnet werden, etwa Fangspitzen, die die Gebäudekanten um mindestens 30 cm überragen und in Abständen bis 5 m angeordnet sind.

Auf dem First von Gebäuden müssen die Fangleitungen bis zu den Firstenden verlegt und über den Firstenden mindestens um 30 cm aufwärts gebogen werden (**475**.1).

Unterhalb der Dachhaut verlegte Fangleitungen dürfen durch miteinander verbundene Fangspitzen in Abständen von höchstens 5 m und mindestens 30 cm über die Dachhaut hinausragend ersetzt werden (**475**.2).

Die unter Dach liegenden Verbindungsleitungen sollen möglichst zugänglich bleiben.

Auch Stahlkonstruktionen und Bewehrungen von Stahlbeton dürfen über erforderliche Anschlußfahnen als Verbindungen für die Fangspitzen verwendet werden.

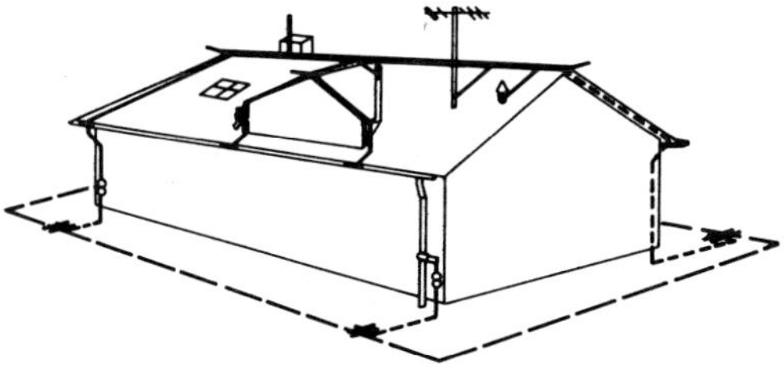

475.1 Äußere Blitzschutzanlage, Einrichtungen zum Fangen und Ableiten des Blitzstromes in die Erdungsanlage (nach Hasse)

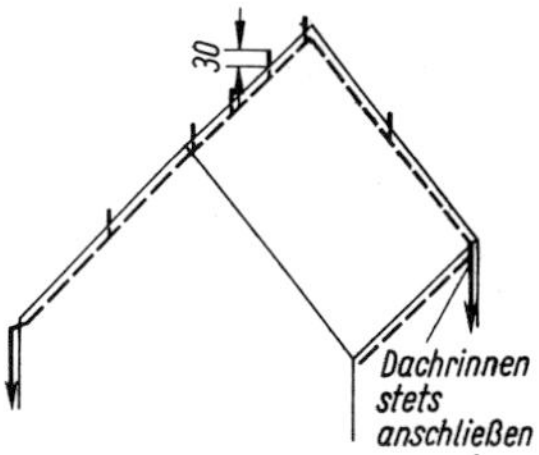

475.2 Fangleitungen unter Dach mit Fangspitzen über Dach

Metalldeckungen auf Dächern, Metalleinfassungen von Dachkanten, Metallabdekkungen von Brüstungen und andere Blecheinfassungen dürfen als Fangeinrichtungen verwendet werden, wenn sie den in Tafel **476**.1 angegebenen Mindestdicken entsprechen und zuverlässig verbunden sind.

Dabei reichen folgende Mindestmaße für Überbrückungen, durch Falzen, Nieten oder Überlappen, aus:

100 mm Überlappung bei Blechen,
100 mm Überdeckung bei Einfassungen sowie
200 mm Länge und 100 mm Breite bei eingeschobenen Verbindungslaschen.

Tafel **476**.1 Werkstoffe für Fangeinrichtungen, Ableitungen sowie Verbindungsleitungen und ihre Mindestmaße (Auszug nach DIN VDE 0185 T. 1)

Bauteile	Werkstoffe	Mindestmaße in mm	
		Rundleiter	Flachleiter
Fangleitungen und Fangspitzen bis 50 cm Höhe	Stahl, verzinkt nichtrostender Stahl	Ø 8 Ø 10	20 × 2,5 30 × 3,5
	Kupfer Kupferseil	Ø 8 19 × 1,8	20 × 2,5
	Aluminium	Ø 10	20 × 4
Fangleitungen zum freien Überspannen von zu schützenden Anlagen	Stahlseil, verzinkt	19 × 1,8	
	Kupferseil	7 × 2,5	
	Aluminiumseil	7 × 2,5	
	Alu-Stahl-Seil	Ø 9,6	
Fangstangen	Stahl, verzinkt nichtrostender Stahl	Ø 16, Ø 20[1]) Ø 16, Ø 20[1])	
	Kupfer	Ø 16, Ø 20[1])	
Winkelrahmen für Schornsteine	Stahl, verzinkt nichtrostender Stahl		50 × 50 × 5 50 × 50 × 4
	Kupfer		50 × 50 × 4
Blecheindeckungen[2])	Stahl, verzinkt		0,5
	Kupfer		0,3
	Blei		2,0
	Zink		0,7
	Aluminium		0,5
Ableitungen und oberirdische Verbindungsgleitungen	Stahl, verzinkt nichtrostender Stahl	Ø 8, Ø 10[1]), Ø 16[3]) Ø 10, Ø 12[1]), Ø 16[3])	20 × 2,5 30 × 3,5[1])
	Kupfer Kupferseil	Ø 8 19 × 1,8	20 × 2,5
	Aluminium[2])	Ø 10	20 × 4
	Stahl mit 1 mm Bleimantel[2])	Ø 10 (8 Stahl)	
Ableitungen, oberirdische und unterirdische Verbindungsleitungen	Stahl mit Kunststoffmantel[2])	Ø 8 (Stahl)	
	Kabel NYY[2]) Kabel NAYY[2])	16 mm^2 25 mm^2	

[1]) bei freistehenden Schornsteinen
[2]) nicht bei freistehenden Schornsteinen
[3]) im Rauchgasbereich

Dächer mit obenliegenden Isolierschichten zur Wärmedämmung und Unterkonstruktionen aus Metall, wie Trapezbleche, müssen mit isolierten Fangeinrichtungen (s. Abschnitt 7.2.1.2) versehen werden.

Bei Dächern auf Stahlbindern mit nichtleitender Dacheindeckung sind die Metallteile der Dachkonstruktion in Abständen von nicht mehr als 20 m mit den Fangeinrichtungen zu verbinden.

Bei Dachdeckungen aus Wellfaserzement auf Stahlpfetten sind die zahlreichen Befestigungsschrauben und Haken als Fangeinrichtung ausreichend, auch wenn sie mit Kunststoff überzogen sind.

Bei begehbaren und befahrbaren Dächern müssen Leitungen in den Fugen der Fahrbahntafeln verlegt und Fangpilze in den Knotenpunkten der Maschen angebracht werden.

Die größte Maschenweite darf auch hier 10 × 20 m nicht übersteigen.

Bei Bauten mit abgehängtem Dach und freiliegendem Stahltragwerk bildet die Stahlkonstruktion die Fangeinrichtung.

Gebäude mit Höhen ab 30 m, die an den Außenwänden keine Fangeinrichtungen haben, müssen ab 30 m zum Schutz gegen seitliche Einschläge waagerechte Fangleitungen in Abständen von nicht mehr als 20 m erhalten (**477**.1).

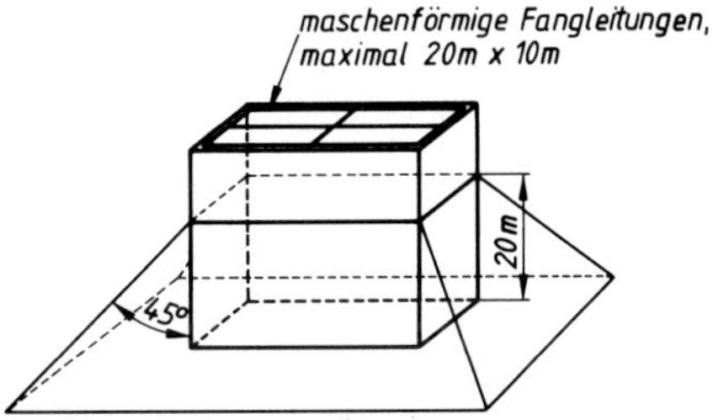

477.1 Schutzbereich für Gebäude mit einer Höhe von mehr als 30 m (nach DIN VDE 0185 T. 1)

Bei Gebäuden bis zu 20 m Höhe sind an den Seitenwänden herauskragende nicht im Schutzbereich liegende Metallteile, etwa Sonnenblenden, mit den Ableitungen zu verbinden, wenn die Flächen der Metallteile mehr als 5 m^2 groß sind oder Längen von mehr als 10 m haben.

Bei Gebäuden über 20 m Höhe müssen äußere Metallteile, etwa Balkongitter, mit Flächen über 1 qm oder mehr als 2 m Längen ab 20 m Höhe mit den Ableitungen verbunden werden.

Auf dem Dach angeordnete maschinelle oder elektrische Einrichtungen von Aufzügen oder Klimaanlagen sollen möglichst nicht mit Fangeinrichtungen verbunden werden.

Hierzu sind die Festlegungen des Abschnittes 7.3.1 Blitzschutz-Potentialausgleich und Abschnitt 7.3.2 Näherungen zu beachten. Bei Gebäudehöhen über 30 m kann jedoch für Fernmeldeanlagen eine Verbindung mit der Blitzschutzanlage unter Beachtung des Abschnittes 7.3.3 sinnvoll sein.

Kleinere elektrische Installationen auf dem Dach, wie Lüfter, dürfen mit daneben angebrachten Fangstangen (s. Abschnitt 7.3.2) und einem ausreichenden Schutzwinkel abgeschirmt werden.

Fangstangen auf Dächern dürfen nicht in elektrische Freileitungen fallen können.

7.2.1.2 Isolierte Fangeinrichtungen

Isolierte Fangeinrichtungen dürfen wahlweise mit Fangstangen, Fangleitungen, Fangnetzen oder Kombinationen errichtet werden.

Eine isolierte Blitzschutzanlage ist eine Anlage, bei der die Fangeinrichtungen und Ableitungen durch Abstand oder elektrische Isolation von der zu schützenden Anlage getrennt errichtet sind.

Folgende drei Anforderungen müssen erfüllt sein:

Die gesamte zu schützende Anlage muß im Schutzbereich der Fangeinrichtungen liegen,
Stützen aus Metall für Fangeinrichtungen und metallene Masten müssen neben der zu schützenden Anlage aufgestellt werden und
Stützen aus elektrisch nichtleitenden Werkstoffen dürfen an der zu schützenden Anlage selbst befestigt werden.

Die DIN VDE 0185 T. 1 unterscheidet hierzu nachfolgend aufgeführte Einrichtungen, die durch ihre Größe über den Rahmen dieses Buches hinausgehende Blitzschutzanlagen darstellen und für das normale Baugeschehen nicht in Frage kommen:

Fangeinrichtungen mit einer Fangstange oder mit zwei Fangstangen, mit vier Fangstangen, mit einer einzelnen Fangleitung, aus parallelen Fangleitungen und aus einem Fangnetz.

7.2.2 Ableitungen

Die frühere Unterscheidung zwischen Haupt- und Nebenableitungen ist entfallen. Die Norm kennt nur noch Ableitungen.

Ableitungen sind so anzuordnen, daß die Verbindungen von der Fangeinrichtung zur Erdungsanlage möglichst kurz sind.

Anzahl der Ableitungen. Auf je 20 m Umfang der Dachaußenkante ist eine Ableitung vorzusehen. Die Ableitungen sind so anzuordnen, daß sie, ausgehend von den Ecken des Gebäudes, möglichst gleichmäßig auf den Umfang verteilt sind.

Ist der Umfang kleiner als 20 m, genügt eine Ableitung.

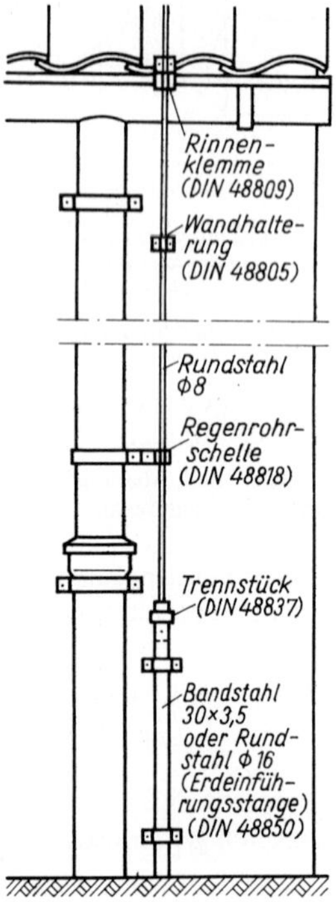

Je nach baulichen Gegebenheiten dürfen die gegenseitigen Abstände jedoch unterschiedlich groß sein.

Bei baulichen Anlagen mit Grundflächen, die größer als 40 × 40 m sind, werden auch innere Ableitungen gefordert.

Der mittlere Abstand der inneren Ableitungen voneinander und von den äußeren Ableitungen soll höchstens 40 m betragen.

Sind innere Ableitungen nicht möglich, ist die Anzahl der äußeren Ableitungen zu erhöhen, ihr Abstand braucht dann aber nicht kleiner als 10 m zu sein.

Bei baulichen Anlagen mit geschlossenen Innenhöfen ist ab 30 m Umfang des Innenhofes ebenfalls je 20 m Umfang eine Ableitung anzuordnen, mindestens jedoch zwei.

Türme, Schornsteine und ähnliche Bauwerke müssen bis 20 m Höhe mindestens eine Ableitung erhalten. Bei Höhen über 20 m sind mindestens zwei Ableitungen erforderlich, wobei diese ab 20 m Höhe als seitliche Fangeinrichtung dienen.

Ableitungen sollen möglichst von Türen, Fenstern und anderen Öffnungen einen Abstand von mindestens 50 cm einhalten.

Die Werkstoffe und Querschnitte müssen Tafel **476**.1 entsprechen. Die Ableitungen dürfen auch unter Putz, in Beton, in Fugen, in Schlitzen oder Schächten durchgehend in einem Stück verlegt werden.

Metallene Bauteile an den Außenwänden von Gebäuden dürfen bei ausreichendem Querschnitt als Ableitungen verwendet werden.

478.1 Anschluß einer Dachrinne und eines Regenfallrohres an eine Ableitung mit Trennstelle (M 1:20)

Metallene Regenfallrohre dürfen als Ableitungen benutzt werden, wenn ihre Stoßstellen gelötet oder vernietet sind. Die Verlegung von Ableitungen innerhalb von Regenfallrohren ist nicht zulässig.

Metallene Regenrinnen müssen an den Kreuzungsstellen mit den Ableitungen verbunden werden (**478**.1).

Ableitungen müssen Trennstellen erhalten. Sie sind möglichst oberhalb der Erdeinführung vorzusehen (**478**.1).

Eine Trennstelle ist eine lösbare Verbindung in einer Ableitung zur meßtechnischen Prüfung der Blitzschutzanlage.

7.2.3 Erdung

Sofern nicht bereits ein ausreichender Erder, etwa Fundamenterder, Bewehrung von Stahlbetonfundamenten, Stahlteile von Stahlskelettbauten vorhanden sind, ist für jede Blitzschutzanlage eine eigene Erdungsanlage zu errichten. Die Erdung muß ohne Mitverwendung von metallenen Wasserleitungen, anderen Rohrleitungen und geerdeten Leitern der elektrischen Anlage voll funktionsfähig sein.

Erdung ist die Gesamtheit aller Mittel und Maßnahmen zum Erden.

Erder ist ein Leiter, der in die Erde eingebettet ist und mit ihr in leitender Verbindung steht oder ein Leiter, der in Beton eingebettet ist, der mit der Erde großflächig in Berührung steht.

Fundamenterder ist ein Leiter, der in das Betonfundament einer baulichen Anlage eingebettet ist.

Erde ist die Bezeichnung sowohl für die Erde als Ort als auch für die Erde als Stoff, wie Humus, Lehm, Sand, Kies und Gestein.

Die Erdungsanlage ist unter Berücksichtigung der baulichen Gegebenheiten auf dem kürzesten Weg an die Potentialausgleichsschiene anzuschließen (**372**.1 und **373**.1).

Die Erdungsanlage muß damit als Fundamenterder (**373**.1), als Ringerder oder in Sonderfällen als Einzelerder errichtet werden.

Ein Ringerder ist ein Oberflächenerder, der möglichst als geschlossener Ring um das Außenfundament der baulichen Anlage verlegt ist.

Ein Oberflächenerder ist ein Erder, der im allgemeinen in geringer Tiefe von mindestens 50 cm eingebracht wird.

Ein Einzel- oder Staberder ist ein in der Regel senkrecht in die Erde eingebrachter einteiliger Stab.

Für eine Blitzschutzanlage mit konsequent durchgeführtem Blitzschutz-Potentialausgleich (s. Abschnitt 7.3.1) wird in DIN VDE 0185 für die Erdung kein bestimmter Erdungswiderstand gefordert.

Der Erdungswiderstand eines Erders oder einer Erdungsanlage ist der Widerstand zwischen dem Erder oder der Erdungsanlage und der Bezugserde.

Die Bezugserde oder neutrale Erde ist ein Bereich der Erde, der außerhalb des Einflußbereiches des Erders oder der Erdungsanlage liegt, wobei zwischen beliebigen Punkten keine vom Erdungsstrom herrührenden Spannungen auftreten.

Fundamenterder. Die EVU fordern in ihren technischen Anschlußbedingungen für Neubauten den Fundamenterder.

Soll er auch als Blitzschutzerder verwendet werden, ist er mit den notwendigen Verbindungsleitungen, den Anschlußfahnen, für die Ableitungen und gegebenenfalls für weitere Anschlüsse für den Blitzschutz-Potentialausgleich (s. Abschnitt 7.3.1) zu versehen.

Soweit diese Anschlußfahnen durch Erdreich oder Mauerwerk geführt werden, ist der Korrosionsschutz zu berücksichtigen (**480**.1).

Fehlen am bereits verlegten Fundamenterder die Anschlußfahnen für die Ableitungen der Blitzschutzanlage, so muß eine eigene Erdungsanlage aus einem Ringerder oder aus Einzelerdern errichtet werden.

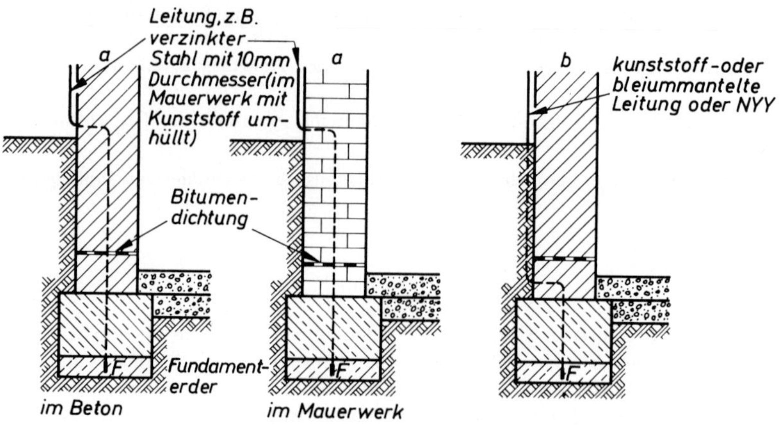

480.1 Anschlußfahnen an Fundamenterder für Ableitungen (nach DIN VDE 0185 T. 1)

a) Leitungsführung in Beton oder Mauerwerk bis oberhalb der Erdoberfläche
b) Leitungsführung durch das Erdreich

Tafel **480**.2 Werkstoffe für Erder und ihre Mindestmaße (Auszug aus DIN VDE 0185 T. 1)

Werkstoff	Form	∅ mm	Querschnitt mm²	Dicke mm
Stahl, feuerverzinkt	Flach		100	3,5
	Profil		100	3
	Rohr	25		2
	Rund für Tiefenerder	20		
	Rund für Oberflächenerder	10		
	Rund für Erdeinführungen	16		
Stahl mit Bleimantel[1])	Rund	8 (Stahl)		1 mm (Blei)
Stahl mit Kupfermantel	Rund für Tiefenerder	15 (Stahl)		2 mm (Cu)
Kupfer	Flach		50[2])	2
	Rund	8	50[2])	
	Rund für Erdeinführungen	16		
	Seil	19×1,8	50[2])	
	Rohr	20		2
Kupfer mit Bleimantel[1])	Seil	19×1,8	50[2]) (Cu)	1 mm (Blei)
	Rund	8 (Cu)	50[2]) (Cu)	1 mm (Blei)

[1]) nicht für unmittelbare Einbettung in Beton; [2]) bei Starkstromanlagen 35 mm²

Ringerder. Der Ringerder soll aus Gründen des Korrosionsschutzes aus einer Stahlleitung mit Bleimantel bestehen (Taf. **480**.2).

Der Ringerder ist in mindestens 50 cm Tiefe als geschlossener Ring um das Außenfundament der baulichen Anlage in einem Abstand von etwa 1 m zu verlegen.

Bei trockenem oder lockerem Erdreich muß der Erder eingeschlämmt oder das Erdreich verdichtet werden.

Ist ein geschlossener Ring um die bauliche Anlage nicht möglich, können Teilringe verlegt werden (**473**.1). Der im Erdboden verlegte Teilring muß in seiner Länge den Bedingungen für Einzelerder für jede der mindestens erforderlichen Ableitungen entsprechen.

Einzelerder. Als Einzelerder müssen je Ableitung entweder Oberflächenerder mit 20 m Länge oder Tiefenerder mit 9 m Länge in etwa 1 m Abstand vom Fundament der baulichen Anlage verlegt werden.

Ein Oberflächenerder kann aus Rund- oder Flachleitern bestehen und als Ring-, Strahlen- oder Maschenerder ausgeführt sein (Taf. **480**.2).

Der Strahlenerder ist ein Oberflächenerder aus Einzelleitern, die strahlenförmig auseinanderlaufen.

Ein Maschenerder ist ein Oberflächenerder, der durch netzförmiges Verlegen des Erders den Erdungswiderstand verringert und die Schrittspannung vermindert.

Der Tiefenerder ist ein Erder, der in der Regel senkrecht in größeren Tiefen eingebracht wird. Er kann aus Rohr-, Rund- oder anderem Profilmaterial bestehen und auch zusammensetzbar sein.

7.3 Innerer Blitzschutz

Der innere Blitzschutz umfaßt den Blitzschutz-Potentialausgleich mit metallenen Installationen und elektrischen Anlagen, Näherungen zu metallenen Installationen und elektrischen Anlagen sowie Maßnahmen, die zum Überspannungsschutz elektrischer Anlagen notwendig sind (**482**.1).

Unter dem Begriff innerer Blitzschutz ist die Gesamtheit der Maßnahmen gegen die Auswirkungen des Blitzstromes und seiner elektrischen und magnetischen Felder auf metallene Installationen und elektrische Anlagen im Bereich der baulichen Anlage zu verstehen.

7.3.1 Blitzschutz-Potentialausgleich

Zwischen der Blitzschutzanlage eines Gebäudes, den metallenen Installationen und den elektrischen Anlagen im und am Gebäude muß im Kellergeschoß oder in Höhe der Geländeoberfläche der Blitzschutz-Potentialausgleich durchgeführt werden.

Bei Blitzschutzanlagen mit Einzel- oder Teilringerdern genügt der Potentialausgleich mit einem Erder oder einem Teilringerder.

Bei Gebäuden über 30 m Höhe muß, ab 30 m Höhe beginnend, je 20 m Mehrhöhe ein weiterer Potentialausgleich zwischen den Ableitungen, den metallenen Installationen und dem Schutzleiter der Starkstromanlage durchgeführt werden.

Potentialausgleich mit metallenen Installationen. Alle metallenen Installationen, wie Wasser-, Gas-, Heizungs- und Feuerlöschleitungen, Sprinkleranlagen, Führungsschienen von Aufzügen, Stahltreppen sowie Lüftungs- und Klimakanäle, müssen untereinander und mit der Blitzschutzanlage verbunden werden.

Der Zusammenschluß soll möglichst an Potentialausgleichsschienen durchgeführt werden. Auch durchgehend elektrisch leitfähige Rohrleitungen, außer Gasleitungen, dürfen als Verbindungsleitung benutzt werden.

Eine **Potentialausgleichsschiene** ist eine metallene Schiene zum Anschließen der Erdungsleitungen, der Potentialausgleichsleitungen und gegebenenfalls auch des Schutzleiters (**482**.1).

Eine **Potentialausgleichsleitung** ist eine zum Herstellen des Potentialausgleiches dienende elektrisch leitende Verbindung.

Befindet sich in einer Wasser- oder Gas-Hausanschlußleitung ein Isolierstück, darf der Anschluß in Strömungsrichtung nur hinter dem Isolierstück durchgeführt werden (**372**.1 und **482**.1).

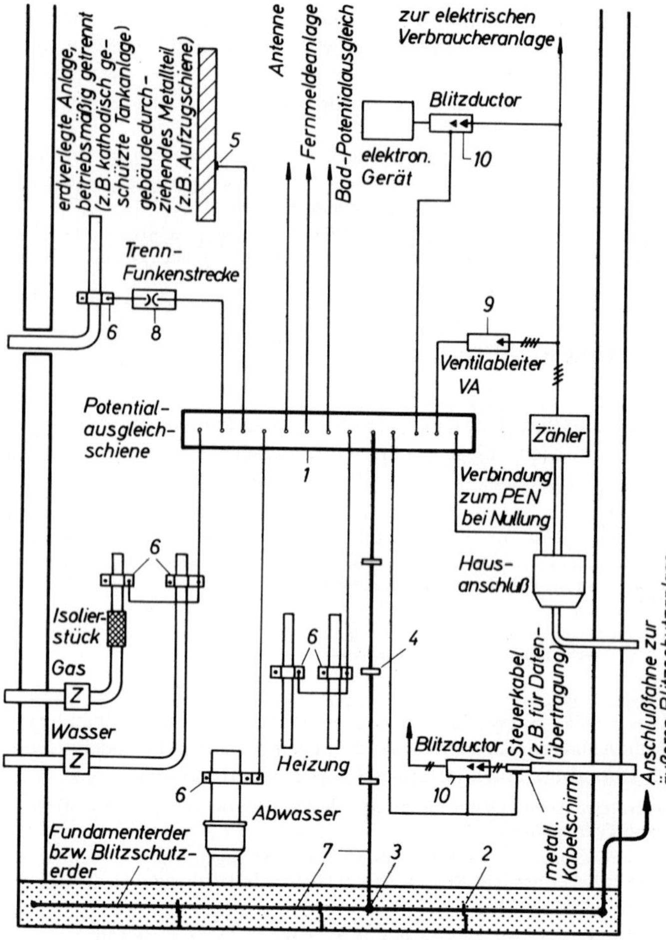

482.1 Innerer Blitzschutz, Blitzschutz-Potentialausgleich, Schema (nach Hasse)

1 Potentialausgleichschiene
2 Abstandhalter
3 Keilverbinder
4 Leitungshalter
5 Anschlußklemme
6 Anschlußschelle (Rohrschelle)
7 Fundamenterder mit Anschlußfahne
8 Trennfunkenstrecke
9 Ventilableiter
10 Blitzductor (Überspannungsschutzgerät)

Ein Isolierstück ist eine elektrisch nicht leitende Rohrverbindung. Es dient zur Unterbrechung der elektrischen Längsleitfähigkeit einer Rohrleitung.

Für das Verbinden von Blitzschutzanlagen mit metallenen Wasser- oder Gasleitungen in Verbraucheranlagen ist das DVGW-Arbeitsblatt GW 306 zu beachten.

Folgende Mindestquerschnitte sind für Blitzschutz-Potentialausgleichsleitungen notwendig, soweit nach DIN VDE 0100 T. 540 (s. auch Abschnitt 6.1.5.1) nicht größere Querschnitte gefordert werden:
Kupfer 10 mm^2, Aluminium 16 mm^2 und Stahl 50 mm^2.

Potentialausgleich mit elektrischen Anlagen. Erforderliche Verbindungen für den Blitzschutz-Potentialausgleich müssen unter Beachtung der zutreffenden VDE-Bestimmungen mit vorstehenden Leitungsquerschnitten wie folgt durchgeführt werden.

Unmittelbare Verbindungen sind zulässig mit Schutzleitern der Schutzmaßnahmen Nullung, Fehlerstrom-Schutzschaltung, Schutzerdung und Schutzleitungssystem, Erdungsleitungen von Ventilableitern, Erdungen in Fernmeldeanlagen und Antennenanlagen.

Ein Ventilableiter ist ein Überspannungsschutzgerät zur Verbindung der Blitzschutzanlage mit aktiven Teilen der Starkstromanlage, etwa bei Gewitterüberspannungen. Er besteht im wesentlichen aus in Reihe geschalteter Funkenstrecke und spannungsabhängigem Widerstand (**482**.1).

Nur über Trennfunkenstrecke dürfen verbunden werden Hilfserder von Fehlerspannungsschutzschaltern (**415**.1), Meßerden von Laboratorien, sofern sie von Schutzleitern getrennt ausgeführt werden, sowie Anlagen mit kathodischem Korrosionsschutz (**482**.1 und **698**.2) und Streustromschutzmaßnahmen.

Eine Trennfunkenstrecke für eine Blitzschutzanlage ist eine Funkenstrecke zur Trennung von elektrisch leitfähigen Anlageteilen. Bei einem Blitzeinschlag werden die Anlageteile durch Ansprechen der Funkenstrecke vorübergehend leitend verbunden.

Wenn Starkstrom-Verbraucheranlagen durch Blitzeinwirkung gefährdet sind, müssen über Ventilableiter in den Blitzschutz-Potentialausgleich einbezogen werden:
unter Spannung stehende aktive Leiter von Starkstromanlagen mit Nennspannungen bis 1000 V und Mittelleiter, N-Leiter, in Netzen, in denen die Nullung nicht zugelassen ist.

Falls erforderlich, ist ein Ventilableiter je aktivem Leiter in der Verbraucheranlage in der Regel unmittelbar hinter dem Zähler einzubauen. Ventilableiter sind auf dem kürzesten Weg zu erden, etwa an der nächsten Potentialausgleichsschiene.

Trennfunkenstrecken und Ventilableiter müssen für eine Prüfung zugänglich eingebaut werden.

7.3.2 Näherungen

Eine Näherung ist ein zu geringer Abstand zwischen Blitzschutzanlage und metallenen Installationen oder elektrischen Anlagen, bei der die Gefahr eines Über- oder Durchschlages bei Blitzeinschlag besteht.

Näherungen zu metallenen Installationen. Näherungen von Fangeinrichtungen und Ableitungen zu metallenen Installationen aller Art oberhalb jedes Potentialausgleiches müssen vermieden oder beseitigt werden. Das geschieht entweder durch Vergrößern des Abstandes oder durch Verbinden der Blitzschutzanlage mit den metallenen Installationen.

Das gilt besonders für Wasser-, Gas- und Heizungsleitungen, Lüftungs- und Klimakanäle sowie Aufzugsführungsschienen.

Näherungen zu maschinellen und elektrischen Einrichtungen in Aufzugsmaschinenräumen, Klimakammern und dergleichen auf dem Dach sind nach Möglichkeit durch Vergrößern der Abstände zu beseitigen.

Werden Näherungen überbrückt, müssen die Verbindungen unmittelbar oder über Trennfunkenstrecken ausgeführt werden. Die Querschnitte der Verbindungsleitungen müssen Tafel **476**.1 entsprechen.

Näherungen zu elektrischen Anlagen. Näherungen von Fangeinrichtungen und Ableitungen zu Starkstromanlagen aller Art oberhalb des nächsten Potentialausgleiches müssen vermieden werden.

Zwischen Bauteilen der Blitzschutzanlage und Freileitungs-Dachständern für Starkstrom ist ein möglichst großer Abstand anzustreben. Liegt die Näherung unter 50 cm, muß eine gekapselte Schutzfunkenstrecke eingebaut werden.

Ein Freileitungs-Dachständer ist ein Stützpunkt des als Freileitung ausgeführten Verteilungsnetzes.

Für die Berücksichtigung von Näherungen bei Fernmeldeanlagen und elektrischen MSR-Anlagen im Zusammenhang mit Blitzschutzanlagen gilt Abschnitt 7.3.3.

Fernmeldeanlagen sowie Informationsverarbeitungsanlagen sind Anlagen zur Übertragung und Verarbeitung von Nachrichten und Fernwirkinformationen mit elektrischen Betriebsmitteln.

MSR-Anlagen sind elektrische Anlagen mit Meß-, Steuer- und Regeleinrichtungen zum Erfassen und Verarbeiten von Meßwerten.

7.3.3 Überspannungsschutz

Eine Gebäude-Blitzschutzanlage reicht nach den vorstehenden Abschnitten nicht in jedem Fall aus, Fernmeldeanlagen vor schädlichen Überspannungen zu schützen.

Für den Überspannungsschutz von Fernmeldeanlagen, insbesondere der Geräte mit elektronischen Bauteilen, und elektronischen MSR-Anlagen im Zusammenhang mit Blitzschutzanlagen gelten daher die Festlegungen in DIN VDE 0845 sowie die Errichtungsfestlegungen für Fernmeldeanlagen nach DIN VDE 0800 T. 2.

Dazu werden in der DIN VDE 0185 T. 1 weitere zusätzliche Maßnahmen sowohl an der Gebäude-Blitzschutzanlage als auch an den Informationsverarbeitungsanlagen empfohlen.

An der Gebäude-Blitzschutzanlage sind dann folgende Maßnahmen zweckmäßig:

Vermehrung der Fangleitungen und Ableitungen auf möglichst geringe Abstände, etwa auf 5 bis 7 m,
Ausbildung von Metallfassaden zur Abschirmung,
Anschluß der Bewehrungen aller Decken, Wände und Fußböden an die Blitzschutzanlage,
Anschluß aller Bewehrungen in den Fundamenten an die Erdungsanlage und
Vermaschung der Erdungsanlagen zwischen denjenigen Gebäuden, die über Starkstrom- oder Fernmeldeleitungen verbunden sind.

An den Informationsverarbeitungsanlagen sind nach DIN VDE 0845 unter anderem folgende Zusatzmaßnahmen anwendbar:

Abschirmung der Geräte,
Abschirmungen der Leitungen und Kabel und
Einbau von Überspannungsschutzeinrichtungen.

Der Umfang zusätzlicher Maßnahmen muß bereits in der Planung berücksichtigt werden.

Fernmelde- und Meßgeräte auf dem Dach oder an den Außenwänden von Gebäuden, wie meteorologische Meßgeräte oder Fernsehkameras, sollen nicht mit der Blitzschutzanlage verbunden werden. Sie sollen durch eine oder mehrere Fangstangen oder durch einen Metallkäfig abgeschirmt sein.

Für den Blitzschutz von Antennenanlagen gilt DIN VDE 0855 T. 1. Die Gehäuse oder Träger von Antennen oder Fernmeldeanlagen gelten als Fangeinrichtung und werden mit der Blitzschutzanlage verbunden.

7.4 Werkstoffe und Bauteile

Blitzschutzanlagen sind soweit wie möglich aus genormten Bauteilen herzustellen.

Werkstoffe für Fangeinrichtungen, Ableitungen sowie Verbindungsleitungen müssen Tafel **476**.1, Werkstoffe für Erder Tafel **480**.2 entsprechen.

Bauteile und Betriebsmittel müssen aufgrund der einschlägigen VDE-Bestimmungen und DIN-Normen angefertigt sein.

Werden nicht genormte Bauteile verwendet, müssen sie den genormten Bauteilen mindestens gleichwertig sein.

Verbindungen und Anschlüsse sind möglichst großflächig durch Klemmen, Schrauben, Schweißen, Löten oder oberirdisch auch durch Nieten oder Falzen herzustellen. Hierzu stehen zahllose in DIN 48801 bis DIN 48852 genormte Form- und Verbindungsstücke zur Verfügung.

Gegen Korrosion müssen Verbindungen im Erdreich nach der Montage mit Korrosionsschutzbinde oder Bitumenmasse geschützt werden.

Durch Verwenden der genormten Werkstoffe nach Tafel **476**.1 und **480**.2 ist in der Regel ein ausreichender Korrosionsschutz sichergestellt.

In Bereichen mit besonders aggressiver Atmosphäre durch Rauch und Abgase müssen die chemischen Einwirkungen auf die Blitzschutzanlage jedoch berücksichtigt werden.

Schnittflächen und Verbindungsstellen von Leitungen aus verzinktem Stahl sowie Leitungen in Schlitzen und Fugen, in abgeschlossenen, nicht zugänglichen Hohlräumen und in feuchten Räumen müssen zusätzlich durch Anstriche, Umhüllungen oder Binden geschützt werden.

Leitungen an Ein- und Austrittstellen bei Putz, Mauerwerk oder Beton müssen so verlegt werden, daß an den Leitungen ablaufendes Wasser nicht in die Wände eindringen kann.

Wenn Dächer, Wände, Aufbauten, Verkleidungen oder Regenrinnen aus Kupfer bestehen, müssen Stahl- und Aluminiumleitungen so verlegt werden, daß über Kupfer abfließendes Regenwasser nicht auf diese Leitungen ablaufen kann.

Andernfalls müssen die tiefer liegenden Leitungen ebenfalls in Kupfer ausgeführt werden.

7.5 Planungsunterlagen

Für den Entwurf, Bau, Unterhaltung und Überwachung muß je nach Umfang und Art der Blitzschutzanlage eine technische Unterlage mit Beschreibung nach DIN 48830 angefertigt werden.

Aus den Unterlagen müssen ersichtlich sein:
1. Art, Bestimmung, Werkstoffe, Hauptabmessungen und Dachausbildung des zu schützenden Bauwerkes mit Angabe aller den Blitzschutz beeinflussenden Teile, metallische Leitungen und dergleichen
2. alle Einzelteile der Blitzschutzanlage
3. Himmelsrichtung, Grundwasserspiegel, stehende oder fließende Gewässer, Brunnen und Pumpen, Düngerstätten und Jauchegruben, elektrische Freileitungen, metallene Umzäunungen, hohe Bäume

Technische Unterlagen. Soweit erforderlich werden eine Zeichnung der Blitzschutzanlage, eine Schnittzeichnung des Schutzbereiches der Fangeinrichtung und eine Zeichnung des Fundamenterders verlangt.

Außerdem kann eine Genehmigung der Versorgungsunternehmen über den Anschluß an deren Leitungen, Meßprotokolle über die Bodenleitfähigkeit und ein Bericht über die Prüfung der Blitzschutzanlage nach DIN 48831 gefordert werden.

In der Zeichnung sind folgende Farben zu benutzen:

Rot	neue und geplante Blitzschutzanlage
Grün	Regenrinnen und -fallrohre, Dunstrohre, Zinkabdeckungen
Blau	Wasser- und andere Rohrleitungen, Eisenkonstruktionen aller Art
Braun	vorhandene alte Blitzschutzanlagen

Aber auch die einfarbige Darstellung mit den Sinnbildern nach DIN 48820 (Taf. **486**.1) ist möglich.

Änderungen an der Blitzschutzanlage sind laufend nachzutragen.

Für einfache Anlagen genügt eine Zeichnung mit Erläuterungen (**473**.1).

Tafel **486**.1 Sinnbilder für Blitzschutzbauteile in Zeichnungen (nach DIN 48820)

Sinnbild	Benennung	Sinnbild	Benennung
———	Gebäudeumrisse	– – – – –	elektrische Leitungen, zum Unterschied von Blitzschutzleitungen
– –o– –	Regenrinnen und Fallrohre	– – – – –	unterirdische Leitungen
▨—	Stahlbeton mit Anschluß	—·—·—	Leitungen unter Dach und unter Putz
I L T	Stahlkonstruktion, Metallschienen	● ◉	Auffangstange – Fahnenstange
▧▧▧	Metallabdeckung	⊥ ⊣	Anschlußstelle an Rohrleitung, Rinnen, Fallrohre usw.
◩	Schornstein	—∞— 2)	Trennstelle
—⊖—	Dachständer für elektrische Leitungen	⏚	Rohr- und Staberder
⊂⊃	Ausdehnungsgefäß, Behälter	⏚	Erdung
–+–+–+–	Schneefanggitter	—›‹—	Funkenstrecke
↑	Antenne	—⧓—	Überspannungsableiter
═════ 1) O 1)	Rohrleitungen aus Metall	—·—·—›—	Dachdurchführung
———	Blitzschutzleitungen, offenliegend	⊠	Aufzug
		W G	Wasserzähler, Gaszähler

1) Zusätzliche Angaben, falls zweckmäßig: G = Gas, W = Wasser, A = Abwasser, H = Heizung
2) Sinnbild einer Trennstelle auch in dieser Form üblich

Anlagenbeschreibung. Die Beschreibung der Anlage soll Angaben über Eigentümer, Hersteller und Baujahr der Blitzschutzanlage enthalten.

Weiterhin ist die vorhandene bauliche Anlage ausführlich zu erläutern. So sind stichwortartige Beschreibungen über Wandverkleidungen, Dach, Regenrinnen und -fallrohre, metallene Installationen und elektrische Anlagen zu machen.

Schließlich sind Einzelangaben zur vorgesehenen neuen Blitzschutzanlage, wie Fangeinrichtungen, Ableitungen, Trennstellen, Erdungsanlagen, Blitzschutz-Potentialausgleich und besondere Maßnahmen gegen Korrosion zu machen.

Die DIN empfiehlt für die Beschreibung der Blitzschutzanlage ein geeignetes Formular zu verwenden.

7.6 Prüfungen

Die Prüfung nach Fertigstellung, Abnahmeprüfung, und die Prüfung bestehender Blitzschutzanlagen wird nach DIN 48831 unterschieden.

Prüfungen bestehender Blitzschutzanlagen können aufgrund von einschlägigen Verordnungen und Verfügungen zuständiger Aufsichtsbehörden, von Unfallverhütungsvorschriften der Berufsgenossenschaften vorgeschrieben sein oder nach Empfehlungen der Sachversicherer und auch im Auftrag des Bauherren durchgeführt werden.

Bei der Prüfung nach Fertigstellung wird durch Besichtigen und Messen festgestellt, ob die Blitzschutzanlage die Anforderungen nach DIN VDE 0185 T. 1 erfüllt.

Über das Ergebnis ist ein Prüfbericht anzufertigen, der dem Auftraggeber auszuhändigen ist.

Bei der Prüfung bestehender Blitzschutzanlagen wird festgestellt, ob an der Blitzschutzanlage oder der baulichen Anlage Änderungen durchgeführt wurden. Weiterhin wird durch Besichtigen und Messen kontrolliert, ob die Blitzschutzanlage in ordnungsgemäßem Zustand ist.

Nach wesentlichen Änderungen sind die Zeichnungen und Beschreibungen auf Vollständigkeit zu prüfen und gegebenenfalls zu ergänzen.

Über das Ergebnis der Prüfung an der bestehenden Blitzschutzanlage ist ein Bericht anzufertigen. Er muß insbesondere Angaben über Umfang und Werte der durchgeführten Messungen enthalten.

7.7 Besondere Anlagen

Die DIN VDE 0185 T. 2 legt Anforderungen an Blitzschutzanlagen für bauliche Anlagen besonderer Art, für nicht stationäre Anlagen und Anlagen mit besonders gefährdeten Bereichen fest.

1. Bauliche Anlagen besonderer Art. Hierzu zählen frei stehende Schornsteine, Kirchtürme und Kirchen, Fernmeldetürme, Seilbahnen, Elektrosirenen, Krankenhäuser und Kliniken, Sportanlagen, Tragluftbauten und Brücken.

Frei stehende Schornsteine werden in Metallschornsteine und nicht metallene Schornsteine eingeteilt.

Metallene Schornsteine und ihre Abspannungen sind zu erden.

Nichtmetallene Schornsteine. Als Fangeinrichtungen müssen grundsätzlich mindestens 3 Fangstangen, welche die Schornsteinmündung um 50 cm überragen, in Abständen von höchstens 2 m angebracht werden. Bis 20 m Schornsteinhöhe genügt eine Ableitung, darüber hinaus sind zwei außenliegende Ableitungen vorzusehen.

Eine durchgehend elektrisch leitfähige äußere Steigleiter ersetzt zwei Ableitungen.

Ableitungen im Bereich der Rauchgase, das ist etwa der Bereich bis zum fünffachen Mündungsdurchmesser, mindestens jedoch bis 3 m unterhalb der Mündung, müssen korrosionsfest ausgeführt werden (Taf. **476**.1)

Bei Schornsteinen aus Stahlbeton dürfen die Ableitungen im Beton verlegt werden.

Bei einer verrödelten Bewehrung darf auf besondere Ableitungen verzichtet werden.

Beleuchtungsanlagen außen am Schornstein sind durch Ventilableiter zu schützen, wobei die Ableiter an der obersten Einbaustelle der Leuchten sowie an der zugehörigen Verteilung im Bereich des Schornsteinfußes einzusetzen sind.

Weitere Einzelheiten sind DIN VDE 0185 T. 2 Absatz 4.1.2 zu entnehmen.

Kirchtürme und Kirchen (**488**.1). Kirchtürme erhalten mindestens eine außenliegende Ableitung, über 20 m Höhe mindestens zwei äußere Ableitungen.

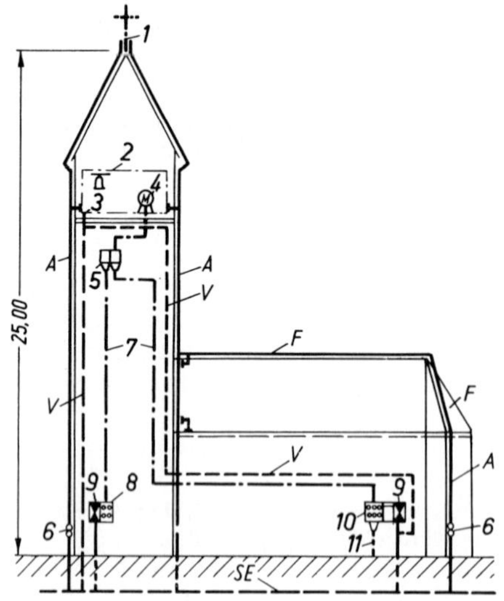

A Ableitung
F Fangleitung
SE Sammelerder
V Verbindungsleitung

1 Metallkreuz im Anschluß an beide äußere Ableitungen
2 Glockenstuhl aus Stahl
3 Anschluß von Verbindungsleitungen an Glockenstuhl
4 Elektromotor
5 Metallgehäuse der Schalttafel
6 Trennstelle
7 elektrische Leitungen
8 Steuertafel für Läutewerk
9 Überspannungsableiter
10 Hauptverteilung
11 Starkstromanschluß

488.1 Blitzschutzanlage für eine Kirche mit elektrischer Anlage im Turm, mit 2 äußeren Ableitungen für den Turm und 1 äußeren Ableitung für das Kirchenschiff

Bei Türmen über 40 m Höhe können besondere Maßnahmen zum Auffangen seitlich einschlagender Blitze notwendig werden.

Wenn der Kirchturm mit der Kirche zusammengebaut ist, muß eine Ableitung des Kirchturmes mit der Blitzschutzanlage der Kirche verbunden werden.

Im Inneren des Turmes darf keine Ableitung geführt werden.

Es darf keine Verbindung zwischen den außen am Turm herabführenden Ableitungen und den Läutewerken und Uhren im Inneren des Turmes hergestellt werden. Näherungen sind zu vermeiden.

Das Kirchenschiff muß eine eigene Blitzschutzanlage erhalten, die bei angebautem Turm auf dem kürzesten Wege mit einer Ableitung des Turmes zu verbinden ist.

Der Blitzschutz-Potentialausgleich mit den Starkstromanlagen ist durch Überspannungsableiter, Ventilableiter, unten im Turm oder an der Hauptverteilung der Kirche durchzuführen.

Seilbahnen. Personenseilbahnen dürfen bei Gewitter nicht betrieben werden.

Die in DIN VDE 0185 T. 2 unter Absatz 4.4 beschriebenen Maßnahmen dienen in erster Linie dem Schutz der Anlagen.

Hierzu gehören der Einbau von Ventilableitern in die Starkstromanlage und ein Überspannungsschutz der Fernmeldeeinrichtungen.

Krankenhäuser und Kliniken. Die in DIN VDE 0185 T. 2 unter Absatz 4.6 beschriebenen Maßnahmen und Bestimmungen sind so ausgelegt, daß Teilblitzströme in der Blitzschutzanlage die elektrischen Einrichtungen und den besonderen Potentialausgleich von medizinisch genutzten Räumen nach DIN VDE 0107 möglichst nicht beeinträchtigen.

Die Fangleitungen sind mit einer Maschenweite von nicht mehr als 10 × 10 m zu verlegen. Alle 10 m soll außerdem eine Ableitung angeordnet werden.

Außen am Gebäude vorhandene Metallteile, wie Sonnenblenden mit Motorverstellung oder Jalousien mit Motorantrieb, sind mit der äußeren Blitzschutzanlage zu verbinden.

Metallene Installationen und elektrische Anlagen von medizinisch genutzten Räumen dürfen nicht mit der Blitzschutzanlage verbunden werden.

Der erforderliche Potentialausgleich darf nur im Kellerbereich ausgeführt werden.

2. Nichtstationäre Anlagen und Einrichtungen. Hierzu zählen Turmdrehkrane auf Baustellen und Automobilkrane auf Baustellen. Sie erfordern nach DIN VDE 0185 T. 2 Absatz 5.1 und 5.2 besondere Maßnahmen, auf die hier nicht näher eingegangen werden kann.

3. Anlagen mit besonders gefährdeten Bereichen. Hier sind feuergefährdete Bereiche wie Gebäude mit weicher Bedachung, offene Lager und Windmühlen sowie explosionsgefährdete Bereiche und explosivstoffgefährdete Bereiche zu unterscheiden.

Gebäude mit weicher Bedachung. Bei den feuergefährdeten Dachdeckungen aus Reet, Stroh oder Schilf müssen die Fangleitungen auf isolierenden Stützen, Holzpfählen nach DIN 48812 und Spannkappen nach DIN 48811, gespannt verlegt werden.

Der Abstand zwischen den Leitungen und dem First muß mindestens 60 cm, zwischen den übrigen Leitungen auf dem Dach und der Dachhaut mindestens 40 cm betragen (**489**.1).

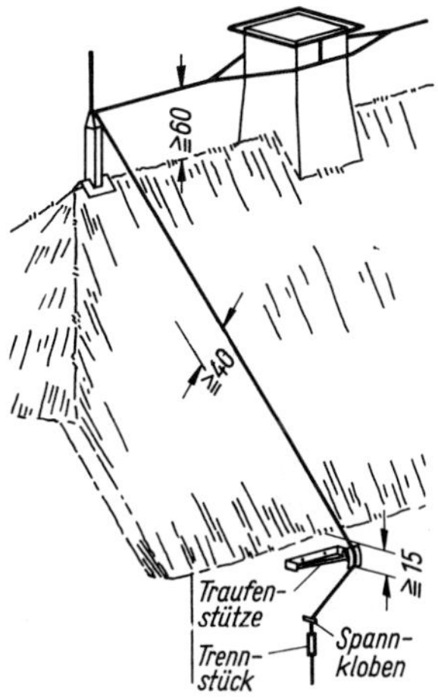

489.1 Blitzschutzanlage auf einem Weichdach (Schleswig-Holsteinische Landesbrandkasse)

Der Abstand von der Weichdachtraufe zur Traufstütze mit Spannkloben nach DIN 48827 darf 15 cm nicht unterschreiten.

Bei Firstleitungen sind Spannweiten bis etwa 15 m, bei Ableitungen Spannweiten bis etwa 10 m ohne zusätzliche Abstützungen anzustreben.

Zweige von Bäumen sind in mindestens 2 m Abstand vom Weichdach zu halten.

Antennen sind auf weichgedeckten Dächern nicht zulässig.

Weitere Einzelheiten zum Errichten besonderer Blitzschutzanlagen sind in der umfangreichen DIN VDE 0185 T. 2 nachzulesen.

7.8 Technische Regeln

Deutsche Normen

DIN 18014	Fundamenterder (02.94)
DIN 18015	T. 1 Elektrische Anlagen in Wohngebäuden; Planungsgrundlagen (03.92)
DIN 18384	VOB Verdingungsordnung für Bauleistungen, Teil C: Allgemeine Technische Vertragsbedingungen für Bauleistungen (ATV); Blitzschutzanlagen (12.92)
DIN 48803	Blitzschutzanlage; Anordnung von Bauteilen und Montagemaße (03.85)
DIN 48820	Sinnbilder für Blitzschutzbauteile in Zeichnungen (01.67)
DIN 48830	Blitzschutzanlage; Beschreibung (03.85)

DIN-VDE-Normen

DIN VDE 0100	T. 540 Errichten von Starkstromanlagen mit Nennspannungen bis 1000 V; Auswahl und Errichtung elektrischer Betriebsmittel; Erdung, Schutzleiter, Potentialausgleichsleiter (11.91)
DIN VDE 0185	T. 1 Blitzschutzanlage; Allgemeines für das Errichten [VDE-Richtlinie] (11.82)
DIN VDE 0185	T. 2 Blitzschutzanlage; Errichten besonderer Anlagen [VDE-Richtlinie) (11.82)
DIN VDE 0675	T. 1 Richtlinien für Überspannungsschutzgeräte; Teil 1: Ventilableiter für Wechselspannungsnetze (05.72)
DIN VDE 0675	T. 2 Überspannungsschutzgeräte; Anwendung von Ventilableitern für Wechselspannungsnetze [VDE-Richtlinie] (08.75)
DIN VDE 0675	T. 3 Überspannungsschutzgeräte; Schutzfunkenstrecken für Wechselspannungsnetze [VDE-Richtlinie] (11.82)
DIN VDE 0800	T. 1 Fernmeldetechnik; Allgemeine Begriffe, Anforderungen und Prüfungen für die Sicherheit der Anlagen und Geräte (05.89)
DIN VDE 0800	T. 2 Fernmeldetechnik; Erdung und Potentialausgleich (07.85)
DIN VDE 0845	VDE-Bestimmung für den Schutz von Fernmeldeanlagen gegen Überspannungen (04.76)
DIN VDE 0845	T. 1 Schutz von Fernmeldeanlagen gegen Blitzeinwirkungen, statische Aufladungen und Überspannungen aus Starkstromanlagen; Maßnahmen gegen Überspannungen (10.87)
DIN VDE 0855	T. 1 Antennenanlagen; Errichtung und Betrieb [VDE-Bestimmung] (05.84)

DVGW-Regelwerk

GW 306	Verbinden von Blitzschutzanlagen mit metallenen Gas- und Wasserleitungen in Verbrauchsanlagen (08.82)

8 Wärmeversorgung

8.1 Grundbegriffe

Jeder Körper sendet Energie in Gestalt elektromagnetischer Strahlung aus, die geradlinig auch den luftleeren Raum durchdringt. Die durch ihre Wellenlänge bestimmte Art und die Menge dieser Strahlungsenergie hängen von der Temperatur des Körpers ab, d. h. von der Stärke der Bewegung seiner Moleküle, die sich erst beim Erreichen des absoluten Temperaturnullpunktes in völliger Ruhe befinden. Je höher die Temperatur des strahlenden Körpers ist, desto kürzer ist die Wellenlänge der Strahlung.

Bei den Temperaturen, die uns umgebende Körper aufweisen, liegt die ausgesendete Strahlung fast ausschließlich im Bereich der Infrarotstrahlung. Diese erregt in den getroffenen festen und flüssigen Körpern, soweit sie nicht zurückgeworfen wird, lediglich eine Molekularbewegung. Im menschlichen Körper wird sie als Wärme verspürt und bereits in der obersten Schicht der Haut absorbiert.

8.1.1 Wärmemessung

Temperatur. Sie ist die Kennzeichnung des Wärmezustandes (Wärmegrades) und kann auf zweierlei Weise gemessen werden:

1. Celsius-Temperatur. Die im praktischen Leben und in der Technik weitgehend verwendete Celsius-Skala ist zwischen den Festpunkten Gefrierpunkt (= 0 °C) und Siedepunkt des Wassers (= 100 °C) in 100 gleiche Teile, Celsiusgrade (Grad Celsius mit dem Einheitszeichen °C), geteilt.

Temperaturen unter dem Gefrierpunkt werden mit dem Minuszeichen (–) versehen, Temperaturen über dem Gefrierpunkt können mit dem Pluszeichen (+) versehen werden.

2. Kelvin-Temperatur (Thermodynamische Temperatur). Ein Temperaturunterschied von 1 Kelvin (1 K) ist genauso groß wie 1 °C.

Die Kelvin-Skala unterscheidet sich von der Celsius-Skala lediglich durch ihren anderen Nullpunkt, der dem Temperaturpunkt – 273,15 °C der Celsius-Skala entspricht (= absoluter Nullpunkt).

Aus den vorstehenden Angaben ergeben sich folgende Entsprechungen.

0 K ≙	– 273,15 °C	absoluter Nullpunkt
273,15 K ≙	0 °C	Gefrierpunkt des Wassers
310,15 K ≙	37 °C	menschliche Körpertemperatur
373,15 K ≙	100 °C	Siedepunkt des Wassers

Temperaturdifferenzen, früher mit „grd" gekennzeichnet, werden in K angegeben.

Wärme. Sie ist eine Form der Energie (= gespeicherte Arbeit und Fähigkeit, Arbeit zu leisten) und tritt nur bei der Energieübertragung zwischen 2 Körpern (Stoffen) auf.

Maßeinheit für die unmittelbar nicht mögliche Wärmemessung ist die Wattstunde (Wh) oder die Kilowattstunde (kWh).

Wärmeleistung oder Wärmestrom, das bedeutet die in der Zeiteinheit 1 s freigesetzte oder strömende Wärmemenge (Wärmeenergie), ist der Quotient aus Wärmemenge und Zeit.

Maßeinheit ist das Watt (W) oder das Kilowatt (kW).

8.1.2 Wärmeübertragung

Temperaturunterschiede zwischen verschiedenen Körpern suchen sich stets dadurch auszugleichen, daß die Wärme vom Ort der höheren zu dem der niedrigeren Temperatur wandert.

Dieser Wärmeübergang kann auf dreierlei Weise erfolgen, durch Wärmestrahlung, Wärmedurchgang und Wärmemitführung.

1. Wärmestrahlung. Die Wärmeenergie wird von der Oberfläche des wärmeren Körpers zu der des kälteren geradlinig durch den luftleeren oder gasgefüllten Raum abgestrahlt und von dieser je nach ihrer Beschaffenheit mehr oder weniger absorbiert oder zurückgestrahlt.

Dabei kühlt sich der ausstrahlende Körper ab, weil sich ein Teil seiner Molekularenergie in Strahlungsenergie umsetzt. Der bestrahlte Körper erwärmt sich, weil sich die auftreffende Strahlungsenergie, soweit sie absorbiert wird, in Wärmeenergie zurückverwandelt.

Blanke metallische Flächen strahlen fast keine Wärme ab, reflektieren dagegen auftreffende Wärmestrahlen fast vollständig. Während die kurzwellige Wärmestrahlung der Sonne von hellen Flächen stärker zurückgestrahlt wird als von dunklen, spielt die Farbe des aussendenden wie die des getroffenen Körpers bei der langwelligen Wärmestrahlung der üblichen Heizungsanlagen praktisch keine Rolle.

Fensterglas absorbiert von der kurzwelligen Sonnenwärmestrahlung nur 8 bis 15% und erwärmt sich hierbei, während der Rest, soweit er nicht reflektiert wird, hindurchgeht. Langwellige Wärmestrahlung wird hingegen von Glas in wesentlich größerem Maße absorbiert und wieder abgestrahlt, etwa der Wärmestau in Glasveranden bei Sonnenbestrahlung (s. auch Abschnitte 6.3.1 und 11.5.6).

2. Wärmedurchgang. Der Wärmedurchgang (Wärmetransmission) durch ein Bauteil setzt sich zusammen aus dem Wärmeübergang von der begrenzenden wärmeren Luftschicht an die eine Seite dieses Bauteiles (z. B. die innere Wandoberfläche), der Wärmeleitung (Wärmedurchlaß) durch den Bauteil hindurch und dann dem Wärmeübergang von dessen anderer Oberfläche an die diese begrenzende kältere Luftschicht.

Ausdruck für die Wärmeleitfähigkeit eines Stoffes ist die Zahl λ.

Wärmeleitfähigkeit λ. Sie ist diejenige Wärmemenge, die in 1 Sekunde durch 1 m^2 einer 1 m dicken Schicht eines Stoffes hindurchgeht, wenn die Oberflächentemperaturen dieser Schicht sich um 1 K unterscheiden. λ hat demgemäß die Dimension $W/(m \cdot K)$.

Ein hoher Wert für λ kennzeichnet somit einen guten Wärmeleiter, ein niedriger einen schlechten (z. B. einen Wärmedämmstoff).

Rechenwerte der Wärmeleitfähigkeit (λ_R) vieler Baustoffe enthalten, unter Berücksichtigung einer in der Praxis stets vorhandenen gewissen Durchfeuchtung, die Tabellen der DIN 4108 Teil 4 (Taf. **503**.1).

Bei jedem Wärmedurchgang, -übergang oder -durchlaß ist ein bestimmter Widerstand zu überwinden.

Zu unterscheiden sind der Wärmedurchgangswiderstand $1/k$, der innere Wärmeübergangswiderstand $1/\alpha_i$, der äußere Wärmeübergangswiderstand $1/\alpha_a$ und der Wärmedurchlaßwiderstand $1/\Lambda$. Sie alle haben die Einheit $m^2 \cdot K/W$.

Wärmeübergangswiderstände $1/\alpha_i$ (R_i) und $1/\alpha_a$ (R_a). Rechenwerte, in denen die Anteile der Konvektion und Wärmestrahlung zu einer äquivalenten Größe zusammengefaßt sind, enthält Tafel **493**.1 und Bild **494**.1.

Unterschieden werden darin die Wärmeübergangswiderstände nur nach Art und Größe der Luftbewegung und nach Richtung des Wärmestromes bei waagrechten Bauelementen, nicht nach der Art der Bauelemente selbst.

Tafel **493**.1 Rechenwerte der Wärmeübergangswiderstände[1][2]) (Nach DIN 4108 T. 4)

Zeile	Bauteil[3])	Wärmeübergangswiderstand $\frac{1}{\alpha_i}$ $m^2 \cdot K/W$	Wärmeübergangswiderstand $\frac{1}{\alpha_a}$ $m^2 \cdot K/W$
1	Außenwand (ausgenommen solche nach Zeile 2)		0,04
2	Außenwand mit hinterlüfteter Außenhaut[4]), Abseitenwand zum nicht wärmegedämmten Dachraum	0,13	0,08[5])
3	Wohnungstrennwand, Treppenraumwand, Wand zwischen fremden Arbeitsräumen, Trennwand zu dauernd unbeheiztem Raum, Abseitenwand zum wärmegedämmten Dachraum		[6])
4	An das Erdreich grenzende Wand		0
5	Decke oder Dachschräge, die Aufenthaltsraum nach oben gegen die Außenluft abgrenzt (nicht belüftet)	0,13	0,04
6	Decke unter nicht ausgebautem Dachraum, unter Spitzboden oder unter belüftetem Raum (z. B. belüftete Dachschräge)		0,08[5])
7	Wohnungstrenndecke und Decke zwischen fremden Arbeitsräumen		
7.1	Wärmestrom von unten nach oben	0,13	[6])
7.2	Wärmestrom von oben nach unten	0,17	
8	Kellerdecke		[6])
9	Decke, die Aufenthaltsraum nach unten gegen die Außenluft abgrenzt	0,17	0,04
10	Unterer Abschluß eines nicht unterkellerten Aufenthaltsraumes (an das Erdreich grenzend)		0

[1]) Vereinfachend kann in allen Fällen mit $1/\alpha_i = 0{,}13\ m^2 \cdot K/W$ sowie – die Zeilen 4 und 10 ausgenommen – mit $1/\alpha_a = 0{,}04\ m^2 \cdot K/W$ gerechnet werden.

[2]) Für die Überprüfung eines Bauteils auf Tauwasserbildung auf Oberflächen siehe besondere Festlegung in DIN 4108 Teil 3.

[3]) Zur Lage der Bauteile im Bauwerk siehe Bild **494**.1.

[4]) Für zweischaliges Mauerwerk mit Luftschicht nach DIN 1053 Teil 1 gilt Zeile 1.

[5]) Diese Werte sind auch bei der Berechnung des Wärmedurchgangswiderstandes $1/k$ von Rippen neben belüfteten Gefachen nach DIN 4108 Teil 2, Abschnitt 5.2.6, anzuwenden.

[6]) Bei innenliegendem Bauteil ist zu beiden Seiten mit demselben Wärmeübergangswiderstand zu rechnen.

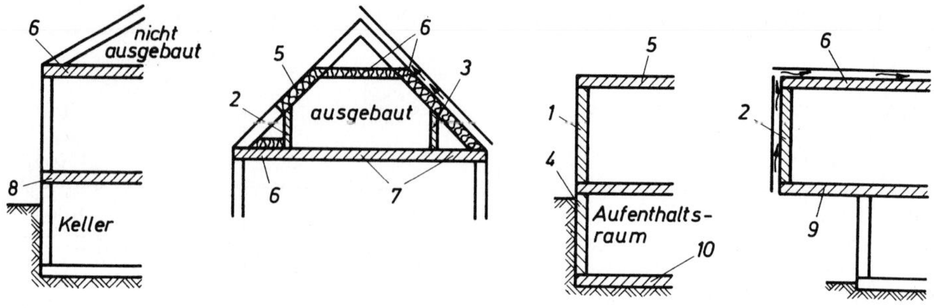

494.1 Lage und Ausbildung der Bauteile (die Nummern 1 bis 10 entsprechen den Zeilen-Nummern in Tafel **493.1**) (nach DIN 4108 T. 4).

Wärmedurchlaßwiderstand $1/\Lambda$. Er ist definiert für jedes Bauteil bzw. für jede Schicht eines Bauteiles durch

$$\frac{1}{\Lambda} = \frac{s}{\lambda} \text{ in m}^2 \cdot \text{K/W}$$

mit s (m) = Dicke des Bauteiles oder der Schicht und λ (W/m · K) = Rechenwert der Wärmeleitfähigkeit.

Der Wärmedurchlaßwiderstand eines Bauteiles wird auch mit Wärmedämmwert oder Wärmedämmzahl bezeichnet.

Wärmedurchgangswiderstand $1/k$. Der Wärmedurchgangswiderstand ist die Summe der Wärmeübergangs- und der Wärmedurchlaßwiderstände aller hintereinanderliegenden Schichten eines Bauteiles. Es gilt daher

für einschichtige Bauteile

$$\frac{1}{k} = \frac{1}{\alpha_i} + \frac{1}{\Lambda} + \frac{1}{\alpha_a} \text{ in m}^2 \cdot \text{K/W}$$

für mehrschichtige Bauteile

$$\frac{1}{k} = \frac{1}{\alpha_i} + \sum \frac{1}{\Lambda} + \frac{1}{\alpha_a} \text{ in m}^2 \cdot \text{K/W}$$

Diese Gleichungen lassen erkennen, daß in ihnen lediglich der Ausdruck für den Wärmedurchlaßwiderstand ($1/\Lambda$ bzw. $\Sigma 1/\Lambda$) durch Art, Gefüge und Abmessungen der verwendeten Bauteile beeinflußt wird, wogegen die Wärmeübergangswiderstände $1/\alpha_a$ und $1/\alpha_i$, wie bereits erwähnt, von den Bauteilen unabhängige Werte darstellen.

Allein aus der Größe des Wärmedurchlaßwiderstandes $1/\Lambda$ eines Bauteiles läßt sich daher bereits die Güte seines Wärmeschutzes zutreffend beurteilen. Großer Wärmedurchlaßwiderstand = hoher Wärmeschutz, kleiner Wärmedurchlaßwiderstand = geringer Wärmeschutz.

Aus diesem Grund sind in DIN 4108 T. 2 Mindestwerte für den Wärmedurchlaßwiderstand $1/\Lambda$ der verschiedenen Bauteile festgelegt (Taf. **496**.1).

Für die Aufstellung einer Wärmebedarfsberechnung (s. Abschnitt 8.3.1.2) eines Gebäudes, welches die Grundlage für die Auslegung jeder Zentralheizungsanlage ist, müssen die Wärmedurchgangswiderstände $1/k$ aller in Betracht kommenden Bauteile bekannt sein und ermittelt werden.

Sie sind aus den Wärmedurchlaßwiderständen durch Addition der Wärmeübergangswiderstände leicht zu ermitteln.

Zahlenbeispiel für eine Außenwand (Taf. **493**.1 und **503**.1).

Wärmedurchgangswiderstand $1/k$

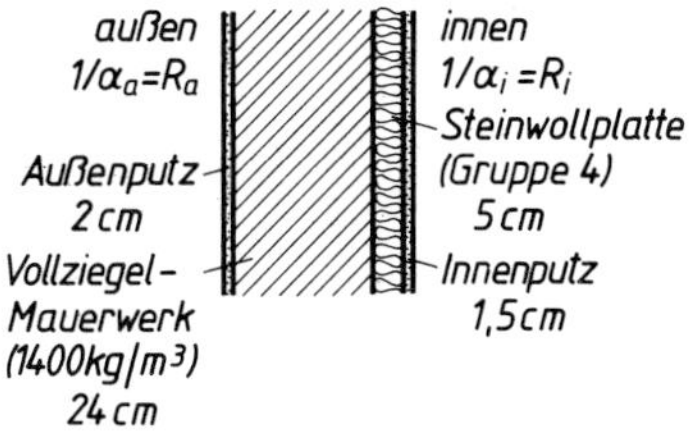

	Dicke s m	λ W/m · K	s/λ $m^2 \cdot K/W$	$1/\alpha$ $m^2 \cdot K/W$
$1/\alpha_i$	–	–	–	0,130
Innenputz	0,015	0,87	0,017	–
Steinwolle	0,050	0,05	1,000	–
Vollziegel-Mauerwerk	0,240	0,58	0,414	–
Außenputz	0,020	0,87	0,023	–
$1/\alpha_a$	–	–	–	0,040
Wärmedurchlaßwiderstand $1/\Lambda$			1,454	
Wärmeübergangswiderstände $1/\alpha_i + 1/\alpha_a$			0,170	0,170
			1,624	

Die Rechenwerte der Wärmeleitfähigkeit aller gebräuchlichen Baustoffe können DIN 4108 T. 4 (Taf. **503**.1), die für Luftschichten DIN 4701 T. 2 und DIN 4108 T. 4 entnommen werden (Taf. **495**.1).

Tafel **495**.1 Rechenwerte der Wärmedurchlaßwiderstände von Luftschichten[1]) (nach DIN 4108 T. 4)

Lage der Luftschicht	Dicke der Luftschicht mm	Wärmedurchlaßwiderstand $1/\Lambda$ $m^2 \cdot K/W$
lotrecht	10 bis 20	0,14
lotrecht	über 20 bis 500	0,17
waagerecht	10 bis 500	0,17

[1]) Die Werte gelten für Luftschichten, die nicht mit der Außenluft in Verbindung stehen, und für Luftschichten bei mehrschaligem Mauerwerk nach DIN 1053 Teil 1.

Wärmebrücken. Der zusätzliche Wärmestrom durch Wärmebrücken, wie sie in Raumecken oder Fensterleibungen oder auch durch Einbau von Trägern oder in Fachwerkwänden auch durch Bewehrungen entstehen, kann im Rahmen von Wärmebedarfsberechnungen (s. Abschnitt 8.3.1) außer acht gelassen werden, wenn die Mindestwerte der Wärmedurchlaßwiderstände nach DIN 4108 T. 2 für die ungünstigsten Stellen nach Tafel **496**.1 eingehalten sind.

3. Wärmemitführung. Leicht bewegliche Stoffe, wie Gase, Dämpfe und Flüssigkeiten, können Wärme außer durch Leitung auch durch Umwälzung (Konvektion) übertragen.

An tief gelegener Stelle durch eine Heizfläche erwärmt, dehnen sie sich aus, werden spezifisch leichter als die benachbarten kälteren und schwereren Stoffteilchen und steigen daher in die Höhe. Stößt ein solcher Wärmeträger dort an kältere feste Stoffe, so gibt er einen Teil der mitgeführten Wärme durch Wärmeleitung ab, kühlt sich dabei ab, wird dadurch wieder schwerer und sinkt herab.

So entstehen ein ständiger Kreislauf und ein fortlaufender Wärmetransport, die durch äußere Mittel, zwangsweise Führung des Mediums oder durch Gebläse oder Umwälzpumpen, noch beschleunigt werden können.

Bei allen Heizungsarten wirken stets diese drei Wärmeübertragungen gemeinsam, wenn auch jeweils in verschiedenem Maß (s. Abschnitt 8.6.2).

Tafel **496**.1 Mindestwerte der Wärmedurchlaßwiderstände $1/\Lambda$ und Maximalwerte der Wärmedurchgangskoeffizienten k von Bauteilen (mit Ausnahme leichter Bauteile der Tafel **501**.1) (nach DIN 4108 T. 2)

Spalte		1		2		3	
				2.1	2.2	3.1	3.2
Zeile		Bauteile		Wärmedurchlaßwiderstand $1/\Lambda$		Wärmedurchgangskoeffizient k	
				im Mittel	an der ungünstigsten Stelle	im Mittel	an der ungünstigsten Stelle
				$m^2 \cdot K/W$		$W/(m^2 \cdot K)$	
1	1.1	Außenwände[1])	allgemein	0,55		1,39; 1,32[2])	
	1.2		für kleinflächige Einzelbauteile (z. B. Pfeiler) bei Gebäuden mit einer Höhe des Erdgeschoßfußbodens (1. Nutzgeschoß) ≦ 500 m über NN	0,47		1,56; 1,47[2])	
2	2.1	Wohnungstrennwände[3]) und Wände zwischen fremden Arbeitsräumen	in nicht zentralbeheizten Gebäuden	0,25		1,96	
	2.2		in zentralbeheizten Gebäuden[4])	0,07		3,03	
3		Treppenraumwände[5])		0,25		1.96	
4	4.1	Wohnungstrenndecken[3]) und Decken zwischen fremden Arbeitsräumen[6])[7])	allgemein	0,35		1,64[8]); 1,45[9])	
	4.2		in zentralbeheizten Bürogebäuden[4])	0,17		2,33[8]); 1,96[9])	
5	5.1	Unterer Abschluß nicht unterkellerter Aufenthaltsräume[6])	unmittelbar an das Erdreich grenzend	0,90		0,93	
	5.2		über einen nicht belüfteten Hohlraum an das Erdreich grenzend			0,81	
6		Decken unter nicht ausgebauten Dachräumen[6])[10])		0,90	0,45	0,90	1,52
7		Kellerdecken[6])[11])		0,90	0,45	0,81	1,27
8	8.1	Decken, die Aufenthaltsräume gegen die Außenluft abgrenzen[6])	nach unten[12])	1,75	1,30	0,51; 0,50[2])	0,66; 0,65[2])
	8.2		nach oben[13])[14])	1,10	0,80	0,79	1,03

Fußnoten 1 bis 14 siehe folgende Seite

Fußnoten zu Tafel **496**.1

1) Die Zeile 1 gilt auch für Wände, die Aufenthaltsräume gegen Bodenräume, Durchfahrten, offene Hausflure, Garagen (auch beheizte) oder dergleichen abschließen oder an das Erdreich angrenzen. Zeile 1 gilt nicht für Abseitenwände, wenn die Dachschräge bis zum Dachfuß gedämmt ist.

2) Dieser Wert gilt für Bauteile mit hinterlüfteter Außenhaut.

3) Wohnungstrennwände und -trenndecken sind Bauteile, die Wohnungen voneinander oder von fremden Arbeitsräumen trennen.

4) Als zentralbeheizt im Sinne dieser Norm gelten Gebäude, deren Räume an eine gemeinsame Heizzentrale angeschlossen sind, von der ihnen die Wärme mittels Wasser, Dampf oder Luft unmittelbar zugeführt wird.

5) Die Zeile 3 gilt auch für Wände, die Aufenthaltsräume von fremden, dauernd unbeheizten Räumen trennen, wie abgeschlossenen Hausfluren, Kellerräumen, Ställen, Lagerräumen usw. Die Anforderung nach Zeile 3 gilt nur für geschlossene, eingebaute Treppenräume; sonst gilt Zeile 1.

6) Bei schwimmenden Estrichen ist für den rechnerischen Nachweis der Wärmedämmung die Dicke der Dämmschicht im belasteten Zustand anzusetzen.
Bei Fußboden- oder Deckenheizungen müssen die Mindestanforderungen an den Wärmedurchlaßwiderstand durch die Deckenkonstruktion unter- bzw. oberhalb der Ebenen der Heizfläche (Unter- bzw. Oberkante Heizrohr) eingehalten werden. Es wird empfohlen, die Wärmedurchlaßwiderstände $1/\Lambda$ über diese Mindestanforderungen hinaus zu erhöhen.

7) Die Zeile 4 gilt auch für Decken unter Räumen zwischen gedämmten Dachschrägen und Abseitenwänden bei ausgebauten Dachräumen.

8) Für Wärmestromverlauf von unten nach oben.

9) Für Wärmestromverlauf von oben nach unten.

10) Die Zeile 6 gilt auch für Decken, die unter einem belüfteten Raum liegen, der nur bekriechbar oder noch niedriger ist, sowie für Decken unter belüfteten Räumen zwischen Dachschrägen und Abseitenwänden bei ausgebauten Dachräumen (bezüglich der erforderlichen Belüftung siehe DIN 4108 T. 3).

11) Die Zeile 7 gilt auch für Decken, die Aufenthaltsräume gegen abgeschlossene, unbeheizte Hausflure o. ä. abschließen.

12) Die Zeile 8.1 gilt auch für Decken, die Aufenthaltsräume gegen Garagen (auch beheizte), Durchfahrten (auch verschließbare) und belüftete Kriechkeller abgrenzen.

13) Siehe auch DIN 18530.

14) Zum Beispiel Dächer und Decken unter Terrassen.

Alle Wärmeschutzmaßnahmen suchen die äußerst geringe Wärmeleitfähigkeit ruhender Luft auszunutzen. Aber nur in sehr kleinen Poren ruht die Luft praktisch völlig, während sie in größeren Poren bereits umgewälzt wird und so größere Wärmeverluste entstehen. Hinzu tritt in größeren Poren dann noch eine Wärmeabstrahlung von der warmen Porenwand zur kälteren. Je kleiner daher die Poren eines Wärmedämmstoffes sind, um so größer ist der Wärmeschutz.

8.2 Wärmeschutz

Die Wärmeverluste durch Abwandern aus dem wärmeren Inneren eines Gebäudes in die kältere Außenluft müssen während der Heizperiode durch eine Heizungsanlage ausgeglichen werden, damit die erwünschte beständige Innentemperatur von mindestens 19 °C erhalten bleibt (s. auch Abschnitt 8.6.1).

Das Ausmaß dieser Wärmeverluste bestimmt die Größe der Heizungsanlage und damit die Höhe der Bau- und Betriebskosten der Heizung.

Die Größe der Wärmeverluste ist vor allem abhängig vom Umfang des baulichen Wärmeschutzes, den man dem Gebäude zuteil werden läßt.

Der Wärmeschutz der Gebäude wird bestimmt durch die Wärmedämmung und die Wärmespeicherung insbesondere aller umschließenden Bauteile.

Die Maßnahmen des Wärmeschutzes im Hochbau haben damit Bedeutung für die Gesundheit der Bewohner durch ein hygienisches Raumklima, den Schutz der Baukonstruktion vor klimabedingten Einwirkungen, einen geringeren Energieverbrauch bei der Heizung und Kühlung sowie die Herstellungs- und Bewirtschaftungskosten.

Der Wärmeschutz eines Raumes ist abhängig von den nachfolgend aufgezählten Gegebenheiten:

Dem Wärmedurchlaßwiderstand der raumumschließenden Wände, Decken, Fenster und Türen sowie deren Anteil an der wärmeübertragenden Umfassungsfläche,
der Anordnung der einzelnen Bauteileschichten und deren Wärmespeicherfähigkeit,
der Energiedurchlässigkeit, Größe und Orientierung der Fenster unter Berücksichtigung vorhandener Sonnenschutzeinrichtungen,
der Luftdurchlässigkeit von Bauteilen wie Fugen oder Spalten und
der Art der Lüftung.

Die in den Landesbauordnungen verankerten bindenden Vorschriften der DIN 4108 T. 1 bis 5 „Wärmeschutz im Hochbau“ unterscheiden den Wärmeschutz im Winter und den Wärmeschutz im Sommer.

8.2.1 Wärmeschutz im Winter

Planungsgrundsätze. Der Wärmeverbrauch eines Gebäudes kann gelegentlich durch die Wahl seiner Lage vermindert werden.

Als Möglichkeiten kommen die Verminderung des Windangriffes infolge benachbarter Bebauung oder Baumpflanzungen und die Orientierung der Fenster zur Ausnutzung der winterlichen Sonneneinstrahlung in Frage.

Die Gebäudeform und -gliederung beeinflußt durch die Außenflächengröße den Wärmeverbrauch eines Hauses.

Stark gegliederte freistehende Einfamilienhäuser weisen einen höheren Wärmeverlust auf als Doppel- oder Reihenhäuser gleicher Größe und Ausführung.

Der Energieverbrauch eines Gebäudes wird erheblich von der vorgesehenen Wärmedämmung der umschließenden Außenbauteile und deren Dichtheit bestimmt.

Räume, die über mehrere Geschosse reichen, sind schwer auf eine gleichmäßige Temperatur zu beheizen und können einen größeren Wärmeverbrauch verursachen.

Zweckmäßig ist es, zur Verminderung des Wärmeverlustes bei Hauseingängen Windfänge vorzusehen.

Sie sollten so groß sein, daß die innere Tür geschlossen werden kann, bevor die Außentür geöffnet wird.

Große Fensterflächen können zu einem Ansteigen des Wärmeverbrauches führen.

Bei nach Südosten bis Südwesten orientierten Fensterflächen können jedoch infolge der Sonneneinstrahlung die Wärmeverluste vermindert oder sogar Wärmegewinne erzielt werden.

Geschlossene, möglichst dichtschließende Fensterläden und Rolläden vermindern den Wärmedurchgang durch Fenster.

Rohrleitungen der Wasserversorgung und Heizung sollten an der Innenseite der Außenwände, Schornsteine nicht in Außenwänden liegen.

Bei Schornsteinen vermindert dies den Heizwärmeverbrauch und die Gefahr der Versottung.

Wärmedurchgang. Der Wärmedurchlaßwiderstand $1/\Lambda$ eines Bauteiles, auch als Wärmeleitwiderstand R_λ bezeichnet, dient der Beurteilung der Wärmedämmung (s. auch Abschnitt 8.1.2).

Der Rechenwert der Wärmeleitfähigkeit λ wird als λ_R bezeichnet. Er hat die Dimension W/(m · K) und ist DIN 4108 T. 4 zu entnehmen (Taf. **503**.1).

Der Wärmedurchgangskoeffizient k in W/(m · K) dient zur Beurteilung des Transmissionswärmeverlustes $\dot{Q}_T$ in W durch Bauteile, Bauteilschichten oder die gesamte Gebäudeumfassungsfläche (s. Abschnitt 8.3.1).

Die Berechnung des Wärmedurchlaßwiderstandes $1/\Lambda$ und des Wärmedurchgangskoeffizienten k erfolgt nach DIN 4108 T. 5.

Der Wärmedurchgangskoeffizient k wird aus dem Wärmedurchlaßwiderstand $1/\Lambda$ unter Berücksichtigung der Wärmeübergangswiderstände $1/\alpha_i$ und $1/\alpha_a$ berechnet.

$$k = \frac{1}{1/\alpha_i + 1/\Lambda + 1/\alpha_a} \text{ in W/(m}^2 \cdot \text{K)}$$

Die Wärmeübergangswiderstände $1/\alpha_i$ und $1/\alpha_a$ werden auch als R_i und R_a bezeichnet (s. auch Abschnitt 8.1.2).

Für die Beurteilung des Transmissionswärmeverlustes durch Fenster und Verglasungen werden nach DIN 4108 T. 4 die Wärmedurchgangskoeffizienten k_F und k_V verwendet (Taf. **522**.1).

Feuchteschutz. Der Wärmeschutz der Bauteile darf durch Tauwasserbildung oder Schlagregeneinwirkung nicht unzulässig vermindert werden.

Anforderungen sowie Beispiele für Maßnahmen und Bauteileausführungen enthält DIN 4108 T. 3.

Luftdurchlässigkeit. Über die Fugen bei Außenbauteilen und undichte Anschlußfugen von Fenstern und Außentüren treten Wärmeverluste durch Luftaustausch auf. Eine gewissenhafte Abdichtung dieser Fugen ist erforderlich.

Die Fugendurchlässigkeit zwischen Flügeln und Rahmen bei Fenstern und Fenstertüren wird durch den Fugendurchlaßkoeffizienten a nach DIN 18055 gekennzeichnet.

Ein ausreichender Luftwechsel ist aus hygienischen Gründen, zur Regulierung der Luftfeuchte und teilweise auch für die Zuführung von Verbrennungsluft notwendig.

8.2.2 Wärmeschutz im Sommer

Bei Gebäuden mit Wohnungen, Einzelbüros oder Läden und Häusern mit ähnlichen Nutzungen sind in der Regel raumlufttechnische Anlagen bei ausreichenden planerischen und baulichen Maßnahmen entbehrlich.

Nur bei zu großen internen Wärmequellen, großen Menschenansammlungen oder besonderen Nutzungen können raumlufttechnische Maßnahmen im Sommer notwendig sein (s. Abschnitte 11.4 und 11.5).

Planungsgrundsätze. Der sommerliche Wärmeschutz ist abhängig von

der Energiedurchlässigkeit der transparenten Außenbauteile, wie Fenster und feste Verglasungen einschließlich des Sonnenschutzes,
ihrem Anteil an der Fläche der Außenbauteile,
ihrer Orientierung nach der Himmelsrichtung,
der Art der Lüftung in den Räumen,
der Wärmespeicherfähigkeit besonders der innenliegenden Bauteile sowie
der Wärmeleiteigenschaften der nichttransparenten Außenbauteile durch den tageszeitlichen Temperaturverlauf und die Sonneneinstrahlung.

Große Fensterflächen ohne Sonnenschutzeinrichtungen und zu geringe Anteile innenliegender wärmespeichernder Bauteile können eine zu hohe Erwärmung der Räume zur Folge haben.

Für transparente Außenbauteile ist bei der Orientierung zur Himmelsrichtung eine Süd- oder Nordlage der Fenster günstiger als eine Ost- oder Westlage.

Eckräume mit nach mehreren Richtungen orientierten Fenstern sind in der Regel ungünstiger als mit einseitig angeordneten Fensterflächen.

Ein wirksamer Sonnenschutz der lichtdurchlässigen Außenbauteile kann durch die bauliche Gestaltung mit Hilfe außen- oder innenliegender Sonnenschutzvorrichtungen und Sonnenschutzgläsern (s. Taf. **799**.1) erreicht werden (s. Abschnitt 11.5.6).

Die bauliche Gestaltung kann durch auskragende Dächer, Balkone, Loggien oder Sonnenblenden (**801**.1) erfolgen.

Zu Sonnenschutzvorrichtungen zählen Fensterläden, Rolläden, Jalousien und Markisen.

Automatisch arbeitende Sonnenschutzeinrichtungen können sich besonders günstig auf den sommerlichen Wärmeschutz auswirken.

In Abhängigkeit von der Sonnenschutzmaßnahme ist jedoch auf die ausreichende Innenraumausleuchtung mit Tageslicht nach DIN 5034 T. 1 zu achten (s. auch Abschnitt 11.5.6).

Energiedurchlässigkeit. Die Energiedurchlässigkeit von transparenten Außenbauteilen wird von der Glasart und der gegebenenfalls vorhandenen Sonnenschutzeinrichtung bestimmt.

Sie wird durch den Gesamtenergiedurchlaßgrad g (g_F) nach DIN 67507 gekennzeichnet (Taf. **500**.1).

Tafel **500**.1 Gesamtenergiedurchlaßgrade g von Verglasungen (nach DIN 4108 T. 2)

Zeile		Verglasung	g
1	1.1	Doppelverglasung aus Klarglas	0,8
	1.2	Dreifachverglasung aus Klarglas	0,7
2		Glasbausteine	0,6
3		Mehrfachverglasung mit Sondergläsern (Wärmeschutzglas, Sonnenschutzglas)[1])	0,2 bis 0,8

[1]) Die Gesamtenergiedurchlaßgrade g von Sondergläsern können aufgrund von Einfärbung bzw. Oberflächenbehandlung der Glasscheiben sehr unterschiedlich sein. Im Einzelfall ist der Nachweis gemäß DIN 67507 zu führen.

Ohne Nachweis darf nur der ungünstigere Grenzwert angewendet werden.

Lüftung. Das sommerliche Raumklima wird durch eine länger andauernde natürliche Lüftung der Räume während der Nacht- oder frühen Morgenstunden verbessert.

Voraussetzungen hierfür sind öffenbare Fenster oder Fenstertüren und einfache Lüftungseinrichtungen (s. Abschnitt 11.3.1).

Wärmespeicherfähigkeit. Die Erwärmung der Innenräume durch Sonneneinstrahlung, Beleuchtung und Personen ist um so geringer, je speicherfähiger besonders die Innenbauteile sind.

Sind die Bauteile mit wärmedämmenden Schichten auf der Raumseite versehen, wird die Wärmespeicherfähigkeit verringert oder aufgehoben.

Wärmeleitung. Aus Gründen einer günstigen Wärmeleitfähigkeit der nichttransparenten Außenbauteile muß eine ausreichende Wärmedämmung oder gegebenenfalls eine sachgerechte Schichtenfolge gewählt werden.

Außenliegende Wärmedämmschichten und innenliegende speicherfähige Schichten wirken sich günstig aus.

8.2.3 Mindestwärmeschutz

Die Mindestanforderungen an den Wärmeschutz, die bei Räumen an Einzelbauteile gestellt werden, sind in der Tafel **496**.1 angegeben.

Hierin sind die Mindestwerte der Wärmedurchlaßwiderstände $1/\Lambda$ und die Maximalwerte der Wärmedurchgangskoeffizienten k von nichttransparenten Bauteilen aufgeführt.

Zusätzliche Anforderungen für Außenwände, Decken unter nicht ausgebauten Dachräumen und Dächer mit einer flächenbezogenen Gesamtmasse unter 300 kg/m² für leichte Bauteile enthält Tafel **501**.1.

Diese Forderungen gelten nicht für den Bereich von Wärmebrücken.

Sie gelten bei Holzbauten für den Ausfachungsbereich.

Tafel **501**.1 Mindestwerte der Wärmedurchlaßwiderstände $1/\Lambda$ und Maximalwerte der Wärmedurchgangskoeffizienten k für Außenwände, Decken unter nicht ausgebauten Dachräumen und Dächer mit einer flächenbezogenen Gesamtmasse unter 300 kg/m² (leichte Bauteile) (nach DIN 4108 T. 2)

Flächenbezogene Masse der raumseitigen Bauteilschichten[1])[2]) kg/m²	Wärmedurchlaßwiderstand des Bauteils $1/\Lambda$[1])[2]) $m^2 \cdot K/W$	Wärmedurchgangskoeffizient des Bauteils k[1])[2]) $W/(m^2 \cdot K)$	
		Bauteile mit nicht hinterlüfteter Außenhaut	Bauteile mit hinterlüfteter Außenhaut
0	1,75	0,52	0,51
20	1,40	0,64	0,62
50	1,10	0,79	0,76
100	0,80	1,03	0,99
150	0,65	1,22	1,16
200	0,60	1,30	1,23
300	0,55	1,39	1,32

[1]) Als flächenbezogene Masse sind in Rechnung zu stellen:
- bei Bauteilen mit Dämmschicht die Masse derjenigen Schichten, die zwischen der raumseitigen Bauteiloberfläche und der Dämmschicht angeordnet sind. Als Dämmschicht gilt hier eine Schicht mit $\lambda_R \leqq 0{,}1$ W/(m · K) und $1/\Lambda \geqq 0{,}25$ m² · K/W,
- bei Bauteilen ohne Dämmschicht (z. B. Mauerwerk) die Gesamtmasse des Bauteils.

Werden die Anforderungen nach obiger Tafel bereits von einer oder mehreren Schichten des Bauteils – und zwar unabhängig von ihrer Lage – (z. B. bei Vernachlässigung der Masse und des Wärmedurchlaßwiderstandes einer Dämmschicht) erfüllt, so braucht kein weiterer Nachweis geführt zu werden.

Holz und Holzwerkstoffe dürfen näherungsweise mit dem 2fachen Wert ihrer Masse in Rechnung gestellt werden.

[2]) Zwischenwerte dürfen geradlinig interpoliert werden.

Nichttransparente Ausfachungen von Fensterwänden, die weniger als 50% der gesamten Ausfachung betragen, müssen mindestens die Anforderungen der Tafel **496**.1 erfüllen.

Andernfalls gelten die Forderungen der Tafel **501**.1.

Erläuterungen. Nachfolgende Angaben dienen zur Berechnungserläuterung der einzelnen Bauteile im Zusammenhang mit der Tafel **496**.1.

Wände. Der Mindestwärmeschutz muß an jeder Stelle vorhanden sein.

Hierzu gehören unter anderem auch Nischen unter Fenstern, Fensterbrustungen von Fensterelementen, Fensterstürze, Rolladenkästen einschließlich Rolladenkastendeckel, Wandbereiche auf der Außenseite von Heizkörpern und Rohrkanäle insbesondere für ausnahmsweise in Außenwänden angeordnete wasserführende Leitungen.

Falls ausnahmsweise Heizungs- und Warmwasserrohre in Außenwänden angeordnet werden müssen, ist auf der raumabgewandten Seite der Rohre eine erhöhte Wärmedämmung gegenüber den Tabellenwerten erforderlich.

Besondere Anforderungen an Rohrleitungen von Heizungs- und Brauchwasseranlagen in Außenbauteilen werden nach der Heizungsanlagen-Verordnung (HeizAnlV) gestellt (s. Abschnitt 10.7.2).

Hinterlüftung. Der Wärmedurchlaßwiderstand der Außenschale und der Luftschicht von belüfteten Bauteilen wird bei der Berechnung der vorhandenen Wärmedämmung nicht berücksichtigt.

Wegen der Berücksichtigung der Wärmedämmung der belüfteten Luftschicht von mehrschaligem Mauerwerk in der Ausführung nach DIN 1053 T. 1 siehe Tafel **495**.1.

In diesem Fall darf die Wärmedämmung der Luftschicht und der Außenschale mitgerechnet werden.

Fußböden. Ein befriedigender Schutz gegen eine Wärmeableitung, das bedeutet ausreichende Fußwärme, ist nach DIN 4108 T. 2 sicherzustellen.

Dachräume. Bei Gebäuden mit nicht ausgebauten Dachräumen, bei denen die oberste Geschoßdecke einen vorgeschriebenen Mindestwärmeschutz erhält, ist ein Wärmeschutz der Dächer nicht erforderlich.

Fenster und Fenstertüren. Außenliegende Fenster, Fenstertüren und außenliegende Türen von beheizten Räumen sind mindestens mit Isolier- oder Doppelverglasung auszuführen.

Anforderungen an den Wärmedurchgangskoeffizienten dieser Bauteile sind außerdem in der Wärmeschutzverordnung geregelt (s. Abschnitt 8.2.4).

8.2.4 Energiesparender Wärmeschutz

Die steigenden Energiepreise haben die Bundesregierung veranlaßt, die Forderungen des baulichen Wärmeschutzes mit der Novellierung der „Verordnung über einen energiesparenden Wärmeschutz bei Gebäuden" (WärmeschutzV) am 24. 02. 82 wesentlich anzuheben.

Die Verordnung trat am 01. 01. 84 in Kraft.

Die Wärmeschutzverordnung ist anzuwenden bei

Gebäuden mit normalen Innentemperaturen (mind. 19 °C),
Gebäuden mit niedrigen Innentemperaturen (12 °C bis 19 °C),
Gebäuden für Sport- und Versammlungszwecke (mind. 15 °C) und
baulichen Änderungen bestehender Gebäude.

Gebäude mit gemischter Nutzung unterliegen ergänzenden Vorschriften.

Die Vorschriften der DIN 4108 „Wärmeschutz im Hochbau" stehen mit der Anwendung der Wärmeschutzverordnung in direkter Verbindung. Dies gilt besonders für die Teile 2, 4 und 5 der Norm.

Die Mindestanforderungen der DIN 4108 T. 2 behalten daneben weiterhin ihre Gültigkeit.

Für die Ermittlung des Wärmedurchgangskoeffizienten k sind die Rechenwerte der Wärmeleitfähigkeit λ_R der DIN 4108 T. 4 anzuwenden (Taf. **503**.1).

Tafel **503**.1 Rechenwerte der Wärmeleitfähigkeit λ_R (nach DIN 4108 T. 4)

Zeile	Stoff	Rohdichte[1])[2]) kg/m³	Rechenwert der Wärmeleitfähigkeit λ_R[3]) W/(m · K)
1	**Putze, Estriche und andere Mörtelschichten**		
1.1	Kalkmörtel, Kalkzementmörtel, Mörtel aus hydraulischem Kalk	(1800)	0,87
1.2	Leichtmörtel nach DIN 1053 Teil 1		
1.2.1	Leichtmörtel LM 21	(≤ 700)	0,21
1.2.2	Leichtmörtel LM 36	(≤ 1000)	0,36
1.3	Zementmörtel	(2000)	1,4
1.4	Kalkgipsmörtel, Gipsmörtel, Anhydritmörtel, Kalkanhydritmörtel	(1400)	0,70
1.5	Gipsputz ohne Zuschlag	(1200)	0,35
1.6	Wärmedämmputzsysteme nach DIN 18550 Teil 3 Wärmeleitfähigkeitsgruppe 060 070 080 090 100	(≥ 200)	 0,06 0,07 0,08 0,09 0,10
1.7	Anhydritestrich	(2100)	1,2
1.8	Zementestrich	(2000)	1,4
1.9	Magnesiaestrich		
1.9.1	Unterböden und Unterschichten von zweilagigen Böden	(1400)	0,47
1.9.2	Industrieböden und Gehschicht	(2300)	0,70
1.10	Gußasphaltestrich, Dicke ≧ 15 mm	(2300)	0,90
2	**Großformatige Bauteile**		
2.1	Normalbeton nach DIN 1045 (Kies- oder Splittbeton mit geschlossenem Gefüge; auch bewehrt)	(2400)	2,1
2.2	Leichtbeton und Stahlleichtbeton mit geschlossenem Gefüge nach DIN 4219 Teil 1 und Teil 2, hergestellt unter Verwendung von Zuschlägen mit porigem Gefüge nach DIN 4226 Teil 2, ohne Quarzsandzusatz[6])	800 900 1000 1100 1200 1300 1400 1500 1600 1800 2000	0,39 0,44 0,49 0,55 0,62 0,70 0,79 0,89 1,00 1,30 1,60

Tafel **503**.1 (Fortsetzung)

Zeile	Stoff	Rohdichte[1])[2]) kg/m³	Rechenwert der Wärmeleitfähigkeit λ_R[3]) W/(m · K)
2.3	Dampfgehärteter Gasbeton nach DIN 4223	400 500 600 700 800	0,14 0,16 0,19 0,21 0,23
2.4	Leichtbeton mit haufwerksporigem Gefüge, z. B. nach DIN 4232		
2.4.1	mit nichtporigen Zuschlägen nach DIN 4226 Teil 1, z. B. Kies	1600 1800 2000	0,81 1,1 1,4
2.4.2	mit porigen Zuschlägen nach DIN 4226 Teil 2, ohne Quarzsandzusatz[6])	600 700 800 1000 1200 1400 1600 1800 2000	0,22 0,26 0,28 0,36 0,46 0,57 0,75 0,92 1,2
2.4.2.1	ausschließlich unter Verwendung von Naturbims	500 600 700 800 900 1000 1200	0,15 0,18 0,20 0,24 0,27 0,32 0,44
2.4.2.2	ausschließlich unter Verwendung von Blähton	500 600 700 800 900 1000 1200	0,18 0,20 0,23 0,26 0,30 0,35 0,46
3	**Bauplatten**		
3.1	Faserzementplatten	(2000)	0,58
3.2	Gasbeton-Bauplatten, unbewehrt, nach DIN 4166		
3.2.1	mit normaler Fugendicke und Mauermörtel nach DIN 1053 Teil 1 verlegt	500 600 700 800	0,22 0,24 0,27 0,29
3.2.2	dünnfugig verlegt	500 600 700 800	0,19 0,22 0,24 0,27

Tafel **503**.1 (Fortsetzung)

Zeile	Stoff	Rohdichte[1])[2]) kg/m³	Rechenwert der Wärmeleitfähigkeit λ_R[3]) W/(m · K)
3.3	Wandbauplatten aus Leichtbeton nach DIN 18162	800 900 1000 1200 1400	0,29 0,32 0,37 0,47 0,58
3.4	Wandbauplatten aus Gips nach DIN 18163, auch mit Poren, Hohlräumen, Füllstoffen oder Zuschlägen	600 750 900 1000 1200	0,29 0,35 0,41 0,47 0,58
3.5	Gipskartonplatten nach DIN 18180	(900)	0,21
4	**Mauerwerk einschließlich Mörtelfugen**		
4.1	Mauerwerk aus Mauerziegeln nach DIN 105 Teil 1 bis 4		
4.1.1	Vollklinker, Hochlochklinker, Keramikklinker	1800 2000 2200	0,81 0,96 1,2
4.1.2	Vollziegel, Hochlochziegel	1200 1400 1600 1800 2000	0,50 0,58 0,68 0,81 0,96
4.1.3	Leichthochlochziegel mit Lochung A und Lochung B nach DIN 105 Teil 2	700 800 900 1000	0,36 0,39 0,42 0,45
4.1.4	Leichthochlochziegel W nach DIN 105 Teil 2	700 800 900 1000	0,30 0,33 0,36 0,39
4.2	Mauerwerk aus Kalksandsteinen nach DIN 106 Teil 1 und Teil 2 und aus Kalksand-Plansteinen	1000 1200 1400 1600 1800 2000 2200	0,50 0,56 0,70 0,79 0,99 1,1 1,3
4.3	Mauerwerk aus Hüttensteinen nach DIN 398	1000 1200 1400 1600 1800 2000	0,47 0,52 0,58 0,64 0,70 0,76

Tafel **503**.1 (Fortsetzung)

Zeile	Stoff	Rohdichte[1])[2]) kg/m³	Rechenwert der Wärmeleitfähigkeit λ_R[3]) W/(m · K)
4.4	Mauerwerk aus Gasbeton-Blocksteinen und Gasbeton-Plansteinen DIN 4165		
4.4.1	Gasbeton-Blocksteine (G)	400 500 600 700 800	0,20 0,22 0,24 0,27 0,29
4.4.2	Gasbeton-Plansteine (GP)	400 500 600 700 800	0,15 0,17 0,20 0,23 0,27
4.5	Mauerwerk aus Betonsteinen		
4.5.1	Hohlblocksteine aus Leichtbeton (Hbl) nach DIN 18151 mit porigen Zuschlägen nach DIN 4226 Teil 2 ohne Quarzsandzusatz[7])		
4.5.1.1	2-K Hbl, Breite ≦ 240 mm 3-K Hbl, Breite ≦ 300 mm 4-K Hbl, Breite ≦ 365 mm 5-K Hbl, Breite ≦ 490 mm 6-K Hbl, Breite ≦ 490 mm	500 600 700 800 900 1000 1200 1400	0,29 0,32 0,35 0,39 0,44 0,49 0,60 0,73
4.5.1.2	2-K Hbl, Breite = 300 mm 3-K Hbl, Breite = 365 mm	500 600 700 800 900 1000 1200 1400	0,29 0,34 0,39 0,46 0,55 0,64 0,76 0,90
4.5.2	Vollsteine und Vollblöcke aus Leichtbeton nach DIN 18152		
4.5.2.1	Vollsteine (V)	500 600 700 800 900 1000 1200 1400 1600 1800 2000	0,32 0,34 0,37 0,40 0,43 0,46 0,54 0,63 0,74 0,87 0,99

Tafel **503**.1 (Fortsetzung)

Zeile	Stoff	Rohdichte[1])[2]) kg/m³	Rechenwert der Wärmeleitfähigkeit λ_R[3]) W/(m · K)
4.5.2.2	Vollblöcke (Vbl) (außer Vollblöcken S-W aus Naturbims nach Zeile 4.5.2.3 und aus Blähton oder aus einem Gemisch aus Blähton und Naturbims nach Zeile 4.5.2.4)	500 600 700 800 900 1000 1200 1400 1600 1800 2000	0,29 0,32 0,35 0,39 0,43 0,46 0,54 0,63 0,74 0,87 0,99
4.5.2.3	Vollblöcke S-W aus Naturbims		
4.5.2.3.1	Länge ≥490 mm	500 600 700 800	0,20 0,22 0,25 0,28
4.5.2.3.2	Länge l: 240 mm ≤ l < 490 mm	500 600 700 800	0,22 0,24 0,28 0,31
4.5.2.4	Vollblöcke S-W aus Blähton oder aus einem Gemisch aus Blähton und Naturbims		
4.5.2.4.1	Länge ≥490 mm	500 600 700 800	0,22 0,24 0,27 0,31
4.5.2.4.2	Länge l: 240 mm ≤ l < 490 mm	500 600 700 800	0,24 0,26 0,30 0,34
4.5.3	Hohlblöcke (Hbn) und T-Hohlblöcke (Tbn) aus Normalbeton mit geschlossenem Gefüge nach DIN 18153		
4.5.3.1	2 K, Breite ≦ 240 mm 3 K, Breite ≦ 300 mm 4 K, Breite ≦ 365 mm	(≦ 1800)	0,92
4.5.3.2	2 K, Breite = 300 mm 3 K, Breite = 365 mm	(≦ 1800)	1,3
5	**Wärmedämmstoffe**		
5.1	Holzwolle-Leichtbauplatten nach DIN 1101[8]) Plattendicke ≧ 25 mm Plattendicke = 15 mm	 (360 bis 480) (570)	 0,090 0,15

Tafel **503**.1 (Fortsetzung)

Zeile	Stoff	Rohdichte[1])[2]) kg/m³	Rechenwert der Wärmeleitfähigkeit λ_R[3]) W/(m · K)
5.2	Mehrschicht-Leichtbauplatten nach DIN 1101 Polystyrol-Partikelschaumschicht nach DIN 18164 Teil 1 Wärmeleitfähigkeitsgruppe[9]) 040	(≥ 15)	0,040
	Mineralfaserschicht nach DIN 18165 Teil 1 Wärmeleitfähigkeitsgruppe[10]) 040 045	(50 bis 250)	0,040 0,045
	Holzwolleschichten[11]) (Einzelschichten) Dicke d: 10 mm ≤ d < 25 mm Dicke ≥ 25 mm	 (460 bis 650) (360 bis 480)	 0,15 0,090
5.3	Schaumkunststoffe nach DIN 18159 Teil 1 und Teil 2 an der Baustelle hergestellt		
5.3.1	Polyurethan(PUR)-Ortschaum nach DIN 18159 Teil 1	(≧ 37)	0,030
5.3.2	Harnstoff-Formaldehydharz(UF)-Ortschaum nach DIN 18159 Teil 2	(≧ 10)	0,041
5.4	Korkdämmstoffe Korkplatten nach DIN 18161 Teil 1 Wärmeleitfähigkeitsgruppe 045 050 055	(80 bis 500)	0,045 0,050 0,055
5.5	Schaumkunststoffe nach DIN 18164 Teil 1[12])		
5.5.1	Polystyrol(PS)-Hartschaum Wärmeleitfähigkeitsgruppe 025 030 035 040		0,025 0,030 0,035 0,040
	Polystyrol-Partikelschaum	(≧ 15) (≧ 20) (≧ 30)	
	Polystyrol-Extruderschaum	(≧ 25)	
5.5.2	Polyurethan(PUR)-Hartschaum Wärmeleitfähigkeitsgruppe 020 025 030 035	(≧ 30)	0,020 0,025 0,030 0,035
5.5.3	Phenolharz(PF)-Hartschaum Wärmeleitfähigkeitsgruppe 030 035 040 045	(≧ 30)	0,030 0,035 0,040 0,045

Tafel **503**.1 (Fortsetzung)

Zeile	Stoff	Rohdichte[1])[2]) kg/m³	Rechenwert der Wärmeleitfähigkeit λ_R[3]) W/(m · K)
5.6	Mineralische und pflanzliche Faserdämmstoffe nach DIN 18165 Teil 1[13]) Wärmeleitfähigkeitsgruppe 035 040 045 050	(8 bis 500)	 0,035 0,040 0,045 0,050
5.7	Schaumglas nach DIN 18174 Wärmeleitfähigkeitsgruppe 045 050 055 060	(100 bis 500)	 0,045 0,050 0,055 0,060
6	**Holz und Holzwerkstoffe**[14])		
6.1	Holz		
6.1.1	Fichte, Kiefer, Tanne	(600)	0,13
6.1.2	Buche, Eiche	(800)	0,20
6.2	Holzwerkstoffe		
6.2.1	Sperrholz nach DIN 68705 Teil 2 bis Teil 4	(800)	0,15
6.2.2	Spanplatten		
6.2.2.1	Flachpreßplatten nach DIN 68761 Teil 1 und 4 und DIN 68763	(700)	0,13
6.2.2.2	Strangpreßplatten nach DIN 68764 Teil 1 (Vollplatten ohne Beplankung)	(700)	0,17
6.2.3	Holzfaserplatten		
6.2.3.1	Harte Holzfaserplatten nach DIN 68750 und DIN 68754 Teil 1	(1000)	0,17
6.2.3.2	Poröse Holzfaserplatten nach DIN 68750 und Bitumen-Holzfaserplatten nach DIN 68752	$\leqq$ 300 $\leqq$ 400	0,060 0,070
7	**Beläge, Abdichtstoffe und Abdichtungsbahnen**		
7.1	Fußbodenbeläge		
7.1.1	Linoleum nach DIN 18171	(1000)	0,17
7.1.2	Korklinoleum	(700)	0,081
7.1.3	Linoleum-Verbundbeläge nach DIN 18173	(100)	0,12

Tafel **503**.1 (Fortsetzung)

Zeile	Stoff	Rohdichte[1])[2]) kg/m³	Rechenwert der Wärmeleitfähigkeit λ_R[3]) W/(m · K)
7.1.4	Kunststoffbeläge, z. B. auch PVC	(1500)	0,23
7.2	Abdichtstoffe, Abdichtungsbahnen		
7.2.1	Asphaltmastix, Dicke ≧ 7 mm	(2000)	0,70
7.2.2	Bitumen	(1100)	0,17
7.2.3	Dachbahnen, Dachdichtungsbahnen		
7.2.3.1	Bitumendachbahnen nach DIN 52128	(1200)	0,17
7.2.3.2	nackte Bitumenbahnen nach DIN 52129	(1200)	0,17
7.2.3.3	Glasvlies-Bitumendachbahnen nach DIN 52143		
7.2.4	Kunststoff-Dachbahnen		
7.2.4.1	nach DIN 16729 (ECB) 2,0 K und 2,0		
7.2.4.2	nach DIN 16730 (PVC-P)		
7.2.4.3	nach DIN 16731 (PIB)		
7.2.5	Folien		
7.2.5.1	PVC-Folien, Dicke ≧ 0,1 mm		
7.2.5.2	Polyethylen-Folien, Dicke ≧ 0,1 mm		
7.2.5.3	Aluminium-Folien, Dicke ≧ 0,05 mm		
7.2.5.4	andere Metallfolien, Dicke ≧ 0,1 mm		
8	**Sonstige gebräuchliche Stoffe**[15])		
8.1	Lose Schüttungen[16]), abgedeckt		
8.1.1	aus porigen Stoffen: Blähperlit Blähglimmer Korkschrot, expandiert Hüttenbims Blähton, Blähschiefer Bimskies Schaumlava	 (≦ 100) (≦ 100) (≦ 200) (≦ 600) (≦ 400) (≦ 1000) ≦ 1200 ≦ 1500	 0,060 0,070 0,050 0,13 0,16 0,19 0,22 0,27
8.1.2	aus Polystyrolschaumstoff-Partikeln	(15)	0,045
8.1.3	aus Sand, Kies, Splitt (trocken)	(1800)	0,70

Tafel **503**.1 (Fortsetzung)

Zeile	Stoff	Rohdichte[1])[2]) kg/m³	Rechenwert der Wärmeleitfähigkeit λ_R[3]) W/(m · K)
8.2	Fliesen	(2000)	1,0
8.3	Glas	(2500)	0,80
8.4	Natursteine		
8.4.1	Kristalline metamorphe Gesteine (Granit, Basalt, Marmor)	(2800)	3,5
8.4.2	Sedimentsteine (Sandsteine, Muschelkalk, Nagelfluh)	(2600)	2,3
8.4.3	Vulkanische porige Natursteine	(1600)	0,55
8.5	Böden (naturfeucht)		
8.5.1	Sand, Kiessand		1,4
8.5.2	Bindige Böden		2,1
8.6	Keramik und Glasmosaik	(2000)	1,2
8.7	Kunstharzputz	(1100)	0,70
8.8	Metalle		
8.8.1	Stahl		60
8.8.2	Kupfer		380
8.8.3	Aluminium		200
8.9	Gummi (kompakt)	(1000)	0,20

Fußnoten zu Tafel **503**.1

[1]) Die in Klammern angegebenen Rohdichtewerte dienen nur zur Ermittlung der flächenbezogenen Masse, z. B. für den Nachweis des sommerlichen Wärmeschutzes.

[2]) Die bei den Steinen genannten Rohdichten entsprechen den Rohdichteklassen der zitierten Stoffnormen.

[3]) Die angegebenen Rechenwerte der Wärmeleitfähigkeit λ_R von Mauerwerk dürfen bei Verwendung von Leichtmörtel nach DIN 1053 Teil 1 um 0,06 W/(m · K) verringert werden, jedoch dürfen die verringerten Werte bei Gasbeton-Blocksteinen nach Zeile 4.4 sowie bei Vollblöcken S-W aus Naturbims und aus Blähton oder aus einem Gemisch aus Blähton und Naturbims nach den Zeilen 4.5.2.3.1 und 4.5.2.4.1 die Werte der entsprechenden Zeilen 2.3 sowie 2.4.2.1 und 2.4.2.2 nicht unterschreiten.

[6]) Bei Quarzsandzusatz erhöhen sich die Rechenwerte der Wärmeleitfähigkeit um 20%.

[7]) Die Rechenwerte der Wärmeleitfähigkeit sind bei Hohlblöcken mit Quarzsandzusatz für 2 K Hbl um 20% und für 3 K Hbl bis 6 K Hbl um 15% zu erhöhen.

[8]) Platten in den Dicken < 15 mm dürfen wärmeschutztechnisch nicht berücksichtigt werden (siehe DIN 1101).

[9]) Bei Vereinbarung anderer Wärmeleitfähigkeitsgruppen oder anderer Schaumkunststoffe nach DIN 18164 Teil 1 gelten die Werte der Zeile 5.5.

Fußnoten zu Tafel **503**.1 (Fortsetzung)

[10]) Bei Vereinbarung anderer Wärmeleitfähigkeitsgruppen gelten die Werte der Zeile 5.6.

[11]) Holzwolleschichten (Einzelschichten) mit Dicken < 10 mm dürfen zur Berechnung des Wärmedurchlaßwiderstandes $1/\Lambda$ nicht berücksichtigt werden (siehe DIN 1101). Bei Diffusionsberechnungen werden sie jedoch mit ihrer wasserdampfdiffusionsäquivalenten Luftschichtdicke s_d in Ansatz gebracht.

[12]) Bei Trittschalldämmplatten aus Schaumkunststoffen werden bei sämtlichen Erzeugnissen der Wärmedurchlaßwiderstand $1/\Lambda$ und die Wärmeleitfähigkeitsgruppe auf der Verpackung angegeben (siehe DIN 18164 Teil 2).

[13]) Bei Trittschalldämmplatten aus Faserdämmstoffen wird bei sämtlichen Erzeugnissen die Wärmeleitfähigkeitsgruppe auf der Verpackung angegeben (siehe DIN 18165 Teil 2).

[14]) Die angegebenen Rechenwerte der Wärmeleitfähigkeit λ_R gelten für Holz quer zur Faser, für Holzwerkstoffe senkrecht zur Plattenebene. Für Holz in Faserrichtung sowie für Holzwerkstoffe in Plattenebene ist näherungsweise der 2,2fache Wert einzusetzen, wenn kein genauerer Nachweis erfolgt.

[15]) Diese Stoffe sind hinsichtlich ihrer wärmeschutztechnischen Eigenschaften nicht genormt. Die angegebenen Wärmeleitfähigkeitswerte stellen obere Grenzwerte dar.

[16]) Die Dichte wird bei losen Schüttungen als Schüttdichte angegeben.

8.2.4.1 Gebäude mit normalen Innentemperaturen

Nachstehend genannte Gebäude sind mit einem baulichen Wärmeschutz nach den Vorschriften dieses Abschnittes auszuführen.

Wohngebäude,
Büro- und Verwaltungsgebäude,
Schulen, Bibliotheken,
Krankenhäuser, Pflegeheime, Entbindungs- und Säuglingsheime und Aufenthaltsräume in Justizvollzugsanstalten,
Gebäude des Gaststättengewerbes,
Waren- und sonstige Geschäftshäuser,
Betriebsgebäude, die nach ihrem üblichen Verwendungszweck auf Innentemperaturen von mindestens 19 °C beheizt werden, sowie
Gebäude, die nach vorstehenden Gruppierungen eine gemischte oder eine ähnliche Nutzung aufweisen.

Ausgenommen sind,
Betriebsgebäude, die nach ihrem üblichen Verwendungszweck ihren Heizenergiebedarf überwiegend durch die im Innern des Gebäudes anfallende Abwärme decken sowie
Unterglasanlagen und Kulturräume im Gartenbau.

Anforderungen. Zur Begrenzung des Wärmedurchganges dieser Gebäudegruppe gelten nachfolgende Anforderungen und Werte.

1. Die Mindestanforderungen an den Wärmedurchgang sind für die einzelnen Bauteile einzuhalten.

2. Die Anforderungen an den Wärmeschutz der Außenwände müssen auch im Bereich der Heizkörper erfüllt sein.

Bei Flächenheizungen in Bauteilen ist der Wärmedurchgang auf 0,45 W/(m^2 · K) zu begrenzen.

3. Außenliegende Fenster und Fenstertüren sind mindestens mit Isolier- oder Doppelverglasungen auszuführen.

Der Wärmedurchgangskoeffizient darf 3,1 W/(m^2 · K) nicht überschreiten.

Dies gilt nicht für Glasbausteine.

Bei großflächigen Verglasungen (z. B. große Schaufenster) darf der Rechenwert für den Wärmedurchgangskoeffizienten k_F mit $\geqq$ 1,75 W/(m^2 · K) angenommen werden.

4. Bei Gebäuden mit raumlufttechnischen Anlagen mit Kühlung sind zur Begrenzung des Energiedurchganges bei Sonneneinstrahlung die in Anlage 1 Nr. 7 der WärmeschutzV genannten Werte ($g_F \cdot f$) einzuhalten (DIN 4108 T. 2 Tabelle 3).

Nachweis. Der Nachweis zur Begrenzung des Transmissionswärmeverlustes ist durch zwei Verfahren möglich.

1. Verfahren (Hüllflächenverfahren). Berechnung des Wärmedurchlaßwiderstandes $1/\Lambda$ für die Einzelbauteile (Außenwand, Kellerdecke, Dachdecke usw.) im Formblatt 1 (**514**.1). Die Wärmeleitfähigkeiten λ_R sind den Tafeln **503**.1 und **495**.1 zu entnehmen.

Der errechnete Wärmedurchlaßwiderstand ist mit den Mindestforderungen der DIN 4108 T. 2 zu vergleichen (Taf. **496**.1).

Das ermittelte Flächengewicht der Spalte 4 ist zu überprüfen: $1/\Lambda$ vorhanden $\geqq$ $1/\Lambda$ erforderlich.

Wärmedurchlaßwiderstände $1/\Lambda$ für leichte Bauteile siehe Tafel **501**.1.

Berechnung des Wärmedurchgangskoeffizienten k (k-Wert) des Einzelbauteiles unter Berücksichtigung der Wärmeübergangswiderstände $1/\alpha_i$ und $1/\alpha_a$.

Bei weiteren Einzelbauteilen kann das Formblatt 1 A (**515**.1) benutzt werden.

Auf dem Formblatt 2 (**516**.1) wird der Nachweis des mittleren k-Wertes (k_m) für die Außenflächen geführt. Die Anforderungen an k_m sind in Abhängigkeit der wärmeübertragenden Außenflächen A vom Bauwerksvolumen V nach Tafel **513**.1 begrenzt.

Tafel **513**.1 Maximale mittlere Wärmedurchgangskoeffizienten $k_{m,max}$ in Abhängigkeit vom Verhältnis A/V

A/V[1]) in m^{-1}	$k_{m,max}$ in $W/(m^2 \cdot K)$
$\leqq$ 0,22	1,20
0,30	1,00
0,40	0,86
0,50	0,78
0,60	0,73
0,70	0,69
0,80	0,66
0,90	0,63
1,00	0,62
$\geqq$ 1,10	0,60

[1]) Zwischenwerte sind nach folgender Gleichung zu ermitteln:

$$k_{m.max} = 0{,}45 + 0{,}165 \cdot \frac{1}{A/V} \text{ in } W/(m^2 \cdot K)$$

Schließlich wird die Unterschreitung von $k_{m,max}$ mit k_m für die gesamte Gebäudehülle verglichen: $k_m \leqq k_{m,max}$.

Für die wärmeübertragende Umfassungsfläche A eines Gebäudes gilt die Formel

$$A = A_W + A_F + A_D + A_G + A_{DL} \text{ in } m^2 \text{ mit}$$

A_W = Fläche der Außenwände
A_F = Fensterfläche (Fenster, Fenstertüren, Dachfenster)
A_D = wärmegedämmte Dach- und Dachdeckenfläche
A_G = Grundfläche des Gebäudes, sofern sie nicht an die Außenluft grenzt (Kellerdecke, Fußboden nicht unterkellerter Räume)
A_{DL} = Deckenfläche, die das Gebäude nach unten gegen die Außenluft abgrenzt.

Die zugehörigen Wärmedurchgangskoeffizienten der einzelnen Bauteileflächen werden mit k_W, k_F, k_D, k_G und k_{DL} bezeichnet.

In der Formel für k_m im Formblatt 2 (**516**.1) bedeutet A_{AB} die Fläche angrenzender Gebäudeteile mit wesentlich niedrigerer Raumtemperatur. Diese Flächen werden bei der Ermittlung des Wertes A/V nicht berücksichtigt.

Formblatt 1/84

ENERGIESPARENDER WÄRMESCHUTZ VON GEBÄUDEN

Berechnungsgrundlagen n. DIN 4108, Teil 5 zum Nachweis gem. Wärmeschutz-Verordnung vom 24. 2. 82

OBJEKT: Einfamilien-Wohnhaus, eingeschossig mit Flachdach

BAUTEIL: Außenwand W1

1. Berechnung des Wärmedurchlaßwiderstandes $1/\Lambda$

1	2	3	4 (2 · 3)	5	6 (3 : 5)
Baustoffschichten von innen nach außen	Rohdichte	Schichtdicke s	Flächengewicht	Wärmeleitfähigkeit λ_R	s/λ_R
	$\frac{kg}{m^3}$	m	$\frac{kg}{m^2}$	$\frac{W}{m \cdot K}$	$\frac{m^2 \cdot K}{W}$
Innenputz (Kalkmörtel)	1800	0,015	27	0,87	0,02
Kalksandstein (KSV)	1600	0,175	280	0,79	0,22
Mineralfaserplatte (040)		0,06	–	0,04	1,50
Luftschicht (lotrecht)		0,04	–		0,17
Vormauerstein (KS-Vm)	2000	0,115	–	1,10	0,10
			307		2,01

erf. Wärmedurchlaßwiderstand nach DIN 4108, Teil 2, Tab. 1 oder Tab. 2 (Bauteile < 300 kg/m²)	$\frac{1}{\Lambda}$	0,55	$\frac{m^2 \cdot K}{W}$
vorh. Wärmedurchlaßwiderstand des Bauteils (aller anrechenbaren Schichten)	$\frac{1}{\Lambda}$	2,01	$\frac{m^2 \cdot K}{W}$

2. Wärmeübergangswiderstände nach DIN 4108, Teil 4, Tab. 5

BAUTEILE	$1/\alpha_i$ $\frac{m^2 \cdot K}{W}$	$1/\alpha_a$ $\frac{m^2 \cdot K}{W}$
Außenwand, Dach, Decke (nicht belüftet)	0.13	0.04
Außenwand, Dach, Decke (belüftet)		0.08
Wohnungstrennwand - Treppenhauswand		0.13
Wand an Erdreich grenzend		0
Boden an Erdreich grenzend	0.17	0
Kellerdecke		0.17
Durchfahrt, Kragdecke		0.04

3. Berechnung des Wärmedurchgangskoeffizienten k

$1/\alpha_i$	m²·K/W	0,13
$1/\alpha_a$	m²·K/W	0,04
$1/\Lambda$	m²·K/W	2,01
1/k	m²·K/W	2,18

$$k = \frac{1}{1/k} = \frac{1}{2{,}18} = \boxed{0{,}46} \ \frac{W}{m^2 \cdot K}$$

Aufgestellt: 4 01.09.93

514.1 Formblatt 1 der Wärmeschutzverordnung (HEA)

Formblatt 1 A/84

ENERGIESPARENDER WÄRMESCHUTZ VON GEBÄUDEN

NACHWEIS GEMÄSS WÄRMESCHUTZVERORDNUNG (ENERGIEEINSPARUNGSGESETZ-ENEG)

OBJEKT: Einfamilien - Wohnhaus, eingeschossig mit Flachdach

Berechnung des Wärmedurchlaßwiderstandes 1/Λ und des Wärmedurchgangskoeffizienten k

BAUTEIL: Dachdecke D1

1	2	3	4 (2 · 3)	5	6 (3 : 5)
Baustoffschichten von innen nach außen	Rohdichte	Schicht-dicke s	Flächen-gewicht	Wärmeleit-fähigkeit λ_R	s/λ_R
	$\frac{kg}{m^3}$	m	$\frac{kg}{m^2}$	$\frac{W}{m \cdot K}$	$\frac{m^2 \cdot K}{W}$
Innenputz (Kalkgipsm.)	1400	0,015	21	0,70	0,02
Stahlbeton B 25	2400	0,15	360	2,10	0,07
Dampfsperre					—
Dämmplatte (040)		0,14	—	0,04	3,50
Dichtungsbahn					—
Kiesschüttung					—

nach Tab. 1 oder 2 DIN 4108, Teil 2 $1/\Lambda_{erf.}$ = 1,10 | 381 | $1/\Lambda$ = 3,59

k = $\frac{1}{1/k}$ = $\frac{1}{3,76}$ = **0,27** $\frac{W}{m^2 \cdot K}$

$1/\alpha_i$ + 0,13

$1/\alpha_a$ + 0,04

1/k = 3,76

BAUTEIL: Kellerdecke G

Spannteppich					—
Zementestrich	2000	0,05	100	1,40	0,04
Estrich-Dämmplatte 35/30		0,03	—	0,03	1,00
Stahlbeton B25	2400	0,15	360	2,10	0,07
Hartschaum-2-Schichtpl.		0,03	—	0,04	0,75

nach Tab. 1 oder 2 DIN 4108, Teil 2 $1/\Lambda_{erf.}$ = 0,90 | 460 | $1/\Lambda$ = 1,86

k = $\frac{1}{1/k}$ = $\frac{1}{2,20}$ = **0,45** $\frac{W}{m^2 \cdot K}$

$1/\alpha_i$ + 0,17

$1/\alpha_a$ + 0,17

1/k = 2,20

BAUTEIL:

nach Tab. 1 oder 2 DIN 4108, Teil 2 $1/\Lambda_{erf.}$ = | | $1/\Lambda$ =

k = $\frac{1}{1/k}$ = $\frac{1}{}$ = $\frac{W}{m^2 \cdot K}$

$1/\alpha_i$ +

$1/\alpha_a$ +

1/k =

Aufgestellt: 4 01 · 09 · 93

515.1 Formblatt 1 A der Wärmeschutzverordnung (HEA)

Formblatt 2/84

ENERGIESPARENDER WÄRMESCHUTZ VON GEBÄUDEN

NACHWEIS GEMÄSS WÄRMESCHUTZVERORDNUNG VOM 24. FEBR. 1982

Anlage 1 Nr. 1 sowie Anlage 3 der Wärmeschutzverordnung

OBJEKT: Einfamilien - Wohnhaus, eingeschossig mit Flachdach

Nachweis der Forderung: $k_m = \frac{k_W \cdot A_W + k_F \cdot A_F + 0.8 k_D \cdot A_D + 0.5 k_G \cdot A_G + k_{DL} \cdot A_{DL} + 0.5 k_{AB} \cdot A_{AB}}{A} \leq k_{m,\,max}$

Spalte	1	2	3	4	5 (3 · 4)	6	7 (5 · 6)
Zeile	Bauteil	Kurzbezeichnung	Fläche A	Wärmedurchgangskoeffiz. k	k · A	Faktor	
			m²	W/(m² · K)	W/K		W/K
1	Wand	W_1	124,84	0,46	57,4	1	57
		W_2					
		W_3					
		W_4					
2	Fenster, Fenstertüren (DIN 4108, Teil 4, Tab. 3)	F_1	49,35	2,6	128,3	1	128
		F_2					
3	Dach, Decke zum nicht ausgebauten Dachgeschoß	D_1	175,37	0,27	47,3	0.8	38
		D_2					
4	Grundfläche, Kellerdecke, Wände gegen Erdreich bei beheizten Räumen	G	175,37	0,45	78,9	0.5	39
5	Decke gegen Außenluft unten (Durchfahrt, Kragdecke)	DL				1	
6	Angrenzende Bauteile (unbeheizte Räume)	AB				0.5	
7	k_m $k_m \leq k_{m,\,max}$	A =	524,93				262

Zeile 7: k_m: $\frac{262}{525} = 0{,}50$ W/(m² · K)

Zeile 8: $k_{m,\,max}$ aus Tab. 1, Anl. 1: $\frac{A}{V} = \frac{525}{482} = 1{,}09 \rightarrow k_{m,max} = 0{,}60$ W/(m² · K)

A = Umfassungsfläche
V = Bauwerksvolumen

Aufgestellt: 4 01.09.93

516.1 Formblatt 2 der Wärmeschutzverordnung (HEA)

Formblatt 3 / 84

ENERGIESPARENDER WÄRMESCHUTZ VON GEBÄUDEN

NACHWEIS GEMÄSS WÄRMESCHUTZVERORDNUNG VOM 24. FEBR. 1982

Anlage 1 Nr. 2 der Wärmeschutzverordnung

OBJEKT: Einfamilien - Wohnhaus, eingeschossig mit Flachdach

Anforderungen an einzelne Außenbauteile, Tab. 2

Zeile	Abbildungen	Bauteile	gef. k in W/(m²·K)	vorh. $k \le k_{max}$
1.1	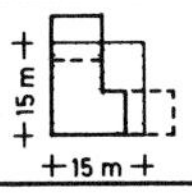	Außenwände und Fenster Gebäude deren Grundriß ein Quadrat mit einer Seitenlänge von 15 m nicht umschreibt	$k_{m,W+F} \le$ 1,20	1,06
1.2	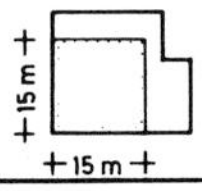	Außenwände und Fenster Gebäude deren Grundriß ein Quadrat mit einer Seitenlänge von 15 m umschreibt Reihenhäuser n. Anlage 1, Nr. 8.3	$k_{m,W+F} \le$ 1,50	
2	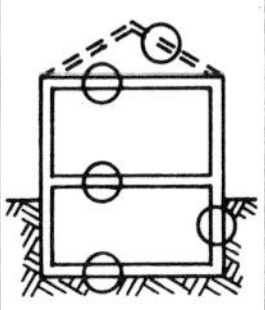	Decken unter nicht ausgebauten Dachräumen und Decken (einschl. Dachschrägen), die Räume gegen Außenluft abgrenzen	$k_D \le$ 0,30	*0,27
3		Kellerdecken, Wände und Decken gegen unbeheizte Räume sowie Decken und Wände, die an das Erdreich grenzen	$k_G \le$ 0,55	*0,45

Nachweis der Anforderungen $k_{m,W+F} = \frac{k_W \cdot A_W + k_F \cdot A_F}{A_W + A_F} \le$ 1,20 nach Zeile 1.1 bzw. 1.2

Spalte	1	2	3	4	5 (3 · 4)
Zeile	Bauteil	Kurz-bez.	Fläche A	Wärmedurchgangskoeffizient k	k · A
			m²	W/(m²·K)	W/K
1	Wand	W_1	124,84	0,46	57
		W_2			
		W_3			
		W_4			
2	Fenster (DIN 4108, Teil 4, Tab. 3)	F_1	49,35	2,6	128
		F_2			
3	$k_{m,W+F}$		174,19		185
				$= \frac{185}{174} =$ 1,06	$\frac{W}{m^2 \cdot K}$
4	Bauteile nach Zeile 2 u. 3 der Anforderungstabellen (siehe oben)	* Der Nachweis erfolgt in den Formularen 1/84 und 1A/84			

Aufgestellt: 4 01 · 09 · 93

517.1 Formblatt 3 der Wärmeschutzverordnung (HEA)

2. Verfahren (Kurzverfahren). Berechnung des Wärmedurchlaßwiderstandes $1/\Lambda$ für die Einzelbauteile im Formblatt 1 oder 1 A (**514**.1 oder **515**.1). Die Wärmeleitfähigkeiten λ_R sind den Tafeln **503**.1 und **495**.1 zu entnehmen.

Nachweis der Anforderung an die Außenwände je Geschoß für $k_{m,W+F}$, abhängig von der Grundrißgeometrie nach Formblatt 3 (**517**.1).

Nachweis der Forderung an die k-Werte für k_D an Dach oder Dachdecken, k_G an Decken und Wände gegen unbeheizte Räume bzw. an Erdreich grenzend nach Formblatt 3 (**517**.1).

Bei Gebäudegrundflächen $A_G > 1250\ m^2$ dürfen die Werte k_G nach Tafel **518**.1 verwendet werden.

Tafel **518**.1 Wärmedurchgangskoeffizient k_G für unteren Gebäudeabschluß gegen Erdreich

Gebäudegrundfläche A_G in m^2	k_G[1]) in $W/(m^2 \cdot K)$
≦ 100	2,15
500	1,26
1000	1,00
1500	0,87
2000	0,79
2500	0,74
3000	0,69
5000	0,58
≧ 8000	0,50

[1]) Zwischenwerte sind nach folgender Gleichung zu ermitteln: $k_G = 10/\sqrt[3]{A_G}$

Zahlenbeispiel

Einfamilienwohnhaus, eingeschossig mit Flachdach, unterkellert, Keller nicht beheizt (**518**.2).

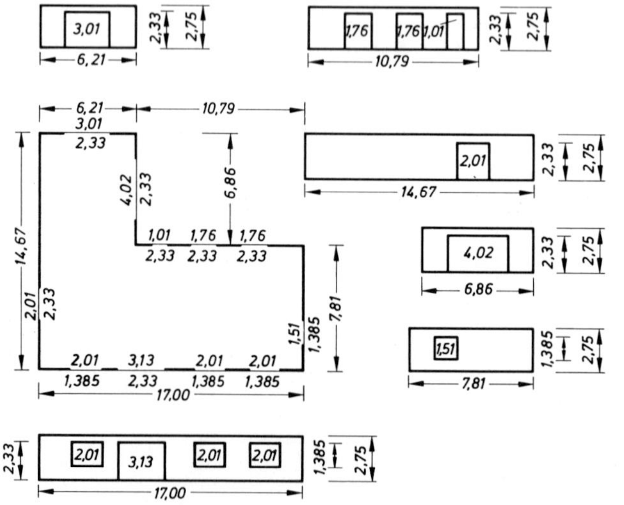

518.2 Einfamilienwohnhaus, Schemagrundriß und Wandabwicklungen (Fensterbrüstungen wie Außenwände)

„Gebäude mit normalen Innentemperaturen" nach Wärmeschutz-Verordnung. Der Nachweis kann nach dem 1. oder 2. Verfahren erfolgen (s. hierzu die Eintragungen in den Formblättern **514**.1 bis **517**.1).

Einzelbauteile:

Außenwände (**514**.1)	1,5 cm Innenputz (Kalkmörtel) 17,5 cm Kalksandstein (KSV) 6,0 cm Mineralfaserplatte (040) 4,0 cm Luftschicht 11,5 cm Vormauerstein (KS-Vm)
Dachdecke (**515**.1)	1,5 cm Innenputz (Kalkgipsmörtel) 15,0 cm Stahlbeton B 25 (Dampfsperre) 14,0 cm Dämmplatte (040) (Dichtungsbahn) (Kiesschüttung)
Kellerdecke (**515**.1)	(Spannteppich) 5,0 cm Zementestrich 3,0 cm Estrich-Dämmplatte 35/30 15,0 cm Stahlbeton B25 3,0 cm Hartschaum-2-Schichtenplatte 35/2
Fenster	Holzrahmen mit Isolierverglasung, Scheibenabstand 12 mm (Rahmenmaterialgruppe 1) (Tafel **522**.1)

Rechenwerte

$A_W + A_F = 2 \cdot (17{,}00 + 14{,}67) \cdot 2{,}75 = 174{,}19\,m^2$

$A_F = [(3{,}01 + 2{,}01 + 3{,}13 + 1{,}76 + 1{,}76 + 1{,}01 + 4{,}02) \cdot 2{,}33] + [(2{,}01 + 2{,}01 + 2{,}01 + 1{,}51) \cdot 1{,}385] = 49{,}35\,m^2$

$A_W = 174{,}19 - 49{,}35 = 124{,}84\,m^2$

$A_D = A_G = (17{,}00 \cdot 14{,}67) - (10{,}79 \cdot 6{,}86) = 175{,}37\,m^2$

$V = 175{,}37 \cdot 2{,}75 = 482{,}268\,m^3$

$A = 174{,}19 + (175{,}37 \cdot 2) = 524{,}93\,m^2$

Fensteranteil 28,33%

8.2.4.2 Gebäude mit niedrigen Innentemperaturen

Betriebsgebäude, die nach ihrem üblichen Verwendungszweck auf eine Innentemperatur von mehr als 12 °C und weniger als 19 °C sowie jährlich mehr als 4 Monate geheizt werden, sind mit einem baulichen Wärmeschutz nach den Vorschriften dieses Abschnittes auszuführen.

Dies gilt nicht für

Betriebsgebäude, die nach ihrem üblichen Verwendungszweck den Heizenergiebedarf überwiegend durch die im Innern des Gebäudes anfallende Abwärme decken,
Werkstätten, Werkhallen und Lagerhallen, die nach ihrem üblichen Verwendungszweck großflächig und langandauernd offengehalten werden müssen und
Unterglasanlagen und Kulturräume im Gartenbau.

Anforderungen. Zur Begrenzung des Wärmedurchganges dieser Gebäudegruppe gelten nachfolgende Anforderungen und Werte.

1. Die Mindestanforderungen an den Wärmedurchgang sind für die einzelnen Bauteile einzuhalten.

Für Heizkörpernischen und Flächenheizungen gelten die in Abschnitt 8.2.4.1 gemachten Angaben.

2. Wird für außenliegende Fenster und Fenstertüren Einfachverglasung vorgesehen, ist der Wärmedurchgangskoeffizient mit $k_F \geqq 5{,}2\ W/(m^2 \cdot K)$ anzunehmen.

3. Gebäude mit Teil- oder Klimaanlagen sind mindestens mit Isolier- oder Doppelverglasung auszuführen.

Bei Gebäuden mit raumlufttechnischen Anlagen zur Kühlung ist zur Begrenzung des Energiedurchganges bei Fenstern und Fenstertüren im Sommer die in Anlage 1 Nr. 7 der WärmeschutzV genannten Werte ($g_F \cdot f$) einzuhalten (DIN 4108 T. 2 Tabelle 3).

Nachweis. Der Nachweis zur Begrenzung des Transmissionswärmeverlustes ist nach folgendem Verfahren erforderlich.

Berechnung des Wärmedurchlaßwiderstandes $1/\Lambda$ für die Einzelbauteile im Formblatt 1 (**514**.1) unter Entnahme der Wärmeleitfähigkeiten λ_R aus den Tafeln **503**.1 und **495**.1.

Überprüfung des Wärmedurchlaßwiderstandes und des Flächengewichtes mit den Mindestanforderungen anhand von Tafel **496**.1, erforderlichenfalls bei leichten Bauteilen Tafel **501**.1.

Berechnung der Wärmedurchgangskoeffizienten k der Einzelbauteile in Verbindung mit den Wärmeübergangswiderständen im Formblatt 1.

Bei Fenstern und Fenstertüren ist Einfachverglasung zulässig: $k_F \geqq 5{,}2\ W/(m^2 \cdot K)$.

Bei Teil- oder Vollklimatisierung ist mindestens Isolier- oder Doppelverglasung erforderlich: k_F nach Tafel **522**.1.

Der Wärmedurchgangskoeffizient k_G ist abhängig von der Gebäudegrundfläche A_G nach Tafel **518**.1.

Nachweis der Unterschreitung von $k_{m,max}$ für die gesamte Gebäudeaußenfläche in Abhängigkeit von A/V auf dem Formblatt 2 (**516**.1).

Der ermittelte Wert für k_m darf $k_{m,max}$ nach Tafel **520**.1 nicht überschreiten.

Tafel **520**.1 Maximale mittlere Wärmedurchgangskoeffizienten $k_{m,max}$ in Abhängigkeit vom Verhältnis A/V

A/V[1]) in m^{-1}	$k_{m,max}$[1]) in $W/(m^2 \cdot K)$
$\leqq 0{,}22$	1,35
0,30	1,18
0,40	1,06
0,50	0,99
0,60	0,94
0,70	0,91
0,80	0,89
0,90	0,87
$\geqq 1{,}00$	0,85

[1]) Zwischenwerte sind nach folgender Gleichung zu ermitteln:

$$k_{m,max} = 0{,}71 + \frac{0{,}14}{A/V} \text{ in } W/(m^2 \cdot K)$$

8.2.4.3 Gebäude für Sport- und Versammlungszwecke

Bei Gebäuden, die sportlichen oder Versammlungszwecken dienen und auf eine Innentemperatur von mindesten 15 °C sowie jährlich mehr als 3 Monate geheizt werden, ist ein baulicher Wärmeschutz nach den Vorschriften dieses Abschnittes auszuführen.

Dies gilt nicht für Kirchen.

Anforderungen. Zur Begrenzung des Wärmedurchganges dieser Gebäudegruppe gelten nachfolgende Anforderungen und Werte.

1. Die Mindestanforderungen an den Wärmedurchgang sind für die einzelnen Bauteile einzuhalten.

Für Heizkörpernischen und Flächenheizungen gelten die in Abschnitt 8.2.4.1 gemachten Angaben.

2. Der Wärmedurchgangskoeffizient für außenliegende Fenster und Fenstertüren ist bei Einfachverglasung mit $k_F \geqq 5{,}2\ W/(m^2 \cdot K)$ anzunehmen.

Er darf bei Hallenbädern den Wert von $3{,}1\ W/(m^2 \cdot K)$ nicht überschreiten.

3. Gebäude mit Teil- oder Vollklimaanlagen sind mindestens mit Isolier- oder Doppelverglasung auszuführen.

4. Für an das Erdreich grenzende Bauteile ohne zusätzliche Dämmung gelten die Wärmedurchgangskoeffizienten k_G nach Tafel **518**.1.

Nachweis. Der Nachweis zur Begrenzung des Transmissionswärmeverlustes ist durch zwei Verfahren möglich (s. auch Abschnitt 8.2.4.1).

1. Verfahren (Hüllflächenverfahren). Berechnung des Wärmedurchlaßwiderstandes $1/\Lambda$ für die Einzelbauteile im Formblatt 1 (**514**.1) unter Entnahme der Wärmeleitfähigkeiten λ_R aus den Tafeln **503**.1 und **495**.1.

Überprüfung des Wärmedurchlaßwiderstandes und des Flächengewichtes mit den Mindestanforderungen anhand von Tafel **496**.1, erforderlichenfalls bei leichten Bauteilen Tafel **501**.1.

Berechnung der Wärmedurchgangskoeffizienten k der Einzelbauteile in Verbindung mit den Wärmeübergangswiderständen im Formblatt 1.

Bei Fenstern und Fenstertüren ist Einfachverglasung zulässig: $k_F \geqq 5{,}2\ W/(m^2 \cdot K)$.

Bei Hallenbädern darf k_F den Wert $3{,}1\ W/(m^2 \cdot K)$ nicht überschreiten.

Bei Teil- oder Vollklimatisierung ist mindestens Isolier- oder Doppelverglasung erforderlich: k_F nach Tafel **522**.1.

Der Wärmedurchgangskoeffizient k_G ist abhängig von der Gebäudegrundfläche A_G nach Tafel **518**.1.

Nachweis der Unterschreitung von $k_{m,max}$ für die gesamte Gebäudeaußenfläche in Abhängigkeit von A/V auf dem Formblatt 2 (**516**.1).

Der ermittelte Wert für k_m darf $k_{m,max}$ nach Tafel **513**.1 nicht überschreiten.

2. Verfahren (Kurzverfahren). Berechnung des Wärmedurchlaßwiderstandes $1/\Lambda$ für die Einzelbauteile im Formblatt 1 oder 1 A (**514**.1 oder **515**.1) unter Entnahme der Wärmeleitfähigkeiten λ_R aus den Tafeln **503**.1 und **495**.1.

Nachweis der Anforderung an die Außenwände je Geschoß für $k_{m,W+F}$, abhängig von der Grundrißgeometrie nach Formblatt 3 (**517**.1).

Bei Fenstern und Fenstertüren ist Einfachverglasung zulässig: $k_F \geqq 5{,}2\ W/(m^2 \cdot K)$.

Bei Hallenbädern darf k_F den Wert $3{,}1\ W/(m^2 \cdot K)$ nicht überschreiten.

Bei Teil- oder Vollklimatisierung ist mindestens Isolier- oder Doppelverglasung erforderlich: k_F nach Tafel **522**.1.

Nachweis der Forderung an die k-Werte für k_D an Dach und Dachdecken, k_G an Decken und Wände gegen unbeheizte Räume bzw. an Erdreich grenzende Bauteile nach Formblatt 3 (**517**.1).

Der Wärmedurchgangskoeffizient k_G ist abhängig von der Gebäudegrundfläche A_G nach Tafel **518**.1.

Tafel **522**.1 Rechenwerte der Wärmedurchgangskoeffizienten für Verglasungen (k_V) und für Fenster und Fenstertüren einschließlich Rahmen (k_F) (nach DIN 4108 T. 4)

Spalte	1	2	3	4	5	6	7
Zeile	Beschreibung der Verglasung	Verglasung[1]) k_V W/(m^2 · K)	Fenster und Fenstertüren einschließlich Rahmen k_F für Rahmenmaterialgruppe[2]) W/(m^2 · K)				
			1	2,1	2,2	2,3	3[3])
1	**Unter Verwendung von Normalglas**						
1.1	Einfachverglasung	5,8	5,2				
1.2	Isolierglas mit ≧ 6 bis ≦ 8 mm Luftzwischenraum	3,4	2,9	3,2	3,3	3,6	4,1
1.3	Isolierglas mit > 8 bis ≦ 10 mm Luftzwischenraum	3,2	2,8	3,0	3,2	3,4	4,0
1.4	Isolierglas mit > 10 bis ≦ 16 mm Luftzwischenraum	3,0	2,6	2,9	3,1	3,3	3,8
1,5	Isolierglas mit zweimal ≧ 6 bis ≦ 8 mm Luftzwischenraum	2,4	2,2	2,5	2,6	2,9	3,4
1,6	Isolierglas mit zweimal > 8 bis ≦ 10 mm Luftzwischenraum	2,2	2,1	2,3	2,5	2,7	3,3
1.7	Isolierglas mit zweimal > 10 bis ≦ 16 mm Luftzwischenraum	2,1	2,0	2,3	2,4	2,7	3,2
1.8	Doppelverglasung mit 20 bis 100 mm Scheibenabstand	2,8	2,5	2,7	2,9	3,2	3,7
1.9	Doppelverglasung aus Einfachglas und Isolierglas (Luftzwischenraum 10 bis 16 mm) mit 20 bis 100 mm Scheibenabstand	2,0	1,9	2,2	2,4	2,6	3,1
1.10	Doppelverglasung aus zwei Isolierglaseinheiten (Luftzwischenraum 10 bis 16 mm) mit 20 bis 100 mm Scheibenabstand	1,4	1,5	1,8	1,9	2,2	2,7
2	**Unter Verwendung von Sondergläsern** (siehe DIN 4108, Teil 4, Tabelle 3)						
3	**Glasbausteinwand** nach DIN 4242 mit Hohlglasbausteinen nach DIN 18175						3,5

Fußnoten zu Tafel **522**.1

[1]) Bei Fenstern mit einem Rahmenanteil von nicht mehr als 5% (z. B. Schaufensteranlagen) kann für den Wärmedurchgangskoeffizienten k_F der Wärmedurchgangskoeffizient k_V der Verglasung gesetzt werden.

[2]) Die Einstufung von Fensterrahmen in die Rahmenmaterialgruppen 1 bis 3 ist wie folgt vorzunehmen:

Gruppe 1: Fenster mit Rahmen aus Holz, Kunststoff (siehe Anmerkung) und Holzkombinationen (z. B. Holzrahmen mit Aluminiumbekleidung) ohne besonderen Nachweis. Fenster mit Rahmen aus beliebigen Profilen, wenn der Wärmedurchgangskoeffizient des Rahmens mit $k_R \leqq 2{,}0$ W/(m$^2 \cdot$ K) aufgrund von Prüfzeugnissen nachgewiesen worden ist.

Anmerkung: In die Gruppe 1 sind Profile für Kunststoff-Fenster nur dann einzuordnen, wenn die Profilausbildung vom Kunststoff bestimmt wird und eventuell vorhandene Metalleinlagen nur der Aussteifung dienen.

Gruppe 2.1: Fenster mit Rahmen aus wärmegedämmten Metall- oder Betonprofilen, wenn der Wärmedurchgangskoeffizient des Rahmens mit $2{,}0 < k_R \leq 2{,}8$ W/(m$^2 \cdot$ K) aufgrund von Prüfzeugnissen nachgewiesen worden ist.

Gruppe 2.2: Fenster mit Rahmen aus wärmegedämmten Metall- oder Betonprofilen, wenn der Wärmedurchgangskoeffizient des Rahmens mit $2{,}8 < k_R \leq 3{,}5$ W/(m$^2 \cdot$ K) aufgrund von Prüfzeugnissen nachgewiesen worden ist oder wenn die Kernzone der Profile die in der Tabelle 3. A (s. DIN 4108 T. 4) angegebenen Merkmale aufweist.

Gruppe 2.3: Fenster mit Rahmen aus wärmegedämmten Metall- oder Betonprofilen, wenn der Wärmedurchgangskoeffizient des Rahmens mit $3{,}5 < k_R \leq 4{,}5$ W/(m$^2 \cdot$ K) aufgrund von Prüfzeugnissen nachgewiesen worden ist oder wenn die Kernzone der Profile die in der Tabelle 3. B (s. DIN 4108 T. 4) angegebenen Merkmale aufweist.

Gruppe 3: Fenster mit Rahmen aus Beton, Stahl und Aluminium sowie wärmegedämmten Metallprofilen, die nicht in die Rahmenmaterialgruppen 2.1 und 2.3 eingestuft werden können, ohne besonderen Nachweis.

[3]) Bei Verglasungen mit einem Rahmenanteil $\leqq 15\%$ dürfen in der Rahmenmaterialgruppe 3 (Spalte 7, ausgenommen Zeile 1.1) die k_F-Werte um 0,5 W/(m$^2 \cdot$ K) herabgesetzt werden.

8.2.4.4 Energieeinsparung bei baulichen Änderungen

Bei baulichen Änderungen an Gebäuden der vorstehenden Gebäudegruppen (Abschnitt 8.2.4.1 bis 3) ist ein baulicher Wärmeschutz nach den Vorschriften nachfolgender Absätze auszuführen.

Anforderungen. Bei der baulichen Erweiterung von Gebäuden um mindestens einen beheizten Raum sind die vorstehenden Verordnungen für Neubauten zu befolgen.

Soweit in bestehende Gebäude Außenbauteile erstmalig eingebaut, ersetzt oder erneuert werden, sind nachfolgende Anforderungen einzuhalten.

Dies gilt nicht, wenn sich die Ersatz- oder Erneuerungsmaßnahmen auf $\leqq 20\%$ der Gesamtfläche des jeweiligen Bauteiles nach Spalte 1 der Tafel **524**.1 erstreckt.

1. Die in Tafel **524**.1 Spalte 2 aufgeführten maximalen Wärmedurchgangskoeffizienten dürfen nicht überschritten werden.

Die Anforderungen gelten bei Einhaltung der in Spalte 3 angegebenen Dämmstoffdicken als erfüllt.

2. Werden Decken oder Dachdecken, die Räume gegen die Außenluft abgrenzen, erneuert oder ersetzt, gelten die Anforderungen der Zeile 3 in Tafel **524**.1.

3. Bei nachträglichem Einbau von Teil- oder Vollklimaanlagen sind die außenliegenden Fenster und Fenstertüren der von diesen Anlagen versorgten Räume mindestens mit Isolier- oder Doppelverglasungen auszuführen.

Tafel **524**.1 Begrenzung des Wärmedurchgangs bei erstmaligem Einbau, Ersatz und bei Erneuerung von Bauteilen

Zeile	Bauteile	max. Wärmedurchgangskoeffizienten W/(m² · K)[1]	erf. Mindestdämmstoffdicke ohne Nachweis[2]
	1	2	3
1	Außenwände	0,60	50 mm
2	Fenster	Doppel- oder Isolierverglasung	
3	Decken unter nicht ausgebauten Dachräumen und Decken (einschl. Dachschrägen), die Räume nach oben oder unten gegen Außenluft abgrenzen	0,45	80 mm
4	Kellerdecken und Decken gegen Erdreich, Wände und Decken, die an unbeheizte Räume grenzen	0,70	40 mm

[1]) Der Wärmedurchgangskoeffizient kann unter Berücksichtigung vorhandener Bauteilschichten ermittelt werden.

[2]) Die Dickenangabe bezieht sich auf eine Wärmeleitfähigkeit $\lambda = 0{,}04$ W/(m · K). Bei einzubauenden Dämmstoffen oder Baustoffen anderer Wärmeleitfähigkeiten sind die Dämmstoffdicken entsprechend anzugleichen. Vorhandene Mineralfaser- oder Schaumkunststoffe dürfen mit einer Wärmeleitfähigkeit von 0,04 W/(m · K) bewertet werden.

8.2.5 Wärmeschutzverordnung

Am 15. Oktober 1993 hat der Bundesrat der Novellierung der Wärmeschutzverordnung zugestimmt. Sie ist ab 1. Januar 1995 für alle Neubauten verbindlich.

Niedrigenergiehausstandard. Mit dem zulässigen Heizwärmebedarf von 54 bis 100 kWh/(m²a) wird das Niedrigenergiehaus (NEH) in der Bundesrepublik verbindlich eingeführt.

Bisher weisen genehmigte Bauten je nach Gebäudetyp einen Heizenergieverbrauch von etwa 130 bis 180 kWh je m² Wohnfläche und Jahr auf (**524**.2).

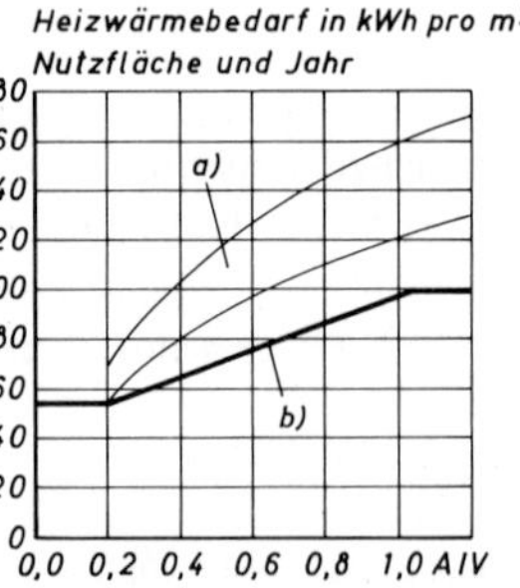

524.2 Begrenzung des Jahres-Heizwärmebedarfes Q_H für Gebäude

a) nach der Wärmeschutzverordnung von 1982
b) maximal zulässig ab 1995

Die Wärmeschutzverordnung von 1982 beschränkte sich auf Vorgaben zur Wärmedämmung der Außenbauteile (s. Abschnitte 8.2.4.1). Dieses Hüllflächenverfahren, Gebäudehüllfläche zu beheiztem Bauwerksvolumen, wurde zu einem Energiebilanzverfahren weiterentwickelt. Damit wird zukünftig für Neubauten eine Energiebilanz für das gesamte Gebäude erstellt.

Zusätzliche Energiegewinne können durch Sonneneinstrahlung, geschickte Gebäudegestaltung, die richtige Wahl von Fensterkonstruktionen und Glasflächen sowie leistungsfähige gängige Wandkonstruktionen erzielt werden (**525**.1).

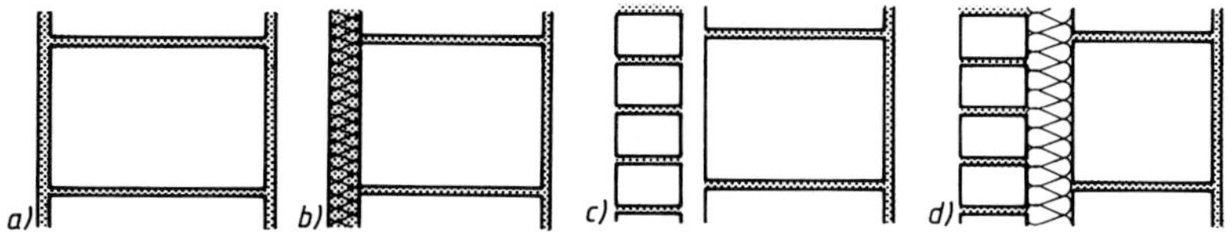

525.1 k-Werte für gängige Hochloch-Ziegelwände (Deutsche Ziegelindustrie)
a) einschalig, 36,5 cm, beidseitig verputzt; k-Wert 0,40 – 0,57 W/(m^2K)
b) einschalig, 30 cm, mit 3–5 cm Wärmedämmputz; k-Wert 0,35–0,54 W/(m^2K)
c) zweischalig, 30 cm, mit ≥ 9 cm Verblendung und ≥ 4 cm Luftschicht; k-Wert 0,42–0,56 W/(m^2K)
d) zweischalig, 24 cm, mit ≤ 15 cm Kerndämmung; k-Wert 0,17–0,44 W/(m^2K)

Nachweis. Der rechnerische Nachweis des baulichen Wärmeschutzes von Gebäuden mit normalen und niedrigen Temperaturen erfolgt, auch mit Hilfe von Arbeitsblättern (Taf. **529**.1), nach der Wärmeschutzverordnung von 1993 und der DIN 4108 (s. auch Abschnitt 8.2.4).

Den größten Zeitaufwand erfordert die Ermittlung der Einzelflächen und des Volumens, während die k-Wert-Berechnung und der nachfolgende Rechenaufwand in der Regel gering ist.

Unterschieden werden zwei Nachweisverfahren, das Bauteilverfahren und das Energiebilanzverfahren.

Bauteilverfahren. Dieses einfache und abgesicherte Nachweisverfahren kann für kleinere Wohngebäude mit bis zu zwei Vollgeschossen und nicht mehr als drei Wohneinheiten mit den vorgegebenen konkreten Anforderungen an Einzelbauteile (Tafel **525**.2) angewendet werden.

Die dort angegebenen k-Werte kennzeichnen das zukünftige Dämmniveau.

Der k-Wert der Wand von 0,50 W/(m^2K) kann schon von einschaligem Ziegelmauerwerk erreicht werden (**525**.1a).

Tafel **525**.2 Maximale Wärmedurchgangskoeffizienten in W/(m^2K) für kleine Wohngebäude mit bis zu zwei Vollgeschossen und nicht mehr als drei Wohneinheiten

Einzelbauteile	k-Wert	
Außenwände	k_W	≤ 0,50[1)]
Außenfester, auch Fenstertüren und Dachfenster	$k_{m,Feq}$	≤ 0,7[2)]
Decken unter nicht ausgebauten Dachräumen und Decken, die Räume nach oben und unten gegen die Außenluft abgrenzen	k_D	≤ 0,22
Kellerdecken, Wände und Decken gegen unbeheizte Räume sowie Dekken und Wände, die an das Erdreich angrenzen	k_G	≤ 0,35

[1)] Die Anforderung gilt als erfüllt, wenn Mauerwerk in einer Wandstärke von 36,5 cm mit Baustoffen einer Wärmeleitfähigkeit λ = 0,21 W/m^2K ausgeführt wird.

[2)] $k_{m,Feq}$ entspricht einem über allen außenliegenden Fenstern, Fenstertüren und Dachfenstern nach ihrer Fläche gemittelten Wärmedurchgangskoeffizienten einschließlich der solaren Gewinne.

Energiebilanzverfahren. Mit der novellierten Wärmeschutzverordnung wurde das Energiebilanzverfahren eingeführt. Neben den Wärmeverlusten, Transmission und Lüftung, werden zur Ermittlung des Heizwärmebedarfes auch die internen Wärmegewinne, wie Abwärme von Haushaltsgeräten und die eingestrahlte Sonnenenergie, berücksichtigt.

Je nach dem Verhalten der Nutzer, vor allem durch die individuellen Lüftungsgewohnheiten, können der theoretische Bedarf und tatsächliche Heizwärmeverbrauch erheblich voneinander abweichen.

Nachweis Energiebilanzverfahren. Ermittelt werden soll der maximal zulässige Jahresheizwärmebedarf Q_H (**524**.2).

1. Jahresheizwärmebedarf

$$Q_H = 0{,}9 \cdot (Q_T + Q_L) - (Q_I + Q_S)$$

0,9 = Teilbeheizungsfaktor

alternativ: Berücksichtigung der solaren Gewinne über gleichwertige k-Werte

$$Q_{H,eq} = 0{,}9 \cdot (Q_{T,eq} + Q_L) - Q_I$$

2. Transmissionswärmebedarf

$$Q_T = 84 \cdot (k_W \cdot A_W + k_F \cdot A_F + 0{,}8 \cdot k_D \cdot A_D + 0{,}5 \cdot k_G \cdot A_G + 0{,}5 \cdot k_{AB} \cdot A_{AB})$$

84 = Faktor zur Berücksichtigung der Heizzeit und des Temperaturunterschiedes; k-Wert-Ermittlung wie bisher nach DIN 4108 (s. Abschnitt 8.2.4.1).

Flächenermittlung wie bisher, maßgebend sind die Gebäudeaußenmaße.

$Q_{T,eq}$ wie Q_T, allerdings mit den gleichwertigen k-Werten für die Fenster $k_{F,eq}$

$$k_{F,eq} = k_F - g \cdot S_F$$

Gesamtenergiedurchlaßgrad g (s. auch Taf. **500**.1) nach Bundesanzeiger

Solargewinnfaktoren S_F für

Süd	: $S_F = 2{,}40$ W/(m²K)
West/Ost und Dachflächen	: $S_F = 1{,}65$ W/(m²K)
Nord	: $S_F = 0{,}95$ W/(m²K)

3. Lüftungswärmebedarf

$$Q_L = 18{,}278 \cdot V$$

Der Lüftungswärmebedarf Q_L kann um 5% vermindert werden, wenn das Gebäude mit einer mechanischen Lüftungsanlage ausgestattet ist und um 20%, wenn die Anlage zusätzlich mit einer Wärmerückgewinnung versehen ist.

4. Nutzbare interne Wärmegewinne

$$Q_I = 8 \cdot V; \text{ für Büro- und Verwaltungsgebäude: } Q_I = 10 \cdot V$$

5. Nutzbare solare Wärmegewinne

$$Q_S = 0{,}46 \cdot I \cdot g \cdot A_F$$

Solares Strahlungsangebot I für

Süd	: $I_S = 400$ kWh/m²
West/Ost	: $I_{W/O} = 275$ kWh/m²
Nord	: $I_N = 160$ kWh/m²

6. Vorhandener Jahresheizwärmebedarf
je Bezugsvolumen

$$Q'_H = Q_H/V \text{ in kWh } (m^3a) \text{ (bei Raumhöhen } h > 2{,}60\,m)$$

je Bezugsfläche

$$Q''_H = Q_H/A_N \text{ in kWh } (m^2a) \text{ mit } A_N = 0{,}32 \cdot V \text{ in } m^2$$

7. Maximal zulässiger Jahresheizwärmebedarf
je Bezugsvolumen

$$Q'_{H,max} = 13{,}82 + 17{,}32\,A/V \text{ in kWh}/(m^3/a) \text{ (bei Raumhöhen } h > 2{,}60\,m)$$

je Bezugsfläche

$$Q''_{H,max} = 43{,}19 + 54{,}13\,A/V \text{ in kWh}/(m^2/a)$$

8. Nachweis
vorhandener Jahresheizwärmebedarf < maximal zulässiger Jahresheizwärmebedarf

Zahlenbeispiel
Einfamilienwohnhaus, zweigeschossig, nicht ausgebautes Dach, nicht beheizter Keller.

Aus den aus Platzgründen nicht abgedruckten Plänen ergeben sich nachfolgende wärmeübertragende Bauteile und Abmessungen.

Einzelbauteile

Außenwände:

Hochlochziegel mit Normalmörtel: $\lambda = 0{,}21$ W/(mK)

$$k_W = 0{,}51\,W/(m^2K);\; A_W = 215{,}70\,m^2$$

Dachdecke:
Oberste Geschoßdecke mit 14 cm Wärmedämmung: $\lambda = 0{,}035$ W/(mK)

$$k_D = 0{,}22\,W/(m^2K);\; A_D = 115{,}35\,m^2$$

Kellerdecke:
Unterste Geschoßdecke mit 8 cm Wärmedämmung: $\lambda = 0{,}030$ W/(mK)

$$k_G = 0{,}33\,W/(m^2K);\; A_G = 115{,}35\,m^2$$

Fenster:
Wärmeschutzverglasung mit $k_F = 1{,}7$ W/(m²K), $g = 0{,}72$.

$A_F = 46{,}33\,m^2$, davon Südlage = $27{,}70\,m^2$, West/Ostlage = $17{,}85\,m^2$ und Nordlage $0{,}78\,m^2$.

Wärmeübertragende Gebäudeaußenfläche = $493\,m^2$

Gebäudevolumen = $704\,m^3$

A/V-Verhältnisse = $0{,}70\,m^{-1}$

Nachweis nach dem Bauteilverfahren:
Der Nachweis ist erbracht, da die Wärmedurchgangskoeffizienten k der Einzelbauteile den Anforderungen der Tafel **525**.2 entsprechen.

Rechenwerte nach dem Energiebilanzverfahren:

$$Q_T = 84 \cdot (0{,}51 \cdot 215{,}70 + 1{,}7 \cdot 46{,}33 + 0{,}8 \cdot 0{,}22 \cdot 115{,}35 + 0{,}5 \cdot 0{,}33 \cdot 115{,}35) = 19160\,\text{kWh/a}$$

$$Q_L = 18{,}278 \cdot 704 = 12868\,\text{kWh/a}$$

$$Q_I = 8 \cdot 704 = 5632\,\text{kWh/a}$$

$$Q_S = 0{,}46 \cdot 0{,}72 \cdot (400 \cdot 27{,}70 + 275 \cdot 17{,}85 + 160 \cdot 0{,}78 = 5337\,\text{kWh/a}$$

$$Q_H = 0{,}9 \cdot (19160 + 12868) - (5632 + 5337) = 17856\,\text{kWh/a}$$

$$Q''_H = 17856/(0{,}32 \cdot 704) = 79{,}26\,\text{kWh}(\text{m}^2\text{a})$$

$$Q''_{H,max} = 43{,}19 + 54{,}13 \cdot 0{,}70 = 81{,}08\,\text{kWh}(\text{m}^2\text{a})$$

Nachweis: $Q''_H = 79{,}26\,\text{kWh}(\text{m}^2\text{a}) < 81{,}08\,\text{kWh}(\text{m}^2\text{a}) = Q''_{H,max}$

Zusätzliche Anforderungen. Weitere Anforderungen werden an die Einzelbauteile Flächenheizungen, Heizkörpernischen, Heizkörper vor Fenstern und Rolladenkästen sowie an den sommerlichen Wärmeschutz (s. auch Abschnitt 8.2.2) gestellt.

Bei aneinandergereihten Gebäuden ist der Wärmeschutznachweis grundsätzlich für jedes Gebäude einzeln zu führen.

Der Nachweis für Gebäude mit niedrigen Innentemperaturen (s. auch Abschnitt 8.2.4.2) oder der Nachweis für bestehende Gebäude, etwa bei Erneuerungs- oder Ergänzungsmaßnahmen sowie baulichen Erweiterungen (s. auch Abschnitt 8.2.4.4), ist nach der Wärmeschutzverordnung getrennt zu führen.

Arbeitsblätter. Vorbereitete Form- oder Arbeitsblätter, wie vom Bundesverband der Deutschen Ziegelindustrie bereits entwickelt (Taf. **529.**1), können für die übersichtliche Berechnung von Wohnbauten, wie freistehende Einfamilienhäuser, Reihenhäuser oder Mehrfamilienhäuser verwendet werden.

8.3 Wärmebedarf

Der Wärmebedarf eines Gebäudes oder Raumes, gemessen in W, ist diejenige Wärmemenge, die der Projektierung einer Heizungsanlage zugrunde zu legen ist.

Sie muß über die ganze Heizperiode des Jahres von rund 220 Tagen hinweg das für einen behaglichen Aufenthalt erforderliche Raumklima (s. Abschnitt 11.1) aufrechterhalten. Damit dies unter wirtschaftlichen Bedingungen möglich ist, muß das Gebäude einen energiesparenden Wärmeschutz nach Abschnitt 8.2.4 aufweisen.

8.3.1 Berechnung des Wärmebedarfs

DIN 4701 T. 1 bis 3 „Regeln für die Berechnung des Wärmebedarfs von Gebäuden" gilt für durchgehend und voll bzw. teilweise eingeschränkt beheizte Gebäude.

Seit dem 1. 6. 1984 müssen Wärmebedarfsberechnungen nach der seit dem 1. März 1983 gültigen Norm durchgeführt werden.

Voll beheizt ist ein Gebäude, bei dem mit Ausnahme weniger Nebenräume alle Räume beheizt werden.

Tafel **529**.1 Arbeitsblatt, Wärmeschutz-Nachweis nach Entwurf der Wärmeschutzverordnung 1993 (Bundesverband der Deutschen Ziegelindustrie e. V., Bonn)

Energiesparender Wärmeschutz von Gebäuden
Wärmeschutz-Nachweis nach Entwurf WSchV ´93

Objekt:

Nachweis: $Q'_{Hvorh} = 0{,}9 \cdot (Q_T + Q_L) - (Q_I + Q_S) \leq zul\ Q'_H$

mit: $Q_T = 84 \cdot (k_W \cdot A_W + k_F \cdot A_F + 0{,}8 \cdot k_D \cdot A_D + 0{,}5 \cdot k_G \cdot A_G + 0{,}5 \cdot k_{AB} \cdot A_{AB} + k_{DL} \cdot A_{DL})$

Spalte	1	2	3	4	5 = 3 · 4	6	7 = 5 · 6
Zeile	Bauteil	Kurzbezeichnung	Fläche A	Wärmedurchgangskoeffizient k	k · A	Faktor	Wärmeverlust
-	-	-	m^2	$W/(m^2K)$	W/K	-	W/K
1	Wand	W1				1.0	
		W2					
		W3					
2	Fenster	F1 (N)				1.0	
		F2 (O, W)					
		F3 (S)					
3	Dach, Decke zum nichtausgebauten Dachgeschoß	D1				0.8	
		D2				0.8	
4	Grundfläche, Kellerdecke, Wände gegen Erdreich	G				0.5	
						0.5	
5	Bauteile zwischen beheizten und unbeheizten Räumen	AB 1				0.5	
		AB 2				0.5	
6	Decken gegen Außenluft unt.	DL				1.0	
		ΣA =				ΣT =	

Beheiztes Bauwerkvolumen V : ________ m^3

A/V = ________ m^{-1}

Summe der Wärmegewinne $Q_I + Q_S$

	Formel	Faktor	g_F	I	A_F	Ergebnis
			-	kWh/(m²a)	m²	kWh/a
Q_S	$0{,}46 \cdot g \cdot I_N \cdot F1$	0.46		160		
	$0{,}46 \cdot g \cdot I_{O/W} \cdot F2$			275		
	$0{,}46 \cdot g \cdot I_S \cdot F3$			400		
Q_I	8 · V	8 ·				
					Summe $Q_S + Q_I$	

Summe der Wärmeverluste $0{,}9 \cdot (Q_T + Q_L)$

	Formel	Werte einsetzen	Ergebnis kWh/a
Q_T	84 · ΣT	84 ·	
Q_L	18,28 · V	18,28 ·	
	Summe	**$Q_T + Q_L$**	
		$0{,}9 \cdot (Q_T + Q_L)$	

vorh $Q_H = 0{,}9 \cdot (Q_T + Q_L) - (Q_I + Q_S)$ = ________ - ________ = ________ **kWh/a**

Wärmeschutz-Nachweis

© amz/mm 9.93

vorh $Q''_H = Q_H / V / 0{,}32$	/ / 0,32		**kWh**	**Nachweis**
zul $Q'' = (13{,}82 + 17{,}32 \cdot A/V) / 0{,}32$	(13,82 + 17,32 ·) / 0,32	<	**m²a**	**erbracht**

Dagegen ist ein Gebäude teilweise eingeschränkt beheizt, wenn in Nachbarräumen niedrigere als die üblichen Temperaturen auftreten können.

Mit Heizeinrichtungen, die entsprechend dem nach DIN 4701 ermittelten Wärmebedarf ausgelegt sind, ist bei milderen als der genormten Berechnung zugrunde liegenden Witterungsbedingungen auch dann eine befriedigende Beheizung zu erzielen, wenn sie zeitweise, etwa nachts, mit Einschränkungen oder Unterbrechungen betrieben werden.

Für selten beheizte Gebäude ist dagegen das in Abschnitt 8.3.1.3 angegebene Sonderverfahren anzuwenden.

Zu unterscheiden sind damit die Berechnungsverfahren für normale und besondere Fälle.

Berechnungsgrundlagen. Für die Aufstellung der Wärmebedarfsberechnung, die raumweise auf besonderen Formblättern erfolgt (s. Abschnitt 8.3.1.2), sind folgende Unterlagen und Angaben erforderlich:

1. Lageplan mit Himmelsrichtung und möglichem Windanfall
2. Grundriß-, Schnitt- und Ansichtszeichnungen des Gebäudes mit allen erforderlichen Rohbaumaßen
3. Angaben über die Konstruktion und das Material der Wände, Decken und Dächer zur genauen Berechnung der Wärmedurchgangs- bzw. Wärmeleitwiderstände
4. Angaben über die Fenster und Außentüren (Konstruktionsart, Werkstoffe, Öffnungsmöglichkeiten, Art der Anschläge, Beanspruchungsgruppen)
5. Angaben über die Nutzung der Räume, möglicherweise von der Norm abweichende Raumtemperaturen.

Um die zeitaufwendige Arbeit der genauen Wärmebedarfsberechnung zu verkürzen, setzt man auch elektronische Rechenmaschinen ein.

8.3.1.1 Berechnungsverfahren für normale Fälle

Das Verfahren für Normalfälle ist auf die überwiegende Mehrzahl aller vorkommenden Gebäude, wie Wohnhäuser, Verwaltungsgebäude, Büro- und Geschäftsgebäude, Kasernen, Gaststätten und Hotels, Läden, Unterrichtsgebäude, Museen und Galerien, Bibliotheken, Krankenhäuser, Pflegeheime, Aufenthaltsgebäude in Justizvollzugsanstalten, Warenhäuser, Betriebsgebäude, Werkstätten mit normalen Geschoßhöhen und ähnliche Gebäude anzuwenden.

Gegebenenfalls ist zu prüfen, ob einzelne Teile des Gebäudes, wie selten benutzte Säle von Gaststätten, nach dem Verfahren für Sonderfälle zu bearbeiten sind (s. Abschnitt 8.3.1.3).

Norm-Wärmebedarf $\dot{Q}_N$. Als Norm-Wärmebedarf $\dot{Q}_N$ wird die Wärmeleistung oder Wärmemenge bezeichnet, die dem Raum unter den genormten Witterungsbedingungen zugeführt werden muß, damit sich die geforderten thermischen Norm-Innenraumbedingungen einstellen.

Für die Berechnung wird ein stationärer Zustand, d. h. die zeitliche Gleichmäßigkeit aller Berechnungsgrößen sowie eine solche Zuführung der Heizwärme in den Raum vorausgesetzt, so daß die Lufttemperatur und die Oberflächentemperaturen der Umgrenzungsflächen zu beheizten Nachbarräumen gleich sind.

Der Norm-Wärmebedarf wird dabei als eine vom gewählten Heizsystem unabhängige Gebäudeeigenschaft betrachtet. Er kann mit ausreichender Genauigkeit als Grundlage für die Auslegung der Heizeinrichtungen dienen, auch wenn deren Wärmeübertragung an den Raum den obigen Voraussetzungen nicht völlig entspricht.

Der Norm-Wärmebedarf $\dot{Q}_N$ eines Raumes setzt sich zusammen aus dem Norm-Transmissionswärmebedarf $\dot{Q}_T$ zum Ausgleich der Wärmeverluste durch Wärmeleitung über die Umschließungsflächen und dem Norm-Lüftungswärmebedarf $\dot{Q}_L$ für die Aufheizung der über die Fugen eindringenden Außenluft:

$$\dot{Q}_N = \dot{Q}_T + \dot{Q}_L \text{ in W.}$$

Norm-Transmissionswärmebedarf $\dot{Q}_T$. Man ermittelt ihn aus der Summe aller Wärmeströme, die vom Raum durch Wärmeleitung über alle raumumschließenden Flächen abgegeben werden:

$$\dot{Q}_T = \sum_j A_j \cdot \dot{q}_j \text{ in W.}$$

Hierbei bedeutet A_j die Fläche des Bauteiles j, $\dot{q}_j$ die Wärmestromdichte des Bauteiles j.

Die Wärmestromdichte $\dot{q}_j$ des Bauteiles j ergibt sich für
Außenbauteile zu $\dot{q} = k_N \cdot (\vartheta_i - \vartheta_a)$ in W/m² und für
Innenbauteile zu $\dot{q} = k \cdot (\vartheta_i - \vartheta_i')$ in W/m².

Hierin bedeutet ϑ_i' Norm-Innentemperatur im Nachbarraum.

Tafel **531**.1 Außenflächen-Korrekturen Δk_A für den Wärmedurchgangskoeffizienten von Außenflächen (Nach DIN 4701 T. 2)

Wärmedurchgangskoeffizienten der Außenflächen nach DIN 4108 Teil 4 W/(m² · K)	0,0 bis 1,5	1,6 bis 2,5	2,6 bis 3,1	3,2 bis 3,5
Außenflächen-Korrektur Δk_A W/(m² · K)	0,0	0,1	0,2	0,3

Norm-Wärmedurchgangskoeffizient k_N. Der Norm-Wärmedurchgangskoeffizient k_N eines Bauteiles ist die Summe aus dem Wärmedurchgangskoeffizienten k und den Korrekturen Δk_A für Außenflächen (Taf. **531**.1) sowie Δk_S für den Wärmegewinn durch Sonneneinstrahlung (Taf. **531**.2):

$$k_N = k + \Delta k_A + \Delta k_S \text{ in W/(m}^2 \cdot \text{K).}$$

Tafel **531**.2 Sonnenkorrekturen Δk_S für den Wärmedurchgangskoeffizienten transparenter Außenflächen (nach DIN 4701 T. 2)

Verglasungsart	Sonnenkorrektur Δk_S · W/(m² · K)
Klarglas (Normalglas)	– 0,3
Spezialglas (Sonderglas)	– 0,35 · g_F

g_F = Gesamtenergiedurchlaßgrad nach DIN 4108 Teil 2

Den Wärmedurchgangskoeffizienten k erhält man als Kehrwert des Wärmedurchgangswiderstandes R_k:

$$k = \frac{1}{R_k}$$

Dabei errechnet sich der Wärmedurchgangswiderstand R_k aus der Gleichung:

$$R_k = R_i + \sum_j R\lambda_j + R_a = \frac{1}{\alpha_i} + \sum_j \frac{d_j}{\lambda_j} + \frac{1}{\alpha_a} \text{ in m}^2 \cdot \text{K/W}$$

mit
R_i – innerer Wärmeübergangswiderstand (Taf. **532**.1)
R_a = äußerer Wärmeübergangswiderstand (Taf. **532**.1)
$R\lambda_j$ = Wärmeleitwiderstand der Schicht j
α_i = innerer Wärmeübergangskoeffizient
α_a = äußerer Wärmeübergangskoeffizient
d_j = Dicke der Bauteilschicht j
λ_j = Wärmeleitfähigkeit der Schicht j (Taf. **503**.1).

Tafel **532**.1 Wärmeübergangswiderstände R_i und R_a (nach DIN 4701 T. 2)

	R_i $m^2 \cdot K/W$	R_a $m^2 \cdot K/W$
auf der Innenseite geschlossener Räume bei natürlicher Luftbewegung an Wandflächen und Fenster	0,130	–
Fußboden und Decken bei einem Wärmestrom von unten nach oben	0,130	–
bei einem Wärmestrom von oben nach unten	0,170	–
an der Außenseite von Gebäuden bei mittlerer Windgeschwindigkeit	–	0,040
In durchlüfteten Hohlräumen bei vorgehängten Fassaden oder in Flachdächern (der Wärmeleitwiderstand der vorgehängten Fassade oder der oberen Dachkonstruktion wird nicht zusätzlich berücksichtigt)	–	0,090

Norm-Innentemperatur ϑ_i. Die Norm-Innentemperatur ϑ_i bzw. die Norm-Innentemperatur im Nachbarraum ϑ_i' ergibt sich aus der Tafel **532**.2.

Tafel **532**.2 Norm-Innentemperaturen ϑ_i[1]) für beheizte Räume (nach DIN 4701 T. 2)

Lfd. Nr.	Raumart	Norm-Innentemperatur °C
1	**Wohnhäuser**	
1.1	**vollbeheizte Gebäude**	
	Wohn- und Schlafräume	+20
	Küchen	+20
	Bäder	+24
	Aborte	+20
	geheizte Nebenräume (Vorräume, Flure)[2])	+15
	Treppenräume	+10
1.2	**teilweise eingeschränkt beheizte Gebäude**[3]**)**	
	a) jeweils zu berechnender Raum wie lfd. Nr. 1.1	
	b) jeweils an den zu berechnenden Raum angrenzende Räume nach Tafel **557**.2	
2	**Verwaltungsgebäude**	
	Büroräume, Sitzungszimmer, Ausstellungsräume, Schalterhallen und dgl., Haupttreppenräume	+20
	Aborte	+15
	Nebenräume und Nebentreppenräume wie unter 1.	
3	**Geschäftshäuser**	
	Verkaufsräume und Läden allgemein, Haupttreppenhäuser	+20
	Lebensmittelverkauf	+18
	Lager allgemein	+18
	Käselager	+12
	Wurstlager, Fleischwarenverarbeitung und Verkauf	+15
	Aborte, Nebenräume und Nebentreppenräume wie unter 2.	
4	**Hotels und Gaststätten**	
	Hotelzimmer	+20
	Bäder	+24
	Hotelhalle, Sitzungszimmer, Festsäle, Haupttreppenhäuser	+20
	Aborte, Nebenräume und Nebentreppenräume wie unter 1.	

Tafel **532**.2 (Fortsetzung)

Lfd. Nr.	Raumart	Norm-Innentemperatur °C
5	**Unterrichtsgebäude** Unterrichtsräume allgemein, sowie Lehrerzimmer, Bibliotheken, Verwaltungsräume, Pausenhalle und Aula als Mehrzweckräume, Kindergärten Lehrküchen Werkräume je nach körperlicher Beanspruchung Bade- und Duschräume Arzt- und Untersuchungszimmer Turnhallen Gymnastikräume Aborte, Nebenräume und Treppenräume wie unter 2.	 +20 +18 +15 bis 20 +24 +24 +20 +20
6	**Theater und Konzerträume** einschließlich Vorräumen Aborte, Nebenräume und Treppenräume wie unter 1.	 +20
7	**Kirchen[4])** Kirchenraum allgemein bei Kirchen mit schutzwürdigen Gegenständen Aborte, Nebenräume und Treppenräume wie unter 2.	 +15 nach Vereinbarung
8	**Krankenhäuser[5])** Operations-, Vorbereitungs- und Anaesthesieräume, Räume für Frühgeborene alle übrigen Räume	 +25 +22
9	**Fertigungs- und Werkstatträume** allgemein, mindestens bei sitzender Beschäftigung	 +15 +20
10	**Kasernen** Unterkunftsräume alle sonstigen Räume wie unter 5.	 +20
11	**Schwimmbäder** Hallen (mindestens jedoch 2 K über Wassertemperatur) sonstige Baderäume (Duschräume) Umkleideräume, Nebenräume und Treppenräume	 +28 +24 +22
12	**Justizvollzugsanstalten** Unterkunftsräume alle sonstigen Räume wie unter 5.	 +20
13	**Ausstellungshallen** nach Angaben des Auftraggebers, jedoch mindestens	 +15
14	**Museen und Galerien** allgemein	 +20
15	**Bahnhöfe** Empfangs-, Schalter- und Abfertigungsräume in geschlossener Bauart sowie Aufenthaltsräume ohne Bewirtschaftung	 +15
16	**Flughäfen** Empfangs-, Abfertigungs- und Warteräume	 +20
17	**frostfrei zu haltende Räume**	+ 5

1) Für Räume mit Anlagen, die in den Anwendungsbereich von DIN 1946 Teil 4 fallen, gelten die dortigen Festlegungen.

2) Innenliegende Flure in Geschoßwohnungen werden in der Regel nicht beheizt.

3) Für die Ermittlung der Raumheizleistung bei teilweise eingeschränkt beheizten Nachbarräumen kann auch die Benutzung anderer anerkannter Rechenansätze vereinbart werden.

4) Häufig wird eine Mindesttemperatur von 5°C dauernd gehalten.

5) Siehe auch DIN 1946 Teil 4, Raumlufttechnische Anlagen in Krankenhäusern.

Bei allen übrigen Gebäudearten sind die der Rechnung zugrundezulegenden Temperaturen mit dem Auftraggeber zu vereinbaren.

Tafel **534**.1 Außentemperaturen ϑ'_a 1) und Zuordnung zu „windstarker Gegend" (W) 2) für alle größeren Städte in Deutschland (nach DIN 4701 T. 2)

Stadt	Außentemperatur °C
Aachen	−12
Aalen, Württ.	−16 W
Ahlen, Westf.	−12 W
Arnsberg	−12 W
Aschaffenburg	−12
Ausgburg	−14
Baden-Baden	−12
Bad Homburg v. d. Höhe	−12
Bad Kreuznach	−12
Bamberg	−16
Bayreuth	−16
Bergisch Gladbach	−12
Berlin	−14
Bielefeld	−12
Bocholt	−10 W
Bochum	−10
Böblingen	−14
Bonn	−10
Bottrop	−10 W
Brandenburg	−14
Braunschweig	−14 W
Bremen	−12 W
Bremerhaven	−10 W
Castrop-Rauxel	−10
Celle	−12 W
Chemnitz, Sachs.	−14
Cottbus	−16
Cuxhaven	−10 W
Darmstadt	−12
Delmenhorst	−12 W
Dessau, Anh.	−14
Detmold	−12
Dillenburg	−12
Dinslaken	−10 W
Dorsten	−10 W
Dortmund	−12
Dresden	−14
Düren	−12
Düsseldorf	−10 W
Duisburg	−10 W
Eberswalde-Finow	−14
Elmshorn	−12 W
Emden, Ostfriesland	−10 W
Erfurt	−14
Erlangen	−16
Essen, Ruhr	−10
Esslingen am Neckar	−14
Euskirchen	−12
Fellbach, Württ.	−12
Flensburg	−10 W
Frankfurt am Main	−12
Frankfurt, Oder	−16
Freiburg im Breisgau	−12
Freising	−16
Friedrichshafen	−12
Fürth, Bay.	−16
Fulda	−14
Gelsenkirchen	−10
Gera	−14
Gießen	−12
Gladbeck	−10 W
Göppingen	−14
Görlitz, Neiße	−16
Göttingen	−16
Goslar	−14
Greifswald	−12 W
Grevenbroich	−10 W
Gummersbach	−12
Gütersloh	−12 W
Hagen, Westf.	−12
Halle, Saale	−14
Hamburg	−12 W
Hameln	−12
Hamm, Westf.	−12 W
Hanau	−12
Hannover	−14 W
Hattingen, Ruhr	−12
Heidelberg, Neckar	−10
Heidenheim an der Brenz	−16
Heilbronn, Neckar	−12
Herford	−12
Herne	−10
Herten, Westf.	−10 W
Hilden	−10
Hildesheim	−14 W
Hof, Saale	−18 W
Ibbenbüren	−12 W
Ingolstadt, Donau	−16
Iserlohn	−12
Jena	−14
Kaiserslautern	−12
Karlsruhe, Baden	−12
Kassel	−12
Kempten, Allgäu	−16
Kiel	−10 W

Tafel **534**.1 (Fortsetzung)

Stadt	Außen-temperatur °C	Stadt	Außen-temperatur °C
Koblenz am Rhein	-12	Plauen	-16
Köln	-10	Potsdam	-14
Konstanz	-12		
Krefeld	-10 W	Ratingen	-10 W
		Ravensburg	-14
Landshut	-16	Recklinghausen	-10 W
Langenhagen, Han.	-14 W	Regensburg	-16
Leipzig	-14	Remscheid	-12
Leverkusen	-10	Reutlingen	-16
Lingen, Ems	-10 W	Rheine	-12 W
Lippstadt	-12 W	Riesa	-16
Lörrach	-12	Rosenheim, Oberbay.	-16
Ludwigsburg, Württ.	-12	Rostock	-10 W
Ludwigshafen am Rhein	-12		
Lübeck	-10 W	Saarbrücken	-12
Lüdenscheid	-12 W	Salzgitter	-14 W
Lüneburg	-12 W	Schwäbisch Gmünd	-16
Lünen	-12 W	Schweinfurt	-14
		Schwerin, Meckl.	-12 W
Magdeburg	-14	Siegen	-12
Mainz	-12	Sindelfingen	-14
Mannheim	-12	Solingen	-12
Marburg	-12	Stade	-10 W
Marl, Westf.	-10 W	Stolberg, Rheinl.	-12
Menden, Sauerland	-12	Stralsund	-10 W
Minden, Westf.	-12	Stuttgart	-12
Mönchengladbach	-10	Suhl	-16 W
Moers	-10 W		
Mülheim an der Ruhr	-10	Trier	-10
München	-16	Tübingen	-16
Münster, Westf.	-12 W		
		Ulm, Donau	-14
Neubrandenburg	-14 W	Unna	-12 W
Neumünster	-12 W		
Neunkirchen, Saar	-12	Velbert	-12
Neuss	-10 W	Viersen	-10 W
Neustadt an der Weinstraße	-10	Villingen-Schwenningen	-16 W
Neu-Ulm	-14		
Neuwied	-12	Waiblingen	-12
Nordhorn	-10 W	Weimar, Thür.	-14
Nürnberg	-16	Wesel	-10 W
		Wetzlar	-12
Oberhausen, Rheinl.	-10 W	Wiesbaden	-10
Offenbach am Main	-12	Wilhelmshaven	-10 W
Offenburg	-12	Wismar, Meckl.	-10 W
Oldenburg, Oldb.	-10 W	Witten	-12
Osnabrück	-12 W	Witzenhausen	-14
		Wolfenbüttel	-14 W
Paderborn	-12	Wolfsburg	-14 W
Passau	-14	Worms	-12
Peine	-14 W	Würzburg	-12
Pforzheim	-12	Wuppertal	-12
Pirmasens	-12	Zwickau	-14

Fußnoten zu Tafel **534**.1

[1]) In den Kerngebieten großer Städte liegen die Außentemperaturen etwas höher als in den Randgebieten, auf die sich die aufgeführten Außentemperaturen beziehen. Eine allgemeine Berücksichtigung dieser Verhältnisse ist wegen der vielfältigen Unsicherheitsfaktoren (Flußläufe, Plätze; keine sichere Abgrenzung gegen Außenbezirke) nicht möglich. Es kann jedoch in Städten über 100 000 Einwohner bei dichter Bebauung eine besondere Vereinbarung getroffen werden, nach der in Bereichen mit Geschoßflächenzahlen ≧ 1,8 die Außentemperatur bis zu 2 K höher als nach dieser Norm angesetzt werden kann, sofern das Gebäude seine Umgebung nicht wesentlich überragt.

[2]) Windstarke Gegend: W, windschwache Gegend: keine Angabe

Norm-Außentemperatur ϑ_a. Der Rechenwert ϑ_a der Norm-Außentemperatur ist einerseits von statistisch ermittelten niedrigsten Außentemperaturen ϑ'_a (Taf. **534**.1 und Bild **538**.1) und andererseits von der Speicherfähigkeit des Gebäudes abhängig:

$$\vartheta_a = \vartheta'_a + \Delta\vartheta_a \qquad \text{in °C.}$$

Die Außentemperatur-Korrektur $\Delta\vartheta_a$ hängt von der Schwere der Bauart ab und ergibt sich überschläglich zu

$$\Delta\vartheta a = 0\,\text{K für leichte Bauart} \left(\frac{m}{\sum A_a} < 600\ \text{kg/m}^2\right)$$

$$\Delta\vartheta a = 2\,\text{K für schwere Bauart} \left(600 \leqq \frac{m}{\sum A_a} \leqq 1400\,\text{kg/m}^2\right)$$

$$\Delta\vartheta a = 4\,\text{K für sehr schwere Bauart} \left(\frac{m}{\sum A_a} > 1400\,\text{kg/m}^2\ .\right)$$

Hierbei ist m die Speichermasse in kg und ΣA_a die Summe aller Außenflächen (Fenster und Außenwände) des Raumes in m^2.

Die Schwere der Bauart kann in den meisten Fällen nach Erfahrung ausreichend sicher abgeschätzt werden.

Erdreichberührte Bauteile. Das vorstehende Berechnungsverfahren ist nicht anwendbar bei Bauteilen, die mit dem Erdreich in Berührung stehen.

Hier muß neben dem Wärmeverlust über das Erdreich an die Außenluft auch das Grundwasser berücksichtigt werden.

Wegen der größeren Wärmespeicherfähigkeit des Bodens und des Grundwassers ist mit den Temperaturwerten

$\vartheta_{AL} = \vartheta_a + 15$ in °C (mittlere Außentemperatur über eine längere Kälteperiode)

und

$\vartheta_{GW} = +10\,°C$ (mittlere Grundwassertemperatur) zu rechnen.

Die Wärmestromdichte $\dot{q}$ ergibt sich somit für vertikale und horizontale erdreichberührte Flächen aus:

$$\dot{q} = \frac{\vartheta_i - \vartheta_{AL}}{R_{AL}} + \frac{\vartheta_i - \vartheta_{GW}}{R_{GW}} \qquad \text{in W/m}^2.$$

Hierbei gilt für die äquivalenten Wärmedurchgangswiderstände R_{AL} (Raum–Außenluft) und R_{GW} (Raum–Grundwasser):

$$R_{AL} = R_i + R_{\lambda B} + R_{\lambda A} + R_a \quad \text{in } m^2 \cdot K/W$$

$$R_{GW} = R_i + R_{\lambda B} + R_{\lambda E} = R_i + R_{\lambda B} + \frac{T}{\lambda_E} \quad \text{in } m^2 \cdot K/W$$

mit R_i = innerer Wärmeübergangswiderstand (Taf. **532**.1)
R_a = äußerer Wärmeübergangswiderstand (Taf. **532**.1)
$R_{\lambda B}$ = Wärmeleitwiderstand des Bauteiles
$R_{\lambda A}$ = äquivalenter Wärmeleitwiderstand des Erdreiches zur Außenluft (**537**.1)
$R_{\lambda E}$ = Wärmeleitwiderstand des Erdreiches zum Grundwasser.

$R_{\lambda E}$ wird berechnet aus T (Tiefe bis zum Grundwasser) und λ_E (Wärmeleitfähigkeit des Erdreiches) = 1,2 W/(m · K).

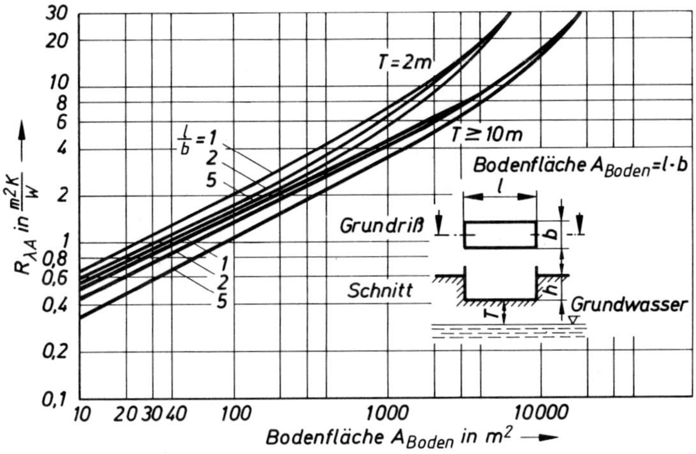

537.1 Äquivalenter Wärmeleitwiderstand $R_{\lambda A}$ des Erdreiches zur Außenluft (nach DIN 4701 T. 2)

Norm-Lüftungswärmebedarf $\dot{Q}_L$. Er setzt sich zusammen aus dem Lüftungswärmebedarf bei freier Lüftung $\dot{Q}_{FL}$ und dem Lüftungswärmebedarf für nachströmende Luft infolge maschineller Abluftanlagen $\Delta\dot{Q}_{RLT}$:

$$\dot{Q}_L = \dot{Q}_{FL} + \Delta\dot{Q}_{RLT} \quad \text{in W.}$$

Der im folgenden zu berechnende Wert $\dot{Q}_L$ darf einen Mindestwert $\dot{Q}_{L\min}$ nicht unterschreiten.

Für einen Raum mit dem Volumen V_R in m³ ergibt sich bei 0,5fachem stündlichen Raumluftwechsel:

$$\dot{Q}_{L\min} = 0{,}17 \cdot V_R(\vartheta_i - \vartheta_a) \quad \text{in W.}$$

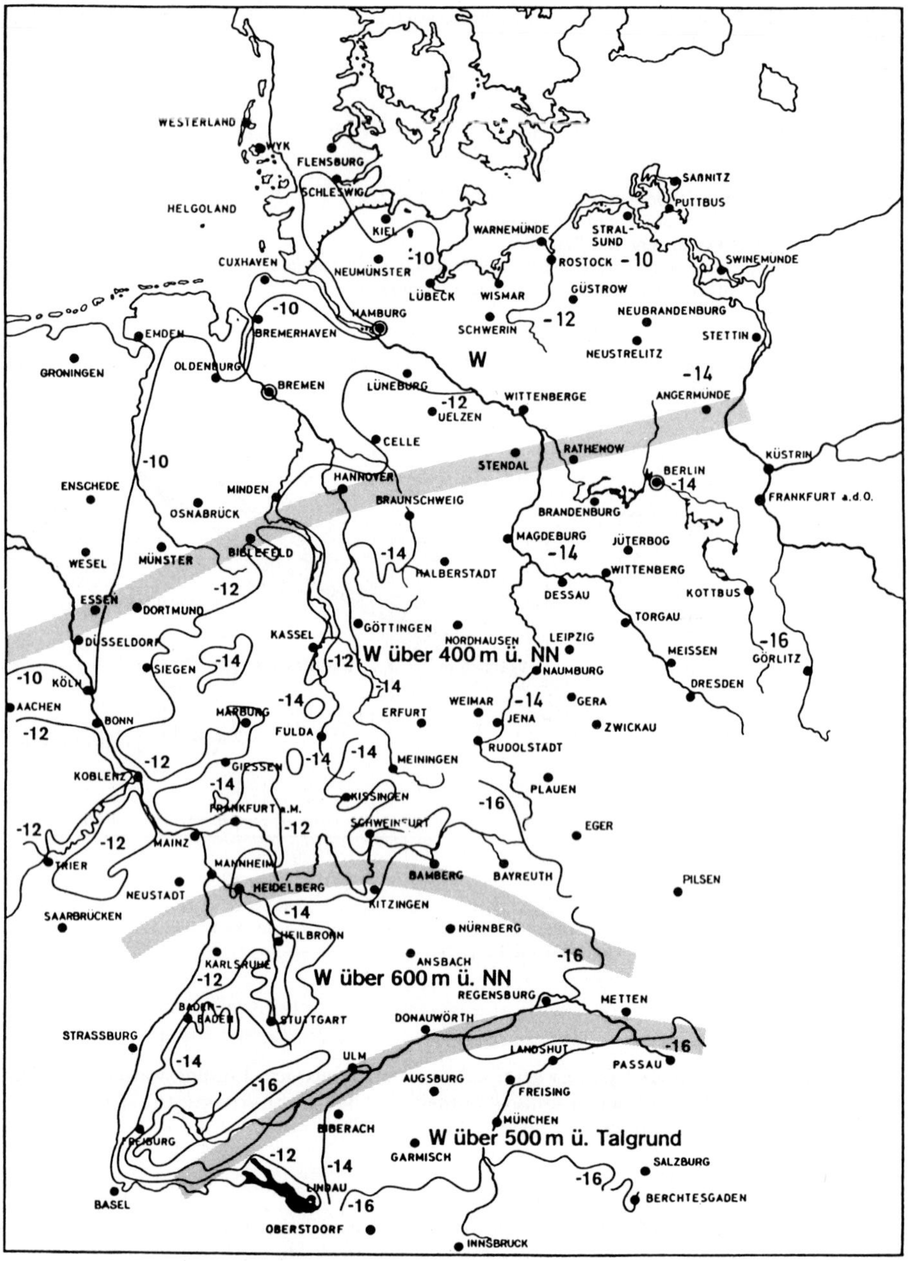

538.1 Isothermenkarte. Tiefstes Zweitagesmittel der Lufttemperatur in °C (aufgestellt vom Deutschen Wetterdienst, Zentralamt Offenbach am Main) (nach DIN 4701 T. 2)

Lüftungswärmebedarf bei freier Lüftung $\dot{Q}_{FL}$. Der Lüftungswärmebedarf bei freier Lüftung $\dot{Q}_{FL}$ ergibt sich aus der Notwendigkeit, die durch Undichtheiten des Gebäudes einströmende Außenluft auf Raumlufttemperatur zu erwärmen.

Das einströmende Luftvolumen hängt einerseits von den Undichtheiten des Gebäudes (Ausmaß der Fugen) und andererseits von der Differenz des Außen- und Innendruckes ab.

Die Druckdifferenz entsteht durch Windanströmung eines Gebäudes (unter anderem abhängig von der Gebäudehöhe), die Auftriebsdrücke innerhalb des Gebäudes (insbesondere in vertikalen Schächten hoher Gebäude) oder durch eine Überlagerung der Wind- und Auftriebseinflüsse.

Gebäudetyp. Zur besseren Erfassung der inneren Struktur des Gebäudes werden folgende Gebäudetypen unterschieden (**539**.1):

Schachttyp (ohne innere Unterteilung) und
Geschoßtyp (mit luftdichten Geschoßtrennflächen).

Schachttyp-Gebäude unterliegen gleichzeitig Wind- und Auftriebswirkungen.

Geschoßtyp-Gebäude unterliegen nur Windeinflüssen.

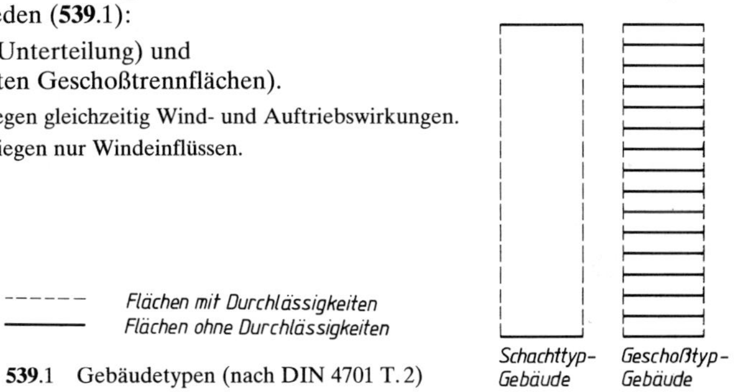

539.1 Gebäudetypen (nach DIN 4701 T. 2)

Grundrißtyp. Außerdem werden relativ einfach zu bestimmende Grundrißtypen unterschieden (**539**.2):

Grundrißtyp I (Einzelhaustyp) und Grundrißtyp II (Reihenhaustyp).

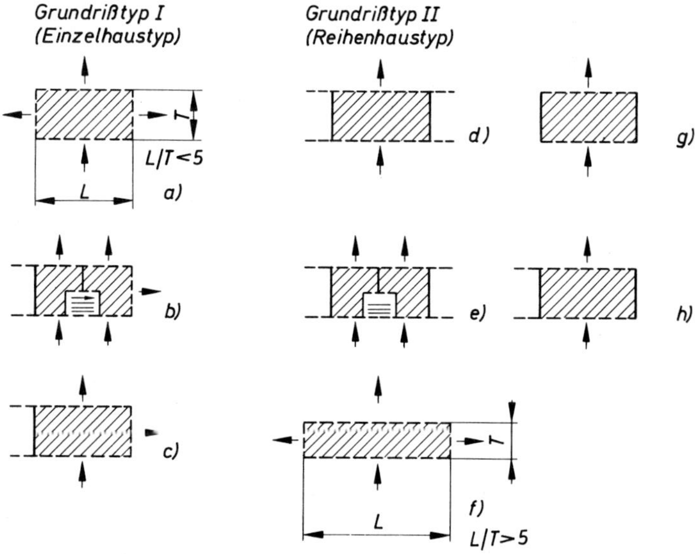

539.2 Grundrißtypen (nach DIN 4701 T. 2)

Tafel 540.1 Hauskenngrößen H und Höhenkorrekturfaktoren ε_{GA}, ε_{SA}, ε_{SN} Grundrißtyp I (Einzelhaustyp) (nach DIN 4701 T. 2)

Gegend	Lage	Hauskenngröße H $W \cdot h \cdot Pa^{2/3}$ / $(m^3 \cdot K)$	Gebäudehöhe[1])[2]) m	ε	Höhe h über Erdboden m: 0	5	10	15	20	25	30	35	40	45	50	55	60	65	70	75	80	85	90	95	100
				ε_{GA}	1,0			1,2	1,4	1,5	1,6	1,7	1,9	2,0		2,1	2,2	2,3	2,4		2,5	2,6	2,7		2,8
windschwach	normal	0,72	100	ε_{SA}	9,4	8,8	8,1	7,5	6,8	6,1	5,4	4,5	3,7	2,6	1,3	0									
				ε_{SN}	9,1	8,5	7,8	7,0	6,2	5,4	4,5	3,5	2,4	0,7	0										
			80	ε_{SA}	8,2	7,5	6,7	6,0	5,3	4,5	3,6	2,6	1,3	0											
				ε_{SN}	7,8	7,1	6,4	5,6	4,7	3,7	2,5	1,0	0												
			60	ε_{SA}	6,8	6,0	5,2	4,4	3,5	2,5	1,2	0													
				ε_{SN}	6,5	5,7	4,8	3,8	2,7	1,3	0														
			40	ε_{SA}	5,3	4,4	3,4	2,4	1,1	0															
				ε_{SN}	4,9	4,0	2,9	1,6	0																
			20	ε_{SA}	3,5	2,4	0,9	0																	
				ε_{SN}	3,0	1,8	0																		
			10	ε_{SA}	1,0																				
				ε_{SN}	0																				
	frei	1,8	100	ε_{SA}	3,9	3,6	3,4	3,2	3,1	2,9	2,7	2,5	2,3	2,0	1,8	1,5	1,2	0,8	0,3	0					
				ε_{SN}	3,4	3,2	2,9	2,5	2,2	1,8	1,4	0,9	0,1	0											
			80	ε_{SA}	3,4	3,2	2,9	2,7	2,5	2,3	2,1	1,9	1,6	1,3	1,0	0,6	0								
				ε_{SN}	2,9	2,6	2,3	1,9	1,5	1,1	0,4	0													
			60	ε_{SA}	2,9	2,6	2,3	2,1	1,9	1,7	1,4	1,1	0,8	0,3	0										
				ε_{SN}	2,4	2,0	1,7	1,2	0,7	0															
			40	ε_{SA}	2,4	2,0	1,7	1,5	1,2	0,9	0,5	0													
				ε_{SN}	1,7	1,4	0,9	0,1	0																
			20	ε_{SA}	1,7	1,3	0,9	0,6	0																
				ε_{SN}	1,0	0,4	0																		
			10	ε_{SA}	1,0																				
				ε_{SN}	0																				

[1]) Als Gebäudehöhe gilt die Summe der Geschoßhöhen der beheizten Geschosse über Erdboden.
[2]) Die Gebäudehöhe 10 m kann bei Wohngebäuden generell für alle Häuser mit maximal 4 beheizten Geschossen über Erdboden eingesetzt werden.

Tafel 540.1 (Fortsetzung)

Gegend	Lage	Hauskenngröße H $W \cdot h \cdot Pa^{2/3}$ / $(m^3 \cdot K)$	Gebäudehöhe[1][2] m	ε	Höhe h über Erdboden m: 0	5	10	15	20	25	30	35	40	45	50	55	60	65	70	75	80	85	90	95	100
				ε_{GA}	1,0			1,2	1,4	1,5	1,6	1,7	1,9	2,0		2,1	2,2	2,3	2,4		2,5	2,6	2,7		2,8
windstark	normal	1,8	100	ε_{SA}	3,9	3,6	3,4	3,2	3,1	2,9	2,7	2,5	2,3	2,0	1,8	1,5	1,2	0,8	0,3	0					
				ε_{SN}	3,4	3,2	2,9	2,5	2,2	1,8	1,4	0,9	0,1	0											
			80	ε_{SA}	3,4	3,2	2,9	2,7	2,5	2,3	2,1	1,9	1,6	1,3	1,0	0,6	0								
				ε_{SN}	2,9	2,6	2,3	1,9	1,5	1,1	0,4	0													
			60	ε_{SA}	2,9	2,6	2,3	2,1	1,9	1,7	1,4	1,1	0,8	0,3	0										
				ε_{SN}	2,4	2,0	1,7	1,2	0,7	0															
			40	ε_{SA}	2,4	2,0	1,7	1,5	1,2	0	0,5	0													
				ε_{SN}	1,7	1,4	0,9	0,1	0																
			20	ε_{SA}	1,7	1,3	0,9	0,6	0																
				ε_{SN}		0,4	0																		
			10	ε_{SA}	1,0																				
				ε_{SN}	0																				
	frei	3,1	100	ε_{SA}	2,4	2,3	2,1				2,0		1,9		1,8		1,7	1,6	1,5		1,4	1,3	1,2	1,1	1,0
				ε_{SN}	1,8	1,6	1,4	1,2	0,9	0,6	0,2	0													
			80	ε_{SA}	2,2	2,0	1,9		1,8			1,7		1,6	1,5		1,4	1,3	1,2	1,1	1,1				
				ε_{SN}	1,5	1,3	1,1	0,9	0,5	0															
			60	ε_{SA}	1,9	1,8	1,6			1,5		1,4		1,3	1,2		1,1								
				ε_{SN}	1,2	1,0	0,8	0,4	0																
			40	ε_{SA}	1,7	1,5	1,3			1,2		1,1													
				ε_{SN}	0,9	0,6	0,3	0																	
			20	ε_{SA}	1,4	1,2	1,0	1,0	0,9																
				ε_{SN}	0,4	0																			
			10	ε_{SA}	1,0																				
				ε_{SN}	0																				

[1]) Als Gebäudehöhe gilt die Summe der Geschoßhöhen der beheizten Geschosse über Erdboden.
[2]) Die Gebäudehöhe 10 m kann bei Wohngebäuden generell für alle Häuser mit maximal 4 beheizten Geschossen über Erdboden eingesetzt werden.

Tafel 542.1 Hauskenngrößen H und Höhenkorrekturfaktoren ε_{GA}, ε_{SA}, ε_{SN} Grundrißtyp II (Reihenhaustyp) (nach DIN 4701 T. 2)

Gegend	Lage	Hauskenngröße H $W \cdot h \cdot Pa^{2/3}$ / $(m^3 \cdot K)$	Gebäudehöhe[1])[2]) m	ε	Höhe h über Erdboden m: 0	5	10	15	20	25	30	35	40	45	50	55	60	65	70	75	80	85	90	95	100
				ε_{GA}	1,0			1,2	1,4	1,5	1,6	1,7	1,9	2,0		2,1	2,2	2,3	2,4		2,5	2,6	2,7		2,8
windschwach	normal	0,52	100	ε_{SA}	12,9	12,0	11,0	10,2	9,2	8,2	7,2	6,0	4,7	3,2	1,2	0									
				ε_{SN}	12,5	11,6	10,6	9,5	8,4	7,3	6,0	4,5	2,8	0											
			80	ε_{SA}	11,2	10,2	9,1	8,2	7,1	6,0	4,7	3,2	1,2	0											
				ε_{SN}	10,7	9,7	8,7	7,5	6,2	4,8	3,2	0,8	0												
			60	ε_{SA}	9,3	8,2	7,0	5,9	4,7	3,2	1,2	0													
				ε_{SN}	8,8	7,7	6,5	5,1	3,5	1,4	0														
			40	ε_{SA}	7,2	6,0	4,6	3,1	1,0	0															
				ε_{SN}	6,7	5,3	3,8	1,9	0																
			20	ε_{SA}	4,8	3,1	0,8	0																	
				ε_{SN}	4,1	2,2	0																		
			10	ε_{SA}	1,0																				
				ε_{SN}	0																				
	frei	1,3	100	ε_{SA}	5,1	4,7	4,3	4,1	3,8	3,6	3,3	3,0	2,6	2,3	1,9	1,4	0,9	0							
				ε_{SN}	4,4	4,0	3,6	3,1	2,5	1,9	1,2	0,2	0												
			80	ε_{SA}	4,4	4,0	3,6	3,4	3,1	2,8	2,5	2,1	1,7	1,3	0,7	0									
				ε_{SN}	3,7	3,3	2,8	2,2	1,6	0,8	0														
			60	ε_{SA}	3,8	3,3	2,9	2,6	2,3	1,9	1,5	1,0	0,4	0											
				ε_{SN}	3,0	2,5	1,9	1,2	0																
			40	ε_{SA}	3,0	2,5	2,0	1,7	1,3	0,8	0														
				ε_{SN}	2,1	1,5	0,7	0																	
			20	ε_{SA}	2,2	1,6	0,9	0,3	0																
				ε_{SN}	1,0	0																			
			10	ε_{SA}	1,0																				
				ε_{SN}	0																				

[1]) Als Gebäudehöhe gilt die Summe der Geschoßhöhen der beheizten Geschosse über Erdboden.
[2]) Die Gebäudehöhe 10 m kann bei Wohngebäuden generell für alle Häuser mit maximal 4 beheizten Geschossen über Erdboden eingesetzt werden.

Tafel 542.1 (Fortsetzung)

Gegend	Lage	Hauskenngröße H $W \cdot h \cdot Pa^{2/3}$ / $(m^3 \cdot K)$	Gebäudehöhe[1])[2]) m	ε	Höhe h über Erdboden m: 0	5	10	15	20	25	30	35	40	45	50	55	60	65	70	75	80	85	90	95	100
				ε_{GA}	1,0			1,2	1,4	1,5	1,6	1,7	1,9	2,0		2,1	2,2	2,3	2,4		2,5	2,6	2,7		2,8
wind-stark	normal	1,3	100	ε_{SA}	5,1	4,7	4,3	4,1	3,8	3,6	3,3	3,0	2,6	2,3	1,9	1,4	0,9	0							
				ε_{SN}	4,4	4,0	3,6	3,1	2,5	1,9	1,2	0,2	0												
			80	ε_{SA}	4,4	4,0	3,6	3,4	3,1	2,8	2,5	2,1	1,7	1,3	0,7	0									
				ε_{SN}	3,7	3,3	2,8	2,2	1,6	0,8	0														
			60	ε_{SA}	3,8	3,3	2,9	2,6	2,3	1,9	1,5	1,0	0,4	0											
				ε_{SN}	3,0	2,5	1,9	1,2	0																
			40	ε_{SA}	3,0	2,5	2,0	1,7	1,3	0,8	0														
				ε_{SN}	2,1	1,5	0,7	0																	
			20	ε_{SA}	2,2	1,6	0,9	0,3	0																
				ε_{SN}	1,0	0																			
			10	ε_{SA}	1,0																				
				ε_{SN}	0																				
	frei	2,2	100	ε_{SA}	2,8	2,6	2,4		2,3		2,2		2,1	2,0	1,9	1,8	1,7	1,6	1,4	1,3	1,1	1,0	0,8	0,6	0,3
				ε_{SN}	1,8	1,6	1,3	0,8	0,1	0															
			80	ε_{SA}	2,5	2,3	2,1	2,0			1,9	1,8	1,7	1,6	1,5	1,4	1,3	1,2	1,0	0,8	0,6				
				ε_{SN}	1,5	1,2	0,8	0,1	0																
			60	ε_{SA}	2,2	2,0	1,7			1,6		1,5	1,4	1,3	1,1	1,0	0,9								
				ε_{SN}	1,1	0,7	0,1	0																	
			40	ε_{SA}	1,9	1,6	1,3			1,2		1,1	0,9												
				ε_{SN}	0,6	0																			
			20	ε_{SA}	1,6	1,3	0,9																		
				ε_{SN}	0																				
			10	ε_{SA}	1,0																				
				ε_{SN}	0																				

[1]) Als Gebäudehöhe gilt die Summe der Geschoßhöhen der beheizten Geschosse über Erdboden.
[2]) Die Gebäudehöhe 10 m kann bei Wohngebäuden generell für alle Häuser mit maximal 4 beheizten Geschossen über Erdboden eingesetzt werden.

Hauskenngröße H. Bei der Berechnung des Lüftungswärmebedarfes $\dot{Q}_L$ wird die Windgeschwindigkeit, abhängig von der geographischen Lage, der Lage in der Umgebung und der Höhe über dem Erdboden, durch den Höhenkorrekturfaktor ε (Taf. **540**.1 und **542**.1), die Unterscheidung von windschwachen und windstarken Gegenden (Tafel **534**.1 und Bild **538**.1) sowie die Definition von normaler Lage (Stadtkerne, aufgelockerte Bebauung) oder freier Lage (Inseln, Küstengebiet, große Binnenseen, Berggipfel) berücksichtigt.

Die geographische Lage und die Umgebung bestimmen die Hauskenngröße *H* für die Grundrißtypen I und II (Taf. **540**.1 und **542**.1).

Die Undichtheiten werden durch $\Sigma(a \cdot l)_A$ für die vom Wind angeströmten bzw. durch $\Sigma(a \cdot l)_N$ für die nicht vom Wind angeströmten Seiten beschrieben.

Hierbei ist *a* der Fugendurchlaßkoeffizient (Taf. **545**.1) und *l* die Fugenlänge (Schließfugen der zu öffnenden Fenster und Türen sowie Einbaufugen zwischen Fensterrahmen und Wandkonstruktion bzw. zwischen einzelnen Außenwandelementen).

Für die Berechnung von $\Sigma(a \cdot l)_A$ ist jeweils der ungünstigste Fall der Windanströmung anzusetzen:

bei Eckräumen: die beiden aneinanderstoßenden Außenflächen mit den größten Durchlässigkeiten,
bei eingebauten Räumen mit gegenüberliegenden Außenwänden:
beim Geschoßtyp: die Wand mit der größten Durchlässigkeit,
beim Schachttyp: die Wand mit der größeren Durchlässigkeit für $\Sigma(a \cdot l)_A$; die andere Wand für $\Sigma(a \cdot l)_N$.

Die Verminderung der Gebäudedurchströmung durch Innenwände mit Türen wird mit der Raumkennzahl *r* berücksichtigt (Taf. **544**.1).

Tafel **544**.1 Raumkennzahlen *r* (nach DIN 4701 T. 2)

Innentüren		Durchlässigkeiten der Fassaden $\sum(a \cdot l)$	Raumkennzahl
Güte	Anzahl[1])	$m^3/(h \cdot Pa^{2/3})$	*r*
normal, ohne Schwelle	1	≦30 >30	0,9 0,7
	2	≦60 >60	0,9 0,7
	3	≦90 >90	0,9 0,7
dicht, mit Schwelle	1	≦10 >10	0,9 0,7
	2	≦20 >20	0,9 0,7
	3	≦30 >30	0,9 0,7

[1]) Für Räume ohne Innentüren zwischen An- und Abströmseite (z. B. Säle, Großraumbüros u. ä.) gilt $r = 1{,}0$.
[2]) *a* Fugendurchlaßkoeffizient ; *l* Fugenlänge
[3]) A angeblasen; N nicht angeblasen

Es werden jeweils die Werte $\sum(a \cdot l)$ eingesetzt, die der Berechnung von $\dot{Q}_{FL}$ zugrunde gelegt werden:

Geschoßtyp-Gebäude: $\sum(a \cdot l) = \sum(a \cdot l)_A$

Schachttyp-Gebäude: $\varepsilon_{SN} > 0$: $\sum(a \cdot l) = \sum(a \cdot l)_A + \sum(a \cdot l)_N$

$\varepsilon_{SN} = 0$: $\sum(a \cdot l) = \sum(a \cdot l)_A$

Tafel 545.1 Rechenwerte für die Fugendurchlässigkeit von Bauteilen[1][6] (nach DIN 4701 T. 2)

Nr.	Bezeichnung			Gütemerkmale	Fugendurchlässigkeit[2]: Fugendurchlaßkoeffizient a $m^3/(m \cdot h \cdot Pa^{2/3})$	Fugendurchlässigkeit[2]: $a \cdot l$
1	Fenster	zu öffnen		Beanspruchungsgruppen B, C, D[4]	0,3	–
2				Beanspruchungsgruppe A	0,6	–
3		nicht zu öffnen		normal	0,1	–
4	Türen	Außentüren	Dreh- und Schiebetüren	sehr dicht, mit umlaufendem dichtem Anschlag	1	–
5				normal, mit Schwelle oder unterer Dichtleiste	2	–
6			Pendeltüren	normal	20	–
7			Karusselltüren	normal	30	–
8		Innentüren		dicht, mit Schwelle	3	–
9				normal, ohne Schwelle	9	–
10	Außenwandelemente	durchgehende Fugen zwischen Fertigteilelementen[3]		sehr dicht (mit garantierter Dichtheit)	0,1	–
11				ohne garantierte Dichtheit	1	–
12	Rolläden und Außenjalousien	Rollmechanik von außen zugänglich		normal	–	0,2
13		Rollmechanik von innen zugänglich		normal	–	4
14	Permanentlüfter (geschlossen)			sehr dicht	4[5]	–
15				normal	7[5]	–

[1] Die Funktions- und Gütemerkmale sind vom Auftraggeber anzugeben. Niedrigere Fugendurchlässigkeiten als nach dieser Tafel dürfen nur dann eingesetzt werden, wenn diese unter Berücksichtigung der Einbauundichtigkeiten bauseits für einen ausreichenden Zeitraum sichergestellt werden.

[2] In den angegebenen Werten sind die Durchlässigkeiten evtl. Einbaufugen mit berücksichtigt.

[3] Bei Rahmenbauweisen sind Fugen beiderseits der Stützen und der Riegel vorauszusetzen.

[4] Nach DIN 18055.

[5] Die Werte beziehen sich auf 1 m Schieberlänge und 100 mm Gesamthöhe.

[6] Grundlagen für weitere Bauteile: Esdorn, H., Rheinländer, J.: Zur rechnerischen Ermittlung von Fugendurchlaßkoeffizienten und Druckexponenten für Bauteilfugen. HLH 29 (1978). Nr. 3, S.

Lüftungswärmebedarf bei freier Lüftung $\dot{Q}_{FL}$. Mit Hilfe der dargestellten Größen ergibt sich der Lüftungswärmebedarf bei freier Lüftung $\dot{Q}_{FL}$:

Schachttyp-Gebäude:

$$\dot{Q}_{FLS} = [\varepsilon_{SA} \cdot \Sigma(a \cdot l)_A + \varepsilon_{SN} \cdot \Sigma(a \cdot l)_N] \cdot H \cdot r \cdot (\vartheta_i - \vartheta_a) \quad \text{in W}$$

Geschoßtyp-Gebäude:

$$\dot{Q}_{FLG} = \varepsilon_{GA} \cdot \Sigma(a \cdot l)_A \cdot H \cdot r \cdot (\vartheta_i - \vartheta_a) \quad \text{in W.}$$

Der größere der beiden Werte $\dot{Q}_{FLS}$ und $\dot{Q}_{FLG}$ gilt als Lüftungswärmebedarf $\dot{Q}_{FL}$.

Lüftungswärmebedarf bei maschineller Lüftung $\Delta\dot{Q}_{RLT}$. Der Lüftungswärmebedarf bei maschineller Lüftung wird bei Anlagen ohne Abluftüberschuß mit $\Delta\dot{Q}_{RLT} = 0$ berücksichtigt.

Bei Anlagen mit Abluftüberschuß gilt:

$$\Delta\dot{Q}_{RLT} = (\dot{V}_{AB} - \dot{V}_{ZU}) \cdot c\rho(\vartheta_i - \vartheta_U) \quad \text{in W.}$$

mit c = spezifische Wärmekapazität der Luft [$\approx$ 1000 J/kg · K)]
ρ = Dichte der Luft (20 °C: ρ = 1,2 kg/m³)
ϑ_U = mittlere Temperatur der nachströmenden Umgebungsluft in °C
$\dot{V}_{AB}$ = Abluftvolumenstrom in m³/s
$\dot{V}_{ZU}$ = Zuluftvolumenstrom in m³/s.

Innenliegende Sanitärräume. Bei innenliegenden Sanitärräumen mit freier Lüftung ergibt sich $\dot{Q}_L$ aus:

$$\dot{Q}_L = \dot{Q}_{FL} = 1{,}36 \cdot V_R(\vartheta_i -- \vartheta_U) \quad \text{in W.}$$

mit V_R = Raumvolumen in m³
ϑ_U = Temperatur der nachströmenden Umgebungsluft in °C (für Räume mit besonderem Zuluftschacht: ϑ_U = + 10 °C).

Norm-Gebäudewärmebedarf $\dot{Q}_{N,Geb}$. Er ist Grundlage für die Auslegung der Wärmeversorgung des Gebäudes.

Da für ein Gebäude der maximale Lüftungswärmebedarf zur gleichen Zeit nur für einen Teil der Räume auftritt, muß die Summe der Werte des Norm-Lüftungswärmebedarfes aller Räume mit dem Faktor ζ reduziert werden:

$$\dot{Q}_{N,Geb} = \sum_j \dot{Q}_{T,j} + \zeta \cdot \sum_j \dot{Q}_{L,j} \quad \text{in W.}$$

mit $\dot{Q}_{T,j}$ = Norm-Transmissionswärmebedarf des Raumes j in W
$\dot{Q}_{L,j}$ = Norm-Lüftungswärmebedarf des Raumes j in W
ζ = gleichzeitig wirksamer Lüftungswärmeanteil (Taf. **546**.1).

Tafel **546**.1 Gleichzeitig wirksame Lüftungswärmeanteile ζ (nach DIN 4701 T. 2)

Windverhältnisse	ζ Gebäudehöhe H m ≦ 10	ζ Gebäudehöhe H m > 10
windschwache Gegend, normale Lage	0,5	0,7
alle übrigen Fälle	0,5	0,5

8.3.1.2 Beispiel einer Wärmebedarfsberechnung

Ein Einfamilien-Reihenhaus in Stuttgart, Endhaus einer Zeile, soll durch eine Warmwasser-Zentralheizung modernisiert werden.

Hierzu muß der Norm-Wärmebedarf der Küche, Raum 8 im Erdgeschoß (**547**.1), und des Schlafzimmers, Raum 12 im Obergeschoß (**549**.1), ermittelt werden.

Auf die Wärmebedarfsberechnung für das ganze Gebäude muß hier leider verzichtet werden.

Berechnungsunterlagen. Zur Berechnung des Beispieles folgen aus Platzgründen nur die notwendigsten Angaben:

1. Gebäudelage:
Nordrichtung auf dem Erdgeschoßplan (**547**.1)
Geschlossene Bebauung, normale Lage, windschwach
Gebäudehöhe unter 10 m
Windzutritt von Nordwesten.

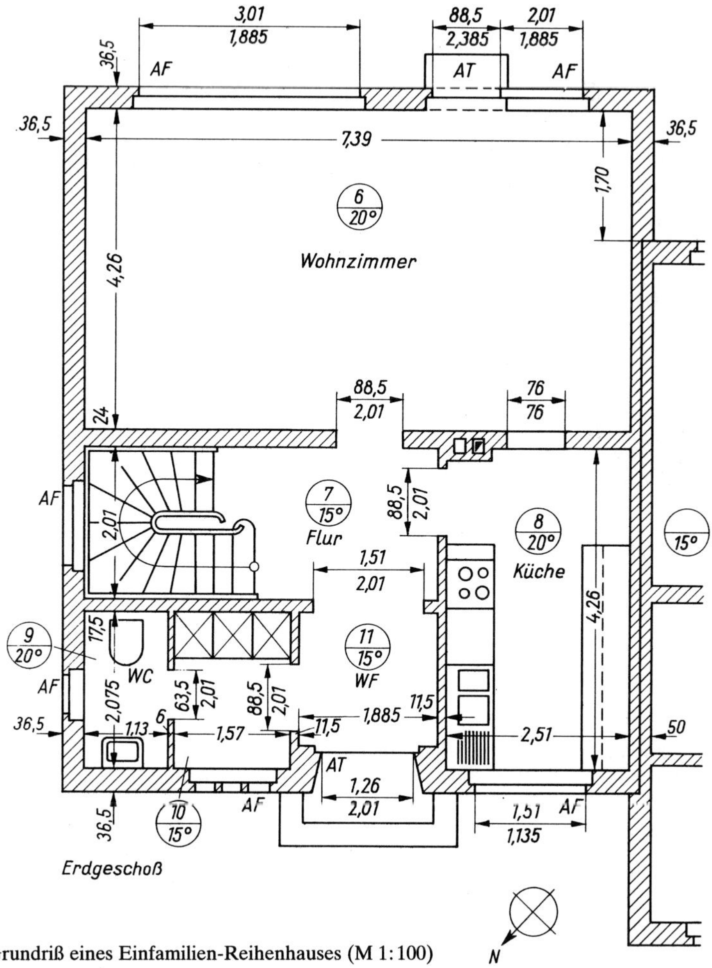

547.1 Erdgeschoß-Grundriß eines Einfamilien-Reihenhauses (M 1:100)

2. Grundrisse und Ansichten:
Alle erforderlichen Rohbaumaße im Erdgeschoß-Grundriß (**547**.1) und Obergeschoß-Grundriß (**549**.1) Fenster- und Türmaße in den Geschoß-Grundrissen.

3. Geschoßhöhen:
Hauptgeschoßhöhen 2,75 m, lichte Geschoßhöhen 2,50 m
Kellergeschoßhöhe 2,35 m, lichte Geschoßhöhe 2,13 m
Nicht ausgebautes Dachgeschoß, Dachaußenfläche dicht.

4. Einzel-Bauteile:
Alle erforderlichen Einzelbauteile sind nach den Rechenwerten der DIN 4108 T. 4 (Taf. **503**.1 und **493**.1) in den Tafeln **548**.1 und **550**.1 zusammengestellt.

5. Fenster
Alle Fenster aus Holz, Isolierverglasung mit 12 mm Scheibenabstand, Rahmenmaterialgruppe 1 nach Tafel **522**.1, Beanspruchungsgruppe A.

6. Innentüren:
Normal, ohne Schwelle.

Tafel **548**.1 Ermittlung der Wärmedurchgangskoeffizienten k von Einzelbauteilen (nach DIN 4701 T. 1)

Bauteil	Baustoff	d m	ρ kg/m³	$d \cdot \rho$ kg/m²	λ W/m · K	R_λ m² · K/W	k W/(m² · K)
außen innen 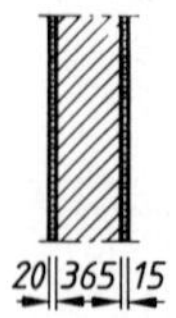	Innenputz (Kalkmörtel)	0,015	1800	27	0,87	0,017	
	Vollziegel (nach DIN 105)	0,365	1600	584	0,68	0,537	
	Außenputz (Kalkzementmörtel)	0,020	1800	36	0,87	0,023	
						$R_i = 0{,}13$	
						$R_a = 0{,}04$	
Außenwand EG u. OG		0,400		647		0,747	1,34
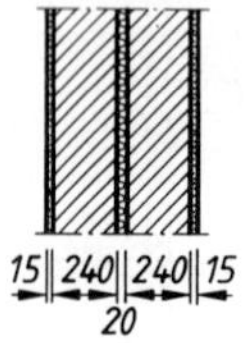	Innenputz (Kalkmörtel)	0,015	1800	27	0,87	0,017	
	Vollziegel (nach DIN 105)	0,240	1600	384	0,68	0,353	
	Mineralfaserplatte nach DIN 18165 (Wärmeleitfähigkeitsgruppe 035)	0,020	30	1	0,035	0,571	
	Vollziegel (nach DIN 105)	0,240	1600	384	0,68	0,353	
	Innenputz (Kalkmörtel)	0,015	1800	27	0,87	0,017	
						$R_i = 0{,}13$	
						$R_i = 0{,}13$	
Haus-Trennwand		0,530		823		1,571	0,64

Allgemeine Angaben zum Formblatt. Für die Berechnung des Norm-Wärmebedarfes eines Raumes dient ein vorgedrucktes Formblatt nach DIN 4701 T. 1 (Tafeln **551**.1 und **552**.1).

Zur Kennzeichnung der einzelnen Bauteile im Formblatt sind folgende Kurzbezeichnungen zu verwenden:

AF	Außenfenster	DA	Dach	IF	Innenfenster
AT	Außentür	DE	Decke	IT	Innentür
AW	Außenwand	FB	Fußboden	IW	Innenwand

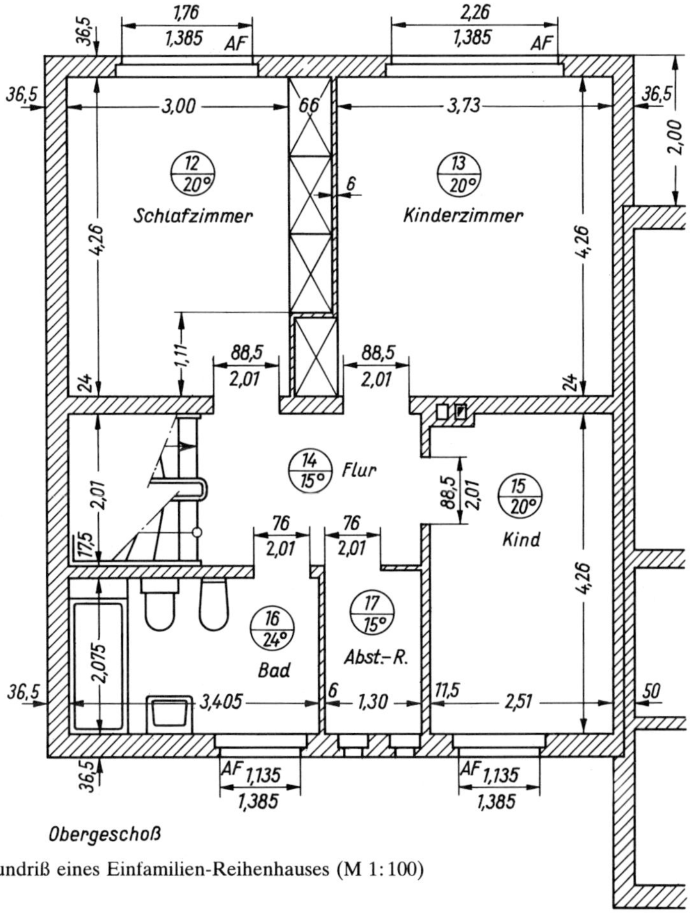

549.1 Obergeschoß-Grundriß eines Einfamilien-Reihenhauses (M 1:100)

Für die Abmessungen der Bauteile sind
als Länge und Breite die lichten Rohbaumaße,
als Höhen der Wände die Geschoßhöhen und
als Abmessungen der Fenster und Türen die Maueröffnungsmaße einzusetzen.

In die Berechnung sind
die Temperaturen und Wärmeströme ohne Stellen nach dem Komma,
Flächen, Fugendurchlaßkoeffizienten und Durchlässigkeiten mit einer Stelle nach dem Komma sowie
Längen und Wärmedurchgangskoeffizienten mit zwei Stellen nach dem Komma einzusetzen.

Bei der Flächenberechnung werden alle abzuziehenden Flächen (z. B. Fenster) vor der umgebenden Fläche (z. B. Außenwand) berechnet.

Die Spalte 17 dient zur Kennzeichnung angeströmter (A) oder nicht angeströmter (N) Durchlässigkeiten.

Dies kann erst nach der Ermittlung aller Durchlässigkeiten des Raumes und nach der Festlegung der ungünstigsten Windrichtungen erfolgen.

Die Durchlässigkeiten werden dann getrennt nach den angeströmten und nicht angeströmten Bauteilen summiert.

Tafel **550**.1 Ermittlung der Wärmedurchgangskoeffizienten *k* von Einzelbauteilen (nach DIN 4701 T. 1)

Bauteil	Baustoff	*d* m	*ρ* kg/m³	*d · ρ* kg/m²	*λ* W/m · K	R_λ m² · K/W	*k* W/(m² · K)
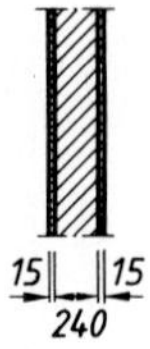	Innenputz (Kalkmörtel)	0,015	1800	27	0,87	0,017	
	Vollziegel (nach DIN 105)	0,240	1600	384	0,68	0,353	
	Innenputz (Kalkmörtel)	0,015	1800	27	0,87	0,017	
						$R_i = 0{,}13$	
						$R_i = 0{,}13$	
Innenwand Treppenhaus		0,270		438		0,647	1,55
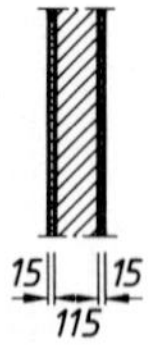	Innenputz (Kalkmörtel)	0,015	1800	27	0,87	0,017	
	Vollziegel (nach DIN 105)	0,115	1600	184	0,68	0,169	
	Innenputz (Kalkmörtel)	0,015	1800	27	0,87	0,017	
						$R_i = 0{,}13$	
						$R_i = 0{,}13$	
Innenwand Treppenhaus, Windfang		0,145		238		0,463	2,16
	Holzspanplatte (nach DIN 68761)	0,020	700	14	0,13	0,154	
	Mineralfaser	0,080	300	24	0,040	2,000	
	Normalbeton (nach DIN 1045)	0,150	2400	360	2,1	0,071	
	Deckenputz (Kalkmörtel)	0,015	1800	27	0,87	0,017	
						$R_i = 0{,}13$	
						$R_i = 0{,}13$	
Decke zum Dachraum		0,265		425		2,502	0,40
	Spannteppich	0,010	700	7	0,081*)	0,123	
	Zementstrich	0,045	2000	90	1,40	0,032	
	Mineralfaser	0,030	300	9	0,040	0,750	
	Normalbeton (nach DIN 1045)	0,150	2400	360	2,1	0,071	
	Deckenputz (Kalkmörtel)	0,015	1800	27	0,87	0,017	
						$R_i = 0{,}17$	
						$R_i = 0{,}17$	
Geschoßdecke		0,250		493		1,333	0,75

*) Annahme

Tafel **551**.1 Berechnung des Wärmebedarfs (nach DIN 4701 T. 1)

Projekt/Auftrag/Kommission: Datum: 01. 09. 88 Seite 1
Bauvorhaben: Beispielrechnung
Raumnummer: 12 Raumbezeichnung: Schlafzimmer

Norm-Innentemperatur:	ϑ_i	= 20 °C
Norm-Außentemperatur:	ϑ_a	= −8 °C
Raumvolumen:	V_R	= 36,7 m³
Gesamt-Raumumschließungsfläche:	A_{ges}	= 68,6 m²
Temperatur der nachströmenden Umgebungsluft:	ϑ_U	= – °C
Abluftüberschuß:	$\Delta \dot{V}$	= – m³/s
Hauskenngröße:	H	$= 0{,}52 \frac{\text{W} \cdot \text{h} \cdot \text{Pa}^{2/3}}{\text{m}^3 \cdot \text{K}}$
Anzahl der Innentüren:	n_T	= 1
Höhe über Erdboden:	h	= 4,35 m
Höhenkorrekturfaktor (angeströmt):	ε_{SA}	= 1,0
Höhenkorrekturfaktor (nicht angeströmt):	ε_{SN}	= 0,0
Höhenkorrekturfaktor (angeströmt):	ε_{GA}	= 1,0

1	2	3	4	5	6	7	8	9	10	11	12	13	14	15	16	17
			Flächenberechnung					Transmissions-Wärmebedarf			Luftdurchlässigkeit					
Kurzbezeichnung	Himmelsrichtung	Anzahl	Breite	Höhe bzw. Länge	Fläche	Fläche abziehen? (−)	in Rechnung gestellte Fläche	Norm-Wärmedurchgangskoeffizient	Temperaturdifferenz	Transmissions-Wärmebedarf des Bauteils	Anzahl waagerechter Fugen	Anzahl senkrechter Fugen	Fugenlänge	Fugendurchlaßkoeffizient	Durchlässigkeit des Bauteils	an- oder nicht angeströmt (A/N)
–	–	n	b	h	A	–	A'	k_N	$\Delta\vartheta$	$\dot{Q}_T$	n_w	n_s	l	a	$a \cdot l$	
–	–	–	m	m	m²	–	m²	$\frac{\text{W}}{\text{m}^2 \cdot \text{K}}$	K	W	–	–	m	$\frac{\text{m}^3}{\text{m} \cdot \text{h} \cdot \text{Pa}^{2/3}}$	$\frac{\text{m}^3}{\text{h} \cdot \text{Pa}^{2/3}}$	–
AF	SO	1	1,76	1,385	2,4	–	2,4	2,50	28	168	2	3	7,68	0,6	4,6	N
AW	SO	1	3,60	2,75	9,9		7,5	1,34	28	281						
AW	NO	1	4,26	2,75	11,7		11,7	1,34	28	439						
DE		1	4,26	3,60												
			−1,11	0,60	14,7		14,7	0,40	26	153						
IT		1	0,885	2,01	1,8	–	1,8	2,00	5	18						
IW		1	3,00	2,75	8,3		6,5	1,55	5	51						
										1110						

angeströmte Durchlässigkeiten:	$\Sigma(a \cdot l)_A$	$= - \frac{\text{m}^3}{\text{h} \cdot \text{Pa}^{2/3}}$
nicht angeströmte Durchlässigkeiten:	$\Sigma(a \cdot l)_N$	$= 4{,}6 \frac{\text{m}^3}{\text{h} \cdot \text{Pa}^{2/3}}$
Raumkennzahl:	r	= 0,9
Lüftungswärmebedarf durch freie Lüftung:	$\dot{Q}_{LFL}$	= 60 W
Lüftungswärmebedarf durch RLT-Anlagen:	$\Delta\dot{Q}_{RLT}$	= – W
Mindest-Lüftungswärmebedarf:	$\dot{Q}_{L\,min}$	= 175 W
Norm-Lüftungswärmebedarf	$\dot{Q}_L$	= 175 W
Norm-Transmissionswärmebedarf:	$\dot{Q}_T$	= 1110 W
Krischer-Wert:	D	$= 0{,}58 \frac{\text{W}}{\text{m}^2 \cdot \text{K}}$
anteiliger Lüftungswärmebedarf:	$\dot{Q}_L/\dot{Q}_T$	= 0,16
Norm-Wärmebedarf:	$\dot{Q}_N$	= 1285 W

Tafel **552**.1 Berechnung des Wärmebedarfs (nach DIN 4701 T. 1)

Projekt/Auftrag/Kommission: Datum: 01.09.88 Seite 2
Bauvorhaben: Beispielrechnung
Raumnummer: 8 Raumbezeichnung: Küche

Norm-Innentemperatur:	ϑ_i	= 20 °C
Norm-Außentemperatur:	ϑ_a	= −8 °C
Raumvolumen:	V_R	= 26,3 m³
Gesamt-Raumumschließungsfläche:	A_{ges}	= 54,9 m²
Temperatur der nachströmenden Umgebungsluft:	ϑ_U	= – °C
Abluftüberschuß:	$\Delta\dot{V}$	= – m³/s
Hauskenngröße:	H	$= 0{,}72 \frac{W \cdot h \cdot Pa^{2/3}}{m^3 \cdot K}$
Anzahl der Innentüren:	n_T	= 1
Höhe über Erdboden:	h	= 1,60 m
Höhenkorrekturfaktor (angeströmt):	ε_{SA}	= 1,0
Höhenkorrekturfaktor (nicht angeströmt):	ε_{SN}	= 0,0
Höhenkorrekturfaktor (angeströmt):	ε_{GA}	= 1,0

1	2	3	4	5	6	7	8	9	10	11	12	13	14	15	16	17
			Flächenberechnung					Transmissions-Wärmebedarf			Luftdurchlässigkeit					
Kurzbezeichnung	Himmelsrichtung	Anzahl	Breite	Höhe bzw. Länge	Fläche	Fläche abziehen? (–)	in Rechnung gestellte Fläche	Norm-Wärmedurchgangskoeffizient	Temperaturdifferenz	Transmissions-Wärmebedarf des Bauteils	Anzahl waagerechter Fugen	Anzahl senkrechter Fugen	Fugenlänge	Fugendurchlaßkoeffizient	Durchlässigkeit des Bauteils	an- oder nicht angeströmt (A/N)
–	–	n	b	h	A	–	A'	k_N	$\Delta\vartheta$	$\dot{Q}_T$	n_w	n_s	l	a	$a \cdot l$	
–	–	–	m	m	m²	–	m²	$\frac{W}{m^2 \cdot K}$	K	W	–	–	m	$\frac{m^3}{m \cdot h \cdot Pa^{2/3}}$	$\frac{m^3}{h \cdot Pa^{2/3}}$	–
AF	NW	1	1,51	1,135	1,7	–	1,7	2,50	28	119	2	3	6,43	0,6	3,9	A
AW	NW	1	2,51	2,75	6,9		5,2	1,34	28	195						
DE		1	4,26	2,51												
			−0,25	0,625	10,5		10,5	0,75	5	39						
IT		1	0,885	2,01	1,8	–	1,8	2,00	5	18						
IW		1	4,01	2,75	11,0		9,2	2,16	5	99						
IW		1	4,26	2,75	11,7		11,7	0,64	5	37						
										507						

angeströmte Durchlässigkeiten:	$\Sigma(a \cdot l)_A$	$= 3{,}9 \frac{m^3}{h \cdot Pa^{2/3}}$
nicht angeströmte Durchlässigkeiten:	$\Sigma(a \cdot l)_N$	$= – \frac{m^3}{h \cdot Pa^{2/3}}$
Raumkennzahl:	r	= 0,7
Lüftungswärmebedarf durch freie Lüftung:	$\dot{Q}_{LFL}$	= 55 W
Lüftungswärmebedarf durch RLT-Anlagen:	$\Delta\dot{Q}_{RLT}$	= – W
Mindest-Lüftungswärmebedarf:	$\dot{Q}_{L\,min}$	= 125 W
Norm-Lüftungswärmebedarf	$\dot{Q}_L$	= 125 W
Norm-Transmissionswärmebedarf:	$\dot{Q}_T$	= 507 W
Krischer-Wert:	D	$= 0{,}33 \frac{W}{m^2 \cdot K}$
anteiliger Lüftungswärmebedarf:	$\dot{Q}_L/\dot{Q}_T$	= 0,24
Norm-Wärmebedarf:	$\dot{Q}_N$	= 632 W

Berechnungsgang. Die Berechnung ist für jeden einzelnen Raum getrennt durchzuführen.

Raum 12, Schlafzimmer (Taf. **551**.1):

1. Norm-Innenraumtemperatur (Taf. **532**.2): $\vartheta_i = 20°C$

2. Norm-Außentemperatur (Taf. **534**.1): $\vartheta'_a = -12\,°C$ (windschwach)

Außentemperatur-Korrektur nach Seite 536 (geschätzt, sehr schwere Bauart $m/\Sigma A_a >$ 1400 kg/m^2): $\Delta\vartheta_a = 4\,K$; $\vartheta_a = -12\,°C + 4\,°C = -8\,°C$

3. Raumvolumen: $V_A = [(4{,}26 \cdot 3{,}60) \cdot 2{,}50] - [(1{,}11 \cdot 0{,}60) \cdot 2{,}50] = 36{,}67\,m^3$

4. Gesamt-Raumumschließungsfläche:

$$A_{ges} = [(2 \cdot 4{,}26 \cdot 3{,}60) - (2 \cdot 1{,}11 \cdot 0{,}60)] + (2 \cdot 4{,}26 \cdot 2{,}50) + (2 \cdot 3{,}60 \cdot 2{,}50) = 68{,}64\,m^2$$

5. Hauskenngröße: Grundrißtyp nach Bild **539**.2 h: Grundrißtyp II (Reihenhaustyp)

Hauskenngröße (Taf. **542**.1): $H = 0{,}52\,W \cdot h \cdot P^{2/3}/(m^3 \cdot K)$

6. Anzahl der Innentüren: $n_T = 1$

7. Höhe über Erdboden: 2 Eingangsstufen, Erdgeschoßhöhe und halbe lichte Obergeschoßhöhe: $h = 0{,}35 + 2{,}75 + 1{,}25 = 4{,}35\,m$

8. Höhenkorrekturfaktoren (Taf. **542**.1): $\varepsilon_{SA} = 1{,}0$; $\varepsilon_{SN} = 0{,}0$; $\varepsilon_{GA} = 1{,}0$

9. Berechnung einzelner Flächen (Spalte 1 bis 17):

Fenster (AF):

Rahmenmaterialgruppe 1 (Taf. **522**.1): $k = 2{,}6\,W/(m^2 \cdot K)$

Außenflächenkorrektur (Taf. **531**.1): $\Delta k_A = +0{,}2\,W/(m^2 \cdot K)$

Sonnenkorrektur (Taf. **531**.2): $\Delta k_S = -0{,}3\,W/(m^2 \cdot K)$

Norm-Wärmedurchgangskoeffizient: $k_N = 2{,}6 + 0{,}2 - 0{,}3 = 2{,}5\,W/(m^2 \cdot K)$

Transmissionswärmebedarf: $\dot{Q}_T = A' \cdot k_N \cdot \Delta\vartheta$

Fugenzahl: Fenster öffenbar, zweiflügelig

Fugendurchlaßkoeffizient: Beanspruchungsgruppe A (Taf. **545**.1)

Außenwand (AW):

Wärmedurchgangskoeffizient (Taf. **548**.1): $k = 1{,}34\,W/(m^2 \cdot K)$

Außenflächenkorrektur (Taf. **531**.1): $\Delta k_A = 0{,}0\,W/(m^2 \cdot K)$;
$k_N = 1{,}34 + 0{,}0 = 1{,}34\,W/(m^2 \cdot K)$

Decke zum Dachraum (DE):

Wärmedurchgangswiderstand nach außen: $R_{ka} = 0{,}4\,m^2 \cdot K/W$ (Annahme)

Wärmedurchgangswiderstand zum beheizten Raum: $R_{kb} = R_\lambda = 2{,}502 > 1{,}6\,m^2 \cdot K/W$ (Taf. **550**.1)

Innentemperatur im nicht beheizten angrenzenden Dachraum: $\vartheta'_i = -6\,°C$ (Taf. **559**.1)

Innentür (IT):

Wärmedurchgangskoeffizient k (Taf. **554**.1)

10. Raumkennzahl (Taf. **544**.1): $r = 0{,}9$

11. Lüftungswärmebedarf durch freie Lüftung:

$$\dot{Q}_{FL} = \varepsilon_{GA} \cdot \Sigma(a \cdot l)_N \cdot H \cdot r \cdot (\vartheta_i - \vartheta_a) = 1{,}0 \cdot 4{,}6 \cdot 0{,}52 \cdot 0{,}9 \cdot 28 = 60\,W$$

12. Mindest Lüftungswärmebedarf nach Seite 537:

$$\dot{Q}_{L\min} = 0{,}17 \cdot V_R \cdot (\vartheta_i - \vartheta_a) = 0{,}17 \cdot 36{,}7 \cdot 28 = 175\,W$$

13. Norm-Lüftungswärmebedarf: $\dot{Q}_{L\min} > \dot{Q}_{FL} + \Delta\dot{Q}_{RLT}$; $\dot{Q}_L = 175\,W$

14. Krischer-Wert (Kennwert für die mittlere Oberflächentemperatur):

$$D = \frac{\dot{Q}_T}{A_{ges} \cdot (\vartheta_i - \vartheta_a)} = \frac{1110}{68{,}6 \cdot 28} = 0{,}58\,W/(m^2 \cdot K)$$

Raum 8, Küche (Taf. **552**.1):

Schritt 1 bis 4: sinngemäß Raum 12.

5. Hauskenngröße: Grundrißtyp nach Bild **539**.2 c: Grundrißtyp I (Einzelhaustyp)

Hauskenngröße (Taf. **540**.1): $H = 0{,}72\,W \cdot h \cdot P^{2/3}/(m^3 \cdot K)$

6. Durchreiche vernachlässigt.

Schritt 7 bis 8: sinngemäß Raum 12.

9. Berechnung einzelner Flächen (Spalte 1 bis 17):

Geschoßdecke zum Kellergeschoß (FB):

Rechenwert für die Temperatur im Heizraum (Taf. **557**.2): $\vartheta_i' = 15\,°C$

Innenwand zum Nachbar (IW):

Rechenwert für die Temperaturen in Nachbarräumen (Taf. **557**.2): $\vartheta_i' = +15\,°C$

Schritt 10: sinngemäß Raum 12.

11. Lüftungswärmebedarf durch freie Lüftung:

$$\dot{Q}_{FL} = \varepsilon_{GA} \cdot \Sigma(a \cdot l)_A \cdot H \cdot r \cdot (\vartheta_i - \vartheta_a) = 1{,}0 \cdot 3{,}9 \cdot 0{,}72 \cdot 0{,}7 \cdot 28 = 55\,W$$

Schritt 12 bis 14: sinngemäß Raum 12.

Tafel **554**.1 Wärmedurchgangskoeffizienten k für Außen- und Innentüren (nach DIN 4701 T. 2)

Türen	k W/(m² · K)
Außentüren¹)	
Holz, Kunststoff	3,5
Metall, wärmegedämmt	4,0
Metall, ungedämmt	5,5
Innentüren	2,0

*) Bei einem Glasanteil von mehr als 50% gelten die Werte für Fenster

8.3.1.3 Wärmebedarf für besondere Fälle

Für bestimmte Sonderfälle, für die das im Abschnitt 8.3.1.1 dargestellte Normalverfahren zur Berechnung des Wärmebedarfes nicht anwendbar ist, enthält DIN 4701 T. 1 besondere Berechnungsverfahren.

Zu unterscheiden sind der Wärmebedarf selten beheizter Räume, bei sehr schwerer Bauart, von Hallen und ähnlichen Räumen sowie von Gewächshäusern und die Temperaturen unbeheizter Nebenräume.

Wärmebedarf selten beheizter Räume. Das einmalige Aufheizen von Gebäuden auf eine bestimmte Lufttemperatur, die nur für kurze Zeit aufrechterhalten werden soll, läßt sich nur für die nichtspeichernden Bauteile (Fenster usw.), nicht aber bei speicherndem Mauerwerk nach den für den Beharrungszustand geltenden Formeln des Abschnittes 8.3.1.1 berechnen.

Zu rechnen ist daher nach der Formel:

$$\dot{Q} = \dot{Q}_F + \dot{Q}_W + \dot{Q}_L \quad \text{in W}$$

mit Q_F = Wärmebedarf für Fenster und andere nichtspeichernde Bauteile nach $\dot{Q}_F = \sum_j A_j \cdot q_j$ (siehe vorne) in W

$\dot{Q}_W$ = Wärmebedarf zum Aufheizen speichernder Bauteile (gesamte innere Oberfläche des Raumes) in W

$\dot{Q}_L$ = Lüftungswärmebedarf (siehe vorne) in W

$$\dot{Q}_W = \sum \frac{A_W}{R_Z} \cdot (\vartheta_i - \vartheta_o) \quad \text{in W}$$

mit A_W = Oberfläche des Bauteiles in m²
R_Z = mittlerer Aufheizwiderstand (**555**.1) in m² · K/W
ϑ_i = Innentemperatur nach der Aufheizdauer in °C
ϑ_o = Innentemperatur vor dem Aufheizen in °C (bei Kirchen in der Regel $\vartheta_o = 5\,°C$).

Falls die speicherfähigen Bauteile innen mit einer Dämmschicht versehen sind gilt:

$$R_{ZDä} = R_Z + R_{\lambda Dä}$$

mit $R_{\lambda Dä}$ = Wärmeleitwiderstand der Wärmedämmschicht in m² · K/W.

Wärmebedarf bei sehr schwerer Bauart. Die Berechnung erfolgt wie üblich.

Bei zeitweise unterbrochenem Heizbetrieb ist die Heizanlage für einen Leistungsanteil von $24/Z_B \cdot Q_T$ auszulegen.

Z_B ist die Betriebsdauer in h. Im übrigen siehe DIN 4701 Teil 1 Abschnitt 7.2.

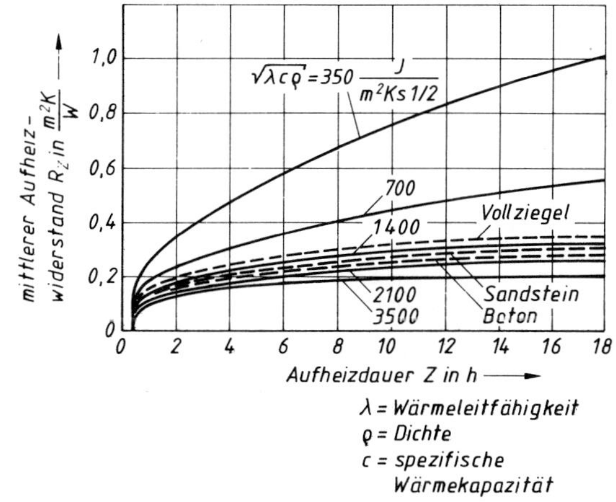

555.1 Mittlerer Aufheizwiderstand R_Z (nach DIN 4701 T. 2)

Anmerkung: Die Anwendung des Diagramms ist auf folgende Höchstwerte Z_{max} der Aufheizdauer in Abhängigkeit von der Wanddicke d beschränkt:

Wanddicke d	m	0,1	0,2	0,4	0,6
maximale Aufheizdauer z_{max}	h	1	3	12	30

Wärmebedarf von Hallen und ähnlichen Räumen. Die Wärmebedarfsberechnung weicht hier in zwei Punkten von den üblichen Fällen ab.

Bei solchen Räumen fehlen weitgehend die erwärmten Innenflächen, die mit den Außenwänden und Fenstern im Strahlungsaustausch stehen.

Zweitens nimmt bei den meisten hier verwendeten Heizverfahren die Lufttemperatur mit der Höhe stark zu. Siehe DIN 4701 Teil 1 Abschnitt 7.3.

Wärmebedarf von Gewächshäusern. Durch die großen Glasflächen bei Gewächshäusern müssen die im Normalfall gültigen Formeln leicht verändert werden.

Für den Transmissionswärmebedarf $\dot{Q}_T$ gilt:

$$\dot{Q}_T = \dot{Q}_{TGlas} + \dot{Q}_{TRest} \quad \text{in W}$$

mit $\dot{Q}_{TGlas}$ = Transmissionswärmebedarf der transparenten Flächen
$\dot{Q}_{TRest}$ = Transmissionswärmebedarf aller übrigen Flächen.

$$\dot{Q}_{TGlas} = \frac{A_{Glas}}{R_{kGlas}} \cdot (\vartheta_i - \vartheta_a) \quad \text{in W}$$

mit $R_{kGlas} = R_{iGlas} + R_{\lambda Glas} + R_{aGlas}$ in $m^2 \cdot K/W$

hierbei bedeuten:

A_{Glas} = transparente Flächen (einschließlich Tragkonstruktion) in m^2
R_{iGlas} = innerer Wärmeübergangswiderstand an den transparenten Flächen (Taf. **556**.1) in $m^2 \cdot K/W$
$R_{\lambda Glas}$ = Wärmeleitwiderstand der transparenten Flächen (Taf. **556**.2) in $m^2 \cdot K/W$
R_{aGlas} = äußerer Wärmeübergangswiderstand an den transparenten Flächen (0,04 $m^2 \cdot K/W$).

Tafel **556**.1 Innere Wärmeübergangswiderstände R_{iGlas} an den transparenten Flächen von Gewächshäusern (nach DIN 4701 T. 2)

Heizungssystem	R_{iGlas} $m^2 \cdot K/W$
Heizrohre im Dachraum	0,09
Heizrohre an der Stehwand	0,09
Heizrohre unter den Tischen	0,10
Heizrohre auf dem Boden	0,12
Deckenluftheizer	0,09
Strahlluftheizung	0,10
Konvektoren	0,09
Gemischtes Heizungssystem (Rohre und Luftheizung)	0,10

Tafel **556**.2 Wärmeleitwiderstände $R_{\lambda Glas}$ der transparenten Flächen von Gewächshäusern (nach DIN 4701 T. 2)

Bedachung	$R_{\lambda Glas}$ $m^2 \cdot K/W$
Einfachglas	0,01
Kunststoffplatten, gewellt, GFK 1 mm (auf Ansichtsfläche bezogen)	0,01
Doppelverglasung in Stahlrahmen	
Abstand 15 mm	0,14
Abstand 12 mm	0,11
Abstand 6 mm	0,09
Kunststoffdoppelplatten, selbsttragend (ohne Stahlrahmen)*)	
Abstand 12 mm	0,15
Abstand 5 mm	0,08
Doppelfolie, Abstand = 10 mm	0,10
Einfachfolie 0,2 mm (PVC, PE)	0,01

*) Wärmebrücken müssen getrennt berechnet werden.

Der Lüftungswärmebedarf $\dot{Q}_L$ errechnet sich aus:

$$\dot{Q}_L = \frac{A}{R_{L}}_{\text{Glas}} \cdot (\vartheta_i - \vartheta_a)$$

mit A_{Glas} = transparente Flächen (einschließlich Tragkonstruktion) in m²
$R_{L\,Glas}$ = äquivalenter Wärmedurchgangswiderstand für Fugenlüftung (Taf. **557**.1) in m² · K/W.

Tafel **557**.1 Äquivalenter Wärmedurchgangswiderstand R_L für Fugenlüftung von Gewächshäusern (nach DIN 4701 T. 2)

Bedachung	R_L m² · K/W
eingeschobene Scheiben	0,5
verkittete Scheiben	1,0
Foliengewächshaus	2,0
Kittlose Verglasung in Metallrahmen mit Dichtstreifen abgedeckt	1,0

Temperaturen unbeheizter Nebenräume. Sie ergeben sich für die wesentlichen Fälle aus den Tafeln **557**.2 bis **559**.1.

Tafel **557**.2 Rechenwerte für Temperaturen ϑ_i' in Nachbarräumen (nach DIN 4701 T. 2)

Räume	Norm-Außentemperatur °C				
	≧ −10	−12	−14	−16	≦ −18
Angrenzende Räume in teilweise eingeschränkt beheizten Wohngebäuden					
Wohn- und Schlafräume	+15	+15	+15	+15	+15
Übrige Räume wie Tafel **532**.2 lfd. Nr. 1.1 oder nach Vereinbarung mit dem Auftraggeber					
Nicht beheizte Nachbarräume¹)					
Ohne Gebäude-Eingangstüren, auch Kellerräume	+ 7	+ 6	+ 5	+ 4	+ 3
Mit Gebäude-Eingangstüren (z. B. Vorflure, Windfänge, eingebaute Garagen)	+ 4	+ 3	+ 2	+ 1	0
Vorgebaute Treppenräume²)	− 5	− 7	− 9	−10	−11
Fremdbeheizte Nachbarräume	+15	+15	+15	+15	+15
Heizräume	+15	+15	+15	+15	+15

¹) Die Tabellenwerte gelten für den Fall, daß die Nachbarräume vorwiegend an die Außenluft grenzen. Andernfalls sind die Temperaturen nach DIN 4701 Teil 1, Ausgabe März 1983, Abschnitt 7.6, zu berechnen bzw. anzunehmen.

²) Eingebaute Treppenräume siehe Tafel **558**.1

Tafel **558**.1 Rechenwerte für Temperaturen ϑ_i' in nicht beheizten eingebauten Treppenräumen mit einer Außenwand (nach DIN 4701 T. 2)

Thermische Kopplung an das Gebäude	Gebäudehöhe[4]) m	Geschoß	Norm-Außentemperatur °C				
			≧−10	−12	−14	−16	≦−18
normal [1])[3])	bis 20	EG und KG	+ 6	+ 5	+ 4	+ 3	+ 2
		1. OG	+11	+10	+ 9	+ 9	+ 8
		2. OG	+12	+11	+11	+10	+10
		3. und 4. OG	+12	+12	+11	+11	+10
		5. bis 7. OG	+13	+12	+12	+11	+11
	über 20	EG und KG	+ 1	− 1	− 2	− 3	− 4
		1. OG	+ 6	+ 5	+ 4	+ 3	+ 2
		2. OG	+ 9	+ 8	+ 7	+ 6	+ 5
		3. und 4. OG	+10	+10	+ 9	+ 8	+ 7
		5. bis 7. OG	+11	+11	+10	+10	+ 9
		über 7. OG	+12	+12	+11	+11	+10
schlecht[2])[3])	bis 20	EG und KG	+ 4	+ 3	+ 1	0	− 1
		1. OG	+ 7	+ 6	+ 5	+ 4	+ 3
		2. OG	+ 8	+ 7	+ 6	+ 5	+ 4
		3. und 4. OG	+ 8	+ 7	+ 6	+ 6	+ 5
		5. bis 7. OG	+ 8	+ 7	+ 6	+ 6	+ 5
	über 20	EG und KG	− 1	− 2	− 4	− 5	− 6
		1. OG	+ 3	+ 2	+ 1	0	− 1
		2. OG	+ 6	+ 5	+ 4	+ 3	+ 2
		3. und 4. OG	+ 7	+ 6	+ 5	+ 4	+ 3
		5. bis 7. OG	+ 7	+ 7	+ 6	+ 5	+ 4
		über 7. OG	+ 8	+ 7	+ 6	+ 6	+ 5

[1]) Annahme: $\dfrac{\Sigma(k \cdot A)_b}{\Sigma(k \cdot A)_a} = 3{,}0$ (z. B. Schmalseite Einfachfenster 2 m² je Geschoß)

[2]) Annahme: $\dfrac{\Sigma(k \cdot A)_b}{\Sigma(k \cdot A)_a} = 1{,}5$ (z. B. Schmalseite Einfachfenster über ganze Fläche)

[3]) Die Zuordnung zu den Fällen „normal" und „schlecht" ist üblicherweise an Hand von Zeichnungen abzuschätzen. Ein rechnerischer Nachweis gehört nicht zur Berechnung des Normwärmebedarfs.

[4]) Zwischen den Werten für die verschiedenen Höhenbereiche kann bei Gebäuden nahe der Bereichsgrenze interpoliert werden.

In den Fußnoten der Tafel **558**.1 bedeuten:
k äquivalenter Wärmedurchgangskoeffizient (einschließlich Lüftungswärmeverlust)
A Fläche
Index a: nach außen
Index b: zu beheizten Räumen

Tafel **559**.1 Rechenwerte für Temperaturen ϑ_i' in nicht beheizten angrenzenden Dachräumen und in der Luftschicht belüfteter Flachdächer (nach DIN 4701 T. 2)

Räume			Norm-Außentemperatur °C				
			≧ −10	−12	−14	−16	≦ −18
Geschlossene Dachräume[1])							
Dachaußenfläche	Wärmedurchgangswiderstand R_k $m^2 \cdot K/W$ nach außen	Wärmedurchgangswiderstand R_k $m^2 \cdot K/W$ zu beheizten Räumen					
undicht[2])	0,2	0,8	−6	− 8	−10	−12	−13
		1,6	−8	−10	−12	−14	−15
	0,4	0,8	−4	− 6	− 7	− 9	−11
		1,6	−7	− 9	−10	−12	−14
dicht[3])	0,2	0,8	−6	− 8	− 9	−11	−13
		1,6	−8	−10	−11	−13	−15
	0,4	0,8	−3	− 4	− 6	− 7	− 9
		1,6	−6	− 8	− 9	−11	−13
	0,8	0,8	+1	0	− 1	− 3	− 4
		1,6	−3	− 5	− 6	− 8	− 9
	1,6	0,8	+5	+ 4	+ 3	+ 2	+ 1
		1,6	0	− 1	− 2	− 4	− 5
Luftschicht belüfteter Flachdächer[4])			−7	− 9	−11	−13	−15

[1]) Die Tabelle wurde für mittlere Dachraumhöhen von 1 bis 2 m und Flächenverhältnisse A_a (nach außen) zu A_b (zum beheizten Raum) $A_a/A_b = 1{,}5$ berechnet. Der allgemeine Zusammenhang ist in DIN 4701 Teil 1, Ausgabe März 1983, Abschnitt 7.6, dargelegt.
[2]) Rechnerischer stündlicher Luftwechsel $\beta = 2{,}5\ m^3/(h \cdot m^3)$
[3]) Rechnerischer stündlicher Luftwechsel $\beta = 0{,}5\ m^3/(h \cdot m^3)$
[4]) Der Wärmeleitwiderstand ist vom Innenraum bis zur Luftschicht zu rechnen. Der äußere Wärmeübergangswiderstand ist mit $R_a = 0{,}08\ m^2\,K/W$ anzusetzen.

8.3.2 Überschlägliche Ermittlung des Wärmebedarfs

Für die Vorplanung genügt meist eine überschlägliche Ermittlung des Wärmebedarfs.

Eine Schätzung kann sich aufgrund von Erfahrungswerten für den spezifischen Wärmebedarf auf 1 m^3 beheizten Raum oder auf 1 m^2 Wohnfläche beziehen.

Die Anwendung dieser Erfahrungswerte, die die Besonderheiten eines Gebäudes nicht erfassen können, setzt jedoch ausreichende Fachkenntnisse voraus.

Umgekehrt läßt sich der spezifische Wärmebedarf eines Gebäudes auch rückwärts aus einem bereits bekannten, nach DIN 4701 genau errechneten Wärmebedarf ableiten.

Für Baueingaben kann der schriftliche Nachweis über den energiesparenden Wärmeschutz bei Gebäuden seit dem 01. 01. 84 erforderlich werden (a. Abschnitt 8.2.4).

8.4 Wärmeerzeugung

8.4.1 Brennstoffe

Stoffe mit einem so hohen Heizwert und angemessenen Preis, daß sie unter wirtschaftlichen Bedingungen verbrannt werden können, gelten als Brennstoffe. Sie kommen in der Natur vor oder werden aus Naturstoffen, so durch trockene Destillation, gewonnen.

Feste Brennstoffe. Hierzu zählen Braunkohle, Steinkohle, Koks und Holz.

Braunkohle wird meistens zu Briketts gepreßt. Diese kommen, außer für bestimmte Industriefeuerungen, vor allem für Einzelöfen in Frage.

Steinkohle. Aus den gasreicheren Flamm- und Fettkohlen werden vor allem Gas und Koks gewonnen. Die gasärmeren Eß- und Magerkohlen, vor allem der nur in geringer Menge anfallende Anthrazit, sind besonders für die Ofenheizung geeignet.

Koks, durch Entgasung von Steinkohle als Gas- oder Zechenkoks gewonnen, verbrennt ohne flüchtige, im Abbrand nichtregelbare Bestandteile vollkommen rauch- und rußfrei, zerfällt im Feuer nicht und backt nicht zusammen.

Er hat einen gleichmäßigen, in weiten Grenzen regelbaren Abbrand und ist der hervorragendste feste Brennstoff für Dauerbrand in Heizkesseln sowie auch für Einzelöfen mit thermostatischer Verbrennungsregelung.

Flüssige Brennstoffe. Dies sind vorwiegend Mischungen von Kohlenwasserstoffen, wie Benzin, Benzol, Gasöl, Petroleum, Spiritus, Dieseltreibstoff und Heizöl.

Heizöle. Aus festen Ausgangsstoffen entstehen Steinkohlenteer-, Braunkohlenteer- und Ölschiefer-Heizöle, aus flüssigen Ausgangsstoffen Heizöle aus Erdöl (mineralische Heizöle).

Zu unterscheiden sind nach der Zähflüssigkeit (Viskosität) nach DIN 51603 T. 1, 2 und 3:

Heizöl EL: extra leichtflüssig. Eine Vorwärmung ist weder zum Transport noch zur Verbrennung erforderlich. Es ist für Ölöfen sowie für kleine und mittlere Sammelheizungen geeignet.

Heizöl L: leichtflüssig. Es ist für den Einsatz in Feuerungsanlagen geeignet. Eine Vorwärmung kann erforderlich sein.

Heizöl S: schwerflüssig. Zum Transport und zur Verbrennung ist es vorzuwärmen. Es wird für Großheizanlagen $\geqq$ 1200 kW je Kessel und Industriefeuerungen verwendet.

Heizöl verbrennt nicht als Flüssigkeit, muß vielmehr vorher in einem Brenner durch Verdampfen (Ölöfen) oder Zerstäuben (Heizkessel) aufbereitet werden. Sein Schwefelgehalt (EL: 0,5%, S: 2,8%) erhöht den Taupunkt der Abgase, der bei Koksfeuerung nur ca. 50 °C beträgt, auf 120 bis 160 °C.

Zur Vermeidung gefährlicher Tieftemperaturkorrosionen durch die Schwefelsäure, die sich aus den Schwefeloxyden und dem Wasserdampf der Abgase bei dessen Kondensation bilden würde, sollte an keiner Stelle und zu keiner Zeit der Taupunkt der Heizölabgase im Kessel wie im Schornstein unterschritten werden.

Brenngase. Diese gasförmigen Brennstoffe nach DIN 1340 sind Gase oder Gasgemische, die in einem bestimmten Mischungsbereich mit Luft und Sauerstoff brennbar sind und in Haushalt, Gewerbe oder Industrie vorwiegend für die Wärmeerzeugung eingesetzt werden. Je nach ihrer Zusammensetzung haben sie sehr unterschiedliche Eigenschaften hinsichtlich Heizwert und Brennverhalten.

Gasarten. Die Gasfamilien sind in der DVGW-Richtlinie G 260 T. 1 genormt. Danach sind zu unterscheiden:

1. Gasfamilie (Kurzzeichen S): Stadt- und Ferngase. Hoher Wasserstoffgehalt und durch beträchtlichen Gehalt an Kohlenmonoxyd giftig, wesentlich leichter als Luft.

2. Gasfamilie (Kurzzeichen N): Erd- und synthetische Erdgase. Naturgase, größtenteils aus Methan CH_4 bestehend, teilweise mit Inerten oder schweren Kohlenwasserstoffen vermischt, schwerer als Stadtgas, leichter als Luft.

3. Gasfamilie (Kurzzeichen F): Flüssiggase nach DIN 51622. Sie fallen als Nebenprodukte bei der Erdölraffinerie an. Zu 95% Propan, Butan oder Mischungen aus beiden, der Rest aus anderen Kohlenwasserstoffen. Wesentlich schwerer als Luft. Unter Druck verflüssigt.

4. Gasfamilie. Sie umfaßt Kohlenwasserstoff/Luft-Gemische, die aus Flüssiggasen oder Erdgasen und Luft hergestellt werden.

Elektrischer Strom. Elektrizität, die als Wärmequelle dient, ist kein Brennstoff im eigentlichen Sinn, da die Wärmeerzeugung ohne Verbrennung erfolgt. Es handelt sich vielmehr um eine reine Energieumwandlung, bei der keinerlei Abfallstoffe anfallen.

Sonnenenergie. Man bemüht sich seit langem, die unerschöpflichen und optimal umweltfreundlichen Energiemengen der Sonnenstrahlung auch für Heizzwecke nutzbar zu machen.

An der Erdoberfläche kann die Strahlungswärme günstigenfalls im Gebirge mit 1000 W/m^2, auf dem Lande mit 900 W/m^2 und in der Großstadt mit 800 W/m^2 angenommen werden.

Durch viele Faktoren ist die Sonnenenergie jedoch außerordentlichen Schwankungen unterworfen und stellt damit eine unbeständige Wärmequelle dar. Gegenden der Erde mit langer Sonnenscheindauer in kalten Monaten sind am erfolgversprechendsten, so in Südeuropa oder Nordafrika. Dort scheint die Sonne etwa 4000 Stunden im Jahr, in Deutschland etwa 1 300 bis 1 900 Stunden. Die Ausnutzung der Sonnenenergie hat bis heute nur geringe Bedeutung erreicht.

Wärme und Warmwasser durch Sonnenenergie s. Abschnitte 10.6.1 und 12.3.2.

Umweltenergie. Indirekt kann Sonnenenergie als Umweltwärme in beliebiger Menge durch Wärmeentzug aus der Umgebungsluft, dem Erdboden oder dem Grundwasser genutzt werden.

Grundwasser bietet mit seiner relativ konstanten Temperatur von 8 ° bis 12 °C die günstigste Möglichkeit der Wärmeaufnahme.

Für etwa 75% kostenlose Umweltenergie muß jedoch etwa 25% bezahlte Energie aufgewendet werden.

Wärme und Warmwasser durch Hauswärmepumpen s. Abschnitte 10.6.2 und 11.5.9.1.

Kernenergie. Durch Spaltung von Urankernen wird eine im Vergleich zu den auf Elektronenvorgängen wie Verbrennung oder elektrischem Strom beruhenden Möglichkeiten so ungeheure Energiemenge frei, daß ihre Entstehung auf das zuverlässigste gesteuert werden muß. Dies kann in bezug auf die Wärmegewinnung nur in Kraftwerken geschehen.

Daneben wird als weniger gefährliche Energiequelle einmal die Kernfusion größere Bedeutung gewinnen.

8.4.2 Verbrennung

Verbrennung ist eine lebhafte und oberhalb bestimmter Grenztemperaturen unter Flammenbildung und starker Wärmeentwicklung verlaufende chemische Reaktion der brennbaren Bestandteile eines Brennstoffes mit dem Sauerstoff der Luft (Oxydation).

Bei der Verbrennung fester Brennstoffe zersetzen sich nach der Verdampfung des Wassers im Brennstoff zunächst bei ca. 250 °C die brennbaren Anteile unter Abspaltung der flüchtigen Bestandteile (schwere Kohlenwasserstoffe). Diese verbrennen nach Übergang in den gasförmigen Zustand. Bei > 1100 °C sublimiert der nun noch allein übriggebliebene Kohlenstoff, d. h., er geht aus der festen unmittelbar in die gasförmige Phase über und verbrennt.

Flüssige Brennstoffe müssen verdampfen. Ihre Reaktion mit dem Sauerstoff beginnt bereits im Übergangsstadium vom flüssigen zum gasförmigen Zustand und setzt sich in diesem fort.

Gasförmige Brennstoffe können unmittelbar mit dem Sauerstoff reagieren.

Zündtemperatur. Einsetzen kann die Verbrennung jedoch erst mit dem Erreichen der Entzündungstemperatur (Taf. **562**.1).

Tafel **562**.1 Zündtemperaturen von Brennstoffen in Luft (nach Recknagel/Sprenger)

Brennstoff	Zündtemperatur in °C	Brennstoff	Zündtemperatur in °C
Streichholz	170	Heizöl S	ca. 340
Rohbraunkohle	200 bis 240	Heizöl EL	230 bis 245
Holz	200 bis 300		
Torf, trocken	225	Butan	430
Fettkohle	ca. 250	Propan	ca. 500
Holzkohle	300 bis 425		
Anthrazit	ca. 485	Stadtgas	ca. 450
Koks	550 bis 600	Erdgas	ca. 650

Die hierzu erforderliche Wärmemenge muß dem Brennstoff (bei Heizölen dazu noch die nötige Verdampfungswärme) vorher zugeführt werden, z. B. durch die Strahlung der Flamme und des Feuerraumes. Gas-Luft- und Kohlenstaub-Luft-Mischungen zünden nur innerhalb bestimmter Mischungsverhältnisse; der Zündgrenzen, innerhalb derer Explosionsgefahr besteht.

Sinkt im Feuerraum die Temperatur unter die Entzündungstemperatur, so erlischt die Verbrennung schlagartig, umgekehrt verläuft sie um so lebhafter, je höher die Temperatur des Feuerraumes ist.

Vollkommene Verbrennung. Brennstoff und Luft sind so miteinander gemischt worden, daß jedes Brennstoffmolekül mit den zu seiner Verbrennung notwendigen Sauerstoffmolekülen zusammengetroffen ist und so alle brennbaren Anteile C, H_2, S zu CO_2, H_2O und SO_2 (in selteneren Fällen auch zu SO_3) oxydiert werden können.

Eine vollkommene Verbrennung ohne alle Verluste ist indessen in der Praxis nicht zu erzielen.

Lediglich die Umwandlung der elektrischen Energie in Wärme erfolgt verlustlos.

Unvollkommene Verbrennung. Sie entsteht durch Sauerstoffmangel infolge ungenügender Luftzufuhr oder unzureichender Vermischung der Gase oder durch zu niedrige Temperaturen im Feuerraum.

Sie bedeutet neben der Gefährdung der Menschen durch das nicht mehr zu CO_2 verbrannte, äußerst giftige Kohlenoxyd CO einen hohen Wärmeverlust, denn während bei der Vergasung von 1 kg C zu CO ca. 2,8 kWh frei werden, sind dies bei der Verbrennung von 1 kg C zu CO_2 ca. 9,4 kWh.

Luftüberschuß. Um eine möglichst vollkommene Verbrennung zu erzielen, muß man die Feuerstätte je nach ihrer Bauweise und der Art des Brennstoffes mit einem Luftüberschuß *n* gegenüber der theoretisch erforderlichen Luftmenge fahren:

$$n = \frac{\text{tatsächliche Luftmenge}}{\text{theoretischer Luftbedarf}} = \frac{\max CO_2}{CO_{2\,\text{gemessen}}} > 1$$

$\max CO_2$	= theoretisch möglicher CO_2-Gehalt der Abgase in %	
$CO_{2\,\text{gemessen}}$	= gemessener CO_2-Gehalt der Abgase in %	
n	= 1,4	für Anthrazit und Koks; entsprechender CO_2-Gehalt 14 bis 15%
	= 1,05 bis 1,4	für Heizöl; entsprechender CO_2-Gehalt 12 bis 14%
	= 1,05 bis 1,35	für Brenngase; entsprechender CO_2-Gehalt für Gebläsebrenner 10 bis 12% für atmosphärische Brenner 7 bis 10%

Mit steigendem n sinkt der CO_2-Gehalt. Daher ist stets ein möglichst hoher CO_2-Gehalt oder geringer Luftüberschuß anzustreben. Überschüssig zugeführte Luft infolge falsch eingestellter Gebläseluft, Falschluft durch einen undichten Ofen oder Kessel, auch zu starken Schornsteinzug senkt die Verbrennungstemperatur und erhöht, da sie selbst zusätzlich erwärmt werden muß, die Abwärmeverluste. Zu niedriges n führt zu unvollkommener Verbrennung. Es entstehen CO, Ruß und hohe Abgasverluste.

Der Gehalt der Abgase an CO_2, CO, O und N wird in gut geführten größeren Feuerungen laufend gemessen, wofür es einfache Geräte gibt. Die Güte der Verbrennung wird so ständig überwacht und notfalls korrigiert.

Verbrennungsverluste. Durch eine Reihe mehr oder weniger unvermeidlicher Wärmeverluste ist die in der Feuerungslage nutzbar gemachte Wärmemenge stets kleiner als die ihr mit dem Brennstoff zugeführte. Das Verhältnis beider, in % ausgedrückt, ist der Feuerungswirkungsgrad η_F. Er beträgt für offene Kamine 5 bis 10%, Einzelöfen für feste Brennstoffe und Ölöfen 70 bis 85%, Einzelöfen für Gas 80 bis 85% und Heizkessel 70 bis 85%.

Im einzelnen sind zu unterscheiden:

Abgasverluste fester und flüssiger Brennstoffe durch unverbrannt abziehende Kohlenwasserstoffe.

Abwärmeverluste durch die mit den heißen Abgasen ungenutzt durch den Schornstein abziehende Wärme. Die Abgastemperatur soll daher nicht höher sein, als dies zur Erzielung des erforderlichen Schornsteinzuges notwendig ist: ca. 200 °C bei Kohleöfen, < 400 °C bei Ölöfen, < 300 °C bei Kleinkesseln, 180 bis 250 °C bei größeren Kesseln.

Nachströmungsverluste durch Falschluft infolge Undichtheiten der Feuerstätte, falsch eingestellte Gebläseluft, zu großen Luftüberschuß und zu hohen Schornsteinzug.

Verluste durch unverbrannte Rückstände von festen Brennstoffen auf dem Rost oder in der Asche.

Die Berücksichtigung der Verluste von Heizkesseln durch Wärmeleitung oder Strahlung an Fundament und Kesselraum ergibt den Kesselwirkungsgrad η_k. Diese Verluste sind aber bei der guten Wärmedämmung neuzeitlicher Kessel so geringfügig, daß sie nicht mitgerechnet werden.

Der Gesamtwirkungsgrad (= Betriebswirkungsgrad) η einer Kesselanlage ergibt sich als Produkt des Feuerungswirkungsgrades (= Kesselbetriebswirkungsgrad) η_k mit dem Anlage-Regelwirkungsgrad (85 bis 98%) und mit dem Verteilungswirkungsgrad (Taf. **582**.1).

8.4.3 Brennstoffheizwert

Der spezifische Heizwert H_u (Taf. **564**.1) eines festen, flüssigen oder gasförmigen Brennstoffes ist nach DIN 5499 die bei der vollkommenen Verbrennung von 1 kg dieses Brennstoffes freiwerdende Wärmemenge in kWh unter der Voraussetzung, daß die Temperatur des Brennstoffes vor dem Verbrennen und die seiner Verbrennungsprodukte + 25 °C beträgt, das im Brennstoff vorhandene und beim Verbrennen gebildete Wasser nach dem Verbrennen in gasförmigem Zustand (Wasserdampf) vorliegen.

Der Heizwert $H_{u,n}$ eines Gases ist nach DIN 5499 die Wärmemenge, die bei der vollständigen Verbrennung von 1 Normkubikmeter frei wird, wenn die Anfangs- und Endprodukte eine Temperatur von + 25 °C haben und das bei der Verbrennung entstandene Wasser dampfförmig vorliegt.

Tafel **564**.1 Heizwerte H_u verschiedener Brennstoffe (Mittelwerte) (1000 kJ ≈ 0,28 kWh)

Brennstoffe: fest	kWh/kg	flüssig	kWh/kg	gasförmig kWh/m³	(Normzustand)
Holz, lufttrocken	4,1	Heizöl EL	10,0[1]	Wassergas	3,0
Braunkohlenbriketts	5,6	Heizöl S	11,2	Generatorgas	1,4
Steinkohle, Saar	8,0	Propan	12,9	Stadtgas	5,0
Steinkohle, Westfälische	8,7	Butan	12,7	Erdgas	8,8
Anthrazit	9,1			Methan	10,0
Koks	8,0			Propan	25,9
				Butan	34,3

[1]) kWh/l

Der Betriebsheizwert $H_{u,B}$ eines Gases unterscheidet sich von dessen Heizwert $H_{u,n}$ lediglich dadurch, daß als Bezugsgröße an die Stelle von 1 m³ Gas im Normzustand 1 m³ Gas im Betriebszustand, wie er an der Meß- oder Verbrauchsstelle vorhanden ist, tritt. Der Betriebsheizwert ist ca. 7% kleiner als der Heizwert.

Elektrischer Strom. Elektrische Heizwärme wird ohnehin in kWh gemessen.

8.4.4 Wärmepreis

Die Brennstoffpreise sind je nach Heizwert und Güte sehr unterschiedlich. Der wirtschaftliche Wert eines Energieträgers (**565**.1) wird nicht nur durch seinen Brennstoffpreis, sondern auch durch seinen Heizwert bestimmt. Aus dem Brennstoffpreis P in DM je Einheit (kg, l, m³, kWh), dem Heizwert H_u und dem Wirkungsgrad η ergibt sich der Wärmepreis.

Der Nutzwärmepreis ist

$$k = 3600 \frac{P}{H_u \cdot \eta} \quad \text{in DM /1000 kWh = DM/MWh}$$

Zahlenbeispiel (—·—·—·)

Für folgende Brennstoffe mit den vorher genannten Heizwerten beträgt der Wärmepreis 50,00 DM/1000 kWh bei einem Brennstoffpreis von:

A	Nachtstrom	H_u = 1 kWh/kWh	A	Nachtstrom 10 Dpf/kWh
B	Stadtgas	$H_{u,n}$ = 5,0 kWh/m³	B	Stadtgas 25 Dpf/je m³ (Normzustand)
C	Braunkohle-Briketts	H_u = 5,6 kWh/kg	C	Braunkohle-Briketts 30 Dpf/kg
D	Zechenkoks	H_u = 8,0 kWh/kg	D	Zechenkoks 45 Dpf/kg
E	Erdgas	$H_{u,n}$ = 8,8 kWh/m³	E	Erdgas 45 Dpf/je m³ (Normzustand)
F	Anthrazit	H_u = 9,1 kWh/kg	F	Anthrazit 50 Dpf/kg
G	Heizöl EL	H_u = 10,0 kWh/l	G	Heizöl EL 70 Dpf/l
H	Heizöl S	H_u = 11,2 kWh/kg	H	Heizöl S 60 Dpf/kg
J	Propan	H_u = 12,9 kWh/kg	J	Propan 65 Dpf/kg

Bei örtlich vorliegenden anderen Einheitspreisen oder Brennstoffarten ist die Wirtschaftlichkeit der Energieträger neu zu vergleichen.

Einige durchschnittliche Einheitspreise, Stand 1989:

A = 13 Dpf/kWh, B = 23 Dpf/je m³ (Normzustand), C = 25 Dpf/kg, D = 36 Dpf/kg, E = 50 Dpf/m³ (Normzustand), G = 40 Dpf/l und H = 40 Dpf/l.

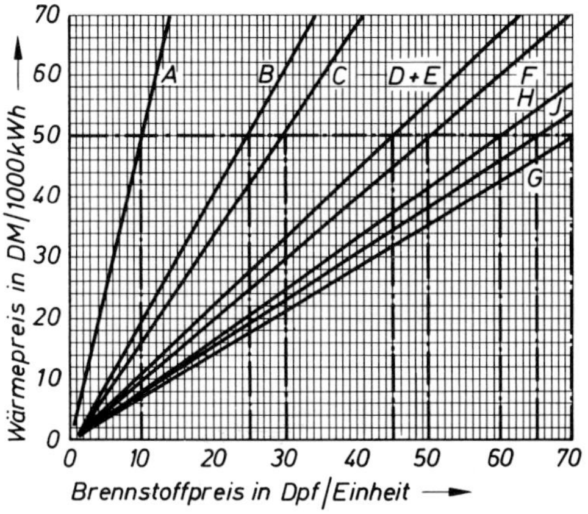

565.1 Wärmepreis in DM/1000 kWh für verschiedene Brennstoffe mit vorstehenden Heizwerten

8.5 Feuerungsanlagen

Eine Feuerungsanlage umfaßt die Feuerstätte, den Schornstein und die Verbindungsstücke zwischen beiden.

8.5.1 Feuerstätten

Feuerstätten für die Raumheizung (**565**.2) können sich in dem zu beheizenden Raum selbst befinden (Einzelöfen) oder an einem besonderen Aufstellungsplatz die für die Beheizung einer größeren Anzahl von Räumen erforderliche Wärme erzeugen (Kessel einer Zentralheizung).

Sie müssen folgenden Bedingungen genügen: Hohe Brennstoffausnutzung, gute Regelbarkeit, lange Lebensdauer durch robuste Bauart, einfache Bedienung und sauberer Betrieb, Preiswürdigkeit, leichte Ersatzteilbeschaffung.

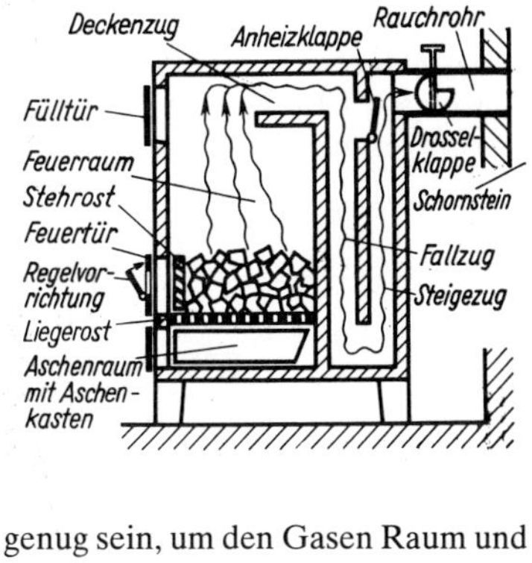

565.2 Bestandteile einer Feuerungsanlage für feste Brennstoffe

Feuerraum. Er muß für feste Brennstoffe groß oder hoch genug sein, um den Gasen Raum und Zeit zur vollständigen Verbrennung zu bieten.

Das ist vor allem für langflammige Brennstoffe wichtig, aber auch für kurzflammige nicht nachteilig.

Rost. Er hat in den Feuerstätten für feste Brennstoffe diese zu tragen und der ihm von unten zugeführten Verbrennungsluft den Zutritt zu ermöglichen.

Form und Größe des Rostes, Anzahl und Abstand der Roststäbe müssen der Art des Brennstoffes und der Feuerstätte entsprechen. Rüttelroste erleichtern das Entaschen.

Regelvorrichtungen. Sie müssen es gestatten, die Verbrennung zuverlässig und in weitem Rahmen zu regeln. Sie können jedoch nur bei völlig dichtschließenden Feuer- und Aschentüren voll wirksam sein.

Feuerzüge. Sie sollen die Heizwärme vor allem langflammiger Brennstoffe gut ausnützen und an die Heizflächen weiterleiten. Sie müssen durch eine ausreichende Anzahl gut zugänglicher Reinigungsöffnungen leicht zu reinigen sein. Feuerstätten mit langen Zügen erfordern einen besonders guten Schornsteinzug und sind daher für Dachgeschoßräume ungeeignet.

Aschenraum. Eine Feuerstätte für feste Brennstoffe soll einen geräumigen Aschenkasten aufnehmen können.

8.5.2 Verbindungsstücke

Allgemeines. Dies sind nach DIN 18160 T. 1 und 2 Leitungen, wie Rauchrohre und Abgasrohre, Rauchkanäle und Abgaskanäle sowie Rauchfänge und Abgasfänge, die Abgase von Feuerstätten in Schornsteine leiten.

Gemeinsame Verbindungsstücke sind Verbindungen mit abzweigenden Leitungsabschnitten, die Abgase mehrerer Feuerstätten gemeinsam an einer Anschlußöffnung in einen Schornstein leiten (**337**.2).

Rauchrohre und Abgasrohre aus Rohrteilen und Formstücken werden entweder frei im Raum oder durch Halter unterstützt zwischen Feuerstätten und Schornsteinen angebracht.

Rauchkanäle und Abgaskanäle werden in ganzer Länge in massiver Verbindung mit Bauteilen, wie Fußböden, Wänden oder Decken, zwischen Feuerstätten und Schornsteinen eingebaut.

Rauchfänge und Abgasfänge sind Einrichtungen, die Rauchgase oder Abgase über offenen Feuerstätten sammeln und unmittelbar oder über andere Verbindungsstücke in den Schornstein leiten.

Über Abgasrohre und Abgasschornsteine der Gasfeuerstätten wurde im Abschnitt 5.1.6.1 und 5 bereits berichtet.

Abgasrohre, auch Abgaskanäle und Abgasfänge, verbinden die Gasfeuerstätten mit dem Abgasschornstein.

Abgasrohre und Abgaskanäle. Sie und auch Rauchfänge verbinden Feuerstätten für feste und flüssige Brennstoffe mit dem Rauchschornstein.

Abgasrohre. Nach DIN 18160 T. 2 und den Bauordnungen der Länder sind die Verbindungsstücke nach DIN 1298 aus nichtbrennbarem, hitze- und feuerbeständigem Stahl oder Aluminium so herzustellen, daß die Rauchgase einwandfrei in den Schornstein geleitet werden.

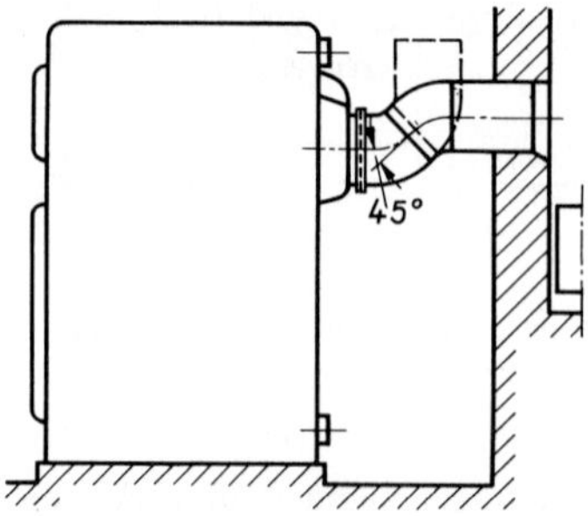

566.1 Schornsteinanschluß eines Heizkessels durch ein Rauchrohr (M 1:30)

Abgasrohre (**566**.1) sollen kurz und ansteigend zum Schornstein geführt werden. Ohne einen besonderen Wärmeschutz dürfen Rauchrohre höchstens 2,5 m, bei Ölöfen für Einzelheizung höchstens 1 m, lang sein. In unbeheizten Nebenräumen ist eine Wärmedämmung der Rohre auf ganzer Länge erforderlich.

Abgasrohre sollen möglichst geradlinig und mit einer Steigung von mindestens 10%, besser 30 bis 45% zum Schornstein geführt werden.

Die Wanddicken der Abgas-Verbindungsstücke sind nach DIN 1298 abhängig von den Rohr-Nenndurchmessern.

Rauchrohre aus Stahl bei Feuerstätten für feste und flüssige Brennstoffe sowie für gasförmige Brennstoffe mit Brenner mit Gebläse haben bei einer Nennweite von 60 bis 130 mm 0,6 mm starke Wandungen, darüber hinaus 0,7 bis 3 mm.

Rauchrohre aus Stahl bei Feuerstätten für gasförmige Brennstoffe haben bei einer Nennweite von 60 bis 160 mm 0,6 mm Wandungsstärke, darüber hinaus 0,8 bis 3 mm. Aluminium-Rauchrohre sind dagegen mit Nennweiten zwischen 0,7 und 2 mm zugelassen.

Rohrquerschnitte sind nach den Weiten der Abgangsstutzen der Feuerstätten zu bemessen.

Reinigungsöffnungen sind in jedem Kniestück der Rauchrohre vorzusehen.

Kontrollöffnung. Verbindungsstücke für meßpflichtige Feuerstätten müssen nach dem Bundesimmissionsschutzgesetz mit einer Kontrollöffnung ausgestattet sein.

Die Einführung in den Schornstein erfolgt im gleichen Geschoß, in dem sich die Feuerstätte befindet, durch Rohrhülse, Doppelwandfutter oder ein anderes Anschlußstück.

Abgaskanäle. Zur Herstellung von Abgaskanälen, das sind Rauchfüchse, dürfen die in DIN 18160 T. 1 genannten Baustoffe und Bauteile zur Herstellung von Hausschornsteinen verwendet werden (s. auch Abschnitt 8.5.3.2). Außerdem dürfen Baustoffe und -teile eingebaut werden, für die nach den bauaufsichtlichen Vorschriften der Nachweis der Brauchbarkeit erbracht worden ist.

Rauchfüchse sind stets in voller Länge gegen Wärmeverluste und Feuchtigkeit zu schützen.

Rauchfuchsquerschnitte sind 10% größer als der zugehörige Schornsteinquerschnitt zu bemessen.

Reinigungsöffnungen in Rauchfüchsen sind in genügender Anzahl im Abstand von nicht mehr als 2 m vorzusehen.

Abstände von Bauteilen und ihren Verkleidungen s. Tafel **567**.1, Wanddurchführungen zeigt Bild **568**.1. Rauchrohre dürfen nicht durch Einbauschränke geführt werden.

Über Rauchrohre und -kanäle von Heizkesseln s. auch Abschnitt 10.2.5.1.

Tafel **567**.1 Abstände der Rauchrohre von Bauteilen und Verkleidungen

Bauteil	Verkleidung oder dergleichen	Abstände in cm¹) ohne Strahlungsschutz²)	Abstände in cm¹) mit Strahlungsschutz²)
aus nicht brennbaren Baustoffen	aus brennbaren oder schwer entflammbaren Baustoffen³)	40	20
	ohne oder aus nicht brennbaren Baustoffen	–	–
mit brennbaren oder schwer entflammbaren Baustoffen	ohne oder aus brennbaren oder aus schwer entflammbaren Baustoffen, die nicht feuerhemmende Bauart ergibt	40	20
	aus nicht brennbaren Baustoffen, die mindestens feuerhemmende Bauart ergibt⁴)	20	10
–	Türbekleidungen aus brennbaren oder aus schwer entflammbaren Baustoffen sowie Tapeten und dergleichen	20	10

[1]) Die Abstände rechnen zwischen Oberfläche Verkleidung, ohne eine solche von Oberfläche Bauteile und der dorthin liegenden Rohraußenfläche

[2]) z. B. wärmerückstrahlende Metalle mit $\geqq$ 5 cm Abstand vom Bauteil oder von der Verkleidung

[3]) z. B. Holztäfelung

[4]) z. B. Putz oder Putz auf Rohr oder auf Holzstabgewebe

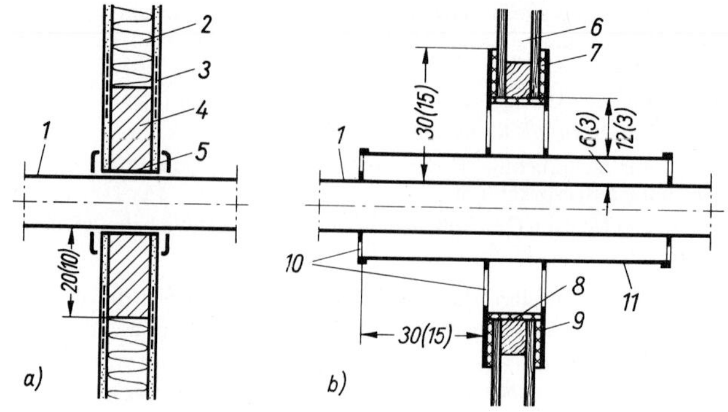

568.1 Wanddurchführungen von Rauch- und Abgasrohren (eingeklammerte Maßzahlen gelten für Abgasrohre); die Abstände sind Mindestmaße

a) Wanddurchbruch, ausgemauert
b) Überrohr als Strahlungsschutz, Zwischenraum entlüftet

1 Rauch- oder Abgasrohr
2 Holzwolle-Leichtbauplatten
3 Drahtnetzstreifen
4 Leicht- oder Schamottesteine
5 Futterrohr
6 hölzerne Fachwerkwand mit Bretterschalung
7 Asbestunterlage
8 Faserzementbekleidung der Stirnseite
9 Blechbekleidung
10 Durchlüftungsöffnungen, freier Querschnitt ≧ 50%
11 Überrohr als Strahlungsschutz

Feuerstättenanschluß. Schornsteine für eine Feuerstätte und für mehrere Feuerstätten sind nach DIN 18160 T. 1 zu unterscheiden.

Eigener Schornstein. An einen eigenen Schornstein ist anzuschließen:
jede Feuerstätte mit einer Nennwärmeleistung von mehr als 20 kW, bei Gasfeuerstätten von mehr als 30 kW, jede Feuerstätte in Gebäuden mit mehr als 5 Vollgeschossen, jeder offene Kamin oder andere offene Feuerstätte, jede Feuerstätte mit Brenner mit Gebläse, jede Feuerstätte, der die Verbrennungsluft durch dichte Leitungen so zugeführt wird, daß ihr Feuerraum gegenüber dem Aufstellraum dicht ist, und jede Feuerstätte in Aufstellräumen mit ständig offener Verbindung zum Freien.

Gemeinsamer Schornstein. An einen gemeinsamen Hausschornstein dürfen bis zu drei Feuerstätten für feste oder flüssige Brennstoffe mit einer Nennwärmeleistung von je höchstens 20 kW oder bis zu drei Gasfeuerstätten mit einer Nennwärmeleistung von je höchstens 30 kW angeschlossen werden.

Jede Feuerstätte ist mit einem eigenen Verbindungsstück anzuschließen.

Die Verbindungsstücke dürfen nicht in gleicher Höhe in den Schornstein eingeführt werden (**568**.2).

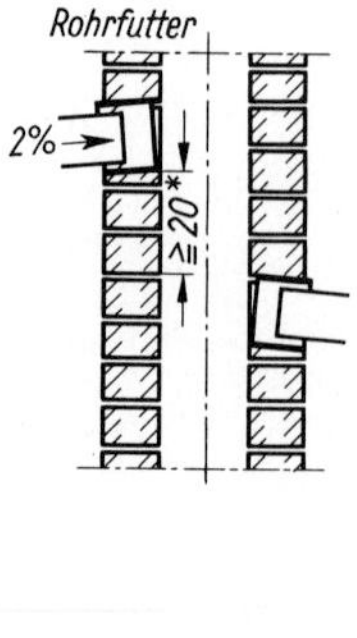

568.2 Einmündung von Rauchrohren in dasselbe Schornsteinrohr (M 1:30)
* im gemischt belegten Rohr ≧ 30 cm

Drosselvorrichtungen. Dies sind Bauteile in Verbindungsstücken oder Abgasstutzen von Feuerstätten zur Erhöhung des Strömungswiderstandes des Abgasweges.

Sie sind zulässig in Abgasstutzen von Feuerstätten für feste oder flüssige Brennstoffe mit Feuerungseinrichtungen ohne Gebläse oder in deren Verbindungsstücken.

Drossel- oder Regelvorrichtungen in Rauchrohren oder -kanälen müssen im oberen oder mittleren Teil Öffnungen in zusammenhängender Fläche von mindestens 3% der Querschnittsfläche und mindestens 20 cm² haben.

Die Stellung der Drosselvorrichtung muß an der Einstellung des Bedienungsgriffes erkennbar sein (**565**.2).

Absperrvorrichtungen. Dies sind Bauteile in Verbindungsstücken oder in Abgasstutzen von Feuerstätten, auch bei offenen Kaminen, oder in deren Rauchsammlern zum Absperren des Abgangsweges während der Stillstandszeit der Feuerungseinrichtung bzw. während der Zeit, in der ein offener Kamin außer Betrieb ist.

Sie sind zulässig in Feuerstätten oder in deren Verbindungsstücken, wenn es sich um Feuerstätten für flüssige oder gasförmige Brennstoffe mit Feuerungseinrichtungen mit Gebläse, Feuerstätten für gasförmige Brennstoffe mit Feuerungseinrichtungen ohne Gebläse oder um offene Kamine für den Brennstoff Holzstücke oder für gasförmige Brennstoffe handelt.

Die Stellung der Absperrvorrichtungen für offene Kamine muß an der Einstellung des Betätigungsgriffes erkennbar sein (**590**.1).

Nebenluftvorrichtungen. Dies sind Bauteile, die Schornsteinen selbsttätig Nebenluft zuführen.

Sie sind an Feuerstätten, Verbindungsstücken oder Schornsteinen zulässig, wenn sichergestellt ist, daß die einwandfreie Ableitung der Abgase nicht beeinträchtigt wird, die Abgase bei Stau oder Rückstrom aus den Nebenluftvorrichtungen nicht in gefahrdrohender Menge austreten können und Reinigung und Prüfung der Verbindungsstücke und Schornsteine nicht behindert wird.

Nebenluftvorrichtungen dürfen nur in den Aufstellräumen der Feuerstätten und müssen mindestens 40 cm oberhalb der Schornsteinsohle angeordnet sein.

Rußabsperrer. Dies sind Bauteile in Verbindungsstücken oder Schornsteinwangen zum dichten Absperren der Abgaswege während der Reinigung der Schornsteine (**590**.1).

Sie sind nur zulässig für Feuerstätten fester oder flüssiger Brennstoffe. Sie sollten sogar einen Rußabsperrer haben, wenn sie an gemeinsame Schornsteine angeschlossen sind.

Rußabsperrer dürfen nur von Hand betätigt werden können.

8.5.3 Hausschornsteine

Die Planung und Ausführung von Hausschornsteinen für Feuerstätten, die mit festen, flüssigen oder gasförmigen Brennstoffen betrieben werden, ist in DIN 18160 T. 1 geregelt.

Hausschornsteine sind ausschließlich dazu bestimmt, Abgase von Feuerstätten über Dach ins Freie zu befördern.

Nachfolgend werden die Rauchgasschornsteine von Feuerstätten für feste und flüssige Brennstoffe behandelt. Abgasschornsteine für gasförmige Brennstoffe wurden unter den Abschnitten 5.1.6.1 bis 5.1.6.4 beschrieben.

8.5.3.1 Allgemeine Bestimmungen

Schornsteinhöhe. Sie wird zunächst von der Gebäudehöhe bestimmt. Die wirksame Mindesthöhe zwischen dem Rost oder dem Brenner der Feuerstätte und der Schornsteinmündung eigener Schornsteine muß 4 m betragen.

Die wirksame Höhe gemeinsamer Schornsteine muß bei Feuerstätten für feste oder flüssige Brennstoffe mindestens 5 m, für gasförmige Brennstoffe mindestens 4 m betragen.

Sie ist außerdem abhängig von der Wärmeleistung der Heizanlage und der Querschnittsgröße des Rauchgasschornsteines (**571**.1).

Schornsteinquerschnitt. Er ist nach der Zahl der Anschlüsse, der wirksamen Schornsteinhöhe und Belastung der Schornsteine zu bemessen, wobei örtliche Verhältnisse zu berücksichtigen sind.

Strömungstechnisch und wegen der kleineren Abkühlungsflächen sind kreisförmige oder quadratische Querschnitte am günstigsten. Rechteckige Querschnitte dürfen kein flacheres Seitenverhältnis als 2:3 haben.

Der lichte Mindestquerschnitt für kreisförmige oder rechteckige Schornsteine muß 100 cm^2 betragen. Die kleinste Seitenlänge soll mindestens 10 cm, bei gemauerten Schornsteinen mindestens 13,5 cm groß sein.

Der lichte Querschnitt darf höchstens so groß sein, daß das Abgas bei kleinster Wärmeleistung der Feuerstätte mit einer Geschwindigkeit von $\geqq 0{,}5$ m/s strömt, da sonst Durchfeuchtung oder Kaltlufteinbrüche an der Schornsteinmündung zu befürchten sind.

Bei normalen einwandfreien Betriebsverhältnissen kann für kleinere häusliche Feuerstätten und andere, die ihnen nach Menge, Temperatur und Art der Rauchgase gleichen, wie kleine gewerbliche Feuerstätten, Tafel **570**.1 verwendet werden.

Tafel **570**.1 Hausschornsteine, Querschnitt und Anzahl der Anschlüsse für häusliche Feuerstätten[1])

lichter Querschnitt der Schornsteine aus		Feuerstätten für feste und flüssige Brennstoffe		
Mauersteinen und Formstücken mit quadratischem oder rechteckigem Querschnitt cm/cm	Formstücken mit rundem Querschnitt ∅ in cm	Gesamtnennheizleistung[2]) kW	Anzahl der Anschlüsse bei kleinen Feuerstätten[3])[4]) Stück	Anzahl der Anschlüsse bei Heizkesseln Stück
10/10 (100 cm^2)	10 (ca. 80 cm^2)	–	–	–
13,5/13,5 (180 cm^2)	13,5 (ca. 140 cm^2)	$\leqq 18$	$\leqq 2$	1
13,5/20 (270 cm^2)	16,5 (ca. 210 cm^2)	$\geqq 12$ $\leqq 30$	$\geqq 3$ $\leqq 4$	2
20/20 (400 cm^2)	20 (ca. 310 cm^2)	$\geqq 24$ $\leqq 48$	$\geqq 5$ $\leqq 8$	4

[1]) Häusliche Feuerstätten: Feuerstätten für Haushaltungen und ähnliche nicht gewerbliche Zwecke mit $\leqq 48$ kW Nennheizleistung.

[2]) Für Rauchschornsteine aus Formstücken nach DIN 18150 darf die Gesamtnennheizleistung bis zu 25% erhöht werden.

[3]) Kleine Feuerstätten sind z.B. Heizöfen mit $\leqq 9$ kW Nennheizleistung, Badeöfen, Grudeöfen und kleine Herde. Größere Feuerstätten, wie Mehrzimmeröfen, Luftheizöfen für mehrere Räume, Wasch- und Kochkessel, Grudeherde und Herde mit < 9 kW Nennheizleistung sind entsprechend ihrer Nennheizleistung zwei oder mehreren kleinen Feuerstätten gleichzusetzen.

[4]) Bei Schornsteinen, die zusätzlich zu einem Zentralheizungsschornstein nur für den Anschluß kleiner Feuerstätten im Notfall errichtet werden (Notschornsteine), können die Anschlußzahlen dieser Spalte um 50% erhöht werden.

Schornsteine für Heizkessel fester, flüssiger und gasförmiger Brennstoffe ≧ 48 kW sind nach DIN 4705 T. 1 und 2 zu berechnen.

Diese sehr umfangreiche Anleitung zur „Berechnung von Schornsteinabmessungen" behandelt in DIN 4705 T. 1 die ausführlichen Berechnungsverfahren für mit Koks, Heizöl, Erdgas, Flüssiggas und Holz betriebenen Feuerstätten.

In DIN 4705 T. 2 wird ein Näherungsverfahren für einfach belegte Schornsteine angeboten. Die als Bemessungshilfen notwendigen zahllosen Diagramme können aus Platzmangel auch auszugsweise hier nicht abgebildet werden.

Für die praktische Vorplanung genügt zunächst die überschlägliche Querschnittsermittlung nach der Formel von Redtenbacher

$$A = \frac{2{,}6\,\dot{Q}}{n \cdot \sqrt{H}} \text{ in } m^2.$$

mit A = Schornsteinquerschnitt in m^2
$\dot{Q}$ = Kesselleistung in kW
H = Schornsteinhöhe in m
n = Beiwert = ca. 900 bei Holz, ca. 1600 bei Koks und ca. 1800 bei Öl oder Gas

Bei der genauen Berechnung nach DIN 4705 ergeben sich allerdings in der Regel etwas geringere Querschnitte.

Querschnitte von Schornsteinen für offene Kamine siehe Tafel **591**.1.

Für Gebäude mit weicher Bedachung oder in schutzbedürftiger Umgebung (Wald, Heide, Moor) müssen Rauchschornsteine ≧ 20/20 cm Querschnitt oder ∅ 20 cm haben und einen Funkenschutz erhalten.

Über gemischtbelegte Schornsteine siehe Abschnitte 5.1.6.1 und 3.

Für Regelfälle kann der erforderliche Schornsteinquerschnitt auch den Diagrammen der Hersteller von vorgefertigten Schornsteinen entnommen werden (**571**.1).

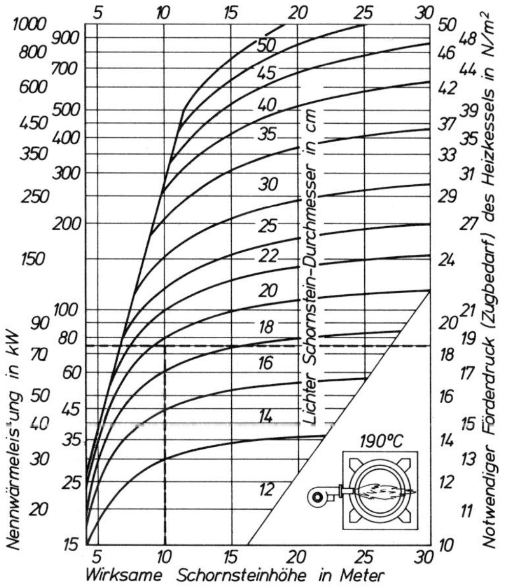

571.1 Querschnitte für vorgefertigte Schornsteine; Isolierschornstein mit Hinterlüftung (SIH) (Schiedel)

Für Öl- und Gasfeuerungs-Heizkessel mit niederem Zugbedarf

Beispiel:
Gegeben Q = 75 kW
Zugbedarf = 17,5 N/m^2
Schornsteinhöhe H = 10 m
Ergibt einen Schornsteindurchmesser von 18 cm.

Schornsteinwangen. Die äußeren Wände von Schornsteinen dürfen durch andere Bauteile, wie Decken und Unterzüge, nicht unterbrochen oder belastet werden.

Bei Schornsteinen, die mit einer feuerbeständigen Wand im Verband gemauert sind, dürfen Massivdecken mit Querversteifung aufgelagert werden, wenn die Wange in mindestens 11,5 cm Dicke im Deckendurchbruch erhalten bleibt.

Gezogene Schornsteine. Hausschornsteine sind in der Regel lotrecht hochzuführen. Sie dürfen nur einmal und nur in einem Winkel von ≧ 60° gegen die Waagerechte unter Beibehaltung ihres lichten Querschnittes schräggeführt werden (**572**.1).

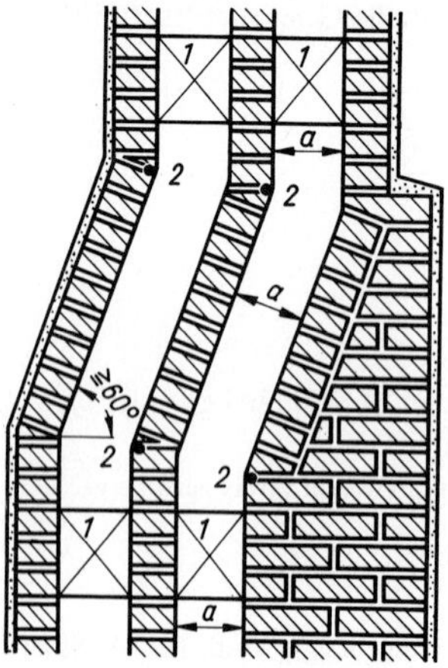

Eingelegte Rundstähle verhindern bei gemauerten Schornsteinen das Einschneiden der Besenleine.

Bei Schornsteinen aus Formstücken nach DIN 18150 T. 1 dürfen für die Knickstellen nur besonders geformte Winkelstücke verwendet werden.

Bei geringfügigem Verziehen brauchen Schornsteine nicht besonders unterstützt zu werden. Bei größeren Verziehungen muß eine Abstützung auf nicht brennbare tragende Bauteile erfolgen (**572**.1).

572.1 Gezogener gemauerter Schornstein (M 1:30)
1 Reinigungsöffnung
2 Rundstahl ≧ ∅ 12 mm

Schornsteinfundament. Schornsteine müssen auf tragfähigem Baugrund mit zugehörigen Fundamenten gegründet oder auf feuerbeständigen tragfähigen Bauteilen aufgesetzt werden.

Müssen Schornsteine oder Feuerungsanlagen mit hohen Temperaturbelastungen auf bindigen Böden gegründet werden, muß durch eine Wärmedämmung ein Austrocknen des Untergrundes und damit Setzungen des Schornsteinfundamentes verhindert werden.

Schornsteinkopf. Schornsteine werden aus feuerbeständigen Baustoffen hergestellt. Die über Dach oder unverputzt frei liegenden Schornsteinteile müssen außerdem frostbeständig sein. Der Schornsteinkopf muß schließlich gegen Durchfeuchtung und Wärmeverlust geschützt werden.

Am häufigsten wird er aus hochwertigen Vormauersteinen hergestellt, sorgfältig verfugt und auf einer unterhalb der Dachhaut eingebauten Formstein- oder Stahlbetonkranzplatte aufgemauert (**573**.1).

Der Schornsteinkopf wird oben mit einer mindestens 8 cm dicken Fertigteil- oder Ortbetonplatte, die ohne Überstand bündig mit den Außenflächen abschließen soll, abgedeckt.

Die Fuge zwischen Kaminkopfmauerwerk und Abdeckplatte ist dauerelastisch abzudichten.

Den Übergang zwischen dem innen liegenden Rauchrohr und der Abdeckplatte bilden Dehnfugenbleche, die Längenausdehnungen des Abgasrohres ermöglichen (**573**.2).

Es muß bei Hausschornsteinen erfahrungsgemäß mit Längenänderungen von ca. 1 mm je steigendem Meter Schornsteinhöhe gerechnet werden.

Den hohen strömungstechnischen Anforderungen bei Abgasen mit niedrigen Temperaturen kommen Dehnungsfugenhülsen entgegen, die etwas über die Abdeckplatte hinausstehend angeordnet werden und dadurch den Auftrieb verbessern (**573**.2).

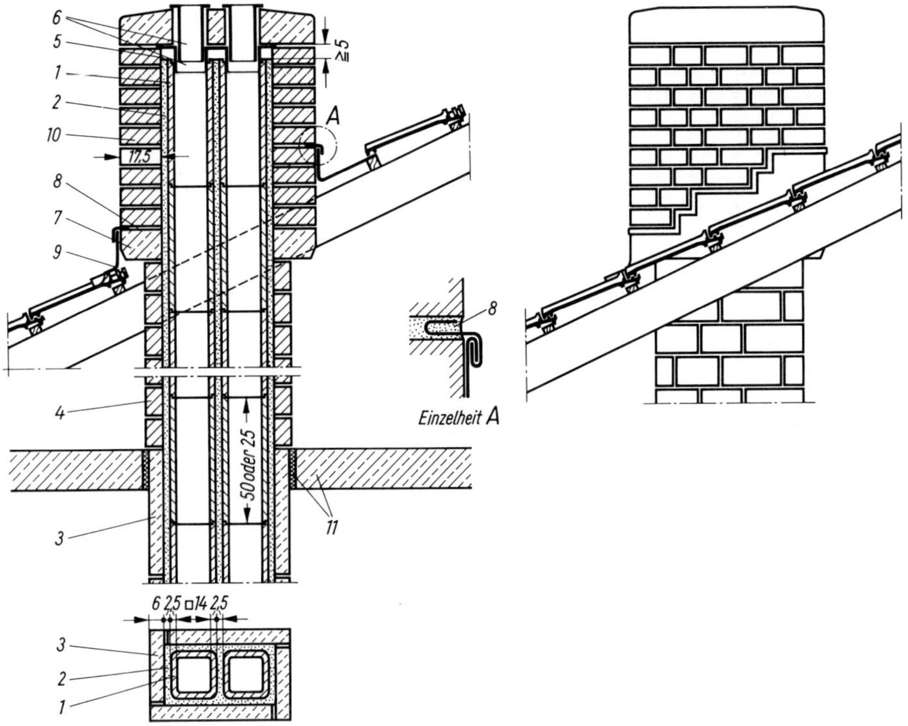

573.1 Hausschornstein aus Schamotteformsteinen (Plewa) mit zwei Rohren (≦ 700 cm^2) für den Anschluß von Einzelfeuerstätten

1 Schamotte-Innenrohr
2 Wärmedämmschicht 25 mm[1]
3 Ummantelung aus 6 cm dicken Mantelsteinen oder
4 Ziegelmauerwerk 7,1 cm dick
5 Dehnfuge für Formsteinrohr (3 mm/m Schornsteinhöhe; ≧ 50 mm)
6 zweiteilige Dehnfugenmanschette aus verzinktem Stahlblech
7 Stahlbetonkranz
8 Fugenmörtel mit Kunstharz-Dispersionszusatz (Kunstharz/Zement = 5/100)
9 Walzblei
10 frostbeständige Ummantelung
11 Stahlbetondecke (Decke darf sich nicht auf die Ummantelung abstützen, Anschlußfuge mit Wärmedämmstoff verfüllt)

[1]) 25 mm für Rauchrohre ≦ 400 cm^2, 30 mm für ≧ 400 cm^2 bei beliebigem Mantelmaterial, außer Gips und Schwerbeton

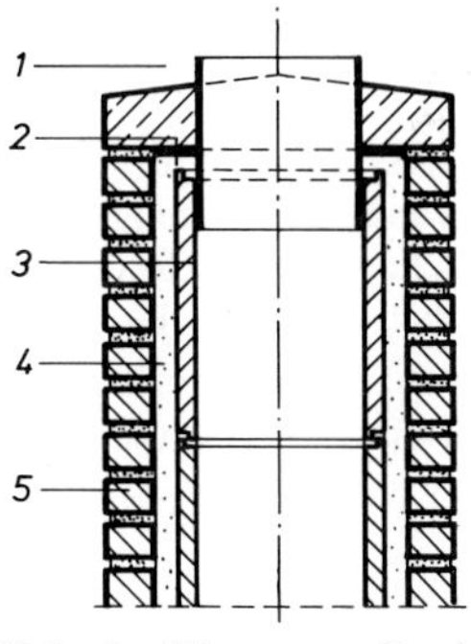

573.2 Ausführung von Kaminköpfen

1 Dehnfugenblech (Ausführung auch bündig mit OK-Abdeckplatte)
2 Dehnfuge
3 Schamotte-Rauchrohr (auch glasierte Ausführung)
4 Wärmedämmung
5 Ummantelung mit sorgfältig verfugtem Klinkermauerwerk (nur Vollsteine)

Schornsteinmündung. Sie soll im freien Windstrom liegen und ist für geneigte Dächer möglichst am First vorzusehen (**574**.1).

Sie muß die höchste Dachkante bei Dachneigungen von mehr als 20° um mindestens 40 cm, bei Weichdächern mit Stroh- oder Reetdeckung mindestens 80 cm überragen. Von Dachflächen, die 20° oder weniger geneigt sind, müssen Schornsteinmündungen einen Abstand von mindestens 1 m haben.

Schornsteinmündungen über Dächer mit einer nicht allseitig geschlossenen Brüstung müssen mindestens 1 m über der Brüstungsoberkante liegen.

Schornsteine, die Dachaufbauten näher liegen als deren 1,5fache Höhe über Dach beträgt, müssen die Dachaufbauten mindestens 1 m überragen.

Schornsteinmündungen dürfen nicht in unmittelbarer Nähe von Fenstern und Balkonen liegen.

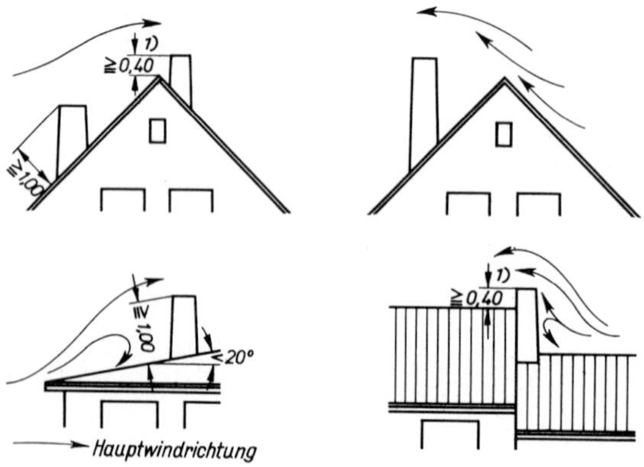

574.1 Schornsteinköpfe im freien Windstrom ([1]) bei weicher Bedachung ≧ 0,80 m

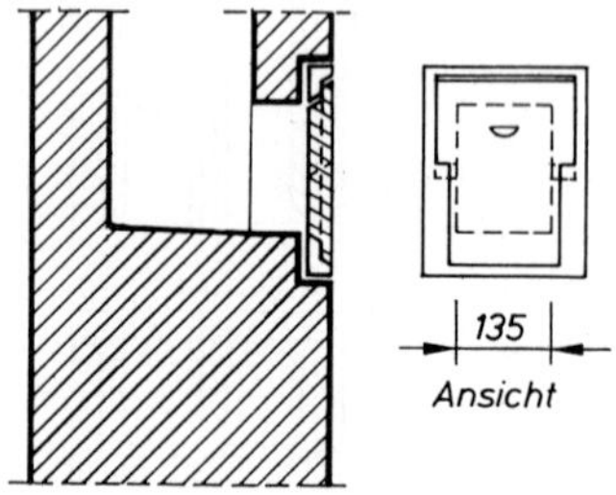

574.2 Schornstein-Reinigungsöffnung

Reinigungsöffnungen. Rauchrohrschornsteine erhalten an der Sohle mindestens 20 cm unter dem untersten Feuerstättenanschluß und, wenn die Reinigung von der Mündung nicht vorgesehen werden kann, im Dachraum eine Reinigungsöffnung, gezogene Schornsteine soweit erforderlich auch in der Nähe der Knickstellen (**572**.1).

Reinigungsöffnungen müssen mindestens 10 cm breit und 18 cm hoch sein, dicht verschließbare, wärmegedämmte Verschlüsse aus nicht brennbaren Baustoffen aufweisen und mit einem Prüfzeichen versehen sein (**574**.2).

8.5.3.2 Bauarten

Nach DIN 18160 T. 1 sind zunächst einschalige und mehrschalige Schornsteine zu unterscheiden.

Einschalige Schornsteine bestehen aus Mauersteinen oder Formsteinen, deren Wände einschalig im mauerwerksgerechten Verband hergestellt sind (**572**.1), sowie aus Schornsteinen aus Formstücken nach DIN 18150 T. 1 mit Wanddicken, die den Schornsteinwanddicken entsprechen (**575**.1).

Mehrschalige Schornsteine, meist dreischalig nach DIN 18147 T. 1 und 5, sind Schornsteine, deren mehrschalige Wände aus unterschiedlichen Baustoffen bestehen (**573**.1 und 2 sowie **576**.1).

Stahlschornsteine sind nach DIN nur für verminderte Anforderungen und mit einer baurechtlich erteilten Ausnahme zulässig. Freistehende Schornsteine aus Stahl sind nach DIN 4133 herzustellen.

Gemauerte Schornsteine. Hausschornsteine werden heute wegen des großen Arbeitsaufwandes und der höheren Anforderungen moderner Heizungsanlagen seltener in Mauerwerk ausgeführt.

Schornsteinmauerwerk ist in fachgerechtem Verband innen bündig mit geglätteten Fugen und unbedingt rauchdicht herzustellen. Putzauskleidungen von Rauchrohren sind nicht zulässig.

Die Wangen gemauerter Schornsteine, das sind die äußeren Schornsteinwände, müssen mindestens 11,5 cm, bei mehr als 400 cm^2 Rauchrohrquerschnitt 24 cm dick sein.

Besonders beanspruchte oder freiliegende Wangen in Außenwänden müssen mindestens 24 cm dick sein und zusätzlich durch Dämmschichten vor Abkühlung geschützt werden.

Wangen dürfen nicht durch Einstemmen von Schlitzen, Einsetzen von Dübeln oder Bankeisen, Einschlagen von Ankern oder Mauerhaken geschwächt werden.

Die Zungen gemauerter Schornsteine, das sind die inneren Schornsteinwände zwischen Rauch- und Lüftungsschächten, müssen mindestens 11,5 cm dick sein (**572**.1).

Gemauerte Schornsteine dürfen mit Wänden nur aus den gleichen Baustoffen gleichzeitig im Verband hochgeführt werden.

Für den Anschluß von Rauch- oder Abgasrohren müssen bereits beim Mauern Doppelwandfutter, Rohrhülsen oder Anschlußstücke eingebaut werden. Ihre Anschlüsse und Stöße müssen dicht sein.

Formstück-Schornsteine. Durch die heute weitgehend installierten Zentralheizungsanlagen mit Gas- oder Ölfeuerung werden die Schornsteinanlagen durch höhere Abgastemperaturen und Intervallbetrieb wesentlich höher als früher belastet. Schornsteine werden daher fast nur noch aus vorgefertigten, stark beanspruchbaren Formsteinen gebaut.

Schornsteine aus Formstücken nach DIN 18150 T. 1 werden mit runden und quadratischen oder rechteckigen Rauchrohrquerschnitten mit ausgerundeten Ecken hergestellt.

Sie werden ohne Verband neben Wänden errichtet und in der Regel durch die Geschoßdecken ausgesteift.

In Fertigteilschornsteine dürfen nachträglich keine Aussparungen für Feuerungsanschlüsse gestemmt werden.

Für Reinigungsöffnungen müssen Formteile verwendet werden.

Einschalige Formstück-Schornsteine. Sie bestehen meistens aus Ziegelsplittbeton und werden, auch in Kombination mit Lüftungsrohren, als Einzeltrommeln mit muffenartigen Lagerfugen aufgebaut (**575**.1).

Zum besseren Schutz gegen Durchfeuchtung sind einschalige Leichtbeton-Formteile mit zusätzlichen Luftkammern am geeignetsten.

Die Rauchgastemperatur muß bei einschaligen Schornsteinen zur Vermeidung von Kondensatbildung und Versottungsgefahr mindestens 190 °C betragen und darf 400 °C nicht überschreiten.

In nicht beheizten Dachräumen und im Freien über Dach ist eine zusätzliche Wärmedämmung erforderlich.

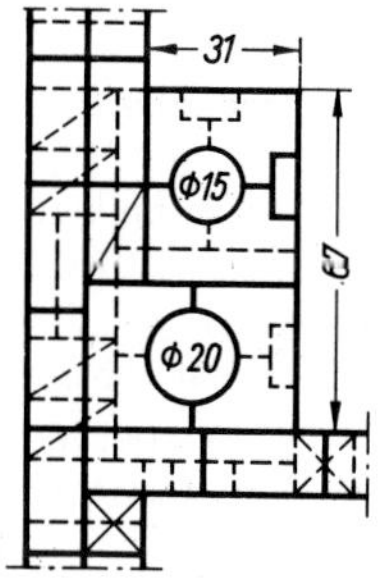

575.1 Schornstein für häusliche Feuerstätten aus Freka-Formsteinen (Werkstoffe: Mauerziegel nach DIN 105 T. 1 oder Leichtbeton nach DIN 18150 T. 1)

Steinhöhen: 7,1 und 11,3 cm
Rohrdurchmesser: 15, 20 und 27 cm
Wangendicke: ≧ 10,5, 11,5 und 24 cm

Mehrschalige Formstück-Schornsteine. Bei mehrschaligen, hitzebeständigen und chemikalienfesten Schornsteinen bestehen die Innenrohre aus Leichtbeton, unglasierter oder glasierter Schamotte (**576**.1) oder Edelstahl.

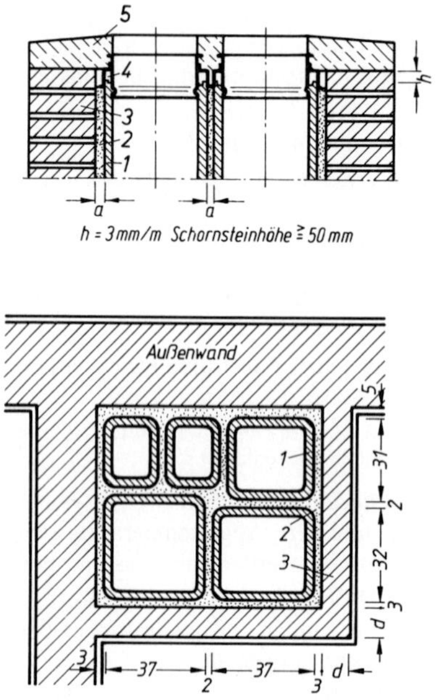

576.1 Dreischaliger Rauchschornstein (System Plewa) Grundriß und Schornsteinkopf (M 1:30)

1 Plewa-Vierkantrohr aus Schamotte als Innenrohr
2 Wärmedämmschicht aus Plewa-Dämmstoff ($a = 20$ bis 30 mm) oder Dämmplatten ($a = 25$ bis 40 mm)
3 Ummantelung aus Vollziegeln Kalksandsteinen, Leichtbeton-Vollsteinen*) mit $d \geqq 71$ mm; Leichtbeton-Wandplatten*), Gas- oder Schaumbeton*), Gipsbauplatten*) mit $d \geqq 60$ mm; Lochziegeln, Schwerbeton mit $d \geqq 115$ mm
4 Dehnfuge mit Dehnfugenmanschette (System Specht)
5 Beton-Abdeckplatte

*) nicht in Feuchträumen

Leichtbeton-Innenrohrformstücke nach DIN 18147 T. 3 oder 4 und 18150 T. 1 sind für feste und gasförmige Brennstoffe mit Abgastemperaturen $\geqq 190\,°C$ geeignet.

Schamotte-Innenrohre kommen für die meisten modernen Heizungsanlagen in Frage, die für Abgastemperaturen $\geqq 140\,°C$ hergestellt sind.

Bei extrem niedrigen Abgastemperaturen ab 60 °C sind feuchtigkeitsunempfindliche glasierte Schamotteinnenrohre zu verwenden. Anfallendes Kondensat ist dann in Kondensatschalen aufzufangen.

Die Wärmedämmung besteht aus nicht brennbaren Mineralwollplatten oder Dämmstoffschichten nach DIN 18147 T. 5.

Die früher verbreitet angewendeten Wärmedämmungen aus Vermiculite- oder Perlite-Zementmischungen werden nur noch selten ausgeführt.

Die Ummantelung, das ist die Außenschale, kann aus Mauerwerk oder Leichtbeton-Formsteinen hergestellt werden. In ihnen können auch Entlüftungszüge mit vorgesehen sein.

Wärmedämmung der Schornsteinwände. Der Wärmedurchlaßwiderstand der Schornsteine muß sicherstellen, daß die Temperatur an ihrer inneren Oberfläche unmittelbar unter der Schornsteinmündung mindestens der Wasserdampftaupunkttemperatur des Abgases entspricht. Sonst kann es zur Versottung des Schornsteines kommen.

Der Wärmedurchlaßwiderstand des Schornsteines gleicht begrifflich grundsätzlich dem Wärmedurchlaßwiderstand ebener Wände nach DIN 4108 T. 2 (s. auch Abschnitt 8.2.3).

Die Gefahr der Versottung besteht bei zu groß bemessenen Schornsteinquerschnitten, wie sie bei Altbauten vorkommen oder wenn Heizungsanlagen etwa von Öl- auf Gasfeuerung umgestellt werden.

Versottung ist eine Beschädigung des Schornsteines durch Säuren und Basen, die durch chemische Verbindung schädlicher Bestandteile der Abgase mit der Unterkühlung kondensierendem und an den Innenflächen des Schornsteines sich niederschlagendem Wasserdampf entstehen.

Neben der sorgfältigen Berechnung des auf die gesamte Heizungsanlage abgestimmten Schornsteinquerschnittes nach DIN 4705 gehört ein ausreichender Wärmeschutz des Schornsteinkopfes, damit die Abgastemperaturen möglichst nicht die kritischen Grenzen zur Kondensatbildung erreichen, die für Wasserdampf etwa mit 50 °C, für Säuren je nach Verbrennung und Brennstoffqualität etwa mit 100 bis 130 °C angenommen werden müssen.

Nach DIN 18160 T. 1 sind alle in Gebäuden verwendeten Schornsteine in drei Wärmegruppen einzuordnen. Die Wärmedurchlaßwiderstandsgruppen I, II und III sind durch die Werte des Wärmedurchlaßwiderstandes von Schornsteinen nach Tafel **577**.1 festgelegt.

Tafel **577**.1 Wärmedurchlaßwiderstand, Wärmedurchlaßwiderstandsgruppe nach DIN 18160 T. 1

Wärmedurchlaßwiderstandsgruppe	I	II	III
Wärmedurchlaßwiderstand m^2 K/W	mindestens 0,65	von 0,22 bis 0,64	von 0,12 bis 0,21

Zu Gruppe I: die geforderten Werte erreichen die meisten mehrschaligen Schornsteinsysteme
Zu Gruppe II: z. B. isolierte Edelstahlschornsteine ohne Ummauerung
Zu Gruppe III: hierzu zählen gemauerte und einschalige Formsteinschornsteine

Der Wärmedurchlaßwiderstand des Schornsteines ist der Mittelwert der Wärmedurchlaßwiderstände der Teilflächen der Schornsteinwände. Er wird auf die innere Oberfläche des Schornsteines und auf eine mittlere Temperatur dieser Fläche von 200 °C bezogen.

Schornsteine mit geringerem Wärmedurchlaßwiderstand als 0,12 m^2 K/W gehören der Wärmedurchlaßwiderstandsgruppe IV an.

Vorgefertigte Schornsteinsysteme müssen durch Prüfgutachten in bezug auf die Wärmedämmgruppe nach DIN 18160 T. 1 beurteilt sein.

Schließlich muß durch rechnerischen Nachweis nach DIN 4705 T. 1 oder 2 geklärt sein, daß auf der Innenseite der Schornsteinmündung die Oberflächentemperatur unter der Wasserdampf-Taupunkttemperatur liegt.

Zur Verringerung der Wärmeverluste sind Schornsteine außerdem möglichst in Gruppen zusammenzufassen (**576**.1) und nahe am Dachfirst einzuplanen.

8.5.3.3 Einrichtungen für Schornsteinfegerarbeiten

Zur Ausführung der Schornsteinfegerarbeiten an Hausschornsteinen sind nach DIN 18160 T. 5 bauliche Einrichtungen erforderlich, die zum Gebäude gehören.

Einrichtungsteile. Dies sind Standflächen, die über Verkehrswege, wie Treppen, Leitern, Steigeisen, Laufstege oder Trittflächen zu erreichen sind.

Standflächen dürfen nicht tiefer als 1,50 m unter der Schornsteinmündung oder der Reinigungsöffnung liegen. Sie müssen mindestens 25 cm breit und so lang sein, wie die größte Außenseite des Schornsteins, mindestens jedoch 40 cm.

Verkehrswege innerhalb von Gebäuden müssen in Decken von Dachböden oder in Dachflächen mindestens Luken, in Dachflächen aus Dachsteinen mindestens Aussteigöffnungen aufweisen.

Luken und Aussteigöffnungen müssen lichte Maße von mindestens 60 × 80 cm haben. Für Aussteigöffnungen in Dachflächen aus Dachsteinen genügen lichte Maße von 42 × 52 cm.

Auf Dächern mit Neigungen von 20° und mehr sind als Verkehrswege Laufstege oder Trittflächen anzubringen. Auf nicht begehbaren Dachflächen wie Faserzement-Wellplatten sind unabhängig von der Dachneigung Laufstege als Verkehrswege zu planen.

Liegen unter den Aussteigöffnungen oder Luken nicht unmittelbar Laufstege auf Dachflächen, sind dort als Übergang besondere Trittflächen anzubringen.

Laufstege müssen unterhalb des Firstes liegen und mindestens 25 cm breit sein. Geneigte Laufstege, die steiler als 11° (1:5) sind, müssen Einrichtungen gegen Ausgleiten, z. B. Trittleisten, haben. Laufstege mit Neigungen über 30° sind unzulässig.

Der Abstand der Trittflächen ist, je nach Art der Dachneigung und -deckung, auf das Schrittmaß einzurichten. Trittflächen müssen mindestens 13 cm breit und 14 cm tief sein.

Für Höhenunterschiede in Verkehrswegen von mehr als 80 cm, besonders bei Zugängen aus Aussteigöffnungen und Luken, müssen Leitern oder mindestens Steigeisen vorhanden sein.

An Schornsteinen montierte Steigeisen sind unzulässig.

Leitern über Dach sind fest anzubringen. Steigeisen müssen den „Sicherheitsregeln für Steigeisen und Steigeisengänge" entsprechen.

Geländer für Schornsteinfegerarbeiten sind mindestens an den nachfolgenden Längsseiten von Standflächen und Laufstegen erforderlich:

bei Standflächen, die mehr als 2 m, vertikal gemessen, über Dach liegen,
bei Laufstegen auf nicht begehbaren Dachflächen, wenn diese mehr als 2 m über einer ausreichend tragfähigen Fläche liegen,
bei Laufstegen auf Dächern mit einer Neigung von mehr als 60° und
bei Laufstegen unter Dach, wenn deren Breite weniger als 50 cm beträgt und sie höher als 2 m über dem Fußboden liegen.

Die Geländer bestehen aus Holm und Stützen. Sie müssen von Standflächen und Laufstegen einen seitlichen Abstand von 15 cm haben und 110 cm hoch sein.

Für Schornsteine mit 5 m Höhe und mehr über der Dachfläche müssen Einrichtungen zum Besteigen nach DIN 1056 vorgesehen werden.

Abstände von Leitungen. Elektrische Freileitungen, Antennenanlagen, oberirdische Fernsprechleitungen und Blitzschutzanlagen dürfen den freien und ungehinderten Zugang zu den Hausschornsteinen und die Reinigungsaufgaben nicht behindern.

Für die Sicherheitsabstände der Starkstrom-Freileitungen und Anlagen zu den Standflächen und Verkehrswegen gelten die VDE-Bestimmungen DIN VDE 0210 und 0211.

8.6 Heizungsanlagen

8.6.1 Aufgaben

Der behagliche und hygienisch einwandfreie Aufenthalt in einem Raum bei einem Höchstmaß an körperlicher und geistiger Leistungsfähigkeit ist für den Menschen an die Erfüllung einer Reihe von Voraussetzungen gebunden, die sich wechselseitig beeinflussen und in ihrer Gesamtheit als das Raumklima bezeichnet werden (s. Abschnitt 11.1.1).

Einer der das Raumklima bestimmenden Faktoren ist die Raumtemperatur. In Raummitte und in 1,50 m Höhe über dem Fußboden gemessen soll sie in Aufenthaltsräumen 20 bis 24 °C betragen (Taf. **532**.2).

In unseren Breiten kann eine solche Raumtemperatur während der kälteren Jahreszeit nur gehalten werden, wenn die diesem Temperaturgefälle entsprechenden, ständig durch die Raum- und Gebäudeumschließungen abfließenden sowie die zur Aufheizung der durch die Fugen der Fenster und Außentüren eindringenden Kaltluft erforderlichen Wärmemengen laufend ersetzt werden. Dies ist die Aufgabe der Heizungsanlagen.

8.6.2 Wirkungsweisen

Wie bereits in Abschnitt 8.1.2 ausgeführt, wirken bei jeder Heizungsanlage die 3 Arten der Wärmeübertragung, Wärmestrahlung, Wärmeleitung und Konvektion, gemeinsam.

Nach dem Überwiegen der einen oder anderen Art unterscheidet man Konvektions- und Strahlungsheizungen (**579**.1).

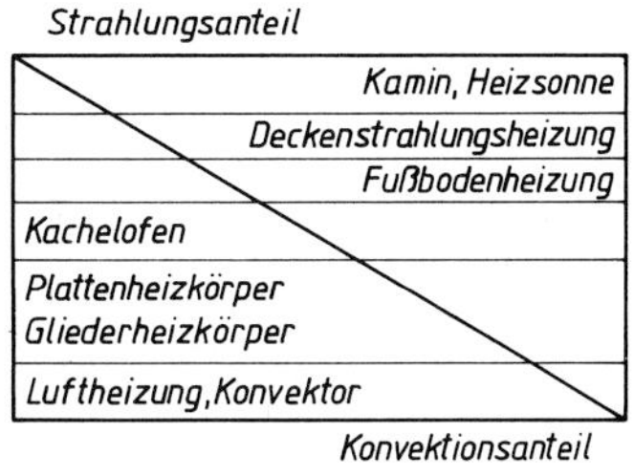

579.1 Anteil von Strahlungs- und Konvektions-Wärmeabgabe bei verschiedenen Heizungsarten (Schema)

Konvektionsheizung (Luftheizung). Die an einer Heizfläche erwärmte und dadurch spezifisch leichter gewordene Luft wird durch die sich unter sie schiebende kältere und schwerere nachströmende Luft hochgehoben und steigt zur Raumdecke empor, wo sie sich verteilt und einen Teil der mitgeführten Wärme an die berührten Raumumschließungen abgibt (s. Abschnitt 8.1.2).

Dadurch wieder schwerer geworden, sinkt sie zum Fußboden und strömt dort zum Heizkörper zurück, wo unter erneuter Erwärmung der zugeströmten Luft sich dieser Kreislauf wiederholt.

Die natürliche Umwälzung der Luft wird vielfach durch eine zwangsweise Führung an den Heizflächen vorbei, durch Leitbleche und Luftmäntel oder durch Gebläse, beschleunigt, die Heizleistung dadurch verstärkt.

Luft speichert nur 0,36 Wh/m^3 K, Mauerwerk jedoch ca. 430 Wh/m^3 K. Daher muß bei einer Luftheizung die Raumluft stark umgewälzt werden und ihre Temperatur stets höher sein als die der Wände, wenn diesen genügend Wärme zugeführt werden soll.

Beim Anheizen wird die für die Behaglichkeit notwendige Temperatur der inneren Wandoberfläche nur langsam und schwer erreicht und die Abstrahlung von Wärme an die kalten Wände als scheinbarer Luftzug unangenehm empfunden.

Unangenehm wirken sich Temperaturunterschiede zwischen den überhitzten Luftschichten in den oberen Raumzonen und der kalten Luftschicht über dem Fußboden aus, die durch ihre Bewegung zur Heizfläche hin zudem noch Zugbelästigung hervorrufen kann, wenn bei Aufstellung der Heizkörper an der Innenwand die durch die Fensterfugen eindringende Außenluft die Umluftströmung noch verstärkt (**580**.1).

Besonders bei anhaltender Kälte kann die starke Abkühlung der Wände durch Erhöhen der Lufttemperatur oft nicht ausgeglichen werden. Bei erheblichem Windanfall sind Doppelfenster unentbehrlich. Die überhöhten Lufttemperaturen in den oberen Raumzonen führen hier zu größeren Temperaturunterschieden zur Außenluft oder zu nicht beheizten Nebenräumen und damit zu einer faktischen Erhöhung der Wärmeverluste des Raumes, die durch das Berechnungsverfahren nach DIN 4701 T. 1 nicht immer erfaßt wird.

Strahlungsheizung. Hier wird die Raumluft durch die Wände, Decken und das Mobiliar des Raumes, die durch Wärmeleitung oder Wärmestrahlung von der Heizungsanlage aufgeheizt werden, erwärmt.

Die Lufttemperatur ist demnach niedriger als die Strahlungstemperatur der Umgebung. Trotz langsameren Temperaturanstieges stellt sich jedoch das Gefühl der Behaglichkeit recht schnell ein.

Kalte Frischluft erwärmt sich rasch an den Wänden, Störungen des Luftumlaufes bei starkem Windanfall wirken sich kaum aus. Die Temperaturen der verschiedenen Luftschichten weichen wenig voneinander ab.

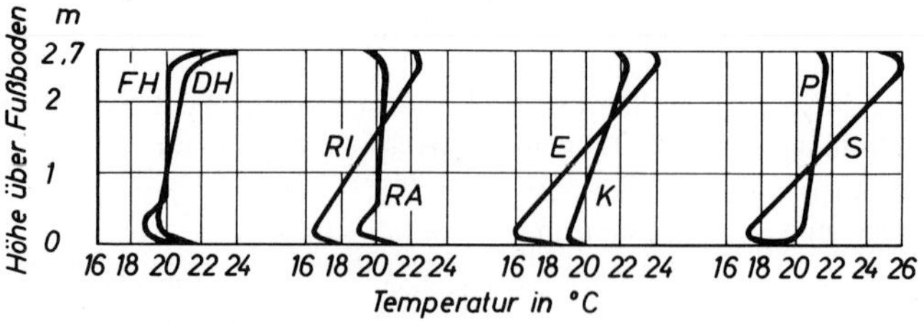

580.1 Charakteristische Lufttemperaturprofile in Raummitte im Beharrungszustand, bei verschiedenen Heizungen und bei geringen Außentemperaturen (nach Recknagel/Sprenger)
FH Fußbodenheizung
DH Deckenheizung
RA Radiator-Heizkörper an der Außenwand unter dem Fenster
RI Radiator-Heizkörper an der Innenwand
K Kachelofenheizung
E Eiserner Ofen
S Schwerkraftluftheizung mit Luftauslaß an der Innenwand
P Perimeter-Luftheizung

Der tatsächliche Wärmeverlust des Raumes an die Außenluft oder an nichtbeheizte Nebenräume wird damit geringer als bei der Konvektionsheizung und entspricht damit besser dem Rechenverfahren nach DIN 4701 T. 1.

Wirtschaftliches Heizen ist nur dadurch zu erreichen, daß man bereits bei der Planung und Ausführung des Gebäudes alle wärmetechnischen Erfordernisse beachtet, ferner ein den wirklichen Bedürfnissen der Bewohner entsprechendes Heizsystem wählt, mit der Ausführung der Heizungsanlage nur erstklassige Fachleute beauftragt sowie die fertige Anlage stets richtig bedient und gut instand hält.

8.7 Jahres-Brennstoffbedarf

Die Kenntnis des voraussichtlichen Jahres-Brennstoffbedarfes ist vor allem für eine Zentralheizung notwendig, um nachfolgende Erfordernisse ermitteln zu können:

1. die Größe der Lagerfläche für feste Brennstoffe oder der Heizöl-Lagerbehälter,
2. die voraussichtlich anfallenden Heizkosten und
3. den wirtschaftlichsten Heizbetrieb durch Vergleich der Kosten für die verschiedenen Heizungssysteme.

Eine genaue Vorausberechnung des Jahres-Brennstoffbedarfes ist jedoch nicht möglich. Zwar wird dieser in erster Linie vom maximalen Normwärmebedarf $\dot{Q}_N$ des Gebäudes nach DIN 4701 T. 1 bestimmt, der nach Abschnitt 8.3.1 eine reine Gebäudeeigenschaft und für ein bestimmtes Gebäude eine feste Größe, abhängig von der Art, der Bauweise und dem Bauzustand des Bauwerkes, darstellt.

Daneben wird dieser Bedarf aber noch von einer Anzahl weiterer, zum Teil unsicherer Faktoren beeinflußt, wie der Dauer der Heizperiode, der Härte des Winters, den Heizgewohnheiten der Bewohner, der Art und dem Gesamtwirkungsgrad der Heizungsanlage, abhängig vom Kesselwirkungsgrad, der Art und Güte der Regelung sowie der Sorgfalt der Bedienung und Pflege.

Es lassen sich also nur Durchschnittswerte angeben, die erheblich streuen und in einzelnen Jahren für dasselbe Objekt bis zu 30% überschritten oder auch spürbar unterschritten werden können, für einen längeren Zeitraum von etwa 10 Jahren jedoch durchaus brauchbar sein können.

8.7.1 Überschlägliche Ermittlung

1. Auf Grund des Normwärmebedarfes nach der Faustformel

$$B_j = n \cdot \dot{Q}_N$$

mit B_j = Jahresbrennstoffbedarf in l, kg, m^3 (Normzustand) oder kWh
$\dot{Q}_N$ = max. Wärmebedarf in kW nach DIN 4701 T. 1 und 2
n = Faktor für die verschiedenen Brennstoffe
= 170 bis 190 für Heizöl EL mit H_u = 10,0 kWh/l
= 260 für Koks mit H_u = 8,0 kWh/kg
= 310 bis 335 für Stadtgas mit H_u = 5,0 kWh/m^3 (Normzustand)
= 285 bis 310 für Stadtgas wie vor, bei Etagenheizung
= 190 bis 205 für Erdgas mit H_u = 8,8 kWh/m^3 (Normzustand)
= 1000 für elektrischen Strom

Für Anlagen mit Warmwasserbereitung 10% Zuschlag auf vorstehende Werte.

Der Nutzwärmepreis kann örtlich unterschiedlich sein. Die jeweiligen Brennstoffpreise in DM je Einheit (kg, l, m^3 oder kWh) sind vor Schätzung zu überprüfen (s. auch Abschnitt 8.4.4).

2. Auf Grund des Rauminhaltes oder der beheizten Fläche

Als grobe Anhaltswerte können für den Jahres-Brennstoffbedarf gerechnet werden bei

Ölfeuerung		8 bis 12	l/m^3 beheizter Raum	20 bis 30	l/m^2 beheizte Fläche
Koksfeuerung		12 bis 18	kg/m^3 beheizter Raum	30 bis 45	kg/m^2 beheizte Fläche
Stadtgas	(H_u = 5,0 kWh/m^3)	13 bis 22	m^3/m^3 beheizter Raum	33 bis 55	m^3/m^2 beheizte Fläche
Erdgas	(H_u = 8,8 kWh/m^3)	9 bis 13	m^3/m^3 beheizter Raum	23 bis 33	m^3/m^2 beheizte Fläche

Die vorstehenden unteren Zahlenwerte setzen eine Warmwasser-Zentralheizung mit neuzeitlichen Kesseln, Nachtabsenkung, gute automatische Regelung, baulichen Wärmeschutz nach DIN 4108 T. 1 und 2 und eine Lage im Stadtgebiet voraus.

8.7.2 Ermittlung mit Jahresbenutzungsstunden

Eine zuverlässige Ermittlung des Jahres-Brennstoffbedarfes ist mit Hilfe der „Jahresbenutzungsstunden des stündlichen Normwärmebedarfes Q_N“ nach DIN 4701 T. 1 und 2 möglich.

Die Jahresbenutzungsstunden h_j sind eine zweckmäßige Hilfsgröße für Wärmeverbrauchsrechnungen.

Die Bedeutung und Verwendung ergibt sich wie folgt:

Angenommen, der maximale Wärmebedarf Q (in kW) würde während der 8760 Stunden des Jahres in Vollastbetrieb bereitgestellt, dann ergäbe sich der Jahreswärmeverbrauch mit

$$Q_{j8760} = Q \cdot 8760 \tag{1}$$

Da die Anlage jedoch normalerweise nicht ununterbrochen und mit wechselnder Belastung betrieben wird, beträgt der Jahresverbrauch nur Q_j.

Angenommen, dieser tatsächliche Wärmeverbrauch würde in Vollastbetrieb in h_j Stunden erzeugt, dann ist

$$Q_j = Q \cdot h_j \tag{2}$$

Wenn die Gleichungen (1) und (2) kombiniert werden

$$\frac{Q_j}{Q_j \cdot 8760} = \frac{Q \cdot h_j}{Q \cdot 8760} \text{ ergibt sich } b = \frac{h_j}{8760} = \frac{Q_j}{Q_{j\,8760}} \tag{3}$$

Diese Gleichung zeigt, daß sowohl b als auch $h_j = 8760 \cdot b$ das Verhältnis des tatsächlichen Verbrauches zum theoretischen höchstmöglichen darstellen, also ein Maß für die Benutzung der Anlage sind.

Für h_j liegen nun gemäß Tafel **583**.1 Erfahrungszahlen vor. Mit diesen kann der tatsächliche Wärmeverbrauch aus der Gleichung (2) ermittelt werden.

Da dieser Wärmeverbrauch durch Brennstoff oder Strom gedeckt werden muß, ist noch der Brennstoff- oder Stromverbrauch B_j mit Q_j in Beziehung zu setzen. Er ist um so geringer, je größer der Heizwert (s. Abschnitt 8.4.3) des Heizmittels H_u (bzw. $H_{u,n}$) und je besser der Wirkungsgrad η der Anlage ist:

$$B_j = \frac{Q_j}{H_u \cdot \eta} \tag{4}$$

Dann ergibt sich aus Gleichung (2) $B_j = \dfrac{h_j}{H_u \cdot \eta} \cdot Q$ (5)

Hierin ist $\dfrac{h_j}{H_u \cdot \eta}$ gleich dem in der Faustformel in Abschnitt 8.7.1 gebrauchten Wert n.

In (5) ist B_j = Jahres-Brennstoff- bzw. Strombedarf in l/Jahr, kg/Jahr, m^3/Jahr oder kWh/Jahr
h_j = Jahresbenutzungsstunden für Q_h in h/Jahr
Q = max. Wärmebedarf nach DIN 4701 in kW
H_u = Heizwert des Brennstoffes in kWh/l oder /kg oder /m^3 oder /kWh
η = Gesamtwirkungsgrad der Heizungsanlage

Die Zahlen für H_u sind in Tafel **564**.1, für η in Tafel **582**.1 und für h_j in Tafel **583**.1 zu entnehmen.

Der Gesamtwirkungsgrad η oder Jahresnutzungsgrad η_a über eine Heizungsperiode setzt sich näherungsweise aus dem mittleren Kesselwirkungsgrad, dem Bereitschaftswirkungsgrad und dem Verteilungswirkungsgrad zusammen (Taf. **582**.1).

Um den Brennstoffverbrauch zu senken, müssen alle drei Faktoren möglichst groß sein.

Der mittlere Kesselwirkungsgrad η_K hängt wesentlich von den schornsteinabhängigen Abgasverlusten ab und hat bei den heutigen automatisch geregelten und regelmäßig gewarteten Kesseln je nach Kesselleistung und Brennstoffart etwa Werte zwischen 74 und 95%.

Für den Verteilungswirkungsgrad η_V kann man je nach Wärmedämmung und Verlegung 90 bis 98% annehmen.

Tafel **582**.1 Mittlere Jahresnutzungsgrade η_a von Kesselanlagen in % ab Baujahr 1980 (nach Recknagel/Sprenger/Hönmann)

Kesselleistung in kW	feste Brennstoffe	Öl	Gas ohne Gebläse	Gas mit Gebläse
bis 50	74 bis 78	81 bis 83	82 bis 89	83 bis 92
50 bis 120	78 bis 81	84 bis 86	85 bis 91	86 bis 94
120 bis 350	84	86	91	89 bis 95
350 bis 1200	85	86	91	89 bis 95

Ältere Kessel haben um 5 bis 15 Prozentpunkte geringere Nutzungsgrade

Jahresbenutzungsstunden bei koks- und ölgefeuerter Zentralheizung. Die Jahresbenutzungsstunden können aus Tafel **583**.1 entnommen werden.

Tafel **583**.1 Jahresbenutzungsstunden h_j für Wohnbauten mit koks- oder ölgefeuerten Warmwasser-Zentralheizungen in Orten mit min $t_a = -15\,°C$ und $GT = 3400$ oder mit min $t_a = -12\,°C$ und $GT = 3100$ oder mit min $t_a = -18\,°C$ und $GT = 3700$ (nach H. U. Todt)

Gebäudeart	h_j in h/Jahr	Anmerkungen
Einfamilienhaus, freistehend, 1- bis 1,5geschossig	1600	In diesen Werten für h_j sind ca. 155 Sommerbenutzungsstunden der Monate Mai bis September berücksichtigt. Die Werte gelten ferner für moderne städtische Wohngebäude mit neuzeitlichen, automatisch geregelten Zentralheizungen ohne Warmwasserversorgung.
als Doppelhaus	1520	
als Reihenhaus	1470	
Reihenhaus mit Mietwohnungen		
2- bis 2,5geschossig	1630	
3- bis 3,5geschossig	1570	
4- bis 4,5geschossig	1550	
Wohnblock mit über		
18 Wohnungen, 3- bis 3,5geschossig	1620	
24 Wohnungen, 4- bis 4,5geschossig	1570	
Wohnhochhäuser	1660	
im Mittel	ca. 1580	

Es bedeuten:

GT = Jahres-Gradtagzahl = Produkt aus der Anzahl der Heiztage der Heizperiode mit der Temperaturdifferenz zwischen der mittleren Gebäude-Innentemperatur t_{im} (= 19 °C bei Wohngebäuden) und der mittleren Winter-Außentemperatur t_{am}. Als Heizperiode ist die zusammenhängende Zahl von Tagen mit einer durchschnittlichen Außentemperatur von $\leqq +12\,°C$ anzusehen.

min t_a = tiefste mittlere Außentemperatur nach DIN 4701

Die min t_a sind für jeden Ort bekannt und z. T. aus Tabellen abzulesen (s. auch Tafel **534**.1).

Für Orte mit anderen Werten für min t_a und GT enthält Tafel **583**.2 Umrechnungsfaktoren zu den Werten der Tafel **583**.1.

Tafel **583**.2 Korrekturfaktoren zu den Jahresbenutzungsstunden aus Tafel **583**.1 für andere klimatische Verhältnisse

min t_a	−12 °C	−18 °C
f	1,09	0,92

GT	2800	2900	3100	3200	3300	3400	3500	3600	3700	3800	3900	4000
f	0,82	0,85	0,91	0,94	0,97	1,00	1,03	1,06	1,09	1,12	1,15	1,18

Jahresbenutzungsstunden bei Gaszentralheizung. Für größere Gaszentralheizungen sind der Jahres-Wärmeverbrauch und damit die Jahresbenutzungsstunden die gleichen wie bei der koks- oder ölgefeuerten Zentralheizung.

Für kleinere gasgefeuerte Zentralheizungen zur Beheizung einzelner Wohnungen oder Einfamilienhäuser, z. B. mit Umlauf-Gaswasserheizern, sind diese Werte jedoch mit dem Faktor $n = 0{,}82$ zu korrigieren.

Jahresbenutzungsstunden bei Nachtstrom-Speicher. Auf Grund der Besonderheiten der Elektro-Nachtstrom-Speicherheizung gegenüber einer Warmwasserzentralheizung, wie die individuelle und fast trägheitslose Raumtemperaturregelung, ein Gesamtwirkungsgrad von fast 100%, der üblicherweise hochwertige bauliche Wärmeschutz, betragen hier für Wohnungsbauten die Jahresbenutzungsstunden nur etwa $h_j = 1150$ bis 1300 h/Jahr einschließlich Sommerbenutzungsstunden Mai bis September.

8.7.3 Beispiele

Auf einfache Weise sind der Jahres-Wärmebedarf Q_j, der voraussichtliche Jahresbrennstoffbedarf B_j und die zu erwartenden durchschnittlichen Jahres-Brennstoffkosten für verschiedene Heizungsanlagen mit Hilfe der Jahresbenutzungsstunden und ausgehend vom spezifischen Wärmebedarf in kW/m² Wohnfläche nach Bild und Tafel **585**.1 zu bestimmen.

Beispiel für $Q = 140$ W/m²WF und $h_j = 1550$ h/Jahr

Dieses Beispiel ist lediglich eine Erläuterung der Tafel **585**.1 und gestattet keinen Heizkostenvergleich (s. auch Abschnitt 8.4.4).

Art der Heizung	A	B	C	F	G
Brennstoffbedarf je m²WF und Jahr	38,7 kg	29,7 l	56,3 m³	30,9 m³	228 kWh
Brennstoffpreis	45 Dpf/kg	70 Dpf/l	25 Dpf/m³	45 Dpf/m³	10 Dpf/kWh
Brennstoffkosten je m²WF und Jahr	17,50 DM	20,80 DM	14,10 DM	14,05 DM	22,80 DM

Der Jahresbrennstoffverbrauch kann

in gebirgigen Lagen (≦1000 m Höhe)	ca. 25% höher
für Bürogebäude	ca. 10% niedriger
in Schulen	ca. 20% niedriger
in Krankenhäusern	ca. 5% höher
in Neubauten in der 1. Heizperiode	ca. 15 bis 30% höher
in der 2. Heizperiode	ca. 5 bis 15% höher
bei einer Kombination einer Zentralheizung mit einer Warmwasserbereitung	ca. 10 bis 20% höher

liegen als die nach Abschnitt 8.7.1 oder 8.7.2 ermittelten Werte.

1. Zahlenbeispiel. Ein dreigeschossiges Wohngebäude hat 300 m² beheizte Fläche und $Q = 42$ kW. Wie hoch ist der mittlere Jahres-Brennstoffbedarf für eine ölgefeuerte Zentralheizung? ($GT = 3400$, min $t_a = -15\,°C$)

a) nach Abschnitt 8.7.1, Absatz 1 $B_j = 180 \cdot 42 = \underline{7560\,\text{l/Jahr}}$ Heizöl EL

b) nach Abschnitt 8.7.1, Absatz 2 $B_j = 300 \cdot 25 = \underline{7500\,\text{l/Jahr}}$ Heizöl EL

c) nach Abschnitt 8.7.2 $B_j = \dfrac{h_j \cdot Q}{H_u \cdot \eta} = \dfrac{1570 \cdot 42}{10 \cdot 0{,}82} = \underline{8040\,\text{l/Jahr}}$ Heizöl EL

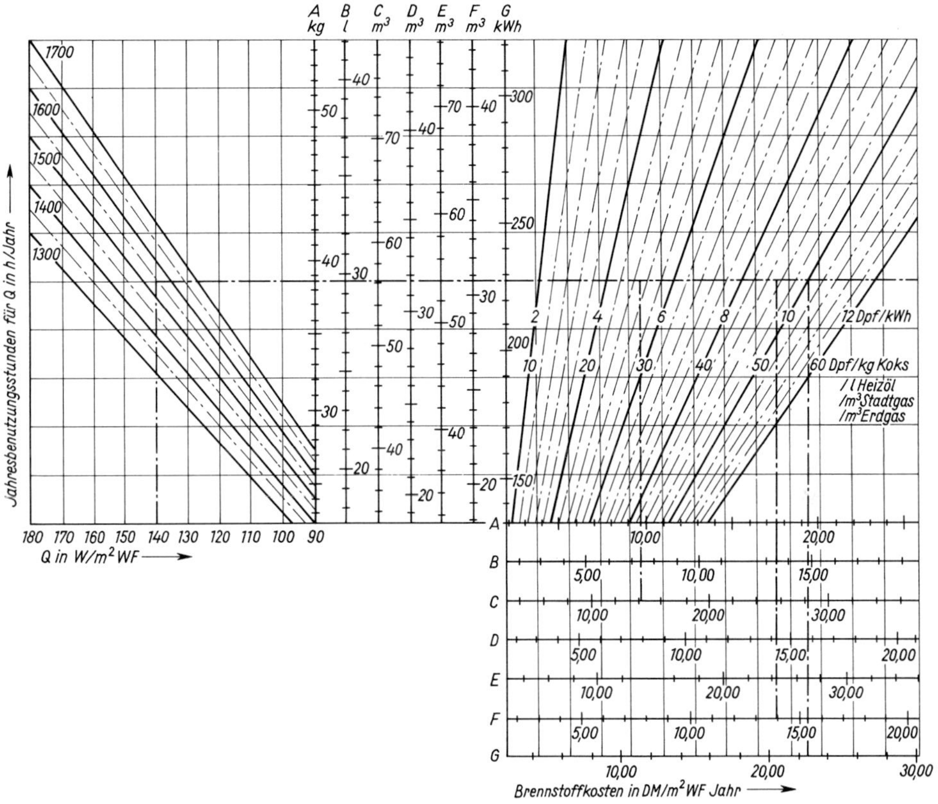

Tafel **585**.1 Jahres-Brennstoffbedarf und -kosten für Zentralheizungsanlagen in Wohngebäuden je m² Wohnfläche (WF)

Warmwasser-Zentralheizung				
A	koksgefeuert, Zechenkoks	H_u	=	8,0 kWh/kg
B	ölgefeuert, Heizöl EL	H_u	=	10,0 kWh/l
C	gasgefeuert, Stadtgas	$H_{u,n}$	=	5,0 kWh/m³
D	gasgefeuert, Erdgas	$H_{u,n}$	=	8,8 kWh/m³
Warmwasser-Etagenheizung				
E	gasgefeuert, Stadtgas	$H_{u,n}$	=	5,0 kWh/m³
F	gasgefeuert, Erdgas	$H_{u,n}$	=	8,8 kWh/m³
Elektroheizung				
G		H_u	=	1,0 kWh/kWh

2. Zahlenbeispiel. Ein freistehendes Einfamilienhaus von 140 m² Wohnfläche und $Q = 0{,}130\,\mathrm{kW/m^2}$ pro Wohnfläche soll eine stadtgasgeheizte Warmwasser-Zentralheizung erhalten. Wie groß ist der voraussichtliche Jahres-Brennstoffbedarf, wenn für den betreffenden Ort min $t_a = -12\,°C$ und $GT = 2900$ sind?

Nach Tafel **583**.1 ist $h_j = 1600$ für min $t_a = -15\,°C$ und $GT = 3400$.

Folgende Korrekturfaktoren sind anzusetzen:

nach Tafel **583**.2	für	min $t_a = -12\,°C$	1,09	
	für	$GT = 2900$	0,85	$f_{ges} = 1{,}09 \cdot 0{,}85 \cdot 0{,}82 = 0{,}76$
nach Seite 583 für Einfamilienhaus Gaszentralheizung			0,82	

Ferner sind

$$H_u = 5{,}0\,\mathrm{kWh/m^3} \text{ und } \eta = 0{,}86 \text{ (Mittelwert nach Tafel 582.1)}$$

Mithin

$$B_j = \frac{h_j \cdot Q}{H_u \cdot \eta} = \frac{1600 \cdot 0{,}76 \cdot 140 \cdot 0{,}130}{5{,}0 \cdot 0{,}77} = \underline{5150\,\mathrm{m^3}\ \text{Stadtgas/Jahr}}$$

8.8 Betriebskosten

Die nach Abschnitt 8.7 ermittelten voraussichtlichen Jahres-Brennstoffkosten sind nicht, wie oft irrtümlich angenommen wird, mit den voraussichtlichen jährlichen Heizkosten identisch.

Die Gesamtbetriebskosten für eine Heizungsanlage können sich vielmehr wie folgt zusammensetzen:

1. dem Kapitaldienst, Zinsen und Abschreibung, für die Anlagekosten einschließlich besonderer baulicher Maßnahmen, wie Heiz- und Brennstofflagerräume und zusätzlichen baulichen Wärmeschutz,
2. den Kosten für die Wartung und Instandhaltung der Heizungsanlage und
3. den Brennstoffkosten.

Als Kosten für Wartung und Instandhaltung, die im wesentlichen aus Bedienung, Wartung, Schornsteinreinigung, Kundendienst, Tankreinigung, Verrechnung und anderem bestehen können, sind Zuschläge zu den Brennstoffkosten für mittelgroße Anlagen
bei Koksheizungen mit 10 bis 15%,
bei Gasheizungen mit 7 bis 10%,
bei Ölheizungen mit 8 bis 12% und
bei Elektroheizungen mit 3 bis 5% anzunehmen.

Weitere Anhaltswerte für die jährlichen Nebenkosten bei öl- oder gasbefeuerten Anlagen sind
bei einer Kesselleistung von 100 kW etwa 8 bis 10 DM/kW und
bei einer Kesselleistung von 1000 kW etwa 4 bis 5 DM/kW.

Als Zuschlag für die zentrale Brauchwasserbereitung kann man mit 10 bis 15% rechnen.

Ein korrekter Heizkostenvergleich, wie er zur Ermittlung des wirtschaftlichsten Heizsystems für eine bestimmte Bauaufgabe vielfach aufzustellen ist, muß daher die drei vorbeschriebenen Faktoren erfassen. Er kommt dann oft zu einem anderen Ergebnis, als wenn nur die Brennstoffkosten alleine miteinander verglichen würden.

Je unterschiedlicher dabei die jeweils betrachteten Heizsysteme sind, etwa eine konventionelle Warmwasser-Zentralheizung gegenüber einer Elektroheizung, um so mehr weichen die Aufwendungen für den Kapitaldienst, aber auch für Wartung und Instandhaltung, voneinander ab, um so weniger ist aber auch die Annahme eines gleichen Wärmebedarfes und einer einheitlichen Benutzungsdauer für alle Systeme zulässig.

Insbesondere ist zu beachten, daß sich auch durch einen erhöhten Wärmeschutz nicht nur der maximale stündliche Wärmebedarf $\dot{Q}$, sondern gleichzeitig auch die Anzahl der Jahresbenutzungsstunden h_j verringert (s. hierzu auch Abschnitt 8.2).

8.9 Technische Regeln

Deutsche Normen

DIN 4108	Beiblatt 1 Wärmeschutz im Hochbau; Inhaltsverzeichnisse; Stichwortverzeichnis (04.82)
DIN 4108	T. 1 Wärmeschutz im Hochbau; Größen und Einheiten (08.81)
DIN 4108	T. 2 Wärmeschutz im Hochbau; Wärmedämmung und Wärmespeicherung; Anforderungen und Hinweise für Planung und Ausführung (08.81)
DIN 4108	T. 3 Wärmeschutz im Hochbau; Klimabedingter Feuchteschutz; Anforderungen und Hinweise für Planung und Ausführung (08.81)
DIN 4108	T. 4 Wärmeschutz im Hochbau; Wärme- und feuchteschutztechnische Kennwerte (11.91)
DIN 4108	T. 5 Wärmeschutz im Hochbau; Berechnungsverfahren (08.81)
DIN 4701	T. 1 Regeln für die Berechnung des Wärmebedarfs von Gebäuden; Grundlagen der Berechnung (03.83)
DIN 4701	T. 2 Regeln für die Berechnung des Wärmebedarfs von Gebäuden; Tabellen, Bilder, Algorithmen (03.83)
DIN 4705	T. 1 Feuerungstechnische Berechnung von Schornsteinabmessungen; Begriffe, ausführliches Berechnungsverfahren (10.93)
DIN 4705	T. 2 Berechnung von Schornsteinabmessungen; Näherungsverfahren für einfach belegte Schornsteine (09.79)
DIN 5499	Brennwert und Heizwert; Begriffe (01.72)
DIN 18055	Fenster; Fugendurchlässigkeit, Schlagregendichtheit und mechanische Beanspruchung; Anforderungen und Prüfung (10.81)
DIN 18147	T. 1 Baustoffe und Bauteile für dreischalige Hausschornsteine; Beschreibung, Prüfung und Registrierung von Schornsteinsystemen (02.87)
DIN 18147	T. 5 Baustoffe und Bauteile für dreischalige Hausschornsteine; Dämmstoffe; Anforderungen und Prüfungen (02.87)
DIN 18150	T. 1 Baustoffe und Bauteile für Hausschornsteine; Formstücke aus Leichtbeton; Einschalige Schornsteine, Anforderungen (09.79)
DIN 18160	T. 1 Hausschornsteine; Anforderungen, Planung und Ausführung (02.87)
DIN 18160	T. 2 Hausschornsteine; Verbindungsstücke; Anforderungen, Planung und Ausführung (05.89)
DIN 51603	T. 1 Flüssige Brennstoffe; Heizöle; Heizöl EL; Mindestanforderungen (03.88)
DIN 51622	Flüssiggase; Propan, Propen, Butan, Buten und deren Gemische; Anforderungen (12.85)
DIN 67507	Lichttransmissionsgrade, Strahlungstransmissionsgrade und Gesamtenergiedurchlaßgrade von Verglasungen (06.80)

DVGW-Regelwerk

G 260	T. 1 Gasbeschaffenheit (04.83)

9 Einzelheizungen

9.1 Allgemeines

Einzelheizungen sind alle Heizungsanlagen, bei denen die zur Beheizung eines Raumes erforderliche Wärme in einem in diesem Raum selbst aufgestellten Heizgerät erzeugt wird.

Hierbei lassen sich mit neuzeitlichen Geräten wegen des Fortfalles aller Wärmeverluste durch besondere Heizräume und Rohrleitungen hohe Wirkungsgrade erreichen. Der Betrieb der Heizung kann je nach Bedarf leicht auf einen oder wenige Räume beschränkt und somit äußerst sparsam werden.

Bei Einsatz zahlreicher Einzelöfen sind die Betriebskosten indessen nicht wesentlich niedriger als bei einer Zentralheizung, deren Anlagekosten jedoch meistens erheblich höher liegen.

Schornsteinanschluß. Öfen mit Schornsteinanschluß unterstützen zwar den natürlichen Luftwechsel der Räume, doch bewirken sie durch ihre unvermeidliche Stellung an einer Innenwand in Schornsteinnähe eine ungünstige Luftzirkulation mit Zugerscheinungen vom Fenster her (**709**.1). Damit entsteht eine ungleichmäßige Erwärmung des Raumes, die durch die nach den Fenstern hin abnehmende Wirkung der Wärmeabstrahlung des Ofens noch verstärkt wird.

Günstiger in dieser Hinsicht sind schornsteinlose Heizgeräte, die sich in den Fensterbrüstungen aufstellen lassen, wie Außenwand-Gasheizöfen (s. Abschnitt 9.4.2) oder Elektro-Speicherheizgeräte (s. Abschnitt 9.5.2).

Undichtheiten. Öfen müssen dicht sein. Undichtheiten erzeugen Abgasverluste durch einströmende Falschluft und verhindern die für Schwachlastbetrieb unerläßliche Kleinstellbarkeit des Ofens. Nur hochwertige, normgerechte Modelle mit dicht aufgeschliffenen Türen erfüllen auf die Dauer diese Forderung.

Sie sollen ferner reichlich bemessen sein, um, ohne bald schadhaft zu werden, den starken Überlastungen durch das häufige und schnelle Anheizen gewachsen zu sein, das der oft unterbrochene Betrieb einer Einzelheizung mit sich bringt.

Größere Heizflächen haben außerdem niedrigere Oberflächentemperaturen und damit weniger lästige Strahlung und unhygienische Staubverschwelung. Glatte Oberflächen vermindern die Staubablagerung und erleichtern die Reinigung des Ofens, der hierzu auch innen gut zugänglich sein soll.

Öfen mit anerkannten Prüf- und Gütezeichen garantieren die Einhaltung der normenmäßigen Bau- und Gütevorschriften.

Stellfläche. Öfen erfordern mehr Stellfläche als die Heizkörper der Zentralheizungen. Hinzu kommen der Platzbedarf und die Mehrkosten für die Schornsteine, die zudem die Grundrißdurchbildung hemmen und oft auch die äußere Gestaltung der Bauten beeinträchtigen.

Luftverschmutzung. Die außerordentliche Zahl der nicht immer einwandfrei betriebenen Feuerstätten und Schornsteine ist eine der Hauptursachen für die Verunreinigung der Luft, vor allem in den großen Städten, so daß aus diesem Grund fast alle neuerstellten Wohnungen Zentralheizungen mit ihren wenigen Schornsteinen und ihrer bei guter Wartung erheblich geringeren Luftverschmutzung erhalten.

9.2 Öfen für feste Brennstoffe

Ihre Anlage- und Betriebskosten sind verhältnismäßig niedrig. Holzabfälle und andere feste Brennstoffe, selbstverständlich keine Kunststoffe und Küchenabfälle, können verbrannt werden.

Der Betrieb der Öfen selbst wie auch der Transport von Kohle, Holz und Asche verursachen Hausarbeit und Schmutz in der Wohnung.

Jede Wohnung sollte einen ausreichenden Brennstoffkeller oder eine Holzlege haben. Viele einzelne Brennstofftransporte sind unwirtschaftlich.

9.2.1 Offene Kamine

Offene Kamine werden nach DIN 18895 T. 1 vor Ort hergestellt und mit dem Gebäude fest verbunden. Sie können auch mit einem zugelassenen Kamineinsatz, einer Kaminkassette, ausgestattet sein.

Die Kamine dürfen nur mit den in der Ersten Verordnung zur Durchführung des Bundes-Immissionsschutzgesetzes genannten Brennstoffen, bei offener Betriebsweise mit trockenem Scheitholz und bei geschlossener Betriebsweise mit Stein- oder Braunkohlenbriketts, betrieben werden.

Offene Kamine werden vor allem wegen der anheimelnden Wirkung der offenen Flamme und als beliebtes Gestaltungselement gern in Einfamilienhäusern eingebaut. Sie geben Wärme durch Warmluft oder Strahlung der Flamme und der Feuerraumwandungen ab, während die Wärme der Rauchgase meist ungenutzt in den Schornstein abzieht.

So ist der Wirkungsgrad des offenen Kamins mit 5 bis 10%, bei Umlufterwärmung bis 30%, gering, doch wird auf ihn kein besonderer Wert gelegt, weil heute neben dem Kamin stets eine Zentralheizung vorhanden ist.

Die Heizleistung kann mit ca. 3500 bis 4500 W je m^2 Kaminöffnung angenommen werden.

Innenraumkamine. Sie sind mit einseitig geöffnetem Feuerraum am unempfindlichsten gegen Zugstörungen und erfordern am wenigsten Platz. Sie werden daher am häufigsten ausgeführt. Die liegend angeordnete Öffnung des Feuerraumes soll nicht zu groß sein und hat in der Übergangszeit mit 70/55 cm ein Raumheizvermögen bis zu ca. 90 m^3, mit 90/70 cm bis zu ca. 120 m^3.

Bauteile. Zur besseren Wärmeabstrahlung werden die Seitenwände nach hinten konisch eingezogen (**589**.1) und die Rückwand gelegentlich im oberen Teil nach vorn geneigt. Zusätzlich können sie auch auf der Rückseite eine Wärmedämmung erhalten.

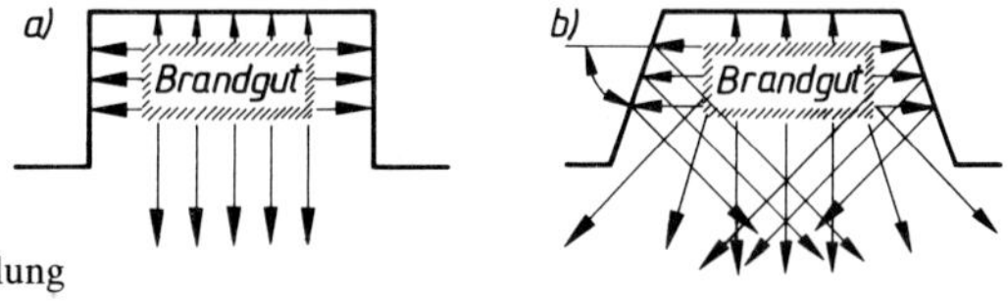

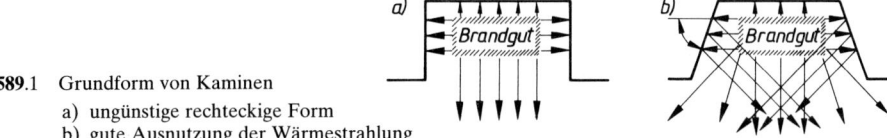

589.1 Grundform von Kaminen
a) ungünstige rechteckige Form
b) gute Ausnutzung der Wärmestrahlung

Alle unmittelbar mit dem Feuer in Berührung kommenden Teile sind aus feuerfestem Material, z. B. Schamotteplatten, herzustellen. Für alle übrigen Teile des Rohkamines werden zunehmend vorgefertigte Leichtbetonplatten verwendet.

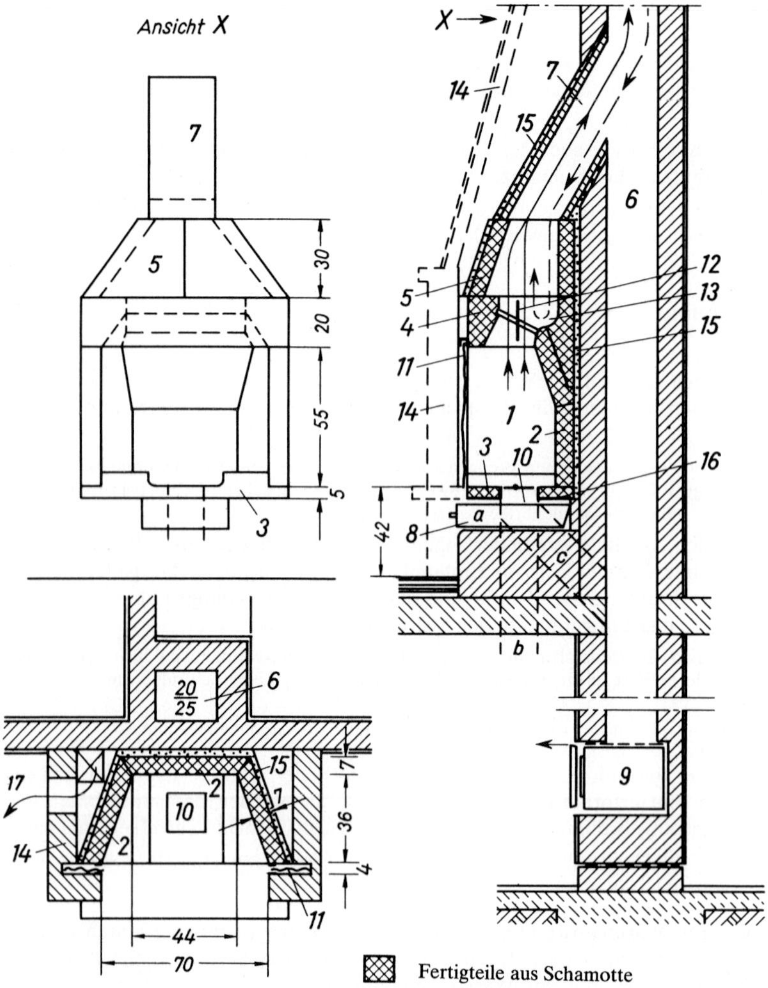

590.1 Offener Kamin aus Fertigteilen mit einseitig geöffnetem Feuerraum (M 1:30) (Bauart Rösler)

1 Feuerraum, 2 Feuerraumbegrenzung, 3 Bodenplatte
4 Sturz, 5 Abzugshaube, 6 Schornstein, gemauert, 7 Rauchrohr aus Schamotterohren
8 Entaschung
a) im Raum durch Aschenschublade
b) durch Blechrohr ∅150 mm zum Ascheneimer im Keller
c) durch Rutsche zum Schornstein
9 Ruß- und Aschenfangkasten zu 8c)
10 Aschfalloch 150/150 mm, eiserner Rost
11 Funkenschutz-Vorhang aus Metallgeflecht in Stahlrahmen
12 Rauchklappe (Absperrvorrichtung)
13 Umlenkboden
14 Verkleidung nach besonderem Entwurf, schräg oder senkrecht
15 Mineralfaser-Dämmplatten
16 Faserzementplatte, 10 mm dick, 17 Zuluft aus gut belüftetem Kellerraum

Seiten- und Rückwände stehen auf einer Feuerplatte mit Aschfalloch und eisernem Rost. Nach oben wird der Feuerraum durch eine Abdeckplatte abgeschlossen, die den konischen Rauchfang trägt, der den Übergang zum Rauchrohr, bei einem unmittelbar über dem Kamin angeordneten Schornstein auch zu diesem selbst, bildet.

Durch eine Regulierklappe in der Öffnung kann der Schornsteinzug geregelt oder bei nicht in Betrieb befindlichem Kamin zur Verhinderung der Auskühlung des Raumes ganz unterbunden werden. Durch ihr Schließen vermeidet man ferner ein Verschmutzen des Raumes während der Reinigung des Schornsteines. Die Oberkante Feuerplatte liegt am günstigsten in etwa 42 cm Sitzhöhe. So wird das Feuer für einen größeren Kreis sichtbar und auch die Bedienung eines Grills erleichtert.

Schornstein. Jeder Kamin muß einen eigenen Schornstein haben, der am besten mittig hinter ihm liegt (**590**.1), doch kann er bei der Wahl eines entsprechenden Rauchrohres auch seitlich neben oder über dem Kamin angeordnet werden.

Das Aufsetzen unmittelbar auf dem Kamin hat jedoch den Nachteil, daß der Schornstein zur Entlastung des Kaminkörpers abgefangen werden muß und daß beim Fegen des Schornsteines der Ruß in den Feuerraum zurückfallen kann. Gegen Beschädigung durch das Kehrgerät ist hier außerdem oberhalb des Rauchfanges ein Kugelfanggitter einzubauen.

Rauchrohr und Schornstein müssen glatte Wandungen haben und gut wärmegedämmt sein, um einen möglichst wirksamen Auftrieb zu gewährleisten. Die Schornsteinquerschnitte Tafel **591**.1 sind nach der mittleren Abgastemperatur (50 bis 60 °C), der Höhe und der Luftmenge berechnet.

Tafel **591**.1 Schornstein-Querschnitte in cm/cm für offene Kamine (nach Rösler)

Schornstein-höhe	Schornstein-art	Feuerraum einseitig geöffnet, lichte Öffnung in cm/cm: 60/50[1])	70/55	80/60	zwei- oder dreiseitig geöffnet
≦6 m	a	20/20	20/25	20/25	25/30
	b	20/25	25/25	25/30	30/35
>6 m	a	16/20	20/20	20/20	25/25
	b	20/20	20/25	20/25	25/30

[1]) bei guten Zugverhältnissen auch kleiner; a = Schornstein aus Formstücken
b = Schornstein gemauert

Kaminöffnung. Über die Größenbemessung bestehen jedoch keine einheitlichen Auffassungen. Für die Größe der am Ort gemauerten Kaminöffnung hat sich die Formel nach H. Schlüter bewährt (Tafel **591**.2).

Tafel **591**.2 Einflußfaktor *e* zur Berechnung der Kaminöffnung (nach Schlüter)

Schornsteinlage	bei Schornsteinen über dem Feuerraum	bei Schornsteinen hinter dem Feuerraum
gerade in Innenwand	0,2	0,4
gerade in Außenwand	0,3	0,5
gezogen in Innenwand	0,3	0,5
gezogen in Außenwand	0,4	0,6

$$F_ö = \frac{F_s\sqrt{h}}{e}$$

$F_ö$	in cm²	Fläche der Kaminöffnung
F_s	in cm²	Schornsteinquerschnitt
h	in m	Schornsteinhöhe
e		Einflußfaktor, 0,2 bis 0,6

Verbrennungsluft. Die Verbrennungsluft sollte zur Vermeidung von Zugerscheinungen nicht aus dem Aufstellungsraum selbst, sondern entweder aus einem Nebenraum oder am besten aus einem gut gelüfteten Kellerraum (**590**.1) entnommen werden.

Sie kann notfalls auch aus der Wand neben dem Kamin austreten, aber nie an einer gegenüberliegenden Wand, da dann Zugbelästigungen unvermeidlich würden.

Entaschung. Die Entaschung kann entweder durch einen Aschenkasten vom Raum aus oder staubfrei über ein vom Aschenfall zu einem im Keller aufgestellten Ascheneimer oder zum Schornsteinfuß führendes Blechrohr ∅150 mm erfolgen.

Mehrseitiger Feuerraum. Innenkamine können auch mit zwei- oder dreiseitig geöffnetem Feuerraum ausgeführt werden, doch sollte man einen solchen Kamin nur dort vorsehen, wo kein Zug aus dem Raum entstehen kann.

Die Sitzmöglichkeiten im Viertelkreis sind hier begrenzt.

Neben der oder den offenen Schmalseiten des Feuerraumes sollen sich auf mindestens 3 m keine Maueröffnung, wie Tür, Durchgang oder Fenster, befinden.

Außenkamine. Sie sollen nur mit einseitig oder zweiseitig geöffnetem Feuerraum errichtet werden.

Ein dreiseitig geöffneter Feuerraum ist hier der immer zu erwartenden Zugstörungen wegen nicht zu empfehlen.

Kamine im Freien erfordern keine Zuluft. Dadurch vereinfacht sich ihr Aufbau.

Kaminkassetten. Der einfache offene Kamin hat nur eine sehr geringe Heizleistung. Soll er nicht nur für ein stimmungsvolles Sitzen vor dem offenen Feuer dienen und arbeitet er aufgrund seiner Konstruktion ohne seitliche Warmluftabgabe, kann er zur Erwärmung des Raumes nachträglich durch einen Einsatzofen in seiner Leistung bis zu einem Wirkungsgrad über 60% verbessert werden.

Ohne Umbauarbeiten erforderlich zu machen, sind hierzu Kaminkassetten im Handel, die in den Feuerraum des offenen Kamins hineingeschoben und allseitig abgedichtet werden (**592**.1).

Die doppelwandige Kassette besteht aus Gußeisen oder Stahlblech und ist zum Raum mit Glastüren ausgestattet, die eine gute Beobachtung der Flammen ermöglichen.

Im unteren Hohlraum wird die einströmende Raumluft durch die Bodenplatte des Feuerraumes erwärmt und strömt über den oberen Hohlraum der Kassette über Warmluftauslässe in den Raum zurück.

Die nach dem Umluftprinzip zirkulierende Warmluft erreicht so Temperaturen von 70 bis 100 °C und erwärmt damit auch größere Räume.

Die Rauchgase werden über einen auf der Kassettendecke fest angebauten Rauchrohrstutzen oder ein flexibles Rohrstück zum Rauchsammler des Kamins und dann unter Verwendung der vorhandenen Rauchrohrdrosselklappe in den Schornstein abgeleitet.

Die Kassetten können auch mit Rost und Aschekasten oder Ventilator ausgestattet sein.

Mit Holz, Holzbriketts oder Briketts beheizt, werden von den Herstellern für die Kamin-Einsatzöfen Leistungen bis zu 15 kW und die Wirkungsgrade mit etwa 70% angegeben.

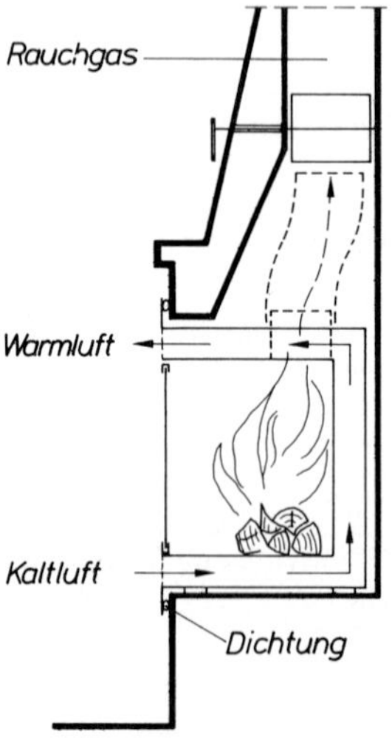

592.1 Heizkassette, in einen herkömmlichen offenen Kamin eingeschoben und abgedichtet, Schema (nach Barran)

Planung. Für den Kaminbau bestehen keine allgemein anerkannten Bau- und Bemessungsregeln, zu bestimmten konstruktiven Einzelheiten werden sogar von den Fachleuten gegensätzliche Auffassungen vertreten.

Andererseits liefern eine Reihe von Spezialfirmen aufgrund langjähriger Erfahrungen vorgefertigte Elemente, aus denen an Ort und Stelle nach dem Baukastensystem Rohkamine erstellt werden, die in bezug auf garantierte Funktionsfähigkeit, optimale Größenabstimmung und leichten Zusammenbau keinen Wunsch offen lassen und daher gegenüber eigenen Experimenten besonders zu empfehlen sind (**590**.1 und Tafel **591**.1).

Die sichtbare, 12 bis 14 cm dicke Verkleidung des Rohkamines kann dann nach dem eigenen Entwurf des Architekten völlig unabhängig und individuell geplant und ausgeführt werden.

Brennstoffe. Als Brennstoff dienen vorzugsweise etwa 25 cm lange Scheite aus lufttrockenem, naturbelassenem Hartholz aller Art. Das stets harzhaltige Weichholz von Nadelbäumen ist nicht zu empfehlen, da es nicht lange brennt, zu wenig Glut entwickelt und meterweit Funken in den Raum sprüht.

Außerdem können auch Holzbriketts, Braun- und Steinkohlebriketts sowie Fettkohle verfeuert werden.

Ein beim Bau des Kamines auf besonderen Wunsch miteinzusetzender Vorhang aus Messinggeflecht schützt gegen Funkenflug und erlaubt das Verlassen des Raumes vor dem völligen Erlöschen des Feuers.

9.2.2 Eiserne Öfen

9.2.2.1 Allgemeines

Qualitätsöfen nach DIN 18890, Dauerbrandöfen für feste Brennstoffe, sind durch ein Gütezeichen gekennzeichnet. Mit einem Ofenkörper aus schwarzem oder emailliertem Grauguß haben sie einen Wirkungsgrad von mehr als 70% und lassen sich auf weniger als ¼ ihrer Nennheizleistung einstellen, teilweise vorübergehend auch bis auf das 1½fache überlasten. Sie geben nach dem Anheizen schnell Wärme ab, erkalten jedoch nach dem Erlöschen des Feuers ebenfalls schnell.

Einerseits sind sie für eine Kurzzeitheizung besonders geeignet, während andererseits die im Brennstoff-Vorratsraum des Ofens zu speichernde Brennstoffmenge einen stundenlangen Dauerbrand sichert, der bei ¼ Normallast 16 bis 18 Stunden anhält.

Trotz der Konkurrenz von Öl und Gas haben die eisernen Öfen für feste Brennstoffe, besonders durch ihre Automatik, noch immer einen gewissen Marktanteil.

9.2.2.2 Bauarten

Man unterscheidet Öfen mit oberem Abbrand, das sind Durchbrandöfen oder irische Öfen, und unterem Abbrand, das sind Unterbrandöfen oder amerikanische Öfen, sowie Universal-Dauerbrandöfen.

Konvektionsöfen. Der ursprüngliche eiserne Allesbrenner-Dauerbrandofen mit seinen hohen Oberflächentemperaturen ist durch den Konvektionsofen abgelöst worden (**594**.1). Dieser hat mindestens an den beiden Seitenflächen des Ofens durch einen Doppelmantel gebildete Luftkanäle, an denen die Raumluft im Zwangsumlauf an den Heizflächen des Ofens vorbeistreicht und erwärmt nach oben in den Raum austritt.

Dadurch wird mit einem Konvektionsanteil der Leistung von 50 bis 85% eine unangenehme oder schädliche Intensität der Wärmeabstrahlung des Ofens vermieden.

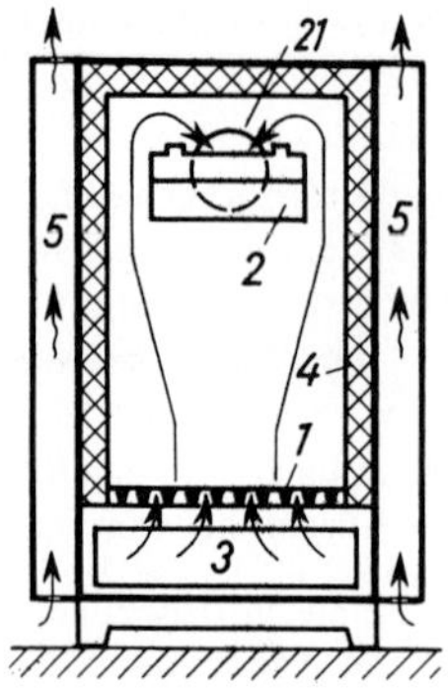

594.1 Konvektionsofen (Durchbrandofen mit Deckenzug) (M 1:20)
1 Planrost
2 Prallplatte des Deckenzuges
3 Aschenkasten
4 Schamotteauskleidung
5 Umluftkanal
21 Deckenzug

Züge. Konvektionsöfen haben meistens Deckenzüge, seltener Sturz- und Steigezüge mit ihren höheren Ansprüchen an den Schornsteinzug, und sind für Magerkohle wie für Kohle- oder Braunkohlebriketts geeignet.

Verbrennungsraum. Der Füllraum des Ofens ist zugleich Verbrennungsraum. Die durch den Planrost eintretende Verbrennungsluft durchzieht die ganze Brennstoffüllung des Ofens und setzt sie auf einmal in Brand.

Die Wärmeabgabe des Ofens ist damit von der jeweiligen Füllmenge abhängig. Sie sinkt mit fortschreitendem Abbrand langsam ab, um nach erneuter Brennstoffaufgabe schnell wieder anzusteigen. Ein gleichmäßiger Dauerbrand ist daher nur durch ständiges Nachregeln mit einer Reguliereinrichtung in der Feuertür zu erreichen.

Der Ofen läßt sich schnell hochheizen und auch zeitweise beträchtlich überlasten.

Die etwa 4 cm dicke Schamotteauskleidung des Ofens soll weniger Wärme speichern, als vielmehr zu hohe Oberflächentemperaturen und außerdem bei Schwachbrand eine Abkühlung des Glutbettes unter die Entzündungstemperatur verhindern.

Heizleistung. Normgerechte Konvektionsöfen haben bei mindestens 0,1 bar Schornsteinzug, der am Rauchrohrstutzen gemessen wird, und 200 °C Rauchgastemperatur eine spezifische Nennheizleistung von 4,65 kW/m^2, Sonderbauweisen mit Kochkacheln oder für Holz und Holzbriketts von 3,6 kW/m^2. Nennwärmeleistungen und Raumheizvermögen siehe Tafeln **597**.1 bis **598**.2.

Automatiköfen. Dies sind Konvektionsöfen mit automatischer Regelung, die durch selbsttätiges Verstellen der Luftklappe die Ofenleistung auf gleicher Höhe hält, ein unbeabsichtigtes Überheizen oder vorzeitiges Erlöschen verhütet, den Wartungsaufwand verringert, Brennstoff spart und den Ofen schont (**594**.2).

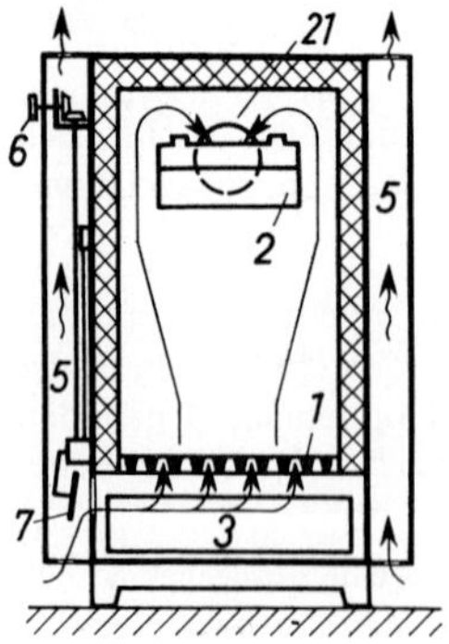

594.2 Automatikofen (Durchbrandofen mit Deckenzug) (M: 20)
1 Planrost
2 Prallplatte des Deckenzuges
3 Aschenkasten
5 Umluftkanal
6 automatischer Verbrennungsregler
7 Luftklappe des Verbrennungsreglers
21 Deckenzug

Dadurch wird vor allem ein sicherer gleichmäßiger Dauerbrand erreicht, auch bei der Verfeuerung des durch seine Rußfreiheit besonders günstigen Kokses. Dies ist auch ein wichtiger Schritt bei dem Bestreben nach Reinhaltung des Luft.

Rauchrohre. Deckenzugöfen kann man bei starkem Schornsteinzug zur besseren Ausnutzung der Abwärme mit einem etwa 1 m langen, senkrechten Rauchrohr mit 2 Knien an den Schornstein anschließen, soweit dies ästhetisch vertretbar ist.

Längere Ofenrohre, Rohrregister sind wirkungslos und sogar schädlich, da sie die Abgastemperaturen so weit herunterzudrücken vermögen, daß der Schornsteinzug leiden und der Wasserdampf aus den Abgasen kondensieren kann.

Alle übrigen Öfen sind stets kurz an den Schornstein anzuschließen.

Leuchtfeueröfen. Diese Unterbrandöfen sind nur für Koks, Anthrazit oder Magerkohle geeignet (**595**.1). Die Verbrennungsluft kann nur die stets gleichbleibende Brennstoffmenge im Korbrost durchziehen und in Glut setzen, nicht aber den in dem oberhalb des Korbrostes lose eingehängten Füllschacht gespeicherten und dem Abbrand entsprechend nachrutschenden Brennstoffvorrat.

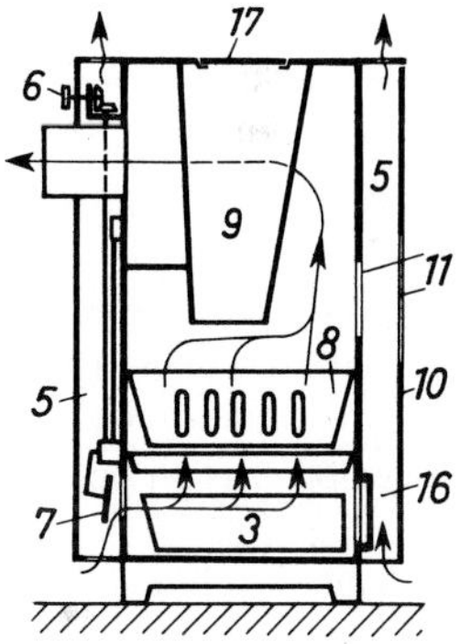

595.1 Leuchtfeuerofen (Unterbrandofen) (M 1:20)
3 Aschenkasten
5 Umluftkanal
6 automatischer Verbrennungsregler
7 Luftklappe des Verbrennungsreglers
8 Korbrost
9 Füllschacht
10 Vordertür zur Reinigung des vorderen Umluftkanales
11 Sichtfenster
16 Aschenfalltür
17 Fülldeckel

Ein über eine lange Zeit, bei rechtzeitigem Nachfüllen sogar monatelang, sehr gleichmäßiger Dauerbrand kennzeichnet damit diese Öfen, die indessen nicht sehr stark überlastbar und daher für stoßweisen Betrieb weniger geeignet sind.

Da Schwelgase im Füllschacht Verpuffungen hervorrufen können, sind lediglich die genannten gas- und wasserarmen, nur sehr niedrige Emissionen hervorrufenden Brennstoffe zu verwenden.

Zur besseren Ausnutzung der Rauchgaswärme weisen diese Öfen oft Sturz- und Steigezüge auf, verlangen damit aber einen guten Schornsteinzug.

Da der Glutkern nirgends die Ofenwandungen berührt, werden diese nicht mit Schamotte ausgekleidet.

Ihre Bezeichnung verdanken diese Öfen einem großen Fenster in der Vorderseite, das die Sicht auf die Glut und Flammen freigibt.

Die spezifische Nennheizleistung beträgt 3,6 kW/m^2. Hergestellt werden die Öfen in Größen von 1,0 bis 2,5 m^2 Heizfläche.

Universal-Dauerbrandöfen. Dieser für nichtbackende Kohle, Briketts und Koks geeignete Qualitätsofentyp nach DIN 18890 ist mit dem Ziel einer wirksamen Verminderung der festen Emissionen entwickelt worden (**596**.1).

Dadurch, daß man die Verbrennungsluft im Ofen nicht nur von unten, sondern auch von oben und in halber Glutbetthöhe seitlich an die brennende Kohle heranführt, werden die aus gasreicher Kohle und Briketts austretenden Schweldämpfe nach unten in die heißeste Verbrennungszone geführt, wo die brennbaren rußigen und teerigen Substanzen zum allergrößten Teil verbrennen.

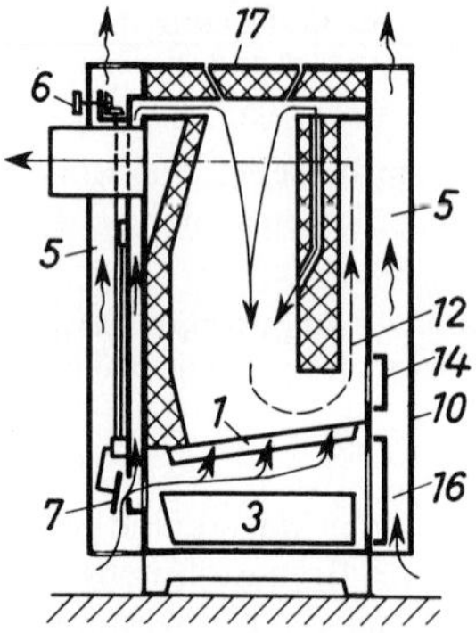

596.1 Universal-Dauerbrandofen (M 1:20)
1 Planrost
3 Aschenkasten
5 Umluftkanal
6 automatischer Verbrennungsregler
7 Luftklappe des Verbrennungsreglers
10 Vordertür zur Reinigung des vorderen Umluftkanales
12 vorderer Steigezug
14 Feuertür
16 Aschenfalltür
17 Fülldeckel

Die Heizgase werden durch einen hinter der Vorderfront des Ofens liegenden Steigezug und einen oberen waagerechten Zug nach hinten zum Abgangsstutzen geführt. Hierdurch und durch einen vor dem Steigezug angeordneten Umluftkanal ergibt sich eine angenehme milde Wärmeabstrahlung nach vorn.

Diese Konvektionsöfen werden ebenfalls mit einer automatischen Regelung ausgerüstet. Mit ihnen läßt sich ein etwa dreitägiger Dauerbrand erzielen.

Kaminöfen. Nach DIN 18891 werden Kaminöfen für feste Brennstoffe bis zu einer Nennwärmeleistung von 11 kW zur Raumheizung hergestellt.

Der Kaminofen ist zwischen dem offenen Kamin und dem Dauerbrandofen einzuordnen.

Sie unterscheiden sich von Dauerbrandöfen durch eine Flachfeuerung, eingeschränkte Dauerbrandfähigkeit und die Verwendung von Holz als geeignetem Brennstoff (**596**.2).

Zwei Bauarten sind zu unterscheiden:

Kaminöfen der Bauart 1 haben einen geschlossenen Feuerraum, dessen Tür nur zur Bedienung geöffnet werden darf. Diese Auflage wird durch selbsttätig schließende Türen erfüllt.

Kaminöfen der Bauart 2 haben eine verschließbare Feuerraumöffnung. Sie können mit geschlossener oder offener Feuerraumtür betrieben werden und werden meist mit großen Stahl- oder Glastüren hergestellt.

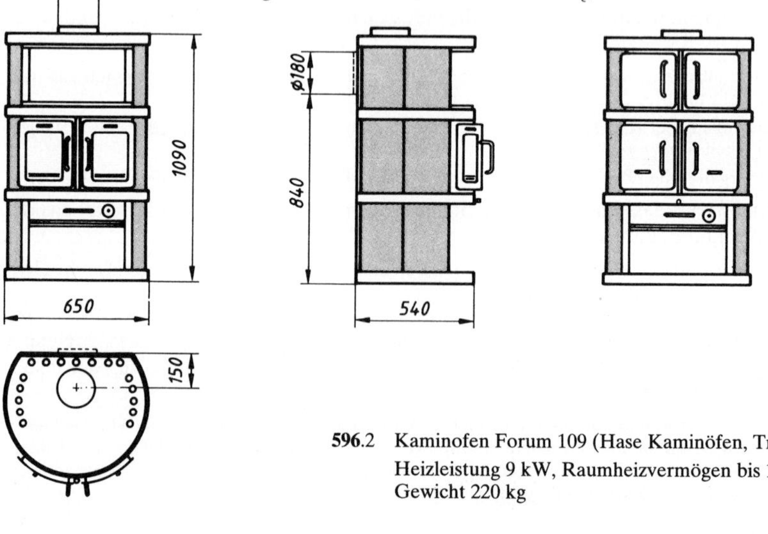

596.2 Kaminofen Forum 109 (Hase Kaminöfen, Trier)
Heizleistung 9 kW, Raumheizvermögen bis 180 m³, Gewicht 220 kg

Die transportablen Öfen werden aus starkem Stahlblech mit Schamottefutter als doppelwandige Konvektionsöfen mit Rüttelrost und Aschekasten in zahllosen Formen und Typen in Bauhöhen bis 1,25 m gefertigt. Die Grundfläche beträgt maximal 75 × 60 cm.

Die ofenschwarze Oberfläche enthält Graphit, das nach dem ersten Befeuern einbrennt.

Daneben gibt es aber auch emaillierte oder mit Kacheln verkleidete Stahlöfen.

Als geschlossener Kaminofen kann er an gemischt belegte Schornsteine angeschlossen werden, mit offenen Türen als offener Kamin verwendet, benötigt er jedoch einen eigenen Schornstein.

Die Abstände von Möbeln und Holzeinbauten müssen mindestens 30 cm betragen.

9.2.2.3 Größenbestimmung

Vor der eigentlichen Bemessung der Einzelfeuerstätte nach DIN 18893 ist der zu beheizende Raum nach den örtlichen Verhältnissen in einer der drei Bewertungsgruppen mit günstigen Heizbedingungen, weniger günstigen Heizbedingungen und ungünstigen Heizbedingungen nach Tafel **597**.1 einzustufen.

Tafel **597**.1 Bewertung von Klima, Raumlage, Bauweise, Raumnutzung und Gebäudekenndaten (nach DIN 18893)

	Bewertungsgrundlagen (Einflüsse)	Bewertungspunkte
1	Freistehendes Gebäude	1
2	Dachgeschoßraum	2
3	Raum mit 2 unbeheizten Innenflächen	1
4	Raum mit 3 unbeheizten Innenflächen	2
5	Raum mit 4 und mehr unbeheizten Innenflächen	3
6	Raum, dessen Wände und Decken gegen das Freie und gegen Durchfahrten oder offene Dachräume einen wesentlich geringeren Wärmeschutz bieten als eine 11,5 cm dicke mit einer 15 mm starkern Holzwolleleichtbauplatte isolierte und beiderseits verputzte Vollziegelwand ($k \geq 2{,}0$ W/m$^2 \cdot$ h)	3
7	Raum neben oder über offenen Durchfahrten	1
8	Jede Außenwand eines Raumes	2
9	Fenster größer als ⅕ der Raumaußenflächen	2
10	Raumlage NW – N – NO – O	1
11	Über 600 m Meereshöhe oder besonders kalter Ort	1
12	Starker Windanfall oder Ort nördlich der Linie Osnabrück-Celle-Wittenberge-Angermünde	2
13	Raum, für den auch bei starker Kälte eine Temperatur von mehr als +20 °C erforderlich ist	1
14	Stark frequentierter Raum (Laden- oder Schalterraum usw.)	2

Einstufung. Die für einen bestimmten Raum aus der Tafel emittelten Bewertungspunkte werden addiert und der Raum bewertet:

bis 4 Punkte: günstige Heizbedingungen
5 bis 9 Punkte: weniger günstige Heizbedingungen
über 9 Punkte: ungünstige Heizbedingungen.

Heizfläche und Raumheizvermögen. Sie ergeben sich für Einzelfeuerstätten nach der Einstufung aus den Tafeln **598**.1 und 2.

Nach Inkrafttreten der Wärmeschutzverordnung wird der Wärmedurchgang bei allen Gebäuden begrenzt. Gebäude, die nach dem Januar 1984 erstellt wurden, weisen daher in der Regel einen niedrigeren Wärmebedarf auf als Altbauten.

Bei der Ermittlung des Raumheizvermögens ist deshalb zwischen Räumen mit Wärmedämmungen nach Wärmeschutzverordnung und Räumen in herkömmlicher Bauweise zu unterscheiden.

Für die Größenauswahl von Feuerstätten in Räumen über 150 m³ Rauminhalt wird eine Wärmebedarfsberechnung nach DIN 4701 T. 1 und 2 empfohlen, in Räumen über 200 m³ muß sie durchgeführt werden.

Tafel **598**.1 Raumheizvermögen von Einzelfeuerstätten bei Dauerheizung in Gebäuden, deren Wärmedämmung den Anforderungen der Wärmeschutzverordnung entspricht (nach DIN 18893)

	Nennwärmeleistung kW																
	1		2		3		4		5		6		7		8		9
Heizbedingungen	Raumheizvermögen in m³ bei Nennwärmeleistung in kW																
günstig	22	40	60	83	107	133	160	190									
weniger günstig	16	25	36	49	63	80	95	113	131	149	169	190					
ungünstig	9	16	24	33	43	54	66	78	91	104	118	132	146	160	175	189	203

Tafel **598**.2 Raumheizvermögen von Einzelfeuerstätten bei Dauerheizung in Gebäuden, deren Wärmedämmung nicht den Anforderungen der Wärmeschutzverordnung entspricht (nach DIN 18893)

	Nennwärmeleistung kW																		
	2		3		4		5		6		7		8		9		10		11
Heizbedingungen	Raumheizvermögen in m³ bei Nennwärmeleistung in kW																		
günstig	31	43	56	71	88	105	124	144	165	186									
weniger günstig	20	27	35	43	53	63	73	84	95	107	120	132	145	159	173	186	200		
ungünstig	12	16	22	28	34	41	48	56	65	73	82	90	98	106	114	122	130	138	146

Zuschlag für Zeitheizung. Für Zeitheizungen, das ist eine regelmäßige Unterbrechung des Heizbetriebes nicht länger als 8 Stunden, wird eine Feuerstätte mit einer um mindestens 25% größeren Nennwärmeleistung empfohlen.

Bei einer Temperatur unter − 10 °C ist eine Dauerheizung zu empfehlen.

9.2.3 Kachelöfen

Kachelöfen sind in alten deutschen Wohnungen sehr verbreitet. Sie geben durch ihre große Heizfläche eine milde, angenehme Wärme ab, besonders in der Nähe des Ofens.

Nachteilig sind die schlechte Regulierfähigkeit, die ungleichmäßige Wärmeabgabe, die erheblichen Temperaturunterschiede im Raum und der große Platzbedarf.

Kachelöfen werden heute entweder aus architektonischen Gründen bevorzugt, seit der Energieverteuerung aber auch aus Ersparnisgründen als Zweitheizung gewählt.

9.2.3.1 Kachelgrundöfen

Kachelgrundöfen sind ortsfeste, aus vorwiegend keramischen Baustoffen erbaute Wärmespeicheröfen mit handwerklich gemauerter Feuerung für Holz, Holzbriketts und Braunkohlenbriketts (**599**.1).

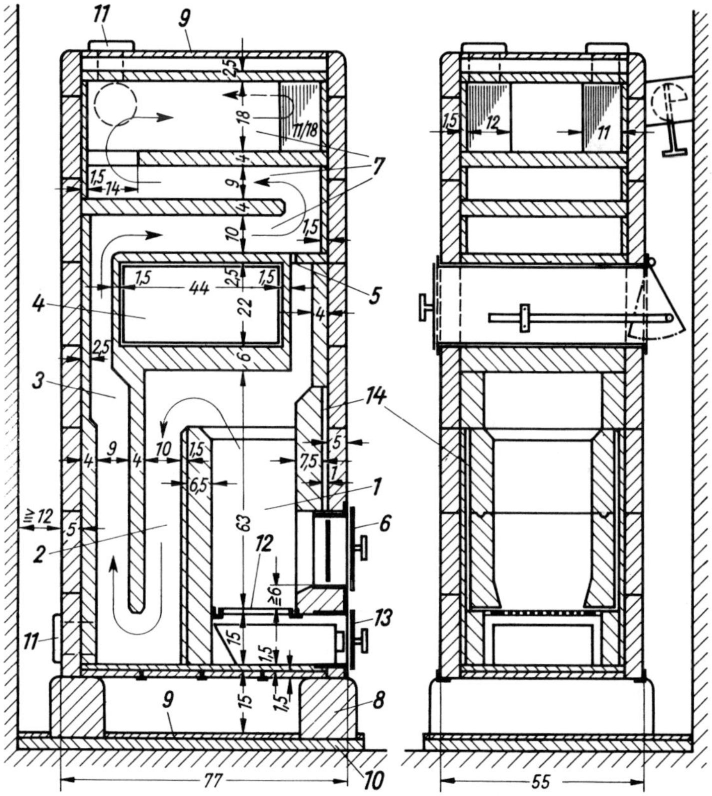

599.1 Kachelgrundofen (Typenkachelofen „Schleswig-Holstein")
Größe 2½ × 3½ × 7 Kacheln 22/22 cm, Heizfläche 5,01 m², Gewicht ca. 885 kg (M 1:20)

1 Feuerraum
2 Sturzzug
3 Steigezug
4 Blechheizröhre mit hinterer verstellbarer Klappe
5 Gasschlitz
6 Feuertür mit Stehrost oder -platte
7 liegende Züge
8 Sockelkasten
9 Fliesen
10 Stein- oder Ziegelplatte 3 cm
11 Reinigungsöffnung
12 Rost
13 Aschentür
14 Luft 1 cm

Sie nehmen die durch die 1 bis 1½ Stunden dauernde Verbrennung des aufgegebenen Brennstoffes freigewordene Wärme in den keramischen Baustoffen auf und geben sie mit zeitlicher Verzögerung und sinkender Wärmeleistung innerhalb der Speicherdauer (Taf. **600**.1) bei milden Oberflächentemperaturen langsam ohne Staubverschwelung und lästige Strahlung an den Raum ab.

Nach Beendigung der Verbrennung ist die Luftzufuhr zur Verhinderung der Auskühlung des Ofeninnern zu unterbinden, die Wärmeabgabe kann weiterhin nicht mehr beeinflußt werden.

Bauarten. Man unterscheidet nach der Dicke der Wandungen und dem Gewicht der Öfen schwere, mittelschwere und leichte Kachelöfen (Taf. **600**.1).

Neue Kachelgrundöfen sind breit, niedrig und glatt, ohne vorspringende Gesimse: Breite = 1½- bis 2fache Tiefe, Höhe = 1½- bis 2fache Breite. Sie werden auf 15 cm hohe Füße oder Sockel gesetzt und allseitig von den Wänden mindestens 12 cm abgerückt. Hierdurch wird die Wärme vor allem von den unteren Ofenflächen günstig abgegeben und die Raumluft gut umgewälzt.

Funktion. Aus dem 50 bis 70 cm hohen Feuerraum mit vertieftem Rost gelangen die heißen Feuergase zur bevorzugten Erwärmung des unteren Ofenteiles zunächst in Sturz- und Steigezüge und danach oberhalb einer Heizröhre, mit der die Heizleistung erhöht und die Wärmeabgabe beschleunigt wird, meist in liegenden Zügen in den Oberteil des Ofens und von dort durch ein dichtes und unzerbrechliches Rauchrohr in den Schornstein.

Tafel **600**.1 Einzelheiten der Kachelgrundöfen

Kachelofen		schwer	mittelschwer	leicht
spez. Nennheizleistung	kW/m²	ca.0,7	0,9 bis 1,1	1,25 bis 1,75
Speicherdauer¹)	h	≦10	≦8	≦5
Gewicht	kg/m² Heizfläche	ca. 250	ca. 200	150 bis 100
mittlere Wanddicke	cm	13 bis 11	< 11 bis 9	< 9

¹) Speicherdauer = Zeit bis zum Absinken der mittleren Oberflächentemperatur auf 50 °C

Bauteile. Die Hauptwerkstoffe des Kachelmantels sind die 22 × 22 cm großen Rumpfkacheln aus gebranntem Ton (Glättekacheln mit einer lasierenden Glasur, Schmelzkacheln mit einer deckenden Fayence-Glasur, Schamottekacheln unter Schamottezusatz mit feinstkörnigem weißbrennenden Ton überzogen und glasiert), ferner Schamottesteine zur Ausfütterung und Hintermauerung in verschiedenen Dicken. Die Kacheln werden an den senkrechten Stegen mindestens bis zur Feuerraumdecke doppelt federnd verklammert (**600**.2).

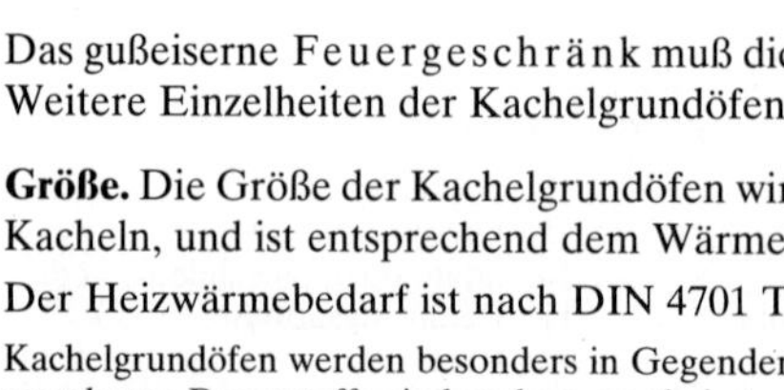

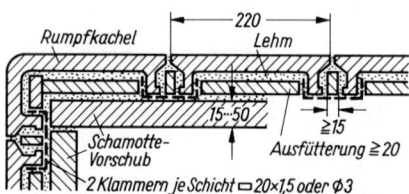

600.2 Aufbau des Kachelgrundofens (M 1:10)

Das gußeiserne Feuergeschränk muß dichtaufgeschliffene Feuer- und Aschfalltüren haben. Weitere Einzelheiten der Kachelgrundöfen siehe Tafel **600**.1.

Größe. Die Größe der Kachelgrundöfen wird nach Kachelmaßen angegeben, z. B. 2½ × 3½ × 5 Kacheln, und ist entsprechend dem Wärmebedarf des Raumes zu bestimmen.

Der Heizwärmebedarf ist nach DIN 4701 T. 1 und 2 zu ermitteln.

Kachelgrundöfen werden besonders in Gegenden bevorzugt, in denen Holz oder Braunkohlenbriketts die gewohnten Brennstoffe sind und wo nur bei strenger Kälte täglich ein zweites Mal Brennstoff nachgelegt werden muß.

Ihr hohes Gewicht erfordert ausreichend tragfähige Decken. Ihr handwerklicher Aufbau an der Verwendungsstelle ist kostspielig, er erschwert oder verzögert die Baudurchführung.

Im modernen Aufbau und durch die große Auswahlmöglichkeit unter zahlreichen Kachelmustern bieten die heutigen Kachelöfen Gelegenheit zu vielfältiger künstlerischer Gestaltung in Anpassung an die jeweiligen baulichen Verhältnisse und die architektonische Durchbildung der Räume.

9.2.3.2 Transportable Kachelöfen

Diese Öfen verzichten auf die Wärmespeicherung der schweren Kachelgrundöfen und gestatten dafür einen Dauerbrand nach Art der eisernen Durchbrandöfen. Ihre spezifischen Nennheizleistungen betragen für Öfen von mindestens 65 mm mittlerer Wanddicke 2,4 kW/m^2, für Öfen von höchstens 65 mm mittlerer Wanddicke 3,0 kW/m^2.

Öfen dieser Art werden sowohl handwerklich als auch industriell angefertigt.

Ansprechender als Gestell-Kachelöfen mit ihrem äußeren Winkelstahl-Gestell wirken transportable Kachelöfen mit innen liegender Verankerung.

Daneben gibt es transportable keramische Dauerbrandöfen mit einem eisernen Einsatz und Kanälen für Umlufterwärmung im Kachelmantel (**601**.1). Diese Konvektionsöfen entsprechen den unter Konvektionsöfen beschriebenen eisernen Öfen.

Auch ihre Kachelwandungen erkalten nach dem Erlöschen des Feuers sehr rasch, da sie meistens weder ausgefüttert sind noch aus Vollkacheln bestehen.

Die spezifische Nennheizleistung der Einsatzöfen beträgt 4,65 kW/m^2, bezogen auf die Heizfläche des Einsatzes.

Bei Zweiraumöfen mit Umluftmantel ist dieser durch einen verschließbaren Abzweig mit einem Nachbarraum verbunden und führt ihm ebenfalls Warmluft zu.

Die Größen der transportablen keramischen Dauerbrandöfen werden gemäß DIN 18893 nach den Tafeln **597**.1 bis **598**.2 ermittelt.

Die verschiedenen Modelle werden derzeit mit Nennleistungen von 3,7, 4,6, 5,8, 7,0 und 9,3 kW hergestellt.

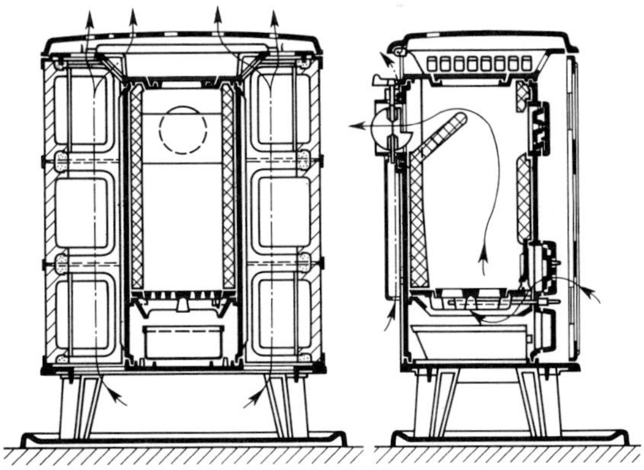

601.1 Transportabler keramischer Dauerbrandofen mit Deckenzug und Umluftkanälen (M 1:20)

9.2.3.3 Kachelofen-Warmluftheizung

Die Kachelofen-Warmluftheizung gestattet nach ZVSHK-Richtlinie „Kachelofen-Warmluftheizungen", einen oder mehrere um die Heizanlage gruppierte Räume in 1 bis 2 Geschossen bei einem Gesamtwärmebedarf von etwa 7 bis 23 kW von einer einzigen Feuerstelle aus, das ist ein in einer Heizkammer aufgestellter Einsatzofen mit Nachheizflächen, vorzugsweise durch Warmluft zu beheizen (**602**.1).

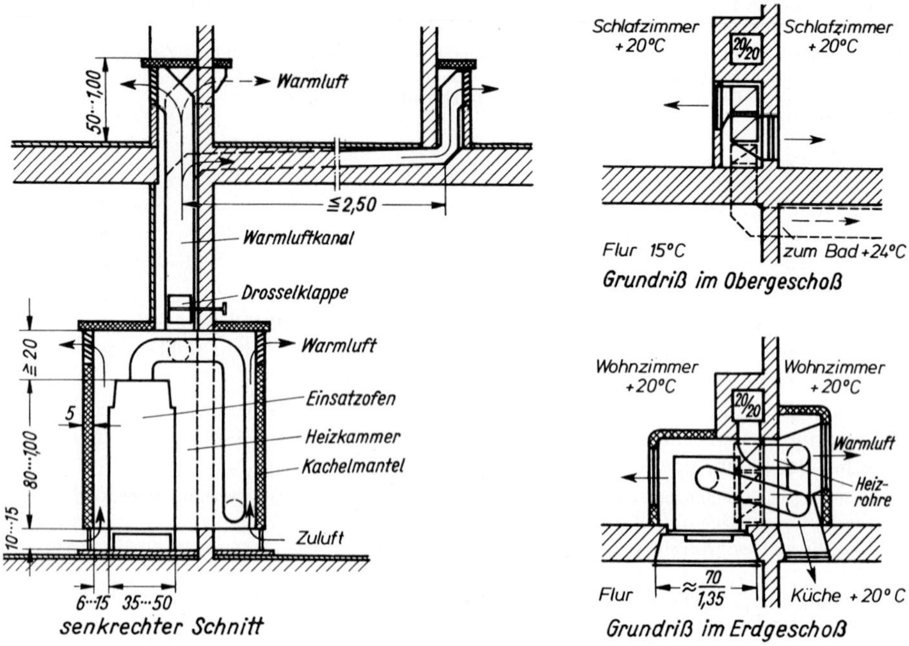

602.1 Kachelofen-Warmluftheizung (M 1:50)

Aufbau im Erdgeschoß. Ein gußeiserner Einsatzofen von etwa 35/40 bis 60/55 cm Grundfläche wird im Hauptwohnraum so angeordnet, daß er möglichst vom Flur oder einem Nebenraum aus zu bedienen ist und diese Räume durch seine heiße Frontplatte mit erwärmt. Die Abgase gelangen zur weiteren Ausnutzung ihrer Wärme über Nachheizflächen aus Grauguß, Stahlblech oder keramischen Werkstoffen in den Schornstein. Um Einsatz und Nachheizflächen herum wird mit 6 bis 15 cm seitlichem und mindestens 20 cm oberem Abstand ein etwa 5 cm dicker Kachelmantel errichtet, dessen erwärmte Flächen die angeschlossenen Räume durch milde Wärmestrahlung mitheizen.

In die so gebildete Heizkammer mit einer Grundfläche von mindestens 60/100 cm und etwa 1,35 m Höhe tritt aus den angeschlossenen Räumen durch untere Einströmöffnungen Raumluft ein, erwärmt sich aufsteigend an den Heizflächen und gelangt als Warmluft durch obere Luftausströmöffnungen in die Räume zurück (**602**.1).

Aufbau im Obergeschoß. Die Obergeschoßräume werden nur durch Warmluftumwälzung im Schwerkraftbetrieb erwärmt, die durch strömungstechnisch einwandfrei auszubildende, quadratische oder runde Luftkanäle von ∅12 bis 20 cm, aus verzinktem Stahlblech mit einer Absperrklappe am unteren Ende, nach oben geleitet wird. Alle Luftleitungen erhalten einen mindestens 20 mm dicken Wärmeschutz wenn sie selbst keine Wärme abgeben sollen.

Waagerechte Luftkanäle zu etwas abgelegenen Räumen können in einer Länge bis zu 2,50 m innerhalb oder unterhalb der Decke verlegt werden.

Bei mehr als 2,50 m Länge muß in ihnen die Luft künstlich durch ein fast geräuschlos arbeitendes Gebläse bewegt werden, das, mit einem Luft-Trockenfilter gekoppelt, eine nahezu staubfreie Luft liefert.

Sollen die Obergeschoßräume nicht nur temperiert, sondern voll erwärmt werden, muß aus ihnen durch einen besonderen Rückluftkanal, üblicherweise aber durch die Abluftgitter der Obergeschoßräume die Umluft über das Treppenhaus zur Heizkammer zurückgeführt werden, da sonst der Luftüberdruck die Warmluft nicht ins Obergeschoß austreten läßt.

Alle Warmluftauslässe erhalten regel- oder verschließbare Gitter oder Jalousien. Im Obergeschoß liegen sie glatt in der Wand oder in einem niedrigen Kachelmantel.

Die Einströmöffnungen der Heizkammer haben keine Gitter. Am besten setzt man den Kachelmantel und Einsatz auf 12 bis 15 cm hohe Füße und verlegt die Öffnungen auf die Unterseite des Mantels.

Heizeinsatz. Der Heizeinsatz sollte stets mit einem automatischen Leistungsregler ausgerüstet sein.

Dauerbrand-Heizeinsätze für feste Brennstoffe zur Verfeuerung von Kohle werden nach DIN 18892 T. 1 in Dauerbrand-, Durchbrand- oder Universal-Dauerbrand-Heizeinsätze unterschieden.

Daneben werden Dauerbrand-Heizeinsätze zur Verfeuerung von Holz mit verminderten Dauerbrandeigenschaften nach DIN 18892 T. 2 hergestellt.

Einsätze für Ölfeuerung werden aus Stahlblech oder Grauguß hergestellt, entsprechen den Ölöfen nach Abschnitt 9.3, haben jedoch einen speziellen nach vorne herausziehbaren Gebläse-Verdampfungsbrenner nach DIN 4731. Bei ihrer Aufstellung ist Rücksicht auf das nicht völlig vermeidbare Betriebsgeräusch des Brenners zu nehmen.

Gasgeheizte Einsätze sind nach DIN 3364 T. 2 mit einem atmosphärischen Brenner für Stadt-, Erd- oder Flüssiggas ausgerüstet und müssen nach dem DVGW-Arbeitsblatt G 675 die erforderlichen Sicherheits- und Regeleinrichtungen aufweisen (**603**.1).

Gasheizeinsätze werden in den Leistungsstufen von 5,8, 8,7, 11,6, 14,5 und 17,4 kW hergestellt.

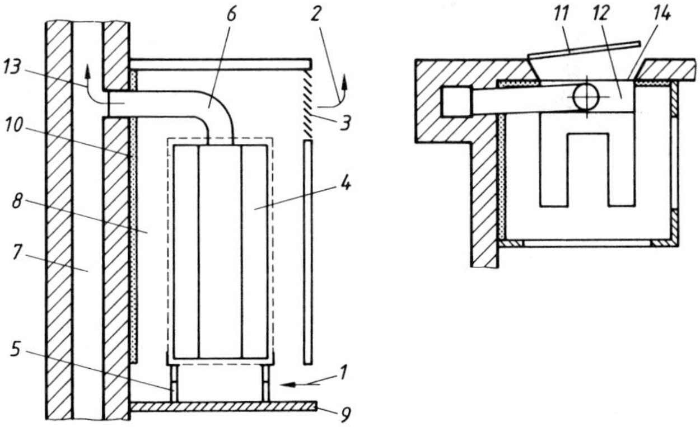

603.1 Gasbefeuerte Kachelofen-Luftheizung, Einbauschema (nach DIN 3364 T. 2)

1 Umluft
2 Zuluft
3 Zuluftdurchlaß (Jalousie)
4 Heizeinsatz
5 Traglager für Heizeinsatz
6 Abgasrohr
7 Schornstein
8 Heizkammer
9 Bodenbelag
10 Isolierung
11 Vortür
12 Strömungssicherung
13 Abgas
14 Gerätefront

Planung. Besonders beim Anschluß von mehr als 2 nebeneinanderliegenden Räumen muß die Heizungsanlage in der Mauerkreuzung zwischen ihnen liegen und der Schornstein daher von dieser Stelle abgerückt werden. Dies ist ohne Schwierigkeit nur durch rechtzeitige Planung der Kachelofen-Luftheizung im Zusammenhang mit der Aufstellung des Entwurfes zu erreichen (**602**.1).

Raumeignung. Umfangreiche Kachelofen-Warmluftheizungen können bereits den Zentralheizungen zugerechnet werden und stellen deren einfachste und billigste Ausführung dar. Sie arbeiten bei guter Berechnung und Ausführung sowie bei Umluftbetrieb wirtschaftlich, aber nur scheinbar billiger als eine Warmwasser-Sammelheizung dort, wo ein Teil der Räume nicht voll erwärmt oder nur temperiert wird.

Einer schnellen Wärmeabgabe beim Anheizen entspricht ein ebenso schnelles Erkalten nach Ende des Heizbetriebes. Einzelne Räume sind leicht abzuschalten. Die individuelle Gestaltungsmöglichkeit des Kachelmantels ist ein weiterer Vorzug dieses Heizungssystems.

Außer dem Hauptwohnraum mit seinem Kachel-Einsatz- oder -Abwärmeofen werden alle übrigen Räume nur durch Konvektion beheizt, deren Begleiterscheinungen Luftumwälzung mit Zugbelästigung und Staubaufwirbelung sein können. Durch die Luftkanäle werden Schall und Gerüche leicht von einem Raum zum anderen übertragen. Aus diesem Grund ist die Kachelofen-Luftheizung nur für kleinere Einfamilienhäuser geeignet.

Über größere Luftheizungen mit Umluftgebläse siehe Abschnitt 10.4.

Berechnungsgrundlagen. Der Wärmebedarf der Räume ist nach DIN 4701 T. 1 und 2 zu berechnen (s. Abschnitt 8.3.1).

Bei der Bemessung der Heizflächen ist dann der Wärmebedarf der voll und dauernd zu beheizenden Räume ganz, der nur zeitweilig zu beheizender oder nur zu temperierender Räume zur Hälfte anzusetzen.

Der Wärmeverlust wärmegedämmter Zuluftleitungen kann dabei überschläglich bei der Schwerkraft-Warmluftheizung mit 7% der in ihnen stündlich durchgesetzten Wärmemengen angenommen werden, bei der Ventilator-Warmluftheizung mit Heizgerät im Wohngeschoß mit 5% des Wärmebedarfes $\dot{Q}_N$.

Die danach erforderliche Heizleistung wird zu 80 bis 85% vom Einsatz und zu 15 bis 20% von den Nachheizflächen aufgebracht.

Dabei gelten folgende Nennheizleistungen:
Dauerbrand-Heizeinsatz für feste Brennstoffe mit Kohle nach DIN 18892 T. 1 mit Durchbrand-Heizeinsatz 4,65 kW/m^2 oder Unterbrand-Heizeinsatz 3,5 kW/m^2.

Der Bemessung der Luftwege wird eine Temperaturerhöhung der Luft von 55 °C bei Schwerkraft-Warmluftheizungen und mindestens 40 °C bei Ventilator-Warmluftheizungen bei einem Mindestluftwechsel von $n = 4$ je Stunde für die Hauptaufenthaltsräume zugrunde gelegt.

Die danach erforderlichen Luftkanalquerschnitte und Größen der Warmluft-Ausströmöffnungen sind durch ein vereinfachtes Verfahren nach Rietschel-Raiß zu berechnen.

Der freie Heizkammerquerschnitt soll je m^2 Einsatzheizfläche 1000 bis 1500 cm^2 betragen.

9.3 Ölöfen

Der Einbau von Ölöfen ist in allen Bundesländern den zuständigen Behörden anzuzeigen.

Der Mindestrauminhalt für die Aufstellung eines Ofens muß 4 m^3 je kW Heizleistung betragen.

Konstruktion. Der Ölofen ist ein für die Verbrennung von Heizöl EL bestimmter Konvektionsofen (**605**.1). Ein Außenmantel aus emaillierten Grauguß- und Stahlblechteilen verkleidet den bis auf die stark beanspruchten Graugußteile im wesentlichen aus Stahlblech bestehenden Innenofen und wandelt dessen Strahlungswärme bei milden Oberflächentemperaturen größtenteils in Konvektionswärme um.

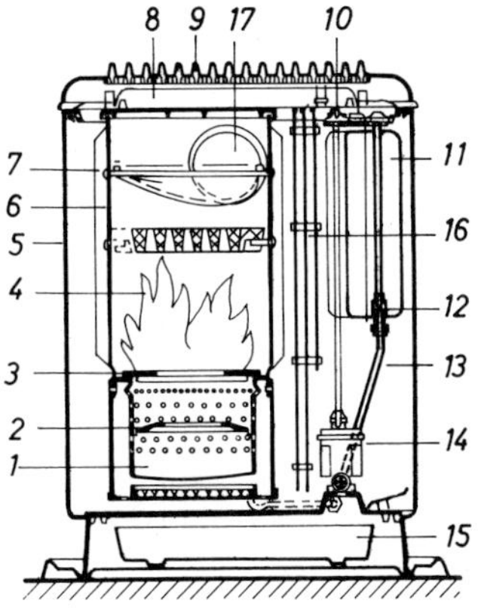

605.1 Ölofen mit Vorratsbehälter
1 Verdampfungsbrenner
2 unterer Brennerring
3 oberer Brennerring
4 Feuerraum
5 Außenmantel
6 Heizmantel
7 Zugumlenkung
8 Kochplatte
9 Abdeckplatte
10 Mengenregulierknopf
11 Ölvorratsbehälter
12 Absperrventil
13 Ölleitung
14 Schwimmerregelventil
15 Auffangschale
16 Strahlungsschutz
17 Rauchrohr-Anschlußstutzen

Unter dem Außenmantel ist ein gegen unzulässige Erwärmung zu schützender Heizöl-Vorratsbehälter mit einem Ölstandsanzeiger und einem Fassungsvermögen von etwa 10 bis 15 l, das für einen Dauerbetrieb von ungefähr 20 Stunden ausreicht, untergebracht. Aus ihm fließt das Heizöl durch eine absperrbare Leitung über ein Filter und einen Regler (**605**.2), der einen gleichbleibenden Ölzufluß gewährleisten und eine Sicherheitseinrichtung gegen Überfluten des Brenners aufweisen muß, sowie über ein von Hand in meist 6 Stufen verstellbares Regelventil zum Verdampfungsbrenner.

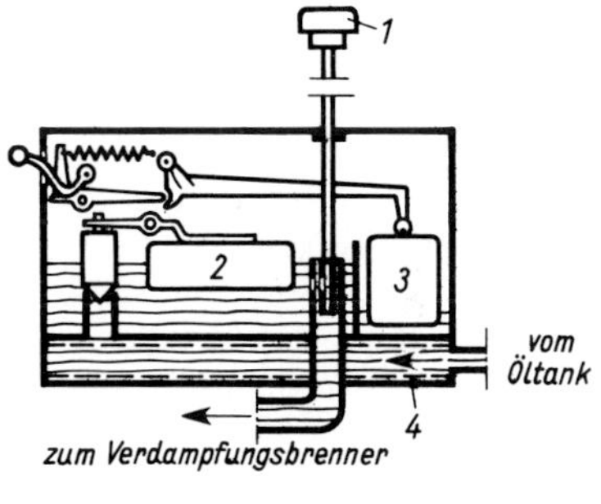

605.2 Doppelschwimmerregler zum Öl-Verdampfungsbrenner
1 Mengenregulierung
2 Schwimmer, hält Zulaufhöhe des Heizöles konstant
3 Sicherheitsschwimmer gegen Überfluten des Brennertopfes durch Heizöl
4 Sieb

Dies ist ein Topf aus Stahlblech mit leicht gewölbtem Boden und dem Heizöleinlauf dicht über diesem. Durch mehrere Reihen Luftlöcher verschiedener Größe im oberen Mantelteil des Brennertopfes kann die Verbrennungsluft eintreten. Ein oder zwei Einlegeringe aus Grauguß fördern die Vermischung von Öldampf und Verbrennungsluft und die Flammenführung.

Die Rauchgase durchströmen den Innenmantel und gelangen über Umlenkbleche zum Rauchrohr und Schornstein.

Eine Auffangschale für etwa auslaufendes Öl unterhalb des Ofens muß den ganzen Behälterinhalt aufnehmen können.

Ölöfen werden mit Nennheizleistungen nach Tafel **606**.1 hergestellt. Sie sollen auf ⅓ der Nennheizleistung kleinzustellen sein und unter Prüfbedingungen einen Wirkungsgrad von 70% nicht unterschreiten. Die Abgastemperatur darf 400 °C nicht überschreiten.

Ölöfen verlangen unbedingt einen guten Schornsteinzug von 0,15 bar. Stärkerer oder ungleichmäßiger Zug ist durch eine Rauchrohr-Drosselklappe, die das Abzugsrohr höchstens zu 75% absperren darf, oder besser durch einen selbsttätigen Zug- oder Verbrennungsluftbegrenzer zu verringern (**654**.1).

Tafel **606**.1 Raumheizvermögen von Ölöfen

Nennheiz-leistung	Raumheizungsvermögen, wenn Wärmebedarf des Raumes[1]) günstig	weniger günstig	ungünstig
kW	Rauminhalt in m^3		
4,1	35/60[2])	30/45	25/30
5,8	50/90	45/65	35/40
8,7	85/150	75/105	60/70
11,6	115/210	100/145	80/100

[1]) Nach DIN 18893, siehe Abschnitt 9.2.2.3.
[2]) Die Zahlen vor dem Schrägstrich verstehen sich für Zeitheizung (täglich < 8 Std.), hinter dem Schrägstrich für Dauerheizung (täglich ≧ 8 Std.).

Ölöfen können nicht überbelastet und dürfen daher nicht zu klein bemessen werden (Taf. **606**.1).

Über den Schornsteinanschluß der Ölöfen siehe Abschnitt 8.5.3.

Raumeignung. Ölöfen sind ihrer ständigen Betriebsbereitschaft und kurzen Anheizzeit wegen besonders für Räume mit Zeitheizung geeignet.

Ein hierfür entsprechend reichlich bemessener Ölofen sollte indessen nicht für Dauerheizung mit niedriger Wärmeleistung benutzt werden, da die dann für lange Zeit niedrige Rauchgastemperatur bei dem hohen Wasserdampfgehalt der Abgase zu Schornsteindurchfeuchtung führen kann.

Richtig bemessene Ölöfen indessen erlauben einen lang anhaltenden Dauerbrand, eine Tankfüllung reicht für einige Tage.

Asche und Staub entfallen, eine Reinigung des Ofens ist nur alle 2 bis 4 Wochen erforderlich.

Heizöllagerung. Über die einschlägigen Vorschriften der „Heizölbehälter-Richtlinien" siehe Abschnitt 10.2.6.2.

Zentrale Ölversorgung. Die Brenner der einzelnen Öfen (**606**.2) werden nicht mehr aus einem eingebauten Tank, sondern durch ein Rohrsystem zentral aus einem im Keller aufgestellten Vorratsbehälter mit Öl (≦ 5000 l) versorgt.

Damit braucht kein Öl mehr in Kannen in die Wohnung gebracht und dort gelagert zu werden, jede Verschmutzungsgefahr ist hiermit ausgeschaltet.

Beim zentralen Einkauf des Heizöles können Mengenrabatte in Anspruch genommen und so die Heizkosten verringert werden.

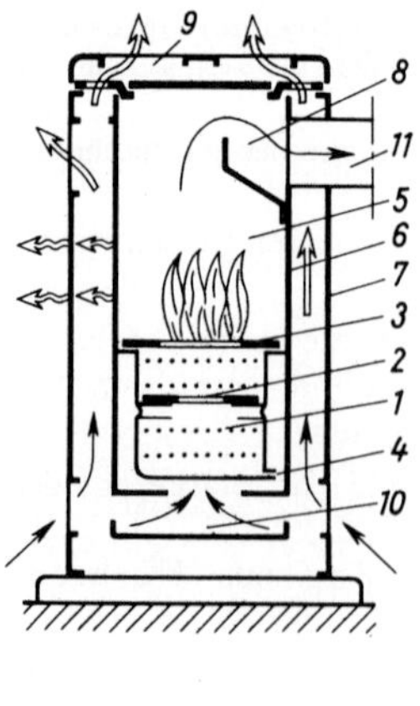

606.2 Ölofen ohne Vorratsbehälter
1 Verdampfungsbrenner
2 unterer Brennerring
3 oberer Brennerring
4 Ölzulauf
5 Feuerraum
6 Heizmantel
7 Außenmantel
8 Zugumlenkung
9 Abdeckplatte
10 Auffangschale
11 Rauchrohr-Anschlußstutzen

Bauarten. Drei Installationsarten der zentralen Ölversorgung sind möglich.

1. Zufluß des Öles durch natürliches Gefälle, wenn die Unterkante vom Ölbehälter 0,15 bis 0,30 cm über dem Ölniveau im Regler des obersten Ofens liegt.

2. Ölversorgung durch Saugpumpe bei höchstgelegener Feuerstätte bis 7,5 m über dem Vorratsbehälter. Ein besonderer Ausgleichsbehälter ist erforderlich, wenn der Gesamtverbrauch über 10 l/h beträgt.

3. Ölversorgung durch Druckpumpe (**607**.1) bei Geräten ab 7,5 m über dem Vorratsbehälter. Ein Ausgleichsbehälter oberhalb des höchsten Reglerniveaus mit eingebautem Niveauschalter und eine Überlaufleitung zum Vorratsbehälter oder einem Windkessel bei der Pumpe ist als Reservetank vorzusehen. Mehrwohnungshäuser erfordern für jede Wohnung eine besondere Versorgungsleitung mit einem Ölzähler.

Die Ölleitungen bestehen aus Kupferrohr ∅ 8 × 1 mm auf oder unter Putz.

Absperrventile sind hinter jedem Tank und vor jedem Ofen anzuordnen, jedoch in Überlauf-, Rücklauf- und Saugleitungen unzulässig.

Der Ausgleichsbehälter ≦ 20 l, auch in Dachräumen, erfordert eine Rücklaufleitung zum Tank oder eine Entlüftungsleitung ins Freie und eine Sicherung gegen Überlauf.

Die selbsttätige Unterbrechung der Ölförderung bei Erwärmung des Heizöles im Betriebsbehälter über 70 °C ist zu sichern.

Maßgebend sind im übrigen die Heizölbehälter-Richtlinien (siehe Abschnitt 10.2.6.2).

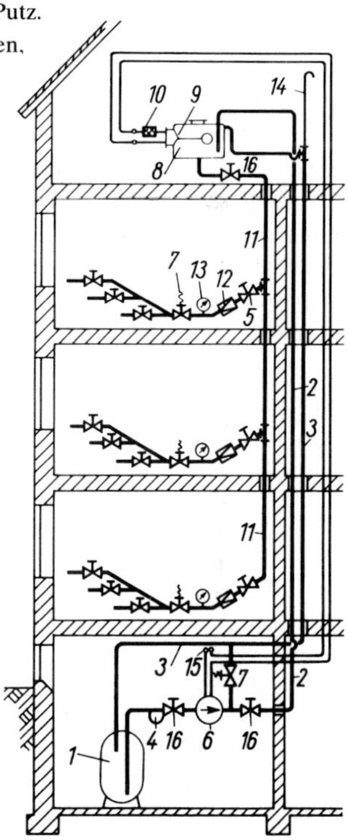

607.1 Zentrale Ölversorgung tankloser Ölöfen durch Druckpumpe
1 Vorratsbehälter
2 Druckleitung
3 Sicherheits-Überlaufleitung
4 Ölfilter
5 Absperrventil außerhalb der Wohnung
6 Ölpumpe
7 Überdruckventil
8 Ausgleichsbehälter ≦ 20 l
9 Niveauschalter
10 Übertemperatur-Schutzschalter
11 Versorgungsleitung
12 Druckminderventil
13 Ölzähler
14 Belüftung
15 elektrischer Anschluß
16 Absperrventil

9.4 Gasöfen

9.4.1 Allgemeines

Gasöfen sind ständig betriebsbereit, erfordern nur eine kurze Anheizzeit von wenigen Minuten und gestatten unbegrenzten Dauerbrand, ihre Wärmegabe ist leicht zu regeln.

Sie verursachen weder Asche, Staub noch Rauch und verlangen keine Wartung.

Der Brennstoffverbrauch ist durch Zählerablesung jederzeit leicht zu überprüfen.

Die Geräte haben hohe Betriebswirkungsgrade von über 80%. Brennstofftransport und -lagerung, bei Außenwandöfen auch der Schornstein, entfallen.

Auch besteht keinerlei Gefahr für das Grundwasser. Vergiftungs- und Explosionsgefahr sind durch Zündsicherungen ausgeschaltet.

Die Anschaffungskosten einer Gasheizung können niedriger sein als die irgendeiner anderen technisch gleichwertigen Heizungsart.

Daher können die Gesamtbetriebskosten einer Gasheizung bei kurzzeitiger oder halbtägiger Betriebsweise billiger als bei anderen Heizsystemen werden. Aber auch für eine Dauerheizung von über 8 Stunden in Wohnungen kann eine Gasheizung bei günstigem Heizgastarif mit anderen Heizsystemen wettbewerbsfähig sein, wenn ein über die Mindestanforderungen der DIN 4108 hinausgehender Wärmeschutz (s. Abschnitt 8.2.3) des Gebäudes den Gesamtwärmebedarf und damit die Brennstoffkosten der Heizung niedrig genug hält (s. Abschnitt 8.7).

Demgemäß werden Gasheizöfen bevorzugt für die Kurzzeit-, Übergangs- und Zusatzheizung von Versammlungsräumen, Kirchen, Schulen, Büros, Hotels, Praxisräumen und Ledigenwohnungen, insbesondere auch bei der Altbausanierung verwendet, während für Wohnungen heute Gas-Etagen- oder Zentralheizungen vorgezogen werden.

Gasöfen sind nicht überlastbar und müssen daher ausreichend bemessen werden. Anheizzeiten von über 1 Stunde bei Raumgrößen unter 200 m^3 und über 2 Stunden bei Räumen mit mehr als 200 m^3 würden einen überhöhten Gasverbrauch erfordern.

In jeder Gasfeuerstätte ist eine Strömungssicherung eingebaut, durch die zu hoher Schornsteinzug durch Beiluft unschädlich gemacht und Flammen gegen die Auswirkung eines Staues oder Rückstromes der Abgase geschützt werden (**825**.1).

Über Aufstellung und Abgasabführung der Gas-Feuerstätten siehe Abschnitte 5.1.5 und 5.1.6.

9.4.2 Gasheizgeräte

Je nach Gasart unterscheidet man Eingasgeräte für eine Gasart (Gasfamilie), Mehrgasgeräte für zwei Gasarten und Allgasgeräte für alle Gasarten, z. B. Stadtgas, Erdgas und Flüssiggas.

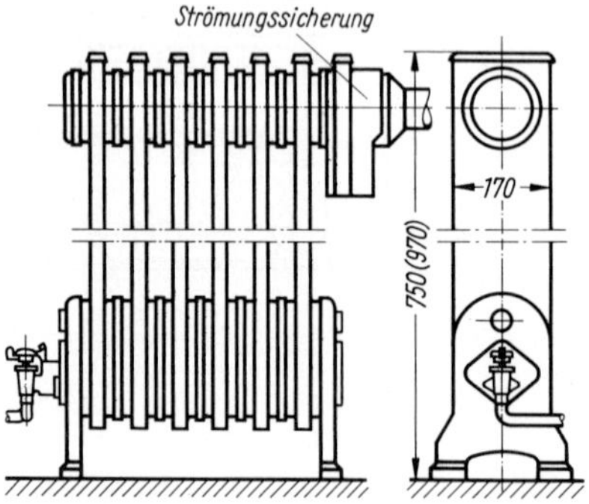

Zur Umstellung von Stadtgas auf Erdgas siehe DVGW-Arbeitsblatt G 680. Gasart und Gasdruck sollten auf den Geräten angegeben sein.

Gasradiatoren (608.1). Aus emailliertem Grauguß oder Stahlblech gefertigt werden sie nur noch selten, vor allem für Werkstätten, Büros und Läden, verwendet. Die Zündsicherung und Regeleinrichtung erfolgt wie bei den Gasraumheizern.

608.1 Gasradiator (M 1:20)

Gasraumheizer. Raumheizer nach DVGW-Arbeitsblatt G 674 und DIN 3364 T. 1 sind geeignet, einzelne Räume mit Wärme zu versorgen.

Die Anforderungen an die Bau- und Betriebsweise von Konvektions-Raumheizern für gasförmige Brennstoffe sind in DIN 3364 T. 10 festgelegt.

Konvektions-Raumheizer mit atmosphärischem Brenner und Zündflamme werden direkt oder mit einem Zwischenstück an einen Schornstein oder an eine Abgasabführung, als schornsteingebundene Raumheizer, Außenwand-Raumheizer oder Raumheizer mit Anschluß an einen Luft-Abgas-Schornstein, angeschlossen.

Sie können nach DIN 3364 T. 10 eine Nennwärmeleistung bis zu 25 kW haben.

Allgemeine Begriffe für Gas-Raumheizer, Gasgeräte mit atmosphärischen Brennern, sind in DIN 3362 ausführlich behandelt.

Gasraumheizer geben ihre Leistung größtenteils als Konvektions- sonst als Strahlungswärme ab.

Diese beiden Anteile der Wärmeabgabe können durch entsprechende Gestaltung der Heizkörperverkleidung verstärkt oder abgeschwächt werden.

Ein emaillierter oder gekachelter Außenmantel oder eine Gitterverkleidung schließen den Brenner und den Heizkörper aus Grauguß oder emailliertem Stahlblech vollkommen ab, jedoch sind die Flammen durch eine durchbrochene Brennertür gut zu beobachten.

Brenner und Zündflammenhahn sind durch gegenseitige Verriegelung gesichert. Bimetall- oder thermoelektrische Zündsicherungen verhindern den Gasaustritt aus den Hauptbrennern bei nicht brennender Zündflamme.

Hahn- und Reglergriffe sind unauffällig, aber leicht erreichbar meistens an der Vorderseite oder auf der Oberseite des Ofens angebracht.

Die Zündung erfolgt durch einen Magnetzünder.

Die Heizleistung des Gasheizofens kann durch die Hahnarmatur stufenlos vom Vollbrand bis zum Kleinstbrand heruntergeregelt werden.

Für einen wirtschaftlichen Heizbetrieb ist eine automatische gas- oder elektrisch-gesteuerte gleitende Leistungsregelung durch einen Raumtemperaturregler unentbehrlich.

Für mehrere Gasheizöfen eines Raumes oder eine Vielzahl von ihnen innerhalb eines ganzen Gebäudes kann das Schalten und Regeln auch zentral erfolgen.

Gasraumheizer mit Schornsteinanschluß (609.1). Sie haben eine offene Verbrennungskammer, entnehmen daher die erforderliche Verbrennungsluft dem Aufstellungsraum und leiten ihre Abgase über einen Abgasschornstein ab. Sie sind daher meist in dessen Nähe an einer Innenwand aufzustellen.

Durch die in vieler Hinsicht vorteilhaften Außenwand-Gasraumheizer sind sie heute weitgehend verdrängt worden.

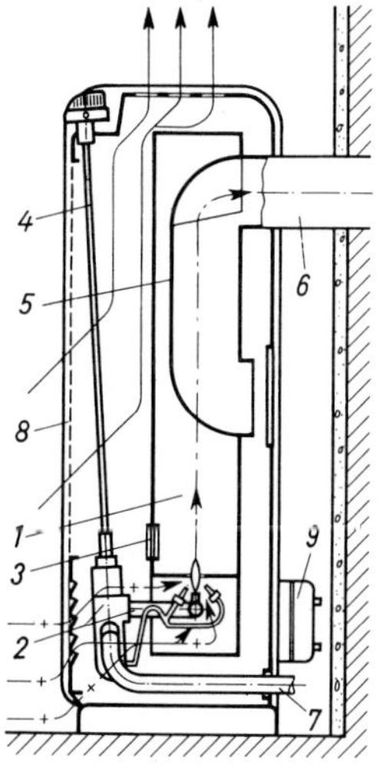

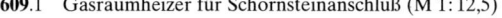

609.1 Gasraumheizer für Schornsteinanschluß (M 1:12,5)
1 Heizkörper
2 Armatur mit Brenner
3 Schauloch
4 Schaltrohr für Armatur
5 Strömungssicherung
6 Abgasrohr ∅ 80 mm
7 Gasanschluß DN 15
8 Gitter
9 Bosch-Magnetzünder
– + → Frischluft
——→ Warmluft
– · → Abgas

Außenwand-Gasraumheizer (**610**.1). Sie haben eine geschlossene Verbrennungskammer und benötigen keinen Schornsteinanschluß. Sie werden vielmehr an der Außenwand aufgestellt und erhalten ihre Verbrennungsluft durch ein in der Wand angebrachtes Frischluftrohr direkt aus dem Freien.

Die Abgase werden durch ein zweites, mit dem Frischluftrohr gemeinsam in einem Rundrohr oder einem Mauerkasten untergebrachtes Rohr mit Windschutzeinrichtung unmittelbar ins Freie oder in besondere hierfür bestimmte Anlagen abgeführt (s. Abschnitt 5.1.6.4).

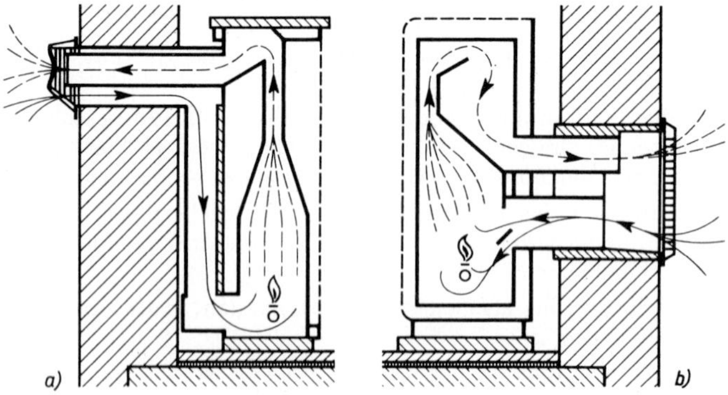

610.1 Außenwand-Gasraumheizer (M 1:20)
a) Abgasführung durch Rundrohr
b) Abgasführung durch Mauerkasten

Für die Aufstellung von Gaseinzelöfen in Lichtspielhäusern und Garagen sind besondere Vorschriften zu beachten, die in DVGW-Merkblättern als Ergänzungen zur DVGW TRGI 1986 festgelegt sind.

LAS-Gasraumheizer. Sie haben wie die Außenwand-Gasraumheizer eine gegenüber dem Raum geschlossene Verbrennungskammer, sind jedoch an einen Luft-Abgas-Schornstein angeschlossen (s. Abschnitt 5.1.6.1).

Der Schornstein dient gleichzeitig zur Abfuhr der Abgase und Zufuhr der Verbrennungsluft.

Gas-Wandheizöfen (**610**.2). Sie sind zum Beheizen von Badezimmern bestimmt, die ohnehin durch Gas-Wasserheizer mit Warmwasser versorgt werden.

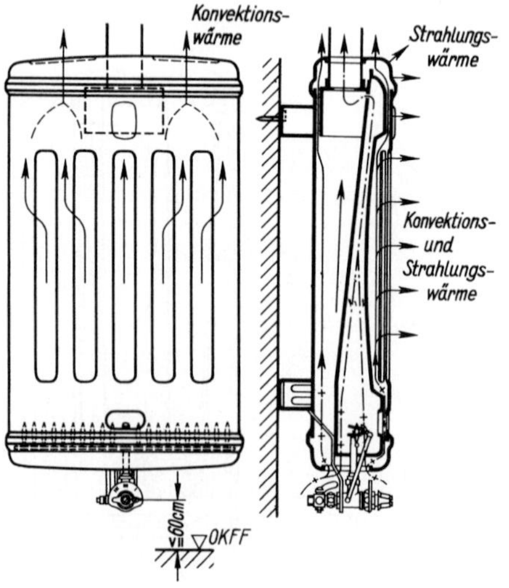

610.2 Gas-Wandheizofen als Konvektionsofen für größere Baderäume (M 1:15)
– + → Frischluft
——→ Warmluft
– · → Abgas

Man unterscheidet Konvektionsöfen mit einer Heizleistung von 2,3 bis 3,5 kW, Konvektionsöfen mit Dunkelstrahlfläche von 1,2 kW und Wandstrahler mit Hellstrahlfläche von 2,3 bis 2,7 kW.

Konvektionsöfen benötigen eine längere Anheizzeit, erwärmen aber die Raumluft auf eine gewünschte Innentemperatur.

Wandstrahler haben eine sofortige Wärmewirkung im Strahlkegel des Heizofens, erwärmen die Raumluft jedoch nur um wenige Grade, da die gerichteten Wärmestrahlen unmittelbar den angestrahlten Körper treffen, ohne selbst die Raumluft zu erwärmen.

Die Konvektionsöfen mit Dunkelstrahlfläche versuchen, diese beiden Heizeffekte in sich zu vereinigen.

Die Aufhängehöhe bei Konvektionsöfen soll 60 cm, bei Wandheizöfen mit Dunkelstrahlfläche und Wandstrahlern 1,50 bis 1,60 m über Fußboden betragen.

Die Abgasrohre dieser kleinen Wandheizöfen dürfen mit denen der im gleichen Raum befindlichen Gas-Wasserheizer vor dem Schornsteinanschluß ohne Querschnittserweiterung vereinigt werden.

9.4.3 Bestimmung der Nennwärmeleistung

Die Nennwärmeleistung der einzubauenden Gasraumheizer wird nach Tafel **611**.1 oder **612**.1 ermittelt, nachdem man nach Abschnitt 9.2.2.3 und Tafel **597**.1 die Lage des Raumes festgestellt hat. Bei einem Rauminhalt über 200 m³ wird eine Wärmebedarfsberechnung nach DIN 4701 (Abschnitt 8.3.1) empfohlen.

Tafel **611**.1 Raumheizvermögen von Gasraumheizern in m³ Rauminhalt für Gebäude mit Wärmedämmung nach Wärmeschutz-Verordnung (nach DVGW-Arbeitsblatt G 674)

Betriebsweise	Raumlage	Nennwärmeleistung in kW						
		1,75	2,3	2,9	3,5	4,7	5,8	7,0
		Rauminhalt in m³						
Dauerheizung	günstig	24	40	62	86	153	(265)	
	weniger günstig	15	26	38	54	87	127	
Zeitheizung	günstig	17	31	48	70	122	(195)	
	weniger günstig	11	19	30	42	71	103	140

Betriebsweisen. Folgende Betriebsweisen der Gas-Einzelheizung sind zu unterscheiden:

Dauerheizung: Die übliche Raumtemperatur von meistens 20 °C wird in Zeiten geringeren Wärmebedürfnisses um ca. 5 K abgesenkt.

Zeitheizung liegt vor, wenn überwiegend täglich 6 bis 12 Stunden geheizt wird. Die Aufheizzeit soll nicht länger als 1 Stunde dauern.

Kurzheizung ist bei zeitlich unregelmäßiger oder seltener Beheizung des Raumes gegeben.

Für die Beheizung von Wohnräumen sind ausschließlich Dauerheizung oder Zeitheizung anzuwenden. Allein Dauerheizung schafft einen echten Behaglichkeitszustand, der den heutigen Vorstellungen vom Wohnen entspricht.

Tafel **612**.1 Raumheizvermögen von Gasraumheizern in m³ Rauminhalt für Gebäude, deren Wärmedämmung nicht der Wärmeschutzverordnung entspricht (nach DVGW-Arbeitsblatt G 674)

Betriebsweise	Raumlage	Nennwärmeleistung in kW 1,75	2,3	2,9	3,5	4,7	5,8	7,0	9,3	11,6
		Rauminhalt in m³								
Dauerheizung	günstig	17	28	44	63	115	(185)			
	weniger günstig	10	16	23	32	52	72	97	150	(212)
	ungünstig	6	9	14	18	28	40	52	77	102
Zeitheizung	günstig	14	23	36	51	90	140	(208)		
	weniger günstig	10	15	21	28	42	60	80	123	(175)
	ungünstig und Kurzheizung	7	9	13	17	25	34	44	67	92

Kurzheizung wird in der Regel in Versammlungsräumen, Kirchen, Sporthallen oder Ausstellungsräumen angewandt. Ein raumklimatischer Beharrungszustand wird hier nicht erreicht, eine Berechnung nach DIN 4701 ist erforderlich.

Für selten beheizte Gebäude, Gebäude besonderer Nutzung, enthält das DVGW-Arbeitsblatt G 674 spezielle Angaben.

Ferner enthält G 674 ein Berechnungsverfahren zum voraussichtlichen Brennstoffverbrauch der Gaseinzelheizung.

9.4.4 Gas-Strahlungsheizung

Gas-Heizstrahler. Sie haben für Raum- und Freiflächenheizungen nach DVGW-Arbeitsblatt G 638 und 638 T. 1 sowie DIN 30686 ein gußeisernes Brennergehäuse mit keramischen Katalytplatten an der Austrittsseite, die von dem flammenlos und ohne Bildung von CO verbrennenden Gas auf etwa 850 °C erwärmt werden und eine kurzwellige Infrarotstrahlung von besonderer Eindringtiefe abgeben (**612**.2). Ohne Beheizung der Luft werden die angestrahlten Flächen sofort und unmittelbar erwärmt.

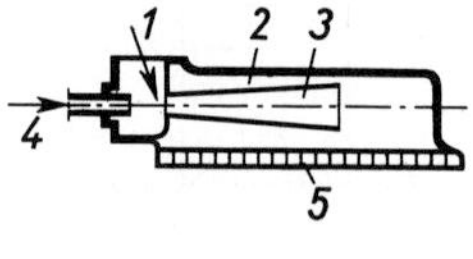

612.2 Schwank-Gasheizstrahler (Schwank Gasgeräte)
1 Luft
2 Brennergehäuse
3 Mischrohr
4 Gas
5 Katalytplatte

Gasheizstrahler, Hellstrahler mit Brennern ohne Gebläse nach DIN 3372 T. 1 und 2, ermöglichen eine Beheizung in Kirchen, hohen oder offenen Werkhallen, Sportplätzen und Tribünen, Terrassen, Gaststättenplätzen, Verladerampen, Passagen und Parkplätzen.

Ein Normalbrenner mit etwa 12 × 18 cm großer Strahlfläche und 0,8 bis 1,0 m³/h Gasverbrauch reicht für 10 bis 20 m² Bodenfläche aus. Größere Strahler werden durch Zusammensetzen mehrerer Einheiten in einem Brennerkasten gebildet.

Die Zündung erfolgt elektrisch oder durch eine Dauerzündflamme. Die Abgase brauchen nur bei mangelhaft belüfteten, kleineren Räumen oder sehr großen Leistungen durch einen Schornstein abgesaugt zu werden.

Der bei richtigem Einbau und Betrieb völlig rückschlagsichere Brenner ist zwischen 50 und 150% des Normalverbrauches regelbar.

Die Katalytmasse wie die übrigen Teile des Brenners haben eine praktisch unbegrenzte Lebensdauer. Die Austrittsbohrungen sind weit genug, um normalerweise durch Staub oder andere Verunreinigungen nicht zu verstopfen.

Wegen der hohen Strahlungstemperatur müssen die Senkrechtstrahler mindestens 4 m hoch angebracht werden, da sonst die Kopfbestrahlung als unangenehm empfunden wird (**613**.1).

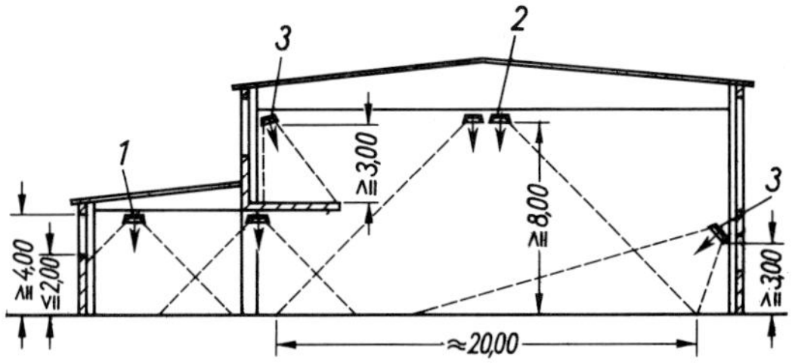

613.1 Gas-Strahlungsheizung einer Werkhalle (M 1:500) (Schema)
1 Senkrechtstrahler mit einem Brenner
2 Senkrechtstrahler mit mehreren Brennern
3 Schrägstrahler

Gas-Heizstrahler für Sonderzwecke. Diese Heizstrahler mit Brennern ohne Gebläse werden nach DIN 3372 T. 3 für die Tieraufzucht und als ortsveränderliche Heizstrahler nach DIN 3372 T. 4 für die Teilbeheizung von gewerblichen Räumen und für Freiflächenheizungen verwendet.

Daneben werden diese Strahler in zahlreichen Industriezweigen für Trocknungsvorgänge aller Art, in der Landwirtschaft für Frostschutzeinrichtungen, auch in der Tiermedizin verwendet, andere Modelle als Wandheizöfen für Badezimmer (siehe Gas-Wandheizöfen).

Kleinstmodelle werden für Grilleinrichtungen in Gasherde eingebaut.

9.5 Elektrische Raumheizung

Sie paßt sich allen räumlichen Gegebenheiten mühelos an, ist ohne Brennstofflagerung und -transporte äußerst bequem zu bedienen, verlangt keine Wartung, erzeugt weder Staub, Asche oder Geruch noch Ruß und Abgase, braucht keine Zuluft- und Abgasvorrichtungen und kann keine Grundwasserschäden hervorrufen.

Sie läßt sich von Hand und automatisch leicht, wenn auch meist nicht stufenlos, regeln und hat einen Gesamtwirkungsgrad von 95 bis 100%.

Die Abrechnung der verbrauchten Wärmemengen erfolgt über den Stromzähler einfach und unmittelbar zwischen dem EVU und dem Verbraucher.

So stellt die elektrische Heizung technisch das Ideal einer Heizungsanlage dar.

Die Wirtschaftlichkeit der elektrischen Raumheizung ist eine Frage der Tarifgestaltung. Bei den in Deutschland geltenden Tarifen für den Strombezug wird der Wärmepreis des Tagstromes so hoch, daß mit Tagstromgeräten nur eine kurzfristig betriebene Zusatz- oder Übergangsheizung vertretbar ist.

Bei den heute von den EVU gewährten Nachtstromtarifen ist indessen bei Vorhandensein eines energiesparenden Wärmeschutzes nach Abschnitt 8.2.4 eine Vollheizung von Gebäuden mit Nachtstrom-Speicheröfen wirtschaftlich möglich (**585**.1).

Vor Aufstellung größerer elektrischer Heizgeräte ist stets zu klären, ob die Leitungsquerschnitte für den Anschluß genügen.

Da elektrische Heizgeräte nicht überlastbar sind, müssen sie ausreichend groß gewählt werden.

Elektrische Raumheizungen lassen sich als Direktheizung, Speicherheizung oder Wärmepumpenheizung (s. Abschnitt 10.6.2) ausführen.

9.5.1 Direktheizgeräte

Zu den Direktheizgeräten für den Hausgebrauch und ähnliche Zwecke gehören Strahlungsheizgeräte nach DIN 44567 T. 1 und Konvektionsheizgeräte mit natürlicher oder erzwungener Konvektion nach DIN 44568 T. 1 und DIN 44569 T. 1.

Tagstrom-Heizgeräte sind für die kurzfristige Beheizung vor allem kleinerer Räume bestimmt. Sie haben durchweg einen Anschlußwert bis 2 kW, in Ausnahmen bis 3,5 kW, und können daher an jede Steckdose einphasig angeschlossen und zu jeder Zeit in Betrieb genommen werden.

Da gleichzeitiges Einschalten vieler solcher Geräte bei Kälteeinbrüchen jedoch zu Netzüberlastungen führen kann, gestattet das EVU mancherorts je Haushalt nur die Verwendung von Tagstrom-Heizgeräten mit einem Gesamtanschlußwert bis 2 kW.

Die Geräte sind tragbar oder fest montiert.

Baderaum-Geräte. Verwendet werden vor allem fest installierte 1000-W-Badezimmerstrahler und Badezimmer-Konvektionsöfen mit 3 Heizstufen von 750, 1250 und 2000 W und einer Frostschutzautomatik, die bei Absinken der Raumtemperatur unter + 4 °C die Heizung von 750 W kurzzeitig einschaltet. Zur Beheizung von Küchen oder Bädern mit einem Rauminhalt von 15 bis 25 m³ arbeiten sie etwa zu ⅓ durch Strahlung und zu ⅔ durch Konvektion (**614**.1).

Ferner sind Elektro-Strahlkamine oder Heizlüfter, auch in Kombination, für kleinere Küchen oder für die Übergangsheizung in Wohnräumen im Handel.

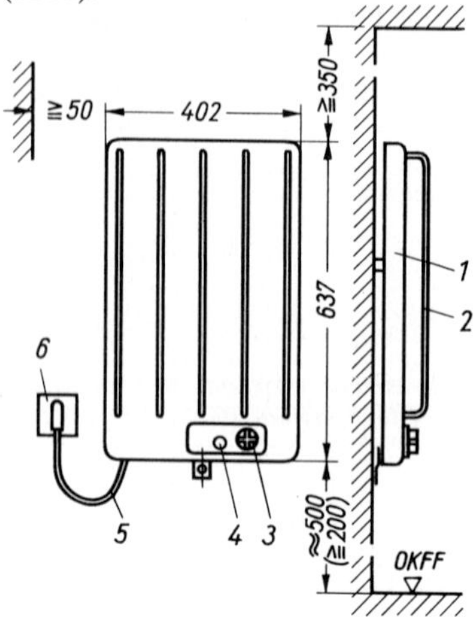

614.1 Konvektions-Wandofen für Badezimmer und Küchen (M 1:20)

1 Gerätegehäuse
2 Zierstäbe (Berührungsschutz)
3 Dreistufenschalter
4 Signallampe
5 Anschlußkabel
6 Herdanschlußdose

Rohrheizkörper (614.2). Sie werden in Längen von 0,5 bis 5 m und einem Anschlußwert von 250 bis 400 W/m gerne für Kirchengestühlheizung verwendet, zu Registern zusammengefaßt, auch zur Beheizung anderer Räume, besonders in abgelegenen Bauten, wie Fernsprechzellen oder Pumpstationen.

Rippenrohrheizkörper leisten etwa 1000 bis 2000 W/m. Sie sind jedoch schlecht sauber zu halten.

Der Leistungsbedarf für eine derartige Übergangsheizung beträgt überschläglich 1 kW je 40 m³ beheizter Raum.

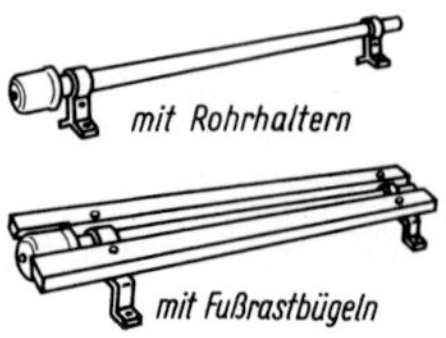

614.2 Rohrheizkörper (AEG)
250 bis 1250 W, 1,00 bis 5,00 m Länge

Elektro-Infrarotstrahler. Sie werden zur Beheizung einzelner Arbeitsplätze in großen Werkhallen sowie auf Tribünen, Sportplätzen, Terrassen, vor Schaufenstern und Restaurants eingebaut und entsprechen in ihrer Wirkung den in Abschnitt 9.4.4 beschriebenen Gas-Heizstrahlern.

9.5.2 Speicherheizgeräte

Grundlage der Anwendung elektrischer Speicherheizgeräte ist das Angebot an Schwachlaststrom während der Nachtzeit und unter besonderen Umständen auch zu einigen Zeiten des Tages.

Während dieser Zeit kann verbilligte Elektroenergie in Wärme umgewandelt werden, die für den Heizbedarf der folgenden Tageszeit gespeichert wird.

Der Aufladevorgang ist allen Speicherheizgeräten gemeinsam. Die in elektrischen Widerstandsdrähten bei Stromdurchfluß während der Ladedauer erzeugte Wärme wird von dem Speicherkern, der meist aus keramischen Stoffen mit hohem Raumgewicht und hoher Wärmespeicherfähigkeit besteht, aufgenommen, wobei er auf etwa 600 °C aufgeheizt wird.

Die Menge der zu speichernden Wärme kann durch die Leistungsaufnahme während der Aufladung und durch die Ladedauer gesteuert werden.

9.5.2.1 Bauarten

Nach der Art der Entladung und der Steuerbarkeit der Wärmeabgabe nach beendeter Aufladung unterscheidet man drei Bauarten der Speicherheizgeräte.

Bauart I. Dies sind Speicherheizgeräte mit statischer Entladung und nicht steuerbarer Wärmeabgabe nach DIN 44570 T. 1.

Zwischen dem Speicherkern und der Ummantelung des Speicherheizgerätes ist dem Heizzweck entsprechend eine mehr oder weniger dicke Wärmedämmschicht mit eingebaut.

Ohne Luftkanäle. Die Speicherwärme wird bereits während und vor allem nach der Aufladung lediglich durch Wärmeleitung vom Kern an den geschlossenen Außenmantel des Gerätes (**615**.1 links) und von dort aus weiter durch Strahlung und natürliche Konvektion an den Raum abgegeben.

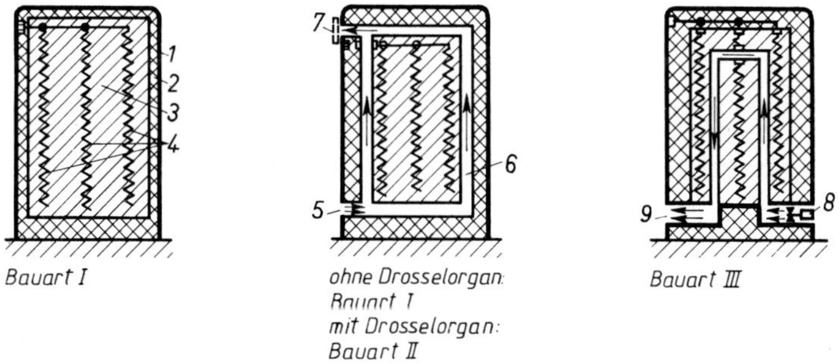

615.1 Elektro-Speicherheizgeräte (Legende siehe Bild **616**.1)
Bauart I: mit statischer Entladung und nicht steuerbarer Wärmeabgabe
Bauart II: mit statischer Entladung und steuerbarer Wärmeabgabe
Bauart III: mit dynamischer Entladung und steuerbarer Wärmeabgabe

Mit offenen Luftkanälen. Diese Ausführung (**615**.1 Mitte) hat Luftkanäle am oder im Kern mit unteren und oberen Öffnungen im Außenmantel zur Raumseite hin. Durch sie wird eine zusätzliche konvektive Entladung des Speicherkernes hervorgerufen, die durch die Schornsteinwirkung innerhalb der Luftkanäle infolge des Temperatur- und Höhenunterschiedes zwischen Luftein- und -austritt erfolgt.

Bauart II. Dies sind Speicherheizgeräte mit statischer Entladung und steuerbarer Wärmeabgabe.

Von der Bauart I unterscheidet sich diese Bauart mit offenen Luftkanälen lediglich dadurch, daß die Öffnungen der Luftkanäle durch Drosselorgane ganz oder teilweise geschlossen werden können. Hierdurch läßt sich die Stärke der Konvektion beeinflussen (**615**.1 Mitte).

Diese Steuerung ist jedoch primitiv, Geräte dieser Bauart werden daher kaum noch verwendet.

Bauart III. Dies sind Speicherheizgeräte mit dynamischer Entladung und steuerbarer Wärmeabgabe nach DIN 44572 T. 1.

Geräte dieser Bauart (**615**.1 rechts) haben eine besonders starke Wärmedämmung. Dadurch wird die Wärmeabgabe von der Oberfläche des Gerätes erheblich geringer als bei den Bauarten I und II.

Der überwiegende Teil der Wärmeabgabe erfolgt vielmehr durch erzwungene Konvektion innerhalb der Luftkanäle im oder um den Speicherkern, deren umgekehrte U-Form jede selbständige Luftbewegung in ihnen verhindert.

An der Ansaugseite sind ein oder mehrere Gebläse eingebaut, die bei Einschalten die kühlere Raumluft aus dem Bodenbereich ansaugen, durch die Luftkanäle drücken und erwärmt in den Raum führen.

Eine Weiterentwicklung, nach der heute die Geräte der Bauart III allgemein gebaut werden, stellt Bild **616**.1 dar.

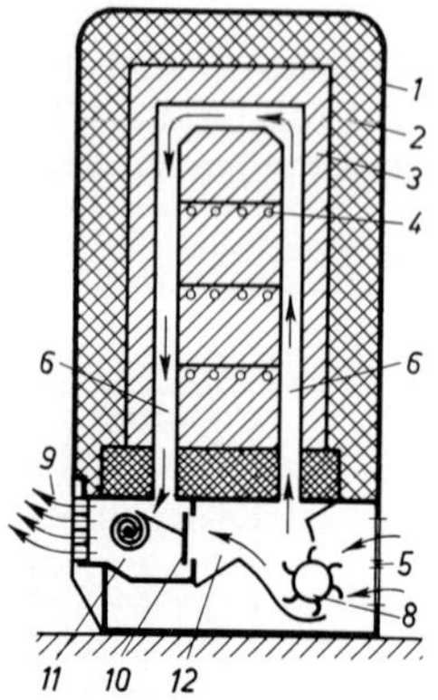

616.1 Elektro-Speicherheizgerät der Bauart III mit Beipaß und Mischluftklappe

1 Mantel
2 Wärmedämmung
3 Speicherkern
4 Heizleiter
5 Lufteintritt
6 Luftkanal
7 Drosselorgan
8 Lüfter
9 Luftaustritt
10 Mischluftklappe
11 Bimetallregler
12 Beipaß

Zur Sicherung einer gleichmäßigen und nicht zu hohen Warmlufttemperatur an der vorderseitig gelegenen Luftaustrittsöffnung wird dem Luftstrom aus dem Geräteinnern über einen Beipaß (Kurzschlußleitung) und eine verstellbare Klappe, die durch einen in der austretenden Warmluft angebrachten Regler betätigt wird, nach Bedarf Umluft beigemengt.

9.5.2.2 Steuerung und Regelung

Aufladung. Die Geräte der 3 Bauarten werden in gleicher Weise aufgeladen.

Über eine plombierte Schaltuhr, in Neubaugebieten und in Zukunft mehr durch eine Rundsteueranlage unmittelbar vom EVU aus, wird in den Nachtstromzeiten, meist von 22 bis 6 Uhr, im Bereich vom EVU mit besonders günstigen Erzeugungs- und Verteilungsbedingungen oft auch während einer Nachheizzeit von etwa 2 Mittagsstunden, die Stromzufuhr zu den Heizgeräten freigegeben.

Dabei kann entweder ein besonderer Eintarifzähler den Nachtstromverbrauch nur für die Heizung erfassen oder ein Doppeltarifzähler, der dann in den Nachtstromzeiten auf den Niedertarif umschaltet, den gesamten Stromverbrauch für Heizung und Normalverbrauch nach diesem Tarif abrechnen (**617**.1).

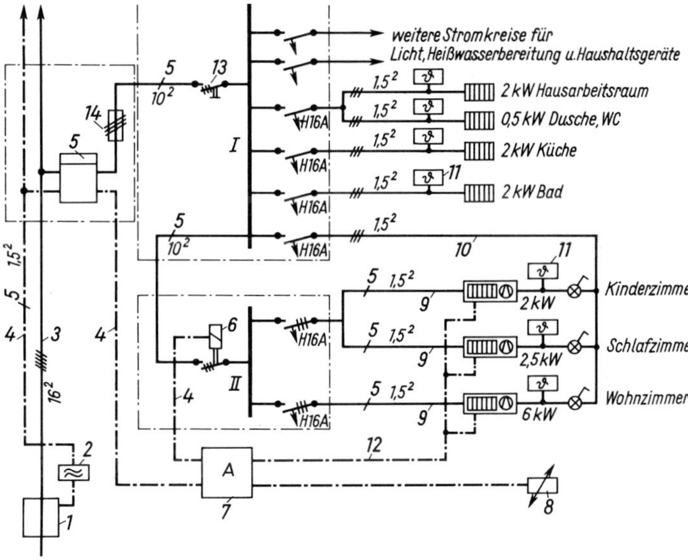

617.1 Übersichtsschaltplan für eine Elektro-Heizung mit Speicher- und Direktheizgeräten in einem Mehrfamilienhaus

1 Hausanschlußkasten mit Hauptsicherungen
2 Schaltuhr oder Steuergerät für Freigabezeiten
3 Hauptleitung der Stromversorgung, NYM 5 × 16 mm² Cu
4 Steuerleitung
5 Zweitarifzähler
6 Heizungsschütz
7 Steuergerät für Aufladung der Speicherheizgeräte
8 Witterungsfühler
9 Leitungen für Aufladung der Speicherheizgeräte
10 Leitungen für Entladung der Speicherheizgeräte
11 Raumthermostat
12 eventuell Leitung für Restwärmeerfassung
13 plombierbarer Hauptschalter, 3polig 63 A
14 Vorsicherung, 3polig

Steuerung. Außer der Freigabe muß auch die Intensität der Aufladung gesteuert werden.

Für kleine Anlagen genügt die Steuerung der Leistungsaufnahme von Hand durch einen Steuerschalter für die verschiedenen Aufladestufen, der sich am Speichergerät selbst befinden kann, häufig aber auch mit dem Raumthermostat in einem Gehäuse vereinigt ist.

Der Grad der Aufladung kann auch durch die Ladedauer bestimmt werden, und zwar durch eine Schaltuhr mit vom Benutzer verstellbaren Reitern oder durch eine einstellbare Zeitautomatik. Dabei wird das Gerät stets mit einer gewissen Reserve aufgeladen, die nicht verloren ist, sondern als Restwärme in die Aufheizung der folgenden Nacht eingeht.

Für eine Anlage mit mehreren Geräten ist eine die Witterung und die Restwärme erfassende, von jeder Bedienung freie Aufladeautomatik zweckmäßig.

Ein im Freien an einer für die Witterung typischen Stelle des Gebäudes angebrachter Witterungsfühler, der für eine große Anzahl von Wohnungen tätig sein kann, meldet über ein Steuerorgan jedem Speicherheizgerät den erforderlichen Grad der Aufladung.

Diese erfolgt dann unter Berücksichtigung der in jedem Gerät vom Vortage nachgebliebenen und durch die mit einem eingebauten Restwärmefühler erfaßte Restwärme.

Ein Aufheizen des Speicherkernes auf über 600 °C wird durch einen eingebauten Temperaturbegrenzer verhütet.

Entladung. Speicherheizgeräte der Bauart III geben ihre Wärme bei Dauerheizung zu ca. 40 bis 50%, bei Kurzzeitheizung zu ca. 60 bis 70% durch die ausgeblasene Warmluft ab. Deren Ausstöße können durch An- und Abschalten des Lüfters von einem für alle Heizgeräte eines Raumes gemeinsamen Raumthermostat zeitlich so bemessen werden, daß die für den Raum gewünschte Lufttemperatur mit einem Spiel von ± 0,5 °C konstant gehalten wird.

Diese individuelle automatische Raumtemperaturregelung arbeitet fast trägheitslos (siehe Abschnitt 10.2.4.3).

Der Raumthermostat ist in etwa 1,5 m Höhe an einer Innenwand des Raumes, vor Geräte- und Sonnenstrahlung sowie vor Zugluft geschützt, anzubringen.

Der Lüfter arbeitet in 2 Stufen, einer Normalstufe, die praktisch geräuschlos, für alle normalen Anforderungen ausreicht, und einer für besonders schnelle Aufheizung des Raumes am Heizgerät oder am Raumthermostat einzuschaltenden Schnellstufe. Es gibt auch Geräte mit einer automatischen Einschaltung der Schnellstufe bei tieferen Temperaturabsenkungen. Das leise Luftgeräusch der Schnellstufe ist, da sie nur selten kurzzeitig eingeschaltet wird, belanglos.

Aufladung und Entladung. Das Zusammenspiel von Aufladung und Entladung ist aus der in Bild **619**.1 dargestellten Vollast-Charakteristik eines Gerätes der Bauart III ersichtlich. Auf der Waagerechten wurden die Auflade- und Entladestunden, auf der Senkrechten die aufgespeicherte und die an den Raum abgegebene Wärme aufgetragen.

Bei voller Aufladung über 8 Stunden würde sich nach der Kurve A_0 eine Aufladung auf Q_0 ergeben. Doch praktisch ist nur eine Aufladung auf Q_{max} nach der Kurve A_1 erreichbar, da bereits während der Aufladung eine statische Entladung des Gerätes erfolgt. Diese geht jedoch nicht verloren, sondern bewirkt eine Vorheizung des Raumes.

Eine pausenlose Entladung nach der Vollaufladung würde dann ohne Betätigung des Lüfters rein statisch nach der Kurve E_1 erfolgen, bei ständigem Einschalten des Lüfters auf der Normalstufe nach E_2 und auf der Schnellstufe nach E_3.

Aus den Entladekurven ist die aus dem Gerät jeweils maximal verfügbare stündliche Wärmemenge, der Wärmeleistung, zu entnehmen, die dem nach DIN 4701 für den bestimmten Raum zu errechnenden stündlichen Wärmebedarf $\dot{Q}_N$ (s. Abschnitt 8.3.1) entsprechen muß.

Aus A_0 bzw. Q_0 ist der elektrische Anschlußwert P_s in kW für das Speicherheizgerät zu bestimmen.

Im praktischen Betrieb verläuft die Entladung jedoch nicht gleichmäßig nach einer einzigen der drei Kurven E_1, E_2 oder E_3.

Zur richtigen Auswahl der einzelnen Geräte genügt es nicht, nur die Nennleistung zugrunde zu legen, sondern es sind auch die Heizleistungskurven der Einzelgeräte zu beachten. Für jede Gerätetype gibt es daher ein gesondertes Diagramm.

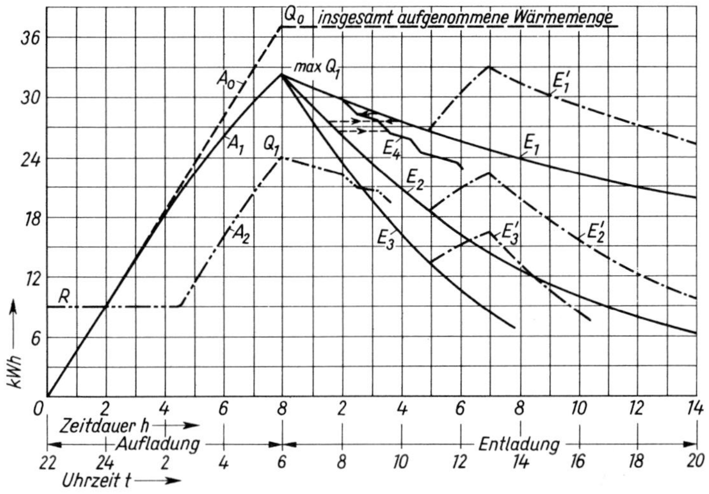

619.1 Vollast-Charakteristik eines Speicherheizgerätes der Bauart III
R = Restwärme des Vortages

9.5.2.3 Anschlußwerte

Als überschläglicher Anschlußwert in Wohngebäuden sind 0,20 bis 0,25 kW/m² anzunehmen.

Der Anschlußwert P_{sp} eines Nachtstrom-Speicherheizgerätes ist zu bestimmen nach der Formel

$$P_{sp} = f \cdot \dot{Q}_N \text{ in kW}$$

mit $\dot{Q}_N$ = Wärmebedarf des Raumes nach DIN 4701 in kW und f = Deckungsfaktor.

Der Deckungsfaktor f berücksichtigt neben dem Verhältnis der Benutzungszeit zur Aufladezeit auch noch die während der Stillstandszeiten über die Oberfläche der Heizgeräte abgegebene, beim Heizbeginn nicht mehr verfügbare Wärme sowie eine Vorheizzeit von etwa 1 Stunde.

Werte für f sind der Tafel **619**.2 zu entnehmen.

Tafel **619**.2 Deckungsfaktoren f zur Ermittlung des Anschlußwertes von Nachtstrom-Speicherheizgeräten (nach Siemens)

Raum	Benutzung des Raumes von···bis···	h	Deckungsfaktor f bei Aufladezeit von 8	8+2	8+3	8+4 h
Wohnzimmer	8 bis 22 Uhr	14	2,25	1,8	1,65	1,5
Kinderzimmer	8 bis 20 Uhr	12	2,0	1,6	1,4	1,3
Küche	10 bis 22 Uhr	12	2,1	1,7	1,55	1,4
Schlafzimmer	8 bis 18 Uhr	10	1,75	1,4	1,2	1,1
	12 bis 22 Uhr		1,9	1,55	1,4	1,3

9.5.2.4 Einbau

Nachtstrom-Speicherheizgeräte werden vorzugsweise mit Stahlblechmantel, in verschiedenen Farbzusammenstellungen lackiert, zum Teil wahlweise mit Kachelmantel, betriebsfertig geliefert. Bei den meisten größeren Geräten baut man jedoch zur Erleichterung des Transportes den Speicherkern erst am Verwendungsort ein.

Die Geräte sollen grundsätzlich, wie die Heizkörper einer WW-Zentralheizung, unter den Fenstern aufgestellt werden (**620**.1), um so durch einen Warmluftschleier den an den Fenstern entstehenden Kaltlufteinfall abfangen zu können. Dabei muß die Außenwand in der Fensternische denselben Wärmeschutz aufweisen wie die übrigen Außenwandflächen.

Der Platzbedarf der Elektro-Speicherheizgeräte ist größer als der von Radiatoren oder Flachheizkörpern und kann dadurch die Aufstellung in kleineren Räumen erschweren. Die alten Geräte haben bis zu 48 cm Tiefe. Heute gibt es Modelle mit Tiefen von nur 27 oder auch 19 cm und entsprechend größerer Breite.

Das Gewicht der Speicherheizgeräte ist mit 50 bis 60 kg/kW Anschlußwert sehr beträchtlich. Trotzdem sind die baulichen Anforderungen nach DIN 1055 T. 3 in der Regel erfüllt.

Falls in Ausnahmefällen, etwa bei 8 kW-Geräten, dies nicht der Fall sein sollte, ist eine statische Nachrechnung der Geschoßdecke erforderlich.

Bei der Aufstellung der Geräte ist ferner zu beachten:

Die Geräte müssen von massiven Wänden mindestens 3 cm, von unverkleidetem Holz mindestens 10 cm Abstand einhalten.

Auf die Geräte dürfen keine brennbaren oder stark wärmedämmenden Stoffe gelegt oder an sie gelehnt werden.
Fenstervorhänge dürfen nicht bis unmittelbar an das Gerät herangeführt werden.

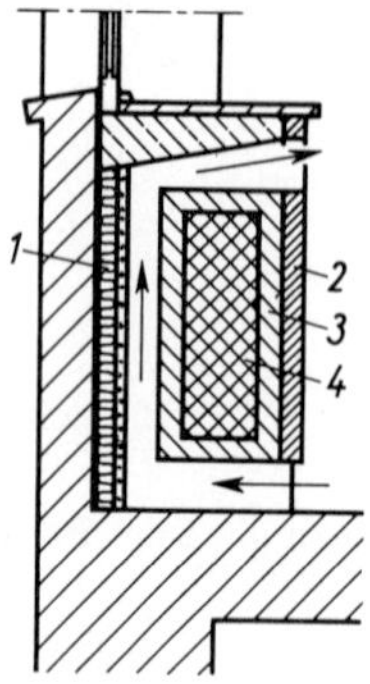

620.1 Nachtstrom-Speicherofen (Einbau unter dem Fenster) (M 1:30)
1 Dämmschicht
2 Kachelmantel
3 Wärmedämmschicht des Ofens
4 Speicherkern

9.5.3 Fußboden-Speicherheizung

Die elektrische Fußbodenheizung nach DIN 44576 T. 1 bis 4 sowie DIN 4725 T. 4 ist im Prinzip eine Speicherheizung der Bauart I, deren im Fußboden verlegte Heizkabel beim Aufheizen mit Nachtstrom eine Speichermasse erwärmen. Sie besteht aus Heizleitern, Schalt-, Steuer- und Regelgeräten, Zusatzheizung sowie der Elektroinstallation (**621**.2).

Da der gesamte Tageswärmebedarf in der Nacht nicht gespeichert werden kann, ist eine zusätzliche Nachheizung am frühen Nachmittag für 2 bis 3 Stunden erforderlich.

Die Temperatur der Fußbodenoberfläche darf in der Aufenthaltszone im Mittel 25 bis 27 °C nicht überschreiten. Daher kann die Speichermasse nicht mit ca. 600 °C, sondern nur mit bis zu 45 °C arbeiten.

In den nicht begehbaren Randzonen der Räume darf dagegen die Oberflächentemperatur auf 40 °C gesteigert werden.

Die maximalen Wärmeleistungen sind in der Aufenthaltszone mit ca. 63 W/m^2 und in der Randzone mit ca. 230 W/m^2 anzunehmen. Bei einem Flächenanteil der Randzone von 15% ist dann der spezifische Wärmebedarf mit $0{,}85 \cdot 63 + 0{,}15 \cdot 230 = 88$ W/m^2 durch die Fußbodenheizung abgedeckt.

Nach DIN 44576 T. 3 soll der flächenbezogene Norm-Wärmebedarf den Wert von 80 W/m^2 nur in Ausnahmefällen, die Temperatur der Randzone den Wert von 250 W/m^2 nicht überschreiten.

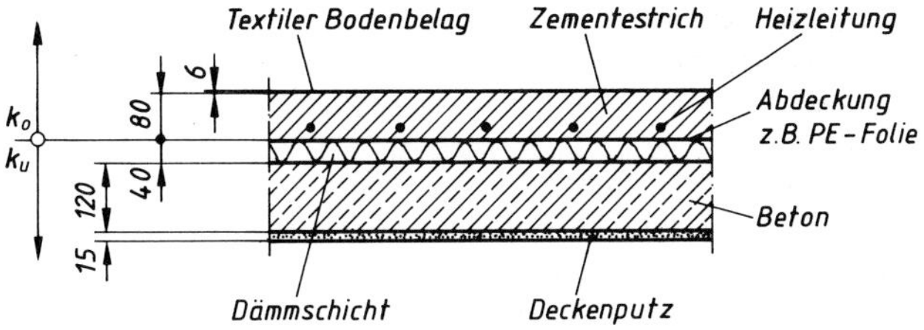

621.1 Elektrische Fußboden-Speicherheizung, Schemaaufbau einer Kellergeschoßdecke (nach DIN 44576 T.4)

k_o = Wärmedurchgangskoeffizient des Fußbodenaufbaues oberhalb der Wärme- und Trittschalldämmung

k_u = Wärmedurchgangskoeffizient für alle Schichten unterhalb des Estrichs

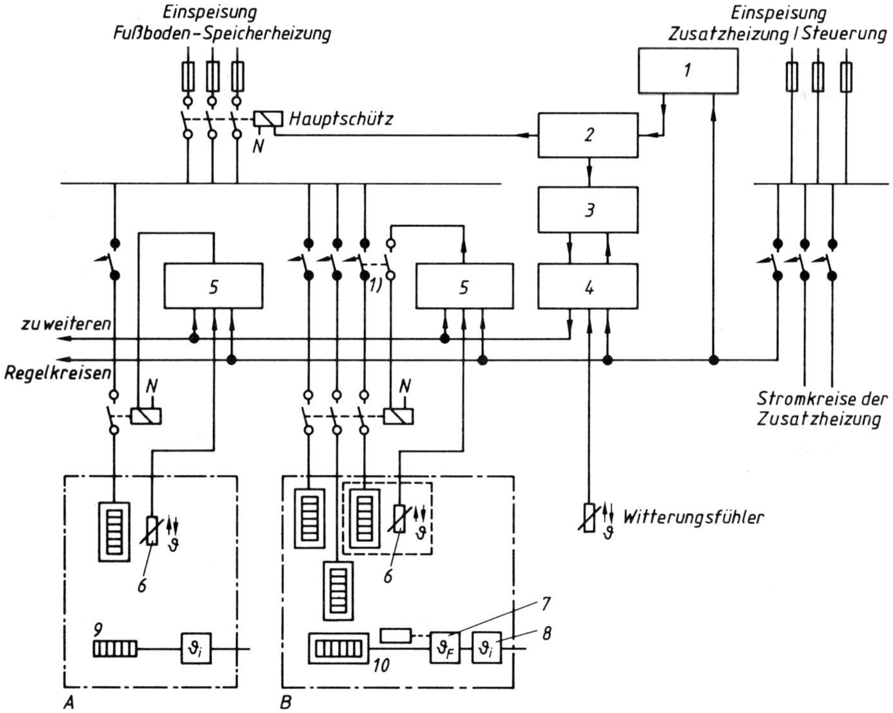

621.2 Prinzipschaltung einer elektrischen Fußboden-Speicherheizung (nach DIN 44576 T.3)

A Raum mit einem Heizkreis und Konvektor-Zusatzheizung
B Raum mit mehreren Heizkreisen und Randzonen-Zusatzheizung

1 EVU-Freigabe	6 Bodentemperaturfühler
2 Übergeordnetes Zeitglied	7 Bodentemperaturwächter
3 Zeitglied	8 Raumtemperaturregler
4 Zentralsteuergerät	9 Konvektor
5 Aufladeregler	10 Randzone

[1]) Leitungsschutzschalter mit Hilfsschalter für Heizkreis mit Bodentemperaturfühler

Im Normalfall wird die elektrische Fußbodenheizung nur als Teilspeicherheizung ausgelegt, so daß sie mit einer elektrischen Zusatzheizung (**621**.2) kombiniert werden muß.

Die Wärmeabgabe des Fußbodens während der Entladung kann kaum beeinflußt werden.

Als elektrische Zusatzheizung ist die Installation von thermostatisch geregelten Flachheizungen unter den Fenstern angebracht, die etwa 15% des Raumwärmebedarfes abdecken sollten.

Die Fensterinstallation soll auch den unvermeidlichen Kaltlufteinfall abfangen und eine hygienisch einwandfreie Luftzirkulation im Raum herstellen (s. auch Abschnitt 10.1.2.5).

Bauarten. Unterhalb der Heizfläche ist die Wärmedämmung für dauerbeheizte Räume etwa 3 bis 6 cm dick anzunehmen. Die Wärmeabgabe erfolgt während des Tages nach oben in den Raum (**621**.1).

Für das Einbetten der Heizkabel gibt es verschiedenste Systeme.

1. Die Heizleitungen werden in Naßmontage direkt in den Beton oder Estrich eingegossen. Das Auswechseln beschädigter Teile ist sehr schwierig. Die Estrichdicke beträgt 5 bis 15 cm bei einem guten Wärmeübergang (**621**.1).
2. In den Beton werden Stahlrohre mit eingegossen und die Heizkabel nachträglich eingezogen. Statt der Rohre werden auch keramische Lochsteine verwendet.
3. Die Kabel werden in Trockenmontage auf besonderen geschlitzten Heizplatten verlegt.
4. Über der Wärmeschicht verlegte Heizplatten, bei denen die Heizleiter in Kunststoff-Folien eingebettet liegen.

Die Belastung der Heizkabel wird mit 10 bis 25 W/m angenommen.

Die äußere Manteltemperatur bei Naßeinbettung beträgt 40 bis 50 °C, bei Trockeneinbettung 80 bis 100 °C.

Bei der Installation ist bei allen Einbettsystemen größte Sorgfalt erforderlich, um Beschädigungen der Kabel zu vermeiden.

Das Reparieren der meist mit einem Metalldrahtgeflecht umhüllten Heizkabel ist sehr kostspielig.

Vermutete Schadstellen können unter anderem durch Infrarot-Sucheinrichtungen festgestellt werden.

Temperaturregelung. Sie erfolgt durch einen Wetterfühler in der Hausaußenwand. Je nach Außentemperatur wird die Aufheizung des Estrichs freigegeben, wobei die Restwärme im Fußboden durch einen besonderen Restwärmefühler wie bei Speicherheizgeräten berücksichtigt wird.

Das Schaltprinzip einer elektrischen Fußboden-Speicherheizung mit mehreren Heizkreisen und Zusatzheizung als Randzone und einem weiteren Heizkreis mit Zusatzheizung durch Konvektor wird durch Bild **621**.2 erklärt.

Mit elektrischen Zusatzheizungen sind nach DIN 44576 T. 3 grundsätzlich alle Wohn-, Kinder-, Schlafräume und Bäder auszustatten.

Für die zu installierende Leistung wird bei einer maximalen Oberflächentemperatur von 27 °C eine Aufheizzeit von 8 Stunden und eine Nachheizzeit von 2 Stunden zugrunde gelegt.

Die Wärmeabgabe des Fußbodens an den Raum ist sehr ungleichmäßig.

Die morgendliche maximale Wärmeabgabe beträgt ca. 116 W/m^2, die geringste am Abend nur 23 W/m^2. Für einen Mittelwert kann man dann mit 65 W/m^2 rechnen.

Vor- und Nachteile. Vorteilhaft bei der elektrischen Fußboden-Speicherheizung sind:

Einsparung von Schornstein und Heizungskeller, kein Abgas, keine Brennstoffbevorratung, kein nennenswerter Platzbedarf, relativ billige Anschaffung, geringe Wartungskosten und einfache Messung des Energieverbrauches.

Nachteilig sind:

Eine ungünstige Temperaturregelung, Trägheit der Grundheizung, erforderliche Zusatzheizung, schwer zu beseitigende Schäden an den Heizkabeln, hoher Fußbodenaufbau und starke Deckenbelastung.

Eine Genehmigung durch das zuständige EVU ist in jedem Fall erforderlich.

Wirtschaftlichkeit. Wie bei allen elektrischen Heizungen ist auch bei dieser Heizung eine energiesparende Wärmedämmung des Raumes oder der Wohnung erforderlich. Der maximale Wärmeverlust beträgt ca. 80 W/m^2.

Für einen wirtschaftlichen Betrieb der elektrischen Fußboden-Speicherheizung sollte mindestens 10 Pf/kWh als Mischpreis angenommen werden.

Als Anlagekosten müssen derzeit etwa 110 bis 140 DM/m^2 einschließlich der Installation ohne Fußbodenbelag kalkuliert werden.

Bei etwa 1500 Vollbetriebsstunden ergeben sich (1500 · 0,10 · 0,080) ca. 12,00 DM/m^2 Wohnfläche als jährliche Betriebkosten.

Fußbodenheizungen haben sich als Speicherheizung außer in Wohnungen auch als Schul- und Kirchenheizungen oder in Geschäftsräumen (**623**.1) bewährt.

In Spezialausführungen gibt es die elektrische Beheizung von Garagenrampen, Treppen und dergleichen.

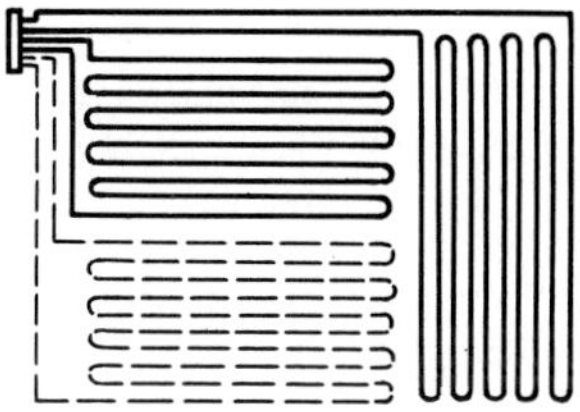

623.1 Fußboden-Speicherheizung, Anordnung der Heizkabel in Geschäftsräumen, 3 Heizkreise als abschaltbare Heizfelder für die Anpassung an die jeweilige Raumnutzung

Andere Flächenheizungen. Neben der elektrischen Fußboden-Speicherheizung gibt es elektrische Flächenheizungen für Decken und Wände, die jedoch in der praktischen Anwendung ohne Bedeutung sind.

Die elektrische Deckenstrahlungsheizung ist eine Flächenheizung mit den Merkmalen einer Direktheizung. Die Wärmeabgabe ist fast ausschließlich durch Strahlung nach unten gerichtet (s. auch Abschnitt 10.1.2.4).

Die elektrische Wandflächenheizung ist ebenfalls eine Direktheizung, deren Wärmeabgabe an den Raum durch Strahlung und Konvektion erfolgt.

9.6 Technische Regeln

Deutsche Normen

DIN 3362	Gasgeräte mit atmosphärischen Brennern; Begriffe, Anforderungen, Prüfung, Kennzeichnung (08.90)
DIN 3364	T. 1 Gasverbrauchseinrichtungen; Raumheizer; Begriffe, Anforderungen, Kennzeichnung, Prüfung (04.82)
DIN 3364	T. 2 Gasgeräte; Raumheizer; Schornsteingebundene Heizeinsätze mit atmosphärischen Brennern (01.88)
DIN 3364	T. 10 Konvektions-Raumheizer für gasförmige Brennstoffe mit atmosphärischem Brenner und Zündflamme (02.93)

DIN 3372	T. 1 Gasverbrauchseinrichtungen; Heizstrahler mit Brennern ohne Gebläse, für Raumheizzwecke (01.80)
DIN 3372	T. 2 Gasverbrauchseinrichtungen; Heizstrahler mit Brennern ohne Gebläse, für Freianlagen (01.80)
DIN 4731	Ölheizeinsätze mit Verdampfungsbrennern; Anforderungen, Prüfung und Kennzeichnung (07.89)
DIN 18890	Dauerbrandöfen für feste Brennstoffe (09.71)
DIN 18890	T. 10 Dauerbrandöfen für feste Brennstoffe; Raucharme Verbrennung (12.74)
DIN 18891	Kaminöfen für feste Brennstoffe (08.84)
DIN 18892	T. 1 Dauerbrand-Heizeinsätze für feste Brennstoffe zur bevorzugten Verfeuerung von Kohle (04.85)
DIN 18892	T. 2 Dauerbrand-Heizeinsätze für feste Brennstoffe; Heizeinsätze zur bevorzugten Verfeuerung von Holz mit verminderten Dauerbrandeigenschaften (10.89)
DIN 18893	Raumheizvermögen von Einzelfeuerstätten; Näherungsverfahren zur Ermittlung der Feuerstättengröße (08.87)
DIN 18895	T. 1 Feuerstätten für feste Brennstoffe zum Betrieb mit offenem Feuerraum (offene Kamine); Anforderungen, Aufstellung und Betrieb (08.90)
DIN 44567	T. 1 Elektrische Raumheizgeräte; Direktheizgeräte, Strahlungsheizgeräte, Begriffe (03.70)
DIN 44568	T. 1 Elektrische Raumheizgeräte; Direktheizgeräte, Konvektionsheizgeräte mit natürlicher Konvektion, Begriffe (03.70)
DIN 44569	T. 1 Elektrische Raumheizgeräte; Direktheizgeräte, Konvektionsheizgeräte mit erzwungener Konvektion, Begriffe (03.70)
DIN 44570	T. 1 Elektrische Raumheizgeräte; Speicherheizgeräte mit nicht steuerbarer Wärmeabgabe, Gebrauchseigenschaften, Begriffe (09.76)
DIN 44572	T. 1 Elektrische Raumheizgeräte; Speicherheizgeräte mit steuerbarer Wärmeabgabe; Gebrauchseigenschaften; Einteilung und Begriffe (08.89)
DIN 44572	T. 4 Elektrische Raumheizgeräte; Speicherheizgeräte mit steuerbarer Wärmeabgabe; Bemessung für Räume (08.89)
DIN 44574	T. 1 Elektrische Raumheizung; Aufladesteuerung für Speicherheizung; Gebrauchseigenschaften, Begriffe (03.85)
DIN 44576	T. 1 Elektrische Raumheizung; Fußboden-Speicherheizung; Gebrauchseigenschaften, Begriffe (03.87)
DIN 44576	T. 3 Elektrische Raumheizung; Fußboden-Speicherheizung; Gebrauchseigenschaften, Anforderungen (03.87)
DIN 44576	T. 4 Elektrische Raumheizung; Fußboden-Speicherheizung; Gebrauchseigenschaften, Bemessung für Räume (03.87)

DVGW-Regelwerk

G 600	Technische Regeln für Gas-Installationen; DVGW-TRGI 1986 (11.86)
G 638	Heizstrahler-Anlagen (12.80)
G 638	T. 1 Heizungsanlagen mit Hellstrahlern; Planung, Installation, Betrieb (03.91)
G 674	Heizung mit Gasraumheizern (03.80)
G 675	Gasbefeuerte Kachelofen-Luftheizung (12.79)
G 680	Technische Regeln für die Umstellung von Gasverbrauchseinrichtungen auf Erdgas (Bau, Güte, Prüfungen) (08.71)

10 Zentralheizungen

Eine Zentralheizungsanlage für eine größere Anzahl zu beheizender Räume besteht aus drei Hauptanlageteilen, dem Wärmeerzeuger, den Rohrleitungen und den Heizflächen.

Der wärmeerzeugende Teil ist eine Feuerstelle, die in der Regel in einem Heizraum im Keller, gelegentlich auf dem Dach als Dachheizzentrale untergebracht ist.

Der wärmetransportierende Teil ist eine Rohrleitungsanlage, durch die ein Wärmeträger die Heizwärme den Räumen zuführt.

Der wärmeabgebende Teil sind einzelne Heizflächen. Durch sie wird die Wärme an die Räume abgegeben.

Als Wärmeträger werden Wasser, Dampf oder Luft verwendet.

Die Zentralheizungen sind daher zu unterscheiden in Warmwasserheizungen (siehe Abschnitt 10.1), Dampfheizungen (siehe Abschnitt 10.3) und Warmluftheizungen (siehe Abschnitt 10.4).

Vorteile. Die Zentralheizung erwärmt ein ganzes Gebäude mit allen Nebenräumen gleichmäßig und ermöglicht die volle Nutzung sämtlicher Räume über die ganze Heizperiode von etwa 230 Tagen. Gleichzeitig werden Frostschäden an den Wasserleitungen vermieden.

Gegenüber Einzelheizungen erfordert die zentrale Gebäudeheizung nur eine oder wenige Feuerstellen und Schornsteine. Der Platzbedarf der Heizkörper ist relativ gering.

Zentralheizungen lassen sich mit großer Wirtschaftlichkeit bei der Brennstoffausnutzung und mit geringem Bedienungsaufwand weitgehend rauchlos betreiben. Das bedeutet geringere Umweltverschmutzung.

Der Wegfall von Brennstoff- und Aschentransporten in den Wohnungen gibt weniger Staub und Verschmutzung für die Bewohner.

Nachteile. Die Anschaffungskosten für eine Zentralheizung sind größer als die der Einzelheizung bei etwa gleichem Brennstoffverbrauch und bei Vollerwärmung aller Räume.

Trotz der Schwierigkeit bei der Heizkostenabrechnung für Mietwohnungen und den höheren Betriebskosten mit allerdings höherem Heizkomfort hat sich die Zentralheizung gegenüber der Einzelheizung weitgehend durchgesetzt.

10.1 Warmwasserheizungen

Die verbreitetste und damit wichtigste Art der Zentralheizung ist in Deutschland die Warmwasserheizung (WWH). Bei ihr dient warmes Wasser bis zu einer Temperatur von maximal 120 °C als Wärmeträger.

In dem am tiefsten Punkt der Anlage, meistens im Kellergeschoß, aufgestellten Heizkessel wird das Wasser erwärmt, strömt durch unterschiedliche Schwerkraft oder eine Umwälzpumpe gehoben über Rohrleitungen zu den Heizflächen in den Räumen und, nach der Wärmeabgabe an den Raum, abgekühlt von dort zum Kessel zurück, von wo aus dieser Kreislauf sich ständig wiederholt (**626**.1).

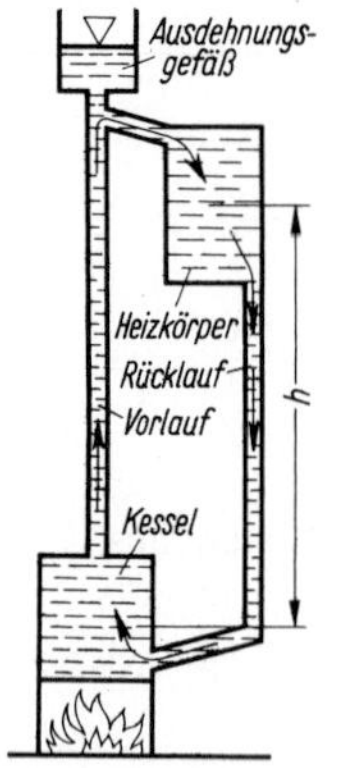

Die Heizkesselanlage kann auch aus mehreren Kesseln bestehen.

Das Heizwasser braucht nicht, abgesehen von dem unerheblichen gelegentlichen Ersatz verdunsteten Wassers, erneuert zu werden, so daß sich auch kaum Kesselstein bilden kann.

Nach der den Wasserumlauf bewirkenden Triebkraft werden Schwerkraft-WW-Heizungen (**627**.1) und Pumpen-WW-Heizungen (**628**.1) unterschieden.

626.1 Schwerkraft-Warmwasserheizung. Der Mittenabstand *h* zwischen Kessel und Heizfläche bestimmt die Größe der Umtriebskraft (Schema)

Offene oder geschlossene WW-Heizung. Nach der Verbindung mit der Atmosphäre unterscheidet man zwischen offenen und geschlossenen WW-Heizungen.

Die Volumenzunahme des Wassers infolge der Erwärmung wird in einem am höchsten Punkt der Anlage angeordneten unmittelbar mit der Atmosphäre verbundenen offenen Ausdehnungsgefäß (**670**.1) ausgeglichen (s. Abschnitt 10.2.2).

Das heute weitgehend verwendete geschlossene Ausdehnungsgefäß (**672**.1) ist meist in Kesselnähe untergebracht und hat auch sonstige gefährliche Druckerhöhungen in der Anlage aufzufangen (s. Abschnitt 10.2.2). Der statische Druck in der Anlage darf 5 bar nicht übersteigen, wenn nicht besondere, im Einzelfall zu genehmigende Sicherheitsvorkehrungen getroffen werden.

In Deutschland werden bei Neubauten weitgehend geschlossene Pumpenwarmwasserheizungen installiert, während die Schwerkraftheizungen kaum noch ausgeführt werden.

Ältere offene WW-Heizungen arbeiten meistens bei der tiefsten für die Berechnung zugrunde gelegten Außentemperatur mit einer höchsten Vorlauftemperatur von 90 °C und einer höchsten Rücklauftemperatur von 70 °C. Das Temperaturgefälle des Wassers, die Temperaturspreizung, beträgt damit 20 K.

Bei der geschlossenen WW-Heizung kann die Vorlauftemperatur maximal 120 °C betragen. Die Rücklauftemperaturen liegen in diesem Fall zwischen 70 °C und 90 °C. So gewinnt man mit größeren Temperaturspreizungen geringere Rohrdurchmesser, mit höheren mittleren Heizwassertemperaturen kleinere Heizflächen.

Regelbarkeit. Eine WWH gibt gleichmäßig und mild, daher ohne Staubverschwelung, ihre Wärme an die Räume ab, da die Oberflächentemperatur nur selten 70 °C übersteigt.

Die Wärmeabgabe ist leicht zu regeln. Dies kann zentral, auch gruppen- und strangweise, durch Änderung der Vorlauftemperatur im weiten Bereich von etwa 35 bis 90 °C, jedoch selten bis 110 °C, örtlich durch Regulierventile an den Heizkörpern (**708**.1) geschehen. Hierdurch ist ein besonders wirtschaftlicher Betrieb möglich.

Die Anlagen sind leicht zu bedienen und haben, da sie kaum Korrosionsschäden ausgesetzt sind, eine lange Lebensdauer.

Die heute fast ausschließlich zusammen mit Umwälzpumpen eingesetzten schnell regelbaren Öl- und Gasfeuerungen, besonders bei der Wahl von Heizkesseln und Heizkörpern mit besonders geringem Wasserinhalt, erfüllen fast alle wesentlichen Forderungen an die Beweglichkeit des Wärmeangebotes.

Dagegen sind WW-Heizungen mit festen Brennstoffen, vor allem als Schwerkraftanlagen, nicht in der Lage, sich raschen Änderungen im Wärmebedarf bei allen Betriebszuständen anzupassen.

Gebäudeeignung. Angewendet wird die WWH vor allem in Gebäuden, in denen eine langanhaltende, gleichmäßige Wärmeabgabe erwünscht ist. Das gilt für Wohnhäuser, Verwaltungsgebäude, Krankenhäuser, Museen, Gewächshäuser, Schulen, Theater, Gasthäuser und andere Gebäude.

Die geschlossene 120 °C-Anlage wird nur wegen der Einsparung an Heizfläche und wegen der günstigen Anordnung des Ausdehnungsgefäßes, zum Beispiel in Stockwerkwohnungen und in eingeschossigen Gebäuden gewählt. In der Übergangszeit wird auch diese Heizung mit niedrigen Temperaturen gefahren.

Weiterhin eignet sich die 120 °C-Heizung besonders dort, wo die Heizung sowohl Radiatoren als auch Lufterhitzer aufweist, z. B. bei Werkstätten in Verbindung mit Büroräumen oder Wohnungen.

10.1.1 Arten

Nach der den Wasserumlauf bewirkenden Triebkraft ist zwischen Schwerkraft- und Pumpenheizung zu unterscheiden.

Schwerkraft-Warmwasserheizung (SWWH). Sie ist die ursprüngliche und einfachste Art der WWH. Der Umlauf des Heizwassers wird alleine durch den Unterschied der Wichte des Vorlauf- und des Rücklaufwassers hervorgerufen (**626**.1 und **627**.1).

Die Umtriebskraft *H* ist demgemäß abhängig vom Temperaturunterschied zwischen Vor- und Rücklauf und von der Höhe *h* der sich gegenüberstehenden Wassersäulen, gemessen zwischen Kessel- und Heizkörpermitte.

Hierbei sind waagerechte Ausdehnungen der Schwerkraftheizungen bis 50 m, vom Kessel ab gerechnet, möglich.

Da die Umtriebskräfte nur sehr gering sind, können Baufehler die Wirksamkeit der Anlage sehr beeinträchtigen und zu erheblichen, oft nur schwer und mit größeren Kosten zu beseitigenden Störungen führen.

Durch den unkomplizierten Aufbau der Schwerkraftheizung bei fast unbegrenzter Lebensdauer sind ihre Anlagekosten verhältnismäßig niedrig, ihre Bedienung einfach und ihr Betrieb geräuschlos.

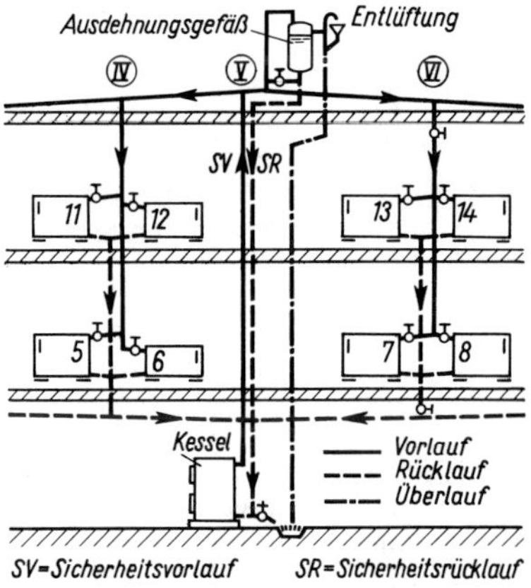

627.1 Schwerkraft-Warmwasserheizung, Zweirohrsystem mit oberer Verteilung

Andererseits verlangen die geringen Umtriebskräfte relativ große Rohrweiten und ermöglichen nur eine langsame Zirkulation des Heizwassers, die die Schwerkraftheizung besonders träge macht. Mit Rücksicht auf eine ungestörte Zirkulation und auf die Entlüftung der Anlage ist nicht immer jede gewünschte Rohrführung, so zum Anschluß von Heizkörpern in oder unter Kesselhöhe, möglich.

Die Rohrnetzberechnung ist besonders umständlich und zeitraubend.

Schwerkraftheizungen werden daher heute nur noch selten gebaut.

Ein Sonderfall ist der Heizkörper im Badezimmer eines Einfamilienhauses, der im Anschluß an eine Warmwasserbereitung oder an einen Sicherheitsvorlauf mit Schwerkraft zirkulieren soll (**629**.1).

Pumpen-Warmwasserheizung (PWWH). WW-Heizungen jeder Art und Größe werden heute fast ausschließlich als Pumpenheizungen ausgeführt.

Durch eine elektrisch betriebene, geräuschlos laufende und wartungsfreie Umwälzpumpe, mit gleichem Wirkungsgrad in der Regel in den Vorlauf, seltener in den Rücklauf eingebaut, lassen sich die Umtriebskräfte erheblich steigern, so daß man trotz erhöhter Wassergeschwindigkeit und dadurch vermehrter Leitungswiderstände mit wesentlich kleineren Rohrweiten auskommen kann.

Neben Ersparnissen an Leitungskosten ergeben sich dabei noch geringere Wärmeverluste und eine billigere Isolierung der Rohrleitungen.

Die Reichweite der WW-Pumpenheizung und die Freizügigkeit der Leitungsführung sind praktisch unbegrenzt (**628**.1 und **629**.1). So können auch die Rückläufe tiefliegender Heizkörper wieder hochgezogen werden.

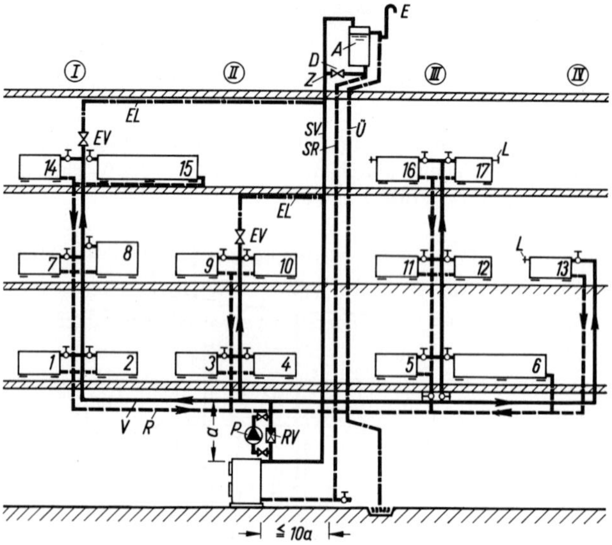

628.1 Pumpen-Warmwasserheizung, Zweirohrsystem mit unterer Verteilung

I	Strangnummer		
2	Nummer des Heizkörpers		
A	Ausdehnungsgefäß	*R*	Rücklaufleitung
D	Drosselventil	*RV*	Rückschlagventil
E	Entlüftung	*SR*	Sicherheitsrücklauf
EL	Entlüftungsleitung für zentrale Entlüftung	*SV*	Sicherheitsvorlauf
EV	Entlüftungsventil	*Ü*	Überlaufleitung
L	Lufthahn für Einzelentlüftung	*V*	Vorlaufleitung
P	Umwälzpumpe im Vorlauf	*Z*	Zirkulationsleitung

Durch den kleineren Wasserinhalt und den schnelleren Wasserumlauf ist die Anlage weniger träge, schnell aufzuheizen und bei niedrigen Vorlauftemperaturen auch noch gut zu regeln. Die Wärmeverteilung ist sehr gleichmäßig.

Die Wartung einer Pumpenheizung ist nicht ganz so einfach wie die einer Schwerkraftheizung. Auch ist die Anlage von der Stromversorgung abhängig und dadurch störanfälliger.

Der Stromverbrauch der Umwälzpumpe macht in Einfamilienhäusern 500 bis 800, in Mehrfamilienhäusern 800 bis 1500 und in Großbauten bis 5000 kWh/Jahr aus.

Fehlerhafte Pumpenwahl oder -montage kann zur Geräuschbelästigung führen.

Große und besonders wichtige Anlagen erhalten Reservepumpen und erforderlichenfalls Notstromaggregate.

Wenn bei kleineren Anlagen mit längerem Stromausfall zu rechnen ist, sollte für einen Notlauf gesorgt werden. Bei Stillstand der Pumpe erfolgt dann in der ganzen Anlage ein gewisser Heizwasserumlauf durch Schwerkraft.

1 Füll- und Entleerungshahn
2 Motor-Vierwegemischventil
3 Kesselvorlauf
4 Kesselrücklauf
5 Heizungsvorlauf
6 Ausdehnungsgefäß
7 Heizungsrücklauf
8 Temperaturbegrenzer
9 Umwälzpumpe
10 Absperrventil
11 Vorlaufthermometer
12 Wasserhöhenmesser
13 Sicherheitsvorlauf (Sommer)
14 Sicherheitsrücklauf
15 Sicherheitsvorlauf (Winter) mit Zirkulationsleitung
16 Heizkörper für Sommerbetrieb (z. B. im Bad)
17 Entlüftung

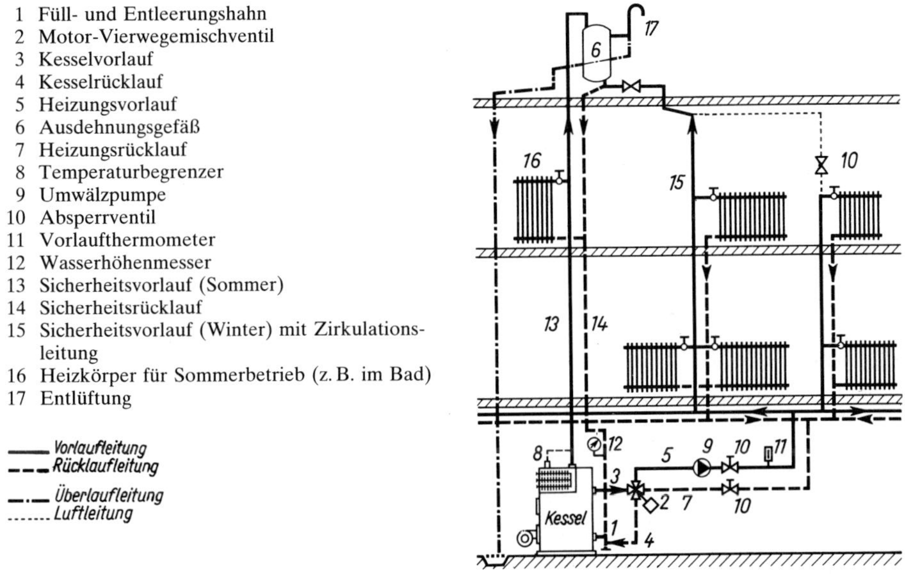

629.1 Pumpen-Warmwasserheizung mit öl- oder gasgefeuertem Heizkessel mit eingebautem Durchlauf-Warmwasserbereiter ($H \leqq 15$ m WS, Temperaturbegrenzer für $\leqq 120\,°C$ Vorlauftemperatur; brauchwasserseitige Installation siehe **836**.1)

Einzelheiten über die Umwälzpumpen und ihren Einbau siehe Abschnitt 10.2.3.

Die in Öl- und Gasfeuerungen unregelmäßig erzeugte Wärme muß möglichst schnell aus dem Wärmeerzeuger abgeführt und im Rohrnetz gleichmäßig verteilt werden. Deshalb müssen WW-Heizungen mit Öl- und Gasfeuerungen immer als Pumpenheizungen gebaut werden.

Pumpenheizungen können ebenfalls als offene oder als geschlossene Anlagen betrieben werden. Sie werden meistens wie die Schwerkraftheizungen für 90/70 °C ausgelegt.

Bei Anlagen für ausgedehnte Gebäude, bei Blockheiz- und kleinen Fernheizwerken (s. Abschnitt 10.5) wählt man auch geschlossene WWH 110/70 °C, um mit dem großen Temperaturgefälle von 40 °C zu besonders engen Rohren und damit zu erheblichen Einsparungen an Baukosten für das lange Rohrnetz und außerdem an Betriebskosten wegen der geringeren Wärmeverluste der engeren Rohre zu gelangen.

10.1.2 Rohrsysteme

Die Rohrsysteme der WW-Schwerkraft- und WW-Pumpenheizungen unterscheiden sich grundsätzlich nicht voneinander und können daher hier gemeinsam behandelt werden.

Heizkörperanordnung. Um mit möglichst wenig senkrechten Rohrsträngen auszukommen, ordnet man in den einzelnen Geschossen die Heizkörper, vor allem Radiatoren, möglichst übereinander an. Vor- und Rücklaufleitungen werden meistens auf derselben Seite der Heizkörper angeschlossen, so daß beide Leitungen im Zweirohrsystem nebeneinander liegen.

Aus baulichen Gründen, etwa bei sehr schmalen Fensterpfeilern, kann auch ein wechselseitiger Anschluß von Vor- und Rücklauf an den Heizkörpern erwünscht sein. Bei sehr langen Heizkörpern ist der wechselseitige Anschluß sogar notwendig. Dabei ist ihre Wärmeausdehnung zu berücksichtigen.

Regelzone. Auf eine Unterteilung des Rohrnetzes in verschiedene Regelzonen, wie in Bild **632**.1 angedeutet, ist grundsätzlich bei allen ausgedehnten Heizungsanlagen zu achten.

Zur einwandfreien Entlüftung erhalten bei offenen Schwerkraftanlagen alle liegenden Leitungen zum Ausdehnungsgefäß hin etwa 2 mm/m Steigung, die bei der Pumpenheizung entfallen kann.

Farbige Darstellung. Bei einer farbigen Darstellung der Rohrpläne werden die Anlageteile nach DIN 2404 wie folgt angelegt:

Vorlaufleitungen: zinnoberrot, Rücklaufleitungen: kobaltblau und Luftleitungen: braun.

Die Heizflächen werden hellblau dargestellt und durchnumeriert.

10.1.2.1 Zweirohrsysteme

Zweirohrsystem mit oberer Verteilung. Durch ein Hauptsteigrohr wird das gesamte erwärmte Heizwasser bis zum Dachgeschoß hochgeführt und von dort durch Vorlauf-Verteilungsleitungen mit Gefälle zu den Vorlauf-Falleitungen geleitet, durch die das Heizwasser zu den Heizkörpern gelangt.

Besondere Rücklauf-Falleitungen führen das abgekühlte Wasser zu den Rücklauf-Sammelleitungen im Kellergeschoß und in den Kessel zurück (**627**.1).

Wegen der längeren Rohrleitungen sind der Stahlverbrauch und die Baukosten höher als bei der unteren Verteilung. Auch gehen die trotz wärmedämmender Umhüllung unvermeidlichen Wärmeverluste der Vorlauf-Verteilungsleitungen auf dem Dachboden dem Gebäude verloren. Die Vor- und Rücklauftemperatur der Heizkörper, damit auch ihre mittlere Temperatur und Wärmeleistung, sinken ab und erfordern eine Vergrößerung der Heizfläche (Taf. **710**.1).

Eine zentrale Entlüftungsleitung oder Einzelentlüftungen werden eingespart.

WWH mit oberer Verteilung wurden als Schwerkraftheizung in erster Linie bei ausgedehnten Gebäuden, vor allem bei öffentlichen Bauten, angewendet.

Da solche Anlagen heute durchweg eine Pumpenheizung mit unterer Verteilung erhalten, wird die obere Verteilung nur noch selten ausgeführt.

Zweirohrsystem mit unterer Verteilung. Hier verzweigt sich der Vorlauf bereits im Kellergeschoß, so daß die Vorlauf-Verteilungsleitungen zusammen mit den Rücklauf-Sammelleitungen an den Wänden oder unter den Decken dieses Geschosses liegen (**628**.1 und **629**.1). Die Heizkörper werden von hier aus durch Vorlauf-Steigleitungen mit dem warmen Heizwasser versorgt.

Diese Stränge müssen entweder örtlich durch Lufthähne, die bei Bedarf zu betätigen sind, oder zentral und selbsttätig durch Luftleitungen von DN 10 oder DN 15 besonders entlüftet werden. Diese werden am besten unter der Decke des obersten Geschosses entlanggeführt und zur Vermeidung störender Wasserumläufe über ein Absperrventil (**629**.1) oder besser mit einem Fall von etwa 50 cm (**638**.1) an die Sicherheits-Vorlaufleitung (s. Abschnitt 10.2.2) angeschlossen.

Rohrsysteme mit unterer Verteilung erfordern weniger Rohrmaterial und sind daher billiger als die mit oberer Verteilung.

Alle Wärmeverluste kommen dem Gebäude zugute, doch sind die Kellerräume schwerer kühl zu halten.

Die meisten WWH werden mit unterer Verteilung ausgeführt, vor allem als Pumpenheizungen.

10.1.2.2 Einrohrsysteme

Mit dem allgemeinen Vordringen der Pumpenheizung haben sich Einrohrsysteme stärker durchgesetzt.

Bei ihnen wird, im Gegensatz zu den Zweirohrsystemen mit ihren getrennten Vor- und Rücklaufleitungen, das Heizwasser durch eine Ringleitung zu- und abgeführt. Es liegen also die Heizkörper nicht parallel, sondern in Reihe mit dem Wärmeerzeuger.

Der besondere Vorteil solcher Anlage liegt in der einfacheren und kostensparenden Rohrführung.

Nachteilig ist die gegenseitige Beeinflussung der im gleichen Ring zusammengeschlossenen Heizkörper in der Heizleistung. Wird ein Heizkörperventil gedrosselt, abgesperrt oder geöffnet, verändern sich die Heizleistungen der anderen Heizkörper.

Nachfolgende vier Anwendungsformen sind bei Einrohrsystemen zu unterscheiden.

Einrohr-Nebenschlußsystem (631.1a). Nur der Wärmeerzeuger liegt direkt in der Ringleitung, während die Heizkörper reitend mit Vor- und Rücklauf an sie angeschlossen sind.

Die Ringleitung zwischen Vor- und Rücklaufanschluß, sie nennt man die Kurzschluß- oder Drosselstrecke, gestattet die volle oder teilweise Abstellung des Heizkörpers und muß die nicht durch diesen fließende Wassermenge weiterleiten. Jeder Heizkörper, außer dem ersten, erhält nicht die vom Wärmeerzeuger abgegebene Vorlauftemperatur, sondern eine Mischwassertemperatur, die von Heizkörper zu Heizkörper absinkt und zu immer niedrigeren relativen Leistungen und daher immer größeren Heizflächen führt (s. auch Abschnitt 10.2.8.3).

Die Abstimmung der vom Heizkörper bei Nennleistung geforderten Wassermenge kann erfolgen durch

ein Regulier-T-Stück in der Drosselstrecke,
eine genaue Berechnung der Maße der Drosselstrecke,
die Bemessung der Heizkörperanschlüsse so, daß die Kurzschlußstrecke ohne Verengung im gleichen Durchmesser wie die übrige Ringleitung verlegt werden kann, oder
durch Saugfittings im Anschluß des Heizkörperrücklaufes. Das Fitting saugt, nach dem Injektorprinzip, eine seiner Bemessung entsprechende Wassermenge durch den Heizkörper.

Einrohr-Zwangsumlaufsystem (631.1 b). Die Heizkörper sind wie der Wärmeerzeuger ein Bestandteil der Ringleitung.

Die gesamte Umlaufmenge des Systems fließt durch jeden Heizkörper. Jeder Heizkörper erhält die Rücklauftemperatur des vor ihm liegenden Heizkörpers als Vorlauftemperatur. Einzelne Heizkörper können nicht abgeschaltet werden, nur bei Konvektoren mit Luftklappe läßt sich die Wärmeabgabe beeinflussen (s. Abschnitt 10.2.8.3 und 10.2.8.4).

Einrohr-Zwangsumlaufsystem mit Nebenschluß (631.1 c). Diese Form stellt eine Kombination der beiden erst genannten Arten dar.

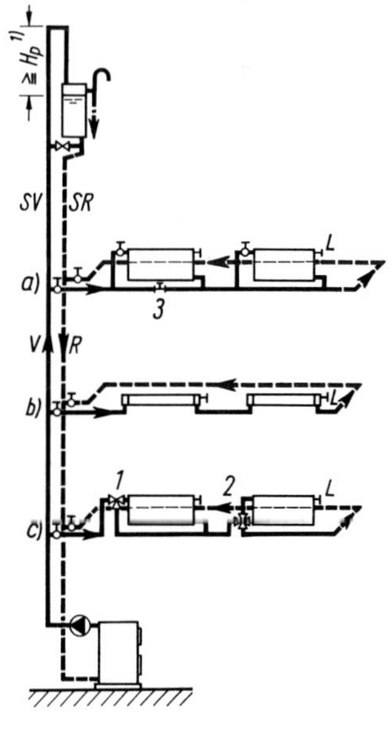

631.1 Pumpen-Warmwasserheizung, Einrohrsystem mit waagerechter Rohrführung

a) Nebenschlußsystem
b) Zwangsumlaufsystem
c) Zwangsumlaufsystem mit Nebenschluß

1 Dreiwegeventil
2 Vierwegeventil
3 Drossel-T-Stück

[1]) Bei der hier gewählten Abzweigung des Sicherheitsvorlautes hinter der Pumpe (nur unter bestimmten Voraussetzungen zulässig) muß dieser um H_p = max. Förderhöhe der Pumpe in mWS über das offene Ausdehnungsgefäß hochgezogen werden, damit kein Wasser in das Gefäß übergepumpt werden kann (Plätschergeräusche, verstärktes Einsaugen von Luftsauerstoff).

Bei geöffnetem Heizkörperventil, einem Dreiwegeventil, ist es ein Zwangsumlaufsystem und entsprechend zu berechnen. Das Wasser fließt von der Ringleitung über das Ventil durch den Heizkörper wieder in die Ringleitung. Bei geschlossenem Ventil fließt es über dieses gleich wieder in die Ringleitung zurück.

Durch Verwendung eines speziellen Vierwegeventiles bei Radiatoren und Flachheizkörpern fällt der besondere Rücklaufanschluß fort (**631**.1 c, rechter Heizkörper).

Einrohrsystem mit Zonenschaltung (**632**.1). Mit Rücksicht auf eine unauffällige Leitungsführung geht man bei Einrohrheizungen über Rohrdurchmesser von 10 bis 22 mm, das sind auch die Kernrohrdurchmesser der Konvektoren, und zur Vermeidung von Strömungsgeräuschen über Strömungsgeschwindigkeiten von 0,9 m/s nicht hinaus.

Damit begrenzt sich die Leistung einer Ringleitung auf 7 bis 12 kW.

Ist die geforderte Leistung der Anlage höher, muß sie in mehrere Zonen (Heizkreise) unterteilt werden (**632**.1 und **722**.1).

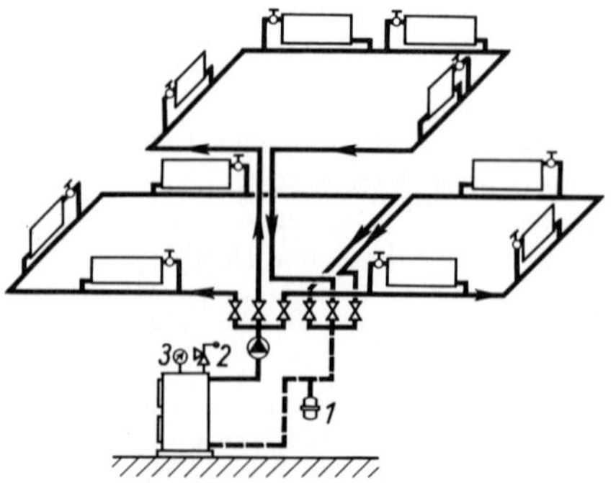

632.1 Pumpen-Warmwasserheizung, Einrohrsystem mit Zonenschaltung; Schema für ein zweigeschossiges Einfamilienhaus
1 geschlossenes tiefhängendes Ausdehnungsgefäß
2 Sicherheitsventil
3 Thermomanometer

Gebäudeeignung. Einrohrsysteme sind wegen des Wegfalles der zweiten Leitung in der Regel billiger als Zweirohrsysteme.

Wegen des Fortfalles der vielen Steigleitungen werden sie in Neubauten mit sehr schmalen Fensterpfeilern, wie Büro- und Verwaltungsbauten, Schulen sowie im Altbau bevorzugt, ebenso in Wohnblocks und für Stockwerkheizungen, ferner bei nicht unterkellerten Gebäuden mit großer waagerechter Ausdehnung.

Der Vorgänger der waagerechten Einrohrheizung ist die Einrohrheizung mit senkrechter Rohrführung. Sie wird heute in Hochhäusern, sonst nur noch selten ausgeführt (**632**.2).

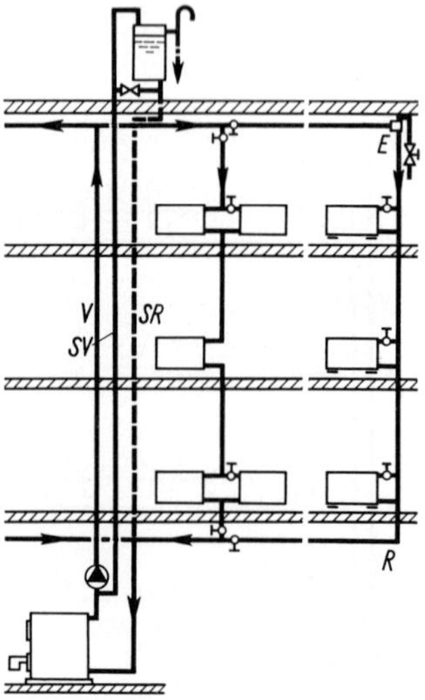

632.2 Pumpen-Warmwasserheizung, Einrohrsystem mit senkrechter Rohrführung

10.1.2.3 Stockwerkheizungen

Die Stockwerkheizung oder Etagenheizung ist eine Warmwasserheizung, bei der der Kessel und die Heizkörper im selben Geschoß auf gleicher Höhe angeordnet sind. Sie kann für Schwerkraft- und für Pumpenbetrieb ausgeführt werden.

Zwar ist der Einbau einer bestimmten Anzahl einzelner Stockwerkheizungen teurer als eine Zentralheizung für das gesamte Gebäude, doch hat der Vorteil, daß jede Partei eines Mietshauses oder auch eines Bürohauses ihre Heizung nach eigenem Ermessen betreiben und auch einschränken kann und daß jeder Streit um die Heizkostenumlage vermieden wird, der Stockwerkheizung vor allem auch in ihren neuzeitlichen Ausführungsformen eine weite Anwendung verschafft, nicht zuletzt auch zur Beheizung eingeschossiger nicht unterkellerter Einfamilienhäuser.

Schwerkraft-Stockwerkheizung. Sie ist durch die neuzeitlichen Ausführungen mit Öl- oder Gasfeuerung und Umwälzpumpe völlig verdrängt worden.

Pumpen-Stockwerkheizung. Durch die Entwicklung betriebssicherer und praktisch geräuschloser Umwälzpumpen kleiner Leistung sowie von Umlauf-Gaswasserheizern nach DIN 3368 T. 2 für alle Brenngasarten als Wärmeerzeuger für kleine Zentralheizungen hat auch die Stockwerkheizung ihr Gesicht völlig verändert.

Sie hat als Umlauf-Gaswasserheizung (**633**.1 und **634**.1) einen neuen und starken Auftrieb erhalten.

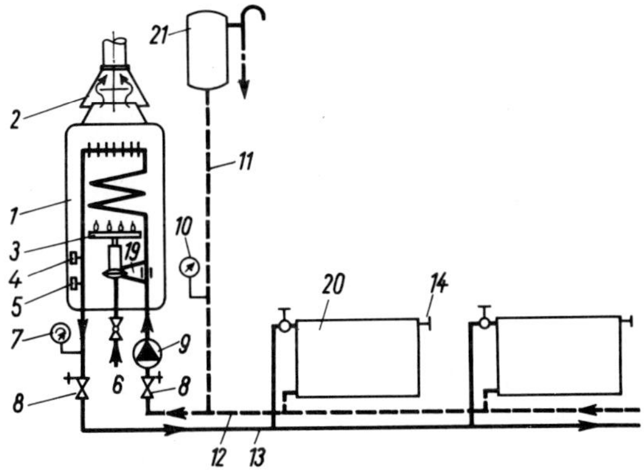

633.1 Pumpen-Stockwerkheizung mit Umlauf-Gaswasserheizer, offene Anlage im Zweirohrsystem

1 Umlauf-Gaswasserheizer
2 Strömungssicherung der Abgasanlage
3 Brenner
4 Temperaturregler
5 Temperaturbegrenzer (Sicherheitsthermostat)
6 Gaszuleitung
7 Thermometer
8 Absperr- und Entleerungsventil
9 Umwälzpumpe
10 Wasserstands-Höhenanzeiger
11 Sicherheitsleitung
12 Rücklauf
13 Vorlauf
14 Lufthahn
15 Ringleitung (Schleife) des Einrohrsystemes
16 Konvektor
17 tiefhängendes geschlossenes Membran-Ausdehnungsgefäß
18 Sicherheitsventil
19 Manometer
20 Heizkörper
21 offenes Ausdehnungsgefäß mit Überlauf und Entlüftung

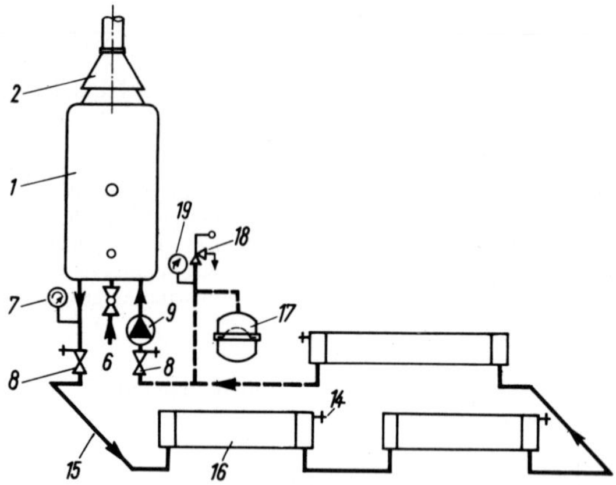

634.1 Pumpen-Stockwerkheizung mit Umlauf-Gaswasserheizer, geschlossene Anlage im Einrohrsystem (Legende s. Bild **633**.1)

Wie alle gasgefeuerten Heizungen ist auch sie durch ständige Betriebsbereitschaft, einfache Bedienung, selbsttätiges Arbeiten und leichte Regelbarkeit, von Hand und automatisch, gekennzeichnet.

Der Brennstoffverbrauch ist jederzeit durch Zählerablesung zu kontrollieren und wird erst nachträglich bezahlt.

Die Anschaffungskosten sind günstig, und die Gesamtbetriebskosten liegen bei den heutigen Heizgastarifen in wirtschaftlichen Grenzen. Korrosionsschäden sind praktisch ausgeschlossen.

Die als Wärmeerzeuger verwendeten Umlauf-Gaswasserheizer (**660**.1 und 2) unterscheiden sich von den seit Jahrzehnten bewährten Gaswasserheizern für die Brauchwassererwärmung grundsätzlich nur durch die schwerere Ausführung (s. auch Abschnitt 10.2.1.5).

Geräteauswahl. Mit Leistungen von 7 bis 29 kW genügen sie vollauf dem Wärmebedarf üblicher Geschoßwohnungen und kleinerer Einfamilienhäuser. Sie lassen sich mit ihren geringen Abmessungen platzsparend an einer Wand oder der Rückseite einer kleinen Wandnische unterbringen.

Für einen größeren Wärmebedarf können auch zwei Geräte parallel geschaltet werden.

Neben den schornsteingebundenen gibt es auch Außenwandgeräte, die ihre Verbrennungsluft dem Freien entnehmen, dorthin auch ihre Abgase abgeben und damit keinerlei Ansprüche an die Raumgröße sowie die Raumbe- und -entlüftung stellen.

Für die Ausführung der Umlauf-Gaswasserheizungen sind die Richtlinien des DVGW und die TRGI 1986 oder die TRF 1988 zu beachten.

Eine Reihe der danach erforderlichen Sicherheitseinrichtungen wie Temperaturregler und -begrenzer, Zünd-, Gas- und Wassermangelsicherungen sind bereits werkseitig in die Geräte eingebaut und gewährleisten einen gefahrlosen Betrieb.

Rohrleitungsanlage. Wegen des hohen Durchflußwiderstandes der Heizgeräte ist stets eine Umwälzpumpe erforderlich. Sie wird, anders als bei Heizkesseln, in den Rücklauf zwischen dem Sicherheitsleitungsanschluß und der Heiztherme eingebaut, da diese hierdurch in den größtmöglichen Überdruckbereich gerät und so Siedegeräusche vermieden werden.

Es ist nur eine einzige Sicherheitsleitung von DN 20, und zwar ein Sicherheitsrücklauf zum Ausdehnungsgefäß erforderlich.

Meistens wird heute die geschlossene Anlage nach DIN 4751 T. 2 mit tiefhängendem Membran-Ausdehnungsgefäß ihrer besonderen Vorteile wegen gewählt (**634**.1).

Die Rohrleitungen können im Einrohr- oder im Zweirohrsystem angeordnet werden. Aus Ersparnisgründen wird das Einrohrsystem vorgezogen. Die Heizkreisleitungen werden meistens aus Cu-Rohren hergestellt, deren geringe Durchmesser eine unsichtbare Verlegung hinter den Fußleisten oder auf der Rohdecke ermöglichen (**703**.2 und **704**.1).

Die automatische Regelung geschieht im Normalfall durch einen Raumthermostat (Zweipunktregler mit thermischer Rückführung nach Abschnitt 10.2.4.3).

Kombinationstherme. In Kombinationsthermen, Kombi-Gaswasserheizern nach DIN 3368 T. 2, ist die Wärmeerzeugung für Heizung und Warmwasserbereitung in einem einzigen Gerät von 28 kW Leistung vereinigt.

Eine Vorrangschaltung sorgt dabei dafür, daß bei einer Warmwasserentnahme sofort der Brenner eingeschaltet und während der Zapfung vorübergehend keine Wärme in das Heiznetz abgegeben wird.

Diese Kombinationsgeräte eignen sich vor allem für Fälle, wo der Platz zur getrennten Installation je einer Therme für Heizung und Warmwasser nicht vorhanden ist.

Küchenheizkessel. Anstelle von Umlauf-Gaswasserheizern können auch öl- oder gasgefeuerte Heizkessel eingesetzt werden, die als Tischmodelle mit einer Tiefe von 60 cm und einer Höhe von 85 cm sowie mit einem meist weißlackierten Mantel für den Einbau in eine normgerechte Kücheneinrichtung hergestellt werden.

Die Anwendungsmöglichkeit einer Vierwege-Rücklaufbeimischung der Gasheizkessel nach Bild **678**.1 ist ihr besonderer Vorzug.

Sie sind jedoch teurer als die Umlauf-Gaswasserheizer, haben meistens auch eine größere Leistung und kommen daher mehr für größere Anlagen mit einem Wärmebedarf über 20 kW in Frage.

10.1.2.4 Deckenheizungen

Die WW-Deckenheizung ist eine Flächenheizung, bei der die wärmeabgebenden Heizrohre in oder unterhalb der Decke angeordnet sind. Sie wird auch als Deckenstrahlungsheizung bezeichnet, da der größte Teil der Wärme von der Decke durch Strahlung abgegeben wird.

Vorwiegend durch milde Wärmestrahlung werden von der Decke aus Wände, Fußboden und die Möbel eines Raumes aufgeheizt, die ihrerseits wieder Wärme durch Strahlung und Konvektion abgeben (**635**.1).

Die Vorteile der Deckenheizung sind:

Kein Platzbedarf für Raumheizkörper und keine Staubverschwelung auf Heizkörpern, eine gleichmäßige und geringe für die Bewohner günstige Lufttemperatur sowie die Möglichkeit einer Raumkühlung im Sommer durch Kaltwasserzirkulation.

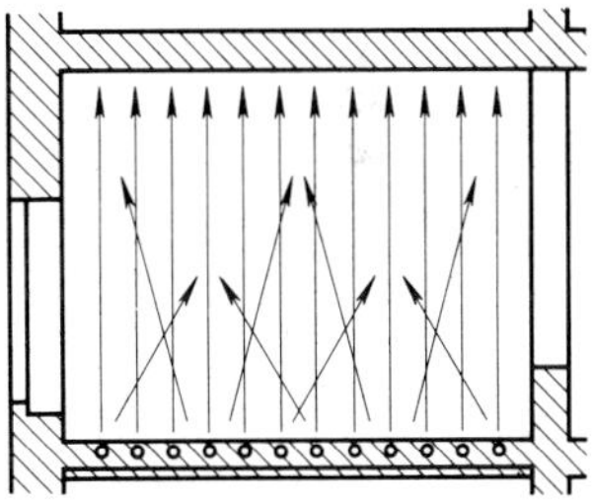

635.1 Deckenstrahlungsheizung

Durch eine Strahlungsheizung stellt sich die gleiche Wohnbehaglichkeit wie bei einer Konvektionsheizung mit einer bereits um etwa 2 °C niedrigeren Lufttemperatur ein (**636**.1). Voraussetzung ist aber eine lichte Raumhöhe von mindestens 3,00 m, da in niedrigen Räumen die meisten Menschen die Wärmestrahlung senkrecht auf den Kopf nicht vertragen.

Die Anlage wird auf eine mittlere Heizwassertemperatur von ca. 50 °C und zur Erzielung einer möglichst gleichmäßigen Deckentemperatur für ein Temperaturgefälle von 5 bis 10°C ausgelegt und stets als Pumpenheizung betrieben (**638**.1).

Nachteilig sind bei der Deckenheizung:

Eine größere Trägheit und damit geringere Regelfähigkeit, keine Möglichkeit einer nachträglichen Heizflächenänderung sowie ein höherer baulicher Aufwand.

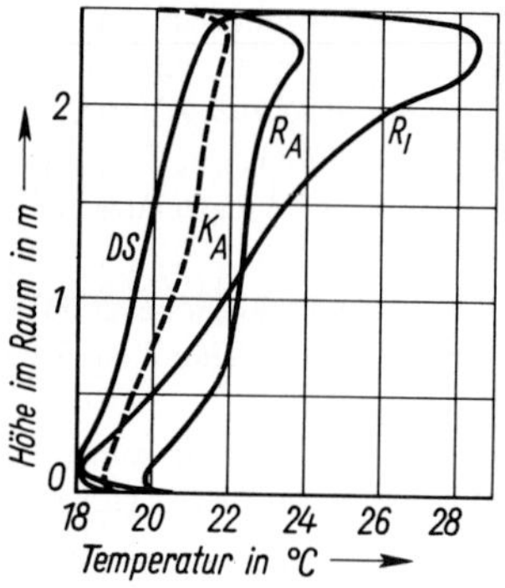

636.1 Lufttemperaturen im Raum, in Raummitte bei mittleren Wintertemperaturen (nach Raiß)

DS Deckenstrahlungsheizung
K_A Konvektoren an der Außenwand
R_A Radiatoren an der Außenwand
R_I Radiatoren an der Innenwand

Die Deckenstrahlungsheizung ist wegen der großen, vom Heizwasser erst einmal aufzuheizenden Baustoffmassen der Decken um ein Vielfaches träger als jede WWH. Sie ist daher schwer zu regeln und kann plötzlichen Schwankungen der Außentemperatur nur mit großer Verzögerung nachkommen. Dies wirkt sich besonders bei Bauten in leichter Bauweise aus.

Die infolge der niedrigen inneren Oberflächentemperaturen der Fensterflächen möglichen Belästigungen sind mit der Wärmestrahlung von der Decke her nicht zu beeinflussen. Deshalb muß man in der Nähe großer Fenster entweder zusätzliche Radiatoren aufstellen (**638**.1) oder zusätzliche Heizregister in den Fensterbrüstungen (**636**.2) oder im Fußboden miteinplanen (**640**.1).

Bei den Deckenheizungen soll die Wärmestrahlung auf den Kopf des Menschen bei 20 °C Raumtemperatur einen Betrag von 12 W/m² nicht überschreiten. Je niedriger der Raum ist, desto geringer muß auch die mittlere Deckentemperatur sein, so bei 3 m Raumhöhe maximal 35 °C.

Ein spezifischer Wärmebedarf von mehr als 60 W/m³ beheizter Raum ist in jedem Fall unerwünscht. Abhilfe ist immer durch einen höheren Wärmeschutz zu erreichen.

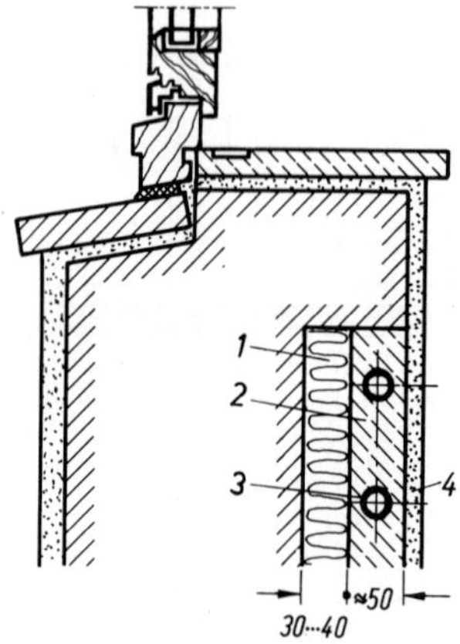

636.2 Fensterbrüstungs-Heizregister einer Strahlungsheizung (M 1:10)

1 Wärmedämmschicht
2 Heizbetonplatte
3 Heizregister DN 15
4 innerer Wandputz

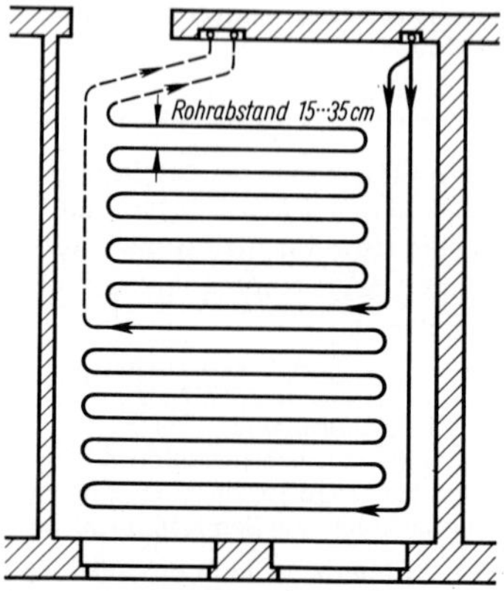

636.3 Decken-Warmwasser-Strahlungsheizung, Stahlrohre

Ausführungsarten. Bei Deckenheizungen sind vier Ausführungsarten zu unterscheiden, die Rohrdeckenheizung, die Lamellenrohrdeckenheizung, die Strahlplattenheizung und die Hohlraumdeckenheizung.

Als Heizfläche benutzt man die gesamte oder Teile der Deckenfläche des Raumes, die durch eine lange Rohrschlange (**636**.3) aus dünnen nahtlosen Stahlrohren, Fretz-Moon-Rohren DN 15 oder DN 20 oder Kupferrohren 12 × 1 oder 13 × 1 mm aufgeheizt wird.

Sie werden innerhalb oder unterhalb der den Raum überspannenden Rohdecke verlegt und mit höchstens 35 bis 40 °C erwärmt.

Rohrdeckenheizung. Bei dieser Heizung werden nahtlose Rohre DN 10, DN 15 oder DN 20 in der Decke verlegt. Hierbei sind zwei Ausführungsarten möglich, die Rohrverlegung in Beton oder im Deckenputz.

Bei Vollbetondecken oder Decken mit unterem Tragbeton werden die Rohre direkt in die Betonschicht eingelegt. Als Critall-Decke ist dies die älteste Ausführungsart (**637**.1).

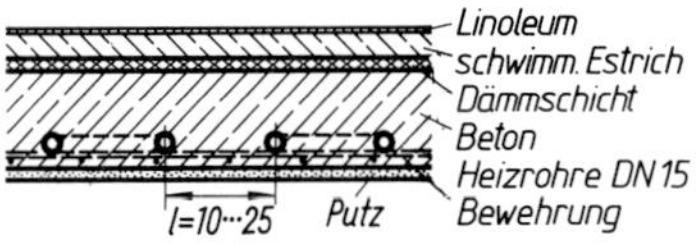

637.1 Rohr-Deckenheizung System Critall in Vollbetondecke (M 1:20)

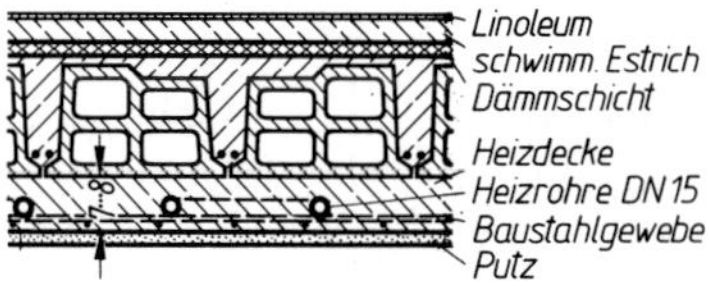

637.2 Rohr-Deckenheizung System Critall in Stahlbeton-Rippendecke (M 1:20)

Bei Hohlsteindecken wird unter diese eine besondere 7 bis 8 cm starke Betonheizdecke, in der die Heizrohre liegen, angeordnet (**637**.2).

In beiden Fällen muß die Verlegung der Rohre gleichzeitig mit der Deckenherstellung erfolgen.

Der Rohrabstand beträgt bei Stahlrohren 15 bis 35 cm und bei Kupferrohren 10 bis 15 cm (**636**.3).

Die gestreckte Rohrlänge der einzelnen Rohrschlangen soll zur Vermeidung unerwünscht hoher Pumpendrücke bei DN 15 in der Regel 40 bis 50 m, bei Kupferrohr 35 m nicht überschreiten.

Die verschiedenen Heizflächen werden dabei so unterteilt, daß an die einzelnen Strangabzweige möglichst nur Rohrregister gleicher Länge und damit gleichen Rohrwiderstandes angeschlossen werden (**636**.3).

Bei der Verlegung der Heizrohre im Deckenputz wird das Rohrregister als Heizdecke unter der Massivdecke frei aufgehängt (**637**.3).

Die gesamte etwa 5 bis 6 cm starke Heizdecke besteht aus mehrschichtig aufgetragenem Kalkzementmörtel mit besonderen Beigaben wie Jutegewebe, um die unterschiedlichen Wärmeausdehnungen auszugleichen.

Der Putzträger aus Streckmetallgewebe wird meist unterhalb der Rohre angebracht.

Die Heizdecke ist nach oben stets sorgfältig gegen Wärmeverluste abzudämmen.

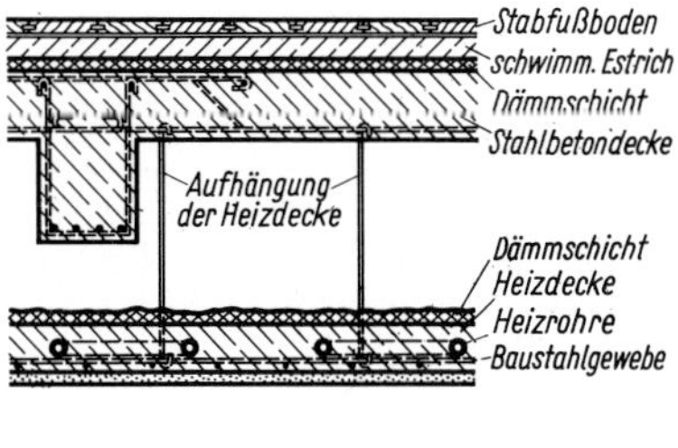

637.3 Rohr-Deckenheizung mit freihängender Heizdecke (M 1:20)

Durch die Verwendung von Kupferrohren DN 10 anstelle von Stahlrohren wird die Montage der Heizflächen vereinfacht. Der Putz besteht dann aus Gips mit Kalkzusatz und hat nur noch eine Stärke von etwa 3 cm.

Zur besseren Entlüftung der in den Decken meistens ohne Gefälle verlegten Rohrschlangen werden die Vorläufe von unten herangezogen und die Rückläufe nach oben zu einem Sammel rücklauf abgenommen, so daß die Luft in Richtung des strömenden Wassers ausgeschieden werden kann (**638**.1).

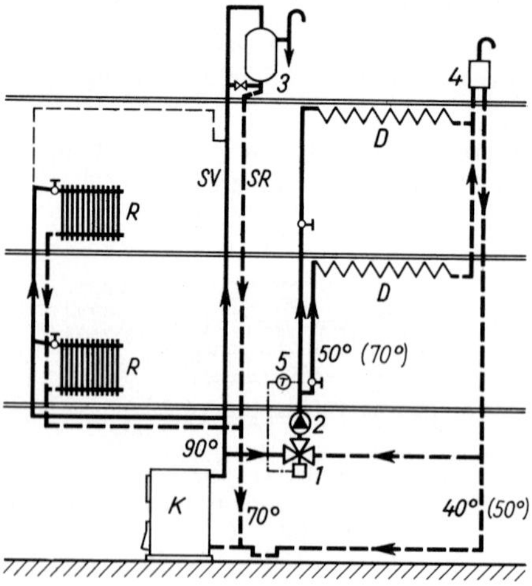

638.1 Deckenstrahlungsheizung kombiniert mit Radiatorenheizung

K Heizkessel
R Radiatorenheizung 90/70 °C
D Deckenstrahlungsheizung, 70/50 °C Stramax normal (**724**.2), 50/40 °C für Critall (**637**.2)

1 Motor-Dreiwegemischventil zur Rücklaufbeimischung
2 Umwälzpumpe
3 Ausdehnungsgefäß
4 Entlüftung
5 Vorlauf-Thermostat

Lamellenrohrdeckenheizung. Diese Heizung ist aus den Rohrdeckenheizungen entwickelt worden.

Durch sie wird die Trägheit der Heizung vermindert und eine schnellere Anpassung an den Wärmebedarf erreicht.

An den Heizrohren befestigte rechteckige Bleche, die meist aus Aluminiumblech bestehen, sollen die Wärme schneller von den Rohren an den Raum abgeben.

Einige bekannte Ausführungen sind die Stramax-Standard-Decke, die Thermaxdeckenheizfläche, die Stramax-Element-Decke und die Zent-Frengerdecke.

Die Stramax-Standard-Decke ist glatt, verwendet breite Aluminiumbleche, die in der Mitte eine Sicke aufweisen, in der die Heizrohre liegen. Unter den Lamellen haben sie Putzträger und Gipsputz (**724**.2).

Die Thermaxdeckenheizfläche besteht aus Aluminiumlamellen, die gleichzeitig als Putzträger dienen.

Die Stramax-Element-Decke besteht aus vorgefertigten Gipsplatten mit darin fest verbundenen Aluminiumplatten. Die Heizrohre werden über Gleitschienen mit dem Blech verbunden. Bei einer Lochung der Gipsplatten und dahinter liegenden Schallschluckstoffen sind sie auch für eine Geräuschdämmung geeignet (**724**.3).

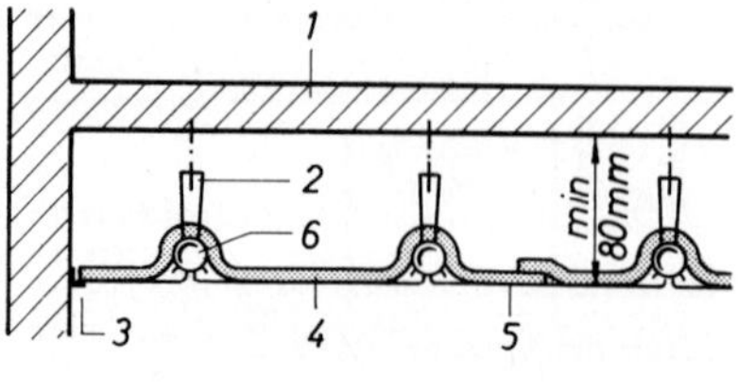

638.2 Querschnitt durch eine Zent-Frengerheizdecke

1 Tragdecke
2 Aufhängung
3 Randleiste
4 Isolierung
5 Aluminiumplatte
6 Heizrohr DN 15

Die Zent-Frengerdecke verwendet glatte oder gelochte lackierte Aluminiumbleche ohne Gipsplatten, die 62,5 × 62,5 cm groß und 0,75 mm dick sind. Die Heizrohre werden unter der Decke aufgehängt und die Platten von unten durch Stahlklammern an den Rohren befestigt. Die Platten werden von oben zur Wärme- und Schalldämmung mit Isoliermatten abgedeckt (**638**.2).

Strahlplattenheizung. Diese Heizung besteht aus frei im Raum aufgehängte Heizplatten, die mit der Decke keine Verbindung mehr haben.

Die Platten bestehen meistens aus Stahlblechen, an denen die Heizrohre durch Schellen oder Schweißung befestigt sind (**725**.1).

Die Platten werden als langgestrecktes Band oder als örtlich begrenzte Felder an der Decke angeordnet. Die Oberseite wird wärmegedämmt abgedeckt.

Diese Heizungsart wird vorwiegend in Fabriken im Zusammenhang mit Heißwasserheizungen verwendet.

Hohlraumdeckenheizung. Bei dieser Heizung liegen die Rohre im Zwischenraum zwischen Tragdecke und abgehängter Zwischendecke. Die Unterseite der Tragdecke ist isoliert.

Die Wärmeabgabe der Heizrohre erfolgt durch Strahlung und Konvektion. Das Heizmittel kann jede Temperatur haben.

Die abgehängten Zwischendecken werden als Putzdecke, Plattendecke, Metalldecke oder Lochdecke, auch mit der Möglichkeit der Lüftung und Schalldämmung, ausgeführt.

Wärmeabgabe. Die Wärmeabgabe einer Deckenheizfläche kann man im allgemeinen mit folgenden abgerundeten Werten annehmen:

140 W/m^2 bei einer mittleren Deckentemperatur von 35 °C,
175 W/m^2 bei einer mittleren Deckentemperatur von 40 °C und
200 W/m^2 bei einer mittleren Deckentemperatur von 45 °C.

Raumkühlung. Wo Kühlwasser als Tiefbrunnenwasser oder Sole in genügender Menge verfügbar ist, kann in einem Gegenstromapparat (**739**.3) das Heizungswasser im Sommer um 3 bis 4 K heruntergekühlt werden.

Dabei darf jedoch die Oberflächentemperatur der Decke nicht unter den Taupunkt der Luft absinken, da sich sonst Feuchtigkeit an der Decke niederschlagen und vor allem freiliegende Metallteile der Anlage durch Korrosion gefährden würde.

Baukosten. Die Kosten der Deckenstrahlungs-Heizungsanlagen übersteigen die einer Radiatorenheizung bis zu 200%, so für Systeme mit Putzdecken und vorgefertigten Platten. Lediglich bei der einbetonierten Deckenheizung läßt sich bei Anlagen um 120 kW bereits ein dem der Radiatorenheizung gleicher Preis erzielen.

Anwendung. Deckenheizungen eignen sich in erster Linie für repräsentative hohe Räume, in denen sichtbare Heizkörper unerwünscht sind, auch für Museen, Ausstellungsräume, Krankenhäuser und Sanatorien.

Sie eignen sich weniger für Verwaltungsgebäude, Schulen und andere Bauten, in denen Arbeitsplätze in der Nähe der Fenster vorgesehen werden müssen.

Sie eignen sich gar nicht für kurzfristig zu beheizende Gebäude, wie Theater, Kinos oder Gaststätten.

Auch in Wohnungsbauten werden diese Heizungen wegen der geringen Raumhöhen, der höheren Anlagekosten und der schwierigeren Wartung wegen kaum eingebaut.

10.1.2.5 Fußbodenheizungen

Die WW-Fußbodenheizung nach DIN 4725 T. 1, 3 und 4 ist eine Flächenheizung für Wohn-, Büro und andere Gebäude, bei der die wärmeabgebenden Rohre im Fußboden verlegt sind (**640**.1).

Die Wärme wird vom Fußboden durch Konvektion und Strahlung nach oben an den Raum abgegeben, während die Wärmeabgabe nach unten durch eine Wärmedämmschicht verhindert wird.

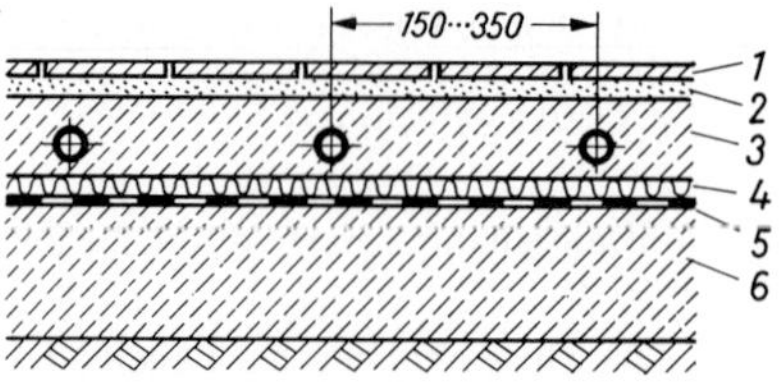

640.1 Fußbodenheizung eines nicht unterkellerten Raumes

1 Fußbodenfliesen
2 Mörtelbett 15 bis 20 mm
3 Magerbeton 60 bis 80 mm
4 Wärmedämmschicht 15 bis 50 mm
5 Sperrschicht
6 Unterbeton

Die Vorteile der Fußbodenheizung sind:

Kein Platzbedarf für Raumheizkörper und keine Staubansammlung auf Heizflächen, ein günstiges Temperaturprofil sowie die technisch und hygienisch vorteilhaften Heizmitteltemperaturen.

Die Fußbodenheizung ist physiologisch mit ihrer bevorzugten Erwärmung der unteren Raumzone und ihrer sehr gleichmäßigen Temperaturverteilung im Raum besonders günstig (**580**.1).

Da aus hygienischen Gründen nur niedrige Fußbodentemperaturen von 26 bis 27 °C an ständig benutzten Fußbodenteilen, von höchstens 32 °C an nur kurzfristig begangenen Flächen wie Fluren, Schalterhallen und Bädern zulässig sind, dürfen die Vorlauftemperaturen nicht höher als 60 °C sein.

Nachteilig bei der Fußbodenheizung ist die etwa 20 bis 40% teuerere Installation gegenüber einer Heizung mit örtlichen Raumheizkörpern.

Ausführungsarten. Die Fußbodenheizungen werden in vielen verschiedenen Ausführungen angeboten. Sie sind am übersichtlichsten in zwei Gruppen, der Naßverlegung und der Trockenverlegung, einzuteilen.

Heizestriche. Für die nasse Verlegung kommen ausschließlich Heizestriche auf Dämmschichten nach DIN 18560 T. 2 zur Ausführung, die zur Aufnahme der Heizelemente für die Raumheizung geeignet sind.

Bei den schwimmenden Heizestrichen werden fünf Bauarten unterschieden (**640**.2).

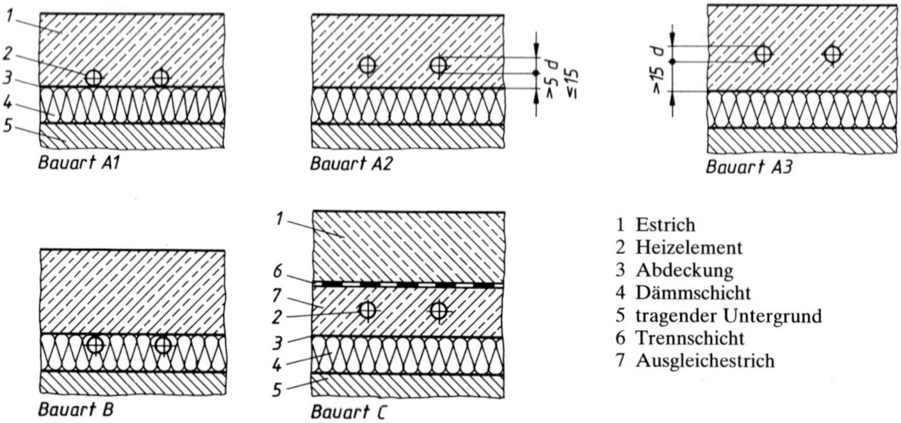

1 Estrich
2 Heizelement
3 Abdeckung
4 Dämmschicht
5 tragender Untergrund
6 Trennschicht
7 Ausgleichestrich

640.2 Bauarten von Heizestrichen (nach DIN 18560 T. 2)

Bauart A1: Heizelemente im Estrich, Abstand der Heizelemente von der Unterfläche des Estrichs bis 5 mm.

Bauart A2: Heizelemente im Estrich, Abstand der Heizelemente von der Unterfläche des Estrichs zwischen 5 und 15 mm.

Bauart A3: Heizelemente im Estrich, Abstand der Heizelemente von der Unterfläche des Estrichs über 15 mm.

Bauart B: Heizelemente unter dem Estrich oder auf der Dämmschicht.

Bauart C: Heizelemente im Ausgleichestrich, auf den der Estrich mit einer zweilagigen Trennschicht aufgebracht wird. Dabei muß die Dicke des Ausgleichestrichs mindestens 20 mm größer als der Durchmesser der Heizelemente sein, der aufgebrachte Estrich mindestens 45 mm dick.

Naßverlegung. Die Heizrohre werden in Rohrschlangen oder Rohrspiralen direkt im Estrich auf Baustahlgewebe, Matten oder Trägerrosten verlegt und mit Rohrschellen oder speziellen Befestigungselementen in ihrer Lage fixiert (**641**.1).

Die Wärmedämmschicht und in der Regel gleichzeitig auch Trittschalldämmschicht wird durch eine Folie gegen das Eindringen von Baufeuchte abgedeckt.

Nach einer Druckprobe der Rohre wird der Estrich eingebracht, der die Rohre vollkommen umschließen soll.

Der Estrich nach DIN 18353 erhält als Heizestrich bestimmte Zusätze, um der unterschiedlichen Ausdehnung von Beton und Rohrmaterial Rechnung zu tragen.

An den Rändern wird der Estrich zur Aufnahme von Dehnungen und zur Trittschallisolierung durch Stellstreifen aus Dämmaterial von den aufgehenden Wandteilen getrennt.

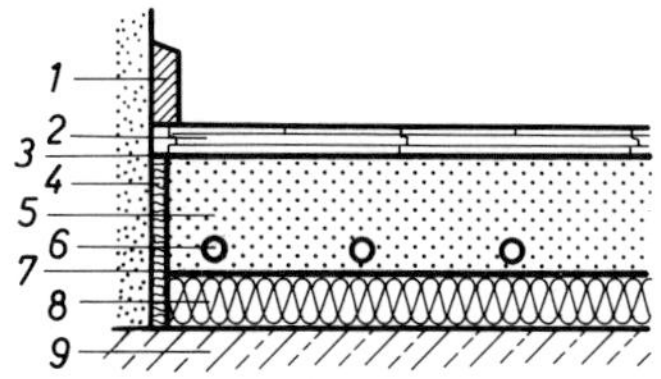

641.1 Fußbodenheizung, nasse Rohrverlegung
1 Fußleiste
2 Fertigparkett-Elemente
3 a) bei vollflächiger Verklebung: Klebstoff
b) bei schwimmender Verlegung: Zwischenlage (z. B. Rippenpappe)
4 Randdämmstreifen (mind. 6 mm)
5 Estrich 65 bis 70 mm
6 Heizrohr oder Heizkabel
7 Feuchtigkeitsisolierung
8 Wärmedämmung und Trittschallisolierung (mind. 20 mm)
9 Rohbetondecke

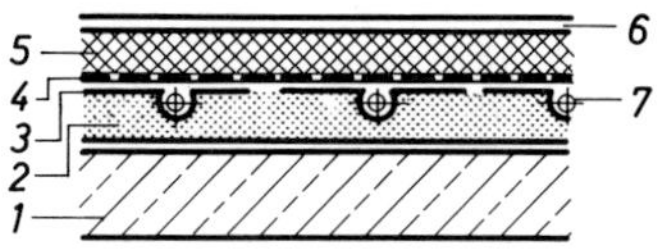

641.2 Fußbodenheizung, Heizrohre trocken verlegt
1 Tragdecke
2 Hartschaumplatte
3 Aluminiumblech
4 Folie
5 Trockenplatte
6 Gehbelag
7 Heizrohr

Trockenverlegung. Die Heizrohre werden schlangen- oder spiralförmig auf vorgefertigten, mit Rillen oder Kanälen versehenen Hartschaumplatten verlegt (**641**.2).

Darüber wird der Estrich eingebracht oder die Fläche mit Trockenplatten ausgelegt.

Zur besseren Wärmeverteilung werden Leitbleche aus Aluminium oder Stahlblech auf die Rohre aufgeklemmt. Die Heizrohre können sich jederzeit ungehindert ausdehnen.

Bei Rippendecken und anderen Hohlkörperdecken können die Heizrohre auch in den Hohlräumen verlegt werden, wobei höhere Heizmitteltemperaturen zulässig sind.

Rohrmaterial. Früher wurden für Fußbodenheizungen hauptsächlich Rohre aus Stahl oder Kupfer verwendet, die sich, abgesehen von gelegentlichen Korrosionen, durchaus bewährt haben.

Stahlrohre wurden aus 50 bis 60 m langen Rohrschlangen in DN 20, Kupferrohre in 12 × 1 bis 28 × 1,5 mm bei Abständen von 15 bis 35 cm verlegt (**640**.1).

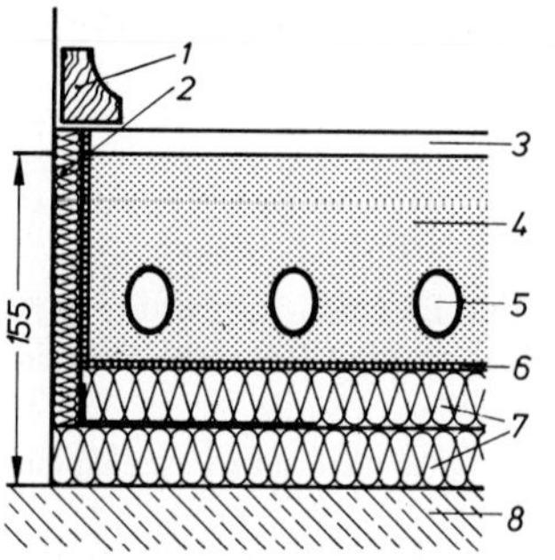

642.1 Fußbodenheizung über Kellerdecke, Kunststoff-Ovalrohr (THERMOVAL-Heiztechnik GmbH)

1 Fußleiste
2 Sicherheitsrandstreifen (mind. 10 mm)
3 Oberboden PVC, Teppich oder Parkett
4 THERMOVAL-Heizestrich 75 mm
5 TERMOVAL-Sicherheitsrohr
6 PE-Folie (mind. 0,1 mm)
7 Wärmedämmung, z. B. 80 mm
8 Kellerdecke Stahlbeton

Heute werden hauptsächlich Kunststoffrohre verwendet, deren Eigenschaften in der letzten Zeit erheblich verbessert wurden (**642**.1).

Sie sind heute allen Belastungen der Fußbodenheizung gewachsen. Sie halten Druck- und Temperaturbelastungen aus, sind stoßfest und flexibel. Außerdem besitzen sie eine lange Lebensdauer.

Bei der Kunststoff-Rohrherstellung werden folgende Werkstoffe verwendet: Polypropylen (PP), Polyethylen (PE), vernetztes Polyethylen (PE-HDX und PE-MDX) und Polybuten (PB) nach DIN 4724 bis 4729.

Die Durchmesser der Rohre betragen 12 bis 20 mm lichte Weite. Sie sind 80 bis 120 m lang, was für eine Grundfläche von etwa 10 bis 25 m^2 ausreicht.

Rohrverlegung. Für die Rohrführung gibt es zwei Möglichkeiten mit verschiedenen Mischformen, die schlangenförmige und die spiralförmige Verlegung (**642**.2).

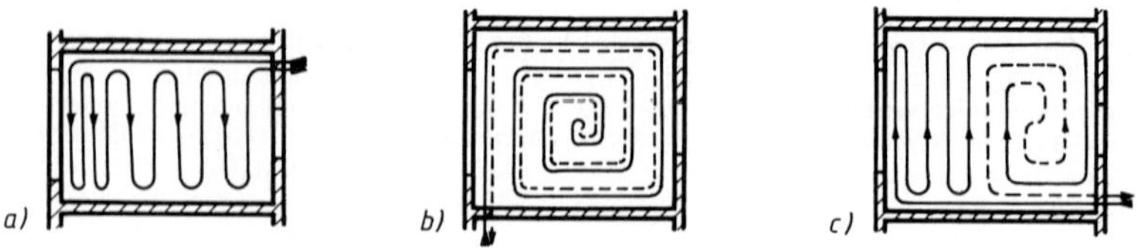

642.2 Fußbodenheizung, Rohrverlegung
a) schlangenförmig
b) spiralförmig
c) gemischt

Bei der schlangenförmigen Verlegung entstehen gewisse Temperaturunterschiede an der Fußbodenoberfläche. Günstiger ist die Temperaturverteilung, wenn die Vor- und Rücklaufrohre in gegenläufiger Anordnung nebeneinander verlegt werden. Die Randbereiche vor Fenstern können mit einem engeren Heizrohrabstand verlegt werden, um größere Wärmeleistungen zu erreichen.

Bei der spiralförmigen Verlegung werden die Vor- und Rücklaufleitungen entweder als Doppelrohre oder parallel zueinander verlegt, was in jedem Fall eine gleichmäßigere Oberflächentemperatur des Fußbodens ergibt.

Daneben sind auch gemischte Verlegeformen unter Anwendung beider Rohrführungsarten möglich.

Die Enden der einzelnen Heizkreise, die jeder für sich regulierbar sind, werden zu Verteilern und Sammlern zusammengeführt (**643**.2).

Diese Anschlüsse werden an geeigneter Stelle in einem Verteilerkasten, meist in einer Mauernische oder einem Wandschrank etwa im Bereich von Diele oder Flur, gut zugänglich untergebracht.

Fußbodenbeläge. Bodenbeläge aus Natur- oder Kunststein, Fliesen oder Ziegelmaterial sind als Gehbelag am geeignetsten.

Teppichböden auf Steinböden wirken als Wärmebremse.

Sie erhöhen die Kerntemperatur in der Estrichschicht und damit die Speicherfähigkeit der Fußbodenkonstruktion und bewirken eine besonders gleichmäßige Temperaturverteilung in der Fußbodenoberfläche.

Holzbeläge sind im allgemeinen über Fußbodenheizungen ungeeignet.

Unter der Beachtung der besonderen Einbringungsanweisung des Lieferanten kann jedoch z. B. Kleinmosaikparkett als Gehbelag in Betracht gezogen werden.

Regelung. Alle Fußbodenheizungen sind aufgrund der Wärmeübertragungsverhältnisse mehr oder weniger träge, so daß die Raumtemperaturregelung unzweckmäßig ist.

Im Normalfall wird eine gängige witterungsabhängige Vorlauftemperaturregelung (**643**.1 und 2) gewählt (s. auch Abschnitt 10.2.4).

Die Fußbodenheizung weist einen eigenen Selbstregelungseffekt auf, der den Einfluß von Störgrößen, wie Beleuchtungsabwärme, Personenwärme oder Sonneneinstrahlung sowie Windanfall, zu einem großen Teil dämpft.

Bei einer Anhebung der Raumlufttemperatur um 1 K tritt eine unmittelbare Verringerung der Wärmeabgabe der Heizflächen von etwa 17%, bei 2 K von etwa 30% und bei 3 K von fast 50% auf.

Wirtschaftlicher ist es jedoch, die Fußbodenheizung nur als Grundheizung in Abhängigkeit von der Außentemperatur etwa auf 15 °C zu regeln und für die Spitzenbelastung besondere Raumheizflächen als Zusatzheizung vorzusehen (**643**.1).

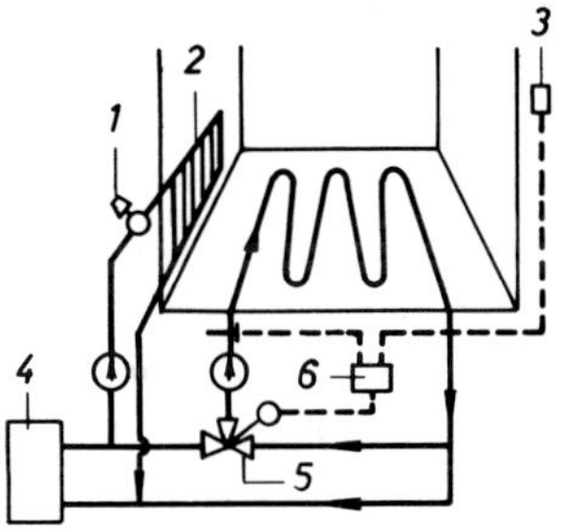

643.1 Fußbodenheizung mit zusätzlichem Heizkörper
1 Heizkörper-Thermostat
2 Heizkörper
3 Außenfühler
4 Heizkessel
5 Mischventil
6 Regler

Die Zusatzheizung kann aus Radiatoren, Konvektoren oder elektrischen Heizkörpern etwa vor den Fenstern bestehen und sollte in der Regel als getrennter Heizkreis geplant werden.

Wird eine Fußbodenheizung in einem Gebäude mit einer Heizung aus Raumheizkörpern kombiniert, ist eine Unterteilung der Anlage in mehrere Heizgruppen immer notwendig, was sie kompliziert und verteuert (**643**.2).

1 Fußbodenheizung
2 Verteilerkasten
3 Beimischventil
4 Heizkessel
5 Vorlauf
6 Regler
7 Außenfühler
8 Verteiler (Sammler)
9 Heizkörper

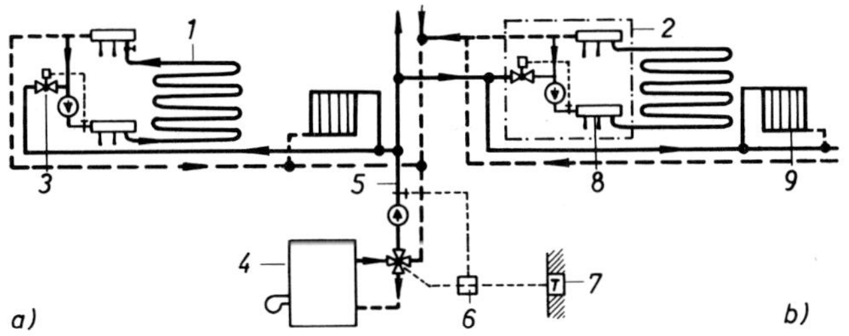

643.2 Fußbodenheizung, Rohrsysteme, Fußbodenheizung und örtliche Heizung
a) Zweirohrsystem,
b) Einrohrsystem

Die Vorlauftemperatur für die örtlichen Heizkörper wird dann von einem Außenfühler gesteuert, während die Vorlauftemperatur für die Fußbodenheizung durch ein Beimischventil und eine Mischpumpe geregelt wird. Diese Art der Regelung nennt man Konstantregelung.

Wärmeabgabe. Im mitteleuropäischen Klima ist die Fußbodenheizung zur Deckung des Wärmebedarfes von Räumen nicht ausreichend, so daß zusätzliche Heizflächen oder ein besonders guter Wärmeschutz des Gebäudes erforderlich werden. Das geltende Energieeinsparungsgesetz kommt dieser Forderung sehr entgegen (s. Abschnitt 8.2.4).

Bei einer Oberflächentemperatur von 27 °C und einer Raumtemperatur von 20 °C beträgt die bei der Fußbodenheizung abgegebene Wärme 70 bis 80 W/m^2.

Die Heizmitteltemperatur beträgt in den Übergangszeiten nur etwa 40 bis 45 °C, während sie maximal 55 bis 60 °C erreichen darf. Die Fußbodenheizung ist daher eine sogenannte Niedertemperaturheizung, die sich besonders für Sonnenenergie (s. Abschnitt 10.6.1) und Wärmepumpen (s. Abschnitt 10.6.2) eignet.

Anwendung. Die Fußbodenheizung wird in Zukunft als Niedertemperaturheizung für viele Gebäudegruppen eine noch weite Verbreitung finden.

In der ursprünglichen Anwendung war die Fußbodenheizung als Zusatzheizung auf kleine Bodenflächen, so dem Taufbeckenplatz in der Kirche, in Empfangshallen, Kassenhallen von Banken, Umgängen von Theatern, in kleinen Läden, für Badezimmer und Badeanstalten, beschränkt.

Als Sonderheizung hat man die Fußbodenheizung schon frühzeitig für die Beheizung von Rampen, Gehsteigen, Sport- und Flugplätzen, zum Schmelzen von Schnee und Glatteis eingesetzt.

Die Berechnung der Rohrabstände und die Planung des Verlegesystemes ist von einer erfahrenen Installationsfirma unter Berücksichtigung der jeweiligen Fußbodenkonstruktion und des Gehbelages vorzunehmen.

Über elektrische Fußboden-Speicherheizungen siehe Abschnitt 9.5.3.

Bodenkanalheizung. Die vorbeschriebenen Fußbodenheizungen können zur Restwärmeabdekkung und Kaltluftabschirmung im Fensterbereich durch zusätzliche einbaufertige Heizkanäle in Estrichhöhe ergänzt werden (**644**.1).

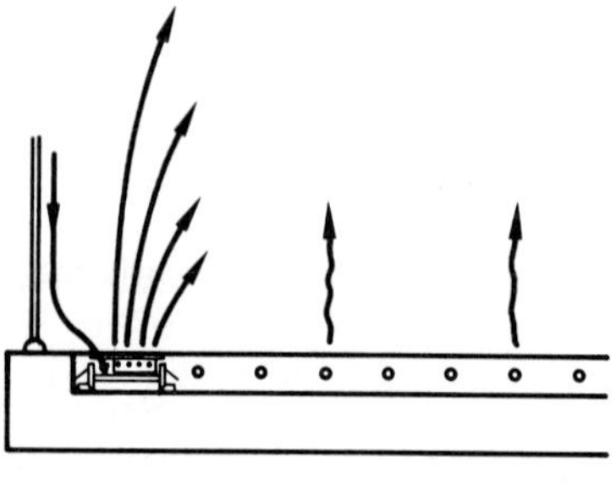

644.1 Gleichmäßig verlegte Fußbodenheizung mit zusätzlicher Bodenkanalheizung im Fensterbereich (Kampmann HKL GmbH)

Die mit Rollrosten abgedeckten in der Bodenwanne liegenden Hochleistungskonvektoren können als PWWH mit 90/70 °C oder als Niedertemperaturheizung mit 55/45 °C betrieben werden.

Bodenkanalheizungen funktionieren durch natürliche Konvektion oder, zur Leistungssteigerung und Schnellaufheizung, durch Gebläsekonvektion (s. auch Abschnitt 10.2.8.4).

10.2 Anlagenteile

10.2.1 Heizkessel

Die Wirtschaftlichkeit einer Zentralheizungsanlage hängt im wesentlichen von der Wahl des Heizkessels ab.

Im Warmwasserkessel geben die heißen Rauchgase über die Kesselheizfläche ihre Wärme an das Heizungswasser ab. Beim Dampfkessel wird die Wärme zum Verdampfen des Wassers benötigt. Beim direktbefeuerten Lufterhitzer wird die an der Kesselheizfläche vorbeiströmende Luft erwärmt.

Der Heizkessel soll folgende Anforderungen erfüllen:

Genaue Anpassung der Kesselleistung an den Wärmebedarf des Gebäudes,
große Wirtschaftlichkeit durch gute Ausnutzung des Brennstoffes,
weitgehende, stufenlose und schnelle Regelbarkeit,
einfache und gefahrlose Bedienung auch im Dauerbetrieb,
keine Belästigung durch Rauch, Ruß, Geruch und Geräusche,
lange Lebensdauer,
geringer Platzbedarf und einfache Montage,
geringe Wärmeabstrahlung an den Heizraum,
Preiswürdigkeit sowie
eventuelle Umstellmöglichkeit auf andere Brennstoffe.

Einteilung der Kesselarten. Die Ausführungsarten der Heizungsanlagen erstrecken sich vorwiegend auf den Wärmeentwickler.

Es gibt zahlreiche Möglichkeiten, wonach Zentralheizungskessel eingeteilt werden können:

nach dem verwendeten Werkstoff: Gußkessel, Stahlkessel und Edelstahlkessel
nach der Bauart: Spezialkessel, Umstellbrandkessel, Wechselbrandkessel und Doppelbrandkessel
nach dem Brennstoff: Koks- oder Kohlekessel, Ölkessel, Gaskessel, Elektrokessel, auch Holz-, Späne- und Strohkessel
nach der Größe: Kleinkessel (bis etwa 50 kW), Mittelkessel (50 bis 500 kW) und Großkessel (ab 500 kW)
nach dem Wärmeträger: Warmwasserkessel (bis 110 °C bzw. 120 °C), Heißwasserkessel (ab 110 °C bzw. 120 °C), Dampfkessel für Niederdruck- oder Hochdruckdampf, Ölumlaufkessel und Lufterhitzer
nach der Art der Brauchwasserbereitung: Kessel mit Speicher oder Durchlauferhitzer
nach der Abgasführung: bei festen Brennstoffen: Durchbrand, oberer Abbrand, unterer Abbrand und bei Öl- oder Gasfeuerung: Zweizug-, Dreizug-, Teilstrom- und Umkehrzugkessel
nach dem Kesseldruck: Niederdruckkessel (bis 0,5 bar Überdruck bzw. bis 100 °C) und Hochdruckkessel (ab 0,5 bar bzw. ab 100 °C)
nach dem Feuerraumdruck: Naturzugkessel und Überdruckkessel oder Normalkessel und Hochleistungskessel und
nach der Art der Kesselheizfläche: Gliederkessel, Quersieder, Flammrohrkessel, Strahlungskessel, Zweizug- und Dreizugkessel.

Spezialkessel. Diese Kessel sind jeweils nur für einen bestimmten Brennstoff vorgesehen und lassen sich nicht auf einen anderen Brennstoff umstellen.

Hierzu zählen auch diejenigen Heizkessel, die sich sowohl für Öl- als auch für Gasgebläsebrenner eignen.

Die Spezialkessel sind konstruktiv auf eine optimale Verbrennung des bestimmten Brennstoffes ausgelegt. Mit ihnen erreicht man daher die höchstmöglichen Wirkungsgrade und dadurch eine größtmögliche Wirtschaftlichkeit des Betriebes. Die Heizkessel sind außerdem einfacher gebaut, kleiner, leichter und preisgünstiger.

Normalkessel. Die Normal- oder Naturzugkessel arbeiten nach dem Unterdrucksystem.

Der rauchseitige Druck im Brennerraum ist < 0 mbar, so daß die durch den Zugbedarf des Kessels erforderlichen Kräfte durch den Schornsteinzug geliefert werden müssen. Hierbei können sich die unvermeidlichen Zugschwankungen des Schornsteines sehr störend auswirken. Diese müssen eventuell durch Zugregler aufgefangen werden.

Hochleistungskessel. Hochleistungs- oder Überdruckkessel (**653**.1) weisen bei Verkleinerung der Heizfläche eine erhöhte spezifische Kesselleistung auf.

Die Flächenbelastung bei Hochleistungskesseln kann 29 bis 58 kW/m^2 betragen. Sämtliche Heizkessel werden daher nicht mehr nach m^2-Heizfläche, sondern nach ihrer Wärmeleistung bestimmt.

Die erhöhte Kesselleistung wird durch eine gleichmäßigere Belastung der Strahlungsfläche im verbrennungsgerecht ausgebildeten Feuerraum, durch berippte Nachschaltheizflächen in den Heizgaszügen und durch Verwirbelung der Strömung durch Umlenken und Aufspalten des Rauchgasstromes sowie durch erhebliche Erhöhung der Heizgasgeschwindigkeit erreicht (**648**.1).

Der hierzu im Feuerraum erforderliche Überdruck von 2 bis 20 mbar wird mit der Überdruckfeuerung durch starke Gebläse der Öl- oder Gasbrenner aufgebracht.

Die Vorteile der Überdruckfeuerung sind:

Einsparungen an Größe, Gewicht und Kosten beim Kessel, schnellerer Wärmeübergang und stabilere Verbrennung, geringere Schornsteinquerschnitte und damit Schornsteinkosten sowie mögliche Kesselmontage auf dem Dach als Dachheizzentrale (s. auch Abschnitt 10.2.5.3).

Nachteilig sind die Geräuschbildung durch die hohe Umdrehungsgeschwindigkeit des Brennerventilators, höhere Stromkosten und die erschwerte Reinigung der Nachschaltheizflächen.

Heizkessel-Bauarten. Nach DIN 4702 T. 1 werden folgende Kesselarten unterschieden:

Heizkessel für feste Brennstoffe,
Heizkessel für gasförmige und für flüssige Brennstoffe (Öl-/Gas-Kessel),
Heizkessel mit Wassererwärmer,
Heizkessel mit anderen Wärmetauschern,
Zwangsumlaufkessel sowie
Umstellbrandkessel und
Wechselbrandkessel.

Neu sind Niedertemperaturheizkessel und Brennwertkessel (s. Abschnitt 10.2.1.4 und 10.2.1.5).

10.2.1.1 Gußeiserne Gliederkessel

In kleinen und mittleren Heizungsanlagen wurden früher meist gußeiserne Gliederheizkessel für feste Brennstoffe verwendet. Der Stahlkessel erreichte jedoch in letzter Zeit eine immer größere Bedeutung.

Neue konstruktive Möglichkeiten im Stahlkesselbau haben auch den modernen Gußkesselbau so günstig beeinflußt, daß beide mit ihren Vor- und Nachteilen je nach Verwendungszweck gleichberechtigt gegenüberstehen.

Aufbau. Der seit Jahrzehnten bewährte gußeiserne Gliederkessel ist aus einer der geforderten Leistung entsprechenden Anzahl unter sich gleicher Mittelglieder zu einem Block zusammengesetzt.

Er wird durch ein Vorderglied mit den erforderlichen Türen und Reinigungsdeckeln und ein Hinterglied mit den Abgaseinrichtungen für den Schornsteinanschluß an den Stirnseiten abgeschlossen.

Kleine Kesseleinheiten werden bereits werkseitig, größere jedoch an der Einbaustelle zusammengesetzt.

Die einzelnen Glieder sind Hohlkörper, auf deren Innenseite sich das Heizwasser oder der Dampf befinden, während an der Außenseite die Rauchgase entlangstreichen. Die Glieder werden an der höchsten und tiefsten Stelle des Kessels durch konische Nippel miteinander verbunden und durch Zugankerbolzen zusammengehalten (**647**.1).

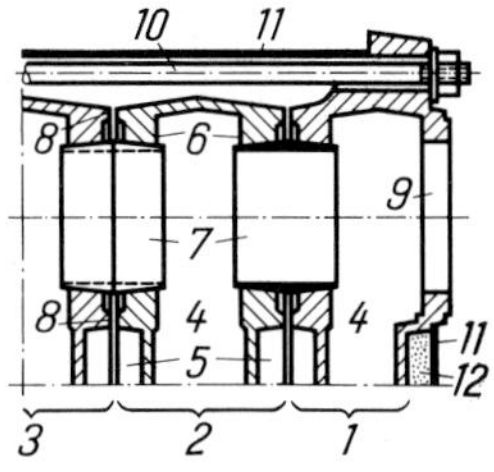

647.1 Nippelverbindung eines gußeisernen Gliederheizkessels (M 1:10)
1 Endglied (Vor- oder Hinterglied)
2 und 3 Mittelglieder
4 Wasser- oder Dampfraum
5 Rauchzüge
6 Naben
7 Nippel
8 Dichtleisten
9 äußere Nabe (für Rohranschluß oder blindverflanscht)
10 Ankerstange mit Unterlegscheibe und Mutter
11 Blechmantel
12 Wärmeschutz

Durch die Hohlräume zwischen den einzelnen Gliedern entstehen der Feuerraum, die Heizgaszüge, die Rostfläche und der Aschenraum.

Durch Hinzufügen weiterer Mittelglieder können die Kessel leicht einem gestiegenen Wärmebedarf angepaßt werden. Ebenso lassen sich beschädigte Teile verhältnismäßig leicht austauschen.

Gußeiserne Gliederkessel (**655**.1 und **662**.1) sind einfach, zuverlässig und dauerhaft, da ihr Werkstoff Grauguß nur wenig korrosionsanfällig und bei seiner heutigen Güte auch den stärker und häufiger schwankenden Wärmespannungen eines intermittierenden Kesselbetriebes voll gewachsen ist.

Betriebsdruck. Gliederkessel werden in Normalausführung für einen höchsten Betriebsdruck von 4 bar, daneben in Spezialausführungen als Hochhausmodelle bis 6 bar hergestellt.

Abgasführung. Die Unterteilung gußeiserner Gliederkessel nach der Abgasführung in unteren und oberen Abbrand sowie unteren und oberen Rauchabzug ist heute unbedeutend (**647**.2). Sie geht auf die Zeit der Koksfeuerung zurück.

Die Zugstärke bei oberem Abbrand beträgt ca. 0,2 mbar, die erforderliche Zugstärke bei unterem Abbrand 0,3 bis 0,5 mbar.

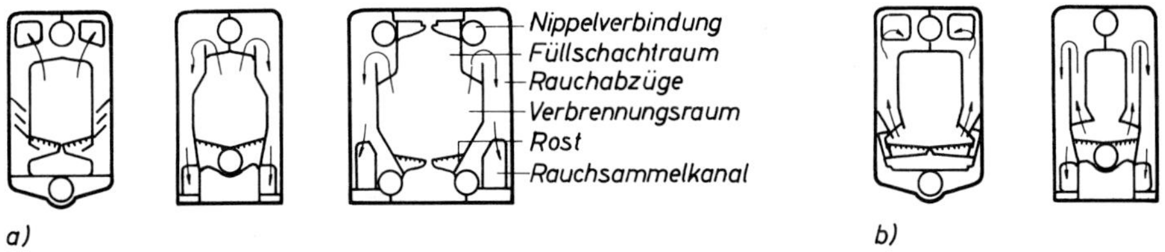

647.2 Abgasführung herkömmlicher Gußgliederkessel
a) oberer Abbrand
b) unterer Abbrand

Die modernen Gußkessel sind vorwiegend mit Nachschaltheizflächen ausgestattet, um die Rauchgase besser ausnützen zu können. Je nach Rauchgasführung unterscheidet man Zweizug-, Dreizug-, Teilstrom- und Umkehrzüge (**648**.1).

Gußeiserne Gliederkessel werden auch als Niederdruckdampfkessel mit einer aufgesetzten Obertrommel verwendet.

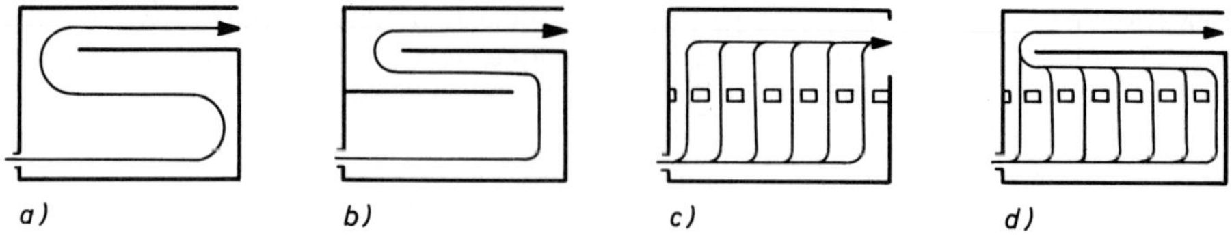

648.1 Abgasführung neuzeitlicher Kesselkonstruktionen
a) Zweizugprinzip mit Umkehrflamme
b) Dreizugprinzip
c) Teilstromprinzip
d) kombiniertes Dreizug- und Teilstromprinzip

Besonders als Umstellbrandkessel werden sie, sowohl mit festem Brennstoff wie mit Öl oder Gas beheizt, weiterhin gebaut (**662**.1).

Heizleistung. Durch die DIN 4702 T. 1 sind den Heizkesselherstellern nachfolgende Mindestbedingungen für die wirtschaftliche Wärmeleistung der Gußkessel vorgegeben:

Kesselwirkungsgrad je nach Kesselleistung 73 bis 83%, bei Braunkohle 70 bis 80%
Zugbedarf 0,15 bis 0,80 mbar,
Feststoffemissionen bei Kesseln über 15 kW < 150 mg/m^3 Abgas
Brenndauer bei Schwachlast bei automatischen Feuerungen 16 bis 22 Std., bei handbetätigten Feuerungen 12 bis 16 Std.,
Brenndauer bei Nenn-Wärmeleistung mindestens 4,5 Std.,
Abgastemperatur 160 bis 300 °C je nach Brennstoff,
Fassungsvermögen des Aschenraumes bei Nenn-Wärmeleistung 9 Std.,
Abgasverluste 11 bis 14% sowie
Bereitschafts-Wärmeaufwand in % der Kesselleistung 0,04 bis 0,01.

Bei den Umstell- und Wechselbrandkesseln sind die Anforderungen geringer. Bei einer Umstellung auf Koks oder Steinkohle darf die Kesselleistung nicht kleiner als 65%, auf Braunkohle nicht kleiner als 50%, sein.

10.2.1.2 Stahlkessel

Der Stahl, als Kesselbaustoff ursprünglich dem Großkesselbau vorbehalten, wird längst und in weitestem Umfang für die Herstellung von Klein- und Mittelkesseln verwendet.

Es handelt sich um Modelle, die in der Fabrik als ganze Einheit aus Stahl, Stahlblechen und -rohren zusammengeschweißt und an der Verwendungsstelle nur noch aufgestellt und mit den Rohrleitungen verbunden werden.

Besonders vorteilhaft sind alle Ausführungen, die werkseitig bereits mit Brenner, Vierwegemischer und den übrigen Armaturen anschlußfertig verdrahtet und ummantelt auf die Baustelle geliefert werden.

Gegenüber dem Gußkessel bietet der Stahlkessel folgende Vorteile:

Gute Materialverformung und daher gute Anpassung der Flamme an das Kesselinnere, geringer Materialeinsatz und geringeres Gewicht, größere Unempfindlichkeit gegen Wassermangel, Kesselstein und kaltes Wasser, unempfindlicher gegen plötzliche Temperaturschwankungen und hohe Drücke, höhere Heizflächenbelastung sowie größere Leistung je Einheit.

Nachteilig gegenüber dem Gußkessel sind:

Die größere Korrosionsgefahr, keine Möglichkeit der Kesselvergrößerung durch zusätzliche Glieder, Transportschwierigkeiten bei großen Kesseln sowie Reparaturschwierigkeiten an unzugänglichen Stellen.

Stahl ist korrosionsempfindlicher als Grauguß. Um die Taupunktkorrosion zu vermeiden, werden neuerdings mehr Edelstahl oder emaillierter Stahl verwendet. Dann sind auch geringere Temperaturen im Kesselkreislauf zulässig.

Bauarten. Neben verschiedenen Sonderbauarten kann man die Stahlkessel in drei Gruppen einteilen: kleine und mittelgroße Stahlkessel, Zweikammerkessel und Hochleistungs-Stahlkessel.

Kleine und mittelgroße Stahlkessel. Sie arbeiten meist im Durchbrandverfahren. Im oberen Teil des Feuerraumes sind wasserführende Rohre, Kanäle oder Hohlrippen waagerecht, schräg oder senkrecht angeordnet.

Für kleine oder mittlere Anlagen werden rechteckige Stahlkessel aus 4 bis 6 mm starken Stahlplatten zu einem Stück zusammengeschweißt, so daß sie sich äußerlich kaum von Gußkesseln unterscheiden (**649**.1).

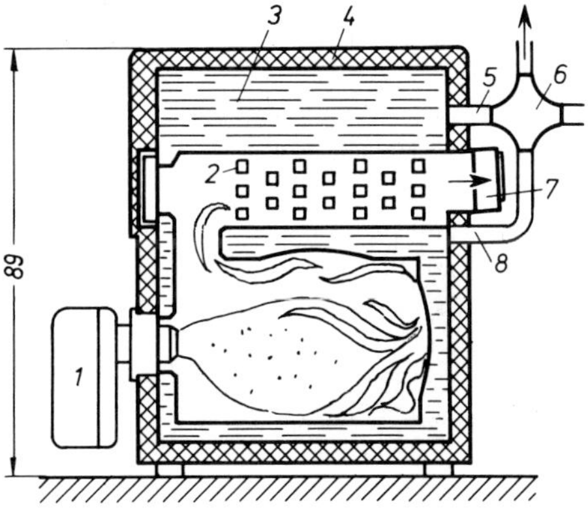

649.1 Spezial-Ölkessel aus Stahl (M 1:20)
1 Ölbrenner
2 Wirbulatoren aus korrosions- und hitzebeständigem Edelstahl
3 Heizwasser
4 Glaswolle-Dämmschicht, 40 mm dick
5 Anschluß für Heizungsvorlauf
6 Vierwege-Mischer
7 Rauchrohrstutzen
8 Anschluß für Heizungsrücklauf

Viele Kessel werden aber auch aus Gründen einfacher Fertigung als Rundkessel mit dem Vorteil geringstmöglicher Abstrahlungsflächen ausgeführt (**649**.2 und Tafel **649**.3).

Zur Erhöhung der Kesselleistung werden in Verbindung mit der Nachschaltheizfläche oberhalb des Feuerraumes Nocken, Rippen und andere die Turbulenz vergrößernde Einrichtungen eingebaut (**649**.1).

Stählerne Kleinkessel mit oberem Abbrand haben einen geringen Zugbedarf und eine Heizflächenbelastung von ca. 12 bis 25 kW/m^2.

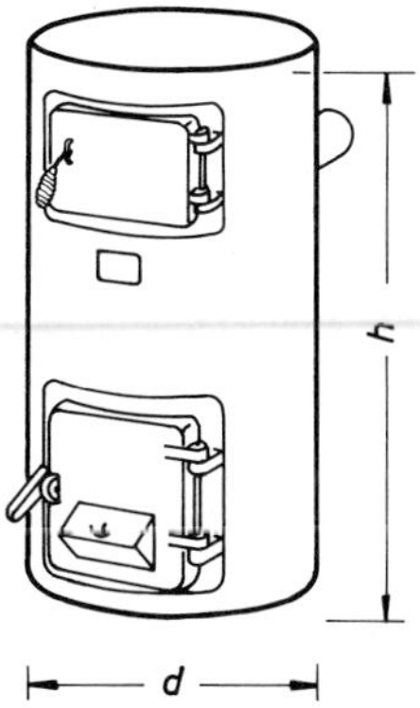

649.2 Runder Stahlheizkessel für feste Brennstoffe

Tafel **649**.3 Runde Stahlheizkessel, Wärmeleistungen, Abmessungen und Gewichte (handelsüblicher Quer-, Steilsieder- und Ringgliederkessel)

Wärmeleistung kW	Höhe h m	Durchmesser d m	Gewicht kg
bis 23	1,0...1,5	0,4...0,5	ca. 200
23... 46	1,5...1,8	0,5...0,6	150...300
46... 70	1,6...1,8	0,6...0,7	250...400
70...116	1,7...1,8	0,7...0,8	350...600
116...290	1,8...2,2	0,8...1,2	500...700
290...580	2,0...2,5	1,2...1,8	600...800

Im oberen Bereich des Kessels befindet sich häufig ein zusätzlicher Brauchwasserbereiter als Speicher oder Durchlauferhitzer.

Rauchrohrkessel mit senkrechten Rohren als Nachschaltheizfläche haben unteren Abbrand und einen oberen Abgas-Sammelraum. Ihre Heizflächenbelastung liegt bei ca. 12 bis 18 kW/m^2.

Ringgliederkessel bestehen aus mehreren konzentrischen wasserführenden Doppelzylindern mit einem mittigen Füllschacht für eine obere Beschickung und unteren Abbrand.

Die meisten kleinen und mittelgroßen Kessel sind so konstruiert, daß sie als Umstellbrandkessel (s. Abschnitt 10.2.1.6) auch mit Öl- oder Gasbrennern ausgestattet werden können.

Zweikammerkessel. Die Energieverteuerung hat dazu beigetragen, daß auch Doppelkessel nach DIN 4759 T. 1 gebaut werden. In ihnen können einerseits Öl oder Gas, andererseits feste Brennstoffe wie Holz oder Kohle verbrannt werden (**650**.1).

In der Regel werden für die kombinierte Feuerung zwei getrennte Brennkammern mit getrennten oder gemeinsamen Nachheizflächen verwendet.

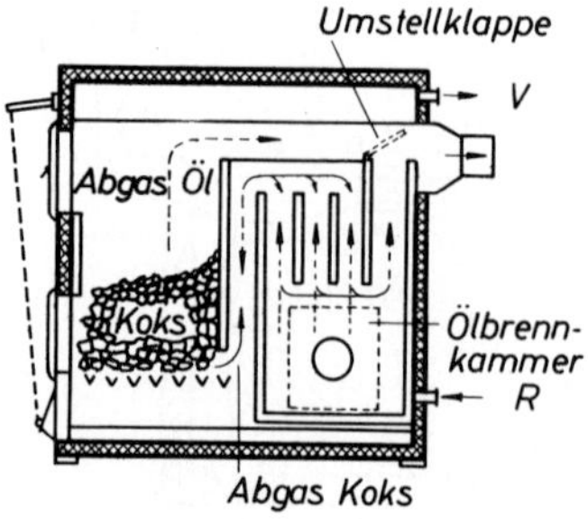

650.1 Zweikammerkessel, stählerner Wechselbrandkessel mit zwei Brennkammern, Schema

Hochleistungs-Stahlkessel. Die Hauptmerkmale dieser mechanischen Kessel sind:

Die Verwendung eines Gebläses für die Zufuhr von Verbrennungsluft und die Leistungsregelung, die Verwendung von selbsttätigen Entaschungs- und Entschlackungseinrichtungen sowie eine automatische Leistungsregelung.

Die Kesselleistungen liegen zwischen 0,7 und 11,6 MW.

Beispiele für Stahlkessel zeigen unter anderem auch die Bilder **653**.1, **656**.1, **663**.1 und **664**.1 sowie **840**.1 und **841**.1.

10.2.1.3 Heizkessel für feste Brennstoffe

Diese Festbrennstoff-Kessel sind nur für die Verfeuerung von festen Brennstoffen geeignet. Sie können nicht auf flüssige oder gasförmige Brennstoffe umgestellt werden.

Die meisten dieser Spezialkessel sind für die Verbrennung von Koks, aber auch Steinkohle und Braunkohle, bestimmt, die für einen Dauerbrand in Feuerstätten für Zentralheizungen besonders geeignet sind (s. Abschnitt 8.4.1). Ein großer Brennraum ermöglicht eine Brenndauer von mindestens 5 Stunden.

Man unterscheidet handbediente und automatische Feuerung.

Bei der handbeschickten Feuerung wird von Hand geschürt, entschlackt und beschickt (**684**.1).

Bei der mechanisch beschickten Feuerung wird das Feuerbett durch mechanische Schür- und Entschlackungseinrichtungen in dem für die eingestellte Wärmeleistung erforderlichen Zustand gehalten und selbsttätig mit Brennstoff versorgt (**691**.1).

Nach der Wirkungsweise der Feuerung unterscheidet man Durchbrand (oberen Abbrand) und Unterbrand (unteren Abbrand).

Kokskessel mit oberem Abbrand. Sie sind die einfachsten Heizkessel für kleine Anlagen.

Beim Durchbrand durchzieht die Verbrennungsluft den ganzen Brennstoffvorrat und setzt ihn schnell in Glut. Die Heizgase durchstreichen die ganze Brennstoffschicht.

Ein lebhafter Wärmeübergang an das Heizwasser erlaubt ein schnelles Hochheizen. Der Kessel ist stark überlastbar und daher für einen stoßweisen Betrieb besonders geeignet.

Die Beschickung geschieht von vorn. Der Abbrand ist durch die Feuertür gut zu beobachten, die Wartung besonders einfach.

Nach gleichem Prinzip werden auch Umstell- und Wechselbrandkessel (s. Abschnitte 10.2.1.6 und 7) gebaut (**662**.1).

Kokskessel mit unterem Abbrand. In einem Füllschacht, der auch von oben beschickt werden kann, findet keine Verbrennung statt. Der gespeicherte Brennstoffvorrat ermöglicht einen langanhaltenden Dauerbrand.

Die Verbrennungsluft durchzieht nur den unteren Teil der Koksfüllung und setzt diese in Glut. Die Abgase werden durch seitliche Kanäle im unteren Teil des Füllschachtes abgeleitet.

Langsames Hochheizen und geringe Überlastbarkeit, aber gleichmäßigere Wärmeabgabe, höherer Wirkungsgrad und beste Regelbarkeit kennzeichnen diese Kesselbauart.

Sie sind vorzugsweise für mittlere und große Anlagen geeignet.

Heizkessel für Holz, Stroh und ähnliche Brennstoffe nach DIN 4702 T. 4 sind ebenfalls Festbrennstoff-Kessel die als Spezialkessel bis zu einer Nenn-Wärmeleistung von 350 kW als Oberbrand- oder Unterbrand-Kessel gebaut werden.

Die Norm gilt auch für Umstell- und Wechselbrandkessel nach DIN 4702 T. 1 bis zu einer Nenn-Wärmeleistung von 50 kW, sofern sie für die Verfeuerung von naturbelassenem stückigem Holz vorgesehen sind (s. auch Abschnitt 10.2.1.6 und 10.2.1.7).

Als Brennstoffe können Holz, Holzwerkstoffe, Papier und Stroh in loser, stückiger oder in verdichteter Form als Stücke, Schnitzel, Späne oder Brikett mit einem Feuchtegehalt unter 20% verheizt werden.

Die Brennstoffe enthalten kaum Schadstoffe und sind umweltfreundlich. Da sie jedoch sehr gasreich sind, muß durch Vorwärmung in den Holzkesseln für eine vollständige und rauchfreie Verbrennung gesorgt werden (**651**.1).

Moderne Holzkessel arbeiten mit einer dreistufigen Verbrennung: Holztrocknung, Dosierung von Schwelgas und Sekundarluft sowie Verbrennung bei ca. 100°C.

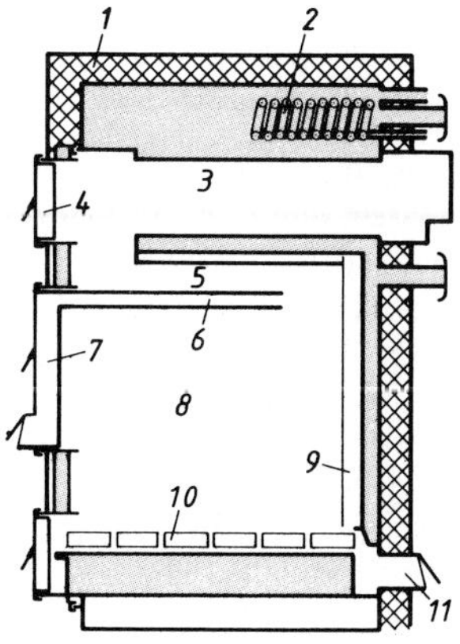

651.1 Schnitt durch Scheitholzkessel Longola (Viessmann Werke)
1 Verbundisolierung
2 Wärmetauscher aus Kupferrohr
3 Nachschaltheizflächen
4 Reinigungstür
5 Nachverbrennungsraum
6 ES-System, Sekundärlufterhitzer
7 Fülltür
8 großer Füllschacht für Dauerbrand
9 keramische Auskleidung
10 Rostfläche, keramische Elemente
11 Primärluft-Zuführung

10.2.1.4 Heizkessel für flüssige Brennstoffe

Diese Spezialkessel aus Guß oder Stahl weisen viele Verbesserungen gegenüber früheren Bauarten auf:

Fortfall der Schamotteausmauerung, Betrieb mit niedrigeren Wassertemperaturen durch besondere Beschichtung oder Legierung des Kesselmantels sowie höhere Heizflächenbelastungen.

Öl- und Gaskessel unterscheiden sich nach DIN 4702 T. 1 nicht in ihrer Bauart, so daß jeder Ölkessel auch mit einem Gasgebläsebrenner betrieben werden kann. Diese Heizkessel sind nicht auf feste Brennstoffe umstellbar.

Zur Gruppe der Öl- und Gas-Heizkessel gehören auch die neueren Niedertemperaturheizkessel und der Brennwertkessel.

Niedertemperaturheizkessel, kurz NT-Kessel genannt, sind Heizkessel, deren Kesselwasserbetriebstemperatur höchstens 75°C beträgt und die in Abhängigkeit von der Außentemperatur selbsttätig bis auf 40°C oder tiefer geregelt werden oder die auf nicht mehr als 55°C eingestellt sind, ohne daß Schaden durch Kondensatbildung auftritt (s. auch Abschnitt 10.7.2).

Die Kessel werden derzeit bis zu einer Leistung von 6000 kW eingesetzt.

Brennwertkessel sind Heizkessel, in denen im Abgas enthaltene gebundene Wärme in Form von Wasserdampf durch Kondensation nutzbar gemacht wird (s. auch Abschnitt 10.2.1.5).

Heizöl ist für Brennwertkessel wegen seines hohen Schwefelgehaltes und wegen der Ableitung des sauren Kondensates in die Hausentwässerung problematisch.

Vorteile. Ihrer besonderen Vorzüge wegen haben sich Ölfeuerungen in weitestem Maß für Anlagen aller Größen eingeführt.

Sie erfordern bei dem heute selbstverständlichen vollautomatischen Betrieb so gut wie keine Bedienung. Staub und Rückstände entfallen. Sie lassen sich schnell aufheizen und damit auch gut regeln.

Ihr Brennstoff, für Klein- und Mittelkessel das Heizöl EL nach DIN 51603 T. 1, ist bequem und sauber zu transportieren, sowohl vom Tankwagen zum Vorratsbehälter als auch von dort zum Brenner, und erfordert bei seinem hohen Heizwert verhältnismäßig wenig Lagerraum.

Nachteile. Nachteilig sind die hohen Anlagekosten für Ölfeuerungsanlagen, auch durch die Erfüllung der behördlichen Auflagen für die Öllagerung und die Betriebsüberwachung.

Die Ölbrenner sind bei ihrem komplizierten Aufbau für Störungen anfällig und erfordern eine regelmäßige Wartung und Inspektion durch einen Sachkundigen nach DIN 4755 T. 1 mindestens einmal jährlich, über die am besten ein Jahresvertrag abzuschließen ist. Ölkessel sind nicht überlastbar und daher entsprechend groß auszulegen.

Aus dem SO_3 -Gehalt der Heizölabgase entsteht bei Unterschreitung ihres Taupunktes Schwefelsäure, die zu Kesselkorrosionen und zur Zerstörung von Bauteilen führen kann.

Der Betrieb des Ölbrenners kann störende Geräusche und Vibrationen im Bauwerk hervorrufen.

Aus- oder überlaufendes Heizöl kann das Grundwasser verunreinigen.

Kesselbauteile. Ölfeuerungen mit voll- oder teilautomatischen Brennern an Niederdruckkesseln sind genehmigungspflichtig und müssen DIN 4755 T. 1, ihre Ölzerstäubungsbrenner außerdem DIN 4787 T. 1 entsprechen.

Spezial-Ölkessel nach DIN EN 303 T. 2 werden sowohl als Guß- als auch als Stahlkessel nach DIN 4702 T. 1 hergestellt (**653**.1). Kennzeichnend ist für alle Modelle der geräumige, dem kreisförmigen Querschnitt der Ölflamme angepaßte Feuerraum, der auch bei Gußkesseln keine Schamotteausmauerung mehr erfordert, sondern höchstens einzelne Rückwandschutzsteine oder Schirmplatten (**662**.1).

Statt der Feuertür besitzt die Vorderseite des Kessels eine Brennerplatte zur Montage des Brenners, auf der sich auch die erforderliche Schauöffnung zur Beobachtung der Flamme befinden kann (**653**.1).

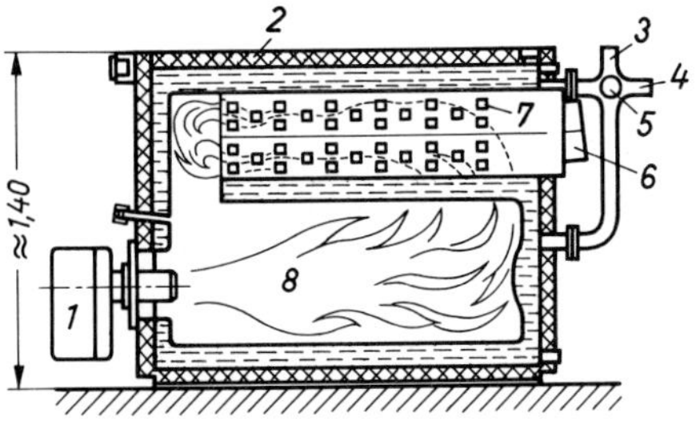

653.1 Spezial-Ölkessel aus Stahl, Leistungsbereich 150 bis 360 kW (M 1:50) (Viessmann)
1 Ölbrenner
2 Wärmedämmschicht
3 Heizungsvorlauf
4 Heizungsrücklauf
5 Vierwegemischer
6 Rauchrohrstutzen
7 Wirbulatoren aus Edelstahl
8 Brennkammer

Gußeiserne und stählerne Ölkessel sind von vornherein für eine Ölfeuerung als Spezialkessel gebaut, wodurch höhere Wirkungsgrade gegenüber ölgefeuerten Kokskesseln erreicht werden.

Gußeiserne und stählerne Koks- und Kohlekessel lassen sich fast ausnahmslos mit geringen Änderungen für Öl- oder Gasfeuerung bei vermindertem Wirkungsgrad verwenden (**662**.1).

Spezialkessel für flüssige Brennstoffe gibt es in vielen Sonderbauarten, von denen nachfolgend nur einige aufgezählt werden können:

Ölkessel mit einer Rauchgasführung nach dem Dreizug-, Teilstrom- oder Flammenumkehrprinzip (**648**.1), Spezialkessel mit Sturzbrenner, Klein-Kessel als Etagenkessel mit Gebläse-Verdampfungsbrenner, Ölkessel mit normalem Schornsteinzugbedarf oder Über- und Unterdruckkessel sowie Flammrohr-Rauchrohr-Kessel und Zweikreiskessel.

Automatische Ölfeuerungsanlage. Damit das Heizöl mit hohem Wirkungsgrad verbrennen kann, muß es möglichst fein zerstäubt und mit Verbrennungsluft gemischt werden.

Für Heizkessel kleinerer und mittlerer Größe werden hierzu vor allem die relativ einfach gebauten, wenig störanfälligen und geräuscharmen Ölzerstäuberbrenner nach DIN 4787 T. 1 eingesetzt (**653**.2).

Die DIN unterscheidet zwischen teilautomatischen und handbedienten Ölbrennern, dem Brenner als Baueinheit und dem üblichen automatischen Ölbrenner.

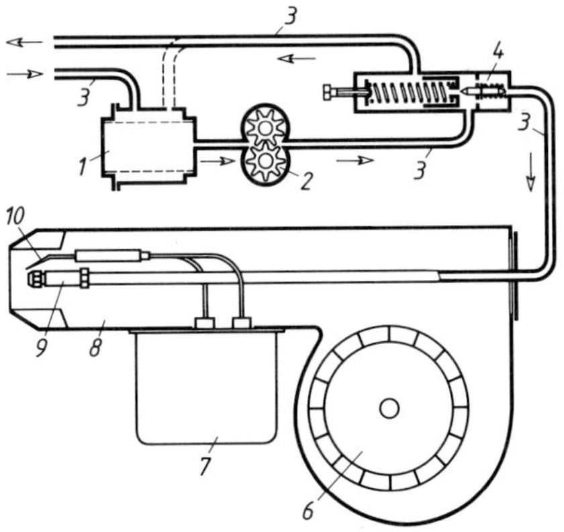

653.2 Hochdruck-Ölzerstäuberbrenner (Danfoss)
1 Ölfilter
2 Ölpumpe, ein- oder zweistufig
3 Ölzuleitung
4 Druckregler
5 Ölrücklaufleitung
6 Luftgebläse
7 Zündtransformator
8 Brennerkopf
9 Zerstäubungsdüse
10 Zündelektroden

In ihnen wird das Öl durch eine direkt angebaute ein- oder zweistufige Ölpumpe vom Öllagerbehälter angesaugt, mit der durch ein Zentrifugalgebläse zugeführten Verbrennungsluft vermischt und mit einem Druck von 7 bis 20 bar durch die Düse des Brennerkopfes in den Feuerraum des Kessels gepreßt.

Heizölpumpen sind stets Zahnradpumpen, die zur Steigerung des Öldruckes immer mehr Öl fördern müssen, als die Düse verlangt. Das überschüssige Öl fließt entweder über eine Rücklaufleitung zum Ölbehälter zurück oder wird wieder der Saugseite der Pumpe zugeführt.

Der Ventilator und das Pumpenaggregat werden meist direkt durch einen seitlich angebauten wartungsfreien Elektromotor angetrieben.

Das vernebelte Öl wird durch Zündfunken zwischen zwei Zündelektroden gezündet, denen ein Zündtransformator die erforderliche Spannung von 10 bis 14 kV liefert.

Nach DIN 4787 T. 1 müssen die vollautomatischen Ölzerstäubungsbrenner neben der Regelschaltung folgende Sicherheitseinrichtungen aufweisen:

Automatische Flammenüberwachung, Sicherheitszeit, Störabschaltung, Vorbelüftung und Notschalter.

Der Notschalter (Netzschalter) ist außerhalb des Heizraumes an leicht zugänglicher und nicht gefährdeter Stelle vorzusehen (**655**.1).

Das Steuergerät sorgt dafür, daß die Zündung, Flammenüberwachung und die Abschaltung des Brenners automatisch erfolgen (**655**.1).

Der Brenner arbeitet nach der Zündung sogleich mit Vollast im „An-Aus“-Betrieb, bis er wieder ausgeschaltet wird. Er kennt also keine Zwischenstellungen.

Die Heizleistung des Kessels wird daher lediglich durch die Länge der Brennerlaufzeiten und der Schaltpausen bestimmt. Dabei sollte die Brennergröße zur Kesselleistung so abgestimmt sein, daß der Brenner während der höchsten zu erwartenden Kesselbelastung pausenlos arbeitet und sich während des Schwachlastbetriebes kurze Schaltzeiten ergeben, der Kessel also möglichst gleichmäßig warm bleibt.

Die unvermeidliche Auskühlung des Kessels in den Schaltpausen ist durch eine selbsttätige Luftabsperrklappe gegen das Eindringen von Kaltluft zu verringern.

Bei stark wechselndem Schornsteinzug ist durch einen selbsttätigen Zugbegrenzer eine ungünstige Beeinflussung der Feuerung zu verhindern (**654**.1).

Ölgefeuerte Heizkessel sind durch den konstanten Durchlaß der Düse nicht überlastbar. Durch Begrenzen der Nachtabsenkung vermeidet man daher eine Überlastung der Anlage in den Morgenstunden (s. auch Abschnitt 10.2.4.3).

Der Stromverbrauch eines Ölbrenners beträgt bei 0,125 kW Leistungsaufnahme und 1500 bis 1700 Betriebsstunden/Jahr 190 bis 210 kWh/Jahr.

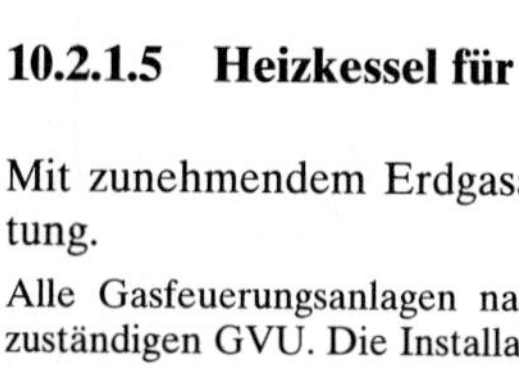

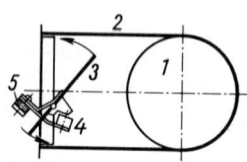

654.1 Zugbegrenzer (System Steinen) zum Ausgleich schwankenden Schornsteinzuges (M 1:15)

1 Rauchrohr des Kessels
2 Manschette zum Anschluß des Zugbegrenzers
3 Pendelklappe
4 Gewicht
5 Rändelschraube zum Justieren des Gewichtes

10.2.1.5 Heizkessel für gasförmige Brennstoffe

Mit zunehmendem Erdgasangebot gewinnen die Gasheizkessel eine immer größere Bedeutung.

Alle Gasfeuerungsanlagen nach DIN 4756 benötigen die Genehmigung der Bauaufsicht und des zuständigen GVU. Die Installationen dürfen nur durch zugelassene Fachfirmen ausgeführt werden.

Kesselarten. Gaskessel unterscheidet man zunächst nach der Bauart des Brenners in zwei Ausführungen:

Kessel mit Brennern ohne Gebläse (Naturzugbrenner) für kleine und mittlere Leistungen und Kessel mit Gasgebläsebrennern für Naturzug oder Überdruck, die wie der Ölbrenner für jede Leistung eingesetzt werden können.

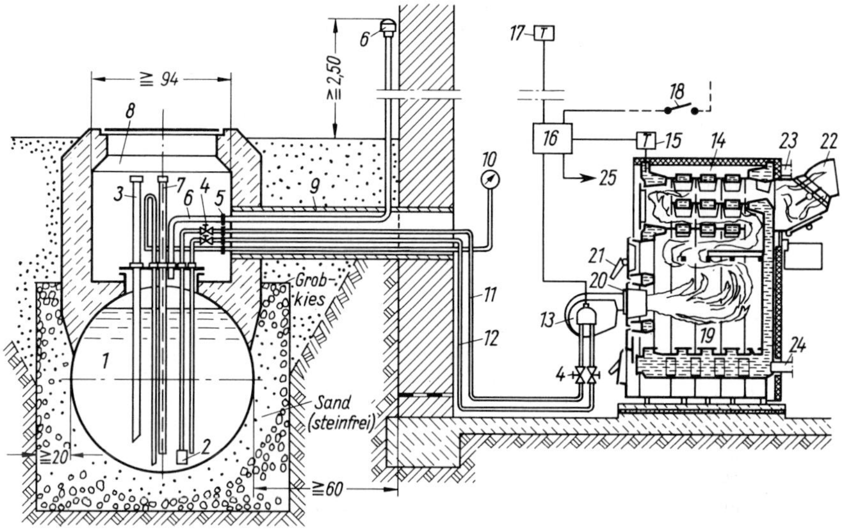

655.1 Ölfeuerungsanlage einer WW-Zentralheizung (M 1:50)

1 unterirdischer Heizöl-Vorratsbehälter nach DIN 6608 T. 1, mit Kontrollgerät zur Lecksicherung (nicht dargestellt, s. Bild **698**.1)
2 Fußventil der Entnahmeleitung
3 Fülleitung mit Verschraubung und Filter
4 Absperrventile der Ölleitungen
5 Verschraubungen
6 Entlüftungsleitung
7 Peilrohr
8 Domschacht mit tageswasserdichter Abdeckplatte
9 wasserdichtes Futterrohr
10 Ölstandsanzeiger
11 Öl-Entnahmeleitung
12 Öl-Rücklaufleitung
13 Druckölzerstäuber-Brenner mit Ölpumpe, Zündtransformator und Photozelle
14 Spezial-Ölkessel
15 Kessel-Doppelthermostat
16 Steuergerät
17 Außenthermostat
18 Netzschalter (Notschalter) außerhalb des Heizraumes
19 Brennkammer
20 Brennerplatte
21 Schauöffnung
22 Rauchrohr
23 Vorlaufanschluß
24 Rücklaufanschluß
25 zur Pumpe und zum Mischer

Daneben gibt es zahlreiche Möglichkeiten gasbeheizte Kessel nach weiteren Gesichtspunkten einzuteilen:
nach dem verwendeten Werkstoff: Gußkessel, Stahlkessel, Kupferkessel und Edelstahlkessel
nach der Bauart: Kokskessel mit Gasbrennern, Gasspezialkessel, Umlauf-Gaswasserheizer sowie Kessel mit oder ohne Brauchwasserbereiter
nach der Gasart: Stadt- und Ferngase (S), Naturgase (N) sowie Flüssiggase (F)
nach der Anzahl der Gase: Eingas-, Mehrgas- und Allgaskessel
nach dem Gasdruck: Kessel für Niederdruck- und Hochdruckgas
nach der Größe: Kleinkessel (Wohnungs-Gasheizkessel bis etwa 50 kW), Mittelkessel (Spezial-Gasheizkessel von etwa 50 bis etwa 500 kW) und Großkessel (ab 500 kW)
nach dem Wärmeträger: Warmwasser-, Heißwasser- und Dampfkessel und
nach der Brennerbauart: Kessel mit atmosphärischem Gasbrenner und Kessel mit Gasgebläsebrenner.

Die Bauweise der Spezial-Gaskessel, die sowohl aus Grauguß wie aus Stahl hergestellt werden, ist durch die Besonderheiten der Gasverbrennung gekennzeichnet:

Kleiner Verbrennungsraum mit geringem Abgaswiderstand, Rippen und Lamellen in den Zügen zur Vergrößerung der Heizfläche und Wärmeübertragung, korrosionsfester Werkstoff, geringer Wasserinhalt sowie Umstellbarkeit auf verschiedene Gasarten.

Diese Heizkessel sind nicht auf feste Brennstoffe umstellbar.

Heizkessel mit Brennern ohne Gebläse. Diese Brennerart wird in Kesseln mit steigenden Zügen, bei Stahlkesseln meist senkrechte, innen von Heizgasen durchströmte Stahlrohre (**656**.1), angewendet, die im Herstellerwerk zusammengebaut und mit allen Armaturen, Sicherheits- und Regelorganen, oft auch mit Umwälzpumpe und geschlossenem Ausdehnungsgefäß ausgerüstet geliefert werden.

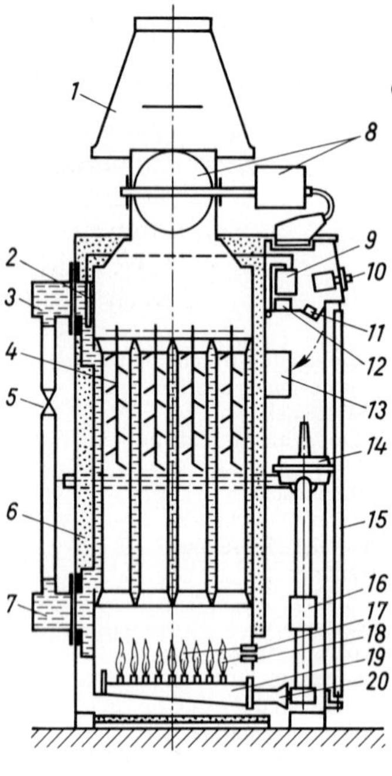

656.1 Spezial-Gaskessel aus Stahl mit atmosphärischem Brenner (Rohleder)

1 Abgashaube mit Strömungssicherung
2 Temperaturfühler
3 Vorlauf
4 Einhängekörper zur höheren Wärmeausnutzung
5 Beimischventil (Rücklaufbeimischung) zu 10
6 Wärmedämmung
7 Rücklauf
8 automatisch gesteuerte Abgas-Drosselklappe
9 Temperaturregler und -begrenzer
10 Drucktasten für Kesseltemperaturregelung
1. Schalttaste: Netzschalter und Temperaturstufe 50 °C
2. Schalttaste: Temperaturstufe 67 °C
3. Schalttaste: Temperaturstufe 88 °C
11 Elektropaneel (aufklappbar) mit Klemmleiste
12 Zündtransformator
13 Gasfeuerungsautomat
14 Gasdruckregler
15 Gehäusetür
16 Gasmagnetventil
17 Überwachungselektrode
18 Zündelektrode
19 atmosphärischer Allgasbrenner
20 Injektordüse

Gasbrenner ohne Gebläse nach DIN 4788 T. 1 sind Brenner, bei denen die Verbrennungsluft durch das ausströmende Brenngas und den thermischen Auftrieb angesaugt wird.

Beim atmosphärischen Gasbrenner tritt das Brenngas aus geraden oder ringförmigen Brennerrohren mit vielen Düsen, die den Querschnitt des Verbrennungsraumes unten ausfüllen und leicht von einer Gasart auf eine andere umzustellen sind, in den Brennraum des Kessels ein. Die Verbrennungsluft wird mit natürlichem Auftrieb angesaugt, der Luftzutritt zum Kessel muß daher ständig gewährleistet sein.

Gas-Heizkessel nach DIN 4702 T. 3 werden wegen ihres geräuscharmen Betriebes im kleinen und mittleren Bereich bis 50 kW eingesetzt und erreichen durch die gute Abstimmung von Kessel und Brenner durchweg hohe Wirkungsgrade. Sie arbeiten wegen des Fortfalles beweglicher Teile auch besonders störungsfrei und sind preisgünstig.

Als Küchenmodelle werden Gas-Kleinkessel mit Abmessungen, die sich in jede normgerechte Kücheneinrichtung einfügen, auch mit weißlackiertem Mantel und Arbeitsplatte geliefert.

Den Aufbau und die Wirkungsweise eines Niederdruckbrenners erklärt Bild **657**.1.

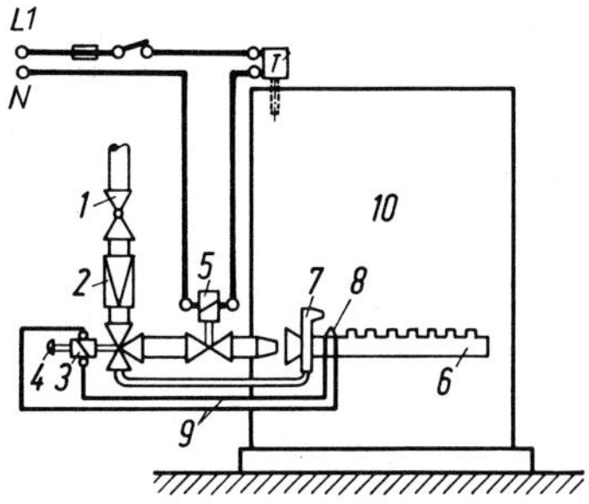

657.1 Atmosphärischer Gasbrenner, Schema
1 Geräteanschlußhahn
2 Gasdruckregler
3 thermoelektrisches Zündsicherheitsventil
4 Druckknopf
5 Gasmagnetventil
6 Injektor-Allgasbrenner
7 Zündbrenner
8 Thermoelement
9 Thermoleitung
10 Heizkessel

Durch Betätigen des Druckknopfes 4 wird das Gas zum Zündbrenner 7 freigegeben. Die Zündflamme wird elektrisch oder von Hand gezündet. Ein im Thermoelement 8 durch die Wärme der Zündflamme erzeugter Thermostrom 9 hält im Zündsicherheitsventil 3 einen Anker fest, sobald der Druckknopf nach einigen Sekunden losgelassen wird. Damit wird Gas zum Magnetventil und weiter zum Brenner geleitet.

Bei diesen Niederdruckbrennern muß eine in den Kessel eingebaute oder auf ihn aufgesetzte Strömungssicherung (**656**.1) vorhanden sein, die den Kessel von Schwankungen des Schornsteinzuges unabhängig macht und eine gleichmäßige ungestörte Verbrennung sichert.

In das Abgasrohr kann eine durch einen Klappenmotor angetriebene Abgasklappe (**656**.1) eingesetzt werden, die nur bei Betrieb geöffnet ist und durch den Fortfall der Stillstandsverluste spürbare Brennstoffersparnisse herbeiführen kann.

Im allgemeinen lohnt sich diese Einrichtung aber nur bei größeren Heizkesseln.

Die Brenner arbeiten wie die Öl-Gebläsebrenner in „An-Aus"-Schaltung. Daraus entsteht auch bei Gaskesseln eine Korrosionsgefahr an den rauchgasseitigen Kesselwandungen durch Kondenswasserniederschlag infolge Auskühlung des Kesselinneren, wenn auch nicht so stark wie bei der Ölfeuerung.

Heizkessel mit Gasgebläsebrennern. Diese Gas-Heizkessel, die auch für die Verfeuerung von flüssigen Brennstoffen geeignet sind, können nicht auf feste Brennstoffe umgestellt werden.

Als flüssige Brennstoffe gelten Heizöl EL und Flüssiggas in flüssiger Phase.

Zur Gruppe der Gas- und Öl-Heizkessel gehören auch die neueren Niedertemperatur-Kessel und der Brennwertkessel.

Niedertemperatur-Kessel, kurz NT-Kessel, sind Heizkessel, in denen die Temperatur des Wärmeträgers durch selbsttätige Einrichtungen gleitend bis auf 40 °C oder tiefer abgesenkt wird und die auf nicht mehr als 55 °C eingestellt sind.

Der Gasgebläsebrenner (**657**.2) ist bei kleineren Feuerungsanlagen teurer und durch die Bildung einer Kompaktflamme lauter. Er arbeitet aber wirtschaftlicher als der atmosphärische Brenner.

Gasbrenner mit Gebläse nach DIN 4788 T.2 führen die Verbrennungsluft mit Überdruck oder mit Unterdruck dem Brenner zu.

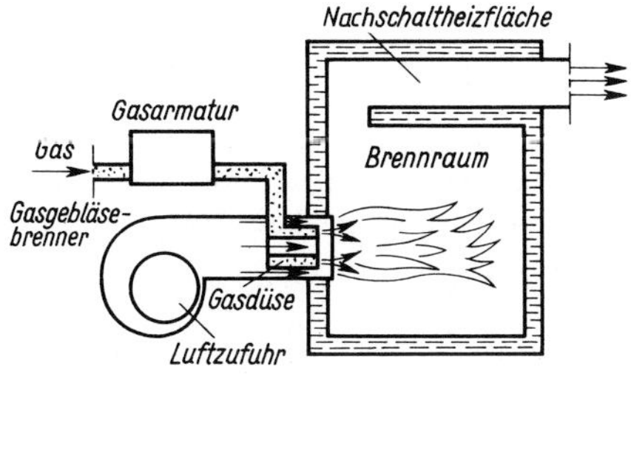

657.2 Prinzip einer Gasgebläsefeuerung

Die Ausbildung und der Betrieb der Gas-Gebläsebrenner ähneln den Hochdruck-Ölzerstäuberbrennern so weitgehend, daß auf eine nähere Darstellung hier verzichtet werden kann.

Brennwertkessel. Diese Kondensationskessel für gasförmige Brennstoffe sind nach DIN 4702 T. 6 bis zu einer größten Wärmebelastung von 2 MW zugelassen, jedoch nur bis 30 kW für Kessel, deren Abgase durch die Außenwand direkt ins Freie abgeleitet werden.

Hinsichtlich der Zulässigkeit sind außerdem die jeweiligen Landesbauordnungen zu beachten.

Brennwert ist diejenige Wärmemenge, die bei vollständiger Verbrennung eines Brennstoffes frei wird.

Bei den Brennstoffen, die Wasserstoff enthalten, unterscheidet man den Brennwert H_o, oberer Heizwert, und den Heizwert H_u, unterer Heizwert, je nachdem man die Verdampfungswärme des Wassers in den Verbrennungsgasen berücksichtigt oder nicht.

Diese neueste Entwicklung der Gaskessel reduziert aus Gründen der Energieeinsparung die Abgastemperatur der Kessel so weit, daß der in den Abgasen enthaltene Wasserdampf teilweise kondensiert. Voraussetzung ist dabei, daß das Heizsystem mit geringen Vorlauftemperaturen, also als NT-Kessel, betrieben wird.

Brennwertkessel werden als Spezialkessel ohne Gebläse oder mit Gebläse gebaut.

Brennwertkessel ohne Gebläse. Er besteht aus einem konventionellen Gasheizkessel mit atmosphärischem Brenner, dem ein Kondensator-Wärmetauscher im Abgasweg nachgeschaltet ist. Der Wärmetauscher kann sowohl neben als auch über dem Kessel angeordnet sein (**658**.1).

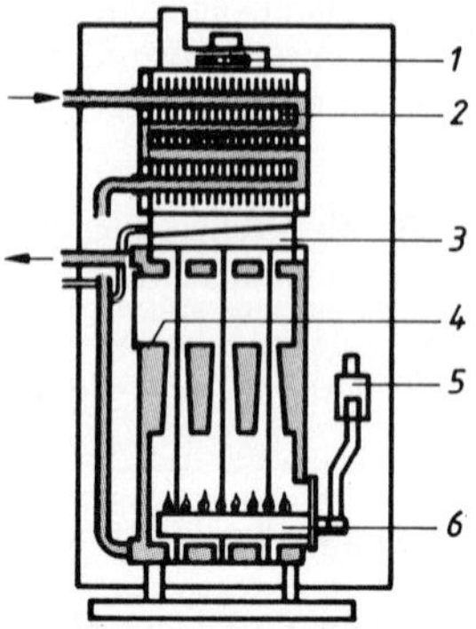

658.1 Brennwertkessel mit erstem und zweitem Wärmetauscher (Schema)

1 Abgasventilator
2 2. Wärmetauscher mit Rippen
3 Kondensatsammler
4 1. Wärmetauscher
5 Gasarmatur
6 atmosphärischer Gasbrenner

Das Abgas wird in dem Kessel bei geringer Rücklauftemperatur des Heizwassers auf 30 bis 40°C abgekühlt. Wegen des geringen Auftriebs fördert ein Abgasventilator das Abgas in den Schornstein, der daher unter Überdruck steht.

Die Zündung erfolgt elektrisch mit Flammenüberwachung, die Regelung der Vorlauftemperatur in Abhängigkeit von der Außentemperatur durch Ein- und Ausschalten des Brenners.

Brennwertkessel mit Gebläse. Er besteht aus Gasgebläsebrenner, Edelstahlbrennkammer, Wärmetauscher und Kondensatablauf. Im Kleinkesselbereich überwiegt die Ausführung als Kondensations-Gasheizkessel (**659**.1).

Der Wirkungsgrad des Heizkessels kann Werte über 100%, bezogen auf den unteren Heizwert, erreichen.

Die Energieersparnis gegenüber konventionellen Gas-Heizkesseln beträgt ca. 15 bis 20%, gegenüber reinen Niedertemperaturkesseln ca. 5 bis 10%.

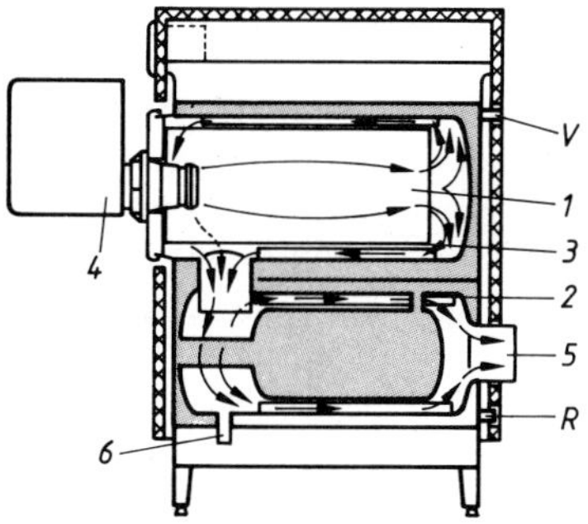

659.1 Brennwertkessel mit Gebläsebrenner (Dreizler)
1 Wärmetauscher 1
2 Wärmetauscher 2
3 Edelstahlbrennkammer
4 Gasgebläsebrenner
5 Abgasstutzen
6 Kondensatablauf
V Vorlauf
R Rücklauf

Da gewöhnlich auch noch im Abgas-Schornstein Kondensat anfällt, muß der Schornstein feuchtigkeitsunempfindlich ausgebildet sein.

Wegen der tiefen Abgastemperatur wird meist das Gebläse des Brenners auch zur Abführung der Abgase eingesetzt, sofern nicht ein getrennter Abgasventilator verwendet wird.

Die Abführung des Kondensatwassers in die Abwasserleitung und die Einleitung in die Kanalisation ist bei Kesseln bis 50 kW gestattet, wenn im häuslichen Entwässerungssystem korrosionsbeständige Werkstoffe vorhanden sind.

Steinzeug, PVC hart, PE, PP und ABS gelten gegenüber dem sauren Kondensat als beständig.

Die Menge des sich bei der Abkühlung bildenden Kondensates hängt von der jeweiligen Kesselwassertemperatur ab.

Umlauf-Gaswasserheizer. Diese Geräte nach DIN 3368 T. 2 kann man den Spezial-Gaskesseln zurechnen. Sie sind im Prinzip so gebaut wie die Durchlaufgaswasserheizer der Brauchwasserbereitung (**825**.1).

Die für die in Abschnitt 10.1.2.3 behandelten Stockwerkheizungen entwickelten Umlauf-Gaswasserheizer (**633**.1 und **634**.1) unterscheiden sich im wesentlichen nur durch die für den Dauerbetrieb bedingte schwerere Ausführung (s. Abschnitt 12.2.2.1).

Mit Leistungen von ca. 5 bis 28 kW können sie den Wärmebedarf üblicher Geschoßwohnungen, kleinerer Einfamilienhäuser, Läden und kleiner Gewerbebetriebe decken.

Für einen größeren Wärmebedarf kann man auch zwei Geräte parallel schalten, soweit man für diesen Fall nicht einen Spezial-Gaskessel entsprechender Leistung vorziehen möchte.

Die Umlauf-Gaswasserheizer werden einbaufertig mit allen Armaturen und Sicherheitsorganen für eine bequeme Montage an der Wand geliefert, wo sie mit ihren geringen Abmessungen platzsparend frei oder auch in einer Wandnische leicht unterzubringen sind (**660**.1).

Während schornsteingebundene Umlauf-Gaswasserheizer den in Abschnitt 5.1.5.3 erläuterten behördlichen Vorschriften über Raumgrößen sowie Raumbe- und -entlüftung genügen müssen, entfällt dies bei den für die Raumheizung bestimmten Außenwandgeräten.

Die Brenner sind die gleichen atmosphärischen Brenner, wie sie bei den Gaskesseln verwendet werden.

Die Wärmeabgabe der Geräte wird im allgemeinen durch einen Raumthermostat geregelt. Bei dem sehr geringen Wasserinhalt arbeiten die Anlagen zwar ohne große Verzögerung, doch sind Raumtemperaturschwankungen nicht immer vermeidbar (s. Abschnitt 10.1.2.3).

Die Heizung arbeitet automatisch. Sie wird von Thermostaten gesteuert. Sicherheitseinrichtungen überwachen die Funktion. Der Aufbau eines Umlauf-Gaswasserheizers ist am Bild **660**.2 dargestellt.

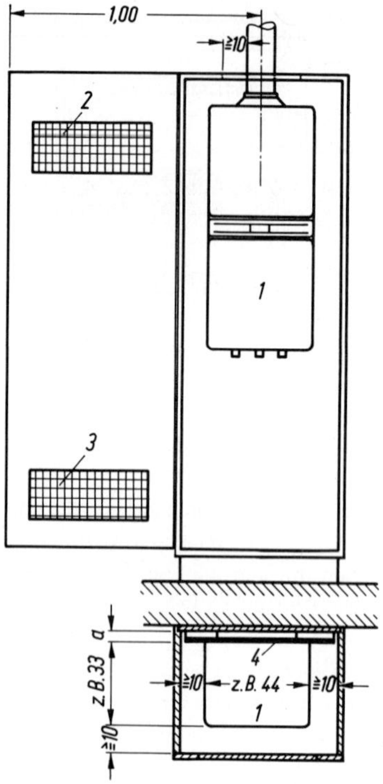

660.1 Einbau eines Umlauf-Gaswasserheizers in einem Schrank (M 1:30)

1 Umlauf-Gaswasserheizer (oder Kombinationstherme für Heizung und Warmwasserbereitung) mit eingebauter Umwälzpumpe, Strömungssicherung und geschlossenem Ausdehnungsgefäß
2 obere Lüftungsöffnung von $\geqq 600\ cm^2$ freiem Querschnitt in Höhe der seitlichen Geräteöffnungen zur Strömungssicherung
3 untere Lüftungsöffnung von $\geqq 600\ cm^2$ freiem Querschnitt
4 Grundplatte des Gaswasserheizers aus Blech und Asbest mit unten und oben geöffnetem Hohlraum

a $\geqq$ 5 cm bei brennbarer oder schwer entflammbarer Rückwand
$\leqq$ 5 cm bei Wärmeschutz (wie dargestellt)
= 0 wenn Schrankrückwand aus Blech oder Mauerwerk besteht

Anstelle der dargestellten 2 Lüftungsöffnungen in der Schranktür können auch je eine obere und untere Luftöffnung von $\geqq 300\ cm^2$ freiem Querschnitt in jeder Schrankseitenwand oder je eine Lüftungsöffnung von $\geqq 600\ cm^2$ freiem Querschnitt im freiliegenden Boden sowie in der Decke des Schrankes vorgesehen werden. Auch Kombinationen dieser Anordnung sind zulässig.

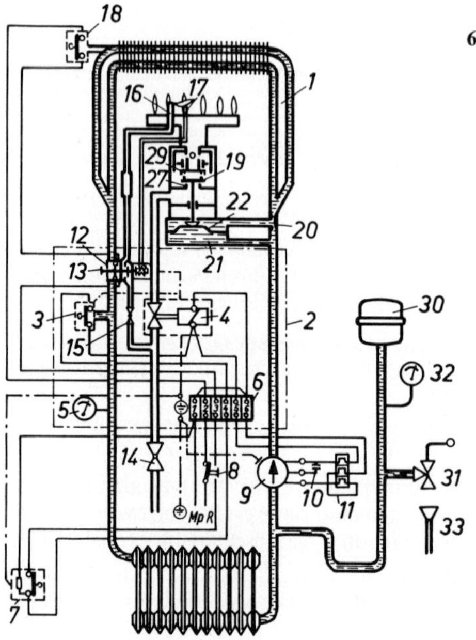

660.2 Umlauf-Gaswasserheizer (Vaillant)

1 Geräte-Heizkörper
2 Schaltautomatik
3 Vorlaufthermostat
4 Gas-Magnetventil
5 Vorlaufthermometer
6 Klemmkasten, 7 Raumthermostat
8 Hauptschalter, 9 Umwälzpumpe
10 Betriebskondensator
11 Motorschutzschalter
12 Schaltkasten der Thermoelektrik
13 Druckknopf
14 Gasabsperrhahn
15 Zündgasabsperrung
16 Zündbrennerkopf
17 Thermoelement
18 Temperaturbegrenzer
19 Wassermangelventil
20 Venturidüse
21 Wasserschalter
22 Plattenmembran
27 Wassermangelventil-Sitz
29 Wassermangelventil-Feder
30 Ausdehnungsgefäß
31 Sicherheitsventil
32 Manometer, 33 Überlauf

Umlauf-Gaswasserheizer haben damit drei Sicherheitseinrichtungen:

Das Wassermangelventil bewirkt durch die eingebaute Venturidüse, daß das Gas nur zum Brenner strömt, wenn die Pumpe läuft.
Die Zündflamme läßt das Gasventil nur offen, wenn sie brennt.
Der Temperaturbegrenzer schaltet die Anlage bei einer zu hohen Wassertemperatur aus.

Sicherheitseinrichtungen gasbeheizter Kessel. Alle Gas-Heizkessel benötigen besondere Sicherheitseinrichtungen, um Vergiftungen sowie Explosionen durch ausströmendes unverbranntes Gas zu verhindern.

Hierbei sind besonders die Sicherheitszeiten zu beachten, Zeitspannen, während denen unverbranntes Gas entweichen kann.

Sie betragen je nach Kesselleistung bei Zündsicherungen 15 bis 30 s, bei Feuerungsautomaten 5 bis 30 s.

Vorgeschrieben sind nachfolgende Sicherheitsarmaturen (**661**.1):

Eine handbetätigte Gasabsperrvorrichtung vor dem Brenner.
Eine Zündeinrichtung, die entweder aus einem von Hand betätigten Zündbrenner mit dauernd brennender Zündflamme oder einer elektrischen Funkenstrecke mit Transformator besteht.
Ein Gasdruckregler nach DIN 3380, um den Gasdruck konstant zu halten.
Eine Flammenüberwachung nach DIN 4788 T. 3, die entweder durch eine thermoelektrische Zündsicherung mit dauernd brennender Zündflamme oder durch einen Gasfeuerungsautomaten mit Flammenwächter und Steuergerät geregelt wird.
Eine Sicherheitsabsperreinrichtung, die die Gaszufuhr nur bei einwandfreier Funktion aller Teile freigibt.
Einen Gasdruckwächter bei Feuerungsautomaten.

Außerdem wird bei Anlagen über 45 kW eine Absperreinrichtung und eventuell ein Gefahrenschalter außerhalb des Heizraumes gefordert.

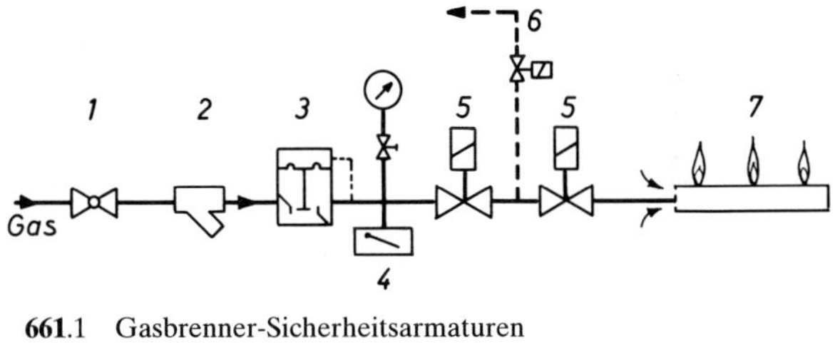

661.1 Gasbrenner-Sicherheitsarmaturen

1 Gashahn (Gasabsperrvorrichtung)
2 Filter
3 Gasdruckregler
4 Gasdruckfühler
5 Magnetventile (Sicherheitsabsperreinrichtungen)
6 Leckgasleitung (ins Freie)
7 Gasbrenner

10.2.1.6 Umstellbrandkessel

Das sind Heizkessel, die für eine Verfeuerung von festen sowie flüssigen und gasförmigen Brennstoffen geeignet sind.

Die Umstellung von der einen auf die andere Brennstoffart ist stets mit dem Abbau und Wiederaufbau des dazu erforderlichen Kesselzubehörs verbunden, erfordert also in der

Regel Montagearbeit durch Fachkräfte. Hierzu gehört die Änderung der Tür, der Rostausbau und die Entfernung oder Änderung der Ausmauerung (**662**.1).

Unterschiedliche Heizleistungen, insbesondere zwischen festen Brennstoffen einerseits und flüssigen oder gasförmigen andererseits, sind zu erwarten. Doch darf die niedrigste Nennleistung nicht kleiner als 65% der höchsten sein. Für feste Brennstoffe muß eine Brenndauer von mindestens 3,5 Stunden bei Nennbelastung gesichert sein.

Umstellkessel sind dort am Platz, wo aus Kostengründen die Heizung zunächst auf Koks eingerichtet und erst später auf Öl oder Gas umgestellt werden soll. Hier käme dann auch ein Heizkessel mit gleichen Heizleistungen für Koks, Öl oder Gas in Frage.

Ist die Umstellung auf Koks nur für einen Notbetrieb gedacht, kann die Koksleistung gegenüber der Öl- oder Gasleistung niedriger liegen. Dieser Kessel ist im allgemeinen billiger.

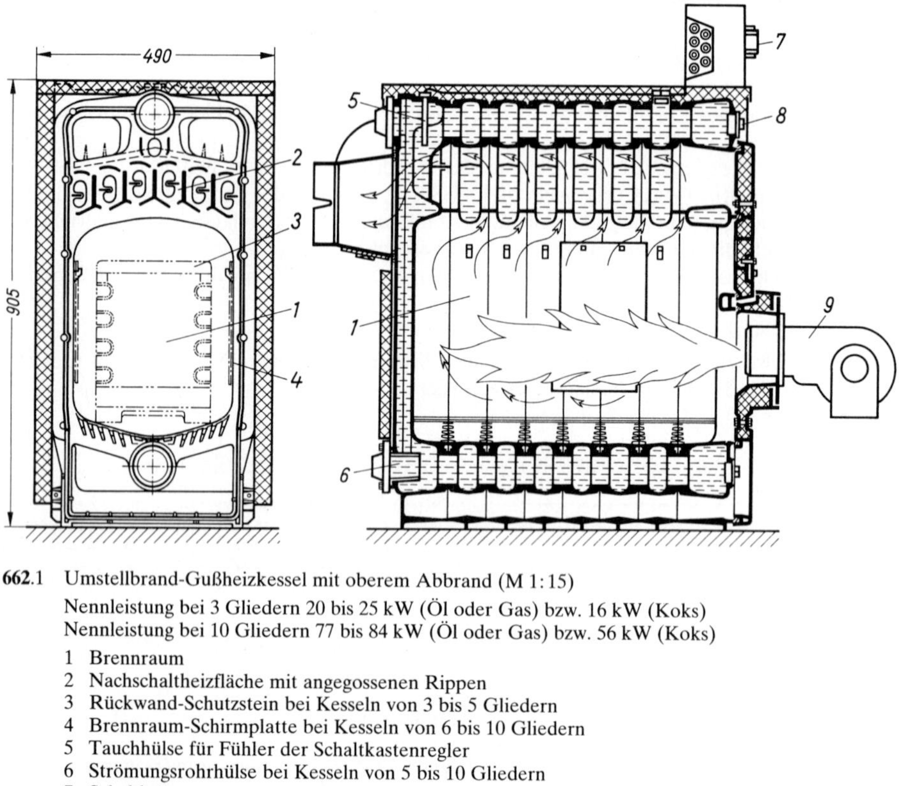

662.1 Umstellbrand-Gußheizkessel mit oberem Abbrand (M 1:15)
Nennleistung bei 3 Gliedern 20 bis 25 kW (Öl oder Gas) bzw. 16 kW (Koks)
Nennleistung bei 10 Gliedern 77 bis 84 kW (Öl oder Gas) bzw. 56 kW (Koks)

1 Brennraum
2 Nachschaltheizfläche mit angegossenen Rippen
3 Rückwand-Schutzstein bei Kesseln von 3 bis 5 Gliedern
4 Brennraum-Schirmplatte bei Kesseln von 6 bis 10 Gliedern
5 Tauchhülse für Fühler der Schaltkastenregler
6 Strömungsrohrhülse bei Kesseln von 5 bis 10 Gliedern
7 Schaltkasten
8 Anbohrung für Feuerungsregler
9 Brenner

10.2.1.7 Wechselbrandkessel

Durch Ein- oder Ausschwenken des Öl- oder Gasbrenners kann hier der Betreiber selbst den Brennstoff wechseln, also ohne Umbau der Kessel- oder Feuerungsteile.

Wechselbrandkessel haben nur dort ihre Berechtigung, wo ein häufiger Wechsel auf eine andere Brennstoffart zu erwarten ist. Das könnte nur ausnahmsweise für Stromausfall oder Versorgungsschwierigkeiten für Öl oder Gas gelten.

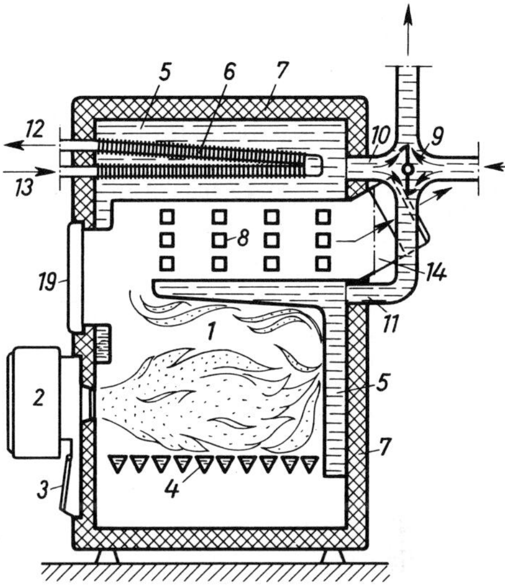

663.1 Wechselbrandkessel aus Stahl für Öl, Gas und feste Brennstoffe mit einer Feuerung und eingebautem Brauchwasser-Durchlauferhitzer (M 1:20) (Viessmann)

1 Brennkammer
2 Öl- oder Gasbrenner
3 Explosionsklappe
4 wassergekühlter Rost
5 Heizwasser
6 Durchlauferhitzer (Rippenrohrbatterie aus Kupfer oder Nickelbronze)
7 Glaswolle-Dämmschicht, 40 mm
8 Wirbulatoren aus korrosions- und hitzebeständigem Edelstahl
9 Vierwege-Mischventil
10 Anschluß für Heizungsvorlauf
11 Anschluß für Heizungsrücklauf
12 Brauchwasseranschluß
13 Kaltwasseranschluß
14 Rauchrohrstutzen
19 Fülltür mit Schauöffnung

Die Heizkessel können einen oder zwei Feuerungsräume, gemeinsame oder getrennte Heizgaszüge und Abgasanschlüsse haben (**650**.1, **663**.1 und **664**.1b).

Feste, flüssige oder gasförmige Brennstoffe dürfen nicht gleichzeitig verbrannt werden, was durch konstruktive Maßnahmen, etwa durch eine Verriegelung, ausgeschlossen sein muß.

Bei Öl- oder Gaskesseln, die als Wechselbrandkessel auf dem Markt sind, kann das Wechselbrandgeschränk auch nachträglich angebaut werden.

Die neuen Konstruktionen haben jedoch, selbst bei Kleinkesseln, eine höhere spezifische Heizflächenbelastung als bisher, so daß bei Koksfeuerung nur noch eine Teilleistung möglich ist.

Der Wechselbrandkessel ist damit ein Heizkessel, der bei Notfällen eine gewisse Sicherheit garantiert.

Nach DIN 4702 T. 1 dürfen mit Koks oder Steinkohle betriebene Kessel mit einer Leistungsminderung bis zu 35% noch als Wechselbrandkessel bezeichnet werden.

Theoretisch müßte bei Benutzung des Wechselbrandkessels der Schornsteinquerschnitt je nach Brennstoff unterschiedliche Querschnitte aufweisen (s. auch Abschnitt 8.5.3.1).

10.2.1.8 Heizkessel mit Wassererwärmer

Diese Heizkessel sind Umstellbrandkessel, Wechselbrandkessel, Festbrennstoffkessel oder Öl- und Gaskessel, die in der Regel zur zentralen Warmwasserversorgung oder zur Schwimmbaderwärmung eingebaut werden.

Heizkessel mit Wassererwärmer, auch als Kombinationskessel bezeichnet, haben in den letzten Jahren mit steigendem Brauchwasserbedarf sehr an Bedeutung gewonnen (**664**.1).

In den kombinierten Kesseln wird die von der Feuerung erzeugte Wärme vom Kesselwasser über eingebaute oder angebaute, in beiden Fällen mit dem Kessel unter einem gemeinsamen Kesselmantel zusammengefaßte Speicher- oder Durchfluß-Wassererwärmer nach DIN 4753 T. 1 an das Brauchwasser übertragen (**663**.1, **664**.1, **840**.1 und **841**.1).

S p e i c h e r - W a s s e r e r w ä r m e r sind Wassererwärmer, in denen Trink- oder Betriebswasser vor Entnahme erwärmt und zur Verwendung bereitgehalten wird.

D u r c h f l u ß - W a s s e r e r w ä r m e r sind Wassererwärmer, in denen Trink- oder Betriebswasser erst während der Entnahme erwärmt wird.

Es ist dabei wichtig, daß die Bauweise des Kessels eine schnelle und vorrangige Erwärmung des Brauchwassers ermöglicht, etwa durch eine B r a u c h w a s s e r - V o r r a n g s c h a l t u n g (**682**.2 und **683**.1), die während einer längeren Brauchwasserentnahme die gesamte Kesselleistung unter vorübergehender Abschaltung der Raumheizung für die Brauchwassererwärmung nutzbar macht.

Im übrigen entspricht die heizseitige Ausbildung der Kombinationskessel völlig den in den vorangehenden Abschnitten dargestellten Kesselarten, auf die daher verwiesen werden kann.

Auf die Ausbildung der Brauchwasserseite der kombinierten Kessel wird im Zusammenhang mit der übrigen zentralen Warmwasserbereitung in Abschnitt 12.3.1.3 näher eingegangen.

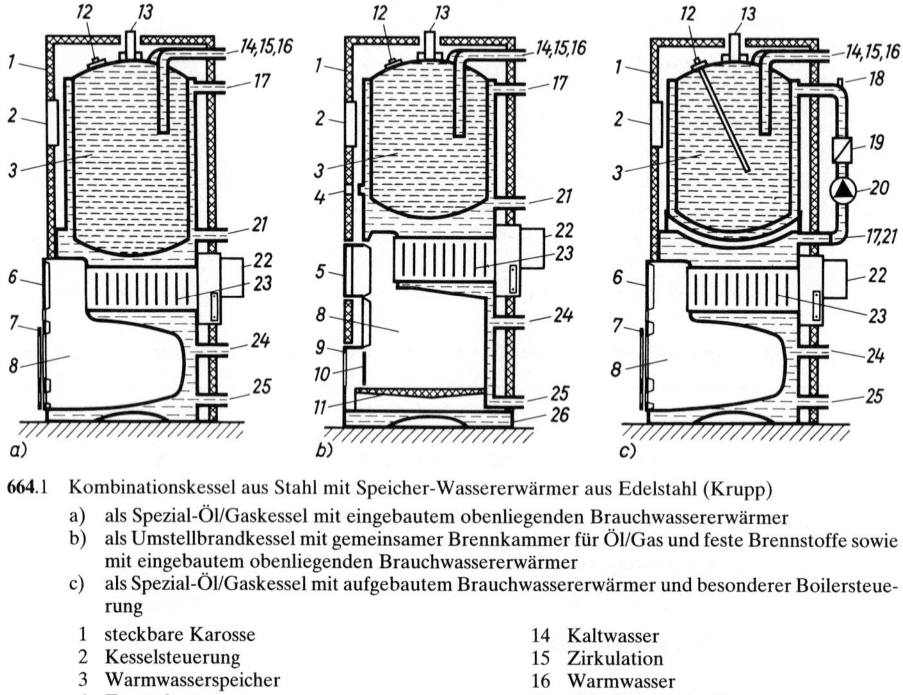

664.1 Kombinationskessel aus Stahl mit Speicher-Wassererwärmer aus Edelstahl (Krupp)

a) als Spezial-Öl/Gaskessel mit eingebautem obenliegenden Brauchwassererwärmer
b) als Umstellbrandkessel mit gemeinsamer Brennkammer für Öl/Gas und feste Brennstoffe sowie mit eingebautem obenliegenden Brauchwassererwärmer
c) als Spezial-Öl/Gaskessel mit aufgebautem Brauchwassererwärmer und besonderer Boilersteuerung

1 steckbare Karosse
2 Kesselsteuerung
3 Warmwasserspeicher
4 Zugreglerstutzen
5 Fülltür
6 Kesseltür mit Schauöffnung
7 Brennervorsetzplatte
8 Feuerraum
9 Aschfalltür mit Luftregelklappe
10 Vorstellrost } nur für Betrieb mit festen
11 Einlegerost } Brennstoffen
12 Speicherkontrollöffnung (mit und ohne Thermostat)
13 Transportstutzen
14 Kaltwasser
15 Zirkulation
16 Warmwasser
17 Sicherheitsvorlauf
18 Entlüftung
19 Schwerkraftbremse
20 Speicherladepumpe
21 Heizungsvorlauf
22 Rauchgasstutzen mit Putzöffnung
23 Nachschaltheizflächen
24 Heizungsrücklauf
25 Kesselentleerung und Sicherheitsrücklauf
26 Bodenisolation

10.2.1.9 Elektrokessel

Mit der Elektro-Zentralspeicherheizung oder Elektro-Blockspeicherheizung hat sich auch die Elektrizität in den Dienst der unmittelbaren Erzeugung von Heizwärme für Zentralheizungsanlagen gestellt.

Kessel mit elektrischer Direktheizung werden in Deutschland noch verhältnismäßig selten zur Heizung verwendet, in Ländern mit billigem Strom jedoch häufiger.

Mit den im Abschnitt 9.5 genannten Vorzügen einer Elektroheizung und nach den in Abschnitt 9.5.2 geschilderten Bau- und Arbeitsprinzipien der Speicherheizgeräte für Einzelheizungen wird in diesen Kesseln meist während 8 Nacht- und 2 Tagesstunden die für den durchgehenden Heizungsbetrieb eines Hauses erforderliche Wärme zentral erzeugt.

Sie wird dort gespeichert und während der Dauer des Heizbetriebes über die Rohrleitungen und Heizkörper einer herkömmlichen WW-Heizung oder über die Luftkanäle einer üblichen Luftheizungsanlage den Räumen zugeführt.

Von den vier Grundbauteilen, Wärmeerzeuger, Wärmespeicher, Wärmeverteilung und Heizflächen interessieren hier nur die beiden ersten.

Nach den bisherigen Erfahrungen unterscheidet man zwei Bauarten:

Die Elektro-Speicherheizung mit Wasser und die Elektro-Speicherheizung mit anderen Medien.

Elektro-Speicherheizung mit Wasser. Bei dieser Bauart wird die durch Strom erzeugte Wärme in Wasser gespeichert.

Die Erwärmung des Wassers erfolgt entweder direkt im Speicher selbst oder indirekt in einem besonderen Wärmeerzeuger.

Direkte Heizung. Bei der direkten Heizung (**665**.1) wird das Wasser durch Tauchheizkörper auf Temperaturen bis maximal 110 °C erwärmt.

1 WW-Speicher
2 Tauchheizkörper
3 Stromzufuhr
4 geschlossenes Ausdehnungsgefäß
5 Dreiwege-Mischventil
6 Umwälzpumpe
7 Heizkörper-Thermostatventil
8 Wärmeverbraucher

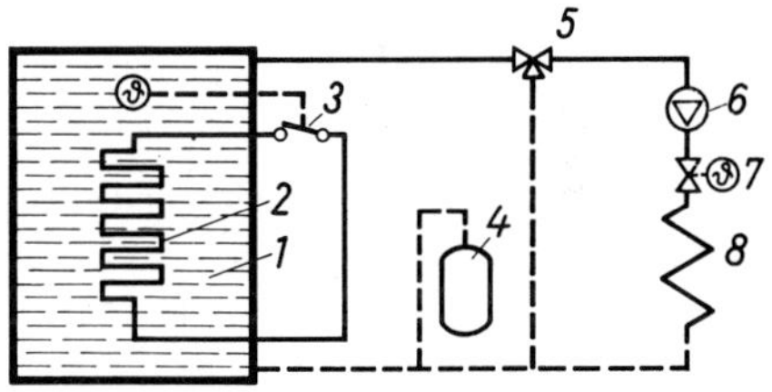

665.1 Elektro-Zentralspeicherheizung mit direkter Wassererwärmung durch Tauchheizkörper (Schema)

Das im Heizkreis umlaufende Wasser wird in einem Dreiwege-Mischventil je nach Außentemperatur mit Rücklaufwasser gemischt.

Ein Vorteil dieser Anlage besteht darin, daß das warme Wasser gleichzeitig zur Speicherung und zum Transport der Heizwärme benutzt wird.

Die Aufladung erfolgt in der Niedertarifzeit, bei tiefen Außentemperaturen eventuell auch durch eine Nachladung am Tage.

Die direkte Heizung wird hauptsächlich bei kleinen Anlagen, etwa Einfamilienhäusern, verwendet.

Indirekte Heizung. Bei der indirekten Heizung (**666**.1) ist ein besonderer Wärmeerzeuger nach der Art eines Durchlauferhitzers vorhanden, der vom Speicher getrennt installiert ist. Das Wasser wird durch die Pumpe zwischen dem Speicher und dem Wärmeerzeuger umgewälzt.

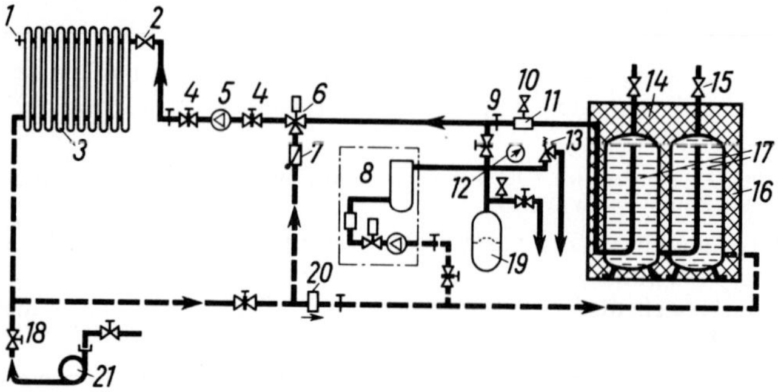

666.1 Elektro-Zentralspeicherheizung mit indirekter Wassererwärmung durch besonderen Wärmeerzeuger (Durchlauferhitzer oder Kessel) (Stiebel Eltron)

1	Entlüftungsventil	12	Manometer
2	Thermostatventil	13	Sicherheitsventil 2,5 bar
3	Wärmeverbraucher	14	Verkleidung
4	Absperrventil	15	Entlüftungsventil (wahlweise automatischer Entlüfter)
5	Umwälzpumpe	16	Wärmedämmung
6	Dreiwege-Regelventil	17	Speicherbehälter
7	Rückschlagklappe	18	Füll- und Entleerungsventil
8	Heizaggregat mit Durchlauferhitzer	19	Membran-Druckausdehnungsgefäß
9	Thermometer	20	Rücklauftemperatur-Begrenzer
10	automatischer Entlüfter	21	Lose Schlauchverbindung
11	Luftabscheider		

Die Speicheranlage besteht aus mehreren wärmegedämmten Zellen, die baukastenartig zusammengestellt werden.

Einige Firmen liefern bereits einbaufertige Aggregate mit Speicher, Isolierung, Pumpe, Regelung und allem Zubehör, so daß die Montage sehr vereinfacht ist.

Der Speicher wird desto kleiner, je größer die Temperaturspreizung des Heizwassers und je länger die Niedertarifzeit ist. Günstig sind Flächenheizungen, besonders Fußbodenheizungen, die Vorlauftemperaturen von nur etwa 40 bis 50 °C benötigen.

Der Anschlußwert für ein Einfamilienhaus mit 100 m² WF beträgt ja nach Wärmeverlust und Ladezeit etwa 24 bis 49 kW.

Die Investitionskosten betragen einschließlich der Heizkörper etwa 900 bis 1 100 DM je kW Wärmeleistung.

Der Platzbedarf für die Speicheranlage beträgt bei 100 m² WF etwa 3 bis 6 m² bei einer Kellerhöhe von 2,0 bis 2,5 m.

Beispiel. Für eine Wärmeleistung von $\dot{Q} = 20$ kW, 90/60 °C Wassertemperatur, Aufheizung auf 105 °C, 8 Stunden Niedertarifzeit und $Z = 15$ Stunden Vollbenutzungszeit, ist das erforderliche Speichervolumen:

$$V = \frac{\dot{Q} \cdot Z}{\varrho \cdot c_w \cdot \Delta\vartheta \cdot \eta_{sp}} = \frac{20\,\text{kW} \cdot 15\,\text{h}}{1000\,\text{kg/m}^3 \cdot 4{,}2\,\text{kJ/kg K} \cdot (105-60)\,\text{K} \cdot 0{,}90} =$$

$$= \frac{(20 \cdot 1000) \cdot (15 \cdot 3600)}{1000 \cdot (4{,}2 \cdot 1000) \cdot 45 \cdot 0{,}90}\,\text{m}^3 = 6{,}349\,\text{m}^3$$

Hierin bedeuten:

ϱ = Dichte des Wassers

c_w = spezifische Wärme des Wassers = 4,2 kJ/kg K

$\Delta\vartheta$ = Temperaturdifferenz

η_{sp} Speicherwirkungsgrad = 0,90 bis 0,95

Der erforderliche Anschlußwert P_A ist:

$$P_A = \frac{\dot{Q} \cdot 15}{8 \cdot \eta_a} = \frac{20\,\text{kW} \cdot 15\,\text{h}}{8\,\text{h} \cdot 0{,}80} = 47\,\text{kW}$$

Hierin bedeutet:

η_a = Aufladewirkungsgrad = 0,80 bis 0,90

Bei einer zusätzlichen Nachheizzeit am Tage muß man mit etwa 0,2 bis 0,25 m^3 je kW Heizleistung $\dot{Q}_N$ rechnen.

Nachteilig sind die gegenwärtigen sehr hohen Investitions- und Betriebskosten, wobei die zukünftige Entwicklung wesentlich von den angebotenen Niedertarif-Strompreisen abhängt.

Regelung. Die Vorlauftemperatur muß durch witterungsabhängig gesteuerte Mischventile vollautomatisch dem Wärmebedarf angepaßt werden können.

Vor allem in den Hauptträumen, in Räumen mit Sonneneinstrahlung und Wärmeabgabe durch Menschen und Beleuchtung müssen Heizkörper-Thermostatventile verwendet werden.

Elektro-Speicherheizung mit anderen Medien. In diesen Kesseln wird statt Wasser ein anderes Medium durch Nachtstrom aufgeladen und die Wärme an den Wärmeträger der Zentralheizung, in der Regel Wasser oder Luft, abgeben.

Diese Elektro-Speicherheizung entspricht den Einzel-Nachtstrom-Speicherheizgeräten der Bauart III des Abschnittes 9.5.2. Der Elektroheizkessel wird daher auch als Blockspeicher oder Zentralspeicher bezeichnet.

Das wichtigste Bauelement ist der Speicherkern, der die elektrische Wärmeenergie aufnimmt. Der Speicherstoff kann flüssig oder fest sein. Praktische Bedeutung haben zur Zeit nur elektrische Blockspeicherheizungen mit einem Magnesitkern.

Sie werden vorzugsweise für Warmluft-Zentralheizungen als Feststoff-Zentralspeicher für Luftheizungen nach DIN VDE 0700 T. 201 zur Beheizung von Großräumen eingesetzt (**667**.1).

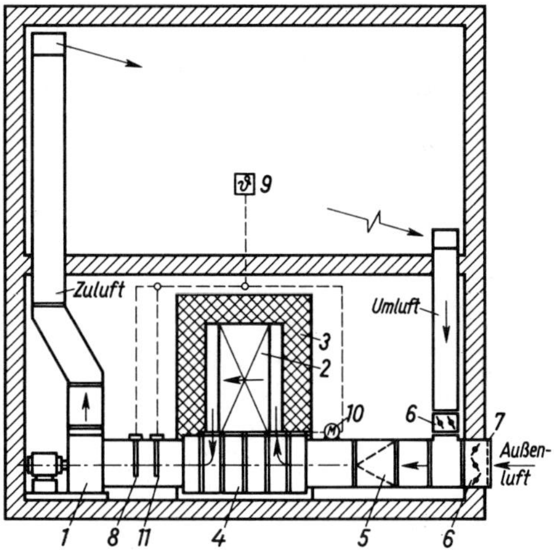

667.1 Elektro-Keramikblockspeicherheizung (Schema)
1 Zuluftventilator
2 Elektroblock (Speicherkern)
3 Wärmedämmung
4 Luftmischkasten
5 Luftfilter
6 Jalousieklappe
7 Wetterschutzgitter
8 Maximal-Begrenzungsthermostat
9 Raumthermostat
10 Stellmotor
11 Minimal-Begrenzungsthermostat

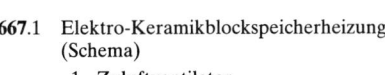

Wirkungsweise. Die Außen- und Umluft wird über gegenläufige Jalousieklappen angesaugt, in einem Filter gereinigt und danach in dem Elektroblock erwärmt.

Bei kleinem Wärmebedarf wird jedoch nur ein geringer Teil der Gesamtluftmenge durch den Speicherkern geleitet und auf maximal 600 bis 800 °C erwärmt, während die übrige Luftmenge über einen Beipaß geführt in einem Luftmischkasten der erhitzten Luft beigemischt wird.

Die Zulufttemperatur steuert ein Raumtemperaturregler durch Impulse an den Klappenstellmotor, der die Beipaßklappe und die Warmluftklappe gegenläufig betätigt. Ein Maximal- und ein Minimal-Thermostat im Zuluftkanal verhindern Unter- oder Übertemperaturen der Zuluft.

Durch Luftkanäle nach Abschnitt 10.4 und 11.5.3.2 wird die erwärmte Zuluft den Räumen zugeführt und die Umluft aus ihnen wieder dem Blockspeicher zugeleitet.

Neben dieser Speicherheizung gibt es noch Magnesit-Blockspeicher, die ihre Wärme an einen Wasserkreislauf abgeben, auch Elektro-Heizungen, die mit einem Salzschmelz-Speicherblock und anderen Medien arbeiten.

Die Regelung von Elektro-Blockspeicherheizungen ist ähnlich wie bei Speicherheizgeräten (s. Abschnitt 9.5.2.2).

10.2.1.10 Ermittlung der Kesselleistung

Die erforderliche Leistung Q_K eines Heizkessels, ausgenommen die eines Elektro-Speicherheizgerätes, ist gleich dem Normwärmebedarf $\dot{Q}_N$ des Gebäudes nach DIN 4701 T. 1 und 2, zuzüglich eines Zuschlages für die Wärmeverluste in den Rohrleitungen.

Dieser Zuschlag beträgt bei Altbauten:

5% für Anlagen mit geschützt liegenden Rohrleitungen (isolierte Verteilungsleitungen, Steigestränge an Innenwänden),

10% für Anlagen mit weniger geschützt liegenden Rohrleitungen (isolierte Verteilungsleitungen und isolierte Steigestränge in Außenwänden) und

15% für Anlagen mit ungünstig liegenden Rohrleitungen (isolierte Verteilungsleitungen im kalten Dachgeschoß, schlecht isolierte Steigestränge in Außenwänden).

Bei Heizkesseln, die mit Wassererwärmern ausgestattet sind, wird für Einfamilien- und Mehrfamilienhäuser mit weniger als 30 Wohnungen kein Zuschlag für die WW-Bereitung berechnet.

In größeren Wohngebäuden mit mehr als 30 Wohnungen und bei außerordentlich großem Warmwasserbedarf (Hotels usw.) muß bei der Bestimmung der Heizkesselgröße ein Zuschlag für die WW-Bereitung gemacht werden, der überschläglich mit 10% des Wärmebedarfes nach DIN 4701 angesetzt werden kann (s. auch Abschnitte 12.1.1 und 12.3).

Eine genauere Berechnungsmethode für Wohnbauten rechnet je Kopf und Tag 50 l Wasser von 60 °C, deren Erwärmung um 50 K auf 8 Stunden verteilt wird.

Beispiel. Wohnblock mit 48 Wohnungen = 48 Bädern, 150 Personen, Wärmebedarf nach DIN 4701 = 500 kW

Wärmebedarf nach DIN 4701	500 kW
+ 5% für Rohrleitungsverluste	25 kW
+ Zuschlag für WW-Bereitung	

$$Q_{WW} = \frac{\text{Personenzahl} \times \text{WW-Menge} \times \text{Temperaturdifferenz} \times 1{,}05}{8 \times 1000} = \frac{150 \cdot 50 \cdot 50 \cdot 1{,}05}{8 \cdot 1000} = 50\,\text{kW}$$

erforderliche Gesamtleistung	575 kW

10.2.2 Sicherheitsausrüstungen

Nach DIN 4751 T. 1 bis 3 sind Heizungsanlagen, die mit festen, flüssigen oder gasförmigen Brennstoffen, mit Abgasen oder elektrisch beheizt werden, mit nachfolgend beschriebenen Sicherheitseinrichtungen auszurüsten.

Sicherheitsleitungen offener WW-Heizungen. Der Kessel ist durch eine oben abgehende Sicherheits-Vorlaufleitung (SVL) und eine in den Kesselrücklauf einmündende Sicherheits-Rücklaufleitung (SRL) mit dem am höchsten Punkt der Anlage anzuordnenden Ausdehnungsgefäß zu verbinden.

Diese Sicherheitsleitungen, deren lichte Weite von der Kesselleistung abhängig ist, jedoch mindestens in DN 25 ausgeführt sein muß, dürfen nicht absperrbar sein und keine Verengungen aufweisen. Einzubauende Pumpen und Drosselklappen dürfen den Leitungsquerschnitt nicht unter den zulässigen Wert verengen (**628**.1 und **632**.2).

Bei Pumpen-Stockwerkheizungen mit Umlauf-Gaswasserheizern nach Abschnitt 10.1.2.3 und 10.2.1.5 ist lediglich eine Sicherheits-Rücklaufleitung erforderlich (**633**.1 und **634**.1).

Mehrere Kessel einer Heizungsanlage können getrennte oder gemeinsame Sicherheitsvorlauf- und Sicherheits-Rücklaufleitungen erhalten, auch getrennte Ausdehnungsgefäße. Sollen diese Kessel einzeln absperrbar sein, sind getrennte Sicherheitsleitungen vorzusehen. Gemeinsame Sicherheitsleitungen sind möglich, wenn die Kessel durch Sicherheitswechselventile mit Ausblaseleitung abgesperrt werden, die den abgesperrten Kessel mit der Atmosphäre verbinden (**669**.1).

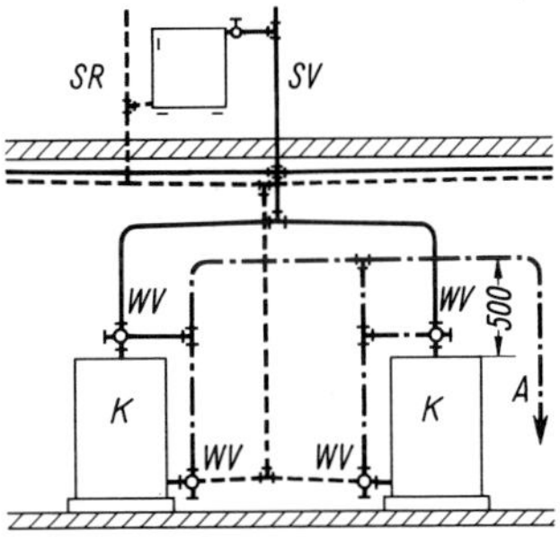

669.1 Anschluß mehrerer Kessel

K	Kessel
WV	Sicherheitswechselventil
A	Ausblaseleitung
SV	Sicherheitsvorlauf
SR	Sicherheitsrücklauf
———	Vorlauf
-----	Rücklauf

An die Sicherheitsleitungen können auch Heizkörper angeschlossen werden, z. B. bei einer mit einer Warmwasserbereitung verbundenen WWH Heizkörper für Bäder, die dann auch im Sommerbetrieb, bei abgestellter übriger Heizung, mitbetrieben werden können (**629**.1).

Ausdehnungsgefäße offener WW-Heizungen. Am höchsten Punkt der Anlage ist, möglichst senkrecht über dem Kessel und möglichst stehend, ein Ausdehnungsgefäß nach DIN 4807 T. 1 und 2 vorzusehen, das die Volumenvergrößerung des Heizwassers bei der Erwärmung aufzunehmen und sicherheitsgefährdende Druckerhöhungen zu verhindern hat.

Ausdehnungsgefäße (AG) können als offenes Ausdehnungsgefäß (OAG) mit der Atmosphäre in Verbindung stehen oder als geschlossenes Ausdehnungsgefäß (GAG), in dem bereits vor Inbetriebnahme oder durch den Betrieb ein Überdruck gegenüber der Atmosphäre herrscht, geplant werden. Sie können mit oder ohne Membrane ausgeführt sein.

Die gesamte waagerechte Ausdehnung der Sicherheitsleitungen soll die 10fache senkrechte Anlaufstrecke über dem Kessel (**628**.1) nicht überschreiten.

Das Ausdehnungsgefäß ist durch eine nicht absperrbare Entlüftungs- und Überlaufleitung von der Nennweite des SV mit der Außenluft frei zu verbinden, muß sonst aber fest verschlossen sein.

Diese Leitungen dürfen nicht ins Freie führen, die Überlaufleitung soll möglichst im Heizraum offen und gut sichtbar enden.

Der SV wird von oben in das Ausdehnungsgefäß eingeführt, außerdem ist er zur Sicherung eines gewissen Wasserumlaufes im Ausdehnungsgefäß durch eine Verbindungsleitung DN 20 mit Drosseleinrichtung mit dem unteren Teil des Gefäßes oder dessen Anschlußstutzen für den Rücklauf zu verbinden. Der SR wird unten am Ausdehnungsgefäß abgenommen (**670**.1).

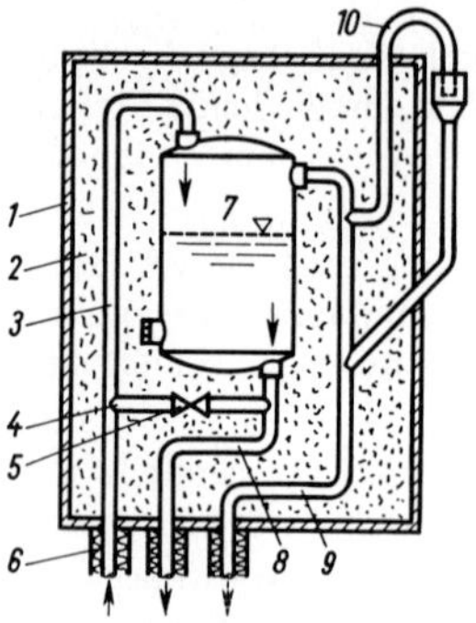

670.1 Offenes Ausdehnungsgefäß, stehend, mit Wärmeschutz für Aufstellung in ungeheiztem Raum (M 1:30)

1 Holzkasten
2 Wärmedämmung (z. B. Glaswolle)
3 Sicherheitsvorlauf DN 25
4 Zirkulationsleitung DN 20
5 Drosselventil
6 Wärmedämmung der Rohrleitung nach Abschnitt 10.2.7.4
7 Ausdehnungsgefäß 30 l nach DIN 4807 T. 2 aus Stahlblech, gestrichen oder verzinkt
8 Sicherheitsrücklauf DN 25
9 Überlaufleitung DN 25
10 Entlüftung DN 25

Bei kombinierten Kesseln für Heizung und Warmwasserbereitung kann auf die Zirkulation beim Sommerbetrieb ohne Heizung verzichtet werden, wenn die statische Höhe über der Kesselsohle weniger als 15 m ist und ein Temperaturbegrenzer am Kessel Vorlauftemperaturen über 120 °C verhindert (**629**.1).

Die Größe des Ausdehnungsgefäßes wählt man bei Anlagen normaler Ausdehnung für Pumpen-WW-Heizungen zu ca. 1,2 l je 1,2 kW Kesselleistung und ca. 1,5 l je 1,2 kW für Schwerkraftheizungen, im geschlossenen System etwa ⅓ größer.

Die genaue Größenbestimmung der Ausdehnungsgefäße wird nach DIN 4807 T. 2 durch Angaben über den Wasserinhalt der gesamten Heizungsanlage, Ausdehnungsvolumen, Wasservorlage, Vordruck und Enddruck errechnet.

Offene und geschlossene Ausdehnungsgefäße ohne Membrane sind in den Größen zwischen 30 und 1000 l genormt.

Warmwasserheizungen. Bei offenen und geschlossenen WW-Heizungen mit direkt beheiztem Heizkessel (auch Umlauf-Gaswasserheizer), bei denen

1. der Heizkessel thermostatisch gegen Überschreiten einer Vorlauftemperatur von 100 °C abgesichert ist,
2. die statische Druckhöhe am tiefsten Punkt der Anlage 15 m nicht überschreitet,
3. die Nennleistung des Kessels, a) mit festen Brennstoffen weniger als 100 kW, b) bei Öl- oder Gasbefeuerung weniger als 350 kW beträgt,
4. die Beheizung des Kessels in jedem Fall schnell regelbar ist, das bedeutet a) Öl- oder Gaskessel (auch Umlauf-Gaswasserheizer) eine automatische Feuerung besitzt (Umstellbrandkessel bis 100 kW sind zulässig), b) Spezial-, Umstell- oder Wechselbrandkessel für feste Brennstoffe bis 100 kW eingebaute Brauchwassererwärmer und thermische Ablaufsicherung haben, die Vorlauftemperatur 90 °C nicht übersteigen kann und bestimmte weitere Sicherheitsbestimmungen für den Brauchwassererwärmer erfüllt sind, genügen nachfolgende Sicherheitseinrichtungen.

Sicherheitseinrichtungen. a) Temperaturregler, -wächter und -begrenzer im Heizkessel oder im Vorlauf in seiner Nähe in Anlagen über 150 kW bei Kesseln für Öl oder Gas zusätzlich eine geprüfte Wassermangelsicherung.

Temperaturregler halten die Temperatur nach einem jeweils vorgegebenen Sollwert konstant.

Temperaturwächter schalten die Wärmezufuhr bei Erreichen eines fest eingestellten Temperaturgrenzwertes ab und geben sie erst nach wesentlichem Temperaturabfall selbsttätig wieder frei.

Temperaturbegrenzer schalten die Wärmezufuhr bei Erreichen eines fest eingestellten Temperaturgrenzwertes ab und verriegeln sie. Ein Wiedereinschalten ist nur mit Werkzeug möglich.

b) In geschlossenen Anlagen mindestens 1 Sicherheitsventil mit Ansprechdruck von maximal 2,5 bar am höchsten Punkt des Heizkessels oder im Vorlauf in unmittelbarer Nähe des Kessels, jedoch höchstens 3 Sicherheitsventile.

c) In offenen Anlagen nur eine Sicherheits-Ausdehnungsleitung zum Ausdehnungsgefäß DN 25 oder größer, bei geschlossenen Anlagen möglichst kurze Verbindungsleitungen zwischen Kessel und Sicherheitsventil von mindestens DN 20 und zwischen Kessel und Ausdehnungsgefäß von DN 12 und größer je nach Kesselleistung.

d) Ausdehnungsgefäße in offenen Anlagen nach Bild **671**.1 a, in geschlossenen Anlagen Membran-Ausdehnungsgefäße nach Bild **671**.1 b.

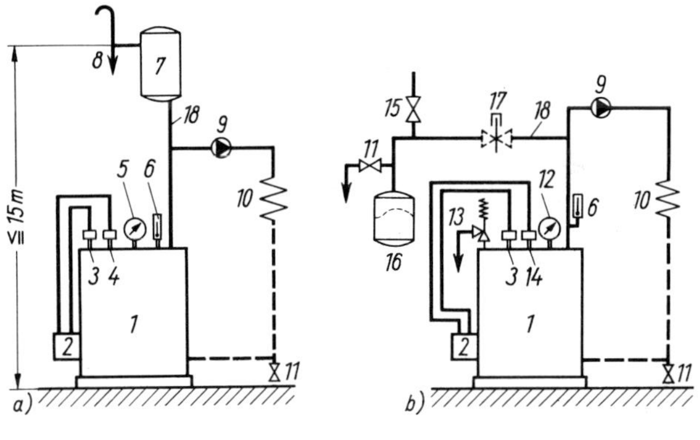

671.1 Offene und geschlossene Warmwasserheizungen bis 350 kW nach DIN 4751 T. 1 und 2

a) offene Anlage
b) geschlossene Anlage mit Membran-Ausdehnungsgefäß

1 Heizkessel
2 Brenner
3 Temperaturregler
4 Temperaturwächter
5 Hydrometer
6 Thermometer
7 offenes Ausdehnungsgefäß
8 Überlauf und Entlüftung
9 Umwälzpumpe
10 Wärmeverbraucher
11 Entleerung
12 Manometer
13 Sicherheitsventil
14 Sicherheitstemperaturbegrenzer
15 Belüftungsventil
16 Membran-Ausdehnungsgefäß
17 Absperrventil, gegen unbeabsichtigtes Schließen gesichert
18 Sicherheitsleitung

Geschlossene Ausdehnungsgefäße mit Membran sind in der Mitte durch eine Gummimembran geteilt. Eine Gefäßhälfte ist mit Stickstoff gefüllt, die andere durch eine Verbindungsleitung mit dem Kessel in der Regel über die Rücklaufleitung verbunden (**672**.2), so daß seine Betriebstemperatur ca. 50 bis 60 °C nicht übersteigt.

Das durch die Membrane konstant gehaltene Stickstoffpolster des betriebsfertig gelieferten Gefäßes wird durch die Ausdehnung des Wassers bei erhöhter Temperatur mehr oder weniger zusammengedrückt. Bei einem nach den Herstellerangaben richtig ausgewählten Gefäß stellt sich dabei der richtige Betriebsdruck von ca. 2,5 bar für die Vorlauftemperatur ein.

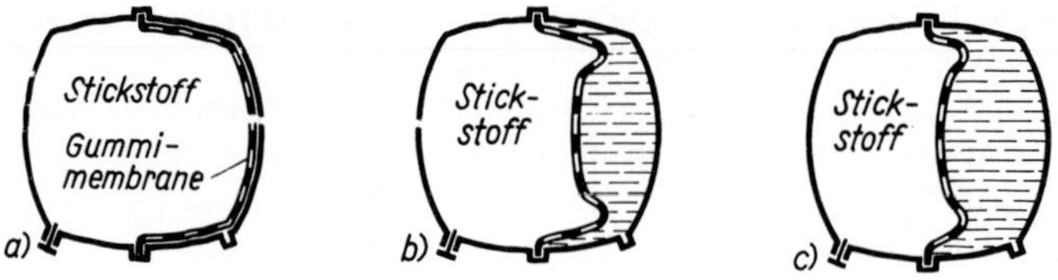

672.1 Tiefstehendes Ausdehnungsgefäß einer geschlossenen WW-Heizung bis 100 kW nach DIN 4751 T. 2

a) bei Lieferung: Fülldruck 0,5 oder 1 bar
b) während des Heizens: Wasser preßt Stickstoffpolster zusammen
c) bei höchster Wassertemperatur: Höchstdruck 2,5 bar

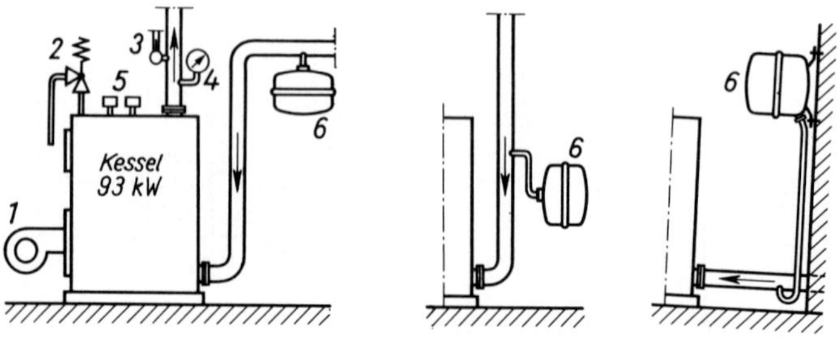

672.2 Druckausdehnungsgefäß einer geschlossenen WW-Heizung bis 100 kW nach DIN 4751 T. 2; Montagebeispiele

1 schnell regel- und abschaltbare Beheizung
2 baumustergeprüftes Membran-Sicherheitsventil mit offenem, sichtbarem Auslauf
3 Vorlaufthermometer
4 Manometer
5 Kesselthermostate
6 Druckausdehnungsgefäß

e) Ausrüstung: ein Vorlaufthermometer möglichst nahe am Kessel sowie ein gut sichtbares Manometer mit Marke für höchstzulässigen Betriebsdruck von 2,5 bar bei geschlossenen Anlagen; bei offenen Anlagen stattdessen ein Wasserstands-Höhenanzeiger.

Ein verstellbarer Markierungszeiger wird auf den statischen Druck der Anlage eingestellt.

Mit dem beweglichen Zeiger wird der tatsächliche Druck abgelesen, der zwischen dem statischen und dem höchsten Betriebsdruck liegen muß.

Thermometer und Manometer können auch in einer Armatur als Mano-Thermometer zusammengefaßt sein (**672**.3).

Die gesamte Anlage muß 4 bar Prüfdruck unterworfen werden können.

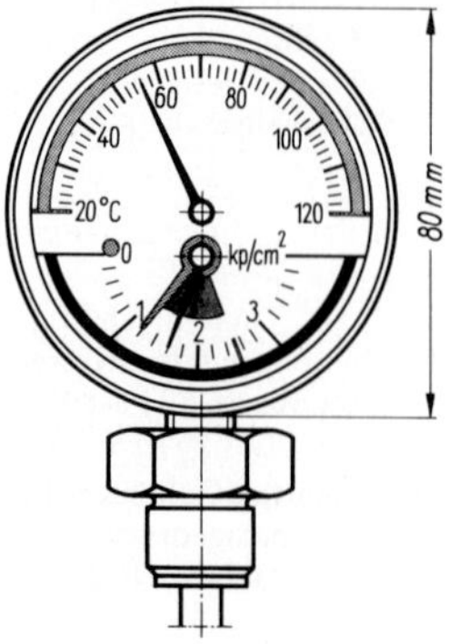

672.3 Mano-Thermometer für geschlossene Warmwasserheizung nach DIN 4751 T. 2 (Flexcon)

Warmwasserheizungen nach DIN 4751 T. 1. Dieses offene oder geschlossene Heizungssystem mit Vorlauftemperaturen bis 120 °C wird zu den Warmwasserheizungen gerechnet und für Warenhäuser, Fabrikanlagen, Block- und Fernheizungen verwendet.

Es weist folgende Vorteile auf:

1. In Fabrikgebäuden, Lagerräumen und Warenhäusern, wo höhere Temperaturen der Heizflächen in Kauf genommen werden können, ergeben sich kleinere Heizflächen und niedrigere Anlagekosten.
2. Sind mehrere Heizgruppen, z. B. Lufterhitzer und örtliche Heizflächen, vorhanden, so werden die Luftheizgeräte mit hohen Temperaturen angefahren. Die übrige Anlage wird durch Mischventile mit verminderten Vorlauftemperaturen versorgt.
3. In Fernheizungen kann man mit großer Temperaturspreizung arbeiten (z. B. 110/60 °C) und erhält so kleine umlaufende Wassermengen und enge Rohrleitungen.
4. In der Übergangszeit arbeiten diese Anlagen wie normale WW-Heizungen mit geringeren Temperaturen und sind damit gut regelbar.

Eine Warmwasserbereitung durch den Heizkessel ist nur dann zulässig, wenn es durch eine Boilerladepumpe möglich ist, auch bei einer Kesselwassertemperatur von 120 °C die Boilertemperatur auf 70 bis 80 °C zu begrenzen.

Die Anlagen werden meistens als geschlossenes System ausgeführt, wobei man das Ausdehnungsgefäß mit einem Sicherheitsstandrohr nach DIN 4750 (**673**.1) oder einem Sicherheitsventil verschließt. So wird im Heizungssystem ein Überdruck bis 0,5 bar erzeugt, mit dem man Wassertemperaturen bis 120 °C erzielt.

Das Ausdehnungsgefäß wird etwa 30% größer als bei 90/70°-Anlagen und Niedertemperatur-Heizungen ausgeführt.

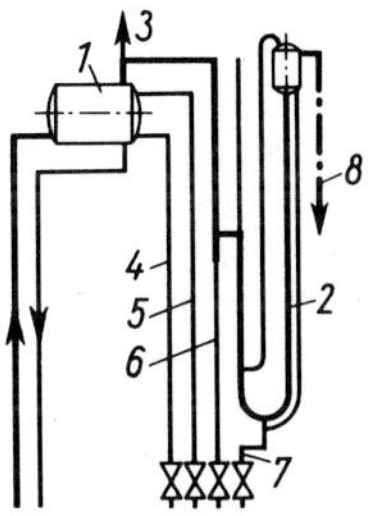

673.1 Anschluß eines 120 °C-Ausdehnungsgefäßes mit tiefhängendem Sicherheitsstandrohr (Krupp Heizungs-Handbuch)

1 Ausdehnungsgefäß
2 Sichheitsstandrohr nach DIN 4750
3 Belüftungsventil
4 Prüfleitung für niedrigsten Wasserstand
5 Prüfleitung für höchsten Wasserstand
6 Prüfleitung und Entwässerung für Standrohr (mit Stauer und Kondenstopf)
7 Entleerung Standrohr
8 Ausblaseleitung

Der Austritt der Ausblaseleitungen von Standrohren und Sicherheitsventilen sowie von Überlaufleitungen muß offen sein und beobachtet werden können.

Ausblaseleitungen von Wärmeerzeugern mit mehr als 100 kW Nennwärmeleistung müssen nach DIN im Freien münden.

10.2.3 Umwälzpumpen

Als Heizungs-Umwälzpumpen kommen nur die stoßfrei arbeitenden und nahezu geräuschlos laufenden Kreiselpumpen nach DIN 24250 in Betracht, und zwar als stopfbuchsenlose und wartungsfreie Rohreinbaupumpen, bei denen Pumpe und Motor direkt zusammengebaut sind (**674**.1 und 2).

Das Heizungswasser umspült den Rotor und schmiert zugleich die Lager. Ein Spaltrohr trennt den Rotorraum vom Wicklungsraum und schützt so die stromführende Statorwicklung vor Wasser: „Spaltrohrmotor".
Alle sich drehenden Pumpenteile sind also vollkommen gekapselt.

Der Motor wird normalerweise mit Drehstrom betrieben, kleinere Modelle können aber auch an Wechselstrom angeschlossen werden.

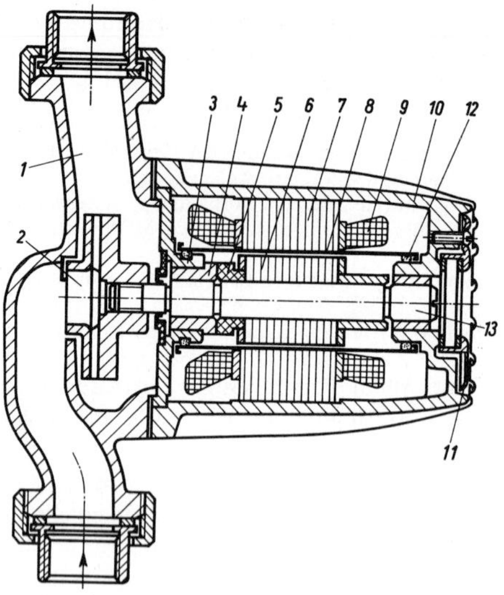

674.1 Heizungs-Umwälzpumpe für WW-Pumpenheizung

1 Pumpengehäuse
2 Laufrad mit Welle
3 Lagerbuchse
4 Axiallager, feststehend
5 umlaufendes Axiallager
6 Rotor
7 Stator
8 Spaltrohr
9 Wicklungen
10 Motorgehäuse
11 Abdeckung, abnehmbar, für Drehrichtungskontrolle
12 Dichtring
13 Welle

Zur Anpassung an die tatsächlichen Widerstände im Heizungskreislauf wird gerne eine Vorrichtung bei kleineren Heizungspumpen verwendet, mit der man entweder nach dem Drossel- oder nach dem Beipaßprinzip stufenlos oder in drei Stufen die Förderleistung der Pumpe ohne Austausch von Pumpenteilen verändern kann. Vielfach wird zu diesem Zweck auch eine Kombination beider genannter Prinzipien eingesetzt (**674**.2).

Arten. Folgende zwei Arten von Umwälzpumpen werden unterschieden:

1. mit Propeller, einem Axiallaufrad, für kleine Förderhöhen bis etwa 1,5 m, die besonders als Umlaufbeschleuniger zum nachträglichen Einbau in Schwerkraftanlagen geeignet sind. Sie haben an jeder Stelle einen der Nennweite entsprechenden Querschnitt und einen besonders geringen Durchflußwiderstand bei Stillstand der Pumpe und Schwerkraftzirkulation.

2. mit geschlossenem oder saugseitig offenem Radiallaufrad für große Förderhöhen bis 6 m, in Sonderbauweise auch für Gasthermenheizung für kleine Fördermengen und große Förderhöhen bis 7 m oder zum Einbau in reine Pumpenheizungen.

Einbau. Die Pumpe wird, mit waagerechter Welle, unmittelbar in die Rohrleitung meist im Vorlauf eingebaut und dort mit Flanschen, bei kleinerer Leistung auch mit Verschraubungen, angeschlossen.

Stets sollte die Pumpe zwischen Absperrventilen eingebaut werden, die in den Schemazeichnungen dieses Buches zur Vereinfachung meist weggelassen wurden.

Wird ausnahmsweise ein Notlauf gefordert, und damit ein ausreichender Schwerkraftumlauf in der Anlage bei Stillstand der Pumpe infolge Stromausfalles, oder soll eine alte Schwerkraftanlage verbessert werden, so setzt man eine Pumpe mit Radiallaufrad in eine Umgehungsleitung und ordnet in der dem Schwerkraftumlauf dienenden durchgehenden Hauptleitung einen Rückflußverhinderer zur Unterbindung einer Fehlzirkulation bei laufender Pumpe an (**628**.1 und **675**.1).

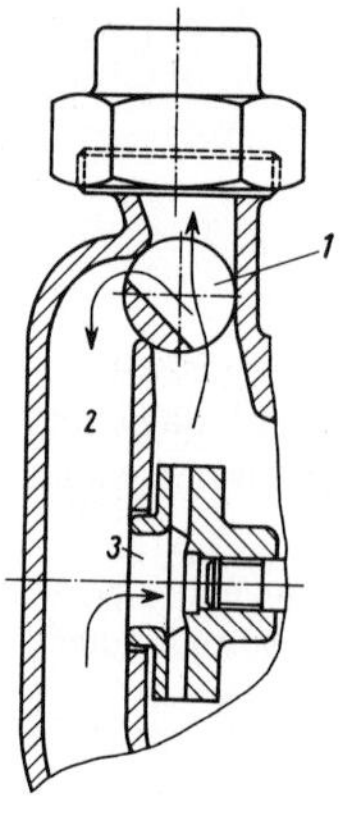

674.2 Einrichtung zur Änderung der Förderleistung der Heizungsumwälzpumpe nach Bild **674**.1

1 Drossel
2 Beipaß
3 Laufrad

Bei größeren Anlagen sind aus Gründen der Betriebssicherheit parallel eingebaute Reservepumpen oder Zwillingspumpen mit automatischer Umschaltung zweckmäßig.

Günstige mittlere Pumpendrücke, bei denen die Summe der Anlage- und Betriebskosten am geringsten wird, sind

bei Anlagen bis 50 kW mit 0,05 bis 0,3 bar
bei Anlagen von 50 bis 100 kW mit 0,2 bis 0,5 bar
bei Anlagen über 100 kW mit 0,5 bis 1 bar zu ereichen.

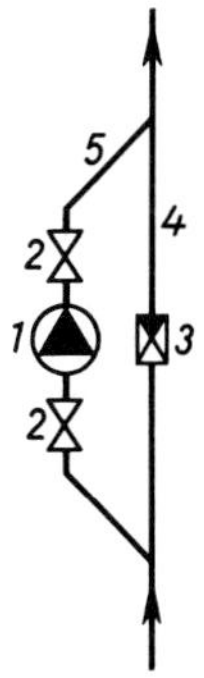

675.1 Pumpe in Umgehungsleitung eingebaut
1 Pumpe
2 Absperrventil
3 Rückflußverhinderer
4 durchgehende Leitung
5 Umgehungsleitung

Der Stromverbrauch der Umwälzpumpe beträgt bei etwa 5000 Betriebsstunden je Heizperiode (HP) und einer Leistungsaufnahme zwischen 50 und 125 W

250 bis 625 kWh/HP

10.2.4 Leistungsregelungen

Leistungsregelung ist die Anpassung der vom Heizkessel gelieferten Wärmemengen zur Beheizung eines Gebäudes an den tatsächlichen Wärmebedarf (s. auch Abschnitt 10.7.2).

Durch das Energieeinsparungsgesetz wird die zentrale Regelung für alle Zentralheizungen in Mehrfamilienhäusern verlangt.

Mit einer zuverlässigen selbsttätigen Regelungseinrichtung erreicht man:

1. die Einhaltung einer gesunden, gleichmäßigen und behaglichen Raumtemperatur bei geringstem Bedienungsaufwand,
2. die höchste Wirtschaftlichkeit im Betrieb der Heizung und damit sparsamster Brennstoffverbrauch sowie
3. eine völlige Betriebssicherheit der Anlage.

Zu einer Regelanlage gehören grundsätzlich:

1. ein Thermostat, Kesseltemperaturregler, als Vereinigung eines Temperaturfühlers mit einem Impulsgeber, der bei Abweichung vom eingestellten Sollwert Impulse, meist über ein Steuergerät, an ein Stellglied gibt (**675**.2 und **679**.1) und
2. ein Stellglied, das vom Thermostat unmittelbar oder mit einer Hilfskraft, das ist meistens elektrischer Strom, über einen Schalter oder Stellmotor betätigt wird.

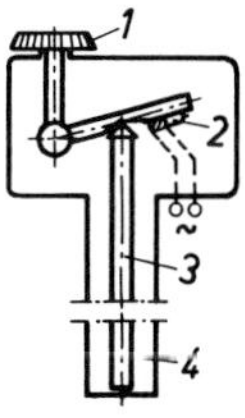

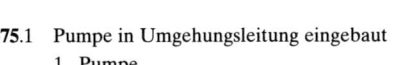

675.2 Kesseltemperaturregler mit elektrischer Hilfskraft als Tauchthermostat
1 Sollwertverstellung
2 Quecksilberschaltröhre
3 Invarstab (Ni-Fe-Legierung mit verschwindend kleiner Wärmedehnung)
4 Tauchrohr aus Messing

Das Stellglied kann die Frischluftklappe alleine sein oder zusammen mit dem Abgasschieber beim Kokskessel (Klappenregler), ein Gebläseregler (Unterwindgebläse) beim großen Kokskessel, der Brennermotor bei der Öl- oder Gasfeuerung, eine Drosselklappe, ein Drosselventil oder ein Beimischventil, ferner die Gasventile einer Gasfeuerung oder eine Umwälzpumpe.

Voraussetzung für das einwandfreie Arbeiten einer Regelungseinrichtung sind selbstverständlich die richtige Auslegung, das einwandfreie Arbeiten der Heizungsanlage und die richtige Abstimmung beider aufeinander.

10.2.4.1 Raum-, Außen- und Vorlauftemperatur

Der durch den Wärmeaustausch zwischen Raum und Umgebung bedingte Wärmebedarf eines Gebäudes ist diejenige vom Heizkessel zu liefernde Wärmemenge, die erforderlich ist, um möglichst verlustlos die Raumtemperatur auf einer gewünschten Höhe, etwa +20 °C, konstant zu halten.

Dieser Wärmebedarf ist in erster Linie von der Außentemperatur abhängig, die im Zyklus der Jahreszeiten und des überlagernden Temperaturwechsels zwischen Nacht und Tag und des Wetters ständigen Schwankungen unterworfen ist.

Damit ist auch der wirkliche Wärmebedarf des Gebäudes, anders als der zur Bemessung der Heizungsanlage verwendete maximale Normwärmebedarf $\dot{Q}_N$ nach DIN 4701, kein Festwert, sondern ebenfalls eine veränderliche Größe.

Dabei bestehen zwischen der Außen-, der Raum- und der Vorlauftemperatur der Heizung feste Zusammenhänge, da bei konstanter Raumtemperatur einer bestimmten Außentemperatur immer eine ganz bestimmte Vorlauftemperatur zugeordnet ist, deren Einhaltung durch die Regelungseinrichtung gewährleistet werden muß.

Diese Zusammenhänge lassen sich in Form von Heiztabellen (Taf. **676**.1) oder von Heizkurven (**676**.2), das sind leicht gekrümmte, meist vereinfacht als Gerade gezeichnete Linien, darstellen.

Dabei versteht man allgemein unter der

$$\text{Steilheit } S = \frac{\text{Vorlauftemperaturänderung}}{\text{Außentemperaturänderung}} = \frac{t_v}{t_a}$$

Die Steilheit S ist eine für jedes Gebäude mit seiner Zentralheizung charakteristische Größe.

Tafel **676**.1 Heiztabelle für eine WW-Heizung 90/70 °C mit Radiatoren (Steilheit $S = 1{,}75$)

Außentemperatur in °C	Vorlauftemperatur in °C bei einer Raumtemperatur von 20	22	24
+15	29	34,5	40
+10	37,5	43	48,5
+ 5	46	51,5	57
± 0	55	60,5	66
− 5	64	69,5	75,5
−10	72,5	78	83,5
−15	81	86,5	92

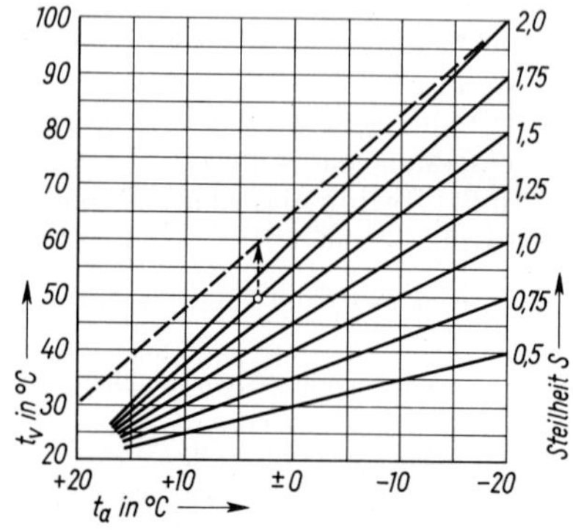

676.2 Heizkurven verschiedener Steilheit
– – – Parallelverschiebung der Heizkurve $S = 1{,}75$ um $N = +10$ K zur Erhöhung der Raumtemperatur

Es ist verständlich, daß ein Haus mit einem guten Wärmeschutz und reichlich bemessenen Heizflächen zur Erreichung der richtigen Raumtemperatur niedrigere Heizwassertemperaturen erfordert als ein leicht gebautes Haus mit großen Fenster- und kleinen Heizflächen, dem eine steilere Heizkurve entspricht.

So sind als Richtwerte anzunehmen für WW-Radiatorenheizung $S = 1{,}8$ bis 1,4, WW-Konvektorenheizung $S = 1{,}6$ bis 1,3 und WW-Deckenstrahlungs- oder Fußbodenheizung $S = 1{,}0$ bis 0,6.

Der Benutzer kann die Niveaueinstellung der Heizkurve jederzeit vornehmen, das ist eine Parallelverschiebung der Heizkurve nach oben ($+N$) oder nach unten ($-N$), und damit nach seinem Behaglichkeitsempfinden die Raumtemperatur erhöhen oder senken oder eine Nachtabsenkung veranlassen.

10.2.4.2 Anpassung der Vorlauftemperatur an den Wärmebedarf

Um bei dem stets schwankenden Wärmebedarf die Raumtemperaturen konstant zu halten, muß man die den Heizkörpern zugeführten Wärmemengen ändern können.

Diese Wärmemengen, abhängig von der in der Zeiteinheit umlaufenden Wassermenge und von der Vorlauftemperatur, sind zu ändern, indem man entweder bei konstanter Vorlauftemperatur die Umlaufmenge oder umgekehrt bei konstanter Umlaufmenge die Vorlauftemperatur ändert.

Im allgemeinen wird der zweite Weg beschritten, da es zweckmäßig ist, eine Heizungsanlage mit konstanter Umlaufwassermenge zu betreiben.

Die Anpassung der Wärmezufuhr zu den Heizkörpern durch eine Änderung der Vorlauftemperatur kann auf dreierlei Weise erfolgen:

1. Anpassen der Wärmeerzeugung im Heizkessel durch Ändern der Feuerleistung.

Dieses Verfahren ist nur bei Heizkesseln für feste Brennstoffe anwendbar, da nur bei ihnen die Feuerleistung in weiten Grenzen durch Veränderung der Luftzufuhr zu beeinflussen ist.

2. Anpassen der Wärmeerzeugung im Heizkessel durch zeitweiliges Unterbrechen einer konstanten Feuerleistung.

Dies ist das für die Öl- und Gasfeuerung typische und damit heute am weitesten verbreitete Verfahren. Da die Leistung der Öl- und Gasbrenner nicht veränderlich ist, können hier die in wechselnder Höhe verlangten Wärmemengen nur durch zeitweiliges Aus- und Einschalten der Brenner im richtigen Zyklus nicht gleichmäßig, sondern nur schubweise geliefert werden: „An-Aus“-Betrieb.

Diese Betriebsweise führt zu ständigen Schwankungen der Vorlauftemperatur, deren Mittelwert die gelieferte Wärmemenge bestimmt.

3. Beeinflussen der Wärmezufuhr zum Heizkörper durch hydraulische Schaltungen.

Hier sind Drosselsysteme und Beimischsysteme zu unterscheiden.

Drosselsysteme. Die umlaufende Wassermenge wird bei konstanter Vorlauftemperatur verändert. Die Anwendung erfolgt bei Zonenventilen und thermostatischen Heizkörperventilen (**708**.1), ferner bei Warmwasserboilern.

Beimischsysteme (678.1). Im Beimischsystem wird dem auf konstanter Temperatur gehaltenen Heizkessel je nach dem Wärmebedarf der Anlage eine größere oder kleinere Kesselwassermenge entnommen. Mit einem von Hand oder durch einen Stellmotor zu betätigenden 3- oder 4-Wege-Mischventil wird ein kleinerer oder größerer Teil des abgekühlten Rücklaufwassers des in sich geschlossenen Heizungsnetzkreises beigemischt, wobei je nach dem Mischungsverhältnis bei konstanter Gesamtumlaufmenge jede beliebige Vorlauftemperatur eingestellt werden kann.

Beimischregelungen ermöglichen es, öl- und gasgefeuerte Kessel zur Verhütung von rauchgasseitigen Korrosionen sowie Kessel zur gleichzeitigen Warmwasserbereitung mit den hierfür erforderlichen konstanten Temperaturen von ≧ 75 °C zu betreiben.

Zwischen 2 Systemen kann gewählt werden, dem Dreiwege- oder Vierwegemischer.

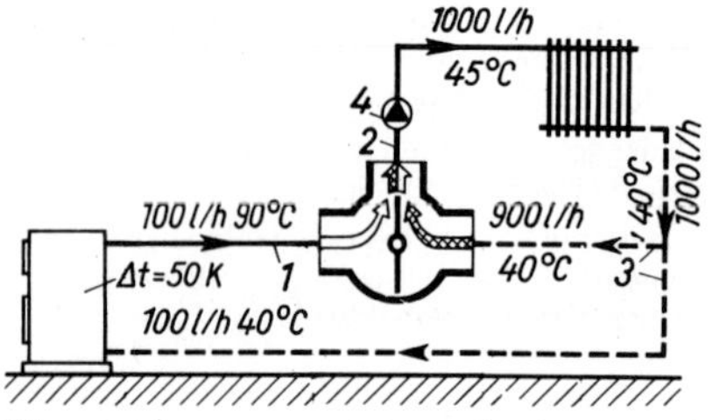

Wassertemperaturen und -umlaufmengen für $\dot{Q}_N = 6$ kW (max. $\dot{Q}_N = 24$ kW) und Mischungsverhältnis im Heizungsvorlauf 1:9

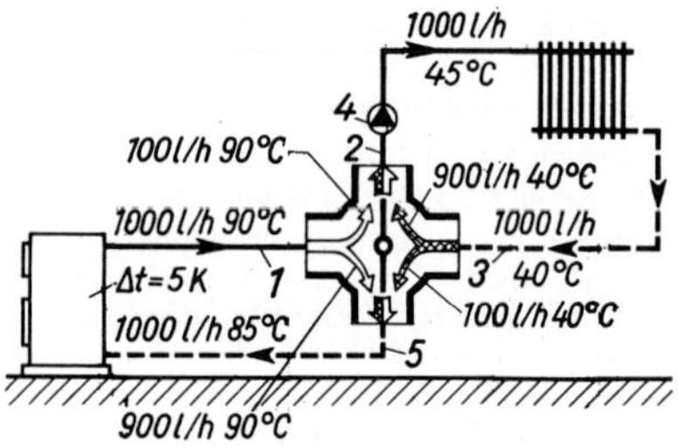

Wassertemperaturen in den Leitungen in Abhängigkeit von Mischer-Stellung

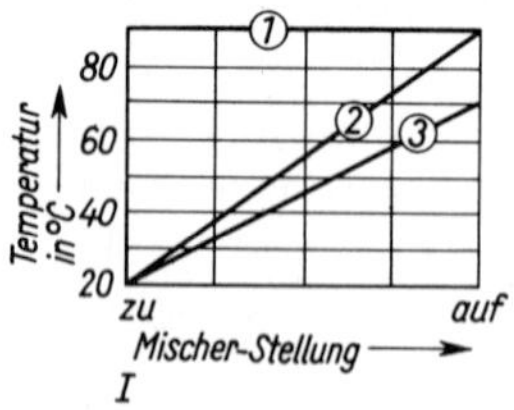

I. Dreiwegemischer

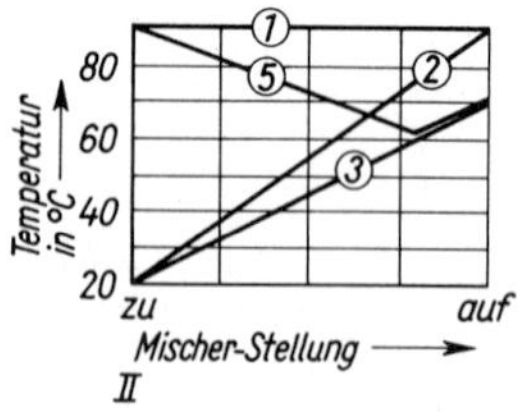

II. Vierwegemischer

678.1 Rücklaufbeimischung mit Drei- und Vierwegemischer (Viessmann)

1 Kesselvorlauf
2 Heizungsvorlauf, durch Beimischen von Heizungs-Rücklaufwasser der Außentemperatur angepaßt
3 Heizungsrücklauf
4 Umwälzpumpe
5 Kesselrücklauf, Temperaturanhebung durch Beimischen von Kesselvorlaufwasser

Beimischung mit Dreiwegemischer. Bei dieser einfacheren Beimischanlage gelangt zwar bei niedrigerer Belastung recht kühles Rücklaufwasser zum Kessel zurück, doch wird es hier zumeist an den Stellen, wo heißestes Kesselwasser vorhanden ist, in ihn eingeführt.

Kritisch bleiben auch die sehr niedrigen Heizungsvorlauftemperaturen wegen der dann langen Schaltpausen des Ölbrenners und des sich daraus ergebenden zeitweiligen Abkühlens des Kessels.

Aus diesem Grund sind Dreiwegemischer für die Beimischregelung von Heizungsanlagen mit besonders niedrigen Vorlauftemperaturen wie Deckenstrahlungs- oder Fußbodenheizungen ungeeignet.

Sie werden vorzugsweise bei Heizungsanlagen mit mehreren Heizgruppen (**680**.2) verwendet.

Beimischung mit Vierwegemischer. Bei der Doppelbeimischung mit Vierwegemischern wird der Kesselkreis völlig vom Heizkreis getrennt.

Zusätzlich zu der einfachen Rücklaufbeimischung des Heizkreises wird die Temperatur des in den Kessel zurückströmenden Rücklaufwassers durch Beimischen von heißem Kesselvorlaufwasser so weit angehoben, daß ein Unterschreiten des Taupunktes der Abgase und damit Tieftemperaturkorrosion im Kessel verhindert werden kann.

Bei den in dieser Hinsicht besonders gefährdeten ölgefeuerten Stahlkesseln ist der Vierwegemischer daher unumgänglich notwendig und wird deshalb bei vielen Modellen auch bereits vom Kesselhersteller fest mit ein- oder angebaut.

Mischventile müssen mit Rücksicht auf einen einwandfreien Mischeffekt einen verhältnismäßig hohen inneren Widerstand haben, der durch die Auftriebskräfte einer Schwerkraftheizung nicht zu überwinden ist. Ihr Einbau ist daher nur in Pumpenheizungen möglich.

10.2.4.3 Regelsysteme der Warmwasserheizung

Aufgabe der Heizungsregelung, einerlei ob sie von Hand oder automatisch vorgenommen wird, ist es, die Außen-, Raum- und Vorlauftemperaturen zu messen, miteinander zu vergleichen und bei Abweichen von der erforderlichen Gesetzmäßigkeit durch Beeinflussen der Wärmezufuhr den richtigen Zustand herbeizuführen.

Von der Temperaturmessung her sind 2 Grundtypen der Regelung, nach der Vorlauf- oder Raumtemperatur, zu unterscheiden.

1. Regelung nach der Vorlauftemperatur. In der einfachsten, billigsten, aber auch primitivsten Form der Regelung mißt der Kesseltemperaturregler die Vorlauftemperatur und regelt sie auf den an ihm von Hand eingestellten der jeweiligen Außentemperatur und der Heizkurve entsprechenden Sollwert ein, indem er bei einer Koksfeuerung die Feuerleistung durch Regulierung der Zuluft ändert oder bei Öl- oder Gasfeuerung den Brenner über das Steuerungsgerät an- und ausschaltet.

Besonders in den Übergangszeiten muß die Einstellung des Reglers ständig dem Wechsel der Außentemperatur angepaßt werden.

Außer dem Temperaturregler mit zugänglichem Einstellknopf mit Temperaturskala (**675**.1) weist der Kessel als vorgeschriebene Mindestausstattung noch einen Temperaturbegrenzer, einen Sicherheitsthermostat, mit verdecktem Sollwertfeststeller auf, der bei Überschreiten der eingestellten Sicherheitsgrenze einrastet und den Brenner bei anschließend fallender Temperatur nicht wieder einschaltet. Die Entriegelung kann nur durch einen Rückstellknopf erfolgen.

Beide Apparate sind in Serie geschaltet und häufig als Doppelthermostat in einem Gehäuse mit gemeinsamem Fühlerschutzrohr vereinigt (**679**.1).

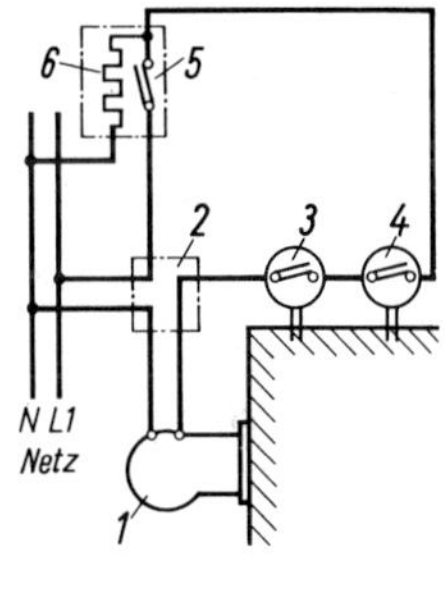

679.1 Raumtemperaturregler mit thermischer Rückführung auf Brenner wirkend

1 Öl- oder Gasbrenner
2 Steuergerät
3 Kesseltemperaturregler
4 Kesseltemperaturwächter (Sicherheitsthermostat)
5 Raumtemperaturregler mit
6 Rückführwiderstand

Einfache Regelung. Diese einfachste Vorlauftemperaturregelung ist äußerstenfalls bei kleinen Stockwerkheizungen verwendbar. Durch die Kombination mit einer Raumtemperaturregelung mit thermostatischen Heizkörperventilen läßt sie sich verbessern.

Witterungsabhängige Regelung. Als witterungsabhängige Vorlauftemperaturregelung (**680**.1) stellt sie jedoch eine ideale Regelung dar.

Beispiel: Witterungsabhängige Regelung über die Vorlauftemperatur. Kesseltemperatur durch Kesselthermostat, auf Brenner wirkend, konstant auf $\geqq 75\,°C$ gehalten, keine Korrosionsgefahr, Warmwasserbereitung möglich. Vorlauftemperatur durch den vom Zentralgerät unter Vergleich mit der Außentemperatur (Witterung) gesteuerten Motor-Vierwegemischer auf dem von der Heizkurve vorgeschriebenen Wert gehalten. Pumpe läuft ständig. Ideale Regelung für Einfamilien- und Mehrfamilienhäuser, Bürogebäude und ähnliche Gebäude (**680**.1).

Die Sollwerteinstellung von Hand am Kesseltemperaturregler ist hier ersetzt durch eine elektronische Steuerung, bei der die Außentemperatur durch den Außenfühler und die Vorlauftemperatur durch einen Vorlauffühler gemessen und in einem Zentralgerät

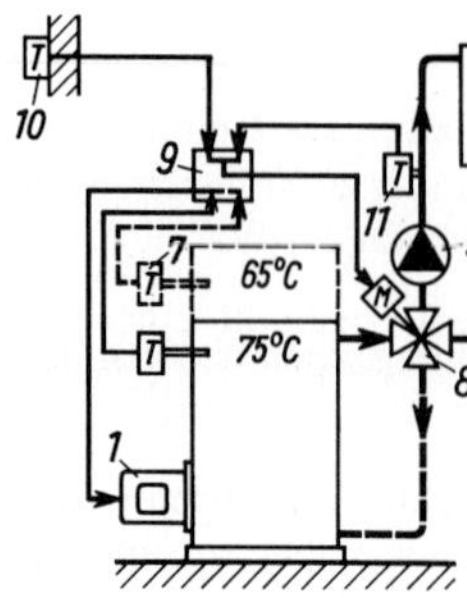

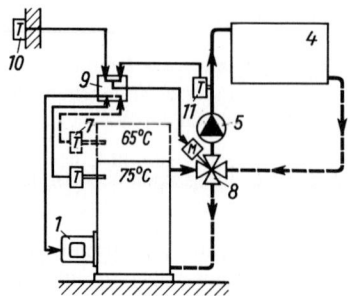

1 Öl- oder Gasbrenner
4 Raumheizung
5 Umwälzpumpe
7 eventuell Speicherthermostat zur Begrenzung der Speichertemperatur
8 Vierwegemischer mit Stellmotor
9 Zentralgerät
10 Außentemperatur- und Witterungsfühler
11 Vorlauftemperaturfühler

680.1 Witterungsabhängige Regelung über die Vorlauftemperatur: Kesseltemperaturregler wirkt auf Brenner, Außenwitterungsfühler und Vorlauftemperaturfühler wirken über Zentralgerät auf Motor-Vierwegemischer.

65 °C Brauchwassertemperatur bei eventueller Temperaturbegrenzung
75 °C übliche Vorlauftemperatur

miteinander verglichen werden. Dieses gibt bei Abweichung von den durch die eingestellte Heizkurve festgelegten Zuordnungswerten dem Stellglied der Anlage, in der Regel einem Vierwegemischer, so lange Verstellimpulse, bis die Übereinstimmung hergestellt ist.

Außenfühler. Der Außenfühler soll ähnlich wie die am ungünstigsten zum Sonneneinfall gelegenen Haupträume besonnt sein, vormittags bis etwa 10 Uhr im Schatten liegen, in der winterlichen Hauptwindrichtung liegen, aber nicht an einem Schornstein, Luftkanal oder über einem Fenster angebracht sein, nicht im Schatten eines Vordaches angeordnet sein, etwa in ⅔ Höhe der Gebäudefront, der Witterung ausgesetzt, befestigt sein, bei mehreren gleichrangigen, nach verschiedenen Himmelsrichtungen gelegenen Räumen an der Nord-, Nordost- oder Nordwestseite des Gebäudes angebracht werden und sich nur dann an der Ostseite eines Hauses befinden, wenn die Haupträume ausschließlich nach Osten oder Nordosten gelegen sind.

Bei großen Gebäuden, deren Hauptfronten häufig verschiedenen Witterungseinflüssen ausgesetzt sind, ist diese Regelung, wenn sie nur von einem Witterungsfühler ausgeht, nicht genau genug. Hier muß dann die Heizungsanlage nach den Hauptwindrichtungen in verschiedene Heizgruppen, die jede von einem besonderen Außenfühler gesteuert wird, unterteilt werden (**680**.2).

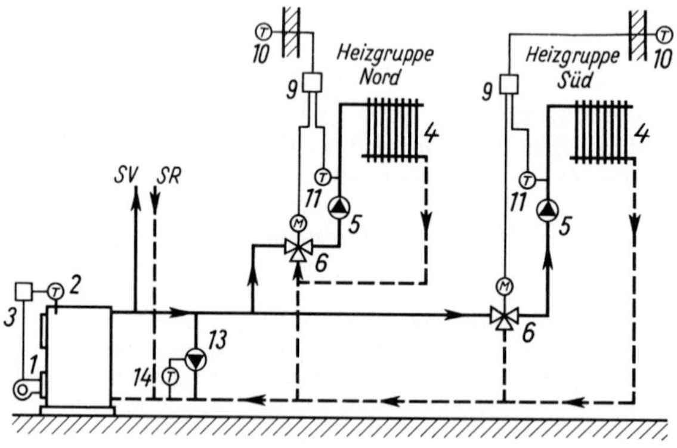

1 Öl- oder Gasbrenner
2 Kesseltemperaturregler
3 Steuergerät
4 Raumheizung
5 Umwälzpumpe
6 Dreiwegemischer, handverstellt
9 Zentralgerät
10 Außentemperatur- und Witterungsfühler
11 Vorlauftemperaturfühler
13 Beimischpumpe
14 Beimischtemperaturregler

680.2 Witterungsabhängige Regelung über die Vorlauftemperatur bei mehreren Heizgruppen: Kesseltemperaturregler wirkt auf Brenner, Kesselrücklaufanhebung durch Beimischpumpe und Beimischtemperaturregler

Beispiel: Witterungsabhängige Regelung über die Vorlauftemperatur. Für mehrere Heizgruppen, sonst sinngemäß wie Bild **680**.1.

2. Regelung nach der Raumtemperatur. Ein an einer Innenwand eines zweckmäßig ausgewählten Testraumes, das ist im Einfamilienhaus etwa der Hauptwohnraum, sonst der wichtigste oder am meisten benutzte Raum, etwa 1,50 m hoch und unbeeinflußt von der Sonnen- und Heizkörperstrahlung sowie von Zugluft angebrachter Raumtemperaturregler beeinflußt die Wärmezufuhr auf einfachste Weise direkt durch Ein- oder Ausschalten des Brennermotors oder der Umwälzpumpe.

Raumtemperaturregler. Er überwacht die Raumtemperatur und kann auch Fremdeinflüsse wie Übererwärmung durch Personenbesetzung, elektrische Beleuchtung und Geräte oder Unterkühlung durch Lüften in diesem Testraum erfassen und kompensieren, doch kann dies zu Auswirkungen auf die übrigen Räume mit umgekehrten Vorzeichen führen.

Störungen der Außentemperatur werden erst ausgeregelt, wenn sie sich auf die Raumtemperatur bereits ausgewirkt haben.

Ohne einen Raumtemperaturregler mit thermischer Rückführung würde die Raumtemperaturregelung unbrauchbar sein.

Thermische Rückführung. Raumtemperaturregler mit thermischer Rückführung (**679**.1) weisen in unmittelbarer Nähe des Bimetallmeßwerkes einen kleinen elektrischen Widerstand auf, der immer dann unter Spannung steht und aufgeheizt wird, wenn der Raumthermostat Wärme verlangt. So wird diesem das Erreichen der gewünschten Raumtemperatur vorzeitig vorgetäuscht. Dadurch werden die Schwankungen der Raumtemperatur, zwar bei größerer Schalthäufigkeit, auf ein geringeres Maß reduziert.

Trotzdem wird auch dann diese Raumtemperaturregelung, die bei ihrer relativen Billigkeit viel ausgeführt wird, wegen ihrer immer noch großen Unzulänglichkeit in Fachkreisen abgelehnt.

Stellmotor. Eine erhebliche Verbesserung der Raumtemperaturregelung, weil sie nur noch mit praktisch unmerklichen Bewegungen der Raumtemperatur verbunden ist, wird dadurch erzielt, daß der Raumthermostat, bei ständig laufender Umwälzpumpe, selbst den Stellmotor eines Mischventiles steuert (**681**.1).

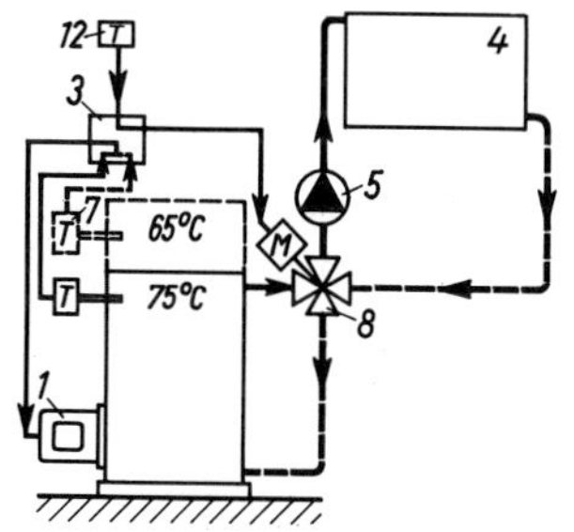

681.1 Regelung über die Raumtemperatur: Kesseltemperatur wirkt auf Brenner, Raumtemperaturregler auf Motor-Vierwegemischer

1 Öl- oder Gasbrenner
3 Steuergerät
4 Raumheizung
5 Umwälzpumpe
7 eventuell Speicherthermostat zur Begrenzung der Speichertemperatur
8 Vierwegemischer mit Stellmotor
12 Raumtemperaturregler

Beispiel: Regelung über die Raumtemperatur. Raumthermostat wirkt auf Stellmotor des Vierwegemischers, Kesselthermostat auf Brenner, Umwälzpumpe läuft ständig. Bei sorgfältiger Abstimmung von Regelzyklus und Laufzeit des Stellmotors eine gute Lösung, die durch Ausrüstung der Heizkörper in weiteren Räumen mit Heizkörper-Thermostaten noch individueller gestaltet wird (**681**.1).

Die Raumtemperaturregelung ist nur für solche Gebäude zu verwenden, in denen der erwähnte Testraum ausgewiesen werden kann. Das sind in erster Linie Einfamilienhäuser mit dem Hauptwohnraum als Testraum, daneben Gaststätten, Fabriken oder Gewächshäuser.

Für Mehrfamilienhäuser und ähnliche Gebäude ist die witterungsabhängige Regelung über die Vorlauftemperatur vorzusehen.

Regelungskombinationen. Den beiden Grundtypen der Regelung, über die Vorlauftemperatur und über die Raumtemperatur, stehen die drei Möglichkeiten der Anpassung der Vorlauftemperatur an den Wärmebedarf nach Abschnitt 10.2.4.2 gegenüber.

Hochwertige Regelungen bestehen aus einer Kombination der verschiedenen Systeme (**682**.1).

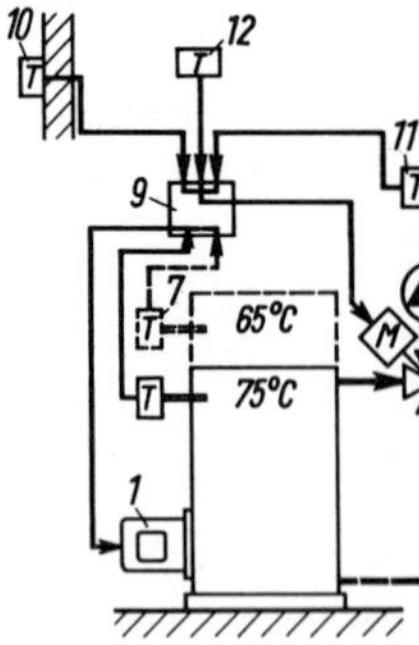

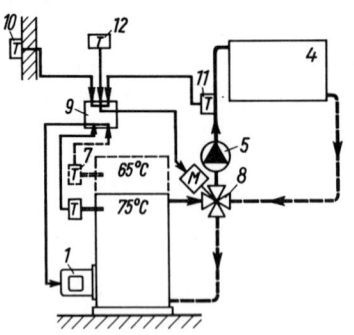

682.1 Regelung über die Raumtemperatur mit Vorregelung der Vorlauftemperatur und Witterungskompensation: Kesseltemperaturregler wirkt auf Brenner, Raumtemperaturregler mit Aufschaltung der Meßwerte der Vorlauftemperatur und der Witterung auf Motor-Vierwegemischer

1 Öl- oder Gasbrenner
4 Raumheizung
5 Umwälzpumpe
7 eventuell Speicherthermostat zur Begrenzung der Speichertemperatur
8 Vierwegemischer mit Stellmotor
9 Zentralgerät
10 Außentemperatur- und Witterungsfühler
11 Vorlauftemperaturfühler
12 Raumtemperaturregler

Beispiel: Regelung über die Raumtemperatur mit Vorregelung. Vorlauftemperatur mit Witterungskompensation (**682**.1). Beste, aber auch kostspieligste Art der Raumtemperaturregelung. Regelgerät erfaßt zusätzlich die Vorlauftemperatur und hält sie durch Ausregelung der Kesseltemperaturschwankungen völlig konstant, daher keine Schwankungen der Raumtemperatur. Zusätzliche Aufschaltung des Meßwertes der Außentemperatur, deren Störungen damit ausgeglichen werden, bevor sie die Raumtemperatur beeinflussen. Regelung genügt höchsten Komfortansprüchen.

Daneben wird der Heizkomfort noch erhöht, indem man heute grundsätzlich durch eine Schaltuhr eine automatische Nachtabsenkung vornehmen läßt.

Der Vorteil ist nicht so sehr, daß man abends die Nachtabsenkung nicht von Hand einzustellen hat, sondern daß am Morgen das Haus auf sein Tagesniveau gebracht wird, bevor die Bewohner aufgestanden sind.

Mit anderen Schaltuhren lassen sich, so für Schulen, Verwaltungsgebäude und ähnliche Gebäude, die Raumtemperaturen nach einem Wochenendprogramm variieren.

10.2.4.4 Warmwasser-Vorrangschaltung

Da die Kombi-Kessel in Wohngebäuden bei größerer Kälte nicht gleichzeitig für Heizung und Warmwasserbereitung die nötige Wärme liefern können, schaltet eine Warmwasser-Vorrangschaltung (**682**.2 und **683**.1) bei größerer Warmwasserzapfung für diese Zeit den Brenner ein und die Umwälzpumpe der Heizung ab, konzentriert also die gesamte Kesselleistung auf die Warmwasserbereitung.

Im Heizbetrieb wird diese kurze Unterbrechung der Wärmelieferung nicht verspürt.

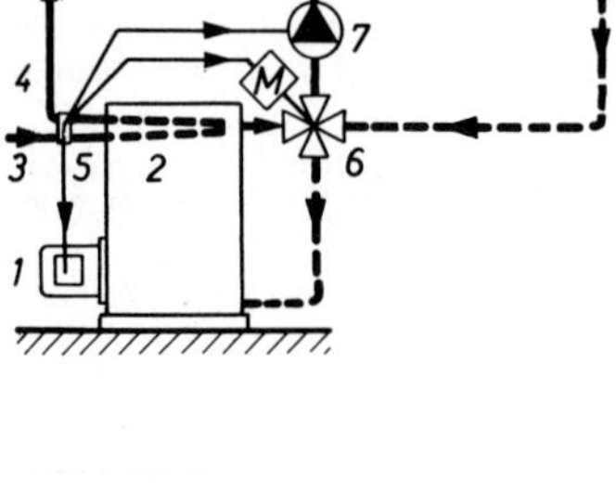

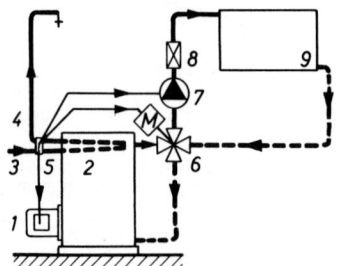

682.2 Brauchwasser-Vorrangschaltung für Durchfluß-Brauchwasserbereiter in Kombinationskessel

1 Öl- oder Gasbrenner
2 Durchfluß-Brauchwasserbereiter
3 Kaltwasserzuleitung
4 Brauchwasserleitung
5 Differenzdruckschalter
6 Vierwegemischer
7 Umwälzpumpe
8 Rückflußverhinderer (Schwerkraftbremse)
9 Raumheizung

Zu Bild 682.2. Solange kein Brauchwasser entnommen wird, herrscht Druckgleichheit in Kaltwasserzuleitung 3 und Brauchwasserleitung 4: Differenzdruckschalter 5 spricht nicht an. Bei Brauchwasserentnahme sinkt Druck in Brauchwasserleitung 4 stärker als in Kaltwasserleitung 3: Differenzdruck betätigt Differenzdruckschalter; dieser löst folgende Stell- und Schaltgänge aus:

Stellmotor des Mischers wird im Schnellgang zum Kessel hin zugefahren; Brennermotor wird eingeschaltet; Umwälzpumpe wird ausgeschaltet.

Das Verzögerungsrelais gibt Schaltvorgänge erst nach Entnahme einer Zapfmenge und nach gewisser Zeit frei.

1 Brenner
2 Steuergerät
3 Speichertemperaturwächter
4 Speichertemperaturregler
5 Absperrventil
6 Rückflußverhinderer
7 Zapfstelle
8 Zirkulationsleitung
9 Brauchwasservorlauf
10 Brauchwasserspeicher
11 Heizschlange
12 Speicherladepumpe
13 Rückflußverhinderer
14 Kesselmantel
15 Kessel
16 Vierwegemischer mit Stellmotor
17 Umwälzpumpe Heizung
18 Kesselvorlauf
19 Kesselrücklauf
20 Kaltwasserzuleitung
21 Raumheizung

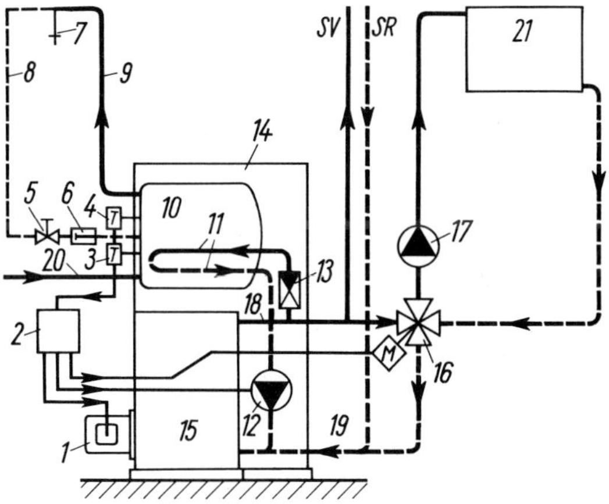

683.1 Brauchwasser-Vorrangschaltung mit Speichertemperaturbegrenzung für Brauchwasserspeicher (auf Kombi-Kessel aufgebaut)

Zu Bild 683.1. Vorrangschaltung in 2 Stufen:

1. Stufe. Wenn die am Speichertemperaturregler 4 von Hand einstellbare Temperatur von z. B. 65 °C erreicht ist, wird die Speicherladepumpe 12 abgeschaltet. Sinkt die Temperatur unter 65 °C, wird vom Regler 4 die Speicherladepumpe 12 eingeschaltet.

2. Stufe. Fällt die Brauchwassertemperatur infolge stärkerer Entnahme weiter und erreicht oder unterschreitet die am Speichertemperaturwächter 3 gewählte Festwerteinstellung von z. B. 50 °C, so gibt dieser Regler Impuls zum Schließen des Motormischers 16 zum Kessel im Schnellgang. Der Rückflußverhinderer (Schwerkraftbremse) 13 auf der Druckseite der Speicherladepumpe 12 begrenzt die Brauchwassertemperatur unabhängig von der Kesseltemperatur dadurch, daß bei stehender Ladepumpe die federbelastete Rückschlagklappe 13 zufällt und die Zirkulation von Kesselwasser durch den Speicher verhindert.

10.2.5. Heizräume

10.2.5.1 Allgemeines

Für den Bau und die Einrichtung der Heizräume, das sind Räume, in denen eine oder mehrere Feuerstätten für feste, flüssige oder gasförmige Brennstoffe zur zentralen Beheizung, zur Warmwasserbereitung oder zur Betriebs- und Wirtschaftswärmeerzeugung aufgestellt werden, sind die Feuerungsverordnungen der einzelnen Bundesländer maßgebend. Sie weisen jedoch leider untereinander erhebliche Unterschiede auf und werden von den Bauaufsichtsbehörden bei der Abnahme und Überwachung von Heizungsanlagen angewendet.

Eine Muster-Verordnung über Feuerungsanlagen und Brennstofflagerung in Gebäuden ist von den Bauaufsichtsbehörden am 1. Januar 1980 veröffentlicht worden. Sie wird voraussichtlich im Laufe der Zeit von allen Bundesländern übernommen werden. Damit würde eine gewisse Einheitlichkeit in der Bundesrepublik erreicht werden.

Dazu kommen auch noch unterschiedlich zuständige Behörden, wie Technische Überwachungsvereine oder Ämter für Umweltschutz.

Zum Genehmigungs- und Erlaubnisverfahren sowie für die Abnahme sind auch die Richtlinien VDI 2050 Blatt 1, Heizzentralen in Gebäuden, und VDI 2050 Beiblatt, Gesetze, Verordnungen und Technische Regeln, sehr hilfreich.

Hingewiesen wird außerdem auf die früheren „Heizraum-Richtlinien" der Argebau in der Fassung vom März 1971. Sie liegt den nachfolgenden Darstellungen teilweise zugrunde.

Lage. Der Heizkessel wird in der Regel im Untergeschoß des Gebäudes aufgestellt. Nur in nichtunterkellerten Einfamilienhäusern und bei der Stockwerkheizung (s. Abschnitt 10.1.2.3) findet er seinen Platz auch in der Küche oder einem Nebenraum. Heizkessel ab 50 kW erfordern stets einen besonderen Heizraum, der auch eine Dachheizzentrale (s. Abschnitt 10.2.5.3) sein kann.

Die Anordnung des Heizraumes im Keller des Gebäudes ist meist bedingt durch die Lage des Schornsteines, der Anfuhrmöglichkeit der Brennstoffe, der Abfuhr der Rückstände bei festen Brennstoffen und Anordnung des Ausdehnungsgefäßes bei WW-Heizungen (**684**.1).

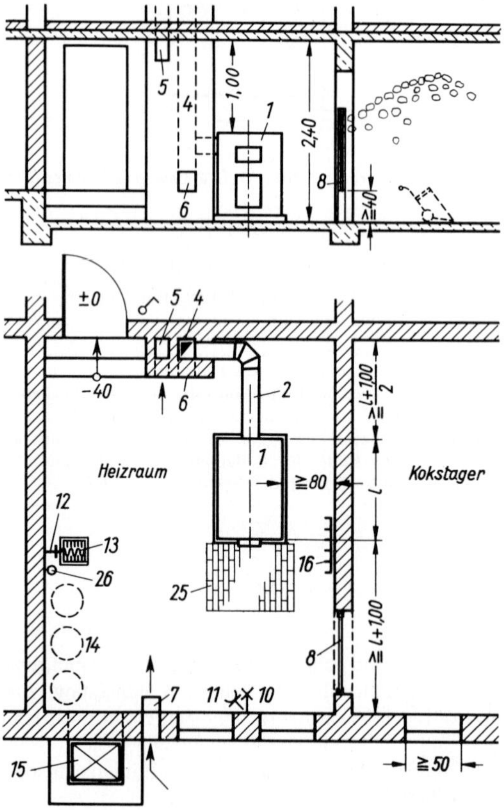

684.1 Heizraum und Kokslager für Heizkessel von 120 kW (M 1:100)

1 Heizkessel
2 Rauchrohr
4 Schornstein
5 Abluft
6 Reinigungsöffnung
7 Zuluft
8 Bohlen, herausnehmbar in U-Schienen
10 Wandleuchte
11 Schuko-Steckdose
12 Wasserauslaufventil mit Schlauchverschraubung
13 Fußbodenentwässerung
14 Aschenbehälter
15 handbetriebener Aschenaufzug
16 Schür- und Reinigungsgerät des Kessels
25 Klinkerfußbodenbelag vor dem Kessel
26 Auslauf der Überlaufleitung vom Ausdehnungsgefäß

Der Heizraum sollte wegen aller leitungsgebundenen Energien möglichst in der Nähe des Hausanschlußraumes liegen.

Heizräume mit Feuerstätten für feste Brennstoffe dürfen nicht oberhalb des Erdgeschosses angeordnet werden.

Die Lage muß außerdem hinsichtlich des Schall-, Erschütterungs- und Schwingungsschutzes sowie des Schutzes gegen sonstige Gefahren und unzumutbaren Belästigungen zuverlässig und so gewählt sein, daß die Feuerungsanlagen entsprechend den sicherheitstechnischen Anforderungen gut erreicht und gefahrlos verlassen werden können.

Grundfläche. Der Heizraum muß so bemessen sein, daß Feuerstätten ordnungsgemäß bedient und gewartet werden können. Insbesondere muß vor, neben, hinter und über den Feuerstätten zur leichten Reinigung und Instandhaltung ausreichend freier Raum vorhanden sein.

Die in den Bildern **684**.1 und **687**.1 angegebenen Wandabstände der Kessel sollten möglichst nicht unterschritten werden. Mehrere Kessel können paarweise unmittelbar nebeneinanderstehen.

Höhe. Der Heizraum muß mindestens 2,00 m i. L. bei bis 70 kW Nennheizleistung hoch sein. Zwischen der Oberkante Feuerstätte und Unterkante Decke oder Unterzug müssen mindestens 1,50 m lichte Höhe ab 150 kW und mindestens 1,80 m ab 350 kW Nennheizleistung der Feuerstätte vorhanden sein, wenn diese von oben gereinigt wird (**685**.1).

Über der oberen, während des Betriebes zu betretenden Plattform einer Feuerstätte muß bis zur Unterkante Decke oder Unterzug die lichte Durchgangshöhe mindestens 2,00 m betragen.

Arbeitsbühnen, ausgenommen Beschickungsfahrbahnen, müssen aus Gitterrosten hergestellt sein.

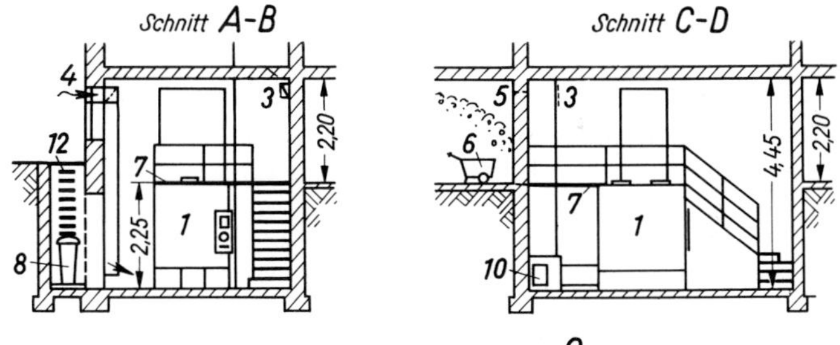

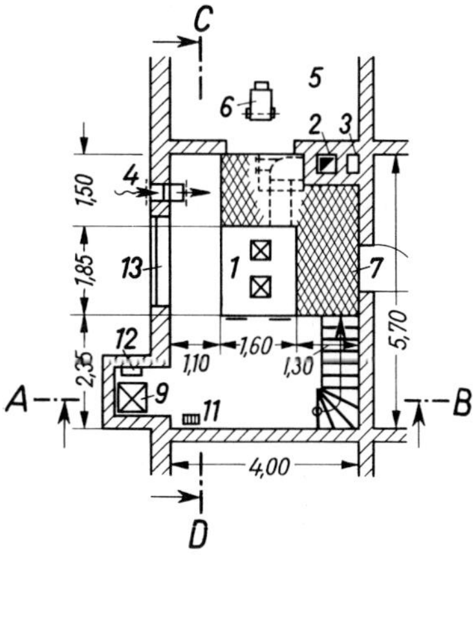

685.1 Heizraum für einen Kokskessel von 360 kW mit Handbeschickung von oben (M 1:200)

1 Heizkessel
2 Schornstein
3 Abluft
4 Zuluft
5 Kokslager
6 Kokskarre
7 Kesselbühne
8 Aschenkübel
9 Aschenaufzug
10 Reinigungsöffnung
11 Fußbodenentwässerung
12 Notausstieg
13 Montageöffnung

Vertiefte Aufstellung. Von etwa 180 kW Nennleistung ab werden Kokskessel von oben beschickt und bei Handbeschickung, die jedoch nur noch für kleinere Zentralen in Frage kommen kann, hierzu so weit vertieft aufgestellt, daß die als Kesselbühne mitzuverwendende Kesseldecke mit dem Fußboden der Kokslagerräume in einer Höhe liegt (**685**.1).

Der Koks wird hierbei am besten durch Karren bis ca. 150 kg Inhalt mit Bodenentleerung und gummibereiften Rädern herangeschafft.

Oft wird eine Grundwasserabdichtung notwendig sein.

Wände, Stützen, Decke, Fußboden. Mit Aufenthaltsräumen darf der Heizraum nicht offen oder unmittelbar verbunden sein. Die Wände und Stützen des Heizraumes sowie die Decke zwischen ihm und anderen Räumen muß feuerbeständig sein.

Der Fußboden des Heizraumes muß verkehrssicher sein und aus nichtbrennbaren Baustoffen bestehen.

Durchbrüche für Heizrohre oder andere Leitungen in Wänden, Decken und Fußböden müssen geschlossen sein.

Das Fundament der Kessel ist mit 5 bis 10 cm erhöht und schwingungsgedämpft vom übrigen Betonfußboden zu trennen. Unmittelbar vor einem Kokskessel empfiehlt sich ein Klinkerbelag des Fußbodens (**684**.1).

Der Kesselraum erhält eine Wasserzapfstelle DN 15 mit Schlauchverschraubung zum Füllen des Kessels und Ausspritzen des Raumes.

Bei Heizölfeuerung darf kein Heizöl an den Heizkessel, in Nebenräume, in die Kanalisation oder in das Grundwasser gelangen können (**687**.1). Daher ist als Fußbodenentwässerung hier, wenn überhaupt, nur eine Heizölsperre nach DIN 4043 oder ein Heizölabscheider nach DIN 1999 T. 1 zulässig (s. Abschnitt 3.5.3).

Für den abwehrenden Brandschutz ist mindestens ein Feuerlöscher nach DIN EN 3 mit 6 kg Inhalt für die Brandklassen ABC, gegebenenfalls auch E vorzusehen.

Fenster, Türen, Ausgänge. Der Heizraum muß mindestens ein unmittelbar ins Freie führendes Fenster haben, wenn die ständige Anwesenheit eines Heizers erforderlich ist. Das lichte Maß der Fensterfläche soll mindestens 1/12 der Heizraumgrundfläche betragen.

Türen von Heizräumen müssen nach außen aufschlagen. Nicht ins Freie führende Türen müssen mindestens feuerhemmend und selbstschließend sein.

Heizräume für Feuerstätten mit einer Gesamtnennleistung über 350 kW müssen zwei möglichst entgegengesetzt liegende Ausgänge haben. Einer dieser Ausgänge muß unmittelbar ins Freie führen. Dieser kann als Ausstieg über ein Fenster ausgebildet sein. Notfalls sind Steigeisen anzubringen.

Schornstein und Fuchs. Jede Feuerstätte für feste oder flüssige Brennstoffe muß einen eigenen Schornstein ohne jeden anderen Anschluß erhalten. Ausnahmen gibt es nur bei bestehenden Gebäuden und Stockwerkheizungen. Für mehrere Gasfeuerstätten ist ein Anschluß an ein gemeinsames Abgasschornsteinrohr zulässig.

Zweckmäßig sind Schornsteine aus Formstücken in mehrschaliger Bauart mit gasdichtem Innenrohr, Wärmedämmschicht und Ummantelung (**573**.1 und **576**.1) wegen geringer Geräuschübertragung und verringerter Gefahr der Rißbildung, besonders bei Ölfeuerungen, die mit ihren hohen und kurzzeitigen Wechselbelastungen das Schornsteinmauerwerk stark beanspruchen.

Die Lage des Schornsteines sollte im inneren des Gebäudes, nicht außen, und immer im höchsten Gebäudeteil mit einer Mindesthöhe von 50 cm über dem First geplant werden.

Weitere Einzelheiten über Rauchrohre und Rauchschornsteine der Koks- und Ölfeuerstätten siehe Abschnitte 8.5.2 und 8.5.3, über Abgasanlagen der Gasfeuersätten siehe Abschnitt 5.1.6.

Der Fuchs, das Verbindungsstück zwischen Kessel und Schornstein, soll nicht länger als 1/4 der Schornsteinhöhe sein.

Er kann gemauert, betoniert oder aus Stahlblech zwischen 3 und 5 mm bestehen, soll leicht ansteigend und strömungsgerecht am Schornstein angeschlossen sein und bequem zugängliche Fuchsreinigungsöffnungen in genügender Zahl erhalten.

1 Heizkessel
2 Rauchrohr
3 Pumpensumpf
4 Schornstein
5 Abluft
7 Zuluft
9 Trennwand des Ölauffangraumes
10 Wandleuchte
11 Schuko-Steckdose
12 Wasserauslaufventil mit Schlauchverschraubung
13a Fußbodenentwässerung mit Heizölsperre oder -abscheider
17 Heizöllagerbehälter (geschweißter Kellertank)
18 Fülleitung DN 50
19 Entlüftungsleitung
20 Öl-Entnahmeleitung
21 Öl-Rücklaufleitung
22 Ölstandsanzeiger
23 Reinigungsöffnung
24 Ölbrenner
26 Auslauf der Überlaufleitung vom Ausdehnungsgefäß
27 Steckdose für Grenzwertgeber zum Anschluß der Tankwagen-Überfüllsicherung
a ≧ 50 mm bei Batteriebehältern nach DIN 6620 (ovale Form) ≧ 100 mm bei Behältern mit ebenem Boden
*) falls kein Reinigungsdeckel in der Behälterdecke vorhanden

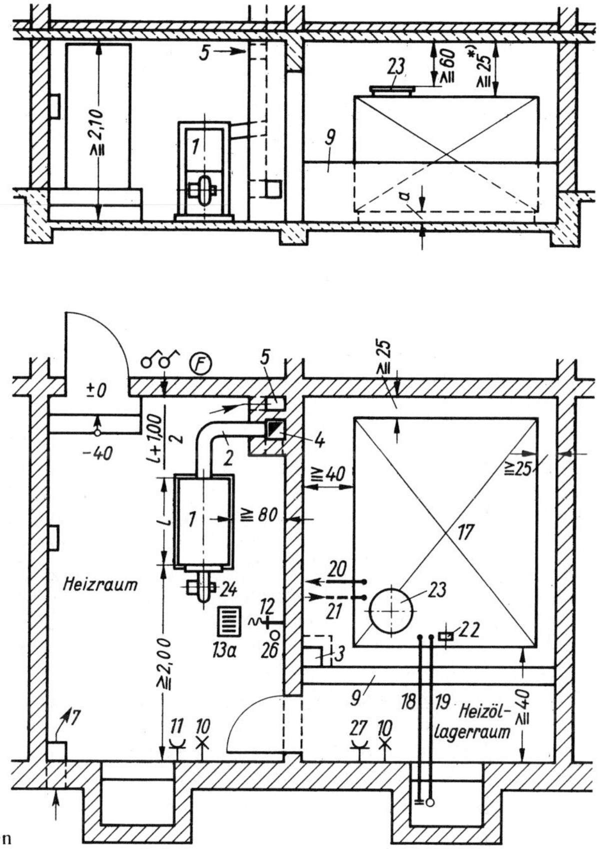

687.1 Heizraum und Heizöllagerraum für ölgefeuerten Heizkessel von 100 kW (M 1:100)

Beleuchtung. Heizräume und Räume, die mit ihnen unmittelbar in Verbindung stehen, müssen durch Tageslicht oder elektrisches Licht ausreichend und gleichmäßig beleuchtet werden.

Insbesondere ist auf eine gute Beleuchtung der Kesselvorderseite sowie aller wichtigen Armaturen zu achten und mindestens eine Steckdose vorzusehen. Erforderlich wird für die Stromversorgung auch kleinerer Heizungsanlagen ein besonderer Stromkreis mit einem Notschalter, einem Hauptschalter, der außerhalb des Heizraumes anzuordnen ist (**379**.1 und **382**.1).

Entwässerung. Zur Entleerung der Wärmeerzeuger und der Heizungsanlage ist im Heizraum eine Entwässerung vorzusehen.

Kann der Heizraum nicht unmittelbar an die Kanalisation angeschlossen werden, ist eine Entwässerungsgrube mit einer handbetätigten oder automatischen Pumpe zu installieren.

Bei Brennwertkesseln, bei denen in der Regel im Wärmeerzeuger und auch im Schornstein Kondensat anfällt, ist die Entsorgung in Abstimmung mit der „unteren Wasserbehörde“ erforderlich.

Aschen- und Schlackenentfernung. Bei kleinen Anlagen geschieht der Transport in einem Eimer zu den Mülltonnen.

Bei größeren Anlagen wird die Asche und Schlacke in Aschetonnen gesammelt und durch einen elektrischen oder pneumatischen Aufzug zur Geländeoberfläche und dann zur Straße transportiert (**684**.1und **685**.1 sowie **691**.1)

Schall- und Erschütterungsschutz. Erschütterungen, Schwingungen und Geräusche, die von Feuerstätten, Lüftungsanlagen und sonstigen Einrichtungen ausgehen, müssen so gedämmt sein, daß Gefahren oder unzumutbare Belästigungen nicht entstehen, insbesondere muß der Schallschutz des Heizraumes und der Lüftungsanlagen den Mindestanforderungen der DIN 4109 genügen.

10.2.5.2 Heizraumlüftung

Belüftungsanlagen. Der Heizraum muß mindestens eine Einrichtung haben, durch welche Zuluft vom Freien angesaugt und dem Heizraum zugeführt wird.

Weniger als 2 m über Gelände liegende Ansaugöffnungen an öffentlichen oder privaten Verkehrsflächen müssen ein stoßfestes Gitter aufweisen.

Zuluftöffnungen sollen in der Nähe des Fußbodens angeordnet sein.

Bei Feuerstätten mit einer Gesamtnennheizleistung bis 50 kW müssen unmittelbar ins Freie führende kreisförmige oder rechteckige Öffnungen insgesamt mindestens 300 cm^2 groß sein. Für je weitere 1 kW Gesamtnennheizleistung sind diese Öffnungen insgesamt um 2,5 cm^2 zu vergrößern.

Wird die Zuluft einem an der Gebäudeaußenwand angeordneten Schacht entnommen, so muß sein Querschnitt mindestens um 50% größer als der der Ansaugöffnung sein. Die Schachtsohle muß mindestens 30 cm unter dem Abzweig der Zuluftleitung liegen. Der Schacht muß leicht zu reinigen und der Querschnitt der Öffnungen, Leitungen und Schächte während des Betriebes der Feuerstätte frei sein. Gitter, Roste oder ähnliche Vorrichtungen müssen Durchtrittsöffnungen von 10 mm × 10 mm oder mehr haben.

Heizräume von Gasfeuerungsanlagen nach DIN 4756 müssen nach DVGW-TRGI 1986 ebenfalls zur Belüftung mindestens eine Einrichtung haben, durch die die Zuluft vom Freien angesaugt und dem Heizraum zugeführt wird (**688**.1).

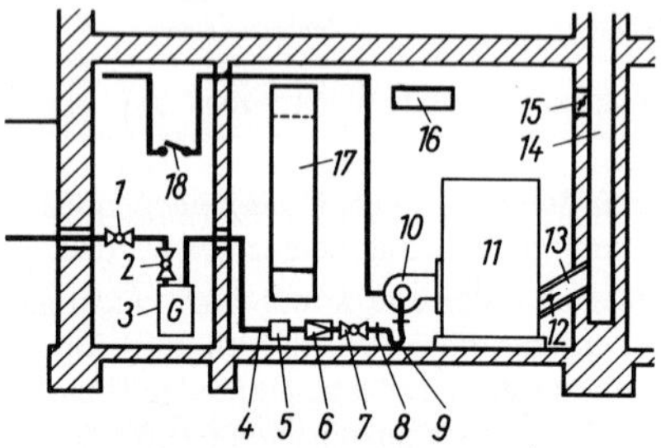

688.1 Gasfeuerungsanlage nach DIN 4756

1 Hauptabsperrschieber
2 Notabsperrhahn außerhalb des Heizraumes
3 Gaszähler
4 Verbrauchsleitung
5 Gasfilter
6 Gasdruckregler
7 Handabsperrhahn
8 DVGW-zugelassene Verschraubung
9 biegsame Leitung nach DIN 3383
10 DIN-DVGW-geprüfter Gasbrenner
11 Heizkessel
12 Abgasdrosselklappe
13 Abgasrohr
14 Abgasschornstein
15 Zugbegrenzer nach Auflage des örtlichen GVU
16 Abluftöffnung über Dach
17 Zuluft
18 elektrischer Notschalter

Entlüftungsanlagen ohne Ventilatoren. Zur Entlüftung ohne Ventilatoren müssen Heizräume einen neben dem zugehörigen Schornstein liegenden Abluftschacht mit natürlichem Auftrieb haben, der wie ein Schornstein über Dach geführt und oben offen sein muß (**684**.1 bis **688**.1 sowie **692**.2).

Die Abluftöffnung muß während des Betriebes frei, möglichst nahe unter der Decke sowie möglichst weit von der Zuluftöffnung entfernt und so angeordnet sein, daß der Abluftstrom die Funktion der Strömungssicherungen von Gasfeuerstätten nicht beeinträchtigt.

Der Querschnitt des Abluftschachtes muß bei festen und flüssigen Brennstoffen mindestens 25% des Schornsteinquerschnittes und gleichbleibend mindestens 200 cm^2 betragen.

Eine waagerechte Abluftleitung soll nach Form und Größe dem Abluftschacht möglichst gleichen. Sie soll keinen kleineren Querschnitt als dieser haben.

Entlüftungsanlagen mit Ventilatoren. Sie müssen die Abluft über Dach oder durch die Gebäudeaußenwand abführen. Sie sind nur bei einer Aufstellung von Feuerstätten zulässig, die nicht mit festen Brennstoffen betrieben werden.

Bei Entlüftung durch Ventilatoren ist ein Volumenstrom von 0,5 m^3/h je kW vorgeschrieben.

Die Zuluft muß so bemessen sein, daß bei Leistungen bis 1000 kW der Unterdruck $\leqq 0{,}04$ mbar, darüber $\leqq 0{,}5$ mbar beträgt.

Für die Lage der Abluftöffnungen gilt das bei den Entlüftungsanlagen ohne Ventilator Gesagte.

Mit der Druckseite eines Ventilators verbundene Lüftungsleitungen dürfen nicht durch Aufenthaltsräume, Flur-, Gemeinschaftswasch- und Aborträume führen, außerdem, ebenso wie die Ventilatoren selbst, nicht in den Wänden dieser Räume liegen.

10.2.5.3 Dachheizzentralen

Durch die Entwicklung der Ölkessel, meist als Überdruckkessel, sowie leistungsstarker Gaskessel mit atmosphärischem Brenner, die beide keinen natürlichen Schornsteinzug mehr erfordern, ist es möglich geworden, Heizräume für Warmwasser-Pumpenheizungen größerer Gebäude, insbesondere von Hochhäusern, auch auf dem Dach des Gebäudes als Dachheizzentralen zu errichten (**689**.1).

Dort lassen sich diese häufig mit anderen Dachaufbauten, so dem Maschinenraum der Aufzüge, in einwandfreier Gestaltung kombinieren.

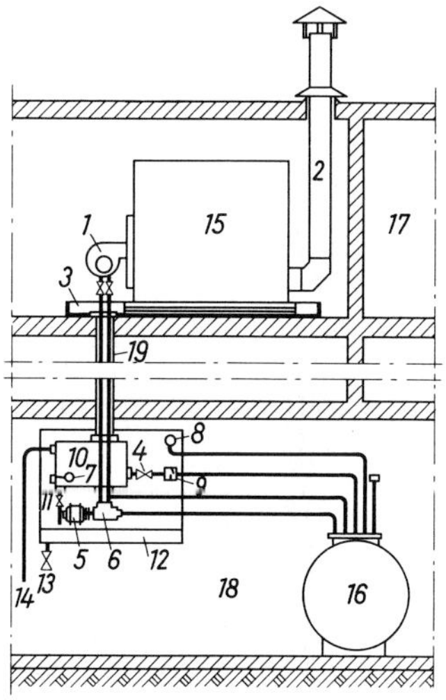

689.1 Spezial-Ölkessel, in einem Dachheizraum aufgestellt
1 Ölbrenner
2 Rauchrohr
3 Sammelwanne
4 Ventil
5 Motor
6 Ölpumpe
7 Niveauregler
8 Ölstandsanzeiger
9 Rückschlagklappe
10 Sicherheitsgefäß
11 Entleerung von 10
12 Schutzwanne
13 Entleerung von 12
14 Überlaufleitung
15 Heizkessel
16 Ölbehälter
17 Heizraum auf dem Dach oder im obersten Vollgeschoß
18 Öllagerraum im Keller
19 Ölzu- und Rücklaufleitung in Schutzrohr

Die zu beachtenden Richtlinien sind in der Regel in den Bauordnungen oder den Feuerungsverordnungen der Länder enthalten. Eine Einzelgenehmigung der Bauaufsicht ist immer erforderlich.

Außderdem ist der Windeinfluß bei Gasheizungen zu beachten.

Der Heizraum wird meistens unmittelbar vom Treppenhaus aus zugänglich gemacht. Ein Notausgang kann auf das Flachdach oder eine Dachterrasse führen. Die Brennstoffzufuhr erfordert nur einen verhältnismäßig kleinen Schacht in den Normalgeschossen, der meist auch die Heizungs-Vor- und -Rückläufe sowie die übrigen Versorgungsleitungen aufnimmt und ausreichend zu be- und entlüften ist (**862**.1).

Bei ölgefeuerten Überdruckkesseln müssen besondere Schutzmaßnahmen gegen auslaufendes Heizöl getroffen werden. So sind die Kessel und Ölbrenner in eine öldichte Wanne zu setzen, damit auslaufendes Öl oder Wasser nicht durch die Decken dringen kann.

Die Auffangwanne erhält eine Ablaufleitung von solchem Querschnitt, daß diese gleichzeitig als Schutzrohr für die Öl-Zu- und -Rücklaufleitung vom Öltank zum Brenner dienen kann. Die Ablaufleitung führt zu einem Sicherheitsgefäß in der Nähe des Heizöltanks (**689**.1).

Gasgefeuerte Kessel sind, mit oder ohne Gebläse, für eine Montage in Dachheizräumen besonders geeignet. Diese Kessel müssen jedoch in einer Auffangwanne für austretendes Wasser mit Anschluß an die Hausabwasseranlage stehen.

Die Decke unter dem Heizraum muß entsprechend dem Gewicht der Kessel für eine Belastung von 2000 bis 2500 kg/m^2 bemessen sein. Außenwände und Dach können in Leichtbauweise ausgeführt sein. Der Fußboden ist wasserdicht herzustellen.

Im übrigen gelten die gleichen Anforderungen in bezug auf Standsicherheit, Brandschutz, Abmessungen, Be- und Entlüftung, Beleuchtung, Zugang wie für Heizräume in Kellergeschossen.

Die Frage, ob eine Dachheizzentrale gegenüber der Unterbringung des Heizraumes im Kellergeschoß wirtschaftlicher ist, läßt sich nicht allgemein, sondern immer nur von Fall zu Fall beurteilen.

10.2.6 Brennstofflagerung

10.2.6.1 Kokslagerräume

Kokslagerräume sind in ausreichender Größe und so neben dem Heizraum anzuordnen, daß die Brennstoffe ohne Schwierigkeit herangeschafft, eingelagert und zu den Kesseln gebracht werden können (**684**.1).

Bei oberer Beschickung muß das Kokslager möglichst in gleicher Höhe mit der Kesselbühne liegen (**685**.1). Die Einfüllöffnungen sind möglichst so anzuordnen, daß nachträgliches Umschaufeln des Brennstoffes nicht erforderlich wird. Sie sollen für Baufördergeräte mindestens 50 cm breit und mindestens 40 cm hoch sein und mit ihrer Unterkante 60 cm über der Fahrbahn liegen.

Einen Einwurfschacht eines Einfamilienhauses für Koks zeigt Bild **690**.1.

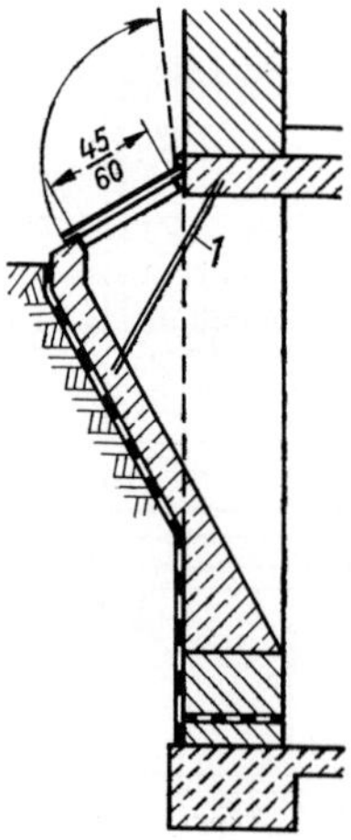

690.1 Einwurfschacht für Koks (M 1:50)
1 einbetonierte Rundstähle als Einbruchschutz

Zwei oder mehr Kokskeller erleichtern bei größeren Anlagen die Kontrolle des Brennstoffverbrauches. Kokskeller unter Hofdecken sind sehr bequem von oben über eine Reihe von wasserdicht zu verschließenden Füllöffnungen zu beschicken (**691**.1).

Die überschlägliche Größe des Kokslagers zur Einlagerung des Jahresbedarfes beträgt bei etwa 1,50 m Schütthöhe einschließlich Gänge

$$F \text{ etwa } 0{,}5\, \dot{Q}_N \text{ in m}^2 \text{ mit } \dot{Q}_N = \text{Gesamtwärmebedarf des Gebäudes in kW.}$$

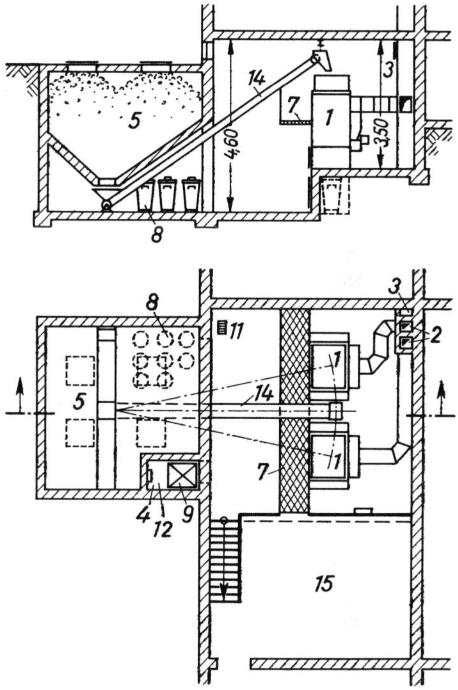

691.1 Kokslager und Heizraum für 2 Kokskessel von je 460 kW mit mechanischer Beschickung (M 1:200) (Ruhrkohlenberatung)

1 Heizkessel
2 Schornstein
3 Abluft
4 Steigeisen
5 Kokslager
7 Kesselbühne
8 Aschentonnen
9 Aschenaufzug
11 Fußbodenentwässerung
12 Notausstieg
14 Förderschnecke oder Förderband
15 Arbeitsraum

10.2.6.2 Heizöllagerung

Die Vorschriften der Bundesländer können in Einzelheiten geringfügig von einander abweichen. Die Vielfalt der behördlichen, in den Ländern unterschiedlichen Bestimmungen, erschwert die Übersicht (Taf. **692**.1).

Oberirdische Lagerung in Gebäuden. Sie wird gegenüber der unterirdischen Lagerung wegen der niedrigeren Anschaffungs-, Einbau- und Überwachungskosten sowie der geringeren Gefahren für das Grundwasser bei Undichtwerden von Behältern zunehmend vorgezogen.

In Heizöllagerräumen darf auslaufendes Heizöl nicht in Abwassergruben und -leitungen, in Rohrleitungs- und Kabelschächte und -kanäle oder in Gewässer gelangen können. Abläufe müssen gegen Heizöl abgesperrt sein (s. Abschnitt 3.5.3).

Bei Lagerung von mehr als 300 l Heizöl ist der Fußboden ölundurchlässig und aus mindestens schwer entflammbaren Baustoffen herzustellen. Eine elektrische Beleuchtung ist vorzusehen.

Bei Lagerung von Heizöl in Heizräumen und Heizöllagerräumen sowie bei der Lagerung von mehr als 1000 l Heizöl außerhalb dieser Räume sind Handfeuerlöscher der Bauart PG 6 nach DIN EN 3 außerhalb der Heizräume und Heizöllagerräume in der Nähe des Zuganges vorzusehen (**687.1** und **692.2**).

Tafel **692**.1 Übersicht zur Heizöllagerung

1	Nach dem Aufstellungsort	innerhalb oder außerhalb des Gebäudes
2	Nach der Einbauart	oberirdisch, teilweise oberirdisch
		unterirdisch (liegend oder stehend)
3	Nach der Behälterbauart	zylindrische Behälter mit Einbaumöglichkeiten nach 2
		standortgefertigte, kellergeschweißte
		Batteriebehälter, oval oder rechteckig
		Kugelbehälter
4	Nach dem Material	aus Stahl, Aluminium, Kunststoff, Beton

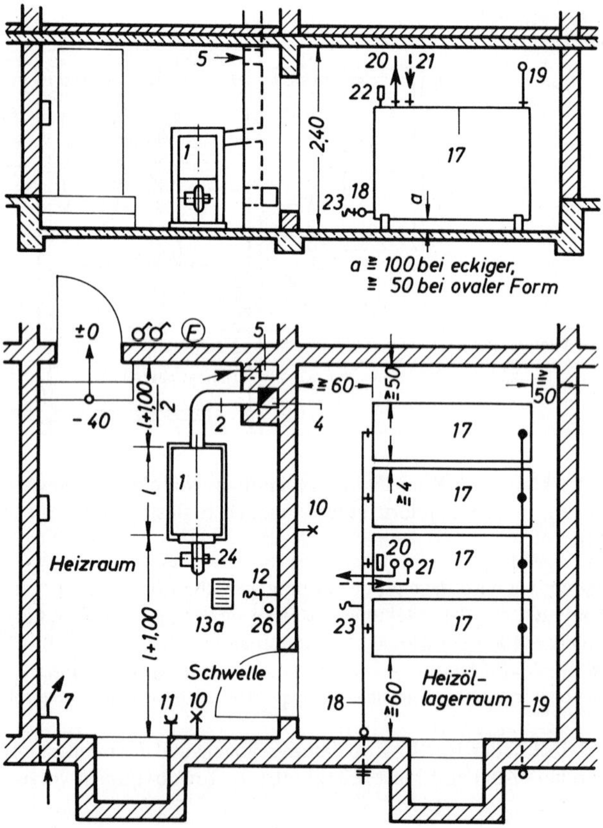

1 Heizkessel
2 Rauchrohr
4 Schornstein
5 Abluft
7 Zuluft
10 Wandleuchte
11 Schukosteckdose
12 Wasserauslaufventil mit Schlauchverschraubung
13a Fußbodenentwässerung mit Heizölsperre oder Heizölabscheider
17 4 Heizöllagerbehälter (Batteriebehälter nach DIN 6620) je 2000 l
18 Füll- und Verbindungsleitung ≧ DN 50
19 Entlüftungsleitung
20 Ölentnahmeleitung ≧ DN 10
21 Ölrücklaufleitung ≧ DN 10
22 Ölstandsanzeiger
23 Entleerung
24 Ölbrenner
26 Ausmündung der Überlaufleitung vom Ausdehnungsgefäß

692.2 Heizöllagerraum und Heizraum für ölgefeuerten Heizkessel von 100 kW (M 1:100)

Lagerung in Heizöllagerräumen. Heizöllagerräume sind ausschließlich zur Lagerung von mehr als 5000 l Heizöl genutzte Räume (**692**.2 und **687**.1). Sie dürfen keine Feuerstätten und in Gebäuden höchstens 100 000 l Fassungsvermögen haben. Wände sind feuerbeständig, Dekken und selbstschließende Innentüren feuerhemmend, bei mehr als 10 000 l Lagermenge feuerbeständig auszuführen.

Lüftung muß möglich sein. Feuerbeständige Leitungen sind erforderlich bei Lüftungsanlagen, die mit anderen Räumen verbunden sind.

Auffangraum. Bei Lagerung von mehr als insgesamt 300 l je Gebäude oder je Brandabschnitt muß auslaufendes Heizöl in einem ölundurchlässigen Auffangraum aus nicht brennbaren Baustoffen, durch Schwelle (**692**.2), Vertiefung oder Wanne (**687**.1) gebildet, aufgefangen werden.

Leitungen oder Einrichtungen der Wasser-, Strom-, Gas- und Fernwärmeversorgung im Auffangraum sind unzulässig.

Das Fassungsvermögen des Auffangraumes muß mindestens dem Rauminhalt aller in ihm aufgestellten Behälter entsprechen. Dabei zählen mehrere miteinander verbundene Behälter als ein Behälter.

Beton-, Putz- oder Estrichflächen von Auffangräumen sind mit einem ölbeständigen Anstrich oder einer entsprechenden Beschichtung mit Prüfzeichen zu versehen.

Der Fußboden kann einen öldichten Pumpensumpf haben (**687**.1).

Lagerung in anderen Räumen. In Wohnungen darf Heizöl in ortsfesten Behältern bis zu 100 l, in Kanistern bis zu 40 l je Wohnung gelagert werden.

Außerhalb von Wohnungen darf Heizöl bis zu 5000 l je Gebäude oder Brandabschnitt in Räumen ohne Feuerstätten gelagert werden, wenn bei Lagerung von mehr als 300 l die Räume feuerhemmende Wände und Decken haben, lüftbar und mit 2 feuerhemmenden und selbstschließenden Türen versehen sind. Leicht entflammbare Stoffe dürfen in ihnen nicht gelagert werden. Die für Auffangräume genannten Forderungen müssen erfüllt sein.

In Heizräumen. Hier dürfen bei einem Abstand von mindestens 1 m zwischen Kessel und Lagerbehälter bis 5000 l Heizöl gelagert werden, wenn die Räume den Anforderungen an Decken, Wände, Innentüren und Auffangraum in Heizöllagerräumen genügen.

Unterirdische Lagerung. Unterirdische Behälter müssen voneinander mindestens 40 cm, von Gebäuden mindestens 60 cm und von Grundstücksgrenzen und Leitungen mindestens 1,00 m Abstand halten (**655**.1 und **693**.1).

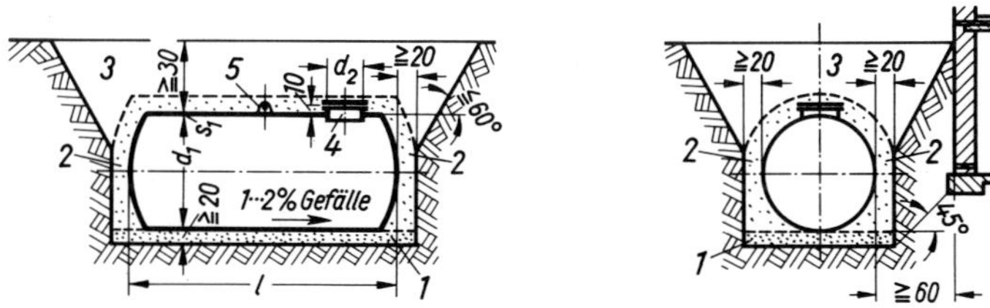

693.1 Unterirdischer einwandiger liegender Lagerbehälter aus Stahl für Heizöl nach DIN 6608 T. 1

1 Grubensohle aus stein- und schlackenfreiem Boden (20 cm Sand)
2 gesiebter Boden
3 Verfüllung der Baugrube ohne Schlacke und Asche
4 Dom (hier ohne Domschacht)
5 Tragöse

Unabhängig von der Lagermenge muß auslaufendes Heizöl aufgefangen werden, wenn die Behälter gegen Auslaufen nicht besonders gesichert sind.

Diese Forderungen werden erfüllt

durch doppelwandige Behälter nach DIN 6608 T.2, auch als Behälter mit Einlage oder Hülle, mit Leckanzeigegerät der Klasse I der Bau- und Prüfgrundsätze oder

durch ölundurchlässige Auffangräume mit Leckanzeigegerät und ohne Abläufe oder Abflüsse oder

durch einwandige Behälter nach DIN 6608 T. 1 (Taf. **694**.1), mit entsprechenden Schutzeinrichtungen mit Bauartzulassung oder Typengenehmigung, die ein Auslaufen der Flüssigkeit nicht befürchten lassen.

Tafel **694**.1 Geschweißte einwandige liegende Lagerbehälter für die unterirdische Lagerung brennbarer und nichtbrennbarer Flüssigkeiten nach DIN 6608 T. 1

Volumen in	m^3	1	3	5	7	10	13	16	20	25	30
Außendurchmesser d_1	mm	1000	1250			1600				2000	
Behälterlänge l	mm	1510	2740	2820	3740	5350	6960	8570	6960	8540	10120
Blechdicke s_1	mm					5				6	
lichte Weite des Doms d_2	mm					500				600	

Bei Neubauten sind in der Regel nur doppelwandige Stahltanks nach DIN 6608 T.2 mit Leckanzeige zugelassen.

Für Stahlbehälter kommt bei besonderen Korrosionsgefahren, etwa durch aggressive Böden oder Streuströme, ein kathodischer Korrosionsschutz nach DVGW GW 12 (s. Abschnitt 10.2.6.5) in Betracht.

10.2.6.3 Heizöl-Lagerbehälter

Die Werkstoffe der Lagerbehälter müssen den auftretenden mechanischen, thermischen und chemischen Beanspruchungen standhalten, ölundurchlässig und ölbeständig sowie in erforderlichem Maße alterungsbeständig sein.

Behälter aus Stahl. Die vorgenannten Forderungen gelten als erbracht durch ein- oder doppelwandige zylindrische Behälter aus Stahl für unterirdische Lagerung nach DIN 6608 T. 1 (Tafel **694**.1) und DIN 6608 T. 2.

Haushaltsbehälter nach DIN 6622 T. 1 und 2 dienen zur Versorgung von Einzelöfen. Sie dürfen nicht zu Batterien zusammengezogen werden und keine fest angeschlossenen Leitungen haben.

Die Haushaltsbehälter aus Stahl haben ein Volumen von 620 oder 1000 l und müssen in heizöldichten Auffangwannen für Haushaltsbehälter nach DIN 6622 T. 3 aufgestellt werden.

Batteriebehälter nach DIN 6620 T. 1 (**695**.1). Sie eignen sich besonders zum Einbau in Altbauten, da ihre Zellen mit 720 mm Breite und 1500 mm Höhe leicht durch Türen und Flure zu transportieren sind.

Sie werden mit 3 mm Wandstärke in 3 Größen hergestellt: 1000 l Volumen mit 1100 mm, 1500 l mit 1650 mm und 2000 l mit 2150 mm Behälterlänge.

Die Behälter können einzeln aufgestellt oder bis zu 5 Stück in einer Batterie mit elastisch verlegten Verbindungsleitungen nach DIN 6620 T. 2 zusammengeschlossen werden, so daß auf diese Weise ein Vorrat von bis zu 10 000 l unterzubringen ist.

Nicht zylindrische Rechteckbehälter, Kellertanks mit 3 bis 5 mm starken Wandungen aus profilierten oder glatten Blechen werden nach DIN 6625 T. 1 am Einbauort aus Einzelteilen

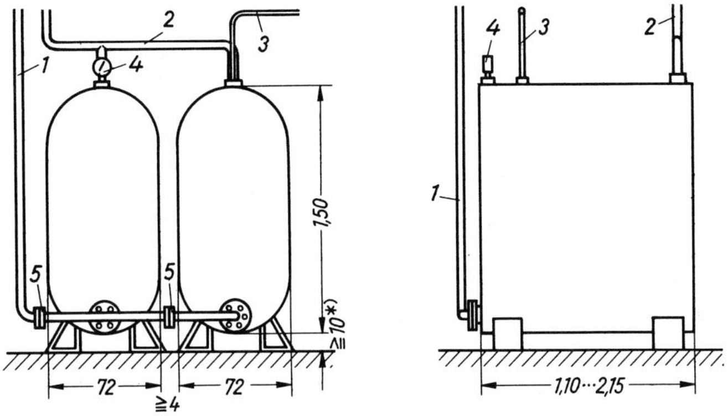

695.1 Heizöllagerbehälter, Batterietanks nach DIN 6620 T. 1 (M 1:50)

1 Fülleitung ≥ DN 50
2 Entlüftungsleitung ≥ DN 40
3 Ölsaugleitung (bzw. Rücklaufleitung)
4 Ölstandsanzeiger
5 elastische Verbindung ≥ DN 50
*) bei ovalem Behälter nach DIN 6620, T. 1, Form B ≧ 5 cm, bei Behältern mit ebenem Boden ≧ 10 cm

zusammengeschweißt. Sie müssen bei 2000 bis 16 000 l Rauminhalt eine als Dom auszubildende und durch einen Rahmen zu verstärkende Einstiegöffnung von mindestens 50 cm l. W., bei mehr als 16 000 l von mindestens 60 cm l. W. erhalten, deren Deckel eine ölbeständige Dichtung aufweist (**687**.1).

Der Abstand zwischen Oberkante Einstiegöffnung des kellergeschweißten Heizöltanks und Raumdecke muß mindestens 60 cm betragen (Seitenabstände s. Bild **687**.1).

Innenverstrebungen dieser Behälter dürfen die Erneuerung eines Korrosionsschutz-Innenanstriches nicht erschweren.

Empfehlenswert ist es, auf die Bodenfläche und eine untere etwa 30 cm hohe Wandzone der Kellerbehälter eine Kunststoffbeschichtung als Korrosionsschutz aufzutragen.

Einwandige standortgefertigte Öllagerbehälter müssen in einem Ölauffangraum aufgestellt werden.

Behälter aus Aluminium. Für Aluminiumbehälter gelten im wesentlichen die Regeln der DIN 6620 T. 1 und die TRbF.

Behälter aus Stahlbeton. Sie müssen standsicher sein und bestimmten Vorschriften über Dichtheit und Betongüte nach DIN 1045 und 4227 entsprechen (**695**.2).

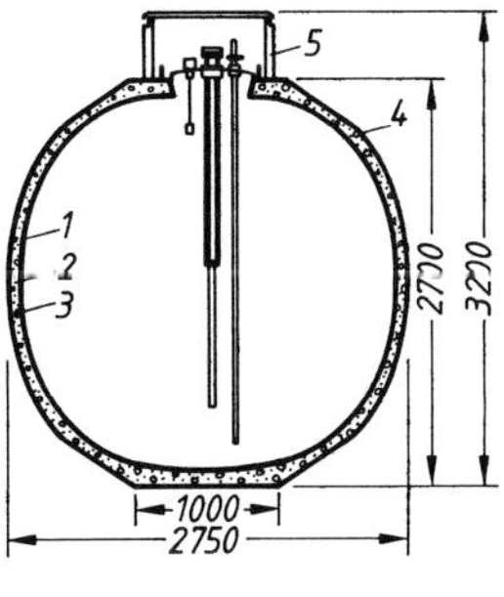

695.2 Heizöllagerbehälter aus Beton und Kunststoff zur unterirdischen Lagerung, 10 000 l (M 1:100) (Haase-Tank GmbH)

Andere Nutzinhalte: 5000 bis 15 000 l

1 GFK-Innentank
2 Spezial-Polyesterbeton
3 Leckwarnkanäle
4 GFK-Außentank
5 Domstutzen

Die Sohle soll ein Gefälle von ca. 2% zu einer sie nicht schwächenden Schlammtasse, die Decke eine wasserundurchlässig abgeschlossene Einstiegöffnung von mindestens 600 mm l. W. aufweisen.

Die Behälterinnenseiten sind mit ölundurchlässigen Mitteln abzudichten, die Außenseiten in betonschädlichen Böden und Wässern ausreichend zu schützen.

Die Behälter dürfen mit Gebäuden konstruktiv nicht verbunden werden und durch einstürzende Gebäudeteile nicht zerstört werden können.

Behälter aus Kunststoff. Die Behälter aus glasfaserverstärktem Polyesterharz (GUP bzw. GFK) oder aus Polyethylen (PE) für unter- und oberirdischen Einbau mit Fassungsvermögen bis10 000 l, ferner als Batteriebehälter und als Haushaltsbehälter in Abmessungen und Fassungsvermögen nach DIN 6620 T. 1 sowie 6622 T. 1 und 2, müssen den weiter oben genannten Anforderungen genügen.

Die besonderen Vorschriften des Herstellers für Transport, Einbau und Betrieb sind genau einzuhalten.

Im Freien und in Räumen, in denen Temperaturen über + 40 °C auftreten können, ist die Aufstellung von Kunststoffbehältern aus Polyethylen unzulässig. Andere Behälter bestehen neuerdings auch aus Polyamid (PA).

Behältergröße. Die Größe des Öltanks hängt von der Gebäudelage, der Verfügbarkeit des Öles, von den Kosten des Tanks sowie anderen Tatsachen ab.

Überschläglich kann der Heizölverbrauch für eine Heizperiode in Deutschland und für Wohnhäuser ohne Brauchwasserbereitung mit

$B = 200\ \dot{Q}_N$ in l/Jahr und mit $\dot{Q}_N$ = max. Wärmebedarf in kW angenommen werden.

10.2.6.4 Heizöl-Behältereinbau

Transport und Aufstellung. Zur Vermeidung von Verformungen der Behälterwände und sonstigen Beschädigungen dürfen Behälter beim Transport nicht geworfen, hart aufgesetzt oder geschleift werden. Größere sowie isolierte Behälter sind mit geeigneten Hebewerkzeugen stoßfrei auf- und abzuladen, zu befördern und abzusetzen.

Oberirdische Behälter müssen auf nicht brennbarer Unterlage und auf tragfähigem Untergrund aufgestellt und notfalls befestigt werden, größere Behälter sind sicher zu gründen.

Über die bei ortsfesten oberirdischen Behältern in Gebäuden einzuhaltenden Mindestabstände informiert Bild **687**.1, **692**.2 und **695**.1. In Heizräumen ist zwischen Kessel und Behälter mindestens 1 m Abstand vorzusehen.

Einbau unterirdischer Behälter. Die Größe der Baugrube muß eine ordnungsgemäße Einbettung der Behälter ermöglichen. Nicht tragfähiger Baugrund ist zu befestigen, soweit der Behälter nicht auf eigenen Fundamenten gelagert wird.

Bei Behältern unter einer Fahrbahn muß die Erdüberdeckung mindestens 1 m dick sein, soweit durch statischen Nachweis nicht die Sicherheit einer dünneren Erddeckung oder andersartigen Überdeckung nachgewiesen ist.

Die Behältersohle soll eine Neigung von ca. 1% zum Domende erhalten, was vor dem Verfüllen zu überprüfen ist (**693**.1).

Der Dom und alle Anschlüsse müssen durch einen Schacht, der ölbeständig auszubilden ist und in Höhe des Domdeckels mindestens 940 mm l. W. haben muß, zugänglich sein (**655**.1). Die Schachtwände sind aus Stahlblech, hartgebrannten Mauerziegeln, vollfugig gemauert sowie innen und außen wasserundurchlässig verputzt, oder aus Beton oder Stahlbeton herzustellen.

Der Behälter muß auf der Unterseite möglichst auf Sand voll aufliegen, die umgebende Erde auf mindestens 20 cm Abstand steinfrei sein und sorgfältig verdichtet werden. Ein Verfüllen der Baugrube mit scharfkantigen Gegenständen, Steinen, Schlacke oder anderen bodenfremden oder schädlichen Stoffen ist nicht zulässig (**693**.1).

10.2.6.5 Heizöl-Behälterausrüstung

Fülleitung. Ortsfeste Behälter, außer Haushaltsbehälter, müssen eine Fülleitung haben, deren Anschluß im Freien oder im Domschacht (**655**.1) liegen und verschließbar sein soll.

Die Fülleinrichtungen von Batteriebehältern und Rechtecktanks mit festem Anschluß dürfen erst in Betrieb genommen werden, wenn die Behälter mit Grenzwertgebern und die Tankwagen mit selbsttätig schließender Abfüllsicherung ausgerüstet sind.

Entnahmeeinrichtung. Ortsfeste Behälter dürfen nur oben Öffnungen für das Einführen der Entnahmeleitung und der Rücklaufleitung haben.

Absperreinrichtung. Leitungsanschlüsse an Flüssigkeitsräumen von oberirdischen Behältern, ausgenommen bei Verbindungsleitungen von Batteriebehältern, müssen abgesperrt werden können.

Die Absperreinrichtungen müssen möglichst nahe am Behälter angebracht, gut zugänglich und leicht zu bedienen sein.

Entlüftungseinrichtungen. Ortsfeste Behälter sind mit einer Entlüftungseinrichtung zu versehen. Die Entlüftungsleitungen müssen unabsperrbar vom höchsten Punkt der Behälter mit Steigung ins Freie führen (**655**.1, **692**.2 und **695**.1).

Sie bestehen aus Stahl und sind gegen das Eindringen von Fremdkörpern und Wasser zu sichern. Die Ausmündung ist 2,50 m über Erdgleiche bzw. mindestens 50 cm über dem Füllstutzen anzubringen. Die Nennweiten sind nach Tafel **697**.1 zu bemessen. Die Behälter eines Batterietankes können gemeinsam entlüftet werden (**695**.1).

Tafel **697**.1 Entlüftungsleitung der Heizöllagerbehälter

Fülleitung DN			50	80
Entlüftungsleitung ∅ ≧ mm i. L. für	unterirdische Behälter	nach DIN 6608	25	40
	Batteriebehälter	nach DIN 6620	40	50

Entleerungseinrichtung. Ortsfeste Behälter ab 2000 l Rauminhalt müssen entleert werden können. Untere Entleerungsöffnungen sind bei Behältern für Heizöl EL unzulässig.

Flüssigkeitsstandanzeiger. Sie müssen bei ortsfesten Behältern vorhanden und so ausgebildet sein, daß auch bei Beschädigung kein Heizöl auslaufen kann (**687**.1 und **692**.2). Peilvorrichtungen dürfen die Innenwände der Behälter weder mechanisch noch durch Korrosion beschädigen können (**655**.1).

Sicherheitsreinrichtungen. Für alle Sicherheitseinrichtungen sind bestimmte Nachweise ihrer Eignung vorgeschrieben. Es sind nachfolgende Einrichtungen zu unterscheiden.

Auffangvorrichtungen für auslaufendes Heizöl.

Leckanzeigegeräte. Sie zeigen Undichtheiten von Behältern bei unterirdischer Lagerung optisch und akustisch, bei oberirdischer Lagerung mindestens optisch, selbsttätig an (**698**.1).

Leckanzeigegeräte arbeiten entweder mit einer Testflüssigkeit oder einem Vakuum im Doppelmantel-Zwischenraum. Bei Absinken der Testflüssigkeit oder Zusammenbrechen des Vakuums infolge Undichtheit der inneren oder äußeren Behälterwandung wird der Alarm ausgelöst.

Grenzwertgeber. Baumustergeprüft müssen sie bei allen ortsfesten Behältern, außer Haushaltbehältern nach DIN 6622 T. 1 und 2, vorhanden sein.

Der Grenzwertgeber ist eine Einrichtung, die bei Erreichen der höchstzulässigen Behälterfüllung den elektrischen Impuls zum Schließen der Abfüllsicherung am Tankwagen gibt.

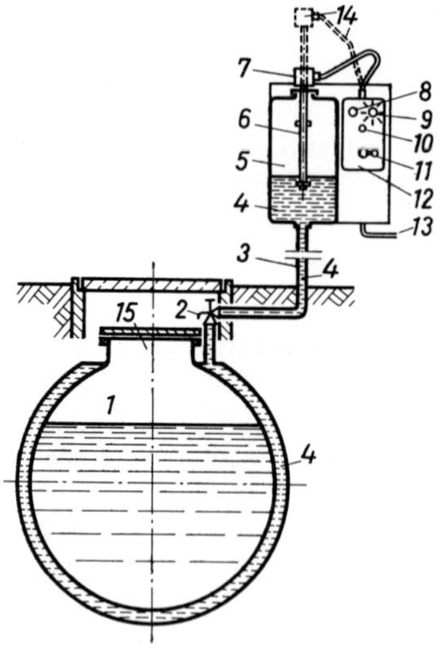

698.1 Leckanzeigeeinrichtung mit elektrischem Signalgeber für doppelwandige Stahlbehälter mit Testflüssigkeit (Mannesmann)

1 doppelwandiger Heizöllagerbehälter nach DIN 6608 T. 2
2 Prüfventil
3 Verbindungsleitung DN 20
4 Anzeigeflüssigkeit
5 Ausdehnungsgefäß 10 l
6 Signalgeber
7 Signalfühler
8 optisches Alarmsignal, rot
9 Funktionssignal, gelb
10 akustisches Alarmsignal mit
11 Schalter, plombierbar
12 Signaleinrichtung
13 Stromanschluß 220 V
14 Funktionskontrolle durch Anheben des Signalgebers
15 Tankdom, Anschlüsse der Ölleitungen (s. auch Bild **655**.1)

Kathodischer Korrosionsschutz. Er schließt als weitergehende Maßnahme nach DVGW GW 12 bei besonderer Korrosionsgefahr oder in Wasserschutzgebieten Außenkorrosion an Stahlbehältern mit an Sicherheit grenzender Wahrscheinlichkeit aus.

Der Korrosionsvorgang ist immer von einem elektrischen Strom begleitet, der im umgebenden, als Elektrolyt wirkenden Erdbereich fließt, wobei das Metall an den Stromaustrittsstellen abgetragen wird.

Zur Unterbindung dieser Ströme und der durch sie hervorgerufenen Korrosionen erzeugt man ein Gegenpotential durch Aufbau eines künstlichen galvanischen Elementes mit Hilfe eines nach der Spannungsreihe unedleren Metalles (1 bis 3 Magnesium-Anoden in 1 bis 4 m Entfernung vom Tank, mit ihm kurzgeschlossen: **698**.2).

Fließt nun ein Strom (Bodenfeuchtigkeit als Elektrolyt), so korrodiert die Anode, nicht jedoch der Tank (Kathode).

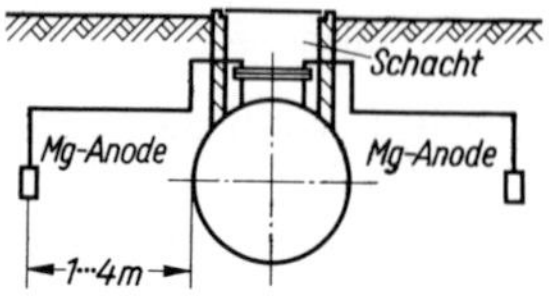

698.2 Kathodischer Korrosionsschutz bei unterirdischem Heizöl-Vorratsbehälter

Inhibitoren. Die Innenkorrosion, durchweg als Lochfraß im Behälterboden anzutreffen, wird durch Wasser hervorgerufen, das beim Befüllen des Lagerbehälters eingeschleppt ist oder sich durch Kondensation im Tankinneren niedergeschlagen hat, durch das Öl hindurch absinkt und im Behälterboden eine wäßrige Phase von hoher Aggressivität infolge starken Chloridgehaltes bildet.

Es schützen dagegen Inhibitoren, wasserlösliche, ölunlösliche chemische Zusätze, die beim Befüllen zugegeben werden und auf den Behälterboden absinken und die dort vorhandene wäßrige Phase neutralisieren.

Feste Leitungen. Sie sind zu verlegen, wenn flexible Leitungen nicht zulässig sind. Sie dürfen bei den auftretenden mechanischen, thermischen und chemischen Beanspruchungen nicht undicht werden. Sie sind durch Schweißen, Löten, Rohrverschraubungen oder Flansche zu verbinden.

Die Verlegung muß so erfolgen, daß auch durch Erschütterung, ungleichmäßige Setzungen oder Dehnungen keine Schäden an Leitungen oder Behältern möglich sind.

Wand-, Decken- und Fußbodendurchführungen gehören in Schutzrohre ausreichender Weite. Ein Korrosionsschutz ist bei Schutzrohren aus Metall erforderlich.

Unterirdische Leitungen dürfen durch Korrosion nicht undicht werden und sind so zu schützen, daß Heizöl nicht unkontrolliert auslaufen kann. Sie müssen von öffentlichen Versorgungsleitungen mindestens 1 m Abstand halten, wenn die Versorgungsleitung nicht anders gesichert ist.

Stahlleitungen sollen DIN 1626, 1629, 2440 oder 2441 entsprechen und sind wie die Behälter gegen Korrosion zu schützen. Bei der Verwendung verschiedener Metalle, etwa für Behälter und Rohrleitungen, ist für eine elektrische Trennung zu sorgen.

Flexible Leitungen. Sie dürfen nur unmittelbar am Brenner in einer Länge von höchstens 1,50 m zwischen Brenner und festen Leitungen verlegt werden. Sie müssen jederzeit zugänglich und gegen unzulässige Erwärmung geschützt sein.

Der Schlauchteil muß durch eine korrosionsbeständige Metallumflechtung gegen Wärmeeinwirkung der Feuerstätte geschützt sein.

10.2.6.6 Heizöllagerung in Wasserschutzgebieten

Schutzgebiete im Sinne der Heizölbehälter-Richtlinien (HBR) sind:

Wasserschutzgebiete nach § 19 des Wasserhaushaltsgesetzes (WHG) und nach den entsprechenden Vorschriften der Länderwassergesetze,
Gebiete, für die Maßnahmen nach § 19 WHG durch Länderverordnung im Interesse der öffentlichen Sicherheit durch die Wasserbehörde angeordnet worden sind,
Heil- oder Quellenschutzgebiete nach den entsprechenden Vorschriften der Länderwassergesetze sowie
Gebiete, für die ein Verfahren auf Festsetzung als Wasserschutzgebiet oder Heil-Quellenschutzgebiet innerhalb der letzten zwei Jahre eingeleitet worden oder mit Sicherheit zu erwarten ist.

Oberirdische Lagerung. Sie ist im Grundwasser-Erfassungsbereich und in der engeren Zone von Schutzgebieten unzulässig. Die untere Bauaufsichtsbehörde kann im Einvernehmen mit der Wasserbehörde bei standortgebundenen Anlagen Ausnahmen gestatten, wenn das Wohl der Allgemeinheit dies rechtfertigt.

In der weiteren Zone von Schutzgebieten ist die oberirdische Lagerung von Heizöl in Behältern bis 100 000 l zulässig.

Das Fassungsvermögen des Auffangraumes muß mindestens dem Rauminhalt der Behälter entsprechen. Im Auffangraum sind Abläufe unzulässig.

Unterirdische Lagerung ist im Fassungsbereich und in der engeren Zone von Schutzgebieten nicht zulässig.

In der weiteren Zone sind Behälter bis 40 000 l gestattet. Prüfung von Behälter und Zubehör durch Sachverständigen ist mindestens alle 2 Jahre erforderlich.

Im übrigen gelten die Einbauvorschriften für unterirdische Behälter.

10.2.6.7 Prüfung, Abnahme und Betrieb

Einbauprüfung. Unterirdische Behälter aus Stahl und ihre Isolierung sind unmittelbar vor dem Einbringen in die Baugrube durch Sachkundige auf einwandfreien Zustand zu überprüfen.

Isolierungsschäden sind vollwertig auszubessern.

Schlußprüfung. Sie erfolgt nach dem Einbau.

Bei oberirdischen Anlagen sind Behälter von mehr als 300 l Rauminhalt und ihre Sicherungseinrichtungen durch den Unternehmer auf Dichtheit, Betriebsfähigkeit und Übereinstimmung mit den HBR zu prüfen. Insbesondere ist die ausreichende Größe des Auffangraumes festzustellen.

Eine Funktionsprüfung von Leckanzeige- und -sicherungsgeräten gilt zugleich als Prüfung auf Dichtheit. Der Unternehmer hat die Prüfungen und Feststellungen zu bescheinigen.

Bei oberirdischen Anlagen ab 40 000 l sowie in Schutzgebieten erfolgt die Prüfung und Bescheinigung durch den Sachverständigen.

Bei unterirdischen Anlagen geschehen die Prüfungen und Bescheinigungen durch den Sachverständigen. Soweit keine Prüfung durch Leckanzeigegerät möglich ist, wird eine Druckprüfung mit einem Prüfdruck = höchster Betriebsdruck + 1 bar durchgeführt.

Abnahme. Ortsfeste Behälter ab 300 l erfordern eine bauaufsichtliche Schlußabnahme, Stahlbehälter ab 100 000 l und Stahlbetonbehälter auch eine Rohbauabnahme.

Die untere Bauaufsichtsbehörde kann weitere Abnahmen verlangen.

Wiederkehrende Prüfungen. Unterirdische Lagerbehälter, ortsfeste oberirdische Behälter ab 40 000 l Rauminhalt sowie oberirdische Behälter in Schutzgebieten und das Zubehör dieser Behälter hat der Betreiber mindestens alle 5 Jahre durch Sachverständige auf ordnungsgemäßen Zustand überprüfen zu lassen und den Prüfungsbericht der zuständigen Behörde vorzulegen.

Nach Schadensfällen oder aus sonstigem begründeten Anlaß kann diese im Einzelfall besondere Prüfungen anordnen.

Betrieb. Behälteranlagen sind sorgfältig zu betreiben und instand zu halten. Oberirdische Behälter dürfen bis 95%, unterirdische bis 97% ihres Rauminhaltes gefüllt werden.

Beim Füllen, Umfüllen und Entleeren darf kein Heizöl verschüttet werden. Anfallende Rückstände müssen sofort aufgefangen und so beseitigt werden, daß schädliche Verunreinigung des Wassers oder Brandgefahr nicht zu befürchten ist.

Der Betreiber der Anlage hat bei Anzeichen von auslaufendem Heizöl Maßnahmen zu dessen Verhinderung zu treffen und das ausgelaufene Heizöl so zu beseitigen, daß schädliche Verunreinigung des Wassers oder Brandgefahr nicht mehr zu befürchten ist.

Das Auslaufen von mehr als 300 l Heizöl ist sofort der unteren Bauaufsichtsbehörde oder der nächsten örtlichen Ordnungsbehörde anzuzeigen.

10.2.7 Rohrleitungen und Zubehör

10.2.7.1 Allgemeines

Rohrweiten. Sie sind durch sorgfältige Berechnung zu bestimmen. Diese ist schwieriger als beispielsweise für Rohrleitungen der Wasserversorgung und daher lediglich dem Heizungsingenieur vorbehalten.

Im Rahmen dieses Buches kann auf sie nicht eingegangen werden.

Werkstoffe. Für die WWH werden überwiegend Stahlrohre handelsüblicher Qualität verwendet.

Mittelschwere Gewinderohre nach DIN 2440 in DN 10 bis 40, meistens geschweißt aus St 33, in Sonderfällen etwa bei höheren Drücken und Temperaturen oder bei Verlegung in Rohrkanälen und in Mauerschlitzen, nahtlos aus St 00 nach DIN 2449 ab DN 40.

Für kleinere Heizungsanlagen, insbesondere Stockwerkheizungen mit Umlauf-Gaswasserheizern und bei nachträglichem Einbau einer Zentralheizung im Altbau, werden vielfach Kupferrohre, blank oder kunststoffummantelt in den Weiten 8 × 1 bis 22 × 1,5 mm eingesetzt.

Verbindungen, Stahlrohre. Gewindeverbindungen mit Gewindeformstücken aus Temperguß oder Stahl, wie sie in Abschnitt 2.5.3 genauer beschrieben sind, lassen sich bis DN 40 auch im Heizungsbau anwenden. Sie werden aber, da sie leicht undicht werden und an vielen Stellen schlecht ausführbar sind, seit längerem durchweg als Schweißverbindungen ausgeführt.

Als lösbare Verbindungen dienen gerade oder Winkelverschraubungen, meist mit metallischer konischer Dichtung (**115**.1), etwa bis DN 40 zum Anschluß von Kesseln, Heizkörpern und Armaturen aller Art an das Rohrnetz.

Schweißverbindungen. Rohrverbindungen jeder Art, auch Richtungs- und Querschnittsänderungen, werden auch für kleine Nennweiten überwiegend durch Schweißen hergestellt, ab DN 40 auch unter Verwendung fertiger Schweißbögen.

Flanschverbindungen mit Dichtungsring (**701**.1) in verschiedenen Arten wählt man nur zum Anschluß von Absperrschiebern und anderen Einbaustücken großer Abmessungen.

Richtungsänderungen erzielt man, soweit nicht fertige Rohrbögen eingeschweißt werden, durch Warmbiegen der Rohre, die hierbei zur Bewahrung des gleichmäßigen Querschnittes mit getrocknetem Sand gefüllt werden.

Gewinderohre bis DN 32 können in besonderen Biegevorrichtungen auch ohne Füllung kalt gebogen werden.

Verbindungen für Kupferrohre. Siehe Abschnitt 2.5.3.

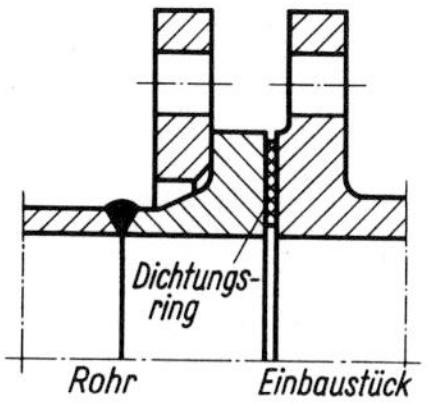

701.1 Flanschverbindung mit Vorschweißbund

10.2.7.2 Rohrverlegung

Waagerechte Leitungen. Die waagerechten Verteilungsleitungen werden im Kellergeschoß im vorgesehenen Gefälle von 2 bis 3 mm/m möglichst hoch und so verlegt, daß der längste Strang in einer Ebene durchläuft und die kürzeren Abzweige nach oben weggezogen werden, also in einer 2. Ebene darüberliegen (**701**.2).

Bei weiteren Verzweigungen eines Abzweiges würde sich dann noch eine 3. Montageebene ergeben.

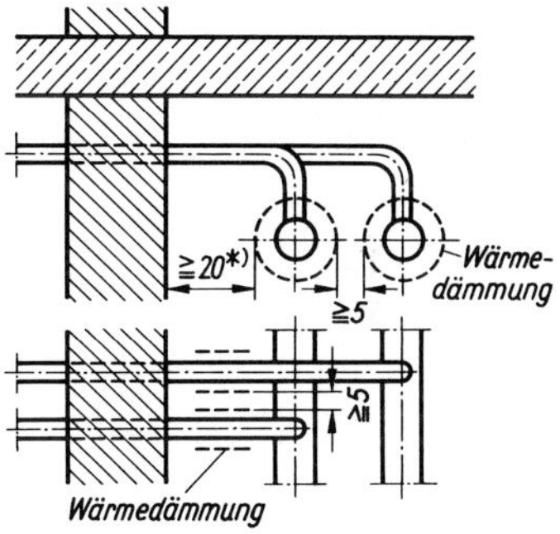

701.2 Waagerechte Heizungsleitungen im Kellergeschoß
*) an Außenwand größeren Abstand wegen Kellerfenster einplanen

Von der Wand sollen die Rohre bei fertiger Wärmedämmung etwa 20 cm, untereinander mindestens 5 cm Abstand halten.

Die Rohre sind so zu verlegen und zu befestigen, daß sie sich beim Erwärmen ungehindert und ohne Schäden am Bauwerk hervorzurufen ausdehnen können. Wärmedehnung der Stahlrohre 1,2 mm, der Kupferrohre 1,7 mm je m und 100 °C.

In kleinen und mittleren Gebäuden nehmen die vorhandenen Rohrbögen auch in den Verteilungsleitungen diese Dehnungen ohne weiteres auf und machen besondere Maßnahmen überflüssig.

Bei langen geraden Strecken ab 20 m wird jedoch ein Längenausgleich durch besondere Ausdehnungsbögen aus glatten oder aus Faltenrohren oder durch Längenausgleicher notwendig.

Waagerechte Leitungen werden meistens an der Decke aufgehängt, zunächst behelfsmäßig mit Draht und nach der Montage des ganzen Stranges endgültig in Abständen von 2 bis 3 m, je nach DN, mit Hängeschellen aus Bandstahl (**702**.1), schwere Rohre auch mit Hängependeln aus Rundstahl gehalten. Eine bewegliche Rohraufhängung an der Wand zeigt Bild **702**.2.

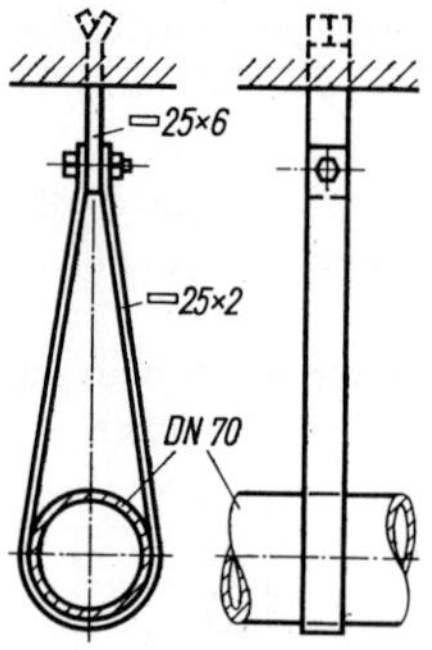

702.1 Hängeschelle aus Bandstahl (M 1:10)

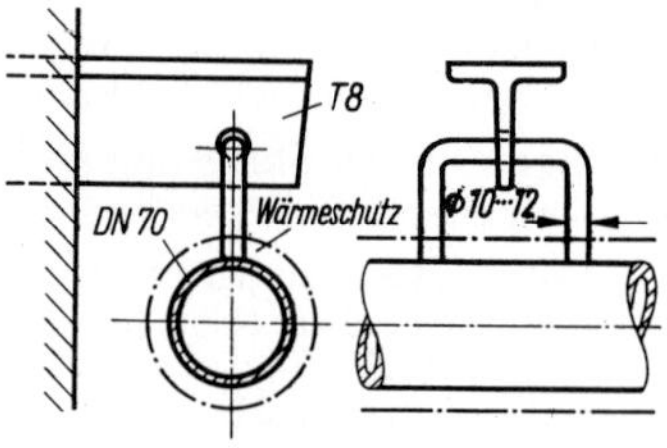

702.2 Rohraufhängung an aufgeschweißtem Bügel (M 1:10)

Steigleitungen. Steigstränge werden je Geschoß einmal, etwa in Augenhöhe, durch Rohrschellen befestigt (**122**.1).

Durch Wände und Decken sind die Rohre stets rechtwinklig und zur Vermeidung von Einspannungen innerhalb einer Rohrhülse oder in einer Glaswollschale, mindestens aber in einer Umwicklung mit Wellpappe zu führen. Deckrosetten verhindern ein Abbröckeln des Putzes (**123**.2 und **702**.3).

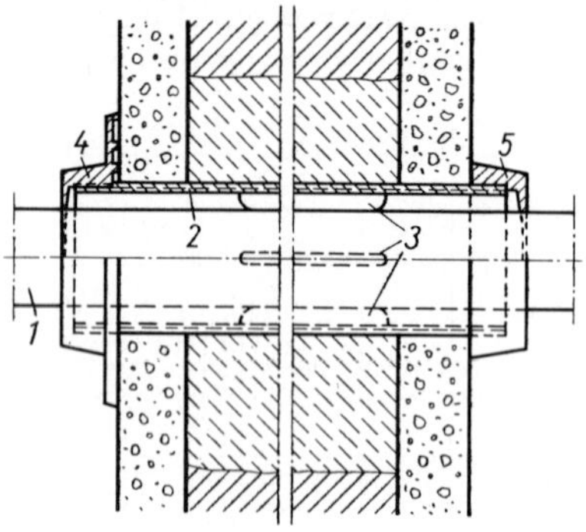

702.3 Wanddurchführung einer Stahlrohrleitung DN 15 mit Kunststoff-Rohrhülse (M 1:2,5) (System Troll, Dr. Schwarzkopf und Krug)

1 Stahlrohr DN 15
2 Buchsenrohr aus PVC mit Gewinde
3 4 Nocken zur Führung des Rohres 1
4 PVC-Flansch mit Kragen
5 PVC-Flansch ohne Kragen

Offene Verlegung. Eine offene Verlegung frei vor der Wand ist am billigsten, erlaubt die leichte Kontrolle aller Leitungen und wird daher meistens in Nebenräumen der unsichtbaren Verlegung vorgezogen.

Die Rohre sind mit mindestens 5 cm lichtem Abstand vor der fertigen Wand anzuordnen. Nebeneinander liegende Rohre erhalten den gleichen Wandabstand und einen etwa 7 cm großen gegenseitigen Abstand.

Kreuzungsstellen werden meistens nach Bild **702**.4 ausgebildet.

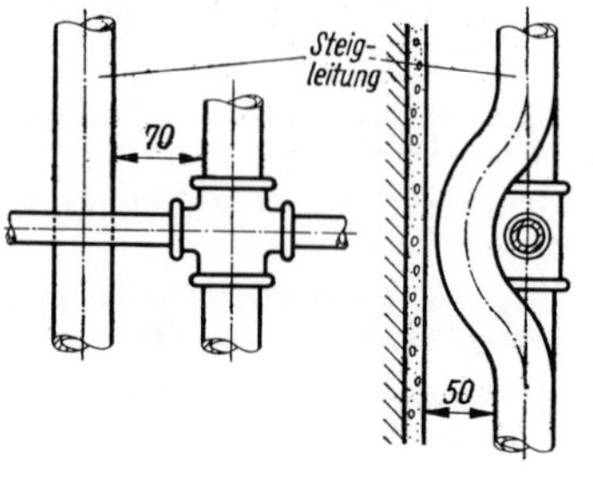

702.4 Rohrkreuzung, Ausbiegebogen, beim Heizkörperanschluß (M 1:10)

Verdeckte Verlegung. Die verdeckte Verlegung wird für alle Wohn-, Schlaf- und Aufenthaltsräume verlangt.

Wandschlitze, in statisch beanspruchten Wänden nach DIN 1053 T. 1 nur ab 17,5 cm Wanddicke zulässig, müssen für 2 Steigstränge 200 mm breit und 125 mm tief sein. Für eine Heizkörper-Anschlußleitung genügt ein 125 mm breiter und 70 mm tiefer Schlitz (**703**.1).

SWS senkrechter Wandschlitz
WWS waagerechter Wandschlitz
DD Deckendurchbruch
NA Nabenabstand
RD Rohdecke
EG Erdgeschoß
KG Kellergeschoß

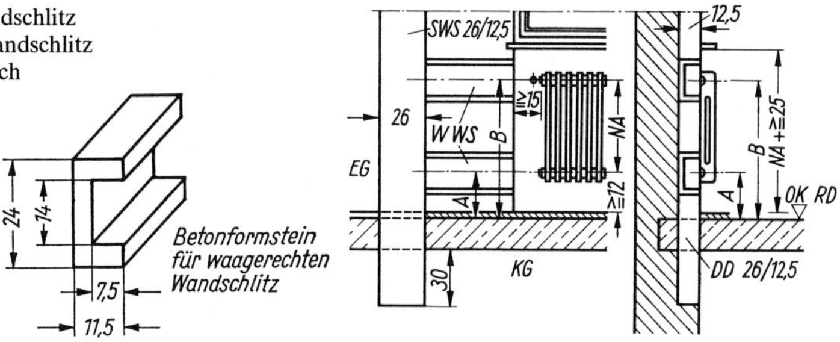

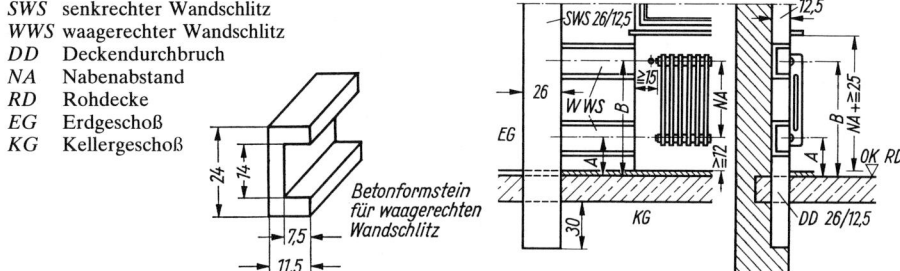

703.1 Mauerschlitze für Heizungsrohre (M 1:50 und 1:20)

Nabenabstand *NA* in mm		200	350	500	900
Abstand in cm von Rohdecke bis Mitte Formstein	*A*	23···27			
	B	43···47	58···62	73···77	113···117

Beim Austritt der Heizkörperwandanschlüsse sind Wandrosetten ausreichender Weite so anzubringen, daß diese Leitungen der Ausdehnung der Steigstränge folgen können.

Verlegung auf Rohdecke. Waagerechte Verteilungsleitungen ergeben sich bei Stockwerkheizungen im Einrohr- und im Zweirohrsystem, bieten sich heute aber auch in großen Zentralheizungen bei einer Wahl der hierfür zweckmäßigen Cu-Rohre mit PVC-Stegmantel 15 × 1 mm und 18 × 1 mm mit Gesamtdurchmessern von 19 und 22 mm an.

Für verschiedene Ausführungen, von denen eine in Bild **703**.2 dargestellt ist, wurde nachgewiesen, daß eine Verlegung der genannten Rohre auf der Rohdecke innerhalb der Wärmedämmschicht das Trittschallverhalten der Decke bei einwandfreier Ausführung nicht beeinträchtigen muß.

703.2 Verlegung von Heizungsrohren auf einer Rohdecke
1 Randstreifen, 10 mm dick
2 250er Bitumenpappe, nackt
3 bituminierte Wellpappe, 3 mm dick
4 schwimmender Estrich, 35 mm dick
5 WICU-Rohr 15 × 1 mm, Gesamtdurchmesser 19 mm
6 24/20 mm Glasfaser-Estrichdämmplatte G 63
7 Stahlbetondecke
8 Perliteschüttung

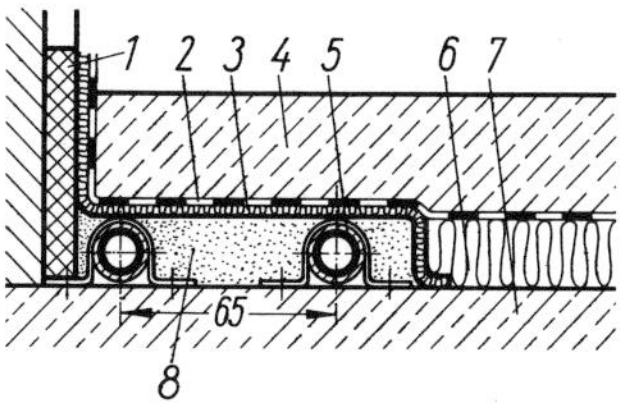

Eine waagerechte Verlegung der vorgenannten Rohre ist auch in Wandfußleisten aus Kunststoffprofilen und Holz möglich (**704**.1).

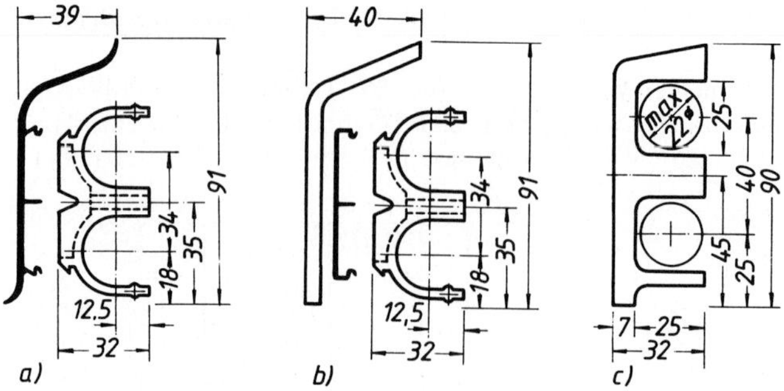

704.1 Heizungsrohrverkleidungen, HZ-Sockelleisten (H. Weitzel GmbH)
a) Kunststoff
b) Sperrholz
c) Holz

Verlegung in Fußbodenkanälen. Fußbodenkanäle werden meistens in nicht unterkellerten Räumen, gelegentlich auch im Kellergeschoß, notwendig. Der Querschnitt ist für 1 Leitung mit ca. 20 × 20 cm, für 2 Leitungen mit ca. 20 × 30 cm, bei größeren Rohrnennweiten entsprechend größer anzunehmen.

Die Rohre werden in einfacher Weise auf beidseitig eingemauerten Rundstahl- oder Rohrabschnitten gelagert. Sie müssen einen Rostschutzanstrich und einen vorgeschriebenen Wärmeschutz erhalten.

Die Kanäle werden in der Regel mit Betonplatten oder Metallrahmen mit Holzfüllungen abgedeckt, über die ein Fußbodenbelag hinwegführt, so daß bei Reparaturen nach Entfernen des Bodenbelages die Rohre noch zugänglich sind (**704**.2).

Bekriechbare Kanäle zur dauernden Überwachung der an einer Wand übereinander auf Konsolen zu verlegenden Leitungen müssen mindestens 1,0 × 1,0 m groß werden.

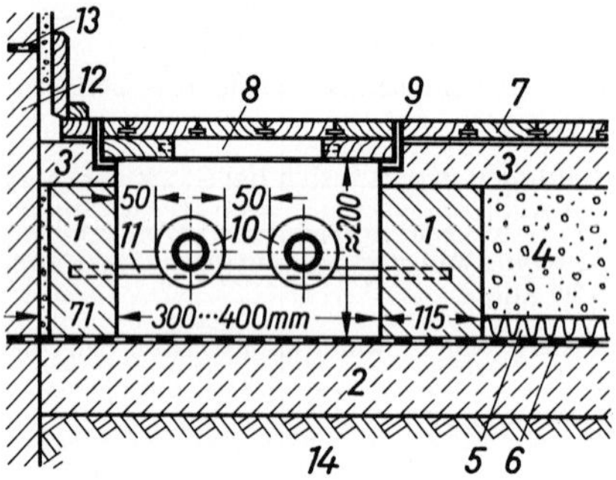

704.2 Rohrkanal unter dem Fußboden eines nicht unterkellerten Wohnraumes
1 Kanalwandung
2 Unterbeton 8 cm
3 Zementstrich 4 bis 5 cm
4 Schüttung aus Koksschlacke oder geglühtem Sand
5 Holzwolle-Leichtbauplatten, 2,5 bis 5 cm
6 Sperrschicht
7 Parkettfußboden, geklebt
8 herausnehmbare Kanalabdeckung (Parkettfußboden wie 7, jedoch auf Blindholzrahmen mit Querstegen in L-Stahlrahmen, unterseitig mit Asbestpappe verkleidet)
9 L-Messingwinkel mit Kunststoffschaum-Streifen als Zwischenlage
10 Heizrohre mit Wärmeschutz
11 Rundstahl als Rohrauflagerung
12 Außenwand
13 2. Sperrschicht 30 cm über Erdgleiche
14 aufgefüllter oder gewachsener Boden

10.2.7.3 Vorfertigung

Überall dort, wo sich gleiche Konstruktionselemente regelmäßig wiederholen, etwa bei Bauwerken im genormten Großtafelbau, in Büro- und Verwaltungsgebäuden, Schulen, Wohnblock- und Reihenhaussiedlungen, Fabrikhallen sowie Fertighäusern in Serien und ähnlichen Bauwerken, lassen sich durch die Wahl einer waagerechten Einrohr-Profil-Heizung (**705**.1), deren Einzelteile vorgefertigt und positioniert auf die Baustelle geliefert werden, die Vorteile einer Vorfertigung ausnutzen.

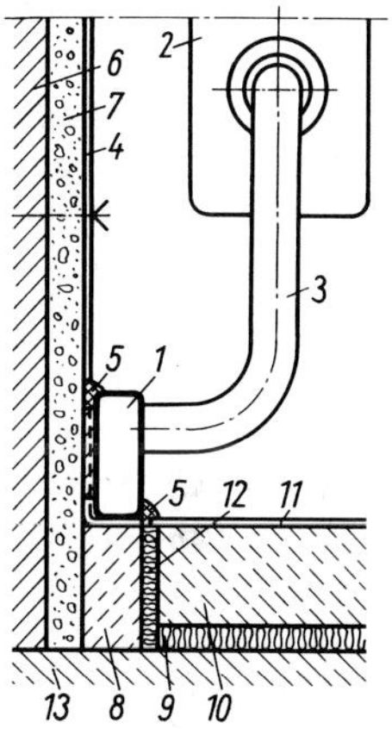

705.1 Vorgefertigte Einrohr-Profil-Heizung (M 1:5)
1 rechteckiges Profilrohr 40/20 mm als Ringleitung
2 Heizkörper
3 Anschlußrohr des Heizkörpers DN 15
4 Trägerleiste für Heizkörperkonsolen
5 dauerelastischer Kitt
6 Mauerwerk
7 Wandputz
8 Betonleiste
9 Dämmschicht
10 schwimmender Estrich
11 Fußbodenbelag
12 senkrechter Dämmstreifen
13 Rohdecke

Bei diesem System wird eine waagerechte Ringleitung aus rechteckigem Profilrohr, in Wohnungen 40/20 mm, sonst auch 50/20 oder 60/25 mm, auf dem Fußboden, in Naßräumen auch 5 cm über ihm, direkt an der Wand verlegt. Sie ähnelt einer Fußleiste und paßt sich jeder Bauform an.

Die eigentliche Montage beschränkt sich nur auf das Anbringen der vorgefertigten Heizkörperelemente, bestehend aus jeweils dem Heizkörper, dem Profilrohrstück der Ringleitung darunter und den beiden Verbindungsrohrstücken einschließlich Ventil und Lufthahn, und dem Verschweißen mit den sonstigen vorgefertigten Profilrohrleitungen, wie Pfeilerumfahrungen und geraden Rohrzügen. Zum Schluß wird der Spalt zwischen dem Profilrohr und der Wand mit Moltoprenstreifen ausgefüllt, die Fuge mit einem dauerelastischen Kitt geschlossen.

Die Einrohr-Profil-Heizung hat sich auch beim nachträglichen Einbau von WW-Zentralheizungen in Altbauten bewährt.

10.2.7.4 Wärmeschutz

Alle Rohrleitungen, ebenso auch alle Kessel, Boiler, Ausdehnungsgefäße und Armaturen, deren Wärmeabgabe wesentliche Verluste verursachen würde, sind sorgfältig gegen Wärmeverluste zu schützen und daher so zu verlegen, daß eine wirksame Wärmedämmung, die nach DIN 18421 auszuführen ist, aufgebracht werden kann (s. auch Abschnitt 10.7.2.).

Mögliche Ausführungen für kleinere und mittlere Anlagen sind:

Dämmatten aus Mineralfasern, einseitig versteppt auf Wellpappe, Kreppapier oder Drahtgeflecht oder zweiseitig versteppt zwischen 2 Lagen Drahtgeflecht.

Die Mattenstreifen werden um die Rohre gewickelt und mit Bindedraht befestigt. Einseitig gesteppte Matten erhalten stets, zweiseitig gesteppte Matten nur auf besonderes Verlangen eine Ummantelung.

Üblich ist ein 10 mm dicker und mit Nesselbinden umwickelter Hartmantel aus einer Spezial-Gipsmasse oder, bei besonderen Ansprüchen, ein Blechmantel aus mindestens 0,6 mm dickem verzinkten Stahlblech oder ein Pappmantel aus einer Lage 500er Pappe mit beiderseitiger Bitumendeckschicht, dessen Stöße in feuchten Räumen zu verkleben sind.

Dämmschnüre, auch Zöpfe, werden aus Textilfäden oder Glasgarn, oder aber auch dünnen Zöpfen in Schlauchform hergestellt, die mit losen faser- oder pulverförmigen oder körnigen Stoffen gefüllt sind.

Sie werden in Schraubenlinien um die Rohre gewickelt und dicht aneinandergepreßt. Seidenzopf ist jedoch für feuchte Räume und Rohrkanäle nicht zu verwenden. Die Ummantelung erfolgt wie bei Dämmatten.

Stopfdämmung. Hinter einen Drahtgewebe- oder Blechmantel auf Abstandsringen werden Mineralfasern gestopft.

Auf eine Dämmung mit Drahtgeflecht wird ein Hartmantel wie bei Dämmatten aufgebracht.

Dämmung mit plastischen Massen. Eine plastische Kieselgur- oder Magnesiamasse mit Verfilzungsstoffen wird auf die erwärmten Rohrleitungen aufgebracht, geglättet und mit Nesselbinden umwickelt, in die ein Tonbrei einzuschlämmen ist.

Diese früher übliche Dämmung wurde weitgehend durch vorstehende Ausführungen verdrängt.

Formstücke aus Kieselgur, Kork, Mineralfasern, Schaumkunststoff oder Schaumglas werden fabrikmäßig hergestellt und sind auch für Flanschverbindungen und Armaturen bestimmt.

Für gerade Rohre benutzt man häufig 1 m lange Glaswatte-Schalen, die mit verzinktem Draht festgebunden und bandagiert werden und dann einen 5 bis 10 mm dicken Hartmantel erhalten.

Dämmschichtdicke. Die Dicke der Dämmschicht richtet sich nach der in der Leistungsbeschreibung verlangten Dämmwirkung. Bisherige Mindestdicken bestehender Bauten enthält Tafel **706**.1.

Die Dämmungen der Rohre sind bis auf 2 cm an die Wand- und Deckendurchbrüche heranzuführen, ihre Endstellen besonders zu sichern.

Tafel **706**.1 Mindestdicken der Dämmung in mm an wärmeführenden Anlagen bestehender Bauten

Dämmstoff	Matten, Formstücke, Dämmschnüre aus Mineralfasern			Mineralfasern bei Stopfdämmungen			Kieselgur- und Magnesiamasse		
t_m in°C[1])	≦80	≦100	≦120	≦80	≦100	≦120	≦80	≦100	≦120
DN ≦40	15/25[2])	20/30	25/35	–	–	–	30	35	40
DN >40≦60	25/35	30/40	35/45	–	–	–	45	50	55
DN >60≦125	30/40	40/50	50/65	–	–	50/65	55	65	75
DN >125≦250	40/50	50/65	60/75	–	50/65	60/75	70	80	90
DN >250 und bei Behältern	50/65	60/75	70/85	50/65	60/75	70/85	90	100	110

[1]) t_m = mittlere Temperatur während der Betriebszeit
[2]) Werte vor dem Schrägstrich = Mindestdicke ohne Ummantelung, hinter dem Schrägstrich = Mindestdicke mit Hartmantel

Bei Neubauten sind nach der HeizAnlV ab 1. Juni 1982 alle Rohrleitungen und Armaturen in Zentralheizungen gegen Wärmeverluste durch folgende Mindest-Dämmschichtdicken zu schützen:

Bis DN 20 mit 20 mm, ab DN 22 bis DN 35 mit 30 mm, ab DN 40 bis DN 100 in der Dicke der jeweiligen Rohrleitungs-NW sowie über DN 100 mit mindestens 100 mm.

Schallschutz der Rohrleitungen. Er ist wegen der guten Schalleitfähigkeit des Stahles und des Wassers nicht leicht auszuführen. Einzelheiten hierzu siehe Abschnitt 4.

10.2.7.5 Armaturen

Armaturen kleinerer Abmessungen werden meistens aus Rotguß oder Messing hergestellt und durch Verschraubungen (**115**.1 und **707**.1) mit den Rohrleitungen verbunden. Größere Armaturen bestehen aus Grau- oder Stahlguß und haben Flanschanschlüsse (**701**.1).

Nachstehend werden nur die wichtigsten Armaturen kleiner und mittlerer WWH genannt.

Absperrventile (bis DN 40). Die Ventile sind durch einen an einer Spindel befestigten Ventilkegel gekennzeichnet, der auf eine Dichtfläche, den Ventilsitz, gepreßt wird.

Absperrschieber (ab DN 40). Mit einem Handrad versehen ermöglichen sie in den Hauptleitungen und einzelnen Strängen ein gruppenweises, etwa für einzelne Gebäudefronten oder -flügel, oder strangweises Regeln der Wärmeabgabe oder Außerbetriebsetzen des betreffenden Anlageteiles.

Schrägsitzventile werden ihrer besonders geringen Strömungswiderstände wegen gerne bevorzugt (**129**.3).

Heizkörperventile nach DIN 3841 T. 1 als Einheitsregulierventile in DN 10, 15 und 20 für Warmwasser- und Niederdruck-Dampfheizungen in Durchgangs- oder Eckform (**707**.1 und **708**.1) hergestellt, haben zwei Aufgaben zu erfüllen.

Einmal läßt sich durch eine von außen während des Betriebes nur vom Heizungsfachmann zu betätigende Voreinstellung die Wasserdurchflußmenge der geforderten Leistung des Heizkörpers genau anpassen und so der gleichmäßige Wasserumlauf und die gleichmäßige Erwärmung aller Heizkörper sichern.

Zum anderen haben sie nur die völlige Unterbrechung des Durchflusses des Heizwassers zum Heizkörper zur Aufgabe und sind nicht dazu geeignet, die Wärmeleistung des Heizkörpers gleichmäßig zu verändern.

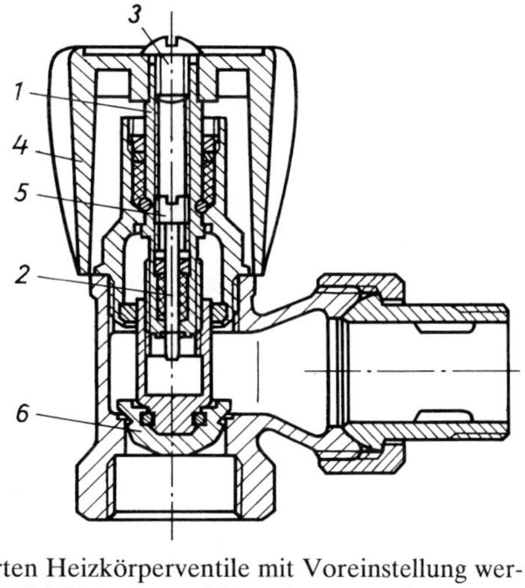

707.1 Heizkörper-Regulierventil in Eckform (Kosmos)

Voreinstellung durch Begrenzung des Hubes: Ein in der Hauptspindel 1 angeordneter Stift 2 wird nach Abnehmen der Schraube 3 der Handradkappe 4 mit einem skalierten Verstellschlüssel über die Verstellschraube 5 so verschoben, daß er den Hub des Ventilkegels 6 in bestimmter Weise begrenzt.

Die in Altbauten seinerzeit vorrangig installierten Heizkörperventile mit Voreinstellung werden aufgrund der HeizAnlV in Neubauten bei WW-Heizungen nicht mehr verwendet.

Thermostatische Heizkörperventile. Heute verwendet man grundsätzlich die als Raumtemperaturregler arbeitenden thermostatisch gesteuerten Heizkörperventile nach DIN 3841 T. 1, bei denen ein Raumtemperaturfühler unmittelbar, neben einer generellen Heizungsregelung, die Wärmeabgabe des Heizkörpers beeinflußt (**708**.1)

Der Einstellbereich liegt zwischen 8 und 30 °C. Bei der niedrigsten Einstellung bleibt das Ventil geschlossen, solange die Raumtemperatur 8 °C beträgt.

Ventile mit eingebautem Fühler sind dort verwendbar, wo die Raumluft frei am Element vorbeistreichen kann.

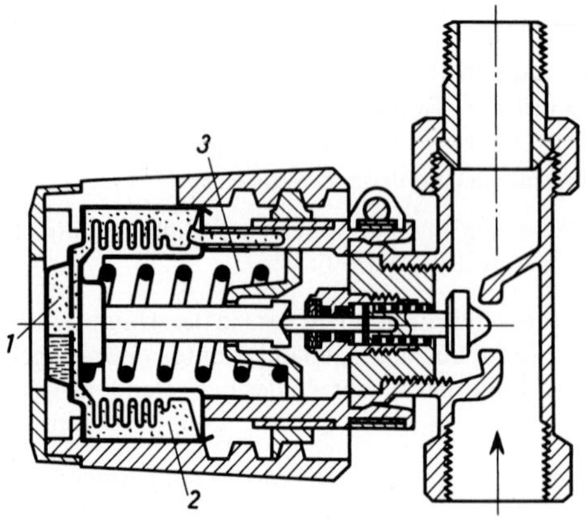

708.1 Thermostatisches Heizkörperventil mit eingebautem Fühler in Durchgangsform (M 1:2,5) (Danfoss)
1 Fühler
2 Wellrohrelement
3 Gegenhaltefeder

Besteht jedoch die Möglichkeit, daß das Ventil von einem Vorhang verdeckt, dicht unter einem Fensterbrett montiert oder an einer sonstigen Stelle angebracht wird, wo ein Wärmekissen um das Ventil entstehen kann, muß ein Element mit Fernfühler verwendet werden.

Entlüftungsventile oder Lufthähne werden zur Entlüftung der einzelnen Stränge in die obersten Heizkörper bei Anlagen mit unterer Verteilung ohne gemeinsame Entlüftungsleitung eingebaut (**628**.1).

Reguliermuffen, Drosselventile oder Regulier-T-Stücke werden in einer Rohrleitung vorgesehen, durch die nur eine bestimmte, meist sehr geringe und einstellbare Menge Wasser fließen soll, so in Zirkulationsleitungen (**628**.1) oder in Kurzschlußstrecken.

Die einmal eingestellte Drosselung durch einen inneren Reguliernippel wird später meist nicht mehr verstellt.

Rückschlagklappen und **-ventile** lassen das Wasser nur in einer Richtung durch die Leitung strömen und verhindern so unerwünschte Zirkulationen (s. auch **131**.1 und **675**.1).

Drei- und Vierwegemischer ermöglichen eine Rücklaufbeimischung und sind in Abschnitt 10.2.4.2 ausführlich beschrieben (**678**.1).

10.2.8 Heizflächen

10.2.8.1 Allgemeines

Über die Heizflächen gibt das Vorlaufwasser den vorgesehenen Teil der im Kessel aufgenommenen Wärme an die Räume ab und strömt dann entsprechend abgekühlt zum Kessel zurück, bei der Einrohrheizung gelegentlich auch nach Passieren weiterer hintereinander geschalteter Heizkörper.

Die Wärme wird dabei stets durch Strahlung und Konvektion an den Raum übertragen, wobei das Verhältnis beider Wärmeübertragungsarten zueinander je nach der Art der Raumheizeinrichtung und der Oberflächentemperatur verschieden ist.

Höhere Temperaturen der Heizfläche bedeuten einen höheren Strahlungsanteil der Wärmeabgabe (s. auch Abschnitt 8.6.2).

Heizflächen-Aufstellung. Die Heizkörper der WWH sollten in der Regel an der Außenwand (**709**.1) unter den Fenstern oder neben den Außentüren aufgestellt werden.

Der dann an den Fenstern aufsteigende Warmluftstrom vom Heizkörper reißt die durch Fugen eingedrungene Außenluft und die an den Glasflächen abgekühlte Raumluft mit hoch und bildet so einen Wärmeschleier, der keine Zugluft entstehen läßt und einen behaglichen Aufenthalt auch in Fensternähe gestattet.

Die Wärmeeinstrahlung des Heizkörpers kann außerdem die Wärmeabstrahlung des menschlichen Körpers an die kalten Außenwandflächen ausgleichen und dadurch die Raumbehaglichkeit weiter erhöhen.

Fensternischen müssen mindestens den Wärmeschutz der übrigen Außenwand haben.

Je höher die Oberflächentemperatur der Wandinnenfläche hier ist, um so geringer ist die Wärmeabstrahlung des Heizkörpers auf diese. Ein zusätzlicher Aluminiumfolienbelag auf der Nischenwand kann einen Teil der Wärmeabstrahlung reflektieren.

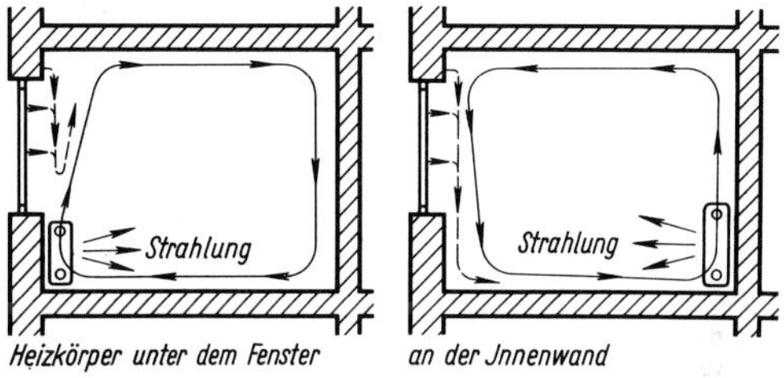

709.1 Luftumwälzung bei Radiatoren-Heizung

Der von einem an der Innenwand (**709.1**) aufgestellten Heizkörper aufsteigende Warmluftstrom zieht, unter gewisser Abkühlung, an der Decke entlang zur Fensterwand hin. Beim Absinken an den kalten Fensterflächen kühlt er sich weiter ab, streicht vermischt mit der durch die Fugen der Fenster eintretenden Außenluft am Fußboden zum Heizkörper zurück und ruft so unvermeidlich Zugerscheinungen hervor.

Bei tieferen Räumen sollte man einen kleineren Teil der geforderten Heizfläche nicht an der Außen-, sondern an einer Querwand unterbringen, um auf diese Weise eine bessere Durchmischung der Raumluft zu erzwingen.

Heizflächengrößen. Die Grundlage für die Leistungsbemessung der Raumheizeinrichtung ist der vorher nach DIN 4701 T. 1 und 2 ermittelte Norm-Wärmebedarf $\dot{Q}_N$ des Raumes (s. Abschnitt 8.3.1.2).

Um verschiedene Einflüsse zu berücksichtigen, die durch Abweichung der Norm-Innentemperatur von der geringfügig heizsystemabhängigen Bezugstemperatur für die Heizflächenleistung und durch geringfügige Abweichungen zwischen Planung und Bauausführung auftreten können, wird hierauf ein Zuschlag gemacht.

Für die Auslegungsleistung der Raumheizeinrichtung ergibt sich damit:

$$\dot{Q}_H = (1 + x)\,\dot{Q}_N$$

Hierin bedeuten:

$\dot{Q}_H$ Auslegungs-Wärmeleistung der Raumheizeinrichtung

$\dot{Q}_N$ Norm-Wärmebedarf des Raumes nach DIN 4701 T. 1 und 2 einschließlich der Berücksichtigung eventueller Leistungserhöhungen für teilweise eingeschränkte Beheizung

x Auslegungszuschlag

Der Auslegungszuschlag beträgt: x = 0,15

Der Auslegungszuschlag wird reduziert oder entfällt völlig, wenn von der Wärmeversorgungsanlage her die Heizmitteltemperaturen bei extremen Leistungsanforderungen so gesteigert werden können, daß mit einer zeitweiligen Anhebung über die errechneten Temperaturen hinaus eine Leistungssteigerung um den Faktor 1,15 möglich ist.

Bei der Auslegung sonstiger Anlagenteile, wie Heizkessel, Rohrnetze und Pumpen, werden die vorgenannten Zuschläge grundsätzlich nicht berücksichtigt.

Die Größen der Heizflächen brauchen nicht berechnet zu werden. Sie lassen sich zumeist aus Tabellen ermitteln.

Die zu den in Abschnitt 10.2.8.2 bis 10.2.8.5 beschriebenen Heizkörpern gegebenen Leistungstabellen gelten für WW-Schwerkraftheizung mit unterer Verteilung und für WW-Pumpenheizungen aller Art.

Für WW-Schwerkraftheizung mit oberer Verteilung, die nur selten ausgeführt wird, sind die dort gefundenen Werte noch gemäß Tafel **710**.1 zu vergrößern.

Tafel **710**.1 Korrekturtabelle für WWH mit oberer Verteilung
Vergrößerung der Heizflächen in % gegenüber den aus Tafel **710**.4 und **712**.1 ermittelten Werten (nach Rietschel)

Lage der Fallstränge	mehrgeschossige Anlage				Stockwerkheizung					
	Geschoß-Zahl des Gebäudes	Erdgeschoß	1. bis 2. Obergeschoß	3. bis 5. Obergeschoß	horizontale Ausdehnung der Anlage	horizontale Entfernung des Fallstranges vom Steigestrang				
					m	< 5 m	5···10 m	10···15 m	15···20 m	20···30 m
unisoliert frei vor der Wand	1 oder 2	10	5	–	< 10	7	18	–	–	–
	3 oder 4	15	10	5	10···25	7	11	15	20	25
	> 4	25	10	5	25···30	5	8	11	14	18
isoliert in Mauerschlitzen	1 oder 2	5	0	–	< 10	5	15	–	–	–
	3 oder 4	5	3	0	10···25	5	8	12	16	22
	> 4	5	3	3	25···30	4	6	8	11	15

10.2.8.2 Rohrheizflächen

Rohrheizflächen als Rohrschlangen (**710**.2) oder als Rohrregister (**710**.3), die früher in Fabriken und ähnlichen Bauten häufig eingebaut wurden, werden ihrer hohen Montagekosten wegen nur noch selten verwendet (Tafel **710**.4).

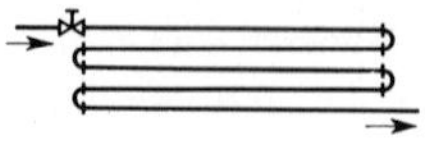

710.2 Rohrschlange

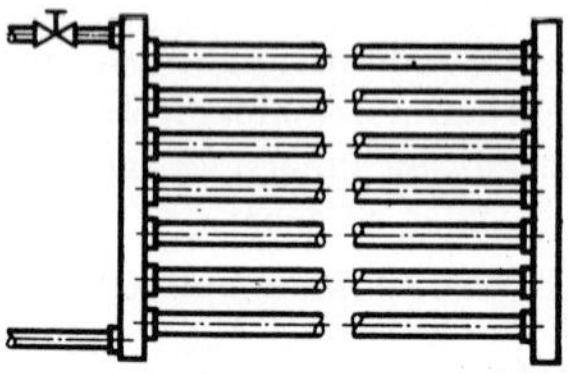

710.3 Rohrregister

Tafel **710**.4 Wärmeabgabe von Glattrohrheizflächen in W/m

Übertemperatur	mehrere waagerechte Rohre übereinander DN							waagerechtes Einzelrohr senkrechte Rohre DN						
K	15	20	25	32	40	50	65	15	20	25	32	40	50	65
20	14	17	21	27	29	36	41	17	21	26	29	33	35	41
30	23	27	33	41	43	52	65	27	33	38	47	50	52	65
40	35	38	54	58	64	76	93	38	47	56	68	72	76	93
50	44	50	62	76	85	99	120	51	62	73	87	98	99	120
60	56	63	77	98	105	125	153	63	77	91	112	118	125	153
70	68	76	92	117	127	150	188	76	92	111	134	142	150	184
80	80	90	111	140	150	181	220	90	111	130	159	170	181	220
90	91	105	128	175	184	208	225	107	128	151	186	198	208	255
100	105	119	144	184	197	236	289	119	144	171	210	223	237	289

Ebenso die schwer zu reinigenden unverkleideten Rippenrohre, glatte Rohre mit aufgesetzten Blechscheiben oder Spiralen, die in neuer eckiger Ausführung als heutige Konvektoren (s. Abschnitt 10.2.8.4) auf dem Markt sind.

10.2.8.3 Radiatoren

Mit Radiatoren, die durch Aneinandersetzen von einzelnen Gliedern leicht in jeder beliebigen Größe hergestellt werden können, lassen sich große Heizflächen bequem auf kleinem Raum unterbringen.

Die Wärme geben sie bevorzugt durch Strahlung ab. Auf ihren glatten und bequem zu reinigenden, überwiegend senkrechten Flächen setzt sich nur wenig Staub ab.

Mit 900 mm Nabenabstand werden sie vor allem an Innenwänden, mit 500 mm vor normalhohen Fensterbrüstungen, mit 350 und 200 mm vor niedrigen Fensterbrüstungen, so bei Schaufenstern, aufgestellt.

Radiatoren in Normalausführung sind für WWH mit einem Betriebsdruck bis 4 bar, statischer Druck plus Pumpendruck, und einer Betriebstemperatur bis 110 °C, in Sonderausführung für WWH und Heißwasserheizungen bis 6 bar und bis 140 °C bestimmt.

Gußradiatoren. Nach DIN 4703 T. 1 (**711**.1 bis 3 und Taf. **712**.1) werden sie in 13 Größen hergestellt, ihre Glieder durch Stahlnippel mit Rechts- und Linksgewinde miteinander verbunden (**711**.2).

Die Baulänge beträgt einheitlich 60 mm, die übrigen wichtigsten Baumaße siehe Tafel **712**.1.

Radiatorglieder gleichen Bautyps von verschiedenen Herstellern stimmen in allen Einzelheiten überein und können daher ohne weiteres zusammengebaut werden.

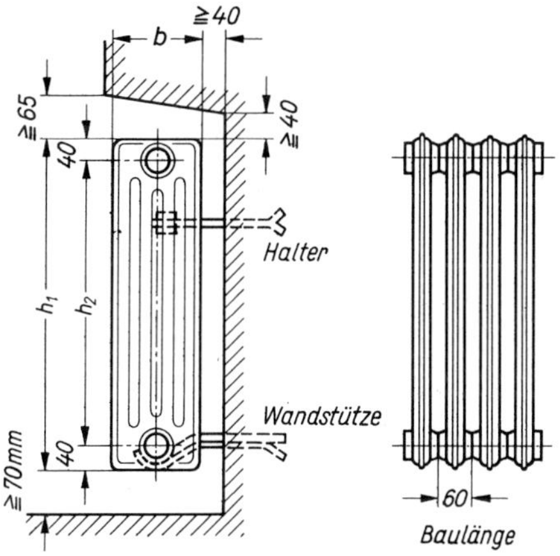

711.1 Gußradiator nach DIN 4703 T. 1 und 3, auf Wandkonsolen (M 1:20)

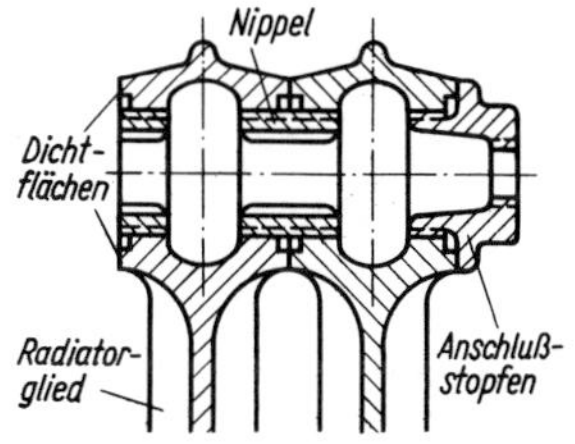

711.2 Nippelverbindungen der Gußradiatoren (M 1:5)

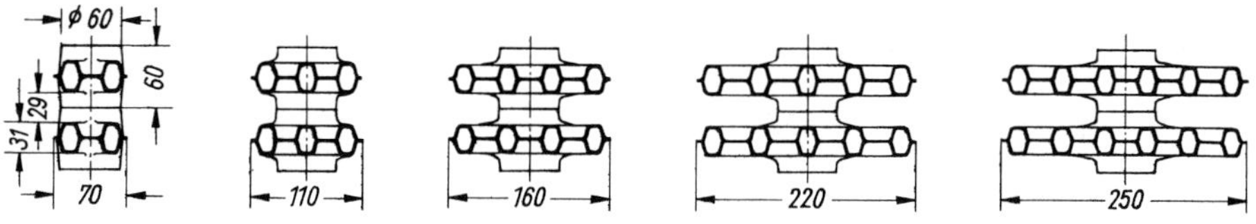

711.3 Querschnitte von Gußradiatoren nach DIN 4703 T. 1 (M 1:10)

Tafel **712**.1 Baumaße, Norm-Wärmeleistungen und Anstrichflächen (Heizflächen) von Gußradiatoren nach DIN 4703 T. 1
bei Warmwasser 90/70 °C (t_m = 80 °C) und Raumtemperatur t_i = 20 °C

Baumaße in mm	Bauhöhe h_1	980			680	580			
	Nabenabstand h_2	900			600	500			
	Bautiefe b	70	160	220	160	70	110	160	220
Norm-Wärmeleistung W je Glied		111	204	260	147	68	92	126	162
Anstrichfläche je Glied in m²		0,205	0,440	0,580	0,306	0,120	0,180	0,255	0,345
Baumaße in mm	Bauhöhe h_1	430				280			
	Nabenabstand h_2	350				200			
	Bautiefe b	70	110	160	220	250			
Norm-Wärmeleistung W je Glied		55	70	93	122	92			
Anstrichfläche je Glied in m²		0,09	0,128	0,185	0,255	0,185			

Stahlradiatoren. Nach DIN 4703 T. 1 (**712**.2 und 3) werden sie ihres geringen Gewichtes, 10 kg/m² gegenüber 20 bis 25 kg/m² bei Gußradiatoren, und ihres dementsprechend niedrigeren Preises wegen für WWH viel verwendet.

Für Dampfheizungen sind sie wegen der Korrosionsgefahr nicht zulässig.

Stahlradiatoren bis zu 12 Gliedern werden meistens in einem Block verschweißt geliefert, bei größerer Länge aus mehreren Blocks mit Gewindenippeln zusammengeschraubt. Änderungen sind daher nur begrenzt möglich.

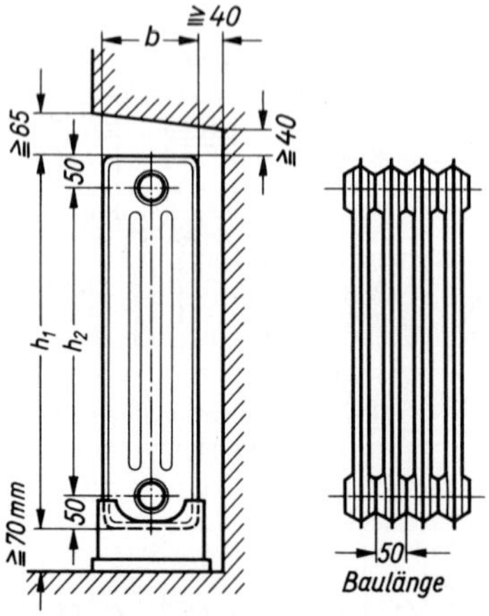

712.2 Stahlradiator nach DIN 4703 T. 1 und 3, auf Aufsteckfüßen, Blechdicke 1,25 mm (M 1:20)
Ausführung: einzelgenippelt oder blockgeschweißt

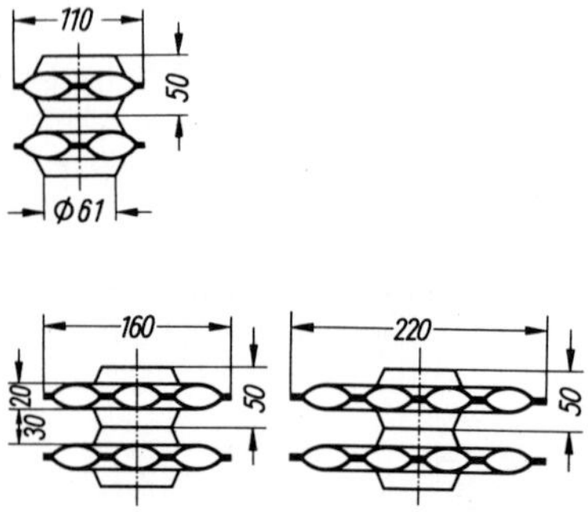

712.3 Querschnitte von Stahlradiatoren nach DIN 4703 T. 1 (M 1:10)

Stahlradiatoren haben 50 mm Baulänge und fast durchweg dieselben Nabenabstände und Bautiefen wie die Gußradiatoren (Taf. **713**.1).

Tafel **713**.1 Baumaße, Norm-Wärmeleistungen und Anstrichflächen (Heizflächen) von Stahlradiatoren nach DIN 4703 T. 1 bei Warmwasser 90/70 °C (t_m = 80 °C) und Raumtemperatur t_i = 20 °C

Baumaße in mm	Bauhöhe h_1	1000			600		
	Nabenabstand h_2	900			500		
	Bautiefe b	110	160	220	110	160	220
Norm-Wärmeleistung W je Glied		122	157	204	73	99	128
Anstrichfläche je Glied in m^2		0,240	0,345	0,480	0,140	0,205	0,285
Baumaße in mm	Bauhöhe h_1	450			300		
	Nabenabstand h_2	350			200		
	Bautiefe b	110	160	220	160	250	
Norm-Wärmeleistung W je Glied		55	74	99	50	77	
Anstrichfläche je Glied in m^2		0,105	0,155	0,210	0,105	0,160	

Auch Stahlradiatoren gleicher Bautype von verschiedenen Herstellern können zusammengebaut werden, nicht aber Stahl- und Gußradiatoren.

Wärmeleistung. Die Norm-Wärmeleistung der Guß- und Stahlradiatoren ist, nach DIN 4703 T. 1, für eine WWH 90/70 °C mit t_m = 80 °C mittlerer Heizwassertemperatur und für eine Raumlufttemperatur t_i = 20 °C aus den Tafeln **712**.1 und **713**.1 abzulesen.

Für andere als diese Normbedingungen ergibt sich die gesuchte Wärmeleistung durch Multiplikation der aus Tafel **712**.1 oder **713**.1 abgelesenen Leistung mit einem aus Tafel **713**.2 zu entnehmenden Umrechnungsfaktor.

Tafel **710**.1 ist, falls erforderlich, zu beachten.

Tafel **713**.2 Umrechnungsfaktoren für verschiedene Raumluft- und Heizwassertemperaturen zu Taf. **712**.1 und **713**.1, gültig auch für Konvektoren und Plattenheizkörper (**724**.1)

mittlere Heizwasser-temperatur t_m °C	Raumlufttemperatur t_i °C							
	5	10	12	15	18	20	22	24
100	1,82	1,69	1,65	1,57	1,50	1,45	1,41	1,36
95	1,69	1,57	1,52	1,45	1,38	1,34	1,29	1,24
90	1,57	1,45	1,41	1,34	1,27	1,22	1,18	1,13
85	1,45	1,34	1,29	1,22	1,15	1,11	1,07	1,02
80	1,34	1,22	1,18	1,11	1,04	1,00	0,96	0,91
75	1,22	1,11	1,07	1,00	0,94	0,89	0,85	0,81
70	1,11	1,00	0,96	0,89	0,83	0,79	0,75	0,71
65	1,00	0,89	0,85	0,79	0,73	0,69	0,65	0,61
60	0,89	0,79	0,75	0,69	0,63	0,59	0,55	0,51

Während bei allen Zweirohrsystemen für sämtliche Heizkörper gleiche Werte für die Vor- und Rücklauftemperatur, damit auch für die mittleren Heizwassertemperaturen, angenommen werden können, ist bei Einrohrheizungen zu beachten, daß diese Werte für die hintereinandergeschalteten Heizkörper eines Stranges entsprechend der Wärmeabgabe jedes Heizkörpers abnehmen (s. Abschnitt 10.1.2.2).

Mit der verringerten mittleren Heizwassertemperatur jedes nachfolgenden Radiators sinkt auch dessen Wärmeleistung je Glied, die daher jedesmal gesondert zu bestimmen ist.

Beispiel: Für 5 nebeneinanderliegende Räume mit einem Normwärmebedarf $\dot{Q}_N$ von je 2330 W und t_i = 20 °C Raumtemperatur ist die Gliederzahl der zu verwendenden Gußradiatoren 500/160 einer WWH 90/70 °C zu bestimmen (**714**.1).

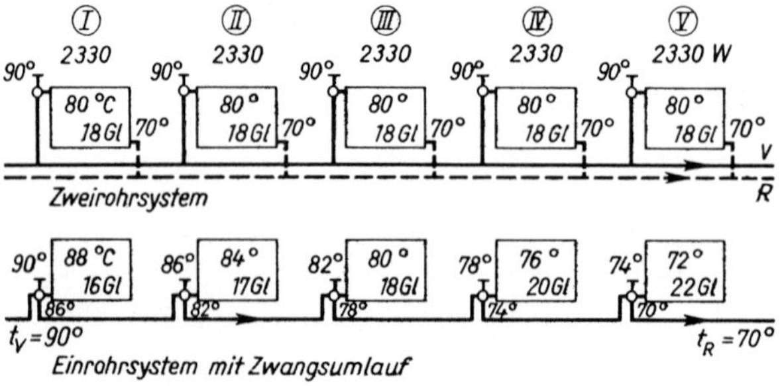

714.1 Zum Beispiel einer Berechnung von Heizkörpergrößen

1. Zweirohrsystem

Wärmeleistung je Glied nach Tafel **712**.1 = 126 W; Gliederzahl 2330/126 = 18 Glieder; insgesamt 5 · 18 = 90 Glieder

2. Einrohrsystem mit Zwangsumlauf und Konstanthähnen

Zunächst wird die Wasserumlaufmenge G des Stranges ermittelt nach der Formel

$$G = \frac{\dot{Q}_{ges}}{1{,}163\,(t_v - t_R)} = \frac{5 \cdot 2330}{1{,}163\,(90-70)} = 500\,\text{kg/h}$$

Das Temperaturgefälle jedes Heizkörpers beträgt danach $t_E - t_A = \dfrac{2330}{1{,}163 \cdot 500} = 4\,\text{K}$

Daraus ergeben sich die folgenden weiteren Werte:	I	II	III	IV	V
Heizkörpervorlauf t_v °C	90	86	82	78	74
mittlere Heizwassertemperatur t_m °C	88	84	80	76	72
Wärmeleistung W je Glied für t = 80 °C nach Tafel **712**.1	126	126	126	126	126
Umrechnungsfaktor nach Tafel **713**.2 (interpoliert)	1,18	1,09	1,0	0,91	0,83
Wärmeleistung W je Glied	149	137	126	115	105
Anzahl der Glieder je Raum	16	17	18	20	22
Gesamtzahl der Glieder für alle 5 Räume			93		

Einbau. Radiatoren werden durch Wandkonsolen getragen, die in Wanddicken von 10 bis 15 cm einzuzementieren (**711**.1), bei Leichtwänden mit durchgehenden Schrauben und Unterlagsplatten anzuschrauben sind (**715**.1), und durch Heizkörperhalter befestigt (**711**.1 und Taf. **715**.2).

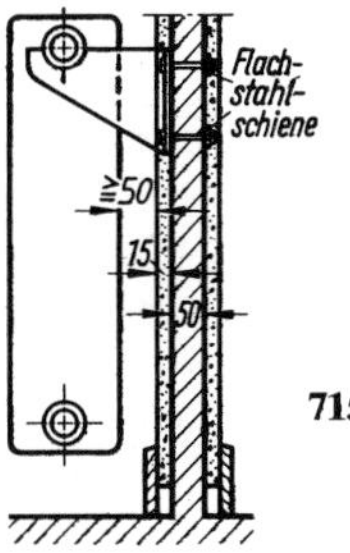

715.1 Radiator an Leichtwand auf Konsolen (M 1:20)

Tafel 715.2 Erforderliche Wandkonsolen und Heizkörperhalter für Radiatorglieder

Glieder	4···16	17···30	31···40	41···50
Konsolen	2	3	4	5
Halter	1	2	2	2

Dies erleichert sowohl ihre Montage als auch später das Reinigen der Fußböden.

Wo Wandkonsolen nicht anzubringen sind, werden die Radiatoren gelegentlich auf Aufsteck- oder Aufschraubfüße gesetzt (712.2) oder auf Heizkörperträger, die im Fußboden befestigt sind (715.3).

Von der Wand müssen eingebaute Heizkörper mindestens 40 mm, frei aufgestellte Heizkörper mindestens 50 mm Abstand haben, vom Fußboden mindestens 70 mm, der leichteren Fußbodenreinigung wegen aber besser 120 bis 150 mm.

Ihr Raumbedarf in der Länge ergibt sich aus der Gesamtbaulänge zuzüglich 20 bis 25 cm für den Anschluß mit Regulierventil.

Eine Abdeckplatte oberhalb eines Innenwandheizkörpers kann die Wand vor sonst unvermeidlicher Verschmutzung durch Staub schützen.

Bei Radiatoren in Nischen oder mit oberen Abdeckplatten (711.1, 712.2 und 715.3) ist die Wärmeleistung um ca. 4% kleiner als bei freier Aufstellung, wenn die Kleinstmaße der Einbauabstände nach DIN 4703 T. 3 eingehalten werden.

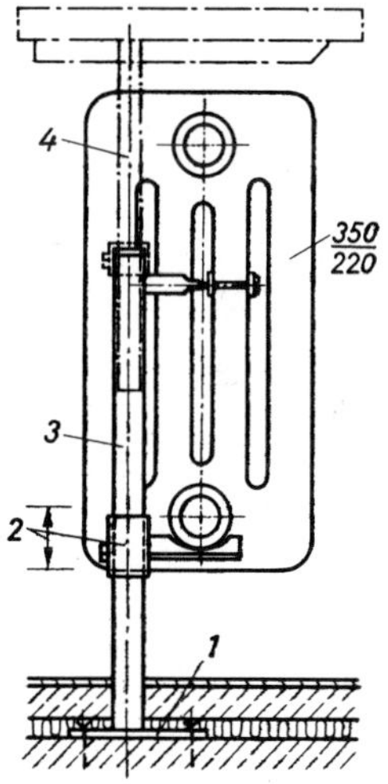

715.3 Radiator, freistehend mit Heizkörperträger (ca. M 1:10)
1 Fußplatte 150 × 100 × 6 mm
2 Konsole, verstellbar
3 Stütze, Rechteckrohre 20 × 30 × 2 mm
4 Fensterbrettstütze, Rechteckrohre 20 × 30 × 20 mm

Radiatorverkleidungen. Sie werden häufig in besonders gut ausgestatteten Räumen verlangt, sollen die Wärmeabgabe der Radiatoren möglichst wenig beeinträchtigen und müssen leicht abzunehmen sein.

Auch das thermostatische Regulierventil hinter der Verkleidung muß bequem zugänglich sein, notfalls durch eine besondere Klappe.

Zwischen Heizkörper und Wand muß allseitig mindestens 40 mm Abstand bleiben. Luftöffnungen in der Vorderseite einer Verkleidung sollen so lang wie der Heizkörper sein.

Entsprechend der geringeren Wärmeabgabe sind die Heizflächen ausreichend zu vergrößern.

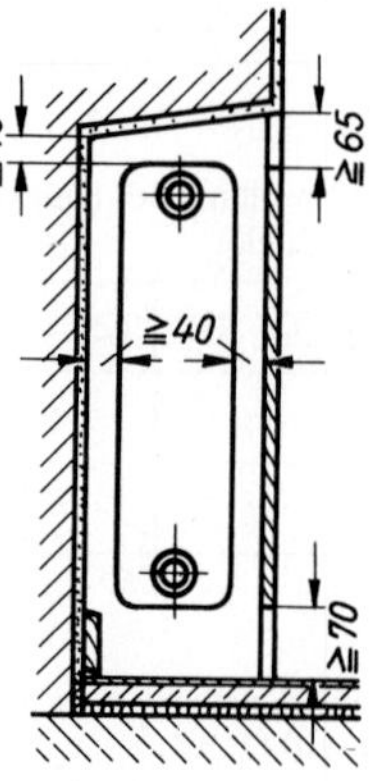

Bei vorderer Verkleidung geht die Radiatorenleistung erheblich zurück. Sie kann sich bei ungünstig angeordneten und unzureichend bemessenen Lufteintritts- und -austrittsöffnungen um bis zu 30% verringern (**716**.1).

Bei einer Ausführung mit Luftöffnungen in ganzer Heizkörperlänge und -höhe ist mit einer Leistungseinbuße von 10 bis 15% gegenüber dem frei aufgestellten Radiator zu rechnen.

716.1 Verkleidung eines Radiators mit vorderen oben und unten angeordneten Luftöffnungen nach DIN 4703 T. 3 (M 1:20)

Anstrich. Radiatoren werden von den Herstellern mit einem als Rostschutz im Tauchverfahren aufgebrachten Grundanstrich geliefert, der DIN 55900 zu entsprechen hat.

Sie sind vom Maler nachzuentrosten, zu säubern und zweimal mit Heizkörperlackfarbe zu streichen. Der Farbton der Anstriche ist ohne Einfluß auf die Wärmeabgabe der Heizkörper.

Nur Anstriche aus Metallbronzen verringern die Wärmeleistung durch verminderte Abstrahlung bis zu 30%.

10.2.8.4 Konvektoren

Konvektoren stellen eine Weiterentwicklung der bereits erwähnten Rippenrohre dar. Ihre Heizelemente bestehen aus einem oder mehreren vom Heizwasser durchströmten runden, elliptischen oder rechteckigen Kupfer- oder verzinkten Stahlrohren, die auch zweilagig übereinander angeordnet sein können, auf die zur erhöhten Wärmeabgabe in engem Abstand rechteckige Blechlamellen aufgesetzt sind.

Ein bestimmtes Fabrikat hat Bauhöhen von 70 mm, Bautiefen von 50 bis 300 mm und wird in Längen bis zu 5,60 m aus einem Stück hergestellt (Taf. **716**.2).

Die Konvektoren sind zur Zeit nicht genormt. Alle Angaben über Größe und Leistung der Heizelemente, diese zunehmend mit wachsender Schachthöhe, sowie über die Höhe der erforderlichen Lufteintritts- und -austrittsöffnung sind daher den Herstellerlisten zu entnehmen.

Tafel **716**.2 Größe der Luftöffnungen h_2 und h_3 (zu Bild **717**.1)

Bautiefe b	Nischenhöhe h_1				
mm	300	400	500	600	ab 700
50	60	60	60	60	60
100	80	80	80	80	80
150	80	100	100	100	100
200	80	100	120	120	120
250	80	100	120	140	140
300	80	100	120	140	160
	Einbauhöhe $h_k \approx h_2 + 10\,\text{mm}$				

Konvektorheizkörper werden so hinter eine senkrechte Plattenverkleidung gesetzt, daß die auf diese Weise entstehende Schachttiefe nur um 4 mm größer als der Konvektor breit ist (**717**.1 und Tafel **716**.2).

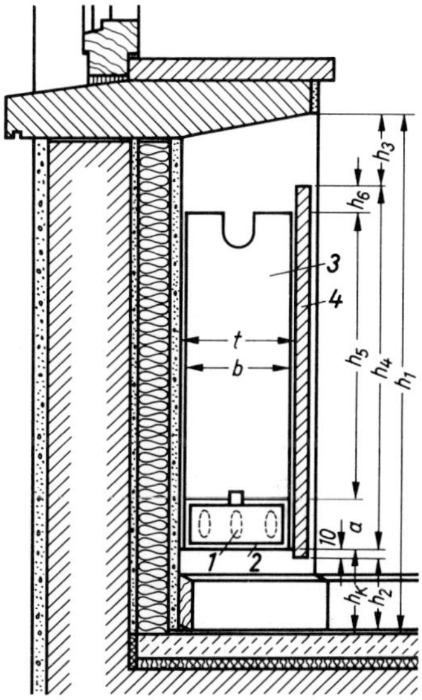

717.1 Konvektorheizkörper an einer Fensterbrüstung (Happel KG)

1 Konvektorkernrohr (Kupfer oder verzinkter Stahl)
2 Konvektorlamelle
3 Konvektortragschürze (zugleich seitlicher Schachtabschluß und Träger für die Vorderblende), Abstände ca. 1,00 m
4 Vorderblende oder Verkleidung

a Konvektorbauhöhe
b Konvektorbautiefe
t Bautiefe der Tragschürze, $t = b + 4$ mm
h_1 vordere Nischenhöhe
h_2 Lufteinlaßhöhe
h_3 Luftauslaßhöhe
h_4 wirksame Schachthöhe
h_5 Höhe der Tragschürze
h_6 Blendenüberstand
h_k Konvektormontagehöhe (meist h_2 + 10 mm)

Eine seitliche Plattenverkleidung ist nur bei großen Konvektorbautiefen notwendig, da durch die an beiden Enden des Konvektors anzubringende Tragschürze ein seitlicher Abschluß des Schachtes hergestellt wird (**717**.2).

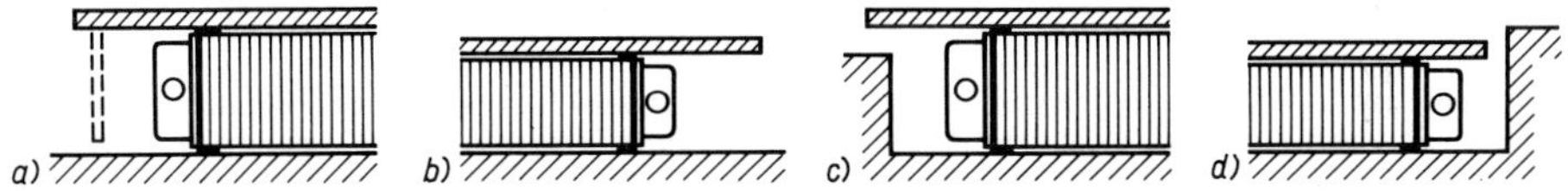

717.2 Verkleidungsblenden für Konvektoren (Happel KG)
a) tieferer Konvektor vor glatter Wand, möglichst mit Seitenblende
b) flacher Konvektor vor Wand, ohne Seitenblende
c) Konvektor vor Mauernische vorspringend
d) Konvektor in Mauernische

Bei längeren Konvektoren sind weitere Tragschürzen in Abständen von 1,00 bis 1,30 m vorzusehen, die zugleich die Entstehung störender waagerechter Luftströmungen im Schacht unterbinden.

Durch die Kaminwirkung des Schachtes erfolgt ein intensiver Wärmeübergang an die zwangsläufig durch die Lamellen des Konvektors hindurchgeführte Raumluft und eine Erwärmung des Raumes fast nur durch Konvektion. Die Konvektorenheizung ist also praktisch eine reine Luftheizung mit deren Vor- und Nachteilen (s. Abschnitt 8.6.2).

Nachteilig ist die mindestens während der Betriebspausen unvermeidliche Staubablagerung auf den schlecht zu reinigenden Heizflächen. Dies gilt besonders bei dem später beschriebenen Unterflureinbau (**719**.1).

Die Konvektorheizkörper können wechselseitig oder einseitig an senkrechte oder waagerechte Verteilungsstränge angeschlossen werden (**718**.1).

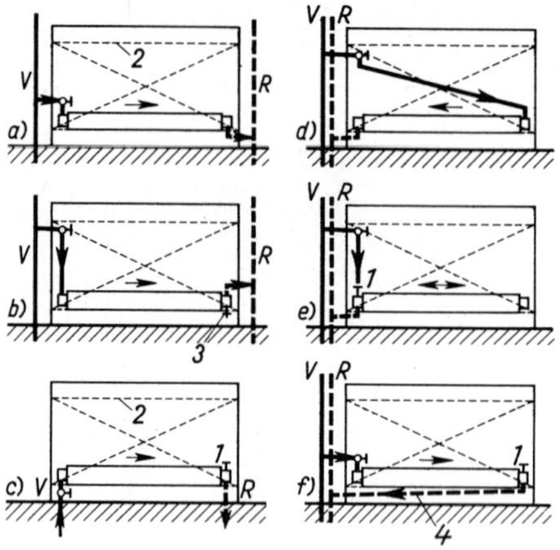

718.1 Konvektoren-Anschlüsse. Konvektoren können, besonders bei Dampfheizungen, auch ein leichtes Gefälle von 1 bis 2 mm/m erhalten.

a) und b) wechselseitige Stranglage
c) Anschluß an waagerechte Verteilungsstränge, besonders für Einrohrheizungen
d) bis f) einseitige Stranglage

1 Entlüftung
2 Vorderblende
3 Entleerung
4 Rücklauf im Schacht

Die Unterkante der Verkleidung soll 10 mm unter der des Konvektors liegen, die Verkleidung leicht abnehmbar und das Regulierventil gut zugänglich sein.

Konvektoren unter Fenstern sollten zur bestmöglichen Abschirmung der Fensterkaltluft mindestens so lang wie die Fenster selbst sein, was in Fensternischen meist nicht voll zu erreichen ist.

Konvektoren lassen sich auch vorteilhaft hinter Möbeln, etwa eingebauten Bänken oder Schränken, mit geschlossener Rückwand, unter Blumenwannen und -trögen und vor Einbaubadewannen (**256**.1) anordnen.

Unterflureinbau (719.1). Für die Beheizung von Räumen mit Fenstern, die bis zum Fußboden reichen, ermöglicht der Unterflureinbau von Konvektoren ohne Verbauen der Fensterfläche eine Abschirmung aller Kaltlufteinflüsse unter der Voraussetzung, daß die nachfolgenden Bemessungs- und Einbauregeln sorgfältig beachtet werden.

Dabei ist eine zuverlässige Reinigungsmöglichkeit der Unterfluranlage, etwa durch Reinigung mit dem Handstaubsauger, eine erste Voraussetzung für den hygienischen Betrieb und langjährige sichere Wärmeleistung der Anlage.

Mit Rücksicht auf die möglichst einfache Reinigung können nur einlagige Konvektoren gewählt werden, die in voller Länge der gesamten Fensterfläche vorzusehen sind.

Bemessung. Sie erfolgt nach der wirksamen Schachthöhe h_4 aus den normalen Leistungstabellen des Herstellers.

Unter der Voraussetzung, daß die Schachthöhe h_4 bis 500 mm beträgt, die richtige Einbauanordnung gewählt wurde, die angegebenen Kanalschachtmaße eingehalten sind und der freie Querschnitt des Abdeckgitters, dem Rollrost, mindestens 70% des Gesamtquerschnittes beträgt, genügt es, wenn für normale Konvektoren zum Ausgleich der Injektionswirkung der dicht benachbarten Warm- und Kaltluftströmungen, des zusätzlichen Luftwiderstandes der Umlenkung eine 20%ige Leistungsminderung gegenüber den Tabellenwerten der Konvektoren berücksichtigt wird.

Einbau. Die erforderlichen Schachtseitenblenden sollen aus einem schlecht wärmeleitenden Material bestehen, etwa 10 mm dicken Faserzementplatten.

Für die Anordnung des Konvektors im Unterflurkanal und die hierzu nötige Schachtgröße gibt es drei verschiedene Einbaumöglichkeiten, deren richtige Wahl je nach den gegebenen Wärmeverhältnissen ausschlaggebend für eine einwandfreie Wirkung dieser Heizungsanlage ist.

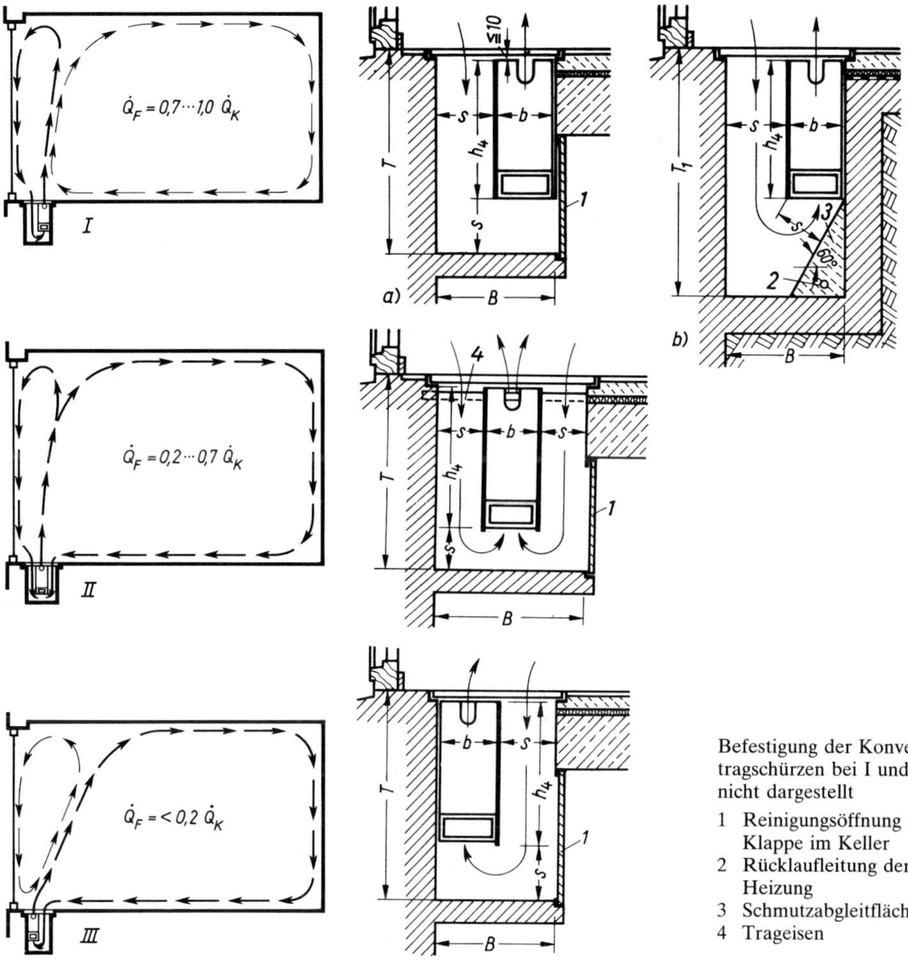

Befestigung der Konvektortragschürzen bei I und III nicht dargestellt

1 Reinigungsöffnung mit Klappe im Keller
2 Rücklaufleitung der Heizung
3 Schmutzabgleitfläche
4 Trageisen

719.1 Unterflureinbau von Konvektoren bei bis zum Fußboden reichenden Fensterflächen (Happel KG)

I Konvektor auf der Raumseite des Unterflurschachtes
II Konvektor in der Mitte des Unterflurschachtes
III Konvektor auf der Fensterseite des Unterflurschachtes

a) Unterflurschacht bei unterkellertem Raum
b) Unterflurschacht bei nicht unterkellertem Raum

Maßgebend ist das Verhältnis des Wärmebedarfes auf der Fensterseite des betrachteten Unterflurkonvektors $\dot{Q}_F$ zu seiner Gesamtwärmeleistung $\dot{Q}_K$. Dabei umfaßt $\dot{Q}_F$ sowohl den Transmissionswärmebedarf mit Zuschlägen nach DIN 4701 T. 1 und 2 als auch den ganzen Lüftungswärmebedarf der Fensterfläche, bezogen auf die Länge des Konvektors.

Die drei Möglichkeiten sind nach Bild **719**.1 I bis III:

1. $\dot{Q}_F \geqq 0{,}70\ \dot{Q}_K$. Fast der gesamte Wärmebedarf liegt auf der Fensterseite des Konvektors, der Wärmebedarf für den übrigen Raum ist verhältnismäßig klein. Der Konvektor auf der Raumseite des Schachtes erzeugt einen kräftigen Primärluftstrom, der einen Warmluftschleier vor das Fenster legt.

2. $\dot{Q}_F = 0{,}2$ bis $0{,}7\ \dot{Q}_K$. Mittige Anordnung des Konvektors im Unterflurkanal erzeugt je eine kräftige Primärströmung am Fenster und im Raum.

3. $\dot{Q}_F \leqq 0{,}2\ \dot{Q}_K$. Die Lösung mit Anordnung des Konvektors an der Fensterseite des Unterflurkanales ist nur in den seltenen Fällen möglich, wo einem großen Wärmebedarf auf der Raumseite nur ein sehr kleiner Wärmebedarf am Fenster gegenübersteht.

Tafel **720**.1 Mindestmaße für Unterflurschächte (zu Bild **719**.1)

	1 Lufteinfallkanal (Anordnungen 1 und 3)					2 Lufteinfallkanäle (Anordnung 2)				
Konv.-Bautiefe b in mm	100	150	200	250	300	100	150	200	250	300
wirksame Schacht höhe h_4	100 … 500	150 … 500	200 … 500	250 … 500	300 … 500	100 … 500	150 … 500	200 … 500	250 … 500	300 … 500
Luftkanalmaß s	120	150	180	210	240	95	110	125	140	160
Schachtbreite B	240	320	400	480	560	320	400	480	560	650
Schachttiefe T	h_4+160	h_4+190	h_4+220	h_4+250	h_4+280	h_4+135	h_4+150	h_4+165	h_4+180	h_4+200
Schachttiefe T_1	h_4+240	h_4+340	h_4+400	h_4+480	h_4+560	h_4+200	h_4+240	h_4+280	h_4+320	h_4+360
Roll-Rost: Rahmenmaß A	290	370	450	530	610	370	450	530	610	700

Schachtbreite B schließt 10 mm Einbautoleranz des Konvektors und Seitenblenden bis 10 mm Dicke ein.
Schachttiefe T schließt Gitterhöhe bis 30 mm und Luftspalt unter dem Gitter bis 10 mm ein.
Die wirksame Schachthöhe h_4 ist wegen der Konvektorreinigung und sicherer Leistungsbestimmung mit bis zu 500 mm begrenzt. Bei h_4 über 500 mm ergeben sich größere Leistungsminderungen.

Bei unterkellerten Räumen sollte der Unterflurkanal in jedem Fall eine durchgehende seitliche Reinigungsöffnung im Keller mit dichtschließender Klappe erhalten (**719**.1 a).

Bei nicht unterkellerten Räumen wird unter entsprechender Vertiefung des Schachtes unterhalb des Konvektors eine schräge Schmutzabgleitfläche (**719**.1 b) empfohlen, in der auch die Rücklaufleitung des Konvektors untergebracht werden kann.

Ventilatorkonvektoren. Die mit Rollrosten abgedeckten Wannen von Bodenkanalheizungen (**644**.1) können Hochleistungskonvektoren für natürliche Konvektion oder Gebläsekonvektoren (**720**.2) aufnehmen.

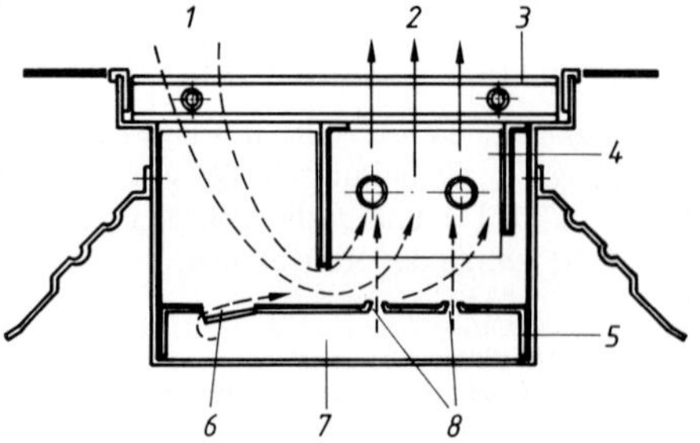

720.2 Bodenkanalheizung mit Gebläsekonvektion (Kampmann HKL GmbH)
1 Sekundärluft
2 Warmluftaustritt
3 Rollrost
4 Konvektor
5 Bodenwanne
6 Luftaustrittsschlitze
7 Primärluftkanal
8 Luftaustrittsdüsen

Die Einbauhöhen der Bodenwannen für normale Konvektion betragen 9 cm, für Ventilatorkonvektoren 11 cm.

Je nach geforderter Wärmeleistung können die Konvektoren in beiden Ausführungen mit zwei, vier oder sechs Vor- und Rücklaufleitungen ausgestattet sein.

Beim Ventilatorkonvektor befindet sich am Ende des Bodenkanales zur Leistungssteigerung oder kurzfristigen Schnellaufheizung ein Radialgebläse.

Ein unter der ganzen Bodenkanallänge verlaufendes Lüftungssystem führt dem Konvektor Gebläseluft zu und saugt gleichzeitig aus dem Raum Sekundärluft an.

Fußleistenkonvektoren. Sie stellen eine Sonderausführung der Konvektoren dar. Diese besonders niedrigen und flachen Konvektoren haben Abmessungen, welche die einer Fußleiste wenig übersteigen.

Sie werden stets zusammen mit einer Vorder- und Rückenwand, oft auch mit einer Regulierklappe, geliefert.

Mit weiteren Zubehörteilen, wie Verbindungs- und Endstücken, Innen- und Außenecken, werden sie in besonders einfacher Montage anstelle einer Fußleiste vor allen Dingen an den Außenwänden entlang installiert (**721**.1 und **722**.1).

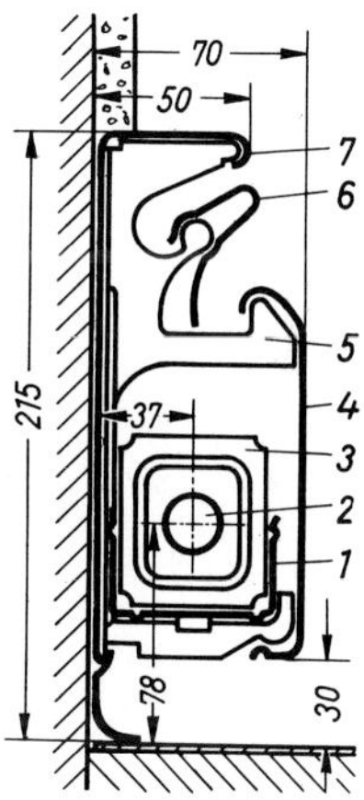

721.1 Fußleistenkonvektor (M 1:5) (System Evitherm)
1 Gleitstück
2 Cu-Rohr ∅22 mm
3 Alu-Lamellen
4 Vorderwand
5 Halter
6 Regelleiste
7 Rückwand

Die Fußleistenheizung wird vornehmlich als waagerechte Einrohr-Pumpenheizung (Abschnitt 10.1.2.2) mit hintereinandergeschalteten Heizelementen ausgeführt.

Diese können hierbei ohne Kurzschlußstrecke im Zwangsumlauf oder mit Kurzschlußstrecke eingebaut werden.

Im ersten Fall können sie einzeln durch Luftklappen bis auf ⅓ ihrer Leistung oder der gesamte Strang kann durch ein von einem Raumthermostat gesteuertes Regulierventil geregelt werden (**722**.1), während im zweiten Fall eine Regelung der einzelnen Heizelemente durch Ventil oder ebenfalls durch eine Luftklappe möglich ist.

Die Wärmeabgabe der Fußleistenkonvektoren beträgt je nach Typ, Raum- und mittlerer Wassertemperatur 0,32 bis 0,75 kW/m (Tafel **721**.2).

Genaue Werte anderer Ausführungen und Berechnungsanleitungen sind den Herstellerlisten zu entnehmen.

Tafel **721**.2 Wärmeabgabe für Fußleistenkonvektoren (zu Bild **721**.1), Lufttemperatur 20 °C, Wassergeschwindigkeit 0,65 m/s

	Mittlere Wassertemperatur in °C				
	60	70	80	90	100
Wärmeabgabe W/m	326	419	529	628	750

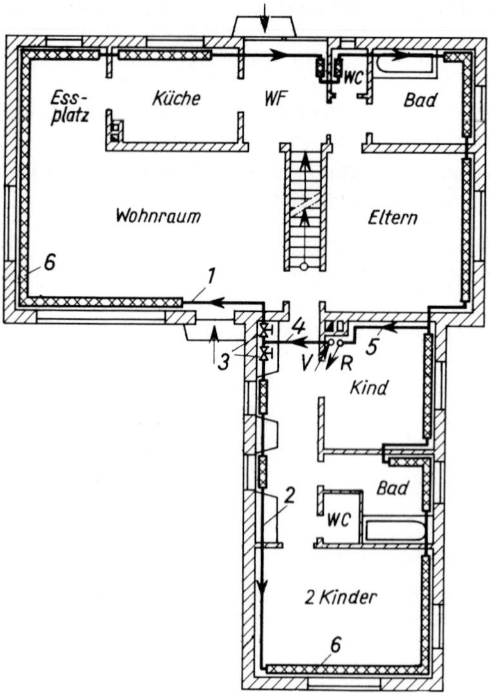

722.1 Fußleistenheizung als Einrohr-Pumpenheizung mit 2 Heizkreisen (M 1:200)
1 Heizkreis 1
2 Heizkreis 2
3 Absperr- und Regulierventile der Heizkreise
4 gemeinsamer Vorlauf
5 gemeinsamer Rücklauf
6 Fußleistenkonvektoren, im Zwangsumlauf hintereinander geschaltet

Infolge ihres besonders geringen Wasserinhaltes zeichnen sich alle Konvektorenheizungen durch kurze Aufheizzeit und schnelle sowie feine Reguliermöglichkeit aus.

Ferner kann das Ausdehnungsgefäß aus dem gleichen Grunde um ⅓ kleiner als bei der Radiatorenheizung werden.

10.2.8.5 Plattenheizkörper

Platten- oder Flachheizkörper sind schmale Heizkörper in Bauhöhen von 200 bis 1000 mm und in Einzellängen bis 6,00 m (**723**.1).

Mit ihrer geringen Bautiefe von 18 bis 40 mm, bei allerdings großem Bedarf an Montagefläche, eignen sie sich besonders für kleine und enge Räume, wo der Platz für Radiatoren fehlt.

Sie haben eine Heizfläche aus einer glatten Stahlblechplatte, die mit hinterlegten wasserführenden runden oder plattgedrückten Rohren oder gewellten Stahlblechplatten verschweißt ist.

Flachheizkörper geben ihre Wärme vorzugsweise, besonders bei Heizmitteln hoher Temperatur, durch Strahlung ab.

Die Plattenheizkörper werden mit einem Abstand von ca. 50 mm möglichst mit unsichtbaren Halterungen an der Wand befestigt, können aber auch freistehend auf Füßen oder Heizkörperträgern eingebaut werden, wobei die Wärmeausdehnung vor allem längerer Modelle zu berücksichtigen ist.

Auf Bestellung können die Heizkörper auch in beliebiger Winkel- oder Bogenform hergestellt werden und sich so jedem Raumgrundriß anpassen.

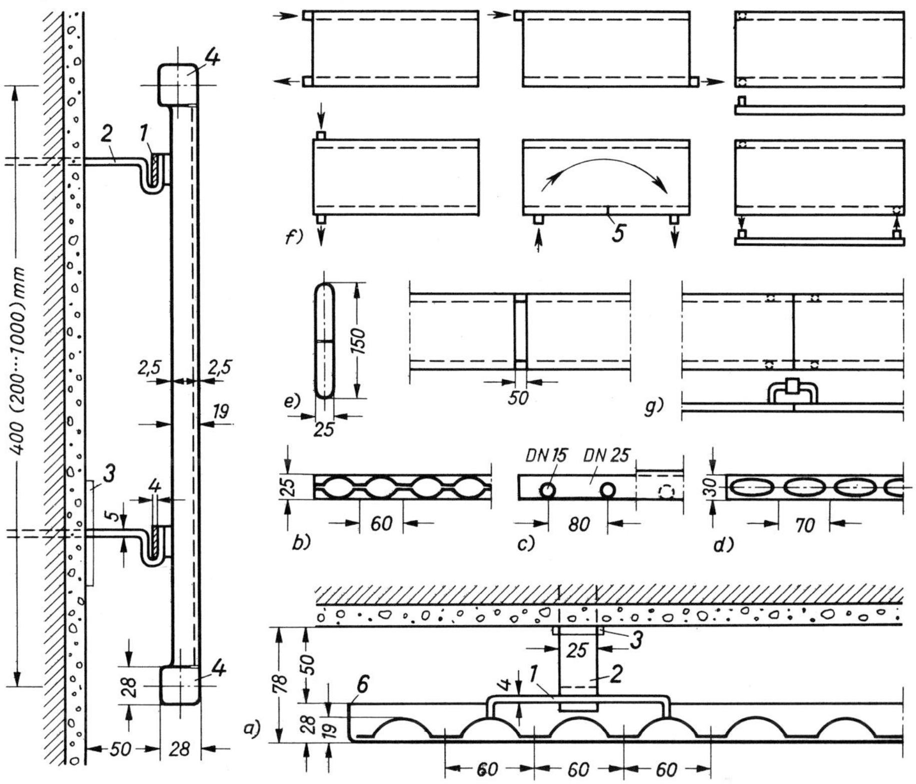

723.1 Plattenheizkörper (M 1:5 und 1:10) (Gerhard + Rauh)

a) mit glatter Frontplatte und gewellter Rückseite
b) mit zwei gewellten Seiten
c) mit glatter Frontplatte, verschweißt mit waagerechten Verteilerrohren DN 25 und Fallrohren DN 15 (Hochdruck-Heizkörper)
d) mit ovalen Fallrohren 20/60 mm zwischen Vierkant-Verteilerrohren 30/30 mm (Hochdruck-Heizkörper)
e) allseits glatter Plattenheizkörper (Hochdruck-Heizkörper)
f) einige Anschlußmöglichkeiten der Plattenheizkörper
g) Verbindungen der Plattenheizkörper

1 Aufhängelasche □ 20 × 4 mm für 90 mm Schiebeweg
2 Hakenhalter □ 25 × 5 mm, eingemauert
3 eventuell Schraubplatte □ 30 × 5 × 70 mm
4 Verteilerrohr 28/28 mm
5 Blindscheibe (Rohrsperre) zur Heizmittelführung
6 Seitenkante (nur auf besonderen Wunsch)

Baumaße und Wärmeleistung der Plattenheizkörper sind in DIN 4703 T. 1 genormt (Tafel **724**.1). Abweichende Größen sind aus den Herstellerlisten zu entnehmen.

Bei mehrreihigen Plattenheizkörpern muß der lichte Abstand zwischen den Platten mindestens 35 mm betragen.

Plattenheizkörper mit zusätzlichen Konvektionsblechen fallen nicht unter den Geltungsbereich dieser Norm.

Tafel **724**.1 Bauhöhe und Norm-Wärmeleistung von glattwandigen und senkrecht profilierten Plattenheizkörpern aus Stahl nach DIN 4703 T. 1 (Plattendicke 25 und 18 mm)

Platten- Form	Platten- Anordnung	Bauhöhe in mm 200	300	400	500	600	700	800	900	1000
		Norm-Wärmeleistung in W/m für $t_m = 80\,°C$ und $t_i = 20\,°C$[1]								
glatt-wandig	einreihig	267	400	525	650	773	893	1010	1125	–
	zweireihig	454	673	881	1078	1263	1436	1599	1750	–
	dreireihig	641	946	1237	1506	1753	1979	2188	2357	–
senkrecht profiliert	einreihig	294	425	556	684	810	935	1058	1180	1300
	zweireihig	500	727	945	1157	1360	1556	1744	1924	2093
	dreireihig	706	1029	1334	1630	1910	2177	2430	2668	2886

[1]) Für abweichende Wasser- und Raumtemperaturen s. Tafel **713**.2

10.2.8.6 Deckenheizflächen

Deckenstrahlungsheizungen sind, wie in Abschnitt 10.1.2.4 ausgeführt, sehr träge, wenn die Heizschlangen in den Decken einbetoniert oder in angehängten verputzen Heizdecken untergebracht sind.

Dieser Nachteil läßt sich weitgehend durch Verwenden von Deckenheizplatten vermeiden, von deren zahlreichen Ausführungen nachstehend einige beschrieben werden.

Lamellen-Deckenheizung. Bei der Lamellen-Deckenheizung System Stramax werden die Heizrohre unter der fertigen Rohdecke montiert und an ihnen Aluminiumplatten befestigt, die eine geschlossene Fläche bilden und durch einen Putzträger fest mit dem Deckenputz verbunden sind, der die ihm zugeleitete Wärme in den Raum abstrahlt (**724**.2).

Gegen die an sich geringe Wärmeabstrahlung von den Aluminiumplatten zur Rohdecke hin schützt eine Wärmedämmschicht mit unterseitiger Aluminiumfolie.

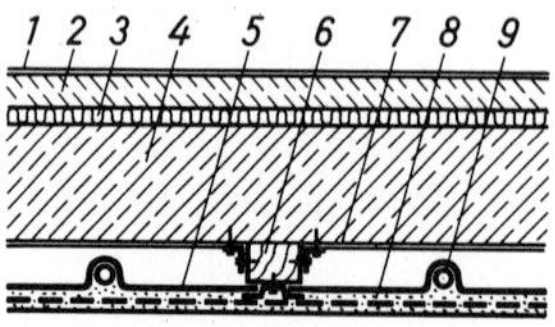

724.2 Lamellen-Deckenheizung, System Stramax (M 1:15)

1 Fußbodenbelag
2 schwimmender Estrich
3 Trittschall-Dämmschicht
4 Rohdecke
5 Alu-Leitlamellen, 0,7 bis 1,0 mm dick
6 Lattentragrost oder Metallabhängung
7 Alu-Folie
8 Putzschicht auf Rippenstreckmetall
9 Heizrohr DN 15 oder 20

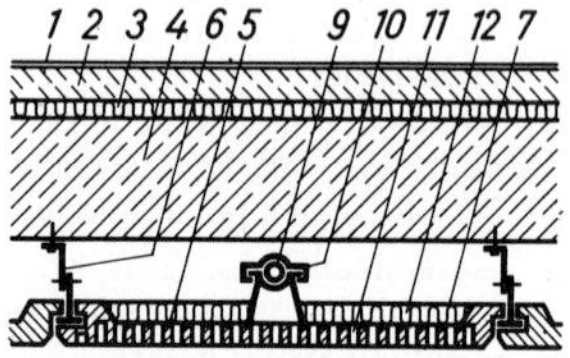

724.3 Lamellen-Deckenheizung, System Ibis (M 1:15)

1 bis 7 wie unter Bild **724**.2
9 Heizrohr DN 15 oder 20
10 Alu-Überschubhülse
11 vorfabrizierte Gips-Kassettenplatte mit
12 Schallschluckstoff (Steinwolle)

Die Ibis-Decke ist eine Kassettendecke, deren bereits im Werk mit den Aluminium-Heizplatten fest verbundene Gipskassettenplatten im Bau mit Nut- und Federverbindung an den in der Rohdecke einzubetonierenden Tragbändern aufgehängt werden (**724**.3).

Bei der Deckeneinteilung sind als Ausgleich, vor allem als Randstreifen, Kassettenplatten ohne Heizelement vorzusehen.

Strahlplattenheizung. Die Strahlplattenheizung System Sunstrip verwendet sichtbare Deckenstrahlplatten aus Blech, die über der von der Heizungsfirma zu verlegenden Rohrschlange mit oberseitiger Wärmedämmung an der Decke oder auch frei im Raum befestigt werden (**725**.1).

Andere Fabrikate werden auch bereits fest mit der Rohrschlange verbunden geliefert.

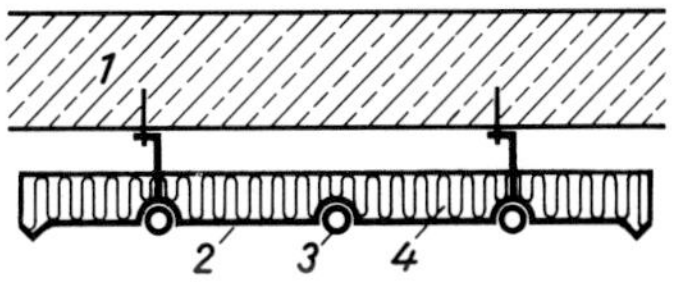

725.1 Strahlplatten-Heizkörper, System Sunstrip
1 Geschoß-Rohdecke oder Dachdecke
2 Strahlplatte aus Stahlblech, 1,5 mm dick
3 Heizrohr
4 Wärmedämmschicht (Glas- oder Steinwolle, einseitig auf Wellpappe gesteppt)

Die Oberflächentemperaturen sind, vor allem bei Verwendung von Heißwasser oder Dampf als Wärmeträger, erheblich höher als bei den verputzten Decken.

Die Strahlplattenheizung kommt daher vorwiegend für Großräume, wie Fabrik- und Turnhallen, Lagerräume, in Frage, wo die Platten als langgestreckte Bänder oder in einzelnen Elementen angeordnet werden.

Deckenheizkörper sind ebenfalls ungenormt und daher lediglich nach den Listen der Hersteller zu bemessen.

10.3 Dampfheizungen

10.3.1 Niederdruck-Dampfheizung

Allgemeines. Im Gegensatz zu den Wasserheizungen mit Wasser als Wärmeträger wird bei der Niederdruck-Dampfheizung (NDD) in dem ebenfalls im tiefsten Punkt der Anlage stehenden Heizkessel Wasser auf 100°C erhitzt und in Dampf mit bis zu 0,5 bar Betriebsdruck übergeführt, der durch Vorlaufleitungen unter Verdrängung der in der Anlage befindlichen Luft in die Heizkörper gelangt und dort unter Angabe der Verdampfungswärme von etwa 630 Wh/kg Dampf kondensiert.

Kondenswasser. Das Kondenswasser oder Kondensat fließt durch Rücklaufleitungen, den Kondensleitungen, wieder zum Kessel zurück oder wird bei großen Anlagen, wo ein selbsttätiger Rücklauf nicht mehr möglich ist, durch besondere Einrichtungen zwangsweise in den Kessel zurückgeführt, von wo aus dieser Kreislauf sich wiederholt (**726**.1).

Wie bei der Warmwasserheizung geht auch hier praktisch kein Wasser verloren, so daß sich auch kein Kesselstein als Folge ständiger Wassererneuerung bilden kann.

Der große Unterschied der Wichte von Wasserdampf und Wasser bzw. Luft sowie die leichte Beweglichkeit des Dampfes ergeben große Umtriebskräfte, geringe Rohrwiderstände und eine hohe Strömungsgeschwindigkeit des Dampfes und ermöglichen lange waagerechte Ausdehnungen des Rohrnetzes von 200 bis 500 m mit Betriebsdrücken von 0,05 bis 0,12 bar.

Die Rohrweiten sind daher geringer als bei einer Warmwasserheizung.

Ebenso sind die Heizkörper der ND-Dampfheizung wegen ihrer höheren Oberflächentemperatur, 100 °C gegen im Mittel 80 °C bei WWH, kleiner.

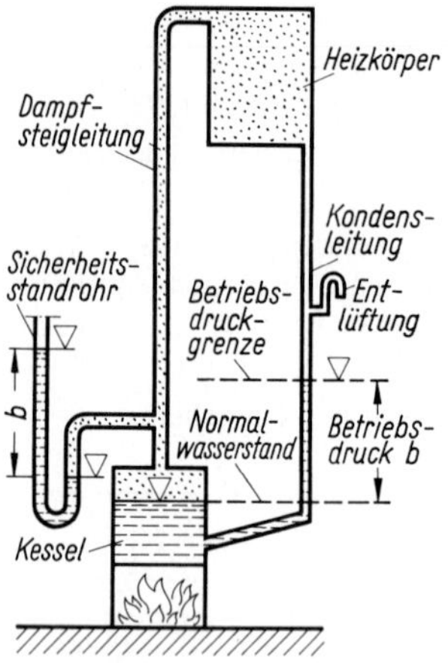

Daraus ergeben sich für die ND-Heizung um 10 bis 20% niedrigere Anlagekosten als bei einer WW-Heizung.

Durch die höhere Betriebsmitteltemperatur sind indessen die Wärmeverluste und damit der Brennstoffverbrauch und die Betriebskosten der Dampfheizung höher.

726.1 Niederdruck-Dampfheizung (Schema)

Wärmeabgabe. Mit der Dampfbildung setzt die Wärmeabgabe schnell und kräftig ein, nach Betriebsschluß erkaltet die Anlage ebenso schnell wieder und ist damit bedeutend elastischer als die durch die im Heizwasser gespeicherten Wärmemengen trägere WW-Heizung.

Dabei ist die Wärmeabgabe der ND-Heizung kaum zu regeln, da der Betriebsdruck unabhängig von den Außentemperaturen stets so hoch gehalten werden muß, daß auch die entferntesten Heizkörper noch Dampf erhalten, wodurch nahe am Kessel gelegene Räume in der Übergangszeit leicht überheizt werden können.

Eine generelle Leistungseinschränkung ist daher nur durch stoßweisen Betrieb möglich, der jedoch starkes Schwanken der Raumtemperaturen verursacht.

ND-Kessel werden fast nur noch dort eingebaut, wo der Dampf für technische Zwecke, als Heizmedium zum Kochen und für Lufterhitzer in Fabrik- und ähnlichen Hallen, auch als Wärmeträger für lüftungstechnische Anlagen verwendet werden soll und hierfür Abdampf aus Hochdruck-Dampfanlagen nicht zur Verfügung steht.

Durch einen Gegenstromapparat (**739**.3) kann über eine ND-Anlage auch eine WW-Heizungsanlage oder eine WW-Bereitungsanlage betrieben werden.

Rohrsysteme. Niederdruck-Dampfheizungen werden als Zweirohrsystem mit oberer oder unterer Verteilung und mit den in Abschnitt 10.1.2.1 für die Warmwasserheizung beschriebenen Kennzeichen gebaut.

Bei der meistens gewählten und daher nachstehend allein behandelten unteren Verteilung (**727**.1) steigt der Dampf vom Kessel im Hauptsteigrohr bis zu den unmittelbar unter der Kellerdecke abzweigenden Verteilungsleitungen, die ihn zu den Steigsträngen führen.

Der Dampfdruck oder Betriebsdruck in dem bis zum mittleren Wasserstand mit Wasser gefüllten Kessel pflanzt sich in alle dampfgefüllten Teile der Anlage fort, wirkt aber zugleich auf den Wasserspiegel im Kessel und drückt so in allen unter dem mittleren Wasserstand liegenden, mit der Außenluft verbundenen Rohren den Wasserspiegel um Betriebsdruckhöhe über diesen Wasserstand auf die Betriebsdruckgrenze, dem Betriebswasserstand.

Innerhalb dieser Betriebsdruckzone dürfen keine waagerechten Leitungen liegen, denn in sie würde beim Hochheizen des Kessels plötzlich eine so große Menge Wasser hineingedrückt werden, daß der Kesselwasserstand ruckartig absinken würde und dadurch der Kessel beschädigt werden könnte.

Die Kondenswasserleitungen sind daher als

trockene Kondensleitung mindestens 30 cm oberhalb der Betriebsdruckgrenze so hoch zu verlegen, daß das Kondensat immer zum Kessel zurückfließen kann (**727**.1 links), oder als nasse Kondensleitung, stets mit Wasser gefüllt, unterhalb der Druckzone anzuordnen. Zur

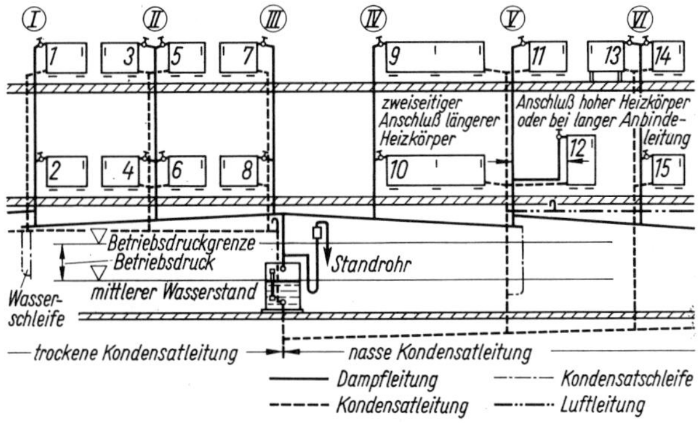

727.1 Niederdruck-Dampfheizung mit unterer Verteilung

Vermeidung von Türunterfahrungen liegen sie dann meist in einem Fußbodenkanal (**727**.1 rechts).

Kondensat. Das besonders bei Betriebsbeginn in gewisser Menge bereits im Vorlauf anfallende Kondensat muß aus den Dampfleitungen entfernt werden.

Zur Verhütung von Wasserschlägen erhalten die Verteilungsleitungen im Keller ein Gefälle von 5 bis 10 mm/m in Richtung der Dampfströmung und entwässern unter den Steigsträngen in eine trockene Kondensleitung, damit in diese kein Dampf durchschlagen kann, mit einer Wasserschleife, in eine nasse Kondensleitung mit einfacher senkrechter Rohrverbindung.

Be- und Entlüftung. Die zunächst in der Anlage befindliche Luft muß beim Anheizen vor dem herannahenden Dampf durch die Kondensleitungen entweichen und nach Beendigung des Heizens wieder in die Rohre und Heizkörper zurücktreten können.

Dazu wird auf die trockene Kondensleitung ein Entlüftungsbogen, ein Rohrbogen DN 15, aufgesetzt, während bei nassen Kondensleitungen alle Fallstränge an eine über der Betriebsdruckgrenze liegende Entlüftungsleitung anzuschließen sind.

Heizkessel und Sicherheitsstandrohr. Für Anlagen aller Größen werden durchweg die gleichen Heizkessel (**727**.2) wie bei der Warmwasserheizung verwendet (s. Abschnitt 10.2.1).

1 Dampfleitung
2 Kondensleitung
3 Entlüftung
4 Sicherheitsstandrohr
5 Manometer
6 Verbrennungsregler
7 Überdruckpfeife
8 Wasserstandglas
9 Rauchschieber-Stellvorrichtung
10 Fülltür mit Luftrosette
11 Schlackentür
12 Aschentür mit Frischluftklappe
13 Verschlußtür für Rauchgas-Sammelkanal
14 Wasserleitung
15 Füllventil
16 Gummischlauch
17 Dampfraum
18 Wasser
19 Wassermangelpfeife

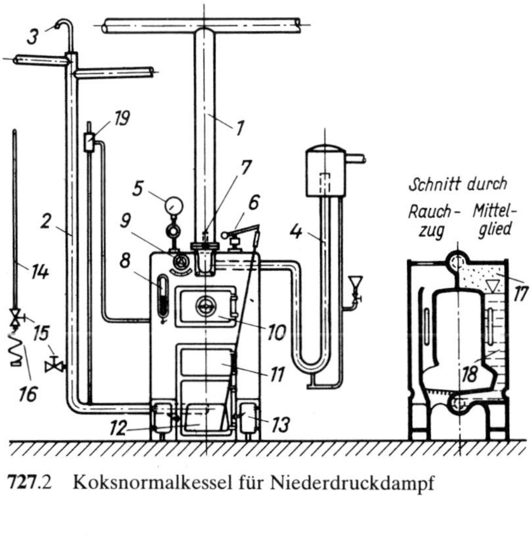

727.2 Koksnormalkessel für Niederdruckdampf

Sie unterscheiden sich von diesen nur durch folgende Bestandteile ihrer Ausrüstung:

1. Manometer zum Messen des Dampfdruckes,
2. Wasserstandglas mit je einer Marke für den niedrigsten, höchsten und mittleren Wasserstand sowie einem oberen und unteren Absperrhahn,
3. je eine Signalpfeife für zu hohen Kesseldruck und zu niedrigen Wasserstand und
4. Sicherheitsstandrohr.

Jeder Kessel muß nach amtlicher Vorschrift als Sicherheitseinrichtung, die ein Übersteigen des zulässigen Höchstdruckes von 0,5 bar zu verhindern hat, ein Standrohr von 32 bis 150 mm l. W. nach DIN 4750 besitzen, das ist ein vom Dampfraum des Kessels ausgehendes U-förmiges nicht absperrbares Rohr mit Wasserfüllung, die durch unzulässigen Überdruck herausgeworfen und in einem Auffangtopf wieder aufgefangen werden kann (**727**.2).

Heiz- und Brennstofflagerräume. Sie sind wie bei der Warmwasserheizung auszuführen (s. Abschnitte 10.2.5 und 10.2.6).

Rohrleitungen. Die Rohrpläne sind in den Kennfarben nach DIN 2404 anzulegen:

orange	Dampfleitungen (Niederdruckdampfleitung)
hellgrün	Kondensleitungen (Niederschlagwasserleitung)
braun	Luftleitungen
gelb	Heizkörper

Die Rohrweiten sind durchweg geringer als bei der Warmwasserheizung, jedoch nicht unter DN 15 mm.

Für Dampfleitungen sind sie zu berechnen, für Kondensleitungen wählt man danach die halben Durchmesser der zugehörigen Dampfleitungen.

Werkstoffe, Verbindung, Wärmeschutz und Befestigung. Gegenüber der Warmwasserheizung bestehen keinerlei Unterschiede (s. Abschnitt 10.2.7).

Heizkörper und Reguliereinrichtungen. Für die Niederdruck-Dampfheizung verwendet man die gleichen Heizkörper wie für die Warmwasserheizung mit der Ausnahme, daß Stahlradiatoren der Korrosionsgefahr wegen nicht eingebaut werden dürfen.

Da die Oberflächentemperatur der Heizkörper stets 100 °C beträgt, ist Staubverschwelung nicht zu vermeiden. Um sie zu verringern, verzichtet man auf Heizkörperverkleidungen.

Die Wärmeabgabe berechnet sich, bei Raumheizkörpern mit Sattdampf als Heizmittel, mit einer mittleren Heizkörpertemperatur t_m = 100 °C und kann aus den Tafeln **728**.1 und **712**.1 abgelesen werden.

Im übrigen wird auf Abschnitt 10.2.8 verwiesen.

Tafel **728**.1 Norm-Wärmeleistung von Gußradiatoren nach DIN 4703 T. 1 bei Sattdampf t_m = 100°C und Raumtemperatur t_i = 20°C

Baumaße in mm	Bauhöhe h_1	980			680	580				430				280
	Nabenabstand h_2	900			600	500				350				200
	Bautiefe b	70	160	220	160	70	110	160	220	70	110	160	220	250
Norm-Wärmeleistung W je Glied		161	297	378	214	99	134	183	235	80	102	135	177	134

Die vorstehenden Wärmeleistungen der Tafel **728**.1 gelten für oberen Dampf- und unteren Kondensat-Anschluß sowohl bei ein- als auch wechselseitiger Anordnung.

Die Wärmeabgabe der Heizkörper ist mit den Regulierventilen und ihrer Voreinstellung (**707**.1) gut zu regeln.

Der Dampf wird, da er leichter als Luft ist, durch eine steigende Anbindeleitung oben in den Heizkörper eingeführt und darf zur Vermeidung von Umlaufstörungen nicht in die unten oder bei großen Heizkörpern auf der Gegenseite angeschlossene Kondensleitung durchschlagen können. Daher müssen meistens unmittelbar hinter den Heizkörpern Kondenswasserableiter, sogenannte Dampfstauer, eingebaut werden, die wohl Kondensat, jedoch keinen Dampf in die Kondensleitung durchlassen (**729**.1).

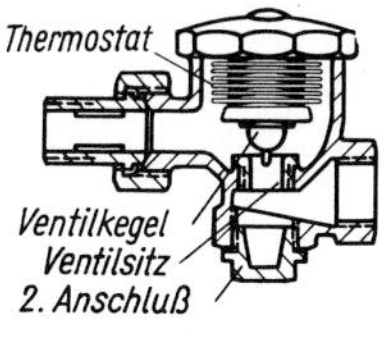

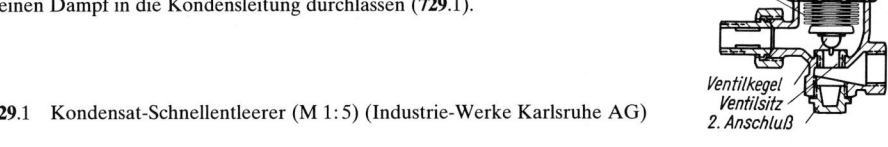

729.1 Kondensat-Schnellentleerer (M 1:5) (Industrie-Werke Karlsruhe AG)

10.3.2 Hochdruck-Dampfheizung

Als Wärmeträger dient Dampf von 0,5 bis 2 bar. Er erzeugt Heizflächentemperaturen bis 130 °C, die für Wohnräume hygienisch nicht tragbar, außerdem nicht zu regeln sind.

Die Hochdruckanlage verlangt eine behördliche Genehmigung und Überwachung, die Aufstellung der Kessel in einem besonderen Kesselhaus. Sie wird meistens nur für gewerbliche Aufgaben verwendet.

Man kann allerdings mit Hochdruckdampf in Gegenstromapparaten (**739**.3) auch Warmwasser oder Niederdruckdampf erzeugen und damit WW- oder ND-Heizungsanlagen versorgen.

10.4 Warmluftheizungen

Luftheizungen, sogenannte Feuerluftheizungen, benutzen zirkulierende Luft vorzugsweise zum Erwärmen der Räume. Eine gewisse Lufterneuerung kann nebenher erreicht werden.

Lüftungsanlagen (s. Abschnitt 11) sollen vor allem verbrauchte Luft erneuern. Eine Erwärmung der zugeführten Luft ist dabei in vielen Fällen notwendig.

Eine scharfe Trennung zwischen beiden Anlagearten ist daher vielfach nur schwer möglich.

Nach der Herkunft der Luft sind bei der Warmluft-Zentralheizung folgende Luftschaltungen zu unterscheiden (**729**.2):

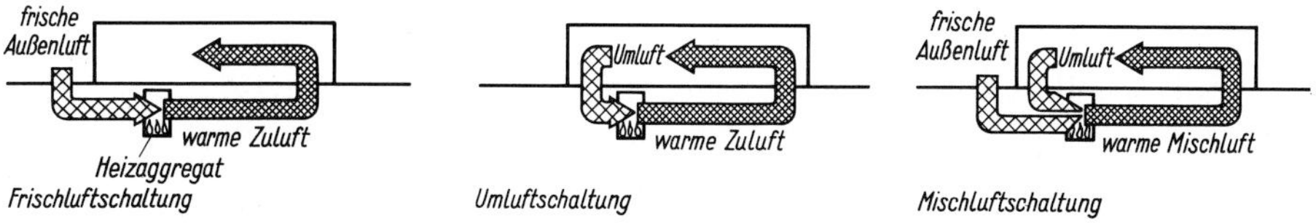

729.2 Warmluft-Zentralheizung, Luftschaltungen

Außenluftheizung. Die Luft wird an 1 bis 2 möglichst wind- und staubgeschützten Stellen im Freien entnommen. Sie ist im Winter sehr kalt, ihr Aufheizen daher teuer. Frischluftheizungen kommen vor allem für Räume mit starker Luftverschlechterung in Frage oder für sehr kurze Betriebsdauer.

Umluftheizung. Hier wird die Luft aus den zu erwärmenden Räumen entnommen. Sie ist daher leichter und billiger zu erwärmen. Die Umluftheizung eignet sich besonders für große, hohe Räume mit geringer Besetzung. Bei stärkerer Verunreinigung muß die Luft gefiltert werden.

Mischluftheizung. Sie ist eine Verbindung von Außenluft- und Umluftheizung und vereinigt die Vorteile beider Arten. Bei großen Sälen und ähnlichen Räumen heizt man vor Beginn der Benutzung mit Umluft und geht, sobald der Raum besetzt ist, zum Außenluftbetrieb über.

Die zur Raumheizung benutzte Luft wird an möglichst groß ausgelegten Heizflächen einer Wärmequelle erwärmt und durch ein Kanalnctz in dic zu beheizenden Räume geleitet, soweit nicht Einzelluftheizer in Großräumen der Industrie und ähnlichen selbst aufgestellt sind und die erwärmte Luft unmittelbar in sie hineinblasen.

Die für die Luftheizung als Konvektionsheizung typischen Eigenschaften sind bereits in Abschnitt 8.6.2 näher beschrieben worden.

10.4.1 Warmluft-Zentralheizung

Nach der den Luftumlauf bewirkenden Triebkraft unterscheidet man Schwerkraft-Luftheizungen (Auftriebs-Luftheizungen) und Ventilator-Luftheizungen (Warmluftautomaten).

Schwerkraft-Luftheizungen. Diese Heizungsart wurde für kleine Einfamilienhäuser, Säle, Schulen, Kirchen und ähnliche Räume gerne ausgeführt.

Der Warmlufterzeuger befindet sich meist in der Mitte unterhalb der zu beheizenden Räume, oft im Keller des Gebäudes.

Die Luftbewegung erfolgt dabei lediglich infolge des Unterschiedes der spezifischen Gewichte der erwärmten und der abgekühlten Luft.

Die für kleine Einfamilienhäuser geeignete und mit geringen Betriebskosten arbeitende und immer zentral angeordnete Kachelofen-Warmluftheizung, die in Abschnitt 9.2.3.3 ausführlich beschrieben ist, gehört ebenfalls zu den Schwerkraft-Luftheizungen.

Diese Heizungsanlagen sind jedoch sehr von den Windverhältnissen abhängig und erfordern eine sorgsame Bedienung.

Ventilator-Luftheizungen. Sie benötigen zur Erzeugung des Luftumlaufes Spezial-Warmluftheizgeräte mit Ventilator und Umluftfilterung (**730**.1).

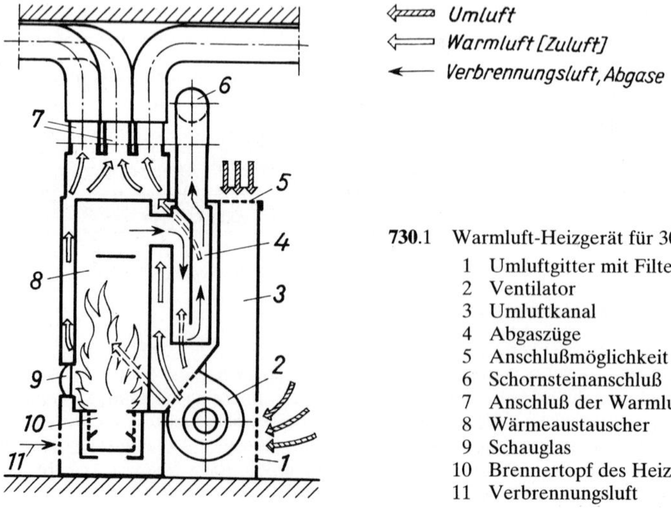

730.1 Warmluft-Heizgerät für 30 kW (System Airflam)
1 Umluftgitter mit Filter
2 Ventilator
3 Umluftkanal
4 Abgaszüge
5 Anschlußmöglichkeit für Umluft
6 Schornsteinanschluß
7 Anschluß der Warmluftkanäle ∅ 150 mm
8 Wärmeaustauscher
9 Schauglas
10 Brennertopf des Heizöl-Verdampfungsbrenners
11 Verbrennungsluft

Wärmequelle ist ein durch feste, flüssige oder gasförmige Brennstoffe oder auch durch Nachtstrom beheiztes Warmluftheizgerät (s. auch **667**.1), das möglichst zentral in einem kleinen Heizraum oder in einer Nische des Kellergeschosses aufgestellt wird, bei fehlender Unterkellerung auch im Erdgeschoß selbst angeordnet werden kann.

Als Luftkanäle werden zumeist mit gutem Wärmeschutz zu versehende Blechrohre von beispielsweise ∅150 mm verwendet. Sie werden im unterkellerten Haus (**731**.1) unter der Kellerdecke, unter nicht unterkellerten Räumen ausnahmsweise in Fußbodenkanälen, von einem im Erdgeschoß stehenden Heizgerät aus am besten im Flur oberhalb einer abgehängten Zwischendecke verlegt.

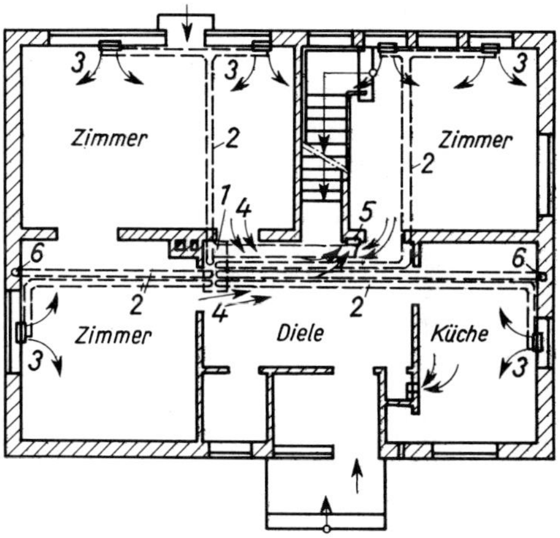

731.1 Feuerluftheizung eines Wohnhauses (System Airflam)
1 Warmluft-Heizgerät im Kellergeschoß
2 Warmluftkanäle ∅150 mm aus Blech mit Wärmeschutzmantel, unter der Kellerdecke
3 Warmluftauslässe in den Fensterbrüstungen
4 Abluft durch Gitter in den Türen über den Flur zum
5 Umluftschacht und zum Heizgerät (oder zur Heizkammer)
6 Warmluft-Steigrohr zum Dachgeschoß

Unerläßlich für ein einwandfreies Funktionieren der Anlage ist die zuverlässige Abführung der Abluft aus den Räumen. Diese ist als Umluft entweder mit Umluftgittern im unteren Teil der Flurtüren über Flur und Treppenhaus, auch durch einen Umluftsammelkanal im Keller (**731**.1), oder kostspieliger, aber mit weiterer Verbesserung des Schallschutzes, durch besondere Umluftkanäle aller Räume zum Heizgerät zurückzuführen.

Lediglich aus Küchen und Bädern wird zur Vermeidung einer Rückführung von Dämpfen und Gerüchen keine Umluft entnommen. Diese Räume sind vielmehr in gewohnter Weise nach draußen zu entlüften.

Luftführung im Raum (**731**.2). Sie wird bestimmt durch die Anordnung der Zuluft- und Abluftdurchlässe.

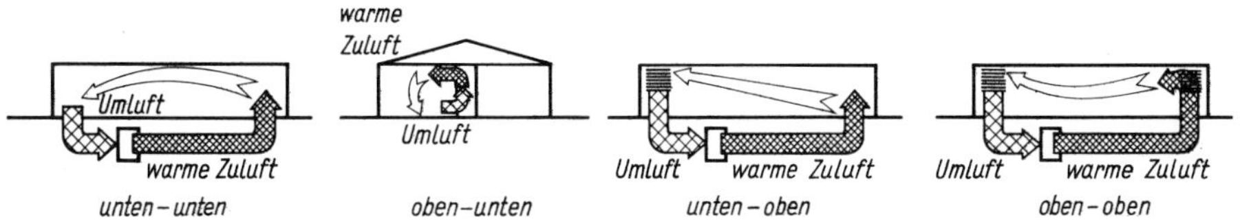

731.2 Warmluft-Zentralheizung, Luftführung im Raum

Unten-unten: Die Luftdurchlässe liegen im Fußboden oder unten in den Wänden der Räume. Sämtliche Luftleitungen können im Keller oder im Fußboden verlegt werden. Bei Leitungsführung im Keller liegen die Luftleitungen frei, sind jederzeit zugänglich, und ihre Montage ist preiswert.

Oben-unten: Wegen besonders kurzer und einfacher Führung der Luftleitungen ist die Installation sehr preisgünstig. Bei Einfamilienhäusern lassen sich Zuleitungen einer Ventilator-Luftheizung gut isoliert auf einem nicht begangenen Dachboden verlegen. Das Ansaugen unten kann ohne besonderes Leitungssystem direkt am Gerät erfolgen (üblich bei Fertighäusern). Bei Schwerkraft-Warmluftzentralheizung können Warmluftaustritts- und Zuluftöffnungen direkt in der Heizkammerwand liegen.

Unten-oben: Die Warmluft steigt von den Austrittsöffnungen unterhalb der Fensterscheiben nach oben, bildet Warmluftschleier an den Glaswänden, verhindert hier Kaltlufteinfall, kühlt sich dabei ab und wird in der Deckenzone des Raumes abgesaugt.

Oben-oben: Verbrauchte Warmluft und Tabakrauch werden zugfrei abgeführt. Die Anordnung ist für Restaurants und Versammlungsräume geeignet. Die Lüftung ist zugleich zugfrei, jedoch sind zusätzliche Zuluftdurchlässe in Fußbodennähe erforderlich.

Raumeignung. Die Anlagekosten der Warmluftheizung sind verhältnismäßig niedrig, die Anlagen schnell aufzuheizen und örtlich, öl- oder gasgeheizte auch zentral leicht zu regeln. Der Fortfall aller Raumheizkörper ist ein besonderer Vorteil. Da die gesamte Raumluft umgewälzt wird, läßt sich die verbrauchte feuchtigkeitsgesättigte Luft leicht durch frische ersetzen.

Andererseits können außer einer Übertragung von Staub, Gerüchen und Geräuschen auch hohe Zulufttemperaturen vor allem in der Nähe der Ausblasöffnungen lästig werden.

Warmluftheizungen der vorstehend beschriebenen Art werden als Mehrraumheizung für kleinere und mittlere Einfamilienhäuser ausgeführt. Sie haben sich daneben für kurzfristige Beheizung von Großräumen, wie Kirchen, bewährt.

Für Großräume gibt es auch gasbeheizte Lufterhitzer, die den nachstehend behandelten wasser- oder dampfbeheizten Geräten entsprechen.

10.4.2 Wasser- und Dampfluftheizung

Zur Vermeidung der teuren, oft schwierig unterzubringenden und leicht verschmutzenden Luftkanäle und der durch sie bedingten Betriebskosten und Wärmeverluste werden in großen Ausstellungs- und Industriehallen vielfach örtliche, durch Wasser oder Dampf beheizte Lufterhitzer, vor allem als Wandlufterhitzer (**732**.1), mit Vorteil besonders dort verwendet, wo Warmwasser, Heißwasser oder Niederdruckdampf sowieso verfügbar ist, zum andern die hierbei unvermeidlichen Lüftergeräusche in Kauf genommen werden können.

Die in 3 bis 4 m Höhe aufzuhängenden Geräte erreichen Wurfweiten bis 25 m nach vorn, 12 m nach den Seiten und können somit beträchtliche Flächen bestreichen.

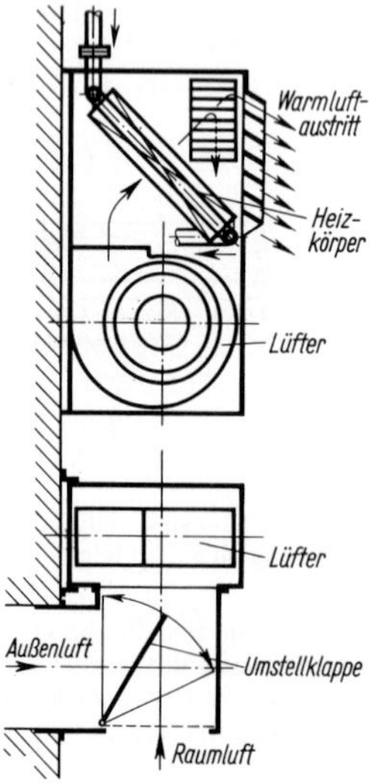

Je nach Stellung der Luftklappe kann sowohl Umluft, Außenluft als auch Mischluft angesaugt werden. Oft werden diese Geräte ohne Außenluftanschluß nur mit Umluft betrieben.

Der Apparat wird meistens mit oberer Ausblasöffnung an der Wand befestigt. Er kann jedoch auch um 180° gedreht werden und dann nach unten ausblasen oder waagerecht direkt unter der Decke angeordnet werden.

Sowohl auf der Saug- wie auf der Druckseite können Luftleitungen angeschlossen werden.

Wandluftheizer werden in mehreren Größen mit einem maximalen Volumenstrom bis etwa 10 000 m^3/h und maximalen Heizleistungen bis etwa 150 kW hergestellt.

732.1 Wandluftheizer mit Ansaugkasten für Außenluft und Raumluft

10.5 Fernheizungen

Allgemeines. Bei einer Fernheizung ist für eine Gebäudegruppe, Siedlung, einen Stadtteil oder für eine Krankenanstalt, Fabrik, Kaserne ein Heizwerk oder ein Heizkraftwerk vorhanden, von dem die erzeugte Wärme den einzelnen Gebäuden durch Rohrleitungen zugeführt wird.

Ein Heizwerk liefert lediglich Wärme. An ein öffentliches Heizwerk sollten mindestens 600 bis 700 Wohnungen angeschlossen sein, davon mindestens die Hälfte in Wohnblocks oder größeren Mietshäusern.

Kleinere Heizwerke, Blockheizwerke, werden auch von privaten Trägern, so Wohnungsbaugesellschaften, für einen engeren Versorgungskreis errichtet.

Ein Heizkraftwerk liefert in einem gekoppelten Prozeß sowohl Wärme als auch elektrischen Strom mit einem erheblich günstigeren Wirkungsgrad, als ihn die thermische Stromerzeugung allein aufweist, da die Fernheizung die sonst verlorengehende Kondensationswärme nutzbar macht.

Fernheizungen bestehen aus dem Kesselhaus, dem Fernwärme-Rohrnetz, der Übergabestation und dem Hauswärme-Rohrnetz.

Das Kesselhaus enthält Kessel, Feuerungen, Schornstein, Brennstofflager, Pumpen, Wasseraufbereitung, Meßanlagen und Zubehör.

Das Fernwärme-Rohrnetz führt die Wärme, gebunden an Dampf, Warmwasser oder Heißwasser, zu den verschiedenen Gebäuden.

In den Übergabestationen wird die Wärme vom Fernwärme-Rohrnetz auf die Hausanlagen übertragen.

Durch das Hauswärme-Rohrnetz wird die Wärme in den Häusern auf die verschiedenen Heizkörper und sonstigen Wärmeverbraucher verteilt.

Eine Fernwärmeversorgung weist gegenüber kleineren Warmwasser-Sammelheizungen und besonders gegenüber der Einzelheizung viele Vorteile auf, die den Wohnwert einzelner Gebäude wie Stadtteile erheblich steigern können.

Fernheizungen werden nach der Art des Wärmeträgers eingeteilt:

Warmwasserheizungen mit Temperaturen bis 100°C,
Heißwasserheizungen mit Temperaturen bis 120°C oder über 120°C
und
Dampfheizungen.

10.5.1 Warmwasser-Fernheizungen

Die Warmwasser-Fernheizung mit einer maximalen Vorlauftemperatur bis 120°C entspricht in der Bauart grundsätzlich einer großen Pumpen-Warmwasserheizung (s. Abschnitt 10.1.1). Sie kann als offene oder geschlossene Heizung ausgeführt werden (s. Abschnitt 10.2.2).

Heizwerk. Zunächst ist bei der Planung des Kesselhauses die Gebäudelage sorgfältig zu überlegen. Das Heizwerk enthält in der Regel einen Kesselraum mit zwei oder mehr Kesseln, einen Pumpenraum mit Wasseraufbereitung und Hauptverteilung, eine Schaltwarte mit Meß- und Regelgeräten, Werkstatt, Personalraum und das Brennstofflager (s. Abschnitt 10.2.6).

Fernwärme-Rohrnetz. Es leitet den Wärmeträger zu den Abnehmern. Als Wärmeträger werden Dampf, allerdings fast nur noch bei Heizkraftwerken für industrielle Wärmelieferung, Heiß- oder Warmwasser verwendet.

Heißwasser mit Vorlauftemperaturen bis 180 °C im geschlossenen Rohrsystem mit Überdruck bis etwa 10 bar (s. Abschnitt 10.5.2) wird vor allem in größeren Anlagen benutzt, in deren Hausstationen dann meistens Wärmeaustauscher das Warmwasser für die örtliche Heizung oder den unmittelbaren Gebrauch erzeugen (**735**.1).

Warmwasser mit bis 120 °C Vorlauftemperatur in offenen Systemen mit hoch liegendem Ausdehnungsgefäß und mit meist unmittelbarem Anschluß der Hausheizung an das Fernheiznetz wendet man vor allem in kleineren Anlagen an (**734**.1).

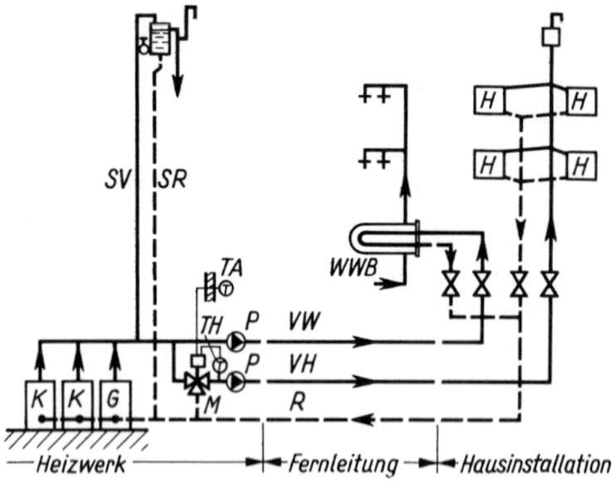

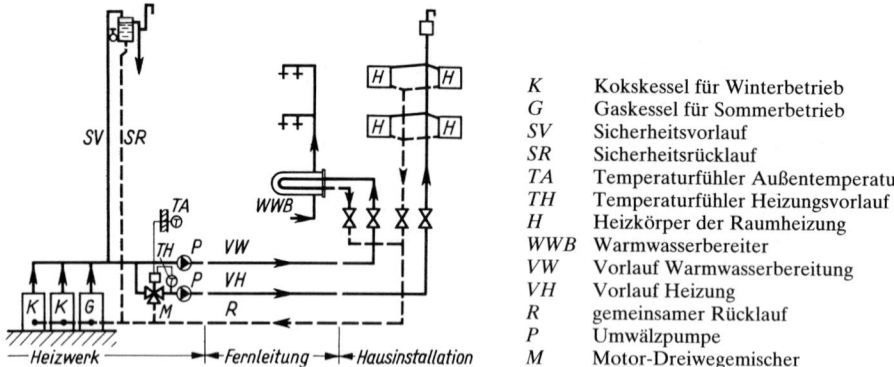

K	Kokskessel für Winterbetrieb
G	Gaskessel für Sommerbetrieb
SV	Sicherheitsvorlauf
SR	Sicherheitsrücklauf
TA	Temperaturfühler Außentemperatur
TH	Temperaturfühler Heizungsvorlauf
H	Heizkörper der Raumheizung
WWB	Warmwasserbereiter
VW	Vorlauf Warmwasserbereitung
VH	Vorlauf Heizung
R	gemeinsamer Rücklauf
P	Umwälzpumpe
M	Motor-Dreiwegemischer

734.1 Fernwärmeversorgung, Warmwasser, offenes System mit Dreileiternetz

Die Rücklauftemperatur beträgt bei Heiß- und Warmwassernetzen 50 bis 70 °C. Die hierdurch vor allem im Heißwassersystem auftretende große Temperaturspreizung führt zu einer erheblichen Verringerung der umlaufenden Wassermenge und damit der Leitungsquerschnitte.

Netzarten. Die jeweiligen Gegebenheiten, wie Geländeverhältnisse, Größenordnung der Anlagen und Forderungen einzelner Verbraucher, wie Krankenhäuser und Industrieabnehmer, die gleichzeitige Lieferung von Gebrauchswarmwasser, entscheiden auch darüber, ob die Fernwärmeversorgung über ein Dreileiternetz (**734**.1), das einen Betrieb mit gleitenden Heizungsvorlauftemperaturen zuläßt, erfolgen kann oder ob das billigere Zweileiternetz (**735**.1 und Tafel **738**.1,) zu wählen ist, das zugleich eine ganzjährige Entnahme von Raumheizwärme gestattet.

Ferner ist zu klären, ob mit unmittelbarem Anschluß der Hausanlagen an das Fernleitungsnetz oder ob mit mittelbarem Anschluß über Wärmeaustauscher gefahren werden kann.

Fernwärmeleitungen. Aus wirtschaftlichen Gründen werden in Wohngebieten die Fernleitungen nach Möglichkeit unter Vermeidung des Straßenkörpers unter Gehwegen, durch Vorgärten oder öffentliche Grünflächen und im übrigen durch die Keller der einzelnen Hauszeilen geführt und dort an den Kellerdecken aufgehängt.

Bei der unterirdischen Verlegung ist zwischen einer Verlegung in selbständigen Bauteilen, den Profilkanälen, und einer kanalfreien Verlegung unmittelbar in der Erde zu unterscheiden.

Profilkanäle. Diese nicht begehbaren Rohrkanäle bestehen in der Regel aus Wanne und Deckel oder Sohle und Haube.

Es gibt hierfür viele Bauformen, wie U-Kanal, Rechteckhaubenkanal, Halbkreishaubenkanal, Winkelplattenkanal und Halbschalenkanal.

Die Kanalverlegung in Haubenkanälen nach DIN 18178 ist zwar die aufwendigste und teuerste Lösung, bietet aber auch den sichersten Schutz gegen Wärmeverluste, Feuchtigkeitseinwirkung und mechanische Beschädigung (**735**.2)

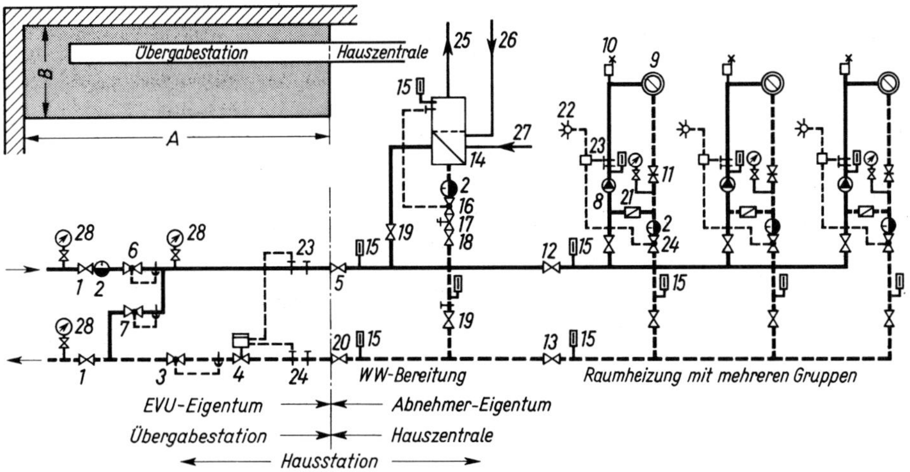

735.1 Hausstation einer Fernwärmeversorgung, geschlossenes System 120/70 °C mit Zweileiternetz (Raumheizung 90/70 °C) (Hamburgische Electricitäts-Werke AG)

1 Netzabsperrung
2 Schmutzfänger
3 Wassermengenregler
4 Wärmezähler
5 Hausabsperrorgan
6 Reduzierventil
7 Überströmventil
8 Umwälzpumpe
9 Heizungsanlage
10 automatischer Be- und Entlüfter
11 Einstellschieber zum Einregulieren der Umwälzmenge
12 Einstell- und Absperrorgan der Raumheizungsanlage
13 Abperrorgan wie 12
14 Wärmeaustauscher (Speicher mit eingebauter Heizfläche)
15 Thermometer
16 Temperaturregler
17 Rücklauf-Temperaturbegrenzer
18 Einstellorgan WWB
19 Absperrorgan WWB
20 Hausabsperrorgan
21 Rückschlagklappe
22 Witterungsfühler
23 Vorlauf-Temperaturfühler
24 Rücklauf-Temperaturfühler
25 Warmwasser
26 Zirkulation
27 Kaltwasser
28 Manometer

——— Vorlaufleitung ------ Rücklaufleitung

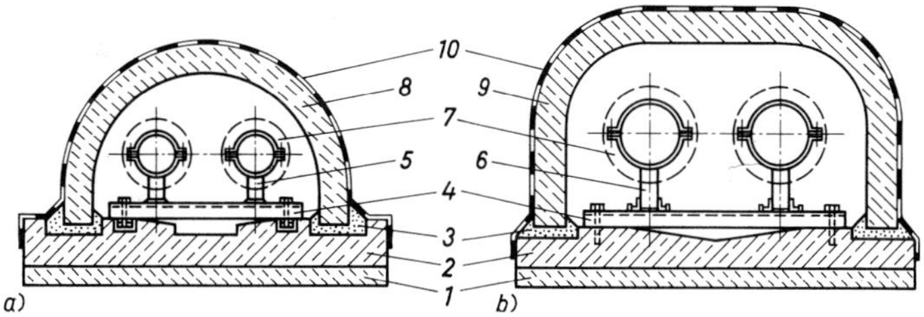

735.2 Haubenabgedeckte Leitungen für Fernheizkanäle (Steinkohle-Elektrizitäts AG)
a) mit unbewehrter Halbkreisschale für DN 25 bis 80
b) mit bewehrter Normalhaube für DN 100

1 Sauberkeitsschicht (Magerbeton)
2 Kanalsohle aus Ortbeton, bewehrt
3 Zementmörtel
4 U-Stahlschiene
5 Festlager
6 Gleitlager, geführt
7 Wärmedämmung der Rohrleitung
8 Halbkreisschale, unbewehrt, aus B 25
9 Normalhaube, bewehrt, aus B 25
10 Bitumenbinde über Stoßfuge

Die Kanalsohle ist zur Ableitung von Wasser entsprechend zu profilieren und mit leichtem Gefälle zu verlegen. Alle 15 bis 20 m wird eine Dehnungsfuge mit eingelegtem Dichtungsband angeordnet. Auf der Sohle werden nach Montage der Rohrleitungen die vorgefertigten Abdeckhauben von normalerweise 1 m Länge in Zementmörtel versetzt und ihre Stoßfugen mit einer bitumengetränkten Binde bandagiert.

Die Erdüberdeckung der Hauben beträgt am günstigsten etwa 1 m.

Erdverlegung. Die kanalfreie Verlegung ist zwar billiger als die Kanalverlegung, doch ist sie bei schwerem undurchlässigem Boden oder bei der Gefahr mechanischer Beschädigung durch spätere Baumaßnahmen begrenzt anwendbar.

Die Erdverlegung von Fernheizleitungen ist daher für dicht bebaute Städte nicht zu empfehlen.

Kanalfreie Verlegeverfahren können aus Stahlmantelrohren, Faserzement-Mantelrohren, Kunststoffmantelrohren und Fernheizkabel bestehen.

Daneben gibt es ein Kunststoffmantelrohr-Verfahren in Verbundbauweise und eine Stahlrohrverlegung im Gießverfahren.

Beim Stahlmantelrohr ist das Heizrohr in einem mit äußerem Korrosionsschutz versehenen Stahlschutzrohr verlegt. Zwischen beiden Rohren liegt eine durch Blechmanschette geschützte Wärmedämmung (**736**.1).

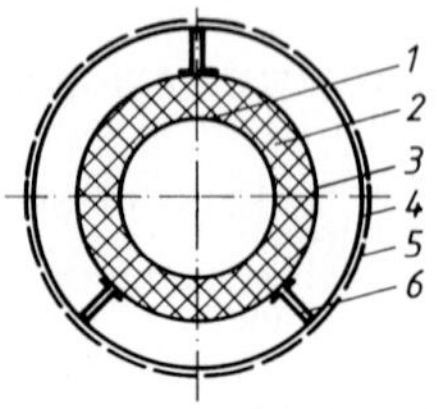

736.1 Stahlmantelrohr
1 Mediumrohr
2 Wärmedämmung
3 Blechmanschette
4 Stahlschutzrohr
5 Korrosionsschutz
6 Gleitkufen

Werkseitig vorgefertigt werden die Rohre in Standardlängen von 12 und 16 m hergestellt.

In das Faserzement-Mantelrohr mit werkseitiger PUR-Hartschaum-Wärmedämmung zwischen Mantelrohr und Kernrohr werden die Stahlheizrohre nachträglich eingezogen (**736**.2). Die Rohre liegen in der Kupplung auf und können sich so ausdehnen.

Die Lieferlängen dieser Rohrstücke betragen 4 und 5 m.

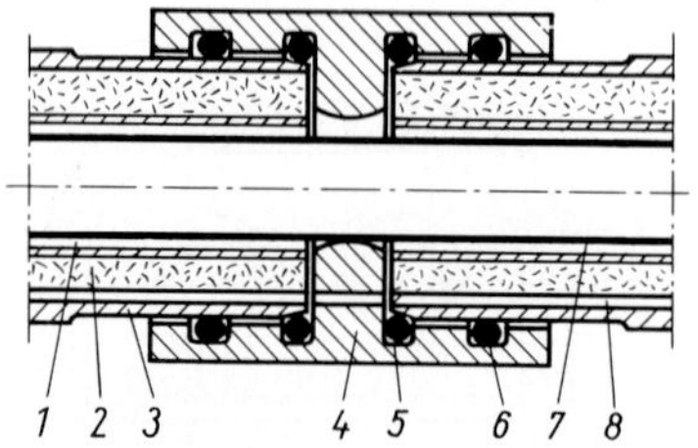

1 Kernrohr
2 Isolierung aus PU-Hartschaum
3 Faserzement-Mantelrohr
4 Mantelrohr-Kupplung aus Faserzement
5 Gummi-Abstandsring
6 Gummi-Dichtring (temperaturbeständig)
7 Stahlrohr der Fernwärmeleitung
8 Ablaufrinne für Kondenswasser

736.2 Mantelrohr mit Hartschaum-Isolierung
(WANIT Gesellschaft für Faserzementerzeugnisse mbH + Co. KG)

Kunststoffmantelrohre mit frei beweglichem Stahlheizrohr sind Fertigteilelemente mit einem 3 bis 5 mm dicken PE-Außenmantel, mit inneren glasfaserverstärkten Polyester-Schutzrohren und einer Wärmedämmung aus hartem PUR-Schaum. Die Doppelrohrelemente sind mit einem inneren Dränrohr versehen (**737**.1).

Die Einrohr-, Doppelrohr- und Vierrohrelemente werden in Standardlängen von 12 m hergestellt.

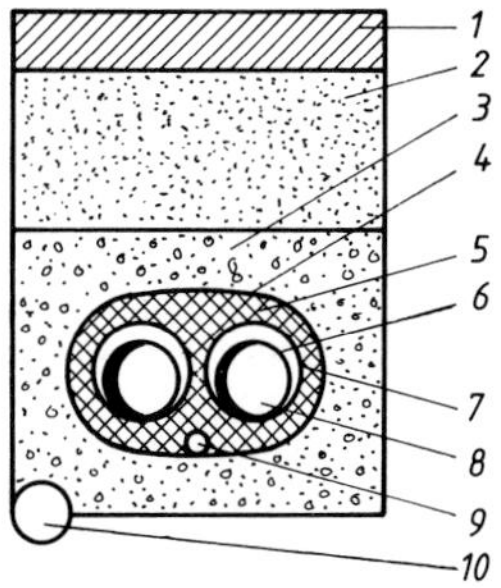

737.1 Kunststoffmantelrohr mit frei und axial beweglichem Stahlmediumrohr

1 Oberfläche
2 Füllkies
3 Filterkies
4 PE-Mantel
5 PUR-Schaum
6 Belüftungsspalt
7 Polyesterrohr
8 Stahlheizrohr
9 inneres Dränrohr
10 Dränrohr

Beim Fernheizkabel ist der Raum zwischen dem inneren endlos gewellten Heizrohr aus rostfreiem Edelstahl, auch wahlweise aus Kupfer, und dem ebenfalls gewellten Stahlmantelrohr mit flexiblem PUR-Hartschaum ausgeschäumt. Im Hartschaum sind Meldeadern für die Überwachung und Fehlortung eingebettet. Der äußere Korrosionsschutz besteht aus einer zweifachen Polymentschicht mit PE-Schutzmantel (**737**.2).

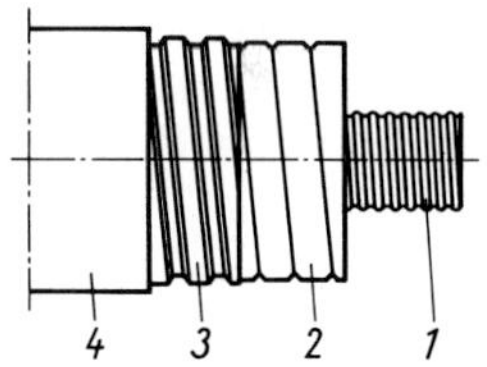

737.2 FLEXWELL-Fernheizkabel (System Goepfert-Kabelmetall)

1 gewelltes Kupfer-Innenrohr (Fernwärmeleitung)
2 PU-Hartschaum
3 gewelltes Stahl-Außenrohr
4 Polymentschicht mit PE-Mantel als Korrosionsschutz

Das Fernheizkabel wird als flexible, fabrikfertige Wellrohrkonstruktion in DN 25 bis DN 125 und in Längen von 250 bis 600 m auf Trommeln angeliefert und wie ein elektrisches Kabel direkt ins Erdreich verlegt. Besondere Maßnahmen zur Aufnahme der Wärmedehnungen entfallen.

Schachtbauwerke. Ein vermaschtes Wärmeverteilungsnetz mit genügend Absperrungen, bei Rohrdurchmessern bis 200 mm mit Absperrschächten alle 200 bis 250 m, erhöht zwar die Betriebssicherheit der Anlage beträchtlich, ist aber kostspielig.

Nach ihrer Funktion unterscheidet man Kompensator-, Verteiler-, Armaturen- und Eckschächte.

Neben der Aufnahme der Rohrleitungen und ihrer Armaturen dienen sie vor allem als Entwässerungs-, Entlüftungs- und Kontrollschächte (**737**.3).

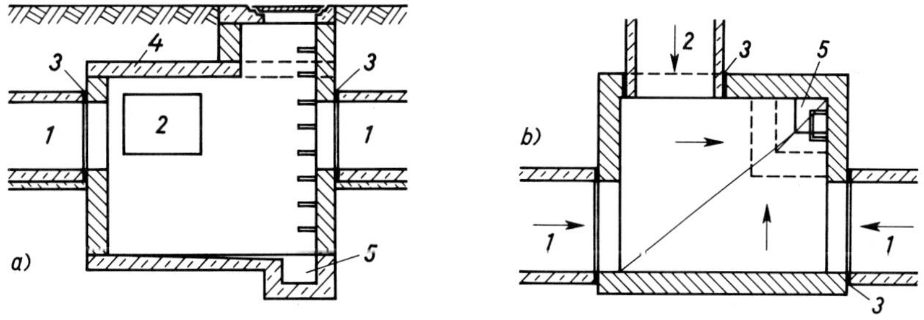

737.3 Kontrollschacht einer Fernheizungs-Kanalanlage

a) senkrechter Schnitt b) Grundriß

1 Hauptkanal, 2 Abzweigkanal, 3 doppelte Isolierpappe, 4 Deckenplatte, 5 Pumpensumpf

Kleinere Schächte werden mit gemauerten Wänden, die erdseitig einen Putz mit Dichtungsmittelzusatz oder einen Rapputz mit Bitumenanstrich erhalten, auf einer Stahlbetonsohle hergestellt und mit Stahlbeton-Fertigplatten in einem Mörtelbett mit Teerstrickdichtung abgedeckt.

Größere Schächte werden meist ganz in Stahlbeton ausgeführt.

Alle Schächte sind an das öffentliche Entwässerungsnetz anzuschließen.

Nur wo dies ausnahmsweise unmöglich ist, ordnet man einen Pumpensumpf an, der bei Wassereinbrüchen ein Auspumpen des Schachtes ermöglicht (**737**.3).

Heizungsanlage. In einer Hausstation nach DIN 4747 T. 1 wird die ins Haus gelieferte Wärme übernommen und in der Hausheizungsanlage in die zu beheizenden Räume, in einen Warmwasserbereiter oder zu anderen Wärmeverbrauchern geleitet (**735**.1).

Eine Hausstation besteht aus der Übergabestation und der Hauszentrale (**735**.1). Die Übergabestation und Hauszentrale können baulich getrennt oder in einer Einheit zusammengefaßt sein.

Die Übergabestation ist das Bindeglied zwischen der Hausanschlußleitung und der Hauszentrale (**735**.1). Sie dient dazu, die Wärme vertragsgemäß, also hinsichtlich Druck, Temperatur und Volumenstrom, an die Hauszentrale zu übergeben.

Die Hauszentrale ist das Bindeglied zwischen Übergabestation und Hausanlage (**735**.1). Sie dient der Anpassung der Wärmelieferung an die Hausanlage, wobei man zwischen dem direkten und indirekten Anschluß unterscheidet.

Angaben über den Platzbedarf der Übergabestationen in Abhängigkeit vom Anschlußwert der jeweiligen Heizungsanlage enthält Tafel **738**.1 in Verbindung mit Bild **735**.1.

Tafel **738**.1 Anschlußwerte und Platzbedarf von Übergabestationen (Hamburgische Electricitäts-Werke AG)

Anschlußwert	*MW*	<0,12	>0,12 ···0,24	>0,24 ···0,7	>0,7 ···1,4	>1,4 ···2,0	>2,0 ···3,5	>3,5 ···5,6
Übergabestation	*DN*	25	32	50	65	80	100	125
Platzbedarf für Übergabestation in m	*A*	2,0	2,4	3,0	5,3	5,4	6,6	8,5
	B	1,5	1,5	1,6	1,6	1,6	1,7	2,0

Die Hausheizungsanlagen entsprechen vollkommen den vorher im Abschnitt 10.1 behandelten Heizungseinrichtungen wie den in Abschnitt 12.3 dargestellten Warmwasser-Bereitungsanlagen, so daß hier nicht weiter auf sie eingegangen zu werden braucht.

10.5.2 Heißwasser-Fernheizungen

Heißwasserheizungen nach DIN 4752 sind geschlossene Wasserheizungen mit Vorlauftemperaturen ab 100 °C, meistens 130 bis 180 °C, auch höher.

Sie gehören zu den Hochdruckanlagen und unterliegen der Genehmigungspflicht und laufenden Überwachung durch den Technischen Überwachungsverein.

Diese Wassertemperaturen sind nur unter dem zugehörigen Betriebsdruck (≧ Siededruck des Wassers) von ≧ 0,5 bar oder ≧ 2,5 bis 10,2 bar möglich, der an jeder Stelle des Rohrnetzes vorhanden sein muß, da sich sonst Dampf bildet, der laut knallende Wasserschläge hervorruft, durch welche die Rohre beschädigt werden können.

Das Heißwasser kann erzeugt werden in einem

1. Wasserkessel mit nachgeschaltetem geschlossenen Ausdehnungsgefäß (**739**.1)

1 Wasserkessel
2 Wärmeverbraucher
3 Vorlaufleitung
4 Rücklaufleitung
5 Umwälzpumpe
6 geschlossenes Ausdehnungsgefäß

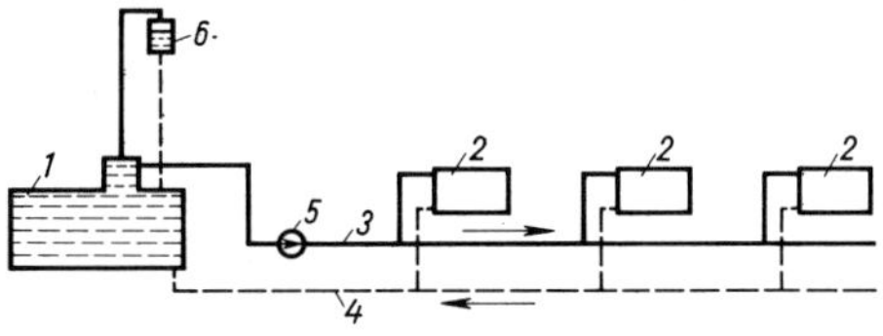

739.1 Wasserkessel als Heißwassererzeuger (nach J. Schmitz)

2. Dampfkessel, aus dem es unterhalb des Dampfraumes entnommen wird (**739**.2), der zugleich den Ausdehnungsraum für das Wasser bildet,

1 Dampfkessel
2 Wärmeverbraucher
3 Vorlaufleitung
4 Rücklaufleitung
5 Umwälzpumpe
6 Speisewasser-Vorratsbehälter
7 Speisepumpen
8 Dampfraum

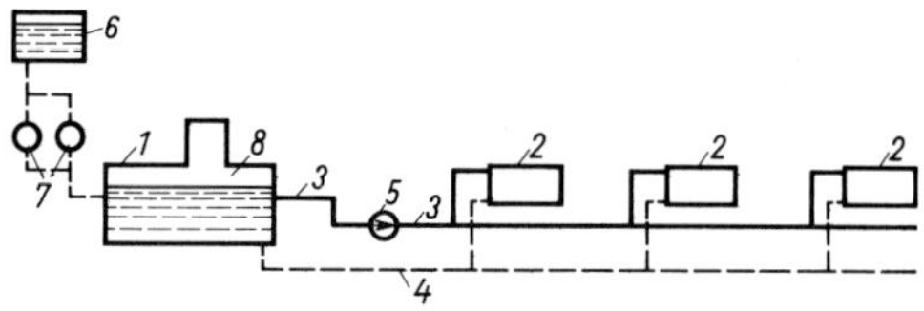

739.2 Dampfkessel als Heißwassererzeuger (nach J. Schmitz)

3. Mischgefäß, in dem der aus einem Dampfkessel kommende Hochdruckdampf das Rücklaufwasser in unmittelbarer Berührung wieder aufheizt oder

4. Oberflächen-Wärmeaustauscher, einem Gegenstromapparat, durch Dampf oder Heißwasser (**739**.3 und **69**.1).

Zum unmittelbaren Beheizen von Aufenthaltsräumen ist die HWH wegen der hohen Oberflächentemperaturen der Heizkörper nicht geeignet, sie kommt jedoch für industrielle Zwecke, Großraumheizungen, auch mit örtlichem Lufterhitzer (**732**.1), für die Zentralen ausgedehnter Gebäudekomplexe, wie Kasernen, Krankenhäuser, Hochschulen, besonders wenn diese Abnehmer auch Dampf benötigen, vor allem aber für Fernheizungen großen Umfanges (s. auch Abschnitt 10.5.1) in Frage.

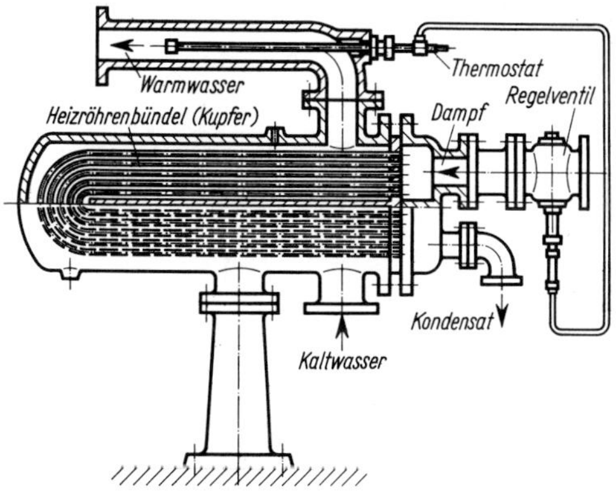

739.3 Gegenstromapparat (WAM, Kiel)

Ein schwankender Wärmebedarf läßt sich bequem mit Hilfe von Wärmespeichern auffangen, eine große Entfernung durch Pumpen überbrücken.

10.6 Sonderformen der Heizung

10.6.1 Sonnenheizungen

Sonnenheizungen werden nach DIN 4757 T. 1 als offene oder geschlossene Anlagen mit Naturumlauf, Schwerkraftumlauf oder Zwangsumlauf gebaut.

Die offene Sonnenheizungsanlage hat eine unabsperrbare Verbindung zur Atmosphäre, so daß der zulässige Gesamtüberdruck auch ohne Sicherheitseinrichtungen nicht überschritten werden kann (**740**.1).

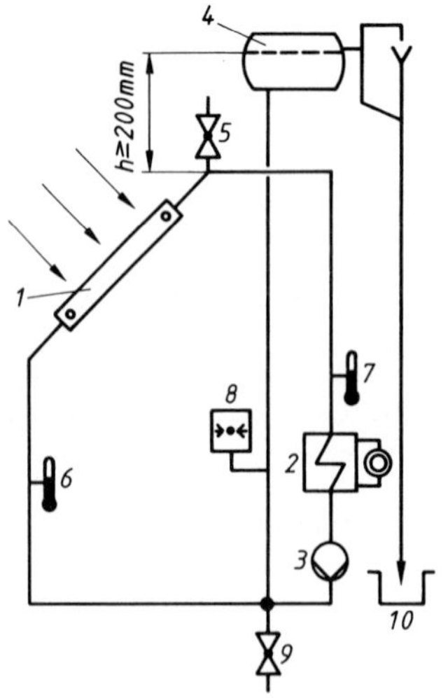

740.1 Offene Sonnenheizungsanlage mit offenem Ausdehnungsgefäß (nach DIN 4757 T. 1)

1 Sonnenkollektor
2 Wärmeverbraucher
3 Umwälzpumpe
4 Offenes Ausdehnungsgefäß
5 Entlüftungsventil
6 Rücklaufthermometer
7 Vorlaufthermometer
8 Manometer
9 Entleerungsventil
10 Auffangbehälter (Überlauf)
11 Sicherheitsventil
12 Membran-Ausdehnungsgefäß
16 Speicherbehälter
h Höhe

Die geschlossene Sonnenheizungsanlage ist mit einer Sicherheitseinrichtung gegen Drucküberschreitung ausgerüstet (**740**.2).

Beim offenen Kreislauf wird der Wärmeträger, wie bei Schwimmbädern, aus dem Kreislauf entnommen (**743**.2).

Beim geschlossenen Kreislauf wird der Wärmeträger nicht entnommen. Einrichtungen zur Probeentnahme und zur Entleerung sind jedoch zulässig.

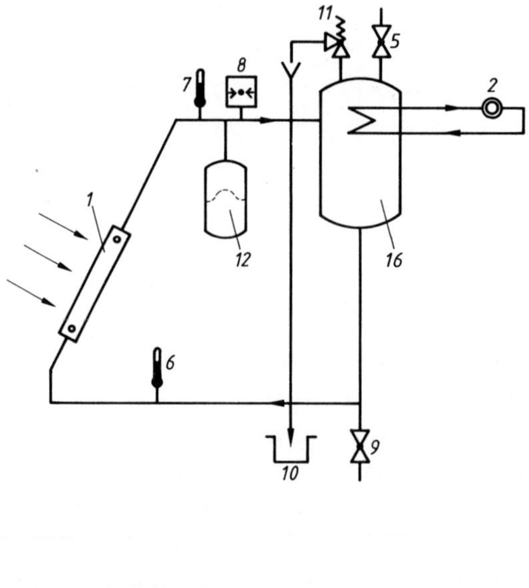

740.2 Geschlossene Sonnenheizungsanlage mit geschlossenem Ausdehnungsgefäß im Naturumlauf (nach DIN 4757 T. 1) (Legende s. **740**.1)

Die Sonnenenergie wird grundsätzlich mit Kollektoren aufgefangen und durch Wasser, mit einer Frostschutzbeimischung oder geeigneten synthetischen Ölen, als Wärmeträger über ein Rohrsystem einem Speicher zugeführt (**740**.2).

Für Sonnenheizungsanlagen mit organischen Wärmeträgern gilt DIN 4757 T. 2.

Aus diesem Speicher wird mit Hilfe eines weiteren Rohrkreislaufes das erwärmte Wasser in üblicher Weise zum Heizen verwendet.

Kollektoren. Die Sonnenkollektoren nach DIN 4757 T. 3 und 4 werden meistens als Flachkollektoren auf Dächern angebracht, können jedoch auch an anderer Stelle im Hausbereich miteingeplant werden.

Ein Sonnenkollektor, Solarkollektor oder einfach Kollektor, ist eine Einrichtung, die Sonnenstrahlen absorbiert, in Wärme umwandelt und diese an einen strömenden Wärmeträger abgibt.

Die Absorption der Sonnenstrahlung kann im Fall einer absorbierenden Flüssigkeit jedoch auch unmittelbar im Wärmeträger erfolgen.

In ihrer Funktion sind Flachkollektor und konzentrierender Kollektor zu unterscheiden.

Beim Flachkollektor ist die Eintrittsfläche etwa ebenso groß wie die Absorberfläche. Bei ihm wird keine Konzentration der Sonnenstrahlung angewendet.

Ein konzentrierter Kollektor ist mit Reflektoren, Linsen oder anderen optischen Elementen ausgestattet, welche die durch die Eintrittsfläche gelangende Sonnenstrahlung auf einen Absorber konzentrieren, dessen Oberfläche dann kleiner ist als die Eintrittsfläche.

Ein einfacher Flachkollektor besteht aus einer geschwärzten Metallplatte mit daran befestigten wassergefüllten Metallrohren, an der Oberseite aus ein oder zwei Glasplatten, als Schutz gegen Umwelteinflüsse, und an der Unterseite aus einer Wärmedämmung, die Wärmeverluste an die Umgebung verringern soll (**741**.1).

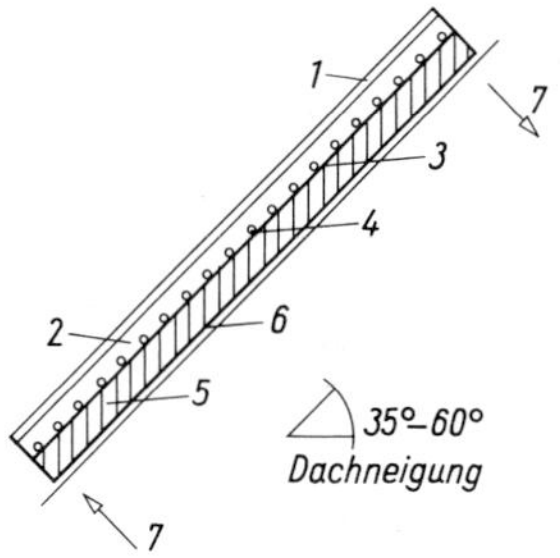

741.1 Schemaaufbau eines Flachkollektors
1 Zweischeiben-Isolierglas
2 Luftzwischenraum
3 Schwarzblech (Absorber)
4 Wärmerohre 12 bis 25 mm ∅
5 Isolierung 5 bis 10 cm
6 Gehäuse (Rahmen)
7 Wasserkreislauf

Gesamtbauhöhe 8 bis 22 cm

Statt Glas werden für Kollektorabdeckungen auch transparente UV-beständige Folien oder Kunststoffe hergestellt. Die üblichen Kollektorplattengrößen liegen bei 2 bis 3 m^2.

Statt Metallen, wie Aluminium, Kupfer oder Edelstahl, werden von zahlreichen Herstellern auch korrosionsbeständige Kunststoffplatten, Kunststoffrohre und ähnliche Materialien verwendet (**741**.2).

Bei anderen Auffangeinrichtungen dienen die Kollektoren gleichzeitig als Dachfläche.

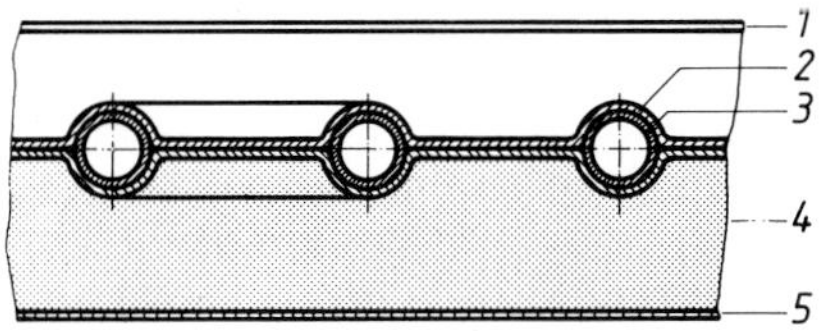

741.2 Kollektor-Aufbau (Viessmann)
1 Spezialfolie
2 Absorberplatte mit eingepreßtem Rohrquerschnitt
3 Silicon-Kautschuk-Schlauch
4 Polyurethan-Hartschaum
5 zinkplattiertes Aluminium

Weitere neue Bauarten und Konstruktionen werden seit Jahren von Firmen und Instituten erprobt, um den Wirkungsgrad ständig zu verbessern.

Die Kollektorkosten sind je nach Bauart sehr unterschiedlich. Sie liegen zwischen 200 und 600 DM/m^2.

Die einfallende Sonnenenergie wird im Kollektor in Wärme umgewandelt, wobei ein Teil der Wärme durch Abstrahlung, Konvektion und Leitung jedoch wieder verlorengeht.

Wirkungsgrad. Die Umwandlung der auf die Kollektorflächen auftreffenden Sonnenstrahlung in nutzbare Heizwärme ist ein von vielen Faktoren beeinflußter Vorgang.

Der Wirkungsgrad hängt weitgehend ab

von der Bauart der Kollektoren, wie Glasscheibenart und -zahl, Wärmedämmung, Beschichtung und Wärmekapazität,
von dem Temperaturunterschied zwischen dem Kollektor und seiner Umgebung,
von der Intensität der einfallenden Sonnenstrahlung (0 bis 900 W/m^2) sowie
von der Rohrinstallation der Anlage, wie Wärmedämmung, Speicherung und Regelung.

Bei der Montage von Sonnenkollektoren auf nach Süden ausgerichteten Hausdächern unter einer Dachneigung von 45° rechnet man mit einem mittleren jährlichen Wirkungsgrad von 50% und einer jährlichen Wärmemenge von etwa 500 kWh/m^2.

Wirtschaftlichkeit. Die Wirtschaftlichkeit der Sonnenheizung ist bei der Hausheizung als Vollheizung wegen der notwendigen Installation eines zu großen Speichers nicht gegeben.

Bei sehr guter Wärmedämmung muß mit einem Speichervolumen von ca. 560 l/m^2 Wohnfläche gerechnet werden.

Praktisch kann die Speicherung nur für einen begrenzten Zeitraum vorgesehen und der zusätzliche Heizwärmebedarf durch eine andere Energieart, eine Zusatzheizung oder eine Wärmepumpe, als bivalente Heizung, gedeckt werden.

Der Fehlbetrag an Sonnenwärme beträgt nach Bild **742**.1 rund 80 kWh je m^2 und Jahr.

Als reine Übergangsheizung im Frühjahr oder Herbst ist die Sonnenheizung jedoch durchaus vollwertig.

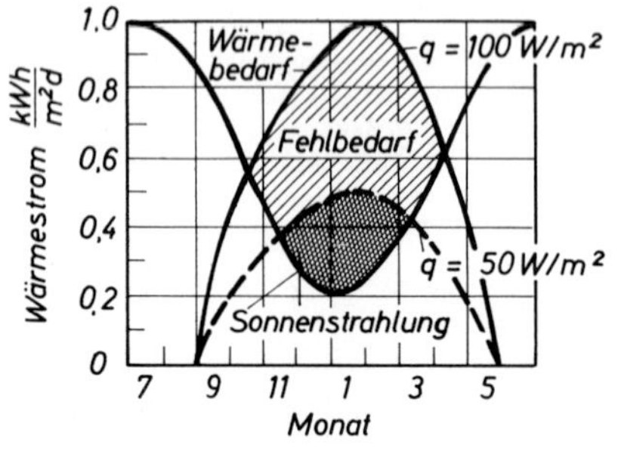

742.1 Wärmebedarf eines Hauses mit Sonnenheizung (Sonneneinstrahlung je m^2 Wohnfläche)
q spezifischer Wärmebedarf
Speicherwirkungsgrad = 50%
Wohnfläche/Kollektorfläche = 2/1

Bei der über das ganze Jahr verteilten Brauchwassererwärmung ist ein wirtschaftlicher Betrieb durch das geringe Speichervolumen gut möglich (s. Abschnitt 12.3.2).

Im Sommer darf mit einem täglichen Energiegewinn von etwa 2 kWh pro m^2 Kollektorfläche gerechnet werden, wobei der Brauchwasserwärmebedarf mit etwa 80% gedeckt wird.

Im Winter werden nur etwa 20% des Bedarfes erreicht.

In der Winterperiode übernimmt daher ein Heizkessel die Zusatzenergielieferung, während im Sommer die gelegentlich erforderliche Nacherwärmung bei ruhendem Kessel durch einen elektrischen Heizeinsatz im Wärmespeicher erfolgen kann (**743**.1).

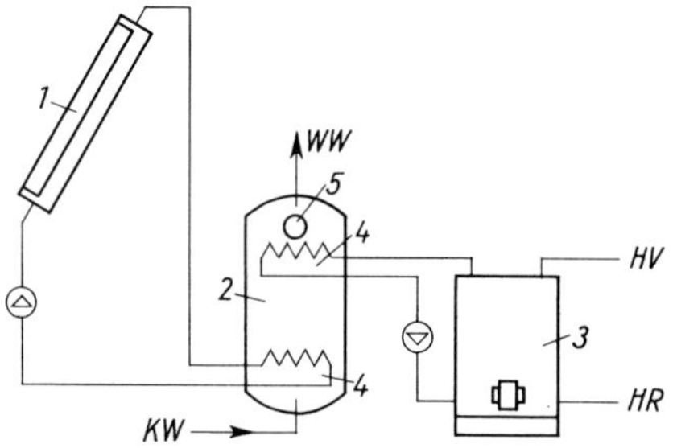

743.1 Funktionsschema einer Warmwasserbereitung mit Sonnenenergie
1 Kollektoren
2 Wärmespeicher
3 Heizkessel
4 Wärmetauscher
5 elektrischer Heizeinsatz

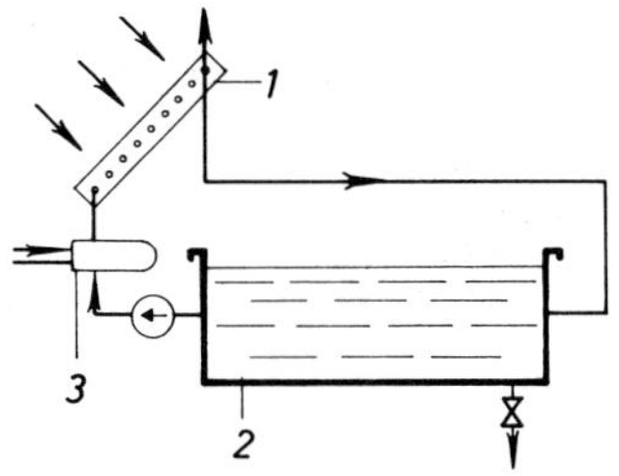

743.2 Funktionsschema einer Schwimmbadbeheizung mit Sonnenenergie
1 Kollektor
2 Hausschwimmbecken
3 Zusatzheizung

Beim H a u s s c h w i m m b a d kann die Sonnenenergie verhältnismäßig einfach zur direkten Beheizung des Beckenwassers genutzt werden, das gleichzeitig als Speicher dient (**743**.2).

Bei dieser Verwendung der Sonnenenergie ist auf ca. 1,25 m^2 Kollektorfläche mit je 1 m^2 Wasserfläche zu rechnen.

Energiedach. Durch die Kombination von Sonnenkollektoren mit Wärmepumpen läßt sich der Wirkungsgrad der Sonnenheizung wesentlich erhöhen (s. auch **748**.1).

Das Energiedach verwendet in Verbindung mit Wärmepumpen S o l a r a b s o r b e r (**743**.3). Dies sind Flächenwärmeaustauscher, die aus Kupfer-, Aluminium- oder Stahlblech, auch aus Kunststoff mit Hohlräumen bestehen und gleichzeitig als Dachteil ausgebildet sind.

Durch die Hohlräume zirkuliert S o l e zum Verdampfer der Wärmepumpe.

Den Wärmeentzug aus der Luft erreicht man dadurch, daß die Absorberfläche über den S o l e k r e i s l a u f der Wärmepumpe kälter gehalten wird als die Umgebungsluft.

Die Absorber erhalten auf der Oberseite keine Glasabdeckung, sind aber als Energiedach w a s s e r d i c h t.

Die Solarabsorber des Energiedaches sind im Gegensatz zu Solarkollektoren g a n z j ä h r i g Tag und Nacht w i r k s a m.

In Verbindung mit der Wärmepumpe nehmen sie außer der Sonnenenergie auch Wärme aus der trockenen oder feuchten Luft auf, wobei die Sole Temperaturen bis −15 °C annehmen kann.

743.3 Solarabsorberdach mit Wärmepumpe zur Raumheizung
A Membran-Druckausdehnungsgefäß
D Drosselventil
HK Raumheizkörper
Kd Kondensator
Kp Kompressor
P Umwälzpumpe
SV Sicherheitsventil
V Verdampfer

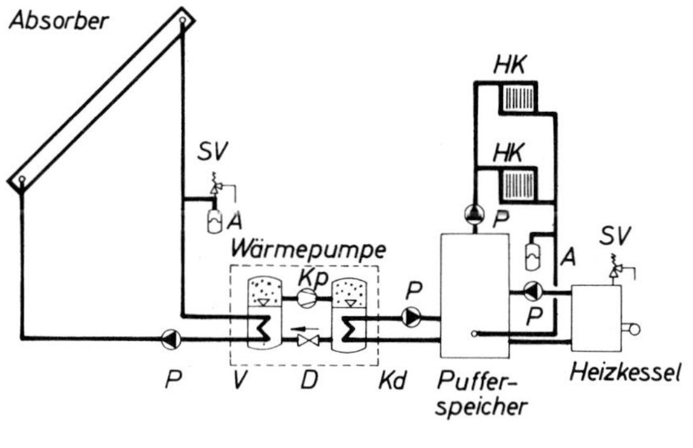

Die Wärmeaufnahme der noch neuen Solarabsorber wird zur Zeit zwischen 75 und 125 W/m^2 eingeschätzt.

Bei den Bauarten sind Flächenabsorber und Kompaktabsorber zu unterscheiden.

Zu den Flächenabsorbern gehören das Energiedach, die Energiefassade und der Energiezaun. Für in der Dachfläche integrierte Absorber gibt es zahlreiche Konstruktionen. Bei vielen Dächern ersetzt der Absorber die herkömmliche Ziegeldeckung.

Bei den Kompaktabsorbern, die auf dem Dach oder außerhalb des Gebäudes aufgestellt werden, ist die Wärmeaustauschfläche auf engstem Raum zusammengedrängt. Sie werden als Energiesäulen, -stapel, -fächer oder Energietürme hergestellt. Bei ihnen wird weniger Sonnenenergie und mehr Umgebungsenergie durch Wind ausgenutzt.

10.6.2 Wärmepumpenheizungen

Mit der Wärmepumpe nach DIN 33830 T.1 und 2 sowie DIN 33831 T.1 kann man die verschiedensten relativ kalten Wärmequellen wie Grundwasser, Erdboden und Umgebungsluft durch Wärmeentzug für Heizzwecke ausnutzen, außerdem Abwasser und Fortluft durch Wärmerückgewinnung (s. Abschnitt 11.4.3).

Als Heizzwecke kommen vorzugsweise die Raumheizung, Brauchwasserbereitung und Schwimmbaderwärmung in Frage.

Die Hauswärmepumpe arbeitet wie eine Kältemaschine, nur daß es hier nicht auf die Kühlleistung des Verdampfers, sondern auf die Wärmeleistung des Kondensators ankommt (s. auch Abschnitt 11.5.9.1 und Bild **810**.1).

Die wesentlichen Bauteile einer Wärmepumpe sind Verdampfer, Verdichter mit Motor, Kondensator und Drosselventil. Das Prinzip des Wärmepumpenkreislaufes für Heizzwecke erklärt das Funktionsschema (**744**.1).

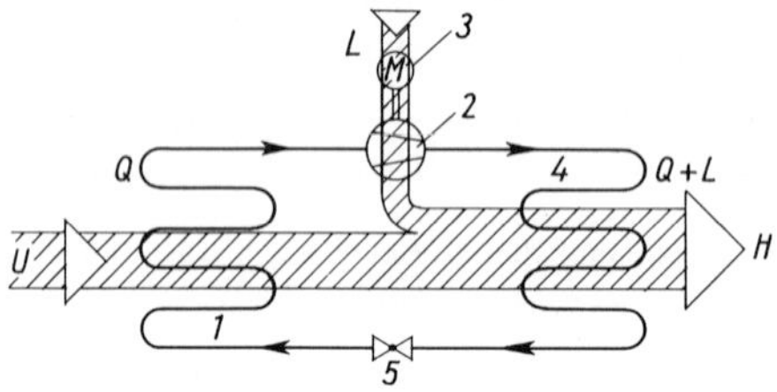

1 Verdampfer
2 Verdichter (Kompressor)
3 Elektromotor
4 Verflüssiger (Kondensator)
5 Drosselventil

U	Umweltwärme
Q	Wärmeaufnahme
L	Energiezufuhr
$Q + L$	Wärmeabgabe
H	Heizung

744.1 Funktionsschema einer elektrischen Hauswärmepumpe

Im Verdampfer verdampft mit niedrigem Siedepunkt ein Kältemittel bei niedriger Temperatur und geringem Druck durch Aufnahme der Wärmemenge Q. Der Verdichter saugt den Kältemitteldampf an und verdichtet ihn unter Aufnahme mechanischer Arbeit, wobei dem Kreislauf die Wärmemenge L zugeführt wird. Unter hohem Druck und hoher Temperatur wird das Kältemittel im Verflüssiger durch Entzug der Wärmemenge Q + L (etwa max. 60 °C) verflüssigt und dann über das Drosselventil wieder in den Verdampfer geleitet.

Mit der Antriebskraft des Verdichters wird bis zu viermal soviel Wärmeenergie gewonnen wie bei einem mit gleicher Leistung betriebenem elektrischen Heizgerät.

Wärmequellen. In Abhängigkeit davon, welcher Energiequelle die Wärme entzogen und an welches Medium die gewonnene Wärme abgegeben wird, unterscheidet man für die jeweilige Bauart der Wärmepumpen verschiedene Anlagesysteme:

Luft-Luft-Wärmepumpen, Luft-Wasser-Wärmepumpen, Wasser-Wasser-Wärmepumpen, Wasser-Luft-Wärmepumpen und Erdreich-Wasser-Wärmepumpen.

Die Bezeichnung erfolgt in der Reihenfolge Wärmequelle und dann Wärmeträger.
Der Wärmeträger ist in der Regel Wasser oder Luft, auch Raumluft.

Anwendung. Wärmepumpen eignen sich zur Heizung von Wohngebäuden, besonders für Ein- und Zweifamilienhäuser (**745**.1), Hausschwimmbäder und Hallenbäder.

Ein Nachteil ist es, daß die Heizleistung der Wärmepumpe desto geringer wird, je kälter es ist.

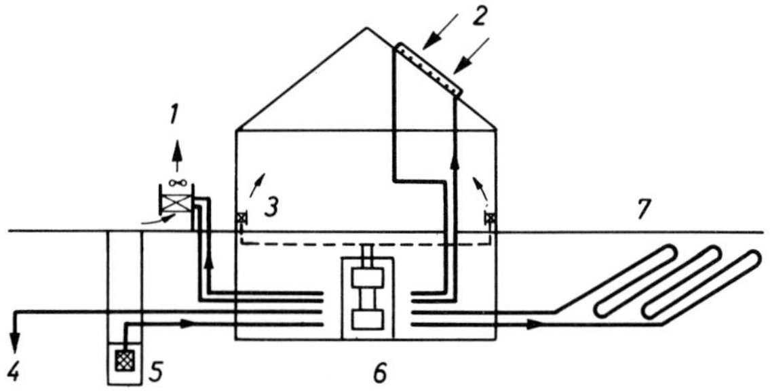

745.1 Wärmequellen einer Wärmepumpenheizung für kleinere Wohngebäude (nach Recknagel/Sprenger)
1 Luft
2 Sonne
3 Heizflächen
4 Sickerbrunnen
5 Saugbrunnen
6 Wärmepumpe
7 Erdreich-Rohrregister

Heizung von Wohngebäuden. Praktisch begrenzt man die Leistung der Wärmepumpe in der Regel so, daß der Wärmebedarf nur bis zu einer Außentemperatur von +3 °C gedeckt ist.

Bei tieferen Temperaturen wird eine zusätzliche Heizquelle erforderlich, mit Gas, Flüssiggas, Öl oder Nachtstromspeicher.

Monovalente Heizungen arbeiten ohne Zusatzenergie.

Bivalente Heizungen werden mit zwei Energien betrieben. Sie können im Alternativbetrieb oder im Parallelbetrieb ausgeführt werden.

Luft-Luft-Wärmepumpen. Bei diesen Anlagen wird die Wärme aus der Umgebungsluft entnommen und zur Gebäudeheizung verwendet.

Der Betrieb erfolgt meistens nach der bivalenten Methode im Alternativbetrieb mit einer Zusatzheizung bei Temperaturen unter etwa +3 °C.

Die Warmluft muß aus regelungstechnischen Gründen mit einem Wärmespeichersystem, etwa einer Fußbodenluftheizung, verbunden sein.

Bei der Ausführung unterscheidet man Kompaktgeräte (**745**.2 und **747**.1), bei denen der Außenluft- und Innenluftteil in einem gemeinsamen Gehäuse arbeiten, und Splitgeräte (**746**.2), bei denen beide Teile getrennt und nur durch Schläuche verbunden sind (s. auch Abschnitt 11.5.9).

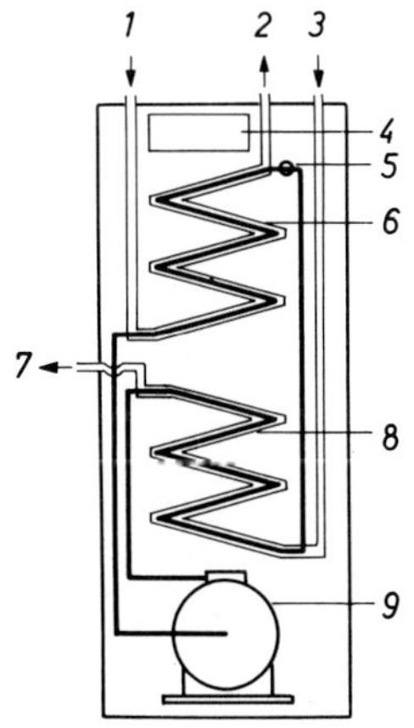

745.2 Kompaktgerät, Rohrleitungsschema einer Wasser-Wasser-Wärmepumpe (Junkers)
1 Speisewasser-Eintritt
2 Speisewasser-Austritt
3 Heizwasser-Rücklauf
4 Regelung
5 Drosselventil
6 Verdampfer
7 Heizwasser-Vorlauf
8 Verflüssiger
9 Verdichter

Der Wirkungsgrad, bzw. die mittlere Leistungszahl ε_w der Wärmepumpe ist etwa 2,5 (s. Taf. **746**.1).

Die Leistungszahl ε_w der Wärmepumpe ist der Quotient aus der erzeugten Wärmeleistung Q, dividiert durch den Aufwand an mechanischer Energie P:

$$\varepsilon_w = Q(kW)/P\ (kW)$$

Tafel **746**.1 Heizwert, Wirkungsgrad und Energiekosten je MWh Nutzwärme verschiedener Heizsysteme

Heizmittel	Heizwert H_u kWh	Einheitspreis DM	Wirkungsgrad η bzw. ε	Kosten DM/MWh	Verbrauch MWh
Koks	8,3/kg	0,60/kg	0,70	103,20	172 kg
Erdgas	8,9/m³	0,50/m³	0,85	66,00	132 m³
Leichtöl EL	10/l	0,40/l	0,80	50,00	125 l
Flüssiggas	11,6/kg	1,00/kg	0,80	108,00	108 kg
Fernwärme	1/kWh	0,07/kWh	0,95	73,70	1053 kWh
Nachtstrom	1/kWh	0,12/kW	0,95	126,30	1053 kWh
Elt-Wärmepumpe	1/kWh	0,20/kWh	$\varepsilon = 2$	81,20	300 kWh
Elt-Wärmepumpe	1/kWh	0,20/kWh	$\varepsilon = 3$	61,20	200 kWh
Elt-Wärmepumpe	1/kWh	0,20/kWh	$\varepsilon = 4$	51,20	150 kWh
Gasmotor-Wärmepumpe	8,9/m³	0,50/m³	$\varepsilon = 1,4$	40,00	80 m³

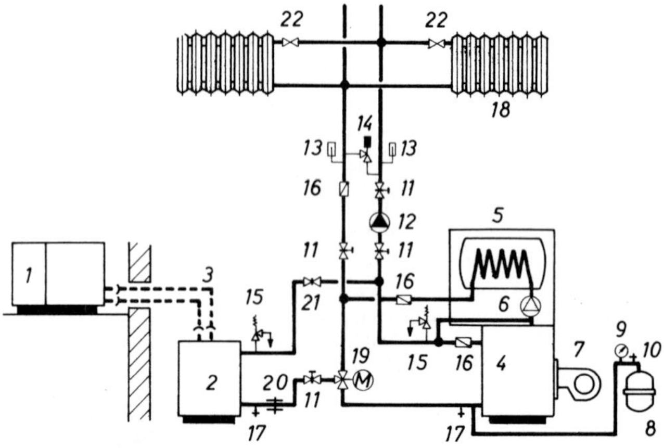

746.2 Anlagenschema, bivalentes Heizsystem mit Luft-Wasser-Wärmepumpe in Splitbauweise

1 Außenteil Luft-Wasser-Wärmepumpe
2 Innenteil Luft-Wasser-Wärmepumpe
3 vorgefüllte Kältemittelleitungen
4 Heizkessel
5 aufgesetzter Brauchwasserspeicher
6 Speicherladepumpe
7 Ölbrenner
8 Ausdehnungsgefäß
9 Manometer
10 Entlüftungsventil
11 Absperrventil
12 Heizkreispumpe
13 Thermometer
14 Differenzdruck-Überströmventil
15 Sicherheitsventil
16 Rückschlagventil
17 Entleerung
18 Heizfläche
19 Umschaltventil
20 Strömungswächter
21 Montageventil
22 Thermostatventil

Luft-Wasser-Wärmepumpen. Die Wärme wird auch hier der Umgebungsluft entnommen, während für die Heizung Warmwasser verwendet wird (**746**.2). Besonders Flächenheizungen mit ihren niedrigen Heizwassertemperaturen zwischen 40 und 50 °C sind hier die geeigneten Raumheizungen.

Bei Fußbodenheizungen genügen bereits Temperaturen von 30 bis 45 °C.

Der bivalente Alternativbetrieb erfolgt am günstigsten in der einfachen Kombination mit einem Gaswasserheizer oder Elektrowasserheizer (s. Abschnitte 12.2.2 und 3).

Die Wärmepumpe kann hier auch außerhalb des Hauses aufgestellt werden, wobei der Kondensator gegen Frost zu schützen ist.

Der Wirkungsgrad, bzw. die mittlere Leistungszahl ε_w der Wärmepumpe liegt hier etwa zwischen 2,5 und 3,0 (s. Tafel **746**.1).

Wegen der überall vorhandenen Umgebungsluft werden diese Wärmepumpenanlagen, meist im Hauskeller aufgestellt, am ehesten ausgeführt (**747**.1).

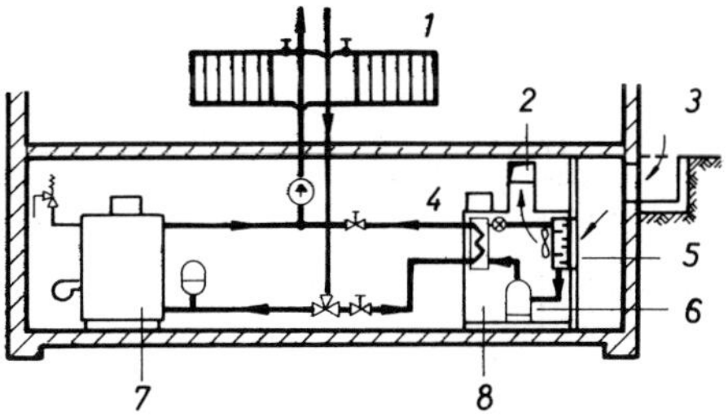

747.1 Anlagenschema, bivalentes Heizsystem mit Luft-Wasser-Wärmepumpe in Kompaktbauweise für Innenaufstellung
1 Heizflächen
2 Abluft
3 Zuluft
4 Kondensator
5 Verdampfer
6 Kompressor
7 Heizkessel
8 Wärmepumpe

Wasser-Wasser-Wärmepumpen. Als Wärmequelle dient hier aus einem Brunnen entnommenes Grundwasser mit einer konstanten Temperatur von 8 bis 12 °C. Für das Gebäude wird meist eine Flächenheizung verwendet (**747**.2).

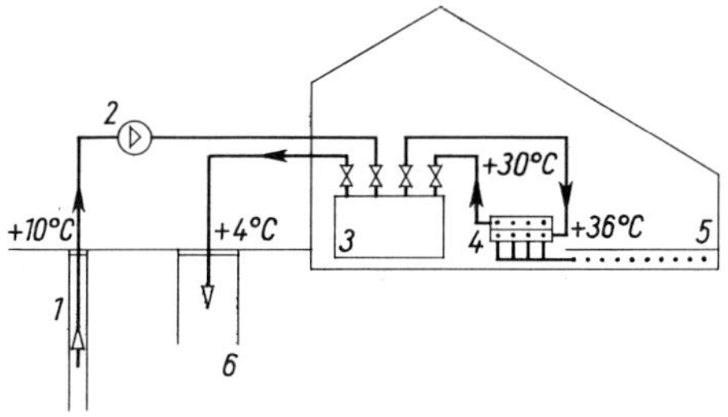

747.2 Anlageschema, monovalentes Heizsystem mit Wasser-Wasser-Wärmepumpe in Kompaktbauweise (nach HEA)
1 Rohrbrunnen
2 Pumpe
3 Hauswärmepumpe
4 Verteilung
5 Fußbodenheizung
6 Sickerbrunnen

Das um 4 bis 6 K abgekühlte Wasser wird in einen Sickerbrunnen nach DIN 4034 T. 2 zurückgegeben, der in mindestens 15 bis 20 m Entfernung vom Entnahmebrunnen herzustellen ist.

1 m³/h Wasser ergibt etwa eine Heizleistung von 5 bis 6 kW.

Diese Anlage kann vorteilhaft monovalent betrieben werden.

Der Wirkungsgrad, bzw. die mittlere Leistungszahl ε_w der Wärmepumpe liegt sehr günstig zwischen 3,0 und 3,5 (s. Tafel **746**.1).

Wegen der Grundwasserentnahme aus einem Brunnen besteht Genehmigungspflicht.

Die Kosten der Brunnenanlage selbst sind unterschiedlich hoch und werden derzeit bei einer Leistung von 5 m³/h mit 10000 bis 20000 DM geschätzt.

Da Grundwasser und eine erforderliche Grundstücksgröße jedoch in den meisten Fällen nicht zur Verfügung stehen, ist der Anwendungsbereich sehr beschränkt.

Erdreich-Wasser-Wärmepumpen. Bei diesen Anlagen wird die Wärme durch mit Sole gefüllte Kunststoffrohre aus der Erde entnommen (**748**.1).

Mehrere parallel geschaltete Rohrleitungskreise werden im Rohrabstand von etwa 50 cm in einer Tiefe von 1,0 bis 1,5 m verlegt.

Die Erdtemperaturen liegen bei 1,5 m Tiefe wie beim Grundwasser zwischen 8 und 12 °C.

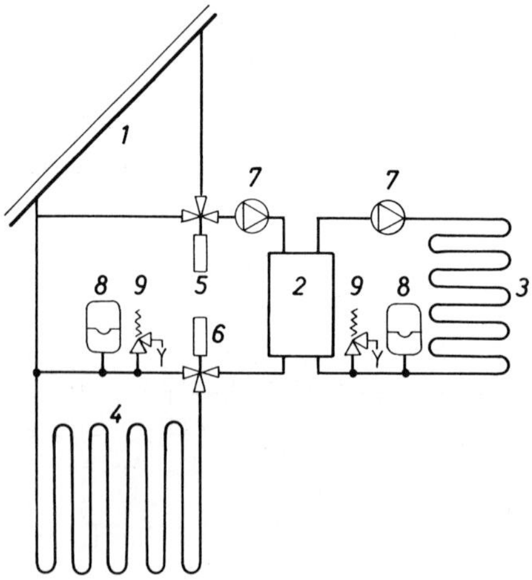

748.1 Anlagenschema, monovalentes Heizsystem mit Erdreich-Wasser-Wärmepumpe und Energiedach

Normalbetrieb mit Energiedach, bei Außentemparaturen unter 0 °C Betrieb mit Erdreichkreislauf (Kabel- und Metallwerke)

1 Energiedach
2 Wärmepumpe
3 Flächenheizung
4 Erdreichwärmetauscher
5 Umschaltventil für Dachspeicherbetrieb
6 Umschaltventil für Erdreichspeicherbetrieb
7 Umwälzpumpe
8 Ausdehnungsgefäß
9 Sicherheitsventil

Die Wärmeabgabe des Erdreiches wird im Winter mit etwa 20 bis 30 W/ m^2 angenommen.

Eine ausreichende Grundstücksfläche ist für die Verlegung der Rohrschlangen erforderlich. Sie beträgt das 2- bis 3fache der beheizten Wohnraumfläche.

Neuerdings verwendet man auch senkrecht in das Erdreich bis zum Grundwasserspiegel eingelassene Doppelrohrsonden als Wärmesammler, mit einer Leistung von etwa 3,5 kW je Sonde.

Der Wirkungsgrad, bzw. die mittlere Leistungszahl ε_w der Wärmepumpe liegt etwa bei 3,0 (Tafel **746**.1).

Die Anschaffungskosten sind hoch, die Anlage selbst einfach und betriebssicher.

Wasser-Luft-Wärmepumpen. Bei dieser Anlage wird die Wärme, wie bereits bei der Wasser-Wasser-Wärmepumpe, aus dem Grundwasser oder einem Fluß entnommen, während die Gebäudeheizung durch die im Kondensator erwärmte Luft übernommen wird.

Heizung von Privatschwimmbädern. In Hausschwimmbädern nimmt die Raumluft durch Verdunstung von der Beckenwasserfläche Wasserdampf auf. Die relative Luftfeuchte kann dabei auf unangenehm hohe Schäden verursachende Werte ansteigen.

In konventionellen Anlagen wird die feuchte Hallenluft durch die Zufuhr erwärmter Außenluft und die Absaugung mit erheblichem Wärmeverlust geregelt.

Für den Prozeß der Luftentfeuchtung und die Verwendung der Überschußwärme als Heizung werden für Privatschwimmbäder im Gebäudeinneren bis etwa 300 m^2 Beckenfläche Wärmepumpenaggregate in Kompaktbauweise verwendet (s. auch Abschnitt 11.5.9).

Als zusätzliche Heizquelle werden elektrischer Strom oder Warmwasser aus der Hausheizungsanlage miteingeplant (**749**.1).

Der jährliche Energieverbrauch der Wärmepumpe beträgt unter Zugrundelegung von 7500 Betriebsstunden etwa 400 bis 500 kWh je m^2 Beckenfläche.

1 Privatschwimmbad
2 Abluft
3 Außenluft
4 Verdampfer
5 Kompressor
6 Expansionsventil
7 Kondensator
8 Zuluft
9 elektrischer Durchlauferhitzer

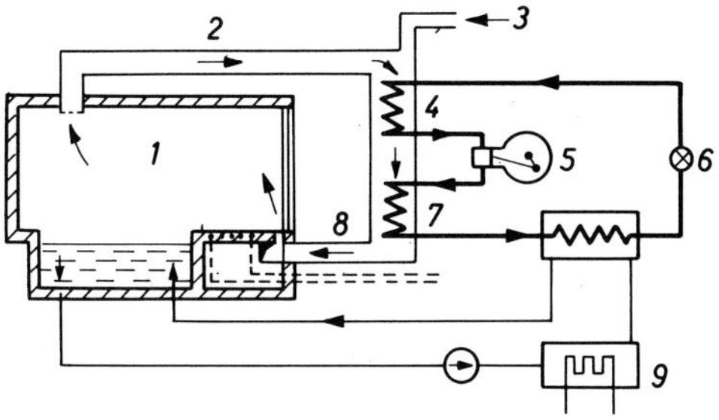

749.1 Anlagenschema, Rohr- und Kanalführung einer Schwimmbadentfeuchtung mit Wärmepumpe in Kompaktbauweise (nach Recknagel/Sprenger)

Die Kosten der kompletten Wärmepumpeninstallation muß mit etwa 700 bis 800 DM je m^2 Beckenfläche angenommen werden.

Für konventionelle Anlagen benötigt man nur etwa ein Drittel dieser Kosten.

Gasmotor-Wärmepumpen. Bei diesen Wärmepumpen wird zum Antrieb des Kompressors ein Gas- oder Dieselmotor verwendet (**749**.2).

Dabei wird eine besonders große Ersparnis an Primärwärme erreicht, da zusätzlich zur Umgebungswärme die im Kühlwasser und in den Abgasen enthaltene Wärme ausgenutzt wird.

Bei der Gaswärmepumpe steht ein Teil der Nutzwärme mit hohen Temperaturen bis 100 °C zur Verfügung.

Anwendung findet diese Heizung bei größeren Schwimmbädern und als Gebäudeheizung.

749.2 Funktionsschema einer Gasmotor-Wärmepumpe

1 Abgas
2 Wärmeübertrager
3 Heizung
4 Kühlwasser
5 Kondensator
6 Gas
7 Kompressor
8 Gasmotor
9 Verdampfer
10 Brunnen oder Fluß

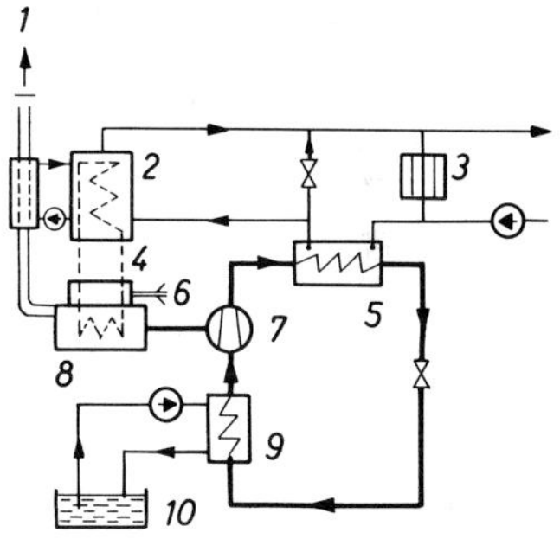

Bei Schwimmbädern wird das Beckenwasser durch Kondensatorwärme beheizt, während die Kühlwasser- und Abgaswärme für Heizzwecke und Duschen genutzt wird.

Als Wärmequelle können Brunnen, Umgebungsluft oder auch die zur Luftentfeuchtung dienenden Verdampfer eingesetzt werden.

Bei der Gebäudeheizung mit einem Wärmebedarf von 40 bis 500 kW können Gasmotor-Wärmepumpen besonders dann Anwendung finden, wenn gleichzeitig die Kühlleistung der Wärmepumpe ausgenutzt werden kann.

In Frage kommen Supermärkte, Kaufhäuser und fleischverarbeitende Betriebe, jedoch weniger kleine Wohngebäude.

Nachteilig sind die großen Investitions- und Wartungskosten und das geräuschvolle Arbeiten dieser Pumpen.

Für Ein- und Zweifamilienhäuser sind kleine Gaswärmepumpen für einen Wärmebedarf zwischen 10 und 40 kW in der Erprobung, die wirtschaftlicher als elektrische Wärmepumpen arbeiten (s. Taf. **746**.1), und, wo Gas als Energie vorhanden ist, in Zukunft größere Bedeutung erlangen werden.

10.7 Einrichtung und Wartung

10.7.1 Ausschreibung und Einbau

Ausschreibung. Der beschränkten Ausschreibung, die möglichst frühzeitig vorzunehmen ist, damit nach den von der ausführenden Firma herzugebenden Unterlagen die notwendigen baulichen Maßnahmen rechtzeitig veranlaßt, Rohrschlitze, Wand- und Deckendurchbrüche ausgespart werden können, ist stets die VOB, Teil C, DIN 18380, zugrunde zu legen.

Die Wärmebedarfsberechnung (s. Abschnitt 8.3.1) wird häufig bauseitig beschafft und den Ausschreibungsunterlagen beigefügt.

Bei einfacheren und kleineren Anlagen werden der Entwurf und das Leistungsverzeichnis von den Bietern, bei behördlichen Bauten auch vom Auftraggeber oder durch einen von ihm beauftragten Heizungsingenieur aufgestellt.

Bei größeren und schwierigeren Anlagen, bei denen technisch verschiedene Lösungen möglich sind, werden jedoch am besten nach dem bauseitig aufgestellten Entwurfsprogramm Entwurf und Leistungsbeschreibung von den Bewerbern ausgearbeitet und mit dem Angebot eingereicht.

Bei diesem „Entwurfswettbewerb mit Angebot" sind nach „Anweisung für den Bau von Zentralheizungs-, Lüftungs- und zentralen Warmwasserbereitungsanlagen in öffentlichen Gebäuden" bei Anlagen mit einer Wärmeleistung bis 0,6 MW 3 Teilnehmer, 0,6 bis 1,2 MW 3 bis 4 Teilnehmer und ab 1,2 MW 4 bis 5 Teilnehmer aufzufordern.

Ihnen ist für die Ausarbeitung des Entwurfes und der Leistungsbeschreibung eine Vergütung zu gewähren, die bei Heizungsanlagen mit einer Wärmeleistung bis 0,6 MW bis zu 1,2%, ab 0,6 bis 1,2 MW bis zu 0,9%, ab 1,2 bis 3,0 MW bis zu 0,75% und ab 3,0 MW bis zu 0,5% der Summe des Angebotes, das den Zuschlag erhält, betragen soll.

Einbau. Die Sammelheizungsanlage wird am besten nach Fertigstellen des Innenputzes eingebaut, da ihre Einrichtungen sonst verschmutzen und Heizkörper und Rohre gerne als Unterlage für Gerüste benutzt und dabei beschädigt werden.

Mindestens die Flächen hinter den Heizkörpern sollen verputzt, der Kesselraum völlig fertiggestellt und verschließbar sein.

Als Anhaltspunkt für die Einbaudauer kann gelten, daß bei ungehinderter Arbeit ein Monteur mit einem Helfer soviel Tage für die Montage braucht, wie die Anlage insgesamt Kessel, Heizkörper und Ausdehnungsgefäße hat.

Druckprobe. Gleich nach der Montage sind Warmwasserheizungen mit 1,5 bar über Betriebsdruck, jedoch mindestens mit 4 bar kalt abzudrücken.

Probeheizung. Bei allen Warmwasser- und Dampfheizungen ist durch Probeheizung mit mehrfachem, abwechselnden Hochheizen und Erkalten nachzuweisen, daß

1. Kessel und Schornstein gut und sicher ziehen,
2. bei Warmwasserheizung bei 30 °C Vorlauftemperatur alle Heizkörper gleichmäßig warm werden,
3. bei Niederdruck-Dampfheizung alle Heizkörper gleichmäßig warm werden und auch bei höchstem Dampfdruck keinerlei Geräusche auftreten,

4. die Anlage in allen Teilen vollständig dicht ist,
5. Manometer, Thermometer und Wasserstands-Höhenmesser frei spielen und richtig anzeigen,
6. Verbrennungsregler, Standrohre und Signalpfeifen richtig arbeiten,
7. die Kessel sich bei geöffneten Ventilen leicht hochheizen und die höchste Wassertemperatur bzw. der höchste Dampfdruck bei vollem Betrieb sicher zu erreichen ist,
8. alle Ventile möglichst dicht schließen und
9. bei mehreren Kesseln diese möglichst gleichmäßig leicht und sicher auf gleicher Temperatur bzw. auf gleichem Druck zu halten sind und die Wasserstände der Dampfkessel nur wenig schwanken.

Gleichzeitig wird der Heizer, der bei größeren Anlagen als Helfer bei der Montage mitgewirkt haben sollte, in den Betrieb der Anlage eingewiesen.

Übergabe. Nach der Probeheizung erfolgt die Übergabe der Heizung, deren Regulierventile und Armaturen danach eine Schutzumwicklung erhalten.

Zumindest bei öffentlichen Bauten ist im ersten Betriebswinter eine weitere Probeheizung von 3 bis 8 Tagen vorzunehmen. An allen Proben hat ein Vertreter des Bauherrn teilzunehmen.

Mit der Endabrechnung sind Bestandszeichnungen einzureichen.

10.7.2 Heizungsanlagen-Verordnung

Die seit dem 1. Juni 1982 geltende „Verordnung über energiesparende Anforderungen an heizungstechnische Anlagen sowie Brauchwasseranlagen" (HeizAnlV), die in novellierter Form ab 1. März 1989 weiter in Kraft ist, sieht verschiedene bauliche Einzelmaßnahmen vor, die in Verbindung mit dem Energieeinsparungsgesetz (Abschnitt 8.2.4) zu erfüllen sind.

Anwendungsbereich. Die Verordnung gilt für Heizungs- und Brauchwasserversorgungsanlagen und -Einrichtungen ab einer Nennwärmeleistung von mehr als 4 kW, die mit festen, flüssigen oder gasförmigen Brennstoffen, als Wärmepumpen- oder Solaranlagen oder über eine Widerstandsheizung mit Strom betrieben werden.

Ausgenommen sind Anlagen und Einrichtungen in Heizkraftwerken und Müllheizwerken.

Einbau und Aufstellung von Wärmeerzeugern. Sie dürfen nur eingebaut und aufgestellt werden, wenn der nach DIN 4701 zu ermittelnde Wärmebedarf nicht überschritten wird. Die Wärmeerzeuger sind auf diese Wärmeleistung einzustellen. Dies gilt nicht für Anlagen mit mehreren Wärmeerzeugern.

Zentralheizungen über 120 kW sind mit Einrichtungen für eine mehrstufige oder stufenlos verstellbare Feuerungsleistung auszustatten oder in mehrere Wärmeerzeuger aufzuteilen. Dies gilt nicht für Wärmeerzeuger, die überwiegend mit festen Brennstoffen betrieben werden.

Der Wärmebedarf darf auch nach den in den Vorschriften der Länder bestimmten Berechnungsverfahren ermittelt werden.

Begrenzung von Betriebsbereitschaftsverlusten. Zentralheizungsanlagen mit mehreren Wärmeerzeugern sind mit Einrichtungen zu versehen, die Verluste an den Wärmeerzeugern selbsttätig verhindern.

Dies gilt nicht für Wärmeerzeuger mit festen Brennstoffen und Dampfkessel.

Wärmedämmung von Wärmeverteilungsanlagen. Rohrleitungen und Armaturen bis DN 20 müssen 20 mm und ab DN 22 bis DN 35 30 mm Dämmung erhalten. Bis DN 100 (s. auch Abschnitt 10.2.7.4) sind sie so gegen Wärmeverluste zu dämmen, daß die Dämmschichtdicken mindestens gleich den Rohrleitungs-DN sind. Für größere Rohrleitungs-DN ist die Mindestdämmschichtdicke für DN 100 einzuhalten.

In Wand- und Deckendurchbrüchen, an Rohrkreuzungen, Heizkörperanschlußleitungen sowie bei Rohrnetzverteilern und Armaturen in Heizzentralen dürfen die vorher geforderten Dämmschichtdicken halbiert werden.

Die Wärmeleitfähigkeit des Dämmaterials von 0,035 W/m · K gilt als Grundlage.

Die geforderte Rohrleitungsisolierung entfällt bei Rohrleitungen, die Wärme an dauernd zu beheizende Räume abgeben sollen.

Einrichtungen zur Steuerung und Regelung. Alle Zentralheizungen mit Wasser als Wärmeträger sind mit Einrichtungen zur zentralen Beeinflussung der Innentemperaturen auszustatten (s. auch Abschnitt 10.2.4).

Bei allen Anlagen müssen die Einrichtungen eine selbsttätige Veränderung der Wärmezufuhr in Abhängigkeit von der Witterung und einem Zeitprogramm bewirken.

Zentrale Heizungsanlagen und Einzelgeräte sind mit thermostatischen Einzelraumregelungen auszustatten.

Raumgruppen gleicher Art und Nutzung in Nichtwohnbauten können statt dessen mit einer Gruppenregelung ausgestattet werden.

Dies gilt nicht für Fußbodenheizungen und Einzelheizgeräte, die mit festen oder flüssigen Brennstoffen betrieben werden sowie für Einzelräume mit weniger als 8 m^2 Fläche.

Die heizungstechnischen Anlagen sind mit Einrichtungen zur raumweisen Einregulierung der errechneten Wärmeleistung auszustatten.

Brauchwasseranlagen. Die vorstehenden Anforderungen gelten entsprechend auch für Anlagen der Brauchwasserbereitung und -verteilung als Einzel-, Gruppen- oder Zentralversorgung (s. auch Abschnitte 12.1 bis 12.3).

Die Brauchwassertemperatur ist im Rohrnetz auf höchstens 60 °C zu begrenzen.

Dies gilt nicht für Anlagen, die nach ihrem Verwendungszweck höhere Temperaturen zwingend erfordern oder eine Leitungslänge bis 5 m benötigen.

Umrüstungen oder wesentliche Erweiterungen. Bei Umrüstung der Anlagen durch Austausch des Wärmeerzeugers sind die vorstehenden Anforderungen an die Einrichtungen der Steuerung und Regelung zu erfüllen, ebenso bei Austausch von mehr als der Hälfte des Rohrnetzes oder der Heizfläche.

Bei Erweiterung oder Umrüstung von Mehrkesselanlagen, die mehr als die Hälfte der installierten Nennwärmeleistung umfaßt, und bei Erweiterung oder Umrüstung einer Einkessel- zu einer Mehrkesselanlage sind die vorstehenden Anforderungen an die Begrenzung von Betriebsbereitschaftsverlusten sowie an die Einrichtung der Steuerung und Regelung zu erfüllen.

Bedienung, Wartung, Instandhaltung. Der Betreiber ist verpflichtet, die Bedienung, Wartung und Instandhaltung der Heizungs- oder Brauchwasseranlage von mehr als 11 kW Nennwärmeleistung durchzuführen oder durchführen zu lassen.

Bei Anlagen von mehr als 50 kW Nennwärmeleistung in Mehrfamilienhäusern oder Nichtwohngebäuden hat die Bedienung während der Betriebszeit mindestens monatlich zu erfolgen.

Die Wartung der Anlage umfaßt die Einstellung der Feuerungseinrichtung, Überprüfung der zentralen regelungstechnischen Einrichtungen und die Reinigung der Kesselheizflächen.

Die Instandhaltung hat mindestens die Aufrechterhaltung des technisch einwandfreien Betriebszustandes zu umfassen.

Bei Verstößen gegen die Heizungsanlagen-Verordnung kann ein Bußgeld verhängt werden.

10.7.3 Immissionsschutz-Verordnung

Die 1. Bundes-Immissionsschutz-Verordnung (1. BlmSchV) in der Neufassung vom 15. Juli 1988 enthält Grenzwerte für dieAbgasverluste von Kleinfeuerungsanlagen.

Diese Grenzwerte waren vorher in der Heizungsanlagen-Verordnung (Abschnitt 10.7.2) und in der Heizungsbetriebs-Verordnung geregelt.

Die Heizungsbetriebs-Verordnung ist ab 1. März 1989 aufgehoben.

Nach dem neuesten Stand der Technik wurden in der 1. BImSchV Festlegungen gemacht über zulässige Brennstoffe, Anforderungen an die Verbrennung, Begrenzung von Ruß, Staub und Kohlenmonoxyd sowie Abgasverluste.

Begrenzung der Abgasverluste. Diese waren vorher in der Heizungsanlagen-Verordnung geregelt.

Für ältere Anlagen galt eine Übergangsfrist bis zum 30. September 1993.

Nach der neuen Verordnung über Kleinfeuerungsanlagen dürfen Wärmeerzeuger für flüssige oder gasförmige Brennstoffe nachfolgende Abgasverluste je nach Nennwärmeleistung nicht überschreiten:

Heizkessel über 4 bis 25 kW 12%,
Heizkessel über 25 bis 50 kW 11% und
Heizkessel über 50 kW 10%.

Überwachung. Die Einhaltung der Immissionsschutz-Verordnung wird durch den örtlichen Bezirksschornsteinfeger jährlich einmal überwacht, sofern die Nennwärmeleistung des Wärmeerzeugers 11 kW übersteigt.

Die Methode zur Ermittlung der Abgasverluste ist in der Anlage Ia zur Durchführung des Immissionsschutzgesetzes vorgeschrieben.

Gemessen werden unter anderem die Wärmeträgertemperatur, die Verbrennungslufttemperatur, die Temperatur und der Kohlendioxyd-Gehalt der Abgase, der Schornsteinzug, der Rußgehalt und die Höhe der Abgasverluste.

Bei flüssigen und gasförmigen Brennstoffen dürfen die Abgase von Anlagen über 11 kW die Rußzahl 2, unter 11 kW die Rußzahl 3 nicht überschreiten.

Bei festen Brennstoffen ist für Anlagen unter 15 kW die Verwendung raucharmer Brennstoffe vorgeschrieben.

10.8 Heizkostenabrechnung

In Mietshäusern können die Heizungsbetriebskosten entweder pauschal oder über eine Messung der abgegebenen Raumheizwärme mit den Mietern verrechnet werden. Bei pauschaler Abrechnung ist der Mieter geneigt, Wärme zu verschwenden, etwa durch Überheizen oder übertriebenes Lüften der Räume. Bei gemessenem Wärmeverbrauch wird sein Sparwille besonders angesprochen, da Einsparungen am Wärmeverbrauch ihm selbst zugute kommen.

Seit zum Zweck der Energieeinsparung gesetzliche Vorschriften bestehen, sind für die Abrechnung des Wärmeverbrauches Meßgeräte zwingend vorgeschrieben.

Es gilt die „Verordnung über Heizkostenabrechnung“ (HeizkostenV) vom 23. Februar 1981, novelliert am 20. Januar 1989 (s. Abschnitt 10.8.2).

10.8.1 Allgemeine Meßverfahren

Wärmemengenzähler. Eine genaue Wärmemessung ist bei der Warmwasserheizung nur durch Heizkostenverteiler mit Hilfsenergie nach DIN 4713 T. 3 möglich, die einmal die umlaufende Heizwassermenge und gleichzeitig die Temperaturdifferenz zwischen Vor- und Rücklauf messen und aus diesen beiden Werten dann in einem Integrierwerk die entnommene Wärmemenge in kWh oder MWh ermitteln (**754**.1).

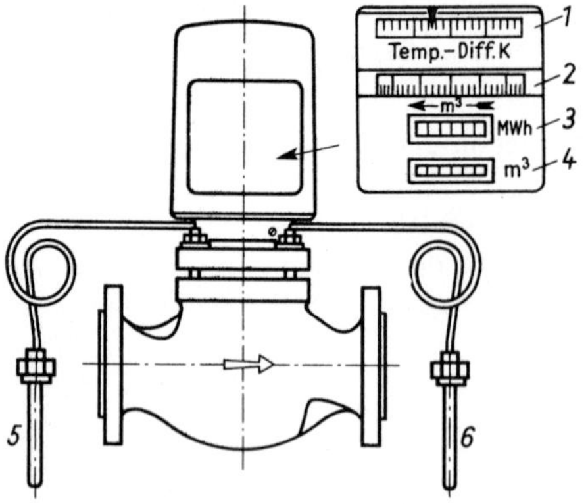

754.1 Wärmemengenzähler (Pollux GmbH)
1 Temperaturdifferenz-Skala
2 Wassermengen-Zählscheibe
3 Wärmemengen-Zählwerk
4 Wassermengen-Zählwerk
5 Vorlauf-Temperaturfühler in Tauchhülse, quecksilbergefüllt, mit Kapillarrohr
6 Rücklauf-Temperaturfühler wie 5

Diese Geräte sind teuer. Ihre Anschaffung erfordert für eine normale Wohnung 10 bis 20% des Jahreskostenaufwandes, das sind Kapital- und Betriebskosten, der Heizung. Sie müssen zudem gewartet und nachgeeicht werden. Daher werden sie nur zur genauen Messung des Gesamtverbrauches umfangreicher Anlagen, wie großer Mietshäuser mit Fernheizanschluß, benutzt.

Der Verbrauch der einzelnen Wohnungen unter Verzicht auf exakte Messung wird in der Regel durch eines der nachstehenden Verfahren abgerechnet.

Warmwasserzähler. Eine einfache Meßeinrichtung besteht aus einem in den Heizungsrücklauf jeder Wohnung eingebauten Warmwasserzähler nach DIN 4713 T. 4 mit vorgeschaltetem, thermostatisch gesteuertem Ablaufregler, der die Rücklauftemperatur auf einem konstanten Wert hält und so die der Wohnung zugeführte Heizwärmemenge bestimmt (**755**.1).

Die Anlage erfordert 6 bis 8% des Jahreskostenaufwandes. Es ist hier jedoch wie bei dem etwaigen Einbau eines Wärmemengenzählers zu berücksichtigen, daß auch das Rohrnetz gegenüber einer Standardausführung teurer wird, da jede Wohnung mindestens ein eigenes Rücklaufsystem haben muß.

Für die Verwendung zur verbrauchsabhängigen Wärmekostenabrechnung unterscheidet die DIN Wärmezähler und Wasserzähler.

Wärmezähler messen die verbrauchte Wärme und zeigen sie in kWh oder MWh an. Es werden mechanische Wärmezähler und elektrische Wärmezähler unterschieden.

Wasserzähler messen das Wasservolumen und zeigen es in gesetzlichen Einheiten an. Man teilt sie in Kaltwasserzähler bis 30 °C, Warmwasserzähler bis 90 °C und Heißwasserzähler über 90 °C ein.

Auf Warmwasserzählern und Heißwasserzählern ist die Temperaturgrenze angegeben.

Verdunstungsgerät. Bei der Heizkostenberechnung durch ein Verdunstungsgerät nach DIN 4713 T. 2 muß an jedem Heizkörper ein Verdunstungsmesser, ein Heizkostenverteiler ohne Hilfsenergie, mit einem offenen Glasröhrchen angebracht werden, das mit einer Verdunstungsflüssigkeit gefüllt ist.

Die Verdunstungsmenge, die sowohl duch die Zeitdauer als auch durch die Höhe der Erwärmung des Heizkörpers beeinflußt wird, kann als Maßstab für den Verbrauch an Heizwärme benutzt werden.

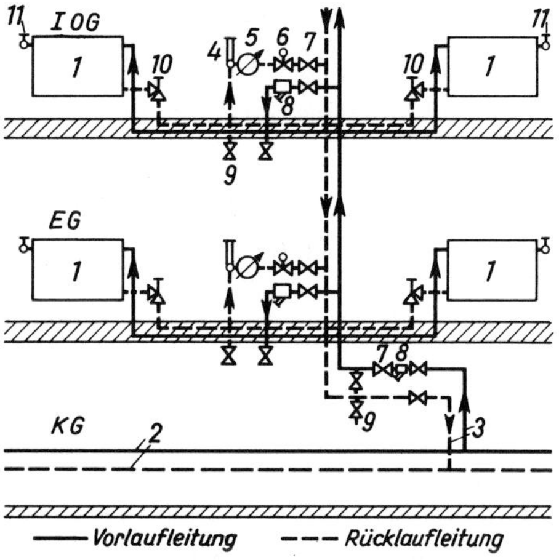

755.1 Wohnungsanschlüsse einer Fernheizungsanlage (nach Goepfert)
1 Heizkörper
2 Fernheizleitungen
3 Hausheizleitungen
4 Thermometer
5 Warmwasserzähler
6 thermostatisches Ventil
7 Absperrventil
8 Schmutzfänger
9 Entleerungsventil
10 Heizkörper-Regulierventil
11 Lufthahn

Beim Ablesen am Ende jeder Heizperiode durch die Herstellerfirma, die die Geräte gegen eine Gebühr auch verleiht und unterhält, ist die Ampulle mit der Meßflüssigkeit gegen eine neue auszutauschen.

Die Skalen der Geräte sind den verschiedenen Heizkörpergrößen angepaßt und sollten in den wärmetechnisch benachteiligten Erd- und Dachgeschoß- sowie Eckwohnungen stets Korrekturfaktoren zur Berücksichtigung des unvermeidlichen Mehrverbrauches dieser Wohnungen enthalten.

Die Heizkostenverteiler bestehen aus Gehäuse, Ampulle, Skala, Plombe und Befestigungselementen.

Die Kosten für Gerät und Verrechnung betragen 2 bis 3% der Jahresheizkosten.

Elektronischer Heizkostenverteiler. Die bekannte Ungenauigkeit der vorher beschriebenen Verdunstungsgeräte, die schon den Verbrauch bei Sonneneinstrahlung, Hausgerätewärme sowie Wärmestau durch Heizkörperverkleidungen anzeigen und damit oft zu falschen Berechnungen führen, wurde durch die Verbrauchserfassung mit elektronischen Röhrchen wesentlich verbessert.

Die Einbaukosten der elektronischen Heizkostenverteiler, die bei verkleideten Heizkörpern nun auch mit Fernfühlern installiert werden können, betragen allerdings das 3- bis 6fache gegenüber dem Gerät mit Verdunstungsröhrchen.

Pauschalabrechnung. Hier kommen drei Verrechnungsarten in Frage.

1. Pauschalabrechnung durch Einrechnen der Heizkosten in die Miete. Dieses Verfahren war früher bei beständigen Preisen für Lohn und Brennstoff allgemein üblich. Heute müßte es zur Abwälzung von Preiserhöhungen auf den Verbraucher durch eine Gleitklausel ergänzt werden.

2. Pauschalabrechnung nach der eingebauten Heizfläche. Für die exponierten Wohnungen mit erhöhtem Wärmebedarf wäre eine derartige Verrechnung nur dann gerecht, wenn zum Ausgleich ihre Grundmiete niedriger gehalten würde als für die eingebauten Wohnungen.

3. Pauschalabrechnung nach der Wohnfläche oder nach der beheizten Wohnfläche. Sie ist die korrekteste, da sie dem Maßstab der Mietberechnung entspricht und die wärmetechnischen Nachteile der ungünstig liegenden Wohnungen ausgleicht. Sie wird in der Praxis daher auch meistens angewandt.

Bei jeder Heizkostenabrechnung über den gemessenen Wärmeverbrauch kommen zwar Einsparungen durch Einschränken des Heizbetriebes den einzelnen Verbrauchern zugute, doch führen Übertreibungen zu einer nicht vertretbaren Benachteiligung der umliegenden Wohnungen.

Fernwärmeverrechnung. Während bisher Fernheizwerke meistens über eine Messung der abgegebenen Heizwärme mit den Verbrauchern abzurechnen pflegten, führen sie neuerdings zunehmend die Pauschalabrechnung meist nach der beheizten Wohnfläche ein, um Kosten zu sparen und Streitigkeiten mit den Abnehmern möglichst auszuschließen.

Es ist nämlich durchaus nachweisbar, daß die Einsparungsmöglichkeit für einzelne Mieter beim Meßverfahren, insbesondere bei gutem Wärmeschutz der Gebäude, überbewertet wird und in Wirklichkeit in einer Größenordnung liegt, die den Kostenaufwand für ein Meßverfahren nicht lohnt.

Die pauschale Abrechnung stellt gleichzeitig einen selbsttätigen sozialen Ausgleich dar, so für kinderreiche Familien und alte Personen, die ihre Wohnung dauernd heizen müssen, gegenüber kinderlosen, berufstätigen Ehepaaren, die ihre Wohnung nur teilweise voll beheizen.

Ein Mißbrauch bei der Wärmeentnahme für die Raumheizung ist ausgeschlossen, wenn das Heizwerk die Vorlauftemperatur gleitend, entsprechend der Außentemperatur einstellen kann.

Warmwasser. Für die Abrechnung des Verbrauches an Gebrauchswarmwasser ist jedoch, um Verschwendungen vorzubeugen, die Abrechnung nach dem wirklichen Verbrauch, mit Warmwasserzählern nach DIN 4713 T. 4 leicht durchzuführen (**755**.1), angebracht.

Von einer Darstellung der Wärmemessung und -verrechnung bei Heißwasser- und Dampfheizungen muß im Rahmen dieses Buches abgesehen werden.

10.8.2 Heizkosten-Verordnung

Die seit dem 1. März 1981 geltende „Verordnung über die verbrauchsabhängige Abrechnung der Heiz- und Warmwasserkosten" (HeizkostenV), die in novellierter Form ab 1. März 1989 weiter in Kraft ist, verpflichtet den Gebäudeeigentümer zur Durchführung einer Kostenverteilung und -abrechnung gegenüber den Nutzern.

Der Gebäudeeigentümer hat den anteiligen Verbrauch der Nutzer an Wärme und Warmwasser zu erfassen.

Der Eigentümer hat dazu die Räume mit Ausstattungen zur Gebrauchserfassung zu versehen. Die Nutzer haben dies zu dulden. Die Art der Ausstattung bleibt dem Gebäudeeigentümer überlassen.

Der Nutzer kann vom Eigentümer die Erfüllung seiner Verpflichtungen verlangen.

Zur Feststellung des anteiligen Wärmeverbrauches sind Wärmezähler oder Heizkostenverteiler zu verwenden.

Die Ausstattung und Verwendung dieser Geräte müssen den Mindestanforderungen nach DIN 4713 T. 2 bis T. 4 genügen.

Zur Erfassung des anteiligen Warmwasserverbrauches sind Warmwasserzähler oder Warmwasserkostenverteiler zu verwenden.

Der Gebäudeeigentümer hat die Kosten der Versorgung mit Wärme und Warmwasser auf der Grundlage der Verbrauchserfassung auf die einzelnen Nutzer zu verteilen.

Dies gilt bei den Kosten für die Lieferung von Fernwärme und Fernwarmwasser nur, soweit sie dem Eigentümer zu Lasten der Nutzer in Rechnung gestellt werden oder bei dem Gebäudeeigentümer als zusätzliche Betriebskosten entstehen.

Die Wahl der Abrechnungsmaßstäbe bleibt dem Gebäudeeigentümer überlassen. Er kann diese einmalig für künftige Abrechnungszeiträume gegenüber den Nutzern ändern.

Von den Betriebskosten der zentralen Heizungsanlagen und Warmwasserversorgungsanlagen sind mindestens 50%, höchstens 70% nach dem erfaßten Wärmeverbrauch der Nutzer zu verteilen.

Die übrigen Kosten sind nach der Wohn- oder Nutzfläche oder dem umbauten Raum zu verteilen.

Es kann auch sowohl die Wohn- oder Nutzfläche als auch der umbaute Raum beheizter Räume zugrunde gelegt werden (s. Abschnitt 10.8.1).

Rechtsgeschäftliche Abmachungen, die höhere als die genannten Höchstsätze von 70% vorsehen, bleiben unberührt.

10.9 Technische Regeln

Deutsche Normen

DIN 2404	Kennfarben für Heizungsrohrleitungen (12.42)
DIN 3368	T. 2 Gasgeräte; Umlauf-Wasserheizer, Kombi-Wasserheizer; Anforderungen, Prüfung (03.89)
DIN 3380	Gas-Druckregelgeräte für Eingangsdrücke bis 100 bar (12.73)
DIN 3383	T. 1 Gasschlauchleitungen und Gasanschlußarmaturen; Sicherheits-Gasschlauchleitungen, Sicherheits-Gasanschlußarmaturen (06.90)
DIN 3383	T. 2 Gasschlauchleitungen und Gasanschlußarmaturen; Gasschlauchleitungen für festen Anschluß (06.90)
DIN 4701	T. 3 Regeln für die Berechnung des Wärmebedarfs von Gebäuden; Auslegung der Raumheizeinrichtungen (08.89)
DIN 4702	T. 1 Heizkessel; Begriffe, Anforderungen, Prüfung, Kennzeichnung (03.90)
DIN 4702	T. 3 Heizkessel; Gas-Spezialheizkessel mit Brenner ohne Gebläse (03.90)
DIN 4702	T. 4 Heizkessel; Heizkessel für Holz, Stroh und ähnliche Brennstoffe; Begriffe, Anforderungen, Prüfungen (03.90)
DIN 4702	T. 6 Heizkessel; Brennwertkessel für gasförmige Brennstoffe (03.90)
DIN 4703	T. 1 Raumheizkörper; Maße, Norm-Wärmeleistungen (09.88)
DIN 4703	T. 3 Raumheizkörper; Begriffe, Grenzabmaße, Umrechnungen, Einbauhinweise (09.88)
DIN 4713	T. 2 Verbrauchsabhängige Wärmekostenabrechnung; Heizkostenverteiler ohne Hilfsenergie nach dem Verdunstungsprinzip (03.90)
DIN 4713	T. 3 Verbrauchsabhängige Wärmekostenabrechnung; Heizkostenverteiler mit Hilfsenergie (01.89)
DIN 4713	T. 4 Verbrauchsabhängige Wärmekostenabrechnung; Wärmezähler und Wasserzähler (12.80)
DIN 4725	T. 1 Warmwasser-Fußbodenheizungen; Begriffe, allgemeine Formelzeichen (05.92)
DIN 4725	T. 3 Warmwasser-Fußbodenheizungen; Heizleistung und Auslegung (05.92)
DIN 4725	T. 4 Warmwasser-Fußbodenheizungen; Aufbau und Konstruktion (09.92)
DIN 4747	T. 1 Fernwärmeanlagen; Sicherheitstechnische Ausführung von Hausstationen zum Anschluß an Heizwasser-Fernwärmenetze (07.91)
DIN 4750	Standrohre für Dampfabfuhr bei Drucküberschreitung aus Dampfkessel- und Heizungsanlagen mit zulässigem Betriebsüberdruck bis 0,5 bar; Anforderungen (02.93)
DIN 4751	T. 1 Wasserheizungsanlagen; Offene und geschlossene physikalisch abgesicherte Wärmeerzeugungsanlagen mit Vorlauftemperaturen bis 120 °C; Sicherheitstechnische Ausrüstung (02.93)
DIN 4751	T. 2 Wasserheizungsanlagen; Geschlossene, thermostatisch abgesicherte Wärmeerzeugungsanlagen mit Vorlauftemperaturen bis 120 °C; Sicherheitstechnische Ausrüstung (02.93)
DIN 4751	T. 3 Wasserheizungsanlagen; Geschlossene, thermostatisch abgesicherte Wärmeerzeugungsanlagen bis 50 kW Nennwärmeleistung mit Zwangsumlauf-Wärmeerzeugern und Vorlauftemperaturen bis 95 °C; Sicherheitstechnische Ausrüstung (02.93)
DIN 4752	Heißwasserheizungsanlagen mit Vorlauftemperaturen von mehr als 110 °C (Absicherung auf Drücke über 0,5 atü); Ausrüstung und Aufstellung (01.67)
DIN 4755	T. 1 Ölfeuerungsanlagen; Ölfeuerungen in Heizungsanlagen; Sicherheitstechnische Anforderungen (09.81)

DIN 4756	Gasfeuerungsanlagen; Gasfeuerungen in Heizungsanlagen; Sicherheitstechnische Anforderungen (02.86)
DIN 4757	T. 1 Sonnenheizungsanlagen mit Wasser oder Wassergemischen als Wärmeträger; Anforderungen an die sicherheitstechnische Ausführung (11.80)
DIN 4757	T. 2 Sonnenheizungsanlagen mit organischen Wärmeträgern; Anforderungen an die sicherheitstechnische Ausführung (11.80)
DIN 4757	T. 3 Sonnenheizungsanlagen; Sonnenkollektoren, Begriffe, Sicherheitstechnische Anforderungen, Prüfung der Stillstandtemperatur (11.80)
DIN 4757	T. 4 Sonnenheizungsanlagen; Sonnenkollektoren, Bestimmung von Wirkungsgrad, Wärmekapazität und Druckabfall (07.82)
DIN 4787	T. 1 Ölzerstäubungsbrenner; Begriffe, Sicherheitstechnische Anforderungen; Prüfung, Kennzeichnung (09.81)
DIN 4788	T. 1 Gasbrenner; Gasbrenner ohne Gebläse (06.77)
DIN 4788	T. 2 Gasbrenner; Gasbrenner mit Gebläse; Begriffe, Sicherheitstechnische Anforderungen, Prüfung, Kennzeichnung (02.90)
DIN 4788	T. 3 Gasbrenner; Flammenüberwachungseinrichtungen, Flammenwächter, Steuergeräte und Feuerungsautomaten; Begriffe, Sicherheitstechnische Anforderungen, Prüfung, Kennzeichnung (04.89)
DIN 4807	T. 1 Ausdehnungsgefäße; Begriffe, gesetzliche Bestimmungen, Prüfung und Kennzeichnung (05.91)
DIN 4807	T. 2 Ausdehnungsgefäße; Offene und geschlossene Ausdehnungsgefäße für wärmetechnische Anlagen; Auslegung, Anforderungen und Prüfung (05.91)
DIN 6608	T. 1 Liegende Behälter (Tanks) aus Stahl, einwandig, für die unterirdische Lagerung wassergefährdender, brennbarer und nichtbrennbarer Flüssigkeiten (09.89)
DIN 6608	T. 2 Liegende Behälter (Tanks) aus Stahl, doppelwandig, für die unterirdische Lagerung wassergefährdender, brennbarer und nichtbrennbarer Flüssigkeiten (09.89)
DIN 6620	T. 1 Batteriebehälter (Tanks) aus Stahl, für oberirdische Lagerung brennbarer Flüssigkeiten der Gefahrenklasse A III; Behälter (10.81)
DIN 6622	T. 1 Haushaltsbehälter (Tanks) aus Stahl; 620 Liter Volumen für oberirdische Lagerung von Heizöl (10.81)
DIN 6622	T. 2 Haushaltsbehälter (Tanks) aus Stahl; 1000 Liter Volumen für oberirdische Lagerung von Heizöl (10.81)
DIN 6625	T. 1 Standortgefertigte Behälter (Tanks) aus Stahl für die oberirdische Lagerung von wassergefährdenden, brennbaren Flüssigkeiten der Gefahrenklasse A III und wassergefährdenden, nichtbrennbaren Flüssigkeiten; Bau- und Prüfgrundsätze (09.89)
DIN 18160	T. 1 Hausschornsteine; Anforderungen, Planung und Ausführung (02.87)
DIN 18160	T. 2 Hausschornsteine; Verbindungsstücke; Anforderungen, Planung und Ausführung (05.89)
DIN 18380	VOB Verdingungsordnung für Bauleistungen; Teil C: Allgemeine Technische Vertragsbedingungen für Bauleistungen (ATV); Heizanlagen und zentrale Wassererwärmungsanlagen (12.92)
DIN 18421	VOB Verdingungsordnung für Bauleistungen; Teil C: Allgemeine Technische Vertragsbedingungen für Bauleistungen (ATV); Dämmarbeiten an technischen Anlagen (12.92)
DIN 18560	T. 2 Estriche im Bauwesen; Estriche und Heizestriche auf Dämmschichten (schwimmende Estriche) (05.92)

DVGW-Regelwerk

G 600	Technische Regeln für Gas-Installationen; DVGW-TRGI 1986 (11.86)
TRF 1988	Technische Regeln Flüssiggas (03.88)
DVGW	GW 12 Planung und Errichtung kathodischer Korrosionsschutzanlagen für erdverlegte Lagerbehälter und Stahlrohrleitungen (04.84)

Technische Regeln für brennbare Flüssigkeiten

TRbF 120	Ortsfeste Tanks aus metallischen und nichtmetallischen Werkstoffen; Allgemeines (01.88)
TRbF 220	Ortsfeste Tanks aus metallischen und nichtmetallischen Werkstoffen; Allgemeines (01.88)

VDI-Richtlinien

VDI 2050	Beiblatt Heizzentralen; Gesetze, Verordnungen, Technische Regeln (01.92)
VDI 2050	Blatt 1 Heizzentralen; Heizzentralen in Gebäuden; Technische Grundsätze für Planung und Ausführung (12.90)
VDI 2067	Blatt 1 Berechnung der Kosten von Wärmeversorgungsanlagen; Betriebstechnische und wirtschaftliche Grundlagen (12.83)

11 Lüftungsanlagen

Nachstehende Ausführungen gelten nach DIN 1946 T. 1 und 2 nur für solche raumlufttechnische Anlagen, RLT-Anlagen, die in Aufenthalts- und Versammlungsräumen vorwiegend ein dem Menschen zuträgliches Raumklima schaffen sollen, ohne daß das Arbeitsverfahren oder die Zweckbestimmung der Räume besondere Anforderungen stellen.

Bei RLT-Anlagen, Raumlufttechnischen Anlagen, wird die Luft maschinell gefördert.

Aufenthaltsräume dienen einem gleichbleibenden Personenkreis als ganztägige Arbeitsräume, so als Einzel- und Großraumbüros und Sitzungsräume, oder werden ganztägig vom Personal benutzt und haben gleichzeitig Publikumsverkehr, wie Gaststätten, Verkaufs- und Ausstellungsräume.

Versammlungsräume werden von einem gleichbleibenden Personenkreis nur verhältnismäßig kurze Zeit, etwa 1 bis 4 Stunden, genutzt, als Vortrags- und Hörsäle, Theater und Kinos, Konzert- und Festsäle.

Hauptaufgabe. Wichtigste Aufgabe der lüftungstechnischen Anlagen ist stets die Erneuerung der Raumluft, gegebenenfalls zusammen mit einer Aufbereitung der Luft.

Dabei werden nach dem Maß der Luftaufbereitung folgende Lüftungsanlagen unterschieden: Anlagen einfacher Art, Anlagen mit zusätzlicher Luftaufbereitung und Klimaanlagen.

Bauliche Anforderungen. Eine Lüftungs- oder Klimaanlage greift erheblich in die Gesamtplanung eines Bauwerkes ein. Ihr Einbau erfordert daher stets eine enge Zusammenarbeit zwischen den beteiligten Bau- und Lüftungsfachleuten.

Deshalb sollte schon bei der Ausarbeitung des Vorentwurfes der Lüftungsfachmann vom Bauplaner und dem Bauherren gehört werden, damit die Forderungen an die Lüftungs- oder Klimaanlage nach dem Zweck des Bauwerkes und den für die Ausführung und den Betrieb der Anlage verfügbaren Mitteln festgelegt werden können.

Der Entwurf der Anlage, besonders der Lüftungszentrale und des Kanalnetzes, muß vor Baubeginn ausgearbeitet sein. In den Ausführungszeichnungen müssen alle Kanäle mit den Querschnitten, Wand- und Deckenaussparungen sowie Luftdurchlässen eingetragen sein.

Begriffe. Die gesamte dem Raum zuströmende Luft heißt Zuluft, die gesamte abströmende Luft Abluft. Der dem Raum wieder zugeleitete Teil der Abluft heißt Umluft, die ins Freie abgeführte Luft Fortluft. Die der Fortluft entsprechende, von außen angesaugte Luft wird bis zum Zusammentreffen mit der Umluft als Außenluft bezeichnet (**760**.1).

Diese Benennungen gelten unabhängig davon, an welcher Stelle sich im Luftweg die verschiedenen Bestandteile der Aufbereitungsanlage befinden.

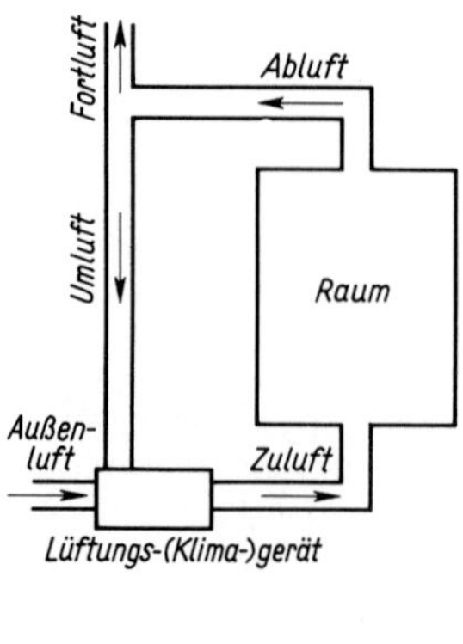

760.1 Benennungen für die Luft auf dem Weg durch eine Lüftungs- oder Klimaanlage

Farben. In den Schema- und Einbauzeichnungen können folgende Farben verwendet werden:

Außenluft und vorbehandelte Außenluft	grün
Fortluft, nachbehandelte Fortluft, Abluft, nachbehandelte Abluft und Umluft	gelb
Mischluft	orange
Zuluft und vorbehandelte Zuluft	violett

Die Zuluft wird jedoch nach DIN, je nach der Zahl der thermodynamischen Luftbehandlungsfunktionen, auch grün, rot oder blau dargestellt.

Sinnbilder. Die Begriffe und graphischen Symbole zur Darstellung raumlufttechnischer Anlagen sind in der DIN 1946 T. 1 wegen der gewachsenen und differenzierteren Aufgaben in der Raumlufttechnik wesentlich umfangreicher geworden und gelten als Grundlage für die zukünftigen Planungen.

Die noch bis 1988 gültigen und in zahllosen Bestandsplänen verwendeten wichtigsten Sinnbilder der Lüftungstechnik sind in Tafel **761**.1 wiedergegeben.

Tafel **761**.1 Sinnbilder der Lüftungstechnik

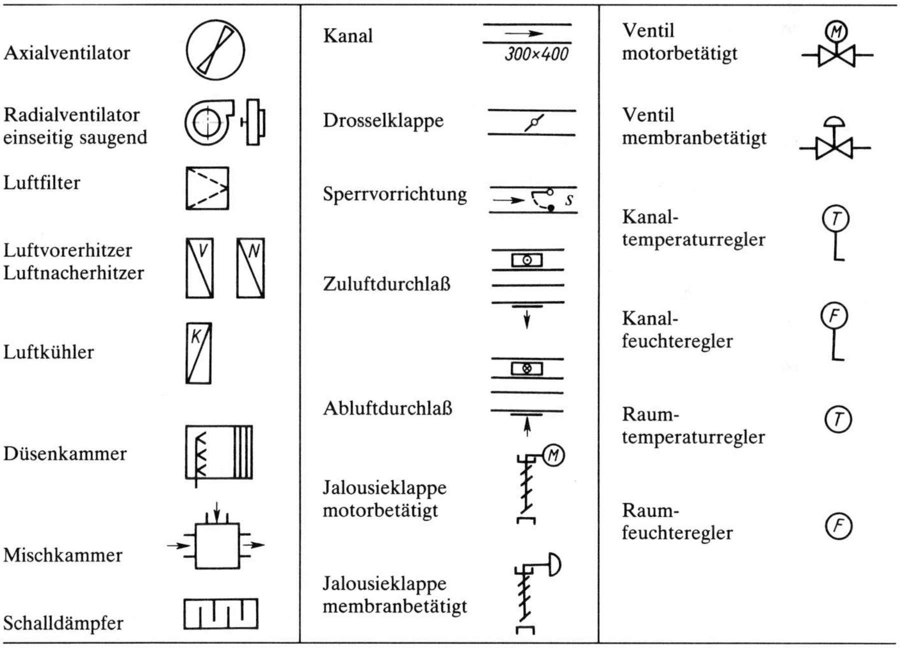

11.1 Grundlagen

11.1.1 Bedeutung des Raumklimas

Aufgabe aller raumlufttechnischen Anlagen ist es, dem Menschen im Raum als Voraussetzung für einen behaglichen und gesundheitlich einwandfreien Aufenthalt und damit, in Arbeitsräumen, auch für ein Höchstmaß an Leistungsfähigkeit ein zuträgliches, ausgeglichenes Raumklima zu schaffen und zu erhalten.

Zwischen der ständigen Wärmeerzeugung im menschlichen Körper durch Muskelarbeit und Nahrungsmittelverbrennung und einer ständigen und gleichmäßigen Wärmeabgabe soll ein Gleichgewichtszustand herrschen, so daß die zum ordnungsgemäßen Funktionieren seiner inneren Organe erforderliche Körpertemperatur von 37 °C aufrechterhalten bleibt (Tafel **762**.1).

Tafel **762**.1 Wärme- und Wasserdampfabgabe des Menschen (nach VDI 2078)

		bei sitzender Tätigkeit					bei mittelschwerer Arbeit				
Raumlufttemperatur	°C	20	22	23	25	26	20	22	23	25	26
Wärmeabgabe durch Leitung, Konvektion und Strahlung	W	95	90	85	75	70	140	120	115	105	95
Wärmeabgabe durch Verdunstung	W	25	30	35	40	45	130	150	155	165	175
Gesamtwärmeabgabe	W	120	120	120	115	115	270	270	270	270	270
Wasserdampfabgabe	g/h	35	40	50	60	65	180	195	220	250	260

Das Raumklima entsteht im Zusammenwirken folgender, sich teilweise gegenseitig ergänzender Einflüsse: Körperliche Tätigkeit, Bekleidung, Raumlufttemperatur, Raumluftgeschwindigkeit und Raumluftfeuchte.

Behaglichkeit. Sie ist wechselseitig beeinflußt durch:

den individuellen Zustand der Personen, wie geistige und körperliche Tätigkeit; Bekleidung; psychisches und physisches Allgemeinbefinden,
die raumlufttechnischen Anlagen, wie Lufttemperatur, -feuchte, -geschwindigkeit, -erneuerung; Reinheit der Luft; raumlufttechnisches System; insbesondere Luftführung im Raum; Anlagengeräusch sowie
die bauphysikalische Ausbildung des Raumes, wie Temperatur der Umschließungsflächen und sonstiger Wärmestrahler; Akustik; Beleuchtung.

Die Behaglichkeit ist nur dann sichergestellt, wenn die vorstehenden Faktoren während der Aufenthaltsdauer des Menschen im Aufenthaltsbereich aufeinander abgestimmt sind.

Mit RLT-Anlagen können die Raumlufttemperatur, Raumluftgeschwindigkeit, Raumluftfeuchte und die Reinheit der Luft beeinflußt werden.

Thermische Behaglichkeit. Sie ist vorhanden, wenn die Person mit der Temperatur, Feuchte und Luftbewegung in ihrer Umgebung zufrieden ist.

Das bedeutet, daß der Mensch weder wärmere noch kältere, weder trockenere noch feuchtere Raumluft wünscht (**762**.2).

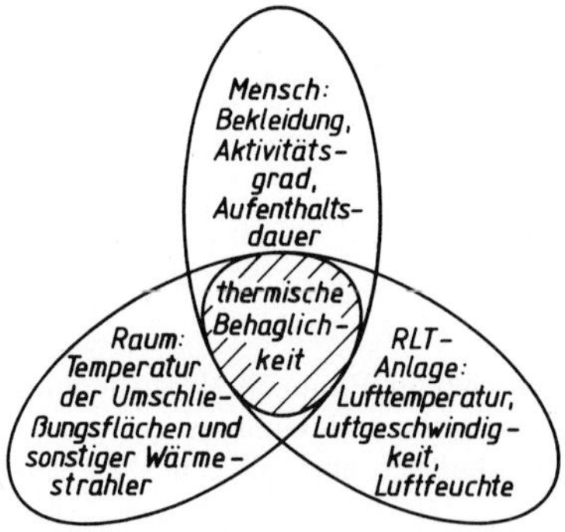

762.2 Einflußgrößen für die thermische Behaglichkeit der Personen in Gebäuden mit raumlufttechnischen Anlagen (DIN 1946 T. 2)

11.1.2 Einflußgrößen des Raumklimas

Körperliche Tätigkeit. Die Tätigkeit der Person, wie auch ihr psychischer und physischer Zustand beeinflussen ihre Wärmeabgabe (Taf. **763**.1).

Tafel **763**.1 Gesamtwärmeabgabe je Person in Abhängigkeit von der Tätigkeit (nach DIN 1946 T. 2)

Aktivitätsgrad	Tätigkeitsbeispiel	Anhaltswerte in W
I	sitzende Tätigkeit wie Lesen und Schreiben	100
II	leichte Tätigkeit im Stehen, Labortätigkeit, Maschinenschreiben	150
III	mäßig schwere körperliche Tätigkeit	200
IV	schwerere körperliche Tätigkeit	über 250

Mit dem Aktivitätsgrad I oder II werden gesundheitstechnische Anforderungen für die Behaglichkeit von Personen bei leichter Tätigkeit im Aufenthaltsbereich von Räumen, mit Aktivitätsgrad III oder IV bei schwererer körperlicher Tätigkeit unter besonderen Vereinbarungen definiert.

Bekleidung. Die Abgabe sensibler und latenter Wärme ist durch die Art der menschlichen Bekleidung beeinflußbar. Für den Wärmeleitwiderstand *R* der Bekleidung können die Anhaltswerte aus Taf. **763**.2 angenommen werden.

Tafel **763**.2 Wärmeleitwiderstand *R* der Bekleidung (nach DIN 1946 T. 2)

Bekleidung	in m^2 K/kW	Bekleidung	in m^2 K/kW
ohne Bekleidung	0	mittlere Kleidung	160
leichte Sommerkleidung	80	warme Kleidung	240

Modische Einflüsse sowie die Art und Struktur der Textilien können zu unterschiedlichen Wärmeleitwiderständen der menschlichen Bekleidung führen. Sie können dadurch indirekt die Behaglichkeit beeinflussen.

Raumlufttemperatur. Für die thermische Behaglichkeit der Menschen im Aufenthaltsbereich ist das Zusammenwirken von Raumlufttemperatur, der Temperatur der Umschließungsflächen und sonstiger Wärmestrahler zu berücksichtigen.

Weichen diese einzelnen Temperaturen nur geringfügig mit etwa 2 bis 3 K voneinander ab, so entspricht die Raumlufttemperatur etwa dem Mittelwert aus der Lufttemperatur, der mittleren Temperatur der Umschließungsflächen und der Strahlungstemperaturen.

Der Bereich behaglicher Raumlufttemperaturen ist in Bild **763**.3 angegeben. Dabei ist nachfolgendes zu berücksichtigen.

763.3 Bereich behaglicher Raumlufttemperaturen (Raumlufttemperatur t_R in Abhängigkeit von der Außenlufttemperatur t_A) (nach DIN 1946 T. 2)

Voraussetzungen:
Aktivitätsgrad I oder II
mittlere bis leichte Bekleidung
Lufttemperatur annähernd gleich der Oberflächentemperatur der Umschließungsflächen

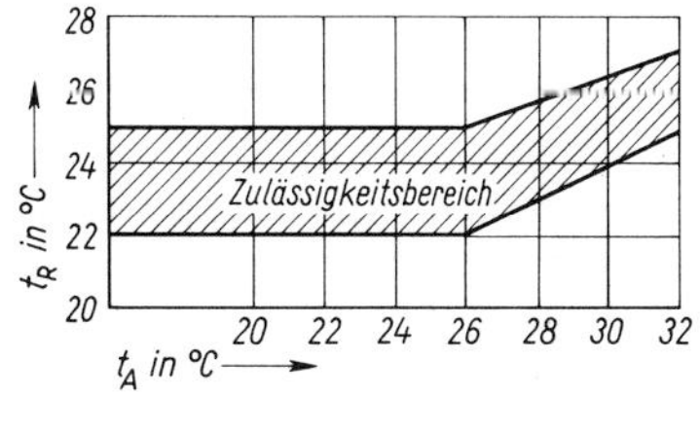

Die Einhaltung des Behaglichkeitsbereiches ist nur möglich, wenn die RLT-Anlage die entsprechenden Luftbehandlungsfunktionen hat.
Der Behaglichkeitsbereich darf nicht durch Regelabweichungen überschritten werden.
Bei besonderen Anforderungen können Abweichungen von diesem Bereich erforderlich sein. Sie müssen dann vereinbart werden.

Die Temperaturdifferenz zwischen außen und innen soll aus physiologischen Gründen in der Regel 6 K nicht übersteigen.

Alle Temperaturen sind innerhalb der Aufenthaltszone in Kopfhöhe zu messen, das ist 1,30 m, sofern sich mehr sitzende, 1,80 m über dem Fußboden, sofern sich mehr stehende Personen im Raum befinden.

Bei RLT-Anlagen, die nur der Lüftung oder Heizung dienen, sollen in einer horizontalen Meßebene insgesamt keine größeren örtlichen und zeitlichen Abweichungen der Raumlufttemperatur im Aufenthaltsbereich als ± 2 K vom Sollwert zugelassen werden.

Bei RLT-Anlagen mit Kühlung soll diese Abweichung nicht mehr als ± 1,5 K betragen.

Der Einfluß vertikaler Temperaturgradienten in der Aufenthaltszone bleibt bei vorstehender Forderung unberührt (**580**.1).

Raumluftgeschwindigkeit. Gewisse Luftbewegungen sind zur Erleichterung der Erwärmung des Menschen durch Konvektion und Verdunstung immer notwendig und im Interesse der Behaglichkeit erwünscht.

Dabei sind in der Aufenthaltszone zur Gewährleistung der Zugfreiheit jedoch obere und untere Grenzen der Raumluftgeschwindigkeit zu beachten.

Unter Zug versteht man eine starke örtliche Abkühlung des Körpers durch Luftbewegung oder auch durch Wärmeabstrahlung an kältere Umgebungsflächen.

Im Nacken ist der Mensch am empfindlichsten gegen Zug und verträgt hier etwa nur die halbe Luftgeschwindigkeit wie an den Fußknöcheln. Er reagiert außerdem gegen seitliches Anblasen empfindlicher als gegen ein Anblasen von vorn.

Die Kurve für die obere zulässige Raumluftgeschwindigkeit c stellt den zeitlichen, arithmetischen Mittelwert der Raumluftgeschwindigkeit dar (**764**.1).

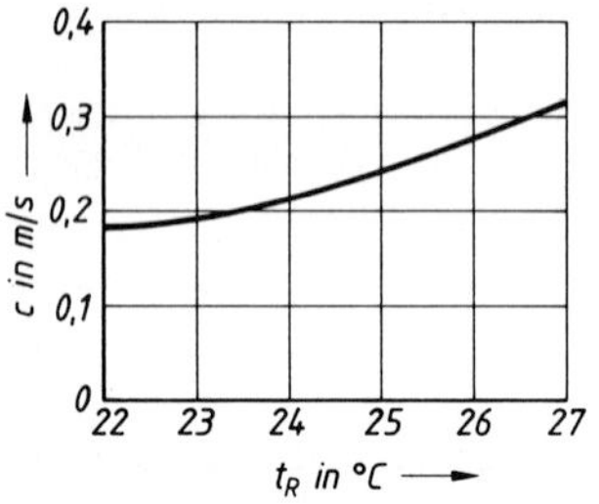

764.1 Obere Zulässigkeitskurve für behagliche Raumluftgeschwindigkeiten (Raumluftgeschwindigkeit c in Abhängigkeit von der Raumlufttemperatur t_R) (nach DIN 1946 T. 2)

Die Kurve gilt für:
Aktivitätsgrad I
mittlere Bekleidung
Lufttemperatur annähernd gleich der Oberflächentemperatur der Umschließungsflächen

Beispiel

Aktivitätsgrad I (Taf. **763**.1)	Q = 100 W
mittlere Bekleidung (Taf. **763**.2)	R = 160 m² K/kW
gewünschte Raumlufttemperatur	t_R = 22,5 °C
zulässige Raumluftgeschwindigkeit aus Bild **764**.1	c = 0,185 m/s

Die Auswirkung kleinerer oder größerer Werte der Einflußgrößen „Aktivitätsgrad, Bekleidung und Oberflächentemperatur der Umschließungsflächen" auf die thermische Behaglichkeit läßt sich mit Hilfe nachfolgender drei Richtgrößen abschätzen.

1. Bei Erhöhen des Aktivitätsgrades um 50 W kann die Zulässigkeitskurve um 0,04 m/s angehoben werden.

2. Bei Erhöhen oder Verringern des Wärmeleitwiderstandes der Bekleidung um 80 m^2 K/kW kann die Zulässigkeitskurve um 0,04 m/s entsprechend verschoben werden.
3. Bei Erhöhen oder Verringern der mittleren Oberflächentemperatur der Umschließungsflächen um 4 K kann die Zulässigkeitskurve um 0,04 m/s entsprechend verschoben werden.

Beispiel

Aktivitätsgrad II (Taf. **763**.1)	Q = 150 W
warme Bekleidung (Taf. **763**.2)	R = 240 m^2 K/kW
gewünschte Raumlufttemperatur	t_R = 24°C
zulässige Raumluftgeschwindigkeit aus Bild **764**.1	c = 0,215 m/s + 0,04 m/s + 0,04 m/s
	= 0,295 m/s

Zugfreiheit im Aufenthaltsbereich ist Voraussetzung bei allen Räumen mit einer Lüftungsanlage.

Daher muß dem täglichen Temperaturgang der Außenluft entsprechend bei Anlagen, die in den Nachmittags-, Abend- oder Nachtstunden betrieben werden sollen, an etwa 280 bis 365 Tagen des Jahres die zugeführte Frischluft vorgewärmt werden.

Die hierzu erforderliche Heizwärme muß unabhängig von der stationären Gebäudeheizung erzeugt werden können.

Raumlufttemperaturen unterhalb von ca. 22 °C und oberhalb von ca. 27 °C liegen je nach Bekleidung außerhalb des allgemeinen thermischen Behaglichkeitsbereiches.

Die Räume und Anzahl der Meßstellen der Raumluftgeschwindigkeit sind vor der Messung zu vereinbaren.

In Räumen bis zu etwa 30 m^2 Größe genügen in der Regel zwei Meßstellen.

Die Messung an einem Meßort sollte in verschiedenen Höhen, und zwar möglichst 20, 130 und 180 cm über dem Fußboden durchgeführt werden.

Raumluftfeuchte. Für die Behaglichkeit der Menschen liegt die obere Grenze des Feuchtegehaltes der Luft bei 11,5 g Wasser je kg trockene Luft, wobei 65% relative Feuchte nicht überschritten werden sollten.

Bei leichter körperlicher Tätigkeit und einem Wärmeleitwiderstand üblicher Kleidung im thermischen Behaglichkeitsbereich ist die untere Grenze der Raumluftfeuchte für den Wärmehaushalt des Menschen praktisch ohne Bedeutung.

Jedoch wird durch zu trockene Luft die Schleimhaut der oberen Atemwege, besonders des Nasenraumes, funktionell und organisch beeinträchtigt, wenn eine mehrstündige Einwirkungsdauer zu erwarten ist und sich keine ausreichend lange Regenerierphase anschließt.

Die relative Luftfeuchte sollte daher in der Regel 30 bis 65% betragen. Gelegentliche Unterschreitungen bis auf 20% sind noch vertretbar.

Bei der Festlegung der Raumluftfeuchte sind daneben bauliche Gesichtspunkte wie Vermeidung von Schwitzwasser, elektrostatischer Aufladung von Kunststoff-Bauteilen oder Teppichböden zu berücksichtigen.

Wo die Möglichkeit der störenden elektrostatischen Aufladung besteht und keine ableitfähigen Bodenbeläge verwendet werden, muß der erforderliche Mindestfeuchtegehalt ermittelt werden. Ist dies nicht möglich, wird zur Verhütung einer Aufladung eine relative Luftfeuchte von 50% empfohlen.

Über die den Berechnungen zugrunde zu legenden Werte für die Wasserdampfabgabe des Menschen gibt Tafel **762**.1 Auskunft.

11.1.3 Reinheit der Raumluft

Ausscheidungen des Menschen wie Wasserdampf, Kohlendioxid, Geruch- und Ekelstoffe, außerdem Staubentwicklung, andere Gase oder Tabakrauch verändern die Raumluft in ihrer Zusammensetzung, Temperatur und Feuchte fortlaufend in solchem Maß, daß sie ständig erneuert werden muß.

Staub und Gase aus Feuerstätten, Automotoren und industriellen Fertigungen verunreinigen vor allem in Ballungsgebieten die Außenluft so sehr, daß sie vor ihrer Verwendung als Zuluft lufttechnischer Anlagen stets durch Filter zu reinigen ist (Taf. **795**.1).

In Wohn- und anderen Räumen mit wenig Bewohnern, besonders in Gebäuden, die in schwerer Bauweise hergestellt und mit nicht allzu großen Fensterflächen versehen sind, erfolgt die Lufterneuerung ausreichend von selbst durch natürliche Lüftung (s. Abschnitt 11.3.1). Im Winter tritt lediglich die Gebäudeheizung hinzu.

In Küchen, Bädern und WCs genügen die Lüftungsanlagen nach DIN 18017 T. 1 und 3.

Aufenthaltsräume verschiedenster Art als ganztägige Arbeitsräume sowie Bürohochhäuser mit ihren Außenwänden in Leichtbauweise und dem hohen Flächenanteil der meistens feststehenden Fenster erfordern zur Abführung der erheblichen Wärme- und Wasserdampfmengen und zur Lufterneuerung durchweg Lüftungsanlagen mit zusätzlicher Luftaufbereitung (s. Abschnitt 11.4) oder Klimaanlagen, da die Luft im Sommer meistens zusätzlich gekühlt und getrocknet werden muß (s. Abschnitte 11.4 und 11.5).

Außenluftstrom. In Räumen zum Aufenthalt von Personen ist der Außenluftstrom nach der Anzahl gleichzeitig anwesender Personen und der Raumnutzung zu bemessen (Taf. **766**.1).

Der Außenluftstrom braucht bei den Maximalwerten der Außentemperaturen nach DIN 4701 T. 2 sowie VDI 2078 nur 50% des Mindestaußenluftstromes je Person zu betragen.

Tafel **766**.1 Mindestaußenluftstrom je Person (nach DIN 1946 T. 2)

Raumart	m^3/h
Großraumbüro	50
Gaststätte	40
Einzelbüro, Kantine, Konferenzraum, Ruheraum, Pausenraum, Klassenraum, Hörsaal, Hotelzimmer	30
Theater, Konzertsaal, Kino, Festsaal, Lesesaal, Messehalle, Verkaufsraum, Museum, Turn- und Sporthalle mit Zuschauerplätzen	20

Die Werte der Tafel **766**.1 können aus wirtschaftlichen Gründen bei Außentemperaturen unter 0 °C bis zur tiefsten Außentemperatur linear auf 50%, bei Außentemperaturen über 26 °C auf 75% der Sollwerte abgesenkt werden.

Bei Räumen mit zusätzlichen, belästigenden Geruchsquellen, etwa Tabakrauch, soll der Mindestaußenluftstrom je Person um 20 m^3/h erhöht werden.

Staub, Gase und Dämpfe. Der Staubgehalt der Raumluft setzt sich zusammen aus dem Staubgehalt der Zuluft und dem im Raum freigesetzten Staub.

In lüftungstechnischen Anlagen für Aufenthalts- und Versammlungsräume müssen daher Außen- und Umluft durch Luftfilter verschiedener Art so gereinigt werden, daß die Zuluft nicht mehr als 0,5 mg Staub je m^3 Luft enthält.

Der Feinstaubgehalt darf den MIK-Wert nach VDI 2310 nicht überschreiten.

Die durch die Außenluft eingebrachten und durch Arbeitsprozesse am Arbeitsplatz entstehenden schädlichen und belästigenden Gase und Dämpfe dürfen am Arbeitsplatz die MAK-Werte oder TRK-Werte und in anderen Räumen die MIK-Werte nach VDI 2310 nicht überschreiten.

Gerüche. Für die Verschlechterung der Raumluft durch Geruchsstoffe und Ausdünstungen von Menschen wird der Kohlendioxidgehalt der Luft als Vergleichsmaßstab genommen.

Der mittlere Volumengehalt an Kohlendioxid soll 0,15% nicht überschreiten.

Der Geruchspegel der Zuluft muß unterhalb der Belästigungsgrenze liegen. Diese Grenze kann durch Kollektivuntersuchungen ermittelt werden.

Entsprechende Anforderungen werden an die Fortluft gestellt, wobei die Belange des Immissionsschutzes zu beachten sind.

Eine Luftbehandlung durch Überdecken der Raumluftgerüche, so durch geruchstilgende Mittel (Deodorante) ist nicht zulässig.

Mikroorganismen. Die Außenluft ist im allgemeinen frei von pathogenen vegetativen Mikroorganismen, wenn sie an geeigneter Stelle angesaugt wird (s. Abschnitt 11.5.4).

11.1.4 Schutz gegen Lärm

Das menschliche Wohlbefinden in Räumen kann entscheidend durch Störgeräusche beeinträchtigt werden (s. auch Abschnitt 4).

Die Lüftungs- und Klimaanlagen müssen daher so geräuscharm arbeiten, daß ihr Betrieb weder in den zu lüftenden Räumen noch in anderen Teilen des Gebäudes als störend empfunden wird.

Der Anlagen-Geräuschpegel ist auch unter Berücksichtigung der von außen einwirkenden Geräusche so niedrig zu halten, wie es nach Art der Raumnutzung erforderlich und nach dem Stand der Lärmdämmtechnik möglich ist.

Für die von RLT-Anlagen erzeugten Geräusche ist die VDI-Richtlinie 2081 heranzuziehen.

Die Grenzwerte der zulässigen Geräuschlautstärken richten sich nach der Zweckbestimmung des Raumes und dem Geräuschpegel bei seiner Benutzung bzw. dem seiner Umgebung (Taf. **768**.1).

Diese Richtwerte gelten für den unbesetzten eingerichteten Raum und dürfen an keinem Aufenthaltsplatz überschritten werden.

Als Meßort wählt man den dem Luftauslaß oder -einlaß nächstliegenden Aufenthaltsplatz.

Geräuschquellen. Dies sind vor allem die rotierenden Teile der Ventilatoren und Motoren in den Zentralen, die durch Luftbewegung, Reibungsvorgänge und Unwucht von Rädern Schwingungen oder Geräusche hervorrufen.

Keilriemenantrieb zwischen Motor und Ventilator, elastische Zwischenglieder zwischen diesem und dem anschließenden Kanal, Schwingungsdämpfer mit Stahlfedern und Metallgummistücken zwischen Grundplatten und Fundamenten vermindern Schallübertragungen.

Liegen in unmittelbarer Nähe des Maschinenraumes gegen Geräusche empfindliche Räume, müssen Fußboden, Decke und Wände der Zentrale mit ausreichender Schalldämmung ausgeführt werden.

Es können jedoch auch in den Kanälen durch Reibungsvorgänge an den Wänden und durch unzweckmäßig geformte Einbauten Geräusche entstehen.

Da andererseits die Kanäle und viele andere Bauteile Schallenergie verschlucken, ist es schalltechnisch immer günstig, die Zentrale nicht in die unmittelbare Nähe der zu lüftenden Räume zu legen.

Plattenschalldämpfer aus Kammern mit Unterteilungen durch parallel angeordnete Platten aus schallabsorbierenden Werkstoffen können unmittelbar hinter den Ventilatoren oder vor den Luftdurchlässen bei sehr hohen Anforderungen an den Schallschutz zusätzlich angeordnet werden (**769**.1).

Wanddurchführungen der Kanäle sind durch eine Dämmstoffschicht möglichst mit einem Mantelrohr zur Vermeidung von Körperschallübertragung vom Mauerwerk zu trennen (**769**.2).

Tafel **768**.1 Richtwerte für Schalldruckpegel in dB(A) von raumlufttechnischen Anlagen (nach DIN 1946 T. 2)

Raumart	Beispiel	Anforderungen hoch	Anforderungen niedrig
Arbeitsräume	kleiner Büroraum	35	40
	Großraumbüro	45	50
	Werkstätten	50	–
	Druckerei	60	–
Versammlungsräume	Theater	30	35
	Konzertsaal, Opernhaus	25	30
	Kino	35	45
	Konferenzräume	35	40
	Kantine	40	50
Wohnräume	Hotelzimmer	35[1])	35[1])
Sozialräume	Ruheräume, nicht Krankenzimmer (siehe DIN 1946 Teil 4)	30	35
	Pausenräume	35	40
	Waschräume, WC-Räume	45	55
Unterrichtsräume	Klassenräume, Seminarräume	35	40
	Lesesäle	30	35
	Hörsäle	35	40
Laboratorien	physikalische, chemische, biologische	40	55
Räume mit Publikumsverkehr	Messehallen	45	–
	Verkaufsräume	45	60
	Museen	35	40
	Gaststätten	40	55
	Schalterhallen	40	45
Sportstätten	Turn- und Sporthallen, Schwimmbäder	45	50
Sonstige Räume	Reine Räume	40	50
	EDV-Räume	40	55
	Schutzräume	45	55
	Wäschereien, Küchen	50	60
	Rundfunkstudios	15	25
	Fernsehstudios	25	25
	Fahrgasträume	50	–

[1]) Nachtwerte um 5 dB(A) niedriger

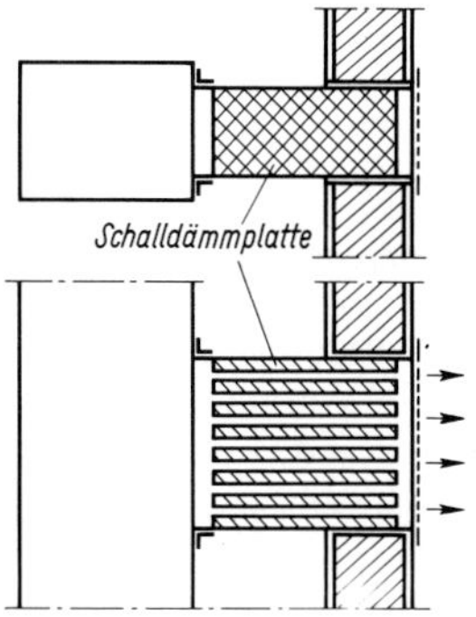

769.1 Absorptions-Schalldämpfer an einem Luftauslaß

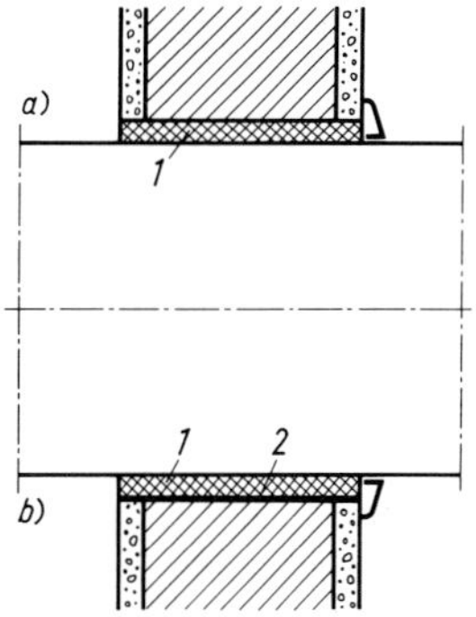

769.2 Wanddurchführung eines Lüftungskanales
a) ohne Futterrohr
b) mit Futterrohr
1 Glaswolle oder dergleichen
2 Futter- oder Mantelrohr

11.1.5 Anlagenbemessung

Sofern mit dem Bauherrn nichts anderes schriftlich vereinbart worden ist, sind der Berechnung nachfolgende Werte zugrunde zu legen.

Winterbetrieb. Die tiefste Außentemperatur wird nach DIN 4701 T. 2 (Taf. **534**.1) gewählt, die Außenluftfeuchte mit $\varphi = 100\%$ angesetzt. Hierbei muß die lüftungstechnische Anlage allein oder im Zusammenwirken mit anderen Heizungseinrichtungen eine Raumlufttemperatur von + 22 °C gewährleisten können. Damit sind in praktisch allen anderen Betriebszeiten die Raumtemperaturen nach Bild **763**.3 zu erreichen.

Sommerbetrieb. Die Kühllastberechnung ist nach VDI 2078 durchzuführen. Der Maximalwert der Außenlufttemperatur im Juli ist dabei grundsätzlich, von gewissen Ausnahmen abgesehen, im Küstengebiet mit max. $t = +29$ °C, im Binnenland mit max. $t = +32$ °C anzunehmen.

Bei Gebäuden mit ausgedehnten Südfronten ist eine Vergleichsrechnung mit den Werten für den Monat September angebracht, da diese eine höhere Kühllast als für den Juli ergeben können.

In allen Gebäudebereichen, in denen die Kühllast überwiegend von den außenklimatischen Bedingungen bestimmt wird, muß die Klimaanlage eine Raumlufttemperatur von + 26 °C erzielen können. Damit sind in praktisch allen anderen Betriebszeiten die Raumtemperaturen nach Bild **763**.3 zu erreichen.

Für innenliegende Räume oder Raumzonen mit nur geringer Beeinflussung durch das Außenklima ist die Klimaanlage für + 24 °C Raumlufttemperatur auszulegen.

Höhere Forderungen sind indessen bei Räumen für starke Personenbesetzung etwa Hörsäle und ähnliche Räume angebracht.

Für die trockene Wärmeabgabe des Menschen sind in den Berechnungen die Werte der Tafel **763**.1 zu verwenden.

11.2 Luftführung

11.2.1 Allgemeines

Die Forderung nach gleichmäßiger Verteilung der Zuluft unter Ausschaltung jeder Zugbelästigung erzwingt ein sehr sorgfältiges Bemessen und Verteilen der Luftein- und -auslässe. Um den Raum gleichmäßig zu durchspülen, bläst man in Anlagen mit geringer Zuluftgeschwindigkeit die Luft gern entgegen ihrer natürlichen Bewegungstendenz ein, also Warmluft oben und Kaltluft unten.

Eine Schwierigkeit liegt allerdings in der im Sommer und Winter oft wechselnden Lufttemperatur.

Lüftung von unten nach oben (**770**.1 Nr. 1). Die Zuluft wird unmittelbar in die Aufenthaltszone gebracht, die verbrauchte Luft in Deckennähe abgesaugt.

Diese Lüftung ist besonders für Versammlungsräume geeignet, aus denen Wärme, Dünste und Rauch abzuführen sind.

Die Strömungsgeschwindigkeit der in Bodennähe eintretenden Zuluft muß jedoch ca. 0,2 bis 0,3 m/s, der höchste Temperaturunterschied 5 K sein, damit die Zuluft von den empfindlichen Füßen der Menschen nicht als Zugluft empfunden wird, was bei einem Einblasen von der Seite her nur schwer zu vermeiden ist (**770**.1 Nr. 2 und 3).

Am günstigsten ist daher eine Verteilung der Zuluftöffnungen über die ganze Bodenfläche. Sie ist aber nur in Räumen mit festem Gestühl möglich (**770**.1 Nr. 1).

Nachteilig ist ferner, daß die Zuluft durch Staub und Gerüche, die sie vom Boden nach oben mitnimmt, bereits in der Atemzone erheblich verunreinigt sein kann.

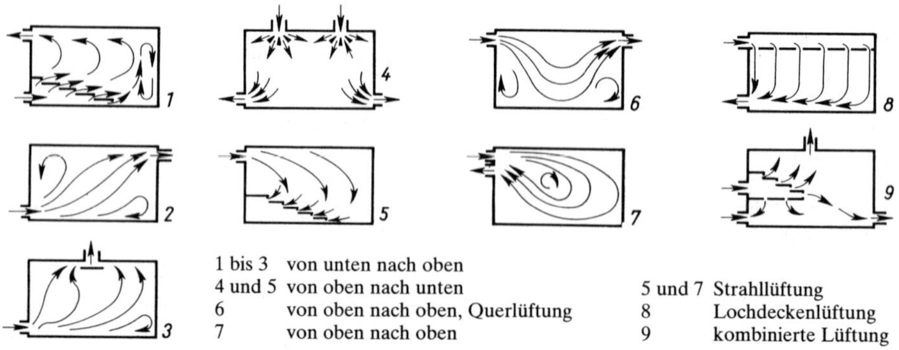

1 bis 3 von unten nach oben
4 und 5 von oben nach unten
6 von oben nach oben, Querlüftung
7 von oben nach oben
5 und 7 Strahllüftung
8 Lochdeckenlüftung
9 kombinierte Lüftung

770.1 Luftführung im Raum

Lüftung von oben nach unten (**770**.1 Nr. 4, 5 und 8). Die gekühlte oder erwärmte Zuluft wird nicht direkt in die Aufenthaltszone geblasen, sondern kann sich vorher mit der Raumluft vermischen und so in der richtigen Temperatur und mit der erwünschten Strömungsgeschwindigkeit von ca. 0,2 m/s in die Aufenthaltszone gelangen.

Geeignete Luftauslässe müssen vorhanden sein, die die Zuluft gut verteilen und mit der Raumluft vermischen, etwa durch Anemostaten (**771**.1), da sonst kalte Zuluft rasch herabfällt und stärkste Zugbelästigung hervorrufen kann.

Unter dieser Voraussetzung hat sich, außer für Luftheizungen, dieses Lüftungssystem auch für die Verteilung von gekühlter Zuluft gut bewährt. Da hier größere Luftgeschwindigkeiten und höhere Temperaturunterschiede etwa bis 8 K möglich sind, ist es zudem besonders wirtschaftlich.

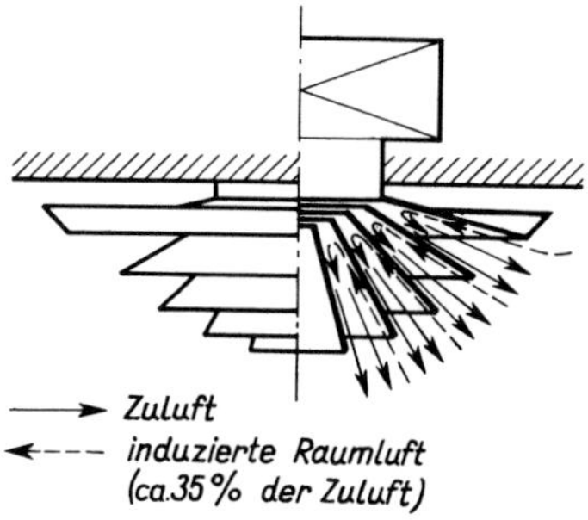

771.1 Anemostat-Luftverteiler

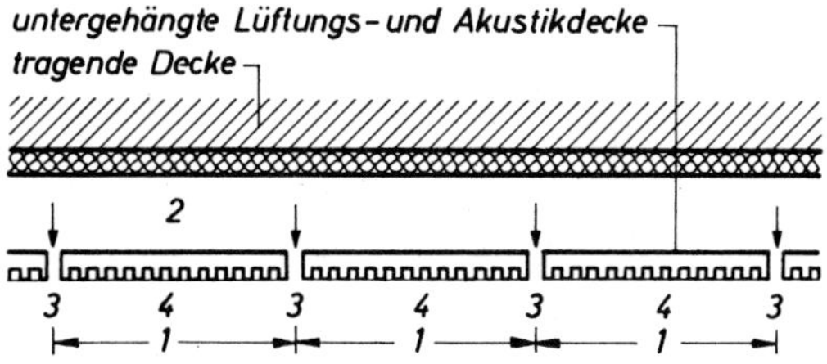

771.2 Lochdecke für Lüftung und Akustik, Schema
1 Lochreihenabstand der Zuluft
2 Hohlraum für Zuluftverteilung
3 Zuluftlöcher
4 abgedeckte Akustiklöcher

Bei der Strahllüftung (**770**.1 Nr. 5) wird die Zuluft mit verhältnismäßig hoher Geschwindigkeit von der Seite her eingeblasen. Der Luftstrahl reißt hierbei Raumluft mit und gelangt dann stark abgebremst in die Aufenthaltszone.

Eine geringere Gleichmäßigkeit der Luftverteilung und -bewegung muß hierbei in Kauf genommen werden.

Eine besondere Art der Lüftung von oben nach unten ist die Lochdeckenlüftung (**770**.1 Nr. 8), bei der die Zuluft sehr fein verteilt und unauffällig durch eine große Zahl von über die ganze Deckenfläche verteilten Löchern mit ∅ 4 bis 6 mm und 2,5 bis 20 cm Abstand auch bei großen Mengen zugluftfrei in den Raum geführt wird (**771**.2).

Nachteilig sind die geringe Regelbarkeit und die auch bei guter Luftfilterung immer wieder auftretende Verschmutzung der Decke. In Räumen über 5 m Höhe ist die Lochdeckenlüftung nicht mehr anwendbar.

Lüftung von oben nach oben. Wenn keine Lüftungskanäle in der Decke und im Fußboden unterzubringen sind, ist nur eine Querlüftung möglich, bei der die Zuluft an einer Wand unterhalb der Decke eingeblasen und an der anderen Seite die Abluft abgesaugt wird (**770**.1 Nr. 6).

Bei kleinen Räumen mit Höhen von 3 bis 4 m können Zu- und Abluftkanal auch an ein und derselben Wand übereinander gelegt werden (**770**.1 Nr. 7).

Es handelt sich hier ebenfalls um eine Strahllüftung mit den vorher beschriebenen Eigenschaften.

Kombinierte Luftführung. In Theatern und anderen Großräumen mit umfangreicheren Emporeneinbauten und mit besonders hohen Ansprüchen an die Luftführung verbindet man vielfach auch die vorstehenden Lüftungssysteme, um eine besonders gleichmäßige Luftverteilung zu erreichen (**770**.1 Nr. 9).

11.2.2 Beispiele

Großräume. Hierzu sind unter anderem Fabrikhallen, Versammlungsräume sowie Sport- und Messehallen zu zählen.

Fabrikhallen. Bei der Belüftung kommt es meistens darauf an, den dort arbeitenden Menschen Frischluft zuzuführen, und zwar, von Sonderfällen abgesehen, möglichst in die Nähe der Arbeitsplätze.

Bei zentralen Anlagen wird die Luft durch Kanäle herangeführt und über Gitter oder Anemostaten ausgeblasen.

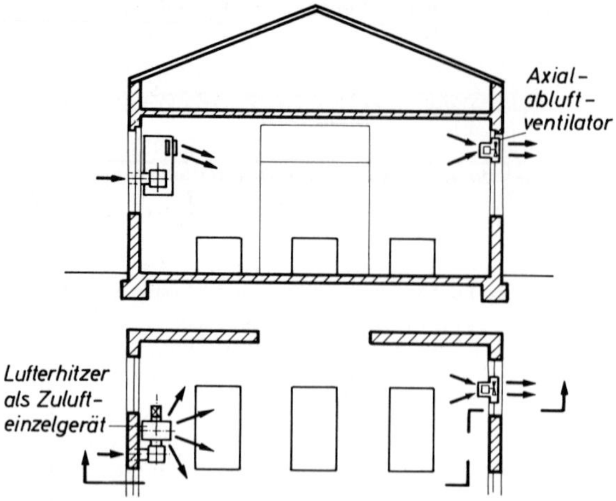

772.1 Zulufteinzelgerät für Werkhallenraum, Lufterhitzer und Abluftventilator

Wegen der durch die ausgedehnten Kanäle sehr hohen Kosten dieser Zentralanlagen ist man in den letzten Jahren immer mehr zu Einzelaggregaten (**772.**1) übergegangen, die an der Wand oder im Dach angebracht werden und die angesaugte Frischluft direkt in die Halle ausblasen (s. a. Abschnitt 10.4.2).

Versammlungsräume. Theater, Kinos, Hörsäle, Messe- oder Sporthallen sind weitaus schwieriger zu belüften, da viel höhere Anforderungen an eine zugluftfreie und geräuscharme Luftverteilung gestellt werden.

Räume mit fester Bestuhlung. Theater, Kinos und Hörsäle bieten die Möglichkeit für eine Lüftung von unten nach oben: Lufteinführung unter den Sitzen oder durch die Treppenstufen, Absaugung an der Decke.

In Lichtspielhäusern und Hörsälen hat sich die Lufteinführung durch Anemostaten durchgesetzt, da sie neben guter Luftverteilung eine einfachere Kanalführung erlaubt.

Sport- und Messehallen. Hier muß die Grundfläche von festen Einbauten freigehalten werden, daher ist die Luftführung von oben nach unten am günstigsten.

Die Zuluft wird durch Anemostaten von der Decke nach unten oder durch Lüftungsgitter waagerecht unter der Decke ausgeblasen.

Die Abluft wird am besten an den Seitenwänden abgesaugt. Da in Messehallen Seitenwände meist für Ausstellungszwecke benötigt werden, wird hier vielfach Zuluft durch Anemostaten eingeblasen und Abluft unter Berücksichtigung der Wurfweiten der Anemostaten an der Decke abgesaugt.

Kleine und mittlere Räume. Bei der Belüftung kleinerer Räume wie Büro und Sitzungszimmer mit ihrer geringen Raumhöhe scheidet wegen baulicher Probleme und der geringeren Grundfläche eine Lüftung von unten nach oben aus, jedoch mit der Ausnahme des Ausblasens der Luft durch Gitter in der Fensterbank (s. Abschnitt 11.5).

Der Normalfall ist die Lüftung von oben nach unten: Anemostaten in der Decke oder Zuluftgitter mit Strahllenkung in Deckennähe, Abluftrohr in Bodennähe.

Bei entsprechend niedriger Ausblasgeschwindigkeit und damit Wurfweite kann man auch eine Querlüftung wählen, doch besteht bei zu geringer Ausblasgeschwindigkeit die Gefahr des Abkippens der gekühlten Luft.

In Sitzungsräumen ist ein Teil der Abluft immer an der Decke abzusaugen, um aufsteigenden Tabakrauch zu beseitigen.

Spezialräume. Hierzu sind unter anderen Großküchen, Großwäschereien, Kaufhäuser und Großgaragen zu zählen.

Großküchen und Großwäschereien. Hier wird die Zuführung von warmer Luft zur Aufnahme der entstehenden Wasserdämpfe benötigt. Daher ist diese Luft in die Nähe der dampferzeugenden Kessel zu bringen. Man kann die Zuluft durch Gitter mit Strahllenkung von der Wand her einblasen und die Abluft in Kesselnähe, etwa durch Hauben, absaugen oder die Zuluft durch Anemostaten unmittelbar an den Kesseln verteilen und die aufsteigende Luft unter der Decke absaugen.

Kaufhäuser. Wie bei Messehallen müssen der Boden und die Seitenwände möglichst frei bleiben, daneben aber ist die viel geringere Raumhöhe zu berücksichtigen. Außerdem ist zur Vermeidung von Geruchübertragung Luft in einzelnen Zonen zu- oder abzuführen. Für die Luftzuführung kann man Anemostaten wählen und die Abluft in der Mitte einer jeden Zone oder an einer Seitenwand absaugen.

Großgaragen. Es kommt nur Lüftung von oben nach unten in Frage, da die schweren Auspuffgase in Bodennähe abzusaugen sind. Abluftöffnungen sind hoch genug zu legen, damit Schmutz und Wasser nicht eindringen kann, wobei die Absaugung gleichmäßig an allen Seitenwänden erfolgen sollte. Die Zuluft ist durch Gitter von den Wänden oder durch Anemostaten von der Decke aus einzublasen.

11.3 Lüftungsanlagen einfacher Art

11.3.1 Natürliche Lüftung

Unter natürlicher oder freier Lüftung versteht man den Luftwechsel, der durch die Gewichtsunterschiede der Luft bei Temperaturdifferenzen zwischen Innen- und Außenluft, ferner durch Winddruck und Luftbewegung ohne Verwendung von Ventilatoren hervorgerufen wird.

Dabei sind 3 Arten der freien Lüftung zu unterscheiden: Fugenlüftung, Fensterlüftung und Schachtlüftung.

11.3.1.1 Fugenlüftung

Als Selbst- oder Fugenlüftung eines Raumes wird der Luftwechsel im Raum bezeichnet, der bei geschlossenen Fenstern, Außentüren und Rolladenkästen durch deren Fugen infolge des durch Temperaturunterschied und Windanfall hervorgerufenen Druckunterschiedes zwischen innen und außen entsteht.

Bei Windstille reicht für Wohn- und andere schwach besetzte Räume bei normaler Bauausführung und einmaliger oder öfterer Fensterlüftung die Lufterneuerung meistens noch aus.

Bei Windanfall kann diese Querlüftung eines Gebäudes selbst bei geschlossenen Fenstern und Türen Ausmaße annehmen, die den wünschenswerten Luftwechsel weit übersteigen und im Winter eine einwandfrei geplante und ausgeführte Heizungsanlage bei besonders undichten Fenstern und Türen völlig versagen lassen (**774**.1).

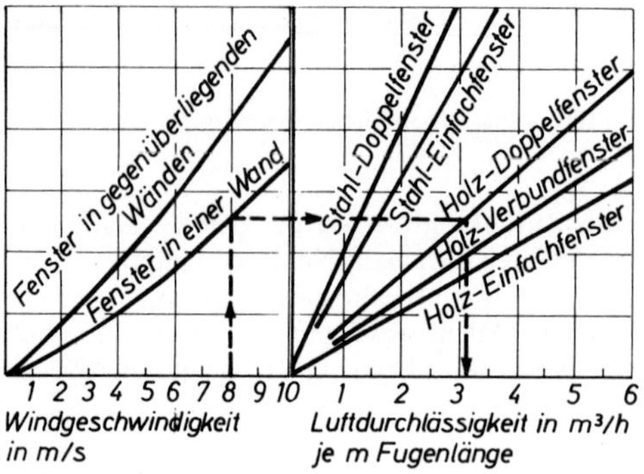

774.1 Luftdurchlässigkeit von Fenstern im Verhältnis zur Windgeschwindigkeit

11.3.1.2 Fensterlüftung

Eine Fensterlüftung ist der durch das Öffnen der Fenster hervorgerufene Luftwechsel, welcher infolge der gegenüber der Selbstlüftung wesentlich größeren Luftein- und -auslaßöffnungen auch bei geringen wirksamen Kräften meist zu einer erheblich wirksameren Lufterneuerung führt (**774**.2).

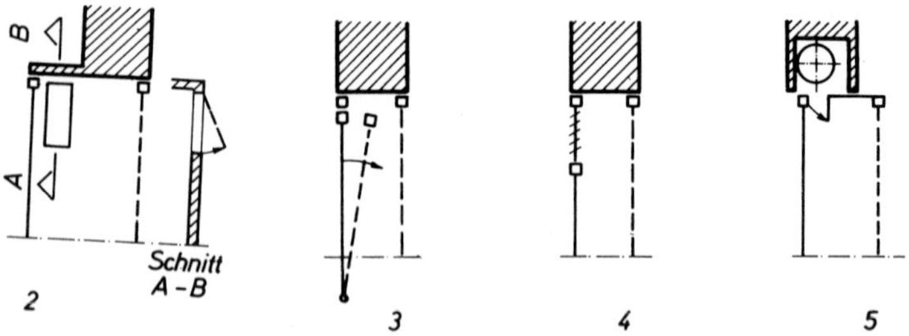

774.2 Fensterlüftungen für Kasten- und Blumenfenster. Schema (nach Noack)
1 Kipp- oder Klappflügel
2 Kipp- oder Klappflügel, Schiebe- oder Klapplüfter, seitliche Anordnung bei Erkerfenstern
3 Klappflügel in ganzer oder geteilter Fensterfläche, Drehkippflügel bei fehlender Reinigungsmöglichkeit von außen
4 Schiebelüfter oder Lamellenlüfter
5 Lüftung durch Rolladenkasten

Dies ist besonders der Fall, wenn nicht nur ein kleiner Lüftungsflügel in mittlerer Raumhöhe betätigt wird, sondern ein Fensterflügel in ganzer Höhe, so daß über die Fensterbank kalte Luft in den Raum eindringen und die gleiche Menge warmer, verbrauchter Luft unter dem Fenstersturz entweichen kann.

Hierzu haben sich die Fenster mit Drehkippbeschlag besonders bewährt. Im Winter lassen sich allerdings auch bei Anordnung der Heizkörper unter den Fenstern Zugerscheinungen nicht vermeiden, so daß zu dieser Zeit die Fensterlüftung nur zu kurzzeitigen, schnellen Lufterneuerungen geeignet ist.

Bei Gleichheit der Innen- und Außentemperatur versagt die Fensterlüftung, wenn nicht die Unterschiede der Windkräfte durch eine Querlüftung wirksam werden können.

Fensterbanklüfter. Ein neu entwickeltes schallgedämmt arbeitendes ca. 16 cm hohes Fensterbanklüftungsgerät mit Wärmerückgewinnung, das im Brüstungsbereich direkt unter dem Fenster zu installieren ist, saugt die verbrauchte Raumluft ab und fördert Außenluft über ein Filter in den Raum. Dabei wird ein Teil der Abluftwärme zurückgewonnen und der Frischluft zugeführt. Die Leistungsaufnahme des Gebläses beträgt ca. 150 W.

11.3.1.3 Schachtlüftung

Ein stärkerer natürlicher Luftwechsel als durch die Fensterlüftung läßt sich, wenigstens im Winter, durch die Anordnung getrennter Luftein- und -austrittsöffnungen in der Wand erzielen, wobei die erste in Fußbodennähe vorzusehen ist, die andere unterhalb der Decke in einen bis über Dach zu führenden Abluftschacht mündet und so eine wesentlich größere Auftriebshöhe erzielt wird.

Einzelschachtanlagen ohne Ventilatoren. Die Lüftung von Bädern und Toilettenräumen ohne Außenfenster und ähnliche fensterlose Nebenräume ist ohne Ventilatoren nach DIN 18017 T. 1 möglich. Für jeden Raum ist ein eigener Zuluft- und Abluftschacht vorzusehen und über Dach zu führen (**775**.1).

Liegen Bad und Toilettenraum derselben Wohnung nebeneinander, dürfen sie einen gemeinsamen Zuluft- und Abluftschacht erhalten.

Eine getrennte Lüftung ist jedoch wegen Geruchsbelästigungen oft vorteilhafter.

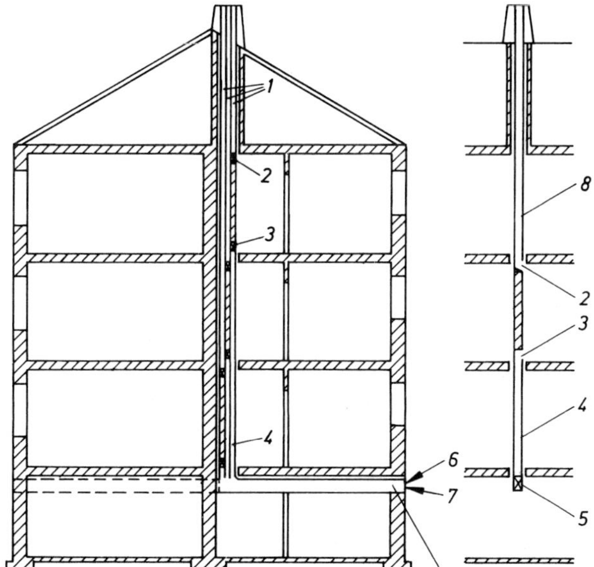

775.1 Einzelschachtanlage, Lüftung fensterloser Bäder und Toilettenräume nach DIN 18017 T. 1

1 Schächte
2 Abluftöffnung
3 Zuluftöffnung
4 Zuluftschacht
5 Zuluftkanal
6 Gitter
7 Außenöffnung
8 Abluftschacht

Schächte. Sie müssen einen gleichbleibenden lichten Querschnitt aufweisen. Er kann rund, quadratisch oder rechteckig mit einem Seitenverhältnis von ca. 2/3 und muß mindestens 140 m^2 groß sein.

Eine einmalige Schrägführung um 60° ist zulässig.

In Dachböden und anderen unbeheizten Räumen ist für alle Schächte ein Wärmeschutz wie für Außenwände vorzusehen (**336**.1).

In Dachflächen mit mehr als 20° Neigung sollen die Schächte möglichst in Firstnähe enden und diesen um mindestens 40 cm überragen. In Dachflächen unter 20° Neigung müssen die Schächte das Dach mindestens 1 m überragen.

Bei einseitig geneigten Dächern sind die Schachtmündungen möglichst nahe an der höchsten Dachkante anzuordnen.

Schächte müssen Brüstungen auf Dächern mindestens 50 cm überragen.

Zum Schutz gegen Regen und Fallwinde kann eine Schachtabdeckung, etwa eine Meidinger Scheibe (**336**.1), vorteilhaft sein.

Die Einzelschächte müssen Revisionsöffnungen haben.

Zuluftkanal. Die Zuluftschächte sind am unteren Ende mit einem ins Freie führenden Zuluftquerkanal verbunden (**775**.1). Er kann auch mit zwei gegenüberliegenden Öffnungen ausgeführt werden.

Die Zuluftkanäle sind möglichst waagerecht und geradlinig zu führen.

Der gleichbleibende in der Höhe möglichst flache lichte Querschnitt darf rund oder rechteckig sein.

Die kreisförmige Querschnittsfläche muß mindestens 80% der Summe aller angeschlossenen Zuluftschachtquerschnitte entsprechen.

Die rechteckige Querschnittsfläche, die abhängig ist vom Verhältnis der längeren zu kürzeren Rechteckseite, muß einen Anteil der gesamten Fläche der angeschlossenen Zuluftschächte nach Tafel **776**.1 haben.

Tafel **776**.1 Lichte Querschnitte von rechteckigen Zuluftkanälen (nach DIN 18017 T. 1)

Verhältnis der längeren zur kürzeren Rechteckseite	bis 2,5	über 2,5 bis 5	über 5 bis 10
Lichter Querschnitt des Zuluftkanales, bezogen auf die Gesamtfläche der lichten Querschnitte der angeschlossenen Zuluftschächte	in % min.		
	80	90	100

Die Außenluftöffnungen der Zuluftkanäle müssen mit einem herausnehmbaren Gitter versehen sein und der freie Gitterquerschnitt dem Mindestquerschnitt des Zuluftkanales entsprechen.

An dem Freien zugekehrten Ende des Zuluftkanales darf der Kanal aufgeweitet sein.

Zuluftöffnung. Die im zu lüftenden Raum möglichst tief angeordnete Zuluftöffnung muß einen mindestens 150 cm^2 großen freien Querschnitt haben und mit einer Drosselklappe zur Regulierung des Zuluftstromes ausgestattet sein.

Abluftöffnung. Sie muß möglichst nahe unter der Decke angeordnet sein und ebenfalls einen lichten Querschnitt von mindestens 150 cm^2 haben.

Anschluß von Gasfeuerstätten. Der Abgasschornstein von Gasfeuerstätten kann gleichzeitig als LAS die Funktion des Abluftschachtes übernehmen. Die TRGI, Technische Regeln für Gasinstallationen, sind dabei zu beachten (s. auch Abschnitt 5.1.6.2).

Der Anschluß gasbetriebener Gaswasserheizer oder Raumheizgeräte ist oberhalb der Abluftöffnung vorzusehen.

Zuluft aus dem Nebenraum. Aufgrund der in Verbindung mit der Wärmeschutzverordnung geforderten Dichtheit der Fenster und Außentüren wurde in der DIN 18017 T. 1 auf die weitere Darstellung von Anlagen mit über Dach führenden Schächten und Zuluft aus einem Nebenraum verzichtet, da ein einwandfreies Funktionieren dieser Anlagen nicht mehr gewährleistet ist.

Als sogenannte „Berliner Lüftung" wurden diese Anlagen in der Vergangenheit häufig und in der Regel mit gutem Erfolg betrieben.

Einzelschachtanlagen ohne Ventilatoren mit der Zuluft aus Nebenräumen entsprechen damit nicht mehr den geltenden technischen Regeln.

Sammelschachtanlagen. Sie wurden ebenfalls nicht mehr in der DIN 18017 T. 1 aufgenommen, da ihre Funktion infolge der dichteren Fenster und Außentüren bei Neubauten nicht mehr gewährleistet ist.

Dagegen bleiben Sammelschachtanlagen in Verbindung mit Ventilatoren nach DIN 18017 T. 3 zuverlässige Raumlüftungen (s. Abschnitt 11.3.2).

Anwendung. Die Schachtlüftung ohne Ventilator ist außerordentlich stark von den jeweiligen klimatischen Verhältnissen abhängig und daher nicht kontrollierbar. Sie versagt gerade dann, wenn eine Lüftung am meisten benötigt wird, nämlich an warmen Sommertagen.

Für alle Innenräume mit einer WC-Anlage stellt auch bei nur geringer Benutzung jede Art von Schachtlüftung ohne Motorkraft nur eine Behelfslösung dar, die nach den bisherigen Erfahrungen und den heutigen Ansprüchen an Komfort und Hygiene nicht mehr zu vertreten ist.

11.3.2 Mechanische Lüftung

Hier werden die Luftmassen durch elektrisch angetriebene Lüfter unabhängig von den natürlichen Temperatur- und Druckverhältnissen bewegt.

Im Gegensatz zu den Möglichkeiten der zwar billigen natürlichen Lüftung ist eine unter allen Witterungsverhältnissen zuverlässige Raumlüftung, die jedem Raum die Zufuhr der stündlich benötigten Luftmenge garantiert, nur durch eine kraftbetriebene mechanische Lüftungsanlage zu erzielen.

Gleichzeitig kann man mit ihr die Luftkanäle freizügiger bemessen und führen sowie bei entsprechender Luftleistung des Ventilators beliebige Einrichtungen zur Luftaufbereitung einbauen (s. Abschnitte 11.4 und 11.5).

Andererseits können die Erstellungs- und Betriebskosten besonders bei Klimaanlagen sehr erheblich werden. Eine sorgfältige Planung ist daher unerläßlich.

11.3.2.1 Entlüftungsanlagen mit Ventilatoren

Die nachstehenden Ausführungen gelten nach DIN 18017 T. 3 für Einzel- und Zentralentlüftungsanlagen mit Ventilatoren zur Lüftung von Bädern und Toilettenräumen ohne Außenfenster in Wohnungen und ähnlichen Aufenthaltsbereichen sowie Wohneinheiten in Hotels.

Andere Räume innerhalb von Wohnungen, wie Küchen und Abstellräume, können ebenfalls über diese Anlagen entlüftet werden.

Die Lüftung fensterloser Küchen fällt nicht unter diese Norm.

Anlagearten. Zu unterscheiden sind zunächst Einzelentlüftungsanlagen und Zentralentlüftungsanlagen.

Einzelentlüftungsanlagen. Das sind Entlüftungsanlagen mit eigenen Ventilatoren für jede Wohnung, die eine Entlüftung dieser Räume nach dem Bedarf der Bewohner ermöglichen.

Einzelentlüftungsanlagen mit eigenen Abluftleitungen haben je Wohnung mindestens eine Abluftleitung ins Freie (**778**.1 a).

Einzelentlüftungsanlagen mit gemeinsamer Abluftleitung haben für mehrere Wohnungen eine gemeinsame Abluftleitung als Hauptleitung, durch die Abluft mit Überdruck ins Freie geleitet wird (**778**.1 b).

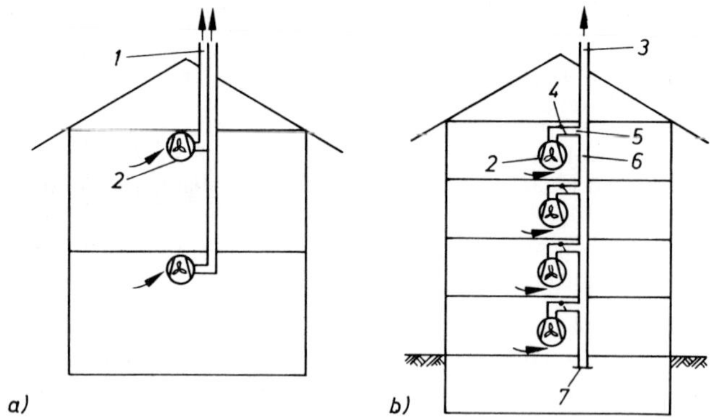

778.1 Einzelentlüftungsanlagen, Lüftung fensterloser Bäder und Toilettenräume (nach DIN 18017 T. 3)
a) mit eigenen Abluftleitungen
b) mit gemeinsamer Abluftleitung (Hauptleitung)

1 Abluftleitung
2 Ventilator
3 Ausblasleitung
4 Rückschlagklappe
5 Anschlußleitung
6 gemeinsame Abluftleitung
7 Reinigungsverschluß

Zentralentlüftungsanlagen. Das sind Entlüftungsanlagen mit gemeinsamem Ventilator für mehrere Wohnungen.

Je nach Ausführung sind drei Anlagearten zu unterscheiden (**779**.1):

Zentralentlüftungsanlagen mit nur gemeinsam veränderlichem Gesamtvolumenstrom, mit wohnungsweise veränderlichen Volumenströmen und mit unveränderlichen Volumenströmen.

Anlagen mit nur gemeinsam veränderlichem Gesamtvolumenstrom haben Abluftventile mit gleichen betrieblich unveränderlichen Ventilkennlinien. Eine Volumenstromreduzierung wird hier an allen Abluftventilen gleichzeitig wirksam (**779**.1 a).

Anlagen mit wohnungsweise veränderlichen Volumenströmen haben einstellbare Abluftventile mit veränderlichen Ventilkennlinien. Die Bewohner können dadurch den Luftstrom wohnungs- oder raumweise ihrem jeweiligen Bedarf anpassen (**779**.1 b).

Anlagen mit unveränderlichen Volumenströmen haben Abluftventile, die einen konstanten druckunabhängigen Abluftvolumenstrom aus den zu entlüftenden Räumen sicherstellen (**779**.1 c). Wegen der besonderen Abluftventile ist eine Reduzierung der Luftströme hier nicht möglich.

Volumenströme. Entlüftungsanlagen zur Entlüftung von Bädern, auch mit Klosettbecken, können wahlweise für zwei verschiedene planmäßige Mindestvolumenströme, das sind 40 m^3/h oder 60 m^3/h, eingerichtet werden.

Unter planmäßigem Volumenstrom versteht man den Luftstrom, der ohne witterungs- oder anlagenbedingte Einflüsse erreicht wird.

Bei 40 m^3/h muß der Volumenstrom über eine Dauer von 12 Stunden pro Tag abgeführt werden.

Bei 60 m^3/h kann der Volumenstrom auf 0 m^3/h reduziert werden, wenn sichergestellt ist, daß nach jedem Ausschalten weitere 5 m^3 Luft über die Anlage aus den zu lüftenden Räumen abgeführt werden, das Abluftgerät also nachläuft.

Für Toilettenräume kann der Volumenstrom bis auf 50% verringert werden.

Für Anlagen, die raumbedingt 24 Stunden betrieben werden müssen, dürfen die vorstehenden Werte in Zeiten geringeren Luftbedarfes ebenfalls um 50% reduziert werden.

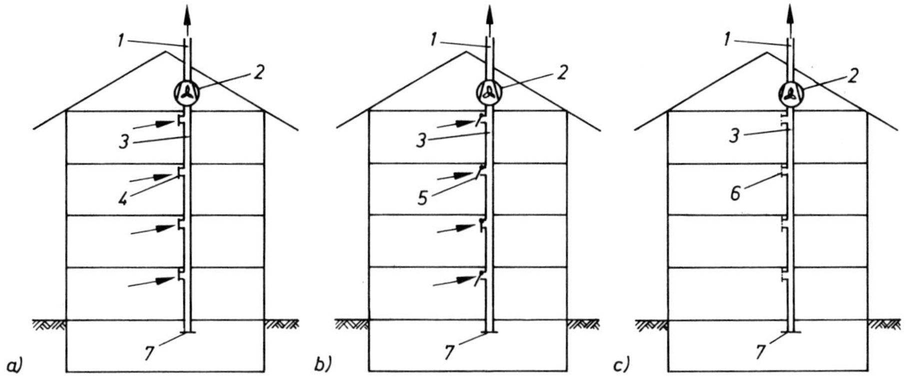

779.1 Zentralentlüftungsanlagen, Lüftung fensterloser Bäder und Toilettenräume (nach DIN 18017 T. 3), mit

a) nur gemeinsam veränderlichem Gesamtvolumenstrom
b) wohnungsweise veränderlichen Volumenströmen
c) unveränderlichen Volumenströmen

1 Ausblasleitung
2 Ventilator
3 gemeinsame Abluftleitung (Hauptleitung)
4 Ventile mit gleicher betrieblich unveränderlicher Kennlinie
5 Ventile mit verstellbarer Ventilkennlinie (von den Bewohnern einstellbar)
6 Ventile für konstante druckunabhängige Abluftvolumen-Ströme
7 Reinigungsverschluß

Volumenstromabweichungen, die durch Wind oder thermischen Auftrieb bedingt sind, dürfen den Volumenstrom der Entlüftungsanlagen nicht wesentlich beeinflussen können. Nähere Angaben hierzu siehe DIN 18017 T. 3.

Die ausreichende Luftleistung hat der Lüftungsfachmann rechnerisch nachzuweisen.

Hygienische Anforderungen. Jeder zu entlüftende innenliegende Raum muß als Zuluftführung eine 150 cm^2 große unverschließbare Nachströmöffnung haben. Die Luft ist möglichst nahe der Decke abzuführen. Die Abluftführung muß im Freien enden.

In der Aufenthaltszone des Badenden darf die Luftgeschwindigkeit höchstens 0,2 m/s betragen und die Raumtemperatur von 24°C nicht unterschritten werden.

Werden außer Bädern und Toilettenräumen andere Räume an eine Entlüftungsanlage angeschlossen, dürfen in die anderen Räume oder Wohnungen Gerüche und Staub nicht übertragen werden können.

Ausführung. Die Abluftleitungen müssen dicht und standsicher sein. Sie sollen so beschaffen und wärmegedämmt werden, daß keine Kondensatschäden entstehen können.

In die Abluftleitungen sind dichtschließende Reinigungsöffnungen in ausreichender Anzahl anzubringen.

Sie können entfallen, wenn die Abluftleitungen von den Abluftöffnungen aus gereinigt werden können. Einschraubbare Reinigungsöffnungen sind nicht zulässig.

Abluftventile, Drosseleinrichtungen, Rückschlagklappen und Reinigungsverschlüsse müssen zugänglich, leicht zu warten und austauschbar sein.

Filter müssen ohne Werkzeug ausgewechselt werden können.

Ventilatoren. Sie müssen gegen Korrosion beständig oder ausreichend geschützt sowie für Dauerbetrieb geeignet sein. Sie werden mit Schutzgittern oder Frontabdeckungen ausgerüstet, wenn eine Berührung des Flügelrades möglich ist, und müssen ferner leicht zugänglich und so eingebaut sein, daß sie bequem zu warten und auszubauen sind (**780**.1).

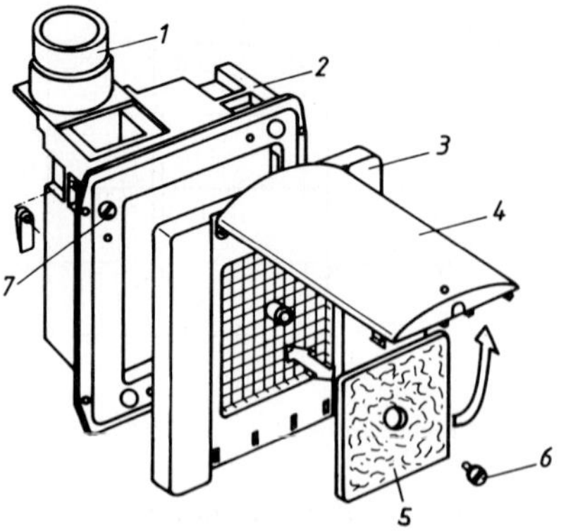

780.1 Bad-Lüfter Skalar zum Einbau in das Einrohrsystem nach DIN 18017 T. 3 (Lunos, Berlin)
1 Fortluftstutzen
2 Lüftergehäuse mit Motor
3 Filterrahmen mit Blende (Abdeckrahmen)
4 Frontabdeckteil
5 Filtereinsatz
6 Zentralbefestigungsschraube
7 Spannschrauben für Klemmbefestigung (zwei, diagonal)

Ventilatoren von Einzelentlüftungsanlagen sind im zugehörigen Aufenthaltsbereich, solche von Zentralentlüftungsanlagen an zentraler Stelle schaltbar. Der Betriebszustand der Anlage sollte optisch erkennbar sein.

Schallschutz. Die Entlüftungsanlagen müssen den Anforderungen in DIN 4109 genügen.

Brandschutz. Die Anforderungen an den Brandschutz sind in den Bauordnungsvorschriften der Länder enthalten (s. auch DIN 4102 T. 6).

Feuerstätten. Für die Aufstellung von Feuerstätten in den zu entlüftenden Räumen sind die einschlägigen Bauordnungsvorschriften der Länder zu beachten. Für Gasfeuerstätten siehe Abschnitt 5.1.5.3.

11.3.2.2 Kleinlüftungsanlagen

Kleine Lüftungsgeräte sind nach DIN 68905 motorbetriebene Einrichtungen zur Be- und Entlüftung von Räumen, in Küchen und Hausarbeitsräumen vorzugsweise zur Beseitigung von Gerüchen und Dünsten.

Wandlüfter, Schachtlüfter und Fensterlüfter sind im einzelnen zu unterscheiden.

Ein Wandlüfter ist ein zum Einbau in Außenwanddurchbrüche vorgesehenes Zu- oder Abluftgerät mit oder ohne Filter.

Ein Schachtlüfter ist ein zum Einbau in einen Abluftschacht vorgesehenes Zu- oder Abluftgerät mit oder ohne Filter.

Ein Fensterlüfter ist ein zum Einbau im Fensterscheibenausschnitt oder Fensterrahmen vorgesehenes Zu- oder Abluftgerät, meist ohne Filter.

Wandlüfter. Für Küchen und Hausarbeitsräume haben sich kleine Außenwandventilatoren von ca. 300 m^3 Stundenleistung und 20 Wh Stromverbrauch in einem Einbau-Wandkanal von 10 bis 20 cm rundem oder quadratischem Querschnitt mit unauffälligem Außenwandverschlußstück und innerem Jalousieverschluß gut bewährt (**781**.1).

Ähnliche Modelle gibt es auch für den Einbau in Fenster und Dunstrohre.

781.1 Ventilator zum Einbau in Außenwand für die Entlüftung von Küchen und anderen Räumen (LUNOS, Schöttler, Berlin)

1 Motor mit Lüfterflügeln aus Kunststoff
2 Innenverschlußstück aus Kunststoff
3 Jalousie aus Kunststoff mit
4 Kettenzug, zum elektrischen Schalter führend
5 Innenputz
6 Mauerwerk
7 Rundrohrkanal, eingearbeitet in
8 Hartschaumstein
9 Außenverschlußstück
10 Rohdecke

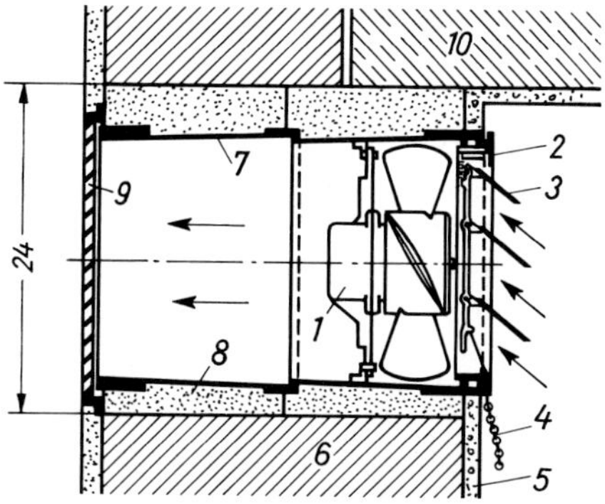

WC-Kleinstgebläse. Für das WC gibt es Kleinstgebläse, die in eine vom Klosettspülrohr abgehende Entlüftungsleitung DN 32 eigebaut werden, die Luft unmittelbar aus dem Klosettbecken absaugen und ins Freie ausblasen.

Diese Einzelanlagen müssen stets automatisch geschaltet werden, so durch eine Tür- oder Sitzschaltung mit und ohne Verzögerung oder durch Uhrwerksschalter mit einer einstellbaren Laufzeit.

Dunstabzugshauben (**19**.2). Sie können nach DIN 68905 als motorisch betriebenes Abluft- oder Umluftgerät geplant werden (s. Abschnitt 1.1.4).

Ein Abluftgerät saugt die abzuführende Luft an und gibt sie durch einen Abluftschacht an eine Rohrleitung oder direkt an die Außenluft ab.

Ein Umluftgerät saugt die zu reinigende Luft an, reinigt sie in einem Filter von festen Bestandteilen, vorzugsweise Fettpartikeln, dann durch ein zweites Filter von Gerüchen, und gibt sie wieder an den Raum ab. Die Filter müssen mindestens alle 6 Monate ausgewechselt oder gereinigt werden.

Dunstabzüge werden außerdem durch ihre Einbauart als Flach-, Einbau- und Schrankdunstabzug unterschieden.

Der Flachdunstabzug wird frei oder unter einem Oberschrank über der Kochstelle angebracht. Seine kleinste Abmessung ist die Höhe.

Der Einbaudunstabzug benötigt zu seiner Funktion einen Spezialoberschrank, in dem er fest eingebaut wird. Er wird innerhalb einer Oberschrankreihe über der Kochstelle montiert.

Der Schrankdunstabzug hat selbst die Abmessungen eines Oberschrankes, der über der Kochstelle angebracht ist.

Daneben gibt es Kochmuldenentlüfter. Das neben der Kochstelle montierte Abluftgerät hat einen Filter, durch das die Luft nach unten abgesaugt wird.

Fenster-Kleinlüfter. Wegen der Kabelzuleitung kommen Fensterscheibenventilatoren nur für feste Verglasungen nichtbeweglicher Fensterflügel in Frage.

Dagegen eignen sich etwa 10 × 10 cm große leise laufende Walzenlüfter, auch Fensterbanklüfter, gut für den Einbau in feststehende Fensterrahmenteile. Hierzu können die Einbaugehäuse auch mit Filtereinsätzen ausgestattet sein oder die einströmende Luft aufheizen.

11.4 Lüftungsanlagen mit zusätzlicher Luftaufbereitung

11.4.1 Allgemeines

Werden außer der Lufterneuerung noch weitere Anforderungen, wie Einhalten bestimmter Lufttemperaturen oder -feuchten, an die Lüftungsanlagen gestellt, sind die entsprechenden Zusatzeinrichtungen zur Be- oder Entfeuchtung der Luft oder zur Lufterwärmung oder -kühlung vorzusehen.

Daraus ergeben sich zahlreiche Möglichkeiten und Anwendungsbereiche für mechanische Lüftungsanlagen, von denen nachstehend die wichtigsten Grundtypen dargestellt sind.

Belüftungsanlagen (**782**.1a). Die Außenluft wird mechanisch in den Raum gedrückt. Der entstehende Überdruck schützt den Raum vor dem Eindringen von Verunreinigungen und Gasen. Die Abluft muß durch Undichtheiten und Öffnungen abströmen können. Im Winter ist die Zuluft möglichst durch Zulufterhitzer zu erwärmen, da sonst Zugluft entsteht. Luftfilter reinigen die Luft, örtliche Heizflächen decken den Wärmebedarf.

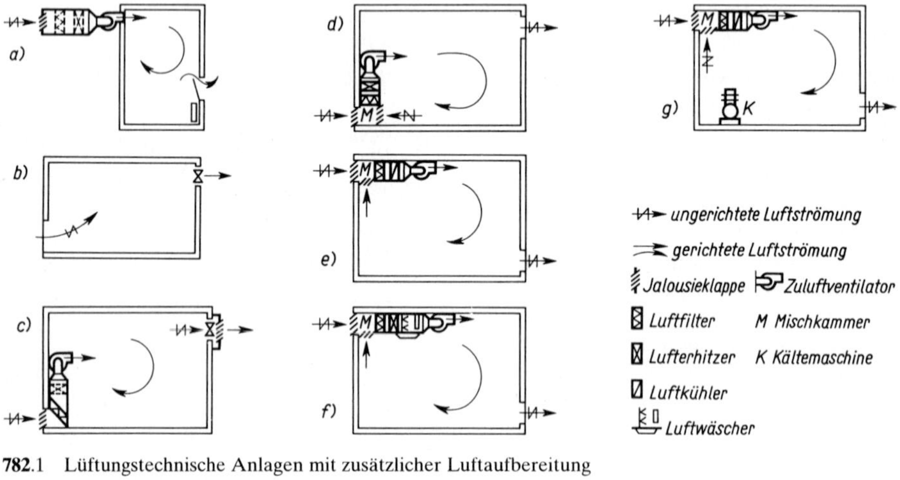

782.1 Lüftungstechnische Anlagen mit zusätzlicher Luftaufbereitung
a) Belüftungsanlage
b) Entlüftungsanlage
c) Be- und Entlüftungsanlage
d) Lüftungs- und Luftheizanlage
e) Lüftungs- und Luftkühlanlage
f) Lüftungsanlage mit Befeuchtung
g) Lüftungsanlage mit Entfeuchtung

Entlüftungsanlagen (**782**.1 b). Die Raumluft wird mechanisch aus dem Raum gesaugt, so daß hier Unterdruck entsteht. Luft strömt durch die Türen in den Raum nach und verhindert den Übertritt von Gerüchen in Nachbarräume. Örtliche Heizflächen müssen auch den Lüftungswärmebedarf decken. Diese Anlagen gehören noch zu den einfachen Lüftungsanlagen nach Abschnitt 11.3 und sind auf kleine Räume zu beschränken.

Be- und Entlüftungsanlagen (**782**.1 c). Das sind Kombinationen von Bild **782**.1 a und b. Die Zuordnung von Zuluft und Fortluft bestimmt den Über- oder Unterdruck. Örtliche Heizflächen decken den Wärmebedarf ab.

Lüftungs- und Luftheizanlagen (**782**.1 d). Wie Bildteil c, doch wird die Zuluft so weit über die Raumtemperatur erwärmt, daß der Wärmebedarf gedeckt wird. Ohne Außenluft ergibt sich eine einfache Luftheizung ohne Lufterneuerung. Üblich ist ein Mischluftbetrieb mit Außen- und Umluftanteil (s. auch Abschnitt 10.4).

Lüftungs- und Luftkühlanlagen (**782**.1 e). Wie Bildteil d, doch wird die Zuluft so weit unter die Raumtemperatur gekühlt, daß der Kühlbedarf gedeckt wird. Ohne Außenluft erfolgt Umluftkühlung, bei Lufterneuerung häufig Mischluftkühlung. Gekühlt wird heute zunehmend durch eine Kältemaschine. Für ganzjährigen Betrieb ist zusätzlich ein Lufterwärmer erforderlich.

Lüftungsanlagen mit Befeuchtung (**782**.1 f). Die Befeuchtung erfolgt durch Zerstäuben von Wasser oder Einblasen von Dampf. Ein Luftwäscher, Düsenkammer, wird zum Befeuchten, Kühlen und Reinigen verwendet. Mischluftbetrieb ist üblich. Luftbefeuchtung ist vor allem im Winter erforderlich.

Lüftungsanlagen mit Entfeuchtung (**782**.1 g). Eine Entfeuchtung durch Verringern der absoluten Luftfeuchte ist oft im Sommerbetrieb notwendig. Sie kann erfolgen durch Unterkühlen (Taupunktunterschreitung) mit Wasserausscheidung, eine Kältemaschine ist hier meistens erforderlich, oder durch Absorption des Wasserdampfes mit hygroskopischen Stoffen. Mischluftbetrieb ist üblich.

Die Wahl unter den vorstehenden Möglichkeiten kann immer nur nach den Anforderungen des Einzelfalles geschehen.

So werden einfache Belüftungsanlagen in Läden, Gaststätten, Büros, Ausstellungshallen und anderen Räumen mit geringer Luftverschlechterung in Frage kommen.

Entlüftungsanlagen werden bei innen liegenden Räumen, ferner für Küchen, Abortanlagen oder Labors eingebaut, wo die umliegenden Räume durch Unterdruck gegen starke Luftverschlechterung abzuschirmen sind.

Einfache Lüftungsanlagen können große Wärmemengen abführen, doch lassen sich die Raumtemperaturen bei ihnen nicht unter die Außentemperatur absenken.

In Versammlungs- und Büroräumen übernehmen die Anlagen gewöhnlich ganz oder teilweise die Heizung.

In Kaufhäusern muß dagegen für Luftkühlung gesorgt werden.

Lüftungsanlagen mit Heizung und Kühlung werden für moderne Bürogebäude gebraucht und auch als Teilklimaanlagen bezeichnet.

Anlagen nach Bild **782**.1 c bis g verlangen stets eine automatische Regelung.

Über den Aufbau der Anlagen und die Anordnung und Funktion der einzelnen Bauteile wird auf die Ausführungen in Abschnitt 11.5, den Klimaanlagen, verwiesen, die sinngemäß auch für die einfacheren Lüftungsanlagen gelten.

11.4.2 Kombinierte mechanische Be- und Entlüftung in Wohnbauten

Die Abluft wird über Dach abgeführt, damit Küchen- und sonstige Dünste nicht durch Fenster in andere Wohnungen gelangen können. Der durch die Ventilatoren in der Wohnung hervorgerufene Unterdruck läßt die Außenluft über Fenster- und Türfugen oder über besondere unter den Fenstern angebrachte Lufteinlässe nachströmen.

Zu einer wirklich einwandfreien, von den Zufälligkeiten des Außenklimas unabhängigen Lüftung, bei der man sowohl die bewegten Luftmengen als auch die Luftführung einwandfrei beherrschen kann, gelangt man durch einen weiteren Schritt, indem man nämlich das mechanische Abluftsystem mit einem mechanischen Zuluftsystem koppelt.

Dadurch kann die Zuluft gefiltert und vorgewärmt dem Raum so zugeführt werden, daß kein Zug in den Aufenthaltszonen entsteht. Es können vielmehr völlig kontrolliert gleich große Luftmengen zu- und abgeführt und eine ausgeglichene Ventilation in der Wohnung erreicht werden.

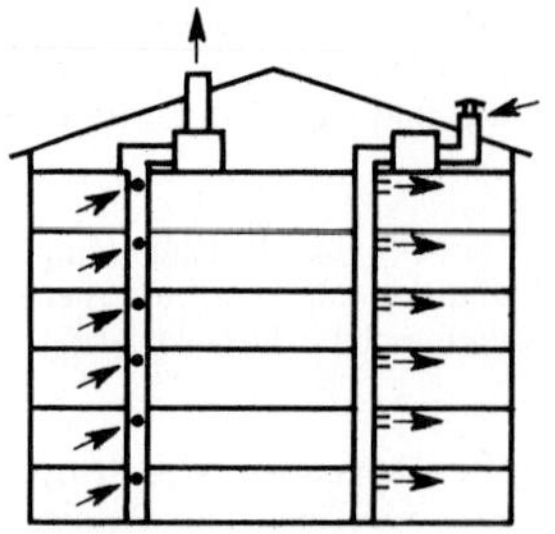

Durch das Einblasen der Luft in die Wohn- und Schlafzimmer und das Absaugen aus Küche, Bad und WC erreicht man eine völlig kontrollierte Luftführung innerhalb der Wohnung, die jede Ausbreitung von Gerüchen verhindert (**784**.1).

784.1 Kombinierte mechanische Be- und Entlüftungsanlage (nach SF Luft- und Wärmetechnik GmbH)

Abluftsysteme. Bild **784**.2 a zeigt ein Abluftsystem, bei dem von jedem Abluftventil ein senkrechter Kanal aus spiralgefalzten Rohren ∅78 mm zum Dachgeschoß führt. Die Rohre können schon bei der Erstellung des Rohbaues in Wände und Decken mit eingebaut werden. Dieses System läßt sich für Häuser mit höchstens 6 Stockwerken verwenden.

Zu einem anderen, ebenfalls viel verwendeten Abluftsystem, bei dem die Abluftventile der untereinanderliegenden Räume an einen gemeinsamen Hauptkanal angeschlossen sind, gibt Bild **784**.2 b ein Schema. Hier muß eine gute Schalldämpfung der Abluftventile und die Verhinderung der Ausbreitung von Feuer über das Kanalsystem gesichert sein. In Häusern mit mehr als 10 Geschossen ist eine Unterteilung des Gebäudes in 2 oder 3 Höhenzonen zweckmäßig.

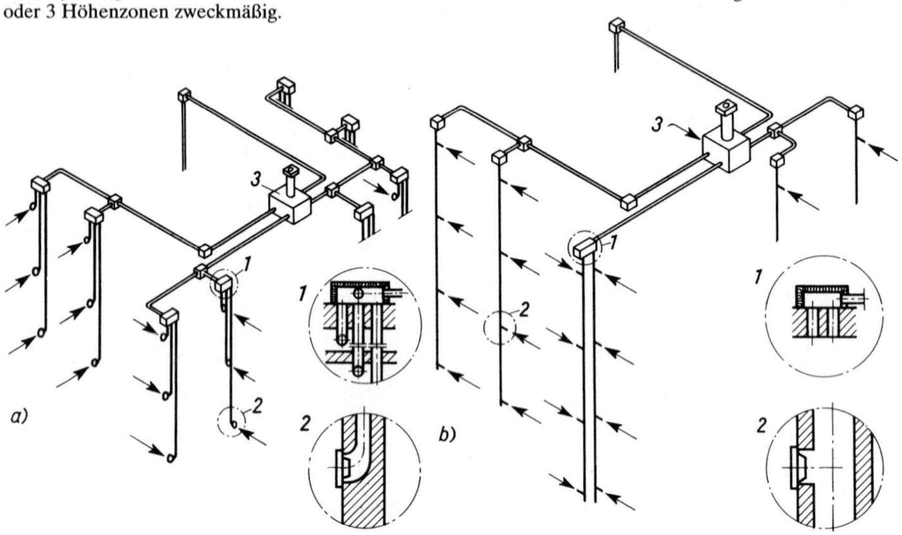

784.2 Mechanische Abluftsysteme (nach SF Luft- und Wärmetechnik GmbH)
a) mit getrennten senkrechten Kanälen für jedes Abluftventil
b) mit senkrechten Sammelkanälen
1 Sammelkasten
2 Abluftventil
3 zentraler Ventilator

Zuluftsysteme. Bild **785**.1 zeigt in schematischer Darstellung verschiedene Zuluftsysteme mit dem Zuluftaggregat ebenfalls auf dem Dach und der Lufteinblasung hinter den Heizkörpern, doch kann man die Zuluft auch durch Zuluftöffnungen in den Innenwänden den Räumen zuführen.

Ein typisches, in Schweden entwickeltes Beispiel einer kombinierten Be- und Entlüftungsanlage eines Wohnhauses zeigt Bild **785**.2. Es besteht aus einem Abluftsystem nach Bild **784**.2 sowie einem Zuluftsystem nach Bild **785**.1.

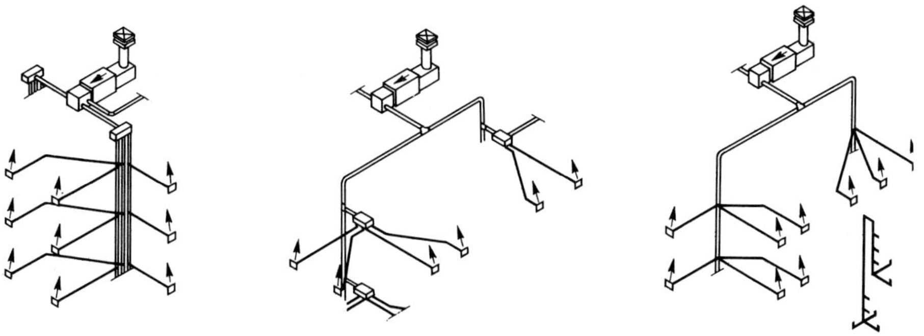

785.1 Mechanische Zuluftsysteme mit Lufteinblasung hinter den Heizkörpern (nach SF Luft- und Wärmetechnik GmbH)

Die Zuluft wird im Zentralaggregat vorgewärmt und durch Einblasen hinter den Heizkörpern bis zur normalen Zimmertemperatur von 20 bis 22 °C nachgewärmt. Durch die erhöhte Luftbewegung geben diese dabei in verstärktem Maße Wärme ab und können entsprechend kleiner bemessen werden.

Die Aufgabe der hier beschriebenen Systeme ist die kontrollierte Lüftung der Wohnung, deren Beziehung im übrigen durch unter den Fenstern installierte Heizkörper mit einer gesonderten zentralen WW-Heizung betrieben wird.

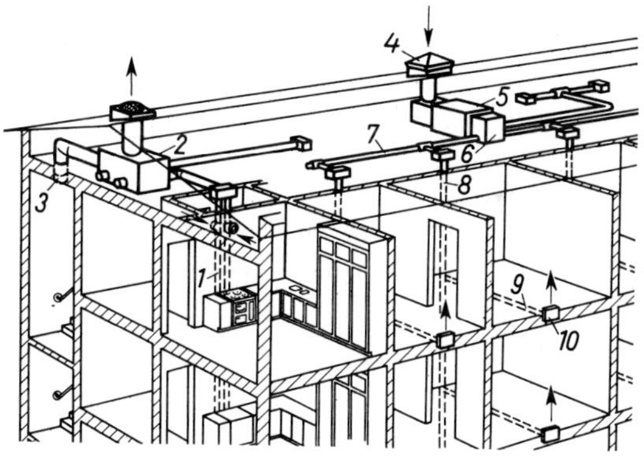

785.2 Kombinierte mechanische Be- und Entlüftung eines Wohnhauses (nach SF Luft- und Wärmetechnik GmbH)

Abluftsystem

1 Spiral-Falzrohre ∅78 mm in Betonwänden
2 Abluft-Aggregat
3 Rauchklappe zur Rauchabführung aus dem Treppenhaus

Zuluftsystem

4 Lufteinlaß
5 Zuluft-Aggregat
6 Verteilungskammer, zugleich Schalldämpfer
7 Wärmekanalsystem auf dem Dachboden aus spiralgefalztem Rohr
8 senkrechter Verteilkanal aus spiralgefalztem Rohr ∅78 mm in den Betonwänden
9 waagerechter Verteilkanal in den Betondecken, sonst wie 8
10 Zuluftgerät hinter dem Heizkörper, unterer Teil in der Betondecke eingegossen

11.4.3 Wärmerückgewinnung

In zentralen Be- und Entlüftungsanlagen wie auch in Klimaanlagen ist es bisher üblich gewesen, die aus den Räumen durch Sonneneinstrahlung, als Abwärme von Maschinen, als Personen- und Beleuchtungswärme (s. Abschnitt 11.5.5) anfallenden Wärmemengen größtenteils mit der Fortluft ungenutzt ins Freie abzuführen.

Dies bedeutet nicht nur eine Energieverschwendung, sondern auch eine unerwünschte Wärmebelastung der Atmosphäre. Im Zentrum von Großstädten kann man eine Lufttemperaturerhöhung von 2 K gegenüber den Randzonen feststellen.

Fortluftwärme. Durch den Einbau von Wärmerückgewinnungsanlagen läßt sich jedoch ein großer Teil der Fortluftwärme wieder verwenden. Es lassen sich so die Bau- und Betriebskosten der Lüftungs- oder Klimaanlage nicht unerheblich bis zu 50% und mehr senken.

Hierzu wird das am besten auf dem Dach oder im obersten Geschoß des Gebäudes angeordnete kombinierte Zu- und Abluftaggregat, das Zentralgerät, mit verhältnismäßig geringem Aufwand um einen W ä r m e t a u s c h e r L u f t / L u f t erweitert.

In ihm wird die Außen- und die Fortluft an möglichst großen Berührungsflächen, aber völlig voneinander getrennt, so aneinander vorbeigeführt, daß im Winter und in den Übergangszeiten die warme Fortluft einen erheblichen Teil der von ihr mitgeführten Wärme an die kältere Außenluft abgibt und diese so vorwärmt (**786**.1). Umgekehrt kann an heißen Sommertagen die Fortluft die warme Außenluft vorkühlen.

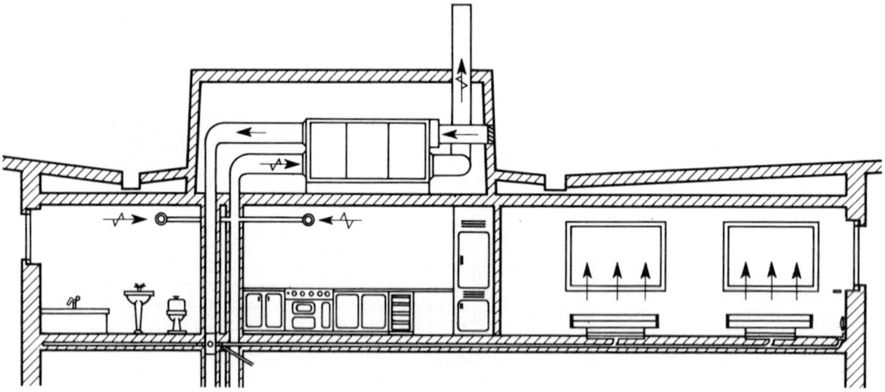

786.1 Kombiniertes Zu- und Abluft-Aggregat mit Wärmetauscher zur Abwärmerückgewinnung aus der Fortluft für eine kombinierte Be- und Entlüftungsanlage

Verfahren. Die wichtigsten Verfahren zur Wärmerückgewinnung sind das rekuperative und das regenerative Verfahren sowie der Einsatz von Wärmepumpen.

Rekuperatives Verfahren. Der Wärmeaustausch zwischen Fort- und Außenluft erfolgt zwischen feststehenden Flächen, das sind z. B. unter Verwendung von Abstandsleisten zu Paketen zusammengepreßte Glasplatten (**768**.2).

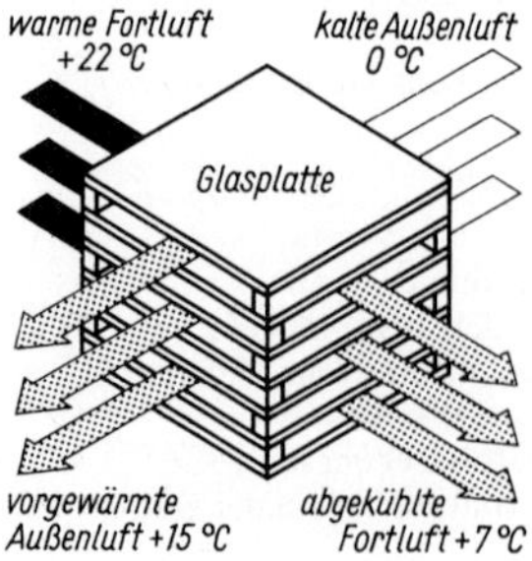

786.2 Wärmerückgewinnung, rekuperativer Wärmetauscher (System Air Fröhlich)

Die im Kreuzstrom durchgeleitete Fort- und Außenluft wirken unmittelbar aufeinander. Hierbei findet nur ein Wärmeaustausch, keine Feuchtigkeitsübertragung statt.

Als besonderer Vorteil dieser Wärmetauscher ist die große Widerstandsfähigkeit des Plattenwerkstoffes gegenüber aggressiven Luftverunreinigungen zu erwähnen.

Ferner lassen sich die Austauschflächen leicht durch eingebaute Sprühdüsen reinigen.

Andere Ausführungen verwenden Wärmetauscher aus Rohrbündeln.

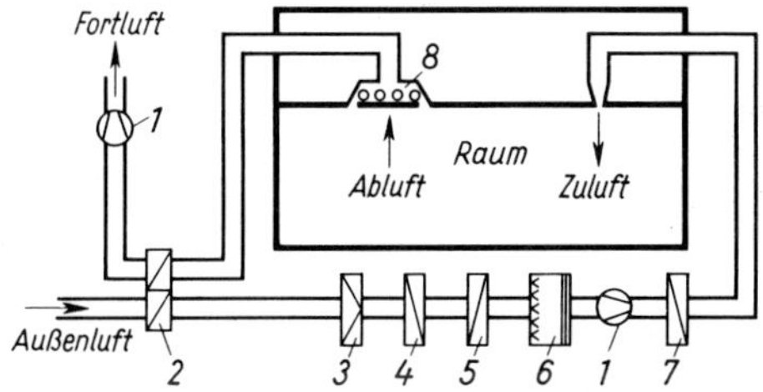

787.1 Klimaanlage mit Regenerativ-Wärmetauscher zur Wärmerückgewinnung
1 Ventilator
2 regenerativer Wärmetauscher
3 Filter
4 Vorwärmer
5 Kühler
6 Befeuchter
7 Nachwärmer
8 Klimaleuchte (**798**.1)

Regeneratives Verfahren. Es arbeitet mit rotierenden Temperaturaustauschern. Ein bekanntes Verfahren verwendet langsam mit 10 U/min rotierende Wärmetauscher, die der Fortluft mit einer in den Rotor eingebrachten hygroskopischen Speichermasse sowohl die Wärme als auch die Feuchte einschließlich ihrer latenten Wärme entziehen und auf die zugeführte kalte Außenluft übertragen (**787**.1 und 2).

Eine Schleuse trennt beide Luftströme so voneinander, daß ein Übertritt von Fortluft in den Außenluftkanal unmöglich ist.

Mit diesen Geräten werden Wirkungsgrade zwischen 65 und 95% erzielt.

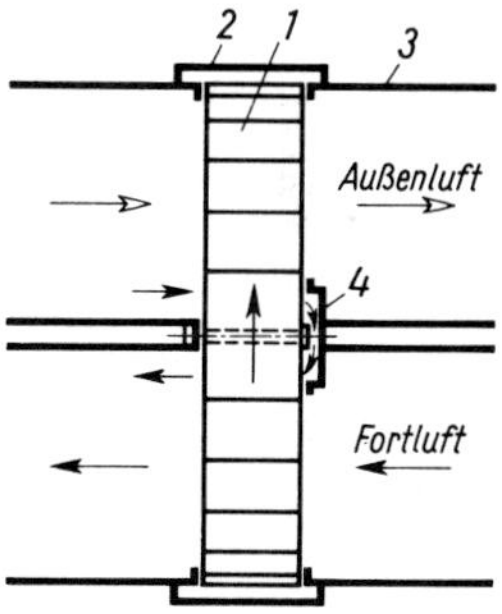

787.2 Regenerativ-Wärmetauscher zur Wärmerückgewinnung (Econovent)
1 Rotor mit hygroskopischer Speichermasse zum Wärme- und Feuchteaustausch
2 Stahlblechgehäuse des Rotors
3 Stahlblechgehäuse des Luftkanales
4 Spülschleuse: Die in der Speichermasse enthaltene Abluft wird vor einem Übertritt in den Frischluftteil des Apparates durch Frischluft ausgespült

Wärmepumpen (s. auch Abschnitt 11.5.9.1). Der Wärmeübergang von der Fortluft zur Außenluft erfolgt hier über den K o n d e n s a t o r und den V e r d a m p f e r einer umschaltbaren Luft/Luft-Wärmepumpe, so daß die Außenluft im Wechsel im Winter vorgewärmt oder im Sommer vorgekühlt werden kann (**788**.1).

In Lüftungsanlagen ohne Kühlung mit Kältemaschine ist eine Wärmerückgewinnung mit dem rekuperativen Verfahren oder dem regenerativen Verfahren vorteilhafter als eine Wärmepumpenanlage.

Sind jedoch eine Heizung u n d Kühlung notwendig und ist außerdem die Kühlleistung nicht wesentlich kleiner als die Heizleistung, so ist zumeist eine Wärmepumpenanlage einer anderen Anlage vorzuziehen.

Im Einzelfall ist jedoch die Entscheidung über das zu wählende System stets auf Grund einer sorgfältigen Wirtschaftlichkeitsberechnung durch einen Lüftungsfachmann zu treffen.

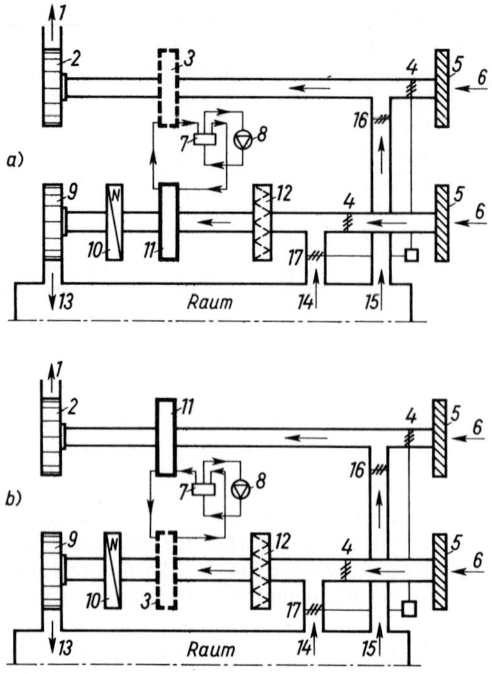

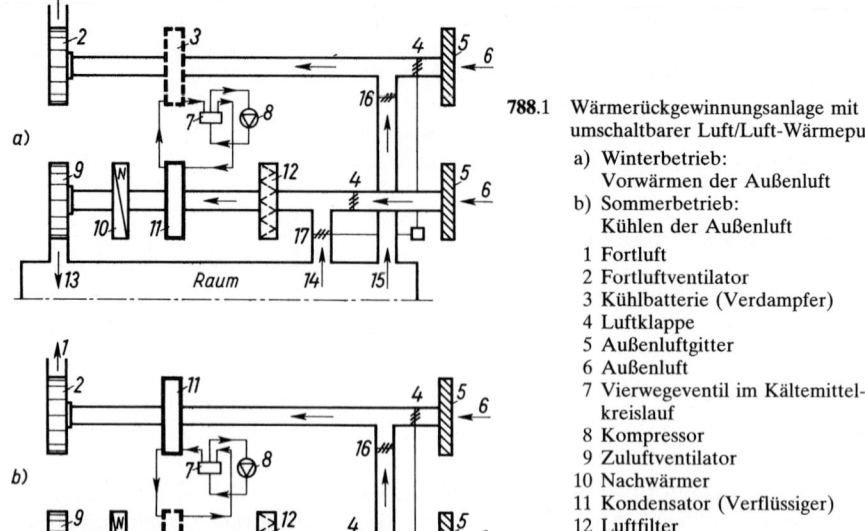

788.1 Wärmerückgewinnungsanlage mit umschaltbarer Luft/Luft-Wärmepumpe

a) Winterbetrieb: Vorwärmen der Außenluft
b) Sommerbetrieb: Kühlen der Außenluft

1 Fortluft
2 Fortluftventilator
3 Kühlbatterie (Verdampfer)
4 Luftklappe
5 Außenluftgitter
6 Außenluft
7 Vierwegeventil im Kältemittelkreislauf
8 Kompressor
9 Zuluftventilator
10 Nachwärmer
11 Kondensator (Verflüssiger)
12 Luftfilter
13 Zuluftöffnung zum Raum
14 Umluftöffnung im Raum
15 Fortluftöffnung im Raum
16 Fortluftklappe
17 Umluftklappe

11.5 Klimaanlagen

11.5.1 Allgemeines

Klimaanlagen sind raumlufttechnische Anlagen nach DIN 1946 T. 1 und 2, die während des ganzen Jahres die Lufttemperatur und die Luftfeuchte selbsttätig auf vorgegebenen Werten halten, und zwar in einem Betriebsbereich, der durch vereinbarte Grenzwerte für die Wärme- und Feuchteentwicklung im Raum sowie durch die in den Lüftungsregeln der DIN festgelegten Grenzwerte der Temperatur und Feuchte der Außenluft gekennzeichnet ist.

Einrichtungen. Klimaanlagen müssen daher Einrichtungen zum Erneuern der Luft, Reinigen der Luft von Staub und teilweise von Gerüchen, Heizen der Luft, Kühlen und Entfeuchten der Luft, Befeuchten der Luft sowie Mischen und Umwälzen der Luft aufweisen.

Sie werden durchweg für Mischluftbetrieb gebaut, und können je nach Bedarf mit Außenluft, mit Umluft oder mit einem beliebigen Gemisch aus beidem betrieben werden, wobei jedoch die Einhaltung eines bestimmten Außenluftstromes (Taf. **766**.1) zu beachten ist.

Berechnung. Die Berechnung der Anlage unterscheidet zwischen Sommer- und Winterbetrieb und legt meistens für beide ein bestimmtes Mischungsverhältnis von Außen- und Umluft und gleiche umzuwälzende Luftmengen zugrunde.

Damit ein wirklich einwandfreies Arbeiten der Anlage garantiert werden kann, sind diese Berechnungen sowie die Auswahl unter den zahlreichen technischen Möglichkeiten und die Dimensionierung aller Teile der gewählten Klimatisierungsanlage mit größter Sorgfalt durchzuführen. Die Berechnungen sind umständlich, setzen vielseitige Spezialkenntnisse voraus und bleiben daher dem Lüftungsfachmann vorbehalten.

Abweichend von DIN 1946 T.1 werden als Teilklimaanlagen häufig solche Anlagen bezeichnet, denen eine oder mehrere Aufbereitungsstufen der Klimaanlagen fehlen.

11.5.2 Einteilung der Klimaanlagen

Nach ihrer Zweckbestimmung kann man Komfortklimaanlagen und Industrieklimaanlagen unterscheiden.

Komfortklimaanlagen. Diese Anlagen haben in Aufenthaltsräumen den für den behaglichen Aufenthalt von Menschen wünschenswerten Raumluftzustand herzustellen oder zu halten. Die Heizung ist dabei eine Teilleistung der Klimaanlage, die jedoch auch nebenher durch eine konventionelle Heizungsanlage erbracht werden kann.

Ursprünglich verwendete man Komfortklimaanlagen nur für Großräume wie Theater, Kinos, Säle und Kaufhäuser, heute auch für Bürogebäude, Labor- und Fabrikationsräume.

Kleinklimaanlagen, Klimageräte nach Abschnitt 11.5.9.1, werden in wachsendem Maß in Arzt- und Rechtsanwaltpraxen, Verkaufsläden, Sprech- und Konferenzzimmern oder Friseursalons eingesetzt.

Darüber hinaus werden in Zukunft Klimaanlagen voraussichtlich auch in unserem Wohnungsbau, zumindest in den Großwohnbauten der städtischen Ballungsgebiete, ein neuartiges Anwendungsgebiet finden, wie das im Ausland teilweise heute schon der Fall ist.

Industrieklimaanlagen. Diese Anlagen haben in bestimmten Betrieben, wie der Textil-, Kunststoff-, Lederwaren-, Foto-, Nahrungs- und Genußmittelindustrie, der Papierherstellung und -verarbeitung, auch in Datenverarbeitungsanlagen und in anderen Industriebetrieben, in erster Linie den für die Lagerung oder Verarbeitung eines Roh- oder Werkstoffes oder der Fertigprodukte erforderlichen Zustand der Raumluft in der Regel gleichmäßig über das ganze Jahr hinweg herzustellen oder aufrechtzuerhalten.

Die an diese Anlagen zu stellenden Anforderungen weichen meist sehr voneinander ab und müssen vielfach im Einzelfall vom Auftraggeber nach eigenen Erfahrungen vorgeschrieben werden.

Im Rahmen dieses Buches wird davon abgesehen, auf die Industrieklimaanlagen, die sich in Planung, Berechnung und Ausführung grundsätzlich nicht von den Komfortanlagen unterscheiden, näher einzugehen.

Nach dem Standort des Klimaaggregates sind zentrale Klimaanlagen und dezentrale Klimaanlagen mit Einzelgeräten zu unterscheiden.

Zentrale Klimaanlagen. In Klimaanlagen großer Leistung für Großräume oder Gebäude mit zahlreichen Einzelräumen wird die Zuluft durch ein Kanalsystem zugeleitet, die Abluft durch ein zweites aus ihnen abgeführt.

Während man ursprünglich die maschinentechnischen Bauteile einer solchen Zentralanlage in Kellerräumen unterbrachte, werden heute, mit wesentlich geringerem Raumbedarf und Gewicht, die Zentralgeräte aus serienmäßig in der Fabrik nach dem Baukastensystem vorgefertigten Stahlrahmenkonstruktionen mit abnehmbaren Blechverkleidungen an Ort und Stelle zusammengesetzt.

Die Anlagen können außer in Kellergeschossen auch in einem Hauptgeschoß selbst, vor allem aber in einem besonderen Technikgeschoß (**790**.1), das kann ein Zwischengeschoß oder ein Dachgeschoß sein, untergebracht werden.

Dabei kann man die einzelnen Bauteile bei Bedarf hintereinander, übereinander oder auch in Winkelform zusammenstellen (s. Abschnitte 11.5.7 und 11.5.8).

Dezentrale Klimaanlagen mit Einzelgeräten. Für Klimaanlagen mittlerer und kleiner Leistung verwendet man in großem Umfang fabrikmäßig zusammengebaute und anschlußfertig gelieferte Einzelgeräte, die sich unter Fortfall eines Kanalnetzes in dem betreffenden Raum selbst oder in seiner unmittelbaren Nähe unterbringen lassen.

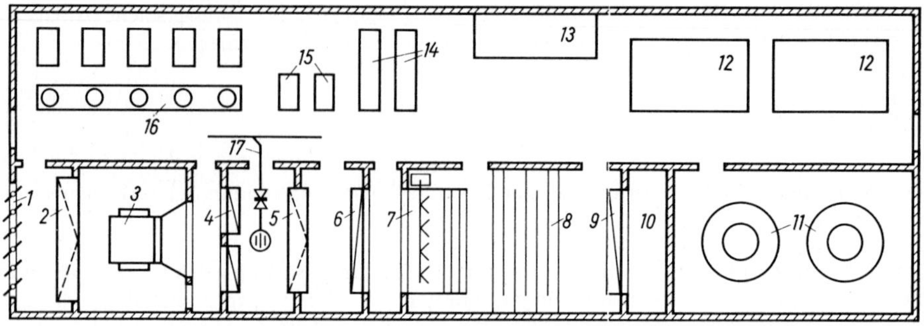

790.1 Technikgeschoß in einem Hochhaus mit Zentrale für eine Hochdruck-Induktionsklimaanlage (Schema) (Lüftungstechnische Gesellschaft)

1 Jalousieklappe Außenluft
2 Luftvorfilter
3 Zuluftventilator
4 Luftvorerhitzer
5 Luftfeinfilter
6 Luftkühler
7 Düsenkammer mit Pumpe und Tropfenabscheider
8 Zuluftschalldämpfer
9 Luftnacherhitzer
10 Zulufthauptschacht
11 Wasserrückkühlanlage für Kälte
12 Kälteanlage
13 Hauptschalttafel
14 Wärmetauscher
15 Pumpen
16 Mischgruppen für Sekundärwassersystem
17 Entwässerung mit Absperrung

Nach Größe und Leistung werden Raumklimageräte, Fenster- oder Einbaugeräte, Klimatruhen und Klimaschränke unterschieden (s. Abschnitt 11.5.9).

Mischformen aus zentralen und dezentralen Anlagen sind ebenfalls möglich.

Nach der Luftpressung in der Kanalanlage sind Niederdruckanlagen und Hochdruckanlagen zu unterscheiden.

Niederdruckanlagen. Die Luft wird in einem zentralen Klimagerät (**791**.1 und **793**.1) aufbereitet und direkt zu den zu klimatisierenden Räumen über ein Kanalnetz geleitet, in dem bei entsprechend großen Querschnitten Luftgeschwindigkeiten zwischen 2 und 8 m/s bei einer Pressung von 2 bis 10 mbar auftreten (s. Abschnitt 11.5.7).

Hochdruckanlagen. Diese unterscheiden sich von den Niederdruckanlagen grundsätzlich durch Kanäle von platzsparenden geringen Querschnitten mit Luftgeschwindigkeiten von 8 bis 15 m/s und Pressung von 10 bis 25 mbar (s. Abschnitt 11.5.8).

Die Geräuschfrage ist bei diesen Anlagen, die nur für Komfortklimaanlagen verwendet werden, mit besonderer Sorgfalt zu behandeln.

11.5.3 Aufbau und Arbeitsweise

11.5.3.1 Bauteile

Nachstehendes Bild zeigt schematisch den Aufbau einer zentralen Klimaanlage mit den erforderlichen Einrichtungen zur Aufbereitung der Zuluft.

Abluftventilator, Trennkammer und Mischkammer (**791**.1). Der zusammen mit seinem drehzahlgeregeltem Antriebsmotor schwingungsgedämpft auf gemeinsamen Grundrahmen montierte Radialventilator in der schalldämmend verkleideten Abluftventilatoreinheit (1) ist immer dann erforderlich, wenn die Abluft über längere Luftkanäle in die Zentrale oder ins Freie abzuführen ist.

1 Abluftventilator
2 Trennkammer
3 Mischkammer
4 Luftfilter
5 Luftvorerhitzer
6 Luftkühler
7 Düsenkammer
8 Tropfenabscheider
9 Luftnacherhitzer
10 Zuluftventilator
11 Umluftklappe
12 Fortluftklappe
13 Außenluftklappe
14 Mischkammerthermostat
15 Raumthermostat
16 Zuluft
17 Abluft
18 flexibles Zwischenstück

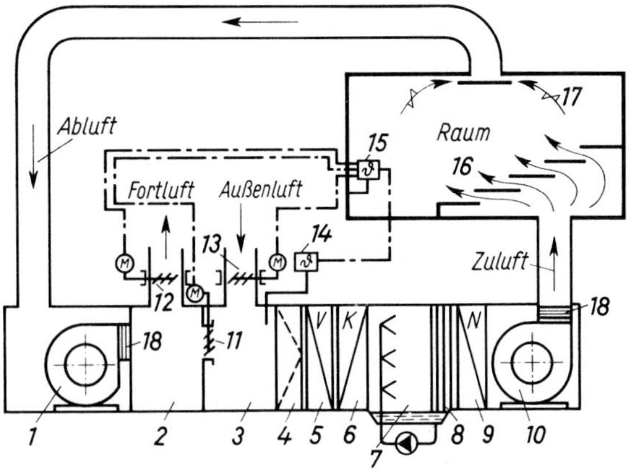

791.1 Einkanal-Niederdruckklimaanlage (Komfortanlage) mit Luftführung von unten nach oben

In der anschließenden Trennkammer (2) wird zur Konstanthaltung der Zuluftmenge so viel Abluft als Fortluft (**760**.1) über den hier angeschlossenen Fortluftkanal abgeführt, wie danach Außenluft der Zentrale zugeführt werden soll.

Der Rest der Abluft gelangt als Umluft in die Mischkammer (3) und wird hier mit der zugeführten Außenluft vermischt. Diese Zuluft genannte Mischung aus Außen- und Umluft wird nach ihrer weiteren Aufbereitung dem zu klimatisierenden Raum zugeleitet.

Luftfilter (**791**.1). Hinter der Mischkammer befindet sich die Filtereinrichtung zur Reinigung der Außen- und Umluft (4). Der Aufbau der Filtereinrichtung ist abhängig von dem Grad und der Art der Luftverunreinigung und der Anforderung von der Reinluftseite her.

Die einfachste Ausführung ist meist ein Trockenschichtfilter aus zickzackförmig angeordneten Platten. Näheres über Luftfilter s. Abschnitt 11.5.4.

Luftkühler und Luftnacherhitzer (**791**.1). Im Sommerbetrieb (**791**.2) wird dann die gereinigte Zuluft nach Durchgang durch den jetzt außer Betrieb befindlichen Luftvorerhitzer (5) an den Flächen eines Luftkühlers (6), das ist meist ein Oberflächenkühler aus Lamellenrohren,

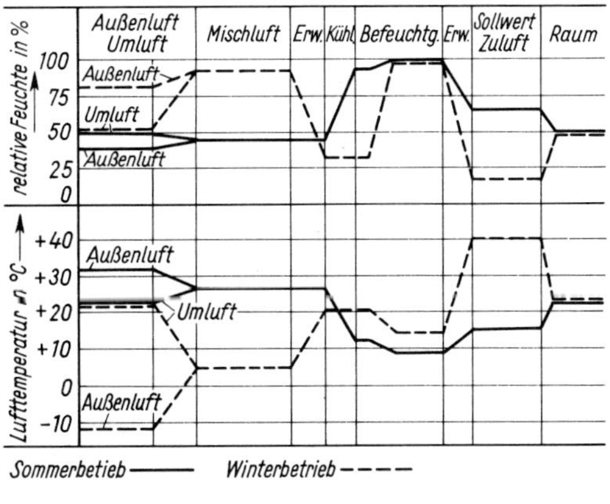

791.2 Einkanal-Niederdruckklimaanlage (Komfortanlage), Diagramm der Lufttemperatur und -feuchte (Prinzip) im Sommer- und Winterbetrieb

gekühlt und gleichzeitig infolge der hierdurch bewirkten Wasserausscheidung entfeuchtet. Die Abführung des ausgeschiedenen Kondensates erfolgt durch einen Tropfenfänger. Nur bei geringem Kühlbedarf ist Leitungswasser als Kühlmittel ausreichend, sonst schickt eine Kältemaschine tiefgekühltes Wasser oder ihr Kältemittel durch den Luftkühler. Anschließend wird die Zuluft im Nacherhitzer (9) auf die Einblastemperatur erwärmt, mit der sie in den Raum eintreten soll.

Untertemperaturen. Dabei sollen zur Verhinderung von Zugerscheinungen die Untertemperaturen der Zuluft unter der vorgesehenen Raumtemperatur nicht mehr betragen als etwa

2 bis 4 K beim Einblasen der Zuluft im Aufenthaltsbereich,
4 bis 7 K wie oben, jedoch ohne ein direktes Anblasen der Rauminsassen; auch bei normalen Lochdecken bei 3 bis 4 m Raumhöhe,
7 bis 10 K bei Ausblasen der Zuluft aus Gittern oberhalb der Aufenthaltszone sowie
15 K und mehr bei Spezial-Lochdecken, bei Hochdruckanlagen mit sehr starker Sekundärluftansaugung.

Je größer die Untertemperatur, desto wirtschaftlicher ist die Anlage. Geringere Luftmengen bedeuten kleinere Kanalnetze, geringere Ventilatorleistung, niedrigere bauliche Nebenleistungen, aber um so höhere Anforderungen an die Luftverteilung.

Eine Teilkühlung ist auch mit dem Wäscher der Befeuchtungsanlage (7) für den Winterbetrieb möglich, ebenso eine Teilreinigung der Luft.

Kühllast. Sie ist die unter den vorgegebenen Grenzbedingungen von der Zuluft im Raum aufzunehmende Wärmemenge, die sich aus dem Wärmeeinfall von außen infolge der Sonneneinstrahlung (s. Abschnitt 11.5.6) und Konvektion durch Wände, Dachflächen, Fenster und Türen, ferner aus der Wärmeabgabe der Rauminsassen, der Beleuchtungsanlage (s. Abschnitt 11.5.5), der Geräte, Apparate und Büromaschinen sowie anderer Wärmequellen im Raum zusammensetzt.

Sie ist zu unterscheiden von der erforderlichen Kühlleistung des Kühlers. Diese beträgt wegen der zum Trocknen erforderlichen Kühlung der Außenluft und Wiedererwärmung der Zuluft meistens ein Vielfaches der Kühllast. Kühlen ist daher stets sehr kostspielig und sollte auch durch bauliche Maßnahmen, wie Schutz der zu klimatisierenden Räume gegen Sonneneinstrahlung, so weit wie möglich reduziert werden (s. Abschnitt 11.5.6).

Luftvorerhitzer, Düsenkammer, Tropfenabscheider und Luftnacherhitzer (**791**.1). Im Winterbetrieb (**791**.2) wird die gereinigte Zuluft im Luftvorerhitzer (5), der meistens aus verzinkten Spezial-Lamellenrohren oder auch aus Kupferrohren mit Alu-Lamellen besteht und an eine PWW-Heizung angeschlossen ist, so weit vorgewärmt, daß sie bei der anschließenden Befeuchtung in der Düsenkammer (7) durch zerstäubtes Wasser den geforderten Wassergehalt erreicht und von den noch vorhandenen Staubteilchen befreit wird.

An den zickzackförmig angeordneten Blechen des zur Befeuchtungskammer gehörenden Tropfenabscheiders (8) wird das nicht aufgenommene Wasser aus dem Luft-Nebel-Gemisch durch Prallwirkung zurückgehalten, läuft in den Wasservorratsbehälter, mit Wassersieb, Schwimmerventil und Überlauf, im Unterbau der Kammer und wird von hier in ständigem Kreislauf zu den Düsen zurückgepumpt und erneut versprüht.

Das Wasser muß jedoch laufend ersetzt werden, da es sonst je nach Wasserbeschaffenheit durch Salze eindickt und starke Korrosionsgefahr besteht. Eventuell ist sogar eine Wasseraufbereitung erforderlich.

Man kann jedoch den Wäscher durch einen Dampf-Luft-Befeuchter ersetzen. Hierbei wird die Nacherwärmung eingespart, und man erreicht eine hygienische Luftbefeuchtung, da der Dampf steril ist. Die Dampferzeugung erfordert indessen einen entsprechenden Aufwand.

In einem dem Luftvorerhitzer gleichartigen Luftnacherhitzer (9) wird die Luft schließlich auf die gewünschte Einblastemperatur erwärmt.

Heizlast. Sie ist die zur Deckung des nach DIN 4701 T. 1 und 2 zu berechnenden Wärmebedarfes der zu klimatisierenden Räume aufzubringende Heizleistung, die um die Grundlast der Raumheizung zu kürzen ist, wenn diese von besonderen Heizflächen übernommen wird.

Während des Betriebes können Sonneneinstrahlung und die Wärmeabgabe der Rauminsassen, der Beleuchtungsanlage, aber auch eine zusätzlich vorhandene Wärme-Rückgewinnungsanlage, die der Fortluft einen Teil ihrer Wärme entzieht und an die eingeführte Außenluft abgibt, die Heizlast erheblich verringern.

Beipaß. Durch einen Beipaß, Nebenschluß- oder Umgehungskanal, kann ein Teil der Mischluft oder Umluft an einem Teil der Aufbereitungseinrichtungen vorbeigeführt werden (**793**.1).

1 Mischkammer
2 Luftfilter
3 Luftvorerhitzer
4 Beipaß
5 Luftkühler
6 Düsenkammer
7 Tropfenabscheider
8 Luftnacherhitzer
9 Zuluftventilator
10 flexibles Zwischenstück des Luftkanales
11 Umlaufpumpe
A Außenluft
Ab Abluft
F Fortluft
H Hygrostat
HK WW-Heizkessel
KA Kälteaggregat
T Raumthermostat
U Umluft
Z Zuluft

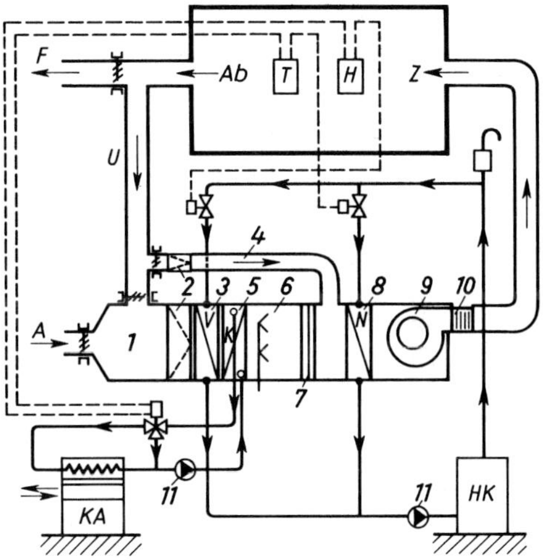

793.1 Einkanal-Niederdruckklimaanlage mit Beipaß (Schema) (Variante zu Bild **791**.1)

Zuluftventilator und Zwischenstück (**791**.1). Bei der Normalausführung drückt zum Schluß ein möglichst geräuscharmer Zuluftventilator (10), baulich dem Abluftventilator entsprechend, aber für höhere Pressungen ausgelegt, die Zuluft durch die Zuluftkanäle in den Raum oder die Räume. Am Druckstutzen dieses Ventilators ordnet man zunächst zur Verringerung von Körperschallübertragung ein flexibles Verbindungsstück (18) aus kunststoffbeschichtetem Gewebe an, dem noch besondere Schalldämpfer folgen können.

Automatische Regelung. Die Leistung der einzelnen Bestandteile einer Klimaanlage werden für vorgegebene Grenzbedingungen bemessen, die natürlich nur während eines geringen Teiles der Betriebszeit vorliegen.

Langfristig ändert sich der Energiebedarf durch den Klimawechsel während des Jahresablaufes, kurzfristig als Folge der ständig wechselnden Außenluftzustände und Sonneneinstrahlung, ebenso wie im Wechsel der Wärmeabgabe von Personen, Beleuchtungskörpern und Einrichtungen.

Das Ausschalten dieser Störungen zur Einhaltung der vorgegebenen Raumluft-Zustandswerte macht daher eine automatische, alle Bauelemente erfassende Regelungsanlage zu einem wesentlichen Bestandteil jeder Klimaanlage.

11.5.3.2 Luftkanäle

Materialien. Sie müssen glatte Innenflächen haben. Geeignete Baustoffe sind vor allem:

Feinstahlblech, oberflächengeschützt, in Dicken von 0,5 bis 1,13 mm, Querschnitt quadratisch, rechteckig oder rund, Längsnähte gefalzt, Stöße gebördelt, mit Winkelstahlverbindung,

losen Flanschen, Sickenschellen oder Schiebern; längere Rundrohre auch als Wickelrohre mit spiralförmig verlaufenem Falz,
Faserzement,
innen geglätteter Putz auf nicht brennbarem Putzträger,
innen sauber verfugtes Mauerwerk oder
nicht brennbare und gegen Feuchte unempfindliche Bauplatten.

Planung. Die Kanäle sind nach strömungstechnischen Gesichtspunkten sorgfältig zu berechnen, durchzubilden und zu verlegen. Der Querschnitt und die Richtung ist stets nur allmählich zu ändern (**794**.1).

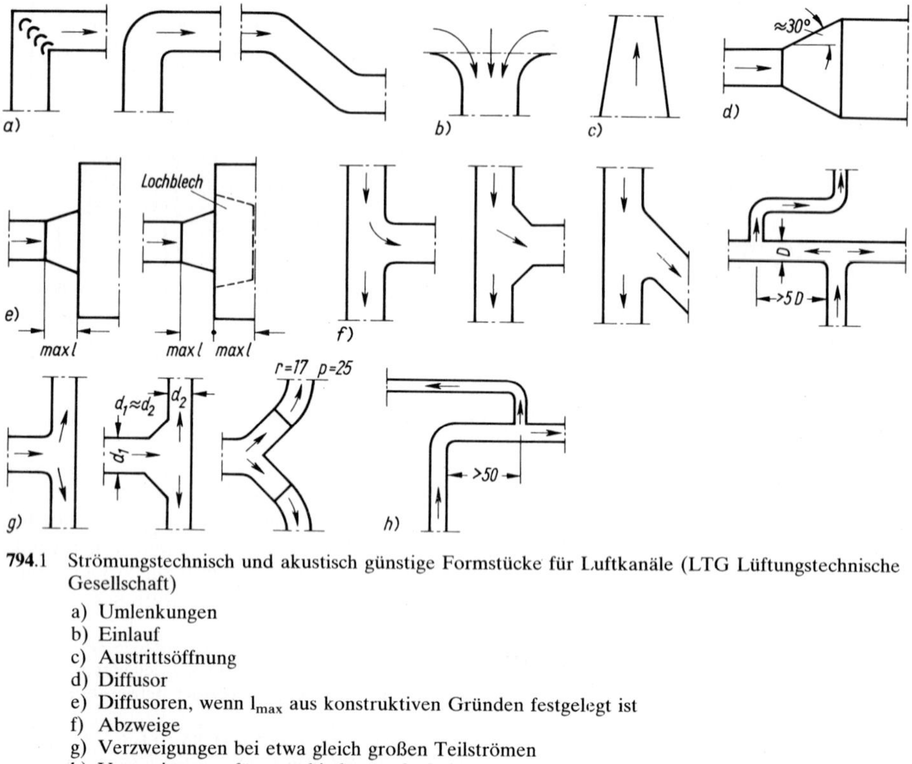

794.1 Strömungstechnisch und akustisch günstige Formstücke für Luftkanäle (LTG Lüftungstechnische Gesellschaft)

a) Umlenkungen
b) Einlauf
c) Austrittsöffnung
d) Diffusor
e) Diffusoren, wenn l_{max} aus konstruktiven Gründen festgelegt ist
f) Abzweige
g) Verzweigungen bei etwa gleich großen Teilströmen
h) Verzweigungen für verschieden große Teilströme

Den Berechnungen sollten zur Verringerung der Geräuschbildung möglichst die unteren Grenzwerte der empfohlenen Luftgeschwindigkeiten und Druckverluste der verschiedenen Anlagensysteme zugrunde gelegt werden.

Während für Niederdruckanlagen nach Abschnitt 11.5.7 durchweg Kanäle mit Rechteckquerschnitt typisch sind, verwendet man in Hochdruckanlagen nach Abschnitt 11.5.8 vorwiegend Rundrohre aus Stahlblech.

Auch bei bauseitiger Erstellung der Kanalanlage hat die lüftungstechnische Firma alle Zeichnungen hierzu mit sämtlichen erforderlichen Angaben über deren Querschnitte, Lage und Ausführung, über den Einbau von Schalldämpfern usw. zur Verfügung zu stellen und die Bauleitung rechtzeitig über alle sonstigen von ihr zu treffenden Maßnahmen zu unterrichten.

Geräusche. Werden mehrere Räume von einer Lüftungsanlage versorgt, so dürfen durch die Luftkanäle keine Geräusche von einem Raum zu anderen übertragen werden, doch genügt der Dämmwert der Trennwände auch für die Kanalstrecke zwischen beiden Räumen.

In alle geräuschdämpfenden und -dämmenden Maßnahmen sind selbstverständlich auch die die Klimazentrale umschließenden Wände, Fußböden und Decken mit einzubeziehen.

Außenluft. Die Ansaugöffnung für die Außenluft ist an einer Stelle anzuordnen, wo die Luft möglichst wenig verunreinigt werden kann.

Vielfach ordnet man zentrale Luftansaugöffnungen als Lufttürme in größerem Abstand von Gebäuden und etwa 5 bis 6 m über dem Erdboden an.

Die Fortluft ist so ins Freie abzuführen, daß sie nicht wieder angesaugt werden oder andere unzumutbare Belästigungen hervorrufen kann.

Luftansaug- und -austrittsöffnungen sind zu vergittern. Sie dürfen nicht in begangenen Flächen liegen (s. auch Abschnitt 11.2.1).

11.5.4 Luftfilter

Luftfilter haben aus der Luft, in der Regel aus der Außen- und der Umluft, Staub, schwebende Partikel mit nachweisbarer Fallgeschwindigkeit, und Aerosole, feste Schwebestoffe wie Rauch von Feuerungen, Tabakrauch, radioaktive Schwebestoffe, Bakterien und Viren sowie flüssige Schwebestoffe wie Nebel, versprühtes Wasser in feinster Verteilung, in der Größenordnung von 50 bis 0,0001 µm und mit kaum noch feststellbarer Fallgeschwindigkeit, durch verschiedene Effekte, Sieb-, Trägheits-, Diffusionseffekt oder elektrische Kräfte, auszuscheiden (Tafel **795**.1).

Tafel **795**.1 Staub- und Filterarten (nach Ihle)

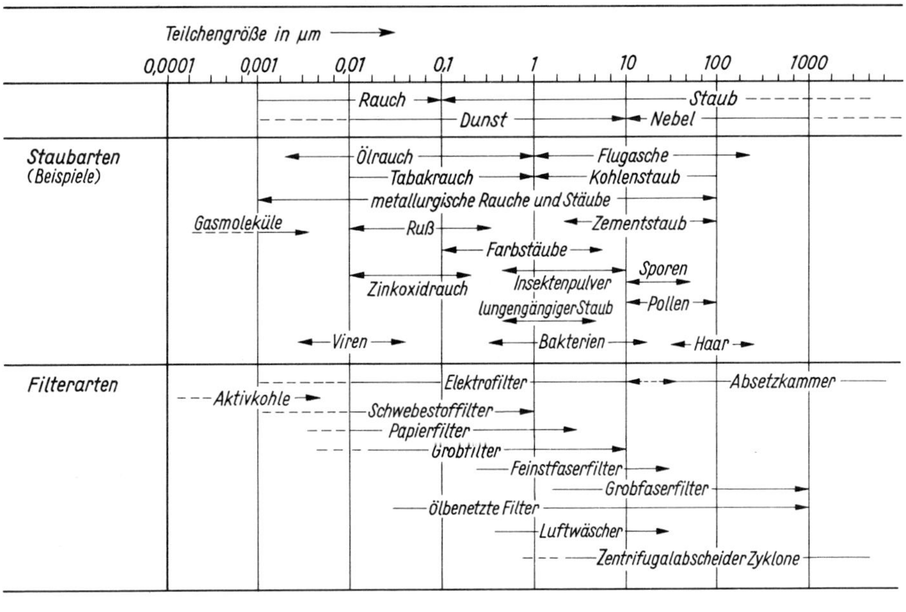

Ihre Verwendung ist aufgrund der zunehmenden Luftverunreinigung sowohl aus hygienischen Gründen sowie bei bestimmten Fertigungen aus wirtschaftlichen und technischen Gründen bei allen Klimaanlagen unentbehrlich.

Filterklassen. Folgende drei Filterklassen werden unterschieden:

Klasse A:	Grobfilter	für Korngröße > 8 μm
Klasse B:	Feinfilter	für Korngröße 0,7 bis 8 μm
Klasse C:	Feinstfilter	für Korngröße < 0,7 μm

Grobfilter. Dies sind Filter für geringe und mittlere Ansprüche. Hierzu gehören Metallfilter und Trockenschichtfilter.

Metallfilter. Sie sind, auch als Naßluftfilter bezeichnet, ölbenetzt und bestehen aus einzelnen Zellen oder Platten mit einer Füllung aus Steinwolle, Metallgewebe oder Blecheinsätzen, die in Stahlrahmen zu beliebig großen Zellen zusammengesetzt werden.

Die Benetzung der Zellen geschieht durch Eintauchen in Benetzungsöl, die Reinigung durch Auswaschen.

Trockenschichtfilter. Diese haben grobfaserige Filterpakete, -matten oder -säcke aus Glasfasergespinst oder synthetischen Filterstoffen. Sie haben die Metallfilter weitgehend verdrängt, vor allem bei den Einzelgeräten (**811**.1).

Zu unterscheiden sind Wegwerffilter, deren Zellen mit einem billigen Füllstoff nach der Verschmutzung weggeworfen und durch neue ersetzt werden, von regenerierbaren Filtermedien (**796**.1) und von Automatik-Bandluftfiltern.

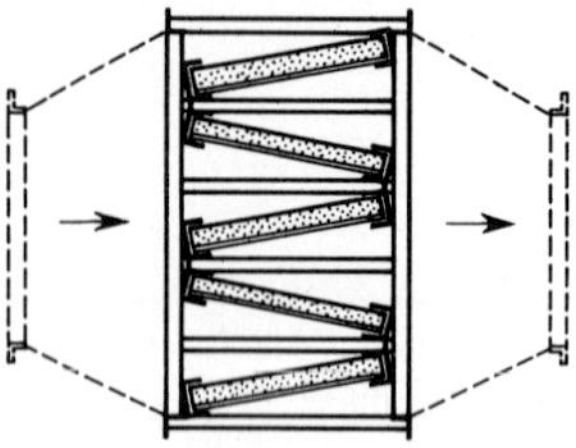

796.1 Regenerierbarer grobfaseriger Trockenschichtfilter (CEAG)

Fein- und Feinstfilter. Bei diesen Hochleistungsfiltern, zu denen auch die Schwebestoffilter zählen, muß die gesamte Luftfilterung in mehreren aufeinanderfolgenden Stufen geschehen, damit die Fein- und Feinststaubabscheidung vor zu schneller Verschmutzung durch Grobstaub bewahrt bleibt.

Überwiegend werden hierbei handbediente Konstruktionen verwendet.

Fasergewebefilter. Sie zeigen unterschiedlich strukturierte Filtermedien, die jeweils für eine bestimmte Abscheideleistung zugeschnitten sind.

Spezielle Schwebestoffilter sind für die Erfüllung höchster Ansprüche bestimmt und haben Wirkungsgrade bis 99,99%.

Elektrofilter (**797**.1). Die Luft mit den zunächst in einem Ionisierungsteil positiv aufgeladenen Staubteilchen strömt durch das Kraftfeld eines kondensatorartig aufgebauten Kollektors, der Niederschlagszone, wo die Staubteilchen von den negativen Platten abgelenkt und angezogen werden. Der Staub scheidet sich ab.

Geruchsabscheidung. Die Luft enthält vielfach auch gasförmige Verunreinigungen, die unser Geruchssinn als unangenehm empfindet, wie Abort-, Lebensmittel-, Tabak-, Schweißgeruch und andere Gase.

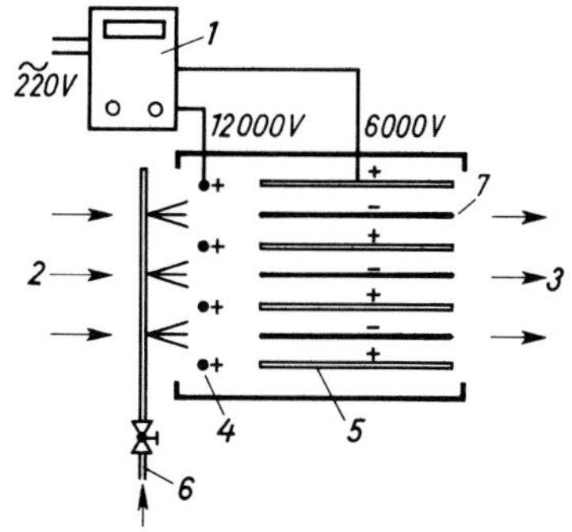

797.1 Schema eines Elektrofilters für Lüftungs- und Klimaanlagen (nach Recknagel-Sprenger)
1 Trafo und Gleichrichter
2 Rohluft
3 Reinluft
4 Ionisierungsstäbe
5 Elektrodenplatten (+)
6 Wasser zum Abspritzen der Platten
7 Kollektorplatten (−)

Da diese von den bisher behandelten Filtern nur unzulänglich oder gar nicht ausgeschieden werden können, müssen ihnen in derartigen Fällen zu diesem Zweck Aktivkohlefilter nachgeschaltet werden.

Aktivkohle hat infolge ihrer außerordentlich großen Oberfläche, etwa 1 g 1200 m^2, ein großes Absorptionsvermögen und kann 15 bis 25% ihres Eigengewichtes an fremder Substanz binden. Sie werden als Platten- und Patronenfilter verwendet.

Aktivkohlefilter werden außer zur Reinigung der Zu- oder Abluft auch zur Behandlung von Umluft verwendet, um die Außenluftrate und damit die Energiekosten zu senken.

11.5.5 Beleuchtungswärme

In Großräumen von Bürohäusern mit Arbeits- und Konstruktionssälen, von Kaufhäusern und Fertigungsbetrieben mit hohen Beleuchtungsstärken von 800 bis 2000 lx ist neben der Sonneneinstrahlung, der Abwärme von Maschinen, auch elektrisch angetriebenen Büromaschinen, und Personenwärme die durch die Beleuchtungsanlage hervorgerufene Beleuchtungswärme einer der Hauptfaktoren der Wärmebelastung.

Sie kann sowohl im Winter als auch in der Übergangszeit einen erheblichen Teil des Transmissionswärmebedarfes decken. Im Sommer trägt sie allerdings zur Vergrößerung der Kühllast bei.

Klimaleuchten. In Räumen mit hoher Beleuchtungsstärke ist es daher sinnvoll, Klima- oder Absaugleuchten (**798**.1) in die Decken einzubauen und so in die Lüftungs- oder Klimaanlage einzubeziehen, daß die Beleuchtungswärme weitgehend an die durch die Leuchten strömende Abluft abgegeben und mit dieser über ein wärmegedämmtes Abluftkanalsystem abgeführt wird, also gar nicht erst in den Raum gelangt.

Die dadurch gleichzeitig erfolgende Kühlung der Leuchtstofflampen kann wegen der hierbei erreichbaren günstigsten Leuchtentemperatur ihre Lichtausbeute um über 10% erhöhen.

Über die Größenordnung der Beleuchtungswärme siehe Tafel **798**.2. Ein Vergleich dieser Zahlenwerte mit denjenigen des Transmissionswärmebedarfes von Großräumen in Tafel **798**.3 läßt erkennen, daß die Beleuchtungswärme bei 800 bis 1000 lx etwa das 2fache, bei 2000 lx das 3- bis 4fache des Transmissionswärmebedarfes eines Großraumes in der Innenzone beträgt und sich dessen Wert erst bei höherem Wärmebedarf in der Außenzone nähert.

Geschlossene Leuchten, bei denen die Leuchtstofflampen in ihrer gesamten Länge gleichmäßig von Luft umspült werden, sind am günstigsten.

Bei neuzeitlichen Klimaleuchten bleiben 16 bis 50% der elektrischen Lampenleistung im Raum, wenn je 100 W Leistungsaufnahme mehr als 20 m^3/h Abluft über die Leuchten abgeführt werden.

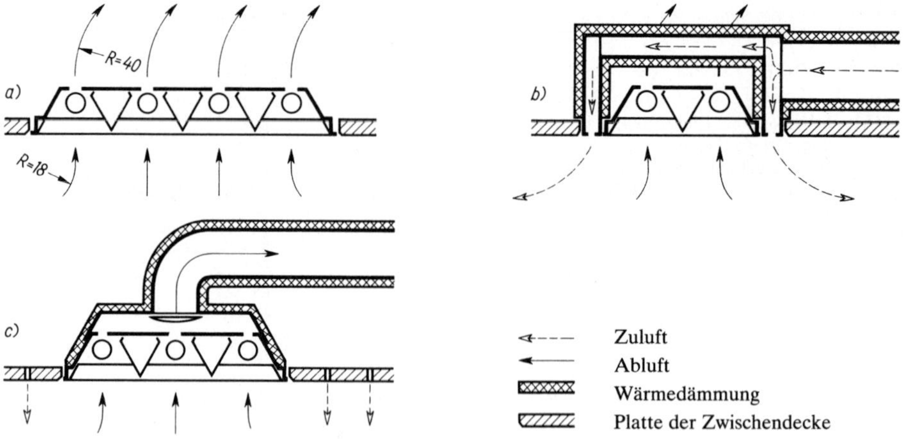

798.1 Klimaleuchten (Siemens)
a) Abluftführung durch die Leuchte in den freien Deckenhohlraum
b) Abluftführung durch die Leuchte in den freien Deckenhohlraum, Zuluftführung über Zuluftverteiler (mit Luftmengenregulierung und Luftstrahllenkung)
c) Abluftführung durch die Leuchte in einen Abluftkanal, Zuluftführung über Lochdecke

Tafel **798**.2 Beleuchtungswärme in W/m² (Überschlagswerte)

	Beleuchtungsstärke bei Leuchtstofflampen in lx		
	800	1000	2000
Leistungsaufnahme einschließlich Drossel	40	50	100
Beleuchtungsnutzenergie	8	10	20
Beleuchtungswärme	32	40	80

Tafel **798**.3 Wärmebedarf von Großbauten in W/m² (Überschlagswerte)

Transmissionswärmebedarf	
bei einem weit in die Innenzone reichenden Großraum	18 bis 24
einem Raum in der Außenzone	60 bis 70
Lüftungswärmebedarf	120 bis 240

Um die durch eine Leuchtenabsaugung abgeführte und üblicherweise mit der Fortluft ungenutzt ins Freie geleiteten Anteile der gesamten Beleuchtungswärme verringert sich naturgemäß die Kühllast des Raumes. Die dadurch bereits verkleinerte installierte Leistung für die Außenlufterwärmung kann indessen durch den Einbau *einer Wärmerückgewinnungsanlage* nach Abschnitt 11.4.3 noch weiter spürbar vermindert werden.

11.5.6 Sonnenschutz

Die von einer Klimaanlage im Sommerbetrieb zu bewältigende *Kühllast* ist wesentlich *größer als die Heizlast* des Winterbetriebes und bestimmt daher die Auslegung der ganzen Anlage (s. auch Abschnitt 11.5.3.1).

Jede nur mögliche Verringerung der Kühllast liegt daher im Interesse einer fühlbaren Reduzierung der Bau- und Betriebskosten der Klimaanlage.

Hierbei ist angesichts der sehr großen Energiemengen, die bei einer Sonnenstrahlung über die Glasflächen in das Gebäude einströmen, neben einer maßvollen Bemessung der Fensterflächen ein wirksamer Sonnenschutz von entscheidender Bedeutung.

Er kann vor allem durch nachfolgend beschriebene Sondergläser und Sonnenschutzeinrichtungen erreicht werden (Tafel **799**.1).

Tafel **799**.1 Mittlerer Durchlaßfaktor *b* der Sonneneinstrahlung bei verschiedenen Gläsern und Sonnenschutzeinrichtungen (nach VDI 2078)

Gläser		*b*
Tafelglas nach DIN 1249	Einfachverglasung Doppelverglasung	1,0 0,9
Absorptionsglas	Einfachverglasung Doppelverglasung (außen Absorptionsglas, innen Tafelglas) Vorgehängte Absorptionsscheibe (mind. 5 cm freier Luftspalt)	0,7 0,6 0,5
Reflexionsglas	Einfachverglasung (Metalloxidbelag außen) Doppelverglasung (meist Reflexionsschicht auf der Innenseite der Außenscheibe, innen Tafelglas) Belag aus Metalloxid Belag aus Edelmetall (z. B. Gold)	0,6 0,5 0,4
Glashohlsteine (100 mm), farblos	glatte Oberflächen ohne Glasvlieseinlage mit Glasvlieseinlage strukturierte Oberflächen (Rippen, Kreuzmuster) ohne Glasvlieseinlage mit Glasvlieseinlage	 0,6 0,4 0,4 0,3
Zusätzliche Sonnenschutzvorrichtungen		*b*
Außen	Jalousie, Öffnungswinkel 45° Stoffmarkise, oben und seitlich ventiliert Stoffmarkise, oben und seitlich anliegend	0,15 0,3*) 0,4*)
Zwischen den Scheiben	Jalousie, Öffnungswinkel 45° mit unbelüftetem Zwischenraum	0,5
Innen	Jalousie, Öffnungswinkel 45° Vorhänge, hell⁰), Gewebe aus Baumwolle, Nessel, Chemiefaser Kunststoffolien	0,7 0,5 0,7
Kombinationen		
Beispiel:	1. Reflexionsglas, Doppelverglasung, Metalloxidbelag auf Tafgelglas 2. Nesselvorhang Daraus wird $b = b_1 \cdot b_2 = 0{,}5 \cdot 0{,}5 = 0{,}25$.	($b_1 = 0{,}5$) ($b_2 = 0{,}5$)

*) Vorausgesetzt ist die völlige Beschattung der Glasfläche durch die Markise.
[0]) Bei dunklen Vorhängen sind die Werte um 0,2 zu erhöhen.

Absorbierglas. Es wird durch Einschmelzen von Metalloxiden hergestellt, absorbiert etwa die Hälfte der Gesamtenergie und erwärmt sich dabei auf 50 bis 60 °C und höher.

Daher muß es bei Doppelfenstern immer außen angeordnet werden und gibt dann die Absorptionswärme größtenteils an die Außenluft ab.

Durch die Färbung verfälscht es die Farbwiedergabe im Rauminnern und wird daher seltener verwendet.

Innenjalousien sind nicht anwendbar, da durch deren Reflexionswärme die Scheiben zusätzlich aufgeheizt würden.

Reflexionsgläser. Sie weisen auf der Innenseite eine dünne aufgedampfte Metallschicht oder eingebrannte keramische Schicht auf und reflektieren einen großen Teil der eingestrahlten Energie.

Reflexionsgläser mit Goldschicht sind besonders wirksam. Innenjalousien sind möglich.

Verbundglas. Dies aus 2 Scheiben im Abstand von 6 oder 12 mm bestehende Glas ist kein Sonnenschutzglas (s. auch Tafel **522**.1).

Verbundfenster. Mit einem äußeren Spezialglas, etwa Reflexionsglas, und innerem Normalglas bietet es denselben Sonnenschutz wie eine Innenjalousie mit 2 Normalgläsern.

Glasbausteine. Sie absorbieren zunächst die Sonnenwärme und lassen sie erst nach etwa 3 Stunden in den Raum gelangen.

Äußere Schattenspender haben hier etwa dieselbe Wirkung wie bei Normalglas. Innenjalousien sind praktisch wirkungslos.

Sonnenschutzeinrichtungen. Sie können zu beachtlichen Einsparungen an Energie führen. Auch in gezogenem Zustand soll der Raum noch ausreichend Tageslicht erhalten.

Es sind Vorhänge, Jalousien und Sonnenblenden zu unterscheiden.

Nesselvorhänge. Sie haben eine gute Wirkung und sind zudem nicht kostspielig.

Innenjalousien (800.1). Diese sind ebenfalls von guter Wirkung, wenn sie ein geeignetes Reflexionsvermögen aufweisen, etwa Alu hell lackiert oder kunststoffbeschichtetes Gewebe, und nicht verschmutzt sind.

Das Fensterglas sollte besonders strahlungsdurchlässig sein, damit die von der Jalousie reflektierte Strahlung wieder nach außen gelangen kann.

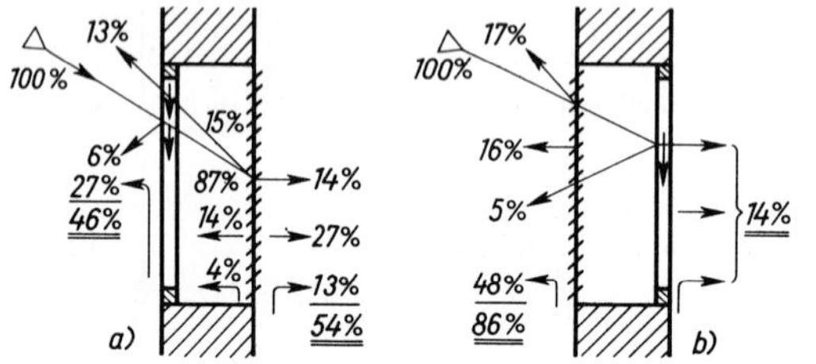

800.1 Strahlungsbilanz für Fenster mit halbgeöffneter Metalljalousie (nach Caemmerer und Raiß)
a) mit innerer Jalousie
b) mit äußerer Jalousie

Außenjalousien (800.1). Sie haben eine besonders gute Wirkung. Nachteilig sind indessen die schwierige Anbringung, Reinigung und Instandhaltung, hohe Kosten, Geräusche bei Windanfall und starker Verschleiß.

Die Farbe der Außenjalousien ist wegen der Kurzwelligkeit der auftreffenden Strahlung ohne Bedeutung.

Sonnenblenden (801.1). Vorgebaute feste Sonnenblenden bieten zwar einen hohen Schutz, verringern jedoch an trüben Tagen den Lichteinfall sehr. Daneben bestehen dieselben Nachteile wie bei Außenjalousien.

Automatisch betätigte Sonnenschutzblenden können bei großen Gebäuden trotz ihrer Kosten wirtschaftlich sein.

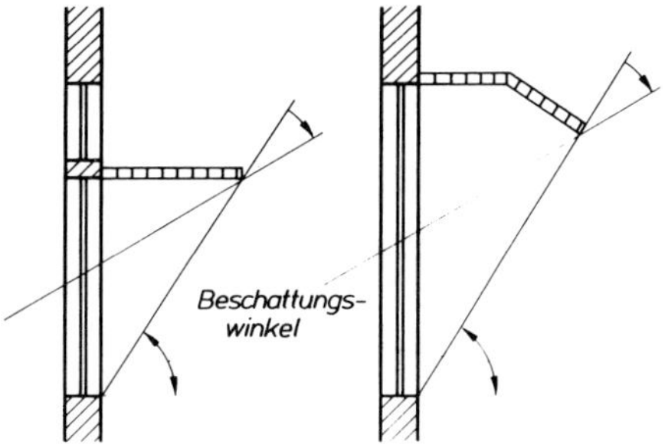

801.1 Sonnenschutz durch vorgebaute feste Sonnenblenden

Sonnenschatten. Die Beschattung des Gebäudes durch gegenüberliegende Häuser, Berge oder Bäume bildet den besten Sonnenschutz, vor allem für die unteren Geschosse.

Andere Maßnahmen. Sie sind Bestandteil der Entwurfsüberlegungen.

Zurückgesetzte Fenster. Der Fenstersturz beschattet dadurch einen Teil der Scheibe.

Vordächer, Balkone und Loggien. Sie können den Sonneneinfall auf ein Minimum herabsetzen und besonders bei hochstehender Sommersonne jede direkte Sonneneinstrahlung unterbinden.

Fensterschrägstellung. Die Schrägstellung des Fensters zur Vergrößerung des Einfallwinkels, das ist der Winkel zwischen Sonnenstrahl und Senkrechter zur Scheibe, erhöht bei Südfassaden die Reflexion der auftreffenden Sonnenstrahlung erheblich.

Weitere Anforderungen an den Wärmeschutz im Sommer sind in der DIN 4108 T. 2 beschrieben (s. Abschnitt 8.2.2).

Allgemeine Anforderungen an das Tageslicht in Innenräumen und einheitliche Grundlagen für tageslichttechnische Berechnungen in Verbindung mit der Sonneneinstrahlung sind in DIN 5034 T. 1 und 2 ausführlich behandelt.

11.5.7 Niederdruck-Klimaanlagen

Niederdruck-Klimaanlagen sind Anlagen mit zentraler Luftaufbereitung nach Abschnitt 11.5.3, in deren Kanälen bei Druckverlusten von nur 2 bis 5 mbar lediglich Geschwindigkeiten von 1,5 bis 8 m/s auftreten (Tafel **801**.2).

Tafel **801**.2 Ungefähre Luftgeschwindigkeiten in m/s bei Niederdruckklimaanlagen

Teil	Komfortanlagen	Industrieanlagen
Außenluftjalousien	3 bis 4	4 bis 6
Hauptkanäle	4 bis 8	8 bis 12
Abzweigkanäle	3 bis 5	5 bis 8
Abluft- oder Umluftgitter	2 bis 3	3 bis 4

Hieraus ergeben sich vor allem bei größeren Anlagen erhebliche Kanalquerschnitte mit Seitenlängen bis 2 m, höhere Baukosten und oft schwierige Einfügung der Anlage in das Gebäude.

Niederdruckanlagen werden sowohl für Komfort- als auch für Industrieklimaanlagen verwendet.

Einkanal-Niederdruck-Klimaanlagen. Die in einem zentralen Aggregat nach Abschnitt 11.5.3 aufbereitete Zuluft wird durch ein einheitliches Kanalsystem einem oder mehreren Räumen zugeleitet, die somit alle Luft desselben Zustandes erhalten.

Anlagen dieser Art stellen den Grundtyp zentraler Lüftungs- und Klimaanlagen dar und eignen sich vor allem für die Klimatisierung von Großräumen wie Kinos, Theatern, Versammlungsräumen, Werk- und Ausstellungshallen, von einzelnen Raumgruppen oder Gebäudeteilen mit gleicher Lage zu den Himmelsrichtungen und vor allem konstanten Heiz- und Kühllastanteilen.

Sie werden durchweg für Umluft-, Mischluft- und Außenluftbetrieb ausgelegt (**791**.1 und 2).

Zonen-Klimaanlagen. In den Zentralgeräten der Zonen-Klimaanlagen erfolgt lediglich eine Grundaufbereitung der Luft, während in Nachbehandlungseinheiten ein Nachwärmen oder Nachkühlen auf die jeweils angeschlossenen Räume des in Zonen aufgeteilten Gebäudes möglich ist.

Anlagen dieser Art sind für moderne, vielgeschossige Bürobauten, soweit diese überhaupt noch mit Niederdruckanlagen ausgerüstet werden, unentbehrlich, in denen sowohl verschiedene Raumzonen der Normalgeschosse als auch einzelne Geschosse wie das Erdgeschoß, das Direktionsgeschoß oder Geschosse mit technischen Anlagen abweichende Anforderungen an den Zustand der Zuluft stellen.

Für die Luftnachbehandlung gibt es vor allem nachfolgende drei Möglichkeiten.

Nachwärmer. Anstelle des Nachwärmers in der Zentrale erhält jede Zone einen eigenen Nachwärmer, der von einem Raumthermostat aus geregelt wird.

Mischklappen. Hinter der Zentrale wird für jede Zone getrennt Mischluft hergestellt. Besonders häufig werden kompakte Mehrzonengeräte für bis zu 20 Zonen verwendet.

Die Regelung erfolgt ebenfalls durch Raumthermostate.

Unterzentralen. Dem Zentralgerät obliegt nur die Grundaufbereitung der dauernd zugesetzten Außenluftmenge und deren Transport zu den Zonengeräten.

Hier wird die Außenluft mit Umluft aus den Räumen gemischt, gefiltert, bei Bedarf erwärmt oder gekühlt und über einen Zuluftkanal und Lochdecken in die Räume geblasen.

11.5.8 Hochdruck-Klimaanlagen

In ausgedehnten Gebäuden wie Hochhäusern lassen sie die Zuluftkanäle eines Niederdrucksystemes wegen ihrer großen Abmessungen kaum oder gar nicht mehr unterbringen. Deshalb ist für alle diese Fälle die Hochdruck-Luftverteilung unentbehrlich.

In derartigen Anlagen wird die Zuluft mit Geschwindigkeiten von 10 bis 20 m/s, bei entsprechend wesentlich höheren Förderdrücken des Ventilators, durch die Rohrleitungen bewegt (**803**.1).

Da in diesen Hochdruckanlagen außerdem die Temperaturdifferenz zwischen Zuluft und Raumluft auf 12 bis 16 K erhöht werden kann, werden die Kanalquerschnitte gegenüber denen der Niederdruckanlagen etwa auf ¼ reduziert. Dadurch lassen sich die Kanäle mit zumeist runden Querschnitten sehr viel leichter im Gebäude unterbringen.

Die Zuluft darf jedoch nicht mit dieser hohen Geschwindigkeit in den Raum eingeführt werden. Daher wird in den Hochdrucksystemen die Luftgeschwindigkeit durch das Einblasen über Induktionsgeräte oder in Entspannungskästen verringert.

Danach unterscheidet man nachfolgende drei Arten von Hochdruck-Klimaanlagen.

A. Einkanal-Hochdruckanlagen mit Luftauslässen. Diese Anlagen unterscheiden sich von den Niederdruckanlagen nach Abschnitt 11.5.7 und Bild **791**.1 und **793**.1 nur durch die hohen Luftgeschwindigkeiten.

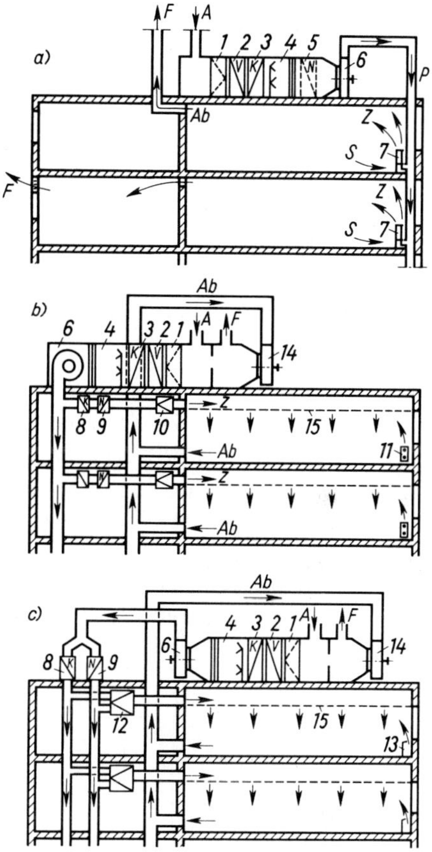

803.1 Hochdruck-Klimaanlagen
a) Primärluftanlage mit Induktionsapparaten
b) Einkanalanlage mit Luftauslässen
c) Zweikanalanlage mit Mischkästen
1 Luftfilter
2 Luftvorwärmer
3 Luftkühler
4 Düsenkammer
5 Luftnachwärmer
6 Zuluftventilator
7 Indukationsapparat (**805**.1)
8 Zonen-Luftkühler
9 Zonen-Luftnachwärmer
10 Luftauslaß
11 Zusatzheizung mit Fensterabschirmung
12 Zonen-Mischkasten
13 Fensterheizung (Luftzufuhr weggelassen)
14 Abluftventilator
15 Lochdecke
A Außenluft
Ab Abluft
F Fortluft
P Primärluft
S Sekundärluft
Z Zuluft

Besondere Luftverteiler, deren mit einer akustischen Auskleidung versehene Entspannungskammer zugleich als Schalldämpfer wirkt, sind jedoch notwendig (**803**.1 b).

Einkanalsysteme sind sehr wirtschaftlich, lassen indessen keine individuelle Regelung zu und eignen sich daher vor allem für die Klimatisierung von Gebäuden mit großflächigen Räumen wie Supermärkte, Fabrikationsbetriebe oder Hallen und für die Innenzonen von Hochhäusern.

B. Zweikanal-Hochdruckanlagen mit Mischkästen. In Anlagen dieser Art wird die gesamte Zuluft zunächst zentral gefiltert und vorgewärmt, hinter dem Zuluftventilator in einem Warmluftkanal mit Nachwärmer und in einen Kaltluftkanal mit Nachkühler aufgeteilt (**803**.1 c).

Beide Luftströme werden in Mischkästen geführt, die entweder geschoßweise als Mischkammer etwa für eine Lochdeckenverteilung oder in jedem Raum direkt als Decken-, Wand- oder Unterfensterauslaß auszubilden sind (**804**.1).

Die Temperatur in den Räumen wird durch Einstellung des richtigen Verhältnisses von Kalt- und Warmluft in den Mischkästen durch Klappen oder Ventile geregelt.

Das trägheitslose Arbeiten dieser Anlagen und ihre gute Anpassung auch an stark schwankende Belastungen gilt als ihr besonderer Vorteil.

Nachteilig ist der verhältnismäßig große Platzbedarf der Leitungen.

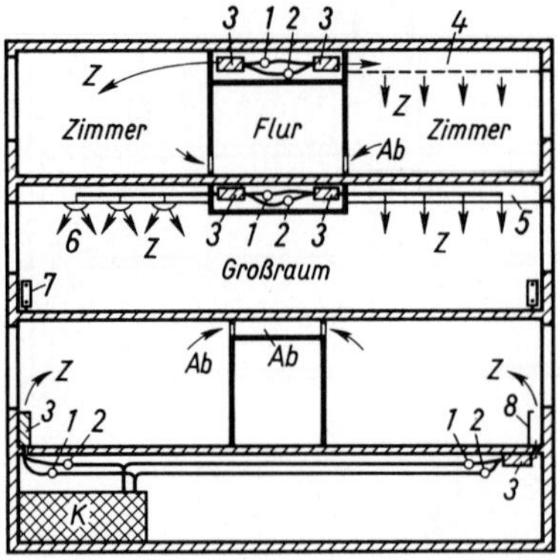

804.1 Zweikanal-Hochdruck-Klimaanlage, Ausführungsmöglichkeiten

1 Warmluftrohr
2 Kaltluftrohr
3 Mischkasten
4 Lochdecke
5 Schlitzdecke
6 Luftverteiler
7 Radiator
8 Luftauslaß
Ab Abluft
K Klimaaggregat
Z Zuluft

C. Hochdruck-Induktions-Klimaanlagen. Diese Anlagen arbeiten außer mit dem Medium Luft auch mit Wasser, das als Träger von Wärme- bzw. Kälteenergie verwendet wird (**790**.1). Im Gegensatz zu allen anderen Klimasystemen ist deshalb der Raumbedarf zur Unterbringung der Klimazentrale und der Kanäle wesentlich geringer (**803**.1 a).

Zuluftsystem. Aus der Klimazentrale wird den Räumen lediglich die erforderliche Außenluft, der Primärluft, zugeführt, deren Menge aus der Kühllast unter Sicherstellung einer Außenluftrate von 50 bis 80 m^3/h je Person errechnet wird, das sind etwa 20 bis 30% der Zuluftmenge bei allen anderen Systemen (**804**.2 und **803**.1 a).

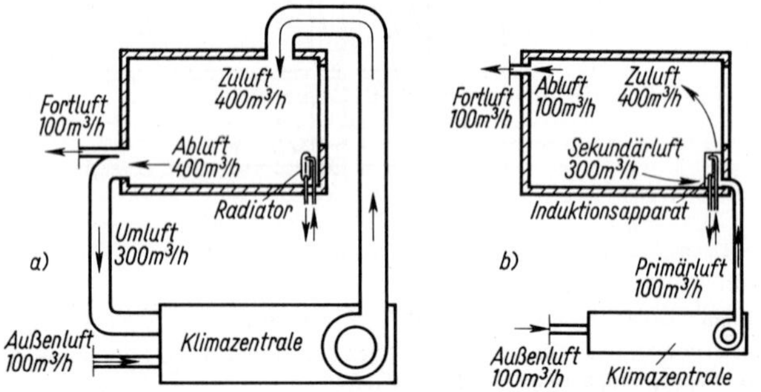

804.2 Vergleich zwischen Niederdruck- und Hochdruck-Klimaanlage
a) Einkanal-Niederdruck-Klimaanlage, Grundheizung und Fensterabschirmung durch Radiatoren einer WW-Heizung
b) Hochdruck-Klimaanlage mit Induktionsapparaten

Die in der Klimazentrale gefilterte und je nach Außenklima erwärmte, befeuchtete, gekühlte und entfeuchtete Primärluft wird in meist weitverzweigten Kanalnetzen zu den Induktionsgeräten, auch Klimakonvektoren genannt, befördert. Dort strömt sie über den Verteilkasten und die Düsen des Gerätes in den Raum.

Durch die hohe Geschwindigkeit in den Düsen saugt sie infolge der Injektionswirkung die etwa 3fache Menge Raumluft als Sekundärluft an. Die Sekundärluft wird dabei gefiltert, in einem an ein Wassersystem mit Vor- und Rücklaufleitungen angeschlossenen Wärmetauscher erwärmt oder gekühlt, oder sie bleibt im Durchgang durch einen Beipaß neutral.

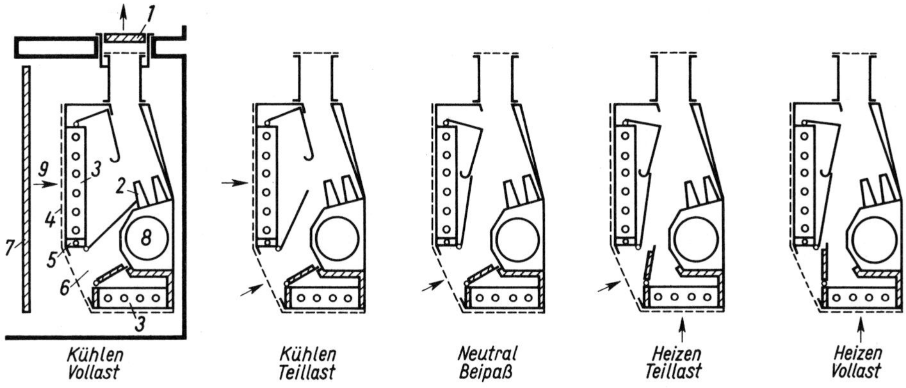

805.1 Induktionsapparat (Klimakonvektor) mit 2 Wärmetauschern (nach LTG)
1 Luftauslaßgitter
2 Primärluftdüsen
3 Sekundärluft-Wärmeaustauscher
4 Sekundärluftfilter
5 Tropfschale
6 Beipaß
7 Verkleidung
8 Primärluft
9 Sekundärluft

Die beiden Luftströme vermischen sich dann und treten durch die Auslaßgitter des Gerätes in den Raum ein (**805**.1). Die Einzelregelung der Induktionsgeräte erfolgt durch wasserseitige Ventile oder vorteilhafter und daher bevorzugt durch Sekundärklappen.

Die nach dem Induktionsprinzip arbeitenden Klimaanlagen sind vorwiegend für Verwaltungsgebäude mit vielen Einzelräumen und für die Außenzonen der Großräume geeignet.

Die unter den Fenstern aufgestellten Induktionsgeräte, deren Mischluftschleier zusätzlich gegen den Wärme- und Kaltlufteinfall von den Fenstern her abschirmt und daher andere Gegenmaßnahmen überflüssig macht, ermöglichen eine gute Durchspülung des Raumes bis zu 7 m Tiefe, was etwa einer Gebäudetiefe von 14 m ohne Flur entspricht.

Kanalführung. Drei Grundsysteme der Kanalführung für solche Gebäude zeigt Bild **806**.1.

Bei tieferen Räumen oder der Innenzone von Großräumen muß zusätzlich ein anderes Klimasystem, z. B. ein Niederdruck- oder ein Hochdruck-Zweikanalsystem, eingesetzt werden.

Ebenso werden Nebenräume wie Flure, Treppenhäuser, Garderoben oder Aborte gesondert behandelt. Dafür genügt häufig eine entsprechende Abluftführung von den Normalräumen her, neben einer besonderen Beheizung dieser Räume durch Heizkörper.

Sonderräume wie Küchen, Kantinen und Konferenzräume erhalten zweckmäßigerweise eigene Anlagen.

Außerhalb der Bürozeit kann die Hochdruck-Induktionsanlage ohne weiteres abgeschaltet werden. Während der kalten Jahreszeit arbeiten die Wärmetauscher der Induktionsgeräte konvektiv und erwärmen die angeschlossenen Räume ohne Luftzuführung aus der Klimazentrale.

Abluftsysteme. Abluft wird nur in der Menge der zugeführten Primärluft in Kanälen, die nach den bei Niederdruckanlagen üblichen Geschwindigkeiten zu bemessen sind, als Fortluft unmittelbar ins Freie abgeführt.

Die zwei nachfolgenden Lösungen haben sich besonders bewährt (**807**.1).

1. Rückführung der Abluft im Flur. Die Abluft aus den Räumen strömt durch schallgedämpfte Öffnungen in den als Luftkanal wirkenden Flur. Abluftventilatoren saugen die Luft aus dem Flur in die WC-Anlagen und Garderoben und fördern sie von dort ins Freie.

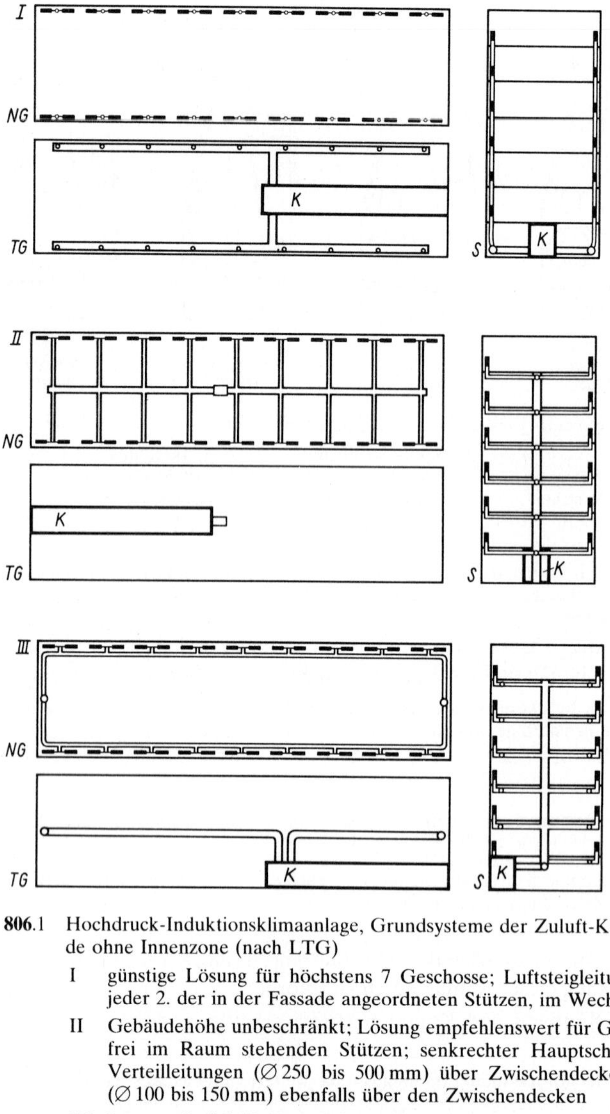

806.1 Hochdruck-Induktionsklimaanlage, Grundsysteme der Zuluft-Kanalführung in einem Bürogebäude ohne Innenzone (nach LTG)

I günstige Lösung für höchstens 7 Geschosse; Luftsteigleitungen (∅ 150 bis 250 mm) hinter jeder 2. der in der Fassade angeordneten Stützen, im Wechsel mit Wassersteigleitungen

II Gebäudehöhe unbeschränkt; Lösung empfehlenswert für Gebäude mit Vorhangfassaden und frei im Raum stehenden Stützen; senkrechter Hauptschacht im Inneren des Gebäudes, Verteilleitungen (∅ 250 bis 500 mm) über Zwischendecke im Flur, Verbindungsleitungen (∅ 100 bis 150 mm) ebenfalls über den Zwischendecken

III Lösung ähnlich II; Hauptluftschächte an den Stirnseiten des Gebäudes; zwei Luftverteilungsleitungen mit geringerem ∅ als die eine bei II

NG Normalgeschoß *TG* Technikgeschoß
S Querschnitt *K* Klimazentrale (kann sich auch im Dachgeschoß befinden)

2. Rückführung der Abluft in einem Kanal. Die Abluft wird in einem Blechkanal über der Flurzwischendecke gesammelt und in einem Schacht ins Freie geführt. Für die WC- und Garderobenräume sind besondere Be- und Entlüftungsanlagen vorzusehen.

Zum Absaugen der Abluft kann ein Ventilator in jedem Geschoß oder ein zentraler Ventilator für das ganze Gebäude angeordnet werden.

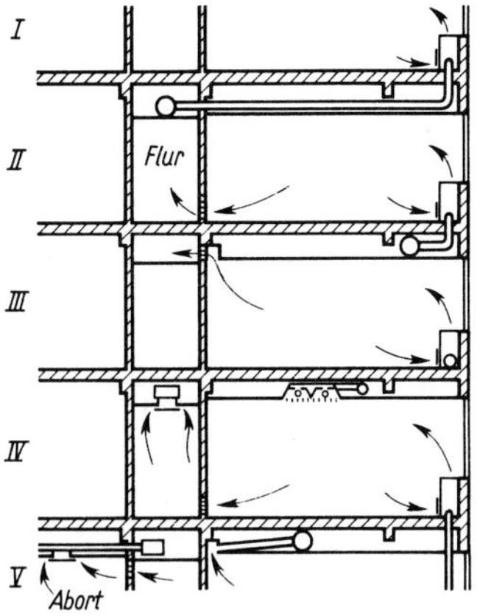

807.1 Induktionsklimaanlagen, Möglichkeiten der Luftführung

I Zuluftrohr über abgehängter Flurdecke
II Zuluftrohr über abgehängter Raumdecke; Abluft über Flur abgeführt
III Zuluftrohr vor Fensterbrüstung; Abluftabführung über abgehängter Flurdecke
IV senkrechte Zuluftrohre; Abluft durch Flur zum Abluftkanal über abgehängter Flurdecke, z.T. über Spezialrasterleuchten mit Abluftkanal über abgehängter Raumdecke
V Abluft durch Flur zu den Toiletten oder durch Abluftrohr über abgehängter Raumdecke

Wassersysteme. Die beiden Wärmetauscher der Induktionsgeräte (**805**.1) sind wie normale Radiatoren einer WW-Heizung an ein Wasserrohrsystem angeschlossen, das, wie bereits erwähnt, im Sommer Kälteträger, im Winter Wärmeträger der Sekundärleistung ist.

Dabei sind die drei folgenden Systeme möglich.

1. Zweileitersystem. Alle Konvektoren sind an einen entweder von Kalt- oder von Warmwasser durchflossenen Wasserkreislauf angeschlossen, so daß alle Räume nur einheitlich entweder gekühlt oder beheizt werden können. Die Verbesserung durch eine zweckmäßige Zoneneinteilung bei beschränkter Einzelregelung ist möglich (**807**.2 a).

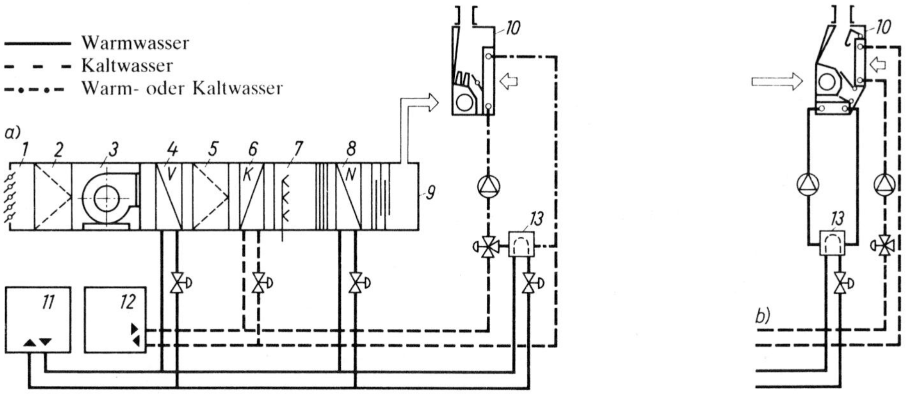

807.2 Hochdruck-Induktionsklimaanlage, Schema der Wassersysteme (nach LTG)

a) Zweileitersystem
b) Vierleitersystem

1 Jalousieklappe Außenluft
2 Luftvorfilter
3 Zuluftventilator
4 Luftvorerhitzer
5 Luftfeinfilter
6 Luftkühler
7 Düsenkammer mit Tropfenabscheider
8 Luftnacherhitzer
9 Schalldämpfer
10 Klimakonvektor mit Klappenregelung
11 Heizungszentrale
12 Kältezentrale
13 Wärmetauscher

Diese preisgünstige Anlage empfiehlt sich vor allem für Gebäude mit normalgroßen Fenstern und außenliegendem Sonnenschutz.

2. Dreileitersystem. Getrennte Vorläufe für Kalt- und Warmwasser ermöglichen es jedem Induktionsgerät, jederzeit und bei befriedigender individueller Regelbarkeit entweder zu kühlen oder zu heizen. Der gemeinsame Rücklauf für warmes und kaltes Rücklaufwasser erschwert indessen die Wiederaufbereitung dieses Mischwassers in der Zentrale.

Wegen zu hoher Anlage- und Betriebskosten wurde das Dreileitersystem weitestgehend durch das vorteilhaftere und nicht kostspieligere Vierleitersystem abgelöst.

3. Vierleitersystem. Dieses System stellt in seiner vollkommensten Ausführung die zwar aufwendigste, aber technisch beste Lösung dar (**807**.2 b).

Zwei Wärmeaustauscher, mit völlig getrennten Vor- und Rückläufen sowohl für Kühl- als auch für Heizwasser, werden ständig von der maximal erforderlichen Wassermenge durchströmt und erfordern daher keine Regelventile.

Die individuelle Regelung erfolgt vielmehr luftseitig durch verstellbare Klappen, die im Sekundärluftstrom der Induktionsgeräte angeordnet sind und durch die je nach Bedarf die Sekundärluft über das Heiz- oder das Kühlregister oder über den Beipaß an beiden vorbeigeleitet wird (**805**.1).

11.5.9 Einzelklimageräte

11.5.9.1 Allgemeines

Für Komfortklimaanlagen kleiner und mittlerer Leistung werden anstelle von Zentralklimaanlagen zunehmend fabrikmäßig fertig zusammengebaute und anschlußfertig verdrahtete Geräte in Kompaktbauweise mit ähnlichen Bauteilen und grundsätzlich derselben Wirkungsweise, wenn auch nicht immer mit allen Luftaufbereitungsmöglichkeiten ausgerüstet, eingesetzt.

Ihre besonderen Vorzüge sind geringere Anschaffungskosten, geringer Platzbedarf, einfache Montage, Bedienung und Wartung, geräuscharmer Betrieb und individuelle Regelung für jeden Raum.

Die Hauptaufgabe dieser Geräte ist neben einer gewissen Erneuerung, Reinigung und nicht beeinflußbaren Entfeuchtung der Raumluft deren Kühlung.

Da diese sehr häufig durch eine Kompressionskältemaschine erfolgt, die bei vielen Modellen auch als Wärmepumpe arbeiten kann, werden diese beiden Begriffe zunächst erläutert.

Kältemaschine (**809**.1). Ihre Hauptbestandteile Verdampfer (= innerer Wärmetauscher), Verdichter (Kompressor) und Verflüssiger (Kondensator = äußerer Wärmetauscher) sind mit einem Drosselorgan (Druckreduzierventil oder Kapillarröhre) zu einem Kältekreislauf zusammengeschaltet.

In diesem Kreislauf zirkuliert ein leichtflüssiges Kältemittel (z. B. Freon 22), das in flüssigem Zustand, bei niedrigem Druck und niedriger Temperatur in den Verdampfer gelangt, dort verdampft, indem es die hierzu nötige Verdampfungswärme aus der Umgebung aufnimmt und somit in ihr die gewünschte Temperaturabsenkung erzeugt. Das jetzt gasförmige Kältemittel saugt nunmehr der Verdichter an und verdichtet es unter starker Erhitzung auf hohen Druck. In diesem Zustand gelangt das Kältemittel dann zum Kondensator und verflüssigt sich hier unter gleichzeitiger Abgabe der Wärme, die aus dem zu kühlenden Raum und aus der Kompressionsarbeit stammt.

Die Wärmeabgabe muß unter Umständen durch Wasserkühlung oder durch Ventilatoren unterstützt werden. Das Kältemittel wird im nachfolgenden Drosselorgan entspannt und gelangt so in den Verdampfer, wo der Kreislauf erneut beginnt.

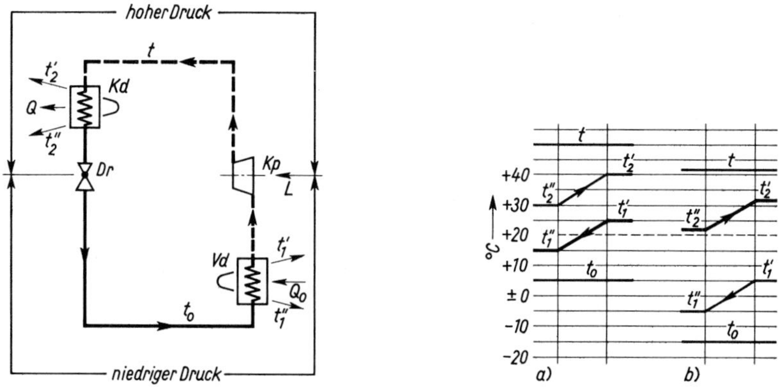

809.1 Wirkungsweise einer Kompressionskältemaschine
Temperaturen beim Einsatz der Kältemaschine (Annahmen)
a) zur Raumkühlung
b) zur Raumheizung
——— Zweck des Einsatzes

Dr Drosselventil
Kd Kondensator (Verflüssiger)
Kp Kompressor (Verdichter)
Vd Verdampfer
L Arbeit, im Verdichter aufgewendet
Q_0 im Verdampfer aufgenommene Wärmemenge
Q im Kondensator abgegebene Wärmemenge
t obere Temperaturgrenze des Arbeitsmittels
t_0 untere Temperaturgrenze des Arbeitsmittels
t'_1 obere Temperaturgrenze des wärmeabgebenden Mediums
t''_1 untere Temperaturgrenze des wärmeabgebenden Mediums
t'_2 obere Temperaturgrenze des wärmeaufnehmenden Mediums
t''_2 untere Temperaturgrenze des wärmeaufnehmenden Mediums
——— Arbeitsmittel flüssig
- - - - Arbeitsmittel gasförmig

Wärmepumpe. Wird die vorstehend beschriebene Kältemaschine verwendet, nicht um die im Verdampfer erzeugte Kälte, sondern, bei Einsatz in einem höheren Temperaturbereich, um die im Kondensator anfallende Wärme zur Raumheizung nutzbar zu machen, so bezeichnet man diese Maschine jetzt als Wärmepumpe (**809**.1 und **810**.1).

Mit ihr läßt sich unter Aufwendung von Arbeit Wärme von einer niedrigeren auf eine höhere Temperatur bringen, wobei die gewonnene Wärmemenge ein Vielfaches des Wärmeäquivalents der aufgewendeten Arbeit beträgt. So kann eine elektrisch angetriebene Wärmepumpe je 1 kW Leistungsaufnahme bis ca. 3,5 kW Wärme liefern, während bei einer elektrischen Widerstandsheizung bekanntlich unter 1 kW/kW abgegeben wird.

Es ist jedoch zu beachten, daß nach einem physikalischen Gesetz der Wärmegewinn aus dem Wärmepumpenprozeß um so höher ist, je kleiner der Temperatursprung ist, um den die Wärme angehoben werden muß. Je niedriger die Außentemperaturen oder je höher die Vorlauftemperatur des Heizmittels sind, desto weniger Wärme kann vom Verdichter transportiert werden.

Eine Wärmepumpenheizung ist also vor allem bei höheren Außentemperaturen als Übergangsheizung und nicht als Winterheizung bei tiefen Außentemperaturen besonders wirtschaftlich.

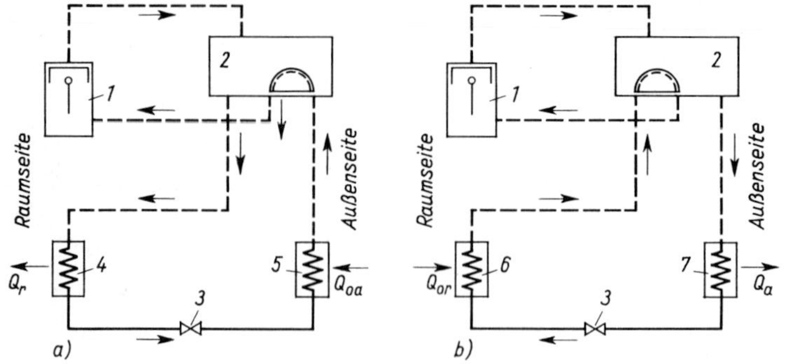

810.1 Raumklimagerät mit Wärmepumpenschaltung
a) Heizkreislauf
b) Kühlkreislauf
1 Kompressor
2 Vierwegeventil
3 Drosselorgan
4 Innen-Wärmetauscher als Kondensator wirkend
5 Außen-Wärmetauscher als Verdampfer wirkend
6 Innen-Wärmetauscher als Verdamper wirkend
7 Außen-Wärmetauscher als Kondensator wirkend
Q_r an die Raumluft abgegebene Wärme
Q_{oa} aus der Außenluft aufgenommene Wärme
Q_{or} aus der Raumluft aufgenommene Wärme
Q_a an die Außenluft abgegebene Wärme
– – – Verdampfungsmittel, dampfförmig
——— Verdampfungsmittel, flüssig

11.5.9.2 Raumklimageräte

Diese kleinsten Einzelgeräte werden meistens in Außenwände, aber auch in Trennwände zu nicht genutzten Nebenräumen als Einbauklimagerät, seltener unmittelbar in Fenstern als Fensterklimagerät, je nach Bauweise mehr oder weniger nach innen oder außen vorspringend und mit geringem Gefälle nach außen, am besten etwa in halber Wandhöhe, in Läden über der Tür oder einem Schaufenster, eingebaut (**811**.1).

Die Bezeichnung „Klimagerät" hat sich besonders bei den Benutzern durchgesetzt, obwohl es sich vielfach nur um Geräte mit Teilluftbehandlung nach Abschnitt 11.5.1 handelt.

Sie werden zunehmend in Sprechzimmern, Büros, Konferenzräumen, bestimmten Verkaufsläden wie Schlachtereien, Konditoreien oder Feinkostgeschäften verwendet, vor allem zur Ergänzung vorhandener Zentralheizungen.

In Verbindung mit Raumluftbefeuchtern liefern sie die einfachste und preiswerteste Möglichkeit zur Klimatisierung eines einzelnen Raumes.

Gerätearten. Sie werden in folgenden drei Ausführungen geliefert:

nur für Kühlbetrieb, für Kühlbetrieb und Heizbetrieb mit elektrischer Zusatzheizung und für Kühlbetrieb und Heizbetrieb mit Wärmepumpenschaltung (**810**.1).

Da, wie bereits in Abschnitt 11.5.9.1 ausgeführt, eine Kompressorkältemaschine im Prinzip völlig identisch mit einer Wärmepumpe ist, läßt sich mit einem Klimagerät unter Umkehrung des Kältemittel-Kreislaufes auch eine Raumheizung durchführen (**810**.1).

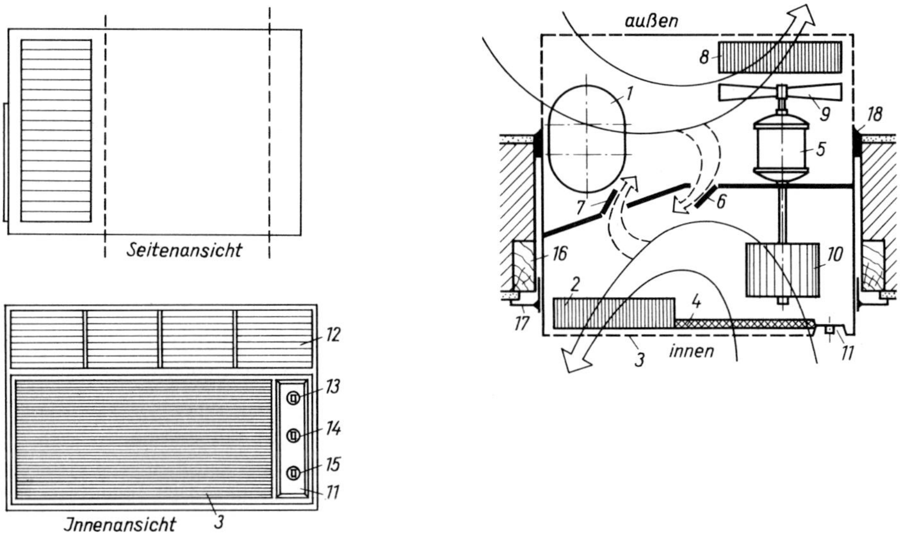

811.1 Einbau-Klimagerät (Siemens) (M 1:15)

1 Kompressor
2 Verdampfer
3 Leitgitter (herausnehmbare Frontplatte)
4 Luftfilter, auswechselbar
5 Ventilatormotor
6 Außenluftklappe, geöffnet
7 Fortluftklappe, geöffnet
8 Kondensator
9 Axialventilator zur Kühlung des Kondensators
10 Trommelläuferventilator
11 Armaturenleiste
12 Zuluftgitter mit verstellbaren Leitlamellen (nicht nach unten)
13 Lüftungswähler
14 Hauptschalter mit Wahlmöglichkeit
15 Temperaturwähler
16 Einbaurahmen aus Kantholz 50 × 100 mm
17 Kunststoffdeckprofil
18 Dichtmasse

Klimageräte mit Wärmepumpenschaltung stellen eine äußerst wirtschaftlich arbeitende Heizung vor allem für die Übergangszeit dar.

Die Auslegung des Gerätes ist Sache des Fachmannes.

Überschlägig kann angenommen werden, daß ein Gerät von 0,75 kW Kältenennleistung für einen Raum von 60 bis 100 m^3 Rauminhalt ausreicht. Eine Luftbefeuchtung ist nicht möglich, eine gewisse Luftentfeuchtung erfolgt, ist aber nicht zu beeinflussen. Die Geräuschbildung der Geräte ist vor allem bei Vollastbetrieb nicht ganz unerheblich. Eine automatische Regelung mit einem Raumthermostat kann vorgesehen werden.

11.5.9.3 Klimatruhen

Sie dienen ebenfalls zur Klimatisierung einzelner Räume, vor allem in Wohn- und Bürogebäuden, und arbeiten ruhiger als die kleineren Einbaugeräte.

Sie werden meistens unter den Fenstern aufgestellt, um diese zugleich gegen Kälteeinfall im Winter und Sonneneinstrahlung im Sommer abzuschirmen. Bei vorhandenem Außenwanddurchbruch gestatten sie auch eine Lufterneuerung und -filterung in stufenlos zu schaltendem Außen-, Misch- und Umluftbetrieb.

Die meisten marktüblichen Geräte können auch ohne Gehäuse aufgestellt und danach bauseitig verkleidet werden.

Die zwei nachfolgend beschriebenen Bauweisen der Geräte sind zu unterscheiden.

1. Klimatruhen für Betrieb mit Pumpenkaltwasser oder Pumpenwarmwasser. Geräte dieser Art verfügen nur über einen Wärmetauscher, eine Tropfwasserschale, einen Ventilator und einen Filter und werden zur Klimatisierung mehrerer Räume, einzelner Stockwerke oder ganzer Gebäude über ein Zweirohrsystem, das dem der WW-Heizung entspricht, wechselweise im Sommer mit Pumpenkaltwasser aus einem im Keller aufgestellten Kaltwassersatz, einer Kältemaschine, im Winter mit Pumpenwarmwasser aus einem Heizkessel beschickt.

Die im Aufbau einfache Truhenanlage nach dem Zweirohrsystem schließt eine Lücke zwischen konventionellen Heizungsanlagen und Hochdruck-Induktions-Klimaanlagen im Drei- oder Vierrohrsystem, die einen bei kleinen oder mittelgroßen Anlagen nicht zu verantwortenden Aufwand verlangen.

Der von der Heizzentrale kommende PWW-Vorlauf oder der vom Kaltwassersatz kommende PKW-Vorlauf gelangt über ein von Hand oder automatisch durch einen Außenthermostat betätigtes Umschaltventil von PWW auf PKW zu den Klimatruhen.

Ein im Wasservorlauf hinter dem Umschaltventil angeordnetes Mischventil wird durch einen Raumthermostat betätigt und regelt die Temperatur des Wasservorlaufes zu den Truhen.

2. Klimatruhen mit eingebauter Kältemaschine. Sind nur ein oder zwei Räume zu klimatisieren, so daß die Anschaffung eines Kaltwassersatzes zu kostspielig wäre, so verwendet man die im Aufbau den Einbauklimageräten entsprechenden Klimatruhen mit eingebauter Kältemaschine mit luft- oder wassergekühltem Kondensator. Diese Geräte weisen außerdem eine elektrische Zusatzheizung oder einen zusätzlichen Wärmetauscher für Anschluß an Pumpenwarmwasser auf.

Klimatruhen als Splitgerät. Überall, wo störende Geräusche unbedingt zu vermeiden sind, wie in Arztpraxen, Chefbüros, Hotelzimmern oder im Wohnbereich, sind die zweiteiligen Splitgeräte die wirtschaftlichste Lösung (**812**.1).

Ihr Innenteil enthält den Verdampfer und als einziges sich drehendes Teil den Umluftventilator. Im Außenteil sind der Verdichter und der Verflüssiger untergebracht.

Beide Teile werden durch die Splitleitungen, den Kühlmittelleitungen, verbunden. Das Außengerät kann auch im Freien, etwa an einer Außenwand oder auf einem Flachdach aufgestellt werden.

Die maximale Entfernung beider Teile beträgt 20 m, die Höhendifferenz maximal 20 m, wenn der Außenteil unterhalb des Innenteiles installiert ist, sonst höchstens 4 m.

Auch diese Geräte können nach Ergänzung durch elektrische Heizregister oder WW-Heizbatterien für die ganzjährige Klimatisierung verwendet werden.

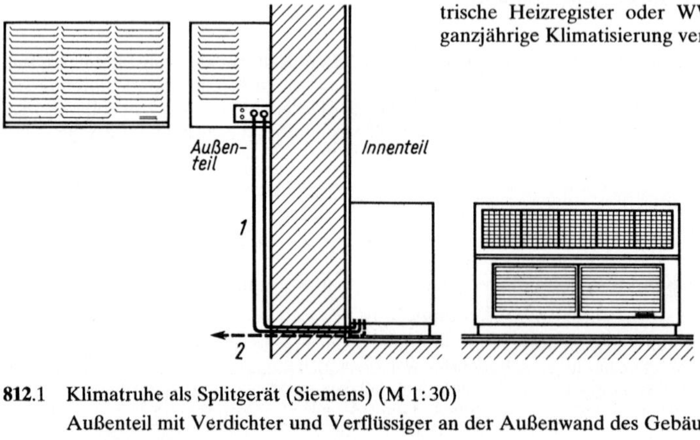

812.1 Klimatruhe als Splitgerät (Siemens) (M 1:30)
Außenteil mit Verdichter und Verflüssiger an der Außenwand des Gebäudes
1 Splitleitungen
2 Kondensatleitung

Klimatruhen in Wärmepumpenschaltung. Bei Gebäuden mit unterschiedlich beaufschlagten Räumen oder Gebäudezonen, etwa Hochhäuser mit Ost-West-Lage der Hauptfassaden oder wegen hoher Beleuchtungswärme zu kühlende Innenkerne von Bürohäusern gegenüber den zu beheizenden Außenzonen, kann über verhältnismäßig lange Perioden, etwa in der Übergangszeit, gleichzeitig Kühl- und Heizbedarf bestehen.

Der Gedanke liegt nahe, die einem Gebäudeteil zu entziehende Wärme bei Bedarf anderen Räumen des Gebäudes zuzuleiten.

Zur Lösung dieser Aufgabe werden die einzelnen Räume mit der erforderlichen Anzahl von Klimatruhen mit eingebauter Kältemaschine und Wärmepumpenschaltung ausgerüstet, wobei deren wassergekühlte Wärmetauscher an ein gemeinsames geschlossenes Zweileiter-Wassersystem angeschlossen werden (**813**.1).

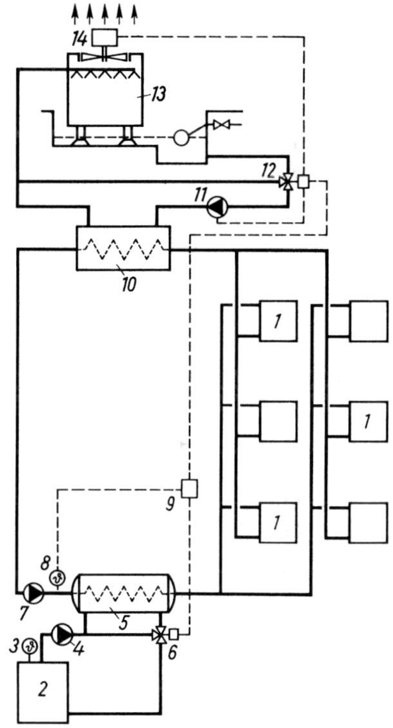

813.1 Klimasystem „Versatemp“
1 Versatemp-Gerät (Klimatruhe)
2 Heizkessel
3 Heizkesselthermostat
4 Heizungsumwälzpumpe
5 Wärmetauscher für Heizung (Gegenstromapparat)
6 Heizungsmischventil
7 Umwälzpumpe
8 Thermostat
9 Schaltgerät
10 Wärmetauscher für Kühlung
11 Umwälzpumpe für Kühlkreislauf
12 Mischventil
13 Kühlturm
14 Kühlturmventilator

Regelschema

Temperaturregelkreis: Thermostat 8 regelt Ventile 12 und 6 nacheinander, um Wassertemperatur von z. B. + 27 °C zu halten

Kühlturmregelkreis: Hilfsschalter am Regelventil 12 schaltet Umwälzpumpe 11 sowie Ventilator 14 ein, sobald 12 öffnet

Kesselregelung: Thermostat 3 hält Kesseltemperatur auf z. B. + 82 °C

Sicherheitsregelkreis: Versatemp-Geräte 1 werden bei Absinken der Wassertemperatur unter + 15 °C oder der Strömung des umgewälzten Wassers auf 60% abgeschaltet (nicht dargestellt)

Auf Grund der in unseren Breiten bestehenden langen Übergangszeiten braucht bei diesem System über weite Strecken der Betriebszeit keine der vorgenannten Hilfsenergien in Anspruch genommen zu werden. Der Ausgleich findet dann, mit sehr geringen Betriebskosten, lediglich durch die Übertragung der Wärmeenergie von einem Teil des Gebäudes zum anderen statt.

Die Außenluft kann entweder direkt von außen über das Gerät durch eine Außenwandöffnung mit Gitter und Vorfilter oder über das Kanalnetz einer besonderen zentralen Lüftungsanlage mit Filter und Befeuchtungseinrichtung zugeführt werden.

Es ist damit zu rechnen, daß Anlagen dieser Art in Zukunft auch bei uns bei der Errichtung von Wohnungsgroßbauten in Ballungsgebieten eine größere Rolle spielen werden.

11.5.9.4 Klimaschränke

Sie sind im Grunde nichts anderes als kleine Klimazentralen (s. Abschnitt 11.5.2) in Schrankform.

Die etwa 1,75 bis 2,85 m hohen, 1,70 bis 5,50 m breiten und 0,55 bis 1,15 m tiefen Klimaschränke können entweder frei aufgestellt oder an Luftkanäle angeschlossen werden und sind für kleinere Projekte bestimmt, wo sie sich unter Fortfall längerer Kanäle im Raum selbst oder in dessen nächster Nähe in einem Nebenraum, oft auch nachträglich, aufstellen lassen und dann zumeist wesentlich wirtschaftlicher als Zentralanlagen sind.

11.5.9.5 Wohnhaus-Klimageräte

Wohnhaus-Klimageräte sind für die Klimatisierung von Einfamilienhäusern bestimmt und stellen Erweiterungen der Warmluft-Heizgeräte für Luftheizungen nach Bild **730**.1 durch Hinzufügung eines Kältesatzes, auch mit Befeuchtungsvorrichtung, dar (**814**.1).

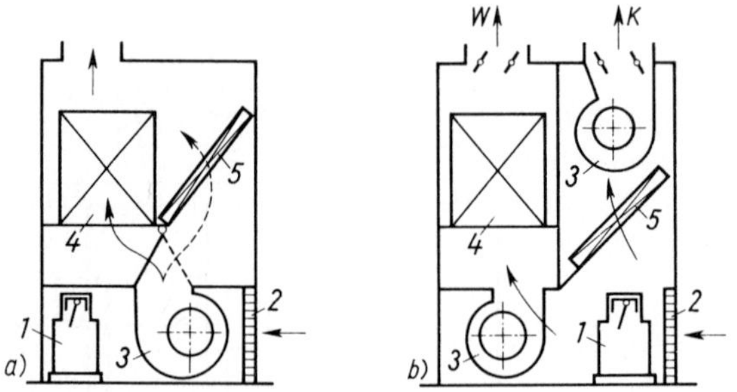

W Warmluft
K Kaltluft
1 Kompressor
2 Luftfilter
3 Ventilator
4 Luftheizer
5 Luftkühler

814.1 Wohnhaus-Klimageräte, schematischer Aufbau (nach Recknagel-Sprenger-Hönmann)
a) mit einem Ventilator
b) mit zwei Ventilatoren

Die Geräte können im Keller, Dachgeschoß oder in einem Nebenraum des Erdgeschosses aufgestellt werden, der Kondensator oder auch das ganze Kühlaggregat auch außerhalb des Gebäudes im Freien (**814**.2).

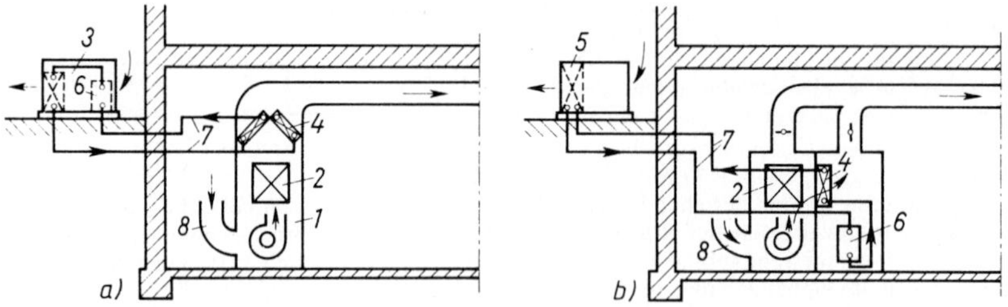

814.2 Klimatisierung im Einfamilienhaus
a) Splitsystem, im Warmluftkanal nur zweiteiliger Kühler
b) Klimagerät mit Heiz- und Kühlteil und gemeinsamem Ventilator

1 Luftheizofen
2 Lufterhitzer
3 Kühlaggregat
4 Luftkühler
5 luftgekühlter Kondensator
6 Kompressor
7 Kältemittelleitungen
8 Umluftkanal

11.6 Technische Regeln

Deutsche Normen

DIN 1946	T. 1 Raumlufttechnik; Terminologie und graphische Symbole (VDI-Lüftungsregeln) (10.88)
DIN 1946	T. 2 Raumlufttechnik; Gesundheitstechnische Anforderungen (VDI-Lüftungsregeln) (01.94)
DIN 1946	T. 4 Raumlufttechnik; Raumlufttechnische Anlagen in Krankenhäusern (VDI-Lüftungsregeln) (12.89)
DIN 1946	T. 7 Raumlufttechnik; Raumlufttechnische Anlagen in Laboratorien (VDI-Lüftungsregeln) (06.92)
DIN 4102	T. 6 Brandverhalten von Baustoffen und Bauteilen; Lüftungsleitungen, Begriffe, Anforderungen und Prüfungen (09.77)
DIN 4108	T. 2 Wärmeschutz im Hochbau; Wärmedämmung und Wärmespeicherung; Anforderungen und Hinweise für Planung und Ausführung (08.81)
DIN 4701	T. 1 Regeln für die Berechnung des Wärmebedarfs von Gebäuden; Grundlagen der Berechnung (03.83)
DIN 4701	T. 2 Regeln für die Berechnung des Wärmebedarfs von Gebäuden; Tabellen, Bilder, Algorithmen (03.83)
DIN 18017	T. 1 Lüftung von Bädern und Toilettenräumen ohne Außenfenster; Einzelschachtanlagen ohne Ventilatoren (02.87)
DIN 18017	T. 3 Lüftung von Bädern und Toilettenräumen ohne Außenfenster mit Ventilatoren (08.90)
DIN 18379	VOB Verdingungsordnung für Bauleistungen; Teil C: Allgemeine Technische Vertragsbedingungen für Bauleistungen (ATV); Raumlufttechnische Anlagen (12.92)
DIN 68905	Kücheneinrichtungen; Lüftungsgeräte, Begriffe (02.77)

VDI-Richtlinien

VDI 2052	Raumlufttechnische Anlagen für Küchen (03.84)
VDI 2053	Blatt 1 Raumlufttechnische Anlagen für Garagen und Tunnel; Garagen (09.89)
VDI 2067	Blatt 3 Berechnung der Kosten von Wärmeversorgungsanlagen; Raumlufttechnik (12.83)
VDI 2071	Blatt 1 Wärmerückgewinnung in Raumlufttechnischen Anlagen; Begriffe und technische Beschreibungen (12.81)
VDI 2081	Geräuscherzeugung und Lärmminderung in Raumlufttechnischen Anlagen (03.83)
VDI 2082	Raumlufttechnik für Geschäftshäuser und Verkaufsstätten (12.88)
VDI 2085	Lüftung von großen Schutzräumen (09.71)
VDI 2088	Lüftungsanlagen für Wohnungen (12.76)
VDI 2310	Maximale Immissions-Werte (09.74)

12 Warmwasserbereitung

12.1 Allgemeines

Trinkwasser-Erwärmungsanlagen haben die Aufgabe, das für technische und hygienische Zwecke erforderliche Warmwasser, auch als Brauchwasser bezeichnet, an den Gebrauchsstellen in der notwendigen Güte, Menge und Temperatur unter wirtschaftlichen Bedingungen zur Verfügung zu stellen.

Trinkwasser-Erwärmungsanlagen bestehen aus dem Trinkwassererwärmer, den zu einem sicheren Betrieb der Anlage erforderlichen Ausrüstungsteilen, der Einrichtung zum Beheizen sowie der zugehörigen Leitungsanlage mit den Armaturen.

Trinkwassererwärmer sind Behälter oder Rohranordnungen, denen Energie zur Erwärmung von Trinkwasser zugeführt wird.

Bei ihrer Ausführung sind DIN 1988 T. 2 und 4, DIN 4753 T. 1 sowie die weiterhin für bestimmte Ausführungen genannten Vorschriften und Bestimmungen (s. auch Abschnitt 10.7.2) zu beachten.

Während im Heizungswesen alles Wasser mit Temperaturen bis 110 °C als Warmwasser, über 110 °C als Heißwasser bezeichnet wird, unterscheidet man bei der Warmwasserbereitung

Warmwasser von ca. 40 °C vorzugsweise für Waschtisch, Bidet, Dusche und Badewanne,
Heißwasser von ca. 55 bis 85 °C vor allem für die Küchenspüle, mit ca. 55 bis 60 °C, und zum Mischen mit Kaltwasser und
Kochendwasser von 95 bis 100 °C für die Zubereitung von Speisen und Getränken.

Die Zapftemperaturen müssen zum Ausgleich für die Abkühlung des Brauchwassers in den Wannen und Becken um einige Grade höher sein als die vorgenannten Gebrauchstemperaturen.

Brauchwassertemperaturen von 60 °C sollte man zur Verhütung von Steinansatz möglichst nicht überschreiten, wenn keine Wasseraufbereitung vorgesehen wird.

Für die WWB gibt es zahlreiche technische Möglichkeiten. Der verfügbare Raum zwingt dazu, nachstehend nur die für Wohnbauten wichtigsten Verfahren zu erörtern.

12.1.1 Warmwasserbedarf

Der Warmwasserbedarf für Wohnungen ist nach der Größe der Wohnung und dem Lebensstandard der Bewohner verschieden. Mit steigendem Lebensstandard werden immer höhere Ansprüche an den Wohnkomfort, das ist in diesem Fall die Warmwasserbereitung, gestellt.

Der unter dieser Voraussetzung zugrunde zu legende tägliche Warmwasserbedarf bei gemessenem Verbrauch in Wohngebäuden, der in erster Linie für die Berechnung der Brennstoffkosten einer WW-Versorgungsanlage interessiert, ist aus Tafel **817**.1, die durchschnittliche Belegung von Wohnungen aus Tafel **817**.2 zu ersehen.

Der ungemessene Wasserverbrauch kann dem gemessenen gegenüber bis 30% höher liegen.

Tafel **817**.1 Täglicher Warmwasserbedarf in Wohngebäuden für persönliche Reinigung, Baden, Kochen, Putzen (nach Krupp Heizungs-Handbuch)

Art der Wohnung	Warmwasser bei Betriebstemperatur von 60 bis 65°C je Person und				
	Tag			Monat	Jahr
	min l	mittel l	max l	mittel m^3	
sozialer Wohnungsbau	20	30	40	0,9	11
allgemeiner Wohnungsbau	30	40	50	1,2	15
Einfamilienhäuser	35	45	60	1,4	16
Villen, Appartementhäuser	40	60	80	1,8	22

Tafel **817**.2 Anzahl der Bewohner je Wohnung (DVGW)

Wohnungsgröße	Appartement	Zimmer			
		2	3	4	5
Belegungsziffer	1,2	2,8	3,5	3,5	4,0

Warmwasser-Spitzenverbrauch. Die Werte für den täglichen WW-Bedarf genügen noch nicht für die Bemessung einer WW-Bereitungsanlage, vielmehr müssen Boilergröße und Kesselleistung nach dem Spitzenbedarf je Stunde oder auch je 10 min bestimmt werden.

WW wird nämlich nicht gleichmäßig während 12 oder 24 Stunden am Tage entnommen, sondern es treten sowohl morgens von 6 bis 8 Uhr und abends von 17 bis 21 Uhr als auch, und noch stärker, freitags und samstags abends und sonntags vormittags durch den Badebetrieb beträchtliche Bedarfsspitzen auf.

Gegenüber dem Verbrauch der Badewannen bleiben dabei die übrigen Geräte unberücksichtigt (Taf. **817**.3).

Tafel **817**.3 Spitzen-Warmwasserverbrauch und Boilerleistung im Wohnungsbau (nach Krupp Heizungs-Handbuch)

Anzahl der Wohnungen zu je 3 bis 4 Bewohnern	Spitzenverbrauch			
	in l/h = Boiler-Dauerleistung		in l/10 min = Boiler-Inhalt in l	
	45 °C	60 bis 65 °C	45 °C	60 bis 65 °C
10	800	570	550	400
20	1500	1100	700	500
30	1900	1350	850	600
50	3000	2100	1100	800
75	3800	2700	1400	1000

Beispiel. Wie groß muß der Boilerinhalt der WW-Bereitungsanlage des Beispieles unter Abschnitt 10.2.1.10 sein, wenn der Spitzenbedarf je 10 min zugrunde gelegt wird und die Boilertemperatur 60 bis 65°C betragen soll?

Nach Tafel **817**.3 wird für 50 Wohnungen ein Boiler von 800 l Inhalt erforderlich.

Ermittlung des Wärmebedarfes. Die genaue Ermittlung des Wärmebedarfes von zentralen Trinkwassererwärmern zur Erwärmung von Trinkwasser in Wohnbauten erfolgt nach DIN 4708 T. 2, die von Gruppen- oder Einzel-Trinkwassererwärmern nach den jeweiligen Gegebenheiten, also Art und Anzahl der Verbrauchsstellen.

12.1.2 Heizseite

Zur Heizseite aller WWB-Anlagen gehören sämtliche Bestandteile, die das Brauchwasser erwärmen helfen.

Nach der Art der Beheizung werden Trinkwassererwärmer für unmittelbare und mittelbare Beheizung unterschieden.

Unmittelbare (direkte) Beheizung. In Einzel-WWB-Anlagen, wie Badeöfen und Waschkesselherden für feste Brennstoffe oder Heizöl, in Gas-Wasserheizern und Elektro-Heißwasserbereitern, auch in Wasch- und Geschirrspülmaschinen, wird das Brauchwasser in der Regel unmittelbar durch den Energieträger erwärmt.

Mittelbare (indirekte) Beheizung. Vorzugsweise in den zentralen WWB-Anlagen wird das Brauchwasser nicht direkt, sondern in einem WW-Bereiter durch einen in einem besonderen Heizkessel aufgeheizten Wärmeträger, wie Warm- oder Heißwasser oder Wasserdampf, auch Solaranlagen oder Wärmepumpen, erwärmt.

Dabei muß bei allen mit Trinkwasserleitungen verbundenen WW-Bereitern das Heizmedium völlig vom Trinkwasser getrennt sein, die Wärme also über ein Heizregister oder dergleichen ausgetauscht werden (**838**.1).

Die Heizseite dieser zentralen WWB-Anlagen entspricht also in jeder Weise einer üblichen Gebäude-Zentralheizungsanlage, von der sie auch ein unmittelbarer Bestandteil sein und für die auf die Darstellung in Abschnitt 10 verwiesen werden kann. Der Warmwasserbereiter oder Brauchwassererwärmer stellt lediglich einen oder auch den einzigen Heizkörper dieser Zentralheizung dar.

12.1.3 Brauchwasserseite

Die Brauchwasserseite umfaßt alle Teile einer WWB-Anlage, die vom Brauchwasser durchflossen werden (**836**.1).

Alle angeschlossenen Zapfstellen müssen besonders kenntlich gemacht sein, für warmes Wasser rot, für kaltes Wasser blau. Bei nebeneinander angeordneten Zapfstellen soll rechts die für Kaltwasser, links die für Warmwasser angebracht sein.

Bauarten. Nach dem in ihren Teilen herrschenden Wasserdruck sind alle Trinkwasser-Erwärmungsanlagen in offene oder drucklose und geschlossene oder druckfeste Anlagen einzuteilen.

Offene Anlagen. Die Brauchwasserseite offener Warmwasserbereiter ist mit der Atmosphäre ständig unmittelbar und nicht absperrbar verbunden, wie etwa beim Speicher-Kohle-Wasserheizer oder bei drucklosen Gas-Wasserheizern oder Elektro-Heißwasserbereitern oder bei dem Speichergefäß einer offenen Sammel-WWB-Anlage.

Sie stehen mithin betriebsmäßig nicht unter dem Kaltwasserleitungsdruck und fallen daher nicht in den Geltungsbereich der Unfallverhütungsvorschrift Druckbehälter. Sie sind leichter gebaut und daher billiger als druckfeste WW-Bereiter.

Geschlossene Anlagen. Die Brauchwasserseite geschlossener Warmwasserbereiter ist nicht ständig mit der Atmosphäre offen verbunden, sondern steht betriebsmäßig unter Kaltwasserleitungsdruck. Sie müssen deshalb in allen ihren Teilen entsprechend druckfest gebaut sein.

Soweit sie den in nachfolgenden Ausführungen beschriebenen Bedingungen entsprechen, unterliegen sie ebenfalls nicht der Unfallverhütungsvorschrift Druckbehälter.

Betriebsarten. Trinkwasser-Erwärmungsanlagen werden nach dem Ort der Warmwassererzeugung in Einzelversorgungs-, zentrale Versorgungs- und Gruppenversorgungsanlagen unterschieden.

Einzelversorgung. In diesen Geräten wird das Brauchwasser am Ort seiner Verwendung erwärmt. Die Anlagen sind in Abschnitt 12.2 im Zusammenhang behandelt.

Zentrale Versorgung. Sie erwärmen das Brauchwasser in zentral angeordneten WW-Bereitern, von denen aus es durch ein Rohrsystem zahlreichen Zapfstellen zugeleitet wird. Sie sind in Abschnitt 12.3 im einzelnen dargestellt.

Gruppenversorgung. Hier werden innerhalb einer Wohnung oder eines Gebäudeteiles räumlich nahe beieinanderliegende Warmwasser-Entnahmestellen von einem Trinkwassererwärmer aus versorgt.

Speicher- und Durchflußsystem. Nach der Funktion der Trinkwassererwärmer sind das Speichersystem, Durchflußsystem und Kombinationen zu unterscheiden.

Speichersystem. Das Brauchwasser wird in einem offenen oder geschlossenen Speichergefäß, einem Warm- oder Brauchwasserspeicher, vor der Entnahme erwärmt, gespeichert und nach Bedarf entnommen.

Der Warmwasserspeicher ist vor allem dort am Platz, wo im Stoßbetrieb größere Warmwassermengen zu liefern sind. Die gute generelle Regelbarkeit der Brauchwassertemperatur ist ein weiterer Vorteil des Speicherbetriebes. Bei entsprechender Aufheizdauer lassen sich selbst größere Speicher mit Gas oder Strom aufheizen, auch wenn keine besonders hohen Anschlußwerte für die jeweilige Energieart verfügbar sind.

Alle vom Brauchwasser berührten Teile sind durch dessen ständige Erneuerung und seine hohen Temperaturen Korrosionen und besonders dem Steinansatz ausgesetzt. Das Warmwasser ist daher immer am höchsten Punkt abzunehmen, damit sich keine Gasblasen absetzen können, die die Korrosionen fördern würden (**837**.1).

Stehende Speicher sind stets vorteilhafter als liegende, da in ihnen das Wasser besser geschichtet ist, seine Temperatur somit gleichmäßiger bleibt und nur ein geringerer toter Raum entsteht.

Nach DIN 4708 T. 1 werden Speicher-Wassererwärmer und Vorrats-Wassererwärmer unterschieden.

Beim Speicher-Wassererwärmer erfolgt auch während der Wasserentnahme eine ständige Beheizung. Der Leistungscharakter setzt sich aus der Speicherkapazität und der Heizflächenleistung während der Wasserentnahme zusammen.

Beim Vorrats-Wassererwärmer, der nicht ständig beheizt wird, erfolgt die Aufheizung vorwiegend vor der Wasserentnahme.

Durchflußsystem. Hier wird das Trinkwasser beim Durchströmen des Gerätes in einer Rohrschlange so schnell erwärmt, daß es sofort als Warm-, Heiß- oder Kochendwasser entnommen und für den menschlichen Genuß verwendet werden kann (**825**.1).

Besonders die Gas-Wasserheizer sind meistens Durchlaufgeräte (Abschnitt 12.2.2.1), daneben gibt es Elektro-Durchlauferhitzer (Abschnitt 12.2.3.4) und auch zentrale WWB-Anlagen nach dem Durchlaufsystem (Abschnitte 12.3.1.2 und 12.3.1.3).

Bei Einzel-Durchlauferhitzern sind Temperatur und Menge des Brauchwassers gut zu regeln, bei zentralen Durchlaufanlagen weniger.

Hier hat man bei Spitzenbelastung meistens eine Wassertemperatur von nur 35 bis 40 °C und erhält Warmwasser von höherer Temperatur nur bei kleinerer Zapfleistung (**820**.1).

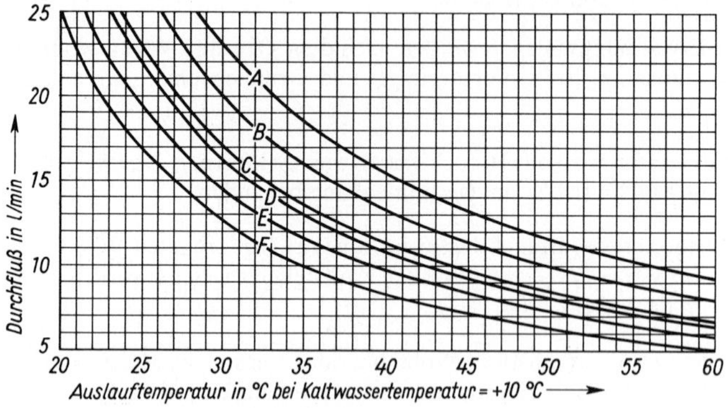

820.1 Durchflußmengen und Warmwasserleistungen von Durchlauferhitzern
A Elektro-Durchlauferhitzer 33 kW
B Gas-Durchlauf-Wasserheizer Typ 400 (GWH 28)
C Elektro-Durchlauferhitzer 24 kW
D Gas-Durchlauf-Wasserheizer Typ 325 (GWH 22,7)
E Elektro-Durchlauferhitzer 21 kW
F Elektro-Durchlauferhitzer 18 kW

angenommener Gerätewirkungsgrad:

Elektro-Durchlauferhitzer $\eta = 98\%$
Gas-Durchlauf-Wasserheizer $\eta = 80\%$

Im Haushalt entspricht dies allerdings auch den praktischen Bedürfnissen, da die zum Füllen der Badewanne erforderliche größere Wassermenge nicht viel wärmer als 40 °C zu sein braucht, während das heiße Wasser für das Spülen in der Küche zwar 50 bis 55 °C haben soll, aber nur in geringeren Mengen gebraucht wird.

Kombinationen. Die Mannigfaltigkeit der Arten von WWB-Anlagen und ihrer weiterhin zu beschreibenden Einzelausführungen erhöht sich noch dadurch, daß mancherlei Kombinationen möglich sind.

Besonders häufig wird die WWB mit einer Zentralheizung verbunden, wo der Heizungskessel dann über einen WW-Bereiter, der gesondert angeordnet oder in den Kessel eingebaut sein kann, gleichzeitig die WWB betreibt (s. Abschnitt 12.3.1.3). Hierbei ist es wiederum möglich, daß das in den Übergangszeiten vom Kessel nur vorgewärmte Brauchwasser durch ein zusätzliches Heißwassergerät auf die Gebrauchstemperatur aufgeheizt wird (s. Abschnitt 12.2.3.5).

12.1.4 Anschluß

Der Anschluß von Trinkwassererwärmern wird nach DIN 1988 T. 2 unter Berücksichtigung der Anforderungen nach DIN 4753 T. 1 durch nachfolgend beschriebene Ausrüstungen hergestellt.

Zur Ausrüstung können Thermometer, Druckmeßgerät, Sicherheitsventil, Rückflußverhinderer, Druckminderer, Entleerungseinrichtung sowie Regel- und Sicherheitseinrichtungen gehören.

Rückflußverhinderer. Zum Verhindern des Rückfließens von erwärmtem Wasser ist in die Kaltwasserzuflußleitung, unabhängig von der Beheizungsart des Trinkwassererwärmers, ein Rückflußverhinderer (**131**.1) einzubauen, wenn der Nenninhalt des Durchfluß- oder Speicher-Wassererwärmers größer als 10 Liter ist (**821**.1 und 2).

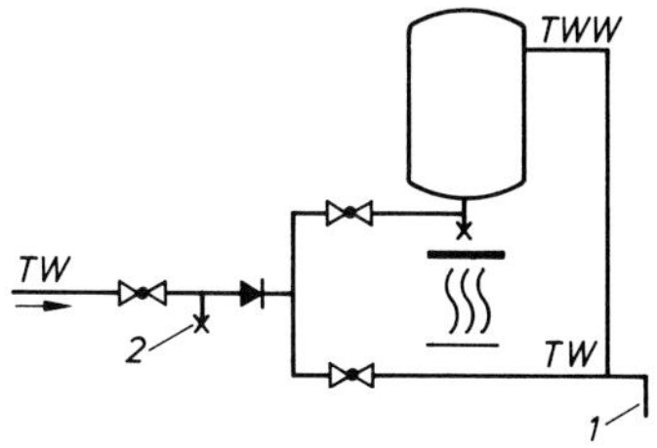

821.1 Unmittelbar beheizter offener Trinkwassererwärmer über 10 l Inhalt (nach DIN 1988 T. 2)
1 Auslauf stets offen
2 Prüfeinrichtung für Rückflußverhinderer

Bei geschlossenen Trinkwassererwärmern ist zum Prüfen und Auswechseln des Rückflußverhinderers davor und dahinter je eine Absperrvorrichtung anzubringen (**821**.2).

Bei wandmontierten Trinkwassererwärmern bis 150 Liter Inhalt kann auf das zweite Absperrventil verzichtet werden.

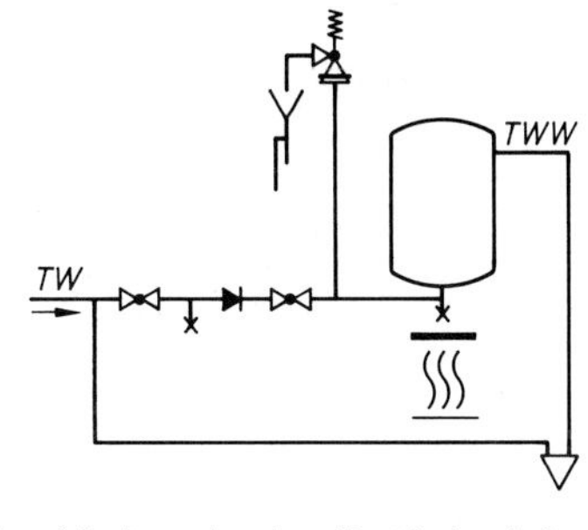

821.2 Unmittelbar beheizter geschlossener Trinkwassererwärmer über 10 l Inhalt (nach DIN 1988 T. 2)
Sicherheitstechnische Ausrüstung erforderlich

Zwischen der ersten Absperrvorrichtung und dem Rückflußverhinderer ist eine Prüfeinrichtung vorzusehen (**821**.1 und 2).

Verbindungen zwischen Leitungen für kaltes und erwärmtes Trinkwasser dürfen nur dann einen verschließbaren gemeinsamen Auslauf erhalten, wenn die Zuleitungen mit Rückflußverhinderern ausgestattet sind.

Mischarmaturen, die in Leitungen für erwärmtes Trinkwasser einspeisen, müssen auf den Zulaufseiten je einen Rückflußverhinderer haben.

Sicherheitstechnische Ausrüstung. Die Anforderungen sind für Trinkwassererwärmungsanlagen in DIN 4753 T. 1 und für Elektro-Trinkwassererwärmer in verschiedenen Teilen der DIN VDE 0700 festgelegt.

Offene Trinkwassererwärmer mit Speisegefäßen sollen aus hygienischen Gründen zur Erwärmung von Trinkwasser möglichst vermieden werden.

Das Speisegefäß muß gegebenenfalls mit einer selbsttätigen Zuflußregelung und einem Überlauf nach DIN 1988 T. 4 ausgestattet sein und den Bestimmungen für Trinkwasserbehälter nach DIN 1988 T. 2 entsprechen.

Durchfluß-Trinkwassererwärmer mit stets offenem Auslauf und offene Speicher-Trinkwassererwärmer bis 10 Liter Inhalt, das sind Kleinspeicher, benötigen keine sicherheitstechnische Ausrüstung in der Kaltwasserzuleitung (**821**.1).

Geschlossene Trinkwassererwärmer erhalten nach DIN 4753 T. 1 als sicherheitstechnische Ausrüstung ein Sicherheitsventil. Dies ist ein nicht absperrbares federbelastetes Membransicherheitsabsperrventil, das zweckmäßig über der Behälteroberkante einzubauen ist (**821**.2).

Die Größenbestimmung und der Einbau des Sicherheitsventiles hat nach DIN 1988 T. 2 und DIN 4753 T. 1 zu erfolgen.

Druckminderer. Er ist vor dem Wassererwärmer dann anzuordnen, wenn der Betriebsdruck 80% des Ansprechdruckes des Sicherheitsventiles überschreitet.

Es ist zweckmäßig, den Druckminderer (**133**.2) hinter der Wasserzähleranlage anzuordnen (**97**.1).

Druckmeßgerät. In der Kaltwasserzuflußleitung von geschlossenen Trinkwassererwärmern ist ein Anschluß für ein Druckmeßgerät vorzusehen.

Speicher-Wassererwärmer mit mehr als 1000 l Inhalt sind direkt mit einem Druckmeßgerät auszurüsten.

Entleerungseinrichtung. Wassererwärmungsanlagen mit mehr als 15 Liter Wasserinhalt sind mit einer Einrichtung auszurüsten, die eine Entleerung des Gerätes ohne Montage ermöglicht.

Regel- und Sicherheitseinrichtungen. Die vorgeschriebene sicherheitstechnische Ausrüstung von Wassererwärmungsanlagen mit geschlossenen Wassererwärmern für Trink- und Betriebswasser ist im Einzelfall der DIN 4753 T. 1, Tabelle 5, zu entnehmen.

12.2 Örtliche Warmwasserbereitung

Das Brauchwasser wird am Ort seiner Verwendung erwärmt. In ihrer dem jeweiligen Bedarf leicht anzupassenden Größe und Leistung haben vor allem die Gas- und Elektrogeräte zur Einzel-WWB einen hohen Wirkungsgrad, da die zusätzlichen Wärmeverluste eines Rohrleitungssystemes fortfallen. So können hier auch die Edelenergien Gas und Strom mit ihren besonderen Annehmlichkeiten trotz ihres höheren Wärmepreises mit Vorteil eingesetzt werden.

Einzel-WW-Bereiter. Sie eignen sich besonders für einzelne, weiter auseinanderliegende Zapfstellen mit nur kurzzeitiger Entnahme kleinerer Warmwassermengen und liefern je nach Art und Einstellung der Zapfleistung eine kleine Menge heißen Wassers oder eine größere Menge warmen Wassers.

Bevorzugt wird die Einzel-WW-Bereitung vielfach auch deshalb, weil jeder Benutzer seinen WW-Verbrauch leicht selbst kontrollieren kann und nur ihn zu bezahlen braucht.

Gruppen-Warmwasserversorgung. Hierunter versteht man die Versorgung nahe beieinanderliegender Zapfstellen durch ein gemeinsames, druckfestes Gerät, während entfernter liegende weiterhin durch einen eigenen WW-Bereiter bedient werden. Geringere Anlagekosten sind die Vorteile dieser Einrichtung.

12.2.1 Speicher-Kohle-Wasserheizer

Kohlebadeöfen. Sie liefern bei mindestens 40% Wirkungsgrad wegen der verhältnismäßig niedrigen Kosten der festen Brennstoffe das billigste Warmwasser und beheizen dabei noch den Baderaum ausreichend.

Der Kohle-Badeofen kann ohne oder mit Dauerbrandeinrichtung bestimmt sein.

Die Grundform des Kohlebadeofens nach DIN 18889 (**823**.1) ist ein druckloser, stehender, zylindrischer, auch vierkantiger, Schicht- oder Verdrängungsspeicher von 90 oder 100 l Inhalt, der einem Prüfdruck von 2 bar standhalten muß, meistens aus 0,8 bis 1 mm dickem Kupferblech, aber auch aus Zink- oder verzinktem oder emailliertem Stahlblech besteht.

Er wird durch ein inneres glattes oder gewelltes Flammrohr beheizt. Die Feuerung für Holz und Kohle befindet sich in einem Untersatz aus Grauguß.

Kohlebadeöfen haben Mischbatterien, ähnlich Bild **828**.1, mit Wannenauslauf und Stand- oder Schlauchbrause, diese mit Rohrbelüfter.

Wandbadeöfen werden an Wänden ab ½ Stein Dicke auf Mauer- oder auf Standträgern am Fußende der Wanne 70 cm über dem Fußboden befestigt und haben einen Raumbedarf von 40 cm Breite, 60 cm Tiefe und 1,40 m Höhe.

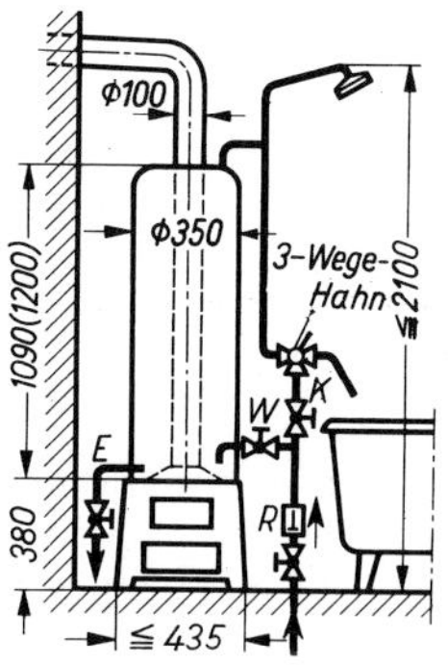

823.1 Druckloser Speicher-Kohle-Wasserheizer (nach DIN 18889) (M 1:50)

E Entleerung
R Rückflußverhinderer
K Kaltwasser
W Warmwasser

Kohle-Wasserheizer müssen vom kalten Zustand aus in 45 min den Wasserinhalt bis 40 °C aufheizen, nach Entnahme eines Bades in weiteren 30 min bis 35 °C.

Elektro-Kohle-Badeöfen. Sie können im Sommerbetrieb durch eingebaute elektrische Heizpatronen beheizt werden (s. auch Tafel **829**.1).

Vorteilhafter sind ölbeheizte, im übrigen gleichartige, Speicher-Wasserheizer, deren Unterofen mit einem Öl-Verdampfungsbrenner ausgerüstet ist, besonders wenn sie an ein zentrales Ölversorgungsnetz des Hauses angeschlossen werden können (s. auch Abschnitt 9.3).

12.2.2 Gas-Wasserheizer

In gasversorgten Gebäuden bietet die WW-Bereitung durch örtliche Gas-Wasserheizer (GWH), die meistens nach dem Durchflußprinzip arbeiten, die gleichen Annehmlichkeiten wie der Betrieb von Gasheizöfen (s. Abschnitt 9.4).

Über die Aufstellung und die Abführung der Abgase der Gas-Wasserheizer siehe Abschnitte 5.1.5 und 5.1.6.

12.2.2.1 Gas-Durchlauf-Wasserheizer

Sie liefern wenige Sekunden nach dem Einschalten in beliebiger Menge ein für Speisen und Getränke voll geeignetes Warmwasser und sind für stoßweisen Betrieb und stark wechselnden Warmwasserbedarf besonders gut geeignet.

Die Zapfleistungen der Geräte sind teilweise aus Bild **820**.1 zu ersehen.

Gas-Durchlauf-Wasserheizer für die Gasfamilien S und N müssen DIN 3368 T. 4 und DIN EN 26 entsprechen. Diese Vorschriften legen unter anderen eine Reihe von Grundmaßen fest (**824**.1).

Der Warmwasseranschluß für weitere Zapfstellen ist stets unten auf der linken Seite, der Kaltwasseranschluß auf der rechten Seite, der Gasanschluß in der Mitte vorzusehen.

Weitere technische Daten der Gas-Durchlauf-Wasserheizer siehe Tafel **824**.2.

Im übrigen weichen die Geräte der Gasfamilie F für Propan/Butan nur so geringfügig von denen für Stadt- und Naturgas ab, daß die Darstellung sich weiterhin auf diese beschränken kann.

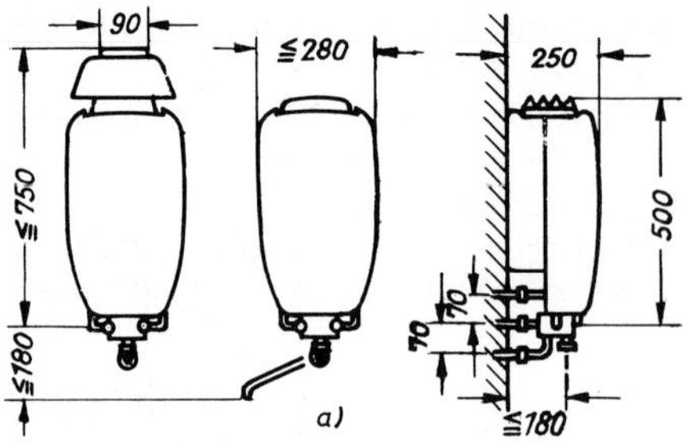

Gerätetyp	250	325	400
d_1 mm	110	130	130
d_2	DN 20	DN 25	DN 25
a mm	≦ 425	≦ 425	≦ 475

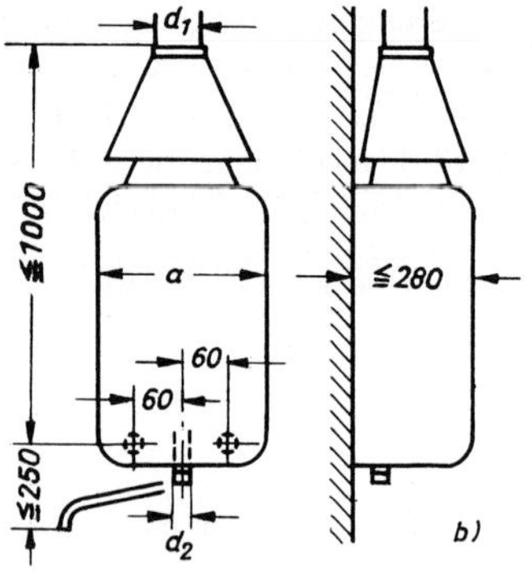

824.1 Bau- und Anschlußmaße für Gas-Wasserheizer (GWH)
a) Klein-Wasserheizer
b) Groß-Wasserheizer

Tafel **824**.2 Technische Daten der Gas-Durchlauf-Wasserheizer

Gerätetyp		GWH 8,75 (125)	GWH 17,5 (250)	GWH 22,7 (325)	GWH 28 (400)
Nennwärmeleistung	kW	8,75	17,5	22,7	28
Nennwärmebelastung	kW	10,5	21	27	33,3
Wassermenge bei Gasanschluß-Fließdruck ≧	mbar	7,5	7,5	7,5	7,5
Mindestwasserdruck	bar	0,2	0,3	0,4	0,45
Gasanschluß	DN	15	20	25	25
Kaltwasseranschluß	DN	15	15	15	15
Warmwasseranschluß	DN	10	15	15	15
Abgasrohr	mm	90	110	130	130

Klein-Wasserheizer. Gas-Wasserheizer Typ 125 (GWH 125; 8,75 kW = 125 kcal/min) werden vorzugsweise anstelle von Kaltwasser-Auslaufventilen für die Warmwasserversorgung von Spültischen der Wohnungsküchen und von anderen Kleinstverbrauchern, aber auch für Duschbäder eingebaut (**824**.1a).

Eine weitere Zapfstelle kann angeschlossen werden.

Groß-Wasserheizer. Gas-Wasserheizer Typ 250 (GWH 17,5) versorgen kleinere Normalwannen sowie oft die neben dem Bad gelegene Küche mit Warmwasser und werden gelegentlich in der Küche an der Trennwand zum Bad angebracht, wobei durch ihr Abgasrohr die Küche gleichzeitig über eine Abgasklappe entlüftet werden kann.

Die größeren Gas-Wasserheizer Typ 325 (GWH 22,7) und 400 (GWH 28) sind für größere Badewannen und weitere Zapfstellen geeignet (**824**.1b).

Zur Vermeidung stärkerer Rohrleitungsverluste sollen häufig benutzte Zapfstellen vom Gerät nur bis 2 m, weniger oft benutzte Zapfstellen nur bis 5 m entfernt sein.

Zusatzteile, wie Stand- und Schlauchbrausen, Mischbatterien, Schwenkarme, einzeln und kombiniert, lassen eine vielseitige Verwendung aller Geräte zu.

Über Gas-Wasserheizer als Zusatzheizung für zentrale WW-Bereitungsanlagen siehe Abschnitt 12.1.3, als Heizgerät einer WW-Stockwerkheizung Abschnitt 10.2.1.5.

Aufbau. Die Gas-Durchlauf-Wasserheizer (**825**.1) bestehen aus dem Heizkörper (Heizschacht, Rohrschlange und Lamellenblock), der Armatur (Brenner, Gasschalter, Zündsicherung nach DIN 3258 T. 2 und DIN EN 125, Wasserschalter und Gasmengenregler) mit Anschlußrohren, dem Mantel, der Strömungssicherung und der Rückwand, auf der alle übrigen Teile, der Mantel abnehmbar, montiert sind (**825**.1).

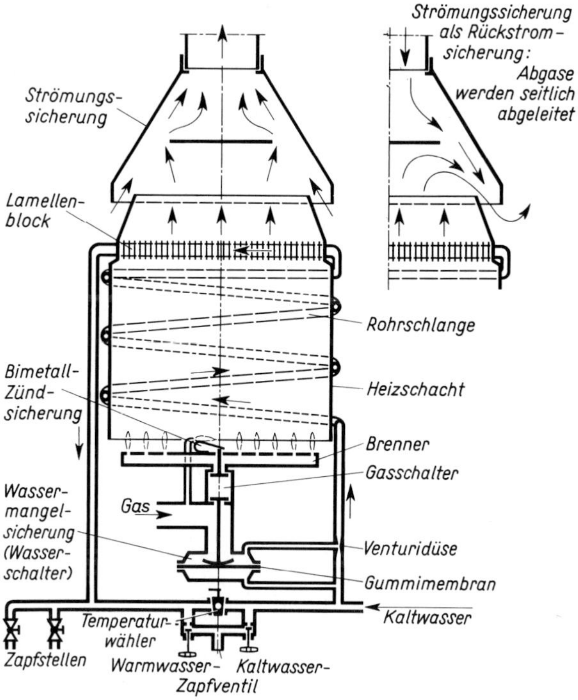

825.1 Gas-Wasserheizer mit Schornsteinanschluß

Der Heizkörper wird aus verbleitem Kupfer, Mantel, Strömungssicherung und Rückwand werden aus emailliertem Stahlblech hergestellt.

Alle Geräte sind druckfest und können daher mehrere Zapfstellen versorgen.

Mit einem Temperaturwähler läßt sich eine konstante Zapftemperatur einstellen. Ein Gasmengen- oder -druckregler läßt auch bei stark wechselndem Gasdruck dem Brenner stets die gleiche Gasmenge zufließen.

Durch eine Strömungssicherung, die das Erlöschen der Brennerflamme infolge Sauerstoffmangels durch zu starken Schornsteinzug, Stau oder Rückstrom der Abgase im Schornstein verhindert, gelangen diese über das Abgasrohr in den Schornstein oder bei schornsteinlosen Geräten direkt ins Freie.

Gas-Durchlauf-Wasserheizer für Schornsteinanschluß. Sie sind möglichst nahe am Schornstein anzuordnen. Die erforderliche Verbrennungsluft muß ungehindert zum Brenner des Gas-Wasserheizers gelangen, und die Abgase von etwa 100 °C mit ihrem hohen Wasserdampfgehalt müssen einwandfrei abgeführt werden können.

Außenwand-Gas-Wasserheizer (**826**.1 und 2). Ihre Heizkörper und alle verbrennungsluft- und abgasführenden Teile sind wie beim Außenwand-Gasraumheizer (s. Abschnitt 9.4.2) gegen den Innenraum luftdicht abgeschlossen. Sie entnehmen die Verbrennungsluft durch ein Frisch-

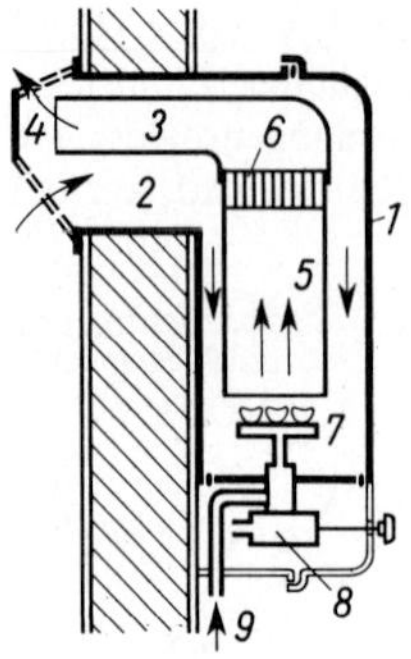

826.1 Außenwand-Gas-Wasserheizer
1 Gehäuse
2 Verbrennungszuluftführung
3 Abgasabführung
4 Windschutzeinrichtung
5 Heizmantel
6 Lamellenblock
7 Brenner
8 Magnetzünder
9 Gaszufuhr

luftrohr dem Freien oder einer dafür bestimmten besonderen Anlage und geben die Abgase durch ein zweites Rohr im gemeinsamen Mauergehäuse unmittelbar dorthin ab. Abgasschornstein und Lüftungsöffnungen entfallen.

Der vom Raum aus nicht zugängliche Brenner wird durch einen Magnetfunken gezündet.

Diese Geräte, die in Bau, Wirkungsweise und Leistung im übrigen den Gas-Wasserheizern für Schornsteinanschluß genau entsprechen, können daher in Räumen aller Art und Größe ohne weiteres aufgestellt werden und eignen sich so besonders zum nachträglichen Einbau in Altbauten.

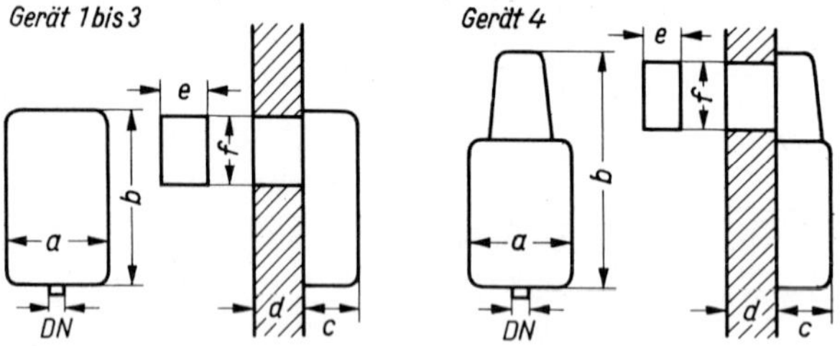

Gerät	Gerätetyp	Breite *a*	Höhe *b*	Tiefe *c*	Mauerdicke *d* mm	Mauerkasten Breite *e*	Mauerkasten Höhe *f*	Gasanschluß DN
1	250	400	715	225	150 bis 670	220	320	20
2		420	665	250	180 bis 570	155	265	
3	325	400	715	225	150 bis 670	220	320	25
4		420	665	250	180 bis 570	155	265	

826.2 Außenwand-Gas-Wasserheizer, Bau- und Anschlußmaße der auf dem Markt befindlichen Geräte

12.2.2.2 Gas-Vorrats-Wasserheizer

Diese Geräte nach DIN 3377 mit etwa 80 bis 200 l Fassungsvermögen werden für die örtliche WW-Bereitung seltener verwendet, etwa dort, wo die Gasleitungsquerschnitte für Gas-Durchlauf-Wasserheizer nicht ausreichen oder wo kurzfristig größere Mengen heißen Wassers benötigt werden (**827**.1).

Bei mehr als 10 l Wasserinhalt müssen sie an eine Abgasanlage angeschlossen werden.

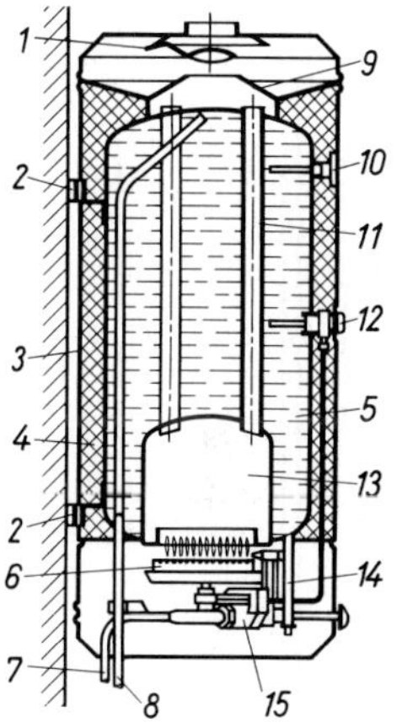

827.1 Gasgefeuerter druckfester Warmwasserspeicher mit innerer Heizgasführung
1 Strömungssicherung
2 Tragbügel
3 Außenmantel
4 Wärmedämmschicht
5 Innenbehälter
6 Brenner
7 Gasanschluß
8 Warm- und Kaltwasser
9 Abgashaube
10 Thermometer
11 Heizrohr
12 Wärmefühler
13 Feuerbüchse
14 Entleerung
15 Gasventil

12.2.3 Elektro-Heißwasserbereiter

Die Ausführungen in Abschnitt 9.5 über die Vor- und Nachteile der Verwendung von elektrischer Energie zur Wärmeerzeugung gelten in gleicher Weise für die elektrische WW-Bereitung.

Die Kosten der elektrischen Aufheizung des Brauchwassers sind von den Stromtarifen abhängig und entsprechen bei günstigen Nachtstromtarifen etwa den Betriebskosten der Gas-Wasserheizer.

Die Einzelversorgung, die Anordnung eines Heißwasserbereiters an jeder Zapfstelle, ist am wirtschaftlichsten.

In der Regel kann man damit rechnen, das 1 kWh bei einer Kaltwassertemperatur von 10 bis 12 °C etwa folgende Warmwassermengen ergibt: 10 l von 85 °C, 15 l von 65 °C, 20 l von 50 °C oder 30 l von 37 °C.

Alle druckfesten Heißwasserbereiter müssen mit einem Sicherheits-Temperaturbegrenzer ausgerüstet sein, der bei Überschreiten einer Wassertemperatur von 110 °C selbsttätig ausschaltet und nur durch einen Fachmann wieder eingeschaltet werden kann.

Sie müssen ferner einen Temperaturregler aufweisen, der bei einer Gebrauchswassertemperatur von mehr als 90 °C die Beheizung des Gerätes unterbricht.

Sämtliche Speicher und Boiler sind mit einem Temperaturwähler versehen, mit dem die Abschalttemperatur stufenlos von 35 bis 85 °C eingestellt werden kann.

Temperaturen über 60 °C sollten möglichst vermieden werden.

Werden von einem Elektro-Heißwasserbereiter, es kann ein druckfester Speicher nach Abschnitt 12.2.3.1 oder auch ein Durchlauferhitzer nach Abschnitt 12.2.3.4 sein, mehrere Zapfstellen versorgt, ist dieses Gerät zur Verringerung der Rohrleitungsverluste möglichst nahe an der am häufigsten benutzten Zapfstelle zu installieren.

12.2.3.1 Elektro-Heißwasserspeicher

Der Innenbehälter ist betriebsmäßig stets mit Wasser gefüllt, das vor Gebrauch durch einen nach dem Prinzip des Tauchsieders gebauten ein- oder mehrteiligen Heizkörper aufgeheizt wird.

Zur Begrenzung der Wärmeverluste ist der Innenbehälter mit einer hochwertigen Wärmedämmschicht umkleidet.

Die Heißwasserspeicher nach DIN 44532 T. 1 und DIN 44902 T. 1 bis 3 arbeiten vollautomatisch und liefern nach dem Aufheizen jederzeit Warmwasser in der ihrer Größe entsprechenden Menge.

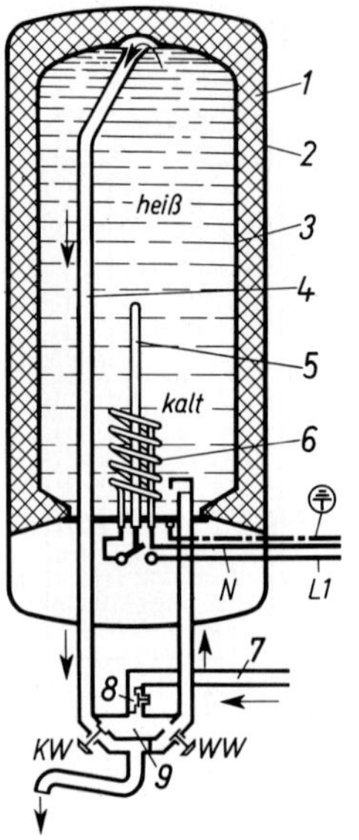

828.1 Druckloser Elektro-Heißwasserspeicher

1 Wärmeschutz
2 Außenmantel
3 Innenbehälter
4 Überlaufrohr
5 Reglerschutzrohr
6 Heizkörper
7 Kaltwasserzulauf
8 Drosselzwischenstück
9 Überlaufmischbatterie

N, *L1* elektrischer Anschluß

Drucklose Speicher. Sie versorgen in der Regel nur eine einzige Zapfstelle. Sie haben Innenbehälter aus verzinntem dünnwandigem Kupfer, deren Inhalt ständig mit der Außenluft verbunden ist (**828**.1 und 2).

Durch Öffnen eines im Kaltwasserzulauf angeordneten Warmwasserventiles tritt kaltes Wasser in den Speicher ein und hebt das erwärmte Wasser an, so daß dieses durch das Überlaufrohr heraus- und zur Mischbatterie fließt.

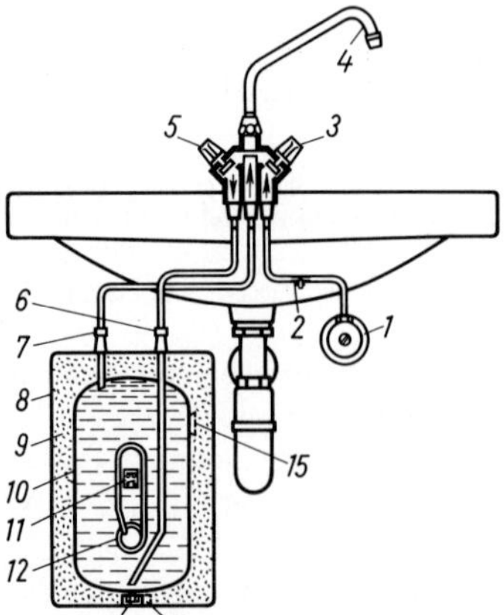

828.2 Wasserseitiger Anschluß eines drucklosen Waschtischspeichers mit 5 l Inhalt

1 Kaltwasser-Eckventil
2 Drosselstück
3 Entnahmeventil
4 Schwenkauslauf
5 Temperierventil
6 Kaltwasser-Zulauf zum Gerät
7 Warmwasser-Überlauf vom Gerät
8 Außenmantel
9 Wärmedämmung
10 Innenbehälter
11 Temperaturwähler
12 Heizkörper
13 Entleerungsstutzen
14 elektrischer Anschluß
15 Übertemperatursicherung

Dies ist eine *Spezialbatterie* mit nicht absperrbarer Verbindung zwischen dem Behälter und dem Auslauf. Kaltwasser kann durch ein besonderes Kaltwasserventil zugemischt werden.

Es gibt aber auch Ein-Griff-Sicherheitsmischbatterien, die beim Öffnen zunächst Kaltwasser austreten lassen, dann erst Heißwasser zumischen und so Verbrühungen verhindern (**848**.1).

Druckfeste Speicher. Sie versorgen *mehrere Zapfstellen* und haben einen druckfesten, dickwandigen Innenbehälter aus verzinntem Kupferblech, emailliertem Stahlblech, auch Kunststoff oder, aber nur für nicht aggressives Wasser, aus verzinktem Stahlblech (**830**.1).

Sie stehen betriebsmäßig unter *vollem Kaltwasserleitungsdruck*.

Durch ihren schweren Innenbehälter und die nach DIN 1988 T. 2 und DIN 4753 T. 1 erforderlichen *Sicherheitsarmaturen* sind druckfeste Geräte erheblich teurer als drucklose.

Die sichtbare Sicherheitsarmatur wird unter dem Gerät als *Sicherheitsgruppe*, Sicherheitsventil einschließlich Prüfstutzen und Ablauftrichter, zusammengefaßt.

Beheizung. Größte Zapfmenge, Speicherinhalt und Heizleistung müssen richtig aufeinander abgestimmt sein, die Aufheizzeiten berücksichtigt werden (Tafel **829**.1).

Tafel **829**.1 Aufheizzeiten der Elektro-Heißwasserspeicher und -boiler in min bei Einstellung III/Heiß = 85 °C

Heizleistung in kW	Speicherinhalt in l										
	3	5	8	10	15	30	50	60	80	100²)	120
1	17	–	–	–	–	175	–	–	480	–	–
2	–	13	23	30	40	80	–	–	–	–	–
4	–	–	–	–	20	40	70	85	120	145	170
1/4¹)	–	–	–	–	–	–	–	–	120	–	–
0,4/4,4¹)	–	–	–	–	–	30	–	–	–	–	–
5	–	–	–	–	–	–	–	–	–	115	–
6	–	–	–	–	–	–	45	60	75	–	115
1/6¹)	–	–	–	–	–	–	–	–	75	–	–

¹) Aufheizzeiten der Zweikreisspeicher mit der Gesamtleistung von 4, 4,4 oder 6 kW
²) Elektro-Kohlebadeofen

Zweikreisspeicher. Reine Nachtstromgeräte werden ihrer langen Aufheizzeit wegen nur noch selten verwendet und überall dort, wo ausreichende Anschlußmöglichkeit vorhanden ist, durch die vorteilhafteren Zweikreisspeicher ersetzt (**830**.1).

Zweikreisspeicher sind in Verbindung mit *Nachtstrom* bei Doppeltarif und der wählbaren Abschalttemperatur besonders wirtschaftlich.

Sie werden mit einem kleinen Heizkörper von 400 bis 1000 W über Nacht auf eine beliebige Temperatur zwischen 35°C und 85°C aufgeheizt. Die Einstellung erfolgt durch den Temperaturwähler.

Die *Zusatzheizung* von 3 oder 5 kW kann bei erhöhtem Heißwasserbedarf über den gleichen Temperaturwähler auf Tagstrom zugeschaltet werden. Hierdurch können Abkühlungsverluste, die im Bereich von 50 bis 85°C etwa 2 K/h, von 25 bis 50°C etwa 1,5 bis 2 K/h betragen, sowie Kesselsteinansatz erheblich verringert werden.

Während des Aufheizens leuchtet eine *Glimmlampe*.

Die wichtigsten *Gerätetypen* der Elektro-Heißwasserspeicher sind in der Tafel **830**.2 zusammengestellt.

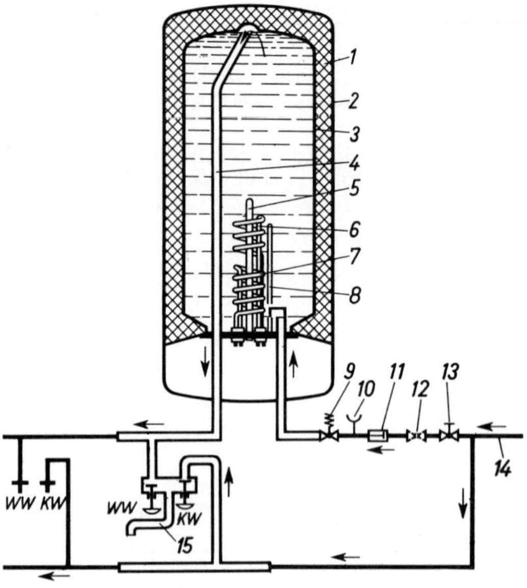

830.1 Druckfester Elektro-Heißwasserspeicher (Zweikreisspeicher)

1 Wärmeschutz
2 Außenmantel
3 Innenbehälter
4 Überlaufrohr
5 Reglerschutzrohr
6 Heizkörper für Grundheizung
7 Heizkörper für Zusatzheizung
8 Schutzrohr für Temperaturbegrenzer
9 Membran-Sicherheitsventil
10 Prüfstutzen für Manometer
11 Rückflußverhinderer
12 Druckminderventil (falls erforderlich)
13 Absperrventil
14 Kaltwasserzulauf
15 Druckmischbatterie

Tafel **830**.2 Die gebräuchlichsten Elektro-Heißwasserspeicher (Auswahl)

Inhalt/Liter	Anschlußwert kW	Bauart	Verwendung
5, 10 und 12	2	drucklos	1 Waschtisch oder Spüle
10	2	druckfest	2 nebeneinanderliegende Zapfstellen
15	2 oder 4	drucklos	1 Dusche oder eine Spüle
15	2 oder 4	druckfest	mehrere Zapfstellen
30 und 50	4 oder 6	drucklos	1 Dusche
30	4, 6 oder 1/4	druckfest	mehrere Zapfstellen
80 und 100	4 oder 6	drucklos	1 Badewanne
80 und 120	4, 6,1/4 oder 2/6	druckfest	zentrale WW-Versorgung mit Badewanne

12.2.3.2 Elektro-Boiler

Boiler besitzen im Gegensatz zum Speicher keine Wärmedämmung. Sie sollten daher erst kurz vor dem Gebrauch in Betrieb genommen und müssen von Hand eingeschaltet werden.

Bei Erreichen der am Temperaturwählbegrenzer eingestellten Temperatur zwischen 35 und 85 °C schalten sie automatisch ab. Zur Vermeidung von Abkühlungsverlusten sollte das warme Wasser gleich nach Beendigung der Aufheizung entnommen werden (**831**.1).

Bei Abkühlung oder Warmwasserentnahme schaltet sich das Gerät nicht selbsttätig wieder ein, es muß vielmehr bei weiterem Bedarf erneut von Hand eingeschaltet werden.

Boiler werden mit 15 l Inhalt für das Duschbad sowie 60 und 80 l Inhalt für das Vollbad mit 4 oder 6 kW Anschlußwert hergestellt und sind grundsätzlich drucklos ausgeführt, es kann mit ihnen also nur eine Zapfstelle versorgt werden.

1 Belüftungsventil
2 Überlaufrohr
3 Reglerschutzrohr
4 Heizkörper
5 Kaltwasserzulauf
6 Heißwasserablauf

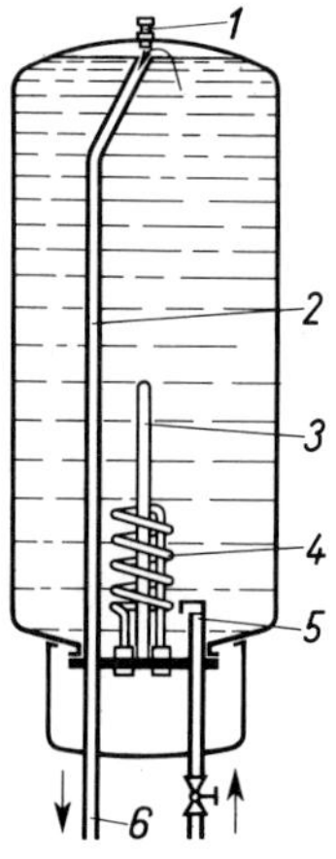

831.1 Elektro-Badeboiler

1 Verschluß der Reinigungsöffnung
2 Dampfrohr
3 Kupfer- oder Glasbehälter
4 Dichtungsring
5 Heizkörper
6 Wasserarmatur

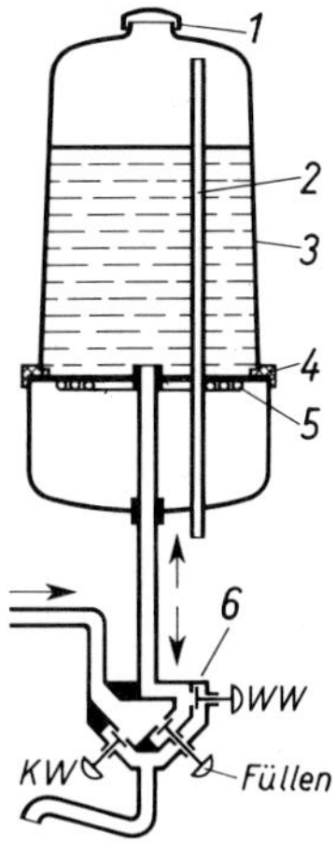

831.2 Elektro-Kochendwassergerät 5 l

12.2.3.3 Elektro-Kochendwassergeräte

Mit einem Anschlußwert von 2 kW bereiten sie je nach Bedarf mit eingestellter Endtemperatur schnell 0,5 bis 5 l warmes, heißes oder kochendes Wasser für den Spültisch oder für heiße Getränke (**831**.2).

Die Geräte nach DIN 44536 T. 1 werden in besonders einfacher Montage nach Einschrauben eines Zwischenstückes ohne weitere Wandbefestigung direkt an die Kaltwasserleitung angeschraubt und über eine Schutzkontaktsteckdose an das Stromnetz angeschlossen.

Sie arbeiten nach dem Entleerungsprinzip. Mit einem Füllventil wird vor Einschalten des Stromes das Gerät bis zu der gewünschten Marke am Wasserstandsglas oder einer Füllstandskala mit Kaltwasser gefüllt. Nach dem Aufheizen des Wassers und Abschalten des Stromes wird über ein Warmwasserzapfventil das Warmwasser entnommen.

Mit einem Kaltwasserventil kann kaltes Wasser gezapft oder zugemischt werden.

Auf der Vorderseite dieser Geräte ist eine Sichtskala angebracht, an der Teilfüllungen zwischen 0,5 und 5 Liter abgelesen werden können.

Mit dem eingebauten Temperaturwählbegrenzer ist wie beim Boiler die Temperatur von 35 °C bis zur Kochtemperatur stufenlos einzustellen. Nach Erreichen der gewünschten Temperatur wird die Beheizung automatisch ab- und nicht mehr eingeschaltet. Andere Modelle erhalten mit einer Fortkochstufe das Wasser am Kochen und zeigen dies an. Bei versehentlichem Einschalten ohne Wasserfüllung verhindert ein eingebauter Trockengehschutz das Durchbrennen der Heizkörper. Ein Liter Wasser wird in etwa 4 Minuten zum Kochen gebracht.

Für gewerbliche Zwecke gibt es auch größere als Kochendwasserautomaten bezeichnete Geräte mit 10, 20, 30 und 60 Liter Inhalt und 2 bis 6 kW Nennleistungen in Nirosta-Ausführung.

12.2.3.4 Elektro-Durchlauferhitzer

Durchlauferhitzer können eine oder mehrere Zapfstellen versorgen. Bei ihnen wird das Wasser im Augenblick des Durchfließens durch das Gerät auf etwa 65 °C erwärmt, sobald der Wasserhahn geöffnet wird (**832**.1).

Als Gerätetypen sind hydraulisch und thermisch gesteuerte Geräte zu unterscheiden.

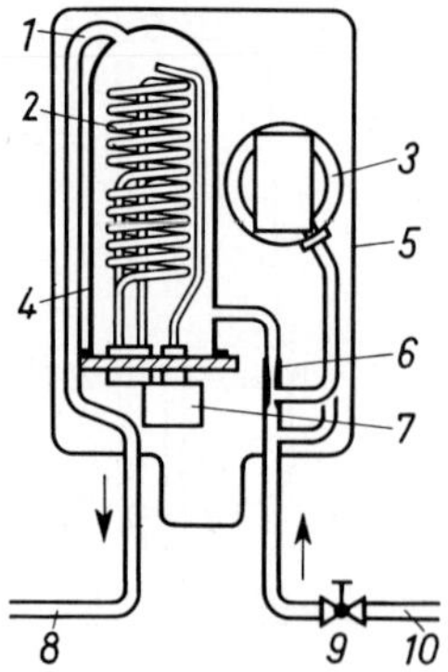

832.1 Elektro-Durchlauferhitzer mit strömungstechnisch (hydraulisch) gesteuerter Heizung (Stiebel)

1 Heißwasserauslauf
2 Heizkörper
3 Differenzdruckschalter
4 Innenbehälter
5 Außenmantel
6 Venturidüse
7 Sicherheitstemperaturbegrenzer
8 Heißwasserauslauf
9 Absperrventil
10 Kaltwasserzulauf

Hydraulisch gesteuerte Elektro-Durchlauferhitzer. Sie besitzen einen Steuerungs- oder Druckdifferenzschalter, der bei Wasserdurchfluß die elektrische Heizung freigibt und wieder abschaltet, wenn der Durchfluß einen Mindestwert unterschreitet (**832**.1).

Die Geräte dieser Art sind Druckgeräte mit einem Betriebsdruck von 10 bar und mehr. Sie benötigen daher weder ein Sicherheits- noch ein Druckminderventil. Wegen ihres geringen Wasserinhaltes von etwa 0,2 l je nach Fabrikat ist auch kein Rückflußverhinderer erforderlich.

Für die zentrale Versorgung von Küchenspüle, Waschtisch und Badewanne wird meist ein Gerät in Zweikreisausführung von 9/18 oder 10/21 kW verwendet. Sie arbeiten im Bereich geringer Durchflußmengen mit halber, sonst mit voller Heizleistung. Dieses Gerät besitzt zwei Auslaufrohre mit je einem Strömungsschalter.

Mit dem Strömungsschalter im Auslaufrohr zur Badewanne wird die volle Leistung eingeschaltet, mit dem Strömungsschalter im Auslauf zu Küchenspüle und Waschtisch dagegen nur die Hälfte oder ein Drittel der Leistung.

Die auf dem Markt befindlichen Elektro-Durchlauferhitzer haben einen Anschlußwert von 12, 18, 21, 24 und seltener 33 kW.

Thermisch gesteuerte Elektro-Durchlauferhitzer. Im Durchlauferhitzer begrenzt ein Temperaturregler über ein eingebautes Schaltschütz die Wassertemperatur auf etwa 65 °C. Bei Wassermangel wird der Strom automatisch unterbrochen. Ein Sicherheitstemperaturbegrenzer schaltet den Strom bei unzulässiger Temperaturüberschreitung ab.

Das Gerät arbeitet bei einem Wasserleitungsdruck zwischen 1,5 und 10 bar ohne Druckminderventil.

Durchlaufspeicher. In Zweikreisausführung verbindet dieser Speicher-Durchlauferhitzer die Vorteile eines Druckspeichers mit 15 Liter Inhalt für den Warmwasserbedarf an Küchenspüle und Waschtisch mit den Vorzügen eines leistungsstarken Durchlauferhitzers zur Versorgung des Dusch- oder Wannenbades.

Ein Temperaturwähler steuert die Grundheizung, während ein Druckdifferenzschalter selbständig die Zusatzheizung einschaltet. Die Einschaltung erfolgt nur, wenn die Wasserentnahme an Wanne oder Dusche im Durchfluß 5 l/min übersteigt.

Ein Sicherheitstemperaturbegrenzer schützt das Gerät vor unzulässiger Temperaturüberschreitung.

Größenbestimmung. Durchlauferhitzer sind in ihrer Warmwasserleistung, der Menge und Temperatur des auslaufenden Wassers, von der Leistung und der Kaltwasserzulauftemperatur abhängig (**820**.1).

Als Faustregel gilt: Die Hälfte der angegebenen Leistung entspricht der Auslaufmenge in Litern je Minute mit ca. 40 °C.

Beispiel: 24 kW Durchlauferhitzer = 12 l/min mit ca. 40 °C.

Wegen ihrer kleinen Abmessungen und ihres geringen Gewichtes können Durchlauferhitzer überall angebracht werden.

Infolge ihres hohen Anschlußwertes muß man jedoch vor der Anschaffung und Installation eines Durchlauferhitzers die Anschlußmöglichkeit beim zuständigen EVU klären.

12.2.3.5 Kombination elektrischer Heißwassergeräte

Der Betrieb einer mit der Zentralheizungsanlage eines Einfamilienhauses oder einer Stockwerkswohnung gekoppelten Warmwasserbereitungsanlage wird in den Sommer- und Übergangsmonaten erst bei der Entnahme von etwa 200 l Warmwasser täglich wirtschaftlich, da die im Winter geringen Stillstands- und Strahlungsverluste in den Sommermonaten weniger als 80% der zugeführten Energie betragen.

Auch muß die Temperatur des Umlaufwassers immer etwa 75 °C betragen, wenn die an der Küchenspüle benötigte verhältnismäßig kleine Warmwassermenge mit der erforderlichen Temperatur von 55 °C bereitgestellt werden soll.

Es ist daher oft wirtschaftlicher, die zentrale Warmwasserversorgungsanlage mit elektrischen Heißwassergeräten zu kombinieren, was auch noch nachträglich möglich ist. Hierfür gibt es zwei Lösungen.

Drucklose Elektro-Heißwassergeräte. Sie werden direkt an der Zapfstelle eingebaut und übernehmen die Warmwasserversorgung bei ausgeschalteter Zentralheizung.

Durch die Verwendung von Drucklos-Druck-Mischbatterien ist trotz zweier verschiedener Warmwasserversorgungssysteme, drucklos und Drucksystem, die Montage nur einer Mischbatterie erforderlich (**833**.1).

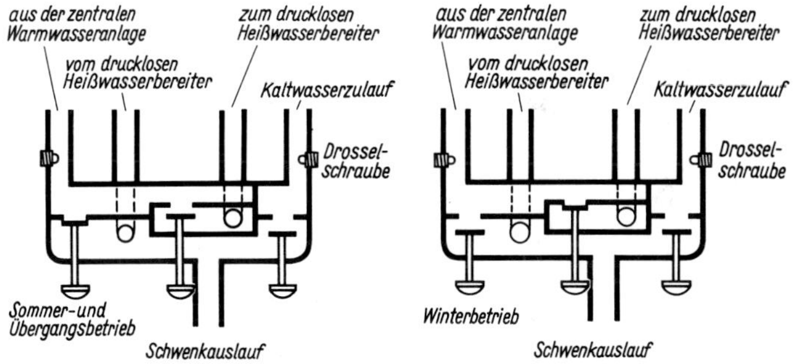

833.1 Schema einer Drucklos-Druck-Mischbatterie

Druck-Elektro-Heißwassergeräte. Sie werden in die vom Heizkessel kommende, als Druckanlage ausgeführte Warmwasserleitung eingebaut (**834**.1).

Dem täglichen Warmwasserbedarf entsprechend kommen Druckspeicher ab 80 l Inhalt in Frage, die mit Nachtstrom aufgeheizt werden.

Ein solches Heißwassergerät mit Temperaturwähler übernimmt dann die volle Aufheizung des kalten Wassers in den Sommermonaten und die Nachheizung des vorgewärmten Wassers in der Übergangszeit.

Auch hier ist darauf zu achten, daß an der am häufigsten benutzten Zapfstelle, der Küchenspüle, warmes Wasser ohne Kaltwasservorlauf bereitsteht, das heißt, die Warmwasserleitung vom Heißwassergerät muß so kurz wie möglich sein.

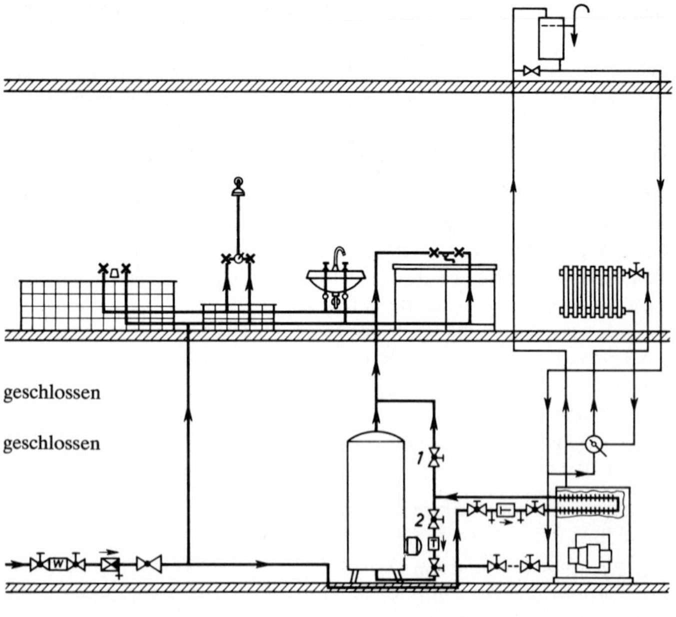

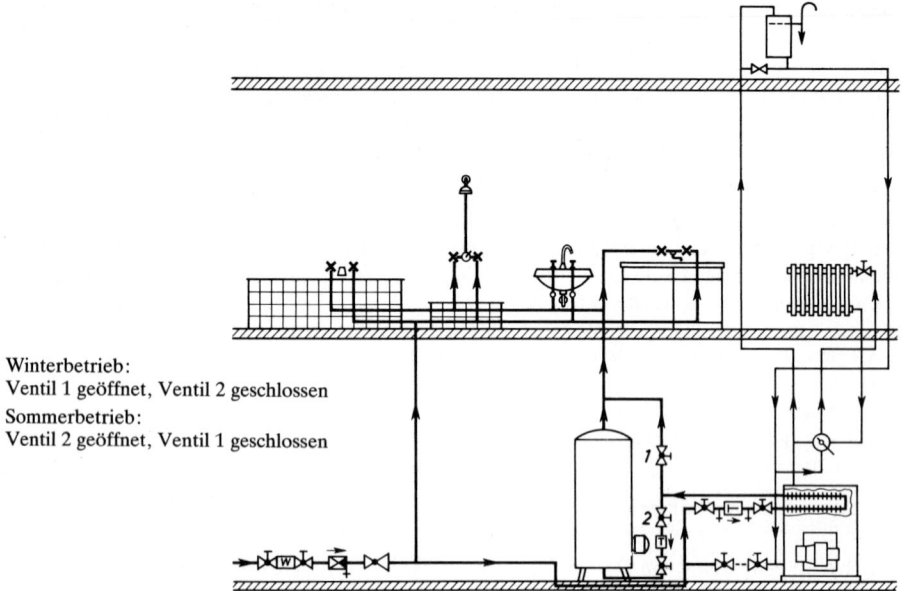

Winterbetrieb:
Ventil 1 geöffnet, Ventil 2 geschlossen
Sommerbetrieb:
Ventil 2 geöffnet, Ventil 1 geschlossen

834.1 Kombination eines elektrischen Druck-Warmwasserspeichers mit einer an eine Zentralheizungsanlage gekoppelten zentralen Warmwasser-Versorgungsanlage (Heizungs-Umwälzpumpe weggelassen)

12.2.3.6 Elektrische Installation

Elektrische Heißwasserbereiter mit einem Anschlußwert bis 2 kW können an einen Licht- oder Steckdosen-Stromkreis angeschlossen werden. Bei über 2 kW Anschlußwert sollten, bei über 3,5 kW müssen sie stets einen besonderen Gerätestromkreis erhalten.

Geräte über 4,4 kW müssen grundsätzlich einen Drehstromanschluß bekommen. Die örtlichen Vorschriften sind außerdem zu beachten.

Geräte mit niedrigen Anschlußwerten beeinflussen bei reinem Nachtstrombetrieb die Abmessungen der Hauptleitungen und bei Verbrauchsmessung über Doppeltarifzähler die Anzahl der Stromkreise in der Wohnung nicht.

Jedes Gerät erhält einen besonderen Schalter, wenn es nicht über einen eingebauten verfügt.

Die wichtigsten Geräteabmessungen der Elektro-Heißwasserbereiter sind in der Tafel **835**.1 zusammengestellt.

12.3 Zentrale Warmwasserbereitung

Zentrale Warmwasser-Bereitungsanlagen versorgen eine größere Zahl von weiter auseinanderliegenden Zapfstellen, an denen ständig warmes Wasser von gleichmäßiger Temperatur in größerer Menge verfügbar sein soll, von einem zentralen WW-Bereiter aus.

Tafel **835**.1 Abmessungen der Elektro-Heißwasserbereiter (Durchschnittswerte ohne Armaturen)

<table>
<tr><th colspan="2">Gerät</th><th>Küchen-boiler</th><th colspan="5">Speicher</th><th>Bade-boiler</th><th>Durchlauf-erhitzer</th></tr>
<tr><td colspan="2">Inhalt bzw. Leistung</td><td>5 l</td><td>5 l</td><td>10 l</td><td>15 l</td><td>30 l</td><td>80 l</td><td>80 l</td><td>6 bis 11 l/min</td></tr>
<tr><td rowspan="3">Raumbedarf cm</td><td>Breite</td><td>22</td><td>25</td><td>30</td><td>35</td><td>40</td><td>50</td><td rowspan="2">40</td><td>22 bis 25</td></tr>
<tr><td>Tiefe</td><td>20</td><td>20</td><td>25</td><td>25</td><td>40</td><td>45</td><td>16 bis 20</td></tr>
<tr><td>Höhe</td><td>40</td><td>37</td><td>45</td><td>60</td><td>110</td><td>125</td><td>100</td><td>37 bis 65</td></tr>
</table>

Da dessen Wärmeverluste und die der Rohrleitungen des Verteilungsnetzes von der Brauchwasserentnahme praktisch unabhängig sind, besonders in Anlagen mit ständigem Wasserumlauf, sinkt der Anteil der Verluste am Gesamtwärmeverbrauch mit steigender Belastung.

Durch eine sorgfältige Planung und Ausführung der Anlage und guten Wärmeschutz aller ihrer Teile wird man diese Verluste so gering wie möglich zu halten suchen.

Anlagengröße. Die Größenbemessung der Anlagen und ihrer Einzelteile geht für Wohnbauten von der Anzahl der Wohnungen und deren Bewohner aus. Dabei wird bei einer größeren Anzahl von Anlagen durch einen Gleichzeitigkeitsfaktor, der zwischen 0,2 und 0,8 liegen kann, berücksichtigt, daß nie alle Anlagen gleichzeitig in Betrieb sind.

Richtwerte geben die Tafeln **817**.1 bis 3 an (siehe auch Abschnitt 10.2.1.10).

Als Grundlage für eine einheitliche Berechnung über die Häufigkeitsverteilung des Wärmebedarfes für zentrale Wassererwärmungsanlagen, die zeitlich und mengenmäßig großen Schwankungen unterliegen kann, dient DIN 4708 T. 1.

Verbrauchsmessung. Die Auslegung der WWB-Anlage eines Mehrfamilienhauses nach den in Abschnitt 12.1.1 mitgeteilten normalen WW-Verbrauchswerten und demgemäß tragbare Betriebskosten setzen voraus, daß der Verbrauch in den einzelnen Wohnungen durch Meßeinrichtungen erfaßt und so einer Verschwendung des WW vorgebeugt wird, die erfahrungsgemäß zu einem Mehrverbrauch bis zu 30% und zu Betriebsstörungen der dann nicht mehr ausreichenden Anlage führen kann.

Da indessen die Kosten für Einbau, Reparatur und Abschreibung der Meßgeräte erheblich sein können, werden die Warmwasserkosten immer häufiger pauschal abgerechnet, so mit Zuschlägen auf die Wohnungsmieten oder nach der Anzahl der Wohnräume ohne Küche, Bad, WC und Flur.

Anlagearten. Zentrale WWB-Anlagen werden heute ausschließlich in unmittelbarer Verbindung mit der Trinkwasserversorgung als geschlossene Anlagen errichtet. In ihren WW-Bereitern wird das Brauchwasser meistens mittelbar nach dem Speichersystem, bei kleineren Anlagen auch nach dem Durchflußsystem erwärmt.

Das Heizmittel kann aufgeheizt werden in einem besonderen Heizkessel, im Kessel einer besonderen Heizungsanlage, durch eine Fernwärmeversorgung oder durch Sonnenwärme.

Brauchwasserbereitung durch Sonnenenergie siehe Abschnitt 12.3.2.

Derzeit wird Warmwasser bei kleineren Wohnhäusern häufig in durch Gas oder Strom unmittelbar beheizten Speichern bereitet.

Wie bereits in Abschnitt 12.1.3 ausgeführt, wird eine vorhandene WW-Zentralheizungsanlage mit Rücksicht auf ein Höchstmaß an Wirtschaftlichkeit auch gleichzeitig zur WW-Versorgung der Wohnungen herangezogen, wenn der öl- oder gasgefeuerte Heizkessel mit der auch für die WW-Bereitung erforderlichen gleichbleibenden Kesseltemperatur von $\geqq 75\,°C$ gefahren und die gleitende Vorlauftemperatur für die Raumheizung durch Rücklaufbeimischung erzeugt wird (**836**.1).

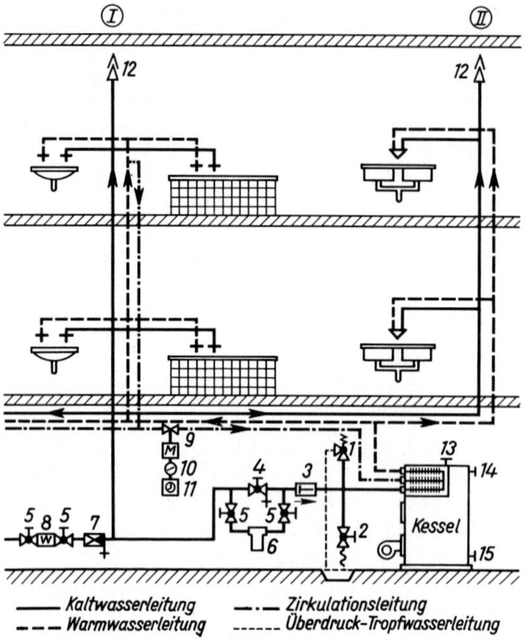

1 Membran-Sicherheitsventil
2 Heizungs-Füllventil
3 Rückflußverhinderer
4 Absperrventil mit Entleerung (Prüfeinrichtung für Rückflußverhinderer)
5 Absperrventil
6 Wasseraufbereiter
7 Rückflußverhinderer mit Entleerung
8 Wasserzähler
9 Motor-Drosselventil (oder Drosselklappe)
10 Schalter
11 Schaltuhr (zum Ein- und Ausschalten der WW-Zirkulation)
12 Rohr-Be- und -Entlüfter
13 Anschluß des Heizungs-Sicherheitsvorlaufes
14 Anschluß des Heizungs-Vorlaufes
15 Anschluß des Heizungs-Rücklaufes

836.1 Zentrale Warmwasser-Bereitungsanlage im Anschluß an einen Heizungskessel mit eingebautem Durchlauf-Warmwasserbereiter; brauchwasserseitige Installation (heizungsseitige Installation s. Bild **629**.1)
Strang I mit Zirkulationsleitung
Strang II ohne Zirkulationsleitung

12.3.1 Speichergefäße

Die WW-Speicher sollen mindestens 0,3 m Wandabstand und 0,3 bis 0,5 m Deckenabstand haben. Flansche und Verschraubungen müssen gut zugänglich, Heizschlangen zum Reinigen bequem aus- und einzubauen sein.

In stehenden Speichern sind die Berührungsflächen zwischen den Zonen verschieden temperierten Wassers kleiner als bei den liegenden Ausführungen, so daß sich bei ihnen das erwärmte Wasser weniger leicht mit dem kühleren mischt.

Da bei der heute allgemeinen Verwendung heizungsseitiger Umwälzpumpen der Speicher auch neben dem Kessel angeordnet werden kann, lassen sich Standspeicher auch bei niedriger Kellergeschoßhöhe einbauen (**841**.2).

12.3.1.1 Brauchwasserspeicher

Brauchwasserspeicher werden vor allem in Bauten, die einen großen und gleichzeitig auch stoßweisen Brauchwasserbedarf aufweisen, also in Hotels, Gaststätten, Pensionen oder Komfortwohnungen, verwendet.

Ihre besonderen Vorteile liegen in der Bereitstellung einer größeren Brauchwassermenge, die der Größe des Speicherinhaltes entspricht und an der Verbrauchsstelle in kürzester Zeit entnommen werden kann.

Bei geringer Entnahme und großem Speicherinhalt wird abgestandenes Wasser geliefert, das für den menschlichen Genuß ungeeignet ist.

Die inneren Wandungen der Speicher sind wegen des sich ständig erneuernden Wassers Korrosionen besonders ausgesetzt.

Bei hartem und nicht besonders aggressivem Wasser bietet verzinktes oder mit Zementmilch oder Speziallacken gestrichenes Stahlblech oft einen ausreichenden Schutz, da ausfallender Kesselstein eine zusätzliche Schutzschicht bildet.

In allen anderen Fällen erhalten die Speicher bei Stahlausführung eine besonders widerstandsfähige Spezialinnenglasur oder Kunststoffbeschichtung. Sie werden auch aus Kupfer, Nickelbronze oder Edelstahl hergestellt.

Doppelmantelspeicher. Doppelwandige Wassererwärmer sind nach DIN 4803 und 4804 für kleine und mittlere Anlagen die billigsten Speicher, bei denen das Heizwasser in einem Mantel den Brauchwasserspeicher umspült. Alle Anschlüsse sind leicht herzustellen. Die Mantelheizfläche ist jedoch schlecht zu reinigen und überträgt die Wärme weniger gut an das Brauchwasser (**837**.1)

Unzulängliche Wärmedämmung führt zu hohen Wärmeverlusten.

Den Doppelmantelspeichern sind auch die Brauchwasserspeicher der Kombi-Heizkessel und die Seitenspeicher und Zellenspeicher nach Abschnitt 12.3.1.3 zuzurechnen (**841**.2 und **842**.1).

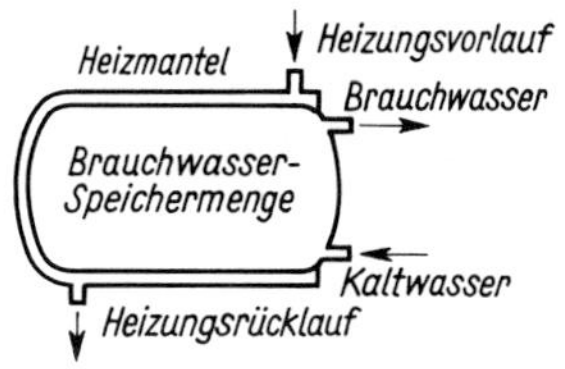

837.1 Prinzip der Speicher-Brauchwassererwärmung mit Heizmantel (Doppelmantelspeicher)

Einwandige Speicher mit Heizschlange. Auch einwandige Elektro-Wassererwärmer nach DIN 44901 T. 1 und 2 mit Heizregister nach DIN 4801 und 4802, die vom Heizmedium durchströmt werden, übertragen die zugeführte Wärme verlustlos an das Brauchwasser. Sie sind leichter zu reinigen (**837**.2).

Die Heizschlangen bestehen aus verzinkten Stahlrohren DN 32 bis 50 oder aus Kupferrohrbündeln 16/18 mm und sollen herausziehbar sein.

837.2 Stehender WW-Speicher 1500 l, warmwasser- oder dampfbeheizt

1 Heizungsvorlauf
2 Heizungsrücklauf
3 Heizregister
4 Kaltwasserzulauf
5 Absperrventil mit Entleerung (Prüfventil)
6 Rückflußverhinderer
7 Manometer
8 Absperrventil
9 Membran-Sicherheitsventil
10 Anschluß für Umlaufleitung
11 Anschlüsse für Thermometer oder Sicherheitsventil
12 Warmwasseraustritt
13 Entleerung

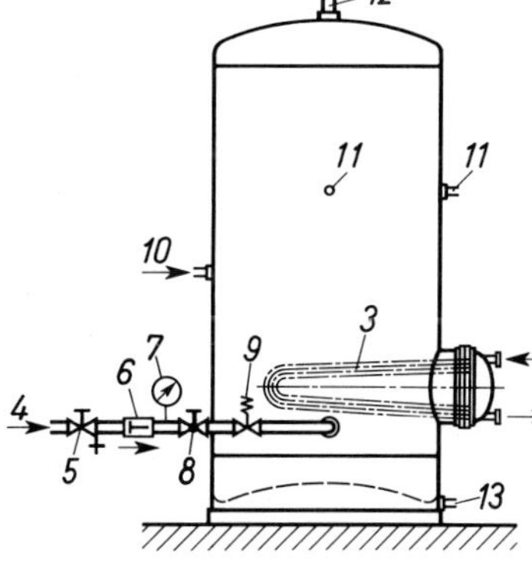

Ein einwandiger liegender Speicher-Wassererwärmer in einer WWB-Anlage ist in Bild **838**.1a dargestellt.

Sie gibt es auch mit einem Boilerthermostat, der durch Steuerung einer Motordrosselklappe im Heizungsvorlauf die Brauchwassertemperatur zum Verringern der Gefahr von Steinablagerung und Korrosion auf etwa 60 °C begrenzt.

Eine anstelle der Drosselklappe angeordnete Boilerladepumpe würde außerdem durch Beschleunigung des Heizwasserumlaufes die Wärmeleistung des Speichers bis auf das Doppelte verstärken können (**683**.1).

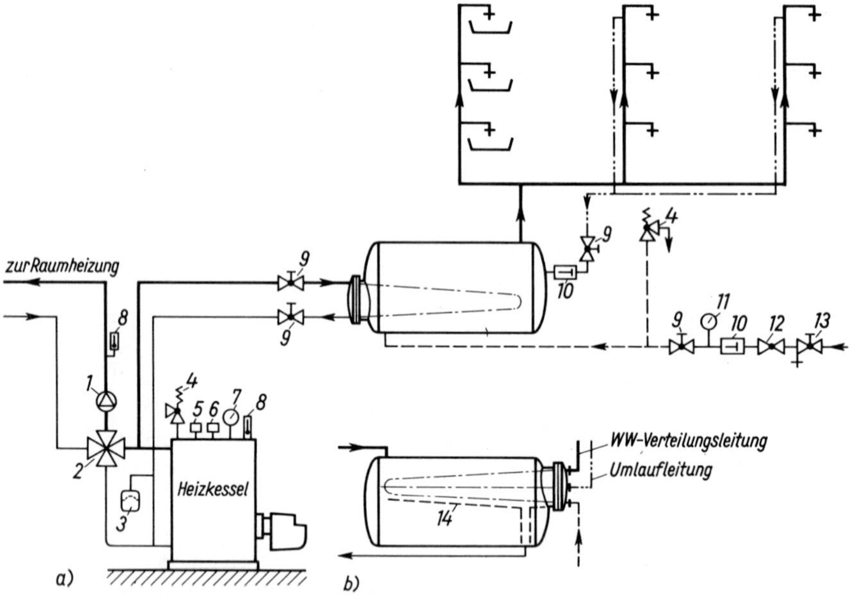

838.1 Zentrale Warmwasser-Bereitungsanlage mit
a) Speicher-Brauchwasserbereiter
b) Durchlauf-Brauchwasserbereiter

1 Umwälzpumpe
2 Vierwegemischer
3 geschlossenes Ausdehnungsgefäß
4 Sicherheitsventil
5 Temperaturregler
6 Temperaturwächter
7 Manometer
8 Thermometer
9 Absperrventil
10 Rückflußverhinderer
11 Manometer
12 Druckminderer
13 Absperrventil mit Entleerung
14 Leitblech

12.3.1.2 Heizwasserspeicher

Bei den Durchlauf-Brauchwasserbereitern (**838**.1 b) durchströmt das Brauchwasser mit hoher Geschwindigkeit die in der oberen heißesten Speicherwasserzone angeordneten druckfesten kupfernen Heizröhrenbündel oder Spezialdurchlaufbatterien aus Rippenrohren und wird dabei durch das im Gegenstrom durch den Speicher geführte Heizwasser erwärmt. Es bleibt daher stets frisch.

Die Geräte sind kaum Korrosion ausgesetzt, weil das Wasser im Speicher selbst nicht erneuert wird und daher die Speicherwandungen nicht angreifen kann und weil die hohe Fließgeschwindigkeit des Brauchwassers im Innern der Heizschlangen es hier nicht zu Korrosionen kommen läßt.

Die Brauchwasserleistung ist unmittelbar von der Kesselleistung abhängig, da die Brauchwasserbereitung erst mit dem Beginn der Entnahme einsetzt, für deren Dauer die Raumheizung evtl. durch eine Brauchwasser-Vorrangschaltung gedrosselt werden muß (**839**.1). Die Zapftemperatur ist von der Zapfmenge abhängig.

Wegen der Gefahr schneller Verkrustung sind Durchlauferhitzer für härtere Wässer etwa ab 12 dH nicht geeignet. In diesem Fall ist eine Wasseraufbereitung vorzusehen.

839.1 Brauchwasser-Vorrangschaltung
1 Differenzdruckschalter
2 Motor-Vierwegemischer
3 Brenner

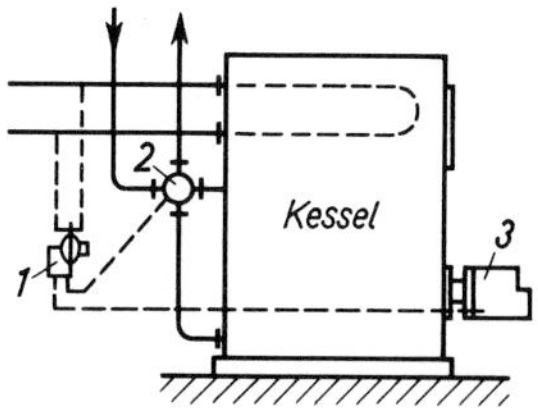

Durchlauf-Brauchwasserbereiter (**838**.1 b) werden vor allem in kleineren Wohnhäusern mit normalen Ansprüchen an die WW-Versorgung sowie allgemein in Fällen gleichmäßigen, der Kesselleistung entsprechenden WW-Bedarfes installiert.

Die Anlagekosten sind niedriger als bei Brauchwasserspeichern.

12.3.1.3 Heizkessel mit eingebautem Warmwasserbereiter

Die gute Regulierbarkeit einer automatischen Feuerungsanlage wie der Öl- und der Gasfeuerung und ihr müheloser Betrieb bilden eine besonders günstige Voraussetzung für eine Koppelung von Raumheizung und Warmwasserbereitung mit einem einzigen Kessel und dennoch völlig voneinander unabhängigem Betrieb beider Anlagenteile. Bei abgeschalteter Heizung wird dann einer solchen Anlagenkombination die Warmwasserbereitung auch im Sommer übertragen.

Kombinationskessel. Ein ganzjähriger Betrieb ist vor allem durch die kombinierten Kessel möglich geworden, in deren heißester Wasserzone, meist oberhalb des Heizungsvorlaufanschlusses, unter einem gemeinsamen Kesselmantel mit besonders gutem Wärmeschutz ein leistungsfähiger Durchlauf- oder Speicher-WW-Bereiter mit ein- oder aufgebaut ist (**633**.1 und **664**.1).

Kombinationskessel werden aus Guß und Stahl als Spezialkessel vorzugsweise für Heizöl EL und Gas, aber auch als Umstellbrand- sowie Wechselbrandkessel (s. auch Abschnitte 10.2.1.6 und 10.2.1.7) für Leistungen von 18 bis 120 kW und mehr gebaut.

Ein durchgehender Betrieb eines Kombinationskessels zur ständigen Bereitschaft der WW-Versorgung auch außerhalb der Heizperiode ist selbst bei bester Wärmedämmung des Kessels und bei zuverlässig geregelter Wärmeerzeugung im Vergleich zur Einzel-WWB mit gas- oder strombeheizten Geräten erst bei einem Jahres-WW-Verbrauch von 50 bis 60 m^3, und damit für einen Haushalt von mehr als 4 Personen, wirtschaftlich.

Ein 3- oder 4-Wege-Mischventil für die Rücklaufbeimischung und eine Umwälzpumpe sind selbstverständliche Ergänzungen jedes kombinierten Kessels.

Die Brauchwasser- und Heizleistungen der Kessel sind sorgsam aufeinander abgestimmt. Daher werden Kombi-Kessel für bis zu 30 Wohnungen mit normalem WW-Bedarf ohne Berücksichtigung der Brauchwasserleistung nur nach der Heizleistung ausgelegt und erhalten eine Brauchwasservorrangschaltung (s. Abschnitt 10.2.4.4).

Für Wohngebäude mit mehr als 30 Wohnungen und bei außergewöhnlich großem WW-Bedarf, wie in Hotels, gilt als Faustregel ein Zuschlag von 10% auf den Gesamtwärmebedarf als ausreichend. Ein genaueres Verfahren ist, je Kopf und Tag 50 l von 60 °C anzunehmen, bei einer Erwärmung um 50 K, und auf 8 Stunden zu verteilen.

Kombinationskessel mit Durchlauf-Warmwasserbereiter (663.1 und 836.1). Die Durchflußbatterie aus Kupfer oder kupferlegierten Rohren wird in der oberen heißesten Kesselwasserzone eingebaut. Zur Vergrößerung der Heizfläche werden diese Rohre häufig berippt.

Einen Richtwert für die Brauchwassererwärmung von 10 °C auf 45 °C bei 80 °C Kesseltemperatur liefert die Formel

$$V = 0{,}4\ Q_K$$

mit V = Brauchwasserleistung in l/min und Q_K = Kesselleistung in kW.

Beispiel. Bei einer Kesselleistung von 30 kW beträgt demnach die Dauerleistung 0,4 · 30 = 12,0 l/min. Die Füllung einer Badewanne mit 150 l Nutzinhalt würde also 150/12,0 = 12,5 min dauern. Da das Füllen einer Badewanne nicht länger als 10 bis 12 min dauern soll, werden Kombi-Kessel mit einer Nennleistung unter 30 kW grundsätzlich nicht mit Durchflußerhitzern hergestellt.

Kombinationskessel mit Speicher-Warmwasserbereiter (664.1). Sie werden angesichts der steigenden Ansprüche an die Warmwasserversorgung zunehmend auch für Wohnungen den Kesseln mit Durchflußerhitzer vorgezogen (**840**.1 und **841**.1).

Als Maßnahme gegen Korrosion werden die Brauchwasserspeicher aus Stahlblech innen spezialemailliert oder kunststoffbeschichtet oder aus Kupfer, Nickelbronze sowie Edelstahl ausgeführt.

Zur Verminderung von Verbrühungsgefahren an den Zapfstellen, von Kalkausfällungen im Speicher und im Rohrnetz sowie von Korrosionen im Rohrnetz sollten die Brauchwassertemperaturen 60 °C nicht übersteigen.

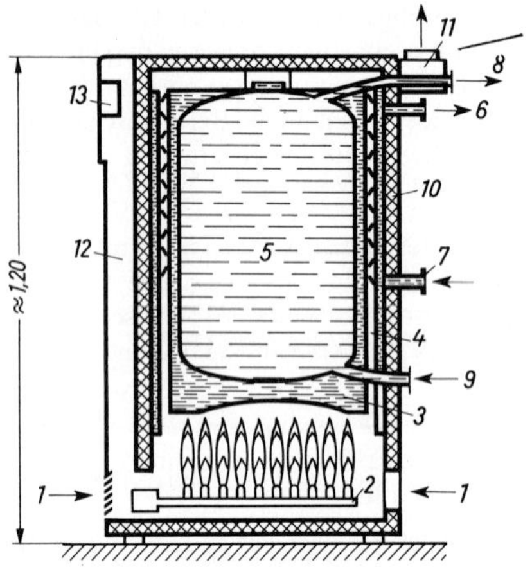

840.1 Kombinationskessel für Gas aus Stahl mit Brauchwasserspeicher (M 1:25) (Viessmann)
1 Zuluft
2 atmosphärischer Gasbrenner
3 Heizwasser
4 ringförmiger Heizgaszug mit Wirbulatoren
5 Brauchwasserspeicher aus Nickelbronze
6 Heizungsvorlauf
7 Heizungsrücklauf
8 Brauchwasseranschluß
9 Kaltwasseranschluß
10 Glaswolle-Dämmschicht 40 mm
11 Abgasstutzen
12 Raum für Gasarmatur, Sicherheits- und Regeleinrichtung
13 Armaturenleiste

Dies ist bei einem in der üblichen Art oben im Kessel eingebauten Brauchwasserspeicher eines Kombi-Kessels jedoch nicht zu erreichen, da das sich hier um den Speicher sammelnde heißeste Kesselwasser von ca. 80 °C das Brauchwasser zwangsläufig auf fast dieselbe Temperatur erwärmt (**841**.1a).

Wird dagegen der eingebaute Speicher als Tief-Speicher in dem unteren Teil des Kessels angeordnet, läßt sich die nachstehend beschriebene Temperaturbegrenzung für das Brauchwasser auch hier erreichen (**841**.1 b).

Über eine Speicherladepumpe, die für die Zirkulation des Heizwassers zum Speicher aufzukommen hat, regelt ein Speicherthermostat die Brauchwassertemperatur im Speicher auf den gewünschten Wert von z. B. 60 °C ein.

Mit Hilfe einer Brauchwasservorrangschaltung (**839**.1) muß natürlich auch hier während einer längeren Brauchwasserentnahme die volle Kesselleistung auf die Brauchwassererwärmung geschaltet werden.

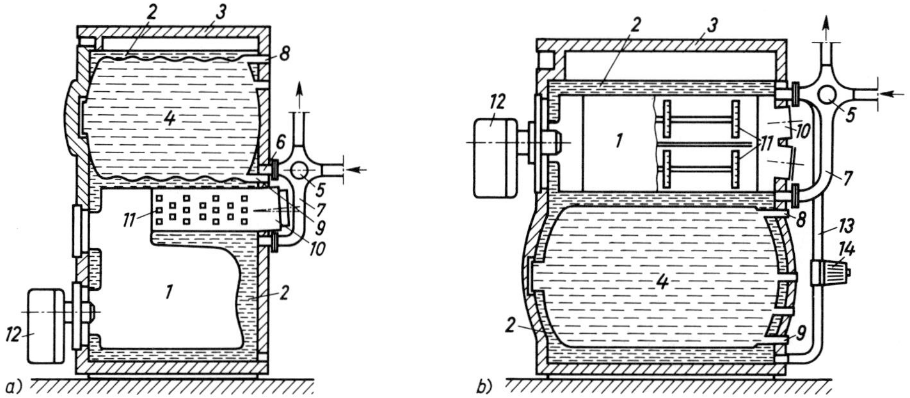

841.1 Kombinationskessel aus Stahl mit Brauchwasserspeicher, ölgefeuert (Viessmann) mit
a) Hochspeicher
b) Tiefspeicher und Speicherladepumpe

1	Brennkammer	8	Brauchwasseranschluß
2	Heizwasser	9	Kaltwasseranschluß
3	Dämmschicht	10	Rauchrohrstutzen
4	Brauchwasserspeicher	11	Wirbulatoren
5	Vierwege-Mischventil	12	Brenner
6	Anschluß an Heizungsvorlauf	13	Heizwasser-Zirkulationsleitung für Speicher
7	Anschluß an Heizungsrücklauf	14	Speicherladepumpe

Kessel-Speicher-Kombinationen mit Beistellspeicher. Bei Kombinationskesseln, deren Speicher vom Heizkessel getrennt und nur über Rohrleitungen miteinander verbunden sind, wie bei gußeisernen Kombi-Kesseln (**664**.1c und **683**.1) oder bei Beistellspeichern (**841**.2), ist eine Temperaturbegrenzung möglich.

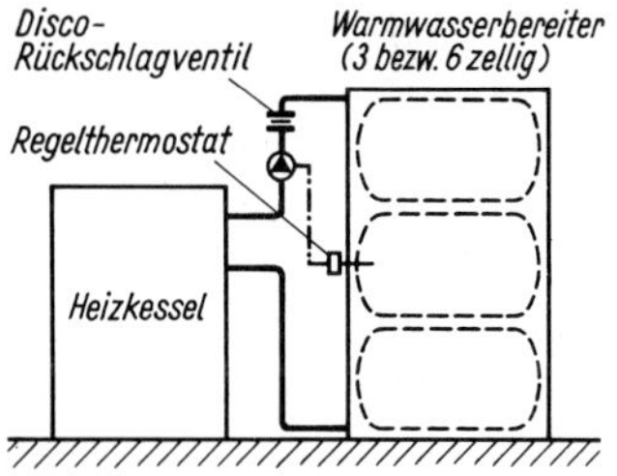

841.2 Anordnung eines Brauchwasserspeichers, Zellenspeicher als Seitenspeicher, neben dem Heizkessel

Um einem größeren Warmwasserbedarf genügen zu können, als es mit den aus konstruktiven Gründen in ihrem Volumen beschränkten auf- oder eingebauten Speichern der bisher behandelten Kombi-Kessel möglich ist, baut man auch Kessel-Speicher-Kombinationen mit Beistellspeichern, das sind neben dem Kessel oder zwischen zwei Kesseln angeordnete, mit ihm ebenfalls durch kurze Rohrleitungen mit Ladepumpe zu einer Einheit verbundene, stehende oder liegende, auch mehrteilige Brauchwasserspeicher von variabler Größe unter einheitlichem Kesselmantel mit Wärmeschutz.

Die Temperatur des Brauchwassers wird hier ebenfalls in der soeben gekennzeichneten Weise begrenzt (**841**.2 und **842**.1).

Anlagekosten und Wärmeverluste der Kesselkombinationen mit Brauchwasser-Speichern sind höher als bei denen mit Durchlauferhitzern.

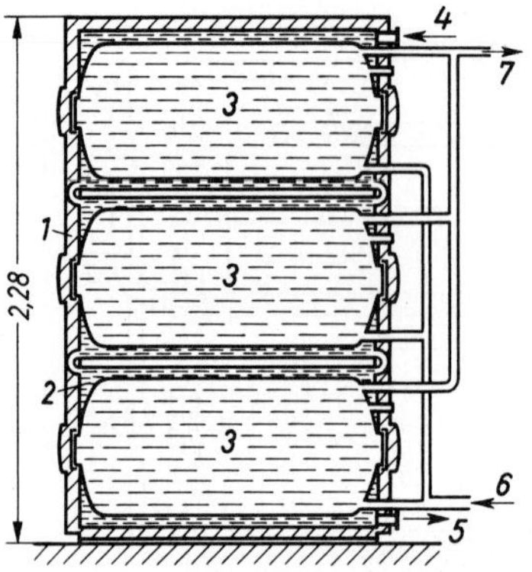

842.1 Mehrzelliger Brauchwasserspeicher zur Aufstellung neben dem Kessel (M 1:50) (Viessmann)
1 Glaswolle-Dämmschicht
2 Heizwasser
3 Speicherzelle
4 Heizwasservorlauf
5 Heizwasserrücklauf
6 Kaltwasseranschluß
7 Brauchwasseranschluß

Kombi-Heizthermen. Dies sind kombinierte Gas-Wasserheizer zum Betrieb einer zentralen Warmwasserbereitung und einer Gas-Umlaufheizung nach Abschnitt 10.1.2.3. Zum Heizen dient dabei eine Heiztherme mit allen eingebauten Regel- und Sicherheitseinrichtungen (**660**.2).

Das warme Wasser wird in einem wärmegedämmten Wärmeübertrager mit Durchflußbatterie erzeugt. Dabei kann man vielfach zwischen 2 Schaltungen wählen. Entweder wird eine kleine Menge Brauchwasser im Wärmeübertrager zu ständiger Bereitschaft auf Temperatur gehalten oder der Wärmeübertrager wird erst beim Warmwasserzapfen aufgeheizt.

Der Vorteil von Kombi-Thermen liegt vor allem in ihrer platzsparenden Installation (**660**.1).

12.3.2 Sonnenwärme

Günstiger als bei der Sonnenheizung (s. Abschnitt 10.6.1) liegen die Verhältnisse bei der das ganze Jahr über andauernden Warmwasserversorgung durch Sonnenwärme.

Der mittlere Temperaturunterschied zwischen dem Brauchwasser und seiner Umgebung beträgt hier nur etwa 35 K.

Durch das geringere Speichervolumen entstehen geringere Mehrkosten.

Die Ausnutzung der Sonnenenergie befindet sich noch in der Entwicklung, da viele Grundlagen nicht genügend abgesichert sind und eine Amortisation bis heute kaum möglich ist.

Anwendung. Die einfachste Anwendung besteht grundsätzlich für den Niedertemperaturbereich mit preisgünstigen Flachkollektoren (**741**.1).

Sie eignen sich zur direkten Schwimmbeckenwasser-Erwärmung (**743**.2), Trinkwasser-Erwärmung bis 60 °C und Erwärmung eines Brauchwasserspeichers (**844**.1), aber auch zur Unterstützung der Raumheizung (Tafel **843**.1).

Die Preise der Sonnenenergieanlagen liegen wegen der hohen Investitionskosten über der Wirtschaftlichkeitsgrenze. Es empfiehlt sich daher, nur funktionell einfache, unkomplizierte Anlagen zu erstellen.

Im Niedertemperaturbereich kann durch teure Kollektoren und aufwendige Anlagen keine wesentliche Verbesserung des Wirkungsgrades erreicht werden.

Planung. Bei der Planung und Erstellung einer Sonnenkollektor-Anlage zur Brauchwasserbereitung sind folgende Erfahrungen zu berücksichtigen.

Ausrichtung der Kollektoren nach Süden.
Bester Kollektorneigungswinkel liegt zwischen 40 °C und 50 °C, der etwa der jeweiligen geographischen Breite entspricht, für größte Ausnützung im Sommer zwischen 30 °C und 50 °C.

Tafel **843**.1 Empfehlenswerte Anwendungsgebiete von Solaranlagen

Einsatzgebiet	Schwimmbad	Warmwasser	Heizungsunterstützung[1])
Privathäuser	×	×	×
Altenheime		×	×
Pflegeheime		×	×
Pensionen	×	×	×
Hotels	×	×	×
Campingplätze	×	×	
Sportanlagen	×	×	
Labors		×	

[1]) Einsatz nur sinnvoll, wenn die Raumheizung auch im Sommerhalbjahr gewünscht wird.

Wirtschaftlichste Speichertemperatur für einfache Flachkollektoren ist etwa 40 °C. Angenähertes Speichervolumen mit 0,04 m^3 je m^2 Kollektorfläche annehmen. Speicherung der Wärme ist erforderlich, da Wärmeanfall und Bedarf zeitlich nicht übereinstimmen. Daher Einbau von Sicherheitsarmaturen mit Steuerungsanlage gegen Überhitzung.
Wärme- und Korrosionsbeständigkeit aller Werkstoffe für Kollektoren, Leitungen und Speicher beachten.

Für Sonnenwärmeanlagen ist als Sicherheitseinrichtung gegen Drucküberschreitung immer ein Ausdehnungsgefäß nach DIN 4807 T. 1 erforderlich (**844**.1 bis **845**.1).

Kollektorfläche. Im Sommer kann man mit einem täglichen Energiegewinn von etwa 2,0 kWh/m^2 Kollektorfläche, im Jahresdurchschnitt aber nur mit maximal 500 bis 600 W/m^2 rechnen.

Bei einem Brauchwasserwärmebedarf von täglich etwa 5 kWh je Wohnung sind im Sommer etwa 2,5 m^2 und im Winter etwa 10,0 m^2 Kollektorfläche erforderlich.

Praktisch wählt man die Kollektorfläche überschläglich mit etwa 2,0 m^2 pro Person.

Warmwasserbedarf. Der tägliche Warmwasserverbrauch je Person ist nach VDI 2067 Blatt 4 mit 15 bis 120 l und 45 °C warmem Wasser angesetzt (s. auch Tafeln **817**.1 und 2).

Dabei wird in drei Bedarfsbereiche unterteilt. Der höchste Bedarfsbereich ist mit 40 bis 80 l pro Tag und Person bei 60 °C warmem Wasser angegeben. Er sollte hier angewendet werden, um möglichst allen Anforderungen nachkommen zu können.

Der Speicher selbst wird meist zweiteilig ausgeführt. Der obere Teil ist dann dem Entnahmebereich mit 45 °C, der untere Teil dem Aufheizbereich mit dem Kaltwasseranschluß vorbehalten (**844**.1).

Funktion. Das im Kollektor erwärmte Wasser wird durch eine Umwälzpumpe einem Doppelmantelspeicher (**837**.1) zugeführt, wo es seine Wärme an das Brauchwasser abgibt.

Die Pumpe wird so gesteuert, daß sie bei etwa 5 K Temperaturdifferenz zwischen Kollektor und Speicher in Betrieb gesetzt wird.

Nachheizung. Im Sommer kann der Brauchwasserwärmebedarf mit etwa 80%, im Winter dagegen nur zu etwa 20% durch die Sonnenwärme gedeckt werden.

Je m^2 Kollektorfläche können jährlich etwa 350 kWh (200 bis 500 kWh) gewonnen werden, was einer Ölersparnis von etwa 100 l entspricht.

Die gelegentlich im Sommer erforderliche Nacherwärmung erfolgt durch einen elektrischen Heizeinsatz im Wärmespeicher (**844**.1) oder mit einem Gasdurchlauferhitzer (**844**.2).

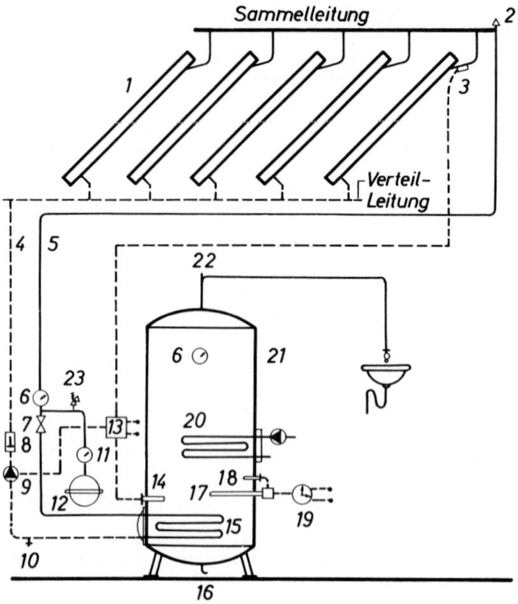

1 Kollektor
2 Entlüftungsventil
3 Anlagefühler
4 Rücklauf
5 Vorlauf
6 Zeigerthermometer
7 Absperrventil
8 Schwerkraftbremse
9 Umwälzpumpe
10 Entleerungshahn
11 Manometer
12 Ausdehnungsgefäß
13 Regelanlage
14 Temperaturfühler
15 Wärmetauscher Solarkreislauf
16 Kaltwasserzulauf
17 Elektroheizung
18 Thermostat
19 Zeitschaltuhr für Nachheizung
20 Wärmetauscher für Nachheizung über Heizkessel
21 Warmwasser-Bereiter
22 Warmwasser-Ablauf
23 Sicherheitsventil

844.1 Standard-Anlage für Brauchwassererwärmung, Funktionsschema (BBC-Solarwatt, Süddeutsche Metallwerke GmbH)

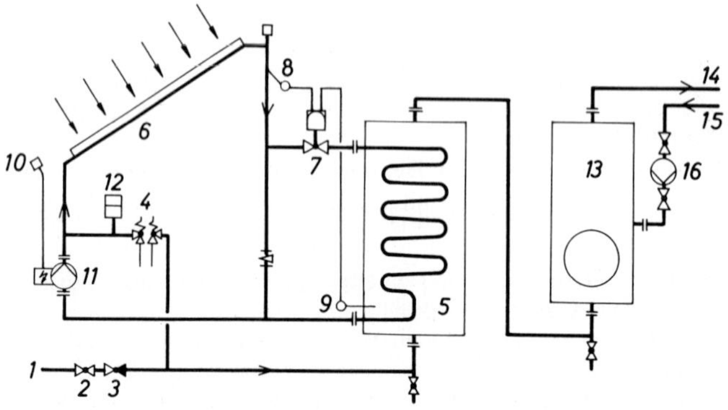

844.2 Solaranlage für die Warmwasserversorung eines Wohnhauses (nach Feurich/Bösch)

1 Kaltwasser
2 Absperrventil
3 Rückflußverhinderer
4 Sicherheitsventil
5 Warmwasserspeicher
6 Sonnenkollektor
7 Steuerventil
8 Temperaturfühler
9 Temperaturfühler
10 Photozelle (steuert Umwälzpumpe)
11 Umwälzpumpe
12 Ausdehnungsgefäß
13 Wassererwärmer
14 Warmwasser
15 Zirkulation
16 Zirkulationspumpe

Im Sommer ist eine Nachheizung durch einen Zentralheizungskessel wenig zweckmäßig. Sie sollte nur im Winterbetrieb angewendet werden (**845**.1).

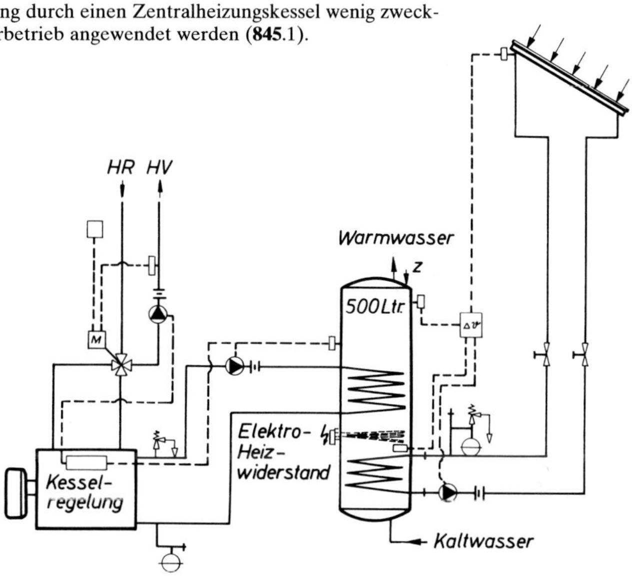

845.1 Solaranlage für Warmwasserbereitung mit Zellenspeicher (VertiCell-bivalent – 3/1), Elektro-Heizwiderstand und Heizkesselanschluß (Vitola-e) (Viessmann)

Jede Sonnenwärme-Anlage erfordert in der Planung und Ausführung eine fachkundige Zusammenarbeit von Fachleuten der Sanitär-, Heizungs-, Elektro- und Regeltechnik.

12.3.3 Rohrleitungen und Armaturen

Nachfolgende Ausführungen gelten sinngemäß auch für die Rohrleitungen der Einzel- und Gruppen-WWB-Anlagen.

Rohrleitungen. Heizleitungen für die gewählten Wärmeträger Warm- oder Heißwasser, seltener Nieder- oder Hochdruckdampf, verbinden den Kessel oder den Wärmetauscher einer Fernwärmeversorgung mit dem WW-Bereiter.

Nach Bemessung, Werkstoffen und Verlegung entsprechen sie den Rohrleitungen der betreffenden Heizungssysteme, auf die daher verwiesen werden kann (s. Abschnitt 10.2.7).

Kaltwasserzuleitungen schließen die Brauchwasserseite der WW-Bereiter an die Trinkwasserleitung einer zentralen oder einer Hauswasserversorgung, bei offenen Anlagen über ein Speichergefäß, an.

Sie sind nach DIN 1988 T. 3 zu berechnen und auszuführen (s. Abschnitt 2.5).

Warmwasser-Verteilungs-, Steig- und Zweigleitungen führen das erwärmte Brauchwasser vom WW-Bereiter zu den Zapfstellen. Sie beginnen beim Brauchwasserspeicher an dessen Oberkante, beim Durchlauferhitzer am WW-Stutzen der Batterie und werden meistens mit unterer, seltener mit oberer Verteilung angeordnet.

Umlaufleitungen. Diese Zirkulationsleitungen sollen verhindern, daß bei längeren Zapfpausen die Wassertemperatur in den Versorgungsleitungen durch Abkühlung zu sehr absinkt.

Von den obersten Zapfstellen führt daher jeweils eine schwache Umlaufleitung zum Speicher zurück. Der Wasserumlauf kann dabei wie bei der WW-Heizung durch die Schwerkraft oder eine Umwälzpumpe, etwa ab 20 m Leitungslänge, erfolgen.

Umlaufleitungen sind nur dort nötig, wo häufig geringe Wassermengen gezapft werden, so an Handwaschbecken, nicht jedoch für Stränge, die nur Badewannen versorgen (**838**.1).

Ohne Umlaufleitungen kann das Verteilungsnetz wegen des ausreichenden Betriebsdruckes beliebig mit Steigung und Gefälle verlegt werden, bei Schwerkraftumlauf ist es nach den Regeln für die Schwerkraft-WW-Heizung auszubilden.

Werkstoffe. Alle Brauchwasserleitungen sind durch Korrosion gefährdet, deren Grad von der Beschaffenheit, der Temperatur und dem Druck des Wassers sowie von der Häufigkeit des Wasserwechsels abhängt. Eine Rückfrage beim WVU wird empfohlen.

Verzinkte Stahlrohre sind nicht für jedes Wasser geeignet und vor allem durch kupferhaltiges Wasser sehr gefährdet, sie dürfen daher grundsätzlich nicht hinter kupfernen Bauteilen eingebaut werden (**846**.1). Kupferplattierungen von 0,3 bis 1,0 mm Dicke haben sich vielfach bewährt.

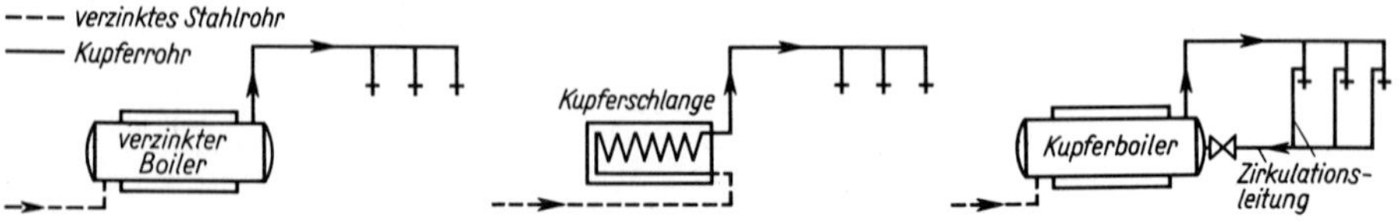

846.1 Zusammenbau von Kupfer und Stahl in WWB-Anlagen (nach v. Franqué)

Kupferrohre sind relativ korrosionsbeständig, frei von Steinansatz und somit ein guter Werkstoff für WW-Leitungen. Durch kleinere Rohrnennweiten gegenüber Stahlrohrleitungen, ihre billigere Verlegung und längere Lebensdauer ist ein Teil der gegenüber den Stahlrohren höheren Materialkosten ausgeglichen. Besonders mit einem PVC-Schutz- oder Wärmeschutzmantel werden Kupferrohre daher in steigendem Maße bei der WW-Bereitung eingesetzt.

Kunststoffrohre sowie Rohre aus anderen Werkstoffen haben sich für WW-Leitungen bisher nicht voll durchsetzen können.

Rohrweiten. Sie sind für ausgedehntere WWB-Anlagen sorgfältig nach Abschnitt 2.5.2 zu berechnen. Dabei sollen keine größeren Wassergeschwindigkeiten angesetzt werden als 0,8 bis 1,2 m/s für Zweigleitungen in den Geschossen, 1,0 bis 1,5 m/s für Steigleitungen und 1,5 bis 2,5 m/s für Kaltwasserzuleitungen.

Überschlagswerte können aus Tafel **847**.1 entnommen werden.

Wärmeschutz. WW-Leitungen sind ebenso wie Heizkessel und WW-Bereiter mit einem einwandfreien Wärmeschutz zu versehen, so daß die Gesamtwärmeverluste höchstens 20 bis 30% des Gesamtwärmeaufwandes ausmachen.

Die Ausführung des Wärmeschutzes der Rohrleitungen unterscheidet sich nicht von der für Heizungsleitungen (s. Abschnitte 10.2.7.4 und 10.7.2).

Armaturen. Die in die Kaltwasserzuleitungen einzubauenden Sicherheitsarmaturen sind in Abschnitt 12.1.4 beschrieben.

Ventile für Warmwasserleitungen unterscheiden sich von denen der Kaltwasserleitungen nur durch die besonderen Dichtungsscheiben aus Vulkanfiber (s. Abschnitt 2.5.5).

Sie sind als WW oder durch rote Farbe gekennzeichnet.

Erhalten Spül- und Waschtische getrennte Kalt- und Warmwasser-Auslaufventile, so gehört das Warmwasserventil stets links neben das Kaltwasserventil.

Tafel **847**.1 Nennweiten für Stahlrohrleitungen von WWB-Anlagen im Wohnungsbau, Überschlagswerte (nach H. Sander)

Wassergeschwindigkeit v m/s→	Kaltwasserzuleitung zum Speicher		Warmwasserleitungen			Umlaufleitungen	
	2,0	2,5	1,2	1,5	1,8	Schwerkraftbetrieb	Pumpenbetrieb
	DN		DN			DN	
1 Waschtisch	–		10			–	
1 Spültisch			15		10		
1 Badewanne			20	(15)	15		
n[1]) = 1	15		20		(15)	10	
2	20		25		20	15	10
4	25	20	32	25		15	(10)
6	25		32		25	20	(10)
8	25		32		25	20	15
10	32	25	40	32		20	15
12	32	25	40	32		20	15
15	32		40		32	20	15
20	32		50	40		25	(15)
25	40	32	50	40		25	20
30	40	32	50		40	25	20
40	40		50		40	25	20

vergleichbare Rohrweiten	Stahlrohr DN	10	15	20	25	32	40	50
	Kupferrohr $d \times s$	12 × 1	18 × 1	22 × 1	28 × 1,5	35 × 1,5	42 × 1,5	54 × 2

[1]) n = Anzahl der Wohnungen mit je 1 Waschtisch, 1 Spültisch, 1 Badewanne

Mischbatterien. Einfache Mischventile oder Mischbatterien für Wasch- und Spültische, Badewannen und Brausebäder sind Doppelventile für linksseitigen Warmwasser- und rechtsseitigen Kaltwasseranschluß mit einem Zwischenstück und gemeinsamem, meist schwenkbarem Auslauf, oft verbunden mit einem Umlegehebel zum Betätigen einer Ablaufgarnitur.

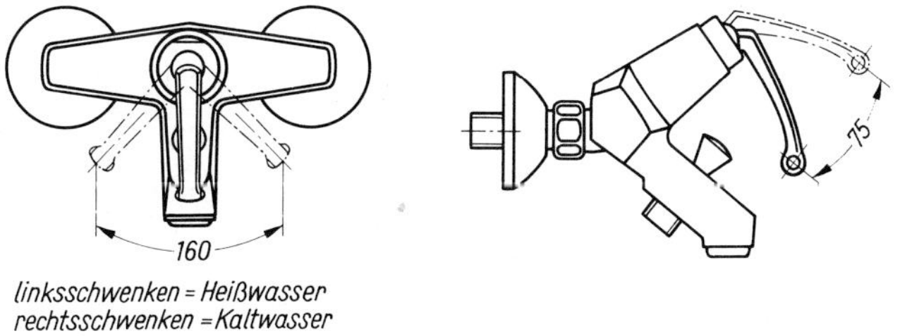

847.2 Hebel-Wannenfüll- und Brausebatterie (Hansa-Metallwerke AG)

Standbatterien sind zur Montage auf dem rückwärtigen Rand des Spül- oder Waschtisches, Untertischbatterien darunter (**247**.1) vorgesehen.

Wandmischbatterien zum Anbringen an der Wand oberhalb des Spül- oder Waschtisches oder der Badewanne (**847**.2) sollten einen verstellbaren Abstand der Wandanschlüsse zum Abstimmen auf die Fliesenteilung von 153 mm haben (**269**.1 und **270**.2).

Eingriff-Sicherheitsmischbatterien öffnen stets zuerst den Kaltwasserzulauf und verhüten so Verbrühungen bei Wassertemperaturen > 40 °C (**848**.1).

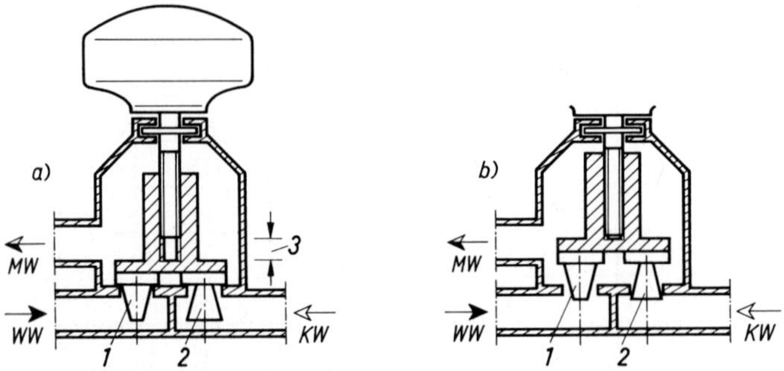

848.1 Sicherheitsmischbatterie

a) Kalt- und Warmwasserventil geschlossen
b) Kaltwasserventil geschlossen, Warmwasserventil offen

1 Ventilkegel „Warm“
2 Ventilkegel „Kalt“
3 Begrenzung der Mischwassertemperatur durch Verringerung des Ventilhubes möglich

WW Warmwasserzufluß vom WW-Bereiter
KW Kaltwasserzufluß von der Trinkwasserleitung
MW Mischwasserabfluß zum Ventilauslauf

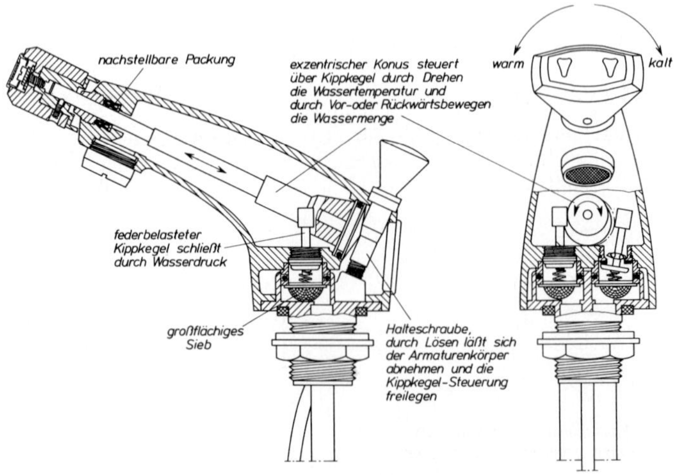

848.2 Waschtisch-Einhand-Mischbatterie (Ideal-Standard GmbH)

Einhebel-Sicherheitsmischbatterien haben den weiteren Vorteil, daß mit einer Hand sowohl die Wassermenge zu dosieren als auch die Wassertemperatur zu regulieren ist, wobei eine gewählte Temperatur eingestellt bleiben kann (**847**.2 und **848**.2).

Durchweg sind die Mischventile, soweit sie nicht für drucklose Elektro-Heißwasserbereiter bestimmt sind, mit einem Strahlregler (**306**.1) ausgerüstet.

Einen Brausekopf ohne Sieb, der nicht verstopfen kann, für Duschbäder zeigt Bild **849**.1.

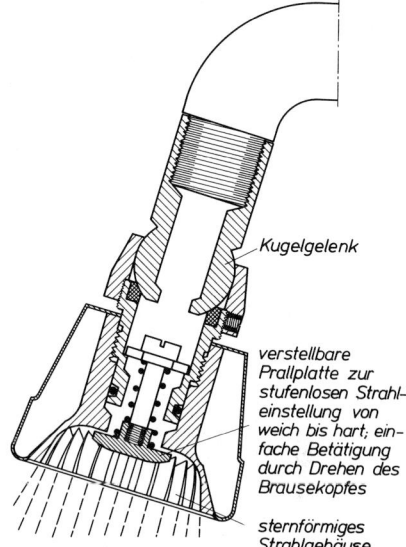

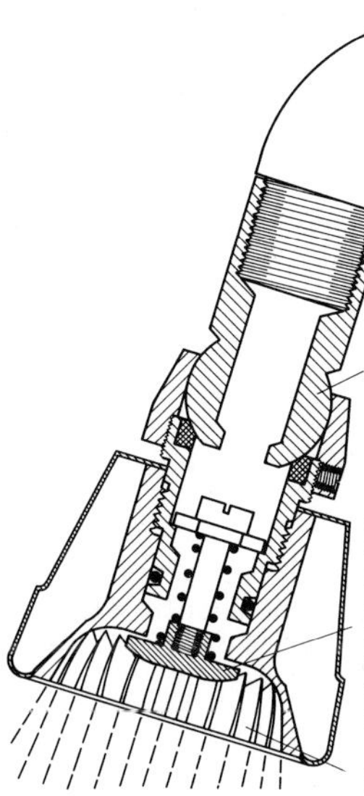

849.1 Brausekopf mit Kugelgelenk ohne Sieb, daher nicht verstopfend (Ideal-Standard GmbH)

Thermostatische Mischbatterien. Bild **849**.2 zeigt im Schema eine durch einen flüssigkeitsgesteuerten Thermostat geregelte selbsttätige Sicherheitsmischbatterie, an deren Skalengriff die gewünschte Temperatur einzustellen und der wirksame Temperaturbereich auf Wunsch nach oben und unten zu begrenzen ist und deren Heißwasserventil bei Ausfall der Kaltwasserzuleitung sofort schließt.

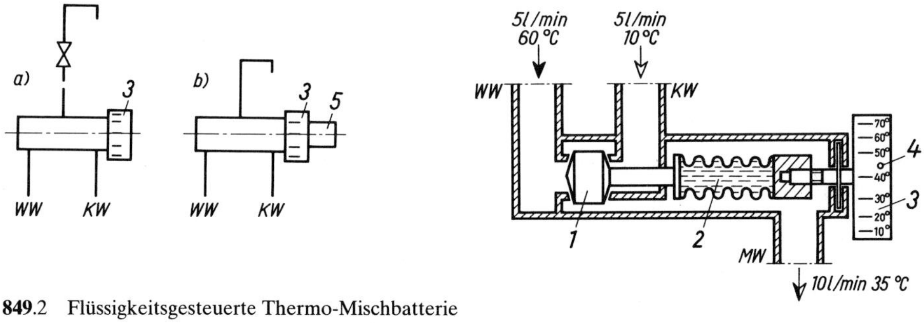

849.2 Flüssigkeitsgesteuerte Thermo-Mischbatterie
a) mit Entnahmeventil in der Mischwasserleitung
b) mit eingebautem Mengenreguliergriff (gleichzeitig Entnahmeventil)
1 Doppelsitzventil
2 Temperaturfühler als Federrohr, gefüllt mit einer Sperrflüssigkeit mit hohem Ausdehnungskoeffizienten
3 Sollwertsteller mit
4 Arretierung bei 45 °C
5 Mengenreguliergriff

WW Warmwassereingang vom Warmwasserbereiter
KW Kaltwassereingang von der Trinkwasserleitung
MW Mischwasserausgang zur Zapfstelle

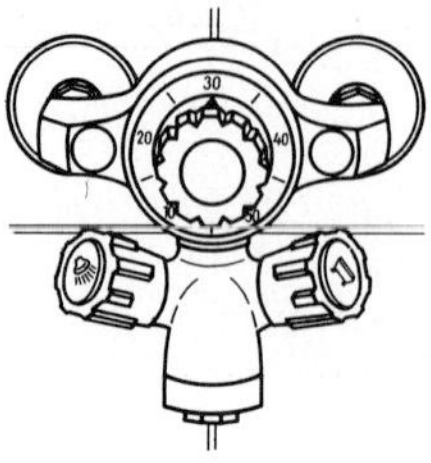

Eine andere, bimetall-gesteuerte thermostatische Mischbatterie zeigt Bild **850**.1.

850.1 Thermostat-Wannenfüll- und Brausebatterie mit eingebauten Rückschlagventilen und Vorabstellventilen, mit verstellbaren Anschlüssen und Luftsprudler (ROKAL GmbH)

12.4 Steinbildung und Korrosion

Zur Vermeidung von Schäden durch Steinbildung in der Trinkwasser-Installation und Schäden durch Korrosion an metallenen Werkstoffen in Gebäuden und Grundstücken gilt DIN 1988 T. 7.

Diese Norm soll in enger Verbindung mit DIN 1988 T. 1 bis 6 und T. 8 angewendet werden.

12.4.1 Steinbildung

Steinbildung in Kaltwasser-Rohrleitungen treten fast nie auf, da die Neigung des Wassers zur Kalkabscheidung erst mit der Temperatur steigt.

Daher ist das jeweilige Verfahren zur Trinkwassererwärmung auf die vorhandenen Wasserverhältnisse und die gewünschte Betriebsweise abzustimmen.

Schäden durch Steinbildung können durch Temperaturabsenkung und die Wahl von Trinkwassererwärmern mit geringer Heizflächenbelastung reduziert oder sogar vermieden werden.

Reicht eine Temperaturabsenkung nicht aus, können nachfolgende Wasserbehandlungsmaßnahmen zur Vermeidung von Steinbildung angewendet werden.

Dosierung von Polyphosphaten. Sie verhindert die Steinbildung. Bei langen Verweilzeiten im Gerät, bei Temperaturen über 60 °C und bei stärker zur Kalkabscheidung neigendem Wasser ist die Wirkung von Phosphaten jedoch häufig nicht ausreichend.

Enthärtung durch Ionenaustausch. Durch den Austausch der Calcium- gegen Natrium-Ionen kann Steinbildung verhindert werden.

Die Wasserenthärtung stellt jedoch keine Korrosionsschutzmaßnahme dar.

Das Korrosionsverhalten von Rohren wird durch Enthärtung im allgemeinen nicht beeinflußt. Jedoch kann in verzinkten Stahlrohren eine Braunfärbung, bei Kupferrohren eine Grünfärbung des Wassers auftreten. Hiergegen ist eine Dosierungsmaßnahme nach Abschnitt 12.4.2 möglich.

In DIN 1988 T. 7 werden Einsatzhinweise für Wasserbehandlungsmaßnahmen zur Vermeidung von Steinbildung in Abhängigkeit von der Calcium-Massenkonzentration des Kaltwassers sowie der mittleren Warmwassertemperatur ϑ, der Reglertemperatur, angegeben (Tafel **851**.1).

12.4.2 Innenkorrosion

Anlagenplanung. Die korrosionsschutzgerechte Gestaltung der Trinkwasseranlagen ist Aufgabe des Planers.

Tafel **851**.1 Wasserbehandlungsmaßnahmen zur Vermeidung von Steinbildung in Abhängigkeit von Calcium-Massenkonzentration und Temperatur (nach DIN 1988 T. 7)

Calcium-Massenkonzentration mg/l	Maßnahmen bei $\vartheta \leq 60\,°C$	Maßnahmen bei $\vartheta > 60\,°C$
bis 80 (entspricht etwa Härtebereich 1 und 2)	keine	keine
80 bis 120 (entspricht etwa Härtebereich 3)	keine oder Stabilisierung oder Enthärtung	keine oder Stabilisierung oder Enthärtung
ab 120 (entspricht etwa Härtebereich 4)	keine oder Stabilisierung oder Enthärtung	Stabilisierung oder Enthärtung

Siehe auch DIN 1988 T. 2, Abschnitt 8

Zur weitgehenden Vermeidung von Schäden durch Innenkorrosion dienen nachfolgende Maßnahmen.

Die zweckmäßige Auswahl der Rohrwerkstoffe,
die Ausschreibung von normgerechten Erzeugnissen,
die Prüfung eventuell erforderlicher Wasserbehandlungsmaßnahmen,
die Festlegung einer den Wasserwechsel begünstigenden Leitungsführung,
die Auswahl der geeigneten Trinkwassererwärmer,
die Begrenzung der Dauerwassertemperatur auf 60 °C in Stahlrohrleitungen und
die Begrenzung der Fließgeschwindigkeit auf 0,5 m/s in WW-Zirkulationsleitungen.

Planungsmaßnahmen zur Vermeidung von Steinbildung sind in Abschnitt 12.4.1 beschrieben.

Werkstoffwahl. Bei fehlender praktischer Erfahrung des Planers ist beim WVU Auskunft über die zu erwartende Wasserqualität in dem Verhalten gegenüber den zum Einsatz vorgesehenen Werkstoffen einzuholen.

Mischinstallation. Die Kombination verschiedener Werkstoffe bei Trinkwasseranlagen ist wegen der überwiegenden Verwendung von Kupferlegierungen als Armaturenwerkstoff mit verzinkten Stahlrohren praktisch unvermeidbar. Sie entspricht den Regeln der Technik.

Kontaktkorrosion. Sie kann im Bereich der Verbindungsstellen zwischen verzinkten Eisenwerkstoffen und Kupferlegierungen auftreten.

Bei Mischinstallationen von nichtrostenden Stählen mit Kupfer oder Armaturen aus Kupferlegierungen besteht keine Gefährdung der Werkstoffe.

Bei Mischinstallationen von nichtrostenden Stählen mit feuerverzinkten Eisenwerkstoffen kann an den letztgenannten Werkstoffen Kontaktkorrosion auftreten.

Lochfraß. Bauteile und Apparate aus Kupferwerkstoffen dürfen in Fließrichtung nicht vor verzinkten Eisenwerkstoffen in der Trinkwasseranlage angeordnet werden (**846**.1).

Ausgenommen sind verzinnte und vernickelte Bauteile aus Kupferwerkstoffen.

An Bauteilen aus nichtrostenden Stählen tritt kupferinduzierter Lochfraß nicht auf.

Installationsausführung. Zur korrosionsschutzgerechten Ausführung der Installationsarbeiten gehört

die Sichtkontrolle auf ordnungsgemäße Bauteilkennzeichnung,
die Vermeidung von Verunreinigungen durch Fremdstoffe, auch durch Einbau von Filtern, sowie

die vorschriftsmäßige Herstellung der Rohrverbindungen bei Leitungsanlagen aus verzinkten Eisenwerkstoffen, Kupfer oder nichtrostenden Werkstoffen.

Rohrverbindungen an Kupferrohren müssen nach dem DVGW-Arbeitsblatt GW 2 hergestellt werden.

Für Rohre aus nichtrostenden Stählen in der Hausinstallation sind Hart- und Weichlötungen unzulässig.

Trinkwasserbehandlung. Wenn trotz Beachtung vorstehender Ausführungen ein Korrosionsschadensrisiko durch den Planer erkennbar bleibt, kann dieses durch nachfolgende Maßnahmen gegebenenfalls verringert werden:

Dosierung von alkalisierenden Stoffen, Dosierung von Orthophosphat sowie Dosierung von Polyphosphat.

Die Auswahl der geeigneten Dosierlösung im Hinblick auf die Wasserbeschaffenheit, die verwendeten Werkstoffe und die beabsichtigten Betriebsbedingungen gehört zur Leistung des Dosiergeräteherstellers.

Kathodischer Korrosionsschutz. Maßnahmen zum kathodischen Korrosionsschutz im Rahmen der Trinkwasser-Installation werden nur für Speicherwassererwärmer eingesetzt.

Diese Korrosionsschutzverfahren erfordern bei Planung, Installation, Betrieb und Wartung die genaue Einhaltung der Herstelleranweisungen.

Für den korrosionsschutzgerechten Betrieb und die Wartung siehe auch DIN 1988 T. 8.

12.4.3 Außenkorrosion

Die wesentliche Ursache von Schäden durch Außenkorrosion liegt im Zutritt von Wasser zur jeweiligen Metalloberfläche (siehe auch DIN 50929 T. 1 bis 3).

Erdverlegte Rohrleitungen. Um Schäden durch Außenkorrosion zu vermeiden, sind die einzelnen Rohrleitungsmaterialien wie folgt zu schützen.

Stahlrohrleitungen durch Polyethylen-Umhüllung nach DIN 30670, Bitumenumhüllungen nach DIN 30673, Expoxidharz-Beschichtungen oder Umhüllungen mit Polyurethan-Teer nach DIN 30671,
Rohrleitungen aus duktilem Gußeisen durch Polyethylen-Umhüllung, Zementmörtel-Umhüllung, Zink-Überzug mit Deckbeschichtung, Beschichtung mit Bitumen oder Polyethylen-Folienumhüllung nach DIN 30674 T. 1 bis 5, und schließlich
Kupferrohrleitungen durch eine Umhüllung mit Kunststoffen.

Erdverlegte Kupferrohre sind außerdem gegen mechanische Beschädigungen zu schützen.

Nachträglicher Korrosionsschutz. Für Stahlrohre, Rohre aus duktilem Gußeisen und Kupferrohre sowie deren Rohrverbindungen sind Korrosionsschutzbinden oder Schrumpfschläuche nach DIN 30672 anzuwenden.

Isolierstücke. Zur Vermeidung von Elementbildung zwischen Fremdkathoden, etwa Stahlbetonfundamente, und damit elektrisch leitend verbundenen erdverlegten durchgehend metallenen Leitungen sind in diese nach der Gebäudeeinführung und auch vor dem Austritt aus einem Gebäude jeweils ein Isolierstück nach DIN 3389 einzubauen (siehe auch DIN 1988 T. 2).

Freiverlegte Außenleitungen. Sie sind gegen Korrosionsschäden je nach Werkstoff wie erdverlegte Außenleitungen durch Außenschutzmaßnahmen zu verlegen.

Darüber hinaus sind freiverlegte Leitungen gegen mechanische Beschädigungen und Witterungseinflüsse, außerdem gegen Frosteinwirkung, zu schützen.

Für freiverlegte Außenleitungen aus Stahl können für den Korrosionsschutz alternativ Zinküberzüge oder Korrosionsschutzbeschichtungen angewendet werden.

12.5 Technische Regeln

Deutsche Normen

DIN 1988	T. 1 Technische Regeln für Trinkwasser-Installationen (TRWI); Allgemeines; Technische Regel des DVGW (12.88)
DIN 1988	T. 2 Technische Regeln für Trinkwasser-Installationen (TRWI); Planung und Ausführung; Bauteile, Apparate, Werkstoffe; Technische Regel des DVGW (12.88)
DIN 1988	T. 3 Technische Regeln für Trinkwasser-Installationen (TRWI); Ermittlung der Rohrdurchmesser; Technische Regel des DVGW (12.88)
DIN 1988	T. 4 Technische Regeln für Trinkwasser-Installationen (TRWI); Schutz des Trinkwassers, Erhaltung der Trinkwassergüte; Technische Regel des DVGW (12.88)
DIN 1988	T. 7 Technische Regeln für Trinkwasser-Installationen (TRWI); Vermeidung von Korrosionsschäden und Steinbildung; Technische Regel des DVGW (12.88)
DIN 3368	T. 2 Gasgeräte; Umlauf-Wasserheizer, Kombi-Wasserheizer; Anforderungen, Prüfung (03.89)
DIN 3368	T. 4 Gasverbrauchseinrichtungen; Durchlauf-Wasserheizer mit selbsttätiger Anpassung der Wärmebelastung; Anforderungen und Prüfungen (09.82)
DIN 3368	T. 5 Gasgeräte; Wasserheizer mit geschlossener Verbrennungskammer und mechanischer Verbrennungsluftzuführung oder mechanischer Abgasabführung; Anforderungen, Prüfung (07.85)
DIN 3377	Gasverbrauchseinrichtungen; Vorrats-Wasserheizer (02.80)
DIN 4708	T. 1 Zentrale Wassererwärmungsanlagen; Begriffe und Berechnungsgrundlagen (10.79)
DIN 4708	T. 2 Zentrale Wassererwärmungsanlagen; Regeln zur Ermittlung des Wärmebedarfes zur Erwärmung von Trinkwasser in Wohnbauten (10.79)
DIN 4753	T. 1 Wassererwärmer und Wassererwärmungsanlagen für Trink- und Betriebswasser; Anforderungen, Kennzeichnung, Ausrüstung und Prüfung (03.88)
DIN 18380	VOB Verdingungsordnung für Bauleistungen, Teil C: Allgemeine Technische Vertragsbedingungen für Bauleistungen (ATV); Heizanlagen und zentrale Wassererwärmungsanlagen (12.92)
DIN 18889	Speicher-Kohle-Wasserheizer, drucklos für 1 atü Prüfdruck; Begriffe, Bau, Güte, Leistung, Prüfung (11.56)

Europäische Normen

DIN EN 26	Durchlauf-Wasserheizer für die sanitäre Brauchwasserbereitung mit gasförmigen Brennstoffen (01.81)

VDI-Richtlinien

VDI 2067	Blatt 4 Berechnung der Kosten von Wärmeversorgungsanlagen; Warmwasserversorgung (02.82)

13 Hausabfallentsorgung

13.1 Hausabfall

Nach dem „Gesetz über die Vermeidung und Entsorgung von Abfällen“, dem Abfallgesetz (AbfG), und DIN 30706 T. 1 wurde der Oberbegriff Hausabfall für den festen Abfall bestimmter Herkunft neu eingeführt.

Danach unterscheidet man Haushaltabfall, Sperrabfall und haushaltähnlichen Gewerbeabfall.

Haushaltabfall ist fester Abfall aus Haushalten einschließlich der darin enthaltenen gegebenenfalls separat erfaßten Alt- und Schadstoffe, die in den ortsüblichen Abfallsammelbehältern zur Entsorgung bereit gestellt werden.

Altstoff ist der im Hausabfall enthaltene Stoff, der der Verwertung zugeführt wird.

Schadstoff ist der im Hausabfall enthaltene Stoff, der besonders gesundheitsgefährdend, luftgefährdend, wassergefährdend oder explosibel ist.

Sperrabfall oder sperriger Abfall ist fester Abfall aus Haushalten, der wegen seiner Größe und Sperrigkeit nicht in die ortsüblichen Behälter paßt und zur Entsorgung gesondert bereitgestellt wird.

Haushaltähnlicher Gewerbeabfall ist fester Abfall aus Handel, Handwerk, Gewerbe, Industriebetrieben, Behörden und Verwaltungen, der gemeinsam mit dem Haushaltabfall entsorgt wird. Er kann aber auch separat gesammelt und befördert werden.

Beim Hausabfall und besonders bei Küchenabfällen aller Art sind drei Gruppen von Bestandteilen zu unterscheiden:

1. Organische Abfälle aus der Küche enthalten viel Wasser und gehen schnell in Verwesung über. Besonders im Sommer entwickeln sie üble Gerüche und stellen eine Brutstätte für Ungeziefer und Krankheitskeime dar. Im Winter frieren sie an den Wänden der Abfallbehälter fest und erschweren deren Entleerung.

2. Brennbare, meist wasserfreie Abfälle, wie Holz, Papier und Pappkartons, keinesfalls aber Verpackungsmaterial aus Kunststoff oder Kunststoffbeschichtungen, dürfen, je nach den Zulassungen, in hauseigenen Öfen oder öffentlichen Müllverbrennungsanlagen verbrannt werden. Die verbleibenden Rückstände verringern sich dabei auf 5 bis 20% der ursprünglichen Menge.

3. Unbrennbare mineralische oder metallische Abfälle, wie Glas oder Blechdosen, aber auch Sand, Schlacke und Asche, sind chemisch neutral und hygienisch unbedenklich.

Zusammensetzung und Menge. Sie können beim Hausabfall sehr schwanken. Insbesondere wirken sich dabei aus:

klimatische und geographische Verhältnisse,
Anzahl, Größe und soziale Struktur der Haushaltungen,
Verpackungsgewohnheiten der Verbrauchsgüterindustrie und die
Art der häuslichen Heizung.

Die anfallenden Abfallmengen steigen ständig an. Zur Zeit kann man fast ein Kilo Abfall pro Tag und Person annehmen.

In Deutschland wurden 1990 je Einwohner 335 kg Hausabfall eingesammelt. Davon landeten 79% auf Deponien, 17% in Verbrennungsanlagen, nur 1% in Kompostierungsanlagen und 3% in sonstigen Entsorgungsanlagen.

Verpackungsverordnung. Nach der Verpackungsverordnung vom 12. Juni 1991 versucht das „Duale System" den Abfallberg wenigstens um den Verpackungsabfall im Rahmen einer Wertstoffsammlung zu reduzieren.

Grundsätzlich sind, mit oder ohne grünen Punkt, nachfolgend aufgeführte Abfallstoffe zu sammeln und zu entsorgen.

Kunststoffe und Verbundstoffe, das sind Becher, Flaschen, Folien Milch- und Safttüten, Vakuumverpackungen sowie Eis- und Süßwarenverpackungen, in Wertstofftonne, gelben Abfallsack oder gelbe Tonne,

Papier und Pappe, das sind Zeitungen, Zeitschriften, Kartons und Schreibpapier, in Altpapierstraßensammlung, Altpapiergroßbehälter oder Papiertonne,

Glas, das sind Einwegflaschen, Konservengläser und Trinkgläser, weiß, braun oder grün getrennt, in Glasgroßbehälter oder Wertstofftonne,

Bio-Abfälle, das sind kompostierbare Abfälle aus dem Haushalt und Garten, in Kompostlege oder Tonne für organische Abfälle,

Aluminium, das sind Aluminiumfolien und reine Aluminiumverpackungen, in Wertstofftonne, gelben Wertstoffsack oder Aluminiumsammelstelle der Kommune,

Dosen, das sind Weißblechdosen und Getränkedosen, in Dosengroßbehälter oder Wertstofftonne,

Restmüll, das ist stark verschmutzter und nicht wieder verwertbarer Haushaltabfall, in die Restmülltonne,

Styropor, das sind saubere Verpackungen von Elektrogeräten oder Verpackungschips, zur Sammelstelle des Handels oder der Kommune.

Problemabfälle, also Schadstoffe des Hausabfalles, wie Farben, Lacke, gebrauchte Batterien und Medikamente, sind über das Schadstoffmobil, die Batterie-Sammelstelle bzw. Apotheke zu entsorgen.

Abfallsammlung. Im Rahmen der Abfallerfassung wird das Holsystem und das Bringsystem unterschieden.

Beim Holsystem wird der Abfall von der örtlichen Müllabfuhr unmittelbar am Grundstück abgeholt und im Umleerverfahren von der Abfalltonne in das Sammelfahrzeug befördert.

Im Bringsystem werden die wiederverwertbaren Abfallstoffe, Altstoffe wie Glas, Dosen und Altpapier, zu örtlich aufgestellten Abfallgroßbehältern oder Schadstoffe zu vorgesehenen Sammelstellen gebracht.

13.2 Abfallsammelbehälter

Abfallsammelbehälter ist nach DIN 30706 T.1 der neue Oberbegriff für alle beweglichen Behälter, die zum Erfassen, Bereitstellen und gegebenenfalls zum Befördern von Abfall benutzt werden.

Die mit der DIN ebenfalls neu eingeführten Begriffe sind Abfalleimer, Abfalltonne, Abfallgroßbehälter, Abfallsack, Altstoffbehälter und Abfallpreßbehälter.

Die staubfreie Abfallabfuhr mit Spezialfahrzeugen, die heute für die kleine Gemeinde so selbstverständlich ist wie für die Großstadt, setzt genormte Abfallsammelbehälter voraus, die ein reibungsloses Zusammenwirken zwischen Abfallbehälter, Transport- und Sammelfahrzeugen, Einschüttungen und Abfallbehälterschränken gewährleisten.

Die örtliche Gemeindesatzung bestimmt die Größe der Abfallgefäße, ob sie von der Gemeinde vermietet werden oder vom Benutzer zu beschaffen sind.

Abfalleimer. Die vor kurzem noch genormten und noch häufig in Benutzung befindlichen Mülleimer fassen 35 l oder 50 l (**856**.1). Die aus Kunststoff oder verzinktem Stahlblech hergestellten Eimer werden in kleinen Gemeinden oder hangigen Gebieten verwendet.

Für die Müllaufgabestationen in Müllabwurfanlagen größerer Wohnbauten wird in der Regel ein Abfallspezialeimer mit 14 l Inhalt eingesetzt (**864**.1).

Abfalltonne. Die vor kurzem noch genormten Mülltonnen nehmen 110 l Abfall auf (**856**.2). Diese Tonnen bestehen ebenfalls aus Kunststoff oder verzinktem Stahlblech und werden in vielen Haushalten verwendet.

Die seit dem Mai 1977 geltenden DIN-Richtlinien für die bisher genormten Mülleimer und Mülltonnen wurden im November 1993 zurückgezogen, da Abfallbehälter ohne Räder künftig entsprechend EG-Richtlinie nicht mehr zulässig sein werden.

Abfallgroßbehälter. Diese Müllgroßbehälter haben nach DIN 30740 ein Fassungsvermögen von 120 l (K 120) oder 240 l (K 240). Durch den ständig steigenden Müllanfall sind diese Größen notwendig geworden. Die grau eingefärbten Kunststoffbehälter haben zwei Räder, die den Transport erheblich erleichtern (**856**.3). Zur Aufnahme glühender Asche sind sie nicht geeignet.

Umleerbehälter. Auch als Müllgroßbehälter (MGB) bezeichnet, können sie ein Fassungsvermögen von 1,1, 2,5, 4,5 oder 5,0 m^3 haben.

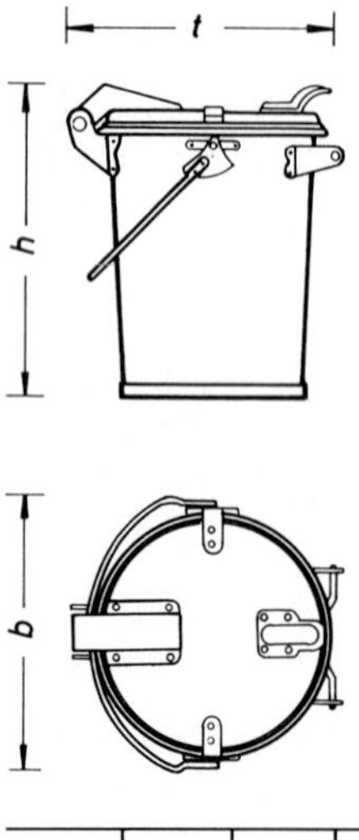

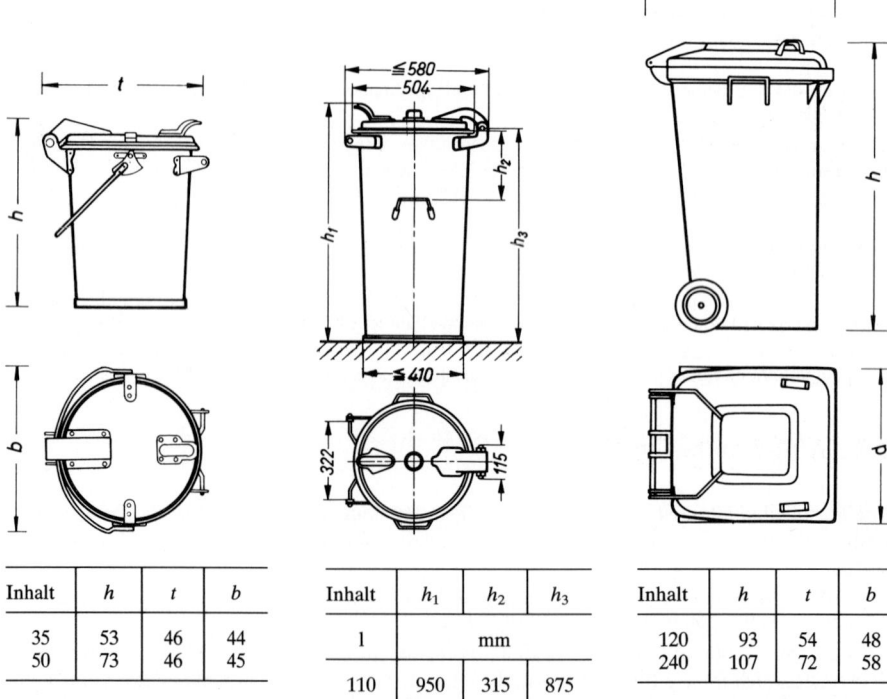

Inhalt	h	t	b
35	53	46	44
50	73	46	45

856.1 35-l- und 50-l-Mülleimer (M 1:20)

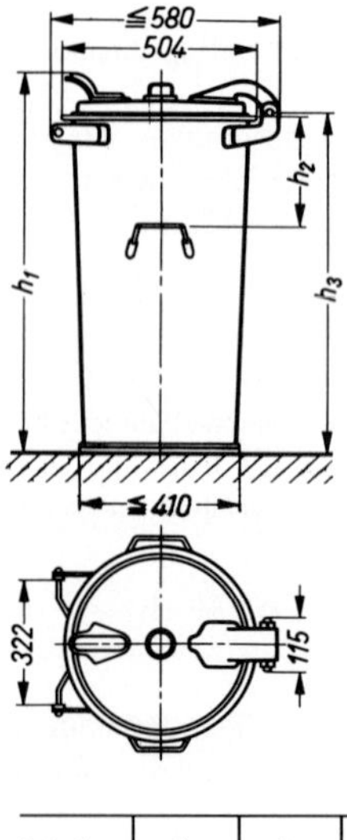

Inhalt	h_1	h_2	h_3
l	mm		
110	950	315	875

856.2 110-l-Mülltonne (M 1:30)

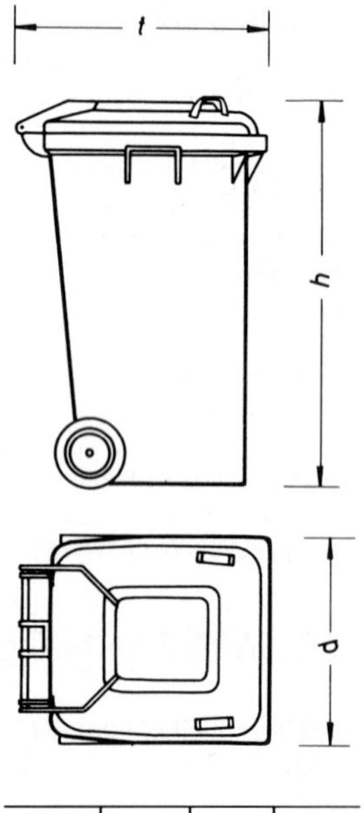

Inhalt	h	t	b
120	93	54	48
240	107	72	58

856.3 120-l- und 240-l-Müllgroßbehälter aus Kunststoff nach DIN 30740 (M 1:25)

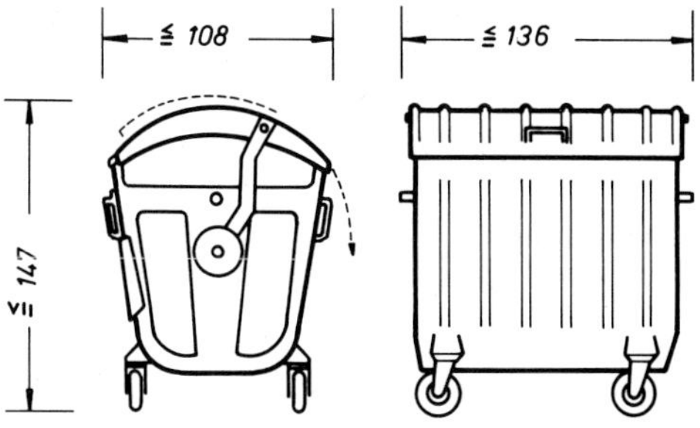

857.1 Müllgroßbehälter, Umleerbehälter mit 1100 l Inhalt nach DIN 30700 T. 1 und 2 (M 1:50)

Der fahrbare Standard-Müllgroßbehälter mit 1,1 m³ Inhalt für das Umleersystem, die Entleerung in kommunale Sammelfahrzeuge, wird nach DIN 30700 T. 1 und 2 aus Stahlblech oder Kunststoff hergestellt (**857**.1).

Außerdem werden Müllgroßbehälter als fahrbare Umleerbehälter mit Klappdeckel nach DIN 30737 mit 2,5 und 5 m³ Inhalt (**857**.2) und als Umleerbehälter mit Schiebedeckel nach DIN 30738 mit 2,5 und 4,5 m³ Inhalt im Werkstoff nach Wahl des Herstellers angefertigt.

Sie werden zur Aufnahme von Haus- und Gewerbeabfall, aber auch sperrigen Gegenständen bei Großbauten, unter Müllabwurfanlagen und von gewerblichem und Industrieabfall eingesetzt.

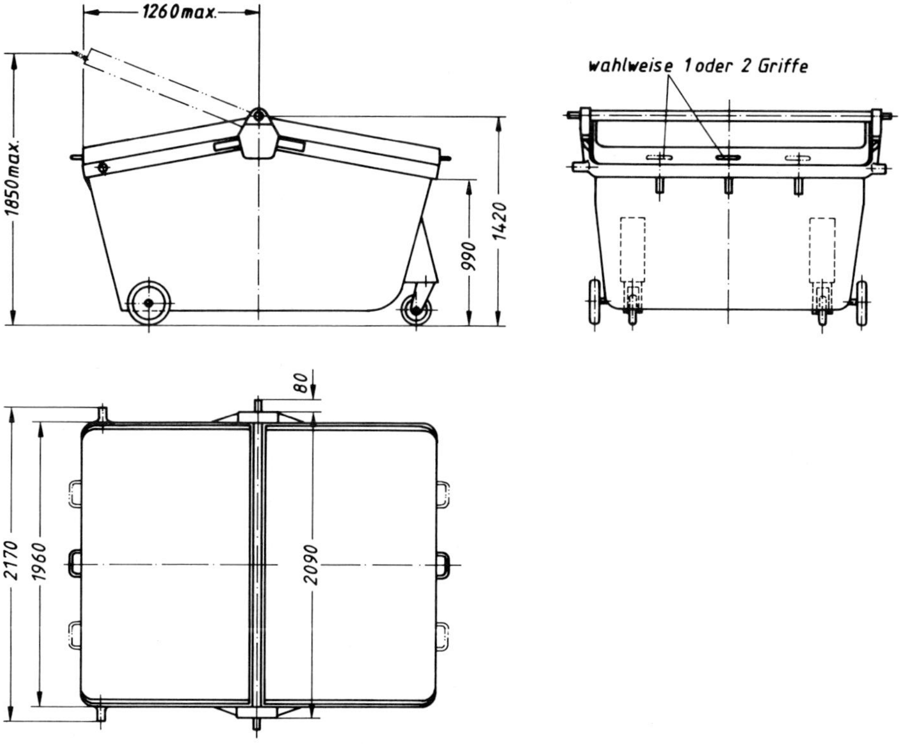

857.2 Müllgroßbehälter, fahrbarer Umleerbehälter mit Klappdeckel und 5 m³ Inhalt (nach DIN 30737)

Abfallsäcke. Sie werden aus Papier oder Kunststoff als Sammelbehälter vor der Aufgabe in Müllgroßbehälter und auch in Verbindung mit pneumatischen Abfalltransportanlagen (s. Abschnitt 13.5) verwendet.

Als endgültige Abfallsammelbehältnisse werden sie eingesetzt, wenn sie verschlossen im geregelten Einwegverfahren abgeholt werden.

In der Wohnung. Hier ist der Hausabfall grundsätzlich in dichtschließenden Abfalleimern aus korrossionsbeständigem Stahlblech oder Kunststoff zu sammeln.

Zweckmäßig sind Behälter mit einem inneren herausnehmbaren Eimer, dessen Deckel durch einen Fußhebel angehoben wird und sich mit einem Gummiring auf das Mantelgefäß legt.

Der Eimer ist häufig auch auf der Innenseite einer Küchenunterschranktür, in der Regel unter der Spüle, so befestigt, daß sich der Deckel beim Herausschwenken von selbst öffnet.

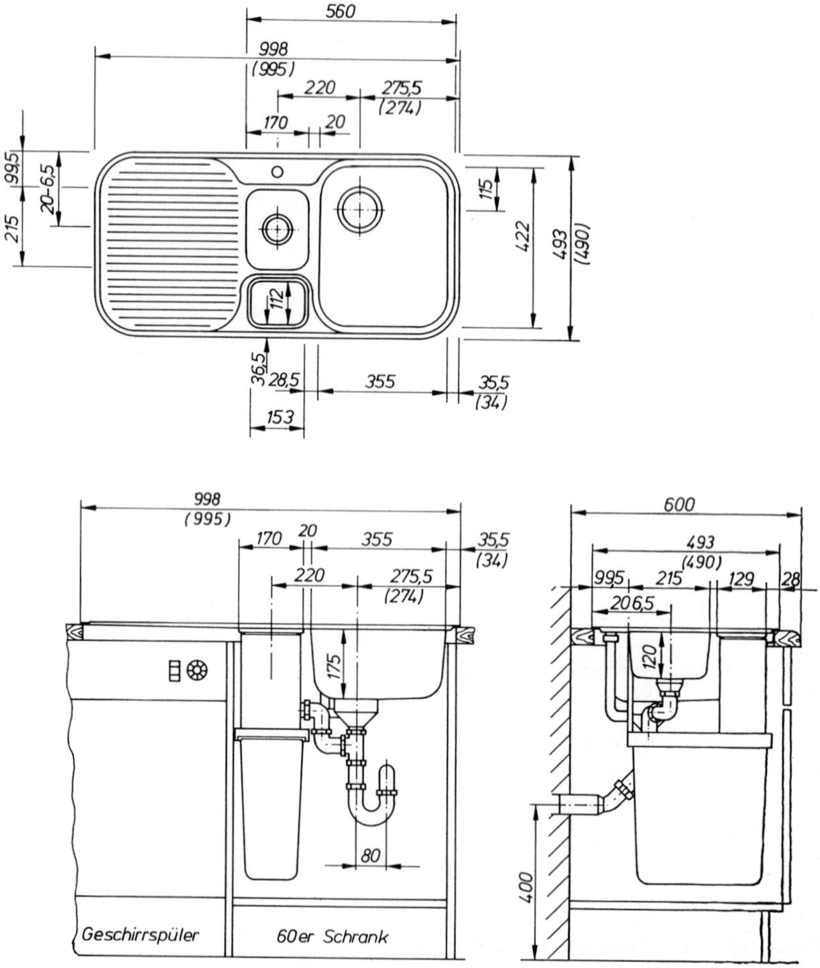

858.1 BLANCOMULTIBOX Einbau-Spüle mit Sammelbehälter aus Kunststoff für organischen Abfall (Blanc GmbH + Co.)

Zeitgemäß konstruierte und bewährte Einbauspülen haben von oben und vorne zugängliche meist geruchdicht abschließende untergeschobene Sammelbehälter aus Kunststoff für organischen Abfall (**858**.1) und getrennte Behälter für die Wertstoffsammlung.

Spezielle Wertstoffsammelbehälter aus Kunststoff für Unterschränke werden je nach Hersteller mit ca. 5 bis 20 Liter Inhalt angeboten.

Für körperbehinderte Rollstuhlfahrer sind Abfallbehälter oder Abfalleimer auf Rollwagen vorzusehen, die sich mit der Frontplatte eines Unterschrankes herausziehen lassen (**859**.1) oder im oberen Bereich der Schranktür eine Einwurfklappe besitzen.

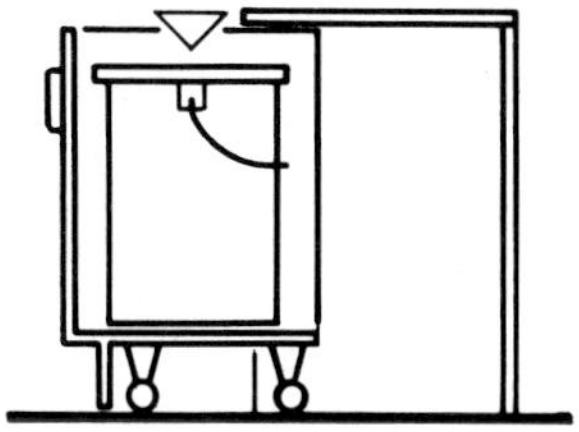

859.1 Herausziehbares Unterschrankteil in Küchen für Rollstuhlfahrer (nach Krumlinde)

In die Eimer eingelegte Papiertüten oder Kunststoffbeutel, mit denen sich die Wohnungs-Abfalleimer leichter sauber halten lassen, haben sich allgemein durchgesetzt.

13.3 Behälter-Standplätze

Der Behälter-Standplatz ist eine Teilfläche des Grundstückes oder Gebäudes, auf der die zur Entsorgung von Abfall vorgesehenen Abfallsammelbehälter aufgestellt werden.

Bauliche Anlagen dürfen nur errichtet werden, wenn die einwandfreie Beseitigung der anfallenden Abfallstoffe gesichert ist.

Eine Verbrennung in hauseigenen Zentralheizungskesseln oder Öfen ist aus Gründen des Umweltschutzes unzulässig.

Architekt und Bauherr müssen daher bereits zu Beginn der Planung über die Art der Abfallunterbringung und -beseitigung entscheiden. Bei der zuständigen Dienststelle der Müllabfuhr sollten dazu die örtlich zugelassenen oder zukünftig geplanten Behälter- oder Tonnengrößen erfragt werden.

Es ist daher nicht nur die Angelegenheit des Bauherren und Hausbesitzers, für eine sachgemäße Aufstellung der Abfalltonnen auf dem Grundstück zu sorgen.

Anforderungen. Für die Anlage von Müllbehälter-Standplätzen gelten nachfolgende Forderungen:

1. Müllgefäße sollen nicht innerhalb oder in nächster Nachbarschaft von Wohnungen und Aufenthaltsräumen aufgestellt werden, auch nicht von Räumen, in denen Nahrungs-, Genußmittel oder Arzneien hergestellt, verarbeitet oder gelagert werden. In Treppenhäusern und Garagen sollen sie ebenfalls nicht stehen. In Heizungskellern sind keine Abfalltonnen für verderbliche Abfälle zulässig.

2. Gesundheitsgefährdungen und Belästigungen durch Gerüche, Staub oder Lärm müssen ausgeschlossen sein.

3. Der Standplatz muß zum Füllen und Abholen günstig und soll vom Sammelfahrzeug nicht weiter als 15 m entfernt liegen. Standplatz und Zugangswege müssen unfallsicher, vom Fahrweg her ohne Stufen, ausgebildet und so befestigt sein, daß sie durch das Abstellen und den Transport der Gefäße nicht beschädigt und außerdem leicht gereinigt werden können. Nachts müssen sie ausreichend zu beleuchten sein.

4. Durchgänge müssen mindestens 2,0 m hoch und mindestens 1,0 m breit sein. Die Bewegungsfläche zwischen oder vor den Abfallbehälterreihen soll mindestens 1,20 m Breite haben (**860**.1). Türen in Zugangswegen müssen feststellbar sein.

5. Die Abfallbehälter sind möglichst vor Witterungseinflüssen zu schützen, besonders vor Sonneneinstrahlung und Einfrieren, und dürfen nicht in Bodenvertiefungen aufgestellt werden.

6. Die Größe des Standplatzes muß auch für einen größeren zukünftigen Bedarf an Müllgefäßen ausreichen.

Behälter-Standplätze im Freien. Sie sind zwar billig, aber der Sicht von der Straße und vom Haus her kaum zu entziehen, stören auch mit einer Überdachung die Umgebung und müssen mindestens mit immergrünen Sträuchern umpflanzt werden.

Für Kinder geben sie einen unerwünschten Spielplatz ab, sind an windreichen Tagen oft verschmutzt und, wenn nicht der Sonne und dem Regen, so doch dem Einfrieren ausgesetzt.

Abfalltonnennischen. Nischen in Wänden oder Einfriedigungen zur Aufnahme einer oder mehrerer Abfalltonnen müssen ein ungehindertes Bewegen der Tonnen und ein vollkommenes Öffnen ihrer Deckel gestatten. Der Nischenboden ist wie bei den Abfallbehälterschränken auszubilden (**860**.1).

Kleine Abstellräume ohne Türen neben Sammelgaragen werden oft als Nische ausgebildet.

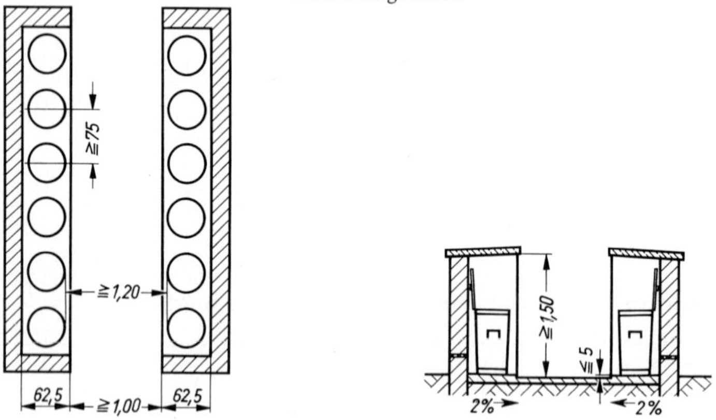

860.1 Aufstellung von Abfalltonnen in Nischen (M 1:100)

Abfallbehälterschränke. Die den bisher beschriebenen Behälter-Standplätzen noch anhaftenden Mängel vermeiden die Müllbehälterschränke nach DIN 30736. Sie sind daher als ästhetisch und hygienisch einwandfrei anzusehen (**861**.1).

Nach DIN werden die Müllbehälterschränke in zwei Breiten für Abfalleimer, Abfalltonnen oder fahrbare Abfallgroßbehälter bis 240 Liter aus verschiedenen Werkstoffen hergestellt.

Die Schrank-Innenmaße sind mit 116 cm Höhe und 76 cm Tiefe gleich, während die Breiten 63 oder 73 cm betragen.

Sie können einzeln, in Reihen oder Gruppen, freistehend oder in Verbindung mit baulichen Anlagen, so in Hauswänden, vorgezogenen Hauseingängen, unter Balkonen im Erdgeschoß, unter Außentreppen oder in Stützmauern von Kellergaragen aufgestellt werden.

Sie bestehen aus dem Schrankkörper aus Mauerwerk, Beton, Stahlbeton, Stahl oder einem anderen nicht brennbaren Baustoff, dem verwindungsfreien Stahlrahmen mit links oder rechts angeschlagener Tür. Diese muß mindestens aus schwer entflammbarem Baustoff bestehen, der Türverschluß soll möglichst verdeckt angebracht, selbsttätig wirksam und leicht zu bedienen sein. Die Tür muß oben und unten Lüftungsöffnungen haben, in die Mäuse nicht eindringen können.

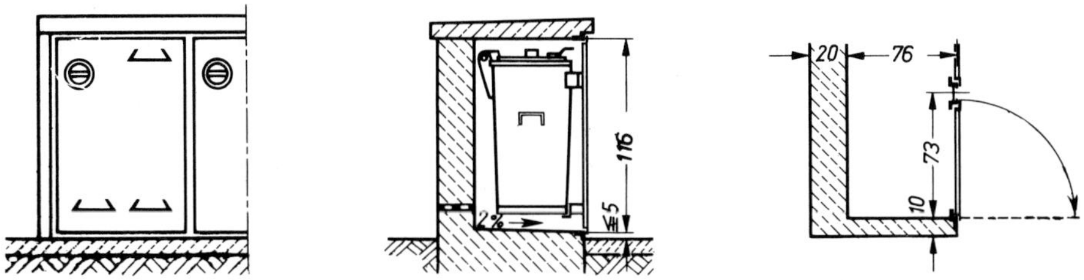

861.1 Müllbehälterschrank (Reihenschrank) für 110-l-Mülltonnen nach DIN 6629 und 30736 (M ca. 1:50)

Die Vorrichtung zur Aufnahme der Abfalltonne oder des Abfalleimers ist unmittelbar an der Tür oder für sich an einer drehbaren Achse so befestigt, daß die Tonne gleichzeitig mit der Tür ein- oder ausgeschwenkt wird.

Daneben werden nach DIN 30719 T. 1 Müllbehälterschränke für Müllgroßbehälter mit 1,1 m^3 Inhalt als Umleerbehälter mit Türen an der Schmal- oder Breitseite hergestellt (**861**.2).

Auch diese Schränke sind für Reihenanlagen geeignet.

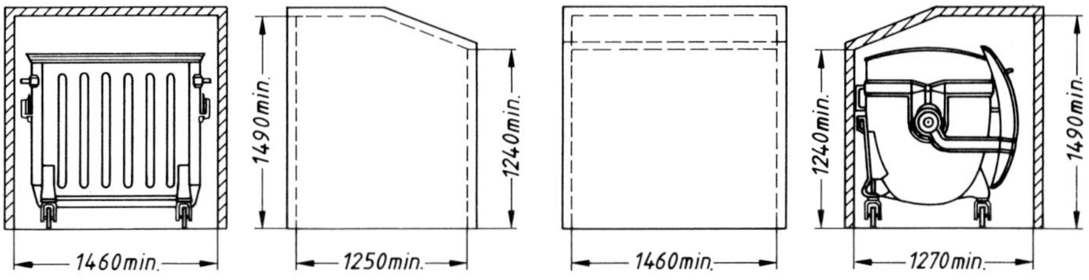

861.2 Müllbehälterschrank für Müllgroßbehälter (1,1 m^3-Umleerbehälter) nach DIN 30719 T. 1
a) mit Türen an der Breitseite
b) mit Türen an der Schmalseite

Die Abfallbehälter-Schranktür wird mit Zubehör entweder fertig bezogen und in den bauseitig hergestellten Schrankkörper aus Mauerwerk oder Beton eingesetzt, oder es wird ein vollständiger Abfallbehälterschrank aus Stahl oder Stahlbeton angeliefert und aufgestellt.

Abfallbehälterräume. Oft läßt sich neben einer Sammelgarage oder in einem Nebengebäude ein besonderer Raum für Abfallbehälter vorsehen.

Dieser soll dann durch Lüftungsöffnungen in der Tür und oben in der Rückwand oder über Dach belüftet sein und kann verwindungssteife Vorrichtungen zum Aufhängen der Abfallgefäße haben. Der Fußboden erhält ca. 2% Gefälle und ist an den Wänden, die leicht zu reinigen sein müssen, hochzuziehen. Die Türschwellen mit Stahlkantenschienen sollen bis 2 cm hoch sein. Wasserzapfstelle und Bodenablauf, der durch Abfall nicht verstopft werden kann, dürfen nicht fehlen.

Innerhalb von Gebäuden mit Aufenthaltsräumen muß der Abfallbehälterraum feuerbeständige Wände und Decken und mindestens feuerhemmende Türen erhalten, unmittelbar von außen zugänglich, möglichst mit einem elektrischen Tonnenaufzug versehen und über Dach entlüftet sein (**865**.1).

Ausreichender Schallschutz ist dringend erwünscht, aber nur schwer einwandfrei durchzuführen.

13.4 Abwurfanlagen

In Gebäuden mit mehr als 4 Geschossen ist der Transport der Abfalleimer aus der Wohnung zum Abfallsammelbehälter von Hand nicht mehr zumutbar.

Daher sind hier Abwurfanlagen, die in anderen Ländern teilweise schon vom 3. Vollgeschoß ab verlangt werden, zu empfehlen und in Deutschland in Gebäuden mit mehr als 5 Vollgeschossen vorgeschrieben.

13.4.1 Planung

Eine ordnungsgemäße Planung und Ausführung durch Spezialfirmen ist unerläßlich, ebenso die sachgemäße Nutzung und Wartung, da sonst leicht Betriebsstörungen und schwere Belästigungen der Hausbewohner eintreten können.

Die Planung einer Abwurfanlage ist rechtzeitig mit der zuständigen Müllabfuhranstalt wegen Art und Anzahl der Abfallgefäße, Abfallsilos oder Abfallgroßbehälter und der Regelung der Abfuhr abzustimmen.

Zur Verringerung der Schallübertragung sind die Anlagen außerhalb aller Aufenthaltsräume und möglichst weit entfernt von den Wohn- und Schlafräumen vorzusehen.

In Hochhäusern werden sie am besten neben dem Aufzugsschacht (**862**.1) und den sonstigen Schächten für die haustechnischen Versorgungsleitungen im Treppenhaus, mit denen sie indessen nicht unmittelbar verbunden sein dürfen, untergebracht.

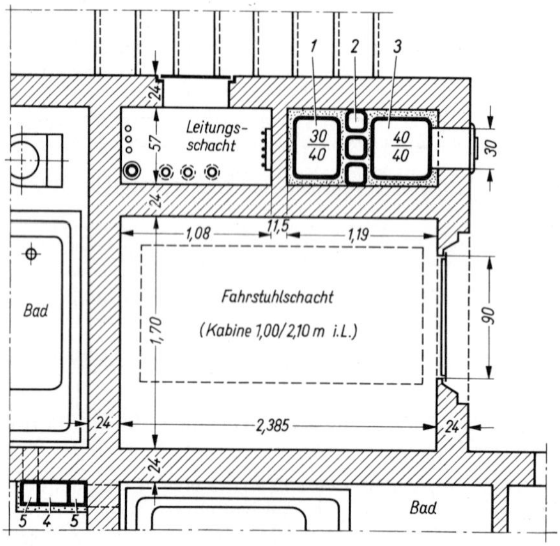

1 indirekte Entlüftung aus Plewa-Rohr 30/40 cm mit Schall- und Wärmedämmung aus zementgebundenem Vermiculit
2 drei Lüftungsrohre 12,5/12,5 cm, sonst wie 1
3 Fallrohr 40/40 cm, sonst wie 1
4 Sammelschacht der Badentlüftung 18/24 cm aus Faserzementrohr
5 Nebenschacht der Badentlüftung 11/18 cm, sonst wie 4

862.1 Schacht einer Müllabwurfanlage mit Leitungsschacht neben einem Fahrstuhlschacht (M 1:55)

Trotzdem soll man die Mülleinwurfvorrichtungen von allen Wohnungen leicht erreichen können.

Die Müllsammelräume sollen nahe am Fahrweg und möglichst in gleicher Höhe mit ihm liegen sowie von außen zugänglich sein.

Sammelräume unterhalb des Fahrweges sind durch Rampen oder Aufzüge mit ihm zu verbinden.

13.4.2 Arten

Alle Müllabwurfanlagen müssen entlüftet werden. Der hierbei im Fallrohr auftretende geringe Unterdruck genügt, um ein Austreten von Staub und Gerüchen aus den geöffneten Mülleinwürfen zu verhindern.

Zu unterscheiden sind nach der Art der Lüftung Anlagen mit direkter und Anlagen mit indirekter Lüftung.

Anlagen mit direkter Lüftung. Der Müllabwurfschacht wird mit verringertem Querschnitt oberhalb der obersten Einwurföffnung bis in den freien Windstrom über Dach geführt und entlüftet zugleich den Müllauffangraum (**864**.1).

Anlagen mit indirekter Lüftung. Mit dem im obersten Geschoß endenden Fallschacht ist über den Müllauffangraum ein besonderer Lüftungsschacht mit kleinerem Querschnitt verbunden, der von hier aus neben dem Fallschacht bis in den freien Windstrom über Dach geführt wird (**862**.1 und **865**.1).

13.4.3 Einzelheiten

Müllabwurfschächte. Sie müssen mit den Mülleinwurfvorrichtungen alle anfallenden Abfälle sicher abführen und dürfen Feuer, Rauch, Geruch, Staub und weitgehend auch Schall nicht in das Gebäude eindringen lassen.

Baustoffe. Für die Schächte müssen sie mechanisch und chemisch widerstandsfähig, dröhnarm, nicht brennbar sowie feuchtigkeitsundurchlässig sein.

Bauart. Sie muß feuerbeständig sein und glatte Innenflächen aufweisen. Innere Wandschalen aus Baustoffen, die sich bereits bei Temperaturen ab 300 °C verformen, erfordern im Schacht eine thermostatisch gesteuerte selbsttätige Feuerlöscheinrichtung mit mindestens 2500 l/h Anschlußwert.

Stahlblechrohre als innere Wandschalen müssen mindestens 1,5 mm Wanddicke haben und mit mindestens 400 g/m^2 Zinkauftrag feuerverzinkt sein. Auf der Außenseite ist eine Entdröhnungsschicht aufzubringen.

Wandschalen mit einem Flächengewicht von 400 kg/m^2 sind schalltechnisch günstig. Einschalige Müllabwurfschächte sind ohne Verband mit den Wänden und Decken aufzuführen. Bei mehrschaligen Schachtwänden ist der Zwischenraum mit nicht brennbaren Dämmstoffen nach DIN 18165 T. 1 auszufüllen (**862**.1).

Zur Vermeidung von Fugen sind möglichst großformatige Formstücke zu verwenden.

Schachtquerschnitt. Er soll rund oder quadratisch mit abgerundeten inneren Ecken sein und muß vom Müllauffangraum bis zur Reinigungsöffnung oberhalb des obersten Mülleinwurfes eine gleichbleibende lichte Weite von mindestens 40 cm Seitenlänge oder Durchmesser haben.

Ist der Abwurfschacht vorwiegend für Papier und Packmaterial oder für Wäsche bestimmt, sollte die lichte Weite mindestens 55 cm betragen.

Bei Anlagen mit direkter Lüftung ist oberhalb der obersten Reinigungsvorrichtung eine Verringerung des Schachtquerschnittes zweckmäßig.

Oberstes Schachtende. Bei Anlagen mit indirekter Lüftung endet der Müllabwurfschacht oberhalb des obersten Mülleinwurfes und ist hier schallschluckend und luftdicht abzuschließen.

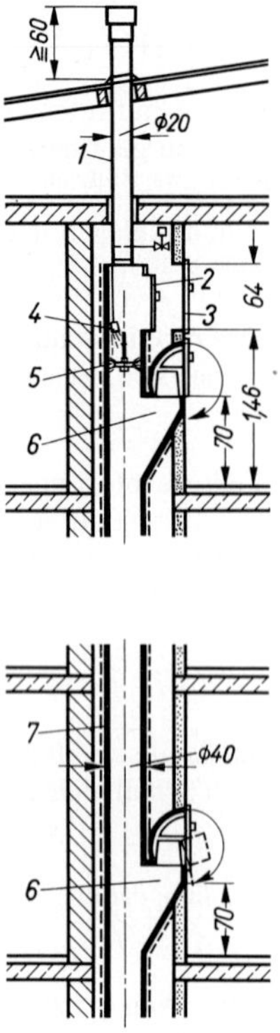

Immer ist oberhalb des obersten Mülleinwurfes eine verschließbare Reinigungstür zum Müllabwurfschacht einzubauen und ein von Hand oder mechanisch durch den ganzen Schacht zu bewegendes und dem Schachtquerschnitt angepaßtes Kehrgerät anzuordnen.

Das über Dach geführte obere Ende eines Müllabwurf- oder Lüftungsschachtes wird mit einer Meidinger Scheibe (**336**.1 und **865**.1) oder einem auftriebverstärkenden Formendstück ausgerüstet.

In windarmen Gegenden sollte man außerdem in unmittelbarer Nähe der Reinigungstür stets einen Zugverstärker einbauen, der zur Verstärkung der Schachtlüftung eingeschaltet werden kann, möglichst zwangsläufig durch mit den Mülleinwurfklappen gekoppelte Schalter.

Unteres Schachtende. Durch Schieber oder Klappen müssen Unfälle beim Auswechseln der Auffangbehälter oder Entleeren der Silos durch herabfallende Gegenstände zu verhindern sein.

Zum unmittelbaren Füllen eines Abfallbehälters ist am unteren Schachtende ein Zwischenstück aus nichtbrennbarem Baustoff anzubringen. Prallplatten oder -stäbe zum Auffangen schwerer Gegenstände sind elastisch und körperschallgedämmt zu befestigen und bei Verwendung von Stahl unterseitig mit einem Entdröhnungsmittel zu belegen.

Werden an den Abwurfschacht einer Anlage mit direkter Lüftung Abfallgroßbehälter oder Silos (**864**.1) angeschlossen, so muß an seinem unteren Ende eine thermostatisch gesteuerte selbsttätige Feuerlöscheinrichtung mit mindestens 2500 l/h Anschlußwert vorgesehen werden, die bei 70 °C ansprechen und beim Absinken um 10 K abschalten muß.

Bei direkter Tonnenabfüllung genügt eine von Hand zu bedienende Feuerlöscheinrichtung.

Bei Anlagen mit indirekter Lüftung und inneren Wandschalen aus feuerbeständigen Bauteilen ist eine Feuerlöscheinrichtung entbehrlich.

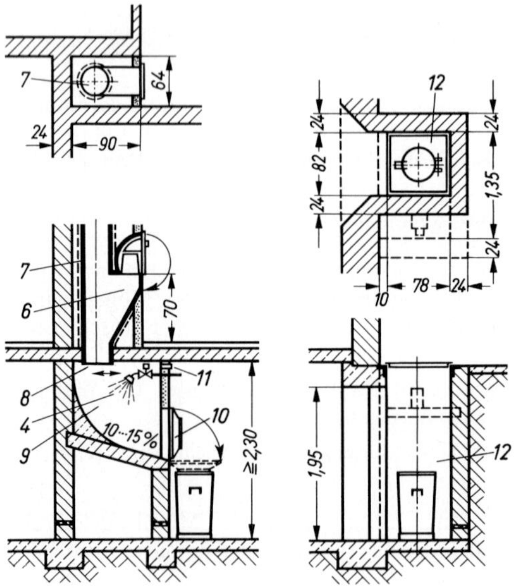

864.1 Müllabwurfanlage mit Fallrohr und direkter Lüftung (M 1:100)

1 Entlüftungsrohr ∅20 cm
2 Revisionstür am Fallrohr
3 Revisionstür 51/64 cm in feuerhemmender Ausführung
4 selbsttätige Feuerlöschanlage 2500 l/h
5 Reinigungsgerät
6 Müllaufgabestation mit 14-l-Eimer
7 Fallrohr ∅40 cm mit Schalldämmung
8 Absperrschieber
9 Müllsilo
10 Silovorsatz, schwenkbar, 65/65 cm
11 Lüftungsöffnung
12 elektrischer Abfalltonnenheber

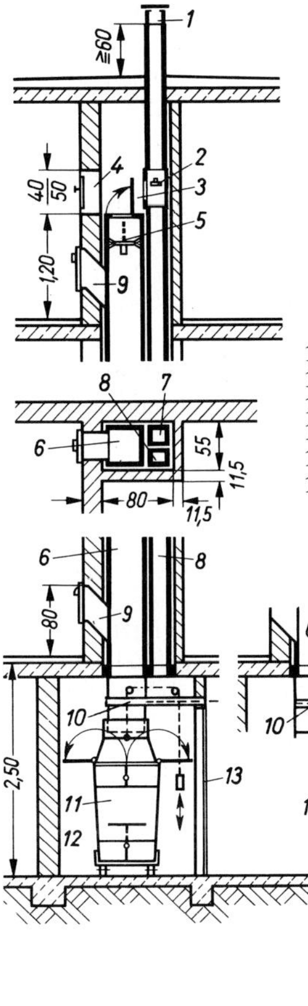

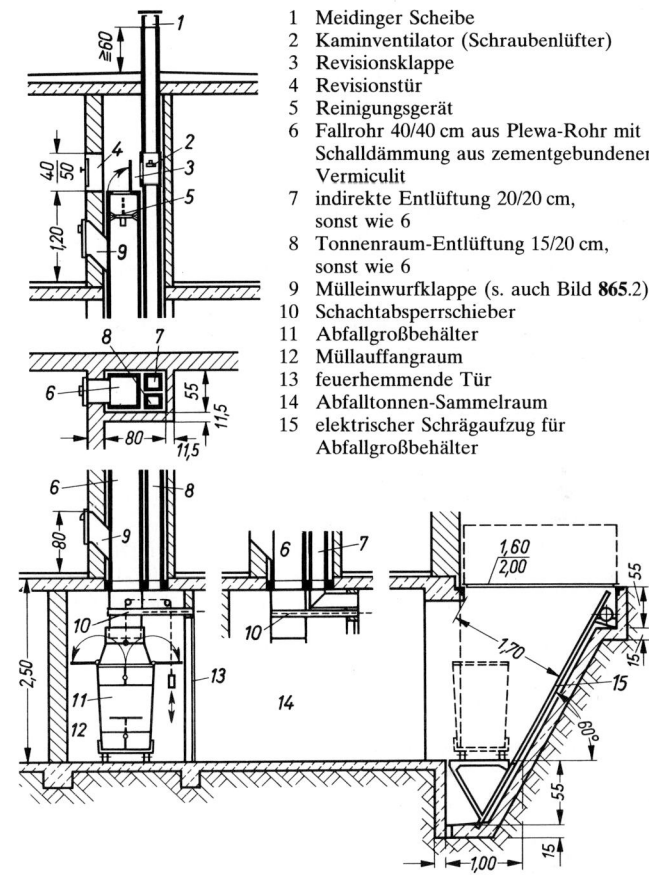

1 Meidinger Scheibe
2 Kaminventilator (Schraubenlüfter)
3 Revisionsklappe
4 Revisionstür
5 Reinigungsgerät
6 Fallrohr 40/40 cm aus Plewa-Rohr mit Schalldämmung aus zementgebundenem Vermiculit
7 indirekte Entlüftung 20/20 cm, sonst wie 6
8 Tonnenraum-Entlüftung 15/20 cm, sonst wie 6
9 Mülleinwurfklappe (s. auch Bild **865**.2)
10 Schachtabsperrschieber
11 Abfallgroßbehälter
12 Müllauffangraum
13 feuerhemmende Tür
14 Abfalltonnen-Sammelraum
15 elektrischer Schrägaufzug für Abfallgroßbehälter

865.1 Müllabwurfanlage mit indirekter Entlüftung (M 1:100) (System Specht)

Mülleinwurfvorrichtungen. Sie müssen ebenfalls aus nicht brennbaren Baustoffen nach DIN 4102 T. 5 und 11 hergestellt sein und staub-, rauchdicht sowie geräuscharm schließen.

Die Türen oder Klappen müssen beim Öffnen die unmittelbare Verbindung der Einwurfsöffnung zum Müllabwurfschacht selbsttätig unterbrechen und einen unbehinderten Mülleinwurf gestatten (**865**.2).

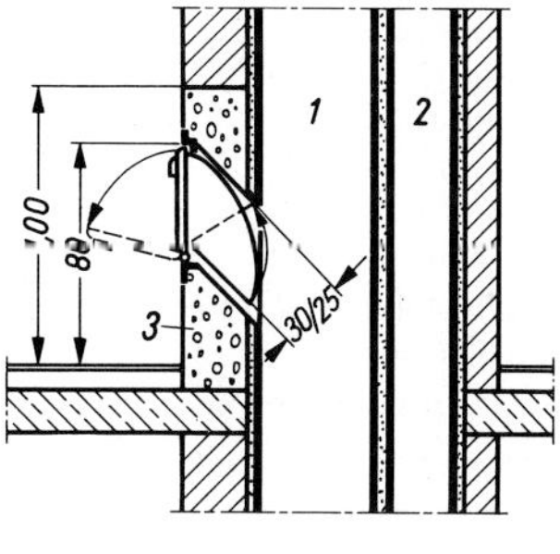

865.2 Mülleinwurfklappe einer Müllabwurfanlage (M 1:50) (System Specht)

1 Fallrohr 40/40 cm aus Plewa-Rohr mit Schalldämmung aus zementgebundenem Vermiculit
2 indirekte Entlüftung, sonst wie 1
3 Montageöffnung im Schachtmauerwerk, wird nach Einbau der ganzen Abwurfanlage geschlossen

Dabei darf nur so viel Abfall aufgenommen werden können, daß der Schacht nicht verstopfen kann. Sperrige Gegenstände einzubringen muß unmöglich sein.

Eimerschleusen sind so auszubilden, daß sie nur mit den zur Anlage mitgelieferten Spezialeimern bedient und überfüllte Eimer nicht in die Mülleinwurfvorrichtungen hineingeschoben werden können (**864**.1).

Der Platz vor der Mülleinwurfstation muß mindestens 1,20 m tief und ausreichend beleuchtet sein. Ein Hinweisschild, daß brennende, glimmende oder sperrige Teile nicht eingeworfen werden dürfen, darf nicht fehlen.

In Wohnbauten für körperbehinderte Rollstuhlfahrer sind nach DIN 18025 T. 1 die Bedienungsvorrichtungen für Mülleinwurföffnungen in 85 cm Höhe anzuordnen und vor dem Einwurf eine 150 cm tiefe Bewegungsfläche einzuplanen.

Abfallsammelbehälter. Unterhalb des Abwurfschachtes ist der Abfall auf möglichst gefahr- und geruchlose Weise in geeigneten Behältern unter Verwendung passender Zwischenstücke staubfrei aufzufangen und zu sammeln.

Unmittelbares Sammeln in Abfalltonnen ist nur bei Anfall geringerer Abfallmengen und Gewähr rechtzeitigen Tonnenwechsels angebracht.

Müllgefäß-Spezialwagen sollen weichgummibereifte Räder haben. Abfallgroßbehälter ab 1,1 m^3 Inhalt (**857**.1) müssen dauerhaft, oberflächengeschützt, leicht auswechselbar sein und ebenfalls gummibereifte Räder besitzen.

Müllsilos in Verbindung mit normalen Abfalltonnen (**864**.1) müssen staubdicht zu verschließen, schallgedämmt sowie leicht und gefahrlos von Hand oder mechanisch zu entleeren sein.

Alle genannten Auffangvorrichtungen sind so zu bemessen, daß sie nur alle 2 bis 3 Tage gewartet zu werden brauchen.

Müllsammelräume. Zum Sammeln des Abfalls sind immer zwei Räume vorzusehen, ein Müllauffangraum und ein Abfalltonnenraum. Beide Räume sind durch eine Tür stufenlos zu trennen, erhalten feuerbeständige Decken und Wände, feuerhemmende Türen und einen dichten massiven Fußboden mit vor dem Verstopfen durch Abfall zu schützender Fußbodenentwässerung (**866**.1).

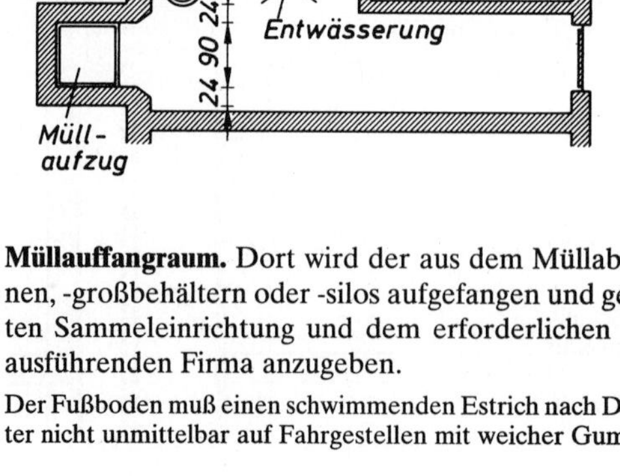

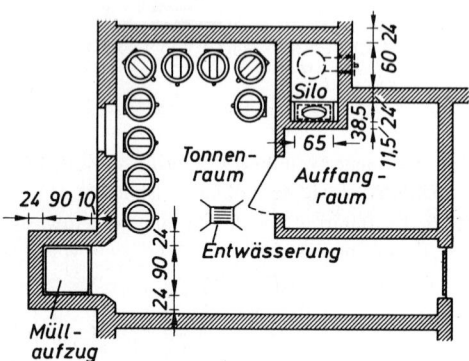

866.1 Müllauffangraum (Siloraum), Abfalltonnenraum und Aufzugsschacht

Müllauffangraum. Dort wird der aus dem Müllabwurfschacht anfallende Abfall in Abfalltonnen, -großbehältern oder -silos aufgefangen und gesammelt. Seine Größe wird von der gewählten Sammeleinrichtung und dem erforderlichen Bewegungsraum bestimmt und ist von der ausführenden Firma anzugeben.

Der Fußboden muß einen schwimmenden Estrich nach DIN 4109 aufweisen, soweit die Abfallsammelbehälter nicht unmittelbar auf Fahrgestellen mit weicher Gummibereifung stehen.

Abfalltonnenraum. Unter Berücksichtigung einer Zuwachsrate ist für je 1 angeschlossene Familie Platz für eine 120-l- oder 110-l-Abfalltonne mit je 0,6 m^2 zu schaffen (**866**.1), soweit nicht Abfallgroßbehälter verwendet werden.

In diesem Fall müssen die zugehörigen Spezialfahrzeuge an die Behälter heranfahren können.

Tonnentransport. Bei größerem Höhenunterschied zwischen dem Fußboden des Abfalltonnenraumes und dem Fahrweg ist eine elektrische Hebevorrichtung einzubauen, wobei die Bestimmungen über Einrichtung und Betrieb der Aufzüge zu beachten sind (**864**.1 und **865**.1).

Bei kleineren Höhenunterschieden genügen flachgeneigte und stufenlose Rampen.

Lüftung. Die Müllsammelräume müssen wirksam gelüftet werden. Der Müllauffangraum wird grundsätzlich über den Abwurfschacht oder den besonderen Lüftungsschacht entlüftet.

Der Abfalltonnenraum kann Fensterlüftung erhalten, wenn keine Geruchsbelästigungen in darüberliegenden Räumen zu befürchten sind.

Regelbare Frischluftöffnungen haben eine beständige und ausreichende Lüftung zu gewährleisten, die andererseits nicht so stark sein darf, daß Papier und Leichtbestandteile des Abfalls über Dach getrieben werden.

Die Müllsammelräume müssen elektrische Beleuchtung haben und dürfen für andere Zwecke, etwa zum Anbringen von Gas- oder Stromzählern, nicht benutzt werden.

13.5 Abfalltransport in Rohrleitungen

Heute ist es selbstverständlich, daß unsere Siedlungen durch unterirdische Rohr- oder Kabelnetze mit Trinkwasser, Gas, elektrischem Stark- und Schwachstrom, auch mit Fernwärme und Fernsehkabel versorgt und in gleicher Weise die Abwässer beseitigt werden und damit allen hygienischen technisch-wirtschaftlichen und ästhetischen Forderungen des neuzeitlichen Städtebaues einwandfrei entsprochen wird.

Dagegen haften den zur Zeit noch allgemein üblichen, in den vorstehenden Abschnitten behandelten, Verfahren zur Sammlung, Aufbewahrung und zum Abtransport des Hausabfalles auch in den besten Ausführungen erhebliche grundsätzliche Mängel an, die bei weiterer Rationalisierung vielleicht noch gemildert, aber keinesfalls beseitigt werden können.

Einen grundsätzlichen Wandel zum Besseren läßt jedoch der pneumatische Mülltransport in unterirdischen Rohrleitungen vor allem für Großsiedlungen erwarten, wie er sich in Schweden bereits in einer größeren Anzahl von Ausführungen in der Praxis bewährt hat, geplant und erstellt wird.

Bei uns wird dieses neuartige Verfahren des Abfalltransportes in den nächsten Jahren auch für Deutschland größere Bedeutung erlangen.

13.5.1 Aufbau

Eine Anlage für den pneumatischen Mülltransport besteht im wesentlichen aus Maschinenausrüstung, Müllsilo, Rohrleitungssystem, Schacht- und Transportluftventil (**868**.1).

Maschinenausrüstung. Sie kann im Anschluß an die Zentrale einer Fernwärmeversorgung, mit den Vakuumturbinen und ihren Antriebsmotoren, welche die Luft durch Rohrleitungen saugen, ferner mit den Staubabscheidern, den Schalldämpfern und der elektrischen Ausrüstung für den Start und den elektrischen Betrieb geplant werden.

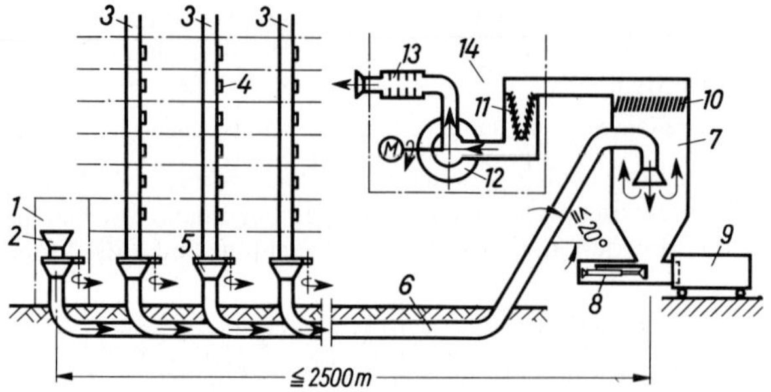

868.1 Pneumatische Müllabsauganlage (Centralsug GmbH)

1 Ventilkammer, ca. 2/2 m groß
2 Transportluftventil
3 Müllabwurfschächte in Hochhäusern
4 Mülleinwurföffnung
5 Schachtventil
6 Transportrohr ∅ 500 mm
7 Müllsilo
8 Müllverdichter
9 Container
10 Grobfilter
11 Feinfilter
12 Vakuum-Erzeuger mit Antriebsmotoren
13 Schalldämpfer
14 Maschinenraum

Müllsilo. Er ist im Anschluß an die Maschinenausrüstung, zum Verdichten der Abfälle und zur Beschickung von Abfallgroßbehältern zur Weiterbeförderung erforderlich (s. auch Abschnitt 13.7).

Rohrleitungssystem. Dies besteht zwischen dem Transportluftventil und dem Sammelbehälter aus horizontal und unterirdisch verlegten Stahlrohren von 500 mm∅ und 5 bis 8 mm Wanddicke bei einer Stranglänge bis 2500 m, einem Biegeradius von 1,5 bis 2 m und Steigung bis 20°, ferner einer Kupferrohrleitung für Druckluft zum Öffnen und Schließen der Schachtventile über Steuerzylinder.

Schachtventile. Sie sorgen am Fuß jedes Müllabwurfschachtes für die Regelung des Abtransportes der Abfälle aus jedem Ventilraum, dem Müllraum, von ca. 2 × 2 m Größe.

Oberhalb des Schachtventiles können Müllabwurfschächte aller bisher üblichen Systeme eingebaut werden.

Man kann aber auch an ihrer Stelle für die gemeinsame Benutzung durch die Bewohner kleinerer ein- oder zweigeschossiger Häuser ohne unmittelbaren Anschluß an das Absaugrohrsystem außerhalb der Gebäude Eingabestationen, die aus einer Schleusenkippmulde und einem Schacht über dem Transportrohr bestehen, vorsehen und mit Garagen, überdeckten Fahrradständen und dazu einer Sauganlage für die Teppichreinigung verbinden.

Transportluftventile. Sie sind am Ende jedes Transportstranges zum gemeinsamen Ansaugen von Transportluft für mehrere in einer Reihe angebrachte Schachtventile dieses Stranges installiert.

13.5.2 Arbeitsweise

Der in Papier- oder Plastiktüten verpackte Hausabfall wird wie üblich in den Müllschlucker geworfen oder in eine besondere Eingabestation gegeben.

Er fällt auf eine waagerechte Scheibe, die den Fallschacht am unteren Ende abschließt und Teil des Schachtventiles ist (**869**.1).

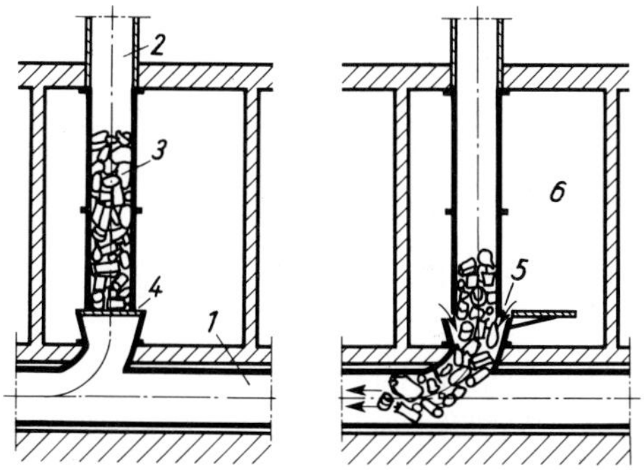

869.1 Saugtransport des Abfalles, Arbeitsweise des Schachtventiles (M 1:100) (Centralsug GmbH)
1 Transportrohr
2 Abwurfschacht
3 Hausabfall
4 Schachtventil, geschlossen
5 Schachtventil, geöffnet während des Mülltransportes
6 Ventilkammer, etwa 2/2 m groß

Zu vorgewählten Zeitpunkten läuft eine Gruppe von Vakuumturbinen an und erzeugt einen Unterdruck von 250 mbar in der Rohrleitung. Dann wird das Transportluftventil am Ende eines Rohrstranges geöffnet.

Nach Erreichen einer Luftgeschwindigkeit von etwa 25 m/s öffnen sich die Schachtventile dieses Stranges nacheinander. Der Hausabfall fällt aus dem Stauraum in das Transportrohr und wird dort vom Luftstrom zum Sammelbehälter mitgerissen. Nach einer Öffnungszeit von etwa 15 s schließt sich das Ventil wieder.

Danach öffnet sich das Transportluftventil des nächsten Leitungszweiges, und der Vorgang wiederholt sich bis zur Leerung aller Müllabwurfschächte.

Der angesaugte Abfall wird nach und nach in den Verdichtungsapparat gegeben, verdichtet und in Abfallgroßbehälter gepreßt (s. auch Abschnitt 13.7).

Die gefüllten Abfallsammelbehälter werden mit Lastwagen in die Müllvernichtungsanlage gefahren. Durch eine automatische Verschiebeanlage werden die Abfallgroßbehälter selbsttätig ausgewechselt.

Die Transportluft wird in Staubfiltern gereinigt und anschließend über Schalldämpfer ausgeblasen.

13.5.3 Vorteile

Die automatische Leerung bei kurzen Lagerzeiten vermeidet alle hygienischen und ästhetischen Unzulänglichkeiten der manuellen Abfallsammlung.

Eine Saugtransportanlage wird so ausgelegt, daß die gesamte Beseitigung des anfallenden Hausabfalles nicht mehr als 1 bis 2 Stunden am Tag erfordert.

Die Maschinen und Transportrohre werden aber von Anfang an für Dauerbetrieb bemessen. Das bedeutet die Möglichkeit einer Kapazitätssteigerung auf mehr als das Zehnfache des Transportgutes. Neue Mülleingaben können also direkt an die vorhandene Anlage angeschlossen werden.

Die Saugtransportrohre werden im Erdboden verlegt. Damit wird das Straßennetz innerhalb der Siedlung von den Müllfahrzeugen befreit.

Da der Hausabfall täglich abgesaugt wird, kann er auch an heißen Sommertagen keinen üblen Geruch in den Häusern verbreiten. Außerhalb der Häuser verschwinden die meist häßlichen und den Unbilden der Witterung ausgesetzten Müllbehälterstandplätze.

In einem geschlossenen Saugtransportsystem nehmen trotz der hohen Anlagekosten die Betriebskosten je Wohneinheit bei zunehmender Auslastung ab, da bei den nur kurzen Betriebszeiten die laufenden Kosten nur gering sind, während die Kosten der manuellen Müllabfuhr entsprechend der fortlaufend steigenden Abfallmenge und den sich ständig erhöhenden Personalkosten ansteigen.

Da die Saugtransportanlage von der Art des Transportgutes praktisch unabhängig ist, kann sie vorteilhaft für mehrere Aufgaben zu gleicher Zeit benutzt werden, so für

Abtransport von Hausabfall aus Wohnsiedlungen mit Hochhäusern und niedriger Bebauung, Abtransport von Sperrabfall aus Warenhäusern und Betrieben, Transport des Kehrichtes von Zentralsauganlagen für Gebäudereinigung oder Transport von Schmutzwäsche in Hotels und Krankenhäusern.

13.6 Zentrale Staubsauganlagen

In Büroräumen, Hörsälen, Fluren oder Krankenzimmern werden die Fußböden seit Jahrzehnten in konventioneller Weise mit Besen und Schaufel oder mit Schrubbern und Aufnehmern gereinigt.

Eine Weiterentwicklung dieser manuellen Verfahren stellte dann das Feuchtwischen dar, das entweder auch von Hand oder mit Maschinen durchgeführt wird. Dabei sind die etwas schwierig zu handhabenden Maschinen für große Reinigungsflächen wie breite Flure sehr vorteilhaft, weniger aber in Büroräumen, Krankenzimmern und anderen mit Möbeln ausgestatteten Räumen.

In Schweden sind daher, um diese Arbeiten zu rationalisieren und erleichtern sowie deren Lohnkosten zu senken, zentrale Staubsauganlagen zur Gebäudereinigung entwickelt worden, die sich seit längerer Zeit bewährt haben und nunmehr auch bei uns in zunehmendem Maße Eingang finden.

Aufbau. Eine zentrale Staubsauganlage zur Gebäudereinigung besteht im Prinzip aus einem Maschinenraum, den Rohrleitungen und den Schnellanschlußventilen für die Saugschläuche (**870**.1).

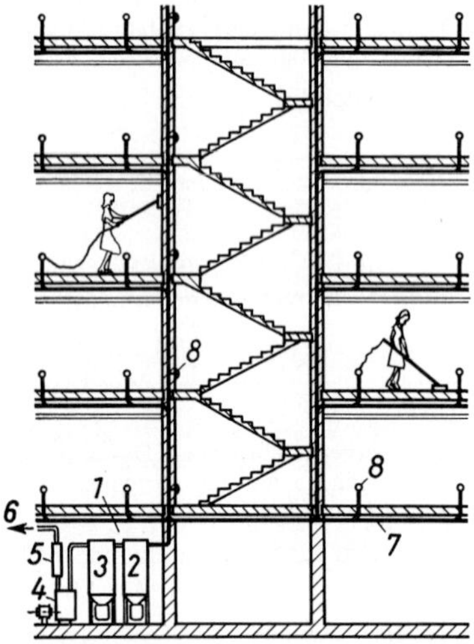

870.1 Zentrale Staubsauganlage für Gebäudereinigung
1 Maschinenraum
2 Grobabscheider
3 Feinabscheider
4 Vakuumturbine mit Motor
5 Schalldämpfer
6 Ausblasleitung
7 Staubsaug-Rohrleitung
8 Staubsaug-Wandventil

Im Maschinenraum sind die elektrisch angetriebenen Vakuumturbinen, bei kleinen Anlagen auch nur eine, die einen Unterdruck von 250 bis 400 mbar erzeugen, schwingungsfrei aufgestellt sowie Grob- und Feinabscheider und elektrische Schaltkästen für den automatisierten Betrieb untergebracht (**871**.1).

Für den Platzbedarf des Zentralgerätes gilt als Faustformel: für je 1000 m^2 angeschlossener Fußbodenfläche wird 1 m^2 Grundfläche benötigt.

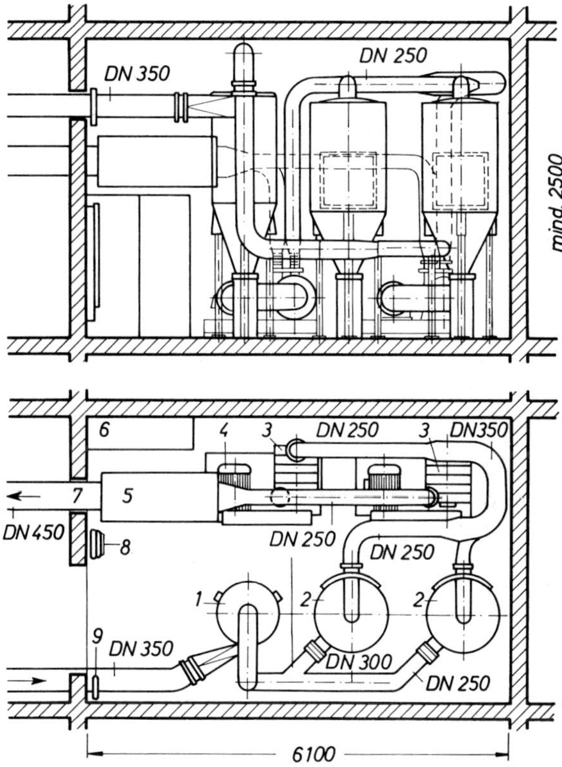

871.1 Zentrale einer Gebäude-Staubsauganlage, Grundriß und Schnitt (M 1:110)

1 Grobabscheider
2 Feinabscheider
3 Exhaustor
4 Drehstrommotor
5 Schalldämpfer
6 Schaltanlage
7 Fortluft
8 Sauggarnitur
9 Saugventil

Der Grobabscheider und die Feinabscheider werden gewöhnlich mit Wasser gespült, das danach schnell und hygienisch einwandfrei in die Kanalisation abläuft, ohne daß sie dabei geöffnet zu werden brauchen. Der Grobabscheider kann auch in einen Papiersack geleert werden.

Vom Maschinenraum aus ist ein Rohrsystem im gesamten Gebäude, in Großwohnhäusern in den Kellern und Treppenhäusern, aus handelsüblichen Stahlrohren, auch aus dünnwandigen Stahlrohren oder Kunststoffrohren, von DN 50 verlegt, das sowohl für die Trocken- als auch für die Naßreinigung verwendet wird und in dem sich die Transportluft mit einer Geschwindigkeit von 15 bis 20 m/s bewegt (**871**.1).

Schnellschlußventile oder Ventil-Steckdosen zum Anschluß der Absaugschläuche werden als Wandmodelle 30 bis 60 cm über dem Fußboden eingebaut (**871**.2). Daneben gibt es auch Ventile für den Fußbodeneinbau (**872**.1).

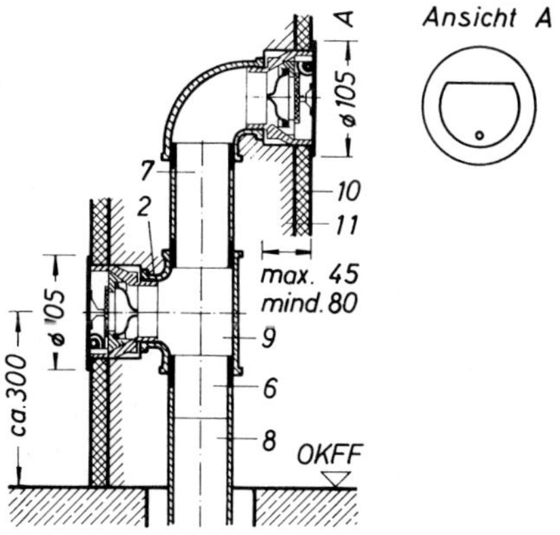

871.2 Ventil-Steckdosen (Schnellschlußventile), Wandeinbau (M 1:10)
Legende s. Bild **872**.1

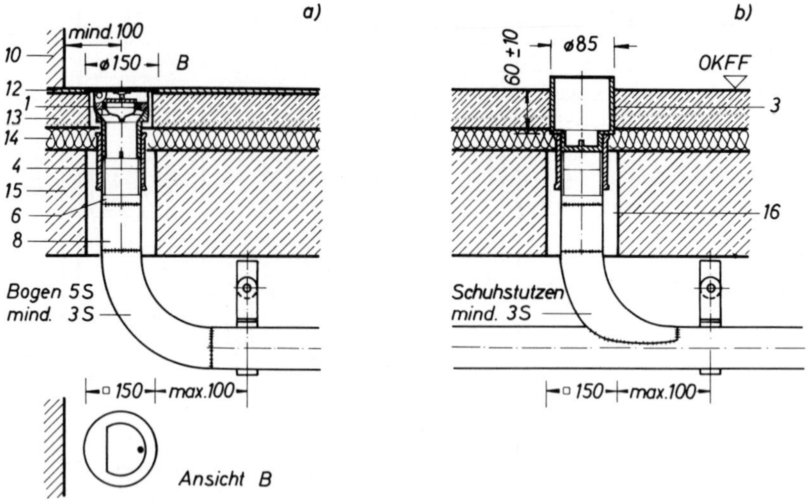

872.1 Ventil-Steckdosen, Fußbodeneinbau (M 1:10)
a) endgültiger Einbau
b) Rohbaustadium

1 Ventilkörper (BSG)
2 Ventilkörper (BSG/K)
3 Schallkörper und Stopfen
4 Gewindemuffe DN 50
5 Bogen (GF-Winkel DN 50)
6 Vorschweißnippel DN 50
7 Doppelnippel DN 50
8 Stahlrohr 60,3 × 2,3
9 T-Stück DN 50
10 Wandverkleidung (Putz)
11 Wand
12 Teppich- oder PVC-Boden
13 Estrich
14 Isolierung
15 Betondecke
16 Aussparung (Vergußmörtel bauseits)

Die Arbeitsgeräte bestehen lediglich aus einem 8 bis 12 m langen, flexiblen Absaugschlauch von 40 mm ∅ und Saugdüsen von etwa 60 cm Länge für die Trocken- und etwa 45 cm Länge für die Naßreinigung. Daneben gibt es ebenfalls leicht auswechselbare Spezialdüsen für das Staubwischen von Fußleisten, Heizkörpern, Möbeln und Büromaschinen.

Die Absaugluftmenge beträgt etwa 4 m³/min. Die Saugleistung ist so kräftig, daß selbst spezifisch schwere, aber kleine Gegenstände wie Nadeln, Büroklammern oder Münzen mit abgesaugt werden.

Die mit dem Hausstaub oder der Aufwischflüssigkeit verunreinigte Absaugluft wird zentral über als Grobabscheider dienende Zyklone vorgereinigt, dann über Trocken-Schüttelfilter oder mit Venturi-Düsen im Naßverfahren vom Feinstaub befreit und über Schalldämpfer durch die Wand oder über Dach ins Freie geleitet.

Die gleichzeitigen besonderen hygienischen Vorteile dieser Form der zentralen Gebäudereinigung liegen auf der Hand. Der Staub und damit die an die Staubpartikel gebundenen Bakterien und andere Krankheitserreger werden beim Absaugen nicht mehr aufgewirbelt und können damit nicht mehr die Raumluft verunreinigen.

Zentrale Staubsauganlagen lassen sich leicht und zweckmäßig mit einer pneumatischen Mülltransportanlage nach Abschnitt 13.5 verbinden.

Zentraleinheit. Speziell für Wohnungen und Einfamilienhäuser wurde ein kompaktes Zentral-Staubsaug-System neu entwickelt.

Die 60 cm hohe und 30 cm breite geräuscharm arbeitende Zentraleinheit wiegt ca. 14 kg, ist für die Wand- oder Bodenmontage vorbereitet und hat eine Leistung von 1300 W über Steckdosenanschluß.

Die spritzdichte Gerätekonstruktion kann im Keller- oder Wohnbereich, im Hausarbeitsraum, Waschraum, WC oder Bad installiert werden.

Das Zentralgerät hat einen Staubauffangbehälter von 13 l Fassungsvermögen, der zwei- bis dreimal jährlich geleert werden muß, und arbeitet mit einer maximalen Saugdistanz bis zur letzten Staubrohr-Anschlußdose von 30 m.

Das Rohrsystem, mit Abzweigungen und Bögen, besteht aus Kunststoff. Durch den 8 m langen flexiblen Saugschlauch benötigt man für eine Wohnfläche von ca. 100 m^2 in der Regel nur 2 bis 3 Anschlußdosen.

Sinnvolles Zubehör, etwa wie bei üblichen Staubsaugern, gehört zur Gesamtanlage.

13.7 Abfallverdichtungsanlagen

Ein Mittel zur Entschärfung des Abfallproblemes liegt in der Volumenverringerung des anfallenden Hausabfalles durch Pressen, was je nach seiner Zusammensetzung bis auf 10 bis 25% möglich ist.

Eine kleinere Müllpreßanlage zeigt Bild **873**.1 im Schema. Sie kann Blech, Glas, Holz, Kunststoff, Küchenabfälle, Metallspäne, Papiere und Pappen bis zu einer Einzelgröße von 60 × 60 cm zu einem Strang von etwa 45 × 55 cm Querschnitt aus aneinandergeschichtetem Abfall pressen, der sich nach Austritt aus dem Gerät im Querschnitt nur unwesentlich, in der Länge um 10 bis 20% erweitert.

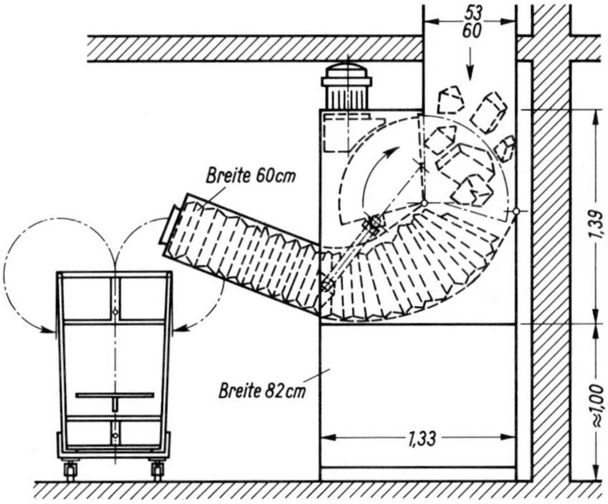

873.1 Müllpreßautomat

Der Trockenabfall nimmt dabei die Feuchtigkeit des nassen Abfalles auf. Trotzdem gibt es keine Tropf-, Schmutz- und Faulstellen.

Bei mehrmaligem Umschütten fällt der Strang der Länge nach auseinander und ist dann gut brennbar. Mit einem Zusatzgerät kann der Strang aber auch abgebunden werden.

Für Arbeitsküchen und Hausarbeitsräume sind 60 × 60 cm große Untertischeinbaugeräte im Handel, die das Volumen des normalen Hausabfalles auf etwa 20 bis 25% zusammenpressen.

Eine größere Müllpreßanlage zeigt Bild **874**.1 im Schema. Hier erfolgt die Abfallverdichtung durch die Presse innerhalb eines besonderen Preßmüllbehälters. Dieser wird in Größen von 6 bis 18 m^3 Füllraum geliefert und zu jedem Einsatz durch eine Spannvorrichtung mit der hydraulischen Müllpresse verbunden.

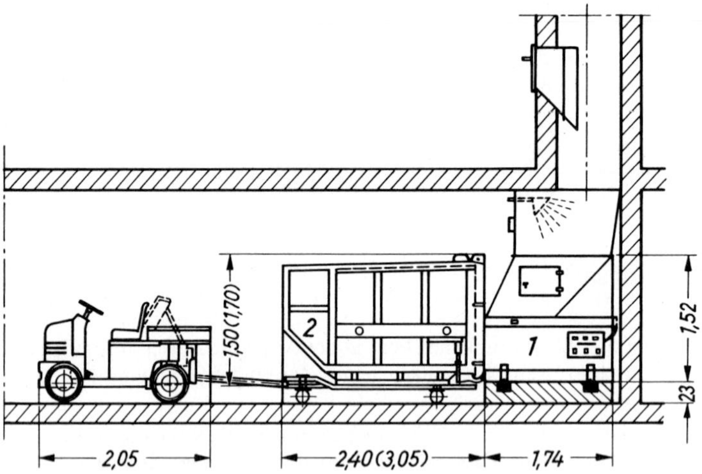

874.1 Müllpreßanlage
1 Müllpresse, 2 Abfallpreßbehälter

Die Anlage kann über eine Bedienungsbühne oder -rampe, durch Großraumbehälter, durch Einsatz unter einer Abfall- oder Papierabwurfanlage oder auch Anschluß an eine pneumatische Mülltransportanlage beschickt werden und verdichtet maximal 80 m^3 Abfall mit einer Kraft von 300 MN.

Die Preßmüllbehälter werden nach Bedarf von Fahrzeugen abtransportiert.

Die Presse selbst muß mit dem Fußboden verankert werden.

13.8 Technische Regeln

Deutsche Normen

DIN 30700 T. 1 Müllgroßbehälter; 1,1-m^3-Umleerbehälter, fahrbar aus Stahlblech (06.87)
DIN 30700 T. 2 Müllgroßbehälter; 1,1-m^3-Umleerbehälter, fahrbar aus Kunststoff (07.89)
DIN 30706 T. 1 Entsorgungstechnik; Begriffe für Hausabfallentsorgung und Entsorgungsfahrzeuge (05.91)
DIN 30719 T. 1 Müllbehälterschränke für Müllgroßbehälter (11.86)
DIN 30736 Müllbehälterschränke für Müllbehälter bis 240 Liter (02.80)
DIN 30737 Müllgroßbehälter; Fahrbare Umleerbehälter mit Klappdeckel 2,5 m^3 und 5 m^3 (05.89)
DIN 30738 Müllgroßbehälter; Fahrbare Umleerbehälter mit Schiebedeckel 2,5 m^3 und 4,5 m^3 (05.89)
DIN 30740 Müllgroßbehälter für staubarme Leerung; Müllgroßbehälter 120 Liter und 240 Liter aus Kunststoff, fahrbar; Maße, Ausführung, Prüfung (06.87)

GUV-Regelwerk Unfallverhütung

GUV 7.8 Müllbeseitigung (01.93)
GUV 17.3 Sicherheitsregeln für Müllpressen; Bau und Ausrüstung (04.83)

VBG-Vorschriften

VBG 126 Müllbeseitigung (01.93)

14 Aufzugsanlagen

Aufzüge dienen der senkrechten oder schrägen Beförderung von Personen und Lasten.

Sie sind langlebige maschinelle Anlagen mit einer Gebrauchsdauer von 25 bis 40 Jahren und sollten daher so geplant werden, daß sie auch in Zukunft den zu erwartenden steigenden Ansprüchen genügen können.

Bereits die Planung erfordert, insbesondere bei Büro- und Verwaltungsbauten, bei Kauf- und Krankenhäusern, ein so großes Maß an Fachwissen, daß der Fachingenieur für Aufzugsanlagen nicht früh genug zu den Entwurfsarbeiten hinzugezogen werden kann.

Die nachstehenden Ausführungen beschränken sich auf die notwendigsten Planungserfordernisse für die einfacheren Verhältnisse des Hochbaues, besonders des Wohnungsbaues.

Gesetzliche Grundlagen. Die gültigen Rechts- und Verwaltungsvorschriften des Bundes für Aufzüge mit mehr als 1,80 m Förderhöhe, deren Fahrkörbe oder Plattformen zwischen festen Zugangsstellen bewegt und geführt werden, sind enthalten in

der Verordnung über Aufzugsanlagen (Aufzugsverordnung – AufzV) vom 27. 02. 80, geändert durch die Erste Verordnung zur Änderung der Aufzugsverordnung vom 17. 08. 88, der allgemeinen Verwaltungsvorschrift zur Aufzugsverordnung (AufzVwV) vom 27. 02. 80 sowie den Bauordnungen und Hochhausrichtlinien der Länder.

Technische Regeln für Aufzugsanlagen sind im Abschnitt 14.9 aufgeführt.

14.1 Personenaufzüge

Allgemeines. Elektrisch betriebene Personenaufzüge dienen der Beförderung von Personen oder Personen und Gütern. Ihre Aufzugskabinen müssen immer mit einer Abschlußtür versehen sein.

Die meisten Bauordnungen der Länder schreiben für Wohnhäuser mit mehr als 4 Vollgeschossen Aufzüge in ausreichender Zahl vor. Einer dieser Aufzüge muß dabei für den Transport von Lasten und Krankentragen mit einer Nutzfläche von 1,10 m × 2,10 m geeignet sein (**890**.1 b).

Fahrkörbe zur Aufnahme von Rollstühlen nach DIN 13240 T. 1 und 3 müssen mindestens 1,10 m breit und 1,40 m tief sein. Die Türen müssen mindestens 80 cm breit sein (**890**.1 a).

Bei der Festlegung der Anzahl der Aufzüge soll die Gesamtfläche aller Aufzüge so bemessen sein, daß für je 20 auf den Aufzug angewiesene Personen ein Platz im Aufzug vorhanden ist (Taf. **876**.1). Personen, die sich dauernd im Erdgeschoß aufhalten, können bei dieser Rechnung vernachlässigt werden.

Meist wird bei Wohnhäusern bis zu 10 Geschossen ein Aufzug ausreichen, der dann häufig nach obiger Vorschrift noch überdimensioniert wäre, da die Tragfähigkeit bei Krankentragenaufzugen 1000 kg beträgt und der Fahrkorb für 13 Personen zugelassen ist.

Tafel **876**.1 Personenaufzüge; Baumaße, Fahrkorbmaße und Türmaße (nach DIN 15306)

	Tragfähigkeit	kg	400			630*				1000*			
	Nenngeschwindigkeit	m/s	0,63	1,00	1,60	0,63	1,00	1,60	2,50	0,63	1,00	1,60	2,50
Fahrschacht	Mindest-Fahrschachtbreite c[1])	mm	1600			1600				1600			
		mm	1800			1800				1800			
	Mindest-Fahrschachttiefe d	mm	1600			2100				2600			
	Mindest-Fahrschachtgrubentiefe p	mm	1400	1500	1700	1400	1500	1700	2800	1400	1500	1700	2800
	Mindest-Fahrschachtkopfhöhe q	mm	3700	3800	4000	3700	3800	4000	5000	3700	3800	4000	5000
Tür	Fahrschachttürbreite e_1	mm	800			800				800			
	Fahrschachttürhöhe f_1	mm	2000			2000				2000			
Triebwerksraum	Mindestfläche des Triebwerksraumes	m^2	8		10	10		12	14	12		14	16
	Mindestbreite des Triebwerksraumes r	mm	2400		2400	2700		2700	3000	2700		2700	3000
	Mindesttiefe des Triebwerksraumes s	mm	3200		3200	3700		3700	3700	4200		4200	4200
	Mindesthöhe des Triebwerksraumes h	mm	2000		2200	2000		2200	2600	2000		2200	2600
Fahrkorb	Fahrkorbbreite a	mm	1100			1100				1100			
	Fahrkorbtiefe b	mm	950			1400				2100			
	Fahrkorbhöhe k	mm	2200			2200				2200			
	Fahrkorbtürbreite e_2	mm	800			800				800			
	Fahrkorbtürhöhe f_2	mm	2000			2000				2000			
	Zulässige Personenzahl		5			8				13			

*) Diese Fahrkörbe erlauben die Benutzung mit Rollstühlen.

[1]) 1600 mm für einseitig öffnende zweiblättrige Teleskopschiebetür
1800 mm für mittig öffnende zweiblättrige Schiebetür (s. auch **889**.1)

Daneben bieten die Hersteller eine Vielzahl standardisierter Aufzugsanlagen mit anderen Abmessungen an.

Es ist sinnvoll, den Aufzug jeweils im Treppenhaus oder in seiner Nähe anzuordnen. Bei zwei Aufzügen sollten diese in einem gemeinsamen Schacht untergebracht werden (**881**.1).

Bei Personen- und auch Lastenaufzügen kann man zwischen Führer- und Selbstfahreraufzügen wählen.

Führeraufzüge werden vor allem in Kaufhäusern, Fabrikationsstätten und Aussichtstürmen eingesetzt. Sie erfordern einen geringeren Aufwand in der elektrischen Steuerung als Selbstfahreraufzüge, verlangen aber den Einsatz eines geprüften Aufzugführers.

Selbstfahreraufzüge können von jedem Benutzer selbst bedient werden. Man verwendet sie in Wohnhäusern, Hotels, Verwaltungsgebäuden und Fabrikationsstätten. Der Aufwand der elektrischen Ausrüstung ist aber größer als bei Führeraufzügen.

Tragfähigkeit. Für Personenaufzüge sind nach DIN 15306 nachfolgende Tragfähigkeiten und Benutzungsmöglichkeiten festgelegt (Taf. **876**.1).

Kleiner Aufzug mit 400 kg, für die Benutzung von höchstens 5 Personen, auch mit Traglasten,
mittlerer Aufzug mit 630 kg, für die Beförderung von höchstens 8 Personen, auch mit Kinderwagen und Rollstühlen für körperbehinderte Personen, und
großer Aufzug mit 1000 kg, für die Benutzung von höchstens 13 Personen, auch zum Transport von Krankentragen, Särgen, Möbeln und Rollstühlen für körperbehinderte Personen.

Mittlere und große Personenaufzüge dürfen mit dem Bildzeichen für Rollstuhlbenutzer nach DIN 18024 T. 2 gekennzeichnet werden (**904**.1).

Seilaufzüge. Sie werden im Wohnungsbau am häufigsten eingesetzt (**878**.1 und **879**.1).

Der Antrieb erfolgt über eine durch einen Elektromotor betriebene Aufzugswinde mit Treibscheibe oder Seiltrommel. Diese ist wegen der erforderlichen hohen Leistung nur noch in besonderen Ausnahmefällen möglich.

Beim Treibscheibenantrieb werden das Gewicht der Aufzugskabine und die halbe Nutzlast durch ein Gegengewicht ausgeglichen. Im unbelasteten oder belasteten Zustand wird daher immer nur die halbe Nutzlast gehoben.

Der Triebwerksraum soll möglichst über dem Schacht (**878**.1 und **879**.1) angeordnet werden.

Man kann ihn aber auch oben oder unten neben dem Schacht vorsehen (**886**.1). Diese Ausführungen erfordern einen wesentlich höheren maschinellen Aufwand und weisen einen höheren Seilverschleiß durch die notwendigen Seilumlenkungen auf.

Der Maschinenraum über dem Fahrschacht erfordert, wenn der Fahrstuhl auch das oberste Geschoß anfahren soll, bei Flachdächern normalerweise einen Dachaufbau.

Soll dieser jedoch mit Rücksicht auf die Gestaltung des Bauwerkes vermieden werden, so kann man entweder den Maschinenraum im Keller neben dem Fahrschacht vorsehen oder auf das Anfahren des obersten Geschosses verzichten und in ihm den Maschinenraum oberhalb des Fahrschachtes unterbringen oder einen keinen Dachaufbau verlangenden hydraulischen Aufzug wählen.

Standardaufzüge. Vorgefertigte Aufzüge mit Seilantrieb werden heute bevorzugt im Wohnhausbau verwendet (**879**.1). Sie werden seit vielen Jahren von allen namhaften Aufzugsfirmen weiterentwickelt und meist auf Lager gefertigt.

Normung und Serienfertigung ergeben preiswerte Aufzüge mit kurzen Lieferzeiten, die allen Ansprüchen des modernen Wohnhausbaues gerecht werden.

Personenaufzüge im Nichtwohnungsbau. Für die Planung von Aufzügen in anderen Gebäuden muß meist der Aufzugsbedarf anhand einer genauen Verkehrsberechnung ermittelt werden. Darin werden neben der Belegungszahl des Gebäudes die Füll- und Entleerzeit berücksichtigt sowie die speziellen Belange der Personen oder Personengruppen, die die Gebäude benutzen.

Nichtwohngebäude können Verwaltungs- und Bürogebäude, Sparkassen, Hotels, Krankenanstalten, Kaufhäuser und andere Gebäude sein.

Baumaße. Die Fahrschacht-, Tür- und Fahrkorbmaße für den Einbau von elektrisch betriebenen Personenaufzügen mit Seilantrieb in Nichtwohngebäuden sind nach DIN 15309 in Tafel **880**.1 festgelegt.

Alle in der Tafel angegebenen Personenaufzüge ermöglichen eine Benutzung mit Rollstühlen für körperbehinderte Personen und dürfen mit dem Bildzeichen nach DIN 18024 T. 2 gekennzeichnet werden (**904**.1).

Für Ermittlungen der Aufzugsgröße ist der Architekt unbedingt auf die Beratung durch einen Fachingenieur einer Aufzugsfirma angewiesen, die teilweise auch die Erstellung von zeichnerischen Unterlagen einschließt (**879**.1, **885**.1 und **890**.1).

Stauraum. Der Stauraum vor den Fahrschachttüren muß für Personen, Aufzugsbenutzer mit Handgepäck und für zu transportierende Lasten ausreichend groß bemessen sein.

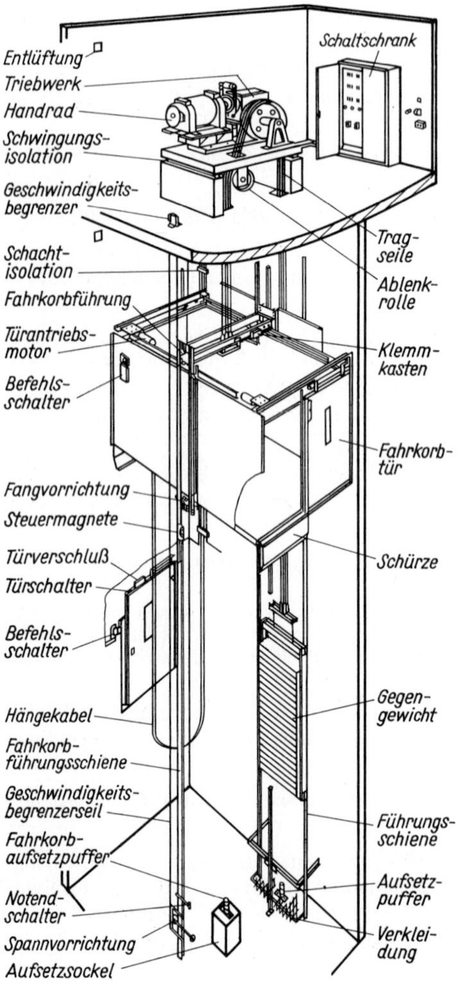

Die nutzbare Mindesttiefe zwischen Fahrschachttürwand und gegenüberliegender Wand soll mindestens das 1,5fache der Fahrkorbtiefe betragen.

Die nutzbare Mindestfläche soll gleich dem Produkt aus der 1,5fachen Fahrkorbtiefe und der Fahrschachtbreite sein.

Zwischen gegenüberliegenden Aufzügen soll die nutzbare Mindesttiefe zwischen den Fahrschachttürwänden gleich der Summe der beiden gegenüberliegenden Fahrkorbtiefen, jedoch nicht größer als 4,50 m sein.

878.1 Personenaufzug mit Seilantrieb und Maschinenraum über dem Fahrschacht (Hillenkötter + Ronsiek)

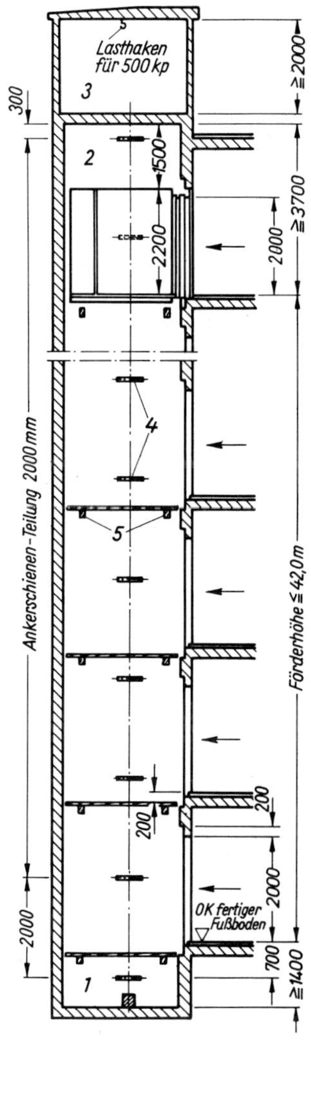

879.1 Personenaufzug mit Seilantrieb
(Standardaufzug für Krankentragentransport)
mit vollautomatischen Schacht- und Kabinenabschlußtüren.
Tragfähigkeit 1000 kg.
Fahrgeschwindigkeit 0,63 m/s (M 1:150)
(Schindler Aufzügefabrik GmbH, Berlin)

1 Schachtgrube
2 Schachtkopf
3 Triebwerksraum
4 Ankerschienen, Halfen-Profil 40 × 22, 500 mm lang
5 vermaßte Punkte zur Befestigung der bauseitigen Rüstbalken durch Aussparungen, Ankerschienen oder Rüsthülsen

Bettenaufzüge. Dies sind ebenfalls genormte Personenaufzüge nach DIN 15309, die jedoch mit den Tragfähigkeiten von 1600, 2000 oder 2500 kg größere Abmessungen haben und speziell für Krankenhäuser, Bettenhäuser oder Kliniken geplant werden.

Personen-Umlaufaufzüge. Dies sind Aufzugsanlagen, die ausschließlich dazu bestimmt sind, Personen zu befördern.

Sie sind so eingerichtet, daß die Fahrkörbe an zwei Ketten aufgehängt sind und während des Betriebes ununterbrochen umlaufend bewegt werden, wobei der Ein- und Ausstieg nicht ganz gefahrlos ist.

Bestehende Personen-Umlaufaufzüge, sogenannte Paternoster, dürfen noch weiter betrieben werden, während die Errichtung neuer Umlaufaufzüge nach AufzV nicht mehr zugelassen wird.

14.2 Bauliche Einzelheiten

Die Anzahl der Aufzüge, die Ausführung von Triebwerksräumen und Aufzugsschächten sowie deren Entlüftung, müssen den baurechtlichen Vorschriften der Länder entsprechen.

Aufzugsanlagen unterliegen den Technischen Regeln für Aufzüge TRA 200. Die Einhaltung dieser Vorschriften wird durch Sachverständige der Abnahmebehörden (TÜV, TÜA) überprüft.

Die Betriebsfreigabe für die Aufzugsanlage wird erst nach mängelfreiem Prüfergebnis sowohl in bautechnischer, wie auch aufzugstechnischer Hinsicht erteilt.

Tafel **880**.1 Personenaufzüge, vorzugsweise für andere als Wohngebäude (nach DIN 15309), Maße in mm

	Tragfähigkeit kg	800				1000				1250				1600			
	Nenngeschwindigkeit m/s	0,63	1,0	1,6	2,5	0,63	1,0	1,6	2,5	0,63	1,0	1,6	2,5	0,63	1,0	1,6	2,5
Fahrschacht	Mindest-Fahrschachtbreite c	1900				2400				2600				2600			
	Mindest-Fahrschachttiefe d	2300				2300				2300				2600			
	Mindest-Fahrschachtgrubentiefe p	1400	1500	1700	2800	1400	1700		2800	1400	1900		2800	1400	1900		2800
	Mindest-Fahrschachtkopfhöhe q	3800		4000	5000	4200			5200	4400			5400	4400			5400
Tür	Fahrschachttürbreite e_1	800				1100				1100				1100			
	Fahrschachttürhöhe f_1	2000				2100				2100				2100			
Triebwerksraum	Mindestfläche des Triebwerksraumes m^2	15			18	20				22				25			
	Mindestbreite des Triebwerksraumes r	2500			2800	3200				3200				3200			
	Mindesttiefe des Triebwerksraumes s	3700			4900	4900				4900				5500			
	Mindesthöhe des Triebwerksraumes h	2200			2800	2400			2800	2400			2800	2800			
Fahrkorb	Fahrkorbbreite a	1350				1600				1950				1950			
	Fahrkorbtiefe b	1400				1400				1400				1750			
	Fahrkorbhöhe k	2200				2300				2300				2300			
	Fahrkorbtürbreite e_2	800				1100				1100				1100			
	Fahrkorbtürhöhe f_2	2000				2100				2100				2100			
	Zulässige Personenzahl	10				13				16				21			

14.2.1 Fahrschacht

Jeder Fahrschacht muß allseitig von Wänden umgeben sein, eine Decke und eine Schachtsohle haben. Es können bis zu drei Aufzüge in einem gemeinsamen Schacht untergebracht werden (**881**.1).

Fahrkorb und Gegengewicht werden im Fahrschacht an zwei fest angeordneten Führungsschienen aus Stahl in ihrer Fahrbahn geführt (**878**.1 und **881**.1).

Zur Befestigung der senkrechten Führungsschienen werden in Abständen von 2,00 bis 2,50 waagerechte Ankerschienen vorgesehen (**879**.1).

Im Fahrschacht dürfen sich keine Einrichtungen befinden, die nicht zur Aufzugsanlage gehören.

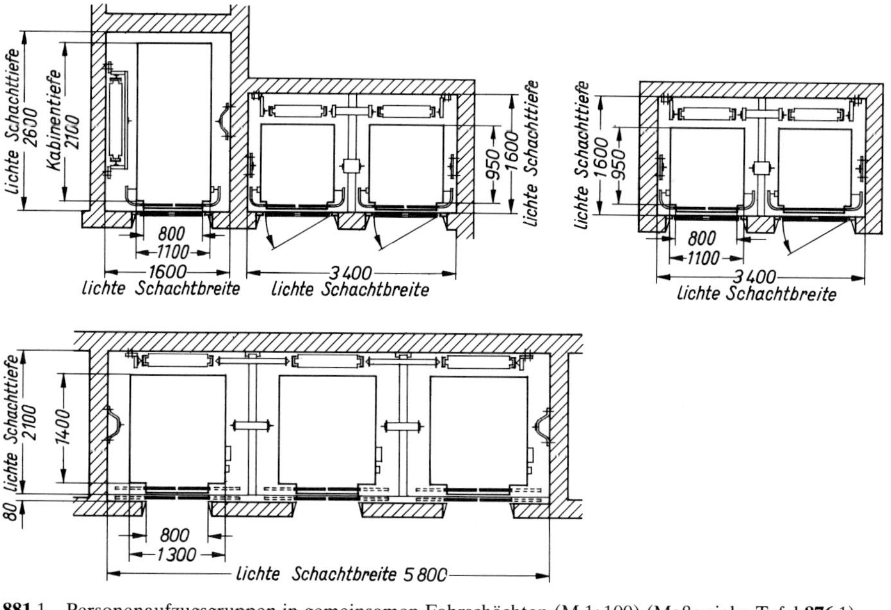

881.1 Personenaufzugsgruppen in gemeinsamen Fahrschächten (M 1: 100) (Maße siehe Tafel **876**.1)

Der Fahrschacht muß zu lüften sein. Rauchabzugsöffnungen müssen eine Größe von mehr als 2,5% der Grundfläche des Fahrschachtes, mindestens jedoch von 0,1 m^2 haben.

Die Größe des Fahrschachtes (Tafel **876**.1) ist wesentlich abhängig von der des Aufzugsfahrkorbes (s. Abschnitt 14.3.3).

Fahrschächte müssen einen Schachtkopf und eine Schachtgrube aufweisen.

Im Fahrschacht angeordnete Bau- oder Maschinenteile müssen ohne Gefahr geprüft und gewartet werden können.

Fahrschachtzugänge. Es müssen Schachtzugänge vorhanden sein, von denen aus das Lastaufnahmemittel bei der vorgesehenen Betriebsweise gefahrlos betreten, verlassen, beladen oder entladen werden kann.

Fahrschachtzugänge und die betretbaren Fahrkörbe müssen zu beleuchten sein.

Fahrschachtzugänge müssen mit Fahrschachttüren versehen sein. Sie dürfen nicht in die Fahrbahn schlagen. Bei von Hand betätigten Fahrschachttüren muß vom Fahrschachtzugang aus erkennbar sein, ob das Lastaufnahmemittel hinter der Fahrschachttür steht.

Die lichte Höhe der Fahrschachtzugänge muß mindestens 1,80 m betragen.

Wartungsöffnungen und Notzugänge zum Fahrschacht müssen verschließbare, nicht in den Fahrschacht ragende Türen mit einer Höhe von mindestens 1,40 m haben.

Fahrschachtwände. Fahrschächte und Schächte getrennt laufender Gegengewichte müssen an allen Seiten von nichtdurchbrochenen Wänden umgeben sein. Wände und Decken müssen aus nicht brennbaren Stoffen bestehen.

Fahrschachtwände dürfen nur für Fahrschacht-, Wartungs-, Notzugänge und Fenster unterbrochen sein.

Die nicht in die Fahrbahn schlagenden Fenster dürfen nur mit einem besonderen Schlüssel geöffnet werden.

An Zugangsseiten müssen Nischen und Vorsprünge von mehr als 150 mm Tiefe, soweit sie höher als 200 mm sind, mindestens in der lichten Breite der Fahrkorbzugänge vollwandig verkleidet sein.

Bei Personenaufzügen ohne Fahrkorbtüren muß die Schachtwand an den Zugangsseiten mindestens in der Breite der Fahrkorbzugänge unnachgiebig sein. Die Schachtwand darf keine Vorsprünge oder Vertiefungen von mehr als 5 mm aufweisen, Kanten gegen die Aufwärtsrichtung müssen abgerundet oder abgeschrägt sein, und sie muß eine harte und glatte Oberfläche haben.

Sind Fahrschachtwände im Verkehrsbereich verglast, dürfen nur die in Tafel **882**.1 aufgeführten Glasarten und Mindestdicken verwendet sein.

Tafel **882**.1 Fahrschachtverglasungen im Verkehrsbereich (nach TRA 200)

Länge der kleineren Seite	Gußglas mit Drahteinlage	Drahtspiegelglas	Verbund-Sicherheitsglas	Spiegelglas	Rohglas
≦ 0,7 m	6 mm	6 mm	6 mm	6 mm	6 mm
≦ 1,0 m				8 mm	8 mm
> 1,0 m	8 mm	8 mm	8 mm	10 mm	10 mm

Wenn Fahrschachtwände vor den Zugangsseiten der Fahrkörbe ohne Fahrkorbtüren verglast sind, dürfen nur die in Tafel **882**.2 aufgeführten Glasarten und Mindestdicken verwendet sein.

Tafel **882**.2 Fahrschachtverglasungen vor Zugangsseiten bei Fahrkörben ohne Fahrkorbtüren (nach TRA 200)

Länge der kleineren Seite	Gußglas mit Drahteinlage	Drahtspiegelglas	Verbund-Sicherheitsglas	Spiegelglas	Rohglas
≦ 0,7 m	8 mm	8 mm	8 mm	8 mm	8 mm
≦ 1,0 m				10 mm	10 mm
> 1,0 m	10 mm	10 mm	10 mm	unzulässig	

Fahrschachtgrube. Am unteren Ende des Fahrschachtes muß eine Schachtgrube vorhanden sein. Sie ist für die Wartungsarbeiten am Fahrkorb erforderlich.

Ihre Tiefe wird von den Konstruktionsmerkmalen und der Betriebsgeschwindigkeit des jeweiligen Aufzuges bestimmt. Bei Personenaufzügen kann in der Regel 1,40 m Mindesttiefe angenommen werden (Tafel **876**.1 und **879**.1).

Schachtgruben mit mehr als 2,50 m Tiefe müssen durch eine verschließbare Öffnung von mindestens 1,40 m lichter Höhe in der Fahrschachtwand betreten werden können.

Bei Schachtgruben von 1,50 bis 2,50 m Tiefe genügt eine fest angebrachte Abstiegseinrichtung.

Fahrschachtkopf. Am oberen Ende des Fahrschachtes muß ein Schachtkopf vorhanden sein.

Seine Höhe richtet sich ebenfalls nach den Konstruktionsmerkmalen und der Betriebsgeschwindigkeit des jeweiligen Aufzuges. Für die Planung von Personenaufzügen ist hier das Maß zwischen OKFF der obersten Haltestelle bis UK Schachtabschlußdecke maßgebend.

Es beträgt bei Wohnbauten mindestens 3,70 m (Tafel **876**.1 und **879**.1).

14.2.2 Triebwerksraum

Triebwerksräume für Einzelaufzüge und gemeinsame Triebwerksräume für Aufzugsgruppen sind nach DIN 15306 und 15309 zu unterscheiden.

Die Mindesthöhe von Triebwerksräumen für Einzelaufzüge muß an jeder Stelle des Raumes, von OKFF bis UK Deckenkonstruktion, auch Unterzüge, eingehalten werden (s. Taf. **876**.1 oder **880**.1 und Bild **884**.1).

Die Maße von gemeinsamen Triebwerksräumen für Aufzugsgruppen müssen den Grundflächen der Fahrschachtabmessungen nach Tafel **876**.1 oder **880**.1 und Bild **884**.2 entsprechen (s. auch Abschnitt 14.2.1).

Die Triebwerke und zugehörige Schalteinrichtungen müssen in besonderen abschließbaren Räumen untergebracht sein, die gegen Witterungseinflüsse geschützt, trocken und belüftet sind. Der Raum liegt im Normalfall über dem Aufzugsschacht (**878**.1 und **879**.1).

Als Triebwerksraum gelten auch Schalt-, Umformer- und ähnliche Räume.

Für jeden Aufzug muß mindestens ein eigenes Triebwerk vorhanden sein.

Wände, Decken und Fußböden der Triebwerksräume müssen aus nicht brennbaren Stoffen bestehen.

Die Grundfläche des Maschinenraumes richtet sich nach der Art des einzubauenden Aufzuges, wird aber immer größer sein als die des Schachtes (Tafel **876**.1). Es ergibt sich in der Regel ein Ausbau nach zwei Seiten (**884**.1 bis **885**.1).

Die Zugangswege und Türöffnungen zu Triebwerksräumen müssen eine Höhe von mindestens 1,80 m aufweisen. Schwellen und Brüstungen bis zu einer Höhe von 40 cm bleiben unberücksichtigt.

Die Zugangswege müssen sicher und ungehindert begangen werden können.

Zugangstüren müssen nach außen aufschlagen und mit einem besonders geformten Schlüssel gegen Zutritt unbefugter abgesichert sein. Von innen muß die Tür ohne Hilfsmittel geöffnet werden können.

Zugänge zu Triebwerksräumen müssen die Aufschrift tragen: „Aufzugs-Triebwerksraum. Zutritt nur Befugten gestattet."

Aufstiege zu Triebwerksräumen müssen als Treppen ausgeführt oder mit Leitern ausgerüstet sein.

Steigeisen sind als Aufstiege nicht zulässig. Aufstiege dürfen nicht entfernt werden können.

An Wartungs- und Prüfungsseiten von Triebwerken und Schaltgeräten muß ein mindestens 70 cm breiter Gang vorhanden sein.

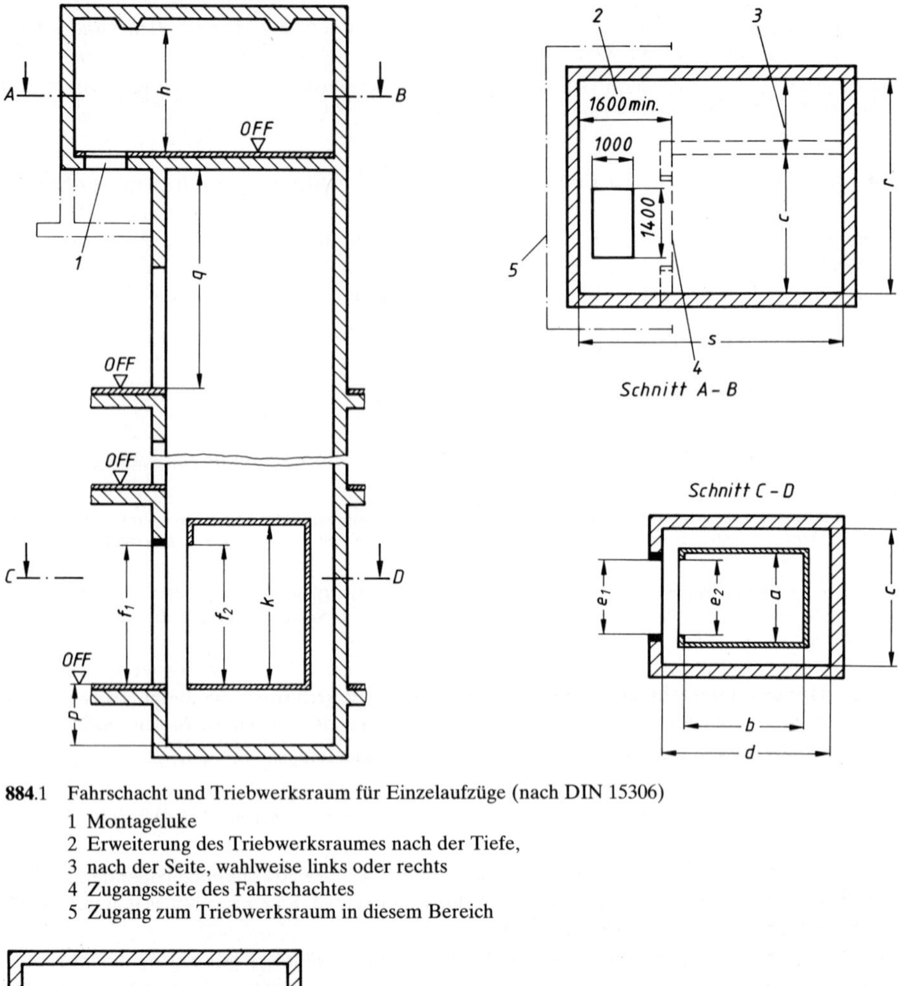

884.1 Fahrschacht und Triebwerksraum für Einzelaufzüge (nach DIN 15306)

1 Montageluke
2 Erweiterung des Triebwerksraumes nach der Tiefe,
3 nach der Seite, wahlweise links oder rechts
4 Zugangsseite des Fahrschachtes
5 Zugang zum Triebwerksraum in diesem Bereich

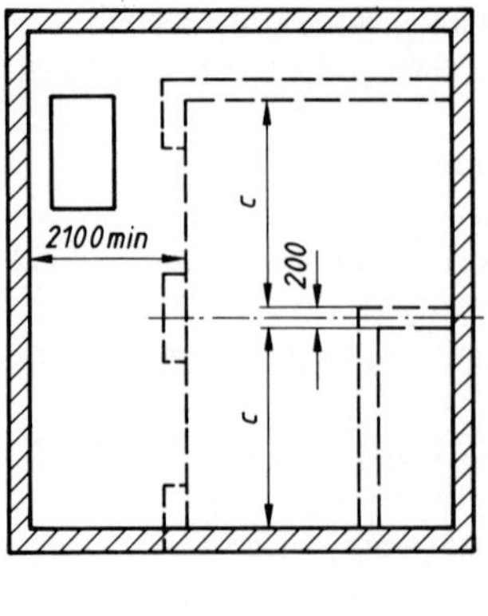

884.2 Gemeinsamer Triebwerksraum für Aufzugsgruppen (nach DIN 15306)

Nicht angegebene Maße entsprechen Bild **884**.1
Nicht eingetragene Maße sind Tafel **876**.1 zu entnehmen

Belastungen ohne Maschinenfundament, Deckengewicht und Verkehrslast ≧ 350 kg/m²
(einschließlich Schwingungszuschlag)

P_1	ca. 2500 kg
P_2	ca. 3900 kg siehe Bild **890**.1
P_3	ca. 3000 kg
P_4	ca. 1200 kg
P_5	ca. 1100 kg
P_6	ca. 1000 kg
P_7	ca. 800 kg

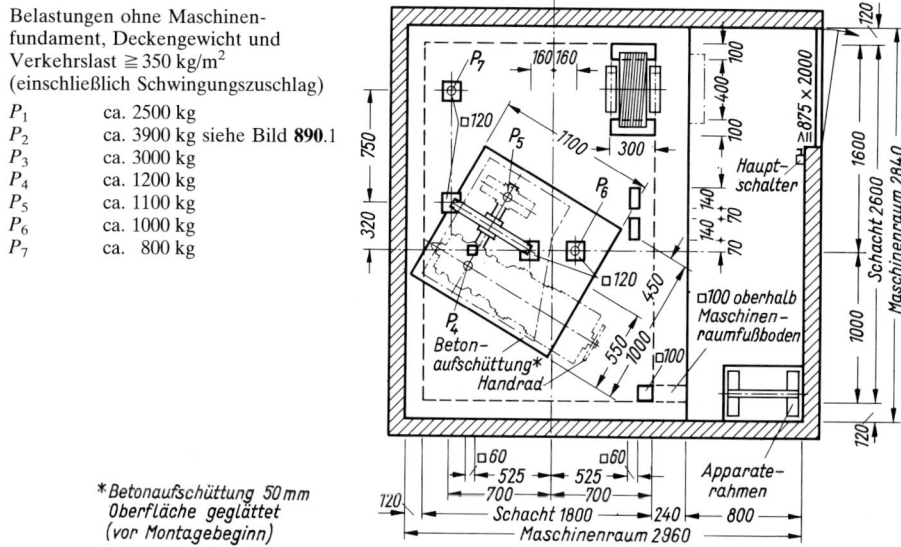

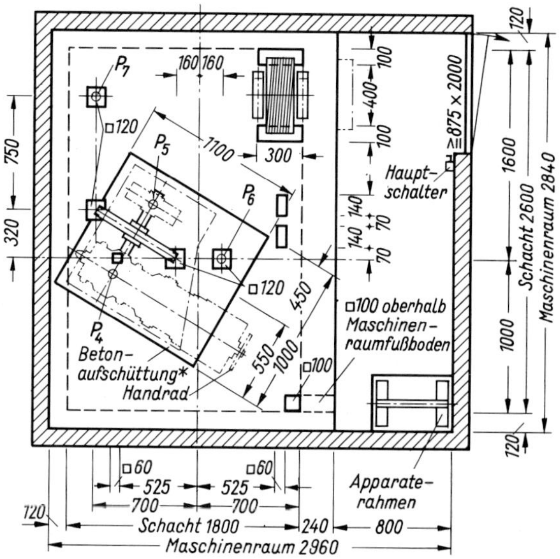

885.1 Grundriß eines Maschinenraumes über dem Fahrschacht nach Bild **879**.1 (M 1:50)
(Schindler Aufzügefabrik GmbH, Berlin)

14.2.3 Rollenraum

Außerhalb der Fahrschächte oder der Triebwerksräume gelegene Umlenkrollen für die Seile der Aufzugsanlagen müssen in Rollenräumen untergebracht sein (**886**.1).

Die Räume müssen ungehindert erreicht, die Rollen und andere technische Einrichtungen müssen geprüft und gewartet werden können.

Rollenräume müssen mindestens 1,40 m, die Zugangswege und Türöffnungen mindestens 1,80 m hoch sein. Schwellen und Brüstungen bis 40 cm bleiben bei Türen unberücksichtigt.

Zugangstüren oder Fußbodenklappen müssen nach außen aufschlagen und mit einem besonders geformten Schlüssel abschließbar sein. Von innen müssen die Zugänge ohne Hilfsmittel geöffnet werden können.

Wände, Decken und Fußböden der Rollenräume müssen aus nichtbrennbaren Stoffen bestehen.

14.2.4 Räume unter der Fahrbahn

Liegen betretbare Räume unter der Fahrbahn des Fahrkorbes oder des Gegengewichtes, müssen die von den Führungsschienen und Anschlägen aufgenommenen Kräfte auf die Gebäudefundamente übertragen werden.

Die Decken dieser Räume müssen für eine Belastung von mindestens 5 kN/m² bemessen sein.

Die Gegengewichte müssen mit einer Fangvorrichtung versehen sein.

Unter den Fahrbahnen der Fahrkörbe und Gegengewichte müssen energieverzehrende Puffer angeordnet sein, die für die Auslösegeschwindigkeit ausgelegt sind.

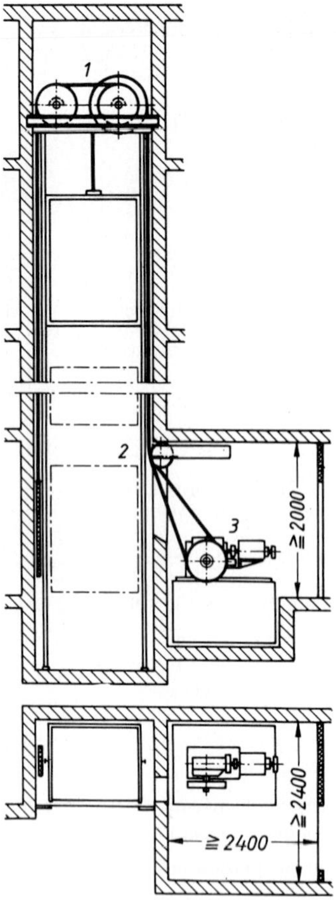

886.1 Personenaufzug mit Seilantrieb, Anordnung des Maschinenraumes neben dem Fahrschacht und Rollenraum

1 Seilumlenkrollen
2 Umlenkrolle
3 Triebwerk mit Treibscheibe

14.2.5 Aufzugsfremde Einrichtungen

In Fahrschächten, Triebwerks-, Schalt- und Rollenräumen dürfen aufzugsfremde Einrichtungen nicht untergebracht sein.

Dies gilt nicht für Entwässerungspumpen der Schachtgrube, elektrische Leitungen zum Betrieb von Luftschutzsirenen und Warnsystemen, sofern diese Einrichtungen wartungsfrei oder so angebracht sind, daß sie von außerhalb der Aufzugsanlage gewartet werden können.

Triebwerks- und Rollenräume dürfen nicht als Durchgang zu aufzugsfremden Räumen benutzt werden.

Die Abluft aufzugsfremder Räume darf nicht in Fahrschächte, Triebwerks- und Rollenräume geleitet werden können.

14.2.6 Sonstige bauliche Maßnahmen

Lüftungsöffnungen. Sie sind in einer Wand möglichst auf der der Hauptwindrichtung abgewandten Seite anzuordnen. Bei Aufzügen mit Fremdbelüftung soll die Motorabluft über Kanäle unmittelbar ins Freie führen.

Rauchabzugsöffnungen. Sie müssen eine Größe von mindestens 2,5% der Grundfläche des Fahrschachtes haben.

Abzugsöffnungen über 0,1 m^2 müssen entweder direkt ins Freie münden oder über einen Kanal ins Freie geführt sein.

Hat der über dem Schacht liegende Triebwerksraum selbst eine entsprechend große und ständig offene Entlüftungsöffnung, darf die Schachtentlüftung in den Triebwerksraum münden. Durchbrüche in der Schachtdecke dürfen angerechnet werden.

Maschinenraum. In ihm muß ein Drehstromanschluß für die Aufzugsmaschine vorhanden sein. Der Anschluß beträgt im allgemeinen 380 V, 50 Hz. Die entsprechende Steigleitung kann im Schacht verlegt werden.

Blitzschutzeinrichtungen. Sie sind für die Aufzüge in der Regel nicht vorgeschrieben. Die Führungsschienen für den Fahrkorb und das Gegengewicht sind jedoch in die Blitzschutzanlage des Gebäudes mit einzubeziehen (s. Abschnitt 7.3.1).

Gegengewicht. Es dient bei Treibscheibenaufzügen zum Ausgleich des Fahrkorbgewichtes und der halben Nutzlast des Aufzuges. Die Gegengewichtseinlagen bestehen meist aus Gußeisen.

Die Gegengewichtsbahn muß in der Fahrschachtgrube mindestens 1,80 m hoch verkleidet werden, bei mehreren Aufzügen im gemeinsamen Fahrschacht auch höher.

Puffer. Die Fahrbahnen des Fahrkorbes und des Gegengewichtes müssen nach unten durch Puffer begrenzt sein. Puffer für den Fahrkorb müssen in der Schachtgrube angebracht sein.

Die Puffer dürfen jedoch am Fahrkorb befestigt sein, wenn sie auf Sockel von mindestens 50 cm Höhe auftreffen.

Belastung des Fahrschachtes. Durch den Aufzug werden die Decke über dem Fahrschacht, die Fahrschachtsohle und die Fahrschachtwände belastet.

Die Belastung P ist abhängig von der Tragkraft, der Betriebsgeschwindigkeit, der Art der Fangvorrichtung, der Bauart und dem Gewicht der Aufzugsteile im Triebwerksraum (**885**.1).

Schallschutz. Gemäß DIN 4109 dürfen die durch den Fahrbetrieb von Aufzugsanlagen verursachten Geräusche in Wohnbauten, im Wohn- und Schlafbereich, auch nachts 30 dB nicht überschreiten (s. auch Abschnitt 4.2.1).

Das Ziel der VDI-Richtlinie 2566 ist es, Maßnahmen zur Minderung der Luft- und Körperschallausbreitung sowie zur Minderung der Geräuschursachen anzugeben, die durch Triebwerk, Hydraulikaggregat, Gerschwindigkeitsbegrenzer, Schaltgeräte, Schachtausrüstung oder Türsysteme entstehen.

Beim Betrieb von Aufzugsanlagen entstehen Schalt-, Anfahr-, Fahr- und Bremsgeräusche, die als Luft- und Körperschall im Gebäude weitergeleitet werden und zur Beeinträchtigung der Wohnruhe führen können.

An der Planung der Schallschutzmaßnahmen sollten deshalb Architekten, Statiker und Aufzugskonstrukteure rechtzeitig zusammenarbeiten.

14.3 Technische Einzelheiten

14.3.1 Antriebe

Allgemeines. Für die Aufzugsanlagen werden grundsätzlich nur noch Treibscheibentriebwerke und hydraulische Triebwerke vorgesehen.

Verschiedene im Aufzugsbau verwendete Aufzugs-Antriebsarten zeigt Bild **887**.1.

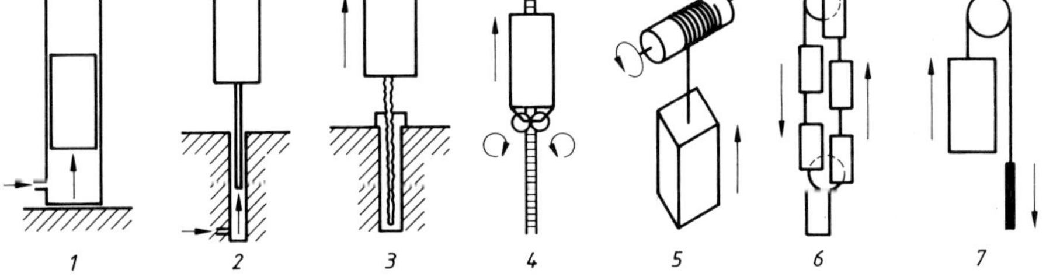

887.1 Verschiedene Aufzugs-Antriebsarten (nach Arnold)

1 Pneumatik-Aufzug, 2 Hydraulik-Aufzug, 3 Spindel-Aufzug, 4 Kletter-Aufzug, 5 Trommel-Aufzug, 6 Umlauf-Aufzug, 7 Treibscheiben-Aufzug

Seiltrommelantriebe dürfen noch für Kleingüteraufzüge ohne Gegengewicht eingebaut werden.

Mit der Schalthäufigkeit kann die Belastbarkeit der Aufzugsanlage bestimmt werden.

Bei Personenaufzügen bedeuten 240 Fahrten pro Stunde hohe, 120 bis 180 Fahrten pro Stunde mittlere und 90 bis 120 Fahrten pro Stunde geringe Belastung.

Bei Lastenaufzügen kann die Belastung 30 bis 60 Fahrten pro Stunde betragen.

Seilaufzüge. Sie werden im Wohnungsbau am häufigsten eingesetzt. Der Antrieb erfolgt über eine durch Elektromotor betriebene Aufzugswinde mit Treibscheibe.

Für die Betriebsgeschwindigkeiten (Tafeln **876**.1 und **892**.2) bis 1,25 m/s sollen grundsätzlich polumschaltbare Drehstromantriebe verwendet werden.

Für Betriebsgeschwindigkeiten bis 2,00 m/s werden sowohl schnellaufende Gleichstrommotore mit Getriebe als auch getriebelose Antriebe angeboten.

Bei Aufzügen mit getriebelosen Antrieben muß unbedingt eine Notstromversorgung vorhanden sein, damit bei Stromausfall eingeschlossene Personen befreit werden können.

Für Betriebsgeschwindigkeiten über 2,00 m/s werden heute ausschließlich getriebelose Gleichstromantriebe verwendet.

Da diese Antriebe nur in Hochhäusern über 40 m Höhe vorkommen, in denen ausreichend bemessene Notstromversorgungsanlagen vorhanden sein müssen, ist das Bewegen der Fahrkörbe bei Netzausfall über Notsteuereinrichtungen möglich.

14.3.2 Fahrschacht- und Fahrkorbtüren

Fahrschachttüren gehören bereits unmittelbar zum Aufzug und werden immer von der Aufzugsfirma geliefert (**889**.1).

Personenaufzüge müssen mit Fahrkorbtüren versehen sein. Dies gilt auch für Lastenaufzüge mit mehr als 1,25 m/s Betriebsgeschwindigkeit.

Lastenaufzüge mit einer Betriebsgeschwindigkeit bis 1,25 m/s dürfen höchstens zwei Fahrkorbzugänge ohne Türen haben.

Der lichte Abstand zwischen Fahrkorbtüren und Fahrschachttüren darf nicht größer als 120 mm sein.

Eine Fahrschachttür darf nur geöffnet werden können, wenn das Triebwerk abgeschaltet ist und der Höhenunterschied zwischen dem Fahrkorbfußboden und dem Flur höchstens 25 cm beträgt (Entriegelungszone).

Fahrschachttüren müssen von außen mit einem besonderen Schlüssel entriegelt und dann geöffnet werden können (Notentriegelung).

Drehtüren. Einflügelige Drehtüren bis etwa 1 000 mm werden für einfache Personen- und Lastenaufzüge mit und ohne Sammelsteuerung verwendet und für Betriebsgeschwindigkeiten bis 0.85 m/s, in Ausnahmefällen bis 1,20 m/s (**888**.1).

Zweiflügelige Drehtüren bis 2000 mm werden für Lastenaufzüge verwendet.

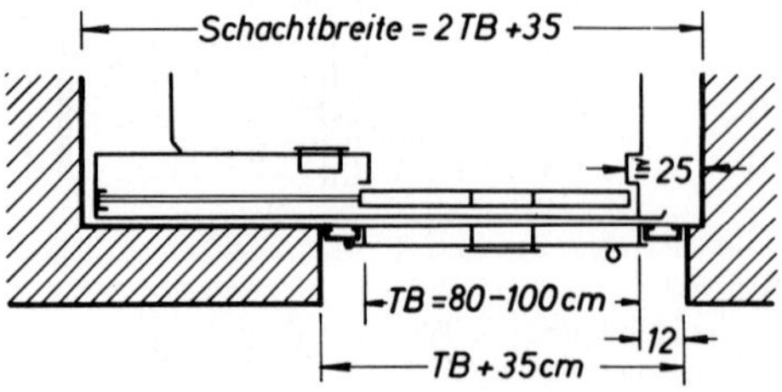

888.1 Fahrschachttür als einflügelige Drehtür, Fahrkorbtür als einteilige maschinell betätigte Schiebetür

Waagerecht bewegte Schiebetüren. Bei zentral öffnenden Türen ergeben sich die kürzesten Öffnungs- und Schließzeiten. Die Mindestbreite sollte 800 mm betragen. Einteilige, einseitig öffnende und zweiseitig, zentral öffnende Türen sind zu unterscheiden (**889**.1).

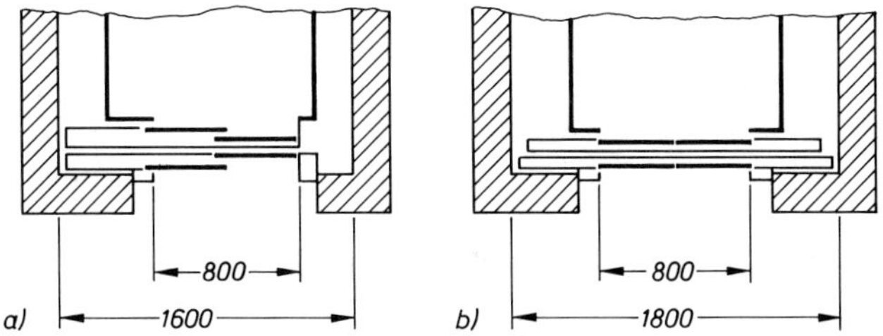

889.1 Fahrschachttüren nach DIN 15306
a) einseitig öffnende zweiblättrige Teleskopschiebetür
b) mittig öffnende zweiblättrige Schiebetür

Wegen der erforderlichen großen Schachtbreite werden zweiteilige zentral angeordnete Türen meist nur bis 1100 mm lichte Türbreite verwendet (**881**.1).

Einseitig öffnende Teleskop-Türen sollen wegen der langen Öffnungs- und Schließzeiten nur verwendet werden, wenn die Schachtbreite den Einbau von zentralöffnenden Türen nicht ermöglicht (**890**.1).

Senkrecht bewegte Schiebetüren. Sie werden vorwiegend für Kleingüteraufzüge und Lastenaufzüge verwendet. Die Betätigung der Vertikal-Schiebetüren für Lastenaufzüge kann von Hand oder elektrisch erfolgen.

14.3.3 Fahrkorb

Die Fahrkörbe dienen der Aufnahme von Personen und Lasten. Dabei ist ihre Gestaltung, durch Material, Farbe, Spiegel oder Beleuchtungen, sowohl bei der Personen- als auch bei der Lastenbeförderung von der Beförderungsart und den Verkehrs- und Betriebsverhältnissen abhängig.

Die Fahrkörbe bestehen aus einem Stahlrahmengerüst, das von einem Bodenrahmen und einem Tragrahmen gebildet wird (**889**.2).

Dieses Fahrkorbgerüst wird durch Wände und Decke zur Aufnahme der Personen und Güter ergänzt. Als Werkstoff für die Fahrkörbe werden aus feuerpolizeilichen Gründen Stahlbleche verwendet.

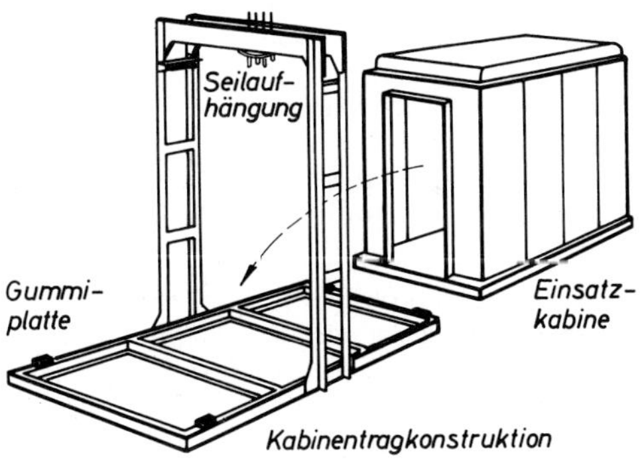

889.2 Fahrkorbtragkonstruktion mit Einsatzkabine

Tragfähigkeit. Die Grundfläche des Fahrkorbes ist abhängig von seiner Tragkraft (Taf. **876**.1 und **890**.1).

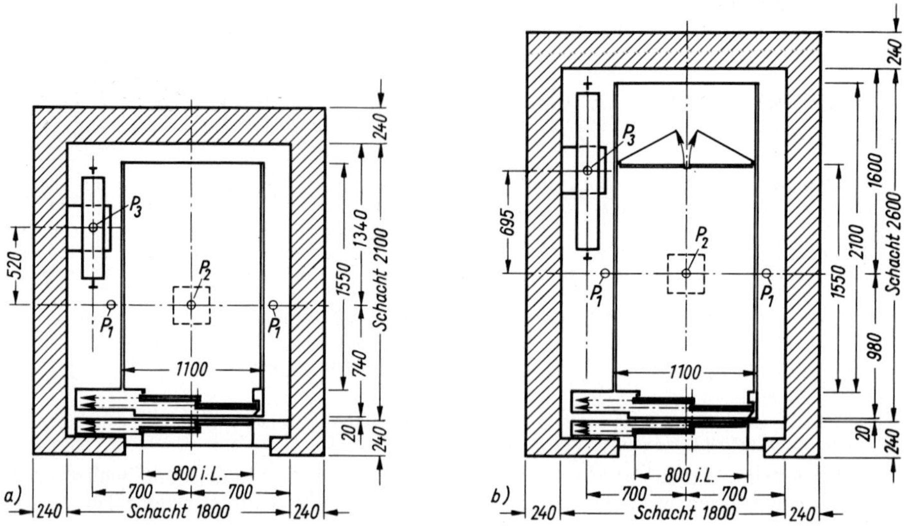

890.1 Fahrschacht- und Fahrkorbabmessungen von Personenaufzügen mit Seilantrieb (M 1:50) (Schindler Aufzügefabrik GmbH, Berlin)
a) reiner Personenaufzug (mittlerer Aufzug = 630 kg)
b) Krankentragenaufzug (großer Aufzug = 1000 kg) (siehe auch **879**.1) P_1 bis P_3 siehe **885**.1

Für Personenaufzüge in Wohngebäuden sind folgende Tragfähigkeiten nach DIN 15306 festgelegt.

400 kg (kleiner Aufzug) für die Benutzung durch Personen, auch mit Traglasten.
630 kg (mittlerer Aufzug) für die Benutzung auch mit Kinderwagen und Rollstühlen für körperbehinderte Personen.
1000 kg (großer Aufzug) für die Benutzung auch zum Transport von Krankentragen, Särgen, Möbeln und Rollstühlen für körperbehinderte Personen.

Fahrkorbgröße. Die für den Wohnungsbau gebräuchlichen Kabinenabmessungen und Tragkräfte mit den zugehörigen Schachtabmessungen für Standardaufzüge enthält Tafel **876**.1, wobei sich die Schachtmaße auf Seilaufzüge mit obenstehender Maschine beziehen.

Die lichte Höhe des Fahrkorbes muß mindestens 2,2 m betragen.

Als Fahrkorbgrundfläche gilt bei Fahrkörben mit Fahrkorbtüren die von den Fahrkorbwänden und Fahrkorbtüren umgrenzte Bodenfläche.

Als Fahrkorbgrundfläche gilt, bei Fahrkörben ohne Fahrkorbtüren, die von den Fahrkorbwänden und der Vorderkante des Fahrkorbfußbodens umgrenzte Bodenfläche abzüglich einer Fläche von 0,10 m × Zugangsbreite je Fahrkorbzugang.

In Aufzügen mit Fahrkorbtüren dürfen nur so viele Personen befördert werden, daß für jede Person 0,15 m^2 Fahrkorbgrundfläche vorhanden ist.

Die Tragfähigkeit muß für jede beförderte Person mindestens 75 kg betragen.

Bei Aufzügen bis höchstens 3,50 m^2 Fahrkorbgrundfläche, die nur gelegentlich zur Beförderung von sperrigen Gütern oder Krankenbetten verwendet werden, ist es erlaubt, die Kabine mit einer verschließbaren Trenntür abzuteilen und die Tragkraft nur nach dem vorderen Kabinenteil zu berechnen (**890**.1 b). Die Tragkraft muß mindestens 450 kg oder 6 Personen betragen.

Fahrkorbwände. Der Fahrkorb muß Wände aus einem festen Werkstoff haben. Gelochte Bleche mit bis zu 1 cm^2 großen Durchbrechungen und Glaswände, die in Dicke und Glasart der DIN 18361 entsprechen, sind zulässig.

Sehr gute Erfahrungen wurden mit dem Einbau eines Spiegels an die Kabinenrückwand von viel benutzten Personenaufzügen gemacht.

Fahrkorbzugänge. Bei Fahrkörben mit Türen darf der Abstand zwischen der Vorderkante des Fahrkorbfußbodens und der Schachtwand im Bereich der Entriegelungszone von 25 cm nicht größer als 40 mm sein.

Bei Fahrkörben ohne Türen sind folgende Maße für die Abstände des Fahrkorbzuganges zur Schachtwand einzuhalten. Zwischen der Schachtwand und den Vorderkanten der Fahrkorbseitenwände und des Fahrkorbfußbodens höchstens 20 mm. Zwischen der Schachtwand und der Vorderkante der Fahrkorbdecke mindestens 80 mm und höchstens 100 mm. Der lichte Abstand darf bis zu einer Höhe von 2,50 m durch Einbauten nicht beeinträchtigt werden. Das gilt nicht, wenn Lichtschranken angeordnet sind.

Fahrkorbdecke. Der Fahrkorb muß mit einer begehbaren, nicht durchbrochenen Decke versehen sein.

Auf der Fahrkorbdecke muß an allen Seiten, mit Ausnahme der Zugangsseiten, eine Brüstung oder ein Geländer von mindestens 50 cm Höhe vorhanden sein.

Fahrkorbbeleuchtung. Der Fahrkorb muß ausreichend künstlich beleuchtet sein, solange die Steuerung des Aufzuges betriebsbereit ist. Es müssen mindestens eine Leuchtstofflampe oder Glühlampen brennen.

Die Beleuchtungsstärke muß DIN 5035 entsprechen und auf dem Fahrkorbfußboden sowie an den Befehlsgebern mindestens 50 Lux betragen. Bei Verwendung von Glühlampen müssen mindestens zwei parallel geschaltet sein.

Die Leuchten sollten bei Lastenaufzügen wegen der Beschädigungsgefahr möglichst in der Fahrkorbdecke versenkt angeordnet werden.

Fahrkorblüftung. Fahrkörbe mit Fahrkorbtüren müssen mit Zuluft- und Abluftöffnungen versehen sein. Die Öffnungen müssen jeweils eine wirksame Größe von mindestens einem Hundertstel der Fahrkorbgrundfläche haben.

Die Öffnungen müssen so angeordnet und abgedeckt sein, daß man nicht hindurchgreifen kann.

14.4 Fahreigenschaften

14.4.1 Fahrgeschwindigkeit

Förderleistung. Die Planung von Personenaufzügen erfordert eine ausführliche Berechnung der erforderlichen Förderleistung. Für die Förderleistung von Personenaufzügen sind das Fassungsvermögen der Kabine und die Fahrgeschwindigkeit ausschlaggebend.

Nach DIN 15306 sind die üblichen Tragkräfte mit 400, 630 und 1000 kg festgelegt. Die Tragkraft wird durch die Zahl der Personen in den einzelnen Stockwerken und die Art des vertikalen Verkehrs bestimmt.

Die stärkste Verkehrsspitze sollte in etwa 20 Minuten bewältigt werden. Neben einer vertretbaren Füll- bzw. Entleerungszeit ist die mittlere Wartezeit, die nicht länger als 60 s sein soll, ein Maßstab für eine angemessene Ausstattung des Gebäudes mit Aufzügen. Sie muß deshalb durch eine Nachrechnung festgestellt werden.

Die Füll- und Entleerungszeit läßt sich durch die Erhöhung der Förderleistung/min oder durch eine Staffelung der Zeiten für Betriebsbeginn und -ende verbessern oder zumutbar einrichten.

Die mittlere Wartezeit wird wesentlich durch die Erhöhung der Anzahl der Aufzüge und der Betriebsgeschwindigkeit verringert.

Die Ermittlung der erforderlichen Förderleistung F in Personen/min:

$$F = \frac{\text{Personen in der Verkehrsspitze}}{\text{Entleerungszeit in Minuten}}$$

Fahrgeschwindigkeit und Beschleunigung. Die Betriebsgeschwindigkeit der Aufzüge mit Seiltrommeln und der Aufzüge, bei denen als Tragmittel Stahlgelenkketten, Spindeln oder Zahnstangen verwendet sind, darf höchstens 0,85 m/s betragen.

Die Betriebsgeschwindigkeit von Aufzügen, deren Fahrkorb durch Kolben hydraulisch bewegt wird, darf höchstens 1,0 m/s betragen.

Die Betriebsgeschwindigkeit von Feuerwehraufzügen soll bei einer Förderhöhe bis 60 m 1,0 m/s und über 60 m 2,0 m/s betragen.

Die optimale wirtschaftliche Fahrgeschwindigkeit ist in erster Linie durch die Hubhöhe und die Anzahl der Haltestellen gegeben (Taf. **892**.1).

Tafel **892**.1 Vorzusehende Betriebsgeschwindigkeit für Personenaufzüge

Zahl der Haltestellen über der Bezugshaltestelle	Förderhöhe in m	Betriebsgeschwindigkeit in m/s
bis etwa 2	etwa 7	etwa 0,5
über 2 bis etwa 4	etwa 15	etwa 0,8
über 4 bis etwa 10	etwa 35	etwa 1,0
über 10 bis etwa 15	etwa 55	etwa 1,5
über 15 bis etwa 20	etwa 70	etwa 2,0
über 20 bis etwa 25	etwa 90	etwa 2,5
über 25 bis etwa 30	etwa 105	etwa 3,0
über 30		etwa 3,5 bis 4,0
Für den Lastenverkehr ausgelegte Personenaufzüge (z. B. Kantine, Krankentragen):		
bis etwa	15	höchstens 0,5
bis etwa	35	höchstens 0,8
über etwa	35	höchstens 1,0

Bei Wohnhäusern mit großen Förderhöhen muß die gewünschte Fahrgeschwindigkeit möglichst an Hand einer Verkehrsberechnung ermittelt werden.

Im Aufzugsbau sind Fahrgeschwindigkeiten bis 7,0 m/s möglich, die aber nur mit besonderen Antriebssystemen erreicht werden können (Tafel **892**.2).

Tafel **892**.2 Fahrgeschwindigkeit und Antriebssystem von Personenaufzügen

Fahrgeschwindigkeit m/s	Antriebssystem
0,1 bis 0,7	Hydraulik
0,1 bis 0,6	Aufzugswinde mit Drehstrommotor ohne Feinabstellung (1 Geschwindigkeit)
0,6 bis 1,25	Aufzugswinde mit Drehstrommotor mit Feinabstellung (2 Geschwindigkeiten)
1,25 bis 2,00	Aufzugswinde mit stufenlos geregeltem Drehstrom- oder Ward-Leonard-Antrieb
2,00 bis 2,50	Aufzugswinde mit stufenlos geregeltem Ward-Leonard-Antrieb
2,50 bis 7,00	Direkttraktionsmaschine Ward-Leonard ohne Aufzugswinde

Bei Lastenaufzügen beträgt die Fahrgeschwindigkeit bis zu 10 m Förderhöhe 0,2 bis 0,5 m/s, bis 20 m Förderhöhe 0,5 bis 1,25 m/s und über 20 m Förderhöhe 1,0 bis 1,5 m/s.

Einfache Drehstromantriebe können nur für Fahrgeschwindigkeiten bis 1,25 m/s verwendet werden.

Bei höheren Geschwindigkeiten muß wegen der größeren Beschleunigung und Verzögerung beim Anfahren und Bremsen ein stufenloser Übergang von 0 bis zur Endgeschwindigkeit erfolgen. Die hierfür erforderlichen komplizierten Antriebssysteme bedeuten einen wesentlich höheren Kostenaufwand.

14.4.2 Steuerung

Die Art der nicht einheitlichen und daher unterschiedlich bezeichneten Steuerung ist von wesentlicher Bedeutung für die Förderleistung und muß unter Berücksichtigung des Verwendungszweckes ausgewählt werden.

Einfache Sammelsteuerung. Bei dieser Einzelfahrtsteuerung, auch richtungsunempfindliche Einknopf-Sammelsteuerung genannt, werden alle Fahrbefehle der Innen- und Außensteuerung gespeichert (**893**.1 a). Der Aufzug wickelt alle vorliegenden Steuerbefehle in der eingeschlagenen Fahrtrichtung ab.

Diese Steuerung eignet sich für einzelne Personenaufzüge und Lastenaufzüge, die auch der Beförderung von Personen dienen, jeweils bis zu 5 Haltestellen.

Einknopf-Abwärts-Sammelsteuerung. Bei der richtungsempfindlichen Abwärtssammelsteuerung befindet sich an jeder Haltestelle neben der Tür eine Leucht-Ruftaste zur Eingabe des Aufzugrufes (**893**.1 b). Jeder Ruf wird sofort gespeichert und dem Rufenden durch Aufleuchten der in der Taste eingebauten Signallampe quittiert.

Die Zentralsteuerung bestimmt automatisch auf Grund der vorliegenden Betriebszustände die Fahrtrichtung, die Verzögerung und das Anhalten der Aufzugskabine bis zur Zielhaltestelle.

Die Kabine hält in Abwärtsrichtung nacheinander in jeder vor ihr liegenden Haltestelle, wenn dort ein Ruf steht. In Aufwärtsrichtung werden die vorliegenden Rufe bis zum Richtungswechsel an der obersten Rufhaltestelle überfahren.

Empfohlen wird die Anwendung dieser Steuerung für Personenaufzüge in Wohnhäusern ab 10 Haltestellen und in Hotels, für den Verkehr vom Erdgeschoß zu den darüberliegenden Stockwerken und von dort zurück zum Erdgeschoß, bei möglichst geringem Zwischenverkehr.

Zweiknopf-Sammelsteuerung. Auch hier werden bei dieser vollrichtungsempfindlichen Sammelsteuerung alle Innen- und Außensteuerbefehle gespeichert. In den Außensteuertafeln der Zwischenhaltestellen sind jedoch 2 Ruftaster mit Fahrtrichtungspfeilen vorhanden, damit der Fahrgast die gewünschte Fahrtrichtung eingeben kann (**893**.1 c). Die Ruftaste leuchtet auf.

Der Aufzug hält nur dann, wenn er die folgende Fahrt in der vom Rufenden gewünschten Richtung fortsetzt, sofern er nicht auf Grund eines Kabinenkommandos das Stockwerk erreicht hat.

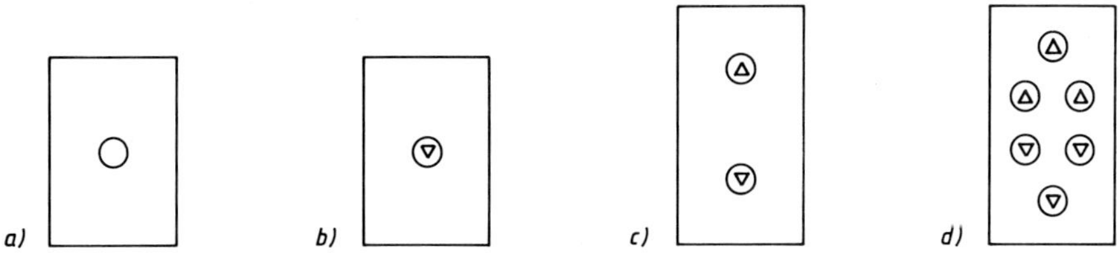

893.1 Befehlstastschalter in Außensteuertafeln der Aufzugshaltestellen

a) Einknopf-Sammelsteuerung
b) Einknopf-Abwärts-Sammelsteuerung
c) Zweiknopf-Sammelsteuerung
d) Gruppen-Sammelsteuerung

Gruppen-Sammelsteuerung. Sofern mehrere Personenaufzüge erforderlich sind, werden sie baulich zu einer Gruppe zusammengefaßt. Hier wird dann eine richtungsabhängige Sammelsteuerung gewählt, bei der die Außensteuerungen aller Aufzüge in einem „Gruppenkopf“ zusammengefaßt werden (**893**.1 d). Ein Außensteuerbefehl wird zunächst im Gruppenkopf gespeichert.

Fährt kein Aufzug, so erhält der nächststehende den Befehl übertragen. Befinden sich die Aufzüge in Fahrt, so wird der Außensteuerbefehl dem Aufzug zugeteilt, der sich jeweils in der gewünschten Fahrtrichtung dem entsprechenden Geschoß nähert.

Programm-Steuerungen. Zwei Arten der Steuerung sind hier zu unterscheiden, feste Programme und die automatische Verkehrserfassung.

Feste Programme. Um die Förderleistung der Aufzüge zu erhöhen, kann bei Aufzugsgruppen eine Zusatzeinrichtung vorgesehen werden, die jeden Aufzug nur ganz bestimmte Haltestellen anfahren läßt und ihn dann unmittelbar zur Bezugshaltestelle zurücksendet. Das Anfahren der Programm-Haltestellen soll nicht automatisch, sondern nur auf Steuerbefehl geschehen, da sonst unnötige Halte und Leerfahrten aufkommen.

Automatische Verkehrserfassung. Über die Erfassung von Außen- und Innensteuerbefehlen, von Auslastung, Stand und Fahrtrichtung der Fahrkörbe kann ein vorher festgelegtes Programm automatisch eingeleitet werden.

Andere Steuerungs-Zusatzeinrichtungen sind Brandfall-, Prioritäts- und Reservations-Steuerungen, die in der Regel für Sonderfahrten durch Betätigen eines Schlüsselschalters eingesetzt werden können.

Signaleinrichtungen. Zur Orientierung der Aufzugsbenutzer ist es notwendig, für den Aufzug bestimmte, der Bauart und der Steuerung des Aufzuges entsprechende Signaleinrichtungen nach DIN 15325 vorzusehen.

Notrufanlage. Sie ist für alle Aufzüge vorzusehen, bei denen das Mitfahren von Personen gestattet ist.

Wenn im Fahrkorb eine Sprechanlage vorhanden ist, kann auf eine akustische Notrufanlage verzichtet werden.

Rufquittung. Die Quittung für eine Befehlsannahme soll bei allen Sammelsteuerungen durch das Aufleuchten einer Lampe in den Befehlstastschaltern angezeigt werden.

Stockwerksanzeiger. Nur in Fahrkörben mit Fahrkorbtüren sind elektrische Stockwerksanzeiger erforderlich.

An den Zugangsstellen sind möglichst keine Fahrkorbstandortanzeigen vorzusehen.

Fahrtrichtungsanzeiger. Sie sind in Form von Leuchtpfeilen nach DIN 15325 nur im Zusammenhang mit elektrischen Stockwerksanzeigern vorzusehen (**893**.1).

Weiterfahrtanzeiger. Bei Gruppen-Sammelsteuerungen sind an den Schachtzugängen Weiterfahrtanzeiger in gut erkennbarer Form anzubringen (**893**.1 d). Sie müssen vor dem Anhalten des Fahrkorbes aufleuchten, um so den Fahrgast auf den für ihn vorgesehenen Aufzug rechtzeitig zum Einsteigen aufmerksam zu machen.

Bei Gruppen mit mehr als 2 Aufzügen sind sie durch ein akustisches Signal zu ergänzen.

„Benutze“ Lampe. Sie sind für alle Aufzüge mit Außen- und Selbstfahrerdruckknopfsteuerung vorzusehen.

„Aufzug hier“ Lampe. Sie sind für alle nicht betretbaren Aufzüge ohne Schauöffnung in den Fahrschachttüren vorzusehen.

14.4.3 Sicherheitstechnische Einrichtungen

Fangvorrichtung. Fahrkörbe, die nicht durch Stützketten oder unmittelbar durch Kolben getragen werden, müssen eine Fangvorrichtung haben.

Fangvorrichtungen müssen durch einen Geschwindigkeitsbegrenzer eingerückt werden, wenn die Betriebsgeschwindigkeit des Aufzuges in der Abwärtsfahrt überschritten wird und dabei die Auslösegeschwindigkeit erreicht ist.

Ist ein Fahrkorb oder ein Gegengewicht mit mehreren Fangvorrichtungen versehen, müssen diese als Bremsvorrichtungen ausgebildet sein.

Bremsfangvorrichtung. Bremsfangvorrichtungen müssen den mit der Nutzlast beladenen Fahrkorb aus dem freien Fall mit einer mittleren Verzögerung von mindestens 0,2 g und höchstens 1,4 g stillsetzen.

Geschwindigkeitsbegrenzer. Aufzüge mit Fangvorrichtungen müssen mit Geschwindigkeitsbegrenzern ausgerüstet sein.

Sie müssen in der Abwärtsfahrt die Fangvorrichtung zur Wirkung bringen, wenn die Betriebsgeschwindigkeit überschritten wird, mit einer von Hand zu betätigenden Einrichtung versehen sein, die ein Einrücken der Fangvorrichtung über den Geschwindigkeitsbegrenzer ermöglicht und eine elektrische Sicherheitseinrichtung haben.

Der Geschwindigkeitsbegrenzer muß entweder im Triebwerksraum, im Rollenraum oder im Fahrschacht untergebracht sein.

Ist der Geschwindigkeitsbegrenzer im Fahrschacht untergebracht, muß er durch eine Wartungsöffnung erreicht werden können.

Puffer. Die Fahrbahnen des Fahrkorbes und des Gegengewichtes müssen nach unten durch Puffer begrenzt werden. Dies gilt nicht für Aufzüge, bei denen der Bauart nach das Überfahren der Endhaltestellen unmöglich ist.

Puffer für den Fahrkorb müssen in der Schachtgrube angebracht sein. Sie dürfen am Fahrkorb befestigt sein, wenn sie auf Sockel von mindestens 50 cm Höhe auftreffen.

Puffer für das Gegengewicht dürfen in der Schachtgrube oder am Gegengewicht angebracht sein.

Elektrische Ausrüstung. Im Triebwerksraum oder im Fahrkorb muß ein Hauptschalter vorhanden sein, mit dem Fahrbefehle der Außensteuerung unwirksam gemacht werden können.

Gespeicherte Fahrbefehle brauchen nicht gelöscht zu werden.

Fahrkörbe müssen eine elektrische Beleuchtung haben. Die Stärke dieser Beleuchtung muß DIN 5035 genügen. Triebwerksräume einschließlich ihrer Zugangswege, Fahrschachtzugänge, Fahrschacht und Rollenräume müssen fest installierte Raumleuchten haben.

Auf der Fahrkorbdecke, in Triebwerksräumen, in Rollenräumen und in der Schachtgrube muß eine Steckdose vorhanden sein.

Im Fahrkorb und auf der Fahrkorbdecke muß ein Notbremsschalter vorhanden sein.

Sind Fahrkorbzugänge ohne Fahrkorbtüren mehr als 4 m voneinander entfernt, muß an jedem Zugang ein Notbremsschalter angebracht sein.

Aufzüge müssen mit einer im Fahrkorb zu betätigenden Notrufeinrichtung ausgerüstet sein.

Der Notruf muß vom Aufzugswärter oder von Personen, die im Falle eines Notrufes den Aufzugswärter verständigen, gehört und als solcher erkannt werden.

Bei Aufzügen mit mehr als 25 m Förderhöhe muß die Notrufeinrichtung durch eine Sprechanlage zwischen Fahrkorb und regelmäßigem Aufenthaltsort des Aufzugswärters ergänzt sein.

Fällt die Netzspannung für die Fahrkorbbeleuchtung und die Notrufeinrichtung aus, muß eine Hilfsstromquelle die Notrufeinrichtung noch mindestens eine Stunde betriebsbereit halten.

Während dieser Zeit muß eine Hilfsbeleuchtung im Fahrkorb wirksam sein.

Ein bei Stromausfall zwischen den Geschossen hängender Fahrkorb kann durch die Betätigung eines im Triebwerksraum vorhandenen Handrades (**878**.1) zur nächstgelegenen Schachttür abgesenkt werden.

14.5 Einbau

Der Einbau des Aufzuges ist die Aufgabe der Aufzugsfirma. Dazu wird in der Regel vorausgesetzt, daß sich der Aufzugsschacht und der Triebwerksraum im montagereifen, also baufertigen Zustand befinden.

Gelegentlich ist es möglich, die Aufzugsmontage dem Baufortgang anzupassen. Dabei wird die vormontierte Aufzugskabine in den noch offenen Schacht von oben eingesetzt.

Stets ist jedoch in jeder Etage des Aufzugsschachtes eine bauseitig zu stellende Gerüstlage nach Angabe der Aufzugsfirma vorzusehen (**896**.1).

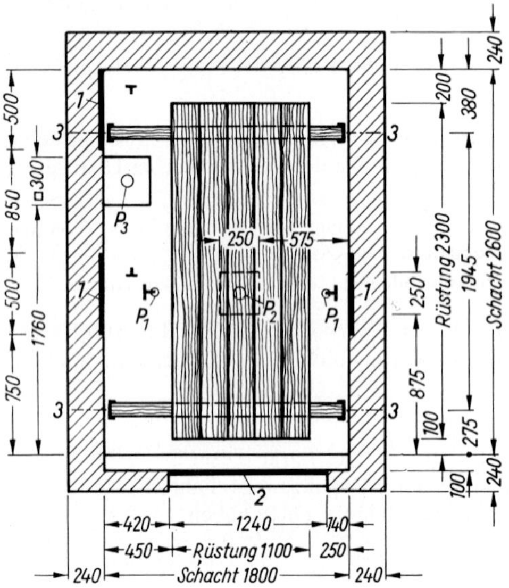

896.1 Gerüstlage im Fahrschacht eines Personenaufzuges mit Seilantrieb (zu Bild **879**.1) (ca. M 1:50) (Schindler Aufzügefabrik GmbH, Berlin)

1 Profil-Ankerschiene, 500 mm lang
2 Halfeneisen 40 × 22 mm, 1200 mm lang
3 vermaßte Punkte zur Befestigung der bauseitigen Gerüstbalken durch Aussparungen, Ankerschienen oder Gerüsthülsen

P_1 bis P_3 siehe **890**.1

Im Fahrschacht und im Maschinenraum sind bauseitig die Mauerdurchbrüche für die Fahrschachttüren, die Ankerlöcher für die Ankereisen oder Halfenschienen zur Befestigung der Fahrkorb- und Gegengewichtsführungsschienen, der Fahrschachttürzargen, der Außendruckknopf- und Anzeigekästen vorzusehen.

In der Schachtgrube sind Aufsetzsockel für den Fahrkorb und das Gegengewicht herzustellen (**878**.1).

Im Triebwerksraum sind die Deckendurchbrüche für die Tragseile, das Reglerseil, das Antriebsseil für das Kopierwerk, das Betätigungsseil für den Grenzschalter und die elektrischen Leitungen anzulegen (**885**.1).

Nach dem Stellen der Fahrkorb- und Gegengewichtsführungsschienen, der Fahrschachttüren und der übrigen Aufzugsteile sind die Ankereisen bauseitig einzubetonieren.

Für die Montage ist neben der Stellung der Montagerüstung auch die Montagebeleuchtung und der Drehstrom für die Montage sowie das Einfahren des Aufzuges vorzuhalten.

Abnahmen. Die Abnahme- und Zwischenprüfungen des Aufzuges durch die Abnahmebehörde (TÜV, TÜA) sind bauseitig zu veranlassen.

14.6 Baugestaltungsfragen

Wie vorher erwähnt, werden Personenaufzüge mit Seilantrieb und mit über dem Aufzugschacht angeordnetem Triebwerksraum aus technischen und wirtschaftlichen Gründen allen anderen Ausführungsmöglichkeiten gegenüber vorgezogen.

Fahrschachtkopf. Diese Ausführungsart erfordert indessen einen Fahrschachtkopf mit darüberliegendem Maschinenraum in einer Gesamthöhe von 5,20 bis 5,70 m lichter Höhe über OKFF der obersten Haltestelle des Aufzuges (**879**.1).

Hieraus ergibt sich bei Flachdachbauten die Notwendigkeit eines Dachaufbaues, dessen Grundrißaußenmaße für einen Einzelaufzug mindestens 2,40 × 3,20 m betragen, und der die Dachdecke um mindestens 2,50 m überragt (Taf. **876**.1 und Bild **884**.1).

Obwohl derartige Dachaufbauten die Gesamterscheinung eines Gebäudes nicht unwesentlich beeinflussen, wird es bedauerlicherweise immer noch sehr häufig unterlassen, sie in die architektonische Gestaltung des Gesamtbaukörpers einzubeziehen.

Eine harmonische und ästhetisch befriedigende Durchbildung des Gesamtbauwerkes, die neben der Erfüllung zwingender Vorschriften des öffentlichen Rechtes eine besondere Aufgabe des Architekten ist, dürfte auch unter Einbeziehung der Dachaufbauten der Personenaufzüge in den allermeisten Fällen zu erreichen sein.

Lösungsmöglichkeiten. Hierfür können an dieser Stelle nur einige Gestaltungsmöglichkeiten andeutungsweise empfohlen werden:

Optisches Zurücktreten des Dachaufbaues hinter einer Mauerbrüstung des Hauptbaukörpers oder durch Verkleidung der Außenflächen des Aufbaues, vorgezogene verbindende Dachplatte über dem Aufbau bei Dachterrassen, Einbeziehung des durch die Anordnung der Dachaufbauten sich ergebenden Rhythmus in die Fassadengestaltung, Verbindung der Dachaufbauten mit hochgezogenen Treppenhäusern und Installationsschächten als Treppenturm, Zusammenziehen einzelner Dachaufbauten für Aufzüge, Dachheizzentralen, Klimazentralen, Treppenaustritte, Dachfenster und Dachwohnungen zu größeren Einheiten, oder Verbindungen durch Dachgärten, Freisitze oder Pergolen zu anderen im Dachbereich angeordneten Gemeinschafts-, Abstell-, Wasch- oder Trockenräumen.

14.7 Andere Aufzugsarten

14.7.1 Hydraulikaufzüge

Allgemeines. Hydraulische Aufzüge sind im Wohnungsbau nur beschränkt einsetzbar. Sie werden für kleine Förderhöhen bis etwa 20 m eingeplant oder dort, wo ein Dachaufbau für einen Triebwerksraum vermieden werden soll.

Der Antrieb erfolgt durch einen ölhydraulischen Hubkolben unter (**898**.1) oder zwei Hubstempel seitlich neben der Aufzugskabine (**898**.2). Bei dieser Antriebsart werden das Kabinengewicht und die volle Nutzlast gehoben, was eine große Motorleistung erfordert.

Die Hubgeschwindigkeit ist auf 1,0 m/s begrenzt, wobei gängige Geschwindigkeiten von Personenaufzügen zwischen 0,45 und 1,0 m/s und von Lastenaufzügen zwischen 0,1 und 0,65 m/s liegen.

Wirtschaftlich sinnvoll ist der Einsatz von Hydraulikaufzügen nur bei geringer Förderhöhe bis etwa 7,0 m und kleinen Hubgeschwindigkeiten bis etwa 0,5 m/s.

Das bevorzugte Anwendungsgebiet liegt bei Lastenaufzügen mit sehr hoher Tragfähigkeit und geringen Förderhöhen unter 5,0 m.

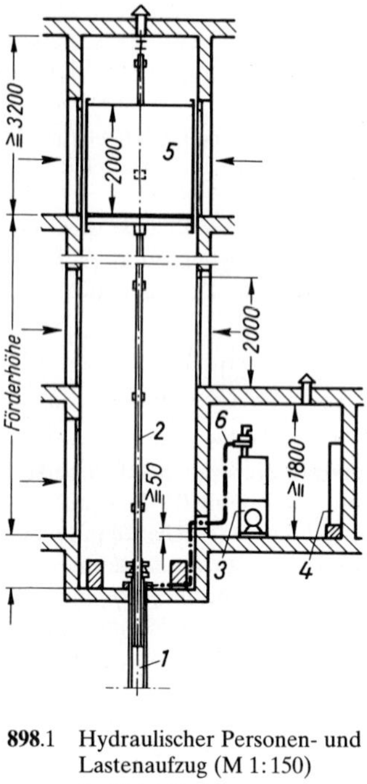

898.1 Hydraulischer Personen- und Lastenaufzug (M 1:150)

1 Hubzylinder
2 Tauchkolben
3 Pumpenaggregat
4 Schaltschrank
5 Fahrkorb
6 Ölleitung

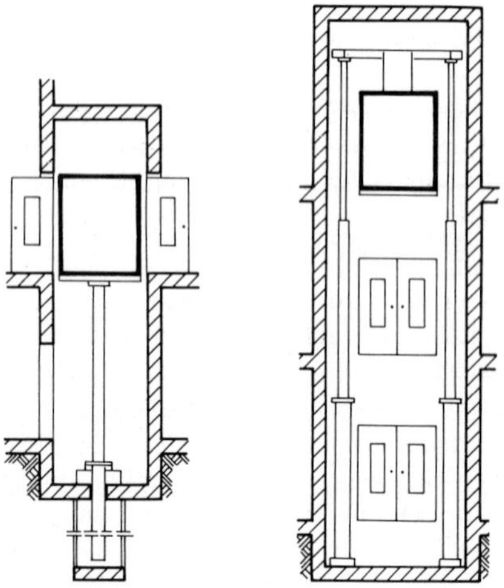

898.2 Ausführungsarten von ölhydraulischen Aufzügen im Schema

Antriebe. Für die Hubkolbenanordnung sind die zentrale und dezentrale Einkolbenanordnung sowie die seitliche Doppelkolbenanordnung zu unterscheiden.

Daneben werden auch indirekte Antriebe mit Seilzug und Umlenkrollen hergestellt.

Normalerweise sollen nur Antriebe mit einstufigen Hubeinheiten verwendet werden, da mehrstufige Hubeinheiten sowohl in der Beschaffung als auch in der Unterhaltung wesentlich teurer sind und ihr Gleichlauf nur bei aufwendigen Konstruktionen erreicht wird.

Zentrale Einkolbenanordnung. Diese ein- bis dreistufigen Hubkolben, auch als Zylinder oder Stempel bezeichnet, sind mittig unter dem Fahrkorb angeordnet und können für eine Förderhöhe bis 20 m ausgeführt werden (**898**.1).

Die Zylinderschacht-Bohrung und das Einbringen des Schutzrohres sollte unter Vorklärung der Bodenverhältnisse nur von einer Spezialfirma ausgeführt werden.

Dezentrale Einkolbenanordnung. Bei der dezentralen Anordnung sind der Hubkolben und die Führungsschienen hinter oder seitlich neben der Kabine angeordnet. Bei dieser Konstruktion entfällt die Zylinderbohrung. Da die Kabine aber seitlich auskragt sind die Kabinenausladung und die Tragkraft begrenzt.

Die Förderhöhe ist bei der dezentralen Einkolbenanordnung auf ca. 10 m begrenzt.

Diese Ausführung ist aber für den nachträglichen Einbau gut geeignet.

Doppelkolbenanordnung. Bei dieser Aufzugsart sind zwei Hubeinheiten seitlich neben dem Fahrkorb angeordnet, wobei der Fahrkorb unter einem Lastträger mittig aufgehängt ist (**898**.2). Diese Kolbenanordnung benötigt ebenfalls keine Zylinderbohrung und gestattet breitere und tiefere Korbabmessungen für höhere Nutzlasten.

Indirekte Antriebe. Diese ölhydraulischen Antriebe, bei denen die Hubeinheit seitlich im Schacht oder ohne Schacht angeordnet ist und der Fahrkorb in Verbindung mit Seilen über lose Rollen am oberen Kolbenende der Hubeinheit bewegt wird, können nur bei geringen Fahrkorbabmessungen und kleinen Traglasten angewendet werden.

Triebwerksraum. Der Maschinenraum mit dem Pumpenaggregat ist möglichst im untersten Geschoß, am besten neben dem Schacht, anzuordnen (**898**.1), kann aber auch 10 bis 15 m vom Aufzug entfernt liegen.

Das Antriebsaggregat mit Ölbehälter, Motor und Pumpe überträgt kaum Geräusche und unterliegt nur geringem Verschleiß.

Die Größe des Triebwerksraumes, dessen Boden als Ölwanne auszubilden ist, kann mit 4 bis 8 m^2 und mit einer Höhe von mindestens 2 m angenommen werden.

Panoramaaufzüge. Dies sind ebenfalls in der Regel Hydraulikaufzüge, die jedoch der AufzV nicht entsprechen und für die es weder Normen oder Vorschriften noch Standardanfertigungen gibt.

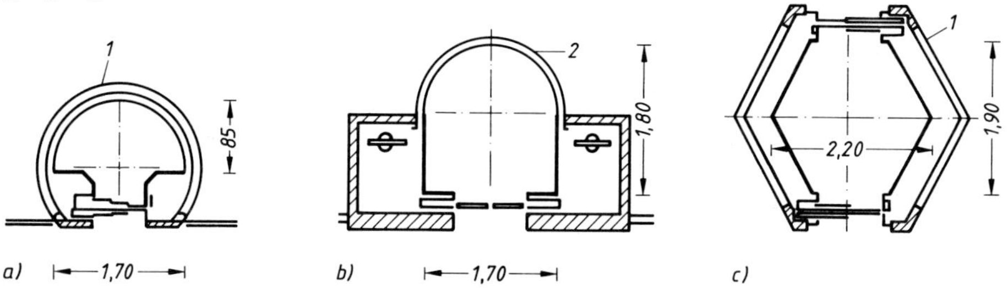

899.1 Panoramaaufzüge (Schindler, Berlin)
a) rund, b) halbrund, c) eckig
1 Schacht-Verglasung
2 Schutzwand im Verkehrsbereich

Bei Panoramaaufzügen kragen die verglasten Kabinen vor einem massiven oder verkleideten Fahrschachtteil, in dem Führungsschienen und Fahrschachttüren untergebracht sind, frei aus (**899**.1).

Die immer als Sonderanfertigung mit Ausnahmegenehmigung hergestellten über alle Geschoße sichtbar fahrenden Kabinenaufzüge werden für repräsentative Innenräume von Sparkassen oder Hotelhallen, Einkaufszentren und Museen oder Ausstellungen entworfen.

In Verkehrsbereichen der Kabinenfahrbahn werden mindestens 2,50 m hohe Schutzwände gefordert, die in der Regel aus optischen Gründen aus Verbund-Sicherheitsglas bestehen werden.

14.7.2 Personen- und Lastenaufzüge

Feuerwehraufzüge. Dies sind Personen- oder Lastenaufzüge, die entsprechend den Bauordnungen der Länder im Brandfall für den Feuerwehreinsatz vorgeschrieben werden.

Die nach TRA 200 für Feuerwehraufzüge zusätzlich zu den Auflagen für Standardaufzüge geforderten Einrichtungen betreffen im wesentlichen die Schachtzugänge, Schachttüren, Betriebsgeschwindigkeit, Anzeigeeinrichtungen, Fahrkorbdecke und Sprechanlagen.

Die Schachtzugänge müssen in Geschossen mit Aufenthaltsräumen eine lichte Breite von mindestens 0,8 m und eine lichte Höhe von mindestens 2,0 m haben. Sie müssen an der Außenseite mit der gut sichtbaren Aufschrift „Feuerwehr-Aufzug" nach DIN 4066 versehen sein.

Die Schachttüren müssen mindestens selbsttätig schließen.

Die Betriebsgeschwindigkeit soll bei einer Förderhöhe bis 60 m mindestens 1 m/s und über 60 m mindestens 2 m/s betragen.

Durch Anzeigeeinrichtungen muß der Stockwerksbereich erkennbar sein, in welchem sich der Fahrkorb befindet. Je eine Anzeigeeinrichtung muß in der Nähe des Feuerwehr-Schlüsselschalters an der Hauptzugangsstelle, in der Regel im Eingangsgeschoß, und im Fahrkorb vorhanden sein.

In der Fahrkorbdecke muß eine Öffnung von mindestens $0{,}4 \times 0{,}6$ m mit einem Abschluß vorgesehen sein, außerdem eine fest eingebaute Aufstiegsmöglichkeit als Leiter oder Trittstufen.

Zwischen Fahrkorb und Triebwerksraum muß eine Gegensprechanlage installiert sein.

Lastenaufzüge. Die vorwiegend zur Beförderung von Waren bestimmten Aufzüge werden für Kaufhäuser, Lagerhallen, Bahnhöfe, Krankenhäuser und in Industrieanlagen geplant.

Für die elektrisch betriebenen Aufzüge mit Seilantrieb gelten grundsätzlich die Ausführungsbestimmungen der TRA 200 sowie DIN EN 81 T. 1.

Lastenaufzüge sind Anlagen die Güter befördern oder Personen, die von dem Betreiber der Anlage beschäftigt werden.

Mit diesen Aufzügen dürfen aber auch andere Personen befördert werden, wenn der Aufzug von einem Aufzugführer bedient wird oder wenn die Fahrkorbzugänge mit Fahrkorbtüren versehen sind.

Bei Betriebsgeschwindigkeiten ab 1,25 m/s müssen Lastenaufzüge ohnehin eine Fahrkorbtür erhalten.

In Lastenaufzügen ohne Fahrkorbtüren dürfen aus Sicherheitsgründen nicht mehr Personen befördert werden als es die Normen der DIN EN 81 in Abhängigkeit von der Fahrkorbgrundflächengröße vorschreiben.

14.7.3 Güteraufzüge

Güteraufzüge sind nach TRA 200 Aufzugsanlagen, die ausschließlich dazu bestimmt sind, Güter zu befördern. Im Gegensatz zu Lastenaufzügen dürfen sie keine Personen transportieren.

Im Rahmen der vorstehenden Technischen Regel entsprechen sie in bezug auf Fahrschacht, Fahrkorb und Triebwerksraum sowie der in Tafel **876**.1 angegebenen Fahrkorbgrundflächen und Mindesttragfähigkeiten bis auf geringe Abweichungen im wesentlichen den Personen- und Lastenaufzügen.

Zu Güteraufzügen zählen nach TRA 300 vereinfachte Güteraufzüge, Behälteraufzüge und Unterfluraufzüge.

Diese Aufzüge gelten als nicht betretbar, wenn ihre Schachtzugänge oder Einrichtungen zur Ladehöhenbegrenzung eine lichte Höhe von höchstens 1,20 m besitzen.

Bei betretbaren Aufzügen sind Absturzsicherungen in Form von Fangvorrichtungen, Rohrbruchsicherungen, Stützmuttern oder Aufsetzvorrichtungen erforderlich.

Als Antriebsarten und Tragmittel kommen Seiltrommeln und Drahtseile ohne Gegengewicht, hydraulische Heber, Kettenrad und Ketten, Spindeln und Zahnstangen zur Ausführung, während Treibscheiben unzulässig sind.

Zur Steuerung werden nur elektrische Anhol- und Sendesteuerungen verwendet.

Die Schachtwände sind nicht brennbar und nach den Auflagen der örtlichen Bauaufsicht auszuführen.

Die erforderlichen Schutzraumhöhen sind am Schachtkopf bei vorhandener Fahrkorbdecke mit mindestens 0,70 m und unten mit mindestens 1,50 m vorgeschrieben, wobei im unteren Bereich Klappstützen zulässig sind.

Für die Wahl des Aufstellortes bestehen keine Beschränkungen.

Vereinfachte Güteraufzüge. Dies sind Aufzugsanlagen, die ausschließlich dazu bestimmt sind, Güter zwischen höchstens drei Haltestellen zu befördern. Die Tragfähigkeit darf 2000 kg, die Fahrkorbgrundfläche 2,5 m^2 und die Betriebsgeschwindigkeit 0,3 m/s nicht überschreiten.

Die Förderhöhe ist bei dieser Aufzugsart auf höchstens 12 m begrenzt.

Behälteraufzüge. Dies sind Güteraufzüge, die ausschließlich zur Beförderung von für die jeweilige Aufzugsanlage bestimmten speziellen Sammelbehältern zwischen höchstens drei Haltestellen dienen. Die Tragfähigkeit darf 1000 kg, die auf die Behältergröße abgestimmte Fahrkorbgrundfläche 2,0 m^2 und die Betriebsgeschwindigkeit 0,3 m/s nicht überschreiten.

Die Förderhöhe ist bei diesen Aufzügen auf höchstens 6 m begrenzt.

Bei Behälteraufzügen sind Fahrkorbdecken unzulässig, auf Fahrkorbwände darf verzichtet werden.

Unterfluraufzüge. Dies sind vereinfachte Güter- oder Behälteraufzüge, deren Fahrschacht in Höhe des Niveaus der oberen Haltestelle endet.

Die Aufzüge werden gerne zum senkrechten Transport von Abfallbehältern zwischen Keller- und Erdgeschoßniveau eingeplant, wobei der Fahrschacht in der Regel durch eine bewegliche Schachtabdeckung abgesichert wird (**902**.1).

Nicht betretbare Unterfluraufzüge müssen an der oberen Ladestelle Einrichtungen zum Begrenzen der Ladehöhe auf 1,20 m haben.

Für spezielle Aufgaben eingesetzte Güteraufzugsarten sind Lagerhausaufzüge, Mühlenaufzüge, Bauaufzüge und Fassadenaufzüge.

Lagerhausaufzüge, die besonders in landwirtschaftlichen Lagern eingebaut werden, entsprechen vereinfachten Güteraufzügen mit einer Tragfähigkeit bis zu 1000 kg.

Mühlenaufzüge sind spezielle Lastenaufzüge im Mahlbereich von Getreidemühlen.

Bauaufzüge mit Personenbeförderung sind auf Baustellen vorübergehend errichtete Lastenaufzüge, deren Förderhöhe und Haltestellenzahl dem Baufortschritt angepaßt wird.

Fassadenaufzüge sind Aufzugsanlagen, die Gebäuden zugeordnet und dazu bestimmt sind, Personen mit und ohne Arbeitsgerät und Material aufzunehmen. Ihre an Tragmitteln hängende Arbeitsbühne wird durch Hubwerke oder durch Hub- und Fahrwerke bewegt.

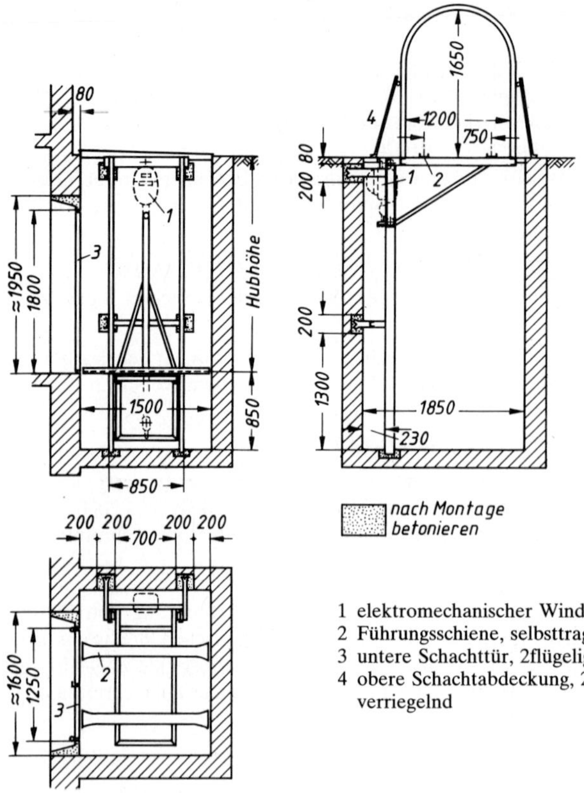

1 elektromechanischer Windenaufzug
2 Führungsschiene, selbsttragend
3 untere Schachttür, 2flügelig, mit elektrischem Zwangskontakt
4 obere Schachtabdeckung, 2teilig, automatisch öffnend und verriegelnd

902.1 Müllaufzug für Abfallgroßbehälter als elektro-mechanischer Stoßbügelaufzug

14.7.4 Kleingüteraufzüge

Kleingüteraufzüge sind nach TRA 400 nicht betretbare Aufzugsanlagen, die ausschließlich dazu bestimmt sind, Güter über eine nicht begrenzte Förderhöhe zu transportieren. Sie werden als Aktenaufzüge in Bürogebäuden, Büchereien und Krankenhäusern oder als Speisenaufzüge in Hotel- und Restaurationsbetrieben eingesetzt.

Nach DIN 15310 sind Kleingüteraufzüge fest eingebaute Hebeeinrichtungen, die festgelegte Ebenen bedienen, einen Fahrkorb haben, dessen Abmessungen und Konstruktion den Zugang von Personen nicht erlauben und der sich mindestens teilweise längs der senkrechten Führung bewegt.

Als elektrisch gesteuerte Antriebsarten und Tragmittel kommen Treibscheibenantrieb und Drahtseile mit Gegengewicht, Seiltrommeln und Drahtseile ohne Gegengewicht, hydraulische Heber, Kettenrad und Ketten, Spindeln und Zahnstangen zur Ausführung.

Die Tragfähigkeit darf 300 kg, die nicht betretbare Fahrkorbgrundfläche 1,0 m^2 und die Fahrkorbtiefe 1,00 m nicht überschreiten.

Die Betriebsgeschwindigkeit unterliegt beim Treibscheibenantrieb keinen Beschränkungen. Sie darf aber bei hydraulischen Kleingüteraufzügen 1,0 m/s und bei sonstigen Antrieben 1,5 m/s nicht überschreiten.

Eine Schutzraumhöhe wird im oberen Aufzugsbereich nicht gefordert, während unter der untersten Haltestelle ein Schutzraum von mindestens 1,50 m Höhe möglich sein muß.

Für die Wahl des Aufstellortes bestehen keine Einschränkungen.

Nach den technischen Daten der DIN 15310 werden für Kleingüteraufzüge für die Tragfähigkeiten 40, 100 oder 250 kg und für die Nenngeschwindigkeiten 0,25 oder 0,40 m/s empfohlen.

Für die drei Tragfähigkeiten können die Fahrkorb-, Fahrkorbzugangs- und Fahrschachtmaße Tafel **903**.1 und Bild **903**.2 entnommen werden.

Tafel **903**.1 Kleingüteraufzüge, Fahrkorb- und Fahrschachtabmessungen (nach DIN 15310)

Tragfähigkeit kg			40	100	250
Fahrkorb	Breite a	mm	600	800	1000
	Tiefe b	mm	600	800	1000
	Höhe k	mm	800	800	1200
Fahrschacht	Breite c	mm	900	1100	1500
	Tiefe d	mm	800	1000	1200

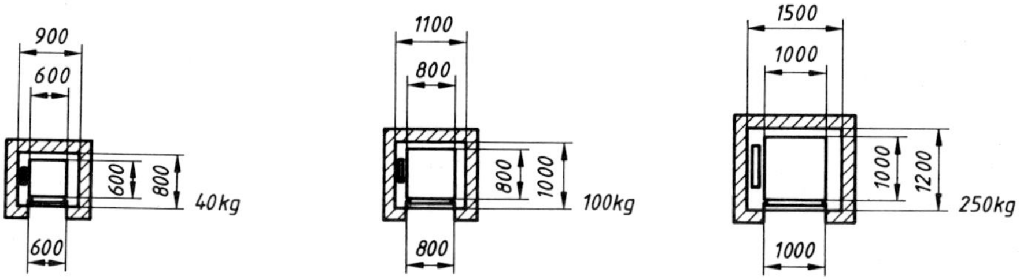

903.2 Kleingüteraufzüge, Fahrkorb- und Fahrschachtmaße für die drei empfohlenen Tragfähigkeiten (nach DIN 15310)

Die angegebenen Fahrschachtabmessungen sind Mindestmaße, die am fertigen Bauwerk senkrecht vorhanden sein müssen.

Für die Ausführung des Hochbauteiles wie Fahrschacht, Triebwerksraum und Triebwerksraumzugang sind die örtlich gültigen Vorschriften und Auflagen für das jeweilige Bauvorhaben zu beachten.

14.8 Behindertenaufzüge

Behindertenaufzüge sind nach VdTÜV-Merkblatt 103 Aufzugsanlagen, die aufgrund ihrer Bauart ausschließlich zur Beförderung behinderter Personen mit einem Lastaufnahmemittel in einer der Behinderungsart angemessenen Weise bestimmt sind und deren Tragfähigkeit 300 kg nicht übersteigt.

In dieser Richtlinie werden Senkrechtaufzüge und Schrägaufzüge für Behinderte unterschieden.

Spezielle Senkrechtaufzüge für Behinderte sind Anlagen, die ausschließlich behinderte Personen auf einer Plattform stehend, in einem Rollstuhl oder auf einem Sitz zwischen zwei festgelegten Zugangsstellen befördern und deren Betriebsgeschwindigkeit 0,2 m/s nicht übersteigt.

Spezielle Schrägaufzüge oder Treppenaufzüge für Behinderte sind Anlagen, die ausschließlich behinderte Personen wie vor beschrieben befördern, deren Fahrbahn jedoch geradlinig oder gekrümmt über begehbare Rampen mit einer maximalen Neigung von 18°, Treppen, Podesten oder Fluren verläuft und deren Betriebsgeschwindigkeit 0,15 m/s nicht übersteigt.

14.8.1 Senkrechtaufzüge

Allgemeine Anforderungen. Damit dem behinderten Rollstuhlfahrer (**904**.1) die freizügige Wahl der Wohnung gewährleistet werden kann, müssen alle Wohnungen in jedem größeren Wohngebäude über gefahrlos benutzbare Personenaufzüge von ausreichender Größe erreichbar sein (s. auch Abschnitt 14.1).

In DIN 18025 T. 1 wird gefordert, daß alle zur Wohnung gehörenden Räume und gemeinschaftlichen Einrichtungen der Wohnanlage stufenlos, gegebenenfalls mit einem Aufzug, erreichbar sein müssen.

Alle nicht rollstuhlgerechten Wohnungen innerhalb einer Wohnanlage müssen mindestens durch den nachträglichen Ein- oder Ausbau eines Aufzuges zu erreichen sein.

904.1 Internationale Bildzeichen, Symbol für Rollstuhlbenutzer (nach DIN 18024 T. 1 und 2)

In DIN 18024 T. 2 ist für Behinderte und alte Menschen zur Benutzung öffentlich zugängiger Gebäude festgelegt, daß zur Überwindung von Niveauunterschieden vertikale Beförderungsmittel erforderlich sind.

Der Fahrkorb mindestens eines Aufzuges ist nach DIN 18025 T. 1 mit 110 cm Breite, 140 cm Tiefe und 90 cm Türbreite oder größer zu bemessen (**904**.2).

Die größte Rollstuhlbreite beträgt ca. 78 cm, während der Autorollstuhl ca. 66 cm breit ist.

In Gebäuden mit größerer Besucherzahl ist nach DIN 18024 T. 2 mindestens ein Aufzug mit einer lichten Türbreite von 110 cm vorzusehen.

Der Fahrkorb ist mit Haltegriffen auszustatten (**905**.2).

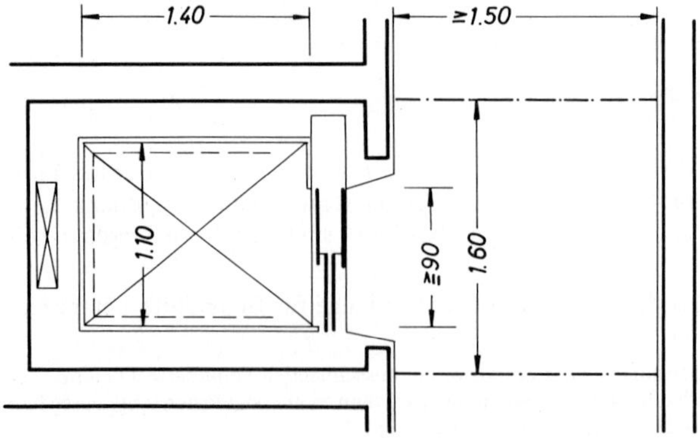

904.2 Behindertenaufzug, Kabinen-Mindestmaße, Teleskoptüren und Bewegungsfläche (M 1:50)

Mindestbewegungsfläche. Die in den neuen DIN-Vorschriften geforderte Mindestbewegungsfläche vor den Aufzugszugängen von 150 × 150 cm ist für das Drehen des Rollstuhlfahrers vor oder nach der Aufzugsbenutzung erforderlich (**24**.1).

Diese Bewegungsfläche darf keine stark benutzte Verkehrsfläche sein.

Die Bewegungsfläche sollte jedoch in der Breite über das DIN-Maß von 150 cm auf 160 cm erhöht werden, da Bewegungsstudien zeigen, daß 150 cm nicht ausreichen (**904**.2).

Bei öffentlichen Gebäuden muß außerdem zu Treppen, die dem Aufzug gegenüberliegen, ein zusätzlicher Schutzabstand von 150 cm eingehalten werden (**905**.1).

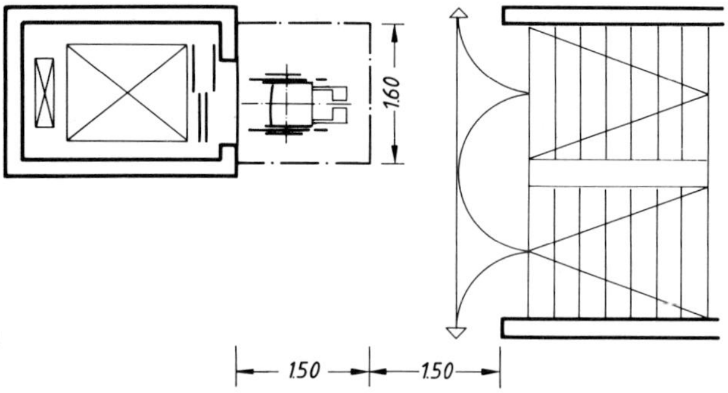

905.1 Behindertenaufzug, Schutzabstand zu Treppen (M 1:100)

Diese Bewegungsfläche muß auf jeden Fall vergrößert werden, wenn die Möglichkeit besteht, daß ein Rollstuhlfahrer den Aufzug verläßt, während ein zweiter den Aufzug benutzen will.

Dieser zusätzliche Platzbedarf kann jedoch in der allgemeinen Verkehrsfläche liegen.

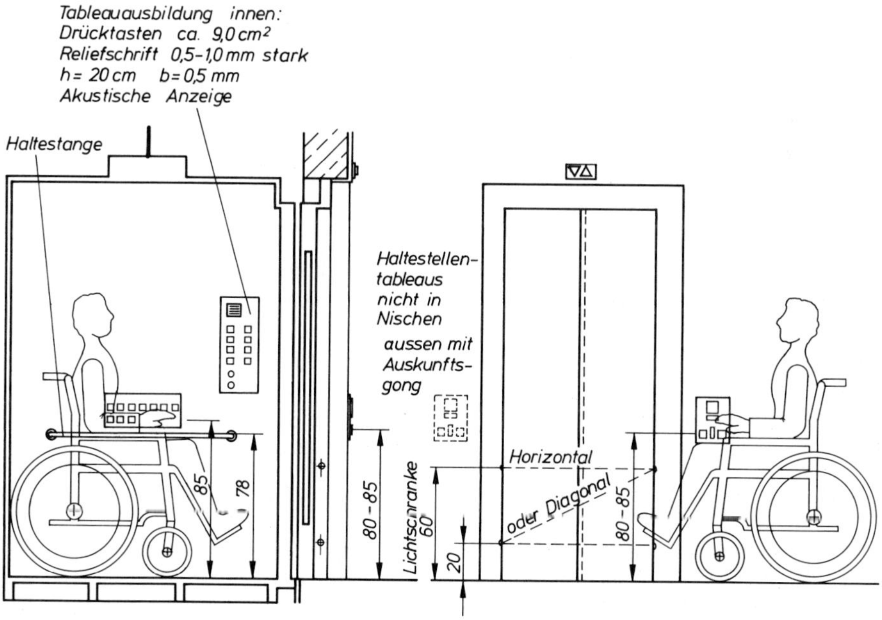

905.2 Behindertengerechter Aufzug, Anordnung der Bedienungsknöpfe innerhalb und außerhalb des Fahrkorbes (nach Marx)

Bedienungsknöpfe. Die Anordnung des Heranholknopfes sollte sorgfältig überlegt werden. Die übliche Anbringung des Befehlstastschalters außen neben der Aufzugstür ist für Rollstuhlfahrer ungeeignet. Besser ist ein Platz etwa 100 cm von der Aufzugstür entfernt und möglichst so, daß dem Rollstuhlfahrer zusätzliches Wenden erspart bleibt.

Dieser Befehlsschalter muß, von der Standardausführung abweichend, ausreichend groß, etwa als Flächenschalter 5 × 5 cm, sein, da Behinderte mit schweren Motorikstörungen nicht in der Lage sind, den Serientastschalter zu betätigen.

Die Anbringungshöhe des Schalters wird nach DIN mit 105 cm über Fußboden empfohlen, sie darf 120 cm nicht übersteigen (**905**.2).

Der Bedienungsschalter ist deutlich als Aufzugs-Heranholschalter zu kennzeichnen.

In Gebäuden mit Aufzugsanlagen für Schwerbehinderte sind auch Kontaktmatten als Aufzugsruf geeignet.

Sie erfordern jedoch außer höheren Investitionskosten einen größeren Wartebereich vor dem Aufzug, damit der Fahrkorb nicht unbeabsichtigt vom vorbeigehenden Verkehr gerufen wird.

Aus Sicherheitsgründen wird für alle Behinderten-Aufzugsanlagen empfohlen, die Türsteuerungen der Fahrkorb- und Schachttüren über vertikale und horizontale Lichtschranken zu regeln (**906**.1).

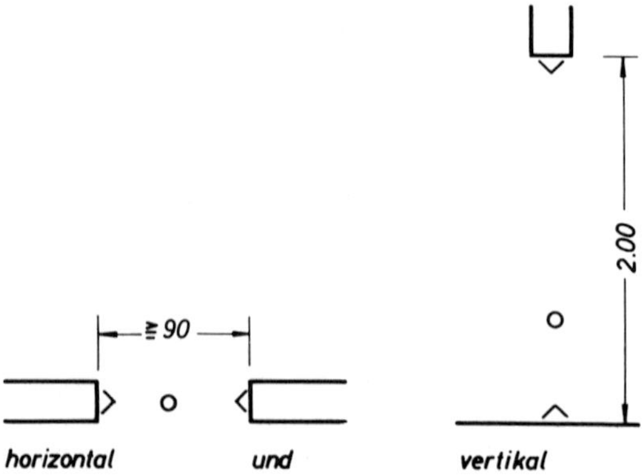

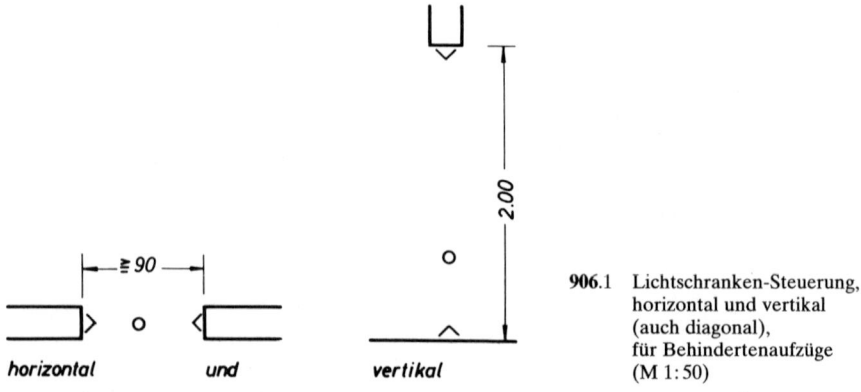

906.1 Lichtschranken-Steuerung, horizontal und vertikal (auch diagonal), für Behindertenaufzüge (M 1:50)

Türen. Die Türart muß für den Schachtabschluß und den Fahrkorb immer gleich sein.

Handbetätigte Drehtüren als Schachtabschlußtüren sind für Rollstuhlbenutzer wie auch für gehfähige Schwerbehinderte ohnehin ungeeignet.

Es sind stets automatische Fahrkorb- und Schachttüren vorzusehen.

In Frage kommen 1- und 2-flügelige Schiebetüren sowie 2- und 4-flügelige Teleskoptüren (**889**.1).

Bei überbreiten Türen empfiehlt es sich, aus Gründen der Schachtabmessungen und der verkürzten Aufenthaltszeiten, zentral öffnende Türen vorzusehen.

Fahrkorb. Die Behinderten-Kabinengröße von 110 × 140 cm ergibt eine Grundfläche von 1,54 qm mit einer Tragkraft von 630 kg für 8 Personen (Tafel **876**.1).

Der zum Krankentransport geeignete Aufzug von 110 × 210 cm hat eine Grundfläche von 2,30 qm mit einer Tragkraft von 1000 kg für 13 Personen (**890**.1).

Die DIN-Vorschriften fordern, daß die Druckknopftafel an der Stirnseite der Aufzugskabine in 105 cm Höhe über dem Fußboden anzuordnen ist.

Diese Anordnung ist nicht überall möglich, da hier je nach Aufzugsart eine Trenntür liegen kann (**890**.1).

Eine bessere Anordnung der Druckknopftafel dürfte an einer Kabinenseitenwand in 105 bis höchstens 120 cm Höhe etwa 50 cm von der Fahrkorbtür entfernt sein (**905**.2).

Bei dieser Anordnung bleibt es dem Rollstuhlfahrer überlassen, ob er vorwärts oder rückwärts in den Aufzug einfährt, da er die Knöpfe gleich gut bedienen kann.

Dem Rollstuhlfahrer ist das Verlassen des Fahrkorbes ohne fremde Hilfe nur möglich, wenn die Feinfahrt so exakt eingestellt werden kann, daß der Kabinenboden und die Fußbodenoberkante des angefahrenen Geschosses auf gleicher Höhe liegen und der Abstand zwischen Kabinen- und Geschoßfußboden nicht mehr als 15 mm beträgt (**907**.1).

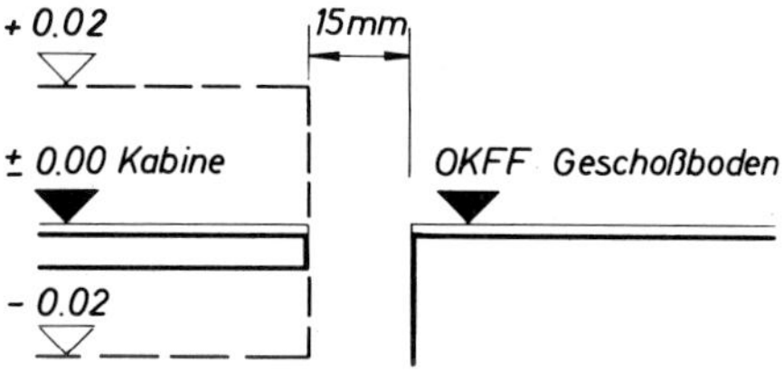

907.1 Behindertenaufzug, Feinfahrt, maximale Toleranzen (M 1:2)

Als dringend notwendig werden eine Notrufanlage, moderne Fernnotrufanlage oder ein Telefon im Förderkorb angesehen. Der Aufzug sollte außerdem immer an einer vorhandenen Netzersatzanlage angeschlossen sein.

14.8.2 Schrägaufzüge

Allgemeines. Schrägaufzüge für Behinderte, Treppenaufzüge oder Treppenlifte, sind nach VdTÜV-Merkblatt 103 Aufzugsanlagen, die ausschließlich dazu bestimmt sind, behinderte Personen auf einer Plattform stehend oder auf einem Sitz oder auf einer Plattform im Rollstuhl zwischen festgelegten Zugangsstellen zu befördern.

Die Fahrbahn kann dabei geradlinig oder gekrümmt über begehbare Rampen, mit einer maximalen Neigung von 18°, sowie Treppen, Podesten oder Fluren verlaufen (**907**.2).

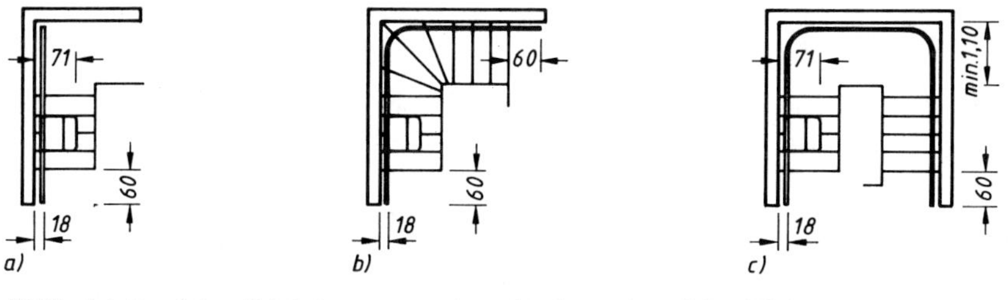

907.2 Schrägaufzüge, Fahrbahnen, gut geeignet für den nachträglichen Einbau
a) gerade Fahrschiene
b) Fahrschiene mit 90°-Kurve
c) Fahrschiene mit 90°-Kurven über Podest

Die zulässige Tragfähigkeit darf 300 kg und die Betriebsgeschwindigkeit 0,15 m/s nicht übersteigen.

Gemäß VdTÜV MB 103 muß im ganzen Bereich der Fahrbahn über der Aufzugsplattform eine freie Höhe von mindestens 1,80 m und vor der Antrittsstufe eine ausreichende Rangierfläche vorhanden sein.

Viele der verfügbaren Treppenaufzüge, meist zur Überwindung nur eines Geschoßes geplant, sind als Sonderfall im Einfamilienhaus anwendbar, aber nur mit erheblichen Einschränkungen im Bereich von Wohnanlagen mit mehreren Wohneinheiten nutzbar. Die Aufzüge wurden weitgehend für Änderungen und Sanierungen in bestehenden Gebäuden entwickelt.

Aufzugsarten. Unter den verfügbaren zahllosen Systemen haben sich hauptsächlich drei Aufzugsarten durchgesetzt, der Treppenlift mit Stehplattform, der Treppenaufzug mit Stuhl für Schwergehbehinderte und der Treppenlift mit Rollstuhlplattform (**908**.1).

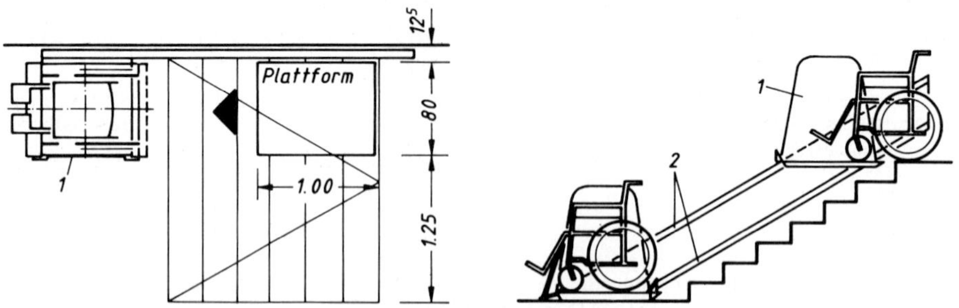

908.1 Treppenaufzug mit Rollstuhlplattform, Grundriß und Schnitt
1 Seitenschutz
2 Liftschienen

Der Stehlift, der Treppenaufzug mit Stehplattform, auch als rollende Stufe bezeichnet, ist für Gehbehinderte geeignet. Er kann auch mit einem zusätzlichen Klappsitz ausgestattet sein.

Der Sitzlift, ein Schrägaufzug mit Stuhlplattform und Fußstütze, wird für Schwerbehinderte ohne Rollstuhl gebaut. Gepolsterte Sitzfläche und Rückenlehne, Armlehne, Trittbrett und Sitzfläche sind oft einzeln hochklappbar (**908**.2).

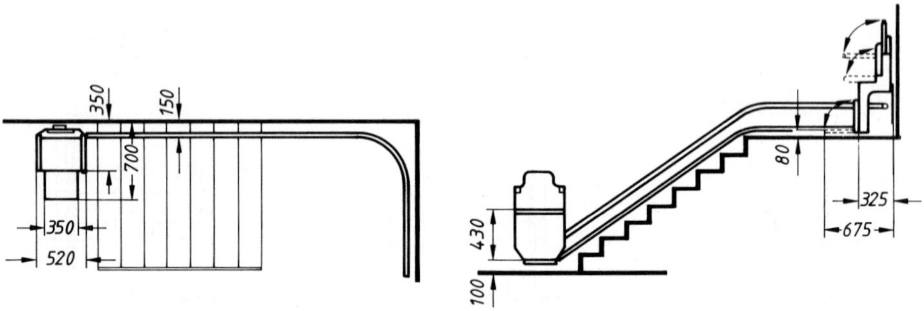

908.2 Treppenlift mit Stuhl, Grundriß und Ansicht (Grass GmbH)

Der Rollstuhllift, der Treppenaufzug mit Rollstuhlplattform, ist der Schrägaufzug für behinderte Rollstuhlfahrer. Die Aufzugsplattform hat ausklappbare Übergleitteile zum Verlassen der Plattform auf die Fahrbahn und umgekehrt (**908**.1).

In öffentlichen Gebäuden setzt der Treppenaufzug entsprechend breite Treppenanlagen und eine behinderungsfreie Unterbringung der Rollstuhlplattform am An- und Austritt der Treppe voraus.

Konstruktion. Die Konstruktion eines Treppenliftes besteht im wesentlichen aus drei Bauteilen, Liftschiene oder Tragrohre, Plattform und Antrieb.

Die Liftschiene, oder eine andere Trag- und Führungskonstruktion, ist seitlich an einer Treppenwange entweder auf den Treppenstufen oder an der Treppenhauswand befestigt, bei gewendelten Treppen an der Freiwangenseite.

Gewendelte oder kurvengängige Treppenaufzüge werden in der Regel für bis zu drei aufeinanderfolgende Geschoße zugelassen, in öffentlichen Bereichen nur für zwei Geschosse.

Die Plattform ist immer durch Halterungen, Sicherungsbügel, Schranken oder Seitenschutz abgesichert.

Der elektrische Antrieb wird beim Rollstuhllift entweder am oberen Ende des Aufzuges, am unteren Antrittspodest oder unter dem Treppenlauf angeordnet.

Beim Steh- und Sitzlift befindet sich das Triebwerk mit der zugehörigen Druckknopfschaltung am Fördermittel.

Die Antriebssysteme arbeiten mit Drahtseilen, Gummilaufbändern, Gelenkketten, Spindeln, Zahnstangen, Rollen, Profilschienen oder anderen Maschinenbauteilen.

Ein Notstopp und eine mechanisch gebremste Rückführung bei Stromausfall sind bei allen Systemen vorhanden.

14.9 Technische Regeln

Deutsche Normen

DIN 15306	Aufzüge; Personenaufzüge für Wohngebäude; Baumaße, Fahrkorbmaße, Türmaße (01.85)
DIN 15309	Aufzüge; Personenaufzüge für andere als Wohngebäude sowie Bettenaufzüge; Baumaße, Fahrkorbmaße, Türmaße (12.84)
DIN 15310	Aufzüge; Kleingüteraufzüge; Baumaße, Fahrkorbmaße; ISO 4190/3 Ausgabe 1982 modifiziert (05.85)
DIN 15325	Aufzüge; Bedienungs-, Signalelemente und Zubehör; ISO 4190-5, Ausgabe 1987 modifiziert (12.90)
DIN 18024	T. 2 Bauliche Maßnahmen für Behinderte und alte Menschen im öffentlichen Bereich; Planungsgrundlagen, Öffentlich zugängige Gebäude (04.76)
DIN 18025	T. 1 Barrierefreie Wohnungen; Wohnungen für Rollstuhlbenutzer; Planungsgrundlagen (12.92)
DIN 18090	Aufzüge; Flügel- und Falttüren für Fahrschächte mit feuerbeständigen Wänden (02.69)
DIN 18091	Aufzüge; Schacht-Schiebetüren für Fahrschächte mit Wänden der Feuerwiderstandsklasse F 90 (07.93)
DIN 18092	Aufzüge; Vertikal-Schiebetüren für Kleingüteraufzüge in Fahrschächten mit Wänden der Feuerwiderstandsklasse F 90 (04.92)

Europäische Normen

DIN EN 81	T. 1 Sicherheitsregeln für die Konstruktion und den Einbau von Personen- und Lastenaufzügen sowie Kleingüteraufzügen; Teil 1: Elektrisch betriebene Aufzüge (10.86)

Technische Regeln für Aufzüge

TRA 001	Allgemeines, Aufbau und Anwendung der Technischen Regeln für Aufzüge (TRA) (06.83)
TRA 200	Personenaufzüge, Lastenaufzüge, Güteraufzüge (07.86)
TRA 300	Vereinfachte Güteraufzüge, Behälteraufzüge, Unterfluraufzüge (07.86)
TRA 400	Kleingüteraufzüge (07.86)
TRA 500	Personen-Umlaufaufzüge (10.85)

VDI-Richtlinien

VDI 2566	Lärmminderung an Aufzugsanlagen (08.88)

VdTÜV-Merkblätter

VdTÜV MB 103	Richtlinien für Behindertenaufzüge (11.84)

Abkürzungen

AbfG	Abfallgesetz
ABS	Acrylnitril-Butadien-Styrol
AD	Arbeitsgemeinschaft Druckbehälter
AE	Absperreinrichtung
AEG	Allgemeine Elektricitäts-Gesellschaft
AG	Ausdehnungsgefäß
AKO	Abflußrohrkontor
ALV	Abluftventil
ARGE	Arbeitsgemeinschaft
Argebau	Arbeitsgemeinschaft Bauwesen
ASA	Acrylester-Styrol-Acrylnitril
ASR	Arbeitsstättenrichtlinie
ASS	Abschlußsieb
ATV	Abwassertechnische Vereinigung
AufzV	Aufzugsverordnung
AVBWasserV	Verordnung über Allgemeine Bedingungen für die Versorgung mit Wasser
BD	Bodendurchbruch
BF	Betonformsteine
BK	Bodenkanal
BK	Breitbandkommunikation
BMA	Brandmeldeanlage
BS	Bodenschlitz
Btx	Bildschirmtext
BW	Belastungswert
CS	Chromnickelstahl
DBP	Deutsche Bundespost
DD	Deckendurchbruch
DDA	Deutscher Dampfkesselausschuß
DEA	Druckerhöhungsanlage
DIAZED	diametral abgestufter zweiteiliger Edinson-Schraubstöpsel
DIN	Deutsches Institut für Normung
DIN EN	Deutsches Institut für Normung Europäische Norm
DN	Durchmesser nominal
DS	Deckenschlitz
DVFG	Deutscher Verband Flüssiggas
DVGW	Deutscher Verein des Gas- und Wasserfaches
E	Eingriffbatterie
E	Einwohner
EA	Entwässerungsanlage
EA	Einzelantennenanlage
EDV	elektronische Datenverarbeitung
EG	Erdgeschoß
EGW	Einwohnergleichwert
EL	extra leicht
EMA	Einbruchmeldeanlage
EN	Europäische Norm
EnEG	Energieeinsparungsgesetz
ES	Eingangsschleuse
ESG	Einscheibensicherheitsglas
EVU	Elektrizitäts-Versorgungs-Unternehmen
EW	Einwohnerwert
EZ	Einwohnerzahl
FB	Rohfußboden
FFB	Fertigfußboden
FI	Fehlerstrom
FTZ	Fernmeldetechnisches Zentralamt
FZ	Faserzement
GA	Gemeinschaftsantennenanlage
GA	gußeisernes Abflußrohr
GAG	geschlossenes Ausdehnungsgefäß
GFK	glasfaserverstärktes Kunstharz
GGA	Groß-Gemeinschafts-Antennenanlage
GKL	gasdichte Abschlußklappe
GMA	Gefahrenmeldeanlage
GT	Jahres-Gradtagzahl
GUP	glasfaserverstärktes ungesättigtes Polyesterharz
GUV	gesetzliche Unfallversicherung
GVU	Gasversorgungsunternehmen
GW	Grundwasser
GWH	Gaswasserheizer
HAE	Hauptabsperreinrichtung
HA-PL	Haus- oder Haupt-Potentialausgleichsleitung
HBR	Heizölbehälter-Richtlinien
HDPE	Polyethylen hart
HEA	Hauptberatungsstelle für Elektrizitätsanwendung
HeizAnlV	Heizungsanlagen-Verordnung
Heiz-BetrV	Heizungsbetriebs-Verordnung
HeizkostenV	Verordnung über Heizkostenabrechnung
HLS	Haushalt-Leitungsschutzschalter
HP	Heizperiode
HQA-Lampe	Quecksilberdampf-Hochdrucklampe
HQI-Lampe	Halogen-Metalldampflampe
HT	Haupttarif
HT	hochtemperaturbeständig
HU-Schalter	Haushalts-Umschalter
HWH	Heißwasserheizung
HWL-Lampe	Mischlichtlampe

IEC	Internationale Elektrotechnische Kommission
ISO	Internationale Organisation für Normung
KW	Kaltwasser
LAS	Luft-Abgas-Schornstein
LBO	Landesbauordnung
LDPE	Polyethylen weich
LS-Schalter	Leitungsschutzschalter
LTG	Lüftungstechnische Gesellschaft
LVK	Lichtverteilungskurve oder Lichtstärke-Verteilungskurve
LW	lichte Weite
MAK	maximale Arbeitsplatzkonzentration
MB	Merkblatt
MB	Mischbatterie
MFeuVO	Muster-Feuerungsverordnung
MGB	Müllgroßbehälter
MIK	maximale Immissionskonzentration
MSR-Anlagen	Meß-, Steuer- und Regelanlagen
MW	Mischwasser
N	Neutralleiter oder Mittelleiter
NA	Nabenabstand
NA	Notausstieg
NA-Lampe	Natriumdampf-Niederdrucklampe
NAV-Lampe	Natriumdampf-Hochdrucklampe
NB	Nennbelastung
ND	Niederdruck
NDD	Niederdruck-Dampf
NEH	Niedrigenergiehaus
NEOZED	neuer zweiteiliger Edinson-Schraubstöpsel
NH-Sicherung	Niederspannungs-Hochleistungs-Sicherung
NL	Niederdruck-Leuchtstoff
NN	Normalnull
NT	Nachttarif oder Niedertarif
NT	Niedertemperatur
NW	Nennweite
NYA	Kunststoffaderleitung
NYIF	Stegleitung
NYIFY	Stegleitung
NYM	Kunststoffmantelleitung
NYY	Kunststoffkabel
OAG	offenes Ausdehnungsgefäß
OK	Oberkante
OKFF	Oberkante Fertigfußboden
PA	Polyamid
PB	Polybuten
PE	Polyethylen
PE	Schutzleiter
PE-HD	Polyehtylen hoher Dichte
PE-HDX	vernetztes Polyethylen hoher Dichte
PE-MDX	vernetztes Polyethylen mittlerer Dichte
PEN-Leiter	geerdeter Leiter, zugleich Schutz- und Neutralleiter
PKW	Pumpenkaltwasser
PL	Potentialausgleichsleitung
PN	Nenndruck
PP	Polypropylen
PPs	Polypropylen schwer entflammbar
PUR	Polyurethan
PV	Photovoltaik
PVC	Polyvinylchlorid
PVC-U	weichmacherfreies Polyvinylchlorid
PVCC	chloriertes Polyvinylchlorid
PWW	Pumpenwarmwasser
PWWH	Pumpen-Warmwasserheizung
RAL	Deutsches Institut für Gütesicherung und Kennzeichnung
RD	Rohdecke
RKG	Reka-Kupplung
RLT	Raumlufttechnik
RW	Regenwasser
S	Speicher
S-Schalter	Schutz-Schalter
SAV	Sicherheitsabsperrventil
SBV	Sicherheitsabblaseeinrichtung
SCHUKO	Schutzkontakt
SK	Schnellschlußklappe
SML	Super Metallit
SR	Sicherheitsrücklauf
SR	Sicherheitstechnische Richtlinie
SRL	Sicherheitsrücklaufleitung
Stz	Steinzeug
SV	Sicherheitsventil
SV	Sicherheitsvorlauf
SVL	Sicherheitsvorlaufleitung
SW	Schmutzwasser
SWS	senkrechter Wandschlitz
SWWH	Schwerkraft-Warmwasserheizung
TA	Trockenabort
TAB	Technische Anschlußbedingungen der Elektrizitätswerke
TAE	Telekommunikations-Anschluß-Einheit
TELEKOM	Telekommunikation
TRA	Technische Regeln für Aufzüge

TRB	Technische Regeln Druckbehälter
TRbF	Technische Regeln für brennbare Flüssigkeiten
TRF	Technische Regeln Flüssiggas
TRG	Technische Regeln Druckgase
TRGI	Technische Regeln für Gas-Installationen
TRK	Technische Richtkonzentration
TRWI	Technische Regeln für Trinkwasser-Installationen
TÜA	Technisches Überwachungsamt
TÜV	Technischer Überwachungsverein
TVSG	Technische Vereinigung für Schraubenverbindungen und Gewinderohre
TW	Trinkwasser, kalt
TWW	Trinkwasser, warm
TWZ	Trinkwasser, Zirkulation
UK	Unterkante
UKD	Unterkante Decke
ÜMA	Überfallmeldeanlage
UV	ultraviolett
ÜV	Überdruckventil
VBG	Unfallverhütungsvorschriften der gewerblichen Berufsgenossenschaften
VDE	Verband Deutscher Elektrotechniker
VDEW	Vereinigung Deutscher Elektrizitätswerke
VDI	Verein Deutscher Ingenieure
VdS	Verband der Sachversicherer
VdTÜV	Vereinigung der Technischen Überwachungs-Vereine
VKU	Verteilkasten, Unterputz
VOB	Verdingungsordnung für Bauleistungen
VPE	vernetztes Polyethylen
VSG	Verbundsicherheitsglas
W	Watt
WärmeschutzV	Wärmeschutzverordnung
WD	Wanddurchbruch
WDP	Wärmedämmputz
WF	Wohnfläche
WHG	Wasserhaushaltsgesetz
WICU	wärmeisoliertes Kupferrohr
WS	Wandschlitz
WT	Wärmeträger
WVU	Wasserversorgungsunternehmen
WW	Warmwasser
WWB	Warmwasserbereitung
WWH	Warmwasserheizung
WWS	waagerechter Wandschlitz
Z	Zweigriffbatterie
ZMV	zugfeste Muffenverbindung
ZTA	Zusammenstellung technischer Anforderungen
ZTA-Heizräume	Zusammenstellung technischer Anforderungen an Heizräume
ZV	Zuluftventil
ZVA	Zuluftventil
ZVEI	Zentralverband der Elektrotechnischen Industrie
ZVSHK	Zentralverband Sanitär Heizung Klima

Einheiten

Ab 1. 1. 1987 dürfen im geschäftlichen und amtlichen Verkehr aufgrund des Gesetzes über Einheiten im Meßwesen vom 2. 7. 1969 auch im Bauwesen nur noch die SI-Einheiten (SI = Système International d'Unités = Internationales Einheitssystem) verwendet werden.

Da bis zu diesem Zeitpunkt noch nicht alle DIN-Normen im Bau- und Wasserwesen umgestellt werden konnten, hat der ETB-Ausschuß (Ausschuß für einheitliche Technische Baubestimmungen) Übergangsregelungen beschlossen und „Ergänzende Bestimmungen zu DIN-Normen im Bauwesen und im Wasserwesen, die noch nicht auf gesetzliche Einheiten umgestellt sind (ETB-Ergänzung, Fassung Dezember 1977)" herausgegeben.

Die neue gesetzliche Einheit ist das Newton (N) mit der Beziehung:

$$1\ \text{kp} = 1\ \text{kg} \cdot 9{,}81\ \text{m/s}^2 = 9{,}81\ \text{N} \mathrel{\hat{=}} 10\ \text{N} \qquad \text{(Bis 31. 12. 1977 galt 1 kp = 1 kg)}$$

Im Anwendungsbereich der Normen wird für 1 kp = 0,01 kN für 1 Mp = 10 kn (Taf. **1**) und für 1 kp/cm^2 = 0,1 MN/m^2 (Taf. **2**) gesetzt, wobei 1 MN/m^2 = 1 N/mm^2 ist.

Tafel **1** Umrechnungstafel für Kräfte und Einzellasten
(entsprechend 1 kp = 9,80665 N ~ gerundet [Abweichung 2%]: 1 kp = 10 N)

bisherige Einheiten			gesetzliche Einheiten		
p	kp	Mp	N	kN	MN
1					
10			0,10		
100	0,1		1,0		
1000	1		10		
	10		100	0,10	
	100	0,1	1000	1,0	
	1000	1		10	
		10		100	0,10
		100		1000	1,0
		1000			10

Tafel **2** Umrechnungstafel für Kraft je Fläche (Flächenlasten, Spannungen, Festigkeiten und Druck)

bisherige Einheiten				gesetzliche Einheiten			
				N/m^2	kN/m^2	(bar)[1]	MN/m^2
kp/m^2	Mp/m^2	kp/cm^2	kp/mm^2				N/mm^2
mm WS	m WS	at		Pa	kPa		MPa
0,1				1,0			
1				10			
10				100	0,10		
100				1000	1,0		
1000	1				10	(0,10)	
	10	1			100	(1,0)	0,10
	100	10			1000	(10)	1,0
	1000	100	1			(100)	10
		1000	10			(1000)	100
			100				1000
			1000				

[1]) Diese Einheit unterscheidet sich von den benachbarten nicht um den Faktor 10^3 und ist deshalb zur Vermeidung von Irrtümern nur bei Messungen mit Druckmeßgeräten anzuwenden, die auf bar geeicht sind.

Nach Nr. 2 der ETB-Ergänzung sind nicht mehr zulässige Einheiten mit den in Tafel **1** angegebenen Faktoren umzurechnen. Vielfache, Teile oder zusammengesetzte Einheiten, die in der Tafel **1** nicht enthalten sind, sind sinngemäß umzurechnen, s. DIN 1080 Teil 1, Ausg. Juni 1976. Erläuterungen zu Abschn. 5.

Tafel **3** Umrechnungsfaktoren für Einheiten-Beispiele

1 kp	=	0,01	kN			
1 kp/cm^2	=	0,1	MN/m^2	=	0,1	N/mm^2
1 at	=	0,1	MN/m^2	=	1,0	bar
1 atü	=	1,0	bar	=	0,01	MN/m^2
1 m WS	=	0,1	bar	=	0,01	MN/m^2
1 mm WS	=	10	N/m^2	=	10	Pa (Pascal)
1 kp m	=	0,01	kNm	=	10	J (Joule)
1 kcal	=	4,2	kJ (Kilojoule)			
1 kcal/h	=	1,163	W (Watt)			
1 PS	=	0,74	kW (Kilowatt)			
1 grd	=	1	K (Kelvin)			
1 g	=	1	gon			
1 Torr	=	1,33	mbar	=	133	Pa

Tafel 4 Beispiele für die Anwendung der gesetzlichen SI-Einheiten im Bauwesen (entspr. DIN 1080, Teil 1) mit den einschlägigen Umrechnungen, neu und bisher

Größe	Gegenüberstellung				Umrechnung
	bisher		neu		
	Formelzeichen	Einheit	Formelzeichen	gesetzl. Einheit n. DIN 1080	
Länge	l	m	l	m	
Fläche	F	m^2	A	m^2	
Volumen	V	m^3	V	m^3	
Trägheitsmoment	I	m^4	I	m^4	
Widerstandsmoment	W	m^3	W	m^3	
Winkel	$\alpha; \beta; \gamma$	°	$\alpha; \beta; \gamma$	°	
Masse	m	t; kg	m	t; kg	1 t = 1000 kg
Dichte	p_o	$\frac{t}{m^3}; \frac{kg}{dm^3}$	p_o	$\frac{t}{m^3}; \frac{kg}{dm^3}$	
Rohdichte	p	$\frac{t}{m^3}; \frac{kg}{dm^3}$	p	$\frac{t}{m^3}; \frac{kg}{dm^3}$	$1 \frac{t}{m^3} = 1 \frac{kg}{dm^3}$ (für Dichte, Rohdichte, Schüttdichte)
Schüttdichte	p_s	$\frac{t}{m^3}; \frac{kg}{dm^3}$	p_s	$\frac{t}{m^3}; \frac{kg}{dm^3}$	
Wichte	γ	$\frac{Mp}{m^3}; \frac{p}{cm^3}$	γ	$\frac{kN}{m^3}$	$1 \frac{kN}{m^3} = 0{,}1 \frac{Mp}{m^3} = 0{,}1 \frac{p}{cm^3}$
Kraft, Schnittkraft Einzellast	P	kp	F	kN	1 kN = 100 kp
Streckenlast	$g; p; s; w$	$\frac{kp}{m}$	$g; p; s; w$	$\frac{kN}{m}$	$1 \frac{kN}{m} = 100 \frac{kp}{m}$
Flächenlast	$g; p; s; w$	$\frac{kp}{m^2}$	$g; p; s; w$	$\frac{kN}{m^2}$	
Staudruck	q	$\frac{kp}{m^2}$	q	$\frac{kN}{m^2}$	$1 \frac{kN}{m^2} = 100 \frac{kp}{m^2}$ (für Flächenlast, Staudruck, Winddruck)
Winddruck	w	$\frac{kp}{m^2}$	w	$\frac{kN}{m^2}$	
Spannung	$\sigma; \tau$	$\frac{kp}{cm^2}$	$\sigma; \tau$	$\frac{MN}{m^2}; \frac{N}{mm^2}$	
Festigkeit	β	$\frac{kp}{cm^2}$	β	$\frac{MN}{m^2}; \frac{N}{mm^2}$	$1 \frac{MN}{m^2} = 1 \frac{N}{mm^2} = 10 \frac{kp}{cm^2}$ (für Spannung, Festigkeit, Elastizitätsmodul)
Elastizitätsmodul	E	$\frac{kp}{cm^2}$	E	$\frac{MN}{m^2}; \frac{N}{mm^2}$	
Druck[1])	p	$\frac{kp}{cm^2}$	p	$\frac{MN}{m^2}$	$1 \frac{MN}{m^2} = 10 \frac{kp}{cm^2}$
Moment	M	kpm	M	kNm	1 kNm = 100 kpm
Dehnung	ε	$\frac{m}{m}$	ε	$\frac{m}{m}$	

Weitere mögliche Einheiten:

Fortsetzung s. nächste Seite

[1]) MPa = 1 MN/m² = 10 bar   1 Pa = 1 N/m² = $1 \cdot 10^{-5}$ kp/cm²

Tafel **4** (Fortsetzung)

Größe	Gegenüberstellung				Umrechnung
	bisher		neu		
	Formelzeichen	Einheit	Formelzeichen	gesetzl. Einheit n. DIN 1080	
Energie²)	W	kpm	W	Ws; kWh	1 kWh = 3,6 · 10^6 Ws = = 3,6 · 10^5 kpm
Arbeit	A	kpm	W	kNm	1 kNm = 100 kpm
Wärmemenge	Q	kcal	Q	Ws; kWh; (J)	1 kWh = 3,6 · 10^6 Ws 1 kcal = 4187 Ws (= 4,2 kJ)
Leistung	N	$\frac{\text{kpm}}{\text{s}}$; PS	P	kW	1 kW = 100 $\frac{\text{kpm}}{\text{s}}$ = 1,36 PS
Temperatur	t	°C	t	°C	
	t	°C	T	K	0 K = −273 °C; 0 °C = 273 K
Temperaturdifferenz	Δt	°C	ΔT; Δt	K; °C	1 K = 1 °C
Wärmeleitfähigkeit	λ	$\frac{\text{kcal}}{\text{m h °C}}$	λ	$\frac{\text{W}}{\text{m K}}$	1 $\frac{\text{W}}{\text{m K}}$ = 0,86 $\frac{\text{kcal}}{\text{m h °C}}$ bzw. 1 $\frac{\text{kcal}}{\text{m h °C}}$ = 1,163 $\frac{\text{W}}{\text{m K}}$
Wärmedurchlaßkoeffizient	Λ	$\frac{\text{kcal}}{\text{m}^2\text{h °C}}$	Λ	$\frac{\text{W}}{\text{m}^2\text{K}}$	bzw. (gilt für alle drei Zeilen)
Wärmeübergangskoeffizient	α	$\frac{\text{kcal}}{\text{m}^2\text{h °C}}$	α	$\frac{\text{W}}{\text{m}^2\text{K}}$	
Wärmedurchgangskoeffizient	k	$\frac{\text{kcal}}{\text{m}^2\text{h °C}}$	k	$\frac{\text{W}}{\text{m}^2\text{K}}$	1 $\frac{\text{kcal}}{\text{m}^2\text{h °C}}$ = 1,163 $\frac{\text{W}}{\text{m}^2\text{K}}$

Weitere mögliche Einheiten:
²) 1 J = 1 Ws = 1 Nm

Tafel **5** Umrechnungstafel für Energie, Arbeit, Wärmemenge, Leistung usw.

Größe	bisherige Einheit	gesetzliche Einheit genau	Abweichung < 2%
Energie; Arbeit; Wärmemenge	1 kpm 1 kcal	9,80665 J 4,1868 kJ	10 J 4,2 kJ
Leistung; Energiestrom; Wärmestrom	1 PS 1 kcal/h	0,73549875 kW 1,163 W	0,74 kW 1,16 W
Wärmeübergangskoeffizient	1 kcal/(m^2 · h · grd)	1,163 W/(m^2 · K)	1,16 W/(m^2 · K)
Wärmeleitfähigkeit	1 kcal/(m · h · grd)	1,163 W/(m · K)	1,16 W/(m · K)

Weiterführende Literatur

Ammon, J.: Handbuch der Vorwand-Installation. Stuttgart 1989

Burkhardt, W.: Projektierung von Warmwasserheizungen. 2. Aufl. München 1992

Claussen, D., Hakansson, K.: Gasinstallation von A–Z. Essen 1987

Damrath/Cord-Landwehr: Wasserversorgung. 10. Aufl. Stuttgart 1992

Fehr, J., Müller, I.: Moderne Kachelöfen. München 1987

Feurich, H.: Sanitärtechnik. 6. Aufl. Düsseldorf 1993

Frick/Knöll/Neumann/Weinbrenner: Baukonstruktionslehre. Teil 1. 30. Aufl. Stuttgart 1992

Frick/Knöll/Neumann/Weinbrenner: Baukonstruktionslehre. Teil 2. 29. Aufl. Stuttgart 1993

Gösele, K., Schüle, W.: Schall, Wärme, Feuchte. 9. Aufl. Wiesbaden/Berlin 1989

Hakansson, K., Kühl, U.: Lexikon der Trinkwasserinstallation. Essen 1992

Hasse, P., Wiesinger, J.: Handbuch für Blitzschutz und Erdung. 3. Aufl. München 1989

Hausladen, G.: Handbuch der Schornsteintechnik. 2. Aufl. München 1990

Hentschel, H.-J.: Licht und Beleuchtung. 3. Aufl. Heidelberg 1987

Hösl, A., Ayx, R.: Die neuzeitliche und vorschriftsmäßige Elektro-Installation. 15. Aufl. Heidelberg 1992

Hosang/Bischof, W.: Abwassertechnik. 10. Aufl. Stuttgart 1993

Ihle, C.: Der Heizungsingenieur. Band 2: Die Pumpen-Warmwasserheizung. 3. Aufl. Düsseldorf 1979

Ihle, C.: Der Heizungsingenieur. Band 3: Lüftung und Luftheizung. 5. Aufl. Düsseldorf 1991

Kappler, H. P.: Das private Schwimmbad. 3. Aufl. Wiesbaden/Berlin 1986

Kira, A.: Das Badezimmer. Düsseldorf 1987

Kraft, G.: Heizungs- und Raumlufttechnik. Band 1: Heizungstechnik. Berlin 1991

Kraft, G.: Heizungs- und Raumlufttechnik. Band 2: Raumlufttechnik. Berlin/München 1992

Kratz, G.: Sicherheitstechnik, Einbruchschutz. Düsseldorf 1990

Meyer-Bohe, W.: Transportsysteme im Hochbau. Stuttgart 1982

Nürnberger, H.: Gasinstallation. 5. Aufl. Wiesbaden/Berlin 1993

Philippen, D.: Haustechnik für Behinderte. Düsseldorf 1983

Recknagel/Sprenger/Hönmann: Taschenbuch für Heizung und Klimatechnik. 66. Aufl. München/Wien 1992

RKW: Wirtschaftliche Energienutzung an Gebäuden. Köln 1989

RWE: Energie Bau-Handbuch Technischer Ausbau. 11. Aufl. Essen 1993

Soller, U., Munkelt, H.: Der Heizungsbauer. Stuttgart 1990

Usemann, K. W.: Schwerpunkte neuzeitlicher Sanitärtechnik. München/Wien 1991

Wendehorst: Bautechnische Zahlentafeln. 26. Aufl. Stuttgart 1994

Zierhut, H., Specht, P., Kimmel, F.: Gas-, Wasser- und Sanitärtechnik. Stuttgart/Dresden 1991

Sachverzeichnis